Warehouse Management mit SAP S/4HANA®

SAP PRESS

SAP PRESS ist eine gemeinschaftliche Initiative von SAP SE und der Rheinwerk Verlag GmbH. Unser Ziel ist es, Ihnen als Anwendern qualifiziertes SAP-Wissen zur Verfügung zu stellen. SAP PRESS vereint das Know-how der SAP und die verlegerische Kompetenz von Rheinwerk. Die Bücher bieten Ihnen Expertenwissen zu technischen wie auch zu betriebswirtschaftlichen SAP-Themen.

Damit Sie nach weiteren Titeln Ihres Interessengebiets nicht lange suchen müssen, haben wir eine kleine Auswahl zusammengestellt.

Peter Zoellner, Robert Halm, Daniela Schapler, Karen Schulze
EWM mit SAP S/4HANA - Architektur und Programmierung
2. aktualisierte Auflage, 544 Seiten, 2024, geb.
ISBN 978-3-367-10138-2
www.sap-press.de/5888

Hans-Christian Damm, Christoph Sting, Alexander Wolf
Produktionsplanung und -steuerung mit SAP S/4HANA
2., aktualisierte und erweiterte Auflage, 704 Seiten, 2024, geb.
ISBN 978-3-367-10173-3
www.sap-press.de/5895

Yvonne Lorenz, Uwe Schedl, Matthias Schlaubitz, Frank Scholdan
Qualitätsmanagement mit SAP S/4HANA
2., aktualisierte und erweiterte Auflage, 843 Seiten, 2024, geb.
ISBN 978-3-367-10108-5
www.sap-press.de/5880

Bernd Lauterbach, Jens Gottlieb, Stefan Sauer, Christopher Sürie, Ulrich Benz
SAP Transportation Management
1047 Seiten, 2019, geb.
ISBN 978-3-8362-6859-2
www.sap-press.de/4844

Frank-Peter Bauer, Jens Kappauf, Christoph Persich

Warehouse Management mit SAP S/4HANA®

Das umfassende Handbuch zu SAP EWM

Rheinwerk
Publishing

Liebe Leserin, lieber Leser,

vielen Dank, dass Sie sich für ein Buch von SAP PRESS entschieden haben.

Läger sind ein zentraler Bestandteil logistischer Ketten: Nur wenn die Prozesse hier effizient ablaufen, kann eine reibungslose Supply Chain sichergestellt werden. Und gerade bei größeren Lägern ist es wichtig, dass sie wohlgeordnet sind – beziehungsweise dass sich jederzeit nachvollziehen lässt, wo was steht. Hier setzt SAP EWM an.

Das vorliegende umfassende Handbuch beschreibt erstmals den Einsatz von SAP EWM im Kontext von SAP S/4HANA. Ob embedded oder dezentral: In diesem Buch stellen Ihnen die Autoren auf über 1.200 Seiten den Funktionsumfang der verschiedenen Implementierungsoptionen von SAP EWM auf der Basis von SAP S/4HANA vor. Dabei erläutern sie die verschiedenen Funktionen, Prozesse und Systemeinstellungen im Detail und helfen Ihnen so, Ihre Lagerprozesse sinnvoll in SAP EWM abzubilden. Profitieren Sie von der umfangreichen Projekterfahrung der Autoren, die zudem bereits zahlreiche Fachbücher zu Logistikthemen bei SAP PRESS veröffentlicht haben.

Wir freuen uns stets über Lob, aber auch über kritische Anmerkungen, die uns helfen, unsere Bücher zu verbessern. Scheuen Sie sich nicht, sich bei mir zu melden. Ihr Feedback ist jederzeit willkommen.

Ihre Simone Bechtold
Lektorat SAP PRESS

simone.bechtold@rheinwerk-verlag.de
www.rheinwerk-verlag.de
Rheinwerk Verlag · Rheinwerkallee 4 · 53227 Bonn

Auf einen Blick

Wir hoffen, dass Sie Freude an diesem Buch haben und sich Ihre Erwartungen erfüllen. Ihre Anregungen und Kommentare sind uns jederzeit willkommen. Bitte bewerten Sie doch das Buch auf unserer Website unter **www.rheinwerk-verlag.de/feedback**.

An diesem Buch haben viele mitgewirkt, insbesondere:

Lektorat Eva Tripp, Simone Bechtold
Herstellung Stefanie Meyer
Typografie und Layout Vera Brauner
Einbandgestaltung Bastian Illerhaus
Coverbild iStock: 1307908071 © sarawuth702
Satz Typographie & Computer, Krefeld
Druck Beltz Grafische Betriebe, Bad Langensalza

FSC www.fsc.org MIX Papier | Fördert gute Waldnutzung FSC® C089473

Dieses Buch wurde gesetzt aus der TheAntiquaB (9,35/13,7 pt) in FrameMaker.
Gedruckt wurde es mit mineralölfreien Farben auf chlorfrei gebleichtem, FSC®-zertifiziertem Offsetpapier (80 g/m²).
Hergestellt in Deutschland.

Bibliografische Information der Deutschen Nationalbibliothek:
Die Deutsche Nationalbibliothek verzeichnet diese Publikation in der Deutschen Nationalbibliografie; detaillierte bibliografische Daten sind im Internet über *http://dnb.dnb.de* abrufbar.

ISBN 978-3-8362-9079-1

1. Auflage 2023, 1., korrigierter Nachdruck 2025

Informationen zu unserem Verlag und Kontaktmöglichkeiten finden Sie auf unserer Verlagswebsite **www.rheinwerk-verlag.de**. Dort können Sie sich auch umfassend über unser aktuelles Programm informieren und unsere Bücher und E-Books bestellen.

Inhalt

14 Bereichsübergreifende Prozesse und Funktionen 919

Anhang 1243

Vorwort

Die Tatsache, dass es bereits vier Auflagen des umfassenden Handbuches zu SAP Extended Warehouse Management (SAP EWM) gibt und Sie nun eine weitere Auflage, die erste zu SAP S/4HANA, in den Händen halten, macht zwei Dinge deutlich: erstens, dass es sich bei SAP EWM um ein sehr erfolgreiches Produkt handelt und zweitens, dass nichts stetiger ist als der Wandel (getreu Heraklit von Ephesus).

Im 1. Vorwort von Joachim Epp vor mehr als 12 Jahren lag der Schwerpunkt noch auf der Tatsache, dass immer mehr Kunden online bestellen und Geschwindigkeit sowie eine zuverlässige Lieferung einen Wettbewerbsvorteil darstellen. Im Vorwort zur 2. Auflage hat Franz Hero beschrieben, wie industriespezifische Anforderungen in SAP EWM übernommen wurden und der Fokus von der reinen Lagerverwaltung auf die gesamte Logistik ausgeweitet wurde. Im 3. Vorwort von Jörg Michaelis drehte sich alles um die Individualisierung der Produkte und die Losgröße 1, auch im Konsumgüterbereich. Er wies auf die besondere Fähigkeit der Skalierbarkeit der EWM-Software hin und dass damit auch große Lager abgebildet werden können. Auch die Automatisierung hat in diesem Vorwort bereits eine wichtige Rolle gespielt, wenngleich auch der Treiber hier hauptsächlich Geschwindigkeit war. Im 4. Vorwort, das ebenfalls von Jörg Michaelis stammt, wurde dargelegt, dass SAP EWM nun auch Bestandteil der ERP-Lösung SAP S/4HANA ist und somit weitere Möglichkeiten durch die neuen Datenbanktechnologien in den kommenden Jahren zu erwarten sind.

Ich freue mich, dass wir die Erfolgsgeschichte von SAP EWM weiterschreiben können und aktuell bereits mehr als 2.500 Kunden in über 65 Ländern in nahezu allen Branchen haben.

Doch die aktuellen Entwicklungen am Suezkanal, die COVID-19-Pandemie und der Krieg in der Ukraine haben auf verschiedene Arten deutlich gemacht, wie wichtig die Supply Chain für Staaten und Unternehmen, aber auch für jeden Einzelnen von uns ist. Diese Entwicklung hat den Fokus auf die Logistik gelenkt, sodass weitere Investitionen in diesem Bereich zu erwarten sind. Allerdings geht es nicht mehr darum, ein angenehmes Online-Einkaufserlebnis oder eine möglichst schnelle Lieferung zu garantieren: Es gibt neue Herausforderungen hinsichtlich der Transparenz in globalen Lieferketten von Rohstofflieferanten und Komponentenfertigern bis hin zu Veredlern und Distributoren von Waren und Gütern. Auch Nachhaltigkeit, Fachkräftemangel und neue Technologien sind weitere Treiber für die aktuellen und zukünftigen Entwicklungen.

Mit dem SAP-Portfolio in der Logistik sind wir hier bestens aufgestellt. Die Kernkomponenten Produktion (PP), Kernlogistik (MM-IM), Transportlogistik (SAP TM) und Lagerverwaltung (SAP EWM) sind eingebettet in die Logistiknetzwerke (Business Network for Logistics), um hier mehr Transparenz zu schaffen und widerstandsfähiger gegen Störungen zu sein. Mit SAP Analytics Cloud gibt es ein übergreifendes Analytics Tool, das weitreichende Möglichkeiten für die Analyse bietet. SAP Analytics Cloud kann bereits die bestehenden ABAP Core Data Services (kurz CDS Views) aus SAP EWM verwenden und mit dem nächsten Cloud Release von SAP EWM werden auch Standarddashboards zur Verfügung gestellt.

Gerade Nachhaltigkeit ist aktuell ein wesentlicher Treiber, der den Fokus neu setzt: Wo es gestern noch darauf ankam, dass die Ware möglichst schnell beim Kunden ist, fordert der Kunde heute und in Zukunft, dass das Produkt möglichst klimaneutral (z. B. mit dem Zug anstelle des Lkw etc.) geliefert wird, auch wenn dies eine längere Lieferzeit zur Folge hat. Eine möglichst effiziente Verpackung in Papier statt Plastik und viele weitere Anforderungen ergeben sich ebenfalls aus diesem Themenkomplex.

Wo in den früheren Auflagen unseres EWM-Buches noch davon ausgegangen wurde, dass das Wachstum und die Nachfrage immer weiter steigen werden, zeigt sich, dass es vor allem durch den Fachkräftemangel einen limitierenden Faktor für viele Unternehmen gibt. Die Antwort auf dieses Problem soll ein höherer Grad an Automatisierung sein. Was sich im Vergleich zur Vergangenheit geändert hat, ist, dass hohe Investitionen in z. B. Fördertechnik hinterfragt werden, da diese Systeme sehr speziell für bestimmte Anwendungsfälle angepasst sind. Durch die sinkenden Preise[1] vor allem bei LIDAR-Sensoren[2] ist die Eintrittshürde bei autonomen mobilen Robotern stark gesunken und es gibt bereits hunderte verschiedener Hersteller in diesem Bereich. Viele Roboter sind aber speziell für bestimmte Aufgaben optimiert, z. B. können einige Roboter schwere Paletten bewegen, andere wiederum haben beispielsweise eine Hub-Funktion integriert. Dies macht deutlich, dass mehrere verschiedene Roboter schnell an SAP EWM angeschlossen und orchestriert werden müssen. Auch hier bin ich stolz, verkünden zu dürfen, dass wir mit SAP Warehouse Robotics bereits seit Mai 2022 ein neues Produkt im Logistik-Portfolio haben, um diese Problemstellung zu adressieren. Mit SAP Warehouse Robotics bieten wir eine Hardwarehersteller-unabhängige Integrationsplattform, die nicht nur in zukünftigen Releases von SAP EWM integriert sein soll, sondern auch in das Produktionssteuerungssystem (MES).

Neben vielen neuen Funktionen, die in diesem Buch erläutert werden – wie z. B. die neue Integration zwischen SAP EWM und SAP TM auf Basis des Frachtauftrages oder die synchronen Warenbewegungen, welche eine deutliche Vereinfachung in den Geschäftsprozessen für einfache Lager darstellen –, steckt besonders im Bereich der Produktionsintegration noch viel Potenzial. In den vergangenen Jahren wurde im Rah-

1 Siehe *https://www.handelsblatt.com/technik/digitale-revolution/digitale-revolution-diese-sensoren-verhelfen-dem-autonomen-fahren-zum-durchbruch-/26942726.html#:~:text=Der%20aber%20sinkt%20nun%20rapide,noch%20bei%20knapp%2018.000%20Dollar.*

2 LIDAR steht für englisch Light detection and ranging oder Light imaging, detection and ranging.

men einer *Industry-4.Now-Initiative* ein besonderer Fokus auf diesen Bereich gelegt. Es wurden neue Schnittstellen zu MES-Systemen erstellt und insbesondere mit SAP Digital Manufacturing Cloud Möglichkeiten geschaffen, um modulare und Matrix-Produktionsprozesse besser zu unterstützen. Das Work in Process Handling ist nur eine Funktion in diesem Bereich.

Die Grundlage für den Erfolg von SAP EWM ist die einfache Anpassbarkeit, welche es dem SAP-Ökosystem ermöglicht, unsere Lösung weiter an die spezifischen Anforderungen unserer Kunden anzupassen. Auch für unsere Cloud-Lösungen ist dies ein wichtiger Punkt. Hybride Systemlandschaften finden Sie in nahezu jedem Unternehmen. Deshalb sind offene Schnittstellen (OData-APIs) immer wichtiger und werden auch in Zukunft weiterentwickelt. Auf diese Weise wird es in Zukunft auch dem Business User mit Hilfe von Low-Code- oder No-Code-Editoren wie z. B. SAP Build Apps einfach möglich sein, eigene Anwendungen, die auf den täglichen Arbeitsalltag optimiert sind, zu erstellen.

Auch nach diesem Buch wird sich die Welt weiterdrehen: Neue Technologien entstehen, alte entwickeln sich weiter. SAP investiert auch in Zukunft massiv in den Bereich der Supply Chain und wird versuchen, neue Trends wie z. B. Kamera-Recognition oder Real-time Locating Systems (RTLS) so schnell es geht in den Anwendungen verfügbar zu machen, sodass Sie ihre Vorteile nutzen können. Dies spiegelt auch die offizielle Roadmap der verschiedenen Produkte im Bereich der Logistik wider.

Für viele klingt dies (noch) nach Zukunft, aber es ist wichtig, sich diese Zukunft zugänglich zu machen. Dafür ist es notwendig, die technischen Grundlagen mit SAP S/4HANA zu legen. Auch in das Thema Migration wurde von unserer Seite in den vergangenen Jahren viel investiert, um den Umstieg für unsere Kunden so einfach wie möglich zu gestalten. Auch darauf wird in diesem Buch eingegangen.

Ich hoffe, Sie haben Spaß beim Lesen dieses Buches, egal ob Sie sich einen Überblick über die Lagerverwaltungsthemen mit SAP EWM verschaffen wollen, es als Nachschlagewerk benutzen oder Wissenslücken füllen möchten. Die Autoren haben ihre jahrelange praktische Erfahrung einfließen lassen und geben Ihnen viele Tipps als Input für Ihre Implementierungsprojekte. Ich bin überzeugt davon, dass Sie auch in dieser Auflage zu SAP S/4HANA wertvolle Anregungen finden, die Ihrem Einführungsprojekt zugutekommen und dieses Buch ein guter Begleiter bei weiteren Projekten sein wird.

Florian Kuchta
Head of Product Management Extended Warehouse Management, SAP SE

Kapitel 1
Einleitung

Von kleinen Lagerstandorten, Distributionszentren, Lagern für die Produktionsversorgung, bis zu großen Logistikzentren, manuell oder hochautomatisiert, von einfach bis komplex – SAP EWM deckt mit seinen Funktionen und Integrationsoptionen ein breites Spektrum der Lagerverwaltung ab.

SAP stellt seit SAP R/3 2.0 Funktionen zur Lagerverwaltung zur Verfügung und kann damit auf fast 30 Jahre Erfahrung und zahllose erfolgreiche Implementierungen von Lagerverwaltungssoftware zurückblicken.

Die Funktionen von SAP Extended Warehouse Management (SAP EWM) wurden kontinuierlich erweitert und an die steigenden Kundenbedürfnisse angepasst. Diese Entwicklung erstreckt sich von den ersten Versionen in SAP R/3 über die SAP-SCM-basierten Versionen bis hin zu den aktuellen Systemen auf Basis von SAP S/4HANA. Laut SAP setzen dabei bereits mehr als 1.800 Unternehmen aus unterschiedlichen Branchen SAP EWM für die Verwaltung ihrer Lager ein.

SAP S/4HANA EWM ist nicht nur eine Lagerverwaltungssoftware, die durch ihre große Flexibilität den Anforderungen an eine moderne Lagerlogistik gerecht wird, sondern auch eine konsequente Weiterentwicklung des auf SAP NetWeaver basierenden SAP-EWM-Systems. Es profitiert dabei nicht nur von funktionalen Erweiterungen, Verbesserungen und neuen Benutzeroberflächen, sondern auch von zahlreichen Vereinfachungen und einer neuen Implementierungsoption.

SAP EWM auf Basis von SAP S/4HANA kann nicht nur dezentral als SAP S/4HANA EWM, sondern auch als integraler Bestandteil von SAP S/4HANA (Embedded SAP EWM) in einem zentralen System betrieben werden. In diesem Buch möchten wir unsere Erfahrungen, die wir in Implementierungsprojekten von SAP Consulting, der IGZ GmbH und der qinlox Consulting GmbH gesammelt haben, an Sie weitergeben.

Der Funktionsumfang von SAP EWM ist in den letzten Jahren stark gewachsen. Bisherige Funktionen und Prozesse wurden dabei nicht durch weitere Innovationen ergänzt, sondern auch durch neue Prozesse und eine noch stärkere Prozessintegration verbessert. Dabei haben insbesondere auch die Produktionsintegration und das Qualitätsmanagement profitiert. Beiden Themen haben wir in diesem Buch neue Kapitel gewidmet.

Darüber hinaus haben wir den Anspruch, Ihnen einen umfassenden und ganzheitlichen Einblick in die Prozesse, Funktionen und Integrationsoptionen von SAP EWM auf Basis von SAP S/4HANA zu geben. Es soll für Sie einen Leitfaden darstellen, um Ihre Lagerprozesse mit SAP EWM abzubilden, die Funktionen von SAP EWM zu verstehen und die wesentlichen Systemeinstellungen kennenzulernen.

Je nachdem, welcher Themenbereich Sie besonders interessiert, hätten Sie sich vielleicht an der einen oder anderen Stelle des Buches etwas mehr Informationen oder eine weitergehende Dokumentation der Konfigurationsschritte gewünscht. Um den Rahmen nicht zu sprengen, können wir jedoch leider nicht auf alle Fragestellungen erschöpfend eingehen. Wir haben uns darauf konzentriert, die von SAP frei zugänglichen Informationen, Leitfäden und Konfigurationsanleitungen fachlich zu ergänzen und Sie auf weiterführende SAP-Hinweise aufmerksam zu machen.

1.1 An wen richtet sich dieses Buch?

SAP S/4HANA EWM ist aufgrund der beiden Implementierungsoptionen als dezentrales oder in SAP S/4HANA als zentrales (*Embedded SAP EWM*) Lagerverwaltungssystem und aufgrund der umfangreichen Funktionen und Integrationsoptionen mit anderen SAP-Systemen äußerst umfangreich. SAP entwickelt das Produkt ständig weiter und stellt in kurzen Releasezyklen ständig weitere Innovationen bereit.

Dieses Buch wurde in wesentlichen Teilen in der Jahresmitte 2022 geschrieben. Die beschriebenen Funktionen, die meisten Screenshots, Einstellungen und die beschriebenen Prozesse basieren – soweit dies nicht anders angegeben wurde – auf dem zum Zeitpunkt der Erstellung aktuellen und seit 09/2021 verfügbaren SAP-S/4HANA-Release 2021. Wir möchten Sie an dieser Stelle darauf hinweisen, dass wir die erläuterten Funktionen und insbesondere die lizenzrechtlichen Aussagen auf Basis der aktuellen Informationen beschreiben. Soweit es für das Verständnis neuer Funktionen relevant ist, geben wir Ihnen einen Überblick über die Funktions- und Prozesserweiterungen in SAP S/4HANA 2022.

Dieses Buch wendet sich daher an alle Personen, die sich aus betriebswirtschaftlichen oder implementierungstechnischen Gründen einen umfassenden Eindruck von der Lagerverwaltung mit SAP EWM auf Basis von SAP S/4HANA verschaffen möchten. Wir erklären Ihnen sowohl technische als auch integrative Hintergründe. Dies vermittelt Ihnen ein tieferes Verständnis der Funktionalität – sowohl aus Applikationssicht als auch aus betriebswirtschaftlicher Perspektive. Wir hatten beim Schreiben dieses Buches die folgenden Zielgruppen vor Augen:

- **Management**
  Wir sprechen in diesem Buch die IT-Leitung und das Management an, die sich mit dem Einsatz von SAP EWM auseinandersetzen möchten, und die sich in diesem

Zusammenhang einen Überblick über die Funktionsweise und die logistischen Prozesse von SAP S/4HANA EWM verschaffen möchten.

- **Projektleitung und Prozessberatung**
  Wir wenden uns an die verantwortlichen Personen im Einführungsprojekt oder im *Proof-of-Concept-Projekt* für die Lagerverwaltung mit SAP EWM. Außerdem richten wir uns mit diesem Buch an Mitarbeitende in der Implementierungs- und Prozessberatung, die mit SAP EWM die unterschiedlichsten Aufgaben lösen und diese Lösung praktisch umsetzen möchten.
- **Anwenderinnen und Anwender**
  Egal, ob Sie schon Profi sind oder nur gelegentlich mit SAP EWM arbeiten und dessen Funktionen für die Unterstützung Ihrer täglichen Aufgaben einsetzen, erhalten Sie durch die Lektüre dieses Buches tiefgehende Einblicke in die Standardprozesse, in die Integration, in das Customizing sowie in die Implementierung von SAP EWM.

In den einzelnen Kapiteln dieses Buches beschreiben wir ausführlich, mit welchen Funktionen SAP EWM die verschiedenen Lagerprozesse unterstützt, und geben Ihnen einen Überblick über die wesentlichen Customizing-Schritte, um diese Prozesse in SAP EWM einzustellen. Dabei verweisen wir auch auf die existierenden Konfigurationsleitfäden und Hinweise von SAP.

Kenntnisse aus früheren SAP-EWM-Releases oder der SAP-ERP-Komponente Warehouse Management (WM) bzw. Stock Room Management in SAP S/4HANA sind hilfreich für die Lektüre dieses Buches, aber nicht zwingend erforderlich.

1.2 Orientierungshilfen in diesem Buch

In diesem Buch finden Sie zudem mehrere Orientierungshilfen, die Ihnen die Arbeit erleichtern sollen. In den grauen *Informationskästen* sind Inhalte zu finden, die wissenswert und hilfreich sind, aber etwas abseits der eigentlichen Erläuterung stehen. Damit Sie diese Informationen besser einordnen können, haben wir die Kästen mit Symbolen gekennzeichnet:

Die mit diesem Symbol gekennzeichneten *Tipps* und *Hinweise* geben Ihnen spezielle Empfehlungen, die Ihnen die Arbeit erleichtern können. [+]

Das Symbol *Achtung* macht Sie auf Themen oder Bereiche aufmerksam, bei denen Sie besonders achtsam sein sollten. Diese Warnhinweise sollten Sie beherzigen. [!]

Beispiele, durch dieses Symbol kenntlich gemacht, sollen Ihnen helfen, die Erläuterungen besser zu verstehen und auf Ihren Arbeitsalltag zu übertragen. [zB]

In Kästen, die mit diesem Symbol gekennzeichnet sind, finden Sie Informationen zu *weiterführenden Themen* oder wichtigen Inhalten, die Sie sich merken sollten. [i]

1.3 Der Inhalt dieses Buches

In **Kapitel 2**, »Einführung in SAP Extended Warehouse Management«, geben wir Ihnen zunächst einen Überblick über die Entstehungsgeschichte der Lagerverwaltung mit SAP. Wir erläutern Ihnen dabei nicht nur die Grundfunktionen von SAP EWM, sondern gehen auch auf die bisherige Integration von SAP EWM als dezentrales Lagerverwaltungssystem mit SAP ERP ein. Anschließend stellen wir Ihnen SAP EWM auf Basis von SAP S/4HANA vor. Dabei zeigen wir Ihnen die beiden Implementierungsoptionen und die Systemintegration von SAP S/4HANA EWM und gehen auf mögliche Entscheidungskriterien für die Systemauswahl ein.

Kapitel 3, »Organisationsstruktur«, gibt Ihnen einen Überblick über die Organisationsstruktur in SAP S/4HANA EWM. Mit dieser Organisationsstruktur können Sie Ihre betriebswirtschaftliche Organisation, die logistischen Prozesse und die Struktur Ihres Lagers flexibel abbilden.

Detaillierte Informationen über allgemeine Stammdaten erhalten Sie in **Kapitel 4**, »Stammdaten in SAP S/4HANA EWM«.

In **Kapitel 5**, »Bestandsverwaltung«, gehen wir ausführlich auf die Möglichkeiten der Bestandsverwaltung ein, z. B. auf die bestandsspezifischen Mengeneinheiten, die Bestandsarten, auf die Thematik Eigentümer/Verfügungsberechtigter, auf das Handling Unit Management, die Chargenverwaltung, die Serialnummernverwaltung, das Catch Weight Management usw.

Kapitel 6, »Lieferabwicklung«, gibt Ihnen zahlreiche grundlegende Informationen über die Arbeit mit Lieferungen und Lieferbelegen in SAP S/4HANA EWM und SAP ECC bzw. SAP S/4HANA. Dabei gehen wir auch auf die Vereinfachungen der Belegintegration mit Embedded SAP EWM in SAP S/4HANA ein.

Informationen zu Wellen, zu Lageraufgaben und zu deren Bündelung in Lageraufträgen erhalten Sie in **Kapitel 7**, »Objekte und Elemente der Prozesssteuerung«.

Kapitel 8, »Wareneingangsprozess«, geht ausführlich auf die Prozesse im Wareneingang ein, die von SAP S/4HANA EWM unterstützt werden. Wir beschreiben für die verschiedenen Prozessschritte im Wareneingang detailliert die Unterschiede zwischen dem dezentralen und Embedded SAP EWM. Parallel dazu gehen wir, je nach EWM-Szenario, auf die Integration in die SAP S/4HANA-Komponenten MM (Material Management), SD (Sales and Distribution) und QM (Quality Management) sowie SAP TM (SAP Transportation Management) in SAP S/4HANA ein. Wir starten mit dem administrativen Wareneingang und widmen uns anschließend dem operativen Wareneingang und Spezialprozessen – konkret der Chargenabwicklung und der Lagerungsdisposition. Die Beschreibung des Wareneingangs im Advanced-Shipping-&-Receiving-Szenario rundet dieses Kapitel ab.

In **Kapitel 9**, »Warenausgangsprozess«, stellen wir die Funktionen von SAP EWM für den Warenausgangsprozess dar, insbesondere hinsichtlich Auftragssteuerung, Verpackungsplanung, Routenfindung, Wellen, Auslagerwegbestimmung, Lagerauftragserstellung, Kommissionierung und Verpackung (inklusive Package Builder), Transportintegration, Bereitstellung und Verladung sowie weiterer Sonderfälle.

Die Produktionsintegration von SAP EWM mit SAP ERP bzw. SAP S/4HANA wurde in den letzten Jahren funktional erweitert, durch alternative Integrationsoptionen ergänzt und zeichnet sich heute durch eine nahtlose Integration von Produktions- und Lagerprozessen aus. In **Kapitel 10**, »Produktionsintegration«, stellen wir Ihnen sämtliche Funktionen der Produktionsintegration vor: von der Materialbereitstellung über die Integration dezentraler MES-Systeme bis hin zum Wareneingang aus der Produktion.

Informationen über lagerinterne Prozesse wie Ad-hoc-Bewegungen, Umbuchungen, Bestandskonsolidierung, ABC-Analyse, Nachschub, Verschrottung und Inventur erhalten Sie in **Kapitel 11**, »Lagerinterne Prozesse«.

Die Funktionen und Integration des Qualitätsmanagements wurden insbesondere mit Embedded SAP EWM in S/4HANA erweitert. In **Kapitel 12**, »Qualitätsprüfung«, erläutern wir Ihnen die Integration mit der Komponente QM in SAP S/4HANA und gehen dabei im Detail auf die Unterschiede zwischen dem dezentralen und Embedded SAP EWM ein. Darüber hinaus beschreiben wir spezielle Prüfprozesse und Funktionen im Wareneingang sowie die lagerinternen Prüfungen.

In **Kapitel 13**, »Radio Frequency und Mobile«, erläutern wir Ihnen die Möglichkeiten des EWM-Ressourcenmanagements und befassen uns außerdem mit der Anbindung des SAP-Systems an mobile Endgeräte (Radio Frequency), mit dem Datenfunk, der Integration von Pick-by-Voice, RFID und weiteren Hardwarekomponenten.

SAP EWM bildet bereits mit seinen Grundfunktionen sämtliche Prozesse der Intralogistik und Lagerhaltung ab. Bereichsübergreifende Prozesse und Funktionen sowie die Integration mit weiteren SAP-Produkten steigern die Flexibilität und ermöglichen eine nahtlose Prozessintegration mit anderen SAP-Systemen. In **Kapitel 14**, »Bereichsübergreifende Prozesse und Funktionen«, gehen wir u. a. auf die Retourenabwicklung, logistische Zusatzleistungen und die Kit-Bildung ein. Darüber hinaus erläutern wir das PPF-Framework, die Archivierung und das Berechtigungswesen und geben Ihnen einen Überblick über die Integration von SAP S/4HANA EWM mit weiteren SAP-Produkten.

In **Kapitel 15**, »Monitoring und Reporting« grenzen wir zunächst die beiden Begriffe voneinander ab und geben Ihnen anschließend einen Überblick über Werkzeuge wie z. B., die für Auswertungen und Analysen für die operative und strategische Analyse zur Verfügung stehen. Überdies werden lagerspezifische Praxisbeispiele in SAP Analytics Cloud im Detail beschrieben.

In **Kapitel 16**, »Anbindung einer Materialflusssteuerung«, erläutern wir zunächst die Grundbegriffe und den Aufbau eines Materialflusssystems. Anschließend zeigen wir Ihnen, wie Sie Ihren Materialfluss direkt mithilfe von SAP EWM steuern können, ohne dass es eines separaten Lagersteuerrechners bedarf. In diesem Zusammenhang lernen Sie auch die Anbindung einer Behälterfördertechnik kennen.

SAP stellt verschiedene Werkzeuge zur Verfügung, um SAP-EWM- und SAP-ERP-Kunden den Umstieg von ihren bestehenden Systemen auf die SAP-S/4HANA-Plattform zu ermöglichen. Die Vereinfachung und Beschleunigung der damit einhergehenden Migration stehen dabei im Vordergrund. In **Kapitel 17**, »Migration auf SAP EWM in SAP S/4HANA«, erläutern wir die grundsätzlichen Schritte und Werkzeuge für eine Migration von einem existierenden, dezentralen SAP-EWM-System auf ein dezentrales SAP S/4HANA EWM. Gleichzeitig stellen wir Ihnen auch die Umstellung von SAP ERP WM auf Embedded SAP EWM in SAP S/4HANA vor.

Im **Anhang** finden Sie ein Abkürzungsverzeichnis sowie ein Literaturverzeichnis mit weiterführender Literatur.

1.4 Danksagung

Wir möchten uns zuerst für die hervorragende Betreuung durch den Rheinwerk Verlag bedanken. Unser besonderer Dank gilt Eva Tripp und Simone Bechtold für die Administration und die Zusammenarbeit mit dem Lektorat bei der Erstellung dieses umfangreichen Buches.

Frank-Peter Bauer

Zunächst möchte ich meiner Frau für ihr Verständnis dafür danken, dass ich an zahlreichen Wochenenden und Urlaubstagen mit dem Schreiben dieses Buches beschäftigt war. Darüber hinaus gilt mein besonderer Dank den SAP-Kollegen Tobias Adler, Bernd Ernesti, Dr. Thomas Griesser, Gunther Sanchez und Steffen Weissbach, die mich in meinen Kapiteln (Kapitel 6, »Lieferabwicklung«, Kapitel 7, »Objekte und Elemente der Prozesssteuerung«, Kapitel 8, »Wareneingangsprozess«, und Kapitel 12, »Qualitätsprüfung«) mit wertvollen Hinweisen unterstützt haben. Außerdem bedanke ich mich bei Bernhard Gailer für seinen detaillierten Input zu Kapitel 15, »Monitoring und Reporting«. In diesem Kapitel hat Bernhard die Themen SAP S/4HANA Embedded Analytics und SAP Analytics Cloud beschrieben.

Christoph Persich

Ich möchte mich bei meinen Mit-Autoren Frank-Peter Bauer und Jens Kappauf für ihre Hilfe, ihre Bereitschaft, ihr Verständnis und ihre Geduld bedanken. Zudem bedanke ich mich für die Zusammenarbeit und den kontinuierlichen Austausch. Vielen Dank auch an den Verlag für die Geduld, da sich das Projekt hinausgezögert hat. Zuletzt gilt mein Dank an die Autoren der Vorauflage (Jörg Lange, Tim Dalm, Gunther Sanchez, Tobias Adler, Jennifer Massucci, Denis Vonscheidt), die uns ihre Kapitel zur Verfügung gestellt haben. Es war hilfreich, auf Basis des Inhalts der Vorauflage dieses Buch zu schreiben.

Jens Kappauf

Ich möchte mich zuerst bei meiner Frau Kristina Kappauf für ihr Verständnis und ihre Geduld bedanken. Für die gute Zusammenarbeit in den letzten Monaten gilt mein Dank auch meinen beiden Mit-Autoren Frank-Peter Bauer und Christoph Persich. Ich möchte mich in diesem Zusammenhang auch bei den Autoren der vorangehenden Auflage des SAP-EWM-Buches bedanken, von denen ich einige Kapitel für diese Neuauflage übernehmen und überarbeiten durfte. Für die wertvollen Hinweise und Anregungen für die Kapitel 2, »Einführung in SAP Extended Warehouse Management«, Kapitel 10, »Produktionsintegration«, und Kapitel 17, »Migration auf SAP EWM in SAP S/4HANA«, gilt mein besonderer Dank den SAP-Kollegen Dr. Thomas Griesser und Matthias Nater.

Kapitel 2
Einführung in SAP Extended Warehouse Management

SAP EWM bietet Unterstützung für die gesamte Lagerlogistik. In diesem Kapitel stellen wir Ihnen die Lagerverwaltung mit SAP vor. Wir erläutern, wie sich SAP EWM mit SAP S/4HANA von der bisherigen SAP-Lösung unterscheidet, und welche Installationsoptionen und Architekturoptionen Ihnen mit SAP S/4HANA EWM zur Verfügung stehen.

Reibungslose Prozessabläufe in der Lagerlogistik erfordern neben Flexibilität und Transparenz auch eine lückenlose Integration in die betriebliche Wertschöpfungskette und in die bestehende Systemarchitektur. Moderne Lagerverwaltung bedeutet, die volle Kontrolle über alle Warenbewegungen zu haben – vom Wareneingang über die Produktion und intralogistische Prozesse bis hin zur Auslieferung. Neben der Verbesserung der Wirtschaftlichkeit durch Kostensenkung ist die funktionale Abwicklung sämtlicher bestandsverändernder Warenbewegungen die wesentliche Aufgabe von Software zur Steuerung der Lagerlogistik und zur Verwaltung von Beständen.

In den letzten Jahren sind dabei die Anforderungen an die logistischen Prozesse enorm gewachsen: Das reicht von der Globalisierung über die wachsende Informationsvernetzung zwischen Kunden und Lieferanten und die zunehmende Zahl von Unternehmen, die an der Lieferkette beteiligt sind, bis hin zu Outsourcing und steigender Prozesskomplexität. In der Konsequenz müssen die IT-Systeme für die Logistik aufgrund des höheren Durchsatzes leistungsfähiger, aber gleichzeitig auch flexibler und sicherer werden. Das *Warehouse Management* gewinnt als wesentlicher Bestandteil der globalen Lieferkette zunehmend an strategischer Bedeutung.

In komplexen Lager- und Distributionszentren müssen Warehouse-Management-Systeme als Weiterentwicklung der klassischen Lagerverwaltungssysteme (LVS) die Basisprozesse wie Wareneingang, Nachschub und Warenausgang unterstützen. Dabei ermöglichen sie nicht nur ein möglichst genaues Bestandsmanagement, sondern bieten auch Funktionen, um komplexe Prozesse, wie z. B. geplante und ungeplante Cross-Docking-Prozesse, Retouren hinsichtlich der Lieferanten und Kunden sowie Prozesse für logistische Zusatzleistungen (LZL) im Rahmen des Outsourcings zu steuern. Auch hinsichtlich der Anbindung von automatisierten Lagerbereichen müssen Warehouse-Management-Systeme heute eine vollständige Integration der Materialflusssteuerung als Direktanbindung an speicherprogrammierbare Steuerungssysteme aufweisen. Um dem steigenden Kosten- und Liefertermindruck zu begegnen, sind Komponenten wie das Ressourcen- und Arbeitsmanagement wichtige Bestandteile von Lagerverwaltungssystemen.

2.1 Lagerverwaltung mit SAP

SAP stellt seit SAP R/3 2.0 Funktionen zur Lagerverwaltung zur Verfügung und kann damit auf fast 30 Jahre Erfahrung und zahllose erfolgreiche Implementierungen von Lagerverwaltungssoftware zurückblicken.

Seit den ersten Versionen in SAP R/3 über die auf *SAP Supply Chain Management* (SAP SCM) basierten Versionen von SAP EWM bis hin zu den aktuellen Systemen auf Basis von SAP S/4HANA wurden die Funktionen der Lagerverwaltung ständig erweitert und den steigenden Kundenbedürfnissen entsprechend angepasst (siehe Abbildung 2.1).

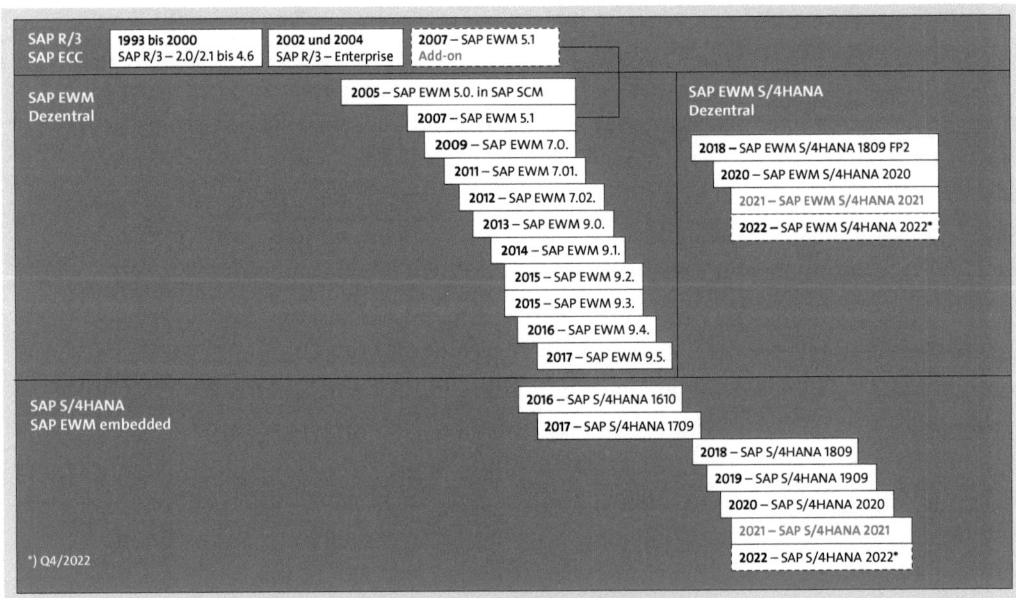

Abbildung 2.1 Evolution der Lagerverwaltung mit SAP

In jedem Hauptrelease des SAP-R/3-Systems wurden die Funktionen für die Lagerverwaltung erweitert. 1998 wurde mit Release 4.5 die SAP-ERP-Komponente *Warehouse Management* (WM) als dezentrales System auf den Markt gebracht. So konnte WM zum einen *zentral*, also zusammen mit anderen Komponenten, in einem gemeinsamen SAP-ERP-System genutzt und zum anderen auch entkoppelt in einem eigenständigen SAP-ERP-System *dezentral* betrieben werden.

2004 stellte SAP mit dem SAP-ERP-Release 4.7 Extension Set 2.0 mehrere Erweiterungen zur Lagerverwaltung zur Verfügung, die zusammengefasst *SAP ERP Extended Warehouse Management* genannt wurden. Diese Erweiterungen bestehen aus Zusatzfunktionen zum Lagerverwaltungssystem und umfassen die folgenden Funktionen: Yard Management, Cross-Docking und LZL.

Die Entwicklung von SAP EWM begann 2002 im Rahmen eines mehrjährigen Entwicklungsprojekts für die neue SAP-Lösung *Service Parts Management* (SPM) für das Ersatzteilmanagement. Das Projekt wurde in enger Zusammenarbeit mit dem Automobilkonzern Ford Motor Company und Caterpillar Logistics durchgeführt. SAP EWM war integraler Bestandteil dieser Lösung; dennoch wurde SAP EWM von Beginn an als eigenständige Anwendung konzipiert, die in jeder Lagerumgebung einsetzbar ist und keine Verbindung zu SPM erfordert. SAP EWM wurde eine Komponente der Lösung *SAP Supply Chain Management* (SAP SCM) und lief auf einem separaten SCM-Server.

Wichtig war dabei die umfassende Integration in SAP ERP, da diese für Stamm- und Bewegungsdaten erforderlich ist. Der Nachteil des separaten SCM-Servers ist allerdings, dass die Systemlandschaft beim Kunden komplexer wird, insbesondere dann, wenn von einer dreistufigen (Entwicklungs-, Qualitäts- und Produktiv-)Systemlandschaft ausgegangen wird.

Aus diesem Grund hat sich SAP bereits 2007 mit SAP-EWM-Release 5.1 entschieden, SAP EWM so zu konzipieren, dass es als Add-on auf dem SAP-ERP-Server installiert werden und somit zentral betrieben werden kann. Systemseitig betrachtet war SAP EWM als Add-on ein SCM-System inklusive der SCM-Basis, aber ohne die SCM-Komponenten *SAP Advanced Planning and Optimization* (SAP APO), *SAP Event Management* (SAP EM) und *SAP Secure Network Communications* (SAP SNC). Demzufolge kommunizierte SAP EWM als Add-on mit SAP ERP für den Austausch von Stamm- und Bewegungsdaten über die gleichen Schnittstellen wie ein SAP-EWM-System, das auf einem separaten SCM-Server installiert ist. Seitdem wurde SAP EWM kontinuierlich weiterentwickelt und durch zahlreiche Funktionen erweitert.

Seit November 2015 konnte SAP EWM 9.3 als dezentrales Lagerverwaltungssystem auch an *SAP S/4HANA 1511* und dessen nachfolgende Versionen angebunden werden. Die Versionsnummer setzt sich aus der Jahreszahl (die ersten beiden Ziffern) und dem Monat der Veröffentlichung (die letzten beiden Ziffern) zusammen. Die Integration ist mit der bereits erwähnten SAP-ERP-Integration vergleichbar. Dies bedeutet, dass die Schnittstellen von und zum SAP-ERP-System weiterhin zur Anwendung kommen. So wurden z. B. bei dieser Anbindung auch in Verbindung mit SAP S/4HANA die Materialstämme von dort mittels *Core Interface* (CIF) an das dezentrale SAP-EWM-System verteilt. Dabei war es auch möglich, ein dezentrales SAP-EWM-System zeitgleich an SAP S/4HANA und an ein »klassisches« SAP-ERP-System anzubinden. Dadurch konnte z. B. ein schrittweiser Umstieg auf SAP S/4HANA gewährleistet werden.

Seit SAP S/4HANA 1610 ist SAP EWM als zentrale (*embedded*) Lagerverwaltung integrierter Bestandteil der Standardauslieferung und fügt sich dort nahtlos in die bestehenden Komponenten und Funktionen ein.

Die strategische Ausrichtung auf die SAP-S/4HANA-Technologie führte zu einer noch engeren Anbindung an die Business Suite der nächsten Generation – *SAP S/4HANA Enterprise Management*. SAP S/4HANA bietet ab SAP S/4HANA 1809 FPS02 die Möglichkeit, ein dezentrales SAP-EWM-System auf Basis von SAP S/4HANA mit SAP ERP oder einem SAP-S/4HANA-System mit ERP-Rolle zu integrieren. Dabei kann SAP EWM nicht nur als dezentrale Lagerverwaltungssoftware an SAP S/4HANA angebunden werden, sondern auch als integraler Bestandteil von SAP S/4HANA in einem zentralen System (embedded) laufen.

In diesem Buch beschreiben wir die Funktionen, die Integration und die Prozesse von SAP EWM als Bestandteil von SAP S/4HANA sowie die Lagerverwaltung mit SAP EWM in einem dezentralen SAP-S/4HANA-System (*SAP Digital Supply Chain Management, edition for SAP S/4HANA*). In den nachfolgenden Abschnitten dieses Kapitels stellen wir Ihnen zunächst die Grundfunktionen von SAP EWM vor und gehen anschließend auf die wesentlichen Innovationen in SAP S/4HANA ein. Danach geben wir Ihnen einen Überblick über die Implementierungsoptionen und die Integration von SAP EWM auf Basis von SAP S/4HANA.

[»]

WM und SAP S/4HANA Stock Room Management

Das in SAP S/4HANA integrierte und auf der Funktionalität von SAP ERP basierende WM ist nicht mehr Bestandteil der Zielarchitektur von SAP S/4HANA. SAP bietet SAP-S/4HANA-On-Premise-Kunden ein begrenztes Nutzungsrecht, um bestimmte klassische SAP-ERP-Lösungen auf ihrer SAP-S/4HANA-Installation auszuführen – hierzu gehört auch WM. Bis dahin wird WM in einem sogenannten *Kompatibilitätsmodus* auf SAP S/4HANA unterstützt und ist Teil des Architektur-Stacks, in dem alle verwandten Funktionen weiterhin unverändert verwendet werden können. Voraussetzung ist, dass die Kunden die entsprechenden Lösungen gemäß ihren Lizenzvereinbarungen lizenziert haben. Dieses Nutzungsrecht läuft am 31. Dezember 2027 aus und gilt sowohl für Bestandskunden als auch für Neukunden.

Seit SAP S/4HANA 1909 stellt SAP das SAP S/4HANA Stock Room Management zur Verfügung. Hierbei handelt es sich um das aus SAP ERP bekannte WM, dessen Funktionen lizenzrechtlich eingeschränkt wurden. SAP verfolgt hierbei das Ziel, vorhandene WM-Funktionen zunächst weiterzunutzen, und den Kunden einen möglichst reibungslosen Übergang auf SAP S/4HANA zu ermöglichen oder kleinere Lager mit geringer Komplexität abzubilden. SAP hat diesbezüglich einige Hinweise veröffentlicht, auf die wir an dieser Stelle verweisen möchten:

- SAP-Hinweis 2881166 – FAQ: Stock Room Management
- SAP-Hinweis 2577428 – Roadmap for LE-WM in SAP S/4HANA
- SAP-Hinweis 2269324 – Compatibility Scope Matrix for SAP S/4HANA

Sie erreichen diese Hinweise im *SAP Support Portal* über die folgende URL: *https://support.sap.com*

2.2 SAP EWM

SAP EWM war ursprünglich Teil des SAP-Ersatzteilmanagementsystems (SPM). Heute ist SAP EWM eine eigenständige Anwendung, die in jeder Lagerumgebung einsetzbar ist. SAP EWM wurde für komplexe Lager und Distributionszentren mit vielen unterschiedlichen Produkten und hohen Belegvolumina entwickelt und bietet gegenüber WM viele neue und deutlich erweiterte Funktionen und erstmalig die Möglichkeit, Lagerprozesse flexibel abzubilden und die Bestandstransparenz zu erhöhen.

Zum Zeitpunkt der Markteinführung von SAP EWM im Jahr 2005 wurde die ERP-basierte Lagerverwaltung durch SAP EWM jedoch nicht ersetzt, sondern um ein dezentrales Lagersystem ergänzt. Heute ist SAP EWM, insbesondere in Zusammenhang mit SAP S/4HANA, das strategische Produkt von SAP für die Lagerverwaltung und vollständig in die Bestandsführung und Lieferabwicklung mit SAP S/4HANA integriert.

In Abschnitt 2.1, »Lagerverwaltung mit SAP«, haben wir Ihnen die Chronologie der Einführung von SAP EWM als dezentrales Lagerverwaltungssystem erläutert. SAP EWM war dabei als Lagerverwaltungssystem in SAP SCM enthalten und konnte zusätzlich lizenziert werden. Optional ließ sich die ABAP-Lösung auch unabhängig von SAP SCM lizenzieren und als Add-on über das SCM-Core-Interface in SAP ERP integrieren. Bewegungsdaten wurden dabei über einen qRFC zwischen SAP ERP und SAP EWM ausgetauscht. Ab Release 9.0 war es zudem möglich, die Software auch eigenständig als Add-on für SAP NetWeaver zu implementieren.

Aus rein technischer Sicht konnte SAP EWM somit als selbstständiges System ohne direkte Anbindung an SAP ERP oder an ein Nicht-SAP-System betrieben werden. In der betrieblichen Praxis wurde jedoch – abhängig von den auf Projektbasis zu realisierenden Schnittstellen und den zu implementierenden Prozessen – die Standardintegration mit einem SAP-ERP-System bevorzugt. In den folgenden Abschnitten gehen wir sowohl auf die organisatorische als auch auf die technische Integration von SAP EWM mit SAP ERP ein. Zunächst möchten wir Ihnen aber die wesentlichen Kernfunktionen von SAP EWM erläutern.

2.2.1 Grundfunktionen von SAP EWM

SAP EWM ist vollständig in die Bestandsführung und Lieferabwicklung von SAP ERP integriert. Geschäftsvorgänge, die in anderen Anwendungskomponenten angestoßen werden, führen zu physischen Warenbewegungen im Lager. Mit SAP EWM können Sie diese Warenbewegungen organisieren, steuern und überwachen. SAP EWM bietet darüber hinaus Funktionen für komplexe Prozesse wie etwa geplante und ungeplante Cross-Docking-Szenarien, das Yard Management und die Abwicklung logistischer Zusatzleistungen.

Rückblickend wurden die Lagerverwaltungsfunktionen von SAP EWM seit der Markteinführung kontinuierlich erweitert und ergänzt. Auf Basis der Marktanforderungen verschiedener Branchen wurden bei der Entwicklung von SAP EWM die folgenden Schwerpunkte gesetzt:

- Supply Chain Networking und Intralogistikprozesse
- effiziente Lagerraumnutzung und zentrales Monitoring
- Optimierung von Ressourcen und die Planung von Mitarbeitern
- flexible Prozessmodellierung und Bestandstransparenz
- Multi-Customer Warehousing (Mehrkundenfähigkeit)
- für alle Lagerarten geeignete Skalierbarkeit
- direkte Steuerbarkeit der automatischen Fördertechnik
- Unterstützung logistischer Dienstleistungen im Lager

SAP EWM unterstützt dabei die Flexibilität und Effizienz des Lagers – vom Wareneingang bis hin zur ressourcenoptimierten Bündelung von Lageraufgaben (siehe Abbildung 2.2).

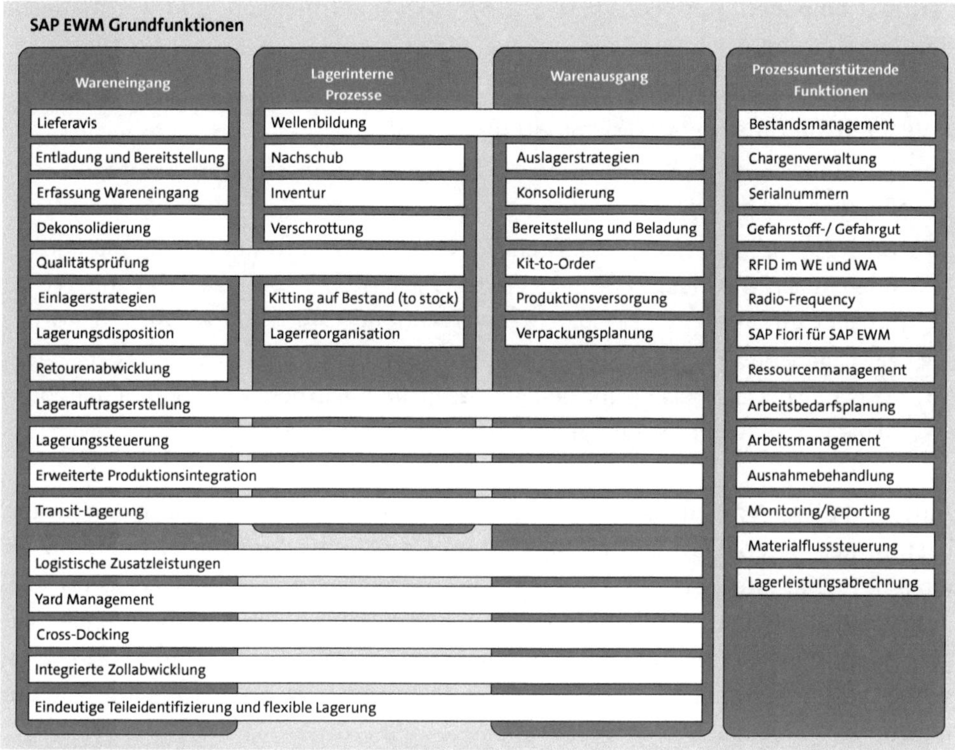

Abbildung 2.2 Grundfunktionen von SAP EWM

2.2.2 Prozessintegration von SAP EWM mit SAP ERP

Die in einem EWM-Lager gelagerten Materialien werden mengenmäßig auf der Lagerortebene geführt. SAP EWM ist hierzu nahtlos in die *Bestandsführung* von SAP ERP integriert. Die Prozessintegration findet im Wesentlichen über die Organisationsdaten statt. Die Integration erfolgt durch eine direkte Zuordnung einer SAP-ERP-Lagernummer zu einer SAP-EWM-Lagernummer und einer Systemeinstellung, die diese zugeordnete SAP-ERP-Lagernummer eindeutig als dezentrales Lager kennzeichnet. Die lagerlogistische Abwicklung der lagerwirksamen Prozesse erfolgt dann in dem dezentralen Lagerverwaltungssystem, wobei der jeweilige Beleg an das angeschlossene SAP-EWM-System repliziert wird. Die SAP-ERP-Lagernummer ist dabei eindeutig einer bestimmten Werk-Lagerort-Kombination zugeordnet.

Die Lagernummer von SAP EWM hat dabei eine ähnliche Funktion wie die Lagernummer in SAP ERP und definiert den physischen Ort, an dem Material gelagert und verwaltet wird. Sowohl WM, SAP S/4HANA Stock Room Management als auch SAP EWM nutzen dabei das *Inventory Management* (IM, Teil der Materialwirtschaft von SAP ERP

Central Component (SAP ECC) bzw. SAP S/4HANA) zur mengen- und wertmäßigen Bestandsführung.

[i]

Bestandsführung und Lagerverwaltung

In einem SAP-System wird grundsätzlich zwischen Bestandsführung und Lagerverwaltung unterschieden:

- Die wesentliche Aufgabe der Bestandsführung ist die Verwaltung von Beständen hinsichtlich ihrer Menge und ihres Wertes. Die Bestandsführung erfolgt ungeachtet der zum Einsatz kommenden Lagerverwaltung in SAP ECC bzw. SAP S/4HANA.
- Die Lagerverwaltung befasst sich mit der räumlichen Aufteilung des Lagers, der Belegung der Lagerplätze und den Prozessen innerhalb des Lagers und ist nahtlos in die Bestandsführung integriert.

Aufgrund dieser Vorgehensweise kann für ein Werk gleichzeitig (je nach den für ein bestimmtes Material ermittelten Lagerorten) sowohl eine dezentrale Anbindung an ein SAP-EWM-System als auch eine zentrale Lagerverwaltung mit WM realisiert werden. Diese Flexibilität erlaubt eine Trennung und Auswahl des auszuwählenden Lagerverwaltungssystems auf der Materialebene. Die WM-Lagernummer wird ausschließlich für Integrationszwecke verwendet und hat in SAP ERP keine weitere logistische Bedeutung.

Als dezentrales Lagerverwaltungssystem bewahrt SAP EWM einerseits die erforderliche Unabhängigkeit und Flexibilität, ist jedoch andererseits durch seine integrierte Organisationsstruktur und Warenbewegungen vollständig in die Logik der SAP-ERP-Prozesse eingebunden. Die wesentlichen Gründe für die Konzeption von SAP EWM als dezentrales System waren:

- **Hohe Performance**
  Besonders in Lagern mit hohem Durchsatz muss SAP EWM jederzeit kurze Antwortzeiten garantieren.
- **Gute Skalierbarkeit**
  SAP EWM muss sich unterschiedlichem Wachstum und geänderten Anforderungen gut anpassen können.
- **Hohe Verfügbarkeit**
  SAP EWM muss 24 Stunden pro Tag, unabhängig von anderen Systemen und mit automatisierter Synchronisation zum SAP-ERP-System, verfügbar sein.

Im direkten Vergleich zu SAP EWM auf der Basis von SAP S/4HANA hat sich das Konzept der organisatorischen Zuordnung der dezentralen Lagernummer und Verteilung von Bewegungsdaten an ein dezentral angeschlossenes SAP S/4HANA EWM nicht geändert. Wir gehen in diesem Kapitel auf die Integration eines dezentralen

SAP-EWM-Systems auf der Basis von SAP S/4HANA ein (siehe Abschnitt 2.5, »Dezentrales SAP S/4HANA EWM«). Die organisatorische Zuordnung der SAP-EWM-Lagernummer beschreiben wir in Kapitel 3, »Organisationsstruktur«. Zum besseren Verständnis der Gemeinsamkeiten und Unterschiede geben wir Ihnen zunächst einen Überblick über die technische Integration von SAP EWM mit SAP ERP.

2.2.3 Technische Integration von SAP EWM mit SAP ERP

Die technische Anbindung von SAP EWM an SAP ERP und z. B. die Übertragung von An- und Auslieferungen zwischen den Systemen erfolgt in Echtzeit über definierte Schnittstellen. Diese Schnittstellen ermöglichen eine nahtlose Integration der beiden Systeme, indem lieferungsrelevante Daten verteilt, geändert bzw. zurückgemeldet werden.

Abbildung 2.3 zeigt die technische Integration von SAP ERP und SAP EWM. Für die Übertragung von Stamm- und Bewegungsdaten werden zwei unterschiedliche Schnittstellen und Verfahren verwendet: die Stammdatenverteilung über das CIF und die Kommunikation, Verteilung und Anlage der Belegdaten mithilfe von *Business Application Programming Interfaces* (BAPIs).

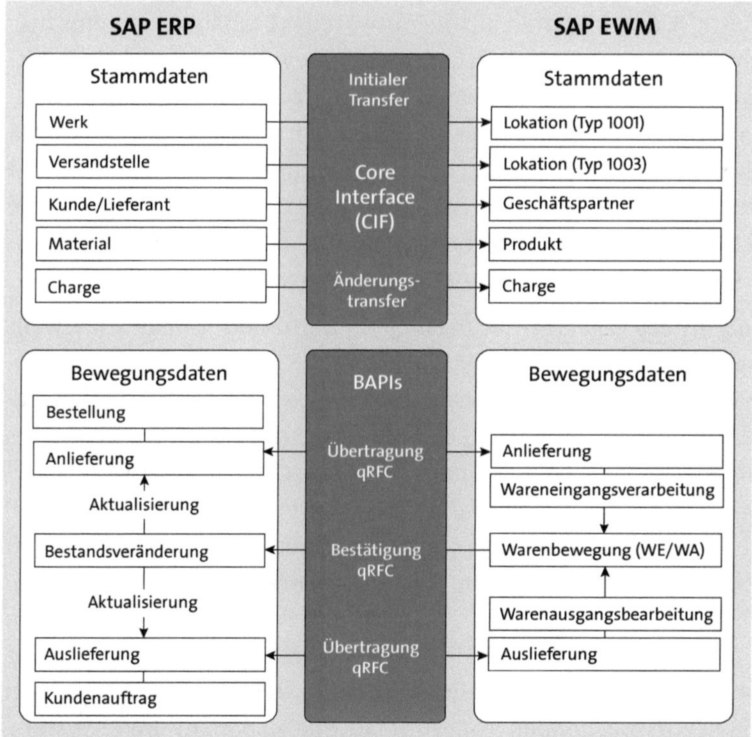

Abbildung 2.3 Technische Integration von SAP ERP und SAP EWM

Stammdatenverteilung

Bezüglich der Stammdaten ist SAP ERP das führende System. Die Verteilung der Stammdaten in das SCM-System, auf deren Basis die entsprechenden SAP-EWM-Stammdaten erstellt werden, erfolgt über das CIF. Die zu verteilenden Stammdaten werden dabei zunächst über ein Integrationsmodell in SAP ERP selektiert, und die eigentliche Verteilung erfolgt von SAP ERP nach SAP SCM.

Verteilung von Bewegungsdaten

Hinsichtlich der Bewegungsdaten stellen die An- und Auslieferungen die zentralen Kommunikationsobjekte zwischen SAP ERP und SAP EWM dar. Die Kommunikation und Verteilung der Belegdaten erfolgt mithilfe der bereits erwähnten BAPIs. Dabei handelt es sich um Schnittstellen, die über die sogenannten *queued Remote Function Calls* (qRFC) aufgerufen werden und entsprechende Belege im Zielsystem anlegen oder ändern.

Um ein hohes Maß an Stabilität der Kommunikation zwischen beiden Systemen zu gewährleisten, werden die Bewegungsdaten damit *asynchron* und unter Berücksichtigung der Reihenfolge übertragen und verarbeitet. Durch diese asynchrone Verarbeitung erfolgt das Senden und Empfangen von Daten zeitlich versetzt und ohne Blockieren des Prozesses, z. B. durch Warten auf die Antwort des Empfängersystems (wie es z. B. bei der synchronen Kommunikation der Fall ist). Die Ausgangs- und Eingangsverarbeitung erfolgt somit gemäß der zeitlichen Reihenfolge in der sogenannten *Eingangs-* bzw. *Ausgangs-Queue*. Tritt ein Fehler auf, z. B. durch eine fehlende Netzwerkverbindung, speichert diese Queue sämtliche Übertragungen und ermöglicht die nahtlose Weiterverarbeitung, sobald der Fehler lokalisiert und behoben ist. Die Queue ist hierbei eine Art Warteschlange, die einen zeitnahen und wechselseitigen Austausch und die Verarbeitung von Informationen ermöglicht.

Da SAP EWM als dezentrales Lagerverwaltungssystem konzipiert ist, hat nur jeweils ein System zu einem bestimmten Zeitpunkt die alleinige Kontrolle über einen Prozess und somit die Möglichkeit, einen Beleg in diesem System zu bearbeiten. Normalerweise obliegt die Prozesskontrolle dem SAP-EWM-System, da es als ausführendes System eng mit den physischen Systemabläufen verbunden ist. Nachdem ein Lieferbeleg in SAP ERP angelegt worden ist, wird dieser zur weiteren Verarbeitung an SAP EWM gesendet. Sobald die Lageraktivitäten begonnen haben (z. B. durch Anlegen einer Lageraufgabe oder Wareneingangsbuchung), ist der korrespondierende Lieferbeleg in SAP ERP nicht mehr änderbar. Von nun an initiiert SAP EWM Änderungen in der Lieferung und kommuniziert diese an SAP ERP. Wenn SAP ERP eine Änderung initiiert, z. B. bevor im Wareneingangsprozess mit den Lageraktivitäten begonnen wurde, sendet es einen entsprechenden Änderungsauftrag an das SAP-EWM-System. Die gewünschte Änderung in SAP ERP wird erst durchgeführt, nachdem das SAP-EWM-System die Änderung genehmigt und ausgeführt hat.

2.3 SAP EWM und SAP S/4HANA

Im vorangehenden Abschnitt haben wir Ihnen einen Überblick über den vielfältigen Funktionsumfang von SAP EWM gegeben. Die Funktionen von SAP EWM zeigen, dass SAP EWM die strategische Lösung von SAP für die Lagerverwaltung ist. Als solche war sie bereits in der Vergangenheit mit anderen SAP-Produkten eng verzahnt. Nur konsequent ist folglich eine ebenso enge Anbindung an die Business Suite der nächsten Generation – *SAP S/4HANA Enterprise Management*. Dabei kann ein bereits bestehendes SAP-EWM-System nicht nur als dezentrale Lagerverwaltungssoftware an SAP S/4HANA angebunden werden, sondern auch als integraler Bestandteil von SAP S/4HANA in einem zentralen System laufen oder dezentral als SAP S/4HANA EWM betrieben werden.

In diesem Abschnitt stellen wir Ihnen zunächst einige Merkmale von SAP S/4HANA vor, von denen beide Implementierungsoptionen eines SAP-EWM-Systems auf Basis von SAP S/4HANA profitieren. Anschließend gehen wir auf die beiden Architekturoptionen und Entscheidungskriterien bei der Systemauswahl ein.

2.3.1 Vereinfachungen und Merkmale von SAP S/4HANA

SAP S/4HANA steht für *SAP Business Suite 4 SAP HANA*. Hierbei handelt es sich nicht nur um eine neue Produktlinie von SAP, sondern um eine SAP-Anwendungssuite der nächsten Generation. Der Übergang von der SAP Business Suite zu SAP S/4HANA wird bisweilen mit dem Technologiewechsel von SAP R/2 auf SAP R/3 verglichen.

Das strategische Ziel von SAP ist es, Unternehmen bei der Vereinfachung von logistischen Prozessen zu unterstützen und Personen, Endgeräte und Geschäftspartner problemlos miteinander zu verknüpfen. Mit Erkenntnissen aus Geschäftsdaten in Echtzeit können Anwender auf zeitintensive Batch-Verarbeitungen verzichten. Egal ob für die Planung, Ausführung, Vorhersage oder Simulation – der hohe Detaillierungsgrad der Informationen ermöglicht rasche Entscheidungen und einen schnelleren Nutzen. Hierbei lassen sich die wesentlichen Vorteile von SAP S/4HANA für die logistische Prozesse wie folgt zusammenfassen:

- Geringerer Gesamtspeicherbedarf durch Verzicht auf eine redundante Datenhaltung (Indizes und Aggregate) und höherer Datendurchsatz durch den Einsatz einer hauptspeicherbasierten Datenbanktechnologie.
- Deutliche Performancesteigerungen und Entscheidungsfindung durch schnellere Analysen und Erstellung von Berichten in Echtzeit.
- Höhere Flexibilität durch die freie Wahl des Betriebsmodells – on-premise, in der Cloud oder in hybriden Architekturen.
- Weniger Prozessschritte, ein neues und vereinfachtes logistisches Datenmodell und Konfigurationsfunktionen sollen eine schnelle Implementier- und Erweiter-

barkeit gewährleisten. Die SAP-S/4HANA-Applikationen basieren dabei auf einer neuen Codeline und sind auf die optimale Nutzung der In-Memory-Datenbank ausgerichtet.

- Eine neue, zeitgemäße und einheitliche Benutzeroberfläche, die auf SAP Fiori basiert: Die Oberfläche kann geräteunabhängig auf Desktops, Tablets, Smartphones und sogar auf Smartwatches genutzt werden und wurde im Hinblick auf die zielgerichtete Bearbeitung von Ausnahmen, die eine Benutzerhandlung erfordern, neu gestaltet.

Neben einer In-Memory-Datenbanktechnologie profitiert SAP S/4HANA EWM dabei insbesondere von den neuen Benutzeroberflächen und funktionalen Erweiterungen, von denen wir Ihnen nachfolgend einige Vereinfachungen exemplarisch vorstellen. Wir haben zu Beginn dieses Kapitels erwähnt, dass SAP EWM als zentrale (embedded) Lagerverwaltung integrierter Bestandteil der Standardauslieferung ist und sich nahtlos in die bestehenden Komponenten und Funktionen von SAP S/4HANA einfügt. Auf dessen Vereinfachungen und die Systemintegration von SAP EWM in SAP S/4HANA gehen wir in Abschnitt 2.4, »SAP EWM in SAP S/4HANA«, ein.

[i]

Aktualität der Informationen zu SAP S/4HANA

Dieses Buch wurde in wesentlichen Teilen in der Jahresmitte von 2022 geschrieben. Die beschriebenen Funktionen, die meisten Screenshots, Einstellungen und die beschriebenen Prozesse basieren – soweit dies nicht anders angegeben wurde – auf dem zum Zeitpunkt der Erstellung aktuellen und seit 09/2021 verfügbaren SAP-S/4HANA-Release 2021. Wir möchten Sie an dieser Stelle darauf hinweisen, dass wir die erläuterten Funktionen und insbesondere die lizenzrechtlichen Aussagen auf Basis der aktuellen Informationen beschreiben.

Weil das Produkt ständig weiterentwickelt wird und sich wesentliche Inhalte diesbezüglich ändern können oder neue Funktionen ergänzt werden, machen wir Sie in diesem Buch auf die entsprechenden SAP-Hinweise aufmerksam. Sie finden die SAP-Hinweise im SAP Support Portal unter *http://support.sap.com*. Soweit es für das Verständnis neuer Funktionen relevant ist, erläutern wir Ihnen auch die mit Release 2022 zur Verfügung gestellten Funktions- und Prozesserweiterungen. Für einen Überblick über aktuelle und zukünftige Entwicklungen im SAP-Produktportfolio empfehlen wir Ihnen den *Roadmap Explorer*, den Sie über die folgende URL aufrufen: *https://roadmaps.sap.com*

Datenbanktechnologie

HANA war ursprünglich ein Akronym für *High Performance Analytic Appliance*. Bei dieser *Appliance* handelt es sich um eine Kombination aus Hardware und Software für besonders schnelle analytische Anwendungen mit großen Datenmengen. Ein wesentliches Merkmal ist hierbei die In-Memory-Technologie. Sie stellt eine Schlüsseltechnologie dar und bietet im direkten Vergleich mit traditionellen Platten- und Flash-Speichersystemen einen deutlichen Geschwindigkeitsvorteil.

Darüber hinaus kommen bei SAP HANA neben einer neuen Architektur der Datenhaltung (beispielsweise durch eine spaltenorientierte Ablage der Daten) effiziente Datenkompressionstechniken zum Einsatz. SAP HANA lässt sich dabei nicht nur für analytische Zwecke einsetzen, sondern steht als hauptspeicherbasierte Datenbank inzwischen sämtlichen modernen SAP-Systemen zur Verfügung und bildet die Basis für SAP S/4HANA. Eine klassische relationale Datenbank ist dabei nicht mehr erforderlich und für SAP S/4HANA auch nicht mehr vorgesehen.

SAP S/4HANA basiert vollständig auf der In-Memory-Plattform SAP HANA und ist damit in der Lage, logistische Geschäftsprozesse in Echtzeit zu verarbeiten. Im Vergleich zu den etablierten Komponenten der SAP Business Suite wurde das Datenmodell – insbesondere für die logistischen Funktionen – drastisch vereinfacht. Darüber hinaus wurde die bestehende und aus SAP ERP bekannte Funktionalität erweitert und durch neue User Interfaces ergänzt.

User Interface

Mit der neuen Benutzeroberfläche *SAP Fiori* steht ein modernes User Interface zur Verfügung, das sich maßgeblich von den bisher bekannten SAP-Benutzeroberflächen unterscheidet.

In SAP S/4HANA EWM stellt die SAP-Fiori-Startseite (das sogenannte *SAP Fiori Launchpad*) den Einstiegspunkt für Endanwender dar. Von dort aus kann beispielsweise auf SAP-EWM-Transaktionen, unabhängig von der verwendeten UI-Technologie (UI = *User Interface*), zugegriffen werden. Dabei kann die SAP-Fiori-Startseite im Internetbrowser oder im SAP Business Client angezeigt werden. Sie zeigt die verfügbaren Transaktionen als Kacheln an (siehe Abbildung 2.4).

Die Benutzer können die Startseite an ihre Bedürfnisse anpassen. Über den Kachelkatalog, der die verfügbaren Transaktionen umfasst, können weitere Kacheln gesucht, aufgenommen und auch gruppiert werden. Durch den Aufruf über die SAP-Fiori-Startseite werden alle aufgerufenen Transaktionen mit einem SAP-Fiori-Theme aufbereitet, sodass sie sich optisch und in der Handhabung angleichen – unabhängig von der tatsächlich genutzten UI-Technologie. Dies vereinfacht die Benutzung für den Endanwender erheblich.

[«]

Informationen zum User Interface

SAP-Hinweis 2348923 bietet weiterführende Informationen zum User Interface in SAP S/4HANA und zum Einsatz des SAP Fiori Launchpads in SAP EWM. Sie erreichen diesen Hinweis im SAP Support Portal über die folgende URL: *http://support.sap.com*

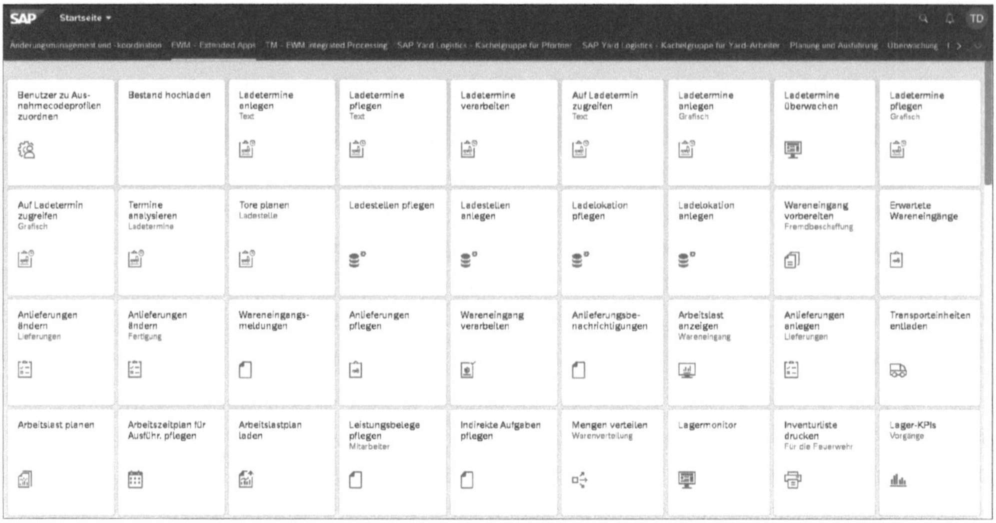

Abbildung 2.4 SAP-Fiori-Startseite mit Logistikfunktionen in SAP S/4HANA

Zentraler Geschäftspartner

In einem traditionellen SAP-ERP-System gab es redundante Stammdatenobjekte für Debitoren und Kreditoren. Im Gegensatz zu dieser differenzierten Sichtweise und der technischen Trennung von Kunden- und Lieferantenstammsätzen verfolgt SAP S/4HANA den Ansatz eines zentralen Geschäftspartners (auch *Business Partner*). Mit einem vereinfachten Datenmodell und der Pflege eines Geschäftspartners ist SAP S/4HANA in der Lage, Stammdaten für Kunden und Lieferanten zentral zu verwalten und die Anzahl der dafür notwendigen Datenbanktabellen zu reduzieren. Transaktion BP ist dabei der zentrale Einstiegspunkt zum Anlegen, Bearbeiten und Anzeigen von Stammdaten für Geschäftspartner, Kunden und Lieferanten. In diesem Zusammenhang ist es jedoch nicht zwingend notwendig, dass Sie Kunden und Lieferanten mit unterschiedlichen Rollen zu einem zentralen Geschäftspartner anlegen. Sie können nach wie vor für Kunden und Lieferanten unterschiedliche Stammdatenobjekte anlegen und Debitoren und Kreditoren mit unterschiedlichen Nummernkreisen pflegen.

Um den SAP-Geschäftspartner als führendes Objekt in SAP S/HANA zu nutzen, verwendet SAP S/4HANA die *Customer Vendor Integration* (CVI). Die CVI-Komponente sorgt für die Synchronisation zwischen dem Geschäftspartnerobjekt und stellt sicher, dass die Stammdatentabellen für Kunden und Lieferanten automatisch aktualisiert werden, nachdem ein Geschäftspartner erstellt bzw. geändert worden ist. Die aus SAP ERP bekannten Transaktionen zur Pflege und Ansicht von Kunden und Lieferanten (hierzu zählen insbesondere die Transaktionen XD01, XD02, XD03 oder VD01, VD02, VD03/XK01, XK02, XK03 oder MK01, MK02 und MK03) sind in SAP S/4HANA nicht mehr verfügbar und wurden durch Transaktion BP abgelöst.

Vereinfachter Materialstamm

Mit SAP S/4HANA wurden die Tabellenstrukturen des Materialstamms sowie die Tabellen der (Material)bestandsverwaltung ebenso wie die Integration von Komponenten, die auf gemeinsame Materialstammdaten zugreifen, deutlich vereinfacht. Gleichzeitig wurde der Materialstammsatz auf eine 40-stellige Materialnummer erweitert.

In einem klassischen SAP-ERP-System ist die Materialnummer eines Materialstamms auf 18 Stellen beschränkt. Die Verwendung einer 40-stelligen Materialnummer für die Automobilbranche und Unternehmen mit diskreter Fertigung ist dabei nur über die Aktivierung entsprechender Branchen-Add-ons möglich. Mit SAP S/4HANA werden auch Materialnummern mit 40 Zeichen unterstützt. Die entsprechenden zugehörigen SAP-Entwicklungseinheiten (Domänen, Datenelemente, Strukturen, Tabellentypen und transparente Tabellen, externe und interne Schnittstellen, Benutzeroberflächen usw.) wurden entsprechend angepasst.

Vereinfachungen in der Bestandsführung

Bei der Bestandsführung in SAP S/4HANA profitieren SAP-Kunden von einer einfacheren und skalierbaren Transaktionsverwaltung auf der Basis von neuen SAP-Fiori-Apps. Neue, auf Echtzeitdaten basierende Funktionen sollen hierbei die Produktivität in der Logistik erhöhen. Dazu gewähren sie Einblicke in Bestände, ermöglichen die Überwachung von Artikeln mit geringer Umschlaghäufigkeit und die Überwachung der Haltbarkeit von Produkten und zeigen Echtzeitinformationen zum Status von Transitbeständen an. Die neue Bestandsverwaltung von SAP S/4HANA unterscheidet sich dabei deutlich von der bisherigen Bestandsverwaltung mit SAP ERP – sowohl technisch als auch funktional. In diesem Zusammenhang möchten wir Ihnen zunächst eine kurze Einführung in die Tabellenstruktur des Bestandsmanagements mit SAP ERP geben. Danach erläutern wir die wesentlichen Unterschiede der Bestandsverwaltung mit SAP S/4HANA.

In einem SAP-ERP-System besteht das Datenmodell für die Bestandsverwaltung im Wesentlichen aus den beiden Belegtabellen `MKPF` für die Belegkopfinformationen und `MSEG` für die Belegpositionsdaten. Zusätzlich wurden aggregierte Istmengenbestände in mehreren Tabellen gespeichert. Einige dieser Tabellen speichern auch Materialstammdatenattribute wie die Tabellen `MARC`, `MARD` und `MCHB`. Solche Tabellen mit Materialstammdatenattributen sowie tatsächlichen Bestandsmengen werden als *Hybridtabellen* bezeichnet. Dagegen gibt es auch Tabellen wie `MSSA`, die nur aggregierte Istmengen für den Kundenauftragsbestand enthalten. Diese Tabellen werden als *Aggregationstabellen* bezeichnet.

Mit SAP S/4HANA wurde dieses Datenmodell signifikant verändert. Es wurde die neue Tabelle `MATDOC` eingeführt, die die bisherigen Kopf- und Positionsdaten eines

Materialbelegs sowie viele weitere Attribute enthält. Die Materialbelegdaten werden nur in `MATDOC` und nicht mehr in `MKPF` und `MSEG` gespeichert. Zusätzlich werden die aggregierten tatsächlichen Bestandsmengen nicht mehr in Hybrid- oder Aggregationstabellen gespeichert. Die tatsächlichen Bestandsdaten werden dabei direkt aus der neuen Materialbelegtabelle `MATDOC` berechnet.

Neben grafischen Elementen zur Visualisierung der jeweiligen Bestandsmengen wurde auf eine Vereinfachung der Darstellung und eine schnelle Berechnung Wert gelegt. Dank der In-Memory-Datenbank erfolgt die Berechnung der Bestandsdaten in Echtzeit, was zu einer wesentlichen Performancesteigerung führt. In diesem Zusammenhang kann in SAP S/4HANA auf die Transaktionen für die Erfassung und Anzeige von Warenbewegungen (Materialbelege) weitestgehend verzichtet werden. Die Transaktionen zur Anzeige und Pflege von Materialbelegen und Bewegungen (MB01, MB02, MB03 usw.) wurden in SAP S/4HANA durch Transaktion MIGO ersetzt, die Sie bereits aus SAP ERP kennen.

Wir haben Ihnen in diesem Abschnitt einige wesentliche, für SAP EWM relevante Vereinfachungen in SAP S/4HANA erläutert. Im nächsten Abschnitt gehen wir auf die Installationsoptionen von SAP S/4HANA EWM ein.

[»]

SAP-Dokumentation der Vereinfachungen in SAP S/4HANA

Für eine komplette, aktuelle Übersicht über die Vereinfachungen in SAP S/4HANA möchten wir Sie auf die umfangreiche Dokumentation von SAP verweisen. Damit sich die Kunden besser auf die Umstellung auf SAP S/4HANA vorbereiten können, bietet SAP eine detaillierte Übersicht über die technischen Objekte und Vereinfachungen (*Simplification Items*) für jede SAP-S/4HANA-Komponente. SAP-Hinweis 2313884 enthält einen Link zu einer Datenbank, in der Sie die gesamte Simplification List durchsuchen können. Innerhalb jedes Themas findet Sie einen Verweis zu einem weiterführenden SAP-Hinweis, der die entsprechende Funktion oder Einschränkung erläutert. Sie finden diesen SAP-Hinweis im SAP Support Portal über die folgende URL: *http://launchpad.support.sap.com*

2.3.2 Installationsoptionen von SAP S/4HANA EWM

Wenn wir über Installations- oder Bereitstellungsoptionen sprechen, müssen wir zunächst zwischen der Bereitstellung vor Ort (on-premise) und der Bereitstellung in der Cloud unterscheiden. Bevor wir aufschlüsseln, was die einzelnen Optionen beinhalten, ist es wichtig zu beachten, dass wir uns nur auf die Optionen beziehen, die für SAP S/4HANA verfügbar sind, da die alten SAP-NetWeaver-Implementierungen (d. h. die Business Suite SAP EWM 9.5 und niedriger) nach 2027 nicht mehr unterstützt werden.

On-Premise bedeutet, dass Sie das Lagerverwaltungssystem in Ihrem eigenen Rechenzentrum einsetzen und die Möglichkeit haben, die Suite anzupassen und zu erweitern, wobei Sie die vollständige Kontrolle über Ihre Umgebung haben. Diese Option ermöglicht es den Benutzern, ihre Lagerkapazitäten für verschiedene Spezialisierungen zu optimieren.

Bei der Bereitstellung in der *Cloud* handelt es sich um einen Cloud-Service, bei dem SAP die IT-Infrastruktur verwaltet und den Kunden die Systeme zur Nutzung zur Verfügung stellt. Dabei werden die Systeme entweder gemeinsam mit anderen Kunden genutzt (*Public*) oder stehen ausschließlich einer einzigen Organisation zur Verfügung (*Private*). SAP bietet beide Optionen an, auf die wir nachfolgend eingehen.

Aus technischer Sicht bietet SAP damit mehrere Installationsoptionen für die Lagerverwaltung mit SAP EWM auf der Basis von SAP S/4HANA an. Abbildung 2.5 zeigt die wesentlichen Implementierungsoptionen in der Übersicht.

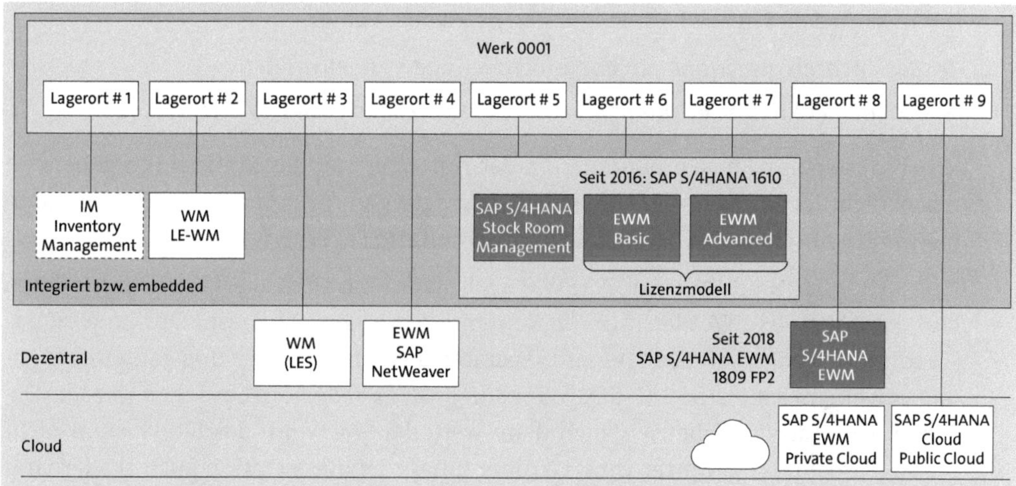

Abbildung 2.5 Implementierungsoptionen: Lagerverwaltung mit SAP

On-Premise: Embedded oder dezentral

Nach der Veröffentlichung von SAP S/4HANA im Februar 2015 gab es im November 2015 das erste umfassende SAP-S/4HANA-Release 1511, das Vereinfachungen für alle Fachbereiche umfasste und on-premise zur Verfügung gestellt wurde. Ob Materialwirtschaft, Produktion, Beschaffung, Vertrieb oder Planung: Sämtliche Logistikfunktionen von SAP ERP wurden neben dem Finanz- und Rechnungswesen in das SAP S/4HANA Enterprise Management übernommen und in einer neuen, simplifizierten Version angepasst bzw. komplett neu entwickelt. Einige wesentliche Vereinfachungen haben Sie im vorangehenden Abschnitt kennengelernt.

[!]

Installationsoptionen für SAP EWM

SAP EWM bietet vielfältige Installationsoptionen, die abhängig vom jeweiligen Einsatzgebiet gemeinsam mit einer SAP-Beratung sorgfältig evaluiert werden sollten. SAP-Hinweis 1606493 kann dabei als Hilfestellung herangezogen werden und erläutert mögliche Bewertungskriterien. Sie erreichen diesen Hinweis im SAP Support Portal über die folgende URL: *http://launchpad.support.sap.com*

Mit Release 1610 wurden die logistischen Funktionen noch einmal deutlich ergänzt. Zu diesen Ergänzungen zählt insbesondere die Integration von SAP EWM, das als Lagerverwaltungssystem in SAP S/4HANA aufgenommen wurde und seitdem als integrierte Lagerverwaltung zur Verfügung steht (siehe Abbildung 2.1). In diesem Szenario ist SAP EWM auf demselben Mandanten wie das zentrale SAP S/4HANA vorhanden und nahtlos in die Logistikprozesse und Stammdaten integriert. Embedded EWM kann dabei in zwei Ausprägungen betrieben werden:

- *Basic Warehouse Management* (einfache Lagerverwaltung)
- *Extended Warehouse Management* (das zusätzliche Funktionen bietet)

Die funktionalen Einschränkungen in der Nutzung, und die damit einhergehenden lizenzrechtlichen Unterschiede beider Ausprägungen für Embedded EWM beschreiben wir in Abschnitt 2.4.2, »Einfache und erweiterte Lagerverwaltung«.

Seit SAP S/4HANA 1809 kann SAP EWM auch als dezentrales Lagerverwaltungssystem auf der SAP-S/4HANA-Plattform implementiert werden. Bei dieser Option wird das Lagerverwaltungssystem auf einem separaten System installiert und kann unabhängig von einem zentralen SAP-ECC- oder SAP-S/4HANA-System betrieben werden. Dadurch kann der Lagerbetrieb auch dann weiterlaufen, wenn das ERP-System nicht verfügbar ist oder gewartet wird. Darüber hinaus ist diese Option auch skalierbarer und in der Lage, Aktivitäten im Lager auch in Umgebungen mit hohem Volumen und hoher Intensität zu verarbeiten. Die Entscheidung für ein dezentrales EWM auf der Grundlage von SAP S/4HANA bietet zudem die Möglichkeit, es mit SAP S/4HANA Cloud, Private Edition zu verbinden und ermöglicht damit eine *hybride* Systemlandschaft aus On-Premise- und Cloud-Version.

Seitdem wurden sowohl SAP S/4HANA als auch SAP S/4HANA EWM kontinuierlich erweitert, durch neue Funktionalität ergänzt und weiter integriert. SAP verfolgt dabei die Strategie, SAP S/4HANA als innovative Plattform für SAP EWM – embedded oder dezentral – zu verwenden. Gleichzeitig wurde auch das Angebot für die Implementierung in der Cloud deutlich erweitert.

Cloud: Private und Public Cloud

Wie bei den meisten Cloud-Preismodellen handelt es sich bei der Implementierung in der Cloud um einen Abonnementservice, bei dem die Nutzer neue Innovationen durch kontinuierliche Funktionsbereitstellung, schnelle Wertschöpfung und niedrigere Gesamtbetriebskosten nutzen können. Die Bereitstellung von SAP S/4HANA in der Cloud kann dabei auf zwei unterschiedliche Arten erfolgen:

- *SAP S/4HANA Cloud, Public Edition*
- *SAP S/4HANA Cloud, Private Edition*

Mit SAP S/4HANA Cloud, Public Edition bietet SAP eine ERP-Lösung nach dem *Software-as-a-Service-Modell* (SaaS-Modell) an. Dies bedeutet, dass die Software samt darunterliegender IT-Infrastruktur von SAP betrieben und verwaltet wird. Als Kunde müssen Sie sich damit nicht um Wartung oder Aktualisierungen kümmern. SAP S/4HANA Cloud, Public Edition lizenzieren Sie in einem Abonnementmodell. Zur Nutzung des Angebots ist eine Internetverbindung notwendig, und der Zugriff erfolgt über den Webbrowser. Als SaaS-Angebot bietet SAP S/4HANA Cloud einen halbjährlichen Innovationszyklus. So kommen alle 6 Monate neue Funktionen in unterschiedlichen Bereichen hinzu. Ab SAP S/4HANA Cloud 1811 ist mit dem Warehouse Management für SAP S/4HANA Cloud eine integrierte Lagerverwaltung mit grundlegenden Funktionen Teil des Softwareangebots. Der Funktionsumfang wurde dabei kontinuierlich erweitert, ist aber nicht mit den Funktionen, die Ihnen SAP EWM bietet, vergleichbar und vielmehr auf die Verwendung in SAP S/4HANA Cloud, Public Edition zugeschnitten. Aus diesem Grund gehen wir in diesem Buch nicht näher auf SAP S/4HANA Cloud, Public Edition ein.

Um eine bestehende Systemlandschaft ohne Neuimplementierung in die Cloud zu migrieren, stellt SAP seinen Kunden SAP S/4HANA Cloud, Private Edition zur Verfügung. Diese Installationsoption ermöglicht Ihnen sowohl den Betrieb von Embedded EWM als auch von einem dezentralen SAP S/4HANA EWM in einer privaten Cloud. Hierbei stehen die gleichen Funktionalitäten wie in den On-Premise-Szenarien zur Verfügung. Der Service wird auf einem privaten Server gehostet, auf dem SAP die technische Wartung durchführt. Im Gegensatz zu SAP S/4HANA Cloud, Public Edition haben Kunden dabei die Möglichkeit zu wählen, ob sie auf eine neuere Version upgraden möchten oder nicht. Ferner sind – analog zur On-Premise-Version – kundenspezifische Erweiterungen möglich.

Welches System und welche Installationsoption für Sie infrage kommt, hängt von verschiedenen Faktoren ab. In dem nachfolgenden Abschnitt geben wir Ihnen einen Überblick über mögliche Entscheidungskriterien bei der Systemauswahl.

[»]

Technische Integration von SAP EWM und SAP S/4HANA

Die im nachfolgenden Kapitel 3, »Organisationsstruktur«, vorgestellten Organisationsstrukturen bilden die Grundlage für die technische Integration von SAP ECC bzw. SAP S/4HANA und SAP S/4HANA EWM (embedded oder dezentral).

Um Projektteams bei der Implementierung zu unterstützen, stellt SAP eine ausführliche Systemdokumentation, Release Notes und Installationsleitfäden zur Verfügung. Diese Dokumente und Anleitungen sind öffentlich zugänglich und enthalten detaillierte Erläuterungen zur Konfiguration und Integration für die zentrale und dezentrale Implementierung von SAP EWM.

An dieser Stelle verzichten wir bewusst auf eine detaillierte Beschreibung der technischen Systemintegration und verweisen auf SAP-Hinweis 2782080. Der Hinweis enthält eine detaillierte Übersicht über die verfügbaren Integrationsleitfäden für sämtliche Implementierungsoptionen und Releasestände. Sie finden diesen Hinweis im SAP Support Portal über die folgende URL: *http://support.sap.com*. Weitere Informationen zur Prozessintegration von SAP EWM mit anderen SAP-Lösungen finden Sie in Kapitel 14, »Bereichsübergreifende Prozesse und Funktionen«.

2.3.3 Systemauswahl und Entscheidungskriterien

Bei jedem Projektvorhaben im Bereich der Lagerverwaltung ist die Auswahl des Lagerverwaltungssystems und die damit einhergehende Systemarchitektur ein zentrales Thema. Nachdem in den letzten Jahren vielfach diskutiert worden ist, ob ein zentrales oder dezentrales System implementiert werden soll und wie die Anbindung an die vorhandene Lagerautomatisierung realisiert wird, hat sich der Schwerpunkt der Diskussionen mittlerweile verlagert. Das im vorangehenden Abschnitt erwähnte *Cloud Computing* und die damit einhergehenden Einsparpotenziale gewinnen zunehmend an Bedeutung.

Die betriebswirtschaftlichen Fragestellungen haben sich dabei nicht nur durch die Einführung des im Vergleich zu einer ERP-basierten Lagerverwaltung funktional stark erweiterten SAP-EWM-Systems geändert. Wurden in der Vergangenheit vor allem technische Einflussfaktoren betrachtet, wie z. B. der Automatisierungsgrad und die Performance, stehen aktuell auch wirtschaftliche Faktoren auf dem Prüfstand und sind neben der Funktionalität ein vorrangiges Thema bei der Produktauswahl. Wir haben Ihnen bereits in den vorangehenden Abschnitten erläutert, dass SAP EWM in Verbindung mit der SAP-S/4HANA-On-Premise-Version entweder embedded oder dezentral betrieben werden kann.

Die Frage, welches System, bzw. welche Art der Implementierung am besten geeignet ist, lässt sich nicht pauschal beantworten. Die Systemauswahl richtet sich nicht zuletzt nach den betrieblichen Anforderungen. Bezüglich der Systemauswahl und der damit einhergehenden Installationsoptionen gibt es bestimmte Anhaltspunkte und Zusammenhänge, die zumindest in eine gewisse Richtung zeigen und möglicherweise bestimmte Architekturvarianten ausschließen. Abschließend stellen wir einige mögliche Auswahlkriterien vor.

Automatisierungsgrad

Der Automatisierungsgrad ist, wie bereits erwähnt, nach wie vor ein sehr wichtiger technischer sowie wirtschaftlicher Einflussfaktor, der die Entscheidung für ein dezentrales SAP S/4HANA EWM erheblich beeinflusst. Ist im Projekt die Anbindung von Lager- und Fördertechnik von zentraler Bedeutung, hat SAP EWM bereits seit Release 5.1 erhebliche Vorteile gegenüber der alten, SAP-ERP-basierten Lösung. Die gleichen Vorteile bestehen auch gegenüber SAP S/4HANA Stock Room Management.

Mit der Komponente *Material Flow System* (MFS) bietet SAP EWM einen voll integrierten Materialflussrechner, mit dem automatische Lager- und Fördertechnikelemente angebunden und in Echtzeit gesteuert werden können. Außerdem lässt sich in SAP EWM die Anbindung von speicherprogrammierbaren Steuerungen sowie die Abbildung von Meldepunkten, Regalbediengeräten oder Fördersegmenten durch die Standardkonfiguration realisieren. Ungeachtet der Zielarchitektur steht MFS für beide Optionen zur Verfügung.

Große Distributionszentren haben oft einen hohen Automatisierungsgrad, hohe Durchsatzzahlen, verbunden mit der Notwendigkeit schneller Reaktionszeiten. Eine dezentrale Implementierung sollte insbesondere bei sehr hohen Performanceanforderungen oder – damit einhergehend – einer räumlichen Distanz zwischen Lagerverwaltungssystem und der zu steuernden Automatisierungstechnik in Betracht gezogen werden.

Betriebswirtschaftliche Aspekte

Neben dem Automatisierungsgrad kann ein dezentrales SAP S/4HANA EWM auch aus rein betriebswirtschaftlicher Sicht eine valide Installationsoption darstellen. Abhängig von den Rahmenbedingungen kann es gute Gründe dafür geben, SAP EWM dezentral zu betreiben. Dies können u. a. sein:

- Notwendigkeit von regionalen SAP-EWM-Systemen anstelle einer zentralen SAP-S/4HANA-Instanz
- Risikominimierung der Ausfallsicherheit einzelner Systeme
- abweichende geplante Ausfallzeiten der Systeme
- unterschiedliche Releasezyklen des dezentralen SAP-EWM-Systems und von SAP S/4HANA
- Notwendigkeit der Verbindung zu unterschiedlichen Business-Suite-Systemen

Funktionale Aspekte

Neben dem Automatisierungsgrad und betriebswirtschaftlichen Aspekten gibt es eine Reihe weiterer Einflussfaktoren für die Bestimmung der Systemarchitektur, die jeweils mit den spezifischen Anforderungen eines Unternehmens abgeglichen werden müssen. Hierzu zählen insbesondere auch funktionale Unterschiede zwischen den beiden Implementierungsoptionen.

Das dezentrale SAP S/4HANA EWM und Embedded SAP EWM in SAP S/4HANA basieren auf einem gemeinsamen Kern. Dies bedeutet, dass zentrale Teile in beiden Optionen aus Programmcodesicht identisch sind. Dieser Kern kann über die Zeit durch SAP um weitere Funktionen erweitert werden, von denen beide Varianten profitieren. Das heißt, dass neue Funktionen in beiden Produkten zur Verfügung gestellt werden können. Zusätzlich wurden bestimmte Teilstücke für den jeweiligen Einsatzzweck optimiert bzw. verschlankt.

Zwischen den Varianten überwiegen die Gemeinsamkeiten – somit können beide Systeme von den gleichen Personen einer IT-Abteilung betreut werden. Im Detail kann es zu Abweichungen kommen, die entweder in zukünftigen Versionen gleichgezogen oder absichtlich aus Gründen einer vereinfachten Integration bei der Verwendung von Embedded SAP EWM in SAP S/4HANA beibehalten werden.

Mit beiden Optionen können aber grundsätzlich die gleichen betriebswirtschaftlichen Prozesse abgebildet werden. Dennoch kann es z. B. für Großkonzerne sinnvoll sein, an unterschiedlichen Standorten mit jeweils unterschiedlichen Varianten zu arbeiten, z. B. mit einem dezentralen SAP S/4HANA EWM an Standorten mit Hochdurchsatzlagern und mit EWM in SAP S/4HANA an kleineren oder produktionsnahen Standorten, die zentral verwaltet werden.

[»]

Funktionale Besonderheiten von SAP EWM in SAP S/4HANA

Im nächsten Abschnitt 2.4, »SAP EWM in SAP S/4HANA«, liefern wir Ihnen klare Argumente für die Nutzung dieser Option, die auf Vereinfachungen, Optimierungen und Veränderungen in diesem Kontext basieren. In diesem Zusammenhang gehen wir auch auf die wesentlichen funktionalen Unterschiede und Integrationsaspekte zwischen den beiden Installationsoptionen ein.

2.4 SAP EWM in SAP S/4HANA

SAP EWM in SAP S/4HANA (auch Embedded SAP EWM in SAP S/4HANA) ist Teil der Standardauslieferung ab SAP S/4HANA 1610. Es ist also integraler Bestandteil des

Software-Stacks. Dort fügt es sich neben anderen Komponenten wie LE, QM, MM und FI nahtlos ein. SAP EWM in SAP S/4HANA ist dabei primär als neue Einführungsoption für Bestands- und Neukunden konzipiert. Mit seinen integrierten Funktionen zur Lagerverwaltung zielt es insbesondere darauf ab, kleine und mittelgroße Lager sowie Produktionslager zu integrieren und den Kunden flexible Bereitstellungsoptionen zu bieten, um alle Arten von Lagern in einer einzigen SAP-Lösung zu implementieren.

Trotz einer leicht eingeschränkten Funktionalität profitiert das integrierte EWM-System insbesondere durch die eingesparten Schnittstellen und durch die Integration der EWM-Materialstammsichten in den ERP-Materialstamm von SAP S/4HANA. Darüber hinaus wurden die aus SAP EWM bekannten Schnittstellenbelege abgeschafft, und der Belegaustausch wurde stark vereinfacht. Die Vereinfachungen betreffen dabei auch die Verwendung gemeinsamer Stammdaten, die Nutzung von zentralen Geschäftspartnern anstelle von Kunden- und Lieferantenstammsätzen und die engere Integration und Einbettung in die ERP-Funktionen von SAP S/4HANA.

Wie zuvor erwähnt, verfügt EWM als Teil von SAP S/4HANA 1610 weitestgehend über einen vergleichbaren Funktionsumfang wie ein dezentrales EWM-System und bietet darüber hinaus zahlreiche Verbesserungen und Vereinfachungen. Wir geben Ihnen in diesem Abschnitt einen Überblick über einige Vereinfachungen und konzentrieren uns dabei auf die folgenden Bereiche:

- Stammdaten
- Vermeidung redundanter Belege
- Synchrone Warenbewegungen
- Abrechnungsdaten
- Vereinfachungen im Customizing
- Implementierung und Architekturoptionen

[!]

Funktionale Einschränkungen für Embedded EWM in SAP S/4HANA

Neben den in diesem Abschnitt erwähnten Vereinfachungen existieren auch funktionale Einschränkungen eines in SAP S/4HANA 2021 betriebenen Embedded SAP EWM. SAP-Hinweis 3080846 enthält Freigabeinformationen und im Anhang ein Dokument mit einer detaillierten Liste funktionaler Besonderheiten und Einschränkungen sowie Verweise auf weitere Informationen von SAP. Darüber hinaus werden die wesentlichen Unterschiede zwischen einem integrierten und einem dezentralen Betrieb von SAP EWM beschrieben. Sie erreichen diesen Hinweis im SAP Support Portal über die folgende URL: *http://support.sap.com*

2.4.1 Systemintegration und Vereinfachungen

Die integrierte Lagerverwaltung mit SAP EWM in S/4HANA zeichnet sich durch einen vereinfachten Systemaufbau mit weniger Schnittstellen und einem reduzierten Datenaustausch aus. Diese vereinfachte Integration führt dabei nicht nur zu weniger Objekten, sondern auch zu einem geringeren Speicherbedarf auf der Datenbank. Durch die Vermeidung von Replikation und des damit verbundenen Monitorings können die Betriebskosten des integrierten Systems gesenkt werden. Embedded SAP EWM nutzt dabei die Stammdaten in SAP S/4HANA. Für die meisten Stammdaten und Customizing-Einstellungen entfällt somit die Notwendigkeit, Parameter und Einstellungen doppelt zu pflegen.

Stammdaten

Das CIF stellte eine zentrale Rolle im Rahmen der Integration mit SAP ERP dar (siehe Abbildung 2.3) und war sowohl für die initiale Datenübernahme als auch für die Replikation von Stammdatenänderungen an das dezentral angeschlossene SAP EWM verantwortlich. Für Embedded SAP EWM in S/4HANA ist das CIF, bis auf die Übertragung von Kundenlokationen im Transitlagerszenario *mit SAP Transport Management* (SAP TM), nicht mehr erforderlich. Vielmehr greift SAP EWM direkt auf die vorhandenen Stammdaten in SAP S/4HANA zu. Hierzu zählen insbesondere Geschäftspartner, Materialstamm, Chargen und Gefahrgutstammdaten. Abbildung 2.6 zeigt hierzu eine Übersicht der Integration von Stamm- und Bewegungsdaten von Embedded SAP EWM in SAP S/4HANA.

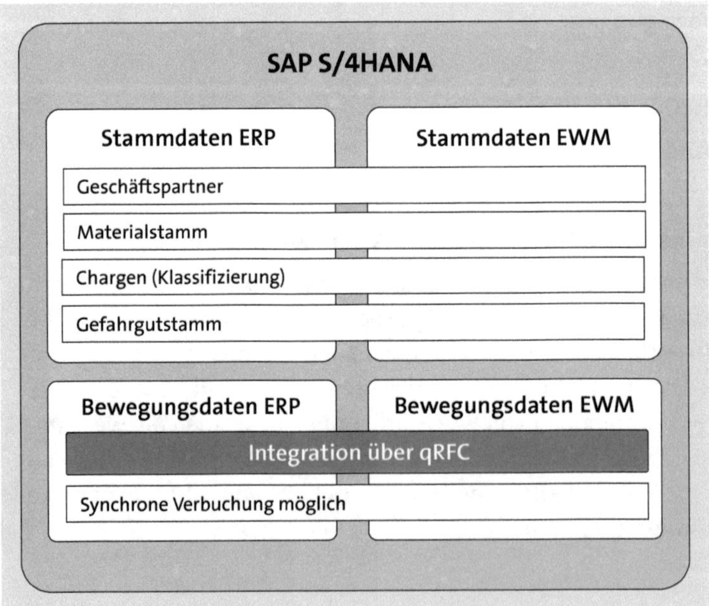

Abbildung 2.6 Integration von SAP EWM in SAP S/4HANA

Wesentliche Stammdatenvereinfachungen in (Embedded) SAP EWM in SAP S/4HANA sind:

- **Geschäftspartner**
  Anstatt Kunden und Lieferanten an das SAP-EWM-System zu verteilen und dort mit einer Kopie zu arbeiten, wird direkt der in SAP S/4HANA verwendete Geschäftspartner von SAP EWM genutzt. Dadurch werden auch potenzielle Nummernkonflikte zwischen Kunden und Lieferanten umgangen.
- **Material**
  SAP EWM greift direkt auf den SAP-S/4HANA-Materialstamm zu. Zusätzliche SAP-EWM-Daten sind in dedizierten SAP-EWM-Sichten weiterhin vorhanden. Dies umfasst z. B. lagertypspezifische Daten.
- **Chargen und Chargenmerkmale**
  Anstatt mit Kopien der SAP-ERP-Chargen und Chargenmerkmale kann direkt mit den Originaldaten aus SAP S/4HANA gearbeitet werden. Dadurch werden auch keine speziellen Klassentypen verwendet. Ein weiterer Vorteil ist die Unterstützung von gleichen Chargennummern mit unterschiedlichen Merkmalswerten in unterschiedlichen Werken. Zusätzlich ist es möglich, Chargen ohne Klassifizierung in EWM-Prozessen zu nutzen. Intern wird mit einer Standardklasse gearbeitet, deren Merkmale, dynamisch basierend auf den Chargenstammfeldern, gefüllt werden.
- **Produktsicherheit**
  Gefahrstoff- und Gefahrgutstammdaten werden direkt aus den SAP-S/4HANA-Tabellen der Komponente Produktsicherheit gelesen. Es erfolgt keine separate Replikation von Daten.

In Kapitel 4, »Stammdaten in SAP S/4HANA EWM«, erläutern wir Ihnen sowohl das Stammdatenmodell als auch die Replikation und Integration der Stammdaten in SAP EWM. In Kapitel 5, »Bestandsverwaltung«, gehen wir auf die Chargenverwaltung und Integration ein.

Vermeidung redundanter Belege

Eine weitere Vereinfachung stellt der Verzicht auf redundante Belege und eine damit einhergehende Vereinfachung des Belegflusses und der Belegintegration dar. Die Verteilung und Integration von Bewegungsdaten mit einem dezentralen SAP-EWM-System basierte bisher auf RFC-Verbindungen (RFC steht für *Remote Function Call*), mit denen das dezentrale SAP EWM mit SAP ERP kommuniziert. Die eigentliche Kommunikation und der Datenaustausch erfolgten dabei im Wesentlichen mithilfe von Schnittstellenbelegen, mit denen die ERP-Belege in das SAP-EWM-System repliziert wurden, wo sie entsprechende Lageranforderungen erzeugten. Diese Anlieferungs- und Auslieferungsbenachrichtigungen stellten ein Replikat der SAP-ERP-An- bzw. -Auslieferung dar.

Da in SAP EWM in SAP S/4HANA direkt auf die SAP-S/4HANA-Lieferbelege zugegriffen werden kann, besteht für die genannten Benachrichtigungsobjekte keine Notwendigkeit mehr. Entsprechend wird bei der »Verteilung« der Lieferungen an die EWM-Logik über einen qRFC direkt die Anlieferung bzw. der Auslieferungsauftrag angelegt. Eine EWM-Anlieferung (bzw. ein EWM-Auslieferungsauftrag) wird dennoch benötigt, da diese Belege die Ausführungsobjekte in SAP EWM darstellen und detaillierte Informationen u. a. zum Bearbeitungsfortschritt, zu den Folgebelegen, zu den Mengen usw. beinhalten. Diese vereinfachte Integration betrifft auch den erwarteten Wareneingang (auch *EGR* oder *Experten Goods Receipt*). Bei einem dezentralen SAP-EWM-System bestand bisher die Notwendigkeit der Verteilung von SAP-ERP-Bestelldaten ins SAP-EWM-System. Da Embedded SAP EWM in SAP S/4HANA direkten Zugriff auf die Bestelldaten hat, ist diese Replikation nicht mehr notwendig. Ebenso entfällt die Reorganisation nicht mehr benötigter Belege. Die Integration und Funktionen der Lagerprozesse beim Wareneingang und Warenausgang stellen wir Ihnen in Kapitel 8, »Wareneingangsprozess«, und Kapitel 9, »Warenausgangsprozess«, vor.

Synchrone Warenbewegungen

Bereits mit SAP S/4HANA 1809 wurde die Möglichkeit geschaffen, Warenbewegungsmeldungen von Embedded SAP EWM mit der Bestandsführung (MM-IM) in SAP S/4HANA synchron auszutauschen. Dies bringt signifikante Vorteile gegenüber einer asynchronen Fortschreibung mittels qRFC. So wird eine noch engere Integration zwischen Embedded SAP EWM und der Bestandsführung erreicht. Gleichzeitig reduziert sich der Aufwand für das Überwachen von systemseitigen Queues. Durch die unmittelbare Anzeige von potenziellen Fehlermeldungen der Bestandsführung erhält der Benutzer die Möglichkeit, die Fehlerursache vor einer Buchung zu korrigieren. Über den Pfad **Extended Warehouse Management • Schnittstellen • ERP-Integration • Warenbewegungen • Synchrone Warenbewegungsbuchung aktivieren** können Sie die synchronen Buchungen für folgende Prozesse in Embedded SAP EWM aktivieren:

- Analyse von Differenzen aus der Inventur
- Umbuchungen
- ungeplante Warenausgänge
- Bestandsdatenübernahme

Bei aktivierter synchroner Buchung erfolgen vor der Speicherung von Änderungen an SAP-EWM-Beständen und den zugehörigen SAP-EWM-Belegen neben den bisherigen Prüfungen in SAP EWM auch direkt Prüfungen in der Bestandsführung. Nur wenn diese Simulationen erfolgreich sind, werden die Änderungen synchron in SAP EWM und in der Bestandsführung fortgeschrieben. Falls die Prüfungen Fehler aufzeigen, werden entsprechende Meldungen angezeigt. Nachdem der Benutzer die Fehlerursache beseitigt hat, kann gebucht werden. Ansonsten wird eine Buchung durch die Fehlermeldungen unterbunden.

Bei Warenbewegungen für Lieferbelege und Produktionsmaterialanforderungen, automatischen Warenbewegungen durch die Quittierung von Lageraufgaben und Warenbewegungen für logistische Zusatzleistungen sowie Qualitätsprüfungen kommt weiterhin die asynchrone Fortschreibung mit qRFC zum Einsatz.

Abrechnungsdaten

In Kapitel 5, »Bestandsverwaltung«, gehen wir auf die *Bestandsbewertung* und *Sonderbestände* ein. Für beide Funktionen sind in einem dezentralen SAP S/4HANA EWM Datenreplikationen aus SAP ECC bzw. SAP S/4HANA notwendig. In SAP S/4HANA EWM wird hingegen an diesen Stellen direkt auf die SAP-ERP-Daten zugegriffen (z. B. Tabelle `MBEW` für die Materialbewertung). Als Konsequenz ist das periodische Abgleichen zwischen den beteiligten Systemen nicht mehr notwendig, weil die Datengrundlage stets aktuell ist. Gleiches gilt für PSP-Elemente für Projektbestände. Hier greift Embedded SAP EWM in SAP S/4HANA direkt auf die Projektstammdaten in SAP S/4HANA zu.

Customizing

Da SAP EWM Bestandteil von SAP S/4HANA ist, sind einige Customizing-Tabellen, die im dezentralen SAP-EWM-System notwendig sind, überflüssig. Darum werden redundante Customizing-Tabellen in SAP S/4HANA EWM nicht mehr genutzt. Stattdessen wird direkt auf die entsprechenden SAP-S/4HANA-Tabellen zugegriffen. Diese Vereinfachung trifft insbesondere für die folgenden Objekte zu:

- Catch-Weight-Toleranzgruppen und Profile für die Bewertungsmengen
- Lieferprioritäten, Versandbedingungen und Incoterms
- Handhabungskennzeichen, Lagerproduktgruppe, Lagerraumbedingung
- HU-Typen und Verpackungsgruppen
- Serialnummernprofile
- Transportgruppen, Lagerproduktgruppe und Raumbedingung
- Qualitätsprüfgruppe

Dadurch müssen die Tabelleninhalte auch nicht mehr zwischen SAP EWM und SAP ERP synchron gehalten werden. Die entsprechenden EWM-Customizing-Aktivitäten sind nicht mehr verfügbar oder verweisen auf die zugehörige SAP-ERP-Customizing-Aktivität. Hingegen sind die Datenbanktabellen noch vorhanden, da sie im dezentralen SAP-EWM-System nach wie vor notwendig sind.

[!]

Änderung am Standardverhalten

Durch den Einzug von EWM in SAP S/4HANA wurden einige Standardeinstellungen von SAP EWM auf den aktuellen Stand gebracht. Dies bedeutet, dass veraltete Einstellungsmöglichkeiten entfernt und durch ihre verbesserten Nachfolger ersetzt wurden. Zum Beispiel kann nur noch der vereinfachte Belegfluss der Lieferung genutzt werden. Außerdem gibt es keine Einstellungsmöglichkeit zur Erzeugung von Chargenunterpositionen im Auslieferungsauftrag aufgrund der Kommissionierung mehr. Das System legt nur noch Chargenunterpositionen an, wenn sie zwingend notwendig sind. Darüber hinaus gibt es kein Customizing mehr, das Prozesse in Abhängigkeit von der genutzten SAP-ERP-Version beeinflusst (SAP-ERP-Versionskontrolle).

Bevor wir Ihnen im nächsten Abschnitt die lizenzrechtlichen Unterschiede der einfachen und erweiterten Lagerverwaltung vorstellen, fassen wir noch einmal die wesentlichen Vorteile von Embedded SAP EWM in SAP S/4HANA zusammen:

- Direkter Zugriff auf Geschäftspartner-, Material- und Produktdaten wie beispielsweise Materialwerte innerhalb von SAP S/4HANA, anstatt diese redundant auf ein dezentrales SAP-EWM-System zu replizieren.
- Verarbeitung von SAP-S/4HANA-Anlieferungen, ohne in SAP EWM entsprechende Anlieferungsbenachrichtigungen zu erzeugen.
- Direktes Lesen von Bestell- und Fertigungsauftragsdaten, anstatt diese Objekte an ein dezentrales SAP-EWM-System zu replizieren und in einem weiteren Beleg für den erwarteten Wareneingang zu speichern.
- Direkte Integration mit den SAP-S/4HANA-Auslieferungen und der Verarbeitung von Auslieferungsaufträgen, ohne zuvor entsprechende Auslieferungsanforderungen zu erzeugen.
- Direkte Verarbeitung von Änderungen an den Bestandsqualifikationen eines Materials, ohne zuvor Buchungsanforderungen zu erzeugen.

2.4.2 Einfache und erweiterte Lagerverwaltung

Bis auf die im vorangehenden Abschnitt erwähnten funktionalen Unterschiede basiert Embedded SAP EWM in SAP S/4HANA im Wesentlichen auf dem Funktionsumfang des zuletzt veröffentlichten dezentralen SAP S/4HANA EWM und unterstützt dabei die gleichen Geschäftsprozesse. SAP unterscheidet jedoch bei der Nutzung von Embedded SAP S/4HANA EWM zwischen einer einfachen (basic) und einer erweiterten (extended) Lagerverwaltung.

Den für Sie relevanten Verwendungsmodus können Sie im Customizing von SAP EWM für jede Lagernummer individuell einstellen und auch nachträglich ändern:

Folgen Sie hierzu dem Menüpfad **Extended Warehouse Management • Stammdaten • Verwendung der erweiterten Funktionen bestätigen** (siehe Abbildung 2.7).

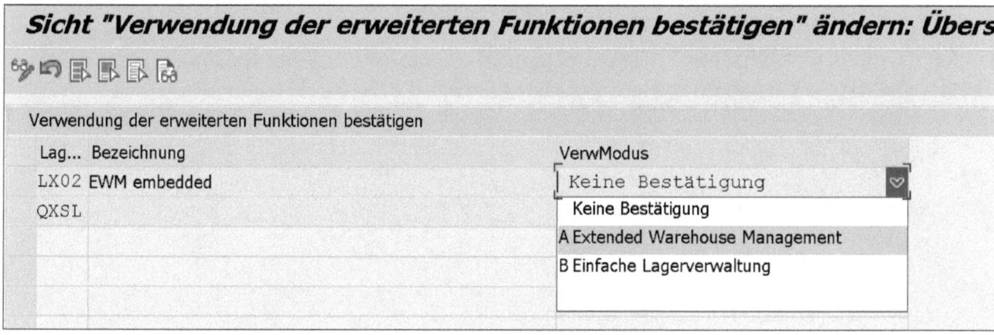

Abbildung 2.7 Bestätigung der Nutzung erweiterter Funktionen

Basic Warehouse Management und Extended Warehouse Management unterscheiden sich dabei lizenzrechtlich in den Funktionen, die ohne zusätzliche Lizenzkosten genutzt werden dürfen. Mit der einfachen Lagerverwaltung nutzen Sie grundlegende Lagerprozesse und Funktionen, für die keine weiteren Lizenzkosten anfallen. Darüber hinaus bietet die erweiterte Lagerverwaltung Funktionen zur flexiblen Verwaltung und Verarbeitung von Materialbewegungen, um komplexere Lagerprozesse zu optimieren. Sobald Sie mindestens eine der »erweiterten« Lagerprozesse und Funktionen in Ihrem Embedded SAP EWM in SAP S/4HANA nutzen, fallen die kompletten Lizenzkosten an.

Einen aktuellen Überblick über die in jeder Variante enthaltenen Funktionen finden Sie in der Beschreibung des Funktionsumfangs von SAP S/4HANA 2021. Tabelle 2.1 zeigt eine Übersicht über die wesentlichen lizenzrechtlichen Unterschiede beider Varianten.

Funktion/Prozess	Einfach	Extended
Bestandsführung und Handling Units	X	X
Eingangsverarbeitung/Ausgangsverarbeitung	X	X
interne Lagerbewegungen	X	X
Inventur	X	X
Lagerverwaltungsmonitor	X	X
Ressourcenmanagement	X	X
Produktionsintegration	X	X

Tabelle 2.1 Verwendungsmodus und lizenzierte Funktionen und Prozesse

Funktion/Prozess	Einfach	Extended
Qualitätsmanagement	X	X
Anbindung externer Lagersteuerungssysteme	X	X
Lagerungsdisposition (Slotting)	–	X
Wellen-Management	–	X
Warenverteilung mit Transportgeräten	–	X
Materialflusssteuerung (EWM-MFS)	–	X
Yard-Management/Transporteinheiten	–	X
Arbeitsmanagement (Labor-Management)	–	X
logistische Zusatzleistungen (VAS)	–	X
Bausatzerstellung (Kitting)	–	X
Cross-Docking	–	X
Lagerleistungsabrechnung (Warehouse Billing)	–	X
Verpackungsplanung (Cartonization Planning)	–	X
Transitlagerung	–	X
TM-Integration mit Transporteinheiten	–	X
Umlagerung für die Just-in-Time-Abwicklung	–	X

Tabelle 2.1 Verwendungsmodus und lizenzierte Funktionen und Prozesse (Forts.)

Mit dem Report /SCWM/RP_COMPLIANCE_CHECK können Sie eine *Lizenzkonformitätsprüfung* durchführen und überprüfen, ob die in einer bestimmten Lagernummer verwendeten Funktionen mit dem gewählten Verwendungsmodus übereinstimmen.

2.5 Dezentrales SAP S/4HANA EWM

Beginnend mit Release 9.3 konnte SAP EWM seit November 2015 nicht nur an das klassische SAP-ERP-System, sondern auch an SAP S/4HANA 1511 und nachfolgende Versionen angebunden werden, um als dezentrale Lagerverwaltungssoftware genutzt zu werden. Das SAP-EWM-System kann dabei in einer separaten SAP-NetWeaver-Systeminstanz, in der nur das SAP-EWM-System und keine andere Anwendung aktiv genutzt wird, oder als Teil einer SCM-Serverinstanz zum Einsatz kommen.

Das klassische SAP EWM lässt sich dabei nicht nur mit SAP ERP, sondern auch mit SAP-S/4HANA-Instanzen verbinden. Die Integration ist dabei mit der klassischen SAP-ERP-Integration vergleichbar. Dies bedeutet, dass bei der Integration eines dezentralen SAP EWM mit SAP S/4HANA die in Abschnitt 2.2.3, »Technische Integration von SAP EWM mit SAP ERP«, ausgeführten Schnittstellen von und zum SAP-ERP-System weiterhin zur Anwendung kommen. Zum Beispiel werden bei dieser Anbindung auch in Verbindung mit SAP S/4HANA die Materialstämme von dort mittels CIF an das dezentrale EWM-System verteilt (siehe Abbildung 2.3). Ein dezentrales EWM-System kann somit gleichzeitig an SAP S/4HANA und an klassische SAP-ERP-Systeme angebunden werden. Dadurch kann z. B. ein schrittweiser Umstieg auf SAP S/4HANA gewährleistet werden.

Das dezentrale SAP EWM auf der SCM-Plattform wird von SAP nicht mehr weiterentwickelt. Stattdessen bietet SAP ab SAP S/4HANA 1809 FPS02 ein dezentrales EWM auf der Basis von SAP S/4HANA an. Das dezentrale SAP S/4HANA EWM kann dabei sowohl mit einem bestehenden SAP-ERP- oder einem SAP-S/4HANA-System mit ERP-Rolle integriert werden (siehe Abbildung 2.8).

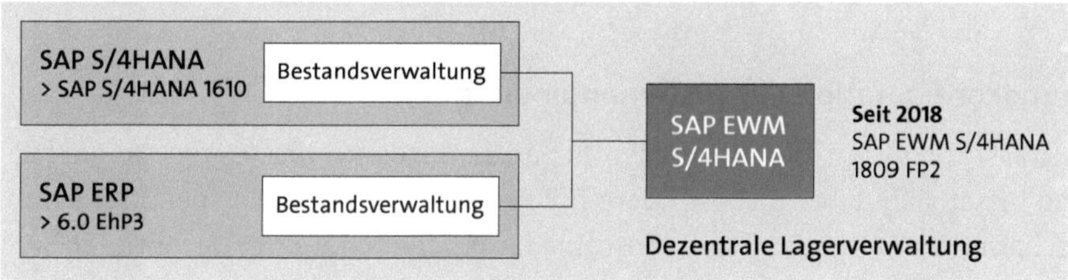

Abbildung 2.8 Integrationsoptionen des dezentralen SAP S/4HANA EWM

Technisch kann SAP S/4HANA EWM als dezentrales Lagerverwaltungssystem an ein zentrales SAP-ERP-System oder SAP-S/4HANA-System angebunden werden. Dies kann beinhalten, dass das dezentrale System auch physisch an einem anderen Ort installiert ist – etwa vor Ort in einem Lager statt in einem zentralen Rechenzentrum. Zwar wird ein SAP-S/4HANA-System für das dezentrale SAP-EWM-System genutzt, aber nur die Komponente SAP EWM kommt aktiv zum Einsatz. Das bedeutet insbesondere, dass der Bestand für die betroffenen Lager keine aktive MM-IM-Bestandsverwaltung in demselben System und Mandanten hat. Damit kommen dort auch keine anderen Logistikanwendungen wie PP, SD, MM usw. zur Anwendung. Der Fokus liegt auf der Lagerverwaltung mit SAP EWM. Bei einem dezentralen SAP S/4HANA EWM ist die Integration mit lokalen SAP-ERP-Lagerorten auf dem dezentralen SAP-EWM-System nicht möglich. Die Integration erfolgt ausschließlich mit den Lagerorten im angebundenen SAP-ERP-System bzw. in SAP S/4HANA.

Funktionale Einschränkungen für ein dezentrales SAP S/4HANA EWM

Das dezentrale SAP S/4HANA EWM bietet nicht alle Eigenschaften und Funktionen, die von SAP EWM 9.5 bereitgestellt werden, und unterscheidet sich auch funktional von einem Embedded SAP EWM in SAP S/4HANA. Das langfristige Ziel von SAP besteht sicherlich darin, die funktionalen Unterschiede zwischen den beiden dezentralen Systemen anzugleichen (also eine sogenannte *Feature Parity* herzustellen). SAP-Hinweis 3218673 enthält Freigabeinformationen sowie eine detaillierte Liste der aktuellen funktionalen Einschränkungen eines auf SAP S/4HANA 2022 betriebenen dezentralen SAP-EWM-Systems. Darüber hinaus werden die konzeptionellen Unterschiede zwischen einem integrierten und einem dezentralen Betrieb von SAP EWM beschrieben. Sie finden diesen Hinweis im SAP Support Portal über die folgende URL: *http://support.sap.com*

Wir stellen Ihnen im nächsten Abschnitt sowohl die Grundkonfiguration der Systemanbindung als auch die technische Integration von Stamm- und Bewegungsdaten vor.

2.5.1 Grundkonfiguration der Systemanbindung

Die dezentrale Integration dient im Wesentlichen der Risikominimierung von Ausfallzeiten und bietet sich dabei insbesondere für verteilte oder regionalspezifische Systemlandschaften an. Darüber hinaus kann eine räumliche Nähe eines dezentralen SAP S/4HANA EWM zur verwendeten Lagerautomatisierungstechnik notwendig sein. Gleichzeitig lassen sich dabei Systeme mit unterschiedlichen Releases miteinander kombinieren bzw. mehrere ERP-Systeme mit einem dezentralen SAP S/4HANA EWM integrieren. Die für die Systemauswahl relevanten Entscheidungskriterien haben wir Ihnen in den vorangehenden Abschnitten erläutert.

Die Entscheidung für die Verwendung eines dezentralen SAP-EWM-Systems auf Basis von SAP S/4HANA müssen Sie aktiv im Customizing über den Pfad **Extended Warehouse Management • Dezentrales EWM aktivieren** treffen (siehe Abbildung 2.9).

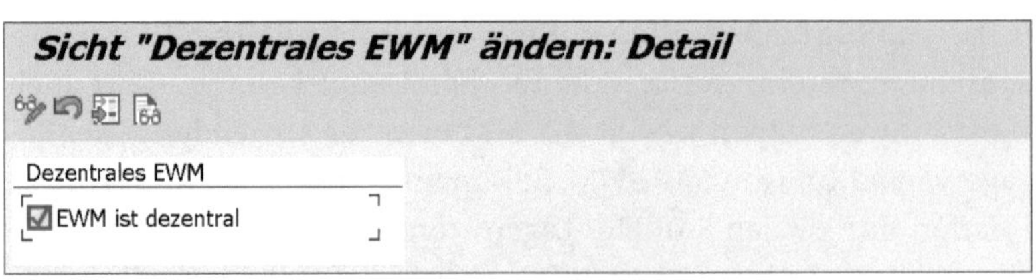

Abbildung 2.9 Dezentrales SAP EWM in SAP S/4HANA aktivieren

2.5.2 Technische Integration und Merkmale

Da bei der technischen Integration als dezentrales Lagerverwaltungssystem zwei Systeme miteinander verbunden werden, entfallen die in Abschnitt 2.4.1, »Systemintegration und Vereinfachungen«, erwähnten Vereinfachungen von Embedded SAP EWM in SAP S/4HANA. Beispielsweise sind die Nutzung eines integrierten Produktstamms, synchrone Warenbewegungen usw. nicht möglich. Das dezentrale EWM-System in SAP S/4HANA ähnelt somit in einigen Aspekten dem bekannten dezentralen SAP EWM 9.5. Unabhängig davon finden sich EWM-Anwender auch in einem dezentralen EWM-System in SAP S/4HANA schnell und einfach zurecht.

Im vorangehenden Abschnitt haben wir Sie auf die funktionalen Unterschiede und Einschränkungen von dezentralem SAP S/4HANA EWM und dezentralem SAP EWM 9.5 aufmerksam gemacht. In diesem Abschnitt lernen Sie die wesentlichen Unterschiede der technischen Integration von SAP S/4HANA EWM als dezentrales Lagerverwaltungssystem kennen. Für eine vollständige und aktuelle Auflistung der technischen und funktionalen Unterschiede sollten Sie den oben genannten SAP-Hinweis und die dort referenzierten Dokumente prüfen. Die technische Anbindung und Integration unterscheiden sich dabei insbesondere im Hinblick auf die folgenden Punkte:

- **Stammdatenentitäten**
  Anstelle der SCM-Stammdatenentitäten wie SCM-Produkt, SCM-Charge und SCM-Chargenklassifizierung kommen die zentralen SAP-ERP-Stammdatenentitäten Materialstamm, Chargenstamm und Chargenklassifizierung zum Einsatz.
- **Stammdatenverteilung**
  Im Gegensatz zu einem dezentralen SAP-EWM-System (siehe Abbildung 2.3) erfolgt bei einem dezentral angebundenen SAP S/4HANA EWM die Stammdatenverteilung für die SAP-ERP-Objekte Material, Charge, Chargenklassifizierung, Kunden und Lieferanten nicht über das CIF von SAP SCM, sondern über Standardschnittstellen zur Replikation der genannten *Objekte*. Konkret bedeutet dies, dass die SAP-Standardtechnologie ALE-IDoc zur Verteilung der Objekte genutzt wird (z. B. die IDocs MATMAS und BATMAS). Die Integration von Packspezifikationen erfolgt nach wie vor über das CIF.
- **Transaktionale Daten**
  Die Integration von Belegdaten erfolgt wie bisher bidirektional über qRFC.
- **Customizing-Synchronisation**
  Für eine vereinfachte Customizing-Synchronisation nutzt das dezentrale EWM-System in SAP S/4HANA die vorhandenen SAP-S/4HANA-Customizing-Tabellen anstelle der EWM-Customizing-Tabellen. Dies betrifft z. B. HU-Typen oder Serialnummernprofile.

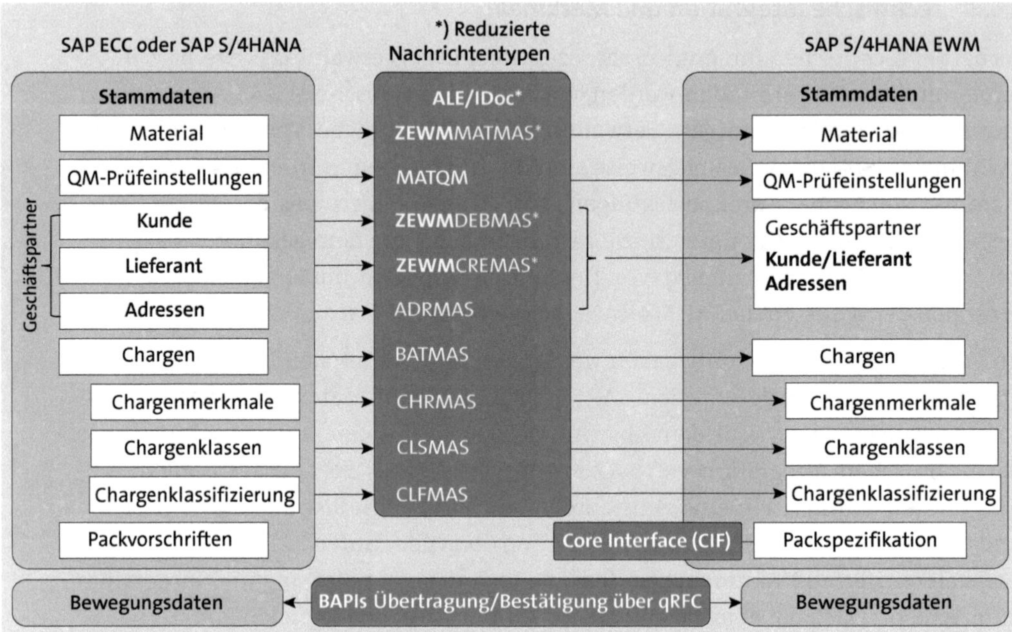

Abbildung 2.10 Stammdatenintegration in SAP S/4HANA EWM

Abbildung 2.10 zeigt die Stammdatenintegration über ALE und IDocs. Bei einer Anbindung von SAP S/4HANA EWM an ein SAP-S/4HANA-Backend-System ist die Verwendung der Customer Vendor Integration obligatorisch. Alternativ kann das dezentrale SAP S/4HANA EWM auch an SAP ECC angebunden werden. Die Customer Vendor Integration kann in diesem Fall optional verwendet werden. Die Anbindung von SAP S/4HANA EWM ist für die Integration mit SAP-ECC-Systemen mit aktiver Customer Vendor Integration, aber auch mit nicht aktivierter Customer Vendor Integration freigegeben.

Alternativ können Geschäftspartner auch mit dem *Data Replication Framework* (DRF) übertragen werden. Das Data Replication Framework ermöglicht die Übertragung von Stamm- und Bewegungsdaten. Die Übertragung erfolgt dabei über Webservices oder IDocs.

Für die Entscheidung, ob Sie das Data Replication Framework oder ALE bzw. IDocs für die Integration des Materialstamms verwenden, sollten Sie berücksichtigen, ob Sie beispielsweise auch Chargen übergeben möchten. Im Gegensatz zu den Webservices bietet die Integration über ALE und IDocs flexible Filtermöglichkeiten, um die Übertragung von Chargen auf die auszutauschenden Materialstämme zu beschränken. Darüber hinaus ist die Verteilung von Chargenstämmen über das Data Replication Framework an das dezentrale SAP S/4HANA EWM derzeit nicht möglich. Es wird daher empfohlen, ALE sowohl für die Material- als auch für die Chargenverteilung zu verwenden. Falls Sie das Data Replication Framework mit Ihrem bestehenden SAP-ECC-System verwenden möchten, beachten Sie, dass es erst ab SAP ECC Enhancement Package 5 (EhP 5) freigegeben ist.

[«]

Einführungsleitfaden für ein dezentrales SAP S/4HANA EWM

Der im vorangehenden Abschnitt empfohlene SAP-Hinweis 3218673 enthält Freigabeinformationen und die Erläuterung der funktionalen Einschränkungen von SAP S/4HANA EWM 2022. Im Anhang finden Sie einen Verweis auf ein Dokument mit einer detaillierten Beschreibung der Systemkonfiguration und Integration eines dezentralen SAP S/4HANA EWM mit SAP ERP bzw. SAP S/4HANA. Insbesondere im Bereich der Stammdatenintegration bietet SAP verschiedene Integrationstechniken an. Darüber hinaus kann es mehrere alternative Wege geben, wie Sie eine Konfiguration vornehmen können. Sie finden SAP-Hinweis 3218673 im SAP Support Portal über die folgende URL: *http://support.sap.com*

SAP S/4HANA EWM kann mit mehreren oder sogar mit einer Kombination von SAP ERP- oder SAP S/4HANA-Systemen verbunden werden. Dabei müssen die Daten »harmonisiert« sein, d. h., dass die entsprechenden Schlüsselfelder (Material, Kunde, Werke usw.) eindeutig sein oder die gleiche semantische Bedeutung haben müssen. Dabei bietet SAP für die Stammdatenintegration verschiedene Integrationstechniken an. Darüber hinaus kann es mehrere alternative Wege geben, wie eine Konfiguration vorgenommen werden kann.

Durch die Verwendung des Data Replication Frameworks zur Stammdatenverteilung können mehrere SAP-ERP- oder SAP-S/4HANA-Systeme, mit überschneidenden Geschäftspartner- oder Materialnummern, mit einem dezentralen SAP S/4HANA EWM verbunden werden. Die vom *Data Replication Framework* bereitgestellten *Unified Key Mapping Services* (UKMS) ermöglichen ein Mapping der nicht harmonisierten Stammdaten zwischen den verschiedenen Systemen. In diesem Fall werden Geschäftspartner oder Material mit interner Nummerierung angelegt.

[i]

Stammdatenintegration bei nicht harmonisiertem Materialstamm

Mit SAP S/4HANA 2021 können die UKMS auch für die Integration mehrerer SAP-ERP-Systeme bzw. SAP-S/4HANA-Systeme und das Mapping von nicht harmonisierten Materialnummern verwendet werden. Jede interne Materialnummer im dezentralen SAP S/4HANA EWM ist dabei genau einer SAP-ERP-Materialnummer zugeordnet. Eine SAP-ERP-Materialnummer kann jedoch auf verschiedene Materialnummern in SAP EWM abgebildet werden. Das Mapping der Stammdaten in den Bewegungsdaten erfolgt dabei über die Ein- und Ausgangsschnittstellen im dezentralen SAP S/4HANA EWM.

SAP-Hinweis 3109532 erklärt die Voraussetzungen und Einschränkungen und enthält eine Beschreibung der Integration von nicht harmonisierten Materialstammdaten aus mehreren ERP-Systemen in ein dezentrales SAP S/4HANA EWM mit UKMS. Sie finden diesen Hinweis im SAP Support Portal über die folgende URL: *http://support.sap.com*

2.6 Zusammenfassung

In diesem Kapitel haben wir die Lagerverwaltung mit SAP vorgestellt und die Grundfunktionen sowie die Integration von SAP EWM erläutert. Sie haben die wesentlichen Vereinfachungen von SAP S/4HANA und die Installationsoptionen von SAP EWM mit S/4HANA kennengelernt. Dabei sind wir zunächst sowohl auf die Vorteile und Vereinfachungen als auch auf die lizenzrechtlichen Besonderheiten von Embedded SAP EWM in SAP S/4HANA eingegangen.

Mit SAP S/4HANA 1809 FPS02 wurde eine weitere Deployment-Option geschaffen, mit der sich ein SAP-EWM-System in einem separaten dezentralen SAP-S/4HANA-System betreiben lässt. Beide Varianten bieten Ihnen individuelle Vorteile, die Sie abhängig vom Einsatzzweck betrachten müssen, um eine für Ihre Anforderungen am besten geeignete Systemlandschaft auszuwählen. Wir haben Ihnen dabei beide Installationsoptionen und mögliche Entscheidungskriterien für die Systemauswahl vorgestellt. Im letzten Abschnitt haben wir die wesentlichen Unterschiede der Systemintegration des dezentralen SAP S/4HANA EWM erklärt. Im nächsten Kapitel stellen wir Ihnen die Organisationsstruktur in SAP S/4HANA vor und zeigen Ihnen, wie Sie SAP EWM mit S/4HANA – Embedded SAP EWM oder das dezentrale SAP EWM – in Ihre betriebswirtschaftlichen Lagerprozesse integrieren und die Lagerstruktur gemäß Ihren physikalischen Anforderungen konfigurieren.

Kapitel 3
Organisationsstruktur

Mithilfe der Organisationsstruktur in SAP S/4HANA und SAP S/4HANA EWM bilden Sie Ihre betriebswirtschaftliche Organisation, die logistischen Prozesse und die Struktur Ihres Lagers flexibel ab.

Mit den einzelnen Elementen der Organisationsstruktur wird ein Unternehmen im SAP-System abgebildet. Die Organisationsstruktur legt hierbei den organisatorischen und betriebswirtschaftlichen Rahmen fest, in dem die Abläufe und Funktionen der logistischen und finanzwirtschaftlichen Prozesse stattfinden. Diese Struktur spiegelt darüber hinaus den rechtlichen Aufbau des Unternehmens wider und bildet die Grundlage für die Datenorganisation in SAP S/4HANA und die physikalische und logische Struktur ihrer Lager in SAP S/4HANA EWM. Je nach betrieblichem Funktionsbereich ermöglicht sie einen unterschiedlichen Blickwinkel auf die Stammdaten.

Die Organisationsstruktur ist hierarchisch gegliedert und verzweigt sich nach unten hin. Die gleichen Organisationselemente müssen sowohl in SAP ERP oder SAP S/4HANA als auch in SAP EWM angelegt werden. Dies gilt für beide Betriebsszenarien: entweder wenn ein SAP-EWM-System dezentral mit einem oder mehreren SAP-ERP- oder SAP-S/4HANA-Systemen verbunden ist oder wenn es zentral als Komponente von SAP S/4HANA (embedded) betrieben wird. In diesem Kapitel stellen wir Ihnen die wichtigsten Organisationselemente in diesen Systemen vor, zeigen Ihnen, was sie bedeuten und was Sie bei der Konfiguration beachten müssen.

In diesem Buch verwendete Bezeichnungen [«]

Wir haben bereits in Kapitel 2, »Einführung in SAP Extended Warehouse Management«, darauf hingewiesen, dass wir in diesem Buch die Funktionen von SAP S/4HANA EWM erläutern. In diesem Zusammenhang gehen wir auch auf die funktionalen und technischen Unterschiede der Integration der zentralen und dezentralen Implementierung von SAP S/4HANA EWM mit SAP S/4HANA und SAP ERP (SAP ECC) ein.

Zur Vereinfachung und besseren Lesbarkeit der nachfolgenden Beschreibung beschränken wir uns in der Regel auf die Systembezeichnungen SAP ERP und SAP EWM. Soweit nicht ausdrücklich erwähnt, beziehen sich dabei sämtliche Einstellungen und Konfigurationsmöglichkeiten auf SAP S/4HANA und SAP ECC bzw. auf SAP S/4HANA EWM mit den beiden Implementierungsoptionen zentral bzw. embedded und dezentral.

3.1 Grundlagen

Die wesentlichen Organisationselemente in SAP ERP bzw. SAP S/4HANA sind *Mandant*, *Buchungskreis*, *Werk*, *Lagerort* und *Lagernummer*. Über die Lagernummer ergibt sich die Beziehung der Organisationselemente von SAP ERP zum EWM-System: Über eine SAP-ERP-Lagernummer wird ein Lager als ein im EWM-System verwaltetes Lager definiert, was bewirkt, dass alle logistischen Belege wie An- und Auslieferungen im SAP-EWM-System verarbeitet werden können.

Alle Organisationselemente, die sich in der Hierarchie der Organisationsstruktur unterhalb der Lagernummer befinden (z. B. der Lagertyp), werden dann ausschließlich im SAP-EWM-System angelegt. In SAP EWM ist die Lagernummer also das höchststehende Element in der Hierarchie der Organisationsstruktur. Ein EWM-System kann Bestände mehrerer Lagernummern verwalten, Sie arbeiten jedoch immer nur mit einer Lagernummer und sehen auch nur deren Bestände. Allerdings können Sie jederzeit die Lagernummer wechseln, in der Sie arbeiten – sofern Sie dazu die Berechtigung haben. Eine Übersicht über die Bestände in mehreren Lagern kann dagegen nur das SAP-ERP-System liefern.

[+]

Bestandsübersicht

Die Bestandsübersicht können Sie weiterhin mit den üblichen Transaktionen der Bestandsführung in MM-IM ausführen, z. B. mit Transaktion MMBE.

Eine typische Organisationsstruktur gleicht einer Pyramide (siehe Abbildung 3.1). Die Pyramide in SAP ERP bzw. SAP S/4HANA beginnt (nach dem Mandanten) mit dem Buchungskreis auf der obersten Ebene, den Werken auf der zweiten Ebene, den Lagerorten auf der dritten Ebene und den Lagern (Lagernummern) auf der untersten Ebene. Jedes Werk ist dabei genau einem Buchungskreis zugeordnet, jedem Buchungskreis können aber mehrere Werke zugewiesen sein.

Jedes Werk führt Bestände, die in sogenannte *Lagerorte* eingeteilt sind. Der Begriff Lagerort ist insofern ein wenig irreführend, weil ein Lagerort im SAP-System nicht zwangsläufig beschreibt, *wo* die Bestände physisch gelagert sind. Vielmehr sind SAP-Lagerorte häufig Elemente zur logischen Trennung von Beständen. Im Werk 1000 könnte z. B. einerseits Lagerort 0001 verortet sein, der den für Kundenaufträge verfügbaren Bestand im Lager enthält, und andererseits ein weiterer Lagerort 0002, der den Bestand enthält, der sich in der Einlagerung oder in der Qualitätsprüfung befindet und daher noch nicht verfügbar ist.

Lagerorte sind zudem nur in Kombination mit dem ihnen zugewiesenen Werk eindeutig. Lagerort 0001 kommt in der nachfolgenden Abbildung 3.2 z. B. gleich viermal vor und ist nur in Kombination mit dem jeweiligen Werk (1000, 2000, 3000 oder 4000) eindeutig.

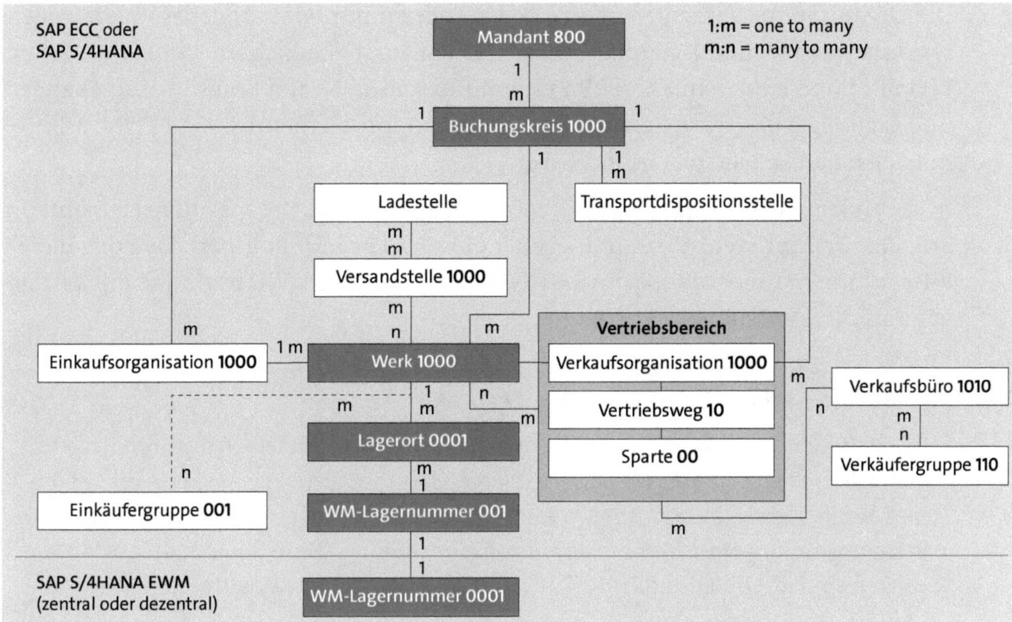

Abbildung 3.1 Kardinalität der Organisationsstrukturen

Die Lagernummern entsprechen wiederum den physisch existierenden Lagern. Jede Lagernummer kann Bestände aus einem oder mehreren Lagerorten verwalten. Insbesondere ist es auch möglich, Bestände aus verschiedenen Werken in einer Lagernummer zu verwalten (siehe Kapitel 5, »Bestandsverwaltung«). Ein bestimmter Lagerort eines Werkes ist jedoch immer genau einer Lagernummer zugewiesen. In Abbildung 3.2 ist Lagerort 0001 von Werk 2000 genau der einen WM-Lagernummer 002 zugewiesen und kann daher nicht noch zusätzlich der WM-Lagernummer 003 zugewiesen werden.

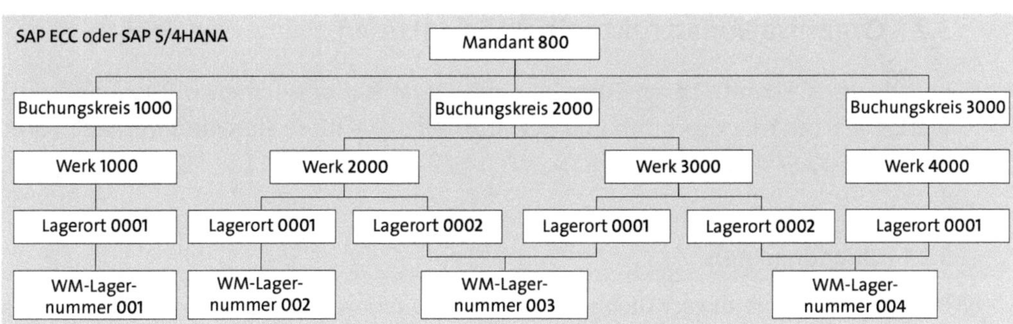

Abbildung 3.2 Beispiel für eine Organisationsstruktur mit vier physischen Lagern

Die Organisationselemente unterhalb der Lagernummer sind insbesondere Lagertyp, Lagerbereich und Lagerplatz. Diese werden ausschließlich im SAP-EWM-System verwaltet und sind dem SAP-ERP-System unbekannt. Neben Lagertyp, Lagerbereich und Lagerplatz gibt es weitere wichtige Organisationselemente in SAP EWM, z. B. Bereitstellzonen, Arbeitsplätze und Tore.

In den folgenden beiden Abschnitten gehen wir auf die Organisationselemente in SAP ERP und im EWM-System im Detail ein und vermitteln Ihnen das notwendige Wissen, um Ihr Lager optimal im SAP-System einzurichten. Wir beginnen mit den Organisationselementen im SAP-ERP-System.

[»]

Technische Systemintegration von SAP EWM

Die in diesem Kapitel vorgestellten Organisationsstrukturen bilden die Grundlage für die technische Integration von SAP ERP und SAP EWM. Um Projektteams bei der Implementierung zu unterstützen, stellt SAP eine ausführliche Systemdokumentation, Release Notes und Installationsleitfäden zur Verfügung. Diese Dokumente und Anleitungen sind öffentlich zugänglich und enthalten detaillierte Erläuterungen zur Konfiguration und Integration für die zentrale und dezentrale Implementierung von SAP EWM.

An dieser Stelle verzichten wir bewusst auf eine detaillierte Beschreibung der technischen Systemintegration und verweisen auf SAP-Hinweis 2782080.

Dieser Hinweis enthält eine detaillierte Übersicht über die verfügbaren Integrationsleitfäden für sämtliche Implementierungsoptionen und Releasestände. Sie finden diesen Hinweis im SAP Support Portal über die folgende URL: *http://support.sap.com*. Weitere Informationen zur Prozessintegration von SAP EWM finden Sie in Kapitel 6, »Lieferabwicklung«.

3.2 Organisationsstruktur in SAP S/4HANA

In diesem Abschnitt beschreiben wir die Organisationselemente Buchungskreis, Werk, Lagerort, Lagernummer und Versandstelle. Alle diese Elemente werden in SAP ERP bzw. SAP S/4HANA angelegt.

3.2.1 Buchungskreis

Ein Buchungskreis als rechtlich selbstständig bilanzierende Einheit wird in der Praxis dazu verwendet, einzelne Unternehmen oder selbstständig bilanzierende Bereiche innerhalb eines Mandanten abzubilden.

Buchungskreise sind direkt einem bestimmten Mandanten zugeordnet und bilden die zweite organisatorische Ebene. Ihre Aufgabe besteht im Wesentlichen darin, als kleinste organisatorische Einheit des externen Rechnungswesens alle buchhalterischen Ereignisse zu erfassen. Buchungskreise bilden organisatorisch eine abgeschlossene buchhalterische Einheit und sind die Basis für die Erstellung der gesetzlichen Nachweise, wie Jahresabschluss und Gewinn- und Verlustrechnung (GuV).

Im Beispiel aus Abbildung 3.2 zeigen wir die beiden Buchungskreise 2000 und 3000. Eine Lagernummer 0004 (und damit ein EWM-Lager) kann dabei Bestände aus den Werken 3000 und 4000 verwalten – sogar dann, wenn die Werke, wie in diesem Beispiel, unterschiedlichen Buchungskreisen zugeordnet sind.

3.2.2 Werk

Werke und deren zugeordnete Lagerorte repräsentieren die Orte in einem Unternehmen, an denen Materialien physisch vorhanden sind. Werke sind direkt einem Mandanten und genau einem Buchungskreis zugeordnet. Durch die Zuordnung zu genau einem Buchungskreis (der selbstständig bilanzierenden Einheit) erfolgt die Bestandsführung und Materialbewertung stets auf der Werksebene.

In der betrieblichen Praxis entspricht das Werk in der Regel einem produzierenden Standort oder einer logischen Zusammenfassung räumlich nahe zusammenliegender Orte, an denen die Materialbestände vorhanden sind. Die Bestände jedes Werkes werden in diesen bewertet, und der Gesamtwert der Bestände wird für jeden Buchungskreis zusammengerechnet.

Ein Grund für das Anlegen eines eigenen Werkes für eine logische Gruppierung von Beständen kann sein, dass Bestände separat bewertet werden sollen, ohne allerdings die finanzielle Konsolidierung auf der Buchungskreisebene zu beeinflussen. Dass die Bestände für eine bestimmte Gruppe von Kunden verwaltet werden, könnte ein weiterer Grund für eine logische Gruppierung von Beständen unter einem speziellen Werk sein.

3.2.3 Lagerort

Die nächste Ebene der Organisationsstruktur unterhalb der Werke bilden die Lagerorte. Ein Werk als Ort der Bestandsführung kann logisch in mehrere Lagerorte aufgeteilt werden. Lagerorte ermöglichen eine differenziertere Betrachtung, insbesondere unter Dispositionsgesichtspunkten, und ermöglichen eine Unterscheidung der einzelnen Bestände innerhalb eines Werkes. Um eine logische oder physische Trennung von Beständen abzubilden, kann ein Werk grundsätzlich in mehrere Lagerorte unterteilt sein. Die einzelnen Lagerorte können dabei einzelnen physischen Lagern oder Bereichen entsprechen, an denen Bestände gelagert werden. So kann es sinnvoll sein, eigene Lagerorte anzulegen, etwa wenn Bestände im gleichen Gebäudekomplex, aber in unterschiedlichen Hallen oder Gebäuden liegen.

Auch wenn der Lagerort den Begriff *Ort* als Namensbestandteil führt, ist der Hauptgrund, Lagerorte zu verwenden, die *logische* Trennung von Beständen. In Verbindung mit SAP EWM werden Ihnen häufig zwei Lagerorte begegnen: ROD und AFS. ROD steht für *Received on Dock* und AFS für *Available for Sale*. Ein Bestand, der das Lager erreicht, wird zunächst in den Lagerort ROD eingebucht. Dort verbleibt er, bis der komplette Wareneingangsprozess abgeschlossen ist (dieser Prozess besteht z. B. aus den Schritten Wareneingang buchen, Entladen des Transportmittels, Qualitätsprüfung, Umpacken und Einlagern). Erst mit dem Abschließen der Einlagerung wird der Bestand (automatisch) in den AFS-Lagerort umgebucht. Nun »weiß« das SAP-ERP-System, dass der Bestand verfügbar ist, und die Verfügbarkeitsprüfung von Kundenaufträgen bietet diesen Bestand zur Auswahl an. Insbesondere bei lang dauernden Wareneingangsprozessen, die z. B. mehrere Tage andauern, ist die Trennung von ROD- und AFS-Beständen ein entscheidender Vorteil, denn nur so kann das ERP-System dem Kunden einen korrekten Liefertermin nennen. Abbildung 3.3 zeigt die Organisationsstruktur eines Lagers mit den Lagerorten ROD und AFS.

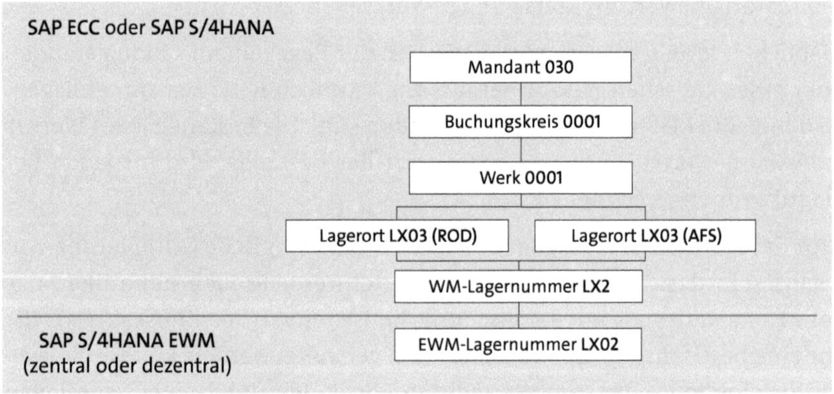

Abbildung 3.3 Organisationsstruktur mit einem physischen Lager

Es ist möglich, die Lagerorte verschiedener Werke gleich zu benennen. Die Werke 2000 und 3000 aus Abbildung 3.2 haben beide einen Lagerort 0001. Trotz der identischen Bezeichnung handelt sich um unterschiedliche Lagerorte! Jeder Lagerort ist nur eindeutig in Verbindung mit seinem Werk.

Lagerorte erstellen Sie im Customizing über den Pfad **Unternehmensstruktur • Definition • Materialwirtschaft • Lagerort pflegen**. In demselben Schritt pflegen Sie auch die Zuweisung zum Werk.

Die Datenbanktabelle im SAP-ERP-System, in der die Lagerorte gespeichert werden (Tabelle T001L), beinhaltet als Schlüssel sowohl das Werk als auch den Lagerort. Dadurch können Sie für jedes Werk gleichnamige Lagerorte anlegen, also z. B. die Lagerorte ROD und AFS sowohl für das Werk 1000 als auch für das Werk 2000. Ein Lagerort ist, wie schon erwähnt, nur im Zusammenhang mit seinem Werk eindeutig.

Natürlich ist auch eine einfachere Organisationsstruktur möglich – als diejenige, die wir in Abbildung 3.3 gezeigt haben. Im einfachsten Fall verwenden Sie nur einen Buchungskreis, nur ein Werk, nur einen Lagerort und nur eine Lagernummer. In diesem Fall können Sie in der Bestandsverwaltung von SAP ERP nicht zwischen Bestand, der sich in der Einlagerung befindet, und Bestand, der bereits final eingelagert wurde, unterscheiden bzw. ein Storno eines Wareneingangs durchführen. Dazu sind mindestens zwei Lagerorte erforderlich.

SAP-ERP-Lagerorte und EWM-Verfügbarkeitsgruppen

Im EWM-System werden Lagerorte in Belegen und Transaktionen durch sogenannte *Bestandsarten* identifiziert. Ein Lagerort wird in SAP EWM zunächst einer Verfügbarkeitsgruppe zugewiesen und die Verfügbarkeitsgruppe wiederum einer Bestandsart. Verfügbarer Bestand im Lagerort ROD verwendet die Bestandsart F1 und verfügbarer Bestand im Lagerort AFS die Bestandsart F2. Weitere Informationen zu Bestandsarten und Verfügbarkeitsgruppen finden Sie in Kapitel 5, »Bestandsverwaltung«.

3.2.4 Lagernummer

Die Lagernummer ist ein alphanumerischer Schlüssel, der ein komplexes Lagersystem definiert, das aus unterschiedlichen organisatorischen und technischen Einheiten (Lagertypen) besteht. Eine Lagernummer repräsentiert ein physisches Lager und stellt eine Verknüpfung zwischen der Bestandsführung (Werk und Lagerort) und der Lagerverwaltung dar. Bevor Sie Lagernummern anlegen und zuweisen, müssen Sie ein paar Hintergrundinformationen beachten, insbesondere die folgenden Punkte:

- Zum einen ist es möglich, mehrere Lagerorte ein und derselben Lagernummer zuzuweisen. Dies ist z. B. notwendig, wenn die beiden Lagerorte ROD und AFS in einer Lagernummer verwaltet werden sollen. Die Lagerorte erlauben so eine logische Bestandstrennung von Materialien in derselben Lagernummer.
- Zum anderen müssen die Lagerorte, die Sie einer Lagernummer zuweisen, nicht zwingend zu demselben Werk gehören. Die Tatsache, dass Bestand mehrerer Werke in einer Lagernummer verwaltet werden kann, erhöht die Flexibilität: So können Sie Bestände in demselben physischen Bereich lagern und sie trotzdem buchhalterisch trennen.
- Außerdem ist es möglich, dass Werke unterschiedlicher Buchungskreise in derselben Lagernummer verwaltet werden. Dadurch können Sie Bestände unterschiedlicher Geschäftsbereiche (die als unterschiedliche Buchungskreise verwaltet werden können) in derselben Lagernummer lagern und folglich ein Produkt, das zu zwei Geschäftsbereichen gehört, in demselben Lagertyp oder sogar auf demselben Lagerplatz lagern.

Wenn in Ihrem Projekt klar ist, welche und wie viele Lagernummern angelegt und welchen Werken und Lagerorten sie zugewiesen werden sollen, können Sie mit dem Customizing im SAP-ERP-System beginnen.

Lagernummer anlegen

In der SAP-Systemlandschaft gibt es eine SAP-ERP- und mindestens eine EWM-bezogene Lagernummer (siehe Abbildung 3.3). Die SAP-ERP-Lagernummer wird im SAP-ERP-System angelegt, besteht aus drei alphanumerischen Zeichen, z. B. 005 oder LX2, und wird der Kombination aus Werk und Lagerort zugewiesen. Daneben gibt es eine zweite Lagernummer: die SAP-EWM-Lagernummer. Sie wird einer SAP-ERP-Lagernummer zugewiesen (1:1-Zuweisung) und besteht aus vier alphanumerischen Zeichen. Im SAP-EWM-System arbeiten Sie immer nur mit der SAP-EWM-Lagernummer und im SAP-ERP-System mit der SAP-ERP-Lagernummer.

Die SAP-ERP-Lagernummer wird im Customizing angelegt. Wählen Sie den Pfad **Unternehmensstruktur • Definition • Logistics Execution • Lagernummer definieren, kopieren, löschen, prüfen • Lagernummer definieren**. Dort können Sie eine neue Lagernummer anlegen und bestehende Lagernummern kopieren. In Abbildung 3.4 sehen Sie den entsprechenden Customizing-Bildschirm mit der SAP-ERP-Lagernummer LX2.

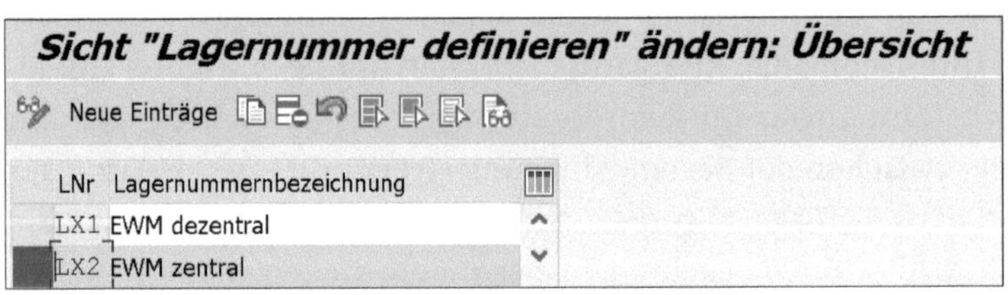

Abbildung 3.4 SAP-ERP-Lagernummer definieren

Auch bestehende Lagernummern können Sie kopieren, wenn Sie dem Customizing-Pfad **Unternehmensstruktur • Definition • Logistics Execution • Lagernummer definieren, kopieren, löschen, prüfen** folgen. Bei der Kombination von SAP ERP und SAP EWM ist dies allerdings *nicht* von Vorteil, da alle abhängigen Tabelleneinträge eines WM-Lagers mitkopiert werden, Sie aber diese SAP-ERP-WM-Einstellungen überhaupt nicht benötigen. Abhängige Objekte wie Lagertypen, Lagerbereiche usw. stellen Sie im SAP-EWM-System ein, aber nicht im SAP-ERP-System.

Nachdem Sie die SAP-ERP-Lagernummer angelegt haben, weisen Sie diese einem Werk und einem Lagerort (Werk-Lagerort-Kombination) zu. Dafür wählen Sie den Customizing-Pfad **Unternehmensstruktur • Zuordnung • Logistics Execution • Lagernummer zu Werk/Lagerort zuordnen**. Im Beispiel aus Abbildung 3.5 ist dem Werk 0001 und seinen beiden Lagerorten LX03 und LX04 die Lagernummer LX2 zugewiesen.

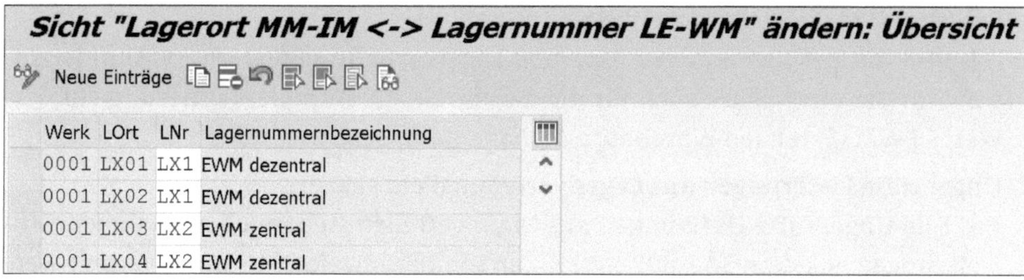

Abbildung 3.5 SAP-ERP-Lagernummer zu Werk und Lagerort zuweisen

[!]

ROD und AFS: Hinweis zur weiteren Darstellung in diesem Kapitel

In diesem und allen weiteren Kapiteln in diesem Buch nehmen wir an, dass Sie zwei Lagerorte verwenden, ROD und AFS, um zwischen in Einlagerung befindlichem und verfügbarem Bestand zu unterscheiden. Außerdem nehmen wir für den Rest des Buches an, dass Sie eine »einfache« Organisationsstruktur mit nur einem Buchungskreis und nur einem Werk haben. Nur wenn wir von dieser Regel abweichen, weisen wir Sie explizit darauf hin.

Sobald Sie eine Lagernummer angelegt haben, können Sie den Typ der Lagernummer einstellen. Es gibt in diesem Zusammenhang drei Möglichkeiten: Entweder nutzen Sie SAP S/4HANA mit seinem lokalen WM, also Stock Room Management in SAP S/4HANA, ein dezentrales Lagerverwaltungssystem oder SAP EWM (zentral oder dezentral), um Ihr Lager zu verwalten. Wenn Sie das SAP S/4HANA Stock Room Management verwenden, müssen Sie nichts weiter tun, denn dies ist die Standardeinstellung. Wenn Sie hingegen SAP EWM als zentrales oder dezentrales Lagerverwaltungssystem einsetzen möchten, müssen Sie das System für die erweiterte Lagerabwicklung einstellen (siehe Abbildung 3.6).

Das zugehörige Customizing finden Sie in SAP ERP über den Pfad **Logistics Execution • Integration Extended Warehouse Management • Grundkonfiguration der Anbindung • SAP-EWM-spezifische Parameter konfigurieren**.

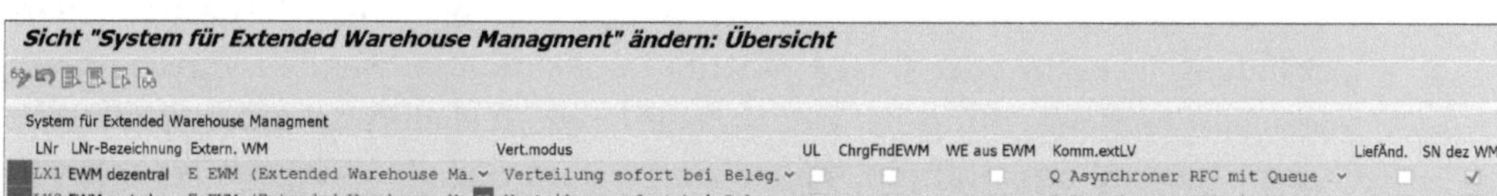

Abbildung 3.6 Typ einer SAP-ERP-Lagernummer einstellen

Wenn Sie eine neue Lagernummer eintragen, müssen Sie die Spalten dieser Tabelle pflegen, u. a. die folgenden Felder:

- **Externes WM (Feld »Extern. WM«)**
  Das Feld mit der Referenz zur externen Lagerverwaltung (**Extern. WM**) muss sowohl für die zentrale als auch für die dezentrale EWM-Implementierung auf den Wert **E EWM (Extended Warehouse Management)** gesetzt werden.
- **Ungeprüfte Lieferungen ans Lager verteilen (Feld »UL«)**
  Das Feld **Ungeprüfte Lieferungen ans Lager verteilen** steuert, ob auch ungeprüfte Lieferungen aus dem SAP-ERP-System an ein dezentrales SAP EWM verteilt werden sollen. Dieses Szenario ist relevant, wenn Sie das sogenannte *Direct Delivery Scenario* einsetzen. In diesem Fall arbeitet SAP ERP mit sogenannten *ungeprüften Lieferungen* (*Unchecked Deliveries*). Eine ungeprüfte Lieferung muss zunächst in eine geprüfte Lieferung umgesetzt werden, damit sie für das Lager zur Kommissionierung und für Warenbewegungen verwendet werden kann. Bis zur Umsetzung und damit zur Freigabe der Lieferung für die Verteilung an ein dezentrales SAP-EWM-System steht die ungeprüfte Lieferung beispielsweise für Mengenänderungen zur Verfügung. Der Vorteil der Vorgehensweise, auch ungeprüfte Lieferungen an SAP EWM zu verteilen, besteht darin, dass auf Projektbasis eine Lastvorschau für zu erwartende Auslieferungen und Arbeitslast realisiert werden kann. Da das Szenario für den Einsatz von ungeprüften Lieferungen in der Praxis sehr selten verwendet wird, haben wir bewusst darauf verzichtet, diese Funktion im Detail zu beschreiben.
- **Verteilungsmodus (Feld »Vert.modus«)**
  Der Verteilungsmodus der Lieferung steuert, ob eine Lieferung direkt beim Anlegen an das dezentrale System verteilt werden soll. Dies ist die Standardeinstellung und wird in den meisten Fällen – auch für ein zentrales SAP EWM – passend sein. Sie können jedoch auch einstellen, dass die Lieferungen nur als verteilungsrelevant markiert werden und manuell mit dem Liefermonitor verteilt werden müssen. Dies ist dann sinnvoll, wenn Sie z. B. noch Werte in den Lieferfeldern ändern wollen, bevor die Lieferung verteilt wird. Sie können diese Einstellung für jede Lieferart separat übersteuern.
- **Chargenfindung EWM (Feld »ChrgFndE...«)**
  Wenn Sie mit chargenverwalteten Materialien arbeiten, können Sie das Feld **Chargenfindung in EWM über Chargenattributreplikation** verwenden, um die automatische Chargenfindung bei der Anlage einer Auslieferung ohne spezifische Chargenauswahl auszuführen, sodass das System nur die Chargenauswahlkriterien in SAP EWM repliziert. Dort wird dann die Chargensuche ausgeführt.

Lagernummer zuweisen

Wenn Sie einer SAP-ERP-Lagernummer den Typ **E ERP mit EWM (Extended Warehouse Management)** zugewiesen haben (siehe Abbildung 3.6) und das SAP EWM dezentral angebunden wurde, weisen Sie der SAP-ERP-Lagernummer die EWM-Lagernummer zu. Dazu folgen Sie im Customizing dem Pfad **Integration mit anderen SAP Komponenten • Extended Warehouse Management • Lagernummer zu EWM Lagernummer zuordnen** und geben die EWM-Lagernummer des dezentralen SAP EWM ein (siehe Abbildung 3.7).

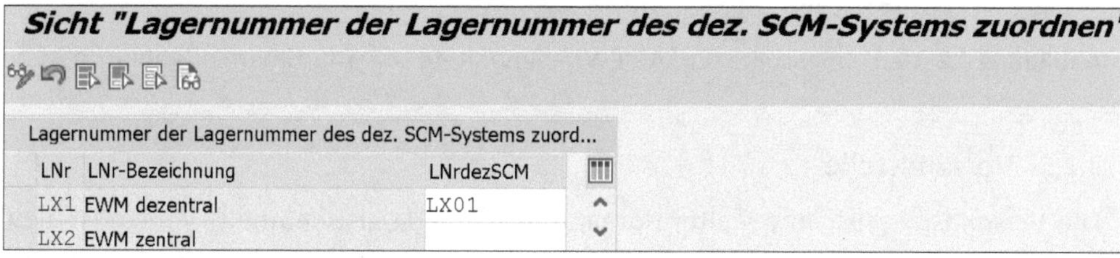

Abbildung 3.7 SAP-EWM-Lagernummer der SAP-ERP-Lagernummer zuweisen

Beachten Sie, dass bei der Eingabe der EWM-Lagernummer keine Feldvalidierung mit der Lagernummerndefinition im EWM-System durchgeführt wird. Sie müssen also selbst sicherstellen, dass Sie den richtigen Wert eingegeben haben. In dieser Tabelle ist jede ERP-Lagernummer sichtbar, pflegen Sie also nur EWM-Lagernummern für die SAP-ERP-Lager, die mit einem dezentralen EWM-System verwaltet werden sollen. In Abbildung 3.7 ist der Lagernummer LX2 keine EWM-Lagernummer zugewiesen, da es sich um ein zentrales EWM handelt. Das Lager LX1 referenziert hingegen auf ein dezentrales SAP EWM und dessen EWM-Lagernummer LX01.

Lieferungssplits einstellen

Um sicherzustellen, dass eine im SAP-ERP-System angelegte Lieferung korrekt im SAP-EWM-System verarbeitet werden kann, müssen Sie den *Lieferungssplit* für jede mit SAP EWM verwaltete Lagernummer und für jede verwendete Lieferart erlauben. Diese Einstellung betrifft dabei sowohl ein zentrales als auch ein dezentrales SAP EWM.

Zunächst erlauben Sie im Customizing den Lieferungssplit pro Lagernummer. Folgen Sie dafür dem Pfad **Logistics Execution • Versand • Lieferungen • Splitkriterien für Lieferungen definieren • Lieferungssplit nach Lagernummern • Lieferungssplit pro Lagernummer festlegen**, und aktivieren Sie das Kennzeichen **Lief.split nach Lagernummer** für jede mit SAP EWM verwaltete Lagernummer (siehe Abbildung 3.8).

Ebenso verfahren Sie mit dem Lieferungssplit für die Lieferarten. Über den Customizing-Pfad **Logistics Execution • Versand • Lieferungen • Splitkriterien für Lieferungen definieren • Lieferungssplit nach Lagernummern • Lieferungssplit pro Lieferart festlegen** aktivieren Sie das Kennzeichen **Liefersplit Lagernr.** Mit dieser Einstellung ist der Lieferungssplit für diese Lieferart erlaubt.

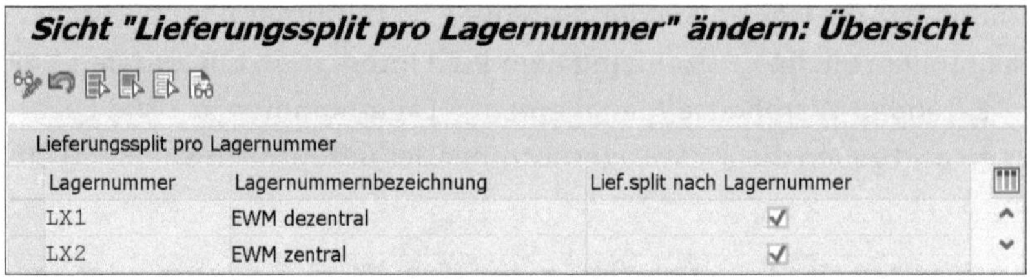

Abbildung 3.8 Lieferungssplits für SAP-EWM-verwaltete Lagernummern erlauben

3.2.5 Versandstelle

Die *Versandstelle* ist eine weitere organisatorische Logistikeinheit. Versandstellen sind für die Abwicklung des Versands verantwortlich und gliedern die Verantwortlichkeiten im Unternehmen nach der Art des Versands, den notwendigen Versandhilfsmitteln und Transportmitteln.

Sie müssen mindestens eine Versandstelle pro Werk anlegen und diese dem Werk zuordnen, für das sie verwendet werden soll. Gehen Sie dazu folgendermaßen vor:

1. Zur Definition der Versandstelle folgen Sie dem Customizing-Pfad **Unternehmensstruktur • Definition • Logistics Execution • Versandstelle definieren, kopieren, löschen, prüfen**. Dort können Sie eine neue Versandstelle anlegen oder eine bestehende Versandstelle kopieren.
2. Im nächsten Schritt erlauben Sie die Nutzung dieser Versandstelle in den Werken. Folgen Sie dazu im Customizing dem Pfad **Unternehmensstruktur • Zuordnung • Logistics Execution • Versandstelle – Werk zuordnen**.
3. Zum Schluss müssen Sie noch die Versandstellenfindung überprüfen. Die Versandstelle erreichen Sie im Customizing über den Pfad **Logistics Execution • Versand • Grundlagen • Versand-/Warenannahmestellenfindung**.

Wichtig ist, dass Sie eine *Warenannahmestelle* definieren. Wählen Sie dazu die Aktivität **Warenannahmestellen für Anlieferung zuordnen** über denselben Customizing-Pfad. Eine Warenannahmestelle ist notwendig, damit das System Anlieferungen anlegen kann – was die Grundlage für die Kommunikation mit einem SAP-EWM-System ist.

Die Versandstellen und Warenannahmestellen können in ein dezentrales SAP-EWM-System übertragen und dort als sogenanntes *Versandbüro* bzw. *Wareneingangsbüro* verwendet werden (mehr dazu erfahren Sie in Abschnitt 3.3.9, »Wareneingangsbüro und Versandbüro«).

Nun kennen Sie die wesentlichen Elemente der SAP-ERP-Organisationsstruktur. Sie haben erfahren, was unter Buchungskreis, Werk und ein Lagerort verstanden wird, dass es eine SAP-ERP- und eine EWM-Lagernummer gibt und wie Sie eine Versandstelle anlegen und zuweisen. Im folgenden Abschnitt zeigen wir Ihnen die Organisationselemente im SAP-EWM-System.

3.3 Organisationsstruktur in SAP S/4HANA EWM

In diesem Abschnitt gehen wir ausschließlich auf die Elemente der Organisationsstruktur im EWM-System ein (siehe Abbildung 3.9). Dies beginnt mit der Definition der EWM-Lagernummer und wird mit den Elementen Lagertyp, Lagerbereich und Lagerplatz bis hin zu den Elementen Aktivitätsbereich, Arbeitsplatz, Bereitstellzone und Tor sowie Versandbüro und Wareneingangsbüro fortgesetzt. Einige dieser Elemente, z. B. Lagertyp, Lagerbereich und Lagerplatz, sind Ihnen möglicherweise schon aus WM bekannt.

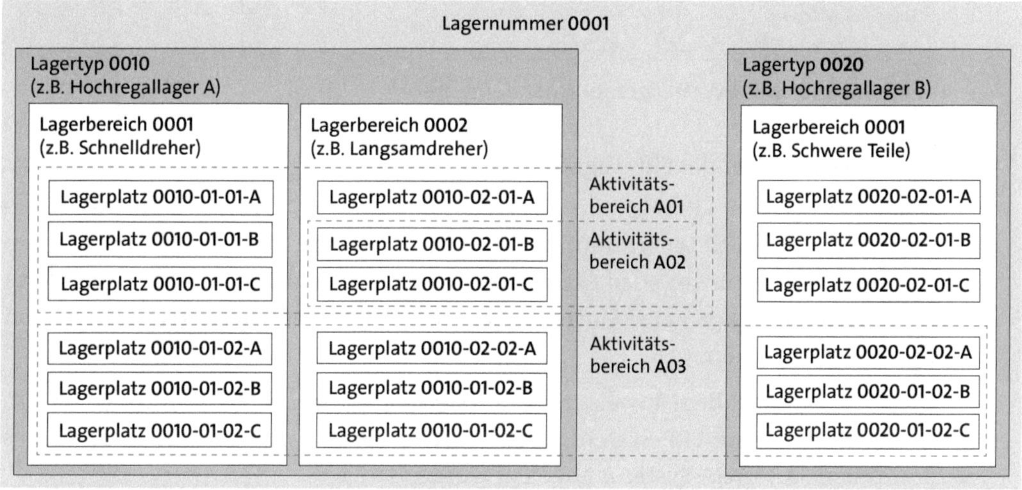

Abbildung 3.9 Schematische Übersicht einer SAP-EWM-Organisationsstruktur

3.3.1 SAP-EWM-Lagernummer

Es gibt im SAP-EWM-System für Ihr Lager eine eigene, aus vier Zeichen bestehende EWM-Lagernummer, die nicht mit der aus drei Zeichen bestehenden SAP-ERP-Lagernummer identisch ist (siehe Abschnitt 3.2.4, »Lagernummer«). Das zusätzliche Zeichen wurde in SAP EWM hinzugefügt, um mehr Flexibilität zu erreichen, z. B. für den Fall, dass eine SAP-EWM-Instanz mehrere Lager aus verschiedenen SAP-ERP-Systemen verwaltet.

[+]

Tipp zur Namensgebung

In der Praxis empfiehlt es sich, die beiden Lagernummern ähnlich zu benennen, sodass deren Beziehung aus dem Namen abgeleitet werden kann. Dies vereinfacht die Bedienung der beiden Systeme, und Sie müssen nicht im Customizing nachschlagen, um die Beziehung herzuleiten.

Lagernummer anlegen

Um die Lagernummer in SAP EWM anzulegen, öffnen Sie das Customizing und folgen dem Pfad **Extended Warehouse Management • Stammdaten • Lagernummern definieren** (siehe Abbildung 3.10). Sie vergeben einen vierstelligen alphanumerischen Namen sowie eine Bezeichnung für die Lagernummer.

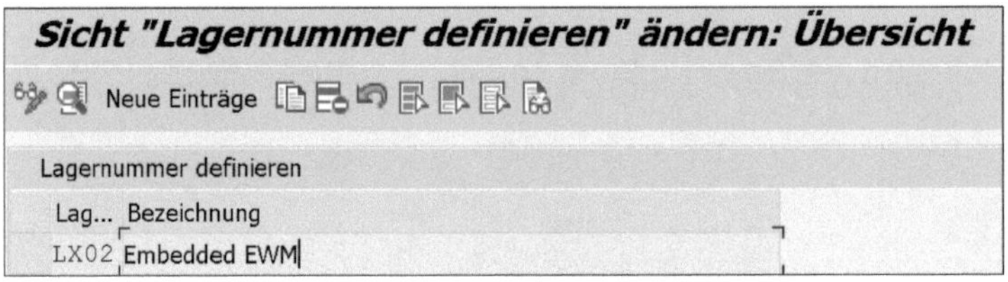

Abbildung 3.10 SAP-EWM-Lagernummer definieren

EWM-Lagernummer der ERP-Lagernummer zuweisen

Ähnlich wie im SAP-ERP-System muss auch im SAP-EWM-System die EWM-Lagernummer der SAP-ERP-Lagernummer zugewiesen werden. Diese Zuweisung können Sie über den Customizing-Pfad **Extended Warehouse Management • Schnittstellen • ERP-Integration • Allgemeine Einstellungen • Lagernummern aus Logistics Execution zuordnen** vornehmen.

Abbildung 3.11 zeigt diese Zuweisung. Die erste Spalte beinhaltet das Business-System des zugehörigen SAP-ERP-Systems, das während der technischen Installation eines dezentralen SAP-EWM-Systems angelegt wurde.

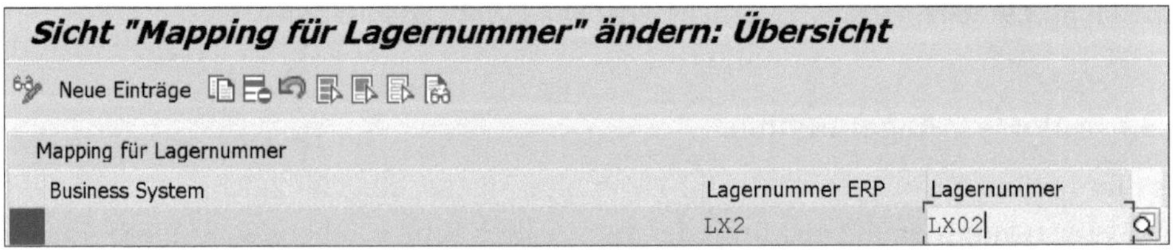

Abbildung 3.11 Mapping der EWM-Lagernummer zur ERP-Lagernummer

Supply Chain Unit, Besitzer und Verfügungsberechtigten zur Lagernummer zuweisen

Nachdem die grundlegende Konfiguration der Lagernummer abgeschlossen ist, müssen noch wichtige Stammdatenattribute zugewiesen werden, u. a. die zur Lagernummer gehörende *Supply Chain Unit* und die Geschäftspartner **Besitzer** und **Verfügungsberechtigter**.

Um diese Zuweisung durchzuführen, folgen Sie im SAP-Easy-Access-Menü (also nicht im Customizing) dem Pfad **Extended Warehouse Management • Einstellungen • Zuordnungen: Lagernummern/Geschäftspartner**, oder Sie verwenden den dazugehörigen Transaktionscode /SCWM/LGNBP. Abbildung 3.12 zeigt die Zuweisung der Supply Chain Unit, des Besitzers und des Standardverfügungsberechtigten (Feld **DfltVerfBer.**).

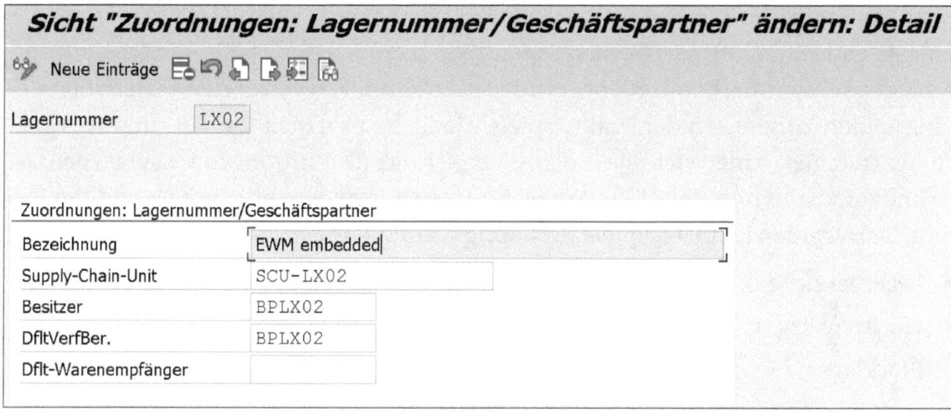

Abbildung 3.12 Zuordnungen zur SAP-EWM-Lagernummer

[«]

Lagernummern zuordnen – Customizing oder nicht?

Sie erreichen dieselbe Tabelle auch über den Customizing-Pfad **Extended Warehouse Management • Stammdaten • Lagernummern zuordnen**. Es handelt sich jedoch nicht um ein klassisches Customizing, denn als Voraussetzung zum Pflegen dieser Tabelle müssen die Stammdaten zur Supply Chain Unit und die Geschäftspartner bereits existieren, was z. B. nicht der Fall ist, wenn Sie einen eigenen Mandanten für das Customizing verwenden. Die Einträge dieser Tabelle lassen sich auch nicht transportieren. Wir empfehlen daher, diese Einstellungen für jedes System direkt über das SAP-Easy-Access-Menü vorzunehmen.

Weitere Informationen über die Bedeutung der Supply Chain Unit und über die Geschäftspartner **Besitzer** und **Verfügungsberechtigter** erhalten Sie in Kapitel 5, »Bestandsverwaltung«.

3.3.2 Lagertyp

Lagertypen bilden die höchste Ebene der Organisationsstruktur unterhalb der Lagernummer (siehe Abbildung 3.9). Ein Lagertyp bezeichnet eine Gruppe von Lagerplätzen mit ähnlichen Eigenschaften. Ein Lagerplatz ist ein getrennter Bereich im Lager, in dem ein oder mehrere Produkte gelagert werden können. Jeder Lagerplatz hat einen Namen, normalerweise bestehend aus einer Gruppe von Zahlen oder Buchstaben, die in einer bestimmten Reihenfolge angeordnet sind, was es dem Lagerangestellten ermöglicht, den Platz schnell zu finden.

Normalerweise liegen alle Lagerplätze eines Lagertyps in demselben physischen Bereich des Lagers. Sie können die Größe und Kapazität der Lagerplätze eines Lagertyps einzeln einstellen. Oftmals werden Lagertypen so angelegt, dass Sie Bereiche mit verschiedener Lagermethodik oder verschiedenen Arten von gelagerten Materialien unterscheiden können. In der Praxis spielen jedoch zusätzlich die Ein- und Auslagerungsstrategien eine wichtige Rolle. Die richtige Definition von Lagertypen ist Grundvoraussetzung, damit die Arbeit der Lagermitarbeiter effizient ist und flexibel optimiert werden kann. Beispiele für häufig genutzte Lagertypen sind:

- Lagerbereiche mit Fixplätzen, z. B. Kommissionierbereiche
- Hochregallager
- Blocklager
- Freiflächenlager
- Speziallager, z. B. für Gefahrstoffe
- automatisierte Lagerbereiche

Zusätzlich werden die Lagertypen in SAP EWM für Bestände in sogenannten *Schnittstellenlagertypen* genutzt, also Lagertypen, in die nicht final eingelagert wird, u. a.:

- Tore im Wareneingang und Warenausgang
- Bereitstellzonen im Wareneingang und Warenausgang
- Identifikationspunkte und Kommissionierpunkte vor automatischen Lagern, z. B. vor einem Hochregallager
- Übergabepunkte, z. B. zwischen Hallen oder vor bestimmten finalen Lagertypen
- Arbeitsplätze, z. B. Packplätze oder Plätze zur Durchführung von Qualitätsprüfungen (QM) oder von logistischen Zusatzleistungen (LZL)
- Plätze zur Hofsteuerung (Yard Management)
- Überlauflagertypen, z. B. für den Wareneingangsprozess

Die meisten dieser Lagertyparten und die mit ihnen verbundenen Konfigurationsmöglichkeiten besprechen wir im weiteren Verlauf dieses Buches.

Die Konfiguration eines Lagertyps in SAP EWM beinhaltet eine große Anzahl von Parametern, die Sie pflegen können – u. a. für die Einstellung von Einlagerungs- und Auslagerungsstrategien, dazu die Festlegung, ob Handling Units (HU) erlaubt sind, wie der verfügbare Bestand ermittelt wird, ob Kapazitätsprüfungen durchgeführt werden und inwiefern Mischbestand (z. B. mehrere Produkte auf einem Lagerplatz) erlaubt ist.

Zur Definition eines Lagertyps im SAP-EWM-Customizing wählen Sie den Pfad **Extended Warehouse Management • Stammdaten • Lagertyp definieren**. In Abbildung 3.13 zeigen wir Ihnen den oberen Bereich des Customizing-Bildes zur Definition der Lagertypen; in diesem Fall ein Hochregallager.

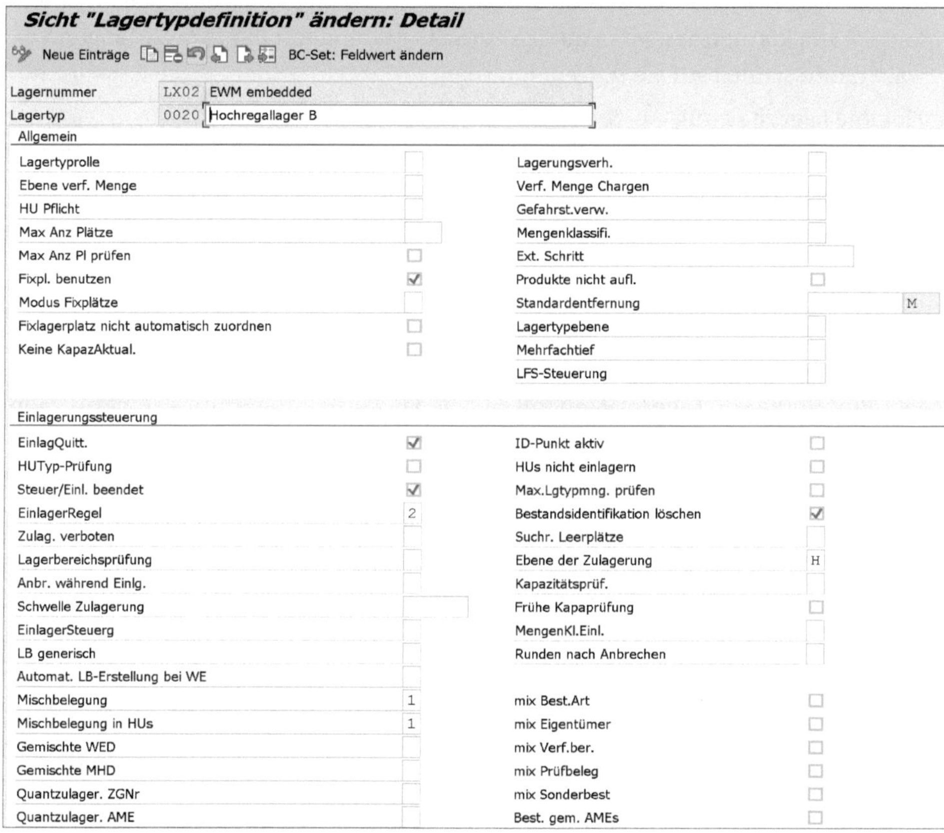

Abbildung 3.13 Lagertyp definieren

An dieser Stelle möchten wir Ihnen kurz die verschiedenen *Lagerungsverhalten* erläutern. Das Lagerungsverhalten stellt die Struktur des Lagertyps dar und steuert insbesondere die Nach-Platz-Ermittlung bei der Einlagerung in diesen Lagertyp. Sie können zwischen den folgenden Werten wählen:

- **Standardlager**
  Ein Standardlager hat keine besonderen Eigenschaften. Diese Einstellung wählen Sie, wenn Sie einen allgemeinen Lagertyp zum Lagern von Produkten definieren.

- **Palettenlager**
  Diese Einstellung wählen Sie, wenn Sie verschiedene HU-Typen in einem Lagertyp und auf einem Lagerplatz lagern möchten. Das System unterteilt einen Lagerplatz dynamisch bei der ersten Einlagerung einer HU und legt fest, wie viele weitere HUs desselben Typs auf demselben Lagerplatz eingelagert werden können.
- **Blocklager**
  Ein Blocklager verwenden Sie, wenn Sie Ihr Lager in Blöcke und Reihen unterteilt haben. Auf jedem Block bzw. auf jeder Reihe können Sie mehrere HUs lagern. Diese Einstellung können Sie verwenden, wenn Sie Materialien in großen Mengen verwalten und schnell auf sie zugreifen wollen.
- **Flexible Lagerhaltung**
  Diese Einstellung eignet sich, wenn Sie Bereiche in Ihrem Lager haben, in denen Sie Lagerplätze dynamisch verwalten möchten. Sie können in Ihrem Lagertyp dadurch während der Einlagerung immer wieder Plätze temporär anlegen.

3.3.3 Lagerbereich

Nach den Lagertypen ermöglichen die *Lagerbereiche* eine weitere Unterteilung des Lagers. Eine Reihe von Lagerplätzen mit gleichen Eigenschaften kann zu einem Lagerbereich zusammengefasst werden (siehe Abbildung 3.9).

Oftmals werden Bereiche, in denen unterschiedliche Materialarten lagern, in einen Lagerbereich gelegt. So kann es z. B. einen Bereich für schwere und einen anderen Bereich für sperrige Teile geben. Auch wird häufig die *Erreichbarkeit* der Lagerplätze genutzt, um Lagerbereiche zu formen, z. B. einen Lagerbereich mit leicht erreichbaren Plätzen (gut geeignet für Produkte mit hoher Umschlagshäufigkeit, sogenannte *Schnelldreher*) und einen Lagerbereich mit schwerer erreichbaren Plätzen (für *Langsamdreher*). Lagerbereiche werden für die Einlagerung verwendet; es gibt dort eine sogenannte *Lagerbereichsfindung*, die, basierend auf bestimmten Kriterien, den optimalen Lagerbereich für ein Produkt findet.

Die Unterteilung von Lagertypen in Lagerbereiche ist nicht verpflichtend. So können Sie auch Lagerplätze anlegen, ohne diese einem Lagerbereich zuzuweisen. Für einfache Lagertypen oder Schnittstellenlagertypen kann es sinnvoll sein, keine Lagerbereiche anzulegen.

Lagerbereiche legen Sie an, indem Sie im Customizing dem Pfad **Extended Warehouse Management • Stammdaten • Lagerbereich definieren** folgen. Wie Sie in Abbildung 3.14 sehen, wird ein Lagerbereich einem Lagertyp zugewiesen und erhält einen Namen. Es müssen, im Gegensatz zum Lagertyp, keine weiteren Felder gepflegt werden.

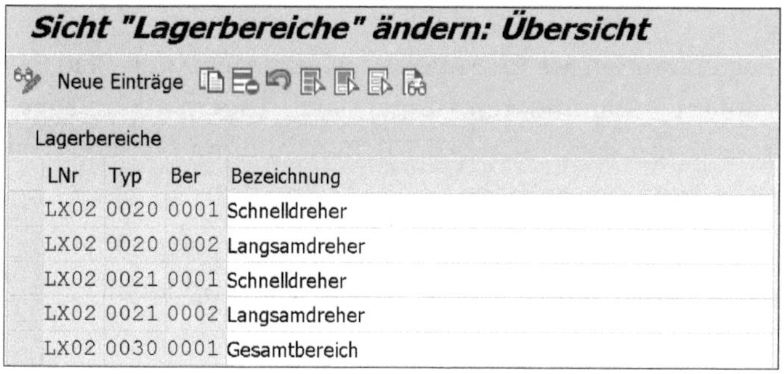

Sicht "Lagerbereiche" ändern: Übersicht

Neue Einträge

Lagerbereiche

LNr	Typ	Ber	Bezeichnung
LX02	0020	0001	Schnelldreher
LX02	0020	0002	Langsamdreher
LX02	0021	0001	Schnelldreher
LX02	0021	0002	Langsamdreher
LX02	0030	0001	Gesamtbereich

Abbildung 3.14 Lagerbereiche definieren

In Kapitel 8, »Wareneingangsprozess«, erfahren Sie, wie Lagerbereiche für die Einlagerung verwendet werden können.

3.3.4 Lagerplatz

Ein *Lagerplatz* repräsentiert eine Stelle im Lager, in der Materialien gelagert werden können. Wie Abbildung 3.9 zeigt, gehört jeder Lagerplatz zu einem Lagerbereich (sofern Lagerbereiche benutzt werden) und zu einem Lagertyp innerhalb der Lagernummer. Der Name eines Lagerplatzes in SAP EWM muss innerhalb der Lagernummer eindeutig sein.

Lagerplätze werden häufig nach den Koordinaten eines Rasters benannt, sodass die Plätze für die Lagerangestellten schnell zu finden sind. Oftmals werden für die Definition des Rasters Eigenschaften der Plätze wie Gang, Regalnummer, Säule, Bereich oder Ebene verwendet. Ein Platz, der im zweiten Gang liegt, in der dritten Säule und auf der fünften Ebene, kann z. B. 02-03-05 heißen.

Lagerplätze können in SAP EWM bis zu 18 Zeichen lang sein und zur besseren Lesbarkeit mit Bindestrichen, Punkten oder sogar Leerzeichen unterteilt sein.

[!]

Lagerplätze sind Stammdaten in SAP EWM

Lagerplätze sind nicht Teil des Customizings, denn sie sind Stammdaten. Dies erlaubt es den Endanwendern, im laufenden Betrieb Lagerplätze anzulegen und zu ändern, ohne jedes Mal ein Customizing durchführen zu müssen, was den administrativen Aufwand deutlich reduziert. Die Kontrolle, wer Lagerplätze anlegen darf, wird über das SAP-Berechtigungskonzept gesteuert, das wir ausführlich in Kapitel 14, »Bereichsübergreifende Prozesse und Funktionen«, besprechen.

Lagerplätze manuell anlegen

Um einen Lagerplatz anzulegen, wählen Sie im SAP-Easy-Access-Menü den Pfad **Extended Warehouse Management • Stammdaten • Lagerplatz • Lagerplatz anlegen**, oder Sie verwenden den Transaktionscode /SCWM/LS01. In Abbildung 3.15 sehen Sie die Registerkarten zum Anlegen von Lagerplätzen.

Um einen Lagerplatz anzulegen, müssen Sie mindestens den Lagerplatznamen, die Lagernummer und den Lagertyp eingeben. Alle anderen Felder sind optional:

- **Lagerbereich**
  Wie schon in Abschnitt 3.3.3, »Lagerbereich«, beschrieben, sind Lagerbereiche optional. Sie werden zur Einlagerung verwendet.
- **Platzzugriffstyp (Feld »Platzugriffst.«)**
  Der Lagerplatzzugriffstyp wird vom SAP-EWM-Ressourcenmanagement genutzt, um die Ausführungsprioritäten von Lageraufgaben zu steuern. Um die Ausführungsprioritäten einzustellen, folgen Sie im SAP-Easy-Access-Menü dem Pfad **Extended Warehouse Management • Stammdaten • Ressourcenmanagement • Ausführungsprioritäten pflegen**.

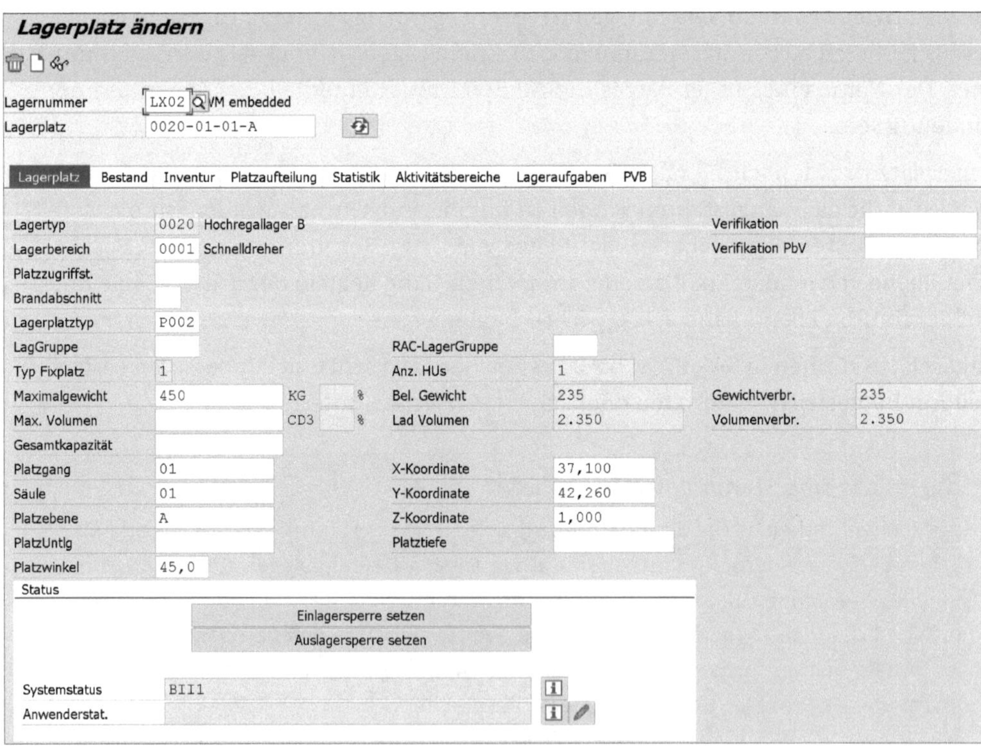

Abbildung 3.15 Lagerplätze manuell anlegen

- **Brandabschnitt**
  Jeder Lagerplatz kann einem bestimmten Brandabschnitt zugeordnet werden. Das Feld erscheint in den Auswertungen (z. B. der Feuerwehrliste), in denen Gefahrstoffe pro Brandabschnitt ausgewiesen werden.
- **Lagerplatztyp**
  Der Lagerplatztyp kann genutzt werden, um gleichartige Lagerplätze (bezogen auf Gewicht, Volumen und Dimensionen) zu gruppieren. Lagerplatztypen werden außerdem genutzt, um die erlaubten HU-Typen für den jeweiligen Lagerplatz zu ermitteln. Sie legen Lagerplatztypen im Customizing über den Pfad **Extended Warehouse Management • Stammdaten • Lagerplätze • Lagerplatztypen definieren** an. Die Zuweisung zu den erlaubten HU-Typen finden Sie über den Customizing-Pfad **Extended Warehouse Management • Wareneingangsprozess • Strategien • Lagerplatzfindung • HU-Typen • HU-Typen je Lagerplatztyp definieren**.

[!]

Der Lagerplatztyp ist ein Muss-Feld

Wenn in einem Lagertyp die HU-Typprüfung aktiv ist, ist der Lagerplatztyp ein Muss-Feld.

- **Lagerungsgruppe für layoutorientierte Lagerungssteuerung (Feld »LgGrp«)**
  Die Lagerungsgruppe für die layoutorientierte Lagerungssteuerung ist eine logische oder physische Unterteilung eines Lagertyps. Sie können innerhalb eines Lagertyps, basierend auf seinen physischen Gegebenheiten, eine Reihe von Lagerplätzen zusammenfassen. Das System verwendet die Lagerungsgruppe für die layoutorientierte Lagerungssteuerung zum Ermitteln des Zwischenlagertyps.
- **Lagerungsgruppe für Ressourcenausführungs-Constraint (RAC, Feld »RAC-LagerGruppe«)**
  Mit dem Ressourcenausführungs-Constraint steuern Sie, wie viele Ressourcen in den unterschiedlichen Lagerungsgruppen des Lagers arbeiten dürfen. Sie nutzen diese Gruppe folglich, um die Auslastung und Effizienz Ihrer Ressourcen zu steuern, und vermeiden Leerlaufzeiten, die entstehen können, wenn eine Ressource warten muss, bis eine andere fertig ist.
- **Gesamtkapazität**
  Sie können für jeden Lagerplatz das maximale Lagerungsgewicht, Volumen, die (einheitenlose) Gesamtkapazität des Lagerplatzes und die Dimensionen des Platzes einstellen. Wenn Sie Lagerplatztypen benutzen, werden diese Daten aus dem Typ übernommen, den Sie im Customizing eingestellt haben.
- **Lagerkoordinaten (Felder »X-Koordinate«, »Y-Koordinate« und »Z-Koordinate«)**
  Die X-, Y- und Z-Koordinaten des Lagerplatzes bestimmen dessen genaue Lage in-

nerhalb des Lagers und können zur Wegstreckenberechnung des Labor Managements verwendet werden.

- **Informationen über die Rasterposition und Visualisierung des Lagerplatzes (Felder »Gang«, »Säule«, »Ebene«, »PlatzUntlg«, »Platztiefe« und »Platzwinkel«)**
  Diese Informationen werden vom grafischen Lagerlayout verwendet, um eine visuelle Darstellung Ihres Lagers zu erreichen. Sie können auch verwendet werden, um den Lagerangestellten zusätzliche Informationen über die genaue Lage des Platzes zu geben.
- **Verifikation**
  Dieses Feld wird genutzt, um den Lagerplatz in mobilen Transaktionen durch das Scannen eines Barcodes zu verifizieren. Der Inhalt des Verifikationsfeldes muss dem Inhalt des Barcodes entsprechen. Sie können im einfachsten Fall das Verifikationsfeld mit dem Namen des Lagerplatzes füllen. Alternativ können Sie Prüfziffern am Ende des Lagerplatznamens verwenden, um sicherzustellen, dass der Anwender den Platz korrekt eingegeben hat, oder Sie können Zufallszahlen benutzen, sodass der Lagerangestellte den Barcode am Platz scannen muss. Sie können die Verifikationen manuell eingeben oder eine Transaktion zur Massenpflege dieses Feldes benutzen, die wir weiter unten in diesem Abschnitt vorstellen.
- **Verifikation mit Pick-by-Voice (Feld »Verifikation PbV«)**
  In diesem Feld können Sie eine Prüfziffer oder Zeichenkette definieren, um den Lagerplatz z. B. im Kommissionierprozess zu bestätigen, wenn Sie mit Pick-by-Voice arbeiten.
- **Feld »Systemstatus«**
  Der Systemstatus eines Lagerplatzes beinhaltet die Einlagersperre und die Auslagersperre. Sie können Lagerplätze zur Ein- und Auslagerung sperren, indem Sie die entsprechenden Buttons in der Transaktion zur Lagerplatzänderung verwenden. Alternativ können Sie mehrere Plätze gleichzeitig sperren, wenn Sie den Pfad **Bestand und Platz • Lagerplatz** im Lagerverwaltungsmonitor wählen.
- **Anwenderstatus (Feld »Anwenderstat.«)**
  Das Feld **Anwenderstat.** zeigt Informationen über die Anwenderstatus an, die momentan dem Lagerplatz zugewiesen sind. Sie können einem Anwenderstatus den aktuellen Platz hinzufügen oder ihn löschen, indem Sie rechts neben dem Anwenderstatusfeld auf den Button **Anwenderstatus ändern** klicken.

  Um Anwenderstatus zu benutzen, müssen Sie ein eigenes Anwenderstatusschema und eigene Anwenderstatus über den Pfad **Extended Warehouse Management • Stammdaten • Lagerplätze • Anwenderstatusschema definieren** im Customizing definieren. Das definierte Anwenderstatusschema müssen Sie zudem der Lagernummer zuweisen; dies erfolgt im Customizing über den Pfad **Extended Warehouse Management • Stammdaten • Lagernummernsteuerung definieren**.

Wenn Sie bereits Lagerplätze angelegt und erst im Nachhinein ein Anwenderstatusschema erzeugt haben, können Sie diesen Lagerplätzen noch nachträglich ein Anwenderstatusobjekt zuweisen, das auf dem neuen Schema basiert. Folgen Sie dazu im SAP-Easy-Access-Menü dem Pfad **Extended Warehouse Management • Stammdaten • Lagerplatz • Anwenderstatus für Lagerplätze hinzufügen**, oder nutzen Sie Transaktion /SCWM/BINSTAT.

Bestehende Lagerplätze können Sie ändern, indem Sie im SAP-Easy-Access-Menü dem Pfad **Extended Warehouse Management • Stammdaten • Lagerplatz • Lagerplatz ändern** folgen oder den Transaktionscode /SCWM/LS02 verwenden. Über den Transaktionscode /SCWM/LS03 können Sie sich die Lagerplätze anzeigen lassen.

Lagerplätze mithilfe einer Struktur generieren

Mithilfe einer *Lagerplatzstruktur* können Sie eine große Anzahl von Lagerplätzen schnell anlegen. Das Anlegen von Lagerplätzen erfolgt in zwei Schritten: Zunächst definieren Sie eine Lagerplatzstruktur im Customizing, und anschließend generieren Sie für jede erstellte Struktur die Lagerplätze. Dies findet nicht mehr im Customizing statt, sondern auf der Anwendungsebene mithilfe des SAP-Easy-Access-Menüs. So können Sie Lagerplätze mithilfe von Strukturen auch in Ihrem Qualitätssystem oder im Produktivsystem anlegen, ohne eine Berechtigung für das Customizing haben zu müssen.

Die Lagerplatzstruktur wird im Customizing über den Pfad **Extended Warehouse Management • Stammdaten • Lagerplätze • Lagerplatzstruktur definieren** angelegt.

Bevor Sie eine neue Struktur erstellen, sollten Sie sich die *Lagerplatzbezeichner* anschauen. Diese werden verwendet, um bei der Definition der Lagerplatzstrukturen die Bestandteile des Lagerplatzes eindeutig zu identifizieren und so Aktivitätsbereiche unabhängig vom Lagertyp definieren zu können (basierend auf Gang, Säule und Ebene).

Im Customizing folgen Sie den Pfad **Extended Warehouse Management • Stammdaten • Lagerplätze • Lagerplatzbezeichner für Lagerplatzstrukturen definieren**. Für jeden Lagerplatzbestandteil können Sie einen Buchstaben als Lagerplatzbezeichner definieren. Im Standard sind die Bezeichner A für den Gang (englisch *Aisle*), S für die Säule (englisch *Stack*) und L für die Ebene (englisch *Level*) angelegt. Es gibt noch zwei weitere Bezeichner für die Platzunterteilung (B) und für die Platztiefe (D).

Das Anlegen einer neuen Lagerplatzstruktur ist weitestgehend selbsterklärend. Wir empfehlen Ihnen, sich die Beispiele aus der SAP-Standardlagernummer 0001 anzuschauen. Das Prinzip der Struktur ist wie folgt: Sie geben den Namen des Startlagerplatzes und des Ende-Lagerplatzes ein (Startwert und Endwert). Dazu definieren Sie die sogenannten *Inkremente*, mit denen Sie einstellen, um welchen Betrag die jeweiligen Stellen des Lagerplatznamens hochgezählt werden sollen. In der Lagerplatzschablone definieren Sie, welche Stellen numerische (0–9) oder alphabetische Zeichen (A–Z) beinhalten und welche Stellen Konstanten sind (z. B. Trennstriche zwischen den Gruppen).

[zB]

Beispiel zu Lagerplatzschablonen

Um Lagerplätze von A01A bis A99D zu erstellen, wählen Sie die Schablone CNNACCC-CCCCCCCCCCC. Beachten Sie, dass die leeren Zeichen der Schablone am Ende auch mit C gefüllt werden sollten. Diese Struktur gibt an, dass das erste Zeichen des Lagerplatznamens eine Konstante ist (in diesem Fall das führende A von A01A). Das zweite und das dritte Zeichen sind numerisch, und das vierte Zeichen ist ein Buchstabe.

Wenn Sie zwei oder mehr Zeichen nutzen, die gemeinsam hochgezählt werden sollen (z. B. 0001 bis 9999 oder AA bis FF), müssen diese direkt nebeneinander stehen. Weitere Felder, die Sie für die Lagerplatzstruktur pflegen können, sind z. B. die Struktur, die angibt, an welcher Stelle die Lagerplatzbezeichner stehen, die X-, Y- und Z-Koordinaten, der Lagerbereich, in dem die Plätze angelegt werden sollen, sowie Lagerplatztyp, Lagerplatz-Zugriffstyp, maximales Gewicht und Volumen, die (dimensionslose) Gesamtkapazität sowie der Brandabschnitt und die Lagerungsgruppe für die layoutorientierte Lagerungssteuerung. Natürlich müssen Sie auch den Lagertyp pflegen, denn ansonsten lassen sich die Plätze nicht anlegen.

Wenn die Lagerplatzstruktur angelegt ist, können Sie die Lagerplätze für diese Struktur anlegen. Wählen Sie im SAP-Easy-Access-Menü den Pfad **Extended Warehouse Management • Stammdaten • Lagerplatz • Lagerplätze generieren**, oder geben Sie den Transaktionscode /SCWM/LS10 ein. Dort wählen Sie Ihre neue Struktur aus und klicken auf den Button **Plätze anlegen**.

Nun interpretiert das System Ihre Eingaben in der Lagerplatzstruktur und zeigt Ihnen eine Liste mit den Lagerplätzen an, die es generieren würde. Sie haben nun die Möglichkeit, diese Liste zu kontrollieren. Die Lagerplätze können Sie anlegen, wenn Sie auf den Button **Anlegen** klicken. Sollten die Lagerplätze bereits angelegt sein, können Sie auf den Button **Ändern** klicken, um sie eventuell mit neuen Daten aus der Struktur anzupassen.

Massenänderung und Massenlöschung von Lagerplätzen

Die meisten Lagerplatzattribute lassen sich in einer Massenpflegetransaktion ändern. Wenn Sie viele Lagerplätze auf einmal ändern wollen, wählen Sie im SAP-Easy-Access-Menü die Transaktion über den Pfad **Extended Warehouse Management • Stammdaten • Lagerplatz • Massenänderung Lagerplätze**, oder Sie geben den Transaktionscode /SCWM/LS11 ein.

Wenn Sie die Transaktion starten, gelangen Sie zunächst in ein Selektionsbild. Wählen Sie dort die gewünschten Lagerplätze aus, und klicken Sie auf den Button **Ausführen**. Das daraufhin erscheinende Bild sehen Sie in Abbildung 3.16. Hier können Sie Lagerplätze markieren und auf den Button [Lagerplätze] (**Lagerplätze ändern**) klicken. Es öffnet sich ein neues Fenster, in dem Sie die meisten Attribute des Lagerplatzes ändern können.

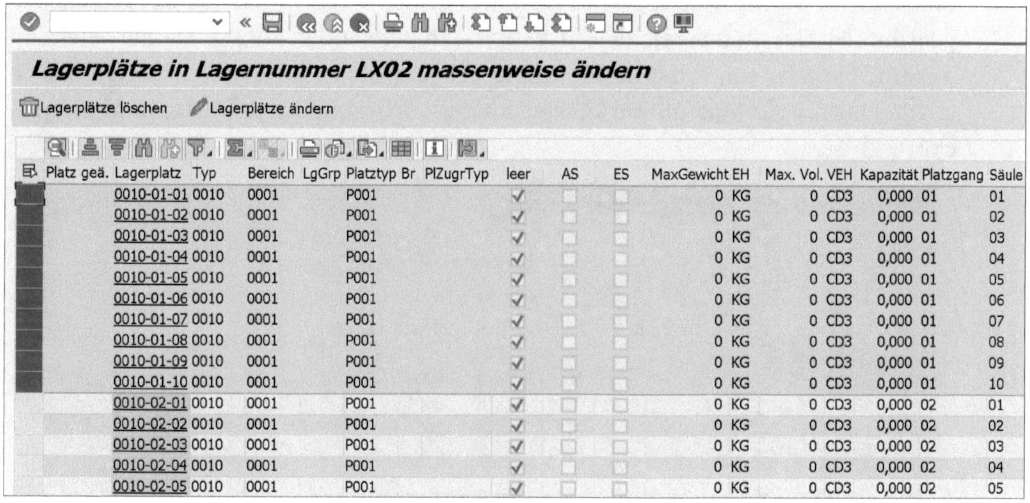

Platz geä.	Lagerplatz	Typ	Bereich	LgGrp	Platztyp	Br	PlZugrTyp	leer	AS	ES	MaxGewicht	EH	Max. Vol.	VEH	Kapazität	Platzgang	Säule
	0010-01-01	0010	0001		P001			✓			0	KG	0	CD3	0,000	01	01
	0010-01-02	0010	0001		P001			✓			0	KG	0	CD3	0,000	01	02
	0010-01-03	0010	0001		P001			✓			0	KG	0	CD3	0,000	01	03
	0010-01-04	0010	0001		P001			✓			0	KG	0	CD3	0,000	01	04
	0010-01-05	0010	0001		P001			✓			0	KG	0	CD3	0,000	01	05
	0010-01-06	0010	0001		P001			✓			0	KG	0	CD3	0,000	01	06
	0010-01-07	0010	0001		P001			✓			0	KG	0	CD3	0,000	01	07
	0010-01-08	0010	0001		P001			✓			0	KG	0	CD3	0,000	01	08
	0010-01-09	0010	0001		P001			✓			0	KG	0	CD3	0,000	01	09
	0010-01-10	0010	0001		P001			✓			0	KG	0	CD3	0,000	01	10
	0010-02-01	0010	0001		P001			✓			0	KG	0	CD3	0,000	02	01
	0010-02-02	0010	0001		P001			✓			0	KG	0	CD3	0,000	02	02
	0010-02-03	0010	0001		P001			✓			0	KG	0	CD3	0,000	02	03
	0010-02-04	0010	0001		P001			✓			0	KG	0	CD3	0,000	02	04
	0010-02-05	0010	0001		P001			✓			0	KG	0	CD3	0,000	02	05

Abbildung 3.16 Massenänderung von Lagerplätzen

Über den Button [Lagerplätze] (**Lagerplätze löschen**) können Sie massenweise Lagerplätze löschen, etwa wenn Sie sich beim Anlegen geirrt haben.

> **Gesperrte Lagerplätze entsperren**
>
> Wenn Sie Lagerplätze mit einer Ein- oder Auslagersperre versehen haben und diese nun wieder entsperren wollen, müssen Sie dafür den Lagermonitor verwenden. Das Sperren/Entsperren ist nur dort möglich, aber nicht in der Massenänderungstransaktion. Um den Lagermonitor zu starten, wählen Sie im SAP-Easy-Access-Menü den Knoten **Extended Warehouse Management • Monitoring • Lagerverwaltungsmonitor**. Im Monitor rufen Sie den Knoten **Bestand und Platz • Lagerplatz** auf und wählen Ihre Lagerplätze aus. Über den Button **Weitere Methoden** können Sie auf die Sperren zugreifen.

Lagerplätze sortieren

Damit die Lageraufgaben nach Ihren Vorgaben sortiert werden (z. B. zur Ausnutzung eines optimalen Kommissionierwegs), müssen Sie die Lagerplätze nach dem Anlegen *sortieren*.

Das Sortieren in SAP EWM umfasst zwei Schritte: Zuerst legen Sie einen Platz oder eine Anzahl von Plätzen an, und danach stellen Sie im Customizing Sortierregeln ein, mit denen Sie dann die Sortierung manuell durchführen. Wählen Sie dafür im SAP-Easy-Access-Menü den Pfad **Extended Warehouse Management • Stammdaten • Lagerplatz • Lagerplätze sortieren**, oder geben Sie den Transaktionscode /SCWM/SBST ein. Geben Sie im Selektionsbild Ihre Lagernummer und optional auch einen Aktivitätsbereich und eine Aktivität ein. Wenn Sie diese Felder leer lassen, werden alle zugeordneten Aktivitätsbereiche und Aktivitäten verwendet. Führen Sie die Selektion aus, und Sie gelangen in das in Abbildung 3.17 dargestellte Bild. Hier müssen Sie noch auf den Button (**Ausführen**) klicken, um die Sortierung auf der Datenbank zu speichern.

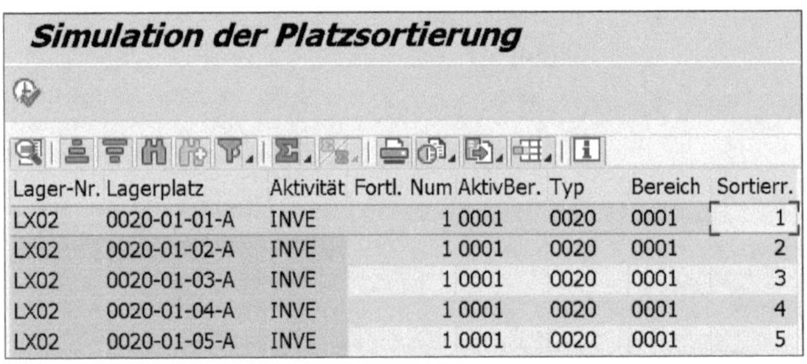

Lager-Nr.	Lagerplatz	Aktivität	Fortl. Num	AktivBer.	Typ	Bereich	Sortierr.
LX02	0020-01-01-A	INVE	1	0001	0020	0001	1
LX02	0020-01-02-A	INVE	1	0001	0020	0001	2
LX02	0020-01-03-A	INVE	1	0001	0020	0001	3
LX02	0020-01-04-A	INVE	1	0001	0020	0001	4
LX02	0020-01-05-A	INVE	1	0001	0020	0001	5

Abbildung 3.17 Platzsortierung für jede Aktivität durchführen

[+]

Lagerplätze regelmäßig neu sortieren

Machen Sie es sich zur Angewohnheit, nach jeder Neuanlage von Lagerplätzen oder nach dem Löschen von Lagerplätzen die Lagerplätze neu zu sortieren. Wenn die Sortierung nicht durchgeführt wird, kann es sein, dass das System diese nicht benutzt, wenn es nach Von-Lagerplätzen sucht!

Weitere Informationen über Aktivitäten und Aktivitätsbereiche finden Sie in Abschnitt 3.3.5, »Aktivitätsbereich«.

Fixlagerplätze zuweisen

Wenn Sie einen Lagertyp mit festen Lagerplätzen pro Material (Fixlagerplätze) haben, müssen Sie dem System mitteilen, welches Material auf welchem Fixplatz gelagert ist. SAP EWM bietet dazu zwei verschiedene Möglichkeiten. Zum einen können Sie die Tabelle, in der Fixplätze eingetragen sind, manuell bearbeiten. Sie können dort neue Fixplätze manuell anlegen und bestehende Fixplätze löschen. Zum anderen können Sie Fixplätze auch vom System automatisch vergeben lassen.

Zur manuellen Pflege folgen Sie im SAP-Easy-Access-Menü dem Pfad **Extended Warehouse Management • Stammdaten • Lagerplatz • Fixlagerplatz pflegen**, oder Sie geben den Transaktionscode /SCWM/BINMAT ein. Nach einem Selektionsbild gelangen Sie zu dem in Abbildung 3.18 gezeigten Bild.

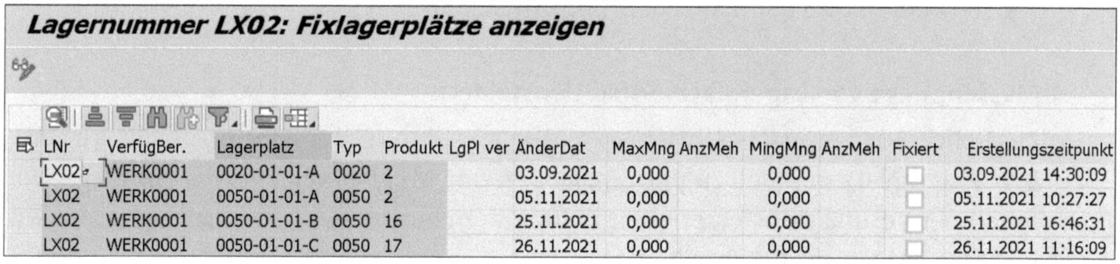

LNr	VerfügBer.	Lagerplatz	Typ	Produkt	LgPl ver	ÄnderDat	MaxMng	AnzMeh	MingMng	AnzMeh	Fixiert	Erstellungszeitpunkt
LX02	WERK0001	0020-01-01-A	0020	2		03.09.2021	0,000		0,000			03.09.2021 14:30:09
LX02	WERK0001	0050-01-01-A	0050	2		05.11.2021	0,000		0,000			05.11.2021 10:27:27
LX02	WERK0001	0050-01-01-B	0050	16		25.11.2021	0,000		0,000			25.11.2021 16:46:31
LX02	WERK0001	0050-01-01-C	0050	17		26.11.2021	0,000		0,000			26.11.2021 11:16:09

Abbildung 3.18 Fixlagerplätze pflegen

Mit den in der Abbildung markierten Buttons können Sie Fixplätze anlegen, löschen, in die Zwischenablage kopieren und einfügen. Beachten Sie jedoch, dass Sie beim Anlegen von Fixplätzen für jede Zeile auch den Verfügungsberechtigten eingeben müssen.

Damit das System automatisch freie Lagerplätze sucht und Ihren Produkten als Fixlagerplatz zuweist, verwenden Sie im SAP-Easy-Access-Menü den Pfad **Extended Warehouse Management • Stammdaten • Lagerplatz • Fixlagerplätze zu Produkten zuordnen** oder den Transaktionscode /SCWM/FBINASN (siehe Abbildung 3.19). Hier können Sie ein oder mehrere Produkte und Kriterien zur Suche nach freien Lagerplätzen eingeben, z. B. Lagertyp, Lagerbereich und Lagerplatztyp. Wenn Sie die Selektion ausführen, sucht das System automatisch die gewünschte Anzahl von passenden freien Plätzen und weist sie Ihren Materialien zu.

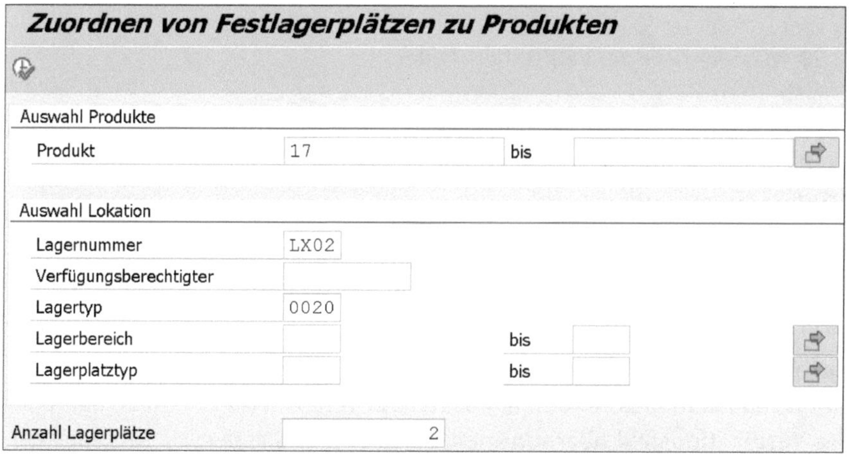

Abbildung 3.19 Transaktion zur Zuweisung von Fixlagerplätzen

Wenn Sie bestehende Fixplatzzuweisungen löschen möchten, können Sie dies am schnellsten über die Transaktion **Extended Warehouse Management • Stammdaten • Lagerplatz • Fixlagerplatz-Zuordnungen löschen** tun. Alternativ verwenden Sie den Transaktionscode /SCWM/FBINDEL. Hier können Sie nach Produkten und Lagerplätzen selektieren und dann die Löschung durchführen.

Massenpflege von Lagerplatzverifikationsfeldern

Zusätzlich zur bereits beschriebenen Möglichkeit, die Verifikationsfelder im SAP-EWM-Lagerplatz manuell zu pflegen, gibt es eine Möglichkeit zur Massenpflege. Der Inhalt der Verifikationsfelder muss dafür einem bestimmten Muster folgen, das wir in diesem Abschnitt beschreiben.

Um Verifikationsfelder zu pflegen, folgen Sie im SAP-Easy-Access-Menü dem Pfad **Extended Warehouse Management • Stammdaten • Lagerplatz • Verifikationsfeld pflegen**, oder Sie verwenden den Transaktionscode /SCWM/LX45. Sie gelangen in das Bild aus Abbildung 3.20.

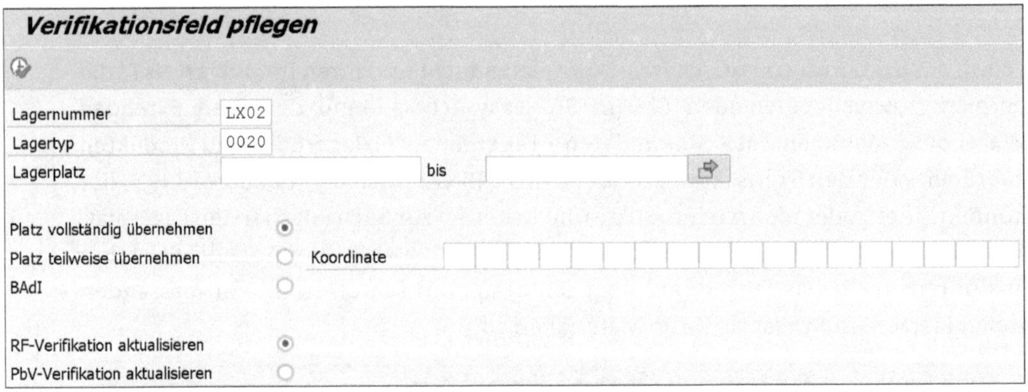

Abbildung 3.20 Massenpflege der Verifikationsfelder

In diesem Bild können Sie Lagernummer, Lagertyp und Lagerplatz eingeben. Zudem bestimmen Sie, wie das Verifikationsfeld gefüllt werden soll. Es gibt drei verschiedene Möglichkeiten:

- **Radiobutton »Platz vollständig übernehmen«**
  Wenn Sie diesen Radiobutton wählen, wird das Verifikationsfeld mit dem Namen des Lagerplatzes gefüllt.
- **Radiobutton »Platz teilweise übernehmen«**
  Wenn Sie diesen Radiobutton wählen, werden nur Teile des Namens des Lagerplatzes in das Verifikationsfeld übernommen. In diesem Fall geben Sie für jedes Zei-

chen des Lagerplatznamens ein, an welche Stelle des Verifikationsfeldes es übernommen werden soll. Im oben genannten Beispiel werden die ersten vier Zeichen direkt an dieselben Stellen (1–4) im Verifikationsfeld übernommen, das fünfte Zeichen wird nicht übernommen, das sechste Zeichen an Stelle 5 des Verifikationsfeldes usw. Der Lagerplatz 0010-02-03 würde somit zum Verifikationsfeld 00100203 führen.

- **Radiobutton »BAdI«**
  Wenn Sie eine komplexere Logik zur Bildung des Verifikationsfeldes benötigen, können Sie die Option **BAdI** benutzen. Dies setzt allerdings voraus, dass Sie zuvor das entsprechende BAdI (Business Add-In) implementiert haben.

Lagerplatzetiketten drucken

SAP EWM unterstützt Sie beim Ausdruck von *Lagerplatzetiketten* (oft auch Lagerplatzlabel genannt). Etiketten an den Lagerplätzen sind notwendig, damit Lagerangestellte den Platz finden und verifizieren können. Das Etikett sollte mindestens den Namen des Lagerplatzes sowie den Inhalt des Verifikationsfeldes als Barcode beinhalten.

Sie können Lagerplatzetiketten drucken, indem Sie im SAP-Easy-Access-Menü den Pfad **Extended Warehouse Management • Stammdaten • Lagerplatz • Lagerplatzetikett drucken** wählen. Alternativ nutzen Sie direkt den Transaktionscode /SCWM/PRBIN.

In Abbildung 3.21 sehen Sie das zugehörige Bild im System. Das Formular (SMARTFORM) `/SCWM/BIN_LABEL` wird standardmäßig für den Druck vorgeschlagen, Sie können (und sollten) es jedoch nur als Kopiervorlage benutzen. Über Transaktion SMARTFORMS können Sie ein eigenes Formular erstellen.

Wenn Sie Lagerplatzetiketten für Fixlagerplätze drucken möchten, kann es sinnvoll sein, zusätzlich auch die Produktnummer auf dem Platzetikett auszudrucken. SAP EWM bietet eine spezielle Transaktion zum Drucken von *Fixlagerplatzetiketten* an. Sie erreichen diese im SAP-Easy-Access-Menü über den Pfad **Extended Warehouse Management • Stammdaten • Lagerplatz • Fixplatzetikett drucken**. Der Transaktionscode lautet /SCWM/PRFIXBIN.

Im Falle von Fixlagerplatzetiketten wird das Standardformular `/SCWM/ FIXBIN_LABEL` verwendet. Auch in diesem Fall handelt es sich um ein Smart-Forms-Formular, das Sie als Kopiervorlage benutzen können, um ein eigenes Formular zu erstellen.

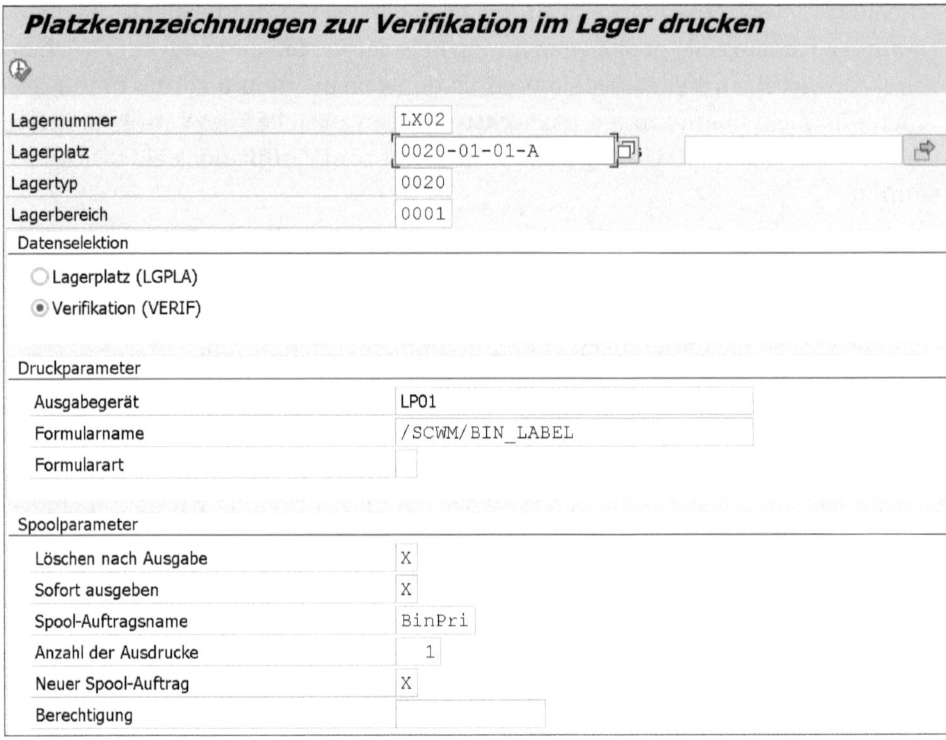

Abbildung 3.21 Lagerplatzetikett drucken

Lagerplätze und Lagerplatzsortierungen hochladen

SAP EWM bietet zwei Transaktionen an, um Lagerplätze und Lagerplatzsortierungen aus einer Datei auf Ihrem lokalen Rechner ins System hochzuladen. Dies ist sinnvoll, wenn Sie z. B. Lagerplatznamen benutzen, die sich nicht durch die SAP-Platzstruktur abbilden lassen, oder wenn sich die Sortierung der Lagerplätze für einen bestimmten Lagerbereich oder für bestimmte Aktivitäten nicht durch das Customizing darstellen lässt.

Sie können Lagerplätze in SAP EWM hochladen, indem Sie im SAP-Easy-Access-Menü den Pfad **Extended Warehouse Management • Stammdaten • Lagerplatz • Lagerplätze hochladen** wählen oder den Transaktionscode /SCWM/SBUP benutzen. Lagerplatzsortierungen laden Sie über den Pfad **Extended Warehouse Management • Stammdaten • Lagerplatz • Lagerplatzsortierung hochladen** im SAP-Easy-Access-Menü oder über den zugehörigen Transaktionscode /SCWM/SRTUP hoch. In Abbildung 3.22 sehen Sie das Bild dieser Transaktion. Sie geben einen Dateinamen in das entsprechende Feld ein – entweder den Namen einer Datei auf Ihrem lokalen Rechner oder auf dem Applikationsserver. Wenn Sie den Button **Upload** anklicken, werden die Daten in das SAP-System hochgeladen und dort überprüft. Sie können sich das Ergebnis auf den drei Registerkarten ansehen. Wenn Sie auf den Button **Sortierung anlegen** oben links im Bild klicken, wird die Sortierung ins System in die Datenbank übernommen.

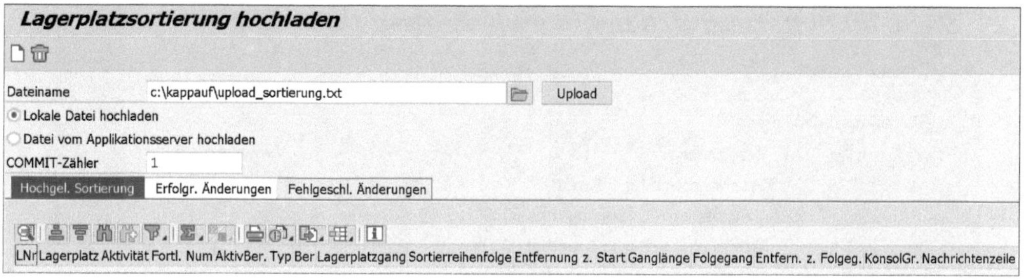

Abbildung 3.22 Lagerplatzsortierungen hochladen

3.3.5 Aktivitätsbereich

Ein *Aktivitätsbereich* ist eine logische Gruppierung von Lagerplätzen für eine bestimmte *Aktivität* (z. B. Kommissionierung, Einlagerung oder Inventur). Aktivitätsbereiche werden u. a. für die Bildung von Lageraufträgen, für die Sortierung von Lagerplätzen und für die Queue-Findung benutzt. Die Verwendung von Aktivitätsbereichen für die Lagerplatzsortierung haben wir bereits in Abschnitt 3.3.4, »Lagerplatz«, beschrieben.

Abbildung 3.9 zeigt beispielhaft die Bildung von drei Aktivitätsbereichen im Palettenlager. Eine Anzahl von Lagerplätzen wird zu Aktivitätsbereichen zusammengefasst. Dabei spielt es keine Rolle, ob die Lagerplätze in demselben Lagerbereich oder in demselben Lagertyp liegen. Aktivitätsbereiche können auch überlappend sein, aber nur für unterschiedliche Aktivitäten. So kann der Aktivitätsbereich A01 für die Aktivität INVE (Inventur) definiert sein und der Aktivitätsbereich A02 für die Aktivität PICK (Kommissionierung).

Um die Aktivitätsbereiche zu definieren, wählen Sie im Customizing den Pfad **Extended Warehouse Management • Stammdaten • Aktivitätsbereiche • Aktivitätsbereich definieren**. Wie Sie in Abbildung 3.23 sehen, müssen Sie zum Erstellen eines neuen Aktivitätsbereichs nur die Lagernummer, den Namen des Aktivitätsbereichs und eine Beschreibung eingeben. Das Kennzeichen **Vereinigt** benötigen Sie, wenn Sie einen *übergeordneten Aktivitätsbereich* festlegen wollen. Das trifft nur für die Lagerauftragserstellung zu, wenn Sie eine Regel vom Typ **Pick**, **Pack** oder **Pass** verwenden. Nachdem Sie das betreffende Kennzeichen gesetzt haben, müssen Sie im Customizing die Aktivitätsbereiche verbinden. Wählen Sie dazu den Pfad **Extended Warehouse Management • Prozessübergreifende Einstellungen • Lagerauftrag • Aktivitätsbereiche verbinden**. Durch das Verbinden mehrerer Aktivitätsbereiche können Sie erreichen, dass die Lagerauftragserstellung im Falle einer Pick-, Pack- oder Pass-Regel die betroffenen Aktivitätsbereiche zunächst gemeinsam betrachtet. Dies bedeutet, dass die benötigten Kommissionier-HUs für alle verbundenen Aktivitätsbereiche ermittelt werden. Anschließend erzeugt die Lagerauftragserstellung aber pro verbundenem Aktivitätsbereich eigene Lageraufträge.

Sicht "Aktivitätsbereich definieren" ändern: Übersicht

Neue Einträge BC-Set: Feldwert ändern

Aktivitätsbereich definieren

Lag...	AktivBer.	Bezeichnung	Vereinigt
LX02	0001	Gesamtbereich für Inventur	☐
LX02	0010	Aktivitätsbereich zum Lagertyp 0010	☐
LX02	0020	Aktivitätsbereich zum Lagertyp 0020	☐
LX02	0021	Aktivitätsbereich zum Lagertyp 0021	☐
LX02	0030	Aktivitätsbereich zum Lagertyp 0030	☐
LX02	0040	Aktivitätsbereich zum Lagertyp 0040	☐
LX02	0050	Aktivitätsbereich zum Lagertyp 0050	☐

Abbildung 3.23 Aktivitätsbereiche definieren

Nachdem Sie einen Aktivitätsbereich definiert haben, können Sie Lagerplätze zuweisen. Die Zuweisung wird im Customizing durchgeführt. Allerdings weisen Sie nicht jeden Platz direkt zu (dies wäre viel zu pflegeintensiv), sondern indirekt über den Lagertyp oder über Lagerplatzeigenschaften wie z. B. Gang, Säule und Ebene. In Abbildung 3.24 sehen Sie z. B. den Aktivitätsbereich 0001 aus der Lagernummer LX02, dem alle Plätze von Lagertyp 0020, 0010 usw. zugewiesen worden sind. Das Customizing der Zuweisung finden Sie über den Pfad **Extended Warehouse Management • Stammdaten • Aktivitätsbereiche • Zuordnung Lagerplätze zu Aktivitätsbereichen**.

Sicht "Aktivitätsbereich" ändern: Übersicht

Neue Einträge BC-Set: Feldwert ändern

Aktivitätsbereich

Lag...	AktivBer.	Fortlaufende Nr.	Lag...	Ganganfang	Gangende	Säule Anfang	Säule Ende	Ebene Anfang
LX02	0001	1	0020					
LX02	0001	2	0010					
LX02	0001	3	0030					
LX02	0001	4	0040					
LX02	0001	5	0050					

Dekonsolidierungsgr. ziehen

Abbildung 3.24 Lagerplätze zu den Aktivitätsbereichen zuordnen

Damit das System Lagerplätze für die Aktivitäten, wie Kommissionierung, Einlagerung oder Inventur, sortieren kann, müssen Sie definieren, in welcher Reihenfolge die Sortierung stattfinden soll. Wie schon angedeutet, wird die Sortierung in SAP EWM für jeden Aktivitätsbereich separat durchgeführt. Dies ist auch deshalb sinnvoll, weil die Lageraufträge immer nur für einen Aktivitätsbereich erstellt werden.

In der Sortierreihenfolge, die Sie im Customizing über den Pfad **Extended Warehouse Management • Stammdaten • Aktivitätsbereiche • Sortierreihenfolge für**

Aktivitätsbereich definieren erreichen, können Sie sowohl einstellen, wie die Sortierreihenfolge (z. B. zuerst nach Gang, dann nach Säule und dann nach Ebene sortiert), die Sortierrichtung (z. B. nach Gang aufsteigend, nach Säule absteigend sortiert) und die Laufrichtung (alternierend bzw. nicht alternierend) aussehen sollte (siehe Abbildung 3.25). Sie können die Lagerplatzsortierung auch selbst in einer Tabellenkalkulation oder in einer Datenbank erzeugen und dann in das SAP-System hochladen.

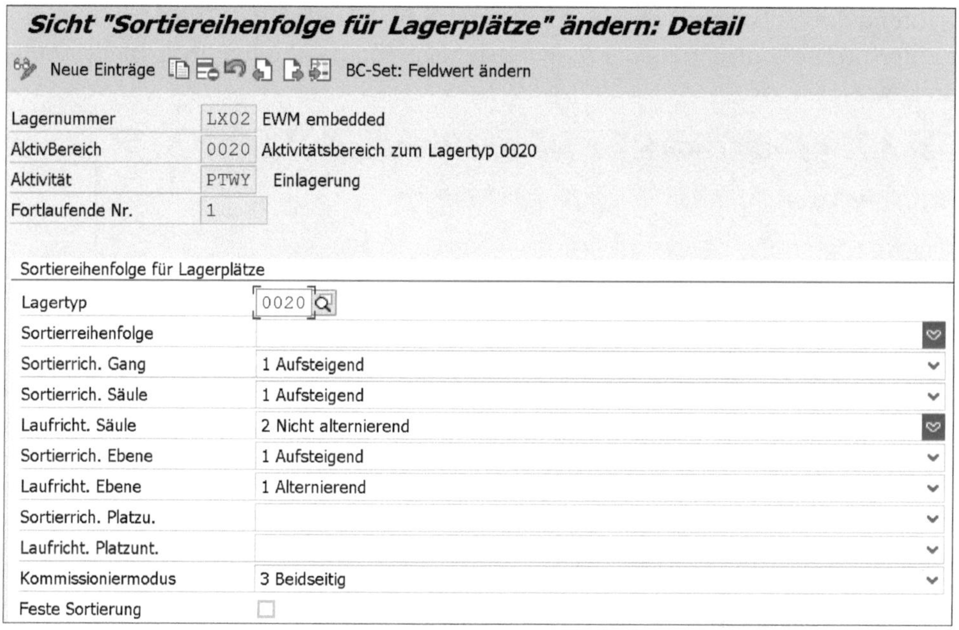

Abbildung 3.25 Sortierreihenfolge der Lagerplätze eines Aktivitätsbereichs definieren

Wenn Sie die *Quereinlagerung* benutzen, müssen Sie die Sortierung in einer anderen Customizing-Aktivität durchführen. Wählen Sie dazu den Pfad **Extended Warehouse Management • Stammdaten • Aktivitätsbereiche • Sortierreihenfolge für die Quereinlagerung definieren**. Die Quereinlagerung ist eine Einlagerungsstrategie, bei der die einzulagernden Bestände zunächst in die vorderen Lagerplätze jedes Ganges eingelagert werden und nicht gangweise von vorne nach hinten, wodurch ein gleichmäßiges Auffüllen des Lagers über alle Gänge von vorne nach hinten erzielt werden kann.

Wir möchten an dieser Stelle nochmals betonen, dass die Zuweisung von Lagerplätzen zu den Aktivitätsbereichen und damit auch die Sortierung der Lagerplätze immer abhängig von einer Aktivität ist. Die Aktivitäten werden im Customizing über den Pfad **Extended Warehouse Management • Stammdaten • Aktivitätsbereiche • Aktivitäten • Aktivitäten definieren** gepflegt. Jede Lageraufgabe, die SAP EWM anlegt, wird zu einer bestimmten Aktivität angelegt. SAP EWM liest diese Aktivität aus der Lagerprozessart, die für die Lageraufgabe verwendet wird. Eine Ausnahme besteht z. B. im Zusammenhang mit Wellen (siehe dazu Kapitel 9, »Warenausgangsprozess«).

Wenn Sie z. B. die Lagerprozessart 1010 für die Einlagerung benutzen, ermittelt das System daraus die Aktivität PTWY. Wenn Sie eine manuelle Umlagerung in SAP EWM anstoßen, um z. B. das Lager zu verdichten, können Sie dazu die Lagerprozessart 9999 verwenden. Dieser Lagerprozessart ist die Aktivität INTL zugewiesen. So wird während der Einlagerung der Aktivitätsbereich für die Aktivität PTWY benutzt und für die interne Umlagerung der Aktivitätsbereich für die Aktivität INTL (siehe Abbildung 3.26).

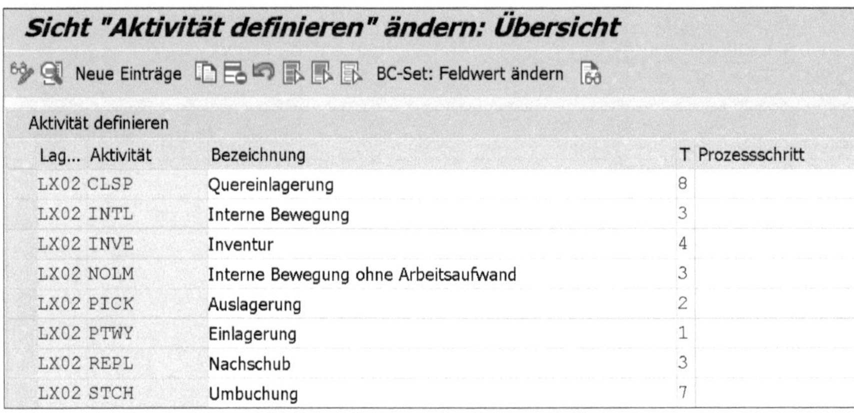

Sicht "Aktivität definieren" ändern: Übersicht

Neue Einträge BC-Set: Feldwert ändern

Aktivität definieren

Lag...	Aktivität	Bezeichnung	T	Prozessschritt
LX02	CLSP	Quereinlagerung	8	
LX02	INTL	Interne Bewegung	3	
LX02	INVE	Inventur	4	
LX02	NOLM	Interne Bewegung ohne Arbeitsaufwand	3	
LX02	PICK	Auslagerung	2	
LX02	PTWY	Einlagerung	1	
LX02	REPL	Nachschub	3	
LX02	STCH	Umbuchung	7	

Abbildung 3.26 Aktivitäten definieren

Im Customizing finden Sie die Definition der Lagerprozessarten über den Pfad **Extended Warehouse Management • Prozessübergreifende Einstellungen • Lageraufgabe • Lagerprozessart definieren**.

In der Spalte mit der Bezeichnung **T** weisen Sie der Aktivität einen Lagerprozesstyp zu. Mögliche Werte für Lagerprozesstypen sind z. B.:

- 1 – Einlagerung
- 2 – Auslagerung
- 3 – Interne Lagerbewegung
- 4 – Inventur
- 7 – Umbuchung
- 8 – Quereinlagerung

Die Spalte **Prozessschritt** verwenden Sie, um einer Aktivität einen externen Prozessschritt für das Arbeitsmanagement zuzuweisen. Der in dieser Spalte zugeordnete externe Prozessschritt wird jedoch nur dann verwendet, wenn nicht bereits durch die prozessorientierte Lagerungssteuerung ein anderer externer Prozessschritt für diese Aktivität definiert ist.

Aktivitätsbereiche generieren

Sie können Aktivitätsbereiche vom System auch automatisch generieren lassen. In diesem Fall wird ein Aktivitätsbereich pro Lagertyp erstellt, und alle vorhandenen Plätze werden zugewiesen. Folgen Sie dazu im Customizing dem Pfad **Extended Warehouse Management • Stammdaten • Aktivitätsbereiche • Aktivitätsbereich aus Lagertyp generieren**. Dort geben Sie die Lagernummer, den Lagertyp und die Aktivität ein. Sie können die Aktivität auch leer lassen; dann wird der Aktivitätsbereich für alle vorhandenen Aktivitäten angelegt. Wenn Sie die Selektion ausführen, erstellt das System den Aktivitätsbereich, indem es Einträge in den oben besprochenen Customizing-Tabellen einfügt. Die Platzsortierung mit Transaktion /SCWM/SBST müssen Sie manuell vornehmen.

Nachdem Sie die Plätze sortiert haben, können Sie in der Transaktion zum Lagerplatz auf der Registerkarte **Aktivitätsbereiche** die zugeordneten Aktivitätsbereiche für jede Aktivität anzeigen. Folgen Sie dazu im SAP-Easy-Access-Menü dem Pfad **Extended Warehouse Management • Stammdaten • Lagerplatz • Lagerplatz anzeigen**, oder Sie wählen Transaktion /SCWM/LS03. In Abbildung 3.27 sehen Sie den Lagerplatz 0010-01-01-01 und die Aktivitätsbereiche 0010 und 0020 zu den zugewiesenen Aktivitäten INTL, PICK und PTWY.

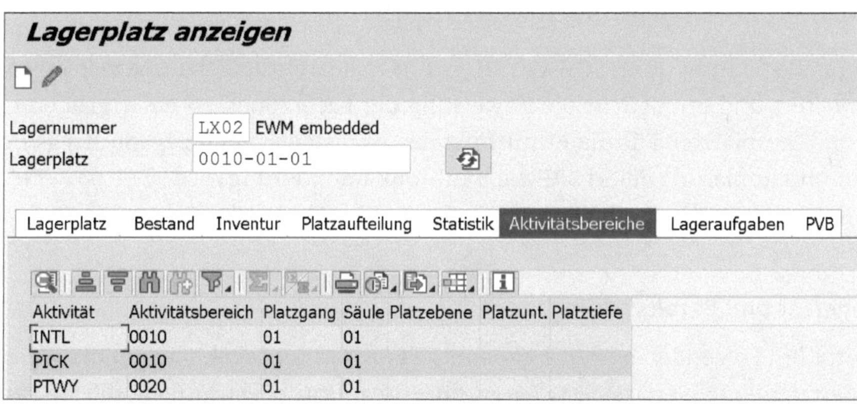

Abbildung 3.27 Verfügbare Aktivitätsbereiche eines Lagerplatzes anzeigen

3.3.6 Lagerzonen

In Kapitel 13, »Radio Frequency und Mobile« erläutern wir Ihnen die Möglichkeiten zur Optimierung und Automatisierung von Prozessen im Lager. Der Einsatz mobiler Geräte bei der Kommissionierung sorgt dabei für mehr Geschwindigkeit und Genauigkeit und stellt außerdem sicher, dass die richtigen Mitarbeiter die richtigen Tätigkeiten zur richtigen Zeit ausführen. Die Gestaltung der Kommissionierprozesse ist dabei untrennbar mit den physikalischen Eigenschaften des Lagers, der Definition des Lagerlayouts and den betriebswirtschaftlichen Anforderungen an die Kommissionierung verbunden. Ziel ist die Steigerung der Effizienz durch die Vermeidung von Leerfahrten, die optimale Auslastung von Ressourcen und die Reduzierung von Wegezeiten in der Kommissionierung. SAP EWM kann dazu den Weg und die Entfernung zwischen Quell- und Ziellagerplatz berechnen, und automatisch Lageraufträge den Ressourcen zuweisen, die sich nach dem Quittieren des Zielplatzes in der Nähe des nächsten Quelllagerplatzes befinden. Mit SAP-S/4HANA-Release 2022 wurde der Pflegeaufwand und die Berechnung der Wegezeiten deutlich vereinfacht und die Organisationsstruktur um *Lagerzonen* erweitert.

Mit den Lagerzonen können Lagerplätze, beispielsweise innerhalb eines Ganges, gruppiert und Lagerprozesse optimiert werden. Jeder Lagerzone wird ein physischer Lagerplatz innerhalb der definierten Lagerzone als »Referenzplatz« zugewiesen. Die räumliche Nähe einer Ressource zum Referenzplatz kann dabei die Zuweisung der nächsten Lageraufgabe beeinflussen und die Wegezeit verkürzen. Zur Definition und Verwaltung der Lagerzonen stehen Ihnen die folgenden Transaktionen zur Verfügung:

- /SCWM/WZDEF zur Pflege von Lagerzonen
- /SCWM/WZCAL zur Berechnung der Wegstrecke zwischen Lagerzonen
- /SCWM/WZACT zur Aktivierung von Lagerzonen

Die bestehende Transaktion /SCWM/LS11 zur Massenänderung von Lagerplätzen wurde erweitert und ermöglicht die Zuweisung der Lagerzonen zu einer größeren Anzahl von Lagerplätzen. Für die Ermittlung des nächstgelegenen Lagerauftrags in der RF-Kommissionierung liefert SAP die BAdI-Implementierung `/SCWM/ESI_WHS_ZONE` (BAdI-Definition `/SCWM/EX_RSRC_PROC_SEL`) aus.

3.3.7 Lagertor und Bereitstellungszone

Das *Lagertor* (im Folgenden kurz *Tor* genannt) ist ein Ort im Lager, an dem die Ware das Lager erreicht oder verlässt. Das Tor ist eine organisatorische Einheit, die Sie der Lagernummer zuordnen. Viele Lager haben mehr als ein Lagertor; daher hat jedes Tor seinen eigenen Namen bzw. seine eigene Nummer.

Die Tore befinden sich in räumlicher Nähe zu den dazugehörigen *Bereitstellungszonen*. Die Bereitstellungszonen werden wiederum verwendet, um die entladene Ware oder Ware, die noch geladen werden muss, zwischenzulagern. Die Tore eines Lagers werden von Fahrzeugen und Transporteinheiten angefahren, die dort das Entladen bzw. das Laden der Ware vornehmen.

Bereitstellungszonen anlegen

Bereitstellungszonen sind Lagerbereiche, die innerhalb eines Lagertyps mit der Rolle D liegen. Bereitstellungszonen dienen dazu, die Waren nach dem Entladen bzw. vor dem Beladen zwischenzulagern. Beim Beladen kann auch die Reihenfolge auf den Plätzen der Bereitstellungszone für eine Ladereihenfolge verwendet werden.

Um eine neue Bereitstellzone im SAP-EWM-System anzulegen, folgen Sie im Customizing dem Menüpfad **Extended Warehouse Management • Stammdaten • Bereitstellungszonen • Bereitstellungszonen definieren**. In Abbildung 3.28 sehen Sie die entsprechende Tabelle.

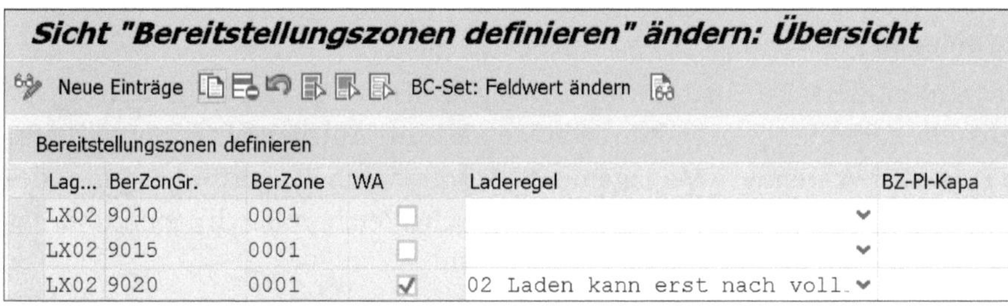

Lag...	BerZonGr.	BerZone	WA	Laderegel	BZ-Pl-Kapa
LX02	9010	0001	☐		
LX02	9015	0001	☐		
LX02	9020	0001	☑	02 Laden kann erst nach voll…	

Abbildung 3.28 Bereitstellungszonen definieren

In diesem Bild legen Sie die Bereitstellungszone an, indem Sie Lagertyp (Feld **BerZonGr.**) und Lagerbereich (Feld **BerZone**) angeben. Außerdem legen Sie fest, ob sie für den Wareneingang und/oder den Warenausgang relevant ist, und geben die *Laderegel* an. Mögliche Werte für die Laderegel sind z. B.:

- Das Laden kann starten, wenn die erste Handling Unit ankommt.
- Das Laden kann erst nach vollständiger Bereitstellung starten.
- Das Laden kann erst nach einer Wartezeit von 24 Stunden starten.

> **Hintergrund zu den Bereitstellungszonen**
>
> Eine Bereitstellungszone ist technisch nichts anderes als ein Lagerbereich eines Lagertyps. Der Lagertyp, der für die Bereitstellung verwendet wird, ist jedoch ein spezieller Lagertyp mit einer bestimmten *Lagertypart*. So kann er nur für die Bereitstellung genutzt werden. Auch können Sie mehrere Lagerbereiche innerhalb des Bereitstellungslagertyps anlegen und somit mehrere zusammengehörige Bereitstellungszonen definieren. Der Lagerbereich entspricht damit der Bereitstellungszone und der Lagertyp einer *Bereitstellungszonengruppe*.

Wenn Sie mit Anlieferungen und Auslieferungen arbeiten, können Bereitstellungszonen für jede Lieferposition automatisch vom System gefunden werden – abhängig von den Materialien der Position. So kann das System z. B. für Kleinteile, die im Lagergebäude gelagert werden, ein Tor des Lagers und die davorliegende Bereitstellzone finden. Für andere Materialien, die außerhalb des Lagers gelagert werden, z. B. Ölfässer, können ein anderes Tor und eine spezielle Bereitstellzone gefunden werden.

Dies können Sie beeinflussen, indem Sie Ihren Produkten eine *Bereitstellungszonen-/Torfindungsgruppe* zuweisen. Sie steuert, wie der Name schon sagt, im EWM-System die Findung der Bereitstellungszonen und Tore. Die Bereitstellungszonen-/Torfindungsgruppe legen Sie im Customizing über den Pfad **Extended Warehouse Management • Stammdaten • Bereitstellungszonen • Bereitstellungszonen-/Torfindungsgruppen definieren** an.

Lagertore anlegen

Lagertore werden zuerst im Customizing angelegt und dann in einem zweiten Schritt den Bereitstellungszonen zugewiesen. Wählen Sie zum Anlegen eines neuen Tores den Pfad **Extended Warehouse Management • Stammdaten • Lagertor • Lagertor definieren**. Jedes Tor wird durch vier alphanumerische Zeichen beschrieben und hat verschiedene Eigenschaften (siehe Abbildung 3.29).

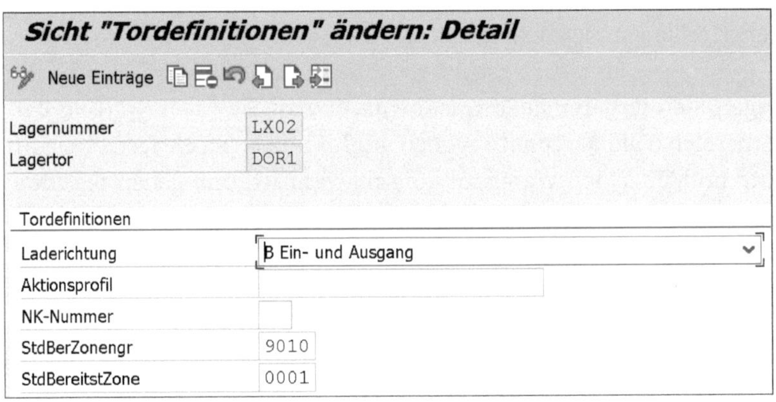

Abbildung 3.29 Lagertore definieren

Für jedes Tor können Sie über das Feld **Laderichtung** einstellen, ob es für den Wareneingang oder den Warenausgang oder für beides verwendet werden soll. Das Feld **Aktionsprofil** können Sie nutzen, um Aktionen des *Post Processing Frameworks* (PPF) auszuführen, z. B., um ein Formular auszudrucken, das einen leeren Anhänger aus dem Hof an ein Tor anfordert, damit er dort beladen werden kann. Das PPF beschreiben wir in Kapitel 14, »Bereichsübergreifende Prozesse und Funktionen«, genauer. Die Standardbereitstellungszonengruppe (Feld **StdBerZonengr**) und die Standardbereitstellungszone (Feld **StdBereitstZone**) werden verwendet, wenn das System anderweitig keine Bereitstellzone ermitteln konnte.

Bereitstellungszonen den Lagertoren zuweisen

Nachdem Sie Bereitstellungszonen, Tore und Bereitstellungszonen-/Torfindungsgruppen im Customizing angelegt haben, müssen Sie festlegen, welche Findungsgruppen für jedes Lagertor erlaubt sein sollen. Die Findungsgruppe ist den Produkten zugewiesen, d. h., dass Sie einstellen können, welche Tore für welche Produkte erlaubt sein sollen (z. B. gekühlte Produkte versus Normaltemperatuprodukte oder Schüttgut versus Palettenware). In Abbildung 3.30 sehen Sie die Tabelle, in der die erlaubten Findungsgruppen zugewiesen werden. Folgen Sie dazu dem Customizing-Pfad **Extended Warehouse Management • Stammdaten • Lagertor • Bereitstellungszonen-/Torfindungsgruppe zum Tor zuordnen**.

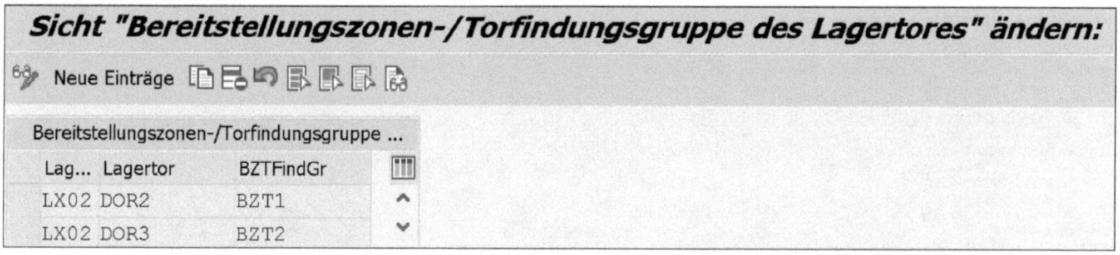

Abbildung 3.30 Dem Lagertor die Bereitstellungszonen-/Torfindungsgruppe zuweisen

Im letzten Schritt der Konfiguration der Lagertore und Bereitstellungszonen müssen Sie die Bereitstellungszonen den Toren zuweisen. Wählen Sie dazu im Customizing den Pfad **Extended Warehouse Management • Stammdaten • Lagertor • Bereitstellungszone zum Lagertor zuordnen**. Wie Sie in Abbildung 3.31 sehen, können Sie einem Tor mehrere verschiedene Bereitstellungszonen zuweisen. Jede Bereitstellungszone kann auch für mehrere Tore verwendet werden.

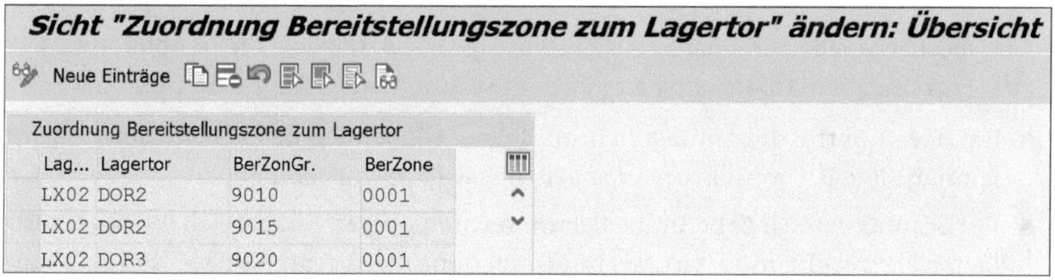

Abbildung 3.31 Den Toren die Bereitstellzonen zuweisen

3.3.8 Arbeitsplatz

Ein *Arbeitsplatz* ist ein Bereich im Lager, in dem Aktivitäten mit Beständen oder mit Handling Units durchgeführt werden, wie z. B. das Verpacken und Umpacken, die Qualitätsprüfung, die Durchführung von LZL, die Zusammensetzung von Sets, die Dekonsolidierung oder das Zählen von Materialien. Auch Identifikationspunkte und

Kommissionierpunkte (I-Punkte und K-Punkte) werden in SAP EWM als Arbeitsplätze abgebildet.

Arbeitsplätze in SAP EWM zeichnen sich durch ein einheitliches Erscheinungsbild aus (siehe Abbildung 3.32). Obwohl es verschiedene Transaktionen für die Arbeitsplatztypen gibt (z. B. Transaktion /SCWM/PACK für den Packplatz im Warenausgangsprozess oder Transaktion /SCWM/QINSP für die Qualitätsprüfung), sehen alle Arbeitsplätze ähnlich aus. Dies vereinfacht die Bedienung durch den Anwender – wer einen Arbeitsplatz beherrscht, hat es nicht schwer, die Bedienung eines zweiten Arbeitsplatzes zu erlernen. Daraus folgt also auch ein reduzierte Schulungsaufwand.

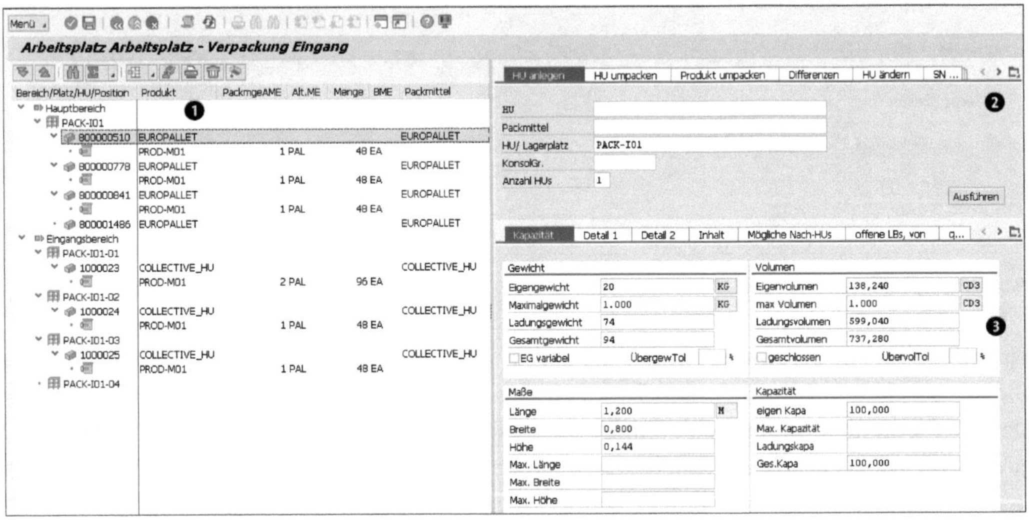

Abbildung 3.32 Typisches Erscheinungsbild eines SAP-EWM-Arbeitsplatzes

Die Oberfläche jedes Arbeitsplatzes besteht aus drei Bereichen, die in Abbildung 3.32 zu sehen sind: dem Übersichtsbereich, dem Scannerbereich und dem Detailbereich.

- Das Tree Control ❶ befindet sich im linken Bildbereich des Arbeitsplatzes. Hier können Sie z. B. Umpackvorgänge per Drag & Drop vornehmen.
- Der Scannerbereich ❷ befindet sich im rechten oberen Bildbereich. Wenn am Arbeitsplatz mit einem Tastaturscanner oder ohne Maus gearbeitet werden soll, können Sie die Registerkarten im Scannerbereich verwenden. Falls Sie für einen Umpackvorgang keine geeignete Registerkarte finden, stehen Ihnen drei Registerkarten für eine BAdI-Implementierung zur Verfügung. Diese BAdI-Registerkarten lassen sich im Arbeitsplatzlayout aktivieren; mehr dazu erfahren Sie etwas später in diesem Abschnitt.
- Der Detailbereich ❸ befindet sich im rechten unteren Bildbereich. Hier können Sie z. B. Detailinformationen zum Lagerplatz oder zur Handling Unit erhalten, die Sie

vorher mit einem Doppelklick im Tree Control ausgewählt haben. Der Detailbereich kann nur in Zusammenhang mit dem Tree Control genutzt werden.

Wenn Sie sich zusätzliche Informationen im Detailbereich anzeigen lassen wollen, können Sie das durch die Aktivierung fünf weiterer Registerkarten unter der Nutzung von BAdIs tun. Auch diese lassen sich im Arbeitsplatzlayout aktivieren.

Sie können einen einzelnen Arbeitsplatz erstellen oder mehrere Arbeitsplätze zu einer *Arbeitsplatzgruppe* zusammenfassen. Zum Beispiel kann ein Arbeitsplatz als Ziel einer Lageraufgabe eingesetzt oder die Lageraufgabe generisch angelegt werden, sodass der Lagerangestellte angewiesen wird, die HU oder das Material zu einer Arbeitsplatzgruppe zu bringen (die als Lagerbereich abgebildet wird). Der endgültige Arbeitsplatz wird somit erst dann bestimmt, wenn der Lagerangestellte die Lageraufgabe quittiert. Dies erlaubt die Ermittlung des Arbeitsplatzes zum spätestmöglichen Moment, sodass die aktuelle Arbeitslast und die Kapazität der Arbeitsplätze berücksichtigt werden können.

Ebenso ist es möglich, mehreren Arbeitsplätzen einen gemeinsamen *Eingangsbereich* und/oder einen gemeinsamen *Ausgangsbereich* zuzuweisen. Alle Arbeitsplätze, denen derselbe Eingangsbereich zugewiesen ist, sehen gemeinsam den Bestand in diesem Bereich. Nachdem die aktuelle Aktivität in einem Arbeitsplatz abgeschlossen ist, wird der nächste Bestand (der nächste Arbeitsauftrag) aus dem Eingangsbereich in den Arbeitsplatz übernommen. Der Ausgangsbereich funktioniert analog: Nach dem Abschließen einer Aktivität wird der Bestand auf den Ausgangsbereich gelegt, von dem aus der nächste Prozessschritt durchgeführt wird. Eingangsbereiche und Ausgangsbereiche von Arbeitsplätzen werden im EWM-System auch als Lagerbereiche abgebildet.

Arbeitsplatz anlegen

Einen Arbeitsplatz können Sie im Customizing über den Pfad **Extended Warehouse Management • Stammdaten • Arbeitsplatz • Arbeitsplatz definieren** anlegen. Abbildung 3.33 zeigt die Definition des Packarbeitsplatzes VERP zum Verpacken und Umpacken von Materialien im Warenausgangsprozess.

Sie können die folgenden Felder pflegen:

- **Feld »Ext. Schritt«**
  Dieses Feld ist eines der wichtigsten Felder des Arbeitsplatzes. Wenn Sie die prozessorientierte Lagerungssteuerung benutzen, müssen Sie hier den Namen des Prozessschritts eintragen, der in diesem Arbeitsplatz *abgeschlossen* wird. Erst wenn Sie hier einen Schritt eintragen, wird der Button **Prozessschritt abschließen** über der Bestandsanzeige auf den Arbeitsplatzbildschirmen angezeigt.

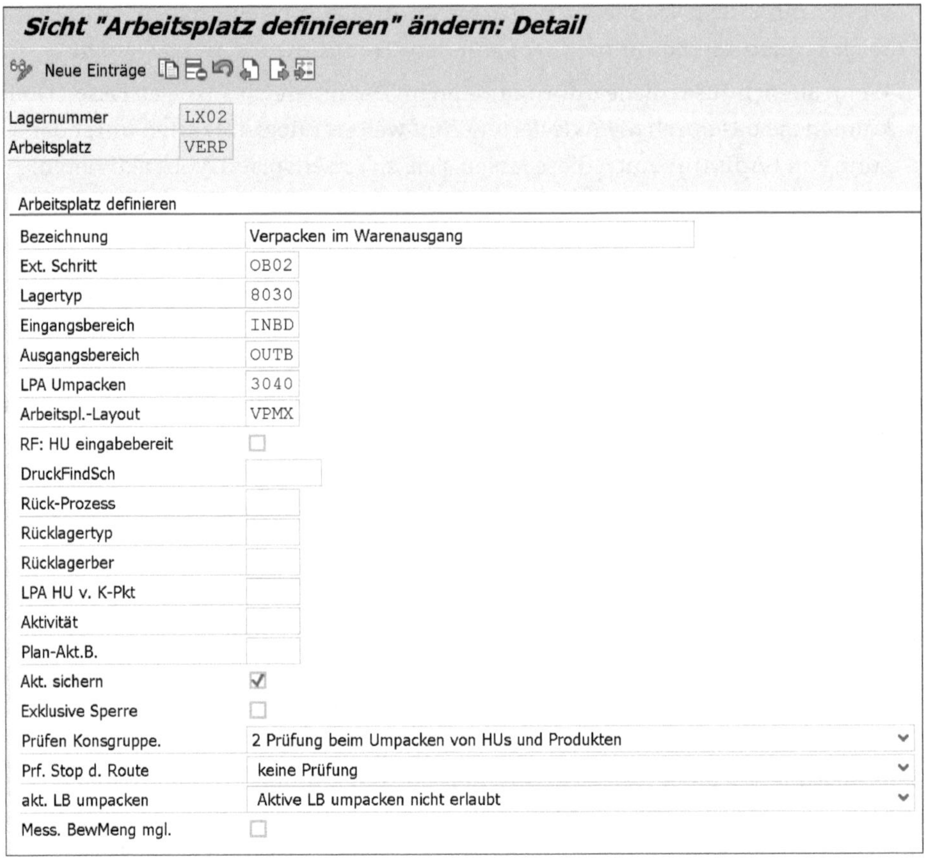

Abbildung 3.33 Arbeitsplatz definieren

- **Feld »Lagertyp«**
  Hier legen Sie den Lagertyp des Arbeitsplatzes fest. Die Lagertyprolle des Lagertyps muss einer der folgenden Rollen entsprechen:
  - E – Arbeitsplatz
  - I – Arbeitsplatz in Bereitstellungszonengruppe
  - B – Kommissionierpunkt
  - C – Identifikations- und Kommissionierpunkt
- **Feld »Eingangsbereich«**
  Der Eingangsbereich ist ein Lagerbereich innerhalb des Arbeitsplatzlagertyps, in dem Bestände zwischengelagert werden können, bevor sie von den zugewiesenen Arbeitsplätzen verarbeitet werden.
- **Feld »Ausgangsbereich«**
  Der Ausgangsbereich ist ein Lagerbereich innerhalb des Arbeitsplatzlagertyps, in

dem Bestände zwischengelagert werden können, nachdem sie von Arbeitsplätzen bearbeitet worden sind.

- **Lagerprozessart »Umpacken« (Feld »LPA Umpacken«)**
  Dieses Feld legt die Lagerprozessart fest, die zum Umpacken verwendet wird. Für jeden Umpackvorgang innerhalb des Arbeitsplatzes legt SAP EWM Lageraufgaben an. Wenn Sie keine LPA zuweisen, wird die Standard-LPA für Umpackvorgänge benutzt, die Sie in der Lagernummernsteuerung eingestellt haben (im Standard LPA 3040).
- **Arbeitsplatzlayout (Feld »Arbeitspl.-Layout«)**
  Das Arbeitsplatzlayout legt fest, welche Funktionen der Arbeitsplatz beinhalten soll. Das Arbeitsplatzlayout wird auch im Customizing angelegt. Wir erklären das Layout im nächsten Abschnitt.
- **Feld »RF: HU eingabebereit«**
  Dieses Feld steuert, ob das Feld **HU Identifikation** beim Anlegen einer HU im RF (Radio Frequency) auf der Benutzeroberfläche erscheinen soll oder nicht. Der RF-Anwender hat dadurch die Möglichkeit, während der Dekonsolidierung und des Verpackens eine externe HU-Identifikation vorzugeben oder eine bereits existierende HU zu verwenden.
- **Druckfindungsschema (Feld »DruckFindSch«)**
  Das Druckfindungsschema legt das Schema fest, das für das Drucken von HU-Etiketten aus dem Arbeitsplatz genutzt wird.
- **Feld »Rück-Prozess«**
  Dieses Feld legt die Lagerprozessart für die Rücklagerung vom K-Punkt fest, sofern der Arbeitsplatz als K-Punkt verwendet wird. Weitere Informationen zu den K-Punkten finden Sie in Kapitel 8, »Wareneingangsprozess«.
- **Rücklagerbereich (Felder »Rücklagertyp« und »Rücklagerber«)**
  Wenn der Arbeitsplatz als K-Punkt benutzt wird, können Sie in diesen Feldern den Lagertyp und -bereich einstellen, der für die Rücklagerung überschüssiger Mengen verwendet wird. Nähere Informationen zu den K-Punkten finden Sie ebenfalls in Kapitel 8, »Wareneingangsprozess«.
- **Lagerprozessart für HU-Lageraufgabe vom Kommissionierpunkt (Feld »LPA HU v. K-Pkt«)**
  Wenn der Arbeitsplatz als K-Punkt verwendet wird, können Sie hier die Lagerprozessart für die HU-Lageraufgabe vom Kommissionierpunkt zur Ziellokation einstellen. Weitere Informationen zu den K-Punkten finden Sie in Kapitel 8, »Wareneingangsprozess«.
- **Feld »Aktivität«**
  Sie können in diesem Feld eine Aktivität pflegen, zu der das System Texte am Arbeitsplatz anzeigen soll.

- **Plan-Aktivitätsbereich (Feld »Plan-Akt.B.«)**
  Dieses Feld legt den Aktivitätsbereich für die Planung im Arbeitsmanagement fest, wenn vom System kein anderer Aktivitätsbereich bei der Erstellung der geplanten Arbeitslast gefunden wird.
- **Aktionen sichern (Feld »Akt. sichern«)**
  Wenn Sie dieses Kennzeichen setzen, führt das System nach jeder Benutzeraktion an einem Arbeitsplatz automatisch einen Speichervorgang aus.
- **Exklusive Sperre**
  Ist das Kennzeichen **Exklusive Sperre** gesetzt, wird beim Auspacken von Produkten aus einer HU die Von-HU exklusiv gesperrt. Dies gilt sowohl beim Packen auf eine andere HU als auch beim Packen auf einen Lagerplatz. Ist das Kennzeichen nicht gesetzt, wird nur eine Shared-Sperre auf die Von-HU gesetzt.
  - Eine exklusiv gesperrte HU kann nur in einem Modus bearbeitet werden, und die Anwenderinnen und Anwender können alle Werte der HU ändern.
  - Wenn Sie die Shared-Sperre benutzen, können aus einer HU in mehreren Modi parallel Produkte ausgepackt werden. Wurde in einem Modus die Shared-Sperre gesetzt, unabhängig davon, ob in einem anderen Modus diese Sperre auch gesetzt wird, kann keine exklusive Sperre gesetzt werden. Das heißt, dass zwar Produkte ausgepackt werden, jedoch Kopfattribute der HU nicht geändert werden können; dazu muss zuvor ein Sicherungsvorgang durchgeführt werden.

[!]

Exklusive Sperre

Ist es nicht notwendig, dass mehrere Benutzer gleichzeitig eine HU auspacken, sollte die exklusive Sperre gesetzt werden.

- **Prüfen der Konsolidierungsgruppe (Feld »Prüfen Konsgruppe.«)**
  Über dieses Feld können Sie pro Arbeitsplatz einstellen, wie beim Umpacken eine Prüfung für die Konsolidierungsgruppe durchgeführt werden soll. Beim Umpacken eines Produkts in eine HU wird immer geprüft, ob die Konsolidierungsgruppe der Nach-Handling-Unit zur Konsolidierungsgruppe des Produkts passt.

  Ausnahme: Wird die Nach-HU in eine übergeordnete HU gepackt, wird die Konsolidierungsgruppe der übergeordneten HU bei der Prüfung nicht berücksichtigt.

  Die möglichen Ausprägungen dieses Kennzeichens sind:
  - Prüfung beim Umpacken von Produkten
  - Prüfung beim Umpacken von HUs und Produkten
  - keine Prüfung
- **Prüfen des Stopps der Route (Feld »Prf. Stop d. Route«)**
  Mit diesem Feld können Sie pro Arbeitsplatz einstellen, ob beim Umpacken eine

Prüfung auf den Stopp der Route durchgeführt werden soll. Die Prüfung wird mithilfe einer Standardimplementierung eines BAdIs durchgeführt, d. h., dass Sie diese Prüfung auch abändern können. In der Standardimplementierung prüft das System beim Umpacken von HUs, ob der Stopp der Route der Von-HU und der Ziel-HU übereinstimmen. Die Ausprägungen dieses Kennzeichens sind:

  - Prüfung beim Umpacken von Produkten
  - Prüfung beim Umpacken von HUs und Produkten
  - keine Prüfung

- **Aktive Lageraufgaben umpacken (Feld »akt. LB umpacken«)**
  Durch dieses Feld legen Sie fest, ob Sie Produkte oder HUs mit aktiven Lageraufgaben umpacken können. Die möglichen Ausprägungen sind:
  - aktive LB umpacken erlaubt
  - aktive LB umpacken nicht erlaubt
- **Messung der Bewertungsmenge möglich (Feld »Mess. BewMeng mgl.«)**
  Durch dieses Kennzeichen legen Sie fest, ob der Benutzer am jeweiligen Arbeitsplatz, z. B. durch Wiegen mit einer Waage, die Bewertungsmenge ermitteln kann. Wenn der Benutzer die Bewertungsmenge am entsprechenden Arbeitsplatz nicht ermitteln kann, ignoriert das System die entsprechenden Einstellungen der Catch-Weight-Profile zur Eingabe von Bewertungsmengen.

Arbeitsplatzlayout zuweisen

Jedem Arbeitsplatz ist ein *Arbeitsplatzlayout* (auch Arbeitsplatz-Bildschirmkonfiguration genannt) zugewiesen. Das Arbeitsplatzlayout steuert, welche Bereiche, Funktionen und Registerkarten im jeweiligen Arbeitsplatz auf der Oberfläche erscheinen sollen. Sie finden das Arbeitsplatzlayout über den Customizing-Pfad **Extended Warehouse Management • Stammdaten • Arbeitsplatz • Arbeitsplatz-Layout definieren** (siehe Abbildung 3.34).

Das Customizing des Arbeitsplatzlayouts unterteilt sich im Wesentlichen in drei Bereiche, die Sie schon von der Oberfläche des Arbeitsplatzes aus Abbildung 3.32 kennen: den Scannerbereich, den Detailbereich und das Tree Control. Sie können diese drei Bereiche komplett deaktivieren (z. B. den Detailbereich, wenn Sie ohne Maus arbeiten), einzelne Registerkarten abstellen (z. B. die Registerkarte **HU umpacken**, wenn Sie nur mit Beständen innerhalb von HUs arbeiten) oder einzelne Buttons ausblenden (z. B. den Button **HU löschen**). Darüber hinaus kann es sinnvoll sein, zwei anstelle von nur einem Tree Control auf der linken Seite der Oberfläche anzuzeigen. So kann der Lagerangestellte leichter Bestände zwischen zwei HUs umpacken. Dies können Sie auch im Layout einstellen, sogar ob das zweite Tree Control unter oder neben dem bestehenden Tree Control angezeigt werden soll.

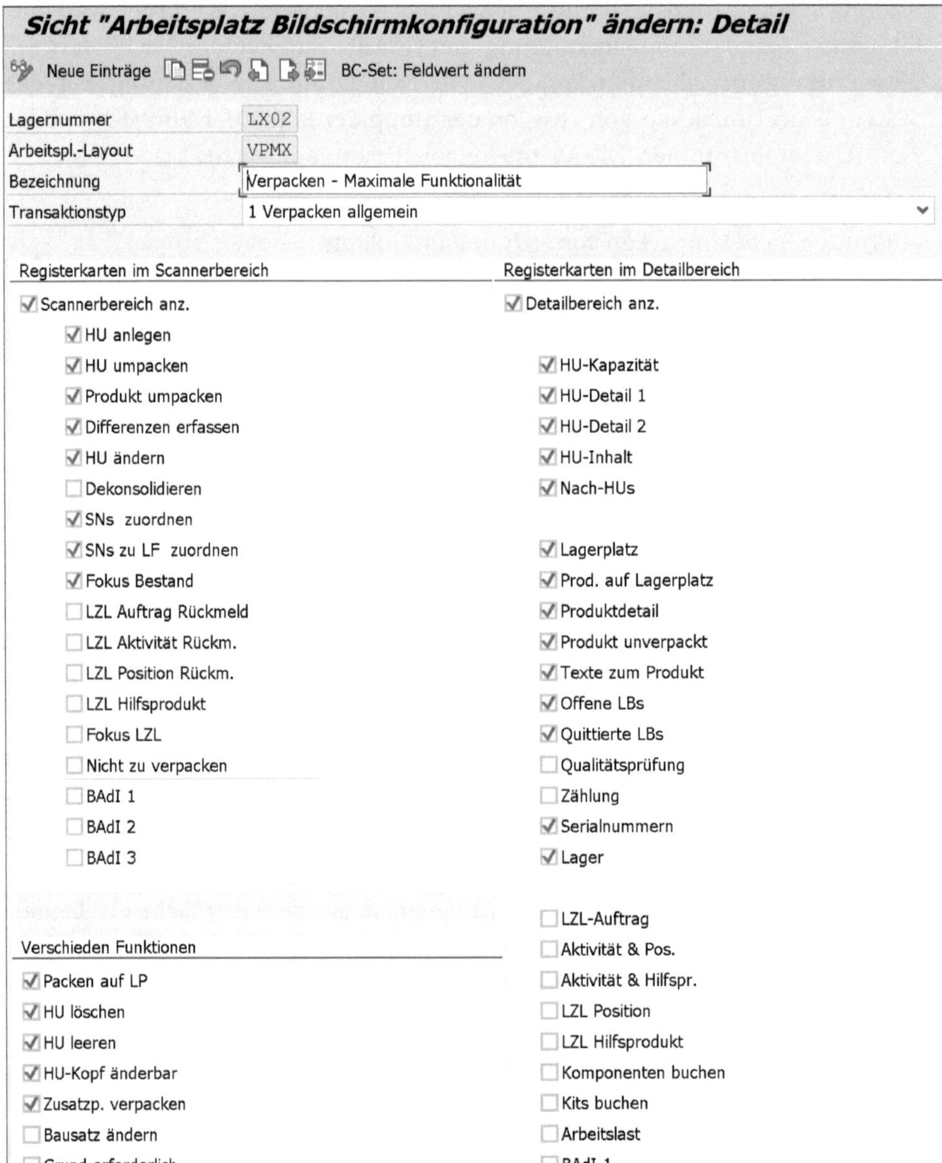

Abbildung 3.34 Arbeitsplatzlayout definieren

Stammdatenattribute pflegen

Wenn Sie einen Arbeitsplatz im Customizing angelegt haben, müssen Sie dessen *Stammdatenattribute* pflegen. Dies sind zusätzliche Attribute eines Arbeitsplatzes, die jedoch selbst Stammdaten sind und daher nicht im Customizing zugewiesen werden können. Sie finden die Stammdatenattribute im SAP-Easy-Access-Menü über den Pfad **Extended Warehouse Management • Stammdaten • Arbeitsplatz • Stamm-**

datenattribute definieren. In Abbildung 3.35 sehen Sie die einzelnen Felder, wobei das wichtigste Feld, das Sie für jeden Arbeitsplatz pflegen sollten, der Lagerplatz ist. Der Lagerplatz muss in dem Lagertyp liegen, den Sie zuvor dem Arbeitsplatz im Customizing zugewiesen haben.

Über das Feld **Terminalname** können Sie einem bestimmten physischen Arbeitsplatz (einem Rechner in Ihrem Lager) einen festen Arbeitsplatz zuordnen, ohne dass der Name des SAP-Arbeitsplatzes jedes Mal beim Einloggen ausgewählt werden müsste.

Wenn Sie eine Waage an das SAP-EWM-System anschließen wollen, um das aktuelle Gewicht von Packstücken vor der Auslieferung zu ermitteln, legen Sie diese im SAP-Easy-Access-Menü über den Pfad **Extended Warehouse Management • Stammdaten • Arbeitsplatz • Waagen definieren** an und tragen die Waage im Arbeitsplatz ein.

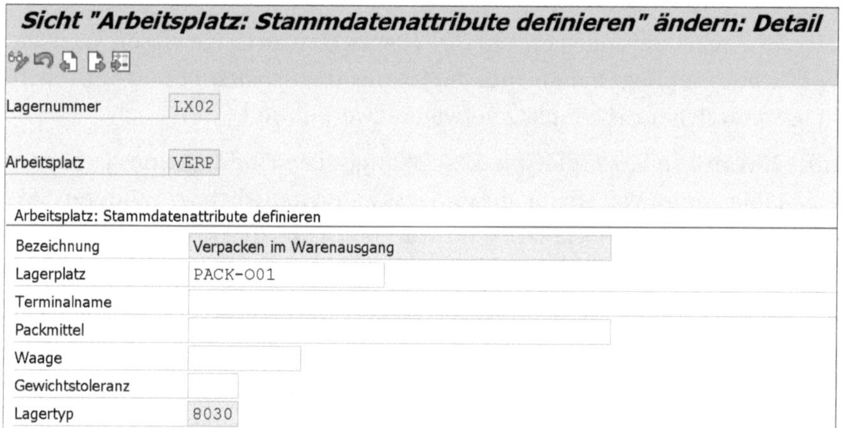

Abbildung 3.35 Stammdatenattribute eines Arbeitsplatzes pflegen

Die Waage repräsentiert eine RFC-Verbindung. Wenn Sie die Waagenfunktion im Arbeitsplatz benutzen, ruft das System ein BAdI auf, um das Gewicht zu ermitteln. Die Standard-BAdI-Implementierung ruft den Funktionsbaustein `/SCWM/HU_WEIGHT_FROM_SCALE` auf. Wenn Sie einen anderen Funktionsbaustein verwenden möchten, können Sie das BAdI `/SCWM/EX_WRKC_UI_GET_WEIGHT` implementieren und damit die Standardimplementierung überschreiben.

Wenn Sie über den Arbeitsplatz Ihre Lieferscheine ausdrucken möchten, finden Sie die dazugehörige Druckersteuerung im SAP-Easy-Access-Menü über den Pfad **Extended Warehouse Management • Stammdaten • Arbeitsplatz • Druckersteuerung**.

Benutzung von Arbeitsplätzen ohne eigenen Lagerplatz

Sie können auch einen Arbeitsplatz anlegen, ohne diese Stammdatenattribute zu pflegen. In diesem Fall ist dem Arbeitsplatz kein Lagerplatz zugewiesen, d. h., er kann für Bestand auf *jedem* Lagerplatz im Lager benutzt werden.

> Wenn Sie einen solchen Arbeitsplatz mit dem Typ **Verpacken im Warenausgang** anlegen und ihn in Transaktion /SCWM/PACK mit einer HU als Parameter aufrufen, können Sie im Hauptbild des Arbeitsplatzes diese HU mitsamt ihrem kompletten Bestand sehen und bearbeiten. Mit einem Doppelklick auf die HU können Sie z. B. die Kopfattribute der HU wie Gewicht und Volumen, die Statusinformationen (Systemstatus und Anwenderstatus) und die alternativen IDs (z. B. Siegel) ändern.
>
> Dieses Vorgehen erweist sich als sehr praktisch in bestimmten Situationen – etwa wenn Sie eine HU bereits eingelagert haben und sich für die Pflege dieser Attribute nicht zusätzlich einen Arbeitsplatz bewegen möchten.

Arbeitsplätze im Lagerprozess finden

Nachdem Sie Arbeitsplätze angelegt, ein Arbeitsplatzlayout zugewiesen und die Stammdatenattribute gepflegt haben, müssen Sie die *Arbeitsplatzfindung* einstellen. Diese besagt, wann welcher Arbeitsplatz verwendet werden soll.

Dies ist natürlich vom Typ des Arbeitsplatzes abhängig. Die Findung eines Dekonsolidierungsarbeitsplatzes im Wareneingangsprozess hängt natürlich von anderen Faktoren ab als die Findung eines Packplatzes im Warenausgangsprozess. Weitere Informationen zur Dekonsolidierung finden Sie in Kapitel 8, »Wareneingangsprozess«.

Die Findung des Packplatzes im Warenausgangsprozess pflegen Sie im SAP-Easy-Access-Menü über den Pfad **Extended Warehouse Management • Stammdaten • Arbeitsplatz • Arbeitsplatz im Warenausgang ermitteln**. In Abbildung 3.36 sehen Sie, dass Sie den Arbeitsplatz dort über seinen Lagertyp, Lagerbereich und Lagerplatz identifizieren und dass die Findung abhängig von der Route (der Auslieferung), dem Aktivitätsbereich (der Kommissionierung) und der Konsolidierungsgruppe ist (wird aus Warenempfänger, Route und Lieferpriorität ermittelt).

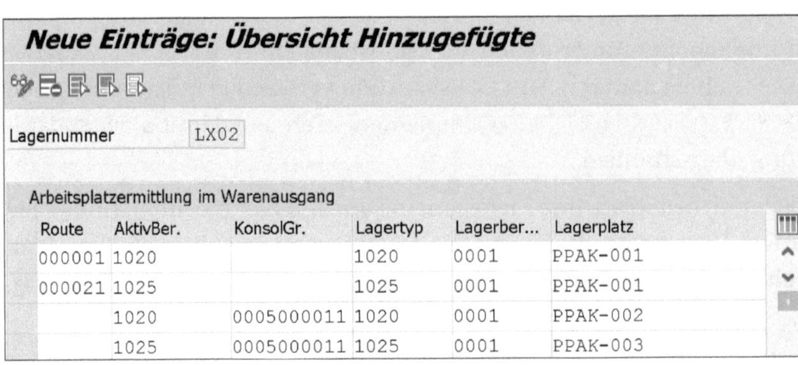
Neue Einträge: Übersicht Hinzugefügte

Lagernummer LX02

Arbeitsplatzermittlung im Warenausgang

Route	AktivBer.	KonsolGr.	Lagertyp	Lagerber...	Lagerplatz
000001	1020		1020	0001	PPAK-001
000021	1025		1025	0001	PPAK-001
	1020	0005000011	1020	0001	PPAK-002
	1025	0005000011	1025	0001	PPAK-003

Abbildung 3.36 Arbeitsplatz im Warenausgang ermitteln

Damit Sie nicht immer alle drei Felder **Route**, **AktivBer.** (Aktivitätsbereich) und **KonsolGr.** (Konsolidierungsgruppe) pflegen müssen, können Sie die Art und die Reihenfolge der Zugriffe auf die Findungstabelle einstellen, die das System durchführt. Wählen Sie dazu im Customizing den Pfad **Extended Warehouse Management • Stammdaten • Arbeitsplatz • Optimierung der Arbeitsplatzermittlung im Warenausgang**.

In Abbildung 3.37 sehen Sie, dass für die Lagernummer LX02 sechs verschiedene Zugriffe eingestellt worden sind, beginnend mit Route und Aktivitätsbereich und mit einem Zugriff, nur mit der Konsolidierungsgruppe endend. Generell ist es immer sinnvoll, solche Zugriffstabellen wie die aus Abbildung 3.37 vom speziellsten Zugriff hin zum allgemeinsten Zugriff einzustellen. Der erste Zugriff sollte immer spezieller (also mit mehr gefüllten Feldern) als der zweite sein. Dadurch fällt Ihnen das Customizing später leichter.

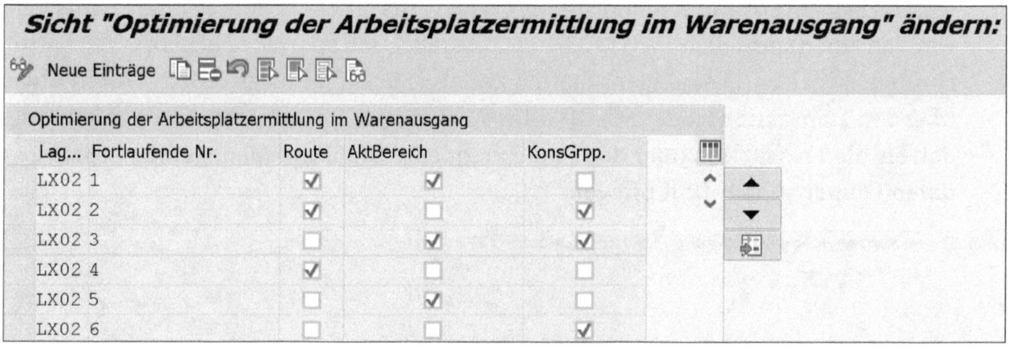

Abbildung 3.37 Arbeitsplatzermittlung im Warenausgang optimieren

Ähnlich wie die Packplatzfindung im Warenausgang pflegen Sie die Findung des Dekonsolidierungsarbeitsplatzes im Customizing. Dazu verwenden Sie den Pfad **Extended Warehouse Management • Wareneingangsprozess • Dekonsolidierung • Dekonsolidierungsstation bestimmen**.

In Abbildung 3.38 sehen Sie, dass Sie hier auch direkt einen Arbeitsplatz angeben können. Die Findung ist vom Von-Lagertyp (z. B. einer Bereitstellzone im Wareneingang), von der HU-Typgruppe und vom Aktivitätsbereich (den Einlageraufgaben) abhängig.

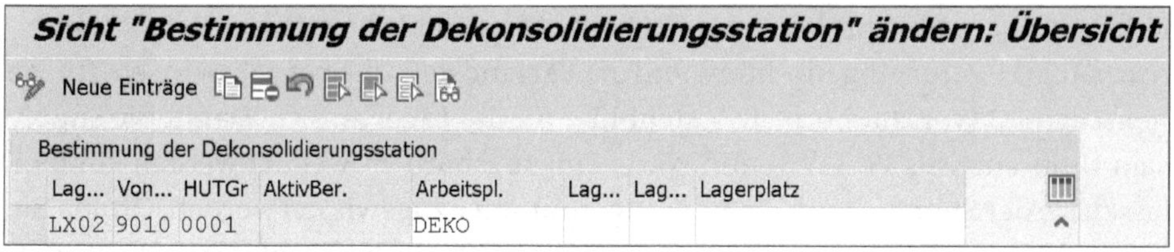

Abbildung 3.38 Dekonsolidierungsstation bestimmen

[+]

Findung anderer Arbeitsplatztypen

Es gibt noch andere Methoden, wie Arbeitsplätze ermittelt werden können, z. B. für das Qualitätsmanagement, für LZL, für die Bausatzbildung (Kitting) oder im Cross-Docking. Nähere Informationen, wie das System in diesen Prozessen den Arbeitsplatz bestimmt, finden Sie in den jeweiligen Kapiteln in diesem Buch.

3.3.9 Wareneingangsbüro und Versandbüro

Die Gegenstücke zur Versand- und Warenannahmestelle in SAP ERP bzw. SAP S/4HANA sind in SAP EWM das Versandbüro bzw. das Wareneingangsbüro.

Wenn Sie eine Versandstelle/Warenannahmestelle aus dem SAP-ERP-System in ein dezentrales SAP-EWM-System übertragen (mit dem SAP-APO-Core-Interface, CIF), legt das System Lokationen und Supply Chain Units an. Diese Supply Chain Units verwenden einen speziellen Typ (1003, Versandstelle) und spezielle betriebswirtschaftliche Eigenschaften. Diese Eigenschaften können Sie auf der Registerkarte **Alternative** über den Transaktionscode /SCMB/SCUMAIN pflegen. Im SAP-Easy-Access-Menü finden Sie die Transaktion über den Pfad **Extended Warehouse Management • Stammdaten • Supply-Chain-Unit pflegen**.

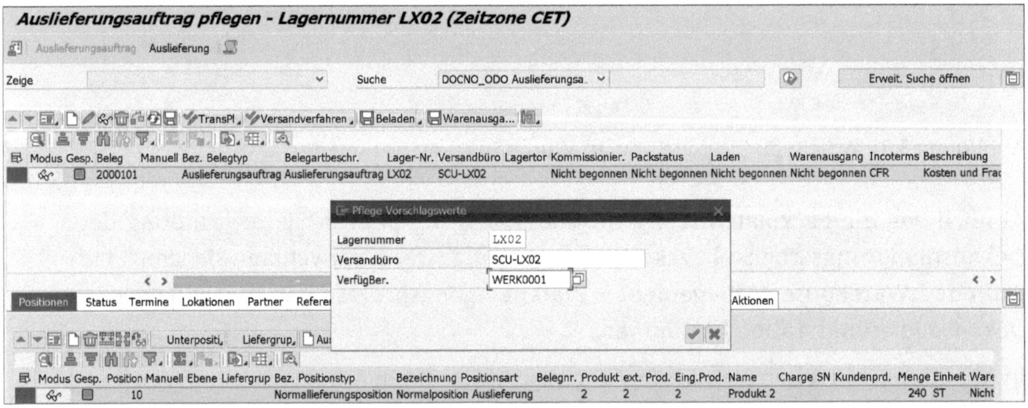

Abbildung 3.39 Versandbüro in Auslieferungsaufträgen verwenden

Die Supply Chain Unit zur Warenannahmestelle erhält die betriebswirtschaftliche Eigenschaft RO (Wareneingangsbüro) und die Versandstelle die betriebswirtschaftliche Eigenschaft SO (Versandbüro). INV steht hier für das Lager an sich. Damit die Supply Chain Units auch als Versand- und Wareneingangsbüro verwendet werden können, müssen sie der Supply Chain Unit der Lagernummer zugewiesen werden. Öffnen Sie dazu Transaktion /SCMB/SCUHIERMAIN, und weisen Sie die Supply Chain Units entsprechend zu. In Abbildung 3.39 sehen Sie ein Beispiel für eine Transaktion in SAP

EWM, die das Versandbüro verwendet, in diesem Fall die Transaktion zum Pflegen von Auslieferungsaufträgen. Wenn Sie Lieferungen in SAP EWM manuell anlegen wollen, müssen Sie in den Vorschlagswerten (also in den Default-Werten) das Versandbüro eingeben.

3.4 Zusammenfassung

In diesem Kapitel haben wir Ihnen die wichtigsten Elemente der Organisationsstruktur eines Unternehmens und eines Lagers gezeigt und Ihnen die Organisationselemente Buchungskreis, Werk, Lagerort, Lagernummer und Versandstelle aus dem SAP-ERP-System erklärt. Alle zum Lager gehörigen Organisationselemente werden im SAP-EWM-System gepflegt – wir haben Ihnen die SAP-EWM-Elemente Lagernummer, Lagertyp, Lagerbereich, Lagerplatz, Aktivitätsbereich, Arbeitsplatz, Wareneingangsbüro und Versandbüro beschrieben.

4

Kapitel 4
Stammdaten in SAP S/4HANA EWM

Die Stammdatenqualität ist einer der entscheidenden Faktoren, wenn es um die erfolgreiche Einführung eines Lagerverwaltungssystems geht. Die unterschiedlichen Funktionen und Regeln des Systems erfordern gut gepflegte Stammdaten: Nur wenn diese vollständig und aktuell sind, kann die Software all ihre Vorteile ausspielen.

Dieses Kapitel widmet sich den Stammdaten, die vor allem in SAP S/4HANA zentral genutzt werden. In diesem Kapitel nehmen wir Bezug auf die übergreifenden Stammdaten, die nicht nur rein in SAP EWM verwendet werden. Wir erläutern hier die übergreifenden Stammdaten, die in einem SAP-S/4HANA-System gepflegt werden. Diese können in Embedded SAP EWM direkt verwendet werden, müssen aber bei einem dezentralen SAP-EWM-System zuerst noch verteilt werden. Es handelt sich um die Stammdatenobjekte Produkt, Kunde, Lieferant, Chargen usw.

In Embedded SAP EWM in SAP S/4HANA können Sie direkt auf diese zentralen Stammdaten zugreifen, d. h., dass das System unmittelbar auf den Materialstamm zugreift, ohne dass Sie eine Verteilung anstoßen müssen. Dies ist aufgrund des neuen Stammdatenmodells möglich. Im »alten« SCM-EWM musste man auch bei der Verwendung des SCM-EWM-Add-ons die Stammdaten erneut synchronisieren und in die SCM-EWM-Tabellen verteilen, da die EWM-Funktionen die ECC-Daten/Tabellen nicht auswerten konnten. Daher wurde das Produkt damals auch als EWM-Add-on positioniert. In SAP S/4HANA wird EWM hingegen als *embedded* verstanden.

Dieses Kapitel bezieht sich hauptsächlich auf die Stammdaten, die elementar und für alle Prozesse unabdingbar sind. Zu den Stammdaten gehören die Material- und Produktstammdaten, der Geschäftspartner mit den verschiedenen Rollen sowie die Verpackungsstammdaten. Individuelle Stammdaten wie z. B. die Pflege einer *Ressource* oder generell die Pflege von EWM-Prozessstammdaten werden jeweils individuell in den nachfolgenden Kapiteln beschrieben, wo das Thema bzw. der Prozess erklärt wird.

Beachten Sie, dass sich das Stammdatenkonzept in SAP S/4HANA EWM im Vergleich zum alten SAP SCM EWM geändert hat, das für die Verteilung der Stammdaten das *Core Interface* (CIF) verwendete. Das CIF musste konfiguriert werden und stellte sicher, dass die Stammdaten verteilt sowie synchronisiert wurden. Das CIF wird in SAP

S/4HANA EWM nicht mehr für die Hauptobjekte verwendet (Ausnahme: Packvorschrift versus Packspezifikation) und daher in dieser Auflage nicht mehr im Detail erläutert.

Wir können generell festhalten, dass die Verteilung der Daten bei einem dezentralen SAP S/4HANA EWM via *IDoc* oder DRF sichergestellt wird. Bei der Verwendung von Embedded S/4HANA EWM entfällt die Verteilung der Stammdaten komplett.

Auch technisch gibt es bei der Stammdatenverteilung Neuerungen in der Technologie sowie im Framework, das bestimmt, wie die Stammdaten verteilt werden. In SAP ECC und in SCM-EWM wurde die Verteilung der Stammdaten mit der qRFC-Technologie über das CIF realisiert. In SAP S/4HANA EWM (im dezentralen Szenario) wird die Verteilung in ECC via *Application Link Enabling* (ALE) oder in SAP S/4HANA via Data Replication Framework (DRF) geregelt. Zusätzlich dazu wurde das Datenmodell für die Datenablage angepasst. Im »alten« Release von SCM-EWM wurden die Stammdaten hauptsächlich in den SCM-Tabellen (ehemals SAP APO) abgelegt. In SAP S/4HANA EWM (embedded oder dezentral) werden die Daten in den SAP-S/4HANA-Tabellen ablegt (als Beispiel sind die SAP-Tabellen `MARA`, `MARC` und `MARD` zu nennen). Daten, die in SAP S/4HANA bzw. in der Komponente Material Management (MM) nicht bekannt sind, werden weiterhin in den SCM-Tabellen gespeichert; dies ist allerdings nur ein geringer Teil im Vergleich zum alten Release.

Werden die Stammdaten bereits in SAP S/4HANA erstellt oder sind dort schon vorhanden, müssen sie ins dezentrale SAP-EWM-System überführt werden. Arbeiten Sie als Kunde mit Embedded SAP EWM, ist eine Verteilung nicht notwendig. Dies vereinfacht die initiale Konfiguration um ein Vielfaches.

[!]

Das Core Interface von SAP – Ausnahmen

Das CIF war Teil von SAP SCM. Die Entwicklung des CIF-Frameworks wurde eingestellt, der Support ist aber weiterhin verfügbar, solange das CIF noch in den Produkten verwendet wird.

Es gibt auch in SAP S/4HANA EWM eine Ausnahme in Bezug auf das CIF von SAP: Wird eine SAP-S/4HANA-Packvorschrift in SAP EWM verteilt, wird hierzu weiterhin das CIF verwendet. In SAP EWM wird aus einer Packvorschrift eine Packspezifikation erstellt.

Im weiteren Verlauf dieses Kapitels gehen wir auf die wichtigsten Stammdaten ein und beschreiben, welchen Einfluss sie auf die Geschäftsprozesse im Lager haben. Wir erläutern die Evolution der Stammdaten in SAP EWM (siehe Abschnitt 4.1) und erklären, wie die Stammdaten verteilt werden (siehe Abschnitt 4.2). Nachfolgend beschreiben wir den Produktstamm (siehe Abschnitt 4.3) sowie die Verpackungsmaterialen (siehe Abschnitt 4.4), aber auch die zentralen Stammdatenobjekte, die zur Ausführung der Prozesse notwendig sind.

In diesem Zusammenhang stellen wir Ihnen die Geschäftspartner (siehe Abschnitt 4.5), die Supply Chain Unit (siehe Abschnitt 4.6) sowie die Packvorschrift und Packspezifikationen (siehe Abschnitt 4.7) vor. Abschließend gehen wir in Abschnitt 4.8 auf den Unified Package Builder ein, der es Ihnen ermöglicht, eine Paketkalkulation sicherzustellen und der u. a. die Objekte Packvorschrift oder Packspezifikation verwendet.

4.1 Evolution der Stammdaten in SAP EWM

Seit der Einführung von SAP S/4HANA EWM haben sich die Stammdaten erheblich weiterentwickelt. Prüfen Sie vorab, welches SAP-S/4HANA-Release Sie einsetzen und ob Sie Embedded SAP EWM oder dezentral verwenden. Kunden, die das dezentrale SAP S/4HANA EWM verwenden, aber weiterhin SAP ECC im Einsatz haben, müssen bei der Verteilung der Stammdaten gegebenenfalls (abhängig vom Releasestand) Besonderheiten berücksichtigen. Sie können das DRF nur bedingt einsetzen, wie wir nachfolgend im Detail erläutern.

4.1.1 SCM-EWM-Verteilung der Stammdaten

Im alten SCM-EWM wurde die Verteilung der Stammdaten via CIF realisiert. Die Daten wurden aus SAP ECC nach SCM-EWM repliziert. Es gab zwar nur sehr wenige Kunden, die das SCM-EWM-Add-on verwendet haben, aber auch hier war eine Verteilung der Stammdaten via CIF unabdingbar. Hier waren beide Komponenten (SAP ECC und das SCM-EWM-Add-on) zwar auf dem gleichen System installiert, aber die Stammdaten mussten nochmals via CIF von den ECC-Tabellen in die SCM-Tabellen auf dem gleichen System verteilt bzw. kopiert werden.

4.1.2 Stammdatenkonzept in SAP S/4HANA EWM

Im neuen SAP S/4HANA EWM sieht die Integration anders aus. Die Daten werden jetzt hauptsächlich in den SAP-S/4HANA-Tabellen hinterlegt. Beim Embedded SAP S/4HANA EWM ist eine Verteilung daher nicht mehr notwendig. Die Daten werden direkt gelesen.

In den nachfolgenden Abschnitten gehen wir im Detail auf die unterschiedlichen Varianten der Stammdatenreplikation ein. Der Umgang mit den Stammdaten in SAP EWM kann ab SAP S/4HANA 1610 variieren – je nachdem, welche SAP-EWM-Variante Sie gewählt haben, gibt es drei Möglichkeiten:

- **Stammdaten in einem dezentralen SCM-EWM**
  Im alten dezentralen SCM-EWM werden die Stammdaten auf dem SAP-SCM-Stack über das CIF verteilt. Diese Variante gilt weiterhin, solange Sie kein dezentrales

SAP S/4HANA EWM verwenden, d. h. auch dann, wenn Sie ein SAP S/4HANA an ein altes SCM-EWM (möglich bis Release 9.5) koppeln.

- **Stammdaten in Embedded SAP EWM in SAP S/4HANA**
In Embedded SAP EWM in SAP S/4HANA werden die Stammdaten nicht mit dem CIF übertragen. Die Daten werden direkt aus den Tabellen des SAP-S/4HANA-Systems gelesen. Auch die Konfigurationstabellen, z. B. die Packmittel- oder die HU-Typtabellen, müssen nicht mehr zwischen den Systemen bzw. Tabellen synchronisiert werden. Weitere Daten wie Produktwerte (z. B. Preise für die Inventurbewertung), Buchhaltungsdaten und Projektstrukturinformationen werden ebenfalls direkt aus den SAP-S/4HANA-Tabellen gelesen. Unter anderem ist aus diesem Grund Embedded SAP EWM in SAP S/4HANA eine kostengünstige Alternative zu einem dezentralen SAP-EWM-System. In SAP S/4HANA steht Ihnen auch eine SAP-Fiori-App zur Verfügung, mit der Sie die Materialstammdaten pflegen können.
- **Stammdaten in einem dezentralen SAP-EWM-System auf einem SAP-S/4HANA-Stack**
Diese Variante beschreibt ein dezentrales SAP-EWM-System auf einem SAP-S/4HANA-Stack. Diese Option gibt es seit SAP S/4HANA 1809 FPS02. Die Hauptstammdatenobjekte werden hier nicht – wie sonst beim dezentralen SAP-EWM-System – auf dem SAP-SCM-Stack über das CIF verteilt, sondern über SAP ALE (IDoc) oder über das DRF an das dezentrale SAP-EWM-System mit dem SAP-S/4HANA-Stack übertragen. Die Verteilung ist in Abbildung 4.1 visualisiert. Verwenden Sie ein SAP-S/4HANA-System, werden die Business Partner automatisch verwendet; eine Transformation via Customer Vendor Integration (CVI) ist nicht notwendig.

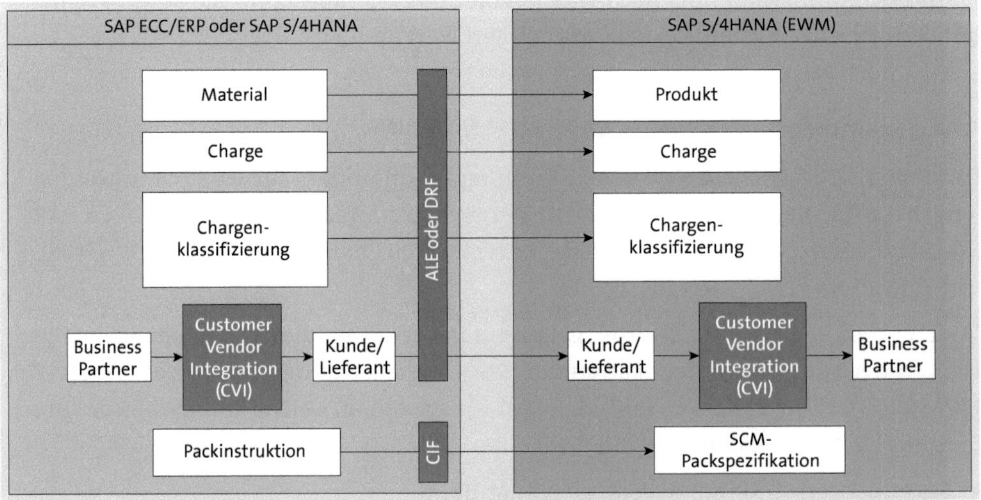

Abbildung 4.1 Stammdatenverteilung in SAP S/4HANA EWM

4.2 Stammdatenverwendung und Replikation in SAP EWM

Das Replizieren und die Synchronisation der Stammdaten zwischen dem dezentralen SAP EWM und SAP S/4HANA spielen eine zentrale Rolle bei der Integration beider Systeme. In vielen Fällen sind Probleme bei einer SAP-EWM-Einführung auf schlechte Stammdaten zurückzuführen.

SAP S/4HANA ist hinsichtlich der Stammdaten das führende System: Werden im dezentralen SAP-EWM-System Änderungen an den zentralen Daten vorgenommen, werden diese beim Ausführen der Replikation aus dem SAP-S/4HANA-System wieder überschrieben. Das Einrichten der Integration wird hauptsächlich im SAP-S/4HANA-System durchgeführt.

Wir beschreiben im folgenden Abschnitt die Schritte, die Sie in SAP S/4HANA durchführen müssen, um die Stammdaten in SAP EWM zu überführen. Die Bewegungsdaten im dezentralen SAP-EWM-System, also die Lieferungen, werden über eine andere Schnittstelle (qRFC) ausgetauscht.

4.2.1 Nutzung der Stammdaten in Embedded EWM

Die Replikation der Stammdaten im Embedded EWM entfällt (mit Ausnahme der Packvorschrift und der Packspezifikation, falls Sie diese im Embedded EWM verwenden). Die EWM-Stammdatentransaktionen sind eingeschränkt, um Inkonsistenzen zu vermeiden. Die Integration seitens SAP ist hier sehr gut gelungen, was vor allem beim initialen Aufbau der Systeme auffällt, da der Aufwand im Vergleich zu einem dezentralen SAP-EWM-System signifikant geringer ausfällt.

Sobald SAP EWM als integraler Bestandteil von SAP S/4HANA agiert, ist die Stammdatenverteilung nicht mehr notwendig, denn hier werden das Ineinandergreifen von SAP-EWM- und SAP-S/4HANA-Prozessen sowie der Systemaufbau signifikant vereinfacht. Vielmehr greift EWM direkt auf die im System vorhandenen SAP-S/4HANA-Daten zu. Auf die Nutzung der folgenden zentralen Objekte wird nochmals explizit aufmerksam gemacht:

- **Geschäftspartner**
  Anstatt Kunden und Lieferanten an das SAP-EWM-System zu verteilen und dort mit einer Kopie zu arbeiten, wird von SAP EWM direkt der in SAP S/4HANA verwendete Geschäftspartner genutzt. Dadurch werden potenzielle Nummernkonflikte zwischen Kunden und Lieferanten umgangen.
- **Material**
  SAP EWM greift direkt auf den SAP-S/4HANA-Materialstamm zu. Zusätzliche EWM-Daten sind in dedizierten EWM-Sichten weiterhin vorhanden. Dies umfasst z. B. lagertypspezifische Daten.

- **Chargen und Chargenmerkmale**
  Anstatt mit Kopien der SAP-S/4HANA-Chargen und Chargenmerkmale wird direkt mit den Originaldaten aus SAP S/4HANA gearbeitet. Dadurch werden auch keine speziellen Klassentypen verwendet. Ein weiterer Vorteil ist die Unterstützung von gleichen Chargennummern mit unterschiedlichen Merkmalswerten in unterschiedlichen Werken. Zusätzlich ist es möglich, Chargen ohne Klassifizierung in EWM-Prozessen zu nutzen. Intern wird mit einer Standardklasse gearbeitet, deren Merkmale dynamisch basierend auf den Chargenstammfeldern gefüllt werden.
- **Produktsicherheit**
  Gefahrstoff- und Gefahrgutstammdaten werden direkt aus den SAP-S/4HANA-Tabellen der Komponente Produktsicherheit gelesen. Es erfolgt keine separate Replikation von Daten.

In der Folge ergibt sich ein reduzierter Speicherbedarf. Außerdem sind die Daten stets auf dem aktuellen Stand, ohne potenzielle Verzögerungen, die bei der Replikation im dezentralen SAP EWM auftreten können.

4.2.2 Nutzung der Stammdaten im dezentralen SAP EWM

Nachfolgend beschreiben wir die unterschiedlichen Varianten der Stammdatenreplikation bei der Verwendung des dezentralen SAP-EWM-Systems.

Die Replikation der Stammdaten wird in einem How to Guide seitens SAP detailliert erläutert. Diesen finden Sie über die folgende URL: *https://wiki.scn.sap.com/wiki/download/attachments/541821985/How%20To%20Guide%20IDoc%20Integration%20with%20Non%20SAP%20ERP%20with%20EWM%20in%20S4H.pdf?api=v2*

Unser Ziel ist es nicht, den Inhalt dieses Guides hier in das Buch zu kopieren; daher verweisen wir lediglich auf den Guide. Nachfolgend beschreiben wir grob das Vorgehen, empfehlen Ihnen aber, zusätzlich den Guide zu studieren, wenn Sie die Stammdatenreplikation aufsetzen. Nachfolgend gehen wir zudem auf die Herausforderungen der Stammdatenverteilung ein.

Definition: SAP Core Interface

Das CIF hat eine sehr lange Historie und wurde mit dem Einzug von SAP EWM in SAP S/4HANA fast vollständig abgelöst. Es wird derzeit nur noch für die Packvorschriftsreplikation verwendet. Die anderen Stammdaten werden via ALE (als IDoc) oder DRF repliziert (siehe Abbildung 4.1). Um die Replikation sicherzustellen, ist es notwendig, das System in Abhängigkeit seiner Verwendung optimal zu konfigurieren. Dazu müssen Sie Programme einplanen, die die Daten regelmäßig und in einem frei wählbaren Zyklus an das dezentrale SAP-EWM-System senden. Änderungen von Stammdaten werden anhand von *Änderungszeigern* automatisch und, falls gewünscht, in demselben Moment an das dezentrale SAP-EWM-System übertragen. Sollten Sie SAP S/4HANA mit einem älteren SCM-EWM koppeln (möglich bis Release EWM 9.5), müssen Sie weiterhin das CIF verwenden.

Definition: Stammdatenverteilung via ALE

Wenn Sie noch ein älteres SAP-ECC- oder ein SAP-S/4HANA-EWM-System verwenden, das das DRF nicht unterstützt, verteilen Sie die Stammdaten via ALE und IDoc. Gegebenenfalls verwenden Sie ALE auch für andere Systeme und möchten die gleiche Technologie verwenden. Die Replikation der Stammdaten via IDoc birgt ein paar Herausforderungen, die wir im Nachgang erläutern, aber die Replikation kann u. a. durch die bekannten IDocs MATMAS, DEBMAS und CREMAS sichergestellt werden.

Definition: Stammdatenverteilung via DRF

Das *Data Replication Framework* (DRF) ist ein Framework, um die Stammdatensynchronisation zu automatisieren und effizient zu verwalten. Es wird von vielen anderen Komponenten verwendet und deshalb auch in den EWM-Kontext integriert. Das DRF kann Daten replizieren, einschließlich Änderungszeiger vom Quellsystem auf ein oder mehrere Zielsysteme.

Grundsätzliche Funktionen des DRF sind:

- initiales Laden (alle Daten für das ausgewählte Geschäftsobjekt werden repliziert)
- Replizieren von Änderungen (nur Änderungen werden repliziert)
- Monitoring der Stammdatenverteilung
- Erweiterbarkeit
- Filtern der zu replizierenden Daten

Wenn Sie ein SAP-ERP-System verwenden, ist die Minimalvoraussetzung für die Nutzung des DRF die Verwendung von SAP ECC bzw. SAP ERP 6.0 mit EHP 7. Wenn Sie ein SAP-S/4HANA-System im Einsatz haben, benötigen Sie SAP S/4HANA 1610. Innerhalb des Releasestands prüfen Sie zunächst, ob die neuesten Hinweise in das System eingespielt wurden. Um die DRF-Kommunikation in Ihrem SAP-ERP-System nutzen zu können, muss zudem die CVI aktiviert worden sein.

4.2.3 Die Stammdatenverteilung im dezentralen SAP EWM

Die notwendigen Schritte zur Sicherstellung der Stammdatenreplikation sind im How to Guide beschrieben, auf den wir in Abschnitt 4.2.2, »Nutzung der Stammdaten im dezentralen SAP EWM«, verweisen. Nachfolgend gehen wir kurz auf die einzelnen Schritte ein. Für die Einrichtung des CIF verweisen wir auf die Vorauflage dieses Buches »Warehouse Management mit SAP EWM« (siehe *https://www.rheinwerk-verlag.de/4824*).

Replikation der Daten via ALE

Die Verteilung der Stammdaten findet via IDocs statt. Hierzu werden u. a. die SAP-IDocs, z. B. für das Material (von MATMAS nach ZEWMMATMAS), für den Kunden (von DEBMAS nach ZEWMDEBMAS) oder für die Lieferanten (von CREMAS nach ZEWMCREMAS) kopiert und um die Felder reduziert, die Sie im dezentralen SAP-EWM-System nicht benötigen. Dies ist zwingend notwendig, da sonst viele weitere Konfigurationstabellen im dezentralen SAP-EWM-System repliziert und synchronisiert werden müssten.

Folgende Reports kommen hier zum Einsatz:

- /SPE/R_DEC_EWM_REDUCE_MESSTYPE: Dieser Report dient zum Anlegen der reduzierten Nachrichtentypen im Sender- und Empfängersystem (SAP ERP oder SAP S/4HANA).
- /SPE/R_DEC_EWM_ALE_CUST: Dieser Report dient der Pflege des ALE-Customizings im Sendersystem (SAP ERP oder SAP S/4HANA).
- /SCWM/R_DEC_EWM_ALE_SETUP: Dieser Report dient der Pflege des ALE-Customizings im Empfängersystem (dezentrales SAP EWM).

Replikation der Daten via DRF

Die Konfiguration des DRF nehmen Sie im Customizing vor. Sie erreichen den gesamten Konfigurations-Guide, indem Sie Transaktion DRFIMG aufrufen. Alle Schritte sind auch im How to Guide beschrieben (siehe Abschnitt 4.2.2). Nachdem Sie die Konfiguration abgeschlossen haben, können Sie die Replikation der Daten in das dezentrale SAP-EWM-System über Transaktion DRFOUT starten.

Herausforderungen bei der Datenreplikation

Die Replikation der SAP-S/4HANA-Daten in ein dezentrales SAP EWM bietet einige Herausforderungen. Im dezentralen SAP S/4HANA EWM sind nicht alle Konfigurationstabellen gefüllt. Durch das Kopieren der IDocs sollten hier keine Probleme auftreten. Die Tabellen mit den Inhalten sind zwar vorhanden, da es sich um ein SAP-S/4HANA-System handelt, ist es z. B. nicht notwendig, die Konfiguration eines Kontenplans synchron zu halten. Es kommt teilweise zu Fehlern, da nicht alle Fallbeispiele getestet wurden.

Wenn Sie die Stammdaten von SAP S/4HANA in das dezentrale SAP-S/4HANA-EWM-System replizieren, kann es einzelne Felder in den IDocs geben, die auf nicht gefüllte Tabellen verweisen. Dies kann zu Fehlern bei der IDoc-Verarbeitung führen. Prüfen Sie in diesem Fall die Details:

- Fehlen die Tabelleninhalte in den Konfigurationstabellen, und müssen sie synchronisiert werden?

- Wurde ein Feld verteilt, das in EWM nicht notwendig ist? Handelt es sich um einen Fehler in der Konfiguration (der beim Kopieren des IDoc im Z-Namensraum passiert ist), oder wurde der SAP-Report, der die Konfiguration erstellt, falsch ausgeliefert?
- Ist der IDoc-Fehler auf ein anderes Problem zurückzuführen?

Da die Synchronisation der Stammdaten via IDoc neu ist, sollten Sie im Projekt etwas Zeit dafür einplanen und technisches Know-how in das Projekt einbringen. Teilweise ist es sinnvoll, eine SAP-Meldung zu eröffnen, bevor Sie die Konfigurationstabellen zwischen beiden Systemen synchronisieren, die laut EWM-Design im dezentralen EWM-System nicht notwendig sind.

Herausforderungen bei der Datensynchronisation der Konfiguration

Die Konfigurationstabellen, die im dezentralen SAP-EWM-System notwendig sind, werden nicht automatisch aus dem SAP-S/4HANA-System synchronisiert. Zwar bietet das DRF eine Synchronisation der Stammdaten via Änderungszeiger an, die Synchronisation der Konfigurationstabellen ist jedoch ein anderes Thema und wird mit dem DRF nicht gelöst.

In SCM-EWM gab es nur ca. 8 Tabellen, die synchronisiert werden mussten, ohne die Texttabellen zu berücksichtigen. Im Folgenden sind die ECC-Tabellen aufgelistet, die in der Vergangenheit aus einem SAP-ECC-System in einem SCM-EWM-System synchronisiert werden mussten (falls sie im Prozess verwendet wurden):

- `THNDLCD` – Handhabungskennzeichen
- `THUTYP` – HU-Typen
- `THUTYPT` – Bezeichnung des HU-Typs
- `TVTY` – Packmittelarten
- `TVTYT` – Packmittelarten: Bezeichnungen
- `TVEGR` – Materialgruppe Packmittel
- `TVEGRT` – Materialgruppe Packmittel: Bezeichnungen
- `TQGRP` – Qualitätsprüfgruppe
- `TSERIAL` – Serialnummernprofil
- `TWHMATGR` – Lager-Materialgruppe
- `TWHSTC` – Lager-Raumbedingung

In SAP S/4HANA EWM gibt es dagegen mehr als 100 zu synchronisierende Tabellen. SAP empfiehlt, den SAP Solution Manager zu verwenden, um die korrekte Synchronisation zwischen den beiden System sicherzustellen. Es ist anzuraten, das Vorgehen im Projekt genau zu prüfen und mit Ihrem Implementierungspartner zu evaluieren.

Wenn Sie Embedded SAP EWM nutzen, sind diese Herausforderungen für Sie irrelevant.

4.3 SAP-EWM-Produktstamm

Der Produktstamm ist zwingend notwendig, um das EWM-System zu betreiben. In Embedded EWM greift die Logik direkt auf die zentralen SAP-Stammdaten von MM zu. Um in Embedded EWM die Produktstammdaten anzulegen, folgen Sie im SAP-Easy-Access-Menü dem Pfad **Logistik • Materialwirtschaft • Materialstamm • Material • Anlegen allgemein • Sofort**, oder Sie nutzen Transaktion MM01. Falls Sie ein Material ändern möchten, folgen Sie im SAP-Easy-Access-Menü dem Pfad **Logistik • Materialwirtschaft • Materialstamm • Material • Ändern • Sofort**, oder Sie nutzen Transaktion MM02. Im dezentralen SAP-EWM-Szenario müssen Sie die Daten zuvor, wie in Abschnitt 4.2, »Stammdatenverwendung und Replikation in SAP EWM«, beschrieben, in das dezentrale EWM-System verteilen.

Da das SAP-EWM-System den alten Materialstamm und deren Funktionen verwendet, können Sie im Internet viele Informationen zum Umgang mit den Materialstammdaten (z. B. Löschen, Archivieren usw.) finden. Wir gehen nachfolgend auf die Besonderheiten im EWM-Umfeld ein.

Um die Lagerprozesse betreiben zu können, muss der Produktstamm um die Daten für die Lagerhaltung erweitert werden, sobald die Materialstammdaten im Embedded-Szenario in SAP S/4HANA erstellt oder im dezentralen Szenario aus SAP S/4HANA verteilt worden sind. Es ist notwendig, zumindest die Lageransicht des Produktstamms zu erstellen, um das Produkt in allen Lagertransaktionen nutzen zu können. Um die Lagerdaten für den Produktstamm aus dem SAP-Easy-Access-Menü zu erstellen, folgen Sie dem Pfad **Extended Warehouse Management • Stammdaten • Produkt • Lagerprodukt pflegen**, oder Sie nutzen Transaktion /SCWM/MAT1.

Im Einstiegsbild für die Erstellung des Lagerproduktstamms müssen Sie die Produktnummer, die Lagernummer und den Verfügungsberechtigten spezifizieren. Wie wir in Kapitel 3, »Organisationsstruktur«, erörtert haben, ist der Verfügungsberechtigte als Werk oder Organisation definiert, die für die Bestandsverfügung berechtigt sind. In vielen Fällen (mit Ausnahme des Logistikdienstleisters, der mehrere Bestände von unterschiedlichen Kunden im eigenen Lager verwalten muss) ist der Verfügungsberechtigte das Werk.

Wenn Sie die Daten in das Auswahlbild eingegeben haben, drücken Sie die [↵]-Taste und speichern die Transaktion (vorausgesetzt, dass das Produkt nicht bereits für das Lager existiert). Der relevante Eintrag wird in der Tabelle /SAPAPO/MATEXEC erstellt und beinhaltet die für EWM lagerspezifischen Informationen.

Darüber hinaus können Sie auf den verschiedenen Registerkarten des Produktstamms zusätzliche Parameter pflegen, die die Lagerprozesse unterschiedlich beeinflussen. In den folgenden Abschnitten beschreiben wir die Daten in jeder Ansicht exemplarisch, zuerst die allgemeinen Produktdaten und dann die verschiedenen Registerkarten zur Pflege des Produktstamms.

Überschreiben von Feldern des Produktstamms bei der Datenreplikation

Wenn ein Benutzer ein Feld des EWM-Materialstamms verändert und das gleiche Feld in SAP S/4HANA geändert wird, wird die Änderung im dezentralen SAP-EWM-System überschrieben. In einigen Fällen werden nicht alle Felder überschrieben; daher sollten Sie die Stammdatenreplikation während der Realisierung und Testphase gründlich testen.

Im SAP-S/4HANA-System wurde die Produktnummer auf 40 Stellen erweitert. Diese Anpassung ist sehr weitreichend, weil sie über alle Transaktionen, Schnittstellen und Programme homogen ausgespielt werden musste. Die Felder **Chargen-Nummer** und **HU-Nummer** wurden bisher noch nicht angepasst – auch wenn von vielen Kunden z. B. die Länge der Charge (zehn Stellen) als zu kurz empfunden wird.

4.3.1 Allgemeine Produktdaten

Die allgemeinen Informationen über das Produkt beinhalten Folgendes:

- Produktnummer (Feld **Produkt**)
- Produktbeschreibung (Feld **Produktbezeichn**)
- Organisationsinformationen (Felder **Lagernummer** und **VerfügBer.**)
- Basismengeneinheit (Feld **Basis-ME**)

Sie können die allgemeinen Daten in Abbildung 4.2 sehen. Diese allgemeinen Daten werden immer oben im Pflegebild des Produktstamms angezeigt; die individuellen Registerkarten werden unterhalb der allgemeinen Daten dargestellt.

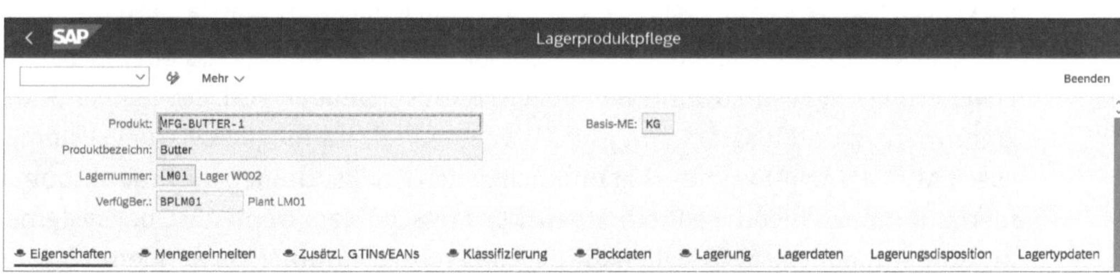

Abbildung 4.2 Die allgemeinen Daten des SAP-EWM-Produktstamms

Die Produktnummer (Feld **Produkt**) kann bis zu 40 Stellen lang sein und unterstützt daher die lange Materialnummer. Die Produktnummer ist der erste Eintrag in den Schlüssel aller relevanten Oberflächen; daher können Sie die Produktnummer nicht ändern.

Sie können nicht wie in der Vergangenheit in Transaktion /SCWM/MAT1 die globalen Daten anpassen. Um eine Anpassung vorzunehmen, müssen Sie die alten Materialstammtransaktionen verwenden (Transaktion MM02).

[»]

Unterschied zwischen globalen Daten und Lagerdaten des Produktstamms

Alle Registerkarten des Produktstamms mit einem Hut in der Beschreibung der Registerkarte werden als *globale Daten* bezeichnet – z. B. Daten, die sich nicht von Lager zu Lager unterscheiden. Diese Daten stammen meist aus SAP S/4HANA. Daten ohne einen Hut in der Beschreibung sind Lagerdaten, also Daten, die sich von Lager zu Lager unterscheiden.

4.3.2 Globale Eigenschaften des Produktstamms definieren

Auf der Registerkarte **Eigenschaften** des EWM-Produktstamms sind die globalen Eigenschaften des Produkts definiert. In Abbildung 4.3 sind alle Felder dargestellt, von denen wir die wichtigsten im Detail erläutern.

Die meisten Felder werden aus den SAP-S/4HANA-Tabellen übernommen; diese werden auch von andere SAP-Modulen verwendet. Die EWM-spezifischen Produktstammdaten finden sie auf den Registerkarten **Lagerdaten**, **Lagerungsdisposition** und **Lagertypdaten**.

Im Folgenden beschreiben wir die wichtigsten Felder genauer:

- **Feld »Externe Produktnummer«**
  Die externe Produktnummer wird im Quellsystem für das Produkt verwendet. Für den Fall, dass sich die EWM-Produktnummer von der SAP-S/4HANA-Materialnummer unterscheiden muss, wird die externe Produktnummer zusätzlich in SAP EWM gespeichert. Es gibt viele Gründe, warum sich die Produktnummern in Quell- und Zielsystem unterscheiden müssen, aber der häufigste ist, dass ein Präfix zur Erweiterung der Produktnummer über ein BAdI verwendet wird. Ein solches BAdI kommt z. B. zum Einsatz, wenn SAP EWM eine Vielzahl möglicher Quellsysteme (also SAP-S/4HANA-Systeme) hat und sich in den Quellsystemen die Produktnummern für unterschiedliche Produkte nicht unterscheiden (wenn die Quellsysteme für unterschiedliche Materialien die gleiche Produktnummer verwenden).

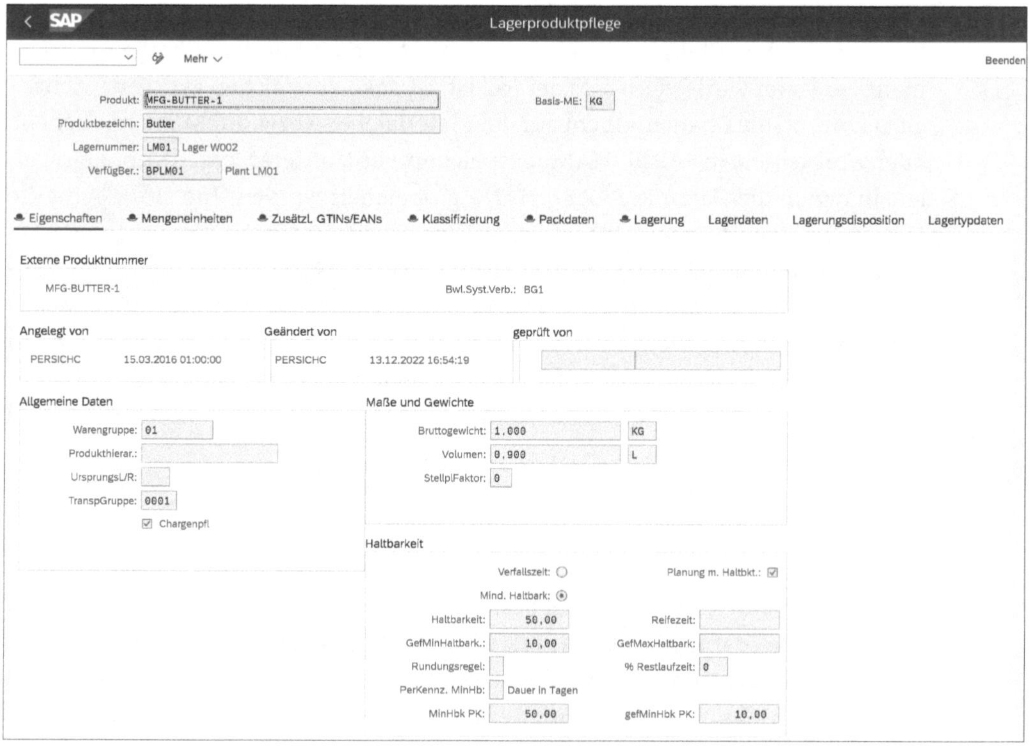

Abbildung 4.3 Allgemeine Eigenschaften des SAP-EWM-Produktstamms

- **Feld »Angelegt von«**
  Das Feld **Angelegt von** zeigt den Benutzernamen und das Datum sowie die Uhrzeit, zu der das Produkt erstellt wurde. Bei einem dezentralen SAP-EWM-System ist häufig der technische Systembenutzer als Benutzername in diesem Feld gepflegt, der für die Replikation der Daten von SAP S/4HANA hinterlegt wurde. Bei Embedded EWM handelt es sich dabei um den tatsächlichen Benutzer, der das Material anlegt.

- **Feld »Geändert von«**
  Das Feld **Geändert von** zeigt den Benutzernamen, der das Produkt zuletzt verändert hat, sowie Datum und Uhrzeit der Änderung. Dieses Feld wird aktualisiert, wenn der Benutzer den Produktstamm um die für die Lagerhaltung relevanten Ansichten erweitert hat sowie während jeder Veränderung des Produktstamms.

- **Ursprungsland (Feld UrsprungsL/R)**
  Das Feld **UrsprungsL/R** (im Bereich **Allgemeine Daten**) beinhaltet üblicherweise das Land, in dem das Produkt hergestellt wurde oder aus dem es ursprünglich stammt.

- **Chargenpflicht (Kennzeichen »Chargenpfl«)**
  Das Kennzeichen **Chargenpfl** zeigt an, ob ein Material mit dem Chargenmanagement verwaltet wird (wenn dies der Fall ist, ist das Kennzeichen aktiviert). Abhängig davon, ob die Chargenpflicht auf der Materialebene bzw. auf Mandantenebene oder Werksebene in SAP S/4HANA gespeichert wird, unterscheiden sich die Tabellen, in denen die Daten in SAP S/4HANA gespeichert werden: Tabelle MARA für die Materialsicht und Tabelle MARC für die Werkssicht. Beachten Sie, dass das SAP-EWM-System bei der Übergabe der Daten an SAP EWM nicht automatisch unterscheidet, wie es das Kennzeichen **Chargenpfl** ablegt. In der Vergangenheit hat das EWM-System nur Chargen unterstützt, die auf der Materialebene gepflegt worden sind. Zwar wurde das Produkt auf der Werksebene mit Chargenpflicht verteilt, aber der Prozess wurde nicht unterstützt. Mit SAP EWM 9.40 wurde diese funktionale Lücke geschlossen.
- **Bereich »Haltbarkeit«**
  Die Haltbarkeit ist die Zeitspanne, in der ein Produkt im Lager behalten oder genutzt werden kann, bis es unbrauchbar wird. Dieses Feld wird in SAP EWM genutzt, um das Haltbarkeitsablaufdatum, basierend auf dem Erstellungsdatum oder dem Wareneingangsdatum (wenn das Erstellungsdatum unbekannt ist), zu ermitteln. Wird die Haltbarkeit für ein Produkt verwendet, muss das Wareneingangsdatum beim Buchen des Wareneingangs gefüllt werden. Das Feld wird aus dem SAP-S/4HANA-System heraus in SAP EWM gefüllt und kann im Materialstamm in der Sicht **Allg. Werksdaten/Lagerung 1** im Feld **Gesamthaltbarkeit** verändert werden. Die Auswahl-Buttons im Bereich **Haltbarkeit** – die Radiobuttons **Haltbarkeitstermin, Mind. Haltbark.** oder **Planung mit Haltbkt.** – werden verwendet, um zu spezifizieren, ob das Produkt in SAP EWM über die Haltbarkeit oder über ein Verfallsdatum verwaltet wird. Das Feld leitet sich vom Feld MARA-SLED_BBD des SAP-S/4HANA-Systems ab.
- **Geforderte Mindesthaltbarkeit (Feld »gefMinHaltbark«)**
  Die geforderte Mindesthaltbarkeit spezifiziert die Anzahl von Tagen der Haltbarkeit, die noch übrig sein muss, damit das Produkt ausgeliefert werden kann. Sie wird entsprechend der Einstellung für die Mindesthaltbarkeitsdauer geprüft, die im SAP-EWM-Customizing über den Pfad **Extended Warehouse Management • Prozessübergreifende Einstellungen • Chargenverwaltung • Einstellung zur Lieferung vornehmen** konfiguriert werden kann. Der Wert leitet sich vom Feld **Mindestrestlaufzeit** der Ansicht **Allg. Werksdaten/Lagerung 1** des SAP-S/4HANA-Materialstamms ab.

Beim Wareneingang wird ein Toleranzcheck auf die Mindesthaltbarkeit durchgeführt, wenn die soeben spezifizierte Konfiguration im SAP-EWM-Customizing aktiviert und die Mindesthaltbarkeitsdauer im Produktstamm angegeben worden ist.

4.3.3 Mengeneinheiten des Produktstamms definieren

Es ist möglich, ein Material im Lager in unterschiedlichen Mengeneinheiten zu verwalten. Dies ist z. B. notwendig, wenn Ware in Paletten bestellt und eingelagert, jedoch in Kartons oder in Stück verkauft wird. Das Material wird dann in der Basismengeneinheit (z. B. in Stück) verwaltet und, falls notwendig, in der Bestellmengeneinheit (z. B. in Kartons) ausgelagert. Die Mengen werden aus der Auslieferung, die von SAP S/4HANA übertragen wird, in den Lagerauftrag und die Lageraufgabe übernommen.

Ebenso wie die Ansicht **Mengeneinheiten** des SAP-S/4HANA-Materialstamms definiert auch die Registerkarte **Mengeneinheiten** des SAP-EWM-Produktstamms die Umrechnung der Alternativmengeneinheiten in die Basismengeneinheiten. Es kann hilfreich sein, die Dimensionen und Kapazitäten der Alternativmengeneinheit zu definieren, wenn diese nicht einem Vielfachen der Basismengeneinheit entsprechen. In Abbildung 4.4 sehen Sie die unterschiedlichen Mengeneinheiten. Diese werden aus dem globalen Materialstamm gelesen.

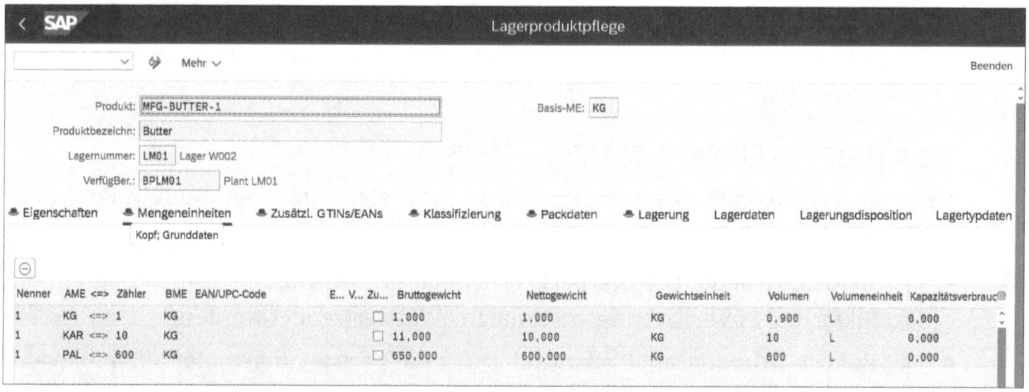

Abbildung 4.4 Mengeneinheiten im SAP-EWM-Produktstamm

Im Folgenden haben wir nochmals die wichtigsten Felder aufgeführt:

- **Alternativmengeneinheit (Feld »AME«)**
  Die Alternativmengeneinheit wird verwendet, um einen Geschäftsprozess zu optimieren. Beispiele für Alternativmengeneinheiten sind:
  - Bestellmengeneinheit
  - Verkaufsmengeneinheit
  - Ausgabemengeneinheit

  Meistens wird in den Bewegungsdaten die Alternativmengeneinheit verwendet, die dann in der Regel in die Basismengeneinheit umgewandelt wird.

- **Basismengeneinheit (Feld »BME«)**
  Die Basismengeneinheit ist die Mengeneinheit, in die umgewandelt wird, um Bestände und Finanzdaten korrekt abzulegen.
- **Feld »EAN/UPC-Code«**
  Die *internationale Artikelnummer* (EAN) oder der *universelle Produktcode* (UPC) können in Abhängigkeit der Mengeneinheit der Materialnummer abgelegt werden. Häufig sind EAN oder UPC (abhängig von der Menge) unterschiedlich, sodass das System die beiden Codearten unterscheiden kann, wenn der Barcode der EAN oder der UPC mittels Barcodescanner eingelesen wird. Mithilfe der Unterscheidung ist es möglich, die korrekten Mengen im System automatisch zu verbuchen.

4.3.4 Klassifizierung des Produktstamms definieren

Die Registerkarte **Klassifizierung** gibt an, ob dem Material Klassifizierungen zugeordnet wurden, die weitere Eigenschaften des Produkts beinhalten. Klassifizierungen werden verwendet, wenn das Material mit dem Chargenmanagement verwaltet wird – z. B., um das Mindesthaltbarkeitsdatum, kurz MHD, besser abzubilden oder dem jeweiligen Produkt weitere produktspezifische Daten zuordnen zu können.

4.3.5 Verpackungsdaten des Produktstamms definieren

Die Registerkarte **Packdaten** des Produktstamms stellt Informationen in Bezug auf die Verpackung des Produkts dar:

- Der Bereich **Grunddaten: Verpacken** beinhaltet Informationen in Bezug auf die Produkte, die als Verpackungsmaterial in EWM verwendet werden.
- Der Bereich **Grunddaten: Packmittel** ist für die Verpackungsmaterialien relevant. Unter bestimmten Umständen sind nur bestimmte Verpackungsmaterialien für bestimmte Produkte erlaubt, und die Daten auf den Produkten und den Verpackungsmaterialien helfen dabei, festzulegen, welches Verpackungsmaterial für welches Produkt relevant ist.
- Der Bereich **Kapazitäten** ist ebenfalls nur für Verpackungsmaterialien relevant und wird genutzt, um die Kapazitäten der Verpackungsmaterialien zu bestimmen. Es ist möglich, mit diesen Feldern zu definieren, wie viele einzelne Produkte in eine Einheit des Verpackungsmaterials verpackt werden können.

Jedes Verpackungsmaterial, das im Lager genutzt wird, ist zudem mit einer Produktnummer versehen. Weitere Informationen dazu erhalten Sie in Abschnitt 4.4, »Verpackungsmaterialien«. Der Bereich **Grunddaten: Verpacken** wird für normale Materialien verwendet. Im Gegensatz dazu werden die Bereiche **Grunddaten: Packmittel** und **Kapazitäten** für Verpackungsmaterialien genutzt.

Im Folgenden beschreiben wir einige wichtige Felder der Registerkarte **Packdaten**:

- **Feld »Verpackungsgruppe« (Bereich »Grunddaten: Verpacken«)**
  Das Feld **Verpackungsgruppe** wird genutzt, um Materialien zu gruppieren, die das gleiche Verpackungsmaterial benötigen. Flüssigkeiten können z. B. in Krüge oder in wasserdichte Container gepackt werden, während gewisse gefährliche Materialien in speziellen Containern gelagert werden müssen. Dieses Feld wird vom Feld **ERP Materialgruppe Packmittel** nach SAP EWM übertragen.

  Um die zugelassenen Verpackungsgruppen im SAP-EWM-Customizing zu konfigurieren, folgen Sie dem Pfad **SCM Extended Warehouse Management • Extended Warehouse Management • Prozessübergreifende Einstellungen • Handling Units • Grundlagen • Verpackungsgruppen für Produkte definieren**. Die Werte sollten mit den im SAP-S/4HANA-System für das Feld **Materialgruppe Packmittel** zugelassenen Werten übereinstimmen.
- **Feld »Packmittelart« (Bereich »Grunddaten: Packmittel«)**
  Das Feld **Packmittelart** kennzeichnet den Materialtyp des Verpackungsmaterials und wird zur Bestimmung der zugelassenen Verpackungsmaterialien genutzt – sowohl in SAP S/4HANA als auch in SAP EWM. Sie können die zugelassenen Werte im EWM-Customizing konfigurieren, indem Sie dem Pfad **SCM Extended Warehouse Management • Extended Warehouse Management • Prozessübergreifende Einstellungen • Handling Units • Grundlagen • Packmittelarten definieren** folgen. Die Werte sollten grundsätzlich mit den zugelassenen Werten des SAP-S/4HANA-Systems übereinstimmen.

  Um die erlaubten Packmittelarten für eine Verpackungsgruppe zu definieren, folgen Sie dem Pfad **SCM Extended Warehouse Management • Extended Warehouse Management • Prozessübergreifende Einstellungen • Handling Units • Grundlagen • Erlaubte Packmittelarten für Verpackungsgruppe pflegen**.
- **Feld »HU-Typ« (Bereich »Grunddaten: Packmittel«)**
  Das Feld **HU-Typ** legt die Handling-Unit-Typen fest, die verwendet werden, wenn das Produkt als Verpackungsmaterial zur Erstellung einer Handling Unit genutzt wird. Die zugelassenen Handling-Unit-Typen können im SAP-EWM-Customizing über den Pfad **SCM Extended Warehouse Management • Extended Warehouse Management • Prozessübergreifende Einstellungen • Handling Units • Grundlagen • HU-Typen definieren** spezifiziert werden.

4.3.6 Lagerungsdaten des Produktstamms definieren

Die Registerkarte **Lagerung** des Produktstamms stellt Informationen dazu zur Verfügung, wie das Produkt gelagert werden sollte. Die hier gepflegten Daten werden in den Prozessen unterschiedlich verwendet. Auch diese Registerkarte ist, wie in Abbildung 4.5 dargestellt, in drei Bereiche unterteilt, die wir im Folgenden erläutern.

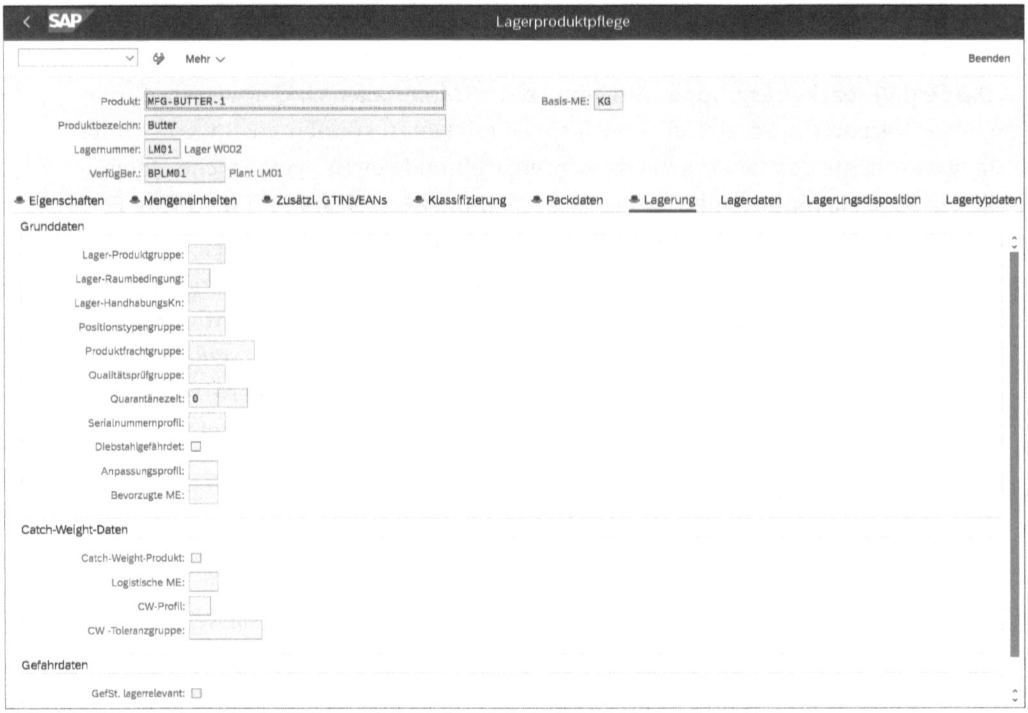

Abbildung 4.5 Lagerungssicht des SAP-EWM-Produktstamms

Der Bereich **Grunddaten** enthält Informationen über den Zustand des Produkts und die damit verbundene Lagerung. So ist es z. B. möglich, anhand des Feldes **Lager-Produktgruppe** zu definieren, ob es sich um ein Klein- oder ein Großteil handelt. Zudem kann auch in diesem Bereich definiert werden, welches **Serialnummernprofil** für das Material verwendet werden soll.

Im Bereich **Catch-Weight-Daten** ist es möglich, die Catch-Weight-Funktion freizuschalten und somit Ware in ungenauen Mengen zu verwalten. Die Catch-Weight-Funktion wird vor allem in der Lebensmittelindustrie verwendet und benötigt, da es dort notwendig ist, Materialien nicht nur in Stück, sondern auch in den jeweiligen Gewichten zu verwalten. So hat jedes Exemplar (z. B. eine Schweinehälfte oder ein Stück Parmesankäse) ein unterschiedliches Gewicht. Mit dem Catch Weight Management in SAP EWM wird der Bestand des Materials in zwei Mengeneinheiten geführt und das Gewicht jedes Exemplars mitgeführt. Im Bereich **Gefahrdaten** können Sie definieren, ob das Material als Gefahrstoff (**GefSt. lagerrelevant**) ausgewiesen werden soll.

4.3.7 Lagerdaten des Produktstamms definieren

Die Registerkarte **Lagerdaten** beinhaltet prozessspezifische Informationen und ist in vier Bereiche unterteilt (siehe Abbildung 4.6 und Abbildung 4.7). Auch können Sie die Daten auf dieser Registerkarte anpassen (abweichend von den bereits vorgestellten Registerkarten). Im Bereich **Allgemeine Daten** werden zum Teil prozessübergreifende Parameter gepflegt, aber auch Parameter, die z. B. nur für die Inventur herangezogen werden. Das Kennzeichen **Chargenpflichtiges Lagerprodukt** kennzeichnet diese neuen Materialien und Eigenschaften. Mit den Parametern im Bereich **Einlagerung** werden die Einlagerungsprozesse beeinflusst. Um die Auslagerungsprozesse zu steuern, müssen Sie die Parameter im Bereich **Auslagerung** pflegen.

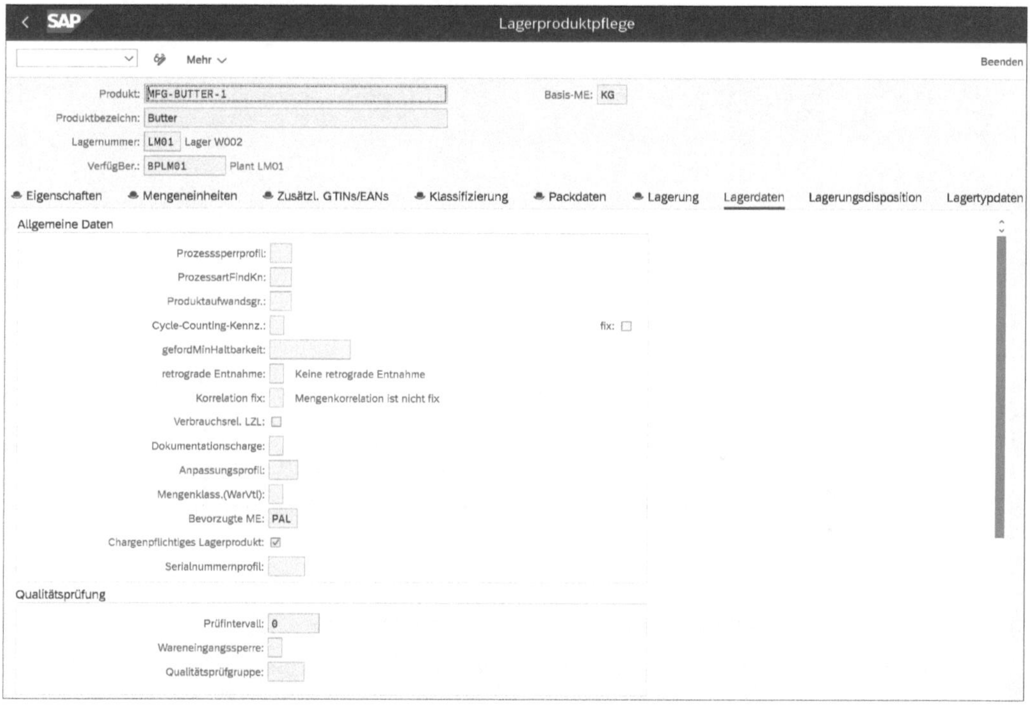

Abbildung 4.6 Lagerdaten des Produktstamms

Im Folgenden beschreiben wir einige Parameter der Registerkarte **Lagerdaten** und zeigen Ihnen zudem, wie Sie die Parameter über zusätzliche Konfigurationen erweitern können oder welche Konfiguration Sie vorab erstellen müssen, damit Sie die Werte aus dem Produktstamm auswählen können. Für SAP EWM ist vor allem diese Registerkarte entscheidend. Nachdem das Material in SAP S/4HANA erstellt oder beim dezentralen Szenario aus dem SAP-S/4HANA-System repliziert worden ist, muss die Lageransicht manuell oder automatisiert erstellt werden, um das Produkt in SAP EWM nutzen zu können.

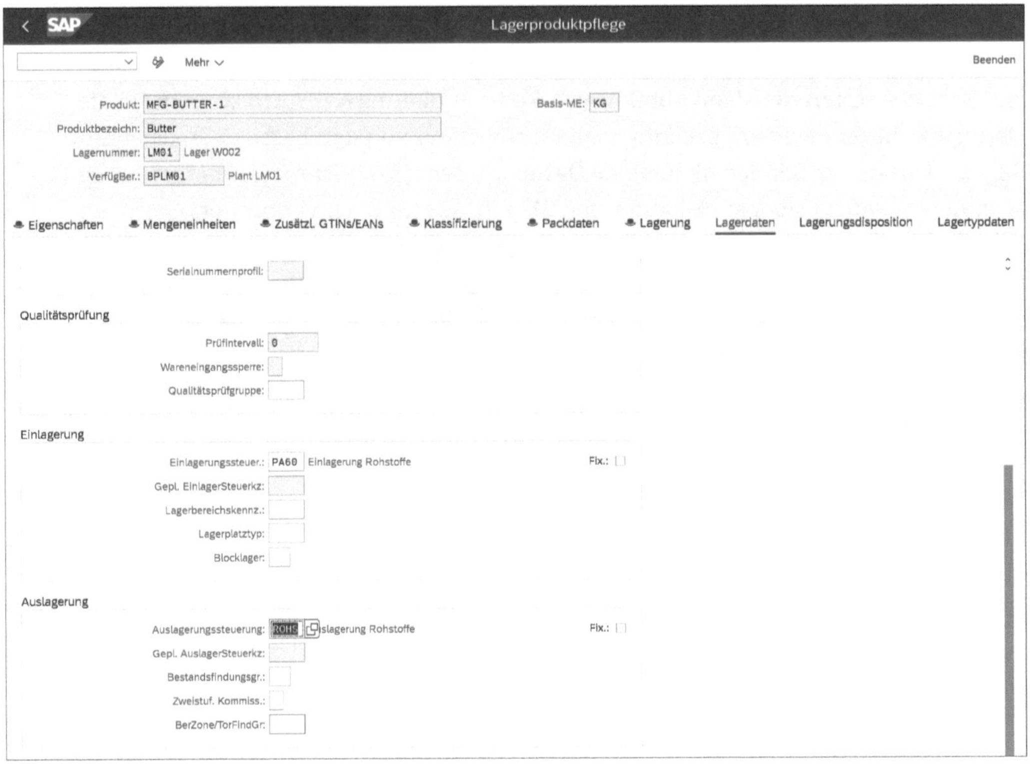

Abbildung 4.7 Weitere Lagerdaten des Produktstamms

Sie erkennen anhand des Kennzeichens **Fix.** in Abbildung 4.7, welche Felder durch die Lagerdisposition ersetzt werden, da die Lagerdisposition das betreffende Feld nicht verändert, wenn dieses Kennzeichen gesetzt wird.

Feld »ProzessartFindKn« (Bereich »Allgemeine Daten«)

Das *Prozessartfindungskennzeichen* wird verwendet, um verschiedenen Lageraktivitäten die relevante Lagerprozessart zuzuordnen. Die Lagerprozessart wird in vielen Tabellen in SAP EWM als Schlüssel verwendet und beeinflusst deshalb viele Lagerprozesse durch verschiedene bewegungsspezifische Parameter. So können Sie bestimmen, ob ein Lagerauftrag automatisch beim Erstellen quittiert wird oder ob der Bestand beim Quittieren einer Einlager-Lageraufgabe u. a. automatisch die Bestandsart wechselt. Weitere Steuerungsparameter der Lagerprozessart finden Sie über das SAP-EWM-Customizing. So können Sie die Lagerprozessart über den Pfad **SCM Extended Warehouse Management • Extended Warehouse Management • Prozessübergreifende Einstellungen • Lageraufgabe • Lagerprozessart definieren** einsehen und verändern.

Um die Findung der Lagerprozessart zu beeinflussen, können Sie spezielle (Lager-) Prozessartfindungskennzeichen pflegen. Zuerst müssen Sie jedoch die Werte für die Kennzeichen pflegen. Diese können Sie zunächst im SAP-EWM-Customizing erstellen, indem Sie dem Pfad **SCM Extended Warehouse Management • Extended Warehouse Management • Prozessübergreifende Einstellungen • Lageraufgabe • Steuerungskennzeichen für Lagerprozessartfindung definieren** folgen. Nach dem Erstellen der Kennzeichen können Sie diese den Materialien zuordnen. Um endgültig die Lagerprozessart anhand des Steuerungskennzeichens für die Prozessartfindung zu bestimmen, können Sie die Findung im SAP-EWM-Customizing festlegen. Folgen Sie dazu dem Pfad **SCM Extended Warehouse Management • Extended Warehouse Management • Prozessübergreifende Einstellungen • Lageraufgabe • Lagerprozessart finden**.

Feld »Cycle-Counting-Kennz.« (Bereich »Allgemeine Daten«)

Das *Cycle-Counting-Kennzeichen* (häufig auch ABC-Indikator genannt) wird verwendet, um die Frequenz des Cycle-Counting-Inventurverfahrens eines Produkts im Lager festzulegen. Um mögliche Eingaben für das Cycle-Counting-Kennzeichen im EWM-Customizing zu erstellen, folgen Sie dem Pfad **SCM Extended Warehouse Management • Extended Warehouse Management • Lagerinterne Prozesse • Inventur • Lagernummerspezifische Einstellungen • Cycle-Counting einstellen**. In der gleichen Tabelle spezifizieren Sie den Abstand zwischen den Cycle-Counting-Zählzyklen und die Pufferzeit beim Cycle Counting (beide Eingaben werden in Werktagen gepflegt).

Das Kennzeichen **Fix.** zeigt an, dass das Cycle-Counting-Kennzeichen nicht überschrieben werden darf und nicht automatisch mittels der Lagerungsdispositionen geändert werden sollte. Ist das Kennzeichen **Fix.** nicht aktiviert, kann das Cycle-Counting-Kennzeichen während der Lagerungsdisposition berechnet und überschrieben werden.

Feld »EinlagerSteuerkz.« (Bereich »Einlagerung«)

Das *Einlagerungssteuerungskennzeichen* wird verwendet, um zu spezifizieren, wie das Produkt im Lager eingelagert werden soll. Insbesondere wird es genutzt, um die Lagertypsuchreihenfolge während der Lagertypbestimmung innerhalb der Einlagerungsstrategie (siehe Kapitel 8, »Wareneingangsprozess«) zu bestimmen. Um mögliche Einträge für das Einlagerungssteuerkennzeichen im EWM-Customizing zu erstellen, folgen Sie dem Pfad **SCM Extended Warehouse Management • Extended Warehouse Management • Wareneingangsprozess • Strategien • Lagertypfindung • Einlagerungssteuerkennzeichen definieren**.

Das bedeutet mit anderen Worten, dass bei der Lagertypsuchreihenfolge mehrere Lagertypen zugeordnet werden, in die das Material eingelagert werden soll. Durch das Einlagerungssteuerkennzeichen ist es dann möglich, die Suchreihenfolge mit den zugeordneten Lagertypen zu bestimmen und so den Lagertyp festzulegen, in den das Material eingelagert werden soll.

Um das Einlagerungssteuerkennzeichen zur Bestimmung der Lagertypsuchreihenfolge im EWM-Customizing zu verwenden, folgen Sie dem Pfad **SCM Extended Warehouse Management • Extended Warehouse Management • Wareneingangsprozess • Strategien • Lagertypfindung • Lagertypsuchreihenfolge für Einlagerung definieren**.

Das Kennzeichen **Fix.** rechts neben dem Einlagerungssteuerkennzeichen zeigt an, ob das Einlagerungssteuerkennzeichen automatisch durch die Lagerungsdisposition überschrieben werden darf. Im nachfolgenden Abschnitt 4.3.8, »Lagerungsdispositionsdaten definieren«, gehen wir noch gezielter auf die Lagerungsdisposition ein.

Feld »Gepl. EinlagerSteuerkz« (Bereich »Einlagerung«)

Das Feld **Gepl. EinlagerSteuerkz** (Geplantes Einlagerungssteuerkennzeichen) wird während der Lagerungsdisposition gefüllt, wenn die Ergebnisse der Lagerungsdisposition für das Einlagerungssteuerkennzeichen übernommen werden.

Wird die Lagerungsdisposition aktiviert, wird das geplante Einlagerungssteuerkennzeichen in das (aktive) Einlagerungssteuerkennzeichen-Feld übertragen, und das geplante Feld wird gelöscht/geleert, falls das Kennzeichen **Fix.** nicht gesetzt ist.

Feld »Lagerbereichskennz.« (Bereich »Einlagerung«)

Das *Lagerbereichskennzeichen* wird genutzt, um die relevanten Lagerbereiche für die Einlagerung während der Ermittlung/Festlegung des Einlagerungsortes zu bestimmen. Um mögliche Eingaben für das Lagerbereichskennzeichen im EWM-Customizing zu erstellen, folgen Sie dem Pfad **SCM Extended Warehouse Management • Extended Warehouse Management • Wareneingangsprozess • Strategien • Lagerbereichsfindung • Lagerbereichskennzeichen anlegen**. Um zu prüfen, wie das Lagerbereichskennzeichen während der Bestimmung des Einlagerungsortes im EWM-Customizing genutzt wird, folgen Sie dem Pfad **SCM Extended Warehouse Management • Extended Warehouse Management • Wareneingangsprozess • Strategien • Lagerbereichsfindung • Lagerbereichssuchreihenfolge pflegen**.

[»]

Priorisierung des Lagerbereichskennzeichens auf Basis der Lagerdaten und Lagertypsichten

Das Lagerbereichskennzeichen finden Sie sowohl auf der Registerkarte **Lagerdaten** als auch auf der Registerkarte **Lagertypdaten** des Produktstamms. Wird auf der Registerkarte **Lagertypdaten** für den relevanten Lagertyp ein Lagerbereichskennzeichen gepflegt und gefunden, wird dieses bei der Lagerortbestimmung genutzt. Wird kein

Lagerbereichskennzeichen gefunden, wird das Kennzeichen der Registerkarte **Lagerdaten** verwendet. Ebenso beeinflusst das während der Lagerungsdisposition festgelegte Lagerbereichskennzeichen nur die Registerkarte **Lagertypdaten** und nicht die Registerkarte **Lagerdaten**. (Daher können Sie ein vorgegebenes Lagerbereichskennzeichen auf der Registerkarte **Lagerdaten** manuell verändern, ohne die Ergebnisse, die während der Lagerungsdisposition bestimmt werden, zu beeinflussen).

Feld »Lagerplatztyp« (Bereich »Einlagerung«)

Das *Lagerplatztypkennzeichen* wird verwendet, um den relevanten Lagerplatztyp für eine Einlagerung während der Bestimmung des Lagerplatzes festzulegen. Der Lagerplatztyp spezifiziert den Lagerplatz und seine physischen Gegebenheiten. Es ist möglich festzulegen, in welche Lagerplatztypen das Material eingelagert werden darf. Um mögliche Einträge für die Lagerplatztypen im SAP-EWM-Customizing zu erstellen, folgen Sie dem Pfad **SCM Extended Warehouse Management • Extended Warehouse Management • Wareneingangsprozess • Strategien • Lagerplatzfindung • Lagerplatztypen definieren**.

Wird kein Lagerplatz gefunden, wird nach einem alternativen Lagerplatz gesucht – dazu wird der gepflegte Lagerplatztyp mit den gepflegten alternativen Lagerplatztypen verglichen. Um zu prüfen, wie der Lagerplatztyp während der Bestimmung des direkten und des alternativen Lagerortes im SAP-EWM-Customizing genutzt wird, folgen Sie dem Pfad **SCM Extended Warehouse Management • Extended Warehouse Management • Wareneingangsprozess • Strategien • Lagerplatzfindung • Alternative Lagerplatztypfolge**.

[«]

Priorisierung des Lagerplatztypkennzeichens auf Basis der Lagerdaten und Lagertypsichten

Die Kommentare bezüglich des Lagerbereichskennzeichens gelten auch für das Kennzeichen **Lagerplatztyp**. So würden während der Einlagerungsstrategie, falls keine alternative Lagerplatztypsuchreihenfolge gepflegt ist, nur Lagerplätze gefunden, die dem genauen Lagerplatztyp aus dem Produktstamm entsprechen.

Feld »AuslagerSteuerkz.« (Bereich »Auslagerung«)

Das *Auslagerungssteuerkennzeichen* wird genutzt, um zu spezifizieren, wie das betreffende Produkt im Lager kommissioniert und ausgelagert werden soll. Speziell wird es genutzt, um das Kennzeichen **Lagertypsuchreihenfolge** während der Lagertypbestimmung innerhalb der Auslagerungsstrategie (siehe Kapitel 9, »Warenausgangsprozess«) zu bestimmen. Um mögliche Werte für das Auslagerungssteuerkennzeichen innerhalb des EWM-Customizings zu erstellen, folgen Sie dem Pfad **SCM Extended Warehouse Management • Extended Warehouse Management • Warenausgangsprozess • Strategien • Auslagerungssteuer-kennzeichen definieren**. Ebenso wie das Einlagerungssteuerkennzeichen beeinflusst auch das Auslagerungssteuerkennzeichen die Lagertypsuchreihenfolge. Die Konfiguration für die Lagertypsuchreihenfolge entnehmen Sie der Beschreibung des Einlagerungssteuerkennzeichens.

Das Kennzeichen **Fix.** rechts neben dem Auslagerungssteuerkennzeichen zeigt an, ob das Auslagerungssteuerkennzeichen automatisch durch die Lagerungsdisposition überschrieben werden darf. Ist das Kennzeichen nicht markiert, kann das Auslagerungssteuerkennzeichen während der Aktivierung der Lagerungsdisposition überschrieben werden.

Feld »Gepl. AuslagerSteuerkz« (Bereich »Auslagerung«)

Das Feld **Gepl. AuslagerSteuerKz** (Geplantes Auslagerungssteuerkennzeichen) wird während der Lagerungsdisposition gefüllt, wenn die Ergebnisse der Lagerungsdisposition für das Auslagerungssteuerkennzeichen übernommen werden. Im nachfolgenden Abschnitt 4.3.8, »Lagerungsdispositionsdaten definieren«, gehen wir noch gezielter auf die Lagerungsdisposition ein.

Wird die Lagerungsdisposition aktiviert, wird das geplante Auslagerungssteuerkennzeichen in das Feld **AuslagerSteuerkz.** übertragen, und das geplante Feld wird gelöscht/geleert.

4.3.8 Lagerungsdispositionsdaten definieren

Die *Lagerungsdisposition* wird verwendet, um eine Reorganisation im Lager anzustoßen. Der Zweck dieser Reorganisation ist die Optimierung des Lagers. Die Lagerungsdisposition (auch *Slotting* genannt) ermittelt anhand vorhandener Daten (wie z. B. durch Auswertung der quittierten Lageraufgaben), ob ein Material auf seinem Platz optimal gelagert wird. Ist dies nicht der Fall, werden viele Felder in den verschiedenen Ansichten des Produktstamms direkt oder über Planfelder überschrieben. Auch ist es möglich, interne Lagerbewegungen direkt beim Ausführen der Lagerungsdisposition im Hintergrund zu erstellen, damit das Lager auch gleich physisch optimiert werden kann. Die für die Lagerungsdisposition erforderlichen Daten werden auf der Registerkarte **Lagerungsdisposition** des Produktstamms gepflegt (siehe Abbildung 4.8).

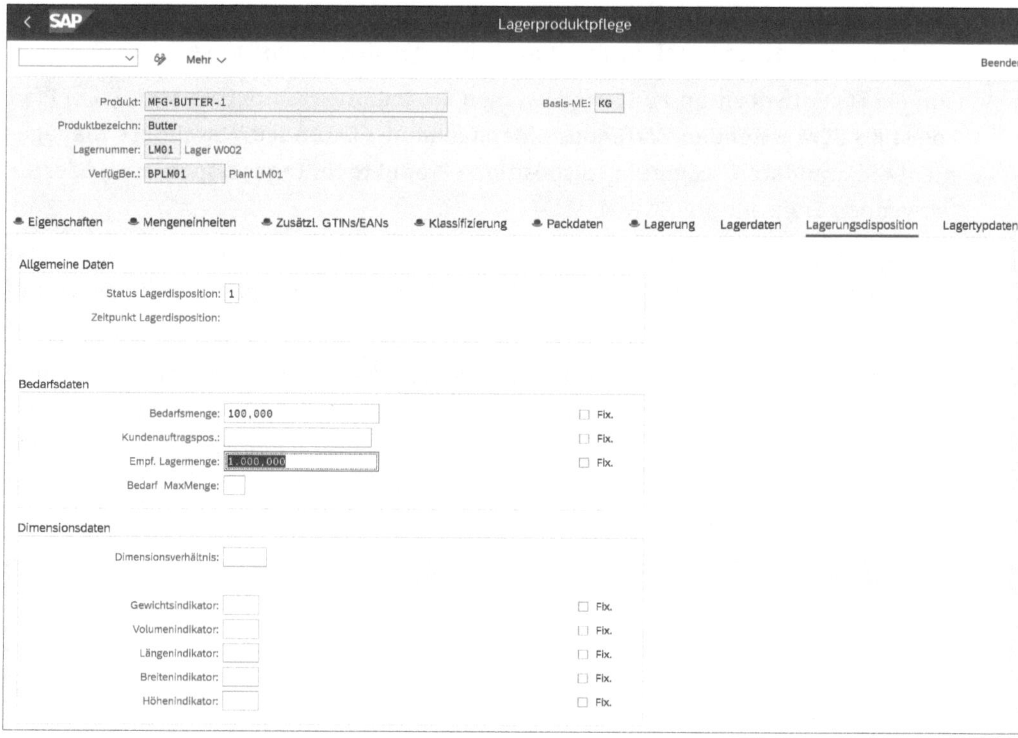

Abbildung 4.8 Lagerungsdisposition des Produktstamms

Um einen optimalen und effizienten Nachschub sicherzustellen, empfiehlt es sich, die Lagerungsdisposition zu nutzen. Die Lagerungsdisposition wird verwendet, um die Stammdaten zu optimieren. Das heißt, dass einige Parameter im Materialstamm angepasst werden können, die die Prozesse in EWM steuern. Überall, wo es sich um Planparameter handelt, greift die Lagerungsdisposition ein. Dies sehen Sie anhand der Beschriftung der Parameter. In Abbildung 4.10 sehen Sie einige Parameter, die als Planparameter gekennzeichnet und daher nicht editierbar sind. Hier aufzuführen sind u. a. die Mengen für den Nachschub. Die Nachschubmengen (Mindestnachschubmenge, Minimalmenge oder Maximalmenge) können zwar manuell gepflegt werden, was aber sehr aufwendig sein kann, wenn Sie mit vielen Materialien arbeiten. Auch können Sie die Mengen über die Massenpflege anpassen. Diese Funktion wird im Lagerverwaltungsmonitor bereitgestellt, den Sie im SAP-Easy-Access-Menü über den Pfad **Logistik • SCM Extended Warehouse Management • Extended Warehouse Management • Stammdaten • Monitoring • Lagerverwaltungsmonitor** oder über Transaktion /SCWM/MON aufrufen können. Die Mengenanpassung ist zwar über die Massenpflege möglich, aber führt gegebenenfalls nicht direkt zu einer Effizienzsteigerung. Sie können nur einen Wert eingeben, der für alle markierten Materialien gleichmäßig aktualisiert wird. Um die Mengen genau zu bestimmen und eine Effizienzsteigerung sicherzustellen, greift hier die Lagerungsdisposition ein.

Um die Lagerdisposition zu starten, wählen Sie im SAP-Easy-Access-Menü den Pfad **Logistik • SCM Extended Warehouse Management • Extended Warehouse Management • Stammdaten • Lagerungsdisposition • Produkte für Lager disponieren**, oder Sie verwenden Transaktion /SCWM/SLOT.

Das Ergebnis der Kalkulation wird immer in den Planparameter geschrieben. Erst nach dem Aktivieren der Planung werden die Werte in die Istparameter überschrieben.

Transaktion /SCWM/SLOT bietet die Möglichkeit, die Kalkulation Schritt für Schritt durchzuführen, und sie anhand der Sichten des Anwendungslogs sortiert nachzuvollziehen. Sie können die Planung im Hintergrund als Job einplanen und später separat aktivieren. Wird die Transaktion im Vordergrund ausgeführt, können Sie die Kalkulation in einem Cockpit sehr genau evaluieren (siehe Abbildung 4.9).

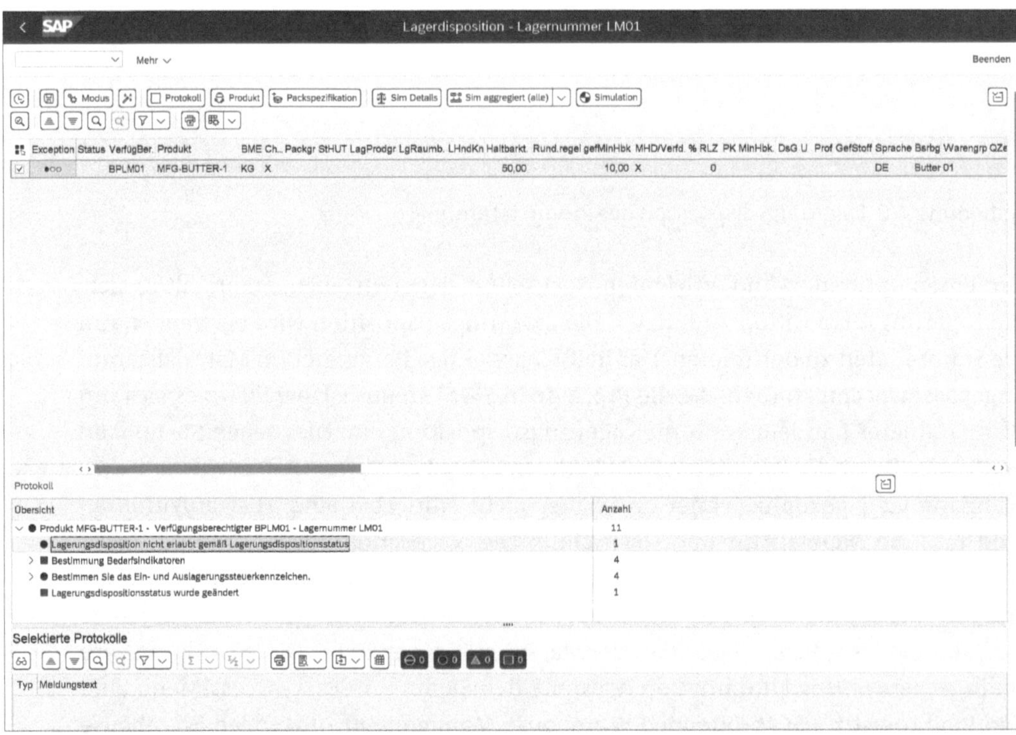

Abbildung 4.9 Lagerungsdispositionscockpit

Ebenso können Sie Materialien von der Lagerungsdisposition via Materialstamm ausschließen, um zu verhindern, dass Daten ungewollt überschrieben werden (siehe Abbildung 4.8 im Feld **Status Lagerdisposition**).

Die Lagerungsdisposition passt im Materialstamm im ersten Schritt nur die Planwerte an; diese müssen dann in die Istwerte überführt werden, indem Sie die Aktivierung in Transaktion /SCWM/SLOT durchführen.

In der Lagerungsdisposition versteht man unter der Aktion **Aktivieren**, dass die Werte von den Planparametern in die aktuellen Parameter geschrieben werden. Das Aktivieren der Lagerungsdisposition können Sie auch separat durchführen. Um die Lagerdisposition zu aktivieren, wählen Sie im SAP-Easy-Access-Menü den Pfad **Logistik • SCM Extended Warehouse Management • Extended Warehouse Management • Stammdaten • Lagerungsdisposition • Planwerte aktivieren**, oder Sie verwenden Transaktion /SCWM/SLOTACT.

Möchten Sie einzelne Parameter im Produktstamm für die Lagerungsdisposition ausschließen, können Sie dies in den Produktstamm hinterlegen. Hierzu setzen Sie die Check-Box **fix.** für den jeweiligen Parameter. Dieser Parameter bleibt dann von der Lagerungsdisposition »verschont«.

Transaktion /SCWM/SLOT ist sehr mächtig und bietet viele Optionen, um den Materialstamm zu aktualisieren und zu verbessern, vor allem wenn es sich um zu kalkulierende Werte handelt. Hierzu gehören u. a. die Nachschubmengen und die Einlager- und Auslagerkennzeichen.

[+]

Projekterfahrung zur Lagerungsdisposition

Die Projekterfahrung zeigt, dass die Kalkulation der Werte auf Basis der Kundenanforderungen nur bedingt mit den bestehenden Standard-Konfigurationsmöglichkeiten zu lösen ist. Es empfiehlt sich, die im Umfeld zur Verfügung stehenden BAdIs zu implementieren. Alle vorhandenen BAdIs im Umfeld der Lagerungsdisposition finden Sie im Erweiterungsspot `/SCWM/ES_SLOT_DET`.

Um z. B. die Nachschubmengen durch die Lagerungsdisposition im Standard zu berechnen, ist es notwendig (abhängig vom zu berechnenden Parameter), die Packspezifikation zu pflegen bzw. einzuführen. Da es aufwendig ist, diese Stammdaten zu erstellen und effizient zu pflegen, empfehlen wir, diese Bedienung und Prüfungen innerhalb des Projekts im SAP-Coding auszukommentieren.

4.3.9 Lagertypdaten des Produktstamms definieren

Im Produktstamm können unterschiedliche Lagertypsichten erstellt werden. Dies ermöglicht die differenzierte Verwaltung von Produkten abhängig vom jeweiligen Lagertyp. Wie in Abbildung 4.10 dargestellt, können Sie im rechten Bereich, nachdem Sie den Button **Anlegen** angeklickt haben, eine Lagertypsicht erstellen.

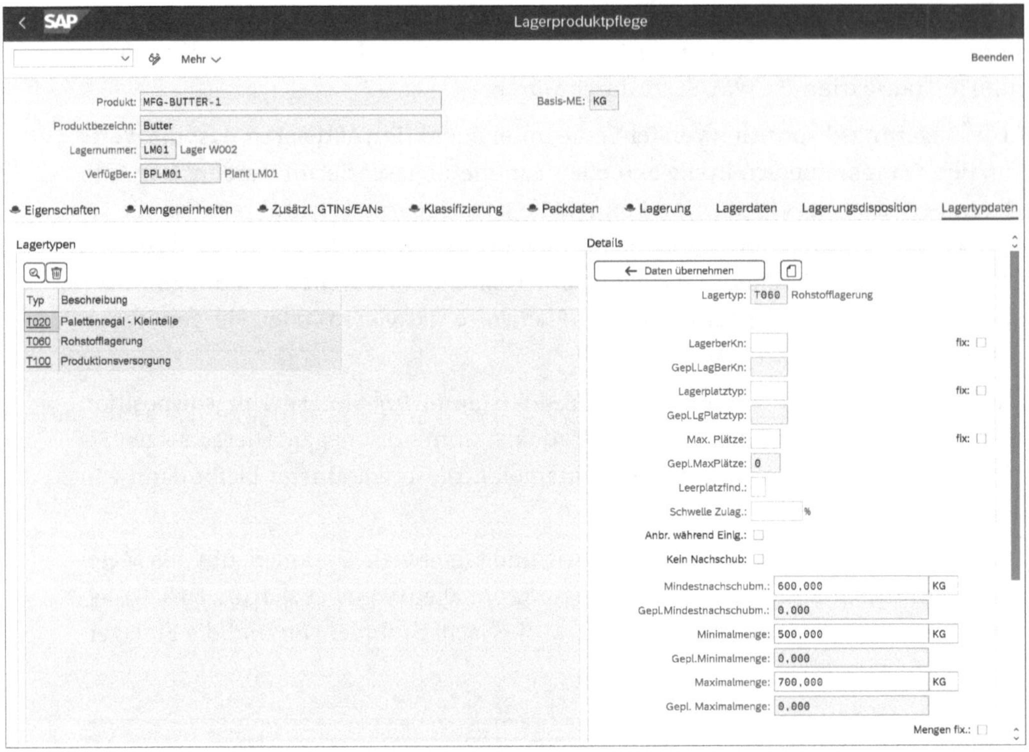

Abbildung 4.10 Lagertypspezifische Daten des SAP-EWM-Produktstamms

Sie können den Lagertyp mit seinen speziellen Parametern ausprägen und die Daten mithilfe des Buttons **Daten übernehmen** speichern. Im linken Bereich können Sie dann zwischen den unterschiedlichen Lagertypsichten und den darin enthaltenen Parametern navigieren.

Notwendig sind die Lagertypsichten z. B., um in Abhängigkeit des Lagertyps dem Produkt unterschiedlich viele Lagerplätze zur Verfügung zu stellen. Hier bietet es sich an, den Parameter **Max. Plätze** zu verwenden, um einem Lagertyp, von dem die Ware kommissioniert wird, z. B. maximal drei Lagerplätze bereitzustellen. Die Lagertypsichtparameter werden dann u. a. bei der Einlagerung durch die Einlagerungsstrategie berücksichtigt. Sind also in unserem Fall alle drei Lagerplätze besetzt, wird der Lagertyp nicht für die Einlagerung verwendet. Stattdessen wird das Produkt in einen Reserve-Lagertyp (wenn dieser in der Einlagertyp-Suchreihenfolge gepflegt wurde), für den es diese Einschränkung nicht gibt, eingelagert. Sie können die Lagerprozesse auch mit anderen Parametern in dieser Sicht beeinflussen.

4.3.10 Massenänderungen im Materialstamm

Der Lagermonitor bietet Ihnen die Funktion der Materialstamm-Massenänderungen an. In der Vergangenheit mussten viele Kunden Transaktion MASSD verwenden, die zunächst im Projekt aufwendig freizuschalten war. Teilweise musste auch Entwicklungsaufwand investiert werden, um die Änderungen abzusichern und nicht gewollte Anpassungen zu verhindern. Den Lagermonitor erklären wir im Detail in Kapitel 15, »Monitoring und Reporting«. An dieser Stelle möchten wir explizit auf die Stammdatenfunktion aufmerksam machen, da diese bei jedem SAP-EWM-Kunden eine entscheidende Rolle spielt.

Sie haben die Möglichkeit, sich alle Materialstammdaten im Lagermonitor anzeigen zu lassen. Dies gilt für die globalen Produktstammdaten, aber auch für die Lagernummer- sowie die lagertypspezifischen Daten.

In Abbildung 4.11 sehen Sie die Funktion im Lagermonitor. Sie können Massenänderungen für die globalen Daten, aber auch für die Lagertyp-Attribute vornehmen. Es ist festzuhalten, dass nicht alle Parameter angepasst werden können. Im SAP-Standard sind nur die Parameter änderbar, die von SAP freigegeben wurden. Weitere Informationen dazu finden Sie in SAP-Hinweis 2233631.

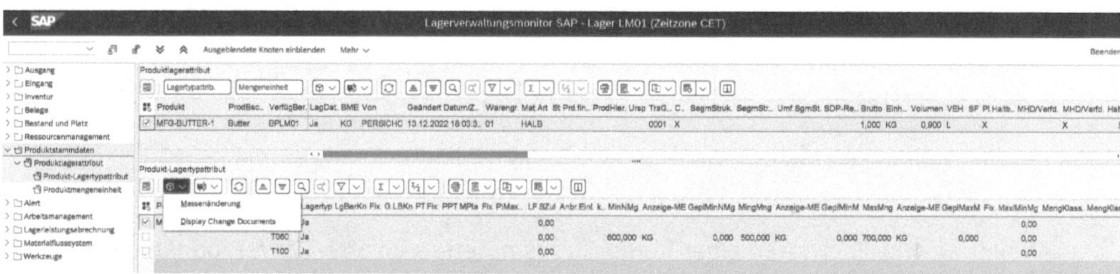

Abbildung 4.11 Massenänderung des Produktstamms

4.4 Verpackungsmaterialien

Verpackungsmaterialien sind Materialien, die genutzt werden, um Produkte im Lager sicher und gruppiert aufbewahren zu können, damit der Transport der Produkte besser und schneller erfolgen kann. *Hilfsverpackungsmaterialien* sind Materialien, die für gewöhnlich während der Vorbereitung für den Transport hinzugefügt werden, um die Materialien während des Transports zu schützen (z. B. um ein Rutschen oder andere Bewegungen der Ladung zu vermeiden). In EWM werden die Verpackungsmaterialien als Produkte mit spezifischen Eigenschaften erstellt. Sichergestellt wird eine unterschiedliche Verwendung der Materialien durch das Erstellen eines Verpackungsmaterials als Material eines entsprechenden Materialtyps (entsprechend dem Standardverpackungsmaterialtyp VERP).

Zusätzlich dazu werden bestimmte Eigenschaften/Felder im SAP-S/4HANA-Materialstamm gepflegt oder aus dem SAP-S/4HANA-System übertragen (siehe Abbildung 4.12).

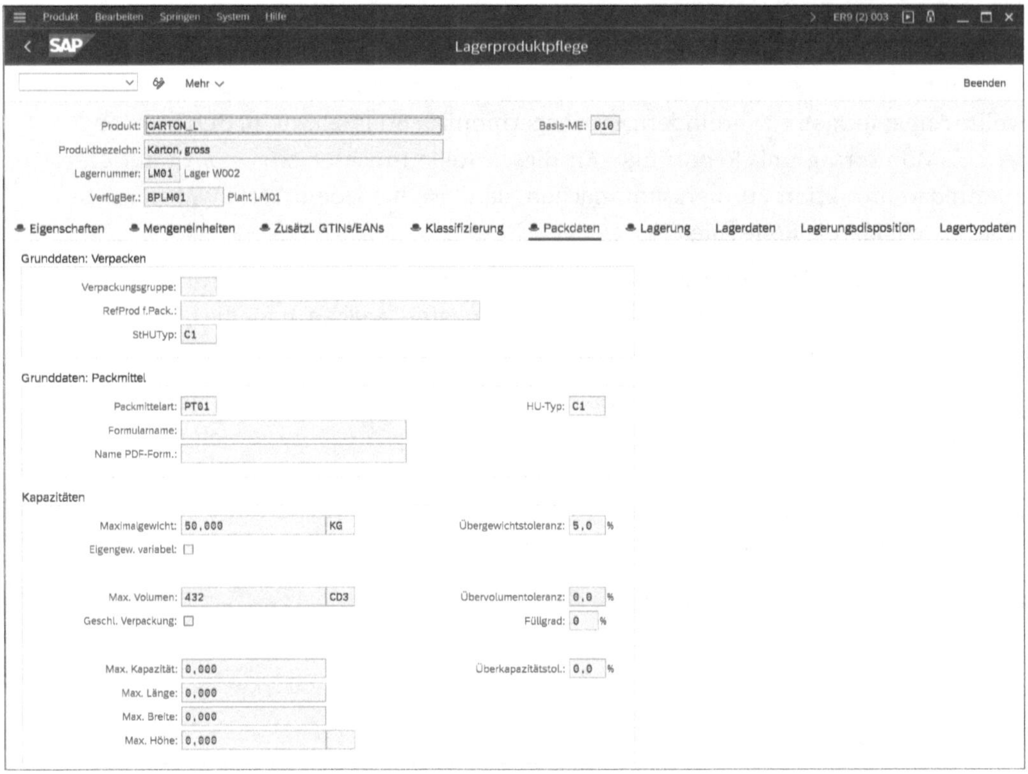

Abbildung 4.12 Packdaten eines Verpackungsmaterials im SAP-EWM-Produktstamm

Im Bereich **Grunddaten: Packmittel** können Sie die allgemeinen Eigenschaften des Packmittels spezifizieren. Mithilfe des Bereichs **Kapazitäten** können Sie die Größe sowie die maximale Auslastung der Verpackungsmaterialien bestimmen.

4.5 Geschäftspartner

Geschäftspartner sind Einheiten in einem SAP-System, mit denen Sie Geschäftsoperationen besser abbilden können und die daher für verschiedene Geschäftsprozesse wichtig sind. Es handelt sich dabei um Einheiten, die z. B. den Dokumenten (wie Anlieferungen oder Auslieferungen) zugeordnet werden. Jede dieser Geschäftseinheiten muss in Embedded EWM oder im dezentralen SAP-EWM-System vorhanden sein, um sicherzustellen, dass die Prozesse korrekt ausgeführt werden können. Geschäftspartner können sein:

- Kunden
- Lieferanten
- Fremdspedition
- Transportunternehmer
- Spediteure
- Werke

Ein Geschäftspartner muss verschiedene Geschäftspartnerrollen haben und mit unterschiedlichen Daten ausgeprägt werden. Erst die verschiedenen Rollen verleihen dem Geschäftspartner seine spezielle Ausprägung. Um die Geschäftspartnerdaten für einen Geschäftspartner im SAP-Easy-Access-Menü zu erreichen, folgen Sie dem Pfad **Logistik • SCM Extended Warehouse Management • Extended Warehouse Management • Stammdaten • Geschäftspartner pflegen**, oder Sie nutzen den Transaktionscode BP.

Jeder der Geschäftspartner kann als Person, Organisation oder Gruppe klassifiziert werden. Wenn Sie einen Geschäftspartner von Grund auf neu anlegen, müssen Sie aus diesen Optionen wählen, indem Sie den passenden Button zum Erstellen anklicken. Abbildung 4.13 zeigt die Geschäftspartnertransaktion.

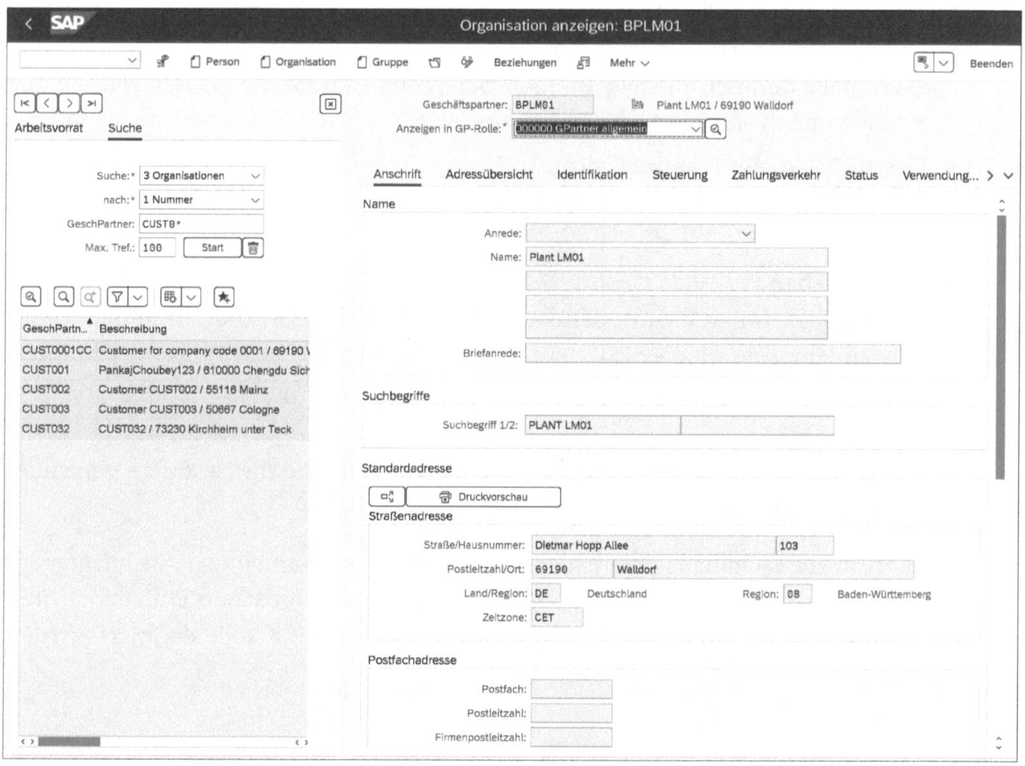

Abbildung 4.13 Geschäftspartner anzeigen und suchen

Auf der linken Seite der Transaktion können Sie die Registerkarte **Suche** nutzen, um einen oder mehrere Geschäftspartner irgendeines Typs (oder eines bestimmten Typs) zu finden. Dazu müssen Sie die relevanten Kriterien in die Sucheingabefelder eingeben. Nachdem Sie die Suche gestartet haben, erhalten Sie die Werte unterhalb der Sucheingabe. Sie können das Sternchen (*) als Wildcard nutzen, um sich Geschäftspartner innerhalb eines Intervalls anzeigen zu lassen. Auch können Sie sich eine Liste aller Geschäftspartner eines bestimmten Typs anzeigen lassen, indem Sie die Kriterien in den Feldern **Suche** und **nach** spezifizieren, aber das zusätzliche Selektionskriterium, also das Feld **GeschPartner** leer lassen und dann auf **Start** klicken.

Klicken Sie doppelt auf eines der Ergebnisse in der Liste, um die Detaildaten dieses Geschäftspartners auf der rechten Seite der Maske zu sehen. Wenn Sie auf der Registerkarte **Suchen** den Button **Löschen** anklicken, wird das Selektionskriterium, das Sie eingegeben haben, gelöscht. (Es werden nicht alle Geschäftspartner gelöscht, die diesem Kriterium entsprechen.)

Beachten Sie auch die Dropdown-Auswahl im Feld **Anzeigen in GP-Rolle** direkt unter der Geschäftspartnernummer. Jeder Geschäftspartner kann für zahlreiche Rollen gepflegt werden, und die Rollen hängen entsprechend vom Typ des Geschäftspartners und seiner Verwendung ab. Für einen Kunden als Geschäftspartner können die folgenden Rollen von Bedeutung sein:

- **Geschäftspartnerrolle allgemein**
  Diese Rolle definiert die allgemeinen Daten eines Kunden, etwa den Namen, die Adresse und die Kontaktmöglichkeiten.
- **Geschäftspartner Finanzservice**
  Diese Rolle definiert und ermöglicht die Pflege von Daten für den Zahlungsverkehr.
- **Auftraggeber**
  Diese Rolle definiert die Kundendaten als Partei, an die die Produkte verkauft werden. Zudem ist es möglich, Steuerdaten für diese Geschäftspartnerrolle zu hinterlegen.
- **Warenempfänger**
  Diese Rolle definiert die Kundendaten als Partei, an die die Produkte versendet werden sollen.

Es kann auch Geschäftspartner geben, die nur mit der allgemeinen Rolle ausgeprägt sind. Beachten Sie, dass sich einige Daten über die verschiedenen Rollenansichten wiederholen, während andere Daten spezifisch für nur eine Rolle definiert werden können.

4.5.1 Kundenstammdaten

Die *Kundenstammdaten* beinhalten die Basisinformationen des Kunden, inklusive des Kundennamens, der Adresse sowie verschiedener Kontaktdaten und Daten, die in der Regel für den Lagerbetrieb nicht relevant sind, aber dennoch unter bestimmten Umständen nützlich sein können (z. B. Steuerklasse, Zahlungsmodalitäten und Statusinformationen).

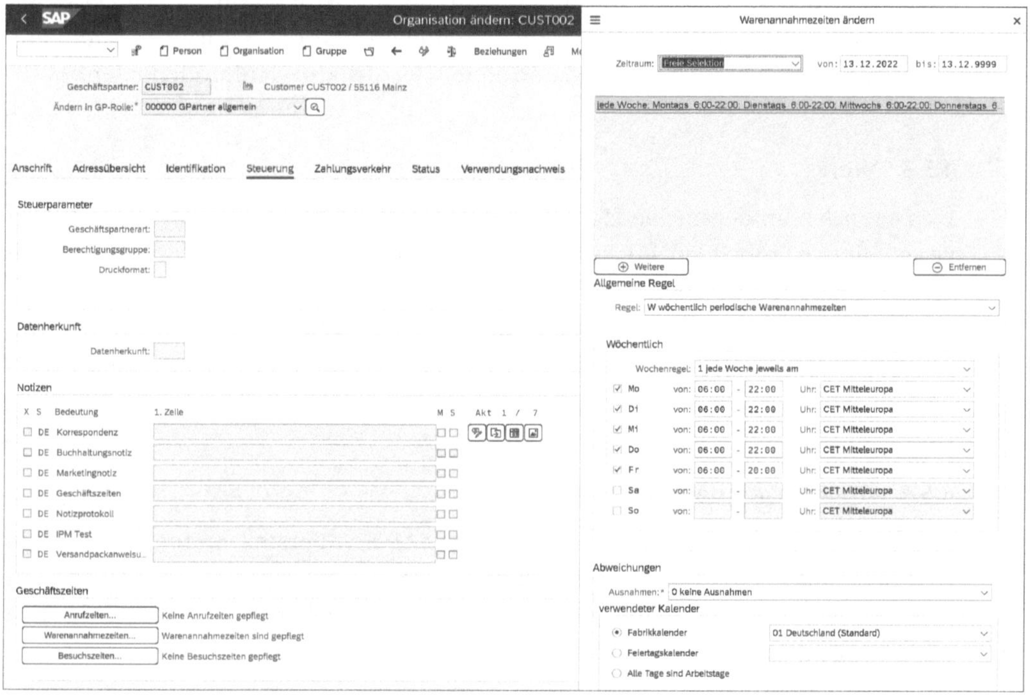

Abbildung 4.14 Arbeitszeiten eines Geschäftspartners

Daten, die für die Lagerprozesse relevant sind, sind die Adressinformationen (die auf Versanddokumente oder andere Formulare gedruckt und auch für die Routenplanung genutzt werden) und die Geschäftszeiten des Kunden (siehe Abbildung 4.14), die z. B. zur Bestimmung des Warenausgangsdatums und der Auslieferzeiten genutzt werden können.

Im Anzeigemodus können relevante *Geschäftszeiten* des Kunden, die vorher gepflegt wurden, über die Registerkarte **Steuerung** ausgewählt werden. Durch einen Klick auf den Button **Warenannahmezeiten** erhalten Sie die Geschäftszeiten des Geschäftspartners.

4.5.2 Lieferantenstammdaten

Die *Lieferantenstammdaten* erstellen Sie in SAP S/4HANA oder replizieren sie über SAP S/4HANA in das SAP-EWM-System. Die Lieferantenstammdaten beinhalten, ebenso wie die Kundenstammdaten, die Basisinformationen des Lieferanten, inklusive des Lieferantennamens, der Lieferantenadresse, verschiedener Kontaktinformationen und verschiedener Daten, die im Allgemeinen nicht relevant für das Lagergeschehen sind (aber unter bestimmten Umständen nützlich sein können, etwa die Steuerklasse, Zahlungsdetails (z. B. Rückzahlungen) und die Statusinformationen). Auch die Struktur der Lieferantendaten ähnelt der Struktur der Kundendaten.

4.5.3 Werk

Werke werden im dezentralen Szenario von SAP S/4HANA an das SAP-EWM-System verteilt und in Embedded SAP EWM automatisch mit den relevanten Rollenzuteilungen erstellt, sodass sie als Geschäftspartner für den Transfer von Ware zwischen Werken und für andere Aktivitäten genutzt werden können. Werke sollten mit den Geschäftspartnerrollen **GPartner allgemein**, **Geschäftspartner FinServ** und **Auftraggeber** erstellt bzw. angelegt werden.

4.5.4 Andere Geschäftspartnerrollen

Andere Geschäftspartner können ebenfalls in SAP EWM erstellt werden, und einige sind notwendig, um bestimmte Geschäftsprozesse zu unterstützen. Notwendig für SAP EWM sind u. a. (abgesehen von den bereits beschriebenen, folgende Geschäftspartnerrollen):

- Mitarbeiter
- Spediteur
- Logistikkonsolidierer
- Zollstelle
- Wiederaufarbeiter

4.6 Supply Chain Unit

Supply Chain Units repräsentieren physische Orte oder organisatorische Elemente in einem SCM-System, die von EWM genutzt werden, um die Lieferkette Ihrer Organisation vollständig abbilden zu können. Beispiele für Supply Chain Units sind:

- Werke
- Kunden

- Lieferanten
- Versandstellen
- MRP-Bereiche
- Lager
- Versandzonen
- Transportdienstleister
- Terminals oder Häfen

Supply Chain Units werden in verschiedenen Objekten und Programmen von der Warenannahme und dem Versandmodul in SAP EWM genutzt und z. B. verwendet, um Transportwege, Versandzonen, Routen und Spediteurprofile erstellen zu können. Die Art der Supply Chain Unit bestimmen Sie anhand des Supply-Chain-Unit-Typs bzw. **BetrEigen.**, den Sie direkt bei der Definition der Supply Chain Unit festlegen müssen (siehe Abbildung 4.15).

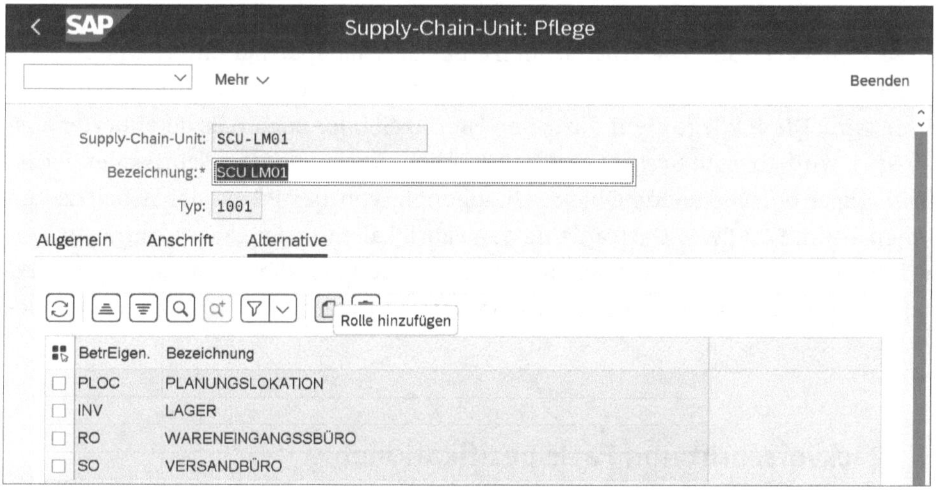

Abbildung 4.15 Supply Chain Unit: betriebswirtschaftliche Eigenschaften

Die Supply Chain Unit können Sie anlegen oder ändern, indem Sie im SAP-Easy-Access-Menü dem Pfad **Logistik • SCM Extended Warehouse Management • Extended Warehouse Management • Stammdaten • Supply-Chain-Unit pflegen** folgen oder Transaktion /SCMB/SCUMAIN ausführen. Haben Sie die Supply Chain Unit erstellt, weisen Sie sie der Lagernummer zu.

Die Zuweisung, die Sie in Abbildung 4.16 sehen können, pflegen Sie im EWM-Customizing über den Pfad **SCM Extended Warehouse Management • Extended Warehouse Management • Stammdaten • Lagernummern zuordnen**.

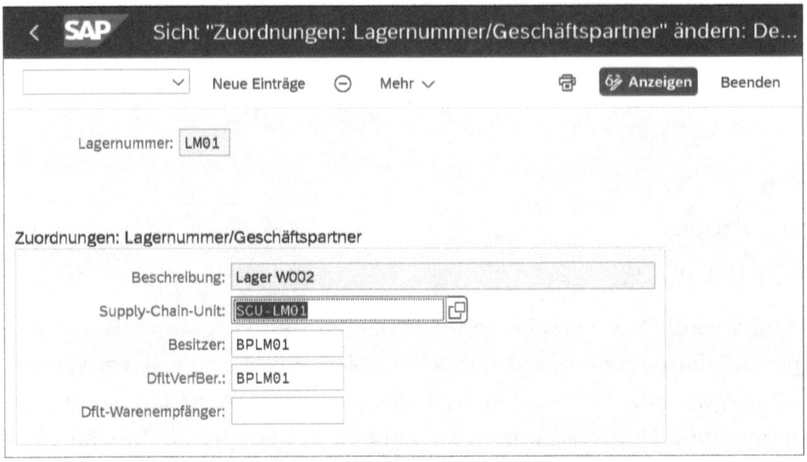

Abbildung 4.16 Zuordnung der Lagernummer zum Geschäftspartner

Es wichtig zu unterscheiden, welche Rolle Sie pflegen und wie die Funktionen im System verwendet werden. Die Arbeitszeiten eines Geschäftspartners aus Abbildung 4.14 können auch für den Geschäftspartner gepflegt werden, der der Lagernummer zugewiesen wird. Diese Pflege dient dazu, den Fabrikkalender nochmals detaillierter auszuprägen, wird aber im System nicht einheitlich verwendet. Der Fabrikkalender ist das im Lager entscheidende Objekt. Unabhängig von der Pflege der Arbeitszeiten können Sie im SAP-EWM-Customizing den Fabrikkalender der Lagernummer zuweisen, folgen Sie dazu dem Pfad **Logistik • SCM Extended Warehouse Management • Extended Warehouse Management • Stammdaten • Lagernummersteuerung definieren**.

4.7 Packvorschrift und Packspezifikationen

Packspezifikationen sind Stammdaten, die einerseits verwendet werden, um dem System Informationen dazu zur Verfügung zu stellen, wie Produkte in Handling Units (HUs) zu packen sind (wie z. B. beim Einlagern, wenn Lageraufgaben zu einer Lieferung erstellt werden sollen). Andererseits werden sie verwendet, um für den Benutzer Informationen darüber bereitzustellen, welche Aktivitäten zusätzlich während des Verpackens auszuführen sind (bei der Verwendung logistischer Zusatzleistungen, siehe Kapitel 14, »Bereichsübergreifende Prozesse und Funktionen«). Packspezifikationen sind im EWM-System entwickelt worden; sie nutzen die Softwarekomponente *integriertes Produkt- und Prozess-Engineering* (iPPE) und wurden deshalb in der Vergangenheit auch von anderen Komponenten des SAP-SCM-Systems, z. B. von SAP Supply Network Collaboration (SAP SNC) oder von SAP Advanced Planning and Optimization (SAP APO) und SAP EWM, verwendet. Die Bedeutung der

Packspezifikation nimmt immer mehr ab, da es außer SAP EWM immer weniger Verwender gibt. Um Packspezifikationen in SAP EWM und in den Lagerprozessen zu nutzen, müssen diese im System manuell erstellt, automatisch hochgeladen oder aus anderen Systemen verteilt werden. SAP EWM nutzt diese an verschiedenen Stellen, wie wir es im Folgenden detailliert erörtern. Um dem System Packspezifikationen zur Verfügung zu stellen, ist es möglich, diese manuell oder automatisch zu erstellen, zu aktivieren oder aus einem zentralen SCM-System (falls sich mehrere SAP-EWM-Systeme im Einsatz befinden) zu verteilen. Ebenso ist es möglich, eine Packvorschrift aus SAP S/4HANA in SAP EWM zu verteilen; diese wird dann als Packspezifikation in SAP EWM erstellt.

4.7.1 Abgrenzung der Packvorschrift

Die Packvorschrift ist ein altes Objekt, das jetzt in SAP S/4HANA verwendet wird, das es aber auch in SAP ECC gab. Es ist quasi der Vorgänger der Packspezifikation und wurde von Kunden oft in SAP ECC verwendet. Kunden, die schon seit Langem das SAP-System einsetzen, nutzen die Packvorschriften sehr häufig. Meistens haben die Kunden auch schon Erweiterungen in dem Umfeld vorgenommen. Großkunden, die über sehr viele Materialien verfügen und die Packvorschriften nutzen, können nicht direkt zu den Packspezifikationen wechseln. Denn die Migration ist sehr zeitaufwendig und kostspielig. Mit den ersten Implementierungen ist aufgefallen, dass Kunden diesen Aufwand oftmals scheuen und vorzugsweise weiterhin die Packvorschrift nutzen.

4.7.2 Verwendung der Packvorschrift in SAP EWM

Die Packvorschrift ist in SAP ECC sehr stark verbreitet. Sie wird in der Logistik vor allem in den Liefertransaktionen (VL01N und VL32N) verwendet, um Handling Units automatisch zu generieren und eine Hierarchie zu erstellen. Dies ist vor allem möglich, wenn die Produkte immer in den gleichen Mengen verpackt werden.

Die Packvorschrift wird hauptsächlich in SAP S/4HANA verwendet. In einem klassischen SAP-S/4HANA-System ohne SAP EWM wird die Packspezifikation nicht eingesetzt und ist daher unbekannt. Dies bedeutet, dass genau wie in SAP ECC die zentralen Komponenten wie das Handling Unit Management und die Lieferabwicklung auf die Packvorschrift angewiesen sind. Aus diesem Grund haben viele Kunden die Packvorschrift im Einsatz. Die Einführung von SAP EWM stellt für diese Kunden eine Herausforderung dar, da sie mit der Packvorschrift besser arbeiten konnten. Mit der Zeit wurde eine Integration entwickelt, um Packvorschriften in Packspezifikationen zu überführen, die auch im SAP-S/4HANA-Kontext weiterhin maßgeblich ist und verwendet werden kann. Die beiden Objekte müssen allerdings synchronisiert werden, was zusätzlichen Aufwand mit sich bringt. Die Replikation und Synchronisation stellt derzeit das CIF sicher.

Packvorschrift erstellen

Um eine Packvorschrift zu erstellen oder existierende Packvorschriften anzupassen, folgen Sie im SAP-Easy-Access-Menü dem Pfad **Logistik • Logistik Execution • Stammdaten • Verpacken • Packvorschriften • Anlegen** bzw. **Anpassen**, oder Sie nutzen Transaktion POP1 für das Anlegen und Transaktion POP2 für das Anpassen der Packvorschrift (siehe Abbildung 4.17). Packvorschriften können einfach oder geschachtelt sein. Diese Transaktionen stellen verschiedene Optionen zur Verfügung. Beachten Sie dabei aber, dass SAP EWM die Daten nicht direkt auswertet. Erst wenn Sie die Packvorschrift in eine Packspezifikation umgewandelt haben, kann SAP EWM die Daten interpretieren und in den Prozessen auswerten.

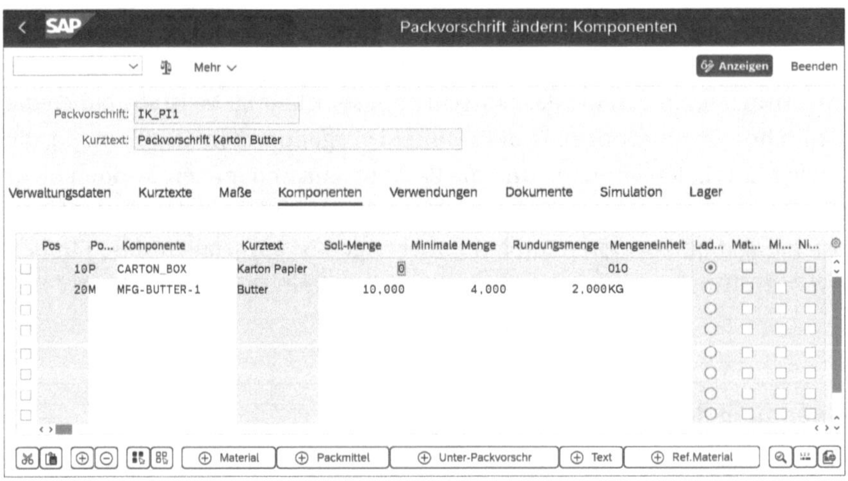

Abbildung 4.17 Packvorschriften im SAP-S/4HANA-System

Packvorschrift verteilen

Die Verteilung der Packvorschrift findet via CIF statt. In SAP S/4HANA muss ein Verteilungsmodell erstellt und die Verteilung angestoßen werden. Es gibt auch hier diverse zu beachtende Limitierungen. Diese sind in SAP-Hinweis 2775345 dokumentiert. In diesem Bereich finden immer noch viele Entwicklungen und Anpassungen statt. Möchten Sie in SAP S/4HANA EWM mit Packvorschriften arbeiten und diese an SAP EWM replizieren, empfiehlt es sich, alle vorhandenen Hinweise in das System einzuspielen, bevor Sie mit der Synchronisation beginnen. Zum einen werden dadurch Fehler beseitigt und zum anderen Limitierungen aufgelöst, die in der Vergangenheit gegebenenfalls vorhanden waren. Wenn Sie mit einem alten Release arbeiten, kann es sein, dass Sie auf Probleme und Herausforderungen stoßen, die es in neueren Releases nicht mehr gibt.

4.7.3 Abgrenzung der Packspezifikation

Die Packspezifikation wurde mit dem ersten Release von SAP EWM eingeführt und zu dieser Zeit auch von anderen Komponenten in SAP SCM verwendet. Die Zahl der Verwender ist jedoch zurückgegangen, da SAP SNC (SAP Supply Network Collaboration) und SPP (Service Parts Planning) nur noch selten genutzt werden. Spätestens mit der Integration von SAP EWM in SAP S/4HANA hat die Packspezifikation sehr viel Einfluss verloren.

Derzeit wird die Packspezifikation in einem SAP-EWM-System noch präferiert, da sie immer noch stark in die SAP-EWM-Prozesse integriert ist. Die Packspezifikation selbst ist ein mächtiges Objekt und bietet sehr viele Möglichkeiten, um Prozesse zu automatisieren.

4.7.4 Verwendung der Packspezifikation in SAP EWM

Packspezifikationen werden während verschiedener Lagerprozesse innerhalb von SAP EWM genutzt, z. B. in den folgenden Fällen:

- zum automatischen Anlegen von Einlager-Lageraufgaben und dem Evaluieren der passenden Lageraufgabenmenge auf Basis von Anlieferungen
- zum Auffinden des Verpackungsmaterials bei der Lagerauftragserstellung (bei der Dekonsolidierung, beim Verpacken oder bei der Lagerungsdisposition)
- bei den internen Lagerprozessen (zur Palettierung oder zum Festlegen der operativen Mengeneinheit)
- bei der Ausführung von Zusatzprozessen wie den logistischen Zusatzleistungen

Die Konditionssätze für die Findung der Packspezifikation werden in der Packspezifikationstransaktion gepflegt. Die Konditionsfindung basiert auf den gleichen Regeln, wie wir sie in Kapitel 14, »Bereichsübergreifende Prozesse und Funktionen«, beschrieben haben; für die Packspezifikationsfindung werden andere Kriterien verwendet.

Packspezifikation erstellen

Um eine Packspezifikation zu erstellen oder existierende Packspezifikationen vom SAP-Easy-Access-Menü zu pflegen, folgen Sie dem Pfad **Extended Warehouse Management • Stammdaten • Packspezifikation • Packspezifikation pflegen**, oder Sie nutzen den Transaktionscode /SCWM/PACKSPEC. Suchen Sie sich nun eine existierende Packspezifikation im Hauptbild aus, oder erstellen Sie eine neue Packspezifikation über den Button **Neue Zeile Hinzuf**. Sie sollten dann in das Pflegebild bzw. die Bearbeitungsansicht springen, indem Sie die Zeile auswählen und in die Detailansicht wechseln (siehe Abbildung 4.18).

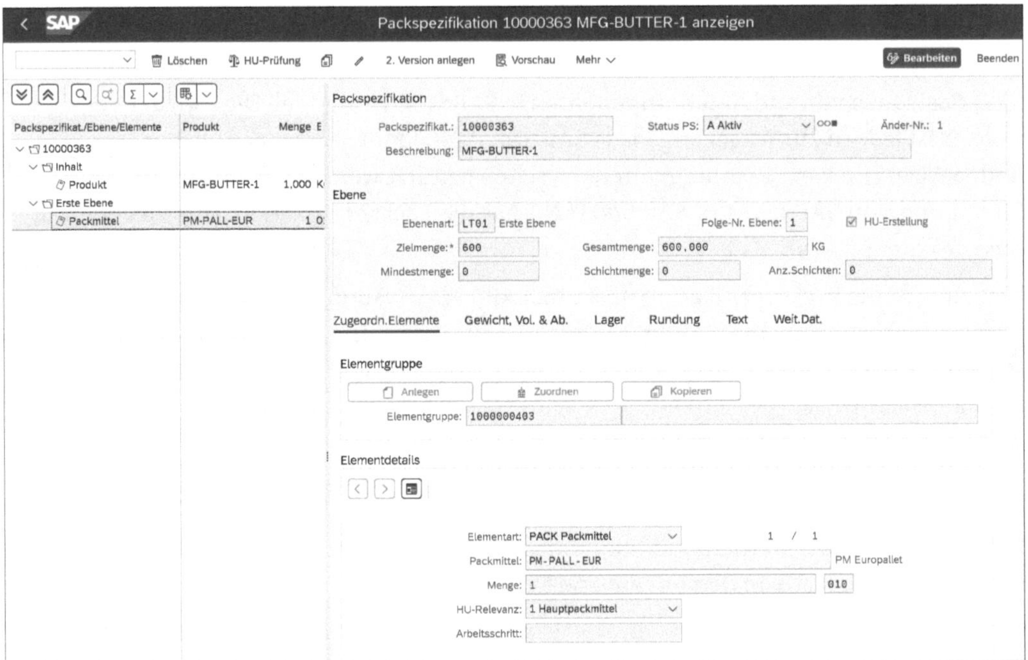

Abbildung 4.18 Packspezifikation zur einfachen Palettierung eines Materials

Um Packspezifikationen zu erstellen, müssen Sie Nummernkreise erstellen und zuweisen und die allgemeinen Packspezifikationsparameter definieren. Um die Nummernkreise im SAP-EWM-Customizing zu erstellen, folgen Sie dem Pfad **Logistik • SCM Extended Warehouse Management • Extended Warehouse Management • Stammdaten • Packspezifikation • Nummernkreis für Packspezifikation definieren**. Um allgemeine Parameter im SAP-EWM-Customizing zu definieren, folgen Sie dem Pfad **Logistik • SCM Extended Warehouse Management • Extended Warehouse Management • Stammdaten • Packspezifikation • Allgemeine Packspezifikationsparameter definieren**.

Zusätzlich haben Sie die Wahl, Packspezifikationsgruppen zu erstellen, die es Ihnen erlauben, Parameter zuzuordnen und unterschiedliche Strukturen für bestimmte Zwecke vorzudefinieren oder differenziert zu unterstützen (z. B. bei der »Kit-Bildung«). Um Packspezifikationsgruppen im SAP-EWM-Customizing zu definieren, folgen Sie dem Pfad **Logistik • SCM Extended Warehouse Management • Extended Warehouse Management • Stammdaten • Packspezifikation • Gruppe für Packspezifikationen definieren**.

Packspezifikation aktivieren

Wenn Sie die Packspezifikationen erstellt haben, müssen Sie diese aktivieren, bevor sie im System genutzt werden können. Um die Packspezifikationen innerhalb der

Pflege der Packspezifikationen zu aktivieren, klicken Sie auf den Button **Aktivieren**. Alternativ können Sie im Bild **Übersicht Packspezifikation** die Packspezifikation wählen und den Button **Aktivieren** anklicken. Falls die Packspezifikation aktiv existiert, müssen Sie eine zweite Version anlegen und dann die Aktivierung vornehmen.

Wenn Sie die Packspezifikationen aktiviert haben, können Sie die aktive Version nicht mehr ändern. Wenn Sie dennoch eine Änderung an der Packspezifikation vornehmen möchten, müssen Sie eine neue Version der Packspezifikation erstellen und diese dann aktivieren. Um eine neue Version zu erstellen, wählen Sie die relevante Packspezifikation im Bild **Übersicht Packspezifikation** aus und klicken auf den Button **2. Version Anlegen**. Sobald Sie die neue Version erstellt haben, können Sie diese bearbeiten/pflegen, während die alte Version aktiv bleibt. Haben Sie die neue Version aktualisiert, können Sie sie aktivieren, sodass die alte Version nicht länger aktiv ist. Es kann immer nur eine Version aktiv sein.

Wenn Sie möchten, dass das System während der Aktualisierung der Packspezifikation keine andere Packspezifikation nutzt, können Sie die Originalversion deaktivieren, indem Sie die Option **PS Deaktivieren** des Dropdown-Menüs neben dem Button **Aktivieren** auswählen. Auch wenn Sie das Original deaktiviert haben, müssen Sie eine neue Version erstellen, um die Spezifikation bearbeiten/verändern zu können. Es ist wichtig, hinzuzufügen, dass sich die Konditionssätze zu einer Packspezifikation beim Erfassen nicht überlappen dürfen. Das heißt, dass es die gleichen Parameter nicht in verschiedenen Packspezifikationen geben darf, da sonst die Packspezifikation nicht eindeutig gefunden und zugeordnet werden kann. Das Aktivieren einer Packspezifikation mit überlappenden Konditionssätzen ist nicht möglich.

Packspezifikation im SCM-Systemverbund

Es ist möglich, Packspezifikationen in einem SAP-S/4HANA-System zu pflegen bzw. zu erstellen und diese dann an ein anderes System zu übermitteln. Es ist jedoch zu unterscheiden, ob Sie die Verteilung aus einer Packvorschrift, wie vorab beschrieben, umsetzen oder ob Sie Packspezifikationen erstellen und diese verteilen wollen. Notwendig ist dies, um die Packspezifikationen zentral zu verwalten, was es Ihnen wiederum ermöglicht, den Pflege-/Wartungsaufwand zu reduzieren und sicherzustellen, dass die Packspezifikationen für verschiedene Lager und sogar für verschiedene Applikationen konsistent sind.

Damit eine Verteilung möglich ist, müssen Sie definieren, in welches System die Packspezifikationen repliziert werden sollen. Die Konfiguration können Sie im EWM-Customizing über den Pfad **Logistik • SCM Extended Warehouse Management • Extended Warehouse Management • Stammdaten • Packspezifikation • RFC-Verbindung für Packspezifikationsverteilung festlegen** vornehmen. Zum manuellen Verteilen von Packspezifikationen können Sie das Programm `/SCWM/PS_DISTRIBUTION` nutzen.

Packspezifikationen hochladen

Zusätzlich zum manuellen Anlegen von Packspezifikationen haben Sie auch die Möglichkeit, Packspezifikationen in das EWM-System zu laden. Um Packspezifikationen über das SAP-Easy-Access-Menü zu laden, folgen Sie dem Pfad **Logistik • SCM Extended Warehouse Management • Extended Warehouse Management • Schnittstellen • Daten-Upload • Initialdatenübernahme der Packspezifikationen**, oder Sie verwenden den Transaktionscode /SCWM/IPU. Das Format der Datei, die Sie für den Packspezifikations-Upload benötigen, finden Sie als Kommentar im Programm `/SCWM/R_PS_DATA_LOAD`. Werden Packspezifikationen mit Konditionssätzen hochgeladen, müssen alle Einträge in der Datei im richtigen Format vorliegen, da es sonst beim Importieren der Daten zu Schwierigkeiten kommen kann. Manchmal werden dann Packspezifikationen ohne Konditionssätze angelegt, wodurch diese dann unbrauchbar werden. Falls Sie Packspezifikationen anhand des Packspezifikations-Uploads aus einem anderen System nach SAP EWM laden möchten, empfehlen wir Ihnen deshalb, sich die Datei, die Sie zum Upload verwenden, mit einem selbst entwickelten Programm automatisch generieren zu lassen, um möglichst wenig Fehler in der Upload-Datei zu riskieren. Zudem sollten Sie den Upload gründlich testen, bevor Sie diesen im Produktivsystem starten. War der Upload nicht erfolgreich, müssen Sie die Packspezifikationen wieder löschen, um den Upload-Vorgang von Neuem starten zu können, was sehr zeitintensiv sein kann. Wir empfehlen Ihnen deshalb, den Upload so früh wie möglich in Ihrem Projekt zu starten.

4.7.5 Die Zukunft der Packvorschrift und der Packspezifikation

Auf die Packvorschrift greift das EWM-System noch nicht vollumfänglich zu. Im neuen SAP-S/4HANA-System wurde das Datenmodell erweitert (siehe die HU-Tabelle `/SCWM/HUHDR`) sowie einzelne Monitorselektionen und Monitorknoten im Lagermonitor angepasst. Die Integration von Prozessen, wie z. B. der Lagerdisposition, der Pick-HU-Findung bei der Lagerauftragserstellung oder des automatischen Verpackungsprozesses im Wareneingang usw., ist derzeit nur mit der Packspezifikation verfügbar.

In SAP S/4HANA EWM soll langfristig die Packvorschrift die Packspezifikation ablösen. Die Packspezifikation wird aber derzeit weiterhin verwendet, da eine Ablösung seitens SAP sehr aufwendig ist.

In den neuen SAP-S/4HANA-EWM-Versionen wird die Packvorschrift zunehmend die Oberhand gewinnen. Die Packvorschrift wurde jetzt schon in den Lagermonitor und in die Datenbanktabellen der Handling Units aufgenommen. Wenn Sie die Entscheidungsgewalt haben und das SAP-EWM-System ganz neu aufsetzen, ist es sinnvoll, direkt mit der Packvorschrift zu starten und sie in Ihrem System zu verwenden (unter der Annahme, dass die vorhandenen Limitierungen für Sie keine große Rolle spielen).

Seitens SAP wurde noch keine Roadmap dazu definiert, wann eine Ablösung der Packspezifikation durch die Packvorschrift stattfinden soll. Beide Objekte können deshalb verwendet werden, und die Ablösung wird vermutlich sehr schleichend erfolgen.

Sollten Sie sich dazu entscheiden, vorerst nur mit Packspezifikationen zu arbeiten, besteht das Risiko, dass Sie in der Zukunft eine Migration von Packspezifikation nach Packvorschrift durchführen müssen. Neue Features und Entwicklungen finden derzeit hauptsächlich auf Basis der SAP-S/4HANA-Packvorschriften statt. Eine Entscheidung pro oder gegen die Packvorschrift muss jedoch in jedem Projekt individuell auf Basis der jeweiligen Anforderungen und Prozesse getroffen werden.

4.8 Unified Package Builder

Der *Unified Package Builder*, den es seit SAP S/4HANA 2020 im Standard gibt, ist eine Erweiterung des SCM Package Builders, der in der Vergangenheit im SCM-Umfeld entwickelt wurde und initial für das SAP Transportation Management (SAP TM) ausgeliefert wurde.

Der SCM Package Builder wurde entwickelt, um das Volumen auf einer HU oder einem Lkw optimal zu planen und zu berechnen. Der Package Builder wurde in den vergangenen EWM-Versionen vor allem in den Warenausgangsprozess integriert und verwendet. Hier wurde er in die Lagerauftragserstellung integriert und hat die Kalkulation der Plan-HUs übernommen. Dies beschreiben wir in Kapitel 9, «Warenausgangsprozess», nochmals ausführlich.

Der neue Unified Package Builder bietet jetzt die Möglichkeit, verschiedene Profile zu erstellen und somit auf Basis von verschiedenen Algorithmen die Paketberechnung durchzuführen. Dies bedeutet, dass der Unified Package Builder nochmals verschallt wurde und jetzt die alten und neuen Funktionen für die Paketberechnung vereint. Unter verschallt verstehen wir, dass der Unified Package Builder so modular entwickelt wurde, dass er jetzt auch aus den anderen Applikationen heraus aufgerufen werden kann. Es wurden auch Möglichkeiten bereitgestellt, um die Verwendung in der Konfiguration zu parametrisieren. Erstellen Sie zunächst ein Unified-Package-Builder-Profil. Danach können Sie, wie in Abbildung 4.19 dargestellt, eine Engine zuweisen, um die Berechnung zu beeinflussen.

Die derzeitigen Optionen sind:

- Berechnung auf Basis der Packvorschrift
- Berechnung auf Basis der Packspezifikation
- Berechnung auf Basis der SCM-Engine

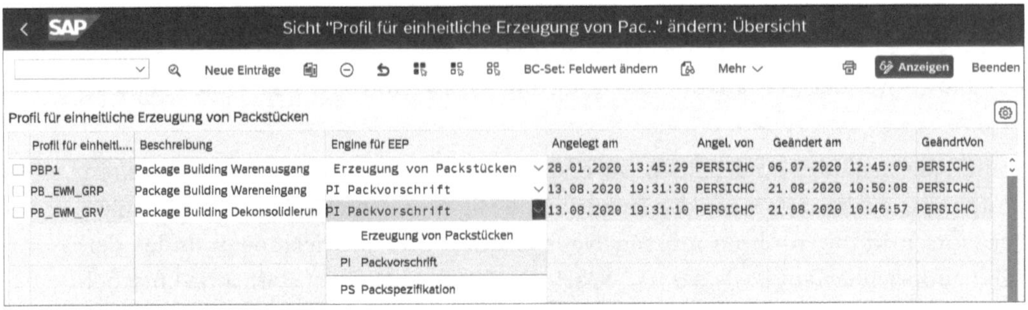

Abbildung 4.19 Unified-Package-Builder-Profil

Um einen Unified Package Builder zu erstellen, folgen Sie im Customizing dem Pfad **SCM Basis • SCM Extended Warehouse Management • Prozessübergreifende Einstellungen • Handling Units • Unified Package Building • Profil für einheitliche Erzeugung von Packstücken definieren**.

Sie finden auf der SAP-Webseite einige Blog-Beiträge zum Thema Unified Package Builder, z. B. unter *https://blogs.sap.com/2020/10/20/monday-knowledge-snippet-mks-105-s-4hana-2020-unified-package-building/*. Hier ist die Konfiguration des Unified Package Builders sehr ausführlich erklärt. Studieren Sie diesen Blog-Beitrag; es ist aus unserer Sicht nur wenig sinnvoll, den sehr guten Inhalt und die ausführlichen Informationen in unser Buch zu kopieren.

Haben Sie ein Unified-Package-Builder-Profil angelegt, können Sie das Profil dem entsprechenden Prozess und der Lagernummer zuweisen. Im neuen Release SAP S/4HANA EWM 2022 wurde der Unified Package Builder in den Wareneingangprozess integriert. Dies beschreiben wir in Kapitel 8, «Wareneingangsprozess», nochmals ausführlich.

Die Integration des Unified Package Builders in das SAP-EWM-System findet fließend statt und erfüllt nicht komplett die üblichen Kundenanforderungen. Für die Simulation der Kalkulation durch den Unified Package Builder fehlt noch eine vereinfachte Integration. Diese wäre im Lagermonitor sinnvoll, um die Materialien, Lieferpositionen usw. auszuwählen und dann die Paketberechnung zu simulieren. Diese Funktion ist derzeit im SAP-Standardprodukt nicht enthalten; es gibt allerdings Simulationscockpits, die Sie manuell ausführen können.

Um die Simulation zu starten, führen Sie den Report `/SCMB/TEST_PB` aus. Im Selektionsbild wählen Sie die Materialien und das Unified-Package-Builder-Profil aus (siehe Abbildung 4.20).

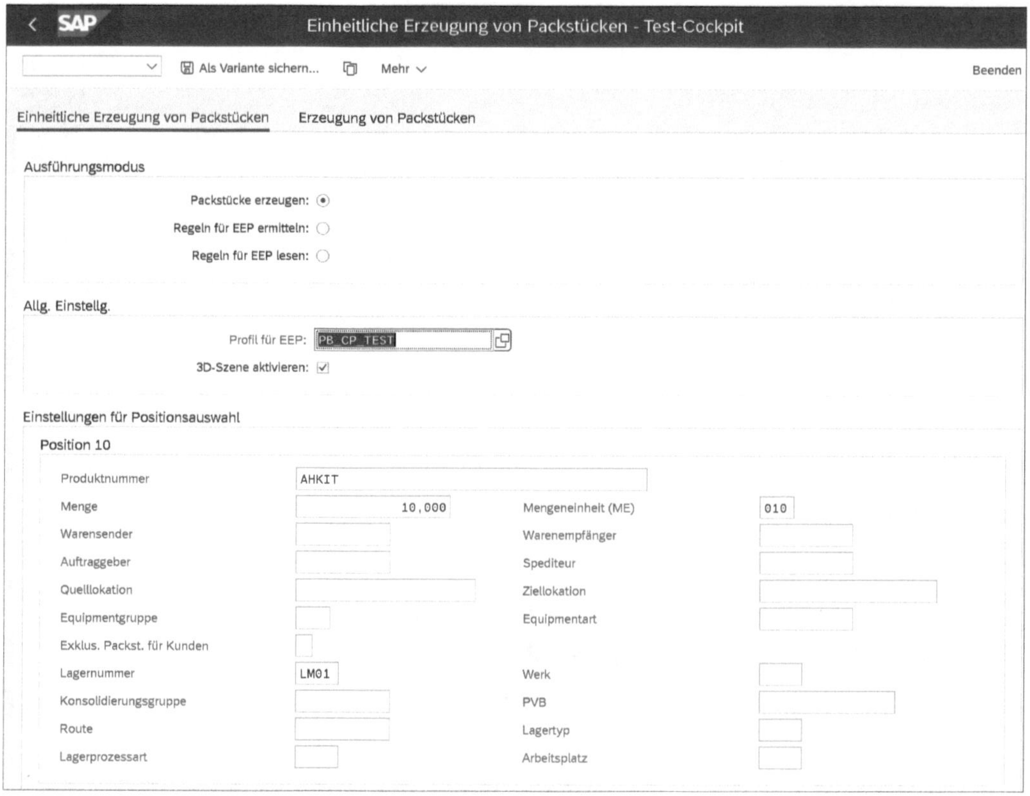

Abbildung 4.20 Selektionsbild im Unified Package Builder

Wird der Report ausgeführt, erhalten Sie ein Cockpit mit sehr vielen Optionen. Sie können die Materialien auswählen, die Sie in das Selektionsbild eingegeben haben (siehe Abbildung 4.21). Das Cockpit dient zu Testzwecken und ist derzeit auf drei Positionen beschränkt, da der Report im Selektionsscreen nur drei Parametergruppen zur Verfügung stellt (Abbildung 4.20). Sie starten die Simulation, indem Sie im linken Teil das Material auswählen und den Button **Packstücke erzeugen** in der Taskleiste ausführen. Sie sehen dann die Kalkulation im unteren Teil. Im Log im rechten Teil des Bildschirms erkennen Sie, wie das System zum Ergebnis gekommen ist. Schließlich sehen Sie im unteren rechten Teil des Bildes eine 3D-Ansicht dazu, wie das System die Handling Unit auslasten würde.

Der Report ist sehr hilfreich, um die Paketberechnung zu evaluieren. Im Projekt empfiehlt es sich, den Report in Ihre Lösung zu integrieren. Der Report ist in seiner Standard-Auslieferungsform von SAP derzeit nicht für Endbenutzer geeignet.

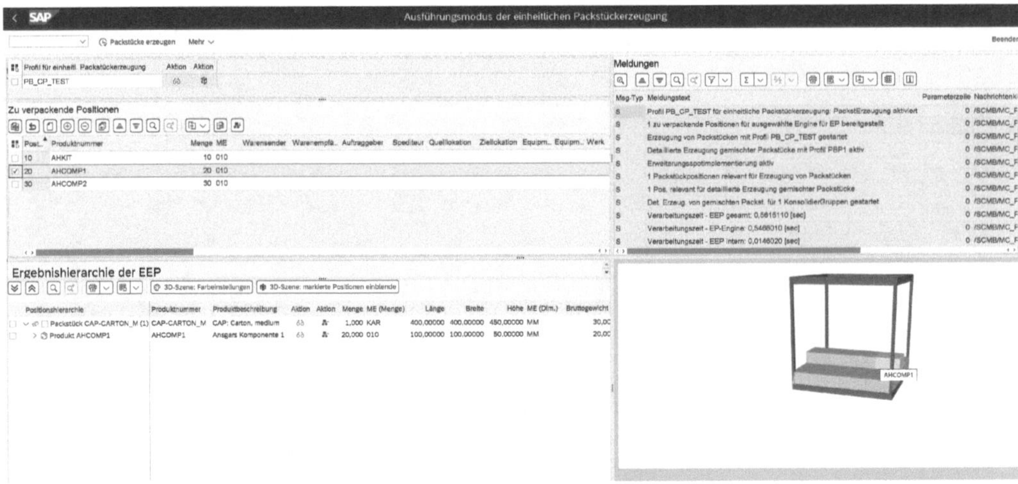

Abbildung 4.21 Testcockpit im Unified Package Builder

Es kann sein, dass Ihnen die 3D-Ansicht nicht angezeigt wird. Das liegt dann daran, dass Sie das falsche HTML-Browser-Plugin nutzen. In den SAP-GUI-Einstellungen können Sie dieses anpassen (siehe Abbildung 4.22).

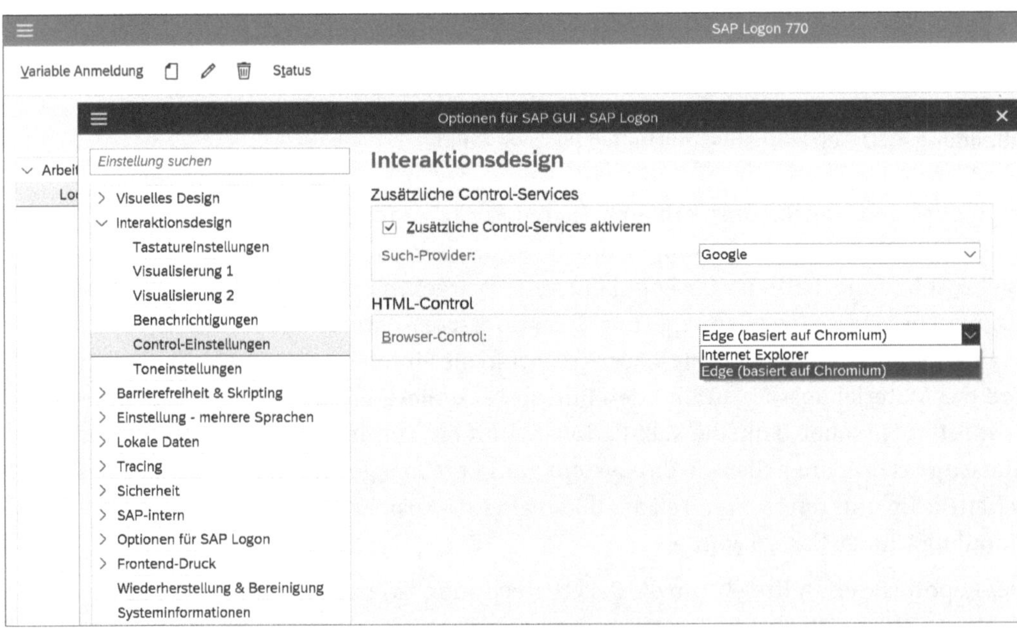

Abbildung 4.22 SAP-GUI-Optionen: Control-Einstellungen

Damit die 3D-Ansicht korrekt angezeigt wird, müssen Sie zuvor **Edge (basiert auf Chromium)** ausgewählt haben. Es ist notwendig, diese Einstellungen anzupassen, abhängig davon, welche Transaktionen Sie im System aufrufen. Wenn Sie z. B. den grafischen Editor im ITSmobile-Umfeld nutzen, müssen Sie die Einstellung auf **Internet Explorer** setzen, damit der grafische Editor funktioniert. Wir beschreiben die mobile Integration in Kapitel 13, »Radio Frequency und Mobile«, im Detail.

4.9 Zusammenfassung

In diesem Kapitel haben Sie eine Übersicht über die Stammdaten im SAP-EWM-System erhalten. Zudem haben wir wichtige Stammdatenfelder, die Sie zwingend in SAP EWM benötigen, aufgeführt und erklärt. Schließlich haben Sie auch Besonderheiten im Zusammenhang mit einem SAP-S/4HANA-System kennengelernt. In Kapitel 5, »Bestandsverwaltung«, zeigen wir Ihnen nun, wie Sie Ihren Bestand im Lager verwalten können.

Kapitel 5
Bestandsverwaltung

In diesem Kapitel diskutieren wir die verschiedenen Arten von Beständen, deren Bedeutung und Nutzen sowie die Funktionen des SAP-EWM-Systems für die Verwaltung von Beständen. Insbesondere gehen wir auf die Gemeinsamkeiten und Unterschiede zur Bestandsverwaltung in SAP S/4HANA ein.

In diesem Kapitel zeigen wir Ihnen die wichtigsten Elemente und Funktionen der Bestandsverwaltung in SAP EWM. Wir beginnen mit der Erläuterung des Begriffs *Quant*. Sie lernen, was die Begriffe *physischer Bestand* und *verfügbarer Bestand* bedeuten und wie Sie Bestände nicht nur auf Lagerplätzen, sondern auch in Ressourcen und auf Transporteinheiten führen und verwalten können.

Danach erläutern wir das Bestandsmodell von SAP EWM und stellen Ihnen die Verwendung und Integration von Chargen und Serialnummern im SAP-EWM-System vor. Schließlich zeigt dieses Kapitel, wie das Handling Unit Management für die Verwaltung von Packstücken wie Paletten oder Kartons in das SAP-EWM-System integriert ist, gefolgt von einer kurzen Einführung in die Verwendung von Transporteinheiten.

Wir beschreiben, wie Sie die EWM-Bestandsidentifikation (*Stock ID*) – besonders bei Umlagerungen zwischen zwei EWM-Lagern – sinnvoll einsetzen können, und geben Ihnen Informationen zur Verwaltung von Mindesthaltbarkeitsdaten (MHD) und Verfallsdaten. Im Rahmen der Bestandsverwaltung möchten wir Ihnen zudem die Verwendung bestandsspezifischer Mengeneinheiten in EWM erläutern. Mit dem *Catch Weight Management* (CWM) kann EWM gewichtsabhängige Ware verwalten, was besonders für Branchen relevant ist, in denen das Gewicht einer Einheit von Stück zu Stück variiert (z. B. bei abgepackten Lebensmitteln im Handel).

Anschließend legen wir dar, wie EWM die Bestände unterschiedlicher Herkunftsländer verwalten und im Bestand separieren kann, ohne dass für jedes Herkunftsland eine eigene Materialnummer angelegt werden muss. Wir schließen das Kapitel mit einer Beschreibung der *Bestandsfindung* und *Bestandsbewertung* sowie mit einer Übersicht über die *Sonderbestände* (Kundenauftragsbestand und Projektbestand) ab.

5.1 Quants

Quants bilden die Basis für die Bestandsverwaltung in SAP EWM. Dabei ist ein *Quant* ein Bestandssegment einer bestimmten Menge eines Materials mit gleichen Eigenschaften oder Merkmalen. Die Bestände eines Lagers im SAP-EWM-System bestehen, technisch gesehen, aus einer Sammlung vieler voneinander unabhängiger Quants. Alle Quants eines Lagers bilden zusammen den sogenannten *physischen Bestand* dieses Lagers.

Quants werden im SAP-EWM-System durch *Lagerbewegungen* erstellt und gelöscht, etwa durch Wareneingänge, Warenausgänge, Umbuchungen oder durch Lageraufgaben. Das SAP-EWM-System erstellt ein neues Quant, wenn ein Produkt in einen leeren Platz eingelagert wird. Wenn Sie den Bestand aus dem Lager ausbuchen, löscht das System automatisch das dazugehörige Quant. Zwei weitere Punkte sind im Zusammenhang mit Quants wichtig:

- Die Menge eines Quants wird erhöht, wenn der Bestand desselben Materials mit den gleichen Eigenschaften (gleiche Bestandsart, gleiche Charge, gleicher Besitzer usw.) auf dieselbe Lokation im Lager bewegt wird. In diesem Fall vereinigen sich die beiden separaten Quants zu einem einzigen Quant. Dieser Vorgang wird auch *Quantverschmelzung* genannt.
- Die Menge eines Quants wird reduziert, wenn eine Teilmenge dieses Quants auf eine andere Lokation bewegt wird oder wenn Sie für eine Teilmenge dieses Quants quanttrennende Eigenschaften durch eine Umbuchung definieren, z. B. durch eine Umbuchung von freiem auf gesperrten Bestand.

In diesem Zusammenhang speichert SAP EWM im Datensatz des Quants neben der Produktnummer und der Lokation des Quants (Lagerplatz, Ressource oder Transporteinheit) z. B. die folgenden Bestandsinformationen, auf die wir in den nachfolgenden Abschnitten näher eingehen:

- HU-Identifikation, falls ein Quant mit einer Handling Unit (HU) verwaltet wird (siehe Abschnitt 5.6)
- Chargennummer (siehe Abschnitt 5.4)
- Bestandsmenge (siehe Abschnitt 5.1.4)
- Bestandsart (siehe Abschnitt 5.2)
- Bestandsverwendung (siehe Abschnitt 5.14)
- Besitzer und Verfügungsberechtigter (siehe Abschnitt 5.3)
- Serialnummern (siehe Abschnitt 5.5)
- Wareneingangsdatum und Mindesthaltbarkeitsdatum

Darüber hinaus verwaltet SAP EWM für jeden Quant Bestandsattribute. Hierzu zählen neben Gewicht und Volumen auch das Wareneingangsdatum, das Herkunftsland, das Mindesthaltbarkeitsdatum (siehe Abschnitt 5.9) sowie die Bestandsidentifikation, die wir in Abschnitt 5.8 näher erläutern.

5.1.1 Quants anzeigen

Sie können Quants eines Lagers im Lagerverwaltungsmonitor (kurz: Lagermonitor) unter dem physischen Bestand des Lagers einsehen. Folgen Sie dazu im SAP-Easy-Access-Menü dem Pfad **Extended Warehouse Management • Monitoring • Lagerverwaltungsmonitor**, oder geben Sie den Transaktionscode /SCWM/MON ein. Im Monitor können Sie sich über den Knoten **Bestand und Platz • Lagerplatz**, sowohl den physischen als auch den verfügbaren Bestand anzeigen lassen.

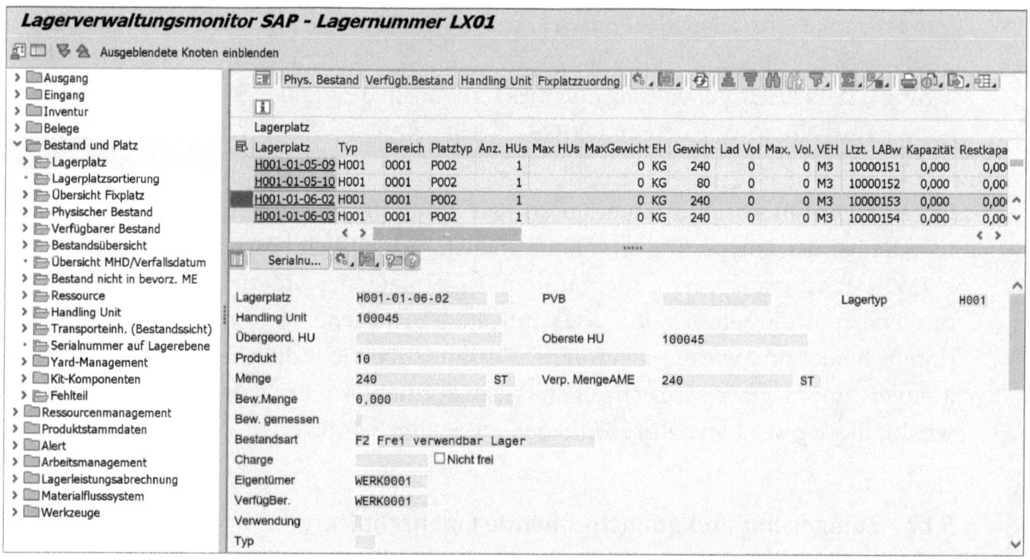

Abbildung 5.1 Quants im Lagermonitor anzeigen (physischer Bestand)

Abbildung 5.1 zeigt auf dem Lagerplatz HOO1-01-06-02 ein Quant für das Produkt 10 mit seinem physischen Bestand und einigen Bestandsattributen dieses Quants. Einige dieser Bestandsattribute können Sie direkt im Lagermonitor ändern, ohne eine Lageraufgabe oder eine Umbuchung durchzuführen. Um die Attribute zu ändern, klicken Sie im Lagermonitor in der Anzeige des physischen Bestands auf den Button **Weitere Methoden** und wählen dort die Funktion **Attrib. ändern**. Es öffnet sich ein Pop-up-Fenster mit den zu ändernden Attributen (siehe Abbildung 5.2).

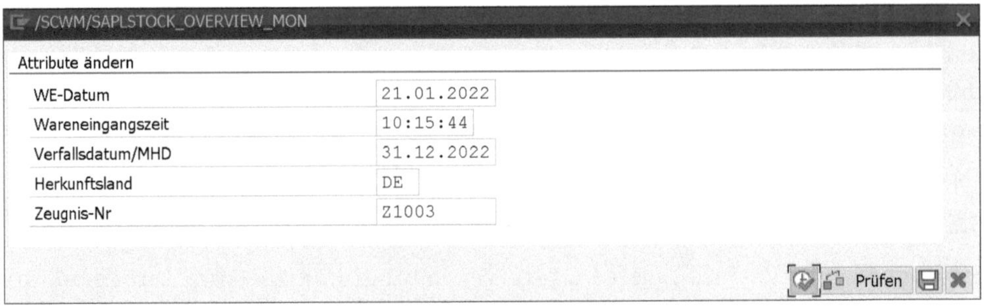

Abbildung 5.2 Bestandsattribute über den Lagermonitor ändern

Änderungen von Herkunftsland und MHD/Verfallsdatum

Das Herkunftsland und das MHD/Verfallsdatum können Sie nur über das Pop-up-Fenster der Funktion **Attrib. ändern** ändern, wenn Sie diese Eigenschaften *nicht* über Chargen abbilden. Mehr über Chargen erfahren Sie in Abschnitt 5.4, »Chargenverwaltung«; Details zur Verwaltung von MHD/Verfallsdatum finden Sie in Abschnitt 5.9, »Mindesthaltbarkeits- und Verfallsdatum verwalten«.

In den nächsten Abschnitten erläutern wir Ihnen die quanttrennenden Eigenschaften, die bei der Zulagerung eine Rolle spielen. Schließlich beschreiben wir, wie SAP EWM Bestandstransparenz, nicht nur auf Lagerplätzen, sondern auch in Ressourcen und Transporteinheiten bietet, wie das System physischen und verfügbaren Bestand unterscheidet und wie Sie sich mit der Bestandsübersicht die ein- und ausgehenden Mengen eines Lagerplatzes anzeigen lassen können. Am Ende des Abschnitts gehen wir auf die *Logistics Inventory Management Engine* (LIME) ein.

5.1.2 Zulagerung und quanttrennende Eigenschaften

Wenn Sie für ein bestehendes Quant eine Lageraufgabe anlegen, um Bestand auf einen anderen Platz zu bewegen, an dem sich bereits Bestand befindet, prüft das SAP-EWM-System, ob eine *Zulagerung* durchgeführt werden kann und ob die beiden Quants miteinander verschmelzen können. Für eine solche Verschmelzung muss der *Bestandsschlüssel* beider Quants gleich sein. Der Bestandsschlüssel ist die Kombination von Feldern, anhand derer zwei Mengen eines Produkts auf einem Lagerplatz oder in einer Handling Unit eindeutig voneinander unterschieden werden können. Der Bestandsschlüssel dient somit zur eindeutigen Identifikation eines Bestands. Er umfasst die folgenden Felder, die *quanttrennende Eigenschaften* enthalten:

- Produkt
- Charge
- Verfügungsberechtigter

- Eigentümer
- Bestandsart
- Verwendung
- Kundenauftrag oder Projekt

Wenn auch nur ein Feld des Bestandsschlüssels eines zuzulagernden Quants von dem bestehenden Quant abweicht, können die beiden Quants nicht verschmelzen. Sie können die Übereinstimmung weiterer Felder zusätzlich zur Übereinstimmung des Bestandsschlüssels beider Quants als Kriterium für eine Quantverschmelzung definieren, z. B. das Wareneingangsdatum oder das Mindesthaltbarkeitsdatum. Im Customizing des Lagertyps können Sie für die Einlagerungssteuerung einstellen, ob die Ausprägung dieser Felder eine Quanttrennung oder eine Quantverschmelzung bewirken soll. Sie erreichen diese Einstellungen im Customizing über den Pfad **Extended Warehouse Management • Stammdaten • Lagertyp definieren** (siehe Abbildung 5.3).

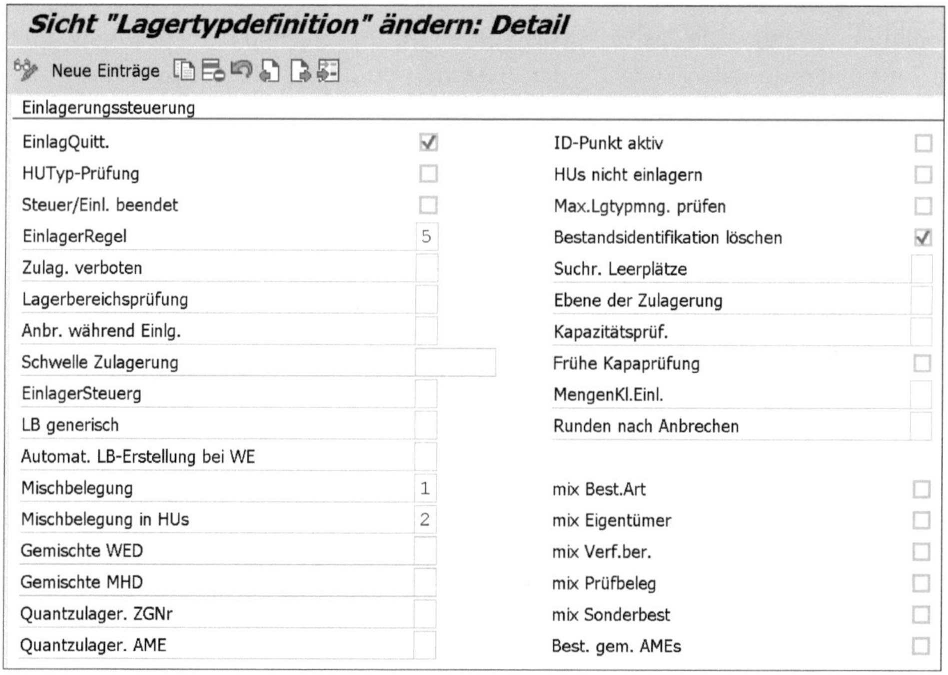

Abbildung 5.3 Lagertyp definieren: Felder zur Quantverschmelzung

Unten links in der Abbildung sehen Sie die Felder zur Steuerung der Quantzulagerung bei unterschiedlichen Wareneingangsterminen (**Gemischte WED**), Mindesthaltbarkeitsdaten (**Gemischte MHD**), Zeugnisnummern (**Quantzulager. ZGNr**) oder das Systemverhalten bei der Zulagerung mit alternativen Mengeneinheiten (**Quantzulager. AME**).

5.1.3 Bestandsführung auf Lagerplätzen, Ressourcen und Transporteinheiten

Die Bestandsführung auf Lagerplätzen ist der Normalfall und entspricht auch der Bestandsführung in SAP S/4HANA Stock Room Management. Darüber hinaus können Bestände in SAP EWM auch auf Ressourcen (z. B. Gabelstapler, Kommissionierwagen) bzw. Transporteinheiten (z. B. Lkws oder Zugwaggons) geführt werden.

Bestandsführung auf Ressourcen

Wenn Sie mit mobilen Endgeräten arbeiten, um Lageraufgaben im SAP-EWM-System zu quittieren, können Sie das System so einstellen, dass zu Beginn der Arbeit (z. B. beim Scannen einer HU) der Bestand auf die Ressource umgebucht wird. Wenn Sie im Lagermonitor nach dem Bestand suchen, können Sie genau sehen, welcher Bestand sich auf Lagerplätzen und welcher Bestand sich auf Ressourcen befindet. »Bestand auf Ressourcen« heißt, dass dieser Bestand gerade bewegt wird. Wenn die Ressource die HU auf einem Lagerplatz ablegt, muss dieser Lagerplatz gescannt werden. Die HU wird dann auf diesen Lagerplatz zurückgebucht.

Abbildung 5.4 zeigt, wie das SAP-EWM-System im Hintergrund beim Scannen einer HU mit einem mobilen Endgerät den Bestand und die HU auf die Ressource umbucht. Den Bestand auf der Ressource sehen Sie in Abbildung 5.7.

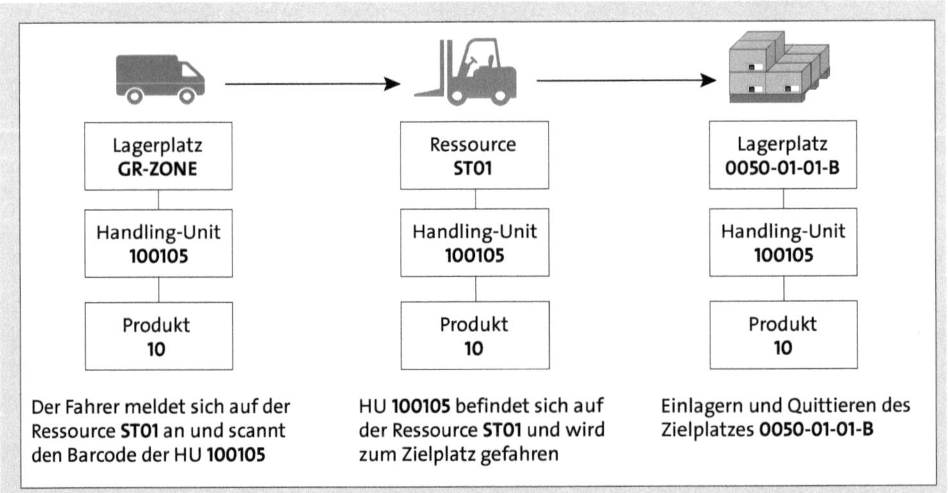

Abbildung 5.4 Bestandsführung auf Ressourcen bei der Verwendung des Ressourcenmanagements in SAP EWM

Die Bestandsführung auf Ressourcen lässt sich im Customizing ein- und ausschalten. Sie erreichen die Einstellung über den Customizing-Pfad **Extended Warehouse Management • Prozessübergreifende Einstellungen • Ressourcenmanagement • Queues definieren • Queues definieren** (siehe Abbildung 5.5).

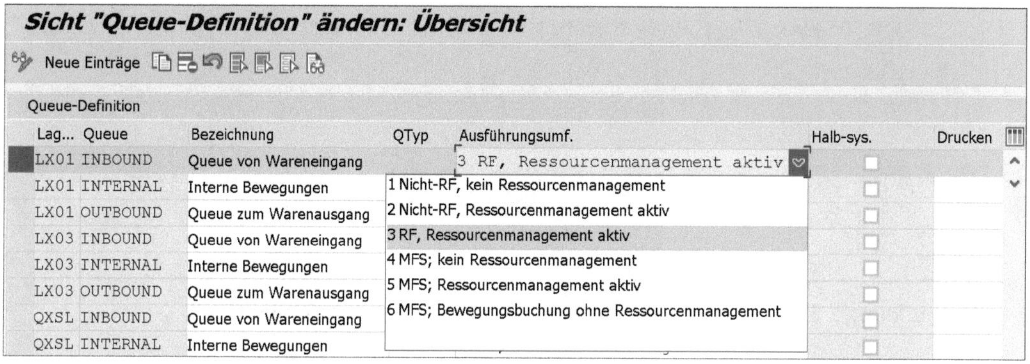

Abbildung 5.5 Bestandsbuchung auf Ressourcen bei aktivem Ressourcenmanagement

RF-Framework und Ressourcen

Für die Arbeit mit mobilen Endgeräten stellt das SAP-EWM-System das *RF-Framework* (RF = *Radio Frequency*) zur Verfügung, das aus einer Vielzahl sogenannter *logischer Transaktionen* zusammengesetzt ist. Viele, aber nicht alle logischen Transaktionen in EWM unterstützen das Führen von Bestand auf Ressourcen (Ressourcenmanagement). Wir stellen Ihnen in Kapitel 13, »Radio Frequency und Mobile«, sowohl das RF-Framework als auch das Ressourcenmanagement vor.

Bestandsführung auf Transporteinheiten

Während des EWM-Wareneingangsprozesses können Sie mit Transporteinheiten (TEs) arbeiten und Lieferungen sowie HUs einer Transporteinheit zuweisen. Wenn Sie für eine Transporteinheit den Wareneingang buchen, kann das SAP-EWM-System den Bestand auf diese Transporteinheit buchen – anstatt auf den normalen Warenbewegungsplatz. Die Bestandsführung auf Ressourcen lässt sich im Customizing ein- und ausschalten. Wählen Sie dazu den Customizing-Pfad **Extended Warehouse Management • Prozessübergreifende Einstellungen • Warenannahme und Versand • Allgemeine Einstellungen • Steuerung von Warenbewegungen einrichten** (siehe Abbildung 5.6). Sie können hier entscheiden, ob der Bestand beim Wareneingang auf den in der Lieferposition angegebenen Lagerplatz (in der Lieferposition *Warenbewegungsplatz* genannt) oder auf die Transporteinheit gebucht werden soll.

Im Warenausgangsprozess gilt entsprechend: Es wird der verladene Bestand auf eine Transporteinheit gebucht, wenn der Auslieferung eine aktive Transporteinheit zugewiesen ist und das Verladen mit einem Ladeschritt der prozessorientierten Lagerungssteuerung durchgeführt wird. Weitere Informationen dazu finden Sie in Kapitel 9, »Warenausgangsprozess«.

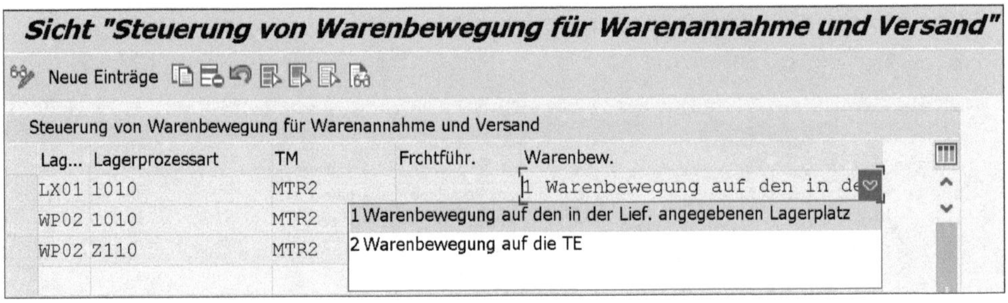

Abbildung 5.6 Warenbewegung auf das Objekt TE (Transporteinheit)

Überwachung der Bestände auf Ressourcen und Transporteinheiten

Die Bestände aller drei Ebenen (Lagerplatz, Ressource und Transporteinheit) können Sie mit dem Lagermonitor überwachen. Bei jedem Monitorknoten, der Bestände anzeigt, finden Sie unten auf dem Selektionsbild drei Kennzeichen, mit denen Sie die Überwachung von Lagerplätzen, Ressourcen und Transporteinheiten ausschließen können. Aus Performancegründen ist standardmäßig nur die Selektion auf Lagerplätze eingeschaltet. Abbildung 5.7 zeigt den deaktivierten Ausschluss von Ressourcenbeständen und das Beispiel aus Abbildung 5.5 mit dem Bestand auf der Ressource ST01 vor der Einlagerung am Zielplatz.

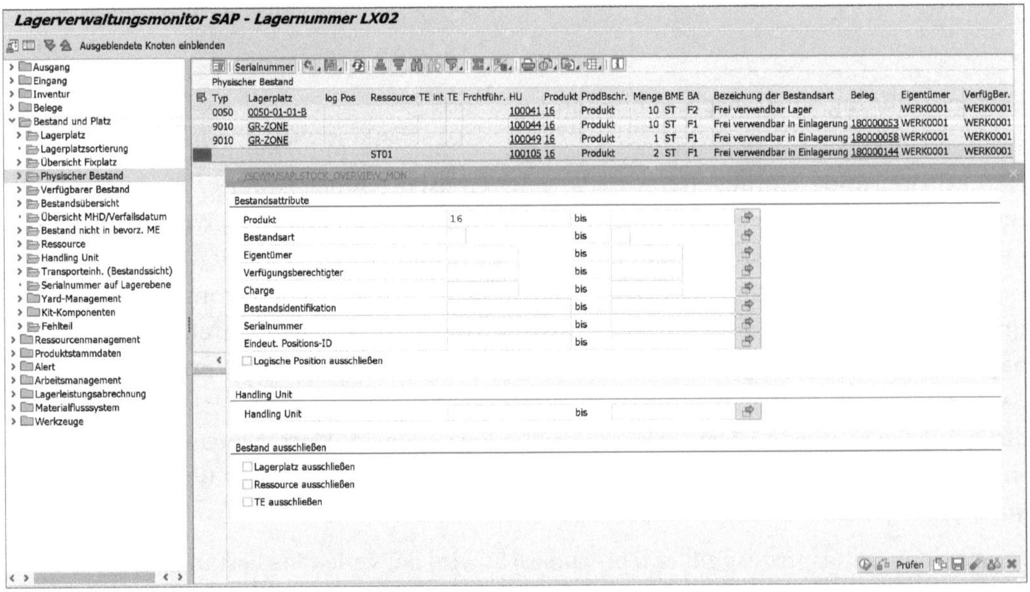

Abbildung 5.7 Bestand auf Lagerplätzen, Ressourcen und Transporteinheiten selektieren

5.1.4 Physischer und verfügbarer Bestand, eingehende und ausgehende Mengen

In diesem Abschnitt gehen wir näher auf die Begriffe physischer Bestand und verfügbarer Bestand ein und zeigen Ihnen, wie Sie in SAP EWM eingehende und ausgehende Mengen (Mengen in offenen Lageraufgaben) pro Lagerplatz sehen können.

Physischer und verfügbarer Bestand

Der *physische Bestand* zeigt die sich momentan auf einer Lokation (Lagerplatz, Ressource oder Transporteinheit) befindlichen Quants an und wird in der Basismengeneinheit des Produkts verwaltet. Jedes Quant wird einzeln aufgeführt, und es wird die volle Menge angezeigt – unabhängig von offenen Lageraufgaben. Der physische Bestand stellt die Basis für die Berechnung des verfügbaren Bestands dar. Der verfügbare Bestand ist der Bestand, der für die Anlage von Lageraufgaben zur Verfügung steht.

[zB]

Beispiel für physischen und verfügbaren Bestand

Wenn Sie z. B. einen physischen Bestand von zehn Stück eines Materials haben und eine Lageraufgabe von diesem Bestand mit der Menge sechs Stück angelegt haben, sind noch vier Stück für die Anlage weiterer Lageraufgaben verfügbar. Der verfügbare Bestand liegt also bei vier Stück.

Außerdem kann der verfügbare Bestand eine *Aggregation* von mehreren physischen Beständen darstellen, z. B., wenn sich diese Bestände in unterschiedlichen HUs befinden oder auf verschiedene Chargen aufgeteilt sind. Wenn sich die Bestände eines Materials z. B. auf drei physische HUs verteilen, können Sie für die Berechnung des verfügbaren Bestands einstellen, ob die Mengen einzeln für jede HU verfügbar sein sollen oder HU-übergreifend aggregiert werden (also 15 Stück verfügbarer Bestand, wenn jede einzelne der drei HUs fünf Stück Bestand beinhaltet). Ein Beispiel finden Sie in Abbildung 5.9. Auf die gleiche Weise können Sie eine Aggregation auf der Chargenebene einstellen. In beiden Fällen führt eine Aggregation des Bestands dazu, dass das SAP-EWM-System Lageraufgaben ohne Angabe der zu kommissionierenden HU (bzw. der zu kommissionierenden Charge) anlegt. Das EWM-System übernimmt somit nicht selbst die Suche nach der richtigen HU, sodass Sie die HU bei der Quittierung auswählen müssen.

[zB]

Beispiel für Aggregation

Sie haben ein Blocklager, in dem Sie Paletten lagern, in dem sich zwei Paletten eines Materials mit jeweils 100 Stück auf einem Platz befinden. Sie legen eine Lageraufgabe mit einer Menge von 50 Stück an. Wenn die Ebene des verfügbaren Bestands HU-un-

> abhängig ist (Aggregation), legt das SAP-EWM-System die Lageraufgabe ohne Angabe einer Von-HU an. In diesem Fall muss der Lagerangestellte bei der Quittierung der Lageraufgabe dem System mitgeben, aus welcher HU er die 50 Stück genommen hat. Wenn die Ebene des verfügbaren Bestands HU-abhängig ist (keine Aggregation), bestimmt das SAP-EWM-System beim Anlegen einer Lageraufgabe die HU gemäß der eingestellten Auslagerungsstrategie selbst.

Die Ebene des verfügbaren Bestands für HUs und für Chargen legen Sie über den Customizing-Pfad **Extended Warehouse Management • Stammdaten • Lagertyp definieren** fest (siehe Abbildung 5.8). Die Einstellungen steuern die Ebene des verfügbaren Bestands, links für HUs und rechts für Chargen. Den physischen und den verfügbaren Bestand eines Lagerplatzes können Sie sich im Lagermonitor anzeigen lassen.

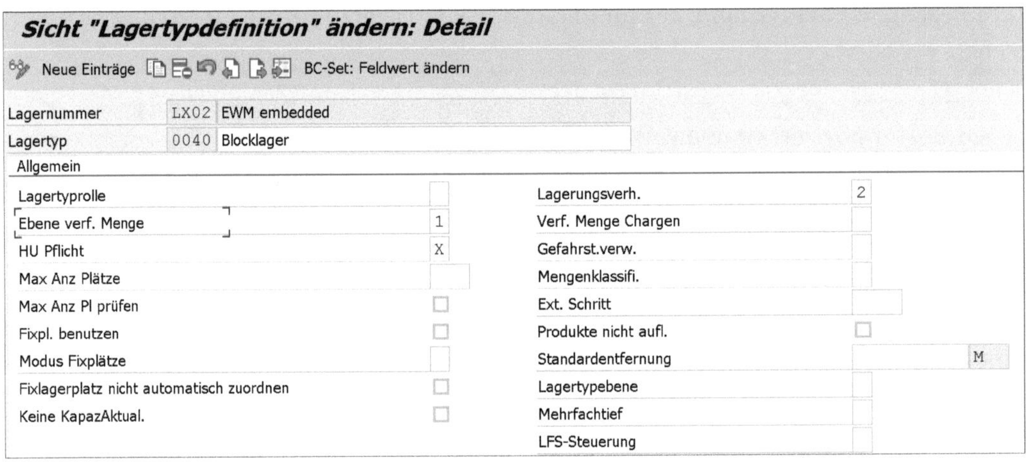

Abbildung 5.8 Ebene des verfügbaren Bestands pro Lagertyp einrichten

In Abbildung 5.9 sehen Sie ein Beispiel, in dem der physische Bestand der drei HUs 100086 (50 ST), 100087 (50 ST) und 100088 (50 ST) auf der Ebene des verfügbaren Bestands im Lagertyp 0040 auf 150 Stück aggregiert ist.

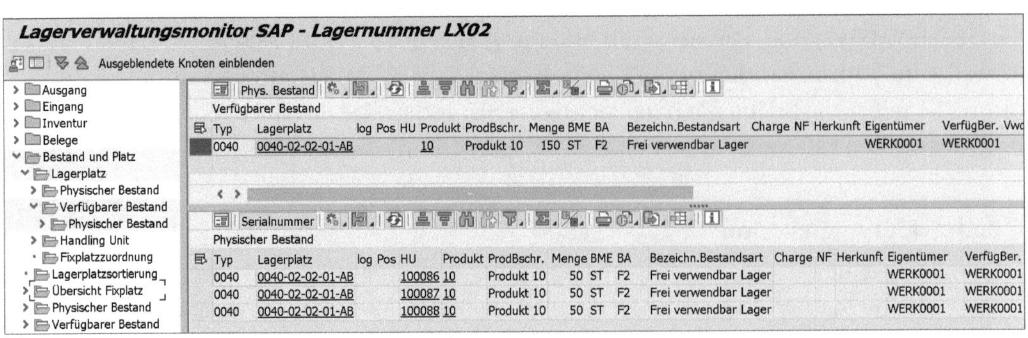

Abbildung 5.9 Beispiel von aggregiertem verfügbaren Bestand pro Lagerplatz (Blocklager)

Bestandsübersicht: eingehende und ausgehende Mengen anzeigen

Im Knoten des Lagermonitors **Bestand und Platz • Bestandsübersicht** können Sie sich die ein- und ausgehenden Mengen eines Lagerplatzes anzeigen lassen. So sehen Sie, welche Mengen sich in von dem Lagerplatz ausgehenden offenen Lageraufgaben befinden (ausgehende Menge) und welche Mengen sich in den Lageraufgaben befinden, die den aktuellen Platz als Zielplatz verwenden. In Abbildung 5.10 sehen Sie ein entsprechendes Beispiel mit den entsprechenden Bestandsarten, die wir Ihnen im nachfolgenden Abschnitt näher erläutern.

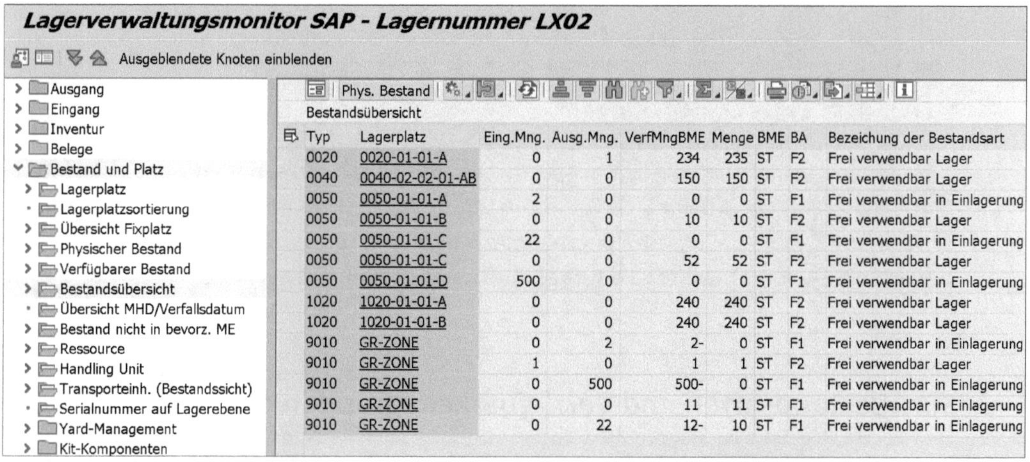

Typ	Lagerplatz	Eing.Mng.	Ausg.Mng.	VerfMngBME	Menge	BME	BA	Bezeichung der Bestandsart
0020	0020-01-01-A	0	1	234	235	ST	F2	Frei verwendbar Lager
0040	0040-02-02-01-AB	0	0	150	150	ST	F2	Frei verwendbar Lager
0050	0050-01-01-A	2	0	0	0	ST	F1	Frei verwendbar in Einlagerung
0050	0050-01-01-B	0	0	10	10	ST	F2	Frei verwendbar Lager
0050	0050-01-01-C	22	0	0	0	ST	F1	Frei verwendbar in Einlagerung
0050	0050-01-01-C	0	0	52	52	ST	F2	Frei verwendbar Lager
0050	0050-01-01-D	500	0	0	0	ST	F1	Frei verwendbar in Einlagerung
1020	1020-01-01-A	0	0	240	240	ST	F2	Frei verwendbar Lager
1020	1020-01-01-B	0	0	240	240	ST	F2	Frei verwendbar Lager
9010	GR-ZONE	0	2	2-	0	ST	F1	Frei verwendbar in Einlagerung
9010	GR-ZONE	1	0	1	1	ST	F2	Frei verwendbar Lager
9010	GR-ZONE	0	500	500-	0	ST	F1	Frei verwendbar in Einlagerung
9010	GR-ZONE	0	0	11	11	ST	F1	Frei verwendbar in Einlagerung
9010	GR-ZONE	0	22	12-	10	ST	F1	Frei verwendbar in Einlagerung

Abbildung 5.10 Bestandsübersicht mit eingehender und ausgehender Menge

5.1.5 Logistics Inventory Management Engine

Um die Bestände des Lagers effizient zu speichern, benutzt das SAP-EWM-System intern die *Logistics Inventory Management Engine* (LIME). Die LIME ermöglicht ein sehr flexibles Nähe-Echtzeit-Management von Beständen und Inventar. Als Engine ist die LIME zunächst eine von SAP EWM unabhängige Komponente und wurde von SAP so entwickelt, dass sie auch von anderen Lösungen verwendet werden kann.

[«]

LIME aus Anwender- und Entwicklersicht

Als Anwender sehen Sie zwar nichts von der LIME, dennoch kann es nützlich sein, von ihrer Existenz zu wissen. Insbesondere, wenn Sie das SAP-EWM-System erweitern müssen und Zusatzentwicklungen durchführen, sollten Sie wissen, worum es sich bei der LIME handelt.

Die LIME umfasst ein mächtiges Framework von über 100 Datenbanktabellen, Klassen und Funktionsbausteinen. Sie beinhaltet eine Anzahl von Queries für das effiziente Lesen des aktuellen und historischen Bestands. Die Haupttabellen der LIME sind

/LIME/NTREE (diese Tabelle beinhaltet die Bestandshierarchie in Form einer Baumstruktur) und /LIME/NQUAN (diese Tabelle enthält die Mengen für die Bestandsknoten). In der Tabelle /LIME/NTREE gibt es Basisknoten (ein Root, Typ R), Lokationsknoten (Typ L) und HU-Knoten (Typ H). Die Bestandsknoten (Typ S) sind in der Tabelle /LIME/NQUAN enthalten.

Zusätzlich zu diesen beiden Haupttabellen gibt es noch Indextabellen (die Tabellennamen starten mit /SCWM/STOCK_, /SCWM/HU_ und /SCWM/LOC_) und Schattentabellen. Es ist möglich, Bestände der LIME direkt an SAP Business Warehouse (SAP BW) zu übertragen.

[»]

Bestandstabellen in SAP EWM zusätzlich zur LIME

Zusätzlich zu den LIME-Tabellen enthält das SAP-EWM-System noch eigene Tabellen, in denen zusätzliche, SAP-EWM-spezifische Bestandsinformationen abgelegt sind. Tabelle /SCWM/QUAN beinhaltet Quantattribute wie z. B. Wareneingangsdatum und MHD. Die Tabelle /SCWM/AQUA beinhaltet die aggregierten verfügbaren Bestände und wird von SAP EWM während der Lagerauftragserstellung verwendet.

5.2 Bestandsarten und Verfügbarkeitsgruppen

In SAP EWM können Bestände – genauso wie in SAP S/4HANA Stock Room Management – in verschiedene Arten unterteilt werden, z. B. in freien verfügbaren Bestand, gesperrten Bestand und Qualitätsprüfbestand. Diese Unterteilung erfolgt anhand der *Bestandsart*. Im Unterschied zu LE-WM beinhaltet die SAP-EWM-Bestandsart jedoch auch Informationen darüber, in welchem SAP-ERP-Lagerort sich der Bestand befindet. Im SAP-EWM-Standard bezieht sich die Bestandsart F1 auf den frei verfügbaren Bestand, der sich im SAP-ERP-Lagerort ROD befindet, während die Bestandsart F2 freiverfügbaren Bestand definiert, der sich im SAP-ERP-Lagerort AFS befindet.

[»]

ROD- und AFS-Lagerorte

Die Lagerorte ROD und AFS aus dem SAP-EWM-Standard können Sie frei benennen und dies im Customizing hinterlegen. ROD steht für *Received on Dock* und führt den sich in Einlagerung befindlichen Bestand, während AFS für *Available for Sales* steht und den bereits final eingelagerten und beispielsweise den für die Bestätigung von Kundenaufträgen relevanten Bestand führt. Wir haben Ihnen die Lagerorte bereits in Kapitel 3, »Organisationsstruktur«, erläutert.

5.2.1 Bestandsarten

Tabelle 5.1 zeigt die wesentlichen Bestandsarten im SAP-EWM-Standard. Wie Sie eigene Bestandsarten anlegen, beschreiben wir am Ende dieses Abschnitts.

Bestandsart	Beschreibung
B5	Gesperrt in Einlagerung
B6	Gesperrt Lager
C1	Zoll – Frei in Einlagerung
C2	Zoll – Frei verwendbar Lager
C3	Zoll – Qualität in Einlagerung
C4	Zoll – Qualität Lager
C5	Zoll – Gesperrt in Einlagerung
C6	Zoll – Gesperrt Lager
C7	Zoll – Retouren in der Einlagerung
C8	Zoll – Retouren im Lager
D1	Cross-Docking frei
F1	Frei verwendbar in Einlagerung
F2	Frei verwendbar Lager
P2	Frei verwendbar Produktion
P4	Bestand in Q-Prüfung in Produktion
P6	Gesperrt in Produktion
Q3	Qualitätsprüfbestand in Einlagerung
Q4	Qualitätsprüfbestand Lager
R7	Retourensperrbestand in Einlagerung
R8	Retourensperrbestand Lager
S5	Verschrottung aus Einlagerung
S6	Verschrottung aus Lager

Tabelle 5.1 Wesentliche Bestandsarten im SAP-EWM-Standard

Die meisten Bestandsarten gibt es also als Paar: eine Bestandsart für den sich in Einlagerung befindlichen Bestand und eine für bereits eingelagerten Bestand. Dies verdeutlicht auch Abbildung 5.11. Zur Bestandsart B5 gehört die Bestandsart B6, zur Bestandsart C3 gehört die Bestandsart C4 usw.

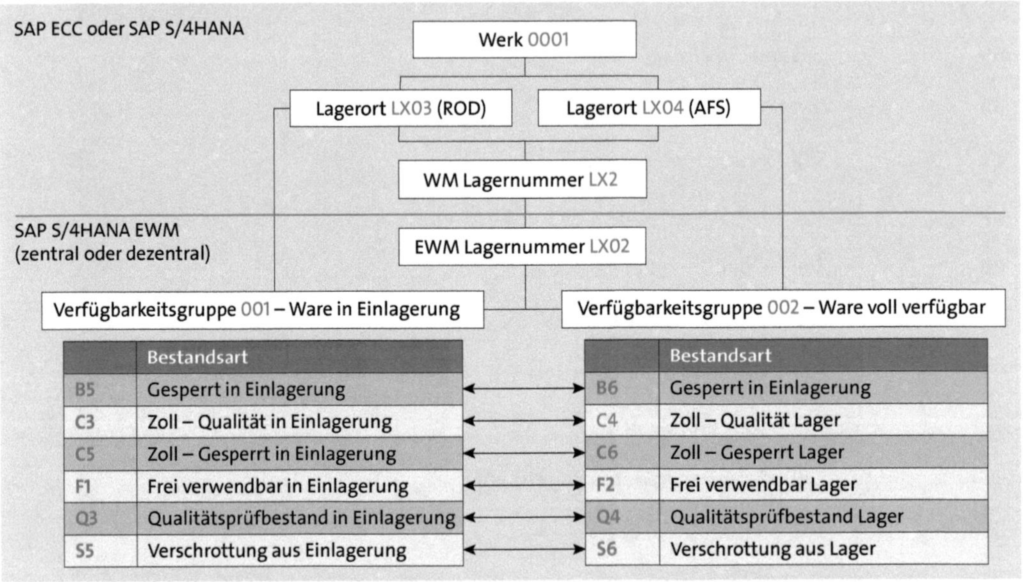

Abbildung 5.11 Bestandsarten, die zu den Lagerorten ROD und AFS gehören

5.2.2 Verfügbarkeitsgruppen

Die Beziehung zwischen den SAP-ERP-Lagerorten (ROD und AFS) sowie den SAP-ERP-Bestandsarten (Frei, Gesperrt, Qualität) und den SAP-EWM-Bestandsarten wird im SAP-EWM-System über die sogenannte *Verfügbarkeitsgruppe* hergestellt. Es gibt vier Verfügbarkeitsgruppen im SAP-EWM-Standard (siehe Tabelle 5.2).

Verfügbarkeitsgruppe	Beschreibung
001	Ware in Einlagerung
002	Ware voll verfügbar
003	Bestand in Fertigung
CD	Cross-Docking

Tabelle 5.2 Verfügbarkeitsgruppen im SAP-EWM-Standard

Die Verfügbarkeitsgruppe weisen Sie den SAP-ERP-Lagerorten über den Customizing-Pfad **Extended Warehouse Management • Schnittstellen • ERP-Integration • Wa-**

renbewegungen • Lagerorte aus dem ERP-System in EWM abbilden zu (siehe Abbildung 5.12).

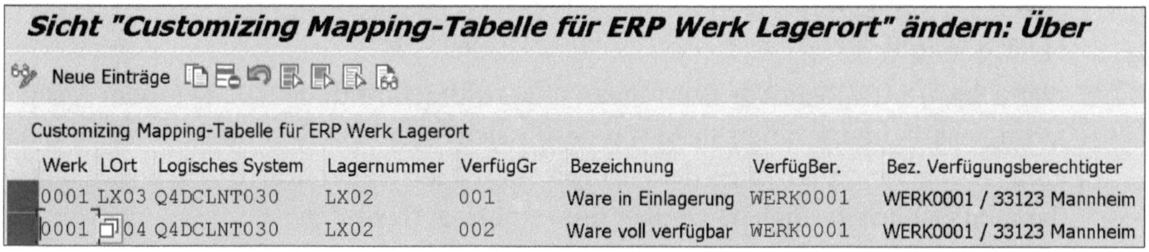

Abbildung 5.12 SAP-ERP-Lagerorte zu den SAP-EWM-Verfügbarkeitsgruppen zuordnen

Die Verfügbarkeitsgruppe ist ein Attribut einer Bestandsart und steht für einen zum Lager gehörigen Lagerort. In Abbildung 5.13 ist dem SAP-ERP-Lagerort LX03 (ROD) von Werk 0001 die Verfügbarkeitsgruppe 001 in der SAP-EWM-Lagernummer LX02 und die Bestandsart F1 zugewiesen. Nachdem Sie die Verfügbarkeitsgruppen angelegt haben, müssen Sie sie den Bestandsarten zuweisen, also z. B. die Verfügbarkeitsgruppe 001 zu Bestandsart F1. Dafür verwenden Sie die Customizing-Aktivität über den Pfad **Extended Warehouse Management • Wareneingangsprozess • Verfügbarkeitsgruppe bei Einlagerung einstellen • Bestandsart einstellen** (siehe Abbildung 5.13).

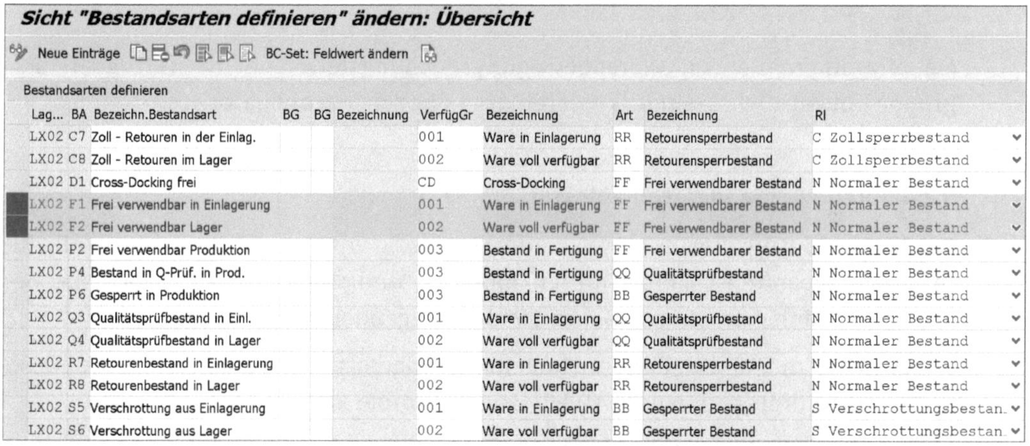

Abbildung 5.13 SAP-EWM-Verfügbarkeitsgruppen zu den SAP-EWM-Bestandsarten zuordnen

5.2.3 Automatische Umbuchung bei der Quittierung von Lageraufgaben

Sie können das SAP-EWM-System so einstellen, dass bei einer Einlagerung in einen bestimmten Lagertyp der einzulagernde Bestand automatisch in eine andere Verfügbarkeitsgruppe (und damit in einen anderen SAP-ERP-Lagerort) umgebucht wird.

Dies wird im Wareneingangsprozess dazu genutzt, bei der Quittierung finaler Einlageraufgaben den Bestand in einen Lagerort mit frei verfügbarem Bestand umzubuchen. Die Verfügbarkeitsgruppe wechselt damit von 001 auf 002, die Bestandsart von F1 nach F2 und der SAP-ERP-Lagerort von ROD nach AFS.

Wenn Sie in SAP ERP mit der Verfügbarkeitsprüfung für Kundenaufträge oder Auslieferungen arbeiten, können Sie Bestände, die sich noch in Einlagerung befinden, ganz einfach über den Ausschluss des Lagerortes ROD ausblenden. So ist ein Bestand erst dann tatsächlich verfügbar, wenn er final eingelagert worden ist.

Die automatische Umbuchung bei der Quittierung von Lageraufgaben stellen Sie im Customizing über den Pfad **Extended Warehouse Management • Stammdaten • Lagertyp definieren** ein (siehe Abbildung 5.14).

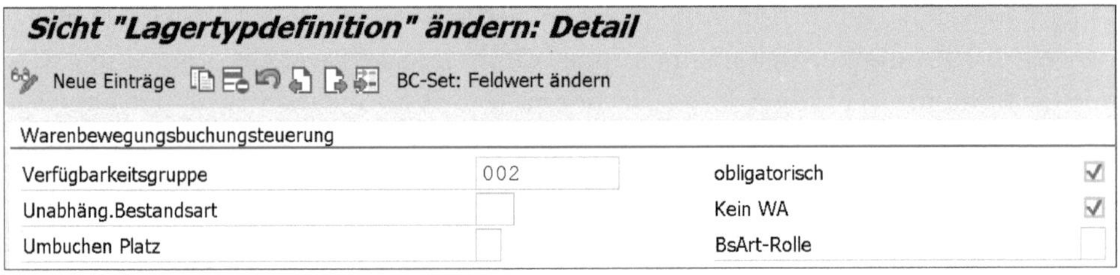

Abbildung 5.14 Warenbewegungssteuerung eines Lagertyps

Sie pflegen im Bereich **Warenbewegungsbuchungsteuerung** die Verfügbarkeitsgruppe (im Beispiel 002) und aktivieren das Kennzeichen **obligatorisch**.

5.2.4 Neue Bestandsarten anlegen

Bei der Einführung von SAP EWM kommt es häufig vor, dass Sie Bestand in SAP ERP in einem separaten Lagerort führen möchten und somit in SAP EWM neue Bestandsarten anlegen müssen. Gehen Sie dazu folgendermaßen vor:

1. Legen Sie im SAP-ERP-System einen neuen Lagerort an, und weisen Sie die Werk-Lagerort-Kombination der SAP-ERP-Lagernummer zu.

   Beispiel: Sie legen Lagerort LO02 an, und weisen ihn der SAP-ERP-Lagernummer 001 zu.

2. Erstellen Sie im SAP-EWM-System eine neue Verfügbarkeitsgruppe, z. B. Verfügbarkeitsgruppe Z02. Gehen Sie dazu ins SAP-EWM-Customizing, und wählen Sie den Pfad **Extended Warehouse Management • Wareneingangsprozess • Verfügbarkeitsgruppe bei Einlagerung einstellen • Bestandsart einstellen** (siehe Abbildung 5.13).

3. Erstellen Sie eine neue Bestandsart im Customizing der LIME, z. B. Bestandsart Z2, über den Customizing-Pfad **SCM-Basis • Logistics Inventory Management Engine (LIME) • Grundeinstellungen • Anwendungsspezifische Einstellungen • Bestandsart festlegen**. Dies ist notwendig, weil Sie in SAP EWM (siehe nächster Schritt) nur Bestandsarten verwenden können, die zuvor in der LIME angelegt worden sind.
4. Erstellen Sie eine neue Bestandsart in SAP EWM mit demselben Namen wie der Bestandsart, die Sie in der LIME angelegt haben, also Z2, und weisen Sie die neue Verfügbarkeitsgruppe Z02 zu. Verwenden Sie dafür im Customizing den Pfad **Extended Warehouse Management • Wareneingangsprozess • Verfügbarkeitsgruppe bei Einlagerung einstellen • Bestandsart einstellen** (siehe Abbildung 5.13).
5. Erstellen Sie nun den Eintrag im Customizing der SAP-ERP-EWM-Schnittstelle, und weisen Sie Ihrem Werk und dem Lagerort L002 die Verfügbarkeitsgruppe Z02 zu. Verwenden Sie im Customizing den Pfad **Extended Warehouse Management • Schnittstellen • ERP-Integration • Warenbewegungen • Lagerorte aus dem ERP-System in EWM abbilden** (siehe Abbildung 5.12).
6. Nun haben Sie die Bestandsart Z2 in SAP EWM angelegt und können zum Test eine Umbuchung anlegen. Wählen Sie einen normalen, frei verwendbaren Bestand, und buchen Sie ihn in die Bestandsart Z2 um. Wenn alles richtig eingestellt ist, müsste der Bestand im SAP-ERP-System ebenfalls in den Lagerort L002 umgebucht worden sein.
7. *Optional*: Wenn Sie Umbuchungen in die neue Verfügbarkeitsgruppe Z02 automatisch durchführen wollen, da Sie Bestand in einen bestimmten Lagerort einlagern, weisen Sie diese Verfügbarkeitsgruppe im Customizing dem Lagerort zu und setzen das Kennzeichen **obligatorisch**. Verwenden Sie dafür den Customizing-Pfad **Extended Warehouse Management • Stammdaten • Lagertyp definieren** (siehe Abbildung 5.14).

[+]

Bestandsarten mit mehr als zwei Zeichen in SAP EWM

Wie Sie in diesem Abschnitt gesehen haben, hat die Bestandsart in SAP EWM nur zwei Zeichen, obwohl sie letztlich im SAP-ERP-System eine Kombination aus Lagerort und SAP-ERP-Bestandsart darstellt. Der SAP-ERP-Lagerort hat vier Zeichen, d. h., die SAP-EWM-Bestandsart müsste eigentlich aus fünf Zeichen bestehen, um alle Möglichkeiten abzudecken. Falls Ihnen die beiden Zeichen der SAP-EWM-Bestandsart nicht ausreichen, gibt es jedoch dennoch Möglichkeiten im Rahmen einer Modifikation. Wenden Sie sich dazu an Ihr Beratungshaus.

5.3 Besitzer, Verfügungsberechtigter und Eigentümer

Das Bestandsmodell von SAP EWM sieht drei Parteien vor, die Einfluss auf den Bestand haben: den *Besitzer*, den *Verfügungsberechtigten* und den *Eigentümer*. Alle drei Parteien werden im SAP-EWM-System als Geschäftspartner abgebildet. Die englischen Begriffe sind *Party Entitled to Dispose*, *Custodian* und *Owner*. In den folgenden Abschnitten gehen wir im Einzelnen auf diese drei Geschäftspartner ein; an dieser Stelle möchten wir die Beziehungen zwischen ihnen kurz verdeutlichen:

- **Besitzer**
  Das SAP-EWM-Lager ist einem Geschäftspartner zugeordnet, der das physische Eigentum an den Beständen besitzt und die Organisation repräsentiert, die das Lager physisch verwaltet. Dieser *Besitzer* kann sich von der Partei unterscheiden, die berechtigt ist, über den Bestand zu verfügen (*Verfügungsberechtigter*) und dem eigentlichen *Eigentümer*, dem die Bestände rechtlich gehören. Ein SAP-EWM-Lager hat immer genau einen Besitzer.
- **Verfügungsberechtigter**
  Der Verfügungsberechtigte ist die Partei, die über den Bestand *verfügen* darf. Der Verfügungsberechtigte im EWM-System entspricht immer dem Geschäftspartner, der dem Werk mit der Lieferantenpartnerrolle zugewiesen wurde.
- **Eigentümer**
  Der Eigentümer ist die Partei, der der Bestand rechtlich gehört. Normalerweise entspricht der Eigentümer ebenfalls dem Geschäftspartner des SAP-ERP-Werkes – es sei denn, Sie arbeiten mit Lieferantenkonsignationsbestand. In diesem Fall gehört der Bestand rechtlich dem Lieferanten, sodass er (der Geschäftspartner des Lieferanten) auch der Eigentümer im EWM-System ist, siehe hierzu auch Abbildung 5.22.

In den folgenden Abschnitten gehen wir im Detail auf diese drei Parteien ein.

5.3.1 Besitzer des Lagers

Wie schon erwähnt, stellt der Besitzer die EWM-Rolle dar, der das Lager gehört – nur das Lager selbst, nicht zwangsläufig auch der Bestand im Lager. Wenn Ihr EWM-Lager mit *einem* Werk verbunden ist, können Sie den mit dem Werk verbundenen Geschäftspartner als Besitzer verwenden. Wenn Ihr SAP-EWM-Lager mit *mehreren* Werken verbunden ist, können Sie als Besitzer entweder einen mit einem der Werke verbundenen Geschäftspartner verwenden oder einen Geschäftspartner, den Sie dafür manuell angelegt haben. Der Besitzer wird als Information in SAP EWM gespeichert, aber in keinem Lagerprozess verwendet. Wählen Sie dazu im SAP-Easy-Access-Menü den Pfad **Extended Warehouse Management • Einstellungen • Zuordnungen: Lager-**

nummern/Geschäftspartner oder Transaktion /SCWM/LGNBP, und weisen Sie der EWM-Lagernummer den Geschäftspartner des Besitzers zu (siehe Abbildung 5.15).

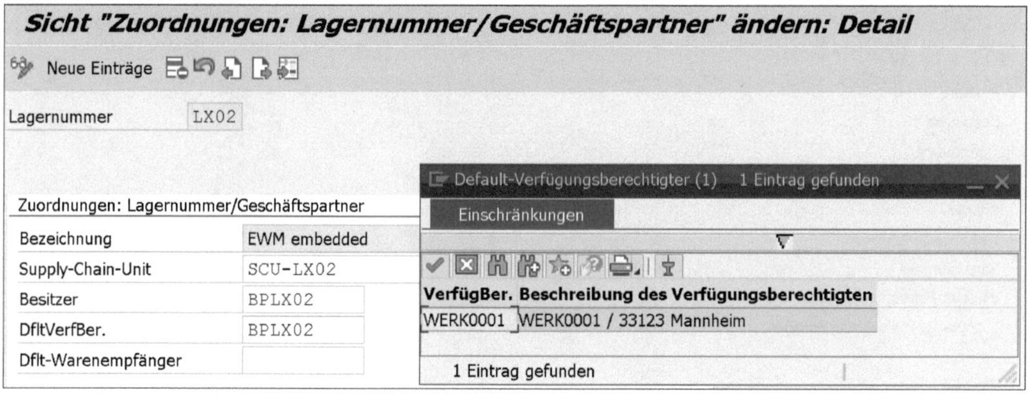

Abbildung 5.15 Der Lagernummer den Besitzer und Default-Verfügungsberechtigten zuweisen

5.3.2 Mit Verfügungsberechtigten arbeiten

Der Verfügungsberechtigte ist die Partei, die über den Bestand verfügen darf. Der Verfügungsberechtigte eines Bestands im EWM-System entspricht per Definition dem zu diesem Bestand gehörenden Werk im SAP-ERP-System. Der Verfügungsberechtigte ist immer der *Geschäftspartner* des SAP-ERP-Werkes.

Wenn Sie in Ihrer EWM-Lagernummer nur Bestände *eines* SAP-ERP-Werkes führen, gibt es auch nur *einen* Verfügungsberechtigten in SAP EWM. Um in diesem Fall nicht in allen EWM-Transaktionen den Verfügungsberechtigten eingeben zu müssen, können und sollten Sie das Feld **DfltVerfBer.** (Default-Verfügungsberechtigter) der EWM-Lagernummer pflegen (siehe Abbildung 5.15).

Wenn Sie Bestand *mehrerer* SAP-ERP-Werke in Ihrer EWM-Lagernummer verwalten, haben Sie auch mehrere Verfügungsberechtigte und müssen in vielen EWM-Transaktionen den richtigen Verfügungsberechtigten auswählen, wenn Sie Belege anlegen. In diesem Fall sollten Sie das Feld **DfltVerfBer.** der EWM-Lagernummer nicht pflegen.

In allen Knoten des Lagermonitors, die mit Beständen und Lieferpositionen zu tun haben, können Sie den Verfügungsberechtigten zur Selektion nutzen (siehe Abbildung 5.16).

Bei der Verarbeitung von EWM-Lieferungen können Sie in den Default-Werten einen Verfügungsberechtigten angeben (siehe Abbildung 5.17). Dieser Verfügungsberechtigte wird genutzt, wenn Sie eine Anlieferung in SAP EWM manuell anlegen. Dies trifft für alle Lieferbelege zu, sowohl für An- als auch für Auslieferungen. In den Fällen, in denen die Anlieferung bereits in SAP ERP angelegt worden ist, müssen Sie dieses Feld nicht pflegen, da, wie oben beschrieben, der Verfügungsberechtigte des Werkes verwendet wird.

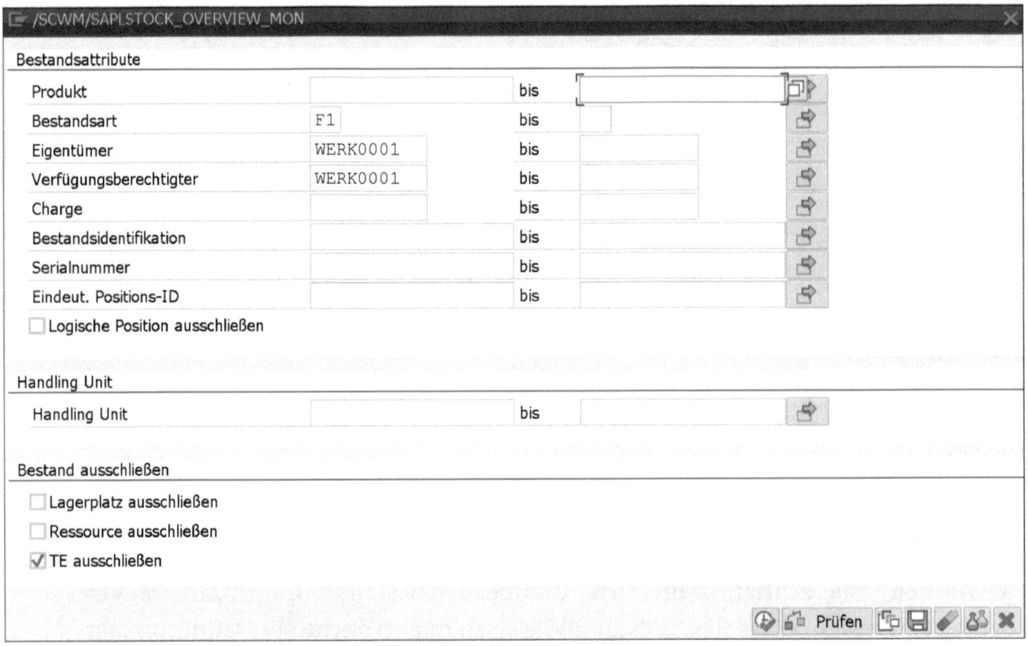

Abbildung 5.16 Bestände eines Verfügungsberechtigten im Lagermonitor selektieren

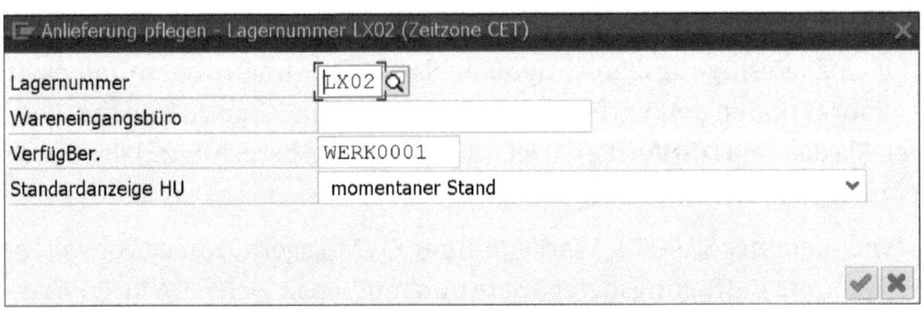

Abbildung 5.17 Default-Werte für die Lieferabwicklung pflegen

Wenn Sie mit Transaktion /SCWM/MAT1 die Lagerproduktsicht für ein Material pflegen, müssen Sie ebenfalls den Verfügungsberechtigten angeben (siehe Abbildung 5.18). Sie können somit die Lagerdaten für zwei Verfügungsberechtigte unterschiedlich pflegen, z. B., um eine andere Einlagerungsstrategie oder eine andere Lagerungssteuerung mit unterschiedlichen Prozessschritten zu finden, je nach Verfügungsberechtigtem.

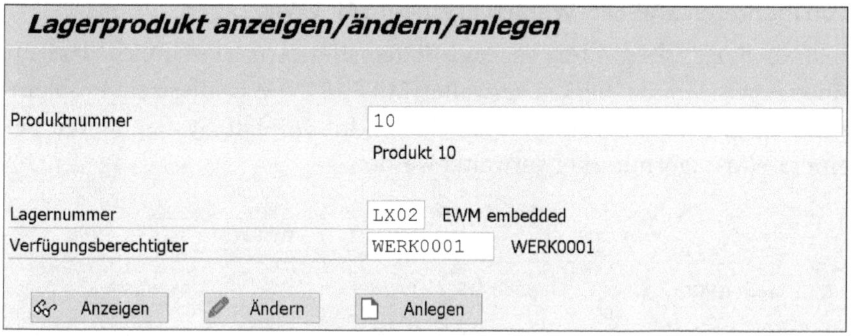

Abbildung 5.18 Lagerprodukte pflegen

Den Verfügungsberechtigten bei der Lagerproduktpflege weglassen

Wenn Sie einen Default-Verfügungsberechtigten der Lagernummer zugewiesen haben, können Sie den Verfügungsberechtigten bei der Lagerproduktpflege auch leer lassen. In diesem Fall wählt das SAP-EWM-System automatisch den Default-Verfügungsberechtigten der Lagernummer.

Bestände eines SAP-ERP-Werkes in einem SAP-EWM-Lager

Im einfachen Fall verwalten Sie in Ihrer EWM-Lagernummer nur Bestände *eines* Werkes. Damit ergibt sich das Bild aus Abbildung 5.19 mit nur einem Verfügungsberechtigten.

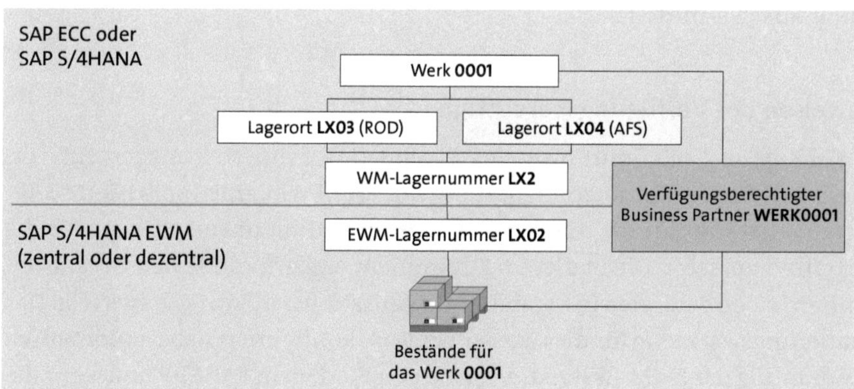

Abbildung 5.19 Organisationsstruktur mit einem Werk in SAP ERP und somit mit einem Verfügungsberechtigten in SAP EWM

In diesem Fall, in dem es in der Lagernummer nur einen Verfügungsberechtigten gibt, sollten Sie der Lagernummer einen Default-Verfügungsberechtigten zuweisen (siehe Abbildung 5.15).

Bestände von mehreren SAP-ERP-Werken in einem SAP-EWM-Lager

In manchen Branchen, insbesondere bei Logistikdienstleistern, ist es üblich, dass ein Lager Bestände von *mehreren* Werken verwaltet. Mit SAP EWM ist dies kein Problem. Abbildung 5.20 zeigt ein Szenario mit zwei Werken im SAP-ERP-System, deren Bestände in einer EWM-Lagernummer verwaltet werden.

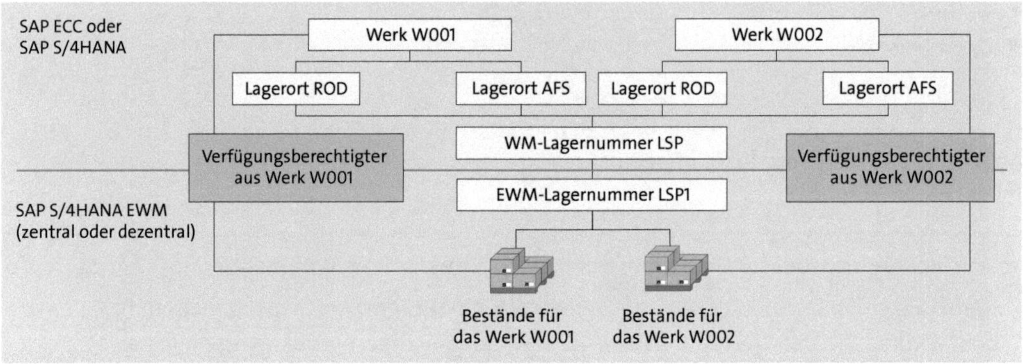

Abbildung 5.20 Bestand von zwei SAP-ERP-Werken mit zwei SAP-EWM-Verfügungsberechtigten in einem Lager

Es gibt für jedes Werk einen Verfügungsberechtigten in SAP EWM. Alle Bestände und Belege im EWM-System sind jeweils dem einen oder anderen Verfügungsberechtigten zugeordnet. Wenn Sie eine Lieferung manuell anlegen, müssen Sie angeben, für welchen der beiden Verfügungsberechtigten Sie dies tun. In diesem Fall wird das Werk in SAP ERP, ausgehend von dem in SAP EWM eingegebenen Verfügungsberechtigten, automatisch ermittelt.

5.3.3 Zuweisen des Verfügungsberechtigen

Wir haben in Kapitel 2, »Einführung in SAP Extended Warehouse Management«, erläutert, dass SAP für die Grundkonfiguration von SAP EWM eine toolbasierte SAP-ERP-Integration sowohl für die notwendigen Systemverbindungen als auch für die Lagerintegration anbietet. Die in diesem Zusammenhang erforderlichen Organisationsstrukturen haben wir Ihnen in Kapitel 3, »Organisationsstruktur«, vorgestellt. Das Implementierungswerkzeug für die Lagerintegration konfiguriert dabei automatisch u. a. die Zuordnung der EWM-Bestandsarten zu den Werken in SAP ERP und weist dabei den ERP-Werk-Lagerort-Kombinationen die Verfügbarkeitsgruppen in SAP EWM zu. Darüber hinaus werden sowohl der Besitzer des Lagers als auch die mit dem Lager verknüpften Verfügungsberechtigten zugeordnet. Wir zeigen Ihnen in diesem Abschnitt die notwendigen Customizing-Pfade, mit denen Sie für ein zentrales oder dezentrales EWM-System die Einstellungen kontrollieren oder auch Ihren Anforderungen entsprechend ändern können.

Verfügungsberechtigter in einem zentralen SAP S/4HANA EWM

In SAP EWM ist jedes SAP-ERP-Werk mit einem Geschäftspartner verknüpft, der bei werksübergreifenden Lieferprozessen (z. B. bei Umlagerungen) als Kunde oder Lieferant verwendet wird. Der Verfügungsberechtigte in SAP EWM entspricht dabei dem Geschäftspartner, der sowohl mit dem Lieferanten (Kreditor), als auch mit dem Kunden (Debitor) verbunden ist, die dem Werk zugeordnet wurden.

Die Kundennummer des empfangenden Werkes bei einer Umlagerbestellung pflegen Sie im Customizing über den Pfad **Materialwirtschaft • Einkauf • Bestellung • Umlagerungsbestellung einstellen • Versanddaten für Werke einstellen**.

Mit Transaktion BP können Sie Geschäftspartner anzeigen, ändern oder anlegen. Abbildung 5.21 zeigt den Geschäftspartner WERK0001, dem in der Rolle als Lieferant (FLVN01) in den allgemeinen Daten das Werk 0001 und der Lieferant (Kreditorennummer) WERK0001 zugeordnet wurden.

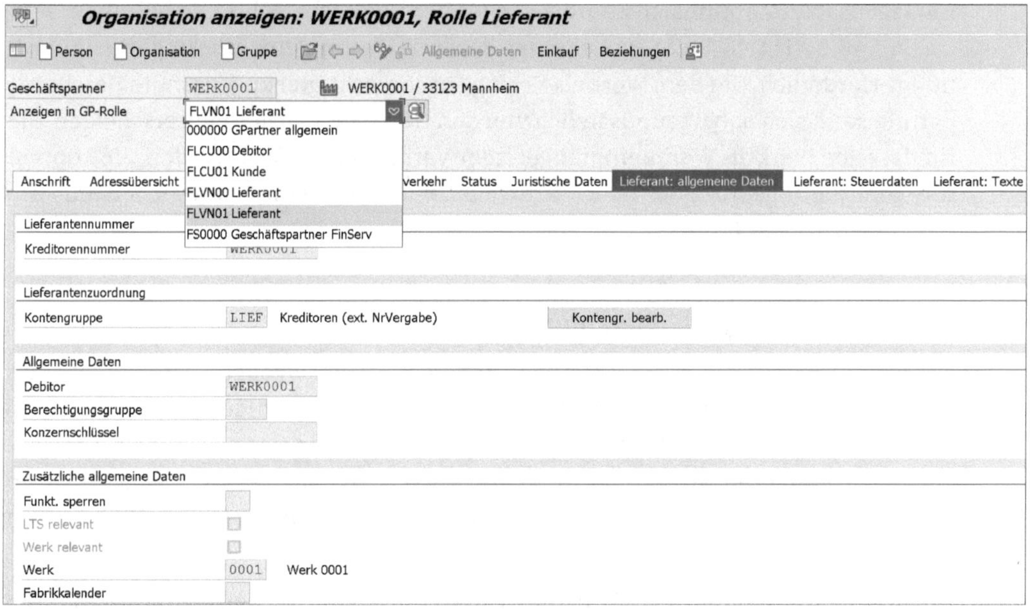

Abbildung 5.21 Werk dem Verfügungsberechtigten zuordnen

> **Optionale Zuordnung des Verfügungsberechtigten**
>
> In einem zentralen SAP S/4HANA EWM ist die Zuordnung eines Verfügungsberechtigten optional. Sofern Sie keinen Verfügungsberechtigten zugeordnet haben, ermittelt das System den Verfügungsberechtigten über den Geschäftspartner, dem in der Lieferantenrolle das Werk zugeordnet wurde. Ein Werk kann dabei nur einem Geschäftspartner als Verfügungsberechtigtem zugewiesen werden. Bei dem Versuch, einer Geschäftspartnerrolle ein Werk zuzuordnen, für das bereits eine Zuordnung besteht,

antwortet das System mit einer Fehlermeldung. Die Zuordnung eines Werkes zu einem Kunden (Debitor) und Lieferanten (Kreditor) können Sie in der Datenbanktabelle T001W mit Transaktion SE16 überprüfen.

Verfügungsberechtigter in einem dezentralen SAP S/4HANA EWM

Bei der Integration eines dezentralen SAP S/4HANA EWM werden für Lieferanten automatisch Geschäftspartner in SAP EWM angelegt und als Verfügungsberechtigte zugeordnet. Alternativ können Sie einen Geschäftspartner auch nur in EWM manuell anlegen und ihn dem ERP-Werk zuordnen. Sie finden diese Einstellungen im Customizing des dezentralen SAP-EWM-Systems über den Pfad **Extended Warehouse Management • Schnittstellen • ERP-Integration • Allgemeine Einstellungen • Geschäftspartner zum Werk zuordnen**.

Im Gegensatz zur optionalen Zuordnung des Verfügungsberechtigten bei einem zentralen SAP S/4HANA EWM ist bei einer dezentralen Implementierung eine Zuordnung erforderlich. Der dem Werk als Verfügungsberechtigter zugeordnete Geschäftspartner kann sich dabei grundsätzlich von den Geschäftspartnern unterscheiden, die für dasselbe Werk als Warenempfänger oder Versender gepflegt wurden. Sie können für Umlagerungsprozesse oder Direktauslieferungen einen abweichenden Geschäftspartner ermitteln.

5.3.4 Eigentümer und Lieferantenkonsignation

Der Eigentümer ist die Partei, der der Bestand gehört. Bei eigenen Beständen ist dies immer der Geschäftspartner, der einem bestimmten Werk zugeordnet ist, und bei Lieferantenkonsignationsbeständen ist es der Geschäftspartner, der dem entsprechenden Lieferanten zugeordnet ist. In SAP EWM ist es dabei jederzeit ersichtlich, ob der Bestand Ihnen gehört oder ob er sich noch im Besitz eines externen Lieferanten befindet (siehe Abbildung 5.22).

Abbildung 5.22 zeigt eine Anlieferung in SAP EWM mit Konsignationsbestand. Die Formularansicht der Anlieferposition zeigt die Bestandsverwendung (Bestandsverw.) C (Konsignationsbestand), den Eigentümer 1 (Geschäftspartner, der dem Lieferanten zugeordnet ist, und dem der Konsignationsbestand gehört) und den Verfügungsberechtigten (VerfügBer.) WERK0001. In diesem Fall sind also Eigentümer (Lieferant) und Verfügungsberechtigter (Werk) unterschiedliche Geschäftspartner.

Wenn die Einlageraufgaben für die Anlieferung angelegt werden, werden die Bestandsverwendung und der Eigentümer in die Lageraufgabe übernommen. Sie können, wenn gewünscht, basierend auf der Bestandsverwendung C eine andere Lagertypsuche für die Einlagerung benutzen, um den Lieferantenkonsignationsbestand separat zu lagern. Wenn Sie die Einlageraufgaben quittieren, sehen Sie die Verwendung und den Eigentümer auch auf dem Quant (physischer Bestand) im finalen Lagerplatz (siehe Abbildung 5.23).

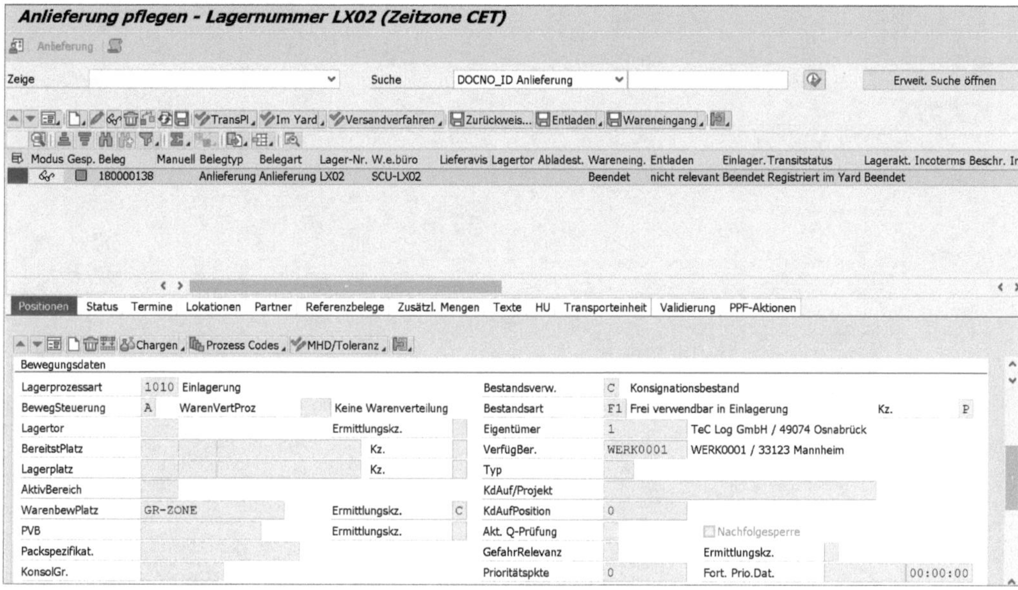

Abbildung 5.22 Anlieferung in SAP EWM mit Konsignationsbestand

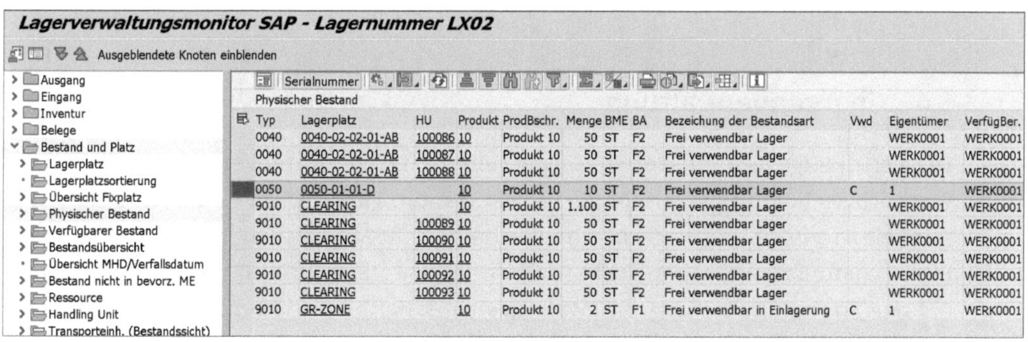

Abbildung 5.23 Physischer Bestand im Lagermonitor nach der Einlagerung von Lieferantenkonsignationsbestand

Sie können den Konsignationsbestand des Lieferanten jetzt verbrauchen, indem Sie in SAP EWM eine Umbuchung durchführen. Es ist jedoch auch möglich, Lieferantenkonsignationsbestand direkt zu kommissionieren und Warenausgang zu buchen. Wenn Sie sich im SAP-ERP-System die Warenbewegungen (Materialbelege) anschauen, sehen Sie für die Wareneingangsbuchung aus dem vorherigen Beispiel sowie für die Umbuchung von LX03 (ROD) nach LX04 (AFS) das Sonderbestandskennzeichen (Feld **SondBst.**) K für den Lieferantenkonsignationsbestand (siehe Abbildung 5.24).

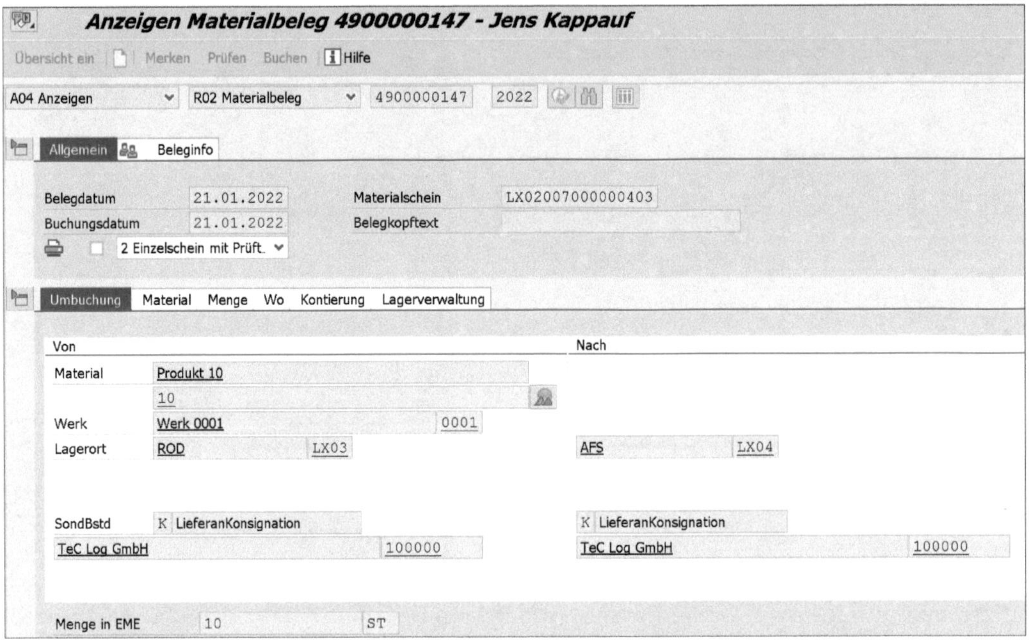

Abbildung 5.24 Lieferantenkonsignationsbestand in SAP ERP mit der Sonderbestandsart K umbuchen

5.4 Chargenverwaltung

Die wertmäßige Bestandsverwaltung für eine Materialnummer erfolgt in SAP ERP auf Werks- bzw. Buchungskreisebene. In bestimmten Fällen kann es jedoch notwendig sein, eine weitere Unterteilung vorzunehmen und Materialien im Hinblick auf ihre Eigenschaften zu verwalten. Insbesondere dann, wenn in Produktionsprozessen oder bei der Fremdbeschaffung die Materialeigenschaften variieren, können Folgeprozesse bzw. ihre Anforderungen an die Bestandsbewertung eine eindeutige Identifikation, und damit eine getrennte Bestandsführung des Materials erfordern.

Mit der Chargenabwicklung können Fertigungslose aus der Produktion, Lieferlose von externen Lieferanten oder Materialien mit gleichen Eigenschaften eindeutig identifiziert, bewertet und getrennt verwaltet werden. Chargen zählen damit zu den Stammdaten und werden insbesondere in der pharmazeutischen und chemischen Industrie sowie in der Fertigungsindustrie eingesetzt.

5.4.1 Anlegen und ändern von Chargen in SAP ERP

Chargen können von SAP ERP an das EWM übermittelt, in EWM manuell erstellt oder automatisch (im Hintergrund) bei der Erzeugung einer Anlieferung aus SAP ERP angelegt werden. Jede Charge kann dabei eine bestimmte Anzahl von Merkmalen aufweisen, die Eigenschaften eines Produkts oder einer Substanz näher beschreiben.

Mithilfe der Chargenklassifizierung lassen sich für diese Merkmale eindeutige Werte und Ausprägungen pflegen. Diese Chargenmerkmale beschreiben verschiedene identifizierbare Eigenschaften eines Produkts, die sich auch auf die Prozesse im Lager auswirken können. Beispiele für Chargenmerkmale sind das Herstelldatum, das Herkunftsland, das MHD (Mindesthaltbarkeitsdatum), der Chargenzustand (ob eine Charge für die Verarbeitung frei oder gesperrt ist), die Farbe, die Größe eines T-Shirts, der Jahrgang oder der Alkoholgehalt von Wein usw.

In SAP ERP können Sie Chargen für chargenpflichtige Materialien entweder in der Eingangsverarbeitung einer Anlieferung oder über Transaktion MSC1N anlegen. Mit Transaktion MSC2N können Sie vorhandene Chargenstammsätze ändern.

Neue Chargenstammsätze oder Änderungen an bestehenden Chargen stehen in SAP EWM zur Verfügung und werden bei der Integration eines dezentralen SAP S/4HANA EWM zusammen mit ihren Merkmalen repliziert. Sie finden die Transaktionen zum Anlegen, Ändern oder Anzeigen von Chargen im SAP-Easy-Access-Menü über den Pfad **Logistik • Zentrale Funktionen • Chargenverwaltung • Charge**.

Abbildung 5.25 zeigt die Anlage eines chargenpflichtiges Materials JK-BATCHES-01 und dessen Charge 0000000190 im Werk 0001. Die Klassifizierung der Charge erfolgt über die Klassenart 023 und die Klasse `JK_023_EWM`. Für die Chargenmerkmale wurden das Herkunftsland, der Chargenzustand sowie ein Mindesthaltbarkeitsdatum gepflegt. In diesem Beispiel ist das Material auf der Werksebene chargenpflichtig und wird in einem zentralen SAP-EWM-System (Embedded SAP EWM) verwendet. SAP EWM in SAP S/4HANA kann direkt auf den Chargenstamm zugreifen (siehe Abbildung 5.27).

In den folgenden Abschnitten erfahren Sie mehr über die Verwendung von Chargen in den Lagerprozessen von SAP EWM. Zunächst gehen wir aber auf die Grundkonfiguration und die Integration der Chargenverwaltung mit SAP EWM ein.

[!]

Chargen in früheren Releases in SAP EWM pflegen

In früheren Versionen von SAP EWM konnten Sie mit Transaktion /SCWM/WM_BATCH_MAINT Chargen anlegen, anzeigen und ändern. Diese Transaktion steht aufgrund der sich geänderten Stammdatenintegration in SAP S/4HANA EWM nicht mehr zur Verfügung, siehe Kapitel 2, »Einführung in SAP Extended Warehouse Management«.

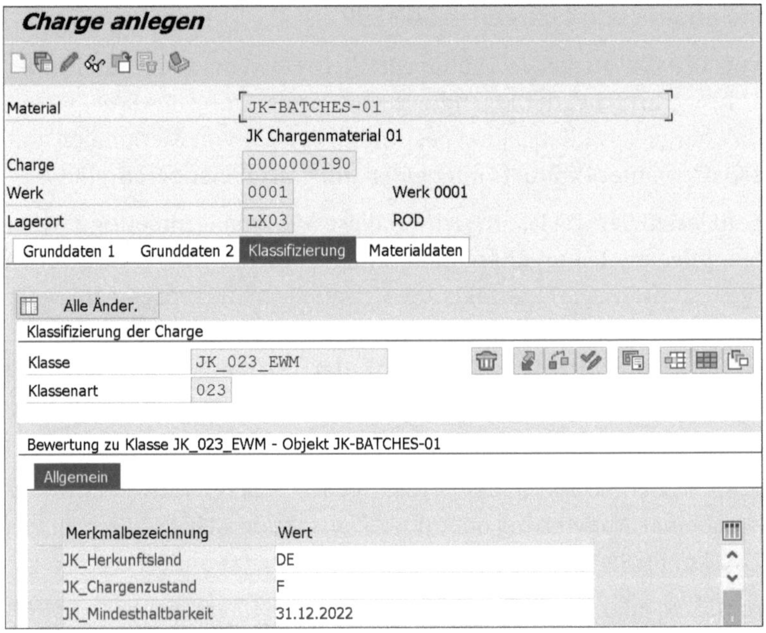

Abbildung 5.25 Charge anlegen und in SAP ERP klassifizieren

5.4.2 Grundkonfiguration und Integration in SAP EWM

Die Bestandsverwaltung und Identifikation eines chargenverwalteten Materials erfolgt nicht nur nach dessen Materialnummer, sondern auch nach der Chargennummer. In SAP ERP bzw. SAP S/4HANA können Sie wählen, auf welcher Ebene die Chargennummer eindeutig sein soll. Die Chargenverwaltung kann so eingestellt werden, dass sie auf der Mandanten-, Werks- oder auf der Materialnummernebene eindeutig ist.

Diese *Chargenebene* richtet sich nach ihren betriebswirtschaftlichen Anforderungen und wird im Customizing des SAP-ERP-Systems eingestellt: **Logistik Allgemein • Chargenverwaltung • Chargenebene bestimmen und Zustandsverwaltung aktivieren**.

Auf der Werksebene ist die Materialnummer mit der Chargennummer und dem jeweiligen Werk eindeutig. Mit dem Material als Chargenebene ist die Eindeutigkeit nur auf der Materialnummernebene und auf der Mandantenebene entsprechend im gesamten Mandanten gegeben.

Chargenpflicht und Klassifizierung in SAP ERP oder SAP S/4HANA

Die Verwendung von Chargen in SAP EWM setzt voraus, dass ein Produkt in SAP ERP bzw. in SAP S/4HANA chargenpflichtig ist. Um ein bestimmtes Produkt chargenpflichtig zu machen, müssen Sie im Materialstamm zunächst das Kennzeichen für die Chargenpflicht setzen (Transaktion MM01 oder MM02) und auf der Registerkarte **Klassifikation** eine Klasse des Typs 023 zuweisen. Sie können Chargen auch ohne Klassifizierung nutzen. In diesem Fall pflegen Sie nur den Chargenstammsatz. Chargen haben die folgenden drei Merkmale, die auch gleichzeitig Bestandsattribute von SAP EWM sind: MHD/Verfallsdatum, Herkunftsland und Chargenzustand.

Falls Sie weitere Merkmale in der Chargenklassifizierung nutzen möchten, können Sie über Transaktion CL01 für die Klassenart 023 (Chargenklassifizierung) eigene Klassen und Merkmale anlegen.

Klassen für die Chargenklassifizierung können über Transaktion CL02 gepflegt werden. Sie finden diese Einstellungen auch im SAP-Easy-Access Menü über den Pfad: **Anwendungsübergreifende Komponenten • Klassensystem • Stammdaten • Klassenverwaltung**. Stellen Sie den Klassennamen, die Klassenart, die Gültigkeit und die Merkmale für die Klasse ein. Wenn Sie über Transaktion CL01 eine neue Chargenklasse anlegen, können Sie diese Attribute benutzen und als Merkmale zur Klasse hinzufügen. Die Merkmalsnamen sind:

- LOBM_HERKL (Herkunftsland)
- LOBM_VFDAT (Mindesthaltbarkeitsdatum)
- LOBM_ZUSTD (Chargenzustand)

Wenn Sie einen Wareneingang eines chargenpflichtigen Materials mit diesen Merkmalen buchen, werden die Werte dieser Merkmale automatisch in die entsprechenden Bestandsfelder von SAP EWM gebucht und beispielsweise als Bestandsattribut im Quant gespeichert (siehe auch Abschnitt 5.1). Für die MHD-/Verfallsdatum-Verwaltung ist zudem das Merkmal LOBM_RLZ (Restlaufzeit) von Belang.

Die Integration chargenpflichtiger Produkte in die Lagerprozesse richtet sich danach, ob Sie SAP EWM als zentrales (embedded) oder dezentrales Lagerverwaltungssystem nutzen. Wir geben Ihnen in den nächsten Abschnitten einen Überblick für beide Implementierungsoptionen von SAP EWM. In Kapitel 2, »Einführung in SAP Extended Warehouse Management«, haben wir bereits darauf hingewiesen, dass Sie in den Konfigurationsleitfäden von SAP eine detaillierte Beschreibung der für die Integration notwendigen Schritte finden. Hierzu zählen auch die Systemeinstellungen für die Integration von Chargen bei der Implementierung eines dezentralen SAP S/4HANA EWM.

Generelle Einstellungen und Integration mit SAP EWM

Ein großer Vorteil der Nutzung von Embedded SAP EWM in SAP S/4HANA ist die direkte Integration und der Zugriff auf Stammdaten in SAP ERP. Für Chargen sind damit eine Stammdatenübertragung und die redundante Datenhaltung nicht notwendig. Bei der Konfiguration der Integration zwischen SAP S/4HANA und SAP EWM müssen Sie jedoch die Übertragung von Chargenauswahlkriterien an das SAP-EWM-System für die automatische Chargenfindung bei Auslieferungen einrichten. Diese Einstellung müssen Sie auch für Embedded SAP EWM vornehmen.

Navigieren Sie dazu im Customizing über den Pfad **Logistics Execution • Integration Extended Warehouse Management • Grundkonfiguration der Anbindung • SAP EWM-spezifische Parameter konfigurieren**. Die Auswahl von **ChrgFndEWM** stellt sicher, dass die Chargenauswahlkriterien an SAP EWM gesendet werden und dass die automatische Chargenfindung im SAP-EWM-System ausgelöst werden kann.

Darüber hinaus müssen Sie in SAP S/4HANA die automatische Chargenfindung sowohl auf der Ebene der Kundenauftragsposition als auch auf der Ebene der Lieferposition aktivieren. Sie finden diese Einstellung im Customizing über den Pfad **Logistik Allgemein • Chargenverwaltung • Chargenfindung und Chargenprüfung • Automatische Chargenfindung im Vertrieb aktivieren**.

Anschließend stellen Sie im Customizing von SAP EWM für jeden Beleg- und Positionstyp die prozessspezifische Chargenverwaltung und Haltbarkeitsprüfung (siehe auch Abschnitt 5.9, »Mindesthaltbarkeits- und Verfallsdatum verwalten«) ein: **Extended Warehouse Management • Prozessübergreifende Einstellungen • Chargenverwaltung • Einstellung für Lieferung – Lageranforderung vornehmen**.

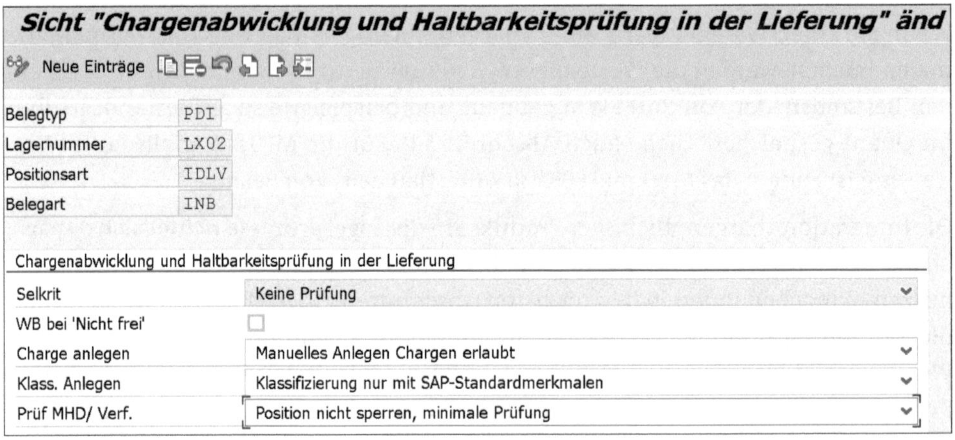

Abbildung 5.26 Chargenverwaltung für Lieferungen einstellen

Abbildung 5.26 zeigt die Einstellungen zur Chargenabwicklung für Anlieferungen in SAP EWM. Mit diesen Einstellungen steuern Sie u. a., ob eine Charge, die manuell für eine Anlieferposition erfasst wurde, von den Selektionsmerkmalen der Lieferposition abweichen kann. Darüber hinaus bestimmen Sie, wie eine neu angelegte Charge klassifiziert wird und legen dabei auch das Systemverhalten fest, falls das Mindesthaltbarkeitsdatum unterschritten wird (siehe Abschnitt 5.9).

Die Chargenpflicht eines Materials finden Sie in SAP EWM in der Lagerproduktpflege (Transaktion /SCWM/MAT1) sowohl auf der Registerkarte mit den allgemeinen Eigenschaften als auch in den Lagerdaten des Produkts. Bei der Verwaltung von Chargen auf der Werksebene ist die Chargenpflicht für das Produkt in dessen Lagerdaten gesetzt (siehe Abbildung 5.27). In allen anderen Fällen erkennen Sie die Chargenpflicht in SAP EWM an der Kennzeichnung **Chargenpfl** der Registerkarte **Eigenschaften**.

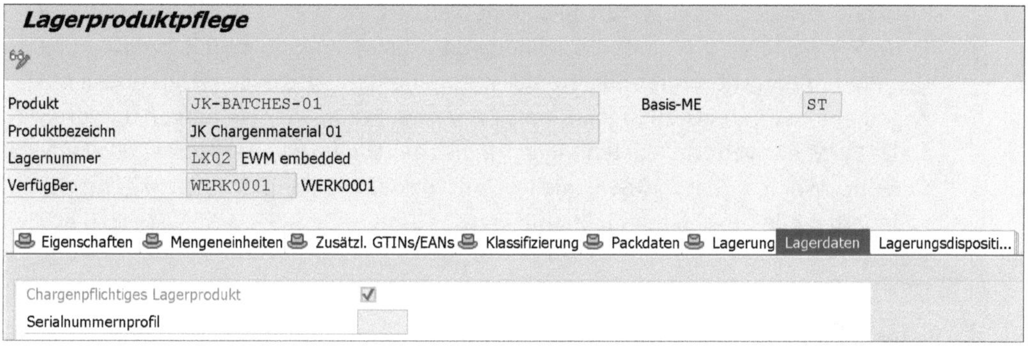

Abbildung 5.27 Lagerprodukt mit Chargenpflicht auf der Werksebene

Abbildung 5.27 zeigt ein auf der Werksebene chargenpflichtiges Lagerprodukt (siehe auch Abbildung 5.25) mit der Lagernummer LX02 und dem Verfügungsberechtigten WERK0001 und damit dem SAP-ERP-Werk 0001 aus dem Beispiel in Abbildung 5.21.

Integration mit einem dezentralen SAP S/4HANA EWM

Die im vorangehenden Abschnitt erläuterten Einstellungen betreffen sowohl Embedded SAP EWM als auch ein dezentral angebundenes SAP-EWM-System.

Chargen können grundsätzlich in SAP S/4HANA oder im dezentralen SAP S/4HANA EWM erstellt werden. Chargen, die in SAP S/4HANA angelegt wurden, werden mit der initialen Datenübertragung bzw. der Deltaübertragung an das dezentrale SAP-EWM-System repliziert. Chargen, die im dezentralen SAP S/4HANA EWM synchron angelegt wurden, werden mit ihren Klassifizierungsdaten asynchron an das angeschlossene SAP S/4HANA verteilt. Grundsätzlich wird für die Replikation von Chargen in ein dezentrales SAP S/4HANA EWM kein zusätzliches Customizing benötigt. Die Einstellungen der Systemintegration und der Stammdatenreplikation betreffen auch die Integration und Verteilung von Chargen an das dezentrale SAP S/4HANA EWM.

Sofortige Chargenreplikation

Wir haben die Integration des dezentralen SAP S/4HANA EWM in Kapitel 2, »Einführung in SAP Extended Warehouse Management«, beschrieben. In Abschnitt 2.4, »SAP EWM in SAP S/4HANA«, beschreiben wir die Integration und Verteilung von Chargen im Rahmen der Stammdatenreplikation.

Wenn Sie ein dezentrales SAP-EWM-System auf der Basis von SAP S/4HANA verwenden, müssen Stammdaten, einschließlich Chargen, die in SAP ERP (SAP S/4HANA oder SAP ECC) angelegt oder geändert wurden, in das SAP-EWM-System repliziert werden. Vor SAP S/4HANA 2020 FPS02 erfolgte diese Replikation nach der Auswertung von *Change Pointern* mit einem geplanten Report (RBDMIDOC) und daher mit einer Zeitverzögerung. Mit SAP S/4HANA 2020 – Feature Pack Stack 2 (FPS02) können neu erstellte oder geänderte Chargen sofort und ohne Zeitverzögerung in das dezentrale SAP-EWM-System repliziert werden. Sie finden diese Einstellungen im Customizing über den Pfad: **Integration mit anderen SAP-Komponenten • Extended Warehouse Management • Grundeinstellungen für die EWM-Anbindung • Einstellungen für dezentrales EWM • Erweiterte Einstellungen für die Übertragung an dezentrales EWM definieren**. Wählen Sie **I IDoc Transfer**, um die sofortige IDoc-Übertragung von geänderten oder neu erstellten Chargen an das dezentrale SAP-EWM-System zu aktivieren.

Die für die Integration notwendigen Einstellungen in SAP EWM betreffen lediglich den Nummernkreis für Chargen. Sie müssen im dezentralen SAP-EWM-System für den Wareneingang das Nummernkreisintervall für Chargen festlegen. Die Chargennummer wird dabei entweder manuell erfasst oder automatisch in der Anlieferung neu vergeben (siehe Abschnitt 5.4.3) und in das SAP-ERP-System repliziert. Bei der Vergabe von Nummernkreisen müssen Sie daher sowohl in SAP ERP als auch in den dezentral angeschlossenen SAP-EWM-Systemen darauf achten, dass sich die Intervalle von internen Nummernkreisen nicht überschneiden.

Die Einstellungen für den Nummernkreis in SAP EWM finden Sie im SAP-EWM-Customizing über den Pfad **Extended Warehouse Management • Prozessübergreifende Einstellungen • Chargenverwaltung • Nummernkreis für Charge definieren**. Der Nummernkreis des dezentralen SAP-EWM-Systems muss dabei innerhalb des externen Nummernkreises des angeschlossenen SAP-ERP-Systems liegen.

5.4.3 Verwendung von Chargen in SAP EWM

Angenommen, Sie lagern einen chemischen Rohstoff in Ihrem Lager. Der Rohstoff lässt sich durch seine Eigenschaften Verfalldatum und Reinheit charakterisieren. Sie legen für den Rohstoff einen Materialstamm an und schalten für das Material die Chargenverwaltung ein. Als Nächstes weisen Sie dem Material eine Chargenklasse zu. Diese Chargenklasse haben Sie vorher angelegt, und sie beinhaltet die beiden genannten Merkmale (Verfallsdatum und Reinheit). Während der Anlieferungsverarbeitung können Sie nun eine Charge für Ihr Material anlegen und diese Merkmale pflegen. Die Charge ist dann klassifiziert und kann eingelagert werden.

Mithilfe von Auslieferungen kann die Charge wieder ausgelagert werden. Die Auslieferung kann die Charge entweder direkt aus dem SAP-ERP-System bekommen haben (als sogenannte *vorgegebene Charge*), oder sie kann im SAP-EWM-System vor der Kommissionierung angegeben worden sein. Auch können Sie das SAP-EWM-System nach Chargen suchen lassen, indem Sie bestimmte Merkmalsattribute pflegen, z. B. Reinheit »100%« oder »90%«. SAP EWM führt dann selbstständig während der Lageraufgabenerstellung eine Chargenfindung aus. Wenn Sie die Chargenverwaltung in SAP EWM benutzen, können Sie mit den folgenden Funktionen arbeiten:

- **Umgang mit Chargenstammdaten in SAP EWM**
  Chargenstammdaten können vom SAP-ERP-System an das SAP-EWM-System übermittelt, in SAP EWM manuell erstellt oder automatisch (im Hintergrund) bei der Erzeugung einer Anlieferung aus SAP ERP angelegt werden.
- **Chargenfindung während der Auslieferungsverarbeitung**
  Sie können die Chargensuchkriterien einer Auslieferung (Auslieferungsauftrag) anzeigen und ändern und, basierend auf diesen Kriterien, Chargen während der Kommissionierung finden. Während der Anlage einer Lageraufgabe findet das SAP-EWM-System nur Chargen, die den vorgegebenen Kriterien entsprechen.
- **Vorgegebene Chargen**
  Wenn Sie eine bestimmte Charge bereits in der Auslieferposition angeben, verwendet das SAP-EWM-System nur diese Charge.
- **Chargenzustandsverwaltung**
  Chargen in SAP EWM können über eine bestimmte Charakteristik den Zustand **frei** oder **nicht frei** annehmen, was die Gebrauchsfähigkeit einer Charge ausdrückt. Für Chargen, die sich im Chargenzustand **nicht frei** befinden, können Sie einstellen, dass keine Lagerbewegungen möglich sind, und auch, dass diese Chargen nicht als Wareneingang oder Warenausgang gebucht werden dürfen.
- **Monitoring**
  Im Lagermonitor können Sie sich die Chargenbestände anzeigen lassen und Bestand, basierend auf Chargenmerkmalen, selektieren.
- **Dokumentationscharge**
  Die Dokumentationscharge ist eine besondere Art von Charge, die nicht bestandsgeführt ist. Dennoch kann sie in Szenarien, in denen es hauptsächlich darauf ankommt, Chargenmerkmale für Lieferbelege aus Dokumentationsgründen zu speichern, sehr sinnvoll sein.

Nachfolgend gehen wir auf die Verwendung von Chargen beim Wareneingang und beim Warenausgang ein. Weitere Informationen über Dokumentationschargen geben wir Ihnen in Abschnitt 5.4.4, »Dokumentationschargen«.

Chargen im Wareneingangsprozess

Wenn Sie eine Anlieferung im SAP-ERP-System anlegen, werden die Chargeninformationen der Lieferpositionen an SAP EWM übermittelt. Wenn die Charge bereits als Stammdatum in SAP EWM vorhanden ist, können Sie die Einlageraufgaben direkt anlegen und quittieren. Wenn die Charge noch nicht vorhanden ist, können Sie sie entweder über die Anlieferungstransaktion *im Vordergrund* anlegen oder automatisch mit der Erstellung der Anlieferung in SAP EWM anlegen lassen.

Wenn keine Charge vorhanden ist, legt SAP EWM eine neue Charge an, indem es den anfangs erwähnten Nummernkreis benutzt. Wenn SAP EWM die Charge anlegt, werden die Werte der Anlieferposition in die entsprechenden Merkmale (u. a. Herkunftsland, MHD und Herstelldatum) der Charge kopiert und als Bestandsattribute bei der Einlagerung im Quant gespeichert. Weitere Informationen über die Verwendung von Chargen im Wareneingang finden Sie in Kapitel 8 »Wareneingangsprozess«.

[+]

Kopieren weiterer Felder in den Chargenstammsatz

Um bei Anlage der Charge zusätzliche Felder in den Chargenstammsatz zu kopieren, können Sie die Business Add-Ins (BAdIs) `/SCWM/DLV_BATCH_VAL` bzw. `/SCWM/DLV_BATCH_CHAR` verwenden.

Chargen im Warenausgangsprozess

Im SAP-ERP-System können Sie zu den Auslieferpositionen sogenannte *Chargenfindungskriterien* mitgeben, die im Auslieferungsauftrag von SAP EWM als Selektionskriterien zur Verfügung stehen. Während der Lageraufgabenerstellung werden diese Kriterien bei der Findung einer geeigneten Charge berücksichtigt. Wenn die Menge einer Charge nicht ausreicht, um die Liefermenge zu erfüllen, ermittelt das System auch mehrere geeignete Chargen. Sie können der Auslieferposition auch direkt eine bestimmte Charge zuweisen.

[+]

Chargenfindungskriterien in SAP EWM anzeigen

Sie können sich die Chargenfindungskriterien in SAP EWM anzeigen lassen, indem Sie in Transaktion /SCWM/PRDO den Button **Selektion** oberhalb der Positionsübersicht anklicken.

Während der Lageraufgabenerstellung können Sie eine Charge manuell auswählen. Bei der manuellen Chargenauswahl prüft das SAP-EWM-System aber in jedem Fall, ob die von Ihnen ausgewählte Charge mit den Chargenfindungskriterien übereinstimmt. Dies können Sie über das Customizing über den Pfad **Extended Warehouse**

Management • Prozessübergreifende Einstellungen • Chargenverwaltung • Einstellung für Lieferung – Lageranforderung vornehmen genauer steuern.

Während der Lageraufgabenerstellung kann Sie EWM bei der Auswahl geeigneter Chargen unterstützen, indem es eine Liste der verfügbaren Bestände anzeigt, die den Chargenfindungskriterien entsprechen. Sie können dann entweder manuell eine passende Charge auswählen oder die Anforderungsmenge über die gefundenen Chargen von EWM automatisch verteilen lassen.

Wenn Sie oder das EWM-System während der Lageraufgabenerstellung mehrere Chargen auswählen, wird die entsprechende Position des Auslieferungsauftrags gesplittet (*Chargensplit*). In der Ausliefertransaktion /SCWM/PRDO können Sie Chargensplits visualisieren, indem Sie die Lieferposition selektieren und den Button **Hierarchiedarstellung** anklicken. Weitere Informationen über die Verwendung von Chargen beim Warenausgang finden Sie in Kapitel 9, »Warenausgangsprozess«.

Chargenzustandsverwaltung

Das Merkmal LOBM_ZUSTD (Chargenzustand) macht eine Aussage über die Gebrauchsfähigkeit einer Charge. Eine Charge kann entweder gebrauchsfähig oder nicht gebrauchsfähig sein. Dies wird im SAP-System über die beiden Zustände **frei** und **nicht frei** abgebildet. Eine Änderung des Chargenzustands führt in der Bestandsverwaltung zu einer entsprechenden Umbuchung und sperrt die betroffenen Bestände.

In SAP EWM können Sie den Chargenzustand verwenden, um für Lieferpositionen Wareneingänge und Warenausgänge bzw. die Anlage von Lageraufgaben zu verhindern. Wählen Sie dazu im Customizing von SAP EWM den Pfad **Extended Warehouse Management • Prozessübergreifende Einstellungen • Chargenverwaltung • Chargenzustandsverwaltung**. Sie können an dieser Stelle das Systemverhalten sowohl für Lieferungen als auch bei der Erstellung von Lageraufgaben für jede Lagernummer und Lagerprozessart einstellen. Die Einstellungen für die Zustandsverwaltung können Sie alternativ auch bereits bei den bereits erwähnten Einstellungen für die Lieferung vornehmen und Warenbewegungen für Chargen mit dem Zustand **nicht frei** erlauben (siehe Abbildung 5.26).

5.4.4 Dokumentationschargen

Eine Dokumentationscharge ist eine nicht bestandsgeführte Charge. Mit Dokumentationschargen kann die Rückverfolgbarkeit eines Materials in Form von Chargenverwendungsnachweisen gewährleistet werden, ohne dass der Bestand des Materials selbst auch in Chargen geführt werden muss. Tabelle 5.3 zeigt die Hauptunterschiede zwischen normalen Chargen und Dokumentationschargen.

Funktion	Standardchargen	Dokumentationschargen
Chargenstammdaten	verfügbar	nicht verfügbar
Verwendungsnachweis	verfügbar	nur im SAP-ERP-System
Chargenfindung	möglich	nicht möglich
Chargenbestände	ja	nein
Chargenklassifizierung	möglich	nicht möglich

Tabelle 5.3 Unterschiede zwischen normalen Chargen und Dokumentationschargen

Konfiguration der Dokumentationschargen in SAP ERP

In SAP ERP aktivieren Sie die Einstellungen für die Dokumentationschargen im Customizing und legen anschließend für jede Materialart fest, in welchem Umfang Dokumentationschargen und Verwendungsdaten verwendet werden sollen und ob das System einen entsprechenden Chargenstamm für die Dokumentationscharge anlegt. Darüber hinaus können Sie für manuelle Prozessschritte einstellen, ob in SAP-ERP-Prozessen Dokumentationschargen erfasst werden müssen, und festlegen, ob die zu buchenden Mengen korrekt auf Dokumentationschargen verteilt werden müssen. Sie finden diese Einstellungen im Customizing von SAP ERP unter dem Menüpunkt **Dokumentationschargen** über den Pfad: **Logistik Allgemein • Chargenverwaltung • Dokumentationschargen**.

Konfiguration der Dokumentationschargen in SAP EWM

In SAP EWM sind die Dokumentationschargen in die Lagerprozesse integriert. Im Wareneingang kann in SAP EWM in der Anlieferung die Dokumentationscharge angelegt werden. Bei einem Auslieferungsauftrag kann die Dokumentationscharge der Lieferung vor der Erstellung der Kommissionier-Lageraufgabe zugeordnet werden.

Sie erkennen die Dokumentationschargenpflicht in SAP EWM in der EWM-Lagerproduktpflege auf der Registerkarte **Lagerdaten** im Feld **Dokumentationscharge**. Für dokumentationschargenpflichtige Produkte mit nicht bestandsgeführten Chargen ist hier der Wert auf 1 gesetzt. Nachdem Sie ein Material als dokumentationschargenpflichtiges Material deklariert haben, können Sie für dieses Material in der Lieferverarbeitung Chargen zuweisen. Im Wareneingangsprozess geben Sie die Charge spätestens bei der Quittierung der Einlageraufgabe mit. Nach der Quittierung von Lageraufgaben wird die Charge nicht mit in den Bestand übernommen – diese Funktion steht nur für bestandsgeführte Chargen zur Verfügung.

Sie können für jede Lieferart im SAP-EWM-Customizing einstellen, ob die Dokumentationscharge eingegeben werden muss oder ob dies optional sein soll. Wenn das Produkt im Produktstamm als dokumentationschargenpflichtig gekennzeichnet ist, *können* Sie in Lieferungen eine Dokumentationscharge angeben. Falls die entsprechende Lieferart dokumentationschargenpflichtig ist, *muss* die Dokumentationscharge für dokumentationschargenpflichtige Produkte angegeben werden. Auf Produkte ohne Dokumentationschargenpflicht haben die Einstellungen für die Lieferart keine Auswirkungen. Sie finden diese Einstellungen im Customizing von SAP EWM über den Pfad **Extended Warehouse Management • Prozessübergreifende Einstellungen • Chargenverwaltung • Dokumentationscharge einstellen**.

5.5 Serialnummern

Bei einer Serialnummer handelt es sich um eine Zeichenfolge, mit der Sie zusätzlich zu einer Materialnummer ein Produkt eindeutig identifizieren, um es von anderen Produkten desselben Typs unterscheiden zu können. Die *Serialnummernverwaltung* wird insbesondere in Branchen verwendet, die Einzelstücke, z. B. Bauteile oder Geräte, eindeutig identifizieren, oder in SAP ECC oder in SAP S/4HANA die *Serialnummernhistorie* oder zugeordnete technische Objekte (*Equipments*) verwalten und nachverfolgen müssen. Serialnummern sind dabei nur in Verbindung mit der Produktnummer eindeutig.

In SAP EWM können Sie *serialisierte* Produkte in der Bestandsverwaltung nutzen und in Lagerprozessen bis zur Warenausgangsbuchung verfolgen und verwalten. Bei *serialnummernpflichtigen* Produkten können Sie jederzeit, auch im Nachhinein, feststellen, zu welchem Datum es von welchem Lieferanten geliefert wurde, wer die Qualitätsprüfung durchgeführt hat, wer dieses Produkt bewegt hat und wann es verpackt und zum Kunden geschickt wurde. Bei einer Rücklieferung durch den Kunden können Sie vor einer Reparatur prüfen, ob es sich bei der Retoure um das Produkt handelt, das ursprünglich an den Kunden ausgeliefert wurde.

In den nächsten Abschnitten erläutern wir Ihnen die grundlegenden Systemeinstellungen sowie die Integration der Serialisierung und stellen Ihnen die Verwendung serialisierter Produkte in ausgewählten SAP-EWM-Prozessen vor. Zunächst möchten wir Ihnen aber die drei Ebenen der Serialnummernverwaltung in SAP EWM erläutern.

5.5.1 Serialnummernebenen in SAP EWM

In SAP EWM gibt es drei Ebenen, in denen die Serialnummernverwaltung in den Lagerprozessen genutzt werden kann:

- A – Serialnummernpflicht für Belegposition
- B – Serialnummernpflicht auf Lagernummernebene
- C – Serialnummernpflicht in der Bestandsführung

Da sich die Serialnummernverwaltung in SAP EWM in diesen drei Ebenen unterschiedlich verhält, ist es wichtig, dass Sie genau verstehen, was diese Ebenen bedeuten und wie sich die Entscheidung für eine Serialnummernpflicht auf eine der drei Ebenen auf die Lagerprozesse auswirkt.

A – Serialnummernpflicht für Belegposition

Serialnummernpflicht A ermöglicht es Ihnen, Serialnummern zu Lieferbelegen zu erfassen – zu einer Anlieferposition vor dem Wareneingang oder zu einer Auslieferposition vor dem Warenausgang.

Die erfassten Serialnummern haben aber keine weiteren Auswirkungen, denn sie werden nicht bestandsmäßig geführt. Nach dem Wareneingang verhält sich das Produkt so, als wäre es nicht serialnummernpflichtig. Sie können im Nachhinein nach eingegebenen Serialnummern in Lieferungen suchen, jedoch können Sie nicht sehen, welche Serialnummern Ihnen gerade im Lager vorliegen.

Diese Serialnummernpflicht eignet sich gut für Prozesse, in denen lediglich die Lieferung gefunden werden muss, mit der das Produkt ins Lager kam oder das Lager verlassen hat. Ein Beispiel sind Kundenretouren oder -beschwerden: Wenn ein Kunde eine Beschwerde über eine Lieferung hat, können Sie nachschauen, wann er das entsprechende Produkt bekommen hat und von welchem Lieferanten es kam.

B – Serialnummernpflicht auf Lagernummernebene

Serialnummernpflicht B bewirkt, dass das SAP-EWM-System Sie auffordert, vor dem Wareneingang einer Anlieferung und vor dem Warenausgang einer Auslieferung Serialnummern einzugeben. Daher ist in SAP EWM zu jedem Zeitpunkt nachvollziehbar, welche Serialnummer sich im Lager befindet.

Die Serialnummern werden aber bei dieser Serialnummernpflicht *nicht* zum Quant (im Bestand) geführt, sodass Sie bei Lageraufgaben innerhalb des Lagers keine Serialnummern erfassen müssen. Auch hier gilt, dass sich das Produkt im Wareneingang so verhält, als wäre es gar nicht serialnummernpflichtig.

Als Konsequenz können Sie also in diesem Fall sehen, *welche* Serialnummern Sie gerade im Bestand haben, aber nicht *wo* (auf welchen Lagerplätzen) diese liegen oder welche Lagerbewegungen zu diesen Serialnummern durchgeführt worden sind.

C – Serialnummernpflicht in der Bestandsführung

Erst bei der Serialnummernpflicht C wird die Serialnummer als Teil des Bestands mitgeführt. Sie können nur bei dieser Serialnummernpflicht genau sehen, welche Serialnummern Sie im Bestand haben, auf welchem Platz sie liegen und welche die dazugehörigen Lageraufgaben waren. Sie erreichen so die volle Bestandstransparenz und Verfolgbarkeit jeder einzelnen Serialnummer.

Das heißt aber auch, dass Sie die Serialnummern bei jeder Lageraufgabe und bei jedem Umpackvorgang angeben müssen. Bei der Verwendung der vollen Menge eines Quants ist dies nicht notwendig, aber wenn Sie Teilmengen umpacken oder bewegen, müssen Sie angeben, welche Serialnummern genau betroffen sind. Dies impliziert also einen nicht unerheblichen administrativen Aufwand.

[«]

Eindeutigkeit von Serialnummern

Eine Serialnummer kann zu einem Zeitpunkt immer nur einmal im Lager vorhanden sein, denn es kann nicht mehrere Einheiten eines Produkts mit derselben Serialnummer geben. Gleiche Serialnummern können Sie nur für unterschiedliche Produkte verwenden. Wenn Sie mit den Serialnummernpflichten B oder C arbeiten, prüft das SAP-EWM-System beim Buchen des Wareneingangs, ob sich die jeweilige Serialnummer schon im Lager befindet, und gibt gegebenenfalls eine Fehlermeldung aus.

5.5.2 Serialnummernprofile

Die Serialisierung von Produkten – also deren Serialnummernpflicht – wird über das *Serialnummernprofil* gesteuert. Das Seriennummernprofil ist ein vierstelliger Schlüssel, der im Materialstamm dem Produkt zugeordnet wird und neben der Serialnummernpflicht auch den Nummernkreis und die Vergabe von Serialnummern steuert. In SAP ERP bzw. SAP S/4HANA können Sie mit Transaktion MM02 Seriennummernprofile in drei unterschiedlichen Sichten des Materialstamms pflegen (siehe Abbildung 5.28):

- in den allgemeinen Werksparametern der Sicht **Vertrieb: allg./Werk**
- in den allgemeinen Werksparametern der Sicht **Werksdaten/Lagerung2**
- in den WM-Ausführungsdaten der Sicht **WM Execution**

Für jedes Werk in SAP ERP kann ein eigenes Serialnummernprofil gepflegt werden. Bei einer Umlagerung eines serialisierten Materials zwischen zwei Werken mit unterschiedlichen Serialnummernprofilen müssen die Serialnummernprofile identisch gepflegt sein. Alternativ können Sie die Serialnummernpflicht für ein Material in einem bestimmten Werk deaktivieren, indem Sie im Materialstamm kein Serialnummernprofil pflegen. Die Tabelle `MARC` enthält dabei die werksspezifischen Daten des Materialstamms, die Tabelle `MARA` die allgemeinen Daten (d. h. Werte, die für alle Werke zu einem Material relevant sind).

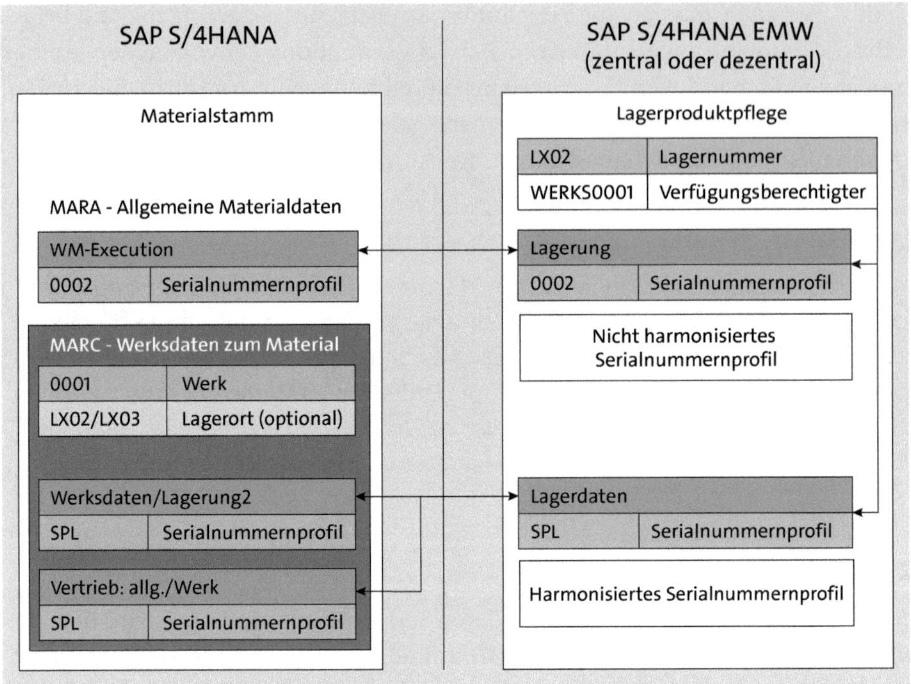

Abbildung 5.28 Stammdatenintegration der Serialnummernprofile

Abbildung 5.28 zeigt die Integration der Serialnummernprofile zwischen SAP S/4HANA und SAP S/4HANA EWM. Technisch gesehen, entsprechen die Felder für das Serialnummernprofil in den Materialstammsichten **Vertrieb: allg./Werk** bzw. **Werksdaten/Lagerung2** dem Feld SERNP in der Tabelle MARC. Die Serialnummernprofile werden in der Datenbanktabelle T377 gespeichert. Falls Sie in den Sichten **Vertrieb: allg./Werk** oder **Werksdaten/Lagerung2** ein Serialnummernprofil hinterlegt haben, wird das Serialnummernprofil in MARC-SERNP als Serialnummernprofil in der Sicht **Lagerdaten** in den SAP-EWM-Produktstamm übernommen.

Das Serialnummernprofil in **WM-Execution** wird in der Tabelle MARA in dem Feld SERIAL gespeichert. Das Serialnummernprofil in MARA-SERIAL wird als Serialnummernprofil in der Sicht **Lagerung** im SAP-EWM-Produktstamm übernommen. In diesem Zusammenhang wird zwischen harmonisierten und nicht harmonisierten Serialnummernprofilen unterschieden.

Harmonisierte Serialnummernprofile

Bei einem harmonisierten Serialnummernprofil handelt es sich um ein Serialnummernprofil, das sowohl in SAP S/4HANA als auch in Embedded SAP EWM verwendet wird. Harmonisierte Serialnummernprofile vereinfachen die Einrichtung der Serialisierung und werden immer dann verwendet, wenn beispielsweise mehrere Werke gemeinsam ein Lager nutzen und Sie *keine* lagernummernspezifischen Serialisierungseinstellungen festlegen möchten. Wir haben bereits erläutert, dass das Seriennummernprofil in der Sicht **Vertrieb: allg./Werk** (Bereich **Allg. Werksparameter**) in die Sicht **Lagerdaten** des SAP-EWM-Produktstamms übernommen wird. Da in SAP EWM der Verfügungsberechtigte dem SAP-ERP-Werk entspricht (siehe Abbildung 5.19), werden dabei die Serialisierungseinstellungen für den Verfügungsberechtigten, also auf der Werksebene und nicht für eine spezifische Lagernummer getroffen. Bei der harmonisierten Serialisierung ist dem Produkt damit nur ein Serialnummernprofil zugeordnet, das auch für die Prozesse im zentralen SAP EWM verwendet werden.

Sie pflegen dieses lagernummernunabhängige Seriennummernprofil im Customizing von SAP EWM über den Pfad **Extended Warehouse Management • Stammdaten • Produkt • Serialnummernprofile • Harmonisierte Serialnummernprofile • Serialnummernprofile definieren** (siehe Abbildung 5.29) und aktivieren die harmonisierte Serialisierung über die Einstellung **Harmonisierte Serialisierung in EWM aktivieren**. Die Pflege der Serialnummernprofile ist dabei identisch mit den Einstellungen, die Sie im Customizing von SAP S/4HANA über den folgenden Pfad finden: **Logistics Execution • Versand • Grundlagen • Serialnummern • Serialnummernprofile festlegen**.

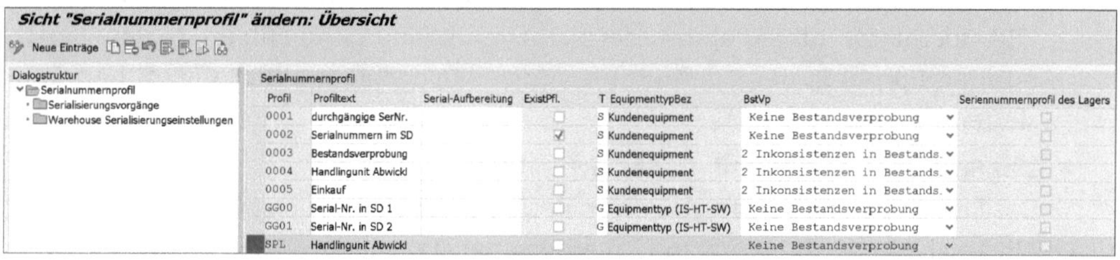

Abbildung 5.29 Harmonisierte Serialnummernprofile pflegen

Abbildung 5.29 zeigt die Konfiguration harmonisierter Serialnummernprofile. Mit den Einstellungen zu den Serialisierungsvorgängen (Menüpunkt **Serialisierungsvorgänge**) legen Sie fest, für welche Vorgänge in SAP S/4HANA die Serialisierung erfolgen kann, und ob die Serialisierung verbindlich oder optional sein soll, beispielsweise für die Bearbeitung von Lieferungen (SDLS) oder Retouren (SDRE). Über den Menüpunkt **Warehouse Serialisierungseinstellungen** legen Sie weitere Einstellungen der Serialnummernverwaltung fest. Dazu zählen ein Serialnummernpräfix, die Steuerung der Nummernvergabe, die Ebene der Serialnummernpflicht (siehe Abschnitt 5.5.1) und die Verwendung der eindeutigen Identifizierung mit IUID. Diese Einstellungen, die wir im Folgenden näher erläutern, entsprechen den Parametern, die Sie auch bei einer nicht harmonisierten Serialisierung lagernummernspezifisch vornehmen.

Nicht harmonisierte Serialnummernprofile

Mit nicht harmonisierten Serialnummernprofilen können Sie die Serialisierung lagernummernspezifisch, d. h. für jede SAP-EWM-Lagernummer individuell steuern und pro Lager die Serialisierungspflicht festlegen. So können Sie z. B. einstellen, dass ein bestimmtes Material, mit Ausnahme eines bestimmten Lagers, generell nicht serialnummernpflichtig sein soll.

SAP EWM versucht zunächst, ein lagernummernspezifisches Serialnummernprofil zu ermitteln. Wenn Sie ein lagernummernunabhängiges Serialnummernprofil eingestellt haben, wird dieses durch das lagerspezifische Profil übersteuert. Falls Sie keine Einstellungen für nicht harmonisierte Serialnummernprofile festgelegt haben, verwendet SAP EWM das globale, lagernummernunabhängige Serialnummernprofil aus dem SAP-ERP-Materialstamm, das Sie in den Sichten **Vertrieb: allg./Werk** oder **Werksdaten/Lagerung2** hinterlegt haben und das in der Sicht **Lagerdaten** in den SAP-EWM-Produktstamm übernommen wurde.

Um die Serialnummernpflicht einzuschalten und somit ein Produkt mit Serialnummern verwalten zu können, haben Sie im SAP-ERP-Materialstamm zwei Serialnummernprofile zugewiesen:

- **Das Serialnummernprofil in der Sicht »Vertrieb: allg./Werk« (Bereich »Allg. Werksparameter«)**
  Dieses Profil steuert, dass Sie in logistischen Belegen, wie z. B. Lieferungen in SAP ERP, überhaupt mit Serialnummern arbeiten können und entspricht dem Serialnummernprofil in der lagernummernunabhängigen Serialisierung im harmonisierten Szenario.
- **Das Serialnummernprofil in der Sicht »WM Execution«**
  Das Serialnummernprofil, das Sie in der Sicht **WM Execution** zuweisen, ist in SAP ERP unabhängig von Werk und Lagernummer (Tabelle MARA) und wird in SAP EWM für das nicht harmonisierte Szenario verwendet, um lagernummernspezifisch die Serialisierung einzustellen. Bei einer dezentralen Implementierung von SAP S/4HANA EWM muss die Erfassung von Serialnummern im dezentralen SAP-EWM-System durch das Aktivieren des Kennzeichens **SN dez WMS** erlaubt werden. Sie finden diese Einstellung im Customizing von SAP S/4HANA über den Pfad **Integration mit anderen SAP-Komponenten • Extended Warehouse Management • Grundeinstellungen für die EWM-Anbindung • SAP-EWM-spezifische Parameter konfigurieren**.

Sie müssen das SAP-EWM-Serialnummernprofil sowohl im SAP-ERP-System als auch im SAP-EWM-System pflegen, und zwar mit dem gleichen Namen und den gleichen Einstellungen. Sie finden diese Einstellungen im Customizing von SAP S/4HANA über den Pfad **Integration mit anderen SAP-Komponenten • Extended Warehouse Management • Zusätzliche Materialattribute • Attributwerte für zusätzliche Materialstammfelder • Serialnummernprofil definieren**. Das gleiche Profil ordnen Sie dann in SAP EWM einer Lagernummer zu. Die Einstellungen der nicht harmonisierten, d. h. lagernummernabhängigen Serialisierung nehmen Sie im Customizing von SAP EWM über den folgenden Pfad vor: **Extended Warehouse Management • Stammdaten • Produkt • Serialnummernprofile • Nicht-harmonisierte Serialnummernprofile • Lagernummernabhängige Serialnummernprofile definieren** (siehe Abbildung 5.30).

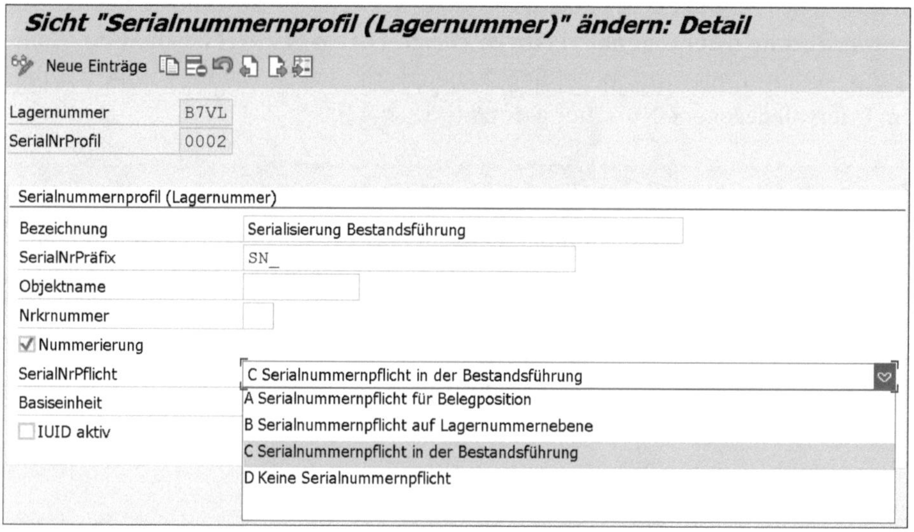

Abbildung 5.30 Nicht harmonisiertes Serialnummernprofil der Lagernummer zuweisen

Abbildung 5.30 zeigt die Zuordnung des Serialnummernprofils 0002 zur SAP-EWM-Lagernummer B7VL. Das SAP-EWM-Serialnummernprofil beinhaltet die folgenden Felder:

- **Feld »Bezeichnung«**
  Dieses Feld enthält eine kurze Beschreibung des Serialnummernprofils. Diese Bezeichnung ist sowohl bei der Pflege im SAP-ERP-Materialstamm als auch in der SAP-EWM-Lagerproduktpflege neben dem eingegebenen Profil sichtbar. Es ist daher empfehlenswert, in der Beschreibung die Serialnummernpflicht (A, B oder C) zu erwähnen, sodass es keine Missverständnisse gibt.
- **Serialnummernpräfix (Feld »SerialNrPräfix«)**
  In der Anlieferungstransaktion können Sie vom System automatisch Serialnummern generieren lassen. Sie verwenden dieses Feld, um ein Präfix vor die generierten Nummern zu setzen. Dies kann sinnvoll sein, wenn Sie spezielle Serialnummernprofile für bestimmte Produkte oder Produktgruppen anlegen.
- **Feld »Objektname« und die Nummernkreisnummer (Feld »Nrkrnummer«)**
  Sie bestimmen in diesem Feld das Nummernkreisobjekt und -intervall für die automatische Generierung von Serialnummern. Wenn Sie das Serialnummernpräfix gepflegt haben, wird es vom System vor die aus diesem Intervall gezogene Nummer gesetzt (z. B. SN_700004436).

- **Kennzeichen »Nummerierung«**
  Wenn Sie weder Objektnamen noch Nummernkreisnummer pflegen, können Sie das Kennzeichen **Nummerierung** aktivieren. In diesem Fall startet die Nummerierung für jedes Produkt erneut bei 1. Die letzte verwendete Nummer für jedes Produkt wird dann in der Datenbanktabelle `/SCWM/SERH` gespeichert (Feld `LSERD`). Wenn Sie das Serialnummernpräfix gepflegt haben, wird es vom System vor die aus diesem Intervall gezogene Nummer gesetzt (z. B. `SN_13`).

[!]

Nummernkreis hat Vorrang

Wenn Sie Objektnamen und Nummernkreisintervall gepflegt haben, zieht das System von dort die nächste Nummer, unabhängig vom Kennzeichen **Nummerierung**.

- **Serialnummernpflicht (Feld »SerialNrPflicht«)**
  Über dieses Feld weisen Sie die Serialnummernpflicht zu, wobei die folgenden Werte möglich sind:
  - A – Serialnummernpflicht für Belegposition
  - B – Serialnummernpflicht auf Lagernummernebene
  - C – Serialnummernpflicht in der Bestandsführung
  - D – Keine Serialnummernpflicht

  Die ersten drei Serialnummernpflichten haben wir bereits besprochen. Mit der Serialnummernpflicht D (Keine Serialnummernpflicht) können Sie die Serialisierungspflicht in einer bestimmten Lagernummer aufheben.
- **Feld »Basiseinheit«**
  Hier weisen Sie die Basiseinheit des Serialnummernprofils zu, die der Basismengeneinheit der verwendeten Produkte entsprechen muss.
- **Kennzeichen »IUID aktiv«**
  Hiermit aktivieren Sie die eindeutige Identifizierung von Teilen die wir Ihnen in Abschnitt 5.5.6 näher erläutern.

5.5.3 Grundeinstellungen in SAP EWM

Im vorangehenden Abschnitt haben wir Ihnen die wesentlichen Voraussetzungen und Einstellungen der Serialnummernprofile, der harmonisierten und nicht harmonisierten Serialnummernverwaltung sowie die Bedeutung der Serialnummernebenen in SAP EWM erläutert. Damit Sie die Serialnummernverwaltung in SAP EWM nutzen können, sind dort weitere Grundeinstellungen erforderlich.

Serialnummer pro Lagernummer einstellen

In SAP EWM können Sie Serialnummern mit bis zu 30 Zeichen verwenden; im SAP-ERP-System ist die Serialnummer allerdings nur 18 Zeichen lang. Sie können daher die Länge im Customizing von SAP EWM auch auf 18 Stellen beschränken. Folgen Sie dazu dem Customizing-Pfad **Extended Warehouse Management • Stammdaten • Produkt • Serialnummernprofile • Serialnummern: Einstellungen an der Lagernummer** (siehe Abbildung 5.31).

Abbildung 5.31 Serialnummern pro Lagernummer einstellen

> **Mappen von Serialnummern zwischen SAP ERP und SAP EWM**
>
> Sie können, wenn nötig, ein Business Add-In (BAdI) benutzen, um bei unterschiedlichen Längen die Serialnummern zwischen SAP ERP und SAP EWM zu mappen. Die BAdI-Definition lautet `/SCWM/EX_ERP_SN`.

Lieferpositionsarten serialisieren

Wenn Sie Serialnummern für die Serialnummernpflicht A benutzen, sollten Sie das Kennzeichen **Serialisierung** für die jeweiligen Positionsarten der Lieferung prüfen. Wenn dieses Kennzeichen gesetzt ist, können Sie nur den Wareneingang bzw. den Warenausgang buchen, wenn Sie für die komplette Menge der Lieferposition Serialnummern eingegeben haben. Wenn das Kennzeichen nicht gesetzt ist, können Sie auch weniger Serialnummern eingeben (oder gar keine).

Sie finden diese Einstellung im Customizing über den Pfad **Extended Warehouse Management • Wareneingangsprozess • Anlieferung • Positionsarten für Anlieferungsprozess definieren**.

5.5.4 Durch Serialnummern beeinflusste Prozesse in SAP EWM

Wenn Sie Serialnummern nutzen, sich auf eine der drei Ebenen der Serialnummernverwaltung (siehe Abschnitt 5.5.1) festgelegt und die Serialnummernprofile (siehe Abschnitt 5.5.2) eingestellt haben, hat dies große Auswirkungen auf die Prozesse in SAP EWM, insbesondere auf Prozessschritte, die mit Beständen arbeiten:

- Verarbeitung von Anlieferungen und Auslieferungen
- Anlage und Quittierung von Lageraufgaben, sowohl über Desktop- als auch über RF-Transaktionen (mobile Endgeräte)
- Bearbeitung auf Arbeitsplätzen (Packarbeitsplatz, Qualitätsmanagement usw.)
- Serialnummern bei der Inventur

Tabelle 5.4 zeigt die drei Serialnummernpflichten und die wesentlichen Auswirkungen der Serialisierung (Legende: SN = Serialnummer, Vorl. SN = vorläufige Serialnummer, WE = Wareneingang, WA = Warenausgang).

	Serialnummernpflicht A – für Belegposition	Serialnummernpflicht B – auf Lagernummernebene	Serialnummernpflicht C – in der Bestandsführung
Serialnummern in der Anlieferungsposition	SN *können* erfasst werden (abhängig vom Positionstyp auch Erfassungspflicht).	SN *müssen* vor dem WE erfasst werden (alternativ auch erst bei der Einlagerung bei Vorl. SN).	SN *müssen* vor dem WE erfasst werden (alternativ auch erst bei der Einlagerung bei Vorl. SN).
Serialnummern in der Auslieferungsposition	SN *können* erfasst werden (abhängig vom Positionstyp auch Erfassungspflicht).	SN *müssen* vor dem WA erfasst werden.	SN *müssen* vor dem WA erfasst werden.
Serialnummern in Lageraufgaben	SN können nicht für Lageraufgaben verwendet werden. Ausnahme: Kommissionierung.	SN können nicht für Lageraufgaben verwendet werden. Ausnahme: Kommissionierung.	SN müssen bei jeder Lageraufgabe erfasst oder bestätigt werden.
Bestandstransparenz	Keine. Aber Kontrolle von SN möglich, z. B. für Kundenretouren.	SN sind bei WE und WA bekannt. Daher volle Übersicht, welche SN sich im Lager befinden.	Exakte Informationen, welche SN sich auf welchen Lagerplätzen befinden.

Tabelle 5.4 Überblick über die drei Serialnummernpflichten in SAP EWM

In den folgenden Abschnitten erläutern wir Ihnen die Auswirkungen der Serialnummernpflicht auf die Lieferverarbeitung und auf die Bearbeitung von Lageraufgaben. In den meisten Fällen verwenden wir die Serialnummernpflicht C (Serialnummern auf Bestandsebene), da es sich dabei um die komplexeste Serialnummernpflicht handelt. In allen Fällen sprechen wir aber auch die Unterschiede zu den anderen Serialnummernpflichten an. Abschließend zeigen wir Ihnen, wie Sie die Serialnummern im Lagermonitor anzeigen können.

Serialnummern in Anlieferungen

Es gibt mehrere Wege, wie Serialnummern in die SAP-EWM-Anlieferposition gelangen können:

- aus dem Lieferavis des Lieferanten (ASN, Advanced Shipping Notification), das per IDoc in das SAP-ERP-System geschickt wird
- aus einer Anlieferung aus SAP Supply Network Collaboration (SAP SNC)
- aus der Anlieferung aus dem SAP-ERP-System (manuell, gescannt oder automatisch generiert)
- aus der Anlieferung direkt aus dem SAP-EWM-System (manuell, gescannt oder automatisch generiert)

Nachdem Sie die Lieferung im SAP-ERP-System angelegt und gespeichert haben, kann die Anlieferung in SAP EWM bearbeitet werden. Sofern im SAP-ERP-System bereits Serialnummern erfasst worden sind, können diese im SAP-EWM-System nicht mehr geändert werden. In diesem Fall sind sie aus SAP-EWM-Sicht extern vorgegeben.

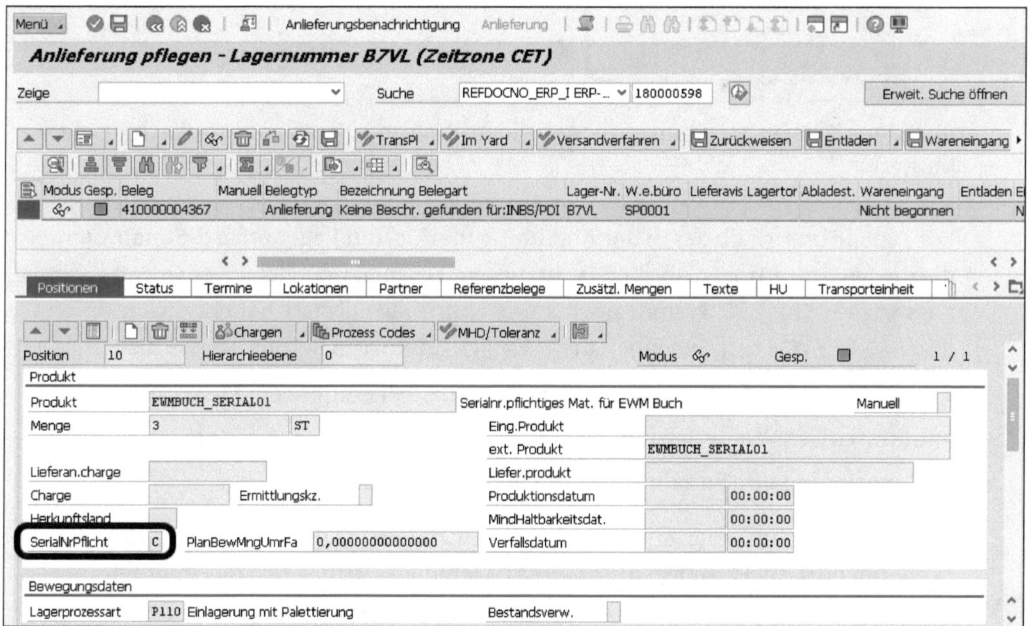

Abbildung 5.32 Serialnummernpflicht in der SAP-EWM-Lieferposition

Abbildung 5.32 zeigt eine Anlieferung in SAP EWM. Sie sehen die Details von Position 10 dieser Lieferung mit dem Material EWMBUCH_SERIAL01. Dieses Material verwendet das SAP-EWM-Serialnummernprofil aus Abbildung 5.30 mit der Serialnummernpflicht C in der Bestandsführung (Feld **SerialNrPflicht**). Im SAP-EWM-System können Sie die Serialnummern, die einer Lieferposition zugeordnet sind, auf der Registerkarte **Serialnummern** sehen. Dies funktioniert sowohl für unverpackte als auch für verpackte Positionen, wenn Sie z. B. (Teil)mengen in HUs verpackt haben (siehe Abbildung 5.33).

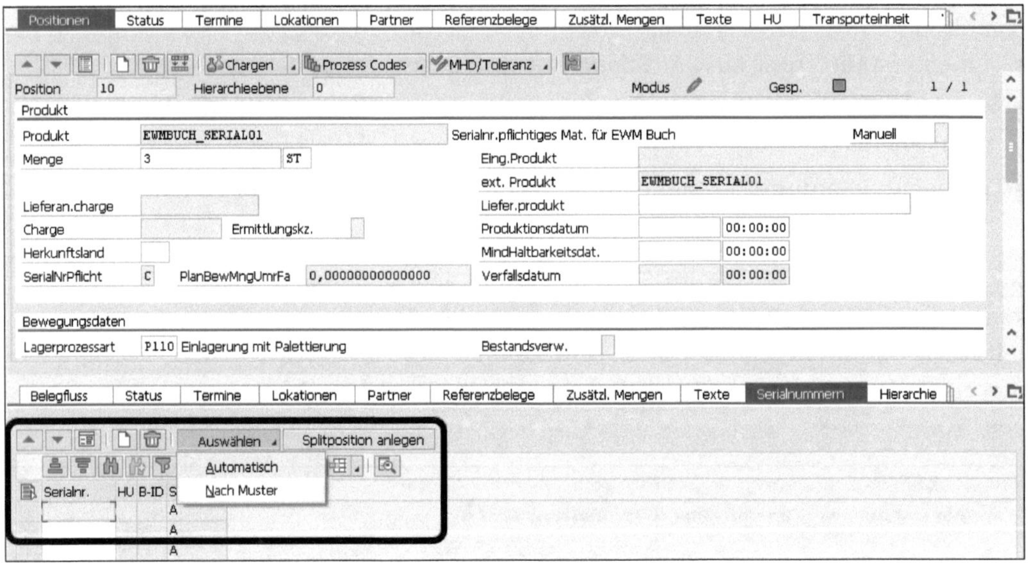

Abbildung 5.33 Serialnummern zur Anlieferposition generieren (automatisch oder nach Muster)

Die Tabelle unterhalb der in der Abbildung markierten Registerkarte **Serialnummern**, die die Serialnummern enthält, ist in diesem Beispiel noch leer. Der Grund dafür ist, dass wir im SAP-ERP-System noch keine Nummern erfasst haben; dies müssen Sie also in SAP EWM tun. Sie haben drei Möglichkeiten, um Serialnummern zu erfassen:

- manuelle Eingabe (Nummern in der linken Spalte eingeben oder scannen)
- automatische Generierung (nach fortlaufender Nummer aus dem Customizing)
- Generierung von Serialnummern nach einem Muster

Die automatische Generierung stoßen Sie an, indem Sie den Button **Auswählen** anklicken und dort die Funktion **Automatisch** wählen. Es öffnet sich das in Abbildung 5.34 dargestellte Pop-up-Fenster. Dort können Sie entweder die genaue Anzahl der gewünschten Serialnummern eingeben oder das Kennzeichen **Gesamtmenge** aktivieren, um für die gesamte Menge der Lieferposition Serialnummern zu generieren. Bei der Bestätigung des Pop-up-Fensters mit dem grünen Häkchen (linker Button) werden die Serialnummern generiert, und das im Customizing eingestellte Präfix wird verwendet.

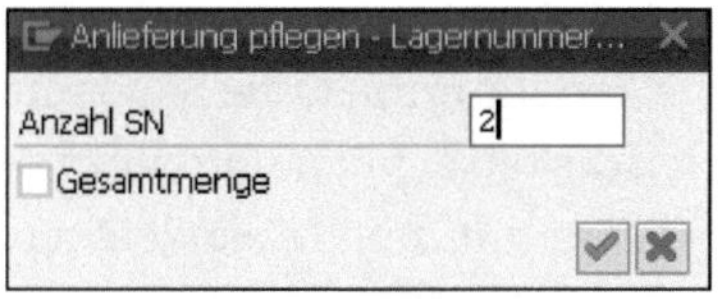

Abbildung 5.34 Pop-up-Fenster zur automatischen Generierung von Serialnummern

Wenn Sie über denselben Button die Funktion **Nach Muster** wählen, öffnet sich das Pop-up-Fenster aus Abbildung 5.35.

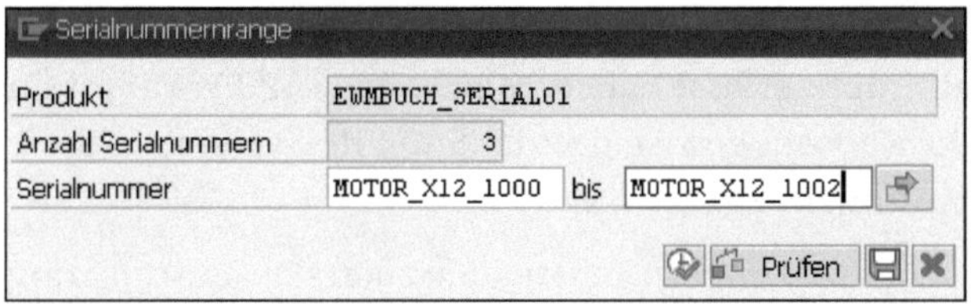

Abbildung 5.35 Pop-up-Fenster zur Generierung von Serialnummern unter der Verwendung eines Musters

Dort können Sie zwei Serialnummern (Felder **Serialnummer** und **bis**) eingeben, und das SAP-EWM-System ermittelt dann daraus die zu erstellenden Serialnummern. Dies funktioniert dann, wenn der hintere Teil der Serialnummern numerisch und die links eingegebene Serialnummer kleiner als die rechte ist. Im Beispiel aus Abbildung 5.35 würde das SAP-EWM-System die drei Serialnummern MOTOR_X12_1000, MOTOR_X12_1001 und MOTOR_X12_1002 erstellen.

Serialnummern beim Wareneingang zur Anlieferung

Wenn Sie die Serialnummernpflicht B oder C verwenden, müssen Sie die Serialnummern bereits vor der Wareneingangsbuchung erfassen; andernfalls gibt das System eine entsprechende Fehlermeldung aus.

Es gibt dazu eine Ausnahme: Wenn Sie *vorläufige Serialnummern* erlauben, generiert das System bei der Wareneingangsbuchung eine interne provisorische Serialnummer, die Sie spätestens bei der Quittierung der Einlagerung durch eine echte Serialnummer ersetzen müssen. Beim Wareneingang werden die Serialnummern in das SAP-ERP-System übertragen und sind dort im Materialbeleg sichtbar. Wählen Sie dazu oben im Menü der Materialbelegposition den Pfad **Springen • Serialnummer**. Ebenso können Sie sich die Serialnummern der Anlieferposition anzeigen lassen, indem Sie in SAP ERP in Transaktion VL33N dem Menüpfad **Extras • Serialnummern** folgen.

Vorläufige Serialnummern

Normalerweise müssen Sie die Serialnummern vor der Wareneingangsbuchung erfassen. Da dies nicht immer praktikabel oder gewünscht ist, gibt es die Möglichkeit, mit vorläufigen Serialnummern zu arbeiten. In diesem Fall generiert das System bei der Wareneingangsbuchung eine interne provisorische Serialnummer, die Sie dann spätestens bei der Quittierung der Einlageraufgabe durch die tatsächliche Serialnummer ersetzen müssen. Vorläufige Serialnummern beginnen mit dem Dollarzeichen und haben 30 Zeichen (z. B. `$20080620175605378000000000001`). SAP EWM speichert diese Serialnummern intern in den Datenbanktabellen (z. B. `/SCWM/SERI` und `/SCWM/DLV_SERI`), sie werden aber nicht auf den Bildern der SAP-EWM-Transaktionen angezeigt. Wenn Sie Serialnummern auch im SAP-ERP-System verfolgen möchten, sollten Sie die provisorischen Serialnummern nicht aktivieren. Wenn Sie provisorische Serialnummern verwenden und daher zum Zeitpunkt der Wareneingangsbuchung noch nicht die tatsächlichen Serialnummern erfasst haben, schickt das SAP-EWM-System diese nicht mehr an SAP ERP. Die Konsequenz ist, dass im SAP-ERP-System nicht die tatsächlich verwendeten Serialnummern zu sehen sind.

Die Verwendung provisorischer Serialnummern müssen Sie zuerst im Customizing einschalten. Folgen Sie dazu dem Pfad **Extended Warehouse Management • Stammdaten • Produkt • Serialnummernprofile • Serialnummern: Einstellungen an der Lagernummer** (siehe Abbildung 5.31).

Serialnummern in Auslieferungen

Auch im Warenausgangsprozess ist es möglich, Serialnummern bereits im SAP-ERP-System zur Lieferung zu erfassen, auch hier funktioniert das über den Menüpfad **Extras • Serialnummern**. Die Serialnummer in einer Auslieferung kann aber auch schon aus dem Kundenauftrag stammen, z. B. wenn ein Kunde eine spezifische Serialnummer bestellen möchte (vorbestimmte Serialnummer). Im SAP-ERP-System vorbestimmte Serialnummern können in SAP EWM nicht mehr geändert werden. Sie müssen dann genau diese Serialnummern kommissionieren.

Bei SAP-ERP-Auslieferungen, die noch keine Serialnummern haben, werden die Serialnummern in SAP EWM bestimmt. Wenn Sie die Serialnummer bei der Quittierung der Kommissionier-Lageraufgabe mitgeben (bei der Serialnummernpflicht C müssen Sie dies tun), wird sie in die Lieferposition übernommen. Bei den Serialnummernpflichten A und B können Sie die Kommissionier-Lageraufgabe auch ohne Serialnummer quittieren, müssen diese dann aber bis spätestens zur Warenausgangsbuchung zur Lieferposition erfassen.

Serialnummern bei der Warenausgangsbuchung zur Auslieferung

Generell können Sie den Warenausgang nur dann buchen, wenn Sie die Serialnummern zur Lieferposition erfasst haben, denn ansonsten gibt das System eine Fehlermeldung aus. Eine Ausnahme bietet nur die Serialnummernpflicht A – dort ist es möglich, den Warenausgang auch ohne Serialnummern zu buchen, wenn Sie dies im Customizing der Positionsart der Lieferung (Kennzeichen **Serialisierung**) erlaubt haben. Die Serialnummern werden mit der Warenausgangsbuchung in das SAP-ERP-System übertragen und sind dort als Teil der Materialbelegposition sichtbar (im Menü wählen Sie den Pfad **Springen • Serialnummer** sowie in der Auslieferposition den Menüpfad **Extras • Serialnummern**).

Serialnummern in Lageraufgaben

Generell müssen Sie nur bei Lageraufgaben für Produkte mit Serialnummernpflicht C (Serialnummernpflicht in der Bestandsführung) Serialnummern erfassen. Sie haben jedoch die Möglichkeit, bei Kommissionier-Lageraufgaben auch Serialnummern anzugeben, wenn die anderen beiden Serialnummernpflichten bestehen – dies ist aber nur als Hilfe zur Erfassung der Serialnummern an der Lieferungsposition gedacht. Denken Sie daran: Serialnummern auf der Quantebene bieten in SAP EWM nur die Serialnummernpflicht C.

Quittierung von Lageraufgaben mit Differenzen

Wenn Sie eine Lageraufgabe (Serialnummernpflicht C) quittieren, müssen Sie die Serialnummern prüfen. Wenn eine Serialnummer fehlt, müssen Sie genau angeben, welche dies ist. Es reicht nicht, einfach nur einen Ausnahmecode einzugeben. Abbildung 5.36 zeigt die Quittierung einer Einlageraufgabe mit der Menge 3 ST.

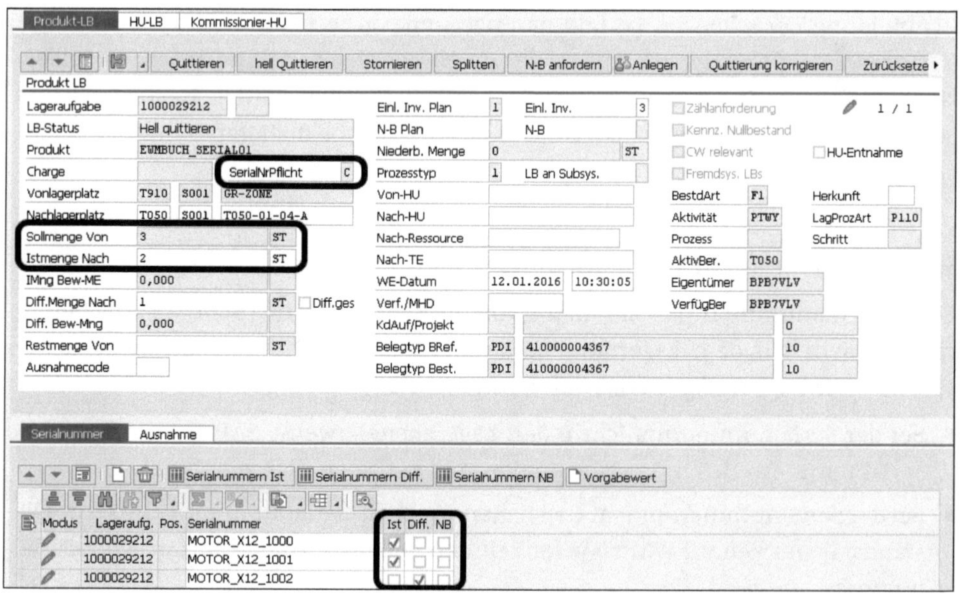

Abbildung 5.36 Serialnummern bei der Quittierung einer Lageraufgabe mit Differenz

Der Lagermitarbeiter sieht, dass ein Stück fehlt, und muss dieses unten auf der Registerkarte **Serialnummer** erfassen. Es gibt auf der rechten Seite der Tabelle die drei Spalten **Ist**, **Diff.** und **NB**. Durch das Setzen des Kennzeichens in der Spalte **Diff.** wird dem System angezeigt, dass diese Serialnummer fehlt. Auch können Sie auf den Button **Serialnummern Diff.** klicken, um Differenzen zurückzumelden.

Angabe der Serialnummern in der Kommissionierung

Wie schon angesprochen, können Sie bei der Quittierung von Kommissionier-Lageraufgaben Serialnummern mitgeben – beim Vorliegen der Serialnummernpflicht C ist dies sogar obligatorisch. In Abbildung 5.36 haben wir die Quittierung einer Lageraufgabe mit der Desktop-Transaktion gezeigt. Wenn Sie mobile Endgeräte verwenden, benutzen Sie die speziellen logischen Transaktionen zur Quittierung von Lageraufgaben aus dem EWM-RF-Framework (siehe Abbildung 5.37).

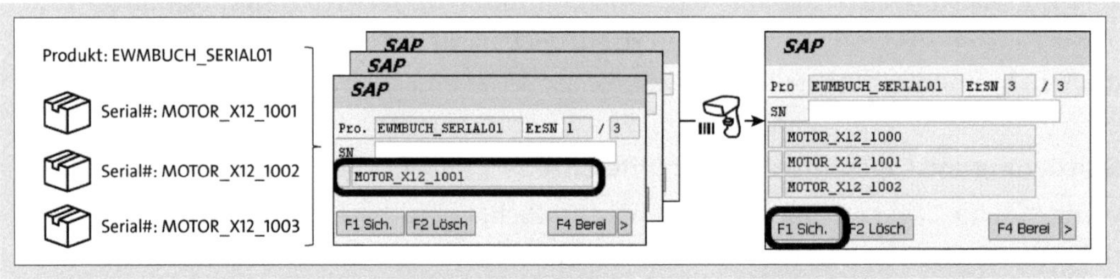

Abbildung 5.37 Serialnummern in mobilen Datenfunktransaktionen erfassen

In Abbildung 5.37 sehen Sie das Bild zur Erfassung von Serialnummern. Sie sehen den Namen des Produkts und die Anzahl der zu scannenden Serialnummern. Im Beispiel ist bereits eine Serialnummer (`MOTOR_X12_1001`) eingegeben worden. Nachdem Sie alle Serialnummern gescannt haben, können Sie die Eingabe über den Button **F1 Sich.** sichern.

5.5.5 Serialnummern im Lagermonitor

Bei der Serialnummernpflicht B und C können Sie sich die im Lager befindlichen Serialnummern auf dem Lagermonitor anzeigen lassen. Die Anzeigemöglichkeiten sind aber für die jeweilige Serialnummernpflicht unterschiedlich:

- Bei der Serialnummernpflicht B (auf Lagerebene) »weiß« SAP EWM nur, welche Serialnummern sich momentan im Bestand befinden, aber nicht, wo.
- Bei der Serialnummernpflicht C speichert EWM die Serialnummern als Teil des Bestands; daher kennt EWM zu jeder Zeit den genauen Aufenthaltsort jeder Serialnummer.

Dieser konzeptionelle Unterschied führt zu zwei verschiedenen Knoten im Lagermonitor. Bei Serialnummernpflicht C können Sie direkt vom physischen Bestand mit dem Button **Serialnummer** in die Anzeige der einzelnen Serialnummern springen (siehe Abbildung 5.38). Der Pfad im Monitor lautet hier **Bestand und Platz • Lagerplatz**.

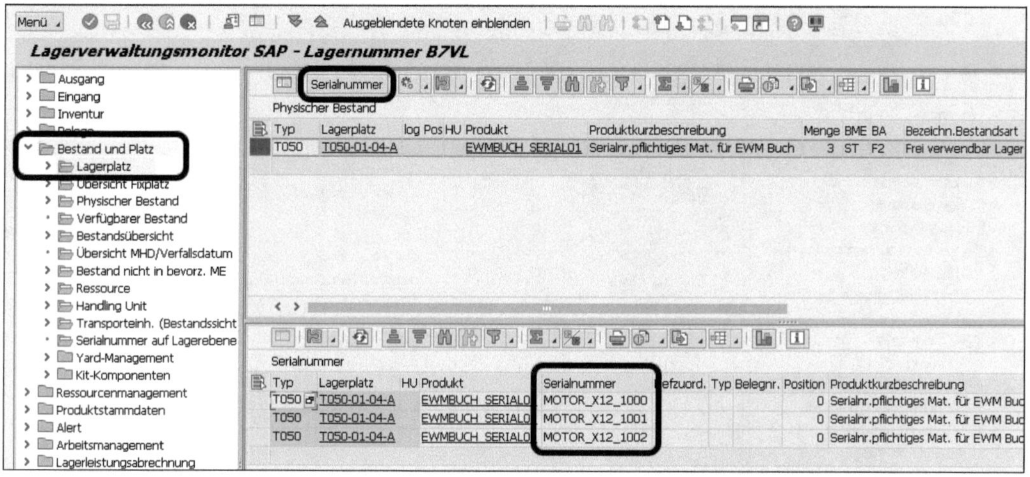

Abbildung 5.38 Serialnummern im Lagermonitor bei der Serialnummernpflicht C

Beim Vorliegen der Serialnummernpflicht B müssen Sie den Pfad **Bestand und Platz • Serialnummer auf Lagerebene** benutzen (siehe Abbildung 5.39). Wie Sie sehen, wird Ihnen nur angezeigt, *ob* sich die Serialnummer im Lager befindet, aber nicht, *wo*.

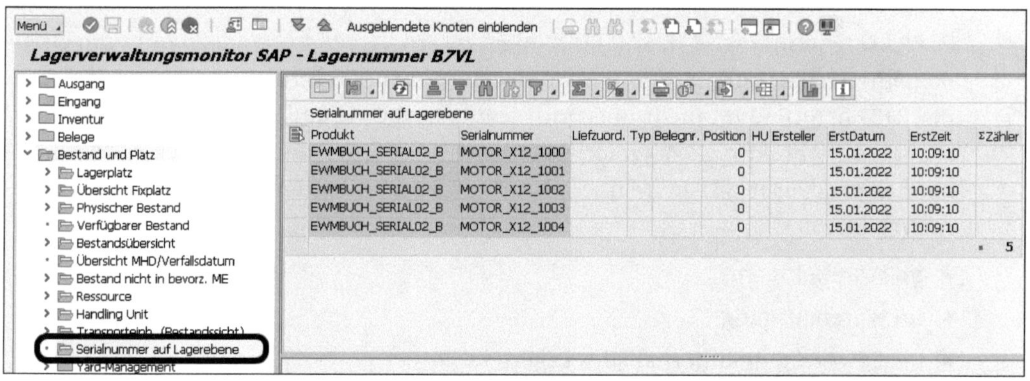

Abbildung 5.39 Serialnummern im Lagermonitor bei der Serialnummernpflicht B

5.5.6 Eindeutige Identifizierung von Teilen (IUID)

Die eindeutige Teile-ID *IUID* ist eine besondere Serialnummer, die weltweit einmalig ist. Die IUID wird von einem Hersteller von Originalteilen vergeben und ändert sich in der gesamten Lieferkette nicht mehr. Dies bedeutet, dass eine IUID sowohl in der eigenen Organisation als auch außerhalb der eigenen Organisation beibehalten wird. Die IUID wird als 2-D-Barcode (QR) und als lesbarer alphanumerischer Wert auf der Ware angebracht.

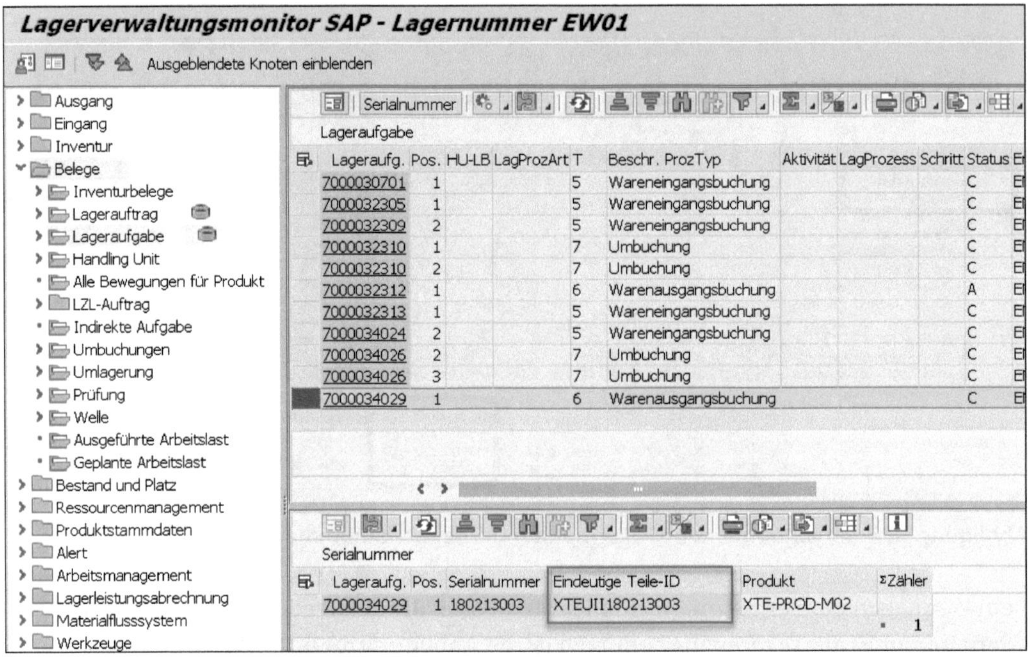

Abbildung 5.40 Eindeutige Teile-ID im Lagermonitor

Die IUID-Nummer wird in SAP EWM nicht intern vergeben, sondern nur vom Originalteilhersteller, und nach SAP EWM übernommen. Außerdem kann das Format einer IUID in SAP EWM nicht überprüft werden, weil sie außerhalb von SAP EWM erzeugt wird. Abbildung 5.40 zeigt, wie die IUID im Lagermonitor angezeigt wird. Sie können die IUID in SAP EWM überall dort erfassen und sehen, wo es auch Serialnummern gibt, z. B.:

- im Wareneingang
- im Warenausgang
- bei Bewegungen innerhalb des Lagers
- bei Bewegungen zwischen Lägern
- bei der Inventur
- im SAP-EWM-Lagerverwaltungsmonitor

Erfassung der eindeutigen Teile-ID

Sobald die IUID auf das Serialnummernprofil aktiv ist, muss die IUID zusammen mit den Serialnummern erfasst werden (siehe Abbildung 5.41).

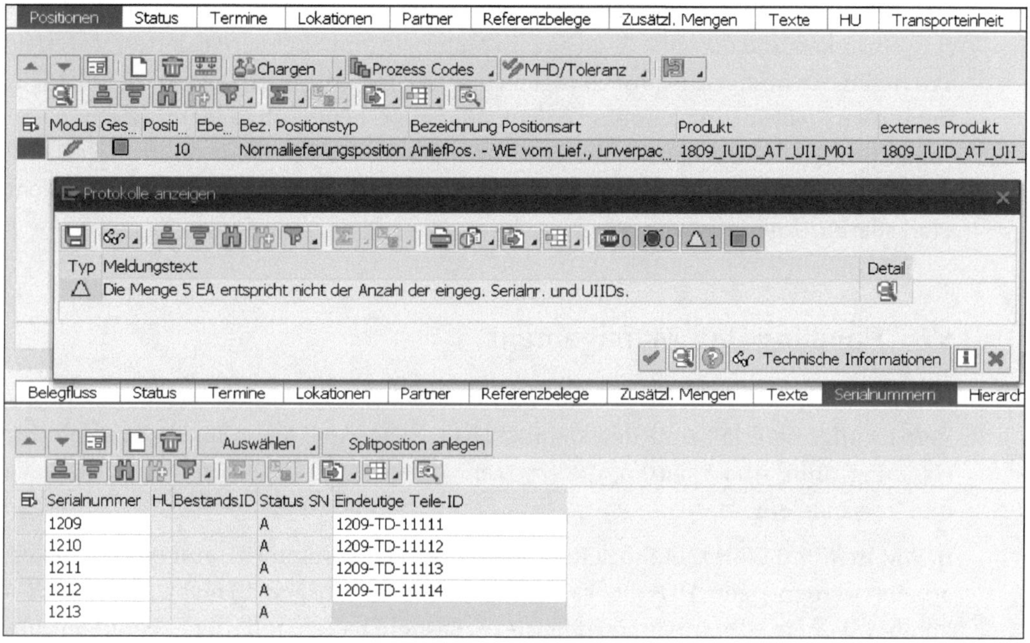

Abbildung 5.41 IUID vor dem Wareneingang erfassen

Abbildung 5.41 zeigt, wie in der Anlieferungstransaktion /SCWM/PRDI sowohl die Serialnummern als auch die IUIDs zwingend erfasst werden müssen. Im Beispiel sehen Sie, dass Serialnummern und vier eindeutige Teile-IDs erfasst wurden, jedoch nicht die fünfte IUID. In erster Instanz wird dann eine Warnmeldung angezeigt.

Danach, wenn Sie z. B. den Wareneingang buchen möchten, wird die Warnung zur Fehlermeldung. Damit kann der Wareneingang nicht gebucht werden, ohne dass zu allen Teilen eine IUID und eine Serialnummer erfasst wurden. Die Erfassung von IUIDs verhält sich auch in anderen Prozessen, z. B. während des Umpackens und bei der Kommissionierung von Teilmengen, wie die Serialnummernerfassung.

Eindeutige Teile-ID aktivieren

Um die eindeutige Teile-ID in SAP EWM zu verwenden, müssen Sie die IUID im Serialnummernprofil aktivieren. Sie finden diese Einstellungen im Customizing von SAP S/4HANA über den Pfad **Integration mit anderen SAP-Komponenten • Extended Warehouse Management • Zusätzliche Materialattribute • Attributwerte für zusätz-**

liche Materialstammfelder • Serialnummernprofil definieren. Sie können die IUID nur für die Serialnummernpflicht C (Serialisierung im Bestand) aktivieren (siehe Abbildung 5.30).

Darüber hinaus müssen Sie die Verarbeitung der eindeutigen Teile-ID im Customizing einstellen und die IUID-Relevanz im Materialstamm des serialisierten Materials aktivieren. Sie finden die Einstellungen zur IUID im Customizing von SAP S/4HANA unter dem Customizing-Knoten **Logistik Allgemein • Eindeutige Identifizierung von Teilen (IUID)**. Die Aktivierung der IUID nehmen Sie im Materialstamm in SAP ERP über Transaktion MM02 unter den allgemeinen Werksparametern in der Sicht **Werksdaten/Lagerung2** vor.

5.6 Handling Unit Management

Eine *Handling Unit* (HU) ist eine physische Einheit aus Packmitteln (Ladungsträger/Verpackungsmaterial) und den darauf/darin gelagerten Materialien. Beispiele für Handling Units sind Paletten, Gitterboxen, Kartons und allgemein alle Packstücke und Versandelemente.

In WM bzw. SAP S/4HANA Stock Room Management können HUs nur *mit* Inhalt verarbeitet werden – leere HUs gibt es hingegen defininitionsgemäß nicht. Mit SAP EWM können Sie leere HUs entsorgen oder sie im Bestand halten und wieder benutzen, um Materialien hinauf- bzw. hineinzupacken. Mehr dazu erfahren Sie in Abschnitt 5.6.5, »Leere Handling Units in SAP EWM«.

Das Handling Unit Management (HUM) ist komplett in EWM integriert. Alle SAP-EWM-Prozesse funktionieren ohne jegliche Probleme oder Einschränkungen mit HUs. Viele Prozesse funktionieren sogar nur, wenn Sie HUs verwenden, z. B. die prozessorientierte Lagerungssteuerung.

[»]

Handling Unit Management in SAP ERP

Um HUs in SAP EWM zu benutzen, müssen Sie das Handling Unit Management in SAP ERP *nicht* aktivieren.

5.6.1 Handling Units und Handling-Unit-Hierarchien

Eine HU im SAP-EWM-System besteht technisch aus dem HU-Kopf und den HU-Positionen. Der HU-Kopf beinhaltet Daten wie z. B. das verwendete Packmaterial, Gewicht, Volumen, Dimensionen, HU-Typ und -Status (System- und Anwenderstatus). Die HU-Positionen entsprechen dem Inhalt der HU, also Produkten, Packhilfsmitteln und anderen HUs (bei sogenannten *geschachtelten Handling Units*).

Abbildung 5.42 zeigt zwei HUs: Auf der linken Seite sehen Sie eine Palette, auf der ein Karton steht, in dem sich 6 Stück eines Materials befinden. Der Karton und die Palette sind zwei HUs, es handelt sich hier also um geschachtelte HUs und um eine *HU-Hierarchie*.

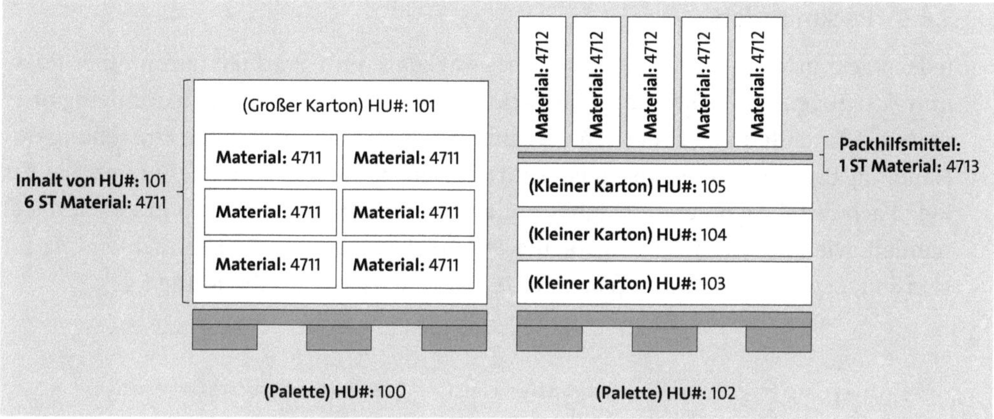

Abbildung 5.42 Beispiel für geschachtelte Handling Units und Packhilfsmittel

Die rechte Seite zeigt eine Palette, auf der sich drei Kartons, lose Materialien und ein Packhilfsmittel (Zwischenlage) befinden. Die Kartons und die Palette selbst sind im System als HUs abgebildet. Auch hier handelt es sich also um geschachtelte HUs.

SAP-EWM-interne Verwendung von HUs für Lagerplätze

Das SAP-EWM-System verwendet das Objekt HU in vielen Fällen, für den Anwender unsichtbar, auch rein intern: So sind z. B. alle Lagerplätze intern auch HUs. Dasselbe gilt für Ressourcen und Transporteinheiten. Das bedeutet, dass intern alle Lageraufgaben gleichzeitig auch Umpackvorgänge von einer HU in eine andere sind. Der Anwender sieht, wie bereits erwähnt, von diesen Umpackvorgängen und von den intern angelegten HUs nichts.

5.6.2 Packmittel

Packmittel sind Materialien, die dazu bestimmt sind, die zu verpackenden Materialien zu umschließen oder zusammenzuhalten. Darüber hinaus können die zu verpackenden Materialien im oder auf dem Packmittel verpackt werden. Das Packmittel kann ein Ladungsträger sein; die wichtigsten Packmittel sind z. B. Kisten/Kartons, Schachteln, Container, Gitterboxen und Paletten.

Das Packmittel ist das Stammdatum für eine HU. Wenn Sie eine HU in SAP EWM anlegen, müssen Sie immer Packmittel mit angeben. Wenn Sie das Packmittel Palette nehmen, legen Sie eine HU für eine bestimmte Palette an (eine HU hat immer eine Nummer, ist also immer eine konkrete Ausprägung einer Palette, und ein Packmittel beschreibt nur die Art der Palette).

5.6.3 Packmittelart

Jedes Packmittel ist auf der Registerkarte **Packdaten** im Produktstamm einer *Packmittelart* zugeordnet. Die Pflege der Packmittelarten finden Sie im Customizing über den Pfad **Extended Warehouse Management • Prozessübergreifende Einstellungen • Handling Units • Grundlagen • Packmittelarten definieren**. Hier definieren Sie für jede Packmittelart, ob es sich dabei um ein Packhilfsmittel oder um ein Packmittel handelt, wie die Nummernvergabe der HU erfolgen soll, ob HU-Hierarchien erlaubt sein sollen, und ob das System leere HUs löschen soll (siehe Abbildung 5.43).

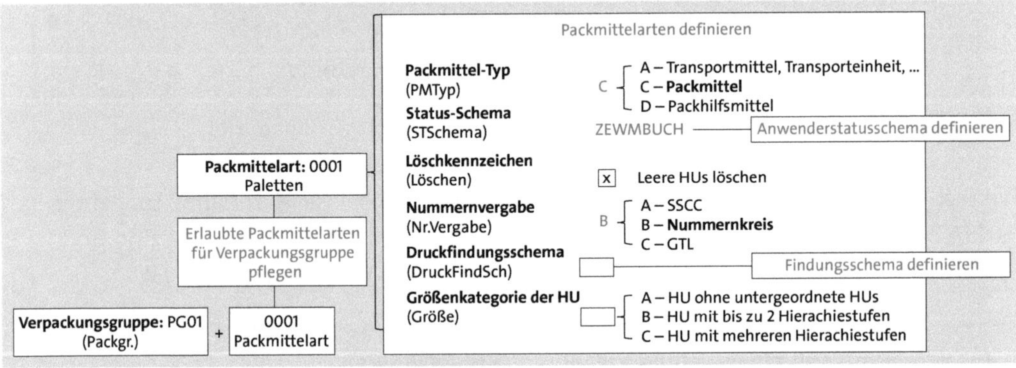

Abbildung 5.43 Packmittelarten und Eigenschaften pflegen

Abbildung 5.43 zeigt schematisch die Pflege der Packmittelart 0001 mit den Eigenschaften, auf die wir in den folgenden Abschnitten näher eingehen. Hierzu zählen insbesondere der Packmitteltyp (**PMTyp**), das Statusschema (**StSchema**) und das Löschkennzeichen (**Löschen**) für leere HUs. Weitere Erläuterungen zu den Verpackungsmaterialien finden Sie in Kapitel 4, »Stammdaten in SAP S/4HANA EWM«.

5.6.4 Packhilfsmittel

Packhilfsmittel sind Materialien, die zusammen mit dem Packmittel zum Verpacken eines Materials verwendet werden. Zu den Packhilfsmitteln zählen Ausstattungs-, Kennzeichnungs-, Sicherungs- und Polstermittel, z. B. Deckel, Folien, Füllmaterial, Schrumpffolien und Zwischenlagen. In SAP EWM werden Packhilfsmittel als HU-Positionen verwaltet und können auch selbst ein Gewicht und Volumen haben, das sich zum Füllgewicht/-volumen der HU hinzuaddiert. Die Eigenschaft eines Packmaterials als Packhilfsmittel legen Sie über den Packmitteltyp **PMTyp** der Packmittelart fest.

5.6.5 Leere Handling Units in SAP EWM

Wenn die letzte Position einer HU entnommen wird, z. B. bei einem Umpackvorgang, bei dem Sie den Inhalt einer HU auf eine andere HU umpacken, wird diese HU leer. Wie schon angesprochen, kann SAP EWM auch leere HUs verwalten. Sie können im Customizing für jede Packmittelart durch die Aktivierung des Kennzeichens **Löschen** einstellen, ob das SAP-EWM-System eine leer gewordene HU dieser Packmittelart löschen oder ob sie leer im System verbleiben soll. Eine durchgehende Verwaltung von leeren HUs im Sinne einer Leerpalettenverwaltung gibt es jedoch im SAP-EWM-Standard nicht – Sie müssen selbst Lageraufgaben für leere bzw. leer gewordene Paletten anlegen.

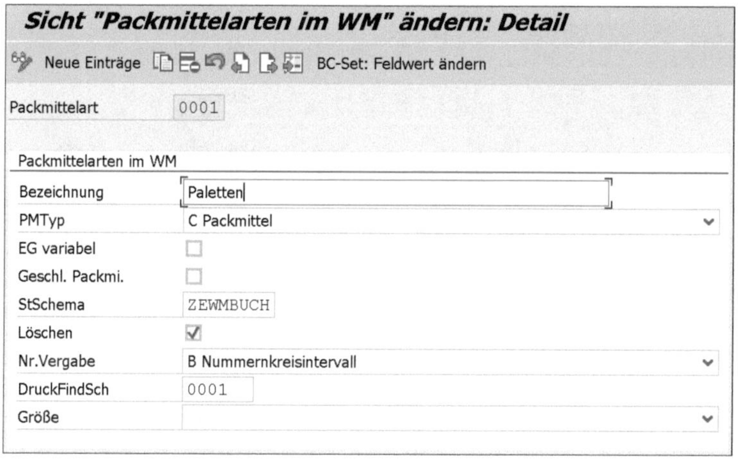

Abbildung 5.44 Packmittelart definieren

Abbildung 5.44 zeigt die Packmittelart 0001, die für Paletten als Packmittel (**PMTyp**) verwendet wird und der das Anwenderstatusschema (**StSchema**) aus Abbildung 5.45 zugewiesen wurde.

5.6.6 HU-Informationen drucken

Sie können aus dem SAP-EWM-System Dokumente zur HU ausdrucken, z. B. ein HU-Etikett, eine Inhaltsliste oder ein Versandetikett.

Sie können SAP EWM so einstellen, dass es automatisch (im Hintergrund) ein HU-Dokument ausdruckt, wenn eine neue HU angelegt wird. Ebenso können Sie automatisch drucken, wenn im Falle von prozessorientierter Lagerungssteuerung die HU an einem bestimmten Schritt des Lagerprozesses angelangt ist. Beide Varianten basieren auf der Nutzung des *Post Processing Frameworks* (PPF Framework) und der Konditionstechnik. Sie können HU-Dokumente auch manuell ausdrucken, z. B. von einem SAP-EWM-Arbeitsplatz aus. Die ausgedruckten HU-Dokumente im SAP-EWM-

Standard können Informationen über den HU-Kopf (HU-Nummer, Barcode, Gewicht, Volumen usw.) und über die HU-Positionen (Materialien, Gefahrgutinformationen, Route, Besitzer, Packhilfsmittel usw.) beinhalten.

Das Drucken von HU-Dokumenten basiert in SAP EWM auf SAP Interactive Forms by Adobe sowie auf SAP Smart Forms. Da in SAP-EWM-Projekten häufiger SAP Smart Forms eingesetzt wird, wollen wir hauptsächlich darauf eingehen.

Formulare im SAP-EWM-Standard zum Drucken von HU-Informationen

Im SAP-EWM-Standard gibt es bereits eine Anzahl von HU-Dokumenten, die Sie benutzen und anpassen können. Tabelle 5.5 zeigt die wichtigsten HU-Dokumente.

Smart Form	Beschreibung	PPF-Aktionsdefinition
/SCWM/HU_LABEL	HU-Etikett	HU_LABEL
/SCWM/HU_SHPLABEL	Versandetikett	HU_SHPLABEL
/SCWM/HU_TO	HU-Lageraufgaben	HU_TO
/SCWM/HU_CONTENT	HU-Inhaltsschein	HU_CONTENT
/SCWM/HU_SERIAL	HU-Serialnummern-Etikett	HU_SERIAL
/SCWM/HU_HAZARD	Gefahrstoffetikett	HU_HAZARD

Tabelle 5.5 Smart Forms im SAP-EWM-Standard zum Drucken von Handling Units

In der Praxis bietet es sich an, zunächst die EWM-Standard-Smart-Forms auszuprobieren und diese dann, wenn noch Änderungen erforderlich sind, in den Kundennamensraum zu kopieren.

Post Processing Framework und Konditionstechnik für das Drucken

Um die HU-Dokumente auszudrucken, müssen Sie zunächst Konditionssätze pflegen. Das Drucken der HU-Dokumente basiert komplett auf der Konditionstechnik.

Um einen neuen Konditionssatz anzulegen, wählen Sie im SAP-Easy-Access-Menü den Pfad **Logistik • SCM Extended Warehouse Management • Extended Warehouse Management • Arbeitsvorbereitung • Drucken • Einstellungen • Konditionssätze für Druck anlegen (HUs)**, oder Sie rufen diese Einstellungen über Transaktion /SCWM/PRHU6 auf. Im Einstiegsbild wählen Sie den Eintrag **Applikation und Pflegegruppe PHU** aus. Durch das Auswählen einer Konditionsart (im Standard 0001) gelangen Sie dann in die Anlage eines neuen Konditionssatzes. Dort füllen Sie die benötigten Felder aus, u. a. tragen Sie hier den HU-Typ, den Prozessschritt, den »Indikator für die Anzahl Kopien« (nicht die Anzahl der Kopien selbst, das kann später ausgefüllt werden), das Formular, die PPF-Aktionsdefinition und die Spooldaten (Druckparameter) ein.

Die benötigten PPF-Aktionen zum Ausdrucken müssen aktiv sein. Das prüfen Sie am besten über die PPF-Administrationstransaktion SPPFCADM.

Wenn Sie Spooldaten verwenden, müssen Sie zunächst die Druckparameter in Bezug zur Lagernummer anlegen. Wählen Sie dafür den Pfad **Extended Warehouse Management • Arbeitsvorbereitung • Drucken • Einstellungen • Lagerabhängige Druckparameter pflegen**.

Protokollerstellung während des Druckens

Sie können festlegen, dass SAP EWM während des Druckens ein Protokoll schreibt. Dazu müssen Sie den Benutzerparameter /SCWM/HU_PRT_PROT auf »X« setzen. Achten Sie darauf, dass Sie diesen Parameter nur für kurze Zeit setzen; denn ansonsten kann die Größe der Protokolle auf der Datenbank schnell anwachsen.

Das zur Konditionsart gehörige Druckfindungsschema (**DruckFindSch**) müssen Sie über den Customizing-Pfad **Extended Warehouse Management • Prozessübergreifende Einstellungen • Handling Units • Grundlagen • Packmittelarten definieren** der Packmittelart in SAP EWM zuweisen (siehe Abbildung 5.44).

[!]

Fehlermeldung »Keine Konditionssätze gefunden«

Beim Aufsetzen des Druckens in SAP EWM gibt das System im Findungsprotokoll der Konditionstechnik häufig die Fehlermeldung »Keine Konditionssätze gefunden« aus, obwohl Sie den Konditionssatz bereits angelegt oder korrigiert haben. Das Problem lässt sich oft lösen, indem Sie eine neue HU benutzen und erneut testen. Der Grund für das Problem ist, dass SAP EWM oftmals die Nummer des gefundenen Konditionssatzes bereits beim Anlegen eines Objekts sucht und in eine Puffertabelle (in diesem Fall /SCWM/HU_PPF) einträgt, um eine erneute Findung zu verhindern.

5.6.7 Statusverwaltung für Handling Units

Im SAP-EWM-System wird die allgemeine Statusverwaltung auch für HUs benutzt. Jede HU hat einen Systemstatus und einen Anwenderstatus. Der *Systemstatus* kommt von SAP und kann nicht verändert werden. Er beinhaltet feste Status, wie z. B. **für Inhaltsänderungen gesperrt**, **für Bewegungen gesperrt** oder **für Umbuchungen gesperrt**. Diese Status können Sie in einem Arbeitsplatz oder beim Anlegen der HU zur Anlieferung setzen. Das SAP-EWM-System berücksichtigt diese Status automatisch. Wenn Sie z. B. den Status **für Bewegungen gesperrt** setzen, können Sie für diese HU keine Lageraufgaben mehr anlegen.

Der *Anwenderstatus* kann vom Anwender selbst angelegt werden. Dazu müssen Sie zunächst im Customizing ein Anwenderstatusschema erstellen und dieses anschließend der Packmaterialart zuweisen (**StSchema**). Folgen Sie dazu im Customizing dem Pfad **Extended Warehouse Management • Prozessübergreifende Einstellungen • Handling Units • Grundlagen • Anwenderstatusschema definieren**.

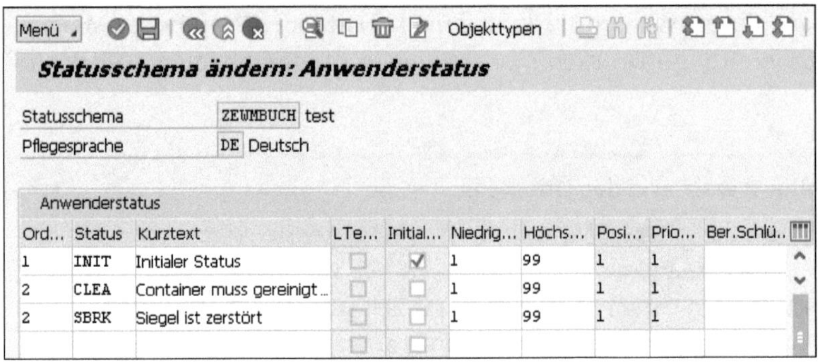

Abbildung 5.45 Beispiel für ein Statusschema für HUs

Abbildung 5.45 zeigt das Anwenderstatusschema `ZEWMBUCH` mit den drei Status `INIT`, `SBRK` und `CLEA`. Das Statusschema (**StSchema**) wurde der Packmaterialart 0001 zugewiesen (siehe Abbildung 5.44). Wenn Sie nun eine neue HU (dieser Packmaterialart) anlegen, können Sie diese neuen Anwenderstatus sehen (siehe Abbildung 5.46).

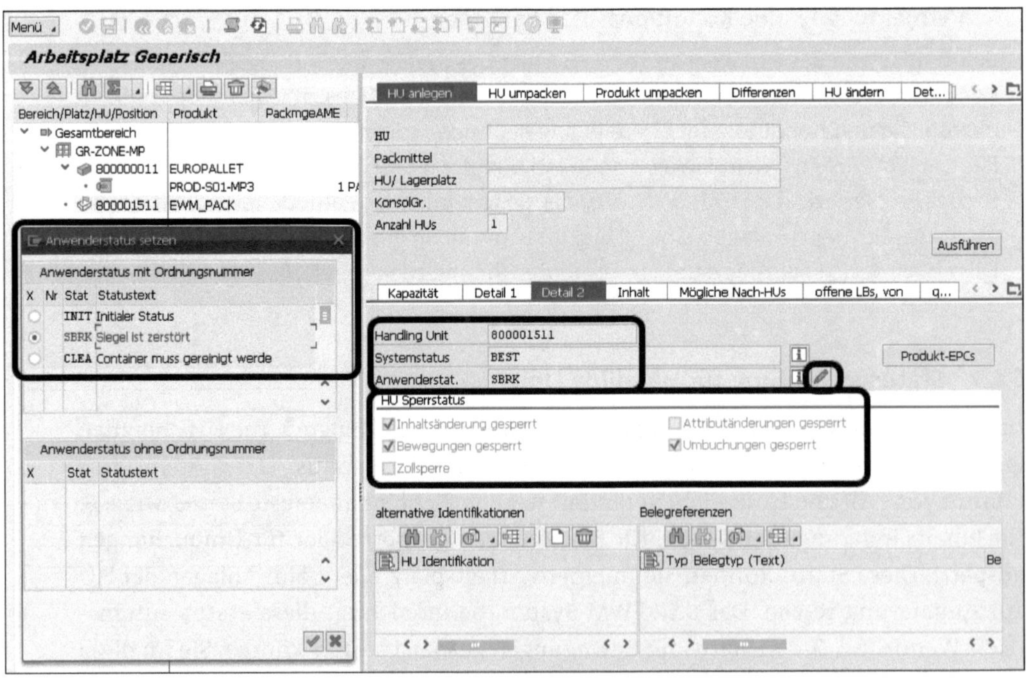

Abbildung 5.46 HU-Anwenderstatus im Arbeitsplatz verwenden

Wir haben dort die HU 800001511 neu angelegt und auf den Button mit dem Bleistift-Icon rechts neben dem Feld **Anwenderstatus** geklickt. Es öffnet sich das auf der linken Seite des Bildes dargestellte Pop-up-Fenster mit den aktuellen Anwenderstatusinformationen. Sie sehen in diesem Bild auch den Systemstatus (BEST für eine HU, die sich im Bestand befindet) und die dazugehörigen Kennzeichen im Bereich **HU Sperrstatus**.

Planversand-Handling-Units

Planversand-HUs sind im Gegensatz zu Versand-HUs nicht physisch im Lager vorhanden und können für die Verpackungsplanung von Auslieferungspositionen verwendet werden. Auf Basis der Planversand-HUs (PVHUs) kann das System automatisch Versand-HUs für die Kommissionierung und Verpackung erstellen. Alternativ können diese auch manuell erstellt werden. Auf die Verpackungsplanungsfunktion gehen wir detailliert in Abschnitt 9.3.25, »Abschluss der Auslieferungsprozesses«, ein.

5.6.8 Serial Shipping Container Codes für Handling Units nutzen

Jede HU in SAP EWM wird durch ihre eigene Nummer identifiziert. Diese Nummer wird über ein Nummernkreisobjekt in SAP EWM verwaltet. Sie können die Nummer einer HU beim Anlegen manuell vorgeben, oder Sie lassen SAP EWM die nächste freie Nummer aus dem Nummernkreisintervall zuweisen.

Diese Vorgehensweise kann jedoch zu Problemen führen, wenn Sie elektronische Lieferavis benutzen und HU-Nummern zu und von Partnern übertragen; denn dann müssten Sie sich mit allen Partnern abstimmen, um keine Überschneidungen in den Nummernkreisen und die damit verloren gehende Eindeutigkeit einer HU zu riskieren.

Es gibt jedoch noch eine bessere Lösung: *Serial Shipping Container Codes* (SSCC). SSCCs sind Teil eines international anerkannten Standards (UCC, EAN International) für die HU-Identifikation. SSCC-Nummern bestehen aus drei Teilen: aus einem Präfix, der *International Location Number* (ILN), die Sie bei der UCC oder EAN International zunächst beantragen müssen, aus einer fortlaufenden Nummer und schließlich aus einer Prüfziffer.

Weitere Informationen über die Benutzung von SSCCs in SAP EWM finden Sie im Customizing über den Pfad **Extended Warehouse Management • Prozessübergreifende Einstellungen • Handling Units • Externe Identifikation • SSCC-Nummernvergabe nach EAN128**. Beachten Sie auch die Dokumentation der beiden Customizing-Pfade.

5.7 Bestand in Transporteinheiten

Eine *Transporteinheit* (TE), englisch *Transportation Unit*, ist die kleinste beladbare Einheit eines Fahrzeugs, die zum Transportieren von Waren verwendet wird. Die Transporteinheit kann fest am Fahrzeug angebracht sein. Beispiele für Transporteinheiten sind Lkw-Anhänger oder Zugwaggons.

In diesem Kapitel gehen wir nicht weiter auf die Transporteinheiten ein. Für die Bestandsverwaltung ist wichtig, dass es Transporteinheiten gibt und dass SAP EWM in der Lage ist, Bestand auch auf dem Objekt TE zu führen, und dass Sie die Bestände in Transporteinheiten im Lagermonitor sehen können.

Weitere Informationen zu Transporteinheiten und Fahrzeugen finden Sie in Kapitel 4, »Stammdaten in SAP S/4HANA EWM«.

5.8 Bestandsidentifikation (Stock ID)

Die *Bestandsidentifikation* (englisch *Stock ID*) ist eine eindeutige 16-stellige Nummer, die als Kombination aus der SAP-EWM-Lagernummer und der Nummer der Lageraufgabe erstellt wird. Durch das Scannen der Bestandsidentifikation kann ein Bestand, also ein Produkt, mit seinen Bestandsattributen, z. B. Menge, Charge oder Bestandsart, im Lager beim Wareneingang oder Warenausgang eindeutig identifiziert werden. Die Bestandskennung wird häufig als Barcode-Etikett auf die Versand-HU gedruckt. Diese Nummer hilft auch dabei, den Bestand zu verfolgen, wenn er von einem Lager zu einem anderen Lager wandert. Die Bestandskennung kann auch als Barcode-Etikett für die Versand-HU gedruckt werden.

Bestandsidentifikation bei Umlagerungen

Bestandsidentifikationen spielen auch eine wichtige Rolle im Rahmen der Effizienzsteigerung bei Umlagerungsprozessen.

Der Umlagerungsbestellungsprozess beginnt mit dem Anlegen einer Umlagerungsbestellung im SAP-ERP-System; die abgebenden und empfangenen Lagerorte sind SAP-EWM-verwaltet (SAP-EWM-Lagernummer). Zunächst wird mit Bezug zur Umlagerungsbestellung eine Auslieferung erstellt, und in SAP EWM kommissioniert. Während der Kommissionierung erstellt das System Bestandsidentifikationen. Sie drucken diese als Barcode auf dem Kommissionier-Etikett aus. Schließlich buchen Sie den Warenausgang zur Auslieferung. Die Warenausgangsbuchung führt zu einer Bestandsänderung (Verringerung) in SAP ERP. Die Bestandsidentifikationen werden dabei als Teil der HU-Positionen von SAP ERP gespeichert (Feld `VEPO-SPE_IDPLATE`).

[!]

Bestandsidentifikation funktioniert nur mit Handling Units

Sie müssen im abgebenden Lager HUs verwenden, damit die Bestandsidentifikationen in die Anlieferung übernommen werden können.

Im SAP-ERP-System wird nun, nach der WA-Buchung, die Anlieferung für das empfangende Lager angelegt und in SAP EWM für das empfangende Lager weiterverarbeitet. Die Bestandsidentifikationen des abgebenden Lagers werden dabei übernommen. Im empfangenden Lager können Sie beim Wareneingang mit dieser Bestandsidentifikation arbeiten und den Bestand durch Scannen eindeutig identifizieren. Dabei unterstützt SAP EWM die Bestandsidentifikation im Wareneingang, z. B. bei der Dekonsolidierung, während des Verpackens, beim Zählen sowie bei der Einlagerung.

Viele der entsprechenden RF-Transaktionen unterstützen ebenfalls die Eingabe von Bestandsidentifikationen. In diesem Fall geben Sie einfach in das Eingabefeld, in das Sie sonst das Material eingeben, die Bestandsidentifikation ein. Oft sind solche Felder auch durch das Kürzel BI gekennzeichnet.

5.8.1 Bestandsidentifikation bei Mengensplits

Im vorangehenden Abschnitt haben wir erläutert, dass die Bestandsidentifikation zur Identifikation von Beständen bei der Verarbeitung und Quittierung von Lageraufgaben beim Wareneingang und Warenausgang verwendet werden kann:

- In der Wareneingangsverarbeitung, wenn eine HU über Transaktion /SCWM/DCONS dekonsolidiert werden soll, kann die Lageraufgabe für einzelne Produkte auf der Grundlage der Bestandsidentifikation ausgewählt werden. Dabei scannen Sie die Quell-HU, und geben die Bestands-ID des enthaltenen Produkts auf der Registerkarte Dekonsolidierung an.
- Die gleiche Funktion steht beim Warenausgang während des Verpackens an einem Arbeitsplatz in Transaktion /SCWM/PACK zur Verfügung. Hier können Sie das umzupackende Produkt anhand der Bestandsidentifikation auswählen.

Die Bestandssuche mithilfe von Bestandsidentifikationen für die oben beschriebenen Prozesse kann dabei sowohl mit dem SAP GUI als auch mit RF-Geräten durchgeführt werden. Da die Bestandsidentifikation ein Produkt samt Menge eindeutig identifiziert, muss das SAP-EWM-System eine neue Bestandsidentifikation generieren, sobald Sie Bestand splitten, z. B. durch die Teilquittierung einer Lageraufgabe oder durch das Umpacken von Teilmengen.

Wenn Sie also einen Mengensplit eines Bestands durchführen, der bereits eine Bestandsidentifikation hat, erstellt das SAP-EWM-System für die Splitmenge eine *neue*

Bestandsidentifikation. Der ursprüngliche Bestand (von dem die Teilmenge gesplittet wurde) behält die *alte* Bestandsidentifikation – auch wenn nun die Menge auf dem Kommissionieretikett nicht mehr passend ist.

Abbildung 5.47 zeigt die Auswirkungen von Lageraufgabensplits auf die Bestandsidentifikation anhand eines Mengensplits im Wareneingang.

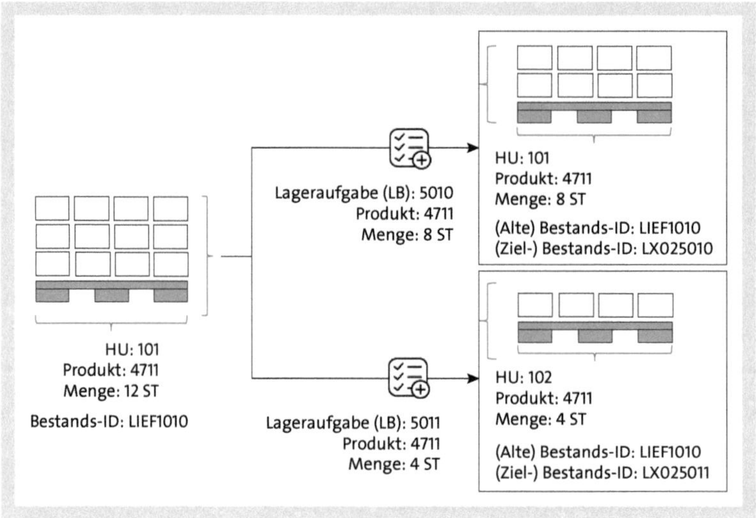

Abbildung 5.47 Bestandssplit im Wareneingang

Splitten von Beständen im Wareneingang

Wie im vorangehenden Abschnitt beschrieben, ist es möglich, Einlagerungslageraufgaben für Teilmengen auf der Grundlage der Bestandsidentifikation zu bestätigen. In diesem Fall werden neue Lageraufgaben mit neuen Bestandskennungen erstellt, wobei jedoch auch Verweise auf die ursprüngliche Bestandskennung beibehalten werden.

In Abbildung 5.47 empfängt das Lager LX02 von einem externen Lieferanten eine Palette (HU101) mit 12 Stück (ST) des Produkts 4711 und der Bestands-ID LIEF1010. Aufgrund unterschiedlicher Zielplätze für die Einlagerung erstellt SAP EWM zwei Lageraufgaben (LB): 5010 mit 8 ST und 5011 mit 4 ST. Wenn die Lageraufgaben nicht sofort quittiert werden, erhalten sie die übergeordnete HU-Bestandskennung LIEF1010 sowie die neue Zielbestandsidentifikation LX025010 und LX025011. Sobald die Lageraufgaben quittiert sind, kann die Zielbestandsidentifikation in den mit jeder Lageraufgabe quittierten Bestand übernommen werden.

Splitten von Beständen im Warenausgang

Das Splitten von Beständen während des Verpackens im Warenausgang kann ebenfalls zu neuen Bestandsidentifikationen führen. In diesem Fall werden für die zu verpackenden Teilmengen neue Lageraufgaben mit *neuen* Bestandskennungen angelegt, die für weitere Bestandsbewegungen im Lager verwendet werden können.

Wenn Sie beim Verpacken von Produkten an einem Arbeitsplatz beispielsweise 10 Stück des Produkts in eine HU verpacken, aber aus Kapazitätsgründen nur 8 Stück darin verpackt werden können, führt das zu einem Bestandssplit. Die ursprüngliche Lageraufgabe für 10 Stück wird mit der auf 8 Stück reduzierten Menge bestätigt. Die bereits vorhandene Bestandsidentifikation wird für diese Lageraufgabe beibehalten. Für die zu verpackende Teilmenge von 2 ST erzeugt das System eine neue Lageraufgabe zum Umpacken, und vergibt eine *neue* Bestandsidentifikation.

5.8.2 Konfiguration der Bestandsidentifikation

Wenn Sie die Bestandsidentifikation für die Identifizierung von Lagerartikeln verwenden möchten und SAP EWM bei der Anlage von Lageraufgaben eine entsprechende Bestands-ID erstellen soll, müssen Sie die Bestandsidentifikation für die entsprechenden Lagerprozessarten (LPA) einstellen. Darüber hinaus legen Sie fest, ob die Bestandsidentifikation nach dem Einlagern in den jeweiligen Lagertyp gelöscht oder beibehalten werden soll. Standardmäßig ist die Bestandsidentifikation für Lagertypen nicht eingestellt.

Steuerung der Bestandsidentifikation in der Lagerprozessart

Abbildung 5.48 zeigt das Customizing der Lagerprozessart (LPA). Der Pfad zu dieser Customizing-Aktivität lautet **Extended Warehouse Management • Prozessübergreifende Einstellungen • Lageraufgabe • Lagerprozessart definieren**.

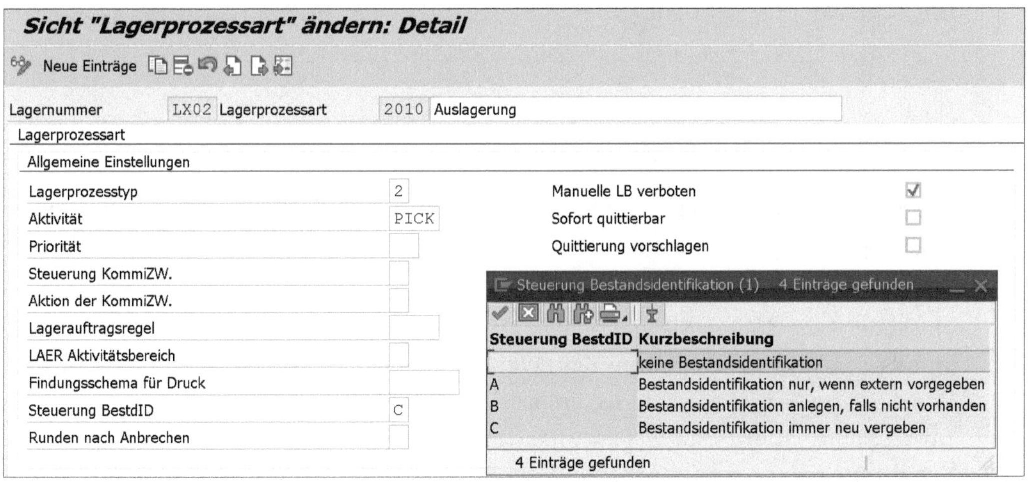

Abbildung 5.48 Customizing der Bestandsidentifikation per Lagerprozessart

Für jede LPA können Sie über das Feld **Steuerung BestdID** einstellen, was bei der Erstellung einer Lageraufgabe mit dieser LPA passieren soll:

- **(leer) – keine Bestandsidentifikation**
  SAP EWM erzeugt keine Bestandsidentifikation. Wenn bereits eine Bestandsidentifikation vorhanden ist, wird sie gelöscht.
- **A – Bestandsidentifikation nur, wenn extern vorgegeben**
  SAP EWM benutzt nur eine extern (aus dem SAP-ERP-System bei Umlagerungsbestellungen) vorgegebene Bestandsidentifikation; es wird ansonsten keine Bestandsidentifikation neu erstellt.
- **B – Bestandsidentifikation anlegen, falls nicht vorhanden**
  SAP EWM benutzt die extern (aus dem SAP-ERP-System bei Umlagerungsbestellungen) vorgegebene Bestandsidentifikation. Wenn keine Bestandsidentifikation vorgegeben ist, wird eine neue Bestandsidentifikation erstellt.
- **C – Bestandsidentifikation immer neu vergeben**
  SAP EWM erstellt eine neue Bestandsidentifikation und überschreibt eine eventuell bereits vorhandene Bestandsidentifikation.

Wenn das SAP-EWM-System eine neue Bestandsidentifikation erstellt (Eintrag B oder C im Feld **Steuerung BestdID** aus Abbildung 5.48), ermittelt es eine entsprechende Nummer. Im SAP-EWM-Standard setzt sich die Nummer aus der SAP-EWM-Lagernummer und der Nummer der Lageraufgabe, z. B. `LX0200000000035699`, zusammen, wobei LX02 die Lagernummer und 35699 die Nummer der Lageraufgabe ist.

[+]

BAdI für die Erstellung eigener Nummern für Bestandsidentifikationen

Sie können das Business BAdI `/SCWM/EX_CORE_CR_STOCK_ID` verwenden, um die Logik im SAP-Standard zu ändern und eigene Nummern zu erstellen.

Bestandsidentifikationen löschen

Das SAP-EWM-System löscht eine Bestandsidentifikation, wenn Sie Bestand in einen Lagertyp einlagern, für den im Customizing das Kennzeichen **Bestandsidentifikation löschen** aktiviert wurde (siehe Abbildung 5.49).

Normalerweise sollten Sie alle finalen Lagertypen so einstellen, dass bestehende Bestandsidentifikationen (die aus dem Wareneingangsprozess stammen) gelöscht werden. So kann es nicht aus Versehen passieren, dass Sie im späteren Warenausgangsprozess eine »alte« Bestandsidentifikation weiterverwenden, ohne es zu wollen. Alle Schnittstellenlagertypen (Arbeitsplätze, Tore, Bereitstellzonen) sollten Sie so einstellen, dass die Bestandsidentifikationen erhalten bleiben.

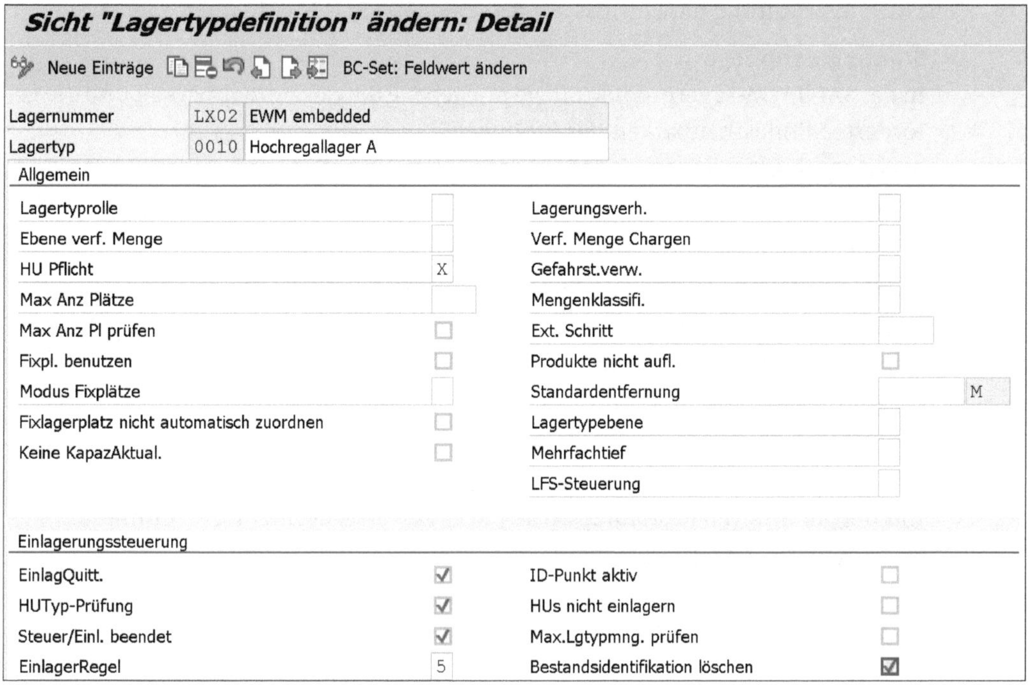

Abbildung 5.49 Customizing zum Löschen der Bestandsidentifikation bei der Einlagerung in einen Lagertyp

5.8.3 Bestandsidentifikation im Lagermonitor

Bestandsidentifikationen können im Lagermonitor verwendet werden, um nach Lageraufgaben und Beständen zu suchen. Dabei gibt es mehrere Möglichkeiten, um die Bestandsidentifikation zur Selektion zu nutzen. Sie können mit der Bestandsidentifikation z. B. nach Lageraufgaben (Monitorknoten **Belege • Lageraufgabe**) oder nach Kommissionier- oder Einlageraufgaben suchen. Genauso ist es möglich, nach Beständen (Knoten **Bestand und Platz • Physischer Bestand**) mit einer bestimmten Bestandsidentifikation zu suchen, z. B. nach sich in Einlagerung befindlichem Bestand in einem Schnittstellenlagertyp oder Arbeitsplatz.

5.9 Mindesthaltbarkeits- und Verfallsdatum verwalten

Das Mindesthaltbarkeitsdatum/Verfallsdatum (MHD) eines Produkts bestimmt, bis wann ein Material gelagert werden darf und noch als brauchbar gilt. Es wird für verderbliche Produkte wie z. B. Lebensmittel oder chemische und pharmazeutische Erzeugnisse verwendet, aber auch für Produkte, die aufgrund gesetzlicher Bestimmungen nur eine bestimmte Zeitlang aufbewahrt werden können.

Die MHD-Verwaltung hat Einfluss auf verschiedene SAP-EWM-Funktionen, u. a.:

- **Stammdatenpflege**
  In der SAP-EWM-Lagerproduktpflege pflegen Sie die Gesamthaltbarkeit und die geforderte Mindesthaltbarkeit des Produkts.
- **Wareneingangsprozess**
  Im Wareneingangsprozess kann SAP EWM die Restlaufzeit des Produkts prüfen und sie mit seiner Mindesthaltbarkeit vergleichen.

  Wenn Sie Chargen für MHD-verwaltete Materialien verwenden, werden die MHD-Daten (MHD und Herstellungsdatum) der Anlieferposition in die zugehörigen Chargenmerkmale übernommen.
- **Warenausgangsprozess**
  Im Warenausgangsprozess können Sie das MHD für Ihre Kommissionierstrategie (z. B. FIFO, First In – First Out) benutzen. Wenn Sie Chargen verwenden, können Sie mit der geforderten Restlaufzeit (LOBM_RLZ) die Chargenfindung ausführen.
- **Monitoring/Lagerüberwachung**
  Sie können sich die MHDs der Bestände im Lagermonitor über den Knoten **Bestand und Platz • Übersicht MHD/Verfallsdatum** anzeigen lassen.
- **Drucken**
  Während des Druckvorgangs von HU- oder Versandetiketten können Sie das MHD ausdrucken.

In den folgenden Abschnitten beschreiben wir die Verwaltung von Mindesthaltbarkeits- und Verfallsdatum im Detail.

5.9.1 Stammdaten

Es gibt mehrere Stammdatenfelder zur MHD-Verwaltung, sowohl im SAP-ERP-Materialstamm als auch in der SAP-EWM-Lagerproduktpflege. Abbildung 5.50 zeigt den entsprechenden Bereich der Lagerproduktpflege im SAP-EWM-System, Transaktion /SCWM/MAT1.

Im Bereich **Haltbarkeit** können Sie wählen, ob das MHD/Verfallsdatum als Verfallsdatum oder MHD behandelt werden soll (Kennzeichen **Verfallszeit** oder **MHD**). Das Kennzeichen **Planung m. Haltbkt.** hat im Zusammenhang mit SAP EWM keine Relevanz. Im Feld **Haltbarkeit** pflegen Sie die Gesamthaltbarkeit (Zeitraum zwischen Herstellungsdatum und MHD/Verfallsdatum) des Produkts. Im Feld **GefMinHaltbark.** pflegen Sie das MHD, also die minimale Dauer, die ein Material noch haltbar ist, damit ein Wareneingang dieses Materials vom System akzeptiert wird.

Die *Reifezeit*, festgelegt im gleichnamigen Feld, ist die Zeit, die ein Produkt benötigt, bevor es nach der Produktion verwendet werden kann. Im Feld **% Restlaufzeit** definieren Sie die notwendige prozentuale Restlaufzeit eines Produkts, die nicht verstrichen sein darf, wenn ein Produkt von einem Werk zu einem anderen Werk verschickt wird (diese wird z. B. im Handel verwendet).

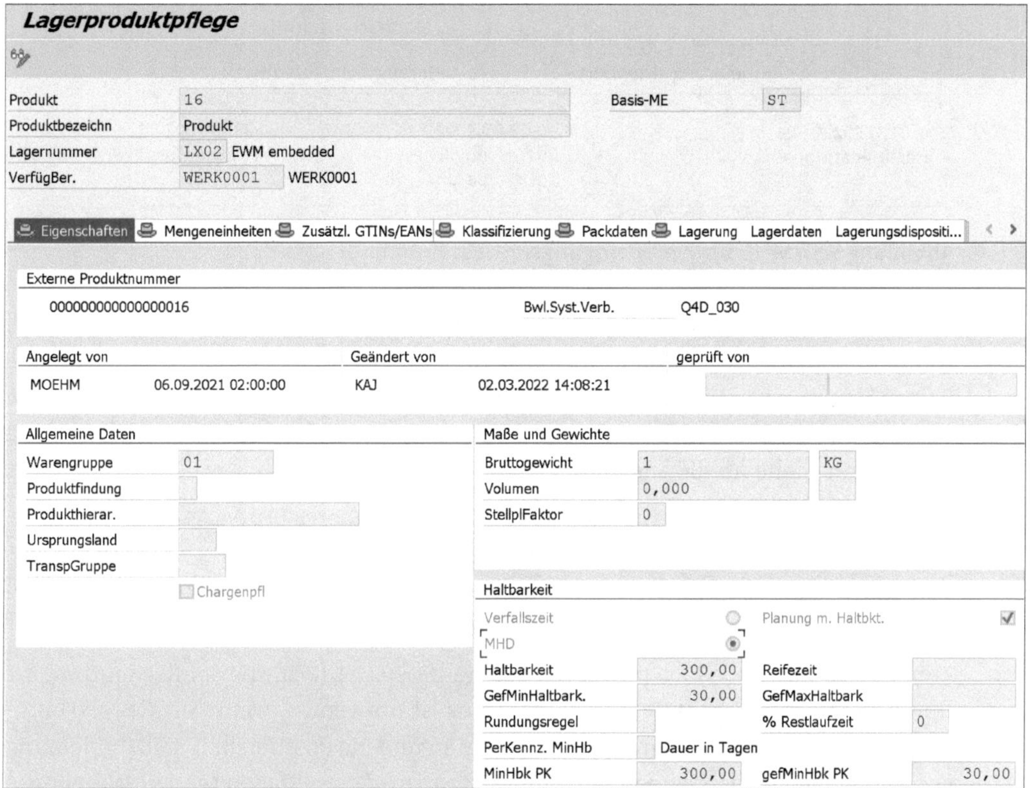

Abbildung 5.50 Mindesthaltbarkeit in der SAP-EWM-Lagerproduktpflege einstellen

5.9.2 MHD im Wareneingangsprozess kontrollieren

Während des Wareneingangsprozesses prüft SAP EWM das MHD. Wenn Sie eine geforderte Mindesthaltbarkeit im SAP-EWM-Lagerprodukt gepflegt haben, vergleicht das SAP-EWM-System das MHD der Lieferposition mit der geforderten Mindesthaltbarkeit (siehe Abbildung 5.51).

Die Lieferung wird akzeptiert, wenn die errechnete Restlaufzeit größer als die geforderte Mindesthaltbarkeit ist; Sie können dann den Wareneingang buchen. Wenn die Restlaufzeit kleiner ist, sperrt das SAP-EWM-System (je nach Einstellung) die Lieferposition und setzt einen »roten« Status, sodass das System die Wareneingangsbuchung mit einer Fehlermeldung unterbindet.

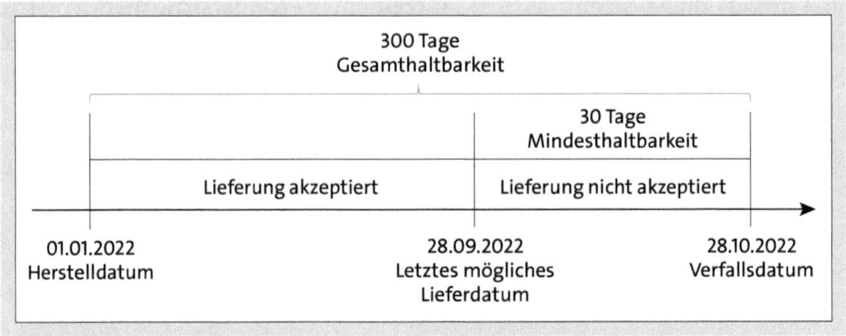

Abbildung 5.51 MHD im Wareneingangsprozess prüfen

Ob und wie das SAP-EWM-System die Sperrung der Lieferposition durchführen soll, wenn eine MHD-Verletzung ermittelt wird, können Sie im Customizing einstellen. Folgen Sie dazu dem Pfad **Extended Warehouse Management • Prozessübergreifende Einstellungen • Chargenverwaltung • Einstellung für Lieferung – Lageranforderung vornehmen** (siehe Abbildung 5.52).

Wie Sie sehen, können Sie für jede Positionsart ein anderes Prüfverfahren einstellen. Wenn Sie das Prüfverfahren B (Position sperren, manuelle Freigabe erlaubt) verwenden, können Sie die gesperrte Lieferungsposition in der Liefertransaktion manuell freigeben, selbst wenn eine MHD-Verletzung vorliegt.

Zunächst sollten Sie jedoch prüfen, ob der Statustyp DSL (Prüfung der Restlaufzeit) für Ihre Lieferpositionsart aktiv ist. Dieser Status ist notwendig, wenn Sie die MHD-Prüfung auf der Lieferebene durchführen möchten und die Position bei MHD-Verletzung auf Rot gehen soll. Folgen Sie dazu im Customizing dem Pfad **Extended Warehouse Management • Prozessübergreifende Einstellungen • Lieferung – Lageranforderung • Statusverwaltung • Statusprofile definieren**. Im Statusprofil der Anlieferposition (im SAP-EWM-Standard ist das `/SCDL/INB_PRD_DLV_STANDARD`) sollte der Statustyp **DSL** aktiv sein.

Nachdem das SAP-EWM-System bei der MHD-Prüfung eine MHD-Verletzung ermittelt hat, ist die Lieferposition gesperrt (in der Annahme, dass Sie das Prüfverfahren B aus Abbildung 5.52 verwenden).

Trotzdem können Sie manuell die MHD-Verletzung freigeben (siehe Abbildung 5.53). Über der Tabelle der Lieferpositionen finden Sie den Button **MHD/Toleranz**, der die Methoden **MHD-Verletzung freigeben** und **MHD-Verletzung zurücksetzen** anbietet.

Wenn Sie keine Chargen benutzen, können Sie das MHD-Datum vor dem Wareneingang und noch während der Quittierung der Einlageraufgabe ändern. Bei chargenverwalteten Produkten geht das nicht so einfach – dort müssen Sie das entsprechende Chargenmerkmal ändern. Ausgehend von der Chargenmerkmalsänderung, ändert SAP EWM das MHD im Bestand und in der Anlieferposition.

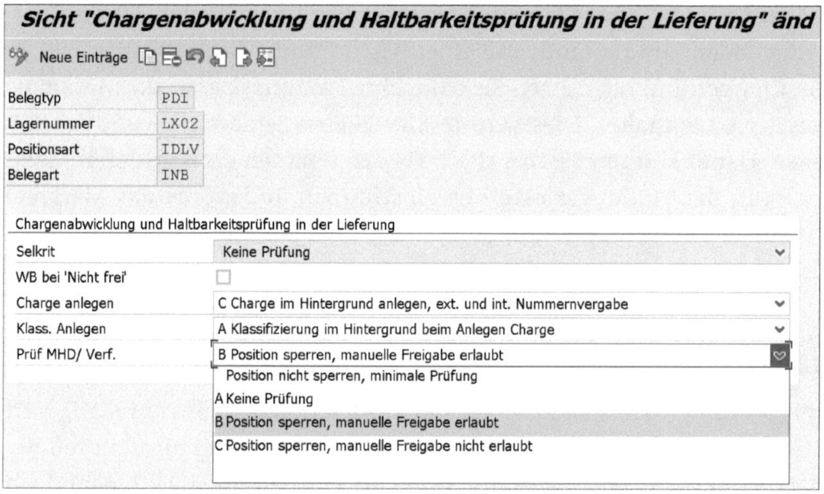

Abbildung 5.52 MHD/Verfallsdatum in der Lieferung prüfen

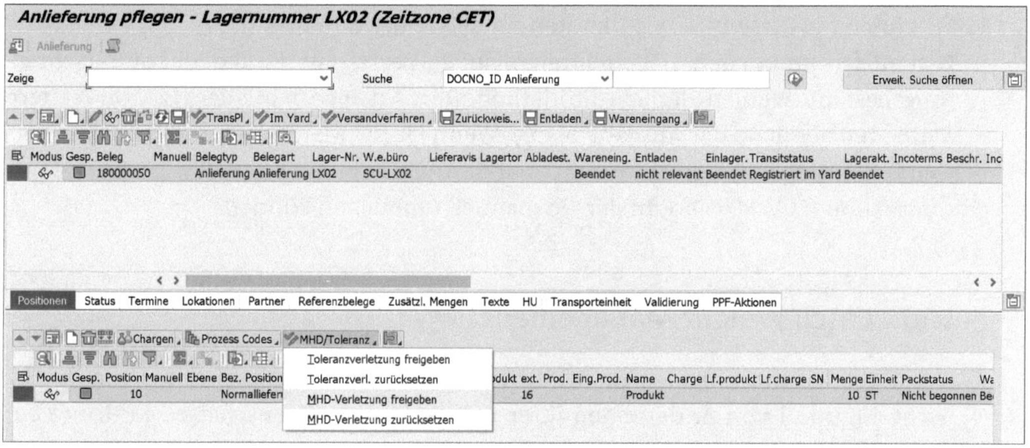

Abbildung 5.53 MHD-Verletzung in der Anlieferposition manuell freigeben

5.9.3 MHD im Warenausgangsprozess kontrollieren

Sie können das MHD als Teil der SAP-EWM-Kommissionierstrategie verwenden. Die Kommissionierstrategie legt fest, wo und wie das SAP-EWM-System nach den Beständen zur Auslagerung suchen soll. Unter anderem beinhaltet dies, in welcher Reihenfolge die infrage kommenden Bestände abgegriffen werden sollen. Eine mögliche Strategie ist SLED (*Shelf Life Expiration Date* = Mindesthaltbarkeitsdatum). In der Strategie SLED sind die Bestände nach dem Bestandsfeld VFDAT (was dem MHD/Verfallsdatum entspricht) sortiert. Sie finden die Strategie im Customizing über den Pfad **Extended Warehouse Management • Warenausgangsprozess • Strategien • Auslagerregel festlegen**.

Wenn Sie Produkte mit MHD *und* Chargenverwaltung benutzen, können Sie die Chargenfindung verwenden, um Bestände mit einer bestimmten Mindestrestlaufzeit zu finden. Bei der Chargenfindung nutzen Sie dann eine Findungsklasse, die Merkmale und Merkmalswerte beinhaltet. Dies wird in SAP ERP vorgenommen und an SAP EWM übergeben. Damit können Sie in SAP EWM nach Chargen suchen, deren Merkmale, mit denen in der Findungsklasse übereinstimmen. Indem Sie das Merkmal `LOBM_RLZ` (Restlaufzeit) verwenden, können Sie nach Chargen mit einer bestimmten Mindestrestlaufzeit suchen, z. B. mit einer Restlaufzeit von mindestens 60 Tagen.

5.9.4 MHD im Lagermonitor

Im Lagermonitor können Sie sich den Bestand anzeigen lassen, dessen MHD/Verfallsdatum erreicht oder bald erreicht ist. Nutzen Sie dazu den Monitorknoten **Bestand und Platz • Übersicht MHD/Verfallsdatum**. Sie können im Selektionsbild ein Referenzdatum eingeben. SAP EWM zeigt dann alle Bestände an, die bis zu diesem Referenzdatum ablaufen.

Sie können in diesem Monitorknoten für alle selektierten Bestände sehr einfach die Bestandsart umbuchen, z. B. von freiem auf gesperrten Bestand oder auf Verschrottungsbestand. Wählen Sie dazu die Methode **Best.Art ändern** mit dem Button **Weitere Methoden** oberhalb der Ausgabetabelle. Wenn Sie die Methode **Bestand buchen** verwenden, springt das System für die markierte Zeile in die SAP-EWM-Umbuchungstransaktion /SCWM/POST, in der Sie manuell umbuchen können.

5.10 Catch Weight Management

Das *Catch Weight Management* wird im Lager für Produkte verwendet, die ihr Gewicht aufgrund von Änderungen ihrer physikalischen Eigenschaften im Laufe der Zeit verändern. Dazu gehören Produkte der Lebensmittel- und Molkereiindustrie wie Fleisch, Käse usw. Diese Veränderlichkeit darf aber in einem Lagerverwaltungssystem nicht verloren gehen. Es kann also nicht mit festen Umrechnungsfaktoren zwischen Gewicht und Stück gearbeitet werden, da ansonsten viele Geschäftsprozesse (insbesondere die Fakturierung) mit falschen Werten arbeiten würden.

Mit dem Catch Weight Management kann eine Unterscheidung zwischen der logistischen Mengeneinheit (z. B. Stück) und der Bewertungsmengeneinheit (z. B. Kilogramm) getroffen werden. Während die logistische Mengeneinheit die führende Einheit für alle Prozesse in der operativen Logistik ist (inklusive aller Prozesse im SAP-EWM-System), findet die Bewertung auf Basis der Bewertungsmengeneinheit statt.

Für die Bewertungsmengeneinheit werden typischerweise Gewichtseinheiten verwendet – etwa Kilogramm oder Pfund. Sobald im Produktstamm eine Parallelmengeneinheit zu einer Basismengeneinheit eingetragen worden ist, handelt es sich bei diesem Produkt um ein Catch-Weight-Produkt. Eine der Konsequenzen der Verwendung des Catch Weight Managements ist, dass es im SAP-ERP- und im SAP-EWM-System eine durchgängige, auf zwei voneinander unabhängigen Mengeneinheiten basierende Bestandsführung gibt. In den folgenden Abschnitten erläutern wir den Einfluss des Catch Weight Managements auf einige der Lagerprozesse in SAP EWM.

5.10.1 Verwenden des Catch Weight Managements in SAP-EWM-Prozessen

In SAP EWM wird auf der Bestandsebene mitgeführt, ob der jeweilige Bestand bereits gemessen (gewogen) wurde oder nicht. Generell ist Bestand, den Sie ins SAP-EWM-System buchen, zunächst *ungemessener Bestand*. Sie können den Bestand wiegen, indem Sie in der Anlieferung oder während der Quittierung von Lageraufgaben explizit die Parallelmenge eingeben.

Sie können einstellen, ob der Anwender bei der Quittierung einer Lageraufgabe die Parallelmenge eingeben muss oder nicht, indem Sie das Kennzeichen **Eingabe BewMng erf.** im Customizing der Lagerprozessart aktivieren. Abbildung 5.54 zeigt die Customizing-Aktivität, die Sie über den Pfad **Extended Warehouse Management • Prozessübergreifende Einstellungen • Lageraufgabe • Lagerprozessart definieren** erreichen. Beachten Sie, dass der Anwender auch dann, wenn Sie dieses Kennzeichen nicht setzen, die Parallelmenge eingeben *kann*.

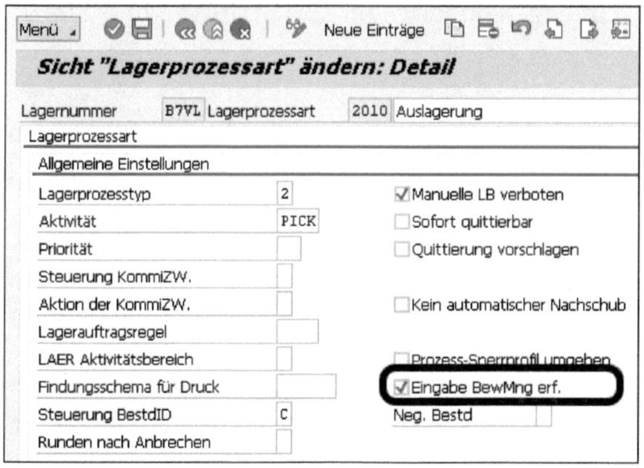

Abbildung 5.54 Notwendigkeit der Eingabe der Catch-Weight-Bewertungsmenge einstellen

Begriffsabgrenzung: Bewertungsmenge vs. Parallelmenge

Im SAP-EWM-System wird auf den Benutzeroberflächen oftmals der Begriff *Bewertungsmenge* verwendet, obwohl eigentlich *Parallelmenge* richtig wäre. Im Bestand wird immer eine Parallelmenge mit Parallelmengeneinheit geführt, während die Bewertungsmengeneinheit eine andere sein kann (siehe Abbildung 5.61).

Abbildung 5.55 zeigt die Eingabe einer Parallelmenge bei der Quittierung einer internen Lageraufgabe. Dass es sich um ein CW-relevantes Material handelt, erkennen Sie daran, dass das Kennzeichen **CW relevant** bei der Lageraufgabe gesetzt ist.

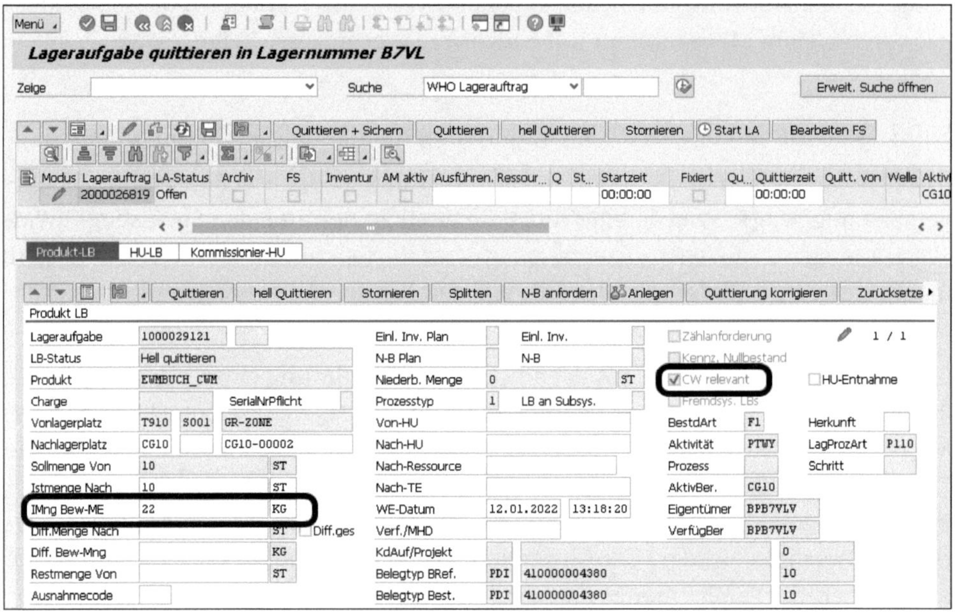

Abbildung 5.55 Lageraufgabe mit Parallelmengeneinheiten für ein Catch-Weight-Material quittieren

Nach der Eingabe der Parallelmenge wechselt der Status der Bewertungsmenge im Bestand von **B – Bewertungsmenge ist nicht gemessen** auf **A – Bewertungsmenge ist gemessen** (siehe Abbildung 5.56).

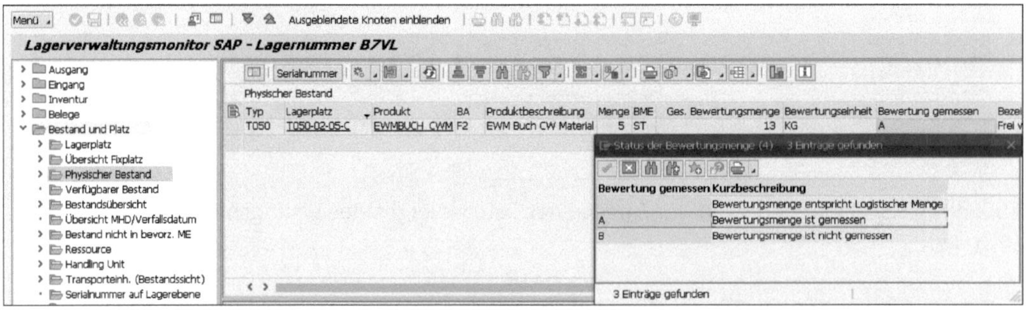

Abbildung 5.56 Bestand eines Catch-Weight-Materials mit einer Parallelmenge

Das Catch Weight Management in der Lieferungsverarbeitung

Wenn eine Anlieferung in SAP EWM angelegt wird, enthält die Lieferposition das Catch-Weight-Produkt entweder in verpackter oder in unverpackter Form. Wenn der

Wareneingang für die Anlieferungsanforderung über die Lageraufgabe gebucht wird, wird das Gewicht bei der Quittierung der Lageraufgabe eingegeben und in der Anlieferung aktualisiert. Sie können vor der Wareneingangsbuchung die Parallelmenge auch direkt in der Anlieferung eingeben bzw. die avisierte Parallelmenge korrigieren. Abbildung 5.57 zeigt eine Anlieferung mit einem Catch-Weight-Material.

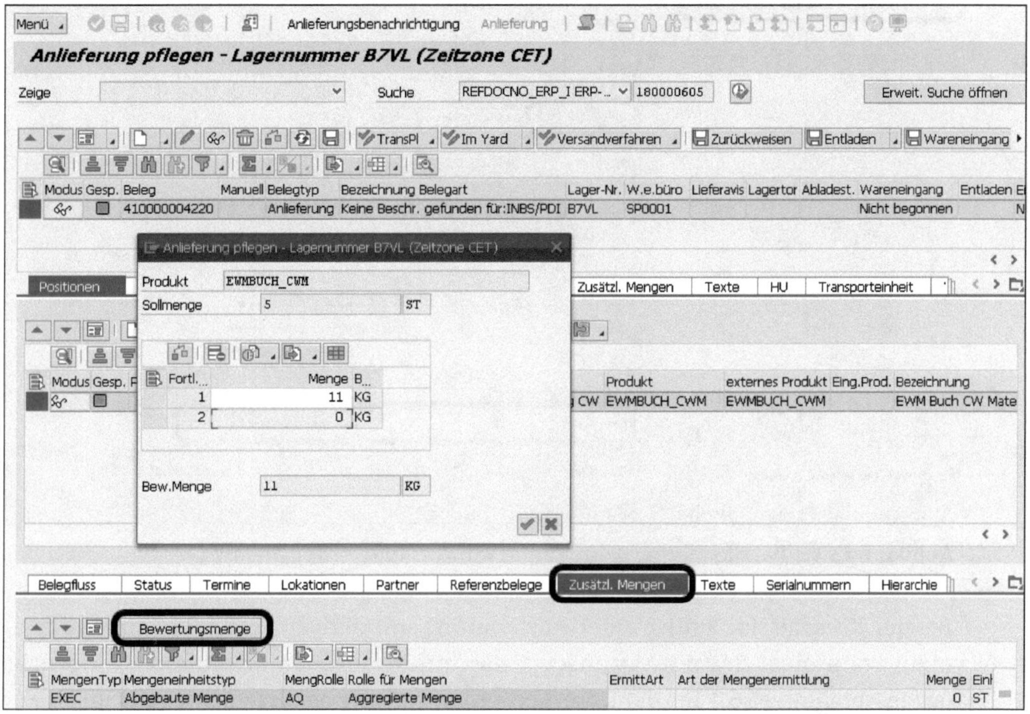

Abbildung 5.57 Parallelmenge eines Catch-Weight-Materials in der Lieferposition ändern

Über einen Klick auf den Button **Bewertungsmenge**, der auf der Positionsebene der Registerkarte **Zusätzl. Mengen** zu finden ist, öffnet sich ein Pop-up-Fenster, in das Sie die Parallelmenge eingeben können.

Der Button **Bewertungsmenge** ist jedoch nur aktiv, wenn Sie Lieferpositionen ohne HUs verwenden. Bei der Verwendung von HUs müssen Sie in die Verpackungsansicht der Anlieferung wechseln. Dort klicken Sie doppelt auf den Bestand und wählen rechts die Registerkarte **Produkt** aus (siehe Abbildung 5.58). Sie sehen hier die Parallelmenge (Feld **Bew.Menge**) von 23 KG und dass der Indikator **Bew. gemessen** noch auf **B** steht (Parallelmenge noch nicht gemessen), d. h., dass es sich bei den 23 KG entweder um das avisierte Gewicht oder um das aus den theoretischen Werten aus dem Lagerproduktstamm errechnete Gewicht handelt.

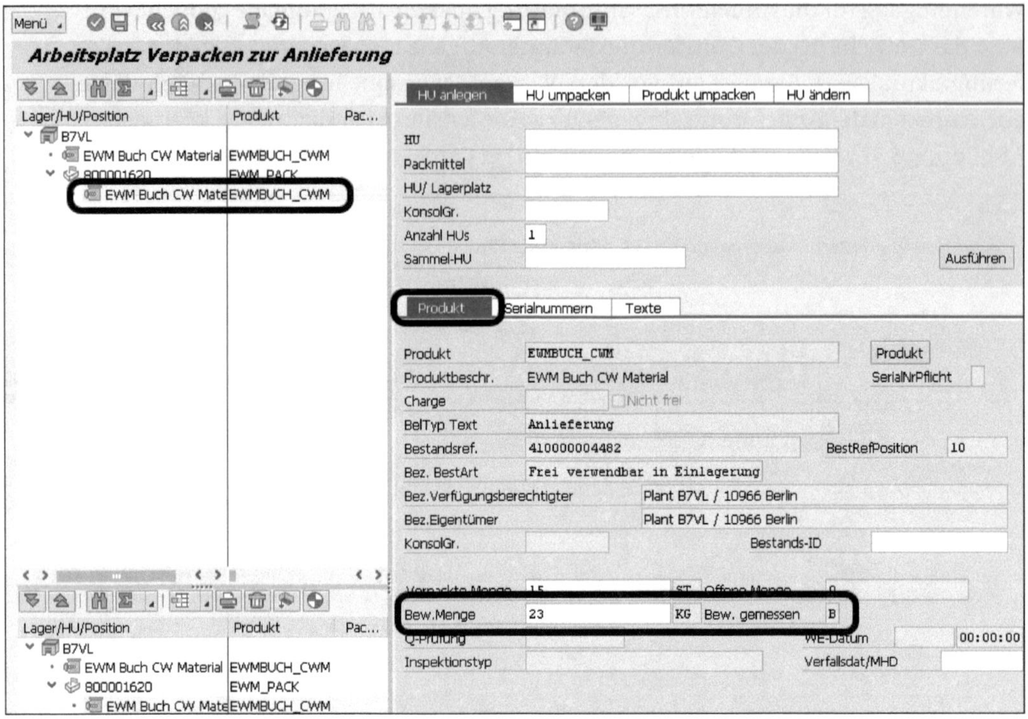

Abbildung 5.58 Parallelmenge beim Verpacken zur Anlieferung ändern

Bei der Kommissionierung einer Auslieferung mit aktivem Catch-Weight-Management, verwendet SAP EWM zunächst das im Produktstamm hinterlegte Gewicht (siehe Abbildung 5.61). Bei der Kommissionierung oder bei der Verwiegung an einem Arbeitsplatz kann das tatsächliche Gewicht des Produkts ebenfalls von den Werten aus dem Lagerproduktstamm abweichen.

Das Catch Weight Management bei der Inventur

Die Bestandsbewertung erfolgt bei Catch-Weight-Produkten nicht auf der logistischen Mengeneinheit (siehe Abschnitt 5.13.2), sondern auf Basis der Bewertungsmengeneinheit. SAP EWM unterstützt daher das Catch Weight Management nicht nur bei der Inventur, sondern auch bei der Analyse, dem Ausbuchen von Inventurdifferenzen und bei der Integration mit SAP ERP. Die Erstellung von Inventurbelegen für Catch-Weight-Produkte funktioniert genauso wie für Nicht-Catch-Weight-Produkte. Unterschiede gibt es erst bei der *Zählung* des Inventurbelegs. Bei der Eingabe der entsprechenden Mengen werden sowohl die logistische Menge als auch die Catch-Weight-Menge (Bewertungsmenge) eingegeben.

Abbildung 5.59 zeigt, wie Sie Mengen bei der Zählung in den beiden Mengeneinheiten eingeben können: in der logistischen Mengeneinheit (hier in Stück) und in der Parallelmengeneinheit (im Feld **Alt.BWM**). Die Zählung kann dabei über das SAP GUI und über das RF-Framework erfolgen.

Im SAP-EWM-Customizing können Sie einstellen, ob der Anwender bei Inventurbelegen die Parallelmengen (Bewertungsmengeneinheit) eingeben können soll oder nicht (**Keine BWME**). Denken Sie daran, dass das Eingeben von Parallelmengen auch heißt, dass Sie bei der Inventur den Bestand wiegen müssen. Wenn Sie die Parallelmengeneingabe bei der Inventur deaktivieren, dürfen Sie nur die logistischen Mengen eingeben, und das SAP-EWM-System berechnet die Parallelmengen selbst, basierend auf dem Umrechnungsfaktor im Lagerproduktstamm. Folgen Sie im Customizing dem Pfad **Extended Warehouse Management • Lagerinterne Prozesse • Inventur • Lagernummerspezifische Einstellungen • Grund und Priorität • Grund für Inventur festlegen**.

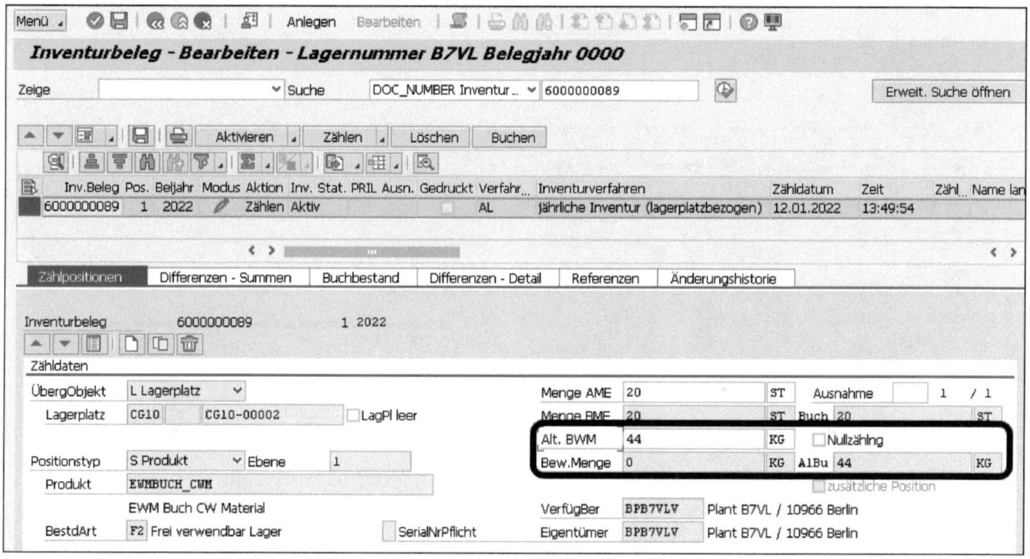

Abbildung 5.59 Catch-Weight-Materialien während der Inventur zählen

Nach der Ausbuchung des Inventurbelegs wird der Bestand korrigiert, und eventuelle Differenzmengen werden in den sogenannten *Difference Analyzer* übertragen, in dem sie noch einmal kontrolliert werden können, bevor die finanzrelevanten Buchungen im SAP-ERP-System erstellt werden.

In Abbildung 5.60 sehen Sie eine ausgebuchte Differenz von vier Stück, die einer Differenz in der Parallelmengeneinheit von 44 KG entspricht. Der Differenzwert basiert hier nun auf der Bewertungsmengeneinheit und beträgt 44 EUR. Bei Produkten, die nicht Catch-Weight-verwaltet sind, basieren Differenzmengen auf der logistischen Mengeneinheit.

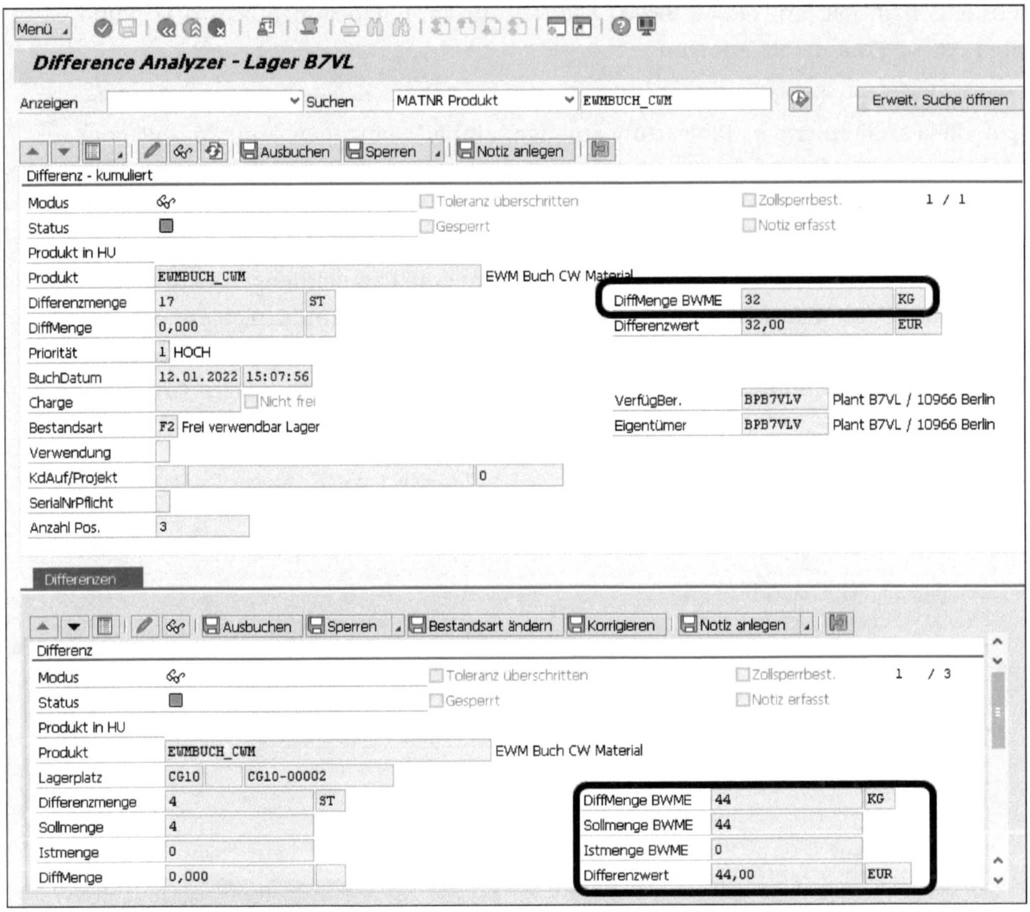

Abbildung 5.60 Difference Analyzer mit dem Catch-Weight-Material

Die speziell für die Inventur von Catch-Weight-Produkten notwendigen Grundeinstellungen in SAP EWM finden Sie über den folgenden Customizing-Pfad: **Extended Warehouse Management • Lagerinterne Prozesse • Inventur • Lagernummernspezifische Einstellungen • Toleranzgruppen definieren**.

5.10.2 Stammdatenpflege und Grundeinstellungen für das Catch Weight Management

Die Aktivierung des Catch Weight Managements bei der Stammdatenpflege wird wie folgt vorgenommen: Sie legen ein Material im SAP-ERP-System an und bestimmen wie üblich die Basismengeneinheit (z. B. ST für *Stück*). Sie aktivieren nun das Catch Weight Management für dieses Material, indem Sie eine *Parallelmengeneinheit* zum Material hinzufügen (z. B. KG) und bestimmen, ob die Basismengeneinheit oder die

Parallelmengeneinheit die Bewertungsmengeneinheit ist. Die logistische Mengeneinheit ist immer die Basismengeneinheit.

SAP EWM ist in der Lage, Catch-Weight-Informationen im Lager zu verwalten, indem es die Bestände in beiden unabhängigen Mengeneinheiten führen kann. Beide Mengeneinheiten sind gleichwertig. Das Catch Weight Management betrifft also viele Bereiche von SAP EWM, insbesondere aber:

- den Lagerproduktstamm
- alle Lagerbewegungen, gebucht mit Desktop- und RF-Transaktionen
- die Lieferverarbeitung
- die SAP-EWM-Qualitätsprüfung
- die Inventur
- den Lagermonitor
- die Integration mit SAP ECC bzw. SAP S/4HANA

[+]

SAP-ERP-System mit oder ohne aktiviertes Catch Weight Management

Wir empfehlen Ihnen, ein SAP-ERP-System mit aktiviertem Catch Weight Management einzusetzen (die Erweiterung des Catch Weight Managements muss in SAP ERP manuell aktiviert werden).

Es ist jedoch auch möglich, dass Sie das Catch Weight Management nur in SAP EWM einsetzen und nur für bestimmte Produkte oder Produktgruppen einschalten, indem Sie Parallelmengeneinheiten pflegen. Das SAP-EWM-System verhält sich dann genau so, als wäre Catch Weight Management auch in SAP ERP aktiv. Die Verarbeitung der aus SAP EWM kommenden Warenbewegungen (Wareneingänge, Umbuchungen, Warenausgänge) ändert sich jedoch, denn SAP ERP kann die Parallelmengen dann nicht korrekt verarbeiten. Die einzige Stelle in SAP ERP, an der Sie in diesem Fall abweichende Gewichtsinformationen sehen, sind die Gewichtsfelder in der Lieferung.

Abbildung 5.61 zeigt die Aktivierung des Catch Weight Management in der SAP-EWM-Lagerproduktpflege (Transaktion /SCWM/MAT1) in einem zentralen SAP EWM (Embedded SAP EWM).

Sie sehen, dass auf der Registerkarte **Mengeneinheiten** zwei Einheiten angelegt sind: Stück und Kilogramm. Die Basismengeneinheit ist Stück, wie Sie im Feld **Basis-ME** oben rechts im Bild erkennen können. Die Einheit KG ist in diesem Beispiel mit dem Typ **B – Parallele ME (Basis ME ist Bewertungsmengeneinheit)** versehen – das bedeutet, dass das Catch Weight Management eingeschaltet ist und die Basismengeneinheit (hier ST) gleichzeitig die Bewertungsmengeneinheit darstellt. Wenn KG eine »normale« alternative Mengeneinheit wäre, würden Sie den Wert **Alternative Mengeneinheit** im Feld **Typ der ME** stehen lassen und nicht umstellen. Die Pflege der Mengeneinheiten kann bei der Verwendung eines dezentralen SAP S/4HANA EWM direkt im SAP-EWM-System erfolgen, wird aber normalerweise in SAP ERP durchgeführt. Bei einem zentralen SAP-EWM-System (Embedded SAP EWM) nehmen Sie diese Einstellungen im Materialstamm von SAP S/4HANA vor.

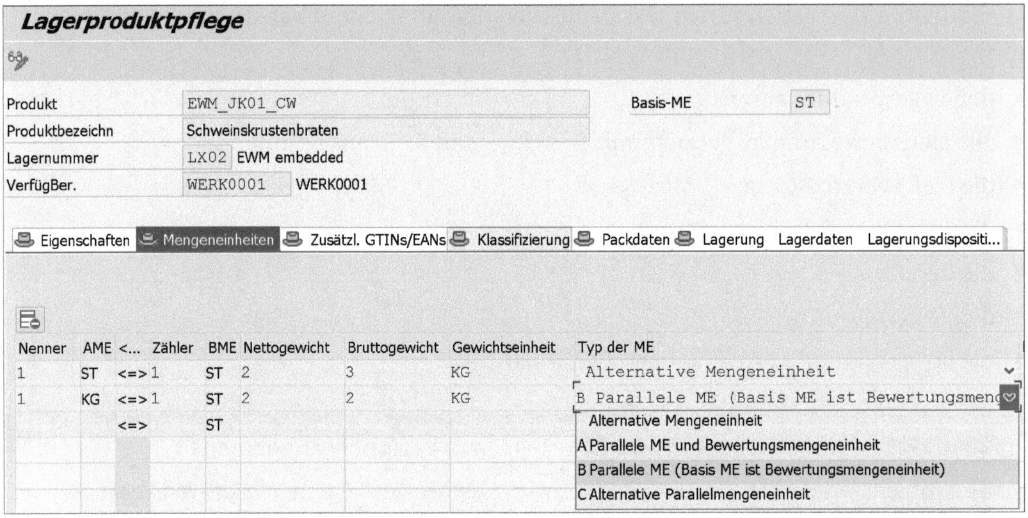

Abbildung 5.61 Parallele Mengeneinheiten für das Catch Weight Management pro Lagerprodukt aktivieren

Statusverwaltung und Mengenverrechnung in SAP EWM

Das Catch Weight Management ist in SAP EWM nahtlos in den Wareneingang (Anlieferung), Warenausgang (Auslieferung) und in die Lieferabwicklung (Umlagerungen und Umbuchungen) integriert. Für eine korrekte Zuweisung und Verrechnung von Bewertungsmengen müssen Sie sowohl die Statusverwaltung als auch die Mengenverrechnung in den Lieferprozessen einstellen und entsprechende Profile pflegen. Statusprofile und Mengenverrechnungsprofile ordnen Sie anschließend den jeweiligen Positionsarten zu.

Sie finden die Profileinstellungen für die Statusverwaltung und Mengenverrechnung im Customizing von SAP EWM über den Pfad **Extended Warehouse Management • Prozessübergreifende Einstellungen • Lieferabwicklung**. Die Zuweisung der Profile zu den Positionsarten finden Sie im Customizing von SAP EWM in den Einstellungen für den Warenausgangsprozess, für den Wareneingangsprozess sowie für die lagerinternen Prozesse.

Darüber hinaus können Sie in der Lagerproduktpflege auf der Registerkarte **Lagerung** im Bereich **Catch-Weight-Daten** die Felder **CW-Profil** und **CW-Toleranzgruppe** pflegen (siehe Abbildung 5.62). Das CW-Profil steuert, in welchem Prozessschritt Sie die

Catch-Weight-Parallelmenge in SAP EWM eingeben müssen (also zu welchem Zeitpunkt das Material gewogen werden muss), z. B. beim Wareneingang, beim Warenausgang oder an einem Arbeitsplatz.

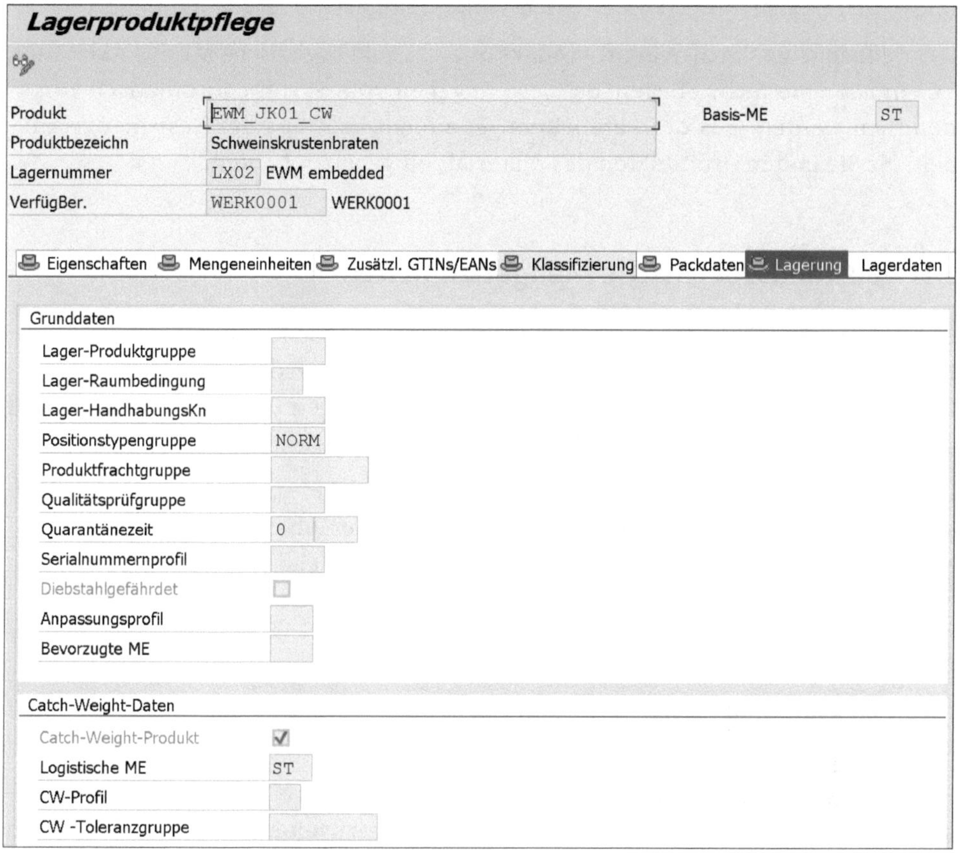

Abbildung 5.62 Catch-Weight-Stammdatenattribute in der Lagerproduktpflege

Die Catch-Weight-Toleranzgruppe wird zur Prüfung der vom Anwender eingegebenen Parallelmenge verwendet. Das System kann prüfen, ob der gewogene Wert innerhalb bestimmter Toleranzen zum geplanten/theoretischen Gewicht liegt. Bei Toleranzüberschreitung wird eine Fehlermeldung ausgegeben. So können Sie also die Eingabefehler minimieren. Sie pflegen die Toleranzgruppe im Customizing von SAP S/4HANA über den Pfad **Integration mit anderen SAP-Komponenten • Extended Warehouse Management • Zusätzliche Materialattribute • Attributwerte für zusätzliche Materialstammfelder • Catch-Weight-Toleranzgruppen definieren**. Sie können die Toleranzgruppen auch direkt einer SAP-EWM-Lagernummer zuordnen und für eine lagernummernspezifische Plausibilisierung der eingegebenen Mengen verwenden. Sie finden diese Einstellungen im Customizing von SAP EWM über den Pfad **Extended Warehouse Management • Stammdaten • Produkt • Catch Weight • Catch-**

Weight-Toleranzgruppen definieren. An dieser Stelle definieren Sie auch, ob oder wie für ein Catch-Weight-Produkt die Bewertungsmenge bei einer Verarbeitung am Arbeitsplatz, beim Wareneingang oder beim Warenausgang erfasst werden muss. Sie finden diese Einstellungen unter **Catch-Weight-Eingabesteuerung definieren**.

Das Kennzeichen **Catch-Weight-Produkt** und das Feld **Logistische ME** aus Abbildung 5.62 müssen Sie nicht pflegen, da diese Angaben vom System automatisch vorgenommen werden (aus der Parallelmengeneinheit bzw. aus der Basismengeneinheit, die Sie in den Grunddaten des Materials eingegeben haben).

5.11 Bestandsspezifische Mengeneinheiten

Zur optimierten Steuerung von Lagerprozessen und zur Erhöhung der Bestandstransparenz kann es für manche Bestände sinnvoll sein, bei der Abwicklung von Einlagerungs- und Auslagerungsprozessen von der jeweiligen Basismengeneinheit auf sogenannte *bestandsspezifische Mengeneinheiten* auszuweichen.

Die bestandsspezifischen Mengeneinheiten stellen dabei stärker an den physikalischen Prozessen orientierte Messgrößen (z. B. Versandeinheiten/Handelseinheiten/Kolli) dar. Auf Basis dieser Messgrößen können wesentliche Logistikprozesse im Lager, wie die Ein- und Auslagerung, ausgesteuert werden. So können Sie z. B. für die Steuerung von Lagerprozessen des Produkts »Weizenbier« eine bestandsspezifische Mengeneinheit »Kasten à zwanzig Einzelflaschen« verwendet werden, während die für die Einkaufs- und Versandabwicklung verwendete Größe der Basismengeneinheit »Stück/Einzelflasche« entspricht.

SAP EWM bietet Ihnen die Möglichkeit, Ein- und Auslagerungsprozesse nach bestandsspezifischen Mengeneinheiten optimiert auszusteuern. So können z. B. im Wareneingang, abhängig von den bestandsspezifischen Mengeneinheiten, Verpackungs- und Palettierungsprozesse konfiguriert werden, um anhand der Ergebnisse, die diese Prozesse liefern, adäquate Ziellagerplätze zu ermitteln. Im Warenausgang lassen sich auf der Basis bestandsspezifischer Mengeneinheiten Auslagerungsstrategien einrichten, nach denen auslaufende Verpackungseinheiten mit Priorität kommissioniert werden können.

Über die gesamte Prozesskette wahren Sie dabei auf der Ebene von Lieferungen, Lageraufgaben und Materialbelegen sowie in der Bestandshaltung Transparenz über die für Ihre Produkte angeforderten Basismengeneinheiten und die in den Prozessen verwendeten bestandsspezifischen Mengeneinheiten.

5.11.1 Stammdatenpflege und Customizing

Um bestandsspezifische Mengeneinheiten in Ihrer SAP-EWM-Implementierung zu verwenden, können Sie die im folgenden Abschnitt beschriebenen Stammdaten- und Customizing-Einstellungen vornehmen.

Nachdem Sie die entsprechenden Materialien im SAP-ERP-System angelegt haben, pflegen Sie die alternativen logistischen Mengeneinheiten gemäß den üblicherweise verwendeten Verpackungseinheiten (z. B. KAR für Kartons usw.) im Materialstamm (siehe Abbildung 5.63).

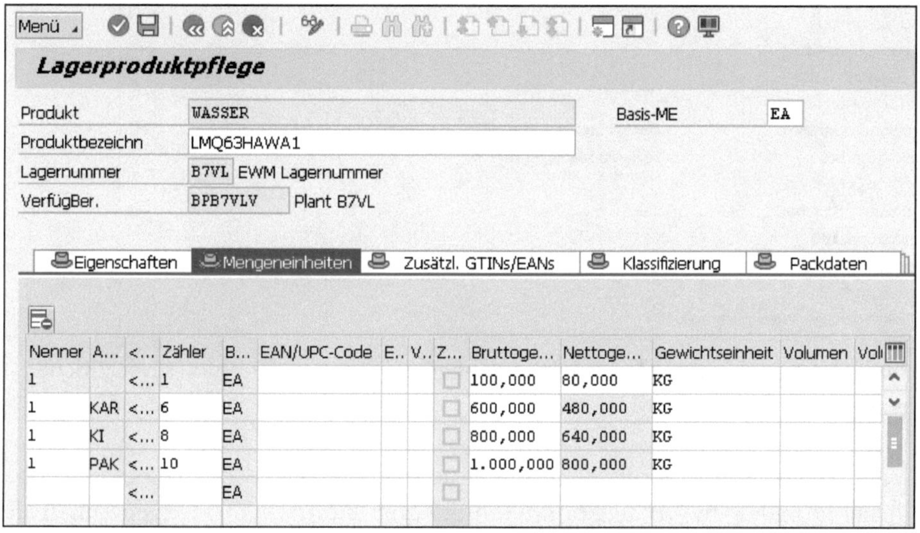

Abbildung 5.63 Alternative Mengeneinheiten pflegen: Stammdatenattribute in der Lagerproduktpflege

Neben der Pflege alternativer Mengeneinheiten haben Sie zudem die Möglichkeit, auf der globalen Ebene (Sicht **Lagerung**) oder auf Ebene der Lagernummer (Sicht **Lagerdaten**) die bevorzugte alternative Mengeneinheit im Produktstamm zu hinterlegen. Wenn Sie auf beiden Sichten eine bevorzugte alternative Mengeneinheit angeben, wird der Eintrag auf der Ebene der Lagernummer vom SAP-EWM-System mit Priorität behandelt. Bei der Erstellung von Lieferungen im SAP-EWM-System können, abhängig vom Positionsarten-Customizing, automatisch die bevorzugten bestandsspezifischen Mengeneinheiten für die Anlieferpositionen ermittelt werden. Abbildung 5.64 zeigt die Einstellungen in der SAP-EWM-Lagerproduktpflege (Transaktion /SCWM/MAT1). Zum Befüllen der bevorzugen Mengeneinheit über die CIF-Materialstammdatenverteilung im SAP-EWM-Produktstamm kann die in SAP-Hinweis 1637067 vorgeschlagene Vorgehensweise bei der Implementierung genutzt werden.

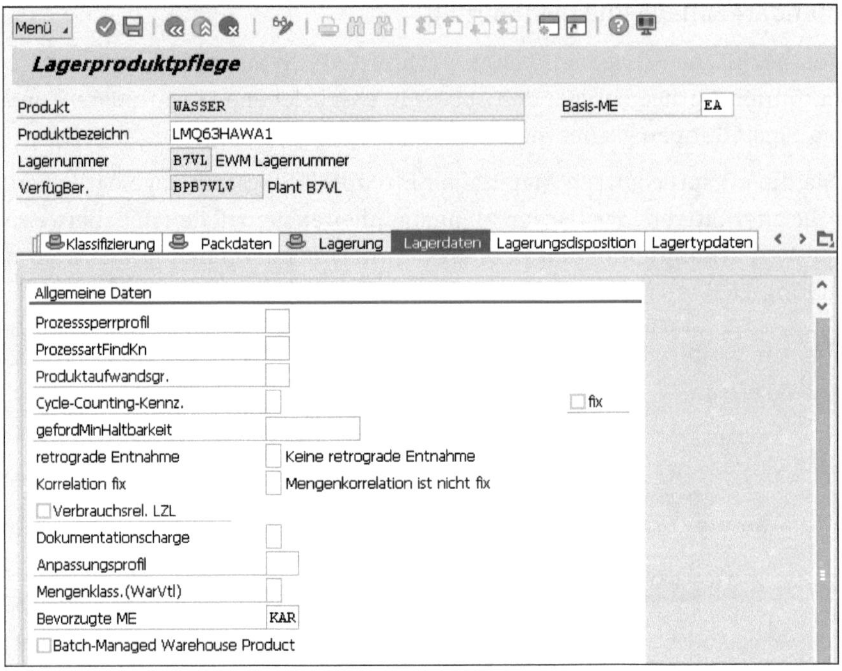

Abbildung 5.64 Bevorzugte Mengeneinheit auf globaler und lagernummernspezifischer Ebene pflegen

Die Voraussetzung für die Verwendung bestandsspezifischer Mengeneinheiten ist die Deklaration der am Produktstamm hinterlegten, alternativen Mengeneinheit als bestandsspezifische Mengeneinheit. Die entsprechende Customizing-Einstellung finden Sie über den Pfad **Extended Warehouse Management • Stammdaten • Produkt • Attribut für Mengeneinheit definieren**.

[+]

Erweiterung der Parameter zur Definition bestandsspezifischer Mengeneinheiten

Zur Aussteuerung bestandsspezifischer Mengeneinheiten (z. B. auf der Ebene der Produktgruppe) können Sie das BAdI `/SCWM/EX_MD_FLG_SUOM_DET` verwenden.

Für jede Mengeneinheit kann zudem eine Mengenklassifizierung hinterlegt werden, die die im Lager verwendete Verpackungseinheit (z. B. Karton, Box, Palette, Groß-/Kleinteile) definiert und bei der Steuerung von Ein- und Auslagerungsprozessen berücksichtigt wird. Dies ermöglicht z. B. die Umsetzung von Groß- und Kleinmengenkommissionierung auch ohne die Verwendung von Packspezifikationen. Voraussetzung für die Nutzung von Mengenklassifizierungen ist deren vorherige Pflege im SAP-EWM-Customizing über den Pfad **Extended Warehouse Management • Prozessübergreifende Einstellungen • Lageraufgabe • Mengenklassifizierung definieren**.

5.11.2 Bestandsspezifische Mengeneinheiten in SAP-EWM-Prozessen

Auf der Basis der bestandsspezifischen Mengeneinheiten können Prozesse im Wareneingang und Warenausgang gesteuert und optimiert werden. Im Wareneingang kann bei der Erstellung der Anlieferungen für die Lagernummer pro Produkt eine bevorzugte Mengeneinheit ermittelt werden, auf deren Basis anschließend der Einlagerungsprozess ausgesteuert wird. Im Warenausgang können Auslagerungsregeln definiert werden, die Produktbestände in bevorzugte Mengeneinheiten für eine Auslagerung priorisieren und diese für eine nahtlose Integration in der Warenausgangsrückmeldung sowie in der Lieferschnittstelle reflektieren.

Sobald die in Abschnitt 5.11.1, »Stammdatenpflege und Customizing«, beschriebenen Einstellungen am Produktstamm und im Customizing vorgenommen worden sind, können die im Folgenden beschriebenen Funktionen im Wareneingangsprozess genutzt werden:

- **Erstellung der Anlieferung**
  Bei der Erstellung von Anlieferungen können die für ein Material im Lagerproduktstamm als bevorzugte Mengeneinheiten hinterlegten Mengeneinheiten verwendet werden. Voraussetzung ist, dass die Positionsmenge ein Vielfaches der bevorzugten Mengeneinheit ist und in der SAP-ERP-Anlieferung nicht bereits eine alternative Mengeneinheit hinterlegt worden ist. Im SAP-EWM-Customizing muss zur Nutzung dieser Funktion auf der Ebene der Positionsarten für den Anlieferungsprozess über den Pfad **Extended Warehouse Management • Wareneingangsprozess • Anlieferung • Positionsarten für Anlieferungsprozess definieren** das Kennzeichen **ERP-AME als BsME verwenden** aktiviert werden.
- **Einlagerungssteuerung**
  Bei der Lagertypsuche wird die der ermittelten Mengeneinheit zugeordnete Mengenklassifizierung berücksichtigt. Voraussetzung dafür ist eine entsprechende Konfiguration der Lagertypfindung in SAP EWM über den Customizing-Pfad **Extended Warehouse Management • Wareneingangsprozess • Strategien • Lagertypfindung • Lagertypsuchreihenfolge für Einlagerung bestimmen**.
- **Wareneingangsrückmeldung**
  Bei der Wareneingangsrückmeldung können die während der Anlieferung verwendeten bestandsspezifischen Mengeneinheiten an das SAP-ERP-System kommuniziert und im Materialbeleg zur Wareneingangsbuchung angezeigt werden.

Im Warenausgangsprozess werden die folgenden Funktionen durch die Verwendung der bestandsabhängigen Mengeneinheiten unterstützt:

- **Auslagerungsregel**
  Sobald im SAP-EWM-Customizing über den Pfad **Extended Warehouse Management • Stammdaten • Lagertyp definieren** das Sortierfeld `FLG_PUOM` in der für einen Lagertyp hinterlegten Auslagerungsregel definiert ist, kann entweder die bevor-

zugte (das Kennzeichen **absteigend** ist markiert) oder eine nicht bevorzugte Mengeneinheit (das Kennzeichen **absteigend** ist nicht markiert) bei der Kommissionierung priorisiert werden. Durch diese Einstellung können z. B. auslaufende Verpackungseinheiten bevorzugt kommissioniert werden. Sie finden die Einstellungen für die Auslagerungsregeln im SAP-EWM-Customizing über den Pfad **Extended Warehouse Management • Warenausgangsprozess • Strategien • Auslagerregel festlegen**.

- **Auslagerungssteuerung**
  Analog der Einlagerungssteuerung wird bei der Auslagerungssteuerung die der bevorzugten Mengeneinheit zugeordnete Mengenklassifizierung berücksichtigt.
- **Lieferpositionssplit**
  Wenn Sie bei der Quittierung der Kommissionier-Lageraufgaben eine bestandsspezifische Mengeneinheit verwenden, kann dies zu einem Lieferpositionssplit der Hierarchieart UOM (Nach Mengeneinheit splitten) führen (siehe Abbildung 5.65, in der die Position 10 in die Unterpositionen 20 und 30 gesplittet wurde. Bei Position 20 ist eine andere Mengeneinheit erkennbar). Die Generierung eines Positionssplits kann im SAP-EWM-Customizing der Positionsart über den Pfad **Extended Warehouse Management • Warenausgangsprozess • Auslieferung • Positionsarten für Auslieferungsprozess definieren** anhand des Parameters **Positionssplit erlaubt** aktiviert werden.

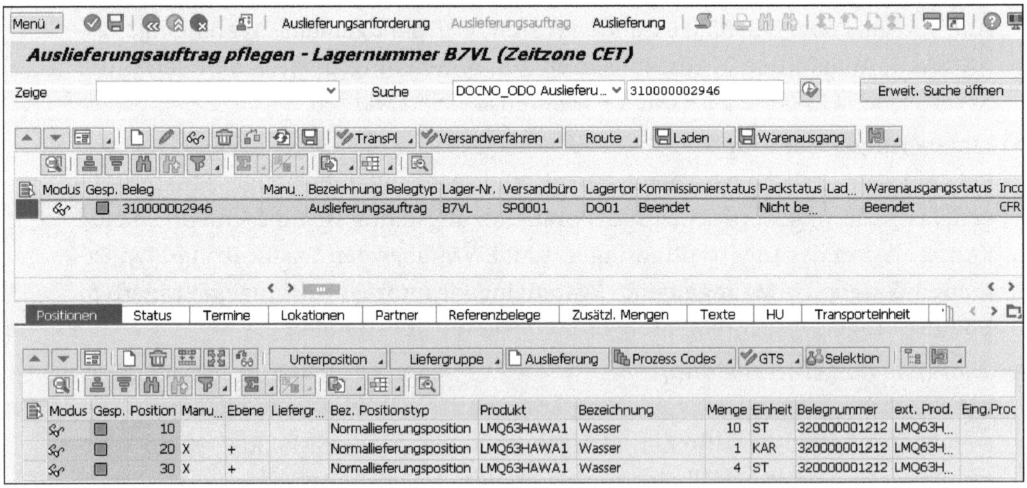

Abbildung 5.65 Lieferpositionssplit aufgrund einer bestandsspezifischen Mengeneinheit

- **WA-Rückmeldung bei dezentralem SAP S/4HANA EWM**
  Bei der Warenausgangsrückmeldung werden die während der Kommissionierung erzeugten Lieferpositionssplits an das SAP-ERP-System kommuniziert und die

verwendeten Mengeneinheiten sowohl in der Lieferung als auch im Materialbeleg zur Warenausgangsbuchung hinterlegt. Die Kommunikation der Mengeneinheitensplits kann in Abhängigkeit der SAP-ERP-Version im SAP-EWM-Customizing über den Pfad **Extended Warehouse Management • Schnittstellen • ERP-Integration • ERP-Integration für dezentrales EWM • Steuerungsparameter für ERP-Versionskontrolle einstellen** aktiviert oder deaktiviert werden.

Neben dem Wareneingangs- und Warenausgangsprozess werden die bestandsspezifischen Mengeneinheiten zudem in der Bestandsinventur und im Bestands-Monitoring (z. B. Anzeige und Anpassung der alternativen Mengeneinheiten) verwendet.

5.12 Verwaltung von Herkunftslandinformationen

Das *Herkunftsland* (Country of Origin) ist das Land, in dem die Waren ursprünglich hergestellt worden sind. Das Herkunftsland und die Regeln, wie das Herkunftsland korrekt bestimmt wird, unterliegen verschiedenen nationalen Bestimmungen und internationalen Verträgen. Für eine Lagerverwaltung ist es notwendig, Bestände von verschiedenen Herkunftsländern vollständig trennen zu können, insbesondere im Einsatzfall von Zolllägern sowie in allen Bereichen, in denen Kunden nur Produkte bestimmter Herkunftsländer geliefert haben wollen bzw. nur diese an sie ausgeliefert werden dürfen.

SAP EWM ermöglicht die Verwaltung von Beständen verschiedener Herkunftsländer. Es ist also z. B. möglich, ein bestimmtes Produkt im Bestand im Lager zu führen, das zu einem Teil aus China kommt und zu einem anderen Teil aus den USA. Die Herkunftslandverwaltung in SAP EWM funktioniert generell sowohl mit als auch ohne die Verwendung von Chargen. In den folgenden Abschnitten wollen wir beides zeigen – zunächst ohne Chargen und anschließend mit Chargen. Die Chargenverwaltung haben wir Ihnen in Abschnitt 5.4, »Chargenverwaltung«, erläutert.

5.12.1 Herkunftslandverwaltung ohne die Verwendung von Chargen

Wenn Sie die Herkunftslandverwaltung von SAP EWM ohne Chargen verwenden möchten, können Sie das Herkunftsland vor dem Wareneingang in der Anlieferposition angeben. Bei der Anlage der Einlageraufgaben wird das Herkunftsland in die Lageraufgabe übernommen. Bei der Quittierung der Lageraufgabe können Sie, wenn gewünscht, das Herkunftsland noch einmal ändern. Dies ist z. B. sinnvoll, wenn Sie das Produkt erst bei der Einlagerung in Augenschein nehmen können.

Mit dem Wareneingang ist das Herkunftsland zudem auch im Bestand sichtbar, z. B. im Lagermonitor über den Knoten **Bestand und Platz • Physischer Bestand**. Sie können nach der Quittierung der Einlageraufgabe das Herkunftsland im Bestand direkt ändern, indem Sie in dem Monitorknoten den Button **Weitere Methoden** anklicken und die Funktion **Attribute ändern** verwenden.

Im SAP-EWM-Standard wird das Herkunftsland allerdings während der Auslieferungsverarbeitung nicht benutzt; insbesondere berücksichtigt das System das Herkunftsland nicht während der Erstellung von Kommissionier-Lageraufgaben. Wenn Sie diese Option benötigen, müssen Sie eines der verfügbaren BAdIs während der Lageraufgabenerstellung implementieren.

[!]

Herkunftslandverwaltung ohne die Verwendung von Chargen

Die Verwendung der SAP-EWM-Herkunftslandverwaltung ohne Chargen bietet nur einen limitierten Funktionsumfang. Zusätzlich zur fehlenden Berücksichtigung im Warenausgangsprozess gibt es eine »Lücke« bei den Zulagerungen. Wenn Sie Zulagerungen verwenden, wird das Herkunftsland des bestehenden Bestands überschrieben, denn dieses Feld ist kein quanttrennendes Attribut (siehe Abschnitt 5.1.2, »Zulagerung und quanttrennende Eigenschaften«); auch lässt es sich nicht als solches einstellen. Wenn Sie strikt Bestände verschiedener Herkunftsländer trennen möchten, sollten Sie Chargen verwenden.

5.12.2 Herkunftslandverwaltung mit der Verwendung von Chargen

Wenn Sie die Herkunftslandverwaltung mit Chargen verwenden, müssen Sie, wie schon in Abschnitt 5.4, »Chargenverwaltung«, beschrieben, im SAP-ERP-Materialstamm auf der Registerkarte **Klassifizierung** eine Chargenklasse des Typs 023 zuweisen. In diesem Fall muss das Merkmal LOBM_HERKL Teil der Klassifizierung sein, sodass das Herkunftsland zu jedem Zeitpunkt als Chargenmerkmal geführt wird (siehe Abschnitt 5.4.2). Das Herkunftsland ist jedoch weiterhin auch ein Bestandsattribut in SAP EWM sowie ein Feld auf der Lieferposition.

Wenn Sie das Herkunftsland in der Anlieferposition pflegen, ist es möglich, dass dieses automatisch in das entsprechende Chargenmerkmal übernommen wird. Dies wird bereits im SAP-ERP-System durchgeführt. Das SAP-ERP-System überträgt dann die Lieferung und die Charge nach SAP EWM. Wenn der Chargenstammsatz in SAP EWM angelegt wird, kann das Herkunftslandmerkmal auch in die SAP-EWM-Charge übernommen werden. Bei chargenverwalteten Produkten und der Verwendung eines Zolllagers müssen Sie das Herkunftsland in der Anlieferposition pflegen, um den Wareneingang buchen zu können.

Während des Wareneingangs können Sie nur existierende Chargen für einen Bestand ändern und müssen dafür auch einen Ausnahmecode eingeben. SAP EWM ändert die Charge im Bestand und in der Anlieferposition. SAP EWM ändert auch das Herkunftsland, ausgehend von dem Merkmal der neuen Charge.

Auslieferpositionen verhalten sich ähnlich wie Anlieferpositionen. Wenn Sie eine Kommissionier-Lageraufgabe quittieren, werden die Charge und das Herkunftsland (aus dem Chargenmerkmal) des gewählten Bestands in die Lieferposition übernommen. Auch können Sie nur den Bestand eines bestimmten Herkunftslandes kommissionieren, indem Sie die Chargenfindung verwenden.

5.13 Bestandsfindung und -bewertung

In diesem Abschnitt beschreiben wir die SAP-EWM-Bestandsfindung und die Möglichkeiten zur Bestandsbewertung.

5.13.1 Bestandsfindung

Durch die Verwendung der *SAP-EWM-Bestandsfindung* können Sie die Art und Weise festlegen, wie SAP EWM bei einer bestimmten Aktivität Bestände im Lager selektiert, und zwar insbesondere in Bezug auf Bestandsarten und Eigentümer. Im Kern geht es beim Einstellen der Bestandsfindung darum, auch andere Bestandsarten und andere Eigentümer im Bestand finden zu können als die ursprünglich angefragten.

Sie können diese Möglichkeit nutzen, um z. B. bei der Suche nach eigenem Bestand, bei dem der Eigentümer dem Werk entspricht, auch Lieferantenkonsignationsbestand zuzulassen, bei dem der Eigentümer der Lieferant ist. Das heißt, dass das System in diesem Fall zunächst eigenen Bestand kommissioniert und nur wenn kein eigener Bestand mehr im Lager vorrätig ist, den Lieferantenkonsignationsbestand wählt. Ähnlich funktioniert es bei den Bestandsarten: Sie können z. B. so dem SAP-EWM-System erlauben, auch in Einlagerung befindlichen Bestand zu kommissionieren (F1-Bestand), wenn das System eigentlich nach F2-Bestand sucht.

Die Bestandsfindung lässt sich für jedes Lagerprodukt separat ein- oder ausstellen, indem Sie eine *Bestandsfindungsgruppe* (BF-Gruppe) anlegen und diese dem Produkt zuweisen. In Abbildung 5.66 sehen Sie die Customizing-Aktivität über den Pfad **Extended Warehouse Management • Prozessübergreifende Einstellungen • Bestandsfindung • Bestandsfindungsgruppen pflegen**.

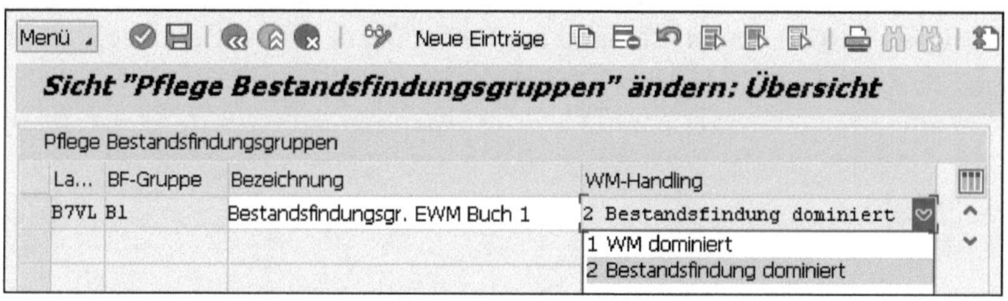

Abbildung 5.66 Bestandsfindungsgruppe (BF-Gruppe) pflegen

In der Spalte **BF-Gruppe** vergeben Sie einen Namen für die Bestandsfindungsgruppe, der dann in der Lagerproduktpflege jedem Produkt einzeln zugewiesen werden muss.

Die Spalte **WM-Handling** definiert, ob für die Bestandsfindung das Warehouse Management oder die Bestandsfindung dominiert.

- **1 – WM dominiert**
  Die Einstellung **WM dominiert** bedeutet, dass das SAP-EWM-System die Standard-Bestandsfindungsstrategien (z. B. FIFO) mit Priorität verwendet und erst danach die Bestandsfindungsgruppe berücksichtigt. Wenn Sie also z. B. die SAP-EWM-Bestandsfindung nach Eigentümer einsetzen und Bestände für die beiden Eigentümer 0001 und 0002 mit verschiedenen Wareneingangsterminen im Lager haben, selektiert das System den Bestand nach FIFO, wobei die beiden Eigentümer gleichbehandelt werden. Die SAP-EWM-Strategie dominiert also.
- **2 – Bestandsfindung dominiert**
  Die Einstellung **Bestandsfindung dominiert** bedeutet, dass das System zunächst den Bestand jedes Eintrags in der Bestandsfindungsgruppe selektiert und erst dann Strategien wie FIFO anwendet. Wenn Sie beispielsweise die SAP-EWM-Bestandsfindung nach Eigentümer einsetzen und Bestände für die beiden Eigentümer 0001 und 0002 mit verschiedenen Wareneingangsterminen im Lager haben, selektiert das System zunächst den Bestand des Eigentümers 0001, wendet FIFO an und selektiert erst den Bestand des Eigentümers 0002, wenn kein passender Bestand des Eigentümers 0001 gefunden wurde. Auch auf den Bestand des Eigentümers 0002 wird dann das FIFO-Verfahren angewandt.

Die im Customizing angelegte BF-Gruppe weisen Sie dem Lagerprodukt im Bereich **Auslagerung** auf der Registerkarte **Lagerdaten** zu (siehe Abbildung 5.67).

Für jede Bestandsfindungsgruppe stellen Sie nun die Bestandsfindung ein – Sie entscheiden also, was das System im Hinblick auf Eigentümer oder Bestandsart genau tun soll. Abbildung 5.68 zeigt die entsprechende Customizing-Aktivität, die Sie über den Pfad **Extended Warehouse Management • Prozessübergreifende Einstellungen • Bestandsfindung • Bestandsfindung einstellen** erreichen.

Das Beispiel in Abbildung 5.68 lesen Sie so, dass das SAP-EWM-System bei Produkten der Bestandsfindungsgruppe B1, der Aktivität PICK, der Lagernummer und dem Verfügungsberechtigten BPB7VLV auch Bestand der Bestandsart F1 selektieren soll, auch wenn es eigentlich nach der Bestandsart F2 sucht.

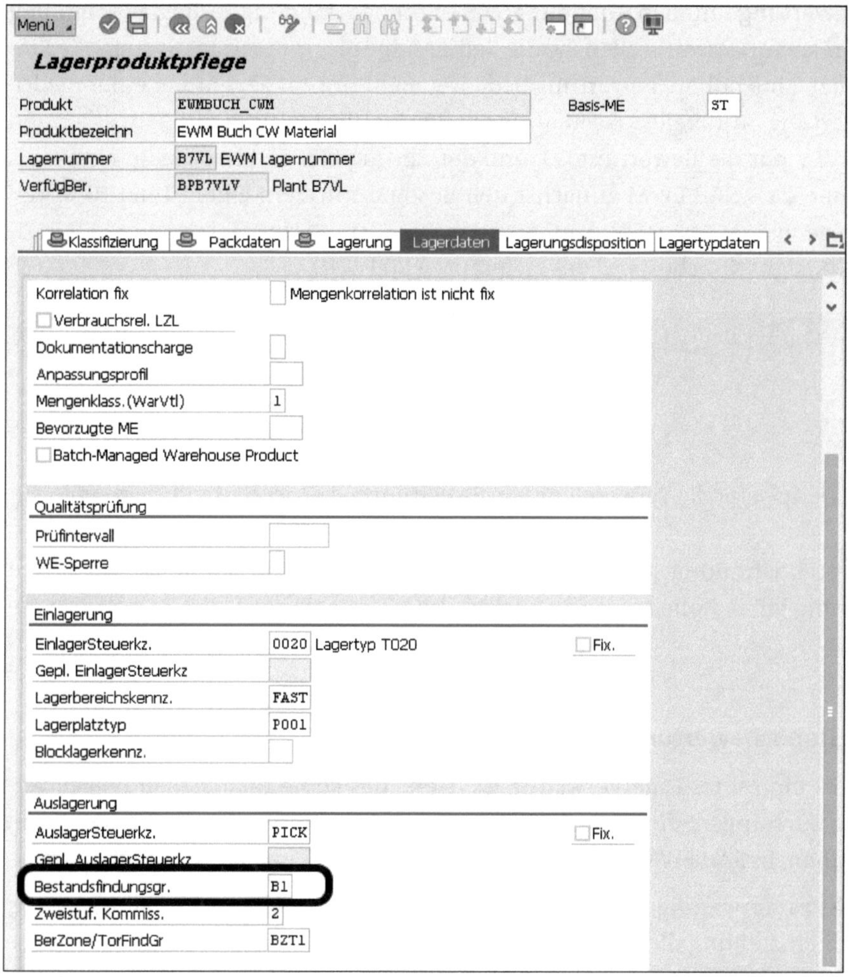

Abbildung 5.67 Bestandsfindungsgruppe in der SAP-EWM-Lagerproduktpflege zuweisen

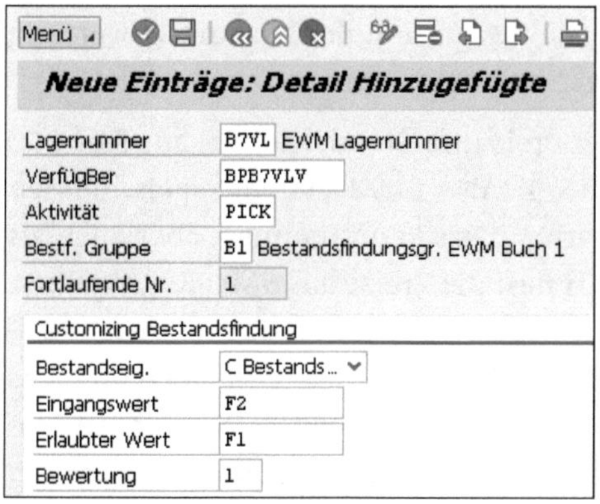

Abbildung 5.68 Customizing der Bestandsfindung für Bestandsarten

Das Feld **Bewertung** unten in Abbildung 5.68 ist für das Handling **2 – Bestandsfindung dominiert** relevant. Damit stellen Sie die Reihenfolge ein, mit der das System die Einträge benutzt. Eine höhere Bewertung bedeutet hier Priorität gegenüber einer niedrigeren Bewertung. In Tabelle 5.6 sehen Sie ein Beispiel. Der Eintrag mit dem erlaubten Wert BPB7VLV hat die Bewertung 10, und der Eintrag LIEF4711 hat die Bewertung 5. Das bedeutet, dass SAP EWM zunächst den Bestand mit dem Eigentümer BPB7VLV (also des eigenen Lagers) wählt und erst danach Bestand des Eigentümers LIEF4711 (also den Konsignationsbestand des Lieferanten LIEF4711).

Bestandsfindungsgruppe	Eigenschaft	Eingangswert	Erlaubter Wert	Bewertung
B2	Eigentümer	BPB7VLV	BPB7VLV	10
B2	Eigentümer	BPB7VLV	LIEF4711	5

Tabelle 5.6 Beispiel für die Verwendung von Bewertungen bei der Bestandsfindung

Bei den Bestandsfindungsgruppen mit **WM-Handling 1 – WM dominiert** spielt also die Bewertung keine Rolle (da ja die Auslagerungsstrategie – z. B. FIFO – sowieso dominiert).

5.13.2 Bestandsbewertung

SAP EWM ist ein reines Lagerverwaltungssystem, das keine finanziellen Belege verwaltet. Alle Buchungen, die finanzielle Relevanz haben, werden im SAP-ERP-System vorgenommen. In SAP EWM werden nur die logistischen Bewegungen abgebildet.

Dennoch ist es notwendig, dass auch das SAP-EWM-System die Materialbewertung, also je nach Einstellung die Standardpreise oder die gleitenden Durchschnittspreise der Materialien, kennt. Dies ist vor allen Dingen für die Analyse von Differenzen im Inventurprozess notwendig, aber auch für andere Prozesse von Belang, z. B. für den Zählschritt im Wareneingangsprozess, den man abhängig vom Wert der Materialien durchführen oder nicht durchführen kann. Die Integration der Bestandsbewertung mit SAP EWM hängt dabei von der gewählten Implementierungsvariante ab:

- Um die entsprechenden Preise (gleitender Preis und Standardpreis) aus SAP ECC bzw. SAP S/4HANA an ein dezentrales SAP S/4HANA EWM zu übertragen, müssen Sie einen Report im SAP-EWM-System starten. Dies kann manuell, aber auch als Job im Hintergrund erfolgen. Dieser Report liest die Preise aus SAP ERP und überträgt sie in die Tabelle `/SCWM/T_VALUATE` im SAP-EWM-System. Der Transaktionscode für den Report ist /SCWM/VALUATION_SET, Sie erreichen ihn auch über das SAP-Easy-Access-Menü über den Pfad **Logistik • SCM Extended Warehouse Management • Extended Warehouse Management • Inventur • Periodische Arbeiten • Preise aus ERP ermitteln und setzen** (siehe Abbildung 5.69).

- Beim Einsatz von Embedded SAP EWM findet keine Replikation von Preisen aus SAP S/4HANA statt. Embedded SAP EWM greift direkt auf die Materialbewertung (gleitender Preis und Standardpreis) in SAP S/4HANA zu.

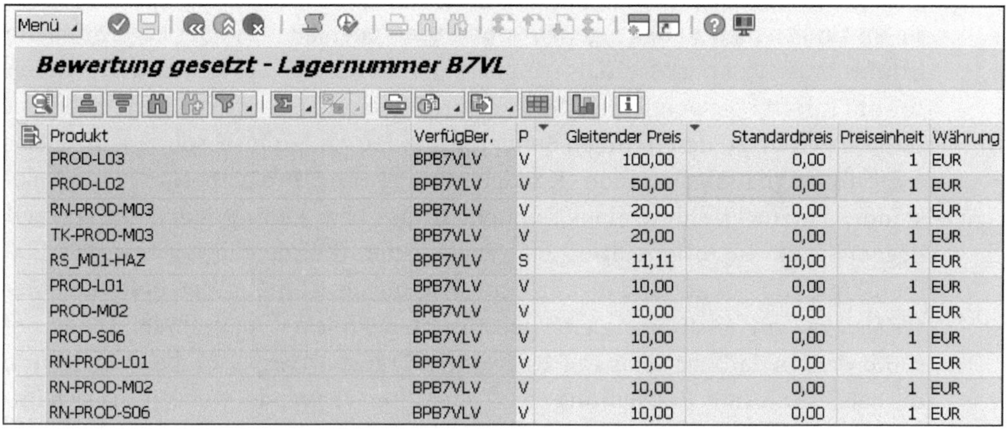

Produkt	VerfügBer.	P	Gleitender Preis	Standardpreis	Preiseinheit	Währung
PROD-L03	BPB7VLV	V	100,00	0,00	1	EUR
PROD-L02	BPB7VLV	V	50,00	0,00	1	EUR
RN-PROD-M03	BPB7VLV	V	20,00	0,00	1	EUR
TK-PROD-M03	BPB7VLV	V	20,00	0,00	1	EUR
RS_M01-HAZ	BPB7VLV	S	11,11	10,00	1	EUR
PROD-L01	BPB7VLV	V	10,00	0,00	1	EUR
PROD-M02	BPB7VLV	V	10,00	0,00	1	EUR
PROD-S06	BPB7VLV	V	10,00	0,00	1	EUR
RN-PROD-L01	BPB7VLV	V	10,00	0,00	1	EUR
RN-PROD-M02	BPB7VLV	V	10,00	0,00	1	EUR
RN-PROD-S06	BPB7VLV	V	10,00	0,00	1	EUR

Abbildung 5.69 Materialbewertungen aus dem SAP-ERP-System importieren

5.14 Sonderbestände

Sonderbestände sind Bestände, die vom übrigen Bestand getrennt geführt und entsprechend ausgewiesen werden. Diese Trennung erfolgt einerseits aufgrund besonderer Besitzverhältnisse und andererseits aufgrund der räumlichen Trennung des Orts, an dem sie sich befinden. In der Bestandsverwaltung von SAP ERP kann zwischen eigenen Sonderbeständen und fremden Sonderbeständen unterschieden werden:

- **Eigene Sonderbestände**
  Eigene Sonderbestände sind Materialbestände, die rechtlich dem eigenen Unternehmen gehören, physisch jedoch bei einem Lieferanten oder einem Kunden gelagert werden. Die Bestandsführung dieser entweder frei verwendbaren oder sich in Qualitätsprüfung befindlichen Bestände erfolgt lagerortneutral, also ausschließlich auf der Werksebene. Zu den eigenen Sonderbeständen zählen insbesondere die Konsignationsbestände der Kundenkonsignation sowie die Beistellbestände bei der Lohnbearbeitung. Bei den Kundenleihgutbeständen handelt es sich beispielsweise um rückgabepflichtige Mehrwegtransportverpackungen, die dem Kunden zur Verpackung der von ihm bestellten Materialien mitgeliefert wurden. Diese Bestände an Transportverpackungen liegen physisch beim Kunden, rechtlich gehören sie jedoch immer noch dem versendenden Unternehmen.

- **Fremde Sonderbestände**
  Fremde Sonderbestände sind Materialbestände, die rechtlich einem externen Lieferanten oder Kunden gehören, physisch jedoch im eigenen Unternehmen gelagert werden. Da sich diese Bestände im eigenen Unternehmen befinden, werden sie im Unterschied zu den eigenen Sonderbeständen auch auf der Lagerortebene geführt. Aus Sicht der Materialverfügbarkeit kann es sich bei fremden Beständen sowohl um frei verwendbaren Qualitätsprüfbestand als auch um gesperrten Bestand handeln. Zu den fremden Sonderbeständen zählen insbesondere die Lieferantenkonsignationsbestände. Kundenauftrags- und Projektbestände sind Bestände, die zur Erfüllung eines Kundenauftrags bzw. eines Projekts im Bestand liegen. Sie sind den jeweiligen Referenzobjekten (Kundenauftrag bzw. PSP-Element) fest zugeordnet und dienen zur Fertigung des vom Kunden bestellten Materials bzw. zur Ausführung eines bestimmten Projekts. Als fremder Sonderbestand werden darüber hinaus auch sämtliche Transportverpackungen bezeichnet, die bei der externen Beschaffung vom Lieferanten verwendet wurden, die sich immer noch in dessen Eigentum befinden und vom beschaffenden Unternehmen an diesen zurückzugeben sind.

Aus Sicht der Lagerverwaltung handelt es sich bei den Sonderbeständen um Bestände, die entweder für eine bestimmte Verwendung (für eine Kundenauftragsposition oder für ein Projekt) reserviert sind oder sich im Eigentum eines Lieferanten befinden.

In SAP EWM haben Kundenauftragsbestände und Projektbestände ihre eigene Bestandskategorie: SOS steht für Kundenauftragsbestand (*Sales Order Stock*), während PJS für Projektbestand steht (*Project System*). Durch die eigene Bestandskategorie kann der Bestand nur für die korrekte Verwendung benutzt werden. Sie können sich beide Sonderbestände im Lagermonitor anzeigen lassen, z. B. im Knoten **Bestand und Platz • Physischer Bestand**.

5.14.1 Kundenauftragsbestand

Bestand für bestimmte Kunden kann durch Kundenauftragsbestand von anderen Beständen getrennt gelagert werden. In Abbildung 5.70 sehen Sie, wie im SAP-EWM-System eine Umbuchung vom freien Bestand in den Kundenauftragsbestand (SOS) für die Position 10 des Kundenauftrags 6000004711 vorgenommen wird.

Umbuchungen von bereits bestehendem Bestand in Sonderbestand sind nur aus SAP EWM heraus möglich. Sie können dafür Transaktion /SCWM/POST verwenden. Alternativ finden Sie die Transaktion im SAP-Easy-Access-Menü über den Pfad **Arbeitsvorbereitung • Produkt umbuchen**. Sie können aber natürlich auch Kundenauftragsbestand über eine Bestellung oder über einen Produktions-/Prozessauftrag ins Lager buchen.

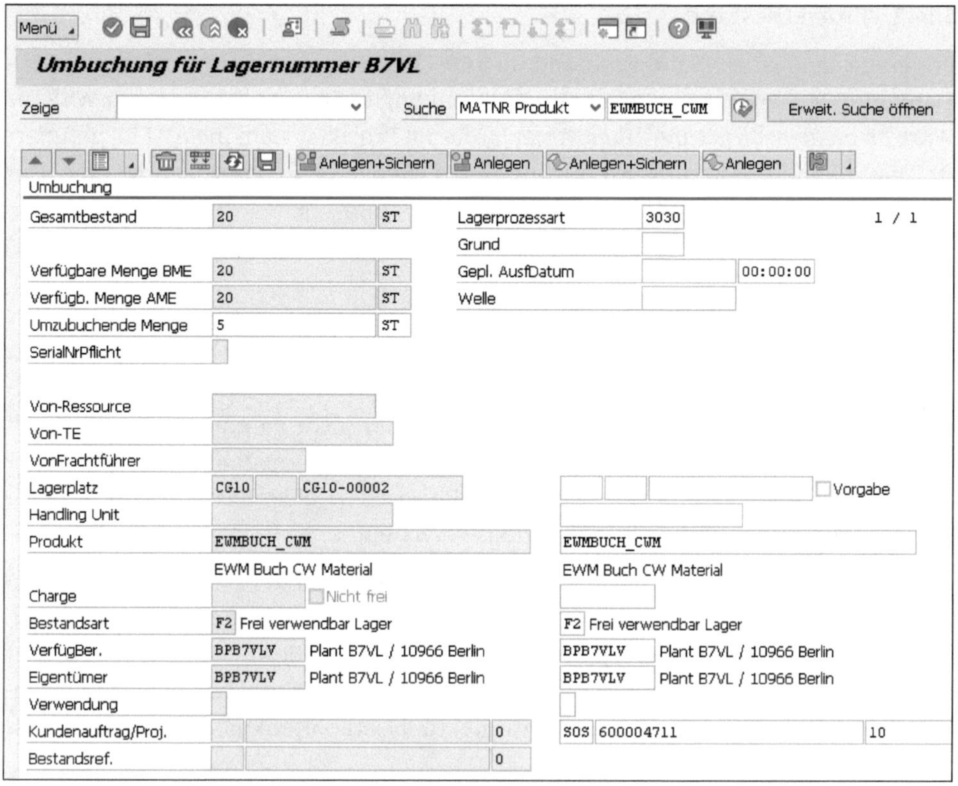

Abbildung 5.70 Normalen Bestand in den Kundenauftragsbestand umbuchen

Nach der Umbuchung von fünf Stück, wie in Abbildung 5.70 dargestellt, kann der neue Bestand im Lagermonitor betrachtet werden (siehe Abbildung 5.71). Auf der rechten Seite der Tabelle sehen Sie den Typ SOS und die Sonderbestandsnummer (Nummer des SAP-ERP-Kundenauftrags).

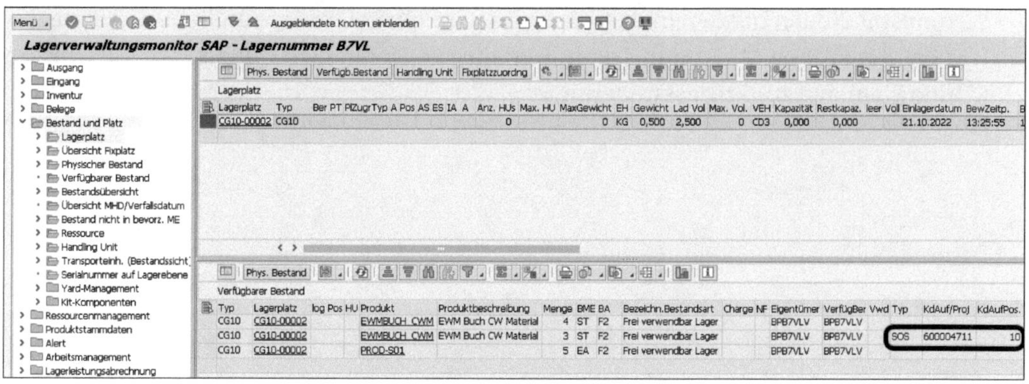

Abbildung 5.71 Kundenauftragsbestand im Lagermonitor

5.14.2 Projektbestand

Projektbestand ist ein Sonderbestand im SAP-EWM-System für ein bestimmtes PSP-Element (PSP steht für *Projektstrukturplan*; im Englischen spricht man von WBS für *Work Breakdown Structure*) eines Projekts, das im Projektsystem in SAP ERP definiert ist. Dieser Sonderbestand kann nur für dieses PSP-Element verbraucht werden. Der Sonderbestandstyp ist PJS.

5.14.3 Lieferantenkonsignation

Bei der Lieferantenkonsignation stellt der Lieferant dem Unternehmen Material zur Verfügung, das bis zur Entnahme dem Lieferanten gehört. Die Einlagerung eines bestellten Konsignationsmaterials führt hierbei noch nicht zu einer Verbindlichkeit gegenüber dem externen Lieferanten. Die Verbindlichkeit entsteht erst bei der Materialentnahme aus dem Konsignationslager. Physisch wird der Bestand jedoch im Lagerverwaltungssystem des Unternehmens verwaltet.

In der Bestandverwaltung von SAP EWM ist der Eigentümer der Lieferantenkonsignationsbestände der Geschäftspartner, der dem entsprechenden Lieferanten zugeordnet ist. In SAP EWM ist es dabei jederzeit ersichtlich, ob der Bestand Ihnen gehört oder sich noch im Besitz eines externen Lieferanten befindet. Wir haben die Lieferantenkonsignation in Abschnitt 5.3.4, »Eigentümer und Lieferantenkonsignation«, anhand eines Beispiels erläutert.

5.15 Zusammenfassung

In diesem Kapitel haben wir die vielen Funktionen und Methoden besprochen, die SAP EWM verwendet, um Bestand zu verwalten. Sie haben nun eine gute Basis, um die weiterführenden Funktionen und Prozesse zu verstehen, die diese Bestandsverwaltungsmethoden nutzen. In den nächsten Kapiteln gehen wir auf die Prozessintegration von SAP EWM ein und erläutern dann die Lieferabwicklung sowie die Objekte und Elemente zur Prozesssteuerung.

Kapitel 6
Lieferabwicklung

In diesem Kapitel behandeln wir die Lieferabwicklung sowie deren Bedeutung, Verwendung, Funktionen und Integrationsaspekte in SAP EWM und gehen dabei auf die Unterschiede zwischen dem dezentralen und Embedded SAP EWM ein. Die Lieferabwicklung verwaltet Belege, Funktionen und die Schnittstelle zur Abwicklung der Prozesse des Wareneingangs, Warenausgangs und der lagerinternen Prozesse.

Die Lieferabwicklung ist aus zwei Gründen eine der zentralen Komponenten von SAP EWM: Zum einen verwaltet sie die betriebswirtschaftlichen Basisdokumente für die Abwicklung von Wareneingang, Warenausgang, Retouren und Umlagerungen, und zum anderen stellt sie die Schnittstelle zur Anbindung externer Auftragsverwaltungssysteme dar, wie z. B. SAP S/4HANA. Wie bekannt, kann SAP EWM nicht nur als dezentrale Lagerverwaltungssoftware an SAP S/4HANA angebunden werden (im Folgenden *dezentrales EWM* genannt), sondern auch als integraler Bestandteil von SAP S/4HANA in einem zentralen System (im Folgenden *embedded EWM* genannt) verwendet werden. Dieses Kapitel betrachtet sowohl die betriebswirtschaftlichen als auch die systemtechnischen Funktionen, Eigenschaften und Einstellungen von SAP EWM – sowohl in der dezentralen als auch in der Embedded-Version – und widmet sich dabei den folgenden Schwerpunktthemen:

- **Aufbau der Lieferung**
  Um den Aufbau und Informationsgehalt der Lieferung besser verstehen zu können, werden die Segmente der Lieferung sowie ihr betriebswirtschaftlicher Stellenwert vorgestellt.
- **Lieferbelege in SAP EWM**
  Wir erläutern die verschiedenen Lieferbelege und ihre Bedeutung für die Systemschnittstellen, Prozesssteuerung und Funktionen.
- **Lieferschnittstelle**
  Die integrative Rolle der Lieferung als zentrales Objekt für die Systemkommunikation zwischen SAP S/4HANA und dem dezentralen bzw. Embedded SAP EWM wird ebenfalls behandelt. Die Schwerpunkte des Kapitels liegen auf dem technischen Aufbau, dem Monitoring und der Nachrichtenverarbeitung der Lieferschnittstelle.

- **Allgemeine Einstellungen der SAP-EWM-Lieferung**
  Wir stellen allgemeine Customizing-Einstellungen und deren Funktionen vor. Dazu zählen Einstellungen der Systemkommunikation und der Lieferungssteuerung.

Mit diesen Informationen schaffen wir die Grundlage für ein tieferes Verständnis der Eigenschaften und Funktionen von Lieferbelegen, die für die Lagerprozesse relevant sind. Die hier vorgestellten Funktionen der Lieferabwicklung werden Sie im Kontext der spezifischen Geschäftsprozesse im weiteren Verlauf des Buches wiederfinden. Während der Schwerpunkt dieses Kapitels auf einer prozessunabhängigen Betrachtung der Lieferabwicklung liegt, werden prozessspezifische Funktionen und Verwendungen der Lieferung in den prozessbezogenen Kapiteln des Buches vorgestellt (siehe Kapitel 8, »Wareneingangsprozess«, und Kapitel 9, »Warenausgangsprozess«).

6.1 Aufbau der Lieferung

EWM-Lieferbelege können sowohl im dezentralen als auch in Embedded SAP EWM in die Segmente *Belegkopf* und *Belegpositionen* aufgeteilt werden. Neben den allgemeinen Kopf- und Positionsinformationen finden sich zusätzliche Kopf- und Positionsinformationen in den jeweiligen Transaktionen der Lieferpflege. Die Transaktionen der Lieferpflege sind in SAP EWM in drei Bildsegmente aufgeteilt (siehe Abbildung 6.1).

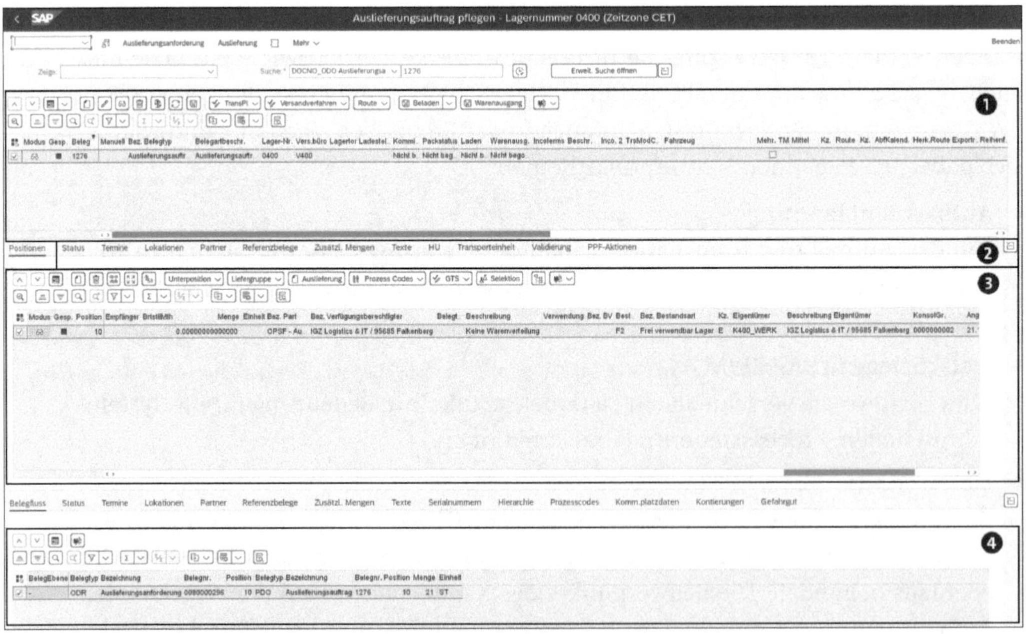

Abbildung 6.1 Struktur der Lieferbelege am Beispiel der Transaktion der Auslieferungsauftragspflege /SCWM/PRDO

Im oberen Bildsegment (❶ in Abbildung 6.1) finden sich die allgemeinen Kopfinformationen. Unmittelbar darunter werden im mittleren Bildsegment ❷ die allgemeinen Positionsinformationen auf der Registerkarte **Positionen** dargestellt. Daneben sind in demselben Segment auf separaten Registerkarten die zusätzlichen Kopfinformationen zu finden ❸. Die zusätzlichen Positionsinformationen befinden sich auf weiteren Registerkarten im untersten Bildsegment ❹.

Die Transaktionen der Lieferabwicklung finden Sie im SAP-Easy-Access-Menü über den Pfad **Extended Warehouse Management• Lieferabwicklung** in den Menüordnern **Anlieferung**, **Auslieferung** und **Umbuchung**.

Im Folgenden stellen wir die Bereiche der Lieferung sowie deren Parameter vor. Die Auswahl der behandelten Kopf- und Positionsinformationen lässt sich in Abhängigkeit der Beleg- und Positionsarten über Serviceprofile der Lieferung konfigurieren. Sie können auf diese Weise spezifische Geschäftsszenarien im Rahmen eines Kundenprojekts abbilden (siehe Abschnitt 6.4.2, »Serviceprofile der Lieferung«). Die folgenden Beschreibungen orientieren sich an den Belegen der Anlieferung und des Auslieferungsauftrags, da diese eine Maximalausprägung der Lieferbelege darstellen.

6.1.1 Allgemeine Kopfinformationen der Lieferung

Im Kopfbereich (❶ in Abbildung 6.1) sind die allgemeinen Informationen der Lieferung, wie z. B. Belegtyp, Belegart, Lagernummer, Wareneingangs- und Warenausgangsbüro, hinterlegt. Zudem befinden sich auf dem Lieferkopf Transportdaten, wie z. B. Route, Identifikation des Fahrzeugs, Transportmittel, Exportrelevanz und Transportmodus.

Zunächst bleiben wir bei den allgemeinen Informationen: Um die system- und prozessseitige Verarbeitung der Lieferbelege zu bestimmen, unterscheidet SAP EWM zwischen verschiedenen *Belegtypen* (siehe Tabelle 6.1). Die Abkürzungen stellen technische Festwerte in SAP EWM dar. Nicht jeder Belegtyp im dezentralen SAP EWM ist in Embedded EWM verfügbar. Da es in Embedded EWM z. B. den Beleg **Anlieferungsbenachrichtigung** nicht gibt, ist der Belegtyp *IDR* im Embedded-Szenario nicht verfügbar.

Der Belegtyp entspricht einer fest im System definierten Klassifizierung von Lieferszenarien in der Lieferabwicklung. Die Belegtypen für SAP-EWM-Lieferszenarien werden in Abschnitt 6.2, »Lieferbelege in SAP EWM«, erläutert. Bei der Nennung der EWM-Lieferbelege werden in diesem Kapitel zusätzlich die in Tabelle 6.1 vorgestellten Belegtypen erwähnt, um die Eindeutigkeit der Beschreibung und des möglichen Lieferszenarios sicherzustellen (z. B. Auslieferung [FDO] oder Umbuchungsanforderung [SPC]).

EWM-Szenario	Belegtyp	Beschreibung
nur dezentral	GRN	Benachrichtigung über erwarteten Wareneingang
nur dezentral	EGR	Erwarteter Wareneingang
nur dezentral	IDR	Anlieferungsbenachrichtigung
dezentral und embedded	PDI	Anlieferung
nur dezentral	ODR	Auslieferungsanforderung
dezentral und embedded	PDO	Auslieferungsauftrag
dezentral und embedded	FDO	Auslieferung
nur dezentral	POR	Umbuchungsanforderung
dezentral und embedded	SPC	Umbuchung
dezentral und embedded	WMR	Interne Umlagerung

Tabelle 6.1 Auflistung der Belegtypen von SAP EWM

Die *Belegart* ist einer der zentralen Lieferparameter für die Steuerung und Verwaltung von Lieferbelegen, sowohl im dezentralen als auch in Embedded SAP EWM. Belegarten repräsentieren betriebswirtschaftliche Lieferszenarien, wie z. B. Eillieferungen, Normallieferungen oder Produktionsversorgungen. Der Belegart ist ein das Lieferszenario definierender Belegtyp zugeordnet (siehe Abschnitt 6.2, »Lieferbelege in SAP EWM«). Darüber hinaus ist der Belegart eine Reihe von Serviceprofilen zur Lieferabwicklung zugeordnet, die die Bearbeitung und Steuerung der Lieferbelege sowie die Bearbeitung und Auswahl der zusätzlichen Kopf- und Positionsinformationen beeinflussen (siehe Abschnitt 6.4.2, »Serviceprofile der Lieferung«).

6.1.2 Zusätzliche Kopfinformationen der Lieferung

Auf den unterschiedlichen Registerkarten der jeweiligen Transaktionen der Lieferpflege finden Sie weitere Kopfinformationen der Lieferung. Diese befinden sich auf den in Abbildung 6.1 in Bildsegment ❷ aufgeführten Registerkarten.

Registerkarte »Status«

Die Kopfstatus der Lieferung (Registerkarte **Status**) kennzeichnen den Arbeitsfortschritt technischer (z. B. Erzeugung der Auslieferung) und betriebswirtschaftlicher Prozesse (z. B. Verpacken und Beladen). Die Lieferstatus werden beim Buchen der Geschäftsprozesse automatisch aktualisiert. Statusabhängigkeiten können über Statusprofile eingestellt werden (siehe Abschnitt 6.4.2, »Serviceprofile der Lieferung«).

Die Lieferung unterscheidet persistente von transienten Status: Während *transiente Status*, auch aggregierte Status genannt, beim Nachlesen eines Belegs dynamisch in Abhängigkeit vom Positionsstatus ermittelt werden, sind *persistente Status* auf der Datenbank festgeschriebene Statuswerte.

Registerkarte »Termine«

Die Lieferung unterscheidet verschiedene Terminarten, wie z. B. Liefertermine oder Transporttermine. Die Termine können von den SAP-S/4HANA-Vorbelegen übernommen oder bei Belegaktualisierungen an diese übergeben werden. Zudem können die Termine manuell vorgegeben werden (siehe Abschnitt 6.4.1, »SAP-ERP-Integration der Lieferabwicklung in SAP EWM«).

Registerkarten »Lokationen« und »Partner«

Auf den Registerkarten **Lokationen** und **Partner** sind sowohl Sender als auch Empfänger der Lieferung hinterlegt. Die Registerkarte **Lokationen** zeigt das sendende bzw. empfangende Lager (Lokationsinformation). Auf der Registerkarte **Partner** sind Warenempfänger oder Warensender der Lieferung zu finden. Zudem können auf den Registerkarten Adressdaten der Geschäftspartner angezeigt und manuell zusätzliche Geschäftspartner (z. B. der Auftraggeber) hinterlegt werden.

Registerkarte »Referenzbelege«

Für jede Lieferung sind auf der Registerkarte **Referenzbelege** die Referenzen der Belege hinterlegt, die während der Lieferabwicklung in Bezug zur Lieferung erfasst und verarbeitet wurden (z. B. SAP-S/4HANA-Lieferung oder Frachtbeleg). Die wichtigsten Referenzbelege sind ERO (ERP-Originalbeleg) und ERP (ERP-Beleg). Jede über die SAP-S/4HANA-Lieferschnittstelle erstellte Lieferung enthält diese Belege. Die *ERO-Referenz* repräsentiert die SAP-S/4HANA-Lieferbelegnummer und wird in SAP EWM nicht verändert. Die *ERP-Referenz* entspricht der ERO-Referenz. Wird im dezentralen SAP EWM ein Liefersplit durchgeführt, ermittelt das *Business Object Processing Framework* (BOPF) eine neue SAP-S/4HANA-Liefernummer (siehe Abschnitt 6.3, »Lieferschnittstelle«), und die Nummer der Splitlieferung aus SAP S/4HANA wird in der SAP-ERP-Referenz als Referenzbeleg geführt. Sind ERO- und ERP-Referenz also ungleich, kann man auf einen in SAP EWM ausgeführten Liefersplit schließen.

Registerkarte »Zusätzliche Mengen«

Auf der Registerkarte **Zusätzl. Mengen** sind verschiedene Mengenrollen, wie z. B. Lademenge oder Warenausgangsmenge, einer Lieferposition hinterlegt. Die zusätzlichen Mengen des Lieferkopfes beinhalten über die Lieferpositionsmengen aggregierte Gewichts-, Volumen- oder Prozessmengen.

Registerkarte »Texte«

Manuell erfasste oder vom Vorbeleg übernommene Liefertexte, Notizen und Hinweise für die Lieferung können auf der Registerkarte **Texte** hinterlegt werden.

Registerkarte »HU« (Handling Unit)

Auf der Registerkarte **HU** sind alle Handling Units aufgeführt, die eine Referenz zur Lieferung haben. Handling Units haben immer dann eine Lieferreferenz, wenn sie mindestens einen Teil einer Position der Lieferung enthalten. Zudem sind HU-Detailinformationen, wie etwa Abmessungen, Status der Handling Unit und aktuelle Positionen im Lager (Lagertyp, Lagerbereich, Lagerplatz), auf der Registerkarte **HU** hinterlegt. Diese bietet zudem einen direkten Absprung in die HU-Detailinformationen an.

Registerkarte »Transporteinheit«

Auf der Registerkarte **Transporteinheit** für eine Lieferung sind alle Transporteinheiten sowie die Detailinformationen sichtbar, die einen Bezug zur Lieferung haben. Dies schließt alle Transporteinheiten ein, denen entweder ganze Lieferungen (Kopf), einzelne Lieferpositionen oder Handling Units mit Lieferbezug zugeordnet wurden. Die Registerkarte **Transporteinheit** bietet einen Absprung in Transaktion /SCWM/TU zur Pflege von Transporteinheiten.

Registerkarte »PPF-Aktionen«

Über die PPF-Aktionen können, abhängig von den definierten Bedingungen, Folgefunktionen, wie z. B. die automatische Erstellung von Lageraufgaben und Lieferbelegen oder der Druck von Lieferpapieren, ausgelöst werden (siehe Kapitel 14, »Bereichsübergreifende Prozesse und Funktionen«). Auf der Registerkarte **PPF-Aktionen** sind alle für den Lieferbeleg eingeplanten oder ausgeführten PPF-Aktionen ersichtlich. Zudem können über Funktionstasten Verarbeitungsprotokolle und Detailinformationen zu den einzelnen Aktionen aufgerufen und ausgewählte Aktionen wiederholt werden.

6.1.3 Allgemeine Positionsinformationen der Lieferung

Der Positionsbereich der Lieferung (siehe Abbildung 6.1) enthält Informationen über die einzelnen Produkte, auf die sich der Beleg bezieht, und über deren lagerspezifische Steuerungsdaten, wie z. B. Produkt, Menge, Positionstyp, Positionsart, Lagerprozessart, Bereitstellungsdaten, Bestandsart und Produktcharge.

Eine ebenso zentrale Rolle für die Lieferabwicklung wie der Belegtyp spielt der *Positionstyp*. Analog zum Belegtyp steuert der Positionstyp sowohl im dezentralen als auch im embedded EWM die Verarbeitung der Lieferposition und ist fest im System definiert. Die Positionstypen sind sowohl im dezentralen als auch in Embedded SAP EWM identisch. Die Abkürzungen stellen technische Festwerte in SAP EWM dar. Tabelle 6.2 zeigt die in SAP EWM verwendeten Positionstypen.

Positionstyp	Beschreibung
DLV	Standardlieferposition
PAC	Packmittelposition
RET	Retourenlieferposition
TXT	Textposition
VAL	Wertposition (wird nur im Warenausgangsprozess verwendet)

Tabelle 6.2 Auflistung der SAP-EWM-Positionstypen

Ebenfalls analog zu den Belegarten auf der Kopfebene bestimmen die Positionsarten das Verhalten der Lieferung auf der Positionsebene. Die Positionsarten werden zu den Serviceprofilen der Lieferung zugeordnet (siehe Abschnitt 6.4, »Allgemeine Einstellung der Lieferabwicklung«). Die Positionsarten können z. B. als Normalpositionen, Positionen für die Bausatzerstellung (Kitting) oder für Kundenretouren definiert werden.

6.1.4 Zusätzliche Positionsinformationen der Lieferung

Die zusätzlichen Positionsinformationen der Lieferung (siehe ❹ in Abbildung 6.1) befinden sich auf separaten Registerkarten in den Pflegetransaktionen der Lieferung. Diese Informationen werden im Folgenden beschrieben.

Die Registerkarten **Status**, **Referenzbelege**, **Termine**, **Lokationen** und **Partner** sowie **Texte** werden hier nicht gesondert erläutert, da diese bereits im Rahmen der zusätzlichen Kopfinformationen behandelt wurden und sich vom Informationsgehalt nicht wesentlich unterscheiden.

Registerkarte »Belegfluss«

Die Registerkarte **Belegfluss** enthält alle SAP-EWM-Belege, die in Bezug auf die Lieferposition erstellt und verarbeitet wurden. Dies schließt erstellte, quittierte und stornierte Lageraufgaben ein, die für die Ausführung der Lagerprozesse (z. B. Kommissionierung, Beladung) verwendet wurden. Zudem enthält der Belegfluss Informationen über Warenbewegungsbuchungen (z. B. Warenausgang, Wareneingang), über logistische Zusatzleistungen (LZL), über Qualitätsprozesse sowie über die Positionsmengen, die während der Ausführung der Lagerprozesse gebucht wurden.

Zusätzliche Mengen (Registerkarte »Zusätzl. Mengen«)

Auf der Registerkarte **Zusätzl. Mengen** sind verschiedene, für die Positionen relevante Mengenrollen einer Lieferposition hinterlegt, z. B. die Lademenge oder Warenausgangsmenge. Die Registerkarte **Zusätzl. Mengen** gibt detailliert Auskunft über den Abarbeitungsfortschritt einer Lieferposition, indem über Mengentypen und Mengenrollen bereits abgearbeitete oder noch offene Mengenanteile einer Lieferposition angezeigt werden. Die zusätzlichen Mengen berechnen mit Bezug auf die im Belegfluss angegebenen Mengen die für die Lieferposition noch zu buchenden Mengen (Mengentyp: **offene Menge** – OPEN).

[!]

Ab SAP S/4HANA EWM 2020 wird nur der erweiterte Belegfluss unterstützt

Ab SAP S/4HANA EWM 2020 ist ausschließlich der erweiterte Belegfluss für Lieferbelege verfügbar. Mit Transaktion SM30 kann die Customizing-Tabelle `/SCDL/VDF_CNFRQ` zwar angezeigt, aber nicht geändert werden. Eine Koexistenz von Lieferbelegen mit klassischem und erweiterten Belegfluss ist im Gegensatz zu SCM-EWM nicht möglich.

Registerkarte »Serialnummern«

Für mit Serialnummern geführte Produkte werden diese pro Lieferposition in den zusätzlichen Positionsinformationen auf der Registerkarte **Serialnummern** hinterlegt.

Registerkarte »Hierarchie«

Auf der Registerkarte **Hierarchie** werden Informationen über die Hierarchie einer Position hinterlegt. Sowohl das dezentrale als auch embedded EWM unterscheidet Haupt- und Unterpositionen:

- Hauptposition: _
- Unterposition: +
- Einteilung der Unterposition: ++

Diese werden z. B. aufgrund von Chargensplits, Splits nach Mengeneinheiten (siehe Kapitel 9, »Warenausgangsprozess«) oder Auslieferungsaufteilungen (manuell oder automatisch) angelegt.

Prozesscodes

Prozesscodes werden in der Lieferabwicklung zur Kennzeichnung von und zur Reaktion auf Ausnahmesituationen verwendet. Über Prozesscodes können Sie Liefermengenanpassungen sowie deren Verursacher zur Lieferung hinterlegen. Zudem können über Prozesscodes Mengenanpassungen an SAP S/4HANA gemeldet werden, um die SAP-S/4HANA-Lieferbelege anzupassen.

Prozesscodes werden z. B. bei der Reduktion der Liefermenge aufgrund der Unterlieferung einer bereits avisierten Menge zulasten des Spediteurs eingesetzt (siehe Kapitel 8, »Wareneingangsprozess«).

Einlagerplatzdaten (nur Anlieferung)

Auf Basis der Einlagerungsstrategie kann pro Lieferposition einer Anlieferung ein vorläufiger Einlagerplatz zur Berechnung der erwarteten Arbeitslast ermittelt werden. Voraussetzung für die Funktion der vorläufigen Lagerplatzermittlung im Wareneingang ist die Aktivierung der SAP-EWM-Komponente Arbeitsmanagement.

Kommissionierplatzdaten (nur Auslieferungsauftrag)

Für den Auslieferungsauftrag kann gemäß der Einstellung im Customizing ein vorläufiger Kommissionierplatz gefunden werden. Sobald für einen Auslieferungsauftrag mehr als ein Kommissionierplatz ermittelt wird, werden zusätzliche Kommissionierlagerplätze auf der Registerkarte **Position** erfasst. Diese Funktionen finden hauptsächlich Anwendung, wenn auf dem über die Auslagerungsstrategie gefundenen Kommissionierplatz nicht genug Menge vorhanden sein und ein weiterer Kommissionierplatz für eine Position ermittelt werden sollte.

Kontierung (nur Auslieferungsauftrag)

Um Kontierungsinformationen an SAP S/4HANA zu kommunizieren, können im dezentralen und im embedded EWM zu dem Auslieferungsauftrag auf der Positionsebene Kontierungselemente (Kostenstellen, Aufträge, PSP-Elemente) hinterlegt werden. Diese Funktion wird in erster Linie für interne Entnahmen genutzt.

6.2 Lieferbelege in SAP EWM

Prozessunabhängig unterscheidet SAP EWM bei Lieferbelegen zwischen *Benachrichtigungen* (Wareneingang) oder *Anforderungen* (im Warenausgang) und den die Lagerprozesse steuernden *Lieferungen*. In Embedded EWM gibt es weder Anforderungen noch Benachrichtigungen, sondern ausschließlich Lieferungen. Der Warenausgangsprozess unterscheidet zudem auf einer dritten Ebene sowohl im dezentralen als auch in Embedded EWM die *finale Lieferung*.

Der mehrstufige Aufbau der Lieferabwicklung ist nur im dezentralen Szenario relevant, da das dezentrale SAP EWM zunächst Lieferdaten aus einem Vorsystem empfängt, um diese mit Aktivierung der Benachrichtigung bzw. der Anforderung mit lagerspezifischen Steuerparametern anzureichern (siehe Abschnitt 6.3, »Lieferschnittstelle«). Der mehrstufige Aufbau erlaubt bei der Eingangs- und Ausgangsverarbeitung von Lieferungen die Ausführung von Liefersplits und eine Aktivierungsentscheidung auf Basis von lagerspezifischen Steuerungsparametern. Im Embedded-Szenario werden die lagerspezifischen Steuerparameter direkt mit der Erstellung der Lieferung ermittelt.

Die Erstellung der Lieferdokumente beginnt in der Regel in SAP S/4HANA auf Basis von Bestellungen oder Kundenaufträgen. Sind die entsprechenden Lieferungen für eine SAP-EWM-verwaltete Werks-/Lagerortkombination erstellt, werden die Belege im nächsten Schritt an das dezentrale bzw. an Embedded EWM verteilt (siehe Kapitel 3, »Organisationsstruktur«).

Bei der Verteilung der Lieferung sprechen wir von einer *Replikation*, da es sich um eine Kopie der SAP-S/4HANA-Lieferinformationen und deren logistisch relevanten Daten auf einen EWM-Beleg handelt.

Im dezentralen SAP EWM werden auf Basis der verteilten Lieferinformationen Anforderungs- und Benachrichtigungsbelege (auch Lageranforderungen) erstellt. Entsprechend dieser Logik resultiert aus der Replikation des SAP-ERP-Belegs eine *Anlieferungsbenachrichtigung* (IDN), eine *erwartete Anlieferungsbenachrichtigung* (GRN), eine *Auslieferungsanforderung* (ODR) oder eine *Umbuchungsanforderung* (POR). Die Hauptfunktion dieser Lieferbelege ist neben der Datenhaltung der Informationen aus dem Vorsystembeleg die Durchführung von Splits bei der Erstellung von Folgebelegen auf der Basis von lagerspezifischen Parametern (z. B. Findung verschiedener SCM-Routen pro Lieferposition der Auslieferungsanforderung [ODR]). Darüber hinaus können Sie für Anforderungs- und Benachrichtigungsbelege Entscheidungen über die weitere Verarbeitung im dezentralen SAP EWM treffen. Der Beleg kann dabei vom Anwender aktiviert werden, was die Erstellung des Folgebelegs auslöst, oder zurückgewiesen werden, was den Abschluss des Belegs im Vorsystem zur Folge hat. Im dezentralen SAP EWM erfolgt in der Standardeinstellung die Aktivierung der Anforderungs- und Benachrichtigungsbelege – und damit die Erstellung der Folgebelege – automatisch. Die Aktivierung regelt der Übergangsservice (Transition Service) der Lieferung. Da es sich beim Übergangsservice um eine PPF-Aktion handelt, lässt sich der genaue Verarbeitungszeitpunkt (**3 – sofortige Verarbeitung** oder **1 – Verarbeitung über Selektionsreport**) im PPF-Customizing einstellen. Für die verschiedenen Lieferszenarien findet sich der Übergangsservice im PPF-Aktionsprofil des Anforderungs- bzw. Benachrichtigungsbelegs. Durch die Aktivierung der Anforderungs- und Benachrichtigungsbelege wird die *Lieferung* als Folgebeleg im dezentralen SAP EWM erzeugt. In Embedded SAP EWM werden auf Basis der verteilten SAP-ERP-Lieferinformationen mit der Verarbeitung der Liefernachricht direkt Lieferungen erstellt.

Sowohl im dezentralen als auch in Embedded SAP EWM stellt die Lieferung das Basisdokument dar, auf dessen Grundlage Prozesse in SAP EWM gesteuert werden. Abhängig vom betriebswirtschaftlichen Kontext handelt es sich dabei in beiden SAP-EWM-

Szenarien um eine **Anlieferung** (PDI), einen **Auslieferungsauftrag** (PDO) oder eine **Umbuchung** (SPC). Im dezentralen SAP EWM gibt es noch zusätzlich den **Erwarteten Wareneingang** (EGR).

Die Lieferbelege enthalten Parameter für die Steuerung der Lagerprozesse, wie z. B. Kommissionierung, Verpackung oder Beladung. Darüber hinaus finden sich auf den Belegen aktuelle Detailinformationen sowie Status über die im Lager ausgeführten und geplanten Prozessschritte (siehe Abschnitt 6.1, »Aufbau der Lieferung«). Die Erzeugung von SAP-EWM-Lageraufträgen und SAP-EWM-Lageraufgaben erfolgt im Bezug zu den Lieferungen, um die Arbeitspakete und Warenbewegungen der Lagerprozesse zu steuern.

[+]

Benachrichtigungen und Anforderungen im dezentralen SAP EWM überspringen

Wenn Sie die Belege der Benachrichtigung und Anforderung im dezentralen SAP EWM nicht verwenden wollen, kann durch eine entsprechende Einstellung im Customizing die Erstellung dieser Belege umgangen werden. In diesem Fall wird die Lieferung direkt mit der Verarbeitung der Liefernachricht aus SAP S/4HANA erstellt. Bedenken Sie, dass, wenn es möglich gewesen wäre, eine inaktive Benachrichtigung zu erstellen, sich in diesem Fall ein fehlgeschlagener Queue-Eintrag ergibt. Somit kann bei Verzicht auf die Benachrichtigung bzw. Anforderung ein erhöhtes Queue-Monitoring die Folge sein. Die Einstellung finden Sie über den folgenden IMG-Pfad in SAP EWM: **Schnittstellen • ERP-Integration • ERP-Integration für dezentrales EWM • Anforderung für Nachrichten aus ERP überspringen**. Sollten Sie die Einstellung nicht pflegen, wird per Default immer eine Benachrichtigung bzw. Anforderung erstellt.

Im Warenausgangsprozess wird sowohl im dezentralen als auch in Embedded EWM auf einer dritten Ebene eine finale Lieferung – die **Auslieferung** (FDO) – erzeugt. Sie dient in erster Linie der Fixierung eines gemeinsam versendeten Lieferumfangs und der Ausführung von Auslieferungsauftrags-(PDO-)Splits. Weitere Informationen über die Kommunikation von Auslieferungsauftragssplits an das SAP-S/4HANA-System finden Sie im folgenden Abschnitt bei der Beschreibung der Liefernachrichten des Warenausgangs. In Abbildung 6.2 sehen Sie die Zusammenhänge der Lieferbelege mit deren SAP-S/4HANA-Vorgängerbelegen für ausgewählte Lieferszenarien im dezentralen SAP EWM.

In Abbildung 6.3 sehen Sie die Zusammenhänge der Lieferbelege mit deren SAP-S/4HANA-Vorgängerbelegen für ausgewählte Lieferszenarien in Embedded EWM.

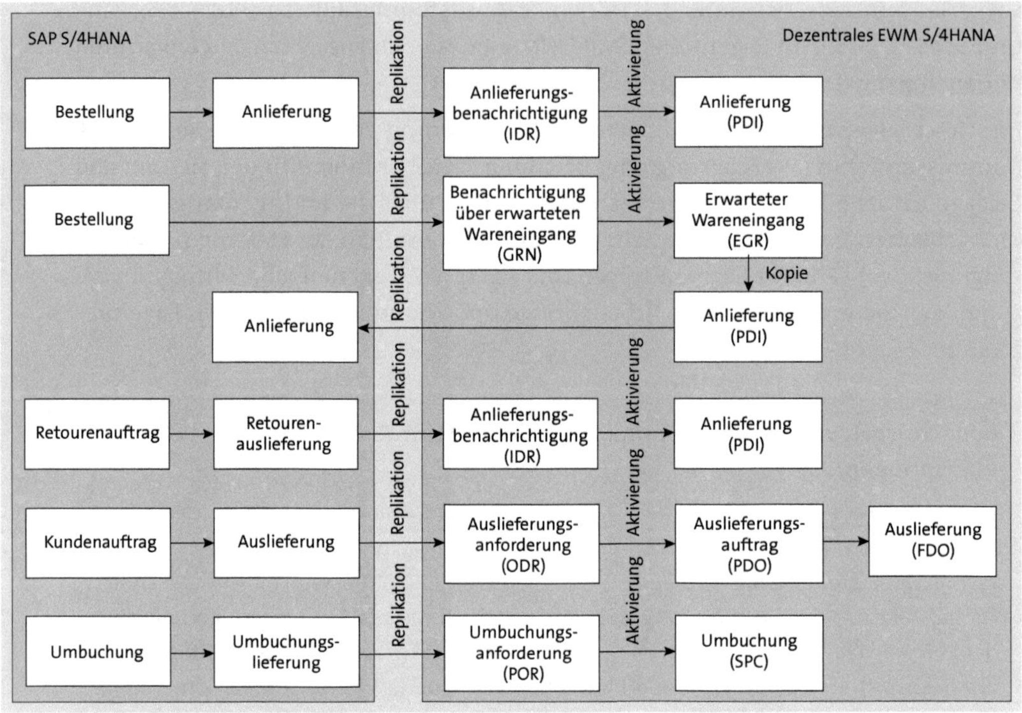

Abbildung 6.2 Zusammenhang der Lieferbelege im dezentralen EWM

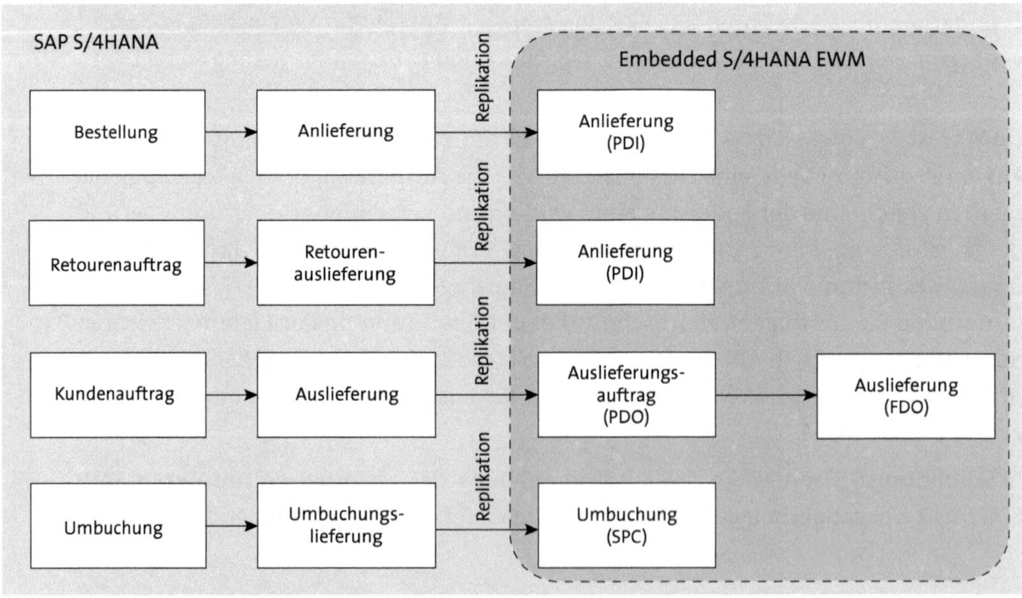

Abbildung 6.3 Zusammenhang der Lieferbelege in Embedded EWM

6.3 Lieferschnittstelle

Die *Lieferschnittstelle* umfasst Funktionen für das Empfangen, Anreichern und Senden von Liefernachrichten, um zu definierten Ereignissen Lieferinformationen mit einem Vorsystem auszutauschen. Für die Systemkommunikation werden sowohl im dezentralen als auch in Embedded EWM Nachrichten verwendet, die die Lieferungen des Vorsystems replizieren, ändern, aktualisieren, splitten, abschließen oder auch zurückweisen (siehe Abbildung 6.4). Im dezentralen EWM wird zusätzlich noch die Splitnachricht verwendet.

6

Splitnachricht mit Aktivierung des Requestbelegs nur im dezentralen EWM

Im Embedded EWM wird mit Übertragung der Lieferung kein Requestbeleg (IDN bzw. ODR) erstellt. Demzufolge kann, im Gegensatz zum dezentralen EWM, mit Erstellung der ID bzw. der ODO im Embedded EWM kein Liefersplit auftreten.

Für die Verteilung von Liefernachrichten werden ab SAP-ERP-Release 6.0 EhP3 *Queued Remote Function Calls* (kurz qRFCs) genutzt.

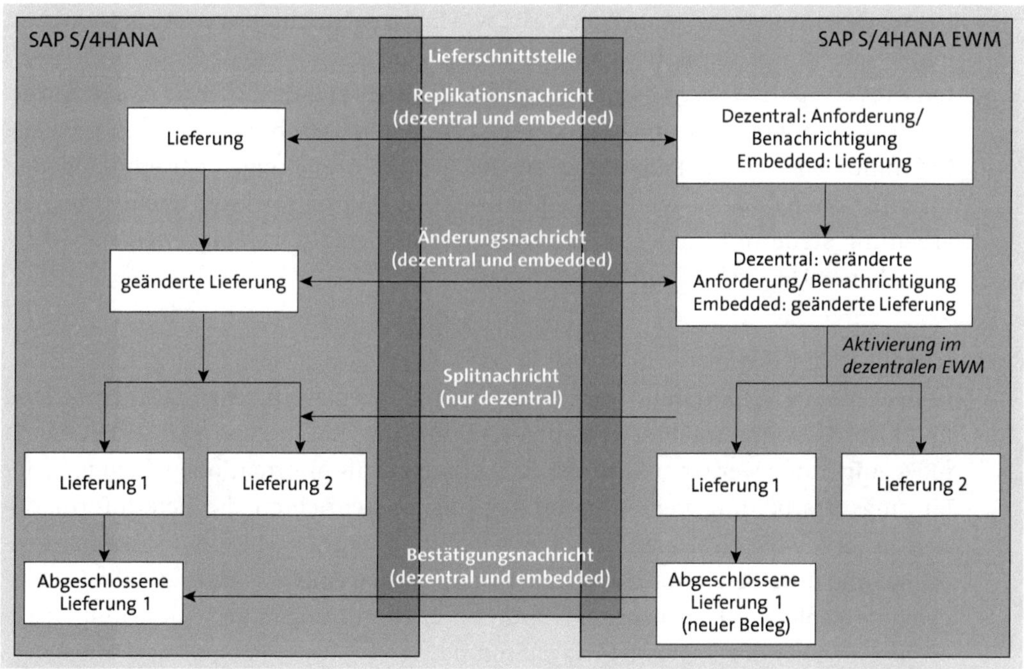

Abbildung 6.4 Vereinfachte Darstellung der systemübergreifenden Nachrichtenverarbeitung der Lieferung

[»]

IDoc-basierte Integration von Bewegungsdaten mit dem dezentralen SAP S/4HANA EWM

Die IDoc-basierte Integration von Bewegungsdaten mit SAP ERP kleiner als SAP ERP 6.0 wird – im Gegensatz zu SCM-EWM 9.5 – mit dem dezentralen SAP S/4HANA EWM nicht mehr unterstützt. Für das dezentrale SAP S/4HANA EWM 2021 ist mit FPS1 seitens SAP die IDoc-basierte Integration von Nicht-SAP-ERP-Systeme freigegeben. Mit FPS1 wird der Eintrag `NON_SAP_1` für die SAP-ERP-Versionskontrolle bereitgestellt, die Sie unter dem SAP-EWM-Customizing Pfad **Extended Warehouse Management • Schnittstellen • ERP-Integration • ERP-Integration für dezentrales EWM • Steuerungsparameter für ERP-Versionskontrolle einstellen** finden. Lesen Sie dazu auch SAP-Hinweis 3140478. Wichtige Informationen beinhaltet auch der How to Guide »IDoc Integration with Non SAP ERP with EWM in S4H«, der beschreibt, wie ein Basisszenario unter der Verwendung von An- und/oder Auslieferungen via ALE-IDoc eingerichtet werden kann.

6.3.1 Aufbau der Lieferschnittstelle

Um im dezentralen und Embedded SAP EWM Liefernachrichten von SAP S/4HANA zu empfangen und an diese zu versenden, stellt die Lieferschnittstelle Programmeinheiten zur Verfügung. Diese übernehmen die Aufgaben der Eingangs- und Ausgangsverarbeitung empfangener und gesendeter Nachrichten. Darüber hinaus bietet die Lieferschnittstelle interne Funktionen an, die Konsistenzprüfungen der empfangenen Informationen und notwendige Folgeaktionen ausführen sowie die Nachrichtenverarbeitung steuern. Die Lieferschnittstelle beinhaltet die im Folgenden näher beschriebenen Hauptbestandteile.

Eingangsschnittstelle

In der Eingangsschnittstelle werden sowohl im dezentralen als auch in Embedded EWM ABAP-Programmeinheiten zur Verfügung gestellt, die von SAP S/4HANA via qRFC aufgerufen werden und zum Austausch der Lieferinformationen dienen. In der Eingangsverarbeitung werden in der Regel Liefernachrichten, die Lieferinformationen in SAP-S/4HANA-Datenformaten beinhalten, SAP-EWM-Datenformaten zugeordnet und für die weitere Schnittstellenverarbeitung zur Verfügung gestellt. Für eingehende Replikationsnachrichten werden z. B. Zuordnungen der Beleg- und Positionsarten sowie der SAP-S/4HANA-Stammdaten (z. B. Geschäftspartner) auf EWM-Stammdaten und Customizing-Parametern (z. B. Bestandsarten-Mapping, Initiator-Prozesscode) vorgenommen. Zudem findet eine Identifikation der Prozessszenarien statt (z. B. Cross-Docking-Lieferungen, Retourenlieferung). Die Eingangsschnittstelle verarbeitet neben den Replikationsnachrichten hauptsächlich Änderungsnachrichten, die die in SAP S/4HANA angestoßenen Belegänderungen nach SAP EWM kommunizieren.

Die Nachrichten und Ereignisse, die in der Eingangsschnittstelle verarbeitet werden, beschreiben wir in Abschnitt 6.3.2, »Liefernachrichten im Wareneingang«, in Abhängigkeit der jeweiligen Geschäftsprozesse näher.

Interne Funktionen

Die internen Funktionen der Lieferschnittstelle übernehmen hauptsächlich Aufgaben der Determinierung und Validierungen. Diese werden über das Business Object Processing Framework (BOPF) ausgeführt.

[«]

Business Object Processing Framework (BOPF)

BOPF ist ein generisches Werkzeug, über das für Systemobjekte (z. B. die Lieferung) spezifische Aktionen, die zu bestimmten Ereignissen ausgeführt werden sollen, definiert werden können. BOPF ist von SAP für Standardprozesse konfiguriert. SAP-eigene Funktionen dürfen durch den Kunden nicht deaktiviert werden, da dies als Modifikation gewertet wird.

Für im dezentralen und in Embedded SAP EWM empfangene Belege werden durch die internen Funktionen Ermittlungen ausgeführt, z. B. die Ermittlung der SCM-Route oder die Relevanz für eine Rechnungserstellung vor der Warenausgangsbuchung (siehe Kapitel 8, »Wareneingangsprozess«). Die von SAP EWM empfangenen und gesendeten Belege durchlaufen zudem Validierungen, die zum einen die Konsistenz der Belege (z. B. Vorhandensein der Vorbelegreferenzen, Kombination aus Belegart und Positionsart erlaubt) und zum anderen die Erlaubnis für das Verarbeiten von Liefernachrichten prüfen.

Ausgangsschnittstelle

In der Ausgangsverarbeitung wird die an das SAP-S/4HANA-System zu versendende Liefernachricht erstellt und via qRFC versendet. Die Ausgangsschnittstelle analysiert in einem ersten Schritt die Änderungen der Lieferung und sammelt relevante Informationen für die Erstellung der Nachricht (z. B. Liefer- und HU-Informationen, Steuerparameter aus dem Meldungsprotokoll der Lieferung oder warenbewegungsrelevante LIME-Einträge). Da über die Liefernachricht Aufrufe von Programmeinheiten in SAP S/4HANA realisiert werden, müssen die Informationen analog zur Eingangsschnittstelle von SAP-EWM- auf SAP-S/4HANA-Datenformate gemappt werden, um in SAP S/4HANA verarbeitet werden zu können. In einem letzten Schritt wird in der Ausgangsschnittstelle die Liefernachricht erzeugt. Abbildung 6.5 stellt den Aufbau der Lieferschnittstelle unabhängig vom jeweiligen Anwendungsfall (z. B. Anlieferung, Auslieferung, Umbuchung) dar.

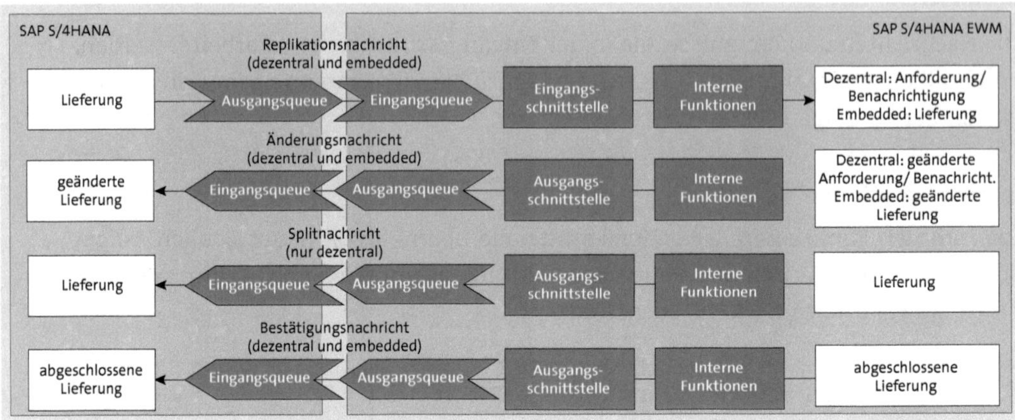

Abbildung 6.5 Aufbau der Lieferschnittstelle im dezentralen und in Embedded EWM

Die für die Kommunikation von Lieferinformationen über die Ausgangsschnittstelle relevanten Nachrichten sind prozessbezogen in Abschnitt 6.3.2, »Liefernachrichten im Wareneingang«, aufgeführt.

6.3.2 Liefernachrichten im Wareneingang

Wir stellen nun die verschiedenen Liefernachrichten überblicksartig vor und erläutern deren Anwendungen und Funktionen. Unter *Liefernachrichten* verstehen wir qRFC-Aufrufe, die Lieferbeleginformationen zwischen SAP S/4HANA und dem dezentralen bzw. Embedded EWM austauschen. Im Folgenden gehen wir auf die wichtigsten Liefernachrichten im Wareneingangsprozess sowie auf deren spezifischen, in Abbildung 6.6 dargestellten Anwendungsfälle ein.

Eingangsschnittstelle zur Replikation der Anlieferung

Während der wareneingangsseitigen Verarbeitung der Lieferung werden zunächst die Lieferinformationen der SAP-S/4HANA-Anlieferung an SAP EWM verteilt. Dazu wird die Replikationsnachricht `/SCWM/INB_DLV_SAVEREPLICA` ❶ (siehe Abbildung 6.6) für den Wareneingang verwendet. Im dezentralen SAP EWM werden auf deren Basis Wareneingangsbenachrichtigungen bzw. in Embedded SAP EWM Anlieferungen als informationsgleiche Kopien (Replikationen) erstellt ❷. Im Szenario Advanced Shipping & Receiving (kurz AdvSR, siehe Kapitel 8, »Wareneingangsprozess«) wird mit der LE-Anlieferung zusätzlich der Status **Für Lagerausführung freigegeben** übertragen.

Den Anwendungsfällen des Wareneingangs entsprechend, können sowohl für das dezentrale als auch für Embedded SAP EWM die folgenden Lieferszenarien unterschieden werden:

- Standardanlieferung
- Kundenretoure – Anlieferung mit Retourenpositionen

Für das dezentrale SAP EWM gibt es als weiteres Lieferszenario erwartete Wareneingangsdokumente, basierend auf SAP-S/4HANA-Bestellungen oder Fertigungsaufträgen (GRN/EGR).

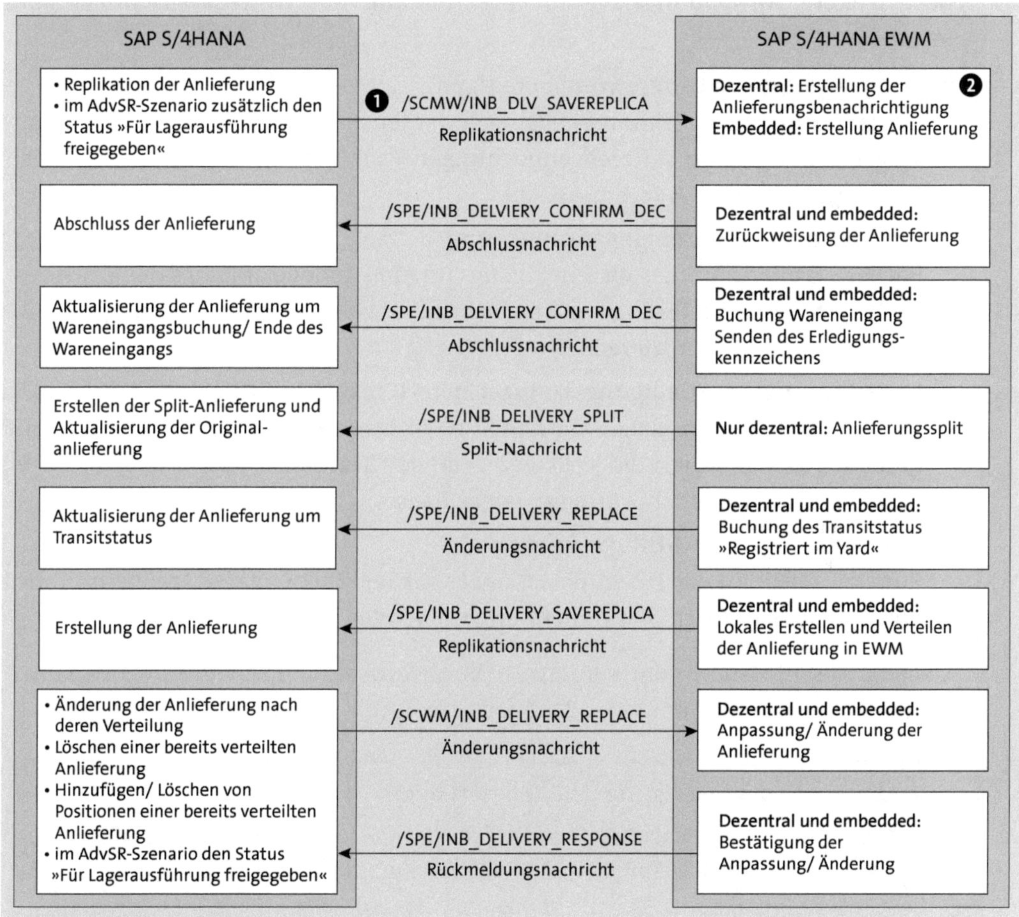

Abbildung 6.6 Liefernachrichten im Wareneingang

Ausgangsschnittstelle für den Abschluss der Anlieferung

Die Hauptanwendungsfälle der Abschlussnachricht `/SPE/INB_DELIVERY_CONFIRM_DEC` im Wareneingang sind die Buchung des Wareneingangs und die Zurückweisung der

Anlieferung. Sobald im dezentralen und in Embedded SAP EWM der (Teil)wareneingang gebucht worden ist, kommuniziert die Schnittstelle die Buchung, indem der Warenbewegungsstatus der SAP-S/4HANA-Anlieferung, dem Geschäftsvorfall entsprechend, auf **teilweise bearbeitet** (B) oder **vollständig bearbeitet** (C) umgesetzt wird. Bei der Zurückweisung der Anlieferung, z. B. über die Transaktion der Anlieferungspflege /SCWM/PRDI (die Transaktion finden Sie auch im SAP-Easy-Access-Menü über den Pfad **Extended Warehouse Management • Lieferabwicklung • Anlieferung**), werden die Lieferpositionsmengen in SAP S/4HANA und SAP EWM auf null reduziert, um die Anlieferung vollständig oder teilweise in beiden Systemen zu schließen. Weitere Anwendungsfälle für die Nutzung der Abschlussnachricht sind folgende:

- **Übermittlung von Differenzenbuchungen**
  Bei der Buchung von Teilwareneingängen werden durch die Quittierung von Lageraufgaben ausgelöste Differenzenbuchungen (z. B. Mehrmengen der Lieferposition) an SAP S/4HANA kommuniziert.
- **Stornierung der Wareneingangsbuchung**
  Bei der Stornierung eines Wareneingangs für eine Anlieferung wird die Abschlussnachricht der Anlieferung verwendet, um die Stornierungsbuchung an SAP S/4HANA zu kommunizieren.
- **Übermittlung des Erledigungskennzeichens (Closing Indicator)**
  Das Erledigungskennzeichen wird an SAP S/4HANA auf der Lieferpositionsebene gesendet. Es signalisiert die Vollständigkeit der Bearbeitung einer Lieferposition, nach der keine weitere Buchung zu erwarten ist.
- **Übermittlung der HU-Informationen**
  Zur Übermittlung der HU-Informationen mit WE-Buchung der Anlieferung wird die Abschlussnachricht der Anlieferung verwendet.

Über die Abschlussnachricht werden nur die Lieferpositionen an SAP S/4HANA übermittelt, für die mindestens einer der oben genannten Anwendungsfälle zutrifft.

[»]

Verzögerung der Erledigung von Anlieferungen

Im EWM-Customizing haben Sie die Möglichkeit, eine Verzögerung für die Erledigung von Anlieferungen zu definieren. Mit Einlagerung auf den finalen Platz setzt EWM den Status **Lageraktivität (DWA)** auf **Beendet**. Die definierte Erledigungsverzögerung beginnt ab diesem Zeitpunkt. Während dieses Zeitraums besteht die Möglichkeit, Wareneingangskorrekturen auszuführen und zu buchen. Nach Ablauf der Erledigungsverzögerung setzt EWM den Status zum Senden des Erledigungskennzeichens (DWM) auf **Beendet**. Ab diesem Zeitpunkt können keine Änderungen des Wareneingangs mehr vorgenommen werden. Die Einstellung im EWM-Customizing finden Sie unter folgendem Pfad: **Wareneingangsprozess • Anlieferung • Verzögerung der Erledigung von Anlieferungen definieren.**

Ausgangsschnittstelle zur Übermittlung von Anlieferungssplits

Sollte eine durch einen Lieferanten avisierte Anlieferung nicht mit einer physischen Warenlieferung versendet werden, kann im dezentralen SAP EWM die Funktion des Anlieferungssplits genutzt werden, falls der Beleg der Anlieferungsbenachrichtigung (IDN) existiert. Über die Anlieferungssplitnachricht /SPE/INB_DELIVERY_SPLIT werden die Mengen der fehlenden Lieferposition in SAP S/4HANA auf null reduziert, und eine neue Anlieferung wird erstellt.

Das Splitten kann im dezentralen SAP EWM durch die Verwendung eines Ausnahmecodes, dem ein entsprechender Prozesscode (siehe Abschnitt 6.4.2, »Serviceprofile der Lieferung«) zugeordnet ist, während der Einlagerung ausgelöst werden. Alternativ kann der Anlieferungssplit auch direkt über die Transaktion der Anlieferungspflege /SCWM/PRDI ausgelöst werden, z. B. sowohl durch die ursprüngliche Lieferbelegreferenz als auch durch die Splitlieferung und die Lieferpositionsmengen, die in SAP S/4HANA abgetrennt werden müssen.

Ausgangsschnittstelle zur Aktualisierung und Änderung der Anlieferung

Werden im dezentralen und im Embedded SAP EWM Anlieferungen verändert, sendet das System eine Aktualisierungsnachricht /SPE/INB_DELIVERY_REPLACE zur Änderung der Anlieferungsbelege an SAP S/4HANA. Zur Durchführung der Änderung ersetzt die Aktualisierungsnachricht die zu ändernde Anlieferung, abhängig von der Komplexität der Änderung teilweise (*Header Replacement*) oder vollständig (*Full Replacement*). Die Aktualisierung wird in den folgenden Anwendungsfällen ausgeführt:

- Löschen einer Anlieferung (Header Replacement)
- Buchung und Stornierung des Transitstatus (DTR, Header Replacement)
- Erstellung einer neuen Lieferposition oder Chargenunterposition (Full Replacement)
- Chargenmerkmalsänderung (Full Replacement)

Eingangsnachricht zu einer in SAP S/4HANA ausgelösten Aktualisierung oder Änderung der Anlieferung

Sobald Anlieferungen in SAP S/4HANA erstellt und an das dezentrale bzw. Embedded SAP EWM verteilt worden sind, können in SAP S/4HANA keine direkten Änderungen mehr auf dem bereits verteilten Beleg durchgeführt werden. Denn mit der Verteilung wurde die »Beleghoheit« an SAP EWM abgegeben. Über die Transaktion der erweiterten Anlieferungsbearbeitung (Transaktion VL60) in SAP S/4HANA können jedoch auch nach der Verteilung der Anlieferung Änderungen im Beleg durchgeführt werden. Die Transaktion kann auch über das SAP-Easy-Access-Menü über den Pfad **Logistik • Logistics Execution • Wareneingangsprozess • Wareneingang zur Anlieferung • Erweiterte Anlieferungsbearbeitung** erreicht werden. Zuvor muss für die entsprechende Lieferart im SAP-S/4HANA-Customizing (Tabelle /SPE/INB_V_TVLK) ein Nummernkreis (Nummernkreisobjekt RV_BELEG) für temporäre Anlieferungen gepflegt werden. Nach dem Durchführen und Sichern der Änderung (z. B. Löschen oder Hinzufügen von Lieferpositionen, Änderung von Lieferpositionsmengen) erzeugt SAP S/4HANA zunächst eine temporäre Anlieferung und sendet eine Änderungsnachricht an das dezentrale bzw. an Embedded SAP EWM (/SCWM/INB_DELIVERY_REPLACE). Abhängig vom Bearbeitungsstatus der Anlieferung in SAP EWM kann eine Änderung von SAP EWM erlaubt oder verboten werden (eine Änderung wird z. B. verboten, wenn bereits Lageraktivitäten für die Anlieferung durchgeführt wurden). Falls dies erlaubt ist, ändert SAP EWM die Anlieferung. In beiden Fällen wartet SAP S/4HANA auf eine Rückmeldungsnachricht /SPE/INB_DELIVERY_RESPONSE vom SAP-EWM-System, in der die Änderung entweder erlaubt oder abgelehnt wird. Falls die Änderung erlaubt wird, wird der Originalbeleg entsprechend aktualisiert. In jedem Fall wird in SAP S/4HANA die temporäre Anlieferung gelöscht.

Im AdvSR-Szenario erfolgt die Änderung der Anlieferung, z. B. das Hinzufügen einer Lieferposition, nicht über VL60, sondern im Frachtauftrag (FA) bzw. Sendungsauftrag (SA), z. B. im Embedded TM in der Fiori-App **Straßenfrachtauftrag pflegen**. Hat die entsprechende EWM-Anlieferung bereits den Status **Für Lagerabwicklung bereit**, ist im AdvSR-Szenario die EWM-Anlieferung der aktive Beleg. In diesem Fall muss der Status im FA bzw. SA zuerst zurückgenommen werden, d. h. auf **Für Lagerabwicklung gesperrt** gesetzt werden, damit eine Änderung erfolgen kann. Beim Zurücksetzen wird geprüft, ob mit den Lageraktivitäten bereits begonnen wurde, d. h. der Lageraktivitätsstatus der EWM-Anlieferung den Wert **Nicht begonnen** hat. Falls ja, kann der Status zurückgenommen werden. Spätestens mit erneutem Setzen des Status **Für Lagerabwicklung bereit** erfolgt die entsprechende direkte Anpassung der LE-Anlieferung und per qRFC /SCWM/INB_DELIVERY_REPLACE die Anpassung der EWM-Anlieferung.

Ausgangsschnittstelle für das lokale Erstellen und Verteilen von Anlieferungen in SAP EWM

Im Szenario des erwarteten Wareneingangs werden in einem ersten Schritt Lieferbelege im dezentralen SAP EWM erstellt und anschließend an SAP S/4HANA verteilt. Für die Verteilung der Lieferinformationen zur Erstellung der Anlieferung in SAP S/4HANA wird die SAP-EWM-Anlieferungsreplikationsnachricht /SPE/INB_DELIVERY_SAVEREPLICA genutzt (siehe Kapitel 8, »Wareneingangsprozess«).

Wollen Sie eine Anlieferung im dezentralen bzw. in Embedded SAP EWM erstellen bzw. ändern (z. B. das Hinzufügen einer neuen Anlieferposition), wird Transaktion VL60 im Standard gerufen. Mit der Implementierung des BAdIs /SCWM/EX_DLV_ERP_CALL (Steuerung zum Aufruf der ERP-Anlieferungstransaktion) haben Sie die Möglichkeit, in der Methode /SCWM/IF_EX_DLV_ERP_CALL~DISABLE den Aufruf in Transaktion VL60 zu unterbinden und die Erstellung bzw. die Änderung der Anlieferung direkt in SAP EWM vorzunehmen. Die erstellte bzw. geänderte Anlieferung wird ebenfalls mit der SAP-EWM-Anlieferungsreplikationsnachricht /SPE/INB_DELIVERY_SAVEREPLICA an SAP S/4HANA übertragen.

Im AdvSR-Szenario wird das VL60-Szenario zur Erstellung von Anlieferungen im EWM nicht unterstützt. Die Erstellung der LE-Anlieferung erfolgt auf Basis des FA bzw. SA im Embedded TM mit der SAP-Fiori-App **Straßenfrachtauftrag anlegen**.

6.3.3 Liefernachrichten im Warenausgang

Im Folgenden gehen wir auf die wichtigsten Liefernachrichten im Warenausgangsprozess sowie auf deren spezifischen Anwendungsfälle, die in Abbildung 6.7 illustriert sind, ein.

Eingangsschnittstelle zur Replikation der Auslieferung

Die eingangsseitige Replikationsnachricht der Auslieferung /SCWM/OUTB_DLV_SAVEREPLICA ❶ wird dazu genutzt, Auslieferungen von SAP S/4HANA an das dezentrale bzw. an Embedded SAP EWM zu verteilen (siehe Abbildung 6.7). Im dezentralen SAP EWM werden auf Basis der Replikationsnachricht Lageranforderungen erstellt. Dies schließt die folgenden Belegtypen ein:

- Standardauslieferungen (ODR/PDO)
- Lieferantenretouren – Anlieferungen mit Retourenpositionen (IDN/PDI)
- Umbuchungslieferungen (POR/SPC)

In Embedded EWM werden auf Basis der Replikationsnachricht Lieferungen mit den folgenden Belegtypen erstellt:

- Standardauslieferungen (PDO)
- Lieferantenretouren – Anlieferungen mit Retourenpositionen (PDI)
- Umbuchungslieferungen (SPC)

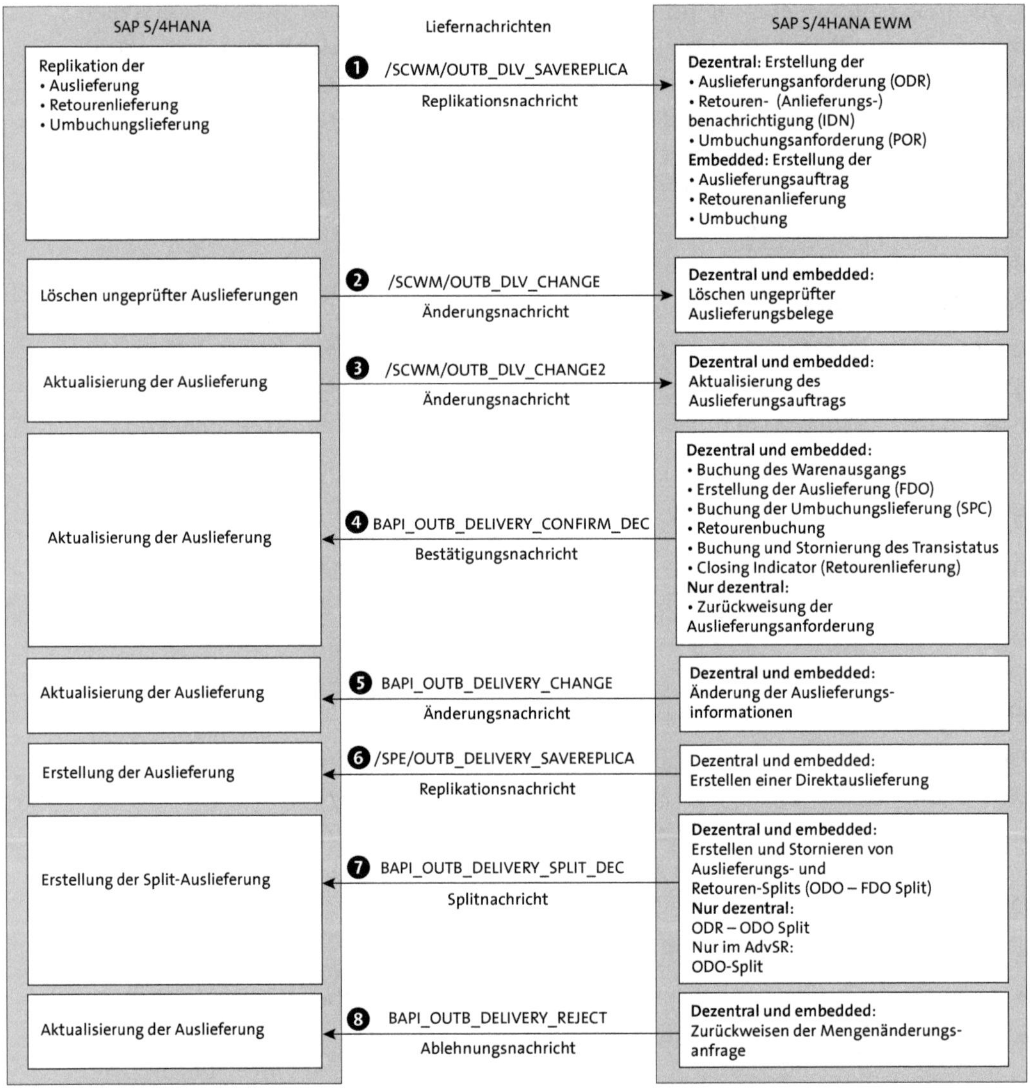

Abbildung 6.7 Liefernachrichten im Warenausgang

Eingangsschnittstelle zur Änderung ungeprüfter Auslieferungen

Die Eingangsschnittstelle zur Änderung ungeprüfter Auslieferungen ist dazu konzipiert, ungeprüfte Auslieferungen über die Änderungsnachricht /SCWM/OUTB_DLV_CHANGE ❷ in SAP EWM zu löschen (siehe Abbildung 6.7). Damit ungeprüfte LE-Auslieferungen (LE = Logistics Execution) an SAP EWM verteilt werden, muss im LE-Customizing das Kennzeichen **Ungeprüfte Lieferungen ans Lager verteilen** gesetzt sein. Diese Customizing-Tabelle finden Sie über den folgenden Pfad: **Logistics Execution • Integration Extended Warehouse Management • Grundkonfiguration der Anbindung**

- **SAP-EWM-spezifische Parameter konfigurieren**. Ungeprüfte Auslieferungen werden in SAP S/4HANA erstellt und an das dezentrale bzw. an Embedded SAP EWM verteilt, um die erwartete Arbeitslast im Lager vor der Verfügbarkeitsprüfung überwachen zu können. Sind die in den LE-Auslieferungen angeforderten Mengen durch die SAP-APO-Verfügbarkeitsprüfung als verfügbar bewertet worden, werden in SAP S/4HANA die ungeprüften Auslieferungen in geprüfte Auslieferungen überführt. Die Schnittstelle wird in Kombination mit der Eingangsschnittstelle zur Replikation von Auslieferungen aufgerufen, um die ungeprüfte Auslieferung zu löschen und die geprüfte Auslieferung zu erstellen.

[«]

SAP APO und SAP IBP

Durch die Ankündigung seitens SAP, den Support für SAP APO einzustellen, wird SAP IBP (SAP Integrated Business Planning) zunehmend als Nachfolgesystem von SAP APO betrachtet. Das ursprünglich als Ergänzung zu SAP APO konzipierte System ersetzt dabei kontinuierlich die aus SAP APO bekannten Anwendungen. Gleichzeitig werden auch immer mehr SAP-APO-Funktionen in SAP S/4HANA integriert. SAP ERP und SAP APO werden also nicht von weiteren Innovationen profitieren, sind aber immer noch bei vielen Unternehmen im produktiven Einsatz.

Die größte Herausforderung in der Kundenauftragsbearbeitung ist es, Kundenanfragen zeitnah zu bestätigen, Liefertermine einzuhalten und auf kurzfristige Änderungen zu reagieren. Aus diesem Grund wurde die Verfügbarkeitsprüfung in SAP S/4HANA gegenüber SAP ERP deutlich erweitert und bietet neben den aus SAP ERP bekannten Funktionen mit dem aATP (*advanced Available-to-Promise*) weitere Möglichkeiten, die bisher SAP APO (gATP) vorbehalten waren. Das aATP ermöglicht die Verwaltung von Lieferkontingenten und unterstützt ATP-Bestellbestätigungen in Echtzeit.

Eingangsschnittstelle zur Änderung von Auslieferungen

Die Änderungsnachricht `/SCWM/OUTB_DLV_CHANGE2` ❸ wird verwendet, um Änderungen von LE-Auslieferungen nach der Verteilung in das dezentrale bzw. Embedded SAP EWM zu übertragen, vorausgesetzt, im LE-Customizing ist das Kennzeichen **ERP kann die Lieferung nach der Verteilung ändern** für die entsprechende Lagernummer in der zuvor genannten Customizing-Tabelle gesetzt. Änderungen für definierte Felder (z. B. Charge, Lieferdaten, Lieferpriorität, Mengen, Transportmittel usw.) sind auch nach der Verteilung der Auslieferbelege in SAP S/4HANA möglich. Einen Sonderfall stellen Änderungen der Kundenauftrags- bzw. Liefermenge dar. Diese werden abhängig vom Bearbeitungsstand des Auslieferungsauftrags ausgeführt oder abgelehnt. Für die Ausführung der Mengenänderung stehen die folgenden Szenarien zur Verfügung:

- **Direkte Änderung der Menge**
  Mit dem Aufruf von Transaktion VL02 bzw. VL02N in SAP S/4HANA wird der Lageraktivitätsstatus (Statusart DWA) des entsprechenden Auslieferungsauftrags in SAP EWM überprüft. Hat der Status den Wert **Nicht begonnen** kann die Liefermenge für die LE-Auslieferungsposition angepasst werden.
- **Anpassung der Menge nach Umpackvorgang**
  Die Lieferpositionsmenge wird nicht angepasst. Die zu reduzierende Menge wird an der Position anhand einer neuen Mengenrolle (CANCEL) vermerkt, und der Bestand wird mit dem Kennzeichen **Auftragsposition reduziert** versehen.

  In einem nächsten Schritt kann die zu reduzierende Menge an einem Arbeitsplatz aus dem Versandpaket entnommen werden und verliert dabei analog zur Stornierung im Rahmen der Kommissionierung den Lieferbezug. Dabei wird die Lieferpositionsmenge (inklusive der Mengenrolle CANCEL) mit der reduzierten Menge angepasst. Die abgesagte Menge kann nun wieder im Lager eingelagert werden.

  Voraussetzung für dieses Szenario ist, dass die finale Lieferung (FDO) für die zu ändernde Position noch nicht erstellt wurde, die Lageraktivitäten aber bereits begonnen haben. Diese Funktion ist vor allem interessant, wenn entweder Lieferungen bereits zu einem frühen Zeitpunkt als Arbeitsvorrat an das dezentrale bzw. an Embedded EWM verteilt oder nachträgliche Änderungen auf Kundenwunsch ermöglicht werden sollen.

Eingangsschnittstelle zur massenhaften Mengenänderung von Auslieferungen

Die Nachricht /SCWM/OBDLV_CHNG_QUAN_MUL zur massenhaften Mengenänderung von Auslieferungen wird dazu genutzt, in SAP EWM Auslieferungsmengen aufgrund von Mengenreduktionen, z. B. in einem Produktionsauftrag, durchzuführen. Über die Eingangsschnittstelle werden Lieferpositionsinformationen (Mengen, Liefernummer, Positionsnummer) an das dezentrale bzw. an Embedded SAP EWM übermittelt. Dabei werden die Positionen in zwei Gruppen eingeteilt – Positionen, für die Mengenänderungen möglich sind, und Positionen, für die keine Mengenänderungen möglich sind. Als Ergebnis der Mengenänderung sind die folgenden beiden Systemrückmeldungen möglich:

- **Annahme**
  Die Menge konnte in SAP EWM geändert werden. Die Mengenänderung wird asynchron mit der späteren Quittierungsschnittstelle an SAP S/4HANA übermittelt.
- **Zurückweisung**
  Die Menge konnte nicht in SAP EWM geändert werden. Die zurückgewiesene Mengenänderung wird sofort synchron an SAP S/4HANA übermittelt.

Für die Kommunikation der Belegänderungen wird die Änderungsnachricht /SCWM/OBDLV_CHNG_QUAN_MUL sowohl an das dezentrale als auch an Embedded SAP EWM gesendet.

SAP-EWM-relevant sind in der Auslieferung Änderungen, die die folgenden Felder betreffen:

- Charge
- Datumsangaben
- Lieferpriorität
- Versandbedingungen
- Partner bzw. Auftraggeber
- Fakturasperre
- Menge
- Route
- Transportmittel
- Transportidentifikation
- Texte

Voraussetzung für die Änderung der Auslieferung nach deren Verteilung sind die im Folgenden aufgeführten Customizing-Einstellungen in SAP S/4HANA und im dezentralen bzw. in Embedded SAP EWM.

In SAP S/4HANA muss die Funktion zunächst über den Customizing-Pfad **Logistics Execution • Integration Extended Warehouse Management • Grundkonfiguration der Anbindung • SAP-EWM-spezifische Parameter konfigurieren** aktiviert werden.

In SAP EWM müssen für die relevante Lieferpositionsart die Serviceprofile (siehe auch Abschnitt 6.4.2) der Statusverwaltung, Termine (optional) und Mengenverrechnung über den Customizing-Pfad **Extended Warehouse Management • Prozessübergreifende Einstellungen • Lieferung-Lageranforderung** auf der Positionsebene angepasst werden. Den Serviceprofilen müssen Sie die folgenden Parameter hinzufügen:

- **Statusverwaltung**: Statusart DCA (Auftragsreduzierung)
- **Termine** (optional): Terminart TCANCORD (Auftragsreduzierung eingegangen)
- **Mengenverrechnung**: Mengenrollen CANCEL (Reduzieren um), OQ (Originalmenge) und OQ_RED (Reduzierte Menge)

Zudem muss die für die Kommissionierung genutzte Lagerprozessart das Kennzeichen **Auftragsreduzierung zulässig** erhalten. Dieses kann über den Customizing-Pfad **Extended Warehouse Management • Prozessübergreifende Einstellungen • Lageraufgabe • Lagerprozessart definieren** hinterlegt werden.

Ausgangsschnittstelle zur Bestätigung der Auslieferung

Die Bestätigungsnachricht BAPI_OUTB_DELIVERY_CONFIRM_DEC (❹ in Abbildung 6.7) der Auslieferung hat im dezentralen und in Embedded SAP EWM die folgenden Anwendungsfälle:

- **Warenausgangsbuchung der Auslieferung**
  Die Hauptverwendung der Bestätigungsnachricht ist die Übermittlung der Warenausgangsbuchung. SAP S/4HANA kann nur vollständige Warenausgangsbuchungen verarbeiten. Aus diesem Grund werden bei teilweisen Warenausgangsbuchungen Auslieferungen (FDO) vom originären Auslieferungsauftrag (PDO) gesplittet.
- **Erstellung der Auslieferung in SAP EWM ohne WA-Buchung**
  In SAP EWM können für Auslieferungsaufträge auf der Positionsebene Auslieferungen vor der Warenausgangsbuchung erstellt werden, um z. B. HU-Daten an SAP S/4HANA zu übertragen. In diesem Fall wird die Bestätigungsnachricht verwendet, wobei das Feld **Automatisch Warenbewegung buchen** in den Steuerungsdaten der Auslieferung auf der Kopfebene nicht gefüllt ist.

[»]

Rechnungserstellung vor Warenausgang

Für den RvWA-Prozess sind die folgenden wichtigen Einstellungen Voraussetzung:

- Im LE-Customizing müssen Sie für die Kombination aus Kundenauftrag und Verkaufsorganisation einen passenden Wert setzen. Diese IMG-Aktivität erreichen Sie über den folgenden Pfad: **Logistics Execution • Integration Extended Warehouse Management • Fakturierungseinstellungen • Kennzeichen für Rechnungsstellung vor Warenausgang (RvWA) bestimmen**. Hier haben Sie u. a. die Möglichkeit, den RvWA-Prozess routenabhängig zu steuern. In dem Knoten **Fakturierungseinstellungen** können Sie auch festlegen, ob bei der Stornierung von Warenausgängen auch Fakturen storniert werden sollen.
- Im SAP-EWM-Customizing muss sowohl für die Belegarten als auch für die Positionsarten der Belegtypen ODR (nur dezentral), PDO und FDO im Bereich **Prozesssteuerung** das Feld **Rechnung vor WA** entsprechend gepflegt sein. Auch hier besteht u. a. die Möglichkeit, den RvWA-Prozess routenabhängig einzustellen. Zusätzlich können Sie in der Belegart des Belegtyps FDO steuern, ob die Faktura sofort mit der Erstellung der SAP-EWM-Auslieferung oder manuell angefordert werden kann. Wenn Sie den RvWA-Prozess routenabhängig steuern, müssen Sie in der Tabelle /SCWM/TIBGI_V einen entsprechenden Eintrag pflegen. Verwenden Sie dazu Transaktion SM30, da für diese Tabelle keine IMG-Aktivität vorhanden ist.

Beim RvWA-Prozess muss in SAP EWM das Feld **Steuerung für die Rechnungsstellung vor Warenausgang** auf der Lieferpositionsebene nicht initial und auf der Lieferkopfebene den Wert A, B, C oder blank aufweisen. Sind die Felder entsprechend gefüllt, wird in SAP EWM asynchron der Funktionsbaustein /SCWM/SR_INVOICE_CREATE aufgerufen, der wiederum synchron den Funktionsbaustein /SPE/CREATE_NEW_BILLING_CALL in SAP S/4HANA ruft. Mit **Rechnung stornieren** wird in SAP EWM synchron der Funktionsbaustein /SPE/CANCEL_BILLING_DOCUMENT in SAP S/4HANA aufgerufen. Beachten Sie in diesem Zusammenhang auch SAP-Hinweis 2966272.

- **Null-Mengen-Warenausgangsbuchung**
  Ein Auslieferungssplit führt letztlich zu einem schrittweisen Abschließen der originären LE-Auslieferung. Dies wird erreicht, indem die Lieferpositionsmenge, die von der originären Lieferung abgesplittet wird, auf null reduziert wird. Zu diesem Zweck wird eine »Null-Mengen«-Warenausgangsbuchung von SAP EWM an SAP S/4HANA übermittelt.
- **Zurückweisung von Auslieferungsanforderungen (nur dezentral)**
  Falls durch SAP S/4HANA eine Auslieferung an SAP EWM gesendet wird, die nicht in einen Auslieferungsauftrag (PDO) überführt werden kann, bleibt die replizierte Auslieferungsanforderung (ODR) inaktiv. Sowohl die LE-Auslieferung als auch die SAP-EWM-Auslieferungsanforderung (ODR) müssen in diesem Fall abgeschlossen werden, sollten Letztere nicht in SAP EWM aktiviert werden können. Der Abschluss der Auslieferungsanforderung (ODR) wird in SAP EWM über das Zurückweisen des Belegs ausgeführt. Dies geschieht mithilfe der Transaktion der Auslieferungsanforderungspflege (im SAP-Easy-Access-Menü über den Pfad **Extended Warehouse Management • Lieferabwicklung • Auslieferung**).
- **(Teil-)Buchung von Umbuchungslieferungen**
  Die Buchung von Umbuchungslieferungen wird über die Bestätigungsnachricht an SAP S/4HANA kommuniziert.
- **Wareneingangs- und Teilwareneingangsbuchung von Retourenlieferungen**
  Für die Kommunikation der (Teil)wareneingangsbuchung von Retourenlieferungen wird die Bestätigungsnachricht genutzt, da in SAP S/4HANA ein Auslieferungsbeleg aktualisiert wird.
- **Buchung und Stornierung des Transitstatus (DTR) von Retourenlieferungen**
  Analog der Wareneingangsbuchung wird für die Kommunikation des Transitstatus die Bestätigungsnachricht genutzt, da in SAP S/4HANA ein Auslieferungsbeleg aktualisiert wird.
- **Übermittlung des Erledigungskennzeichens (Closing Indicator) für Retourenlieferpositionen**
  Zur Aktualisierung der Retourenauslieferung im SAP-ERP-System mit dem Erledigungskennzeichen wird ebenfalls die Bestätigungsnachricht genutzt.

Ausgangsschnittstelle zur Änderung der Auslieferung

Die ausgangsseitige Änderungsnachricht für die Änderung der Auslieferung BAPI_OUTB_DELIVERY_CHANGE (❺ in Abbildung 6.7) wird für die folgenden, in SAP EWM ausgeführten Anwendungsfälle genutzt:

- Erstellung neuer Positionen
- Löschen alter Positionen
- Änderung der Lieferpositionsmengen
- Kommissionierzurückweisung
- Stornierung der Warenausgangsbuchung

Ausgangsschnittstelle zur Replikation der Auslieferung

Für den Anwendungsfall der Direktauslieferung werden in SAP EWM lokal Auslieferungsaufträge (Belegart ODSH/Positionsart ODSI) erstellt und anschließend an SAP S/4HANA zur Erstellung von Auslieferungen verteilt. Für die Verteilung der Auslieferungsaufträge an SAP S/4HANA wird die ausgangsseitige Replikationsnachricht /SPE/OUTB_DELIVERY_SAVEREPLICA (❻ in Abbildung 6.7) genutzt.

Ausgangsschnittstelle zum Splitten der Auslieferung

Der Auslieferungssplit kann in SAP EWM auf zwei Ebenen durchgeführt werden:

- **Auslieferungsanforderung (ODR) – Auslieferungsauftrag (PDO) – Split**
  Der (Planungs)split erfolgt nur im dezentralen SAP EWM und wird durchgeführt, wenn Positionen einer Auslieferungsanforderung (ODR) unterschiedlich im Lager gesteuert werden müssen. Für die Auslieferungsanforderungspositionen werden in SAP EWM dazu unterschiedliche, die logistischen Prozesse steuernde Parameter ermittelt (z. B. Ermittlung verschiedener Routen pro Position aufgrund von Gefahrgutvorschriften). Zu einer Auslieferungsanforderung (ODR) werden beim Planungssplit n Auslieferungsaufträge (PDO) erstellt. Im AdvSR-Prozess existiert dieses Splitszenario nicht, da im Embedded EWM der Anforderungsbeleg (ODR) nicht vorhanden ist.
- **Auslieferungsauftrag (PDO) – Auslieferung (FDO) – Split**
  Der (Ausführungs)split erfolgt sowohl im dezentralen als auch in Embedded SAP EWM und wird durchgeführt, sobald Auslieferungsauftragspositionen während der Ausführung logistischer Prozesse voneinander getrennt werden (z. B. durch das Versenden zu unterschiedlichen Zeitpunkten mit unterschiedlichen Transporteinheiten). Zu einem Auslieferungsauftrag (PDO) werden beim Ausführungssplit n Auslieferungen (FDO) erstellt.

  Im AdvSR-Prozess wird dieses Splitszenario nicht unterstützt, d. h., im AdvSR gibt es zu einem Auslieferungsauftrag (PDO) nur eine Auslieferung (FDO).

- **Auslieferungsauftrag (PDO) – Split**
  Im AdvSR-Prozess kann ein Auslieferungsauftrag in mehrere Auslieferungsaufträge gesplittet werden. Dieser PDO-Split kann zum einen während der Laderaumplanung, zum anderen nach dem Beladen erfolgen. Ein PDO-Split während der Laderaumplanung wird dann ausgelöst, wenn FEs zum gleichen Auslieferungsauftrag verschiedenen FAs zugeordnet werden, eine zugeordnete FE aus einem FA gelöscht wird oder nicht alle FEs mit demselben Auslieferungsauftrag als Vorgängerbeleg zu einem FA zugeordnet werden. Ein PDO-Split während der Beladung wird dann ausgelöst, wenn nicht alle HUs zum Auslieferungsauftrag und somit nicht alle FEs zum FA verladen werden können. Wenn der Handling-Ausführungsstatus des Stopps auf **Laden beendet** gesetzt ist, splittet Embedded EWM den ursprünglichen Auslieferungsauftrag und erstellt einen neuen für die verbleibende(n) Frachteinheit(en).

Für die Kommunikation des Liefersplits wird in den zuvor benannten drei Fällen die Splitnachricht des Warenausgangs `BAPI_OUTB_DELIVERY_SPLIT_DEC` (❼ in Abbildung 6.7) genutzt. Die Logik, ob und wie ein Liefersplit für einen Auslieferungsauftrag durchführt wird, ist in der Belegart im EWM-Customizing unter folgendem Pfad einstellbar: **Warenausgangsprozess • Auslieferung • Belegarten für Auslieferungsprozess definieren**. Die folgenden Anwendungsfälle zur Ausführung von Auslieferungsbelegsplits können unterschieden werden:

- **Auslieferungssplit**
  Sobald für eine Teilmenge eines Auslieferungsauftrags (PDO) eine separate Auslieferung (FDO) erstellt wird, kann diese über die Schnittstelle an SAP S/4HANA kommuniziert werden.
- **Stornierung des Auslieferungssplits**
  Sobald eine Auslieferung (FDO), die zuvor zu einem LE-Auslieferungssplit geführt hat, gelöscht wird, wird der Split über die Stornierung rückgängig gemacht.
- **Auslieferungsauftragssplit im AdvSR-Prozess**
  Sobald FEs mit demselben Auslieferungsauftrag als Vorgängerbeleg verschiedenen FAs zugeordnet werden oder von einem FA gelöscht werden, wird der Auslieferungsauftrag gesplittet und der neu erstellte Auslieferungsauftrag über die Schnittstelle an SAP S/4HANA kommuniziert.
- **Retourenlieferungssplit**
  Retourenlieferungen werden in SAP EWM zwar als Anlieferungen, in SAP S/4HANA aber als Auslieferungen behandelt. Ein Retourenlieferungssplit muss folglich über die Ausgangsschnittstelle zum Splitten von Auslieferungen an SAP S/4HANA kommuniziert werden.

Ausgangsschnittstelle zur Zurückweisung der Auslieferung

Die Zurückweisungsnachricht der Auslieferung BAPI_OUTB_DELIVERY_REJECT (❽ in Abbildung 6.7) für die Zurückweisung der Auslieferung dient von externen Systemen (z. B. durch SAP APO oder SAP CRM) gesendeten Mengenänderungsanfragen. Die Zurückweisung einer systemexternen Anfrage kann in den folgenden Fällen auftreten:

- Die tatsächliche Liefermenge unterscheidet sich von der in SAP CRM oder SAP APO avisierten Menge.
- Der Auslieferungsauftrag hat den Status **gesperrt**.
- Der Kommissionierprozess hat bereits begonnen.
- Der Verladeprozess hat bereits begonnen.
- Die Warenausgangsbuchung wurde bereits durchgeführt.
- Die Auslieferungsauftragsposition ist aufgrund von Sperrgründen nicht änderbar.
- Die (Kommissionier)welle, der die Auslieferungsauftragspositionen zugeordnet sind, wurde bereits freigegeben.

6.3.4 Monitoring der Lieferschnittstelle

Wie eingangs bereits erwähnt, werden für die Verteilung von Lieferinformationen zwischen SAP S/4HANA und dem dezentralen bzw. Embedded SAP EWM qRFCs genutzt. Hauptgrund für die Nutzung von qRFCs ist deren Eigenschaft, Nachrichten nach der Logik der Geschäftsprozesse zu serialisieren, um deren Verarbeitungsreihenfolge kontrollieren zu können. Die Serialisierung findet über die Queue-Namen statt, in denen die Lieferbelegnummern verschlüsselt sind.

Der Aufbau eines Queue-Namens (z. B. DLVSSS4MDT1000180000324) erfolgt nach dem folgenden Prinzip:

- Kommunikationspräfix: DLV (SAP S/4HANA an SAP EWM) oder DLW (SAP EWM an SAP S/4HANA)
- M (Massen-Queue mit mehr als einer Lieferung) oder S (Einzel-/Single-Queue)
- logischer Systemname des Senders (im Beispiel SS4MDT100)
- Liefernummer oder Bestellungsnummer, Produktionsnummer, Szenarioname (im Beispiel 0180000324)

Für die Überwachung der Schnittstelle können Eingangs-Queues über Transaktion SMQ2 und Ausgangs-Queues über Transaktion SMQ1 geprüft werden (siehe Abbildung 6.8). Alternativ erreichen Sie die beiden Transaktionen auch im SAP-Easy-Access-Menü über den Pfad **SCM Basis • Integration**.

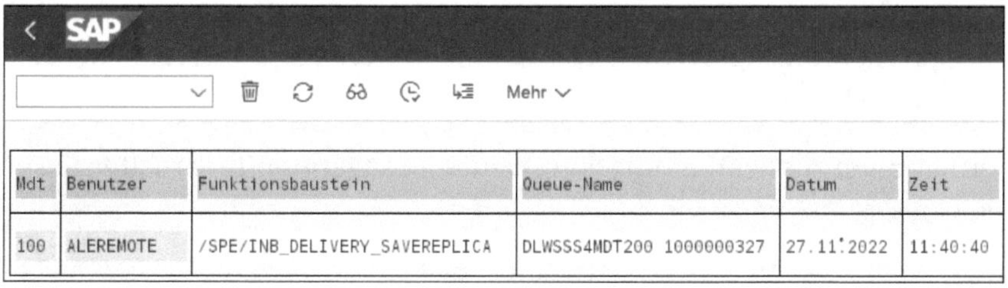

Mdt	Benutzer	Funktionsbaustein	Queue-Name	Datum	Zeit
100	ALEREMOTE	/SPE/INB_DELIVERY_SAVEREPLICA	DLWSSS4MDT200 1000000327	27.11.2022	11:40:40

Abbildung 6.8 Eingangs-Queue während der Verarbeitung einer Anlieferungsreplikationsnachricht

Überwachung der Queues

Beachten Sie bei der Überwachung von Queues, dass erfolgreich verarbeitete Queues keine Einträge in den Transaktionen des qRFC-Monitors hinterlassen. Für nicht erfolgreich verarbeitete Queues sind hingegen Einträge mit Fehlerprotokoll ersichtlich.

Sollten Sie zur Überwachung dennoch einzelne Queues vor deren Verarbeitung in der Schnittstelle prüfen wollen, können Sie in Transaktion SMQR unter der Angabe des Queue-Namens einzelne Queues deregistrieren (z. B. DLVS*).

Um generell in einem System die Queue-Verarbeitung in der Schnittstelle »anzuhalten«, können Sie die folgenden User-Parameter an Ihrem SAP-User hinterlegen:

- SAP EWM: /SCWM/IF_DEBUG_QRFC, um die Queue in SAP S/4HANA anzuhalten
- SAP S/4HANA: /SPE/IF_DEBUG_QRFC, um die Queue in SAP EWM anzuhalten

Zudem ist es möglich, die Queues direkt im Lagerverwaltungsmonitor (Lagermonitor) zu überwachen. Dazu gibt es im Lagermonitor nun den Knoten **Werkzeuge • Nachrichten-Queue**. Die Nutzung des Lagermonitors zur Bearbeitung der Queues hat mehrere Vorteile:

- In der Standardeinstellung werden nur die für die aktuelle Lagernummer relevanten Queue-Einträge angezeigt.
- Die Fehlermeldungen sind wesentlich aussagekräftiger als die in der qRFC-Eingangs- und -Ausgangsschnittstellentransaktion (SMQ2, SMQ1).
- Zu bestimmten Fehlermeldungen werden Empfehlungen von SAP zur Lösung des Fehlers angezeigt.
- Falls vorhanden, werden SAP-Hinweis-Nummern angezeigt. In diesen Hinweisen wird ausführlich und immer aktuell beschrieben, was getan werden kann, um das Problem zu lösen und in Zukunft zu vermeiden.
- Der direkte Sprung in den Datencontainer ist möglich. Im Datencontainer sind alle Feldwerte sichtbar, was für den Systemadministrator bei der Problemlösung hilfreich sein kann.

- Für jede Queue sind Zusatzfunktionen ausführbar. So kann z. B. direkt aus dem Lagermonitor ein Alert erzeugt werden, sodass eine weitere Person – z. B. in der IT – informiert werden kann.

Weitere Informationen zur Bearbeitung von Queues im Lagermonitor erhalten Sie in SAP-Hinweis 2226334.

6.4 Allgemeine Einstellung der Lieferabwicklung

Während wir in den vorangegangenen Abschnitten auf die Lieferbelege, den grundlegenden Aufbau der Lieferung sowie auf die Lieferschnittstelle im dezentralen und in Embedded EWM eingegangen sind, beschäftigen wir uns in diesem Abschnitt mit den allgemeinen Einstellungen der Lieferung.

6.4.1 SAP-ERP-Integration der Lieferabwicklung in SAP EWM

Im SAP-EWM-Customizing der SAP-ERP-Integration werden Einstellungen, wie z. B. die Zuordnung der Belegart und Positionsart, aus SAP S/4HANA zur SAP-EWM-Belegart und Positionsart vorgenommen, die das Verhalten der Lieferung bei deren Eingangs- und Ausgangsverarbeitung (siehe Abschnitt 6.3.1, »Aufbau der Lieferschnittstelle«) beeinflussen. Das Integrations-Customizing der Lieferabwicklung finden Sie im Einführungsleitfaden über den Pfad **Extended Warehouse Management • Schnittstellen • ERP-Integration • Lieferabwicklung**.

Die folgenden Customizing-Aktivitäten der Lieferabwicklung sind vom EWM-Szenario dezentral oder embedded unabhängig:

Nummernkreise für LE-Belege definieren

In dieser Customizing-Aktivität werden *Nummernkreise* bzw. Nummernkreisintervalle für LE-Belege definiert. Die Nummernkreise finden immer dann Anwendung, wenn in SAP EWM die Erstellung eines Belegs in SAP S/4HANA, z. B. im Falle von Liefersplits oder Direktauslieferungen, angestoßen wird.

SAP-ERP-Belegarten als für das Differenzierungsattribut relevant definieren

In SAP EWM können sogenannte *Differenzierungsattribute* definiert werden. Die Differenzierungsattribute erlauben es bei der Abbildung der Positionsarten aus SAP S/4HANA in SAP EWM, für eine Positionsart (Positionstyp) verschiedene SAP-EWM-Positionsarten zu finden. Differenzierungsattribute sind dabei in Profilen gruppiert, die spezifische Anwendungsfälle für die Positionssteuerung, wie z. B. Verschrottung, Kundenretouren oder Umlagerungen, widerspiegeln. Die Profile für Differenzierungsattribute sind von SAP vorgegeben und können nicht erweitert werden.

Belegarten aus dem SAP-ERP-System in SAP EWM abbilden

Die Findung der *SAP-EWM-Belegart* erfolgt über eine Mapping-Tabelle in Abhängigkeit vom Business-System (siehe Abschnitt 6.4, »Allgemeine Einstellung der Lieferabwicklung«), der Belegart aus SAP S/4HANA und des Codes für den Initiator einer Kommunikationskette (Initiator-Prozesscode).

[«]

> **Initiator der Kommunikationskette**
>
> Zur Identifikation des aktuellen Geschäftsszenarios sendet SAP S/4HANA den Parameter **Initiator Prozesscode** an SAP EWM. Dieser wird während der Eingangsverarbeitung der Lieferung in SAP EWM ausgewertet und steuert die Folgeprozesse entsprechend dem Eingangsszenario (z. B. Kit-to-Stock und Transport-Cross-Docking, siehe Kapitel 14, »Bereichsübergreifende Prozesse und Funktionen«).

Positionsarten aus dem SAP-ERP-System in SAP EWM abbilden

Analog zur Belegartenfindung erfolgt die *Positionsartenfindung* in Abhängigkeit von Business-System, Beleg- und Positionsart aus SAP S/4HANA sowie der SAP-EWM-Belegart. Um eine detailliertere Auseinandersteuerung der Belegarten in SAP EWM zu ermöglichen, werden zudem für die Findung das bereits erläuterte Differenzierungsattribut sowie ein Indikator für die Verwendung von Catch-Weight-Produkten (siehe Kapitel 5, »Bestandsverwaltung«) berücksichtigt.

Terminarten aus dem SAP-ERP-System in SAP EWM abbilden

Im Customizing der *Terminarten* können Sie Einstellungen vornehmen, die zum einen die Abbildung und Übernahme von Lieferterminen aus SAP S/4HANA in SAP EWM und zum anderen die Rückmeldung der Termine von SAP EWM nach SAP S/4HANA steuern. Um dies zu gewährleisten, werden die Terminarten aus SAP S/4HANA, abhängig davon, ob es sich um Kopf- oder Positionstermine handelt, pro Beleg- und Positionsart den SAP-EWM-Terminarten zugeordnet.

Partnerrollen aus dem SAP-ERP-System in SAP EWM abbilden

Die an den LE-Lieferungen hinterlegten und über die Lieferschnittstelle an SAP EWM kommunizierten Geschäftspartner werden als Voraussetzung für die Lieferabwicklung im Vorfeld über die Stammdatenverteilung an das SAP-EWM-System verteilt (siehe Kapitel 4, »Stammdaten in SAP S/4HANA EWM«). Den Partnerstammdaten werden dabei automatisch SAP-EWM-Partnerrollen entsprechend ihrer Bedeutung (z. B. Spediteur, Warenempfänger) in SAP S/4HANA zugeordnet. Zur Verarbeitung von in den LE-Lieferungen mitgegebenen Partnerrollen müssen diese in der Lieferschnittstelle auf SAP-EWM-Partnerrollen gemappt werden. Das Mapping der Partnerrollen erfolgt in Abhängigkeit des Business-Systems, der Partnerrolle aus SAP S/4HANA sowie der SAP-EWM-Belegart.

Nachrichtenverarbeitung empfängerabhängig steuern

Die Einstellungen der *empfängerabhängigen Nachrichtenverarbeitung* beziehen sich auf Einstellungen von Nachrichten, die von SAP EWM an SAP S/4HANA gesendet werden (siehe Ausgangsschnittstellen in Abschnitt 6.3.2, »Liefernachrichten im Wareneingang«). In der Customizing-Tabelle lassen sich neben der Hinterlegung der oben bereits erwähnten Nummernkreisintervalle für in SAP EWM erstellte und an SAP S/4HANA verteilte Lieferungen die folgenden Steuerungsparameter hinterlegen:

- Parameter für Anlieferungen: Rückmeldung von HU-Daten (nur relevant für Anlieferungen)
- Parameter für Auslieferungen: Splitprofil (nur relevant für Auslieferungen)
- Parameter für An- und Auslieferungen, die in SAP EWM angelegt und an SAP S/4HANA verteilt werden (Anlieferungen, Direktauslieferungsaufträge und durch Liefersplit entstandene An- oder Auslieferungsbelege):
  - Nummernkreisintervall für die LE-Lieferbelege (relevant für An- und Auslieferungen)
  - Schrittweite (Inkrement) für die Vergabe von Positionsnummern (relevant für An- und Auslieferungen)

Die folgenden Customizing-Aktivitäten sind nur für das dezentrale EWM relevant.

Routen und Routenabfahrplan aus dem SAP-ERP-System in SAP EWM abbilden

Diese Customizing-Aktivität ist nur für das dezentrale SAP EWM relevant. Für LE-Lieferungen, die an das dezentrale SAP EWM verteilt wurden, können Sie entscheiden, ob die bereits in SAP S/4HANA gefundene Route (SD) übernommen oder eine SAP-SCM-Routenfindung durchgeführt werden soll (siehe Kapitel 9, »Warenausgangsprozess«). Für die Abbildung der Route in SAP EWM können die folgenden grundsätzlichen Einstellungen vorgenommen werden:

- 1 – Route (SD) verwenden, wenn die Route (SAP SCM) initial ist
- 2 – Route (SD) verwenden, wenn die Route (SD) und der Routenfahrplan gefüllt sind
- 3 – Route (SD) verwenden
- Standardeinstellung: Route (SAP SCM) verwenden

Steuerungsparameter für ERP-Versionskontrolle einstellen

In dieser Customizing-Aktivität stellen Sie sicher, dass das dezentrale EWM ordnungsgemäß mit der angebundenen Version des ERP-Systems kommuniziert, z. B. SAP S/4HANA 2022 oder SAP ERP 6.0 EHP 6. Wenn Sie ein ERP-Release über die Wertehilfe auswählen, wird zudem eine vorkonfigurierte Funktionalität für EWM automatisch ausgewählt. In den Steuerungsparametern legen Sie fest, welche EWM-Funktionen nicht berücksichtigt oder geändert werden sollen. Beachten Sie dabei, dass einige Parameteroptionen für bestimmte Versionen des ERP-Systems nicht relevant sind, da nicht alle Versionen über alle Schnittstellen verfügen, die das dezentrale EWM benötigt.

6

[«]

Weitere Customizing-Informationen

Weitere Informationen über das grundlegende Aufsetzen des Liefer-Customizings finden Sie in SAP-Hinweis 1227714.

6.4.2 Serviceprofile der Lieferung

Die Lieferabwicklung im dezentralen und in Embedded SAP EWM bedient sich sowohl für die Beleg- als auch für die Prozesssteuerung verschiedener *Serviceprofile*. Diese werden dazu genutzt, das Verhalten und die Eigenschaften der Lieferung entsprechend den Anforderungen der Anwendungsszenarien anzupassen. Im Wesentlichen beziehen sich die Serviceprofile auf das Verhalten und die Funktionen der bereits im Aufbau der Lieferung behandelten Lieferinformation (siehe Abschnitt 6.1, »Aufbau der Lieferung«). Die Serviceprofile der Lieferung werden in *Systemprofile* und *Kundenprofile* unterteilt.

Systemprofile stellen von SAP ausgelieferte und nicht veränderbare Einstellungen dar, während auf der Ebene der Kundenprofile kundenspezifische Einstellungen vorgenommen werden können. Kundenprofile sind immer Systemprofilen zugeordnet, die wiederum deren Grundlage darstellen. Weitere Informationen sowie das entsprechende Customizing der Serviceprofile finden Sie im Einführungsleitfaden über den Pfad **Extended Warehouse Management • Prozessübergreifende Einstellungen • Lieferung und Lageranforderung**. Beachten Sie auch die Dokumentation der entsprechenden Customizing-Einstellungen.

Die Serviceprofile der Lieferung werden bei der Konfiguration der Lieferbelege im dezentralen und in Embedded SAP EWM sowohl an der Belegart als auch an der Positionsart hinterlegt (siehe Abbildung 6.9). Da Belegart und Positionsart prozessspezifisch sind, finden Sie das entsprechende Customizing für Wareneingangsprozesse im Einführungsleitfaden über den Pfad **Extended Warehouse Management • Wareneingangsprozess • Anlieferung** und für Warenausgangsprozesse über den Pfad **Extended**

Warehouse Management • Warenausgangsprozess • Auslieferung. Beachten Sie, dass die Serviceprofile für alle Beleg- und Positionstypen (z. B. Anforderungen und Benachrichtigungen, Lieferungen, finale Lieferungen) hinterlegt werden.

SAP EWM bietet die im Folgenden beschriebenen Serviceprofile der Lieferung an (siehe Bereich **Profil** in Abbildung 6.9).

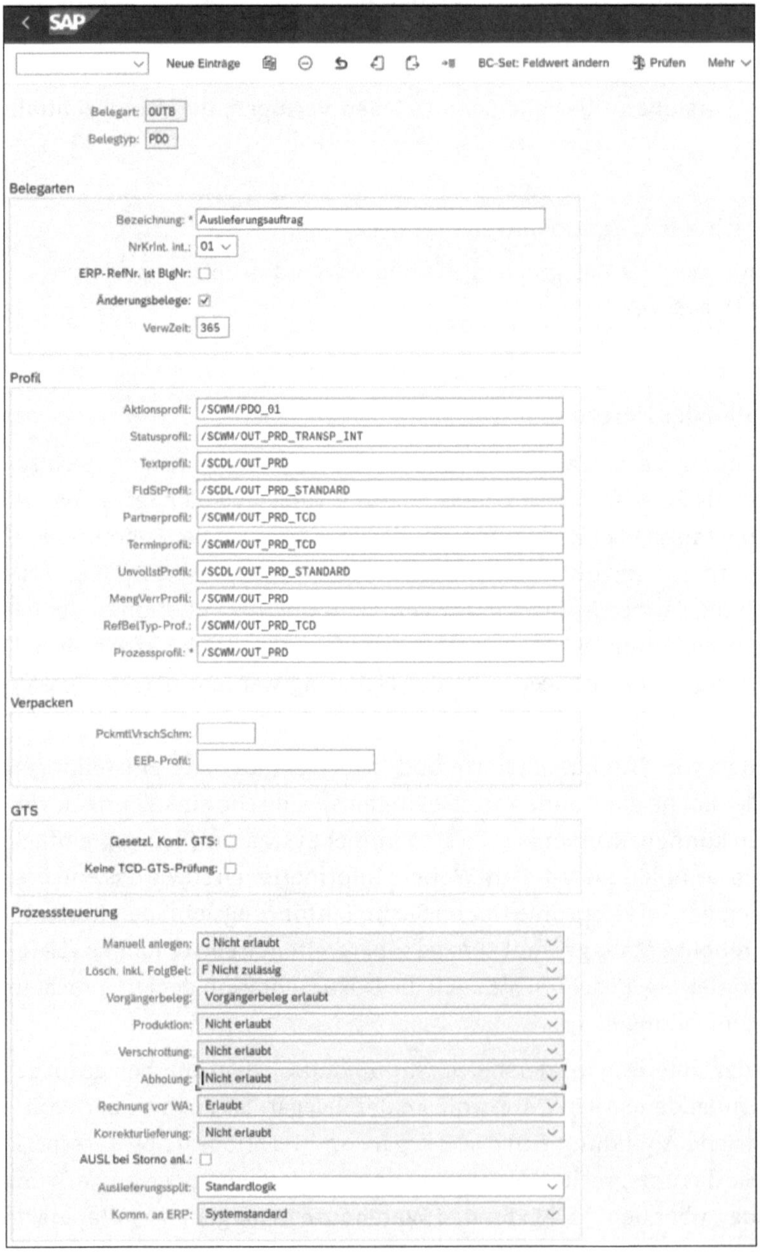

Abbildung 6.9 Customizing der Belegart am Beispiel des Auslieferungsauftrags (PDO)

PPF-Aktionen

Das *Aktionsprofil* (Feld **Aktionsprofil**) enthält die erlaubten PPF-Aktionen, die für einen bestimmten Lieferbeleg ausgeführt werden dürfen. Über PPF-Aktionen kann, abhängig von definierten Bedingungen, der Druck von Lieferpapieren oder das Auslösen von Folgefunktionen, wie z. B. die automatische Erstellung von Lageraufgaben, ausgelöst werden.

Statusverwaltung

Für die *Statusverwaltung* können kundeneigene *Statusprofile* erstellt werden (Feld **Statusprofil**). Statusprofile stellen Gruppierungen von für die Lieferung relevanten Statusarten (z. B. DGR – Wareneingangsstatus, DCO – Transitstatus, DLO – Beladungsstatus) dar. In der Statusverwaltung können zudem kundeneigene Statusarten erstellt und einem Statusprofil zugeordnet werden.

Textverwaltung

An *Textprofilen* (Feld **Textprofil**) können Textarten (z. B. Lieferbedingungen, Versandvorschrift, Frachtbriefinformationen) unter der Berücksichtigung von Zugriffsfolgen, die die Anzeigereihenfolge der Textarten beeinflussen, definiert werden. Darüber hinaus kann über die Zugriffsfolgen der Textverwaltung die Übernahme von Texten eines Vorbelegs gesteuert werden.

Feldsteuerung

Über die Feldsteuerung (Feld **FldStProfil**) lassen sich Serviceprofile erstellen, über die sich die Änderbarkeit von Lieferparametern (siehe Abschnitt 6.1, »Aufbau der Lieferung«) in Abhängigkeit von Statusarten (z. B. DCO = Transitstatus) und deren Statuswerten (z. B. X = **unterwegs**, – = **In Yard**) konfigurieren lässt. Zur Vereinfachung der Einstellungen lassen sich Feldgruppen pro Feldsteuerungsprofil definieren. Feldgruppen gruppieren Lieferparameter, für die die gleichen Steuerparameter gelten (z. B. 0001 = **Anzeigefelder**, 0002 = **Lageraktivität begonnen/beendet**, 0003 = **Lageraktivität beendet/TU zugeordnet**).

Die Feldsteuerung beeinflusst die weitere Bearbeitung eines Lieferbelegs immer dann, wenn eine Lieferung oder eine Lieferposition *erstellt* oder direkt vom Anwender oder durch einen Geschäftsprozess *verändert* wurde.

Unvollständigkeitsprüfung

Die Sicherstellung, dass alle für die weitere Verarbeitung eines Lieferbelegs relevanten Felder befüllt wurden, ist Aufgabe der Unvollständigkeitsprüfung (Feld **UnvollstProfil**). In den *Profilen der Unvollständigkeitsprüfung* werden die einzelnen Lieferparameter, die Aktionen (z. B. 20 = **Beleg sichern**, 14 = **Beleg prüfen**, 525 = **Charge anlegen**,

900 = **Wareneingang**, 901 = **Warenausgang**), bei denen die Prüfung erfolgen soll, sowie die ABAP-Klassen, die die Feldprüfung durchführen sollen, hinterlegt.

[+]

Logische Feldnamen

Im Customizing der Feldsteuerung und der Unvollständigkeitsprüfung werden *logische Feldnamen* zur Definition der einzelnen Felder der Lieferung genutzt. Eine Zuordnung der logischen Feldnamen zu den jeweiligen Datenbanktabellen finden Sie im Einführungsleitfaden über den Pfad **Extended Warehouse Management • Prozessübergreifende Einstellungen • Lieferung und Lageranforderung • Erweiterung Lieferung - Lageranforderung • Logische Feldnamen definieren.**

Partnerbearbeitung

Für die Lieferung lassen sich *Partnerprofile* (Feld **Partnerprofil**) festlegen, in denen definiert wird, welche Partnerrollen, z. B. **Spediteur** (CARR), **Lager** (WH) oder **Anlieferlokation** (STLO), einfach oder mehrfach hinterlegt werden dürfen (siehe Kapitel 4, »Stammdaten in SAP S/4HANA EWM«). Darüber hinaus kann für manche Partnerrollen zwischen obligatorischen und optionalen Partnerrollen innerhalb der einzelnen Partnerprofile unterschieden werden. Zudem kann pro Partnerrolle eingestellt werden, ob diese einmal oder mehrfach pro Lieferbeleg erfasst werden kann.

Termine

In *Terminprofilen* (Feld **Terminprofil**) werden Terminarten gruppiert. Terminarten repräsentieren Start- und Endtermine für die Lieferabwicklung, wie z. B. Lieferdatum, Warenausgangsdatum oder Kommissionierdatum. Für Lieferszenarien, wie z. B. Standardanlieferungen, Cross-Docking-Lieferungen oder Kitting-relevante Lieferungen, können Terminprofile hinterlegt werden, die die für den jeweiligen Prozess relevanten Terminarten enthalten.

Mengenverrechnung

Die Mengenverrechnung (Feld **MengVerrProfil**) wird dazu verwendet, *offene Mengen* eines Lieferbelegs zu berechnen. Das *Mengenverrechnungsprofil* enthält zugewiesene Mengenrollen sowie pro Mengenrolle deren relevanten Mengentypen (siehe Abschnitt 6.1.4, »Zusätzliche Positionsinformationen der Lieferung«). Jedem Mengentyp sind zudem Ermittlungsregeln und Verrechnungsregeln zugeordnet, die mathematische Formeln für die Ermittlung der Werte einzelner Mengentypen darstellen. So wird z. B. für das Beladen einer Lieferposition auf eine Transporteinheit der Mengentyp **offene Menge** (OPEN) der Mengenrolle **Laden** (LO) durch das Auslesen des Belegflusses, also quittierter Lade-Lageraufgaben, und der Lieferposition berechnet.

Referenzbelege

In dem Serviceprofil der *Referenzbelege* (Feld **RefBelTyp-Prof.**) werden erlaubte Belegtypen, wie z. B. LE-Lieferungen oder SAP-EWM-interne Belegtypen (etwa Frachtbelege oder QIE-Prüfbelege), hinterlegt. Im Kundenprofil für Referenzbelege können eigene Belegtypen hinzugefügt oder einzelne Belegtypen als obligatorisch für das Profil bestimmt werden.

Prozesssteuerung

Für die Steuerung von Lieferprozessen werden *Prozessprofile* (Bereich **Prozesssteuerung**) eingerichtet. Prozessprofile steuern die folgenden, für den Lieferkopf erlaubten oder verbotenen Prozess der Lieferabwicklung:

- Manuell anlegen
- Vorgängerbeleg
- Produktion
- Verschrottung
- Abholung
- Rechnung vor WA (IBGI)
- Korrekturlieferung
- Kommunikation an ERP

Darüber hinaus können, unabhängig vom Lieferkopf, auf der Positionsebene die folgenden Prozesse erlaubt oder verboten werden:

- Manuell anlegen
- Rechnung vor Warenausgang (IBGI)

Prozesscodes

Prozesscodes (Feld **Prozessprofil**) werden in der Lieferabwicklung zur Kennzeichnung und Durchführung von Ausnahmesituationen verwendet. Über Prozesscodes können Liefermengenanpassungen sowie deren Verursacher hinterlegt werden. Anwendung finden Prozesscodes z. B. bei der Reduktion der Liefermenge aufgrund der Unterlieferung einer bereits avisierten Menge zulasten des Spediteurs (siehe Kapitel 8, »Wareneingangsprozess«). Den Prozesscodeprofilen werden die im Standard ausgelieferten oder selbst definierten Prozesscodes zugeordnet. Diese können anschließend im Lieferbeleg ausgeführt werden.

6.5 Zusammenfassung

In diesem Kapitel haben wir die Aspekte und Funktionen der Lieferabwicklung im dezentralen und in Embedded SAP EWM betrachtet. Das Kapitel hat den Aufbau der Lieferung, die Lieferbelege, die Lieferschnittstelle sowie allgemeine Einstellungen der Lieferung im dezentralen und in Embedded SAP EWM berücksichtigt. Mit diesen Informationen haben Sie eine Grundlage, die Lieferung im Kontext der Geschäftsprozesse besser zu verstehen und die Lieferabwicklung einzurichten. In den nächsten Kapiteln zeigen wir Ihnen die Objekte und Elemente zur Prozesssteuerung sowie die Wareneingangs- und Warenausgangsprozesse im dezentralen und in Embedded SAP EWM.

Kapitel 7
Objekte und Elemente der Prozesssteuerung

Wie wird die Arbeit im Lager organisiert? Wie werden optimale Arbeitspakete gebildet, um die Prozessabläufe zu optimieren? Und schließlich: Wie werden komplexe Prozesse im Lager gesteuert? Diese Fragen werden in diesem Kapitel beantwortet.

Eine effiziente Lagerraumnutzung und optimierte Lagerbewegungen mit höherem Durchsatz auf gleicher Lagerfläche sind die zentralen Anforderungen an eine leistungsfähige Lagerverwaltung. Zur Steuerung der Lagerprozesse und zur Optimierung der Lagerbewegungen bietet SAP EWM verschiedene Möglichkeiten:

- **Wellenmanagement**
  Mithilfe von Wellen können Sie die Arbeit im Lager organisieren. Dabei werden Lageranforderungspositionen von internen Umlagerungen, Umbuchungen oder Auslieferungen gruppiert, um eine Abarbeitung unter der Berücksichtigung von Terminen und Auslastungsaspekten zu ermöglichen.
- **Lageraufgaben und Lagerauftragserstellung**
  Nach der Freigabe der Welle werden die darin enthaltenen Auftragspositionen in den physischen Lagerprozess eingesteuert. Um den Prozessablauf zu optimieren, werden dabei pro Lageranforderungsposition Lageraufgaben erstellt, die nach bestimmten Kriterien zu geeigneten Arbeitspaketen, den Lageraufträgen, gebündelt werden.
- **Lagerungssteuerung**
  Ziel der Lagerungssteuerung ist die Abbildung komplexer Ein- und Auslagerungsprozessschritte sowie lagerinterner Bewegungen in Abhängigkeit Ihrer Prozesse (prozessorientiert) oder der Layoutvorgaben Ihres Lagers (layoutorientiert). Durch die automatische Bestimmung der notwendigen Prozessschritte in SAP EWM werden die Prozesse beschleunigt. Auf diese Weise wird eine Steigerung des Durchsatzes ermöglicht.

Da es für die in den folgenden Abschnitten beschriebenen Objekte und Elemente der Prozesssteuerung zwischen dem dezentralen und Embedded SAP EWM keine Unterschiede gibt, sprechen wir in diesem Kapitel ausschließlich von SAP EWM.

In den folgenden Abschnitten werden die verschiedenen Elemente und Objekte zur Prozesssteuerung näher erläutert.

7.1 Wellenmanagement

Mithilfe von *Wellen* kann die Arbeit im Lager organisiert werden. In einer Welle werden *Lageranforderungspositionen* (LANF-Positionen) zur Steuerung von Lageraktivitäten gruppiert, um im Folgenden zusammen bearbeitet zu werden.

Wesentliches Ziel des Wellenmanagements ist es, die anstehende Arbeit so früh wie nötig und so spät wie möglich mit einer optimalen Arbeitseffizienz in den operativen Arbeitsablauf einzusteuern. Auf diese Weise befindet sich die zu versendende Ware zum richtigen Zeitpunkt in der Versandzone. Um dies zu erreichen, werden im Wellenmanagement Positionen aus Lageranforderungen, die in etwa zur gleichen Zeit kommissioniert und bearbeitet werden sollen, in geeigneten Wellen gebündelt. Das Wellenmanagement kann für Lageranforderungen auf Basis von Auslieferungen, von Umbuchungen und internen Umlagerungen verwendet werden.

In den folgenden Abschnitten zeigen wir Ihnen, welche zentralen Objekte im Wellenmanagement vorhanden sind und wie die Logik der Wellenbildung in SAP EWM abläuft. Zum Abschluss gehen wir auf das Wellen-Monitoring ein, da dieses in Kundenprojekten oftmals einen hohen Stellenwert einnimmt.

7.1.1 Objekte des Wellenmanagements

Die Bildung von Wellen kann automatisiert oder manuell erfolgen. Im automatischen Fall müssen Sie Wellenvorlagen verwenden, und im manuellen Fall ist dies optional. Welche Informationen Wellenvorlagen beinhalten und was sie steuern, wird in diesem Abschnitt beschrieben.

Wellenvorlage

Wellenvorlagen sind Stammsätze, die aus verschiedenen Attributen bestehen, mit denen bestimmt wird, welche LANF-Positionen in die Welle aufgenommen werden. Durch die Wellenvorlagen können Sie dieselben Wellenattribute für verschiedene LANF-Positionen wiederverwenden, die denselben Konditionen entsprechen. Wellenvorlagen werden im SAP-Easy-Access-Menü definiert und können daher auch im Tagesgeschäft geändert werden.

Die Wellenvorlage erstellen Sie mit Transaktion /SCWM/WAVETMP, die Sie im SAP-Easy-Access-Menü in SAP EWM über den Pfad **Arbeitsvorbereitung • Wellenmanagement** finden. Häufig werden, wie in Abbildung 7.1 dargestellt, für Normal- und Eilaufträge unterschiedliche Wellenvorlagen definiert. Im Gegensatz zu Normalaufträgen soll die Freigabe von Wellen für Eilaufträge sofort erfolgen. In diesem Fall ist es sinnvoll, die Wellenvorlage so einzustellen, dass eine Zuordnung von Positionen auch nach der Wellenfreigabe möglich ist, um die Anzahl der Wellen gering zu halten.

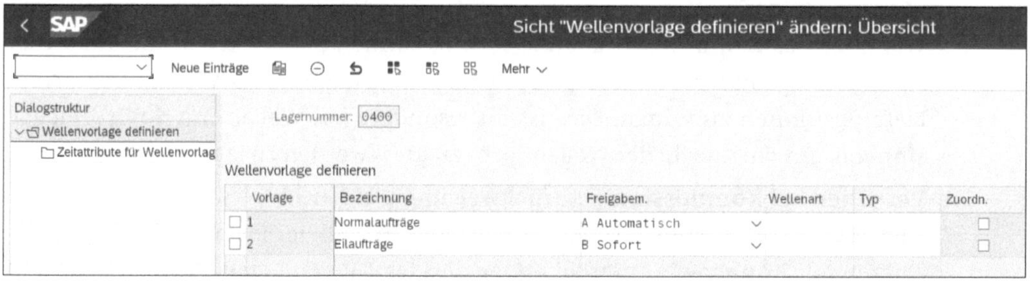

Abbildung 7.1 Wellenvorlage definieren

Die Wellenvorlage besteht aus folgenden wesentlichen Attributen:

- **Wellenfreigabemethode (Feld »Freigabem.«)**
  Damit legen Sie fest, auf welche Art und Weise eine Welle freigegeben werden soll. Es gibt drei verschiedene Wellenfreigabemethoden:
  - **Automatisch**: Ist für eine Welle (bzw. Wellenvorlage) der Modus für die Freigabe auf **Automatisch** gesetzt, legt SAP EWM einen Batch-Job an, der die Welle zum vorgegebenen Wellenfreigabedatum freigibt.
  - **Sofort**: Die Welle wird zur Istzeit, also zum Erstellungszeitpunkt, freigegeben.
  - **Manuell**: Die Welle wird zu einem selbst gewählten Zeitpunkt manuell freigegeben.
- **Wellenart**
  Um Wellen im System unterscheiden zu können, wird einer Welle bei der Erstellung eine Wellenart zugeordnet. Durch die Definition von Wellenarten haben Sie die Möglichkeit, Wellen mit besonderen Eigenschaften gezielt im Lagerverwaltungsmonitor (Lagermonitor) zu überwachen, z. B. die Anzeige aller Wellen für Eilaufträge. Die Wellenart hat keinen steuernden Charakter; Sie definieren sie im SAP-EWM-Einführungsleitfaden über den Pfad **Warenausgangsprozess • Wellenmanagement • Allgemeine Einstellungen**.
- **Wellentyp (Feld »Typ«)**
  Der Wellentyp wird als Filterwert für die Lagerauftragserstellungsregel (LAER) verwendet (siehe Abschnitt 7.3.2, »Lagerauftragserstellungsregel«). Sollen für bestimmte Wellen explizite Lagerauftragserstellungsregeln gelten, muss diesen Wellen ein entsprechender Wellentyp zugeordnet werden. Aufgrund der Filterregel einer LAER kann eingestellt werden, dass diese Regel nur Lageraufgaben (LB) berücksichtigt, die aus einer entsprechenden Welle mit entsprechendem Wellentyp entstanden sind (siehe Abschnitt 7.3.1, »Ablauf und Methodik der Lagerauftragser-

stellung«). Den Wellentyp definieren Sie ebenfalls im Customizing. Der Pfad ist mit dem Pfad der Wellenart identisch.

- **Wellenzuordnung auch nach der Wellenfreigabe möglich (Kennzeichen »Zuordn.«)**
  Wenn Sie das Kennzeichen **Zuordn.** setzen, können Sie der Welle, die auf dieser Wellenvorlage basiert, auch nach der Wellenfreigabe bis zum Wellensperrtermin Lieferpositionen zuordnen. Dies ist insbesondere bei Wellen mit Sofortfreigabe sinnvoll, um die Anzahl der Wellen nicht zu groß werden zu lassen.
- **Verhalten bei Kommissionierzurückweisung (Feld »K«)**
  Über das Feld **K** können Sie steuern, wie EWM im Fall der Platzzurückweisung reagieren soll. Können die Mitarbeitenden die Pick-Lageraufgabe am Lagerfach nicht kommissionieren, versucht EWM zunächst, eine neue Pick-Lageraufgabe mit einem alternativen Von-Platz zu erstellen. Wenn sich dieser Alternativplatz im gleichen *Aktivitätsbereich* (AB) befindet, wird die Pick-Lageraufgabe dem Kommissionierer im gleichen Lagerauftrag (LA) direkt zugeordnet. Befindet sich der Alternativplatz in einem anderen Aktivitätsbereich, der vom Kommissionierer nicht erreicht wird, ermittelt EWM die weitere Vorgehensweise aus dem eingestellten Wert:
  - Wert **Position in der Welle belassen**: Die neue Pick-Lageraufgabe wird nicht erstellt. Die Position bleibt in der Welle und wird zu einem späteren Zeitpunkt erneut freigegeben.
  - Wert **LB sofort erstellen**: EWM erstellt sofort einen Lagerauftrag für diese Pick-Lageraufgabe.
  - Wert **Position aus der Welle herausnehmen**: Die LANF-Position wird einer anderen Welle zugeordnet.

Eine Wellenvorlage kann aus einer oder mehreren Wellenvorlageoptionen bestehen (siehe Abbildung 7.2).

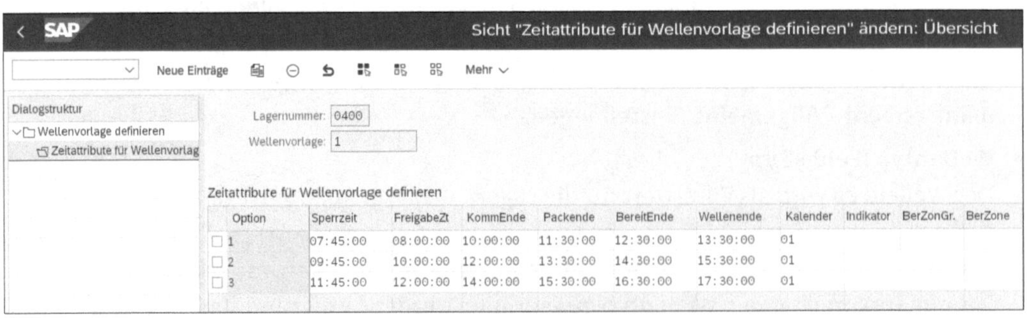

Abbildung 7.2 Wellenvorlageoptionen je Wellenvorlage

Eine Wellenvorlageoption enthält u. a. die folgenden Attribute:

- **Wellensperrzeit (Feld »Sperrzeit«)**
  Die Sperrzeit entspricht der Uhrzeit, bis zu der Sie Positionen zur Welle hinzufügen können.
- **Wellenfreigabezeit (Feld »FreigabeZt«)**
  Die Freigabezeit ist die Uhrzeit, bis zu der die Welle freigegeben werden muss.
- **Kommissionierendezeit (Feld »KommEnde«), Verpackendezeit (Feld »Packende«), Bereitstellungsendezeit (Feld »BereitEnde«)**
  Diese Angaben entsprechen der Uhrzeit, bis zu der Sie die Aufgaben Kommissionieren/Verpacken/Bereitstellen für die Welle abgeschlossen haben müssen. Wenn Sie die Lagerungsprozesssteuerung verwenden (siehe Abschnitt 7.4, »Lagerungssteuerung«), werden mit Freigabe der Welle sogenannte *geplante Arbeitslasten* erstellt.

  Diese Arbeitslasten können für jeden Prozessschritt (Kommissionieren, Verpacken, Beladen) im Lagermonitor überwacht werden. Die Abschlusszeitpunkte der verschiedenen Arbeitslasten werden dabei aus der Welle bzw. aus der Wellenvorlageoption übernommen. Darüber hinaus wird die Kommissionierendezeit zur Berechnung des spätesten Starttermins des Lagerauftrags verwendet (siehe Abschnitt 7.3.1, »Ablauf und Methodik der Lagerauftragserstellung«).
- **Wellenendezeit (Feld »Wellenende«)**
  Hierbei handelt es sich um die Uhrzeit, für die das Ende aller Bearbeitungsvorgänge für die Welle geplant ist, was für Warenausgangswellen die Beladeendezeit ist.
- **Kapazitätsprofil**
  Kapazitätsgrenzen, die von einer Welle einer bestimmten Wellenvorlageoption nicht überschritten werden sollen, z. B. maximale Anzahl der Lieferpositionen pro Welle, maximales Gewicht und/oder Gewicht pro Welle. Wenn eine Welle die maximale Kapazität des Profils überschreitet, kann im Kapazitätsprofil definiert werden, ob und wie viele parallele Wellen erlaubt sind. Sind parallele Wellen erlaubt, weist das System die aktuelle Position einer neuen Welle mit identischen Eigenschaften der Wellenvorlageoption zu. Das Kapazitätsprofil konfigurieren Sie im SAP-EWM-Einführungsleitfaden über den Pfad **Warenausgangsprozess • Wellenmanagement • Allgemeine Einstellungen**.

Welle und Wellenbearbeitung

Auf Basis von Wellenvorlagen werden Wellen erstellt. Eine Welle besteht aus Kopf- und aus Positionsinformationen. Die Welle können Sie mit Transaktion /SCWM/WAVE, die Sie im SAP-Easy-Access-Menü in SAP EWM über den Pfad **Arbeitsvorbereitung • Wellenmanagement** finden, anzeigen oder bearbeiten.

Die Wellenkopfinformationen **Wellenart**, **Wellentyp** und **Freigabemethode** stammen aus der Wellenvorlage; die Zeiten stammen aus der Wellenvorlageoption, die aus der Wellenvorlage ermittelt wurde. Die angezeigten Gewichts- und Volumendaten werden aufgrund der Wellenpositionen berechnet. Die Informationen der Wellenpositionen stammen in Abbildung 7.3 aus den der Welle zugeordneten Auslieferpositionen.

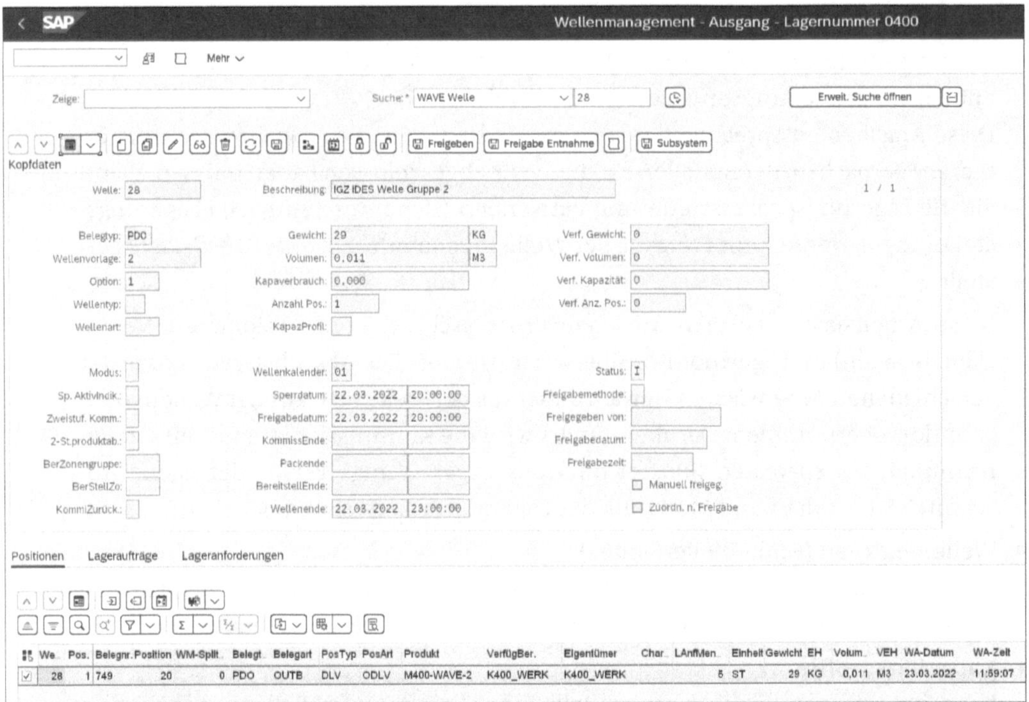

Abbildung 7.3 Darstellung der Welle in Transaktion /SCWM/WAVE

Für die Wellenbearbeitung stehen Ihnen auf der Kopfebene verschiedene Funktionen zur Verfügung. In der in Abbildung 7.3 dargestellten Transaktion /SCWM/WAVE können Sie Wellen löschen. Dabei löst SAP EWM alle der Welle zugeordneten LANF-Positionen. Darüber hinaus haben Sie die Möglichkeit, Wellen zu vereinigen. Sie können beliebig viele Wellen vereinigen. Die Voraussetzungen dafür sind, dass die Wellen noch nicht freigegeben sind und alle Wellen den gleichen Status haben (z. B. **Initial** [I] oder **Gesperrt** [H]). Wenn Sie z. B. die Wellen 10, 11 und 12 vereinigen, ordnet SAP EWM alle LANF-Positionen der ausgewählten Wellen der ersten gewählten Welle 10 zu.

Weitere wichtige Bearbeitungsfunktionen sind das Sperren bzw. Entsperren und die manuelle Freigabe von Wellen. Mit dem Sperren einer Welle verhindern Sie die Zuordnung weiterer LANF-Positionen und die manuelle Freigabe. Sie können nur Wellen sperren, die noch nicht freigegeben wurden. Mit der manuellen Freigabe geben Sie die Welle für die Lagerauftragserstellung (LA-Erstellung) und damit für den operativen Lagerablauf frei. Dabei haben Sie die Möglichkeit, diese auch gesperrt freizugeben. In diesem Fall setzt EWM für die erzeugten Lageraufträge den Status **Gesperrt**.

Wellenfreigabe

Wellen können im Zeitraum zwischen Wellenfreigabe- und Wellenendezeitpunkt mehrfach freigegeben werden.

Auf der Positionsebene können Sie splitten, also eine oder mehrere LANF-Positionen auswählen und diese von der entsprechenden Welle lösen.

Alternativ zu Transaktion /SCWM/WAVE können Sie die Wellenbearbeitung auch im Lagermonitor mit den im Standard verfügbaren Methoden durchführen. Nachdem wir Wellenvorlage und Welle beschrieben haben, geht es nun um die Logik der Wellenbildung in SAP EWM.

7.1.2 Wellenbildung

Die Zuordnung der geeigneten LANF-Positionen zu Wellen kann wie im vorangehenden Abschnitt beschrieben, manuell oder automatisiert erfolgen. Abbildung 7.4 stellt den Ablauf der automatischen Wellenbildung dar.

Die automatische Wellenfindung erfolgt in drei Schritten:

❶ **PPF-Aktion: Wellenvorlage ermitteln**
Nachdem eine Lageranforderung – z. B. vom Typ **Auslieferungsauftrag** – erzeugt oder geändert worden ist, erzeugt SAP EWM z. B. die PPF-Aktion `/SCWM/PRD_OUT_WAVE_NEW` (Lageranforderung einer Welle zuordnen). Die Verarbeitung der PPF-Aktion erfolgt in der Regel durch das Sichern des Belegs der Lageranforderung. Mit der Durchführung der PPF-Aktion ermittelt EWM für jede LANF-Position mit der Konditionstechnik gültige Wellenvorlagen zur Lieferung. In unserem Beispiel wurden auf Basis der Lagernummer, des Warenempfängers, der Route und des Produkts der entsprechende Konditionssatz und dadurch die zugeordnete Wellenvorlage 1 ermittelt. Den Konditionssatz zur Wellenvorlagenfindung erstellen Sie über Transaktion /SCWM/WDGCM, die Sie im SAP-Easy-Access-Menü in SAP EWM über den Pfad **Arbeitsvorbereitung • Wellenmanagement** finden.

Konditionstechnik

Die Konditionstechnik bietet mit einer Vielzahl verfügbarer Felder die Flexibilität, die für die Erfüllung der Prozessanforderungen notwendig ist. Über das belegartabhängig einstellbare Findungsschema der Wellenvorlagenfindung können für die Prozesse der internen Umlagerung und Umbuchung andere Zugriffsfolgen hinterlegt werden. Auf diese Weise ist eine Abgrenzung möglich.

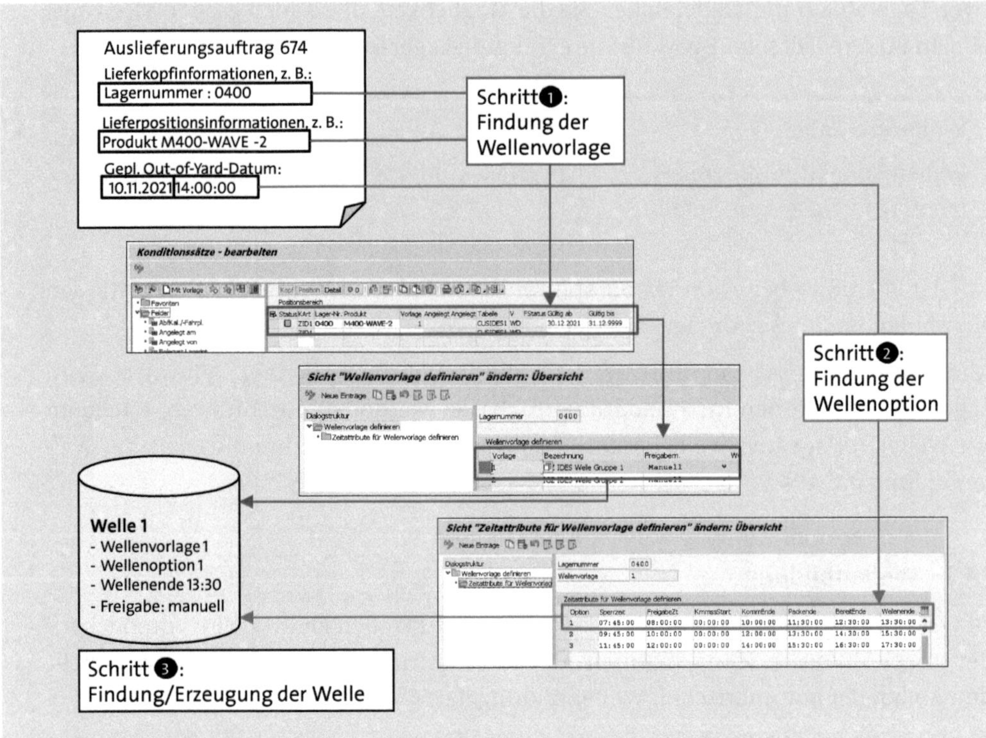

Abbildung 7.4 Ablauf der Wellenbildung

❷ Wellenvorlageoption ermitteln

Zur Wellenvorlage 1 wird die passende Wellenvorlageoption ermittelt. Aufgrund des Out-of-Yard-Zeitpunkts des Auslieferungsauftrags wird die passende Wellenvorlageoption 1 zur vorher ermittelten Wellenvorlage ermittelt. Da die geplante Out-of-Yard-Uhrzeit gemäß Auslieferungsauftrag 674 bei 14:00 Uhr liegt, ist die Wellenende-Uhrzeit 13:30 Uhr der Wellenvorlageoption 1 die Uhrzeit, die dem Verlassen des Yards am nächsten liegt.

[»]

Wellenvorlageoption für interne Umlagerung oder Umbuchungslieferung

Bei einer internen Umlagerung oder Umbuchungslieferung verwendet EWM die Daten aus dem Termintyp **Endetermin Lageraktivitäten**.

❸ Welle ermitteln/erneut Wellenvorlageoption ermitteln

Zur Wellenvorlage 1 und zur Wellenvorlageoption 1 wird geprüft, ob es für das Datum bereits eine Welle gibt. Ist keine Welle vorhanden, wird eine neue Welle angelegt. Ist bereits eine Welle vorhanden, wird geprüft, ob deren eingestellte zulässige Kapazität (Attribut der ermittelten Wellenvorlageoption) noch weitere Positionen zulässt. Dürfen aufgrund der Kapazitätseinstellung zur Wellenvorlageoption keine weiteren Positionen aufgenommen und darf auch keine neue Welle angelegt werden, wird eine neue Wellenvorlageoption ermittelt (zurück zu Schritt ❷). In unserem Beispiel wurde die Auslieferungsposition der Welle 1 zugeordnet.

Im nächsten Abschnitt erläutern wir die Möglichkeiten, die der Lagermonitor bezüglich des Wellenmanagements bietet.

7.1.3 Wellen-Monitoring

Der Lagermonitor stellt u. a. mit seinen vordefinierten wellenbezogenen Selektionsreports das ideale Werkzeug für das Wellen-Monitoring dar. Ein Beispiel, das relativ häufig in der Praxis vorkommt, ist die Ermittlung von summarischem Volumen, Gewicht, Stück und Positionen zu einem bestimmten Aktivitätsbereich, zur Route und zur Wellenart. Diese Ermittlung ist über die Welle bzw. Wellenpositionen möglich (siehe Abbildung 7.5).

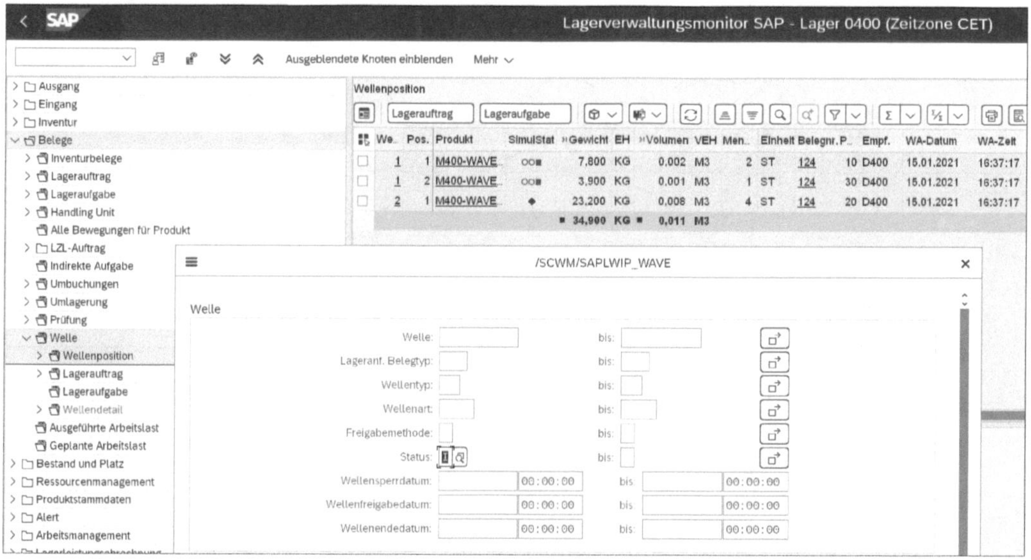

Abbildung 7.5 Wellen-Monitoring mit dem Lagermonitor

Mit der Freigabe der Welle werden geplante Arbeitslasten erzeugt. Der Datensatz für die geplante Arbeitslast enthält Informationen über Ort, Art, Menge, Dauer und Kapazität der Arbeit.

Darüber hinaus enthält der Datensatz einen Verweis auf den erzeugenden Beleg in Form einer Objektreferenz, z. B. einen Verweis auf den Prüfbeleg der Quality Inspection Engine (QIE) oder den Lagerauftrag. Voraussetzung für die Berechnung von Arbeitslasten ist die Verwendung der Lagerungsprozesssteuerung. Mit der Freigabe der

Welle wird für jede LANF-Position eine Lageraufgabe erstellt, die den Lagerungsprozess sowie den aktuellen externen Lagerungsprozessschritt (z. B. Auslagern, Verpacken, Beladen) beinhaltet. Die Abschlusszeitpunkte der verschiedenen Arbeitslasten der verschiedenen Prozessschritte werden dabei aus der Welle bzw. Wellenvorlageoption übernommen, und die Volumen- und Gewichtsdaten werden aus den Lageraufgaben übernommen. Weitere Informationen zur Lagerungssteuerung finden Sie in Abschnitt 7.4, »Lagerungssteuerung«.

In Abbildung 7.6 sehen Sie ein Beispiel für die Selektion geplanter Arbeitslasten für die Kommissionierung (Feld **Interner Prozessschritt**, Wert PICK) im Aktivitätsbereich 0020.

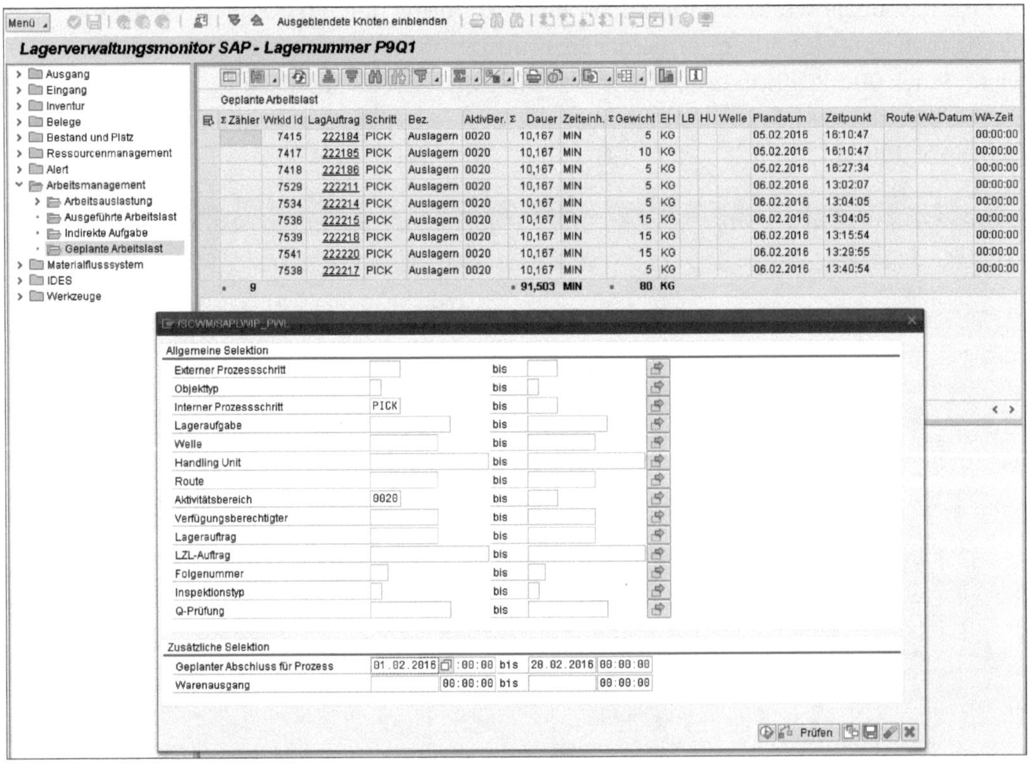

Abbildung 7.6 Selektion nach geplanter Arbeitslast

Durch die Summation von Parametern wie z. B. Dauer, Gewicht und Volumen bekommt der Mitarbeiter Informationen über wichtige Kennzahlen und hat so einen guten Überblick über seinen Verantwortungsbereich im Lager.

Neben den für die Warenausgangsprozessschritte relevanten Arbeitslasten bietet der Lagermonitor auch vordefinierte Reports für die Arbeitslasten im Wareneingang (z. B. Entlade-, Zähl-, Dekonsolidierungs- und Einlagerlast). Detaillierte Informationen zum Lagermonitor finden Sie in Kapitel 15, »Monitoring und Reporting«.

Mit der Freigabe der Welle werden auf Basis der ermittelten Einlagerungs- bzw. Auslagerungsstrategien Lageraufgaben für die zugeordneten LANF-Positionen erstellt. Der durch die Auslagerungsstrategien ermittelte Bestand ist ab jetzt reserviert.

Prozessparallelisierung bei der Lageraufgabenerstellung

Die Erzeugung der Lageraufgaben kann gemäß Customizing-Einstellung auf mehrere Prozesse parallelisiert werden, was insbesondere bei Wellen mit einer hohen Anzahl von Lieferpositionen die Systemperformance positiv beeinflusst.

Ab Release SAP EWM 9.5 und SAP S/4HANA 1709 ist die Simulation der Wellenfreigabe im Lagerverwaltungsmonitor möglich (siehe Abbildung 7.7). Mit Release SAP S/4HANA 2022 besteht zudem die Möglichkeit, die Simulation der Wellenfreigabe in Transaktion /SCWM/WAVE auszuführen. Durch die Verwendung dieser Funktion können mögliche Fehler (z. B. fehlender Bestand) in den betroffenen Kommissionierbereichen, erkannt werden, bevor die tatsächliche Wellenfreigabe erfolgt. Je nach Simulationsergebnis können somit gezielt Maßnahmen, z. B. die Durchführung eines Nachschubs, eingeleitet werden, um eine anschließende Wellenfreigabe erfolgreich durchführen zu können. Die Simulation der Wellenfreigabe zur Entnahme bei der zweistufigen Kommissionierung wird mit Release SAP S/4HANA 2022 unterstützt.

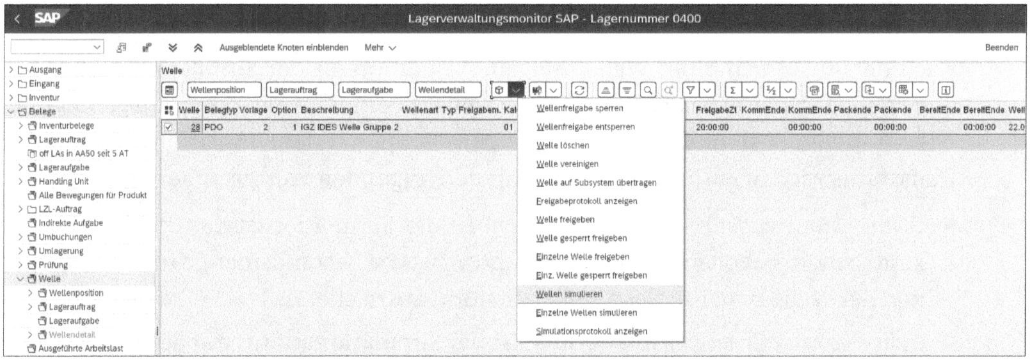

Abbildung 7.7 Wellenfreigabe im Lagerverwaltungsmonitor simulieren

Mit der Ausführung der Methode `<Welle simulieren>` im Lagerverwaltungsmonitor werden die folgenden Simulationsergebnisse angezeigt:

- **Lageraufträge**
- **Lageraufgaben**
- **Kommissionier-HUs** (falls mit der Wellenfreigabe automatisch Kommissionier-HUs erstellt werden)
- **Geplante Arbeitslastdaten** (falls das Arbeitsmanagement aktiviert ist)

- **Fehlende Produkte** bedeutet, dass für bestimmte Produkte nicht genügend Bestand entsprechend der Auslagerstrategie ermittelt werden konnte
- **Fehlgeschlagene Lieferpositionen** bedeutet, dass für bestimmte Lieferpositionen nicht genügend Bestand entsprechend der Auslagerstrategie ermittelt werden konnte

Die Ergebnisse der Wellensimulation (siehe Abbildung 7.8) werden nicht persistiert. Eine direkte Datenübernahme der Simulationsergebnisse bei der Erstellung der Lageraufträge und Lageraufgaben ist nicht möglich. Somit ist nach der Simulation der Wellenfreigabe explizit die tatsächliche Wellenfreigabe zur Lagerauftrags- und Lageraufgabenerstellung erforderlich.

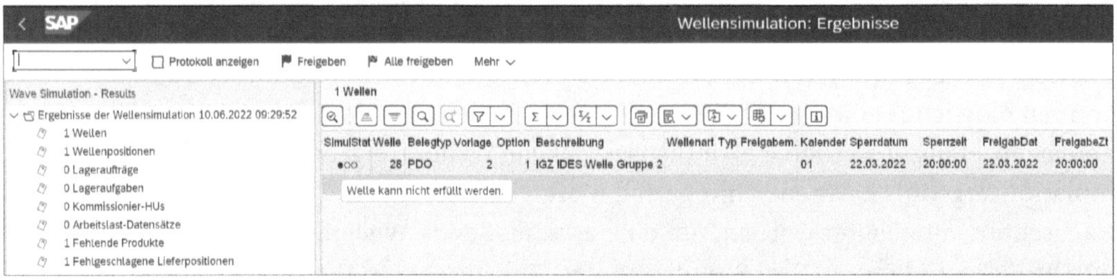

Abbildung 7.8 Ergebnisanzeige der Wellenfreigabesimulation im Lagerverwaltungsmonitor

Nach der Ausführung der Wellenfreigabesimulation ist der Simulationsstatus auf dem Wellenkopf und den dazugehörigen Wellenpositionen entsprechend gefüllt und basiert auf der Bestandsmenge im Lager zum Zeitpunkt der Simulation. Der Simulationsstatus wird in Form einer Ampel mit den folgenden Werten angezeigt:

- *Grün – kann vollständig erfüllt werden*: Ist der Simulationsstatus auf der Wellenkopf- bzw. der Wellenpositionsebene grün, ist die Bestandsmenge für alle Positionen der Welle bzw. für diese Wellenposition ausreichend.
- *Gelb – kann teilweise erfüllt werden*: Ist der Simulationsstatus auf der Wellenkopf- bzw. Wellenpositionsebene gelb, ist die Bestandsmenge für mindestens eine Position der Welle bzw. für diese Wellenposition nur teilweise ausreichend.
- *Rot – kann nicht erfüllt werden*: Ist der Simulationsstatus auf der Wellenkopf- bzw. Wellenpositionsebene rot, ist die Bestandsmenge für alle Positionen der Welle bzw. für diese Wellenposition nicht ausreichend.

Wenn sich die verfügbare Menge im jeweiligen Kommissionierbereich ändert, können die Ergebnisse bei einer erneuten Durchführung der Wellenfreigabesimulation abweichen.

Zum Sichern des Wellensimulationsstatus im Wellenkopf und in den Wellenpositionen wird die Welle gesperrt. Um auszuschließen, dass gleichzeitig stattfindende Wellenfreigaben beeinträchtigt werden, kann im EWM-Customizing eingestellt werden, ob der Status des Simulationsergebnisses in der Welle gespeichert werden soll oder nicht. Zusätzlich besteht im EWM-Customizing die Möglichkeit, die Lagerauftragssimulation zu deaktivieren. Im Fall der Deaktivierung sind Informationen bezüglich Kommissonier-HUs und geplanten Arbeitslastdaten ebenfalls nicht Bestandteil der Simulationsergebnisse.

Die Wellenfreigabesimulation kann auch für mehrere Wellen gleichzeitig durchgeführt werden. Dies ist insbesondere dann sinnvoll, wenn für einen Kommissionierbereich mehrere Wellen vorhanden sind, die das gleiche Produkt beinhalten.

Im Rahmen der Wellenfreigabesimulation stehen Ihnen für die kundenspezifischen Erweiterungen die folgenden BAdIs zur Verfügung:

- **BAdI /SCWM/EX_WAVE_SIMULATE**
  Verarbeiten nach der Wellensimulation. Mit diesem BAdI besteht die Möglichkeit, weitere Nachrichten in das Wellensimulationsprotokoll hinzuzufügen, den Simulationsstatus des Wellenkopfs entsprechend der Kundenlogik zu beeinflussen und auch Folgeaktionen nach der Wellensimulation anzustoßen.
- **BAdI SCWM/EX_WAVE_PARALLEL**
  Beeinflussen der Wellenparallelisierung. Dieses BAdI wird während der Wellenfreigabe und der Simulation der Wellenfreigabe aufgerufen. Mit diesem BAdI haben Sie die Möglichkeit, die parallele Ausführung einer Wellenfreigabesimulation und einer Wellenfreigabe zu deaktivieren, falls die Parallelverarbeitung für Wellen im EWM-Customizing aktiviert wurde. Zusätzlich besteht die Möglichkeit, die Parallelverarbeitung einer Wellenfreigabe für Wellen mit wenigen Positionen ebenfalls zu deaktivieren. SAP liefert eine entsprechende Beispielimplementierung aus.

7.1.4 Zweistufige Kommissionierung

Die zweistufige Kommissionierung ist ein Kommissionierverfahren, bei dem im ersten Schritt Produkte für mehrere Auslieferungen kumuliert aus dem Lager entnommen und in einen Zwischenlagerbereich bewegt werden. Dort werden diese Produkte in einem zweiten Schritt auf die entsprechenden Auslieferungen aufgeteilt. Die einstufige ist im Vergleich zur zweistufigen Kommissionierung aus Prozesssicht zwar einfacher, hat aber den Nachteil, dass bei entsprechendem Artikel- und Auftragsspektrum lange Wege und somit hohe Kommissionierzeiten entstehen. Dies ist insbesondere dann der Fall, wenn viele Aufträge mit wenigen Positionen und kleine Entnahmemengen bei einem breiten Produktsortiment kommissioniert werden müssen.

Hier kann die zweistufige Kommissionierung den Wirkungsgrad deutlich erhöhen, setzt allerdings eine ausreichende Menge an Aufträgen zur Verdichtung voraus.

Das Wellenmanagement unterstützt die zweistufige Kommissionierung mit verschiedenen Funktionen, die wir im Folgenden im Detail beschreiben. In SAP EWM sind Entnahme- und Aufteilungsschritt zwei verschiedene Lagervorgänge. Nach der Erstellung der Welle mit Wellenpositionen, die für die zweistufige Kommissionierung relevant sind, erfolgt in Transaktion /SCWM/WAVE über den Button **Freigabe Entnahme** die Wellenfreigabe zum Entnahmeschritt (siehe Abbildung 7.9). EWM kumuliert dabei die Bedarfsmengen der entsprechenden Wellenpositionen je Produkt und erstellt Lageraufgaben zur Entnahme in einen zuvor festgelegten Nachplatz eines Zwischenlagertyps, in dem anschließend der Aufteilungsschritt ausgeführt wird. Nach der Entnahme werden die Lageraufgaben über den Button **Freigeben** für den Aufteilungsschritt erstellt (siehe Abbildung 7.9).

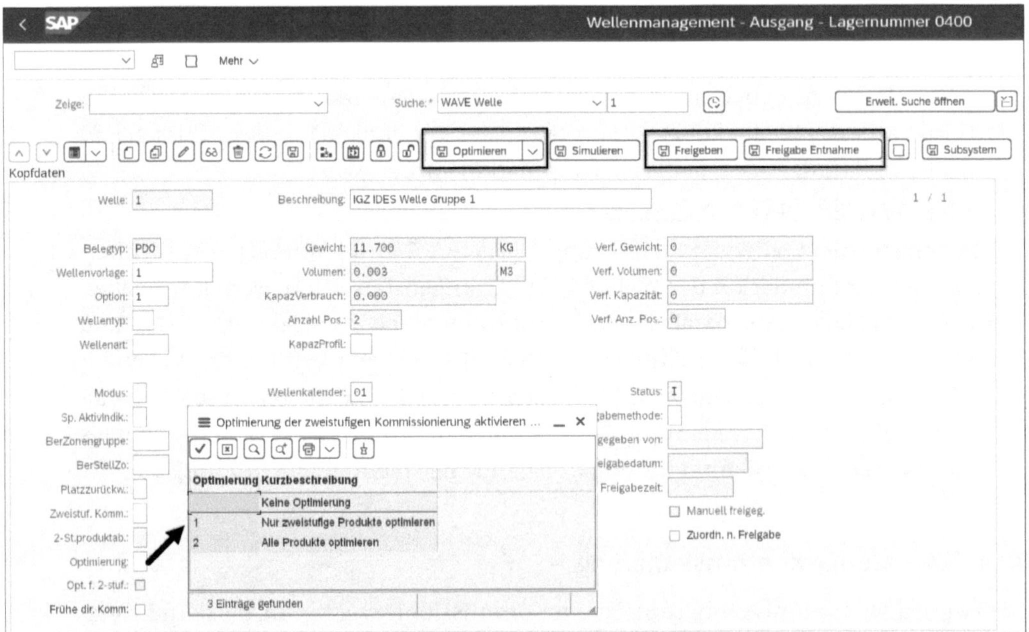

Abbildung 7.9 Wellenfreigabe bei der zweistufigen Kommissionierung in Transaktion /SCWM/WAVE-Wellen pflegen

Vor SAP S/4HANA 2022 wurde ausschließlich über das Feld **Relevanz für zweistufige Kommissionierung** im Lagerproduktstamm gesteuert (siehe Abbildung 7.10), ob das Produkt für die zweistufige Kommissionierung relevant ist, vorausgesetzt, für die Lagernummer wurde die zweistufige Kommissionierung im SAP-EWM-Customizing aktiviert.

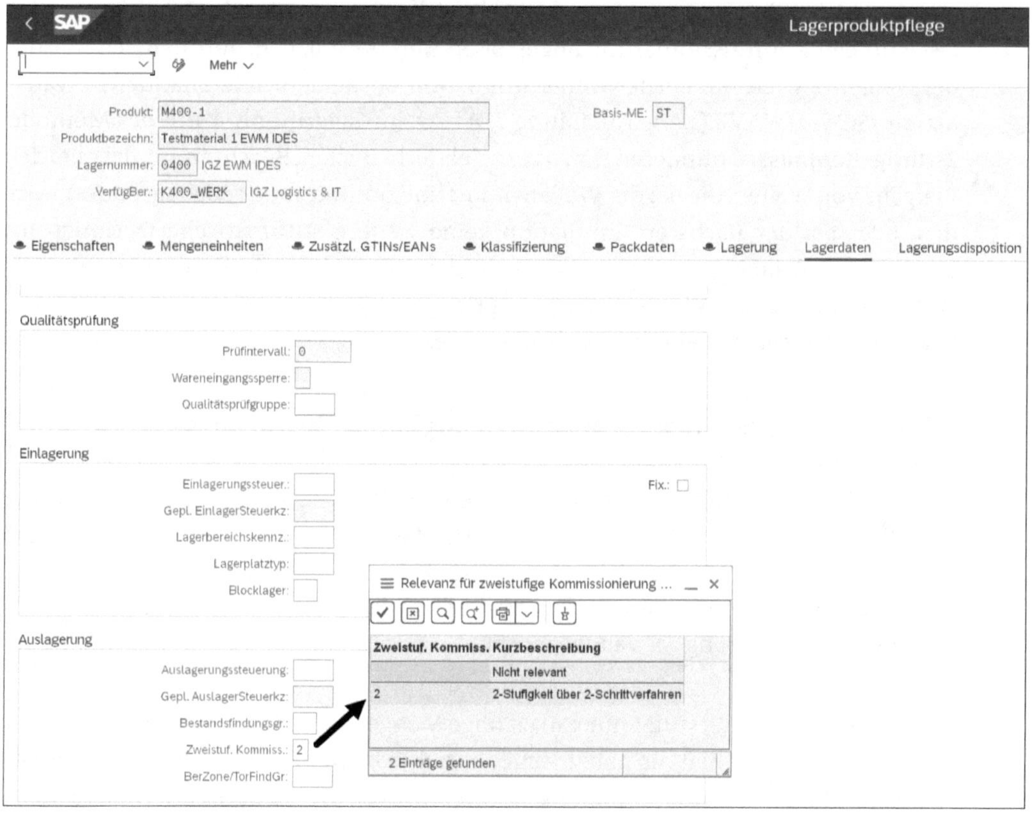

Abbildung 7.10 Relevanz für die zweistufige Kommissionierung im Lagerproduktstamm über Transaktion /SCWM/MAT1 festlegen

Die Einstellung auf der Produktebene, dieses Produkt entweder immer einstufig oder zweistufig zu kommissionieren, ist relativ statisch und in der Praxis oft zu unflexibel. Aus diesem Grund wurde mit Release SAP S/4HANA 2022 in EWM das Wellenmanagement bezüglich der zweistufigen Kommissionierung optimiert, um den Kommissionierprozess noch effizienter zu gestalten und mehr Flexibilität bei der Wellensimulation und Wellenfreigabe zu ermöglichen. Die Optimierung besteht darin, dass SAP EWM in Abhängigkeit der Bedarfsmengen der Wellenpositionen und der Bestandssituation im Lager dynamisch entscheidet, welche Positionen in der zweistufigen Kommissionierung zusammengefasst und welche Positionen vorzugsweise direkt, d. h. einstufig kommissioniert werden. Daher besteht seit Release SAP S/4HANA 2022 in SAP EWM die Option festzulegen, ob die zweistufige Kommissionierung für Wellenpositionen optimiert werden soll und ob sie sich auf alle Produkte oder nur auf solche Produkte auswirkt, die für die zweistufige Kommissionierung relevant sind.

Darüber hinaus können Sie einstellen, zu welchem Zeitpunkt die Optimierung der zweistufigen Kommissionierung angestoßen werden soll, d. h. automatisch nur bei der Wellenfreigabe, nur bei der Wellensimulation, bei beidem, oder manuell in Transaktion /SCWM/WAVE (siehe Abbildung 7.9) bzw. im Lagermonitor mit der Methode **2-stufig- Kommiss. Optimieren** für zuvor selektierte Wellen. Beachten Sie, dass bei der Freigabe von Wellen, die bei der Wellensimulation optimiert und nicht geändert wurden, oder bei der nächsten Simulation keine weitere automatische Optimierung stattfindet. Sobald eine Welle optimiert worden ist, wird der Optimierungsstatus im Wellenkopf gesichert. Werden zu einer optimierten Welle neue Positionen hinzugefügt bzw. entfernt, besteht die Möglichkeit, diese Welle erneut zu optimieren.

[»]

Deaktivierung der Grobnachplatzermittlung bei der Optimierung der zweistufigen Kommissionierung

Wenn die Grobnachplatzermittlung verwendet wird und Wellenpositionen je nach Mengeneinheit gesplittet werden (Groß-Klein-Mengenkommissionierung), können diese Splits von der Optimierung nicht erneut kombiniert werden. Daher sollten Sie die Grobnachplatzermittlung deaktivieren, wenn Sie die Optimierung der zweistufigen Kommissionierung verwenden möchten.

Die Optimierung unterstützt nur ganzzahlige Mengen und Mengeneinheiten, die aus der Basismengeneinheit als ganze Zahl ausgedrückt werden können. Die Optimierungslogik lautet im Groben wie folgt: EWM ermittelt die »größte« alternative Mengeneinheit (kurz ALTME) und prüft, ob Bestand verfügbar ist. Falls ja, prüft EWM, ob Wellenpositionen mit Bedarfsmengen vorhanden sind, die genau dieser ALTME entsprechen. Falls ja, erstellt EWM für die entsprechende(n) Wellenposition(en) Lageraufgabe(n) (kurz LBs) für die Direktkommissionierung. Ist noch eine Restbedarfsmenge vorhanden, prüft SAP EWM, ob die kumulierten Bedarfsmengen von Wellenpositionen einem ganzzahligen Vielfachen dieser ALTME entsprechen. Falls ja, erstellt SAP EWM LBs für den Entnahmeschritt. Die zuvor beschriebenen Prüfungen führt EWM für alle nächst »kleineren« alternativen Mengeneinheiten durch. Ist danach immer noch eine Restbedarfsmenge von Wellenpositionen vorhanden, die nicht in einer größeren Mengeneinheit als Basismengeneinheit zusammengefasst werden kann, werden für diese Bedarfsmenge LBs für die direkte Kommissionierung erstellt. Standardmäßig werden die LBs für die Direktkommissionierung mit der Freigabe des Aufteilungsschritts angelegt. Sowohl in der Wellenvorlage als auch direkt in der Welle haben Sie jedoch die Möglichkeit festzulegen, dass die direkten Kommissionieraufgaben bereits mit der Freigabe des Entnahmeschritts angelegt werden.

[+]

Bei den Lageraufgaben des Entnahmeschritts verfügbares BAdI für die Änderung der Lagerprozessart

Die Lagerprozessart für die LBs des Entnahmeschritts wird auf der Lagernummernebene in der IMG-Aktivität **2-stufige Kommissionierung einrichten** festgelegt. Wenn Sie unterschiedliche Lagerprozessarten benötigen, weil z. B. unterschiedliche Zwischenlagerplätze für die Aufteilung ermittelt werden sollen, haben Sie mit dem BAdI `/SCWM/EX_WAVE_WITHDRAW_WPT` die Möglichkeit, über eine kundenspezifische Logik für die jeweiligen Entnahme-LBs die entsprechende Lagerprozessart zu bestimmen.

Die Logik der Optimierung erläutern wir im Folgenden anhand von zwei Beispielen: Unser Produkt ABC ist gemäß Lagerproduktstamm für die zweistufige Kommissionierung relevant, und neben der Basismengeneinheit in *Stück* (ST) sind für dieses Produkt noch die alternative Mengeneinheiten *Karton* (KAR) und *Palette* (PAL) mit den folgenden Mengenkorrelationen gepflegt: 1 KAR = 5 ST und 1 PAL = 15 ST. Die Mengeneinheiten sind entsprechend den unterschiedlichen Mengenklassifizierungen in verschiedenen Lagertypen bestandsgeführt, wobei in unseren folgenden Beispielen für das Produkt ABC aktuell nur die Mengeneinheiten KAR und ST im Bestand verfügbar sind.

Beispiel 1

Für Produkt ABC ist eine Welle mit 7 Wellenpositionen (kurz WP) und einer Gesamtbedarfsmenge von 14 ST vorhanden. Mit der Optimierung der zweistufigen Kommissionierung legt SAP EWM mit der Wellenfreigabe die LBs, wie in Tabelle 7.1 gezeigt, an. Im Ergebnis führt die optimierte zweistufige Kommissionierung zu 8 Lageraufgaben: 3 LBs für die Direktkommissionierung, 1 LB mit 1 KAR für den Entnahmeschritt und 4 LBs für den Aufteilungsschritt.

	WP1	WP2	WP3	WP4	WP5	WP6	WP7	Gesamt
Bedarfsmenge	1 ST	1 ST	1 ST	2 ST	3 ST	1 ST	5 ST	14 ST
Entnahmeschritt	1 LB (1 KAR)							1 LB
Aufteilungsschritt	1 LB	1 LB	1 LB	1 LB				4 LBs
Direktkommission.					1 LB	1 LB	1 LB	3 LBs

Tabelle 7.1 Mit Optimierung der zweistufigen Kommissionierung

Ohne Optimierung der zweistufigen Kommissionierung legt EWM mit der Wellenfreigabe die LBs so an, wie es in Tabelle 7.2 dargestellt ist. Im Ergebnis führt die zweistufige Kommissionierung für alle Wellenpositionen zu 9 Lageraufgaben: 1 LB mit 2 KAR für den Entnahmeschritt und 7 LBs für den Aufteilungsschritt.

	WP1	WP2	WP3	WP4	WP7	WP5	WP6	Gesamt
Bedarfsmenge	1 ST	1 ST	1 ST	2 ST	5 ST	3 ST	1 ST	14 ST
Entnahmeschritt	1 LB (2 KAR)					1 LB (4 ST)		2 LBs
Aufteilungsschritt	1 LB	1 LB	1 LB	1 LB	1 LB	1 LB	1 LB	7 LBs

Tabelle 7.2 Ohne Optimierung der zweistufigen Kommissionierung

Beispiel 2

Für unser Produkt ABC ist eine Welle mit 7 WPs, aber mit einer Gesamtbedarfsmenge von 15 ST (WP 6 mit 2 ST statt 1 ST) vorhanden.

Über die Optimierung der zweistufigen Kommissionierung legt SAP EWM mit Wellenfreigabe die LBs wie folgt an. Im Ergebnis führt die optimierte zweistufige Kommissionierung zu 8 Lageraufgaben – 1 LB für die Direktkommissionierung, 1 LB mit 2 KAR für den Entnahmeschritt und 6 LBs für den Aufteilungsschritt.

	WP1	WP2	WP3	WP4	WP5	WP6	WP7	Gesamt
Bedarfsmenge	1 ST	1 ST	1 ST	2 ST	3 ST	2 ST	5 ST	15 ST
Entnahmeschritt	1 LB (2 KAR)							1 LB
Aufteilungsschritt	1 LB	1 LB	1 LB	1 LB	1 LB	1 LB		6 LBs
Direktkommiss.							1 LB	1 LB

Tabelle 7.3 Mit Optimierung der zweistufigen Kommissionierung

Ohne Optimierung der zweistufigen Kommissionierung legt SAP EWM mit der Wellenfreigabe die LBs wie in Tabelle 7.4 an. Im Ergebnis führt die zweistufige Kommissionierung für alle Wellenpositionen ebenfalls zu 8 Lageraufgaben: 1 LB für den Entnahmeschritt und 7 LBs für den Aufteilungsschritt.

	WP1	WP2	WP3	WP4	WP5	WP6	WP7	Gesamt
Bedarfsmenge	1 ST	1 ST	1 ST	2 ST	3 ST	2 ST	5 ST	15 ST
Entnahmeschritt	1 LB (3 KAR)							1 LB
Aufteilungsschritt	1 LB	1 LB	1 LB	1 LB	1 LB	1 LB	1 LB	7 LBs

Tabelle 7.4 Ohne Optimierung der zweistufigen Kommissionierung

Die Beispiele zeigen, dass die Optimierung der zweistufigen Kommissionierung die besten Ergebnisse erzielt, wenn für ein Produkt ausreichend Bestand in allen relevanten Mengeneinheiten verfügbar ist.

[+]

Für den kundenspezifischen Optimierungsalgorithmus für die 2-stufige Kommissionierung verfügbares BAdI

Mit dem BAdI /SCWM/EX_WAVE_2STEP_OPT_PRC haben Sie die Möglichkeit, einen kundenspezifischen Optimierungsalgorithmus zu implementieren: welche Wellenpositionen direkt und welche Wellenpositionen mit der zweistufigen Kommissionierung kommissioniert werden sollen.

Die Optimierung der zweistufigen Kommissionierung kann entweder für alle Produkte oder nur für die Produkte, die im Produktstamm für die zweistufige Kommissionierung konfiguriert sind, für eine der folgenden Ebenen aktiviert werden:

- im SAP-EWM-Customizing für die Lagernummernebene über den folgenden Pfad: **Warenausgangsprozess • Wellenmanagement • Allgemeine Einstellungen • 2-stufige Kommissionierung einrichten**
- in SAP Easy Access für die Ebene der Wellenvorlage für Wellen, die auf Basis dieser Vorlage erstellt werden, über Transaktion /SCWM/WAVETMP (Wellenvorlagen pflegen)
- für die Wellenebene manuell über Transaktion /SCWM/WAVE (Wellen pflegen) oder im Lagermonitor

[+]

Zum Ändern der Optimierung für die zweistufige Kommissionierung verfügbares BAdI

Mit dem BAdI /SCWM/EX_WAVE_2STEP_OPT_CHG haben Sie die folgenden Möglichkeiten für eine kundenspezifische Anpassung der Optimierung:

- Filtern von Produkten und Mengeneinheiten, die für die Optimierung der zweistufigen Kommissionierung relevant sind, z. B. soll die zweistufige Kommissionierung nur dann verwendet werden, wenn die kumulierte Bedarfsmenge einer Palettenmenge entspricht. Ein Anwendungsbeispiel für das Filtern von Produkten könnte sein, dass Produkte nicht für die zweistufige Kommissionierung relevant sind und direkt kommissioniert werden, wenn die Anzahl der Wellenpositionen unterhalb eines bestimmten Wertes liegen.
- Optimierung von Wellen überspringen
- Änderung der Optimierungsergebnisse

Mit Release SAP S/4HANA 2022 ist mit der automatischen Erstellung von Aufteilungslageraufgaben nach der Quittierung der Entnahmelageraufgabe eine weitere neue Funktion verfügbar, die Sie im SAP-EWM-Customizing in der IMG-Aktivität **2-stufige Kommissionierung einrichten** können. Ist dieses Kennzeichen gesetzt, plant SAP EWM mit der Quittierung des Entnahme-LBs einen qRFC zur Freigabe der Welle für den Ausführungsschritt ein. Wurde die Bedarfsmenge der Wellenpositionen, die mit dem Entnahme-LB verknüpft sind, vollständig entnommen, gibt SAP EWM die Welle für die entsprechenden Wellenpositionen teilweise frei und erstellt die Aufteilung-LBs automatisch. Da die Wellenfreigabe für den Aufteilungsschritt teilweise erfolgt, wird der Wellenkopfstatus nicht in **Freigegeben** geändert, auch wenn alle Positionen erfolgreich freigegeben worden sind. Beachten Sie, dass eine zusätzliche manuelle oder automatische Freigabe erforderlich ist, damit SAP EWM den Wellenkopfstatus in **Freigegeben** ändert.

Wie bereits in Abschnitt 7.1.3, »Wellen-Monitoring«, beschrieben, haben Sie im SAP-EWM-Customizing die Möglichkeit, die Parallelverarbeitung der performancekritischen LB-Erstellung zu aktivieren, was sich vor allem bei großen Wellen bemerkbar macht. Mit Release SAP S/4HANA 2022 besteht die Möglichkeit, die Parallelverarbeitung auch für die Erstellung der Entnahme-LBs zu aktivieren.

Ein weiteres Feature in SAP S/4HANA 2022 ist die Möglichkeit, eine Zeit für die zweite Wellenfreigabe in den Zeitattributen der Wellenvorlage zu definieren. Wenn Sie die automatische Wellenfreigabemethode (beide Freigaben (2-stufig)) in der Wellenvorlage festgelegt haben, wird sowohl für die Freigabezeit des Entnahmeschritts als auch für die zweite Freigabezeit des Aufteilungsschritts ein Hintergrundjob erstellt, um die Welle jeweils freizugeben. Wenn die Freigabezeit nicht definiert ist, wird nur der Hintergrundjob für die Freigabe des zweiten Schritts eingeplant. Beachten Sie, dass bei definierter Freigabezeit die Zeit der zweiten Freigabe nach der ersten Freigabezeit liegen muss. Die zweite Wellenfreigabezeit kann, analog zur ersten Freigabe, manuell in Transaktion /SCWM/WAVE geändert werden.

Im nächsten Abschnitt erläutern wir die verschiedenen Arten von Lageraufgaben sowie die Lagerprozessart.

7.2 Lageraufgaben und Lagerprozessart

Lageraufgaben sind Belege, die dazu dienen, Warenbewegungen im Lager durchzuführen. Sie enthalten daher Informationen, von wo nach wo und in welcher Menge Ware transportiert werden soll. Dabei spielt die Lagerprozessart bei der Steuerung von Umbuchungsvorgängen und Bewegungen im Lager eine zentrale Rolle.

7.2.1 Lageraufgabe

Mit der Freigabe von Wellen für LANF-Positionen vom Typ **Auslieferungsauftrag**, **Umlagerung** und **Umbuchung** erzeugt SAP EWM gleichzeitig Lageraufgaben (LBs). Für diese Arten von LANF-Positionen und zusätzlich für Anlieferpositionen können Sie Folgendes manuell erstellen:

- die Einlager-Lageraufgaben zur Anlieferung mit Transaktion /SCWM/TODLV_I
- die Kommissionier-Lageraufgaben zum Auslieferungsauftrag mit Transaktion /SCWM/TODLV_O
- die Umlager-Lageraufgaben zur internen Umlagerung mit Transaktion /SCWM/TODLV_M
- die Umlager-Lageraufgaben zur Umbuchung mit Transaktion /SCWM/TODLV_T

Diese Transaktionen finden Sie im SAP-Easy-Access-Menü in SAP EWM über den Pfad **Arbeitsvorbereitung • Lageraufgabe zur Lageranforderung anlegen**.

Abbildung 7.11 zeigt die manuelle Erstellung der Lageraufgabe zur Einlagerung für eine bestimmte Anlieferposition. Dazu klicken Sie auf den Button **Anlegen**.

Abbildung 7.11 Manuelle Lageraufgabenerstellung anhand des Beispiels einer Anlieferung mit Transaktion /SCWM/TODLV_I

Neben der manuellen Erstellung können Lageraufgaben auch automatisch über den Aufruf der entsprechenden PPF-Aktion je nach Art der Lageranforderung, die Sie im SAP-Easy-Access-Menü in SAP EWM über den Pfad **Drucken • PPF-Aktion anzeigen und verarbeiten** finden, erstellt werden. In Abbildung 7.12 sind das Aktionsprofil und die Aktionsdefinition für die automatische Lageraufgabenerstellung für Anlieferungen dargestellt.

Wenn SAP EWM eine Lageraufgabe zur Lageranforderung erzeugt, ermittelt es mit Einlagerungsstrategien den Lagerplatz oder mit Auslagerungsstrategien den Bestand. Die Ein- bzw. Auslagerungsstrategien sind Gegenstand von Kapitel 8, »Wareneingangsprozess«, bzw. Kapitel 9, »Warenausgangsprozess«.

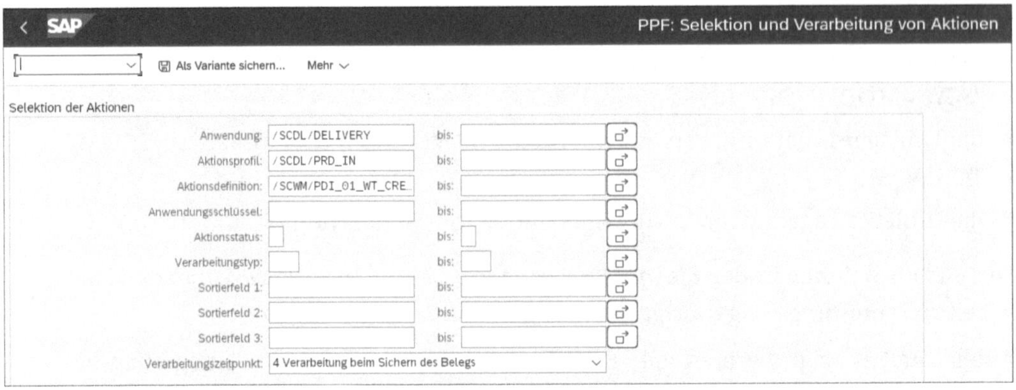

Abbildung 7.12 Automatische Lageraufgabenerstellung über PPF-Aktion

In SAP EWM werden zwei Arten von Lageraufgaben unterschieden, die im Folgenden kurz dargestellt werden.

Produktlageraufgabe

Die *Produktlageraufgabe* ist ein Beleg, der dazu dient, Produkte im Lager zu bewegen. Einer Produktlageraufgabe können physische Warenbewegungen oder Bestandsveränderungen zugrunde liegen. Eine Produktlageraufgabe enthält alle notwendigen Informationen zu einer durchzuführenden Warenbewegung:

- Welches Produkt soll bewegt werden?
- Welche Menge des Produkts soll bewegt werden?
- Von wo (Von-Lagerplatz) soll das Produkt wohin (Nach-Lagerplatz) bewegt werden?

Die Produkt-Lageraufgabe enthält alle erforderlichen Informationen, um den physischen Transport von Produkten ins Lager, aus dem Lager oder innerhalb des Lagers von einem Lagerplatz zu einem anderen Lagerplatz durchzuführen. Eine Produktlageraufgabe reserviert die Mengen, sodass diese nicht mehr für andere Produktlageraufgaben zur Verfügung stehen.

HU-Lageraufgabe

Die *HU-Lageraufgabe* ist ein Beleg, der dazu dient, *Handling Units* (HUs) im Lager zu bewegen. Einer HU-Lageraufgabe können nur Warenbewegungen zugrunde liegen.

Die HU-Lageraufgabe enthält alle erforderlichen Informationen, um den physischen Transport von HUs innerhalb des Lagers von einem Lagerplatz zu einem anderen Lagerplatz durchzuführen. Sonderfälle für HU-Lageraufgaben sind:

- Be- und Entladeprozess im Rahmen der Lagerungsprozesssteuerung
- Bewegung von Transporteinheiten im Yard

Eine HU-Lageraufgabe enthält alle notwendigen Informationen zu einer durchzuführenden Warenbewegung:

- Welche HU soll bewegt werden?
- Von wo (Von-Lagerplatz) soll die HU wohin (Nach-Lagerplatz) bewegt werden?

Eine HU-Lageraufgabe reserviert keine Mengen.

Sowohl die Produkt- als auch die HU-Lageraufgabe beinhaltet neben den zuvor genannten Informationen die Lagerprozessart, mit der die Warenbewegungen gesteuert werden. Im nächsten Abschnitt erläutern wir die Lagerprozessart näher.

7.2.2 Lagerprozessart

SAP EWM steuert und bearbeitet jeden Lagerprozess (wie z. B. Wareneingang, Warenausgang, Umbuchung und Umpacken) mithilfe einer *Lagerprozessart*. Im Wareneingangsprozess kann an der Lagerprozessart der Lagerungsprozess (siehe Abschnitt 7.4, »Lagerungssteuerung«) hinterlegt werden, der beschreibt, welche Schritte im Einlagerprozess durchlaufen werden müssen. Darüber hinaus kann u. a. über die Lagerprozessart die Lagertypsuchreihenfolge für die Einlagerung bestimmt werden (siehe Kapitel 8, »Wareneingangsprozess«).

Die Lagerprozessart hat im Warenausgangsprozess ebenfalls eine führende Rolle. Sie steuert z. B., ob SAP EWM eine automatische Wellenzuordnung durchführen und eine Grobplatzermittlung erfolgen soll. Dabei wird eine Simulation der Auslagerungsstrategie durchgeführt. Der Bestand wird nicht reserviert. Das Resultat der Grobplatzermittlung ist die Information darüber, von welchem Platz und damit von welchem Aktivitätsbereich welche Menge einer Auslieferungsauftragsposition voraussichtlich kommissioniert wird. Diese Informationen können für die Wellenvorlagenfindung genutzt werden. Darüber hinaus können Sie u. a. über die Lagerprozessart als Filterkriterium Einfluss auf die Lagerauftragserstellung nehmen (siehe Abschnitt 7.3, »Lagerauftragserstellung«). Auch für die Queue-Findung kann die Lagerprozessart neben anderen Kriterien als Findungskriterium verwendet werden.

Sowohl im Wareneingang als auch im Warenausgang können Sie die die Lagerprozessart für die Bereitstellungszonen- und für die Torfindung beeinflussen.

Die Lagerprozessart definieren Sie im SAP-EWM-Einführungsleitfaden über den Pfad **Prozessübergreifende Einstellungen • Lageraufgabe • Lagerprozessart definieren**. Abbildung 7.13 zeigt beispielhaft die Definition von Lagerprozessartparametern für die Einlagerung.

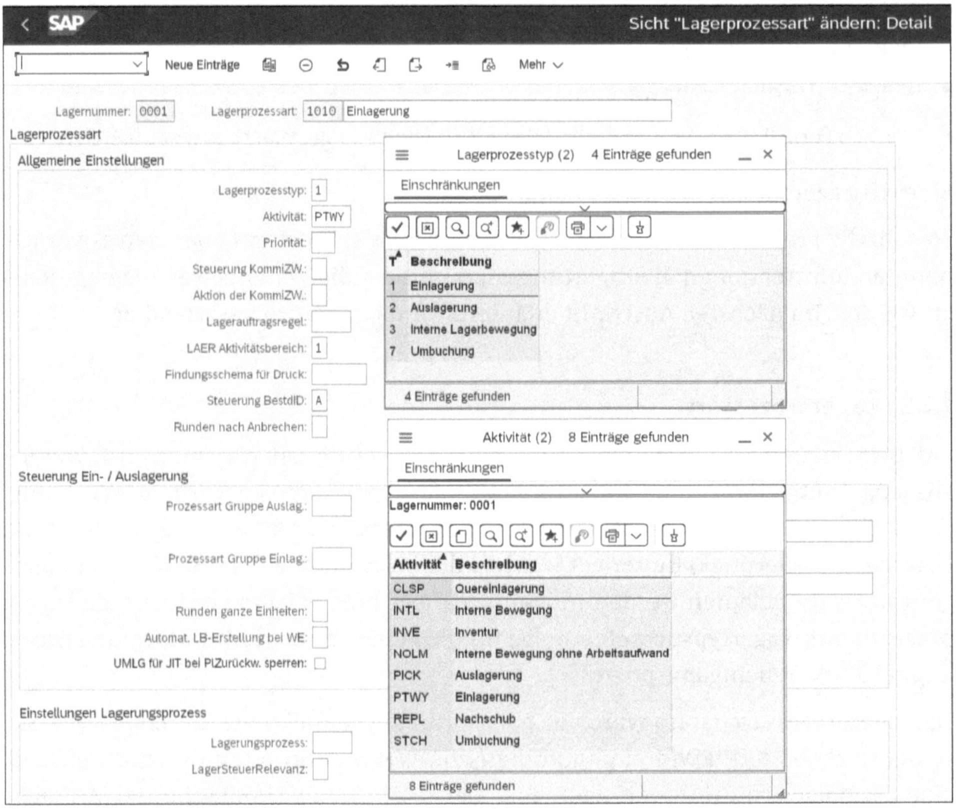

Abbildung 7.13 Lagerprozessart für die Einlagerung

Die Lagerprozessart wird dem *Lagerprozesstyp* und einer *Aktivität* zugeordnet, die miteinander verknüpft sind und die Richtung der Bewegung im Lager anzeigen. Der Lagerprozesstyp ist der Schlüssel für die Art der Warenbewegung im Lager. In Kombination mit der Aktivität, die dem Lagerprozesstyp eindeutig zugeordnet ist, werden die Warenbewegungen (z. B. Einlagerung durchführen) veranlasst. So kann z. B. über die Aktivität *Quereinlagerung* (Cross-Line Stock Putaway, CLSP) gesteuert werden, dass die Produkte auf die jeweiligen Gänge gleich verteilt eingelagert werden, um so eine einseitige Auslastung des Lagers zu verhindern.

Die Lagerprozessart kann auch Informationen über den Von-Lagertyp und -platz für Einlager-Lageraufgaben umfassen, und sie kann den Nach-Lagertyp und -platz für Kommissionier-Lageraufgaben enthalten. Die Lagerprozessart schließt nicht immer den Von-Lagertyp und -platz bzw. den Nach-Lagertyp und -platz mit ein. Wenn z. B. einer Lagerprozessart ein Lagerungsprozess für eine prozessorientierte Lagerungssteuerung zugeordnet wird, werden die entsprechenden Informationen dem Lagerungsprozess selbst entnommen. Interne Bewegungen verwenden Strategien oder erfordern eine manuelle Eingabe.

Die Lagerprozessart wird für jede LANF-Position vom Typ Auslieferungsauftrag, Anlieferung, interne Umlagerung und Umbuchung ermittelt und liefert die Informationen, die SAP EWM für die Durchführung dieser Prozesse benötigt. Die Findung der Lagerprozessart ergibt sich aus der Belegart, der Positionsart und der Lieferpriorität und kann im SAP-EWM-Einführungsleitfaden über den Pfad **Prozessübergreifende Einstellungen • Lageraufgabe • Lagerprozessart finden** eingestellt werden.

Zusätzlich kann im Produktstamm ein Kennzeichen zur Lagerprozessartenfindung hinterlegt werden, um für bestimmte Produkte eine abweichende Lagerprozessart zu finden. Diese Produkte sollen z. B. den Produkteigenschaften entsprechend einen anderen Lagerungsprozess durchlaufen. Sowohl die Lagerprozessartenfindung als auch das Findungskennzeichen werden im Customizing über den genannten Pfad definiert.

Entsprechend den Lageraufgaben erzeugt SAP EWM Lageraufträge, um Arbeitspakete für den einzelnen Lagermitarbeiter zusammenzustellen. Die Bildung von Lageraufträgen wird im nächsten Abschnitt detailliert beschrieben.

7.3 Lagerauftragserstellung

Während das Wellenmanagement zur Planung der anstehenden Arbeitslast im Lager verwendet wird, dient die *Lagerauftragserstellung* (LA-Erstellung) dazu, ausführbare Arbeitspakete zu erstellen, deren Bearbeitung die Lagermitarbeiter innerhalb bestimmter Zeiten abschließen sollen. Der Lagerauftrag ist ein separater Beleg in SAP EWM, der sich aus Lageraufgaben oder Inventurpositionen zusammensetzt. Diese werden entsprechend den Prozessanforderungen zu Lageraufträgen gruppiert, die SAP EWM zur Bearbeitung bereitstellt. Einige Anwendungsbeispiele für die Lagerauftragserstellung in der Praxis sind:

- Ganzbehälter und Teilmengen werden in verschiedenen Lagerbereichen von separaten Ressourcen kommissioniert.
- Das Gesamtgewicht der kommissionierten Ware pro Pick-HU darf ein maximales Gewicht bzw. Volumen nicht überschreiten.
- Bei kleinpostigen Kundenaufträgen (Auslieferungen) soll die Kommissionierung über Multi-Order-Picking erfolgen. Dabei muss der Kommissionierweg minimiert werden.
- Bei einer bestimmten Anzahl von Auslieferpositionen pro Kunde soll die Kommissionierung kundenrein erfolgen.
- Schwer vor leicht – die Kommissionierung soll, unter der Berücksichtigung des Produktgewichts, wegeoptimiert erfolgen.

In den folgenden Abschnitten stellen wir Ihnen Ablauf und Algorithmus der Lagerauftragserstellung vor und beschreiben das Regelwerk der Lagerauftragserstellung mit den wichtigsten Customizing-Einstellungen.

7.3.1 Ablauf und Methodik der Lagerauftragserstellung

Mit der Freigabe der Wellen werden die darin enthaltenen Auftragspositionen in den physischen Lagerprozess eingesteuert. Dazu werden für die der Welle zugeordneten Auftragspositionen Lageraufgaben erstellt. Auf Basis der gefundenen Auslagerungsstrategie werden der Von-Platz ermittelt und der Bestand reserviert. Sollte bei Erstellung der Lageraufgabe für eine Lieferposition kein verfügbarer Bestand gefunden werden, wird die Lieferposition einer neuen Welle zugeordnet. Anschließend werden die erzeugten Lageraufgaben der Welle zu Lageraufträgen gebündelt. Abbildung 7.14 zeigt den Ablauf von der Gruppierung der Lieferpositionen zu Wellen bis hin zur Erstellung von Lageraufträgen.

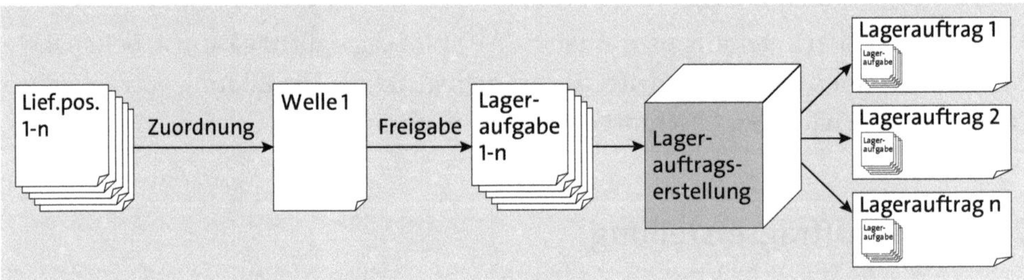

Abbildung 7.14 Ablauf der Lagerauftragserstellung

Die Bündelung von Lageraufgaben zu Lageraufträgen erfolgt über die sogenannten *Lagerauftragserstellungsregeln* (LAER). Aufgabe der LAER ist es, die Liste aller Lageraufgaben einer Welle auf Basis der Prozessanforderungen in optimale Arbeitspakete für die Ressourcen zu schneiden. Demzufolge kann ein Lagerauftrag Lageraufgaben von mehreren Lieferungen enthalten. Eine LAER besteht aus verschiedenen Attributen, z. B. der Minimierung des Kommissionierwegs (einstellbar über den Erstellungstyp), und minimalen und maximalen Grenzwerten für die Größe eines Lagerauftrags (z. B. Gewicht, Volumen, Greifzeit), mit denen Sie die Arbeitspakete optimieren können. Nach welcher Methodik die Lagerauftragserstellung funktioniert, verdeutlicht Abbildung 7.15.

Im Folgenden beschreiben wir die einzelnen Schritte für die Lagerauftragserstellung:

❶ Der Prozess beginnt mit der Freigabe der Welle.

❷ Die Auslagerungsstrategie wird für jede Wellenposition durchlaufen, und die Lageraufgaben (LBs) werden zu den ermittelten Plätzen bzw. zu den ermittelten HUs erzeugt (siehe Kapitel 9, »Warenausgangsprozess«). Im Zuge der Lageraufgabenerstellung werden bereits die Queues ermittelt, sodass der jeweilige Arbeitsbereich noch in Queues unterteilt wird.

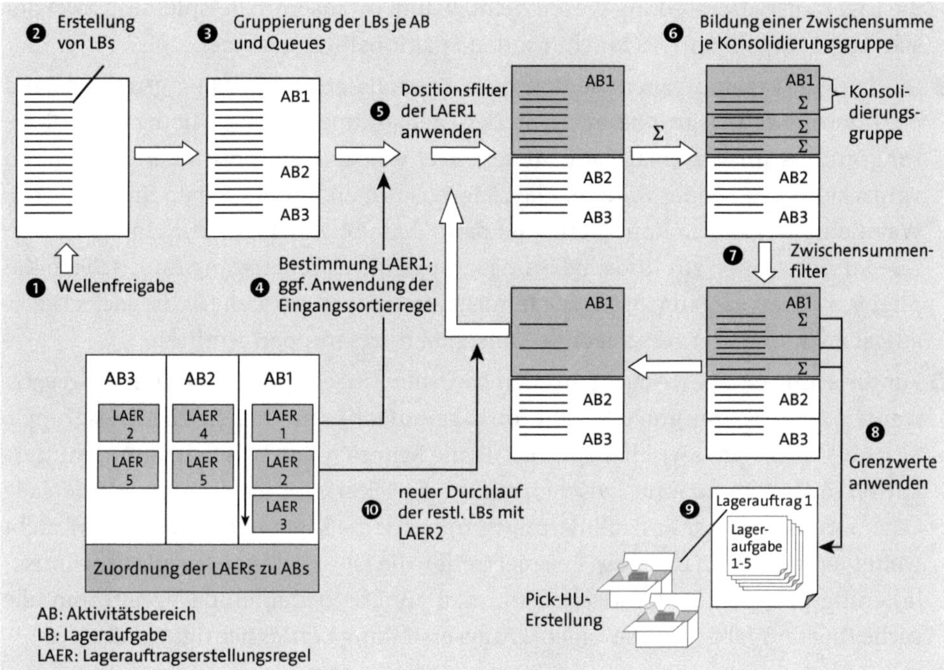

Abbildung 7.15 Methodik der Lagerauftragserstellung

❸ Die LAERs werden auf der Grundlage des Aktivitätsbereichs und der Aktivität aus der Lagerprozessart der Lageraufgabe ermittelt. Die Suchreihenfolge für LAERs pro Aktivitätsbereich definieren Sie im SAP-EWM-Einführungsleitfaden über den Pfad **Prozessübergreifende Einstellungen • Lagerauftrag • Suchreihenfolge von Erstellungsregel für Aktivitätsbereiche definieren**. In unserem Beispiel ist für AB 1 die folgende Suchreihenfolge festgelegt worden: LAER 1 → LAER 2 → LAER 3. Demzufolge wird als Erstes die LAER 1 zur Lagerauftragserstellung verwendet.

❹ Durch den ermittelten Von-Platz bestimmt SAP EWM den Aktivitätsbereich pro Lageraufgabe und gruppiert die Lageraufgaben entsprechend den Aktivitätsbereichen. In dem oben dargestellten Beispiel wurden die erstellten Lageraufgaben in drei Aktivitätsbereiche gruppiert (z. B. acht Lageraufgaben in AB 1). Die Reihenfolge der gruppierten Lageraufgaben kann über eine Eingangssortierregel festgelegt werden, z. B. nach Konsolidierungsgruppe. Diese Eingangssortierung ist bei der Verwendung von Zwischensummenfiltern sinnvoll.

❺ In der LAER kann ein Positionsfilter festgelegt werden. Dadurch bestimmen Sie, ob die Lagerauftragserstellung eine Lageraufgabe mit der LAER verarbeitet. SAP EWM prüft pro Lageraufgabe, ob die Filterkriterien (z. B. minimales/maximales Volumen, minimales/maximales Gewicht, Wellentyp) zutreffen. Treffen die Kriterien für den Positionsfilter nicht auf die zu bearbeitende Lageraufgabe zu, verarbeitet die Lagerauftragserstellung diesen nicht weiter. In unserem Beispiel sind zwei der acht Lageraufgaben in AB 1 nicht für den Positionsfilter geeignet.

❻ Die übrigen Lageraufgaben werden nach Konsolidierungsgruppen gruppiert, und pro Konsolidierungsgruppe wird eine Zwischensumme gebildet. Mit der Konsolidierungsgruppe im Warenausgang steuern Sie, welche Lieferpositionen zusammen verpackt und versendet werden. Alle Lieferpositionen mit denselben Kriterien (z. B. Warenempfänger und Route) erhalten dann dieselbe Konsolidierungsgruppe. Weitere Informationen zur Konsolidierungsgruppe im Warenausgang finden Sie in Kapitel 9, »Warenausgangsprozess«. In unserem Beispiel wurden für die sechs Lageraufgaben in AB 1 drei verschiedene Konsolidierungsgruppen ermittelt.

❼ Für die ermittelten Zwischensummen kann ein Zwischensummenfilter eingesetzt werden, z. B. eine minimale Anzahl von Lageraufgaben pro Konsolidierungsgruppe. SAP EWM prüft pro Zwischensumme, ob die Kriterien des Zwischensummenfilters zutreffen. Treffen für eine Zwischensumme die Filterkriterien nicht zu, werden alle Lageraufgaben dieser Konsolidierungsgruppe für die Lagerauftragserstellung nicht weiterverarbeitet. In unserem Beispiel treffen die Filterkriterien für alle drei Konsolidierungsgruppen bzw. Zwischensummen zu. Das bedeutet, dass weiterhin alle sechs Lageraufgaben für die Lagerauftragserstellung berücksichtigt werden.

❽ Nun kann über die Anwendung von Grenzwerten (z. B. maximale Anzahl von Lageraufgaben pro Lagerauftrag, minimales/maximales Volumen, minimales/maximales Gewicht) die Größe eines Lagerauftrags festgelegt werden. Dadurch begrenzen Sie die Anzahl der Positionen eines Lagerauftrags. In unserem Beispiel enthält der erste Lagerauftrag fünf Lageraufgaben, und die restlichen werden in einen neuen Lagerauftrag auf Basis der LAER-1-Attribute gebündelt.

❾ Der Lagerauftrag wird erstellt und enthält nur Lageraufgaben für einen Aktivitätsbereich und eine Queue. Gegebenenfalls werden auf Basis des Packprofils, das der LAER zugeordnet ist, Pick-HUs erstellt. Über das Packmittel wird durch einen geeigneten Konditionssatz eine Packspezifikation gefunden. In der Packspezifikation ist das Packmittel hinterlegt, auf dessen Basis SAP EWM die Pick-HUs erstellt. In unserem Beispiel besteht der Lagerauftrag aus fünf Lageraufgaben, und zwei Pick-HUs wurden gebildet.

❿ Für die Lageraufgaben, die auf Basis der ersten LAER für die Lagerauftragserstellung nicht geeignet waren, wird der Prozess mit der nächsten LAER fortgesetzt (Prozessschritte ❹–❽), bis alle Positionen abgearbeitet sind.

Sollten nach der Verwendung aller LAERs des Aktivitätsbereichs noch Lageraufgaben übrig bleiben, werden diese mit der Restbearbeitungsregel UNDE (undefiniert), die im Standard ausgeliefert wird, zu einem Lagerauftrag zusammengefasst. Die Lagerauftragserstellung mit UNDE ist konsolidierungsgruppenrein, was bedeutet, dass für die restlichen Lageraufgaben gegebenenfalls mehrere Lageraufträge erstellt werden können.

Als Ergebnis erstellt SAP EWM Lageraufträge, die von einer Ressource in einem Aktivitätsbereich ausgeführt werden können. SAP EWM berechnet für jeden Lagerauftrag das *späteste Startdatum* (SSD) und nimmt somit eine Priorisierung der Lageraufträge vor. Das SSD berechnet sich rückwärts aus den folgenden Daten:

- Kommissionierendzeitpunkt, der aus der Wellenvorlage der freigegebenen Welle ermittelt wird
- Greifzeiten für die einzelnen Lageraufgaben
- Wegezeit auf Basis der Ressourcengeschwindigkeit
- Rüstzeit aus dem Packprofil der verwendeten LAER

Im Beispiel aus Abbildung 7.16 enthält der Lagerauftrag drei Lageraufgaben. Das Kommissionierende der Welle ist 14:00 Uhr. Die Greif- und Wegezeit für die Lageraufgabe 3 wurde mit 15 Minuten, die der Lageraufgabe 2 mit 20 Minuten und die der Lageraufgabe 1 ebenfalls mit 15 Minuten berechnet. Außerdem ist eine Rüstzeit von zehn Minuten für das Rüsten des Pick-Mobils vorgesehen. Damit errechnet sich das SSD für diesen Lagerauftrag auf 13:00 Uhr.

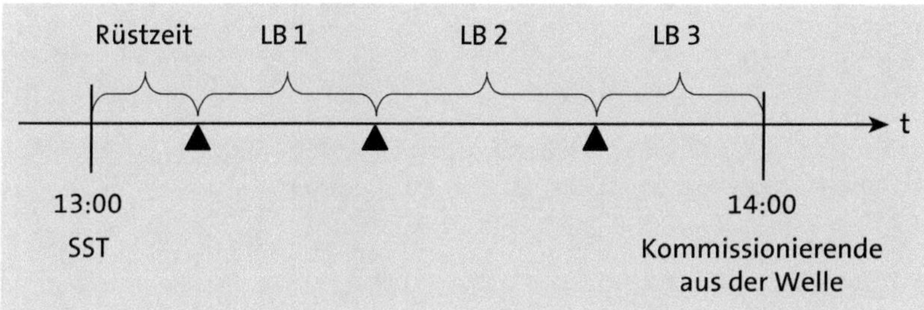

Abbildung 7.16 Spätestes Startdatum für den Lagerauftrag berechnen

Sie können Greifzeiten pro Lagernummer, Lagertyp, Lagervorgang, ME-Aufwandsgruppe und Produktaufwandsgruppe sowie eine konstante und eine variable Bearbeitungszeit in Sekunden hinterlegen. Unter der *ME-Aufwandsgruppe* versteht man die Gruppierung von Mengeneinheiten bzw. HU-Typen unter Aufwandsgesichtspunkten (z. B. Stück = geringer Aufwand, Karton = mittlerer Aufwand), und die Produktaufwandsgruppe dient der Gruppierung von Produkten unter Lastgesichtspunkten und wird dem Produktstamm zugeordnet, z. B. besonders sperrige Produkte. Die konstante Zeit kann als Rüstzeit bzw. Wegezeit interpretiert werden. Die variable Zeit fällt für jede zu bewegende Einheit an.

Die Konfiguration der Greifzeitenermittlung nehmen Sie im SAP-EWM-Customizing über den Pfad **Prozessübergreifende Einstellungen • Lageraufgabe • Greifzeitenermittlung definieren** vor.

Der erstellte Lagerauftrag wird anhand der Queue-Findung einer entsprechenden Queue zugeordnet. SAP EWM kann nun jeder anfragenden Ressource den Lagerauftrag zuteilen, der die höchste Priorität hat, also das früheste SSD. In den folgenden Abschnitten beschreiben wir die LAER mit den verschiedenen Attributen und erläutern die Konfiguration anhand einiger Praxisbeispiele.

7.3.2 Lagerauftragserstellungsregel

Die LAER besteht u. a. aus verschiedenen Parametern, die für die Bildung optimaler Arbeitspakete relevant sind. Die Definition dieser Parameter und der LAER selbst erfolgt im SAP-EWM-Einführungsleitfaden über den Pfad **Prozessübergreifende Einstellungen • Lagerauftrag**. Abbildung 7.17 zeigt die Parameter der LAER.

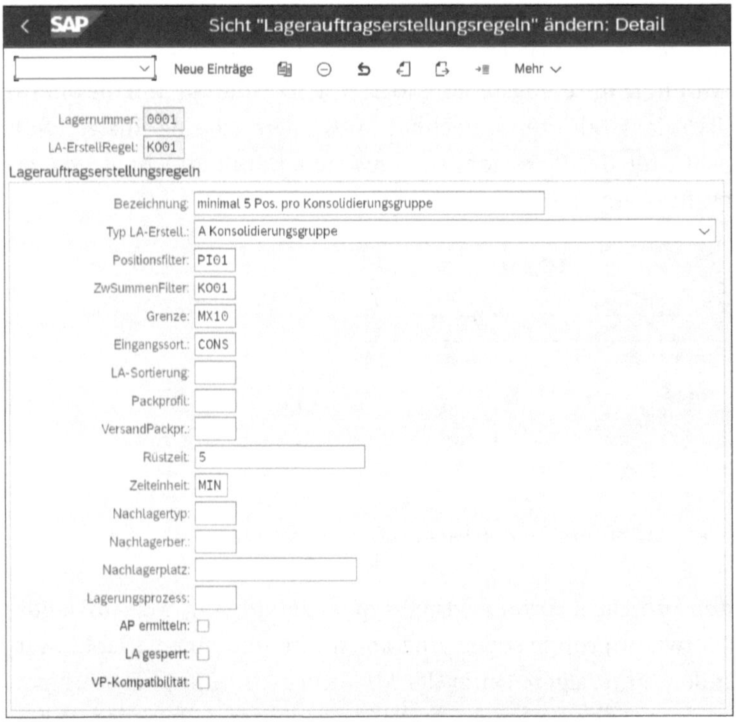

Abbildung 7.17 Lagerauftragserstellungsregel konfigurieren

Im Folgenden werden die wichtigsten Parameter näher erläutert:

- **Erstellungstyp**
  Je nach Erstellungstyp liefert die Lagerauftragserstellung unterschiedliche Ergebnisse. Wenn z. B. der Erstellungstyp **Konsolidierungsgruppe** verwendet wird, versucht EWM, nur die Lageraufgaben zu einem Lagerauftrag zu bündeln, die die gleiche Konsolidierungsgruppe haben.

  Wählen Sie hingegen den Erstellungstyp **Kommissionierweg**, gruppiert EWM alle Lageraufgaben mit einem möglichst optimalen, also kurzen Kommissionierweg.

Im ersten Fall ist der Kommissionierweg zwar länger, hat aber den Vorteil, dass die Ware nach der Kommissionierung nicht mehr dekonsolidiert werden muss. Im zweiten Fall ist der Kommissionierweg zwischen den Positionen des Lagerauftrags kürzer, aber es muss eine Dekonsolidierung erfolgen, da die kommissionierte Ware in den Pick-HUs unterschiedlichen Konsolidierungsgruppen zugeordnet ist. Um beiden Anwendungsfällen gerecht zu werden, könnten Lageraufgaben gemäß Kommissionierweg gebündelt und die Größe des Lagerauftrags mit maximal einer Konsolidierungsgruppe pro HU begrenzt werden.

- **Positionsfilter**
  Dieser Filter legt fest, welche Lageraufgaben zur Verarbeitung für die LAER relevant sind. Nur Lageraufgaben, die den Filterkriterien entsprechen, werden von der LAER verarbeitet (z. B. hat das Filterkriterium **Gewicht** einen unteren Grenzwert von 20 kg – demzufolge sind die Lageraufgaben, deren Mindestgewicht geringer als 20 kg ist, von der Lagerauftragserstellung ausgeschlossen). Ein anderes Kriterium ist **Wellentyp**. Aufgrund des im Filter einstellbaren Wellentyps kann gesteuert werden, dass die LAER nur Lageraufgaben berücksichtigt, die aufgrund einer bestimmten Welle erzeugt wurden (z. B. Wellen für Eilaufträge).
- **Zwischensummenfilter (Feld »ZwSummenFilter«)**
  Über Zwischensummenfilter können Sie auf der Ebene der Konsolidierungsgruppe Grenzwerte definieren (z. B. hat das Filterkriterium **min. Anzahl Positionen pro Zwischensumme** den unteren Grenzwert von fünf Positionen – demzufolge gehen nur die Konsolidierungsgruppen in die Lagerauftragserstellung ein, die mindestens fünf Lageraufgaben pro Konsolidierungsgruppe haben. Damit kann z. B. gesteuert werden, dass Kundenaufträge erst ab einer gewissen Anzahl von Positionen kundenrein kommissioniert werden.
- **Grenze**
  Je LAER können Grenzwerte hinterlegt werden. Diese legen fest, wie groß ein Lagerauftrag mindestens sein muss bzw. maximal sein darf, z. B. minimale/maximale Anzahl von Lageraufgaben pro Lagerauftrag oder minimales/maximales Gewicht pro Lagerauftrag. Grenzwerte können auch pro Pick-HU definiert werden, wie z. B. die maximale Anzahl der Konsolidierungsgruppen.
- **Sortierregel**
  Zu einer LAER können verschiedene Sortierregeln definiert werden:
  - Feld **Eingangssort.** (Eingangssortierung): Hier werden Lageraufgaben sortiert, bevor die möglichen LAERs angewandt werden. Wenn Sie Zwischensummenfilter verwenden, ist es sinnvoll, die Eingangssortierung **Cons** (Konsolidierungsgruppe) zu verwenden.
  - Feld **LA-Sortierung**: Wenn der Lagerauftrag feststeht, werden dessen Lageraufgaben vor der Ausführung sortiert, z. B. gemäß **Kommissionierweg**, um so den Mitarbeiter wegeoptimiert durch das Lager zu führen.

- **Packprofil**
Mit dem Packprofil können Sie steuern, wie die Lagerauftragserstellung Pick-HUs für einen Lagerauftrag ermittelt. Als Grundlage zur Ermittlung werden die Daten (z. B. Gewicht, Volumen oder Dimensionen) der Lageraufgaben eines Lagerauftrags verwendet. Diese Daten werden mit den möglichen Packmitteln verglichen und auf diese Weise Anzahl und Typ der benötigten Pick-HUs ermittelt. Das Packprofil enthält u. a. die folgenden Felder:
  - Feld **Verpackungsmodus**: Hier können Sie zwischen einem einfachen und einem komplexen Packalgorithmus unterscheiden. Der einfache Packalgorithmus verwendet genau eine Packspezifikation. Das heißt, dass in der gefundenen Packspezifikation das Packmittel des Haupt-Levels verwendet wird. Beim komplexen Algorithmus werden auf Basis mehrerer Packspezifikationen die möglichst optimalen Pick-HUs und deren Anzahl ermittelt. Dazu müssen mehrere Packspezifikationen mit dem gleichen Konditionssatz, aber einer anderen Konditionsfolge definiert werden. Das kleinste Packmittel muss die niedrigste Konditionsfolge und das größte entsprechend die höchste Konditionsfolge haben. Da bei der Bildung von Pick-HUs oftmals kundenspezifische Algorithmen eine Rolle spielen, können diese in verschiedenen BAdIs vorgenommen werden.
  - Feld **Sortierung der LBs zur Bestimmung der Pick-HUs**: Diese Verpackungssortierregel ist dem Packprofil zugeordnet. Die LAER sortiert vor der Ermittlung der Pick-HUs die Lageraufgaben mit dem Ziel, die Anzahl der notwendigen Pick-HUs zu minimieren, insbesondere dann, wenn das Kennzeichen **LB überspringen** auf dem Packprofil nicht aktiviert ist (siehe Packprofil).
  - Feld **Kennzeichen LBs HU zuordnen**: Damit legen Sie fest, dass die Lageraufgaben in die entsprechende Pick-HU kommissioniert werden, die zuvor bei der Ermittlung der Pick-HU zugeordnet wurden.
- **Rüstzeit**
Die Rüstzeit ist die Zeit, die benötigt wird, um die Abarbeitung eines Lagerauftrags vorzubereiten, z. B. das Rüsten des Pick-Mobils beim Multi-Order-Picking. Die Rüstzeit wird bei der Ermittlung des spätesten Startdatums zur Priorisierung der Lageraufträge berücksichtigt, was oben bereits erläutert wurde.
- **Kennzeichen »LA gesperrt«**
Mit diesem Kennzeichen werden die Lageraufträge gesperrt, was insbesondere dann sinnvoll ist, wenn Sie die Ergebnisse der Lagerauftragserstellung noch manuell über die Verwendung der geeigneten Methoden im Lagermonitor beeinflussen wollen. Welche Methoden im Einzelnen zur Verfügung stehen, wird in Abschnitt 7.3.3, »Lageraufträge manuell erstellen und bearbeiten«, genauer beschrieben.

- **Lagerungsprozess**
  Dem Lagerungsprozess können auszuführende Prozessschritte in entsprechender Reihenfolge zugeordnet werden. Ein Lagerungsprozess im Warenausgang könnte wie folgt aussehen:
  - 1. Auslagern
  - 2. Verpacken
  - 3. Bereitstellen im Versand
  - 4. Lkw beladen

  Wenn Sie also wollen, dass nach der Erledigung des Lagerauftrags ein bestimmter Lagerungsprozess erfolgen soll, definieren Sie diesen Prozess im Customizing und ordnen diesen der LAER zu. Wie Sie den Lagerungsprozess definieren und weitere Detailinformationen erfahren Sie in Abschnitt 7.4, »Lagerungssteuerung«.

Wie diese Parameter zusammenwirken und sinnvoll konfiguriert werden, wird im Folgenden anhand einiger Fälle aus der Praxis erläutert.

Abbildung 7.18 zeigt die Ausgangsbasis für die Praxisfälle. Im Aktivitätsbereich 01, der aus vier Gängen besteht, sollen mehrere Lageraufgaben für verschiedene Kundenaufträge A, B, C und D kommissioniert werden. Die Kommissionierung erfolgt nach dem Prinzip *Person zur Ware*, der Lagermitarbeiter entnimmt die Ware also einem Lagerplatz.

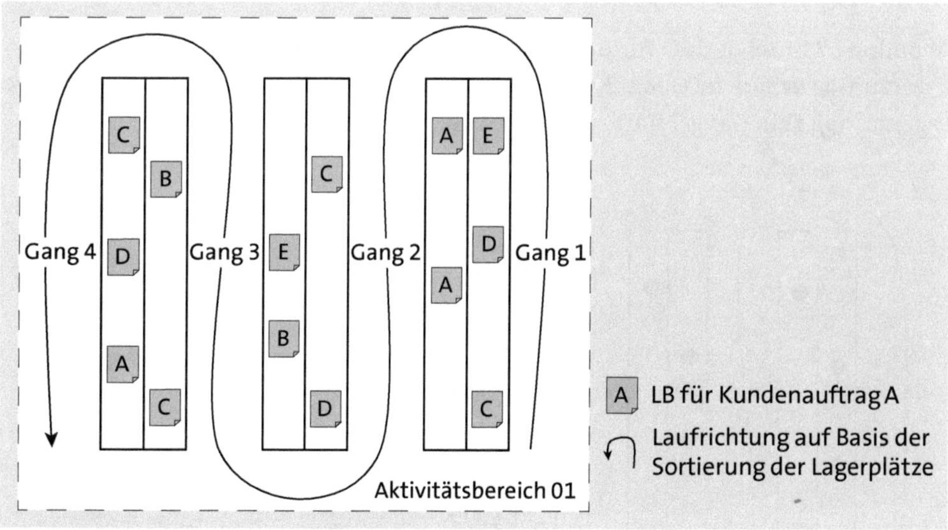

Abbildung 7.18 Beispiel: mehrere Kundenaufträge in einem Aktivitätsbereich kommissionieren

Fall 1: Möglichst geringer Kommissionierweg pro Lagermitarbeiter und maximales Gewicht der Pick-HU

Die Lageraufträge sollen so erstellt werden, dass der Lagermitarbeiter möglichst wenig Distanz zurücklegt. Um den Kommissionierweg möglichst gering zu halten, kommissioniert er für mehrere Kundenaufträge gleichzeitig. Demzufolge müssen im Anschluss an die Lagerauftragsbearbeitung die Pick-HUs an einem bestimmten Arbeitsplatz sortiert bzw. umgepackt werden. Eine weitere Prozessanforderung ist, dass das Gewicht der Pick-HU aufgrund der Bestimmungen des Arbeitsschutzes 25 kg nicht überschreiten darf.

Lösungsansatz: Es wird eine LAER mit den folgenden Parametern definiert und AB 01 zugeordnet.

LAER1: LAER mit dem Erstellungstyp **Kommissionierweg**, der Eingangssortierung **Von-Platz aufsteigend** (optional), der Lagerauftragssortierung **Kommissionierweg** und als Grenzwertkriterium **Gewicht** mit dem Maximalwert von 25 kg. Da die Pick-HU nach Abschluss des Lagerauftrags sortiert und umgepackt werden muss, sieht der Lagerungsprozess gegebenenfalls wie folgt aus:

1. Auslagern
2. Verpacken
3. Bereitstellen
4. Beladen

Abbildung 7.19 zeigt, dass für den Lagerauftrag ❶ nur in Gang 1 und 2 und für den Lagerauftrag ❷ nur in Gang 2 und 3 kommissioniert werden muss und dass der Lagerauftrag ❸ in Gang 3 startet und in Gang 4 endet.

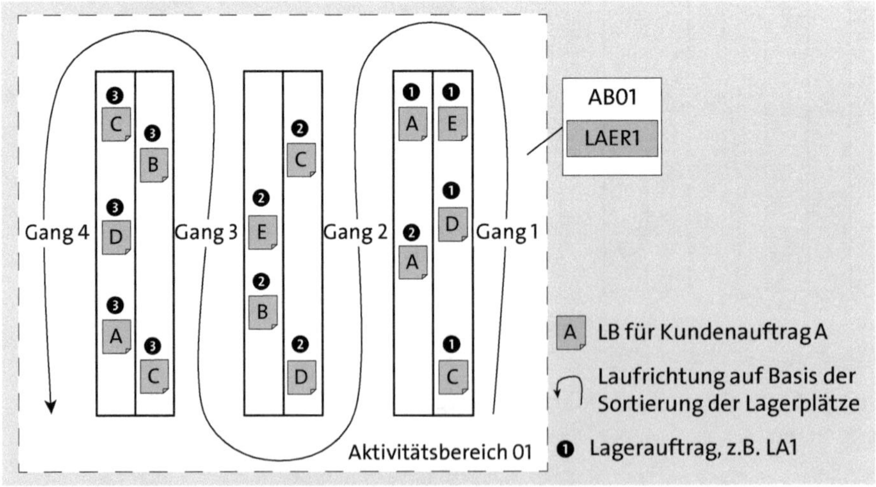

Abbildung 7.19 Beispiel: Ergebnis der Lagerauftragserstellung mit LAER – »möglichst geringer Kommissionierweg« pro Lagermitarbeiter

Fall 2: Leichte und schwere Produkte sollen separat und wegeoptimiert kommissioniert werden, wobei die Pick-HU ein Maximalgewicht nicht überschreiten darf

Infolge des inhomogenen Artikelspektrums müssen schwere und leichte Produkte getrennt voneinander kommissioniert werden, um Produktbeschädigungen zu vermeiden. Auch in diesem Szenario wird der Fokus bei der Lagerauftragserstellung auf die Wegeoptimierung und auf den Arbeitsschutz gelegt.

Lösungsansatz: Dem Aktivitätsbereich werden zwei LAERs in der entsprechenden Reihenfolge zugeordnet.

LAER 1: LAER mit dem Erstellungstyp **Kommissionierweg**, dem Positionsfilter **Maximalgewicht**, der Lagerauftragssortierung **Kommissionierweg** und als Grenzwertkriterium **Gewicht** mit dem Maximalwert 25 kg.

LAER 2: LAER mit dem Erstellungstyp **Kommissionierweg**, der Eingangssortierung **Von-Platz aufsteigend** (optional), der Lagerauftragssortierung **Kommissionierweg** und als Grenzwertkriterium **Gewicht** mit dem Maximalwert 25 kg. Abbildung 7.20 zeigt das Ergebnis der Lagerauftragserstellung mit den beiden LAERs.

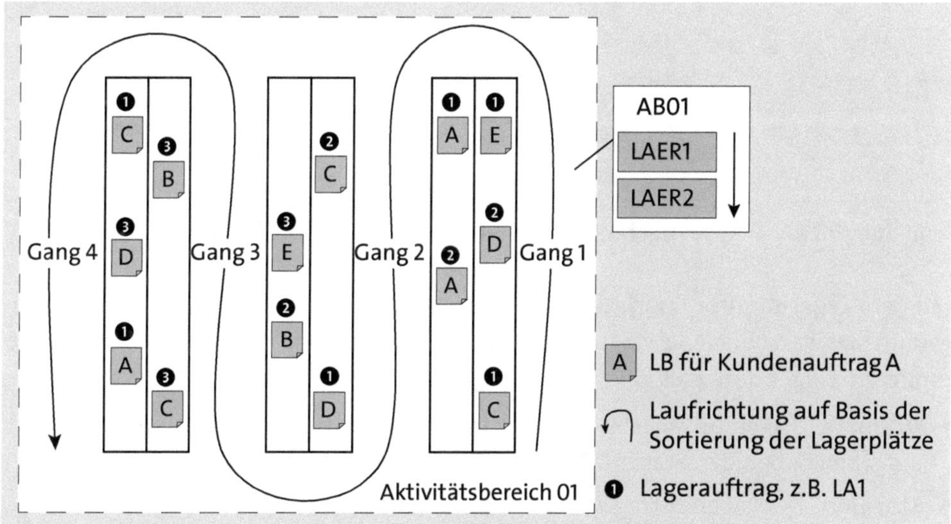

Abbildung 7.20 Beispiel: Ergebnis der Lagerauftragserstellung mit zwei LAERs

Der Lagerungsprozess bleibt in beiden LAERs unverändert, da die Ware nach der Kommissionierung in den Pick-HUs entsprechend den Kundenaufträgen bzw. den Konsolidierungsgruppen sortiert und verpackt werden muss.

Im nächsten Abschnitt zeigen wir Ihnen, wie Sie Lageraufträge auch manuell erstellen und anschließend manuell bearbeiten können.

7.3.3 Lageraufträge manuell erstellen und bearbeiten

Entsprechend Abbildung 7.21 haben Sie in SAP EWM auch die Möglichkeit, über Transaktion /SCWM/RWOCR Lageraufträge manuell zu erstellen. Diese Transaktion finden Sie im SAP-Easy-Access-Menü in SAP EWM über den Pfad **Ausführung • /SCWM/RWOCR – Lageraufträge manuell zusammenstellen**.

Sie verwenden diese Funktion, um im Wareneingangsprozess die Lageraufgaben von verschiedenen HUs aus den Lageraufträgen zu löschen und zu einem neuen Lagerauftrag zusammenzufassen. Dadurch können Sie die HUs gemeinsam einlagern, und EWM kann einen optimierten Einlagerungsweg ermitteln.

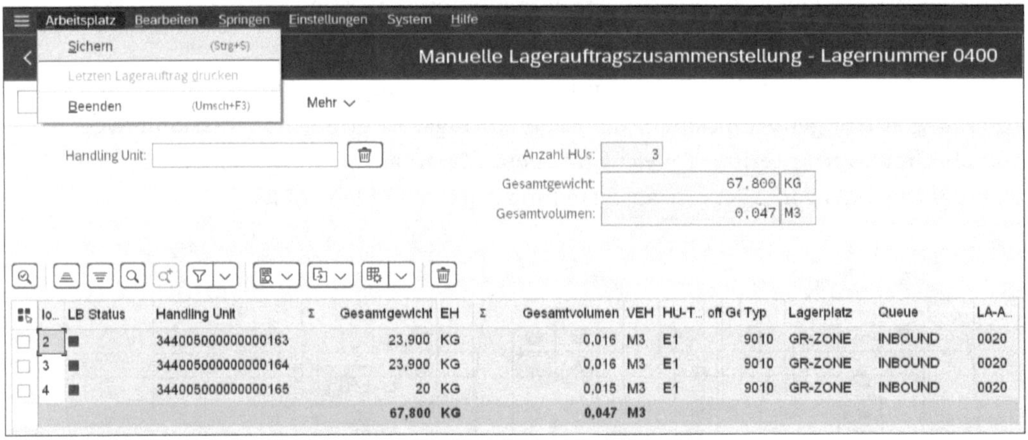

Abbildung 7.21 Manuelle Lagerauftragserstellung in Transaktion /SCWM/RWOCR

Mit dem Lagermonitor (Transaktion /SCWM/MON) haben Sie, je nach Status des Lagerauftrags, verschiedene Möglichkeiten, um Lageraufträge zu bearbeiten bzw. zu simulieren. Folgende Status sind für den Lagerauftrag definiert:

- **Offen**: Der Lagerauftrag ist noch nicht in Bearbeitung. Alle zugeordneten Lageraufgaben haben den Status **Offen**.
- **Storniert**: Der Lagerauftrag wurde storniert und damit auch alle zugeordneten Lageraufgaben.
- **Gesperrt**: Der Lagerauftrag ist für die Bearbeitung gesperrt.
- **Quittiert**: Der Lagerauftrag ist abgearbeitet, und alle zugeordneten Lageraufgaben sind quittiert.
- **In Bearbeitung**: Mindestens eine zugeordnete Lageraufgabe hat den Status **Quittiert**.

Auf der Lagerauftragsebene können Sie im Monitor die folgenden Aktivitäten durchführen (siehe den markierten Button in Abbildung 7.22):

- markierte Lageraufträge drucken bzw. erneut drucken
- *Lagerauftrag im Vordergrund quittieren*: Quittierung eines oder mehrerer Lageraufträge durch den Aufruf von Transaktion /SCWM/TO_CONF

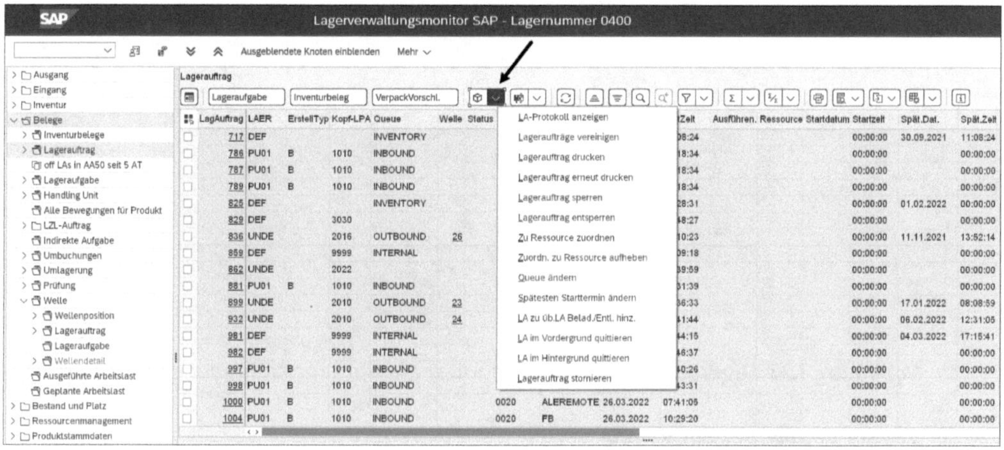

Abbildung 7.22 Lageraufträge im Lagermonitor auf der Lagerauftragsebene bearbeiten

- *Lagerauftrag im Hintergrund quittieren*: Quittierung eines oder mehrerer Lageraufträge im Monitor
- *Lageraufträge vereinigen*: Ermöglicht Ihnen, selektierte Lageraufträge mit dem Status **Offen**, **Gesperrt** oder **In Bearbeitung** durch die Eingabe einer LAER zu vereinigen. Dadurch wird die Zuordnung der Lageraufgaben zu den Lageraufträgen aufgehoben, und diese werden zu neu erstellten Lageraufträgen zusammengefasst.
- Lageraufträge mit dem Status **Offen** sperren und gesperrte Lageraufträge entsperren
- Lageraufträge mit dem Status **Offen** stornieren
- zu einem übergeordneten einen weiteren Lagerauftrag hinzufügen (diese Funktion ist nur für den Geschäftsprozess »Be- bzw. Entladen« relevant)
- *Ressourcenzuordnung für markierte Lageraufträge aufheben bzw. Ressource zuordnen*: Ermöglicht Ihnen, eine Ressource zu einem oder mehreren selektierten Lageraufträgen zuzuordnen oder die Zuordnung dazu aufzuheben.
- *Spätesten Starttermin (SSD) ändern*: Durch die Änderung des SST haben Sie die Möglichkeit, die Priorisierung der Lageraufträge entsprechend zu beeinflussen.

Wie Abbildung 7.23 zeigt, können Sie im Lagermonitor zur Bearbeitung von Lageraufträgen die folgenden häufig genutzte Aktivitäten durchführen:

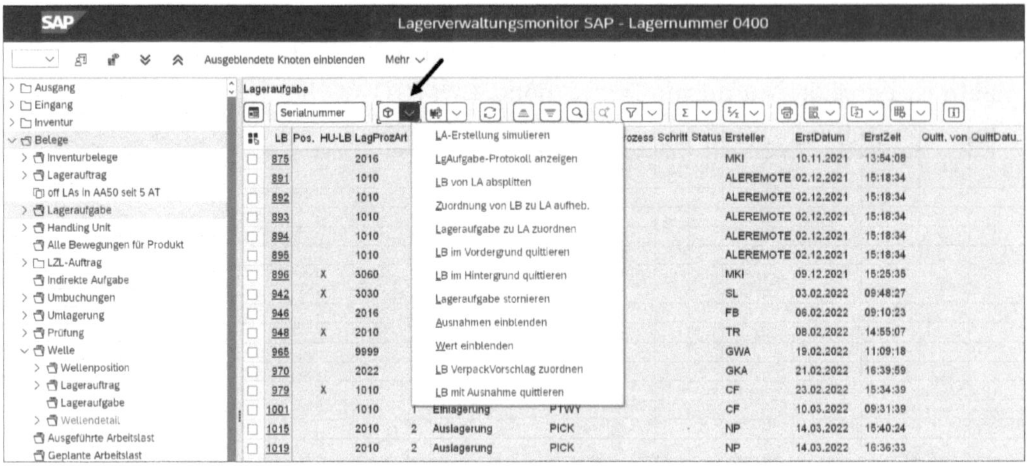

Abbildung 7.23 Lageraufträge im Lagermonitor auf der Lageraufgabenebene bearbeiten

- **LA-Erstellung simulieren**
  Diese Option ermöglicht die Simulation der Lagerauftragserstellung auf Basis einer angegebenen LAER für eine oder mehrere selektierte Lageraufgaben. Eine Erstellung von Lageraufträgen aus der Simulation heraus ist nicht möglich.
- **LB von LA absplitten**
  Damit können Sie die Zuordnung einer oder mehrerer Lageraufgaben zu einem Lagerauftrag aufheben und diese mit der Angabe einer LAER zu einem neu erstellten Lagerauftrag zusammenfassen.
- **Lageraufgabe zu LA zuordnen**
  Damit können Sie eine oder mehrere selektierte Lageraufgaben einem bestimmten Lagerauftrag zuordnen.
- **Zuordnung von LB zu LA aufheben**
  Diese Option ermöglicht es Ihnen, die Zuordnung einer oder mehrerer selektierter Lageraufgaben zu einem bestimmten Lagerauftrag aufzuheben. Im Gegensatz zum Absplitten wird für die selektierten Lageraufgaben kein neuer Lagerauftrag erstellt.

7.4 Lagerungssteuerung

Die *Lagerungssteuerung* in SAP EWM ist eine Funktion, um die zur Durchführung von Produktbewegungen im Lager erforderlichen Prozessschritte zu bestimmen und zu steuern. Die Lagerungssteuerung kann für die Steuerung von Wareneingangs-, Warenausgangs- und lagerinternen Prozessen verwendet werden.

Dabei haben Sie die Möglichkeit, zu jedem Zeitpunkt und für jeden Prozessschritt zu wissen, wo sich der Bestand gerade befindet. Bei der Lagerungssteuerung werden zwei Arten unterschieden, die zur Optimierung der Steuerung kombinierbar sind:

- **Prozessorientierte Lagerungssteuerung (POLS)**
  Diese Lagerungssteuerung wird verwendet, um komplexe Prozesse, sowohl Ein- und Auslagerungen als auch lagerinterne Bewegungen, abzubilden. Dabei werden die entsprechenden Lagerungsprozessschritte in einem Lagerungsprozess zusammengefasst.
- **Layoutorientierte Lagerungssteuerung (LOLS)**
  Diese Lagerungssteuerung wird verwendet, wenn in Ihrem Lager Lagerbewegungen nicht direkt von einem Von-Lagerplatz zu einem Nach-Lagerplatz führen, sondern über Zwischenlagerplätze.

In den folgenden Abschnitten zeigen wir Ihnen, wie die Lagerungssteuerung die unterschiedlichen Lagerprozesse unterstützt, und wir beschreiben die wichtigsten Einstellungen im Customizing.

7.4.1 Lagerungssteuerung im Wareneingang

Die Lagerungssteuerung bietet die Möglichkeit, die unterschiedlichen Wareneingangsprozesse (WE-Prozesse) durch die geeignete Anordnung der verschiedenen Einlagerungsprozessschritte, wie z. B. Entladen, Dekonsolidieren, Qualitätsprüfung oder Einlagerung, flexibel zu definieren und zu steuern. Auf Basis der in Abbildung 7.24 dargestellten Prozessabläufe wird die Verwendung der Lagerungssteuerung im Wareneingang erklärt.

Im ersten Beispiel (Prozess startet an Tor 1) erfolgt die Lagerungssteuerung prozessorientiert. Der Wareneingangsprozess besteht aus den folgenden Prozessschritten:

❶ **Entladen**
Der Lkw wird durch die Verwendung von HU-Lageraufgaben entladen.

❷ **Zählprüfung**
SAP EWM bestimmt auf Basis der ermittelten Prüfregel, dass die Ware gezählt werden muss. Die POLS kann so konfiguriert werden, dass mit Quittierung der Entlade-Lageraufgabe automatisch die Folge-Lageraufgabe – in diesem Fall zum Qualitätsarbeitsplatz – erstellt wird, und sie erstellt die HU-Lageraufgabe zum Arbeitsplatz.

❸ **Umpacken**
Mit Abschluss der Zählprüfung und Quittierung des Prüfbelegs bestimmt SAP EWM anhand der Existenzprüfung der produktspezifischen Packspezifikation und der Relevanz für den LZL-Auftrag (LZL = logistische Zusatzleistungen), dass die

Ware umgepackt werden muss. SAP EWM erstellt automatisch einen LZL-Auftrag sowie die HU-Lageraufgabe zum entsprechenden LZL-Arbeitsplatz. Dort wird die Ware in einlagerfähige Behälter auf Basis des LZL-Auftrags umgepackt.

❹ **Einlagern**
Mit dem manuellen Abschluss des Prozessschritts pro Einlager-HU erstellt SAP EWM pro HU die Einlager-Lageraufgabe zum finalen Einlagerplatz.

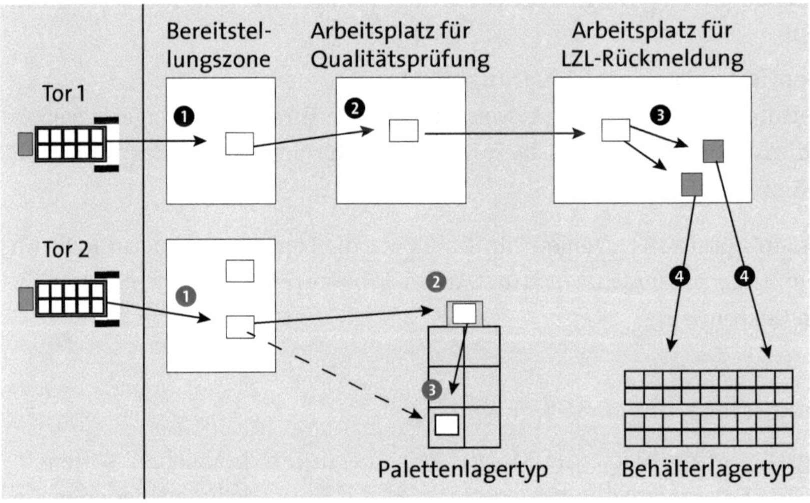

Abbildung 7.24 Beispielprozesse für die Lagerungssteuerung im Wareneingang

[»]

Prozessorientierte Lagerungssteuerung

Die prozessorientierte Lagerungssteuerung arbeitet nur mit HUs.

Der zweite Prozess (startet an Tor 2) ist ein Anwendungsbeispiel für die Kombination von prozess- und layoutorientierter Lagerungssteuerung. Der Prozess besteht aus den folgenden Prozessschritten:

❶ **Entladen**
Der Lkw wird durch die Verwendung von HU-Lageraufgaben entladen.

❷ **Transport zum Übergabeplatz**
Mit der Quittierung der Entlade-Lageraufgabe bestimmt SAP EWM den nächsten Prozessschritt **Einlagern**. Dabei erkennt SAP EWM auf Basis der Einstellungen in der LOLS, dass die Einlagerung nicht direkt, sondern über einen Übergabeplatz erfolgen muss. Zu diesem Zweck erstellt SAP EWM eine aktive HU-Lageraufgabe zum Übergabeplatz und eine inaktive HU-Lageraufgabe für die Einlagerung auf Basis der ermittelten Einlagerstrategie.

❸ Einlagern

Mit Quittierung der HU-Lageraufgabe auf den Übergabeplatz wird die inaktive Lageraufgabe automatisch aktiviert und die HU-Lageraufgabe mit dem aktuellen Von-Platz aktualisiert. Die aktive HU-Lageraufgabe wird nun über die ermittelte Queue der Ressource zugeordnet. (Alternativ kann der Übergabeplatz auch als Zwischenlagerplatz, der dem entsprechenden Aktivitätsbereich zugeordnet ist, im System abgebildet werden. In diesem Fall würde SAP EWM eine inaktive Produkt-Lageraufgabe auf Basis der Customizing-Einstellungen in der POLS einplanen.)

7

In diesem Beispiel sind die Prozessschritte ❶ und ❸ durch die POLS definiert, während die Prozessschritt ❷ durch die Einstellungen in der LOLS bestimmt wird.

[«]

Kombination aus prozess- und layoutorientierter Lagerungssteuerung

Bei der Kombination von POLS und LOLS führt SAP EWM zunächst immer erst die POLS aus. Anschließend prüft die LOLS, ob die ermittelte Lagerungsprozessschrittfolge aus Layoutsicht möglich ist.

Wie Abbildung 7.25 zeigt, ermittelt SAP EWM für die Steuerung des Wareneingangsprozesses den Lagerungsprozess mit den verschiedenen Prozessschritten über die Lagerprozessart, die u. a. auf Basis der Beleg- und Positionsart gefunden wird. SAP EWM übernimmt den ermittelten Lagerungsprozess in die einzulagernden HUs. Die HUs beinhalten also die Informationen, welche Prozessschritte für die Einlagerung erforderlich sind.

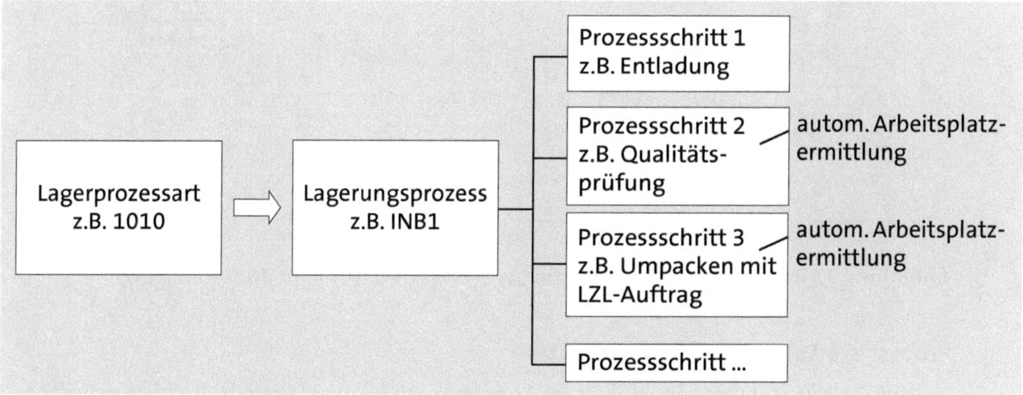

Abbildung 7.25 Lagerungsprozess im Wareneingang ermitteln

[«]

Lagerungsprozess im Wareneingang

Im Wareneingang startet der Lagerungsprozess immer mit einer HU-Lageraufgabe (z. B. Entladen). Demzufolge ist die HU der Träger der Lagerungsprozessinformationen.

Der Wareneingangsprozess inklusive der verschiedenen Prozessschritte wie Entladung, Dekonsolidierung, Umpacken oder Qualitätsprüfung und der wichtigsten Customizing-Einstellungen ist ausführlich in Kapitel 8, »Wareneingangsprozess«, beschrieben.

7.4.2 Lagerungssteuerung im Warenausgang

Analog zum Wareneingang können Sie mit der Lagerungssteuerung die Prozessvarianten im Warenausgang durch eine flexible Kombination der Auslagerungsprozessschritte, wie z. B. Auslagern, Verpacken, Bereitstellen oder Beladen, abbilden und steuern. Abbildung 7.26 zeigt exemplarisch den Prozessablauf von zwei verschiedenen Warenausgangsprozessen, um das Prinzip der Lagerungssteuerung im Warenausgang zu verdeutlichen.

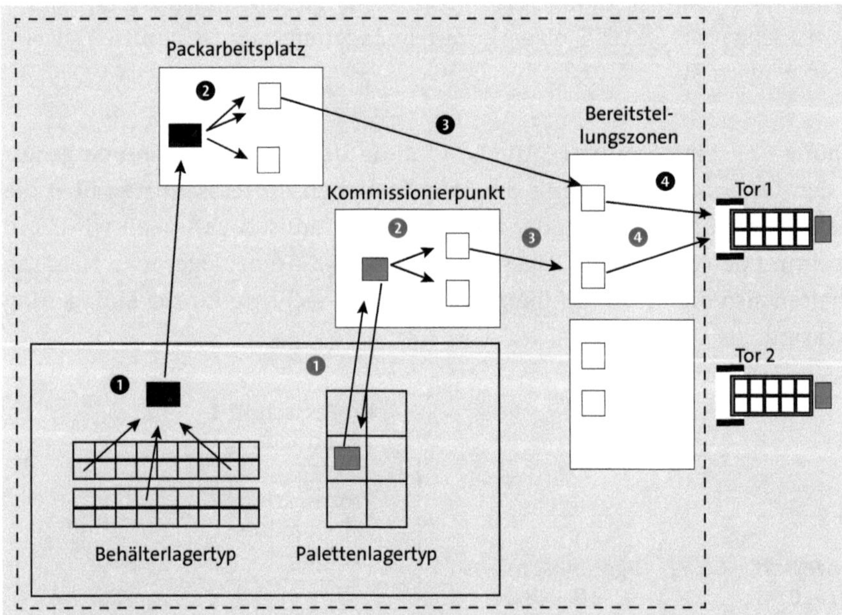

Abbildung 7.26 Beispielprozesse für die Lagerungssteuerung im Warenausgang

Prozess startet im Lagertyp »Behälter«

Im ersten Beispiel (Prozess startet im Lagertyp »Behälter«) erfolgt die Lagerungssteuerung prozessorientiert. Der Warenausgangsprozess besteht aus den folgenden Prozessschritten:

❶ **Kommissionierung**
Die Kommissionierung erfolgt wegeoptimiert durch die Quittierung der Lageraufgaben in Pick-HUs. Mit der Bestätigung der letzten Kommissionier-Lageraufgaben bestimmt SAP EWM auf Basis der Einstellungen der Konsolidierungsgruppe, dass

bestimmte Produkte konsolidiert werden müssen, da diese z. B. zu demselben Kunden auf derselben Route versandt werden. EWM erstellt automatisch für die Pick-HU eine HU-Lageraufgabe zum Packarbeitsplatz.

❷ **Verpacken**
Am Packarbeitsplatz packt der Mitarbeiter die jeweiligen Produkte in Versand-HUs. Den Umpackvorgang bildet SAP EWM im Hintergrund über entsprechende Produkt-Lageraufgaben ab.

❸ **Bereitstellen**
Mit dem manuellen Abschluss des Prozessschritts pro Versand-HU ermittelt SAP EWM den nächsten Prozessschritt **Bereitstellen in der POLS**. EWM erstellt auf Basis der Einstellungen der Bereitstellungszonen- und Torfindung im Warenausgang die HU-Lageraufgabe zur richtigen Bereitstellungszone.

❹ **Beladen**
Mit Quittierung der HU-Lageraufgabe auf die Bereitstellzone bestimmt SAP EWM den letzten Prozessschritt **Beladen** und erstellt automatisch die HU-Lageraufgaben zum Beladen des Lkws. (Alternativ haben Sie mit Transaktion /SCWM/LOAD (Beladen) die Möglichkeit, die Belade-Lageraufgaben für die HUs der Auslieferpositionen auch manuell zu erstellen).

Prozess startet im Lagertyp »Paletten«

Der Prozessablauf des zweiten Beispiels (Prozess startet im Lagertyp **Paletten**) wird durch die Kombination der prozess- und layoutorientierten Lagerungssteuerung in SAP EWM abgebildet. Dieser WA-Prozess besteht aus den folgenden Prozessschritten:

❶ **Lagerbewegung zum Kommissionierpunkt (K-Punkt)**
SAP EWM hat auf Basis der ermittelten Auslagerungsstrategie die Pick-Lageraufgaben im Lagertyp **Paletten** erstellt. Für diesen Lagertyp ist die Entnahme über den K-Punkt aktiv. Demzufolge erstellt SAP EWM eine HU-Lageraufgabe für die Pick-HU vom Lagerfach des Lagertyps **Paletten** zum K-Punkt.

❷ **Kommissionieren**
Der Mitarbeiter kommissioniert die Ware am HU-verwalteten K-Punkt in die Versand-HUs und quittiert die Pick-Lageraufgaben. Mit dem manuellen Abschluss des Prozessschritts für die Pick-HU erstellt SAP EWM automatisch die HU-Lageraufgabe zurück ins Palettenlager – entweder in den gleichen Lagertyp oder auf Basis der Einlagerstrategie.

❸ **Bereitstellen**
Mit dem manuellen Abschluss des Prozessschritts pro Pick-HU ermittelt SAP EWM den nächsten Prozessschritt **Bereitstellen** in der POLS und erstellt die HU-Lageraufgabe zur ermittelten Bereitstellungszone.

❹ **Beladen**
Mit Quittierung der HU-Lageraufgabe auf die Bereitstellzone bestimmt SAP EWM den letzten Prozessschritt **Beladen**. Eine automatische HU-Lageraufgabenerstellung für die Beladung ist zwar möglich, aber in der Praxis erfolgt die Erstellung manuell.

In diesem Beispiel werden die Prozessschritte ❷, ❸ und ❹ über die POLS definiert, während Prozessschritt ❶ durch die Einstellungen in der LOLS bestimmt wird.

Für die Steuerung des Warenausgangsprozesses ermittelt SAP EWM den Lagerungsprozess mit den verschiedenen Prozessschritten über die LAER (siehe Abbildung 7.27).

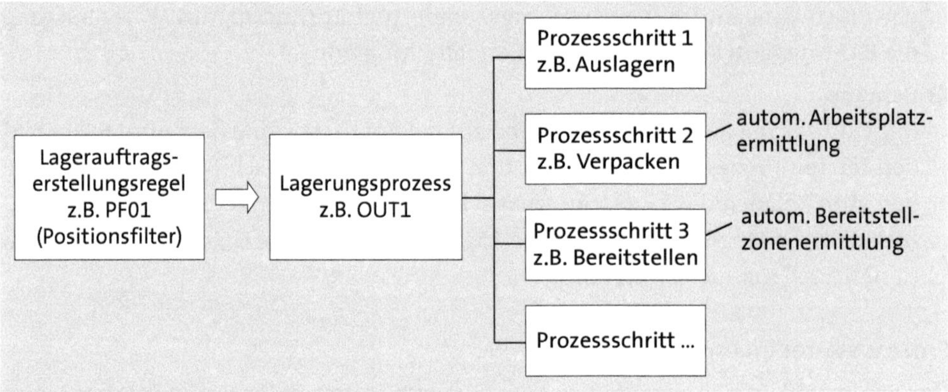

Abbildung 7.27 Lagerungsprozess im Warenausgang ermitteln

[»]

Lagerungsprozess im Warenausgang

Im Warenausgang startet der Lagerungsprozess immer mit einer Produkt-Lageraufgabe zur Kommissionierung. Demzufolge ist die Lageraufgabe der Träger der Lagerungsprozessinformationen.

7.4.3 Lagerungssteuerung für interne Umlagerungen

Neben den Wareneingangs- und Warenausgangsprozessen gibt es lagerintern eine Vielzahl von Prozessen unterschiedlichster Komplexität je nach Anzahl der Prozessschritte. Auch hier unterstützt Sie die Lagerungssteuerung hinsichtlich Definition und Steuerung der Prozesse. Abbildung 7.28 verdeutlicht die Funktionen der Lagerungssteuerung (hier prozessorientiert) bei internen Prozessen.

Der Prozess läuft folgendermaßen ab:

❶ **Lagerbewegung zum Arbeitsplatz**
SAP EWM erstellt auf Basis der ermittelten Nachschubstrategie zwei inaktive Produkt-Lageraufgaben für den Nachschub vom Paletten- in den Behälterlagertyp.

SAP EWM bestimmt anhand der Konsolidierungsgruppe der Nachschub-Lageraufgaben, dass das Produkt dekonsolidiert bzw. umgepackt werden muss, und erstellt automatisch eine HU-Lageraufgabe für die Palette vom Palettenlager zum Arbeitsplatz für Dekonsolidierung.

❷ **Dekonsolidierung bzw. Umpacken**
Der Mitarbeiter packt das Produkt von der Palette in Behälter um.

❸ **Einlagern**
Mit dem manuellen Abschluss des Prozessschritts pro Einlager-HU aktiviert SAP EWM die entsprechende Produkt-Lageraufgabe und aktualisiert sie mit dem aktuellen Von-Platz. Die aktive Produkt-Lageraufgabe wird nun über die ermittelte Queue der Ressource zugeordnet.

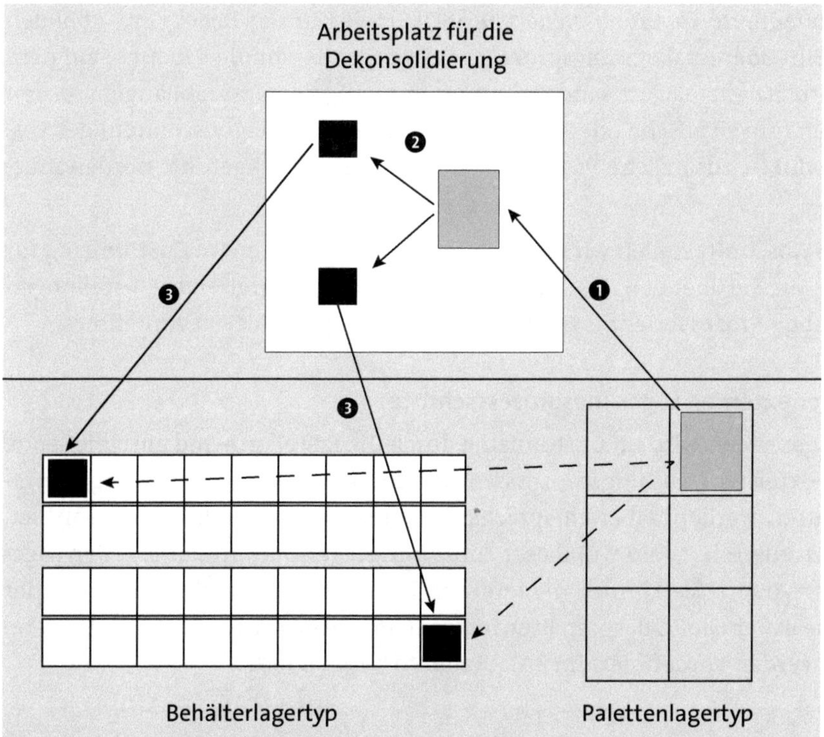

Abbildung 7.28 Lagerungssteuerung am Beispiel eines Nachschubprozesses

Die Bestimmung des Lagerungsprozesses für lagerinterne Prozesse ist prozessabhängig. In dem zuvor beschriebenen Nachschubszenario wird der Lagerungsprozess über die entsprechende LAER ermittelt. Ein anderes Beispiel eines lagerinternen Prozesses ist das Stornieren der Kommissionierung (Transaktion /SCWM/CANCPICK (Kommissionierung stornieren), die Sie im SAP-Easy-Access-Menü in SAP EWM unter dem Knoten **Ausführung** finden).

In diesem Fall ist der Lagerungsprozess mit der Lagerprozessart zur Wiedereinlagerung verknüpft. Allgemein lässt sich sagen, dass wenn der Lagerungsprozess mit einer HU-Lageraufgabe startet (z. B. Stornierung der Kommissionierung), der Lagerungsprozess der Lagerprozessart zugeordnet ist. Startet der Lagerungsprozess mit einer Produkt-Lageraufgabe (z. B. Nachschubprozess), ist der Lagerungsprozess mit der LAER verknüpft.

Nachdem wir anhand einiger Prozessbeispiele die Lagerungssteuerung näher erklärt haben, beschreiben wir detailliert in den folgenden Abschnitten die prozess- und layoutorientierte Lagerungssteuerung mit den jeweiligen Customizing-Einstellungen.

7.4.4 Prozessorientierte Lagerungssteuerung

Die *prozessorientierte Lagerungssteuerung* (POLS) wird in der Regel zum Abbilden komplexer Ein- oder Auslagerungsprozesse verwendet. Bevor die Produkte auf dem finalen Lagerplatz eingelagert werden, kommt es häufig vor, dass, abhängig von den Eigenschaften (physikalische oder die Lagerung betreffende Eigenschaften) der verwalteten Produkte, zusätzliche Prozessschritte im Lager durchgeführt werden müssen.

Im nächsten Abschnitt stellen wir die wichtigsten Einstellungen im Customizing für die POLS vor, die Sie über den Customizing-Pfad **Prozessübergreifende Einstellungen • Lageraufgabe • Prozessorientierte Lagerungssteuerung definieren** vornehmen.

Definition der externen Lagerungsprozessschritte

Der Lagerungsprozess wird im Customizing durch die Erstellung und anschließende Anordnung externer Lagerungsprozessschritte definiert. Den externen Lagerungsprozessschritten werden dabei entsprechende interne Prozessschritte zugeordnet, die von SAP vordefiniert sind. Mit dieser Zuordnung legen Sie automatisch den Lagerungsprozesstyp fest. Sie können die internen Prozessschritte nicht abändern oder ergänzen. Die in Tabelle 7.5 dargestellten internen Prozessschritte, die für die POLS relevant sind, werden vordefiniert im SAP-Standard ausgeliefert.

Interner Prozessschritt	Lagerungsprozesstyp
Cross-Docking	Einlagerung
Zählung	Einlagerung und interne Warenbewegung
Beladen	Auslagerung
Verpacken	Einlagerung, interne Warenbewegung und Auslagerung

Tabelle 7.5 Verfügbare interne Prozessschritte

Interner Prozessschritt	Lagerungsprozesstyp
Auslagern	Auslagerung und interne Warenbewegung
Einlagern	Einlagerung und interne Warenbewegung
Qualitätsprüfung	Einlagerung
Dekonsolidieren	Einlagerung und interne Warenbewegung
Bereitstellen	Auslagerung
Entladen	Einlagerung
logistische Zusatzleistung	Einlagerung, interne Warenbewegung und Auslagerung

Tabelle 7.5 Verfügbare interne Prozessschritte (Forts.)

Die restlichen, hier nicht genannten internen Prozessschritte werden ausschließlich vom Arbeitsmanagement verwendet.

Dynamische Prozessschritte

Die internen Prozessschritte Zählung, logistische Zusatzleistung und Dekonsolidieren sind sogenannte *dynamische Prozessschritte*. SAP EWM bestimmt automatisch, ob diese Prozessschritte durchgeführt werden müssen – sie müssen daher nicht explizit dem Lagerungsprozess zugeordnet werden.

Abbildung 7.29 zeigt Beispiele externer Prozessschritte, die Sie im Customizing-Pfad **Prozessübergreifende Einstellungen • Lageraufgabe • Prozessorientierte Lagerungssteuerung definieren** festlegen.

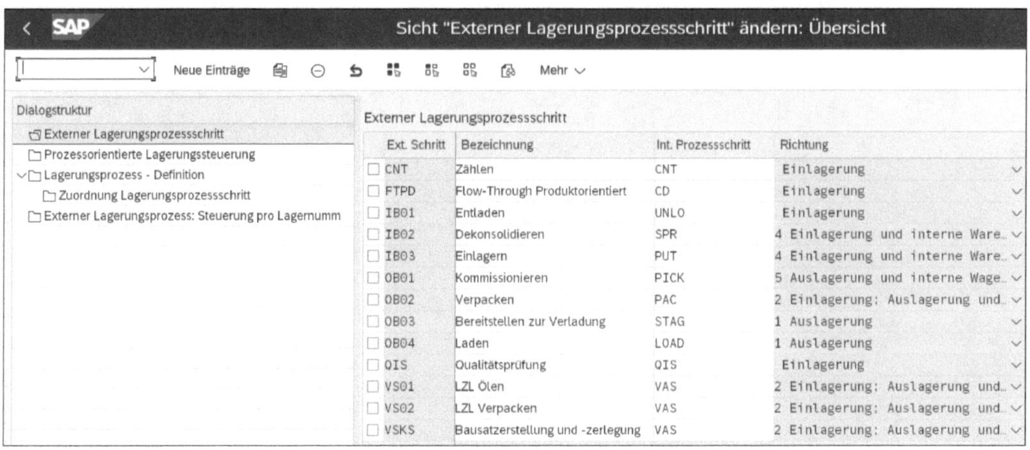

Abbildung 7.29 Externe Prozessschritte definieren

Lagerungsprozess definieren

Nachdem Sie die externen Prozessschritte angelegt haben, definieren Sie, wie in Abbildung 7.30 beispielhaft dargestellt, Ihren Lagerungsprozess für die Einlagerung, Auslagerung oder interne Bewegung.

Ordnen Sie dem Lagerungsprozess nun die externen Prozessschritte in entsprechender Reihenfolge zu (siehe Abbildung 7.31). SAP EWM prüft dabei, ob die Reihenfolge korrekt ist; der Prozessschritt Entladung kann selbstverständlich nicht nach dem Prozessschritt Einlagerung erfolgen oder das Dekonsolidieren nicht vor dem Zählen stattfinden.

Je nach Prozess sind die internen Lagerungsprozessschritte in folgender Reihenfolge erlaubt:

- **Wareneingang**

  Entladen → Zählen → Dekonsolidieren → Einlagern

  Wenn das Entladen als Prozessschritt im Lagerungsprozess des Wareneingangs definiert ist, ist dies immer der erste Schritt und die Einlagerung logischerweise der letzte Schritt.

- **Warenausgang**

  Auslagern → Verpacken → Bereitstellen → Beladen

  Beim Lagerungsprozess für den Warenausgang ist der Prozessschritt Auslagern immer der erste Schritt. Falls das Beladen als Prozessschritt im Lagerungsprozess des Warenausgangs definiert ist, ist dies immer der letzte Schritt.

- **Interne Bewegungen**

  Auslagern → Verpacken → Dekonsolidieren → Einlagern

  Bei den Lagerungsprozessen für interne Bewegungen (z. B. Nachschub) ist der Prozessschritt **Auslagern** immer erster Schritt und der Prozessschritt **Einlagern** immer letzter Schritt.

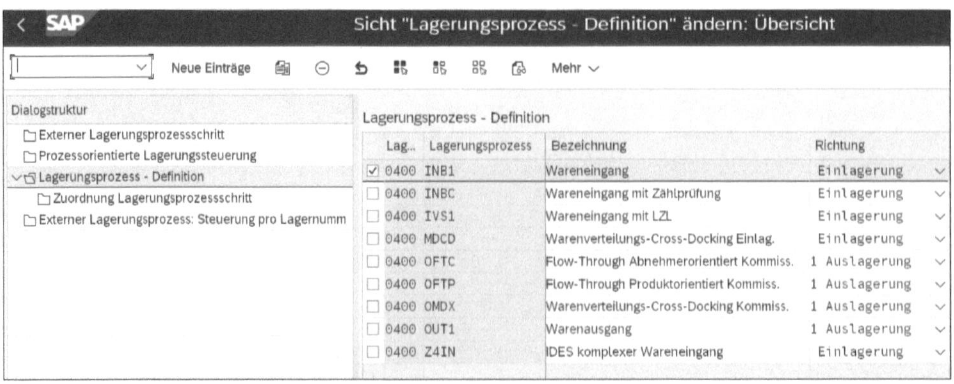

Abbildung 7.30 Lagerungsprozess definieren

Darüber hinaus prüft SAP EWM, bis zu welchem Prozessschritt spätestens im Wareneingang die Einlager-Lageraufgaben (Produkt- oder HU-Lageraufgabe) oder die HU-Kommissionier-Lageraufgaben im Cross-Docking-Prozess erstellt werden sollen.

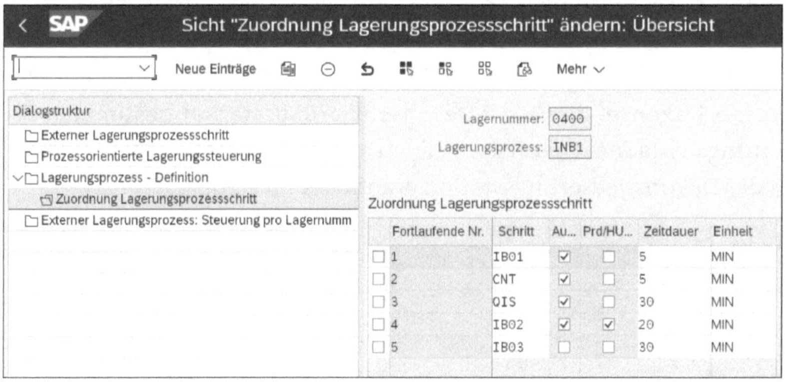

Abbildung 7.31 Externe Prozessschritte dem Lagerungsprozess zuordnen

In unserem Beispiel besteht der Lagerungsprozess aus den fünf Prozessschritten IB01 (Entladen), CNT (Zählen), QIS (Qualitätsprüfung), IB02 (Dekonsolidieren) und IB03 (Einlagern). Für alle Prozessschritte wird die jeweilige Folge-HU-Lageraufgabe und, nach dem Dekonsolidieren, die Einlager-Lageraufgabe (Produkt- oder HU-Lageraufgabe) automatisch erstellt. Da in unserem Beispiel der Folgeschritt die Einlagerung ist, wird die inaktiv erstellte Einlager-Lageraufgabe automatisch aktiviert.

Darüber hinaus haben Sie die Möglichkeit, eine geplante Zeitdauer für den Lagerungsprozessschritt anzugeben. Die Zeitdauer wird zur Ermittlung des geplanten Fertigstellungstermins für einen Lagerungsprozessschritt verwendet. So können auf dieser Basis im Lagermonitor überfällige Lageraufgaben ermittelt und angezeigt werden. Sollten Sie bei der Auslagerung oder internen Bewegung mit Wellen arbeiten, werden die Zeitdauern aus der Wellenvorlage verwendet und nicht aus der POLS.

Nachdaten für externe Prozessschritte definieren

Nachdem der Lagerungsprozess definiert und die Prozessschritte zugeordnet worden sind, definieren Sie als Nächstes das Ziel des Prozessschrittes, also wohin die HU gebracht werden soll. Dazu geben Sie Lagertypen, -bereiche und -plätze an. Diese können z. B. zu Arbeitsplätzen gehören, an denen das Produkt gezählt, verpackt oder dekonsolidiert werden soll. Ebenso können Sie eine Lagerprozessart angeben, mit der die HU-Lageraufgabe erstellt werden soll.

Abbildung 7.32 zeigt die Nachdatenbestimmung für externe Prozessschritte.

In diesem Beispiel werden die Nachdaten für den Prozessschritt IB02 (Dekonsolidieren) auf Basis des Von-Lagertyps (WE-Zone, Feld **Vo...**) und der HU-Typgruppe (Feld

HUTGr) bestimmt. Falls der HU-Typ der auf die WE-Zone (Lagertyp 9010) entladenen HU, die dekonsolidiert werden muss, der HU-Typgruppe 0001 zugeordnet ist, wird der entsprechende Arbeitsplatz über den Nach-Lagerplatz DEKON ermittelt. Für jeden anderen HU-Typ der ankommenden, zu dekonsolidierenden HUs werden die Nachdaten regelbasiert bestimmt. In diesem Fall wird der Arbeitsplatz auf Basis der Customizing-Einstellungen für die Dekonsolidierung bestimmt (siehe den Pfad **Wareneingangsprozess • Dekonsolidierung • Dekonsolidierungsstation bestimmen** im SAP-EWM-Einführungsleitfaden. Hier haben Sie im Vergleich zur POLS die Möglichkeit, die Findung der Dekonsolidierungsstation granularer zu steuern.

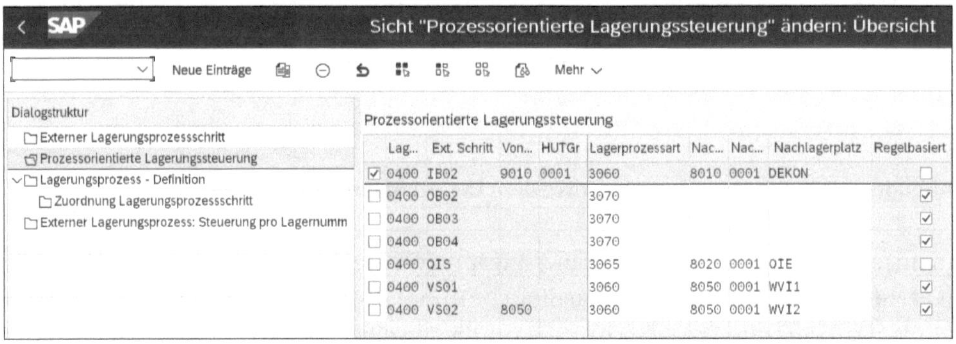

Abbildung 7.32 Nachdatenbestimmung für externe Prozessschritte

Abschließend können Sie in der POLS auf der Lagernummernebene steuern, ob für den Zollsperrbestand bestimmte Prozessschritte nicht durchgeführt werden dürfen. So ist z. B. das Einlagern erlaubt, während logistische Zusatzleistungen für zollgesperrte Ware nicht durchgeführt werden dürfen.

7.4.5 Layoutorientierte Lagerungssteuerung

Aufgrund des Layouts und möglicher räumlicher Restriktionen in Ihrem Lager können Waren nicht direkt aus dem Von-Lagerplatz in den Nach-Lagerplatz überführt werden, sondern werden über einen Zwischenlagerplatz bewegt. Die entsprechenden Definitionen erfolgen mithilfe der *layoutorientierten Lagerungssteuerung* (LOLS). Abbildung 7.33 verdeutlicht das Prinzip der LOLS.

In diesem Beispiel wird eine produktreine HU entladen und auf der WE-Zone abgestellt. EWM hat auf Basis der Einlagerstrategie den Nachplatz im HU-verwalteten Palettenlagertyp gefunden.

SAP EWM hat auf Basis der LOLS ermittelt, dass die HU nicht direkt, sondern nur über einen I-Punkt (Identifikationspunkt) eingelagert werden kann. Um die HU entsprechend zu steuern, erstellt SAP EWM eine inaktive HU-Lageraufgabe von der WE-Zone zum finalen Lagerplatz und eine aktive HU-Lageraufgabe von der WE-Zone zum Zwischenlagerplatz. Mit der Quittierung der aktiven HU-Lageraufgabe auf den Zwischenlagerplatz ändert SAP EWM den Von-Platz der inaktiven HU-Lageraufgabe entsprechend dem Zwischenlagerplatz und aktiviert automatisch die HU-Lageraufgabe zur Einlagerung auf den finalen Lagerplatz.

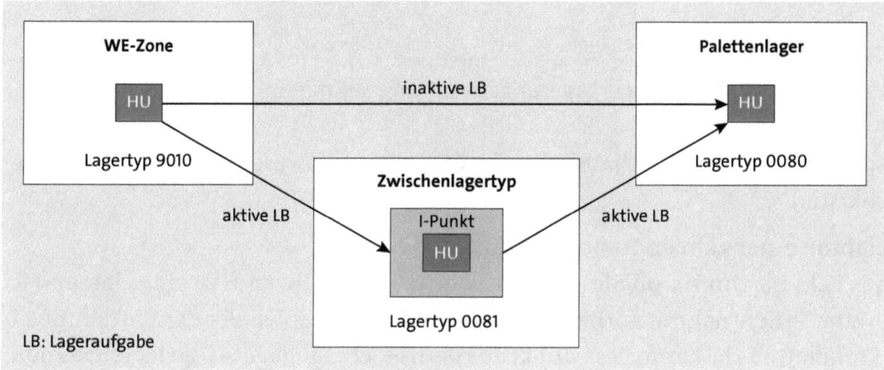

Abbildung 7.33 Ablauf der layoutorientierten Lagerungssteuerung

Für den Fall, dass der Ziellagertyp nicht HU-verwaltet ist, erstellt EWM eine inaktive Produkt-Lageraufgabe zum finalen Lagerplatz und eine aktive HU-Lageraufgabe zum Zwischenlagerplatz.

[«]

Für die layoutorientierte Lagerungssteuerung erforderliche HUs

Die layoutorientierte Lagerungssteuerung arbeitet nur mit HUs. Ausnahmen bilden Prozesse mit Kommissionier- oder Identifikationspunkten (I-Punkte) als Zwischenlagerplätze.

Zur Einstellung des oben genannten Beispiels müssen Sie zunächst einen Zwischenlagertyp mit der entsprechenden Lagertyprolle (z. B. A = I-Punkt) anlegen und diesem einen Zwischenlagerplatz zuordnen. Die Unterteilung des Zwischenlagertyps in mehrere Zwischenlagerbereiche ist optional.

Danach ordnen Sie den Zwischenlagerplatz, -bereich und/oder -typ im SAP-EWM-Einführungsleitfaden über den Pfad **Prozessübergreifende Einstellungen • Lageraufgabe • Layoutorientierte Lagerungssteuerung definieren** der LOLS zu (siehe Abbildung 7.34). Wenn Sie keinen Zwischenlagerbereich oder -platz angeben, ermittelt SAP EWM den Zwischenlagerplatz anhand der definierten Einlagerungsstrategie. Dies funktioniert nur, wenn Sie für den Zwischenlagertyp den Wert für den Parameter **LB generisch** entsprechend gesetzt haben. Weitere Details zu den Lagertypen und zur Organisationsstruktur finden Sie in Abschnitt 3.3, »Organisationsstruktur in SAP S/4HANA EWM«.

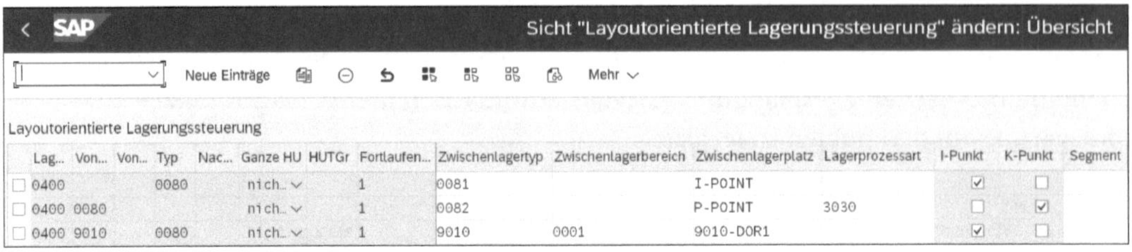

Abbildung 7.34 Layoutorientierte Lagerungssteuerung definieren

Im Customizing für die LOLS haben Sie u. a. die folgenden wesentlichen Einstellungsmöglichkeiten:

- **Entnahme einer ganzen Handling Unit**
  Dieses Feld bestimmt, ob Sie eine Entnahme einer ganzen HU, einer leeren HU oder eine Teilentnahme vornehmen. Anwendungsbeispiel: Bei der Entnahme einer kompletten HU kann diese direkt aus dem Hochregallager ausgelagert werden; sie muss nicht über den Kommissionierpunkt (K-Punkt) bewegt werden. Dagegen muss die HU bei einer Teilentnahme zum K-Punkt gebracht werden.
- **Eintrag für I-Punkt-Logik**
  SAP EWM bestimmt den Nach-Lagerplatz im endgültigen Lagertyp am I-Punkt.
- **Eintrag für K-Punkt-Logik**
  SAP EWM erstellt mit dem manuellen Abschluss der Pick-HU automatisch die Einlager-Lageraufgabe der Pick-HU für die Rücklagerung.

7.5 Zusammenfassung

In diesem Kapitel haben wir für die Prozesssteuerung in SAP EWM die verschiedenen Objekte und Elemente Wellenmanagement, Bündelung geeigneter Lageraufgaben im Rahmen der Lagerauftragserstellung und die prozess- sowie die layoutorientierte Lagerungssteuerung beschrieben. Wir haben aufgezeigt, mit welchen Funktionen SAP EWM die Anforderungen an die Prozesssteuerung im Lager unterstützt und die wesentlichen Einstellungen im Customizing dokumentiert.

Kapitel 8
Wareneingangsprozess

Der Wareneingang ist einer der Kernprozesse des Lagers mit einer Vielzahl von Prozessvarianten. Ziel ist es stets, die Ware so schnell wie möglich verfügbar zu machen. In diesem Kapitel erfahren Sie, wie SAP EWM den Wareneingangsprozess für Anlieferpositionen bestimmt und automatisch steuert, um die Durchlaufzeit zu minimieren.

Der Wareneingangsprozess beinhaltet sämtliche Prozessschritte von der Entladung des Lkws mit anschließender Vereinnahmung und Qualitätsprüfung über die Dekonsolidierung im Falle angelieferter Mischpaletten, die Durchführung logistischer Zusatzleistungen wie z. B. das Umpacken in einlagerungsfähige Ladehilfsmittel oder die Etikettierung der Ware bis hin zur Einlagerung auf dem finalen Einlagerungsplatz. Dabei gibt es eine Vielzahl an Kombinationsmöglichkeiten der verschiedenen Prozessschritte, je nachdem, um welches Produkt es sich handelt und von welchem Lieferanten es kommt. In diesem Kapitel stellen wir Ihnen den Wareneingangsprozess und die damit verbundenen Konfigurationsmöglichkeiten in SAP EWM vor.

8.1 Einleitung und Grundlagen

Dieses Teilkapitel dient als Einstieg in den Kernprozess »Wareneingang« in SAP EWM. Wir geben einen groben Überblick über die wichtigsten Funktionen im Wareneingang und benennen die wichtigsten Belege, die im Zusammenhang mit dem Wareneingang in SAP S/4HANA und EWM auftreten. Abschließend beschreiben wir die Prozessschritte des Wareneingangsprozesses, die als roter Faden für dieses Gesamtkapitel dienen.

8.1.1 Wareneingangsprozess im Allgemeinen

Damit der Wareneingangsprozess trotz seiner möglicherweise hohen Komplexität schnell durchgeführt werden kann, unterstützt SAP EWM diesen Prozess mit den folgenden wesentlichen Funktionen:

- Die einzelnen Prozessschritte können kundenspezifisch definiert werden.

- Mögliche Wareneingangsprozesse können durch unterschiedliche Kombinationen der verschiedenen Prozessschritte unter Berücksichtigung des Lagerlayouts flexibel modelliert werden – mit vollständiger Bestandstransparenz über alle Prozessschritte hinweg.
- Eine in den logistischen Ablauf integrierte Qualitätsprüfung mit automatischer Bestimmung und Durchführung von Folgeaktionen (z. B. Verschrottung) ist in Abhängigkeit des Prüfergebnisses möglich.
- Die Dekonsolidierung von Mischpaletten für den Fall der produktreinen Einlagerung wird automatisch bestimmt.
- Logistische Zusatzleistungen wie z. B. das Ölen zur Konservierung, das Umpacken in einlagerungsfähige Ladehilfsmittel oder die Etikettierung der einzulagernden Ware inklusive der Bestandsführung der dafür notwendigen Hilfsstoffe können automatisch bestimmt werden.
- Ein umfangreiches und flexibles Statusmanagement ermöglicht einen zentralen Überblick über alle notwendigen Schritte je Anlieferposition im Lagermonitor.

Folgende Belege können die Grundlage für den Wareneingangsprozess bilden:

- **Lieferavis**
  Lieferavis werden hauptsächlich in der Automobil-, in der Ersatzteil- und in der Hightech-Industrie verwendet, da in diesen Branchen die Kunden die Produkte in exakt der Menge, die sie gemäß Lieferplan abgerufen haben, erwarten.
- **Bestellungen**
  Bestellungen werden häufig in der Retail-, Konsumgüter- oder Bekleidungsindustrie verwendet.
- **Produktionsauftrag**
  Darüber hinaus kann der Wareneingang auch auf Basis eines Produktionsauftrags erfolgen.

In diesem Kapitel erfahren Sie, wie das dezentrale und Embedded SAP EWM diese verschiedenen Szenarien unterstützen. Den roten Faden für dieses Kapitel stellt der Ablauf der in Abbildung 8.1 dargestellten Prozessschritte im Wareneingang dar.

Abbildung 8.1 Prozessschritte des Kernprozesses »Wareneingang«

Im Einzelnen werden die folgenden Prozessschritte durchlaufen:

1. **Wareneingangsankündigung**
   Die Wareneingangsankündigung bildet die Basis für eine effiziente systemseitige Erfassung der Anlieferungen und Transporte im Rahmen des administrativen Wareneingangs.
2. **Ankunft des Lkws**
   Die Ankunft des Lkws am Gate wird registriert. Zu diesem Prozessschritt gehört auch die systemseitige Erstellung der Transporteinheit (TE) als Basisobjekt für das Yard Management und die Bewegung im Yard.
3. **Wareneingangsvorbereitung**
   Die Anlieferung wird auf Basis der Lieferscheine systemseitig erfasst und gegen mögliche Lieferavis geprüft.
4. **Entladung und Wareneingangsbuchung**
   In diesem Prozessschritt erfolgt häufig bereits eine Prüfung hinsichtlich der Vollständigkeit der angelieferten Lieferpositionen und Ladehilfsmittel.
5. **Wareneingangssteuerung**
   Dieser Prozessschritt umfasst die Steuerung der Ladungsträger durch den Wareneingang auf Basis räumlicher Gegebenheiten sowie die Durchführung notwendiger Teilprozessschritte wie Qualitätsprüfung, Dekonsolidierung und logistischer Zusatzleistungen.
6. **Einlagerung**
   Dieser Prozessschritt beschreibt die Findung des Einlagerungsplatzes auf Basis der Einlagerungsstrategie sowie die Durchführung der Einlagerung.

Aufgrund ihrer Wichtigkeit sind neben den oben genannten Prozessschritten den folgenden EWM-Funktionen separate Abschnitte gewidmet:

1. **Chargenabwicklung**
   Die Chargenabwicklung schließt die Möglichkeiten der Chargenverwaltung, das Anlegen oder Ändern von Chargen in SAP EWM sowie die Kommunikation zwischen SAP S/4HANA und SAP EWM ein.
2. **Lagerungsdisposition**
   Die Lagerungsdisposition dient der Bestimmung der optimalen Einlagerungsstrategie und des optimalen Platztyps auf Basis der Produkt- und Packdaten sowie optional des prognostizierten Verbrauchs.

8.1.2 Wareneingangsprozess im dezentralen und im Embedded-Szenario

Wie bekannt, kann SAP EWM nicht nur als dezentrale Lagerverwaltungssoftware an SAP S/4HANA angebunden werden (im Folgenden *dezentrales SAP EWM* genannt), sondern auch als integraler Bestandteil von SAP S/4HANA in einem zentralen System (im Folgenden *Embedded SAP EWM* genannt) verwendet werden. Vergleicht man beide Szenarien, gibt es sowohl in der Integration zum SAP-S/4HANA-System als auch in funktionalen Aspekten einige Unterschiede. In dem Abschnitt 8.2 bis Abschnitt 8.8 beschreiben wir die Prozessschritte des Wareneingangsprozesses für das dezentrale und für Embedded SAP EWM und gehen im Detail auf die Unterschiede zwischen beiden Szenarien ein.

[+]

Releaseinformationen und Einschränkungen im Hinblick auf die Verwendung von SAP EWM im dezentralen und im Embedded-Szenario

Wir empfehlen, die Liste der Unterschiede zwischen dem dezentralen SAP S/4HANA EWM und Embedded SAP EWM in SAP S/4HANA und SAP EWM 9.5 bei der Entscheidung der für ein neues SAP-EWM-Implementierungsprojekt zu verwendenden Produktversion sorgfältig zu prüfen. In diesem Zusammenhang verweisen wir auf SAP-Hinweis 3218673. In der Anlage zum SAP-Hinweis befindet sich ein PDF-Dokument, das für die Entscheidungsfindung sicherlich hilfreich ist.

8.1.3 Wareneingangsprozess im Szenario »Advanced Shipping & Receiving«

Der Prozess »Advanced Shipping & Receiving« (kurz AdvSR) ist ein integrierter End-to-End-Prozess, mit dem die Lieferanten Waren senden, die Kunden Waren empfangen und die Frachtführer Waren transportieren können. AdvSR vereinfacht die Kommunikation zwischen allen vorgenannten Geschäftspartnern durch die Verwendung eines harmonisierten Datenmodells, indem der EDIFACT-Standard auf EDI-Nachrichten angewendet wird. Für die AdvSR-Prozesse im In- und Outbound wurden spezielle Apps entwickelt sowie bestehende Apps und RF-Transaktionen entsprechend erweitert. AdvSR vereinfacht zum anderen auch die Kommunikation zwischen den Anwendungskomponenten SAP TM, SAP EWM, SAP Stock Room Management, Bestandsführung und Inventur (MM-IM) und Logistics Execution (LE). Aktuell wird das AdvSR nur im Embedded-Szenario, d. h. SAP ERP, SAP TM und SAP EWM auf einer SAP-S/4HANA-Instanz und im gleichen Mandanten unterstützt. Eine Erweiterung der Deployment-Option für AdvSR ist seitens SAP in Planung. In Abschnitt 8.9, »Wareneingangsprozess im Szenario ›Advanced Shipping & Receiving‹«, erfahren Sie, dass die neue vereinfachte SAP-TM- und SAP-EWM-Integration lagerübergreifende Szenarien unterstützt und beide Komponenten ein Objekt für die Logistikprozesse, und zwar den Frachtauftrag von SAP TM, verwenden. In diesem konzentrieren wir uns auf den Inbound-Prozess auf Kundenseite. Der Outbound-Prozess des AdvSR-Szenarios wird in Kapitel 9, »Warenausgangsprozess«, näher beschrieben.

In den folgenden Abschnitten beschreiben wir den Wareneingangsprozess auf Basis der in Abschnitt 8.1.1, »Wareneingangsprozess im Allgemeinen«, beschriebenen Prozessschritte sowohl für das dezentrale als auch für Embedded EWM und gehen im Detail auf die Themen Chargenabwicklung im Wareneingang sowie Lagerungsdisposition im Detail ein.

8.2 Wareneingangsankündigung

Die *Wareneingangsankündigung* ist, wie in Abbildung 8.2 dargestellt, der erste Prozessschritt im Wareneingang und unterteilt sich im Wesentlichen in drei Teilprozessschritte:

- Ankündigung von Anlieferungen
- Ankündigung von Transporten
- Torbelegungsplanung

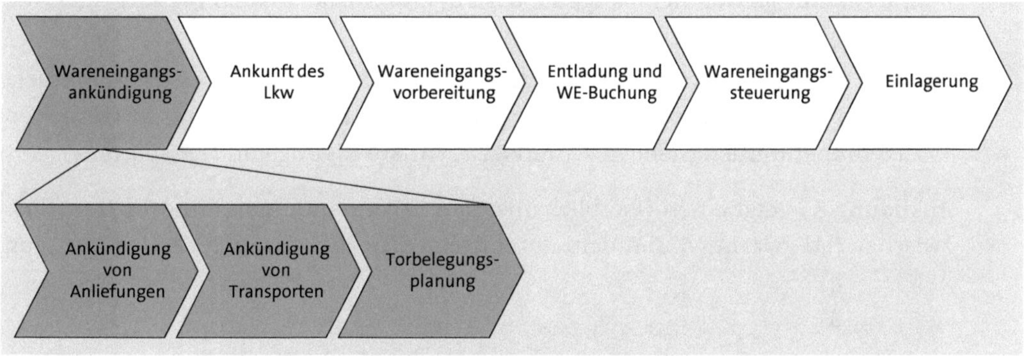

Abbildung 8.2 Prozessschritt »Wareneingangsankündigung« in den Wareneingangsprozess einordnen

In der Beschreibung der folgenden Abschnitte zum Prozessschritt **Wareneingangsankündigung** gehen wir im Teilprozessschritt **Ankündigung von Anlieferungen** im Detail auf die Unterschiede zwischen dem dezentralen und Embedded SAP EWM ein. Bei den übrigen Teilprozessschritten bestehen keine Unterschiede.

8.2.1 Ankündigung und Erstellung von Anlieferungen im dezentralen Szenario

Im dezentralen Szenario gibt es zwei Ankündigungsszenarien für die Anlieferung:

- Ankündigung auf Basis von Advanced Shipping Notification (kurz ASN)
- Ankündigung auf Basis der Bestellung oder des Produktionsauftrags

Ankündigung und Erstellung von Anlieferungen auf Basis von Advanced Shipping Notification

Ist der Lieferant in der Lage, Anlieferungsinformationen per elektronischem Datenaustausch (*Electronic Data Interchange*, kurz EDI) zu versenden, können wichtige Anlieferdaten wie z. B. Produkte, Mengen, Chargen, HU-Informationen (Anzahl, Typ, HU-Nummern), erwartetes Wareneingangsdatum, Nummer des Lieferavis oder Transportmittel an SAP S/4HANA übertragen werden. In SAP S/4HANA wird auf Basis der avisierten Lieferdaten (*Advanced Shipping Notification*, kurz ASN) eine Anlieferung erstellt und an das dezentrale SAP-EWM-System verteilt. Die Verwendung von ASN hat die folgenden Vorteile:

- Der Folgeprozess des administrativen Wareneingangs wird durch die automatische Anlage von Anlieferungen in SAP S/4HANA und SAP EWM vereinfacht und beschleunigt.
- ASN stellen die Grundlage für die Berechnung der zu erwartenden Arbeitslast im SAP-EWM-Arbeitsmanagement dar. Der Lagerleiter kann die Arbeitslast prüfen und zukünftige Wareneingänge auf Basis der Anzahl der für den Tag vorgemerkten ASN planen.
- Wenn neben den Anlieferinformationen auch Transportdaten avisiert werden, können im dezentralen SAP EWM Anlieferungen automatisch Transporteinheiten zugeordnet werden (siehe Abschnitt 8.2.3, »Ankündigung von Transporten«).

Abbildung 8.3 zeigt einen Überblick über den Dokumenten- und Informationsfluss zwischen SAP S/4HANA und dem dezentralen SAP EWM bei der Verwendung von ASNs.

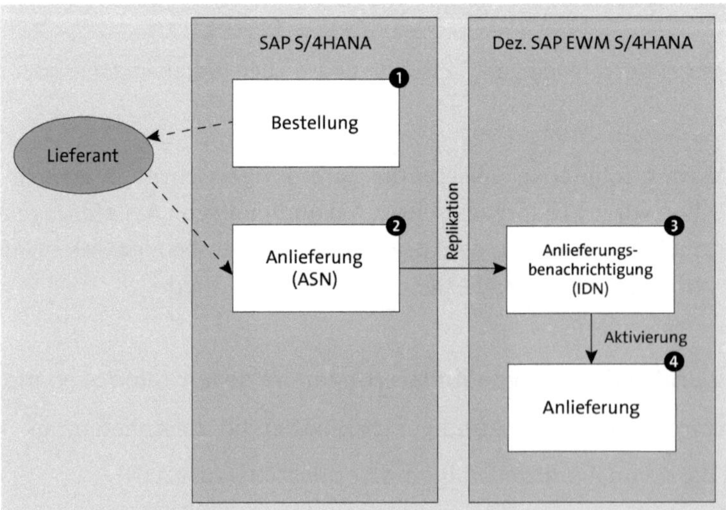

Abbildung 8.3 Informations- und Dokumentenfluss bei der Verwendung einer Advanced Shipping Notification im dezentralen Szenario

Zunächst legen Sie eine Bestellung in SAP S/4HANA an ❶ und teilen den Lieferanten die Bestelldaten mit. Die elektronisch angeschlossenen Lieferanten schicken vor dem physischen Wareneingang Anlieferdaten per IDoc (Nachrichtentyp DESADV), die die ASN in SAP S/4HANA mit dem Funktionsbaustein BAPI_INB_DELIVERY_SAVEREPLICA erstellt ❷. Gleichzeitig werden die vom Lieferanten übertragenen Lieferdaten validiert. Falls das Ergebnis der Prüfungen negativ ist, wird in SAP S/4HANA ein Fehlerstatus auf der Anlieferpositionsebene gesetzt, bevor die Anlieferung an das dezentrale SAP EWM repliziert wird.

Nachdem in SAP S/4HANA die ASN erstellt und die Verteilungsrelevanz in das SAP-EWM-System ermittelt worden ist, werden die logistisch relevanten Daten der ASN mit oder ohne Fehlerstatus über den Funktionsaufruf /SCMW/INB_DLV_SAVEREPLICA im Hintergrund (*Queued Remote Function Call*, kurz qRFC) an das dezentrale SAP-EWM-System übertragen. In SAP EWM wird der Beleg der Anlieferungsbenachrichtigung (*Inbound Delivery Notification*, kurz IDN) erstellt ❸. Die IDN setzt sich aus einem Belegkopf, entsprechend vielen Belegpositionen und gegebenenfalls avisierten Handling Units zusammen. Die IDN stellt im Wesentlichen die ursprüngliche Liefernachricht aus SAP S/4HANA dar. Darüber hinaus wird die IDN mit einem Minimum an Daten im dezentralen SAP-EWM-System angereichert, z. B. die Bestandsart auf der Lieferpositionsebene. Mit welchen Daten die IDN angereichert wird, sofern vorhanden, erfahren Sie im Abschnitt »Daten bei Erstellung der Anlieferungs- und Wareneingangsbenachrichtigung ermitteln und im dezentralen Szenario übernehmen«.

Da das dezentrale SAP-EWM-System auch an Nicht-SAP-Backend-Systeme angebunden werden kann, dient der Beleg zur Anlieferungsbenachrichtigung im dezentralen SAP EWM neben der Übernahme der logistisch relevanten Daten auch als Basis für verschiedene Prüfungen in SAP EWM. Diese Prüfungen sollen die Datenkonsistenz zwischen den Belegen der verschiedenen Systeme sicherstellen. Daher ist die Anlieferungsbenachrichtigung als eine Art »Schattenbeleg« zu verstehen, der nicht für den operativen Wareneingangsprozess genutzt wird ❹.

[+]

Anlieferungsbenachrichtigung im dezentralen SAP EWM überspringen

Wenn Sie den Beleg der Anlieferungsbenachrichtigung nicht verwenden wollen, kann durch eine entsprechende Einstellung im Customizing des dezentralen SAP EWM die Erstellung dieses Belegs umgangen werden. In diesem Fall wird die Anlieferung direkt mit Verarbeitung der Liefernachricht aus SAP S/4HANA erstellt. Bedenken Sie, dass, wenn es möglich gewesen wäre, eine inaktive Benachrichtigung zu erstellen, sich in diesem Fall ein fehlgeschlagener Queue-Eintrag ergibt. Somit kann bei Verzicht auf die Anlieferungsbenachrichtigung ein erhöhtes Queue-Monitoring die Folge sein. Die entsprechende Einstellung finden Sie über den folgenden IMG-Pfad in SAP EWM: **Schnittstellen • ERP-Integration • ERP-Integration für dezentrales EWM • Anforderung für Nachrichten aus ERP überspringen**. Sollten Sie die Einstellung nicht pflegen, wird per Default immer eine Anlieferungsbenachrichtigung erstellt.

Während der Erstellung der IDN erfolgt in SAP EWM automatisch eine Validierung. Die Validierung überprüft, ob ein Lieferbeleg vollständig und konsistent ist, damit dieser im dezentralen SAP EWM weiterverarbeitet werden kann.

Die *Unvollständigkeitsprüfung* ermittelt, ob alle relevanten Felder in der Anlieferung gefüllt sind, damit diese im System weiterverarbeitet werden können. Es handelt sich dabei um Muss-Felder, die für die Weiterverarbeitung der Anlieferung gefüllt sein müssen. Muss-Felder werden durch logische Feldnamen repräsentiert, denen jeweils Aktionen zugeordnet sind. Bei jedem Ausführen dieser Aktion wird das entsprechende Feld automatisch auf Vollständigkeit hin überprüft.

Die *Konsistenzprüfung* ermittelt, ob ungleiche Datenstände zwischen dem Lieferbeleg, dem Customizing und den Stammdaten vorliegen. Das Customizing der SAP-S/4HANA-Integration und der Lieferabwicklung finden Sie im SAP-EWM-Customizing über den Pfad **Schnittstellen • ERP Integration • Lieferabwicklung**. Die Konsistenzprüfung enthält u. a. die folgenden wichtigen Teilprüfungen:

- Prüfung, ob die Daten zum Produkt mit dem Produktstamm (z. B. Produkt-ID und erlaubte Mengeneinheiten) übereinstimmen.
- Prüfung, ob die SAP-S/4HANA-Belegart, der Belegtyp, die Positionsart und der Positionstyp mit den Einstellungen im Customizing der SAP-EWM-Lieferabwicklung übereinstimmen.
- Prüfung, ob die Angaben zu den Incoterms, Partnerrollen (z. B. Lieferant, Warenempfänger, Spediteur), Referenzdokumenten und Terminarten (Plan- und Isttermin) mit den Einstellungen im Customizing der Lieferabwicklung übereinstimmen, z. B. Prüfung, ob das Lieferdatum in der Vergangenheit liegt.

Die Konsistenzprüfung wird in SAP EWM automatisch ausgeführt. Sie können sie aber auch manuell in der Anliefertransaktion, die Sie im SAP-Easy-Access-Menü in SAP EWM über den Pfad **Lieferabwicklung • Anlieferung • Anlieferungsbenachrichtigung pflegen** finden, oder durch Eingabe des Transaktionscodes /SCWM/IDN anstoßen. Abbildung 8.4 zeigt einen fehlerhaften Beleg einer Anlieferungsbenachrichtigung mit dem entsprechenden Fehlerprotokoll.

Falls die Konsistenzprüfung negativ ist, haben Sie die Möglichkeit, die Fehlerbehebung je nach Fehler entweder in SAP EWM oder in SAP S/4HANA vorzunehmen.

Für den Fall, dass Sie die Anlieferung in SAP S/4HANA geändert haben, wird in SAP S/4HANA ein Interimsbeleg mit Bezug zum Originalbeleg erstellt, und die Anlieferdaten werden über den qRFC `/SCMW/INB_DELIVERY_REPLACE` in das SAP-EWM-System übertragen. Das dezentrale EWM prüft im Originalbeleg, ob der Lageraktivitätsstatus den Wert **Nicht begonnen** hat (z. B. Lageraufgaben wurden erstellt oder Wareneingang wurde gebucht). Falls der Lageraktivitätsstatus den Wert **Nicht begonnen** hat, wird die Anlieferungsbenachrichtigung im dezentralen EWM entsprechend angepasst, und SAP S/4HANA wird über die Anpassung per qRFC /SPE/INB_DELIVERY_REPLACE informiert. In SAP S/4HANA wird der Originalbeleg angepasst und der Interimsbeleg gelöscht.

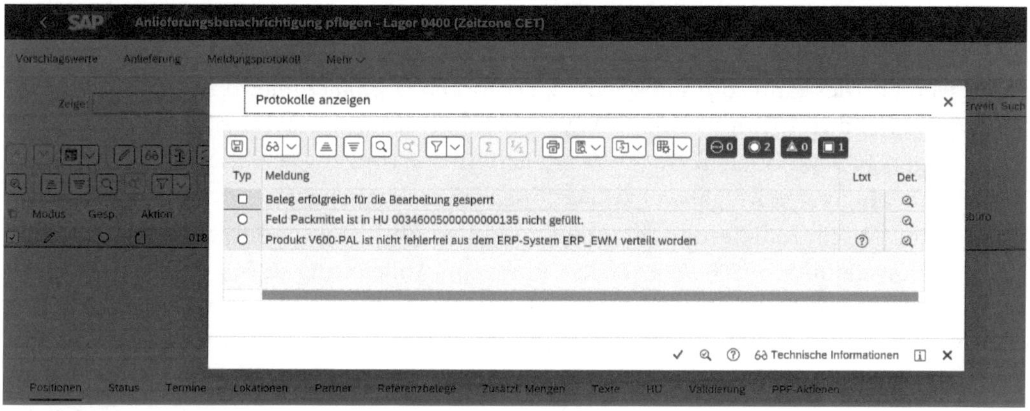

Abbildung 8.4 Anlieferungsbenachrichtigung prüfen

Falls eine Fehlerbehebung im dezentralen SAP EWM erforderlich ist, wird die Anlieferungsbenachrichtigung so lange angepasst, bis der Wert des Gesamtstatus **Grün** ist, wobei EWM diesen Wert aus den aktuellen Statuswerten einer festgelegten Menge von Statusarten aus dem gleichen Teilobjekt ermittelt. Dabei kann die Anlieferungsbenachrichtigung auch mit dem Gesamtstatus **Rot** für eine spätere Bearbeitung gesichert werden. Mit dem Sichern der Anlieferungsbenachrichtigung – unabhängig vom Status – erfolgt keine Übertragung der Daten in SAP S/4HANA, um das Monitoring der Ein- und Ausgangs-Queue der Lieferschnittstelle zu erleichtern. Eine Übertragung der im dezentralen SAP EWM geänderten Anlieferdaten nach SAP S/4HANA erfolgt per qRFC /SPE/INB_DELIVERY_REPLACE mit der Buchung des Wareneingangs für die entsprechende Anlieferung im dezentralen SAP EWM. SAP S/4HANA validiert automatisch und entscheidet, ob die geänderten Anlieferdaten übernommen werden oder, falls die Änderungen im dezentralen SAP EWM zu Fehlern in SAP S/4HANA führen, die Anlieferung in SAP S/4HANA manuell geändert werden muss. Falls Sie die SAP-S/4HANA-Anlieferung nachträglich ändern, überträgt SAP S/4HANA die Anlieferung erneut in das dezentrale SAP-EWM-System.

Konsistenzprüfung

Falls die Datenqualität zu schlecht für eine Korrektur des Lieferbelegs in SAP EWM ist, kann über den Button **Zurückweisen** in SAP-EWM-Transaktion /SCM/IDN der SAP-ERP-Planbeleg abgeschlossen werden, der offensichtlich eine zu schlechte Datenqualität hatte. Es ist dann immer noch möglich, während des physischen Anlieferprozesses manuell eine Anlieferung in SAP EWM oder SAP S/4HANA zu erfassen.

Weitere Änderungsszenarien für Anlieferungen, wie z. B. die Änderung von Mengen sowohl in SAP S/4HANA als auch in SAP EWM, werden in Abschnitt 8.4.1, »Anlieferungserfassung«, beschrieben.

Nachdem die IDN erstellt und geprüft worden und den Gesamtstatus **Grün** erhalten hat, kann die Anlieferung (*Inbound Delivery*, kurz ID) im dezentralen SAP EWM erstellt werden. Dies kann automatisch über das *Post Processing Framework* (PPF) oder manuell anhand von Transaktion /SCWM/IDN (Anlieferungsbenachrichtigung pflegen) erfolgen. PPF-Aktionen in SAP EWM erleichtern den Umgang, wenn aufgrund bestimmter Bedingungen Aufgaben bzw. Aktionen automatisiert gesteuert werden sollen. Die automatische Aktivierung der Anlieferungsbenachrichtigung erfolgt im PPF durch die Aktionsdefinition /SCDL/IDR_TRANSFER, um eine Anlieferung als Folgebeleg der Anlieferungsbenachrichtigung zu erzeugen. Die Aktionsdefinition beschreibt die Inhalte einer Aktion, deren Verarbeitungszeitpunkt, nicht erlaubte Verarbeitungszeitpunkte, die Findungstechnik, die Aktionsverdichtung, Verarbeitungsarten usw. Hier können Sie definieren, zu welchem Zeitpunkt die Aktivierung erfolgen soll, und zwar entweder über die Verarbeitung eines Selektionsreports oder über die sofortige Verarbeitung. Weitere Informationen zum PFF finden Sie in Abschnitt 14.9, »Post Processing Framework und Formulardruck«.

Die Anlieferung ist der zentrale Beleg für den Wareneingangsprozess, der mit dem Wareneingang im Yard Management beginnt und mit der Einlagerung auf dem finalen Lagerplatz endet. Die Anlieferung ist das Referenzobjekt u. a. für folgende Aktivitäten im Wareneingangsprozess:

- Registrierung der Transporteinheit mit den zugeordneten Anlieferungen im Yard
- Entladen der Transporteinheit und der zugeordneten Anlieferungen
- Wareneingangsbuchung
- Einlagerung der Produkte in der Anlieferung auf dem finalen Einlagerplatz
- Erfassung von Minder- oder Überlieferung und gegebenenfalls Anpassung der Liefermenge
- automatisches Splitten von Anlieferungen
- Erstellen oder Löschen von Anlieferpositionen (das Löschen einer Anlieferposition kann die automatische Erstellung einer Splitlieferung zur Folge haben; siehe Abschnitt, »Änderung der avisierten Anlieferungen in SAP EWM«)

Ankündigung und Erstellung von Anlieferungen auf Basis der Bestellung oder des Produktionsauftrags

Falls es dem Lieferanten nicht möglich ist, das Lager vorab über ankommende Lieferungen anhand von ASN zu informieren, gibt es die Möglichkeit, sowohl Bestelldaten im Fall von externen Zugängen als auch Produktionsauftragsdaten im Fall von internen Zugängen aus SAP S/4HANA in das dezentrale SAP-EWM-System zu übertragen. Dies bezeichnet man als Benachrichtigung über einen erwarteten Wareneingang.

Erwarteter Wareneingang nur im dezentralen Szenario relevant

Der Beleg des erwarteten Wareneingangs ist nur für das dezentrale Szenario relevant. Im Embedded-Szenario wird dieser Beleg nicht mehr benötigt, da auf Bestell- und Fertigungsauftragsdaten direkt aus SAP S/4HANA zugegriffen werden kann.

Die Verwendung erwarteter Wareneingänge hat die folgenden Vorteile:

- Sie bilden eine Vorlage für die manuelle Erstellung der Anlieferung auf Basis konsistenter Daten, um den Folgeprozess des administrativen Wareneingangs zu vereinfachen und zu beschleunigen.
- Sie stellen eine Grundlage für die Berechnung der zu erwartenden Arbeitslast durch das Arbeitsmanagement im dezentralen SAP-EWM-System dar. Der Lagerleiter kann die Arbeitslast prüfen und zukünftige Wareneingänge auf Basis der Anzahl der für den Tag vorgemerkten Bestellpositionen planen (siehe Abbildung 8.5).
- Sie stellen die Basis für den Überblick zu erwartender Wareneingänge dar, die Sie mithilfe der Transaktion für einen selektierbaren Zeitraum auf die Gesamtzahl von Anlieferpositionen, von Handling Units und Gewicht zu Planungszwecken aggregieren können. Diese Transaktion finden Sie im SAP-Easy-Access-Menü in SAP EWM unter dem Menüpunkt **Monitoring**.

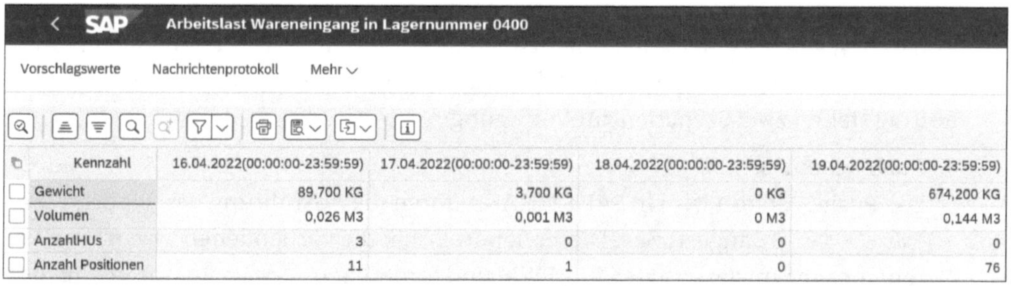

Abbildung 8.5 Überblick über den erwarteten Wareneingang in der SAP-Fiori-App »Arbeitslast anzeigen«

Abbildung 8.6 gibt Ihnen einen Überblick über den Dokumenten- und Informationsfluss zwischen SAP S/4HANA und dem dezentralen SAP EWM bei der Verwendung von erwarteten Wareneingängen auf Basis von Bestellungen.

Voraussetzungen für die Nutzung von erwarteten Wareneingängen

Bevor Sie den erwarteten Wareneingang im dezentralen SAP EWM nutzen, müssen Sie im externen Beschaffungsszenario anhand von Bestellungen das BC-Set `/SCWM/`

EXPGR oder im internen Beschaffungsszenario das BC-Set /SCWM /EXPGR_PROD über Produktionsaufträge aktivieren. Um erwartete Wareneingänge nutzen zu können, benötigen Sie mindestens das Release SAP ERP 6.0 mit dem Erweiterungspaket 3 (EHP 3).

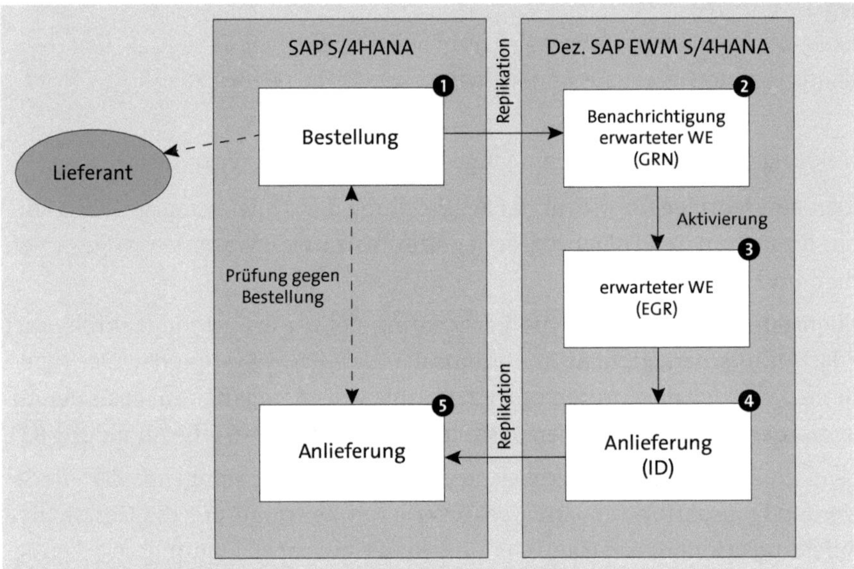

Abbildung 8.6 Informations- und Dokumentenfluss bei der Nutzung des erwarteten Wareneingangs im dezentralen Szenario

Zunächst legen Sie eine Bestellung bzw. einen Produktionsauftrag in SAP S/4HANA an. Für die Übertragung der Logistikdaten aus der Bestellung oder dem Produktionsauftrag stehen zwei Szenarien zur Verfügung:

- **Push-Szenario**
  Das Push-Szenario wird in SAP S/4HANA durch die Ausführung des Reports /SPE/INB_EGR_CREATE angestoßen. Dieser Report löscht die vorhandenen erwarteten Wareneingänge im dezentralen SAP EWM und fordert neue erwartete Wareneingänge für einen vorzugebenden Zeitraum von SAP S/4HANA an.
- **Pull-Szenario**
  Das Pull-Szenario wird im dezentralen SAP EWM durch die Ausführung des Reports /SCWM/ERP_DLV_DELETE angestoßen. Mit diesem Report können Sie erwartete Wareneingänge zu einer Bestellung oder zu einem Produktionsauftrag aus SAP S/4HANA anfordern.

Das dezentrale SAP EWM erstellt auf Basis dieser Daten den Beleg **Benachrichtigung Erwarteter Wareneingang** (GRN). Dieser ist, wie die Anlieferungsbenachrichtigung, ein »Schattenbeleg«, der lediglich dazu dient, die aus SAP S/4HANA übertragenen Logistikdaten zu übernehmen und zu überprüfen. Die Konsistenzprüfung wird automatisch ausgeführt. Sie können sie auch manuell in der Transaktion zur Wareneingangsbenachrichtigung anstoßen. Nutzen Sie dazu das SAP-Easy-Access-Menü über den Pfad **Lieferabwicklung • Anlieferung • Erwarteter Wareneingang • Wareneingangsbenachrichtigung pflegen** oder Transaktion /SCWM/GRN. Wie auch im ASN-Szenario stellt die GRN eine spezielle Sicht des ursprünglichen Belegs (Bestellung oder Produktionsauftrag) aus SAP S/4HANA dar. Darüber hinaus wird auch die GRN mit einem Minimum an Daten im dezentralen SAP EWM angereichert. Mit welchen Daten die GRN angereichert wird, erfahren Sie im folgenden Abschnitt.

Analog zum zuvor beschriebenen ASN-Szenario kann auch hier die Erstellung der Wareneingangsbenachrichtigung als separater Beleg übersprungen werden.

Abbildung 8.7 zeigt einen erwarteten Wareneingang auf Basis eines Produktionsauftrags.

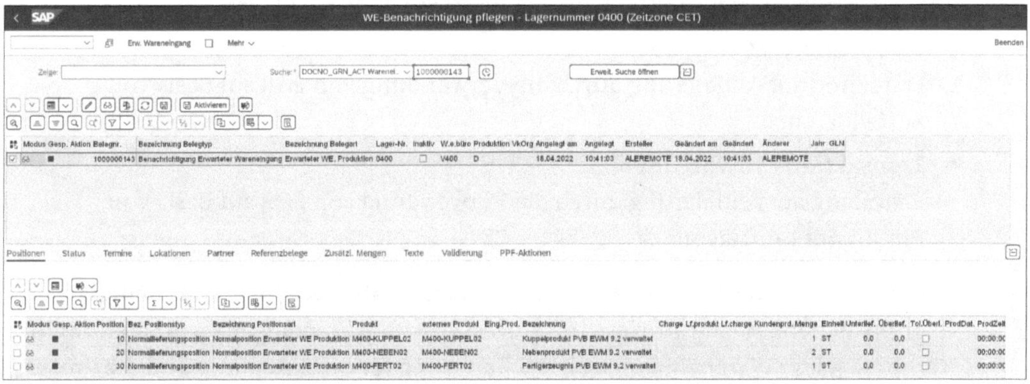

Abbildung 8.7 Beleg »Benachrichtigung Erwarteter Wareneingang« in Transaktion /SCWM/GRN (Wareneingangsbenachrichtigung pflegen) im dezentralen SAP EWM

Nachdem die GRN erstellt und geprüft worden ist und den Gesamtstatus **Grün** erhalten hat, wird der *erwartete Wareneingang* (EGR) im dezentralen SAP EWM erstellt. Dies kann automatisch über das PPF durch die Aktionsdefinition /SCDL/GRN_TRANSFER oder manuell in Transaktion /SCWM/GRN erfolgen (siehe den Button **Aktivieren** in Abbildung 8.7). Anschließend können Sie sich den erstellten EGR anzeigen lassen, den Sie im SAP-Easy-Access-Menü in SAP EWM über den Pfad **Lieferabwicklung • Anlieferung • Erwarteter Wareneingang • Erwarteten Wareneingang pflegen** oder durch die Eingabe des Transaktionscodes /SCWM/EGR finden.

Der EGR wird dabei als Kopiervorlage für die manuelle Erstellung von Anlieferungen verwendet. Daher können die Daten im EGR nicht geändert werden. Der EGR existiert in SAP S/4HANA nicht und ist ein temporärer Beleg, der im dezentralen SAP EWM durch die Einplanung des Reports `/SCWM/ERP_DLV_DELETE` gelöscht wird, falls er nicht mehr benötigt wird. Wenn SAP EWM einen erwarteten Wareneingang löscht, veranlasst das System gleichzeitig, dass SAP S/4HANA die noch offenen erwarteten Wareneingänge neu bestimmt.

[!]

Anlieferungssplits mit EGRs nicht möglich

Falls die Anlieferung auf Basis von EGRs erstellt worden ist, ist ein Anlieferungssplit nicht möglich. Falls die gelieferte Menge von der bestellten Menge abweicht, ist es nicht möglich, eine Anlieferung über eine Folgeaktion automatisch zu erstellen (im Gegensatz zu den Anlieferungen, die auf Basis von Anlieferungsbenachrichtigungen erstellt wurden). Stattdessen ändern Sie einfach die Menge manuell in der Anlieferung und erstellen eine neue Anlieferung für weitere Wareneingänge auf Basis der gleichen EGR.

Die Erstellung der Anlieferung auf Basis von EGRs erfolgt manuell im dezentralen SAP EWM je nach Ursprungsbeleg anhand verschiedener Transaktionen:

- **Transaktion /SCWM/GRPE**
  Erstellung der Anlieferung durch die Verwendung von EGR auf Basis von Bestelldaten.
- **Transaktion /SCWM/GRPI**
  Erstellung der Anlieferung durch die Verwendung von EGR auf Basis von Produktionsaufträgen.

Die manuelle Erstellung von Anlieferungen auf Basis erwarteter Wareneingänge erfolgt im Wareneingangsprozess im Prozessschritt **Wareneingangsvorbereitung** des Kernprozesses »Wareneingang« als Vorbereitung für die Entladung und die Prozessschritte der Wareneingangssteuerung und Einlagerung. Daher werden diese Transaktionen in Abschnitt 8.4.1, »Anlieferungserfassung«, näher beschrieben.

Daten bei Erstellung der Anlieferungs- und Wareneingangsbenachrichtigung ermitteln und im dezentralen Szenario übernehmen

Wie bereits erwähnt, werden im dezentralen Szenario die Benachrichtigungsbelege zur Anlieferung bzw. zum erwarteten Wareneingang mit verschiedenen Daten angereichert, die wir im Folgenden vorstellen. Auf der Belegkopfebene werden u. a. die folgenden Daten ermittelt oder aus SAP S/4HANA übernommen:

- **Lagernummer**
  Die Ermittlung der SAP-EWM-Lagernummer erfolgt durch das Auslesen der Mapping-Tabelle zwischen der SAP-S/4HANA- und der SAP-EWM-Lagernummer. Diese Tabelle finden Sie über den Customizing-Pfad **Schnittstellen • ERP Integration • Allgemeine Einstellungen • Lagernummern aus dem ERP-System in EWM abbilden**.

- **Transportdaten**
Falls das Transportmittel auf der Lieferkopfebene in SAP S/4HANA eingetragen worden ist, wird es an SAP EWM verteilt. Das Transportmittel gruppiert Fahrzeugressourcen mit den gleichen Grundeigenschaften (z. B. Lkw, Schiff, Flugzeug). Durch das Transportmittel und ein zugeordnetes Packmittel kann in SAP EWM eine Transporteinheit (TE), genauer gesagt, die Warenannahme- und Versandaktivität einer Transporteinheit angelegt werden. Das Packmittel (z. B. ein Lkw mit 7,5 t) dient dazu, das Transportmittel (z. B. den Lkw) zu spezifizieren. Die Anlage der Transporteinheit erfolgt aber erst mit der Aktivierung der IDN bzw. Erstellung der Anlieferung. Diese Einstellungen finden Sie im SAP-Easy-Access-Menü in SAP EWM über den Pfad **Einstellungen • Warenannahme und Versand • Verknüpfung zwischen Packmittel (TE) und Transportmittel**. Weitere Details dazu erfahren Sie in Abschnitt 8.2.3, »Ankündigung von Transporten«.

Auf der Positionsebene werden u. a. die folgenden Daten ermittelt:

- **Produktdaten (Charge, Ursprungsland, Mindesthaltbarkeits-, Herstell- und Verfallsdatum)**
Wenn die Anlieferung von SAP S/4HANA in das SAP-EWM-System übertragen wird, prüft SAP EWM bei chargenpflichtigen Produkten, ob eine Chargennummer vorhanden ist. Die Chargennummer kann entweder von SAP S/4HANA vorgegeben sein, oder Sie legen die Charge in SAP EWM an. Die Charge kann in diesem Fall manuell oder automatisch erstellt werden, indem die Anlieferungs- bzw. Wareneingangsbenachrichtigung aktiviert wird.

  Bei klassifizierten Chargen werden die folgenden SAP-Standardmerkmale automatisch aus den Anlieferdaten gefüllt:

  - Ursprungsland
  - Mindesthaltbarkeits- bzw. Verfallsdatum
  - Herstelldatum
  - Lieferantencharge

  Wenn Sie weitere Bewertungen in den Chargenstamm übernehmen möchten, verwenden Sie die BAdIs `/SCWM/DLV_BATCH_VAL` und `/SCWM/DLV_BATCH_CHAR`. In Abschnitt 8.8.1, »Chargenabwicklung im Wareneingangsprozess«, gehen wir detailliert auf die Chargenabwicklung im Wareneingangsprozess ein.

- **Eigentümer und Verfügungsberechtigter**
Der Verfügungsberechtigte in der Anlieferungsbenachrichtigung entspricht immer dem Geschäftspartner des Werkes, zu dem in SAP S/4HANA die Anlieferung erstellt wurde. Der Geschäftspartner als Stammdatum wird per Webservice von SAP S/4HANA in das SAP-EWM-System übertragen. In SAP EWM werden dem Geschäftspartner in Transaktion BP (im SAP-Easy-Access-Menü in SAP EWM über den

Pfad **Stammdaten • Geschäftspartner pflegen** erreichbar) verschiedene Rollen je nach seiner Funktion (z. B. Lieferant, Kunde oder Werk) zugewiesen. Nähere Informationen zu den Geschäftspartnerstammdaten erfahren Sie in Kapitel 4, »Stammdaten in SAP S/4HANA EWM«. Der Eigentümer kann je nach Sonderbestandskennzeichen (SOBKZ) in der Anlieferposition unterschiedlich sein. So entspricht z. B. bei SOBKZ = K (Lieferantenkonsignationsbestand) der Eigentümer dem Lieferanten. In den Fällen SOBKZ = E (Kundenauftragsbestand), SOBKZ = Q (Projektbestand) oder, falls kein Sonderbestand vorliegt, entspricht der Eigentümer dem Geschäftspartner des Werkes und somit dem Verfügungsberechtigten (siehe Kapitel 5, »Bestandsverwaltung«).

- **Bestandsart**
  SAP EWM verwaltet Bestände nach Bestandsarten. Mit der Bestandsart werden der Status und damit die Verfügbarkeit eines Bestands festgelegt. Alle Bestandsmengen, die im Lager geführt werden, werden einer Bestandsart zugeordnet, wobei die Bestandsarten frei definiert werden können. Die Bestandsart in SAP EWM wird durch die Kombination aus dem Verfügungsberechtigten, der Verfügbarkeitsgruppe und der lokationsunabhängigen Bestandsart bestimmt.

Die *lokationsunabhängige Bestandsart* in SAP EWM entspricht der Bestandsqualifikation in SAP ERP. Die *Verfügbarkeitsgruppe* ist in SAP EWM ebenfalls frei definierbar und ermöglicht eine Gruppierung der Bestandsarten. Die Verfügbarkeitsgruppe in SAP EWM entspricht einer Werk-Lagerort-Kombination pro Lagernummer in SAP ERP. Im Standard-Customizing gibt es zwei Arten von Verfügbarkeitsgruppen:

- 0001: Ware in Einlagerung (ROD = *Received on Dock*)
- 0002: Ware voll verfügbar (AFS = *Available-for-Sale*)

Auf Basis der verschiedenen Bestandsarten können Sie steuern, ob bereits mit Wareneingangsbuchung der Bestand für die Zuteilung von Kundenaufträgen und damit für die Kommissionierung oder erst mit Quittierung der Einlager-Lageraufgabe auf dem finalen Einlagerplatz zur Verfügung steht. Der Bestandsartenwechsel in SAP EWM erfolgt bei Bewegung durch den Wechsel der Verfügbarkeitsgruppe, gesteuert über den Lagertyp oder durch die manuelle Umbuchung. In SAP EWM können Sie über den Customizing-Pfad **Wareneingangsprozess • Verfügbarkeitsgruppe bei Einlagerung** eigene lokationsabhängige und -unabhängige Bestandsarten (z. B. gesperrten Bestand, frei verwendbaren Bestand, Qualitätsprüfbestand, Retourensperrbestand) sowie Verfügbarkeitsgruppen definieren. Die Verfügbarkeitsgruppe wird in SAP EWM auf Basis der SAP-S/4HANA-Werk-Lagerort-Kombination ermittelt. Das Mapping definieren Sie im Customizing über den Pfad **Schnittstellen • ERP Integration • Warenbewegungen**. Abbildung 8.8 veranschaulicht die Bestimmung der Bestandsart auf Basis der bestandsdefinierenden Merkmale in SAP S/4HANA.

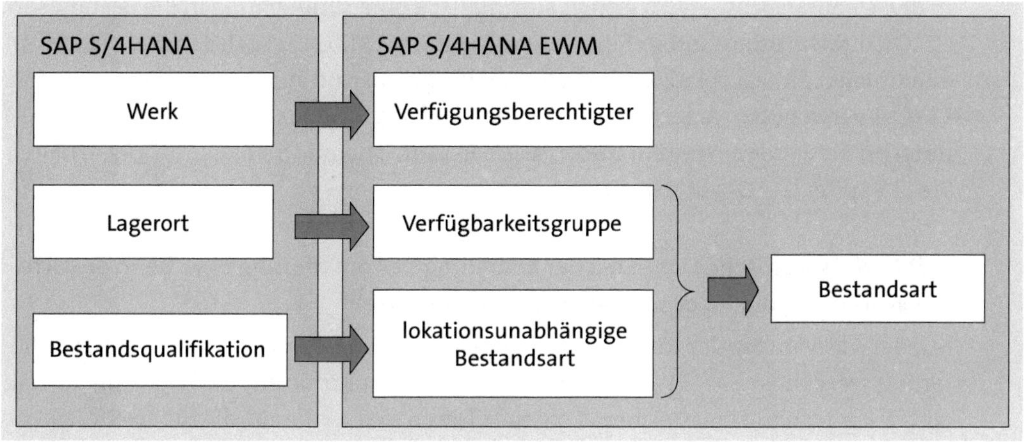

Abbildung 8.8 Bestandsart in SAP EWM bestimmen

Wie die Verwendung von Bestandsarten und Verfügbarkeitsgruppen bei unterschiedlichen Wareneingangsprozessen aussehen kann, verdeutlicht Abbildung 8.9.

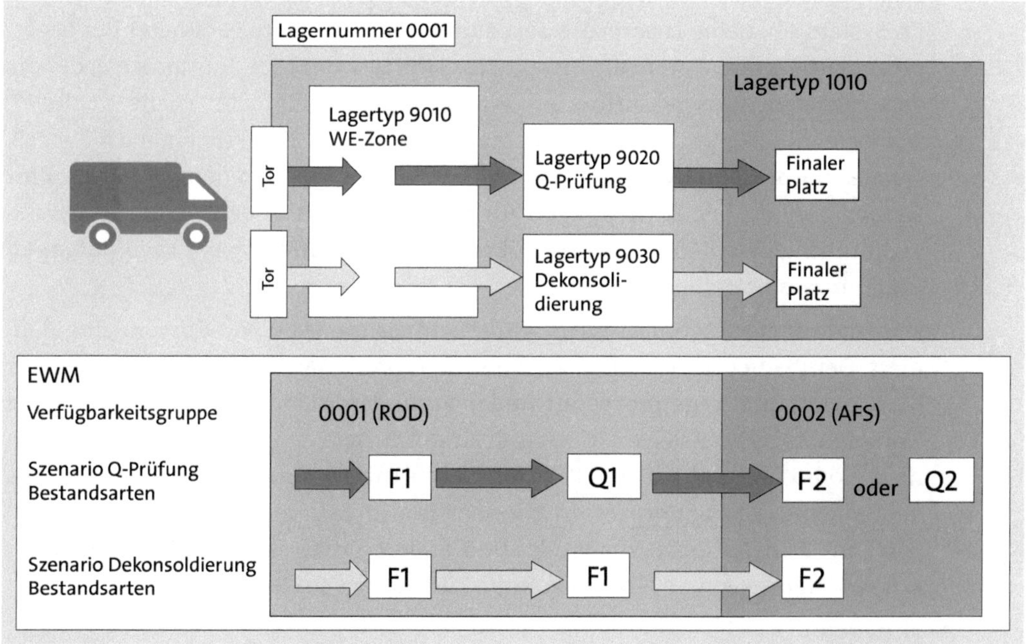

Abbildung 8.9 Beispiele für die Verwendung von Verfügbarkeitsgruppen und Bestandsarten im Wareneingangsprozess

Im Szenario »Q-Prüfung« (Qualitätsprüfung) bestimmt SAP EWM, dass nach der Wareneingangsbuchung in der Bestandsart F1 (frei verwendbar in Einlagerung) das angelieferte Produkt qualitätsgeprüft werden soll. Mit der Quittierung der Lageraufgabe in den Qualitätsprüfbereich erfolgt automatisch eine Umbuchung in die Bestandsart Q1 (Qualitätsprüfbestand in Einlagerung). Mit der Quittierung der Lageraufgabe auf dem finalen Einlagerplatz kann je nach Prüfergebnis automatisch in die Bestandsart F2 (frei verwendbar Lager) oder in die Bestandsart Q2 (Qualitätsprüfbestand Lager) umgebucht werden. Weitere Informationen zum Thema Qualitätsprüfung erhalten Sie in Kapitel 12, »Qualitätsprüfung«.

SAP-EWM-spezifische Daten bei der Erstellung der Anlieferung bzw. beim erwarteten Wareneingang im dezentralen Szenario ermitteln

Mit der Aktivierung der Anlieferungsbenachrichtigung und der Erstellung der Anlieferung werden in SAP EWM lagerspezifische Daten ermittelt, und die Anlieferung wird entsprechend angereichert. Folgende Daten und Aktionen, die für die Steuerung und Durchführung des Wareneingangsprozesses von Bedeutung sind, werden in SAP EWM ermittelt bzw. ausgeführt:

- **Lagerprozessart**
  Die Lagerprozessart entspricht dem Schlüssel für die Art des Lagerprozesses. Jeder Lagerprozess (z. B. Wareneingang, Warenausgang, Umbuchung, Umpacken) wird im System über eine Lagerprozessart abgewickelt. Wichtige Parameter der Lagerprozessart für den Wareneingangsprozess sind u. a. der Lagerungsprozess, der die verschiedenen Prozessschritte des Wareneingangs beinhaltet (siehe Kapitel 7, »Objekte und Elemente der Prozesssteuerung«), sowie die Aktivität, nach der z. B. Queues für die effektive Steuerung von Ressourcen im Wareneingang bestimmt werden können. Die Einstellungen zur Lagerprozessart finden Sie im SAP-EWM-Customizing über den Pfad **Prozessübergreifende Einstellungen • Lageraufgabe • Lagerprozessart definieren**.

  Die Findung der Lagerprozessart wird ebenfalls im SAP-EWM-Customizing definiert. Der Pfad entspricht dem Pfad der Lagerprozessart, wobei die Tabelle unter dem Menüpunkt **Lagerprozessart finden** zu finden ist. So wird u. a. auf Basis der Kombination von Belegart (Cross-Docking-Anlieferung oder Anlieferung zu einem Produktionsauftrag) und Positionsart die Lagerprozessart in SAP EWM gefunden. Anhand der Lagerprozessart können Sie also steuern, ob Wareneingangsprozesse für Anlieferungen zur Produktion andere Prozessschritte durchlaufen als z. B. Anlieferungen von einem externen Lieferanten auf Basis einer Bestellung.

- **Entladetor**
  Das geeignete Entladetor wird in SAP EWM auf Basis der Lagerprozessart und der sogenannten *Bereitstellungszonen-/Torfindungsgruppe* (BerZonFinGr) ermittelt, die Sie zur Unterscheidung verschiedener Anforderungen beim Be- und Entladen verwenden können. Beinhaltet der Lkw überwiegend Anlieferungen mit Bulk-Ware (z. B. in Bigbags), kann eine andere Bereitstellungszonen-/Torfindungsgruppe gefunden werden als für palettierte Ware. Um dieses Business-Szenario ab-

zubilden, definieren Sie ein sogenanntes *Lagerprozessartfindungskennzeichen* im SAP-EWM-Customizing. Der Customizing-Pfad entspricht dem Pfad der Lagerprozessart (**Prozessübergreifende Einstellungen • Lageraufgabe**), wobei die Tabelle unter dem Menüpunkt **Steuerungskennzeichen für Lagerprozessartenfindung definieren** zu finden ist. Anschließend können Sie das Steuerungskennzeichen den relevanten Produkten auf der Registerkarte **Lagernummerdaten** im Produktstamm zuordnen. Die automatische Torfindung stellen Sie mit Transaktion /SCWM/STADET_IN ein, die Sie im SAP-Easy-Access-Menü über den Pfad **Einstellungen • Warenannahme und Versand • Bereitstellungszonen- und Torfindung (Eingang)** finden.

- **Einheitliche Erzeugung von Packstücken**
  Neben der Ermittlung wichtiger Wareneingangsparameter ist es mit Release SAP EWM 2022 möglich, für die Anlieferpositionen sogenannte *einheitliche Packstücke* zu erzeugen, falls der Lieferant keine Packmittelinformationen avisiert hat bzw. die Anlieferung nicht bereits in SAP S/4HANA verpackt wurde. Die einheitliche Erzeugung von Packstücken (EEP) ist eine generische Verpackungsebene, die von den Anwendungen SAP EWM, SAP TM und ab Release 2022 auch von der SAP-S/4HANA-Logistik im Allgemeinen (Handling Unit Management) zur Erzeugung von Packstücken verwendet werden kann. Die EEP ermöglicht das Anlegen von Packstücken mit den folgenden Engines:
  - Erzeugung von Packstücken (Package Builder) in der SAP-SCM-Basis
  - Packvorschrift im Handling Unit Management in SAP S/4HANA
  - Packspezifikation in SAP EWM

  Das Ergebnis der EEP ist eine mögliche Verpackungshierarchie, die aus Packstücken und Packhilfsmitteln besteht. SAP EWM speichert diese Verpackungshierarchie in den Belegen, z. B. in der Anlieferung. Weitere Informationen zu EEP zur Erzeugung von Packstücken, Packspezifikationen und Packvorschriften finden Sie in Kapitel 4, »Stammdaten in SAP S/4HANA EWM«.

  Mit der Erstellung der SAP-EWM-Anlieferung haben Sie die Möglichkeit, die Anlieferung auf Basis des EEP-Ergebnisses automatisch zu verpacken oder sich durch die EEP bei manuellem Verpacken ein geeignetes Packmittel vorschlagen zu lassen.

  Um die EEP auch im Wareneingangsprozess verwenden zu können, müssen Sie im SAP-EWM-Customizing über den Pfad **Prozessübergreifende Einstellungen • Handling Units • Einheitliche Erzeugung von Packstücken** ein Profil für die einheitliche Erzeugung von Packstücken anlegen. Im Profil legen Sie die Engine fest, mit der die EEP die Packstücke erzeugen soll. Je nach ausgewählter Engine stehen Ihnen unterschiedliche Profilparameter zur Verfügung, mit denen Sie die Erzeugung von Packstücken entsprechend Ihren Prozessanforderungen steuern können.

Wenn Sie z. B. die Engine **Erzeugung von Packstücken** verwenden, haben Sie die Möglichkeit zu steuern, dass bestimmte Produkte nicht zusammen verpackt werden dürfen (Produktbeziehungsprofil). Darüber hinaus können Sie angeben, ob die EEP gemischte Packstücke anlegen soll. Falls ja, können Sie bestimmen, ob die Erzeugung der Packstücke volumenbasiert oder detailliert auf Basis eines Optimierers erfolgen soll. Im Fall der detaillierten Erzeugung kann der Optimierer die genauen Positionen der einzelnen Teile im Packstück bestimmen.

Anschließend weisen Sie das EEP-Profil der entsprechenden Anlieferungsbelegart im SAP-EWM-Customizing zu. Im Customizing der Belegart haben Sie darüber hinaus die Möglichkeit zu entscheiden, ob die Anlieferung automatisch verpackt werden soll.

Wenn Sie die Engine **Erzeugung von Packstücken** verwenden, müssen Sie in Transaktion /SCWM/CAP_PB_PKG_ASS den angelieferten Produkten ein Packmittel zuordnen, die Sie im SAP-Easy-Access-Menü in SAP EWM im Ordner **Einstellungen** finden.

Wenn Sie die Engine **Packspezifikation** verwenden, müssen Sie sowohl aktive Packspezifikationen als auch Regeln zur Findung der geeigneten Packspezifikationen in SAP EWM definiert haben. Die Packspezifikationsfindung basiert auf Belegmerkmalen wie z. B. **Lieferant** und **Produkt**. Anschließend ordnen Sie das Findungsschema der Belegart im SAP-EWM-Customizing zu.

Die Engine **Packvorschrift** können Sie nur in Embedded SAP EWM verwenden. Das bedeutet, dass HUs in Embedded SAP EWM direkt auf Packvorschriften basierend erstellt werden können. Dazu definieren Sie bestimmte EWM-spezifische Stammdateneinstellungen in der Packvorschrift und in den Findungssätzen, die die EEP bei der Erzeugung von Packstücken in Embedded SAP EWM berücksichtigt.

Neben dem automatischen und manuellen Verpacken der Anlieferung kann die EEP zur Ermittlung eines Packmittelvorschlags noch in den folgenden Transaktionen verwendet werden:

- RF-Transaktionen zur Entladung und Wareneingangsbuchung
- Transaktion /SCWM/PACK (Verpacken) im Allgemeinen sowie die entsprechende RF-Transaktion
- Transaktion /SCWM/DCONS (Dekonsolidieren im Wareneingang) sowie die entsprechende RF-Transaktion

- **Automatische Lageraufgabenerstellung**
  Um den Wareneingangsprozess zu beschleunigen, ist mit der Erstellung der Anlieferung eine automatische Lageraufgabenerstellung für die Durchführung des ersten Prozessschritts möglich. Falls die PPF-Aktion `/SCWM/PRD_IN_TO_CREATE` in der Anwendung `/SCDL/DELIVERY` aktiviert ist, erstellt SAP EWM automatisch eine HU-

Lageraufgabe für den ersten Prozessschritt (z. B. Entladen). In diesem Fall muss **Entladen** als erster Prozessschritt im Lagerungsprozess definiert sein (siehe Abschnitt 8.6.1, »Lagersteuerung im Wareneingang«).

- **Vorläufige Einlagerungsplatzermittlung**
  Mit der Erstellung der Anlieferung kann ebenfalls die vorläufige Einlagerplatzermittlung durchgeführt werden, die dazu dient, die zu erwartende Arbeitslast für die verschiedenen Aktivitätsbereiche der einzelnen Wareneingangsprozessschritte vor dem Eintreffen der Anlieferung zu bestimmen. Die vorläufige Einlagerplatzermittlung wird demzufolge nur mit der Aktivierung des Arbeitsmanagements in SAP EWM auf Basis der Einlagerungsstrategien ausgeführt.
- **Ermittlung der Anlieferpriorität**
  Die Ermittlung der Anlieferpriorität in SAP EWM erfolgt auf Basis der Prioritätspunkte, die in SAP APO bestimmt werden. Ziel ist es, auf der Ebene der Transporteinheit eine optimale Entladereihenfolge für mehrere Lkws, die gleichzeitig zur Entladung anstehen, zu erreichen. SAP APO berechnet die Prioritätspunkte auf der Lieferpositionsebene und überträgt die berechneten Prioritätspunkte an SAP S/4HANA, das diese an SAP EWM weiterkommuniziert. SAP EWM sichert die Prioritätspunkte für eine Anlieferung auf der Positionsebene. Zur Berechnung der Priorität auf der Kopfebene ruft SAP EWM das BAdI `/SCWM/EX_DLV_DET_LOAD` auf. Für eine weitere Aggregation der Priorität auf der Ebene der Transporteinheit können Sie das BAdI `/SCWM/EX_SR_PRIO` verwenden. Im SAP-Easy-Access-Menü können Sie über den Pfad **Lieferabwicklung • Anlieferung** den Report `/SCWM/PRIOP_UPDREQ` zur Neuberechnung der Prioritätspunkte starten. Dadurch stößt, wie beschrieben, SAP EWM über SAP S/4HANA eine asynchrone Anforderung zur Neuberechnung der Prioritätspunkte in SAP APO an.

Struktur und Aufbau der Anlieferung

Wie es bei vielen Belegen in SAP EWM der Fall ist, besteht die Anlieferung aus einem Lieferkopf und einer oder mehreren Anlieferpositionen.

Der *Lieferkopf* beinhaltet wichtige Informationen, wie z. B. die ASN-Nummer, aggregierte Statusinformationen für verschiedene Statusarten (z. B. Wareneingang, Entladen, Einlagerungsstatus, Lageraktivität), Prioritätspunkte sowie Belegtyp und die Belegart. Der Zweck einer Anlieferung ist durch die Kombination aus Belegtyp und Belegart definiert. Abbildung 8.10 zeigt die Anliefertransaktion /SCWM/PRDI in SAP EWM mit Kopf- und Positionsinformationen.

Der *Belegtyp* klassifiziert die unterschiedlichen Belege, die SAP EWM für die Lieferabwicklung verarbeiten kann. Der Belegtyp ist systemseitig vorgegeben und kann nicht verändert werden. Es gibt in der Lieferabwicklung für Anlieferungen die folgenden fest definierten Belegtypen:

- Benachrichtigung über den erwarteten Wareneingang (GRN)
- erwarteter Wareneingang (EGR)
- Anlieferungsbenachrichtigung (IDR)
- Anlieferung (PDI)

Die *Belegart* definiert die betriebswirtschaftlichen Eigenschaften eines Belegs. Im Customizing der Lieferabwicklung können Sie eigene Belegarten über den Pfad **Wareneingangsprozess • Anlieferung • Manuelle Einstellungen • Belegarten für Anlieferprozess definieren** definieren. Alternativ verwenden Sie den Menüpunkt **Belegarten für Anlieferprozess mit Assistent definieren**, z. B. für Cross-Docking-Anlieferungen, für Anlieferungen aus der Produktion oder für Anlieferungen von externen Lieferanten.

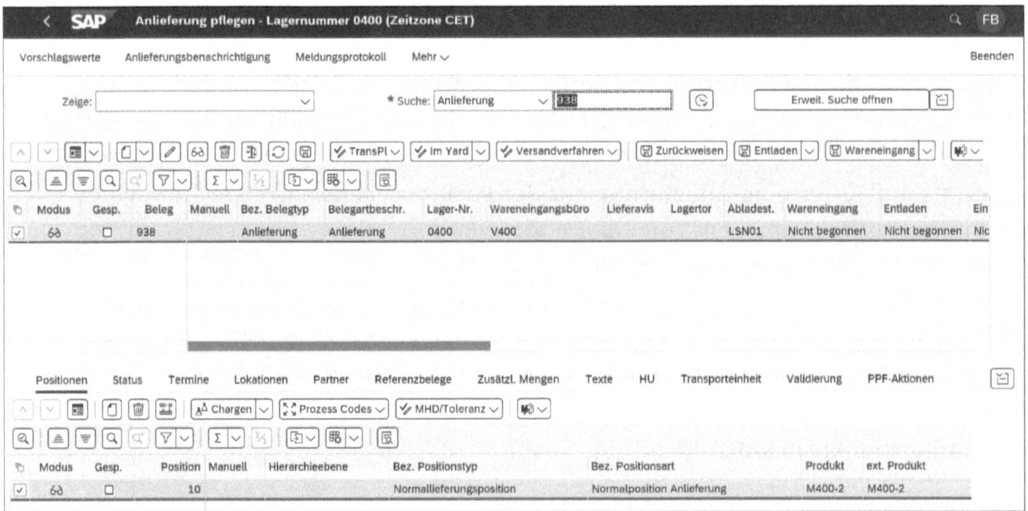

Abbildung 8.10 Anlieferung mit Kopf- und Positionsdaten in der SAP-Fiori-App »Anlieferung pflegen«

Die Belegart bildet in Verbindung mit der Positionsart den Lieferprozess im System ab. Die Abbildung der SAP-S/4HANA-Belegarten erfolgt in SAP EWM über den Customizing-Pfad **Schnittstellen • ERP Integration • Lieferabwicklung** (siehe Kapitel 6, »Lieferabwicklung«). Für die Belegart können Sie wichtige Attribute im Customizing definieren, wie z. B. das zuvor erwähnte Packmittelschema, die Verweilzeit des Belegs im System bis zur Archivierung und diverse Profile wie z. B. das Statusprofil, in dem die verschiedenen Statusarten je Anlieferprozess festgelegt werden können.

Jede Kombination aus Belegtyp und Belegart beschreibt ein Dokument im Wareneingangsprozess. In Tabelle 8.1 sehen Sie Kombinationsmöglichkeiten von Belegtypen und Belegarten und die daraus resultierenden Belege in SAP EWM, die im Standard-Customizing von SAP ausgeliefert werden.

Belegtyp	Belegart	Beleg
IDR	INB	Anlieferungsbenachrichtigung (IDN)
PDI	INB	Anlieferung (ID)
GRN	EGRE	Benachrichtigung über den erwarteten Wareneingang – extern (GRN)
EGR	EGRE	Erwarteter Wareneingang – extern (EGR)

Tabelle 8.1 Verschiedene Wareneingangsbelege aus der Kombination von Belegart und Belegtyp definieren

Die *Lieferposition* beinhaltet wichtige Daten wie Produktdaten (z. B. Produktnummer, Menge, Chargennummer, Ursprungsland), Bewegungsdaten (z. B. Lagerprozessart, Warenbewegungsplatz, Bestandsart, Verfügungsberechtigter, Eigentümer), Statusinformationen für verschiedene Statusarten (z. B. Packstatus, Wareneingang, Entladen, Einlagerungsstatus, Lageraktivität) sowie den Positionstyp und die Positionsart.

Der *Positionstyp* klassifiziert die unterschiedlichen Positionen, die das System für die Lieferabwicklung verarbeiten kann. Er ist systemseitig vorgegeben und kann nicht verändert werden. Es gibt in der Lieferabwicklung für Anlieferungen die folgenden Positionstypen:

- Normallieferungsposition (DLV)
- Retourenposition (RET)
- Textposition (TXT)
- Packposition (PAC)

Über die *Positionsart* werden die betriebswirtschaftlichen Eigenschaften der Belegpositionen festgelegt. Die Positionsart bildet in Verbindung mit der Belegart den Lieferprozess im System ab. Die Positionsarten definieren Sie im SAP-EWM-Customizing über den Pfad **Wareneingangsprozess • Anlieferung • Manuelle Einstellungen • Positionsarten für Anlieferprozess definieren**, oder Sie verwenden den Menüpunkt **Positionsart für Anlieferprozess mit Assistent definieren**. In Tabelle 8.2 sehen Sie Beispiele von Positionsarten, die auf Basis von Belegtypen und Positionstypen definiert werden. Die Spalten für die Beleg- und Positionstypen sind dunkelgrau hinterlegt, da die Werte im SAP-EWM-Standard fest definiert sind.

Belegtyp	Positionstyp	Positionsart	Beleg
IDR	DLV	IDLV	Normalposition Anlieferungsbenachrichtigung
PDI	DLV	IDLV	Normalposition Anlieferung
PDI	RET	ICR	Retourenposition
EGR	DLV	EDLV	Normalposition erwarteter Wareneingang

Tabelle 8.2 Verschiedene Positionsarten aus der Kombination von Belegtyp und Positionstyp definieren

Auf der Ebene der Positionsarten können wichtige Einstellungen vorgenommen werden, etwa die Prüfung eines neuen Produkts. Oftmals sollen neue Produkte im Wareneingangsprozess einer Q-Prüfung unterzogen werden, oder Stammdaten sollen ergänzt werden. Wenn Sie dieses Kennzeichen setzen, erhalten Sie eine Warnung, dass Sie die Produktstammdaten noch nicht mit den tatsächlichen Daten, z. B. Volumen, Gewicht oder Maße, verglichen haben.

Wie bereits erwähnt, haben Sie die Möglichkeit, sowohl für Beleg- als auch für Positionsarten verschiedene Profile zu definieren, die es Ihnen erlauben, den Anlieferbeleg Ihren Geschäftsprozessanforderungen optimal anzupassen. Neben weiteren Profilen können die folgenden Profile definiert werden:

- **Mengenverrechnungsprofil**
  Das Mengenverrechnungsprofil ist notwendig, um eine automatische Mengenverrechnung, je nach Anforderung, auszuführen. Wenn z. B. das Gesamtgewicht und das Gesamtvolumen, jeweils unterschieden nach **Brutto** und **Netto**, der Anlieferposition automatisch berechnet werden sollen, weisen Sie das entsprechende Mengenverrechnungsprofil /SCWM/INB_PRD aus dem SAP-EWM-Standard-Customizing der zuvor definierten Positionsart zu. Dadurch werden auf der Registerkarte **Zusätzl. Mengen** auf der Anlieferpositionsebene die berechneten Mengen angezeigt (siehe Abbildung 8.11).

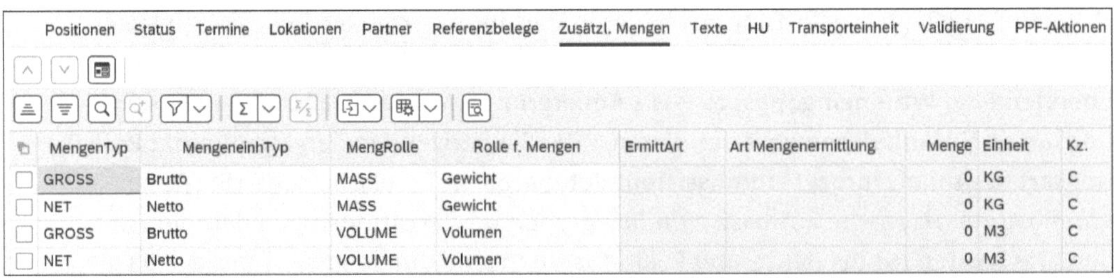

Abbildung 8.11 Beispiele für Mengenverrechnungen auf der Lieferpositionsebene in der SAP-Fiori-App »Anlieferung pflegen«

- **Feldsteuerungsprofil**
  Hier können Sie entsprechend den Anforderungen an den Wareneingangsprozess festlegen, welche Feldinhalte je nach Statuswert geändert bzw. nur angezeigt werden sollen. Zum Beispiel ist das Feld **Tor** mit dem Statuswert für die Entladung **Nicht begonnen** noch änderbar, während es für die Statuswerte **Teilweise beendet** bzw. **Beendet** nicht mehr änderbar ist.
- **Unvollständigkeitsprofil**
  Hier können Sie entsprechend den Anforderungen an den Wareneingangsprozess festlegen, welche Felder Muss-Felder sind und somit gefüllt werden müssen.
- **Textprofil**
  Mit der Zuordnung eines Textprofils zur Beleg- bzw. Positionsart haben Sie die Möglichkeit, die Textverwaltung für Ihre Anlieferungen zu nutzen. Hier können Sie z. B. Texte erstellen, die angeben, dass es sich bei dieser Anlieferung um eine dringende Lieferung handelt, die möglichst schnell bearbeitet werden muss. Darüber hinaus werden Texte, die in der SAP-S/4HANA-Anlieferung erfasst wurden, nach SAP EWM übertragen und dort angezeigt. In SAP EWM haben Sie dann die Möglichkeit, diese Texte anzuzeigen, zu ändern oder zu löschen.
- **Statusprofil**
  Hier können Sie entsprechend den Anforderungen an den Wareneingangsprozess festlegen, für welchen Anlieferprozess welche Statusarten (z. B. **Entladen**) relevant sind. Je nach Statuswert (z. B. **Beendet**) einer bestimmten Statusart kann ein betriebswirtschaftlicher Vorgang durchgeführt werden (z. B. Wareneingang kann erst gebucht werden, wenn die Anlieferposition für die Statusart **Entladen** den Statuswert **Beendet** hat). Wenn Sie das Statusprofil sowohl auf Anlieferkopf- als auch auf Positionsebene verwenden, aggregiert SAP EWM die Statuswerte für die verschiedenen Statusarten. So hat z. B. der Statuswert auf der Kopfebene den Wert **Teilweise beendet**, wenn eine von zwei Anlieferpositionen für die Statusart **Entladen** den Statuswert **Beendet** hat und mit der Entladung für die zweite Position noch nicht begonnen wurde. Die Verwendung von Statusarten mit den zugeordneten Werten ist besonders für das Monitoring des Anlieferprozesses wichtig. Im Lagermonitor haben Sie die Möglichkeit, Anlieferungen nach bestimmten Statusarten und -werten zu selektieren (siehe Kapitel 15, »Monitoring und Reporting«). Abbildung 8.12 zeigt die Selektion noch nicht entladener Anlieferungen für das Tor DOR1.

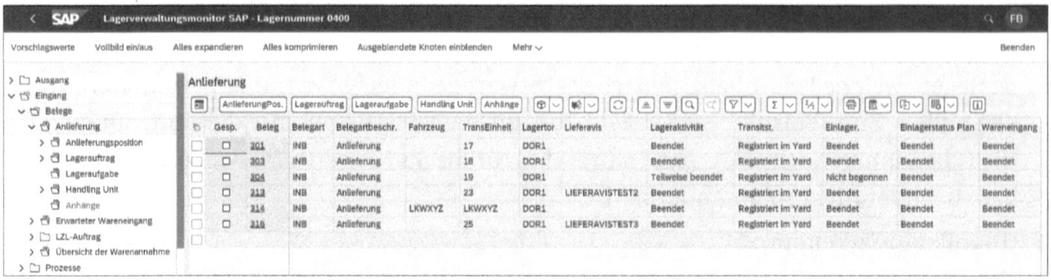

Abbildung 8.12 Anlieferungen im Lagermonitor mit der Statusart »Entladen« und dem Wert »Nicht begonnen« für das Tor DOR1 anzeigen

- **Aktionsprofil**
  Hier können Sie Aktionen, die im PPF definiert wurden, für eine bestimmte Belegart festlegen, die zu bestimmten Zeitpunkten und unter bestimmten Bedingungen automatisch ausgeführt werden können, mit dem Ziel, die Durchlaufzeit des Wareneingangs zu reduzieren und zu optimieren. Sie können neben dem Verarbeitungszeitpunkt auch die Verarbeitungsart festlegen (siehe Abbildung 8.14). Es gibt folgende Verarbeitungsarten:
  - Drucken, Faxen und Senden von E-Mails mit SmartForms oder Adobe PDF (z. B. Druck einer Entladeliste über einen Selektionsreport).
  - Starten eines Workflows (z. B. wird mit der Erstellung eines Prüfbelegs im Wareneingang automatisch eine SAP-Mail per Workflow an die Q-Abteilung gesendet).
  - Methodenaufruf (z. B. wird mit der Erstellung der Anlieferung automatisch die HU-Lageraufgabe für den ersten Prozessschritt des Wareneingangs – etwa **Entladen** – erstellt).

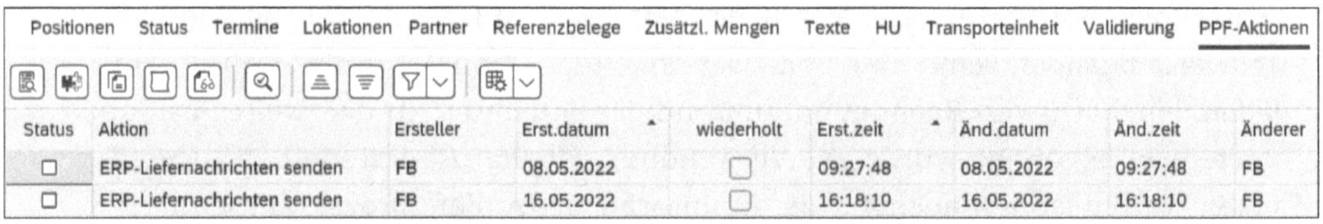

Abbildung 8.13 PPF-Aktionen für die Anlieferung, dargestellt in der SAP-Fiori-App »Anlieferung pflegen«

Abbildung 8.13 zeigt die PPF-Aktion zum Senden der Lieferinformation an SAP S/4HANA.

Wenn die Anlieferungsbenachrichtigung bzw. die Anlieferung erstellt wird, wird die SAP-EWM-Belegart aus der Belegart der SAP-ERP-Anlieferung als Vorgängerbeleg ermittelt. Die SAP-EWM-Positionsart wird auf Basis der Kombination aus SAP-S/4HANA- und SAP-EWM-Belegart ermittelt. Die Bestimmung der Beleg- und Positionsart nehmen Sie im SAP-EWM-Customizing über den Pfad **Schnittstellen • ERP Integration • Lieferabwicklung • Belegarten aus dem ERP-System in EWM abbilden** bzw. **Positionsarten aus dem ERP-System in EWM abbilden** vor.

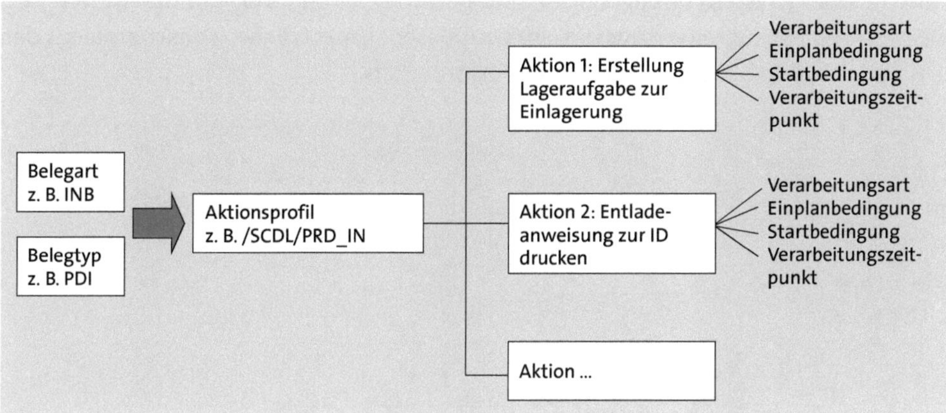

Abbildung 8.14 Aktionsprofil zum Anlieferbeleg in SAP EWM zuordnen

8.2.2 Ankündigung und Erstellung von Anlieferungen im Embedded-Szenario

Im Embedded-Szenario erfolgt die Ankündigung von Anlieferungen ausschließlich auf Basis der ASN. Wie bereits in Abschnitt 8.2 erwähnt, wird im Embedded-Szenario der EGR-Beleg nicht mehr benötigt, da auf Bestell- und Fertigungsauftragsdaten direkt aus SAP S/4HANA zugegriffen werden kann.

Analog zum dezentralen Szenario wird auch im Embedded-Szenario nach der Erstellung der ASN in SAP S/4HANA die Verteilungsrelevanz in das SAP-EWM-System ermittelt und die logistisch relevanten Daten der ASN über den gleichen Funktionsaufruf wie im dezentralen Szenario `/SCMW/INB_DLV_SAVEREPLICA` an Embedded SAP EWM übertragen. Im Gegensatz zum dezentralen Szenario wird in Embedded SAP EWM keine Anlieferungsbenachrichtigung, sondern sofort die Anlieferung erstellt, d. h., dass im Embedded-Szenario der Beleg der Anlieferungsbenachrichtigung und somit auch die Aktivierung per PPF-Aktion entfällt. Ebenso wie im dezentralen Szenario ist die Anlieferung in Embedded SAP EWM der zentrale Beleg für den Wareneingangsprozess.

Abbildung 8.15 zeigt einen Überblick über den Dokumenten- und Informationsfluss zwischen SAP S/4HANA und Embedded SAP EWM bei der Verwendung von ASNs.

Dadurch, dass die Anlieferung in Embedded SAP EWM direkt aus der Replikationsnachricht erstellt wird und somit der Beleg der Anlieferungsbenachrichtigung (IDN) entfällt, wird das Belegaufkommen im Embedded-Szenario im Vergleich zum dezentralen Szenario deutlich reduziert. Im dezentralen Szenario repräsentiert die IDN, wie bereits beschrieben, die ursprüngliche Nachricht, die das dezentrale SAP EWM von

SAP S/4HANA erhalten hat. Die Datenanreicherung der IDN im dezentralen SAP EWM wird auf ein Minimum beschränkt, wie z. B. die Ermittlung des Eigentümers und des Verfügungsberechtigten auf der Lieferpositionsebene. Da wir uns im Embedded-Szenario in einem System bewegen, kann der Benutzer somit direkt auf die Anlieferung in SAP S/4HANA zugreifen. Aus diesem Grund ist der zusätzliche »Schattenbeleg« der IDN im Embedded-Szenario nicht mehr erforderlich.

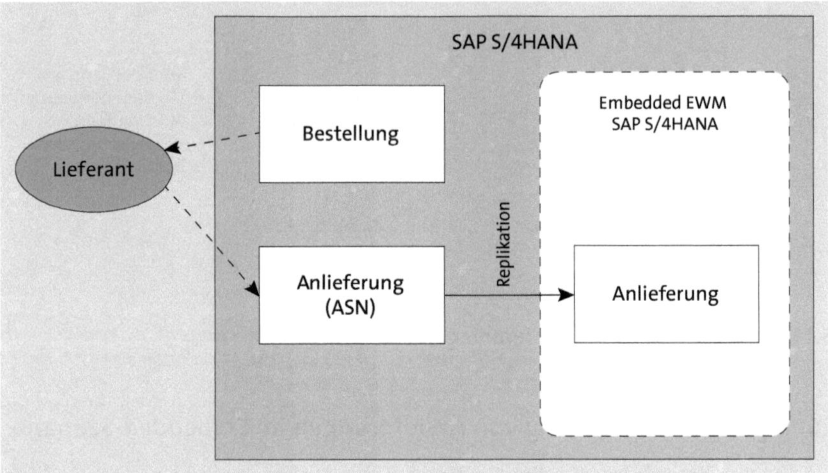

Abbildung 8.15 Informations- und Dokumentenfluss bei der Verwendung einer Advanced Shipping Notification im Embedded-Szenario

Im dezentralen Szenario ist die Verwendung dieses Belegs sinnvoll, da der Fall auftreten kann, dass aufgrund fehlender Daten aus der Nachricht die IDN zwar erstellt, aber nicht aktiviert werden kann. Wir haben in Abschnitt 8.2.1, »Ankündigung und Erstellung von Anlieferungen im dezentralen Szenario«, den Fall entsprechend beschrieben. Wenn die IDN aufgrund der Customizing-Einstellung, die wir im zuvor genannten Abschnitt beschrieben haben (**Anforderung für Nachrichten aus ERP überspringen**), nicht existiert, muss die Anlieferung konsequenterweise sofort auf Basis der Liefernachricht erstellt werden. Kann die Anlieferung aufgrund fehlender Daten in der Liefernachricht nicht erstellt werden, kann diese Nachricht in der Eingangs-Queue (Transaktion SMQ2) im dezentralen SAP EWM nicht verarbeitet werden, was wiederum eine erhöhte Anzahl fehlgeschlagener Nachrichten in der Eingangs-Queue zur Folge hat. Der häufigste Grund, warum eine IDN nicht aktiviert werden kann, sind fehlende Stammdaten, was im dezentralen Szenario bei zwei verschiedenen Systemen auch vorkommen kann. Da im Embedded-Szenario bei einem System die Stammdaten immer verfügbar sind, hat sich SAP dazu entschieden, den Belegfluss im Embedded-Szenario zu verschlanken und direkt mit der Verarbeitung der Liefernachricht die Anlieferung in Embedded SAP EWM zu erstellen. Somit erfolgen die Prüfungen und die Datenermittlung zur Erstellung der Anlieferung analog zum dezentralen Szenario in Embedded SAP EWM während der Verarbeitung der Liefernachricht in der Eingangs-Queue in SAP EWM.

Das Überspringen der Anlieferungsbenachrichtigung ist nur für das dezentrale SAP EWM vorgesehen. Aus diesem Grund sind in Embedded SAP EWM die folgenden Transaktionen für die Anzeige der Benachrichtigungen nicht verfügbar:

- /SCWM/IDN (Anlieferungsbenachrichtigung pflegen)
- /SCWM/GRPI (Vorbereitung WE: Produktion)
- /SCWM/GRPE (Vorbereitung WE: Fremdbeschaffung)

Darüber hinaus fehlt in Transaktion /SCWM/PRDI (Anlieferung pflegen) der Button **Anlieferungsbenachrichtigung**. Bei der Struktur und dem Aufbau des Lieferbelegs gibt es zwischen dem dezentralen und dem Embedded-Szenario keine Unterschiede.

Neben den Anlieferungen können auch Transporte im Wareneingangsprozess angekündigt werden, worauf wir im folgenden Abschnitt im Detail eingehen.

8.2.3 Ankündigung von Transporten

Bei der Ankündigung von Transporten gibt es zwischen dem dezentralen und Embedded SAP EWM systemseitig keine Unterschiede. Falls Sie in SAP EWM mit Transporteinheiten arbeiten möchten, gibt es verschiedene Möglichkeiten, um Transporte im Lager anzukündigen, je nachdem, ob der Spediteur in der Lage ist, Transportinformationen über EDI an das Lager zu versenden (siehe Abbildung 8.16).

- **Ankündigung von Transporten in SAP EWM**
  Die Transporteinheit kann in SAP EWM auf der Basis von Transportdaten, die z. B. per Fax oder E-Mail vom Spediteur an das Lager versendet wurden, entweder manuell oder automatisch erstellt werden, falls Transportdaten in der SAP-ERP-Anlieferung nach SAP EWM übertragen wurden. Die Transporteinheit ist die kleinste beladbare Einheit eines Fahrzeugs, die zum Transport von Waren verwendet wird (z. B. Container oder Wechselbrücke). In SAP EWM können entsprechende Transporteinheiten den Fahrzeugen zugeordnet werden.
- **Ankündigung von Transporten in SAP S/4HANA**
  Versenden von Transportdaten über EDI und Erstellen eines geplanten Transports in SAP S/4HANA, der nach SAP EWM übertragen wird und in SAP EWM eine Transporteinheit und optional ein Fahrzeug erzeugt.
- **Ankündigung von Transporten aus SAP TM**
  Das Lager wird über eingehende Transporte durch die Übertragung von Transportdaten von SAP TM nach SAP EWM informiert, und in den Transporteinheiten wird eine Transporteinheit und optional ein Fahrzeug erstellt.

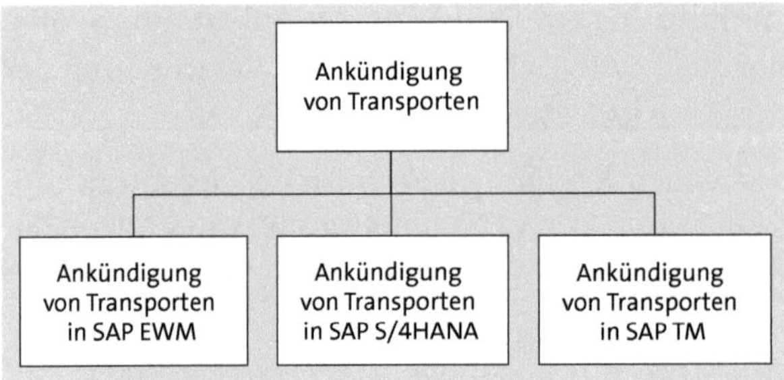

Abbildung 8.16 Ankündigungsszenarien von Transporten in SAP EWM

Im nächsten Abschnitt werden die verschiedenen Möglichkeiten hinsichtlich des Informations- und Datenflusses zwischen den beteiligten Systemen näher erläutert.

Transportankündigung in SAP EWM

Transporte bzw. Transportankündigungen können in SAP EWM entweder manuell oder automatisch angelegt werden. Im Folgenden gehen wir detailliert auf die verschiedenen Möglichkeiten ein.

Sie können die Transporteinheit bzw. die zugehörige Warenannahme-und-Versandaktivität (W/V-Aktivität) der Transporteinheit manuell in SAP EWM auf der Basis von Transportdaten erstellen, die zuvor z. B. per Fax oder per E-Mail an das Lager kommuniziert wurden, oder automatisch über das PPF erstellen, falls das Transportmittel auf der Lieferkopfebene von SAP S/4HANA nach SAP EWM übertragen worden ist. Falls Sie die Transporteinheit manuell erstellen, verwenden Sie Transaktion /SCWM/TU, die Sie im SAP-Easy-Access-Menü in SAP EWM unter dem Knoten **Warenannahme und Versand** finden. Legen Sie eine Transporteinheit in SAP EWM an, und erstellen Sie neben der Transporteinheit eine W/V-Aktivität. Die W/V-Aktivität definiert einen Zeitraum, in dem das Objekt in einem bestimmten Zusammenhang verwendet wird. Eine W/V-Aktivität kann die folgenden Zustände haben:

- **»Geplant«**
  Die W/V-Aktivität ist angelegt, aber die Transporteinheit befindet sich noch nicht auf dem Yard, d. h., dass noch keine Ankunft am Kontrollpunkt gebucht worden ist.
- **»Aktiv«**
  Die Transporteinheit ist auf dem Yard, die Ankunft am Kontrollpunkt wurde gebucht, und der Wareneingangsprozess kann beginnen.
- **»Abgeschlossen«**
  Die Transporteinheit hat das Yard verlassen.
- **»Invalidiert«**
  Dieser Zustand bedeutet, dass die W/V-Aktivität zurückgenommen wurde.

Beim Anlegen der Transporteinheit haben Sie die Möglichkeit, neben der Eingabe des geplanten Ankunftszeitraums auch Daten zu erfassen, wie z. B. die externe TE-Nummer, das Kennzeichen der Transporteinheit und die Richtung der W/V-Aktivität, z. B. Eingang oder Ausgang. Abbildung 8.17 zeigt die Anlage einer Transporteinheit mit Transaktion /SCWM/TU.

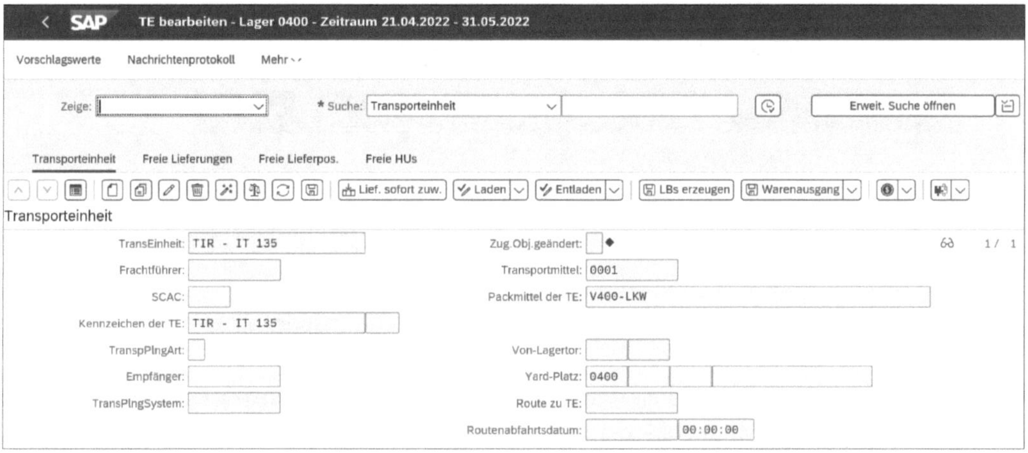

Abbildung 8.17 Eine Transporteinheit in SAP EWM mit der SAP-Fiori-App »Transporteinheit pflegen« anlegen

Darüber hinaus müssen Sie ein Transportmittel und ein Packmittel erfassen, um die Transporteinheit zu klassifizieren. Beide Attribute werden im Customizing definiert. Das Transportmittel sagt aus, ob es sich z. B. um einen Container oder um eine Wechselbrücke handelt. Das Packmittel definiert, welches Volumen und Gewicht die Transporteinheit führen kann. Um das Packmaterial anlegen zu können, muss zuvor eine Packmaterialart definiert worden sein. Die Packmaterialart definieren Sie im SAP-EWM-Customizing über den Pfad **Wareneingangsprozess • Lagerungsdisposition • Einflussparameter • Packmittelfindung • Packmittelarten definieren**. Beachten Sie, dass bei der Definition der Packmittelart der Packmitteltyp **Transportmittel, Transportelement, Transporteinheit** (A) verwendet wird. In der SAP-EWM-Transaktion zur Pflege des Lagerprodukts /SCWM/MAT1 haben Sie auf der Registerkarte **Packdaten** die Möglichkeit, die Packmittelart dem Packmaterial zuzuordnen.

Für Kombinationen aus Transportmittel und Packmittel können Sie in SAP EWM über Transaktion /SCMW/PM_MTR sogenannte *Konstruktionsregeln* hinterlegen. Diese steuern, ob bei der Anlage einer Transporteinheit automatisch im Hintergrund ein Fahrzeug (oder eine zusätzliche Transporteinheit) angelegt wird, das bzw. die dann mit der Transporteinheit verknüpft ist. Ein Fahrzeug kann eine oder mehrere Transporteinheiten umfassen. Wenn z. B. der Lkw einen Anhänger hat, besteht er aus zwei Transporteinheiten – der Ladefläche und dem Anhänger. Die Konstruktionsregeln definieren Sie im SAP-Easy-Access-Menü in SAP EWM in Transaktion /SCWM/PM_MTR, die Sie über den Pfad **Einstellungen • Warenannahme und Versand** finden. Im Folgenden wird die Tabelle zur Pflege der Konstruktionsregel näher erläutert.

Abbildung 8.18 zeigt zwei Varianten von Konstruktionsregeln. Mit dem ersten Eintrag wird mit der Erstellung der Transporteinheit kein Fahrzeug angelegt. Beim zweiten Eintrag wird automatisch ein Fahrzeug erstellt (Kennzeichen **Optional** ist nicht gesetzt), das aus einer Transporteinheit besteht.

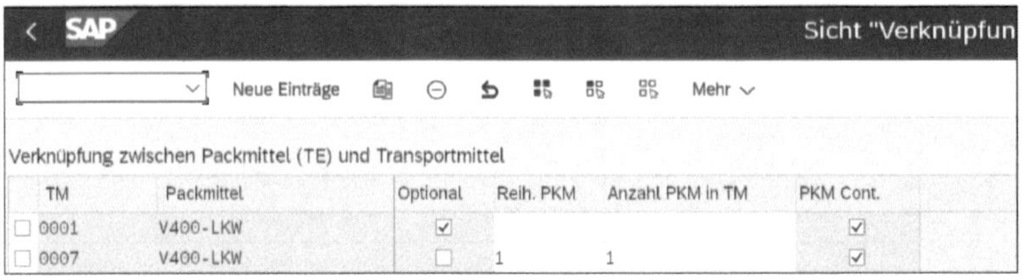

Abbildung 8.18 Verknüpfung zwischen Packmittel und Transportmittel

Kommt nach dem Abschluss der TE-Aktivität die gleiche Transporteinheit nochmals an, haben Sie die Möglichkeit, über Transaktion /SCWM/TU mit der Eingabe der gleichen externen TE-Nummer automatisch nur eine neue W/V-Aktivität mit der gleichen externen TE-Nummer anzulegen. Die SAP-EWM-interne TE-Nummer bleibt die gleiche. Ebenso werden das Transportmittel und das Packmittel aus der eigentlichen Transporteinheit übernommen.

Fahrzeuge können Sie manuell oder automatisch anlegen. Analog zur Transporteinheit legen Sie ein Fahrzeug und eine Fahrzeugaktivität an (siehe Abbildung 8.19).

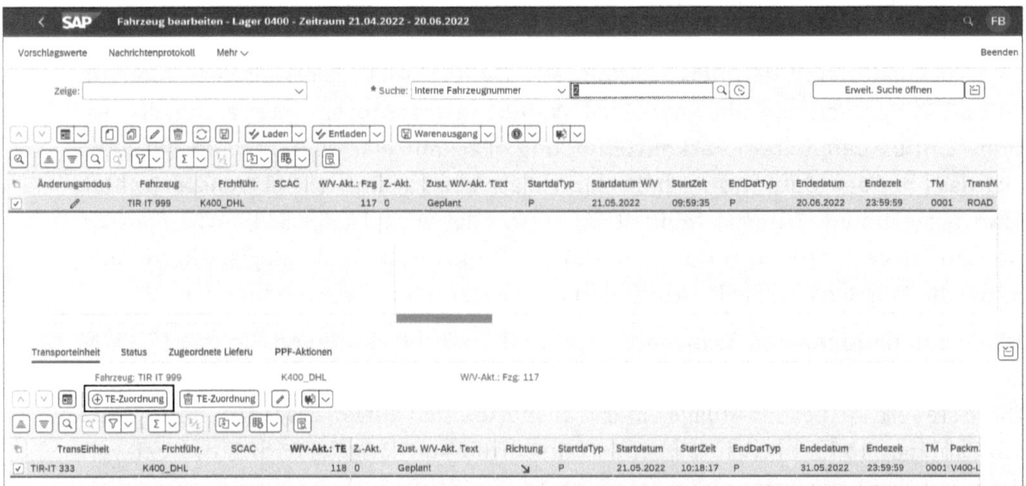

Abbildung 8.19 Fahrzeug in SAP EWM mit der SAP-Fiori-App »Fahrzeug pflegen« anlegen

Wenn das Fahrzeug über die Konstruktionsregel automatisch erstellt wird, erstellt SAP EWM ebenfalls eine W/V-Aktivität für das Fahrzeug, wobei der Zustand dieser W/V-Aktivität aus der Transporteinheit übernommen wird.

Transportankündigung von SAP S/4HANA (LE-TRA) nach SAP EWM

Zur Ankündigung von Transporten besteht die Möglichkeit, die Integration zwischen der SAP-S/4HANA-Komponente *Transport* (LE-TRA) und SAP EWM zu verwenden, sodass in SAP EWM Transporteinheiten und – je nach Konstruktionsregel – Fahrzeuge mit den jeweiligen W/V-Aktivitäten automatisch erstellt werden können. Der Dokument- und Informationsfluss für dieses Szenario ist in Abbildung 8.20 dargestellt. Zwischen dem dezentralen und dem Embedded-Szenario besteht bei der Transportankündigung von SAP S/4HANA und SAP EWM kein Unterschied.

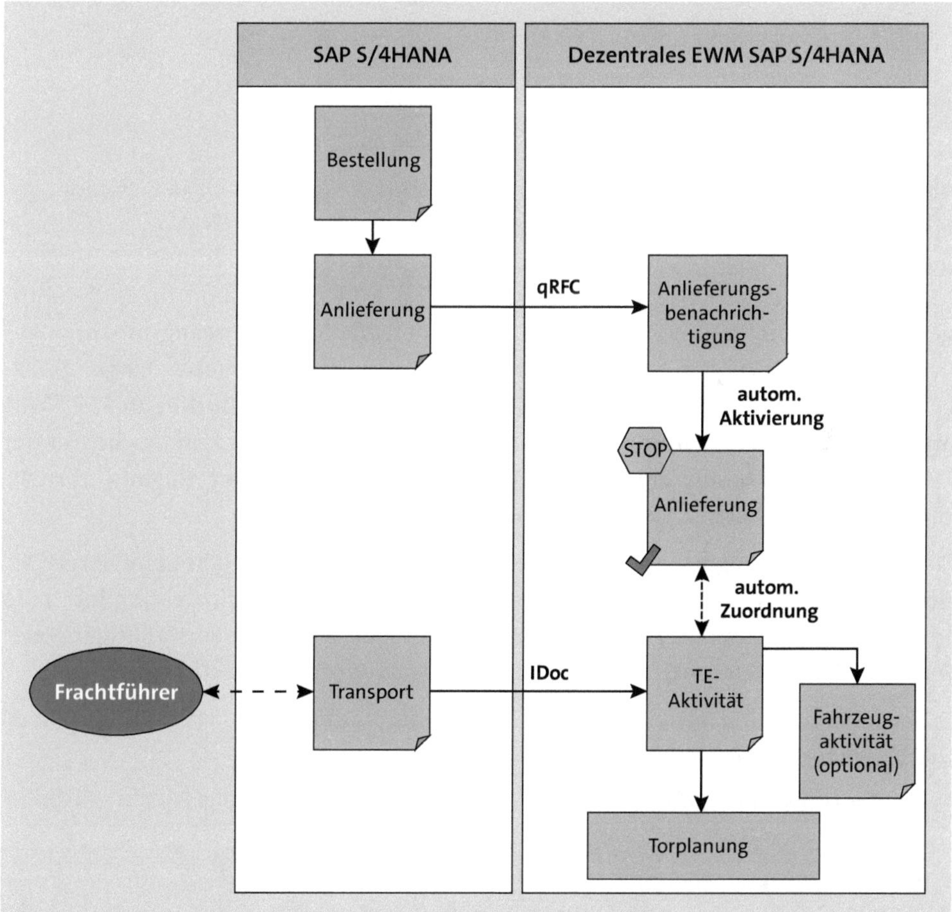

Abbildung 8.20 Transportintegration zwischen SAP S/4HANA und SAP EWM

Auf Basis der angekündigten Transportdaten wird in SAP S/4HANA ein geplanter Transport erstellt. Die ebenfalls avisierten Anlieferungen werden, wie zuvor beschrieben, mit dem Sichern des Belegs automatisch nach SAP EWM repliziert, die Anlieferungsbenachrichtigung wird erstellt und mit der Aktivierung der Anlieferungsbenachrichtigung die Anlieferung erzeugt. Über die Transportplanungsart in SAP EWM wird gesteuert, dass die Anlieferung für die weitere Wareneingangsbearbeitung so lange gesperrt ist, bis das Ergebnis der Transportplanung – in diesem Fall aus SAP S/4HANA – in SAP EWM verfügbar ist. Entsprechend Abbildung 8.21 ist die externe Transportplanung in SAP S/4HANA erforderlich.

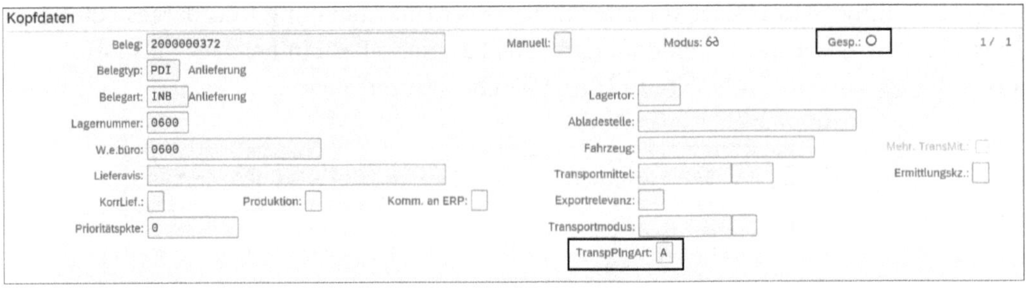

Abbildung 8.21 Anzeige der gesperrten Anlieferung in der SAP-Fiori-App »Anlieferung pflegen« aufgrund der obligatorischen Transportplanung A in SAP S/4HANA

Die Einstellungen zur Integration mit dem SAP-S/4HANA-Transport für Anlieferungen finden Sie im SAP-EWM-Customizing über den Pfad **Wareneingangsprozess • Anlieferung • Integration mit Transport Transportplanungsart definieren (Eingang)**. Darüber hinaus haben Sie die Möglichkeit zu steuern, ob die Ausführung in SAP EWM auch ohne Transportplanung erlaubt sein soll. Diese Einstellung können Sie mit der IMG-Aktivität **EWM-Ausführung ohne Transportplanung erlauben (Eingang)** vornehmen, die Sie im gleichen IMG-Pfad finden.

Um die LE-TRA-Integration im Wareneingangsprozess nutzen zu können, muss der Referenzbelegtyp FRD (Frachtbeleg) aktiv sein. Diese geplante Einstellung legen Sie im SAP-EWM-Customizing über den Pfad **Prozessübergreifende Einstellungen • Lieferabwicklung • Referenzbelege • Referenzbelegart-Profile definieren** fest.

[»]

BC-Sets für die LE-TRA Integration

Für die LE-TRA Integration sind – je nach Wareneingangs- oder Warenausgangsprozess – folgende BC-Sets verfügbar:

- für den Wareneingangsprozess: `/SCWM/DLV_INBOUND_TRANSP_INT`
- für den Warenausgangsprozess: `/SCWM/DLV_OUTBOUND_TRANSP_INT`

Der Prozessablauf sieht wie folgt aus: In SAP S/4HANA ordnen Sie mit Transaktion VT01 die Anlieferungen manuell dem geplanten Transport über eine zuvor erstellte Transport-HU zu. Sobald der geplante Transport den Status **Planung beendet** angenommen hat, wird der Transport mit den zugeordneten Anlieferungen mittels IDoc `SHPMNT05` in das SAP-EWM-System übertragen. In SAP EWM werden auf Basis der SAP-S/4HANA-Transportdaten die Transporteinheit, die W/V-Aktivität der Transporteinheit und, je nach Konstruktionsregel, das Fahrzeug und die dazugehörige W/V-Aktivität mit dem Zustand **Geplant** automatisch erstellt. Dabei entspricht die Packmittelart der Transport-HU in SAP S/4HANA dem Transportmittel in SAP EWM und das Packmittel der Transport-HU in SAP S/4HANA dem Packmittel in SAP EWM. Die HU-Nummer des SAP S/4HANA-Transports entspricht der externen TE-Nummer.

8

[+]

Externe TE-Nummer gleich der LE-Transportnummer

Wenn die externe TE-Nummer der Transportnummer aus SAP S/4HANA entsprechen soll, können Sie das BAdI `/SCWM/EX_ERP_LE_TRA_IN` verwenden.

In SAP EWM werden mit der IDoc-Verarbeitung die zuvor erstellten Anlieferungen automatisch der Transporteinheit zugeordnet (siehe Abbildung 8.22). Mit der Zuordnung der Anlieferung zur Transporteinheit wird die Anlieferung für die weitere Wareneingangsbearbeitung entsperrt, sodass jetzt die Entladung der Transporteinheit über Lageraufgaben und über die Wareneingangsbuchung erfolgen können.

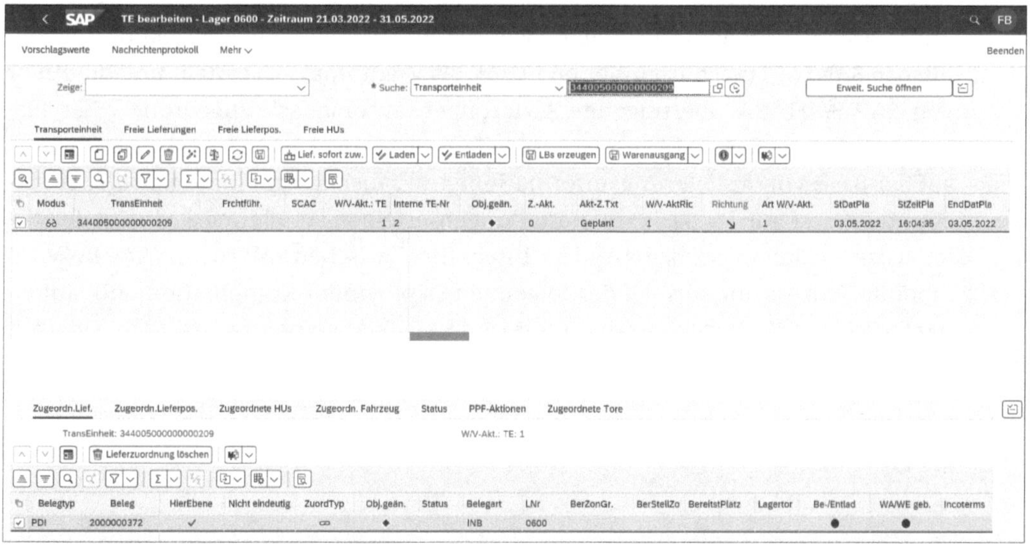

Abbildung 8.22 Automatisch zugeordnete Anlieferung zur Transporteinheit in der SAP-Fiori-App »Transporteinheit pflegen«

Anhand der erstellten Transporteinheit kann eine Torplanung vorgenommen werden, die wir im Abschnitt »Torbelegungsplanung« im Detail erläutern.

Transportankündigung von SAP TM nach SAP EWM

SAP Transportation Management (SAP TM) wird zur Verwaltung, Abrechnung, Kontrolle und Durchführung von Transportdienstleistungen eingesetzt. SAP TM umfasst dabei die Steuerung, Kontrolle und Optimierung sämtlicher Transportprozesse entlang der Lieferkette. Die direkte Integration von SAP TM mit SAP EWM unterstützt neben der Verarbeitung von Auslieferungen auch die Planung und Ausführung der Anlieferungen. Für den Inbound-Prozess stehen aktuell zwei Integrationsszenarien zwischen SAP TM und SAP EWM zur Verfügung:

- TE-basierte Integration durch die Bildung von Transporteinheiten auf der Basis von transportrelevanten Informationen aus SAP TM
- Advanced Shipping & Receiving (kurz AdvSR)

Während die TE-basierte Integration in allen Deployment-Kombinationen von SAP ERP, SAP TM und SAP EWM verwendet werden kann, wird das AdvSR-Szenario aktuell nur im Embedded-Szenario, d. h. in SAP ERP, SAP TM und SAP EWM auf einer SAP-S/4HANA-Instanz, unterstützt. In den folgenden Abschnitten beschreiben wir das TE-basierte Integrationsszenario im Detail. Der Prozessablauf im AdvSR-Szenario ist in Abschnitt 8.9, »Wareneingangsprozess im Szenario ›Advanced Shipping & Receiving‹«, im Detail beschrieben.

Im TE-basierten Integrationsszenario werden auf Basis der Transportplanungsergebnisse in SAP TM Transporteinheiten in SAP EWM automatisch erstellt und die zuvor von SAP S/4HANA übertragenen Lieferungen automatisch zugeordnet. Der Planungsprozess in SAP TM kann sowohl lieferungsbezogen, d. h. im Inbound-Prozess auf der Basis von Anlieferungsinformationen, als auch auftragsbezogen, d. h. im Inbound-Prozess auf der Basis von Bestellungen, erfolgen. Abbildung 8.23 zeigt den lieferbasierten Planungsprozess und die Integration zwischen SAP TM und SAP EWM im Inbound-Prozess am Beispiel der folgenden Deployment-Kombination: ERP auf einer SAP-S/4HANA-Instanz und SAP TM und SAP EWM gemeinsam (side-by-side) auf einer separaten SAP-S/4HANA-Instanz.

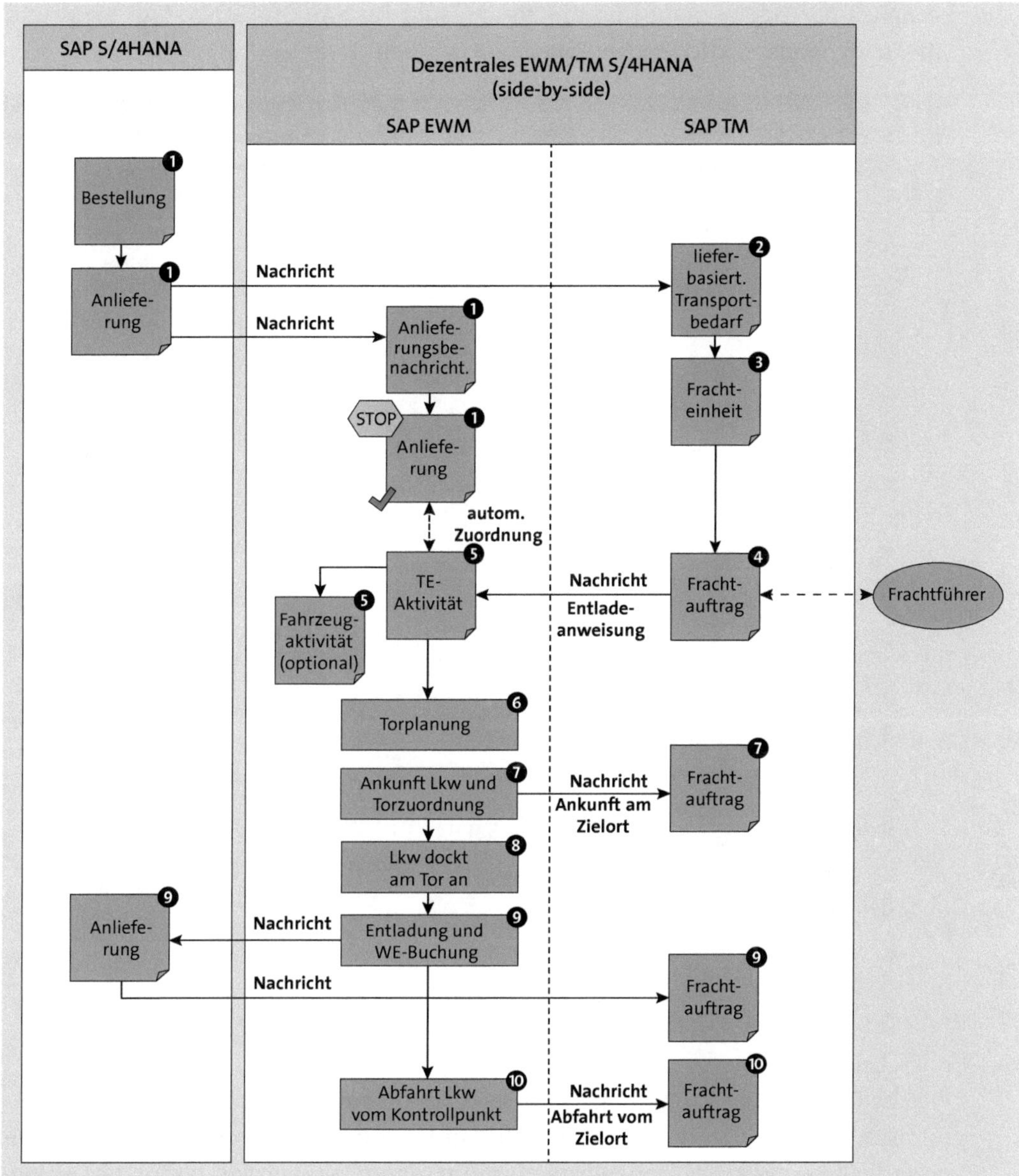

Abbildung 8.23 Lieferbasierter Planungsprozess und Integration zwischen SAP S/4HANA und SAP EWM/SAP TM side-by-side im Inbound-Prozess

Bezüglich der Deployment-Kombinationen sind für SAP S/4HANA, SAP EWM und SAP TM die Konstellationen aus Tabelle 8.3 möglich.

	SAP-EWM-Deployment	SAP-TM-Deployment	Erläuterung
1	Embedded SAP EWM	Embedded SAP TM	SAP ERP, SAP TM und SAP EWM auf einer SAP-S/4HANA-Instanz
2	Embedded SAP EWM	Dezentrales SAP TM	SAP ERP und SAP EWM auf einer SAP-S/4HANA-Instanz SAP TM auf einer separaten SAP-S/4HANA-Instanz
3	Dezentrales SAP EWM	Embedded SAP TM	SAP ERP und SAP TM auf einer SAP-S/4HANA-Instanz SAP EWM auf einer separaten SAP-S/4HANA-Instanz
4	Dezentrales SAP EWM	Dezentrales SAP TM	SAP ERP auf einer SAP-S/4HANA-Instanz SAP EWM auf einer separaten SAP-S/4HANA-Instanz SAP TM auf einer separaten SAP-S/4HANA-Instanz
5	Dezentrales SAP EWM	Dezentrales SAP TM (side-by-side mit SAP EWM)	SAP ERP auf einer SAP-S/4HANA-Instanz SAP EWM and SAP TM auf einer separaten SAP-S/4HANA-Instanz

Tabelle 8.3 Mögliche Deployment-Kombinationen mit SAP ERP, SAP TM und SAP EWM

Welche Deployment-Kombination für Ihr Projekt sinnvoll ist, hängt von vielen Faktoren ab, die projektspezifisch untersucht werden müssen. In der folgenden Beschreibung der lieferbasierten Transportplanung im Inbound haben wir uns für die Deployment-Kombination 5 entschieden, da diese in der Praxis aufgrund der gemeinsam nutzbaren Stammdaten in SAP TM und SAP EWM (z. B. Produkte, Geschäftspartner usw.) und der gemeinsamen Datenbasis für performantere, kundenindividuelle Programmierungen relativ häufig verwendet wird. Bedenken Sie, dass es je nach Deployment-Kombination Abweichungen im Dokumenten- und Informationsfluss auftreten können.

In der folgenden Beschreibung erläutern wir grob die Schritte in SAP TM und SAP EWM und die zugrundeliegenden Objekte und Geschäftsbelege. Für detaillierte Informationen empfehlen wir Ihnen das Buch »SAP Transportation Management« aus dem Rheinwerk-Verlag.

1. **SAP S/4HANA: Bestellung und Anlieferungen anlegen**
   Der Prozess startet mit der Anlage der Bestellung und der anschließenden Erstellung der Anlieferung mit Bezug zur Bestellung in SAP S/4HANA. Die Lieferinformationen werden zum einen per Webservice `IDP_TransportationRequestSUITERequest_Out` an SAP TM und zum anderen per qRFC `/SCWM/INB_DLV_SAVEREPLICA` an SAP EWM übertragen, und in SAP EWM wird die Anlieferung mit der Aktivierung der Anlieferungsbenachrichtigung erstellt. Mit der Aktivierung prüft SAP EWM die Transportplanungsart, die der Anlieferung zugeordnet ist. Im SAP-TM-Szenario steuert die Transportplanungsart, dass die Wareneingangsbuchung zur Anlieferung so lange nicht möglich ist, bis das Ergebnis der Transportplanung – in diesem Fall aus SAP TM – in SAP EWM verfügbar ist (siehe Abbildung 8.24).

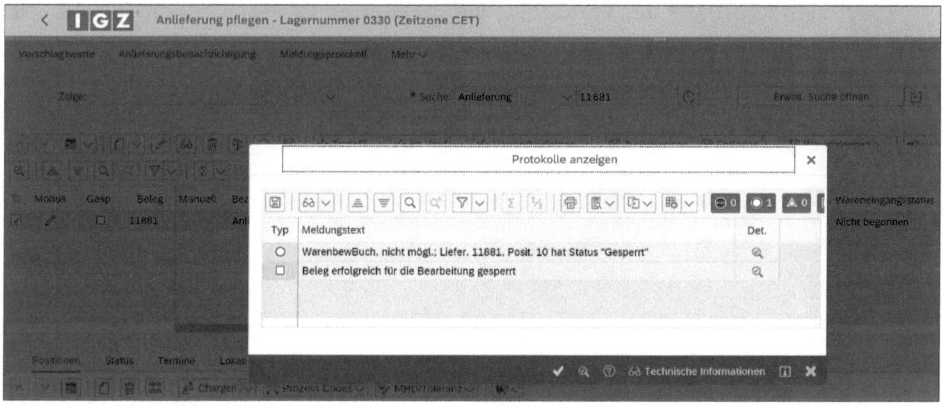

Abbildung 8.24 Nicht mögliche Wareneingangsbuchung zur Anlieferung aufgrund fehlender TE-Zuordnung in der SAP-Fiori-App »Anlieferung pflegen«

2. **SAP TM: Lieferbasierten Transportbedarf anlegen**
   In SAP TM wird auf Basis der übertragenen Lieferinformationen ein lieferbasierter Transportbedarf (kurz LTB) erstellt. LTBs bilden die Grundlage für die Planung von Frachteinheiten als Folgeschritt.

3. **SAP TM: Frachteinheiten erstellen**
   Eine Frachteinheit (kurz FE) ist die kleinste mögliche zu transportierende Einheit (z. B. Paletten) und stellt die Klammer um die LTBs dar, die über die gesamte Transportkette von der Quelle bis zum Ziel gemeinsam transportiert werden. Eine oder mehrere LTBs können eine oder mehrere Frachteinheiten bilden. Bei der Bildung von Frachteinheiten werden die folgenden zentralen Fragen berücksichtigt:
   - Die Frage, *was* transportiert werden muss, wird durch die Mengen der zu transportierenden Güter auf der Grundlage von Mengen, Mengeneinheiten und Produkteigenschaften beantwortet.

- Die Frage, *wohin* transportiert werden muss, wird durch den Quell- und Zielort und möglicherweise durch die vordefinierten Umschlagorte, die als Etappen in der Frachteinheit definiert sind, beantwortet.
- Die Frage, *wann* transportiert werden muss, wird durch die vereinbarten Abhol- bzw. Liefertermine beantwortet.

Abhängig von Ihren Einstellungen im SAP-TM-Customizing für die Art des LTB kann SAP TM die Frachteinheiten entweder automatisch auf der Basis sogenannter *Bildungsregeln* beim Anlegen des LTB bilden, oder der Benutzer kann die Frachteinheiten manuell erstellen. Grundsätzlich kann man sagen, dass die Frachteinheit so viele Transportbedarfe wie möglich, aber nur so wenige wie nötig konsolidieren sollte. Der Umfang der Frachteinheit hängt entscheidend von den Anforderungen des Geschäftsprozesses ab. Für Palettenware kann die Frachteinheit eine Palette darstellen, während für Schüttgut die Frachteinheit eine Menge darstellen kann, die der verfügbaren Kapazität eines Waggons entspricht. Abbildung 8.25 zeigt die Frachteinheit zum zuvor erstellten LTB. Im Feld **Beschreibung** ist die Anliefernummer aus SAP S/4HANA zu sehen.

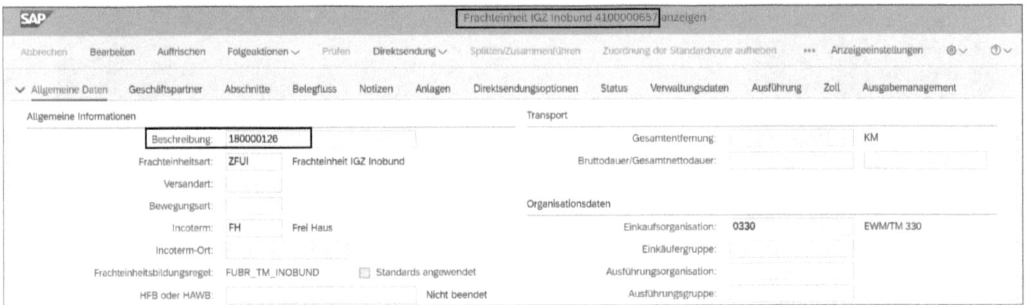

Abbildung 8.25 In SAP TM erstellte Frachteinheit auf Basis eines lieferbasierten Transportbedarfs

4. **SAP TM: Frachtaufträge erstellen und Entladeanweisung an SAP EWM**
   Auf der Basis der erstellten Frachteinheiten werden in SAP TM Frachtaufträge (FAs) gebildet. Frachtaufträge stellen das Ergebnis der Planung dar. Die Planung kann zum einen manuell im Transport-Cockpit (siehe Abbildung 8.26), und zum anderen automatisch durch den Vehicle-Scheduling-and-Routing-Optimierer erfolgen.

   Mit der automatischen Erstellung der Frachtaufträge versucht der Optimierer, die Frachteinheiten und die vorhandenen Transportkapazitäten unter der Berücksichtigung des Transportnetzwerks und der zu erwarteten Transportkosten zusammenzuführen. In SAP TM werden dazu verschiedene Profile verwendet:

   Selektionsprofil
   Das Selektionsprofil steuert im Wesentlichen, *was* zu planen ist, d. h., der Optimierer selektiert die geeigneten Frachteinheiten auf Basis verschiedener Kriterien,

z. B. nach Verkehrszweig (Bahn, Straße, Luft- und Seefracht) oder nach geografischen und zeitbezogenen Auswahlattributen.

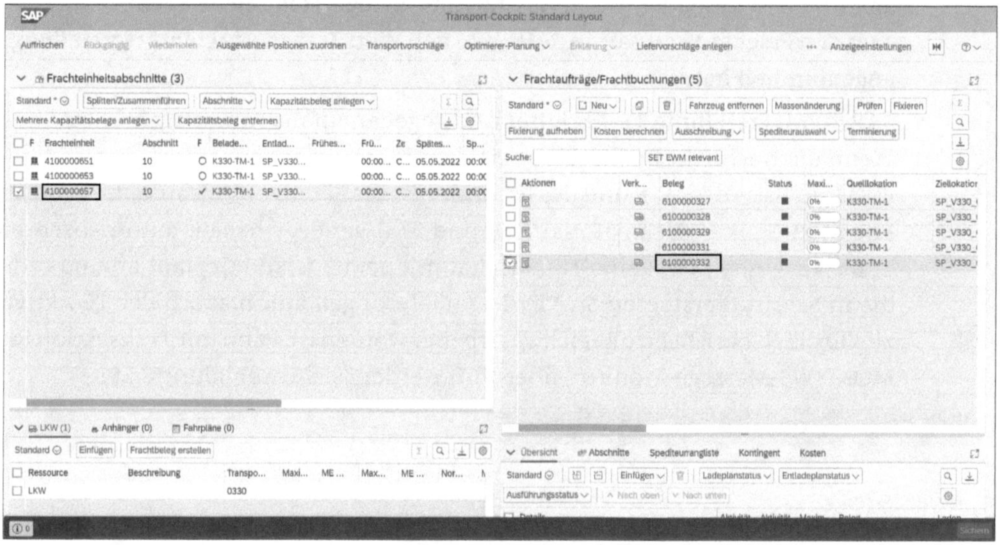

Abbildung 8.26 Frachtauftrag im Transport-Cockpit von SAP TM erstellen

Planungsprofil

Das Planungsprofil definiert, wie die Planung im Wesentlichen erfolgt, indem die verfügbaren Transportkapazitäten, die Einstellungen zur Laderaumplanung, die Vorgaben zu Planungskosten sowie die Auswahl der Spediteure und die Terminierungsparameter berücksichtigt werden. Dabei werden auch bestimmte Einschränkungen (z. B. Inkompatibilitäten) berücksichtigt.

Nach der Erstellung des Frachtauftrags wird der Status der Entladeplanung im Frachtauftrag entweder automatisch oder manuell auf **Abgeschlossen** gesetzt (siehe Abbildung 8.27). Dabei muss zuvor sichergestellt worden sein, dass dem Frachtauftrag neben der Frachteinheit auch ein Spediteur zugeordnet ist.

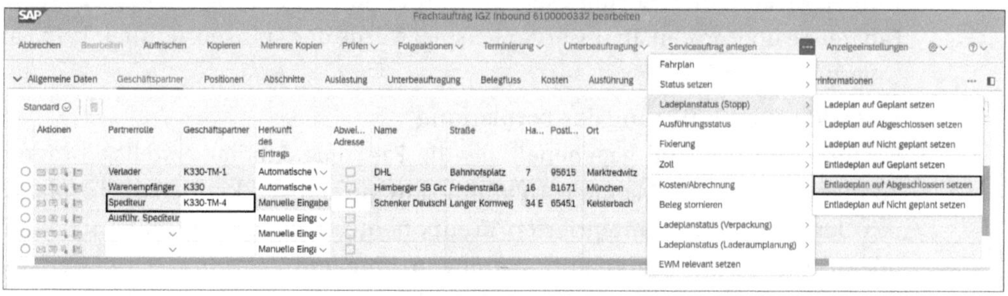

Abbildung 8.27 In SAP TM für den Frachtauftrag den Entladeplan auf den Status »Abgeschlossen« setzen

Mit dem Update des Entladeplanungsstatus sendet SAP TM eine XML-Ausgangsnachricht `LoadingAppointmentRequest` an SAP EWM. Die Nachricht wird nur dann an SAP EWM gesendet, wenn das Attribut **Belegerstellungsrelevanz** der entsprechenden Frachtauftragsart in SAP EWM den Wert **Transportaktivitätserstellung** (E) angenommen hat.

5. **SAP EWM: Erstellung TE-Aktivität und gegebenenfalls Fahrzeugaktivität**
   Wenn die Nachricht in SAP EWM erfolgreich empfangen worden ist, erstellt SAP EWM auf Basis des MTR und des Packmittels, das Sie zuvor in Transaktion /SCWM/PM_MTR (Link – Packmaterial (TE) und TM) gepflegt haben, automatisch eine Transporteinheit bzw. eine TE-Aktivität mit dem Zustand **Geplant** an und ordnet die in Schritt 6 erstellten SAP-EWM-Anlieferungen automatisch der TE-Aktivität zu. Ob die Nachricht erfolgreich verarbeitet worden ist, kann mit Transaktion SRT_MONI (WS-Message-Monitor) überprüft werden (siehe Abbildung 8.28).

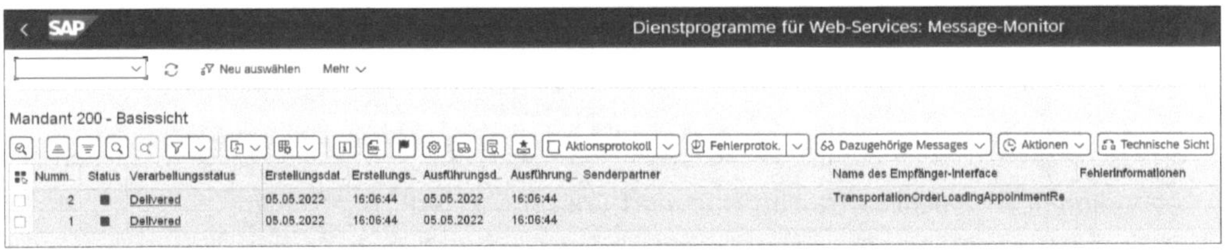

Abbildung 8.28 Statusanzeige in SAP EWM der empfangenen Nachrichten aus SAP TM mit Transaktion SRT_MONI

   Mit Transaktion /SCWM/TU (Transporteinheit pflegen) können Sie prüfen, ob in SAP EWM eine Transporteinheit bzw. eine TE-Aktivität mit zugeordneten Anlieferungen erstellt worden ist. Sie können z. B. nach der externen TE-Nummer selektieren, die der Frachtauftragsnummer entspricht (siehe Abbildung 8.29).

   Je nach Konstruktionsregel, die Sie im SAP-EWM-Customizing definiert haben, erstellt SAP EWM zur Transporteinheit automatisch eine Fahrzeugaktivität und ordnet die TE-Aktivität der Fahrzeugaktivität zu. Ob eine Fahrzeugaktivität angelegt worden ist, können Sie in der gleichen Transaktion auf der Registerkarte **zugeordn. Fahrzeuge** überprüfen. In unserem Beispiel wurde der Transporteinheit kein Fahrzeug zugeordnet.

6. **SAP EWM: Durchführung der Torplanung**
   Nachdem die TE- und gegebenenfalls die Fahrzeugaktivität erstellt worden ist, können Sie in SAP EWM eine Torplanung durchführen. Sie können die Torplanung mit der in SAP EWM integrierten Komponente Dock Appointment Scheduling oder direkt in der Komponente **Warenannahme und Versand** z. B. mit der zuvor genannten Transaktion /SCWM/TU vornehmen. Weitere Details zum Thema Torbelegungsplanung finden Sie in Abschnitt 8.2.4, »Torbelegungsplanung«.

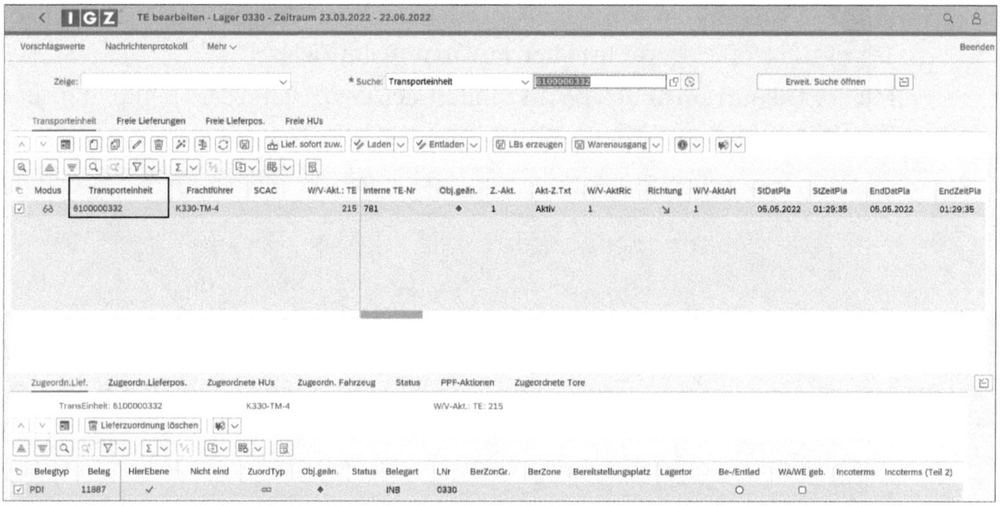

Abbildung 8.29 Automatisch erstellte Transporteinheit in SAP EWM auf der Basis von SAP-TM-Transportinformationen in der SAP-Fiori-App »Transporteinheit pflegen«

7. **SAP EWM: Ankunft der Lkws und Torzuordnung**
   Um die Ankunft des Lkws in SAP EWM zu registrieren, haben Sie mehrere Möglichkeiten: Beispielsweise können Sie die Ankunft für den geplanten Termin in SAP Dock Appointment Scheduling registrieren, mit Transaktion /SCWM/CICO die Ankunft am bzw. die Abfahrt vom Kontrollpunkt verzeichnen oder – wie in unserem Beispiel – in Transaktion /SCWM/TU die Ankunft durch die Aktion **Ankunft am Kontrollpunkt** aufzeichnen (siehe Abbildung 8.30). Weitere Details erhalten Sie in Abschnitt 8.3, »Ankunft des Lkws«.

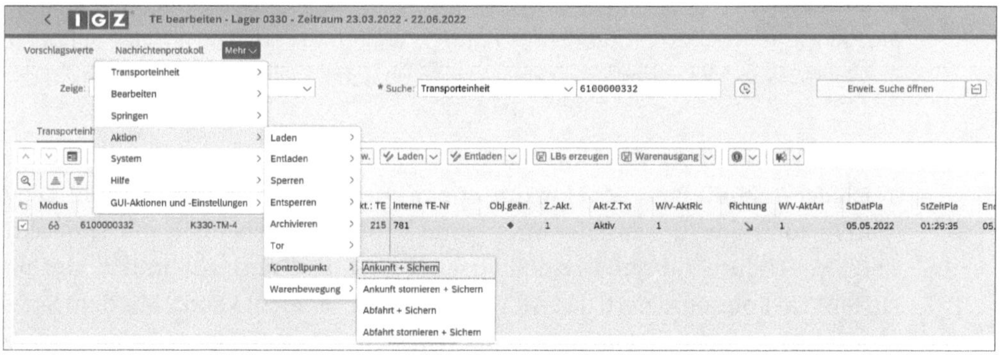

Abbildung 8.30 Aktion »Ankunft am Kontrollpunkt« für die Transporteinheit in der SAP-Fiori-App »Transporteinheit pflegen« ausführen

Mit dem Sichern der Transporteinheit informiert SAP EWM über das PPF (Aktion `/SCWM/SR_SEND_TU_LDAP_NOTI` für Transporteinheiten und Aktion `/SCWM/SR_SEND_`

VEH_LDAP_NOTI im Fall von Fahrzeugaktivitäten) SAP TM per XML-Nachricht LoadingAppointmentNotification über die Ankunft am Zielort.

Mit der Ankunft am Kontrollpunkt ändert sich der Zustand der TE-Aktivität auf **Aktiv** (siehe Abbildung 8.31).

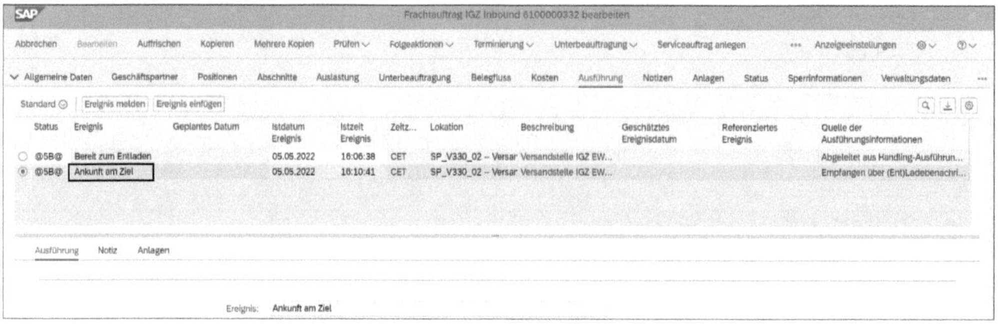

Abbildung 8.31 Ausführungsstatus »Ankunft am Ziel« im Frachtauftrag in SAP TM

Anschließend weist der Anwender der Transporteinheit ein freies Tor zu. Auch hier besteht die Möglichkeit, die Zuordnung entweder in SAP Dock Appointment Scheduling oder in der SAP-EWM-Komponente **Warenannahme und Versand** z. B. mithilfe von Transaktion /SCWM/TU vorzunehmen. Weitere Details erhalten Sie in Abschnitt 8.3, »Ankunft des Lkws«. Durch die Torzuordnung wird eine Tor-Aktivität mit dem Zustand **Geplant** erstellt.

[»]

Senden von Änderungen aus SAP TM an SAP EWM bis zur Ankunft am Kontrollpunkt möglich

SAP TM kann Aktualisierungen an Fahrzeuge oder Transporteinheiten und Änderungen in der Zuordnung von Lieferpositionen (hinzugefügte oder entfernte Positionen) an SAP EWM so lange senden, bis der Lkw am finalen Kontrollpunkt ankommt.

8. **SAP EWM: Andocken des Lkws am Tor**
   Nach der Ankunft fährt der Lkw zum zugewiesenen Tor und dockt dort an. Die Aktion **Ankunft am Tor** kann der Mitarbeiter in SAP EWM ebenfalls mit Transaktion /SCWM/TU durchführen. Diese Statusänderung der Transporteinheit wird nicht an SAP TM kommuniziert, da SAP TM die Entität **Tor** nicht kennt. Mit dem Sichern des Belegs ändert sich der Zustand der Toraktivität von **Geplant** in **Aktiv**.
9. **SAP EWM: Entladung und Wareneingangsbuchung**
   Die Entladung des Lkws kann entweder über Lageraufgaben zur Entladung erfolgen oder über das manuelle Setzen des Entladestatus für die Transporteinheit in Transaktion /SCWM/TU. Wenn Sie die Lageraufgaben für die zu entladenen Handling Units verwenden, wird mit der Quittierung der Entlade-Lageraufgaben auf die

Wareneingangszone automatisch der Wareneingang für die entsprechende Handling Unit zur Anlieferung gebucht. Die Wareneingangsbuchung ist möglich, da die Anlieferung einer Transporteinheit zugeordnet wurde. Die Wareneingangsbuchung wird per qRFC `/SPE/INB_DELIVERY_CONFIRM_DEC` an SAP S/4HANA kommuniziert. Im dezentralen SAP EWM kann die Übertragung der Wareneingangsbuchung – je nach Einstellung im SAP-EWM-Customizing – entweder sofort oder kumuliert, z. B. wenn alle Handling Units entladen sind, erfolgen. Weitere Informationen zum Thema Wareneingangsbuchung erhalten Sie in Abschnitt 8.5.2, »Wareneingangsbuchung zur Anlieferung«. In SAP TM werden die relevanten Frachtbelege auf Basis der Nachricht **LoadingAppointmentNotification** aus SAP S/4HANA aktualisiert.

8

10. **SAP EWM: Abfahrt vom Kontrollpunkt an SAP TM melden**
    Nach der Entladung wird die Abfahrt vom Kontrollpunkt registriert. Auch dazu können Sie Transaktion /SCWM/TU analog zur Ankunft verwenden. Mit dem Sichern der Transporteinheit erstellt SAP EWM eine neue, zuvor genannte PPF-Aktion und informiert SAP TM über die Abfahrt vom Kontrollpunkt ebenfalls über eine Nachricht vom Typ `LoadingAppointmentNotification`. Im Gegensatz zur Nachricht vom Typ `LoadingAppointmentRequest` enthält diese Nachricht keine Informationen zu den entladenen Lieferpositionen. Die Abfahrt ist wiederum auf der Registerkarte **Ausführung** im Frachtauftrag in SAP TM sichtbar (siehe Abbildung 8.32).

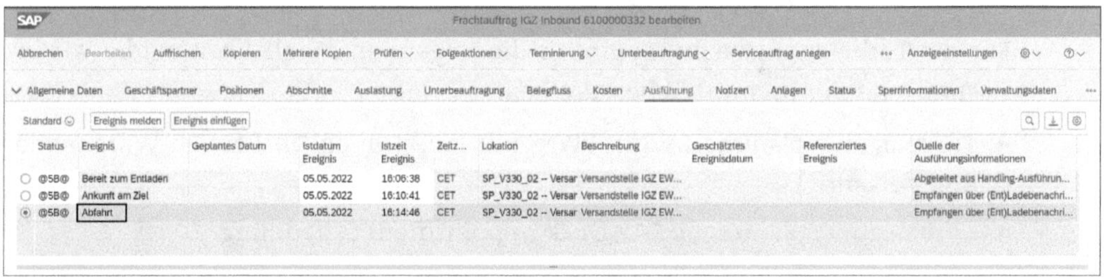

Abbildung 8.32 Ausführungsstatus »Abfahrt« im Frachtauftrag in SAP TM

Neben der lieferbasierten Integration können SAP EWM und SAP TM auch mit Kundenaufträgen bzw. Bestellungen in einem auftragsbasierten Prozess zusammenarbeiten. Im Gegensatz zu dem zuvor beschriebenen lieferbasierten Szenario werden die Frachteinheiten erstmalig auf der Basis von *auftragsbasierten Transportbedarfen* (ATBs) geplant. Nach der Durchführung der Transportplanung werden in SAP TM Lieferungsvorschläge an SAP S/4HANA übertragen und in SAP S/4HANA Anlieferungen auf Basis der Lieferungsvorschläge erstellt. Welches Szenario sinnvoll ist, hängt von den jeweiligen Kundenanforderungen ab. Grundsätzlich kann man sagen, dass das auftragsbasierte Szenario dann in Betracht kommt, wenn sich die Liefertermine an der Ressourcenverfügbarkeit und den Transportdauern als Ergebnis der Transportplanung orientieren. Im lieferbasierten Szenario liegt der Fokus mehr auf der Planung der Bestandsverfügbarkeit und -sicherheit im Lager. Die Transportplanung orientiert sich in diesem Szenario an den vorgegebenen Lieferterminen.

Zum Abschluss geben wir noch einige Anmerkungen zu den Restriktionen in der TE-basierten TM-EWM-Integration:

- Das Multi-Delivery-Szenario, d. h. Frachtaufträge, bei denen die Ladung in mehr als einem SAP-EWM-Lager entladen wird, wird nicht unterstützt.
- Zwischen SAP Dock Appointment Scheduling und SAP TM findet kein Datenaustausch statt.
- Die Kombination von LTBs auf der Basis von An- und Auslieferungen in einem Frachtauftrag für denselben Lagerstandort wird nicht unterstützt, da den Transporteinheiten in SAP EWM entweder nur An- oder nur Auslieferungen zugeordnet werden können.
- Die Konsolidierung von SAP-EWM-verwalteten und nicht-EWM-verwalteten Lieferungen in einem Frachtauftrag wird ebenfalls nicht unterstützt.
- Es ist nicht möglich, in SAP TM Be-/Entladeanweisungen für Frachtaufträge zu verarbeiten, denen die Containereinheiten zugeordnet sind. In SAP EWM wird die Bearbeitung von Containern aus SAP TM nicht unterstützt.

8.2.4 Torbelegungsplanung

Für die Torbelegungsplanung gibt es die folgenden Möglichkeiten, die wir in den nachfolgenden Abschnitten beschreiben:

- Torbelegungsplanung in SAP EWM mit Funktionen im Bereich **Warenannahme und Versand**
- Torbelegungsplanung in SAP Dock Appointment Scheduling

Die nachfolgend beschriebenen Prozesse der Torbelegungsplanung sind für das dezentrale SAP EWM und Embedded EWM identisch.

Torbelegungsplanung in SAP EWM: Warenannahme und Versand

Einer Transporteinheit bzw. TE-Aktivität kann ein Tor zugeordnet werden, an dem die Transporteinheit entladen werden soll. Mit der Zuordnung wird – analog zur Transporteinheit – eine Toraktivität angelegt. Die Torbelegung nehmen Sie im SAP-Easy-Access-Menü in SAP EWM über Transaktion /SCWM/DOOR vor, die Sie unter **Warenannahme und Versand** finden.

Ist die Torzuordnung vorgenommen worden, befindet sich die W/V-Aktivität des Tores im Zustand **Geplant**. Wird die Yard-Lageraufgabe für die Transporteinheit am Tor (Nachplatz) quittiert, ändert sich der Zustand der W/V-Aktivität des Tores automatisch in **Aktiv**. Analog zur Transporteinheit kann es immer nur eine aktive Toraktivität geben. Das Erstellen und Quittieren von Yard-Lageraufgaben können Sie entweder im Desktop im SAP-Easy-Access-Menü in SAP EWM über Transaktion /SCWM/YMOVE, die Sie über den Pfad **Warenannahme und Versand • Yard Management** erreichen, oder über Radio Frequency vornehmen.

Wird ein Fahrzeug über eine Yard-Lageraufgabe an ein Tor angedockt, werden die mit dem Fahrzeug verknüpften Transporteinheiten implizit an das Tor angedockt. Nachdem die Transporteinheit oder das Fahrzeug das Tor verlassen hat, befindet sich die W/V-Aktivität des Tores im Zustand **Abgeschlossen**.

Ist eine Transporteinheit einem Tor zugeordnet und die Toraktivität nur geplant, kann die Transporteinheit auch z. B. über die Erstellung der Yard-Lageraufgabe einem anderen Tor zugeordnet und auch dorthin bewegt werden.

Neben der manuellen Torauswahl ist es möglich, die automatische Torfindung in SAP EWM zu nutzen. Für die Torfindung müssen Sie sogenannte *Bereitstellungszonen* definieren. Bereitstellungszonen werden zur Zwischenlagerung von Ware im Lager verwendet. Sie liegen in räumlicher Nähe zu den zugehörigen Toren. Bereitstellungszonen können jeweils für den Wareneingang bzw. -ausgang oder für beide Richtungen definiert werden. Die Bereitstellungszonen richten Sie im SAP-EWM-Customizing über den Pfad **Stammdaten • Bereitstellungszonen • Bereitstellungszonen definieren** ein.

[+]

Torfindung ohne Transporteinheiten/Fahrzeuge und Yard Management möglich

Für die Torfindung in SAP EWM müssen Sie keine Transporteinheiten oder Fahrzeuge verwenden. Darüber hinaus sind auch keine Yard-Management-Einstellungen zwingend erforderlich. Wenn Sie keine Transporteinheiten oder Fahrzeuge zur Abbildung Ihrer Lagerprozesse verwenden, können Sie in SAP EWM das Objekt Tor zur Entladung nutzen.

Anschließend können Sie als optionalen Schritt eine Bereitstellungszonen-/Torfindungsgruppe definieren. Diese Gruppierung können Sie zur Unterscheidung verschiedener Anforderungen beim Be- und Entladen verwenden. So eignet sich z. B. ein Lagertor für Schüttgut in der Regel nicht für Gabelstapleraktivitäten. Wenn Sie die Bereitstellungs- und Torfindungsgruppe bei der Produktdefinition eingeben, beeinflusst diese dann die Bereitstellungszonen- und Torfindung. Der Pfad des SAP-EWM-Customizings ist analog zur Definition von Bereitstellungszonen, jedoch mit dem Menüpunkt **Bereitstellungszonen-/Torfindungsgruppen definieren**.

Tore richten Sie im SAP-EWM-Customizing über den Pfad **Stammdaten • Lagertor • Lagertor definieren** ein. Hier haben Sie u. a. die Möglichkeit, festzulegen, ob es sich um Wareneingangs- oder Warenausgangstore oder um Tore handelt, die für beide Richtungen zulässig sind. Darüber hinaus können Sie anhand eines hinterlegbaren Aktionsprofils die Kommunikation mit Ihrem Spediteur steuern und ihm z. B. die Nachricht über das geplante Tor für seinen Transport per PPF-Aktion senden. Diese PPF-Aktion funktioniert nur dann, wenn zuvor die Komponente **Warenannahme und Versand** aktiviert und eine Toraktivität erstellt worden ist.

Im nächsten Schritt ordnen Sie die Bereitstellungszonen bzw. die Bereitstellungszonen-/Torfindungsgruppe dem Tor zu. Die passenden Menüeinträge finden Sie analog zum Pfad für die Tordefinition.

Die Torfindung definieren Sie für den Wareneingang im SAP-Easy-Access-Menü in SAP EWM mit Transaktion /SCWM/STADET_IN, die Sie über den Pfad **Einstellungen • Warenannahme und Versand** finden. Über die Zugriffsfolgen, die Sie im SAP-Easy-Access-Menü über den gleichen Pfad pflegen können, können Sie Einfluss darauf nehmen, welche Findungskriterien berücksichtigt werden sollen. Darüber hinaus haben Sie die Möglichkeit, mit der Implementierung des BAdIs `/SCWM/EX_SR_STADET` die Bereitstellungszonen- und Torfindung Ihren Geschäftsanforderungen anzupassen.

Neben der Torbelegungsplanung über die Funktionen der SAP-EWM-Komponente **Warenannahme und Versand** besteht die Möglichkeit, SAP Dock Appointment Scheduling für die terminliche Planung der Torbelegung in SAP EWM zu verwenden, das wir im folgenden Abschnitt vorstellen.

Torbelegungsplanung mit Dock Appointment Scheduling

SAP Dock Appointment Scheduling bietet Ihnen als eigenständig betreibbare Systemkomponente (ohne SAP-EWM-Anbindung) Funktionen für eine Planung und Pflege sowie zur Überwachung von Be- und Entladeterminen Ihres Lagerstandorts. Zur Minimierung von Wartezeiten und zur Optimierung Ihrer Torbelegungsplanung ermöglicht Ihnen SAP Dock Appointment Scheduling, eine an Ihren Lagerressourcen ausgerichtete und mit Ihren Spediteuren eng abgestimmte Planung von Ladeterminen zu erstellen. In diesem Abschnitt wollen wir den Fokus auf den Prozessablauf der Rampen- und Torbelegungsplanung im Wareneingang legen. SAP Dock Appointment Scheduling verwendet die folgenden wichtigen Objekte für die Torbelegungsplanung:

- *Ladelokationen*: Bei der Integration von SAP Dock Appointment Scheduling mit SAP EWM stellt die Ladelokation das SAP-EWM-Lager in SAP Dock Appointment Scheduling dar. Die Ladelokation gruppiert Ladestellen und entspricht der geografischen Lokation der Ladestellen.
- *Ladestellen*: Eine Ladestelle ist genau einer Ladelokation zugeordnet. Eine Ladestelle gruppiert Lagertore mit ähnlichen Merkmalen, z. B. Tore für den Wareneingang. Ladetermine werden auf der Ebene von Ladestellen geplant.

Detaillierte Informationen zu SAP Dock Appointment Scheduling sowie zu Ladelokationen, Ladestellen, Zeitfenstern und Ladeterminen finden Sie in Abschnitt 14.4.1, »Dock Appointment Scheduling«.

[!]

Einschränkungen in SAP S/4HANA EWM, verglichen mit SAP EWM 9.5 bezüglich SAP Dock Appointment Scheduling

Die SAPUI5-App zur Zusammenarbeit mit Frachtführern, mit der Frachtführer die Möglichkeit haben, eigenständig Ladetermine zu erstellen und zu bearbeiten, wird in SAP S/4HANA EWM, sowohl im Embedded- als auch im dezentralen Szenario aktuell nicht unterstützt.

SAP Dock Appointment Scheduling kann wie folgt in SAP EWM integriert werden:

- **Start der Planung in SAP Dock Appointment Scheduling**
  Sie legen einen Ladetermin in SAP Dock Appointment Scheduling an. Mit der Registrierung der Ankunft am Kontrollpunkt in SAP Dock Appointment Scheduling wird automatisch eine Transporteinheit in SAP EWM erstellt.
- **Start der Planung in SAP EWM**
  Mit der Erstellung der Transporteinheit in SAP EWM wird automatisch ein vorläufiger Ladetermin in SAP Dock Appointment Scheduling angelegt, der im Anschluss weiter geplant werden kann.

Im Folgenden stellen wir beide Varianten mit Fokus auf den Wareneingangsprozess vor. Wie bereits erwähnt, findet zwischen SAP Dock Appointment Scheduling und SAP TM kein Datenaustausch statt.

Abbildung 8.33 gibt einen Überblick über den in SAP Dock Appointment Scheduling gestarteten Prozessablauf der Torplanung.

Der Prozess startet mit der Anlage eines (Ent)ladetermins in SAP Dock Appointment Scheduling. In SAP Dock Appointment Scheduling haben Sie die Möglichkeit, den Termin entweder grafisch oder textuell zu planen. Abbildung 8.34 zeigt die grafische Oberfläche zur Terminanlage. Die rote Linie markiert die Gesamtkapazität der Ladestelle für ein zuvor definiertes Zeitfenster. Das Zeitfenster entspricht dem Zeitraum, in dem für die Ladestelle Ladetermine geplant werden können. Bereits geplante Termine werden durch blaue Balken dargestellt. Um einen Ladetermin in der Kapazitätsübersicht zu planen, können Sie entweder den Cursor über die Zeitachse entsprechend bewegen oder das gewünschte Start- und Endedatum manuell eingeben. In unserem Beispiel ist im Zeitraum zwischen 14:00 Uhr und 15:00 Uhr die belegte Kapazität 4 und die Gesamtkapazität 5, was bedeutet, dass für die Ladestelle in diesem Zeitraum noch ein Lkw verplant werden könnte, falls dieser eine Entladedauer von einer Stunde benötigt.

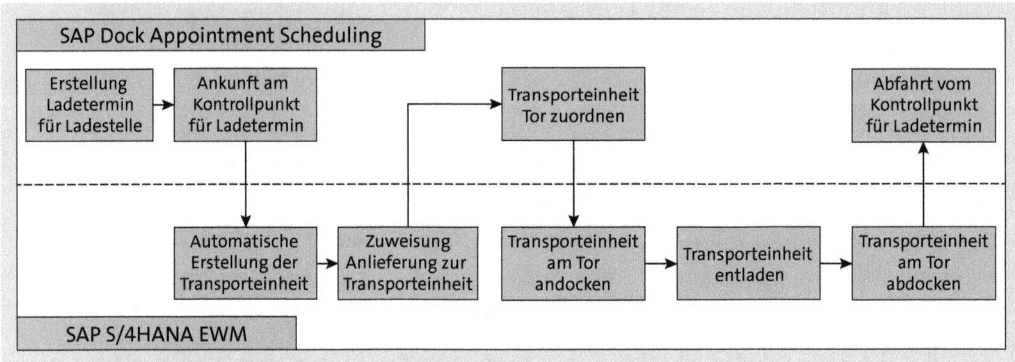

Abbildung 8.33 In SAP Dock Appointment Scheduling gestarteter Prozessablauf für die Torbelegung im Wareneingang mit der Planung

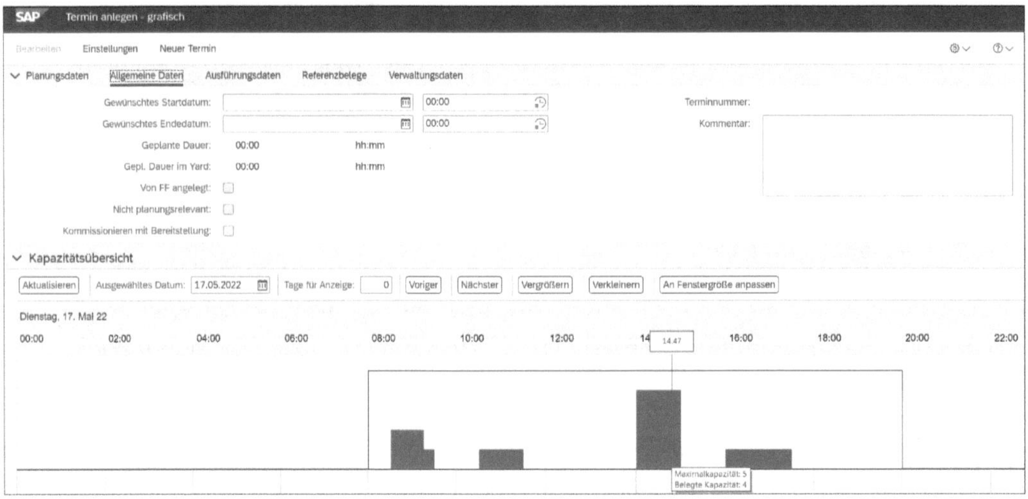

Abbildung 8.34 Grafische Terminanlage in SAP Dock Appointment Scheduling

In der Sicht **Termine überwachen** erhält der Mitarbeiter einen Überblick über die verplanten Ladetermine inklusive der Informationen, welcher Frachtführer für diesen Zeit-Slot erwartet wird (siehe Abbildung 8.35).

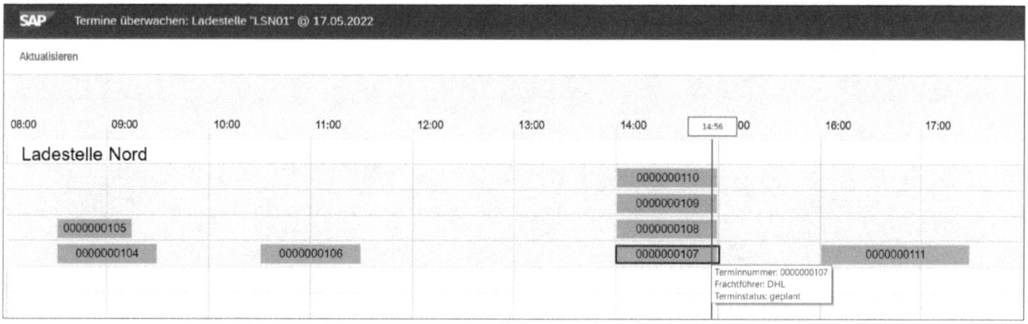

Abbildung 8.35 Überblick der Ladetermine pro Ladestelle in SAP Dock Appointment Scheduling

Mit der Ankunft des Spediteurs selektiert der Mitarbeiter den geplanten Termin des Frachtführers, z. B. auf der Basis der Ladestelle und des geplanten Datums und registriert die Ankunft des Lkws am Kontrollpunkt in SAP Dock Appointment Scheduling in der Sicht **Termine bearbeiten** (siehe Abbildung 8.36).

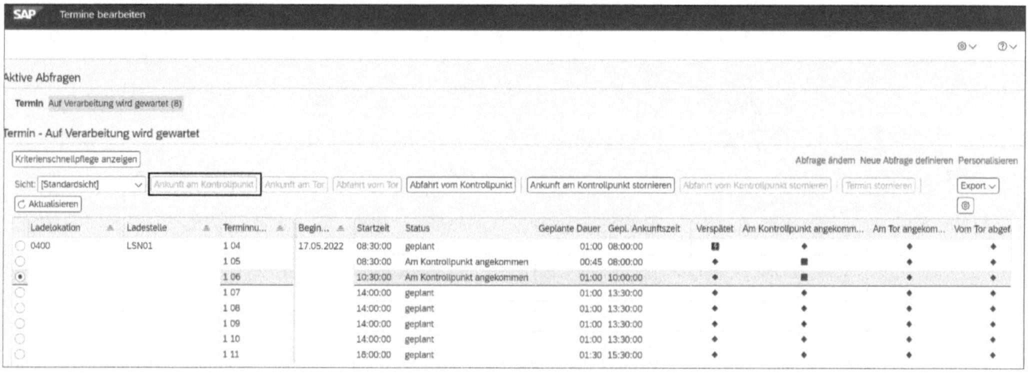

Abbildung 8.36 Ankunft am Kontrollpunkt in SAP Dock Appointment Scheduling registrieren

Mit der Ankunft am Kontrollpunkt sendet SAP Dock Appointment Scheduling eine qRFC-Nachricht `/SCWM/SR_CREATE_VEH_TU_DAS` an SAP EWM, worin automatisch eine TE- bzw. eine aktive TE-Aktivität erzeugt wird. Wurde bei der Terminanlage eine Transportmittel-ID angegeben, wird diese als externe TE-Nummer verwendet; anderenfalls wird die Terminnummer verwendet (siehe Abbildung 8.37). Die erstellte Transporteinheit können Sie sich über Transaktion /SCWM/TU (Transporteinheit pflegen) anzeigen lassen.

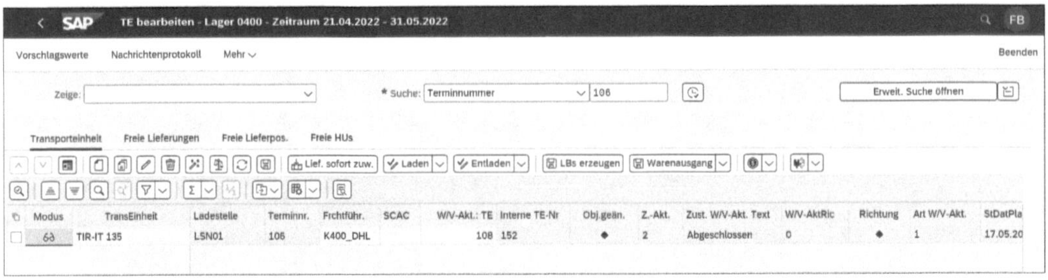

Abbildung 8.37 Automatische Erstellung der Transporteinheit in SAP EWM nach der Registrierung der Ankunft am Kontrollpunkt in SAP Dock Appointment Scheduling

Im nächsten Schritt erfolgt die Zuordnung der Transporteinheit zum Tor. Hier haben Sie die Möglichkeit, die Torzuordnung entweder mit den bereits beschriebenen SAP-EWM-Transaktionen (z. B. SCWM/DOOR – Tor-TE-Zuordnungen pflegen) oder in SAP Dock Appointment Scheduling in der Sicht **TE zuordnen zu Tor** vorzunehmen (siehe Abbildung 8.38). Voraussetzung ist, dass Sie zuvor die Tore zur Ladestelle zugeordnet haben.

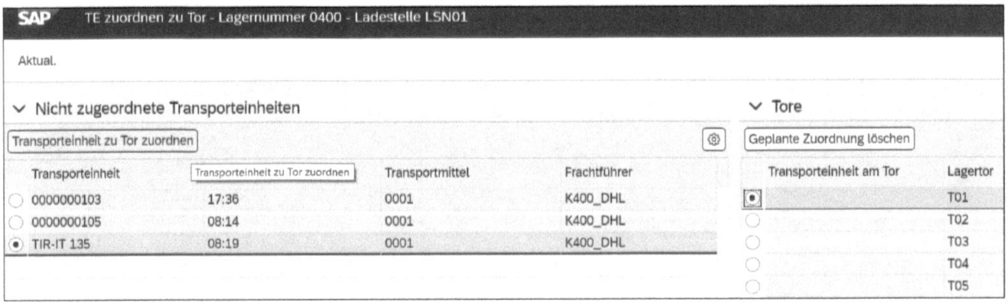

Abbildung 8.38 In SAP Dock Appointment Scheduling die Transporteinheit zum Tor zuordnen

[»]

Integration von SAP Dock Appointment Scheduling mit SAP EWM ohne Ladelokationen

SAP empfiehlt, Ladelokationen zu verwenden. In SAP Dock Appointment Scheduling können Sie auf der Ladestellenebene aber weiterhin die Integration mit SAP EWM verwenden, ohne Ladelokationen anzulegen. Aktivieren Sie dann die Integration mit SAP EWM in der Ladestelle. Sie können die Tore eines Lagers unterschiedlichen Ladestellen zuordnen, jedoch nicht Tore aus unterschiedlichen Lagern derselben Ladestelle zuordnen.

Wenn Sie die Torzuordnung in SAP Dock Appointment Scheduling ausführen, sendet SAP Dock Appointment Scheduling eine qRFC-Nachricht `/SCWM/DS_APPOINTMENT` an

SAP EWM, und in SAP EWM wird automatisch eine entsprechende geplante Toraktivität erstellt und der Transporteinheit zugeordnet (siehe Abbildung 8.39).

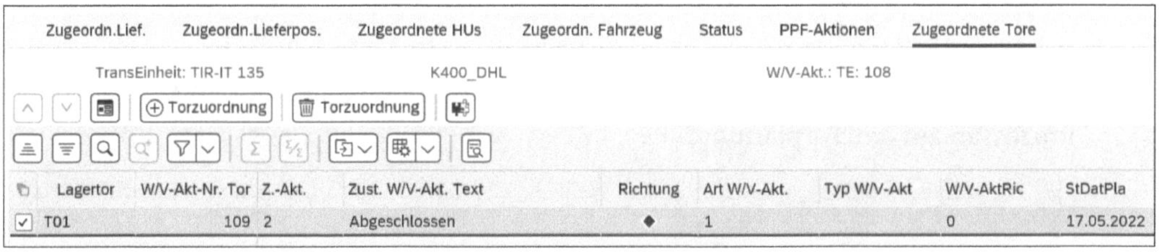

Abbildung 8.39 Automatische Erstellung der geplante Toraktivität in SAP EWM nach der Torzuordnung in SAP Dock Appointment Scheduling

Anschließend fährt der Lkw zum Tor, und der Mitarbeiter registriert die Ankunft am Tor in SAP EWM z. B. über Transaktion /SCWM/TU (Transporteinheit pflegen). Die Registrierung der Ankunft am Tor in SAP Dock Appointment Scheduling ist mit der SAP-EWM-Integration leider nicht möglich. Der Button **Ankunft am Tor** ist zwar auf dem User Interface der Sicht **Termine bearbeiten** in SAP Dock Appointment Scheduling (siehe Abbildung 8.40) vorhanden, er ist jedoch nur aktiv, wenn Sie SAP Dock Appointment Scheduling ohne SAP-EWM-Integration nutzen. Mit der Ausführung der Aktion **Ankunft am Tor** erhält die Toraktivität den Zustand **Aktiv** als Voraussetzung für die anschließende Entladung. SAP EWM informiert SAP Dock Appointment Scheduling per qRFC-Nachricht `/SCWM/DS_APPOINTMENT` über die Ankunft der Transporteinheit am Tor. Der Terminstatus kann in SAP Dock Appointment Scheduling über Transaktion **Termine bearbeitet** entsprechend geprüft werden.

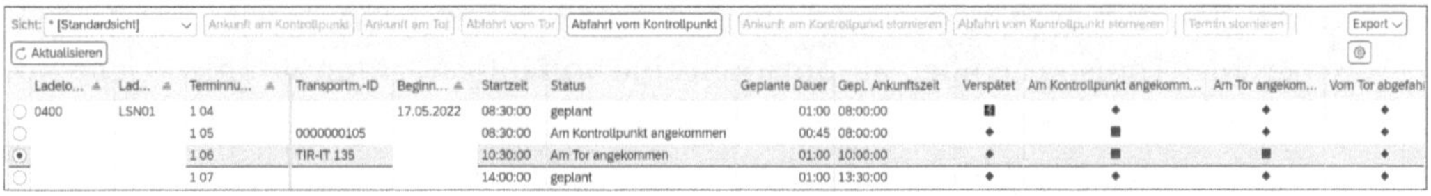

Abbildung 8.40 Statusübersicht der Transporteinheit in SAP Dock Appointment Scheduling in der Sicht »Termine bearbeiten«

Nach der Ankunft am Tor findet die Entladung der Transporteinheit statt. Den Entladungsprozess inklusive der verschiedenen Möglichkeiten beschreiben wir im Detail in Abschnitt 8.5.1, »Entladung und visuelle Überprüfung«. Nach der Entladung wird – analog zur Ankunft – die Aktion **Abfahrt vom Tor** z. B. mit Transaktion /SCWM/TU (Transporteinheit pflegen) ausgeführt. Der Zustand der Toraktivität wechselt auf **abgeschlossen**. Über die zuvor erwähnte qRFC-Nachricht wird SAP Dock Appointment Scheduling über die Abfahrt informiert, und der Status für den Termin wird entsprechend aktualisiert. Im letzten Schritt wird die Abfahrt vom Kontrollpunkt registriert. Diese Aktion können Sie entweder in SAP EWM mit Transaktion /SCWM/CICO (Ankunft am/Abfahrt vom Kontrollpunkt) ausführen, die mit der zuvor erwähnten qRFC-

Nachricht an SAP Dock Appointment Scheduling kommuniziert wird oder direkt in SAP Dock Appointment Scheduling über Transaktion **Termine bearbeiten**. Der entsprechende Terminstatus wird automatisch aktualisiert.

Der Prozess der Torbelegung, den wir im Folgenden beschreiben, kann auch in SAP EWM starten. Abbildung 8.41 gibt einen Überblick über den in SAP EWM gestarteten Prozessablauf der Torplanung.

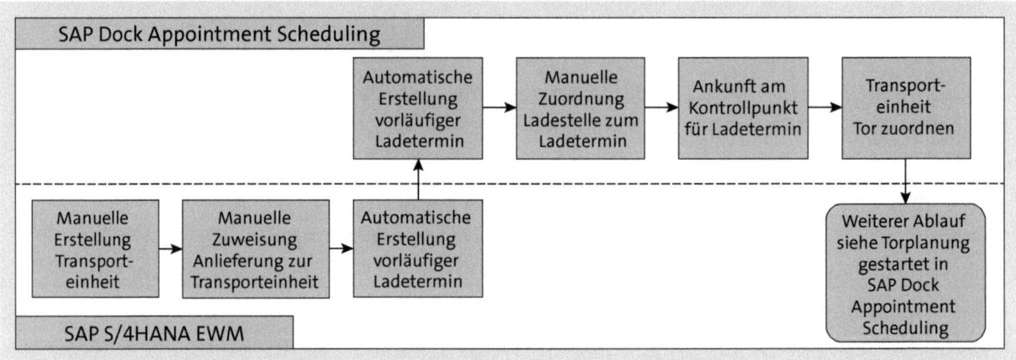

Abbildung 8.41 In SAP EWM gestarteter Prozessablauf für die Torbelegung im Wareneingang (mit Planung)

Im Gegensatz zur in SAP Dock Appointment Scheduling gestarteten Torplanung ist bei Planungsstart in SAP EWM die Ladelokation zwingend erforderlich. Der Prozess startet in SAP EWM mit der Erstellung der Transporteinheit bzw. der TE-Aktivität und der Zuordnung der Anlieferung(en) zur Transporteinheit in Transaktion /SCWM/TU (Transporteinheit pflegen). Durch die Zuweisung der Anlieferung wird mit dem Sichern der Transporteinheit automatisch eine vorläufige Terminnummer (siehe Abbildung 8.42) in SAP EWM erzeugt und per qRFC `/SCWM/DS_APPOINTMENT` an SAP Dock Appointment Scheduling übertragen.

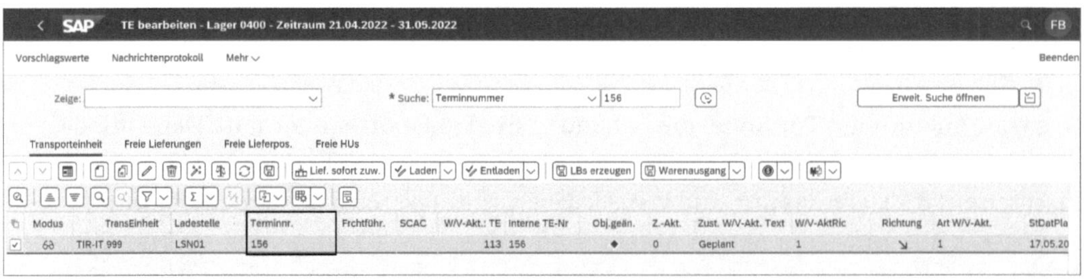

Abbildung 8.42 Transporteinheit mit zugeordneter vorläufiger Terminnummer in SAP EWM

In SAP Dock Appointment Scheduling wird automatisch ein vorläufiger Ladetermin mit der entsprechenden Nummer angelegt. Beachten Sie, dass sich der Nummernkreis für die Terminnummern und der Nummernkreis für TE-Nummern nicht überschneiden dürfen. Anschließend planen Sie die vorläufige Terminnummer in SAP Dock Appointment Scheduling, z. B. in der Sicht **Termin pflegen – textuell**, ordnen dem vorläufigen Ladetermin eine Ladestelle zu und legen einen Startzeitpunkt und die geplante Dauer der Entladung fest (siehe Abbildung 8.43).

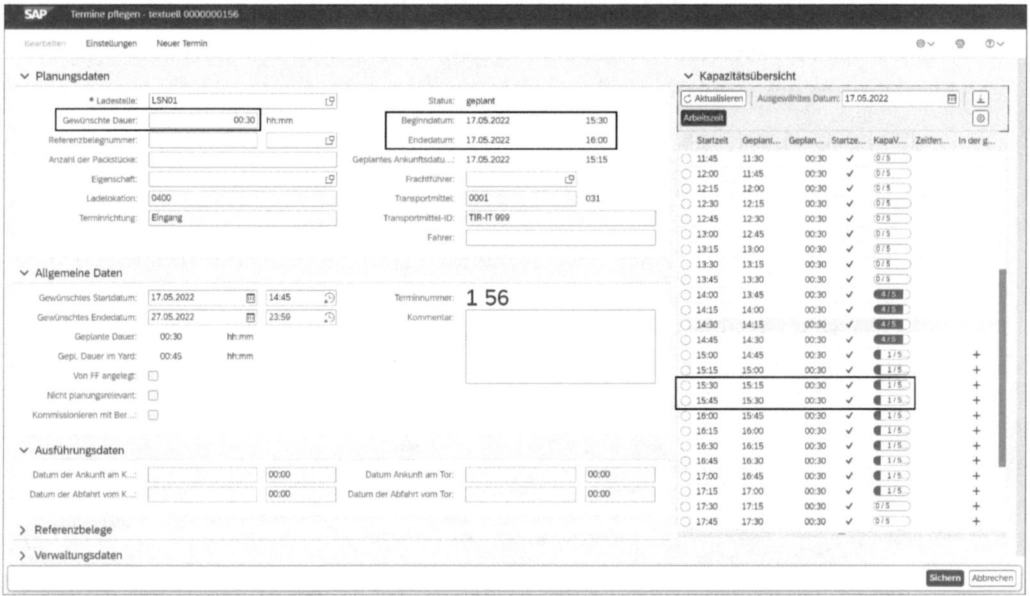

Abbildung 8.43 Planung des vorläufigen Termins in SAP Dock Appointment Scheduling in der Sicht »Termin pflegen – textuell«

Der geplante Ladetermin ist in der Sicht **Termine überwachen** in SAP Dock Appointment Scheduling sichtbar (siehe Abbildung 8.44).

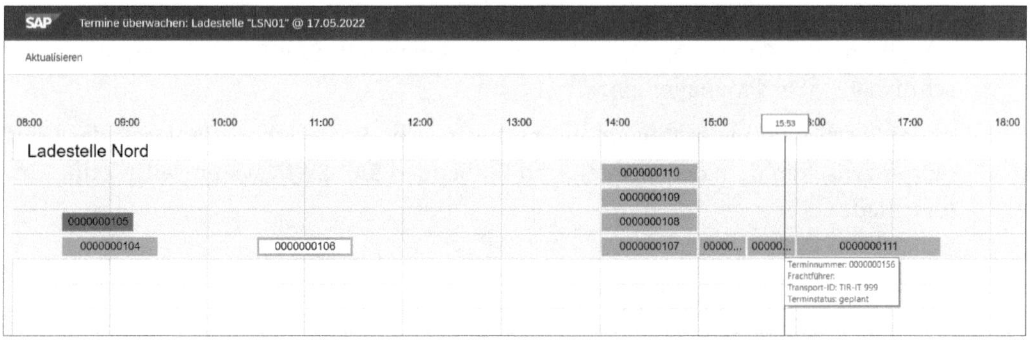

Abbildung 8.44 Die Ladetermine in der Sicht »Termine überwachen« überwachen

Die Ladetermine werden, je nach Planungsstatus, entsprechend farblich unterschieden:

- *Blau*: geplanter Ladetermin
- *Grün*: Transporteinheit am Tor angekommen
- *Blau umrandet/Weiß*: Transporteinheit vom Kontrollpunkt abgefahren
- *Orange*: Transporteinheit am Kontrollpunkt angekommen (nicht angezeigt)
- *Orange umrandet/weiß*: Transporteinheit vom Tor abgefahren

Der weitere Prozessablauf ist mit dem in SAP Dock Appointment Scheduling gestarteten Prozess der Torplanung identisch.

8.3 Ankunft des Lkws

Nachdem das Lager über einen bevorstehenden Wareneingang informiert und angekündigte Anlieferungen und gegebenenfalls die Torplanung für angekündigte Transporte in SAP EWM durchgeführt worden sind, ist der nächste Prozessschritt die Ankunft des Lkws im Lager. Abbildung 8.45 zeigt die Einordnung des Prozessschritts in den Gesamtprozess des Wareneingangs.

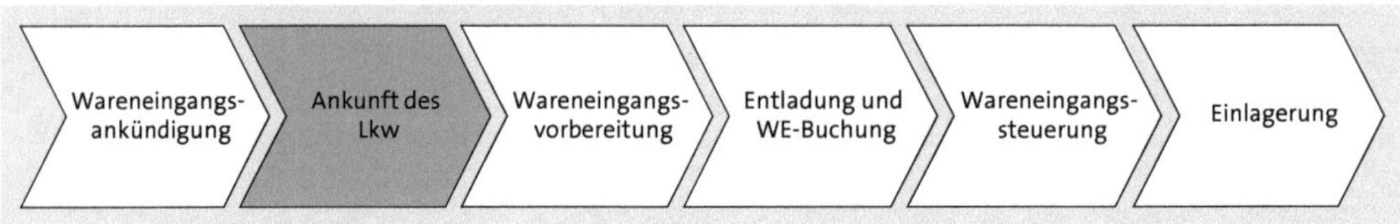

Abbildung 8.45 Den Prozessschritt »Ankunft des Lkws« in den Wareneingangsprozess einordnen

Die Ankunft des Lkws kann mit oder ohne Yard Management in SAP EWM durchgeführt werden, da die Verwendung des Yard Managements in SAP EWM optional ist. In den folgenden Abschnitten gehen wir auf beide Varianten ein. Eine detaillierte Beschreibung der Funktionen des Yard Managements in SAP EWM finden Sie in Abschnitt 14.5, »Yard Management«.

In der Beschreibung der folgenden Abschnitte zum Prozessschritt **Ankunft des Lkws** gibt es zwischen dem dezentralen und Embedded SAP EWM systemseitig keine Unterschiede.

8.3.1 Ankunft des Lkws mit dem Yard Management

Bei aktivem Yard Management ist die Existenz von Transporteinheiten notwendige Voraussetzung. Die Verwendung von Fahrzeugen ist hingegen optional. Die Ankunft der Transporteinheit bzw. des Fahrzeugs am Kontrollpunkt wird im SAP-Easy-Access-

Menü in SAP EWM mit Transaktion /SCWM/CICO im Yard registriert, die Sie über den Pfad **Warenannahme und Versand • Yard Management** finden.

Falls noch keine Transporteinheit bzw. kein Fahrzeug im System angelegt worden ist, können Sie entweder hier die Objekte erstellen oder Transaktion /SCWM/TU für das Anlegen von Transporteinheiten bzw. Transaktion /SCWM/VEH für das Anlegen von Fahrzeugen verwenden. Für den Fall, dass der Transport bereits angekündigt wurde, haben Sie die Möglichkeit, anhand verschiedener Parameter, wie z. B. des Kfz-Kennzeichens, der externen TE- bzw. Fahrzeugnummer, des Frachtführers usw., die Transporteinheit bzw. das Fahrzeug zu selektieren, das zuvor mit dem Zustand **Geplant** der W/V-Aktivität erstellt wurde (siehe Abschnitt 8.2 »Wareneingangsankündigung«). Anschließend können Sie weitere Attribute wie z. B. den *Standard Carrier Alpha Code* (SCAC) oder Fahrernamen und Sprache erfassen. Mit einem Klick auf den Button **Ankunft am Checkpoint** ändert sich der Zustand der W/V-Aktivität von **Geplant** in **Aktiv**, und die tatsächliche Ankunftszeit wird registriert. Abbildung 8.46 zeigt die SAP-Fiori-App **Ankunft und Abfahrt**, mit der Sie mit der Ankunft des Lkws die Daten zur Transporteinheit bzw. zum Fahrzeug erfassen und die Buchung der Ankunft am Checkpoint vornehmen.

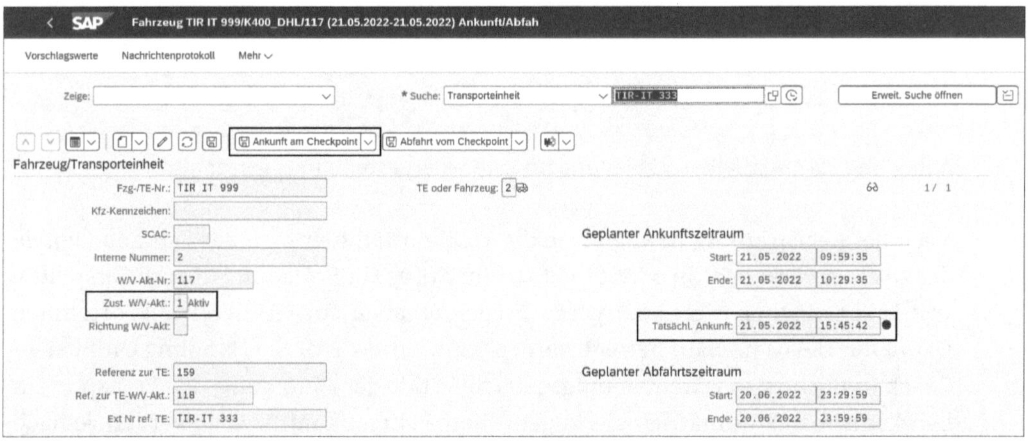

Abbildung 8.46 Check-in für die Transporteinheit bzw. das Fahrzeug mit der SAP-Fiori-App »Ankunft und Abfahrt« registrieren

Existiert die Transporteinheit bereits und liegt die Ankunft außerhalb der geplanten Zeit, erscheint je nach Einstellungen im Customizing-Pfad **Prozessübergreifende Einstellungen • Warenannahme und Versand • Allgemeine Einstellungen • Allgemeine Einstellungen für Warenannahme und Versand** eine Warn- oder Fehlermeldung. Der rote Kreis signalisiert dem Mitarbeiter, dass die tatsächliche Ankunft außerhalb der geplanten Zeit liegt.

Wurde für den angekommenen Lkw keine Torplanung (siehe Abschnitt »Torbelegungsplanung«) durchgeführt, bietet Ihnen der Lagermonitor mit bereits vordefinierten Reports einen guten Überblick der Tor- und Parkplatzbelegung und unterstützt Sie bei der Suche nach einem freien Parkplatz bzw. Tor (siehe Abbildung 8.47).

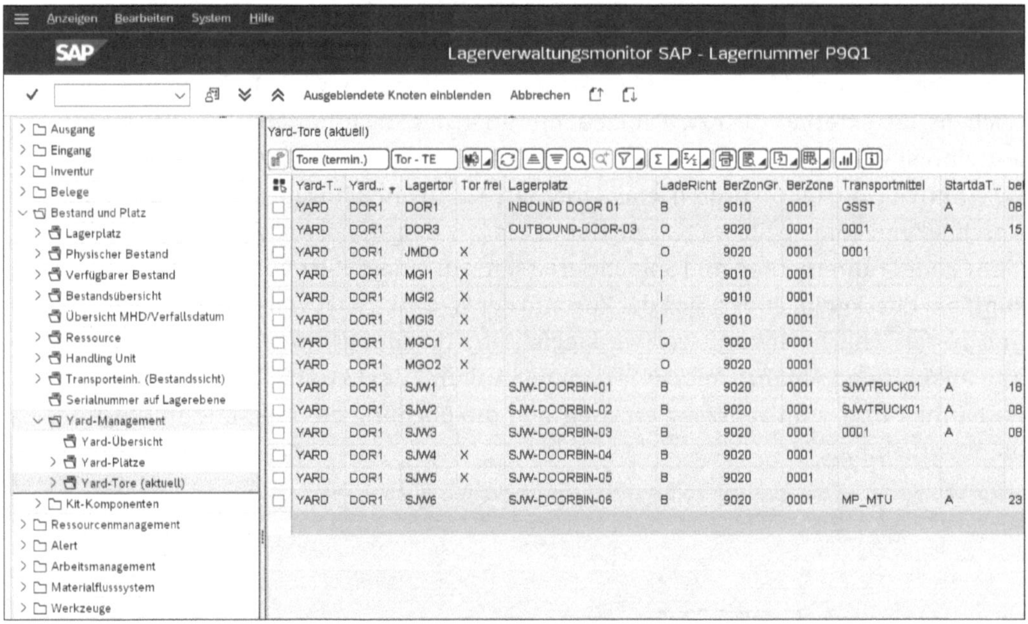

Abbildung 8.47 Aktuelle Torbelegung im Yard – dargestellt im Lagermonitor

Nach der Registrierung bewegen Sie die Transporteinheit bzw. das Fahrzeug entweder zu einer Parkposition oder direkt zu einem Tor zur Entladung über die Erstellung von Lageraufgaben – genauer gesagt, Lageraufgaben zur HU der Transporteinheit. Damit die TE-HU im Yard bewegt werden kann, wird zuvor die Handling Unit bei der Check-in-Buchung »wareneingangsgebucht«. Mit der Bewegung der Transporteinheit kann auch automatisch das zugeordnete Fahrzeug mitbewegt werden, je nachdem, ob die Zuordnung zwischen Transporteinheit und Fahrzeug fix ist. Die Art der Zuordnung können Sie im SAP-Easy-Access-Menü in SAP EWM über Transaktion /SCWM/PM_MTR einstellen, die Sie über den Pfad **Einstellungen • Warenannahme und Versand** finden. Die Erstellung und Quittierung der Yard-Lageraufgaben können über Radio-Frequency-Transaktionen oder Desktop-Transaktionen erfolgen. Die entsprechende Desktop-Transaktion /SCWM/YMOVE finden Sie im SAP-Easy-Access-Menü in SAP EWM über den Pfad **Warenannahme und Versand • Yard Management**. Verwenden Sie das SAP Fiori Launchpad, können Sie die Yard-Lageraufgaben mit der SAP-Fiori-App **Im Yard bewegen** erstellen und quittieren. Damit der Lkw entladen werden kann, muss zuvor die Yard-Lageraufgabe mit dem Zielplatz des Lagertores quittiert worden sein.

[«]

Bewegung der Transporteinheit im Yard

Wenn die TE-HU im Yard bewegt wird, bewegt SAP EWM nur den Bestand des Packmaterials der TE-HU. Das bedeutet, dass die der Transporteinheit zugeordneten Anlieferungen und Anliefer-HUs nicht den Bewegungen der Transporteinheit im Yard folgen. Anders formuliert: Die Anlieferungen im Yard sind nur auf der Transporteinheit und nicht auf der Parkposition (Lagerplatz) sichtbar.

Eine Wareneingangsbuchung der der Transporteinheit zugeordneten Anlieferungen kann, muss aber nicht zum Zeitpunkt der Registrierung erfolgen. Über eine eigene PPF-Aktion können Sie z. B. mit der Methode `/SCWM/GM_POSTING` und z. B. mit der Einplanungsbedingung `/SCWM/WHR_IN_YARD` prüfen, ob mit der Check-in-Buchung der Transporteinheit, bei der die zugeordneten Anlieferungen gleichzeitig den Status **In Yard** erhalten, diese Anlieferungen auch mit dem Warenbewegungsplatz der Transporteinheit als Wareneingang gebucht werden.

Wie bereits erwähnt, ist die Verwendung der Yard-Management-Funktionen in SAP EWM optional. Die wesentlichen Vorteile, das Yard Management in SAP EWM zu nutzen, sind:

- Die Logistikkette wird im Lager durchgängig abgebildet: Ein eingehender Lkw kann entladen und dann sogleich wieder als ausgehender Lkw beladen werden.
- Es ist möglich, bereits mit der Registrierung der Transporteinheit bzw. des Fahrzeugs die zugeordneten Anlieferungen im Wareneingang zu buchen.
- Das Yard Management ist in die Steuerung und Abwicklung des gesamten Ablaufs des Wareneingangs integriert. So kann ein Monitoring des kompletten Wareneingangsprozesses erfolgen.

Eine Beschreibung der wesentlichen Customizing-Einstellungen für das Yard Management finden Sie in Abschnitt 14.5, »Yard Management«.

An dieser Stelle möchten wir kurz auf *SAP Yard Logistics* (SAP YL) eingehen. Ist die Anzahl der Parkpositionen überschaubar, und sind die Yard-Prozesse eher einfach gehalten, z. B. durch einen manuellen Check-in, und werden ausschließlich Lkws im Yard bewegt, sind die Funktionen des Yard Managements sicherlich ausreichend. Wenn Sie aber multimodale Verkehrsträger (Lkw, Bahn und Schiff) verwenden, sollten Sie sich mit SAP YL vertraut machen. SAP YL kann sowohl in SAP TM als auch in SAP EWM integriert werden. Darüber hinaus kann SAP YL auch stand-alone betrieben werden. SAP YL bietet eine Vielzahl an Funktionen und Optionen (z. B. Self-Check-in für Fahrer), um das Werksgelände bestmöglich in allen Belangen steuern und beobachten zu können. Weitere Informationen zu SAP YL entnehmen Sie dem E-Bite »Introducing SAP Yard Logistics« von Rheinwerk Publishing (nur auf Englisch verfügbar).

8.3.2 Ankunft des Lkws ohne Yard Management

Bei nicht aktivem Yard Management erfolgt die Registrierung in Abhängigkeit davon, ob Sie Transporteinheiten verwenden oder nicht.

Werden Transporteinheiten verwendet und wurden diese bereits angekündigt, registrieren Sie die Ankunft des Lkws entweder mit der SAP-Fiori-App **Ankunft und Abfahrt** oder mit der SAP-Fiori-App **Transporteinheit pflegen** (siehe Abbildung 8.48). Selbstverständlich können Sie auch die SAP-GUI-Transaktionen /SCWM/TU (Transporteinheit pflegen) oder die zuvor genannte Transaktion /SCWM/CICO verwenden.

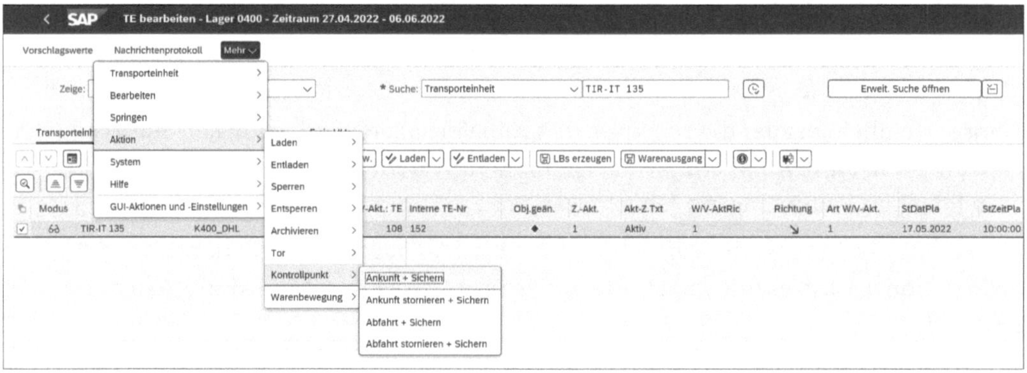

Abbildung 8.48 Registrierung der Ankunft am Kontrollpunkt mit der SAP-Fiori-App »Transporteinheit pflegen«

Nach der Check-in-Buchung des Lkws und gegebenenfalls der Torzuordnung ist der nächste Systemschritt die Registrierung, dass der Lkw am Tor angekommen ist. Die Aktion **Ankunft am Tor** können Sie mit der SAP-Fiori-App **Transporteinheit pflegen** unter dem gleichen Menüpfad wie die Ankunft am Kontrollpunkt vornehmen. Falls Sie keine Transporteinheiten bzw. Fahrzeuge verwenden, kann auch in der Anlieferung durch Setzen des Status **Im Yard** die Ankunft des Lkws registriert werden (siehe Abbildung 8.49).

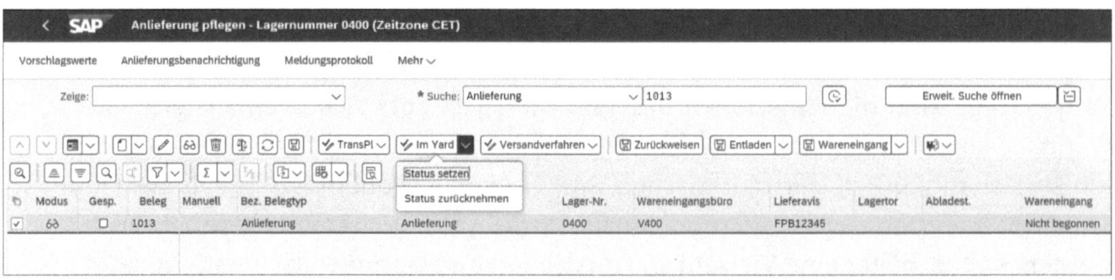

Abbildung 8.49 Registrierung der Ankunft des Lkws durch den Status im Yard in der Anlieferung

Wurde der Lkw bzw. der Transport nicht angekündigt, können Sie, wie zuvor beschrieben, die Transporteinheit mit der SAP-GUI-Transaktion /SCWM/TU (Transporteinheit pflegen) oder mit der entsprechenden SAP-Fiori-App anlegen und relevante Daten wie z. B. das Kennzeichen oder Siegelnummern erfassen.

Nach der Registrierung der Ankunft des Lkws erfolgt im nächsten Schritt die Wareneingangsvorbereitung, die wir im folgenden Abschnitt im Detail erläutern.

8.4 Wareneingangsvorbereitung

Im Prozessschritt **Wareneingangsvorbereitung** werden die administrativen Aufgaben der Anlieferungserfassung sowie die Vorbereitung zur Entladung, inklusive der Erstellung von Lageraufgaben zur Entladung, als Vorbereitung zur schnellen Entladung und Wareneingangsbuchung durchgeführt. Dazu übergibt der Lkw-Fahrer sämtliche Fracht- und Lieferpapiere an den Mitarbeiter im Wareneingangsbüro. Abbildung 8.50 zeigt die Einordnung des Prozessschritts in den Gesamtprozess des Wareneingangs.

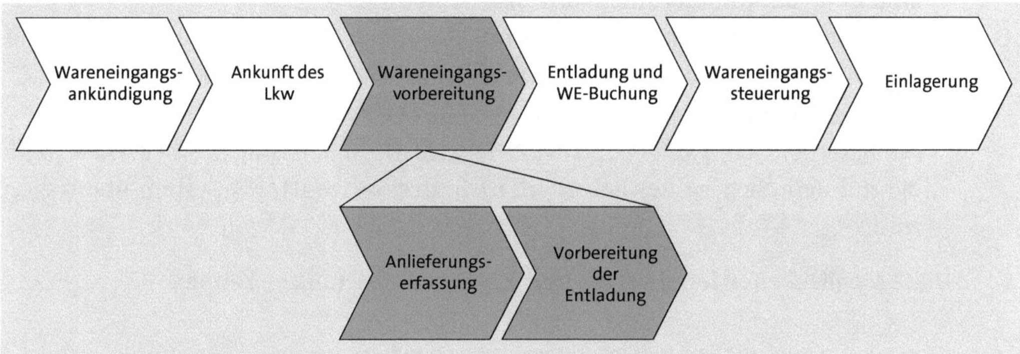

Abbildung 8.50 Die Wareneingangsvorbereitung in den Wareneingangsprozess einordnen

Der Prozessschritt **Wareneingangsvorbereitung** gliedert sich in die Teilprozessschritte **Anlieferungserfassung** und **Vorbereitung zur Entladung**, die wir im Folgenden näher beschreiben.

In der Beschreibung der folgenden Abschnitte zum Prozessschritt **Wareneingangsvorbereitung** ist im Teilprozessschritt **Anlieferungserfassung** die Erstellung von Anlieferungen auf der Basis von EGRs in Embedded SAP EWM nicht möglich (siehe Abschnitt 8.2, »Wareneingangsankündigung«). Beim Teilprozessschritt **Vorbereitung der Entladung** bestehen zwischen den beiden Szenarien keine Unterschiede.

8.4.1 Anlieferungserfassung

Bei der Anlieferungserfassung kann, je nach Art der Wareneingangsankündigung, zwischen den in Abbildung 8.51 dargestellten Varianten unterschieden werden.

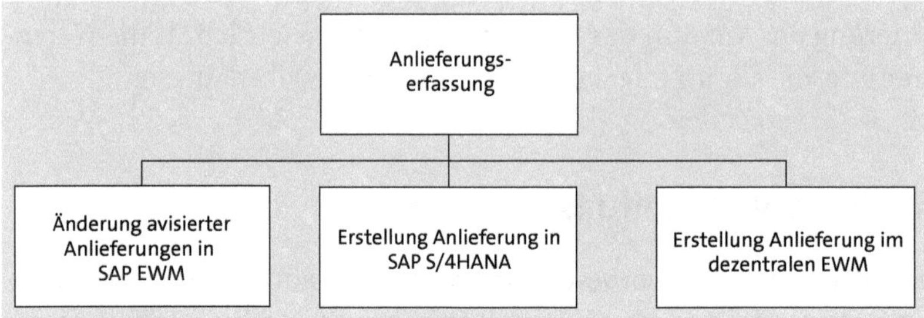

Abbildung 8.51 Szenarien der Anlieferungserfassung

- **Änderung der avisierten Anlieferungen in SAP EWM**
  Die Anlieferung wird mit den Informationen auf dem Lieferschein abgeglichen und, falls nötig, in SAP EWM geändert.
- **Erstellung der Anlieferung in SAP S/4HANA**
  Auf Basis der Lieferpapiere wird die Anlieferung in SAP S/4HANA erstellt, die mit dem Sichern des Belegs sofort an das SAP-EWM-System übertragen wird.
- **Erstellung der Anlieferung im dezentralen SAP EWM**
  Auf Basis der Lieferpapiere und der EGRs wird die Anlieferung in SAP EWM erstellt, die mit dem Sichern des Belegs sofort in das SAP-S/4HANA-System übertragen wird.

Diese Möglichkeiten lernen Sie in den folgenden Abschnitten kennen.

Änderung der avisierten Anlieferungen in SAP EWM

Falls die Anlieferung in SAP S/4HANA auf der Basis von avisierten Lieferinformationen erstellt wird, erfolgt mit dem Sichern des Belegs eine Übertragung der logistisch relevanten Anlieferinformationen nach SAP EWM. In SAP EWM wird die Anlieferungsbenachrichtigung und mit der Aktivierung dieses Belegs die Anlieferung erstellt (siehe Abschnitt 8.2.1, »Ankündigung und Erstellung von Anlieferungen im dezentralen Szenario«).

Zur Durchführung der Wareneingangsvorbereitung selektiert der Mitarbeiter über die SAP-EWM-Anliefertransaktion die bereits erstellte Anlieferung und vergleicht die Informationen auf dem Lieferschein mit dem bereits systemseitig erstellten Beleg. Um den Beleg schnellstmöglich zu selektieren, stehen zahlreiche Selektionsparameter zur Verfügung (z. B. ASN-Nummer, Bestellung, SAP-S/4HANA-Liefernummer, Lieferant, verschiedene Statusparameter usw.), die benutzerspezifisch vorbelegt werden können.

Die Anliefertransaktion /SCWM/PRDI finden Sie im SAP-Easy-Access-Menü in SAP EWM über den Pfad **Lieferabwicklung • Anlieferung**, oder Sie verwenden die SAP-Fiori-App **Anlieferung pflegen**. Neben den Informationen in Lieferkopf und Lieferposition finden Sie auch Informationen zur Transporteinheit, falls die Anlieferung einer Transporteinheit zugewiesen worden ist. Darüber hinaus stehen Ihnen zur Selektion und Anzeige von Anlieferungen vordefinierte Reports im Lagermonitor zur Verfügung, von dem aus Sie die Möglichkeit haben, direkt in die Anliefertransaktion zu navigieren. Im Folgenden gehen wir auf die verschiedenen Änderungsmöglichkeiten in der SAP-EWM-Anlieferung ein.

Bei der Erfassung von Mengendifferenzen muss zum einen unterschieden werden, ob es sich um eine Reduktion oder um eine Erhöhung handelt, und zum anderen muss bei einer Mengenanpassung der Wareneingangsstatus der Anlieferung berücksichtigt werden. Wird festgestellt, dass die Menge nicht übereinstimmt, können Sie anhand sogenannter *Prozesscodes* mögliche Folgeprozesse, z. B. die automatische Erstellung einer Splitlieferung für die Fehlmenge, initiieren. Wenn Sie eine Nachlieferung des Lieferanten erwarten, wird mit Prozesscode **Mit Mengenanpassung** für die fehlende Lieferpositionsmenge automatisch eine Splitlieferung in SAP EWM erstellt und mit dem Sichern des Anlieferungsbelegs per qRFC /SPE/INB_DELIVERY_SPLIT an SAP S/4HANA übertragen. In SAP S/4HANA wird der Originalanlieferbeleg entsprechend geändert und die Splitlieferung für die fehlende Menge der Anlieferposition erstellt. Ob eine Splitlieferung erstellt werden soll, können Sie in der Versionskontrolle im SAP-EWM-Customizing über den IMG-Pfad **Schnittstellen • ERP-Integration • ERP-Integration für dezentrales EWM • Steuerungsparameter für ERP-Versionskontrolle einstellen** festlegen.

Für jeden Prozesscode können Sie unterscheiden, zu wessen Lasten die Mengendifferenz gehen soll:

- zulasten des Warensenders (Partnerrolle SFPRT), z. B. bei Minderlieferung
- zulasten des Lagers (Partnerrolle WH), z. B. bei Beschädigung der Ware während der Entladung
- zulasten des Spediteurs (Partnerrolle CARR), z. B. bei Beschädigung der Ware während des Transports

Die Prozesscodes und welche Prozesscodes für welchen Anlieferprozess ausgewählt werden können, definieren Sie im SAP-EWM-Customizing über den Pfad **Prozessübergreifende Einstellungen • Lieferabwicklung • Prozesscodes • Prozesscodes definieren** bzw. **Prozesscodeprofil pflegen**.

Zur Erfassung von Mengendifferenzen stehen Ihnen auf der Positionsebene der Anlieferung drei Möglichkeiten zur Auswahl:

- **Mit Mengenanpassung**
  Diese Auswahl treffen Sie, wenn die Position geliefert wurde, aber die avisierte Menge nicht mit der gelieferten Menge übereinstimmt. Diese Variante bewirkt eine Änderung der LE-Anlieferung (entspricht der Anlieferung in SAP S/4HANA).
- **Ohne Mengenanpassung**
  Diese Auswahl treffen Sie, wenn Sie ohne Änderung der Lieferpositionsmenge Differenzen bei der gelieferten Menge festhalten wollen. Wichtig ist dabei, dass die Einstellung **Ohne Mengenanpassung** keine Änderung der Anliefermenge in SAP EWM und SAP S/4HANA bewirkt. Die logistischen Planmengen werden also nicht verändert. Auf der Registerkarte **Prozesscodes** auf der Lieferpositionsebene ist die angepasste Menge sichtbar.
- **Liefermenge anpassen**
  Diese Auswahl treffen Sie bei nicht gelieferten Positionen, d. h., dass die Menge auf 0 gesetzt wird. Auch diese Variante bewirkt eine Änderung der LE-Anlieferung.

In Abbildung 8.52 sehen Sie im Dropdown-Menü der SAP-Fiori-App **Anlieferung pflegen** die verschiedenen Einstellungsvarianten.

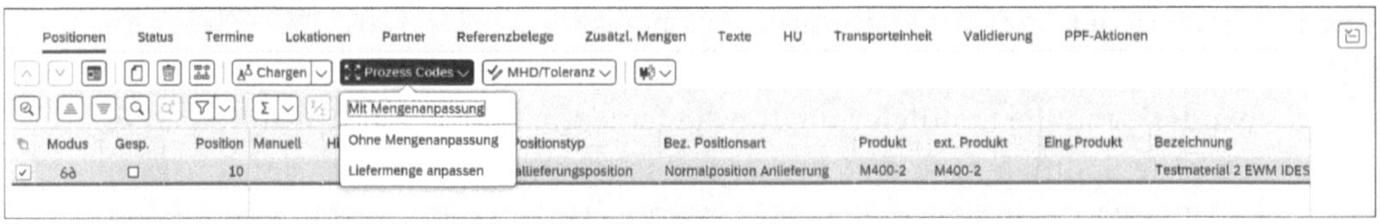

Abbildung 8.52 Prozesscodes zur Rückmeldung bei Mengendifferenzen

In Tabelle 8.4 und Tabelle 8.5 geben wir Ihnen einen Überblick, zu welchem Zeitpunkt welche Mengenanpassung mit welchen Prozesscodes möglich ist und welche systemseitigen Auswirkungen daraus resultieren.

Zeitpunkt	Anpassung möglich?	Variante	Prozess-code	Auswirkung
vor WE-Buchung	ja	mit Mengen-anpassung	I001	Keine Splitlieferung, da keine Nachlieferung erfolgen soll. Mengenanpassung der LE-Anlieferung erst mit der WE-Buchung

Tabelle 8.4 Reduzierung der Lieferpositionsmenge

Zeitpunkt	Anpassung möglich?	Variante	Prozesscode	Auswirkung
vor WE-Buchung (Forts.)		mit Mengenanpassung	I002	Dezentrales SAP EWM: Automatische Erstellung der Splitlieferung, da eine Nachlieferung erfolgen soll. Sofortige Mengenanpassung der LE-Anlieferung Embedded SAP EWM: Keine Erstellung einer Splitlieferung, da die Splitlieferung eine IDN voraussetzt. Gleiches Verhalten wie Prozesscode I001.
		ohne Mengenanpassung	nicht relevant	keine Anpassung
nach WE-Buchung	nein			Nicht mehr möglich, da die Menge bereits rückgemeldet wurde und keine offene Menge mehr existiert.

Tabelle 8.4 Reduzierung der Lieferpositionsmenge (Forts.)

Zeitpunkt	Anpassung möglich?	Variante	Prozesscode	Auswirkung
vor WE-Buchung	ja	mit Mengenanpassung	I001 oder I002	Mengenanpassung der LE-Anlieferung erst mit WE-Buchung
		ohne Mengenanpassung	nicht relevant	keine Anpassung

Tabelle 8.5 Erhöhung der Lieferpositionsmenge

Zeitpunkt	Anpassung möglich?	Variante	Prozesscode	Auswirkung
nach WE-Buchung	ja – sofern keine Lageraufgabe zur Einlagerung erstellt worden ist	mit Mengenanpassung		WE-Status auf **teilweise beendet**, Mengenanpassung der LE-Anlieferung erst mit nochmaliger WE-Buchung

Tabelle 8.5 Erhöhung der Lieferpositionsmenge (Forts.)

Wurde eine Lieferposition nicht geliefert (Menge = 0), verwenden Sie die Variante **Liefermenge anpassen** insbesondere dann, wenn Sie eine Nachlieferung erwarten. In diesem Fall wählen Sie analog zur Reduzierung der Lieferpositionsmenge den Prozesscode I002. Die Variante **Liefermenge anpassen** verhält sich analog zur Variante **Mit Mengenanpassung**, jedoch mit dem Unterschied, dass die Positionsmenge automatisch ausgenullt wird.

Wurde ein Produkt zusätzlich geliefert, können Sie in SAP EWM über den Button **Anlegen** eine neue Lieferposition erfassen (siehe Abbildung 8.53).

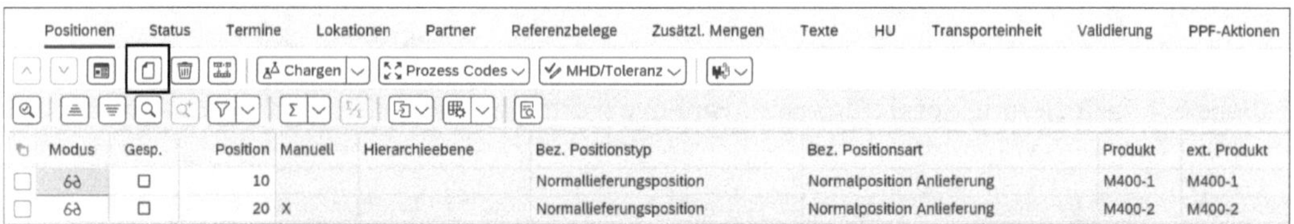

Abbildung 8.53 Neue Lieferposition in der SAP-Fiori-App »Anlieferung pflegen«

In der Versionskontrolle ist einstellbar, ob dazu Transaktion VL60 (Erweiterte Anlieferbearbeitung) in SAP S/4HANA gerufen wird oder die Position lokal in der SAP-EWM-Anlieferung erstellt wird. Die Standardeinstellung ist die lokale Erstellung in SAP EWM. Mit dem Sichern des Belegs wird der qRFC `/SPE/INB_DELIVERY_REPLACE` in SAP S/4HANA gerufen und die neue Lieferposition der LE-Anlieferung hinzugefügt. Das Hinzufügen einer Lieferposition ist nicht mehr möglich, wenn die SAP-EWM-Anlieferung den Wareneingangsstatus **Beendet** hat. In diesem Fall muss die Wareneingangsbuchung zuerst storniert werden.

In der Versionskontrolle ist ebenfalls einstellbar, ob eine Lieferposition gelöscht werden kann. Die Standardeinstellung ist, dass ein Löschen der Anlieferposition möglich ist. Wurde ein Produkt irrtümlich geliefert, können Sie in SAP EWM über den Button **Löschen** die markierte Lieferposition löschen (siehe Abbildung 8.54).

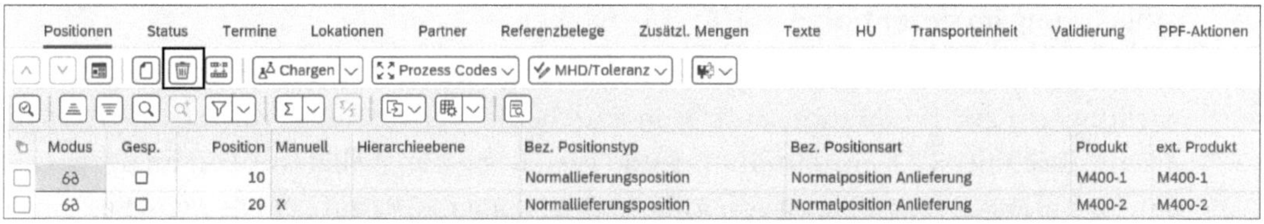

Abbildung 8.54 Lieferposition in der SAP-Fiori-App »Anlieferung pflegen« löschen

Auch hier muss der Wareneingangsstatus der Anlieferung berücksichtigt werden. Vor Wareneingangsbuchung ist ein Löschen möglich, sofern die Lieferposition nicht verpackt ist. In diesem Fall muss die Position erst entpackt werden. Es wird keine Splitlieferung erzeugt. Das Löschen wird sofort per qRFC /SPE/INB_DELIVERY_REPLACE an SAP S/4HANA kommuniziert und die LE-Anlieferung entsprechend angepasst.

Anlieferung in SAP S/4HANA erstellen

Falls die Anlieferung nicht avisiert wurde und der Mitarbeiter im Wareneingangsbüro keine Anlieferung selektieren kann, hat er die Möglichkeit, die Anlieferung in SAP S/4HANA mit Transaktion VL31N bzw. mit der SAP-Fiori-App **Anlieferung anlegen** manuell zu erstellen.

Wird die Anlieferung in SAP S/4HANA mit Transaktion VL31N erstellt, ist eine Änderung des Belegs in SAP ERP nicht mehr möglich. Beim Versuch, die LE-Anlieferung mit Transaktion VL32N zu bearbeiten, erscheint die Meldung »Lieferung wurde verteilt, deshalb nur Anzeige«. Änderungen können dann nur noch in SAP EWM vorgenommen werden, wie zuvor beschrieben.

Mit der Verwendung von Transaktion VL60 (Erweiterte Anlieferbearbeitung) bietet SAP die Möglichkeit, die Anlieferung in SAP S/4HANA zu ändern, auch wenn diese bereits an SAP EWM verteilt worden ist. Voraussetzung ist, dass die Anlieferung mit Transaktion VL60 initial erstellt wurde und nicht mit Transaktion VL31N. Werden Änderungen in Transaktion VL60 (z. B. Mengenänderungen) vorgenommen, wird mit dem Sichern der Anlieferung in SAP S/4HANA ein Interimsanlieferbeleg erstellt, der sofort nach SAP EWM übertragen wird. In SAP EWM wird der Statuswert der Lageraktivität überprüft. Wenn der Lageraktivitätsstatus den Wert **Nicht begonnen** hat, werden sowohl die entsprechende Anlieferungsbenachrichtigung als auch die Anlieferung in SAP EWM aktualisiert. SAP EWM informiert SAP S/4HANA über die Aktualisierung der Belege per qRFC /SPE/INB_DELIVERY_RESPONSE. In SAP S/4HANA wird die entsprechende Anlieferung ebenfalls aktualisiert und der Interimsbeleg gelöscht. Weitere Details zu den Liefernachrichten im Wareneingang finden Sie in Kapitel 6, »Lieferabwicklung«.

Anlieferung im dezentralen SAP EWM erstellen

Im dezentralen EWM können Sie die Anlieferung auch manuell auf der Basis von Bestellungen bzw. Produktionsaufträgen durch die Verwendung von EGRs erstellen (siehe Abschnitt 8.2.1, »Ankündigung und Erstellung von Anlieferungen im dezentralen Szenario«). Die Erstellung von Anlieferungen über EGRs auf der Basis von Bestellinformationen erfolgt mit Transaktion /SCWM/GRPE und auf der Basis von Produktionsaufträgen mit Transaktion /SCWM/GRPI, die Sie im SAP-Easy-Access-Menü in SAP EWM über den Pfad **Lieferabwicklung • Anlieferung** finden. Alternativ können Sie auch die entsprechenden SAP-Fiori-Apps verwenden. Bevor Sie die Anlieferungen in SAP EWM erstellen, müssen Sie die Bestell- bzw. Produktionsauftragsinformation über den Report /SCWM/ERP_DLV_DELETE von SAP ERP in das SAP-EWM-System übertragen. Abbildung 8.55 zeigt Transaktion /SCWM/GRPE, mit der Sie auf der Basis von Bestellinformationen Anlieferungen in SAP EWM erstellen können. Alternativ können Sie auch die SAP-Fiori-App **Wareneingang vorbereiten-Fremdbeschaffung** verwenden.

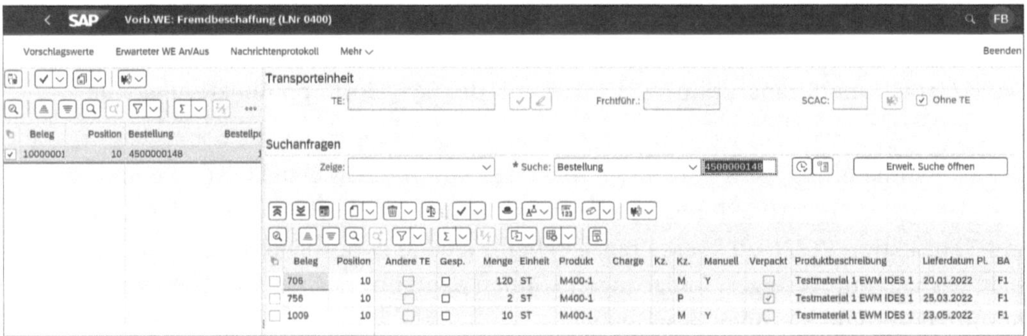

Abbildung 8.55 Anlieferungen auf der Basis von Bestellinformationen in SAP EWM erstellen

Mit der Erstellung der Anlieferung haben Sie die Möglichkeit, die Anlieferung durch die Eingabe der externen TE-Nummer einer Transporteinheit zuzuordnen. Die Zuordnung ist optional und kann in den Vorschlagswerten zur Transaktion festgelegt werden. Falls die externe TE-Nummer eindeutig ist, sind die Felder **Frchtführ.** (Frachtführer) und **SCAC** (Standard Carrier Alpha Code) optional. Sobald die TE-Nummer eingegeben worden ist, können Sie nach EGR auf der Basis zahlreicher Selektionsparameter selektieren (z. B. **Bestellung**, **Produkt**, **Lieferant**, **Fahrzeug**, **Statusparameter der Anlieferung** usw.), die im linken Bereich des Transaktionsfensters aufgelistet werden. Im rechten Bereich werden gleichzeitig sämtliche Anlieferungen dargestellt, die auf Basis dieser EGRs erstellt wurden. Sie markieren den EGR, für den Sie die Anlieferungen erstellen wollen, und klicken auf den Button **Kopiervormerkung**. Anschließend ziehen Sie den markierten EGR per Drag & Drop in den rechten Bereich des Transaktionsfensters. Lassen Sie den EGR unterhalb der Anlieferungen fallen, werden die EGR-Daten kopiert, und eine neue Anlieferung wird als Interimsbeleg in SAP EWM erstellt. Wird der EGR auf eine bereits erstellte Anlieferung fallen gelassen, wird zu dieser Anlieferung, je nach Lageraktivitätsstatus, eine neue Anlieferposition hinzugefügt und ein Interimsbeleg erstellt. Mit dem Sichern des Interimsbelegs wird die Anlieferung erstellt, und die Anlieferungsinformationen werden automatisch nach SAP S/4HANA per qRFC `/SPE/INB_DELIVERY_SAVEREPLICA` übertragen.

Bei der Erstellung der Anlieferung stehen Ihnen u. a. die folgenden Funktionen zur Verfügung:

- Löschen der neu erstellten Position bzw. der gesamten Anlieferung (Interimsbeleg)
- Verpacken analog zur Transaktion /SCWM/PRDI
- Anlegen von Chargen und Chargenpositionen
- Pflegen von Serialnummern

Darüber hinaus können fehlerhafte Belege gesichert werden, um sie zu einem späteren Zeitpunkt weiterzubearbeiten.

8.4.2 Vorbereitung der Entladung

In diesem Abschnitt liegt der Fokus auf der Vorbereitung der Entladung, insbesondere auf den beiden folgenden Themen:

- Zuordnung von Anlieferungen zur Transporteinheit
- Erstellung von Entlade-Lageraufgaben

Anlieferungen den Transporteinheiten zuordnen

Die Zuordnung von Anlieferungen zu den Transporteinheiten kann sowohl automatisch (siehe Abschnitt 8.2.3, »Ankündigung von Transporten«) als auch manuell mit Transaktion /SCWM/TU erfolgen. Abbildung 8.56 zeigt die SAP-Fiori-App **Transporteinheit pflegen**, mit der Sie nach freien, also noch nicht zugewiesenen, Lieferungen bzw. Lieferpositionen selektieren und diese der Transporteinheit zuweisen können.

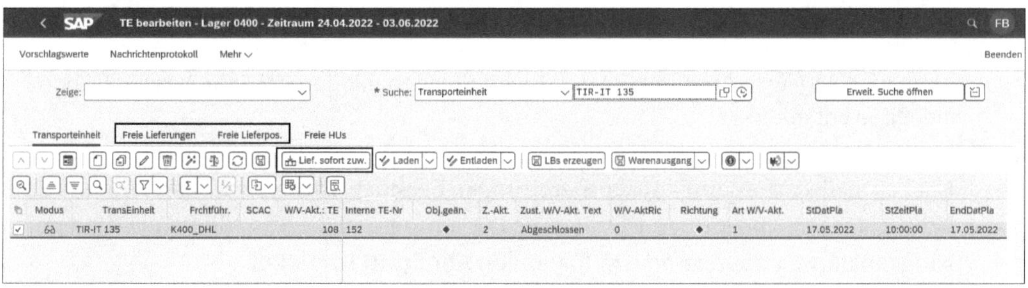

Abbildung 8.56 Anlieferungen zur Transporteinheit in der SAP-Fiori-App »Transporteinheit pflegen« zuweisen

Die Zuweisung ist insbesondere dann notwendig, wenn Sie die Transporteinheit über Lageraufgaben entladen wollen.

Entlade-Lageraufgaben erstellen

Die Verwendung von Entlade-Lageraufgaben ist optional, hat jedoch den Vorteil, dass SAP EWM bei Abschluss der Entladung überprüft, ob die Transporteinheit vollständig entladen worden ist. Für die Erstellung von Entlade-Lageraufgaben müssen die zu entladenden Anlieferpositionen verpackt sein, da die Lageraufgaben zu den Handling Units (HUs) erstellt werden. Die Erstellung kann sowohl automatisch mit der PPF-Aktion `/SCWM/PRD_IN_TO_CREATE` als auch manuell erfolgen. Bei der manuellen Erstellung stehen in SAP EWM verschiedene Transaktionen zur Verfügung: Transaktion /SCWM/UNLOAD zur Entladung (siehe Abbildung 8.57) oder Transaktion /SCWM/TU zur Bearbeitung von Transporteinheiten, die Sie beide im SAP-Easy-Access-Menü in SAP EWM über den Menüpunkt **Warenannahme und Versand** finden. Im Fall der automatischen Erstellung ist die Verwendung der prozessorientierten Lagersteuerung mit dem Entladen als erstem Schritt des definierten Lagerungsprozesses erforderlich (siehe Abschnitt 8.6.1, »Lagersteuerung im Wareneingang«).

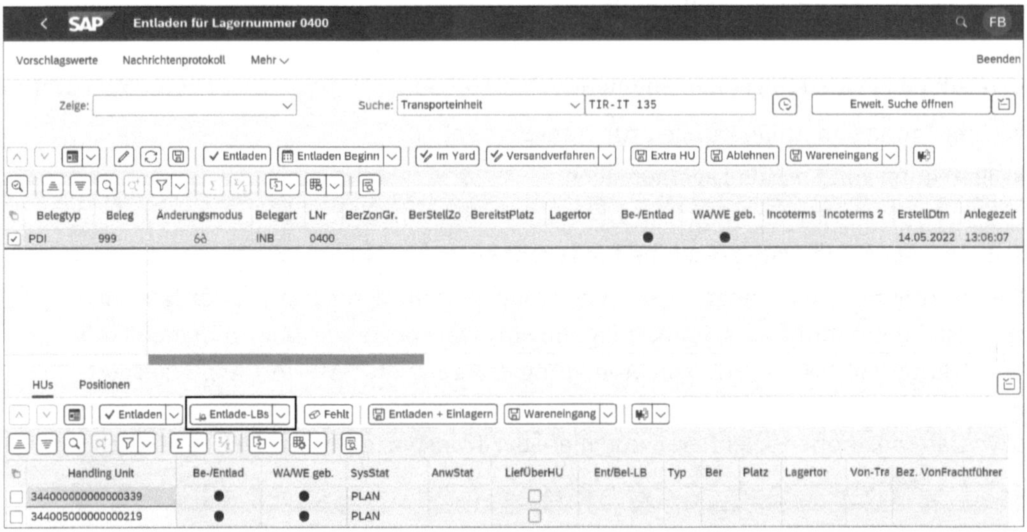

Abbildung 8.57 Erstellung der Entlade-Lageraufgaben mit der SAP-Fiori-App »Transporteinheiten entladen«

Nachdem die Wareneingangsvorbereitungen beendet worden sind, kann mit der Entladung des Lkws begonnen werden. Die Entladung und die anschließende Wareneingangsbuchung erläutern wir im folgenden Abschnitt im Detail.

8.5 Entladung und Wareneingangsbuchung

Nachdem die Anlieferungen erstellt und geprüft sowie gegebenenfalls Lageraufgaben zur Entladung erstellt worden sind, beginnt der physische Wareneingangsprozess mit den folgenden Teilprozessschritten:

- Entladung und visuelle Überprüfung der Ware
- Wareneingangsbuchung

Abbildung 8.58 zeigt die Einordnung des Prozessschritts in den Gesamtprozess des Wareneingangs.

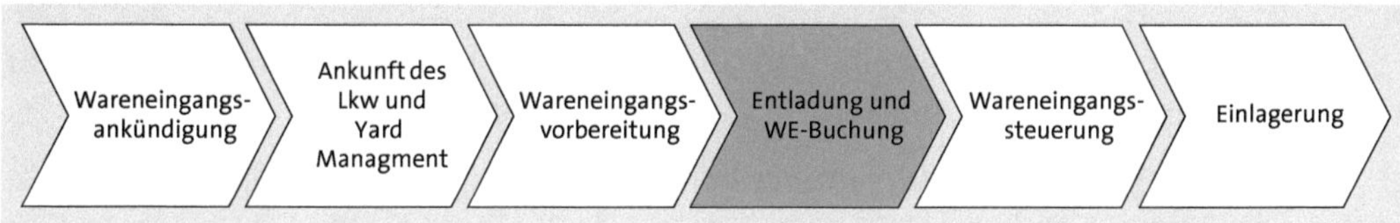

Abbildung 8.58 Den Prozessschritt »Entladung und WE-Buchung« in den Wareneingangsprozess einordnen

In der Beschreibung der folgenden Abschnitte zum Prozessschritt **Entladung und WE-Buchung** ist der Teilprozessschritt **Entladung und visuelle Überprüfung der Ware** für beide Szenarien identisch. Unterschiede bestehen bei der Wareneingangsbuchung. Die Wareneingangsbuchung zur Anlieferung ist natürlich in beiden Szenarien möglich, die wir in Abschnitt 8.5.2, »Wareneingangsbuchung zur Anlieferung«, im Detail beschreiben. Die synchrone Wareneingangsbuchung (Transaktion MIGO) kann allerdings nur in Embedded SAP EWM ausgeführt werden, wie Sie es Abschnitt 8.5.3, »Synchrone Wareneingangsbuchung im Embedded-Szenario« entnehmen können.

8.5.1 Entladung und visuelle Überprüfung

In SAP EWM gibt es zwei Möglichkeiten, um den Entladevorgang im System abzubilden:

- einfaches Entladen über einen manuellen Statuswechsel
- komplexes Entladen über die Quittierung von Entlade-Lageraufgaben

Das sogenannte *einfache Entladen* entspricht dem manuellen Setzen des Status **Entladen** auf den Wert **Beendet**, entweder pro Lieferung, z. B. mit der SAP-Fiori-App **Anlieferung pflegen**, oder auf der TE-Ebene für alle zugeordneten Lieferungen, z. B. mit den SAP-Fiori-Apps **Transporteinheit pflegen** oder **Transporteinheit entladen**. Alternativ kann das einfache Entladen auch mit Radio Frequency (RF) durchgeführt werden.

Das *komplexe Entladen* erfolgt über die Erstellung und Quittierung von Entlade-Lageraufgaben. Entlade-Lageraufgaben entsprechen immer HU-Lageraufgaben. Die Entladung mit Lageraufgaben hat die folgenden Vorteile:

- Sie können den Entladeprozess in den gesamten Lagerungsprozess integrieren und damit bereits beim Entladen die Funktionen der prozessorientierten Lagerungssteuerung nutzen, wie z. B. die automatische Erstellung der Folge-Lageraufgabe mit Quittierung der Entlade-Lageraufgabe.
- Sie können die den Lageraufgaben zugehörigen Lageraufträgen geeigneten Ressourcen zuordnen und damit die Funktionen des SAP-EWM-Ressourcenmanagements nutzen (siehe Abschnitt 13.1, »Ressourcenmanagement«).

Der Von-Lagerplatz der Lageraufgabe entspricht dem Warenbewegungsplatz, der für einlagerungsrelevante Anlieferpositionen wie folgt ermittelt wird:

- Bei der Verwendung der automatischen Torfindung entspricht das Tor dem Warenbewegungsplatz.
- Falls keine automatische Torfindung aktiviert worden ist, kann der Warenbewegungsplatz dem Von-Lagerplatz der Lagerprozessart entsprechen.
- Falls der Warenbewegungsplatz weder durch das Tor noch durch den Von-Lagerplatz der Lagerprozessart bestimmt werden kann, verwendet SAP EWM den Platz der Bereitstellungszone.

Der Nach-Lagerplatz entspricht dem Bereitstellungsplatz in der Anlieferposition. Mit der Quittierung der Lageraufgaben wird für den Bestand, der sich in der HU befindet, automatisch der Wareneingang gebucht. Demzufolge werden mit der komplexen Entladung von Anlieferungen, deren Anlieferposition(en) in mehreren HUs verpackt sind, Teilwareneingänge gebucht. Die Entladung erfolgt entweder über RF- oder Desktop-Transaktionen.

Entladung mit Radio Frequency

Im Folgenden stellen wir Ihnen sowohl das einfache als auch das komplexe Entladen mit Radio Frequency vor. Wie aus Abbildung 8.59 ersichtlich, gibt es zur Entladung mit Radio Frequency die folgenden Möglichkeiten:

- **01 Entladen**
  Diese RF-Transaktion verwenden Sie, wenn die Entladung über Lageraufgaben erfolgen soll.
- **04 Empfangen von Handling Units**
  Diese RF-Transaktion unterstützt sowohl das komplexe Entladen in Kombination mit der prozessorientierten Lagersteuerung als auch das einfache Entladen durch Setzen des Entladestatus pro HU.

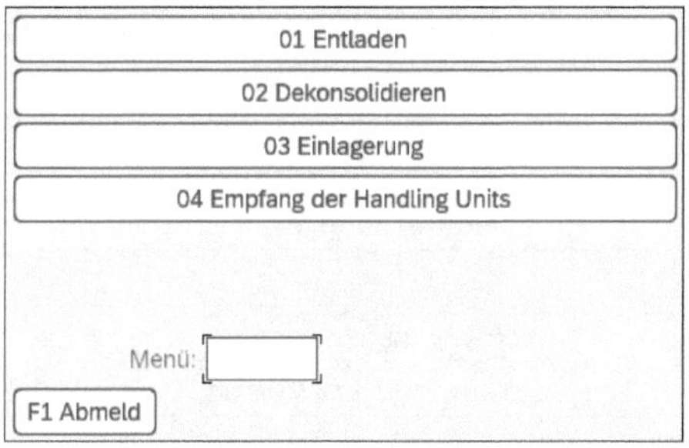

Abbildung 8.59 RF-Menü zur Entladung mit Radio Frequency

Im Folgenden stellen wir die beiden RF-Transaktionen näher vor.

Soll mit Lageraufgaben entladen werden, hat der Mitarbeiter die Möglichkeit, die Entladung mit der RF-Transaktion **Entladen** durchzuführen. Dazu drückt der Mitarbeiter den Button **01 Entladen**. Im Folgescreen stehen je nach Prozessanforderung die folgenden Einstiegsmöglichkeiten zur Verfügung (siehe Abbildung 8.60).

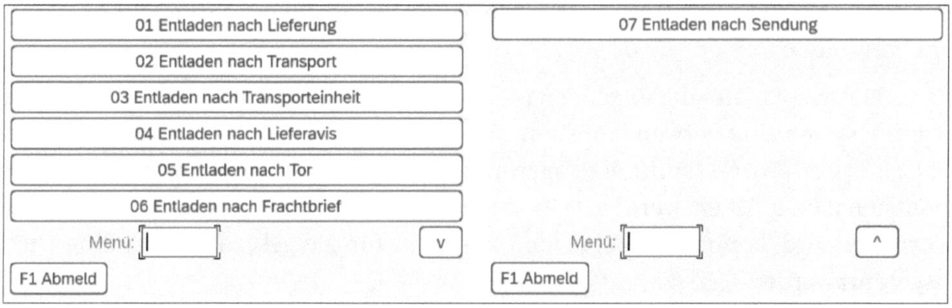

Abbildung 8.60 Einstiegsmöglichkeiten zur Entladung mit Radio Frequency

Die Menüeinträge **02 Entladen nach Transport**, **06 Entladen nach Frachtbrief** sowie **07 Entladen nach Sendung** stehen für das Szenario »Advanced Shipping & Receiving«, zur Verfügung, das wir in Abschnitt 8.9, »Wareneingangsprozess im Szenario ›Advanced Shipping & Receiving‹«, detailliert beschreiben.

Nachdem der Lkw am Tor angedockt hat, wählt der Mitarbeiter z. B. den Einstieg **05 Entladen nach Tor** und scannt das Tor (falls Barcode vorhanden) oder gibt das entsprechende Tor manuell ein. Anschließend scannt der Mitarbeiter im Folgescreen die zu entladenden Handling Units. Existiert bereits eine Entlade-Lageraufgabe, wird diese mit [↵] auf den Zielplatz quittiert. Existiert keine Entlade-Lageraufgabe, wird mit der Bestätigung der gescannten Handling Unit die Einlager-Lageraufgabe entsprechend der Einlagerungsstrategie automatisch erstellt und auf dem finalen Einlagerplatz sofort quittiert. Dazu muss in der Lagerprozessart der Anlieferposition im SAP-EWM-Customizing das Feld **sofort quittierbar** gesetzt sein.

Eine weitere RF-Transaktion zur Entladung ist der RF-Dialog **Empfangen der Handling Units**. Je nach Prozessanforderung stehen Ihnen auch hier verschiedene Einstiegsmöglichkeiten zur Verfügung (siehe Abbildung 8.61).

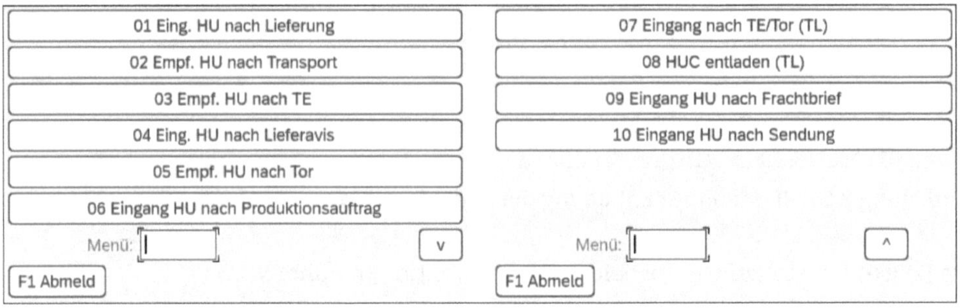

Abbildung 8.61 Einstiegsmöglichkeiten zur Entladung mit Radio Frequency: Handling Units empfangen

Die Menüeinträge **02 Empfangen HU nach Transport**, **09 Eingang HU nach Frachtbrief** sowie **07 Eingang HU nach Sendung** werden im Prozess »Advanced Shipping & Receiving« verwendet.

Dieser RF-Dialog bietet die folgenden Möglichkeiten: Falls Sie die prozessorientierte Lagerungssteuerung verwenden, kann mit diesem RF-Dialog die Entlade-Lageraufgabe als erster Prozessschritt des Lagerungsprozesses erstellt und optional auf dem Bereitstellplatz quittiert werden. Falls keine prozessorientierte Lagerungssteuerung verwendet wird, können die folgenden Aktionen für die gescannte Handling Unit ausgeführt werden:

- Setzen des Entladestatus (einfaches Entladen)
- Wareneingangsbuchung auf den Warenbewegungsplatz in der Anlieferposition
- Erstellen der Einlager-Lageraufgabe und gegebenenfalls Quittierung der zuvor erstellten Lageraufgaben

Entladen mit Desktop-Transaktionen

Beim komplexen Entladen kann die Quittierung mit Desktop z. B. mit der SAP-Fiori-App **Transporteinheit entladen** oder z. B. über die allgemeine SAP-Fiori-App zur Quittierung von Lageraufgaben **Lageraufgabe quittieren** erfolgen.

Visuelle Überprüfung

Nach dem Entladen des Lkws werden die HUs vom Mitarbeiter auf mögliche Beschädigungen hin überprüft. Beim einfachen Entladen können Sie mit der Radio-Frequency-Transaktion /SCWM/RFUI, erreichbar über den Pfad **Interne Prozesse • Qualitätsmanagement • HU Inspektion mit WE-Buchung**, die HUs pro Anlieferung oder

Transporteinheit (gegebenenfalls mit mehreren Lieferungen) als **gut** oder **fehlerhaft** klassifizieren. Wenn Sie alle HUs klassifiziert haben, legt SAP EWM den Prüfbeleg automatisch an. Dabei erzeugt es pro Lieferung einen Prüfbeleg und pro HU eine Position in diesem Prüfbeleg. Für die »guten« HUs wird in den entsprechenden Prüfbelegpositionen automatisch der Entscheidungscode (z. B. **in Ordnung**) gesetzt und die Produktmenge in den »guten« HUs wareneingangsgebucht. Die »schlechten« HUs bearbeiten Sie dann in einem weiteren Prozess manuell im Prüfbeleg. Weitere Informationen zur Qualitätsprüfung finden Sie in Abschnitt 8.6.4, »Qualitätsprüfung«, und Kapitel 12, »Qualitätsprüfung«.

8.5.2 Wareneingangsbuchung zur Anlieferung

Nach der Überprüfung der entladenden Ware erfolgt die Wareneingangsbuchung. Sie können sowohl im dezentralen als auch in Embedded EWM den Wareneingang entweder zur gesamten Anlieferung oder nur einen Teilwareneingang buchen. Die Wareneingangsbuchung kann manuell z. B. in Transaktion /SCWM/PRDI bzw. in der SAP-Fiori-App **Anlieferung pflegen** oder z. B. mit Transaktion /SCWM/GR (Physischer Wareneingang) oder in der SAP-Fiori-App **Wareneingang vorbereiten** durchgeführt werden (siehe Abbildung 8.62). Hier haben Sie die Möglichkeit, den Wareneingang entweder für die komplette Anlieferung zu buchen oder, falls Sie mit HUs arbeiten, auch den Wareneingang für die komplette Handling Unit zu buchen. SAP EWM bucht dann die Liefermenge entsprechend der in der HU angegebenen Produktmenge.

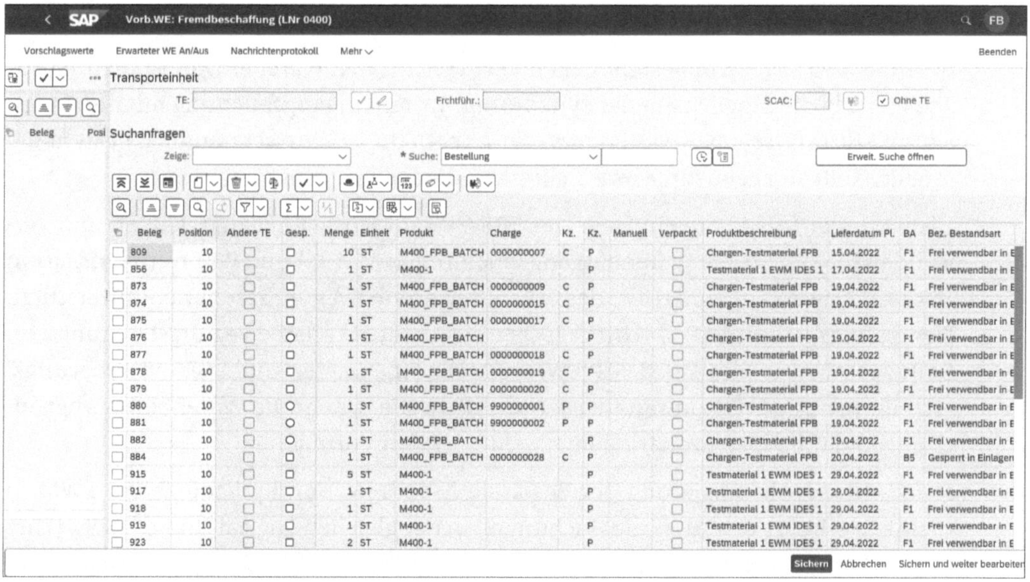

Abbildung 8.62 Wareneingangsbuchung mit der SAP-Fiori-App »Wareneingang vorbereiten – Fremdbeschaffung«

SAP EWM führt dann eine automatische Wareneingangsbuchung durch, wenn Sie Lageraufgaben z. B. zur Entladung auf den Bereitstellungsplatz oder zur Einlagerung auf dem finalen Lagerplatz quittieren. Unabhängig davon, ob die Wareneingangsbuchung manuell oder automatisch erfolgt ist, können Sie sich die einzelnen Teilwareneingänge im Belegfluss der Anlieferung ansehen.

Sobald in SAP EWM die Wareneingangsbuchung durchgeführt worden ist, sendet SAP EWM die Warenbewegungsnachricht an SAP ERP mit der PPF-Aktion `/SCDL/MSG_PRD_IN_GR_SEND`, die den Funktionsbaustein `/SPE/INB_DELIVERY_CONFIRM_DEC` aufruft.

[»]

Verzögerung der Erledigung von Anlieferungen

Im SAP-EWM-Customizing haben Sie die Möglichkeit, eine Verzögerung für die Erledigung von Anlieferungen zu definieren. Mit der Einlagerung auf den finalen Platz setzt SAP EWM den Status **Lageraktivität** (DWA) auf **Beendet**. Die definierte Erledigungsverzögerung beginnt ab diesem Zeitpunkt. Während dieses Zeitraums besteht die Möglichkeit, Wareneingangskorrekturen auszuführen und zu buchen. Nach dem Ablauf der Erledigungsverzögerung setzt SAP EWM den Status zum Senden des Erledigungskennzeichens (DWM) auf **Beendet**. Ab diesem Zeitpunkt können keine Änderungen des Wareneingangs mehr vorgenommen werden. Die Einstellung im SAP-EWM-Customizing finden Sie über den folgenden Pfad: **Wareneingangsprozess • Anlieferung • Verzögerung der Erledigung von Anlieferungen definieren.**

8.5.3 Synchrone Wareneingangsbuchung im Embedded-Szenario

In Embedded SAP EWM besteht neben der asynchronen Wareneingangsbuchung zur Anlieferung die Möglichkeit der synchronen Wareneingangsbuchung mit der Transaktion MIGO (Warenbewegung) bzw. der App `MIGO_GR`. Selbstverständlich besteht die Möglichkeit, den gebuchten Wareneingang wieder zu stornieren.

Viele Kunden, die heute ein zentrales ERP-WM im Einsatz haben, schätzen und verwenden die synchrone Wareneingangsbuchung in MM-IM und WM mit Transaktion MIGO, da sie so konzipiert ist, dass sie alle Warenbewegungsszenarien unterstützt. Demzufolge ist seit SAP S/4HANA 1909 eine direkte Warenbewegungsbuchung von SAP S/4HANA zu Embedded SAP EWM anstelle einer Liefer- und Lageranforderungserstellung mit qRFC-Kommunikation möglich. Die synchrone Warenbewegungsbuchung im Embedded-Szenario bietet die folgenden Vorteile:

- Synchrone Aktualisierung der Bestände in MM-IM und Embedded SAP EWM in SAP S/4HANA, d. h., dass die Buchungen in der gleichen Logical Unit of Work (kurz LUW) ausgeführt werden.
- Weniger Belege durch den Wegfall der Anlieferungsbelege in SAP S/4HANA und Embedded SAP EWM.

- Unabhängig davon, ob es sich um einen IM-verwalteten Lagerort oder um einen SAP-EWM-verwalteten Lagerort handelt, kann der Wareneingangsprozess auf die gleiche Art und Weise mit der gleichen Transaktion MIGO erfolgen.

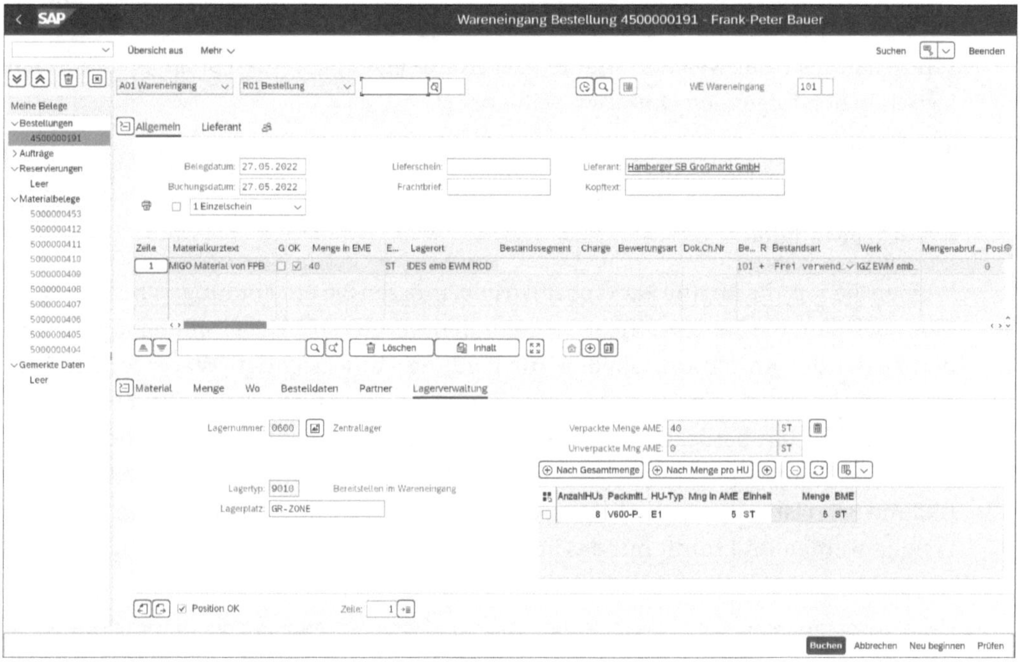

Abbildung 8.63 Synchrone Wareneingangsbuchung mit Transaktion MIGO in SAP S/4HANA

Um einen Wareneingang zur Bestellung zu buchen, wählt der Benutzer in Transaktion MIGO den Vorgang **Wareneingang** und den Referenzbeleg **Bestellung**, die Bewegungsart 101 (Wareneingang zur Bestellung oder zum Auftrag) und gibt die entsprechende Bestellnummer ein (siehe Abbildung 8.63). Voraussetzung für die Verwendung von Transaktion MIGO ist, dass für die Bestellung kein Bestätigungssteuerschlüssel definiert ist. Das System prüft, ob der Lagerort, der entweder bereits in der Bestellung oder auf der Registerkarte **Wo** eingegeben wurde, ein lokal SAP-EWM-verwalteter Lagerort ist. Falls ja, wird zusätzlich die Registerkarte **Lagerverwaltung** eingeblendet, und die SAP-EWM-Lagernummer sowie der Warenbewegungsplatz inklusive Lagertyp wird angezeigt, der vom Benutzer geändert werden kann. Das System ermittelt den Warenbewegungsplatz auf Basis des Von-Lagerplatzes in der Lagerprozessart, die Sie im SAP-EWM-Customizing in den Einstellungen für eine synchrone Warenbewegungsbuchung definiert haben. Diese IMG-Tabelle finden Sie über den folgenden Pfad: **Schnittstellen • ERP-Integration • Warenbewegungen**.

Mit Transaktion MIGO kann für nicht serialisierungspflichtige und nicht catchweight-relevante Produkte neben dem unverpackten Wareneingang auch der Wareneingang für verpackte Bestände gebucht werden. Daher gibt es auf der Registerkarte **Lagerverwaltung** die Möglichkeit, die zu buchende Menge zu verpacken. Das System unterstützt die automatische Erstellung eines Verpackungsvorschlags. Dazu müssen Sie zuerst im SAP-TM-Customizing (!) über den IMG-Pfad **Planung • Erzeugung von Packstücken** ein Profil für die Packstückerzeugung definieren. Hier legen Sie im Wesentlichen fest, mit welcher Engine Packstücke erzeugt werden sollen. Sie können zwischen den folgenden Optionen wählen:

- Packspezifikation
- Packvorschrift
- Package Builder

Wählen Sie z. B. die Engine **Packspezifikation**, müssen Sie ein Findungsschema vorgeben, nach dem die Packspezifikation gefunden werden soll. Dabei werden die folgenden Felder der Konditionstabellen zur Findung berücksichtigt: **Warensender**, **Produkt** und **Supply-Chain-Unit**. Beachten Sie, dass das Ankreuzfeld **Alle Ebenen der Packspezifikation berücksichtigen** markiert sein muss, wenn Ihre Packspezifikationen ohne HU-Erstellung gepflegt sind. Bei der Anlage der Packspezifikation (siehe Abbildung 8.64) ist zu berücksichtigen, dass mit Transaktion MIGO nur einstufige HUs erzeugt werden und somit nur das äußere Packmittel in den Packvorschlag einbezogen wird.

Abbildung 8.64 Packspezifikation zur automatischen Verpackung in der SAP-Fiori-App »Packspezifikation pflegen« erstellen

Nachdem Sie das Profil definiert haben, müssen Sie das Profil in den Einstellungen für synchrone Warenbewegungsbuchung zuordnen.

Konnte für das Produkt z. B. eine entsprechende Packspezifikation gefunden werden, erstellt das System einen Verpackungsvorschlag für die zu buchende Gesamtmenge, der vom Benutzer geändert werden kann. Bei Warenbewegungen, die einem Warenausgang oder Storno entsprechen, z. B. die Bewegungsarten 102, 122, 161 usw., wird der Bildschirmbereich für den Verpackungsvorschlag nicht angezeigt, da die Verpackung nur für Zugänge erforderlich ist. Der Verpackungsvorschlag wird automatisch angepasst, sobald die zu bewegende Menge geändert wird und der Benutzer den Verpackungsvorschlag noch nicht geändert hat. Hat der Benutzer den Verpackungsvorschlag bereits angepasst, besteht über den Button **Verpackungsvorschlag neu ermitteln** die Möglichkeit, einen neuen Verpackungsvorschlag entsprechend der neuen Menge zu generieren.

Die Verpackung der zu buchenden Menge kann auch manuell durchgeführt werden. Dazu hat der Benutzer die folgenden Möglichkeiten:

- **Nach Menge pro Handling Unit**

  Verwendet der Mitarbeiter diese Funktion, erscheint ein Pop-up-Fenster (siehe Abbildung 8.65), und der Benutzer kann die zu verpackende Menge, das Packmittel, die Anzahl HUs und den HU-Typ vorgeben. Über den Button **Übernehmen** werden die Felder **Verpackte Menge AME** und **Unverpackte Mng AME** auf der Registerkarte **Lagerverwaltung** automatisch aktualisiert. Die Verwendung dieser Funktion ist insbesondere dann sinnvoll, wenn die Menge pro HU für die zu buchenden HUs unterschiedlich ist.

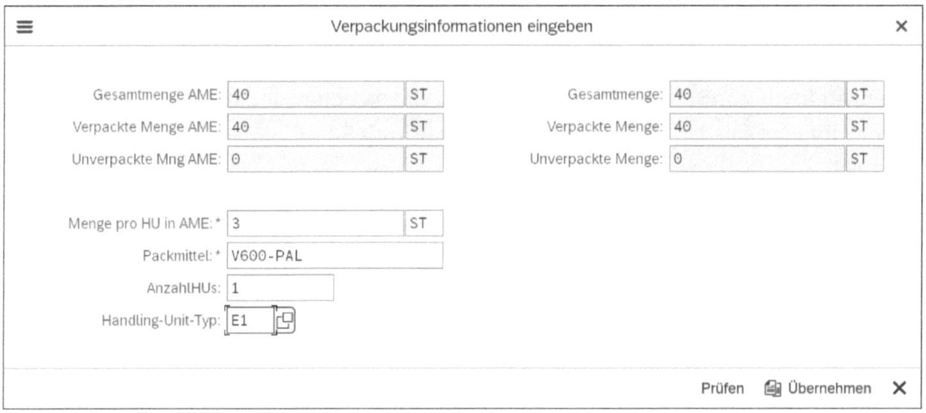

Abbildung 8.65 Manuelle Verpackung nach der Menge pro HU in Transaktion MIGO

- **Nach der Gesamtmenge**

  Bei Verwendung dieser Funktion wird grundsätzlich das gleiche Pop-up-Fenster angezeigt, allerdings mit der noch unverpackten Menge. Diese Funktion ist vor allem dann sinnvoll, wenn die Gesamtmenge auf alle zu buchenden HUs gleich verteilt ist, d. h., wenn die Produkte in vollen Paletten ankommen. In diesem Fall muss der Mitarbeiter nur die zu buchenden HUs zählen, und das System berechnet die Menge pro HU automatisch. Wenn die Menge nicht mit der Vollpalettenmenge übereinstimmt, sondern es sich z. B. bei der letzten Palette um eine Teilpalette handelt, kann der Benutzer zunächst die Menge der Teilpalette mit der Funktion **Menge pro HU** eingeben und im nächsten Schritt die restlichen Vollpaletten mit der Funktion **Nach Gesamtmenge** erstellen.

Mit Transaktion MIGO besteht die Möglichkeit, automatisch Einlager-Lageraufgaben zu erstellen. Dazu müssen Sie verschiedene Einstellungen im SAP-EWM-Customizing vornehmen:

1. **Automatische Erstellung der Lageraufgabe beim Wareneingang auf der Lagertypebene**
   Wenn Sie z. B. den Wert **Bestimmt durch die Lagerprozessart** (2) verwenden, wird die Lagerprozessart auf der Grundlage des empfangenen Produkts bzw. auf Basis des Prozessartfindungskennzeichens im Produktstamm ermittelt. Dazu muss zuvor ein entsprechendes Lagerprozessartfindungskennzeichen im SAP SAP-EWM-Customizing gepflegt und dem Produkt zugeordnet worden sein.
2. **Aktivierung der automatischen Lageraufgaben-Erstellung in der Lagerprozessart**
3. **Zuordnung der Lagerprozessart in den Einstellungen für synchrone Warenbewegungen**

Nachdem Sie den Beleg gesichert haben, wird ein Materialbeleg in SAP S/4HANA erstellt, und in Embedded SAP EWM wird pro Bestand ein Lagerbeleg erzeugt. Die Lageraufgabe(n) der Wareneingangsbuchung und gegebenenfalls die erstellten Einlager-Lageraufgaben können im Lagermonitor im entsprechenden Knoten z. B. anhand des Materialbelegs selektiert werden (siehe Abbildung 8.66).

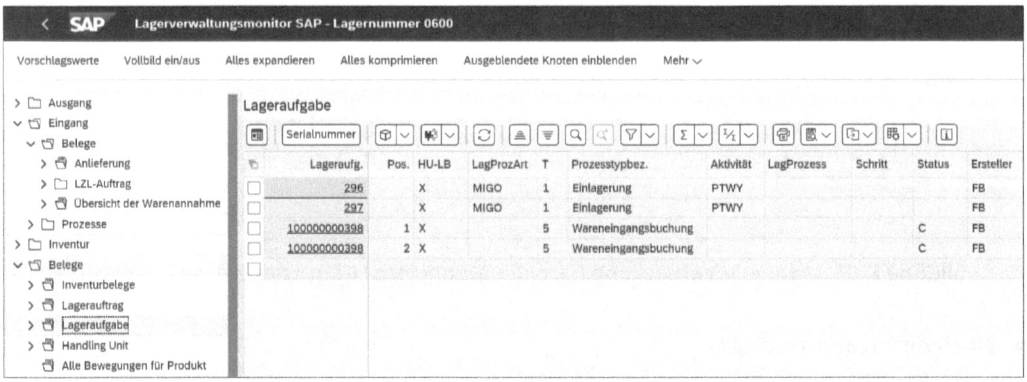

Abbildung 8.66 Die erstellten Lageraufgaben nach der Wareneingangsbuchung im Lagermonitor anzeigen

Nachdem der Lkw in der Bereitstellungszone entladen worden und die Wareneingangsbuchung für die angelieferte Ware erfolgt ist, folgt der Prozessschritt der Wareneingangssteuerung, den wir im folgenden Abschnitt im Detail erläutern.

8.6 Wareneingangssteuerung

Die Wareneingangssteuerung umfasst die Ermittlung und Durchführung der notwendigen Prozessschritte, die für den Wareneingang gebuchten Bestand vor der Einlagerung auf den finalen Platz erforderlich sind. Abbildung 8.67 zeigt die Einordnung des Prozessschritts in den Gesamtprozess des Wareneingangs.

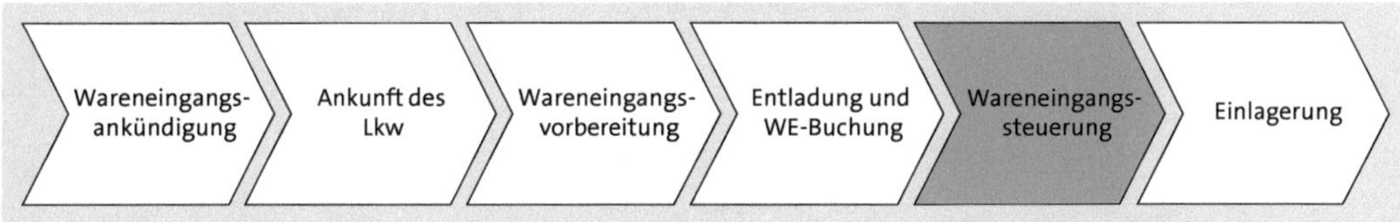

Abbildung 8.67 Prozessschritt »Wareneingangssteuerung« in den Wareneingangsprozess einordnen

Für die folgenden Abschnitte zum Prozessschritt **Wareneingangssteuerung** ist die Beschreibung für alle folgende Abschnitte außer Abschnitt 8.6.4, »Qualitätsprüfung«, sowohl für das dezentrale, als auch für Embedded SAP EWM identisch. Auf die Unterschiede bei der Qualitätsprüfung gehen wir in diesem Abschnitt im Detail ein.

8.6.1 Lagersteuerung im Wareneingang

Zwischen der Entladung und der Einlagerung auf den finalen Lagerplatz gibt es im Wareneingang oft noch zusätzliche Prozessschritte, wie z. B. die Qualitätsprüfung, die Dekonsolidierung im Fall angelieferter Misch-HUs, das Umpacken in einlagerungsfähige HUs oder die Aufbereitung von Ware vor der endgültigen Einlagerung. Die Bestimmung und die Kontrolle der Durchführungsreihenfolge der verschiedenen Prozessschritte werden in SAP EWM durch die prozess- und layoutorientierte Lagersteuerung gesteuert. In Abschnitt 7.4, »Lagerungssteuerung«, beschreiben wir detailliert, wie die Lagersteuerung für die verschiedenen Prozesse (prozessorientiert) unter Berücksichtigung des Lagerlayouts (layoutorientiert) im Customizing eingerichtet wird.

Prozesssteuerung in SAP EWM

Die prozessorientierte Lagerungssteuerung arbeitet nur mit HUs. Sie können die prozess- mit der layoutorientierten Lagerungssteuerung kombinieren. Dabei führt SAP EWM zunächst immer erst die prozessorientierte Lagerungssteuerung aus. Anschließend prüft die layoutorientierte Lagerungssteuerung, ob die ermittelte Lagerungsprozessschrittfolge aus Layoutsicht möglich ist, und ergänzt gegebenenfalls den Ablauf.

In Abbildung 8.68 sehen Sie ein Beispiel für einen komplexen Wareneingangsprozess mit verschiedenen Prozessschritten wie **Entladung** ❶, **Dekonsolidierung** ❷, **Verpacken in einlagerungsfähige Behälter und Zählung** ❸ als eine Möglichkeit der **Qualitätsprüfung** und **Finale Einlagerung** ❹ auf dem finalen Lagerplatz.

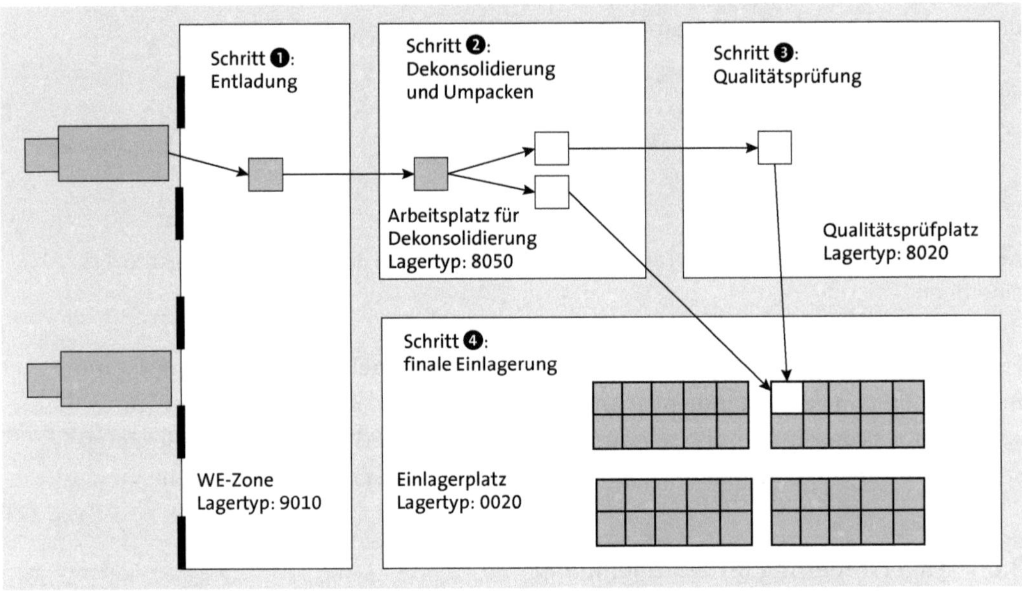

Abbildung 8.68 Wareneingangsprozess mit verschiedenen Prozessschritten

Prozessorientierte Lagersteuerung

Sie können die prozessorientierte Lagerungssteuerung verwenden, um komplexe Einlagerungen abzubilden. Dabei fassen Sie Ihre Lagerungsprozessschritte in einem Lagerungsprozess zusammen. Die prozessorientierte Lagersteuerung bietet Ihnen die folgenden Vorteile:

- erhöhter Durchsatz durch automatische Ermittlung des Lagerungsprozesses und Steuerung der notwendigen Prozessschritte
- flexible Modellierung komplexer Prozesse
- Bestandstransparenz und Statuskontrolle für sämtliche Prozessschritte

Über die Lagerprozessart auf der Anlieferpositionsebene wird der entsprechende Lagerungsprozess ermittelt. Abbildung 8.69 gibt Ihnen einen Überblick über das Grundprinzip der prozessorientierten Lagerungssteuerung im Wareneingang.

Das Prinzip der prozessorientierten Lagerungssteuerung ist die individuelle Ermittlung einer Lagerprozessart pro Anlieferposition. Je nach Definition dieser Lagerprozessart ist es möglich, verschiedene Lagerprozessschritte wie etwa Qualitätsprüfung, Verpacken und Einlagern jener Lagerprozessart zuzuweisen. Damit sind die Aktivitäten, die für eine Anlieferposition durchzuführen sind, ermittelt. Diese Ermittlung der Lagerprozessart erfolgt im Standard über die Kriterien:

- Belegart (Anlieferungstyp – z. B. Retoure, Normalanlieferung)
- Positionsart
- Priorität der Anlieferposition
- produktspezifisches Kennzeichen

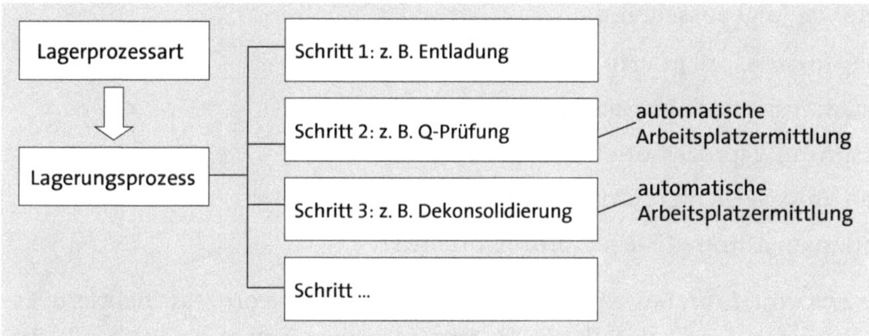

Abbildung 8.69 Den Lagerungsprozess im Wareneingang bestimmen

So kann z. B. eingestellt werden, dass bei Retourenlieferungen vom Kunden immer eine Qualitätsprüfung durchgeführt werden muss oder dass bestimmte Produkte vor der Einlagerung entsprechend bearbeitet werden müssen. Nachdem für eine Anlieferposition die relevanten Aktivitäten ermittelt worden sind, ist es möglich, pro Lagerprozessschritt entweder einen fest zugewiesenen Arbeitsplatz zu ermitteln oder die Findung des Arbeitsplatzes regelbasiert ablaufen zu lassen. Regelbasiert bedeutet, dass weitere Steuertabellen oder Informationen aus Referenzdokumenten (etwa dem Prüfbeleg) ermittelt werden können.

Wie bereits erwähnt, arbeitet die prozessorientierte Lagersteuerung nur mit HUs, da im HU-Kopf der zuletzt bearbeitete Prozessschritt hinterlegt ist.

Verwendung von HUs in SAP EWM

Sie benötigen keine HU-verwalteten Lagerorte in SAP S/4HANA, um mit HUs in SAP EWM zu arbeiten. HUs können in SAP EWM sehr einfach gebildet werden und bieten Ihnen mit der allgemeinen Statusverwaltung die Möglichkeit, den physischen Status (z. B. **Geplant**, **Aktiv**) sowie andere Attribute (z. B. gewogen, verladen, gesperrt) zu dokumentieren.

Layoutorientierte Lagersteuerung

Sie verwenden die layoutorientierte Lagersteuerung, wenn Lagerbewegungen in Ihrem Lager nicht direkt von einem Von-Lagerplatz zu einem Nach-Lagerplatz, sondern über Zwischenlagerplätze führen. Das bedeutet, dass SAP EWM durch die Kombination aus Von- und Nach-Lagertyp automatisch einen Zwischenlagertyp ermittelt. Weitere Informationen dazu finden Sie in Abschnitt 7.4, »Lagerungssteuerung«.

Kombination der prozess- und layoutorientierten Lagersteuerung

Eine Kombination der prozess- und layoutorientierten Lagersteuerung im Wareneingang könnte wie folgt aussehen:

1. Entladung (prozessorientiert)
2. Dekonsolidierung und Umpacken (prozessorientiert)
3. Qualitätsprüfung (prozessorientiert)
4. Konturen- und Gewichtsprüfung am I-Punkt (layoutorientiert)
5. Einlagerung im Automatiklager (prozessorientiert)

Wie bereits erwähnt, führt SAP EWM zunächst immer erst die prozessorientierte Lagerungssteuerung aus und erstellt die Lageraufgabe von Platz A nach Platz B. Anschließend prüft die layoutorientierte Lagerungssteuerung, ob der Nach-Lagerplatz B aus Layoutsicht auch direkt erreichbar ist. Ist dies nicht der Fall, wird die zuvor erstellte Lageraufgabe auf den Status **inaktiv** gesetzt, und SAP EWM erstellt eine neue Lageraufgabe von A nach I (Identifikationspunkt). Mit der Quittierung dieser Lageraufgabe wird die inaktive Lageraufgabe aktiviert und auf Platz B quittiert.

In den folgenden Abschnitten werden die verschiedenen Aktivitäten in der Wareneingangssteuerung näher beschrieben.

8.6.2 Dekonsolidierung

Im Fall der Anlieferung von Misch-HUs, die nicht direkt eingelagert werden können, weil z. B. gemäß der Einlagerungsstrategie eine Mischbelegung unzulässig ist, müssen die Misch-HUs dekonsolidiert werden. Der Prozessschritt **Dekonsolidierung** ist ein sogenannter *dynamischer Prozessschritt*, was bedeutet, dass SAP EWM dynamisch ermittelt, ob es ihn für den konkreten Lagerungsprozess ausführen muss.

Nach der Wareneingangsbuchung können Sie, je nach Customizing-Einstellungen der prozessorientierten Lagersteuerung, definieren, ob mit der Erstellung der Lageraufgabe für den ersten Prozessschritt auch automatisch die Lageraufgabe zur Einlagerung erstellt wird. Falls ja, wird diese Einlager-Lageraufgabe inaktiv erstellt, ist aber zu diesem Zeitpunkt noch nicht ausführbar. Über die inaktive Einlager-Lageraufgabe wird bereits der finale Einlagerplatz auf Basis der entsprechenden Einlagerungsstrategie gefunden (siehe Abschnitt 8.7, »Einlagerung«) und für die spätere Einlagerung reserviert. Mit der Erstellung der Einlager-Lageraufgabe prüft SAP EWM auf der Basis von Customizing-Einstellungen zur Dekonsolidierung, ob im Fall einer Misch-HU diese HU dekonsolidiert werden soll. Eine Dekonsolidierung wird u. a. dann durchgeführt, wenn die Produkte in der Misch-HU unterschiedliche Konsolidierungsgruppen haben. Die Konsolidierungsgruppe im Wareneingangs- oder Einlagerungsprozess ist eine Zusammenfassung von Lagerplätzen eines Lagerbereichs. Wenn sich z. B. die Einlagerungsplätze der Produkte in der Misch-HU in verschiedenen Aktivitätsbereichen befinden, ermittelt SAP EWM unterschiedliche Konsolidierungsgruppen und somit die Notwendigkeit der Dekonsolidierung. Abbildung 8.70 verdeutlicht die Logik, nach der in SAP EWM die Bestimmung der Dekonsolidierung abläuft.

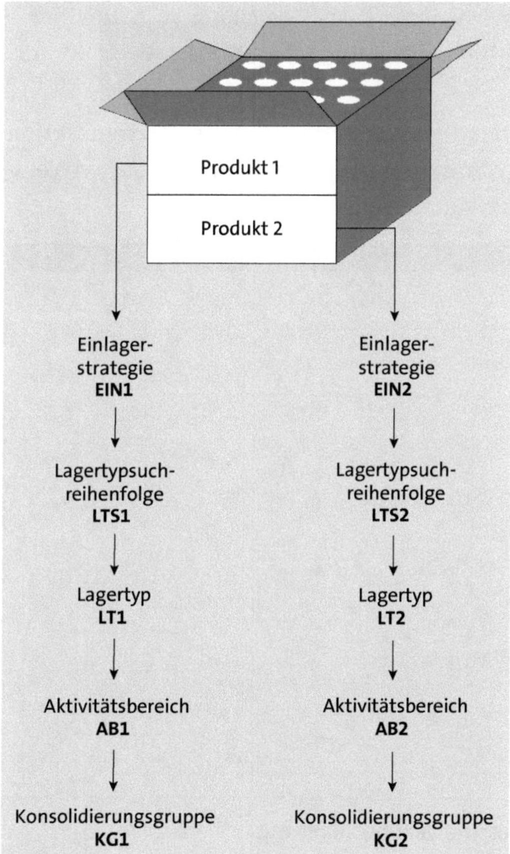

Abbildung 8.70 Logik zur Bestimmung der Dekonsolidierung

Die Attribute dazu, wann SAP EWM eine Dekonsolidierung vornehmen soll, definieren Sie im SAP-EWM-Customizing über den Pfad **Wareneingangsprozess • Dekonsolidierung • Attribute für Dekonsolidierung definieren**.

Nachdem das SAP-EWM-System die Notwendigkeit der Dekonsolidierung ermittelt hat, bestimmt es den Arbeitsplatz zur Durchführung dieses Prozessschritts auf Basis des Von-Lagertyps und der HU-Typgruppe bzw. des Nachaktivitätsbereichs. So können Sie z. B. steuern, dass je nach Einlagerungsbereich und/oder ähnlichen HU-Typen des Packmaterials (z. B. Paletten, Gitterboxen) unterschiedliche Dekonsolidierungsstationen gefunden werden. Die Bestimmung der Dekonsolidierungsstation definieren Sie im SAP-EWM-Customizing über den Pfad **Wareneingangsprozess • Dekonsolidierung**.

[+]

Bestimmung des Arbeitsplatzes für die Dekonsolidierung

Die Bestimmung des Arbeitsplatzes für die Dekonsolidierung kann auch in der prozessorientierten Lagersteuerung vorgenommen werden. Diese Einstellung ist spezifischer als die zuvor genannte Variante zur Ermittlung der Dekonsolidierungsstation.

In Abbildung 8.71 sehen Sie die Bedienoberfläche der Arbeitsplatztransaktion /SCWM/DCONS zur Dekonsolidierung im Wareneingang, die Sie im SAP-Easy-Access-Menü in SAP EWM unter dem Menüpunkt **Ausführung** finden.

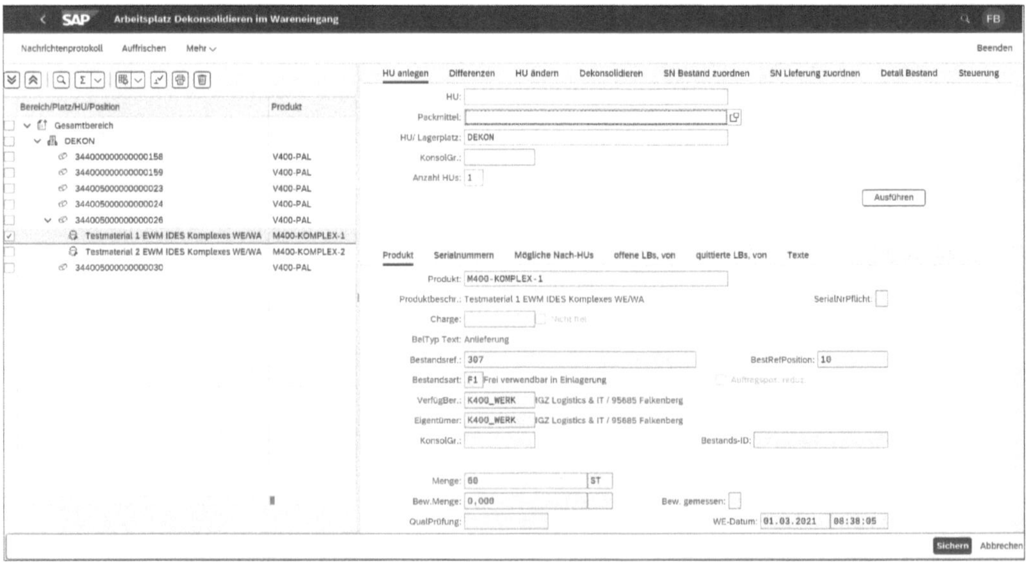

Abbildung 8.71 Beispiel eines Arbeitsplatzes zur Dekonsolidierung

Im Customizing haben Sie die Möglichkeit, einen Eingangs- und Ausgangsbereich für den Arbeitsplatz zu definieren, um so den Arbeitsvorrat von Misch-HUs von den bereits dekonsolidierten Handling Units zu trennen. Das Dekonsolidieren kann per Drag & Drop oder per Scan durchgeführt werden. Darüber hinaus haben Sie die Möglichkeit, durch die Eingabe von Ausnahmecodes auf Ausnahmesituationen zu reagieren. Sollten beim Dekonsolidieren z. B. Mindermengen festgestellt werden, können Sie über die Eingabe des entsprechenden Ausnahmecodes festlegen, ob die Mindermenge z. B. zulasten des Lieferanten gebucht werden soll. Wenn Sie die Liefermenge mit einem Ausnahmecode für die automatische Lieferfortschreibung anpassen, müssen Sie zuvor im Customizing neben der Definition von Ausnahmecodes zusätzlich noch Prozesscodes zugeordnet haben. Weitere Informationen zur Ausnahmebehandlung finden Sie in Abschnitt 14.7, »Ausnahmebehandlung«.

[«]

Flexible Anpassung von Arbeitsplatzlayouts

Die Benutzeroberfläche für Arbeitsplätze kann generell über die geeignete Definition von Arbeitsplatzlayouts im Customizing Ihren Geschäftsanforderungen angepasst werden. Das Customizing steuert, welche Bereiche und Registerkarten auf der Oberfläche erscheinen.

Neben der Desktop-Transaktion haben Sie die Möglichkeit, die Dekonsolidierung mit Radio Frequency durchzuführen.

Wenn SAP EWM eine Dekonsolidierung ausführt, wird eine Lageraufgabe pro HU-Position erzeugt, die die Dekonsolidierung berücksichtigt. Das bedeutet, dass jeweils eine Lageraufgabe pro Produkt für die Dekonsolidierung der Dekonsolidierungs-HU auf die Einlager-HUs erstellt wird.

8.6.3 Logistische Zusatzleistungen

Im Wareneingangsprozess kommt es häufig vor, dass Ware aufbereitet werden muss, bevor sie eingelagert wird. Beispiele für Aufbereitungsvorgänge können die Etikettierung oder die Konservierung von Ware sein. Diese *logistischen Zusatzleistungen* (LZL) werden im Lager über LZL-Aufträge ausgeführt. Diese informieren die Lagermitarbeiter darüber, welche Arbeiten sie für welche Produkte ausführen sollen. Der LZL-Auftrag beinhaltet sowohl Daten der entsprechenden Lieferposition als auch Daten der Packspezifikation, die für das Produkt gepflegt ist. Während die Lieferpositionsdaten die genaue Anzahl der auszuführenden Arbeiten enthalten, gibt die Packspezifikation die inhaltlichen Anweisungen vor. Auch die für bestimmte Arbeiten verwendeten Hilfsprodukte (z. B. Packhilfsmittel, Öl als Konservierungsmittel) sind im LZL-Auftrag festgehalten (siehe Abbildung 8.72).

Ob und zu welchem Zeitpunkt zu einer Anlieferposition ein LZL-Auftrag automatisch oder manuell erstellt werden soll, definieren Sie im SAP-EWM-Customizing über den Pfad **Prozessübergreifende Einstellungen • Logistische Zusatzleistung • Relevanz für LZL definieren**. Da die Findung von Packspezifikationen auf der Konditionstechnik basiert, legen Sie ein sogenanntes *Findungsschema* für die Packspezifikation fest, mit welchen betriebswirtschaftlichen Schlüsseln (z. B. Produkt, Lieferant) das Vorhandensein einer Packspezifikation geprüft werden soll. Die Einstellungen im Customizing für die Packspezifikationsfindung (z. B. Konditionstabellen, Zugriffsfolgen, Konditionsarten, Findungsschema) nehmen Sie im SAP-EWM-Customizing über den Pfad **Stammdaten • Packspezifikation • Findung von Packspezifikationen** vor. Detaillierte Informationen zu LZL-Aufträgen finden Sie in Abschnitt 14.2, »Logistische Zusatzleistungen«.

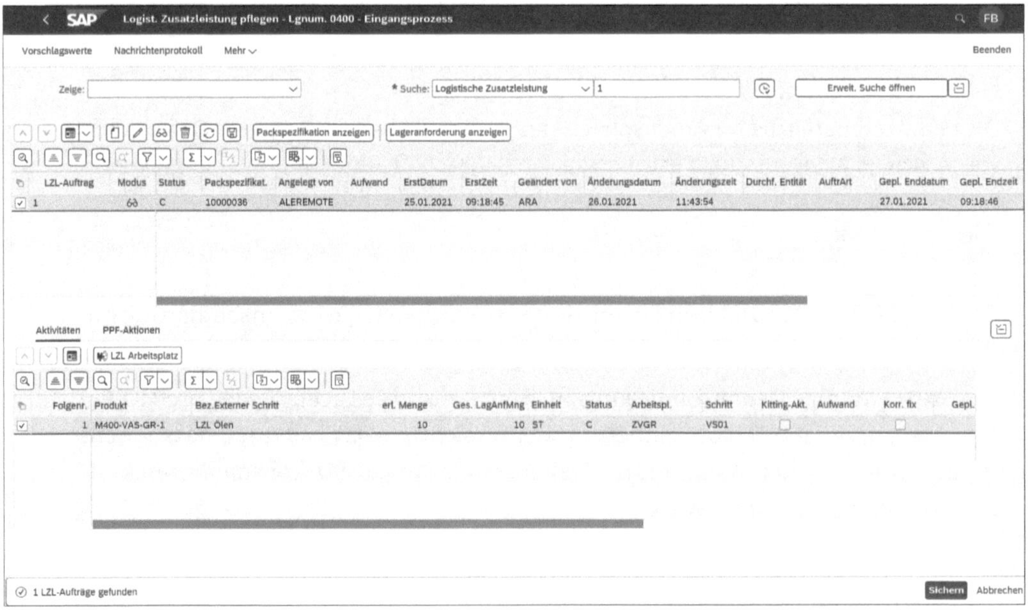

Abbildung 8.72 LZL-Auftrag in der SAP-Fiori-App »Logistische Zusatzleistungen – Eingang«

8.6.4 Qualitätsprüfung

Aufgrund des wachsenden Wettbewerbsdrucks erhöhen sich die Anforderungen an die Qualitätsprüfung im Unternehmen in der gesamten Supply Chain und somit auch im Lager stetig. SAP unterstützt die Qualitätsprüfung je nach Szenario auf unterschiedliche Weise.

Im *dezentralen Szenario* gibt es für die Qualitätsprüfungen im Wareneingangsprozess die folgenden Möglichkeiten:

1. Durchführung der Qualitätsprüfung ausschließlich mit der Quality Inspection Engine (kurz QIE), d. h., dass Sie die QIE stand-alone verwenden.
2. Durchführung der Qualitätsprüfung in QM von SAP S/4HANA, d. h., dass Sie die QIE-QM-Integration verwenden.

SAP EWM nutzt die Services der QIE, um Qualitätsprüfungen im Lager durchführen zu können. Mit der QIE können Sie Qualitätsprüfungen in QM und in Nicht-SAP-Anwendungen integrieren. Die QIE ist serviceorientiert und unterstützt dadurch neue Prozesse, z. B. die Durchführung von Prüfungen in SAP EWM. Wenn Sie QM nicht verwenden und somit keine Notwendigkeit besteht, mit Prüfplänen und Prüfmerkmalen zu arbeiten, ist die QIE als schlanke Lösung zur Unterstützung von Qualitätsprüfungen das richtige Tool. Wenn Sie bereits QM im Einsatz haben, ist die QIE eine sinnvolle Ergänzung, um Prüfprozesse im Lager zu initiieren, in QM zu integrieren und – je nach Prüfentscheid – die logistischen Folgeaktionen zu aktivieren. Aus diesem Grund bietet die QIE im Vergleich zum QM erweiterte Funktionen, z. B. eine größere Flexibilität bei der Dynamisierung oder bei der Gestaltung von Prüfregeln.

Im *Embedded-Szenario* wird die Qualitätsprüfung ausschließlich durch die Funktionen in QM unterstützt.

Da das Thema Qualitätsprüfung im Laufe der vergangenen Releases durch eine Vielzahl von Funktionen und verschiedenen Prüfprozessen zunehmend an Bedeutung gewonnen hat, haben wir diesem Kernprozess mit Kapitel 12, »Qualitätsprüfung«, ein separates Kapitel gewidmet. Daher geben wir in den folgenden Abschnitten einen Überblick über den grundsätzlichen Prozessablauf und die Durchführung der Qualitätsprüfung sowohl in der QIE als auch in QM.

Qualitätsprüfung im dezentralen Szenario

Der Qualitätsprüfprozess im dezentralen SAP EWM kann, wie erwähnt, entweder mit der QIE stand-alone, oder über die Kommunikation zwischen QIE und QM erfolgen.

Die QIE stellt Services, wie z. B. den sogenannten *Prüfobjekttyp* (POT) und Prüfregeln zur Qualitätsprüfung in SAP EWM bereit und hat keine eigene Benutzeroberfläche. Sämtliche Benutzeroberflächen werden von dem jeweiligen Konsumentensystem, z. B. SAP EWM, bereitgestellt. Prüfobjekttypen definieren, in welcher Softwarekomponente (z. B. SAP EWM), in welchem Prozess (z. B. Anlieferung, lagerintern) und für welches Objekt (Produkt, HU oder Lieferung) Sie Prüfbelege in der QIE anlegen können. Für den Wareneingangsprozess stehen Ihnen die folgenden Prüfprozesse zur Verfügung:

- Zählprüfung der Anlieferung (POT2)
- Qualitätsprüfung der Lieferung zur Kundenretoure (POT3)
- Qualitätsprüfung von Produkt/Charge Anlieferung (POT4)
- Vorprüfung von Handling Units (POT6)

Details zu den verschiedenen Prüfprozessen sind in Kapitel 12, »Qualitätsprüfung« beschrieben.

Prüfregeln enthalten Parameter wie Prüfkriterien (z. B. zu prüfendes Material) und das Prüfverfahren (z. B. 100%-Prüfung). Abbildung 8.73 zeigt den zuvor beschriebenen Ablauf des Qualitätsprüfprozesses im QIE-stand-alone-Szenario am Beispiel POT4.

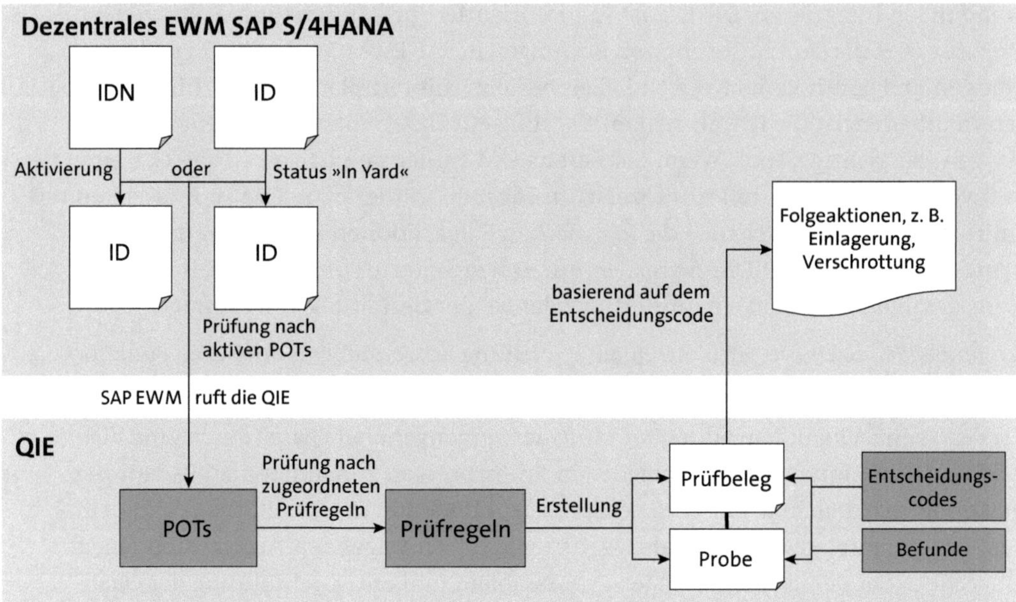

Abbildung 8.73 Beleg- und Informationsfluss des Qualitätsprüfprozesses im QIE-Standalone-Szenario

Der Prozess startet mit der Prüfplanung, d. h. mit der Ermittlung der Prüfrelevanz. SAP EWM prüft auf Basis des aktiven Prüfobjekttyps und den Kriterien der Prüfregel, ob die Anlieferposition prüfrelevant ist. Diese Prüfung erfolgt – je nach Customizing-Einstellung – entweder mit der Erstellung der Anlieferung, d. h. mit der Aktivierung der Anlieferungsbenachrichtigung oder wenn der Transitstatus der Anlieferung den Wert **Registriert im Yard** hat. Bei positiver Prüfung wird ein QIE-Prüfbeleg erstellt. Der Prüfbeleg enthält zum einen Informationen zum zu prüfenden Objekt, z. B. über das zu prüfende Produkt und die Prüfmenge, zum anderen auch Daten zu den Prüfvorgaben, z. B. über das Prüfverfahren, und zum getroffenen Prüfentscheid mit zugeordneter Folgeaktion. Je nach Customizing-Einstellung wird der Prüfbeleg entweder mit dessen Erstellung oder mit der ersten Wareneingangsbuchung zur Anlieferung freigeben, als Voraussetzung für die Durchführung der Qualitätsprüfung. Mit der Freigabe ermittelt SAP EWM auf Basis der Einstellungen der prozessorientierten Lagerungssteuerung automatisch den Prüfplatz und erstellt die Lageraufgabe dorthin. Der Qualitätsprüfprozess kann mit dem internen Prozessschritt QIS-Qualitätsprüfung in die Logik der prozessorientierten Lagerungssteuerung integriert werden, allerdings unter der Voraussetzung, dass die Anlieferung verpackt ist. Der interne Prozessschritt **Zählung** ist ein sogenannter *dynamischer Prozessschritt* und kann, muss aber nicht, explizit dem Lagerungsprozess zugeordnet werden. In diesem Fall prüft die Lagersteuerung, ob die HU zählrelevante Positionen enthält. Verwenden Sie bei

Qualitätsproduktprüfungen die Stichprobenprüfung, ist es sinnvoll, die Stichprobenmengen vom Rest des Bestandes zu trennen und nur die zu prüfenden Mengen an die Prüfstation zu bringen. Ist die prozessorientierte Lagerungsteuerung nicht aktiv oder die Anlieferung nicht verpackt, kann in der Prüfregel der externe Prozessschritt zur Qualitätsprüfung hinterlegt werden, zu dem dann ein entsprechender Prüfplatz ermittelt werden kann.

Zur Erfassung des Prüfergebnisses stehen Ihnen – je nach Objekt und Prozess – folgende Desktop-Transaktionen im dezentralen SAP EWM im SAP-Easy-Access-Menü über den Pfad **Arbeitsvorbereitung • Prüfbeleg** bzw. über die entsprechenden SAP-Fiori-Apps zur Verfügung:

8

- /SCWM/QIDPR (Produktprüfbeleg bearbeiten) bzw. SAP-Fiori-App **Qualitätsprüfbelege-Produkt** (siehe Abbildung 8.74)
- /SCWM/QIDHU (HU-Prüfbeleg bearbeiten) bzw. SAP-Fiori-App **Qualitätsprüfbelege-Handling Unit**
- /SCWM/QIDDH (Prüfbeleg zur Lieferung bearbeiten) bzw. SAP-Fiori-App **Qualitätsprüfbelege-Lieferungskopf**

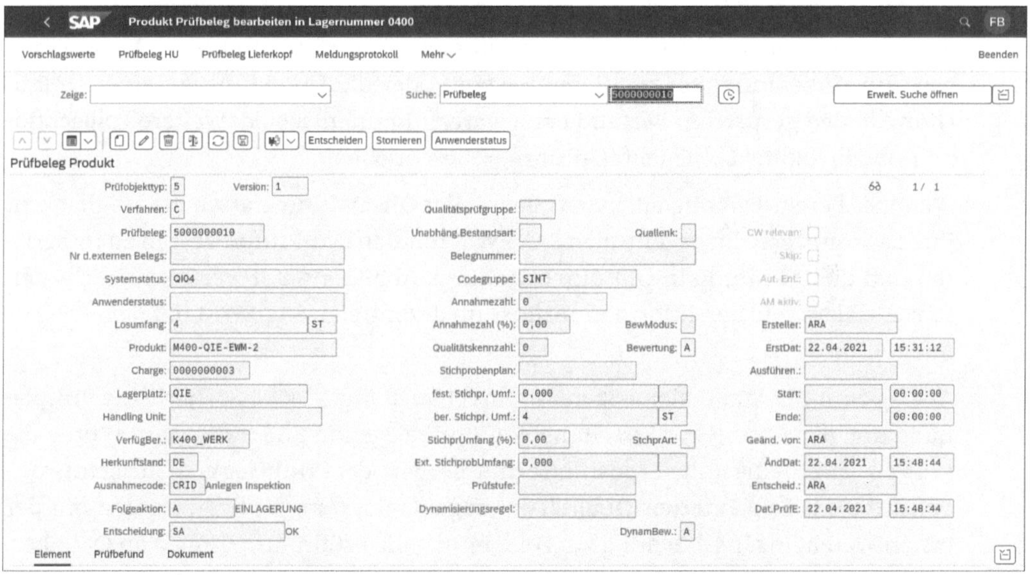

Abbildung 8.74 Produktprüfbeleg in der SAP-Fiori-App »Qualitätsprüfbelege – Produkt«

Findet die Qualitätsprüfung an einem separaten Arbeitsplatz statt, der über die prozessorientierte Lagersteuerung ermittelt wurde, kann das Prüfergebnis mit der Desktop-Transaktion /SCWM/QINSP (Qualitätsprüfung und Zählung) bzw. in der SAP-Fiori-App **Arbeitsplatz Qualität-Lager** erfasst werden.

Neben den zuvor genannten Desktop-Transaktionen können Sie das Prüfergebnis auch mit RF-Transaktionen erfassen. Abbildung 8.75 zeigt die Einstiegsmöglichkeiten, die Ihnen je nach Prüfobjekttyp bzw. Prüfprozess im dezentralen SAP EWM zur Verfügung stehen.

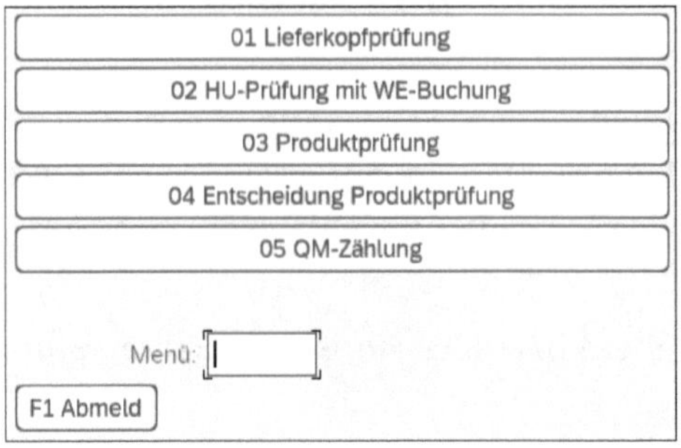

Abbildung 8.75 RF-Transaktionen im dezentralen SAP EWM zur Qualitätsprüfung im QIE-stand-alone-Szenario

Nach der Durchführung der Qualitätsprüfung wird der QIE-Prüfbeleg mit einem Entscheidungscode abgeschlossen. Auf Basis des getroffenen Prüfentscheids können die Folgeaktionen entweder manuell oder automatisch ermittelt werden, z. B. das Einlagern zur Anlieferung bei positivem Bestand oder die Durchführung einer Umbuchung in den gesperrten Bestand bei negativem Prüfentscheid. Weitere Folgeaktionen sind in Kapitel 12, »Qualitätsprüfung«, beschrieben.

Wenn Sie bereits QM nutzen, haben Sie mit der QIE-QM-Integration die Möglichkeit, Ihre Lagerprozesse im dezentralen SAP EWM mit den QM-Prüfprozessen zu integrieren und die Q-Prüfung in QM durchzuführen. Abbildung 8.76 veranschaulicht den Prozessablauf und den Informationsfluss im dezentralen SAP EWM mit der QIE-QM-Integration.

Analog zum QIE-Stand-alone-Szenario findet auch im QIE-QM-Szenario die Prüfplanung und der Anstoß zur Erstellung von Prüfbelegen in SAP EWM statt. Wurde die Prüfrelevanz für die Anlieferposition ermittelt, wird der Prüfbeleg erstellt. Ist im Prüfobjekttyp das Feld **Externes Qualitätsmanagementsystem** gepflegt, werden mit der ersten Wareneingangsbuchung zur Anlieferung die Prüfinformationen an QM übertragen und in QM ein Prüflos mit Prüflosherkunft 17 (Prüfung im EWM) erstellt. Über die prozessorientierte Lagersteuerung oder über den externen Prozessschritt, der in der Prüfregel definiert ist, wird eine Lageraufgabe zum ermittelten Prüfplatz erstellt, vorausgesetzt, die Anlieferposition ist verpackt. Bei der Verwendung von Prüfplänen können z. B. mit Transaktion QE01 (Ergebnisse erfassen) Ergebnisse zu den Prüfmerkmalen erfasst und anschließend z. B. mit Transaktion QA11 (Verwendungsentscheid erfassen) bzw. mit der SAP-Fiori-App **Verwendungsentscheide verwalten** getroffen werden (siehe Abbildung 8.77).

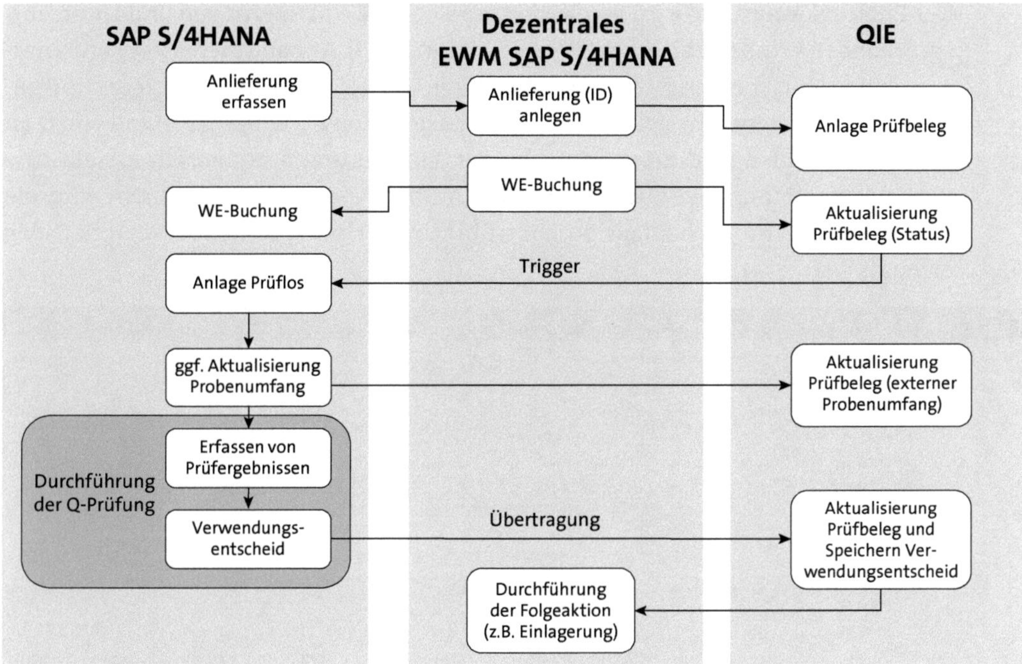

Abbildung 8.76 Beleg- und Informationsfluss des Qualitätsprüfprozesses im QIE-QM-Szenario

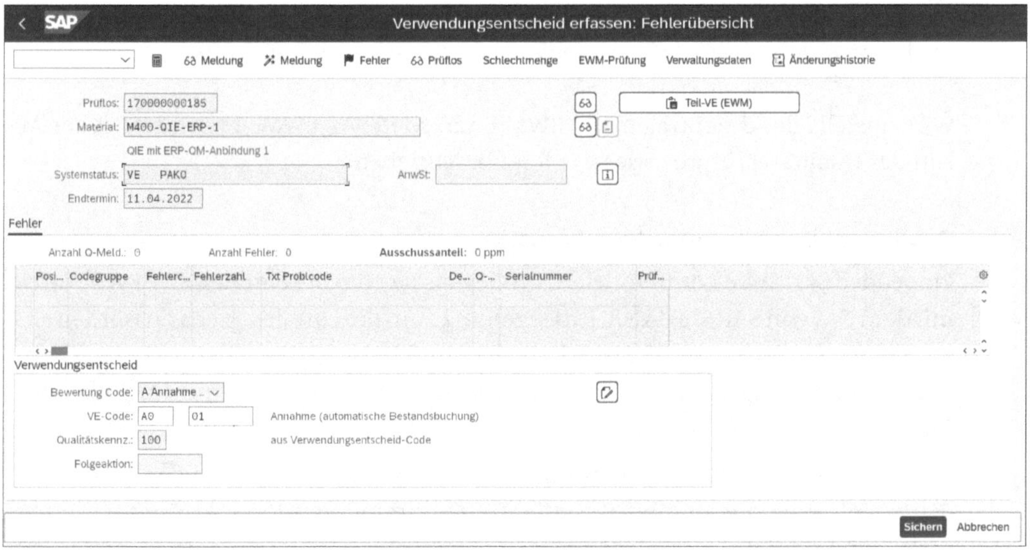

Abbildung 8.77 Verwendungsentscheid in Transaktion QA11 (Verwendungsentscheid erfassen) treffen

Der Entscheidungscode wird an das dezentrale SAP EWM übertragen und ist im entsprechenden Prüfbeleg sichtbar (siehe Abbildung 8.78). Anhand dieses Verwendungsentscheids (Entscheidungscodes) wird über die QIE in SAP EWM eine Folgeaktion angestoßen. In unserem Beispiel wird mit der Folgeaktion A0 der Prüfbestand von **Q** an **Frei** umgebucht und die Lageraufgabe zur Einlagerung automatisch erstellt. Die Bestandsumbuchung wird an SAP S/4HANA übertragen. In SAP S/4HANA wird die Bestandsumbuchung ebenfalls durchgeführt und ein entsprechender Materialbeleg erzeugt.

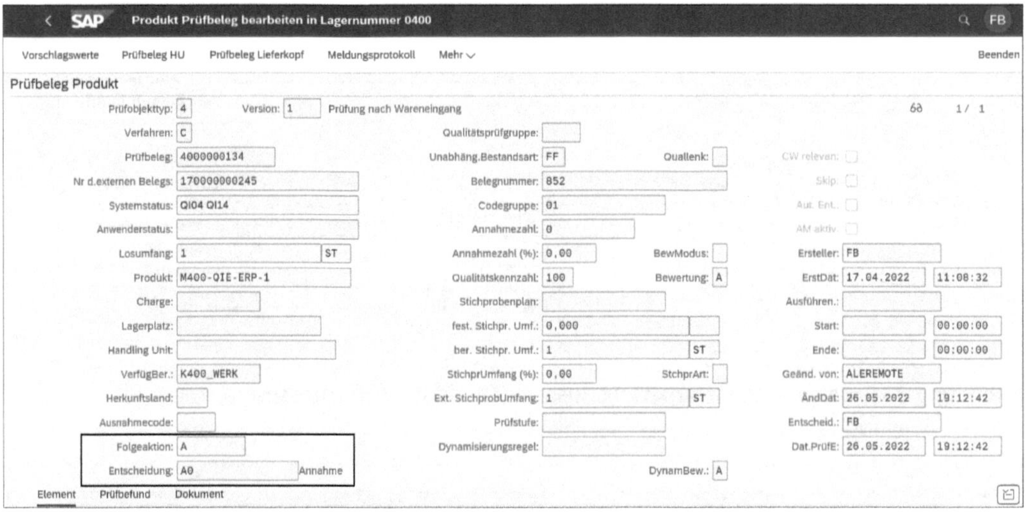

Abbildung 8.78 In QM getroffener Verwendungsentscheid im QIE-Prüfbeleg

Wird anstelle des dezentralen SAP EWM Embedded SAP EWM verwendet, ist der Ablauf des Qualitätsprüfprozesses wie folgt beschrieben.

Qualitätsprüfung im Embedded-Szenario

Embedded SAP EWM kommuniziert, im Gegensatz zum dezentralen SAP EWM, direkt mit dem QM von SAP S/4HANA. Im Gegensatz zum dezentralen Szenario werden ausschließlich Prüflose erstellt. Auch im Beleg- und Informationsfluss bestehen Unterschiede. Abbildung 8.79 zeigt den Prozessablauf der Qualitätsprüfung im Embedded-Szenario.

So führt Embedded SAP EWM mit der Wareneingangsbuchung bei der Anlieferung die Prüfplanung aus und prüft, ob POT4 (Q-Prüfung von Produkt/Charge Anlieferung) aktiv ist. Falls ja, wird QM gerufen und prüft, ob im Materialstamm des Produkts der Anlieferposition eine Prüfart gepflegt wurde. Falls ja, wird in QM ein Prüflos auf Basis der Attribute der Prüfart erstellt. Wurde das Prüflos erstellt, sind die Daten zur SAP-EWM-Prüfung (z. B. die SAP-EWM-Lagernummer, der Prüfobjekttyp und der Prüfprozess) im Prüflos sichtbar (siehe Abbildung 8.80).

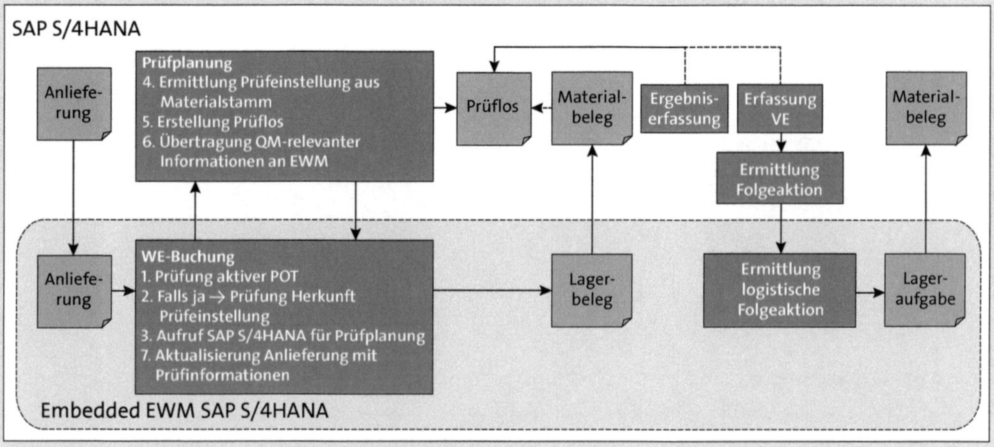

Prozessablauf mit Herkunft der Prüfeinstellung: **ohne Prüfregel**

Abbildung 8.79 Beleg- und Informationsfluss des Qualitätsprüfprozesses mit Embedded SAP EWM

Nach der Erstellung des Prüfloses in QM werden die QM-relevanten Informationen nach Embedded SAP EWM übertragen und in EWM der Bestand mit Referenz zur Prüflosnummer gebucht. Die Bestandsbuchung wird anschließend an SAP S/4HANA übertragen, der Bestand gebucht und ein entsprechender Materialbeleg erstellt. Anschließend werden gegebenenfalls Ergebnisse zu den Prüfmerkmalen erfasst und der Verwendungsentscheid (VE) für das Prüflos getroffen. Dem Verwendungsentscheid ist eine Folgeaktion zugeordnet, die als SAP-EWM-relevant gekennzeichnet ist. Dadurch wird die logistische Folgeaktion in Embedded EWM ermittelt. Je nach Folgeaktion wird z. B. der Prüfbestand von **Q** an **Frei** umgebucht und die Lageraufgabe zur Einlagerung automatisch erstellt.

Nachdem die erforderlichen Prozessschritte im Wareneingang durchgeführt worden sind, folgt die Einlagerung auf den finalen Platz, die wir im folgenden Abschnitt im Detail erläutern.

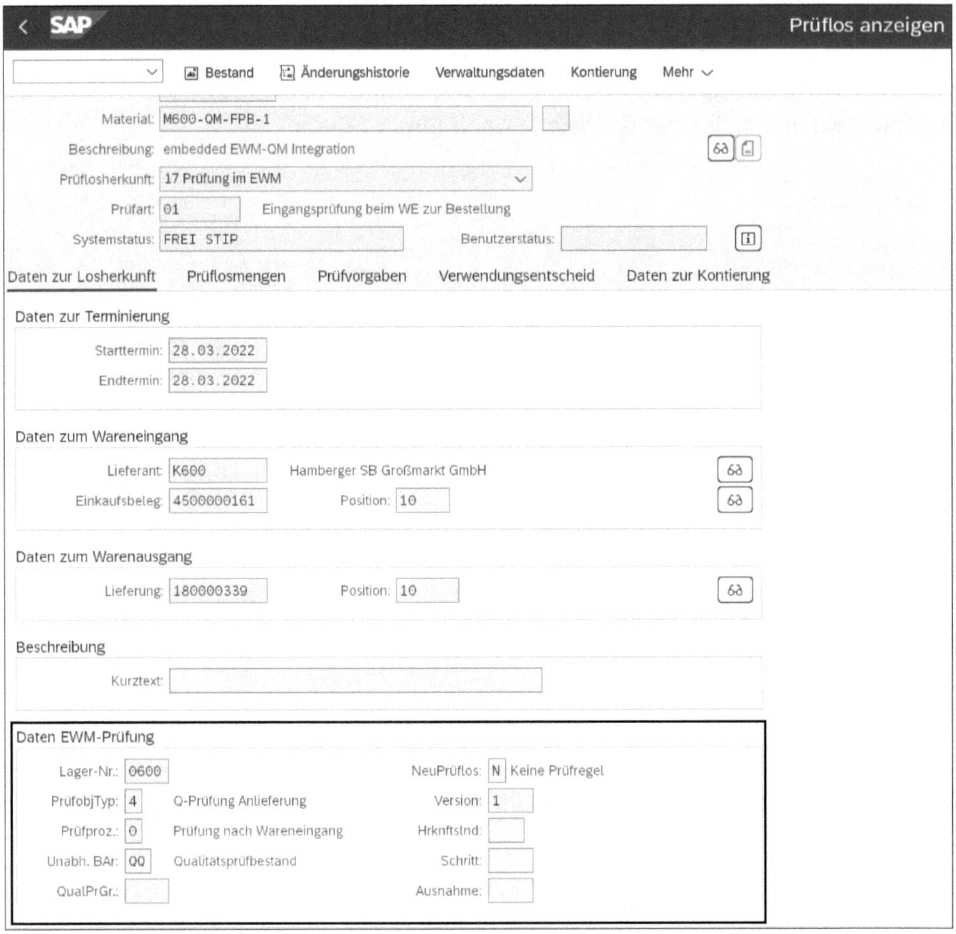

Abbildung 8.80 Daten der SAP-EWM-Prüfung im QM-Prüflos

8.7 Einlagerung

Die Einlagerung erfolgt in der Prozesskette nach der Wareneingangssteuerung und stellt den abschließenden Prozess im Wareneingang dar. Der Prozessschritt der Einlagerung kann in zwei Teilprozessschritte unterteilt werden:

- **Einlagerungsvorbereitung**
  In diesem Teilschritt wird die Lageraufgabe zur Einlagerung auf Basis der Einlagerungsstrategie erstellt, und es erfolgt die Zuweisung zur geeigneten Ressource.
- **Einlagerungsdurchführung**
  In diesem Teilschritt wird die Lageraufgabe zur Einlagerung quittiert, und es werden gegebenenfalls Ausnahmebehandlungen durchgeführt, wenn z. B. der ermittelte Einlagerungsplatz nicht verfügbar ist.

Abbildung 8.81 zeigt die Einordnung des Prozessschritts in den Gesamtprozess des Wareneingangs.

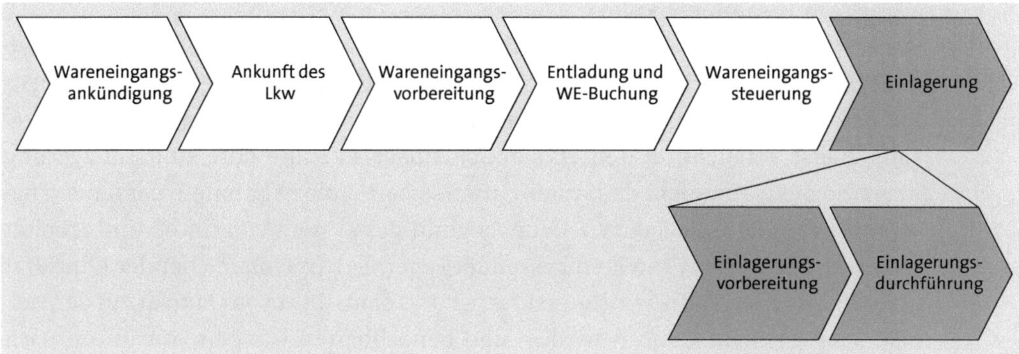

Abbildung 8.81 Prozessschritt »Einlagerung« in den Wareneingangsprozess einordnen

8.7.1 Einlagerungsvorbereitung

Während der Erstellung der Einlager-Lageraufgabe wird der finale Einlagerplatz durch die Auswahl der geeigneten Einlagerungsstrategie aufgrund von Stammdaten bestimmt, die entweder manuell oder über die Lagerungsdisposition sowie über die entsprechenden Customizing-Einstellungen gefunden werden.

Einlagerungsstrategien

Einlagerungsstrategien stellen verschiedene Ausprägungen des Einlagerungsprozesses aus betriebswirtschaftlicher Sicht dar. Konkret dienen sie dazu, für eine bestimmte Menge eines Produkts, basierend auf den Eigenschaften des Produkts, des ermittelten Lagertyps und Lagerbereichs, den geeigneten Lagerplatz zu bestimmen. In SAP EWM sind die folgenden Einlagerungsstrategien einstellbar:

- **Manuelle Eingabe**
  SAP EWM ermittelt keinen Lagerbereich und Lagerplatz. Bei der Lageraufgabenerstellung geben Sie den Nach-Lagerplatz manuell ein.
- **Fixplatz**
  Diese Strategie wenden Sie an, wenn Sie ein Produkt in Fixlagerplätzen in einem Lagertyp einlagern möchten. Die Zuordnung von Fixplätzen pro Produkt erfolgt manuell direkt im Produktstamm mit Transaktion /SCWM/MAT1 oder über Transaktion /SCWM/BINMAT. In SAP EWM ist die Zuordnung eines oder mehrerer Fixplätze pro Produkt im gleichen Lagertyp möglich. Auf der Registerkarte **Lagertypdaten** von Transaktion /SCWM/MAT1 oder bei der Definition des Lagertyps im SAP-EWM-Customizing über den Pfad **Stammdaten • Lagertyp definieren** können

Sie eine maximale Anzahl an Lagerplätzen pro Produkt in dem jeweiligen Lagertyp definieren.

- **Nähe Kommissionierfixplatz**
Diese Strategie ist für den Fall gedacht, dass sich in einem Kommissionierlagertyp mit Fixplätzen Reservelagerplätze eines Reservelagertyps direkt über den Fixplätzen befinden (nahe Reserve). Sie können einstellen, dass SAP EWM bei der Einlagerung zuerst versucht, in den Fixplatz einzulagern. Sollte dort eine Einlagerung nicht möglich sein, sucht das System in derselben Säule nach einem passenden Reserveplatz im Reservelagertyp. Dabei beginnt das System von unten und arbeitet sich nach oben vor. Wenn kein passender Lagerplatz mit ausreichender Kapazität gefunden werden kann, wird zuerst rechts und dann links vom Fixplatz in demselben Gang gesucht. Danach wird in den benachbarten Gängen von unten nach oben gesucht. Voraussetzung für diese Strategie ist, dass Fixplatzlagertyp und Reservelagertyp dieselbe Koordinatenstruktur haben.
- **Freilager**
Mit dieser Strategie ermittelt das System einen Lagerplatz in einem Freilagerbereich. Ein Freilager ist eine Form der Lagerorganisation, bei der Sie einen einzigen Lagerplatz pro Lagerbereich definieren. Die Quants auf dem Lagerplatz können auch in Mischbelegung vorliegen. Für jeden Lagertyp können Sie einen oder mehrere Freilagerbereiche definieren.
- **Zulagerung**
Bei dieser Strategie lagert das System bevorzugt auf Lagerplätzen ein, auf denen bereits Bestände des jeweiligen Produkts und der jeweiligen Charge liegen. Voraussetzung für die Zulagerung ist, dass auf dem entsprechenden Lagerplatz genügend freie Kapazität vorhanden ist. Wenn das System keinen Lagerplatz mit demselben Produkt und derselben Charge findet oder wenn die freie Kapazität des Lagerplatzes nicht ausreicht, um zuzulagern, sucht das System nach dem nächsten leeren Lagerplatz.
- **Leerplatz**
Bei dieser Strategie schlägt das System einen Leerplatz vor. Mit dieser Strategie unterstützen Sie chaotisch geführte Lager mit der Lagerung der Produkte in einzelnen Lagerbereichen. Diese Strategie eignet sich besonders für Hochregal- und Regallager.
- **Palettenlager (nach HU-Typ)**
Bei dieser Einlagerungsstrategie verarbeitet SAP EWM unterschiedliche HU-Typen (z. B. Europaletten, Industriepaletten) und ordnet sie einem geeigneten Unterplatz zu. Lagerplätze können in mehrere kleinere Unterplätze unterteilt werden. Dabei dürfen nur gleiche HU-Typen auf einem Lagerplatz eingelagert werden.

- **Blocklager**
  Produkte, die in großen Mengen vorkommen und sehr viel Lagerraum beanspruchen, werden oft in Blocklagern gelagert. Bei der Blocklagerverwaltung wird jede Zeile eines Blocklagers im System als Lagerplatz dargestellt. Generell ist jede Art der Mischbelegung möglich. Außerdem besteht die Möglichkeit, in einem Blocklager verschiedene HU-Typen mit unterschiedlichen Abmessungen zu verwalten. Beim Aufbau der Blockstrukturen kann pro Lagertyp, Lagerplatztyp, HU-Typ und Blocklagerkennzeichen definiert werden, wie viele Säulen mit welcher Stapelhöhe im Block vorhanden sind. Daraus errechnet SAP EWM die maximale HU-Anzahl. Diese Anzahl kann verringert werden, sofern es notwendig ist. Bei der Lageraufgabenerstellung erfolgt eine Kapazitätsprüfung aufgrund dieser Definition der Blockstruktur. Die Definition von Blocklagerstrukturen und Blocklagerkennzeichen können Sie im SAP-EWM-Customizing über den Pfad **Wareneingangsprozess • Strategien • Einlagerungsregel • Lagerungsverhalten Blocklager** vornehmen.
- **Quereinlagerung**
  Bei dieser Funktion unterstützt eine Sortierreihenfolge das System bei der Suche nach geeigneten Lagerplätzen. Mit Sortierreihenfolgen können Sie eine einseitige Auslastung des Lagers verhindern und die Einlagerung von Waren optimieren. Wenn Sie keine Sortierreihenfolge festgelegt haben, sortiert das System nach dem Lagerplatznamen.

Findung des finalen Einlagerungsplatzes

Um in SAP EWM ein Produkt einlagern zu können, ist eine Einlager-Lageraufgabe notwendig. Eine Lageraufgabe ist ein Beleg, der dazu dient, eine Warenbewegung durchführen zu können. Wie in Abbildung 8.82 dargestellt, verwendet SAP EWM bei der Einlagerung eine Lageraufgabe dazu, notwendige Zieldaten ermitteln zu können und dann eine Warenbewegung zur Einlagerung durchzuführen. Diese Zieldaten sind Nach-Lagertyp, Nach-Lagerbereich und Nach-Lagerplatz. Die Findung der folgenden Zieldaten definieren Sie im Customizing.

1. Lagertypfindung
2. Lagerbereichsfindung
3. Lagerplatztypfindung
4. Bestimmung des finalen Einlagerungsplatzes

Im Folgenden beschreiben wir die Findungslogiken der verschiedenen Zieldaten näher.

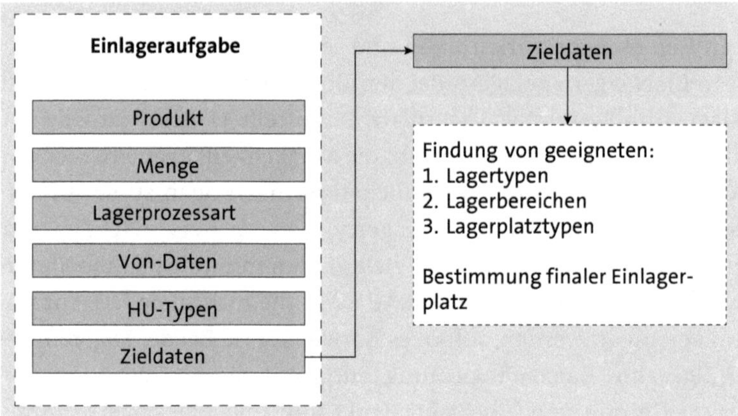

Abbildung 8.82 Zieldaten bei der Erstellung der Lageraufgabe zur Einlagerung finden

Um für die Einlagerung einen passenden Lagertyp finden zu können, muss vorher manuell eine sogenannte *Lagertypsuchreihenfolge* definiert werden. Dabei werden im System Lagertypen aufgrund verschiedener Einstellungen und Kriterien in eine Reihenfolge gebracht. Lagertypsuchreihenfolgen werden oft nach Produkt-, Verpackungseigenschaften sowie Mengenklassifikationen (z. B. Palette, Behälter) definiert. Dem *Einlagerungssteuerkennzeichen* (ESK) kommt dabei eine wichtige Bedeutung zu. Mit diesem Kennzeichen können Sie steuern, dass bei einer Einlagerung bestimmte Produkte bevorzugt in bestimmten Lagertypen eingelagert werden. Das Kennzeichen wird im Produktstamm dem jeweiligen Produkt zugeordnet. Mit der Durchführung der Lagerungsdisposition können Sie das ESK pro Produkt bestimmen lassen (siehe Abschnitt 8.8, »Sonderfälle im Wareneingangsprozess«). Abbildung 8.83 veranschaulicht den Sachverhalt anhand eines Beispiels. Für Produkte, die z. B. auf Paletten gelagert werden, soll die Ware zuerst im Kommissionierlagertyp ❶ eingelagert werden. Kann in diesem Lagertyp entsprechend der Einlagerungsstrategie (z. B. Leerplatz) kein Einlagerungsplatz ermittelt werden, wird im nächsten Schritt der Lagertyp **Nahe Reserve** ❷ nach einem geeigneten Einlagerungsplatz durchsucht. Sollte auch hier keine Einlagerung möglich sein, erfolgt die Lagerplatzsuche im Reservelagertyp ❸.

Die Lagertypfindung definieren Sie im SAP-EWM-Customizing über den Pfad **Wareneingangsprozess • Strategien • Lagertypfindung**. Hier nehmen Sie die folgenden Schritte vor:

- Definition des ESK
- Zuordnung der Lagertypen zur Lagertypsuchreihenfolge
- Definition der Lagertypsuchreihenfolge für die Einlagerung
- Bestimmung der Lagertypsuchreihenfolge für die Einlagerung anhand verschiedener Kriterien

- Optimierung der Zugriffsstrategie für die Lagertypfindung zur Reduzierung der Einträge in der Lagertypfindungstabelle

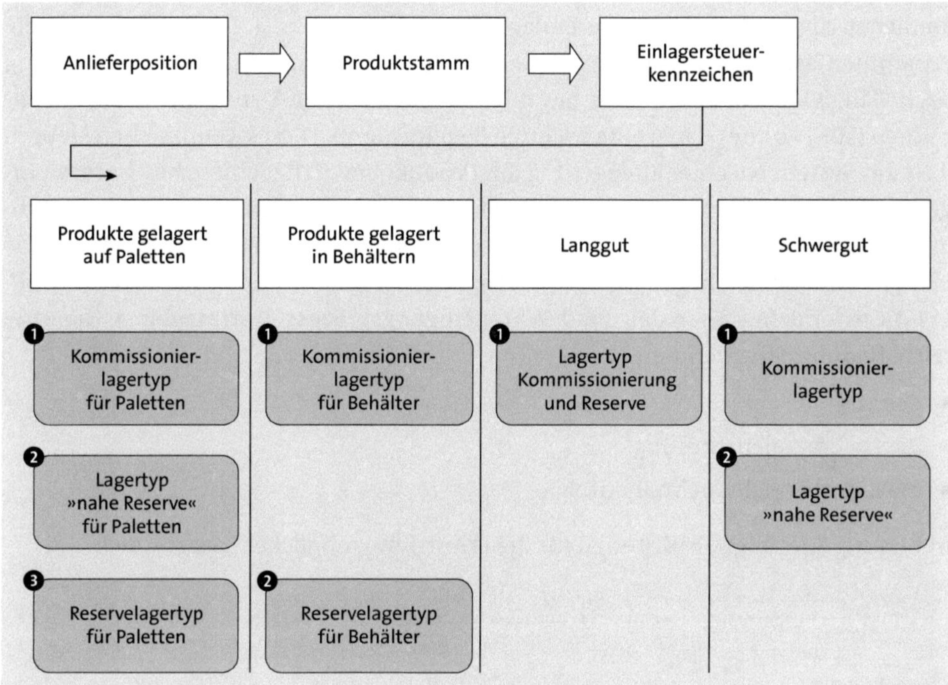

Abbildung 8.83 Beispieldefinition einer Lagertypsuchreihenfolge

Abbildung 8.84 stellt die Kriterien dar, die für die Findung einer geeigneten Lagertypsuchreihenfolge in SAP EWM berücksichtigt werden.

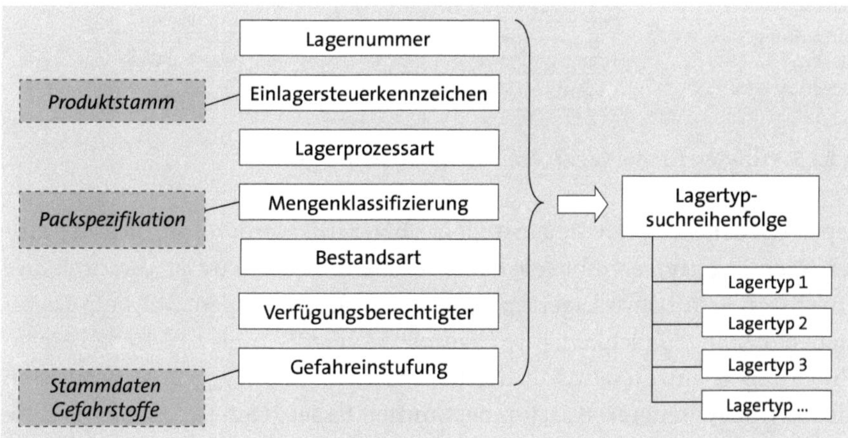

Abbildung 8.84 Kriterien für die Bestimmung der Lagertypsuchreihenfolge

Im nächsten Schritt ermittelt SAP EWM pro Lagertyp mögliche Lagerbereiche, sofern die Lagerbereichsprüfung und/oder die Gefahrstoffprüfung aktiv sind. Ein Lagerbereich ist eine organisatorische Unterteilung eines Lagertyps, der die Lagerplätze mit ähnlichen Eigenschaften für die Einlagerung zusammenfasst. Die Kriterien für die Zusammenfassung sind beliebig. In der Praxis findet man häufig die Unterteilung nach Gängigkeit, also Schnelldreher oder Langsamdreher. Dem *Lagerbereichskennzeichen* (LBK) kommt dabei eine wichtige Bedeutung zu. Dieses Kennzeichen steuert, dass das System bei einer Einlagerung das Produkt bevorzugt einem bestimmten Lagerbereich zuordnet. Das Kennzeichen wird im Produktstamm dem jeweiligen Produkt zugeordnet. Mit der Durchführung der Lagerungsdisposition können Sie das LBK pro Produkt bestimmen lassen. Die Lagerbereichsfindung definieren Sie im SAP-EWM-Customizing über den Pfad **Wareneingangsprozess • Strategien • Lagerbereichsfindung**. Hier definieren Sie:

- das LBK
- die Lagerbereichsprüfung
- die Lagerbereichssuchreihenfolge

Abbildung 8.85 zeigt die Kriterien für die Ermittlung möglicher Lagerbereiche.

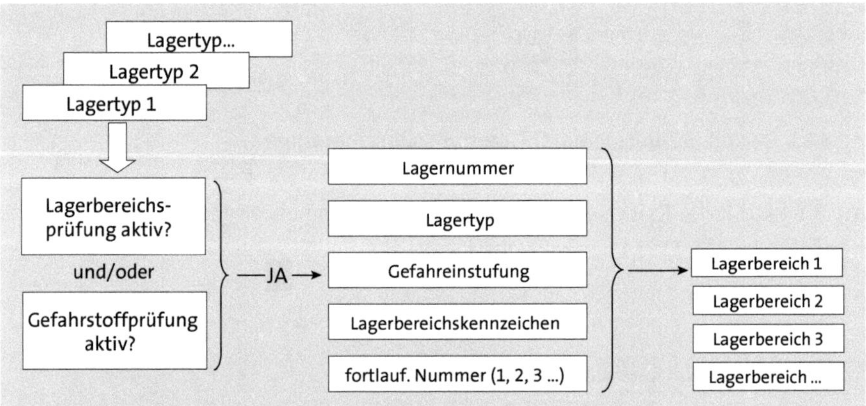

Abbildung 8.85 Kriterien für die Lagerbereichssuchreihenfolge

Auf der Lagertypebene können Sie einstellen, ob geprüft werden soll, dass der HU-Typ für den Nach-Lagertyp erlaubt sein soll. Falls die Prüfung aktiv ist, ermittelt SAP EWM im nächsten Schritt pro Lagertyp mögliche Lagerplatztypen. Mit dem Lagerplatztyp haben Sie die Möglichkeit, Ihre Lagerplätze gemäß ihren physischen Eigenschaften in Gruppen einzuteilen. Mit der Durchführung der Lagerungsdisposition können Sie einen bevorzugten Platztyp bestimmen lassen. Den Lagerplatztyp definieren Sie im SAP-EWM-Customizing über den Pfad **Wareneingangsprozess • Strategien • Lagerplatzfindung • Lagerplatztypen definieren**. Die Einstellungen zur Lagerplatztypfindung können Sie im SAP-EWM-Customizing über den zuvor genannten

Pfad im Menüpunkt **HU-Typen** in der Tabelle **HU-Typen je Lagerplatztyp definieren** vornehmen. Abbildung 8.86 stellt die Kriterien dar, die für die Findung geeigneter Lagerplatztypen in SAP EWM berücksichtigt werden.

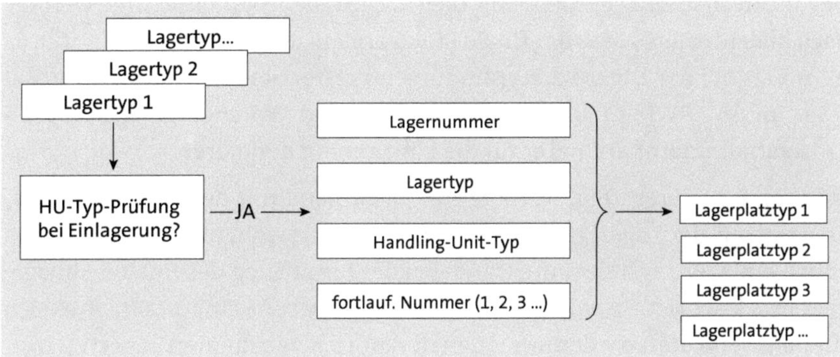

Abbildung 8.86 Kriterien für die Findung der Lagerplatztypsuchreihenfolge

Falls die HU-Typ-Prüfung nicht aktiv ist, ermittelt SAP EWM den Lagerplatztyp, der dem Lagertyp direkt zugeordnet ist. Diese Zuordnung definieren Sie im SAP-EWM-Customizing über den Pfad **Wareneingangsprozess • Strategien • Lagerplatzfindung • Lagerplatztypen zu Lagertypen zuordnen**.

Die Ermittlung geeigneter Lagertypen, Lagerbereiche und Platztypen führt zu möglichen Kombinationen für die Bestimmung des finalen Einlagerungsplatzes. In Abbildung 8.87 sehen Sie als Beispiel eine Kombinationsmatrix von Lagerbereichen und Platztypen für den Lagertyp 1.

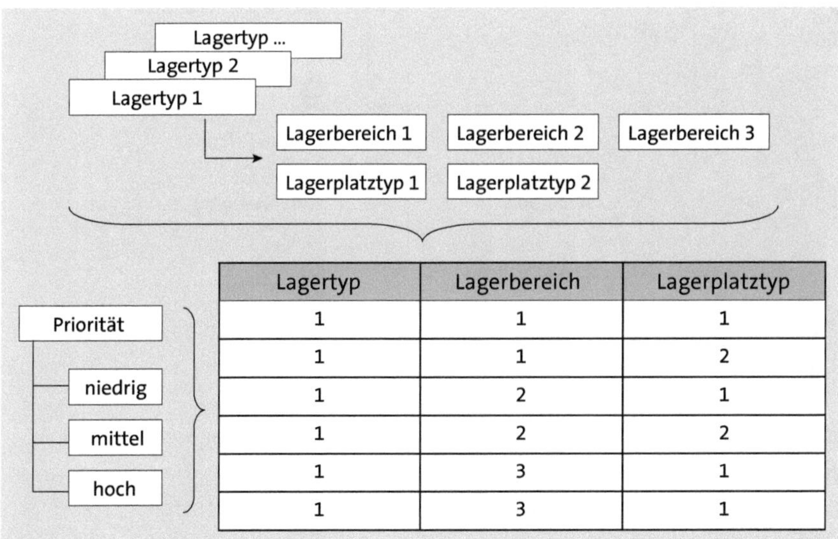

Lagertyp	Lagerbereich	Lagerplatztyp
1	1	1
1	1	2
1	2	1
1	2	2
1	3	1
1	3	1

Abbildung 8.87 Kombinationen geeigneter Lagerbereiche und Platztypen pro Lagertyp

Über die Prioritäten **Lagertyp**, **Lagerbereich** und **Platztyp** können Sie steuern, in welcher Reihenfolge Alternativen bei der Einlagerung geprüft werden sollen. Hat die Priorität **Platztyp** z. B. den Wert **niedrig**, werden zuerst die alternativen Platztypen untersucht, bevor alternative Lagerbereiche oder Lagertypen berücksichtigt werden. Der Wert **hoch** bedeutet also, dass der finale Einlagerplatz vom Platztyp 1 sein soll, da er in unserem Beispiel der Lagerplatztypfindung an erster Stelle steht. Die Priorität definieren Sie im SAP-EWM-Customizing über den Pfad **Wareneingangsprozess • Strategien • Lagernummernparameter für die Einlagerung definieren**.

Wie in Abbildung 8.88 dargestellt, werden nun, beginnend mit dem ersten Eintrag, die Einstellungen auf der Lagertypebene überprüft und sowohl allgemeine Einstellungen als auch einlagerungsrelevante Daten bei der Ermittlung des finalen Einlagerungsplatzes berücksichtigt. So wird z. B. auf der Lagertypebene eingestellt, ob es sich um einen fixplatzverwalteten oder um einen dynamisch verwalteten Lagertyp handelt, ob Mischbelegung oder Zulagerung erlaubt sein sollen und nach welcher Logik ein passender Lagerplatz in dem Lagertyp gesucht werden sowie die Kapazitätsprüfung erfolgen soll.

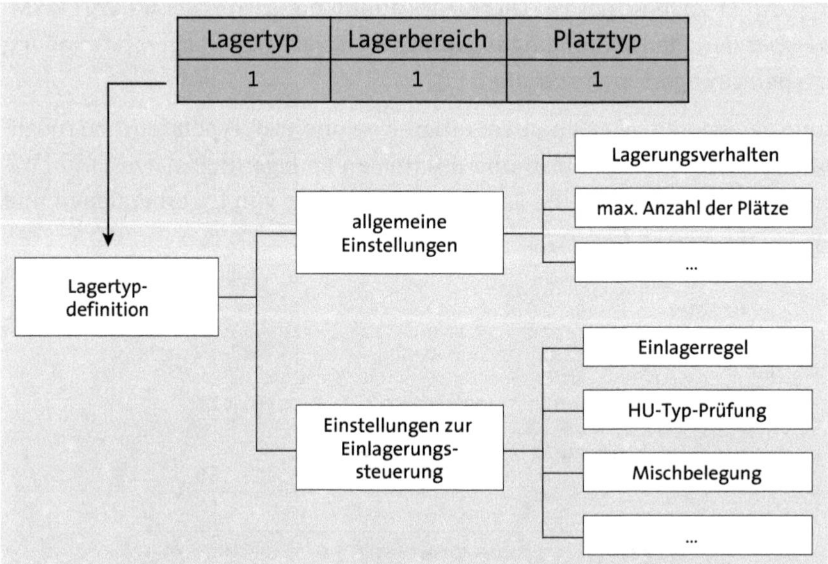

Abbildung 8.88 Einlagerplatzermittlung pro Kombination aus Lagertyp, Lagerbereich und Platztyp auf Basis der Einstellungen im Lagertyp

Die pro Lagertyp relevanten Parameter zur Einlagerung definieren Sie im SAP-EWM-Customizing über den Pfad **Stammdaten • Lagertyp definieren**. Für die Einlagerungssteuerung sind insbesondere die folgenden Parameter von Bedeutung:

- **Lagerbereichsprüfung**
  Der Parameter **Lagerbereichsprüfung** bewirkt, dass bei einer Einlagerung der Lagerbereich berücksichtigt werden soll.
- **HU-Typ-Prüfung**
  Die HU-Typ-Prüfung prüft, ob der HU-Typ der Lageraufgabe für den Nach-Lagertyp erlaubt ist.
- **Prozessorient. Lagerungssteuerung/Einlagerung sind beendet**
  Dieses Kennzeichen schließt die Lageranforderung bzw. die Anlieferposition bezüglich des Einlagerungsprozesses ab. Dabei wird die tatsächlich eingelagerte Menge in den Belegfluss der Lageranforderung geschrieben.
- **Einlagerungsregel**
  Die Einlagerungsregel bestimmt, nach welcher Logik das System beim Einlagern Nachplätze findet, z. B. Zulagerung/Leerplatz: Es werden zuerst teilbelegte Plätze gesucht. Falls keine teilbelegten Plätze gefunden werden, werden danach leere Plätze gesucht.
- **Kapazitätsprüfung**
  Mit diesem Eintrag bestimmen Sie, ob und – falls ja – wie die Kapazitätsprüfung erfolgen soll. Bei einem Einlagerungsvorgang kann es sinnvoll sein, bei der Suche nach einem geeigneten Lagerplatz eine Kapazitätsprüfung für den Lagerplatz durchzuführen. Wenn die Kapazitätsprüfung aktiviert worden ist, prüft das System bei der Erstellung einer Lageraufgabe, ob der ausgewählte Lagerplatz die einzulagernde Menge aufnehmen kann oder nicht. Standardmäßig sind in SAP EWM Prüfungen nach Gewicht und Volumen aktiviert. Außerdem ist es möglich, eine sogenannte *dimensionslose Kapazitätskennzahl* zu verwenden. Dabei werden den Produkten und den Lagerplätzen dimensionslose Kapazitäten zugeordnet, mit denen das System automatisch entscheiden kann, ob in den Lagerplatz noch eingelagert werden kann oder nicht. Voraussetzung für die Kapazitätsprüfung ist, dass Sie in den Stammdaten der Lagerplätze Kapazitäten gepflegt haben.

Darüber hinaus sind u. a. die folgenden allgemeinen Lagertypparameter für die Einlagerung relevant:

- **Fixplätze benutzen**
  Damit steuern Sie, ob in diesem Lagertyp mit Fixlagerplätzen oder dynamischen Plätzen gearbeitet wird.
- **Lagerungsverhalten**
  Legt die generelle Struktur des Lagertyps fest. Es wirkt sich insbesondere auf die Nachplatzsuche bei der Einlagerung aus (z. B. *normales Lager*, bei dem die Plätze des Lagertyps keine speziellen Eigenschaften besitzen, oder *Palettenlager*). Zu ei-

nem Hauptplatz werden bei der ersten Einlagerung, abhängig vom HU-Typ, mehrere gleichartige Unterplätze angelegt.

- **HU-Pflicht**
  Diese Einstellung bestimmt, ob z. B. HUs in diesem Lagertyp nicht erlaubt sein sollen oder Bestände nur mit HU auf dem Lagerplatz eingelagert werden können.

Die zuvor genannten Einlagerungsstrategien bilden Sie im System mit verschiedenen Einstellungen ab, insbesondere mit dem Lagerungsverhalten und der Einlagerungsregel des ermittelten Lagertyps. Wenn Sie z. B. die Strategie **Leerplatz** verwenden, haben Sie u. a. für die folgenden Parameter die folgenden Werte gepflegt:

- **Lagerungsverhalten**: z. B. **normales Lager**
- **Einlagerungsregel**: **Leerplatz**

Wenn Sie die Strategie **Zulagerung** einstellen, müssen Sie u. a. die folgenden Parameter mit den entsprechenden Werten definieren:

- **Lagerungsverhalten**: z. B. **normales Lager**
- **Einlagerregel**: **Zulagerung/Leerplatz**
- Kennzeichen: **Zulagerung verboten**: z. B. leer (Zulagerung generell erlaubt)
- **Kapazitätsprüfung**: z. B. leer (Prüfung erfolgt nicht nach Kapazitätsfaktor, sondern nach Gewicht und Volumen, sobald ein maximales Gewicht oder Volumen im Platz angegeben ist)

Nachdem SAP EWM den finalen Einlagerplatz ermittelt und die Lageraufgabe erstellt hat, wird die Lageraufgabe bzw. der entsprechende Lagerauftrag einer geeigneten Ressource auf Basis der Einstellungen im Ressourcenmanagement zugewiesen (siehe Abschnitt 13.1, »Ressourcenmanagement«).

8.7.2 Einlagerungsdurchführung

Die Quittierung der Lageraufgaben für die Einlagerung erfolgt im papierbasierten Szenario mit der Desktop-Transaktion /SCWM/TO_CONF, die Sie im SAP-Easy-Access-Menü in SAP EWM unter dem Menüpunkt **Ausführung** oder in der SAP-Fiori-App **Lageraufgaben quittieren** finden. Darüber hinaus können Sie, wie in Abbildung 8.89 dargestellt, die Quittierung auch im Lagermonitor mit der entsprechenden Monitormethode, z. B. **LB im Hintergrund quittieren**, vornehmen.

Im Radio-Frequency-Umfeld bietet Ihnen der SAP-EWM-Standard je nach Prozess verschiedene RF-Transaktionen zur Rückmeldung der Lageraufgaben auf den finalen Einlagerungsplatz (siehe Abbildung 8.90).

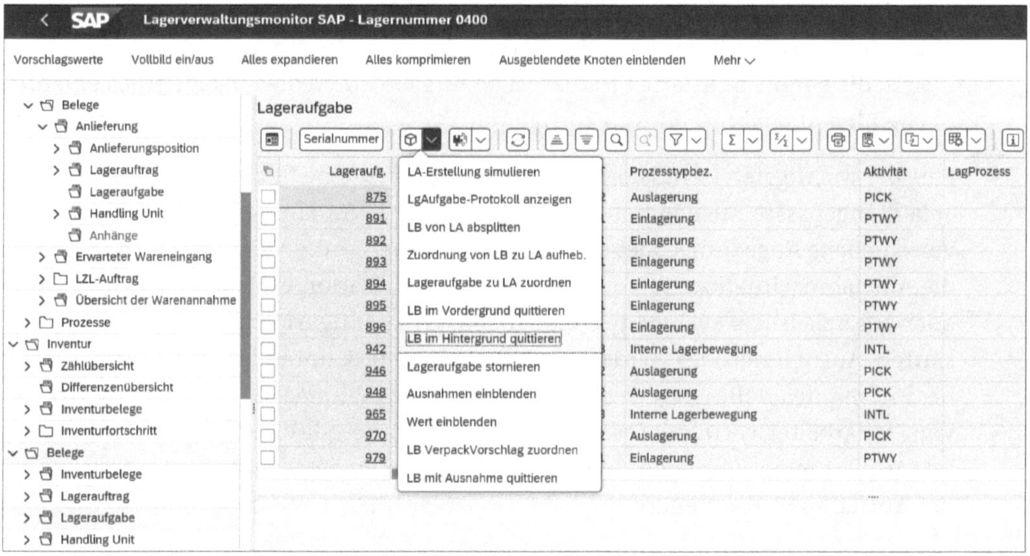

Abbildung 8.89 Lageraufgaben im Lagermonitor quittieren

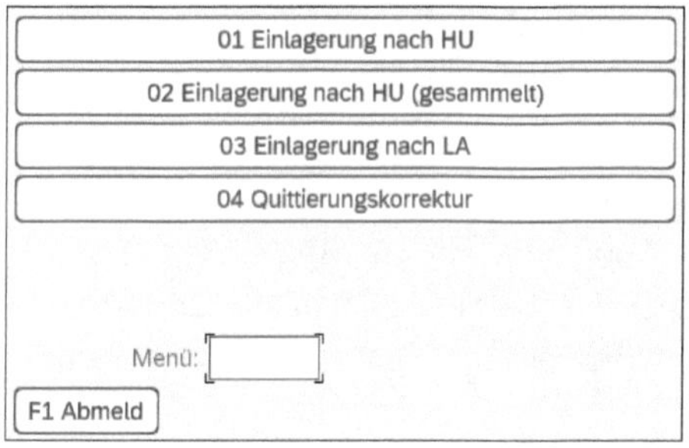

Abbildung 8.90 Radio-Frequency-Menü zur Quittierung von Einlager-Lageraufgaben

Hier haben Sie, je nach Prozessanforderung, verschiedene Möglichkeiten, um Lageraufgaben zu quittieren:

- **Einlagerung nach HU**
  Durch Scannen der einzulagernden HU werden im Folgescreen die Nachplatzdaten zur Verifizierung angezeigt.
- **Einlagerung nach Handling Unit (gesammelt)**
  Hier können Sie die einzulagernden HUs nacheinander scannen. In den Folgescreens werden Ihnen nacheinander in der entsprechenden Reihenfolge die Nachplatzdaten zur Verifizierung angezeigt.
- **Einlagerung nach LA (Lagerauftrag)**
  Durch Scannen des Lagerauftrags werden im Folgescreen die Nachplatzdaten zur Verifizierung angezeigt.

- **Quittierungskorrektur**
  Durch Scannen z. B. des Nachplatzes oder des Lagerauftrags haben Sie die Möglichkeit, die bereits quittierte Produkt-Lageraufgabe durch die Eingabe eines entsprechenden Ausnahmecodes zu korrigieren.

Eine der wichtigsten Herausforderungen im Lager ist eine flexible und dem Prozessablauf angepasste Ausnahmebehandlung. In SAP EWM können Sie je nach Prozess verschiedene Ausnahmecodes definieren und haben so die Möglichkeit, dem System die Ausnahmesituation mitzuteilen, um die Information einfach nur zu speichern oder zusätzlich das System zu veranlassen, frei konfigurierbare Folgeaktionen zu starten. Ausnahmecodes werden im Customizing u. a. unter der Angabe eines Business-Kontextes definiert, der steuert, welcher Ausnahmecode in welchem Prozess vom Mitarbeiter verwendet werden darf. Ausnahmecodes werden zu sogenannten *internen Prozesscodes* zugeordnet, die die internen Prozesse nach der Ausführung eines Ausnahmecodes steuern.

[zB]

Ausnahmecode zur Änderung des Nachplatzes definieren

In der Praxis kommt es vor, dass bei der Durchführung der Einlagerung der Nachplatz nicht zugänglich ist. Daher definieren Sie für die Quittierung z. B. von Produkt-Lageraufgaben zur Einlagerung im RF-Umfeld (Business-Kontext) einen Ausnahmecode **Lagerplatz ändern** (z. B. AENP) und ordnen dem Ausnahmecode den internen Prozesscode CHBN zu. Durch die Eingabe des Ausnahmecodes CHBD (Ändern Nach-Lagerplatz (Lokation)), erscheint ein Folgescreen und der Anwender hat die Möglichkeit, einen neuen Nach-Lagerplatz einzugeben, mit dem die Lageraufgabe zur Einlagerung unter Prüfung der Einstellungen im Customizing quittiert wird.

Tabelle 8.6 listet die wichtigsten internen Prozesscodes auf, die für die Quittierung von Lageraufgaben zur Einlagerung für Desktop- und RF-Transaktionen im SAP-EWM-Standard-Customizing ausgeliefert werden – inklusive des Systemverhaltens in SAP EWM.

Interner Prozesscode	Beschreibung	Systemverhalten
CHBA	Änderung der Charge	Radio Frequency: Folgescreen mit eingabebereitem Feld **Charge** Desktop: Feld **Charge** wird eingabebereit.
CHHU	Änderung der Nach-HU	Nur Radio Frequency: Folgescreen mit eingabebereitem Feld **Nach-H**.

Tabelle 8.6 Interne Prozesscodes zur Definition von Ausnahmecodes für die Einlagerung

Interner Prozesscode	Beschreibung	Systemverhalten
DIFF	Änderung der einzulagernden Menge	Radio Frequency und Desktop: Erfassung einer Mengendifferenz ▪ auf dem Von-Lagerplatz ▪ auf einem Differenzenkonto ▪ zulasten der Anlieferung gemäß dem Differenzentyp, der dem Ausnahmecode zugeordnet ist.
SKFD	Überspringen des Validierungsfeldes	Radio Frequency: Das aktuelle Validierungsfeld wird für die Eingabe geschlossen, da z. B. der Barcode nicht gelesen werden kann
SKVA	Überspringen aller Validierungsfelder	Alle Validierungsfelder auf dem Radio-Frequency-Screen werden geschlossen.

Tabelle 8.6 Interne Prozesscodes zur Definition von Ausnahmecodes für die Einlagerung (Forts.)

Detailliertere Informationen zur Ausnahmebehandlung finden Sie in Abschnitt 14.7, »Ausnahmebehandlung«. Ausnahmecodes können Sie sowohl in Desktop- als auch in RF-Transaktionen verwenden.

8.8 Sonderfälle im Wareneingangsprozess

In den folgenden Abschnitten beschreiben wir die Sonderfälle *Chargenabwicklung* und *Lagerungsdisposition* im Wareneingang inklusive der wichtigsten Einstellungen im Customizing näher.

8.8.1 Chargenabwicklung im Wareneingangsprozess

In diesem Abschnitt beschreiben wir die Chargenabwicklung im Anlieferungsprozess. Zuvor beschreiben wir die wichtigsten dafür notwendigen Stammdaten und die Kommunikation zwischen SAP S/4HANA und dem dezentralen SAP EWM. Weiterführende Informationen zum Thema Stammdatenintegration erhalten Sie in Kapitel 4, »Stammdaten in SAP S/4HANA EWM«, und bezüglich der Chargenverwaltung in Kapitel 5. In diesem Abschnitt legen wir den Fokus auf die Chargenabwicklung im Wareneingangsprozess.

Zwischen dem dezentralen und dem Embedded-Szenario gibt es bezüglich der Chargenverwaltung den wesentlichen Unterschied, dass im Embedded-Szenario die Chargeninformationen nicht redundant gehalten werden müssen. Das bedeutet:

- Im Embedded-Szenario ist eine Übertragung von Stammdaten (Chargenmerkmalen und Chargenklassen inklusive zugeordneter Chargenmerkmale) nicht erforderlich. Im dezentralen Szenario werden die Stammdaten in SAP S/4HANA angelegt und per IDoc an SAP S/4HANA EWM verteilt und dort persistent gespeichert.
- Im Embedded-Szenario ist eine Übertragung von Chargen, die in SAP S/4HANA EWM angelegt wurden, nicht erforderlich. Im dezentralen Szenario wird die erstellte/geänderte Charge immer lokal in SAP S/4HANA EWM gespeichert, bevor sie an SAP S/4HANA per qRFC verteilt wird.

Da es bezüglich der Chargenverwaltung zwischen dem dezentralen und dem Embedded-Szenario keine weiteren Unterschiede gibt, differenzieren wir in der Beschreibung der folgenden Abschnitte nicht mehr zwischen beiden Szenarien.

Stammdaten und Kommunikation zwischen SAP S/4HANA und SAP S/4HANA EWM

Dieser Abschnitt beschreibt zunächst die Kommunikation zwischen SAP S/4HANA und SAP EWM beim Anlegen bzw. Ändern von Chargen in SAP S/4HANA und SAP EWM. Anschließend werden die Möglichkeiten der Chargenverwaltung erläutert, wie z. B. die Klassifizierung von Chargen oder die Chargenzustandsverwaltung. Die folgenden Voraussetzungen müssen erfüllt sein, um Chargen in SAP EWM nutzen zu können:

- Das Produkt muss sowohl in SAP S/4HANA als auch in SAP EWM als chargenpflichtig im Material- bzw. Produktstammsatz gekennzeichnet sein.
- Das Produkt muss in SAP S/4HANA einer Klasse der Klassenart 023 oder 022 zugeordnet sein. Im dezentralen und in Embedded SAP EWM können Chargen sowohl auf der Materialebene (werksübergreifend) als auch auf der Werksebene geführt werden (siehe SAP-Hinweis 2221258).

Die Chargenverwaltung und die Chargenabwicklung wollen wir anhand eines Beispiels beschreiben. In unserem Beispiel wollen wir Käse beschaffen und einlagern. Unser Käse ist chargenverwaltet und soll anhand folgender Eigenschaften bzw. Merkmale eindeutig identifiziert, bewertet und getrennt verwaltet werden:

- Ursprungsland (SAP-Standardmerkmal LOBM_HERKL)
- Mindesthaltbarkeits-/Verfallsdatum (SAP-Standardmerkmal LOBM_VFDAT)

- Lieferantenchargennummer (SAP-Standardmerkmal LOBM_LICHA)
- Zustand der Charge (SAP-Standardmerkmal LOBM_ZUST)
- Sorte (kundenspezifisches Merkmal SORTE) mit den folgenden Ausprägungen: **Hartkäse**, **Frischkäse**, **Weichkäse**)
- Sperrgrund (kundenspezifisches Merkmal **GRUND**) mit den folgenden Ausprägungen: **Verpackung beschädigt**, **Kondenswasser**

Im ersten Schritt bestimmen wir die Chargenebene, die Sie im Customizing in SAP S/4HANA über den Pfad **Logistik Allgemein • Chargenebene bestimmen und Zustandsverwaltung aktivieren** festlegen. In unserem Beispiel soll die Charge eindeutig auf der Materialebene sein. In SAP S/4HANA ist es bei der Chargenebene **Material** möglich, im Materialstamm auf der Registerkarte **Werksdaten/Lagerung1** die Chargenpflicht für das Werk auszuschalten. Auch wird die Eindeutigkeit der Charge auf Werksebene unterstützt. Hier besteht allerdings der Nachteil, dass bei werksübergreifenden Umlagerungen im Standard die Charge im empfangenden Werk neu bewertet werden muss. Ein weiterer Nachteil ist die Rückverfolgbarkeit der Charge, es sei denn, Sie nutzen SAP GBT (SAP Global Batch Traceability) bzw. SAP GTT (Global Track and Trace). Nähere Informationen dazu finden Sie in Abschnitt 14.4.3, »SAP Global Batch Traceability«. Im Anschluss aktivieren Sie die Chargenzustandsverwaltung. Da die Charge auf der Materialebene eindeutig ist, gilt die Zustandsverwaltung für alle Werke. Wenn die Zustandsverwaltung aktiv ist, kann z. B. verhindert werden, dass nicht freie Chargen nicht wareneingangsgebucht werden können.

Im zweiten Schritt legen Sie Ihre kundenspezifischen Merkmale in SAP S/4HANA mit Transaktion CT04 (Merkmalverwaltung) entsprechend Abbildung 8.91 an. Auf der Registerkarte **Werte** können Sie die verschiedenen Ausprägungen eintragen und auf der Registerkarte **Einschränkung** das angelegte Merkmal auf die Verwendung für eine bestimmte Klassenart, z. B. 023 (Charge) einschränken. Hier kann auch eingestellt werden, dass ein Merkmal bewertet werden muss.

Wenn Sie das dezentrale SAP EWM verwenden, werden Merkmale per IDoc (Nachrichtentyp CHRMAS) von SAP S/4HANA an SAP EWM übertragen. Die Übertragung erfolgt mit Transaktion BD91 (Merkmal senden).

Als Nächstes erfolgt die Anlage der Klasse für die Klassenart 023 und die Zuordnung der Merkmale in SAP S/4HANA in Transaktion CL02 (Klassenverwaltung) entsprechend Abbildung 8.92.

Wenn Sie das dezentrale SAP EWM verwenden, wird die Klasse ebenfalls per IDoc (Nachrichtentyp CLSMAS) von SAP S/4HANA an SAP EWM übertragen. Die Übertragung erfolgt bei Klassen mit Transaktion BD92 (Klassen senden).

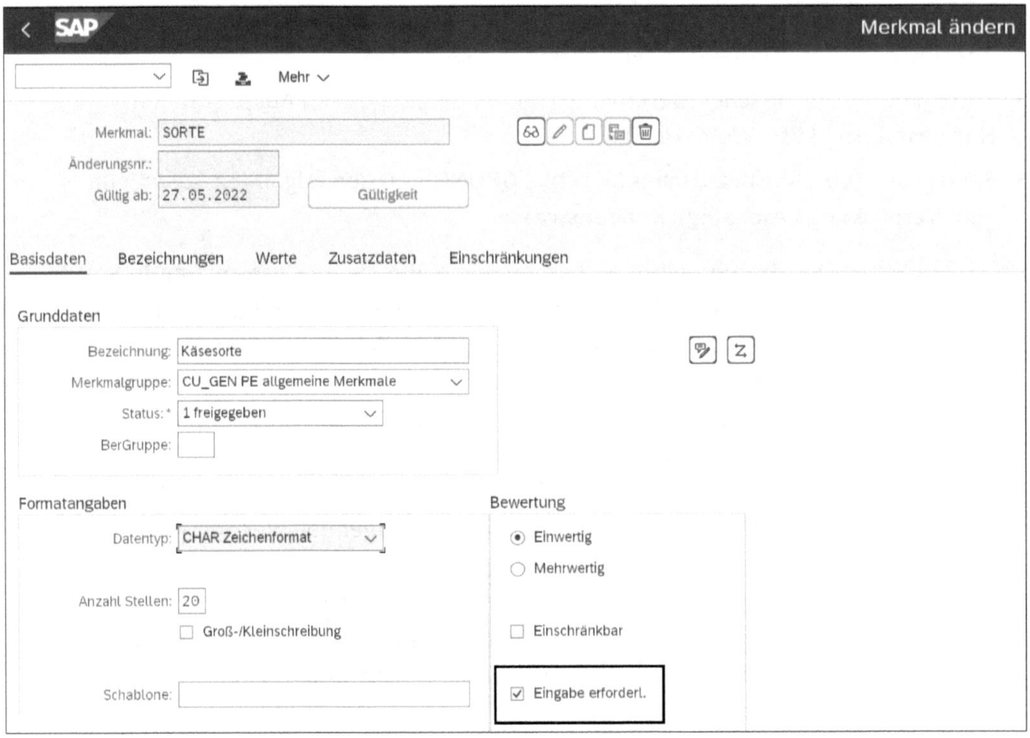

Abbildung 8.91 Chargenmerkmal in Transaktion CT04 (Merkmalverwaltung) erstellen

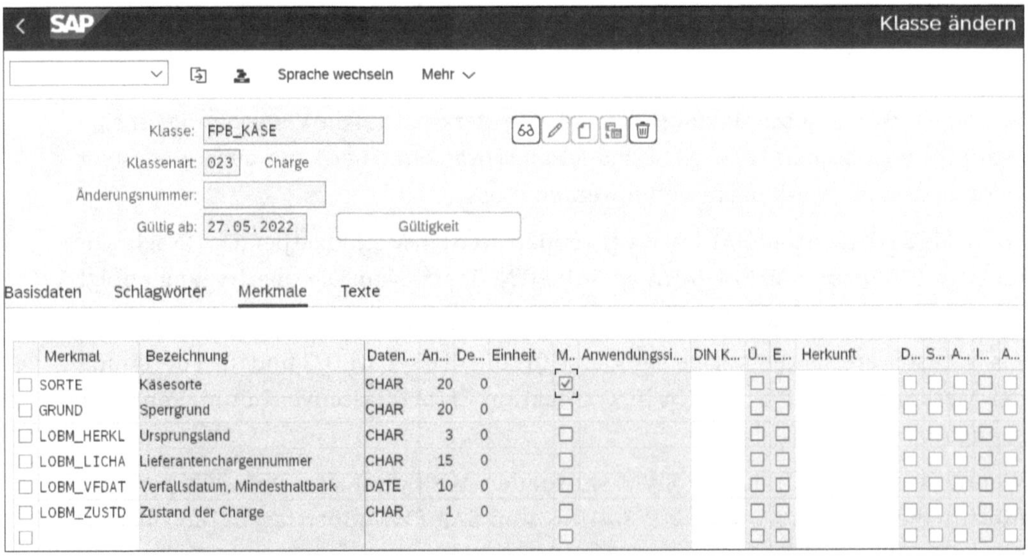

Abbildung 8.92 Chargenklasse in Transaktion CL02 (Klassenverwaltung) erstellen

Im nächsten Schritt wird die Klasse dem Material zugeordnet. Wenn Sie keine kundenspezifischen Merkmale nutzen, ist die Anlage der Chargenklasse optional, d. h. in SAP S/4HANA können auch Chargen ohne Klassifizierung mit SAP EWM verwendet werden. Die Zuordnung der Klasse zum Material erfolgt in SAP S/4HANA in Transaktion MM01 bzw. MM02 (Material anlegen bzw. ändern) auf der Registerklasse **Klassifizierung** (siehe Abbildung 8.93). Im dezentralen Szenario erfolgt die Übertragung von Materialien per IDoc (reduzierter Nachrichtentyp ZEWMMATMAS) mit Transaktion BD10 (Material senden). Damit die Klassifizierung nach SAP EWM übertragen wird, muss das Kennzeichen **Material vollständig senden** gesetzt sein.

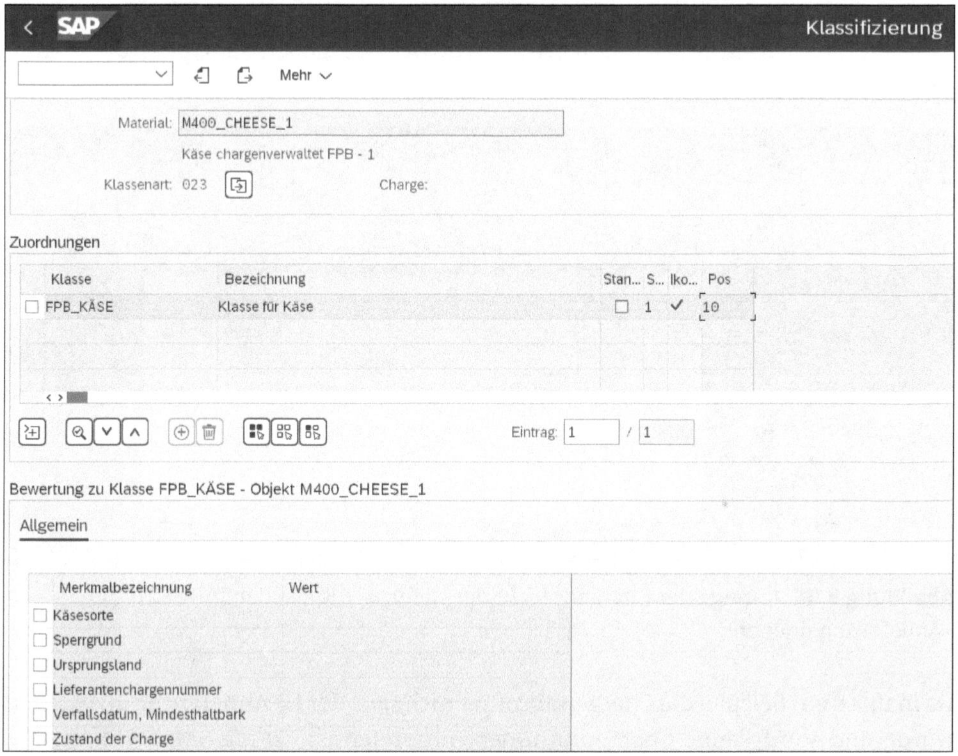

Abbildung 8.93 Chargenklasse zum Materialstamm in Transaktion MM01 (Material anlegen) zuordnen

Weitere Informationen zur Stammdatenintegration erhalten Sie in Kapitel 4, »Stammdaten in SAP S/4HANA EWM«, und zum Thema Chargenverwaltung in Kapitel 5, »Bestandsverwaltung«.

Im nächsten Abschnitt beschreiben wir das Bewerten und die Möglichkeiten der Erstellung der Charge für unser chargenpflichtiges Produkt im Wareneingangsprozess.

Bewertung und Chargenanlage im Anlieferungsprozess

In SAP EWM haben Sie bezüglich der Chargenabwicklung im Anlieferungsprozess die folgenden Möglichkeiten:

- Chargen entweder manuell oder automatisch anzulegen
- Chargen beim Anlegen in der Anlieferung mit Lieferungsdaten zu klassifizieren
- die Mindestrestlaufzeit einer Charge vom System prüfen zu lassen

Mit der Übertragung der Anlieferung von SAP S/4HANA nach SAP EWM prüft SAP EWM sowohl im dezentralen als auch im Embedded-Szenario, ob bei chargenpflichtigen Produkten eine Chargennummer vorhanden ist (siehe Abbildung 8.94). Dabei kann die Chargennummer durch SAP S/4HANA vorgegeben sein, oder die Charge wird in SAP EWM angelegt.

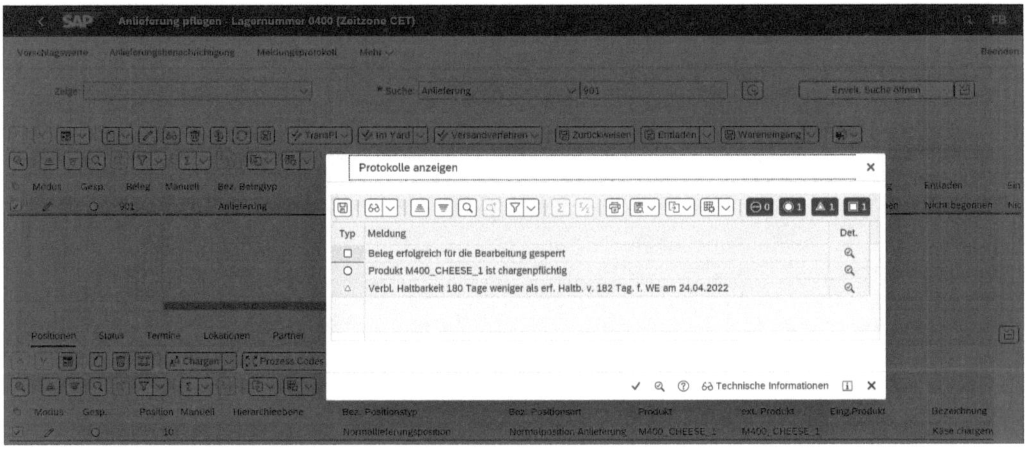

Abbildung 8.94 Anzeige der Chargenpflicht der Lieferposition in der SAP-Fiori-App »Anlieferung pflegen«

Da in unserem Beispiel die Chargennummer nicht aus der LE-Anlieferung übertragen wurde und somit keine Chargennummer vorhanden ist, ist die SAP-EWM-Anlieferung für die Lagerabwicklung so lange gesperrt, bis die Charge bewertet und angelegt wurde.

Die grundlegenden Einstellungsmöglichkeiten für die Chargenabwicklung im Wareneingangsprozess legen Sie im SAP-EWM-Customizing über den Pfad **Prozessübergreifende Einstellungen • Chargenverwaltung • Einstellungen zur Lieferung vornehmen** fest. Auf die verschiedenen Möglichkeiten gehen wir im Folgenden im Detail ein.

Bezüglich der Chargenanlage können Sie im Feld **Anlegen Charge während Verarbeitung Lieferung** festlegen, ob die Charge manuell oder automatisch erfolgen soll. Diese Option können Sie je nach Wareneingangsprozess differenzieren. Der beste Weg, um zwischen den verschiedenen Anlieferungsprozessen in SAP EWM zu unterscheiden, ist die geeignete Definition der Belegart (z. B. INBB = Anlieferung auf Basis einer Bestellung, INBP = Anlieferung auf Basis eines Produktionsauftrags) und Positionsart. Aus diesem Grund ist die Beleg- und Positionsart im Schlüssel der zuvor genannten IMG-Aktivität. Da wir den Käse fremdbeschaffen und vor der Wareneingangbuchung den Zustand der Charge begutachten wollen, soll die Bewertung und die Erstellung der Charge im Wareneingangsprozess manuell vorgenommen werden. Da für die Chargenbewertung auch kundenspezifische Merkmale relevant sind, ist eine automatische Anlage der Charge in SAP EWM – zumindest im Standard – nicht möglich. Falls Sie sich für die automatische Chargenanlage entscheiden, erfolgt diese im dezentralen SAP EWM mit der Aktivierung der Anlieferungsbenachrichtigung und im Embedded-Szenario mit der Erstellung der Anlieferung.

Da wir in unserem Beispiel auch kundenspezifische Merkmale, z. B. die Käsesorte, für die Bewertung der Charge verwenden wollen, müssen Sie die entsprechende Einstellung im Feld **Klassifizierung der Charge bei Anlegen in Lieferverarbeitung** in der zuvor genannten IMG-Aktivität vornehmen. Selbstverständlich haben Sie hier auch die Möglichkeit, die Bewertung Ihrer Charge mit den SAP-Standardmerkmalen vorzunehmen, es sei denn, Sie haben das Kennzeichen **Eingabe erforderlich** für Ihr kundenspezifische Merkmal gesetzt.

Darüber hinaus besteht die Möglichkeit, das Mindesthaltbarkeitsdatum/Verfallsdatum während der Chargenanlage zu prüfen. Damit die Prüfung erfolgt, müssen Sie im Produktstamm auf der Registerkarte **Werksdaten/Lagerung 1** eine Mindestrestlaufzeit und ein Periodenkennzeichen für das MHD definiert haben. Bei der Prüfung des Mindesthaltbarkeitsdatums können Sie zwischen den folgenden Optionen wählen:

- Position nicht sperren – SAP EWM zeigt eine Warnmeldung an (siehe Abbildung 8.94).
- Die Position wird gesperrt, kann aber manuell freigegeben werden. Wenn die Mindestrestlaufzeit zum Zeitpunkt des Wareneingangs unterschritten ist, setzt SAP EWM den Statustyp **Prüfung Restlaufzeit** (DSL) der Anlieferungsposition auf den Wert **Nicht OK**. Damit ist die Position inkonsistent, und Sie können keinen Wareneingang buchen oder Lageraufgaben anlegen. Wenn Sie die Unterschreitung dennoch akzeptieren, haben Sie die Möglichkeit, entweder den Wareneingang zu buchen oder die Anlieferung bzw. die Anlieferposition zurückzuweisen.
- Die Position wird gesperrt und kann auch nicht manuell freigegeben werden.

Wenn Sie den Wert **Position sperren, manuelle Freigabe erlaubt** oder **Position sperren, manuelle Freigabe nicht erlaubt** wählen, muss für alle betroffenen Positionsarten der Statustyp **Prüfung Restlaufzeit** (DSL) verwendet werden. Die Aktivierung dieser Statusart nehmen Sie im SAP-EWM-Customizing über den Pfad **Prozessübergreifende Einstellungen • Lieferung – Lageranforderung • Statusverwaltung • Statusprofile definieren** vor. In unserem Beispiel wollen wir für den Fall, dass die MHD-Prüfung fehlschlägt, die Anlieferposition sperren, aber im Ausnahmefall die Freigabe erlauben.

Zuletzt haben Sie in der IMG-Aktivität **Einstellungen zur Lieferung definieren - Lageranforderung** die Möglichkeit, die Wareneingangsbuchung für nicht freie Chargen zu erlauben bzw. zu verhindern. In unserem Beispiel entscheiden wir uns dazu, die Wareneingangsbuchung bei nicht freien Chargen zuzulassen. Abbildung 8.95 zeigt die beschriebenen Einstellungen.

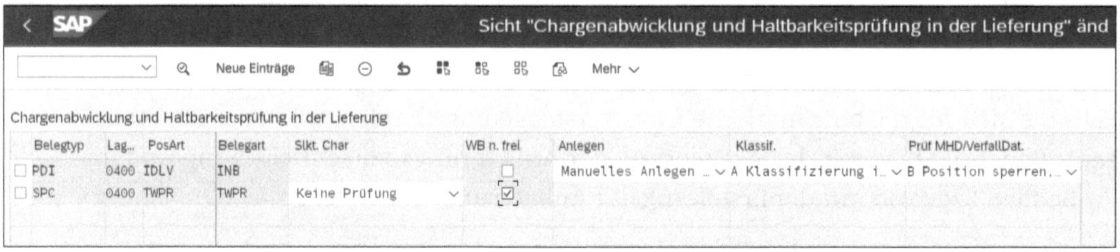

Abbildung 8.95 Einstellungen zur Chargenabwicklung und MHD-Prüfung in der Lieferung im SAP-EWM-Customizing

Im Folgenden gehen wir auf den Prozessablauf der Chargenabwicklung im Detail ein.

Die manuelle Anlage der Charge erfolgt über den Button **Chargen** in Transaktion /SCWM/PRDI, die Sie im SAP-Easy-Access-Menü in SAP EWM über den Pfad **Lieferabwicklung • Anlieferung** bzw. in der SAP-Fiori-App **Anlieferung pflegen** finden. Sie können die Chargennummer direkt in das Feld **Charge** eingeben oder von SAP EWM direkt erzeugen lassen. Sobald Sie die Anlieferung sichern, erzeugt SAP EWM eine neue Charge und zieht die Chargennummer aus dem im SAP-EWM-Customizing definierten Nummernkreis. Die Anlieferung ist so lange für weitere Lageraktivitäten gesperrt, bis die Chargenanlage erfolgt ist.

Das Anlegen klassifizierter Chargen kann sowohl in SAP S/4HANA als auch in SAP EWM erfolgen. Beim Anlegen klassifizierter Chargen in SAP EWM werden die folgenden SAP-Standardmerkmale automatisch aus den Anlieferdaten gefüllt:

- Ursprungsland
- Verfallsdatum bzw. Mindesthaltbarkeitsdatum
- Produktionsdatum
- Lieferantencharge

Abbildung 8.96 zeigt die Pflege der SAP-Standardmerkmale in der Anlieferposition mit der SAP-Fiori-App **Anlieferung pflegen**.

Wenn Sie die Beispielimplementierung des BAdIs `/SCWM/EX_DLV_BATCH_CHAR` aktiviert haben, wird mit der Aktion **Charge anlegen** ein Pop-up-Fenster aufgerufen, in dem Sie in der Lage sind, kundenspezifische Merkmale, z. B. unser Merkmal **Käsesorte**, für die Chargenerstellung zu erfassen (siehe Abbildung 8.97). Mit der Aktion **Chargenunterposition anlegen** haben Sie die Möglichkeit, mehrere Chargen zur gleichen Anlieferposition zu erfassen.

Abbildung 8.96 Chargen-Standardmerkmale in der SAP-Fiori-App »Anlieferung pflegen«

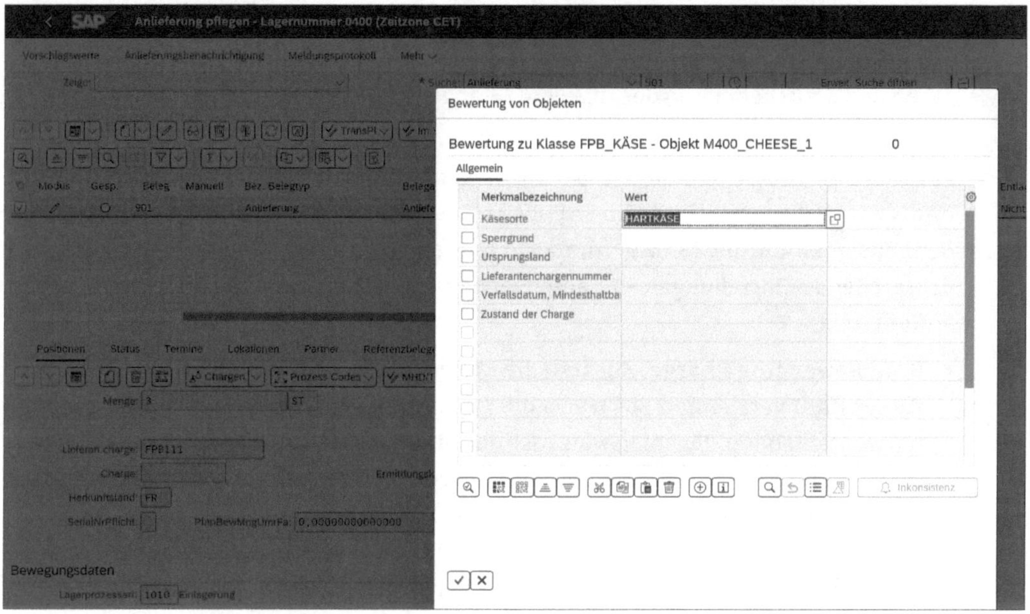

Abbildung 8.97 Kundenspezifische Merkmale beim Anlegen der Charge pflegen

Mit dem Sichern der Anlieferung wird die Charge erstellt und die SAP-EWM-Anlieferung geändert. Im dezentralen Szenario wird die Charge lokal in SAP EWM angelegt (siehe den Eintrag in Tabelle MCH1 bei der Chargenverwaltung auf der Materialebene bzw. in Tabelle MCHA bei der Chargenverwaltung auf der Werksebene) und per qRFC BAPI_BATCH_SAVE_REPLICA nach SAP S/4HANA übertragen und dort ebenfalls angelegt. Aus diesem Grund müssen Sie im dezentralen Szenario Nummernkreise für Chargen definieren. Diese IMG-Aktivität finden Sie im SAP-EWM-Customizing über den folgenden Pfad: **Prozessübergreifende Einstellungen • Chargenverwaltung • Chargenverwaltung für dezentrales EWM**.

Die sofortige Chargenreplikation sorgt für Konsistenz und bessere Datenqualität zwischen den beiden SAP-S/4HANA-Systemen. Die geänderte Anlieferung wird ebenfalls nach SAP S/4HANA per qRFC /SPE/INB_DELIVERY_REPLACE übertragen, die durch eine

PPF-Aktion /SCWM/MSG_PRD_SEND im Aktionsprofil /SCDL/PRD_CMMN getriggert wird. Im Embedded-Szenario erfolgt kein qRFC-Aufruf zur Übertragung der Charge, da in diesem Szenario ja eine gemeinsame Datenbasis genutzt wird.

[»]

Lokale Erstellung/Änderung von Chargen im dezentralen SAP EWM mit den Transaktionen MSC1N bzw. MSC2N

Ab EWM 2020 FP1 besteht im dezentralen SAP EWM auch die Möglichkeit, mit den Transaktionen MSC1N (Charge anlegen) bzw. MSC2N (Charge ändern) Chargen lokal in SAP S/4HANA EWM zu erstellen bzw. zu ändern. Die im dezentralen SAP S/4HANA EWM erstellten/geänderten Chargen werden lokal in der Tabelle MCH1 gespeichert und anschließend per RFC BAPI BAPI_SAVE_BATCH_REPLICA an SAP S/4HANA übertragen und dort ebenfalls in der Tabelle MCH1 abgelegt.

Für die Bewertung von Chargen in der Lieferung stehen Ihnen die folgenden wichtige BAdIs zur Verfügung, die Sie im SAP-EWM-Customizing über den folgenden Pfad finden: **Business Add-Ins (BAdIs) für das Extended Warehouse Management • Prozessübergreifende Einstellungen • Chargenverwaltung • Chargen in der Lieferung – Lageranforderung**.

- **BAdI Bewertung Charge: Zusätzliche Merkmale**
  Dieses BAdI verwenden Sie, wenn die Standardmerkmale im Hintergrund bewertet werden sollen. Beispielsweise ist das Standardmerkmal LOBM_LIFNR (Lieferantennummer) Ihrer Klasse zugeordnet und soll bei der Chargenanlage automatisch gefüllt werden. Welche Standardmerkmale zur Verfügung stehen, sehen Sie in der Tabelle CABN. Starten Sie Transaktion SE16 (Data Browser), und geben Sie als Selektionsparameter im Feld **Merkmalname** den Wert »LOBM*« ein. Über den Button **Ausführen** werden Ihnen alle Standardmerkmale angezeigt.

  Ein weiterer Anwendungsfall ist die manuelle Bewertung zusätzlicher Merkmale. SAP liefert eine Beispielimplementierung aus, mit der bei einer manuellen Anlage der Charge ein Pop-up-Fenster aufgerufen wird, in dem zusätzliche Merkmale, auch Nicht-Standardmerkmale, manuell bewertet werden können. Damit die Beispielimplementierung auch funktioniert, implementieren Sie noch das BAdI /SCWM/EX_DLV_BATCH_NUMBERING (Spezifische Nummernvergabe), da sonst das Pop-up-Fenster nicht gerufen wird. Auch für dieses BAdI liefert SAP eine Beispielimplementierung aus.

- **BAdI »Bewertung Charge Kundenmerkmale«**
  Dieses BAdI verwenden Sie, wenn Nicht-Standardmerkmale im Hintergrund bewertet werden sollen. So soll z. B. ein Kundenmerkmal durch ein Nicht-Standardmerkmal bei der Chargenanlage automatisch bewertet werden.

Chargenzustandsverwaltung

Die Änderung des Chargenzustands können Sie nur im Chargenstamm, z. B. mit Transaktion MSC2N (Charge ändern) vornehmen (siehe Abbildung 8.98). Zum Zeitpunkt der Chargenanlage in der SAP-EWM-Anlieferung kann der Chargenzustand nicht geändert werden. Wie bereits erwähnt, wird der Chargenzustand über das Merkmal `LOBM_ZUSTD` abgebildet, das die beiden Ausprägungen **frei** bzw. **nicht frei** haben kann. In unserem Beispiel haben wir den Sperrgrund als weiteres kundenspezifisches Chargenmerkmal angelegt, der bei der Zustandsänderung in **nicht frei** den Grund dokumentiert.

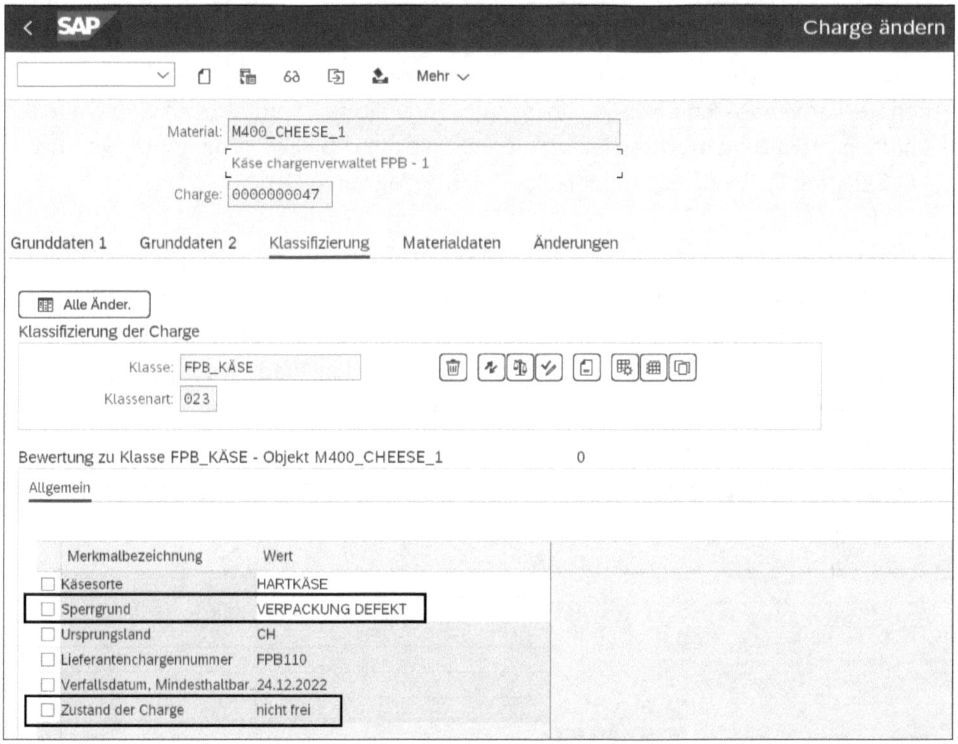

Abbildung 8.98 Chargenzustand und Pflege kundenspezifischer Merkmale in Transaktion MSC2N (Charge ändern) ändern

Mit dem Chargenzustand sind der frei verwendbare Bestand und der nicht freie Bestand im SAP-ERP-System verknüpft. Eine Änderung des Chargenzustands bewirkt im SAP S/4HANA eine Umbuchung vom frei verwendbaren Bestand in den nicht freien Bestand und umgekehrt. An dieser Stelle muss zwischen gesperrtem Bestand und nicht freiem Bestand unterschieden werden. Beim gesperrten Bestand handelt es sich um eine Bestandsart, während der nicht freie Bestand zwar ebenfalls eine Bestandsart darstellt, die aber immer in Kombination mit dem Chargenzustand zu sehen ist. Eine Charge kann somit je nach Zustand nur komplett freien bzw. nicht freien

Bestand haben. Im Gegensatz dazu kann sich allerdings eine Teilmenge einer Charge im frei verwendbaren Bestand (z. B. F2 – Frei verwendbar Lager) und gleichzeitig eine andere Teilmenge derselben Charge im gesperrten Bestand (z. B. B6 – Gesperrt in Lager) befinden.

[!]

Umbuchung in den nicht freien Bestand mit Änderung des Chargenzustands

Nur Bestände mit der Bestandsart **Frei verwendbar** sind von einer Umbuchung in den nicht freien Bestand bei einer Zustandsänderung der Charge betroffen. Für alle anderen Bestandsarten gilt dies nicht. Wenn sich eine Charge mit Chargenzustand **nicht frei** in gesperrtem Bestand befindet und die Charge in den frei verwendbaren Bestand umgebucht wird, wird der Bestand für diese nicht freie Charge automatisch in den nicht freien Bestand umgebucht. Der Grund dafür ist, dass eine nicht freie Charge keinen frei verwendbaren Bestand haben kann. Für weitere Informationen zum Thema Chargenverwaltung möchten wir an dieser Stelle auf das Buch »Chargenverwaltung mit SAP« von Doller et al. aus dem Rheinwerk Verlag verweisen.

Im SAP-EWM-Customizing haben Sie die Möglichkeit, Warenbewegungen (z. B. die Wareneingangsbuchung) für den nicht freien Bestand einer Charge zu verhindern (siehe Abbildung 8.99), was aber für gesperrten Bestand nicht möglich ist. Diese Einstellung finden Sie im SAP-EWM-Customizing über den Pfad **Prozessübergreifende Einstellungen • Chargenverwaltung • Chargenzustandsverwaltung • Einstellung für Lieferung - Lageranforderung vornehmen**.

Abbildung 8.99 Anzeige WE-Buchung nicht möglich aufgrund nicht freier Charge, z. B. in Transaktion /SCWM/PRDI (Anlieferung pflegen)

Mindestrestlaufzeit prüfen

Wenn Sie das dezentrale SAP EWM verwenden, müssen Sie im SAP-EWM-Customizing die Ermittlung der Mindesthaltbarkeit mit Periodenkennzeichen aktivieren, wenn das im Produktstamm gepflegte Periodenkennzeichen für die Prüfung der Mindestrestlaufzeit verwendet werden soll. Diese IMG-Aktivität finden Sie über den folgenden Pfad: **Prozessübergreifende Einstellungen • Chargenverwaltung • Chargenverwaltung für dezentrales EWM • Ermittlung der Mindesthaltbarkeit mit Periodenkennzeichen aktivieren**.

Innerhalb des Anlieferungsprozesses besteht in SAP EWM die Möglichkeit einer Prüfung der Chargen gegen eine definierte Mindestrestlaufzeit (Zeitspanne, wie lange eine Charge bei der Anlieferung noch mindestens haltbar sein muss), basierend auf dem Wert des Standardmerkmals `LOBM_VFDAT`. Für die Prüfung der Mindestrestlaufzeit innerhalb des SAP-EWM-Systems sind die folgenden Voraussetzungen notwendig:

- Prüfung im Customizing aktiv (konfigurierbar für Belegtyp, Lagernummer, Positionsart und Belegart), wie bereits zu Beginn des Abschnitts erwähnt.
- Im Material-/Produktstamm gepflegte Mindestrestlaufzeit.
- Die Anlieferposition des Chargenmaterials enthält einen Wert für das Mindesthaltbarkeitsdatum (`LOBM_VFDAT`). Ist dies nicht der Fall, wird die Prüfung übersprungen.

Die Prüfung gegen das Mindesthaltbarkeitsdatum der Charge erfolgt von der Gesamthaltbarkeit des Produkts und dem aktuellen Datum ausgehend. Die Prüfung kann auch auf Basis des Herstellungsdatums oder des Wareneingangsdatums der Charge erfolgen, falls diese Informationen verfügbar sind. In unserem Beispiel soll bei fehlerhafter Prüfung die Anlieferposition weiterhin gesperrt bleiben, aber eine manuelle Freigabe soll erlaubt sein.

[zB]

Beispiel zur Prüfung des Mindesthaltbarkeitsdatums

Das aktuelle Datum ist der 20.04.2023; die Gesamthaltbarkeit des Produkts beträgt 6 Monate. Das eingegebene Mindesthaltbarkeitsdatum ist der 01.12.2023.

20.10.2023 = 20.04.2023 + 6 Monate
(Vergleichsdatum = aktuelles Datum + Gesamthaltbarkeit)

Somit muss die angelieferte Charge mindestens bis zum 20.10.2023 haltbar sein, was durch das MHD 01.12.2023 erfüllt ist.

Mit der Erfassung des Mindesthaltbarkeitsdatums führt SAP EWM bereits die Restlaufzeitprüfung durch und informiert Sie, dass die verbleibende Haltbarkeit geringer als die erforderliche Haltbarkeit ist. Mit dem Sichern der Anlieferung ist das Ergebnis der Prüfung der Restlaufzeit auf der Registerkarte **Status** auf der Lieferpositionsebene sichtbar (siehe Abbildung 8.100).

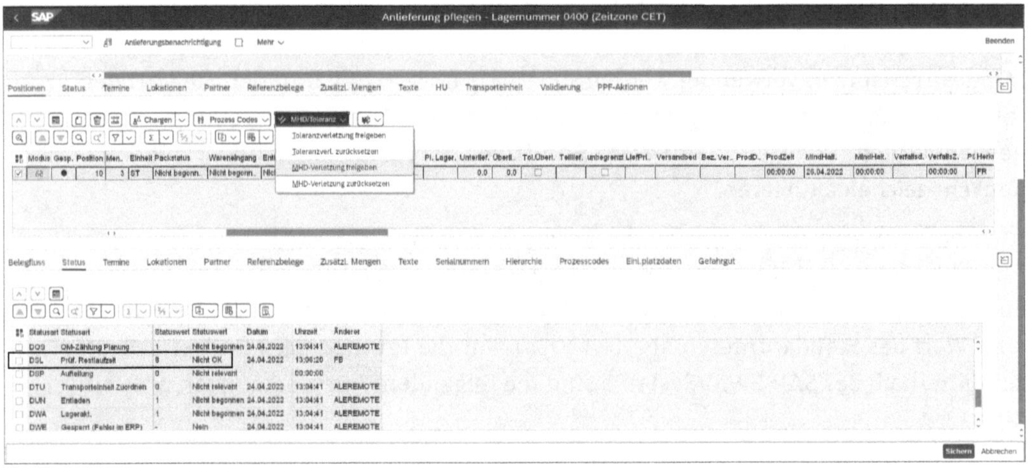

Abbildung 8.100 MHD-Verletzung freigeben, sofern erlaubt, z. B. in Transaktion /SCWM/PRDI (Anlieferung pflegen)

Sollte die Prüfung negativ sein, und Sie wollen die Freigabe erteilen, können Sie dies über den Button **MHD/Toleranz** und die Aktion **MHD-Verletzung freigeben** tun.

Verwendung von Dokumentationschargen im Wareneingang

Dokumentationschargen sind nicht bestandsgeführte Chargen, mit denen eine Rückverfolgbarkeit von Produkten möglich ist, ohne dass die entsprechenden Bestände auf der Chargenebene verwaltet werden müssen. Im Wareneingangsprozess muss eine Dokumentationscharge als Zusatzinformation erfasst werden, wenn das Feld **Dokumentationscharge** im Lagerproduktstamm auf der Registerkarte **Lagerdaten** entsprechend gesetzt ist. Dieses Feld im Lagerproduktstamm können Sie nicht manuell pflegen. Der Wert wird automatisch auf Basis der getroffenen Customizing-Einstellungen gesetzt. Im Folgenden gehen wir auf die notwendigen Customizing-Einstellungen in SAP S/4HANA und SAP EWM ein.

Um die Funktion der Dokumentationscharge nutzen zu können, müssen Sie in SAP S/4HANA über den Pfad **Logistik Allgemein • Chargenverwaltung • Dokumentationschargen** folgende IMG-Aktivitäten pflegen:

1. Die Verwendung von Dokumentationschargen muss aktiviert werden.
2. Sie müssen festlegen, für welche Produkte auf Basis der Materialart Dokumentationschargen verwendet werden sollen, z. B. für alle Handelswaren oder Fertigerzeugnisse. Wenn Sie die Dokumentationschargen gezielt nur für bestimmte Pro-

dukte einsetzen wollen, können Sie dies über die Implementierung der Methode PRODUCT_CHANGE im BAdI VBDOCUBATCH (Dokumentationscharge) erreichen. Dieses BAdI finden Sie ebenfalls unter dem oben genannten Pfad. In dieser IMG-Aktivität können Sie auch festlegen, ob beim Wareneingang zu einer Dokumentationscharge zusätzlich im Hintergrund ein Chargenstamm angelegt werden soll oder nicht. Falls ja, haben Sie dann die Möglichkeit, diesen vor der Wareneingangsbuchung zu bewerten. Im Gegensatz zu den normalen Chargen besteht nicht die Möglichkeit, die Daten automatisch aus der SAP-EWM-Anlieferposition zu übernehmen.

3. Sie können festlegen, für welchen Prozessschritt, z. B. Wareneingang zur Fremdbeschaffung, die Erfassung obligatorisch oder nicht möglich sein soll. Aus SAP-EWM-Sicht ist dieses Customizing in SAP S/4HANA nicht erforderlich, da SAP EWM diese Einstellung nicht verwendet.

Bei der Verwendung von Dokumentationschargen müssen Sie den Verwendungsnachweis auf der Werksebene aktivieren. Diese IMG-Aktivität finden Sie über den Pfad **Logistik Allgemein • Chargenverwaltung • Chargenverwendungsnachweis • Chargenverwendungsnachweis einrichten**. Markieren Sie **CHVW synchron buchen**, damit bei der Wareneingangsbuchung ein Verwendungsnachweis erzeugt wird.

Verwenden Sie das dezentrale SAP EWM, müssen die zuvor genannten Einstellungen sowohl in SAP S/4HANA, als auch in SAP S/4HANA EWM gepflegt werden.

In SAP EWM muss für die Kombination aus Belegtyp, z. B. PDI (Anlieferung) und Positionsart, z. B. IDLV (Normalposition Anlieferung) die Verwendung von Dokumentationschargen gesetzt werden. Diese IMG-Aktivität finden Sie im SAP-EWM-Customizing über den Pfad **Prozessübergreifende Einstellungen • Chargenverwaltung • Dokumentationscharge einstellen**.

Im Folgenden beschreiben wir kurz die Verwendung von Dokumentationschargen im Wareneingangsprozess. Falls die Anlieferung Lieferpositionen enthält, für die eine Dokumentationscharge erfasst werden muss, ist für diese Anlieferung nach der Übertragung der Gesamtstatus so lange gesperrt, bis eine Chargennummer erfasst wird (siehe Abbildung 8.101).

Auf der Positionsebene haben Sie nun die Möglichkeit, eine frei wählbare Chargennummer, z. B. die Lieferantennummer, und den Monat bzw. das Jahr der Anlieferung, entsprechend Abbildung 8.102 zu vergeben. Dadurch wird der Lieferbeleg automatisch entsperrt und kann als Wareneingang gebucht werden.

Somit haben Sie im Lagermonitor die Möglichkeit, nach der Anlieferung unter der Eingabe der Chargennummer zu suchen (siehe Abbildung 8.103). Eine Selektion nach dem Bestand zu dieser Charge ist aus den genannten Gründen nicht möglich.

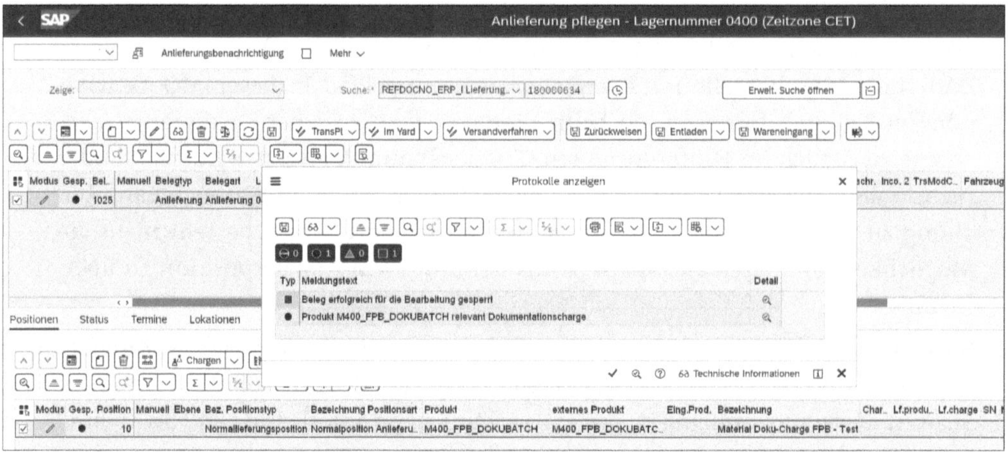

Abbildung 8.101 Anzeige Produkt relevant für die Erfassung der Dokumentationscharge, z. B. in Transaktion /SCWM/PRDI (Anlieferung pflegen)

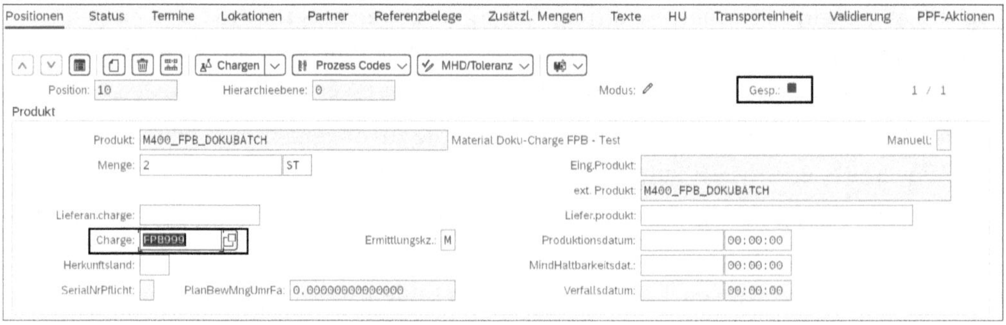

Abbildung 8.102 Doku-Chargennummer eingeben, z. B. in Transaktion /SCWM/PRDI (Anlieferung pflegen)

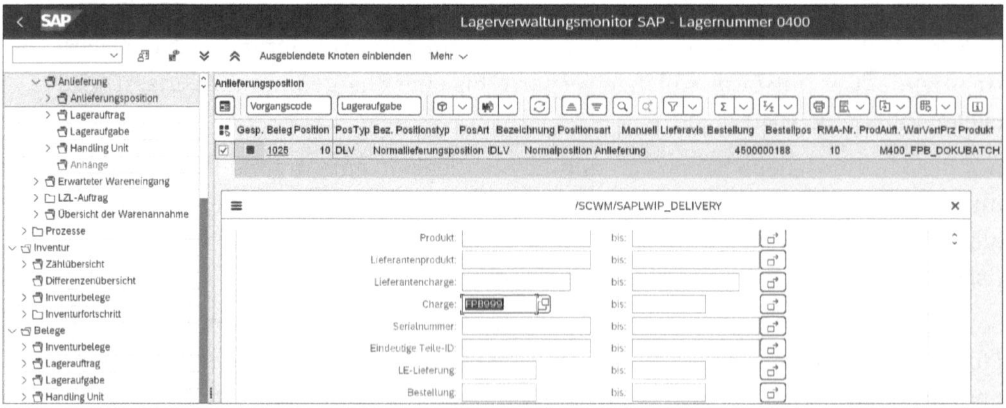

Abbildung 8.103 Selektierte Anlieferposition auf Basis der eingegebenen Doku-Chargennummer im Lagermonitor

Im nächsten Abschnitt haben wir die wichtigsten Unterschiede in der Chargenverwaltung zwischen dem Vorgängerprodukt SAP EWM, basierend auf SAP NetWeaver (SAP NetWeaver EWM), und SAP EWM, basierend auf SAP S/4HANA (SAP S/4HANA EWM) zusammengefasst.

Konzeptionelle Unterschiede zwischen dem dezentralen SAP S/4HANA EWM und SAP NetWeaver EWM

Da Leser dieses Buches planen, von SAP NetWeaver EWM auf SAP S/4HANA EWM zu migrieren, beschreiben wir im Folgenden die wesentlichen konzeptionellen Unterschiede bezüglich der Chargenverwaltung zwischen diesen beiden Deployment-Varianten.

Das dezentrale SAP S/4HANA EWM verwendet nicht die SCM-Stammdatenentitäten **SCM-Produkt**, **SCM-Charge** und **SCM-Chargenklassifizierung**. Stattdessen werden die zentralen ERP-Stammdatenentitäten **Materialstamm**, **Chargenstamm** und **Chargenklassifizierung** verwendet. Bei der Stammdatenverteilung für die zentralen SAP-ERP-Entitäten **Material**, **Charge**, **Chargenklassifizierung** (einschließlich Merkmalen und Klassen), **Kunde** und **Lieferant** wird nicht mehr das SAP-SCM-Core-Interface (CIF) verwendet. Stattdessen werden die Standardmechanismen und -werkzeuge des ALE-Frameworks für die Replikation von ERP-Materialstamm, -Chargenstamm, -Chargenmerkmalen sowie -Kunden- und Lieferantenstamm verwendet. Im dezentralen SAP S/4HANA EWM ist es nun möglich, Chargen lokal, also persistent anzulegen und zu ändern. Dies ist in SAP NetWeaver EWM nicht möglich. An dieser Stelle verweisen wir auf das Buch »Warehouse Management mit SAP EWM« von Lange et al., erschienen im Rheinwerk Verlag. Die lokale Anlage der Charge ist eine Funktion, die von vielen Kunden gewünscht wurde und die es nun ermöglicht, eine Charge im dezentralen SAP S/4HANA EWM ohne Umwege über SAP ERP anzulegen und zu ändern. Dadurch stehen Ihnen in SAP S/4HANA EWM ab Release 2020 FPS1 alle Standardtransaktionen der Chargenverwaltung wie in SAP S/4HANA zur Verfügung, z. B. Transaktionen CT04 (Merkmalverwaltung), Transaktion MSC2N (Charge ändern) usw. (siehe SAP-Hinweis 2987398). Änderungen werden sofort per `qRFC BAPI_BATCH_SAVE_REPLICA` in das SAP-S/4HANA-System repliziert.

8.8.2 Lagerungsdisposition

Die *Lagerungsdisposition* in SAP EWM dient zur automatischen Ermittlung eines Lagerkonzepts für ein Produkt. Basierend auf den Produkt-, Bedarfs- und Verpackungsdaten ermittelt die Lagerungsdisposition automatisch die für die Ein- und Auslagerung relevanten Lagerparameter im Produktstamm. Diese Parameter beschreiben, in welchem Bereich das Produkt gelagert werden soll, welche Eigenschaften der Lagerplatz haben soll und welche Ein- bzw. Auslagerungsstrategie verwendet werden soll.

Die Lagerungsdisposition bietet die Eigenschaft der Simulation. Auf diese Weise können Sie schrittweise die Ergebnisse der Simulation analysieren und die Konfiguration optimieren, ohne dass der Produktstamm aktualisiert wird. Wenn Sie mit dem Ergebnis zufrieden sind, können Sie die Ergebnisse aktivieren. Die Lagerungsdisposition ist optional. Bei der Lagerungsdisposition besteht zwischen dem dezentralen und dem Embedded-Szenario kein Unterschied.

Im Folgenden werden der Ablauf und die Logik der Lagerungsdisposition am Beispiel der Einlagerung, abhängig von der Lagerproduktgruppe und der Bedarfsmenge eines Produkts, erläutert.

Produkt M400_FPB_SLOT ist als Kleinteil einer bestimmten Lagerproduktgruppe 0001 zugeordnet. Kleinteile werden in einem separaten Kleinteilelagertyp 0020 gelagert. Dieser Lagertyp ist in zwei Lagerbereiche unterteilt: 0001 für Schnelldreher und 0002 für Langsamdreher (siehe Abbildung 8.104). Die Schnelldreher sind mit einer Bedarfsmenge von maximal 100 ST/Tag definiert, während die Langsamdreher eine Bedarfsmenge von maximal 10 ST/Tag aufweisen.

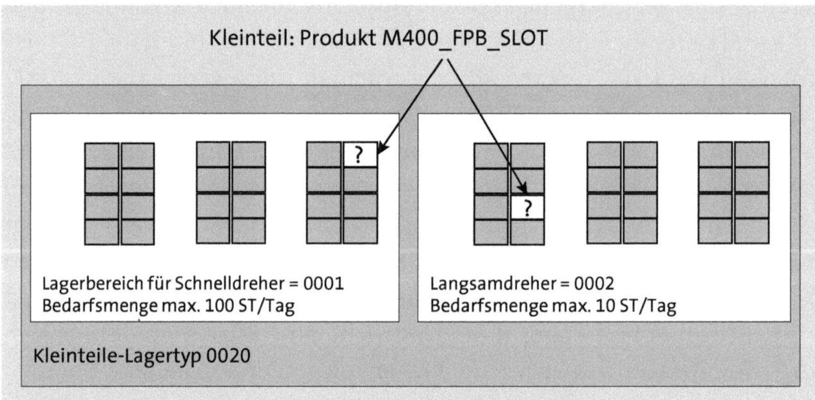

Abbildung 8.104 Beispiel für eine Lagerungsdisposition

Mit Transaktion /SCWM/GCMC besteht die Möglichkeit, die Konditionssätze für die Bestimmung der Steuerkennzeichen über die Verwendung der Parameter zu pflegen. Die Pflegetransaktion finden Sie im SAP-Easy-Access-Menü in SAP EWM über den Pfad **Stammdaten • Lagerungsdisposition**.

In Abbildung 8.105 sind die folgenden Konditionssätze gepflegt:

- Für die Lagerproduktgruppe 0001 (Kleinteile) soll das Einlagerungssteuerkennzeichen (ESK) **EIKT** ermittelt werden.
- Für den Lagertyp 0020 (Lagertyp Regallager für Kleinteile) soll für den Bedarfsindikator BILD (Langsamdreher) das LBK **EILD** ermittelt werden.

- Für den Lagertyp 0020 soll für den Bedarfsindikator BISD (Schnelldreher) das LBK **EISD** ermittelt werden, das letztlich einer bestimmten Lagerbereichssuchreihenfolge zugeordnet ist.

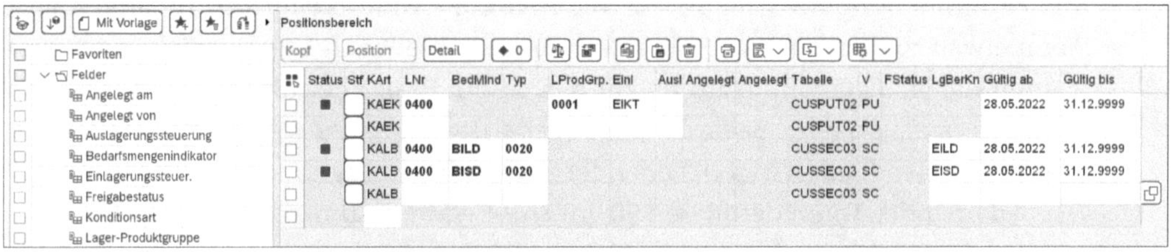

Abbildung 8.105 Konditionspflege für die Lagerungsdisposition mit Transaktion /SCWM/GCMC

Damit Sie die zuvor genannten Konditionssätze definieren können, müssen im SAP-EWM-Customizing Einflussparameter und die Konditionstechnik eingestellt werden, auf die wir im Folgenden eingehen.

Einlagerungssteuerkennzeichen

Das ESK steuert, dass bei der Einlagerung bestimmte Produkte bevorzugt in bestimmten Lagertypen eingelagert werden. Das ESK definieren Sie im SAP-EWM-Customizing über den Pfad **Wareneingangsprozess • Lagerungsdisposition • Stammdaten • Einlagerungssteuerkennzeichen definieren**.

Anschließend ordnen Sie dem ESK eine Lagertypsuchreihenfolge zu. Diese definieren Sie im SAP-EWM-Customizing über den Pfad **Wareneingangsprozess • Lagerungsdisposition • Stammdaten • Lagertypfolgen • Lagertypsuchreihenfolge für die Einlagerung definieren**.

Als Nächstes ordnen Sie im SAP-EWM-Customizing über den zuvor genannten Pfad über den Menüpunkt **Lagertypen der Lagertypsuchreihenfolge zuordnen** der Lagertypsuchreihenfolge die entsprechenden Lagertypen zu.

Lagerbereichskennzeichen

Das Lagerbereichskennzeichen (LBK) steuert, dass SAP EWM das Produkt bei einer Einlagerung bevorzugt einem bestimmten Lagerbereich zuordnet. Das LBK definieren Sie im SAP-EWM-Customizing über den Pfad **Wareneingangsprozess • Lagerungsdisposition • Stammdaten • Lagerbereichskennzeichen anlegen**.

Anschließend ordnen Sie für den jeweiligen Lagertyp im SAP-EWM-Customizing über den zuvor genannten Pfad unter dem Menüpunkt **Lagerbereichssuchreihenfolge pflegen** die entsprechenden Lagerbereiche den definierten LBKs zu.

Bedarfsindikatoren

Bedarfsindikatoren steuern, dass bei der Einlagerung je nach Bedarfsmenge Produkte in zuvor definierten Bereichen eingelagert werden. Die Bedarfsindikatoren werden z. B. zur Ermittlung des geeigneten LBK über die Konditionstechnik herangezogen, wenn etwa Produkte, je nach Gängigkeit, in verschiedenen Lagerbereichen gelagert werden sollen. Bedarfsindikatoren können Sie auf Basis verschiedener Bedarfstypen festlegen: auf Basis der Bedarfsmenge (Bedarfstyp 01), der Anzahl an Kundenauftragspositionen (Bedarfstyp 02) oder der empfohlenen Lagermenge (Bedarfstyp 03). Die Bedarfsindikatoren definieren Sie im SAP-EWM-Customizing über den Pfad **Wareneingangsprozess • Lagerungsdisposition • Einflussparameter • Intervalle • Bedarfsindikatoren definieren**.

Danach ordnen Sie im SAP-EWM-Customizing mithilfe des zuvor genannten Pfads über den Menüpunkt **Intervalle den Bedarfsindikatoren zuordnen** die maximalen Bedarfswerte den Bedarfsindikatoren zu.

Konditionstechnik

Die Ermittlung der Werte der durch die Lagerungsdisposition bestimmbaren Lagerparameter wird unter der Berücksichtigung der verschiedenen Kombinationen der Parameter durch die *Konditionstechnik* realisiert. Die Customizing-Einstellungen für die Nutzung der Konditionstechnik bilden die Grundlage für die Pflege der Konditionssätze, die für die Steuerung der Lagerparameterermittlung notwendig sind. Wir gehen davon aus, dass Sie mit der Logik der Konditionstechnik vertraut sind, sodass wir hier nur kurz auf die notwendigen Tabelleneinträge eingehen.

Für die Bestimmung des ESK definieren Sie im SAP-EWM-Customizing über den Pfad **Wareneingangsprozess • Lagerungsdisposition • Konditionstechnik • Konditionstabelle für Einlagersteuerkennzeichen bearbeiten** eine Konditionstabelle, auf deren Basis Felder das ESZ ermittelt werden soll. In unserem Beispiel wird das ESZ auf Basis der Felder **Lagernummer** und **Lager-Produktgruppe** bestimmt (siehe Abbildung 8.106). In einem Kundensystem muss der Name der Konditionstabelle mit CUS anfangen. Danach können sie eine maximal 5-stellige Nummern eingeben. Wichtig ist, dass Sie die Konditionstabellen aktivieren.

Für die Bestimmung des LBK definieren Sie im SAP-EWM-Customizing über den zuvor genannten Pfad unter dem Menüpunkt **Konditionstabelle für Lagerbereich bearbeiten** eine Konditionstabelle, auf deren Basis Felder das LBK ermittelt werden soll. Wie in Abbildung 8.107 dargestellt, wird in unserem Beispiel das LBK anhand der Felder **Lagertyp** und **Bedarfsmengenindikator** bestimmt.

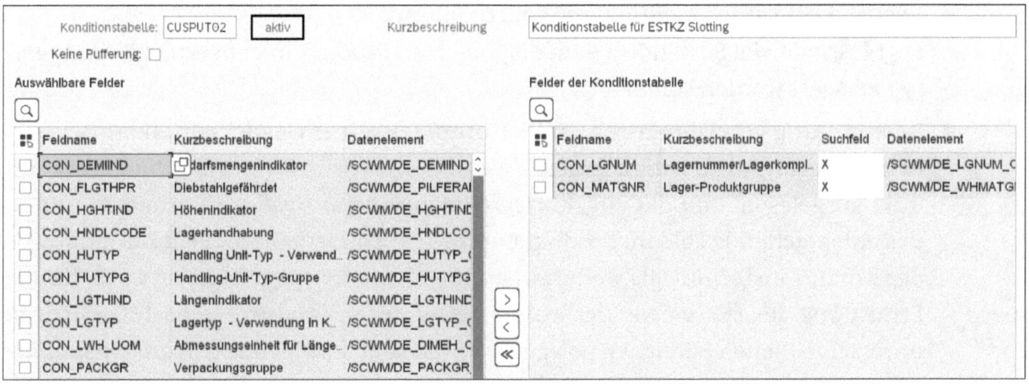

Abbildung 8.106 Konditionstabelle zur Ermittlung des Einlagerungssteuerkennzeichens

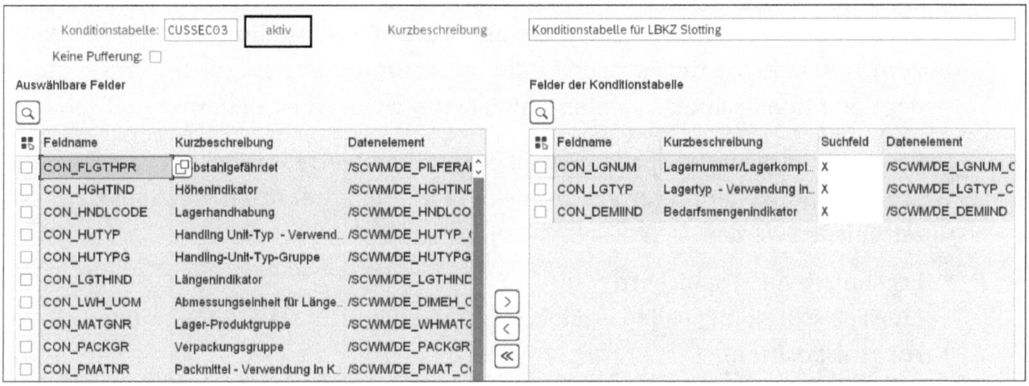

Abbildung 8.107 Konditionstabelle zur Ermittlung des Lagerbereichskennzeichens

Auf die Zugriffsfolgen, Konditionsarten, Findungsschemata und Einstellungen für die Benutzeroberfläche gehen wir aus Platzgründen an dieser Stelle nicht näher ein.

Nachdem die Einstellungen im SAP-EWM-Customizing vorgenommen worden sind, können Sie mit der Lagerungsdisposition beginnen. Wenn Sie Transaktion /SCWM/SLOT (Produkte disponieren für Lager) starten, können Sie eine Auswahl der Lagerungsdispositionsschritte vornehmen, die bei der Ermittlung der optimalen Lagerplatzdaten berücksichtigt werden sollen, z. B.:

- **für die Einlagerung**
  Bestimmung des ESK, des LBK und des optimalen Platztyps
- **für die Auslagerung**
  Bestimmung des Auslagerungssteuerkennzeichens (ASK). Das ASK steuert, dass bei einer Auslagerung bestimmte Produkte bevorzugt aus bestimmten Lagertypen oder Lagertypgruppen ausgelagert werden.

- **Bestimmung einer maximalen Lagertypmenge**
  Legt fest, wie viel Bestand zu dem disponierten Produkt in dem ermittelten Lagertyp gelagert werden sollte.
- **Bestimmung von Dimensionsindikatoren, z. B. eines Gewichtsindikators**
  Beim Lagerungsdispositionslauf werden die Dimensionswerte aus dem Lagerprodukt ausgelesen, und das zugehörige Dimensionsintervall wird ermittelt und in das entsprechende Feld im Produktstamm geschrieben. Dieses Feld kann mithilfe der Konditionstechnik als weiterer Parameter wieder ausgelesen und z. B. für die Ermittlung des ESK verwendet werden, etwa, wenn Produkte je nach Gewicht in unterschiedlichen Bereichen gelagert werden sollen. Folgende Dimensionsindikatoren stehen im Standard zur Verfügung: Gewicht, Volumen, Länge, Breite, Höhe.
- **Bestimmung eines Bedarfsmengenindikators**
  Durch den Lagerungsdispositionslauf können aus den Bedarfsdaten die Bedarfsindikatoren pro Produkt ermittelt werden. Diese Bedarfsindikatoren werden dann vom System in die zugehörigen Felder im Lagerprodukt geschrieben und mithilfe der Konditionstechnik als weiterer Parameter wieder ausgelesen.

Die aus dem Lagerungsdispositionslauf ermittelten Werte werden auf verschiedene Weise im Produktstamm fortgeschrieben. Es können drei Arten von Speichermodi unterschieden werden:

- **Ergebnisse nicht speichern**
  Eine Fortschreibung in den Produktstamm findet nicht statt (Simulation der Lagerungsdisposition).
- **Ergebnisse speichern**
  Lagerungsdispositionslauf mit automatischer Aktualisierung der Planwerte des Produktstamms. Falls Planwertfelder im Lagerproduktstamm existieren, können diese aktualisiert werden. Diese werden aber noch nicht als operative Werte übernommen. Zur Aktivierung der Planwerte verwenden Sie Transaktion /SCWM/SLOTACT, die Sie im SAP-Easy-Access-Menü in SAP EWM über den zuvor genannten Pfad finden.
- **Ergebnisse speichern und aktivieren**
  Die ermittelten Planwerte werden automatisch als operative Werte übernommen.

Die aktivierten Werte können mit dem Kennzeichen **Fix.** fixiert werden, sodass eine Überschreibung beim nächsten Lagerungsdispositionslauf und bei der Aktivierung von Planwerten verhindert wird.

Wie in Abbildung 8.108 dargestellt, wurde auf Basis des Konditionssatzes für die ESK-Ermittlung für die Produktgruppe 0001 der Wert **EIKT** ermittelt. Diesem Wert wurde im Customizing in der Lagertypsuchreihenfolge der Lagertyp 0020 zugeordnet. Darüber hinaus wurde der Bedarfsindikator BISD auf Basis der im Produktstamm hinterlegten Bedarfsmenge ermittelt.

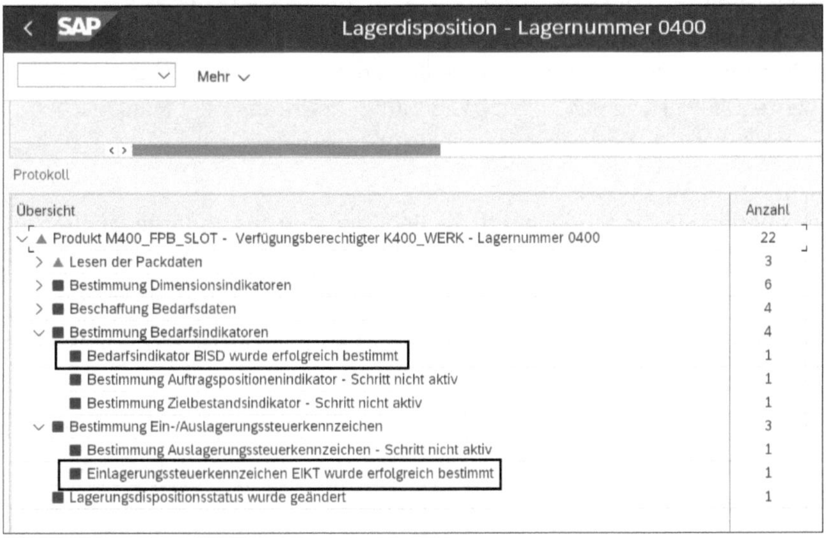

Abbildung 8.108 Ergebnisanzeige des Lagerungsdispositionslaufs

Die Bedarfsdaten können aus APO-SPP (Service Parts Planning) direkt nach SAP EWM übertragen werden. SAP EWM legt diese Informationen lokal im Produktstamm ab (siehe Abbildung 8.109).

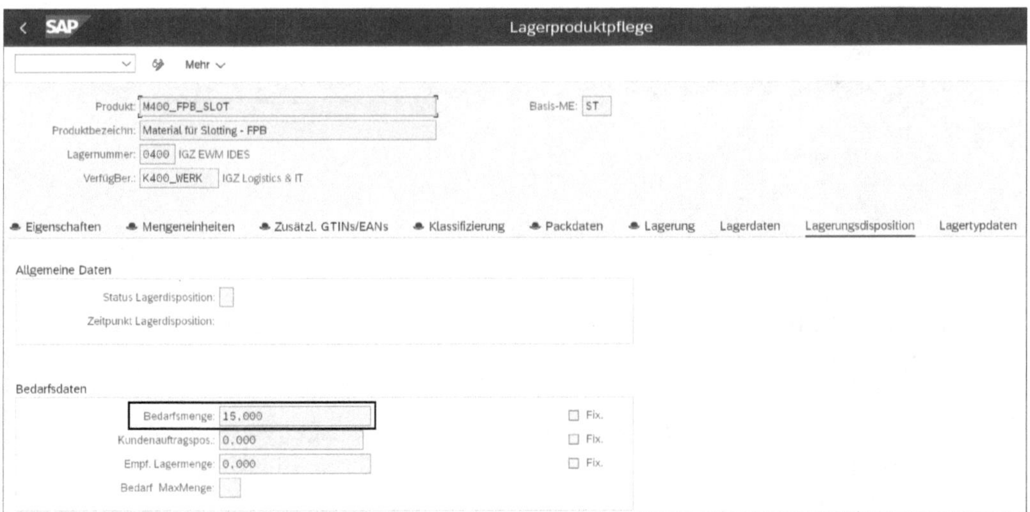

Abbildung 8.109 Bedarfsmenge im Lagerproduktstamm

[»]

Service Parts Planning (SPP)

Die SPP-Engine ist das Planungsmodul der SAP-Ersatzteilmanagementlösung, die in die Supply Chain Management Business Suite von SAP integriert ist. SPP bietet spezialisierte Funktionen für die Planung der Teiledistribution und schafft eine transparente Lieferkette. Die Planung von Teilen basiert auf Stücklisten, d. h. hierarchischen Netzen von Standorten, die die Vertriebswege für Teile vorgeben.

Darüber hinaus haben Sie die Möglichkeit, die Bedarfsdaten aus anderen Quellen zu füllen. Dazu stehen im Produktstamm mehrere Bearbeitungsmöglichkeiten zur Verfügung, z. B. die manuelle Eingabe oder die Massenpflege mit Transaktion MASSD.

Der Bedarfsindikator BISD hat in Kombination mit dem Lagertyp 0020 das LBK EISD auf Basis eines weiteren Konditionssatzes bestimmt.

In unserem Beispiel wurde der Speichermodus so eingestellt, dass mit dem Sichern des Lagerungsdispositionslaufs die Planwerte im Produktstamm aktualisiert werden, was bedeutet, dass die Aktivierung der Lagerparameter im Produktstamm manuell durch Transaktion /SCWM/SLOTACT erfolgt. Über Transaktion /SCWM/MAT1 können Sie sich die für das Produkt ermittelten Lagerparameter in den lagerabhängigen bzw. lagertypabhängigen Produktstammsichten anzeigen lassen (siehe Abbildung 8.110).

Abbildung 8.110 Aktualisierter Produktstamm mit geplantem Einlagerungssteuerkennzeichen

Den Wert für das geplante LBK sowie den ermittelten Lagertyp sehen Sie auf der Registerkarte **Lagertypdaten** (siehe Abbildung 8.111). Die Lagerungsdisposition stellt die Grundlage für die Lagerreorganisation dar.

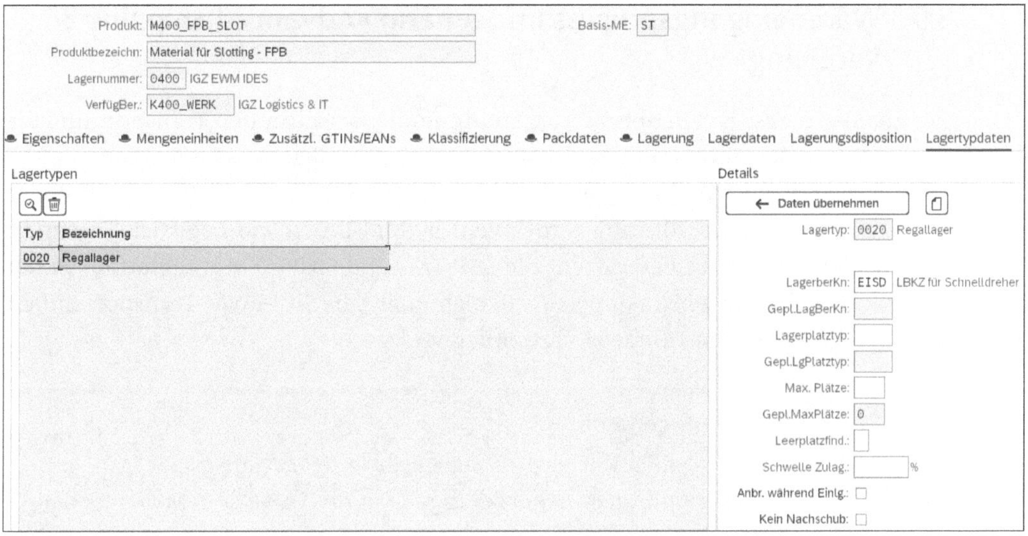

Abbildung 8.111 Aktualisierter Produktstamm mit Lagertyp und Lagerbereichskennzeichen

IGZ liefert Best Practice

Falls Ihnen die von SAP im EWM-Standard ausgelieferte Logik der Lagerungsdisposition nicht ausreicht, bietet IGZ mit Smart Slotting eine Lösung, die auf künstlicher Intelligenz (KI) basiert. IGZ bietet darüber hinaus weitere Best Practice Lösungen, um Ihre EWM-Implementierungen zeitsparender, sicherer und damit kostengünstiger durchzuführen, z. B.:

- Pick-by/to-Light – ergonomische Kommissionierung mit Pick-Anzeigen
- Pick-by-Motion – Kameragestützte und gestengesteuerte Kommissionierung
- Pick-by-Vision – Integration von Datenbrillen mit SAP EWM (Smart Glasses)
- effizienzoptimierter SAP EWM-Packtisch mit integrierten Versandfunktionen
- Hochleistungs-Kommi-Arbeitsplatz Ware-zur-Person mit Tablarhandling
- EWM-integrierte Routenzug-Lösung mit wegeoptimierter Planung der Touren
- Move-by-Robot – Anbindung fahrerlose Transportsysteme
- Pick-by-Robot – Robotergesteuerte Kommissionierung mit EWM
- Smart Logistics Cockpit - proaktiver und personalisierbarer Anlagenleitstand
- Automated Rapid Validation – automatisierte Massen-/Regressionstests
- und viele mehr

Eine Übersicht und Details zu den Best Practice Lösungen finden Sie im Internet unter dem Link *https://www.igz.com/sap-warehousing/*.

8.9 Wareneingangsprozess im Szenario »Advanced Shipping & Receiving«

Der AdvSR-Prozess ist ein optimierter End-to-End-Prozess für den Transport und die Lagerung von Beständen und vereinfacht die Kommunikation zwischen den in SAP S/4HANA eingebetteten Anwendungskomponenten SAP TM, SAP EWM, Stock Room Management, Bestandsführung und Inventur (MM-IM) sowie Logistics Execution (LE). Der AdvSR-Prozess vereinfacht die SAP-TM- und SAP-EWM-Integration, da der Frachtauftrag (FA) als zentraler Beleg und nicht mehr die SAP-EWM-Transporteinheit (TE) bzw. das SAP-EWM-Fahrzeug verwendet wird.

[»]

SAP Stock Room Management

SAP Stock Room Management ist eine schlanke, in SAP S/HANA integrierte Lösung zur Verwaltung einfacher und/oder manueller Lager, mit der SAP-ECC-WM-Funktionalitäten in eingeschränktem Funktionsumfang genutzt werden können. Die folgenden WM-Komponenten sind im Stock Room Management nicht enthalten:

- Task & Resource Management (WM-TRM)
- Warehouse Control Unit Interface (WM-LSR)
- Value Added Service (WM-VAS)
- Yard Management (WM-YM)
- Cross-Docking (WM-CD)
- Wellenmanagement (WM-TFM-CP)
- dezentrales WM (WM-DWM)

Bitte beachten Sie in diesem Zusammenhang SAP-Hinweis 2577428 (Road Map for LE-WM in SAP S/4HANA).

8.9.1 Grundlagen und Überblick des Prozessablaufs

Wie im TE-basierten Integrationsszenario beschrieben, gibt es diverse Restriktionen, die SAP mit Advanced Shipping & Receiving (kurz AdvSR) löst. Mit AdvSR kann beispielsweise im Multi-Pick-/Multi-Drop-Szenario ein und derselbe Lkw an der gleichen Lokation mit nur *einem* Geschäftsbeleg entladen und wieder beladen werden, was im TE-basierten Szenario nicht möglich ist. SAP TM, SAP EWM und LE in SAP S/4HANA verwenden den Frachtauftrag (FA) von SAP TM als gemeinsames Objekt und zentralen Beleg für die Logistikprozesse, allerdings nach aktuellem Releasestand nur im Embedded-Szenario, d. h. in SAP ERP, SAP TM und SAP EWM auf einer SAP-S/4HANA-Instanz und im gleichen Mandanten. So können Lageraktivitäten mit der SAP-Fiori-App **Frachtaufträge laden oder entladen** direkt zum Frachtauftrag in SAP EWM durchgeführt werden. Dadurch entfällt die Transporteinheit bzw. das Fahrzeug in SAP EWM als redundanter Geschäftsbeleg zum Frachtauftrag in SAP TM. Daher werden die bestehenden Transaktionen /SCWM/TU (Transporteinheit pflegen), /SCWM/VEH (Fahrzeug bearbeiten) sowie die Business-Client-Anwendungen /SCWM/SCO (Versand-Cockpit-Planung) und /SCWM/SCO_EXEC (Versand-Cockpit-Ausführung) im AdvSR nicht verwendet. Im Gegensatz zum TE-basierten Szenario werden die Kombination von An- und Auslieferungen bzw. deren lieferbasierten Frachteinheiten in einem Frachtauftrag für denselben Lagerstandort unterstützt. Neben dem Wegfall der Transporteinheit gibt es im AdvSR-Szenario zwei neue Objekte:

- **Sendungsauftrag**
  Ein Sendungsauftrag ist ein Geschäftsbeleg, mit dem mehrere Transportbedarfe (Frachteinheiten bzw. Lieferungen) nach bestimmten Kriterien zusammenfasst werden können, z. B. nach gleichem Quell- und Zielort, gleichem Lieferdatum/-zeitpunkt und gleichem Geschäftspartner (z. B. Lieferant, Warenempfänger). Ein Sendungsauftrag dient als wichtige Grundlage für die Kommunikation zwischen den Partnern, die an einem Geschäftsprozess beteiligt sind. Beispielsweise können Sie als Lieferant Ihrem Auftraggeber mitteilen, welche Produkte Sie zu einem bestimmten Liefertermin an ein bestimmtes Ziel liefern werden. Der Sendungsauftrag erhält eine ID, die als Referenz für die Geschäftspartner dient. Das Verhältnis zwischen Sendungsauftrag und Frachteinheit bzw. Lieferung ist 1:n. Eine Frachteinheit bzw. Lieferung kann nur einem Sendungsauftrag zugeordnet werden bzw. können alle Positionen einer Anlieferung nur demselben Sendungsauftrag zugeordnet werden. Ein Sendungsauftrag kann dabei immer nur einem Frachtauftrag und diesem nur vollständig zugeordnet werden; ein Frachtauftrag kann jedoch mehrere Sendungsaufträge enthalten. Die Planung und Ausführung des Transports findet dann auf der Basis des Frachtauftrags statt. Ein Sendungsauftrag kann nur einen Transportabschnitt zwischen der Quell- und der Ziellokation enthalten, d. h. keine Zwischenabschnitte. Der Sendungsauftrag kann auch nur jeweils einen Verlader und einen Empfänger haben.
- **Be-/Entladestelle**
  Eine Be-/Entladestelle ist eine Gruppe von Toren, die zu einem oder zu mehreren Lagern gehören kann. Damit ist es möglich, Tore, die z. B. zu einem Lean-WM-geführten Lager und einem SAP-EWM-geführten Lager gehören, derselben Ladestelle zuzuordnen. Wenn in einem Lagergebäude sowohl eine Lean-WM- als auch eine SAP-EWM-Lagernummer verwenden und diese Lagernummern sich ein gemeinsames Lagertor teilen, muss das Lean-WM-Lagertor dem SAP-EWM-Lagertor mit der App **LRV-Tore zu EWM-Toren oder Ladestellen zuordnen** zugeordnet werden. Die Be-/Entladestelle ist für SAP-EWM- und Nicht-SAP-EWM-verwaltete Lager das gleiche Stammdatenobjekt. In SAP EWM wird die Be-/Entladestelle als separate Supply Chain Unit (kurz SCU) abgebildet.

Abbildung 8.112 zeigt beispielhaft die hierarchische Anordnung der wichtigsten Objekte für den Inbound-Prozess im AdvSR-Szenario.

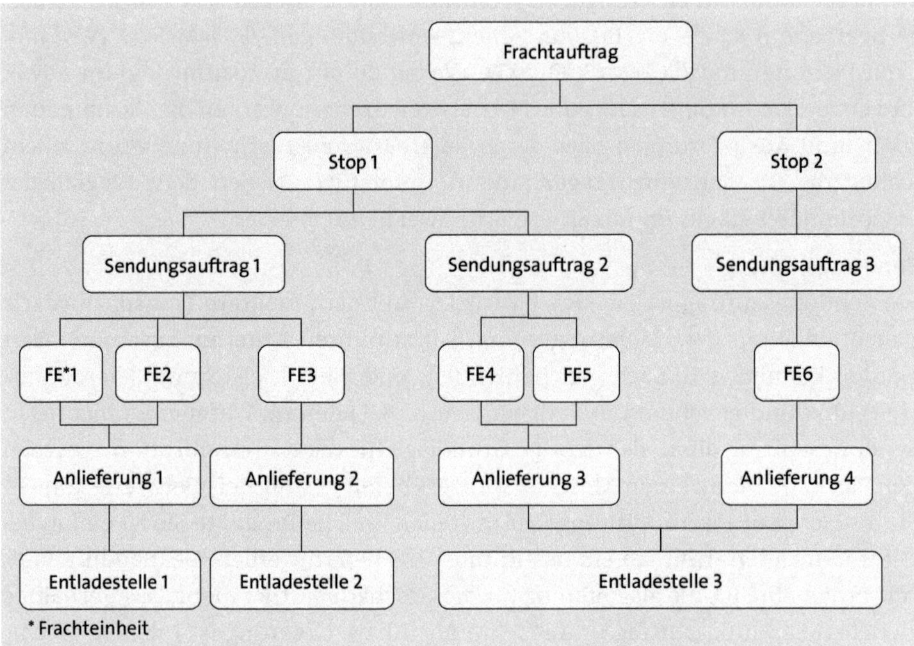

Abbildung 8.112 Hierarchische Anordnung der wichtigsten Objekte im AdvSR-Szenario

Prozessseitig bietet AdvSR die folgenden wesentlichen Vorteile:

- Durch den Wegfall der Transporteinheit können nun An- und Auslieferungen bzw. deren Frachteinheiten in einem Frachtbeleg kombiniert werden.
- Durch die Verwendung von Ent- und Beladestellen können in einem Frachtbeleg SAP-EWM- und Nicht-SAP-EWM-verwaltete Lokationen kombiniert werden.

Systemseitig bietet AdvSR durch die vereinfachte Integration die Möglichkeit, um die Kommunikation zwischen allen im Logistikprozess beteiligten Geschäftspartnern (Auftraggeber, Lieferant und Spediteur) durch die Verwendung des Fracht- bzw. Sendungsauftrags als zentralen Geschäftsbeleg deutlich zu verbessern und den Logistikprozess durch weniger redundante Belege zu verschlanken.

Abbildung 8.113 zeigt einen beispielhaften Inbound-Prozess im AdvSR-Szenario von der Erstellung des Lieferplans in SAP ERP über die Bildung von Frachtaufträgen in Embedded SAP TM bis hin zur Entladung und Wareneingangsbuchung in Embedded SAP EWM. Der Outbound-Prozess im AdvSR-Szenario wird in Kapitel 9, »Warenausgangsprozess«, näher beschrieben.

In den folgenden Abschnitten gehen wir im Detail auf die einzelnen Prozessschritte ein.

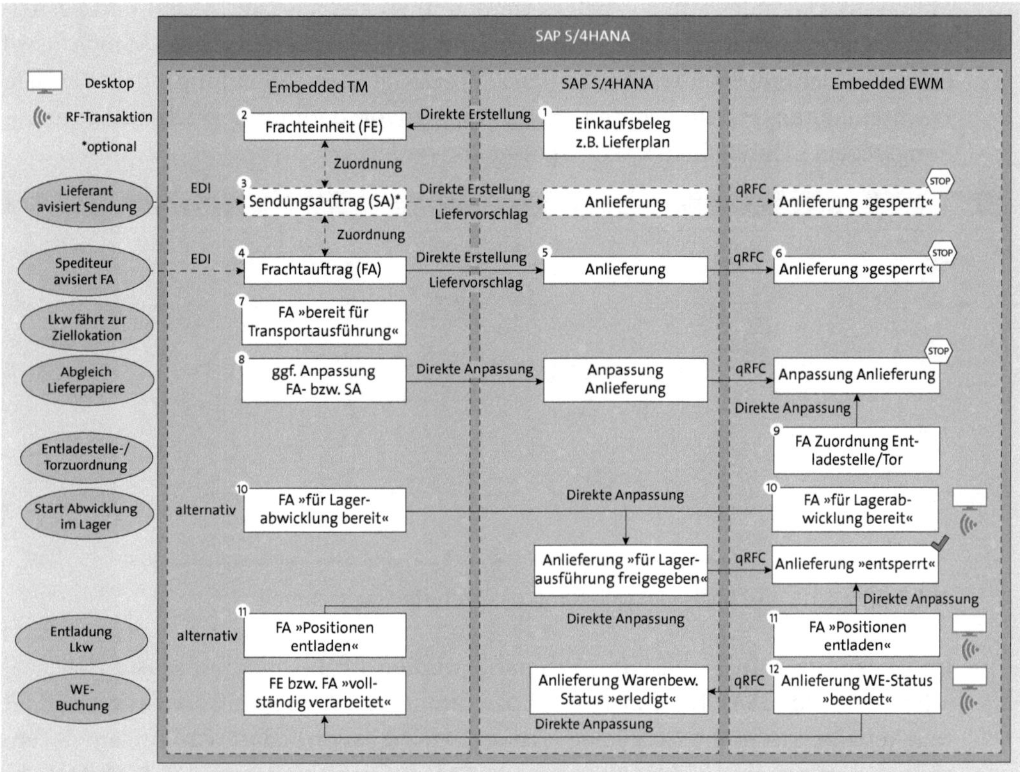

Abbildung 8.113 Überblick: Inbound-Prozess im AdvSR-Szenario

8.9.2 Wareneingangsankündigung

Der Prozess startet in MM z. B. mit der manuellen Erstellung eines Lieferplans in SAP ERP mit Transaktion ME31L (Lieferplan anlegen) entsprechend Abbildung 8.114. Zum Lieferplan wird mit Transaktion ME38 (Lieferplaneinteilungen pflegen) eine Einteilung zum zuvor erstellten Lieferplan angelegt. Alternativ kann der AdvSR-Prozess auch mit der Erstellung der Bestellung in MM starten.

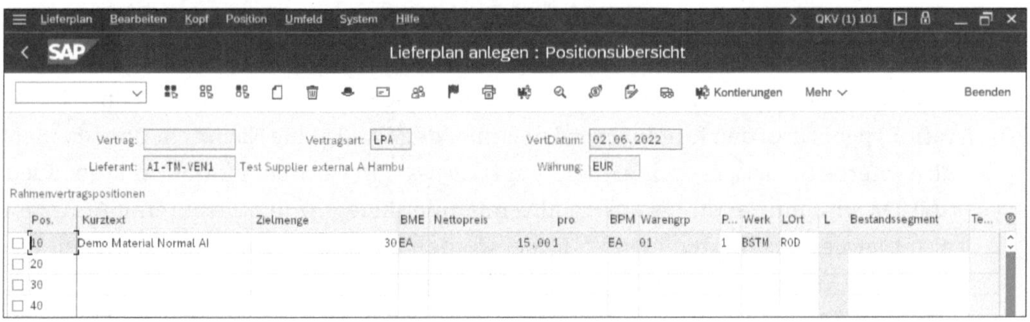

Abbildung 8.114 Lieferplan in Transaktion ME31L anlegen

Mit dem Sichern des Einkaufsbelegs werden in Embedded SAP TM mit den Bestell- bzw. Lieferplan-/Einteilungsinformationen (wie z. B. Anlieferadresse, Menge usw.) eine oder mehrere Frachteinheiten (kurz FE) erzeugt (siehe Abbildung 8.115). Wie viele Frachteinheiten erstellt werden, kann über zuvor definierte Frachteinheitenbildungsregeln in Embedded SAP TM gesteuert werden.

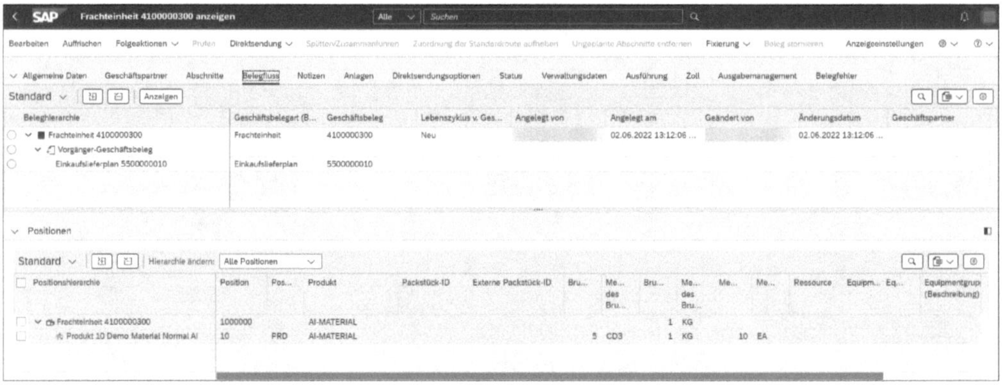

Abbildung 8.115 Auf Basis eines Lieferplans erzeugte Frachteinheit

Im Gegensatz zum TE-basierten Szenario werden im Informationsaustausch zwischen Embedded SAP TM und SAP ERP bzw. umgekehrt keine Webservices verwendet und kein (persistenter) TRQ-Beleg erzeugt. Der Transportbedarf wird nur im dezentralen Szenario, d. h. in SAP ERP und SAP TM, auf verschiedenen SAP-S/4HANA-Instanzen bzw. auf einer Instanz in verschiedenen Mandanten erzeugt.

[!]

Keine LDAP-Nachrichten mehr im Szenario »Advanced Shipping & Receiving«

Im AdvSR-Szenario werden im Gegensatz zum TE-basierten Szenario keine LDAP-Nachrichten mehr zwischen Embedded SAP TM und SAP ERP und zwischen Embedded SAP EWM und Embedded SAP TM verwendet, d. h., dass Anpassungen sofort in allen relevanten Belegen vorgenommen werden. Das hat den Vorteil, dass die Belege über den gesamten Prozess synchron sind. Zudem wurde durch den Wegfall der Transporteinheit das Synchronisierungsproblem zwischen den ungleichen Belegen **Transporteinheit** bzw. **Frachtauftrag** eliminiert und die Prozesskomplexität reduziert.

Sendet der Lieferant eine Versandvorabmitteilung (ASN = Advance Shipping Notification) per EDI an den Kunden, wird in Embedded SAP TM die Nachricht über das Service Interface `TransportationOrderGenericRequest_In` verarbeitet, und in Embedded SAP TM wird ein Sendungsauftrag (SA) mit einer Referenz auf die externe Auftragsnummer des Lieferanten erstellt. Dabei werden die relevanten Frachteinheiten anhand von Kriterien wie Einkaufsreferenz, Lieferant oder Materialnummer ermittelt und dem Sendungsauftrag automatisch zugeordnet. Wurden Packstückinformationen vom Lieferanten avisiert, werden diese angelegt und dem Sendungsauftrag ebenfalls zugeordnet. Die Erstellung des Sendungsauftrags und die Zuordnung der Frachteinheiten zum Sendungsauftrag kann auch manuell mit der SAP-Fiori-App **Sendung anlegen** erfolgen. In Embedded SAP TM ist einstellbar, ob bereits mit Anlage des Sendungsauftrags Liefervorschläge erzeugt und in SAP ERP auf Basis der Liefervorschläge Lieferungen angelegt werden sollen. Mit der SAP-Fiori-App **Sendung anzeigen** können Sie sich den erstellten Sendungsauftrag anzeigen lassen. In der Positionshierarchie erscheinen unterhalb der Sendung die Frachteinheiten, Packstückeinheiten, Packstücke und Produkte. Packstückeinheiten sind in SAP TM eigenständige Objekte. Diese dienen in erster Linie dazu, Frachteinheiten über eine Stage/Frachteinheit hinweg homogen zusammenzuhalten (in Multi-Modal-Transport-Szenarien). Packstücke sind hingegen in SAP TM nicht als eigenständige Objekte abgebildet, wie z. B. HUs oder Packstückeinheiten, sondern lediglich als Packpositionen lokal innerhalb der einzelnen Belege der Frachteinheit bzw. des Frachtauftrags vorhanden. Auf der Registerkarte **Belegfluss** sind der zugehörige Einkaufsbeleg (z. B. Lieferplan) und die zugeordneten Frachteinheiten sichtbar. Die Verwendung von Sendungsaufträgen im AdvSR-Szenario ist optional.

Sendet der Spediteur eine Ladenachricht inklusive der ASN-Informationen per EDI an den Kunden, wird die Nachricht mit dem zuvor genannten Service Interface in Embedded SAP TM verarbeitet, der Frachtauftrag automatisch erzeugt und dabei die zuvor erstellten Frachteinheiten bzw. Sendungsaufträge (falls vorhanden) dem Frachtauftrag automatisch zugeordnet. Neben der zweistufigen Avisierung besteht auch die Möglichkeit, Frachtaufträge und Lieferungen gemeinsam per EDI zu avisieren.

Der Frachtauftrag kann auch manuell erstellt werden. Wenn Sie den Verkehrszweig **Straße** verwenden, können Sie mit der SAP-Fiori-App **Straßenfrachtauftrag anlegen** die zuvor erstellten Frachteinheiten bzw. Sendungsaufträge dem Frachtauftrag über den Button **Einfügen** zuordnen (siehe Abbildung 8.116).

Abbildung 8.116 Auf der Basis von Frachteinheiten erstellter Frachtauftrag

Der Frachtauftrag kann die folgende Positionshierarchie aufweisen:

- *1. Ebene*: Fahrzeug (Klammer um sämtliche Frachtauftragspositionen)
- *2. Ebene*: Sendungsauftrag bzw. Sendungsaufträge, falls diese zuvor erstellt worden sind

- *3. Ebene*: Frachteinheiten
- *4. Ebene*: Packstücke, falls diese zuvor erstellt worden sind
- *5. Ebene*: Produkte

Lieferübergreifende Packstücke werden aktuell im AdvSR-Szenario nicht unterstützt.

Auf der Basis des Frachtauftrags können mit dem Sichern des Belegs Liefervorschläge entweder automatisch oder manuell in der zuvor genannten SAP-Fiori-App über die Menüfunktion **Folgeaktionen** erstellt werden, falls nicht zuvor Liefervorschläge auf der Basis von Sendungsaufträgen erzeugt worden sind.

Auf Basis des SAP-TM-Liefervorschlags werden in LE in SAP ERP direkt Anlieferungen erstellt. Die erstellten LE-Anlieferungen sind im Frachtauftrag auf der Registerkarte **Belegfluss** entsprechend sichtbar (siehe Abbildung 8.117).

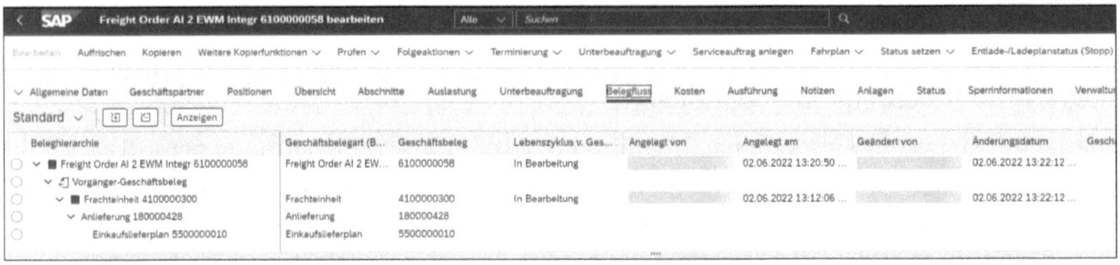

Abbildung 8.117 In ERP-LE erstellte Anlieferung im Frachtauftrag in der SAP-Fiori-App »Straßenfrachtauftrag anlegen«

In der LE-Anlieferung ist auf der Registerkarte **Einlagerung** erkennbar, dass die Anlieferung für den AdvSR-Prozess relevant (siehe Abbildung 8.118) und die Lieferung für die Lagerausführung gesperrt ist, da der Status **Für Lagerabwicklung bereit** noch nicht gesetzt worden ist.

Abbildung 8.118 Für das AdvSR-Szenario relevante LE-Anlieferung in Transaktion VL33N

Die LE-Anlieferung wird per qRFC /SCMW/INB_DLV_SAVEREPLICA an Embedded SAP EWM übertragen, in dem die Anlieferung automatisch erstellt wird. Die Transportplanungsart im Lieferkopf der SAP-EWM-Anlieferung hat den Wert E (obligatorische Planung in SAP TM für den erweiterten W/V-Prozess (Freigabe in SAP TM)). Die Anlieferung hat den Status **Gesp.** (gesperrt), da noch keine Freigabe für die Ausführung im Lager erteilt worden ist (siehe Abbildung 8.119). Die Sperre der SAP-EWM-Anlieferung dient dazu, dass Lageraktivitäten (z. B. Entladung, Wareneingangsbuchung oder Erstellung von Lageraufgaben) so lange blockiert werden, bis die Waren geprüft und für die Verarbeitung in SAP EWM freigegeben werden.

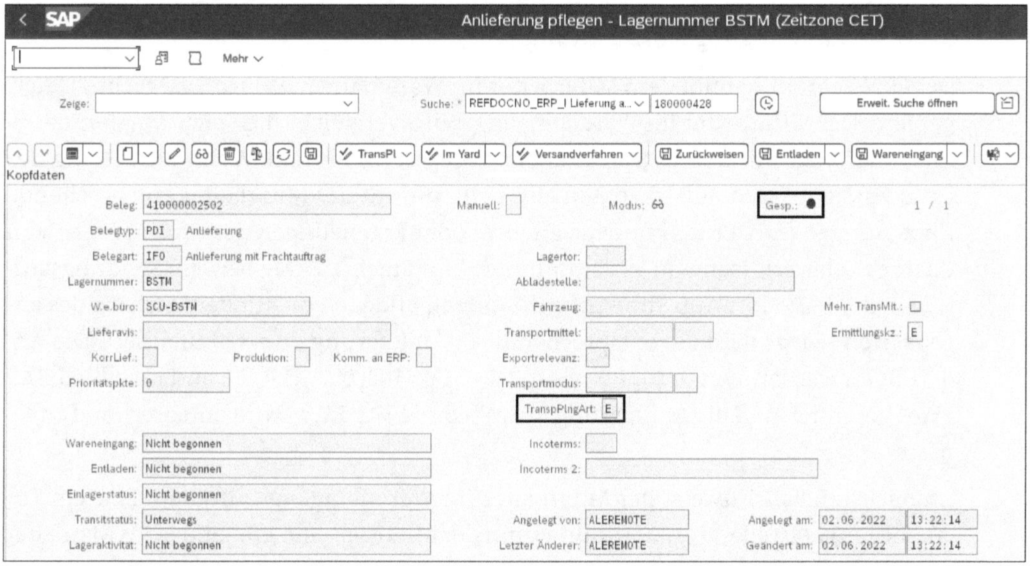

Abbildung 8.119 Für das AdvSR-Szenario relevante Anlieferung in SAP Embedded SAP EWM in Transaktion /SCWM/PRDI

Auf der Registerkarte **Status** auf der Lieferkopfebene hat der Status **Transportdispo** (DTD) den Wert **Nicht begonnen** (1) und der Status **Transitstatus** (DTR) hat den Wert **Unterwegs** (1). Die manuelle Erstellung der Anlieferung in Embedded SAP EWM für das AdvSR-Szenario wird aktuell nicht unterstützt.

Nach dem Abschluss der Planung wird im Frachtauftrag der Ausführungsstatus **Bereit für Transportausführung** gesetzt. Der Status ist allerdings Voraussetzung, damit z. B. andere Folgestatus im Frachtauftrag wie z. B. **Angekommen** und **Eingecheckt** im Prozess gesetzt werden können. Mit dem Setzen dieses Ausführungsstatus erfolgt keine Aktualisierung der entsprechenden LE- bzw. SAP-EWM-Anlieferung(en).

8.9.3 Ankunft des Lkws

Nach der Ankunft des Lkws am Kontrollpunkt kann der betreffende Mitarbeiter im Frachtauftrag z. B. mit der SAP-Fiori-App **Straßenfrachtauftrag bearbeiten** den Ausführungsstatus **Angekommen** auf der Stoppebene setzen. Auch dieser Schritt ist optional. Damit wird das Ereignis **Ankunft am Ziel** für den Frachtauftrag und die dem Frachtauftrag zugeordneten TM-Belege gesetzt, dass Sie auf der Registerkarte **Ausführung** für den jeweiligen Geschäftsbeleg sehen können. Dieser Status aktualisiert nicht die entsprechenden LE- bzw. SAP-EWM-Anlieferung(en).

8.9.4 Wareneingangsvorbereitung

Der Lkw-Fahrer übergibt dem Mitarbeiter im Wareneingangsbüro die Fracht-/Lieferpapiere. Der Mitarbeiter im Wareneingangsbüro vergleicht die Fracht-/Lieferpapierinformationen mit den entsprechenden Belegen im System. Wenn die Ladung des Lkws von den Frachtauftragsdaten abweicht, nimmt der Mitarbeiter entsprechende Anpassungen (z. B. Produktmenge ändern) oder Ergänzungen (z. B. das Anlegen von Chargen oder Erfassen von Serialnummern) im Frachtauftrag bzw. im Sendungsauftrag in der SAP-Fiori-App **Straßenfrachtauftrag pflegen** vor. Mit dem Sichern des angepassten Belegs wird die entsprechende LE-Anlieferung direkt aktualisiert. Die Änderungen werden von SAP ERP per qRFC `/SCWM/INB_DLV_REPLACE` an Embedded SAP EWM gesendet, und die Anlieferung in Embedded SAP EWM wird entsprechend angepasst.

Im nächsten Schritt weist der Mitarbeiter im Wareneingangsbüro dem Lkw ein Tor zu. Die Entladestelle-/Torzuordnung kann der Mitarbeiter in Embedded EWM mit der SAP-Fiori-App **Frachtaufträge laden oder entladen** für den zuvor selektierten Frachtauftrag über den Button **Torzuordnung** vornehmen (siehe Abbildung 8.120).

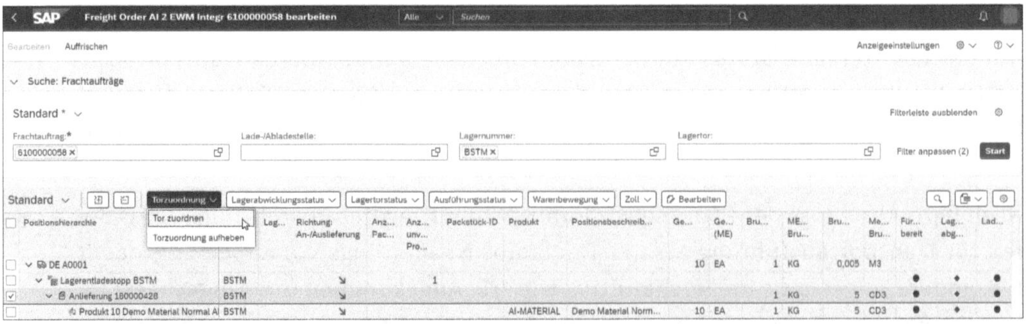

Abbildung 8.120 Torzuordnung mit der SAP-Fiori-App »Frachtaufträge laden oder entladen« vornehmen

Die Zuordnung der Entladestelle und des Tores kann auf allen Hierarchieebenen vorgenommen werden. Eine Zuordnung auf der Produktebene ist nur möglich, falls das

Produkt nicht verpackt ist. In Abbildung 8.121 sind alle möglichen Hierarchieebenen für den Frachtauftrag dargestellt, die in der SAP-Fiori-App **Frachtaufträge laden oder entladen** angezeigt werden können. Die Zuordnung wird je nach gewählter Hierarchiestufe auf alle untergeordneten Objekte entsprechend vererbt.

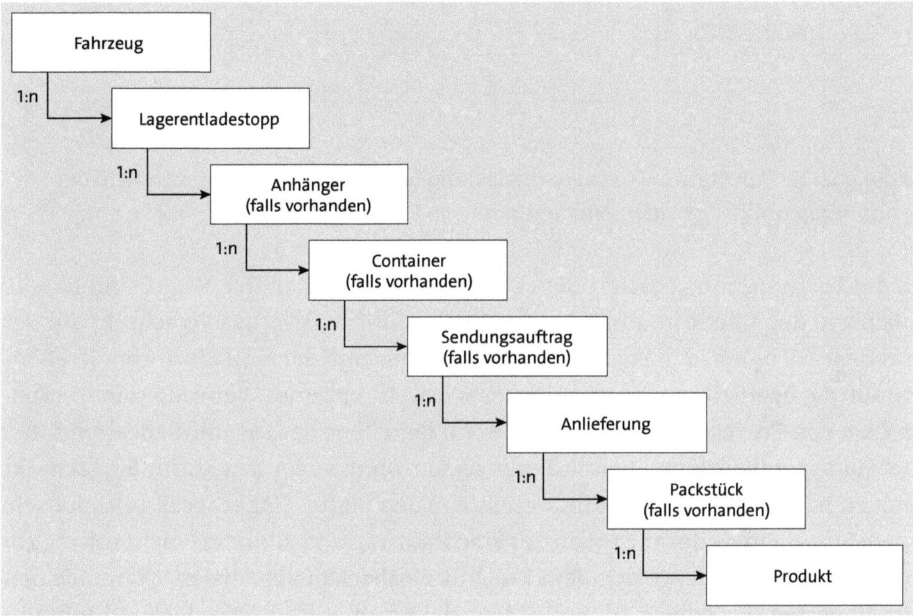

Abbildung 8.121 Mögliche Hierarchieebenen für den Frachtauftrag in der SAP-Fiori-App »Frachtaufträge laden oder entladen«

Für einen Entladestopp (Ziellokation) können mehrere Lagerentladestopps existieren, insbesondere dann, wenn es in der Ziellokation mehrere Lagernummern gibt. Ein Lagerentladestopp besteht daher aus den Informationen über Lagernummer, Entladestelle und Lagertor.

Wenn nach der Entladung der Lkws am gleichen Tor wieder beladen wird und somit der Lagerladestopp und der Lagerentladestopp identisch sind, d. h. dieselbe Lagernummer, Ladestelle oder Entladestelle und dasselbe Lagertor haben, können Sie einen Lagerladestopp/Lagerentladestopp definieren. Nach der Torzuordnung sind diese Informationen auf der Ebene des Lagerentladestopps sichtbar (siehe Abbildung 8.122).

Die SAP-EWM-Anlieferung wird mit der zugeordneten Entladestelle, dem Lagertor sowie weiteren transportrelevanten Informationen wie Fahrzeug, Transportmittel und Transportmodus direkt angepasst. Auf der Positionsebene ist die Entladestelle als Lokation (Partnerrolle UP) auf der Registerkarte **Lokationen** sichtbar. Die Lokation der Entladestelle ist in SAP EWM als Lokation abgebildet. Es erfolgt kein Update der LE-Anlieferung.

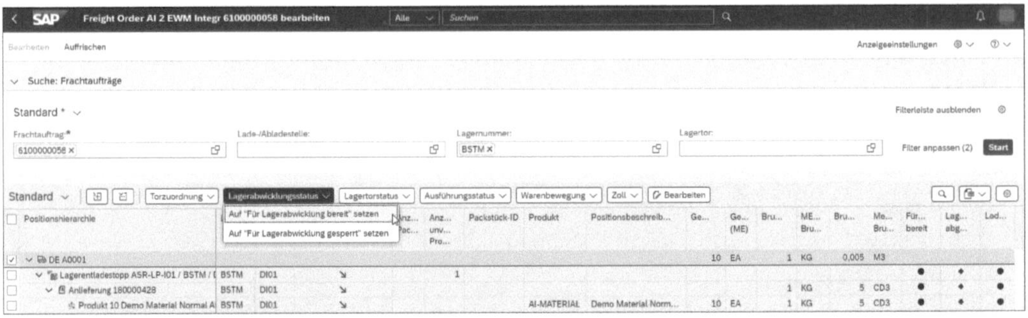

Abbildung 8.122 Den Status »Für Lagerabwicklung bereit« für den Frachtauftrag in der SAP-Fiori-App »Frachtaufträge laden oder entladen« in Embedded SAP EWM setzen

Nach der Torzuordnung passiert der Lkw den Kontrollpunkt. Der Mitarbeiter hat die Möglichkeit, den Check-in durch Setzen des Ausführungsstatus **Eingecheckt** auf der Stoppebene, d. h. auf der Ebene der Ziellokation, mit der SAP-Fiori-App **Straßenfrachtauftrag bearbeiten** zu setzen. Dieser Schritt ist optional. Wenn Sie keinen expliziten Check-in-Prozess haben, können Sie auf der Ebene des Lagerentladestopps den Status **Für Lagerabwicklung bereit** direkt setzen, ohne zuvor den Status **Eingecheckt** gesetzt zu haben. SAP TM setzt in diesem Fall den Status **Eingecheckt** automatisch. Mit dem Status **Eingecheckt** werden der Frachtauftrag und alle dem Frachtauftrag zugeordneten SAP-TM-Belege mit dem Ereignis **Einchecken** aktualisiert. Wenn Sie den Status **Eingecheckt** setzen, prüft SAP TM, ob der Frachtauftrag bzw. der Sendungsauftrag für einen Zollprozess relevant ist. Falls dem so ist, sendet SAP TM eine Anfrage zur Entladeerlaubnis an SAP Global Trade Services (kurz SAP GTS) und setzt eine Ausführungssperre für den Geschäftsbeleg.

Mit dem Sichern wird bzw. werden die entsprechenden LE-Anlieferungen mit dem Status **Im Werk** automatisch aktualisiert. Per qRFC /SCWM/INB_DELIVERY_REPLACE wird die Statusinformation von SAP ERP an Embedded SAP EWM übertragen, und der Transitstatus (DTR) erhält den Wert **Registriert im Yard**, der auf der Registerkarte **Status** auf der Lieferkopfebene der SAP-EWM-Anlieferung zu finden ist. Wenn Sie den Status **Eingecheckt** setzen, ohne zuvor den Status **Angekommen** gesetzt zu haben, setzt SAP TM den Status **Angekommen** automatisch.

Der Lkw dockt am zugewiesenen Tor an. Auch dieser Vorgang kann durch den Status **Ankunft am Tor** im Frachtauftrag dokumentiert werden und ist optional. Dieser Statuswert gibt an, dass das Tor nicht von anderen Lkws verwendet werden kann, bis dieser Lkw abfährt. In der SAP-Fiori-App **Lokation definieren** haben Sie mit der Checkbox **Mehrere Torzuordnungen zulassen** allerdings die Möglichkeit festzulegen, dass ein Tor in mehreren Geschäftsbelegen gleichzeitig verwendet wird. Das Lagertor für diese Lokation wird dann immer als verfügbar angezeigt, selbst wenn es durch einen anderen Geschäftsbeleg verwendet wird.

Das Setzen dieses Status kann sowohl in Embedded TM mit der SAP-Fiori-App **Straßenfrachtauftrag pflegen** oder in Embedded SAP EWM mit der SAP-Fiori-App **Frachtaufträge laden oder entladen** erfolgen. Der Frachtauftrag wird mit dem Ereignis **Ankunft am Tor** aktualisiert. Es erfolgt keine Anpassung der LE- bzw. SAP-EWM-Anlieferungen.

Im Wareneingangsprozess wird durch den Status **Für Lagerabwicklung bereit** die Übergabe der Verantwortung für die Frachtpositionen von Embedded SAP TM an Embedded SAP EWM bzw. an das Lager gesteuert. Dieser Status signalisiert, dass mit den Lageraktivitäten begonnen werden kann. Das Setzen dieses Status kann sowohl in Embedded SAP TM mit der SAP-Fiori-App **Straßenfrachtauftrag bearbeiten** auf der Stoppebene und allen untergeordneten Hierarchieebenen als auch in Embedded SAP EWM mit der SAP-Fiori-App **Frachtaufträge laden oder entladen** auf der Fahrzeugebene und allen untergeordneten Hierarchieebenen erfolgen (siehe Abbildung 8.122).

Mit dem Sichern ist der Status über ein grünes Icon in der Spalte **Für Lagerabwicklung bereit** in der zuvor genannten SAP-EWM-App entsprechend sichtbar. Alternativ kann dieser Ausführungsstatus für den Frachtauftrag auch mit dem RF-Dialog **Für Lagerabwicklung bereit setzen** in Embedded SAP EWM mit Transaktion /SCWM/RFUI (In RF-Umgebung anmelden) gesetzt werden.

Mit dem Sichern wird der Lagerabwicklungsstatus für den Frachtauftrag und allen dem Frachtauftrag zugeordneten SAP-TM-Belegen auf **Für Lagerabwicklung bereit** gesetzt. Die SAP-EWM-Anlieferung ist nun als separate Hierarchieebene im Straßenfrachtauftrag in der SAP-Fiori-App **Straßenfrachtauftrag anzeigen** sichtbar und der Frachteinheit zugeordnet (siehe Abbildung 8.123).

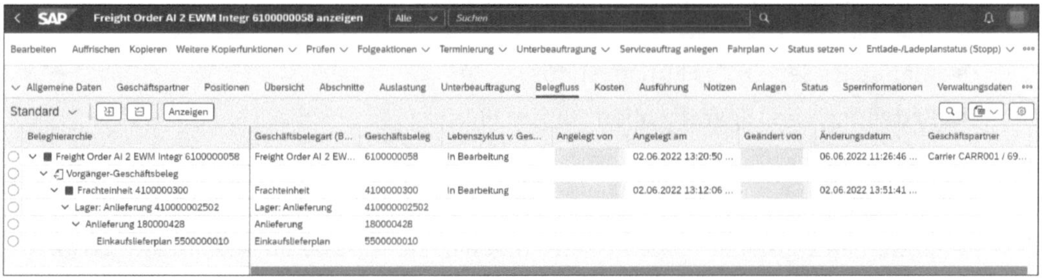

Abbildung 8.123 Die SAP-EWM-Anlieferung in der SAP-Fiori-App »Straßenfrachtauftrag anzeigen« anzeigen

Die LE-Auslieferung wird mit dem Setzen des Status **Für Lagerabwicklung bereit** direkt angepasst, und der Lagerausführungsstatus der LE-Anlieferung erhält den Wert **Lieferung ist für Lagerausführung freigegeben** (2), siehe Abbildung 8.124.

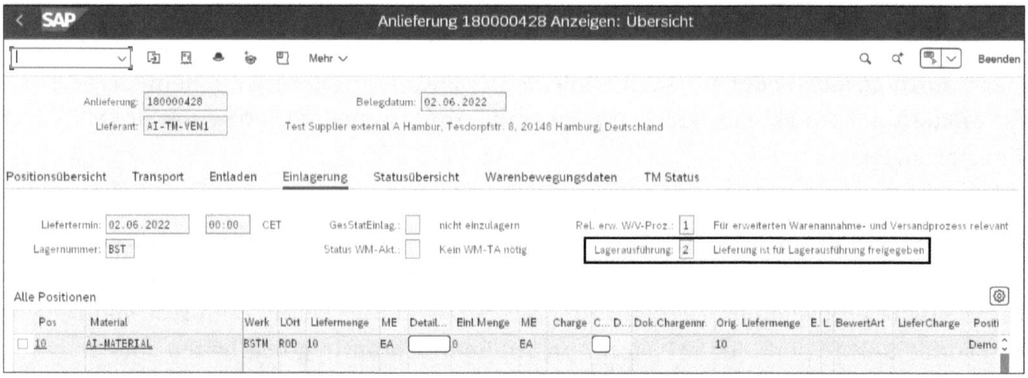

Abbildung 8.124 Status »Lieferung ist für Lagerabwicklung freigegeben« in der LE-Anlieferung in Transaktion VL33N

Per qRC /SCWM/INB_DELIVERY_REPLACE wird die Statusinformation an Embedded SAP EWM übertragen und die entsprechende SAP-EWM-Anlieferung aktualisiert, d. h. dass der Kopfstatus **Transportdispo** (DTD) den Wert **Für Lagerabwicklung bereit** (R) hat und die Anlieferung für die Durchführung der Lageraktivitäten entsperrt wird. Solange der Wert des Lageraktivitätsstatus der SAP-EWM-Anlieferung den Wert **Nicht begonnen** (1) hat, kann der Ausführungsstatus auch wieder storniert werden.

Mit dem Entsperren der SAP-EWM-Anlieferung können folgende Änderungen und Aktionen auf der Lieferungsebene in Embedded SAP EWM ausgeführt werden:

- Mengenänderungen
- Änderungen von HUs bei bereits in SAP ERP verpackten Anlieferungen
- Wareneingangsbuchung
- manuelles Setzen des Entladestatus
- Erstellung von Lageraufgaben zur Anlieferung

Bis zum Zeitpunkt **Für Lagerabwicklung bereit** ist der Frachtauftrag der aktive Beleg, d. h., Änderungen am Frachtauftrag (z. B. Mengenänderungen) bis dahin vorgenommen werden können und die Anlieferungen in ERP-LE und Embedded SAP EWM, wie beschrieben, entsprechend aktualisiert werden können. Sobald der Status **Für Lagerabwicklung bereit** gesetzt ist, ist die SAP-EWM-Anlieferung der aktive Beleg, d. h. dass Änderungen, z. B. von Lieferpositionsmengen, nur noch in der SAP-EWM-Anlieferung und nicht mehr im Frachtauftrag direkt vorgenommen werden können. Die Möglichkeiten, Änderungen im Frachtauftrag vorzunehmen, sind ab diesem Zeitpunkt deutlich beschränkt. Falls die SAP-EWM-Anlieferung geändert wurde, werden die entsprechenden SAP-TM-Belege, d. h. zuerst die Frachteinheit(en) und dann der relevante Frachtauftrag, direkt aktualisiert. Die LE-Anlieferung wird erst mit der Wareneingangsbuchung der SAP-EWM-Anlieferung angepasst, d. h., dass mit der Wareneingangsbuchung der SAP-EWM-Anlieferung die Änderungen per qRFC `/SPE/INB_DELIVERY_CONFIRM_DEC` von Embedded SAP EWM an SAP ERP übertragen werden.

Mit dem Setzen des Ausführungsstatus **für Lagerabwicklung bereit** werden folgende transportrelevante Informationen in Embedded SAP EWM aus dem Frachtauftrag gelesen und sind in der SAP-EWM-Anlieferung sichtbar:

- Frachtauftragsnummer (Referenzbelegtyp FRD) auf der Registerkarte **Referenzbelege**
- (ext.) Bordero-Nummer (Referenzbelegtyp BOL) auf der Registerkarte **Referenzbelege**

  Ein *Bordero* (auch Frachtkarte genannt) kommt in der Logistik bei Sammelladungen zum Einsatz und enthält als wichtiges und notwendiges Warenbegleitdokument alle Informationen der Einzelpositionen der Sammelladung, wie Absender, Empfänger, Warenbezeichnung und auch wie die Sendung bis zum Empfang zu behandeln ist.
- (externe) Sendungsnummer (Referenzbelegtyp ECN) auf der Registerkarte **Referenzbelege**

Der Lagerabwicklungsstatus hat aggregierte Statuswerte, d. h., dass der Status von der Positionsebene auf die nächsthöhere Ebene in der Hierarchie aggregiert und auch auf der Kopfebene des Geschäftsbelegs angezeigt wird. Wenn beispielsweise alle Positionen im Straßenfrachtauftrag den Status **Für Lagerabwicklung bereit** aufweisen, lautet der Status im Frachtauftrag ebenfalls **Für Lagerabwicklung bereit**.

8.9.5 Entladung und Wareneingangsbuchung

Systemseitig wird die Entladung sowohl in SAP TM als auch in SAP EWM unterstützt. In Embedded EWM gibt es verschiedene Möglichkeiten, um den Entladevorgang systemseitig zu unterstützen, die wir im Folgenden im Detail vorstellen.

Variante 1: Entladestatus in der SAP-Fiori-App »Frachtaufträge laden oder entladen« setzen

In dieser Variante wird der Lkw nicht per Radio Frequency entladen. Nach dem Entladevorgang bestätigt der Mitarbeiter im Wareneingangsbüro die Entladung mit dem Setzen des Ausführungsstatus **Positionen auf Entladen setzen** in der SAP-Fiori-App **Frachtaufträge laden oder entladen** auf der Fahrzeugebene oder in allen untergeordneten Hierarchieebenen (siehe Abbildung 8.125). Mit dem Sichern ist der Status über ein grünes Icon in der Spalte **Lade-/Entladestatus** in der zuvor genannten App entsprechend sichtbar. Der Frachtauftrag wird mit dem Ereignis **Entladeende** entsprechend aktualisiert. Die LE-Anlieferung wird bezüglich des Entladestatus nicht angepasst. Für die entsprechenden SAP-EWM-Anlieferung(en) wird der Entladestatus

(DUN) automatisch aktualisiert und erhält den Wert **Beendet**. Der Lageraktivitätsstatus (DWA) erhält den Wert **Teilweise beendet**. Falls die Anlieferungen verpackt sind, besteht die Möglichkeit, den Lkw per Radio Frequency zu entladen.

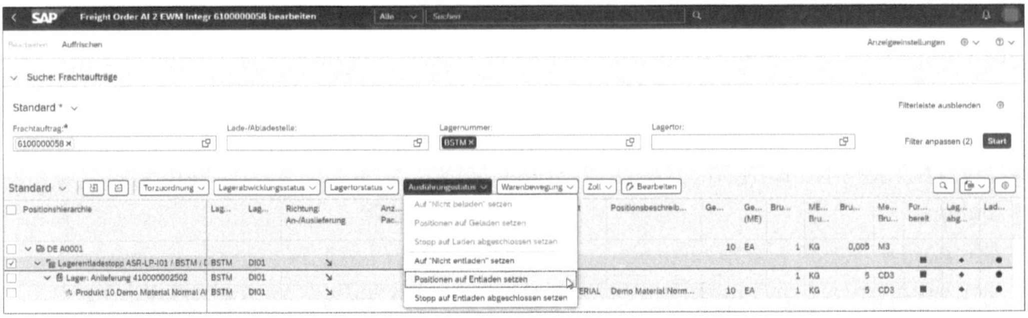

Abbildung 8.125 SAP-Fiori-App »Frachtaufträge laden oder entladen«: Ausführungsstatus »Positionen auf Entladen setzen«

Variante 2: Empfangen von Handling Units per Radio Frequency

Die Mitarbeiter entladen den Lkw und bestätigen den Empfang der entladenen HUs mit Radio Frequency. Der Mitarbeiter meldet sich mit Transaktion /SCWM/RFUI (In RF-Umgebung anmelden) in der RF-Umgebung an und navigiert über das RF-Menü **Wareneingangsprozesse • Empfangen der Handling Units** im RF-Untermenü zur Auswahl des Referenzbelegs. Hier hat der Mitarbeiter die Möglichkeit, u. a. zwischen Referenzbelegen für Anlieferung, Lieferavis, Bill-of-Loading-Nummer oder der Sendungsreferenznummer, die vom Spediteur kommt, auszuwählen. Anschließend prüft Embedded SAP EWM, ob der Frachtauftrag bzw. Sendungsauftrag zu mehreren Toren zugeordnet wurde. Falls ja, muss der Mitarbeiter im nächsten Screen entweder die Entladestelle oder direkt das Tor scannen, an dem die Entladung stattfindet. Sind der Entladestelle mehrere Tore zugeordnet, muss der Mitarbeiter das entsprechende Tor auswählen.

Abhängig von der Auswahl des Referenzbelegs selektiert Embedded SAP EWM die relevanten Anlieferungen. Sind z. B. dem Frachtauftrag bzw. Sendungsauftrag mehrere Anlieferungen zugeordnet, wählt der Mitarbeiter die Anlieferung aus, deren Empfang er bestätigen möchte. Der Mitarbeiter scannt die entladene HU, und Embedded SAP EWM prüft, ob die HU im System vorhanden und der Anlieferung zugeordnet ist. Falls ja, werden dem Mitarbeiter Informationen zur HU und zum Inhalt wie Produktnummer, Menge und Packmaterial (z. B. Europalette) angezeigt. Hier hat der Mitarbeiter die Möglichkeit, sowohl die Menge als auch das Packmaterial zu ändern. Ist dem System die HU nicht bekannt, kann der Mitarbeiter mit der entsprechenden Funktionstaste und durch Eingabe des Produkts und der Menge eine neue HU anlegen. Zusätzlich hat der Mitarbeiter die Möglichkeit, mit der entsprechenden Funktionstaste mehrere HUs gleichzeitig anzulegen, die das gleiche Produkt und die gleiche

Lieferpositionsmenge beinhalten. Das dazu notwendige Packmittel ermittelt SAP EWM über das Findungsschema, dass der Belegart der Anlieferung im SAP-EWM-Customizing zugeordnet worden ist.

Für die gescannte HU hat der Mitarbeiter mit den entsprechenden Funktionstasten die folgenden Möglichkeiten:

- Setzen des Systemstatus **Entladen** für die HU
- Wareneingangsbuchung der HU
- Erstellung der Einlager-Lageraufgabe für die HU bzw. der ersten HU-Lageraufgabe im Lagerungsprozess, falls die prozessorientierte Lagerungssteuerung verwendet wird.
- direkte Quittierung der zuvor erstellen Lageraufgabe auf den vom System ermittelten Nachplatz

Alternativ kann der Ausführungsstatus **Positionen auf Entladen setzen** in Embedded SAP TM z. B. mit der SAP-Fiori-App **Straßenfrachtauftrag pflegen** auf der Ebene des Lagerentladestopps oder auf der Positionsebene des Frachtauftrags bzw. Sendungsauftrags gesetzt werden.

Nach der Entladung kann mit den SAP-Fiori-Apps **Straßenfrachtauftrag bearbeiten** und **Frachtaufträge laden oder entladen** der Ausführungsstatus **Stopp auf Entladen abgeschlossen** auf der Lagerentladestoppebene gesetzt werden. Dieser Status ist die Voraussetzung, den Status **Ausgecheckt** setzen zu können. Für den Frachtauftrag wird das Ereignis **Entladeende** automatisch gesetzt. Es erfolgt kein Update der LE- und SAP-EWM-Anlieferung.

Die Abfahrt des Lkws vom Tor kann mit dem Ausführungsstatus **Abfahrt vom Tor** in den SAP-Fiori-Apps **Straßenfrachtauftrag bearbeiten** und **Frachtaufträge laden oder entladen** auf der Lagerentladestoppebene gesetzt werden. Für den Frachtauftrag wird das Ereignis **Entladeende** automatisch gesetzt. Es erfolgt kein Update der LE- und SAP-EWM-Anlieferung.

Anschließend kann mit der SAP-Fiori-App **Straßenfrachtaufträge bearbeiten** auf der Stoppebene der Ausführungsstatus **Ausgecheckt** gesetzt werden. Für den Frachtauftrag, und alle dem Frachtauftrag zugeordneten TM-Belege wird das Ereignis **Auschecken** automatisch fortgeschrieben. Ein Update der SAP-EWM- und LE-Anlieferung(en) erfolgt nicht.

Ebenso wie bei der Entladung kann die Wareneingangsbuchung in SAP TM mit der SAP-Fiori-App **Straßenfrachtauftrag pflegen** auf der Stoppebene und allen untergeordneten Hierarchieebenen oder in SAP EWM mit der SAP-Fiori-App **Frachtaufträge laden oder entladen** auf der Fahrzeugebene und allen untergeordneten Hierarchieebenen erfolgen. Abbildung 8.126 zeigt die Wareneingangsbuchung in der SAP-Fiori-App **Frachtaufträge laden oder entladen**. Mit dem Sichern ist der Status über ein grünes Icon in der Spalte **Wareneingangsbuchung** entsprechend sichtbar. Je nach selektierter Hierarchieebene werden die entsprechenden Anlieferungen ermittelt, und die Wareneingangs- bzw. Teil-Wareneingangsbuchung in Embedded SAP EWM wird ausgeführt. Die Teil-Wareneingangsbuchung kann auch, wie zuvor beschrieben, mit dem RF-Dialog **Empfang der Handling Units** pro Handling Unit der SAP-EWM-Anlieferung erfolgen.

Abbildung 8.126 Wareneingangsbuchung mit der SAP-Fiori-App »Frachtaufträge laden oder entladen«

Wurde der Wareneingang für alle Lieferpositionen der jeweiligen SAP-EWM-Anlieferungen gebucht, erhalten die SAP-EWM-Anlieferungen für den Wareneingangsstatus den Wert **Beendet**, und die Warenbewegung wird per qRFC /SPE/INB_DELIVERY_CONFIRM_DEC von Embedded SAP EWM an SAP S/4HANA kommuniziert. Gleichzeitig wird in SAP S/4HANA der Warenbewegungsstatus der LE-Anlieferungen entsprechend aktualisiert. Buchungen von Teilwareneingängen sind selbstverständlich auch möglich. In diesem Fall erhalten die relevanten SAP-EWM-Anlieferungen den Wert **Teilweise beendet**. Haben alle Anlieferungen, die dem Frachtauftrag zugeordnet sind, den Wareneingangsstatus **Beendet** bzw. **Teilweise beendet**, erhält der Warenbewegungsstatus des Frachtauftrags und aller dem Frachtauftrag zugeordneten SAP-TM-Belege den Wert **Vollständig verarbeitet** bzw. **Teilweise verarbeitet**, was auf der Registerkarte **Status** der Frachteinheit bzw. des Frachtauftrags erkennbar ist (siehe Abbildung 8.127).

Abschließend kann festgehalten werden, dass alle SAP-EWM-relevanten Änderungen im Frachtauftrag bzw. vor dem Setzen des Status **Für Lagerabwicklung bereit** über die LE-Anlieferungen an die entsprechenden SAP-EWM-Anlieferungen übertragen werden. Nach dem Setzen des Ausführungsstatus **Für Lagerabwicklung bereit** werden bei SAP-TM-relevanten Änderungen in Embedded SAP EWM die TM-Belege direkt aktualisiert. Die Wareneingangsprozessschritte **Wareneingangssteuerung**, **Einlagerung** und **Sonderfälle im Wareneingangsprozess** sind mit den bereits beschriebenen Funktionen für Embedded SAP EWM in Abschnitt 8.6, 8.7 und 8.8 identisch.

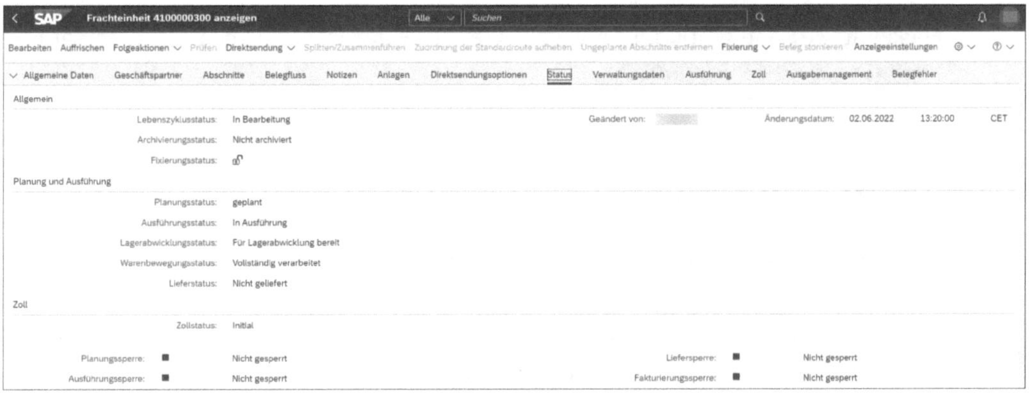

Abbildung 8.127 Warenbewegungsstatus »Vollständig verarbeitet« für die Frachteinheit

Zum Abschluss noch einige Anmerkungen zu den Restriktionen hinsichtlich des AdvSR-Prozesses:

- Aktuell stehen die Funktionen von AdvSR nur im Embedded-Szenario, d. h. in SAP TM, SAP EWM und SAP ERP auf einer SAP-S/4HANA-Instanz im gleichen Mandanten zur Verfügung.
- Der AdvSR-Prozess unterstützt aktuell nur die auftragsbasierte Planung in SAP TM.
- Lieferübergreifende HUs werden aktuell im AdvSR-Szenario nicht unterstützt.
- Multi-Pick/Multi-Drop-Frachtaufträge mit AdvSR-Positionen und nicht relevanten AdvSR-Positionen (TE-basiert) in derselben Versand-/Annahmestelle werden nicht unterstützt.
- Das initiale Anlegen von Lieferungen in SAP EWM wird aktuell nicht unterstützt, da in einem solchen Fall keine Frachteinheiten in Embedded SAP TM angelegt werden.
- Bei Mengenänderungen nach der Wareneingangsbuchung und während der finalen Einlagerung erfolgt keine Anpassung des entsprechenden Frachtauftrags bzw. der Sendungsaufträge.
- Weitere Informationen über Einschränkungen finden Sie in den SAP-Hinweisen 2952651 bzw. 3083725.

Wichtige Hinweise für Advanced Shipping & Receiving

In SAP-Hinweis 3225241 finden Sie einen How to Guide für das zuvor beschriebene AdvSR-Szenario.

In SAP-Hinweis 3233696 finden Sie einen How to Guide für die SAP-EWM-GTS-Integration (gültig für SAP S/4HANA 1610 OP und höher). Im Guide enthalten ist u. a. die bekannte GTS-Integration für Anlieferungen (Transitverfahren) und die GTS-Integration für das AdvSR-Szenario.

8.10 Zusammenfassung

In diesem Kapitel haben wir für den Wareneingangsprozess die verschiedenen Prozessschritte **Wareneingangsankündigung**, **Ankunft des Lkws**, **Wareneingangsvorbereitung**, **Entladung inklusive Wareneingangsbuchung** sowie **Wareneingangssteuerung** und **Einlagerung** auf der Basis von ASNs bzw. von erwarteten Wareneingängen für das dezentrale und für Embedded SAP EWM beschrieben. Wir haben aufgezeigt, mit welchen Funktionen SAP EWM die Anforderungen an die genannten Prozessschritte unterstützt. Die Integration und den Belegfluss von Transporten zwischen SAP EWM und SAP S/4HANA bzw. zwischen SAP EWM und SAP TM haben wir im Detail erläutert. Zusätzlich haben wir die Qualitätsprüfung, die Chargenabwicklung und die Lagerungsdisposition als Sonderfälle des Wareneingangsprozesses detailliert beschrieben und Ihnen die wichtigsten Einstellungen im Customizing erklärt. Abschließend haben wir die wichtigsten Schritte im Wareneingangsprozess des AdvSR-Szenarios beschrieben.

Kapitel 9

Warenausgangsprozess

Eine primäre Aufgabe des Lagers ist die Auslieferung des geforderten Materials zum richtigen Zeitpunkt an einen bestimmten Ort. Entsprechend groß ist die Bedeutung des Warenausgangsprozesses in SAP EWM. Mit SAP EWM ist es möglich, diesen komplexen Prozess mit seinen Teilschritten flexibel im System abzubilden und zu optimieren.

Eine primäre Aufgabe des Lagers ist die Auslieferung des geforderten Materials zum richtigen Zeitpunkt an einen bestimmten Ort. Entsprechend groß ist die Bedeutung des Warenausgangsprozesses in SAP EWM. Mit SAP EWM ist es möglich, diesen komplexen Prozess mit seinen Teilschritten flexibel im System abzubilden und zu optimieren.

Der Warenausgangsprozess umfasst die Prozessschritte von der Gruppierung der verschiedenen Aufträge und Lieferbedarfe über das Zusammenfassen und Erstellen von Arbeitspaketen für die Auslagerung, das Abarbeiten dieser Arbeitspakete, entweder direkt am Lagerplatz oder an Kommissionierpunkten, den internen Transport der Ware an Verpackungsstationen und das Verpacken der Ware bis hin zur Durchführung logistischer Zusatzleistungen. Dies können z. B. das Umpacken der Ware in spezielle Verpackungen oder das Befestigen von Mustern an Ware oder Paketen sein. Abschließend umfasst der Prozess das Bereitstellen der Ware sowie das endgültige Verladen der Ware in einen Lkw.

Die wesentlichen Funktionen von SAP EWM für den Warenausgangsprozess sind:

- Die Lagerprozessschritte können kundenspezifisch definiert werden, um sie in der prozessorientierten Lagerungssteuerung zu verwenden.
- Die Warenausgangsprozesse können durch unterschiedliche Kombinationen der Lagerprozessschritte unter Berücksichtigung des Lagerlayouts flexibel modelliert werden.
- Der auszulagernde Warenbedarf kann zu Wellen zusammengefasst werden. Diese können unterschiedlich verarbeitet werden, und der Kommissionierprozess kann in verschiedenen Intervallen gestartet werden, um so die Arbeitslast im ersten Schritt zu priorisieren. Eine spätere Priorisierung findet dann mithilfe des Ressourcenmanagements statt.

- Die Kommissionierung kann für mehrere Lieferbedarfe konsolidiert werden. Dies reduziert den Aufwand, da die Ware nicht mehrmals kommissioniert werden muss. Der Prozess der Sammelkommissionierung kann unterschiedlich optimiert werden, abhängig davon, ob der Prozess nach dem Prinzip »Ware zu Mann« oder »Mann zu Ware« durchgeführt wird.
- Lagertätigkeiten können mithilfe eines integrierten Ressourcenmanagements, das die Lagermitarbeiter optimiert durch das Auftragsvolumen leitet und eine systemgeführte Abarbeitung sicherstellt, parallel ausgeführt werden.
- Verpackungsstationen können automatisch bestimmt werden, um Ware, die in unterschiedlichen Bereichen von unterschiedlichen Mitarbeitern parallelisiert kommissioniert wurde, wieder zusammenzuführen und zu verpacken.
- Die Ware kann zu den unterschiedlichen Bereitstellzonen navigiert werden und dann bei Bedarf mit mobilen Transaktionen manuell oder auch geführt nach einer Ladereihenfolge verladen werden.
- Logistische Zusatzleistungen können automatisch gesteuert werden, z. B. das Ölen oder Reinigen der Ware für die Auslagerung, das Umpacken der Ware in Verpackungen einer anderen Marke usw.
- Es wird eine vollständige Bestandstransparenz über alle Prozessschritte hinweg ermöglicht.
- Sie erhalten einen Überblick über alle notwendigen Schritte für jede Anlieferposition im Lagermonitor durch ein umfangreiches und flexibles Statusmanagement.

In diesem Kapitel geben wir Ihnen zunächst einen Überblick über den *Warenausgangsprozess*. In den darauffolgenden Abschnitten erläutern wir detailliert die einzelnen Funktionen: als Erstes die vorgelagerten Tätigkeiten im Warenausgang und anschließend die Lager- und SAP-EWM-Aktivitäten im Warenausgang.

Im nächsten Abschnitt gehen wir auf die optionalen Funktionen und Prozessschritte in SAP EWM ein. Hierbei geht es um die Routenfindung in SAP EWM, das automatische Erzeugen der Verpackungspositionen oder die Verpackungsplanung, die Sie verwenden, wenn Sie berechnen müssen, wie viele und welche Arten von Handling Units im Warenausgangsprozess entstehen. Darüber hinaus beleuchten wir die Integration des *Unified Package Builders*, bei dem es sich um eine in SAP S/4HANA erweiterte Version des *Package Builders* handelt. Der Package Builder wurde initial im SAP-Supply-Chain-Management-Stack (SAP-SCM-Stack) ausgeliefert und wird auch von SAP Transportation Management (SAP TM) verwendet. Dabei erläutern wir auch die Funktion der Torbelegung in SAP EWM sowie die Transportintegration (LE-TRA) mit SAP S/4HANA und SAP EWM. Bevor wir Ihnen den Hauptwarenausgangsprozess erläutern, befassen wir uns auch mit der Integration von Advanced Shipping & Receiving (AdvSR, Warenannahme und Versand). Dabei handelt es sich um einen End-to-End-Prozess, der entwickelt wurde, um SAP TM mit SAP EWM optimal zu verbinden.

In Abschnitt 9.3, »Warenausgangsprozess in SAP EWM«, gehen wir auf alle Prozessschritte ein, die im Warenausgangsprozess üblich sind. Zum Schluss des Abschnitts gehen wir auf die ausgelieferten Funktionen zur *Mengenanpassung* (inklusive *Auslieferungserstellung*) und auf die *Grobplatz-/Bereitstellungszonen-Neuermittlung* ein.

9.1 Einführung in den Warenausgangsprozess

In diesem Abschnitt beschreiben wir die einzelnen Prozessschritte und SAP-EWM-Funktionen im Warenausgang. Er stellt gewissermaßen den roten Faden dar, der sich durch das gesamte Kapitel zieht und der Ihnen dabei helfen soll, die Abhängigkeit der einzelnen Prozessschritte zu verstehen und Ihre Prozesse bestmöglich zu gestalten. Abbildung 9.1 stellt diese Prozessschritte im Überblick vor.

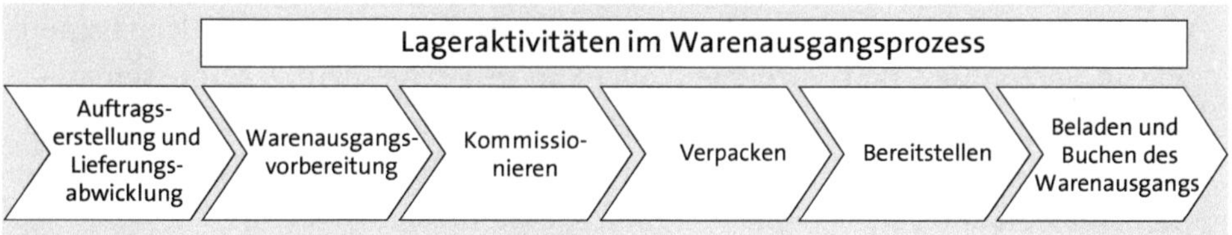

Abbildung 9.1 Prozessschritte im Warenausgang

Im Folgenden charakterisieren wir die einzelnen Prozessschritte genauer:

1. **Auftragserstellung und Lieferabwicklung**
   Dabei handelt es sich um vorgelagerte Aktivitäten aus der Lagerlogistik, die nicht direkt dem Lagergeschehen zugeordnet sind. Damit das Lager die Ware ausliefern kann, benötigt es eine Lageranforderung; d. h., das Lager benötigt ein Dokument oder einen Bedarf, um die Ware auszulagern. Meist geschieht dies anhand eines Kundenauftrags und der Erstellung eines Lieferdokuments, das an SAP EWM verteilt wird. Ähnlich wie auch im Wareneingangsprozess wird dazu ein Lieferobjekt verwendet. Die Lieferung wird an das Lager übergeben; sie erhält alle notwendigen Informationen darüber, welches Material in welcher Menge an welchen Kunden zu welchem Zeitpunkt ausgeliefert werden soll. Auf Basis der Auslieferung werden dann die Lagertätigkeiten durchgeführt (siehe Kapitel 6, »Lieferabwicklung«). Festzuhalten ist, dass es auch möglich ist, in SAP EWM direkt den Auslieferungsbedarf anzulegen. Das ist vor allem bei Prozessen üblich, die direkt im Lager starten und daher keine Vorgängerbelege erfordern.
2. **Warenausgangsvorbereitung**
   Während der Warenausgangsvorbereitung werden die unterschiedlichen auszulagernden Materialien gesichtet, und eine Planung wird durchgeführt. Ziel ist es, gleichartige Anforderungen zu bündeln und die Waren dann gemeinsam und pa-

rallelisiert auszulagern. In der Vorbereitung des Warenausgangs werden Lageraufträge gruppiert und die Lagertätigkeiten zu Lageraufträgen gebündelt.

3. **Kommissionierung**
   Die Ausführung der Lagertätigkeiten wird während der Kommissionierung durchgeführt. Dabei wird die Ware manuell entweder am Platz oder an Arbeitsstationen (Kommissionierpunkten) entnommen oder gegebenenfalls automatisch durch ein Kommissioniersystem ausgelagert. Das tatsächliche Auslagern der Waren vom Kommissionierplatz kann auch mit mobilen Geräten und RF-Transaktionen durchgeführt werden. Papiergesteuerte Prozesse wie das Kommissionieren mit einer Kommissionierliste sind ebenfalls denkbar, wenn auch heute nicht mehr üblich.
4. **Verpacken**
   Ist die Ware für einen Kunden oder für einen Transport bestimmt, muss diese sicher und, falls gewünscht, kundenbezogen verpackt werden. Zusätzliche Papiere, wie die Rechnung, Transportpapiere oder Exportbescheinigungen, müssen im Paket verstaut werden. Der Verpackungsschritt wird meist an Stationen durchgeführt. Ziel ist es, die Ware optimiert zu verpacken, später zu Transporten zusammenzufassen und gegebenenfalls an den Spediteur zu übergeben.
5. **Bereitstellen**
   Ist die Ware für den Versand vorbereitet, muss sie gegebenenfalls zwischengelagert werden, um dann endgültig verladen zu werden. Die Bereitstellung der Ware findet an Versandbahnen statt oder wird, falls die Transporteinheit schon am Tor bereitsteht, ausgelassen. Mit dem Auslassen der Bereitstellung wird die Ware direkt auf den Lkw verladen. Wird Ware exportiert oder über eine weite Strecke transportiert, ist der Bereitstellungsvorgang üblich, um die Paketstücke zusammenzufassen und so die Transportkosten zu minimieren. Zusätzlich ermöglicht der Bereitstellprozess die Sortierung der Ware, um die Paletten optimal in den Lkw zu verladen. Falls der Lkw auf seiner Route mehrere Lokationen anfahren muss, kann mithilfe der Bereitstellung sichergestellt werden, dass Ware, die zuletzt ausgeladen wird, zuerst eingeladen und Ware, die zuerst den Lkw verlassen muss, als Letztes verladen wird.
6. **Beladen und Buchen des Warenausgangs**
   Der Beladevorgang wird optional mit einer Transporteinheit, z. B. in Form eines Lkws, sichergestellt. In diesem Prozessschritt werden die Waren oder die Paletten auf den Lkw befördert. Abhängig von Prozess- und Kundenanforderungen müssen alle Pakete zuerst beladen werden, und der Beladeprozess muss abgeschlossen sein, damit das finale Buchen des Warenausgangs durchgeführt werden kann. Denkbar ist es auch, den Beladeprozess nicht im System abzubilden. Das Buchen des Warenausgangs ist jedoch obligatorisch und schließt den Prozess im Lager

endgültig ab. Ziel dieses Prozessschrittes ist es, sicherzustellen, dass die Warenübergabe erfolgreich durchgeführt wird und der Spediteur die Ware erfolgreich in Gewahrsam nimmt. Mit dem Buchen des Warenausgangs wird der Bestand auch aus dem Lager gebucht. In SAP EWM werden die Daten dann an SAP S/4HANA übertragen, und dort findet der Folgeprozess statt. Falls notwendig, können einzelne Schritte wie das Drucken der Packliste oder der Rechnung auch schon vor dem Warenausgang stattfinden.

Nachdem wir Ihnen in diesem Abschnitt einen Überblick über den betriebswirtschaftlichen Prozess im Warenausgang gegeben haben, stellen wir im Folgenden die Funktionen in SAP EWM dar, die diesen Prozess unterstützen.

SAP EWM kann nicht nur als dezentrale Lagerverwaltungssoftware an SAP S/4HANA angebunden werden (im Folgenden *dezentrales SAP EWM* genannt), sondern auch als integraler Bestandteil von SAP S/4HANA in einem zentralen System (im Folgenden *Embedded SAP EWM* genannt) verwendet werden. Vergleicht man beide Szenarien, erkennt man, dass es sowohl bei der Integration mit SAP S/4HANA als auch bei den funktionalen Aspekten einige Unterschiede gibt. In den nachfolgenden Abschnitten gehen wir grob auf die Unterschiede zwischen beiden Szenarien in den Prozessschritten des Warenausgangsprozesses ein.

Was den direkten Warenausgangsprozess anbelangt, sind SAP EWM auf der Basis von SAP NetWeaver (kurz EWM-NW oder SCM-EWM) und das zentrale SAP EWM in SAP S/4HANA funktional identisch. Unterschiede gibt es vor allem bei der Möglichkeit zur Integration von Komponenten, die von SAP EWM verwendet werden oder wenn über mehrere Releases neue Funktionen ausgeliefert werden.

[«]

Besonderheiten und Einschränkungen von dezentralem und Embedded SAP EWM

Wenn Sie sich im Rahmen eines Implementierungsprojekts für eine Produktversion von SAP EWM entscheiden möchten, empfehlen wir Ihnen, die Liste der Unterschiede zwischen dem dezentralen SAP EWM in SAP S/4HANA, dem Embedded SAP EWM in SAP S/4HANA und dem klassischen SAP EWM 9.5 sorgfältig zu prüfen. In diesem Zusammenhang verweisen wir auf SAP-Hinweis 3218673 (*https://launchpad.support.sap.com/#/notes/3218673*).

In der Anlage finden Sie ein Dokument, das Ihnen bei der Entscheidungsfindung sicherlich eine Hilfe sein wird.

Wird der Warenausgangsprozess mit SAP TM abgewickelt, verwendet man den Prozess *Advanced Shipping & Receiving*, den wir Ihnen nachfolgend in Abschnitt 9.2.4 separat erläutern.

9.1.1 Überblick über den Warenausgangsprozess in Embedded SAP EWM

Der Warenausgangsprozess in Embedded SAP EWM ist einfacher als im dezentralen SAP EWM. In Embedded EWM gibt es zwei Auslieferungsobjekte, die notwendig sind, um den Prozess abzuschließen (siehe Abbildung 9.2). Die replizierte Logistics-Execution-Auslieferung (LE-Auslieferung), die im SAP-S/4HANA-System erstellt wird, wird direkt in einen Auslieferungsauftrag (Outbound Delivery Order, ODO) umgewandelt. Auf Basis des Auslieferungsauftrags, der ebenso für das Lager eine Lageranforderung darstellt, können Lageraufgaben sowie Lageraufträge zur Auslagerung erstellt werden. Der physische Prozess wird gestartet und bei Bedarf in die Teilprozessschritte **Kommissionieren**, **Verpacken**, **Bereitstellen** und **Beladen** unterteilt. Wird der Auslieferungsauftrag als Warenausgang gebucht, wird eine Auslieferung (OD), auch *Final Delivery* genannt, erstellt. Diese Auslieferung dient als Objekt für die Kommunikation mit dem SAP-S/4HANA-System; dort wird sowohl die Auslieferung im Warenausgang gebucht als auch der weitere Prozess abgeschlossen. Wird die LE-Auslieferung aus dem SAP-S/4HANA-System empfangen, können beim Anlegen des Auslieferungsauftrags die Belegarten sowie die Lieferungspositionsarten überschrieben oder beeinflusst werden. Die Logik für die Übernahme aus dem SAP-S/4HANA-System finden Sie im SAP-EWM-Customizing. Folgen Sie dazu dem Pfad **Extended Warehouse Management • Schnittstellen • ERP-Integration • Lieferabwicklung • Belegarten aus dem ERP-System in EWM abbilden** und **Positionsarten aus dem ERP-System in EWM abbilden**.

Der Warenausgangsprozess wird meistens im SAP-S/4HANA-System angestoßen. Alternativ kann er aber auch in SAP EWM beginnen, indem Sie eine Direktauslieferung erstellen und den Prozess dort starten.

Wir beschreiben die Auslieferungsobjekte hier so detailliert, da diese grundlegend für den Warenausgangsprozess sind. Die Auslieferung repräsentiert im SAP EWM die Lageranforderung, die Sie dann verwenden, um die Lageraufträge bzw. Lageraufgaben anzulegen. Die entsprechenden Dokumente haben wir in Abbildung 9.2 visualisiert. Die Objekte, die in SAP EWM auf Basis der Auslieferungsobjekte angelegt werden, sowie der gesamte Auslieferprozess ist in Abbildung 9.26 und Abbildung 9.27 abgebildet.

9.1.2 Überblick über den Warenausgangsprozess im dezentralen SAP EWM

Der Warenausgangsprozess wird im dezentralen SAP EWM in drei Auslieferungsobjekte unterteilt. Sie sind notwendig, um eine Integration in das SAP-S/4HANA-System sicherzustellen. Die replizierte LE-Auslieferung aus dem SAP-S/4HANA-System wird im ersten Schritt in eine Auslieferungsanforderung (ODR) überführt. Sie können die Auslieferungsanforderung per Konfiguration auch überspringen, in der Standardauslieferung wird die Auslieferungsanforderung jedoch automatisch erstellt. Nachdem die Auslieferungsanforderung erstellt und aktiviert worden ist, wird der Auslieferungsauftrag angelegt. Wie auch in Embedded SAP EWM werden alle anderen Objekte im dezentralem SAP EWM angelegt. Der Unterschied ist hier also die zusätzliche Auslieferungsanforderung; alle anderen Objekte bleiben gleich.

Wird die LE-Auslieferung aus dem SAP-S/4HANA-System empfangen, können beim Anlegen der Auslieferungsanforderung die Belegarten sowie die Lieferungspositionsarten überschrieben oder beeinflusst werden. Die Konfiguration ist die gleiche wie in Embedded SAP EWM.

Auch im dezentralem SAP EWM können Sie eine Direktauslieferung wie in Embedded SAP EWM anlegen.

9.1.3 Überblick über den Warenausgangsprozess mit Advanced Shipping & Receiving

Der Prozess *Advanced Shipping & Receiving* ist ein integrierter End-to-End-Prozess, der sicherstellt, dass der Warenausgangsprozess durchgängig in SAP S/4HANA durchgeführt werden kann. Der Prozess wurde im Rahmen der Eingliederung von SAP EWM in SAP S/4HANA durch die SAP-Standardentwicklung bereitgestellt, vor allem um die Integration zu SAP TM zu vereinfachen. Der AdvSR-Prozess wurde mit dem Zweck realisiert, die Kommunikation zwischen allen, in SAP S/4HANA eingebetteten Anwendungskomponenten zu vereinfachen. Dazu gehören SAP Transportation Management (TM), SAP Extended Warehouse Management (SAP EWM), Stock Room Management (STRM), Inventory Management and Physical Inventory (MM-IM) sowie Logistics Execution (LE). Die neue vereinfachte SAP-TM- und SAP-EWM-Integration unterstützt gemischte Szenarien. Sie hilft Anwendern, die Prozessschritte von der Ankunft der Lkws am Tor bis hin zur endgültigen Warenausgangsbuchung im Lager zu koordinieren.

In Abschnitt 9.2.4, »Versand mit SAP EWM«, beschreiben wir den Prozess und die Objekte, die in SAP TM, SAP S/4HANA und SAP EWM erstellt werden. In diesem Kapitel konzentrieren wir uns auf den Warenausgangsprozess in AdvSR.

9.2 Zusätzliche Tätigkeiten im Warenausgangsprozess

Damit der Warenausgangsprozess im Lager beginnen kann, muss dem Lager der Bedarf mitgeteilt werden, Ware auszulagern. Den Bedarf zur Auslagerung stellt für das Lager der *Auslieferungsauftrag* dar. In diesem Abschnitt zeigen wir Ihnen, wie der Auslieferungsauftrag im Warenausgangsprozess entsteht und wie der Gesamtprozess davon beeinflusst wird. Wir beschreiben die vorgelagerten Tätigkeiten, d. h. die Auftrags- und Lieferungssteuerung. Diese sind die Basis dafür, mit Lieferobjekten den Warenausgang im Lager zu planen.

9.2.1 Warenausgangsprozess im Gesamtkontext

Bestellt ein Kunde Ware, muss diese Ware ausgeliefert und nachträglich vom Kunden bezahlt werden. Diesen Prozess nennt man *Order-to-Cash*. Wir durchleuchten in diesem Abschnitt zunächst diesen Prozess, um ein besseres Verständnis für den Warenausgang zu schaffen. Nur der ausführende Teil, in dem die Ware ausgelagert und an den Kunden geliefert wird, ist entscheidend für das Lager und somit für SAP EWM. Diesen Prozess untersuchen wir dann in Abschnitt 9.3, »Warenausgangsprozess in SAP EWM«, im Detail. Die davorliegenden Prozessschritte sowie die anschließende Fakturierung werden nicht von SAP EWM unterstützt und von uns daher nicht näher beschrieben.

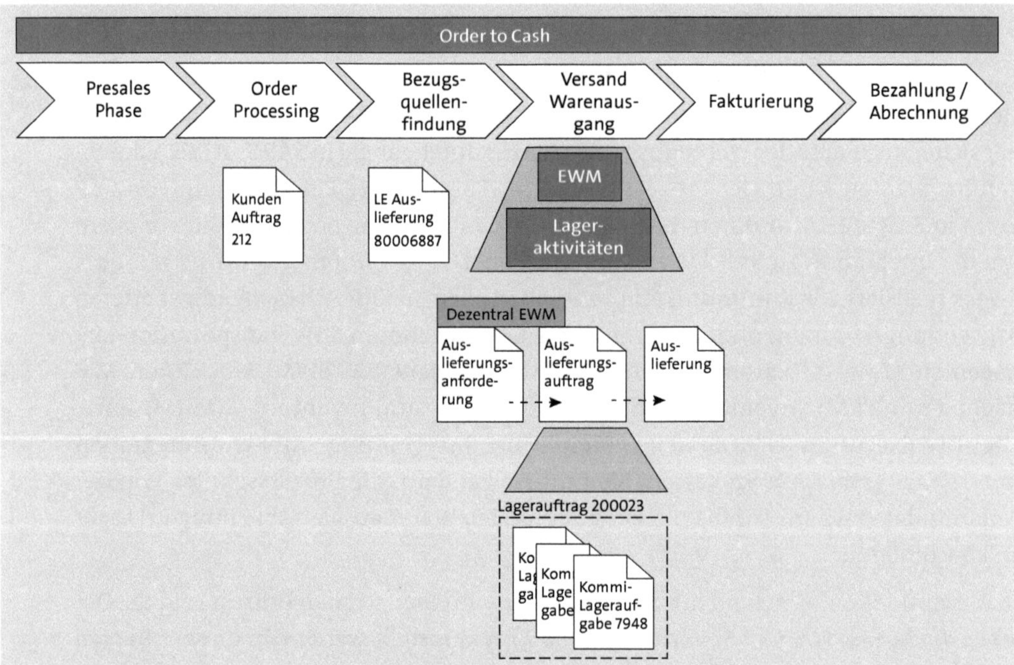

Abbildung 9.2 Darstellung des Order-to-Cash-Prozesses

In der Abbildung 9.2 erkennen Sie die Dokumente, die im Laufe des Warenausgangsprozesses entstehen: Der *Kundenauftrag* wird in SAP S/4HANA erstellt. Um den Kundenauftrag zu bedienen, wird eine *LE-Auslieferung* im SAP-S/4HANA-System erstellt. Es ist auch möglich, eine Auslieferung ohne Referenz zu einem Kundenauftrag in SAP S/4HANA zu erstellen. In beiden Fällen werden die weiteren Schritte in SAP EWM durchgeführt, um den Prozess dort zu starten. Optional kann im Rahmen der Erstellung der LE-Auslieferung oder des Auslieferungsauftrags eine Route bestimmt werden. Auf die Routenfindung gehen wir nachfolgend ein.

9.2.2 Routenfindung

Bei der *Routenfindung* überprüft das System, woher die Ware kommt und wohin sie gesendet wird. Die Route legt den Transportweg und die Transportmittel fest. Sie hat Einfluss auf die Transportterminierung und ist daher für den Folgeprozesse entscheidend. Wird bestimmt, dass die Ware mit dem Flugzeug ins Ausland exportiert werden soll, muss das beim Warenausgangsprozess berücksichtigt werden. Für die Transportterminierung bedeutet das z. B., dass Laderaum reserviert, zusätzliche Papiere gedruckt werden bzw. Ware beim Zoll abgemeldet werden muss. Je nachdem, wie die Route aussieht, hat die Ware dann einen anderen Prozessfluss im Lager.

In SAP EWM beeinflusst die Route zudem die Bildung der Handling Units durch die Konsolidierungsgruppenfindung (siehe Abschnitt 9.3.3, »Konsoliderungsgruppenfindung«) oder die Bereitstellungszonenfindung (siehe Abschnitt 9.3.19, »Bereitstellungszonen- und Torfindung«). Es ist vorab zu unterscheiden, welche Routenfindung verwendet wird, da sich die Routenfindung in Embedded SAP EWM von der Routenfindung im dezentralem SAP EWM unterscheidet. In Embedded SAP EWM wird die Routenfindung verwendet, die es schon in SAP ERP gab. Die Routenfindung wird auf Basis des Auftrags bestimmt und final in die LE-Auslieferung geschrieben. Im dezentralen SAP EWM wird die Routenfindung des Supply-Management-Systems verwendet. Diese ist viel mächtiger als die Routenfindung in SAP ERP und wurde zunächst in *SAP Advanced Planning and Optimization* (SAP APO) verwendet.

Die Routenfindung in SAP S/4HANA bzw. in SD

Die Routenfindung in SAP S/4HANA ist schon bei vielen Kunden im Einsatz. Sie wird auch verwendet, wenn kein Lagerverwaltungssystem im Einsatz ist. Die Route wird stattdessen im Vertriebsmodul (SD) von SAP S/4HANA ausgeführt. Um diese Routenfindung zu konfigurieren, folgen Sie dem Customizing-Pfad **Vertrieb • Grundfunktionen • Routen**. Sie können in den Unterknoten die Routen definieren, sie entsprechend ausprägen und dann die Routenfindung einstellen.

Um Routen zu definieren, müssen Sie die folgenden Schritte bearbeiten:

1. Definieren Sie die Verkehrszweige.
2. Definieren Sie die Versandarten.
3. Definieren Sie die Verkehrsknoten.
4. Definieren Sie die Routen und die Abschnitte der Routen.

Folgen Sie dem Pfad **Vertrieb • Grundfunktionen • Routen • Routendefinition**, und pflegen Sie die Daten in den Unterknoten. Haben Sie die Route definiert, müssen Sie noch die Routenfindung konfigurieren. Die Routenfindung pflegen Sie in der Konfiguration. Folgen Sie hierzu dem Pfad **Vertrieb • Grundfunktionen • Routen • Routenfindung**, und pflegen Sie die Daten in den Unterknoten.

Die Routenfindung erfolgt dabei nach den folgenden Kriterien:

- Land und Transportzone (Abgangszone der Versandstelle)
- die im Auftrag vereinbarten Versandbedingungen
- Die Versandbedingung wird im Rahmen der Versandstellenfindung definiert.
- Transportgruppe des Materials
- Land und Transportzone (Empfangszone) des Warenempfängers

Zuletzt sollten Sie noch den Routenfahrplan und die dazugehörige Findung pflegen, die Sie in der Konfiguration über den Pfad **Vertrieb • Grundfunktionen • Routen • Routenfahrplanfindung** finden.

In Abbildung 9.3 haben wir beispielhaft die SD-Routen visualisiert, die Sie im SAP-S/4HANA-System pflegen können.

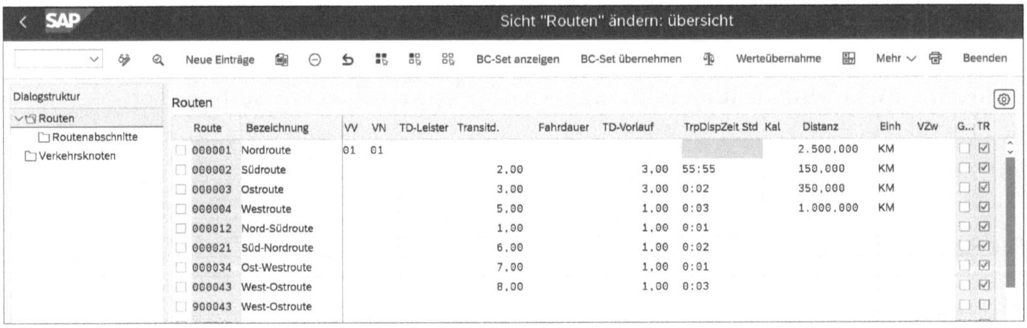

Abbildung 9.3 SD-Routen und Abschnitte definieren

Die SAP-S/4HANA-Routenfindung wird nur in Embedded SAP EWM eingesetzt. Wird das dezentrale SAP EWM verwendet, setzen Sie die SCM-Routenfindung ein. Falls Sie das dezentrale SAP EWM nutzen und sich dazu entscheiden, die Route zunächst mit der Routenfindung in SAP S/4HANA zu bestimmen und dann im dezentralen SAP EWM zu verwenden, sollten Sie die Konfiguration hierzu entsprechend einstellen. Pflegen Sie im SAP-EWM-Customizing die entsprechenden Parameter über den Pfad **SCM Extended Warehouse Management • Extended Warehouse Management • Schnittstellen • ERP-Integration • ERP Integration for Decentralized EWM • Routen und Routenfahrplan aus dem ERP-System in EWM abbilden**, wie in Abbildung 9.4 dargestellt.

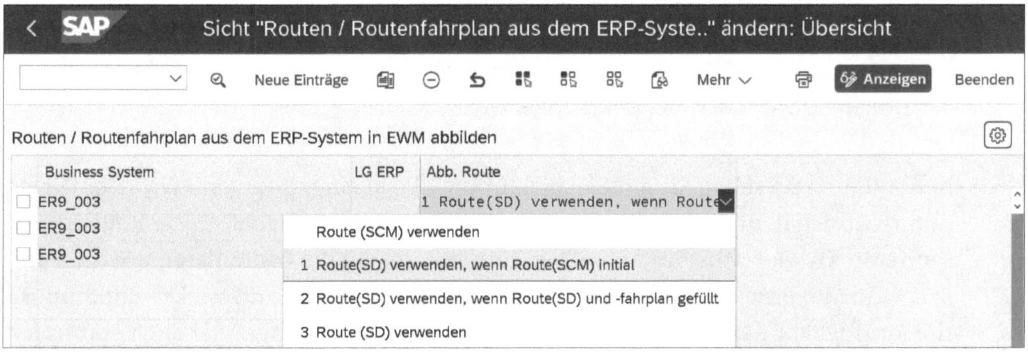

Abbildung 9.4 Routen aus SAP S/4HANA nach SAP EWM übernehmen

Die Routenfindung in SAP SCM bzw. in SAP APO

Unabhängig von der Routenfindung im SAP-S/4HANA-System auf Basis der LE-Lieferung kann die Routenfindung im dezentralen EWM durch die SCM-Routenfindung überschrieben werden. Die SCM-Routenfindung steht in Embedded SAP EWM nicht zur Verfügung. Wird ein dezentrales SAP EWM verwendet, ist es möglich, die Routenfindung in SAP S/4HANA zu nutzen. Diese muss dann vorab die Route bestimmen und diese dann mit der LE-Auslieferung an das EWM-System übergeben. Eine SAP-S/4HANA-Routenfindung in SAP EWM ist aber nicht möglich, da im dezentralem EWM die kompletten Vertriebsdaten fehlen.

Die *SCM-Routenfindung* wird in SAP EWM durch die *Routing Guide Engine* (RGE) ausgeführt. Die RGE ist eine Komponente von SAP SCM und wird von verschiedenen SCM-Anwendungen inklusive SAP EWM verwendet. Zweck der Routenfindung ist es, der Lageranforderung oder der Lieferung die korrekte und optimale Route zuzuweisen. Dabei wird aus mehreren Routen die optimale Route bestimmt. Die Findung orientiert sich an verschiedenen Versandkriterien der Lieferanforderungsposition wie der Start- und Ziellokation, dem Lieferdatum, dem Dokumententyp, den Gewichten der Produkte sowie verschiedenen Gefahrstoffkonditionen.

Unterschiede in der Routenfindung von SAP EWM und SAP S/4HANA

Das Finden der Route kann sowohl in SAP EWM als auch in SAP S/4HANA vorgenommen werden, denn beide Systeme nutzen die Route für ähnliche Zwecke. Doch bietet die SAP-EWM-Routenfindung mit der RGE die Möglichkeit, eine Route genauer zu bestimmen. Die SAP-EWM-Routenfindung bietet im Vergleich zur Routenfindung mit SAP S/4HANA mehr Möglichkeiten, da die Konfiguration der RGE auf Strecken und Haltepunkten basiert, sie Cross-Docking-Routen unterstützt, auf Basis von Belegarten der Lieferdokumente aktiviert oder deaktiviert werden kann und die Zeitpläne der Transportunternehmen besser verwalten und berücksichtigen kann. Im SCM-System können Sie zudem Funktionen nutzen, um Routen besser zu verwalten. Letztlich kommt hinzu, dass die Routenfindung zusätzlich über die RGE simuliert werden kann und Routen im SAP-EWM-System an andere Systeme repliziert werden können, falls Sie mehrere SAP-EWM-Systeme verwenden.

In Abbildung 9.5 sehen Sie ein Beispiel für die Pflege einer Route in EWM. Der Dialog unterteilt sich in drei Bereiche, die die verschiedenen Eigenschaften der Route repräsentieren. Die Bereiche umfassen den Routenkopf, der die Grunddaten wie die Minimal- und Maximalgewichte sowie die Gültigkeit der Route umfasst. Die Routenposition ermöglicht das Hinterlegen u. a. von Strecken, CD-Routen (die das Verknüpfen mehrerer Routen erlauben) sowie Versandbedingungen. In den Routenpositionsdetaildaten können Sie z. B. für eine Strecke die verschiedenen Haltepunkte hinterlegen.

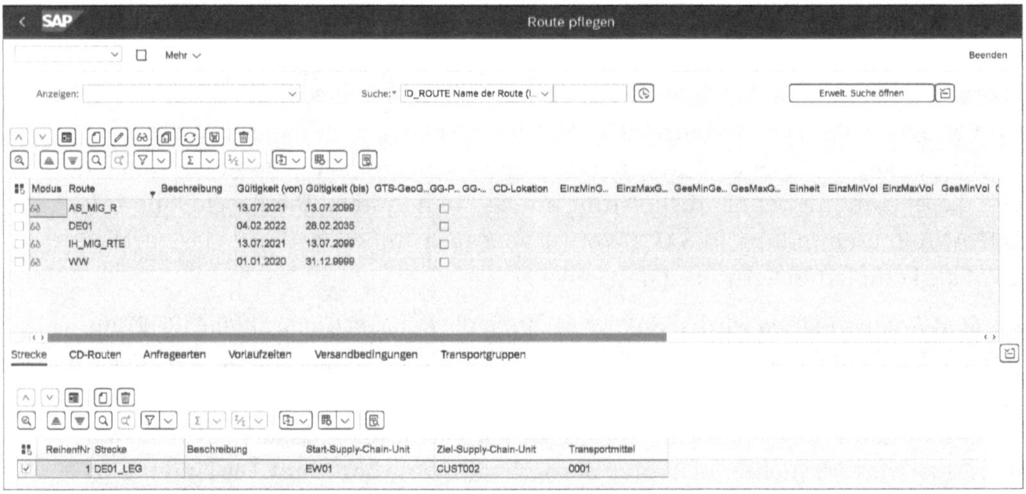

Abbildung 9.5 Routen im SAP-EWM-System pflegen

Die Routenfindung kann zu den folgenden verschiedenen Zeitpunkten stattfinden:

- beim Erstellen der Auslieferungsanforderung in EWM
- beim Erstellen des Auslieferungsauftrags in EWM

Beim Erstellen der Auslieferungsanforderung kann die Route aus dem SAP-S/4HANA-System übernommen werden, oder sie kann durch die RGE überschrieben werden. Außerdem kann die Route beim Aktivieren der Auslieferungsanforderung und Erstellen des Auslieferungsauftrags auf Basis der neuen Informationen, die dann zur Verfügung stehen, neu bestimmt werden.

Wurde die Route automatisch bestimmt, kann sie nochmals manuell neu bestimmt werden. Dazu können Sie im Auslieferungsauftragsmonitor (/SCWM/PRDO) eine erneute Routenfindung anstoßen. Das System kann auch auf der Basis verschiedener

Parameter wie Produkt, Datum, Gewicht/Volumen usw. überprüfen, ob die gespeicherte Route konsistent ist. Ist die Route nicht mehr korrekt, wird der Beleg als fehlerhaft dargestellt, und Sie müssen den Fehler manuell, z. B. durch die Neubestimmung der Route, beseitigen.

Gründe, aus denen es mehrere Lieferdokumente im Warenausgangsprozess gibt, sind das unterschiedliche Zusammenfassen von Lieferpositionen und die Routenfindung, die die Positionen unterschiedlichen Lieferobjekten zuordnen kann. Da die Route immer auf dem Kopf des Lieferdokuments hinterlegt wird, müssen alle Positionen der Lieferung die gleiche Route beinhalten.

Falls ein Produkt (z. B. ein Gefahrgut) auf eine spezielle Weise transportiert werden muss, kann es vorkommen, dass eine separate Route bestimmt wird. Das Produkt wird z. B. eventuell aufgrund von gesetzlichen Bestimmungen umgeleitet und darf nicht per Flugzeug transportiert werden.

Abbildung 9.6 zeigt, wie eine Route das Erstellen der Auslieferungsobjekte beeinflussen kann. So kann die Auslieferungsanforderung in zwei verschiedene Auslieferungsaufträge aufgeteilt werden, da die Höchstgrenze (auf Basis der Menge) überschritten wurde und alle Produkte etwa durch gesetzliche Gefahrgutbeschränkungen nicht gemeinsam transportiert werden dürfen. Später werden wieder andere Positionen zusammengeführt, da beim Kommissionieren eine Mindermenge zusammengestellt wurde. Dies hat zur Folge, dass die Produkte aus Position 20 und 30 doch zusammen versendet werden können und die gleiche Route für beide Positionen bestimmt wurde.

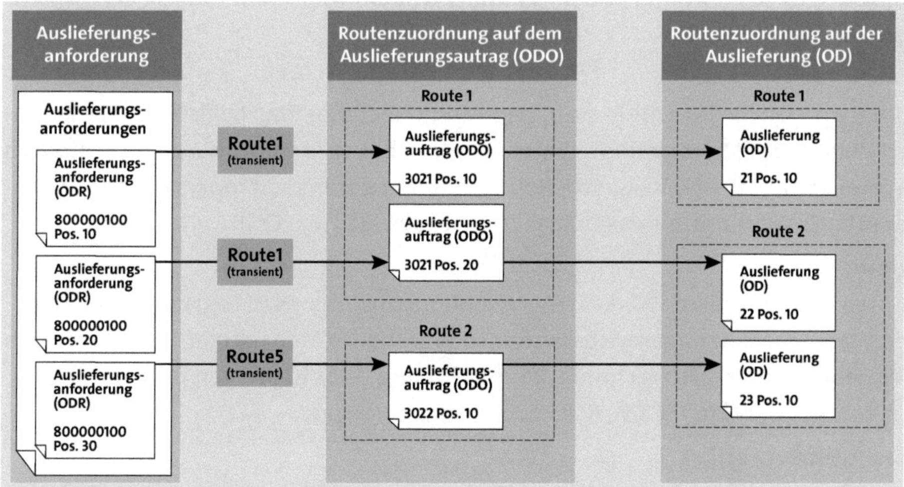

Abbildung 9.6 Routenfindung über alle SAP-EWM-Auslieferungsbelege

Während der Routenfindung bestimmt die RGE durch das Verwenden von Kostenprofilen die Transportkosten. Die Bestimmung der Transportkosten findet auf der

Basis von fixen Transportkosten, streckenabhängigen Transportkosten, zeitabhängigen Transportkosten oder gewichtsbasierten Transportkosten statt. Ebenso ist es denkbar, die Transportkosten als Faktor für die Routenbestimmung zu verwenden.

Die Routenfindung muss in SAP EWM anhand mehrerer Stammdatentransaktionen konfiguriert werden. Im Folgenden finden Sie die wichtigsten Transaktionen für die Einrichtung der Routenfindung:

- Lokationen
  Um die verschiedenen Standorte innerhalb Ihrer Route zu berücksichtigen, müssen Sie die zugehörigen Lokationen in SAP EWM verwalten. Lokationen können Sie im SAP-Easy-Access-Menü über den Pfad **Logistik • SCM Extended Warehouse Management • Extended Warehouse Management • Stammdaten • Warenannahme und Versand • Routenfindung • Lokation** oder durch Starten des Transaktionscodes /SAPAPO/LOC3 pflegen.
- Kalender
  Kalender können Sie im SAP-EWM-Customizing über den Pfad **SCM Extended Warehouse Management • SCM-Basis • Stammdaten für dezentrales EWM • Kalender • Planungskalender (Zeitstrahl) pflegen** oder über den Transaktionscode /SCMB/SCHED_CAL pflegen. Sie können auch den SAP-APO-Kalender pflegen, indem Sie im SAP-Easy-Access-Menü dem Pfad **Logistik • Transportation Management • Stammdaten • Calendar** folgen oder den Transaktionscode /SAPAPO/CALENDAR verwenden. Den Fabrikkalender pflegen Sie im SAP-EWM-Customizing über den Pfad **SCM Extended Warehouse Management • SCM-Basis • Stammdaten für dezentrales EWM • Kalender • Fabrikkalender pflegen** oder über den Transaktionscode SCAL.
- Zonen
  Zonen pflegen Sie im SAP-Easy-Access-Menü über den Pfad **Logistik • SCM Extended Warehouse Management • Extended Warehouse Management • Stammdaten • Warenannahme und Versand • Routenfindung • Transportzone • Zonen für Routen pflegen** oder mittels des Transaktionscodes /SCTM/ZONE.
- Routen
  Routen können Sie im SAP-Easy-Access-Menü über den Pfad **Logistik • SCM Extended Warehouse Management • Extended Warehouse Management • Stammdaten • Warenannahme und Versand • Routenfindung • Route pflegen** oder durch Starten von Transaktion /SCTM/ROUTE im System pflegen.
- Frachtführerprofile
  Frachtführerprofile pflegen Sie im SAP-Easy-Access-Menü über den Pfad **Logistik • SCM Extended Warehouse Management • Extended Warehouse Management • Stammdaten • Warenannahme und Versand • Routenfindung • /SCTM/TSPP –**

Frachtführerprofil für den Routing-Guide oder durch Ausführen des Transaktionscodes /SCTM/TSPP.

- **Transportkostenprofile**
  Transportkostenprofile pflegen Sie im SAP-Easy-Access-Menü über den Pfad **Logistik • SCM Extended Warehouse Management • Extended Warehouse Management • Stammdaten • Warenannahme und Versand • Routenfindung • Allgemeines Transportkostenprofil definieren** oder durch Verwenden des Transaktionscodes /SAPAPO/TPK.
- **Simulieren und Testen**
  EWM beinhaltet ein Testprogramm, um die Routenfindung zu simulieren und zu testen. Zum Simulieren und Testen der Routenfindung folgen Sie im SAP-Easy-Access-Menü dem Pfad **Logistik • SCM Extended Warehouse Management • Extended Warehouse Management • Stammdaten • Warenannahme und Versand • Routenfindung • Routenfindung simulieren**, oder Sie nutzen Transaktion /SCTM/RGINT.

Um sicherzustellen, dass in der Warenausgangszone die gleichen Pakete wieder zusammenfinden und diese zusammen und in der gleichen Zeitperiode abgearbeitet werden, können Sie Routen verwenden. Damit gleichartige Produkte wieder an der Packstation zusammenfinden, verwenden Sie in SAP EWM die Konsolidierungsgruppe, auf die wir in Abschnitt 9.3.3, »Konsoliderungsgruppenfindung«, näher eingehen.

9.2.3 Verpackungsplanung und Ausführung

Mit der *Verpackungsplanung* können Sie bereits zu einem frühen Zeitpunkt des Warenausgangsprozesses die Anzahl und Arten der voraussichtlich benötigten Versand-HUs planen.

Basierend auf den im SAP-EWM-System vorliegenden Informationen wie den verfügbaren Auslieferungsaufträgen, Wellen und Lageraufgaben sowie den Produktstammdaten, erstellt SAP EWM einen Vorschlag dazu, wie die Produkte für den Versand verpackt werden sollen. Diesen *Verpackungsplan* können Sie verwenden, um den Einsatz von Mitarbeitern, Ressourcen und Transportmitteln im Lager zu planen und zu steuern. Dies betrifft insbesondere die Bereiche Kommissionierung, Verpackung und Versand.

Der Verpackungsplan bietet umso mehr Vorteile, je mehr Zeit in Ihrem Lager zwischen dem Anlegen der Auslieferungsaufträge und dem eigentlichen Verpacken liegt, weil Sie so mehr Informationen über die Menge und Art der benötigten Versand-HUs beschaffen können. Neben der Planung von Verpackung, Versand und Transporten bietet der Verpackungsplan natürlich auch Vorteile in hoch automatisierten Lägern, z. B. bei der Auslastung eines Kartonaufrichters oder von Kartonförderstrecken – schon Stunden bevor die eigentliche Kommissionierung beginnt.

Als Ergebnis der Verpackungsplanung erstellt SAP EWM *Plan-Versand-HUs* (kurz: PVHUs). Bei PVHUs handelt es sich um Objekte im EWM-System, die den »echten« HUs ähneln:

- Eine PVHU hat eine (SAP-EWM-interne) Nummer und beschreibt ein Packmittel und die in ihm enthaltenen Positionen, also z. B. eine Europalette mit drei Stück von Material A und zehn Kartons von Material B.
- Im Gegensatz zu einer »echten« Versand-HU ist eine PVHU jedoch nicht physisch in einem Lager vorhanden, sondern wird lediglich für die Planung von Anzahl, Größe und Inhalt der später im Warenausgangsprozess erstellten Versand-HUs verwendet. Die PVHUs können dann in der Kommissionierung bzw. in der Verpackung als Vorlage für die Erstellung von »echten« Versand-HUs verwendet werden.
- Eine PVHU hat nur eine interne (temporäre) Nummer, die nichts mit der Nummer der später erzeugten Versand-HU zu tun hat. Es ist folglich auch nicht möglich, eine PVHU auszudrucken.
- Auf der Datenbank werden die Informationen zu den PVHUs in anderen Datenbanktabellen abgelegt als »echte« HUs. (Tabelle `/SCWM/HUHDR` versus Tabelle `/SCWM/POHUHDR` für PVHUs).

Technisch gesehen, wird also eine Versand-HU nicht einfach durch Umwandlung einer PVHU oder durch eine einfache Statusänderung erstellt. Es handelt sich vielmehr um völlig unabhängige Objekte. Richtig ist, dass die Versand-HU immer basierend auf einer PVHU erstellt wird. Die PVHU bleibt dabei jedoch auf der Datenbank bestehen, bis sie durch den weiter hinten in diesem Abschnitt beschriebenen Report gelöscht wird.

Es ist möglich, die Verpackungsplanung automatisch oder manuell durchzuführen. In der Regel werden Sie die PVHUs *automatisch* vom System erstellen lassen. In den folgenden Abschnitten beschreiben wir die automatische und manuelle Verpackungsplanung, den Kommissionierprozess und das Verpacken mit PVHUs, das Überwachen von PVHUs im Lagerverwaltungsmonitor (kurz Lagermonitor) sowie den Report zum Löschen von nicht mehr notwendigen PVHUs.

Automatische Verpackungsplanung

Wenn Sie die Verpackungsplanung nutzen, werden Sie die PVHUs im Regelfall automatisch vom System erstellen lassen. Es gibt drei Ausprägungen der automatischen Verpackungsplanung, die drei unterschiedlichen Zeitpunkten im Warenausgangsprozess entsprechen:

- **Verpackungsplanung für die Auslieferungsaufträge**
  Sie erstellen einen Verpackungsplan nach dem Anlegen der Auslieferungsaufträge. Da Letzteres einer der ersten Schritte im Warenausgangsprozess ist, wissen Sie sehr früh, welche Versandpackstücke Sie benötigen, und können eine erste manuelle Disposition der Lkws durchführen. Nachteil ist, dass zu diesem frühen Zeitpunkt wenig konkrete Daten bekannt sind: Das System muss mit den Mengen der Auslieferpositionen und den Lagerplätzen aus der Grobplatzermittlung arbeiten.
- **Verpackungsplanung für Wellen**
  Sie erstellen einen Verpackungsplan nach dem Anlegen einer Welle zu Auslieferungsaufträgen. Da eine Welle oft auf eine Route bezogen angelegt wird, werden also in dieser Variante alle zusammengehörigen Waren gleichzeitig für die Verpackung berücksichtigt, was wiederum eine bessere Qualität der Ergebnisse zur Folge hat.
- **Verpackungsplanung für Lageraufträge**
  Sie erstellen einen Verpackungsplan für Lageraufträge zu einem späteren Zeitpunkt als für Auslieferungsaufträge, wenn wesentlich mehr Daten bekannt sind. Dies betrifft insbesondere die genauen Von-Lagerplätze der Lageraufgaben. Je später die Verpackungsplanung läuft, desto genauer ist Ihr Ergebnis.

In allen Varianten basiert die automatische Verpackungsplanung technisch auf Auslieferungspositionen.

Auch können Sie die frühe und späte Planung miteinander kombinieren. Das heißt, Sie lassen die Planung z. B. morgens zunächst in Variante 1 laufen und können dann im Lagermonitor das Ergebnis sehen und Ihre Lagerplanung durchführen. Vor der Kommissionierung (Variante 3) führen Sie die Verpackungsplanung ein weiteres Mal durch und erhalten so aufgrund der genau bekannten Quelllagerplätze möglicherweise wesentlich bessere Ergebnisse. Der zweite Verpackungsplan überschreibt den ersten Verpackungsplan auf der Datenbank. Die Varianten der Verpackungsplanung sind in Abbildung 9.7 dargestellt; im Folgenden gehen wir auf diese drei Varianten genauer ein.

Um die *Verpackungsplanung für Auslieferungsaufträge* zu nutzen, rufen Sie Transaktion /SCWM/CAPDLV auf. Diese Transaktion finden Sie auch im SAP-Easy-Access-Menü über den Pfad **Logistik • SCM Extended Warehouse Management • Extended Warehouse Management • Arbeitsvorbereitung • Verpackungsplanung • Verpackungsplanung für Auslieferungsaufträge**. Um die Verpackungsplanung im Hintergrund laufen zu lassen, planen Sie den dazugehörigen Report /SCWM/R_CAP_BACKGROUND als periodisch ausgeführten Job ein.

Um die *Verpackungsplanung für Wellen* zu nutzen, führen Sie Transaktion /SCWM/CAPWAVE aus oder folgen im SAP-Easy-Access-Menü dem Pfad **Logistik • SCM Extended Warehouse Management • Extended Warehouse Management • Arbeitsvorbe-**

reitung • Verpackungsplanung • Verpackungsplanung für Wellen. Um die Verpackungsplanung im Hintergrund laufen zu lassen, planen Sie den dazugehörigen Report /SCWM/R_CAP_WAVE als periodisch ausgeführten Job ein.

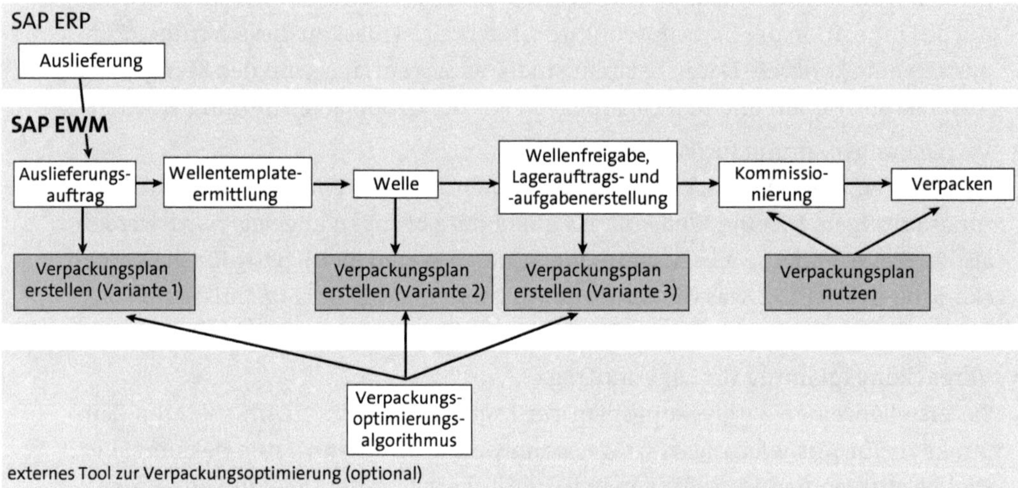

Abbildung 9.7 Varianten zur Erzeugung von Verpackungsplänen

Um die *Verpackungsplanung für Lageraufträge* zu nutzen, markieren Sie das Kennzeichen **VP-Kompatibilität** in der Lagerauftragserstellungsregel (LAER) im SAP-EWM-Customizing (siehe Abbildung 9.8, letzter Parameter im Bildschirm).

Sie finden das Customizing der LAER über den Pfad **SCM Extended Warehouse Management • Extended Warehouse Management • Prozessübergreifende Einstellungen • Lagerauftrag • Erstellungsregel für Lageraufträge definieren**.

Sie benötigen mindestens eine LAER, bei der dieses Kennzeichen markiert wurde. Durch das Markieren des Kennzeichens **VP-Kompatibilität** wird ausgedrückt, dass das Übersteuern von Grenzwerten durch PVHUs erlaubt ist. Hintergrund ist, dass PVHUs und ihre Zuordnung zu den Lieferpositionen den Grenzwerten in Ihren LAERs widersprechen können. Wenn PVHUs zum Kommissionieren verwendet werden sollen, werden die meisten Grenzwerte an der LAER durch das Ankreuzfeld **VP-Kompatibilität** außer Kraft gesetzt. Im Zusammenspiel mit den PVHUs gelten nur noch die Grenzwerte am Lagerauftrag (**max. Anz. Konsolidierungsgruppe pro LA** und **max. Anzahl HU pro LA**).

Die beiden Transaktionen /SCWM/CAPDLV und /SCWM/CATWAVE können Sie auch im Ausführungsmodus **Simulation** aufrufen. Damit können Sie die Verpackungsplanung testen, ohne PVHUs in der Datenbank zu erstellen.

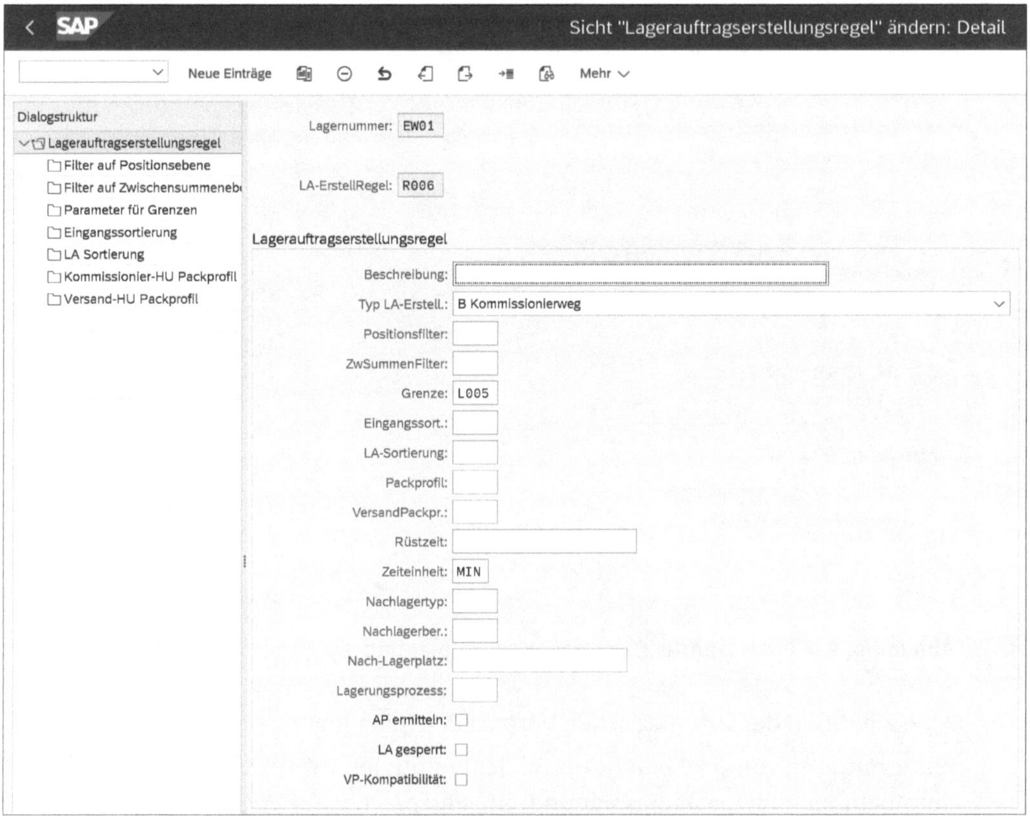

Abbildung 9.8 Kennzeichen »VP-Kompatibilität« in der Lagerauftragserstellungsregel

Eine Planung zum Zeitpunkt 1, gefolgt von der Planung zum Zeitpunkt 2 oder 3, führt dazu, dass die frühe Planung jeweils automatisch gelöscht wird und nur noch die aktuelle Planung übrig bleibt.

Um die automatische Verpackungsplanung nutzen zu können, müssen Sie sie zunächst im Customizing aktivieren. Dazu ist eine Reihe von Aktivitäten durchzuführen, die Sie im IMG über den Pfad **SCM Extended Warehouse Management • Extended Warehouse Management • Warenausgangsprozess • Verpackungsplanung** finden. Am wichtigsten ist in diesem Pfad die Aktivität **Prozessprofile für Verpackungsplanung definieren** (siehe Abbildung 9.9). Das Prozessprofil wird, basierend auf der Lagerprozessart und dem Aktivitätsbereich, gefunden und beschreibt, wann das SAP-System PVHUs und Versand-HUs anlegt.

Aus Platzgründen und da diese Customizing-Aktivitäten im Customizing selbst ([F1]-Hilfe) recht verständlich und nachvollziehbar dokumentiert sind, verzichten wir an dieser Stelle auf eine detaillierte Erklärung.

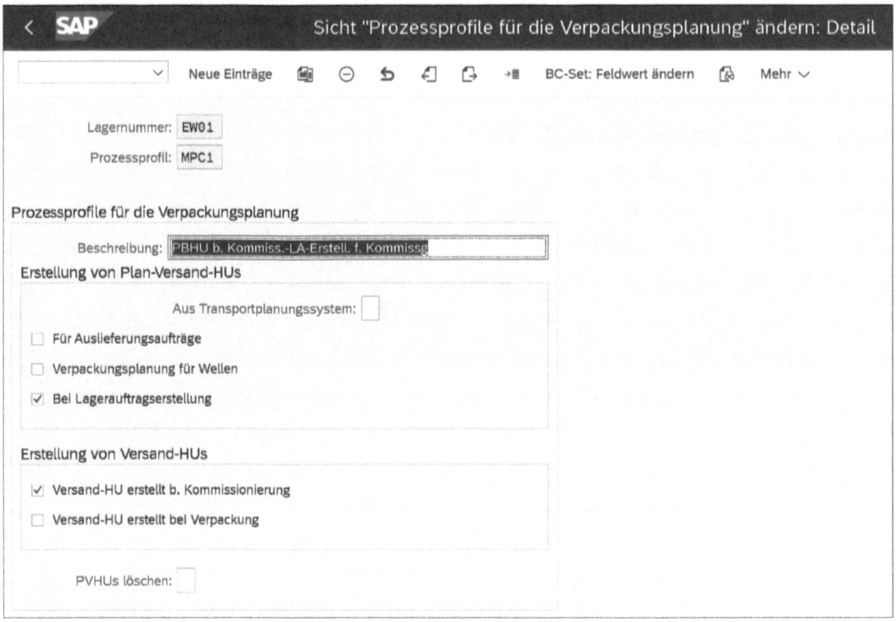

Abbildung 9.9 Prozessprofil in der Verpackungsplanung

Algorithmus in der automatischen Verpackungsplanung

Zur Ermittlung von Größe und Anzahl der benötigten PVHUs ist in SAP EWM in der automatischen Verpackungsplanung ein entsprechender Algorithmus enthalten. Dieser Algorithmus stellt keine echte Optimierung der Verpackung dar, sondern ist eine Heuristik. Der vom EWM-System im Standard erstellte Verpackungsplan ist folglich nicht unbedingt als mathematisch optimale Lösung zu betrachten, sondern lediglich als »gute« Lösung zu bewerten.

Die Heuristik im SAP-EWM-Standard wurde mit dem Ziel entwickelt, so wenig PVHUs wie möglich zu erstellen. Unsere Erfahrung aus der Praxis zeigt aber, dass die Algorithmen zur Vorberechnung von Packmitteln sehr unterschiedliche Ziele haben können und auch die Rahmenbedingungen und Einschränkungen zur Erreichung der Ziele sehr unterschiedlich ausgeprägt und bewertet sein können. Der Standardalgorithmus erstellt z. B. keine verschachtelten (mehrstufigen) PVHUs. Daher ist es möglich, den Algorithmus des SAP-EWM-Standards durch die Implementierung eines Business Add-Ins (BAdI) Ihren Anforderungen gemäß abzuändern. Der von SAP im SAP-EWM-Standard ausgelieferte Algorithmus ist als sogenannte *Default-Implementierung* des BAdIs eingestellt. Ebenso ist es möglich, externe Tools zur Verpackungsoptimierung per Remote Function Call (RFC) an das SAP-EWM-System anzuschließen.

Die verfügbaren BAdIs für die Verpackungsplanung finden Sie im SAP-EWM-Customizing über den Pfad **SCM Extended Warehouse Management • Extended**

Warehouse Management • Business Add-Ins (BAdIs) für das Extended Warehouse Management • Warenausgangsprozess • Verpackungsplanung.

Mit SAP EWM 9.5 ist, ergänzend zu der beschriebenen Heuristik, der Package Builder des SAP Supply Chain Managements, der für die Erzeugung von PVHUs der Verpackungsplanung eingesetzt werden kann, vollständig verfügbar.

Während die ursprüngliche BAdI-Implementierung, wie bereits beschrieben, eine Heuristik darstellt, die zum Ziel hat, möglichst wenige PVHUs zu erzeugen, berücksichtigt die optimierte Paketbildung bei der Packstückbildung Produkt, Partner und lokationsbedingte Einschränkungen ebenso wie szenariospezifische Anforderungen.

Die Erzeugung von PVHUs erfolgt, abhängig von der Konfiguration des Systems, unter Berücksichtigung der folgenden Ziele:

- Erzeugung von produktreinen vollen Paletten
- Erzeugung von Paletten mit mehreren Produkten und produktreinen Lagen
- Erzeugung von Paletten mit mehreren Produkten pro Lage
- Berücksichtigung von Gewicht und Dimensionen der Produkte

Im Folgenden stellen wir Ihnen die wichtigsten Einstellungen des Package Builders sowie deren Funktionen und Zusammenhänge vor.

Es ist festzuhalten, dass in SAP S/4HANA der Unified Package Builder eingeführt wurde, den wir in Kapitel 4, »Stammdaten in SAP S/4HANA EWM«, beschrieben haben. Der Unified Package Builder ist generischer und vereint die diversen Packalgorithmen, die SAP im Standard anbietet. Im Warenausgangsprozess wurde der Unified Package Builder durch SAP noch nicht optimal integriert, wenn auch die entsprechenden Funktionen schon seit SAP EWM 9.5 zur Verfügung stehen. Sie müssen die Auswahl manuell vornehmen und können nicht die unterschiedlichen Algorithmen auswählen.

Profil für die Erzeugung von Packstücken

Die zentrale Customizing-Einstellung der Paketbildung ist das Paketbildungsprofil. Sie finden dieses über den Pfad **SCM Extended Warehouse Management • Extended Warehouse Management • Warenausgangsprozess • Verpackungsplanung • Paketbildung • Paketbildungsprofil definieren**. Über das Profil kann die Erzeugung von PVHUs beeinflusst werden, indem globale Definitionen für den Umgang mit Produkten sowie Ausschlüsse für das Bilden von PVHUs festgelegt werden.

Auf die einzelnen Einstellungsmöglichkeiten des Paketbildungsprofils gehen wir in der folgenden Aufstellung kurz ein:

- **Umgang mit nicht optimal erzeugten Packstücken**
  Im Umgang mit nicht optimal erzeugten Packstücken bieten Ihnen die Optionen **Unvollständige Produkte ignorieren** und **Unvollständige Packstücke ignorieren** die

Möglichkeit, bereits erstellte Packstücke unverändert zu lassen oder im Falle einer nicht optimalen Verpackungsdichte weiter zu optimieren. Die Einstellung wird in der Regel nicht in SAP-EWM-Szenarien verwendet, da sie verhindert, dass nicht optimal gebildete Packstücke in einem weiteren Optimierungslauf erneut überprüft werden.

- **Bildung von produktreinen Packstücken verhindern**
  Mit der Option **Produkte nach Lage verarbeiten** können Sie die Bildung von produktreinen Packstücken verhindern, um stattdessen Packstücke lagenweise mit verschiedenen Produkten pro Lage aufzubauen. Dieser Parameter führt in der Standardausführung zu keiner Ergebnisoptimierung und ist für die Verwendung in kundenspezifischen Erweiterungen vorgesehen.
- **Erzeugung von Packstücken mit gemischten Produkten beeinflussen**
  Die Erzeugung von Packstücken mit gemischten Produkten beeinflussen Sie über die Optionen **Keine gemischten Packstücke** und **Einzelnes gemischtes Packstück**. Während Sie mit der ersten Einstellung die Bildung von Packstücken mit gemischten Produkten unterbinden können, haben Sie mit der zweiten Einstellung die Möglichkeit zu definieren, ob Restmengen einzelner Positionen auf bereits gebildete Packstücke verteilt oder geschlossen auf ein einzelnes gemischtes Packstück verplant werden sollen.
- **Lagenbildung beeinflussen**
  Die Lagenbildung können Sie mit den Einstellungsoptionen **Keine gemischten Lagen** und **Einzelne gemischte Lage** beeinflussen. Die Option **Keine gemischten Lagen** vermeidet das Bilden von Lagen mit verschiedenen Produkten. Ist dieser Parameter nicht gesetzt, versucht die Paketbildung, Lagen aus Produkten mit der gleichen Lagenhöhe zu bilden. Mit der Option **Einzelne gemischte Lage** haben Sie die Möglichkeit, zu beeinflussen, ob Restpositionen eines Produkts geschlossen in einer gemischten Lage geplant werden sollen. Ist dieser Parameter nicht gesetzt, kann die Paketbildung die restlichen Positionen eines Produkts über mehrere gemischte Lagen verteilen.
- **Vergabe des Stapelungsfaktors beeinflussen**
  Mit der Einstellungsoption **VollstToleranz Lage** (Vollständigkeitstoleranz für Lage) kann die Vergabe des Stapelungsfaktors beeinflusst werden. Der eingetragene Prozentwert definiert, ab welchem Belegungsgrad eine Lage als vollständig gewertet wird. PVHUs mit vollständigen Lagen erhalten den Stapelfaktor, der für die Laderaumoptimierung genutzt werden kann.
- **Weitere spezifische Einstellungen vornehmen**
  Die Einstellungen **Keine gemischten Packstücke**, **Einzelnes gemischtes Packstück**, **Keine gemischten Lagen** und **Einzelne gemischte Lage** können Sie auch in der im Folgenden beschriebenen Stammdateneinstellung **Packmittel Produkten zuord-**

nen spezifischer auf Produkt-, Lagernummer- und Geschäftspartnerebene vornehmen. Die dort spezifisch vorgenommenen Einstellungen übersteuern die Einstellungen im Paketbildungsprofil.

Sie können die vorgenommenen Einstellungen und die Funktionen des Package Builders während der Verpackungsplanung nutzen, indem Sie die Algorithmussequenz **SAP2** in der Customizing-Einstellung **Algorithmusprofile für Verpackungsplanung definieren** zuordnen. Sie finden die Einstellung im Customizing über den Pfad **SCM Extended Warehouse Management • Extended Warehouse Management • Warenausgangsprozess • Verpackungsplanung**.

Für die Nutzung der optimierten Paketbildung ist es nicht notwendig, ein Paketbildungsprofil zu definieren. In der Standardauslieferung wird der Package Builder mit einem initialen Paketbildungsprofil durchlaufen (siehe Abbildung 9.10).

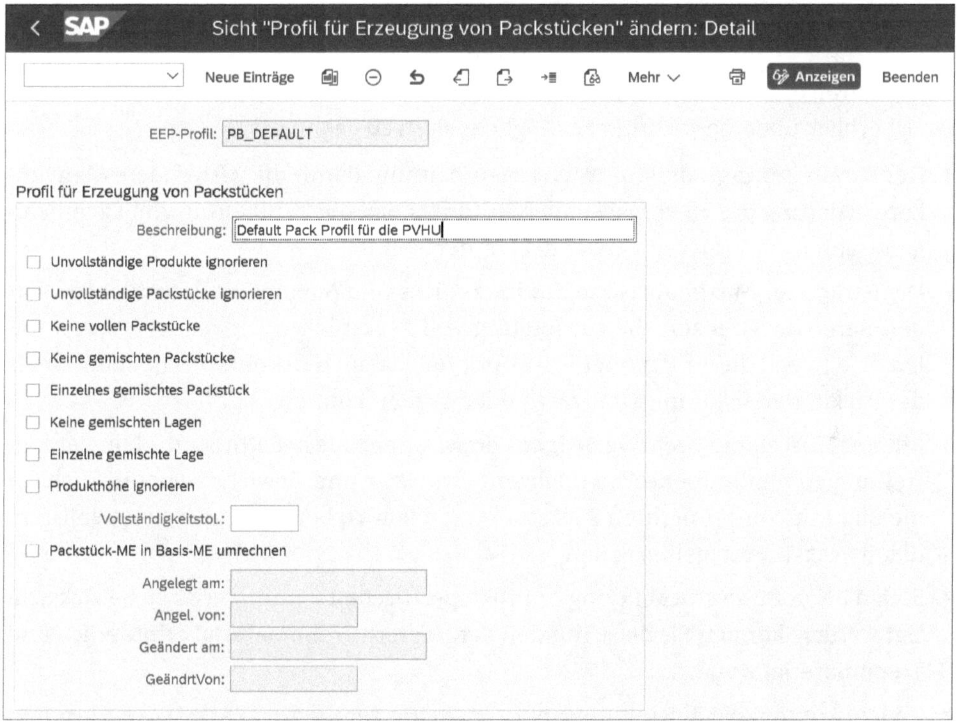

Abbildung 9.10 Customizing-Einstellung zur Definition des Paketbildungsprofils

Zuordnung von Packstücken zu Produkten

Mit der Stammdatentabelle für die Zuordnung von Packstücken zu Produkten können Sie für Produkt-, Lagernummer- und Geschäftspartnerkombinationen definieren, welche Grenzwerte angewandt werden und welche spezifischen Parameter für die Paketbildung berücksichtigt werden sollen.

Sie finden die Einstellung im SAP-Easy-Access-Menü über den Pfad **Logistik• SCM Extended Warehouse Management • Extended Warehouse Management • Einstellungen • Packmittel Produkten zuordnen** oder über Transaktion /SCWM/CAP_PB_PKG_ASS (siehe Abbildung 9.11).

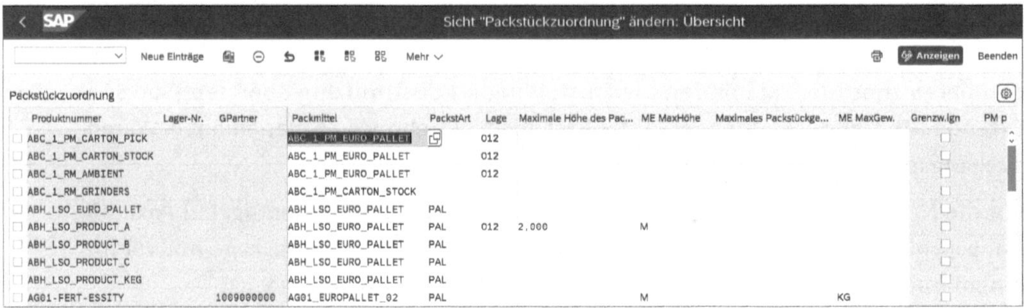

Abbildung 9.11 Packstückzuordnung in SAP EWM

Wir gehen an dieser Stelle auf eine Auswahl an Einstellungen ein, um Ihnen einen ersten Überblick über die wichtigsten Möglichkeiten zu geben:

- Der Parameter **Lage** stellt die Mengeneinheit und damit die verwendete Mengenkonvertierung des zu verpackenden Produkts dar, die zur Bildung von Lagen von gemischten Packstücken verwendet werden soll.
- Die Parameter **Maximale Höhe des Packstücks** und **Maximales Packstückgewicht** definieren die Grenzen, die zur Bildung von Packstücken verwendet werden sollen. Die Pflege dieser Parameter ist optional, da auch die entsprechenden Werte der Packmaterialstammdaten verwendet werden können.
- Mit der Einstellung **Grenzwerte ignorieren** können Sie beeinflussen, ob in der Einstellung vorgenommene Maximalwerte für Höhe und Gewicht ausschließlich für die Bildung von gemischten Packstücken oder auch bei der Bildung von vollständigen Packstücken gelten sollen.
- Sollen bei der Packstückbildung produktspezifische Trennmaterialien berücksichtigt werden, können Sie diese mit den Parametern **Trennmaterial erforderlich** und **Trennmaterial** steuern.
- Zudem können die Einstellungsoptionen **Keine gemischten Packstücke**, **Einzelnes gemischtes Packstück**, **Keine gemischten Lagen** und **Einzelne gemischte Lage** des Packstückprofils spezifisch pro Produkt-, Lagernummer- und Warenempfängerkombination eingestellt werden.
- Mit der Einstellungsoption **Maximale Anzahl der Produkte in einem gemischten Packstück** können Sie die Anzahl verschiedener Produkte in einem Packstück begrenzen.

Da die Einstellungsmöglichkeiten umfangreich sind, empfiehlt es sich, in einem ersten Schritt generische Einträge in der Einstellungstabelle zu definieren. Diese können z. B. für eine Lagernummer und für alle Produkte aus einer bestimmten Kombination aus Packstückart (z. B. Europalette), Lage und maximaler Höhe bestehen. Anschließend können Ausnahmen (z. B. für spezifische Warenempfänger oder die Vermeidung gemischter Packstücke) definiert werden.

Konfiguration der Produktstammdaten

Da die Paketbildung des Package Builders maßgeblich auf den Produktstammdaten basiert, stellen wir in diesem Abschnitt deren Einfluss dar.

Für zu verpackende Produkte sollte mindestens eine alternative Mengeneinheit gepflegt sein, die namensgleich zu der ist, die in der Einstellung **Packmittel** den Produkten zugeordnet ist (z. B. PAL). Der Palettenfaktor stellt das Mengenverhältnis zwischen der Basismengeneinheit und der alternativen Mengeneinheit dar (siehe Abbildung 9.12).

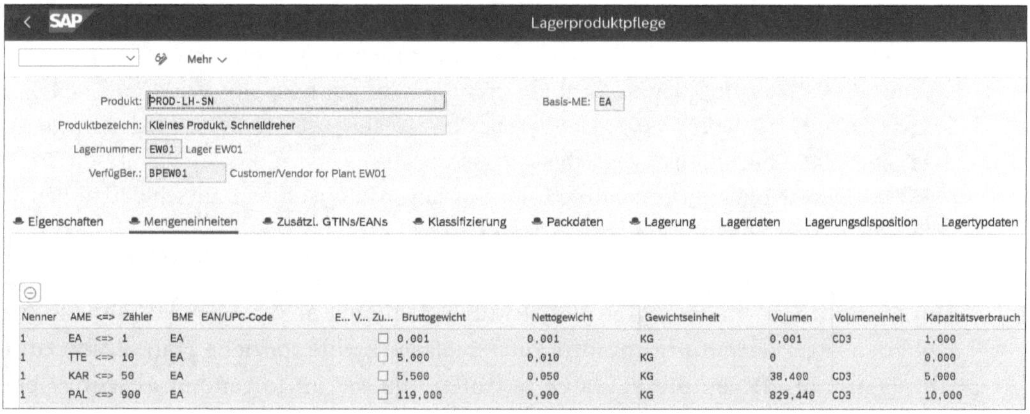

Abbildung 9.12 Palettenfaktor in den Produktstammdaten des zu verpackenden Produkts pflegen

Analog zum Palettenfaktor kann auch die Lage oder Palette als alternative Mengeneinheit definiert werden. Beide Mengeneinheiten können in die Einstellungstabelle **Packmittel Produkten zuordnen** (siehe Abschnitt »Zuordnung von Packstücken zu Produkten«) in die Felder **Packstückart** und **Lage** eingetragen werden. Die Eigenschaften **Gewicht** sowie **Länge**, **Breite** und **Höhe** der Mengeneinheiten werden bei der Packstückbildung genutzt, um zu definieren, wie genau sich eine volle Lage bzw. ein Packstück zusammensetzt. Neben diesen Eigenschaften – **Gewicht** und **Länge**, **Breite** und **Höhe** – werden keine weiteren Parameter für die Packstückbildung genutzt.

Alternativ zur Pflege der **Packstückart** können Sie in der Einstellungstabelle **Packmittel Produkten zuordnen** ein **Packmittel** pflegen. Mit dieser Einstellung wird bei der

Packstückbildung statt auf die Mengeneinheit des zu verpackenden Produkts auf die Packdaten des Verpackungsprodukts zurückgegriffen. Der Package Builder verwendet die Parameter **Maximalgewicht**, **Geschlossene Verpackung**, **Füllgrad** und **Maximale Höhe** der Packdaten aus den Produktstammdaten des Verpackungsprodukts. Der Bezug auf ein Verpackungsprodukt bei der Packstückbildung hat den Vorteil, dass Eigenschaften, wie etwa die Eigenhöhe der Palette, bei der Paketbildung berücksichtigt werden.

Um den Einfluss vorgenommener Konfigurationen der Packstückbildung zu testen, verwenden Sie den Report `/SCMB/TEST_PB` (Test Erzeugung von Packstücken). Neben den Ergebnissen aus der Packstückbildung zeigt der Report auch ein internes Bearbeitungslog an.

Für weiterführende Informationen empfehlen wir Ihnen die Blog-Serie der SAP Community »Monday Knowledge Snippet (MKS)« zum Themenbereich Package Builder (*https://blogs.sap.com*).

[»]

Consulting Solutions für SAP EWM liefern einen verbesserten Algorithmus

Falls Ihnen der von SAP im SAP-EWM-Standard ausgelieferte Algorithmus zur Erstellung von Verpackungsplänen nicht ausreicht, gibt es auf dem SAP-Markt eine Reihe von Lösungen zur Optimierung der Verpackung. Neben diversen Systemhäusern bietet auch SAP Consulting eine solche verbesserte Lösung als »Consulting Solution für EWM«. Die verfügbaren Consulting Solutions von SAP Consulting Deutschland finden Sie im Internet über den Pfad *http://s-prs.de/v679202*.

Um die vom System erzeugten Verpackungsplandaten anzuzeigen, können Sie sowohl den Lagerverwaltungsmonitor nutzen als auch eine spezielle Transaktion zum Anzeigen und Pflegen dieser Daten aufrufen, die wir im folgenden Abschnitt beschreiben.

Manuelle Pflege von Verpackungsplanungsdaten

Die erstellten Verpackungsplanungsdaten können Sie betrachten, ändern und löschen, indem Sie im SAP-Easy-Access-Menü dem Pfad **Logistik • SCM Extended Warehouse Management • Extended Warehouse Management • Arbeitsvorbereitung • Verpackungsplanung • Plan-Versand-HUs pflegen** folgen oder den Transaktionscode /SCWM/CAP aufrufen. Sie gelangen zunächst auf ein Selektionsbild, in dem Sie über verschiedene Kriterien nach PVHUs suchen können.

Nach dem Ausführen der Selektion öffnet sich das in Abbildung 9.13 dargestellte Bild, in dem Sie die selektierten Verpackungsplandaten pflegen können.

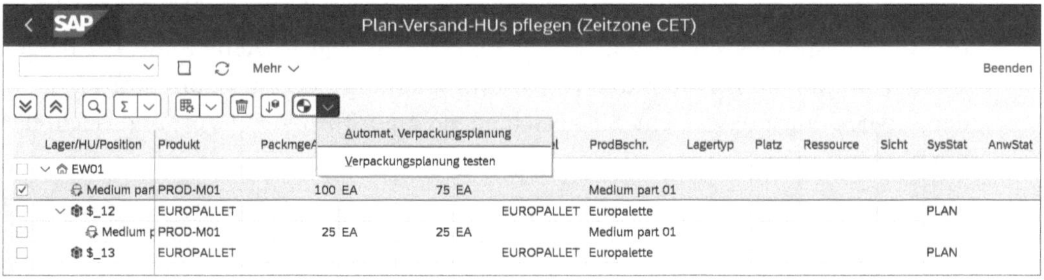

Abbildung 9.13 Plan-Versand-HUs manuell pflegen (Transaktion /SCWM/CAP)

Einzelne PVHUs anzeigen

Wenn Sie in der Pflegetransaktion eine einzelne PVHU anzeigen möchten, können Sie die führenden Nullen nach dem Präfix »$_« auch weglassen. Um z. B. die PVHU $_00000000000000012 zu selektieren, geben Sie einfach »$_12« ein.

Dieser Bildschirm ähnelt auf den ersten Blick dem SAP-EWM-Arbeitsplatz, in dem Sie Bestände im Lager verpacken können: Auf der linken Seite befinden sich Packmittel, Produkte und die dazugehörigen Mengen. Auf der rechten Seite des Bildschirms gibt es diverse Registerkarten zum Umpacken von Produkten und HUs. Durch die Präfixe »$_« der HUs sowie natürlich durch den Titel **Plan-Versand-HUs pflegen** erkennen Sie, dass es sich hier nicht um »echte« Bestände und nicht um »echte« HUs handelt, sondern um den Verpackungsplan. Wenn Sie also in dieser Transaktion Produkte in PVHUs umpacken, hat das keine direkten Auswirkungen auf die Bestände im SAP-System, sondern nur auf die Planung der Verpackung.

Neben den möglichen manuellen Aktivitäten wie dem Anlegen von Plan-HUs und dem Verpacken von Produkten können Sie aus dieser Transaktion heraus auch die automatische Verpackungsplanung starten. Wählen Sie dazu die Funktion **Automat. Verpackungsplanung** über das Dropdown-Menü des rot-weißen Buttons oben rechts über den Packdaten.

Mit der Funktion **Verpackungsplanung testen**, die über das gleiche Dropdown-Menü ausführbar ist, können Sie zudem verschiedene Algorithmen simulieren und testen. Wenn Sie die Funktion auswählen, fragt Sie das SAP-System nach einem Algorithmusprofil (siehe Abbildung 9.14).

Die Algorithmusprofile können Sie im Customizing über den Pfad **SCM Extended Warehouse Management • Extended Warehouse Management • Warenausgangsprozess • Verpackungsplanung • Algorithmusprofile für Verpackungsplanung definieren** pflegen. Letztlich beschreibt ein Algorithmusprofil verschiedene hinterlegte Algorithmen. Wenn Sie die automatische Verpackung nutzen, können Sie im Customizing, basierend auf diversen Prozessparametern, ein bestimmtes, für die jeweiligen Produkte passendes Algorithmusprofil hinterlegen. Die in Abbildung 9.13 dargestellte Funktion zum Testen der Verpackungsplanung nutzen Sie also vorrangig in der Entwicklungsphase, wenn Sie verschiedene Algorithmen auf Vor- und Nachteile hin überprüfen möchten.

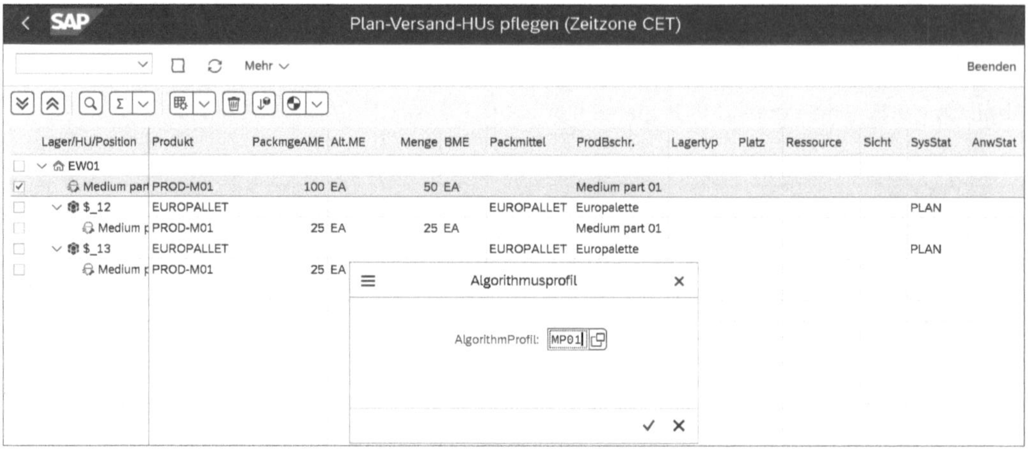

Abbildung 9.14 Algorithmusprofil zum Testen verschiedener Algorithmen auswählen

Egal, ob ein Verpackungsplan manuell oder automatisch angelegt worden ist, muss er im Warenausgangsprozess genutzt werden. Dies geschieht in der Kommissionierung oder beim Verpacken.

Verwendung von Verpackungsplänen in der Kommissionierung

Die Kommissionierung bei bestehenden Verpackungsplänen verhält sich im Wesentlichen genauso wie vorher. Die Bildschirme sehen exakt gleich aus, egal, ob Sie papierbasiert arbeiten (also die Desktop-Transaktion zur Kommissionierung nutzen) oder die Radio-Frequency-Variante für mobile Endgeräte verwenden. Der Unterschied bei der Verwendung von Packplänen ist letztlich, dass das System Ihnen die jeweils benötigten Packmittel für jede Lageraufgabe vorschlägt, bzw. Ihnen die HU-Nummer angezeigt wird, falls Sie schon die Versand-HU, basierend auf dem Verpackungsplan, erstellt haben.

[»]

Kommissionierung mit Kommissionier- vs. Versand-HUs

Oft werden wir gefragt, was der genaue Unterschied zwischen den aus früheren SAP-EWM-Releases (ab 5.0) bekannten Kommissionier-HUs und den Plan-Versand-HUs ist. Seit SAP EWM 5.0 kann das SAP-System bei der Lagerauftragserstellung Kommissionier-HUs erstellen und diese bei der Kommissionierung verwenden. Ähnlich wie bei PVHUs ist es aber auch bei Kommissionier-HUs möglich, sie zunächst nur als Packmittel vorzuplanen und erst bei der Durchführung der Kommissionierung, basierend auf diesem vorgeplanten Packmittel, eine »echte« Kommissionier-HU zu erstellen.

Am deutlichsten wird der Unterschied zwischen Kommissionier-HUs und PVHUs, wenn man sich vergegenwärtigt, wofür die beiden Begriffe stehen: Eine Kommissionier-HU ist das Packmittel, in das *kommissioniert* wird. Dies kann ein Rollcontainer, eine Kunststoffbox, ein Kommissionierwagen oder ein Karton sein. Nach der Kommissionierung gibt es dann zwei Möglichkeiten:

- Die Kommissionier-HU ist die Versand-HU. Sie wird ohne weiteres Umpacken an den Warenempfänger versendet. Dies ist der Pick-&-Pack-Prozess – es wird also während des »Pickens« (Kommissionierung) auch gleichzeitig in das Versandelement verpackt. Dazu markieren Sie das in Abbildung 9.9 dargestellte Ankreuzfeld **Versand-HU erstellt b. Kommissionierung**. Diese Einstellung bewirkt, dass die PVHUs direkt als Kommissionier-HUs übernommen werden. Der Algorithmus zur Bestimmung von Kommissionier-HUs wird dann nicht mehr durchlaufen.
- Die Kommissionier-HU ist nur ein lagerinternes Transportmittel. Es wird also noch einmal umgepackt. Dazu wird die Kommissionier-HU an einen Packarbeitsplatz gebracht und der Inhalt der Kommissionier-HU in eine Versand-HU umgepackt.

Kommissionier-HUs und Versand-HUs schließen sich also nicht aus. Letztlich kann SAP EWM vor der Kommissionierung je nach von Ihnen gewählter Einstellung bestimmen und berechnen, wie die Versand- und Kommissionier-HUs aussehen könnten und ob umgepackt werden soll.

Um die Verpackungspläne während der Kommissionierung nutzen zu können, müssen folgende Voraussetzungen erfüllt sein:

1. Sie haben die PVHUs bei der Lagerauftragserstellung erstellt.
2. Sie haben im Customizing im Packprofil der Lagerauftragserstellungsregel die Ankreuzfelder **HUs erzeugen** und **LBs HUs zuordnen** gesetzt.

Bei der zweistufigen Kommissionierung können Sie die Verpackungsplanung nur im Aufteilungsschritt (Vereinzelung) verwenden, im Entnahmeschritt hingegen nicht.

Die Kommissionierung mit Verpackungsplanung ist mit Einschränkungen auch bei der Verwendung von Kommissionierpunkten (K-Punkten) möglich. Das System kann jedoch Kommissionier-HUs auf der Grundlage von PVHUs nur vorschlagen, wenn Sie alle HU-Lageraufgaben für die Bewegung von Bestand zum Kommissionierpunkt zusammen quittieren und wenn Sie die Kommissionierung am Kommissionierpunkt mit Radio Frequency anstatt über den Arbeitsplatz durchführen.

Verwendung von Verpackungsplänen am SAP-EWM-Packplatz

Neben der Kommissionierung können PVHUs auch am SAP-EWM-Packplatz verwendet werden. Am SAP-EWM-Packplatz können Sie die zu verpackende Ware auswählen (scannen) und dann anhand der Konsolidierungsgruppe entscheiden, in welche Ziel-HU die ausgewählte Ware verpackt werden soll. Letztlich sind aber alle möglichen Ziel-HUs für EWM gleichwertig, wenn die Konsolidierungsgruppe übereinstimmt.

Wenn Sie Verpackungsplandaten nutzen und am Packplatz zu verpackende Waren auswählen (scannen), schlägt Ihnen EWM direkt das richtige Packmittel aus dem Verpackungsplan vor. Wenn Sie dann mit diesem Packmittel eine Versand-HU anlegen, schlägt SAP EWM für alle folgenden Umpackvorgänge diese Versand-HU vor. Das funktioniert sowohl in der Desktop-Transaktion (/SCWM/PACK) als auch mit der Radio-Frequency-Transaktion zum Verpacken (/SCWM/RFUI).

Welche Nach-HUs oder Packmittel Ihnen SAP EWM vorschlägt, ist abhängig von der Implementierung eines BAdIs. Im SAP-EWM-Standard gibt es eine Default-Implementierung (/SCWM/ESI_WRKC_UI_POHU) mit dem Ziel, die Kommissionier-HUs möglichst schnell zu entleeren. Sie können die BAdI-Implementierung nach Ihren Anforderungen abändern, z. B. um die Versand-HUs so schnell wie möglich vollständig zu packen. Die BAdIs für die Verpackungsplanung finden Sie im SAP-EWM-Customizing über den Pfad **SCM Extended Warehouse Management • Extended Warehouse Management • Business Add-Ins (BAdIs) für das Extended Warehouse Management • Warenausgangsprozess • Verpackungsplanung**.

Überwachung von Verpackungsplanungsdaten im Lagermonitor

Nach der Durchführung der Verpackungsplanung können Sie die erstellten PVHUs im Lagermonitor überwachen. Über den SAP-Standardmonitorknoten **Plan-Versand-Handling-Unit** können Sie ausgewählte PVHUs anzeigen und überprüfen. Der Monitor zeigt zu jeder selektierten PVHU die entsprechenden Kopfdaten an. Außerdem zeigt er die entsprechenden Daten von Lieferpositionen an, die in der selektierten PVHU verpackt sind (siehe Abbildung 9.15).

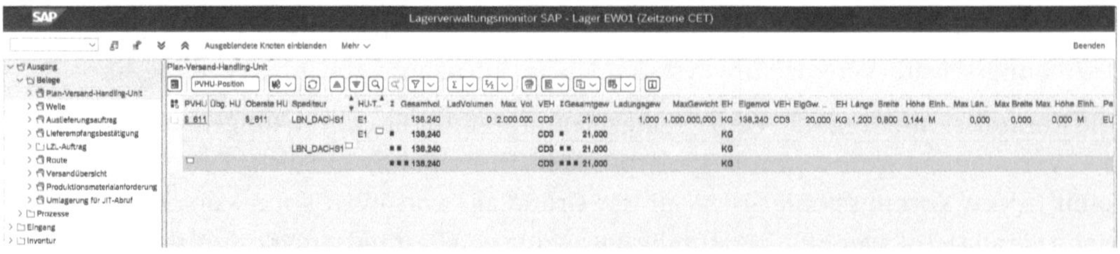

Abbildung 9.15 Plan-Versand-HUs im Lagerverwaltungsmonitor überwachen

Das SAP-Standardlayout **Aggregation Plan-Versand-HUs** (0/PSHU_AGGR) zeigt eine Zusammenfassung des Bruttogewichts und -volumens je HU-Typ und Spediteur sowie eine Zusammenfassung des gesamten Bruttogewichts und -volumens. Die Layoutvariante ist standardmäßig nicht sichtbar, d. h., Sie müssen sie manuell über den Button **Layout** auswählen.

Löschen von Verpackungsplanungsdaten

Unabhängig davon, ob die in SAP EWM geplanten Verpackungsdaten auch tatsächlich während des Versands zur Anwendung kommen, bleiben die Verpackungsplandaten im System gespeichert. Daher empfehlen wir, veraltete Verpackungsplandaten regelmäßig zu löschen. Das Löschen der Verpackungsplandaten können Sie manuell durch Starten des Transaktionscodes /SCWM/CAPDEL oder alternativ über das Aufrufen der Transaktion im SAP-Easy-Access-Menü über den Pfad **Logistik • SCM Extended Warehouse Management • Extended Warehouse Management • Arbeitsvorbereitung • Verpackungsplanung • Plan-Versand-HUs löschen** durchführen (siehe Abbildung 9.16). Um veraltete Verpackungsplandaten automatisch löschen zu lassen, planen Sie den Report /SCWM/R_CAP_DELETE über Transaktion SM36 als regelmäßig laufenden Job ein.

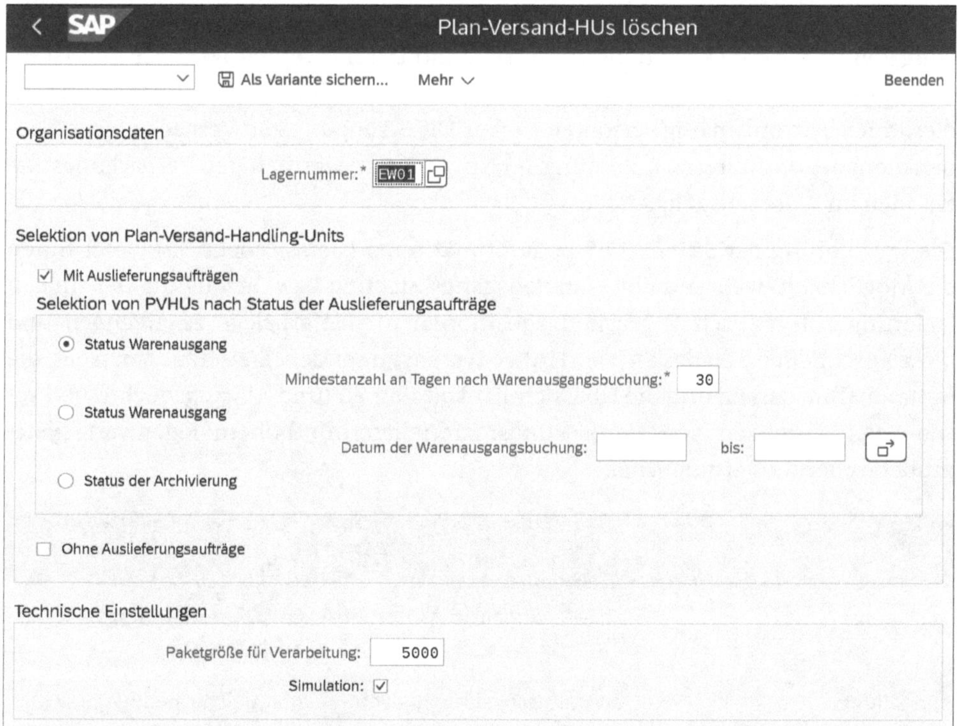

Abbildung 9.16 Löschen von PVHUs

[»]

Löschen simulieren

Um die Selektion der PVHUs überprüfen zu können, sollten Sie die Transaktion zuerst im Simulationsmodus ausführen. Das SAP-System speichert das Ergebnis der Ausführung in einem Anwendungsprotokoll. Hier finden Sie weitere Informationen über die selektierten Daten und die dazugehörigen Auslieferungsaufträge.

Sie können Verpackungsplanungsdaten nur löschen, wenn *alle* zur PVHU dazugehörigen Auslieferungsauftragspositionen die angegebenen Selektionskriterien erfüllen. Wenn Sie eine PVHU mit Lieferpositionen löschen möchten, die Ihre Selektionskriterien nicht erfüllen, müssen Sie Transaktion /SCWM/CPDLV (Verpackungsplanung für Auslieferungsaufträge) oder /SCWM/CAPWAVE (Verpackungsplanung für Wellen) im Modus **C – Löschung von PVHUs** verwenden.

Sie können PVHUs zudem vor der Wellenerstellung mit dem Report `/SCWM/R_WAVE_PLAN_BACKGROUND` löschen. Markieren Sie dazu das Ankreuzfeld **Plan-Versand-HUs löschen** des Reports.

Automatisches Erzeugen von Verpackungspositionen

Unabhängig von der Verpackungsplanung bietet SAP EWM die automatische Erzeugung von Verpackungspositionen. Diese Funktion ist notwendig, wenn Sie im System nicht nur die Verpackungshierarchie in Form von Handling Units abbilden, sondern diese auch bestandsmäßig verwalten wollen. Die Erzeugung von Verpackungspositionen dient der optimierten Abbildung der Nutzung von werthaltigen Verpackungsmaterialien im Warenausgangsprozess.

Die Erweiterung der SAP-EWM-Standardfunktionen (siehe Tabelle 9.1) bietet Ihnen die Möglichkeit, während der Warenausgangsbuchung bzw. Erzeugung der finalen Lieferung automatisch Verpackungspositionen für Lieferbelege zu erzeugen und diese anschließend an das SAP-S/4HANA-System zu senden. Zielsetzungen ist es, die Bestandstransparenz und die Übersichtlichkeit von Zu- und Abgangsbuchungen sowie Belegreferenzen von Verpackungsmaterialien mit hohem Eigenwert systemübergreifend zu ermöglichen.

	Neue Verpackungsposition	Normale Verpackungsposition
Positionsart	OPHU – Verpackungsposition	OPAC – Verpackungsauslieferung
Erstellung	Automatisch, abhängig vom Verpackungsmaterial der HU	manuell bei der Pflege der Auslieferung

Tabelle 9.1 Gegenüberstellung von neuen und normalen Verpackungspositionen

	Neue Verpackungsposition	Normale Verpackungs-position
Kommissionierung	nicht relevant	relevant
Verladung	nicht relevant	relevant
Transporteinheits-zuweisung	Automatisch, über die finale Lieferung	manuell
Warenausgangsbuchung	Automatisch, über die finale Lieferung	manuell

Tabelle 9.1 Gegenüberstellung von neuen und normalen Verpackungspositionen (Forts.)

Um die automatische Erzeugung von Verpackungspositionen in Ihren Prozessen nutzen zu können, haben Sie die Möglichkeit, diese über die Customizing-Einstellung über den Pfad **SCM Extended Warehouse Management • Extended Warehouse Management • Warenausgangsprozess • Auslieferung • Verpackungsposition automatisch erzeugen** pro Lagernummer, Belegtyp und Belegart zu aktivieren. Darüber hinaus können Sie die Erzeugung von Verpackungspositionen für ausgewählte Packmittelarten, die für die Erzeugung von Handling Units oder von den in Handling Units enthaltenen Packhilfsmitteln genutzt werden, separat aktivieren. Zuletzt können Sie die Ermittlung der verwendeten Positions- und Bestandsart per Packmittelart, Lagernummer, Belegtyp und Belegart definieren (siehe Abbildung 9.17).

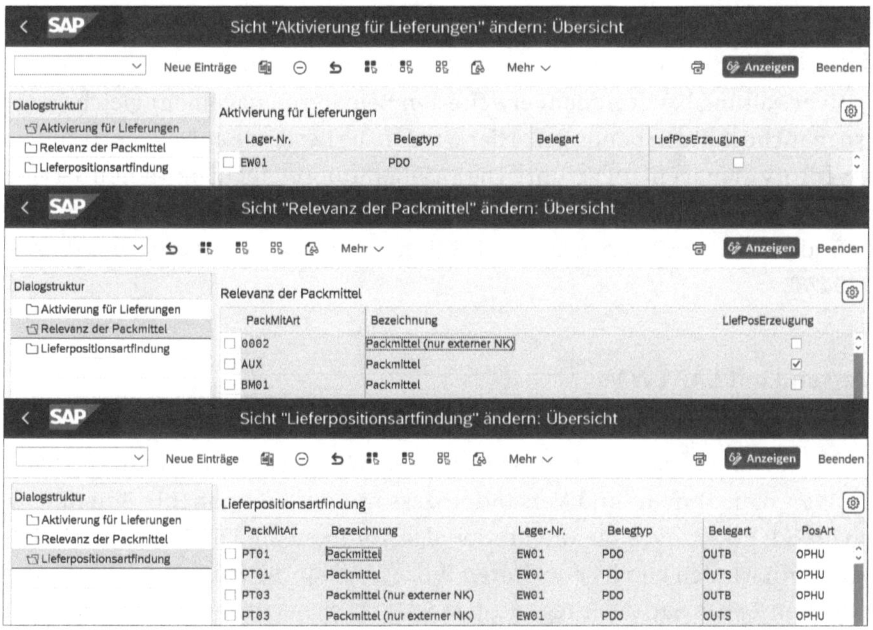

Abbildung 9.17 Customizing für die automatische Erzeugung von Verpackungspositionen

Die Verpackungsposition wird automatisch zum Zeitpunkt der Erstellung der finalen Lieferung erzeugt. Pro Packmaterial wird eine Position erzeugt, d. h., bei der Verwendung von zwei Handling Units mit dem gleichen Verpackungsmaterial, das für die Erzeugung von Verpackungspositionen relevant ist, wird eine Lieferposition mit zwei Stück erzeugt. Verpackungspositionen sind auf der Ebene von Transporteinheiten nicht sichtbar, können aber manuell zugewiesen werden. Bei lieferübergreifenden Handling Units werden nur für eine Lieferung Verpackungspositionen erzeugt.

[»]

Erweiterungsmöglichkeiten für die Verwendung von automatisch erzeugten Verpackungspositionen

Um die Standardfunktion mit kundeneigenen Logiken zu erweitern, bietet Ihnen der Enhancement Spot /SCWM/ES_DLV_PACK_ITEM Business Add-Ins (BAdIs) zur Beeinflussung der Customizing-Einstellung, der Mengen pro Verpackungsposition sowie der Behandlung von lieferübergreifenden Handling Units.

Der Bestand wird von dem Warenbewegungsplatz der Lieferposition, der im SAP-Easy-Access-Menü über den Pfad **Logistik • SCM Extended Warehouse Management • Extended Warehouse Management • Einstellungen • Pflege Warenbewegungsplatzfindung** oder über Transaktion /SCWM/GMBIN_DET erreichbar ist, gefunden. Eine Fixplatzverwaltung der relevanten Verpackungsmaterialien wird empfohlen.

Bei der SAP-S/4HANA-Integration wurden keine Erweiterungen vorgenommen. Die Integration von Verpackungspositionen erfolgt ausschließlich über vorhandenes Customizing von Bewegungs- und Positionsarten.

Die Funktion der automatischen Erzeugung der Verpackungspositionen ist nicht mit der Leergutverwaltung bzw. mit dem erweiterten Behältermanagement gleichzusetzen, das so manche Kunden benötigen. Hier werden die Bestände auf eigenen Konten im SAP Inventory Management geführt. Die SAP-Beratung bietet hierzu einen Service mit dem Namen *Simple Empties Management @ SAP EWM* an. Weitere Informationen dazu finden Sie in SAP-Hinweis 2780478 (*https://launchpad.support.sap.com/#/notes/2780478*).

9.2.4 Versand mit SAP EWM

Wir stellen Ihnen in diesem Abschnitt die unterschiedlichen Alternativen vor, um den Versand im Warenausgangsprozess abzubilden. Wir erklären Ihnen zunächst den klassische Warenannahmen- und Versandprozess mit der Komponente Shipping & Receiving in SAP EWM sowie die Integration der Komponente LE-TRA in SAP EWM. Zudem erläutern wir den bereits erwähnten Prozess Advanced Shipping & Receiving (AdvSR), der den Zweck hat, die Integration in SAP TM sicherzustellen. Abschließend gehen wir noch auf die Komponente Dock Appointment Scheduling ein.

Versandprozess in Shipping & Receiving

Im Folgenden möchten wir Ihnen einen Überblick über die die Komponente Shipping & Receiving (Warenannahme und Versand) in SAP EWM geben. Diese Komponente gibt es schon seit vielen Jahren in SAP EWM. Sie dient dazu, den Versand- und Beladeprozess im System zu erfassen. Sie können Transporteinheiten und Fahrzeuge anlegen, um den betriebswirtschaftlichen Prozess der Lkw-Ankunft und -Abfahrt im System abzubilden. Ist der Lkw angekommen, können Sie die Handling Units scannen, um zu erfassen, welche Handling Unit auf welchen Lkw geladen wurde.

Die Komponente Shipping & Receiving wurde unter der Verwendung der Transporteinheit in den ersten Jahren und in den ersten SAP-EWM-Projekten kundenseitig nur bedingt verwendet, da die Hauptanforderung der Versand- bzw. Verladekontrolle im System nur bedingt abgebildet werden kann. Es war möglich, die Handling Units zu scannen, die auf einen Lkw geladen wurden, der Planungsprozess konnte in SAP EWM jedoch nicht effizient angestoßen werden. Der User musste die Lieferungen nämlich manuell der Transporteinheit zuweisen, was sehr viel Mehraufwand bedeutete.

Kundenseitig findet oft erst ein Tourenplanungsprozess statt, das heißt, dass eine Transporteinheit/Frachteinheit nicht im Lagerverwaltungsystem, sondern in den vorangehenden Prozessschritten erstellt wird. Das heißt, dass geplant wird, welche Auslieferung mit welchem Lkw (Transporteinheit) transportiert werden soll, um Wege und Transportkosten zu optimieren. Diese Optimierung ist nicht mit Shipping & Receiving in SAP EWM umsetzbar, denn vielmehr ist diese Komponente nur für die Ausführung verantwortlich.

Ist die Planung abgeschlossen, findet der Warenausgangsprozess statt, und der Lkw wird beladen. Die Informationen müssen vorab im System vorhanden sein, damit man systemseitig überprüfen kann, ob die Handling Unit auf den Lkw geladen werden kann. Erst durch diese Überprüfung wird eine Verladekontrolle sichergestellt. Der Aufbau der Transporteinheit und der dazugehörigen Auslieferungsaufträge ist also die Herausforderung und muss durch andere Systeme erstellt und anschließend an SAP EWM überführt werden. Eine manuelle Erstellung der Transporteinheit ist natürlich denkbar und möglich, aber mit sehr viel manuellem Aufwand verbunden. Wurde die Transporteinheit erstellt, kann man die Ausführung in SAP EWM mit unterschiedlichen Transaktionen begleiten.

Nachfolgend listen wir die unterschiedlichen Transaktionen in Shipping & Receiving auf. Wir konzentrieren uns hauptsächlich auf den Warenausgangsprozess. Diese Transaktionen sind auch nützlich, wenn Sie die Transporteinheit via LE-TRA Integration oder via AdvSR anlegen:

- **Anlage und Pflege von Fahrzeugen**
  Fahrzeuge pflegen und anlegen können Sie im SAP-Easy-Access-Menü über den Pfad **Logistik • SCM Extended Warehouse Management • Extended Warehouse**

Management • Warenannahme & Versand • Fahrzeug Bearbeiten oder alternativ über den Transaktionscode /SCWM/VEH. Das Objekt **Fahrzeug** dient dazu, die fahrzeugspezifischen Daten im System abzulegen. Das Fahrzeug kann dann an der Werkseinfahrt mit Kennzeichen, Fahrernamen und weiteren Fahrzeugidentifikationsmerkmalen im System hinterlegt werden. Dieser Anwendungsfall tritt nicht so häufig auf. Daher verzichten die meisten SAP-Kunden auf diesen Prozessschritt oder nehmen ihn in einem anderen System vor.

- **Anlage und Pflege von Transporteinheiten**
Transporteinheiten pflegen und anlegen können Sie im SAP-Easy-Access-Menü über den Pfad **Logistik • SCM Extended Warehouse Management • Extended Warehouse Management • Warenannahme & Versand • Transporteinheit Bearbeiten** oder alternativ über den Transaktionscode /SCWM/TU. Eine Transporteinheit ist technisch eine besondere Form einer HU, die dafür genutzt wird, Lastkraftwagen, Anhänger oder Container systemseitig abzubilden. Dies beinhaltet ebenfalls Attribute wie z. B. Spediteur, Kfz-Kennzeichen oder Fahrer. Diese Objekte bilden die Grundlage, um Hofaktivitäten in einem Lager abzubilden, z. B. Fahrten vom Eingangstor zu einem Parkplatz oder zu einem Tor. Darüber hinaus besteht eine Zuordnung von Lieferungen oder HUs zu Transporteinheiten, um die Ladung einer Transporteinheit darzustellen. Besteht ein physischer Lastkraftwagenzug aus mehr als einem Anhänger, ist es möglich, jene Anhänger mittels eines Fahrzeugs systemseitig zu gruppieren. Nähere Informationen zur Steuerung von Fahrzeugen und Transporteinheiten finden Sie in Abschnitt 14.5, »Yard Management«. Für eine durchgängige Prozesstransparenz kann es erforderlich sein, Daten über den Zeitpunkt des Andockens der Transporteinheit, über den Beginn des Beladevorgangs, das Ende des Beladevorgangs und über das Verlassen der Transporteinheit zu erfassen. Um diese Prozessschritte systemseitig zu erfassen, bietet SAP EWM Funktionen, um den Beladevorgang und das Verlassen der Transporteinheit vom Hof abzubilden.
- **Planung und Pflege der Torbelegung**
Um ein Tor einer Transporteinheit zuzuordnen, folgen Sie im SAP-Easy-Access-Menü dem Pfad **Logistik • SCM Extended Warehouse Management • Extended Warehouse Management • Warenannahme und Versand • Torbelegung pflegen**, oder Sie starten Sie Transaktion /SCWM/DOOR. Die Zuweisung einer Transporteinheit muss hier manuell erfolgen. Ist die Zuordnung getätigt, kann der Mitarbeiter, der später die Verladung durchführt, direkt in die Verladetransaktion mit dem Tor einsteigen, anstatt die Transporteinheitsnummer in den Dialog eingeben zu müssen. In einem Lager sollten die Tore entsprechen zugewiesen werden, damit sich auch die zu verladende Ware in den Bereitstellzonen befindet. Der Prozess erfolgt in SAP EWM rein manuell. Um den Prozess zu optimieren, bietet sich Dock Appointment Scheduling (DAS) an, das wir in Kapitel 14, »Bereichsübergreifende

Prozesse und Funktionen«, nochmals erläutern. In SAP-Hinweis 2908397 (*https://launchpad.support.sap.com/#/notes/2908397*) werden einige Einschränkungen aufgelistet.

- **Beladen von Transporteinheiten oder Auslieferungsaufträgen**
  Zum Beladen einer Transporteinheit folgen Sie im SAP-Easy-Access-Menü dem Pfad **Logistik • SCM Extended Warehouse Management • Extended Warehouse Management • Warenannahme und Versand • Beladen**, oder Sie starten Transaktion /SCWM/LOAD. Die Transaktion bietet Ihnen die Möglichkeit, das Verladen auf Basis einer Transporteinheit oder auf Basis eines Auslieferungsauftrags einzustellen. Hier möchten wir hervorheben, dass Sie das Beladen in dieser Transaktion auch ohne Transporteinheit umsetzen können. In diesem Fall wird der Ladestatus auf den Auslieferungsauftrag geschrieben. Ebenso können Sie die zuvor kommissionierten Handling Units als beladen markieren.

9

[+]

Zusätzliche Funktionen in der Komponente Shipping & Receiving

Neben den Standardtransaktionen gibt es noch zwei Reports, auf die wir Sie aufmerksam machen wollen. Denn zur automatisierten Erstellung von Transporteinheiten und Wellen bieten Ihnen die folgenden Reports Funktionen zur optimierten Versandsteuerung:

- **Automatisches Erstellen von Transporteinheiten und Lieferzuordnungen**
  Mit dem Report `/SCWM/R_TUDLV_AUTOPLAN_DLV` können automatisch Transporteinheiten inklusive Lieferzuweisungen erstellt werden. Dazu werden zunächst die Auslieferungen nach Route, Abfahrtstermin, Transportmittel und Spediteur gruppiert und anschließend passende Packmittel für die gebildeten Liefergruppen zur Transporteinheitenerstellung ermittelt.
- **Automatische Bereitstellungszonenplanung und Wellenbildung für Transporteinheiten**
  Mit dem Report `/SCWM/R_TUDLV_AUTOPLAN_TU` können automatisiert Bereitstellungszonen zu Transporteinheiten zugewiesen und aus Transporteinheiten Wellen erstellt werden. Um dies zu ermöglichen, werden zunächst Transporteinheiten anhand der Bereitstellungszonengruppen zugewiesener Lieferungen gruppiert. Anschließend erfolgt die Ermittlung von Bereitstellungszonen innerhalb der Bereitstellungszonengruppe unter Berücksichtigung der Ladekapazität der Bereitstellungszonengruppen und Dauer der Bereitstellungszonensperre des TE-Profils. Abschließend werden die Lieferpositionen mit den ermittelten Bereitstellungszonen und Plätzen aktualisiert.

Die Einstellungen zur Bereitstellungszonensperre finden Sie über das Customizing der Transporteinheitenprofile über den Pfad **SCM Extended Warehouse Management • Extended Warehouse Management • Prozessübergreifende Einstellungen • Warenannahme und Versand • TE-Profil definieren**.

Die Ladekapazität eines Lagerplatzes in den Bereitstellungszonen können Sie im Customizing über den Pfad **SCM Extended Warehouse Management • Extended Warehouse Management • Stammdaten • Warenannahme und Versand • Bereitstellungszonen • Bereitstellungszonen definieren** einstellen.

SAP EWM wurde mittlerweile um eine Integration mit der alten SAP-ECC-Komponente LE-TRA realisiert, die wir im nächsten Abschnitt erläutern.

Versandprozess in SAP EWM mit LE-TRA

Im Folgenden möchten wir Ihnen einen Überblick über die SAP-S/4HANA-Transportintegration (LE-TRA) geben. Dazu gibt es drei unterschiedliche Szenarien, die in beiden Systemen im Standard unterstützt werden. Die Funktion basiert darauf, dass das LE-TRA-Objekt, das im SAP-S/4HANA-System angelegt wurde, in SAP EWM repliziert wird und dann dort bearbeitet werden kann.

Um einen LE-TRA-Transport anzulegen, folgen Sie im SAP-Easy-Access-Menü dem Pfad **Logistik • Logistics Execution • Transport • Transportdisposition • Anlegen • Einzelbelege**, oder Sie rufen Transaktion VT01N auf. Auch können Sie einen bestehenden Transport bearbeiten. Folgen Sie hierzu im SAP-Easy-Access-Menü dem Pfad **Logistik • Logistics Execution • Transport • Ausführung • Ändern • Einzelbelege**, oder Sie rufen Transaktion VT01N auf.

Wir konzentrieren uns hier auf den Warenausgangsprozess.

- Warenausgangsfall mit Erstellung und Transportplanung in SAP ERP
- Warenausgangsfall mit Erstellung und Transportplanung in SAP EWM

Im Folgenden erläutern wir die unterschiedlichen Szenarien im Detail:

- **LE-TRA: Warenausgangsfall mit Erstellung und Transportplanung in SAP S/4HANA**
  Im Warenausgangsfall kann es sinnvoll sein, Lkws und somit den Transport zu beplanen. Ziel ist es, den Lkw optimal zu bestücken, damit er nicht halb leer bleibt und unnötige Transportkosten verursacht. Der ausführende Teil des Beladeprozesses wird von SAP EWM unterstützt. Das heißt, dass die HUs sowie die Auslieferungspositionen sehr einfach der jeweiligen Transporteinheit zugewiesen werden können.

  SAP EWM kann jedoch nicht bestimmen, welche und wie viele HUs oder Auslieferungspositionen in welcher Menge optimal auf einen Lkw oder auch auf weitere Lkws verteilt werden sollen. Für diesen Fall sind zusätzliche Komponenten von Drittanbietern erhältlich, die eine solche Optimierung durchführen können. SAP EWM kann die entsprechenden Informationen verarbeiten und berücksichtigt sie beim Beladeprozess. Diese Drittanbieter bieten auch die Integration in SAP-Systeme an. Diese Integration basiert aber auf dem Transportobjekt in SAP S/4HANA (LE-TRA). Eine Integration in SAP EWM, die auch möglich wäre, wird von den Anbietern meist nicht angeboten, da die Schnittstelle eine andere ist als in SAP S/4HANA. Eine direkte Anlage einer Transporteinheit in SAP EWM wäre ebenso möglich, aber der Entwicklungsaufwand aufseiten der Drittanbieter wird mit der Integration in LE-TRA umgangen.

Der Ablauf und die notwendige Systemintegration zur Planung von Lkws im Warenausgangsprozess werden in Abbildung 9.18 zusammengefasst. Dargestellt wird die Planung mit LE-TRA. Der geplante Prozess sieht folgendermaßen aus: Mit dem Speichern der Auslieferung wird diese, wie gewohnt, an EWM repliziert. Es wird eine Auslieferungsanforderung erstellt, und durch das automatische Aktivieren wird ein Auslieferungsauftrag angelegt. Der Auslieferungsauftrag wird jedoch als relevant für die Transportplanung markiert. Die Folge ist, dass der Auslieferungsauftrag in EWM gesperrt wird, um die folgenden Schritte – **Kommissionieren**, **Verpacken**, **Bereitstellen** und **Beladen** – im ersten Schritt zu unterbinden. 9

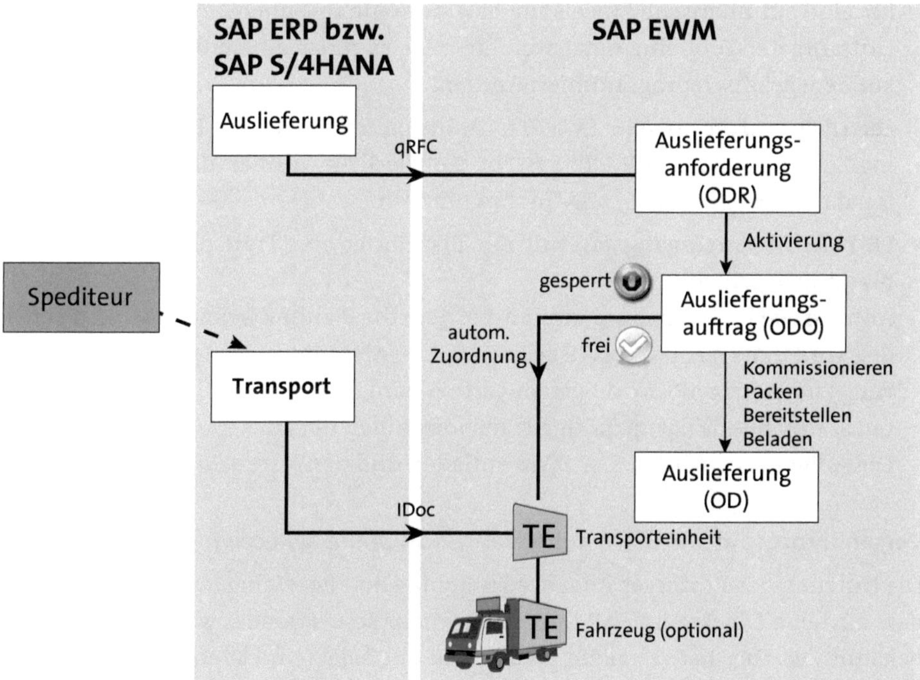

Abbildung 9.18 Transportintegration zwischen SAP S/4HANA und SAP EWM im Warenausgang mit LE-TRA

In SAP S/4HANA wird eine Transportplanung durchgeführt, und der SAP-S/4HANA-Transport wird über ein IDoc (SHPMNT05) an SAP EWM repliziert. Dazu wurden die Auslieferungsaufträge in SAP S/4HANA dem LE-TRA-Transport zugewiesen. Mit dem Erstellen der dazugehörigen Transporteinheit und optional eines Fahrzeugs wird der zuvor gesperrte Auslieferungsauftrag automatisch der Transporteinheit zugewiesen und der Auslieferungsauftrag wieder freigegeben.

Es können jetzt die notwendigen Lageraktivitäten in SAP EWM durchgeführt werden, und nach Abschluss aller Aktivitäten kann der Warenausgang gebucht werden. Die Warenausgangsbuchung wird an das SAP-S/4HANA-System gesendet und schreibt die Auslieferung sowie den Transport fort. Der Prozess ist nun abgeschlossen, und in SAP S/4HANA können Folgeaktivitäten durchgeführt werden.

- **LE-TRA: Warenausgangsfall mit Erstellung und Transportplanung in SAP EWM**
  Der Warenausgangsfall, bei dem die Transporteinheit zuerst im EWM-System angelegt und bei der Warenausgangsbuchung in das SAP-S/4HANA-System als Transport verteilt wird, setzt voraus, dass die Transportplanung im SAP-EWM-System stattfindet. Es müssen Fahrzeuge und Transporteinheiten in SAP EWM erstellt werden. Die Zuweisung der HUs und der Auslieferungen bzw. der Auslieferungspositionen muss in SAP EWM stattfinden. EWM bietet eine manuelle Zuweisung; für eine automatische Zuweisung bzw. für eine optimierte Zuweisung muss ein Drittanbieter-Tool eingesetzt werden, oder es muss eine entsprechende Engine kundenspezifisch programmiert werden.

  Letztlich wird die erstellte EWM-Transporteinheit als LE-TRA-Transport zu Reporting-Zwecken in das SAP-ERP-System repliziert. Sie können dann eine Frachtkostenabrechnung in SAP S/4HANA durchführen.
- **LE-TRA: Wareneingangsfall mit der Erstellung von Transport und Transportplanung in SAP ERP**
  Ähnlich wie im Warenausgangsfall, bei dem die Planung in SAP S/4HANA stattfindet, wird der Transport als IDoc in SAP S/4HANA repliziert. Da meist die Anlieferung zuerst ins SAP-EWM-System verteilt wird, bleibt die Anlieferung im gesperrten Status, bis die dazugehörige Transporteinheit über das IDoc erstellt worden ist. Die Anlieferung wird in SAP EWM entladen und der Wareneingang gebucht.

Versandprozess in SAP EWM mit Advanced Shipping & Receiving

Die Nutzung des Prozesses Advanced Shipping and Receiving (AdvSR) hat zur Folge, dass einzelne Objekte im SAP EWM nicht mehr so verwendet werden, wie es bisher bekannt war. Dies hat vor allem Einfluss auf die Objekte im alten Shipping & Receiving. Es ist festzuhalten, dass der AdvSR-Prozess auf dem SAP-TM-Frachtauftrag (FO) basiert und die SAP-EWM-Transporteinheit (TE) oder das SAP-EWM-Fahrzeug nicht mehr immer zwingend verwendet werden.

AdvSR bringt auch zwei neue Objekte, die wir Ihnen an dieser Stelle vorstellen wollen:

- **Konsignationsauftrag**
  In SAP TM stellt ein Konsignationsauftrag einen Geschäftsbeleg dar, mit dem es möglich ist, mehrere Frachtaufträge nach bestimmten Kriterien zu gruppieren. Er kann z. B. in SAP EWM verwendet werden, um das Verladen mit mobilen Geräten (via RFUI) sicherzustellen.
- **Be-/Entladestelle**
  Die Be-/Entladestelle wird von SAP TM über LE an SAP EWM übergeben. Sie repräsentiert eine Gruppe von Toren. Für EWM- und Nicht-EWM-Lager wird dasselbe Stammdatenobjekt verwendet. Zu einem Lager können mehrere Ladestellen gehören, und eine Ladestelle kann zu einem SAP-EWM- und einem Nicht-EWM-Lager zugeordnet werden.

Um auf die Anforderungen im Umfeld von Transport Management und Extended Warehouse Management einzugehen, haben wir die unterschiedlichen Szenerien beschrieben. Im Warenausgangsprozess gibt es unterschiedliche Hauptszenarien mit unterschiedlichen, zu unterscheidenden Varianten. Diese werden auf unterschiedlicher Weise mit AdvSR umgesetzt:

- **Push-Szenario**
  Fahrzeuge kommen regelmäßig (z. B. täglich) am Standort eines Unternehmens an, um Material abzuholen. In den meisten Fällen liefern die Fahrzeuge die Ware an denselben Bestimmungsort, das heißt in ein anderes Werk oder Verteilzentrum. Dieses Szenario wird auch als *Shuttle-Prozess* bezeichnet: Produkte, die kommissioniert, verpackt und bereitgestellt werden, sollen mit dem nächsten Transport (Shuttle) zum Zielort ausgeschoben werden. Eine Ladungsplanung ist meistens nicht notwendig und wird nicht durchgeführt, bevor der Lkw am Tor ankommt. Hier soll gegebenenfalls nur festgehalten werden, welche Handling Unit mit welchem Lkw das Lager verlassen hat.
- **Push-Szenario mit einfacher Ladungsplanung**
  Auch in dieser Variante ist ein regulärer Shuttle-Prozess vorhanden. Aber in diesem Fall werden die Frachtaufträge erstellt, bevor der Lkw am Tor ankommt (eine Art einfache Ladungsplanung wird durchgeführt), um den Prozess der Lkw-Ankunft am Tor zu beschleunigen. Wird die Landungsplanung durchgeführt, ist eine Ladekontrolle auch sinnvoll, um sicherzustellen, dass sich die richtigen HU auf dem richtigem Lkw befindet.
- **Pull-Szenario**
  Ein Unternehmen muss Nachfragen für ungeplante Standorte erfüllen. Hier muss zunächst die Transportplanung (z. B. das Finden des richtigen Spediteurs) durchgeführt werden, bevor die Lageraktivitäten beginnen. Nachdem die Lageraktivitäten abgeschlossen sind, wird die Verladung durchgeführt und meist als Verladekontrolle genutzt.

- **Zollanmeldung**
  Manchmal muss die Zollanmeldung für die Ware rechtzeitig und vor dem Verlassen der Ware aus einem Lager durchgeführt werden, um die Erlaubnis zu erhalten, die Ware in ein anderes Land zu transportieren. Die Lageraktivitäten müssen abgeschlossen sein bzw. in dem System verfügbar sein, welches die Zollanmeldung durchführt, um die detaillierten HU-Informationen für die Zollanmeldung zu erhalten. Hier ist es vor allem notwendig, die Verpackungsinformationen griffbereit zu haben, also die Verpackungsstruktur, das Gewicht, die Packgrößen usw. Diese müssen an das System weitergegeben werden, das die Zollanmeldung umsetzt.

Im Folgenden erklären wir den AdvSR-Prozess und zeigen Ihnen, wie dieser im SAP-Systemverbund umgesetzt wird. Es gibt hier verschiedene Möglichkeiten bzw. Varianten zur Umsetzung des Prozesses. Wir berücksichtigen hauptsächlich das Embedded-Szenario (Embedded SAP EWM und Embedded SAP TM).

Im ersten Schritt visualisieren wir in Abbildung 9.19 das Push-Prinzip, bei dem die Transportplanung nur einen optionalen Charakter beinhaltet.

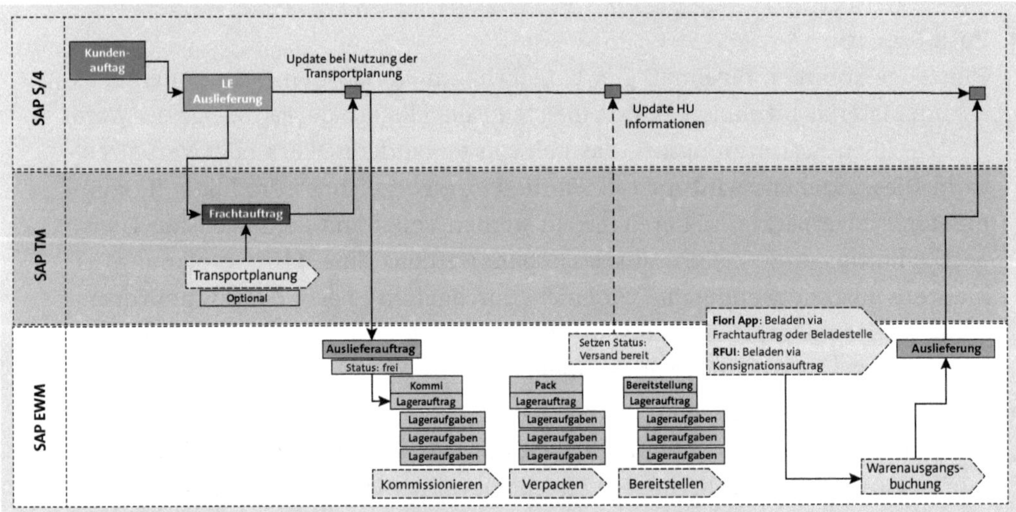

Abbildung 9.19 Push-Szenario mit Objekten und Prozessschritten

Die einzelnen Schritte aus der Abbildung möchten wir nachfolgend im Detail nochmals zusammenfassen:

1. Erstellen des Kundenauftrags in SAP S/4HANA
2. Erstellen der LE-Auslieferung in SAP S/4HANA. Mit der Erstellung der LE-Lieferung wird in SAP TM ein Frachtauftrag erstellt.
3. Optional: Transportplanung in SAP TM. Mit der Transportplanung wird die Auslieferung in SAP S/4HANA angepasst. Entscheidend ist hierbei, ob der Auslieferungs-

auftrag in SAP EWM schon angelegt wurde – ist dieser schon erstellt, ist der Ablauf auch, wie in Abbildung 9.20 dargestellt, vorstellbar.

4. Die Lageraktivitäten werden in SAP EWM durchgeführt.
5. Abhängig davon, ob sich nochmals etwas an der Verpackungshierarchie ändert, kann dies an SAP S/4HANA zurückgemeldet werden, indem der Status **für Versand bereit** gesetzt wird. Die Praxis zeigt, dass die Exportinformationen meist über das SAP-S/4HANA-System auf Basis der LE-Lieferung an die Zollsysteme verteilt werden.
6. Mit dem Verladen werden die Dokumente angepasst. Hier ist das Verladen mit der neuen SAP-Fiori-App **Frachtaufträge laden oder entladen** oder auch mit den RF-Transaktionen via RFUI denkbar.
7. Wird der Warenausgang gebucht, wird die Auslieferung in SAP EWM angelegt und die LE-Auslieferung in SAP S/4HANA angepasst und aktualisiert.

In Abbildung 9.20 sehen Sie das Pull-Prinzip, bei dem die Transportplanung sehr entscheidend ist und vorab umgesetzt wird.

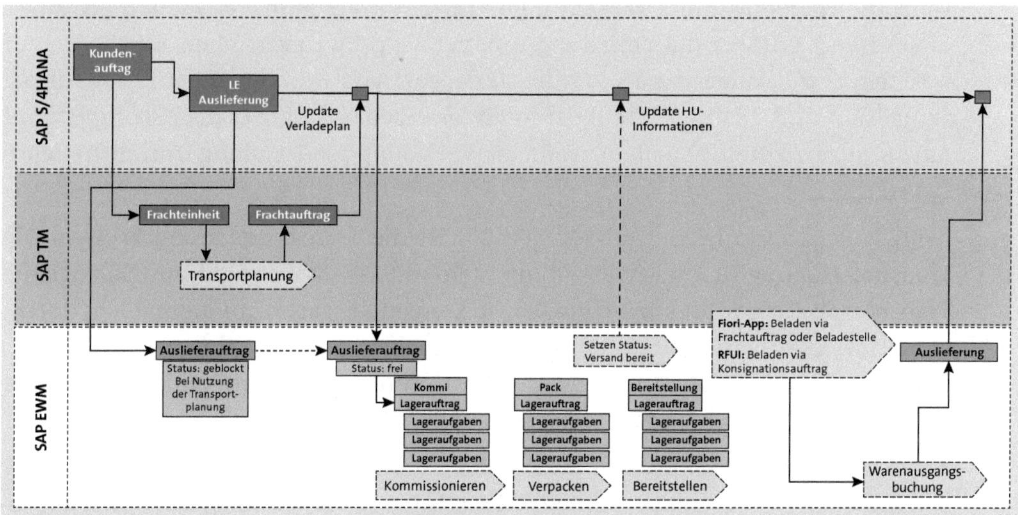

Abbildung 9.20 Pull-Szenario mit Objekten und Prozessschritten

Die einzelnen Schritte aus der Abbildung möchten wir nachfolgend im Detail nochmals zusammenfassen:

1. Erstellung des Kundenauftrags in SAP S/4HANA. Mit der Erstellung des Kundenauftrages wird in SAP TM eine Frachteinheit erstellt.
2. Erstellung der LE-Auslieferung in SAP S/4HANA
3. Transportplanung in SAP TM. Mit der Transportplanung wird aus der Frachteinheit der Frachtauftrag erzeugt und die Auslieferung in SAP S/4HANA angepasst.

4. Wurde der Auslieferauftrag angelegt, bevor die Transportplanung abgeschlossen wurde, wird dieser mit dem Abschluss der Transportplanung nochmals aktualisiert. Im SAP EWM werden die Lageraktivitäten durchgeführt.
5. Abhängig davon, ob sich nochmals etwas an der Verpackungshierarchie ändert, kann diese an SAP S/4HANA zurückgemeldet werden, indem der Status **für Versand bereit** gesetzt wird. Die Daten aus dem SAP-S/4HANA-System können zur Zollanmeldung verwendet werden.
6. Mit dem Verladen werden die Dokumente angepasst. Auch hier ist das Verladen mit der neuen SAP-Fiori-App **Frachtaufträge laden oder entladen** denkbar oder auch mit den RF-Transaktionen via RFUI.
7. Wird der Warenausgang gebucht, wird die Auslieferung in SAP EWM angelegt und die LE-Auslieferung in SAP S/4HANA angepasst bzw. aktualisiert.

Auf Basis in der Einleitung erklärten Szenarien beschreiben wir den Prozessablauf im SAP-System, wie in Abbildung 9.19 und Abbildung 9.20 dargestellt.

Bei dem Push-Szenario (siehe Abbildung 9.19) ist die Transportplanung nicht relevant. Die Handling Units werden dem Frachtauftrag beim Verladen zugeordnet. Zweck ist das Erfassen der Verladung, um im Nachgang zu verstehen, welche HU auf welchem Lkw beladen wurde. Mit der Verladeaktivität wird auch der Frachtauftrag aktualisiert und finalisiert. Denkbar in diesem Szenario wäre es auch, komplett auf AdvSR zu verzichten, vor allem, wenn die Verladung pro Handling Unit nicht benötigt wird.

Beim Pull-Szenario (siehe Abbildung 9.20) ist die Transportplanung kritisch. Die Transportplanung ist entscheidend und wird in SAP TM durchgeführt. Solange die Transportplanung nicht abgeschlossen ist, können die Lageraktivitäten nicht durchgeführt werden. Durch die aktualisierten Daten nach dem Abschluss der Verladeplanung kann die Verladekontrolle durchgeführt werden. Mit dem Verladeplan ist eine Verladekontrolle beim Verladeprozess im SAP EWM möglich.

Im Szenario der Zollanmeldung werden die Daten auf Basis der LE-Lieferung in SAP S/4HANA über ein Fremdsystem oder über SAP GTS an das Zollsystem übertragen. Das heißt, dass die LE-Lieferung die HU-Informationen schon vor dem Warenausgang oder der Transportplanung erhalten muss. Dies ist im neuen SAP-S/4HANA-System möglich, indem Sie den Status **für Versand bereit** setzen. In Abbildung 9.19 und Abbildung 9.20 haben wir dies im Prozessablauf dargestellt. Die Funktion selbst wurde im Rahmen der AdvSR-Entwicklung realisiert, kann aber auch ohne AdvSR verwendet werden. Wir beschreiben den Ablauf in Abschnitt 9.3.22, »Synchronisierung der LE-Lieferung vor dem Warenausgang«, nochmals und erklären Ihnen, wo im Lagermonitor Sie die Funktion finden.

[«]

Funktionale Einschränkungen von AdvSR mit SAP EWM und SAP TM

Wir haben in diesem Kapitel die fachlichen Anforderungen besprochen und den AdvSR-Prozess anhand der Objekte grob erklärt. Es gibt noch weitere Varianten, wie die Transportplanung so spät wie möglich im Prozess hinauszuzögern, um die Lageraktivitäten abzuschließen (Vorkommissionierung). Dies wird nur bedingt in SAP EWM unterstützt; daher haben wir diese Variante auch nicht im Detail erläutert.

Auch gibt es in dem beschriebenen Prozess diverse Limitierungen, die seitens SAP nur spärlich dokumentiert sind. Die Unterschiede treten in der Objektstruktur (z. B. die Verwendung von geschalteten HUs etc.) und bei den Deployment-Varianten (Embedded vs. dezentrales SAP EWM) auf.

Eine detaillierte Auflistung dieser Einschränkungen ist derzeit nicht verfügbar. Deshalb empfehlen wir, dass Sie den Prozess für Ihr Projekt sehr detailliert auf Basis der fachlichen Anforderungen testen, bevor Sie diesen produktiv einsetzen. Klären Sie vorab, welches Szenario Sie im Projekt benötigen, ob Sie das Push- oder Pull-Prinzip anwenden, ob bzw. wann eine Transportplanung abgeschlossen ist und ob diese noch Einfluss auf die Lageraktivitäten haben wird. In diesem Zusammenhang verweisen wir Sie auf SAP-Hinweis 1984252 (*https://launchpad.support.sap.com/#/notes/1984252*). In diesem werden zumindest die unterstützten Funktionen im Umfeld von SAP TM und SAP EWM beschrieben.

9

Im folgenden Abschnitt beschreiben wir den Warenausgangsprozess, unabhängig vom Versand. In Abschnitt 9.3.20, »Beladen und Versenden«, gehen wir nochmals auf den Verladeprozess ein, den wir auch schon im vorangehenden Abschnitt beschrieben haben, in dem Ihnen auch die mobile Verladetransaktion begegnen wird.

9.3 Warenausgangsprozess in SAP EWM

In diesem Abschnitt stellen wir die Lageraktivitäten im Warenausgang genauer dar. Ziel ist es, Sie mit den notwendigen Komponenten und Teilschritten vertraut zu machen und Ihnen zu zeigen, wie diese Funktionen in den Gesamtprozess einzuordnen sind. Wir beginnen mit einem Überblick über die verschiedenen SAP-EWM-Komponenten, auf die wir anschließend detailliert eingehen.

Wir beginnen mit den vorgelagerten Aktivitäten der Erstellung der Lieferung, die notwendig sind, damit im Lager der Warenausgangsprozess angestoßen werden kann. Anschließend betrachten wir die lagerspezifischen Teilprozesse und die Komponenten von SAP EWM, die den Warenausgangsprozess unterstützen.

Obwohl der Prozess standardmäßig im SAP-S/4HANA-System anhand eines Kundenauftrags und der dazugehörigen Lieferung beginnt, kann der Warenausgangsprozess auch in SAP EWM angestoßen werden. Beispielsweise kann eine Auslieferung in SAP EWM auch als Direktauslieferung erstellt werden. Wir konzentrieren uns hier hauptsächlich auf den Standardfall, bei dem eine Auslieferung in SAP S/4HANA angelegt und in SAP EWM weiterbearbeitet wird.

9.3.1 Der Warenausgangsganzprozess in SAP S/4HANA

In Embedded SAP EWM beginnt der Warenausgangsprozess direkt mit dem Auslieferungsauftrag in SAP EWM. Im dezentralen EWM wird nach dem Replizieren der LE-Auslieferung an das EWM-System ein zusätzliches Dokument angelegt. Die Auslieferungsanforderung ist die Kopie der LE-Lieferung und nur im dezentralem EWM verfügbar. Durch das Aktivieren dieser Auslieferungsanforderung erstellt SAP EWM einen Auslieferungsauftrag. Das Aktivieren erfolgt entweder über das Post Processing Framework (PPF) oder manuell. Um in die Transaktion zu gelangen und die Auslieferungsanforderung zu aktivieren, folgen Sie im SAP-Easy-Access-Menü dem Pfad **Logistik • SCM Extended Warehouse Management • Extended Warehouse Management • Lieferabwicklung • Auslieferung • Auslieferungsanforderung pflegen**, oder Sie nutzen Transaktion /SCWM/ODR. In der Transaktion können Sie eine Auslieferung selektieren. Zum Aktivieren markieren Sie diese und klicken auf den Button **Aktivieren**. Kann die Auslieferungsanforderung nicht aktiviert werden, wird der Gesamtstatus des Lieferdokuments auf **fehlerhaft** gesetzt. Falls Sie Embedded SAP EWM verwenden, entfällt dieser Schritt komplett. Mit dem Anlegen der LE-Auslieferung wird automatisch der Auslieferungsauftrag in SAP EWM angelegt. Zudem können Sie die Transaktion nicht innerhalb eines Embedded-SAP-EWM-Systems starten.

In Abbildung 9.21 sehen Sie den fehlerhaften Status anhand der roten Ampel. In unserem Beispiel sind die Stammdaten fehlerhaft, aber es gibt viele unterschiedliche Fälle, weshalb die Lieferung fehlerhaft sein kann. Sie können den Button **Prüfen** anklicken, um einen Fehlerlog zu erhalten, das anzeigt, weshalb die Auslieferungsanforderung nicht aktiviert werden kann. Meistens müssen Sie dann Stammdaten nachpflegen oder die Konfiguration anpassen. Wenn das Problem gelöst ist, können Sie das Dokument aktivieren, und ein Auslieferungsauftrag (ODO) wird erstellt.

[»]

Auslieferungsanforderung im dezentralen SAP EWM überspringen

Wenn Sie den Beleg der Auslieferungsanforderung nicht verwenden wollen, kann durch eine entsprechende Einstellung im Customizing des dezentralen SAP EWM die Erstellung dieses Belegs umgangen werden. In diesem Fall wird der Auslieferungsauftrag direkt mit der Verarbeitung der Liefernachricht aus SAP S/4HANA erstellt. Bedenken Sie, dass, wenn es möglich gewesen wäre, eine inaktive Benachrichtigung zu erstellen, sich in diesem Fall ein fehlgeschlagener Queue-Eintrag ergeben hätte. Somit kann bei Verzicht auf die Auslieferungsanforderung ein erhöhtes Queue-Monitoring die Folge sein. Die Einstellung finden Sie über den folgenden IMG-Pfad in SAP EWM **Schnittstellen • ERP-Integration • ERP-Integration für dezentrales EWM • Anforderung für Nachrichten aus ERP überspringen**. Sollten Sie diese Einstellung nicht pflegen, wird standardmäßig immer eine Auslieferungsanforderung erstellt.

Abbildung 9.21 Auslieferungsanforderung aktivieren

Um einen Auslieferungsauftrag zu pflegen und sehen zu können, folgen Sie im SAP-Easy-Access-Menü dem Pfad **Logistik • SCM Extended Warehouse Management • Extended Warehouse Management • Lieferabwicklung • Auslieferung • Auslieferungsauftrag pflegen**, oder Sie nutzen den Transaktionscode /SCWM/PRDO.

In Abbildung 9.22 sehen Sie einen Auslieferungsauftrag mit den zu kommissionierenden Positionen. Sie können direkt aus der Transaktion Lageraufgaben zum Kommissionieren anlegen und diese quittieren. Um aus dem Auslieferungsauftrag Lageraufgaben anzulegen, wählen Sie in der Menüleiste **Auslieferungsauftrag • Folgefunktionen • Lageraufgabe**. Alternativ können Sie auch die Transaktion im SAP-Easy-Access-Menü über den Pfad **Logistik • SCM Extended Warehouse Management • Extended Warehouse Management • Arbeitsvorbereitung • Arbeitsvorbereitung • /SCWM/TODLV_O – Auslagern zum Auslieferungsauftrag** oder mittels Transaktionscode /SCWM/TODLV_O starten.

Sie können den Auslieferungsauftrag (ODO) auch in den beiden neuen benutzerfreundlichen SAP-Fiori-Apps **Auslieferungsaufträge verwalten** und **Ausgangsprozess durchführen** verwalten und die wichtigsten Funktionen direkt aus den Apps heraus aufrufen.

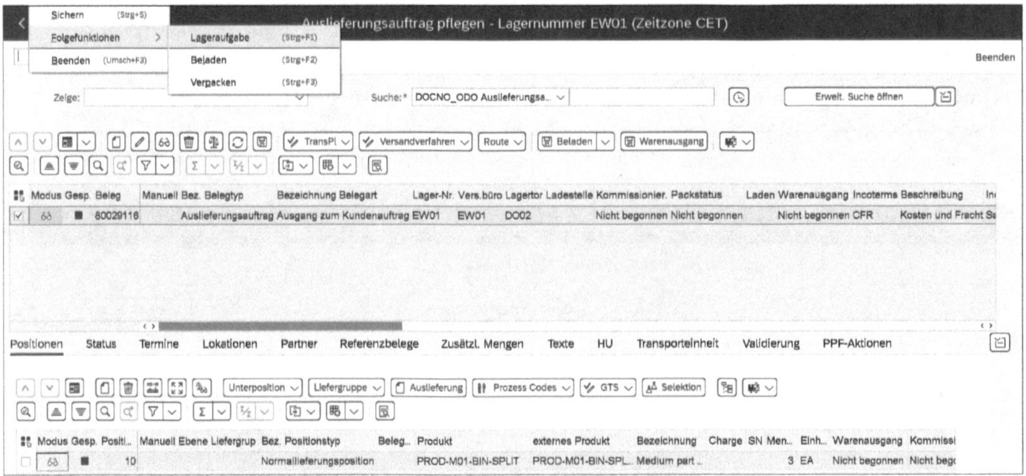

Abbildung 9.22 Auslieferungsauftrag im SAP GUI darstellen

Mit der SAP-Fiori-App **Auslieferungsaufträge verwalten** können Sie nach Auslieferungen suchen und diese einzeln bearbeiten. Nachdem Sie die dazugehörigen Positionen ausgewählt haben, können Sie entweder die Menge anpassen oder die Lageraufgaben anlegen, wie in Abbildung 9.23 dargestellt.

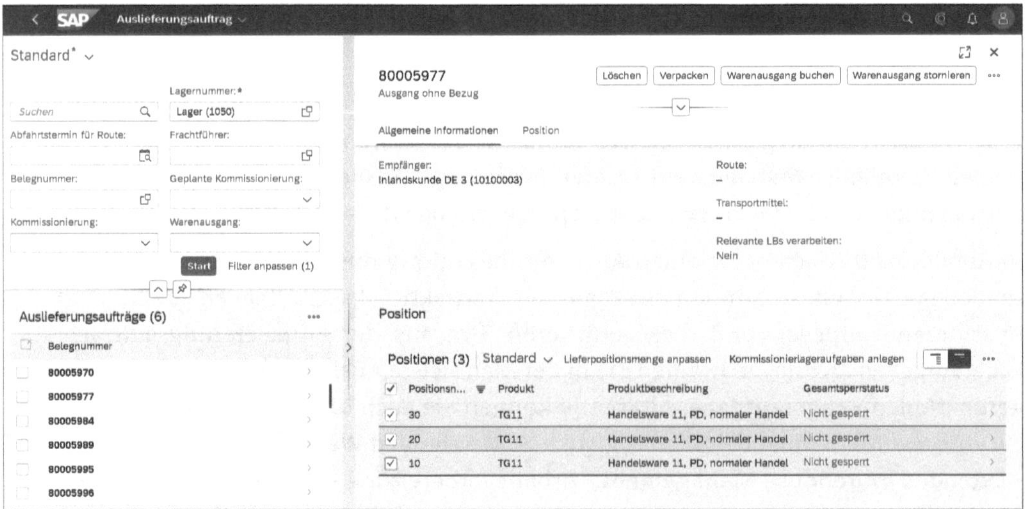

Abbildung 9.23 Auslieferungsauftrag mit SAP Fiori verwalten

Zusätzliche Informationen zu der App **Auslieferungsaufträge verwalten** finden Sie unter *https://fioriappslibrary.hana.ondemand.com/sap/fix/externalViewer/#/detail/Apps('F4969')/S24OP*

Mit der SAP-Fiori-App **Ausgangsprozess durchführen** können Sie generisch nach mehreren Auslieferungsaufträgen suchen (siehe Abbildung 9.24). Sie sehen in einer Übersicht die Auslieferungsaufträge und können dort auch direkt den Fortschritt erkennen. Wählen Sie einen Auslieferungsauftrag aus, gelangen Sie zum zweiten Bildschirm im unteren Teil von Abbildung 9.24. Sie haben hier die Option, Serialnummern zuzuordnen, die Lieferpositionsmenge zu ändern oder das Bruttogewicht bzw. das Volumen pro Position einzeln anzupassen. Zuletzt haben Sie durch die Auswahl einer oder mehrerer Positionen die Option, die Liefermenge an die Lageraufgabenmenge anzupassen. Sollten keine Lageraufgaben angelegt worden sein, reduziert das System die Menge direkt auf null.

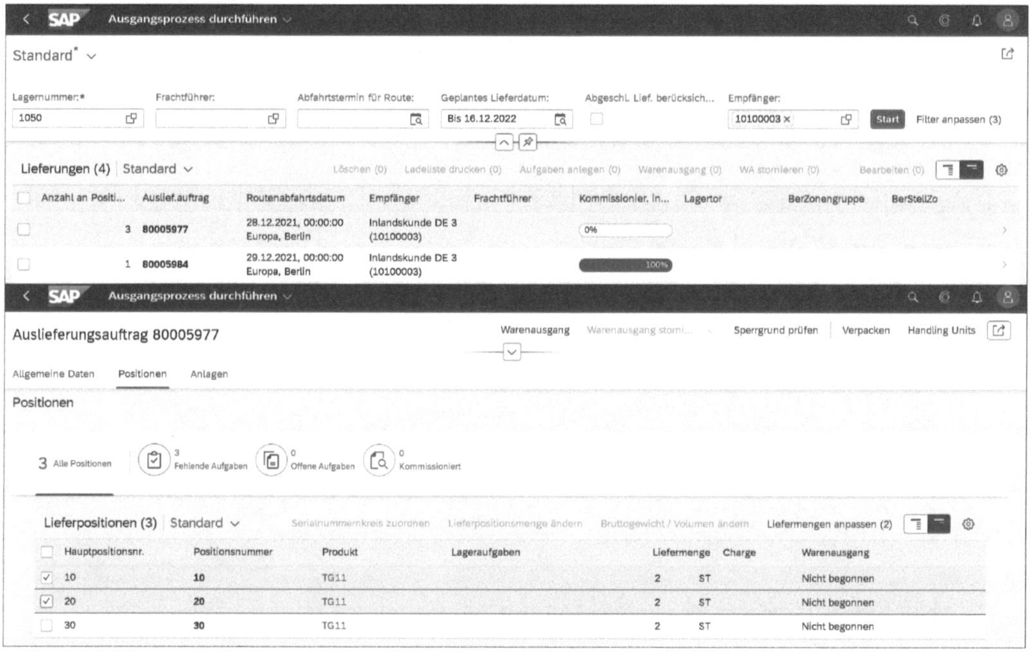

Abbildung 9.24 Ausgangsprozess mit SAP Fiori durchführen

Weitere Informationen zu der SAP-Fiori-App **Ausgangsprozess durchführen** finden Sie unter *https://fioriappslibrary.hana.ondemand.com/sap/fix/externalViewer/#/detail/Apps('F1704')/S24OP*

SAP EWM bietet Ihnen verschiedene Möglichkeiten, um die Lageraufgaben zu quittieren, z. B. mithilfe von mobilen RF-Transaktionen oder durch das Ausführen einer Desktop-Transaktion. Wir zeigen Ihnen im Laufe des Kapitels noch, wie Sie die Lageraufgaben in SAP EWM quittieren können. Wie Sie Lageraufgaben mit einer SAP-Fiori-App quittieren, möchten wir Ihnen an dieser Stelle schon vorstellen.

In der SAP-Fiori-App **Lageraufgaben bearbeiten – Kommissionierung** (wie in Abbildung 9.25 dargestellt) können Sie mithilfe unterschiedlicher Filterkriterien nach Lageraufgaben suchen. Unter der Option **Filter anpassen** gibt es noch weitere Filterparameter, die Sie verwenden können. Nachdem Sie die Lageraufgabe ausgewählt haben, können Sie noch den Platz oder die Menge anpassen. Möchten Sie die Menge reduzieren, steht Ihnen ein Ausnahmecode in der Auswahl zur Verfügung. Mit dem Quittieren der Lageraufgabe wird der Teilschritt abgeschlossen.

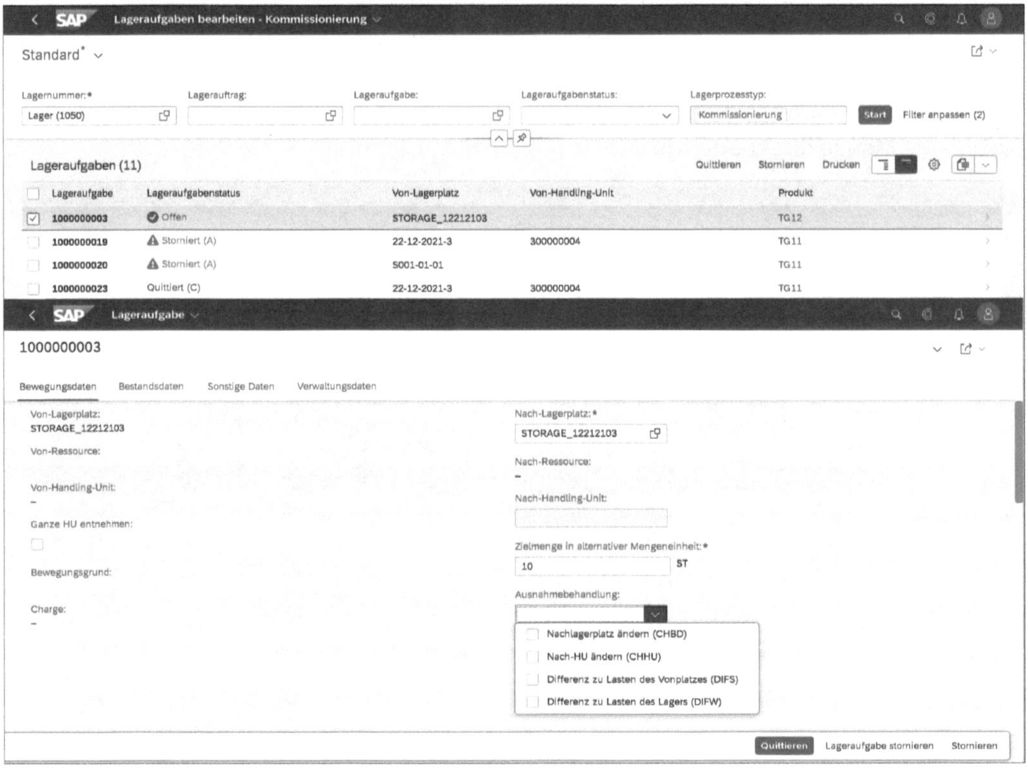

Abbildung 9.25 Lageraufgaben via SAP Fiori bearbeiten

Weitere Informationen zu der SAP-Fiori-App **Lageraufgaben bearbeiten – Kommissionierung** finden Sie unter *https://fioriappslibrary.hana.ondemand.com/sap/fix/externalViewer/#/detail/Apps('F3880')/S24OP*

9.3.2 Überblick der Komponenten im Warenausgangsprozess

In Abbildung 9.26 haben wir alle Schritte für die vorbereitenden Lageraktivitäten visualisiert. Das Schaubild dient als Überblick, aber auch als roter Faden, damit Sie die unterschiedlichen Begriffe und Teilschritte im Warenausgangsprozess nacheinander verstehen.

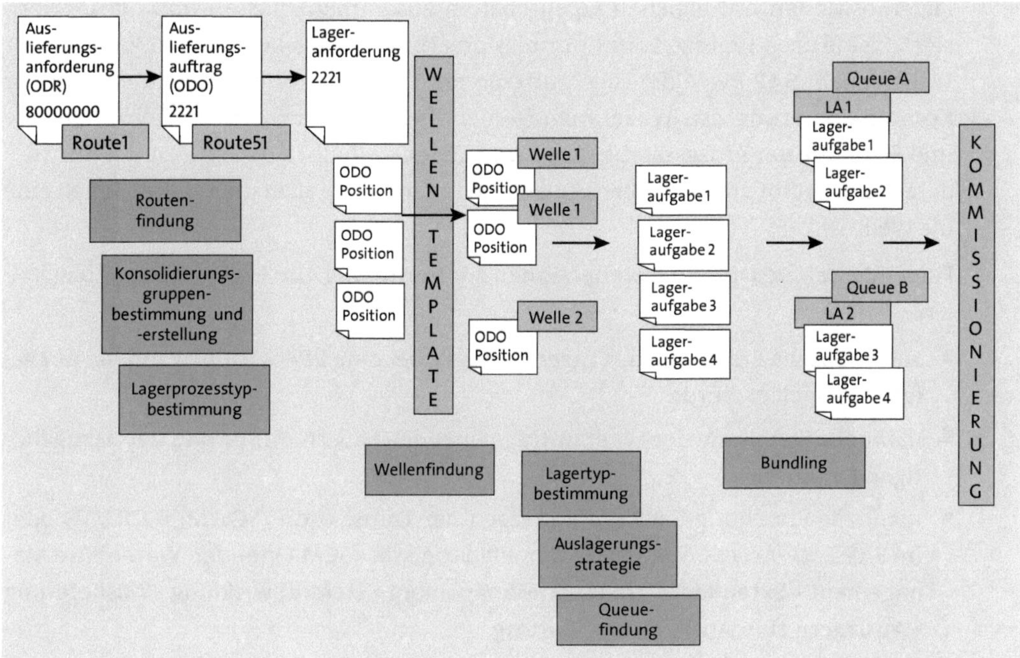

Abbildung 9.26 Überblick über die vorbereitenden Lageraktivitäten im Warenausgang

Beim Überführen der Auslieferungsanforderung in den Auslieferungsauftrag findet die Routenfindung statt, die wir Ihnen schon in Abschnitt 9.2.2, »Routenfindung«, erklärt haben. Die Route wird verwendet, um Produkte zusammenzuführen, die sich auf der gleichen Route des Spediteurs befinden. Die Konsolidierungsgruppe wird genutzt, um Produkte zusammenzuführen; dabei sollen Produkte mit der gleichen Konsolidierungsgruppe in das gleiche Paket verpackt werden.

Ähnlich, wie es im SAP-S/4HANA-System die Bewegungsarten gibt, gibt es im SAP-EWM-System die Lagerprozessarten. Die Lagerprozessart beinhaltet viele verschiedene prozessbezogene Parameter, wie den Typ, die Aktivität oder die Angabe, ob sie automatisch beim Erstellen quittiert wird. Wenn ein Lagerauftrag mit seinen zugehörigen Lageraufgaben angelegt wird, muss das System die passende Lagerprozessart bestimmen bzw. finden. Mit der Lagerprozessartenfindung können Sie bestimmen, welchen Auslagerungsprozess das Produkt durchlaufen muss. Die Lagerprozessart hat großen Einfluss auf die nachfolgenden Prozessschritte. Die Lageranforderung, aus der die Lageraufträge und Lageraufgaben erstellt werden, entspricht 1:1 dem Auslieferungsauftrag und seinen Positionen.

Falls Sie das Wellenmanagement im Einsatz haben, werden Lageraufträge und Lageraufgaben nur dann erstellt, wenn Sie die betreffende Welle mit den zugehörigen Lageranforderungspositionen freigeben. Das Wellenmanagement ermöglicht es Ihnen,

Lieferpositionen mit gleichen Eigenschaften zusammenzufassen und diese priorisiert oder je nach Tageszeit zur Kommissionierung freizugeben. Mit der Freigabe der Welle erstellt SAP EWM die Lageraufträge mit den zugehörigen Lageraufgaben zur Kommissionierung. Das Wellenmanagement beschreiben wir in Kapitel 7, »Objekte und Elemente der Prozesssteuerung«, und gehen deshalb in diesem Kapitel nur kurz darauf ein. Es gibt viele Optionen, um einen Lagerauftrag zu erstellen, von denen eine die Welle ist.

Folgende weitere Optionen stehen Ihnen zur Verfügung, um Lageraufträge zu erstellen:

- automatische Erstellung des Lagerauftrags über eine PPF-Aktion, wenn die Auslieferung angelegt wurde.
- manuelle Erstellung der Lageraufträge über den Lagermonitor und der dazugehörigen Funktion.
- manuelle Erstellung der Lageraufträge über Transaktion /SCWM/TODLV_O oder im SAP-Easy-Access-Menü über den Pfad **Logistik • SCM Extended Warehouse Management • Extended Warehouse Management • Lieferabwicklung • Auslieferung • Auslagern zum Auslieferungsauftrag**
- Erstellung der Lageraufträge via Report/Job (Report /SCWM/R_DLV_PDO_CREATE_WT)

Unabhängig davon, wie die Lageraufträge und Lageraufgaben angelegt werden, ist das Vorgehen innerhalb der Erstellung immer das gleiche. Das EWM-System startet mit der Lagerauftragserstellung; es wird im ersten Schritt versucht zu bestimmen, von welchem Lagertyp das Produkt zu kommissionieren wäre. Dazu wird eine Lagertypfindung durchgeführt. Mit dem determinierten Lagertyp findet SAP EWM den Lagerplatz, von dem aus das Produkt endgültig ausgelagert werden darf. Die Auslagerungsstrategie befasst sich mit der Findung des optimalen Lagerplatzes, von dem aus das Produkt zu kommissionieren wäre. Wird der Platz gefunden, reserviert EWM den Bestand für die Lieferposition; somit kann der Bestand nicht mehr für andere Zwecke verwendet werden. Abhängig davon, ob die auszulagernde Menge von einem Platz aus kommissioniert werden kann, erstellt EWM eine oder mehrere Lageraufgaben. Reicht der Bestand nicht aus und muss das Produkt von mehreren Plätzen aus kommissioniert werden, erstellt EWM die gleiche Anzahl von Lageraufgaben wie die Anzahl an Lagerplätzen, von denen das Material zu kommissionieren ist.

Arbeiten Sie mit dem Ressourcenmanagement und wird das Kommissionieren von Mitarbeitern durchgeführt, die z. B. auf Staplern die Ware auslagern, versucht das EWM-System, eine Queue zu bestimmen. Mithilfe dieser Queue werden die erstellten und abzuarbeitenden Lageraufträge Ressourcen zugeordnet. Weitere Informationen zum Ressourcenmanagement finden Sie in Kapitel 11, »Lagerinterne Prozesse«.

Mithilfe eines Lagerauftrags oder des Bundlings wird versucht, mehrere Lageraufgaben zu einem Lagerauftrag zusammenzufassen. Ziel ist es, falls möglich, Lageraufgaben zusammenzuführen, die sich u. a. im gleichen Aktivitätsbereich befinden. Die Lagerauftragserstellung beschreiben wir in Kapitel 7, »Objekte und Elemente der Prozesssteuerung«, und gehen in diesem Kapitel nur kurz darauf ein.

Sind mehrere Lageraufgaben des gleichen Aktivitätsbereichs einem Lagerauftrag zugeordnet, kann der Mitarbeiter die Produkte nach einem optimalen Kommissionierweg kommissionieren und diese dann an die Packstation befördern. Natürlich kann und muss SAP EWM sicherstellen, dass der Mitarbeiter nur so viele Lageraufgaben in einem Lagerauftrag zugewiesen bekommt, wie er tatsächlich auch befördern kann, ohne die maximale Fördermenge zu überschreiten. Hat der Lagerauftrag mehrere Lageraufgaben, können diese sortiert werden, damit der Mitarbeiter die Ware in optimierter Reihenfolge kommissionieren kann und keine unnötigen Wege zurücklegen muss.

Stehen die Lageraufträge mit den zugehörigen Lageraufgaben zum Kommissionieren bereit, kann die tatsächliche Ausführung der Lagertätigkeiten begonnen werden. In Abbildung 9.27 werden die ausführenden Tätigkeiten im Lager nochmals visualisiert.

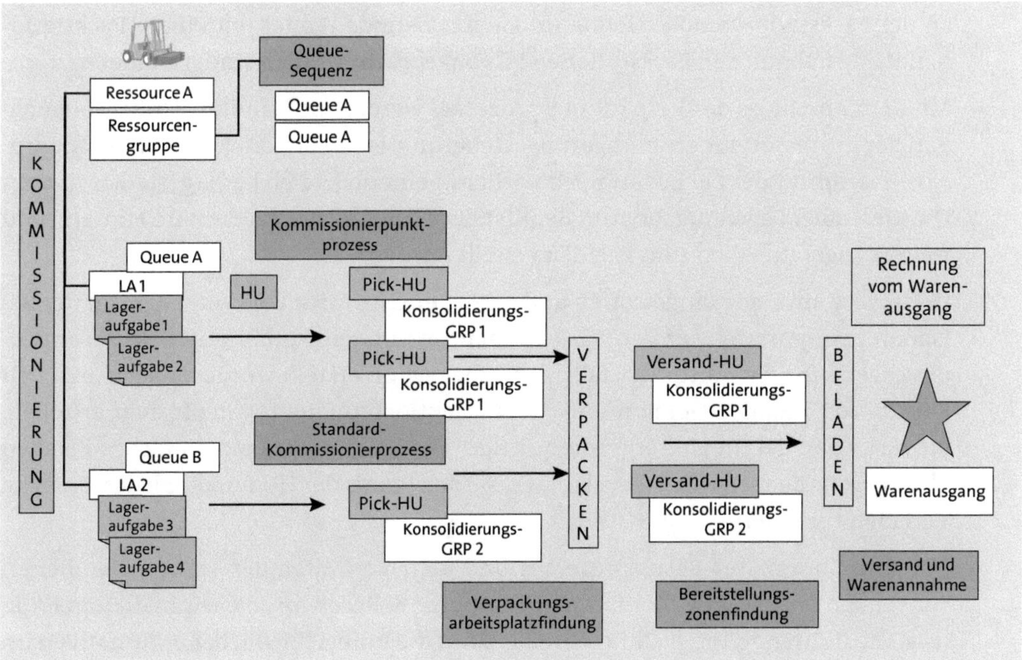

Abbildung 9.27 Überblick über die ausführenden Lageraktivitäten im Warenausgang

Setzen Sie das Ressourcenmanagement ein, weist SAP EWM Ihren Ressourcen die Lageraufträge gemäß der konfigurierten Queue-Steuerung zu.

Das Ausführen der Kommissionierung kann papierbasiert oder durch den Einsatz von mobilen RF-Transaktionen und mobilen Geräten realisiert werden. Beides erläutern wir Ihnen in den folgenden Abschnitten. Auch das Kommissionieren über einen Kommissionierpunkt mithilfe eines Materialflusssystems, das wir in Kapitel 16, »Anbindung einer Materialflusssteuerung«, vorstellen, wird von SAP EWM unterstützt.

Ist die Kommissionierung abgeschlossen, können, abhängig von der prozessorientierten Lagerungssteuerung, folgende Prozessschritte folgen:

1. Kit-Bildung
2. logistische Zusatzleistungen
3. Verpacken
4. Bereitstellen
5. Verladen

Muss die Ware, bevor sie das Lager verlässt, noch verpackt werden, werden die kommissionierten Teile, abhängig von der konfigurierten Steuerung, an die relevante Packstation befördert. Dort werden Pakete mit mobilen RF-Transaktionen (falls sich an der Packstation mobile Geräte im Einsatz befinden) oder mit einem Packstationendialog (falls an den Packstationen PCs angebracht worden sind) gebildet.

Mit dem Abschluss des Verpackungsprozesses werden die Handling Units, abhängig von der prozessorientierten Lagerungssteuerung, entweder direkt in den Beladeprozess überführt oder bei Bedarf noch vorher in einem Bereich bereitgestellt. Mit dem Quittieren der Lageraufgabe zum Bereitstellen können automatisch im Hintergrund weitere Lageraufgaben zum Beladen erstellt werden.

Ist der Lkw am Lager eingetroffen und wurde er einem Tor zugewiesen, kann der Beladeprozess gestartet werden. Dazu können Sie mit dem komplexen Beladen entweder Lageraufgaben quittieren, falls sie vorher schon erstellt wurden, oder durch den Einsatz von mobilen Geräten und RF-Transaktionen neue Lageraufgaben erstellen, die dann parallel im Hintergrund quittiert werden. Falls Sie ein einfaches Beladen ohne Lageraufgaben wünschen, können Sie den Status der HU nur durch das einfache Verladen verändern.

Mit dem Starten des Beladeprozesses und dem Verwalten der Transporteinheiten verwenden Sie die EWM-Komponente Shipping & Receiving, die wir in diesem Kapitel als ausführende Tätigkeit beschreiben. Auf die unterschiedlichen Alternativen im Versand sind wir bereits in Abschnitt 9.2.4, »Versand mit SAP EWM«, eingegangen.

Das Yard Management (Hofsteuerung) beschreiben wir in Kapitel 14, »Bereichsübergreifende Prozesse und Funktionen«.

Mit dem Buchen des Warenausgangs wird der Bestand aus dem Lager gebucht, und SAP EWM erstellt für Sie die Auslieferung. Die Daten werden an SAP S/4HANA repliziert. Dort können Sie dann den nachgelagerten Prozess ausführen.

In Abbildung 9.26 und Abbildung 9.27 haben wir den gesamten Lagerprozess im Warenausgangsprozess dargestellt und zugleich die Komponenten von SAP EWM mit zeitlichem Ablauf eingefügt. Zusätzlich dazu sehen Sie die verschiedenen Objekte und Dokumente, die im Laufe des Prozesses entstehen. Da der Warenausgangsprozess sehr komplex ist, haben wir nicht den gesamten Prozess in einer Abbildung darstellen können. Während in Abbildung 9.26 alle Schritte dargestellt sind, bis der Lagerauftrag mit seinen zugehörigen Lageraufgaben zur Kommissionierung erstellt wurde, zeigt Abbildung 9.27 die Ausführung des Warenausgangsprozesses, bis der Bestand als Warenausgang gebucht wurde. Die lagerabhängige Warenausgangsvorbereitung ist in Abbildung 9.26 dargestellt.

9.3.3 Konsoliderungsgruppenfindung

Um zu bestimmen, welche Lieferpositionen zusammen versandt und somit verpackt werden, nutzt EWM die *Konsolidierungsgruppe*, die identische Lieferpositionseigenschaften zusammenfasst. Die Konsolidierungsgruppe einer Lieferposition wird anhand folgender Kriterien bestimmt (siehe Abbildung 9.28):

- Lagernummer
- Route
- Warenempfänger (wird auf dem Auslieferungsauftrag gespeichert)
- Priorität der Lieferposition (übertragen aus der LE-Lieferposition)
- Zugriff über das Tor (geplant; Funktion derzeit noch nicht verfügbar, Änderungen vorbehalten)

Welche der Felder bei der Konsolidierungsgruppenbestimmung berücksichtigt werden sollen, können Sie im EWM-Customizing über den Pfad **SCM Extended Warehouse Management • Extended Warehouse Management • Warenausgangsprozess • Konsolidierungsgruppe definieren** konfigurieren. Reichen die Funktionen der Standardkonfiguration nicht aus, können Sie das BAdI *Konsolidierungsgruppe bestimmen* verwenden, um die Bestimmung der Konsolidierungsgruppe dynamisch und kundenspezifisch zu ermitteln bzw. das BAdI *Überschreiben der Konsolidierungsgruppe* nutzen, um die Konsolidierungsgruppe später bei der Lagerauftragserstellung zu übersteuern.

Immer dann, wenn in Bezug auf die genannten und konfigurierbaren Kriterien keine gleiche Konsolidierungsgruppe angewandt werden kann, wird eine neue Konsolidierungsgruppe erstellt und der Auslieferungsauftragsposition zugeordnet. Die Konsolidierungsgruppe wird dann in die Lageraufgaben übernommen.

Basierend auf diesen Eigenschaften, wird pro Lieferposition eine Konsolidierungsgruppe ermittelt und ebenfalls in die dazugehörigen Lageraufgaben zur Lieferposition übernommen. Abhängig von der Konfiguration der Lagerauftragserstellungsregel können nun Lageraufträge mit jeweils identischer Konsolidierungsgruppe (kein separater Packschritt ist zwingend notwendig) oder aber auch mit verschiedenen Konsolidierungsgruppen (ein separater Packschritt ist zwingend notwendig) erstellt werden.

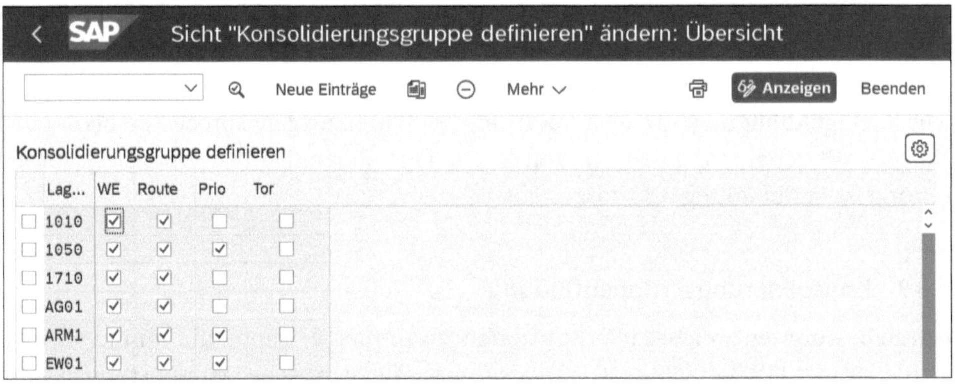

Abbildung 9.28 Konsolidierungsgruppe bestimmen

9.3.4 Bestimmung der Lagerprozessart

Während der Erstellung des Auslieferungsauftrags bestimmt das System für jede Auslieferungsposition eine *Lagerprozessart*. Diese Lagerprozessart spielt in SAP EWM eine große Rolle bei der Bestimmung der relevanten Folgeprozesse für jede Auslieferungsposition und somit für das Material.

Die Lagerprozessart beschreibt den Typ des Prozesses und wird genutzt, um sowohl die Parameter des Prozesses zu spezifizieren als auch die verschiedenen Teilschritte des Prozesses zu bestimmen. Daher finden Sie die Lagerprozessart oft als Schlüsselfeld in den Customizing-Einstellungen wieder. So wird die Prozessart z. B. bei der Bestimmung der Lagerungssteuerung verwendet und eingesetzt, um die relevanten Prozessschritte zu bestimmen (z. B. kann eine Lagerprozessart bestimmen, dass nur die Aktivitäten **Kommissionieren** und **Beladen** relevant sind). Um die Lagerprozessarten im EWM-Customizing zu definieren, wählen Sie den Pfad **SCM Extended Warehouse Management • Extended Warehouse Management • Prozessübergreifende Einstellungen • Lageraufgabe • Lagerprozessart definieren**.

Anhand unterschiedlicher Konfigurationseinstellungen ist es möglich, bei der Erstellung der Auslieferung den Auslieferungspositionen unterschiedliche Lagerprozessarten zuzuweisen. So ermöglicht Ihnen die Konfiguration anhand von Parametern, eine bestimmte Lagerprozessart einer Lieferposition dynamisch und flexibel zuzuordnen.

Die Lagerprozessart wird von der Auslieferungsposition in die Kommissionier-Lageraufgabe und in den korrespondierenden Lagerauftrag kopiert. Mithilfe der Lagerprozessart im Lagerauftrag kann dann die Queue bestimmt werden. Das bedeutet, dass die Lagerprozessart auch die Ausführung der Lageraufgaben im Lager bestimmt.

[+]

Empfehlung bei der Bestimmung der Lagerprozessart

Im Standard ist es möglich, die Lagerprozessart über die Konfiguration zu bestimmen, wie wir es Ihnen nachfolgend näherbringen. Die Erfahrung aus vielen Projekten zeigt, dass es sich lohnt, an dieser Stelle oft eine Entwicklung vorzunehmen. Reichen Ihnen diese Parameter nicht aus, empfehlen wir Ihnen, das BAdI `/SCWM/EX_DLV_DET_PROC-TYPE` zu implementieren.

Es ist besser, direkt am Anfang die unterschiedlichen Prozesse mit unterschiedlichen Lagerprozessarten auszuprägen, anstatt innerhalb des Prozesses Coding-Erweiterungen und/oder sehr aufwendige Konfigurationen zu erstellen. Da die Lagerprozessart in vielen EWM-Standard-Konfigurationstabellen enthalten ist, sparen Sie sich viel Aufwand, wenn Sie bei der Lagerprozessart die Entwicklung vornehmen, anstatt mehrmals innerhalb des Prozesses. Außerdem kann der Benutzer die Lagerprozessart in dem Auslieferungsauftrag anpassen, falls er den Prozess und die Findung übersteuern will.

Sie können die Bestimmung der Lagerprozessarten im EWM-Customizing pflegen (siehe Abbildung 9.29), indem Sie dem Pfad **SCM Extended Warehouse Management • Extended Warehouse Management • Prozessübergreifende Einstellungen • Lageraufgabe • Lagerprozessart finden** folgen. Folgende Parameter beeinflussen die Bestimmung der Lagerprozessart:

- **Lagernummer**
  EWM verwendet die Lagernummer aus den Kopfdaten der Auslieferungsanforderung.
- **Belegart**
  Äquivalent zur Belegart der Lieferung in SAP S/4HANA und der zusätzlichen Konfiguration in EWM, um diese, falls nötig, wie in Kapitel 6, »Lieferabwicklung«, detailliert erläutert, zu überschreiben.
- **Positionsart**
  Äquivalent zur Positionsart der Lieferungsposition in SAP S/4HANA und zu der zusätzlichen Konfiguration in SAP EWM, um sie zu überschreiben. Weitere Informationen dazu finden Sie ebenfalls in Kapitel 6, »Lieferabwicklung«.

- **Lieferpriorität**
  Die Lieferpriorität kann aus dem SAP-S/4HANA-System übertragen werden und ermöglicht es so, die Priorität in die Lagerprozesse einfließen zu lassen. Die spätere Ausführung der Lageraufträge kann anhand von unterschiedlichen Lagerprozessarten beeinflusst werden. Da die Lagerprozessart in den Lagerauftrag übertragen wird, ist das Finden einer Queue mit einer hohen Priorität möglich. Der Lagerauftrag mit einer priorisierten Queue kann dann beim systemgeführten Arbeiten den Ressourcen immer als Erstes zugewiesen werden. Weitere Informationen zum Ressourcenmanagement finden Sie in Kapitel 13, »Radio Frequency und Mobile«.

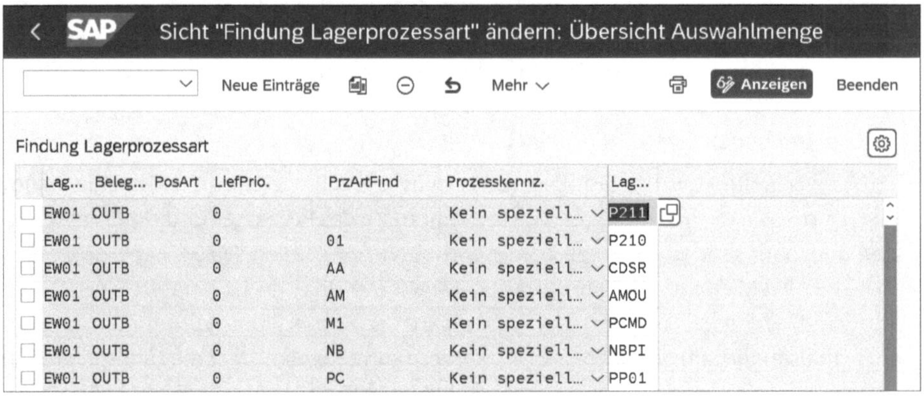

Abbildung 9.29 Lagerprozessart bestimmen

- **Steuerungskennzeichen für die Prozessartfindung**
  Dieser Parameter kann auf dem Materialstamm eines Produkts hinterlegt werden.
- **Prozesskennzeichen zur Findung des Lagerprozesses**
  Dieser zusätzliche Parameter wird bei Cross-Docking-Prozessen verwendet und dient dazu, die Lagerprozessarten gesondert zu bestimmen.

Die Pflege der unterschiedlichen Steuerungskennzeichen (**PrzArtFind**) für die Prozessartfindung erreichen Sie im SAP-EWM-Customizing über den Pfad **SCM Extended Warehouse Management • Extended Warehouse Management • Prozessübergreifende Einstellungen • Lageraufgabe • Steuerungskennzeichen für Lagerprozessartfindung definieren** (siehe Abbildung 9.30). Mithilfe des Steuerungskennzeichens für die Prozessartfindung ist es möglich, für bestimmte Produkte eine spezielle Lagerprozessart zu bestimmen. So wäre es denkbar, spezielle Ware über einen gesonderten Prozess auszulagern. Nach dem Definieren der Steuerungskennzeichen für die Prozessartfindung ist es möglich, diese Kennzeichen auf dem Produktstamm zu hinterlegen und sie ebenso in der Findungstabelle zu speichern.

Wie in Abbildung 9.29 zu erkennen ist, wird im Lager für alle Materialien mit dem Prozesssteuerungskennzeichen 01 die Lagerprozessart P210 gefunden und dadurch in die Lieferposition beim Anlegen der Auslieferungsauftragsposition übertragen.

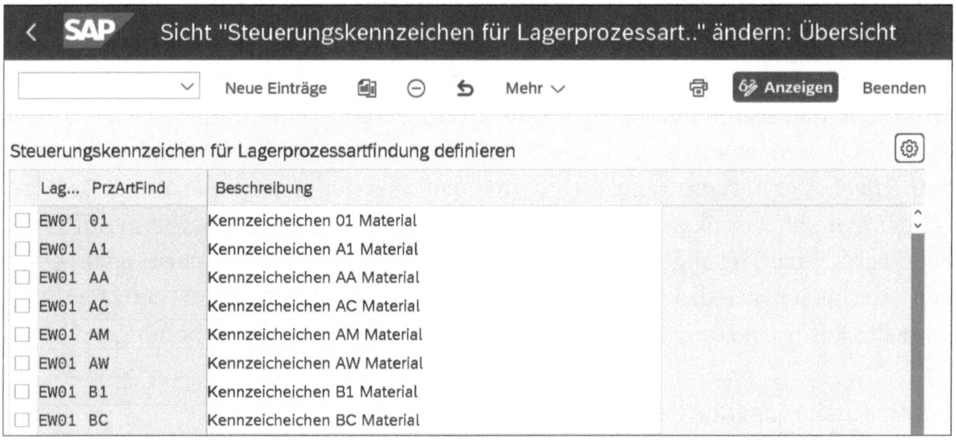

Abbildung 9.30 Steuerungskennzeichen für die Lagerprozessartfindung pflegen

Unvollständigkeitsprüfung bei der Bestimmung der Lagerprozessart

Da die Bestimmung einer Lagerprozessart sehr entscheidend für den Folgeprozess ist, ist es sinnvoll, eine Unvollständigkeitsprüfung zu verwenden, um sicherzustellen, dass für den Anwender Lieferungen, die keine Lagerprozessart haben, speziell als fehlerhaft hervorgehoben werden. Durch das Pflegen eines Unvollständigkeitsprofils zu einer Lieferung ist es möglich, die Lieferung als gesperrt zu kennzeichnen, wenn eine Lagerprozessart nicht korrekt bestimmt werden konnte. Wird die Lagerprozessart bestimmt, wird die Lieferung als konsistent im Auslieferungsmonitor (Transaktion /SCWM/PRDO) dargestellt. Weitere Informationen zur Lieferabwicklung erhalten Sie in Kapitel 6, »Lieferabwicklung«.

9.3.5 Erstellung von Lageraufträgen

In diesem Abschnitt möchten wir Ihnen aufzeigen, welche Möglichkeiten Sie haben, um Lageraufträge auf Basis einer Lageranforderung zu erstellen. Dabei erklären wir Ihnen die Vorteile der einzelnen Optionen und geben Ihnen auch Tipps, was es bei den Varianten zusätzlich zu berücksichtigen gibt.

Manuelle Lagerauftragserstellung

Wie schon in der Einleitung erläutert, können Sie Lageraufträge erstellen, indem Sie aus der Auslieferung über die Folgefunktionen im Menü in die Lagerauftragserstellung abspringen. Alternativ können Sie auch die Transaktion im SAP-Easy-Access-Menü über den Pfad **Logistik • SCM Extended Warehouse Management • Extended Warehouse Management • Arbeitsvorbereitung • Arbeitsvorbereitung • /SCWM/TODLV_O – Auslagern zum Auslieferungsauftrag** oder mittels Transaktionscode /SCWM/TODLV_O starten. Diese Option ist sehr hilfreich, vor allem wenn ein Lagerauftrag nicht erstellt werden konnte. Dies kann sehr viele Gründe haben, es kann z. B. an fehlerhaften Stammdaten liegen, oder an einer falschen Konfiguration oder an der Tatsache, dass nicht ausreichend Bestand vorhanden ist, um die Lageranforderung zu befriedigen. Der Bestand kann auch vorhanden, aber der Platz gesperrt sein. Der Vorteil der manuellen Anlage via Transaktion /SCWM/TODLV_O ist, dass beim Auftreten eines Fehlers das Log angezeigt wird. Darin können Sie Schritt für Schritt nachverfolgen, welche Schritte das System ausgeführt hat. Es ist also ratsam, dem Benutzer diese Option zu erklären, da er das Problem damit eventuell selbst beseitigen kann.

Automatische Lagerauftragserstellung

Oftmals bietet es sich an, den Lagerauftrag direkt anzulegen, wenn die Auslieferung in SAP EWM angekommen ist. Hier gibt es die Option eine Post-Processing-Framework-Aktion (PPF-Aktion) einzuplanen. Diese sorgt dann dafür, dass die Lageraufgabe angelegt wird. Die Funktionen des PPF erläutern wir in Kapitel 14, »Bereichsübergreifende Prozesse und Funktionen«. Festzuhalten ist, dass bei der Option immer nur die Lageraufgaben für diesen einzelnen Auslieferungsauftrag angelegt werden. Diese sequenzielle Abarbeitung hat zur Folge, dass Lageraufträge mit Lageraufgaben aus unterschiedlichen Auslieferungsaufträgen nicht zusammengefasst werden können. Eine Sammelkommissionierung ist mit dieser Option jedoch nicht möglich, außer Sie würden nachträglich mehrere Lageraufträge wieder bündeln, was im Lagermonitor manuell möglich ist oder durch eine Entwicklung im Ressourcenmanagement, wenn der Mitarbeiter die Lageraufträge systemgeführt abarbeitet. Hier ist jedoch ein Nachteil, dass zwar die PPF-Aktion ausgeführt wurde, aber ein Lagerauftrag nicht ausgeführt werden konnte, da z. B. kein Bestand vorhanden war.

Eine weitere Option, um Lageraufgaben bzw. Lageraufträge automatisch anzulegen, ist die Verwendung des Reports `/SCWM/R_DLV_PDO_CREATE_WT`. Sie können den Report im Hintergrund als Job einplanen, der die Lageraufgaben automatisch erstellt.

Lagerauftragserstellung mit dem Lagermonitor

Eine weitere Möglichkeit, um Lageraufgaben und Lageraufträge zu erstellen, ist die Verwendung der Monitormethode **LB dunkel erstellen** im Lagermonitor. Der Mitarbeiter kann eine oder mehrere Auslieferungen markieren und die Lagererstellung starten. Das EWM-System versucht daraufhin, die Lageraufträge für die markierten Lieferungen zu erstellen. In Abbildung 9.31 sehen Sie die SAP-Fiori-App für den Lagermonitor und die Option, die Lageraufgaben im Hintergrund anzulegen. Sie können natürlich auch weiterhin den Lagermonitor im SAP GUI nutzen.

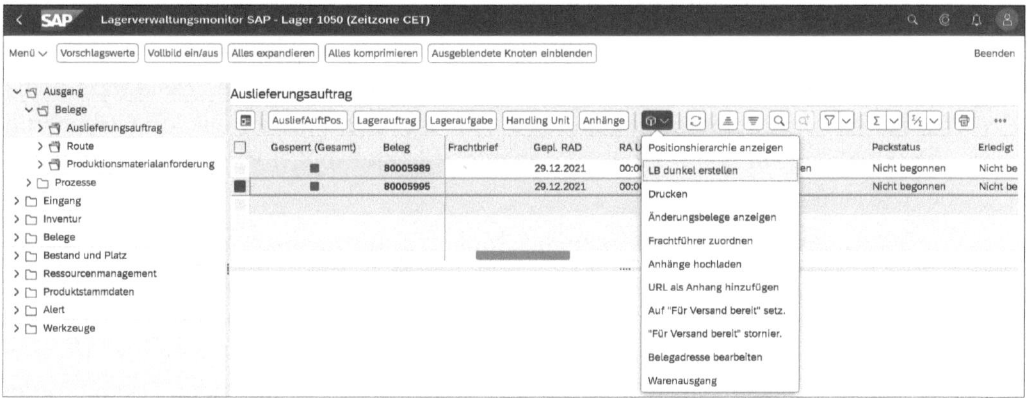

Abbildung 9.31 Lageraufgaben im Hintergrund im Lagermonitor erstellen

Diese Variante funktioniert wie ein Lean-Wellenmanagement; jedoch ist der Arbeitsaufwand für die Mitarbeiter nicht zu vernachlässigen. Auch ist zu beachten, dass bei dieser Variante immer die Auslieferungen verwendet und die Lagererstellung gestartet wird. Beim Wellenmanagement werden einzelne Positionen der Welle zugewiesen und dann wird die Lagerauftragserstellung für die einzelnen Positionen gestartet. Das Wellenmanagement ist die beste Option für die optimierte Auftragserstellung.

Lagerauftragserstellung mit dem SAP-EWM-Wellenmanagement

Den Warenausgangsprozess zu optimieren bedeutet, Aufträge zu priorisieren und optimal zusammenzufassen. Wenn Waren das Lager umgehend verlassen sollen, müssen diese Aufträge priorisiert werden und sollten deshalb früher kommissioniert werden als Produkte, die nicht eilig sind. Wenn Sie Ware über den Tag hinweg optimiert nach Routen bzw. Regionen lagern möchten, müssen zusätzlich bestimmte Aufträge zusammengefasst werden.

Diese Priorisierung und das Zusammenfassen der Lageranforderungen erledigt das *Wellenmanagement*. Der Begriff *Welle* beschreibt dabei den Ablauf der Vorgänge: Mit dem Freigeben der Welle werden Lageraufträge erstellt, und die Arbeitslast breitet sich über die Teilprozesse **Kommissionieren**, **Verpacken** und **Bereitstellen** bis hin zum **Beladen** aus, bis alle Aufträge abgearbeitet sind oder wieder eine neue Welle gestartet wurde.

In SAP EWM können Sie die Lageranforderungspositionen (wie die ODO-Positionen) in Wellen gruppieren, um den Prozess zu steuern und das Lagergeschehen zu optimieren. Die Welle selbst kann als Container betrachtet werden. Der Welle zugewiesene Positionen können aus dem gleichen Lagerbereich, aber auch aus verschiedenen Lagerbereichen entnommen werden. Die Positionen einer Welle werden in der Regel gemeinsam bearbeitet, beginnend mit der Freigabe der Welle und der daraus resultierenden Erstellung der Lageraufträge und Lageraufgaben.

Sie können Wellen daher nutzen, um die Steuerung der Lagerprozesse, abhängig von Schichten oder anderen zeitlichen Aspekten, zu verwalten. In der Welle werden die zugewiesenen Zeitparameter genutzt, um die Ausführung der Welle festzulegen und sicherzustellen, dass die Ware das Lager letztlich pünktlich verlässt und pünktlich beim Kunden eintrifft.

Wie Sie es Abbildung 9.32 entnehmen können, kann eine Auslieferungsauftragsposition einer Welle unabhängig von den anderen Positionen des Auslieferungsauftrags zugewiesen werden. So können die Lageraufträge viel flexibler gebildet und dadurch Prozesse einfacher parallelisiert werden. Wie in der Abbildung zu erkennen ist, werden aus den beiden Auslieferungen und den daraus resultierenden Lageranforderungspositionen drei Wellen gebildet. Dies kann notwendig sein, da das Auslagern der Produkte in Welle 10 gegebenenfalls länger dauert als das Abarbeiten der Lageranforderungspositionen aus den beiden anderen Wellen. Folglich muss Welle 10 früher gestartet werden, damit die Ware rechtzeitig das Lager verlassen kann.

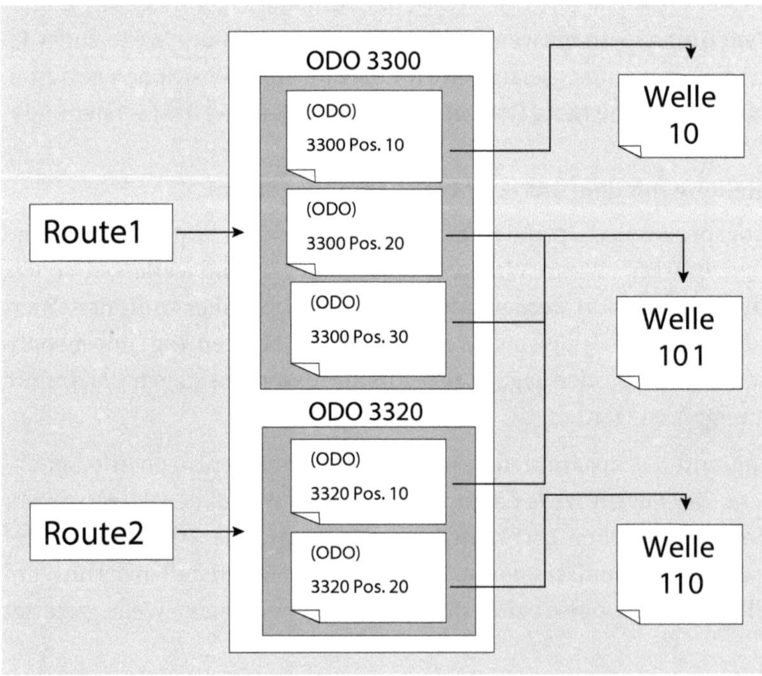

Abbildung 9.32 Lieferungs- bzw. Lageranforderungspositionen zu den Wellen zuordnen

Durch die Flexibilität, die Lieferungs- oder Lageranforderungspositionen unterschiedlichen Wellen zuzuweisen, unterscheidet sich SAP EWM signifikant von der Komponente WM aus SAP ERP, in der nur die gesamte Lieferung als Ganzes der Welle zugeordnet wird.

Um die Positionen der Welle optimal zuzuweisen, können Sie automatische Wellen auf Basis der Wellenvorlage bilden. Mit dem Wellenmonitor bietet sich Ihnen auch die Möglichkeit, Wellen manuell zu erstellen oder zu verändern. Um die Wellen mit dem Wellenmonitor zu pflegen, folgen Sie im SAP-Easy-Access-Menü dem Pfad **Logistik • SCM Extended Warehouse Management • Extended Warehouse Management • Arbeitsvorbereitung • Wellenmanagement • Wellen pflegen**, oder Sie nutzen den Transaktionscode /SCWM/WAVE (siehe Abbildung 9.33).

9

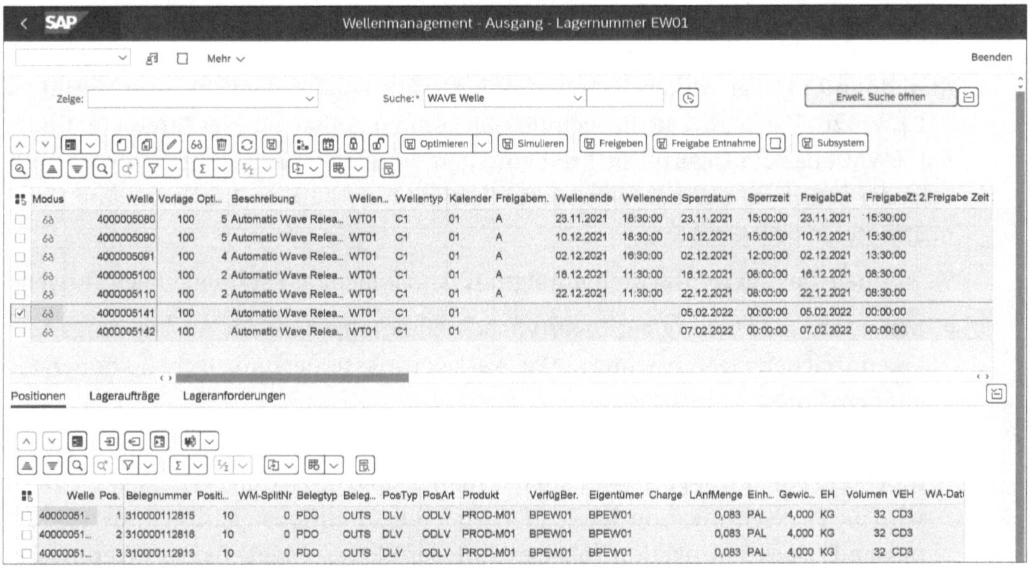

Abbildung 9.33 SAP-EWM-Wellenmonitor im SAP GUI

Durch das Erstellen der Lageranforderung wird geprüft, ob abhängig von der Lagerprozessart eine automatische Wellenzuordnung durchgeführt werden soll.

Mit dem Wellenmonitor (/SCWM/WAVE) ist es möglich, Wellen zu sperren, zu entsperren, sie zu löschen und zu vereinigen, sie freizugeben oder weitere Funktionen auszuführen. Ebenso können Sie die meisten Funktionen auch im Lagermonitor (/SCWM/MON) nutzen. Ist die Wellenfreigabemethode der zugehörigen Wellenvorlage auf **manuell** gesetzt, muss die Welle über den Wellenmonitor oder über den Lagermonitor freigegeben werden. In Kapitel 7, »Objekte und Elemente der Prozesssteuerung«, gehen wir nochmals detailliert auf das Wellenmanagement ein.

9.3.6 Lagertypfindung und Lagertypsuchreihenfolge

Die Erstellung des Lagerauftrags und der dazugehörigen Lageraufgaben beginnt mit der *Lagertypfindung* für die jeweiligen Lieferpositionen des Auslieferungsauftrags. In diesem Abschnitt beschreiben wir deshalb die *Lagertypsuchreihenfolge*, die aus mehreren Lagertypen den optimalen Lagertyp bestimmt. Anschließend stellen wir Ihnen die Auslagerungsstrategien vor, die dann den optimalen Lagerplatz bestimmen, aus dem das Produkt kommissioniert werden soll, um so den Auslieferbedarf zu bedienen. Um den optimalen Lagerplatz zu bestimmen, werden die Lagertypbestimmung und die Auslagerungsstrategie gemeinsam ausgeführt. Das bedeutet, dass im ersten Schritt bestimmt wird, welche Lagertypen in welcher Sequenz für das Produkt in Betracht gezogen werden sollen. Dann wird mit der Auslagerungsstrategie bestimmt, welcher Lagerplatz in dem bestimmten Lagertyp in Betracht gezogen werden soll, um das Produkt optimal auszulagern.

Abbildung 9.34 zeigt, wie Sie die Kommissionierung anhand der Parameter, die Ihnen SAP EWM zur Verfügung stellt, beeinflussen können. Anhand dieser Parameter findet SAP EWM über die Lagertypsuchreihenfolgen die möglichen Lagertypen und prüft nach der definierten Reihenfolge, ob ein Produkt innerhalb des Lagertyps zum Kommissionieren bereitsteht.

Sie können die Lagertypsuchreihenfolge anhand folgender Parameter beeinflussen:

- Meist wird die Findung der Lagertypsuchreihenfolge über das Auslagerungssteuerkennzeichen (ASK) bestimmt. Das Auslagerungssteuerkennzeichen können Sie auf dem Produkt hinterlegen.
- Falls Sie die Auslagerung anhand von unterschiedlichen Mengen beeinflussen möchten, können Sie dies anhand der Mengenklassifizierung sicherstellen. Dazu wird die Packspezifikation verwendet. Über die Konditionstechnik können Sie die passende Packspezifikation mit der dort definierten Mengenklassifizierung bestimmen. Diese wird dann übernommen und bei der Bestimmung der Lagertypsuchreihenfolge verwendet.
- Möchten Sie Gefahrstoffe auslagern, können Sie anhand der Gefahreinstufung 1 und 2 verschiedene Lagertypsuchreihenfolgen in die Lagertypsuche einfließen lassen.
- Weitere Parameter wie die Lagerprozessart, die Bestandsart und die Lagernummer und ob es sich um Kunden- oder um auszulagernden Projektbestand handeln soll, werden direkt aus der Auslieferungsauftragsposition übernommen.

Die Findung der Lagertypsuchreihenfolge können Sie im EWM-Customizing über den Pfad **SCM Extended Warehouse Management • Extended Warehouse Management • Warenausgangsprozess • Strategien • Lagertyp-Suchreihenfolge für Auslagerung bestimmen** parametrisieren (siehe Abbildung 9.35).

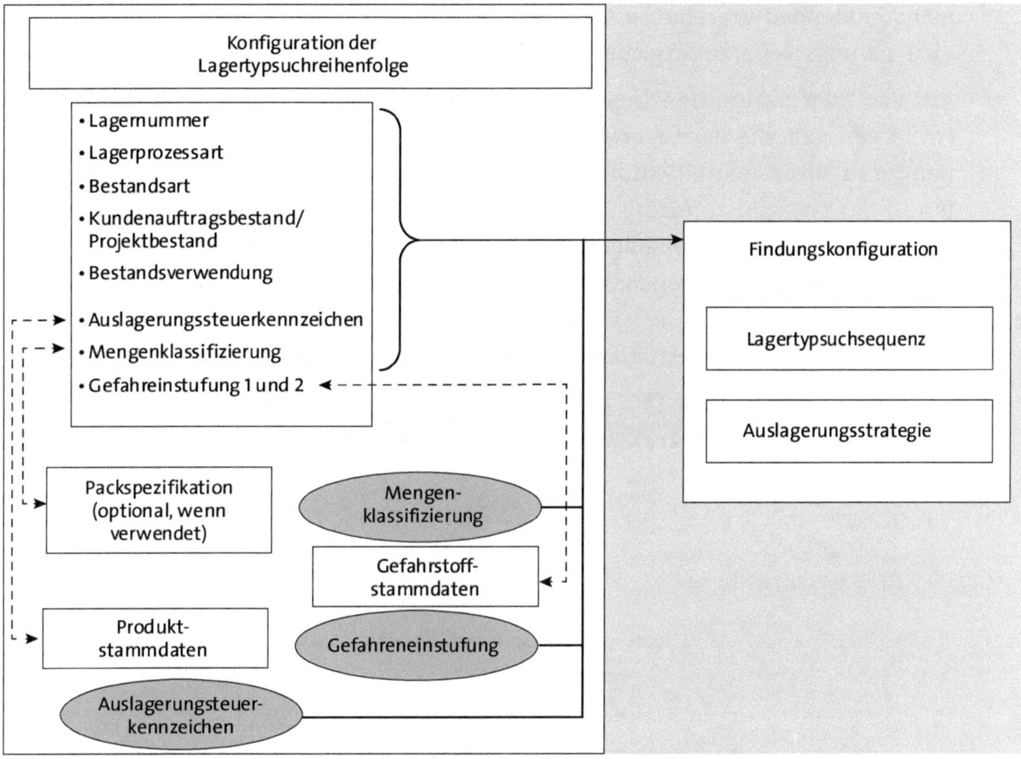

Abbildung 9.34 Auslagerungsstrategie und Lagertypsuchreihenfolge

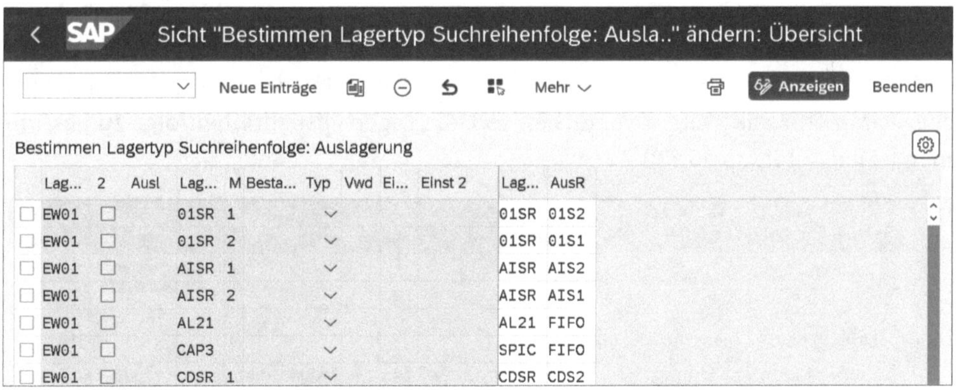

Abbildung 9.35 Lagertypsuchreihenfolge sowie Auslagerungsstrategie bestimmen

Damit Ihnen verschiedene Auslagerungssteuerkennzeichen zur Verfügung stehen und Sie diese dann Ihren Produkten zuweisen können, müssen Sie sie vorab im EWM-Customizing erstellen. Um neue Auslagerungssteuerkennzeichen zu pflegen, starten Sie das EWM-Customizing und folgen dem Pfad **SCM Extended Warehouse Manage-**

ment • Extended Warehouse Management • Warenausgangsprozess • Strategien • Auslagerungssteuerkennzeichen definieren.

Auf Basis der evaluierten Lagertypsuchreihenfolge werden alle Lagertypen in Betracht gezogen, die der Lagertypsuchreihenfolge zugewiesen wurden. Um Lagertypen der Lagertypsuchreihenfolge, wie in Abbildung 9.36 dargestellt, zuzuweisen, starten Sie das EWM-Customizing über den Pfad **SCM Extended Warehouse Management • Extended Warehouse Management • Warenausgangsprozess • Strategien • Lagertypsuchreihenfolge festlegen**. Wenn Sie das Kennzeichen **TE** auswählen, berücksichtigt SAP EWM auch den Bestand, der sich auf einer Transporteinheit befindet, wenn in dem Lagertyp nach Bestand zum Auslagern gesucht wird.

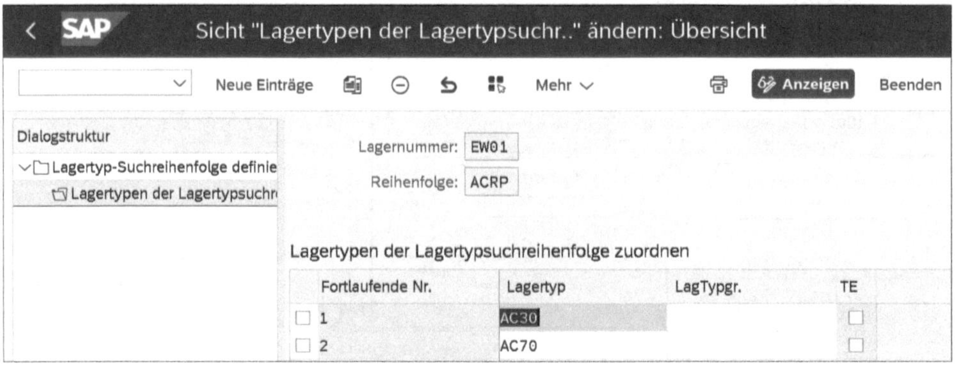

Abbildung 9.36 Lagertypen zur Lagertypsuchreihenfolge zuweisen

Um die Suche nach der Lagertypsuchreihenfolge zu optimieren, bietet SAP EWM Ihnen an, verschiedene Zugriffsfolgen zu pflegen. Die Konfiguration ermöglicht es Ihnen, die Anzahl der Einträge zu minimieren, da Sie definieren können, anhand welcher Parameter das System versuchen soll, die Lagertypsuchreihenfolge zu bestimmen (siehe Abbildung 9.37).

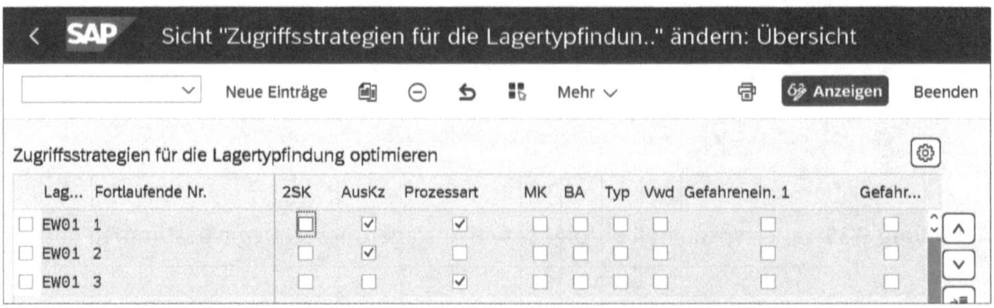

Abbildung 9.37 Zugriffsfolgen für die Lagertypsuchreihenfolge pflegen

Wenn für die markierten Parameter keine Suchreihenfolge bestimmt werden kann, wird bei mehreren Zugriffsfolgen die nächste Zugriffsfolge berücksichtigt. Um Zugriffsfolgen für die Lagertypsuchreihenfolge im EWM-System zu pflegen, folgen Sie im EWM-Customizing dem Pfad **SCM Extended Warehouse Management • Extended Warehouse Management • Warenausgangsprozess • Strategien • Optimierung der Zugriffsstrategie für die Lagertypfindung Auslagerung**. In Abbildung 9.37 haben wir die Zugriffsfolgen für die Lagertypsuchreihenfolge dargestellt. So werden abhängig von der Lagernummer verschiedene Kombinationen der verfügbaren Parameter verwendet, um eine Lagertypsuchreihenfolge zu bestimmen. Kann keine Lagertypsuchreihenfolge mit verschiedenen Parametern einer Zeile bestimmt werden, werden im nächsten Zugriff andere Parameter berücksichtigt.

9.3.7 Auslagerungsstrategie

Eine *Auslagerungsstrategie* dient der Bestimmung des Kommissionierplatzes für eine Auslieferungsposition, also für das auszulagernde Material innerhalb eines Lagers. Zunächst wird der Lagertyp gemäß der Lagertypsuchreihenfolge ermittelt, und anschließend wird die zugehörige Auslagerungsstrategie für den zuvor gefunden Lagertyp angewandt. Wurde der Lagertyp determiniert, sorgt die Auslagerungsstrategie insgesamt dafür, dass der optimale Lagerplatz bestimmt wird.

SAP EWM und WM nutzen Auslagerungsstrategien, um einen Quellplatz zu bestimmen. Die Definition von Auslagerungsstrategien unterscheidet sich jedoch in den beiden Systemen: WM bietet fixe, vorbestimmte Auslagerungsstrategien, die Sie zur optimalen Lagerplatzbestimmung verwenden können. Sie können also nur die von SAP ausgelieferten Auslagerungsstrategien nutzen. SAP EWM bietet hingegen Eigenschaften und ihre Sortierung an, um eigene Auslagerungsstrategien zu definieren. Das bedeutet, dass die Auslagerungsstrategie frei gewählt werden kann. Zum Beispiel ist die Auslagerungsstrategie FIFO in EWM mit der Eigenschaft **Wareneingangsdatum** und der Sortierung **aufsteigend** definiert. Dieses Zuweisen von Eigenschaften und deren Sortierung erlauben es, flexible Auslagerungsstrategien anhand der Kundenbedürfnisse zu definieren. Abbildung 9.38 vergleicht die statischen Auslagerungsstrategien von WM mit den flexiblen Auslagerungsstrategien in SAP EWM.

Abbildung 9.39 illustriert die Definition einer Auslagerungsstrategie mittels Eigenschaften und Sortierung, inklusive aller vorhandenen Eigenschaften, die in SAP EWM zur Auswahl stehen. Sie können die Auslagerregel im SAP-EWM-Customizing über den Pfad **SCM Extended Warehouse Management • Extended Warehouse Management • Warenausgangsprozess • Strategien • Auslagerungsregeln festlegen** pflegen.

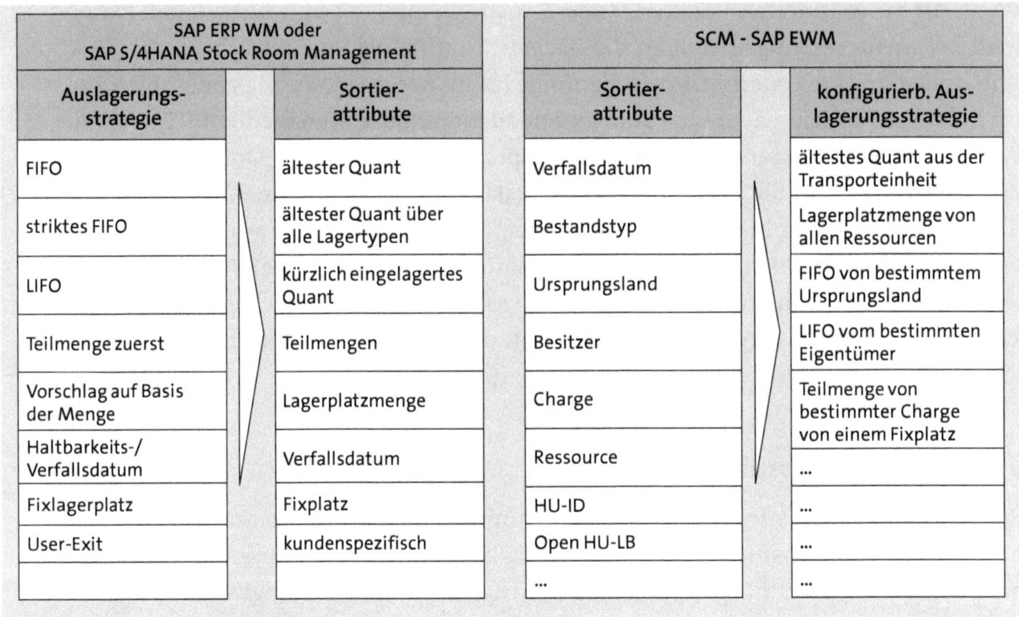

Abbildung 9.38 Unterschied der Auslagerungsstrategien in WM (Stock Room Management in SAP S/4HANA) und SAP EWM

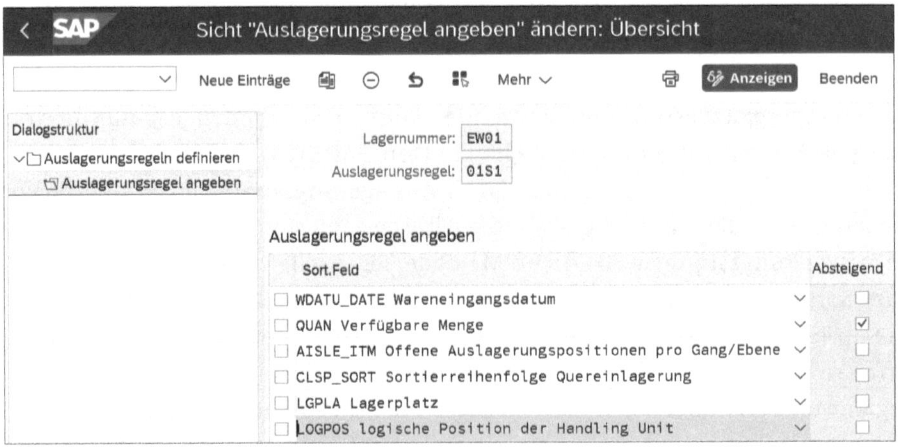

Abbildung 9.39 Flexible Auslagerungsstrategie erstellen

Basierend auf den Standardeigenschaften, können u. a. die folgenden Auslagerungsstrategien definiert werden:

FIFO (First In/First Out)

FIFO nutzt die aufsteigende Sortierung der Eigenschaft **Wareneingangsdatum** des vorhandenen Quants in einem Lager. Das bedeutet, dass das auszulagernde Material mit dem Platz, auf dem es sich befindet, über diese Sortierung bestimmt und ein Lagerauftrag mit der zugehörigen Lageraufgabe erstellt wird.

Striktes FIFO

Die Auslagerungsstrategie **Striktes FIFO** stellt sicher, dass die FIFO-Regel lagertypübergreifend angewandt wird. Dabei werden Lagertypgruppen verwendet, um einzelne Lagertypen zu gruppieren. Der Bestand wird innerhalb einer Lagertypgruppe gemäß dem Wareneingangsdatum aufsteigend sortiert, sodass das FIFO-Prinzip auch bei der Kommissionierplatzsuche zur Anwendung kommt. Im Vergleich dazu würde das einfache FIFO nur den vorher determinierten Lagertyp berücksichtigen.

LIFO (Last In/First Out)

Für einige Lagerprozesse oder innerhalb einiger Industrien kann es notwendig sein, dass Produkte nicht nach dem FIFO-Prinzip kommissioniert werden können. Zum Beispiel werden in der Baustoffindustrie Produkte übereinandergestapelt, was es wiederum notwendig macht, nicht das Produkt mit dem ersten Wareneingangsdatum zu kommissionieren. Vielmehr muss hier das Produkt mit dem letzten Wareneingangsdatum kommissioniert werden, um ein aufwendiges Umlegen der Produkte zu vermeiden.

Die LIFO-Auslagerungsstrategie ist nur dann sinnvoll, wenn die Produkte keinem Verfallsdatum unterliegen. Ähnlich wie beim FIFO-Prinzip wird dabei die Eigenschaft **Wareneingangsdatum** zur Sortierung verwendet, jedoch wird das Ergebnis absteigend sortiert.

Teilmengen zuerst

Die Auslagerungsstrategie **Teilmengen zuerst** dient der Optimierung von Lagerkapazität innerhalb eines Lagers. Unabhängig vom Wareneingangsdatum ermöglicht sie es, Anbruchmengen zuerst zu kommissionieren, bevor eine volle Palette von einem Produkt ermittelt wird. Ohne diese Strategie kann es sein, dass viele Teilmengen im Lager entstehen, die dann mit einer Lager-Reorganisation zusammengeführt werden müssen.

Fixplatz

Innerhalb dieser Strategie wird der definierte Fixplatz eines Produkts als Quellplatz für die Lageraufgabe genutzt. Fixplätze werden einem Produkt pro Lagertyp in Transaktion /SCWM/BINMAT zugeordnet. Sie erreichen die Transaktion im SAP-Easy-Access-Menü über den Pfad **Logistik • SCM Extended Warehouse Management • Extended Warehouse Management • Stammdaten • Lagerplatz • Fixlagerplatz pflegen**.

Außerdem ist es möglich, mehrere Fixplätze einem Produkt innerhalb eines Lagertyps zuzuordnen, um z. B. dem Platzbedarf eines Produkts im Rahmen von verkaufsfördernden Maßnahmen gerecht zu werden. Ist in der Lagertypdefinition konfiguriert, dass ein negativer verfügbarer Bestand zulässig ist, wird selbst bei einem leeren Fixplatz selbiger als Quellplatz ermittelt. Die Lagertypdefinition erreichen Sie im EWM-Customizing über den Pfad **SCM Extended Warehouse Management • Extended Warehouse Management • Stammdaten • Lagertyp definieren.**

Es bedarf dabei einer Nachschubsteuerung, um den physischen Kommissioniervorgang nicht zu gefährden. Folgeprozesse dieses Szenarios könnten eine Kommissionierzurückweisung oder aber auch ein direkter Nachschub, der durch den Kommissionierer selbst durchgeführt wird, sein. In Kapitel 11, »Lagerinterne Prozesse«, beschreiben wir die möglichen Fehlerfälle näher.

Mindesthaltbarkeitsdatum

Die Strategie **Mindesthaltbarkeitsdatum** stellt sicher, dass Produkte mit dem ältesten Mindesthaltbarkeitsdatum zuerst kommissioniert werden. Dazu wird in der Definition der Auslagerungsstrategie die Eigenschaft **Mindesthaltbarkeitsdatum** aufsteigend sortiert.

Kundeneigene Strategien innerhalb eines BAdIs

Für den Fall, dass die Standardlogiken für die Kundenbedürfnisse nicht ausreichend sind, besteht die Möglichkeit, eine separate Logik in einem BAdI zu implementieren. Erforderlich ist dies, falls Sie andere Felder bei der Definition der Auslagerungsstrategie benötigen, oder wenn zusätzliche Sonderfälle mitberücksichtigt werden müssen. Sie finden das BAdI im SAP-EWM-Customizing über den Pfad **SCM Extended Warehouse Management • Extended Warehouse Management • Business Add-Ins (BAdIs) für Extended Warehouse Management • Warenausgangsprozess • Strategien • Auslagerungsstrategien • BAdI: Löschen des Quantpuffers und BAdI: Filterung und/oder Sortierung von Quants.**

9.3.8 Lagerungssteuerung im Warenausgangsprozess

Da innerhalb eines Warenausgangsprozesses meist mehrere Prozessschritte erforderlich sind, z. B. das Kommissionieren, Verpacken mit logistischer Zusatzleistung, Bereitstellen der Ware und anschließende Verladung, spielt die Lagerungssteuerung, mit der Sie Ihre Prozesse im System abbilden und steuern können, auch im Warenausgang eine wichtige Rolle.

In Kapitel 7, »Objekte und Elemente der Prozesssteuerung«, haben wir bereits die Funktionsweise der Lagerungssteuerung und ihre beiden Arten, die prozessorientierte sowie die layoutorientierte Lagerungssteuerung, erläutert. In diesem Abschnitt stellen wir die warenausgangsspezifischen Aspekte dazu dar.

Abbildung 9.40 zeigt ein Beispiel für einen mehrstufigen Warenausgangsprozess, der die Schritte **Kommissionieren**, **Verpacken**, **Bereitstellen** und **Verladen** beinhaltet. Jeder dieser Prozessschritte wird mit eigenen Lageraufgaben und dazugehörigen Lageraufträgen abgebildet. Ein Verladen der Ware wäre auch ohne Lageraufgaben möglich.

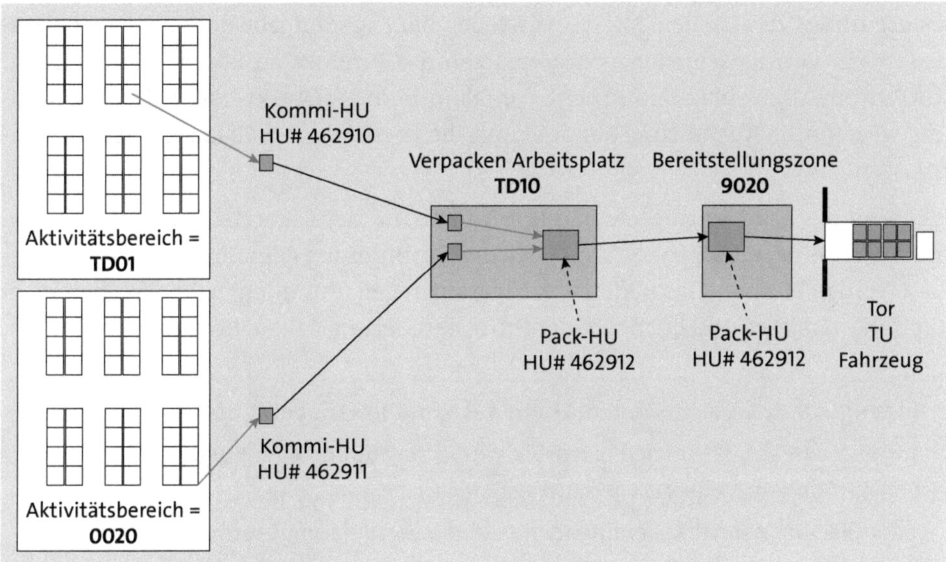

Abbildung 9.40 Mehrstufiger Prozess im Warenausgang

Innerhalb der prozessorientierten Lagerungssteuerung ist es möglich, den Zielplatz zu einem Prozessschritt dynamisch ermitteln zu lassen. Dies geschieht jeweils bei der Anlage einer Lageraufgabe nach dem Abschluss eines Prozessschritts. Dies kann z. B. bei der Packplatzermittlung im Warenausgang eine große Rolle spielen, was u. a. in Abhängigkeit des Kommissionierplatzes oder der Art der verwendeten HU ermittelt werden kann.

Eine Kombination von prozessorientierter und layoutorientierter Lagerungssteuerung im Warenausgang ist ebenfalls möglich. Wir nehmen noch einmal Bezug auf Abbildung 9.40: Wenn der Lagertyp des Aktivitätsbereichs 0020 einen Kommissionierpunkt zugewiesen hat, auf dem eine HU zunächst abgestellt wird, um eine Teilmenge zu kommissionieren, erkennt die layoutorientierte Lagerungssteuerung, dass die HU vom Quellplatz (z. B. Hochregallager) zunächst auf den Übergabeplatz transportiert und die Restmenge anschließend wieder eingelagert werden muss. Der Übergabeplatz stellt in diesem Fall die Verpackungsstation oder einen Kommissionierpunkt dar. Die prozessorientierte Lagerungssteuerung ermittelt dabei nach Abschluss des

Kommissioniervorgangs vom Übergabeplatz, welcher Prozessschritt als Nächstes ausgeführt werden muss und wo dieser gegebenenfalls stattfinden soll.

9.3.9 Lagerauftragserstellung und Bundling

Lageraufgaben werden immer dann erstellt, wenn eine Welle freigegeben wird. Es ist aber auch möglich, Lageraufgaben manuell auf der Basis eines einzelnen Auslieferungsauftrags zu erstellen. Mit dem Erstellen der Lageraufgabe oder der Lageraufgaben, wenn von verschiedenen Lagerplätzen das Produkt zu kommissionieren ist, wird automatisch ein Lagerauftrag als umklammerndes Objekt erstellt. Der Lagerauftrag wird für die Ausführung benötigt, um die jeweiligen Arbeitspakete zusammenzufassen.

Während der Lagerauftragserstellung wird anhand der Lagererstellungsregel(n) geprüft, welche Lageraufgaben zum Zweck der Optimierung gemeinsam zusammengefasst werden können. Das Bilden von Lageraufträgen (Bundling) haben wir bereits in Kapitel 7, »Objekte und Elemente der Prozesssteuerung«, detailliert vorgestellt.

[»]

Bildung von Lageraufträgen mithilfe des Wellenmanagements

Nur die Lageraufgaben, die bei der Erstellung zusammen vom Bundling verarbeitet werden, können in einem Lagerauftrag Berücksichtigung finden.

Legen Sie nun manuell Lageraufgaben zu einem Auslieferungsauftrag an, können nur die dort zugeordneten Positionen bei der Lagerauftragserstellung Berücksichtigung finden. Nutzen Sie im Vergleich dazu z. B. das Wellenmanagement, werden alle Auslieferungsauftragspositionen berücksichtigt, die der Welle, die Sie freigegeben haben, zugeordnet waren. Stehen mehrere Auslieferungsauftragspositionen bei der Lagerauftragserstellung zur Verfügung, hat dies zur Folge, dass automatisch mehrere Lageraufgaben erstellt werden und SAP EWM die Bildung der Lageraufträge so viel besser und optimaler sicherstellen kann.

Beim Bilden des Lagerauftrags können Sie zusätzlich noch die darin enthaltenden Lageraufgaben je nach gespeicherter Konfiguration sortieren. Die Lageraufgaben werden dann bei der Ausführung dem Lagerarbeiter oder der Ressource nach dieser hinterlegten Reihenfolge vorgeblendet, und jedes Mal, wenn eine Lageraufgabe quittiert wird, wird die Lageraufgabe, die sich an der nächsten Stelle befindet, zum Kommissionieren freigegeben. Um die Sortierregel der Lageraufgaben in einem Lagerauftrag wie in Abbildung 9.41 zu definieren, starten Sie das SAP-EWM-Customizing und folgen dem Pfad **SCM Extended Warehouse Management • Extended Warehouse Management • Prozessübergreifende Einstellungen • Lagerauftrag • Sortierregeln für Lageraufgaben definieren**.

Um die Sortierung nach dem optimalen Kommissionierpfad sicherzustellen, müssen Sie eine Sortierung der Lagerplätze erstellen und für das Sortierfeld den Wert PATHSEQ auswählen. Die Sortierung der Lageraufgaben wird anhand der Sortierung der Lagerplätze in dem zugehörigem Aktivitätsbereich sichergestellt. Dazu müssen Sie für die Lagerplätze, abhängig von den physischen Gegebenheiten, die Aktivität sortieren. Dabei müssen Sie weitere Konfigurationen im System hinterlegen und für die Sortierung definieren, nach welchem Schema die Lagerplätze sortiert werden sollen.

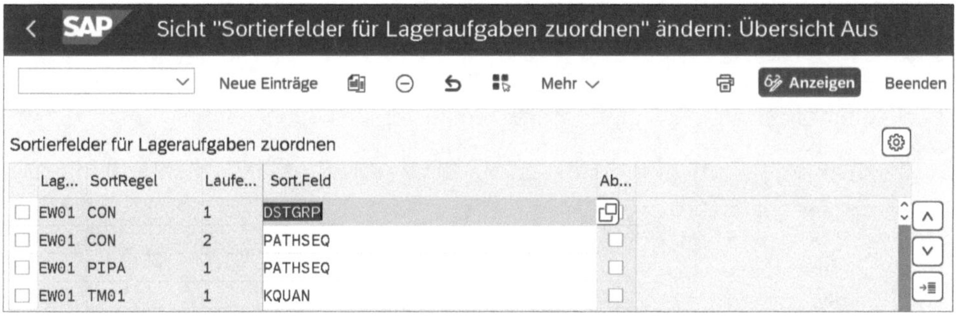

Abbildung 9.41 Sortierregel für die Lageraufgaben eines Lagerauftrags

Weitere Informationen zum Sortieren der Lagerplätze für einen Aktivitätsbereich und eine Aktivität erhalten Sie in Kapitel 3, »Organisationsstruktur«.

Um die Sortierung endgültig auszuführen und die Werte für die Sortierung in SAP EWM zu speichern, rufen Sie über das SAP-Easy-Access-Menü den Pfad **Logistik • SCM Extended Warehouse Management • Extended Warehouse Management • Stammdaten • Lagerplatz • Lagerplätze sortieren** auf oder verwenden direkt Transaktion /SCWM/SBST, die Transaktion zum Sortieren von Lagerplätzen. Wie in Abbildung 9.42 dargestellt, werden die Plätze dann nach einer Schablone sortiert und abgelegt. Beim Erstellen der Lageraufgaben bestimmt SAP EWM, welche Plätze oder Lageraufgaben der Benutzer nacheinander anfahren soll.

Wird ein Lagerauftrag von einer Ressource über eine mobile RF-Transaktion (Transaktionscode /SCWM/RFUI) ausgeführt, können Sie als Lagerarbeiter die zugehörigen Lageraufgaben neu sortieren und so die Reihenfolge, in der Sie den Lagerauftrag abarbeiten, verändern, falls die Konfiguration dies nicht verbietet. Um das Umsortieren der Lageraufgaben in einem Auftrag freizuschalten bzw. zu verhindern, starten Sie das SAP-EWM-Customizing und folgen dem Pfad **SCM Extended Warehouse Management • Extended Warehouse Management • Stammdaten • Aktivitätsbereiche • Sortierreihenfolge für Aktivitätsbereich definieren**. Wird der Parameter **Feste Sortierung** nicht gesetzt, ermöglicht es SAP EWM, die Sortierung der Lageraufgaben in einem Lagerauftrag nachträglich zu verändern.

Ist der erste Lagerauftrag für die Kommissionierung erstellt, ist der planungsseitige Warenausgangsprozess abgeschlossen, jetzt wird tatsächlich die Ware kommissioniert. Wird die Ware kommissioniert und sind weitere Schritte erforderlich, legt das System anschließend weitere Lageraufträge und Lageraufgaben an.

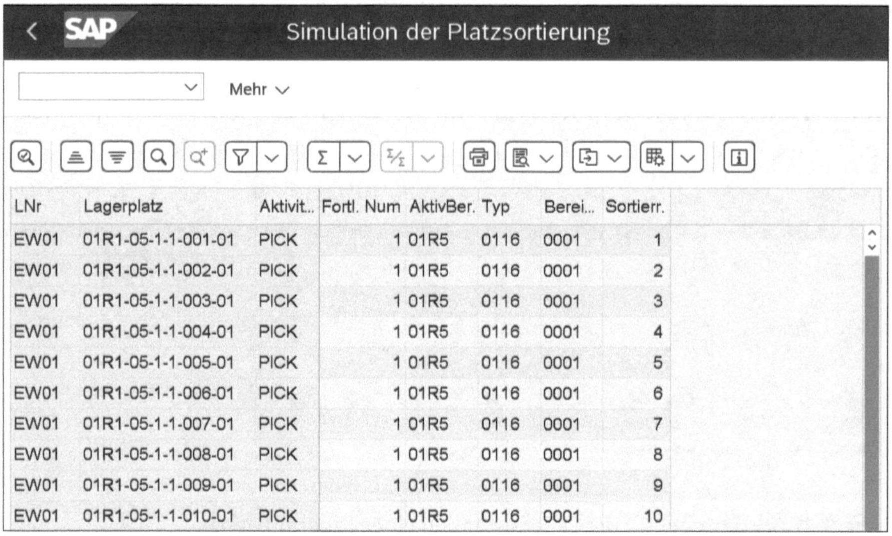

LNr	Lagerplatz	Aktivit..	Fortl. Num	AktivBer.	Typ	Berei...	Sortierr.
EW01	01R1-05-1-1-001-01	PICK	1	01R5	0116	0001	1
EW01	01R1-05-1-1-002-01	PICK	1	01R5	0116	0001	2
EW01	01R1-05-1-1-003-01	PICK	1	01R5	0116	0001	3
EW01	01R1-05-1-1-004-01	PICK	1	01R5	0116	0001	4
EW01	01R1-05-1-1-005-01	PICK	1	01R5	0116	0001	5
EW01	01R1-05-1-1-006-01	PICK	1	01R5	0116	0001	6
EW01	01R1-05-1-1-007-01	PICK	1	01R5	0116	0001	7
EW01	01R1-05-1-1-008-01	PICK	1	01R5	0116	0001	8
EW01	01R1-05-1-1-009-01	PICK	1	01R5	0116	0001	9
EW01	01R1-05-1-1-010-01	PICK	1	01R5	0116	0001	10

Abbildung 9.42 Lagerplätze über einen Aktivitätsbereich sortieren

[!]

Sortierung von Lagerplätzen

Bei der Sortierung der Lagerplätze kann es zu Komplikationen kommen. Wenn die Sortierung vorgenommen wird, wird der Aktivitätsbereich auf dem Lagerplatz gespeichert. Dieser Aktivitätsbereich wird bei der Lagerauftragserstellung, für die Queue-Findung oder bei der Verifikationsfindung im mobilen Umfeld verwendet, das wir detailliert in Kapitel 13, »Radio Frequency und Mobile«, erläutern. Wird ein falscher Aktivitätsbereich gesetzt, kann es unter Umständen zu einem Produktionsstillstand kommen, da die Lageraufträge und die Steuerung in SAP EWM fehlerhaft ausgeführt werden.

Die Konfiguration der Aktivitätsbereiche finden Sie über den Pfad **SCM Extended Warehouse Management • Extended Warehouse Management • Stammdaten • Aktivitätsbereiche**. Die Konfiguration kann dabei fehlerhaft sein oder überlappend, da mehrere Lagertypen einem Aktivitätsbereich zugeordnet werden können. Die Generierung der Aktivitätsbereiche wird auf Basis dieser Konfiguration erstellt. Sie wählen einen Aktivitätsbereich aus, und dieser wird dann in den Lagerplatz geschrieben. Es ist relevant, welchen Aktivitätsbereich Sie in welcher Reihenfolge sortieren, da die Lagertypen mehrfach einem Aktivitätsbereich zugeordnet werden können und deshalb die Aktivitätsbereiche gegebenenfalls nicht wie gewünscht erstellt werden.

9.3.10 Papiergeführte Kommissionierausführung

Nach der Erstellung von Lageraufträgen erfolgt die Abarbeitung der Arbeitspakete. Dies kann auf Basis einer ausgedruckten Kommissionierliste oder aber auch anhand eines mobilen RF-Terminals erfolgen. Im Folgenden wird der Prozess für beide Varianten der Kommissionierausführung näher beschrieben.

Ausführung mit Kommissionierliste

Im Fall einer papierbasierten Abarbeitung von Lageraufträgen oder Teilen von Lageraufträgen beinhaltet der Prozess folgende Einzelschritte:

1. Erzeugung von Lageraufträgen
2. Druck der Kommissionierliste am gewählten Drucker mittels der PPF-Aktion für einen Lagerauftrag. Die Druckerfindung kann anhand der Konditionstechnik beeinflusst werden.
3. Ausführung der Kommissionierung im Lager und manueller Vermerk der Ergebnisse auf der Kommissionierliste. Das heißt, dass der Mitarbeiter schriftlich die tatsächlich kommissionierte Menge auf der Kommissionierliste einträgt. Teilweise werden bei Ausnahmen zusätzliche Informationen auf der Liste hinterlegt.
4. Bestätigung des Lagerauftrags mittels der Desktop-Transaktion. Die Ergebnisse des Kommissioniervorgangs werden von der Liste in eine Transaktion übertragen.
5. Handhabung von Ausnahmen und Anstoßen von Folgeaktionen (falls notwendig), wie z. B. der Erzeugung neuer Kommissionieraufgaben im Falle nicht bestätigter Mengen.

[«]

Optimierung des papiergesteuerten Kommissionierprozesses

Während die papierbasierte Kommissionierausführung nicht optimiert ist, da der Mitarbeiter nicht in Echtzeit mit dem System interagieren kann, bestehen die Möglichkeiten der Optimierung des Kommissionierens in diesem Umfeld in der Kommissionierwellengenerierung und in der Erzeugung von zugehörigen Lageraufträgen.

Kommissionierliste drucken

Der Druck der Kommissionierliste in SAP EWM wird über das Post Processing Framework und über die Konditionstechnik gesteuert. Die Konditionstechnik und das Post Processing Framework werden in Kapitel 14, »Bereichsübergreifende Prozesse und Funktionen«, beschrieben. In diesem Abschnitt werden die Druckfunktionen für den Warenausgangsprozess erläutert.

SAP EWM bietet zwei Druckvorlagen, um eine Kommissionierliste zu drucken. Jedoch ist die Erstellung kundenspezifischer Druckvorlagen in Implementierungsprojekten sehr verbreitet, um z. B. spezifische Logos und Felder hinzuzufügen. SAP EWM hat nicht den Anspruch, die optimale Druckvorlage zur Verfügung zu stellen. Vielmehr sind die beiden Druckvorlagen als Beispiel zu verstehen, damit Sie daraus viel einfacher Ihre eigene Kommissionierliste erstellen bzw. entwickeln können.

Sie finden in SAP EWM folgende Druckvorlagen für den Druck des Lagerauftrags oder der Lageraufträge, die Sie für den Warenausgangsprozess verwenden können:

- /SCWM/WO_MULTIPLE – Lagerauftragsliste
- /SCWM/WO_SINGLE – Lagerauftragseinzelbeleg

Diese Druckvorlagen sind als Smart Forms oder auch als PDF-Formulare konzipiert. Die Smart-Forms-Vorlagen können Sie über Transaktion SMARTFORMS aufrufen, und die PDF-Formulare sind über Transaktion SFP zugänglich.

Bestätigung und Quittieren des Lagerauftrags

Nachdem das physische Kommissionieren durchgeführt worden ist, muss der zugehörige Lagerauftrag quittiert werden, um so dem System eine Rückmeldung über die physische Ausführung zu geben. Das Erfassen der Daten können Sie, wie in Abbildung 9.43 dargestellt, über die Desktop-Transaktion vornehmen.

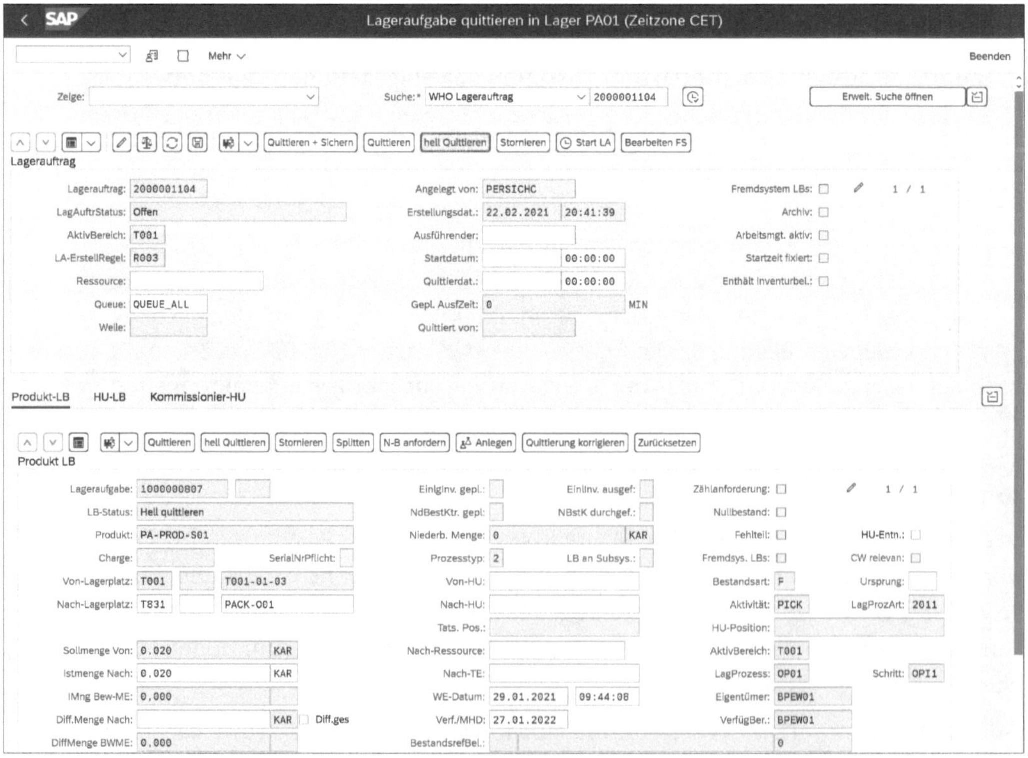

Abbildung 9.43 Lageraufgabe im Desktop-UI quittieren

Eine Bestätigung des Kommissioniervorgangs ist auch mit der mobilen Dateneingabe am Desktop möglich. Diese einfache Benutzeroberfläche ist über Transaktion /SCWM/RFUI zugänglich und simuliert die Eingabe mit einem mobilen Gerät. Gelegentlich ist diese Transaktion für Benutzer ideal, um schnell und einfach die zuvor ausgeführte Kommissionierung systemseitig zurückzumelden. Um dabei die Verifizierung von Produkt, Menge und Plätzen nicht durchführen zu müssen, kann gegebenenfalls ein separates Verifikationsprofil erstellt werden, um die Eingaben für den Benutzer zu reduzieren. Denkbar ist es ebenso, die Verifikationen der Felder zu nutzen und die Eingaben mit einem Barcodescanner zu scannen. Dadurch kann der Benutzer die Bestätigung der papiergeführten Kommissionierung auch im mobilen Dialog durchführen.

Die Transaktion zum Bestätigen von Lageraufträgen finden Sie im SAP-Easy-Access-Menü unter **Logistik • SCM Extended Warehouse Management • Extended Warehouse Management • Ausführung • Lageraufgabe quittieren** oder über den Transaktionscode /SCWM/TO_CONF. Wie in Abschnitt 9.3.1, »Der Warenausgangsganzprozess in SAP S/4HANA«, beschrieben, können Sie die Lageraufträge auch mit einer SAP-Fiori-App quittieren.

Alternativ kann die Bestätigung auch im Lagermonitor über Transaktion /SCWM/MON mittels der Standardmethoden für Lageraufgaben und Lageraufträge erfolgen. Mit den SAP-EWM-Methoden können Sie auch im Hintergrund mehrere Lageraufträge auf einmal quittieren. Dies ist aber nur zu empfehlen, wenn sich der Nach-Platz, auf dem der Mitarbeiter die kommissionierte Ware abstellt, nachträglich nicht verändert hat. Das heißt, dass bei der Erstellung der Lageraufgabe ein Nach-Platz ermittelt wird, auf dem der Mitarbeiter dann auch physisch die Ware abgestellt haben sollte. Falls Sie mit generischen Nach-Lagerplätzen arbeiten, ist die Massenquittierung im Lagermonitor ausgeschlossen. Zudem ist es notwendig, dass keine Kommissioniermindermengen erfasst wurden und immer die zu kommissionierende Menge aus dem Platz entnommen wurde.

9.3.11 Ausführung der Kommissionierung mit mobilen Geräten

Die Bestätigung des Kommissioniervorgangs mittels mobiler Endgeräte ist allgemein die bevorzugte Variante, da sie hinsichtlich der Bestandsgenauigkeit effizienter ist. Dabei erfolgt die Rückmeldung über die kommissionierte Menge eines Produkts sofort. Das bedeutet, dass auch systemseitig eine Aktualisierung der Bestandssituation augenblicklich erfolgt.

Darüber hinaus ermöglicht die Nutzung von mobilen Geräten beim Kommissionieren dem Benutzer, in Echtzeit mit dem System zu interagieren, wodurch die Fehleranfälligkeit bei manueller Bestätigung reduziert wird und ein Reagieren auf eventuelle Fehlerfälle (z. B. fehlende Produktmenge oder die Eingabe eines falschen Platzes) zeitnah erfolgen kann. Ein systemgeführtes Arbeiten ist mit der Nutzung von mobilen Endgeräten ebenfalls möglich, um so die Zuweisung von Lageraufträgen an die geeignetste verfügbare Ressource zu gewährleisten. Die systemgeführte Ausführung wird in Kapitel 13, »Radio Frequency und Mobile«, näher beschrieben.

Um einen Lagerauftrag mit der RF-Transaktion zu quittieren, muss im SAP-Easy-Access-Menü folgender Pfad aufgerufen werden: **Logistik • SCM Extended Warehouse Management • Extended Warehouse Management • Ausführung • In RF Umgebung anmelden**. Alternativ kann auch Transaktion /SCWM/RFUI genutzt werden.

In der Praxis sind die mobilen Endgeräte in der Regel so konfiguriert, dass sofort mit der Benutzeranmeldung die Anmeldung an der zugehörigen Ressource stattfindet. Eine manuelle Eingabe ist dann nicht notwendig; andernfalls muss der Mitarbeiter die Lagernummer, die Ressource und das Endgerät spezifizieren, um eine Anmeldung an das RF-Menü sicherzustellen. Sobald der Benutzer in der RF-Umgebung angemeldet ist, kann er die Transaktion auswählen – in unserem Fall würde er die Quittierung der Kommissionier-Lageraufträge starten. Details zu den RF-Transaktionen finden Sie in Kapitel 13, »Radio Frequency und Mobile«.

Es ist möglich, das RF-Menü anhand von Kundenwünschen zu ändern. In diesem Abschnitt gehen wir jedoch vom Standardmenü aus. In Klammern ist jeweils die logische Transaktion der Menüfunktionen vermerkt, die notwendig ist, um in der Konfiguration die Menüfunktionen auszuführen. Dort können Sie die Texte der logischen RF-Transaktion anpassen oder sie komplett aus dem RF-Menü entfernen.

Nach der Benutzeranmeldung und der Eingabe der Ressourcen bietet das System mehrere Wege, um Kommissionier-Lageraufträge zu quittieren. Im Folgenden zeigen wir die wichtigsten Ausführungsoptionen, die Sie im Menü wählen können, um den Kommissionierprozess abzuschließen und die Lageraufträge mit den zugehörigen Lageraufgaben zu quittieren. Für das systemgeführte Kommissionieren gibt es zwei Alternativen:

- **Systemgeführte Selektion**
  Der Benutzer wird vom System durch den Prozess geführt, und es werden ihm offene Lageraufträge auf Basis der Queue-Zuweisung, Ressource und Ressourcengruppe automatisch zugewiesen. Das System ermittelt stets den optimalen Lagerauftrag nach dem Quittieren und Abschließen der vorangegangenen Lageraufgabe oder dem vorangegangenen Lagerauftrag.

  Die systemgeführte Selektion öffnen Sie, indem Sie Transaktion /SCWM/RFUI ausführen und sich dort mit Ihrer Ressource anmelden. Folgen Sie dann dem folgenden Pfad:

  RF Menu: Systemgeführt • Systemgeführte Selektion (WKSYSG)
- **Systemgeführt nach Queue**
  Zu Beginn dieser Transaktion spezifizieren Sie die Queue, aus der Sie Lageraufträge

erhalten möchten. Das System weist Ihnen anschließend ausschließlich Lageraufträge aus der gewählten Queue zu. Zum Öffnen der RF-Transaktion sollten Sie nach der Anmeldung an der Ressource über das RF-Menü den folgenden Pfad nutzen:

RF Menu: Systemgeführt • Systemgeführt nach Queue (WKSYSQ)

Im Gegensatz zur systemgeführten Auswahl von Lageraufträgen besteht ebenfalls die Möglichkeit einer manuellen Auswahl. Dabei gibt es die folgenden Optionen:

- **Kommissionieren nach Lagerauftrag**
  Für den Fall, dass der Benutzer die Nummer des Lagerauftrags kennt, ist es ihm möglich, jene Nummer direkt in das Eingabefeld zu geben, um so mit der Abarbeitung zu beginnen. So kann es z. B. vorkommen, dass beim Verladen auf dem HU-Label ebenfalls die Lagerauftragsnummer vermerkt ist, sodass es dem Benutzer möglich ist, diese direkt einzugeben oder sie – im Fall von »verbarcodeten« Nummern – einzuscannen. Zum Starten der RF-Transaktion sollten Sie nach der Anmeldung an der Ressource über das RF-Menü den folgenden Pfad wählen:

  RF Menu: Manuelle Auswahl • Selektion von LA (WKMNWO)
- **Kommissionieren nach HU**
  Diese Variante kann im Falle der Vollpalettenentnahme genutzt werden, wobei die Quell-HU bereits vom System vorbestimmt wurde. Zum Starten der RF-Transaktion sollten Sie nach der Anmeldung an der Ressource über das RF-Menü den folgenden Pfad nutzen:

  RF Menu: Manuelle Auswahl • Selektion Von HU (WKMNHU)
- **Kommissionieren nach Lageranforderung**
  Diese Variante ermöglicht die Auswahl von Lageraufträgen mittels der zugehörigen Lageranforderung (im Warenausgangsprozess handelt es sich dabei um die Nummer des Auslieferungsauftrags). Dies kann z. B. bei sehr dringenden Auslieferungsaufträgen nützlich sein, wenn dem Benutzer die Nummer des Auslieferungsauftrags genannt wird. Zum Starten der RF-Transaktion sollten Sie nach der Anmeldung an der Ressource über das RF-Menü den folgenden Pfad nutzen:

  RF Menu: Manuelle Auswahl • Selektion von LANF (WKMNWR)

Es gibt weitere Transaktionen im RF-Umfeld, die Sie unter **RF Menu: Warenausgang • Kommissionieren** finden. Die verschiedenen Transaktionen weisen ein ähnliches Erscheinungsbild auf, unterscheiden sich jedoch anhand der logischen Transaktion und des zugehörigen Kontextes. Zum Beispiel scheinen die Transaktionen im Untermenü zur Kommissionierung identisch mit denen zur systemgeführten Auswahl von Lageraufträgen zu sein, jedoch sind diese einem anderen Kontext zugewiesen. Aus diesem Grund kann die Lagerauftragsvergabe in den Transaktionen unterschiedlich verlaufen, oder der Benutzer ist nicht dazu berechtigt, einen manuell eingegeben Lagerauftrag auszuführen.

Arbeitet der Mitarbeiter mit der mobilen RF-Transaktion **Systemgeführte Selektion (WKSYSG)**, werden ihm alle Lageraufträge zugewiesen, die zur Abarbeitung bereitstehen (abhängig von der Queue-Konfiguration). Wählen Sie die generische RF-Transaktion über das RF-Menü über den Pfad **RF Menu: Systemgeführt • Systemgeführte Auswahl**. Sie erhalten die Lageraufträge, die für alle Aktivitäten abzuarbeiten sind. Nur die Lageraufträge, die für den Warenausgang bestimmt sind, erhalten Sie, wenn Sie die mobile systemgeführte RF-Transaktion im RF-Menü über den Pfad **Warenausgang • Auslagerung • Systemgeführte Kommissionierung** ausführen. In Abbildung 9.44 sehen Sie den Ablauf des mobilen Dialogs in mehreren Bildschirmen.

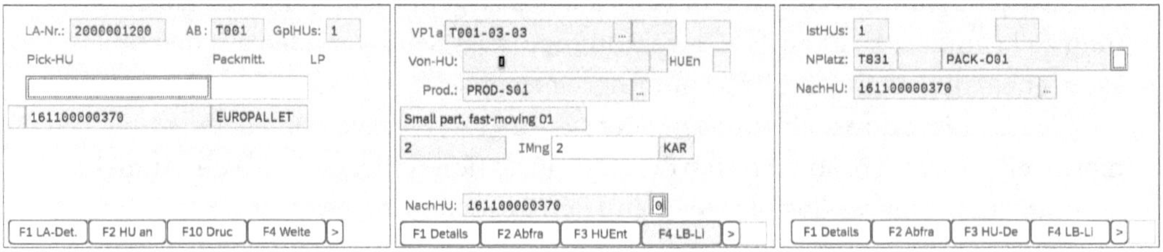

Abbildung 9.44 Lagerauftrag im mobilen Dialog kommissionieren

Die Transaktion ist im mobilen Umfeld besonders praktisch, da sie viele Prozessanforderungen und Ausnahmen und die unterschiedlichen Prozessvarianten beinhaltet. Es macht einen Unterschied, ob man die Ware mit oder von einer Handling Unit kommissioniert oder die Ware direkt ohne einen Ladungsträger abbucht. Wird eine Vollentnahme gebucht, wird die Ware aus einem Blocklager entnommen, oder von einer HU wird mehrfach Ware kommissioniert. All das muss eine Kommissionier-Transaktion zur Verfügung stellen. Hinzu kommt die gesamte Ausnahmeverwaltung, wie das Verbuchen von Fehlmengen, Kommissionierrückweisungen oder die Chargenanpassungen. In Abbildung 9.44 haben wir einen Ablauf visualisiert, abhängig vom Prozessablauf können die Bilder und Bildfolgen jedoch von diesem Prozess abweichen. Es werden unterschiedliche Felder angezeigt bzw. ein- oder ausgeblendet. In der Standard-Kommissionier-Transaktion ist auch die Mindestmengen-Inventur der Nullmengen-Inventur eingearbeitet, sodass automatisch ein Inventurdokument angelegt wird, wenn der Mitarbeiter die Menge nach dem Kommissioniervorgang bestätigt.

Es kann frei konfiguriert werden, ab welcher Menge der Zwischenschritt eingeblendet wird. Wenn Sie ein Inventurdokument anlegen und die Plätze zählen, sind Sie einer permanenten Inventur bereits einen Schritt näher gekommen. Denn Sie ersparen sich großen Aufwand bei der regulären Inventur, da nur noch ein Bruchteil der Plätze zu zählen ist. Den Inventurprozess beschreiben wir in Kapitel 12, »Qualitätsprüfung«, nochmals im Detail. Den ersten Screen, um den Lagerauftrag einzugeben, haben wir hier nicht gezeigt, da im mobilen Umfeld meist systemgeführt gearbeitet wird. Das heißt, das System weist dem Mitarbeiter den Lagerauftrag zu. Wenn der Mitarbeiter den Lagerauftrag eingeben wollen würde, müsste er ein Papier mit sich führen. Darauf wollen wir in einem optimierten Prozess aber möglichst verzichten. Auf dem ersten Bildschirm könnten Sie eine Handling Unit manuell anlegen, aber mit der Verpackungsplanung kann auch das System die berechnete Handling Unit vorschlagen. Die Funktion, um das Kommissionieretikett zu drucken kann als Funktionsknopf verfügbar gemacht werden. Der Funktionsknopf muss dafür aber im Kundenprojekt mit dem BAdI `/scwm/ex_rf_prt_wo_hu` ausprogrammiert werden, da die Funktion nicht standardmäßig bereitsteht. Den ersten Screen zur Erstellung bzw. Auswahl einer Kommissionier-HU, wie in der Abbildung 9.44 visualisiert, können Sie auch per Konfiguration ausblenden bzw. überspringen, wie in Abbildung 9.45 dargestellt.

[+]

Projekterfahrung: Entwicklung eines mobilen kundenspezifischen Dialogs im Kommissionierprozess

Wir empfehlen nachdrücklich, die Entwicklung einer eigenen mobilen Transaktion für das Kommissionieren zu vernachlässigen. Zwar ist die initiale Aufwandschätzung überschaubar, aber mit dem Projektfortschritt merkt man, dass man viele Ausnahmen nicht berücksichtig kann – und so summiert sich der Aufwand, bis die Entwicklung abgeschlossen ist. Aus unserer Sicht ist es die richtige Entscheidung, die Transaktion zu erweitern. Lesen Sie dazu Kapitel 13, »Radio Frequency und Mobile«.

Folgende erweiterte Funktionen stehen ihnen außerdem in der mobilen Kommissionier-Transaktion im RF-Umfeld weiterhin zur Verfügung:

- **Ausblenden des Kommissionier-HU-Screens in der mobilen RF-Transaktion**: Ziel der Erweiterung war die Optimierung des mobilen Kommissionierprozesses. Das Kommissionier-HU-Bild wurde auf mobilen Geräten bisher immer angezeigt – auch wenn es nicht sinnvoll war. Es wurde z. B. eingeblendet, wenn eine volle Palette ein- oder umgelagert wurde, und musste dann manuell vom Lagermitarbeiter übersprungen werden.

  Mit der neuen SAP-EWM-Version ist es möglich, das Bild in Abhängigkeit unterschiedlicher Parameter zu überspringen. Sie können die Parametrisierung im SAP-EWM-Customizing über den folgenden Pfad erreichen: **SCM Extended Warehouse Management • Extended Warehouse Management • Mobile Datenerfassung • Anzeige des Kommiss-HU-Bilds bei der RF-Kommiss. steuern**.

  In Abbildung 9.45 sehen Sie in der Tabelle sowohl die Parameter als auch die Möglichkeit, die Parameter als Sequenz unterschiedlich zu gewichten. Die Sequenz können Sie über die zweite Option, **Anzeige von Kmmss.-HU-Bild festlegen**, bestimmen.

  Sie können abhängig von Lagernummer, Lagerprozessart, Lagerauftragserstellungsregel, Aktivität, Aktivitätsbereich, Queue und Datenerfassungsart entscheiden, ob der Kommi-HU-Screen angezeigt werden soll (kein Wert), der Kommi-HU-Screen übersprungen, aber mit der Zurück- bzw. Funktionstaste F7 erreichbar sein soll (Wert A) oder ob der Kommi-HU-Screen übersprungen werden und auch nicht erreichbar sein soll (Wert B).

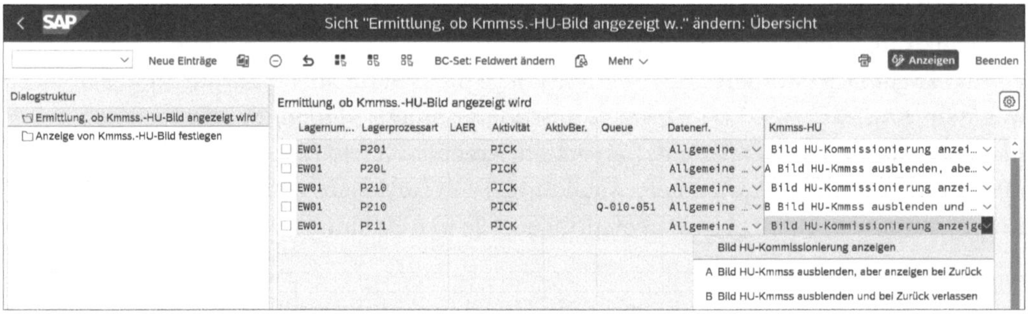

Abbildung 9.45 Konfiguration, um die Anzeige des Kommissionier-HU-Bildes zu überspringen

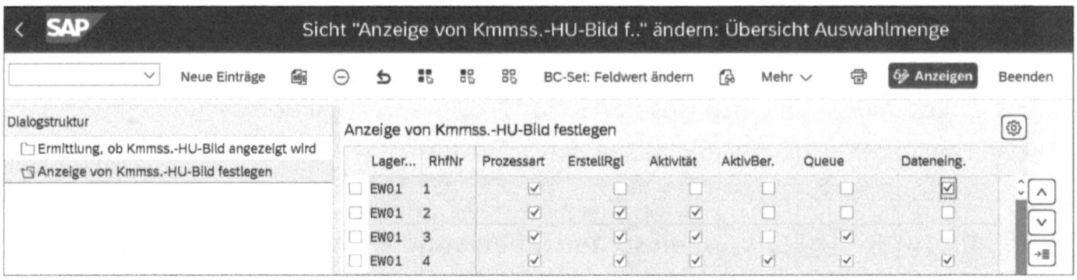

Abbildung 9.46 Zugriffsfolge-Ermittlung des Kommissionier-HU-Bildes

Um die Suche zur Ermittlung des Kommissionier-HU-Bilds zu optimieren, können Sie in SAP EWM verschiedene Zugriffsfolgen pflegen. Die Konfiguration ermöglicht es Ihnen, die Anzahl der Einträge für die Ermittlung zu minimieren, da Sie definieren können, anhand welcher Parameter das System versuchen soll, die Ermittlung des Kommissionier-HU-Bildes zu bestimmen (siehe Abbildung 9.46).

- **Anzeigen von Liefertexten im mobilen RF-Kommissionier-HU-Bild**
  Ziel der Funktion ist es, den Kommissionierprozess zu erleichtern. Wenn das SAP-EWM-System z. B. einen Lagerauftrag einer Ressource zuweist, wird die Kommissionier-HU angezeigt, sofern diese – wie im vorangegangenen Punkt beschrieben – nicht übersprungen wird. Das Kommissionier-HU-Bild kann dann Informationen enthalten, die in diesem Prozessschritt für den Lagermitarbeiter entscheidend sind. So kann dieser bei der Wahl der Kommissionier-HU unterstützt werden (besonders im Hinblick auf das Packmaterial), oder er erfährt, ob zusätzliche Papiere mitgenommen und in die Kommissionier-HU eingelegt werden sollen.

Das Kommissionier-HU-Bild wurde um eine Textzeile erweitert. Ist der Text auf dem Bild nicht sichtbar oder abgeschnitten, kann der Mitarbeiter mit der F9-Taste den gesamten Text in einem neuen Bild anzeigen.

Um die Textpositionen aus der Lieferung zu lesen und in der mobilen Transaktion darzustellen, müssen Sie das System entsprechend konfigurieren. Die Konfiguration erfolgt so wie in den früheren SAP-EWM-Versionen. Sie müssen die Texte entweder aus dem Lieferkopf oder aus der Lieferposition der Aktivität **Pick** zuweisen. Sie erreichen die Konfiguration im SAP-EWM-Customizing über den Pfad **SCM Extended Warehouse Management • Extended Warehouse Management • Stammdaten • Aktivitätsbereiche • Aktivitäten • Zuordnung von Aktivitäten zu Textidentifikationen vornehmen** (siehe Abbildung 9.47).

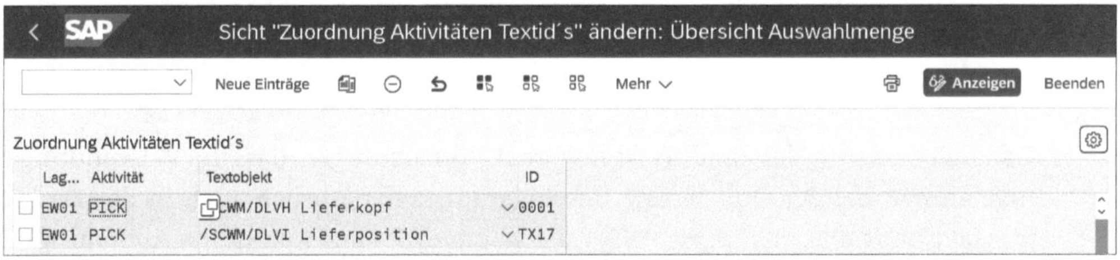

Abbildung 9.47 Aktivitäten zu den Text-IDs zuordnen

Auf die Kommissionierung und die dazugehörige Ausnahmebehandlung möchten wir im Folgenden eingehen. Die Folgeaktion bzw. Screenfolge bei Ausnahmecodes im Rahmen einer RF-Transaktion verläuft anders, als wenn der Ausnahmecode in einer Desktop-Transaktion erfasst wird. So können Sie frei konfigurieren, ob beim Kommissionieren eines Produkts und dem Feststellen einer Mengendifferenz am Platz der direkte Nachschub in der mobilen RF-Transaktion durch Auslösen eines Ausnahmecodes angestoßen werden und in der Desktop-Transaktion stattdessen der Nachschub nicht gestartet werden soll. Der Ausnahmecode kann so konfiguriert werden, dass lediglich die bestätigte Menge in der Lageraufgabe fortgeschrieben wird und eine E-Mail an einen Mitarbeiter der Bestandskontrolle gesendet wird, wenn der Ausnahmecode in einer Desktop-Transaktion eingegeben wurde. Unabhängig von den unterschiedlich konfigurierten Folgeaktionen kann der Ausnahmecode für den Benutzer gleich lauten. Details dazu finden Sie in Kapitel 13, »Radio Frequency und Mobile«.

Um eine Übersicht über alle möglichen Ausnahmecodes innerhalb eines Kontextes bzw. Prozessschrittes zu erhalten, kann im Ausnahmefeld der RF-Transaktion der Code `LIST` eingegeben werden. Anschließend erscheint eine Liste mit allen verfügbaren Ausnahmecodes (siehe Abbildung 9.48). Auch an dieser Stelle ist festzuhalten, dass beim Kommissionieren, abhängig von dem Prozess, nur die Ausnahmecodes zur Verfügung stehen, die in der Konfiguration freigeschaltet wurden. Das bedeutet, dass die Ausnahmecodes, die Sie in der Abbildung auf der rechten Seite sehen, nur für die mobile RF-Transaktion und den Schritt (in diesem Fall der Von-Screen beim Ausführen der Kommissionierung) freigeschaltet sind.

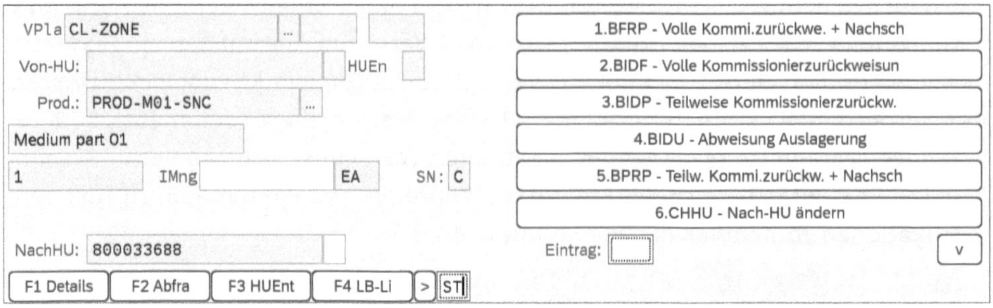

Abbildung 9.48 Ausnahmebehandlung während der Kommissionierung

Generell und zum Verständnis ist nochmals hinzuzufügen, dass die Verwendung der Ausnahmen bei der Quittierung des Lagerauftrags natürlich auch in der Desktoptransaktion (siehe Abbildung 9.43) oder in der SAP-Fiori-App (siehe Abbildung 9.25) möglich ist.

Wird ein Ausnahmecode ausgeführt, wird er in die Lageraufgabe geschrieben. Sie können im Lagermonitor im Nachgang transparent feststellen, wie oft es zu Ausnahmen gekommen ist, um bei Bedarf zu reagieren und einen Prozess auf den Prüfstand setzen.

9.3.12 Sammelkommissionierung

Die Sammelkommissionierung wird anhand der Lagerprozessart und des Aktivitätsbereichs freigeschaltet. Unter der Sammelkommissionierung versteht man die Zusammenfassung von Lageraufgaben beim Kommissionieren. Um die Sammelkommissionierung in Ihrem System zu definieren, starten Sie das SAP-EWM-Customizing und folgen dem Pfad **SCM Extended Warehouse Management • Extended Warehouse Management • Mobile Datenerfassung • Sammelkommissionierprofil definieren** (siehe Abbildung 9.49).

Zunächst müssen Sie ein Sammelkommissionierungsprofil erstellen und können dabei festlegen, welches der Felder (**Lagerprozessart** und/oder **AktivBer.** [Aktivititätsbereich]) bei der Findung des Sammelkommissionierprofils berücksichtigt werden soll. In der Hilfe zum Konfigurationseintrag finden Sie eine detaillierte Erläuterung dazu, wie das SAP-System bei der Findung des Profils vorgeht. Falls das SAP-System bei der Findung der Sammelkommissionierung einen Treffer erzielt, wird im RF-Dialog ein anderer RF-Screen aufgerufen, in dem Ihnen die gesamte zu kommissionierende Menge angezeigt wird. Das heißt, hat ein Lagerauftrag mehrere Lageraufgaben mit gleichen Parametern (dem gleichen Material, Von-Lagerplatz usw.), sieht der Lagermitarbeiter in der RF-Transaktion auf seinem mobilen Gerät die gesamte zu kommissionierende Menge, summiert über alle Lageraufgaben. So kann er z. B. anstelle von zweimal zehn Stück direkt eine Menge von 20 Stück entnehmen und diese Gesamtmenge im RF-Dialog bestätigen, ohne den Ablauf für jede Lageraufgabe einzeln und insofern mehrfach durchspielen zu müssen. Ohne Sammelkommissionierung müsste er jede Lageraufgabe einzeln bestätigen und quittieren.

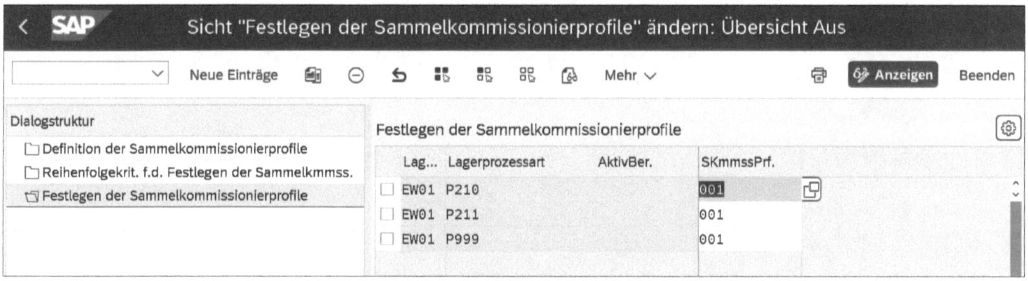

Abbildung 9.49 Sammelkommissionierprofil für den mobilen Dialog definieren

Lagerauftrag mit mehreren Lageraufgaben

Ein Lagerauftrag, der mehrere Lageraufgaben beinhaltet, die zu einer Sammelkommissionierung zusammengefasst werden können, entsteht, wenn die Lageraufgaben aufgrund unterschiedlicher Auslieferungsaufträge angelegt wurden, die anhand der Lagerauftragserstellungsregel zu einem Lagerauftrag zusammengefasst wurden.

Ob eine Sammelkommissionierung zwischen den unterschiedlichen Lageraufgaben im gleichen Lagerauftrag stattfinden soll, wird anhand von folgenden Feldern/Kriterien geprüft:

- Von-Lagerplatz
- Von-Handling-Unit
- Lagerbestandsattribute wie **Material**, **Charge**, **Besitzer**, **Verfügungsberechtigter**, **Bestandsart**, **Bestandsverwendung**, **Projektbestand** und **Kundenauftragsbestand**
- Dokumentkategorie und -position für reservierten Bestand (Projektbestand und Kundenauftragsbestand)
- Alternativmengeneinheit
- optional: Konsolidierungsgruppe (abhängig davon, ob diese per Sammelkommissionierungsprofil berücksichtigt werden soll)

Nur wenn diese Felder zwischen den Lageraufgaben übereinstimmen, kann eine Sammelkommissionierung stattfinden.

9.3.13 Zweistufige Kommissionierung

Unter der zweistufigen Kommissionierung versteht man das Kommissionieren von Artikeln für mehrere Auslieferungspositionen. Zweck dieser Funktion ist es, den Kommissionierprozess zu optimieren.

Die zweistufige Kommissionierung können Sie im Materialstamm freischalten, wie in Abbildung 9.50 dargestellt.

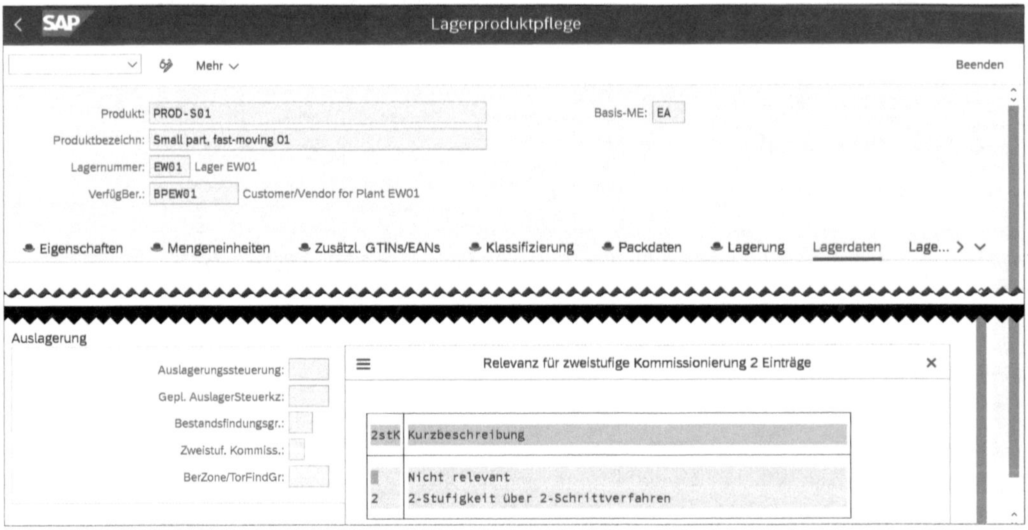

Abbildung 9.50 Zweistufige Kommissionierung im Produktstamm einstellen

Wird die Ware mit der Materialflusssteuerung zu einem Kommissionierpunkt befördert, um dann eine Teilmenge zu kommissionieren, macht es einen großen Unterschied, ob die Ware immer sequenziell oder für mehrere Aufträge parallel entnommen wird. Der Lagerauftrag muss aber vorab so gebildet werden, dass er die Lageraufgaben zusammenfasst. Wird aber die Ware gemeinsam kommissioniert, ist es wichtig, dass sie nach Abschluss des Prozesses wieder eindeutig verteilt wird, damit kein Material an den falschen Kunden versendet wird.

In SAP S/4HANA 2022 wurde das Wellenmanagement verbessert, um mehr Effizienz im zweistufigen Kommissionierungsprozess und mehr Flexibilität bei der Wellensimulation und Wellenfreigabe zu bieten. In den vorherigen Versionen von SAP EWM musste im Produktstamm pro Material die zweistufige Kommissionierung freigeschaltet werden. Die Entscheidung über die zweistufige oder einstufige Kommissionierung kann jetzt dynamisch je nach Kommissioniersituation aus der Wellenpositionssicht getroffen werden. Das bedeutet, dass bei der Wellenerstellung entschieden werden kann, wie kommissioniert werden soll. Das System wertet die Wellenpositionsmengen aus und entscheidet, welche Positionen in der zweistufigen Kommissionierung zusammengefasst und welche sinnvollerweise direkt kommissioniert werden sollten.

In Transaktion /SCWM/WAVE wurde eine neue Funktion **Optimieren** bereitgestellt (siehe Abbildung 9.33). Auch wird der Typ der zweistufigen Kommissionierung in die Wellenposition geschrieben, sodass es direkt ersichtlich ist, wie kommissioniert werden soll (einstufig oder zweistufig).

Die Konfiguration für die zweistufigen Kommissionierung nehmen Sie in der SAP-EWM-Konfiguration vor. Folgen Sie hierzu dem Pfad **SCM Extended Warehouse Management • Extended Warehouse Management • Wellenmanagement • Allgemeine Einstellungen • 2-stufige Kommissionierung einrichten** (siehe Abbildung 9.51).

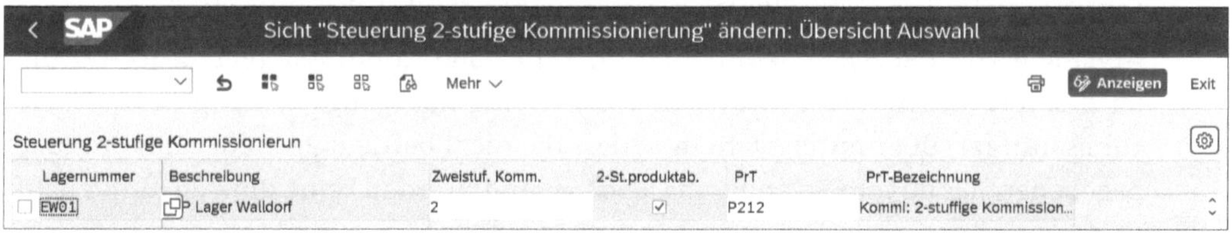

Abbildung 9.51 Steuerung der zweistufigen Kommissionierung

9.3.14 Kommissionierung zurückweisen

Um bei nicht ausreichendem Bestand eine Lageranforderung zu erfüllen, besteht die Möglichkeit, die Kommissionierung zurückzuweisen, um den zugehörigen Auslieferungsauftrag als Warenausgang zu buchen, auch ohne alle Positionen kommissioniert zu haben. Für gewöhnlich wird während der ATP-Prüfung die Bestandssituation für eine Lageranforderungsmenge geprüft, sodass eine Kommissionierzurückweisung die Ausnahme darstellt. Das bedeutet, dass beim Erstellen der Lieferung in SAP S/4HANA geprüft wird, ob ausreichend Bestand zur Verfügung steht. Ist Bestand in dem Lagerort, der dem SAP-EWM-System zugeordnet ist, verfügbar, wird die Lieferung angelegt und an SAP EWM repliziert.

Eine Kommissionierzurückweisung entsteht z. B., wenn der physische Bestand auf einem Platz durch fehlerhaftes Zählen während einer vorangegangenen Inventur nicht mit dem systemseitigen Bestand übereinstimmt. Auch ist es möglich, dass die Ware in der Zwischenzeit als defekt deklariert wird. Bestandsdefizite können zu unterschiedlichen Zeitpunkten im Warenausgangsprozess erkannt werden. Generell kann es während der Erzeugung von Kommissionier-Lageraufgaben dazu kommen, dass das System nicht genügend verfügbaren Bestand ermitteln kann, um eine Auslieferungsauftragsposition zu erfüllen. Ebenfalls kann es während der Ausführung der Kommissionierung vorkommen, dass der Mitarbeiter am Quellplatz nicht genügend Bestand vorfindet, um die Lageraufgabe vollständig zu erfüllen.

SAP EWM bietet Funktionen, um auf ungeplante Bestandsengpässe zu reagieren. So ist es möglich, das System so zu konfigurieren, dass bei der Anlage einer Kommissionier-Lageraufgabe geprüft wird, ob die komplette Menge einer Auslieferungsauftragsposition erfüllt werden kann. Ist diese Prüfung negativ, wird automatisch eine Kommissionierzurückweisung durchgeführt, oder der Lagerauftrag wird schlicht nicht erstellt.

Andererseits kann eine Kommissionierzurückweisung im Rahmen des Ausnahme-Handlings erfolgen. Für den Fall, dass der Mitarbeiter an einem Quellplatz das gewünschte Produkt nicht vorfindet, gibt er einen Ausnahmecode ein, um so einen Alternativplatz für das Produkt zu bestimmen. Ist diese Suche erfolglos, kann als weitere Folgeaktion eine automatische Kommissionierzurückweisung erfolgen.

Abhängig von der Systemkonfiguration kann eine Kommissionierzurückweisung auch sofort an SAP S/4HANA (auch vor der Warenausgangsbuchung des Auslieferungsauftrags) übermittelt werden, sodass die nicht befriedigte Menge des Produkts gegebenenfalls aus einem anderen Lager versandt werden kann, um den Kundenauftrag zu erfüllen.

Ebenso kann die Bestandsdiskrepanz zuerst geprüft und so auf die Ausnahme reagiert werden. Wird eine Kommissionierzurückweisung durchgeführt und der Bestand direkt korrigiert, sieht der Lagerleiter dies im *Difference Analyzer*. Um den Difference Analyzer zu starten, folgen Sie im SAP-Easy-Access-Menü dem Pfad **Logistik • SCM Extended Warehouse Management • Extended Warehouse Management • Inventur • Difference Analyzer**, oder Sie rufen Transaktion /SCWM/DIFF_ANALYZER auf. Wir erörtern die Funktionen des Difference Analyzer im Detail in Kapitel 12, »Qualitätsprüfung«, in dem auch der gesamte Inventurprozess beschrieben wird.

Standardmäßig stehen mehrere Ausnahmen zur Verfügung, die eine unterschiedliche Funktionalität haben. Es wird unterschieden, ob die Kommissionierzurückweisung voll oder nur teilweise durchgeführt wird und welche Folgeschritte durchgeführt werden sollen. In Abbildung 9.52 sehen Sie die Ausnahmen, die bereitstehen, wenn Sie die Standardkonfiguration via BC-Set ins System einspielen.

Die Ausnahmen können Sie in der SAP-EWM-Konfiguration einsehen, wenn Sie dem Pfad **SCM Extended Warehouse Management • Extended Warehouse Management • Prozessübergreifende Einstellungen • Ausnahmebehandlung • Ausnahmecodes definieren** folgen. Weitere Informationen zur Ausnahmeverwaltung finden Sie in Kapitel 14, »Bereichsübergreifende Prozesse und Funktionen«.

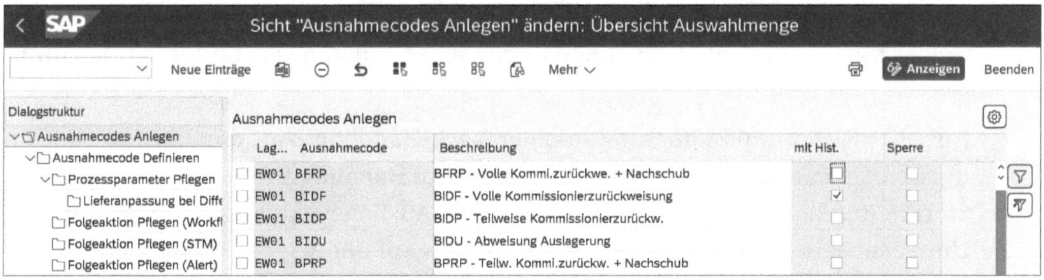

Abbildung 9.52 Mögliche Ausnahmen bei der Kommissionierrückweisung

9.3.15 Kommissionierung stornieren

Ist eine Kommissionierung bereits bestätigt und stellt sich anschließend heraus, dass das Produkt für eine andere Lageranforderung dringender benötigt wird, ist es möglich, eine bereits vorgenommene Kommissionierung zu stornieren (siehe Abbildung 9.53).

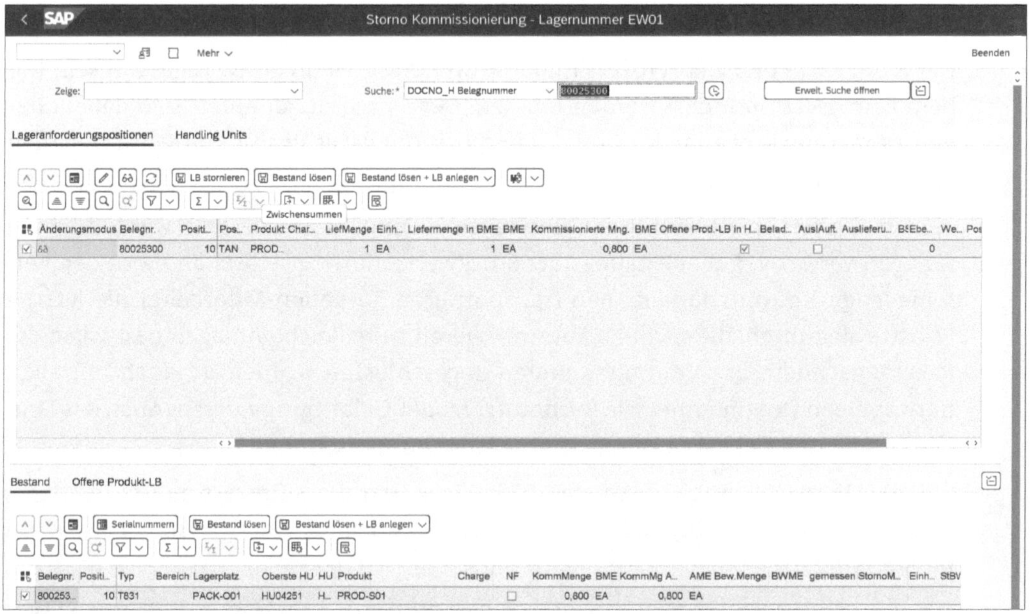

Abbildung 9.53 Lageraufgaben zur Kommissionierung stornieren

Sie können die Transaktion über das Easy-Access-Menü über den Pfad **Logistik • SCM Extended Warehouse Management • Extended Warehouse Management • Ausführung • Kommissionierung Stornieren ausführbar** oder alternativ über den Transaktionscode /SCWM/CANCPICK starten. Wird eine Kommissionieraufgabe storniert, wird die dazugehörige Lageranforderung initialisiert, und Sie können erneut Lageraufgaben für die Lageranforderung erstellen. Der Bestand wird mit der Stornierung wieder freigegeben, und Sie können diesen einer anderen Lageranforderung zuweisen.

Falls Sie die Kommissionierung in einer Nach-Handling-Unit durchgeführt haben, müssen Sie in der Transaktion die Registerkarte **Handling Units** auswählen, um die Stornierung durchzuführen. Haben Sie einen Auslieferungsauftrag ohne Handling Unit, den Sie stornieren möchten, dann ist dies auf der Registerkarte **Lageranforderungspositionen** möglich.

9.3.16 Pick, Pack und Pass

Bei der *Pick-, Pack- und Pass-Funktion* handelt es sich um eine Optimierung Ihres Warenausgangsprozesses, die Sie im Lager verwenden, um Ihre Lageraktivitäten wie das Kommissionieren, Verpacken und Transportieren von Produkten in unterschiedlichen Aktivitätsbereichen besser zu koordinieren. Die Ware wird in einem Behälter, z. B. über ein Förderband transportiert, und der Mitarbeiter, der in seinem Bereich die Ware kommissioniert, füllt diesen und gibt ihn an die nächste Station weiter.

Der Pick-, Pack- und Pass-Prozess findet Anwendung, wenn große Lager mit sehr hohem Durchsatz optimiert werden müssen. Der Durchsatz definiert sich dabei über eine sehr große Menge an Kommissionierpositionen. Die Positionen selbst zeichnen sich wiederum dadurch aus, dass meist eine geringe Menge zu kommissionieren ist.

Personalkosten spielen im Lager eine entscheidende Rolle; deshalb werden häufig Anlagen verwendet, die Behälter über Stockwerke hinweg selbstständig zu den verschiedenen Kommissionierzonen transportieren, in denen Mitarbeiter die letzten Schritte ausführen, die nicht zu automatisieren sind. Solche Anlagen bestücken die Pakete, nachdem das Kommissionieren abgeschlossen worden ist, auch mit allen notwendigen Dokumenten wie Rechnungen oder Gefahrgutpapieren. Auch das Drucken findet dann meist über solche Anlagen automatisch statt.

SAP EWM ermöglicht es Ihnen, den Pick-, Pack- und Pass-Prozess zu unterstützen, und mit der Materialflussintegration können Sie auch Behältersysteme in SAP EWM integrieren.

Um den Pick-, Pack- und Pass-Prozess in SAP EWM zu unterstützen, führt SAP EWM ein neues Objekt ein, den übergeordneten Lagerauftrag, der als Klammer fungiert. Dieser hat wiederum die verschiedenen Lageraufträge mit den dazugehörigen Lageraufgaben unter sich. Die untergeordneten Lageraufträge repräsentieren, jeder für sich, das Kommissionieren an der jeweiligen Zone. Die HU, die vom Behältersystem befördert wird, wird dem übergeordneten Lagerauftrag zugeordnet. In Abbildung 9.54 sehen Sie solch ein Weiterreichsystem: Die HU wird an die erste Station/Zone befördert, an der der Mitarbeiter die Produkte für den ersten Lagerauftrag kommissioniert.

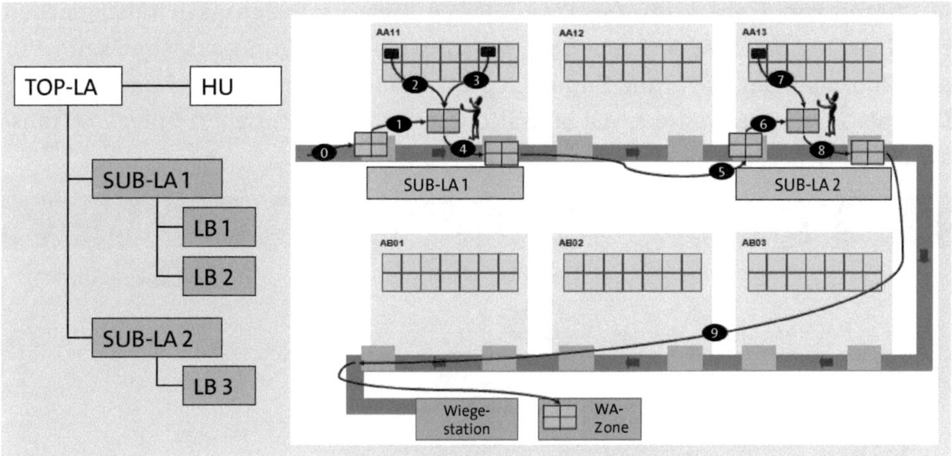

Abbildung 9.54 Pick-, Pack- und Pass-Prozess und seine Objektstruktur

Dazu quittiert er die Lageraufgaben 1 und 2, indem er die Produkte in der HU verstaut. Nach dem Abschluss des Prozessschritts wird der erste Lagerauftrag quittiert, und die HU wird an die nächste Station weitergereicht. Dort passiert das Gleiche für den zweiten Lagerauftrag. Wurden alle Lageraufträge quittiert, wird die HU Richtung Versand befördert. Auf dem Weg erhält sie alle notwendigen Dokumente (u. a. die Rechnung oder Überweisungsträger, falls auf Nachnahme bestellt wurde) und wird versiegelt. Weiter wird die HU zur Bereitstellzone transportiert, wo sie dann auf einen Lkw verladen und als Warenausgang gebucht wird. In der Abbildung sehen Sie auf der rechten Seite die Objektstruktur der Lageraufträge.

Um den Pick-, Pack- und Pass-Prozess freizuschalten, müssen Sie jede Ihrer Zonen als Aktivitätsbereich abbilden und diese zusammenführen. Um Aktivitätsbereiche zu definieren, starten Sie das SAP-EWM-Customizing und folgen dem Pfad **SCM Extended Warehouse Management • Extended Warehouse Management • Stammdaten • Aktivitätsbereiche • Aktivitätsbereich definieren**.

Um die erstellten Aktivitätsbereiche zusammenzuführen und eine Reihenfolge zu hinterlegen, wie die HU durch die verschiedenen Zonen geführt werden soll, starten Sie das SAP-EWM-Customizing und folgen dem Pfad **SCM Extended Warehouse Management • Extended Warehouse Management • Prozessübergreifende Einstellungen • Lagerauftrag • Aktivitätsbereiche verbinden** (siehe Abbildung 9.55).

Auch sollten Sie für das Pick-, Pack- und Pass-Szenario den Start- und Endpunkt für jede Kommissionierzone (die von Ihnen schon als Aktivitätsbereich definiert wurde) definieren. Sie können im SAP-Easy-Access-Menü über den Pfad **Logistik • SCM Extended Warehouse Management • Extended Warehouse Management • Stammdaten • Lagerplatz • Start-/Endlagerplatz zum Aktivitätsbereich zuordnen** oder durch das

Ausführen von Transaktion /SCWM/SEBA die Lagerplätze den Aktivitätsbereichen zuordnen. In Abbildung 9.56 sehen Sie, wie solch eine Zuordnung aussehen kann. Vor dem Zuordnen der Start- und Endplätze zu den Aktivitätsbereichen müssen Sie die Lagerplätze, wie in Kapitel 3, »Organisationsstruktur«, beschrieben, anlegen (Transaktion /SCWM/LS01).

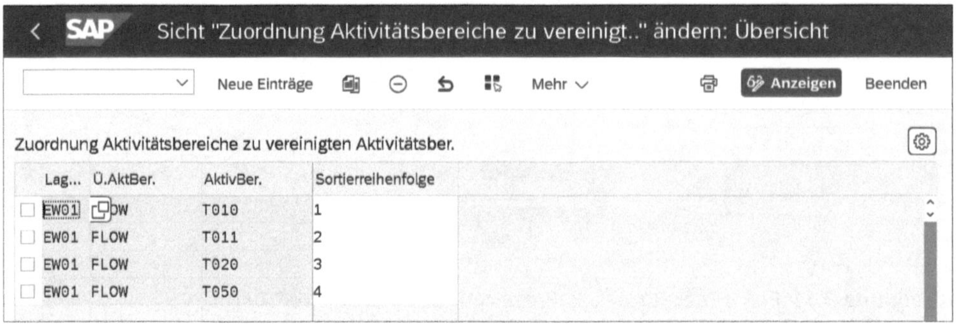

Abbildung 9.55 Vereinigte Aktivitätsbereiche bilden

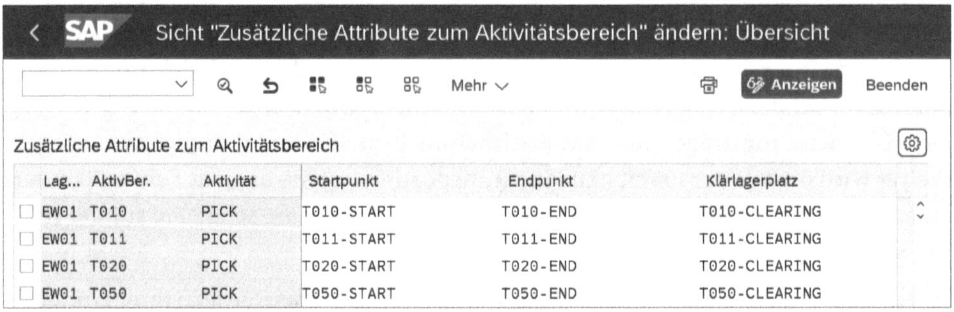

Abbildung 9.56 Start-/Endpunkte zu den Aktivitätsbereichen zuordnen

Um schließlich den Pick-, Pack- und Pass-Prozess zu unterstützen, müssen Sie eine eigene Lagererstellungsregel konfigurieren, damit zusätzlich zu den Lageraufträgen auch ein übergeordneter Lagerauftrag erstellt wird. Sie müssen dazu den Erstellungstyp mit dem Wert **Pick, Pack und Pass** ausprägen. Sie haben die Möglichkeit, zwei unterschiedliche Werte zu pflegen:

- **Typ »Pick, Pack und Pass: systemgesteuert«**
  Dabei erstellt das System die Lageraufträge und sortiert diese nach der Reihenfolge der zusammengeführten Aktivitätsbereiche (siehe Abbildung 9.56).
- **Typ »Pick, Pack und Pass: benutzergesteuert«**
  Sie verwenden diesen Typ im Unterschied zu **Pick, Pack und Pass: systemgesteuert**, wenn Sie die Reihenfolge der Lageraufträge selbst wählen möchten.

Pick, Pack und Pass wird verwendet, um das Lagergeschehen zu automatisieren, aber Materialien, die nicht auf einem Behältersystem transportiert werden können, müssen manuell ausgelagert werden. Sind sie besonders schwer und sperrig, werden sie über einen Kommissionierpunkt abgewickelt.

9.3.17 Ausführung am Kommissionierpunkt

In bestimmten Bereichen des Lagers können Sie Produkte beim Kommissionieren nicht direkt am Platz aus der HU entnehmen, z. B. aufgrund der Größe, des Gewichts oder der Form des Produkts. Um trotzdem Ware an den Kunden auslagern zu können, müssen Sie die gesamte HU auslagern und dann die Teilmenge mit zusätzlichen Hilfsmitteln (wie Kränen oder Hubwagen) kommissionieren. Den Bereich, zu dem die HU mit dem gesamten Bestand befördert wird, nennt man *Kommissionierpunkt*. Um diesen Prozess zu unterstützen, müssen Sie in SAP EWM einen Kommissionierpunktprozess einrichten.

9

Der Kommissionierpunkt repräsentiert in SAP EWM einen Arbeitsplatz, der dem Arbeitsplatz ähnelt, den Sie beim Verpacken oder Dekommissionieren verwenden. Den Arbeitsplatz müssen Sie speziell konfigurieren: Um den Kommissionierpunktprozess zu ermöglichen, setzen Sie auf dem Arbeitsplatz das Kennzeichen **Kommissionierpunkt aktiv**. Auf dem Kommissionierpunkt wird dann das Kommissionieren der Ware durchgeführt. Wird die Teilmenge, die zum Kommissionierpunkt befördert wurde, aus der HU entnommen, wird sie meist in eine neue HU eingelagert. Die restliche Menge kann wieder zurück ins Lager an den alten Lagertyp befördert werden.

In Abbildung 9.57 ist der Materialfluss des Kommissionierpunktprozesses dargestellt. Das System erstellt eine inaktive Produkt-Lageraufgabe mit dem Status B (**blockiert** oder **gesperrt**), die für das tatsächliche Kommissionieren verwendet wird. Parallel dazu legt das System ebenso eine HU-Lageraufgabe an, um die gesamte HU an den Kommissionierpunkt zu befördern, an dem das Kommissionieren stattfindet.

Wird die HU an den Kommissionierpunkt befördert und die HU-Lageraufgabe quittiert, aktiviert das System automatisch im Hintergrund die inaktive Lageraufgabe, und der Kommissionierpunktmitarbeiter kann die Ware entnehmen. Die Versand-HU mit dem kommissionierten Produkt wird dann abgeschlossen und von der prozessorientierten Lagerungssteuerung weiter durch das Lager geleitet (das bedeutet, sie kann direkt in die Warenausgangszone befördert werden, oder sie wird nochmals verpackt). Die HU mit der Restmenge kann dann mit einer zusätzlichen HU-Lageraufgabe zurück an den Platz befördert werden.

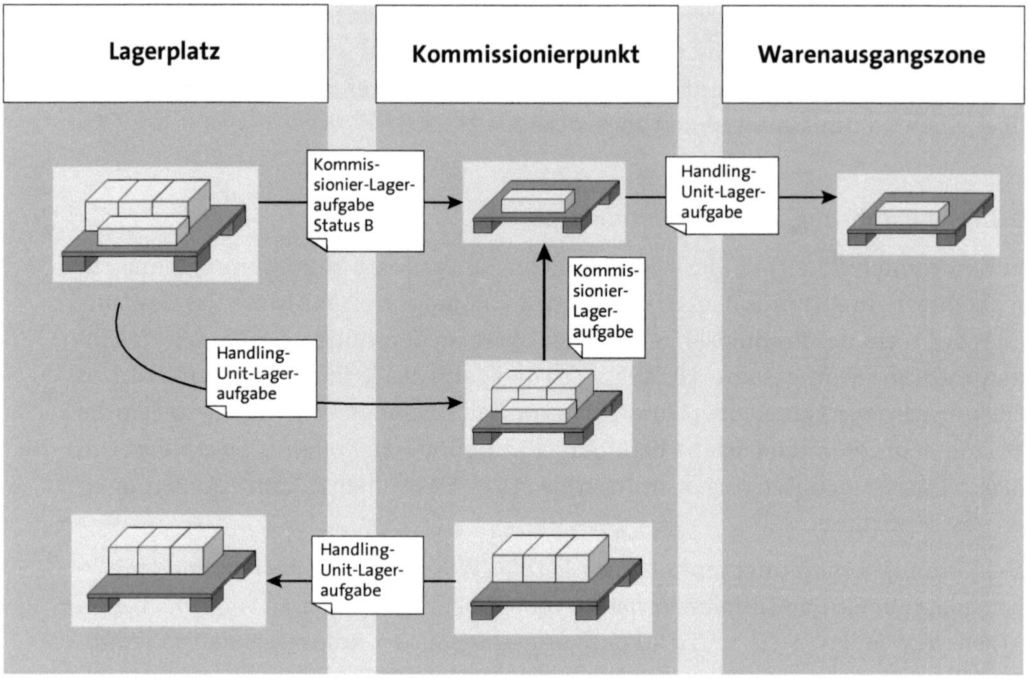

Abbildung 9.57 Materialfluss unter der Verwendung eines Kommissionierpunkts

Das Ausführen der Kommissionierung am Kommissionierpunkt kann mit Desktop-Transaktionen durchgeführt werden. Darüber hinaus stehen Ihnen auch zusätzliche mobile RF-Transaktionen zur Verfügung. Diese bieten Ihnen die folgenden Funktionen an:

- Anmelden am Kommissionierpunkt, ähnlich wie das Anmelden am Arbeitsplatz
- Erstellen einer HU zum Bereitstellen der Versand-HU
- Ausführung am Kommissionierpunkt (dazu zählen das Kommissionieren, das Drucken des HU-Labels oder das Anfragen der noch ausstehenden HUs ab der Basis der Route oder der Konsolidierungsgruppe)
- HU-Pflege, die verwendet wird, um die Versand-HU abzuschließen und den Folgetransport gemäß prozessorientierter Lagerungssteuerung anzustoßen

Wird die Ware nicht über den Kommissionierpunkt kommissioniert, wird sie meist direkt vom Lagerplatz aus zum Verpacken befördert. Im Folgenden geben wir Ihnen einen Überblick über den Verpackungsprozess.

9.3.18 Verpacken

Die *Verpackung* dient der Konsolidierung von Produkten, die gemeinsam versandt werden. Verpackt werden kann direkt beim Kommissioniervorgang, falls es sich bei der kommissionierten HU um die HU handelt, die versendet und als Versand-HU verwendet wird. Daneben kann aber auch ein separater Verpackungsschritt an einem dafür vorgesehenen Arbeitsplatz erfolgen, falls die kommissionierte HU nicht der Versand-HU entspricht.

In SAP EWM ist ein Packplatz als Arbeitsplatz definiert. Die Benutzerinteraktion ist mittels einer Desktop-Transaktion oder eines mobilen Geräts möglich.

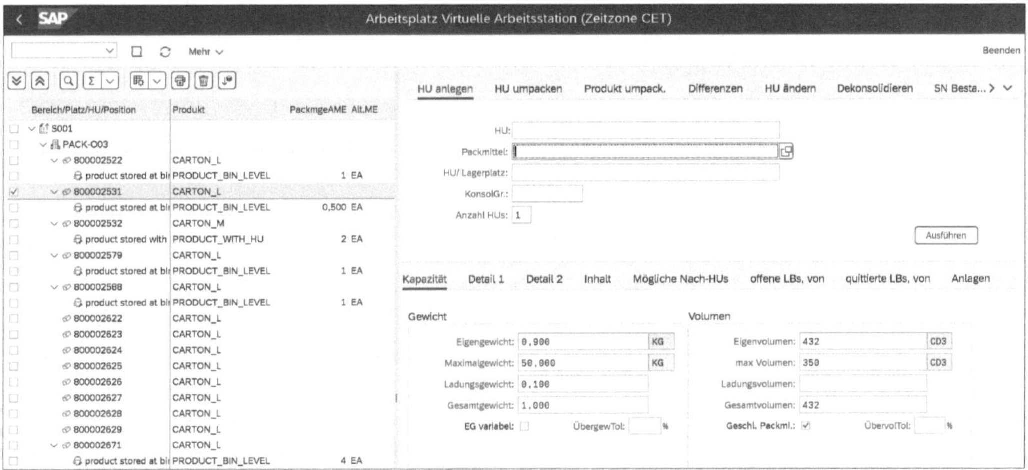

Abbildung 9.58 Desktop-Transaktion für das Verpacken am Packarbeitsplatz

Der Pfad für die Desktop-Transaktion (siehe Abbildung 9.58) befindet sich im SAP-Easy-Access-Menü: **Logistik • SCM Extended Warehouse Management • Extended Warehouse Management • Ausführung • Verpacken Allgemein**. Alternativ können Sie den Transaktionscode /SCWM/PACK verwenden.

Um die Transaktion zu starten, müssen Sie eine Packstation bzw. einen Arbeitsplatz konfigurieren. Einen neuen Arbeitsplatz pro Lagernummer legen Sie im SAP-EWM-Customizing über den Pfad **SCM Extended Warehouse Management • Extended Warehouse Management • Stammdaten • Arbeitsplatz • Arbeitsplatz definieren** an.

Wie in Abbildung 9.59 dargestellt, haben wir dem Arbeitsplatz keinen Lagertyp zugewiesen. Diese Funktion erlaubt es, HUs komplett über das gesamte Lager bei der Selektion der Daten zu verwenden. Es ergibt immer Sinn, eine virtuelle Arbeitsstation im Lager anzulegen, falls Sie Daten und Packhierarchien bei Ausnahmen flexibel anpassen müssen.

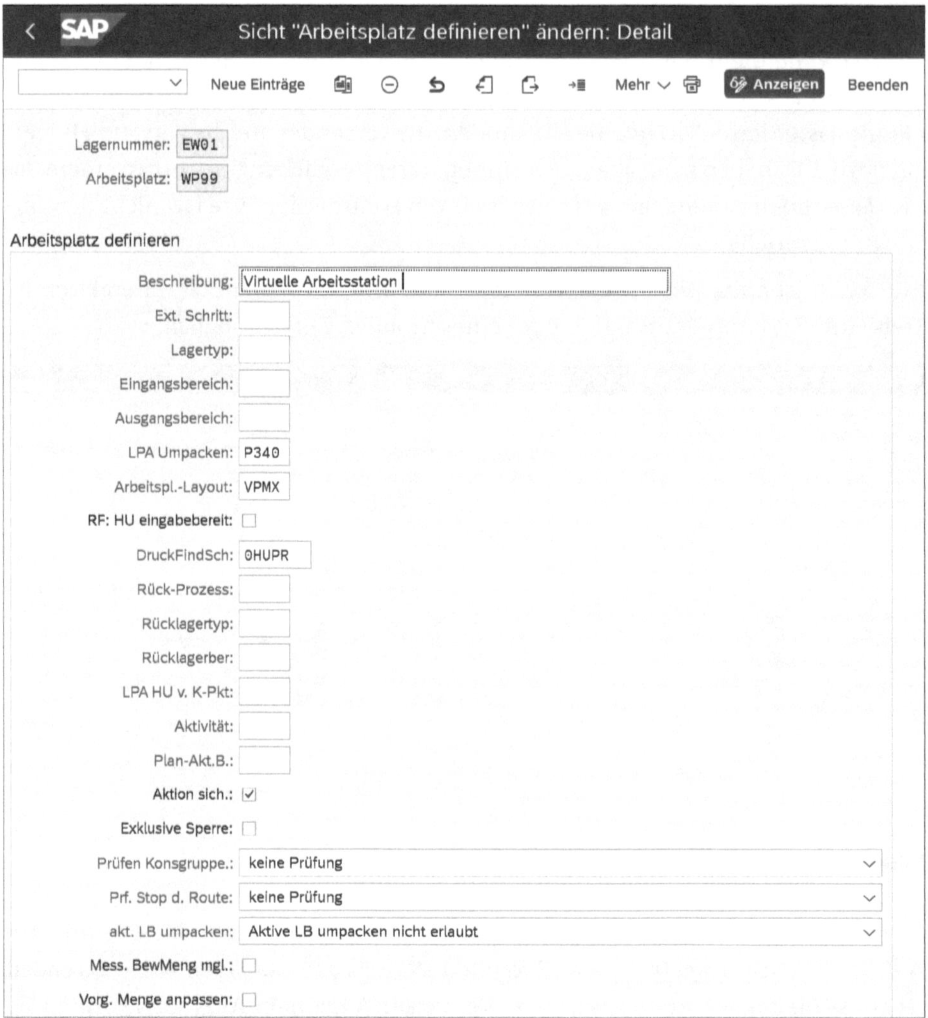

Abbildung 9.59 SAP-EWM-Arbeitsplatz ausprägen

Bei der Anlage des Arbeitsplatzes müssen Sie dem Arbeitsplatz noch ein Layout zuweisen. Das Layout dient dazu, das Aussehen der SAP-GUI-Packstation flexibel zu gestalten. Bei der Gestaltung des Arbeitsplatzes können Sie die folgenden Einstellungen vornehmen:

- einzelne Registerkarten ein- bzw. ausblenden
- zusätzliche kundenspezifische Registerkarten einblenden
- Funktionen freischalten, wie z. B. das automatische Löschen, wenn die HU leer ist, oder Daten der HU anpassen
- erweitere Funktionen nutzen, wie z. B. Drag & Drop oder eine zweite Baumanzeige, um von einer HU in eine andere HU umpacken zu können

Gerade die letzte Funktion ist praktisch, falls auf einer Packstation viele Handling Units bearbeitet werden müssen. Denn Sie können einfach per Drag & Drop Ware von einer HU in eine andere Handling Unit umpacken, anstatt umständlich im System danach zu suchen.

Ein Arbeitsplatzlayout erstellen Sie im SAP-EWM-Customizing über den Pfad **SCM Extended Warehouse Management • Extended Warehouse Management • Stammdaten • Arbeitsplatz • Arbeitsplatz-Layout definieren** (siehe Abbildung 9.60).

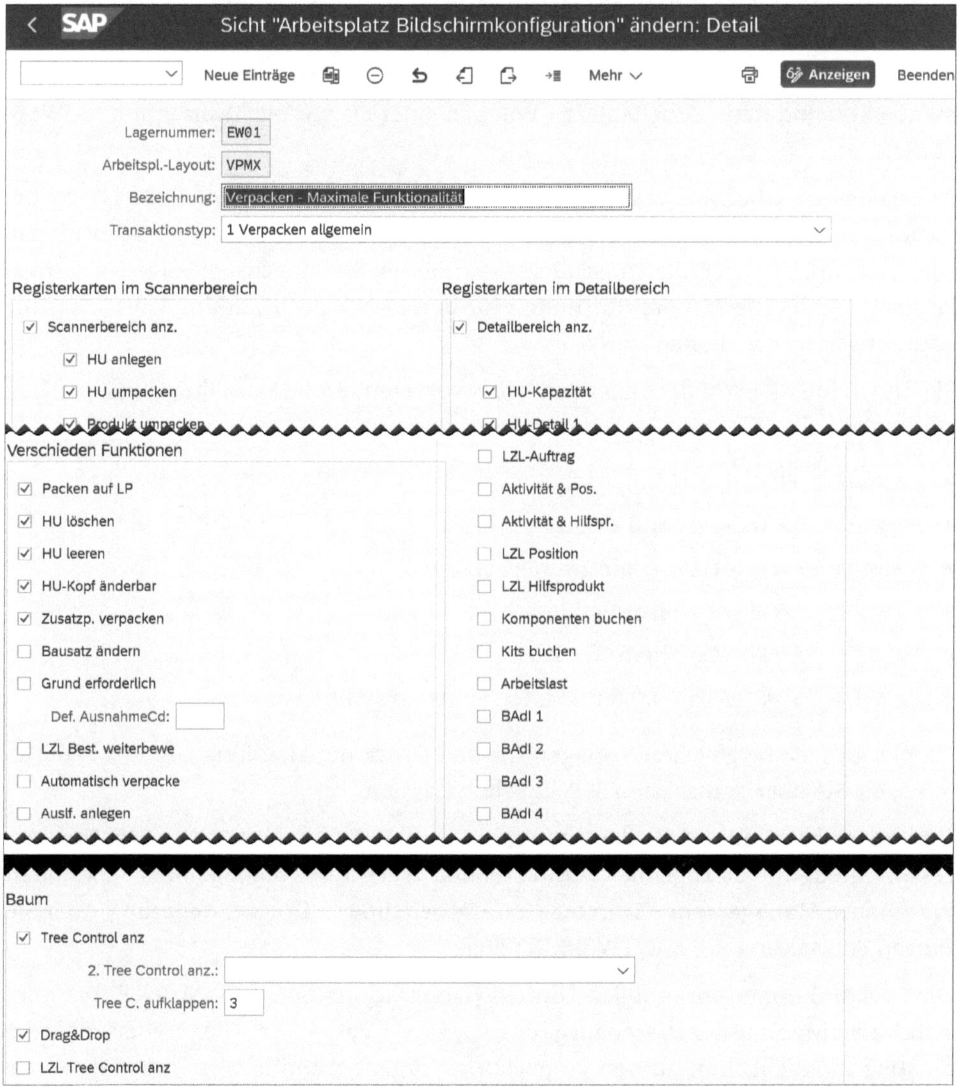

Abbildung 9.60 SAP-EWM-Arbeitsplatzlayout definieren

Haben Sie die Konfiguration für den Arbeitsplatz abgeschlossen, können Sie noch einige Stammdatenparameter pflegen. So können Sie z. B. ein Standard-Packmittel hinterlegen oder die Integration einer Waage pflegen. Die Stammdaten für die Arbeitsstation pflegen Sie im SAP-Easy-Access-Menü über den Pfad **Logistik • SCM Extended Warehouse Management • Extended Warehouse Management • Stammdaten • Arbeitsplatz • Stammdatenattribute definieren**, oder Sie führen Transaktion /SCWM/TWORKST aus.

Um die Waage in den Stammdaten zu hinterlegen, müssen Sie vorab die Stammdaten für die Waage erstellen. Diese erstellen Sie im SAP-Easy-Access-Menü über den Pfad **Logistik • SCM Extended Warehouse Management • Extended Warehouse Management • Stammdaten • Arbeitsplatz • Waagen**, oder Sie starten Transaktion /SCWM/SCALE.

Im Dialog des Arbeitsplatzes können Sie Handling Units erstellen. Meist ist es notwendig, ein Etikett auf die Handling Unit zu kleben, damit diese auch identifiziert werden kann. Um ein Etikett auszudrucken, müssen Sie zunächst ein eigenes Formular erstellen, da die Standardformulare für den Druck der Handling Units nur Anschauungszwecken dienen.

Sie finden in SAP EWM die folgenden Druckvorlagen für die Handling Units:

- `/SCWM/HU_LABEL` – HU-Etikett
- `/SCWM/HU_CONTENT` – HU-Inhaltschein
- `/SCWM/HU_TO` – HU-Lageraufgaben
- `/SCWM/HU_SERIAL` – HU-Serialnummernetikett
- `/SCWM/HU_SHPLABEL` – Versandetikett
- `/SCWM/HU_HAZARD` – Gefahrstoffetikett
- `/SCWM/HU_TW_WB_LABEL` – Etikett Master/House Waybill

Ebenso gibt es die gleichen Vorlagen für den Druck der Handling Unit als PDF-Dateien, die Sie über Transaktion SFP einsehen können.

Um die Druckerfindung für den Arbeitplatz zu erstellen, folgen Sie im SAP-Easy-Access-Menü dem Pfad **Logistik • SCM Extended Warehouse Management • Extended Warehouse Management • Stammdaten • Arbeitsplatz • Druckersteuerung**, oder Sie führen Transaktion /SCWM/TWCPRINT aus.

Die Packfunktionen im mobilen Umfeld (Transaktionscode /SCWM/RFUI) befindet sich im RF-Menü unter **Warenausgangsprozesse • Verpacken**. Hier stehen mehrere Einstiegsmöglichkeiten für den Verpackungsvorgang mithilfe eines mobilen Geräts zur Verfügung (siehe Abbildung 9.61).

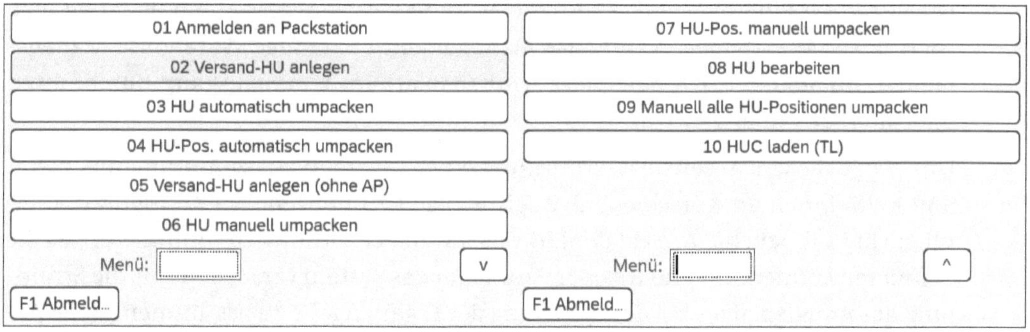

Abbildung 9.61 RF-Menü für die Verpackung am Packarbeitsplatz

Für den Fall, dass ein Verpackungsschritt an einem separaten Packarbeitsplatz für eine Lieferposition durchgeführt werden soll, muss sichergestellt werden, dass der Prozessschritt des Verpackens in der prozessorientierten Lagerungssteuerung für die jeweilige Lieferposition vermerkt ist.

Neben dem Verpacken selbst ist es notwendig, die Findung des geeigneten Arbeitsplatzes zu konfigurieren. SAP EWM ermöglicht zum einen eine statische Findung, die einen fixen Arbeitsplatz vorgibt. Dieser kann an der dazugehörigen Lagerauftragserstellungsregel hinterlegt werden. Zum anderen ist eine dynamische Findung möglich. Die dynamische Ermittlung des Packarbeitsplatzes kann einerseits über die erlaubten HU-Typgruppen für den Lagertyp der Packstation eingeschränkt und andererseits anhand einer Findungstabelle von SAP EWM bestimmt werden. Standardkriterien innerhalb der Findungstabelle (siehe Abbildung 9.62) sind die Route, der Quellaktivitätsbereich und die Konsolidierungsgruppe.

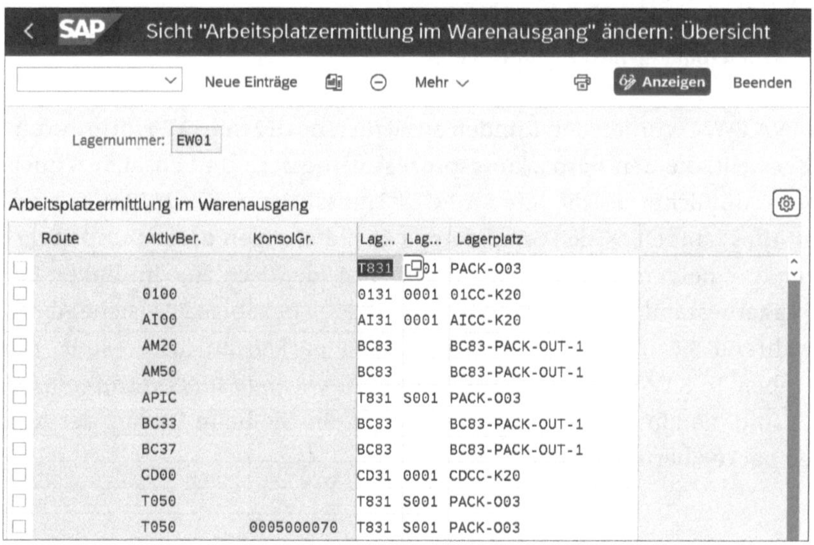

Abbildung 9.62 Findung von Arbeitsplätzen beim Verpacken

Die Pflege der Findungstabelle können Sie im SAP-Easy-Access-Menü über den Pfad **Logistik • SCM Extended Warehouse Management • Extended Warehouse Management • Stammdaten • Arbeitsplatz • Arbeitsplatz im Warenausgang** durchführen oder alternativ über den Transaktionscode /SCWM/PACKSTDT.

Um die Suche zur Arbeitsplatzermittlung einer Lageraufgabe zu optimieren, bietet SAP EWM Ihnen an, verschiedene Zugriffsfolgen zu pflegen. Die Konfiguration ermöglicht es Ihnen, die Anzahl der Einträge für die Ermittlung zu minimieren, da Sie definieren können, anhand welcher Parameter das System versuchen soll, die Ermittlung des Arbeitsplatzes bei der Erstellung der Lageraufgabe zu bestimmen (siehe Abbildung 9.63). Sie können die Zugriffsfolge im SAP-EWM-Customizing über den Pfad **SCM Extended Warehouse Management • Extended Warehouse Management • Stammdaten • Arbeitsplatz • Optimierung der Arbeitsplatzermittlung im Warenausgang** pflegen.

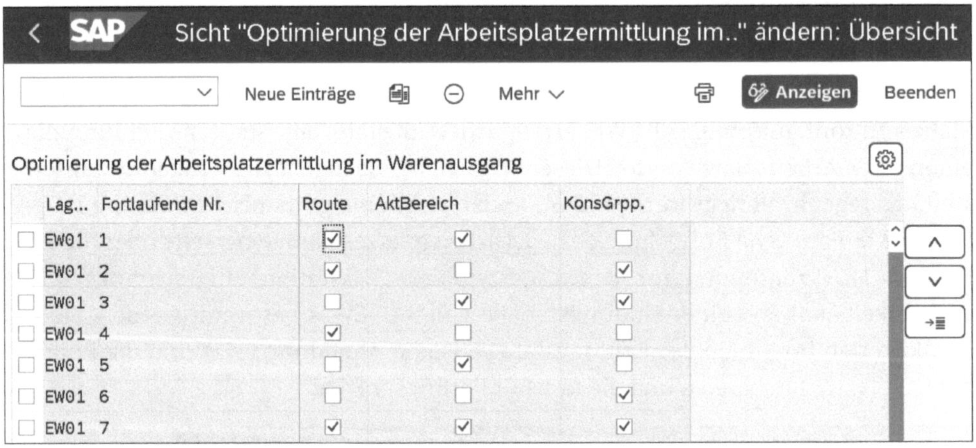

Abbildung 9.63 Arbeitsplatzermittlung optimieren

Mit SAP S/4HANA EWM wurden den Kunden zusätzlich noch zwei SAP-Fiori-Anwendungen bereitgestellt, die den Verpackungsprozess verbessern und zusätzlich auch etwas benutzerfreundlicher als die alte SAP-GUI-Transaktion (/SCWM/PACK) sind. Bei den neuen Apps handelt es sich um die Apps **Auslieferungen packen** und **Lagerbestand packen**. Die beiden Apps sehen zunächst fast identisch aus. Im linken Bereich der App **Lagerbestand packen** sehen Sie jedoch eine beliebige HU (siehe Abbildung 9.64), während Sie in der App **Auslieferungen packen** an dieser Stelle die Auslieferung sehen. In SAP-Hinweis 2788837 (*https://launchpad.support.sap.com/#/notes/2788837*) sind die Limitierungen dokumentiert, die Sie beim Einsatz der App **Auslieferungen packen** berücksichtigen sollten.

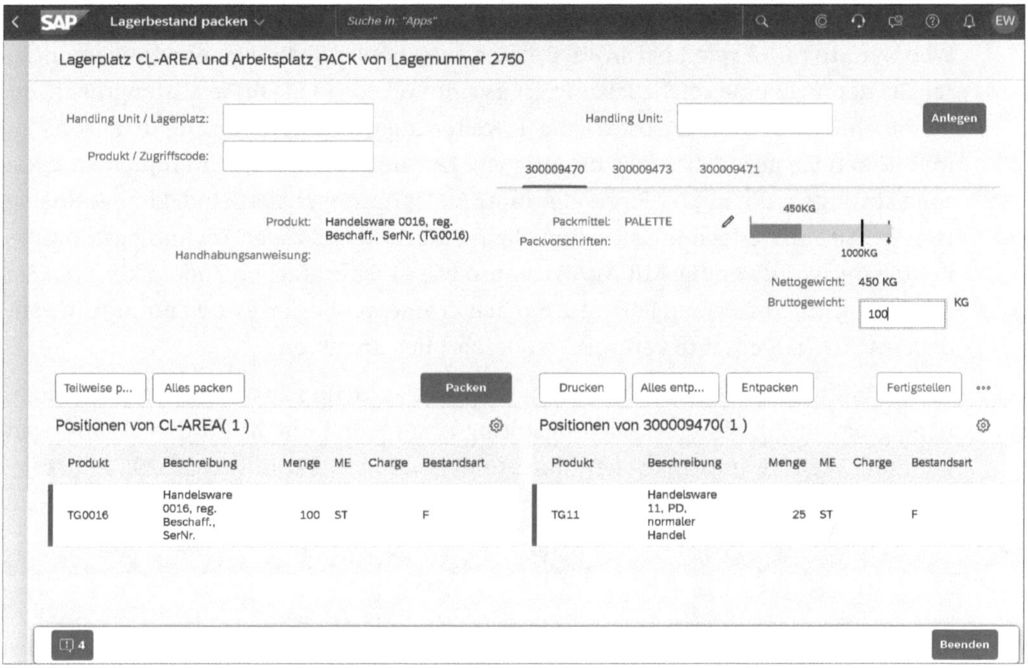

Abbildung 9.64 Packen im Warenausgang mit SAP Fiori

Die SAP-Fiori-App **Bestand Packen** bietet die Möglichkeit, beim Erstellen einer HU mit einer Funktionstaste ein Packmaterialien auszuwählen. Die Pflege der bevorzugten Packmaterialien im SAP-Easy-Access-Menü finden Sie über den Pfad **Logistik • SCM Extended Warehouse Management • Extended Warehouse Management • Stammdaten • Arbeitsplatz • Bevorzugte Packmittel definieren** oder alternativ über den Transaktionscode /SCWM/TWSPACKMAT.

Weitere Informationen zu den beiden SAP-Fiori-Apps finden Sie unter *https://fioriappslibrary.hana.ondemand.com/sap/fix/externalViewer/#/detail/Apps('F3193')/S13OP*. Da die Apps einige Einschränkungen aufweisen, sollten Sie vorab prüfen, ob deren Einsatz bei Ihnen sinnvoll erscheint.

Die Projekterfahrung zeigt aber, dass die meisten Kunden eigenen Packdialoge als Projektlösungen verwenden. Es gibt sehr viele Möglichkeiten zur Prozessoptimierung, die spezifisch und abhängig vom Prozess in einen solchen kundeneigenen Dialog implementiert werden. Hier ist es wichtig, zu berücksichtigen, mit welcher Technologie die Anwendung ursprünglich entwickelt wurde. Beratungslösungen, die noch mit älteren Technologien entwickelt wurden und langfristig bei SAP nicht mehr strategisch sind, werden mit der Zeit nicht mehr optimal vom Support verwaltet. Meist wird ein SAP-EWM-Projekt oder ein Programm, das aus mehreren Lagern besteht, langfristig geplant. Wenn Sie dann einen Dialog einsetzen und diesen aufwendig erweitern, testen und ausrollen, sollte er noch viele Jahre einsetzbar bleiben. Das Web Dynpro ABAP spielt bei SAP z. B. keine entscheidende Rolle mehr. Implementieren Sie dennoch eine solche Lösung, ist es sinnvoll, wenn Sie diese kostengünstig erhalten und nur wenige zusätzliche Erweiterungen vornehmen, denn ansonsten investieren Sie gegebenenfalls unnötig viel Zeit und Aufwand. Wir empfehlen Beratungslösungen, die in SAP Fiori oder in ABAP Dynpro realisiert sind. Ein Packdialog ist mit SAP Fiori jedoch meist, schon allein aufgrund der vielen Technologiekomponenten, recht aufwendig. Mit ABAP Dynpro wäre dies einfacher. Zudem könnten Sie den Dialog mit SAP Screen Personas einfach in eine webbasierte Anwendung umwandeln und darin Elemente vergrößern oder farblich anpassen.

In Abbildung 9.65 sehen Sie beispielhaft einen Packdialog aus einem Projekt. Unabhängig davon gibt es eine SAP-Consulting-Lösung, die Sie als Simple UI anfragen könnten. Weitere Informationen dazu finden Sie in SAP-Hinweis 2232962 (*https://launchpad.support.sap.com/#/notes/2232962*).

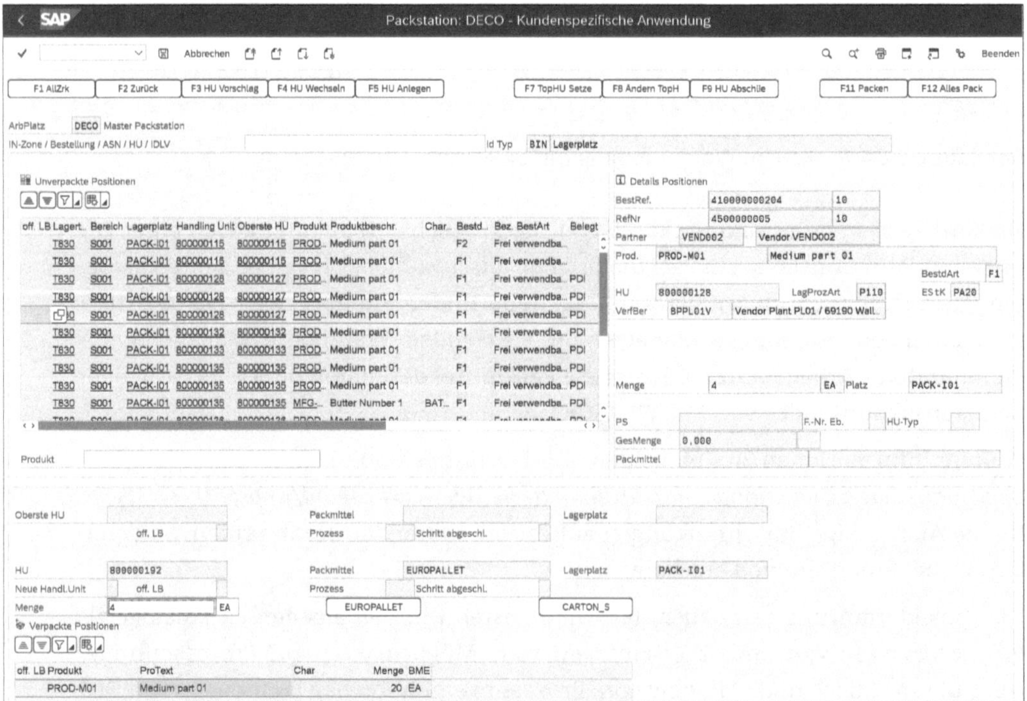

Abbildung 9.65 Packdialog als Projektlösung in SAP EWM

9.3.19 Bereitstellungszonen- und Torfindung

Nachdem die Lieferpositionen verpackt worden sind, schließen sich in der Regel das Bereitstellen und die Verladung an. Mit dem Abschluss der HU im Packarbeitsplatz ermittelt das System im Rahmen der prozessorientierten Lagerungssteuerung den nächsten Prozessschritt und legt für diesen Lageraufgaben an. Ist das Bereitstellen als Schritt definiert, erfolgt die Ermittlung der Nach-Daten für die Lageraufgabe, also die Ermittlung der geeigneten *Bereitstellungszone*. Dazu kann einerseits die Bereitstellungszone pro Quelllagertyp und HU-Typ-Gruppe ermittelt werden. Andererseits besteht die Möglichkeit, eine Findungstabelle auszulesen. Das Ergebnis kann in der Lieferposition vermerkt und bei der Anlage der Lageraufgabe berücksichtigt werden. Abbildung 9.66 illustriert die Findungstabelle für die Bereitstellungszonengruppe, die Bereitstellungszone und das Beladetor.

9

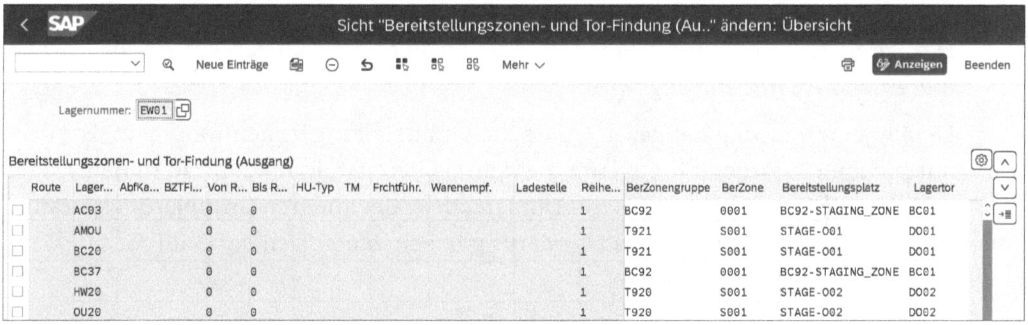

Abbildung 9.66 Bereitstellungszonen- und Torfindung im Warenausgang

Zur Pflege dieser Tabelle gelangen Sie im SAP-Easy-Access-Menü über den Pfad **Logistik • SCM Extended Warehouse Management • Extended Warehouse Management • Einstellungen • Warenannahme und Versand • Bereitstellungszonen- und Torfindung (Ausgang)** oder alternativ über den Transaktionscode /SCWM/STADET_OUT.

Um bei einer großen Anzahl von Einträgen die Performance nicht zu beeinträchtigen und den Pflegeaufwand zu minimieren, ist es möglich, eine Zugriffsfolge für die Bereitstellungszonen- und Torfindung zu definieren. Dort legen Sie fest, welche Parameter aus der Bereitstellungszonenfindungstabelle in welcher Kombination berücksichtigt werden sollen. Sie finden diese im SAP-Easy-Access-Menü über den Pfad **Logistik • SCM Extended Warehouse Management • Extended Warehouse Management • Einstellungen • Warenannahme und Versand • Zugriffsreihenfolge auf Bereitstellungszonen- und Torfindung** oder alternativ über den Transaktionscode /SCWM/STADET_ASS (siehe Abbildung 9.67).

Da die Findung der Bereitstellungszone und des Tores mit der Aktivierung der Auslageranforderung zu einem Auslieferungsauftrag bzw. mithilfe der Ermittlung der Route (da diese Einfluss auf die Findung hat) geschieht, kann das Ergebnis in der Position des Auslieferungsauftrags eingesehen und gegebenenfalls auch manuell abgeändert werden. Die Torzuweisung findet auf der Belegkopfebene statt.

Abbildung 9.67 Zugriffsfolge für die Bereitstellungszonen

Die Bereitstellungszonen werden in den Auslieferungsauftrag geschrieben, wenn dieser in SAP EWM angelegt wird.

Die Projekterfahrung hat gezeigt, dass die Bereitstellungszonenfindung meist nicht ausreichend Parameter bietet, um die richtige Bereitstellungszone zu finden. Daher arbeiten die Kunden meistens mit Ländercodes oder anderen Gruppierungsparametern. Falls Sie die gleiche Herausforderung haben, bietet sich das BAdI `/SCWM/EX_SR_STADET` für eine Erweiterung an.

9.3.20 Beladen und Versenden

Nach erfolgreicher Bereitstellung der zu versendenden HUs sind die lagerinternen Prozessschritte nahezu vollständig durchgeführt. Es startet nun der Übergang zum Versand, der die Aktivitäten **Beladen**, **Hofsteuerung** und **Transport** beinhaltet. Die Beladung erfolgt für gewöhnlich anhand einer Beladeliste, die alle Positionen einer Transporteinheit zusammenfasst. Den Prozess für Warenannahme und Versand haben Sie bereits in Abschnitt 9.2.4, »Versand mit SAP EWM«, kennengelernt. Nachfolgend stellen wir Ihnen die Beladung und den Versand im Kontext des Warenausgangsprozesses vor.

Der Beladevorgang kann in einen einfachen und in einen komplexen Beladevorgang unterteilt werden. Das einfache Beladen beinhaltet die Änderung des Beladestatus auf Auslieferungsauftrags- und Transporteinheitenebene. Dabei wird der Zeitpunkt der Statussetzung erfasst. Der physische Transport der Ware von der Bereitstellungszone in die Transporteinheit wird beim einfachen Beladen nicht systemgestützt. Abbildung 9.68 zeigt die Transaktion zum Setzen des Beladestatus.

Ein komplexes Beladen beinhaltet den Transport der Ware von der Bereitstellungszone in die Transporteinheit mittels Lageraufgaben. Dies bedeutet, dass für jede HU eine separate Belade-Lageraufgabe erstellt wird, um so den physischen Beladevorgang exakter abbilden zu können. Mit Bestätigung der HU-Lageraufgabe wird die jeweilige HU automatisch der Transporteinheit zugeordnet, sodass ein genauerer Verlauf des Beladevorgangs im System abgebildet werden kann. Die Erzeugung und Bestätigung von Belade-Lageraufgaben wird für die Verladekontrolle mit mobilen Geräten realisiert, ist aber auch mit der Desktop-Transaktion möglich. Die Verladekontrolle ist nur sichergestellt, wenn jede HU einzeln gescannt wird; dafür sind mobile Geräte unabkömmlich.

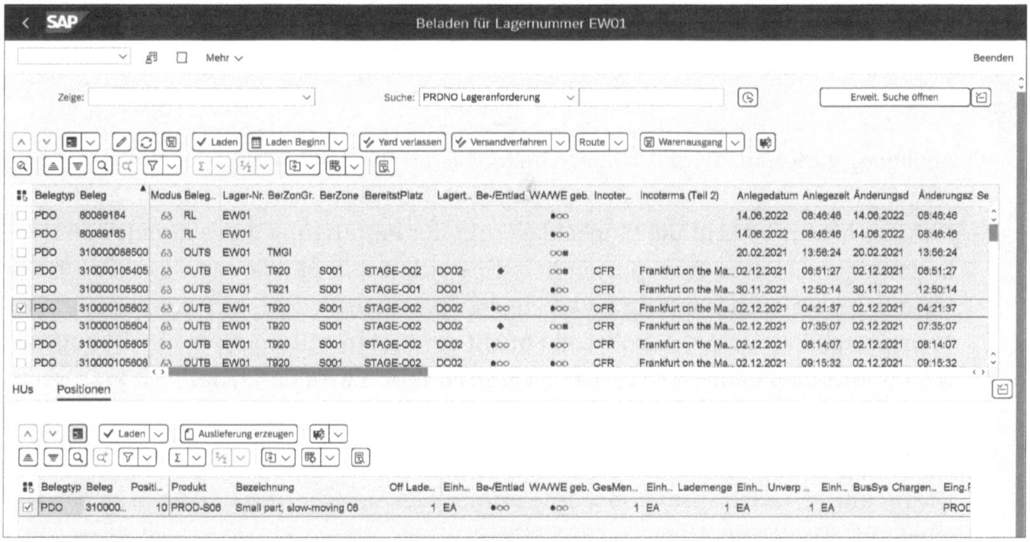

Abbildung 9.68 Desktop-Transaktion für die Beladung

Über den Transaktionscode /SCWM/RFUI bietet SAP EWM mehrere Möglichkeiten, um die Beladung zu starten. Folgende Einstiegsoptionen sind im RF-Menü über den Pfad **Warenausgangsprozesse • Laden** u. a. verfügbar:

- Laden nach Lieferung
- Laden nach Transport
- Laden nach Transporteinheit
- Laden nach Tor
- Laden nach HU
- Laden nach Route

Wir haben alle mobilen Transaktionen in Abbildung 9.69 dargestellt.

Die mobilen RF-Transaktionen unterscheiden sich vor allem darin, dass sie dem Benutzer die Optionswahl bieten, auf der Basis welches Objekts er den Beladeprozess beginnen möchte. So wird der Beladeprozess nur für die Produkte durchgeführt, die der Lieferung zugeordnet sind, wenn Sie die Option **Laden nach Lieferung** wählen.

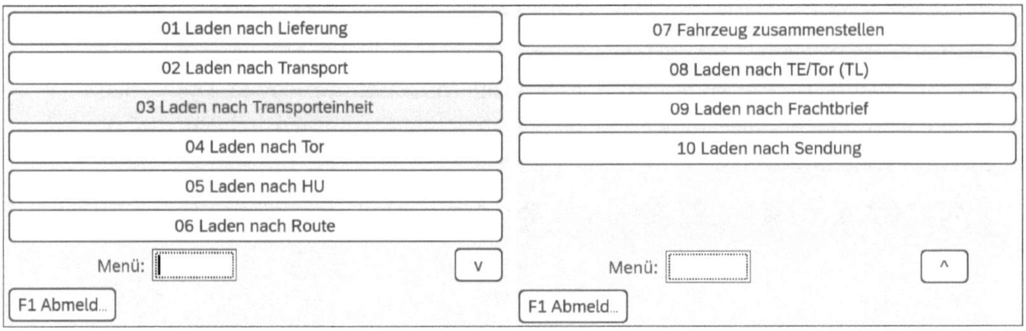

Abbildung 9.69 Verladetransaktionen im mobilen Umfeld mit RFUI

Darüber hinaus besteht die Möglichkeit, mit der Bestätigung der letzten HU-Belade-Lageraufgabe in eine Transporteinheit eine automatische Warenausgangsbuchung für den Auslieferungsauftrag zu erzeugen. Spätestens jedoch mit der Ausfahrt der Transporteinheit vom Kontrollpunkt bucht das System automatisch für alle zugehörigen Positionen den Warenausgang. Diese Funktion wird durch das Post Processing Framework bereitgestellt (siehe Kapitel 14, »Bereichsübergreifende Prozesse und Funktionen«).

Die mobile RF-Ladetransaktion wurde immer wieder verbessert und noch an den folgenden Stellen erweitert:

- **Anzeige der Stopp- und Ladesequenz sowie des Von-Platzes als Liste in allen RF-Ladetransaktionen**
  Ziel ist es, Mitarbeitern die Stopp- und Ladesequenz sowie den Von-Platz der HUs auf einem mobilen Bildschirm in einer Liste anzuzeigen. Dadurch kann der Prozess nachverfolgt werden, und es ist leicht erkennbar, wie weit der Prozess fortgeschritten ist, wie viele HUs noch zu verladen sind und wo sie sich befinden.
- **Anzeige des Von-Platzes beim systemgeführten Verladen und der Berücksichtigung der Stopp- und Ladereihenfolge**
  Diese Erweiterung war zwingend notwendig, damit die Mitarbeiter bei einer optimierten Verladung von HUs unter der Berücksichtigung der Stopp- und Ladereihenfolge wissen, wo sich eine HU gerade befindet. In der Vorgängerversion von SAP EWM wurde in der mobilen Transaktion zwar die nächste HU-Nummer angezeigt, aber nicht der Platz, an dem sich diese HU aktuell befand. Wurden die HUs auf mehrere Bereitstellzonen/Plätze verteilt, mussten Mitarbeiter die HU daher zeitaufwendig suchen, indem sie sich erst die Liste mit allen HUs anzeigen ließen und anschließend die Anzeige wechselten, um die Lagerplätze einzusehen. Dieser Vorgang war sehr umständlich und wenig effizient. Der Lagerarbeiter kann nun im gleichen Bild die HU-Nummern und Lagerplätze sehen, was ein Auffinden der HUs erleichtert und ein direktes Verladen ermöglicht.

Wichtig zu beachten ist, dass das geführte Verladen in der mobilen RF-Transaktion nach der Stopp- und Ladesequenz zusätzlich freigeschaltet werden muss. Setzen Sie dafür im SAP-EWM-Customizing über den Pfad **SCM Extended Warehouse Management • Extended Warehouse Management • Prozessübergreifende Einstellungen • Warenannahme und Versand • Allgemeine Einstellungen • Allgemeine Einstellungen für Warenannahme und Versand** das Kennzeichen **Ladesequenz beim Laden beachten** (siehe Abbildung 9.70).

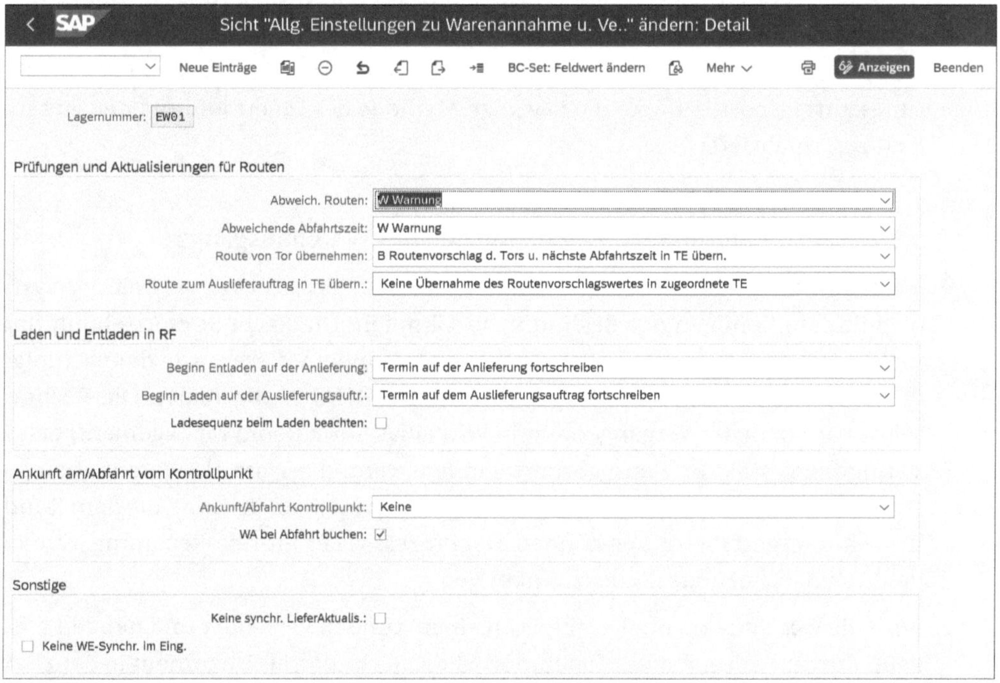

Abbildung 9.70 Allgemeine Einstellungen für das Verladen

- **Überspringen der Ladereihenfolge durch das Auslösen einer Ausnahme**
  Entscheidet man sich für das Verladen in der mobilen RF-Transaktion nach Stopp- bzw. Ladesequenz, kann es sinnvoll sein, in einigen Fällen eine Ladesequenz zu überspringen. Dies wird z. B. erforderlich, wenn eine HU noch nicht abgeschlossen ist und sich entsprechend noch nicht in der Bereitstellzone befindet, aber der Lkw, der sie befördern soll, das Lager verlassen muss.

  Der zuständige Mitarbeiter kann in diesem Fall den Ausnahmecode SKLO (Ladesequenz überspringen) verwenden. Dies führt dazu, dass eine HU verladen wird, auch wenn sie nicht als Nächstes für die Verladung vorgesehen ist. Beim Auslösen des Ausnahmecodes wird ein Alert geschrieben, den Sie im Alert Monitor über Transaktion /SAPAPO/AMON1 oder im Lagermonitor einsehen können. Wird ein *komplexes* Verladen mit Lageraufgaben durchgeführt (nicht das *einfache* Verladen, das nur den HU-Status aktualisiert), wird der Ausnahmecode auch in die Lageraufgabe geschrieben.

Mithilfe der Alerts oder der Lageraufgaben beim komplexen Verladen können Sie nachträglich einsehen, wie oft die Ausnahmen durchgeführt wurden. Daraus können Sie Aktionen ableiten, um den Prozess zu verbessern.

Der Lagermitarbeiter kann sich zudem sowohl die Stopp-Sequenz auf dem Auslieferungsauftragskopf als auch die Ladesequenz auf der Auslieferungsauftragsposition in der Tabellenansicht im Lagermonitor anzeigen lassen. Es ist zudem möglich, die Stopp-Sequenz im Auslieferungsauftragskopf oder die Ladesequenz in der Auslieferungsauftragsposition über die jeweilige Methode des Lagermonitors neu zu setzen bzw. zu aktualisieren.

9.3.21 Rechnungserstellung vom Buchen des Warenausgangs

Wird die Ware direkt an den Endkunden gesendet, hat das Lagerverwaltungssystem oft mit dem Beifügen der Rechnung zu kämpfen. Die Rechnungserstellung findet meist nicht im Lagerverwaltungssystem statt, sondern diese sowie die nachfolgenden Prozesse werden im SAP-System in SAP S/4HANA abgebildet. Die Rechnung selbst konnte in der Vergangenheit in WM (alias Stock Room Management) erst zur Verfügung gestellt und ausgedruckt werden, wenn die Ware als Warenausgang gebucht wurde, denn erst dann sind die endgültigen Mengen bekannt, die dem Kunden in Rechnung gestellt werden können. Der Prozess via Pro-forma-Rechnung wäre zwar denkbar, hat aber andere Einschränkungen.

Wird die Ware direkt vom Lager aus an einen Kunden versendet und handelt es sich beim Kunden um einen Endabnehmer, ist die Rechnung als Dokument in dem Paket, das das Lager verlässt, unabdingbar. Wird Ware exportiert, muss die Rechnung teilweise aufgrund internationaler Versandanforderungen ebenfalls im Paket enthalten sein. Das heißt, dass die Rechnungserstellung vor dem Bereitstellen der Ware stattfindet, meist beim Verpacken des Pakets. Steht der Rechnungsdruck nicht vor dem Warenausgang zur Verfügung, gibt es zwei Möglichkeiten: Die Ware wird trotzdem als Warenausgang gebucht, um die Rechnung zu erstellen. Dies hat aber zur Folge, dass der nachfolgende physische Prozess nicht mit den Daten im System übereinstimmt. Eine andere Alternative ist es, eine Pro-forma-Rechnung auszustellen, die nicht direkt als Zahlungsaufforderung verstanden werden muss. Das heißt aber, dass zusätzlich nachträgliche Aktivitäten erforderlich sind, was den Aufwand in der Verwaltung dieser Prozessalternative erhöht (nachträgliches Drucken und Zustellen der tatsächlichen Rechnung sowie zusätzliche Korrekturbuchungen).

SAP EWM und das SAP-S/4HANA-System bieten Ihnen an, eine Rechnungserstellung vom Buchen des Warenausgangs durchzuführen. SAP EWM selbst kann nur den Prozess im SAP-S/4HANA-System anstoßen, und SAP S/4HANA stellt sicher, dass die

Rechnung erstellt und gedruckt wird. Hinzuzufügen ist, dass der IBGI-Prozess (Invoice Before Goods Issue) es Ihnen ermöglicht, die Rechnungserstellung in SAP S/4HANA vorab durchzuführen. Dabei wird das Drucken der Rechnung in einem anderen System durchgeführt, was dazu führt, dass Sie die Druckerfindung nicht im SAP-EWM-System konfigurieren müssen. Das physische Drucken der Rechnung muss dann im Lager erfolgen. Der IBGI-Prozess wird nicht komplett in SAP EWM abgebildet, sondern es werden Daten über Systemgrenzen gesendet (siehe Abbildung 9.71), und SAP EWM initiiert den Prozess in SAP S/4HANA. Es ist möglich, den IBGI-Prozess auf der Basis einer Auslieferung zu starten, die sonst beim Buchen des Warenausgangs entsteht.

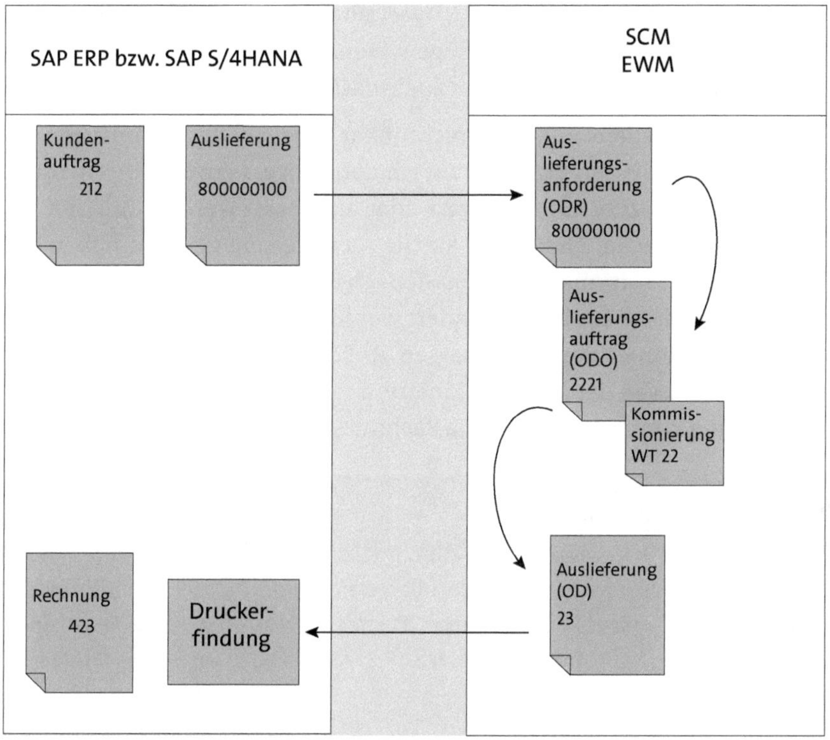

Abbildung 9.71 Darstellung des IBGI-Prozesses im Überblick

Das heißt, wenn Sie den IBGI-Prozess in Ihrem Unternehmen benötigen, erstellen Sie die Auslieferung, ohne zusätzlich automatisch den Bestand als Warenausgang zu buchen. Dies können Sie über das Post Processing Framework steuern. Auf der Basis der Auslieferung können Sie dann in SAP EWM die Rechnung über SAP S/4HANA erstellen und drucken.

Nachdem der Kommissionierschritt abgeschlossen ist, bietet es sich an, die Auslieferung auf der Basis des Auslieferungsauftrags zu erstellen. Die Auslieferung erstellen Sie über den Auslieferungsauftragsmonitor mittels Transaktion /SCWM/PRDO.

Auf der Basis der Auslieferung ist es möglich, die Rechnungserstellung vor dem Warenausgang anzustoßen. Nachdem die Auslieferung erstellt worden ist, können Sie die Rechnung vor dem Warenausgangsprozess im SAP-Easy-Access-Menü über den Pfad **Logistik • SCM Extended Warehouse Management • Extended Warehouse Management • Lieferabwicklung • Auslieferung • Auslieferung pflegen** oder durch Ausführen von Transaktion /SCWM/FD erstellen. Dabei werden die Daten an das SAP-S/4HANA-System gesendet, in dem eine Druckerfindung erfolgt. Über das relevante Druckprofil können Sie den passenden Drucker finden, die Rechnung drucken und sie dem Paket oder der Ware beifügen.

Erstellen und Drucken der Rechnung können ebenso in dem Monitor, in dem Sie Ihre Transporteinheiten (Transaktion /SCWM/TU) verwalten können, angestoßen werden. Hier wird dann eine Rechnung für alle zugewiesenen Objekte, d. h. endgültig für alle Auslieferungen, die der Transporteinheit zugewiesen wurden, erstellt.

Nach dem Erstellen der Auslieferung ist es nicht mehr möglich, die kommissionierten Mengen anzupassen. Müssen Sie nachträglich den Prozess zurückführen, muss also der Kommissionierprozess zurückgesetzt oder angepasst werden, müssen Sie die Auslieferung wieder löschen. Nachdem Sie die Auslieferung gelöscht haben, ermöglicht es SAP EWM, die kommissionierten Mengen anzupassen. Wurde schon die Rechnung erstellt, muss diese zunächst storniert werden, um die Auslieferung zu löschen und die Kommissioniermengen anpassen zu können. Nach dem Stornieren der Rechnung, dem Anpassen der kommissionierten Mengen und dem erneuten Erstellen der Auslieferung können Sie eine neue Rechnung über SAP S/4HANA drucken.

[»]

Weitere Informationen zum IBGI-Prozess

Der IBGI-Prozess ist auch in der SAP-Online-Hilfe (*http://help.sap.com*) im Detail beschrieben. Dort erhalten Sie Informationen darüber, welche Parameter Sie konfigurieren müssen, um den IBGI-Prozess freizuschalten. Da der Prozess über Systemgrenzen agiert, müssen Sie die Konfiguration sowohl in SAP EWM als auch im SAP-S/4HANA-System vornehmen.

9.3.22 Synchronisierung der LE-Lieferung vor dem Warenausgang

Der Warenausgangsprozess, wie wir ihn vorgestellt haben, wird hauptsächlich in SAP EWM durchgeführt. Es gibt jedoch weitere Aspekte, die Sie berücksichtigen sollten: So müssen z. B., wenn die Ware exportiert wird, zusätzliche Dokumente gedruckt bzw. erstellt werden. Teilweise müssen Behörden vorab Packinformationen gemeldet werden, damit die Ware nicht an einer Grenze unnötig lange aufgehalten wird.

Um das sicherzustellen, gibt es verschiedene Drittanbieterlösungen oder SAP Global Trade Server (SAP GTS). Diese bauen aber meist auf dem Datenmodell von SAP S/4HANA auf. Im Warenausgangsprozess betrifft dies beispielsweise die LE-Lieferung, die verwendet wird, um die Daten an andere Systeme zu transferieren. Zudem gibt es auch den Anwendungsfall, den viele Kunden schon haben, dass Formulare im SAP-S/4HANA-System entwickelt wurden und es effizienter ist, diese zu verwenden, anstatt neue Formulare in SAP EWM zu entwickeln. Dazu gehört u. a. die Packliste.

Kurzum müssen SAP S/4HANA die Kommissionierdaten in Form der Verpackungsinformationen, Mengen und Chargen schon vor dem Warenausgang mitgeteilt und die LE-Lieferung repliziert werden. Seit SAP S/4HANA EWM 2022 wurde diese Vorgehensweise im SAP-Standard eingeführt; zuvor wurden meist eigene Projektlösungen entwickelt, die sehr oft von den Kunden gefordert wurden.

Um die aktualisierten Informationen von SAP EWM an SAP S/4HANA zu verteilen, gibt es jetzt eine neue Methode im Lagerverwaltungsmonitor (siehe Abbildung 9.72).

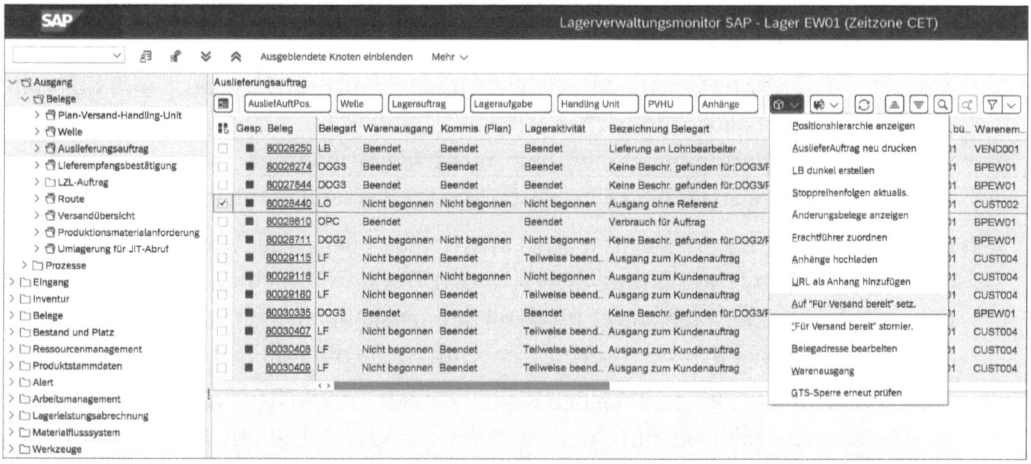

Abbildung 9.72 Auslieferung für den Versand freigeben

Sie führen diese Methode für einen Auslieferungsauftrag aus, indem Sie diesen in der Liste mit einem Häkchen markieren und in der Leiste auf den Button [Button] klicken. Wählen Sie dann im Dropdown-Menü die Option **Auf »Für Versand bereit« setz.** Nun wird der Status der Lieferung angepasst und die Daten in der LE-Lieferung aktualisiert. Es ist auch möglich, diesen Prozess zu automatisieren und einen Job einzuplanen, der regelmäßig im Hintergrund ausgeführt wird. Hierzu können Sie den Report `/SCWM/R_SET_DSH_STAT_AUTOMATIC` verwenden und diesen als Job einplanen.

9.3.23 Warenausgang buchen

Das Buchen des Warenausgangs kann in SAP EWM auf verschiedene Weise sichergestellt werden. Einige Varianten haben wir im Laufe dieses Kapitels besprochen, u. a. das automatische Buchen des Warenausgangs, nachdem ein Lkw komplett beladen worden ist und Sie bzw. das System den Status auf **Beladen beendet** verändert haben oder wenn der Lkw das Lager am Kontrollpunkt verlässt. Das automatische Buchen des Warenausgangs im Hintergrund wird mit dem Post Processing Framework in SAP EWM realisiert; dazu möchten wir auf Kapitel 14, »Bereichsübergreifende Prozesse und Funktionen«, verweisen. Beide Varianten wären relativ einfach über eine PPF-Aktion und die zugehörige Kondition sicherzustellen bzw. müsste gegebenenfalls die Konditionslogik dazu, abhängig von Ihren Anforderungen, entwickelt/erweitert werden.

Denkbar ist es auch, das Buchen des Warenausgangs manuell zu starten und dies mit der Auslieferungsmonitortransaktion (/SCWM/PRDO) oder den Transaktionen in der Warenannahme und dem Versand, wie z. B. den Transaktionen SCWM/TU oder /SCWM/LOAD, sicherzustellen.

Auch gibt Ihnen SAP EWM die Möglichkeit, das Buchen des Warenausgangs mit Teilmengen (Teilwarenausgang) sicherzustellen – etwa wenn nicht alle erforderlichen Materialien zur Verfügung stehen bzw. nicht alle HUs in den Lkw passen und Sie trotzdem die Ware augenblicklich an den Kunden versenden möchten.

Eine neue Möglichkeit in SAP S/4HANA EWM ist das Buchen des Warenausgangs über den Lagermonitor (Transaktion /SCWM/MON). Der Vorteil ist hier, dass der Benutzer die Auslieferungsaufträge, die er für den Warenausgang buchen will, filtern, markieren und per Masse im System ausbuchen kann (siehe Abbildung 9.72).

Zuletzt möchten wir Ihnen noch den Report `/SCWM/R_ODO_POST_GI` vorstellen, mit dem Sie die Warenausgangsbuchung automatisieren und als Job einplanen können. In Abbildung 9.73 ist der Report mit den vielen, Ihnen zur Verfügung stehenden Selektionsparametern nochmals dargestellt.

Als neue Option steht auch das Anpassen des Auslieferungsauftrags in den beiden neuen SAP-Fiori-Apps für die Auslieferauftragsbearbeitung, **Auslieferungsaufträge verwalten** und **Ausgangsprozess durchführen**, zur Verfügung.

Nachdem der Warenausgang gebucht worden ist, werden die Daten der Auslieferung, also die Positionen, die verbucht worden sind, an SAP S/4HANA repliziert. Dies führt dazu, dass in SAP S/4HANA die zugehörige Auslieferung auch als Warenausgang gebucht und in SAP S/4HANA auch eine Bestandsveränderung verzeichnet wird.

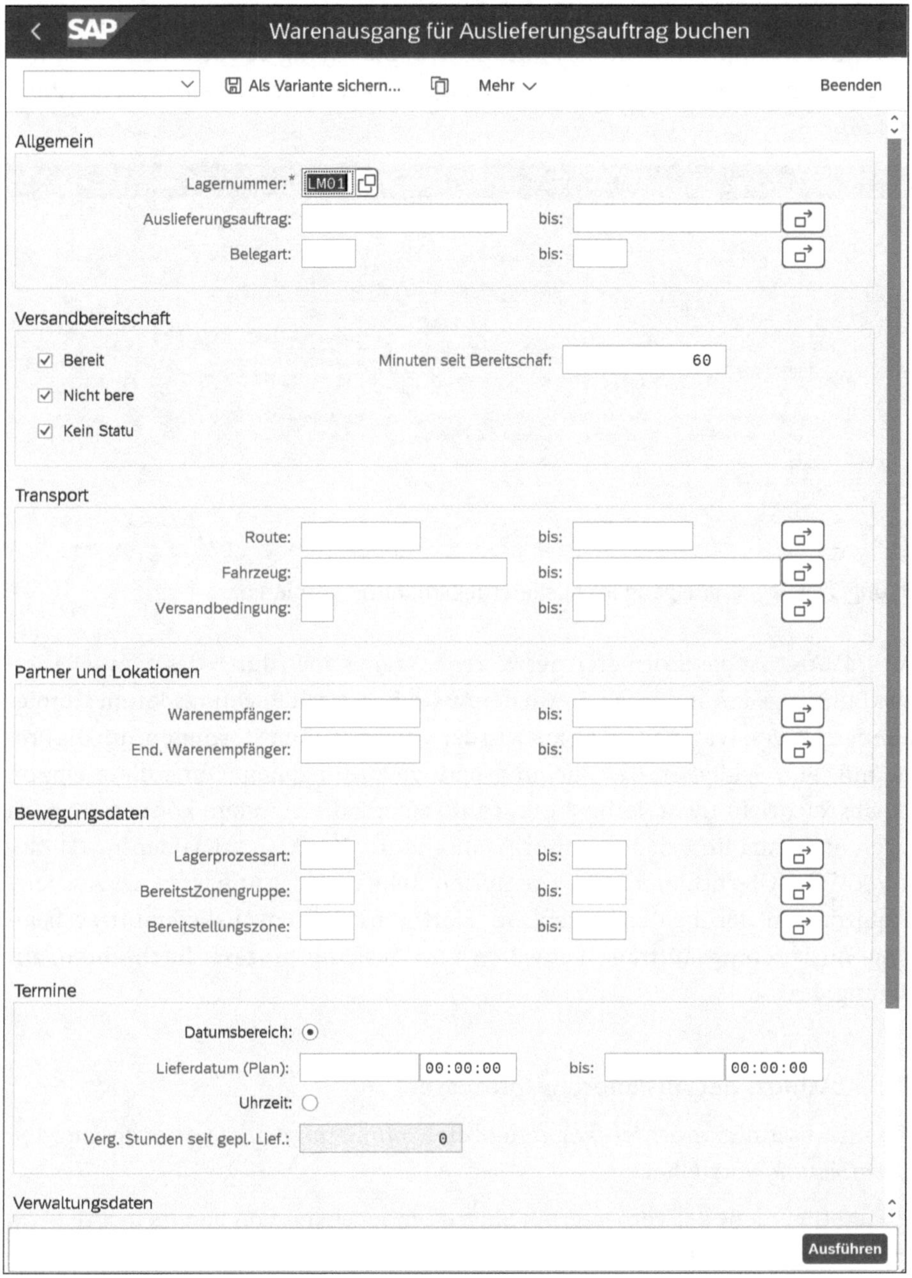

Abbildung 9.73 Warenausgangsbuchung via Report oder Job

9.3.24 Warenausgang stornieren

Nach dem Buchen des Warenausgangs erhalten Sie in SAP EWM die Möglichkeit, auch den Warenausgang wieder zu stornieren. Um den Warenausgang zu stornieren, können Sie die Auslieferungsmonitortransaktion (Transaktion /SCWM/FD) verwenden und über das Dropdown-Menü des Buttons **Warenausgang** das Stornieren des Warenausgangs mit der Auswahl **Warenausgang stornieren** sicherstellen (siehe Abbildung 9.74).

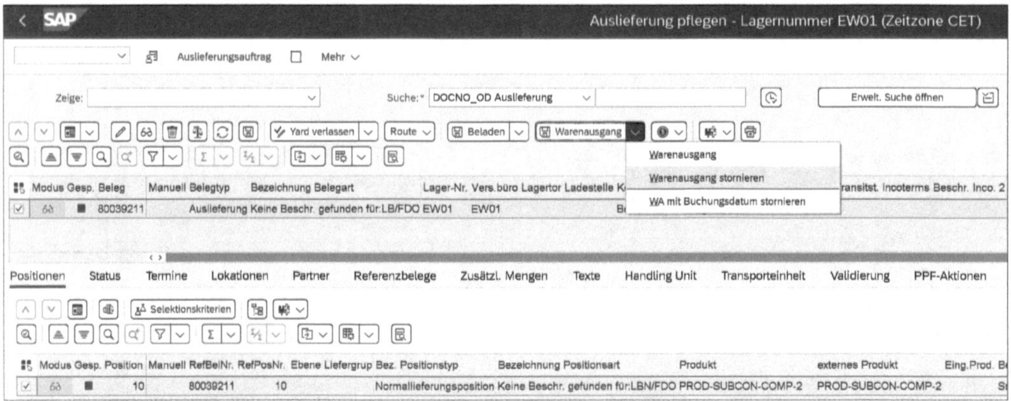

Abbildung 9.74 Warenausgang im Auslieferungsmonitor stornieren

In SAP S/4HANA ist das Stornieren des Warenausgangs auch durch das manuelle Setzen des Buchungsdatums möglich. Mit der Auswahl **WA mit Buchungsdatum stornieren** können Sie den Warenausgang auch in der Vergangenheit stornieren, um die Probleme mit dem Schließen der Buchungsperiode zu umgehen. Ohne diese Option würde die Nachricht nicht verbucht und auf Fehler laufen. Zudem können Sie auch den Warenausgang im Belademonitor (Transaktion /SCWM/LOAD) oder im TU-Monitor (/SCWM/TU) stornieren. Als neue Option steht auch das Anpassen des Auslieferungsauftrags in den beiden neuen SAP-Fiori-Apps für die Auslieferauftragsbearbeitung, **Auslieferungsaufträge verwalten** und **Ausgangsprozess durchführen**, zur Verfügung.

9.3.25 Abschluss der Auslieferungsprozesses

In diesem Abschnitt möchten wir Ihnen die *Optimierungen der Auslieferungsauftragsbearbeitung* vorstellen.

Diese Funktion dient der verbesserten Eingriffsmöglichkeit von bereits in SAP EWM erstellten und bearbeiteten Auslieferungsaufträgen, für die aufgrund von veränderten Bestands- oder Nachfragesituationen sowie fehlerhaften oder unvollständig gepflegten Grob- und Bereitstellungszonen-Ermittlungen nachträgliche Anpassungen notwendig sind. Zur Optimierung der Identifikation und Anpassung relevanter Lieferungen werden die Funktionen der Mengenanpassung (inklusive Auslieferungserstellung) und der Grobplatz-/Bereitstellungszonen-Neuermittlung als Methoden des Lagerverwaltungsmonitors angeboten.

Sollten sich Lieferpositionen in Ihrem Lager befinden, die teilweise bereits bearbeitet worden sind und für die nun Positionsanpassungen durchgeführt werden sollen, können Sie diese mit den folgenden neuen Selektionsparametern über den Pfad **Ausgang • Belege • Auslieferungsauftrag • Auslieferungsauftragsposition** des Lagerverwaltungsmonitors identifizieren:

- Zustand **Abgeschlossen** (Position)
- Positionsart
- Lagerprozessart
- Prozesscode
- Menge und Mengeneinheit

Mit den Selektionskriterien können z. B. Positionen selektiert werden, die noch nicht vollständig abgeschlossen sind und deren geplantes Warenausgangsdatum in der Vergangenheit liegt. Zudem können Positionen ermittelt werden, die zwar eine vollständig reduzierte Menge beinhalten, jedoch noch nicht abgeschlossen sind. Die identifizierten Positionen lassen sich mit den neuen Methoden des Lagermonitors entweder durch die Verwendung eines ausgewählten Prozesscodes vollständig reduzieren (**Menge anpassen**) oder zusätzlich zur Mengenanpassung durch die Erstellung der finalen Lieferung vollständig in SAP EWM abschließen (**Menge anpassen und AUSL erst.**, siehe Abbildung 9.75). Notwendig ist dieser manuelle Schritt oft bei Kommissionierzurückweisungen oder wenn Lieferungen für die Produktionsversorgung mit einer höheren Menge angelegt werden, aber immer eine geringere Menge kommissioniert werden kann. Ohne diesen Schritt wird die LE-Lieferung nicht abgeschlossen, was zu Problemen im Prozess führt.

Existieren in Ihrem Lager Lieferpositionen, für die die Grobplatz- und Bereitstellungszonen-Ermittlung, z. B. aufgrund von unvollständigen Einstellungen oder Platzsperren, nicht erfolgreich durchgeführt werden konnte, mussten Sie früher, nachdem Sie die relevanten Lieferungen identifiziert hatten, die notwendigen Anpassungen belegweise vornehmen. Zur nachträglichen und massenhaften Neuermittlung von für die Lieferpositionsbearbeitung ermittelten Grobplätzen und Bereitstellungszonen wird die neue Methode **Groben Platz/BerStellZone erm.** des Lagermonitors angeboten. Diese Methode ist, ebenso wie die oben beschriebene Methode, zur Mengenanpassung über den Pfad **Ausgang • Belege • Auslieferungsauftrag • Auslieferungsauftragsposition** des Lagerverwaltungsmonitors verfügbar.

Die Lieferpositionen können anschließend mithilfe der neuen Methoden **Menge anpassen** und **Menge anpassen und AUSL erst.** angepasst und damit für die weitere Bearbeitung freigegeben werden.

Als neue Option steht auch das Anpassen des Auslieferungsauftrags in den beiden neuen SAP-Fiori-Apps für die Auslieferauftragsbearbeitung, **Auslieferungsaufträge verwalten** und **Ausgangsprozess durchführen**, zur Verfügung.

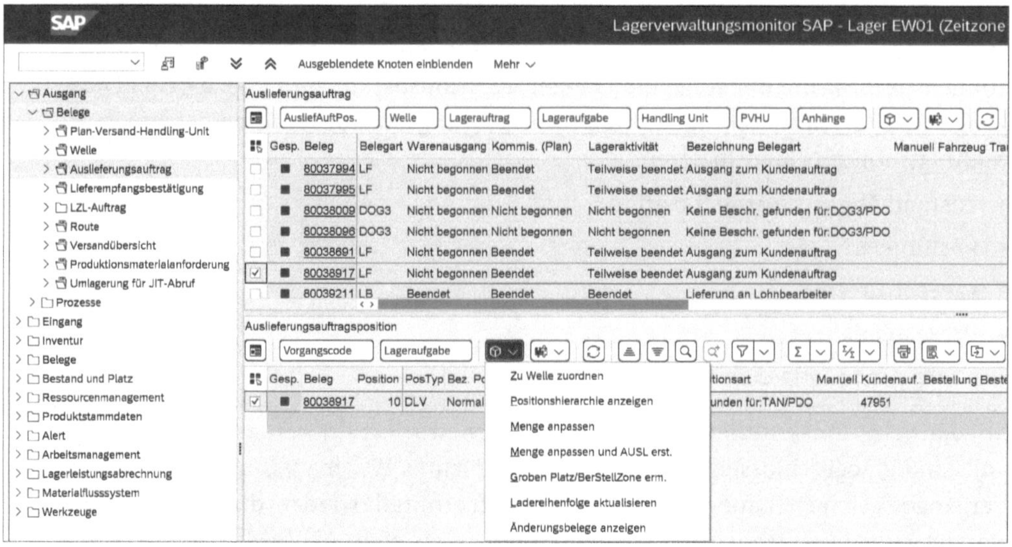

Abbildung 9.75 Monitormethoden zur optimierten Anpassung der Auslieferungsauftragspositionen

9.4 Zusammenfassung

In diesem Kapitel haben Sie einen detaillierten Überblick über den Warenausgangsprozess mit seinen Teilschritten **Kommissionieren**, **Verpacken**, **Bereitstellen** sowie **Beladen** erhalten. Wir sind auf die unterschiedlichen vorgelagerten Tätigkeiten wie die Routenfindung, die Verpackungsplanung oder den Versand und die Torbelegung eingegangen. Im Warenausgangsprozess haben wir Ihnen u. a. die Lagererstellungsregeln, das Pick-, Pack- und Pass-Prinzip sowie die Rechnungserstellung vor der Warenausgangsbuchung vorgestellt, mit dem Ziel, Ihnen zu zeigen, wie Sie das Lagergeschehen im Warenausgang optimieren können.

In Kapitel 11, »Lagerinterne Prozesse«, beschreiben wir die internen Umlagerungen, die verschiedenen Nachschubstrategien, die Verschrottung, die verschiedenen Inventurverfahren sowie die Lager-Reorganisation.

Kapitel 10
Produktionsintegration

Die Integration von Produktionsprozessen in die Lagerhaltung stellt für viele Industriezweige eine zentrale Anforderung an moderne Lagerverwaltungssysteme dar. Mit den Funktionen der Produktionsintegration können Sie neben Wareneingangs- und Warenausgangsprozessen auch komplexe und automatisierte Produktionsversorgungs- und Produktionszugangsprozesse flexibel und effizient in SAP EWM abbilden.

Fertigende Unternehmen werden heute mit einem Markt konfrontiert, der sich durch einen harten internationalen Wettbewerb auszeichnet. Neben einem enormen Preisdruck, der zu konsequenten Kostensenkungen zwingt, stehen Unternehmen dabei vor der Notwendigkeit, steigende Kundenwünsche zu erfüllen, Fertigungsprozesse zu optimieren und Lieferzeiten zu verkürzen.

Vielfach wird auf diese Situation durch die Erhöhung der Typen- und Variantenvielfalt sowie die Reduzierung der Produktlebenszeiten reagiert, um auf dem Markt schnell präsent zu sein und dem Kunden ein individuell zugeschnittenes Produkt bieten zu können. In Kombination mit wirtschaftlichen Überlegungen, möglichst wenig Kapital zu binden, führt diese Typen- und Variantenvielfalt häufig zu immer kleiner werdenden Losgrößen, schwankenden Stückzahlen und steigenden Anforderungen an Disposition, Beschaffung und innerbetriebliche Bereitstellung von Komponenten und Vorprodukten für die Fertigung.

Der operativen Bereitstellung gehen dabei Planung sowie Steuerung voraus. Die planerischen Aufgaben umfassen hierbei die Festlegung geeigneter Bereitstellungsprinzipien, die organisatorische Gestaltung der intralogistischen Prozesse und des Materialflusses sowie die technische Integration mit sämtlichen an der Fertigung beteiligten Systemen. Die Steuerung der Materialbereitstellung beinhaltet dabei alle Aufgaben zur Überwachung und Steuerung der Materialbereitstellung, von der Freigabe des Produktionsauftrags bis zur Rückmeldung von Verbräuchen und dem Wareneingang aus der Produktion.

Von den SAP-SCM-basierten Releases bis hin zu den aktuellen Systemen auf der Basis von SAP S/4HANA EWM hilft Ihnen die effiziente Integration bei der Steuerung der Ausführung Ihrer Produktionsprozesse.

[»]

Produktionsplanung und -steuerung mit SAP S/4HANA

Wenn Sie mehr über die Prozesse und Planungsfunktionen in der diskreten Fertigung, in der Serien- oder in der Prozessfertigung mit SAP S/4HANA erfahren möchten, empfehlen wir Ihnen das Buch »Produktionsplanung und -steuerung mit SAP S/4HANA« aus dem Rheinwerk Verlag.

10.1 Szenarien und Optionen

Die Produktionsintegration von SAP EWM mit SAP ERP bzw. SAP S/4HANA wurde in den letzten Jahren funktional erweitert, durch alternative Integrationsoptionen ergänzt und zeichnet sich heute durch eine nahtlose Integration von Produktions- und Lagerprozessen aus (siehe Abbildung 10.1).

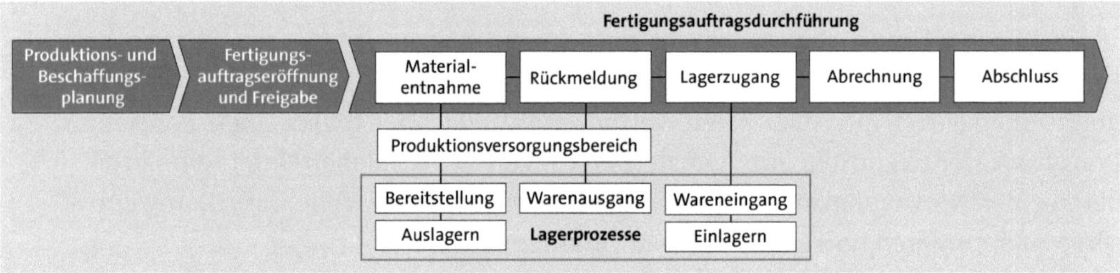

Abbildung 10.1 Integration von Produktions- und Lagerprozessen

Die Materialbereitstellung hat dabei die Aufgabe, das benötigte Material in der richtigen Menge auf Basis des Bedarfs in der Produktion zu kommissionieren und termingerecht am Bereitstellungplatz zur Verfügung zu stellen. Über Verbrauchsbuchungen werden diese Komponenten aus dem Lagerbestand ausgebucht und in den Produktionsprozess eingesteuert.

Anschließend erfolgt der Zugang von fertigen oder halbfertigen Produkten aus der Produktion und das Einlagern von vereinnahmten Handling Units auf den dafür vorgesehenen Lagerplätzen.

Abhängig von der Branche eines Unternehmens, den sich im Einsatz befindlichen Fertigungsverfahren und den verwendeten Materialien unterscheiden sich diese Prozesse deutlich. Fertigungsauftragsbezogene, fertigungsauftragsübergreifende oder verbrauchsgesteuerte Bereitstellungsverfahren sind häufig anzutreffende Basisstrategien, die sich jeweils sehr individuell ausprägen lassen. Aber auch innerhalb von Unternehmen, gerade bei mehrstufigen Fertigungsprozessen oder unterschiedlichen Materialien, finden oftmals verschiedene Verfahren der Produktionsversorgung Anwendung.

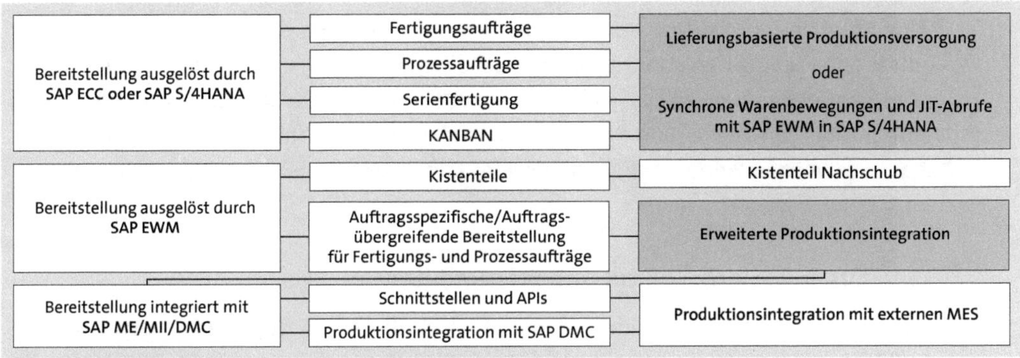

Abbildung 10.2 Integrationsoptionen der Materialbereitstellung

Abbildung 10.2 zeigt eine Übersicht über die Optionen der Materialbereitstellung in Bezug auf das die Bereitstellung auslösende System und die in diesem Zusammenhang möglichen Integrationsoptionen:

- *Lieferungsbasierte Produktionsversorgung*, bei der die Integration der Materialbereitstellung und des Verbrauchs über Lieferbelege aus SAP ERP erfolgt.
- Integration von Fertigungsprozessen mit *synchronen Warenbewegungen* mit Embedded SAP EWM in SAP S/4HANA.
- *Erweiterte Produktionsintegration*, bei der Materialbereitstellung und Materialverbrauch über eine *Produktionsmaterialanforderung* (PMA) in SAP EWM erfolgt.
- Produktionsintegration mit externem *Manufacturing Execution System* (MES) im Zusammenhang mit der erweiterten Produktionsintegration

In diesem Kapitel geben wir Ihnen einen Überblick über die möglichen Szenarien und Optionen der Produktionsintegration und stellen Ihnen die von den unterschiedlichen Integrationsoptionen unterstützten Prozesse und Funktionen in SAP EWM für Materialbereitstellung, Materialverbrauch und Wareneingang aus der Produktion vor. Wir vergleichen dabei auch die lieferbasierte Produktionsversorgung mit der erweiterten Produktionsintegration und gehen auf die funktionalen Unterschiede im Hinblick auf die für SAP EWM gewählte Implementierungsoption (embedded oder dezentral) ein.

Konfiguration und Implementierung der Produktionsintegration

SAP hat in den letzten Jahren die Produktionsintegration mit SAP EWM kontinuierlich erweitert und durch neue Prozesse, Funktionen und Vereinfachungen ergänzt. Die aktuellen Versionen von SAP EWM auf Basis von SAP S/4HANA unterstützen dabei nicht nur unterschiedliche Fertigungsarten und Produktionsprozesse, sondern auch verschiedene Implementierungs- und Integrationsoptionen (embedded oder dezentral) von SAP EWM.

Eine detaillierte Erklärung der notwendigen Systemeinstellungen und Prozesskonfigurationen würde den Rahmen dieses Buches sprengen. Unser Ziel ist es, Ihnen in diesem Kapitel einen möglichst umfangreichen Überblick über die Funktionen und die Integration von Lager- und Produktionsprozessen zu geben. In diesem Zusammenhang verweisen wir auf verfügbare SAP-Integrationsleitfäden und SAP-Hinweise.

10.1.1 Organisationsstruktur und Stammdaten

Ein zentraler SAP-Begriff bei der organisatorischen Abbildung und Steuerung der Bereitstellung für die Produktion ist der *Produktionsversorgungsbereich* (PVB). Mithilfe von PVBs lassen sich verschiedene Detaillierungsgrade der Produktionsversorgung abbilden. So können z. B. zusammenhängende Arbeitsplätze gruppiert und zentral versorgt werden. Ist hingegen eine sehr genaue Bereitstellung für einen einzelnen Arbeitsplatz erforderlich, wie z. B. beim systemgeführten Rüsten, können Materialien auch auf bestimmte Plätze oder Greifschalen gesteuert werden. Die Produktionsversorgung kann so beliebig detailliert und optimal an die Anforderungen der Produktion angepasst werden. Aus Sicht von SAP EWM enthält der PVB einen oder mehrere Lagerplätze, an denen die Materialien für die Produktion bereitgestellt und anschließend von der Fertigung verbraucht werden. Demnach kann der Produktionsversorgungsprozess in SAP EWM in zwei Schritte unterteilt werden:

1. Bereitstellung der Produkte im PVB
2. Verbrauch der Produkte im PVB durch deren Entnahme für die Fertigung

In diesem Zusammenhang können Sie die Bestände in den PVBs unterschiedlich in Ihrer Organisationsstruktur abbilden (siehe Abbildung 10.3).

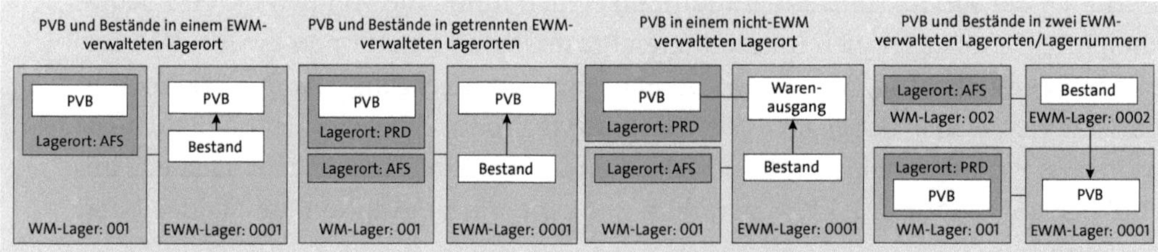

Abbildung 10.3 PVB-Zuordnungen in der Organisationsstruktur

Abbildung 10.3 zeigt die Möglichkeiten der organisatorischen Zuordnung eines PVB mit und ohne SAP-EWM-verwaltete SAP-ERP-Lagerorte. Die operative Bereitstellung aus dem Lager richtet sich dabei nicht nur danach, ob ein PVB mit SAP EWM oder mit der Bestandsverwaltung in SAP ERP (*MM-IM*, Materials Management – Inventory Management) verwaltet wird, sondern auch nach der gewählten Option der Integration Ihrer Produktionsprozesse mit SAP EWM und danach, welche Komponenten Sie für die Produktion bereitstellen möchten und welche Implementierungsoption (embedded oder dezentral) Sie für Ihr SAP-EWM-System auf der Basis von SAP S/4HANA gewählt haben.

Produktionsversorgungsbereich und Regelkreis in SAP ERP

Die organisatorische Zuordnung des PVB zu dem bestandsführenden Lagerort für die Produktion nehmen Sie in den Stammdaten des PVB vor. Sie finden die Einstellungen für die PVBs in SAP ERP über den Pfad **Logistik • Logistics Execution • Stammdaten • Lager • Produktionsversorgung • Produktionsversorgungsbereich • Anlegen** im SAP-Easy-Access-Menü oder über Transaktion PK05 (siehe Abbildung 10.4).

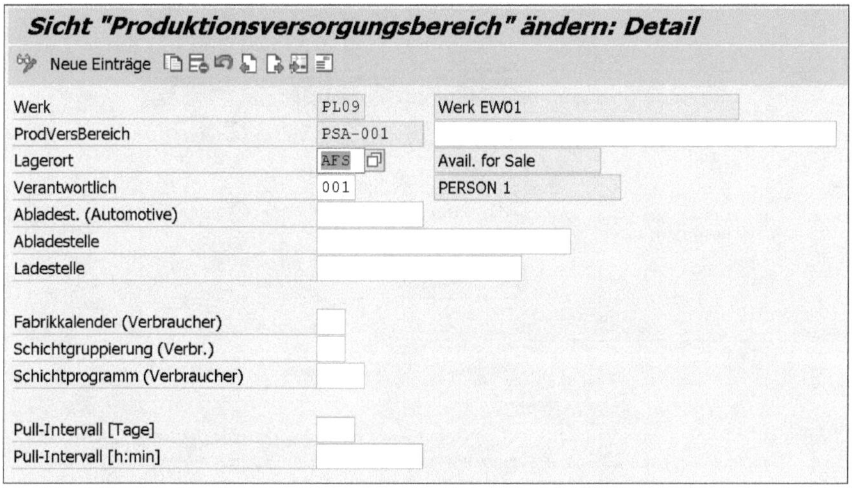

Abbildung 10.4 Produktionsversorgungsbereich in SAP ERP

Abbildung 10.4 zeigt den Produktionsversorgungsbereich PSA-001 im Werk PL09. Der PVB ist dem Lagerort AFS zugeordnet. Die bereitzustellenden Bestände und der PVB sind in diesem Beispiel dem gleichen SAP-EWM-verwalteten Lagerort zugeordnet. Diese Einstellung entspricht der ersten Option in Abbildung 10.3.

Die Komponentenbereitstellung wird im SAP-ERP-System über Regelkreise gesteuert. Über den Regelkreis definieren Sie pro Material die Bereitstellungsmethode, Quell- und Ziellagerort sowie Werk- und Lagernummern. Sie erreichen die Einstellung zum Regelkreis in SAP ERP im SAP-Easy-Access-Menü über den Pfad **Logistik • Logistics Execution • Stammdaten • Lager • Produktionsversorgung • Regelkreis Produktionsversorgung • Anlegen** oder alternativ über Transaktion LPK1.

Bei dem in Abbildung 10.5 gezeigten Beispiel handelt es sich um einen Regelkreis, der im Zusammenhang mit Embedded SAP S/4HANA EWM verwendet wird. Bei dieser Implementierungsoption profitiert SAP EWM von harmonisierten Stammdaten. Sie gelangen über **Zuordn.n.VerfügBer/Produkt** direkt in die Pflege des PVB in SAP EWM und können dort direkt die in Abbildung 10.6 gezeigten Bereitstellungsmethoden wählen und die SAP-EWM-spezifischen Einstellungen vornehmen.

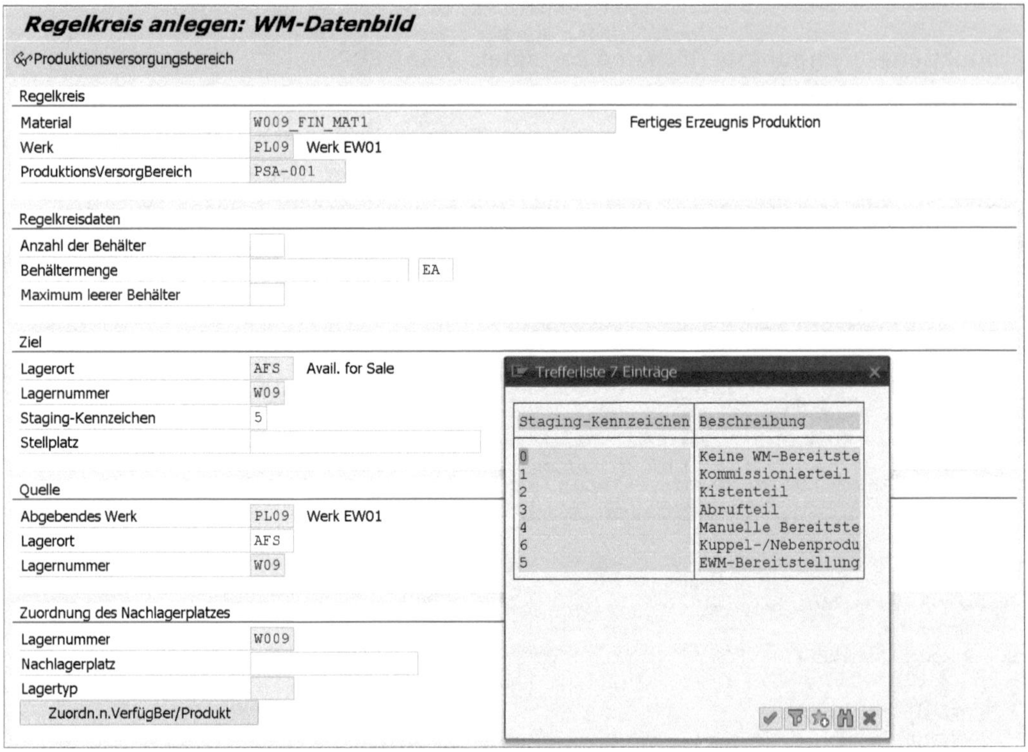

Abbildung 10.5 Regelkreis in SAP ERP

Abbildung 10.5 zeigt den Regelkreis für das Material W009_FIN_MAT1 im Werk PL09 für den im vorangehenden Beispiel angelegten PVB PSA-001. Die Bereitstellung auf dem Ziel erfolgt im Lagerort AFS und der mit einem dezentralen SAP EWM verwalteten WM-Lagernummer W09. Falls Sie Embedded SAP S/4HANA EWM verwenden, können Sie den Nachlagerplatz auch direkt im Regelkreis im Bereich **Zuordnung des Nachlagerplatzes** eingeben.

Das **Staging-Kennzeichen** gibt die Art der Materialbereitstellung an. Für die Bereitstellung in SAP EWM sind die folgenden Staging-Kennzeichen relevant:

- **1 – Kommissionierteil**
  Kommissionierteile sind Komponenten, die entsprechend der Bedarfsmenge eines Produktionsauftrags – also auftragsbezogen – bereitgestellt werden. Die Bereitstellung erfolgt dabei durch die Kommissionierung im Lager oder bei eigengefertigten Komponenten aus vorgelagerten Produktionsbereichen. Bei diesen Teilen handelt es sich in der Regel um wertintensive, größere oder variantenreiche Komponenten.

- **2 – Kistenteil**
  Bei Kistenteilen handelt es sich um Komponenten, die in Kisten bzw. Behältern gelagert und unabhängig von Fertigungsaufträgen bereitgestellt werden. Bei der Bereitstellung über *Kanban*, einem eigenständigen Bereitstellungsverfahren, wird der Abruf für die Bereitstellung von Kistenteilen in SAP ERP über die im Regelkreis definierte Menge (im Bereich **Regelkreisdaten**) gesteuert. Die Bereitstellung von Kistenteilen kann sowohl mit der lieferungsbasierten als auch mit der erweiterten Produktionsintegration verwendet werden. Für die Bereitstellung mit SAP EWM enthält der PVB in SAP EWM die entsprechenden Nachschubmengen. Wir erläutern den Kistenteil-Nachschub als lagerinternen Prozess in Kapitel 11, »Lagerinterne Prozesse«.
- **3 – Abrufteil**
  Als Abrufteile werden Materialien bezeichnet, die manuell angefordert und für mehrere Fertigungsaufträge aus dem Lager bereitgestellt werden. Die Bedarfsmenge richtet sich dabei insbesondere nach der Bedarfsmenge der freigegebenen Fertigungsaufträge, nach dem aktuellen Bestand im PVB und nach den bereits geplanten Nachschubmengen.
- **5 – EWM-Bereitstellung**
  Das Staging-Kennzeichen **5 – EWM-Bereitstellung** wird für die erweiterte Produktionsintegration verwendet und steuert die Integration über eine Bereitstellungsanforderung für Fertigungs- bzw. Prozessaufträge. Der Quelllagerort (im Bereich **Quelle**) ist in diesem Fall stets EWM-verwaltet. Der Ziellagerort (im Bereich **Ziel**) richtet sich nach dem PVB, für den der Regelkreis angelegt wird.

In diesem Beispiel sind sowohl Quell- als auch der Ziellagerort mit SAP EWM verwaltet. Der Regelkreis kann damit sowohl für Fertigungs- als auch für Prozessaufträge verwendet werden. Alternativ, falls der Ziellagerort über die SAP-ERP-Bestandsführung MM-IM verwaltet werden soll, kann der Regelkreis zusätzlich für die Bereitstellung in der Serienfertigung eingesetzt werden. In diesem Fall wird das abgebende Werk (im Bereich **Quelle**) nicht automatisch vom System vorgeschlagen. Quelle und Ziel müssen manuell vorgegeben werden. Die genaue Definition der Bereitstellungsmethode erfolgt anschließend in SAP EWM (siehe Abbildung 10.6).

Produktionsversorgungsbereich in SAP EWM

Im SAP-EWM-System werden die in ERP erstellten Produktionsversorgungsbereiche zunächst analog angelegt und dann dem entsprechenden PVB des SAP-ERP-Systems zugeordnet. Den PVB in SAP EWM legen Sie über das EWM-Easy-Access-Menü und dort über den Pfad **Extended Warehouse Management • Stammdaten • Produktionsversorgungsbereich (PVB) • PVB definieren** an. Sie finden diese Einstellungen auch über Transaktion /SCWM/PSA.

Mit Transaktion /SCWM/PSA_REPLICATE können Sie bestehende PVBs aus einem SAP-ERP-System selektieren und in ein dezentrales SAP S/4HANA EWM replizieren. Sie finden diese Transaktion auch im SAP-Easy-Access-Menü von SAP EWM über den Pfad **Extended Warehouse Management • Schnittstellen • ERP-Integration • Replikation Produktionsversorgungsbereich (PVB)**. Für die Replikation definieren Sie die Kriterien dazu, welche PVBs in SAP ERP selektiert werden sollen. Die anschließend vorzunehmende Zuordnung erfolgt auf der Grundlage des logischen Systems von SAP ERP, der Werk-Lagerort-Kombination und der zugeordneten SAP-EWM-Lagernummer. Die entsprechenden Einstellungen finden Sie im SAP-Easy-Access-Menü von SAP EWM über den Pfad **Extended Warehouse Management • Schnittstellen • ERP-Integration • Produktionsversorgungsbereich (PVB) abbilden** oder über Transaktion /SCWM/PSAMAP. Danach nehmen Sie die SAP-EWM-spezifischen Einstellungen und Zuordnungen des PVB vor.

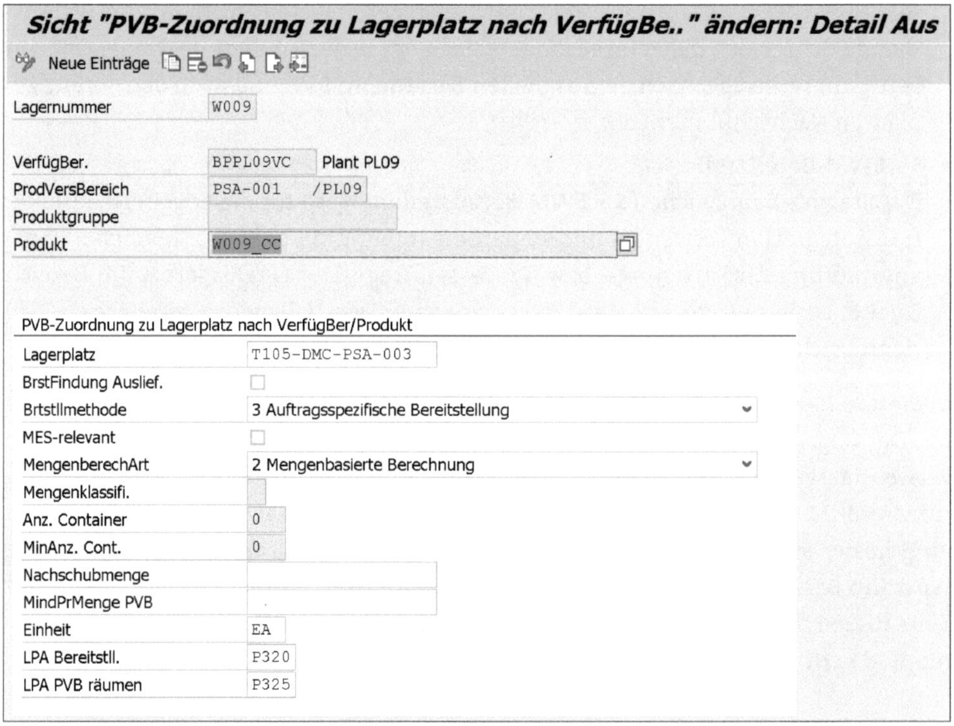

Abbildung 10.6 Produktionsversorgungsbereich in SAP EWM

Bezeichnung des Produktionsversorgungsbereichs in SAP EWM bei der Replikation

Die Bezeichnung eines replizierten PVB setzt sich normalerweise aus der Bezeichnung des PVB in SAP ERP und dem Werk zusammen und wird über das BAdI /SCWM/EX_ERP_

PSA_NAME gesteuert. Mit der BAdI-Beispielklasse SCWM/CL_DEF_PSA_NAME können Sie eigene Logik implementieren und die Bezeichnung des replizierten PVB in SAP EWM anpassen.

Abbildung 10.6 zeigt den Produktionsversorgungsbereich in SAP EWM. Auf der Ebene von Produktionsversorgungsbereich, Produktgruppe und Produkt konfigurieren Sie dann die Bereitstellungsmethode, mit der die Komponenten aus dem Lager kommissioniert werden. Zudem können Sie die Nachschubmenge, den Ziellagerplatz und die für die Bereitstellung verwendete Lagerprozessart definieren. Sie finden diese Einstellungen im SAP-Easy-Access-Menü über den Pfad **Extended Warehouse Management • Stammdaten • Produktionsversorgungsbereich (PVB) • Platz PVB/Produkt/Verfügungsberechtigtem in Lagernummer zuordnen** oder über Transaktion /SCWM/PSASTAGE. Dabei stehen Ihnen die folgenden Bereitstellungsmethoden in SAP EWM zur Verfügung:

- **Nicht relevant für die Bereitstellung**
  Bei dieser Ausprägung der Bereitstellungsmethode erfolgt keine Bereitstellung, da die zur Fertigung benötigten Komponenten/Materialien bereits im Produktionsversorgungsbereich gelagert werden.
- **Kistenteil-Nachschub**
  Mit dem Kistenteil-Nachschub sichern Sie eine kontinuierliche Verfügbarkeit der für die Produktion benötigten Komponenten ab. Der Nachschub wird über die Nachschubsteuerung (Transaktion /SCWM/REPL) gesteuert.
- **Auftragsspezifische Bereitstellung**
  Lageraufträge und Lageraufgaben werden für einzelne Produktionsmaterialanforderungen erstellt. Die Bereitstellung für die Produktion können Sie über Transaktion /SCWM/STAGE einplanen.
- **Auftragsübergreifende Bereitstellung**
  Lageraufträge und Lageraufgaben werden pro Produkt über mehrere Produktionsmaterialanforderungen übergreifend erstellt (analog zur SAP-ERP-Abrufteilbereitstellung). Die Bereitstellung für die Produktion können Sie ebenfalls über Transaktion /SCWM/STAGE einplanen.

In dem Beispiel aus Abbildung 10.6 ist dem PVB PSA-001, der dem Werk PL09 mit dem Verfügungsberechtigten BPPL09VC zugeordnet ist, für das Produkt W009_CC die auftragsspezifische Bereitstellung eingestellt. Die Bereitstellung auf dem PVB-Lagerplatz T105-DMC-PSA-003 erfolgt dabei gemäß den Einstellungen der Lagerprozessart P320.

Abbildung 10.7 zeigt die wichtigsten Zusammenhänge der Integration des PVB und Regelkreises in SAP ERP mit den entsprechenden Zuordnungen des PVB in einem dezentralen SAP S/4HANA EWM.

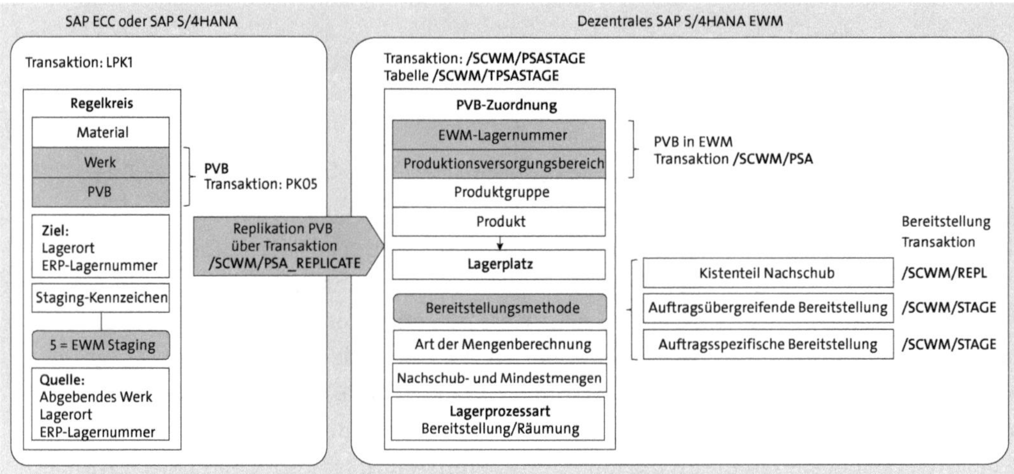

Abbildung 10.7 Produktionsversorgungsbereich, Regelkreis und Bereitstellung

10.1.2 Prozesse und Funktionen

In Abhängigkeit der bereitzustellenden Komponenten und organisatorischen Zuordnung Ihrer Produktionsversorgungsbereiche bietet SAP EWM unterschiedliche Arten der Integration von Lager- und Produktionsprozessen. Maßgeblich ist dabei, in welchem System (SAP ECC bzw. SAP S/4HANA oder SAP EWM) die Materialbereitstellung ausgelöst wurde.

Abbildung 10.8 zeigt eine Übersicht möglicher Prozesse und Funktionen in Abhängigkeit der bereitzustellenden Komponenten und Integrationsoptionen.

[»]

Projektbasierte Bereitstellungsoptionen

Die Prozesse, Funktionen und die Integration der Materialbereitstellung hängen sowohl von der Implementierungsoption von SAP S/4HANA, der Fertigungsart, den bereitzustellenden Komponenten und der organisatorischen Zuordnung des PVB ab. Abbildung 10.8 stellt dabei lediglich eine Übersicht über häufig in der Praxis vorkommende Bereitstellungsoptionen dar, die mit entsprechender Konfiguration implementiert werden können. Diese Optionen können auf Projektbasis kundenindividuell für weitere Anwendungs- und Integrationsszenarien erweitert oder durch Partnerlösungen funktional ergänzt werden. Für eine kundenindividuelle Integration oder eine auf Ihre Anforderungen zugeschnittene Konfiguration oder Erweiterung wenden Sie sich an Ihren Implementierungspartner.

<table>
<tr><th></th><th></th><th>PVB und Bestände in einem EWM verwalteten Lagerort</th><th>PVB und Bestände in getrennten EWM verwalteten Lagerorten</th><th>PVB in einem nicht EWM verwalteten Lagerort</th><th>PVB und Bestände in zwei EWM verwalteten Lagerorten/Lagernummern</th></tr>
<tr><td rowspan="7">Durch SAP ECC oder SAP S/4HANA ausgelöste Bereitstellung</td><td>Kommissionierteil
Auf Basis des Fertigungsauftrags
ERP-Transaktion CO02</td><td>Lieferungsbasierte Integration

ERP: Auslieferung
EWM: Umbuchungsanforderung
ERP: Umbuchung (411)</td><td rowspan="2">Lieferungsbasierte Integration

ERP: Auslieferung
EWM: Umbuchungsanforderung
ERP: Umbuchung (411)</td><td rowspan="2">Lieferungsbasierte Integration

ERP: Auslieferung
EWM: Auslieferung
EWM: Warenausgang
ERP: Umbuchung (411)</td><td rowspan="2">Lieferungsbasierte Integration
2-Stufige Umlagerung

ERP: Auslieferung an Produktionslagerort
EWM: Auslieferung/Warenausgang
ERP: Umbuchung in Umlagerungsbestand

ERP: Anlieferung in Produktionslagerort
EWM: Anlieferung/Wareneingang
ERP: Umbuchung in Frei-Verwendbar</td></tr>
<tr><td>Abrufteil
Für mehrere Fertigungsaufträge
ERP-Transaktion MF60</td><td></td></tr>
<tr><td>KANBAN
Umlagerung</td><td></td><td>Lieferungsbasierte Integration

ERP: KANBAN Leer – Auslieferung
EWM: Umbuchungsanforderung
ERP: Umbuchung (411) – KANBAN Voll</td><td>Lieferungsbasierte Integration

ERP: KANBAN Leer – Auslieferung
EWM: Auslieferung/Warenausgang
ERP: Umbuchung (411) – KANBAN Voll</td><td>Lieferungsbasierte Integration
2-Stufige Umlagerung

Quell-Lagerort: EWM verwaltet
Ziel: Lagerort: EWM oder MM-IM verwaltet</td></tr>
<tr><td>KANBAN
Mit Lageraufgaben</td><td colspan="2">Synchrone Warenbewegungen
SAP EWM embedded S/4HANA</td><td colspan="2"></td></tr>
<tr><td>JIT-Abruf
Mit Lageranforderung</td><td></td><td>Lieferungsbasierte Integration

ERP: JIT-Abruf legt Auslieferung an
EWM: Umbuchungsanforderung
ERP: Umbuchung (411) – Update JIT</td><td>Lieferungsbasierte Integration

ERP: JIT-Abruf legt Auslieferung an
EWM: Auslieferung/Warenausgang
ERP: Umbuchung (411) – Update JIT</td><td>Lieferungsbasierte Integration

2-Stufige Umlagerung</td></tr>
<tr><td>JIT-Abruf
Umbuchung</td><td colspan="2" rowspan="2">Synchrone Warenbewegungen
SAP EWM embedded S/4HANA</td><td colspan="2"></td></tr>
<tr><td>Serienfertigung</td><td>Abrufteile MFBF
Umlagerung und retrograde Entnahme</td><td></td></tr>
<tr><td rowspan="3">Erweiterte Produktionsintegration</td><td>Kistenteil</td><td colspan="2">Nachschub
Über /SCWM/REPL</td><td colspan="2" rowspan="3"></td></tr>
<tr><td>Auftragsspezifische Bereitstellung</td><td colspan="2" rowspan="2">Produktionsmaterialanforderung (PMA) mit Bereitstellung in SAP EWM

+ Bereitstellung über Lageranforderung (SAP DMC)
+ Integration mit SAP ME/MII
+ Integration mit externem MES über APIs
+ Bereitstellung von WIA-Bestand</td></tr>
<tr><td>Auftragsübergreifende Bereitstellung</td></tr>
</table>

Abbildung 10.8 Bereitstellungsoptionen und Prozesse

Bevor wir Ihnen im nächsten Abschnitt die unterschiedlichen Optionen und Szenarien erläutern, möchten wir auf die in Abbildung 10.8 erwähnten Fertigungs- und Bereitstellungsarten eingehen:

- *Kanban* bezeichnet ein Verfahren zur Produktions- und Materialflusssteuerung, mit dem die Materialbereitstellung verbrauchsorientiert gesteuert werden kann und die für die Fertigung benötigten Mengen in Behältern bereitgehalten werden. Die Bereitstellung eines neuen, vollen Behälters wird dabei erst dann mithilfe eines Kanban-Impulses ausgelöst, wenn ein entsprechender Kanban-Behälter leer ist und das Material – in der Regel Kistenteile – auch tatsächlich benötigt wird. In der Zwischenzeit wird der Bedarf durch einen anderen Behälter überbrückt.
- In der Serien- oder diskreten Fertigung mit hohen planbaren Bedarfsmengen erfolgt die Materialbereitstellung häufig *just in time* mit nur minimaler Lagerhaltung der erforderlichen Komponenten. Die fertigungssynchrone Bereitstellung zum Bedarfszeitpunkt erfolgt dabei über sogenannte *JIT-Abrufe*.
- Die *Serienfertigung* zeichnet sich durch die Fertigung einer größeren Menge oder Stückzahl eines Produkts über einen längeren Zeitraum hinweg aus. Embedded SAP EWM in SAP S/4HANA unterstützt synchrone Warenbewegungen sowohl für die Materialbereitstellung als auch für den Verbrauch. Im Gegensatz dazu unterstützt die *lieferungsbasierte Integration* nur die Bereitstellung von Abrufteilen aus einem SAP-EWM-verwalteten Lagerort an einen – aufgrund der retrograden Entnahme – nicht mit SAP EWM verwalteten PVB durch eine ein- oder zweistufige Umlagerung.

Im nachfolgenden Abschnitt beschreiben wir zunächst die Materialbereitstellung mit SAP EWM in Bezug auf das System, in dem die Produktionsversorgung ausgelöst wurde, und gehen dabei auf die wesentlichen Funktionen ein. Die für die erweiterte Produktionsintegration und Bereitstellung von Kommissionier- und Abrufteilen verwendeten Begriffe der *auftragsspezifischen* und *auftragsübergreifenden* Bereitstellung erläutern wir im Zusammenhang mit der durch das SAP-EWM-System ausgelösten Materialbereitstellung in Abschnitt 10.2.2, »Erweiterte Produktionsintegration«.

10.2 Materialbereitstellung

SAP EWM unterstützt verschiedene Optionen der Materialbereitstellung, unabhängig davon, ob die Produktionsversorgung durch SAP EWM, durch SAP ECC bzw. durch SAP S/4HANA oder durch ein externes Produktionssystem wie SAP Manufacturing Execution (SAP ME) oder SAP Digital Manufacturing Cloud (SAP DMC) ausgelöst wurde (siehe Abbildung 10.2).

10.2.1 Durch SAP ECC oder SAP S/4HANA ausgelöste Bereitstellung

Im Zusammenhang mit der durch SAP ECC oder SAP S/4HANA ausgelösten Materialbereitstellung möchten wir in diesem Abschnitt zwischen der lieferungsbasierten Integration, synchronen Warenbewegungen und der fertigungssynchronen Bereitstellung über JIT-Abrufe in Embedded SAP EWM in SAP S/4HANA unterscheiden.

Die Integration der lieferungsbasierten Produktionsversorgung richtet sich dabei insbesondere nach den vier erläuterten Möglichkeiten der Zuordnung des PVB in der Organisationsstruktur (siehe Abbildung 10.3):

- Sowohl der PVB als auch der bereitzustellende Bestand befinden sich im gleichen, durch SAP EWM verwalteten Lagerort. Die Integration der Bereitstellung durch SAP EWM erfolgt dabei ohne Umbuchungen und Änderungen der Bestandsart in SAP ECC oder SAP S/4HANA.
- Der PVB und der bereitzustellende Bestand sind beide unter der gleichen Lagernummer in SAP EWM verwaltet, befinden sich aber in unterschiedlichen (getrennten) SAP-ERP-Lagerorten und haben damit unterschiedliche Verfügbarkeitsgruppen in SAP EWM. (Lesen Sie hierzu auch die Erläuterungen zu den Bestandsarten und Verfügbarkeitsgruppen in Kapitel 5, »Bestandsverwaltung«.) Bei der Bereitstellung erfolgt eine Umbuchung mit Änderung der Bestandsart. In der SAP-ERP-Komponente MM-IM wird diese Umbuchung durch eine Umlagerung zwischen den Lagerorten nachvollzogen.
- Alternativ können PVB-Bestände auch auf Nicht-EWM-verwalteten Lagerorten bestandsgeführt werden. Die Bereitstellung aus einem SAP-EWM-verwalteten Bestand stellt dabei eine Auslieferung dar. In der SAP-ERP-Komponente MM-IM erfolgt zeitgleich eine Umbuchung zwischen den Lagerorten.
- Der PVB sowie der bereitzustellende Bestand werden in zwei Lagerorten geführt, die beide durch SAP EWM verwaltet werden, sich aber in unterschiedlichen SAP-EWM-Lagernummern befinden. Bei der Bereitstellung findet daher eine Umlagerung (Auslieferung im abgebenden SAP EWM und Anlieferung im empfangenden SAP EWM) zwischen den beiden SAP-EWM-Lagernummern statt.

Im Vergleich zur lieferungsbasierten Produktionsintegration mit SAP EWM profitiert Embedded SAP EWM in SAP S/4HANA von zahlreichen Vereinfachungen und der noch engeren Integration der Bereitstellungsprozesse durch synchrone Warenbewegungen und die Vermeidung redundanter Belege.

Im nachfolgenden Abschnitt stellen wir Ihnen die lieferungsbasierte Produktionsversorgung, JIT-Abrufe sowie die synchronen Warenbewegungen mit Embedded SAP EWM in SAP S/4HANA vor. In allen Fällen wird die Bereitstellung im SAP-ERP-System ausgelöst.

Lieferungsbasierte Produktionsversorgung

Mit der lieferungsbasierten *Produktionsversorgung* wurde in Release SAP EWM 7.0 eine Lücke geschlossen und der Warenausgang um einen wichtigen Prozess ergänzt. Der Prozess der Produktionsversorgung (Production Supply) umfasst die Tätigkeiten, die für die Bereitstellung der Komponenten an die Arbeitsplätze oder Maschinen in der Produktion erforderlich sind.

Die Integration von SAP ERP mit SAP EWM und die Bereitstellung im PVB erfolgt bei diesem Szenario über Lieferbelege als Nachschubelemente. Je nachdem, ob der PVB bzw. der zugeordnete Ziellagerort durch SAP EWM verwaltet wird, wird dabei in SAP EWM entweder eine Auslieferung oder eine Umbuchungsanforderung angelegt (siehe Abbildung 10.8).

Abbildung 10.9 zeigt den grundsätzlichen Ablauf und die Integration der lieferungsbasierten Produktionsversorgung für einen Fertigungsauftrag mit SAP EWM unter Berücksichtigung der unterschiedlichen organisatorischen Zuordnung des PVB. Die Bereitstellung für die Produktion und der Verbrauch von Komponenten wird bei der lieferungsbasierten Produktionsversorgung stets durch SAP ERP ausgelöst.

Bei der Bereitstellung werden die Produkte zum Produktionsversorgungsbereich gebracht. Je nachdem, ob es sich bei dem PVB um einen SAP-EWM-geführten Lagerort handelt oder nicht, findet die Bereitstellung mithilfe von Anlieferungen oder Auslieferungen bzw. als Umbuchung statt. Das Ergebnis ist in allen Fällen eine Bestandserhöhung im PVB.

Für die Bereitstellung an einen SAP-EWM-verwalteten PVB werden die für die die Fertigung benötigten Kommissionierteile in SAP ERP über Transaktion CO02 oder MF60 angefordert. SAP ERP legt dabei eine Auslieferung an, die als Umbuchungsanforderung in SAP EWM repliziert wird und nach der Aktivierung eine Umbuchung erzeugt.

Zu dieser Umbuchung werden anschließend Lageraufgaben erstellt und die angeforderten Komponenten im PVB bereitgestellt. Die Quittierung der Lageraufgaben und die Bestandserhöhung im PVB führen in SAP ERP zu einer Bestandsveränderung mit einer Umbuchung.

Für die Bereitstellung an einem MM-IM-verwalteten Lagerort statt (PVB ist nicht SAP-EWM-verwaltet) wird in SAP EWM eine Auslieferung angelegt, kommissioniert und abschließend der Warenausgang gebucht. Bei einer zweistufigen Umlagerung zwischen zwei EWM-verwalteten Lagerorten in zwei SAP-EWM-Lagernummern erzeugt SAP ERP für das abgebende Lager eine Auslieferung und für das empfangende Lager eine Anlieferung.

Der Verbrauch bei der lieferungsbasierten Produktionsversorgung für eine retrograde Entnahme wird mithilfe einer Verbrauchslieferung im System abgebildet. Nach der Rückmeldung des Fertigungsauftrags erzeugt SAP ERP eine Auslieferung für die verbrauchten Komponenten.

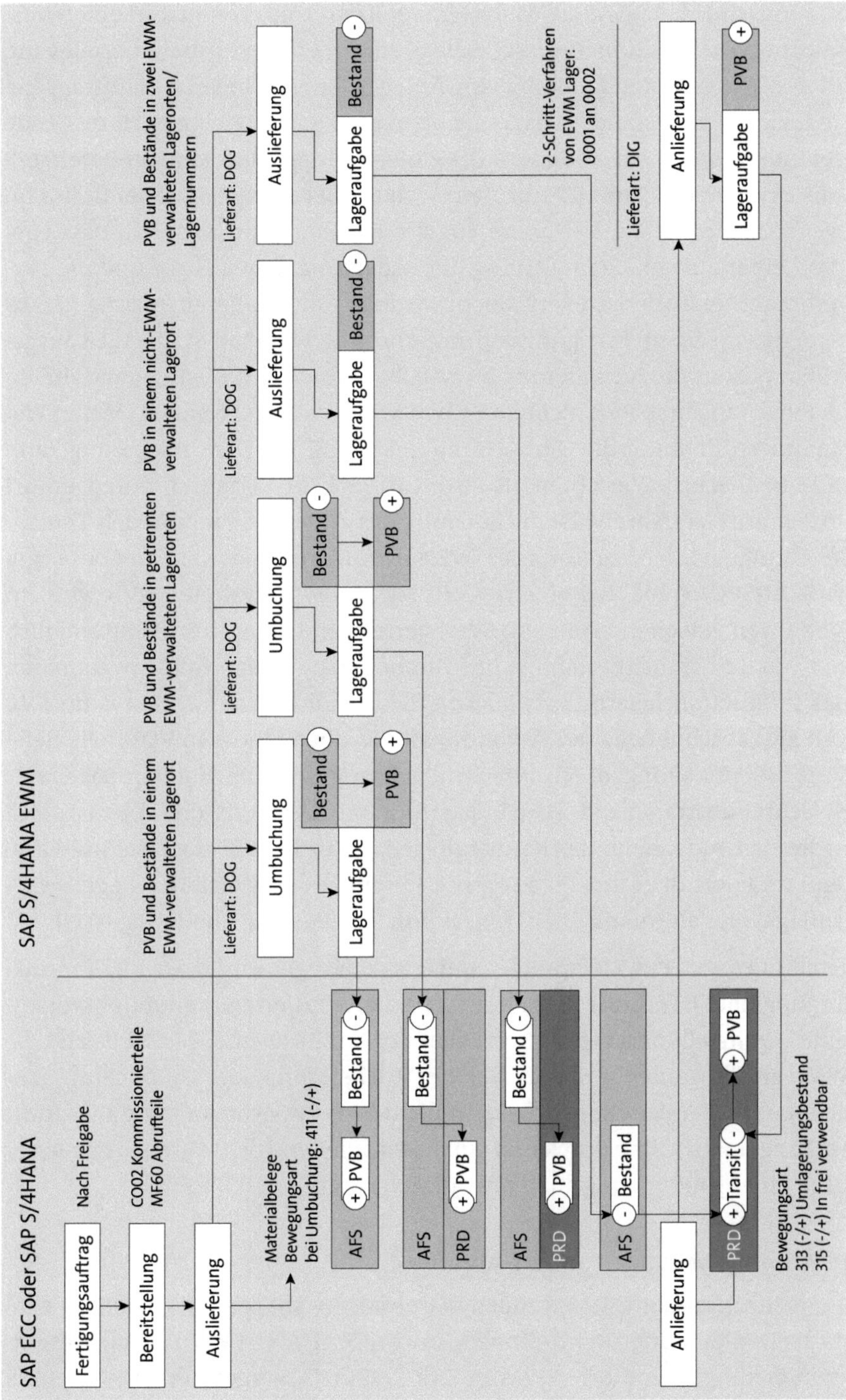

Abbildung 10.9 Überblick über die wesentlichen Funktionen der lieferungsbasierten Integration mit einem dezentralen SAP S/4HANA EWM

Die Auslieferung wird an das SAP-EWM-System repliziert und erzeugt dort einen Auslieferungsauftrag. Die Positionen dieses Belegs sind nicht kommissionierrelevant. Daher wird der Warenbestand sofort beim Anlegen des Auslieferungsauftrags gebucht. Er reduziert den Bestand im PVB und erzeugt in SAP ERP eine entsprechende Bestandsveränderung. Die in Abbildung 10.9 nicht dargestellte Kanban-Bereitstellung bzw. die Bereitstellung mit JIT-Abrufen erfolgt dabei ebenfalls auf der Basis von Lieferbelegen: Kanban ist ein Verfahren zur Produktions- und Materialflusssteuerung, das von einer aufwendigen Planung der Bedarfsmengen absieht und die Produktion verbrauchsorientiert steuert. Dabei wird die Kanban-Bereitstellung in SAP ERP, unabhängig von einem Fertigungsauftrag, durch den Kanban-Status **LEER** ausgelöst. SAP ERP repliziert die Auslieferung an SAP EWM und führt die Lageraktivitäten aus. Falls der empfangende PVB nicht SAP-EWM-verwaltet, bucht SAP EWM den Warenausgang und stößt damit die Umbuchung in SAP ERP an. Die Umlagerung kann dabei sowohl im 1-Schritt-Verfahren als auch im 2-Schritt-Verfahren durchgeführt werden. Im 2-Schritt-Verfahren löst die Buchung des Warenausgangs in den Transitbestand des empfangenden Lagerorts des PVB eine Änderung des Kanban-Status von **LEER** in **IN TRANSPORT** aus. Bei einem Nicht-SAP-EWM-verwalteten PVB wird im 2-Schritt-Verfahren jedoch nicht an SAP EWM verteilt und dient in SAP ERP lediglich als Referenz, um den Transitbestand beim Wareneingang in den frei verwendbaren Bestand des Produktionslagerorts zu buchen. Die Erhöhung des Bestands im PVB führt in SAP ERP abschließend zur Änderung des Kanban-Status in **VOLL**. Die lieferungsbasierte Bereitstellung durch eine Umlagerung wird im Kanban-Regelkreis durch die Nachschubstrategie PM08 (Umlagerung mit Lieferung (EWM)) ausgelöst. Sie pflegen die Stammdaten für den Kanban-Regelkreis in SAP ERP über das SAP-Easy-Access-Menü und dort über den Pfad **Logistik • Produktion • KANBAN • Regelkreis • Regelkreispflege** oder alternativ über Transaktion PKMC (siehe Abbildung 10.13).

Die Bereitstellung durch den Lieferanten oder aus dem Lager wird bei der JIT-Produktionsversorgung über JIT-Abrufe ausgelöst. In der lieferbasierten Produktionsversorgung für eine Bereitstellung aus dem Lager erstellt SAP ERP ebenfalls Lieferbelege, die an SAP EWM verteilt werden und dort zu einer Auslieferung oder Umbuchung führen. Für die Materialbereitstellung in einem nicht-SAP-EWM-verwalteten PVB führt SAP EWM die Lageraktivitäten durch und bucht abschließend den Warenausgang, der in SAP ERP zu einer Umbuchung an den MM-IM-verwalteten PVB führt.

Synchrone Warenbewegungen und JIT-Abrufe

In Kapitel 2, »Einführung in SAP Extended Warehouse Management«, haben wir Ihnen bereits die Implementierungsoptionen von SAP S/4HANA EWM und die wesentlichen Vereinfachungen von SAP EWM in SAP S/4HANA vorgestellt. Die Vereinfachungen umfassen dabei den Verzicht auf redundante Belege, die Nutzung gemeinsamer Stammdaten und die Integration synchroner Warenbewegungen. Warenbewegungen in der Bestandsführung MM-IM führen dabei zur synchronen Erstellung von Lageraufgaben in Embedded SAP EWM. Aus Sicht der Produktionsprozesse wirken sich diese Vereinfachungen dabei nicht nur auf die Warenausgangs- und Wareneingangsbuchungen über Transaktion MIGO oder Transaktion CO15, sondern auch auf die Buchungen im Zusammenhang mit den Bereitstellungsmethoden Kanban und den synchronen Warenbewegungen für Serienfertiger aus.

Um synchrone Warenbewegungsbuchungen zu verwenden, müssen Sie diese für jede SAP-EWM-Lagernummer aktivieren. Sie finden diese Einstellungen im SAP-EWM-Customizing über den Pfad **Extended Warehouse Management • Schnittstellen • ERP-Integration • Warenbewegungen**. Hier können Sie auch weitere Einstellungen für synchrone Warenbewegungen vornehmen, beispielsweise die Lagerprozessart für die Lagerplatzfindung beim Buchen eines synchronen Wareneingangs, bei der Fremdbeschaffung oder bei der Produktion über Transaktion MIGO oder bei der Rückmeldung des Fertigungsauftrags über Transaktion CO15.

In diesem Abschnitt geben wir Ihnen einen Überblick über die Integration mit synchronen Warenbewegungen für Kanban und Serienfertiger und gehen abschließend auf die JIT-Produktionsversorgung der nächsten Generation ein. Voraussetzung für die nachfolgend beschriebenen Funktionen ist der Einsatz von Embedded SAP EWM in SAP S/4HANA.

Kanban-Bereitstellung

Im vorangehenden Abschnitt sind wir auf die lieferungsbasierte Integration der Kanban-Bereitstellung eingegangen. Seit SAP S/4HANA 1909 in Kombination mit Embedded SAP EWM in S/4HANA kann die Bereitstellung auch direkt über Lageraufgaben in SAP EWM erfolgen, wenn ein Behälter in SAP S/4HANA auf **LEER** gesetzt wird.

Diese Funktionalität ermöglicht eine engere Integration von Produktions- und Lagerprozessen und führt zu einer Prozessverbesserung, da die Produktion die Bestandssituation im PVB mithilfe der *Kanban-Tafel* überwachen und die Bereitstellung des Nachschubs durch das Lager direkt (ohne Zwischenbelege) auslösen kann. Nach der Bereitstellung und Quittierung der entsprechenden Lageraufgabe wird der Status des bereitgestellten Behälters sofort in **VOLL** aktualisiert und ist für den *Shopfloor* sichtbar. SAP S/4HANA 2020 brachte eine weitere Vereinfachung durch das automatische Quittieren der entsprechenden Lageraufgabe, sobald die Produktion eine manuelle Statusänderung, beispielsweise über die Kanban-Tafel, durchführt.

Abbildung 10.10 zeigt eine Übersicht über die Integration der Kanban-Bereitstellung mit Embedded SAP EWM in SAP S/4HANA über Lageraufgaben. Zur Überwachung und Steuerung steht Ihnen in SAP die Kanban-Tafel zur Verfügung. Neben den aktuellen Beständen im PVB, dem aktuellen Behälterstatus und den Behältermengen können Sie hier durch eine Statusänderung auch den Nachschub auslösen. Sie finden die Kanban-Tafel in SAP ERP über den Pfad **Logistik • Produktion • Kanban • Steuerung •**

Kanbantafel • Verbrauchsübersicht im SAP-Easy-Access-Menü oder alternativ über Transaktion PK13N. Mit Transaktion PK31 können Sie für den Regelkreis eine Korrektur der Bereitstellung durch eine manuelle Änderung des Behälterstatus vornehmen und Bestände zurückbuchen.

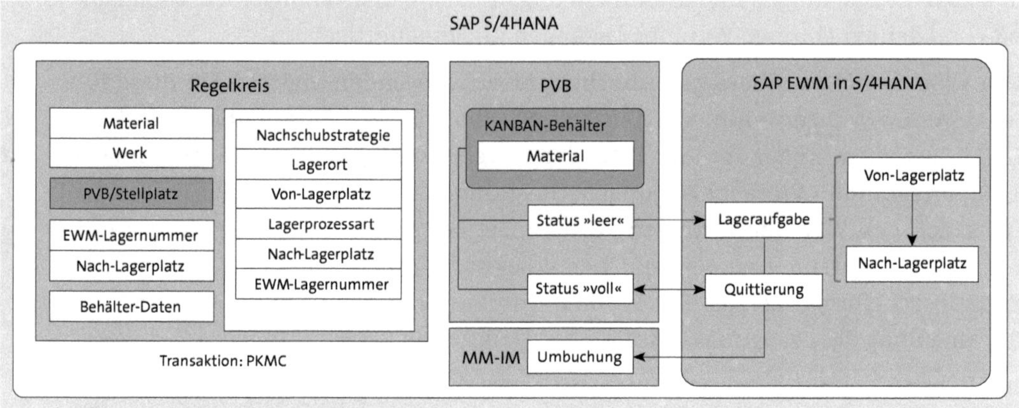

Abbildung 10.10 Kanban-Bereitstellung mit Lageraufgaben

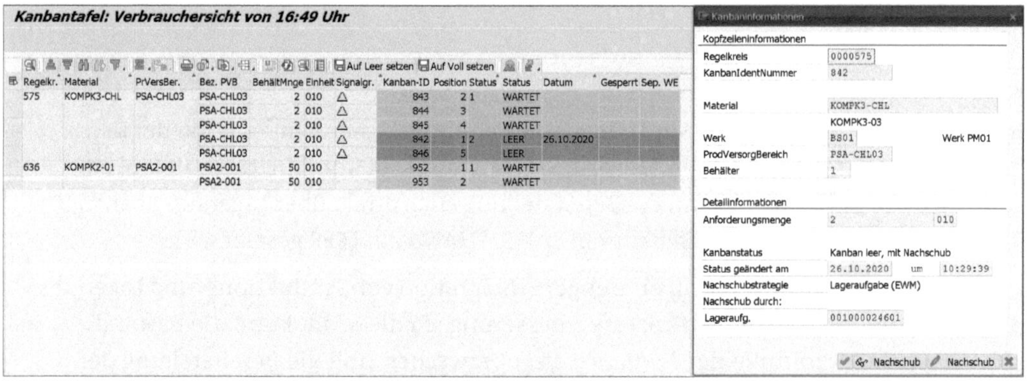

Abbildung 10.11 Kanban-Tafel mit Behälterstatus

Abbildung 10.11 zeigt eine Kanban-Tafel mit der Verbrauchsübersicht, den Behältermengen und dem Kanban-Status der Behälter. Zwei Behälter haben den Status **LEER**. Der Status erzeugt einen Kanban-Impuls, der den Nachschub gemäß den Einstellungen der Nachschubsteuerung im Kanban-Regelkreis 575 auslöst. Sie können die Bereitstellung auch manuell auslösen, indem Sie den Status über Transaktion PK21 setzen. Sie finden diese Transaktion in SAP ERP über den Pfad **Logistik • Produktion • Kanban • Steuerung • Kanbanimpuls • Manueller Eintrag** im SAP-Easy-Access-Menü.

In diesem Beispiel wurde für den leeren Behälter 842 über den Regelkreis 575 bereits eine Bereitstellung mit einer Lageraufgabe 1000024601 ausgelöst. Über den Button **Nachschub** kann die Lageraufgabe direkt aufgerufen oder geändert werden.

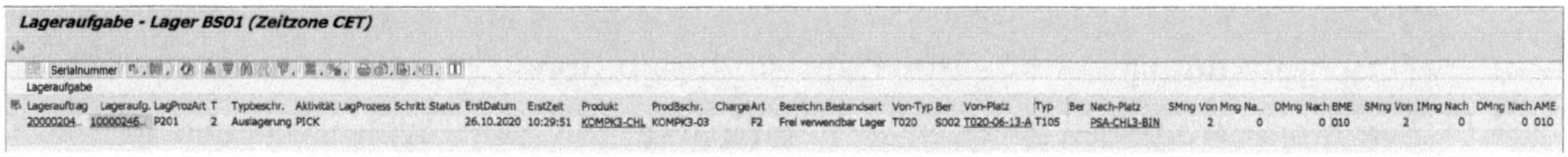

Abbildung 10.12 Lageraufgabe für die Kanban-Bereitstellung

Abbildung 10.12 zeigt die Lageraufgabe zur Bereitstellung auf den Nach-Platz PSA-CHL3-BIN, der dem PVB PSA-CHL3 zugewiesen ist. Die Bereitstellung erfolgt gemäß den Einstellungen im Regelkreis. Sie finden die entsprechenden Einstellungen im SAP-Easy-Access-Menü über den Pfad **Regelkreis • Regelkreispflege**. Alternativ verwenden Sie dazu Transaktion PKMC.

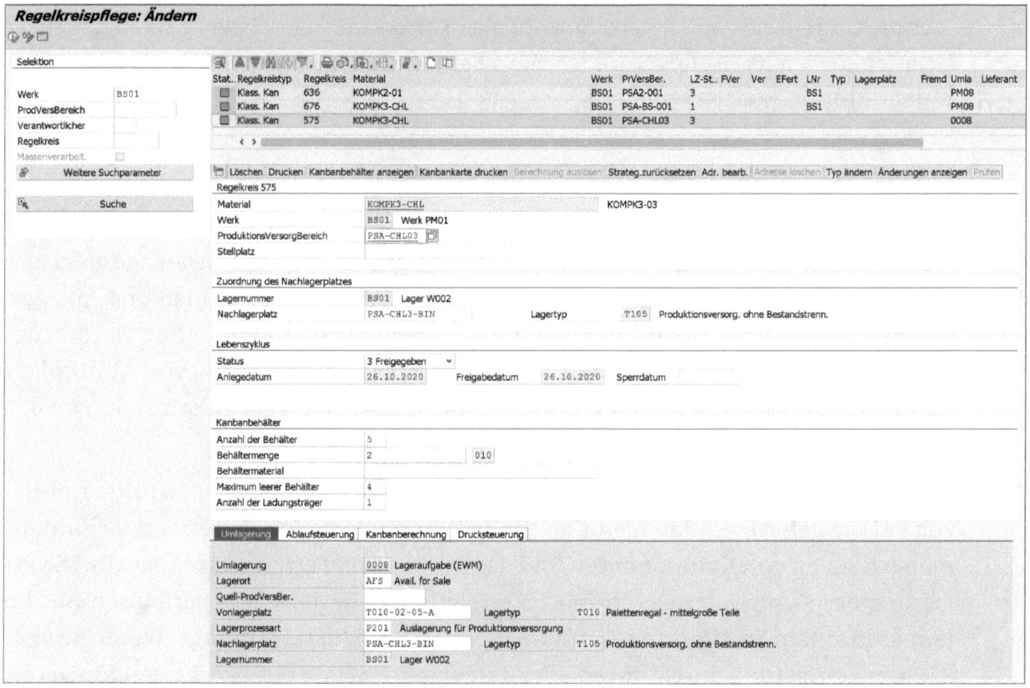

Abbildung 10.13 Kanban-Regelkreis mit Nachschubstrategie: Lageraufgabe

Abbildung 10.13 zeigt den Kanban-Regelkreis 575 für die Bereitstellung des Materials KOMPK3-CHL im PVB PSA-CHL03 im Werk BS01. Die direkte Erstellung von Lageraufgaben in SAP EWM embedded in SAP S/4HANA wird durch die Nachschubstrategie 0008 (Lageraufgabe [EWM]) ausgelöst. Die Kanban-Bereitstellung wird über die Lagerprozessart P201 gesteuert.

Die werksspezifische Konfiguration für die Nachschubstrategie 0008 finden Sie im Customizing über den Pfad **Produktion • KANBAN • Nachschubstrategien • Umlagerungsstrategien festlegen**. Die für die Nachschubstrategie verwendete Steuerungsart 8 führt zu einer Umlagerung mit Lageraufgaben.

[»]

Einschränkungen der direkten Kanban-Integration

Synchrone Warenbewegungen in Kombination mit SAP EWM embedded in SAP S/4HANA werden über den Funktionsbaustein `MB_CREATE_GOODS_MOVEMENT` mit der Bestandsführung kommuniziert. Voraussetzung für die Nutzung synchroner Warenbewegungen ist dabei u. a. die Aktivierung synchroner Lagerplatzbuchungen in den entsprechenden Fertigungssteuerungsprofilen der Produktion.

Die Synchronisation von Warenbewegungen und die lageraufgabenbasierte Integration der Kanban-Bereitstellung ohne Zwischenbelege mit einer Lagerplatzfindung über den Regelkreis hat jedoch auch einige funktionale Einschränkungen. Diese Einschränkungen betreffen insbesondere die Lagerungssteuerung. SAP-Hinweis 1037750 enthält eine Beschreibung der funktionalen Einschränkungen beim lageraufgabenbasierten Kanban. Sie finden diesen Hinweis im SAP Support Portal über die folgende URL: *http://support.sap.com*

Synchrone Warenbewegungen für Serienfertiger

Bei der *Serienfertigung* wird eine größere, aber begrenzte Menge oder Stückzahl eines Produkts über einen längeren Zeitraum auf der gleichen Produktionsanlage gefertigt. Dabei durchläuft das Produkt in einem stetigen Prozess die Maschinen und Anlagen einer Fertigungslinie. Die für die Fertigung notwendigen Komponenten werden dabei anonym an der Fertigungslinie bereitgestellt. Die Bereitstellung von Abrufteilen erfolgt mit Transaktion MF60. Das System prüft dabei die Bestandssituation an der Linie, errechnet die Fehlmengen und stößt den Nachschub an.

In der Serienfertigung erfolgt die Rückmeldung des Produktionsfortschritts mit Bezug auf die gefertigten Mengen und schließt normalerweise die retrograde Entnahmebuchungen von Komponenten und das Buchen von Fertigungskosten ein. Die Erfassung des Komponentenverbrauchs erfolgt dabei in der Regel periodisch für die jeweils in einem bestimmten Zeitraum gefertigte Produktionsmenge. Wenn Sie eine Zählpunkterfassung durchführen oder den Wareneingang des Fertigerzeugnisses erfassen, wird automatisch der Komponentenverbrauch gebucht.

Mit dieser retrograden Verbrauchsbuchung wird der Verbrauch unabhängig von dem tatsächlichen Entnahmezeitpunkt durch die Fertigung im System erfasst. Die Art der Rückmeldung wird über ein Serienfertigungsprofil gesteuert. Mit dem Profil steuern Sie u. a., auf welche Weise der Verbrauch retrograd – als sogenannte *Backflush Consumption* – beim Wareneingang des Fertigerzeugnisses zurückgemeldet wird.

Das Serienfertigungsprofil wird im Materialstamm in den Werksdaten des Materials in der Sicht **Disposition 4** hinterlegt. Hier legen Sie auch fest, ob ein Material für die Serienfertigung zugelassen ist. Sie finden das Serienfertigungsprofil im ERP-Customizing über den Pfad **Produktion • Serienfertigung • Steuerung • Serienfertigungs-**

profile festlegen. Alternativ können Sie das Serienfertigungsprofil auch über einen Assistenten anlegen. Sie erreichen den Assistenten über Transaktion OSPT.

Der Nachschub und die Materialbereitstellung von Abrufteilen konnten aufgrund der retrograden Entnahme bisher nur aus einem SAP-EWM-verwalteten Quelllagerort an einen PVB, der einem MM-IM-verwalteten Ziellagerort zugeordnet wurde, erfolgen. Die retrograde Entnahme mit einer asynchronen Warenausgangsbuchung der entnommenen Komponenten aus einem SAP-EWM-verwalteten Lagerort wurde nicht unterstützt.

Die Einstellungen für den Quell- und Ziellagerort nehmen Sie im Regelkreis vor. Im Regelkreis wurde auch der MM-IM-verwaltete PVB zugewiesen (siehe Abbildung 10.5). Die Integration der Materialbereitstellung mit SAP EWM erfolgt lieferungsbasiert durch eine Umlagerung im 1- oder 2-Schritt-Verfahren. Mit der Buchung des Warenausgangs in SAP EWM erfolgt in der Bestandsverwaltung von SAP ERP eine Umbuchung auf den MM-IM-verwalteten Produktionslagerort (Bewegungsart 411). 10

Die Rückmeldung über Transaktion MFBF löst für den Wareneingang des Endprodukts das Erstellen einer Anlieferung für den SAP-EWM-verwalteten Lagerort aus. Mit der Bestätigung des Wareneingangs und der Einlagerung in SAP EWM wird ein Belegprotokoll für den erfolgten Wareneingang fortgeschrieben. Die Buchung des Warenausgangs für die verbrauchten Komponenten aus dem IM-Lagerort musste separat durchgeführt werden.

Seit SAP S/4HANA 2020 kann der Warenausgang der Komponenten aus einem SAP-EWM-verwalteten Lagerort (PVB) mit dem Wareneingang des Endprodukts synchron erfolgen. Voraussetzung für die synchrone Warenbewegung ist SAP EWM embedded in SAP S/4HANA (siehe Abbildung 10.14).

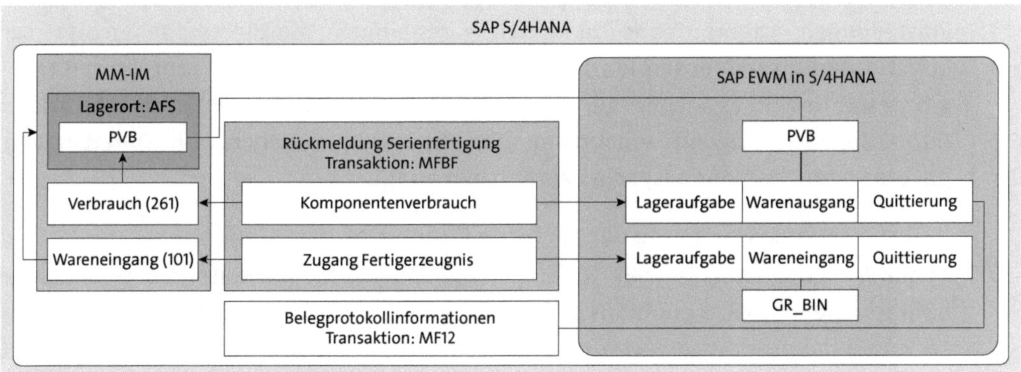

Abbildung 10.14 Synchrone Warenbewegungen für Serienfertiger

Abbildung 10.14 zeigt die Integration der Rückmeldung mit synchronen Warenbewegungen für Serienfertiger ohne Lieferbelege. In diesem Beispiel wird ein SAP-EWM-verwalteter Lagerort und ein PVB verwendet. Die Rückmeldung des Komponentenverbrauchs und des Zugangs des Fertigerzeugnisses über Transaktion MFBF erzeugt dabei einen Materialbeleg mit dem Verbrauch und dem Wareneingang und legt hierzu automatisch Lageraufgaben in SAP EWM embedded in SAP S/4HANA an. Die Buchung der synchronen Warenbewegung aus der Bestandsführung erfolgt dabei über den Funktionsbaustein `EWMMB_CREATE_GOODS_MOVEMENT`.

Voraussetzung für die Nutzung synchroner Warenbewegungen für Produktionsrückmeldungen von oder nach SAP EWM embedded in SAP S/4HANA ist die Aktivierung synchroner Warenbewegungen im Serienfertigungsprofil. Durch die Aktivierung werden die Bestandsmengen in SAP EWM und die entsprechenden Bestandsveränderungen in MM-IM synchron aktualisiert.

Für die synchrone Wareneingangsbuchung können die Lageraufgaben automatisch oder manuell angelegt werden. Für Endprodukte, die direkt nach dem Wareneingang aus der Fertigung eingelagert werden sollen, können Sie die Lageraufgaben zum Zielplatz automatisch anlegen lassen. Für Produkte, die zunächst noch verpackt werden müssen, können Sie die Lageraufgaben manuell anlegen.

Sie aktivieren die automatische Erstellung von Lageraufgaben beim Wareneingang in der Konfiguration des Lagertyps im EWM-Customizing über den Pfad **Stammdaten • Lagertypen definieren**. In der **Einlagerungssteuerung** aktivieren Sie mit dem Parameter 1 in **Automat. LB-Erstellung bei WE** für jedes Produkt das automatische Erstellen der Lageraufgaben für die Einlagerung auf den Ziellagertyp. Für eine differenzierte Steuerung der Einlagerung über die Lagerprozessart verwenden Sie den Parameter 2. In diesem Fall bestimmt die ermittelte Lagerprozessart, ob die Lageraufgabe automatisch erstellt wird. Die Einstellungen für die Lagerprozessart und die Findung der Lagerprozessart finden Sie im EWM-Customizing über den Pfad **Prozessübergreifende Einstellungen • Lageraufgabe**. Da für den Wareneingang die Lageraufgaben ohne Lageranforderung erstellt werden, müssen Sie eine Findung der Lagerprozessart (**Lagerprozessart finden**) einstellen, allerdings ohne Belegart, Positionsart und Lieferpriorität, dafür aber mit dem entsprechenden Prozesskennzeichen, z. B. **004 Eingang unverpackter Positionen (synchr. Warenbewegung)**.

JIT-Produktionsversorgung der nächsten Generation

In der Fertigung ist der zur Verfügung stehende Platz für die Materialbereitstellung häufig begrenzt. Darüber hinaus soll die Kapitalbindung durch die Verringerung von Lagerbeständen reduziert werden. Insbesondere in der Automobilindustrie sollen daher externe Zulieferer oder das interne produktionsversorgende Lager kleinere Mengen von Bauteilen und Komponenten mehrmals täglich zum Bedarfstermin bereitstellen.

Während bei einer Just-in-Time-Bereitstellung (JIT) lediglich der Zeitpunkt und nicht die Reihenfolge der Teile eine Rolle spielt, müssen bei der *Just-in-Sequence*-Bereitstellung (JIS) die richtigen Komponenten in der richtigen Reihenfolge zum Bedarfstermin an die Fertigungslinie geliefert werden. Die bedarfs- und verbrauchsgesteuerte Bereitstellung durch den externen Lieferanten oder das Lager wird dabei durch JIT-Abrufe gesteuert und ausgelöst.

Die Produktion in SAP S/4HANA unterstützt die Prozesse der JIT-basierten Materialbereitstellung mit zahlreichen Anwendungen und neuen Funktionen. In diesem Abschnitt erläutern wir Ihnen die seit SAP S/4HANA 2020 verfügbare interne Bereitstellung über JIT-Abrufe mit SAP EWM embedded in SAP S/4HANA. Im vorangehenden Abschnitt haben Sie die Kanban-Bereitstellung über Lageraufgaben kennengelernt. Bei der JIT-Produktionsversorgung der nächsten Generation wird ebenfalls auf Auslieferungen verzichtet. Der JIT-Abruf löst direkt eine Lageranforderung für den internen Nachschub durch eine Umlagerung in SAP EWM aus. Die Lageraufgaben für die Bereitstellung auf dem Zielplatz können dabei manuell im Lagerverwaltungsmonitor (Lagermonitor), automatisch über eine PPF-Aktion oder über das Wellenmanagement angelegt werden (siehe Abbildung 10.15).

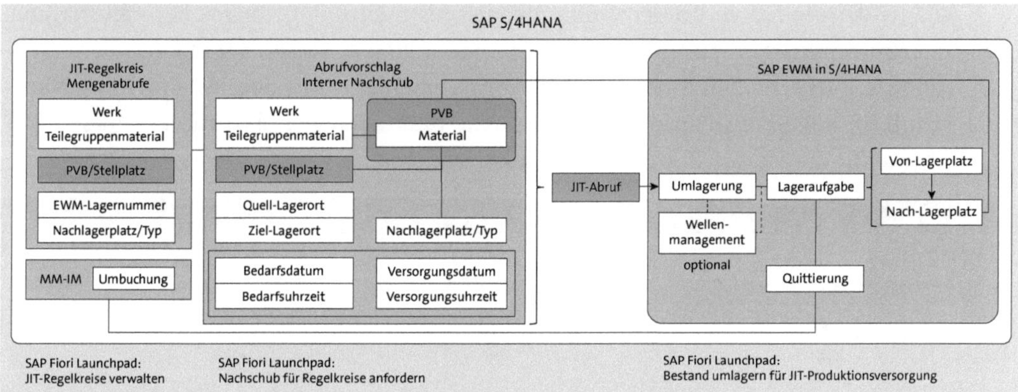

Abbildung 10.15 JIT-Produktionsversorgung mit internem Nachschub

Die Steuerung der fertigungssynchronen Bereitstellung oder Mengenabrufe erfolgt über JIT-Regelkreise. Mit dem Regelkreis werden dabei sowohl die Nachschubstrategie – intern über das Lager oder über einen externen Lieferanten – als auch die erforderlichen Mengen gesteuert. Für die Bereitstellung mit SAP EWM legen Sie sowohl die Quelle, von der das Material bereitgestellt wird, als auch das Ziel, an dem das Material verbraucht wird, fest.

Abbildung 10.16 zeigt die SAP-Fiori-App zur Verwaltung der JIT-Regelkreise. In diesem Beispiel steuert der Regelkreis 149 den internen Mengenabruf für das Material S455 über die SAP-EWM-Lagernummer BS01 in den PVB 52-PSA-001.

Abbildung 10.16 JIT-Regelkreis für den internen Nachschub

Die JIT-Abrufe für verbrauchs- oder bedarfsgesteuerte Regelkreise können manuell oder automatisch angelegt werden. Beim manuellen Auslösen der Materialbereitstellung im PVB ermittelt SAP S/4HANA Abrufvorschläge. Mit der SAP-Fiori-App **Nachschub für Regelkreise anfordern** können Sie manuell aus den Abrufvorschlägen JIT-Abrufe für die Materialbereitstellung auslösen.

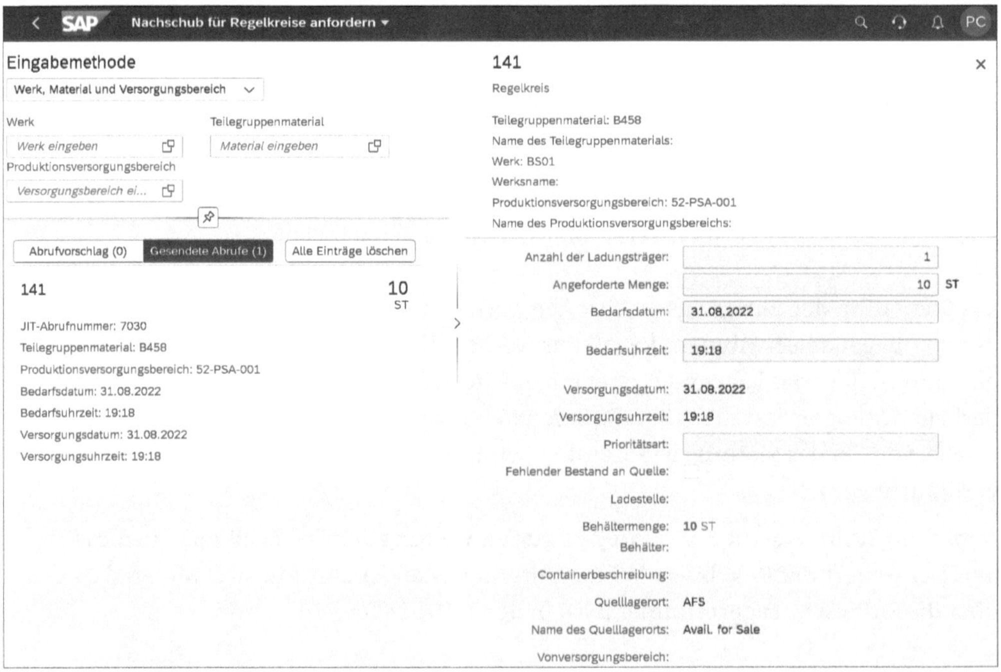

Abbildung 10.17 Manueller JIT-Abruf

Abbildung 10.17 zeigt das manuelle Auslösen eines JIT-Abrufs für den Regelkreis 141 aus dem vorausgegangenen Beispiel. Der JIT-Abruf 7030 für das Material B458 zum Bedarfstermin wird zur Bereitstellung an SAP EWM embedded in SAP S/4HANA gesendet und erzeugt dort eine Lageranforderung für die Bereitstellung von 10 ST im PVB 52-PSA-001. Die Voraussetzung für die Umlagerung und die interne Bereitstellung sind Bestände (Quelle) und PVBs (Ziel), die in einem oder mehreren SAP-EWM-verwalteten Lagerorten innerhalb einer SAP-EWM-Lagernummer verwaltet werden. Die ausgelösten und an SAP EWM gesendeten JIT-Abrufe können Sie mit dem Lagermonitor (Transaktion /SCWM/MON) überwachen.

Abbildung 10.18 zeigt den Lagermonitor mit dem Knoten **Stock Transfer for JIT Call**. In diesem Beispiel hat der JIT-Abruf 7030 eine Umlagerung in SAP EWM erzeugt. Die Erstellung der Lageraufgaben für die Umlagerung und die Warenbereitstellung im PVB 52-PSA-001 kann manuell, automatisch oder über das Wellenmanagement erfolgen.

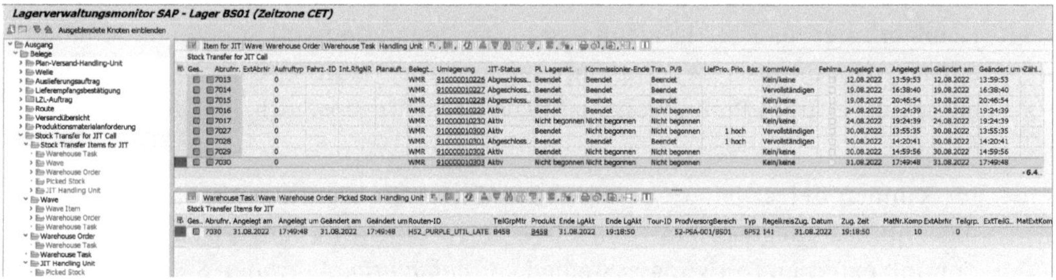

Abbildung 10.18 JIT-Abruf für die Umlagerung im Lagerverwaltungsmonitor

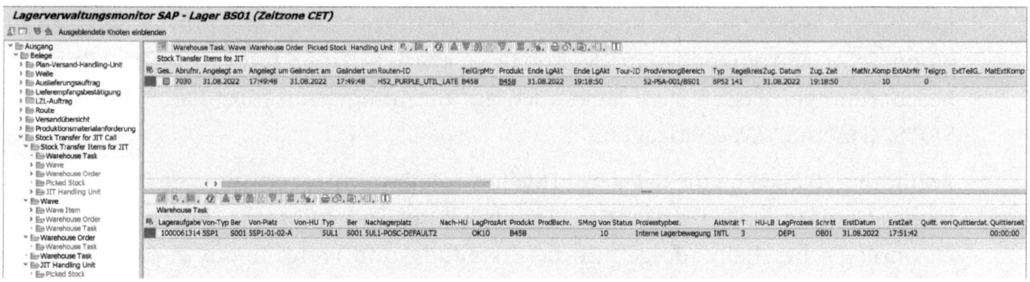

Abbildung 10.19 Lageraufgabe für die interne Lagerbewegung in den Produktionsversorgungsbereich

Abbildung 10.19 zeigt die erstellte Lageraufgabe für die interne Lagerbewegung und Bereitstellung im PVB vom Von-Platz 5SP1-01-02-A. Die Bereitstellung erfolgt in diesem Beispiel mit einer Warenverteilung über Transportgeräte (über einen sogenannten *Routenzug*). Für den PVB 52-PSA-001 wurde dabei der (Ziel)lagerplatz 5UL1-POSC-DEFAULT2 ermittelt. Auf die Intralogistik zur Produktionsversorgung gehen wir in Abschnitt 10.5, »Intralogistik zur Produktionsversorgung«, ein.

10.2.2 Erweiterte Produktionsintegration

Im Gegensatz zur in SAP ECC oder in SAP S/4HANA ausgelösten Materialbereitstellung gibt es bei der SAP-EWM-gesteuerten Bereitstellung nur zwei Szenarien: Die Bereitstellung von *Kistenteilen* (Crate Part Replenishment) und die *erweiterte Produktionsintegration* (Advanced Production Integration). Beide Szenarien unterstützen dabei die Materialbereitstellung in einem PVB, der einem SAP-EWM-verwalteten Lagerort zugeordnet ist (siehe Abbildung 10.8).

Die erweiterte Produktionsintegration ist seit Release 9.2. nahtlos mit der Produktionsauftragsabwicklung von SAP ERP integriert und unterstützt neben der Bereitstellung und Versorgung der Produktion mit Produkten auch den Wareneingang von Halbfabrikaten und Fertigerzeugnissen. Die Integration von SAP-ERP-Produktionsaufträgen für die diskrete Fertigung oder von Prozessaufträgen der Prozessfertigung erfolgt dabei über Produktionsmaterialanforderungen (auch *Production Material Requests*).

Im Rahmen der erweiterten Produktionsintegration unterstützt SAP EWM dabei nicht nur die Integration mit SAP ERP und SAP S/4HANA, sondern auch die Integration mit externen Fertigungssystemen (*Manufacturing Execution Systems*, MES) sowie mit SAP DMC (SAP Digital Manufacturing Cloud).

In diesem Abschnitt lernen Sie die Bereitstellung und den Verbrauch von Komponenten mit der erweiterten Produktionsintegration anhand eines Prozessbeispiels in einem SAP EWM embedded in SAP S/4HANA kennen. Die Erläuterungen und Prozessbeschreibungen lassen sich dabei auch auf die Integration mit einem dezentralen SAP S/4HANA EWM übertragen.

Abbildung 10.20 zeigt die Beleg- und Systemintegration der erweiterten Produktionsintegration für die Prozessschritte **Bereitstellung** und **Verbrauch**. Bevor wir dabei in chronologischer Reihenfolge auf die Erstellung und Freigabe des Produktionsauftrags über die Bereitstellung und den Verbrauch bis hin zur Räumung des Produktionsbereitstellungsbereichs eingehen, möchten wir die einzelnen Prozessschritte näher beschreiben:

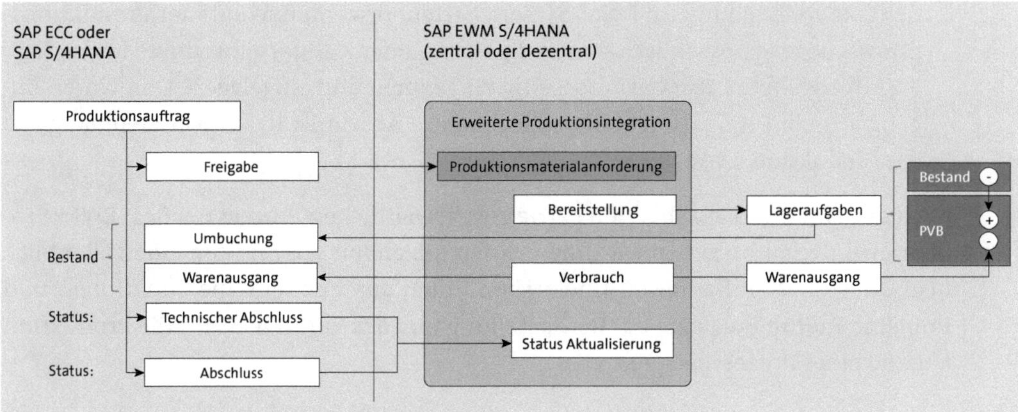

Abbildung 10.20 Prozessschritte »Bereitstellung« und »Verbrauch«

1. **Produktionsauftrag und Produktionsmaterialanforderung**
   Der Produktionsprozess beginnt im SAP-ERP-System (SAP ECC oder SAP S/4HANA) mit der Erstellung und Freigabe des Produktions- bzw. Prozessauftrags. Die für die Produktion eines Fertig- oder Halbfertigerzeugnisses benötigten Komponenten liegen bestandsseitig in einem SAP-EWM-verwalteten Lagerort. Damit die Kommissionierung, Bereitstellung und der spätere Verbrauch aus dem SAP-EWM-System heraus gebucht werden können, wird eine Produktionsmaterialanforderung (PMA) nach dem Vorbild der lieferungsbasierten Integration, basierend auf dem Produktions- bzw. Prozessauftrag erstellt. Die PMA enthält Informationen, z. B. zu Produkt und Charge, Bestandsinformationen (Werk, Lagerort), Informationen zu Arbeitsplatz und PVB sowie die Referenz zum Fertigungsauftrag. In SAP EWM mit warenbewegungssteuernden Informationen wie etwa Lagerprozessart, Warenbewegungsplatz und Bereitstellungsmethode angereichert, bildet die PMA den zentralen Beleg für die Kommissionierung, Bereitstellung und Verbrauchsbuchung.
2. **Kommissionierung und Bereitstellung**
   Im nächsten Schritt werden die Komponenten gemäß den verfügbaren Beständen aus dem Lagerplatz zu den vorgesehenen PVBs transportiert. Die dafür benötigten Lageraufträge und Lageraufgaben können automatisch oder manuell bzw. in Abhängigkeit der Bereitstellungsmethode auftragsspezifisch, auftragsübergreifend oder als Kistenteil-Nachschub erstellt werden.
3. **Verbrauchsbuchung und Abschluss des Produktionsauftrags**
   Die bereitgestellten Bestände werden über eine aus dem EWM-System angestoßene Verbrauchsbuchung für die Produktion ausgebucht. Der Produktionsauftrag kann anschließend im ERP-System abgeschlossen werden. Über die Auseinandersteuerung von technischem Abschluss und Abschluss des Produktionsauftrags kann zudem die Kontrolle über weitere Verbrauchsbuchungen und die Kompo-

nentenbereitstellung im EWM-System gesteuert werden. Wenn der Produktionsprozess abgeschlossen ist, werden die Fertig- oder Halbfertigprodukte in das SAP-EWM-verwaltete Lager bestandsseitig eingebucht und eingelagert. Den Wareneingang aus der Produktion stellen wir Ihnen in Abschnitt 10.4, »Wareneingang aus der Produktion«, vor.

Nach diesem Überblick über den betriebswirtschaftlichen Prozess der SAP-EWM-Produktionsintegration geben wir Ihnen in den folgenden Abschnitten einen Überblick über die Grundkonfiguration und stellen Ihnen anschließend die Funktionen und Implementierungsaspekte der Bereitstellung und des Verbrauchs für die Produktion anhand eines Prozessbeispiels vor.

Grundkonfiguration und vorgelagerte Einstellungen

In diesem Abschnitt gehen wir auf die Grundkonfiguration und die vorgelagerten Einstellungen für das Aufsetzen der erweiterten Produktionsintegration ein. Für die Integration der Materialbereitstellung über eine PMA ist es dabei zunächst unerheblich, ob Sie SAP EWM embedded in SAP S/4HANA oder ein dezentrales SAP S/4HANA EWM verwenden. Für die Integration eines dezentralen SAP S/4HANA EWM mit SAP ERP benötigen Sie jedoch mindestens SAP S/4HANA 1610 oder SAP ERP 6.0 EHP 3.

Bevor Sie die erweiterte Produktionsintegration mit SAP EWM konfigurieren und nutzen können, müssen Sie einige Grundeinstellungen vornehmen. Der Fokus liegt dabei auf den Organisationsdaten sowie der Einstellung der Systemkommunikation und Belegintegration. Allgemeingültige Konfigurationen wie die Erstellung und Definition von Lagerplätzen, Queues, Aktivitätsbereichen, Ressourcen oder Material-, Chargen- und Stücklistenstammdaten möchten wir in diesem Abschnitt nicht näher erläutern. Diese werden zwar auch von der erweiterten Produktionsintegration benötigt und genutzt, jedoch analog zu den Prozessen des Wareneingangs und -ausgangs bzw. der Produktionsteuerung konfiguriert.

Für die nachfolgende Prozessbeschreibung der erweiterten Produktionsintegration gehen wir von einem Szenario aus, bei dem alle Komponenten des zu fertigenden Endprodukts in einem mit einem SAP-EWM-verwalteten Lagerort liegen und auftragsspezifisch bereitgestellt werden sollen. Auch der in einem späteren Abschnitt beschriebene Wareneingang aus der Produktion erfolgt bei den beschriebenen Prozessen direkt aus der Fertigung auf einen SAP-EWM-verwalteten Lagerort.

Abweichend hierzu, haben Sie bei der Einrichtung der Organisationseinheiten die Möglichkeit, den Lagerort für Produktionsbereitstellung und -verbrauch sowie für den Produktionszugang als separaten Lagerort oder auf einen bestehenden AFS-Lagerort integriert abzubilden. Die dafür notwendigen Einstellungen sind die bekannten Einstellungen der Zuordnung von Verfügbarkeitsgruppe und Lagertyp sowie der Zuordnung von Produktionsversorgungsbereich und Lagertyp. Sie können zudem für die Quell- und Ziellagertypen der Bereitstellung unterschiedliche Lagerorte und Bestandsarten definieren, um auf der SAP-ERP-Seite Transparenz über die jeweiligen Bestände zu schaffen. Voraussetzung für die erweiterte Produktionsintegration sind dabei die Produktionsversorgungbereiche, deren zugeordnete Lagerorte von SAP EWM verwaltet werden (siehe Abbildung 10.8).

Achten Sie darauf, dass die PVBs in SAP ERP und SAP EWM entsprechend konfiguriert, im Regelkreis in SAP ERP die Materialbereitstellung durch SAP EWM definiert (siehe Abbildung 10.5) und in SAP EWM die Bereitstellungsmethode (auftragsspezifisch oder auftragsübergreifend) sowie der entsprechende Lagerplatz und die Lagerprozessarten hinterlegt sind (siehe Abbildung 10.6). Um die Systemkommunikation für die erweiterte Produktionsintegration zu ermöglichen, muss sowohl die Belegintegration für die Produktionsmaterialanforderungen erstellt als auch die Integration von SAP EWM in die Produktion für die Bereitstellung und den Verbrauch aktiviert sein. Prüfen Sie zunächst, ob in Ihrem ERP-System die Business Functions `LOG_LE_INTEGRATION`, `LOG_PP_EWM_MAN` und `LOG_PP_EWM_MAN_2` aktiviert sind. Sie finden diese Einstellungen im Switch Framework über Transaktion SFW5. Anschließend stellen Sie die Verteilung der Bewegungsdaten für die Produktionsmaterialanforderungen ein und legen die Beleg- und Positionsarten der PMA in SAP EWM fest.

Die Customizing-Einstellung für das Mapping der Produktions- bzw. Prozessauftragsart auf eine SAP-EWM-Beleg- und -Positionsart finden Sie in SAP EWM über den folgenden Customizing-Pfad: **Schnittstellen • ERP-Integration • Produktion**. Sie finden die steuernden Einstellungen (z. B. Statusprofile, Verwendung von Mengeneinheiten) für Belegarten und Positionsarten analog zu den Liefereinstellungen über den Customizing-Pfad **Warenausgangsprozess • Produktionsmaterialanforderung**. Wie bei der Lieferverarbeitung und in den gleichen Customizing-Tabellen finden Sie die Ermittlung der Lagerprozessart, basierend auf Beleg- und Positionsart sowie Prozessartenfindungskennzeichen und Lieferpriorität.

Die eigentliche Bereitstellung erfolgt bedarfsbezogen auf Basis eines freigegebenen Produktionsauftrags und der in SAP EWM erstellten PMA. Sie können dabei die Freigabe der Produktionsaufträge und damit das Erstellen der PMA von der Bestandssituation abhängig machen. Wenn die Freigabe eines Prozessauftrags in SAP ERP nur bei ausreichendem Bestand erfolgen soll, können Sie die Verfügbarkeitsprüfung und Freigabesteuerung für die Produktionsaufträge einstellen. Sie finden diese Einstellungen über den SAP-ERP-Customizing-Pfad **Produktionsplanung Prozeßindustrie • Prozeßauftrag • Vorgänge • Verfügbarkeitsprüfung • Umfang der Verfügbarkeitsprüfung für Fertigungs- und Prozessaufträge konf.**.

Die SAP-EWM-Standardauslieferung bietet Ihnen ein direkt verwendbares Customizing für die Nutzung der erweiterten Produktionsintegrationsprozesse von Bereitstellung und Verbrauch. Um dieses für die Einrichtung Ihrer Prozesse zu nutzen, aktivieren Sie die in Tabelle 10.1 aufgeführten BC-Sets über den Pfad **Werkzeuge •**

10

Customizing • Business Configuration Sets • Aktivierung von BC-Sets im SAP-Easy-Access-Menü oder alternativ über Transaktion SCPR20.

BC-Set	Bezeichnung
/SCWM/PMR_CROSS_ORDER	Produktionsmaterialanforderung für auftragsübergreifende Teile
/SCWM/PMR_SINGLE_ORDER	Produktionsmaterialanforderung für auftragsspezifische Teile
/SCWM/PRC_PRODINT_10	Erweiterte Produktionsintegration – Schritt 1
/SCWM/PRC_PRODINT_15	Erweiterte Produktionsintegration – Schritt 2
/SCWM/PRC_MFG_STORTYPE_T060	Manufacturing: Lagertyp für Bereitstellung & Verbrauch
/SCWM/PRC_MFG_STAGING	LPAs für Bereitstellung & Verbrauch
/SCWM/PRC_PRODUCT_GROUP_PS	Produktgruppe für die Produktionsversorgung

Tabelle 10.1 Verfügbare BC-Sets mit vorkonfigurierten Einstellungen für Produktionsbereitstellung und Verbrauch

[»]

Konfigurationsleitfaden – Advanced Production Integration

SAP hat 2014 für die Konfiguration der erweiterten Produktionsintegration von SAP ERP mit SAP EWM einen umfangreichen Konfigurationsleitfaden veröffentlicht. Das Dokument beschreibt zwar die Implementierung und Integration mit einem dezentralen SAP EWM 9.2., kann aber auch für ein besseres Verständnis der im Zusammenhang mit der Implementierung eines dezentralen SAP S/4HANA EWM notwendigen Schritte verwendet werden.

Sie finden dieses Dokument im *SAP Support Wiki* über die URL *https://wiki.scn.sap.com*. Gehen Sie in den Space **SAP Supply Chain Management (SCM)**, und folgen Sie dort dem Pfad **SAP Extended Warehouse Management (EWM) • How-to Guides • How-to Guides for SAP EWM • How-to Guides for SAP EWM as part of SAP S/4HANA**. Öffnen Sie das verlinkte PDF-Dokument, und suchen Sie nach »Advanced Production Integration«.

Belegintegration

Die erweiterte Produktionsintegration mit SAP EWM unterstützt sowohl die Materialbereitstellung für Produktionsaufträge in der diskreten Fertigung als auch für Prozessaufträge in der Prozessfertigung. In diesem Abschnitt beschreiben wir die einzelnen Prozessschritte und SAP-EWM-Funktionen, die im Produktionsprozess von der

Erstellung bis zum Abschluss des Produktionsauftrags unterstützt werden. Zunächst möchten wir Ihnen anhand eines Beispiels die Belegintegration eines Fertigungsauftrags mit der PMA in SAP EWM vorstellen.

Produktionsauftrag in SAP ERP

Voraussetzung für die Integration und das Erstellen einer PMA in SAP EWM ist ein freigegebener Produktionsauftrag in SAP ECC oder SAP S/4HANA.

In der Auftragserfassung werden das zu produzierende Fertigerzeugnis und die Produktionsmenge angegeben. Die für das Fertigerzeugnis benötigten Komponenten und Komponentenmengen werden in der diskreten Fertigung über die Stückliste aus dem Materialstamm des Fertig- oder Halbfertigprodukts ermittelt. Zudem erfassen Sie die Auftragsart sowie organisatorische Daten wie Werk und Lagerort für den Zugang aus der Produktion. Sobald der Prozess- oder Produktionsauftrag vollständig erfasst ist, lösen Sie die Materialbereitstellung über die Freigabe des Produktionsauftrags aus.

Sie erreichen die Transaktion zur Erstellung von Prozessaufträgen in SAP ERP über das Easy-Access-Menü **Logistik • Produktion - Prozeß • Prozessauftrag • Prozessauftrag • Anlegen • Mit Material** oder alternativ über Transaktion COR1. Für das Erstellen eines Fertigungsauftrags folgen Sie in SAP ERP im SAP-Easy-Access-Menü dem Pfad **Logistik • Produktion • Fertigungssteuerung • Auftrag • Anlegen • Mit Material**, oder Sie führen Transaktion CO01 aus (siehe Abbildung 10.21).

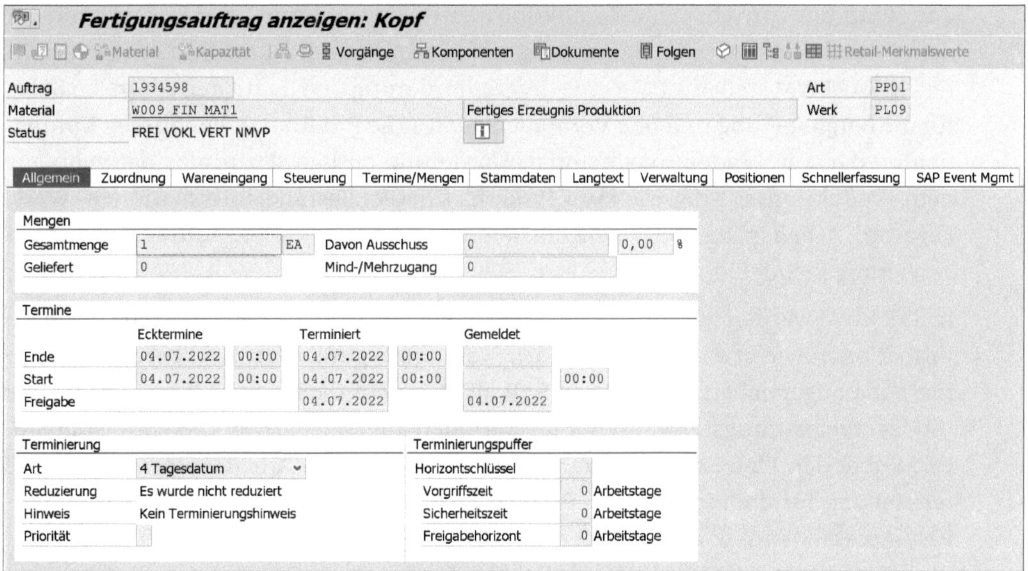

Abbildung 10.21 Fertigungsauftrag in SAP ERP

Abbildung 10.21 zeigt einen freigegebenen Fertigungsauftrag in SAP S/4HANA für die Produktion des Fertigerzeugnisses W009_FIN_MAT1 im Werk PL09. Die Komponentenübersicht des Fertigungsauftrags enthält die der Produktion bereitzustellenden Komponenten, die Bedarfsmengen und Termine (siehe Abbildung 10.22). Die benötigten Materialien werden dem SAP-EWM-verwalteten Lagerort AFS im Werk PL09 entnommen. Die Verbrauchsbuchung für die Komponente W009_CC soll retrograd erfolgen. Der Fertigungsauftrag ist bereits freigegeben und hat eine Produktionsmaterialanforderung in SAP EWM erzeugt.

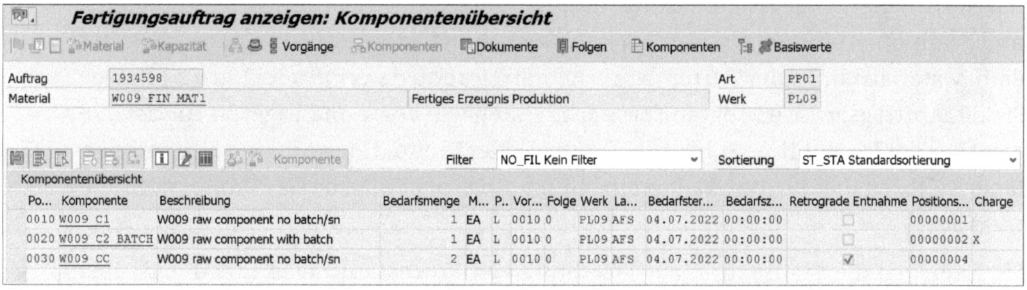

Abbildung 10.22 Fertigungsauftrag in SAP ERP: Komponentenübersicht

Produktionsmaterialanforderung in SAP EWM

Damit die Kommissionierung, Bereitstellung und der spätere Verbrauch aus dem SAP-EWM-System heraus gebucht werden können, wird nach der Freigabe des Fertigungsauftrags zunächst eine Produktionsmaterialanforderung (PMA), basierend auf dem Produktions- bzw. Prozessauftrag, erstellt und mit qRFC an SAP EWM übermittelt. In SAP EWM stellt die PMA eine Lageranforderung und damit den zentralen Beleg für die Bereitstellung und den Verbrauch der für die Produktion benötigten Komponenten dar. Die Produktionsmaterialanforderung enthält dazu Informationen aus dem Produktionsauftrag wie etwa Produkt, Charge, Bestandsinformationen (Werk, Lagerort), Arbeitsplatz, PVB sowie die Referenz zum Produktionsauftrag und zur Reservierung in SAP ERP.

In SAP EWM werden die aus SAP ERP übertragenen Daten mit prozesssteuernden Informationen wie etwa Lagerprozessart, Warenbewegungsplatz und Bereitstellungsmethode angereichert. Die PMA in SAP EWM gleicht damit einer Reservierung, die mit lagerverwaltungsrelevanten Informationen angereichert ist. Die PMA ist in SAP EWM über den Pfad **Extended Warehouse Management • Arbeitsvorbereitung • Bereitstellung für die Produktion • Produktionsmaterialanforderung pflegen** im SAP-Easy-Access-Menü, über den Lagermonitor (Transaktion /SCWM/MON) oder direkt über Transaktion /SCWM/PMR erreichbar. Im Lagermonitor können Sie über den Pfad **Ausgang • Belege • Produktionsmaterialanforderung** nicht nur nach einer bestimmten PMA suchen, sondern auch den Bearbeitungsfortschritt, Plantermine und die zugehörigen Lageraufgaben für die Bereitstellung überwachen.

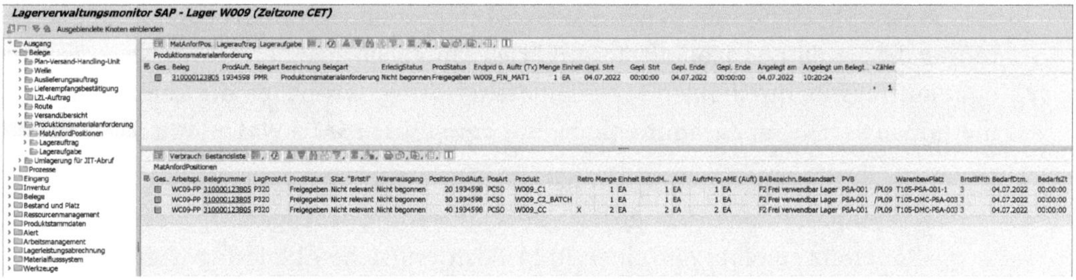

Abbildung 10.23 Produktionsmaterialanforderung im Lagerverwaltungsmonitor

Abbildung 10.23 zeigt den Lagermonitor mit der PMA für den Fertigungsauftrag 1934598, der Übersicht der bereitzustellenden Fertigungskomponenten, den entsprechenden Bedarfsmengen und dem Warenbewegungsplatz, der dem jeweiligen Material und dem PVB zugeordnet ist.

Materialbereitstellung und Verbrauch

Nach der Erstellung der PMA können im SAP-EWM-System die Bestandsfindung und die Kommissionierung der zur Produktion benötigten Komponenten ausgeführt werden. Die Komponenten werden anschließend im PVB bereitgestellt.

Neben einer klassischen GUI-Transaktion bietet SAP EWM auch Web-Dynpro-Applikationen, mit denen die Komponentenbereitstellung in SAP EWM gestartet werden kann. Eine Applikation ist das Web Dynpro **Bereitstellung für die Produktion**. Mit dieser Transaktion können automatische Mengenvorschläge für die Bereitstellung berechnet und direkt Lageraufgaben für die Bereitstellung erstellt werden.

Mit einer weiteren Web-Dynpro-Applikation (**Clear Production Supply Area**), können Bestandsreferenzen aus dem Produktionsauftrag freigegeben und Lageraufgaben erstellt werden, um nicht benötigte Komponenten vom PVB zurück ins Lager zu bewegen.

Kommissionierung und Bereitstellung

Für die Bereitstellung wird für jede Position des PMA eine Lageraufgabe angelegt, mit der das bereitzustellende Material an den PVB übertragen wird. Die erweiterte Produktionsintegration baut dabei auf der Bestandsfindung des SAP-EWM-Warenausgangsprozesses auf (siehe Kapitel 9, »Warenausgangsprozess«). Lageraufgaben können manuell über die beschriebenen Web-Dynpro-Applikationen oder über einen Hintergrundjob des Reports `/SCWM/R_MFG_STAGING` auf Basis von Produktionsmaterialanforderungen erstellt werden. Sie können diesen Report über den Pfad **Extended Warehouse Management • Arbeitsvorbereitung • Bereitstellung für die Produktion • Bereitstellung für die Produktion einplanen** im SAP-Easy-Access-Menü periodisch einplanen oder über Transaktion /SCWM/STAGE aufrufen. Je nachdem, welche Bereitstellungsmethode für den PVB in SAP EWM eingestellt wurde (siehe Abbildung 10.6), führen die erstellten Lageraufträge und Lageraufgaben zu einer auftragsspezifischen oder auftragsübergreifenden Materialbereitstellung. Wir haben die Bereitstellungsmethoden bereits im Zusammenhang mit dem PVB in SAP EWM erläutert:

- Bei der auftragsspezifischen Bereitstellung von Kommissionierteilen haben die im PVB bereitgestellten Bestände nach der Quittierung der Lageraufgabe eine eindeutige Referenz zu einer einzelnen PMA-Position (siehe Abbildung 10.28) und können auch nur durch die entsprechende PMA verbraucht werden. Sie können die für eine PMA reservierten Bestände jedoch komplett oder in Teilmengen manuell wieder freigegeben.
- Bei der auftragsübergreifenden Bereitstellung von Abrufteilen werden die Bedarfe aus mehreren PMA kumuliert, gemeinsam kommissioniert und im PVB bereitgestellt. Aufgrund der fehlenden Referenz können diese Materialien dann von unterschiedlichen PMAs verwendet werden.

Die Steuerung der Bereitstellung über die PMA hat den Vorteil, dass, solange der Beleg im SAP-EWM-System vorhanden ist und offene Positionsmengen existieren, die betreffenden Teile für die Bereitstellung berücksichtigt werden. Die Bereitstellungsmenge kann dabei in Abhängigkeit einer aus Lagerhaltungssicht sinnvollen Menge (z. B. eine Vollpalette) mit den Auslagersteuerungsregeln des Warenausgangsprozesses konfiguriert werden. Diese Form der Materialbereitstellung bietet sich vor allem für die Produktionsbereitstellung über einen längeren Zeitraum an.

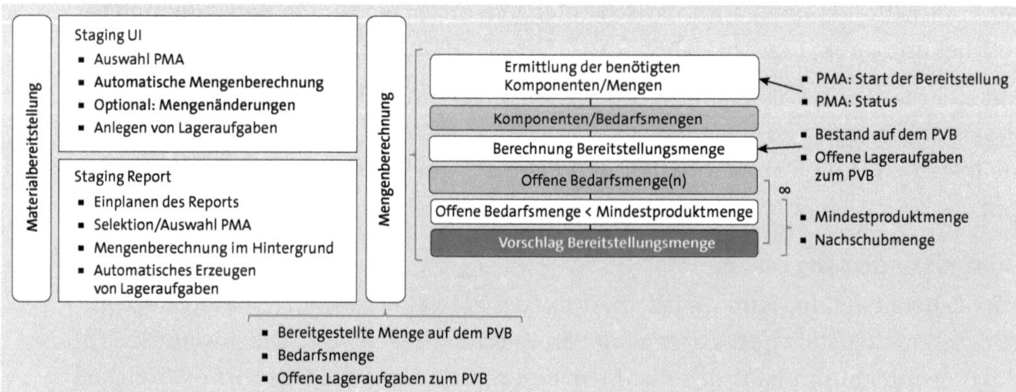

Abbildung 10.24 Mengenberechnung zur Materialbereitstellung

Abbildung 10.24 zeigt, wie der Mengenvorschlag für die Bereitstellung im PVB berechnet wird. In Abhängigkeit von der im PVB hinterlegten Mengenberechnungsart (**MengenberechArt**) werden bei einer mengenbasierten Berechnung die Mindestmenge der Nachschubmenge, die Bedarfen aus den freigegebenen Produktionsmaterialanforderungen und die noch offenen Lageraufgaben zur Bereitstellung berücksichtigt. Das System berechnet daraus den Mengenvorschlag für die Bereitstellung. Bei der auftragsspezifischen Bereitstellung werden für alle benötigten Komponenten einer PMA Lageraufgaben zur Bereitstellung erstellt. Für die Erstellung der Lageraufgaben für die Bereitstellung über den Report /SCWM/STAGE werden dabei die folgenden Schritte durchlaufen:

- Ermittlung oder Selektion der PMA, deren Freigabestatus eine Bereitstellung zulässt. Das Bedarfsdatum der PMA-Positionen muss dabei kleiner oder gleich dem Datum sein, das Sie im Bereich **Zeitraum für Bedarfsstart** vorgegeben haben (siehe Abbildung 10.25).
- Für die ermittelten PMAs wird anschließend die offene Bedarfsmenge ermittelt. Die offene Bedarfsmenge errechnet sich aus der kumulierten Bedarfsmenge der ermittelten PMAs, abzüglich der bereits verbrauchten Bedarfsmengen mit Bezug zu einer PMA Warenausgang gebuchten Mengen.
- Die Berechnung der Bereitstellungsmenge im PVB richtet sich nach der gewählten Art der Mengenberechnung. Bei der mengenbasierten Berechnung werden dabei auch der aktuelle PVB-Bestand als auch die bereits angeforderten Mengen in noch offenen Lageraufgaben berücksichtigt.
- Für die bereitzustellende Menge erzeugt das System die Lageraufgaben zu deren Bereitstellung. Hierbei werden sowohl die Nachschubmenge als auch die Mindestmenge (Feld **MindPrMenge PVB**) aus den PVB-Einstellungen (siehe Abbildung 10.6) berücksichtigt. Wenn Sie die Transaktion ausführen oder den Report periodisch einplanen, werden die Lageraufgaben mit der vorgegebenen Nachschubmenge erzeugt, bis die Mindestmenge erreicht ist.

Bei der auftragsübergreifenden Bereitstellung wird der PVB dabei mit allen benötigten Komponenten versorgt, die im PVB benötigt werden; der vom System berechnete Mengenvorschlag kann von Ihnen geändert werden. Darüber hinaus können Sie jederzeit Bestand in den PVB umlagern.

Kundenerweiterung für die Produktionsbereitstellung

SAP EWM stellt ein BAdI /SCWM/EX_MFG_STAGE_INFO zur Verfügung, mit dem Sie die Lageraufgabenerstellung für die auftragsspezifische und die auftragsübergreifende Bereitstellung oder die Rücklagerung des PVB individuell anpassen können.

Abbildung 10.25 zeigt Transaktion /SCWM/STAGE, mit der Sie die Materialbereitstellung selektiv ausführen, einplanen und entsprechende Lageraufgaben erstellen können. Alternativ steht Ihnen dazu auch eine Web-Dynpro-Transaktion **Bereitstellung für die Produktion** zur Überwachung der Bestände der PVBs und offener Produktionsmaterialanforderungen zur Verfügung (siehe Abbildung 10.26). Über diese Anwendungsoberfläche können Sie Belege bearbeiten und Lageraufgaben für die Materialbereitstellung erstellen.

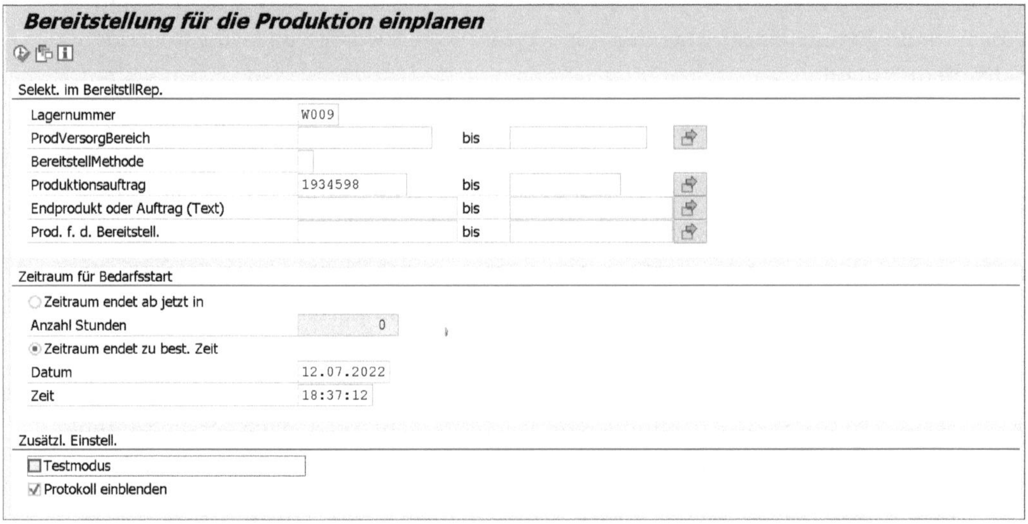

Abbildung 10.25 Bereitstellung für die Produktion einplanen

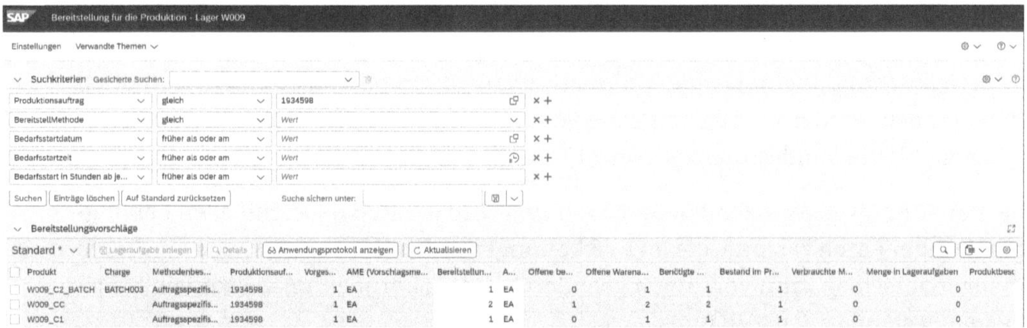

Abbildung 10.26 Bereitstellung für die Produktion

Die Quittierung der Lageraufgaben kann analog zum regulären Kommissionierungsprozess über RF- oder Desktop-Transaktionen sowie über den Lagermonitor erfolgen. Die Produktionskomponenten werden dann von den Quelllagerplätzen auf die Produktionsversorgungsbereiche transportiert.

Abbildung 10.27 zeigt die für die Materialbereitstellung im PVB erzeugten Lageraufgaben für die interne Lagerbewegung an den PVB. Die Lagerprozessart P320 wurde aus dem PVB ermittelt (siehe Abbildung 10.6).

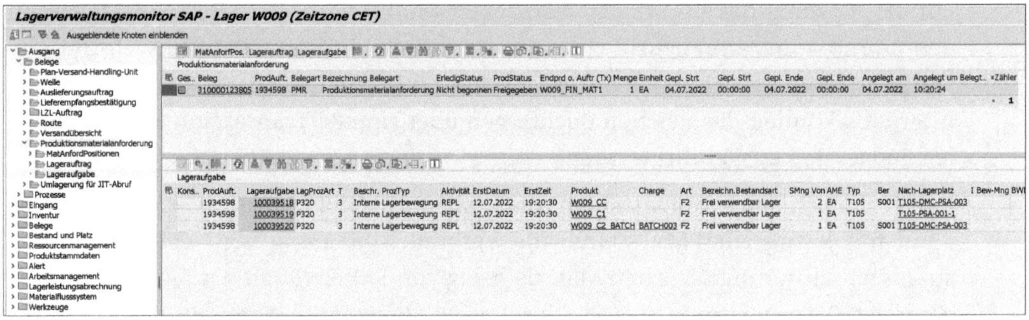

Abbildung 10.27 PSA-Staging: Lageraufgaben

Verbrauchsbuchung und Abschluss des Produktionsauftrags

Im letzten Schritt werden die bereitgestellten Materialien von der Produktion verbraucht und aus dem PVB-Bestand ausgebucht. Die Bestände, die nicht für die Produktion benötigt werden, können anschließend zurückgelagert werden. Aus Sicht von SAP EWM stellt die Verbrauchsbuchung einen Warenausgang dar, der an SAP ERP übertragen wird und den Bestand entsprechend aktualisiert. Der Produktionsauftrag kann anschließend im SAP-ERP-System abgeschlossen werden.

Um eine möglichst enge Integration und eine flexible Steuerung der Verbrauchsbuchung zu ermöglichen, unterscheidet die erweiterte Produktionsintegration dabei zwischen dem technischen Abschluss und dem Abschluss des SAP-ERP-Produktionsauftrags. Über die Auseinandersteuerung von technischem Abschluss und Abschluss des Produktionsauftrags kann die Kontrolle über weitere Verbrauchsbuchungen und Komponentenbereitstellungen im SAP-EWM-System gesteuert werden.

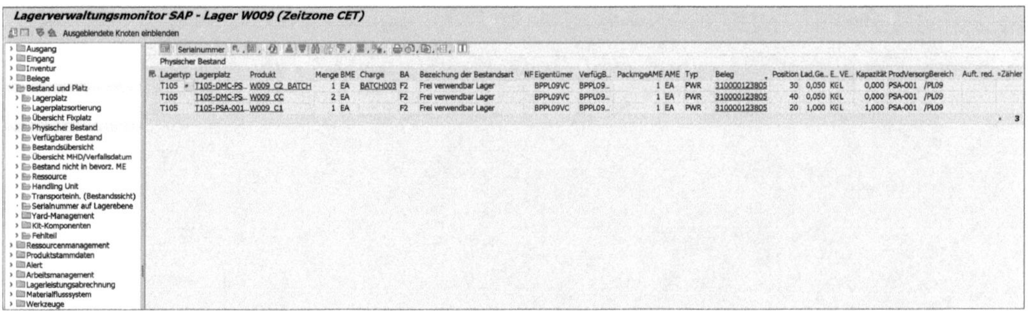

Abbildung 10.28 Physischer Bestand im Produktionsversorgungsbereich nach der Materialbereitstellung

Abbildung 10.28 zeigt den physischen Bestand im PVB nach der auftragsspezifischen Bereitstellung mit einer eindeutigen Referenz auf die PMA mit dem Belegtyp **Produktionsmaterialanforderung** (PWR). Eine Verbrauchsbuchung ist in diesem Beispiel noch nicht erfolgt.

Für die Buchung des Verbrauchs verpackter und unverpackter Bestände sowie für den Storno von Verbrauchsbuchungen steht Ihnen in SAP EWM die Web-Dynpro-Transaktion **Verbrauch durch die Produktion** zur Verfügung (siehe Abbildung 10.29). Alternativ können die gleichen Buchungen über eine RF-Transaktion auf den mobilen Endgeräten ausgeführt werden.

Der Verbrauch der bereitgestellten Materialien für die Produktion erfolgt anschließend mit Bezug zur PMA. Durch die Verbrauchsbuchung wird eine direkte Bestandsaktualisierung über den Materialbeleg von SAP EWM an das SAP-ERP-System gesendet. Die asynchrone qRFC-Nachricht wird als geplante Warenausgangsbuchung über die PMA an das ERP-System gesendet und aktualisiert dort den Produktionsauftrag. Im ERP-System wird der Status des Produktionsauftrags anschließend auf **tech. abgeschl.** gesetzt, was wiederum zur Aktualisierung der PMA in SAP EWM führt. Bis zu diesem Zeitpunkt kann die Verbrauchsbuchung aus dem EWM-System heraus storniert werden. Die zugeordnete PMA in SAP EWM ist jedoch nicht mehr für die Bereitstellung relevant. Beim Abschluss des Produktionsauftrags in SAP ERP wird eine Aktualisierungsnachricht an das EWM-System gesendet. In SAP EWM wird die PMA aktualisiert und der Status auf **Abgeschlossen** (9) gesetzt. Eine Stornierung der Verbrauchsbuchung aus dem EWM-System ist nun nicht mehr möglich. In SAP ERP kann der Abschluss des Produktionsauftrags zurückgenommen werden, was ebenfalls zu einer Statusaktualisierung der PMA in SAP EWM führt.

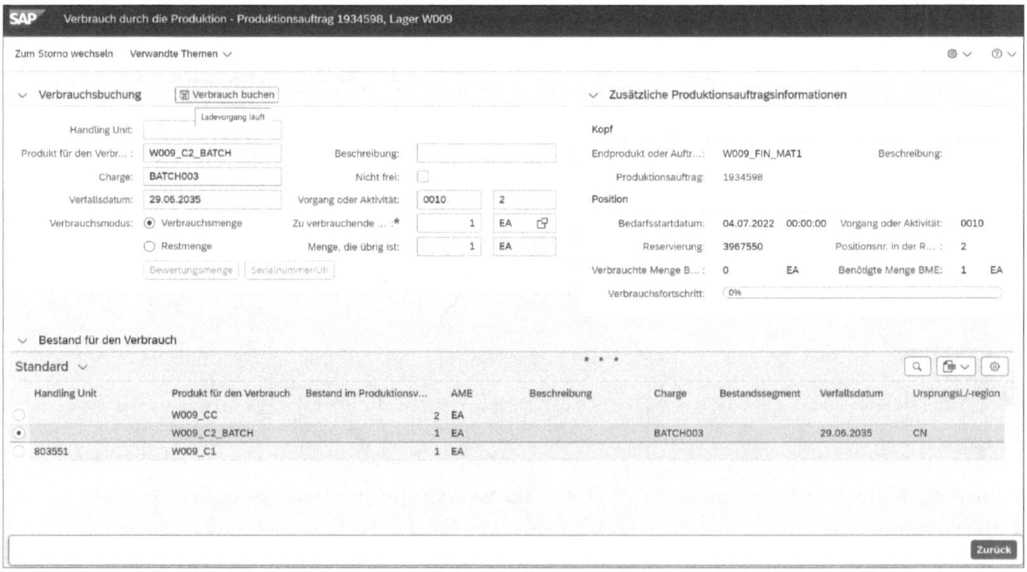

Abbildung 10.29 Verbrauchsbuchung durch die Produktion

Abbildung 10.29 zeigt die Verbrauchsbuchung für ein chargenpflichtiges Material. In diesem Fall wurde die Charge BATCH003 bereits im PVB bereitgestellt (siehe Abbildung 10.28). Die auftragsspezifische Bereitstellung für die PMA erfolgte dabei unter Berücksichtigung der Chargenselektionskriterien.

[!]

Retrograde Entnahme

Bei der *retrograden Entnahme* wird der Verbrauch von Komponenten zum Zeitpunkt des Eingangs aus der Produktion gebucht. Wenn ein Material des Produktions- bzw. Prozessauftrags relevant für die retrograde Entnahme ist oder diese im Auftrag selbst hinterlegt ist, erfolgt die Steuerung der Warenausgangsbuchung wie bei der lieferungsbasierten Produktionsversorgung über die Erstellung einer Auslieferung. Sie können die PMA mit der Warenausgangsbuchung der Auslieferung fortschreiben lassen. Berücksichtigen Sie dabei, dass eine retrograde Entnahme nicht für Komponenten unterstützt wird, für die eine auftragsspezifische Bereitstellung vorgesehen ist.

In diesem Abschnitt haben wir Ihnen die Grundfunktionen der erweiterten Produktionsintegration erläutert. Dabei sind wir insbesondere auf die Belegintegration und die Prozessschritte der Materialbereitstellung und des Verbrauchs eingegangen. Zusammenfassend bietet die PMA-basierte Produktionsintegration die folgenden Vorteile:

- vollständige Produktionsanbindung und Integration in die Bearbeitung des ERP-Produktions- bzw. Prozessauftrags
- Anbindungsmöglichkeit externer Fertigungssysteme (MES) über Standardschnittstellen (APIs, *Application Programming Interfaces*)
- rollenoptimierte Benutzeroberflächen für Arbeitsplätze in Lager, Produktion und Prozesssteuerung
- optimale Nutzung der Produktionsbereitstellungsbereiche durch die Berücksichtigung von Kapazitäts- und Produktionsverbrauch
- flexible Konfiguration und Erweiterbarkeit von Produktionsversorgungs- und Produktionszugangsprozessen durch die Nutzung bekannter SAP-EWM-Techniken (z. B. PPF-Aktionen zur automatischen Ansteuerung von Folgeprozessen, funktionale Erweiterung mit den im Standard ausgelieferten BAdIs)
- erhöhte Prozesseffizienz in der Produktionszugangsbuchung durch automatisierte Anlieferungserstellung, Verpackung und Wareneingangsbuchung
- automatisierte Erstellung von Lageraufgaben zur Produktionsbereitstellung
- zentrales Monitoring des Produktionsprozesses und der Effizienz operativer Prozesse

10.2.3 Abgrenzung der Integrationsoptionen

Nachdem wir Ihnen in diesem Kapitel die lieferbasierte Produktionsversorgung vorgestellt haben und im vorangehenden Abschnitt auf die Prozessschritte und Funktionen der erweiterten Produktionsintegration eingegangen sind, möchten wir abschließend beide Integrationsoptionen und die wichtigsten funktionalen Aspekte voneinander abgrenzen:

- Die Bereitstellungsprozesse unterscheiden sich hauptsächlich dadurch, dass die lieferungsbasierte Integration der Produktionsversorgung (PP) seit SAP EWM 7.0 auf Auslieferungen und Umbuchungen basiert, während für die erweiterte Produktionsintegration ab SAP EWM 9.2 ein neuer Systembeleg – die Produktionsmaterialanforderung – entwickelt wurde.
- Die erweiterte Produktionsintegration bietet ein verbessertes Management von Beständen in der Bereitstellung. Die Bereitstellung kann auftragsbezogen oder, basierend auf Nachschubmengen, auftragsunspezifisch durchgeführt werden. Bereitgestellte Bestände sind für Produktionsmaterialanforderungen, die auf Basis von Produktions- bzw. Prozessaufträgen erstellt wurden, reserviert, können aber optional für andere Aufträge freigegeben werden. Bestände, die über Auslieferungen bereitgestellt werden, können hingegen von jedem beliebigen Auftrag verbraucht werden.
- Durch die Verwendung eines eigenen Belegs – der Produktionsmaterialanforderung – können Sie die für die Produktion benötigte Materialien auch über mehrere Produktionsaufträge gleichzeitig bereitstellen, ohne die Referenzen zu den Produktionsaufträgen zu verlieren.
- Die Produktionsbereitstellung nach der Kanban-Methode wird durch die erweiterte Produktionsintegration mit einem dezentralen SAP S/4HANA EWM nicht unterstützt.
- Bei der lieferbasierten Produktionsversorgung erfolgt die Verbrauchsbuchung durch die Erstellung einer nicht kommissionier-relevanten Auslieferung auf Basis des Produktionsauftrags. Die erweiterte Produktionsintegration nutzt die auf Basis eines Produktionsauftrags erstellte Produktionsmaterialanforderung für die Warenausgangsbuchung und kommuniziert die Warenbewegungsnachricht als geplanten Warenausgang inklusive der Aktualisierung der Reservierungsposition in das ERP-System.
- Während die lieferbasierte Integration Fertigungsaufträge, Prozessaufträge, Kanban und Serienfertigung unterstützt, können Sie die Funktionen der erweiterten Produktionsintegration ausschließlich für Fertigungs- und Prozessaufträge verwenden.
- Die erweiterte Produktionsintegration basiert auf der Grundlage, dass die operativen Prozesse der Bereitstellung, des Verbrauchs und des Zugangs aus der Produktion aus dem EWM-System heraus gesteuert werden. Die relevanten Lagerorte sollten aus diesem Grund EWM-verwaltet werden. Die Integration der lieferbasierten Produktionsversorgung unterstützt darüber hinaus Szenarien, bei denen nicht-EWM-verwaltete Lagerorte für die Verbrauchsbuchung verwendet werden, um diese ausschließlich aus dem ERP-System heraus steuern zu können.

Aus unserer Sicht ermöglicht die erweiterte Produktionsintegration durch die enge Integration und den direkten Austausch der Fertigungsaufträge eine flexiblere, durch das SAP-EWM-System geführte Steuerung, Planung, Überwachung und Ausführung von Produktionsprozessen. Im Gegensatz dazu bietet die Produktionsintegration auf der Basis von Lieferbelegen hingegen eine größere Flexibilität bei der Organisation Ihrer SAP-ERP-Lagerorte (z. B. die Nutzung eigenständiger, nicht-EWM-verwalteter Produktionslagerorte oder SAP-EWM-lagernummernübergreifende Bereitstellungsprozesse).

Die Auswahl des für Sie passenden Szenarios richtet sich damit nach Ihren betriebswirtschaftlichen Anforderungen. Neben der Art der Integration (lieferbasierte Produktionsversorgung oder erweiterte Produktionsintegration) richten sich die zur Verfügung stehenden Szenarien und Prozesse auch nach der gewählten Implementierungsoption von SAP EWM auf der Basis von SAP S/4HANA (embedded oder dezentral). Im Rahmen einer Implementierung – insbesondere auch im Hinblick auf die Entscheidung für eine der beiden Implementierungsoptionen von SAP EWM mit SAP S/4HANA empfehlen wir Ihnen daher eine detaillierte Analyse Ihrer Fertigungsprozesse und Materialflüsse.

Im nächsten Abschnitt gehen wir auf die Anbindung externer Fertigungssysteme (MES) ein und stellen Ihnen anhand eines Beispiels die Produktionsintegration mit *SAP Digital Manufacturing Cloud* (SAP DCM) vor.

10.3 Produktionsintegration mit einem externen Manufacturing Execution System

Von der Ermittlung, Analyse und Verwaltung von Betriebs-, Maschinen- und Prozessdaten bis hin zur Kontrolle und Prozesssteuerung in Echtzeit: MES-Systeme steuern nicht nur Fertigungsprozesse, sondern sind auch nahtlos in die logistischen Prozesse der Produktionsversorgung integriert. Entscheidend für die Integration eines Produktionsleitsystems in die bestehende Softwarelandschaft sind standardisierte und offene Schnittstellen zu anderen Tools aus dem Fertigungsmanagement und zum eingesetzten Lagerverwaltungssystem.

Die Produktion mit SAP ERP, die auf der SAP-S/4HANA-Plattform basierende Manufacturing-Lösung für die Planung und Fertigungsdisposition sowie die Produktionsversorgung mit SAP EWM können dabei mit externen MES-Systemen zur Fertigungssteuerung integriert werden.

Mit den Lösungen *SAP Manufacturing Execution* (SAP ME) und *SAP Manufacturing Integration and Intelligence* (SAP MII), bietet SAP produzierenden Unternehmen ein umfangreiches Lösungsportfolio zur Planung, Steuerung und Überwachung von Fertigungsprozessen. Das Portfolio wurde zuletzt durch ein cloudbasiertes MES-System, *SAP Digital Manufacturing Cloud* (SAP DMC), erweitert.

Neben den klassischen Funktionen eines MES als Produktionsleitsystem mit Maschinen- und Betriebsdatenerfassung ermöglichen diese Systeme eine kennzahlengestützte Planung, Durchführung und nahtlose Integration der Fertigungsprozesse vom Shop-Floor bis hin zur Anwendungsebene.

In den nächsten Abschnitten geben wir Ihnen zunächst einen Überblick über die Schnittstellen zur Anbindung externer MES-Systeme, gehen dabei auf ein Integrationsszenario mit SAP ME ein und stellen Ihnen anschließend die Produktionsintegration von SAP EWM mit SAP DMC anhand eines Beispiels vor.

10.3.1 APIs zur Anbindung von Manufacturing Execution Systems

In den vorangehenden Abschnitten dieses Kapitels haben wir Ihnen die lieferungsbasierte und die erweiterte Produktionsintegration vorgestellt und uns dabei auf die Materialbereitstellung mit SAP EWM konzentriert. Dabei sind wir davon ausgegangen, dass die Fertigungssteuerung in SAP ERP bzw. SAP S/4HANA erfolgt. Die Integration und Unterstützung integrierter Fertigungsprozesse mit SAP EWM wurde im Laufe der Zeit kontinuierlich weiterentwickelt und um Schnittstellen zur Anbindung externer Systeme zur Produktions- und Fertigungssteuerung und zur Integration der Materialbereitstellung, des Verbrauchs von Komponenten und des Wareneingangs aus der Produktion erweitert.

Ein mögliches Anwendungsszenario ist die Bereitstellung von Komponenten im PVB für die auftragsspezifische Bereitstellung. Zunächst werden die Bedarfe der PMA ermittelt und die Materialbereitstellung in SAP EWM ausgeführt. Nach der Quittierung der entsprechenden Lageraufgaben wird der Zugang des Bestands im PVB an das dezentrale MES gesendet (Push-Bereitstellung). Bei einer der Pull-Bereitstellung löst das MES die Bereitstellung der Komponenten im PVB aus. Die Bereitstellung erfolgt dabei entsprechend den tatsächlichen Bedarfen aus der Fertigung und dem vom MES mitgeteilten Planungsbedarf.

Für die Verbrauchsbuchungen bereitgestellter Komponenten sendet das MES eine entsprechende Nachricht an das SAP EWM und kann dort automatisch den Warenausgang für die Verbrauchsbuchung auslösen.

Seit SAP EWM Release 9.2 kann die erweiterte Produktionsintegration über standardisierte Schnittstellen an externe MES-Systeme angebunden werden. SAP EWM stellt dafür folgende APIs zur Verfügung:

- Die API `/SCWM/IF_API_MFG_STAGE` (API for Production Staging) bietet Ihnen eine Methode, um den Verbrauch für eine Produktionsauftragsposition buchen zu können. Zusätzlich bietet die Klasse eine Methode, um den Verbrauch pro Produktionsauftragsposition zu stornieren.

- Die API /SCWM/IF_API_MFG_CONSUMPTION (Consumption of Goods from Production) bietet Ihnen Methoden für das Nachlesen von Bereitstellungsinformationen, das Erstellen von Bereitstellungsvorschlägen und Bereitstellungslageraufgaben sowie für das Erstellen von Vorschlägen für die Räumung des Produktionsversorgungsbereichs und der dazu benötigten Lageraufgaben. Die API bietet Ihnen ebenso Methoden für die Freigabe von Beständen, die über PMA-Positionen reserviert sind.
- Die API /SCWM/IF_API_MFG_RECEIVING (Receiving Goods from Production) für den Wareneingang aus der Produktion stellen wir Ihnen im Zusammenhang mit dem in SAP EWM ausgelösten Wareneingang aus der Produktion in Abschnitt 10.4.1, »Integration des Wareneingangs aus der Produktion«, vor. 10

Alle Schnittstellen können mit kundenindividuellem Coding erweitert werden und enthalten zudem die Methoden, um vorgenommene Änderungen an den jeweiligen Objekten (z. B. Anlieferung, HUs usw.) konsistent zu sichern. Detaillierte Informationen inklusive Implementierungsbeispielen, Implementierungsaspekten, Import- und Exportparametern sowie Ausnahmenbehandlung finden Sie in der Schnittstellendokumentation der aufgeführten APIs über Transaktion SE24.

Neben externen MES-Systemen von Drittanbietern kann SAP EWM seit Release 9.2 auch mit SAP ME ab Release 15.2 integriert werden. Bei dieser Integration wird die auftragsspezifische Bereitstellung im PVB durch SAP ME ausgelöst (Pull-Bereitstellung).

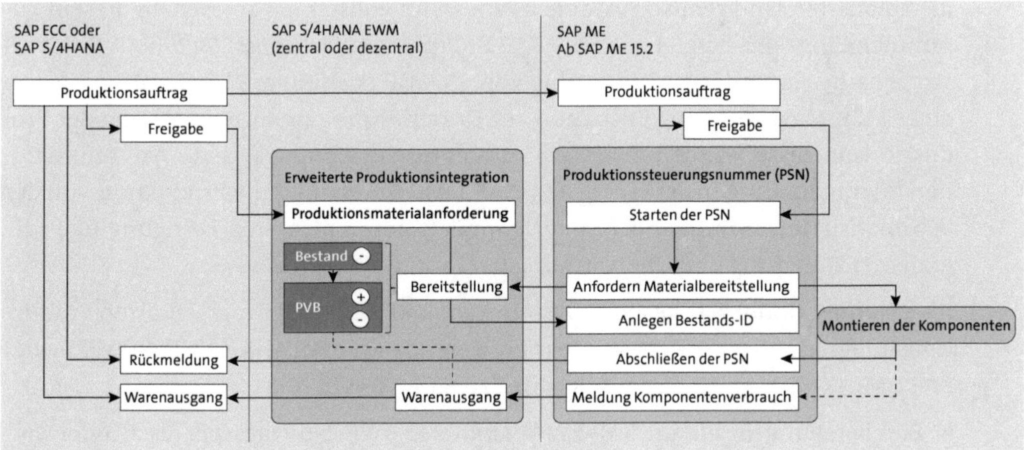

Abbildung 10.30 Bereitstellung und Verbrauch mit SAP ME

Abbildung 10.30 zeigt die Integration einer auftragsspezifischen Bereitstellung und die anschließende Verbrauchsbuchung mit SAP ME. Die Anforderung für die auftragsspezifische Bereitstellung wird automatisch an SAP EWM gesendet, wenn der Produktionsauftrag in SAP ME freigegeben oder die *Produktionssteuerungsnummer* (PSN) gestartet wird. Bei der PSN handelt es sich um eine eindeutige produktionsstättenübergreifende Referenz (ID) zu einer bestimmten Instanz eines im Produktionsprozess gefertigten Materials.

Die Anforderung enthält nur SAP-EWM-relevante Komponenten, entweder für alle oder nur für bestimmte Fertigungsschritte. SAP EWM sendet automatisch eine Benachrichtigung über die erfolgte Bereitstellung im PVB an SAP ME und stößt damit die Zuordnung der Bestands-ID in SAP ME an.

Neben der Materialbereitstellung und dem Verbrauch unterstützt SAP EWM die Integration und Bereitstellung von Bestandsänderungen im PVB. Voraussetzung ist die Aktivierung der Synchronisierung von Bestandsänderungen im PVB über den SAP-EWM-Customizing-Pfad **Schnittstellen • MES-Integration • Synchronisation von Bestandsdaten für MES festlegen**. Für das Senden der Benachrichtigung über die erfolgte PVB-Bestandsänderung steht Ihnen in SAP EWM die BAdI-Implementierung `/SCWM/ESI_EWM_HU_CHG` zur Verfügung. Sie finden eine Beschreibung des BAdIs im SAP-EWM-Customizing über den Pfad: **Business Add-Ins (BAdIs) für das Extended Warehouse Management • Schnittstellen • MES-Integration**.

10.3.2 Produktionsintegration mit SAP DMC

Cloud-Lösungen nehmen bei SAP einen immer höheren Stellenwert ein und sollen die etablierten On-Premise-Systeme irgendwann vollständig ablösen. In diesem Zusammenhang wird bereits seit 2019 *SAP Digital Manufacturing Cloud* (SAP DMC) als strategische cloudbasierte Ergänzung von SAP ME positioniert. Die Kernfunktionen eines MES, Manufacturing Execution zur Durchführung und Überwachung der Produktionsprozesse, wurde in SAP DMC um grafische Planungs- und Analysefunktionen (Manufacturing Insights) ergänzt. SAP DMC unterstützt die Produktion von der automatisierten Planung bis hin zur komplett automatisierten Fertigung über die grafische Steuerung und Überwachung der Produktionsprozesse.

Als externes, cloudbasiertes MES-System kann SAP DMC mit der erweiterten Produktionsintegration von SAP EWM integriert werden. Ab SAP S/4HANA OP 1909 FPS1 und SAP DMC 2008 wurden bisher folgende Szenarien unterstützt:

- Bereitstellung in einem SAP-EW-verwalteten PVB (auftragsspezifisch oder auftragsübergreifend)
- Bestätigung der Bereitstellung und Kommunikation der Bestandsänderung im PVB von SAP EWM an SAP DMC

Kommunikation der Bereitstellung an SAP DMC

SAP-Hinweis 2944311 enthält weiterführende Informationen und eine Anleitung für die Aktivierung der bereits aus der Integration mit SAP ME bekannten Bestätigung der Bereitstellung im PVB an SAP DMC. Sie finden diesen Hinweis im SAP Support Portal über die folgende URL: *http://support.sap.com*

Abbildung 10.31 zeigt die mit SAP S/4HANA EWM 2021 noch einmal erweiterte Integration mit SAP DMC. Mit den erweiterten Funktionen der Integration von SAP DMC und SAP EWM ist es möglich, aus einer Bereitstellungsanforderung eine Lageranforderung für eine auftragsbasierte Bereitstellung durch eine SAP-EWM-interne Umlagerung an den PVB zu erzeugen (auch Umlagerung zur Produktionsversorgung genannt). Neben den bereits existierenden Bereitstellungsmethoden für die auftragsspezifische und auftragsübergreifende Bereitstellung unterstützt die PMA in SAP EWM dazu eine neue Bereitstellungsmethode für die auftragsspezifische Bereitstellung mit Lageranforderung.

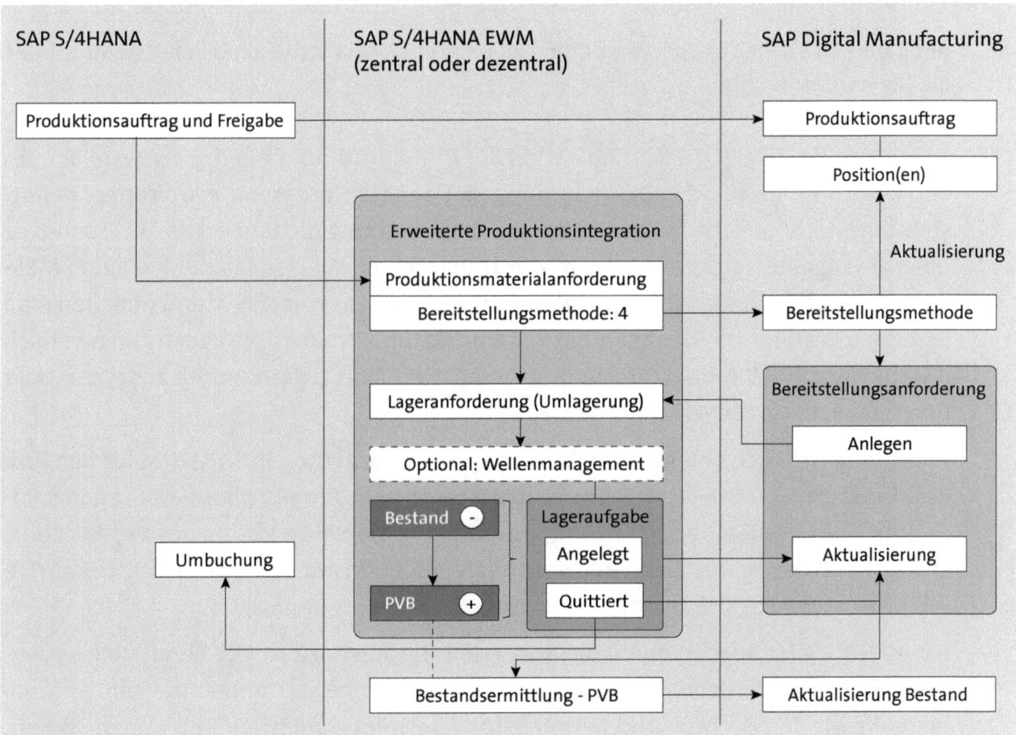

Abbildung 10.31 SAP-DMC-Integration mit SAP EWM

Die Lageraufgaben zur Bereitstellung über diese Lageranforderung können optional über das Wellenmanagement erzeugt werden; sie nutzen die Funktionen der Lagerungssteuerung und berücksichtigen für die Bereitstellung im PVB auch die Kapazität des PVB-Lagerplatzes.

Im nachfolgenden Beispiel erläutern wir Ihnen die wesentlichen Funktionen der Integration von SAP EWM mit SAP DMC anhand eines Prozessbeispiels. Dabei konzentrieren wir uns auf die wesentlichen Integrationspunkte der erweiterten Produktionsintegration mit SAP DMC. Voraussetzung für die Bereitstellung mit Lageranforderungen ist ein SAP-EWM-verwalteter PVB, für den sowohl die Bereitstellung über Lageranforderungen als auch die MES-Relevanz aktiviert wurde.

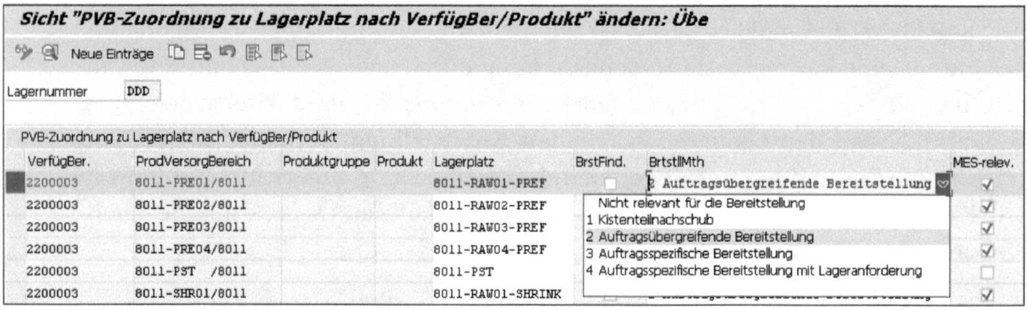

Abbildung 10.32 Produktionsversorgungsbereich in SAP EWM mit einer Bereitstellung über die Lageranforderung

Abbildung 10.32 zeigt die Konfiguration der PVB-Zuordnung mit der Auswahl der um die **4 Auftragsspezifische Bereitstellung mit Lageranforderung** erweiterten Bereitstellungsmethoden. Da in diesem Fall die Bereitstellung nicht über die PMA, sondern über die Lageranforderung zur Umlagerung erfolgen soll, ist das Kennzeichen **MES-relev.** gesetzt. Sie finden diese Einstellungen im SAP-Easy-Access-Menü über den Pfad **Extended Warehouse Management • Stammdaten • Produktionsversorgungsbereich (PVB) • Platz PVB/Produkt/Verfügungsberechtigtem in Lagernummer zuordnen** oder über Transaktion /SCWM/PSASTAGE.

Abbildung 10.33 zeigt eine Produktionsmaterialanforderung in SAP EWM für den Produktionsauftrag 1300368 und eine auftragsspezifische Bereitstellung mit Lageranforderung. Die Bereitstellung der Komponenten für die Reservierung des Produktionsauftrags soll dabei über eine Umlagerung in SAP EWM auf den Zielplatz 8011-RAW01-PREF des PVB 8011-PRE01/8011 erfolgen.

In SAP DMC wird anschließend die Bereitstellung angefordert. Die Bereitstellungsanforderung enthält neben einer eindeutigen Nummer, der angeforderten Komponente, sowie den Bedarfs- und Bereitstellungsterminen auch den PVB und die Bereitstellungsmethode. Durch diese eindeutige Referenz wird sichergestellt, dass unterschiedliche Vorgänge der Materialbereitstellung für verschiedene Ziellagerplätze nicht in einer einzigen Position der Bereitstellungsanforderung zusammengefasst werden.

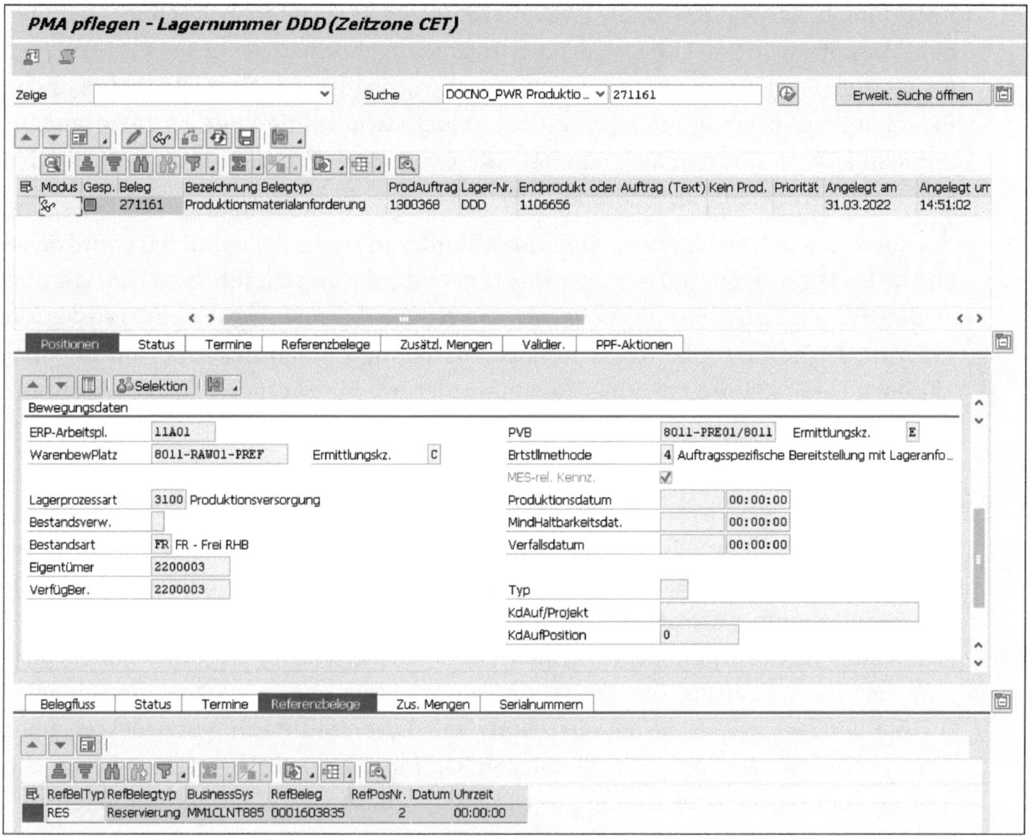

Abbildung 10.33 Produktionsmaterialanforderung in SAP EWM

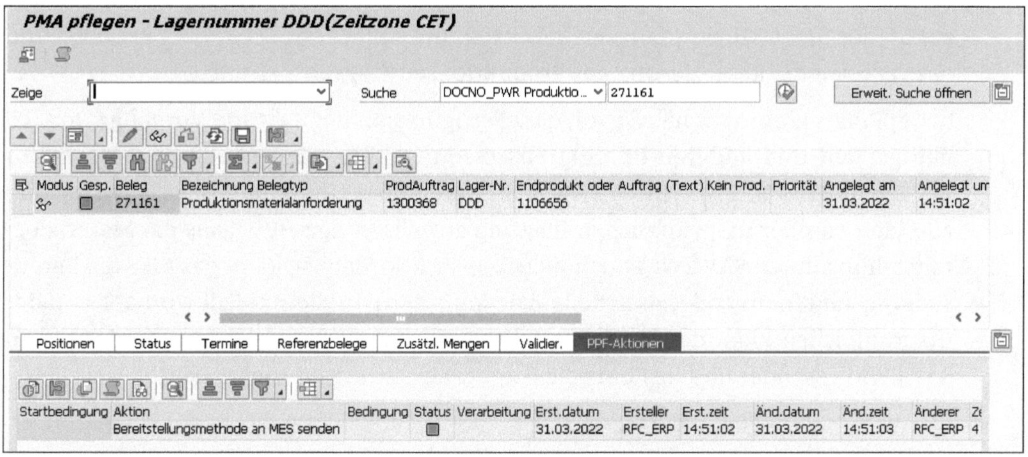

Abbildung 10.34 Bereitstellungsmethode an das Manufacturing Execution System senden

Abbildung 10.34 zeigt die für die PMA ausgeführten PPF-Aktionen. Nachdem der Produktionsauftrag in SAP ERP freigegeben und die zugehörige PMA in SAP EWM mit der erweiterten Produktionsintegration angelegt worden ist, schickt SAP EWM über das PPF eine Benachrichtigung an SAP DMC (**Bereitstellungsmethode an MES senden**) und aktualisiert dort den aus dem SAP ERP replizierten Produktionsauftrag mit der SAP-EWM-Bereitstellungsmethode.

Nachdem in SAP DMC die Bereitstellungsanforderung angelegt worden ist, wird diese an SAP EWM gesendet und legt dort eine Lageranforderung zur internen Umlagerung an den PVB an. Im Gegensatz zur PMA-basierten und beispielsweise über Transaktion /SCWM/STAGE angestoßenen Materialbereitstellung können Sie bei der auftragsspezifischen Bereitstellung mit einer Lageranforderung zur internen Umlagerung sämtliche Funktionen der Lagersteuerung und des Wellenmanagements für das Anlegen und Steuern der Lagerbewegungen in SAP EWM nutzen.

Die aus der erweiterten Produktionsintegration bekannte Transaktion /SCWM/STAGE (siehe Abbildung 10.25), der Funktionsbaustein `/SCWM/MFG_STAGE_EXT` sowie die in Abbildung 10.26 dargestellte Web-Dynpro-Transaktion (Bereitstellung für die Produktion) stehen für die durch SAP DMC ausgelöste auftragsspezifische Materialbereitstellung mit Lageranforderung nicht mehr zur Verfügung. Sie können die Lageraufgaben für die auftragsübergreifende Bereitstellung ohne Lageranforderung oder für die auftragsspezifische Bereitstellung mit Lageranforderung stattdessen über Transaktion /SCWM/MES_STAGE anlegen. Optional können Lageraufgaben für die auftragsspezifische Bereitstellung mit Lageranforderungen auch mit der bereits erwähnten Wellensteuerung angelegt werden.

Abbildung 10.35 zeigt die Lageranforderung mit dem Belegtyp **Umlagerung** zur internen Umlagerung der Komponente 2208441 in SAP EWM. Der Beleg referenziert dabei auf die aus SAP DMC empfangene Bereitstellungsanforderung (Staging Request) und ebenfalls auf die Reservierung des Produktionsauftrags in SAP ERP.

In der Praxis kommt es häufig vor, dass Fertigungsaktivitäten und Vorgänge im MES neu geplant und anderen Produktionsressourcen oder Arbeitsplätzen zugewiesen werden müssen. SAP S/4HANA EWM 2022 unterstützt eine *dynamische Bereitstellung* an einen von der ursprünglichen Planung abweichenden PVB. Falls die Materialbereitstellung durch SAP EWM noch nicht geplant worden ist, kann das MES die Bereitstellung auf einem anderen Arbeitsplatz anfordern. In diesem Fall wird der von der ursprünglichen Planung abweichende PVB über die Bereitstellungsanforderung an SAP EWM gesendet und löst dort die Folgeverarbeitung im Lager aus.

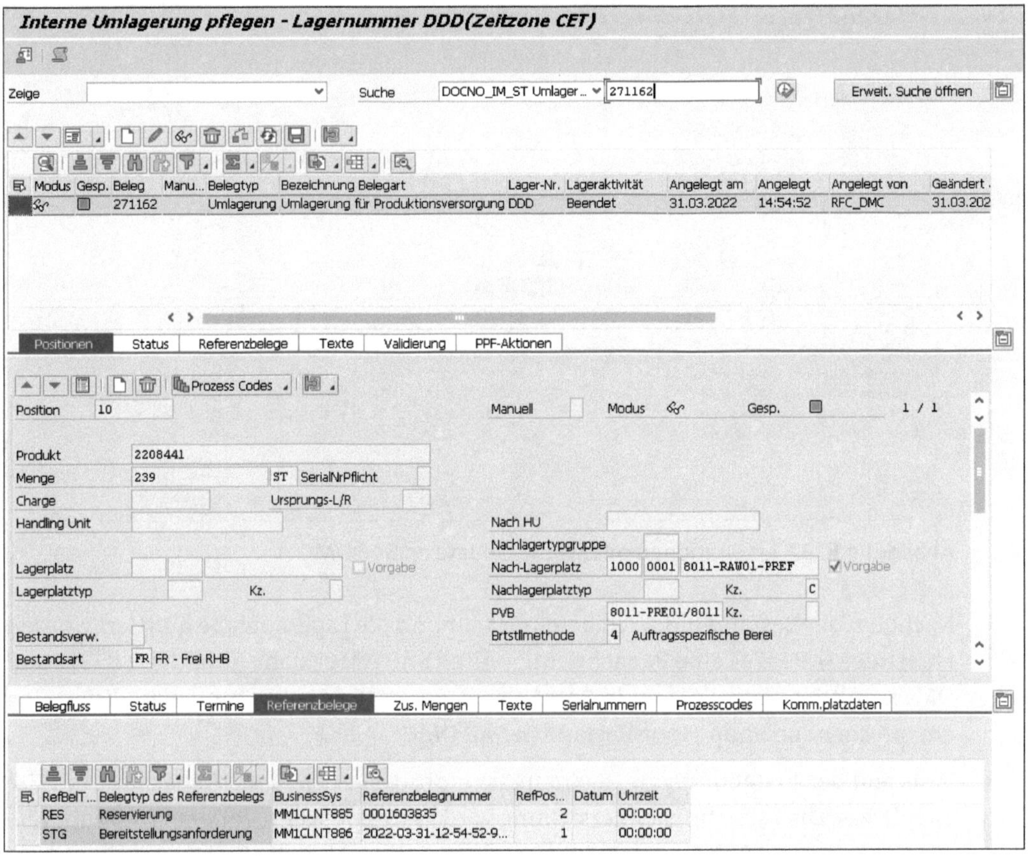

Abbildung 10.35 Lageranforderung zur internen Umlagerung in den Produktionsversorgungsbereich

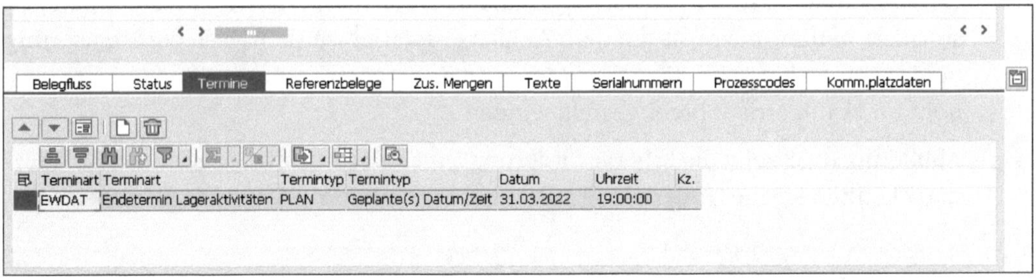

Abbildung 10.36 Umlagerung: Termine

Abbildung 10.36 zeigt die für die Bereitstellung und Erzeugung der Lageraufgaben relevanten Endtermine in der Lageranforderung. Die Lageraufgaben für die interne Umlagerung referenzieren sowohl auf die Bereitstellungsbenachrichtigung als auch auf die Lageranforderung.

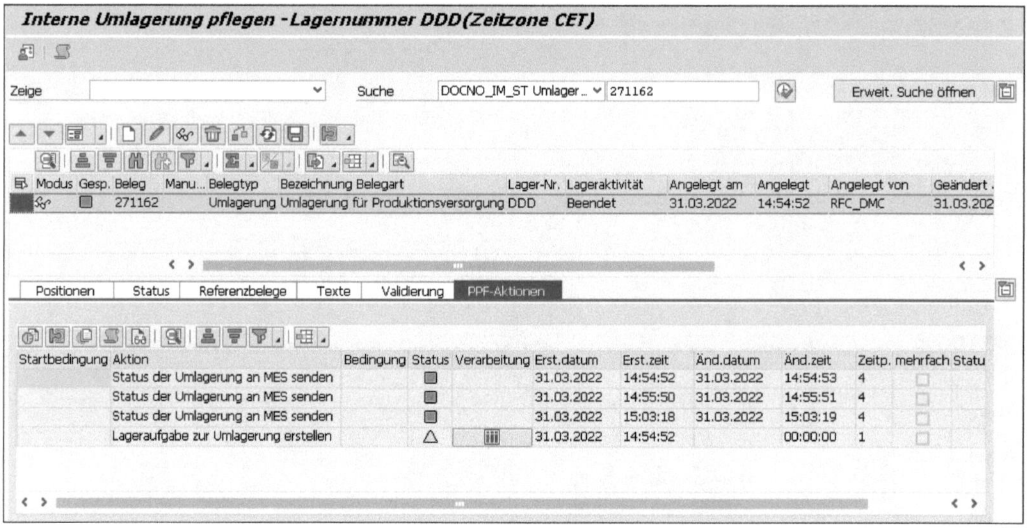

Abbildung 10.37 PPF-Aktionen mit Status-Update an SAP DMC

Nachdem der Bestand physisch bereitgestellt und die Lageraufgabe quittiert worden ist, sendet SAP EWM eine Benachrichtigung an SAP DMC (siehe Abbildung 10.37). SAP DMC ermittelt anschließend in SAP EWM den Bestand im PVB und aktualisiert den entsprechenden Shop-Floor-Bestand in SAP DMC.

Während der Erstellung von Lageraufgaben prüft SAP EWM die Kapazität des PVB-Zielplatzes. Die Lageraufgabenerstellung wird gestoppt, wenn der dem PVB zugewiesene Zielplatz vollständig belegt ist. Nachdem die Kapazität des Zielplatzes durch Verbrauchsbuchungen oder Rücklagerungen wieder freigegeben worden ist, können Sie erneut Lageraufgaben erstellen.

In Ausnahmefällen können die Lageraufgaben für die Materialbereitstellung auch storniert werden, bevor sie auf dem Zielplatz bestätigt werden. Nach der Stornierung der Lageraufgaben wird die offene Menge in der Lageranforderung entsprechend erhöht und kann erneut bereitgestellt werden.

Abbildung 10.38 zeigt die Lageranforderung zur Umlagerung im Lagermonitor. Alternativ können Sie die Umlagerung auch über Transaktion /SCWM/IM_ST anzeigen.

[»]

Konfigurationsleitfaden – MES-Bereitstellung

Für die Konfiguration und Integration der Materialbereitstellung mit einem externen MES stellt SAP einen Konfigurationsleitfaden zur Verfügung. Das Dokument »How to Configure MES-Driven Staging« beschreibt insbesondere die wesentlichen Konfigurationsschritte in Verbindung mit SAP DMC. Sie finden dieses Dokument im SAP Support Wiki über die URL *https://wiki.scn.sap.com*. Gehen Sie in den Space **SAP Supply Chain Management (SCM)**, und folgen Sie dort dem Pfad **SAP Extended Warehouse Management (EWM) • How-to Guides • How-to Guides for SAP EWM • How-to Guides for SAP EWM as part of SAP S/4HANA**. Öffnen Sie das verlinkte PDF-Dokument, und suchen Sie nach »How to configure MES-Driven Staging«.

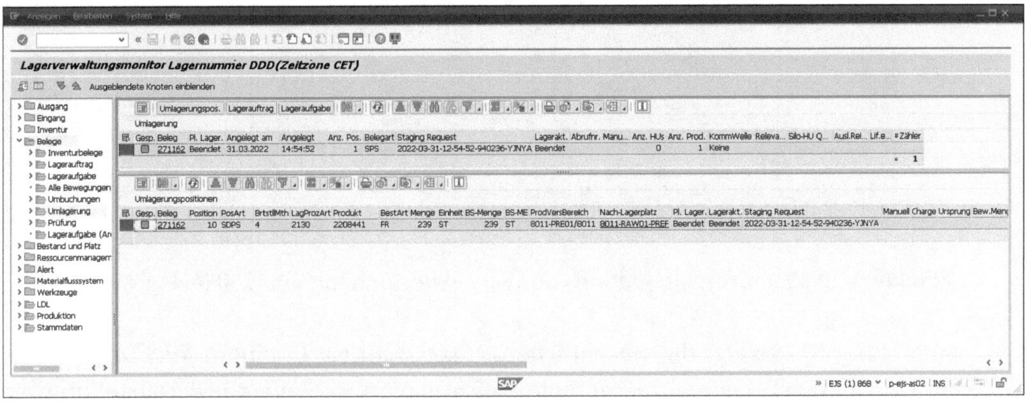

Abbildung 10.38 Lagermonitor mit dem Bestand nach der internen Umlagerung

10.3.3 Verwaltung von Ware in Arbeit

Das richtige Material zum richtigen Zeitpunkt am richtigen Ort: Diese Grundregel der Logistik lässt sich auch auf die Fertigung anwenden. Die Information darüber, wo sich welches Material in welchem Bearbeitungszustand innerhalb der Produktion befindet, gehört zu den entscheidenden Parametern zur Steuerung der Produktionslogistik – insbesondere dann, wenn in der Fertigung aufgrund geplanter oder ungeplanter Verzögerungen zwischen den Fertigungsvorgängen oder Arbeitsplanschritten der Output des vorangehenden Fertigungsschritts nicht sofort für den nächsten Vorgang bereitgestellt werden kann.

Bei *Ware in Arbeit* (WIA) handelt es sich um Komponenten, die den Fertigungsprozess noch nicht vollständig durchlaufen haben, sich immer noch in der Fertigung befinden und zwischengelagert werden sollen. Im Gegensatz zu Halbfertigerzeugnissen werden diese nicht bestandsgeführt, unterliegen keiner Bewertung und sind nicht Teil einer Fertigungsstückliste.

Mit SAP S/4HANA EWM 2022 können Sie diese unfertigen Artikel (*WIA-Material*), die sich mitten im Fertigungsprozess befinden, als WIA-Bestände einlagern, bis sie für einen nachfolgenden Fertigungsvorgang angefordert werden. Die Verwaltung von WIA-Material basiert dabei auf Informationen, die zwischen einem externen MES-System und SAP EWM ausgetauscht werden.

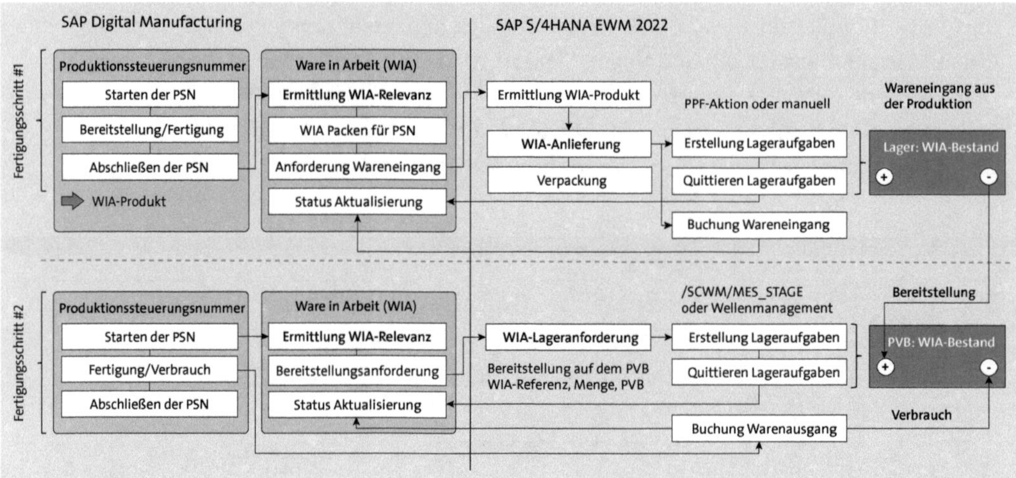

Abbildung 10.39 Prozessintegration von Ware in Bestand mit SAP S/4HANA EWM 2022

Abbildung 10.39 zeigt die wesentlichen Prozessschritte in einem MES und in SAP S/4HANA EWM für den WIA-Wareneingang und die anschließende Bereitstellung der WIA-Produkte für den nachfolgenden Fertigungsschritt.

Nachdem im MES eine PSN angelegt und ein Wareneingang angefordert worden ist, sendet das MES über die SOAP-Schnittstelle `WorkInProcessInboundDelivery_In` die für die Erstellung einer WIA-Anlieferung relevanten Informationen an SAP EWM. Dabei handelt es sich beispielsweise um Informationen über den Fertigungsvorgang, über die WIA-Nummer, über Mengen sowie über das zu fertigende Endprodukt und optional um Verpackungsinformationen für das einzulagernde WIA-Material bzw. um Informationen über die zu empfangende HU.

Für WIA-Material, das bei der Vereinnahmung in SAP EWM verpackt werden soll, verwendet das System die vom MES bereitgestellten Verpackungsinformationen und nutzt dabei die WIA-Behälterinformationen zur Identifikation der erstellten HU. Alternativ, falls keine Behälterinformationen bereitgestellt werden, kann für das übermittelte Packmaterial eine HU aus einem internen Nummernkreis erstellt werden. Die WIA-Nummer ist dabei die eindeutige Referenz auf die nicht abgeschlossene Position eines Vorgangs im MES und ermöglicht eine eindeutige Zuordnung des WIA-Bestands für die Einlagerung and spätere Bereitstellung. Bevor die WIA-Anlieferung erstellt wird, ermittelt das System das WIA-Produkt über die WIA-Nummer in SAP EWM.

Sie finden die Zugriffsfolgen für die Ermittlung im SAP-Easy-Access-Menü von SAP EWM über den Pfad **Extended Warehouse Management • Schnittstellen • MES-Integration • Zugriffsfolge für WIA-Produkte**. Mit dem BAdI `/SCWM/EX_WIP_GP_DETERMINE` können Sie die Ermittlung kundenindividuell erweitern. Das WIA-Produkt wurde zuvor in SAP S/4HANA erstellt, wird dort aber nicht bestandsgeführt, da die entsprechende Materialart das Produkt für die ausschließliche Verwendung mit SAP EWM (**Nur EWM Bestand**) kennzeichnet.

Eine weitere Voraussetzung für das Anlegen der WIA-Anlieferung in SAP EWM sind die Einstellungen für die Findung der Beleg- und Positionsart. Sie finden diese Einstellungen im SAP-EWM-Customizing über den Pfad **Extended Warehouse Management • Wareneingangsprozess • Anlieferung • Ware in Arbeit (WIA) • Ware in Arbeit (WIA) • Beleg- und Positionsartenfindung für WIA definieren**. Da die WIA-Produkte nicht in SAP S/4HANA bestandsgeführt werden, wird die in SAP EWM erstellte WIA-Anlieferung auch nicht in das SAP-ERP-System repliziert. Anschließend wird der Wareneingang für die WIA-Anlieferung gebucht. Die Lageraufgaben für die Einlagerung können Sie automatisch mit einer PPF-Aktion oder manuell erstellen.

Wenn der Wareneingang abgeschlossen und die Lageraufgaben quittiert wurden, sendet SAP EWM den Status bzw. Änderungen an den einzulagernden Mengen an das MES. Die SOAP-Schnittstelle `WarehouseRequestStatus_Out` kann dabei den WE-Status, die Einlagerung auf dem Zielplatz als auch die bestätigten Mengen senden.

Das MES verwendet diese Informationen, um die Bereitstellung der WIA für den nachfolgenden Fertigungsvorgang anzufordern. Die Bereitstellungsanforderung für die auftragsübergreifende Bereitstellung im PVB empfängt SAP EWM über die SOAP-Schnittstelle `WarehouseStagingRequest_In`. Die Bereitstellungsanforderung enthält dazu insbesondere die WIA-Nummer, die bereitzustellende Menge, den PVB und den Zielplatz. Falls der Zielplatz nicht durch das MES vorgegeben wird, ermittelt SAP EWM ihn aus den im PVB hinterlegten Einstellungen (siehe Abbildung 10.6). Anschließend legt das System eine Lageranforderung für die Bereitstellung durch eine Umlagerung an den PVB an.

Voraussetzungen für die durch das MES angestoßene Umlagerung sind die Beleg- und Positionsartenfindung für die MES-gesteuerte Bereitstellung und die Einstellungen zur Findung der Lagerprozessart in SAP EWM. Sie finden diese Einstellungen im SAP-EWM-Customizing über den Pfad: **Extended Warehouse Management • Lagerinterne Prozesse • Lieferabwicklung • Umlagerungen • Lageranforderung für MES-gesteuerte Bereitstellung**. Die für die Bereitstellung erforderlichen Lageraufgaben können über die Transaktion /SCWM/MES_STAGE oder über das Wellenmanagement erzeugt werden.

Nach der Bereitstellung und Quittierung der Lageraufgaben sendet SAP EWM die PVB-Bestandsänderung über `WarehouseStockChangeNotification_Out` an das MES und kann dabei die WIA-Nummer als Referenz verwenden.

Im MES wird anschließend die WIA für die Fertigung eines Endprodukts verbraucht. Für den verbrauchten PVB-Bestand des WIA-Produkts löst das MES über `WorkInProcessGoodsIssue_In` die Warenausgangsbuchung in SAP EWM aus. Die SOAP-Schnittstelle unterstützt dabei sowohl die Buchung des SAP-EWM-Warenausgangs als auch ein aus dem MES empfangenen Storno der Warenbewegung.

In den vorangehenden Abschnitten haben Sie sowohl die durch SAP ECC bzw. SAP S/4HANA ausgelöste Materialbereitstellung als auch die Produktionsintegration mit einem externen MES-System kennengelernt. Im nächsten Abschnitt stellen wir Ihnen den Wareneingang aus der Produktion vor.

10.4 Wareneingang aus der Produktion

Nachdem der Produktionsprozess abgeschlossen ist, werden die Fertig- oder Halbfertigprodukte bestandsseitig in das SAP-EWM-verwaltete Lager eingebucht. Dabei unterstützt SAP EWM verschiedene Szenarien des Wareneingangs aus der Produktion, unabhängig davon, ob er von SAP EWM, SAP ERP oder in einem externen MES, beispielsweise in SAP ME/SAP MII, ausgelöst wurde.

10.4.1 Integration des Wareneingangs aus der Produktion

Je nach der gewählten Implementierungsoption von SAP S/4HANA EWM, der Fertigungsart und der gewählten Integrationsoption, stehen Ihnen unterschiedliche Transaktionen, Szenarien und Optionen für den Wareneingang aus der Produktion zur Verfügung.

Abbildung 10.40 zeigt eine Übersicht über die wichtigsten Szenarien und Optionen für Wareneingänge aus der Produktion, die durch SAP ECC, SAP S/4HANA oder in SAP EWM ausgelöst wurden.

In den nachfolgenden Abschnitten gehen wir zunächst auf die wesentlichen Unterschiede der Integrationsoptionen ein und erläutern Ihnen dann die Prozessschritte, Funktionen und Implementierungsaspekte des Wareneingangs, der in einem SAP-EWM-System ausgelöst wurde. Anschließend erläutern wir die Vorbereitung des Eingangs aus der Produktion für ein dezentrales SAP S/4HANA EWM, die Vereinnahmung von Produktionserzeugnissen und deren Einlagerung.

		Diskrete Fertigung	Prozessfertigung	Serienfertigung
Durch SAP ECC oder SAP S/HANA ausgelöster Wareneingang	Rückmeldung/Erfassung des Wareneingangs zu einem Produktionsauftrag	**CO15** Rückmeldung zum Fertigungsauftrag **CO11N** Lohn-Rückmeldung-Einzelerfassung **CO12** Lohn-Rückmeldung-Sammelerfassung **MIGO** Warenbewegung – Wareneingang	**COR6N** Lohn-Rückmeldung-Einzelerfassung **CORR** Lohn-Rückmeldung-Sammelerfassung **CORK** Rückmeldung zum Prozessauftrag **MIGO** Warenbewegung – Wareneingang	**MFBF** Rückmeldung Serienfertigung **MF42N** Rückmeldung Sammelerfassung
		Optional: Wareneingang von Handling-Units in SAP ECC oder SAP S/4HANA:		
		Geplante HU aus der Produktion erstellen: **COP1** HU-Erzeugung planen **COP2** HU-Erzeugung beim Verpacken **Wareneingang für geplanten HU aus der Produktion: COWBHUWE** Wareneingang von Handling Units		**HU-Erzeugung planen:** **MFP1** Plan-HUs erzeugen allgemein **HU-Rückmeldung in der Serienfertigung** **MFHU** HU-Rückmeldung in der Serienfertigung
	Lieferungsbasierte Integration	SAP ECC oder SAP S/4HANA: • Automatisches Erstellen der Anlieferung • Verteilen der Anlieferung an SAP EWM SAP EWM (dezentral oder embedded): • Buchung des Wareneingangs mit Rückmeldung an SAP ERP (Warenbewegung: 101) • Optional: Automatisches Erstellen der Lageraufgaben zur Einlagerung über PPF		SAP ECC oder SAP S/4HANA: • Automatisches Erstellen der Anlieferung • Verteilen der Anlieferung an SAP EWM SAP EWM (dezentral oder embedded): • Automatisches Buchen des Wareneingangs über PPF-Aktion mit Rückmeldung an SAP ERP (Warenbewegung: 101) • Optional: Automatisches Erstellen der Einlageraufgaben
	Synchrone Warenbewegungen Mit SAP EWM embedded	Wareneingangsbuchung ohne Lieferungen direkt in der Bestandsführung. Vereinnahmung von HUs mit synchroner Warenbewegung über **COWBHUWE**		Synchroner Wareneingang über Bestätigung der finalen Eingangsmeldung der Serienfertigung (**MFBF**) bzw. **MFHU**. Alternativ: Nachgelagert zu vorherigen Zählpunktmeldungen des Verbrauchs.
Durch SAP EWM ausgelöster Wareneingang	Erweiterte Produktionsintegration Mit SAP EWM dezentral	Diskrete Fertigung und Prozessfertigung		Serienfertigung
		SAP ECC oder SAP S/4HANA: Freigabe Produktionsauftrag erstellt erwarteten Wareneingang in SAP EWM		
		EWM Desktop Transaktionen für WE aus der Fertigung: **/SCWM/EGR** Erwarteten Wareneingang Pflegen **/SCWM/GRPI** Vorbereitung WE Fertigung **/SCWM/GR** Physischer Wareneingang **/SCWM/PRDI** Anlieferung pflegen	EWM RF: /SCWM/RFUI Wareneingang zum Produktionsauftrag erstellt automatisch eine Anlieferung zum erwarteten Wareneingang (EGR) im dezentralen SAP EWM.	
	Erweiterte Produktionsintegration Mit SAP EWM embedded	**SAP S/4HANA:** Freigabe Produktionsauftrag in SAP S/4HANA erstellt **KEINEN** erwarteten Wareneingang (EGR) im embedded SAP EWM. Wareneingang in SAP EWM über Anlieferungen zum Produktionsauftrag		**Synchrone Warenbewegungen** SAP EWM embedded S/4HANA

Abbildung 10.40 Optionen für den Wareneingang aus der Produktion

Durch SAP ECC oder SAP S/4HANA ausgelöster Wareneingang

Für einen durch SAP ECC oder SAP S/4HANA ausgelösten Wareneingang gibt es mehrere Rückmeldetransaktionen und Apps, um den Wareneingang aus der Produktion durchzuführen. Welche Transaktion den Wareneingang und die Integration mit SAP EWM auslöst, hängt von der Fertigungsart und der gewählten Implementierungsoption von SAP S/4HANA EWM ab. Die Integration mit SAP EWM unterstützt dabei den Wareneingang für die folgenden Fertigungsarten:

- Diskrete Fertigung mit Fertigungsaufträgen
- Prozessfertigung mit Prozessaufträgen
- Serienfertigung mit Planaufträgen

Die Integration des Wareneingangs kann, unabhängig von der gewählten Implementierungsoption von SAP S/4HANA EWM (embedded oder dezentral) lieferbasiert, d. h. durch Anlieferungen erfolgen. Voraussetzung ist, dass der empfangende Lagerort mit SAP EWM verwaltet wird.

Bei der Quittierung eines Fertigungs- oder Prozessauftrags und Rückmeldung des Wareneingangs in SAP ERP wird eine Anlieferung erzeugt und an SAP EWM repliziert. Für die auf den Produktionsauftrag referenzierende Anlieferung in SAP EWM wird anschließend der Wareneingang gebucht. Die Wareneingangsbuchung in SAP EWM aktualisiert sowohl die Bestandsführung in SAP ERP als auch den referenzierten Produktionsauftrag. Nach der Buchung des Wareneingangs in SAP EWM erstellen Sie die Lageraufgaben, mit denen das Erzeugnis eingelagert werden soll. Die Lageraufgabenerstellung kann manuell, oder automatisch über PPF-Aktionen erfolgen.

Eine Besonderheit der lieferungsbasierten Integration stellt der Wareneingang über ein dezentrales, an SAP ERP und SAP EWM angebundenes MES-System dar. In diesem Szenario wird die Rückmeldung über den Wareneingang von SAP ME zunächst an SAP ERP gesendet und legt dort eine Anlieferung an, die an SAP EWM verteilt wird und dort die Wareneingangsverarbeitung auslöst.

Der Wareneingang aus der Serienfertigung wird bei der Rückmeldung mit den Transaktionen MFBF oder MF42N ausgelöst. Dabei wird für einen SAP-EWM-verwalteten Lagerort automatisch eine Anlieferung erzeugt und an SAP EWM repliziert. Über eine PPF-Aktion wird automatisch der Wareneingang gebucht. Anschließend können die Lageraufgaben für die Einlagerung erstellt werden.

Mit SAP S/4HANA 1909, in Kombination mit SAP EWM embedded in S/4HANA, wurde die lieferungsbasierte Produktionsintegration mit der Integration über synchrone Warenbewegungen ergänzt. Wir haben die synchronen Warenbewegungen bereits für die Materialbereitstellung vorgestellt. Hierbei sind wir insbesondere auf die Warenbewegungen im Zusammenhang mit der Serienfertigung eingegangen (siehe Abbildung 10.14).

Wareneingang zur Serienfertigung in SAP EWM

SAP-Hinweis 1412318 geht auf die Besonderheiten des Wareneingangs bei der Integration mit SAP EWM für die Serienfertigung ein. Sie finden diesen Hinweis im SAP Support Portal über die folgende URL: *http://support.sap.com*.

Falls Sie statt der lieferungsbasierten Integration die Integration über synchronisierte Warenbewegungen verwenden, werden bei Rückmeldungen aus der Produktion, nicht nur die Wareneingänge in der Bestandsführung gebucht, sondern auch synchron Einlageraufgaben in Embedded SAP S/4HANA EWM erstellt. Mit SAP S/4HANA EWM 2022 wurde die Integration synchroner Warenbewegungen noch einmal verbessert. Halbfabrikate, die für die Montage eines Endprodukts als Komponente benötigt werden, werden direkt im PVB des nachfolgenden Fertigungsschritts bereitgestellt. Der Zielplatz für die Bereitstellung kann dabei automatisch aus der Fertigungsversion ermittelt werden.

Die synchronen Warenbewegungen unterstützen sämtliche Fertigungsarten und von der Produktion angestoßenen Warenbewegungen. Durch die Vermeidung von Lieferbelegen wird die Komplexität der Integration zwar deutlich reduziert, gleichzeitig müssen Sie aber auf die Funktionen der Prozesssteuerung in SAP EWM verzichten.

Durch SAP EWM ausgelöster Wareneingang

Für die Integration eines durch SAP EWM ausgelösten Wareneingangs aus der Produktion wird für den Produktionsauftrag (Prozess- oder Fertigungsauftrag) zunächst ein *erwarteter Wareneingang* (auch Expected Goods Receipt oder EGR) im dezentralen SAP S/4HANA EWM erstellt. Während der physischen Vereinnahmung wird auf Basis des erwarteten Wareneingangs eine Anlieferung erstellt, und es werden HUs erzeugt.

Wareneingang in Embedded SAP S/4HANA EWM

Aus Sicht eines externen Embedded SAP EWM enthält der EGR-Beleg die relevanten Informationen aus dem Produktionsauftrag, mit denen die Anlieferung für den Wareneingang aus der Fertigung erstellt werden kann. Durch die enge Integration und Nutzung gemeinsamer Belegdaten kann Embedded SAP EWM in SAP S/4HANA direkt auf die Produktionsaufträge zugreifen. Der EGR-Beleg ist damit nicht nur unnötig, sondern Transaktion /SCWM/EGR wird in Embedded SAP S/4HANA EWM auch nicht mehr unterstützt.

Anschließend wird der Wareneingang gebucht und die Erzeugnisse vom Produktionseingangsbereich zum finalen Lagerplatz bewegt und eingelagert. Die Erstellung der Anlieferung auf Basis des EGR haben wir bereits im Zusammenhang mit der Wareneingangsankündigung in Kapitel 8, »Wareneingangsprozess«, erläutert. Die Vereinnahmung aus der Produktion kann dabei sowohl mit EWM-RF als auch mit den vorhandenen Desktop-Transaktionen in SAP EWM erfolgen.

Abbildung 10.41 zeigt die Anlieferung aus der Produktion für das Fertigerzeugnis W009_FIN_MAT1 in Embedded SAP S/4HANA EWM. In diesem Beispiel wurde die Anlieferung manuell über Transaktion /SCWM/GRPI mit Referenz auf den Produktionsauftrag aus Abbildung 10.21 erstellt.

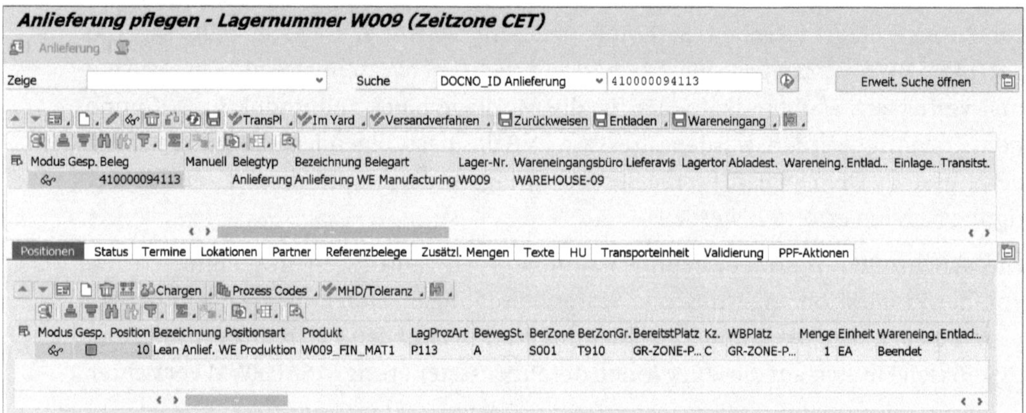

Abbildung 10.41 Anlieferung aus der Produktion

Eine Besonderheit des in SAP EWM ausgelösten Wareneingangs aus der Produktion stellt die Integration von SAP EWM mit SAP ME als dezentralem MES-System dar. Wir haben Ihnen die Integration von SAP EWM und SAP ME in Abschnitt 10.3, »Produktionsintegration mit einem externen Manufacturing Execution System«, für die Materialbereitstellung vorgestellt. Die direkte Integration von SAP ME erfolgt durch das automatische Anlegen einer Anlieferung auf Basis des EGR in SAP EWM für die zu vereinnahmenden HUs. Für die kundenindividuelle Anbindung eines externen MES-Systems steht Ihnen seit SAP EWM 9.2 die API `/SCWM/IF_API_MFG_RECEIVING` (Receiving Goods from Production) für den Eingang aus der Produktion zur Verfügung. Die Schnittstellenklasse enthält eine Methode für den Empfang von verpackten Produkten aus der Produktion, die direkt neue Anlieferungen inklusive HUs erstellt. Zudem bietet Ihnen die API eine Methode für die (vollständige oder teilweise) Stornierung von HUs, die aus der Produktion eingegangen sind.

Mit SAP EWM 9.4 wurde die interne API in Funktionsbausteine »verpackt«, um die Integration der EWM-Produktionsprozesse mit SAP ME oder Drittsystemen zu vereinfachen. Die folgenden Funktionsbausteine sind RFC-fähig und können für die Integration der Vereinnahmung von HUs, bzw. für die Stornierung verwendet werden:

- /SCWM/MFG_RECEIVE_HUS_EXT
- /SCWM/MFG_REVERSE_HUS_EXT

Im nächsten Abschnitt stellen wir Ihnen die wichtigsten Einstellungen und Implementierungsaspekte des EGR-basierten Wareneingangs aus der Produktion für ein dezentrales SAP S/4HANA EWM vor.

10.4.2 Vorbereitung des Wareneingangs im dezentralen SAP S/4HANA EWM

Die Vorbereitung des Eingangs aus der Produktion beginnt mit der Erstellung und Freigabe des Produktions- bzw. Prozessauftrags. Sobald dieser im SAP-ERP-System freigegeben worden ist, erfolgt die Erstellung des EGR im dezentralen SAP-EWM-System. Der erwartete Wareneingangsbeleg enthält Informationen über Fertig- und Kuppelprodukte sowie die Referenz auf den Produktions- bzw. Prozessauftrag. Auf der Positionsebene wird zudem die Referenz auf die Reservierung zur Behandlung von Produktionsnebenprodukten gehalten. Basierend auf dem erwarteten Wareneingang, wird während der Vereinnahmung eine Anlieferung erstellt.

In Abbildung 10.42 sehen Sie eine Übersicht über die Prozessschritte in SAP ERP und im dezentralen SAP S/4HANA EWM für die Erfassung des Wareneingangs aus der Produktion über RF im Rahmen der erweiterten Produktionsintegration.

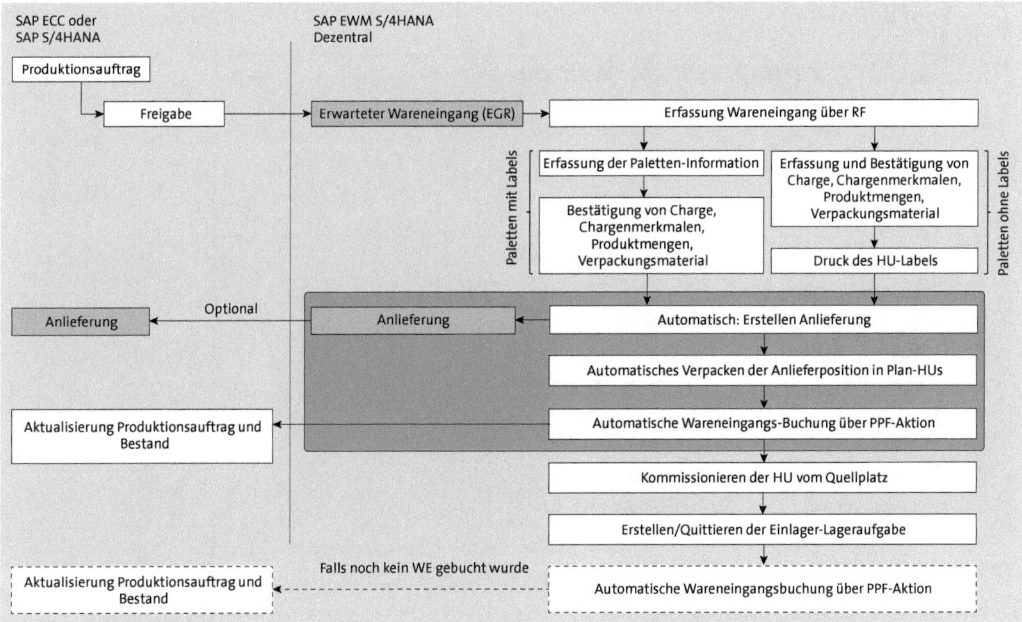

Abbildung 10.42 Wareneingang mit Radio Frequency im dezentralen SAP S/4HANA EWM

[»]

Automatische Aktualisierung des EGR

Damit nach der Freigabe des Produktionsauftrags in SAP ERP automatisch der erwartete Wareneingang im dezentralen SAP S/4HANA EWM angelegt, aktualisiert und gelöscht werden kann, sind neben der Aktivierung der BAdI-Implementierung /SPE/EGR_UPDATE bestimmte Voraussetzungen erforderlich. SAP-Hinweis 2811153 enthält eine Beschreibung der Voraussetzungen und weitere Informationen zur Erstellung und Aktualisierung des erwarteten Wareneingangs in SAP EWM. Sie finden diesen Hinweis im SAP Support Portal über die folgende URL: *http://support.sap.com*

Zur optimierten Systemkommunikation wird mit der erweiterten Produktionsintegration ein *Kommunikationsindikator* eingeführt. Dieser unterbindet die Replikation der Anlieferung aus der Produktion bei deren Erstellung und kommuniziert die Wareneingangsbuchung direkt über die Warenbewegungsschnittstelle in das SAP-ERP-System (**B Über Warenbewegungsschnittstelle**).

Abbildung 10.43 zeigt den Kommunikationsindikator, der im Prozessprofil der Anlieferung hinterlegt ist und nur für den Wareneingang aus der Produktion verwendet werden kann. Die Einstellung zum Prozessprofil finden Sie im SAP-EWM-Customizing über den Pfad **Extended Warehouse Management • Prozessübergreifende Einstellungen • Lieferung – Lageranforderung • Prozesssteuerung • Prozessprofil für Belegkopf definieren**.

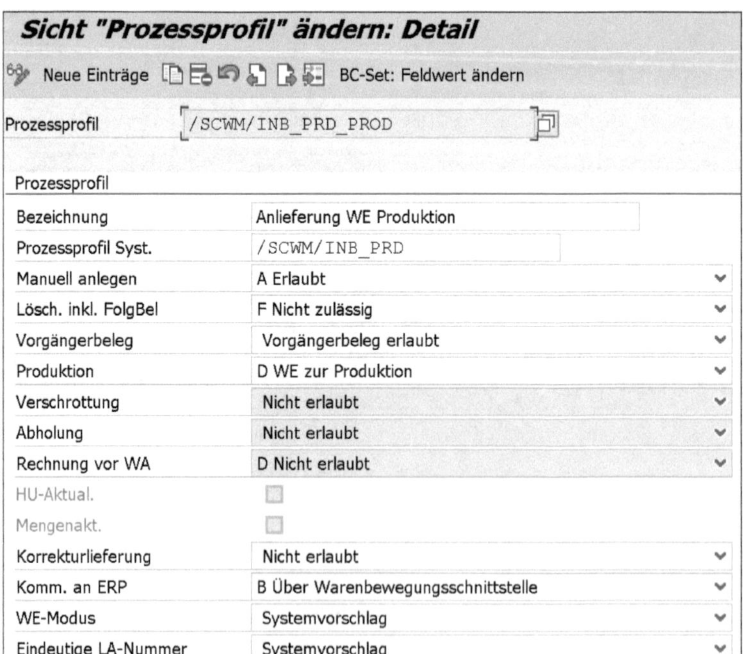

Abbildung 10.43 Einstellung zur SAP-ERP-Kommunikation im Prozessprofil der Anlieferung

Die Wareneingangsbuchung erfolgt dabei ohne die Kommunikation von HU-Informationen. Sollten diese benötigt werden, können Sie das BAdI /SCWM/EX_ERP_GOODSMVT_EXT implementieren.

Die Kommunikation zwischen SAP-ERP- und SAP-EWM-System basiert auf der qRFC-Schnittstelle, ebenso wie die Kommunikation bei der Lieferverarbeitung und der Warenbewegungsschnittstelle anderer Prozesse mit einem dezentral angebundenen SAP EWM.

10.4.3 Vereinnahmung von Produktionserzeugnissen über Radio Frequency

In einem nächsten Schritt werden die aus der Produktion kommenden HUs vereinnahmt. Die erweiterte Produktionsintegration bietet dazu eine Prozessvariante für die Vereinnahmung über eine EWM-RF-Transaktion sowie die Vereinnahmung über ein externes MES-System an.

Für die Vereinnahmung aus der Produktion über EWM-RF müssen Sie sich zunächst an einem Arbeitsplatz anmelden. Für die spätere Anlieferungserstellung sowie die Wareneingangsbuchung wird der zugeordnete Lagerplatz als Warenbewegungsplatz verwendet. Die Zuordnung von Lagerplatz und Arbeitsplatz erfolgt über den SAP-Easy-Access-Menüpfad **Extended Warehouse Management • Stammdaten • Arbeitsplatz • Stammdatenattribute definieren** oder alternativ über Transaktion /SCWM/TWORKST (siehe Abbildung 10.44).

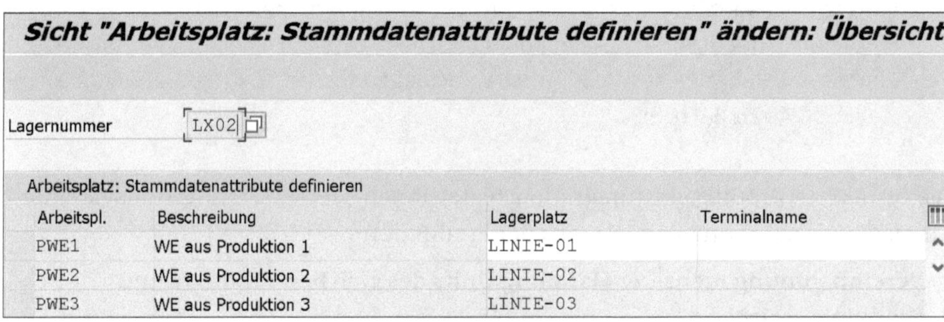

Abbildung 10.44 Lagerplatz für den Arbeitsplatz pflegen

HUs können pro Produktionsauftrag vereinnahmt werden. Sie erfassen und bestätigen dabei Chargen, Chargenattribute, Produktmenge sowie das Packmaterial der HU. Als automatische Folgeaktion wird eine EWM-Anlieferung pro HU basierend auf dem erwarteten Wareneingangsbeleg erstellt. Ebenfalls automatisch erfolgt die Verpackung der Anlieferpositionen in Plan-HUs (siehe Abbildung 10.42).

Das Verpackungsmaterial der vereinnahmten HUs wird entweder aus einer Packspezifikation oder aus dem Standardverpackungsmaterial des Arbeitsplatzes vorgeschlagen. Die Mengeneinheit der Produkte kann ebenfalls entweder aus der Packspezifikation, dem erwarteten Wareneingangsbeleg oder den Stammdaten (größte Mengeneinheit) ermittelt werden. Für die Vereinnahmung aus der Produktion steht Ihnen die Konditionsart ORCV zur Verfügung, die das Verpackungsmaterial, den HU-Typ und die Mengeneinheit des Produkts vorschlagen kann.

[»]

Chargen in der Vereinnahmung aus der Produktion

In der erweiterten Produktionsintegration können Sie existierende Chargen in den Vereinnahmungstransaktionen erfassen. Zudem haben Sie die Möglichkeit, neue Chargen zu erstellen und Chargenmerkmale, sollten diese bisher nicht erfasst worden sein, zu erfassen.

Zudem können Sie über kundenspezifische Erweiterungen Chargen und Chargenmerkmale automatisch vorschlagen lassen. Zu diesem Zweck stehen Ihnen die folgenden BAdIs zur Verfügung:

- Vorschlag von empfangenden Positionsdaten: Mit dem BAdI /SCWM/EX_RF_MFG_RCV_PROP_DT haben Sie die Möglichkeit, bei der Auswahl des Produkts oder nach der Vereinnahmung der HU automatisch eine Charge vorzuschlagen. Diese könnte sich z. B. aus Datum und Uhrzeit der Vereinnahmung ergeben (z. B. A021215-1200).
- Ändern von Chargenattributen geänderter Chargen: Nutzen Sie das BAdI /SCWM/EX_RF_MFG_RCV_CHG_BT bei der Eingabe einer neuen Charge, um die Chargenattribute (z. B. das Produktionsdatum) aus dem Chargennamen (z. B. A021215-1200) abzuleiten. Zudem können Sie mit dem BAdI beim Löschen einer Charge eine neue Charge mit den gleichen Attributen vorschlagen lassen (z. B. B021215-1200 anstelle von A021215-1200).

Die erweiterte Produktionsintegration bietet Ihnen vier RF-Transaktionsvarianten für die Vereinnahmung von HUs aus der Produktion:

- **Vereinnahmung mehrerer Handling Units des gleichen Produkts und Produktionsauftrags**
  Sie erfassen zunächst den Produktionsauftrag und geben anschließend das Produkt und die HU-Daten ein (optional können Sie auch ein standardisiertes Barcode-Label aus der Produktion bzw. aus dem MES verwenden). Über einen Button können Sie die Anzahl der HUs ändern, um z. B. mehrere HUs auf einmal zu erfassen. Anschließend werden Anlieferungen und HUs erstellt, und Sie können mit der weiteren Erfassung von HUs aus der Produktion fortfahren.

- **Vereinnahmung mehrerer Handling Units des gleichen Produktionsauftrags mit verschiedenen Produkten**
  Sie erfassen den Produktionsauftrag und geben anschließend das Produkt und die HU-Daten ein. Anschließend werden Anlieferung und HU erstellt, und Sie haben die Möglichkeit, ein weiteres Fertigungsprodukt des gleichen Produktionsauftrags zu erfassen. Der Transaktionsfluss fährt dann mit der Erfassung der HU zu diesem Produkt fort.
- **Vereinnahmung einer Handling Unit für einen Produktionsauftrag inklusive Rückkehr zur Produktionsauftragsselektion**
  Sie erfassen den Produktionsauftrag und geben das Produkt und die HU-Daten ein. Anschließend werden Anlieferung und HU erstellt. Im nächsten Schritt können Sie den nächsten Produktionsauftrag sowie für diesen das Produkt und die HU-Daten erfassen.
- **Vereinnahmung einer Handling Unit für einen Produktionsauftrag mit direkter Einlagerung**
  In dieser Transaktionsvariante springen Sie direkt nach der automatischen Anlieferungs- und der HU-Erstellung in den Einlagerungsschritt. Sobald dieser abgeschlossen ist, beginnen Sie erneut mit der Eingabe des Produktionsauftrags.

Sie können in Abhängigkeit Ihrer Prozessanforderungen entscheiden, ob Sie direkt und automatisiert den Wareneingang buchen möchten. Der Wareneingang kann in diesem Fall bei der Anlieferungserstellung über eine PPF-Aktion gebucht werden. Durch diese Option erreichen Sie eine schnellstmögliche Rückmeldung im ERP-Produktions- bzw. Prozessauftrag.

Zur automatisierten Wareneingangsbuchung steht Ihnen die PPF-Aktion `/SCWM/PDI_02_GR_POST` im Aktionsprofil `/SCWM/PDI_02` zur Verfügung. Die Einplanung der PPF-Aktionen können Sie über den SAP-Easy-Access-Menüpfad **Extended Warehouse Management • Lieferabwicklung • Aktionen • Konditionssätze für PPF-Einplanbedingungen pflegen** oder alternativ über Transaktion /SCWM/DLVPPFC vornehmen. Definieren Sie die Einplanung der PPF-Aktion in Abhängigkeit der Belegart der Anlieferung und dem Warenbewegungsplatz. Zudem können Sie mit der PPF-Aktion `/SCWM/PDI_02_WT_CREATE` des Aktionsprofils `/SCWM/PDI_02` eine automatische Erstellung der Einlager-Lageraufgabe einrichten. Die Einplanung erfolgt wie bei der oben genannten PPF-Aktion (`/SCWM/PDI_02_GR_POST`).

Abhängig von Ihrem konkreten Produktionszugangsprozess können unterschiedliche Kombinationen aus automatischer Wareneingangsbuchung und Lageraufgabenerstellung sinnvoll sein. In Tabelle 10.2 finden Sie die möglichen Szenarien sowie deren Anwendungsfälle.

Anwendungsfall	Automatische Wareneingangsbuchung	Automatische Lageraufgabenerstellung
▪ Vereinnahmung über RF-Transaktion ▪ keine systemgeführte Einlagerung notwendig	X	
▪ Die Wareneingangsinformation wird durch ein externes Produktionssystem (MES) gesendet. ▪ systemgeführte Einlagerung notwendig		X
▪ Vereinnahmung über RF-Transaktion ▪ systemgeführte Einlagerung notwendig	X	X
▪ Die Wareneingangsinformation wird durch externes Produktionssystem (MES) gesendet. ▪ keine systemgeführte Einlagerung notwendig		

Tabelle 10.2 Szenarien und Anwendungsfälle für die automatische Wareneingangsbuchung und Lageraufgabenerstellung

10.4.4 Einlagerung aus der Produktion

Im letzten Schritt erfolgt die Einlagerung der produzierten Erzeugnisse. In diesem Prozessschritt werden die HUs von der Produktionslinie in die finalen Lagerplätze bewegt. Ein wichtiger Aspekt dieses Schritts ist es, nicht zu früh Lagerplätze für die Einlagerung zu blockieren, da zwischen der Vereinnahmung aus der Produktion und der Einlagerung einige Zeit vergehen kann. Zudem kann bei der Anbindung externer Produktionssysteme (MES) die Rückmeldung von HUs aus der Produktion vor deren physischer Ankunft erfolgen. Deshalb kann es sinnvoll sein, die Erstellung der Einlager-Lageraufgaben erst zu Beginn des Einlagerungsprozesses, bei der Aufnahme der HUs, auszulösen.

Abbildung 10.45 zeigt das Customizing für die Lagerprozessart 1100, die für die Einlagerung aus der Produktion verwendet wird. Damit die HU-Lageraufgaben beim Scannen erstellt werden können, aktivieren Sie die Option **LB-Erstellung in RF-Einlag. zulass.** Das Customizing der Lagerprozessarten finden Sie über den EWM-Customizing-Pfad **Extended Warehouse Management • Prozessübergreifende Einstellungen • Lageraufgaben • Lagerprozessart definieren**.

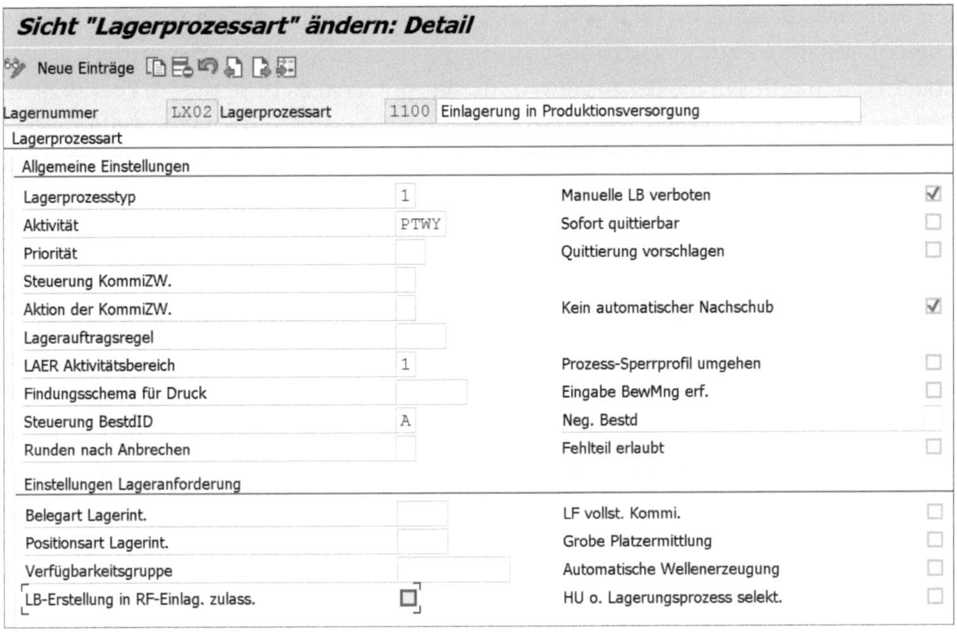

Abbildung 10.45 Customizing-Einstellung für die Lageraufgabenerstellung während der RF-Einlagerung

Die Einlagerung selbst kann wie beim Standardprozess über die RF-Transaktionen »Einlagerung pro HU« oder »Einlagerung pro HU (gesammelt)« ausgeführt werden. Zur Korrektur von Erfassungs- und Rückmeldungsfehlern aus der Produktionsvereinnahmung stehen Ihnen Funktionen in der mobilen Datenerfassung aus dem Lagermonitor sowie Korrekturreports zur Verfügung. Voll- und Teilmengen für einzelne HUs können direkt über Funktionen aus den RF-Transaktionen der Produktionsvereinnahmung korrigiert werden. Ganze HUs können Sie zudem aus dem Lagermonitor stornieren. Navigieren Sie über den Pfad **Eingang • Prozesse • Produktionsübersicht**, und wählen Sie für einen oder mehrere Produktionsaufträge aus der Ansicht **HU in Bearbeitung** die Monitorfunktion **HU stornieren**. Um unbearbeitete und überschüssige Anlieferungen zu stornieren, steht Ihnen der Report `/SCWM/R_MFG_PDI_COMPLETE` zur Verfügung.

10.5 Intralogistik zur Produktionsversorgung

In den vorangehenden Abschnitten haben Sie die Lagerprozesse der Materialbereitstellung und den Wareneingang aus der Produktion kennengelernt. Dabei haben wir uns auf die Integration der Lagerprozesse in die Fertigung und die von SAP EWM bereitgestellten Funktionen der Produktionsversorgung konzentriert. Unabhängig von der Branche und der Fertigungstiefe stehen produzierende Unternehmen dabei vor der Herausforderung, die werksinternen Logistikprozesse und den innerbetrieblichen Materialfluss zur Produktionsversorgung nachhaltig und wirtschaftlich zu gestalten und nahtlos in die Fertigungs- und Lagerprozesse zu integrieren. Vorrangiges Ziel ist die sequenzierte, automatisierte, bedarfsorientierte und wegeoptimierte Ver- und Entsorgung der Produktion, die Vermeidung von Leerfahrten und die optimale Auslastung der innerbetrieblichen Ressourcen zur Warenverteilung.

In diesem Abschnitt stellen wir Ihnen die SAP-Lösungskomponenten für die Intralogistik der Produktionsversorgung vor. Dabei erläutern wir zunächst die Funktionen der Warenverteilung mit Transportgeräten in SAP EWM und gehen anschließend in Abschnitt 10.5.2 auf die erweiterten Funktionen der Produktionsversorgung mit SAP S/4HANA for Manufacturing Logistics ein.

10.5.1 Warenverteilung mit Transportgeräten in SAP EWM

Seit SAP S/4HANA 1909 unterstützt SAP EWM eine mehrstufige Warenverteilung und Bereitstellung von Fertigungskomponenten in den Produktionsversorgungsbereichen. Die Bereitstellung im PVB erfolgt mit Transportgeräten, die in SAP EWM als Ressourcen abgebildet sind.

Abbildung 10.46 zeigt den Ablauf der Warenverteilung mit Transportgeräten in SAP EWM und die im nächsten Abschnitt erläuterten erweiterten Funktionen für Routen, Routenstopps und Touren mit SAP S/4HANA for Manufacturing Logistics. Zunächst gehen wir allerdings auf die wesentlichen Prozessschritte der Warenverteilung in SAP EWM ein.

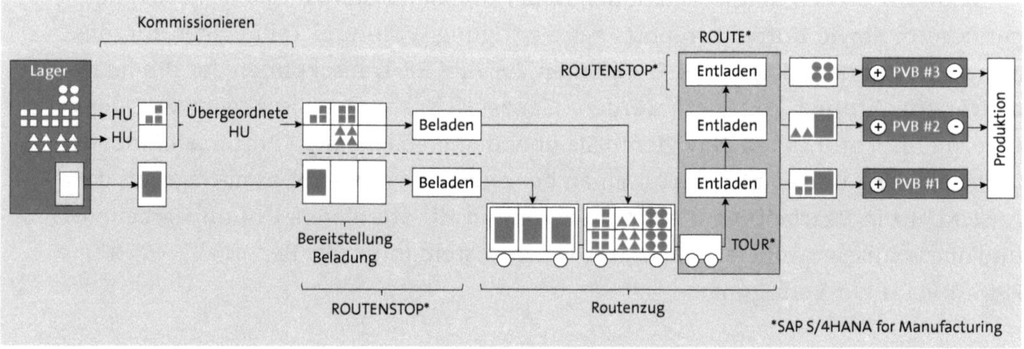

Abbildung 10.46 Warenverteilung mit Transportgeräten

Kommissionierung und Bereitstellung für das Beladen

Der innerbetriebliche Materialfluss für die mehrstufige Bereitstellung mit Transportgeräten wird durch die Lageraufgaben für die Kommissionierung der Komponenten ausgelöst. Die Lageraufgaben wurden dabei auf Basis einer PMA, eines Auslieferungsauftrags oder der Lageranforderung für eine interne Umlagerung erstellt. Sie können sowohl bereits verpackte als auch unverpackte Komponenten für die Produktion bereitstellen.

Die Warenverteilung unterstützt dabei die Bereitstellung von Vollpaletten, die direkt auf ein Transportgerät geladen werden, oder die Kommissionierung von Teilmengen in eine Kommissionier-HU. Die Kommissionier-HU kann dann in ein mobiles Regal und das Regal anschließend auf das Transportgerät geladen werden. Die Struktur des mobilen Regals aus Ebenen und Fächern definieren Sie über eine HU-Strukturvorlage. Sie finden die Einstellungen für die HU-Strukturvorlagen in SAP EWM im SAP-Easy-Access-Menü über den Pfad **Extended Warehouse Management • Einstellungen • HU-Strukturvorlage anlegen** oder über Transaktion /SCWM/RACKTYPE.

Bei der Kommissionierung von Teilmengen in eine Kommissionier-HU geben Sie für nicht verpackte Komponenten oder die benötigte Teilmenge einer HU im Bestand die HU-Position auf dem Transportgerät an. Vollpaletten oder HUs deren komplette Menge bereitgestellt werden soll, können direkt unter Angabe der HU-Position auf das Transportgerät kommissioniert werden. Nachdem die Komponenten kommissioniert worden sind, kann SAP EWM über die prozessorientierte Lagersteuerung den Zielplatz für die Bereitstellung zur Beladung ermitteln und die entsprechenden Lageraufgaben anlegen.

Beladung und Verteilung

Nachdem die Komponenten auf dem Bereitstellungsplatz für die Beladung bereitgestellt worden sind, können Sie mit Radio Frequency kommissioniert und auf das Transportgerät geladen werden. Dabei können sowohl die bereits bei der Kommissionierung verwendeten HUs, mobile Regale, als auch weitere Komponenten unter der Angabe der HU-Position auf das Transportgerät geladen werden. Die Position kann manuell oder automatisch zugeordnet werden.

Nachdem die Beladung beendet worden ist, werden die Transportgeräte zu einem Routenzug verbunden und optional einer Zugmaschine zugeordnet. Das Quittieren der Belade-Lageraufgaben erzeugt automatisch HU-Lageraufgaben für das Entladen von Vollpaletten des kompletten Transportgeräts, für den Inhalt eines Regals oder bestimmter HU-Positionen in einem PVB. Die Komponenten werden anschließend zum Ziel-PVB gefahren.

Im PVB wird zunächst durch Scannen einer beliebigen HU das zu entladende Transportgerät bestätigt. Danach erfolgt das Entladen durch die bereits angelegten Lageraufgaben. Das System berücksichtigt beim Entladen die HU-Hierarchie auf dem Transportgerät und gibt für die zu bearbeitende Lageraufgabe die genaue HU-Position an. Abweichungen und Ausnahmen bei den zu entladenden HUs, beispielweise fehlende HUs oder ein nicht erreichbarer Zielplatz des PVB, können für die spätere

Bearbeitung an einem Klärplatz über Radio Frequency erfasst werden. Mit dem Quittieren des Entladens werden die für die Fertigung benötigten Komponenten im PVB bereitgestellt.

Durch die Verwaltung von Beständen in HUs und in Ressourcen ermöglicht die Warenverteilung mit Transportgeräten in SAP EWM eine bessere Kontrolle der Produktionsbereitstellung und steigert die Bestandstransparenz.

Die für die Konfiguration der Warenverteilung in SAP EWM notwendigen Einstellungen für die Transportgeräte basieren dabei insbesondere auf den Funktionen des Ressourcenmanagements und die eigentliche Warenverteilung und automatische Erstellung von Lageraufgaben auf den Einstellungen zur Lagersteuerung. Die Funktionen der prozessorientierten Lagersteuerung haben Sie bereits in Kapitel 7, »Objekte und Elemente der Prozesssteuerung«, kennengelernt. Das Ressourcenmanagement erläutern wir Ihnen in Kapitel 13, »Radio Frequency und Mobile«.

[»]

Konfiguration – Warenverteilung mit Transportgeräten

Wir haben in diesem Abschnitt bewusst auf die notwendigen Systemeinstellungen für die Warenverteilung mit Transportgeräten verzichtet. SAP-Hinweis 2963920 enthält einen Link zu einem detaillierten Konfigurationsleitfaden für einen Beispielprozess in SAP EWM. Darüber hinaus erläutert SAP-Hinweis 2933910, wie Sie die layoutorientierte Lagersteuerung für die Warenverteilung mit Transportgeräten nutzen können. Sie finden diese Hinweise im SAP Support Portal über die folgende URL: *http://support.sap.com*.

10.5.2 SAP S/4HANA for Manufacturing Logistics

SAP S/4HANA for Manufacturing Logistics ist als Add-on für SAP S/4HANA ab SAP S/4HANA 2020 FP1 oder SAP S/4HANA 2021 verfügbar, erweitert vorhandene Funktionen von SAP EWM und SAP TM und ermöglicht eine engere Integration der Lager-, Transport- und Fertigungsprozesse. Das Add-on für SAP S/4HANA stellt dazu die folgenden Lösungskomponenten bereit:

- *Routenzüge für die Produktionsversorgung* mit SAP EWM. Die Warenverteilung mit Transportgeräten in SAP EWM wird durch das Add-on mit weiteren Funktionen zur Definition und Planung von Routenzügen und Touren für eine fertigungssynchrone Bereitstellung erweitert.
- *Shuttle-Transfers* innerhalb einer SAP-EWM-Lagernummer zwischen unterschiedlichen, durch öffentliche Straßen getrennten Gebäuden und Lagerbereichen durch eine Erweiterung der Funktionalität von Advanced-Shipping und Integration der SAP-TM-Frachtaufträge mit den lagerinternen Warenbewegungen in SAP EWM.

- *Inbound Cargo Registration* für die Registrierung eingehender Fracht durch erweiterte Funktionen im Wareneingangsbüro zum Abgleich elektronischer Fracht- und Sendungsdaten mit den Frachtpapieren.

In diesem Abschnitt stellen wir Ihnen die wesentlichen Funktionen der für die innerbetriebliche Materialbereitstellung relevanten Routenzüge zur Produktionsversorgung in SAP EWM vor. Abschließend geben wir Ihnen einen Überblick über die Grundfunktionen für Shuttle-Transfers.

Informationen und Konfigurationsleitfäden

Bei SAP S/4HANA handelt es sich um ein Add-on, das die Lagerprozesse für die Produktionsversorgung mit SAP EWM um weitere Funktionen ergänzt und für lagerinterne Warenbewegungen und den externen Wareneingang eine engere Integration mit SAP TM ermöglicht. SAP stellt neben einer umfangreichen Online-Hilfe auch Leitfäden für die Konfiguration der Lösungskomponenten von SAP S/4HANA for Manufacturing Logistics zur Verfügung. Sie finden diese Dokumente unter der folgenden URL im Bereich **Configuration**: *https://help.sap.com/docs/SAP_S4HANA_MANUFACTURING_LOGISTICS*

Routenzug zur Produktionsversorgung

Im vorangehenden Abschnitt haben Sie bereits die Warenverteilung mit Transportgeräten kennengelernt. Die vorgestellten Prozesse und Funktionen basieren dabei im Wesentlichen auf dem Ressourcenmanagement in SAP EWM und einer Abfolge von Schritten in der prozessorientierten Lagersteuerung (POSC). Dabei decken die seit SAP S/4HANA 1909 unterstützten Funktionen die Kommissionierung von Komponenten, deren Bereitstellung zum Beladen sowie das Be- und Entladen auf Ressourcen ab. Die Definition von Routen im Lager, Haltestellen und Routenstopps in den PVBs sowie die Planung der Bereitstellung durch Transportgeräte wurden bisher jedoch nicht unterstützt.

Die von SAP S/4HANA for Manufacturing Logistics bereitgestellte Lösungskomponente für den Routenzug zur Produktionsversorgung basiert auf den Einstellungen und Funktionen der Warenverteilung mit Transportgeräten, nutzt die RF-Transaktionen zum Be- und Entladen der Ressourcen und ist vollständig in den SAP-EWM-Lagermonitor integriert. Zur Stammdatenpflege von Routen, Routenstopps und für die Überwachung von Touren wurde SAP EWM um zahlreiche SAP-Fiori-Apps erweitert.

Routenzüge unterstützen die folgenden Prozesse und Lageranforderungen für die Materialbereitstellung und den innerbetrieblichen Transport in SAP EWM:

- Interne Umlagerungen (WMR)
- Interne Umlagerungen für JIT (WMR)

- Produktionsmaterialanforderung (PWR)
- Umbuchung (SPC)
- Auslieferungsauftrag (ODO) für die Kanban-Bereitstellung

Voraussetzung für die Planung und Ausführung der Materialbereitstellung in den Produktionsversorgungsbereichen ist die Pflege von Stammdaten. Dabei definieren Sie die Routen, die Abfolge, in der die Haltestellen angefahren werden, und die Übergabepunkte des innerbetrieblichen Transports sowie die abschließende Bereitstellung in den PVBs. Die Tour wird dann auf Basis der definierten Route durchgeführt.

Routen und Routenstopps

Wie bereits erwähnt, basieren die Routenzüge zur Produktionsversorgung auf der Warenverteilung mit Transportgeräten. Für die Definition der Abfolge der Bereitstellung wurde ein neues Objekt, die Route, eingeführt.

Eine *Route* ist ein definierter Fahrweg eines Routenzugs im Lager, kann mehrere Streckenabschnitte und Haltestellen (*Routenstopps*) enthalten und für einen oder mehrere Routenzüge verwendet werden. Routen haben eine eigene Statusverwaltung und einen Lebenszyklus, Änderungsbelege und Parameter, mit denen Sie das geplante Abfahrtsdatum und die Abfahrtszeit steuern können.

Abbildung 10.47 zeigt die SAP-Fiori-App (App-ID F4390), mit der Sie Routen mit Routenversionen und Routenversionsstopps für die Erstellung von Touren definieren können. Durch die zeitliche Beschränkung der Gültigkeit einer Routenversion steuern Sie die zum Zeitpunkt der Tour-Erstellung aktive Route und legen spezifische Planungs- und Steuerdaten für die Erstellung von Touren und die Bereitstellung der zu transportierenden HUs fest.

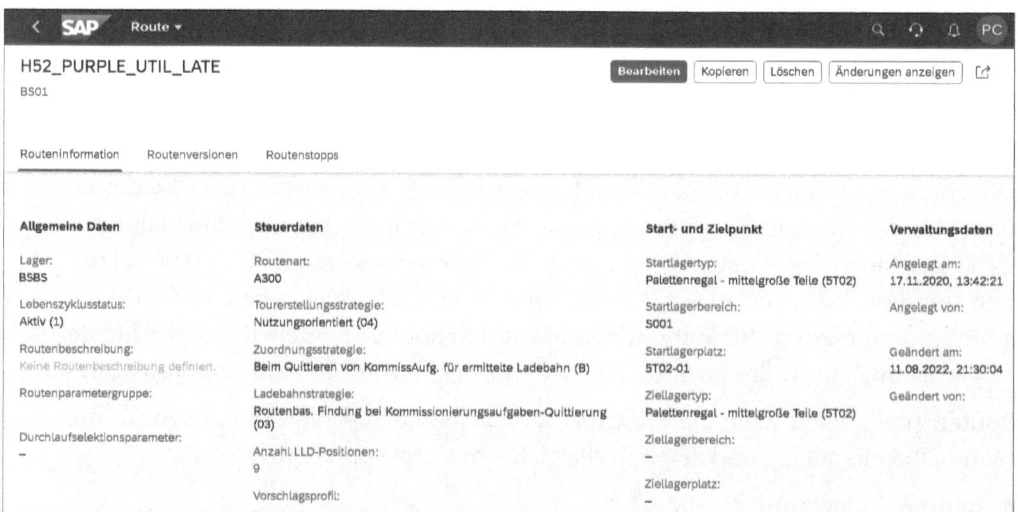

Abbildung 10.47 Routendefinition

Das Beispiel zeigt die Route H52_PURPLE_UTIL_LATE mit 9 Routenstopps (siehe Abbildung 10.48) für die Bereitstellung mittelgroßer Teile aus einem Startlagerplatz 5T02-01 an ein Palettenregal für mittelgroße Teile mit dem Ziellagertyp 5T02.

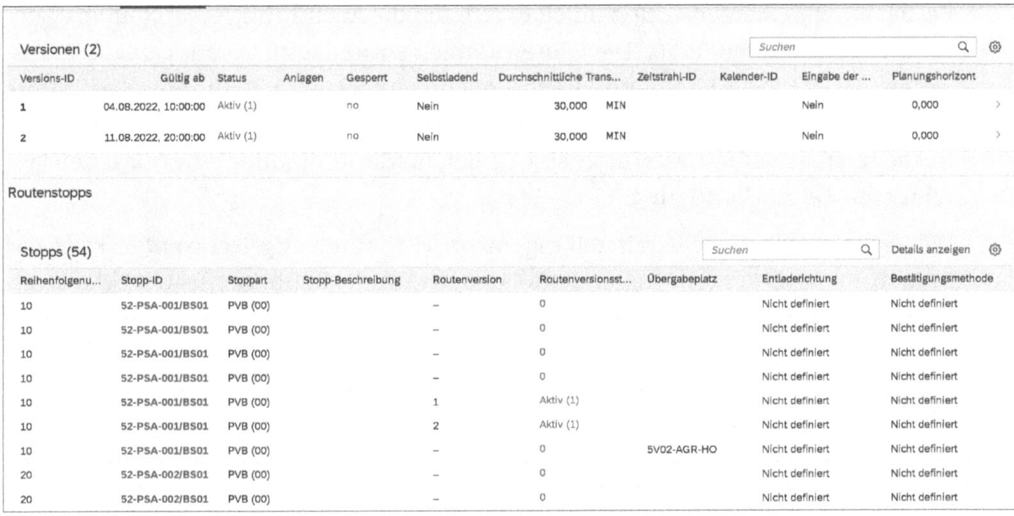

Abbildung 10.48 Routenstopps

Die Tourenerstellungsstrategie definiert, wie die auf Basis dieser Route angelegte Tour erstellt wird, welche Zeiten dabei vom System errechnet und während der Durchführung der Tour berücksichtigt werden. Wenn unter Berücksichtigung der durchschnittlichen Transportdauer und Kommissionierzeiten ein Beladezeitpunkt vorgeben wird, können Sie über eine Rückwärtsterminierung den spätesten Zeitpunkt für die Freigabe einer Kommissionierwelle bestimmen. In diesem Beispiel erfolgt die Tourenerstellung für die zu transportierenden HUs **Nutzungsorientiert** unter der Berücksichtigung von Kapazitäts- und Zeitbeschränkungen.

Abbildung 10.48 zeigt die geplanten Routenstopps für die Entladung und Bereitstellung in den PVBs. In der Spalte **Entladerichtung** können Sie die Anzeige der Entladerichtung (links oder rechts) auf dem RF-Gerät steuern, und in der Spalte **Bestätigungsmethode** definieren Sie, ob und wie die Entladung am Übergabeplatz über das RF-Gerät bestätigt werden soll. Der Übergabeplatz wird aus den Stammdaten des angefahrenen PVB ermittelt. Falls der PVB nicht direkt angefahren werden kann, können Sie für den Routenstopp einen alternativen Übergabeplatz festlegen. Neben den zu versorgenden PVBs können Sie auch weitere Stopps definieren, an denen der Routenzug vorübergehend geparkt wird oder an denen beispielsweise ein Fahrerwechsel erfolgt.

Touren und Bereitstellung

Im vorangehenden Abschnitt haben Sie die Grundfunktionen der Route als Planungsobjekt kennengelernt. Die Routenfindung für die Bereitstellung erfolgt dynamisch,

u. a. in Abhängigkeit des Von-Lagertyps und dem Ziel-PVB über die Konditionstechnik. Die ermittelte Route wird anschließend der Position einer Lageranforderung zugewiesen (siehe Abbildung 10.19).

Bei der anschließenden Tour handelt es sich um die Ausführung einer Routenzuginstanz der ermittelten Route. Die Touren können entweder im Voraus geplant (Transaktion /ILO/TOUR_CREATION), durch Ereignisse geplant (z. B. für eine bestimmte Tour zum Verladen bereite HUs) oder manuell im Lagermonitor oder über Radio Frequency erstellt werden. Alternativ steht Ihnen für die Anbindung eines externen Systems eine API zur Verfügung.

Wenn für eine geplante Bereitstellung im Vorfeld Touren angelegt werden, kann das System auf Basis der ermittelten Route und der für die Route gepflegten Beladungs- und Lieferdaten eine geeignete Tour ermitteln, um die benötigten Komponenten rechtzeitig zum Bedarfstermin im PVB bereitzustellen. Auf Basis der Tour- und Routeninformationen können Sie das Wellenmanagement für die Erstellung der Kommissionier-Lageraufgaben nutzen und für Touren oder Routen unterschiedliche Lageraufträge erzeugen. Nach der Kommissionierung können die HUs für die Beladung bereitgestellt, anschließend manuell oder systemgeführt auf den Routenzug geladen und im Ziel-PVB entladen werden. Das System unterstützt dabei durchgängig die Abwicklung über Radio Frequency.

Die Abarbeitung der Touren und deren Status können über den Lagermonitor in SAP EWM oder durch die von SAP S/4HANA for Manufacturing Logistics bereitgestellten SAP-Fiori-Apps überwacht und gesteuert werden. Für die Überwachung im Lagermonitor wurde ein neuer Knoten **Touren** hinzugefügt.

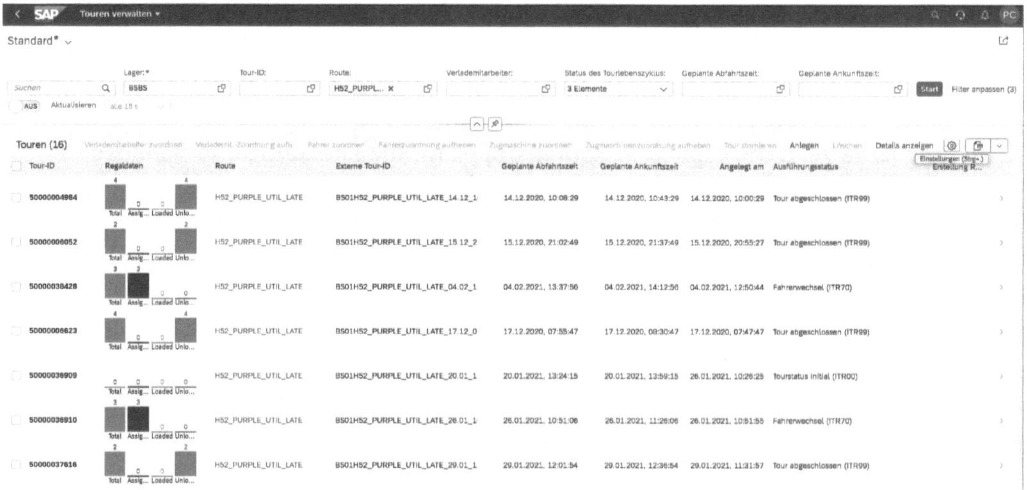

Abbildung 10.49 Touren verwalten

Abbildung 10.49 zeigt die SAP-Fiori-App (App-ID F4600), mit der Sie über Filter suchen und sich alle relevanten Informationen zu den gefundenen Touren anzeigen lassen können. Sie können die Touren verwalten, den Status der Abarbeitung anzeigen und nach deren Selektion weitere Aktivitäten, beispielsweise einen Fahrerwechsel oder die Zuordnung zu einer neuen Zugmaschine, auslösen.

Shuttle-Transfers

Schwankende Bedarfe und Kapazitätsprobleme in zentralen Lagerbereichen führen häufig dazu, dass der Bestand flexibel außerhalb des eigenen Lagerkomplexes in nahegelegenen Standorten oder in angemieteten Lagern gelagert werden soll. Dabei handelt es sich häufig um dezentrale Außenlager mit kleinem Volumen, die an die intralogistischen Prozesse angebunden und zur Versorgung des Zentrallagers verwendet werden sollen.

Für die Integration von dezentralen Lagerbereichen, die innerhalb einer SAP-EWM-Lagernummer abgebildet, aber durch öffentliche Straßen getrennt sind, unterstützt SAP S/4HANA for Manufacturing Logistics das *Shuttle-Konzept*.

Der Shuttle-Prozess in SAP EWM nutzt Erweiterungen in Advanced Shipping & Receiving (AdvSR) und integriert lagerinterne Warenbewegungen mit Frachtaufträgen in SAP TM. Warenbewegungen über öffentliche Straßen basieren dabei auf HUs, die in SAP TM als Frachteinheiten abgebildet und beim Verladen einem Frachtauftrag – dem Shuttle – zugeordnet werden.

Bei der Verladung über Radio Frequency können Sie einen bereits vorhandenen Frachtauftrag nutzen oder neue Frachtaufträge anlegen. Die Frachtaufträge können dabei mehrere Abladestellen enthalten und über Vorlagen angelegt werden. Beim Verladen der HUs werden automatisch Sendungen erstellt. Das System nutzt dazu die in SAP TM hinterlegten Regeln zur Sendungserzeugung.

Da der Shuttle-Prozess auf der layoutorientierten Lagersteuerung (LOSL) von SAP EWM basiert, kann er nur für HUs verwendet werden. Die shuttle-spezifische Konfiguration der LOSL, die Druckerfindung oder die Einstellungen für Klärplätze können über SAP-Fiori-Apps vorgenommen werden. Für die Verladung der für den Transport verpackten HUs erstellen Sie zunächst Lageraufgaben für die Bereitstellung in der Bereitstellungszone. Mit der LOSL kann SAP EWM automatisch die Lageraufgaben für das Verladen und das anschließende Entladen an der Abladestelle erzeugen. Das Be- und Entladen der Shuttles erfolgt dabei über RF-Transaktionen.

Die Shuttle-Transfers können auf Basis von Routen geplant oder auf Abruf ungeplant ausgeführt werden. Sämtliche Aktivitäten der Bereitstellung, des Ver- und Entladens am Zielplatz und die sich auf dem Shuttle befindenden Bestände können in SAP EWM mit dem Lagerverwaltungsmonitor überwacht werden. In SAP TM stehen Ihnen für die Überwachung des Transports das Transportcockpit und die in das SAP Fiori Launchpad integrierten Web-Dynpro-Anwendungen zur Verfügung.

10.6 Zusammenfassung

Die Integration von Produktions- und Lagerprozessen in SAP EWM wurde in den letzten Jahren massiv erweitert, durch neue Funktionen und Vereinfachungen im Zusammenhang mit SAP S/4HANA ergänzt und wird auch in Zukunft von weiteren Innovationen profitieren. In Abhängigkeit der Fertigungsart, der gewählten Implementierungsoption von SAP S/4HANA EWM und dem System, in dem die Bereitstellung von Fertigungskomponenten oder die Vereinnahmung von Erzeugnissen ausgelöst wird, stehen für die Produktionsintegration mit SAP EWM unterschiedliche Prozessvarianten und Integrationsoptionen zur Verfügung. Die Gliederung dieses Kapitels orientierte sich an dem System, in dem die Bereitstellung oder Vereinnahmung ausgelöst wurde.

In diesem Kapitel haben Sie einen Überblick über die Produktionsintegration mit seinen Teilschritten **Bereitstellung**, **Verbrauch** und **Eingang** aus der Produktion erhalten. Wir sind dabei auf die unterschiedlichen Bereitstellungsmethoden, die Vereinnahmungsvarianten, die Prozessautomatisierung und die Systemschnittstellen, insbesondere auch zu dezentralen MES-Systemen, eingegangen. Für die erweiterte Produktionsintegration mit einem dezentralen SAP S/4HANA EWM haben wir in chronologischer Reihenfolge die wesentlichen Funktionen und Objekte der einzelnen Prozessschritte, deren Implementierungsaspekte und die wichtigsten Einstellungen erklärt und auf vorhandene SAP-Hinweise und Konfigurationsanleitungen verwiesen. Den Kernprozess der erweiterten Produktionsintegration mit SAP EWM und die durch ein SAP DMC ausgelöste Bereitstellung haben wir anhand eines Prozessbeispiels erläutert. Abschließend haben Sie die intralogistischen Prozesse im Zusammenhang mit der Warenverteilung über Transportgeräte und die erweiterten Funktionen von SAP S/4HANA for Manufacturing kennengelernt.

Kapitel 11
Lagerinterne Prozesse

Interne Prozesse wie Nachschub, Inventur, Lager-Reorganisation und lagerinterne Umlagerungen sind wichtige Elemente effizienter Abläufe im Lager. Durch den effektiven Einsatz dieser Prozesse lassen sich die Auftragsabwicklung beschleunigen und die Ausnutzung des Lagerplatzes optimieren.

In diesem Kapitel befassen wir uns mit der Konfiguration und der Anwendung von SAP EWM für lagerinterne Prozesse. Dazu gehören u. a. der Nachschub und die fünf grundlegenden Nachschubstrategien, die Lager-Reorganisation, einschließlich der Alerts zur Überwachung des Lagers auf mögliche Reorganisationsbewegungen, die Ad-hoc-Bewegungen im Lager und die Umbuchungen sowie die Inventur.

Durch die effektive Gestaltung lagerinterner Prozesse lässt sich die Lagerwirtschaft optimieren: Die Auftragsabwicklung wird beschleunigt, und der Platzbedarf im Lager wird reduziert. In diesem Kapitel lernen Sie die verschiedenen Optionen kennen, die SAP EWM für lagerinterne Prozesse bietet.

11.1 Nachschub

Während des Nachschubprozesses wird eine Materialmenge aus einem Reservebereich in einen primären oder in einen Kommissionierbereich bewegt. Der Kommissionierbereich wird entsprechend den Mengenbedarfen der Materialien in diesem Bereich gefüllt. Die benötigte Materialmenge kann entweder für den Lagertyp insgesamt oder, im Falle von Fixplätzen, für jeden einzelnen Fixplatz im Primärbereich bestimmt werden.

In SAP EWM gibt es fünf grundlegende Nachschubstrategien:

- Plannachschub
- auftragsbezogener Nachschub
- Kistenteilnachschub
- direkter Nachschub
- automatischer Nachschub

In diesem Abschnitt erläutern wir den Unterschied zwischen geplantem und ungeplantem Nachschub, betrachten die Grundkonfiguration für Nachschubprozesse und gehen dann ausführlich auf die fünf Nachschubstrategien ein.

11.1.1 Geplanter und ungeplanter Nachschub

In SAP EWM gibt es zwei grundlegende Arten von Nachschubstrategien: geplanter und ungeplanter Nachschub. Plannachschub, auftragsbezogener Nachschub und Kistenteilnachschub gehören zu den Strategien des *geplanten Nachschubs*, was bedeutet, dass sie zu festgelegten Zeitpunkten ausgeführt werden. Dies kann manuell über den Menüpfad **Logistik • SCM Extended Warehouse Management • Extended Warehouse Management • Arbeitsvorbereitung • Nachschub einplanen** oder über Transaktion /SCWM/REPL geschehen. Sie können den Nachschubbericht auch im Batch-Modus ausführen, indem Sie die Ausführung des Programms `/SCWM/REPLENISHMENT` unter der Verwendung einer Variante einplanen.

Zu den Strategien des *ungeplanten Nachschubs* zählen der direkte und der automatische Nachschub, die ad hoc durch die Ausführung einer Transaktion ausgelöst werden. Dies kann z. B. der Fall sein, wenn ein Kommissionierer zu einem Fixplatz geführt wird, an dem keine ausreichende Menge vorhanden ist, oder – bei automatischem Nachschub – bei der Bestätigung einer Kommissionieraufgabe, wenn die Menge am Von-Lagerplatz unter den Mindestbestand sinkt. Diese ungeplanten Nachschubaktivitäten werden nicht im Batch-Modus ausgeführt.

11.1.2 Konfiguration von Nachschubprozessen

Bei der Beschreibung der erforderlichen Konfiguration für Nachschubprozesse beziehen wir uns im Folgenden auf ein einfaches Szenario, in dem der primäre (Kommissionier)lagertyp 0050 Nachschub aus einem Reservelagertyp erhält (siehe Abbildung 11.1).

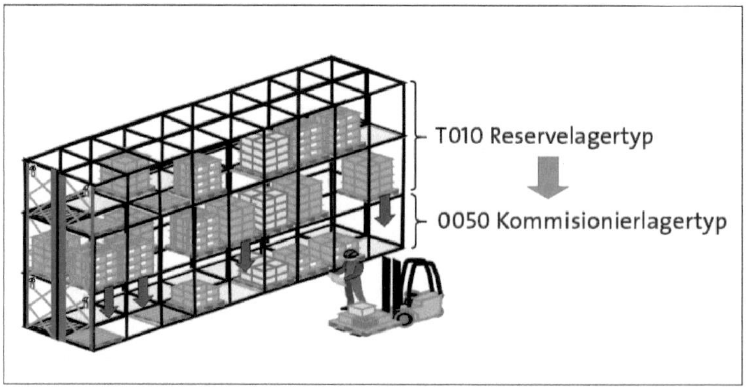

Abbildung 11.1 Nachschub von Reservelagerplätzen an primäre Lagerplätze

Lagertypkonfiguration: Nachschub auf Lagertyp- oder auf Lagerplatzebene

Bei der Einrichtung der Nachschubprozesse müssen Sie zunächst festlegen, ob der Nachschub in einem Lagertyp auf der Lagertypebene oder auf der Lagerplatzebene unter der Verwendung von Fixplätzen erfolgen soll. In der Lagertypkonfiguration wird diese Unterscheidung anhand des Kennzeichens **NSchEbene** (Nachschubebene) vorgenommen. Wählen Sie dazu im SAP-EWM-Customizing den Menüpfad **SCM Extended Warehouse Management • Extended Warehouse Management • Stammdaten • Lagertyp definieren.**

In Abbildung 11.2 sind die Lagerplatzeinstellungen für den Nachschub zu sehen. In den Lagerplatzeinstellungen haben Sie die Möglichkeit, Nachschub für ein Material auf der Basis der Gesamtmaterialmenge in einem Lagertyp anzufordern. Diese Strategie wird als **Nachschub auf Lagertypebene** bezeichnet. Dabei werden die Minimal- und Maximalmengen aus dem Materialstamm berücksichtigt.

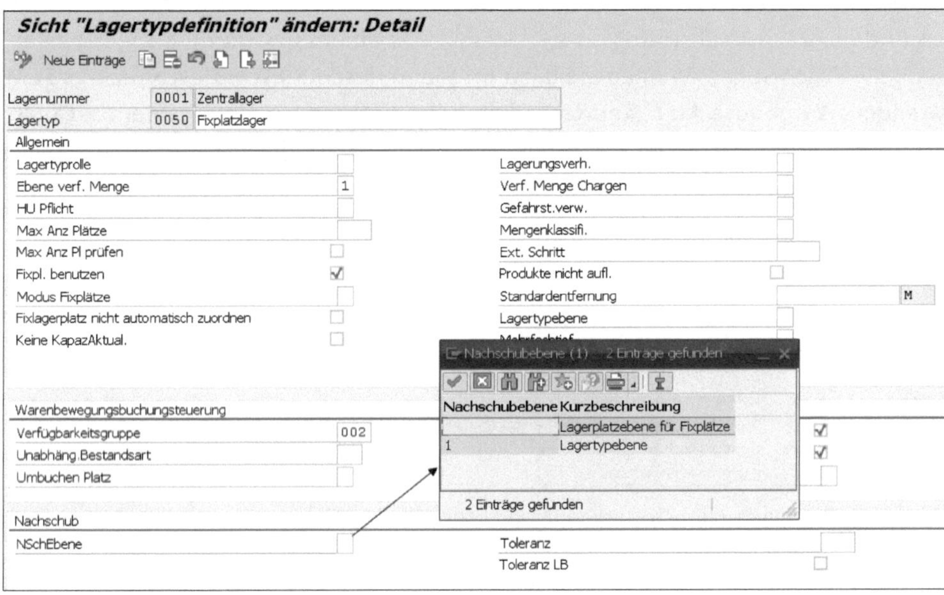

Abbildung 11.2 Lagertypdefinition für den Lagertyp 0050

Alternativ können Sie auch Nachschub für einzelne Fixplätze in einem Lagertyp anfordern; diese Strategie heißt **Lagerplatzebene für Fixplätze**. In diesem Fall werden die Minimal- und Maximalmengen anhand der Mengen bestimmt, die in der Fixplatztabelle angegeben sind (Transaktion /SCWM/BINMAT).

Grundlegende Nachschubkonfiguration

Die grundlegende Konfiguration für jeden Nachschubtyp kann im SAP-EWM-Customizing über den Menüpfad **SCM Extended Warehouse Management • Extended**

Warehouse Management • Lagerinterne Prozesse • Nachschubsteuerung aufgerufen werden. Als Erstes können Sie den Pflegeview **Ausführungszeit für Nachschub** pflegen (siehe Abbildung 11.3). Ausgehend von der Definition des Kennzeichens für die Ausführungszeit und seiner Verwaltung in der Nachschubstrategie, berechnet das System die geplante Ausführungszeit der Lageraufgabe oder der Nachschub-Lageranforderung, indem es die eingegebene Ausführungszeit zur aktuellen Systemzeit addiert.

Sicht "Pflegeview Ausführungszeit für Nachschub"
Neue Einträge
Pflegeview Ausführungszeit für Nachschub

La...	Bezeichnung	Ausführungszeit-Indikator	Ausführungszeit	Zeiteinh.
0001	Zentrallager	H	60	MIN

Abbildung 11.3 Ausführungszeiten für Nachschub

Anschließend können Sie die Sicht **Einstellungen zur Nachschubstrategie** konfigurieren und die Nachschubstrategien festlegen, die in einem bestimmten Lagertyp verwendet werden sollen. Wählen Sie dazu im Menü des SAP-EWM-Customizings **SCM Extended Warehouse Management • Extended Warehouse Management • Lagerinterne Prozesse • Nachschubsteuerung • Nachschubstrategien in Lagertypen aktivieren** (siehe Abbildung 11.4).

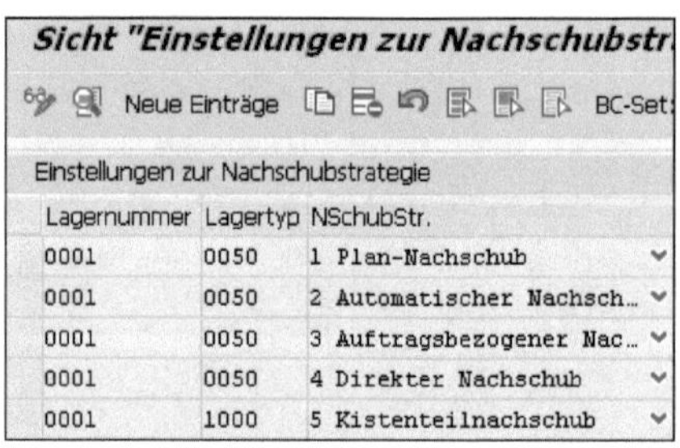
Sicht "Einstellungen zur Nachschubstr
Neue Einträge BC-Set:
Einstellungen zur Nachschubstrategie

Lagernummer	Lagertyp	NSchubStr.
0001	0050	1 Plan-Nachschub
0001	0050	2 Automatischer Nachsch...
0001	0050	3 Auftragsbezogener Nac...
0001	0050	4 Direkter Nachschub
0001	1000	5 Kistenteilnachschub

Abbildung 11.4 Nachschubstrategien in den Lagertypen aktivieren

Für jede Kombination von Nachschubstrategie und Lagertyp können Sie diverse Einstellungen festlegen (siehe Abbildung 11.5), u. a. die folgenden:

- **Nachschubstrategie (Feld »NSchubStr.«)**
  In diesem Beispiel wurde die Nachschubstrategie **1 Plan-Nachschub** aktiviert.
- **Feld »Lagerprozessart«**
  Zur Durchführung des Plannachschubs kann die ausgelieferte Standardlagerprozessart 3010 verwendet werden. Sie dient auch dazu, den Reservebereich zu bestimmen, aus dem die Nachschubmenge entnommen wird.
- **Feld »Verw Mengentyp«**
  Zur Berechnung des aktuellen Bestands am Lagerplatz kann die physikalische Menge verwendet werden (anstelle der verfügbaren Menge).

- **Kennzeichen »LB sofort«**
  Bei der Ausführung des Nachschubvorgangs wird sofort die Lageraufgabe angelegt (und nicht zuerst eine Lageranforderung).

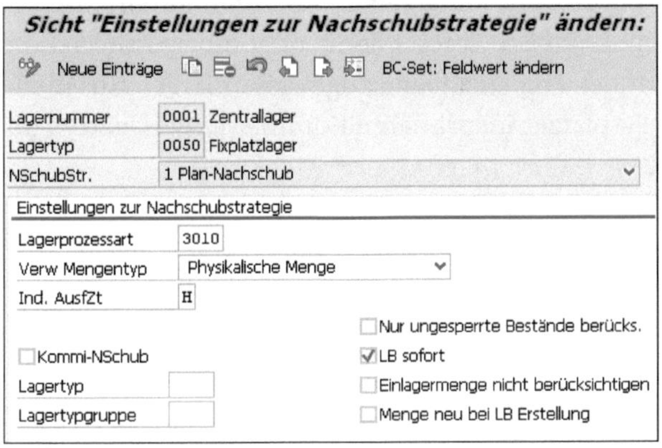

Abbildung 11.5 Einstellungen einer Nachschubstrategie für einen Lagertyp

Beleg-/Positionsarten für Nachschub-Lageranforderungen

In der letzten grundlegenden Customizing-Einstellung für den Nachschub können Sie eine Beleg- und Positionsart zuordnen, die bei der Anlage von Lageranforderungen für den Nachschub verwendet wird (siehe Abbildung 11.6). Wählen Sie dazu im SAP-EWM-Customizing den Menüpfad **SCM Extended Warehouse Management • Extended Warehouse Management • Lagerinterne Prozesse • Nachschubsteuerung • Beleg-/Positionsarten für Nachschub-Lageranforderung pflegen**. Der Vorteil der Anlage von Lageranforderungen gegenüber der sofortigen Anlage von Lageraufgaben besteht darin, dass Anforderungen einer Welle zugeordnet werden können. Die Welle kann dann zu einem geeigneten Zeitpunkt freigegeben werden, z. B. außerhalb der Spitzenzeiten der Kommissionierung.

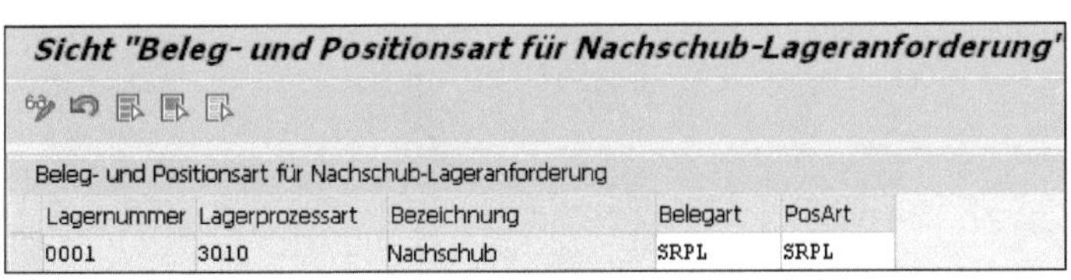

Abbildung 11.6 Beleg- und Positionsarten zum Anlegen von Nachschub-Lageranforderungen

11.1.3 Plan-Nachschub

Beim *Plan-Nachschub* berechnet das System den Nachschub gemäß der definierten Minimal- und Maximalmenge. Die Nachschubsteuerung wird ausgelöst, wenn der Bestand kleiner als die Minimalmenge ist. Das System rundet die Nachschubmenge auf ein Vielfaches der Mindestnachschubmenge ab. Die Nachschubmenge ist die berechnete Menge, für die die Lageraufgabe oder die Lageranforderung angelegt wird.

Voraussetzung dafür ist, dass Sie über den Menüpfad **Logistik • SCM Extended Warehouse Management • Extended Warehouse Management • Stammdaten • Lagerplätze • Fixlagerplatz pflegen** im SAP-Easy-Access-Menü oder über Transaktion /SCWM/BINMAT einen Fixplatz in der Fixplatztabelle zugewiesen haben. In Abbildung 11.7 ist die Zuordnung eines Fixplatzes im primären Kommissionierlagertyp (in unserem Beispiel 0050) dargestellt.

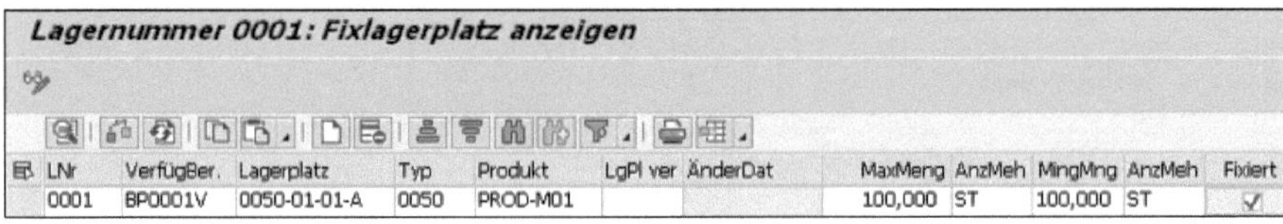

Abbildung 11.7 Fixplatz für ein Produkt pflegen

Zusätzlich zur Konfiguration und Fixplatzzuordnung müssen Sie auch die Minimal- und Maximalmenge sowie die Nachschubmengen in den Produktstammdaten angeben (in Abschnitt 4.3, »SAP-EWM-Produktstamm«, wird im Detail besprochen, wie Sie einen Materialstamm anlegen). In Abbildung 11.8 sehen Sie, dass die Mindestnachschubmenge für den Lagertyp 0050 für das betreffende Produkt auf 4 ST gesetzt ist.

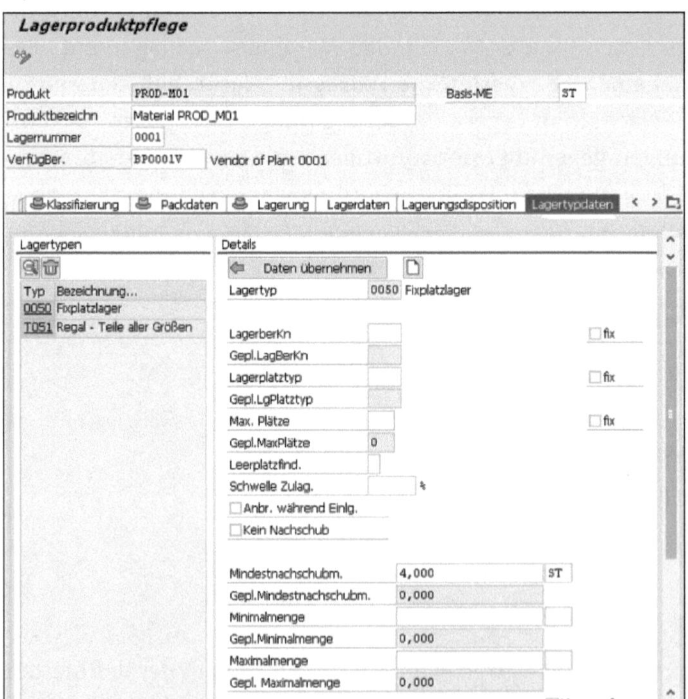

Abbildung 11.8 Lagerprodukte pflegen: Lagertypdaten

Zur Ausführung des Plan-Nachschubs wählen Sie im SAP-Easy-Access-Menü den Pfad **Logistik • SCM Extended Warehouse Management • Extended Warehouse Management • Arbeitsvorbereitung • Nachschub einplanen**, oder Sie verwenden Transaktion /SCWM/REPL. In dem Beispiel aus Abbildung 11.9 wird der Plan-Nachschub speziell für das Material PROD-M01 am Lagerplatz 0050-01-01-A (in Lagertyp 0050) ausgeführt.

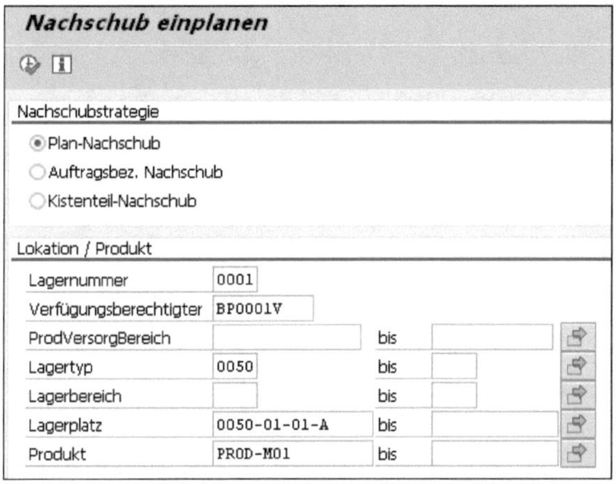

Abbildung 11.9 Selektionsbild der Nachschubtransaktion

Die Nachschubberechnung ergibt, dass 92 ST als Nachschub an den Ziellagerplatz 0050-01-01-A transferiert werden. Beim Sichern der Nachschubpositionen wird sofort die Lageraufgabe angelegt (wie es durch die Auswahl des Kennzeichens **LB sofort** angegeben wurde). In Abbildung 11.10 sehen Sie die Plan-Nachschubpositionen, die sich aus der in Abbildung 11.9 getroffenen Auswahl ergeben.

Abbildung 11.10 Plan-Nachschubpositionen

Beispielberechnung zum Plan-Nachschub

Die Berechnungen für den Plan-Nachschub aus dem oben genannten Beispiel sind hier noch detaillierter aufgeführt:

- aktuelle Menge am Lagerplatz: 5 ST
- Minimalmenge: 10 ST

- Maximalmenge: 100 ST
- Mindestnachschubmenge: 4 ST

Die Nachschubmenge wird als Differenz zwischen der Maximalmenge des Lagerplatzes und der aktuellen Menge am Lagerplatz berechnet und dann auf ein Vielfaches der Mindestnachschubmenge gerundet.

Maximalmenge – aktuelle Menge am Lagerplatz = 100 ST – 5 ST = 95 ST

Durch das Abrunden von 95 ST auf das nächste Vielfache der Mindestnachschubmenge (4 ST) ergibt sich eine berechnete Nachschubmenge von 92 ST.

11.1.4 Auftragsbezogener Nachschub

Beim *auftragsbezogenen Nachschubprozess* berechnet das System den Nachschub anhand der Mengen der ausgewählten offenen Auslieferungsaufträge. Zur Verwendung des auftragsbezogenen Nachschubprozesses müssen Sie, wie in Abschnitt 11.1.2, »Konfiguration von Nachschubprozessen«, beschrieben, die Strategie **Auftragsbezogener Nachschub** für den Lagertyp aktivieren. In Abbildung 11.11 sehen Sie die Einstellungen für den auftragsbezogenen Nachschub für einen Lagertyp. Mit den in Abbildung 11.11 dargestellten Einstellungen können Sie im Lagertyp 0050 den auftragsbezogenen Nachschub aktivieren.

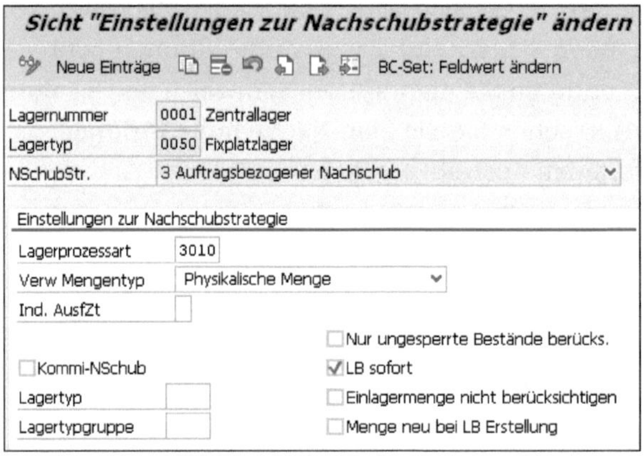

Abbildung 11.11 Auftragsbezogenen Nachschub im Lagertyp 0050 aktivieren

Grobe Platzermittlung

Damit ein Auslieferungsauftrag beim auftragsbezogenen Nachschub berücksichtigt werden kann, muss für die Auftragsposition eine grobe Platzermittlung ausgeführt werden. Zum Aktivieren der groben Platzermittlung für die Prozessart, die für die Auslieferungsauftragsposition bestimmt wurde, wählen Sie im Menü des SAP-EWM-

Customizings den Pfad **SCM Extended Warehouse Management • Extended Warehouse Management • Prozessübergreifende Einstellungen • Lageraufgabe • Lagerprozessart definieren.** Abbildung 11.12 zeigt, dass das Kennzeichen **Grobe Platzermittlung** gesetzt sein muss.

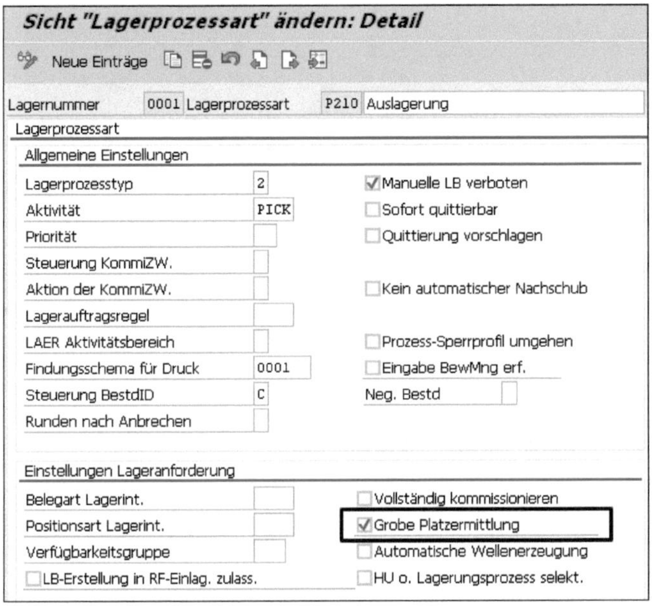

Abbildung 11.12 Grobe Platzermittlung für eine Prozessart aktivieren

Wenn die grobe Platzermittlung für den Auslieferungsauftrag erfolgreich war, muss der Lagerplatz in der Auslieferungsauftragsposition angegeben sein (siehe Markierung in Abbildung 11.13). Wenn bei der Lagerplatzfindung zwei oder mehr Lagerplätze bestimmt werden, sind die Lagerplatzfelder im Auslieferungsauftrag leer, und die ermittelten Kommisionierlagerplätze werden auf der Positionsebene auf der Registerkarte **Komm.platzdaten** angezeigt.

Die Nachschubsteuerung wird ausgelöst, wenn der Bestand am Lagerplatz kleiner als die erforderliche Menge ist, die die Summe aller Mengen der Auslieferungsaufträge ist. Beim auftragsbezogenen Nachschub nimmt das System eine Aufrundung der Nachschubmenge auf ein Vielfaches der Mindestnachschubmenge vor, um sicherzustellen, dass die Nachschubmenge den Bedarf der offenen Lageranforderungen deckt.

Um die Anlage der auftragsbezogenen Nachschubaufgaben auszulösen, verwenden Sie dieselbe Transaktion wie für die Anlage von Plan-Nachschubaufgaben, die bereits beschrieben wurde (Transaktion /SCWM/REPL). Nun sind jedoch die im Bild verfügbaren Selektionskriterien für die offenen Lageranforderungen relevant (z. B. Warenausgangsdatum, Wellenfreigabezeit, Welle und Wellenvorlage), siehe Abbildung 11.14.

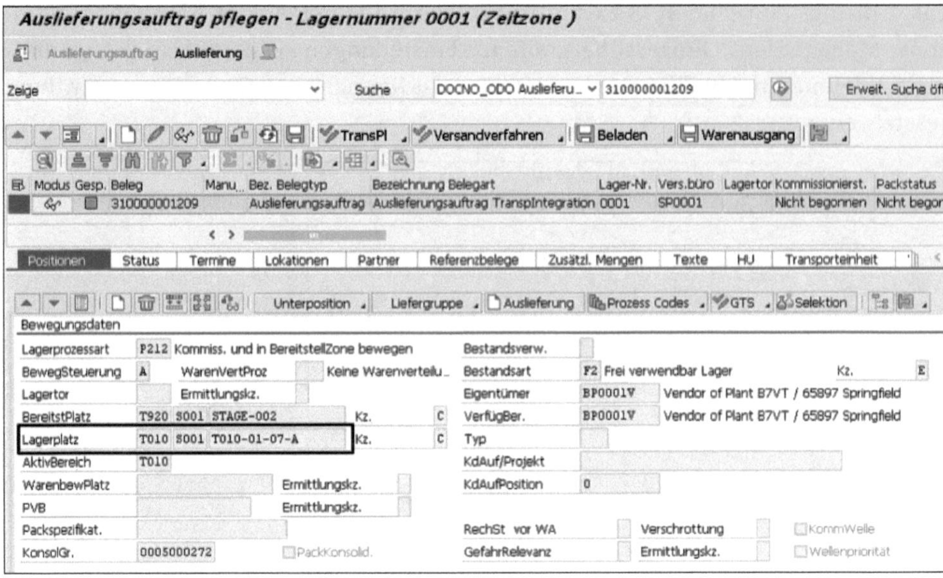

Abbildung 11.13 Grobe Platzermittlung im Auslieferungsauftrag

Abbildung 11.14 Selektionskriterien für den auftragsbezogenen Nachschub

Da die Menge der offenen Auslieferungsaufträge in diesem Beispiel 20 ST und die Mindestnachschubmenge aus dem Materialstamm 3 ST beträgt, ergibt sich eine berechnete Menge von 21 ST (siehe Abbildung 11.15).

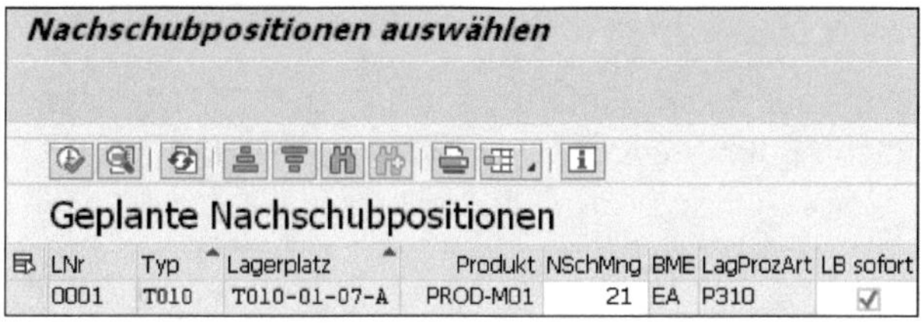

Abbildung 11.15 Geplante Nachschubpositionen

Chargen im auftragsbezogenen Nachschub

Zusätzlich werden Chargen berücksichtigt, wenn die jeweilige Charge auf der Auslieferungsposition vorbestimmt wurde. In Abbildung 11.16 sehen Sie, wie auf der Auslieferungsposition die Charge 112 determiniert wurde und somit auch während der Erstellung und Mengenkalkulation von den Nachschubpositionen berücksichtigt wird.

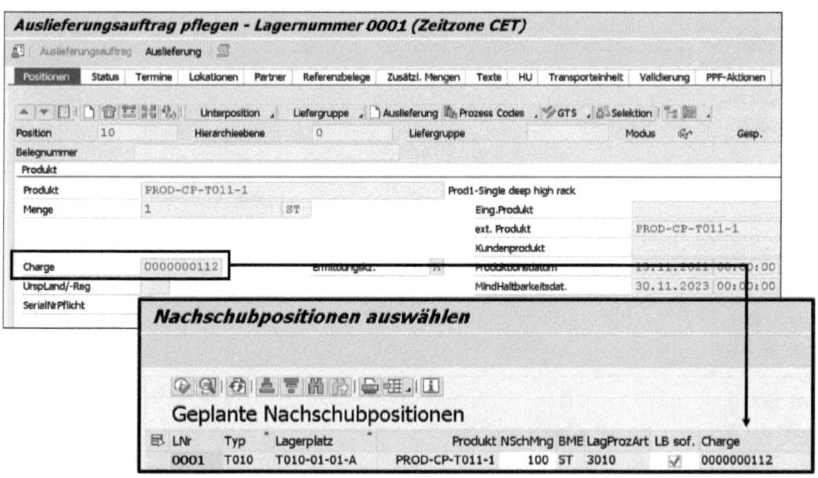

Abbildung 11.16 Berücksichtigung von Chargen im auftragsbezogenen Nachschub

[zB]

Beispielberechnung für den auftragsbezogenen Nachschub

Die Berechnungen für den auftragsbezogenen Nachschub aus dem oben dargestellten Beispiel sind hier noch detaillierter aufgeführt:

- aktuelle Menge am Lagerplatz: 0 ST
- Minimalmenge: 10 ST
- Maximalmenge: 100 ST
- Mindestnachschubmenge: 3 ST

> Zum Berechnen der Nachschubmenge wird die Differenz zwischen der Gesamtmenge der offenen Auslieferungsaufträge und der aktuellen Menge am Lagerplatz ermittelt und auf das nächste Vielfache der Mindestnachschubmenge aufgerundet.
>
> *Gesamtmenge aus Auslieferungsaufträgen = 20 ST*
>
> Durch Aufrunden der Gesamtmenge aus den Auslieferungsaufträgen (20 ST) auf das nächste Vielfache der Mindestnachschubmenge (3 ST) ergibt sich eine Nachschubmenge von 21 ST.

Beim auftragsbezogenen Nachschub kann die für das Produkt oder den Lagerplatz angegebene Maximalmenge optional überschritten werden, indem in den Selektionskriterien das Kennzeichen **Überschreiten Maximalmenge** aktiviert wird (siehe Abbildung 11.17).

Obwohl die Nachschubmenge die Maximalmenge des Lagerplatzes überschreiten kann, wird bei der Anlage der Lageraufgabe die Kapazität des Lagerplatzes berücksichtigt (die Kapazitätsauslastung der Gesamtmenge am Lagerplatz darf weiterhin die Lagerplatzkapazität nicht übersteigen).

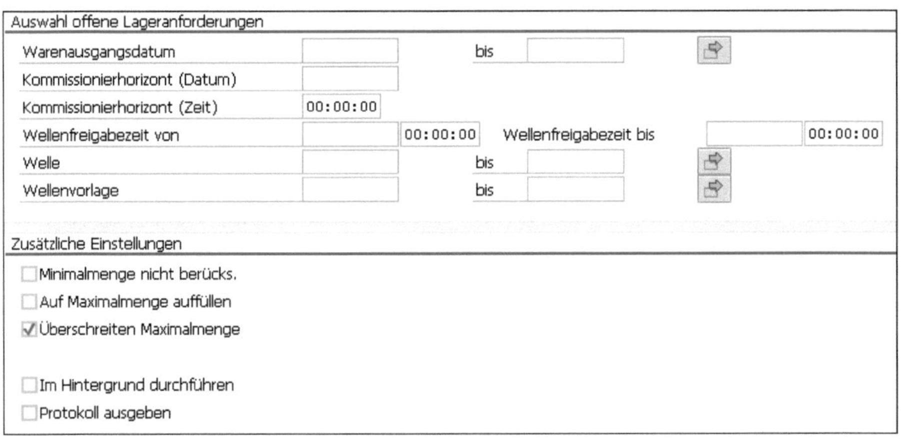

Abbildung 11.17 Kennzeichen zum Überschreiten der Maximalmenge beim auftragsbezogenen Nachschub aktivieren

11.1.5 Kistenteilnachschub

Der *Kistenteilnachschub* ist eine Bereitstellungsmethode für die Produktion. Bei *Kistenteilen* handelt es sich um Teile, für die der Nachschub normalerweise in festen Mengen erfolgt, z. B. in Form voller Paletten oder anderer Behälter mit fester Größe, unabhängig von den vorliegenden Auftragsmengen (z. B. beim Kanban-Verfahren). Mit dem Kistenteilnachschub können Sie den Nachschub solcher Kistenteile an *Produktionsversorgungsbereiche* (PVB) organisieren. Der Kistenteilnachschub kann für einen Lagertyp ebenfalls so aktiviert werden, wie es in diesem Abschnitt für die anderen Nachschubarten beschrieben wurde (im SAP-EWM-Customizing über den Menüpfad **SCM Extended Warehouse Management • Extended Warehouse Management • Lagerinterne Prozesse • Nachschubsteuerung • Nachschubstrategien in Lagertyp aktivieren**).

Damit der Kistenteilnachschub aktiviert werden kann, muss ein PVB angelegt werden. Wählen Sie dazu im SAP-Easy-Access-Menü den Pfad **Logistik • SCM Extended Warehouse Management • Extended Warehouse Management • Stammdaten • Produktionsversorgungsbereich (PVB) • PVB definieren**, oder verwenden Sie Transaktion /SCWM/PSA (siehe Abbildung 11.18).

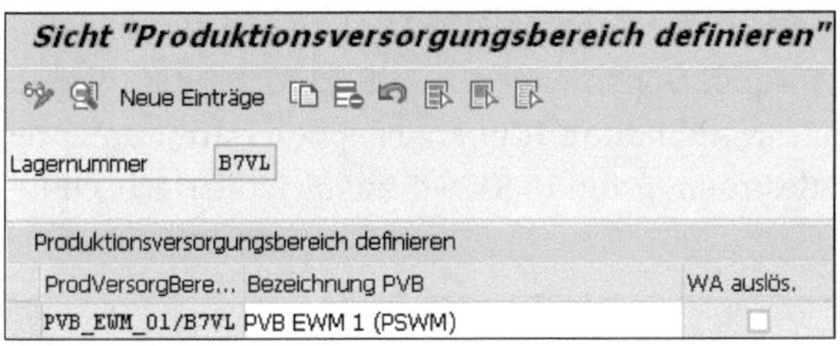

Abbildung 11.18 Produktionsversorgungsbereich definieren

Dem PVB muss außerdem ein Lagerplatz zugeordnet werden (siehe Abbildung 11.19).

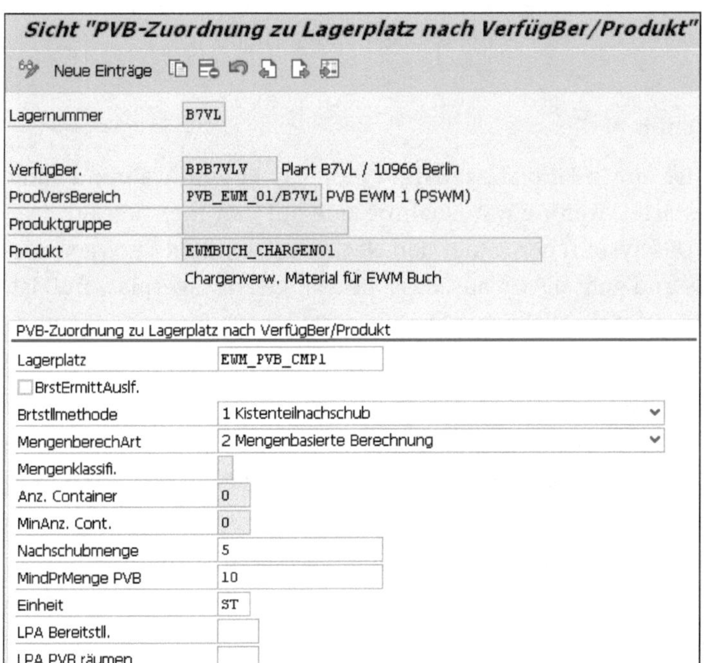

Abbildung 11.19 Lagerplatz zum Produktionsversorgungsbereich zuweisen

Wählen Sie dazu im SAP-Easy-Access-Menü **Logistik • SCM Extended Warehouse Management • Extended Warehouse Management • Stammdaten • Produktionsversorgungsbereich (PVB) • Platz PVB/Produkt/Verfügungsberechtigtem in Lagernummer zuordnen**, oder verwenden Sie Transaktion /SCWM/PSASTAGE.

Außerdem können Sie für den Verfügungsberechtigten und den *Produktionsversorgungsbereich* die Mindestproduktionsmenge (der Nachschub wird ausgeführt, sobald die Menge am Lagerplatz unter diese Minimalmenge sinkt) und die Kistenteilnachschubmenge (die die Nachschubmenge bestimmt, die ein Vielfaches dieser Kistenteilmenge ist) festlegen.

In Abbildung 11.20 sind die Nachschubpositionen zu sehen, die für dieses Beispiel angelegt wurden. Die berechnete Nachschubmenge ist 10 ST, da die Kistenteilnachschubmenge 5 ST und die Mindestproduktionsmenge im PVB 10 ST beträgt (wie in der PVB-Zuweisung für das Produkt in Abbildung 11.19 angegeben). Damit entsprechen zwei Kisten zu je 5 ST der Mindestmenge von 10 ST, woraus sich die Nachschubmenge von 10 ST ergibt.

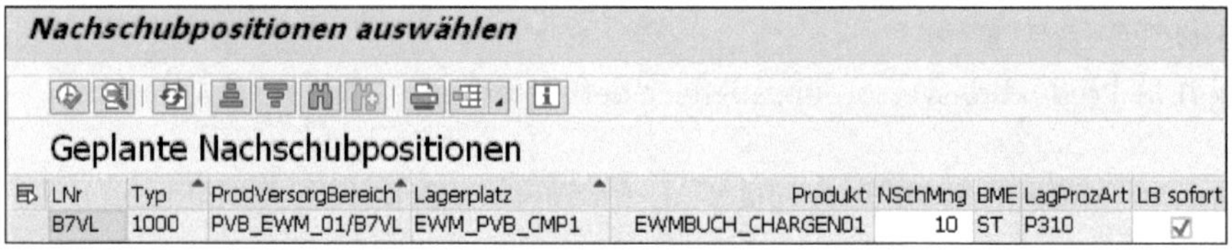
Nachschubpositionen auswählen

Geplante Nachschubpositionen

LNr	Typ	ProdVersorgBereich	Lagerplatz	Produkt	NSchMng	BME	LagProzArt	LB sofort
B7VL	1000	PVB_EWM_01/B7VL	EWM_PVB_CMP1	EWMBUCH_CHARGEN01	10	ST	P310	☑

Abbildung 11.20 Für einen PVB angelegte Kistenteilnachschubposition

11.1.6 Direkter Nachschub

Der *direkte Nachschub* ist nur in Fixplatzszenarien möglich. Er wird während einer Platzzurückweisung gestartet, wenn ein Ausnahmecode auf den internen Prozesscode **Nachschub** weist. Das System berechnet den Nachschub anhand der Maximal- und der Minimalmenge und geht davon aus, dass die Menge am Lagerplatz null ist. Die Nachschubmenge wird auf ein Vielfaches der Mindestnachschubmenge abgerundet.

Wenn ein Kommissionierer an einem Kommissionierlagerplatz feststellt, dass nicht genügend Material verfügbar ist, kann er über einen Ausnahmecode in der RF-Umgebung (RF = *Radio Frequency*) einen direkten Nachschub auslösen. Dabei gibt es zwei Optionen:

- **Im Hintergrund wird ein Nachschub für eine andere Ressource angelegt.**
  Dies ist häufig dann von Vorteil, wenn der Reservebereich relativ weit von dem Lagerplatz entfernt ist, der aufgefüllt werden muss.
- **Es wird ein Kommissionierernachschub verwendet.**
  Der Kommissionierer kann den Lagerplatz selbst auffüllen (dies kann sinnvoll

sein, wenn der Reservelagerplatz sehr nah am Fixplatz und für den Kommissionierer leicht erreichbar ist). Diese Strategie wird als **Kommissionierernachschub** bezeichnet. In diesem Fall wird die Lageraufgabe für den Nachschub in Radio Frequency im Lagerauftrag des Kommissionierers als nächste zu bearbeitende Position angezeigt. Voraussetzung dafür ist, dass das System in den zulässigen Lagertypen Bestand gefunden hat (siehe Abbildung 11.21; in der markierten Konfiguration definieren Sie den Lagertyp oder die Lagertypgruppe, in dem/der nach Bestand gesucht werden soll). Der Kommissionierernachschub ist nur in Radio-Frequency-Szenarien möglich.

Damit der direkte Nachschub möglich ist, muss die entsprechende Nachschubstrategie für den Lagertyp aktiviert werden (wie oben beschrieben).

Neben dem Aktivieren des Kommissionierernachschubs können Sie in den Einstellungen für die Nachschubstrategie auch entweder den Lagertyp als Von-Lagertyp für die Nachschubaufgabe oder eine Lagertypgruppe für die Von-Lagerplatz-Findung angeben.

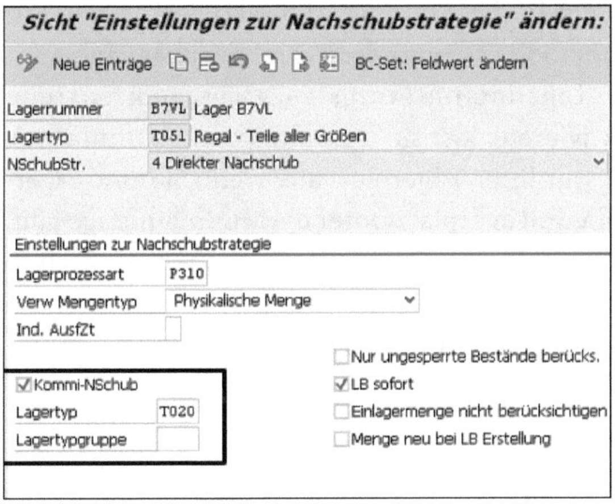

Abbildung 11.21 Direkten Nachschub im Lagertyp 0050 aktivieren

In Abbildung 11.22 sehen Sie ein Beispiel für den Prozess eines direkten Kommissionierernachschubs. Wenn der Kommissionierer am Lagerplatz feststellt, dass dort keine ausreichende Menge vorhanden ist, kann er den Ausnahmecode REPL eingeben (der dem internen Ausnahmecode **Nachschub** zugeordnet ist).

Das System startet dann den direkten Nachschub und sucht das Material im Reservebereich. Als nächstes Bild wird dem Kommissionierer die Nachschubaufgabe angezeigt (im Beispiel wurde als Menge 100 ST ermittelt). Nach dem Abschluss des Nachschubprozesses wird dem Kommissionierer wieder die ursprüngliche Kommissionierung angezeigt, die nun ausgeführt werden kann.

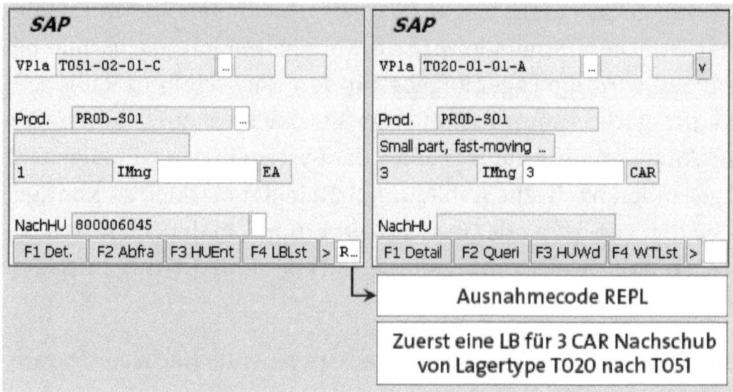

Abbildung 11.22 Beispiel für den Kommissionierernachschub

11.1.7 Automatischer Nachschub

Der *automatische Nachschub* ist ein weiteres Verfahren des ungeplanten Nachschubs. Wenn diese Nachschubstrategie in der Konfiguration aktiviert wurde (im SAP-EWM-Customizing über den Menüpfad **SCM Extended Warehouse Management • Extended Warehouse Management • Lagerinterne Prozesse • Nachschubsteuerung • Nachschubstrategien in Lagertyp aktivieren**), löst sie im Hintergrund automatisch einen Nachschubvorgang für einen bestimmten Lagerplatz aus, wenn Sie eine Lageraufgabe bestätigen und die Menge am Von-Lagerplatz unter die Minimalmenge fällt, die für den Lagerplatz oder Lagertyp festgelegt ist. Beim automatischen Nachschub wird die Nachschubmenge anhand der Maximal- und der Minimalmenge berechnet und immer auf ein Vielfaches der Mindestnachschubmenge abgerundet.

11.2 ABC-Analyse

Ab SAP-EWM-Release 1809 steht Ihnen die *ABC-Analyse* zur Verfügung. Diese erlaubt es, Produkte oder Produktgruppen entsprechend ihrer Wichtigkeit zu kategorisieren und entsprechende Werte im Materialstamm zu pflegen. Die Produkte in einem Lager können z. B. wie folgt eingeteilt werden:

- Schnelldreher der Kategorie A
- Mäßigdreher der Kategorie B
- Langsamdreher der Kategorie C

Die Kategorisierung der Produkte wird anhand der quittierten Lageraufgaben in einem ausgewählten Zeitraum ermittelt.

Wenn ein Produkt der Kategorie A zuzuordnen ist, sollte es z. B. ein Cycle-Counting-Kennzeichen A bekommen und in einem Lagerbereich für Schnelldreher eingelagert werden. Über die ABC-Analyse können die folgenden Werte im Materialstamm aktualisiert werden:

- Cycle-Counting-Indikator
- Einlagerungssteuerkennzeichen
- Lagerbereichskennzeichen
  - auf W – Lagerebene
  - auf S – Von-Lagertypebene
  - auf T – Nach-Lagertypebene

Das Cycle-Counting-Kennzeichen kann dann in den Prozessen der Lagerungsdisposition und Cycle-Counting-Inventur (siehe Abschnitt 11.7.4, »Unterstützte Inventurverfahren«) weiterverwendet werden. Die Einlagerungssteuerung und das Lagerbereichskennzeichen können im Kontext der Lagerungsdisposition und der Lager-Reorganisation (siehe Abschnitt 11.3, »Lager-Reorganisation«) eingesetzt werden.

11.2.1 Eine ABC-Analyse durchführen

Um die ABC-Analyse im Vordergrund auszuführen, können Sie im SAP-Easy-Access-Menü **Logistik • SCM Extended Warehouse Management • Extended Warehouse Management • Stammdaten • Lagerungsdisposition • ABC-Analyse durchführen** wählen oder Transaktion /SCWM/ABC verwenden. In Abbildung 11.23 sehen Sie das Selektionsbild zur ABC-Analyse.

Um die ABC-Analyse durchzuführen, müssen Sie in erster Instanz die Produkte oder Produktgruppen auswählen, für die die Analyse durchgeführt werden soll.

Darüber hinaus muss eine Auswahl der relevanten Lageraufgaben stattfinden, für die über das Feld **Quittierdatum** ein Zeitraum angegeben werden kann. Sie können weitere Parameter mitgeben, sodass z. B. nur Lageraufgaben mit einem bestimmten **Lagerprozesstyp**, **Von-Lagertyp**, **Nachlagertyp**, einer bestimmten **Lagerprozessart** oder einer alternativen Mengeneinheit (**Alt.Mengeneinheit**) in der Analyse berücksichtigt werden.

Im unteren Teil des Bildes bestimmen Sie die Analysestrategie. Die Analyse kann auf der Anzahl der quittierten Lageraufgaben oder auf der bewegten Menge der Lageraufgaben basieren (**ABC-Analysebasis**). Auch können Sie die **Anzahl der ABC-Kategorien** wählen und entscheiden, wie die Verteilung der Produkte über die ABC-Kategorien sein soll.

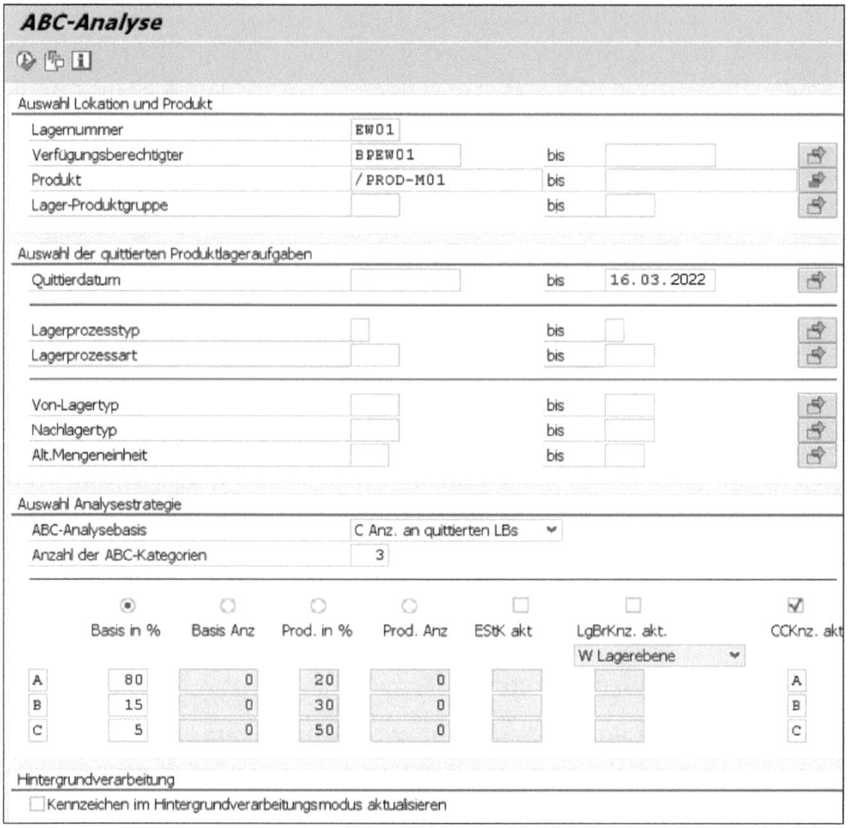

Abbildung 11.23 Selektionsbild zur ABC-Analyse

Im rechten Teil der Auswahl der Analysestrategie bestimmen Sie, welche Werte im Materialstamm aktualisiert werden sollen, z. B. Einlagerungssteuerung, Lagerbereichskennzeichen und/oder Cycle-Counting-Indikator.

11.2.2 ABC-Analyseergebnis

Nachdem Sie im Selektionsbild **Ausführen** oder F8 gewählt haben, erscheint das Ergebnisbild der ABC-Analyse. Abbildung 11.24 zeigt ein Beispiel eines ABC-Analyseergebnisses.

Über einen Klick auf den Button **Alle <-> Mit Änderungen** können Sie sich entweder alle selektierten Produkte oder nur die Produkte mit Änderungen anzeigen lassen.

- Die Spalte **∑Quitt.Lageraufgaben** zeigt, wie viele Lageraufgaben pro Produkt von der Analyse gezählt wurden.
- In der Spalte **% qut. LBs** erkennen Sie, wie viel Prozent die Lageraufgaben eines Produkts im Verhältnis zu allen gezählten Lageraufgaben ausmachen.

- Die Spalte **Akk. % LBs** zeigt den akkumulierten Prozentsatz zu den Produkten in absteigender Reihenfolge.

  In unserem Beispiel erhalten alle Produkte, die akkumuliert weniger als 80 % der quittierten Lageraufgaben entsprechen, die Kategorie A (und somit auch den Cycle-Counting-Indikator A).

  Alle Produkte, die akkumuliert mehr als 80 % der quittierten Lageraufgaben, aber weniger als 95 % der akkumulierten Lageraufgaben entsprechen, erhalten die Kategorie B (und somit auch den Cycle-Counting-Indikator B).

  Alle Produkte, die akkumuliert zum Bereich der 5 % oder weniger quittierten Lageraufgaben zählen, gehören zur Kategorie C und erhalten somit auch den Cycle-Counting-Indikator C.

- In der Spalte **CC-Knz neu** sehen Sie den geplanten neuen Cycle-Counting-Indikator für jedes Produkt. Sie haben die Möglichkeit, die Indikatoren manuell zu überschreiben.

11

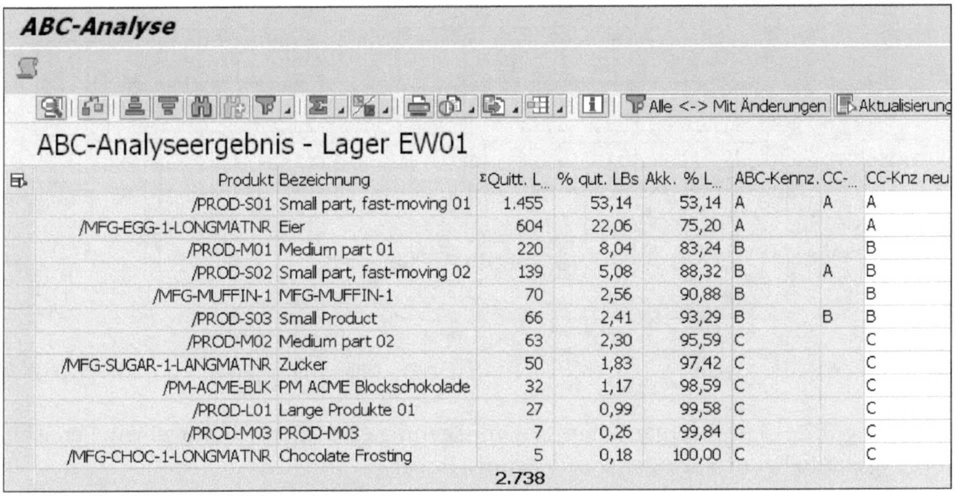

Produkt	Bezeichnung	ΣQuitt. L...	% qut. LBs	Akk. % L...	ABC-Kennz.	CC-...	CC-Knz neu
/PROD-S01	Small part, fast-moving 01	1.455	53,14	53,14	A	A	A
/MFG-EGG-1-LONGMATNR	Eier	604	22,06	75,20	A		A
/PROD-M01	Medium part 01	220	8,04	83,24	B		B
/PROD-S02	Small part, fast-moving 02	139	5,08	88,32	B	A	B
/MFG-MUFFIN-1	MFG-MUFFIN-1	70	2,56	90,88	B		B
/PROD-S03	Small Product	66	2,41	93,29	B	B	B
/PROD-M02	Medium part 02	63	2,30	95,59	C		C
/MFG-SUGAR-1-LANGMATNR	Zucker	50	1,83	97,42	C		C
/PM-ACME-BLK	PM ACME Blockschokolade	32	1,17	98,59	C		C
/PROD-L01	Lange Produkte 01	27	0,99	99,58	C		C
/PROD-M03	PROD-M03	7	0,26	99,84	C		C
/MFG-CHOC-1-LONGMATNR	Chocolate Frosting	5	0,18	100,00	C		C
		2.738					

Abbildung 11.24 ABC-Analyseergebnis

Wenn Sie im Selektionsbild (siehe Abbildung 11.23) auch die Kennzeichen für die Einlagerungssteuerung und das Lagerbereichskennzeichen auswählen, werden diese bei der Analyse ebenfalls ermittelt.

[+]

ABC-Analyse als Hintergrundverarbeitung

Im Selektionsbild (siehe Abbildung 11.23) können Sie auch **Kennzeichen im Hintergrundverarbeitungsmodus aktualisieren** wählen. Die Analyse und das Aktualisieren des Materialstamms werden dann im Hintergrund ohne manuelle Interaktion durchgeführt.

11.3 Lager-Reorganisation

Bei der *Lager-Reorganisation* werden die ursprünglichen Lagerkonzepte, die im Rahmen der Lagerungsdisposition festgelegt wurden, mit den tatsächlichen Lagerorten der Produkte im Lager verglichen. Um zu ermitteln, welche Produkte sich aktuell am ungünstigsten Lagerort im Vergleich zu ihrem optimalen Lagerort befinden, verwendet die Lager-Reorganisation Bewertungspunkte, die in der Konfiguration gepflegt werden können.

Ein typischer Fall für die Lager-Reorganisation ist ein Material, das bisher nicht stark nachgefragt wurde oder dessen Bedarf saisonal ist (z. B. Regenschirme) und das deshalb in einem Bereich für Langsamdreher gelagert wird. Nach dem letzten Lagerungsdispositionslauf (z. B. im September) wurde festgestellt, dass sich der Bedarf dieses Produkts in den kommenden Monaten stark erhöhen wird; daher wurde das Produkt einem Bereich für Schnelldreher sowie einem größeren Lagerplatztyp zugeordnet (siehe Abbildung 11.25).

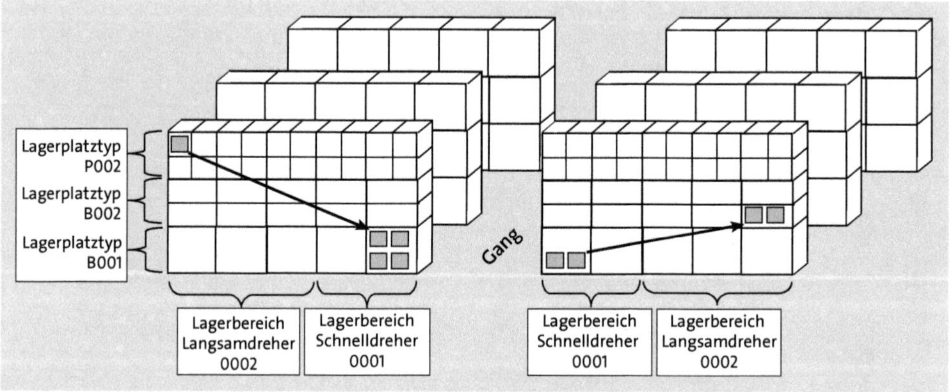

Abbildung 11.25 Lager-Reorganisation mit Verlagerung eines Produkts von einem Bereich für Langsamdreher in einen Bereich für Schnelldreher

Im Beispiel in Abbildung 11.25 sehen Sie auf der linken Seite das Diagramm der Reorganisationsbewegung eines Materials von einem Langsamdreherbereich in einen Schnelldreherbereich näher am Gang. Der Lagerplatztyp muss ebenfalls gewechselt werden, damit die in den kommenden Monaten benötigte größere Materialmenge untergebracht werden kann.

Als Gegenstück dazu sehen Sie auf der rechten Seite das Diagramm für ein Teil, das früher ein Schnelldreher war (und das derzeit seinen Lagerplatz nicht voll ausfüllt, da der Bedarf abgenommen hat) und jetzt in den Bereich für Langsamdreher, der weiter vom Gang weg liegt, bewegt und einem kleineren Lagerplatztyp zugewiesen werden kann, um die Nutzung des Lagerplatzes insgesamt zu optimieren.

In den folgenden Abschnitten schauen wir uns zuerst die allgemeine Konfiguration für die Lager-Reorganisation an, erklären das Konzept der Bewertungspunkte, schauen dann auf die Stammdaten für die Lagerorganisation und zeigen Ihnen ein Beispiel für eine Reorganisation. Zuletzt besprechen wir die Möglichkeit, Alerts im Alert Monitor zu verwenden, um die Kapazitätsauslastung im Lager zu überwachen.

11.3.1 Allgemeine Konfiguration für die Lager-Reorganisation

Das allgemeine Customizing für die Lager-Reorganisation kann im SAP-EWM-Customizing über den Menüpfad **SCM Extended Warehouse Management • Extended Warehouse Management • Lagerinterne Prozesse • Lageroptimierung** aufgerufen werden. Hier können Sie die Aktivität **Vorschlagslagerprozessart für Lageroptimierung festlegen** ausführen (siehe Abbildung 11.26). Für jedes Lager legen Sie eine Vorschlagsprozessart fest und geben an, ob das Material bei der Anlage einer Lager-Reorganisationsaufgabe an den globalen optimalen Lagerplatztyp oder an den optimalen Lagerplatztyp in der betreffenden Lagerplatztypgruppe bewegt werden soll. Hier können Sie außerdem die Ausführungszeiten für die Lager-Reorganisation angeben.

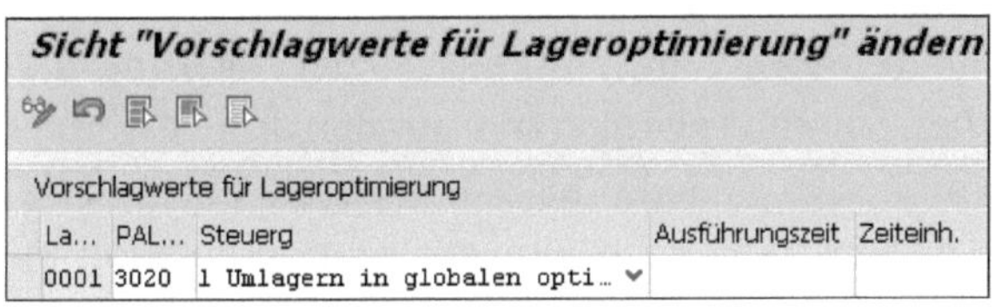

Abbildung 11.26 Vorschlagswerte für die Lager-Reorganisation anpassen

Um die Belegart und die Positionsart für die Lageranforderungen zur Lager-Reorganisation anzugeben, wählen Sie im Menü des SAP-EWM-Customizings den Pfad **SCM Extended Warehouse Management • Extended Warehouse Management • Lagerinterne Prozesse • Lageroptimierung • Beleg- und Positionsart für Lageroptimierung festlegen** (siehe Abbildung 11.27). Diese Beleg- und Positionsart wird verwendet, wenn anstelle einer sofort angelegten Lageraufgabe eine Lageranforderung für die Lager-Reorganisation angelegt werden soll. Lageranforderungen haben den Vorteil, dass die Reorganisationsaufgaben zu geeigneten Zeitpunkten freigegeben werden können, um möglichst reibungslose Arbeitsabläufe im Lager zu erreichen.

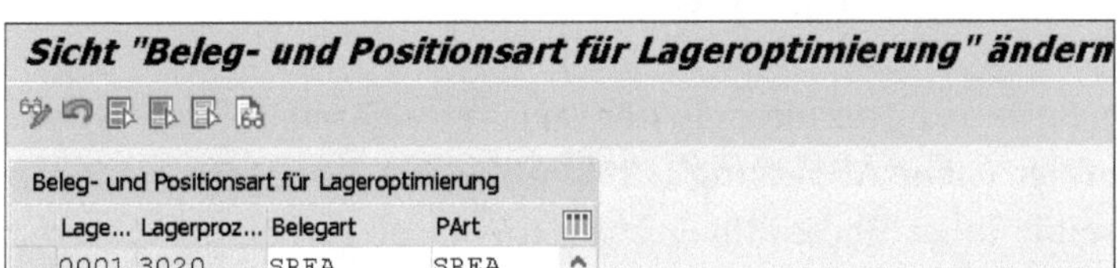

Abbildung 11.27 Beleg- und Positionsart für die Lager-Reorganisation konfigurieren

Bewertungspunkte

Bei der Anlage von Lager-Reorganisationsaufgaben kann das System Ihnen die Umlagerungen vorschlagen, die den größten Vorteil bringen. Diese Bewertung beruht auf der Einrichtung von Bewertungspunkten, dem sogenannten *Lagerungsdispositionsindex*.

Anhand der Bewertungspunkte ermittelt der Lager-Reorganisationsprozess, welche der aktuellen suboptimalen Materiallagerorte im Vergleich zu ihren optimalen Lagerorten am schlechtesten sind. Die Bewertungspunkte können im Customizing in drei verschiedenen Bereichen gepflegt werden (für die Findungsstrategien **Lagertyp**, **Lagerbereich** und **Lagerplatztyp**). Sie können die Bewertungspunkte im SAP-EWM-Customizing aufrufen, indem Sie im Menü zunächst **SCM Extended Warehouse Management • Extended Warehouse Management • Wareneingangsprozess • Strategien** und dann eine der folgenden Möglichkeiten wählen:

- **Lagertypfindung • Lagertypen der Lagertypsuchreihenfolge zuordnen**
- **Lagerbereichsfindung • Lagerbereichssuchreihenfolge pflegen**
- **Lagerplatzfindung • Alternative Lagerplatztypfolge**

Bei der Lager-Reorganisation werden die Bewertungspunkte (also der Lagerungsdispositionsindex) für Lagertyp, Lagerbereich und Lagerplatztyp aus den drei Customizing-Tabellen addiert, um die Gesamtbewertung jedes aktuellen Lagerplatzes zu berechnen. In der Bewertung stehen höhere Zahlen für eine schlechtere Position im Vergleich zum optimalen Lagerort.

Die Konfiguration der Lagertypsuchreihenfolge (siehe Abbildung 11.28) gibt pro Lagerplatztyp in der Suchreihenfolge für die Einlagerung einen Punktwert an. Im Beispiel erhält der erste Lagerplatztyp in der Suchreihenfolge (0020) keine Bewertungspunkte, der zweite (0050) hingegen eine »Strafpunktzahl« von 100.

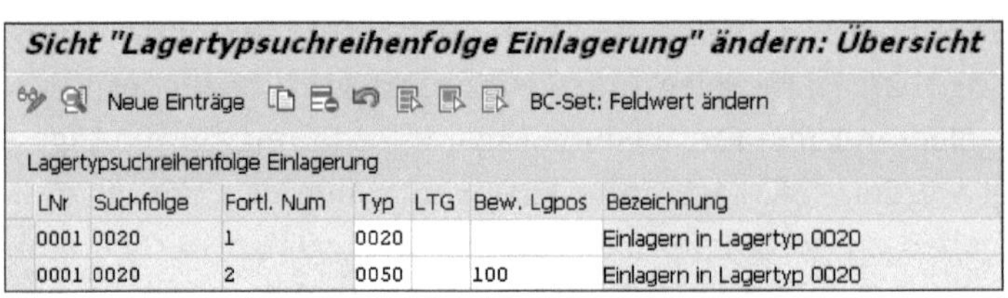
Sicht "Lagertypsuchreihenfolge Einlagerung" ändern: Übersicht

Neue Einträge BC-Set: Feldwert ändern

Lagertypsuchreihenfolge Einlagerung

LNr	Suchfolge	Fortl. Num	Typ	LTG	Bew. Lgpos	Bezeichnung
0001	0020	1	0020			Einlagern in Lagertyp 0020
0001	0020	2	0050		100	Einlagern in Lagertyp 0020

Abbildung 11.28 Bewertungspunkte für Lagertypen

Analog zur Vergabe von Bewertungspunkten in der Lagertypsuchreihenfolge vergibt die Bereichssuchreihenfolge (siehe Abbildung 11.29) Punkte für die Lagerbereiche in der Lagerbereichssuchreihenfolge für die Einlagerung. Im Beispiel erhält bei Lagertyp 0020 und Bereichskennzeichen **SNEL** der erste Lagerbereich in der Reihenfolge (0001) keine Bewertungspunkte, während der zweite (0002) zehn »Strafpunkte« erhält usw.

Sicht "Lagerbereichsfindung" ändern: Übersicht

Neue Einträge

Lagerbereichsfindung

LNr	Typ	Einst 1	Einst 2	BerKz	Fortlaufende Nr.	Ber	Bew. Lgpos
0001	0020			SNEL	1	0001	
0001	0020			SNEL	2	0002	10
0001	0020			SNEL	3	0003	10

Abbildung 11.29 Bewertungspunkte für Lagerbereiche

Bewertung des Lagerungsdispositionsindex

Die Bewertungspunkte des Lagerungsdispositionsindex addieren sich innerhalb der Reihenfolge. Das heißt, dass der Gesamtindex der dritten Folgenummer in der betreffenden Reihenfolge die Summe der Bewertungspunkte der ersten, zweiten und dritten Folgenummer ist. In dem in Abbildung 11.29 gezeigten Beispiel für das Bereichskennzeichen würde ein Artikel in Bereich 0003 insgesamt 20 (0 + 10 + 10) Bewertungspunkte für den Lagerbereich erhalten.

Bei den Lagerplatztypen können Bewertungspunkte auch in der alternativen Lagerplatztypreihenfolge vergeben werden (siehe Abbildung 11.30). Ein Produkt, das sich derzeit in Lagertyp 0020 mit einem optimalen Lagerplatztyp, jedoch an einem suboptimalen Lagerplatz befindet, erhält die Bewertungspunkte entsprechend dem Lagerplatztyp, in dem es sich tatsächlich befindet. Im dargestellten Beispiel würde ein Produkt, das dem Lagerplatztyp B001 zugeordnet ist, sich aber tatsächlich im Lagerplatztyp P002 befindet, sechs (3 + 3) Bewertungspunkte erhalten, gemäß der Summe der Bewertungspunkte in jedem Schritt der Reihenfolge (siehe den Hinweis oben zur kumulativen Addition der Bewertungspunkte).

Sicht "Alternative Lagerplatztypfolge"

Neue Einträge

Alternative Lagerplatztypfolge

LNr	Typ	Platztyp	Fortl. Num	Platztyp	Bew. Lgpos
0001	0020	B001	1	B002	3
0001	0020	B001	2	P002	3
0001	0050	B001	1	P002	3

Abbildung 11.30 Bewertungspunkte für alternative Lagerplatztypen

11.3.2 Stammdaten zur Bestimmung der optimalen Lagerplätze

Sie müssen die bei der Lager-Reorganisation zu berücksichtigenden Daten im Produktstamm festlegen, damit das System bei der Lager-Reorganisationsanalyse den optimalen Lagerplatz bestimmen kann. Die entsprechenden Produktstammdaten können manuell oder im Rahmen eines Lagerungsdispositionslaufs gepflegt werden (weitere Informationen zur Lagerungsdisposition finden Sie in Kapitel 9, »Warenausgangsprozess«). Wie oben beschrieben, wird bei der Lager-Reorganisation der aktuelle Lagerort eines Materials im Lager mit seinem optimalen Lagerort verglichen.

Damit der optimale Lagertyp, der Lagerbereich und der Lagerplatztyp bestimmt werden können, müssen im Produktstamm die relevanten Einstellungen zur Bestimmung der Lagertypreihenfolge, Lagerbereichsreihenfolge und zur alternativen Lagerplatztypreihenfolge angegeben sein, die bei der Einlagerung verwendet werden sollen. Diese Angaben können manuell im Materialstamm festgelegt oder während der Lagerungsdisposition bestimmt werden. Je Bedarf eines Produkts kann die Lagerungsdisposition das *Einlagerungssteuerkennzeichen* (ESK), das Bereichskennzeichen und den Lagerplatztyp ändern.

Im Produktstamm können Sie das ESK für das Produkt angeben (entweder manuell oder über die Lagerungsdisposition, siehe Abbildung 11.31).

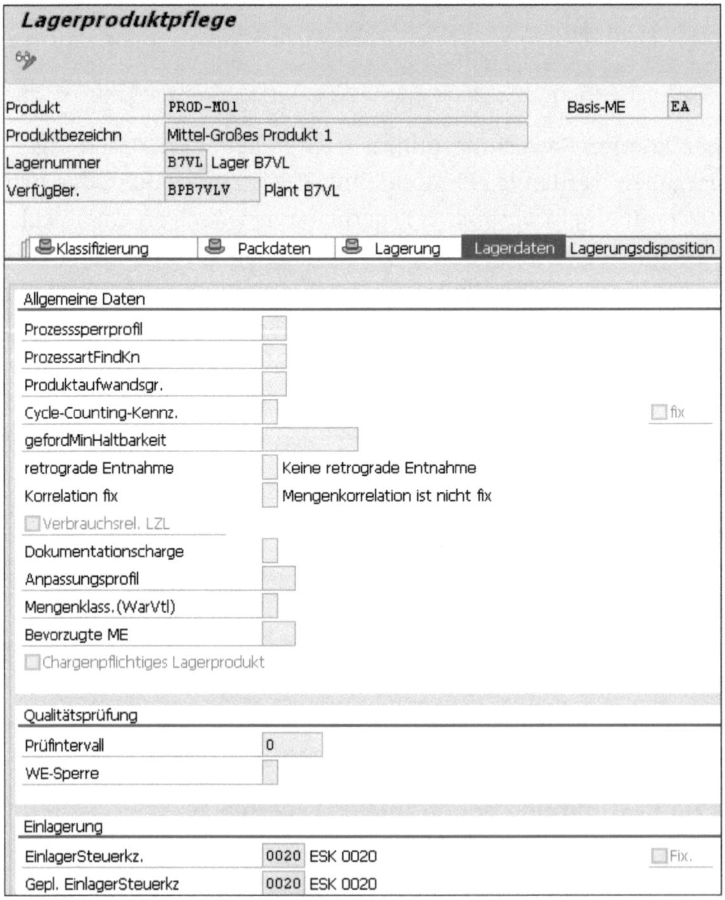

Abbildung 11.31 Einlagerungssteuerkennzeichen im SAP-EWM-Produktstamm zuweisen

Anhand des ESK wird wiederum die Lagertypreihenfolge bestimmt, die bei der Einlagerung verwendet wird (Einzelheiten dazu finden Sie ebenfalls in Kapitel 9, »Warenausgangsprozess«). Entsprechend der Lagertypreihenfolge ist der erste Lagertyp in der Reihenfolge als der optimale Lagertyp für das Produkt definiert. Die weiteren Lagertypen in der Reihenfolge gelten als suboptimal und erhalten Bewertungspunkte zur Berechnung des Lagerungsdispositionsindex bei der Lager-Reorganisation.

Im Beispiel aus Abbildung 11.31 lautet das zugewiesene ESK 0020, das der Lagertypsuchreihenfolge 0020 zugeordnet ist. In dieser Reihenfolge stehen der Lagertyp 0020 an erster und der Lagertyp 0050 an zweiter Stelle. Da der Lagertyp 0020 der erste in der Suchreihenfolge ist, stellt er den optimalen Lagertyp dar, und die nachfolgenden suboptimalen Lagertypen erhalten Bewertungspunkte.

Wenn Sie sich anschließend das Lagertypdatenbild für den optimalen Lagertyp ansehen, sind dort das Lagerbereichskennzeichen (anhand dessen die Lagerbereichsreihenfolge bestimmt wird) und der optimale Lagerplatztyp (der auch zur Bestimmung der alternativen Lagerplatztypen genutzt wird) zugewiesen.

Im Beispiel in Abbildung 11.32 ist das Lagerbereichskennzeichen **SNEL** zugewiesen. In diesem Fall wurde durch die Lagerungsdisposition ermittelt, dass das Material derzeit ein Schnelldreher ist und deshalb zur optimalen Lagerung in Bereich 0001 gelagert werden muss. Bereich 0001 ist somit der optimale Bereich. Im Beispiel ist der Lagerplatztyp B001 der optimale Lagerplatztyp zur Lagerung des Materials in diesem Lagertyp.

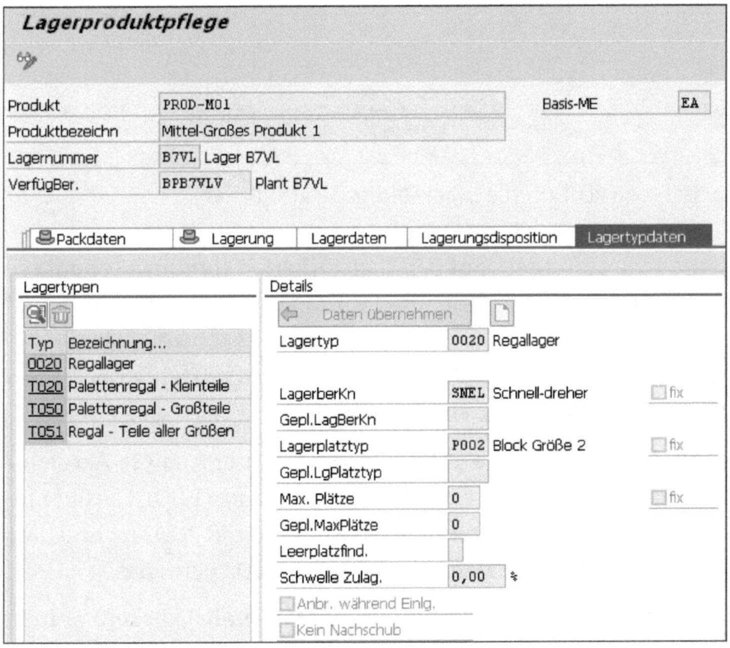

Abbildung 11.32 Lagerbereichskennzeichen und Lagerplatztyp im Produktstamm zuweisen

11.3.3 Lager-Reorganisation ausführen

Um die Lager-Reorganisation im Vordergrund auszuführen, können Sie im SAP-Easy-Access-Menü den Pfad **Logistik • SCM Extended Warehouse Management • Extended Warehouse Management • Arbeitsvorbereitung • Lager-Reorganisation** wählen oder Transaktion /SCWM/REAR verwenden. Eine Ausführung im Hintergrund ist ebenfalls möglich (es steht eine spezielle Hintergrundversion des Programms zur Verfügung, die über Transaktion /SCWM/REAR_BATCH aufgerufen werden kann). In der Vordergrundtransaktion können Sie die vorgeschlagene Reorganisation überprüfen, indem Sie die verschiedenen Sichten zur Analyse der Situation im Lager heranziehen. Sie können die Analyse nach Lagerplatztyp, Lagerbereich oder Kombination von Lagerplatztyp und Lagerbereich vornehmen (siehe Abbildung 11.33).

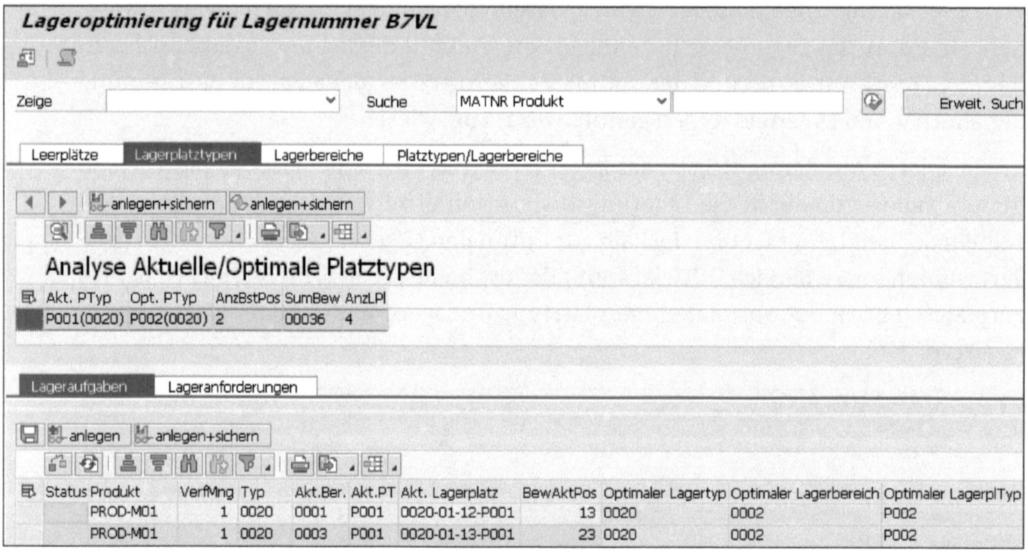

Abbildung 11.33 Lagerplatztypensicht für die Lager-Reorganisation

In der Transaktion können Sie außerdem auf der Registerkarte **Leerplätze** sehen, wie viele Lagerplätze jedes Typs in den verschiedenen Kombinationen von Lagertyp und Lagerplatztyp vorhanden sind. Mithilfe dieser Sicht können Sie ermitteln, ob es möglich ist, ein Material an einen günstigeren Platz umzulagern, oder ob keine Lagerplätze des betreffenden Typs und Bereichs verfügbar sind.

Im Beispiel sehen Sie auf der Registerkarte **Lagerplatztypen** unter **Analyse Aktuelle/ Optimale Platztypen** einen Eintrag für den aktuellen Lagerplatztyp P001. Darüber hinaus sehen Sie, dass der optimale Lagerplatztyp für dieses Material P002 ist und dass sich zwei Produkte auf diesem suboptimalen Lagerplatztyp P002 befinden.

Wenn Sie diesen Eintrag markieren und auf den Button (**Details**) klicken, werden in der unteren Bildhälfte Informationen zur Anlage der Lageraufgabe angezeigt. Hier sehen Sie die einzelnen Mengen auf ihren aktuellen Lagerplätzen. Für jeden Lagerplatz wurden Bewertungspunkte berechnet. Das Material auf dem Lagerplatz 0020-01-12-P001 z. B. befindet sich im optimalen Lagertyp 0020 und erhält dafür keine Strafpunkte. Da es sich aber im Bereich 0003 befindet, erhält es zehn Punkte. Da es sich zudem im suboptimalen Lagerplatztyp P001 im Lagertyp 0020 befindet, kommen drei Punkte hinzu. Die Gesamtzahl der Strafpunkte beträgt somit 13.

In der Liste der vorgeschlagenen Aufgaben können Sie nun anhand der berechneten Bewertungspunkte bestimmen, welche Bewegungen am besten dazu geeignet sind, die Platzierung der Produkte dem optimalen Lagerkonzept anzunähern. Im Beispiel ist eine Bewegung des Produkts auf dem Lagerplatz 0020-01-13-P001 am wichtigsten, da dieses die meisten Bewertungspunkte aufweist (23).

Alternativ können die vorgeschlagenen Bewegungen auch auf der Registerkarte **Lagerbereiche** bewertet werden. Die Zusammenfassung erfolgt jedoch nach dem aktuellen Lagerbereich in dieser Sicht (siehe Abbildung 11.34). Die Bewertungspunkte sind identisch. In dieser Sicht ist der Bereich der erste Wert in der Spalte, und der in Klammern angegebene Wert in derselben Spalte ist der Lagertyp, in dem sich das Produkt befindet.

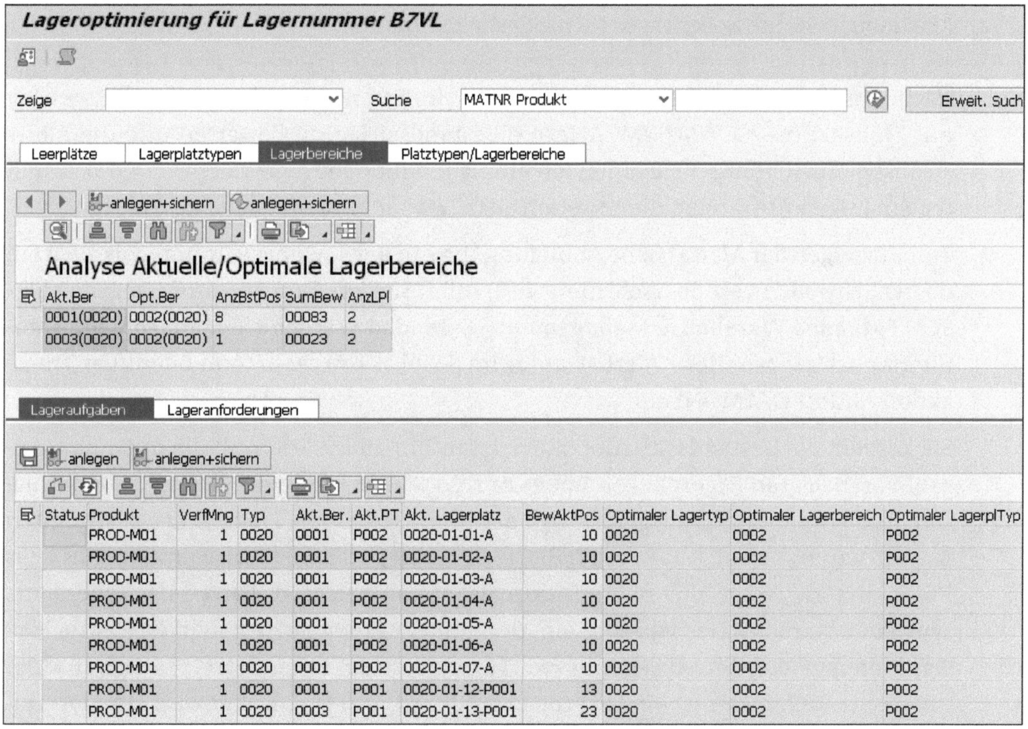

Abbildung 11.34 Lagerbereichssicht für die Lager-Reorganisation

11.3.4 Alerts für die Lager-Reorganisation

Eine Lager-Reorganisation kann vor allem dann wichtig sein, wenn die Kapazitätsauslastung in einem bestimmten Bereich zu hoch ist. Zur Überwachung des Lagers und zur Erkennung von Reorganisationsmöglichkeiten entsprechend der Kapazitätsauslastung können Sie *Alerts* für die Bestandssituation im Lager anlegen.

Um die Schwellenwerte für die Alerts festzulegen, wählen Sie im SAP-EWM-Customizing den Menüpfad **SCM Extended Warehouse Management • Extended Warehouse Management • Lagerinterne Prozesse • Lageroptimierung • Schwellenwerte Für Bestandssituation Definieren**. Sie können z. B. wie in Abbildung 11.35 einen unteren und einen oberen Schwellenwert sowie eine Alert-Priorität für die betreffenden Schwellenwerte festlegen.

Neue Einträge: Übersicht Hinzugefügte

Schwellwerte Bestandssituation

La...	La...	La...	MaxUBel(%)	MaxOBel(%)	Max untere...	Max oberer
0001	0020	P002	80,00	90,00	1	2
0001	0050	P002	80,00	90,00	1	2

Abbildung 11.35 Schwellenwerte für die Bestandssituation

Nachdem Sie die Schwellenwerte und Alert-Prioritäten angegeben haben, können Sie mit Transaktion /SCWM/WM_ANA die Bestandssituation bewerten und die Alerts auslösen. Auch können Sie einen Job einplanen (Bericht /SCWM/RWM_ANALYSIS), um in regelmäßigen Abständen die Kriterien auszuwerten und die Alerts auszulösen.

Zum Anzeigen der Alerts (siehe Abbildung 11.36, in der sowohl ein unterer als auch ein oberer Schwellenwert überschritten wird) rufen Sie den Alert Monitor über **Logistik • SCM Extended Warehouse Management • Extended Warehouse Management • Monitoring • Alert Monitor • Alert Monitor** im SAP-Easy-Access-Menü oder über Transaktion /SAPAPO/AMON1 auf.

Sie können die Bestandssituation auch daraufhin analysieren, ob die maximale Anzahl von belegten Lagerplätzen überschritten wurde (siehe Abbildung 11.37). In diesem Fall wurden Alerts ausgelöst, weil das Produkt zu viele Plätze eines bestimmten Lagerplatztyps belegt. Das Produkt PROD-M01 belegt z. B. sieben Lagerplätze des Typs P002, und die festgelegte obere Maximalzahl von belegten Plätzen des Lagerplatztyps P002 beträgt 2. Deshalb wird ein Alert mit der Priorität 1 (rot markiert) ausgelöst. Das Produkt PROD-M01 belegt nur zwei Lagerplätze des Lagerplatztyps P001, aber der untere Schwellenwert ist ein Lagerplatz des Platztyps P001. Daher wird ein Alert mit der Priorität 2 generiert.

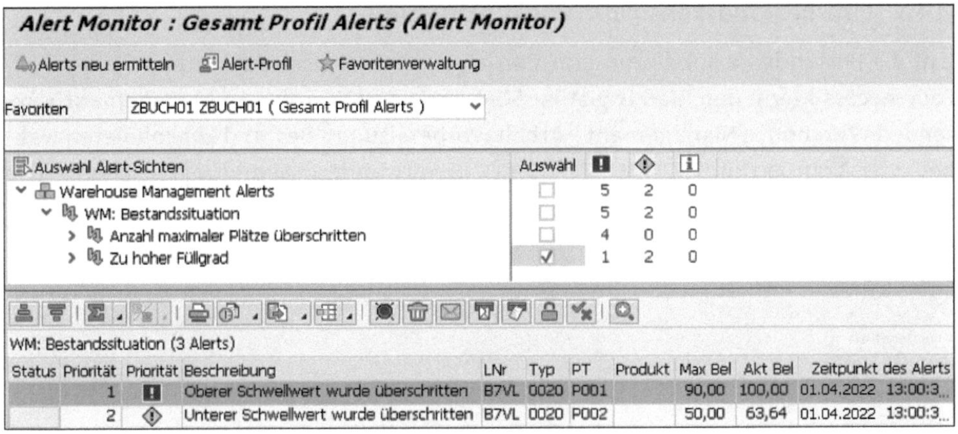

Abbildung 11.36 SAP-EWM-Alerts zur Bestandssituation: zu hoher Maximalbestand

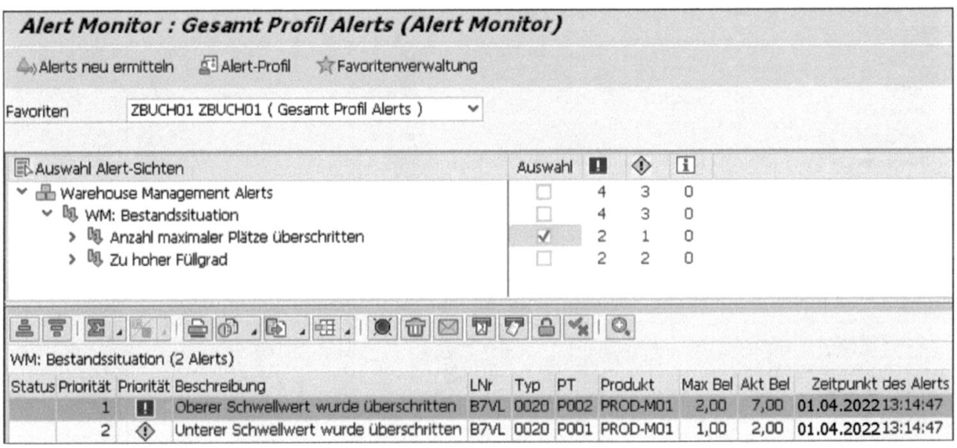

Abbildung 11.37 SAP-EWM-Alerts zur Bestandssituation: überschrittene Maximalzahl von Lagerplätzen

11.4 Bestandskonsolidierung

Mit der Bestandskonsolidierung lässt sich der Füllgrad im Lager optimieren, indem Sie die Bestände aus verschiedenen Lagerplätzen zusammenfügen. So können zwei halbe Paletten, die an zwei Lagerplätzen stehen, zu einer Palette konsolidiert werden, die nur einen Lagerplatz belegt. Diese Bestandszusammenführung kann auf dem Lagerplatz oder an einem separaten Arbeitsplatz durchgeführt werden.

11.4.1 Eine Bestandskonsolidierung durchführen

Um die Bestandskonsolidierung im Vordergrund auszuführen, können Sie im SAP-Easy-Access-Menü den Pfad **Logistik • SCM Extended Warehouse Management • Extended Warehouse Management • Arbeitsvorbereitung • Bestand konsolidieren** wählen oder Transaktion /SCWM/STOCK_CONS verwenden. Abbildung 11.38 zeigt das Bild zu den möglichen Einstellungen der Bestandskonsolidierung.

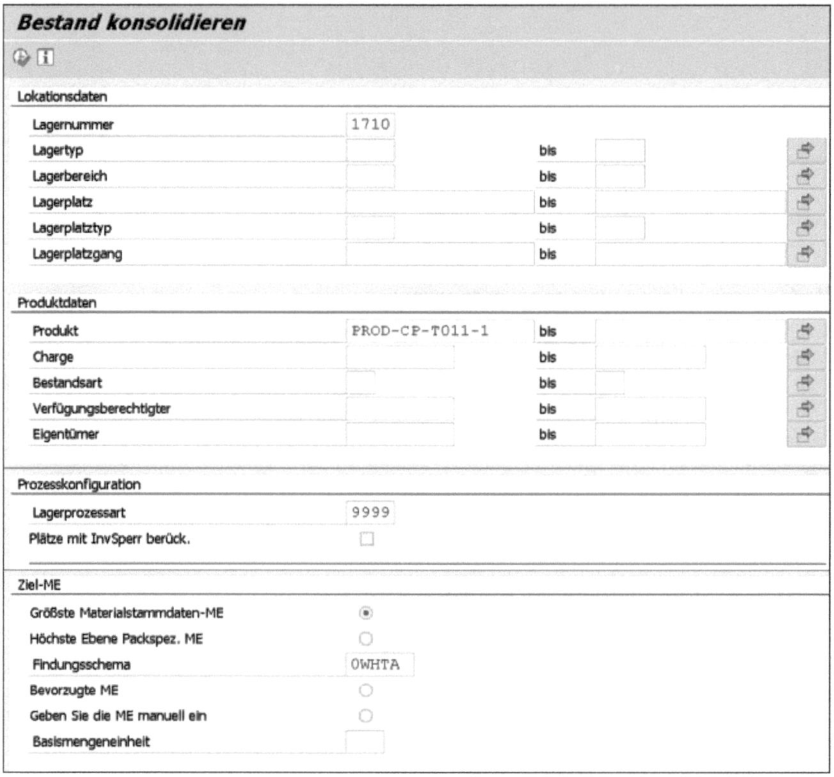

Abbildung 11.38 Selektionsbild zur Bestandskonsolidierung

Im Selektionsbild wählen Sie zuerst die **Lokationsdaten**, also für welches Lager, welche Lagertypen, Lagerbereiche und/oder Lagerplätze Sie die Bestandskonsolidierung durchführen möchten. Sie können außerdem auf bestimmte **Produktdaten** einschränken, wenn Sie z. B. nur einige Produkte zusammenfügen möchten.

Im Bereich **Ziel-ME** bestimmen Sie, auf Basis welcher Mengeneinheit Sie konsolidieren wollen, etwa auf Paletten- oder Kartonebene. Sie haben hier die folgenden Auswahlmöglichkeiten:

- auf größte Mengeneinheit des Materialstamms konsolidieren
- auf die höchste Ebene der packspezifischen Mengeneinheit konsolidieren

- auf die bevorzugte Mengeneinheit (die Sie im Materialstamm über die Registerkarte **Lagerdaten** pflegen können) konsolidieren
- eine Mengeneinheit, hinsichtlich der konsolidiert werden soll, manuell vorgeben

Prozesskonfiguration, Kriterien und Toleranzen für die Chargenkonsolidierung

Im Bereich **Prozesskonfiguration** des Selektionsbildes müssen Sie zumindest eine Lagerprozessart vorgeben, mit der die Lageraufgaben für die Konsolidierung erstellt werden. Abbildung 11.39 zeigt weitere Einstellungen, die Sie im Bereich **Prozesskonfiguration** vornehmen können, z. B. wie Sie verschiedene Chargen zusammenführen können und welche Kriterien dabei berücksichtigt werden sollen. Eine zusätzliche Option ist es, während der Bestandskonsolidierung von Chargen eine Datumstoleranz zu spezifizieren. Hiermit können Sie z. B. Chargen mit Verfallsdaten, die einige Tage auseinander liegen, trotzdem zusammenführen. Wenn die Verfallsdaten jedoch die Toleranztage überschreiten, werden die Chargen nicht bei der Bestandskonsolidierung berücksichtigt.

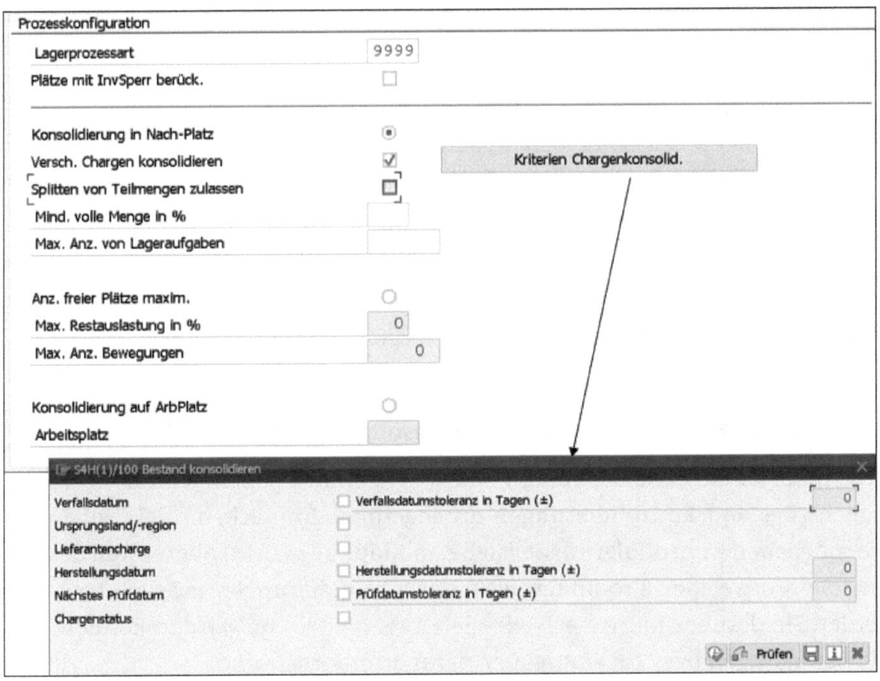

Abbildung 11.39 Prozesskonfiguration und Chargenkonsolidierungskriterien

Bestände am Lagerplatz oder am Arbeitsplatz konsolidieren

Wenn Sie die Bestände nicht am Lagerplatz konsolidieren möchten, können Sie auch einen Arbeitsplatz vorgeben. Abbildung 11.40 veranschaulicht diese beiden Möglichkeiten.

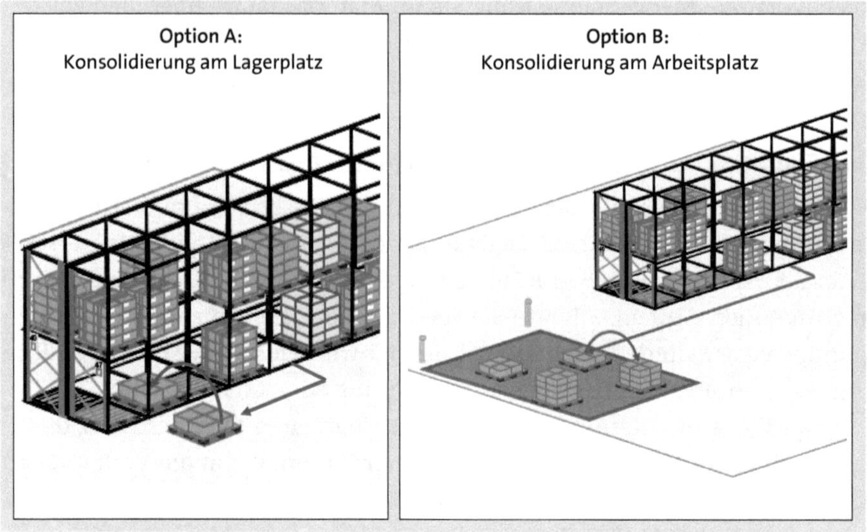

Abbildung 11.40 Bestandskonsolidierung am Lager- oder am Arbeitsplatz

Außerdem können Sie nur Plätze mit Bestand berücksichtigen lassen und/oder das Splitten von Teilmengen zulassen. Darüber hinaus können Sie eine Mindestauslastung der Ziel-HUs in Prozent vorgeben. Geben Sie hier z. B. den Wert »75 %« ein, muss eine Zielpalette mindestens zu 75 % gefüllt werden, damit die Bestandskonsolidierung Lageraufgaben vorschlägt.

Zuletzt können Sie noch eine maximale Anzahl an Lageraufgaben pro Konsolidierung vorgeben. Wenn Sie z. B. die Anzahl 3 eingeben, können nur maximal drei Lageraufgaben zum gleichen Ziellagerplatz erstellt werden.

11.4.2 Lageraufgaben zu den möglichen Konsolidierungen erstellen

Sobald Sie im Selektionsbild **Ausführen** oder [F8] gewählt haben, wird die Prüfung auf mögliche Bestandskonsolidierungen durchgeführt. Im nächsten Bild sehen Sie dann die möglichen Konsolidierungen (siehe Abbildung 11.41). Im oberen Teil des Bildes sehen Sie, zu welchen Produkten Bestandskonsolidierungen möglich sind. Zudem werden Sie darüber informiert, wie viele Lagerplätze frei werden können und wie viele Bewegungen bzw. Lageraufgaben dafür erforderlich sind.

Wenn Sie eine oder mehrere Zeilen der möglichen Konsolidierungen selektieren und dann den Button **Vorgeschlagene LBs** anklicken, werden Ihnen im unteren Teil des Bildes Lageraufgaben vorgeschlagen. Über den Button **Anlegen + Sichern** legen Sie die gewünschten Lageraufgaben entsprechend an.

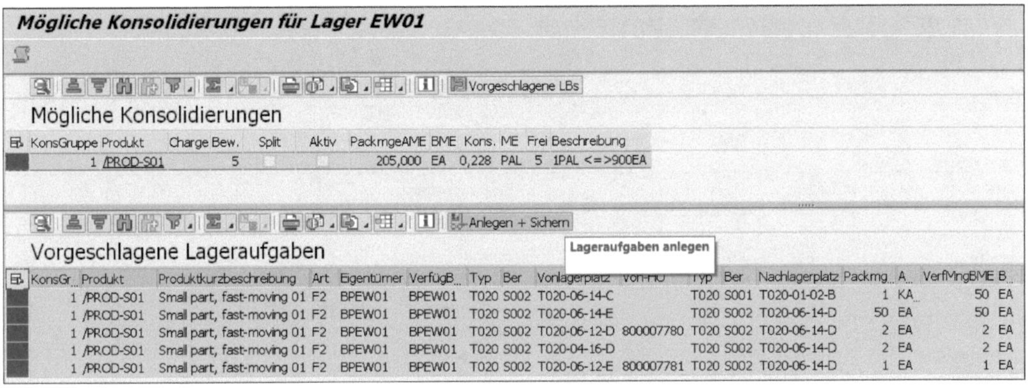

Abbildung 11.41 Lageraufgaben zu den möglichen Konsolidierungen erstellen

11.5 Ad-hoc-Bewegungen im Lager

Eine *Ad-hoc-Bewegung* ist die Umlagerung eines Produkts oder einer Handling Unit (HU) von einem Lagerplatz zu einem anderen Lagerplatz. SAP EWM bietet für diese Art von Lagerbewegungen zwei Haupttransaktionen. Beide können im SAP-Easy-Access-Menü über den folgenden Pfad aufgerufen werden: **Logistik • SCM Extended Warehouse Management • Extended Warehouse Management • Arbeitsvorbereitung • Lageraufgabe ohne Referenz anlegen**. Wenn eine einzelne Menge eines Produkts bewegt werden soll, wählen Sie anschließend **Produkt bewegen**, oder Sie verwenden Transaktion /SCWM/ADPROD. Wenn eine HU mit ihrem gesamten Inhalt bewegt werden soll, wählen Sie **Handling Unit bewegen**, oder Sie verwenden Transaktion /SCWM/ADHU.

In Abbildung 11.42 ist die Formularsicht von Transaktion /SCWM/ADHU dargestellt. Um eine HU zu bewegen, müssen Sie lediglich die betreffende HU, den Nach-Lagerplatz und die Lagerprozessart (in diesem Fall 9999) angeben. Lagertyp und -bereich können automatisch anhand des Nach-Lagerplatzes bestimmt werden. Daher müssen Sie diese nicht selbst eingeben. Danach klicken Sie einfach auf den Button **Anlegen** (so erhalten Sie eine Vorschau, um die Angaben vor dem Sichern noch einmal zu überprüfen) oder auf den Button **Anlegen + Sichern**.

Sofern die sofortige Bestätigung für die angegebene Lagerprozessart zulässig ist, können Sie die Lageraufgabe sofort über das Kennzeichen **Quittierung** bestätigen.

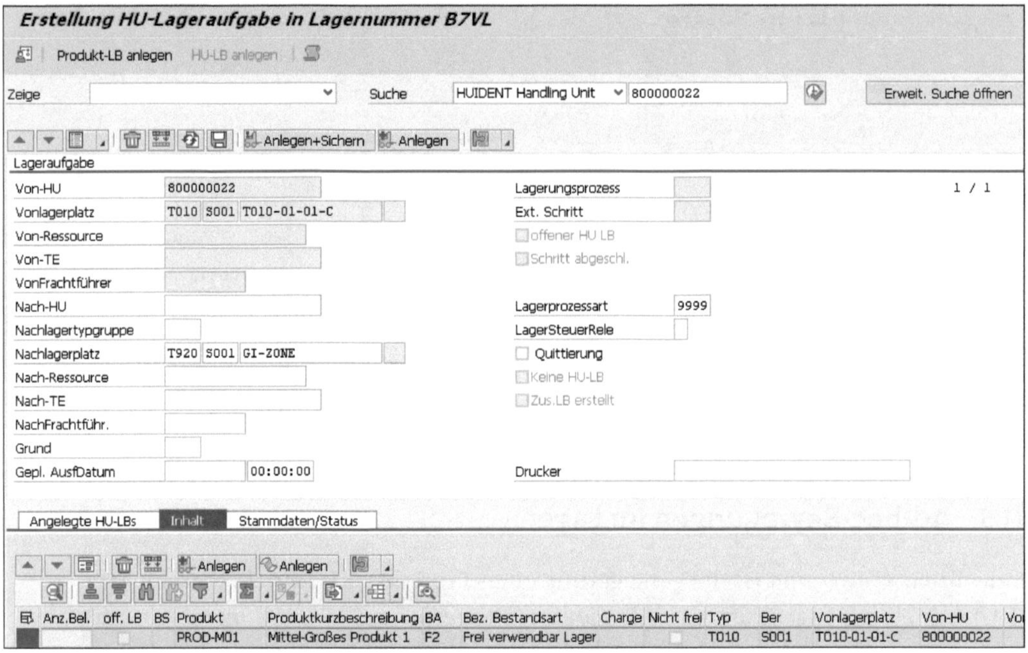

Abbildung 11.42 Ad-hoc-Bewegungen für eine Handling Unit

11.5.1 Ad-hoc-Lageraufgaben via Radio Frequency anlegen und ausführen

Sie können Ad-hoc-Lageraufgaben auch über *RF-Geräte* anlegen und bestätigen. Wie es in Abbildung 11.43 zu sehen ist, bewegt der Lagermitarbeiter 10 ST von Produkt PROD-M01 von Lagerplatz 0010-01-01-C zu Lagerplatz GI-ZONE. Wenn Sie das ausgelieferte Standardmenü für die mobile Dateneingabe verwenden, folgen Sie zum Aufrufen der Transaktion für Ad-hoc-Bewegungen dem Menüpfad **05 Interne Prozesse • 02 Adhoc LB Erstellung • 05 Adhoc Produkt LB erstellen u. quittie**. Um die Lageraufgabe anzulegen, geben Sie im Von-Lagerplatz-Bild den Von-Lagerplatz und das Produkt und anschließend die Menge und den Nach-Lagerplatz ein. Wenn Sie eine HU-Nummer am Nach-Lagerplatz angeben möchten, geben Sie die Nach-HU ein, und ansonsten lassen Sie das Feld leer (sofern der Lagertyp dies zulässt). Nachdem Sie die Angaben im letzten Bild überprüft und [↵] gedrückt haben, wird die Lageraufgabe gesichert. Wenn die Lagerprozessart die sofortige Bestätigung erlaubt und vorschlägt, wird die Lageraufgabe sofort angelegt und bestätigt. Ziehen Sie deshalb in Betracht, zur Verwendung in der Lager-RF-Transaktion eine Prozessart anzulegen, die eine sofortige Bestätigung zulässt und vorschlägt.

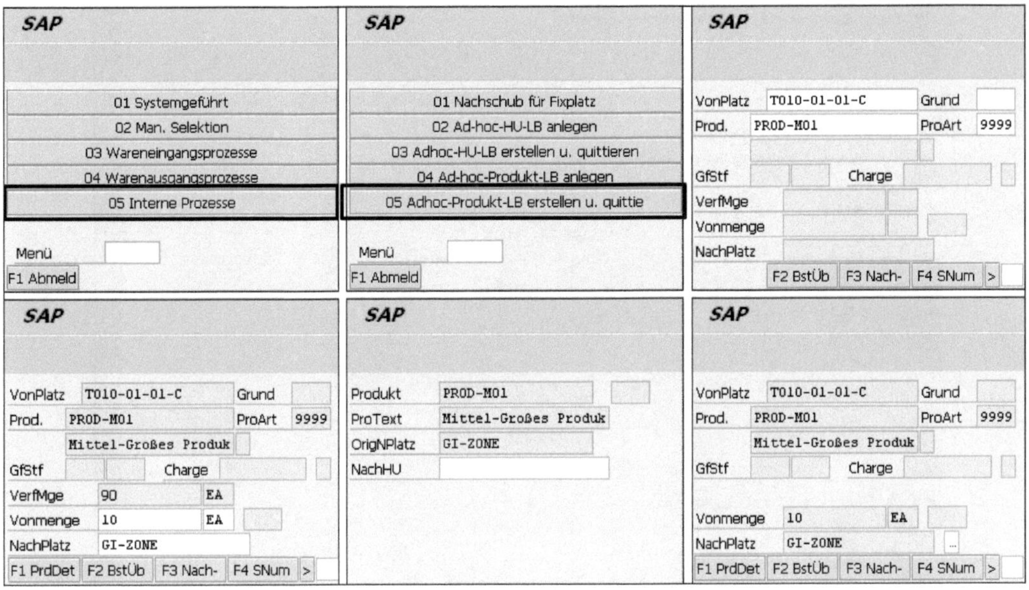

Abbildung 11.43 Ad-hoc-Produkt-Lageraufgabe in Radio Frequency anlegen und bestätigen

11.6 Umbuchungen

Umbuchungen können von SAP ERP veranlasst oder innerhalb von SAP EWM eingeleitet werden. Wenn Umbuchungen über SAP ERP veranlasst werden, wird in SAP ERP ein Umbuchungsbeleg angelegt und als Umbuchungsanforderung an SAP EWM übertragen. Die Umbuchung im Lager wird aus der Umbuchungsanforderung generiert, wenn diese aktiviert wird. Die Lageraufgaben werden dann mit Referenz auf die Umbuchungen generiert. Die Lageraufgaben zur Ausführung der Umbuchung können dann entsprechend der betreffenden Konfiguration automatisch von SAP EWM über das *Post Processing Framework* (PPF) angelegt werden.

Umbuchungen können auch direkt in SAP EWM generiert werden (siehe Abbildung 11.44). Wählen Sie dazu im SAP-Easy-Access-Menü den Pfad **Logistik • SCM Extended Warehouse Management • Extended Warehouse Management • Arbeitsvorbereitung • Produkt umbuchen**, oder wählen Sie Transaktion /SCWM/POST.

Beim Anlegen der SAP-EWM-Umbuchung können Sie ein Material anhand verschiedener Kriterien wie Materialnummer, Lagerplatz, HU oder Eigentümer auswählen. Danach geben Sie eine Prozessart und ein Attribut ein, das für dieses Material geändert werden soll. Im gezeigten Beispiel wird das Produkt von frei verwendbarem Bestand (Bestandsart F2) in gesperrten Bestand (Bestandsart B5) umgebucht. Weitere Informationen zu den Bestandsarten in SAP EWM finden Sie in Kapitel 6, »Lieferabwicklung«.

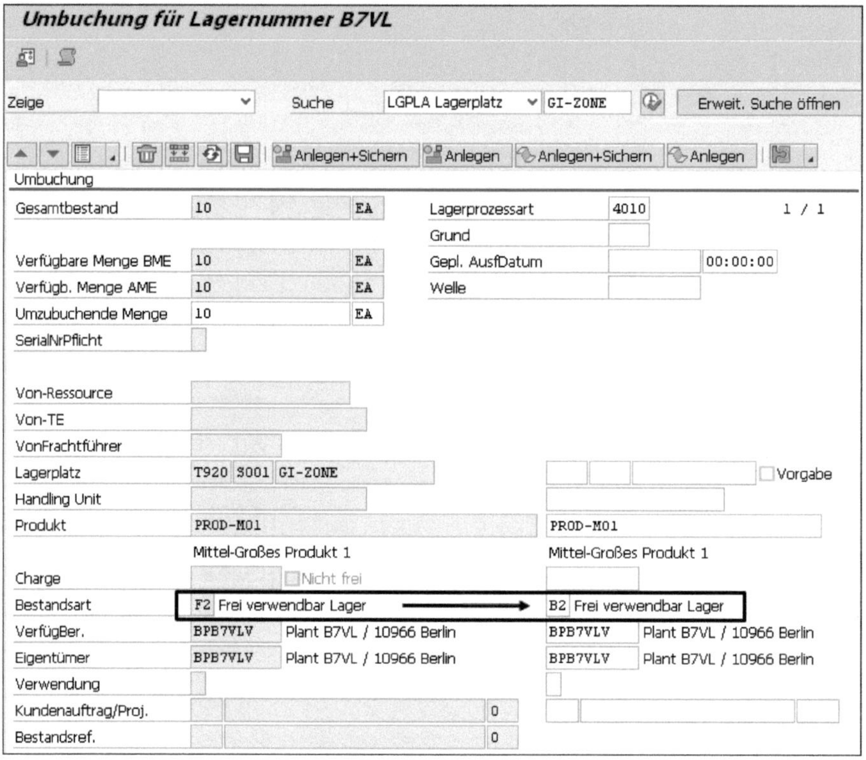

Abbildung 11.44 Umbuchung: Bestandsänderung ausführen

Beim Anlegen der Umbuchung können Sie entscheiden, ob die Umbuchung sofort angelegt werden oder ob zunächst eine Lageranforderung angelegt werden soll, aus der im Folgenden eine Umbuchung erzeugt werden kann.

11.7 Inventur

Unabhängig davon, ob sie (wie in vielen Ländern) gesetzlich vorgeschrieben ist oder nur eine Best Practice darstellt, ist die *Inventur* bei jeder Lagerverwaltungslösung eine absolute Notwendigkeit. SAP EWM bietet mehrere Methoden für die Inventur, unterstützt Sie bei der effizienten Untersuchung der Bestandssituation in Ihrem Lager und hilft Ihnen, Bestandsverluste zu reduzieren.

Dieser Abschnitt gibt Ihnen eine Übersicht über die SAP-EWM-Funktionen für die Inventur. Wir beleuchten die wichtigsten Objekte, die von den Inventurfunktionen verwendet werden, die unterstützten Inventurverfahren und die Integration in das Ressourcenmanagement.

Wir befassen uns sowohl mit der lagerplatzbezogenen Inventur als auch mit der produktbezogenen Inventur. Bei der lagerplatzbezogenen Inventur sollen alle Produkte und HUs an einer bestimmten Position im Lager gezählt werden. In diesem Fall liefert das System einen Inventurbeleg für die Zählung in dem Bereich (z. B. einen ganzen Lagertyp oder separate Lagerplätze in verschiedenen Lagertypen). Der Benutzer zählt dann alle Produkte in den betreffenden Bereichen. Dieses Zählverfahren kann z. B. bei der Jahresinventur angewandt werden, um sicherzustellen, dass alle Lagerplätze gezählt werden (wie häufig die Zählung jährlich zu erfolgen hat, ist per Gesetz vorgeschrieben).

Die produktbezogene Inventur richtet sich ausschließlich nach dem zu zählenden Produkt und kann einen oder mehrere Einzellagerplätze oder HUs im Lager umfassen. Dieses Verfahren dient dazu, dem Benutzer Einblick in den aktuellen Lagerbestand eines bestimmten Produkts zu geben, und wird z. B. häufig bei Produkten von höherem Wert angewandt.

Außerdem kann eine Inventur für bestimmte Bestandskategorien durchgeführt werden, z. B. für gesperrten Bestand, Qualitätsprüfbestand oder normalen Bestand zur freien Verwendung.

11.7.1 Konfiguration für die Inventur

Da SAP EWM unter der Verwendung verschiedener Lagernummern mehrere physische Lager verwalten kann, gibt es spezifische Inventureinstellungen auf der Lagernummernebene (siehe Abbildung 11.45). Zum Aufrufen der lagerspezifischen Einstellungen wählen Sie im EWM-Customizing den Pfad **SCM Extended Warehouse Management • Extended Warehouse Management • Lagerinterne Prozesse • Inventur • Lagernummerspezifische Einstellungen • Inventurspezifische Einstellungen im Lager festlegen**.

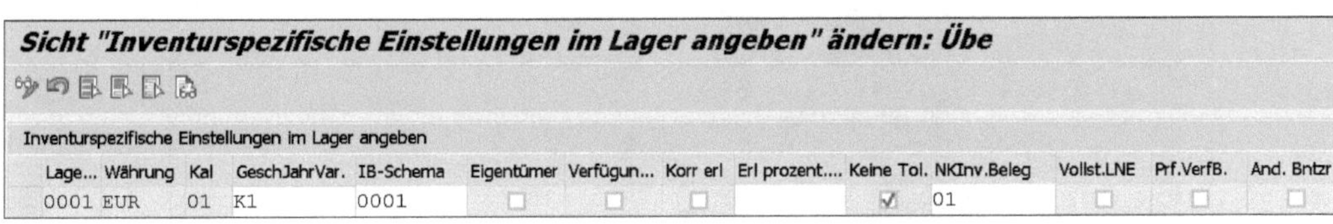

Abbildung 11.45 Inventureinstellungen auf der Lagernummernebene

In den inventurspezifischen Einstellungen auf der Lagernummernebene (siehe Abbildung 11.45) können Sie u. a. die folgenden Festlegungen treffen:

- **Fabrikkalender**
  Der Fabrikkalender dient dazu, zwischen Werktagen und Nicht-Werktagen zu unterscheiden. Beim Cycle Counting müssen die Intervalle in Werktagen berechnet werden, um den Termin für die nächste Zählung zu bestimmen.

- **Feld »Währung«**
  Die Währung wird bei der Berechnung des Produktwertes verwendet. Die Produktwerte werden bei der Toleranzprüfung im Rahmen der Inventur und der Ausbuchung genutzt und können auch herangezogen werden, um die für die Zählung relevanten Artikel zu bestimmen.

  Falls SAP EWM in SAP S/4HANA dezentral geführt wird, wählen Sie zum Übertragen der Produktwerte aus SAP ERP an SAP EWM im SAP-Easy-Access-Menü den Pfad **Extended Warehouse Management • Inventur • Periodische Arbeiten • Preise aus ERP ermitteln und setzen**, oder Sie verwenden Transaktion /SCWM/VALUATION_SET. Die Werte werden im SAP-EWM-System gespeichert. Daher muss bei einer Änderung der Preise in SAP ERP die Aktualisierung der Werte in SAP EWM erneut von Hand ausgelöst werden. Für Embedded SAP EWM werden die Produktwerte direkt aus dem Materialstamm verwendet. Transaktion /SCWM/VALUATION_SET steht nicht zur Verfügung.
- **Geschäftsjahresvariante**
  Über die Geschäftsjahreszuordnung können Sie bestimmte Geschäftsjahresvarianten verwenden, die sich aufgrund gesetzlicher Regelungen oder Unternehmensvorgaben ändern können. Zum Pflegen der Geschäftsjahresvarianten wählen Sie im IMG-Customizing den Pfad **Finanzwesen • Grundeinstellungen Finanzwesen • Bücher • Geschäftsjahr und Buchungsperioden • Geschäftsjahresvarianten pflegen** (siehe Abbildung 11.46).

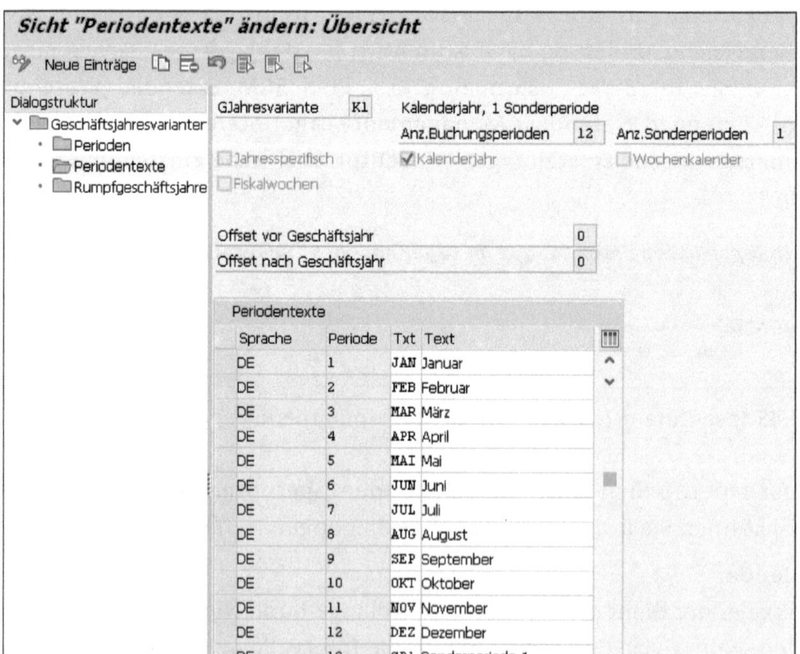

Abbildung 11.46 Geschäftsjahresvarianten definieren

- **Schema**
  Das Schema ist das Bedingungsschema für das Drucken (siehe Abschnitt 14.9, »Post Processing Framework und Formulardruck«), sofern Sie für die Inventur nicht die Option für die mobile Dateneingabe verwenden.
- **Eigentümer/Verfügungsberechtigter**
  Wenn diese Parameter ausgewählt werden, schlägt SAP EWM anhand der Vorschlagswerte des Lagers einen Eigentümer und einen Verfügungsberechtigten vor.
- **Korrektur erlaubt**
  Wenn dieses Kennzeichen ausgewählt ist, können Sie den Difference Analyzer verwenden, um einen Inventurbeleg zu korrigieren, für den bereits eine Inventurzählung eingegeben wurde. Der Difference Analyzer dient zur Verwaltung der Differenzen, die im Lager (während der Inventur oder anderer Prozesse) festgestellt werden, und zur Übertragung der resultierenden Änderungen der Bestandssituation an SAP ERP.
- **Erlaubte prozentuale Differenz und keine Toleranzprüfung**
  Bei der Eingabe der Zähldaten wird eine Toleranzprüfung durchgeführt, um sicherzustellen, dass Zählung und Dateneingabe richtig sind. Sie können hier eine zulässige prozentuale Änderung angeben. Die Toleranzprüfung können Sie auch ganz deaktivieren. Die Toleranzprüfung gibt lediglich eine Warnung aus, um den Benutzer zur Prüfung der eingegebenen Zählung aufzufordern.

11.7.2 Ablauf der Inventur

Die Inventur soll eine korrekte Bestandsbuchhaltung für das Lager sicherstellen. Damit ein stabiler und sicherer Prozess für die Bestandsbuchhaltung zur Verfügung steht, ist der Inventurablauf in SAP EWM in mehrere Schritte aufgeteilt. Dadurch wird z. B. sichergestellt, dass ein Lagermitarbeiter den Bestand nicht ohne zusätzliche Kontrolle und ohne Genehmigung eines Lagerleiters verringern oder erhöhen kann.

Die folgenden Schritte sind für die Inventur definiert:

1. **Anlage eines inaktiven Inventurbelegs**
   Inaktive Inventurbelege dienen zur Planung der Inventur. Solange die Belege nicht aktiviert sind, kann die Bestandszählung nicht durchgeführt werden. Die inaktiven Belege können jedoch z. B. zur Planung des Arbeitsaufwands verwendet werden.
2. **Aktivierung der Inventurbelege**
   Mit der Aktivierung der Inventurbelege beginnt die eigentliche Ausführung der Zählung. Dabei legt SAP EWM automatisch Lageraufträge für die Inventurzählung an, die zur Ausführung auf den mobilen Geräten verwendet werden können.

3. **Zählung und Nachzählung**
Nachdem die Belege angelegt und aktiviert worden sind, muss der Benutzer den Lagerbestand zählen. Das Zählergebnis wird im jeweiligen Beleg gesichert, und wenn es genehmigt wird, wird der Bestand des Lagerplatzes automatisch aktualisiert. Falls eine Nachzählung ausgelöst wird, wird ein neuer Inventurbeleg angelegt, und der Benutzer muss den Lagerplatz oder das Produkt erneut zählen.
4. **Bestandsbuchung bei Bestandsdifferenzen**
Nach dem Abschluss der Zählung (und gegebenenfalls der Nachzählung) wird der Inventurbeleg fertiggestellt bzw. gebucht, und das Zählergebnis wird gebucht. Differenzen zwischen den gezählten Mengen und den Buchmengen werden in einen Differenzbereich gebucht und sind im Difference Analyzer sichtbar.

Wenn alle Schritte der Inventur erfolgreich ausgeführt worden sind, enthält der Inventurbeleg Details zur Zählung, u. a. Zählergebnis, Differenzmengen, Zähldatum und Zähler.

In SAP EWM sind verschiedene Inventurverfahren möglich, und für jedes Verfahren werden die Inventurbelege auf andere Weise angelegt. Die verschiedenen Verfahren werden später in diesem Kapitel erläutert. Zunächst beschreiben wir jedoch die Inventurobjekte und ihre Verwendung bei der Abwicklung der Inventur.

11.7.3 Inventurobjekte

SAP EWM bietet spezielle *Inventurobjekte* zur Unterstützung des Inventurprozesses: den Inventurbeleg, Inventurbereiche und den Difference Analyzer. In den folgenden Abschnitten werden diese Objekte und ihre Attribute genauer beschrieben.

Inventurbeleg

Am Anfang des Inventurprozesses steht immer die Anlage eines *Inventurbelegs*. Dieser Beleg steht für die zu zählenden Artikel, und der gesamte weitere Prozess wird in diesem Objekt dokumentiert. Der Inventurbeleg bildet somit die Grundlage für die Ausführung der Zählaktivitäten im Lager. Da er als wichtiges Anleitungsobjekt für den Mitarbeiter dient, der die Zählung ausführt, enthält der Beleg alle Informationen zur Zählung, u. a. das geplante Zähldatum, das Inventurverfahren (z. B. Ad-hoc- oder Cycle Counting), den Grund für die Zählung und ihre Priorität, das zu zählende Produkt und seine Lagerplatzposition, den Status des Belegs und die Angabe, ob der Lagerplatz während der Inventur gesperrt werden muss.

Abbildung 11.47 zeigt die möglichen Status des Inventurbelegs und die Stellen im Prozess, an denen Toleranzprüfungen vorgenommen werden können.

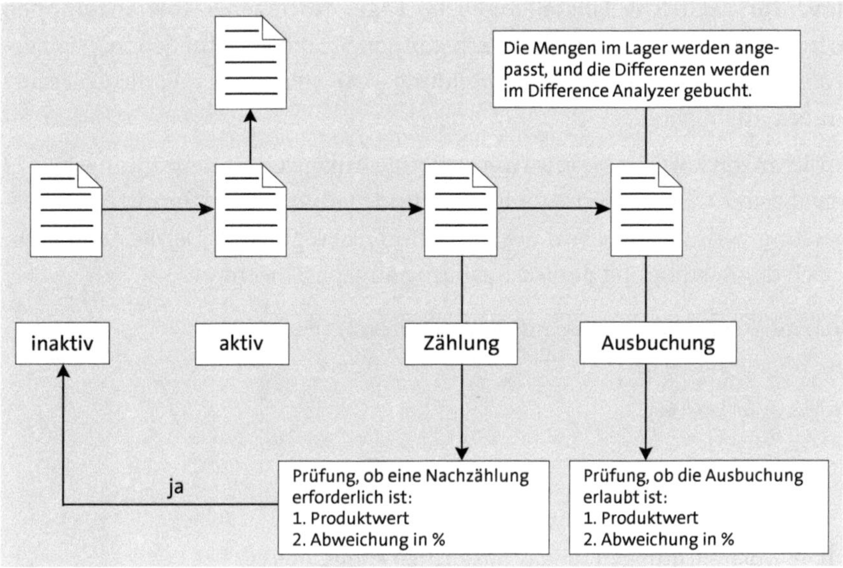

Abbildung 11.47 Prozessübersicht des Inventurbelegs

Toleranzprüfungen

Eine typische Unternehmensvorgabe bei der Inventur sind *Toleranzprüfungen* an bestimmten Stellen im Prozess. Insbesondere bei der Zählung hochwertiger Produkte empfiehlt es sich, die Zählergebnisse und die abschließenden Buchungen, die die Bestandssituation im Lagerverwaltungssystem aktualisieren, vor der Ausführung zu prüfen. Deshalb unterstützt SAP EWM die Zuordnung von Toleranzgruppen zu den einzelnen Benutzern. Die Toleranzgruppen können bei der Eingabe des Zählergebnisses und bei der Buchung (mit der die Systemmengen angepasst werden) verwendet werden.

Die Toleranzprüfungen erfolgen ohne jegliche Benutzerinteraktion im Hintergrund und können eine Prüfung sowohl des Produktwertes als auch der Abweichung der Zählung von der Buchmenge (in Prozent) umfassen.

Die Toleranzprüfungen werden auf der Grundlage von Toleranzgruppen durchgeführt (mit denen sich die verschiedenen Toleranzen effizienter verwalten lassen). Die Toleranzgruppen können den folgenden Prozessen zugeordnet werden:

- Toleranzgruppen für den Difference Analyzer
- Toleranzgruppen für das Ausbuchen
- Toleranzgruppen für das Nachzählen

Zum Verwalten der Toleranzgruppen wählen Sie im SAP-EWM-Customizing den Menüpfad **Logistik • SCM Extended Warehouse Management • Extended Warehouse Management • Lagerinterne Prozesse • Inventur • Lagernummerspezifische Einstel-**

lungen • Inventurspezifische Einstellungen im Lager festlegen • Toleranzgruppen definieren. In den untergeordneten Ordnern können Sie die verschiedenen, oben genannten Toleranzgruppen pflegen. In Abbildung 11.48 sehen Sie z. B. die Toleranzgruppen für das Ausbuchen.

Durch die Toleranzen können Sie etwa die sofortige Anlage eines Neuzählungsbelegs bei der Eingabe der Zählergebnisse auslösen und dadurch eine unmittelbare Bestandsanpassung verhindern, wenn die Zähldifferenz zu groß ist. Der Bestand kann dann erst nach der Bestätigung der Nachzählung angepasst werden.

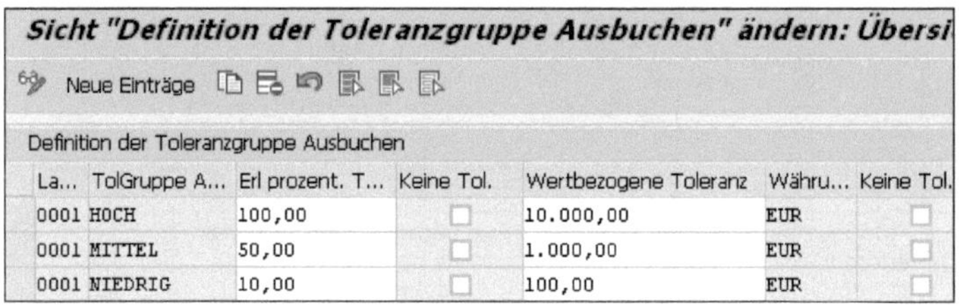

Abbildung 11.48 Toleranzgruppen für das Ausbuchen konfigurieren

Inventurbeleg anlegen

SAP EWM unterstützt die manuelle und die automatische Anlage von Inventuranforderungen (inaktiven Inventurbelegen) sowie die manuelle und die automatische Anlage ausführbarer (aktiver) Inventurbelege, entweder auf das Produkt oder auf den Lagerplatz bezogen. Abbildung 11.49 zeigt ein Beispiel für die Anlage eines Inventurbelegs. Zum Anlegen des Inventurbelegs wählen Sie im SAP-Easy-Access-Menü den Pfad **Logistik • SCM Extended Warehouse Management • Extended Warehouse Management • Inventur • Inventurbeleg anlegen**, oder Sie verwenden Transaktion /SCWM/PI_CREATE.

Abbildung 11.49 Inventurbeleg anlegen

Die Priorität des Inventurbelegs ist direkt mit einem Inventurgrund verknüpft. Damit ordnen Sie die Priorität zu, wenn Sie den Inventurbeleg anlegen und einen Begründungsschlüssel zuordnen (siehe Abbildung 11.50). Häufig kann dieser zur direkten Angabe der Priorität verwendet werden. Sie können die Gründe und Prioritäten unabhängig voneinander, je nach Aktivität, konfigurieren. Zum Konfigurieren der Gründe und Prioritäten (siehe Abbildung 11.50) wählen Sie im SAP-EWM-Customizing den Pfad **SCM Extended Warehouse Management • Extended Warehouse Management • Lagerinterne Prozesse • Inventur • Grund und Priorität.**

Sicht "Grund der Inventur" ändern: Übersicht

Neue Einträge

Grund der Inventur

La...	Grund	Bezeichnung	Priorität	PIL	Autom.	Aktiv	Keine BWME
0001	CCIV	Cycle-Counting	2	☐	☐	☐	☐
0001	LSPI	Niederbestandskontrolle	1	☐	☐	☑	☐
0001	PTPI	Einlagerinventur	2	☐	☐	☑	☐
0001	STND	Standard Inventur	2	☐	☐	☐	☐
0001	UNAS	Nicht zugeordnet	3	☐	☐	☐	☐
0001	UPLD	Ungeplante Inventur	1	☑	☐	☑	☐

Abbildung 11.50 Gründe für die Inventur einstellen

Für die Priorität sind nur die Ziffern von 1 bis 9 zulässig. Zusätzlich können Sie dem Begründungsschlüssel weitere Attribute zuordnen, z. B. zur sofortigen Aktivierung der Anforderung, durch die automatisch die Anlage eines ausführbaren Inventurbelegs ausgelöst wird.

Sie können die verschiedenen Inventurgründe den verfügbaren Inventurverfahren zuordnen. Abhängig vom Inventurverfahren können Sie den Grund ändern, um das Verhalten des Inventurprozesses zu ändern. Zum Zuordnen der Gründe zu den verschiedenen Inventurprozessen wählen Sie im SAP-EWM-Customizing den Pfad **SCM Extended Warehouse Management • Extended Warehouse Management • Lagerinterne Prozesse • Inventur • Grund und Priorität • Standardgrund pro Inventurverfahren festlegen** (siehe Abbildung 11.51).

Sicht "Definition des Default Reason

Neue Einträge

Definition des Default Reason pro Inventurverfahren

La...	Verfahren	Grund
0001	AL jährliche Inventur (lage...	STND
0001	AS jährliche Inventur (prod...	STND
0001	CC Cycle-Counting-Inventur ...	CCIV
0001	HL Ad-hoc-Inventur (lagerpl...	UPLD
0001	HS Ad-hoc-Inventur (produkt...	UPLD
0001	NL Niederbestandsinventur (...	LSPI
0001	PL Einlagerungsinventur (la...	PTPI

Abbildung 11.51 Gründe je Inventurverfahren definieren

Die Inventurbearbeitungstransaktion gibt Ihnen Einblick in alle bearbeiteten Inventurbelege – unabhängig von deren Status. Zum Bearbeiten der Inventurbelege (siehe Abbildung 11.52) wählen Sie im SAP-Easy-Access-Menü den Pfad **Logistik • SCM Extended Warehouse Management • Extended Warehouse Management • Inventur • Inventurbeleg bearbeiten**, oder Sie verwenden Transaktion /SCWM/PI_PROCESS. In der Abbildung sehen Sie die verschiedenen Bearbeitungsstatus, die der Inventurbeleg annimmt, wenn er gezählt und gebucht wird.

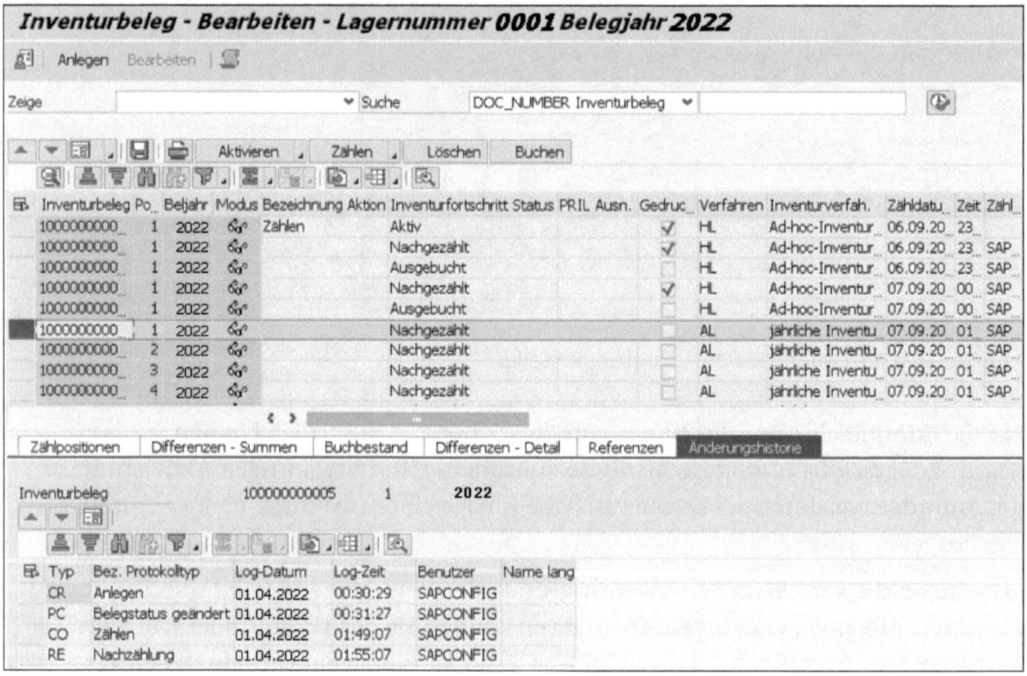

Abbildung 11.52 Inventurbelege bearbeiten

Inventurbereich

Mithilfe von *Inventurbereichen* können Sie das Lager gemäß den Inventuranforderungen in verschiedene Lagerplatzgruppen einteilen. Bei der Definition der Inventurbereiche, im SAP-EWM-Customizing unter **SCM Extended Warehouse Management • Extended Warehouse Management • Lagerinterne Prozesse • Inventur • Inventurbereichsspezifische Einstellungen • Inventurbereich festlegen** zu erreichen, können Sie verschiedene Attribute zuordnen, u. a.:

- ob eine Einlagerungsinventur zulässig ist
- ob eine Niederbestands-/Nullbestandsinventur zulässig ist
- ob der Beleg nach der Zählung automatisch gebucht werden soll
- ob im Ausdruck der Buchbestand vorgeschlagen werden soll

- ob eine HU als komplett gezählt werden darf
- ob die Produktdaten in Ausdrucken erscheinen soll
- den Schwellenwert für die Niederbestandsinventur oder -kontrolle

SAP EWM bietet auch eine kollektive HU-Zählung. Damit können Sie in einem Blocklager eine vereinfachte Inventur durchführen, ohne alle Handling Units scannen zu müssen. Sie können entweder die Anzahl der HUs bestimmen oder die Anzahl der Positionen in einer Handling Unit eingeben. Diese Inventurmethode können Sie auch im Inventurbereichs-Customizing einstellen (siehe Abbildung 11.53).

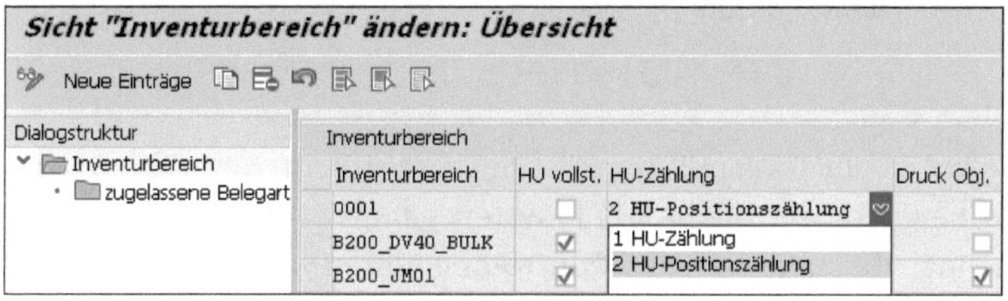

Abbildung 11.53 Kollektive HU-Zählung definieren

Nach ihrer Anlage werden die Inventurbereiche einem Aktivitätsbereich zugeordnet. Die Lagerplatzsortierung erfolgt nach der Methode, die in Kapitel 3, »Organisationsstruktur«, für die Aktivität INVE beschrieben ist. Zum Zuordnen eines Aktivitätsbereichs zu einem Inventurbereich (siehe Abbildung 11.54) wählen Sie im SAP-EWM-Customizing den Pfad **SCM Extended Warehouse Management • Extended Warehouse Management • Lagerinterne Prozesse • Inventur • Lagernummerspezifische Einstellungen • Inventurbereich zum Aktivitätsbereich zuordnen**.

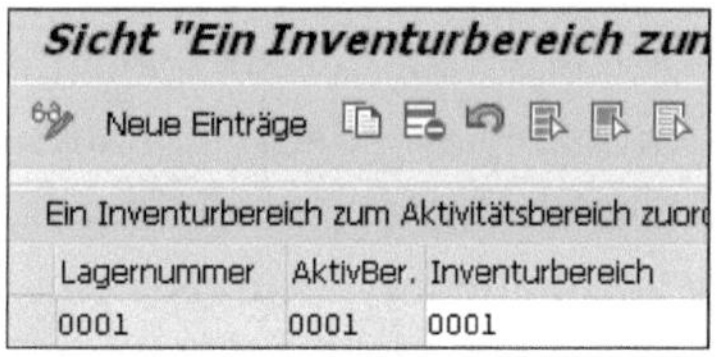

Abbildung 11.54 Inventurbereiche zu den Aktivitätsbereichen zuordnen

Sie können auch für jeden Inventurbereich festlegen, welche Inventurverfahren (z. B. permanente Inventur, Cycle Counting, Jahresinventur) angewandt werden können. Zum Festlegen der zulässigen Verfahren (siehe Abbildung 11.55) wählen Sie im SAP-EWM-Customizing den Pfad **SCM Extended Warehouse Management • Extended Warehouse Management • Lagerinterne Prozesse • Inventur • Inventurbereichsspezifische Einstellungen • Inventurbereich festlegen**.

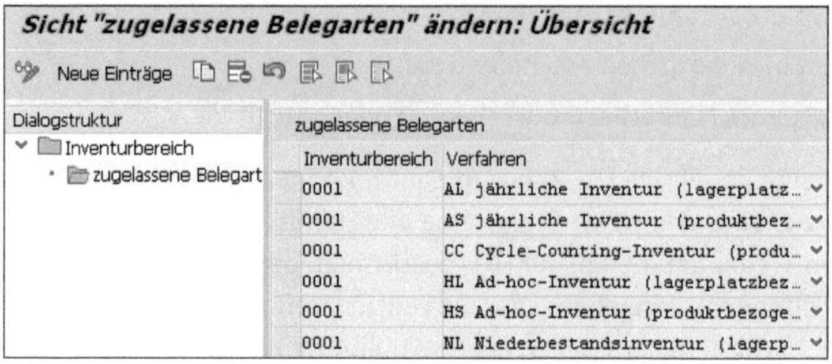

Abbildung 11.55 Zulässige Inventurverfahren je Bereich

Difference Analyzer

Der *Difference Analyzer* ist ein Tool, mit dem Sie im Lager aufgetretene Differenzen analysieren können, bevor diese in das SAP-ERP-System gebucht werden (wo sie auch zu Anpassungen in Finanzbuchhaltung und Controlling führen würden). Durch eine Überprüfung der Abweichungen, die z. B. bei der Kommissionierung oder der Inventur festgestellt wurden, können Sie leichter den Grund der Differenzen im Lager ermitteln und die Bestandssituation im SAP-ERP-System abstimmen. Sie kann sogar helfen, Abstimmungsdifferenzen zu erkennen und Ausbuchungen an SAP ERP zu verhindern. Wenn Sie Ausbuchungen an SAP ERP vornehmen, werden die summierten Differenzen als Bestandsdifferenzen in den entsprechenden SAP-ERP-Lagerort gebucht, und es werden Materialbelege in SAP ERP angelegt (die wie üblich u. a. in Transaktion MB51 angezeigt werden). Dadurch werden schließlich auch Finanzbelege gebucht. In Abbildung 11.56 sind die Interaktionen zwischen SAP EWM bzw. SAP ERP und dem Difference Analyzer dargestellt.

Die aufgetretenen Differenzen können im Difference Analyzer auf der Einzelebene oder kumulativ angezeigt werden. Die Einzelebenensicht hängt von dem Geschäftsprozess ab, in dem bei einem einzelnen Produkt eine Abweichung festgestellt wurde. Deshalb ist eine Verknüpfung zum betreffenden Beleg vorhanden, z. B. zur Kommissionieraufgabe oder zum Inventurbeleg. Die kumulative Anzeige zeigt die Produktmengen, bei denen Abweichungen aufgetreten sind, und stellt diese in einer Übersicht dar.

Dabei besteht keine Verknüpfung mit dem Geschäftsprozess, der die Abweichungen ausgelöst hat. Die Bestandsdifferenzübersicht wird im Difference Analyzer als Bestandsinformation angezeigt, die mit dem SAP-ERP-System synchronisiert werden muss. In Abbildung 11.57 sehen Sie die im Difference Analyzer angezeigten Einzelebenendifferenzen.

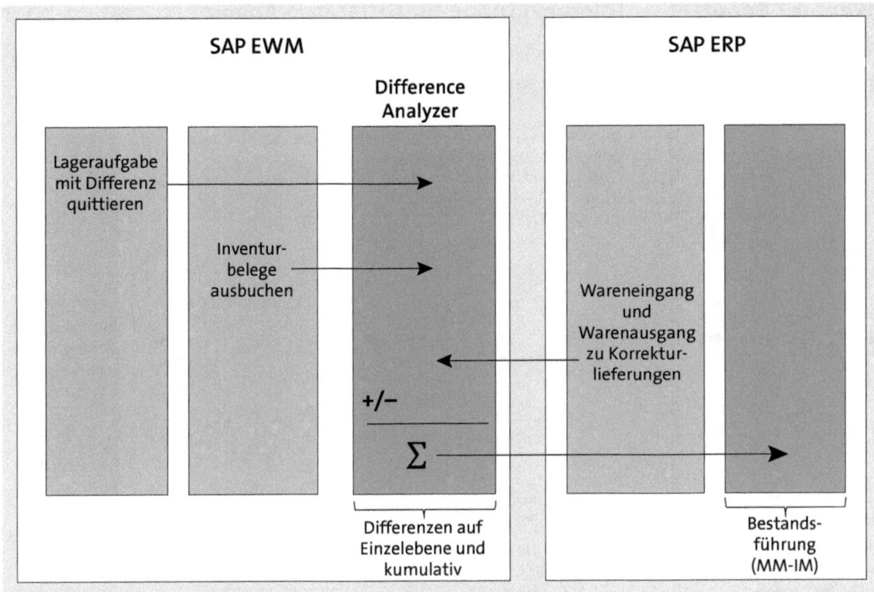

Abbildung 11.56 Den Difference Analyzer bei der Inventur verwenden

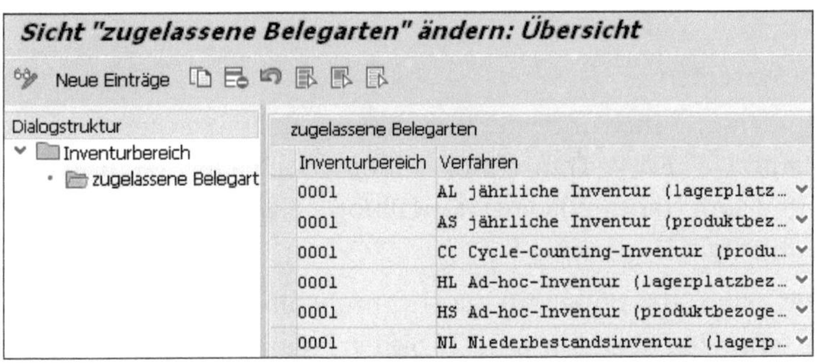

Abbildung 11.57 Differenzen im Difference Analyzer anzeigen

Zum Starten des Difference Analyzer wählen Sie im SAP-Easy-Access-Menü den Pfad **Logistik • SCM Extended Warehouse Management • Extended Warehouse Management • Inventur • Difference Analyzer**, oder Sie verwenden Transaktion /SCWM/DIFF_ANALYZER.

Bei Ausbuchungen aus dem Difference Analyzer werden Toleranzprüfungen ausgeführt, um zu verhindern, dass Benutzer nicht autorisierte Bestandsbuchungen an SAP ERP vornehmen. Um die Benutzer den Toleranzgruppen für den Difference Analyzer zuzuweisen, wählen Sie im SAP-Easy-Access-Menü den Pfad **Logistik • SCM Extended Warehouse Management • Extended Warehouse Management • Einstellun-**

gen • Inventur • Benutzer zu Toleranzgruppe für Difference Analyzer zuordnen, oder Sie verwenden den Transaktionscode /SCWM/PI_USER_DIFF. Abbildung 11.58 zeigt die Einbindung des Difference Analyzer in den Ablauf der Inventur.

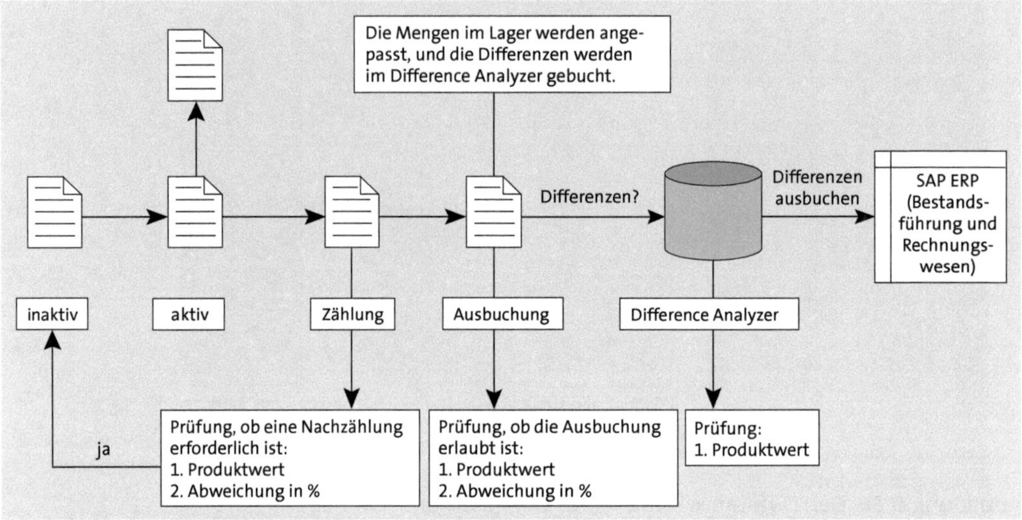

Abbildung 11.58 Difference Analyzer im Inventurprozess

Inventur mit externen Systemen

Sie können die Inventurzählung auch unter der Verwendung eines externen Systems vornehmen. Dazu bietet SAP EWM Transaktionen zum Hochladen (Transaktion /SCWM/PI_UPLOAD) und zum Herunterladen (Transaktion /SCWM/PI_DOWNLOAD) von Lagerplatz- und Zähldaten.

SAP EWM bietet derzeit keine Funktionen für die Stichprobeninventur. Falls Sie dieses Inventurverfahren einsetzen möchten, müssen Sie ein Fremdsystem verwenden, um die zu zählenden Lagerplätze zu bestimmen. Bei der Stichprobeninventur ermittelt das System die zu zählenden Lagerplätze anhand einer Formel, weshalb Sie gegebenenfalls die Lagerplatz- und Bestandsdaten mit der oben genannten Transaktion herunterladen müssen. Anschließend können Sie mit dem externen System die Stichprobe bestimmen und die Stichprobeninventur in SAP EWM ausführen.

Außerdem können Sie zusätzliche Logik in SAP EWM entwickeln und die verfügbaren BAPIs zum Anlegen, Löschen, Zählen oder Buchen der Inventurbelege verwenden:

- /SCWM/BAPI_PI_DOCUMENT_CREATE
- /SCWM/BAPI_PI_DOCUMENT_DELETE
- /SCWM/BAPI_PI_DOCUMENT_COUNT
- /SCWM/BAPI_PI_DOCUMENT_POST

Diese Funktionen können z. B. genutzt werden, wenn die Zählung automatisch im Hintergrund ausgelöst werden soll, etwa bei der Feststellung einer Leerpalette oder in Sonderfällen, z. B. wenn ein Materialflusssystem eingesetzt wird und dieses einen Leerplatz bestimmen soll, wenn ein Benutzer eine leere Palette oder einen leeren Karton auf das Förderband legt.

Bestandsabgleich mit SAP ERP

Wenn es zwischen SAP ERP und EWM zu Bestandswidersprüchen kommt, können Sie diese identifizieren und korrigieren, indem Sie im SAP-Easy-Access-Menü den Pfad **Logistik • SCM Extended Warehouse Management • Extended Warehouse Management • Inventur • Periodische Arbeiten • Bestandsabgleich ERP** wählen oder indem Sie Transaktion /SCWM/ERP_STOCKCHECK verwenden.

In SAP ERP wird der Bestand auf der Lagerortebene kumuliert. Da EWM den Bestand in detaillierterer Weise verfolgt, geht die Transaktion davon aus, dass der EWM-Bestand korrekt ist, und passt die Bestandssituation in SAP ERP entsprechend den EWM-Bestandsdaten an.

Automatisches Ausbuchen

Zum Ausbuchen an SAP ERP wählen Sie im SAP-Easy-Access-Menü den Pfad **Logistik • SCM Extended Warehouse Management • Extended Warehouse Management • Inventur • Periodische Arbeiten • Differenzen an das ERP-System ausbuchen**, oder Sie verwenden Transaktion /SCWM/WM_ADJUST. Auch können Sie einplanen, dass der Korrespondenzbericht automatisch die Ausbuchung an das SAP-ERP-System vornimmt. Sie können diesen Bericht z. B. bei Differenzen von geringem Wert heranziehen, um die Verwaltungsgemeinkosten bei den Inventurprozessen zu verringern. Um sicherzustellen, dass nur zulässige Differenzen im Hintergrund gebucht werden, muss der Benutzer, der für die Ausführung des Berichts im Hintergrund verwendet wird, der richtigen Toleranzgruppe zugeordnet sein, sodass nur Differenzen bis zur zulässigen Toleranz automatisch gebucht werden.

11.7.4 Unterstützte Inventurverfahren

Damit die Anforderungen verschiedener Geschäftsprozesse an die Lagerinventur erfüllt werden können, bietet SAP EWM mehrere *Inventurverfahren*. Im Folgenden erläutern wir die unterstützen Verfahren genauer.

Ad-hoc-Inventur

Die *Ad-hoc-Inventur* dient dazu, zu einem beliebigen Zeitpunkt im Geschäftsjahr die Zählung eines Lagerplatzes oder Produkts durchzuführen. Die Anlage von Ad-hoc-Inventurbelegen wird in der Regel manuell ausgelöst. Auch ist es möglich, die Anlage mit einem Ausnahmecode zu verknüpfen. Wenn z. B. ein Mitarbeiter bei der Kommissionierung eine Bestandsdifferenz feststellt und die Lageraufgabe unter der Verwendung eines Ausnahmecodes bestätigt, kann dieser Code mit der sofortigen Anlage eines ungeplanten Inventurbelegs verknüpft sein.

Jährliche Inventur

Zweck der *jährlichen Inventur* ist die Zählung und Erfassung aller Bestände innerhalb eines bestimmten Zeitraums, normalerweise einmal pro Jahr. Während der jährlichen Inventur können Sie Bestandsbewegungen verbieten. In der Regel wird die Inventur für jeden Lagerplatz im Lager durchgeführt, und sie kann auch für Lagerplätze durchgeführt werden, die zwar der permanenten Inventur unterliegen, bei denen es jedoch im laufenden Geschäftsjahr keine Bestandsbewegungen gegeben hat.

Niederbestandskontrolle (lagerplatzbezogen)

Die *Niederbestandskontrolle* ist ein Verfahren, das bei der Bestätigung einer Lageraufgabe durchgeführt werden kann. Es wird angewandt, wenn ein Lagerplatz nach einer Bestandsentnahme nur noch eine geringe Produktmenge enthält. Normalerweise kann der Kommissionierer den Bestand schnell ermitteln, und Sie sparen die Zeit ein, die sonst benötigt würde, um zusätzlich einen Zähler zum Lagerplatz zu schicken, der die Zählung überprüft. Die Niederbestandszählung soll die Verfügbarkeit von Bestand überprüfen, was vor allem dann sehr wichtig ist, wenn die Bestände niedrig sind. So können Sie hohe Servicelevel für Ihre Kunden sicherstellen.

Bei der Bestätigung einer Lageraufgabe generiert SAP EWM automatisch im Hintergrund einen Inventurbeleg. Der Niederbestandswert (oder *Grenzwert*) für die Produktmenge an einem bestimmten Lagerplatz kann frei definiert werden. Eine Variante der Niederbestandskontrolle ist die Nullkontrolle; hier liegt der Grenzwert bei null. Der Zusatznutzen der Nullbestandskontrolle liegt darin, dass der Kommissionierer bestätigt, dass der Lagerplatz leer ist und für eine Einlagerung verwendet werden kann. Davon profitiert der Einlagerer, der sicher sein kann, dass das Produkt in den Lagerplatz passt, wenn er vor Ort die Einlageraufgabe bestätigt.

Einlagerungsinventur

Es kann auch eine Inventur für einen Lagerplatz durchgeführt werden, wenn dort die erste Einlagerung im Geschäftsjahr stattfindet (*Einlagerungsinventur*). Bei der ersten Einlagerung bestätigt der Lagermitarbeiter anschließend, dass der Bestand im Lager der bestätigten Menge in der Lageraufgabe entspricht.

Nach einer erfolgreichen Einlagerungsinventur erfolgt während desselben Geschäftsjahrs keine weitere Inventur für den betreffenden Lagerplatz (auch nicht, wenn eine neue Menge eingegeben oder der Lagerplatz geleert wird).

Cycle Counting

Das *Cycle Counting* dient dazu, Produkte in regelmäßigen Abständen im Laufe eines Geschäftsjahres zu zählen. Zur Unterscheidung der Produkte (z. B. Schnelldreher und Langsamdreher) können Sie auf Basis der Cycle-Counting-Kennzeichen (CC-Kennzeichen) Zählintervalle festlegen. Für jedes CC-Kennzeichen können Sie das Intervall zwischen den Zählungen in Werktagen festlegen. Sie ordnen die Produkte dann im SAP-EWM-Produktstamm den verschiedenen CC-Kennzeichen zu. So können Sie z. B. für gängige Produkte oder Schnelldreher in Ihrem Lager häufigere Inventuren einplanen als für Langsamdreher. Dabei wird der Fabrikkalender benötigt, um die Werktage im Lager zu berechnen (der Kalender wird in den lagerspezifischen Einstellungen der Inventur festgelegt; mehr darüber erfahren Sie weiter vorne in diesem Kapitel). Zum Konfigurieren der CC-Kennzeichen wählen Sie im SAP-EWM-Customizing den Pfad **SCM Extended Warehouse Management • Extended Warehouse Management • Lagerinterne Prozesse • Inventur • Lagernummerspezifische Einstellungen • Cycle-Counting einstellen** (siehe Abbildung 11.59).

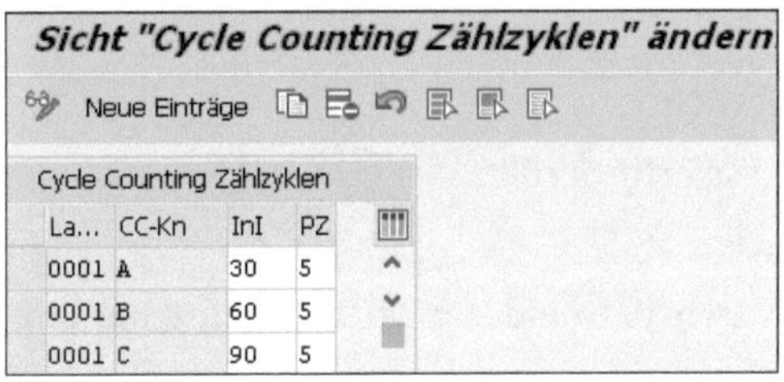

Abbildung 11.59 Zählzyklen je Cycle-Counting-Kennzeichen festlegen

Zum Anlegen der Inventurbelege für das Cycle Counting können Sie die entsprechende Transaktion mit einer Variante als Hintergrundjob einplanen. Dadurch reduziert sich der Verwaltungsaufwand beim periodischen Anlegen der Belege, das üblicherweise täglich oder wöchentlich erfolgt.

Lagerplatzprüfung

Die *Lagerplatzprüfung* ist ein Verfahren, mit dem Sie kontrollieren können, ob sich ein Produkt tatsächlich am vorgesehenen Lagerplatz befindet, ohne eine ausführliche Zählung durchzuführen. Die Menge des Produkts am Lagerplatz spielt in diesem Fall keine Rolle; deshalb ist die Lagerplatzprüfung eigentlich kein Inventurverfahren, sondern lediglich eine Kontrolle der Produktposition.

Sie können die Periodizität der Lagerplatzprüfung im Aktivitätsbereich pflegen sowie im Customizing über die Intervallzuweisung in Werktagen steuern. Zum Konfigurieren der Periodizität der Lagerplatzprüfung pro Inventurbereich wählen Sie im SAP-EWM-Customizing den Pfad **SCM Extended Warehouse Management • Extended**

Warehouse Management • Lagerinterne Prozesse • Inventur • Inventurbereichsspezifische Einstellungen • Periodizität der Lagerplatzprüfung (siehe Abbildung 11.60).

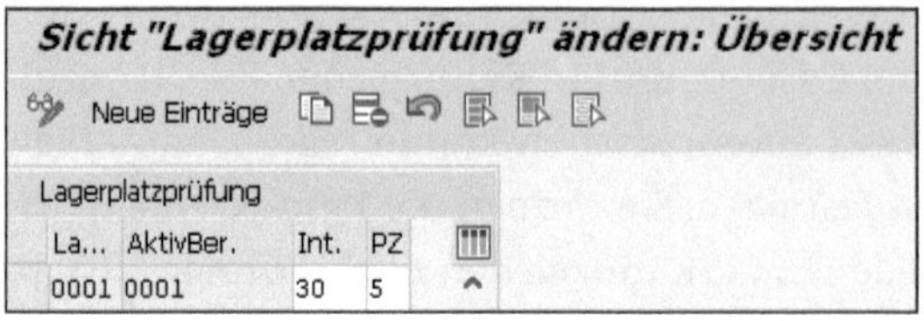

Abbildung 11.60 Periodizität der Lagerplatzprüfung pflegen

11.7.5 RF-unterstützte Inventur und Integration in das Ressourcenmanagement

Zusätzlich zur papiergestützten Ausführung von Inventurbelegen unterstützt SAP EWM auch die Zählung in einer RF-Umgebung, integriert mit dem SAP-EWM-Ressourcenmanagement. Die RF-gestützte Durchführung der Inventur hat mehrere Vorteile, u. a.:

- kein Drucken der Inventurbelege erforderlich
- keine manuelle Eingabe der Zählergebnisse erforderlich
- Echtzeiterfassung der Ergebnisse im System
- korrekte und genaue Datenerfassung (durch Vermeidung der bei manueller Eingabe möglichen Tippfehler)

Sobald ein Inventurbeleg aktiviert worden ist, werden die Inventuraufgaben in einem Lagerauftrag gebündelt, dem die Kategorie **Inventur** zugeordnet ist. Dieser Lagerauftrag für die Inventur bildet das ausführbare Arbeitspaket für die Inventurzählung.

Inventurbelege im RF-Framework systemgeführt ausführen

In der RF-Umgebung in SAP EWM können Sie wählen, ob Sie die Zählbelege mittels systemgeführter Prozesse oder manuell ausführen möchten. Bei den systemgeführten Prozessen ordnet das System den Lagerauftrag und den Inventurbeleg einem Benutzer zu. Je nachdem, in welchem Bereich des Lagers die Inventur durchgeführt werden soll, kann das System eine Warteschlange bestimmen. Die automatische Festlegung basiert auf dem Customizing, kann jedoch nachträglich vom Administrator von Hand im Lagermonitor geändert werden. Eine Ressourcengruppe kann einer Warteschlange zugeordnet werden, sodass ein einzelner Mitarbeiter, der der Ressourcengruppe zugeordnet ist, Zählarbeiten über ein Mobilgerät anfordern kann. Die Ressourcengruppe kann der Ressource zugeordnet werden, bei der sich der Benutzer anmeldet, wenn er über Transaktion /SCWM/RFUI auf die RF-Transaktionen zugreift; Details dazu finden Sie in Abschnitt 11.2, »ABC-Analyse«.

Wenn Sie die systemgeführte Bearbeitung der Inventurzählung nutzen, sind zusätzliche Einstellungen zur Verwaltung der Queue-Zuordnung notwendig, ähnlich wie bei anderen Lagerprozessen. So können Sie z. B. anhand der physischen Parameter des Bereichs und der Ressourcen steuern, welche Ressourcen welche Zählungen ausführen. Die Queue-Einstellungen nehmen Sie im SAP-EWM-Customizing über den Pfad **SCM Extended Warehouse Management • Extended Warehouse Management • Prozessübergreifende Einstellungen • Ressourcenmanagement • Queues definieren** vor. Unter diesen Customizing-Knoten gibt es die separate Aktivität **Queues für die Inventur definieren** (Siehe Abbildung 11.61).

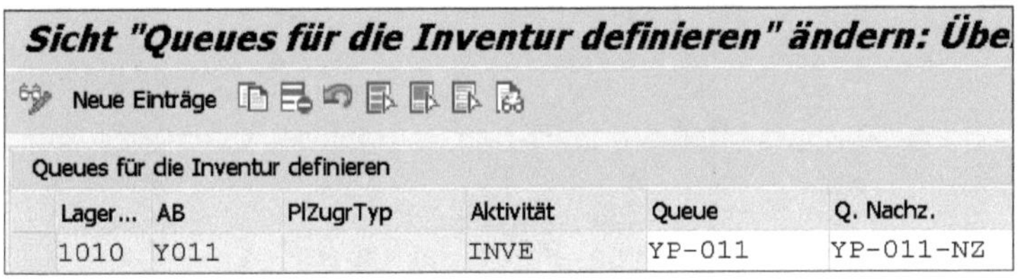

Sicht "Queues für die Inventur definieren" ändern: Übe

Neue Einträge

Queues für die Inventur definieren

Lager...	AB	PlZugrTyp	Aktivität	Queue	Q. Nachz.
1010	Y011		INVE	YP-011	YP-011-NZ

Abbildung 11.61 Queues für die Inventur definieren

Manuelle Selektion von Inventurbelegen in den RF-Transaktionen

Der Lageroperator kann sich, sofern seine Berechtigungen dies zulassen, auch für die manuelle Bearbeitung entscheiden, indem er in den RF-Transaktionen einen Lagerauftrag (und dadurch indirekt einen Inventurbeleg) angibt. Abbildung 11.62 zeigt die Grundprozesse zur Anlage und Ausführung von Inventurbelegen in der RF-Umgebung. Beachten Sie, dass der Lagerleiter den Prozess steuern kann, indem er die Arbeitslast für die Ressourcen über den Lagermonitor verwaltet. Dabei kann er Inventurbelege in den Queues direkt zuordnen, die Zuordnung ändern und die Belege priorisieren.

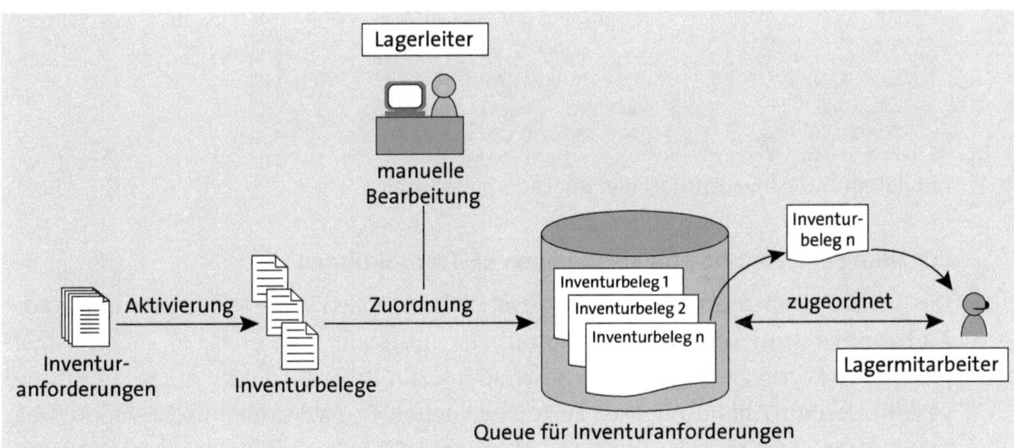

Abbildung 11.62 Inventurprozess mit Integration in das Ressourcenmanagement

Wenn der Mitarbeiter die Inventur mit einem mobilen Gerät ausführt, erfasst SAP EWM automatisch die Zeit und den Zähler des Inventurbelegs. Abbildung 11.63 zeigt ein Beispiel für ein mobiles Dateneingabebild, das auf dem RF-Gerät zur Erfassung der Zählinformationen verwendet werden könnte.

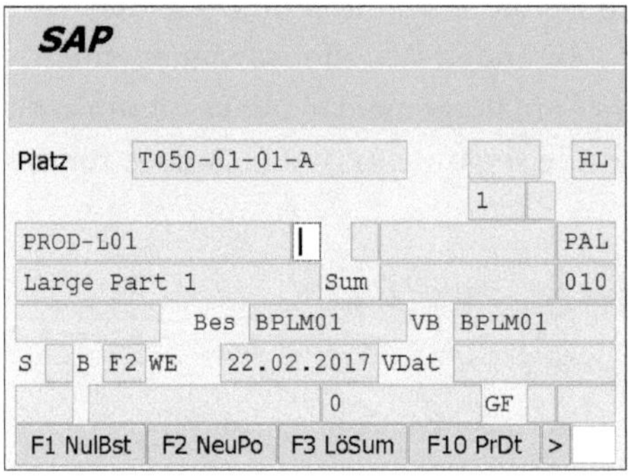

Abbildung 11.63 Inventur mittels mobiler Dateneingabetransaktionen

Sobald der Bestand in einem Lagerplatz gezählt worden ist, werden die Zähldaten ebenfalls im Lagerplatz gespeichert und können über die Lagerplatz-Anzeigetransaktionen (u. a. /SCWM/LS03) abgerufen werden (siehe Abbildung 11.64).

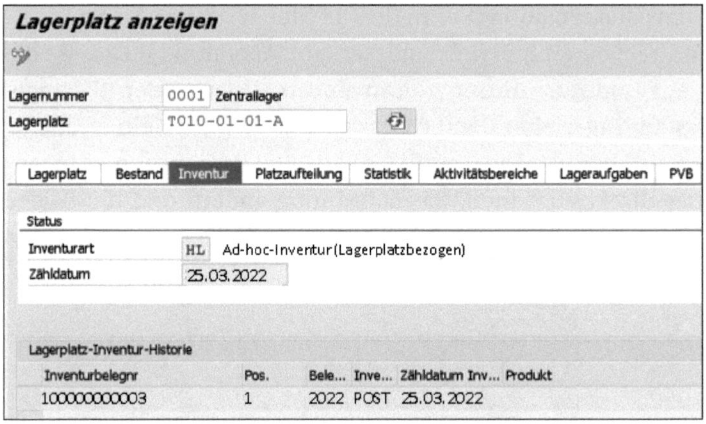

Abbildung 11.64 Inventurdaten in der Lagerplatzanzeige

Erstellung einer Ad-hoc-Inventur in den RF-Transaktionen

Das EWM-System bietet außerdem zusätzliche mobile Datentransaktionen für eine Ad-hoc-Inventur. Wenn der Lagermitarbeiter feststellt, dass etwas an einem Lagerplatz nicht korrekt aussieht, kann jetzt ad hoc ein Inventurdokument angelegt und gezählt werden. Abbildung 11.65 zeigt diese neuen Transaktionen im RF-Menü (über Transaktion /SCWM/RFUI über den Menüpfad **05 Interne Prozesse • Inventurzählung**).

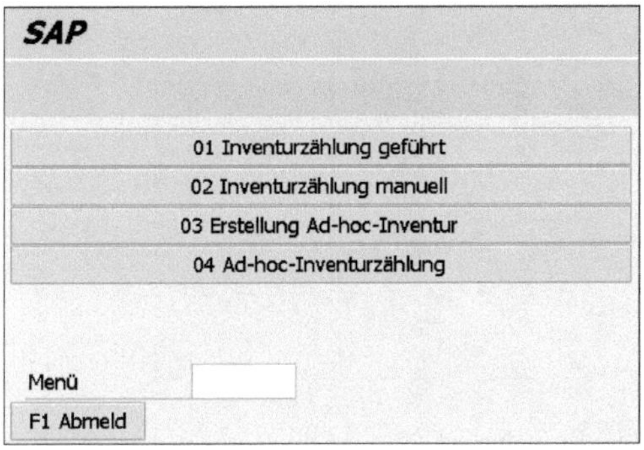

Abbildung 11.65 RF-Transaktionen zur Erstellung einer Ad-hoc-Inventur

Inventurbelegnachzählung in der RF-Umgebung

Im Falle einer Inventurbelegnachzählung kann das EWM so konfiguriert werden, dass die Nachzählung in der RF-Umgebung von einem anderen Benutzer ausgeführt wird als dem Benutzer, der die Erstzählung vorgenommen hat. Wählen Sie hierzu im EWM-Customizing den Pfad **SCM Extended Warehouse Management • Extended Warehouse Management • Lagerinterne Prozesse • Inventur • Lagernummerspezifische Einstellungen • Inventurspezifische Einstellungen im Lager festlegen**, und selektieren Sie die Einstellung **And. Bntzr** (anderer Benutzer).

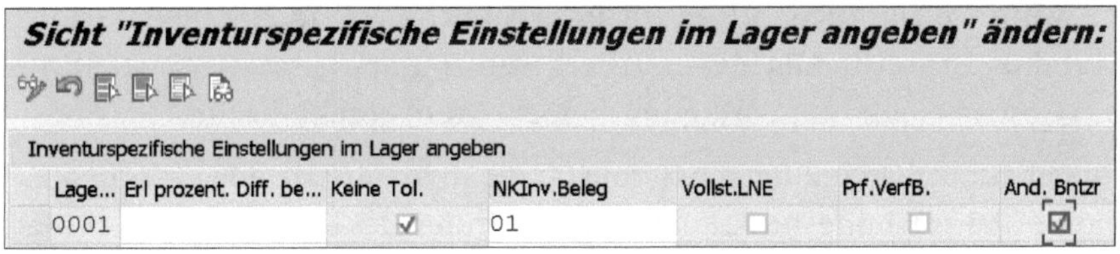

Abbildung 11.66 Einstellung »And. Bntzr« für die Inventurnachzählung

Zudem können Sie eine separate Queue für eine Nachzählung zuweisen. Dies ist in Abbildung 11.66 zu sehen. Hiermit können Sie Nachzählungen eine andere Priorität in der systemgeführten Ausführung geben oder sie von einer anderen Ressourcengruppe ausführen lassen.

11.7.6 Inventur-SAP-Fiori-App für eine papierbasierte Zählung

Für die Eingabe einer papierbasierte Inventurzählung stellt SAP EWM auch eine SAP-Fiori-App zur Verfügung (siehe Abbildung 11.67).

Mit dieser SAP-Fiori-App können die Zählungen mit einem vereinfachten User Interface effizient eingegeben werden. Die Applikation vereinfacht z. B. auch die Eingabe von gezählten Serialnummern.

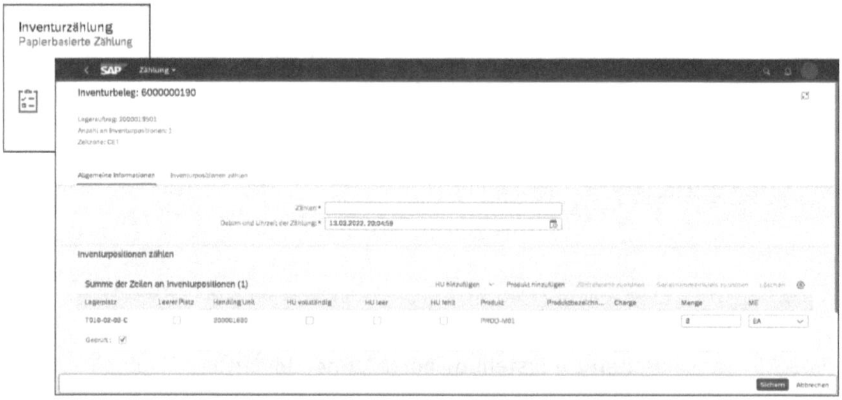

Abbildung 11.67 SAP-Fiori-App für die papierbasierte Inventurzählung

11.7.7 Überwachung des Inventurfortschritts

Zu wissen, welche Lagerpositionen und Produkte am Ende des Geschäftsjahres immer noch nicht inventarisiert sind, kann sehr wichtig sein, um Maßnahmen zu planen, mit denen ein vollständig inventarisiertes Lager erreicht werden soll. Ein Inventurbereich kann als vollständig inventarisiert gelten, wenn alle Lagerplätze, die diesem Bereich zugeordnet sind, inventarisiert wurden. Ein Lager ist vollständig inventarisiert, wenn Sie alle zugehörigen Inventurbereiche vollständig inventarisiert haben. Ein Produkt ist vollständig inventarisiert, wenn Sie den gesamten Bestand des Produkts pro Geschäftsjahr und Verfügungsberechtigtem gezählt haben.

SAP EWM bietet zur Sicherstellung eines vollständig inventarisierten Lagers den Lagermonitor mit Überwachungsfunktionen. Zum Aufrufen des Lagermonitors wählen Sie im SAP-Easy-Access-Menü den Pfad **Logistik • SCM Extended Warehouse Management • Extended Warehouse Management • Monitoring • Lagerverwaltungsmonitor**, oder Sie verwenden Transaktion /SCWM/MON.

Im Lagermonitor sind u. a. die folgenden Abfragen zum Inventurfortschritt (siehe Abbildung 11.68) verfügbar:

- produktbezogene Abfragen
- inventurbereichsbezogene Abfragen
- auf das Cycle Counting bezogene Abfragen

Zum Aufrufen der Abfragen im Monitor wählen Sie die Menüpunkte unter dem Ordner im Menüpfad **Inventur • Inventurfortschritt** aus.

Im Lagermonitor können Sie sich den Status eines Inventurbereichs in einer aggregierten Sicht und in einer Detailsicht anzeigen lassen. Die aggregierte Sicht enthält die Gesamtzahl der Positionen im Lagerbereich und die absolute Zahl sowie den prozentualen Anteil der bereits gezählten Positionen und der noch zu zählenden Positionen.

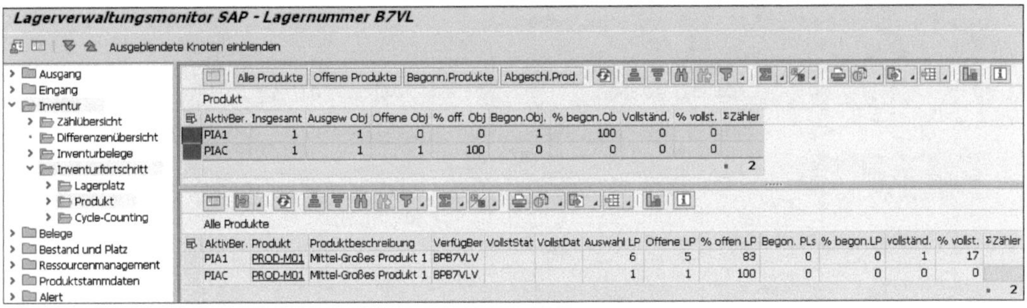

Abbildung 11.68 Inventurfortschrittsberichte im Lagermonitor

In der Detailsicht können Sie ermitteln, welche Lagerplätze noch nicht und welche Lagerplätze bereits gezählt wurden, sowie weitere Informationen zu den Lagerplätzen einsehen. Sie können auch direkt die Anlage eines Inventurbelegs auslösen, um die betreffenden Zählungen für einen Lagerbereich vorzunehmen.

Mit weiteren Abfragen im Lagermonitor können Sie sich die Zählübersicht (siehe Abbildung 11.69) und die Differenzübersicht anzeigen lassen. Eine Zusammenfassung aller registrierten Differenzen kann, bezogen auf einen Zeithorizont, den Sie in den Selektionskriterien angeben, ebenfalls im Lagermonitor abgefragt werden.

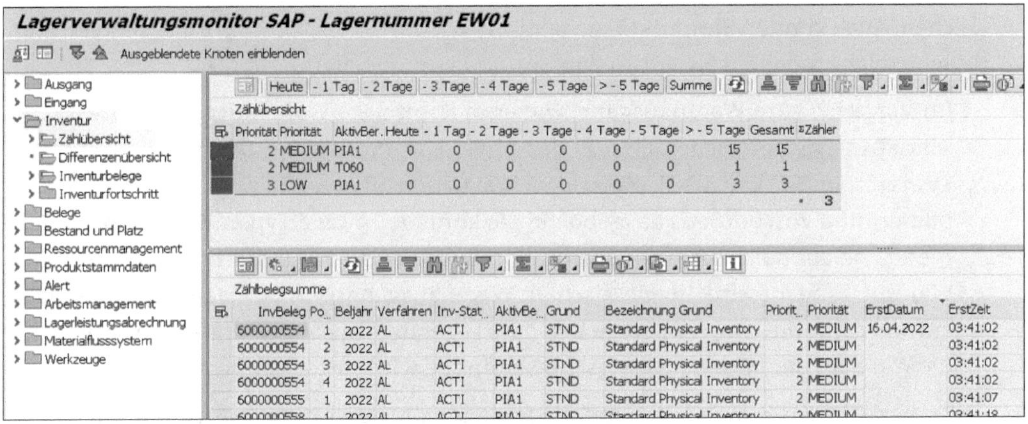

Abbildung 11.69 Inventurzählübersicht im Lagermonitor

Eine Übersicht über alle Inventurbelege, sortiert nach Inventurverfahren oder anderen Kriterien, kann ebenfalls im Lagermonitor angezeigt werden. Für jeden ausgewählten Beleg können Sie verschiedene Aktionen ausführen (u. a. Anzeigen, Aktivieren, Deaktivieren, Neuzuordnen, Drucken und Ändern der Priorität der Inventurbelege), indem Sie die entsprechende Methode im Monitor auswählen. Dazu wählen Sie den relevanten Beleg aus und verwenden dann die Wertehilfe neben dem Button für die Methode (siehe Abbildung 11.70).

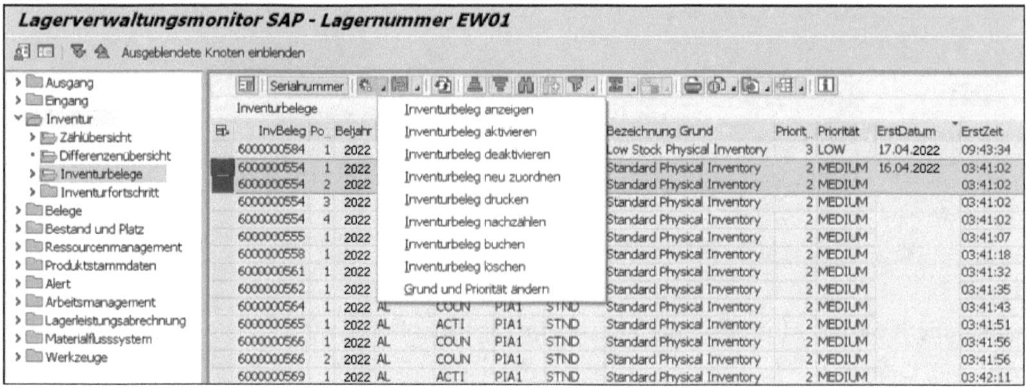

Abbildung 11.70 Inventurbelegübersicht im Lagermonitor

11.8 Ungeplanter Warenausgang

Die Funktion des ungeplanten Warenausgangs steht mit SAP EWM schon sehr lange zur Verfügung. Um in SAP EWM den Bestand ungeplant auszubuchen, wählen Sie im Easy-Access-Menü den Pfad **Logistik • SCM Extended Warehouse Management • Extended Warehouse Management • Ausführung • Ungeplanten Warenausgang buchen**. Auch können Sie direkt Transaktion /SCWM/ADGI aufrufen. Diese bietet unterschiedliche Möglichkeiten, um den Bestand auszubuchen.

Im Vergleich zum Warenausgang, wie er in Kapitel 9, »Warenausgangsprozess«, beschrieben ist, unterscheidet sich der physische Prozess bei der Verwendung von Transaktion /SCWM/ADGI. Meist wird Ware zuerst bewegt, dann auf einem Platz deponiert und von dort aus ausgebucht. Sie können im Lagertyp im Customizing definieren, ob auf dem Platz eine Buchung möglich sein soll, damit nicht aus Versehen Ware ausgebucht wird. Im klassischem Warenausgangsprozess haben wir eine Lageranforderung, die dann zur Folge hat, dass Lageraufträge angelegt werden. Wenn sich die Ware auf der Warenausgangszone befindet, wird sie ausgebucht.

Transaktion /SCWM/ADGI bietet die folgenden Möglichkeiten, um einen ungeplanten Warenausgang zu buchen:

- Verschrotten
- Stichprobe
- Bestandskorrektur
- Lagerort
- WA-Beleg stornieren
- Bestandsmigration stornieren
- Verbrauch

Die Verbrauchsbuchung – speziell auf die Kostenstelle – erläutern wir im nachfolgenden Abschnitt.

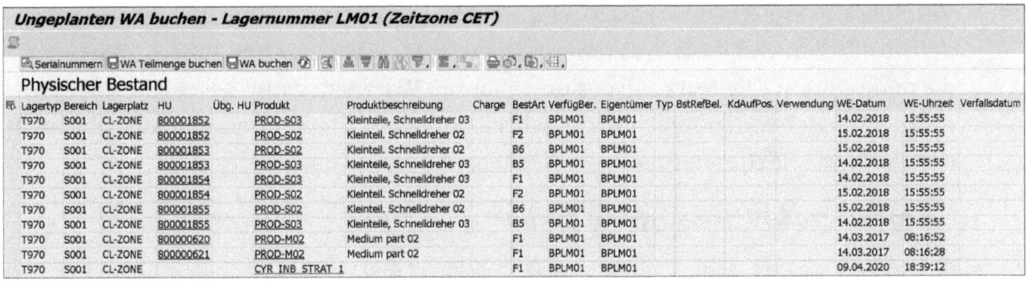

Abbildung 11.71 Ungeplanter Warenausgang: physischer Bestand

Wie in Abbildung 11.71 visualisiert, sehen Sie den Bestand; dieser kann durch Markieren der Positionen direkt ausbucht werden.

11.9 Warenausgang auf die Kostenstelle

Eine Buchung des Warenausgang auf die Kostenstelle ist wie im vorangehenden Abschnitt meist ein ungeplanter Warenausgang. Im Lager läuft der Prozess z. B. ab, wenn ein Mitarbeiter kurzfristig Ware benötigt (z. B. Handschuhe, die er verbraucht).

Es gibt hier zwei Möglichkeiten, dies in SAP EWM zu realisieren: entweder mit einer Lieferung in SAP EWM oder direkt als Bestandbuchung. Welche der beiden Varianten Sie nutzen, hängt von den Prozessen im SAP-S/4HANA-System ab und wie die Integration dort stattfinden soll.

11.9.1 Warenausgang auf eine Kostenstelle mit Lieferbezug

Diese Variante steht schon länger im SAP-EWM-System zur Verfügung. Die Buchung wird mit Transaktion /SCWM/SGI umgesetzt. Es wird eine Lieferung angelegt, die dann die Buchung auf der Kostenstelle realisiert. Um die Transaktion nutzen zu können, müssen Sie zuerst die notwendigen Lieferarten in Ihrem System konfigurieren. Das manuelle Konfigurieren ist sehr aufwendig – hierzu steht das BC-Set `/SCWM/DLV_OUTBOUND_PC` zur Verfügung, das Sie zuerst einspielen sollten.

Es ist festzuhalten, dass die Erstellung der Lieferung sehr aufwendig ist, wenn Sie viele Materialen und Positionen erfassen müssen, da jede Position einzeln erfasst werden muss. Das System prüft dann einzeln den Bestand und gibt eine Rückmeldung, ob die betreffende Buchung möglich ist.

11.9.2 Warenausgangsbuchung auf eine Kostenstelle mit direkter Bestandbuchung

Verfügbar ab SAP S/4HANA 2020 ist die Buchung auf eine Kostenstelle sowie auf andere Kontierungsobjekte via Transaktion /SCWM/ADGI. In Abbildung 11.72 sehen sie die neue Option. Die Nutzung des ungeplanten Warenausgangs geschieht so, wie wir es im vorangehenden Abschnitt beschrieben haben. Sie können den auszubuchenden Bestand selektieren und dann die Buchung anstoßen.

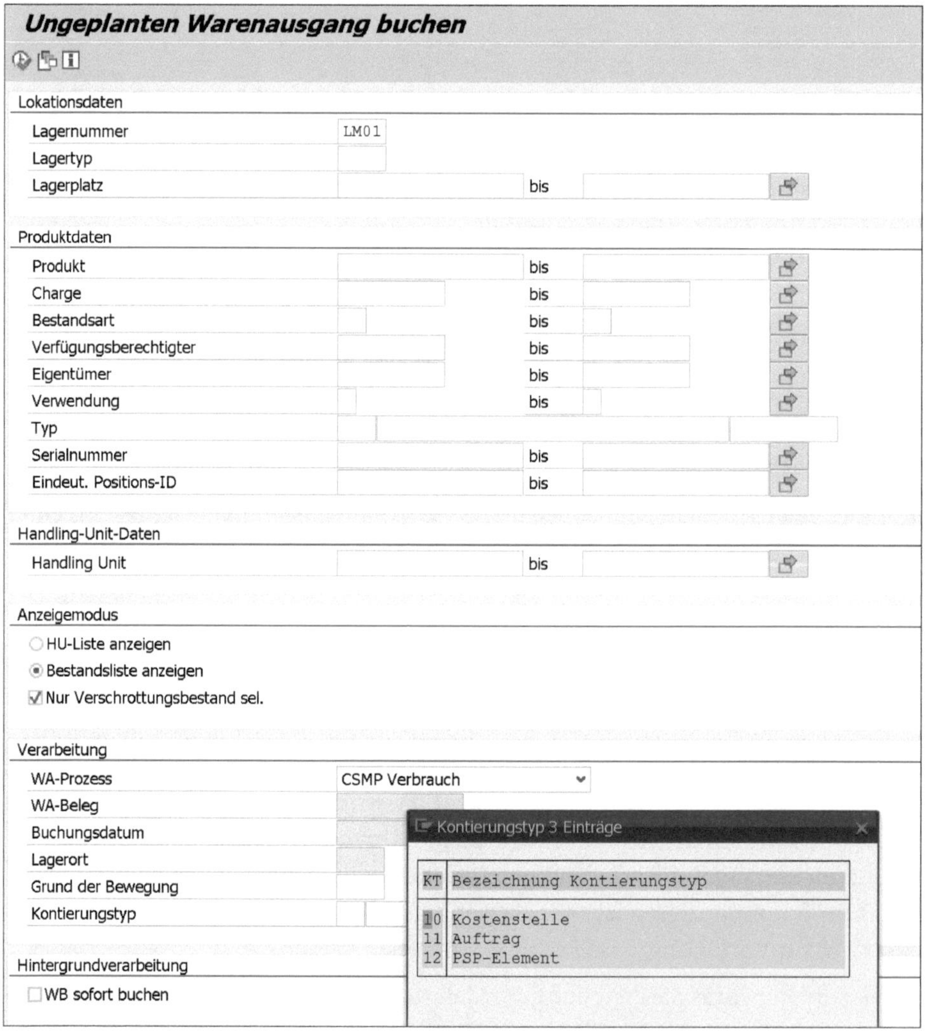

Abbildung 11.72 Ungeplanter Warenausgang mit Kontierungstyp

Denkbar ist es auch, einen Job einzurichten, der die Buchung mit der Nutzung der Selektionsparameter, die Transaktion /SCWM/ADGI bereitstellt, automatisch ausführt.

11.10 Zusammenfassung

In diesem Kapitel haben wir uns mit den lagerinternen Prozessen **Nachschub**, **ABC-Analyse**, **Lager-Reorganisation**, **Ad-hoc-Bewegungen**, **Umbuchungen** und **Inventur** befasst. Wir haben uns die verschiedenen Strategien für den Nachschub und die verschiedenen Inventurmethoden im Detail angeschaut. Mit der Lager-Reorganisation können Sie überwachen, ob die Bestände auf ihren optimalen Einlagerplätzen liegen oder ob Verbesserungen vorgenommen werden können. Auch haben wir Ihnen Themen, wie die Warenausgangsbuchung auf eine Kostenstelle oder den ungeplanter Warenausgang, nähergebracht.

Sie haben in diesem Kapitel gesehen, wie lagerinterne Prozesse zur Leistungsfähigkeit, Effizienz und Bestandsgenauigkeit im Lager beitragen können.

Kapitel 12
Qualitätsprüfung

Vertrauen ist gut – Kontrolle ist besser!
Der Qualitätsanspruch der Kunden an ein Produkt wird zu Recht immer höher. Entspricht die gelieferte Ware nicht den Ansprüchen und Erwartungen, wird sich der Kunde mit hoher Wahrscheinlichkeit für einen anderen Anbieter entscheiden. Daher ist die Einhaltung und Sicherstellung entsprechender Qualitätsstandards über die gesamte Supply Chain inklusive der Lagerlogistik unerlässlich. In diesem Kapitel erfahren Sie, wie SAP EWM die Qualitätsprüfung im Lager unterstützt – sowohl im Wareneingang als auch lagerintern.

Die Qualitätsprüfung im Lager stellt sicher, dass im Wareneingang nur einwandfreie Ware eingelagert wird und für bereits eingelagerte Ware lagerintern Qualitätsprüfungen vorgenommen werden können. Gleich zu Beginn ist es sinnvoll, bei Qualitätsprüfungen zwischen dem dezentralen EWM (dezentrales Szenario) und Embedded SAP EWM (Embedded-Szenario) zu unterscheiden. Im dezentralen Szenario gibt es für die Qualitätsprüfungen im Wareneingangsprozess die folgenden Möglichkeiten:

- Die Prüfplanung und die Qualitätsprüfung erfolgen ausschließlich mit den Services der Quality Inspection Engine (kurz QIE), d. h., dass Sie die QIE stand-alone verwenden.
- Die Prüfplanung erfolgt mit Services der QIE, während die Qualitätsprüfung in QM von SAP S/4HANA durchgeführt wird, d. h., Sie verwenden die QIE-QM-Integration.

Im Embedded-Szenario erfolgt die Prüfplanung mit Services der QIE in Verbindung mit den Stammdaten in SAP S/4HANA. Die Qualitätsprüfung wird ausschließlich durch die Funktionen von QM unterstützt. Abbildung 12.1 verdeutlicht die Optionen der Qualitätsprüfung für die beiden SAP-EWM-Szenarien.

Wir gehen in den nachfolgenden Abschnitten immer wieder auf die Unterschiede zwischen dem dezentralen Szenario und dem Embedded-Szenario ein. Um es an dieser Stelle vorwegzunehmen: Die wesentlichen Unterschiede in der Qualitätsprüfung zwischen dem dezentralen und Embedded SAP EWM sind:

- **Embedded-Szenario**
  Im Embedded-Szenario kommuniziert SAP EWM direkt mit QM. Die Verwendung von Prüfbelegen der QIE wird für Embedded SAP EWM nicht unterstützt. In diesem Szenario gibt es ausschließlich QM-Prüflose.
- **Dezentrales Szenario**
  Im dezentralen Szenario kann die QIE stand-alone verwendet werden. In diesem Fall werden ausschließlich QIE-Prüfbelege erstellt. Im Fall der QIE-QM-Integration kommuniziert das dezentrale SAP EWM über die QIE mit QM. Hier werden sowohl QIE-Prüfbelege als auch QM-Prüflose erstellt.

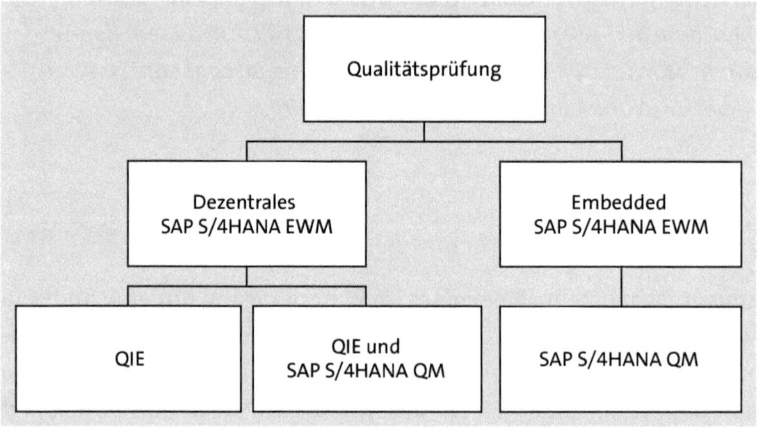

Abbildung 12.1 Optionen der Qualitätsprüfung – je nach SAP-EWM-Szenario

In Abschnitt 12.1, »Quality Inspection Engine«, beschreiben wir die verschiedenen Objekte und Funktionen der QIE sowie ihre wichtigsten Customizing-Einstellungen. In Abschnitt 8.6.4, »Qualitätsprüfung«, gehen wir im Detail auf die Qualitätsprüfung im Wareneingang ein und beschreiben die Unterschiede zwischen Embedded- und dezentralem SAP EWM. Neben der Produktprüfung lernen Sie spezielle Prüfprozesse im Wareneingang kennen. Im Anschluss stellen wir in Abschnitt 12.3, »Lagerinterne Qualitätsprüfungen«, die lagerinternen Prüfprozesse und Funktionen dar.

12.1 Quality Inspection Engine

Mit der QIE können Sie Qualitätsprüfungen in verschiedene SAP-Lösungen und in Nicht-SAP-Anwendungen integrieren. Die QIE wurde für den Einsatz in einer heterogenen Systemlandschaft konzipiert. Die QIE ist serviceorientiert und unterstützt dadurch Prozesse, z. B. die Durchführung von Q-Prüfungen im dezentralen SAP EWM.

Wie in Abbildung 12.2 dargestellt, wird die QIE von einem sogenannten *Konsumentensystem*, z. B. SAP EWM, aufgerufen und bildet den dort angestoßenen Prüfprozess ab, z. B. Prüfungen beim Wareneingang zur Lieferung. Das Konsumentensystem nutzt dabei die Services der QIE.

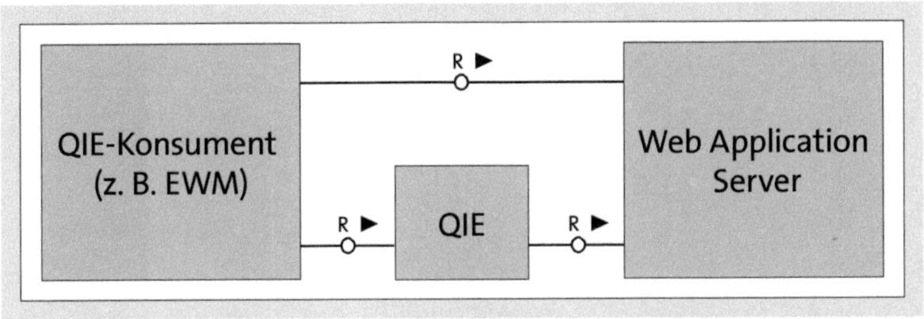

Abbildung 12.2 Beispielarchitektur der Quality Inspection Engine in Verbindung mit SAP EWM

12

SAP EWM verwendet die Services der QIE für die Qualitätsprüfung

Das Hauptpaket *QIE* beinhaltet die Anwendungsobjekte, z. B. den QIE-Prüfbeleg, die QIE-Prüfregel sowie die Schnittstelle der QIE-Kommunikation mit anderen Konsumentenanwendungen, z. B. SAP EWM.

Zur Durchführung des Qualitätsprüfprozesses nutzt SAP EWM die folgenden QIE-Services:

- Customizing (z. B. Prüfobjekttypen, Probentypen, Entscheidungscodes, Folgeaktionen)
- Bearbeitung von Stammdaten (z. B. Prüfregel, Probeziehanweisung, Qualitätslage)
- Erstellung von Prüfbelegen und Probeentnahmen
- Bearbeiten, Drucken und Archivieren von Prüfbelegen

SAP EWM übernimmt dabei die Aufgabe, die Qualitätsprüfung in die Lagerprozesse durch den Anstoß für die Erstellung von Prüfbelegen und durch Folgeaktionen entsprechend den Prüfergebnissen zu integrieren und stellt verschiedene Desktop- und RF-Transaktionen bereit. Abbildung 12.3 zeigt das QIE-Datenmodell mit den Beziehungen zwischen den verschiedenen Stamm- und Bewegungsdaten.

Im Folgenden beschreiben wir die verschiedenen Stamm- und Geschäftsdaten der QIE im Detail. Sie lesen, welche Objekte mit der QIE geprüft werden können und welche Arten von Prüfungen unterstützt werden. Sie erfahren, welchen Umfang die Prüfungen haben können und welche logistischen Folgeaktionen auf Basis des Prüfergebnisses durchgeführt werden können.

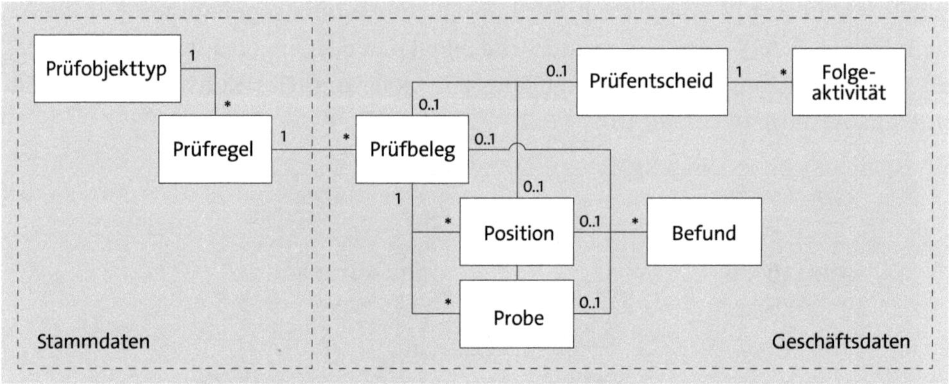

Abbildung 12.3 Datenmodell der Quality Inspection Engine

12.1.1 Prüfobjekttyp

Die QIE verwendet sogenannte *Prüfobjekttypen* (kurz POT), für die definiert ist, für welche Softwarekomponente (z. B. SAP EWM), für welchen Prozess (z. B. Anlieferung oder lagerintern) und für welches Objekt (z. B. Produkt, HU oder Lieferung) bzw. Arten eines Objekts (z. B. Chargen für ein bestimmtes Produkt) Prüfbelege angelegt werden können. POTs steuern den Prüfprozess je nach Objekt, z. B. können im POT Findungsattribute für die Suche nach einer passenden Prüfregel definiert werden, auf dessen Basis dann ein entsprechender Prüfbeleg erstellt wird. SAP EWM gibt dabei die möglichen Prüfregelattribute vor, aus denen die für die Findung im Customizing relevanten Attribute ausgewählt und sortiert werden müssen. Über POTs wird auch die Definition von Prüfregelattributen gesteuert.

So können z. B. für den POT2 (Zählprüfung Anlieferung) in der Prüfregel Maximalwerte für die Zählung hinterlegt werden. Für den POT4 (Q-Prüfung von Produkt/Charge Anlieferung), kann in der entsprechenden Prüfregel ein Prüfprozess eingestellt werden, der steuert, ob z. B. die Prüfung nach der Wareneingangsbuchung oder eine Annahmeprobenprüfung vor der Wareneingangsbuchung erfolgen soll. Für den POT können auch Attribute wie Nummernkreise für Prüfbelege, Positionen, Stichproben und Zeitpunkte der Prüfbelegerstellung festgelegt werden. Wollen Sie die Qualitätsprüfung in einem externen System, z. B. QM, durchführen, müssen Sie im Feld **Externes Qualitätsmanagementsystem** die System-ID pflegen.

Zuerst müssen Sie, wie in Abbildung 12.4 dargestellt, eine Version des entsprechenden POT generieren. Den Pflege-View finden Sie im Customizing über den Pfad **Prozessübergreifende Einstellungen • Qualitätsmanagement • Grundlagen • Version zu Prüfobjekttypen generieren**.

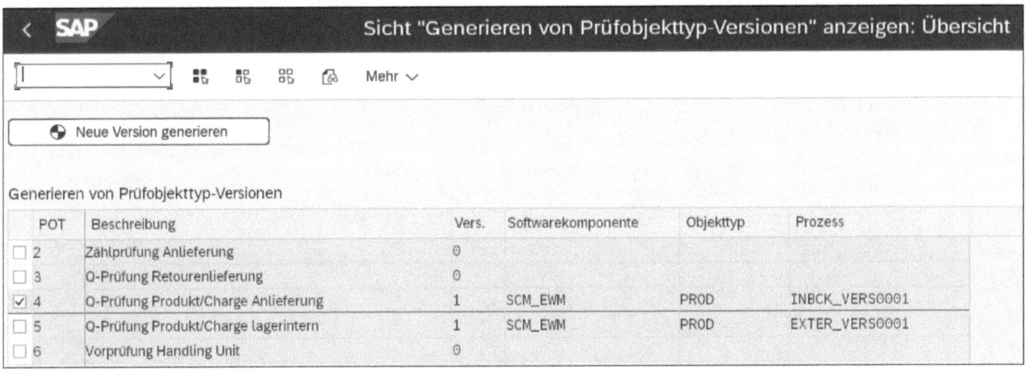

Abbildung 12.4 Prüfobjekttyp anhand des Beispiels »Q-Prüfung Produkt/Charge Anlieferung« generieren

Als Nächstes müssen Sie den POT aktivieren (siehe Abbildung 12.5). Den Pflege-View finden Sie im Customizing über den gleichen Pfad wie oben unter dem Menüpunkt **Version zu Prüfobjekttypen pflegen**. Darüber hinaus definieren Sie Eigenschaften, die für die Suche nach einer passenden Prüfregel verwendet werden sollen.

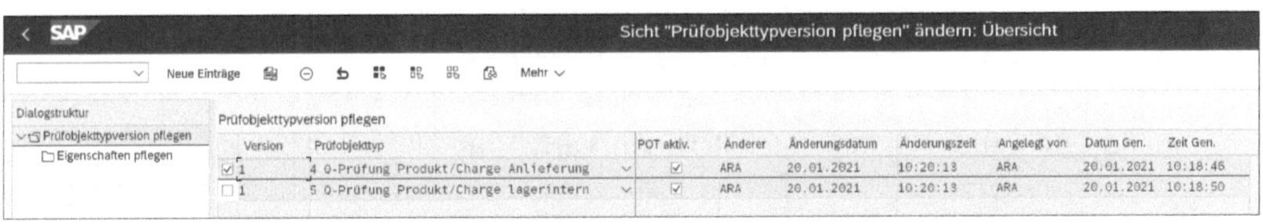

Abbildung 12.5 Prüfobjekttyp anhand des Beispiels »Q-Prüfung Produkt/Charge Anlieferung« aktivieren

Im nächsten Schritt aktivieren Sie den POT lagernummernabhängig unter dem Menüpunkt **Lagerabhängige Prüfobjekttypen definieren und aktivieren** im gleichen Customizing-Pfad. Hier definieren Sie u. a., zu welchem Zeitpunkt der Prüfbeleg erstellt werden soll. Abbildung 12.6 zeigt beispielhaft die lagerabhängigen Einstellungen für den POT4 für ein dezentrales SAP-EWM-System.

Die lagerabhängigen Einstellungen sind zwischen dem dezentralen und Embedded SAP EWM unterschiedlich. So kann z. B. in Embedded SAP EWM im Gegensatz zum dezentralen SAP EWM eine Herkunft der Prüfregel festgelegt werden, aber kein externes QM-System.

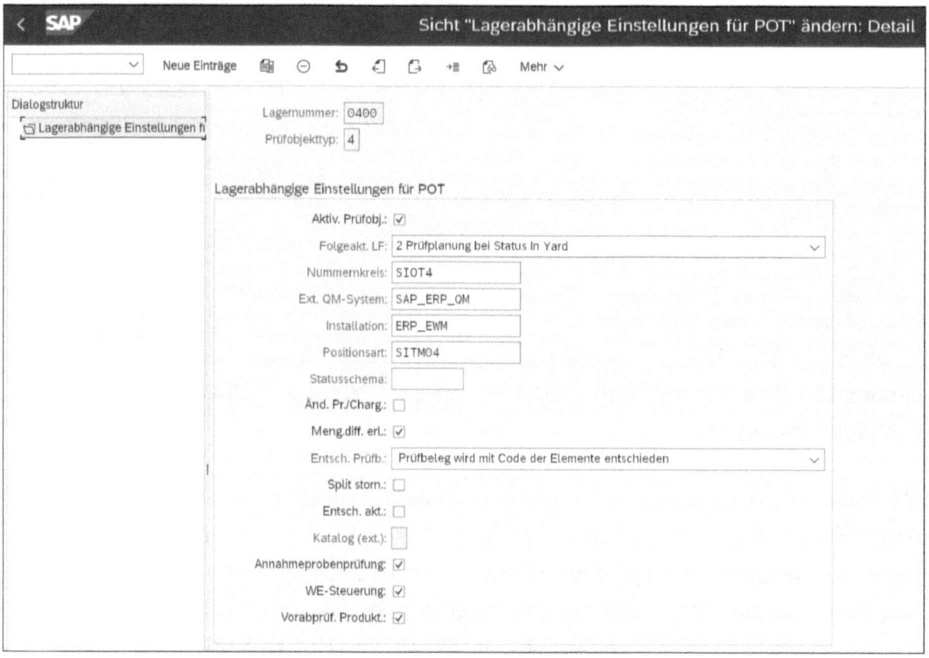

Abbildung 12.6 Prüfobjekttyp lagerabhängig aktivieren

In der QIE stehen die folgenden POTs zur Verfügung:

POT2 (Zählprüfung der Anlieferung)

Mit dem POT2 (Zählprüfung der Anlieferung) besteht die Möglichkeit, eingegangene Ware zu zählen, um sicherzustellen, dass die gesamte Menge geliefert wurde. Dieser POT kann nur im dezentralen Szenario aktiviert werden, da es sich bei der Zählprüfung um ein QIE-Stand-alone-Prüfszenario ohne QM-Integration handelt. Zählprüfungen können pro Anlieferposition durchgeführt werden und sind immer 100%-Prüfungen. Für die Zählprüfung kann zwar ein Prüfentscheid getroffen werden, der gegebenenfalls eine Differenzbuchung auslöst; es können aber keine Folgeaktionen zugeordnet werden. Die Zählprüfung kann zusätzlich zur normalen Qualitätsprüfung von den angelieferten Produkten erfolgen. Enthält eine Anlieferposition einen QIE-Prüfbeleg zur Zählung, für die auch eine Q-Prüfung vorgesehen ist, muss der Zählschritt CNT im Lagerungsprozess enthalten sein, da der Prozessschritt CNT vor dem Prozessschritt QIS (Qualitätsprüfung) in der prozessorientierten Lagerungssteuerung erfolgen muss.

Es gibt zwei Arten von Zählprüfungen:

- **Explizite Zählung**
  Die Zählergebnisse für die Produkte müssen Sie am Arbeitsplatz zur Q-Prüfung und Zählung erfassen. SAP EWM ermittelt auf der Grundlage der Einstellungen der

prozessorientierten Lagersteuerung den Lagerplatz für diese Zählstation. Die explizite Zählung können Sie nur für HUs durchführen.

- **Implizite Zählung**
  Die Information, dass das Produkt gezählt werden muss, ist Teil der Lageraufgabedaten. Wenn eine Differenz ermittelt wurde, müssen Sie zum Beenden der Transaktion die Lageraufgabe mit Differenzen (Ausnahmecode) bestätigen. Die implizite Zählung können Sie nur für unverpackte Produkte durchführen.

Optional können Sie für die Zählprüfung Mengen- und Werteintervalle pflegen. Über den Customizing-Pfad **Prozessübergreifende Einstellungen • Qualitätsmanagement • Qualitätsmanagement für dezentrales EWM • Prüfplanung • Zählen • Mengenintervall für die Zählprüfung pflegen** können Sie eine Maximalmenge festlegen. Wenn die Lieferpositionsmenge kleiner als die Maximalmenge ist, wird auf Basis der gefundenen Prüfregel ein Prüfbeleg erstellt. Analog dazu können Sie über den zuvor genannten Customizing-Pfad unter dem Menüpunkt **Werteintervall für die Zählprüfung pflegen** einen Maximalwert pflegen. Das Werteintervall wird in der Währung der Lagernummer geführt. Ist der Wert der Lieferposition (Menge × Standardpreis) geringer als der Maximalwert, wird auf Basis der gefundenen Prüfregel ein Prüfbeleg erstellt.

12

POT3 (Q-Prüfung der Lieferung zur Kundenretoure)

Der POT3 (Q-Prüfung der Lieferung zur Kundenretoure) kann ebenfalls nur im dezentralen Szenario verwendet und für die Qualitätsprüfung in der Retourenanlieferung aktiviert werden. Ist dieser POT aktiv, kann die Qualitätsprüfung für Retourenanlieferungen analog der Q-Prüfung von POT4 Produkt/Charge Anlieferung erfolgen. Je nach Prüfergebnis kann die retournierte Ware z. B. eingelagert oder verschrottet werden. Im Embedded-Szenario wird aktuell die Prüfung von Kundenretouren nur mit dem *Advanced Returns Management* (erweiterte Retourenabwicklung) in SAP S/4HANA unterstützt. Der Prozess der *erweiterten Retourenabwicklung* ist im Detail in Abschnitt 14.1, »Erweiterte Retourenabwicklung«, beschrieben.

POT4 (Q-Prüfung von Produkt/Charge Anlieferung)

Der POT4 (Q-Prüfung von Produkt/Charge Anlieferung) wird sowohl im dezentralen als auch im Embedded-Szenario unterstützt. Im dezentralen SAP EWM haben Sie mit diesem POT die Möglichkeit, die Prüfung entweder nur im QIE-Stand-alone-Szenario) oder in QM in SAP S/4HANA durchzuführen. Die Prüfung in QM ermöglicht komplexere Prüfungen wie z. B. eine merkmalsbasierte Prüfung. In diesem Fall müssen Sie die QIE an QM anbinden.

Findet die Qualitätsprüfung im dezentralen Szenario mit der QIE stand-alone statt, können Sie die QIE-Dynamisierungsregeln, die in der Prüfregel hinterlegt werden, verwenden. Dynamisierungsregeln steuern den Prüfumfang hinsichtlich der Stichprobenumfänge und der Prüfwahrscheinlichkeit (siehe Abschnitt 12.1.5, »Dynamisierung«). Das dezentrale SAP EWM ruft bei aktivem POT4 zum festgelegten Zeitpunkt die QIE zur Prüfplanung auf. Die QIE ermittelt gegebenenfalls eine Prüfregel (siehe Abschnitt 12.1.2, »Prüfregel«) und prüft die Dynamisierungsregeln. Sofern relevant, erzeugt die QIE einen Prüfbeleg (siehe Abschnitt 12.1.3, »Prüfbeleg«) zur Prüfregel.

Im Gegensatz zu den Prüfungen POT2 (Zählprüfung Anlieferung) und POT6 (Vorprüfung von Handling Units) besteht beim POT4 die Möglichkeit einer Stichprobenprüfung. Bei der Verwendung von Stichproben erfolgt im QIE-Stand-alone-Szenario die Mengenberechnung über die Probenziehanweisung, die in der Prüfregel hinterlegt ist, und es werden Proben zum QIE-Prüfbeleg erstellt. In diesem Fall erstellt SAP EWM automatisch HU-Lageraufgaben zum Dekonsolidierungsarbeitsplatz, um hier die Probenmenge von der Restmenge zu trennen. Die Probenmenge wird dabei in eine neue HU umgepackt.

Im Anschluss erstellt SAP EWM eine HU-Lageraufgabe zum Arbeitsplatz für die Qualitätsprüfung und eine Lageraufgabe zur Einlagerung der Restmenge. Wird z. B. ein positiver Prüfentscheid getroffen, wird auf Basis der definierten Folgeaktion die Lageraufgabe zur Einlagerung der Probenmenge erstellt und zur Restmenge zugelagert. Zur Splittung von Proben- und Restmenge ist es notwendig, mit dem ersten Prozessschritt der prozessorientierten Lagersteuerung die Produkt-Lageraufgabe zum finalen Lagerfach anzulegen, damit so in der Anlieferung bereits zwischen Proben- und Restmenge unterschieden werden kann.

Findet die Qualitätsprüfung im dezentralen Szenario in QM statt, d. h., es wird die QIE-QM-Integration verwendet, gelten die folgenden Restriktionen:

- Bezüglich der Prüfmenge wird nur die 100%-Prüfung unterstützt, d. h., dass bei der Verwendung von Stichproben die Menge mit der Erstellung des Prüfloses in QM ermittelt und der QIE-Prüfbeleg entsprechend aktualisiert wird. Die Ermittlung der QIE-Probenmenge wird im Fall der QIE-QM-Integration nicht unterstützt.
- Bezüglich der Dynamisierung werden nur die Dynamisierungsregeln in QM und nicht in der QIE berücksichtigt.

Embedded SAP EWM kommuniziert, wie bereits erwähnt, direkt mit QM und nicht, wie im dezentralen Szenario, über die QIE.

Sowohl im dezentralen als auch im Embedded-Szenario können für den POT4 die folgenden Prüfprozesse im Customizing aktiviert werden:

- **Prüfung nach Wareneingang**
  Die Qualitätsprüfung findet nach der Wareneingangsbuchung statt.
- **WE-Steuerung**
  Dieser Prüfprozess dient zur Steuerung des Wareneingangs für extern beschaffte Waren. SAP EWM prüft anhand der Partner-, gegebenenfalls Lieferanten- und Pro-

duktstammdaten oder auf Basis von Q-Infosätzen und Prüfregeln, ob die Anlieferung für die Wareneingangsbuchung gesperrt ist. Weitere Informationen zu diesem Prüfprozess finden Sie in Abschnitt 12.2.6, »Spezielle Prüfprozesse und Funktionen im Wareneingang«.

- **Annahmeprobenprüfung**
  Sie benötigen Qualitätsprüfungen, um den externen Wareneingang zu steuern. Wenn Sie den Prozess aktivieren, wird die Prüfplanung immer mit der Aktivierung bzw. der Erstellung der Anlieferung ausgeführt. SAP EWM sperrt den Wareneingang bis, basierend auf der Annahmeprobenprüfung, ein Verwendungsentscheid (VE) getroffen wird. Die Wareneingangsbuchung ist möglich, wenn die dem getroffenen Verwendungsentscheid zugeordnete Folgeaktion dies zulässt. Weitere Informationen zu diesem Prüfprozess finden Sie in Abschnitt 12.2.6, »Spezielle Prüfprozesse und Funktionen im Wareneingang«.
- **Vorabprüfung in der Produktion**
  Sie möchten Qualitätsprüfungen für intern gefertigte Waren durchführen. Wenn Sie den Prozesstyp auswählen, erfolgt die initiale Prüfplanung und gegebenenfalls die Erstellung des entsprechenden Prüfbeleges mit der Freigabe des Fertigungsauftrags. Mit der Erstellung der Anlieferung aus der Produktion wird der Prüfbeleg dann der Anlieferung zugeordnet und der Prüfbeleg mit lieferungsspezifischen Daten aktualisiert. Analog der Annahmeprobeprüfung sperrt SAP EWM die Wareneingangsbuchung für das gefertigte Produkt, bis ein entsprechender Verwendungsentscheid getroffen wurde. Weitere Informationen zu diesem Prüfprozess finden Sie ebenfalls in Abschnitt 12.2.6, »Spezielle Prüfprozesse und Funktionen im Wareneingang«.
- **Zeugnisabwicklung**
  Im Beschaffungsprozess haben Sie die Möglichkeit, vom Lieferanten ein Qualitätszeugnis einzufordern, das bestätigt, dass die festgelegten Qualitätsanforderungen erfüllt werden. Diese Funktion steht Ihnen mit SAP EWM 2022 zur Verfügung.

Sowohl die vorgenannten Prüfprozesse als auch die Verwendung der Stichprobenprüfung werden im Detail in Abschnitt 8.6.4, »Qualitätsprüfung«, beschrieben.

POT5 (Q-Prüfung von Produkt/Charge lagerintern)

Sowohl im dezentralen Szenario als auch in Embedded SAP EWM ist es möglich, für im Lager bereits vorhandenen Bestand ungeplante interne Prüfungen auszuführen, die nicht Teil eines Anlieferungsprozesses sind. Interne Prüfungen können für einen ausgewählten Bestand durchgeführt werden, oder Sie können wiederkehrende Prüfungen für chargenpflichtige Produkte durchführen. Analog zu POT4 sind im dezentralen Szenario, im Gegensatz zum Embedded-Szenario, entsprechende Prüfregeln erforderlich, während im Embedded-Szenario die Prüfeinstellung im Materialstamm gepflegt sein muss, um eine lagerinterne Qualitätsprüfung durchzuführen. Details zu den internen Prüfungen entnehmen Sie Abschnitt 12.3, »Lagerinterne Qualitätsprüfungen«.

POT6 (Vorprüfung von Handling Units)

Die Vorprüfung von Handling Units (POT6) findet vor der Wareneingangsbuchung statt und dient dem Zweck, die angelieferten Packstücke auf äußerliche Schäden hin zu überprüfen. Die Prüfung der entladenen HUs erfolgt durch eine entsprechende RF-Transaktion und kann nur dort angelegt werden. Für den Inhalt der »guten« HUs können zusätzlich Produkt-Prüfbelege (POT4) erstellt werden. Da es sich bei diesem POT um ein Prüfszenario handelt, das nur in der QIE durchgeführt werden kann, wird dieser POT nur im dezentralen Szenario unterstützt.

Prüfbelege für die Vorprüfung von HUs können Sie nicht vorplanen. Nach dem Entladeprozess können Sie für die HUs pro Anlieferung oder für die Transporteinheit (gegebenenfalls mit mehreren Lieferungen) über die RF-Transaktion /SCWM/RFUI • **Interne Prozesse • Qualitätsmanagement • HU Inspektion mit WE-Buchung** die angelieferten HUs als gut oder fehlerhaft klassifizieren. SAP EWM erstellt automatisch pro Lieferung einen QIE-Prüfbeleg und pro HU eine Position in diesem Prüfbeleg.

Während des Wareneingangsprozesses ist es möglich, mehr als eine Qualitätsprüfung durchzuführen. In Abbildung 12.7 ist als Beispiel ein Wareneingangsprozess dargestellt, in dem nach der Entladung eine Vorprüfung auf der HU-Ebene (POT6) und anschließend eine detaillierte Q-Prüfung (POT4) für den Bestand der »guten« HUs erfolgt.

POT7 (Logistische Fehlerbearbeitung)

Der POT7 (Logistische Fehlerbearbeitung) wird bisher nur im Embedded-Szenario unterstützt. Mit der Aktivierung dieses POT können Sie mit der App **Fehler im Lager erfassen** in QM Fehler der Kategorie **Fehler im Lager** für EWM-bestandsverwaltete Produkte erfassen. Beachten Sie, dass die App im SAP Fiori Launchpad im Standard nicht angezeigt wird. Sie können die App in der **Me Area** über **Startseite bearbeiten** einblenden. Anschließend können Sie SAP-EWM-spezifische Buchungen, z. B. in den Sperrbestand oder in den Qualitätsprüfbestand, für die fehlerhaften Materialien vornehmen und den Fehler an die Qualitätsmeldungspositionen übertragen, wenn die Q-Abteilung den Fehler weiter analysieren soll. Sie können den Sperrbestand in der Bestandsübersicht im Lagerverwaltungsmonitor (Lagermonitor) im Klassifizierungsknoten **Bestand und Platz** und in dem Profilknoten **Bestandsübersicht** selektieren. In der Spalte **Qualitätsprüfung** wird die Zuordnung des Lagerbestands zur Qualitätsmeldung anhand der Fehlernummer angezeigt. Dem Bestand sind der Prüf-ID-Typ G und z. B. die Bestandsart P6 (Gesperrt in Produktion) zugeordnet.

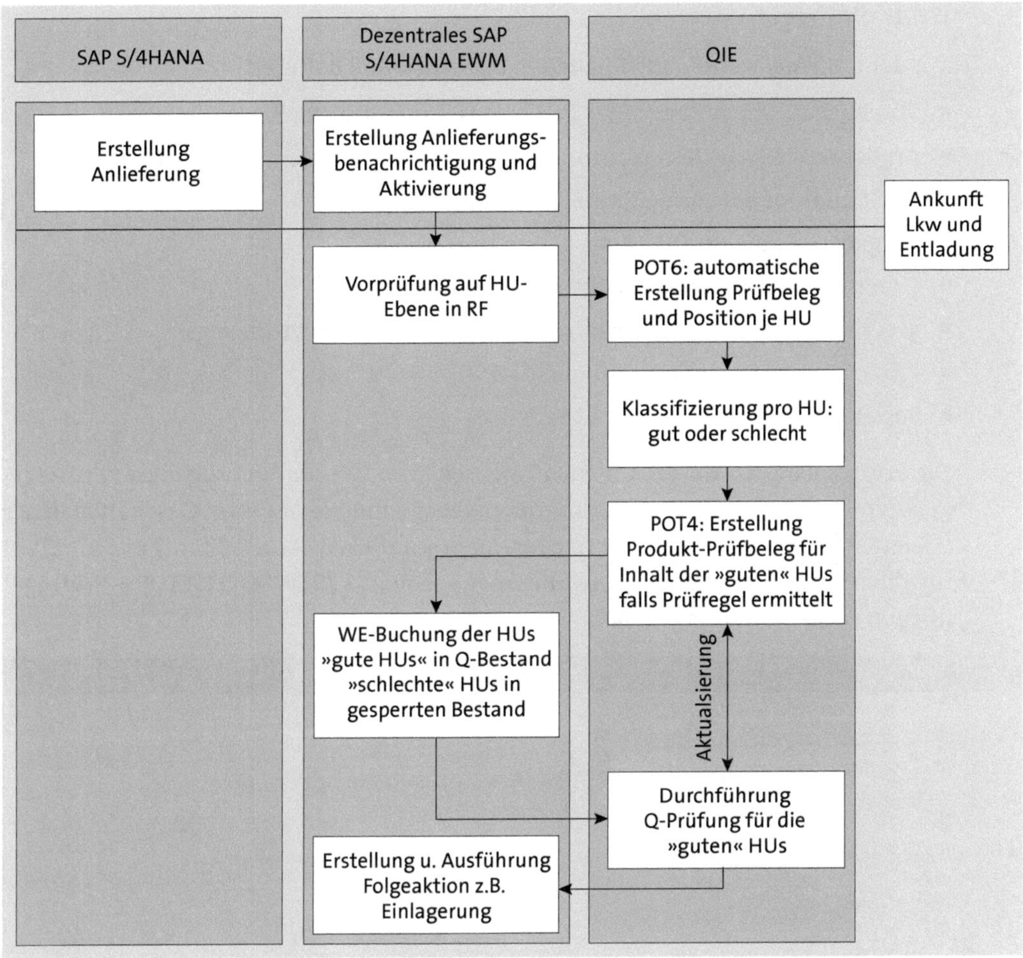

Abbildung 12.7 Beispiel für mehrere Qualitätsprüfungen im Wareneingangsprozess im dezentralen SAP EWM mit dem QIE-Stand-alone-Szenario

Vorprüfung der Anlieferung (POT1)

In SCM-EWM 9.5 (SAP EWM auf SAP-NetWeaver-Basis) erzeugt SAP EWM mit der Aktivierung der Anlieferungsbenachrichtigung automatisch einen Prüfbeleg zur Prüfung der kompletten Lieferung. Dieser POT wird in SAP S/4HANA EWM aktuell nicht unterstützt, d. h., dass er im Gegensatz zu SCM-EWM in SAP S/4HANA EWM sowohl im dezentralen als auch im Embedded-Szenario der POT1-Vorprüfung zur Anlieferung nicht verwendet werden kann.

An dieser Stelle empfehlen wir ausdrücklich, SAP-Hinweis 2840129 zu konsultieren, der Informationen zu Release und Einschränkung, u. a. bezüglich der Qualitätsprüfung in SAP EWM, aufführt.

12.1.2 Prüfregel

Mit der *Prüfregel* werden die folgenden Eigenschaften definiert:

- Vorgaben für die Anlage eines Prüfbelegs (Prüfverfahren)
- Art der Ermittlung des Prüfumfangs (Prüfverfahren, Stichprobenverfahren)
- bei Stichprobenprüfung: Probeziehanweisung
- Vorgaben für die Prüfhäufigkeit (Dynamisierung)
- Codes für den Prüfentscheid (z. B. OK bzw. Nicht OK)
- gegebenenfalls externes System zur Weiterleitung des Prüfbelegs
- Prüfart (relevant für Q-Prüfungen in QM)
- Bestandsart der zu prüfenden Ware

Die Prüfregel besitzt darüber hinaus Eigenschaften, die zur Findung dieser Prüfregel genutzt werden, z. B. die Produktnummer, Beleg- und Positionsart, Geschäftspartner (Lieferant) usw. Die Prüfregel erstellen Sie im SAP-Easy-Access-Menü in SAP EWM über den Pfad **Stammdaten • Qualitätsmanagement • /SCWM/QRSETUP – Prüfregel pflegen** (siehe Abbildung 12.8).

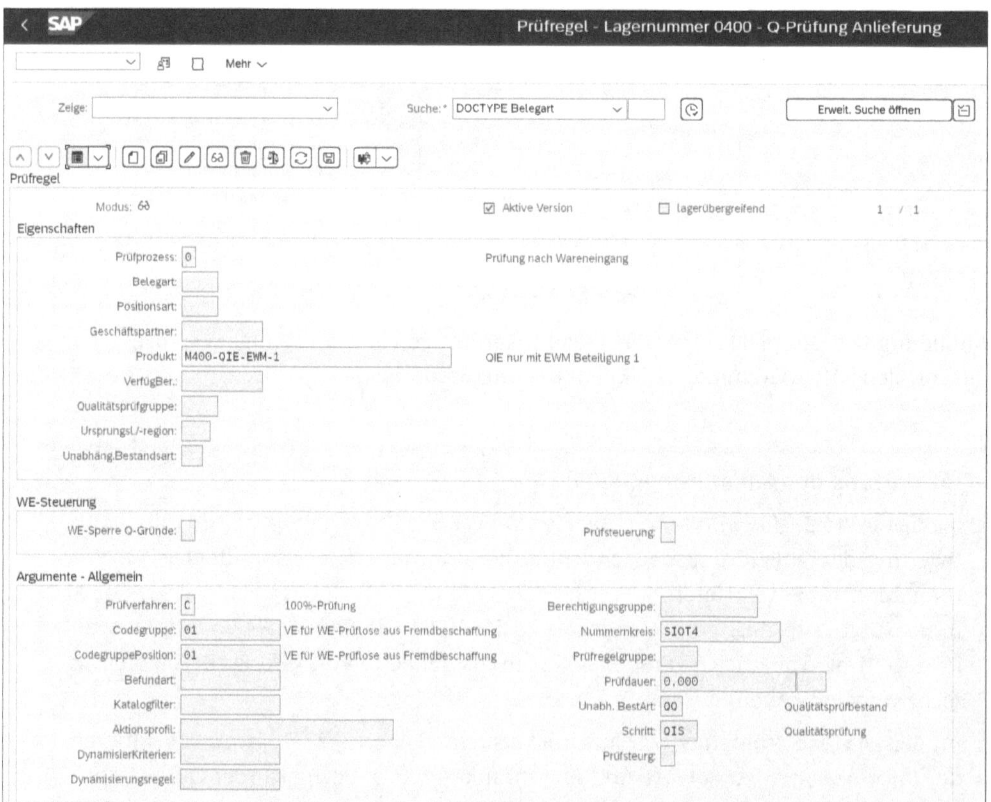

Abbildung 12.8 Prüfregel mit Transaktion /SCWM/QRSETUP anlegen

12.1.3 Prüfbeleg

Anhand der *Prüfbelege* können Sie Objekte prüfen, Prüfergebnisse oder Fehler erfassen und die Prüfung mit einer Ergebniserfassung abschließen. Prüfbelege können je nach Customizing automatisch oder manuell erstellt werden. Nur wenn zu einem aktiven POT eine Prüfregel ermittelt wurde, kann auch ein Prüfbeleg erzeugt werden. Über den Prüfstatus, der im Prüfbeleg enthalten ist, wird der Bearbeitungsstand eines Prüfbelegs dokumentiert. Prüfbelege im Wareneingang haben Referenz zur entsprechenden Anlieferung. Ob zu einer Anlieferposition ein Prüfbeleg erstellt wurde, können Sie u. a. in der Anliefertransaktion /SCWM/PRDI auf der Registerkarte **Referenzbelege** sehen.

Position

In der *Position* werden gleichartige Einheiten des geprüften Materials für den weiteren Geschäftsprozess zusammengefasst. In der Regel werden dabei Teilmengen nach einer gleichartigen Güte gebildet. In der Teilmenge werden Elemente zusammengefasst, die den gleichen Befund haben.

[zB]

Beispiel für Prüfbelegpositionen

Eine Lieferposition enthält zehn lackierte Motorhauben. Die ermittelte Prüfregel sieht eine 100%-Prüfung vor. Abhängig vom Befund können die Motorhauben in verschiedene Teilmengen unterteilt werden, z. B. **keine Nacharbeit/geringe Nacharbeit/neue Lackierung notwendig**.

Probe

Falls keine 100%-Prüfung durchgeführt werden soll, kann in der Prüfregel eine Stichprobenprüfung definiert werden. In diesem Fall ist der Prüfregel ein Probenahmeverfahren zugeordnet. Im Probenahmeverfahren ist u. a. die Probenahmeart festgelegt. Diese gibt Auskunft darüber, auf welcher Basis die Probenahmeeinheiten gebildet werden können, z. B. pro Zeitintervall, pro Mengenintervall oder pro Verpackungseinheit. Einer Probenahmeeinheit können Sie mehrere Probeziehanweisungen zuordnen. In der Probeziehanweisung legen Sie fest, wie Proben in der Prüfung bearbeitet werden sollen, z. B. Verwendung einer fixen Zahl von Proben oder eines Stichprobenplans. Das Probenahmeverfahren, die Definition der Probenahmeeinheiten und die Probeziehanweisung pflegen Sie mit Transaktion SCWM/QS-DRWP, die Sie im SAP-Easy-Access-Menü in SAP EWM über den Pfad **Stammdaten • Qualitätsmanagement** finden.

Bei der Prüfung von Teilmengen definieren Sie im Customizing eine Positionsart, die vom Typ **Position** oder **Probe** sein kann. Abbildung 12.9 zeigt eine Beispielkonfiguration für eine Positionsart vom Typ **Probe**. Die Positionsart ordnen Sie anschließend der lagerabhängigen Aktivierung des POT zu. Die Definition der Positionsart können Sie im Customizing über den Pfad **Prozessübergreifende Einstellungen • Qualitätsmanagement • Qualitätsmanagement für dezentrales EWM • Prüfplanung • Proben u. Positionen • Positionsarten festlegen** vornehmen.

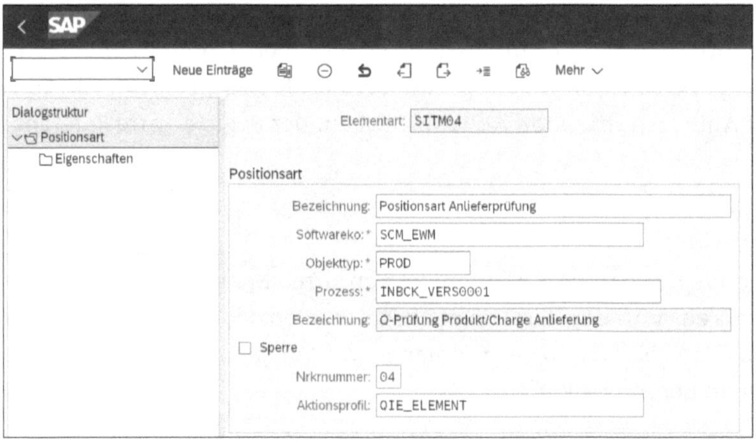

Abbildung 12.9 Positionsart für die Q-Prüfung »Produkt/Charge Anlieferung« definieren

Befund

Der *Befund* stellt die Beschreibung eines Untersuchungsergebnisses dar und kann im Rahmen von Qualitätsprüfungen erfasst werden. Befunde können zu Prüfbelegen, Prüfbelegpositionen und Proben manuell angelegt werden. Die Verwendung von Befunden ist optional. Befunde werden durch Codes beschrieben, die in Katalogen zusammengefasst werden. Welche Felder Ihnen beim Anlegen, Ändern und Anzeigen des Befunds zur Verfügung stehen bzw. eine Eingabe erfordern und welche Kataloge mit den zugeordneten Fehlercodes verwendet werden können, wird in der Befundart definiert, die Sie in der Prüfregel hinterlegen.

Prüfentscheid

Wenn Sie den *Prüfentscheid* treffen, legen Sie auf der Grundlage der Prüfung fest, ob das geprüfte Objekt angenommen oder zurückgewiesen wird. Sobald Sie den Prüfentscheid getroffen haben, erhält der Prüfbeleg den Status **Entscheidung getroffen**. Prüfentscheide werden durch die Verwendung sogenannter *Entscheidungscodes* getroffen. Bei der Definition von Entscheidungscodes können Sie die Bewertung (Annahme oder Zurückweisung) sowie die Folgeaktion festlegen.

12.1.4 Logistische Folgeaktion

Wenn der Prüfentscheid getroffen wird, erhält das Konsumentensystem die Information, welche Folgeaktion anhand des Entscheidungscodes durchgeführt werden soll, der vom Prüfentscheider ausgewählt wurde. In SAP EWM sind im Standard u. a. die folgenden *logistischen Folgeaktion* möglich:

- **Verschrottung**
  Der betroffene Bestand wird in die nächste, als Schrottbestand gekennzeichnete Bestandsart umgebucht.
- **Detaillierte Prüfung**
  Für den betroffenen Bestand wird ein lagerinterner Prüfbeleg angelegt.
- **Umlagerung an anderes Lager**
  Für den betreffenden Bestand wird eine Umlagerungsbestellung in SAP ERP bzw. SAP S/4HANA angelegt.
- **Einlagern zur Lieferung**
  Für den betreffenden Bestand wird eine Einlagerung mit der Lagerprozessart der Anlieferung angelegt.

Logistische Folgeaktionen stehen nur für die Qualitätsprüfung von Produkten zur Verfügung.

Die Folgeaktionen pflegen Sie im SAP-EWM-Customizing über den Pfad **Prozessübergreifende Einstellungen • Qualitätsmanagement • Qualitätsmanagement für dezentrales EWM • Prüfergebnisse • Folgeaktionen pflegen**. Abbildung 12.10 zeigt die Konfiguration für die Folgeaktion **Einlagern zur Lieferung**. Über den Ausnahmecode können Sie Alerts, E-Mails und Workflows auslösen, um manuelle Folgeaktionen zu starten.

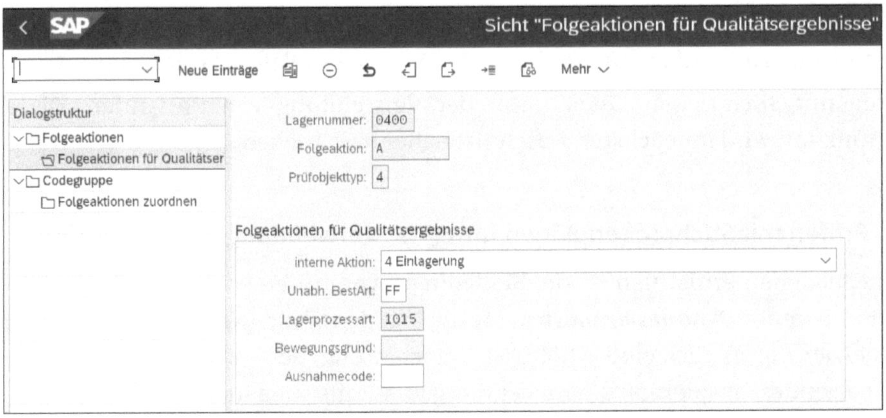

Abbildung 12.10 Folgeaktion »Einlagerung«

Anschließend definieren Sie im SAP-EWM-Customizing Entscheidungscodes, um das Prüfergebnis zu dokumentieren und den Prüfbeleg abzuschließen. Wie in Abbildung 12.11 dargestellt, ordnen Sie die zuvor festgelegten Folgeaktionen dem jeweiligen Entscheidungscode zu. Die Entscheidungscodes definieren Sie über den zuvor genannten Customizing-Pfad im Menüpunkt **Entscheidungscodes festlegen**.

Abbildung 12.11 Entscheidungscodes zur Annahme bzw. Rückweisung je nach Prüfergebnis mit entsprechender automatischer Folgeaktion

12.1.5 Dynamisierung

Durch die *Dynamisierung* kann der Prüfumfang hinsichtlich der Stichprobenumfänge und der Prüfwahrscheinlichkeit so gesteuert werden, dass ein vorgegebenes Qualitätsziel mit hoher Wahrscheinlichkeit erreicht wird. In der QIE wird auf der Prüfbelegebene dynamisiert. Dabei besteht die Möglichkeit, sowohl die Prüfhäufigkeit als auch den Prüfumfang zu dynamisieren. Mit der QIE bestehen daher die folgenden Möglichkeiten der Dynamisierung:

- Prüfen in bestimmten Zeitintervallen (z. B. alle zehn Tage)
- Prüfen eines bestimmten Prozentsatzes aller Anfragen (z. B. 30 % aller prüfrelevanten Anlieferpositionen werden geprüft – welche Lieferpositionen geprüft werden, ermittelt der Zufallsgenerator)
- Jede x-te Anfrage wird geprüft (z. B. wird jede zehnte Anlieferposition geprüft).
- Prüfen mit Stichprobenplänen unter der Verwendung von Prüfstufen. Diese Prüffunktion wird im nächsten Abschnitt näher beschrieben.

12.1.6 Prüfen mit Stichprobenplänen unter der Verwendung von Prüfstufen

Die verschiedenen Prüfstufen sowie die Bedingungen für einen Prüfstufenwechsel werden u. a. in der *Dynamisierungsregel* festgelegt. Ein Stufenwechsel kann sowohl eine Reduzierung als auch eine Erhöhung (Verschärfung) des Prüfumfangs zur Folge haben. Folgendes Beispiel soll die Anwendung von Prüfstufen in der Praxis verdeutlichen:

- **Prüfstufe 1**
  Es wird fünfmal verschärft geprüft. Wenn kein negativer Prüfentscheid (Rückweisung) erfolgt, wird die nächste Prüfung mit Prüfstufe 2 durchgeführt.
- **Prüfstufe 2**
  Es wird dreimal normal geprüft. Ist mindestens ein Prüfentscheid negativ, (Zahl der Rückweisungen = 1), erfolgt die nächste Prüfung mit Prüfstufe 1, sind alle Prüfungen positiv, ist die neue Prüfstufe für die Reduzierung die Prüfstufe 3.
- **Prüfstufe 3**
  Es wird zehnmal nicht geprüft. Danach erfolgt automatisch die nächste Prüfung mit der Prüfstufe 2 (= neue Prüfstufe für die Reduzierung).

Prüfschärfe und Stichprobenplan

Zu einer bestimmten Prüfschärfe ist in einer Stichprobenanweisung der jeweilige Stichprobenumfang definiert. Die Zusammenstellung von Stichprobenanweisungen und die Festlegung, wie über Annahme und Rückweisung entschieden wird, sind im Stichprobenplan hinterlegt.

Die QIE ermittelt zu einem fest definierten Zeitpunkt (i. d. R. nach dem Prüfentscheid) die Prüfstufe für den nächsten Prüfbeleg anhand der vorgegebenen Dynamisierungsregel und schreibt diese in die sogenannte *Qualitätslage* fort. Die Qualitätslage repräsentiert daher den aktuellen Stand des Dynamisierungsprozesses u. a. auf Basis der Anzahl von Prüfungen, die seit dem letzten Stufenwechsel stattgefunden haben, und der Anzahl von Prüfungen, die seit dem letzten Stufenwechsel nicht in Ordnung waren.

Die Qualitätslage wird für sogenannte *Dynamisierungskriterien* geführt, die in der Prüfregel angegeben sind, z. B. Produkt und Lieferant. Mit der Erstellung des Prüfbelegs ermittelt die QIE auf Basis der Qualitätslage die aktuelle Prüfstufe und damit die Berechnungsgrundlage für den Stichprobenumfang.

Die zuvor beschriebenen Dynamisierungsmöglichkeiten können auch untereinander kombiniert werden, z. B. werden 30 % aller Anfragen geprüft, solange sich die Qualitätslage innerhalb der Prüfstufe 2 befindet. Welche Anfrage geprüft wird, bestimmt der Zufallsgenerator.

Nachdem wir auf die verschiedenen Objekte und Funktionen der QIE eingegangen sind, beschreiben wir im nächsten Abschnitt den Qualitätsprüfprozess im Wareneingang, sowohl im dezentralen als auch im Embedded-Szenario, und stellen Ihnen spezielle Prüfprozesse im Wareneingang vor.

12.2 Qualitätsprüfung im Wareneingang

Qualitätsprüfungen im Wareneingangsprozess stellen sicher, dass die angelieferte Ware in einem einwandfreien Zustand eingelagert werden kann. Wie zu Beginn des Kapitels beschrieben, gibt es bei den Qualitätsprüfungen im Wareneingang die folgenden Optionen: Wenn Sie das dezentrale SAP EWM verwenden, kann der Qualitätsprüfprozess mit der QIE in QM erfolgen. Mit der QIE lassen sich z. B. direkt beim Wareneingang komplette Lieferungen überprüfen, Lieferungen zählen oder Kundenretouren kontrollieren. Die Qualitätsprüfung in QM ist dann sinnvoll, wenn Sie bereits mit QM-Prüfplänen arbeiten und eine merkmalsweise Ergebniserfassung in QM durchführen. QM ist das zentrale Modul in SAP S/4HANA zur Qualitätsplanung, Qualitätskontrolle (Prüfung), Qualitätssicherung und Qualitätssteuerung. In diesem Buch gehen wir im Rahmen der Beschreibung der Qualitätsprüfprozesse mit SAP EWM auch auf die Integration und Funktionen in QM ein. Für eine umfassende Erläuterung der QM-Funktionen möchten wir allerdings auf entsprechende Fachliteratur, z. B. »Qualitätsmanagement mit SAP« vom Rheinwerk Verlag verweisen. Wenn Sie Embedded EWM verwenden, wird die Qualitätsprüfung ausschließlich durch die Funktionen in QM unterstützt.

Aufgrund der verschiedenen Möglichkeiten ist dieser Abschnitt wie folgt gegliedert:

- In Abschnitt 12.2.1, »Prüfprozess im dezentralen SAP EWM«, geben wir einen Überblick über den Prozessablauf der End-to-End-Qualitätsprüfung im dezentralen Szenario. Hier unterscheiden wir zwischen dem QIE-Stand-alone- und dem QIE-QM-Szenario und gehen auf wichtige Stammdaten und Einstellungen im Customizing ein.
- In Abschnitt 12.2.2, »Prüfprozess in Embedded SAP EWM«, geben wir einen Überblick über den Prozessablauf der End-to-End-Qualitätsprüfung im Embedded-Szenario, ebenfalls mit der Beschreibung wichtiger Stammdaten und Customizing-Einstellungen.
- Danach fassen wir in Abschnitt 12.2.3, »Wesentliche Unterschiede im Prüfprozess zwischen dezentralem und Embedded SAP EWM«, die wichtigen Unterschiede in der Qualitätsprüfung zwischen den beiden EWM-Szenarien zusammen.
- Anschließend erläutern wir in Abschnitt 12.2.4, »Prüfungsdurchführung und Bestimmung von Folgeaktionen im dezentralen Szenario«, und Abschnitt 12.2.5, »Prüfungsdurchführung und Bestimmung von Folgeaktionen im Embedded-Szenario«, im Detail die Durchführung der Qualitätsprüfung, sowohl in der QIE als auch in QM, und beschreiben je nach Prüfergebnis die möglichen logistischen Folgeaktionen unter der Berücksichtigung, ob SAP EWM dezentral oder embedded verwendet wird.

- Abschließend beschreiben wir in Abschnitt 12.2.6, »Spezielle Prüfprozesse und Funktionen im Wareneingang«, weitere Prozesse und Funktionen der Qualitätsprüfung im Wareneingang, wie z. B. die Annahmeprobenprüfung, die Vorabprüfung in der Produktion usw., die je nach SAP-EWM-Szenario unterschiedlich ablaufen.

12.2.1 Prüfprozess im dezentralen SAP EWM

Mit dem dezentralen SAP EWM kann der Prüfprozess entweder vollständig in der QIE oder, im Falle der QIE-QM-Integration, in beiden Modulen stattfinden. Im Folgenden beschreiben wir den Prüfprozess für beide Varianten im Detail.

Prüfprozess mit dem QIE-Stand-alone-Szenario

Im QIE-Stand-alone-Szenario erfolgt die Prüfplanung in SAP EWM. Dabei prüft SAP EWM, ob zur Durchführung des Qualitätsprüfprozesses sowohl ein aktiver POT als auch eine Prüfregel existiert. Nur wenn zu einem aktiven POT eine Prüfregel ermittelt wurde und die Dynamisierungsregel eine Prüfung vorsieht, wird auch ein Prüfbeleg in der QIE erstellt. Die Prüfregelfindung kann mit Transaktion /SCWM/QRSIM (Prüfregelfindung simulieren) oder über den Button **Zusatzdaten anzeigen** für die markierte Anlieferposition in Transaktion /SCWM/PRDI (Anlieferung pflegen) simuliert und getestet werden. Der QIE-Prüfbeleg enthält Informationen u. a. über das Prüfobjekt, die Prüfregel und die Prüfmengen. Ein Prüfbeleg kann auch Elemente beinhalten, wenn z. B. Proben durch die Verwendung der Probenziehanweisung ermittelt wurden.

Im SAP-EWM-Customizing können Sie in der IMG-Aktivität **Lagerabhängige Prüfobjekttypen definieren und aktivieren** die Zeitpunkte definieren, wann ein QIE-Prüfbeleg automatisch erstellt werden soll. Dies kann entweder mit der Aktivierung der Anlieferungsbenachrichtigung oder mit dem Status **In Yard** der Anlieferung erfolgen. Der Prüfbeleg wird je nach POT bzw. Prüfprozess sofort bei dessen Erstellung oder mit der Wareneingangsbuchung freigegeben. Erst mit der Freigabe kann er für die Prüfungsdurchführung und Erfassung des Prüfergebnisses genutzt werden.

Nach der Durchführung der Qualitätsprüfung wird der QIE-Prüfbeleg mit einem Entscheidungscode abgeschlossen. Dabei haben Sie die Möglichkeit, Befunde (also Fehler) und Aufwand zu erfassen und Dokumente, z. B. Fotos oder Prüfberichte, an den QIE-Prüfbeleg anzuhängen.

Wenn Sie den Prüfentscheid getroffen haben, legen Sie auf der Grundlage der Prüfung fest, ob das geprüfte Objekt angenommen oder zurückgewiesen wird. Sobald Sie den Prüfentscheid getroffen haben, erhält der QIE-Prüfbeleg den Status **Entscheidung getroffen**. Auf Basis des getroffenen Prüfentscheids können Folgeaktionen entweder manuell oder automatisch ermittelt werden. Mit den Folgeaktionen können Folgeprozesse, wie z. B. Einlagerung, Verschrottung, Umlagerung oder eine Rücksendung, automatisch angestoßen werden. Die folgenden Folgeaktionen sind im Standard verfügbar:

- **1 – Gesperrter Bestand**
  Wenn eine lokationsunabhängige Bestandsart für die logistische Folgeaktion angegeben ist, bucht SAP EWM den betreffenden Bestand in die entsprechende Bestandsart um, andernfalls bucht SAP EWM den Bestand in die nächste, als Schrottbestand gekennzeichnete Bestandsart um.
- **2 – Detaillierte Prüfung**
  Für den Bestand wird automatisch ein lagerinterner Prüfbeleg erstellt. SAP EWM schließt die vorhandene Prüfung (POT4) und erstellt eine lagerinterne Prüfung (POT5) für den betreffenden Bestand.
- **3 – Umlagerung an anderes Lager**
  Für den betreffenden Bestand wird automatisch eine Umlagerungsbestellung in SAP ERP angelegt.
- **4 – Einlagern zur Anlieferung**
  SAP EWM bucht den Bestand als frei verwendbar und erstellt mit der Lagerprozessart der Anlieferung eine Einlagerungslageraufgabe. Die gegebenenfalls zum Folgecode hinterlegte Lagerprozessart wird nicht berücksichtigt.
- **5 – Folgeaktion kommt von extern**
  SAP EWM erwartet eine von extern angesteuerte Buchung und kennzeichnet den Bestand für diese externe Buchung entsprechend. Diese Folgeaktionsart ist nur für Kundenretouren gültig und kennzeichnet den Bestand als erledigt. Die Folgeaktion muss durch ein verbundenes SAP-CRM-System über SAP S/4HANA ausgelöst werden.
- **6 – Extern auszuführen**
  Dieser Folge-Aktionstyp ist nur für die erweiterte Retourenabwicklung relevant. Auch mit dieser Folgeaktion erwartet der Bestand in SAP EWM lediglich auf eine externe Aktion.
- **7 – Wareneingang nach vorgezogener Prüfung mit Einschränkungen zulassen**
  Dieser Folge-Aktionstyp ist nur für den Prozess der Annahmeprobenprüfung relevant. SAP EWM startet den Prüfplanungsprozess mit der Wareneingangsbuchung, abhängig von dem Entscheid für die Annahmeprobenprüfung.

- **8 – Verschrotten an Kostenstelle**
  SAP EWM bucht den Warenausgang für die Bestandsposition, nachdem der Prüfentscheid getroffen worden ist, oder zur Fehlerbearbeitung. Je nach Systemeinstellungen müssen Sie gegebenenfalls einen Begründungsschlüssel angeben.
- **9 – Stichprobenverbrauch**
  SAP EWM bucht den Warenausgang für die Bestandsposition, nachdem der Qualitätsprüfentscheid getroffen worden ist. Je nach Systemeinstellungen müssen Sie einen Begründungsschlüssel angeben.

Kundeneigene Folgeaktionen

Mit dem BAdI /SCWM/EX_QFU können Sie eigene Folgeaktionen definieren. Das BAdI wird pro POT aufgerufen, falls eine Folgeaktion eingegeben oder über den Prüfentscheid ermittelt wird. Die ermittelten Daten müssen über das BAdI /SCWM/EX_QFU_SAVE weggeschrieben werden, das pro Lager/POT jeweils einmal aufgerufen wird. Daher empfiehlt es sich, beide BAdIs in derselben Klasse zu implementieren.

12

Wird durch die logistische Folgeaktion die Erstellung einer Lageraufgabe getriggert, haben Sie mit dem BAdI /SCWM/EX_QFU_STOCK_ACTION_WT die Möglichkeit, die vom Standard aufbereiteten Daten für die Lageraufgabenerstellung zu ändern. So können z. B. die Nachlagerdaten auf Basis einer kundenspezifischen Logik geändert werden. In diesem BAdI werden Beispielimplementierungen ausgeliefert, die bei positivem Verwendungsentscheid die Stichprobenmenge auf dem finalen Platz zulagern, an dem sich die Restmenge für diese Inspektion befindet. Dieses BAdI kann grundsätzlich verwendet werden, unabhängig davon, ob im dezentralen oder Embedded-Szenario, und unabhängig, ob der Qualitätsprüfprozess im QIE-Stand-alone-Szenario oder mit QM stattfindet. Weitere Informationen bietet Ihnen SAP-Hinweis 3156015. Abbildung 12.12 zeigt den zuvor beschriebenen Ablauf des Qualitätsprüfprozesses im QIE-Stand-alone-Szenario.

Führen Sie heute bereits die Qualitätsprüfung in QM durch, und wollen Sie Ihre Lagerprozesse mit den QM-Prüfprozessen integrieren, können Sie die im Standard verfügbare QIE-QM-Integration nutzen. Im Folgenden wird der Qualitätsprüfprozess mit der QM-QIE-Integration im dezentralen SAP EWM beschrieben.

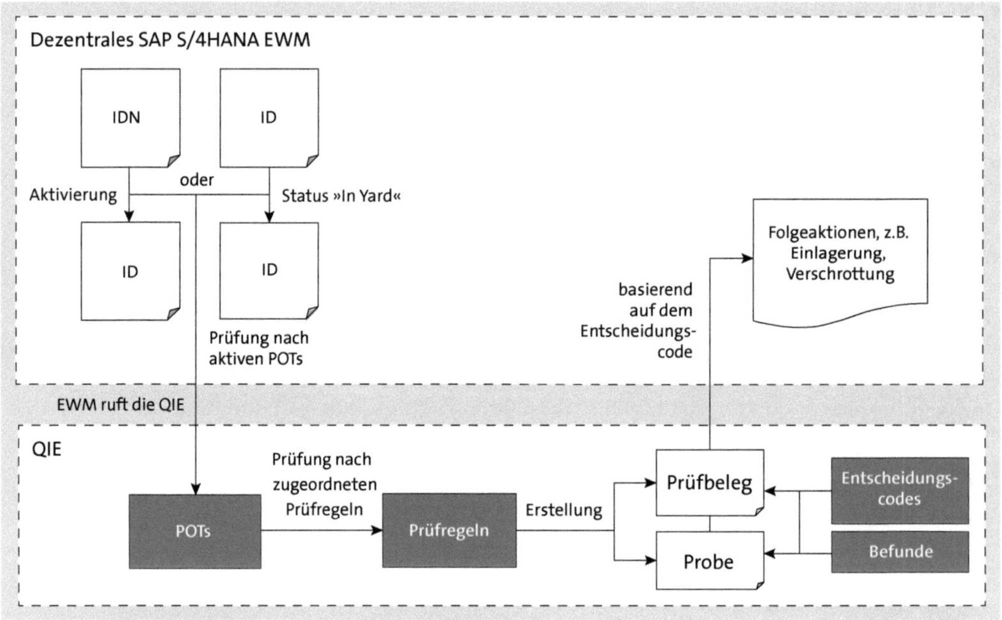

Abbildung 12.12 Beleg- und Informationsfluss des Qualitätsprüfprozesses im QIE-Standalone-Szenario

Qualitätsprüfprozess mit der QIE-QM-Integration

Wenn Sie z. B. mit Prüfplänen und Merkmalen in der Komponente QM von SAP S/4HANA arbeiten, können Sie die standardmäßige QIE-QM-Integration nutzen, um die Qualitätsprüfung in die Prozessabläufe Ihres Lagers nahtlos zu integrieren. Die QIE fungiert dabei als *Initiatorsystem* und QM als *Ausführungssystem*.

[!]

Prüfobjekttypen für die QIE-QM-Integration relevant

Nur Prüfbelege mit POT4 (Q-Prüfung Produkt/Charge Anlieferung) sowie POT5 (Q-Prüfung Produkt/Charge lagerintern) können an SAP S/4HANA-QM verteilt werden.

Da die Kommunikation zwischen SAP EWM und dem externen System ausschließlich über die die QIE erfolgt, müssen Sie im Customizing über den Menüpfad **Anwendungsübergreifende Komponenten • Quality Inspection Engine • Zentrale Einstellungen • Kommunikation mit einem externen QM-System • Externe QM-Systeme festlegen** die entsprechenden Einstellungen vornehmen.

[»]

SAP-Hinweis 1278425

In SAP-Hinweis 1278425 ist beschrieben, welche Einstellungen Sie in SAP EWM vornehmen müssen, um Prüflose in SAP S/4HANA zu erhalten. Darüber hinaus empfehlen wir, folgende Hinweise ebenfalls zu beachten: SAP-Hinweis 1953900 und SAP-Hinweis 1801763.

Analog zum QIE-Stand-alone-Szenario findet auch im QIE-QM-Szenario die Prüfplanung und gegebenenfalls der Anstoß zur Erstellung von Prüfbelegen im SAP EWM statt. Die möglichen Zeitpunkte sind mit denen im QIE-Stand-alone-Szenario identisch. Nur wenn in der Prüfplanung zu einem aktiven POT eine Prüfregel ermittelt wurde, wird auch ein QIE-Prüfbeleg erstellt. In der Prüfregel ist die Prüfart, die QM für die Erstellung des Prüfloses verwendet, hinterlegt. Folgende Prüfarten werden mit dem dezentralen SAP EWM unterstützt:

- 1701: EWM: WE-Prüfung für die Bestellung
- 1704: EWM: WE-Prüfung aus der Produktion
- 1708: EWM: Umlagerungsprüfung
- 1709: EWM: Wiederkehrende Prüfung von Chargen

[!]

Stichprobenmengenermittlung und Dynamisierung in der QIE

Im Gegensatz zum QIE-Stand-alone-Szenario wird im QIE-QM-Szenario mit dem dezentralen SAP EWM aktuell nur die 100%-Prüfung unterstützt, d. h., dass die Ermittlung der Stichprobenmenge nur durch QM und nicht durch die QIE erfolgen kann. Gleiches gilt aktuell auch für die Dynamisierung, d. h., die Verwendung der QIE-Dynamisierungsregeln wird im QIE-QM-Szenario nicht unterstützt. Hier geht SAP davon aus, dass die Dynamisierungsfunktionen von QM verwendet werden. Beachten Sie in diesem Zusammenhang auch SAP-Hinweis 2840129.

Ist im POT das Feld **Externes Qualitätsmanagementsystem** gepflegt, werden mit der Wareneingangsbuchung der Anlieferung im dezentralen SAP EWM die prüfrelevanten Informationen inklusive der aus der Prüfregel ermittelten Prüfart an QM übertragen. QM prüft, ob es zur übertragenen Prüfart eine aktive Prüfart im Materialstamm gibt. Die Prüfart im Materialstamm pflegen Sie auf der Registerkarte **Qualitätsmanagement** mit dem Button **Prüfeinstellung**. Ist für die Prüfart ein Stichprobenverfahren gepflegt, berechnet QM die Stichprobenmenge entsprechend. QM erstellt das Prüflos mit der Prüflosherkunft 17 (Prüfung in SAP EWM) und der ermittelten Prüfart. Mit der Bestätigungsnachricht, dass das Los in QM angelegt wurde, werden die Prüflosinformationen per RFC an die QIE übertragen, und der QIE-Prüfbeleg wird mit der QM-Prüflosnummer und der in QM berechneten externen Stichprobenmenge aktualisiert (siehe Abbildung 12.13). Die Prüflosnummer ist dann im Feld **Nummer des externen Belegs** im QIE-Prüfbeleg und die Stichprobenmenge im Feld **Extern berechneter Stichprobenumfang** ersichtlich.

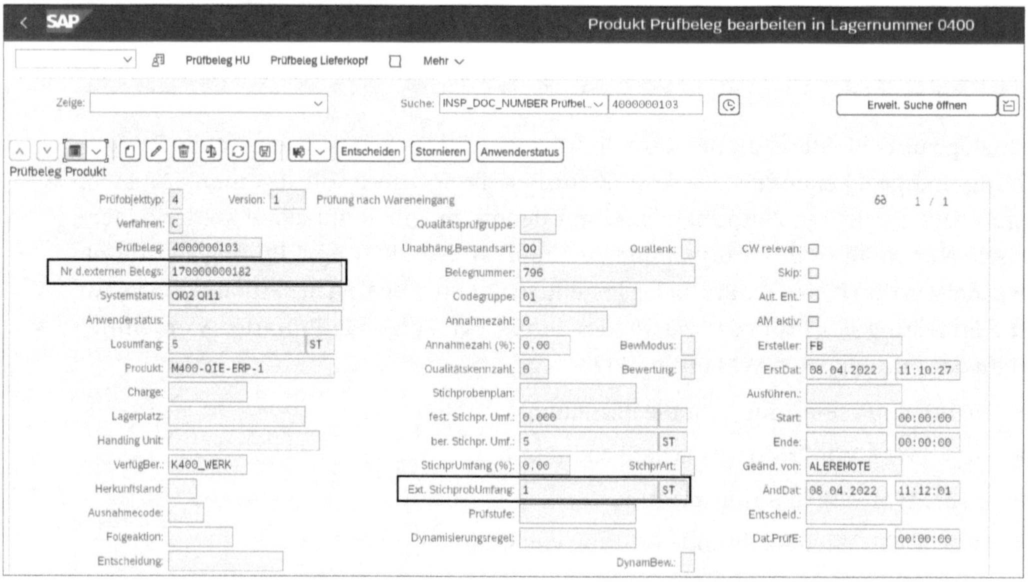

Abbildung 12.13 Transaktion /SCWM/QIDPR: Aktualisierung des QIE-Prüfbelegs mit den QM-Prüflosdaten

Ist die Einstellung im SAP-EWM-Customizing zur Abspaltung der externen Stichprobenmenge aktiv, bucht SAP EWM die Stichprobenmenge entsprechend um. In Abschnitt 12.2.6, »Spezielle Prüfprozesse und Funktionen im Wareneingang«, gehen wir im Detail auf diesen Prozess ein. Sowohl der Bestand der Stichprobenmenge als auch der Restbestand der Lieferpositionsmenge bleibt weiterhin zu 100% im Qualitätsprüfbestand.

In QM können zum Prüflos z. B. mit Transaktion QE01 (Ergebnisse erfassen) Ergebnisse zu den Prüfmerkmalen erfasst werden. Anschließend wird der Verwendungsentscheid für das Prüflos z. B. mit Transaktion QA11 (Verwendungsentscheid erfassen) getroffen und an die QIE bzw. an das dezentrale SAP EWM übermittelt. Anhand des übertragenen Verwendungsentscheids bzw. Entscheidungscodes wird über die QIE in SAP EWM eine Folgeaktion angestoßen. Die möglichen Folgeaktionen sind mit dem QIE-Stand-alone-Szenario identisch. Wichtig ist an dieser Stelle zu erwähnen, dass die Entscheidungscodes in QM und in SAP EWM identisch gepflegt sein müssen, um die entsprechende Folgeaktion in SAP EWM ermitteln zu können. Je nach Folgeaktion wird z. B. der Prüfbestand von **Q** an **Frei** umgebucht und die Lageraufgabe zur Einlagerung automatisch erstellt. Die Bestandsumbuchung wird an SAP S/4HANA übertragen, in SAP S/4HANA die Bestandsumbuchung ebenfalls durchgeführt und ein entsprechender Materialbeleg erzeugt. Abbildung 12.14 veranschaulicht den Prozessablauf und den Informationsfluss mit den verschiedenen Nachrichten zwischen dem dezentralen SAP EWM und SAP S/4HANA.

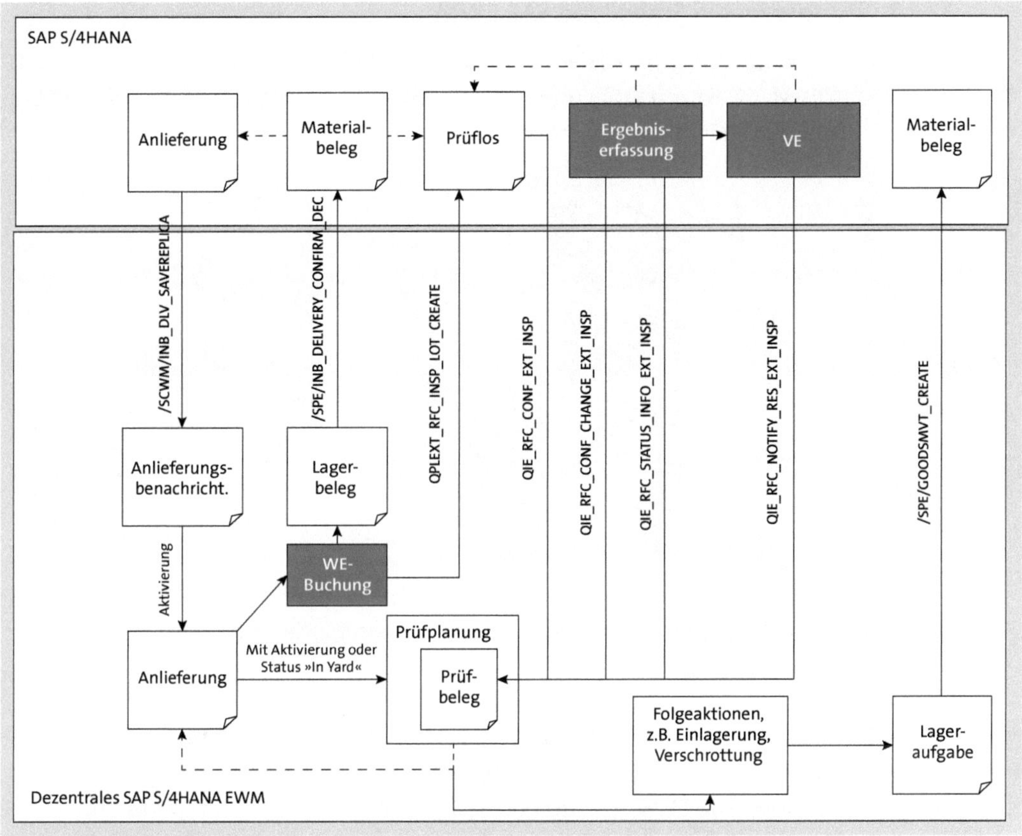

Abbildung 12.14 Ablauf des Qualitätsprüfprozesses im QM-QIE-Szenario zwischen SAP S/4HANA und dem dezentralen SAP EWM

Im dezentralen Szenario kommuniziert SAP EWM über die QIE mit QM

Zur Übertragung von Prüfinformationen kommunizieren QM und SAP EWM nicht direkt miteinander, sondern ausschließlich über die QIE. Die Kommunikation erfolgt per RFC. Die entsprechenden Funktionsbausteine sind in der Funktionsgruppe `QIE_RFC_COMMUNICATION` zu finden. Im Gegensatz zum QIE-Stand-alone-Szenario, in dem ausschließlich der QIE-Prüfbeleg verwendet wird, werden im QM-QIE-Szenario sowohl ein QIE-Prüfbeleg als auch ein QM-Prüflos auf Basis des QIE-Prüfbelegs erstellt.

Wird anstelle des dezentralen Embedded SAP EWM verwendet, ist der Ablauf des Qualitätsprüfprozesses wie folgt beschrieben.

12.2.2 Prüfprozess in Embedded SAP EWM

Wie bereits erwähnt, kommuniziert Embedded SAP EWM, im Gegensatz zum dezentralen SAP EWM, direkt mit QM von SAP S/4HANA. Abbildung 12.15 zeigt den Prozessablauf der Qualitätsprüfung im Embedded-Szenario.

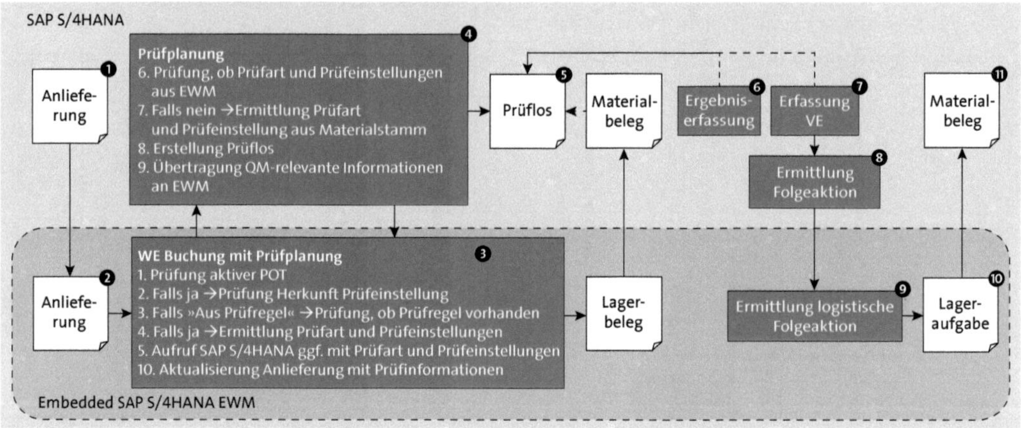

Abbildung 12.15 Beleg- und Informationsfluss des Qualitätsprüfprozesses mit Embedded SAP EWM

Der Ablauf des Qualitätsprüfprozesses im Embedded-Szenario startet mit der Erstellung der Anlieferung in SAP S/4HANA die Übertragung und Erstellung der Anlieferung in Embedded SAP EWM. In Embedded SAP EWM wird die Prüfplanung für Anlieferungen immer durchgeführt, wenn der Wareneingang gebucht oder die erste Lageraufgabe erstellt wird. SAP EWM prüft, ob der Wareneingangsprozess auf Basis eines aktiven POT grundsätzlich für die Qualitätsprüfung relevant ist. Die Aktivierung des POT nehmen Sie – analog zum QIE-stand-alone-Szenario bzw. zum QIE-QM-Szenario – in der SAP-EWM-IMG-Aktivität **Lagerabhängige Prüfobjekttypen definieren und aktivieren** vor, die Sie über den folgenden Pfad finden: **Prozessübergreifende Einstellungen • Qualitätsmanagement • Grundlagen und Integration**. In dieser Tabelle müssen Sie im Embedded-Szenario, neben anderen prüfungsrelevanten Einstellungen, auch die Herkunft der Prüfeinstellung festlegen. Dazu haben Sie die folgenden Einstellungsmöglichkeiten:

- **Keine Prüfregel**
  Diese Einstellung kann nur in Embedded SAP EWM verwendet werden. Mit dieser Einstellung kann in QM für die aktiven lagerabhängigen POT4 (Q-Prüfung von Produkt/Charge Anlieferung) und POT5 (Q-Prüfung Produkt/Charge lagerintern) ein Prüflos ohne Prüfregeln erstellt werden. Das Generieren und Aktivieren von Versionen dieser POTs ist nicht erforderlich. Zusätzlich müssen Einstellungen für die Prüfplanung ohne Prüfregeln wie z. B. für den Qualitätsprüfprozess vorgenommen werden. Mit dieser Einstellung ermittelt QM die Prüfart und die Prüfattribute

über die Prüfeinstellung im Materialstamm. Wichtig ist, dass das Kennzeichen **Aktiv** für die Prüfart gesetzt ist, damit Prüflose erstellt werden können. Wie in Abbildung 12.16 ersichtlich, pflegen Sie im Materialstamm auf der Registerkarte **Qualitätsmanagement** die Prüfart und deren Attribute über den Button **Prüfeinstellung**.

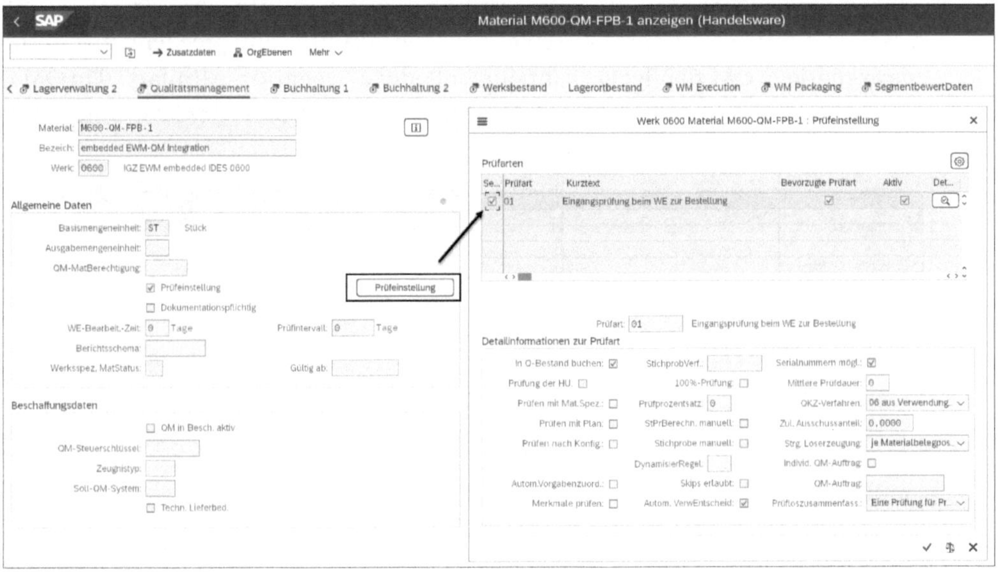

Abbildung 12.16 Prüfart und deren Attribute im Materialstamm in SAP S/4HANA auf der Registerkarte »Qualitätsmanagement« pflegen

- **Aus der Prüfregel**
  Diese Einstellung kann sowohl in Embedded als auch im dezentralen SAP EWM verwendet werden. In diesem Fall werden die Prüfart und die Prüfattribute über die Prüfregel ermittelt, die Sie im Bildbereich **Argumente – Detaildaten zur Prüfart** in der Prüfregel gepflegt haben. Mit dieser Einstellung müssen Sie die Registerkarte **Qualitätsmanagement** im Materialstamm nicht pflegen. Zur Erstellung von Prüfregeln sind generierte und aktivierte Versionen von POTs erforderlich.

- **Aus dem Materialstamm**
  Diese Einstellung war vor Release SAP S/4HANA 1909 relevant. Mit Release SAP S/4HANA 1909 wurde diese Einstellung durch die Herkunft **Ohne Prüfregel** ersetzt. Wenn Sie diese Herkunft verwenden, wird die Prüfeinstellung aus der Registerkarte **Qualitätsmanagement** im Materialstamm verwendet, was bedeutet, dass analog zur Herkunft **Ohne Prüfregel** die Prüfeinstellungen im Materialstamm gepflegt sein müssen. Zusätzlich benötigt SAP EWM eine allgemeine Prüfregel, um den Prüfprozess zu starten.

Wurde von Embedded SAP EWM ein aktiver POT ermittelt, wird die Einstellung der zuvor beschriebenen Herkunft der Prüfeinstellung geprüft. Je nach Herkunft werden die Prüfart und die Prüfattribute entweder aus der Prüfregel oder aus dem Materialstamm ermittelt und – sofern vorhanden – in QM ein Prüflos erstellt. Bei der QM-Integration ohne Prüfregeln besteht seit SAP S/4HANA 1909 im Embedded-Szenario die Möglichkeit, für SAP-EWM-bezogene Prüfungen und nicht-SAP-EWM-bezogene Prüfungen die gleichen Prüfarten zu verwenden (siehe SAP-Hinweis 2787302). Anstatt z. B. die Prüfart 1701 für Ihre SAP-EWM-bezogene Prüfung entsprechend im dezentralen Szenario in QM zu pflegen, kann im Embedded-Szenario die Prüfart 01 in QM verwendet werden. Dann wird das Prüflos mit der Prüfart 01 und der Prüflosherkunft 17 (Prüfung in SAP EWM) erstellt (siehe Abbildung 12.17).

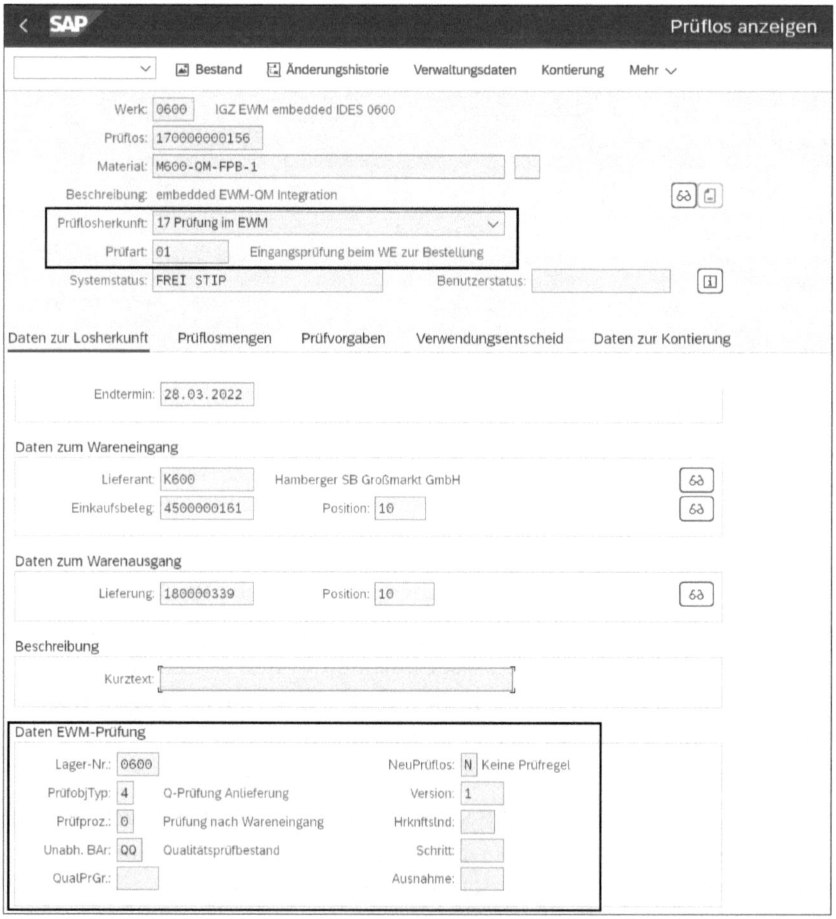

Abbildung 12.17 QM-Prüflos im Embedded-Szenario auf Basis der Prüfeinstellung im Materialstamm

Folgende Prüfarten werden im Embedded-Szenario ohne Prüfregeln unterstützt:

- 01: SAP EWM: WE-Prüfung für Bestellung
- 04: SAP EWM: WE-Prüfung aus der Produktion

- 08: SAP EWM: Umlagerungsprüfung
- 09: SAP EWM: Wiederkehrende Prüfung von Chargen

Wurde das Prüflos erstellt, sind die Daten zur SAP-EWM-Prüfung (z. B. die SAP-EWM-Lagernummer, der POT und der Prüfprozess) im Prüflos sichtbar.

Nach der Erstellung des Prüfloses in QM werden die QM-relevanten Informationen nach Embedded SAP EWM übertragen und in SAP EWM der Bestand mit Referenz zur Prüflosnummer gebucht. Nach der Wareneingangsbuchung ist die Prüflosnummer in der SAP-EWM-Anlieferung auf der Registerkarte **Belegfluss** zur Lieferposition sichtbar (siehe Abbildung 12.18).

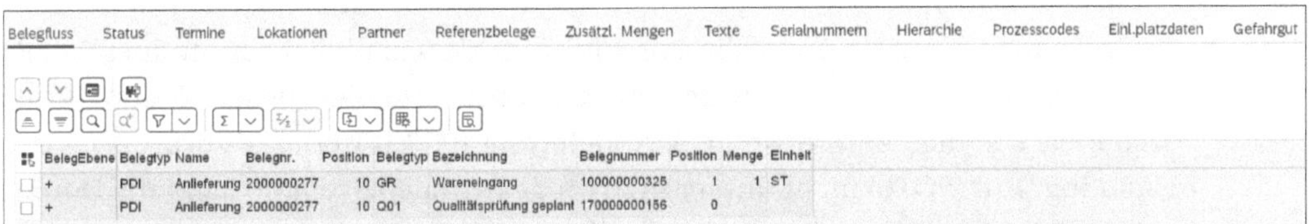

Abbildung 12.18 Anzeige der QM-Prüflosnummer in der SAP-EWM-Anlieferung auf der Registerkarte »Belegfluss« mit Transaktion /SCWM/PRDI

Die Bestandsbuchung wird an SAP S/4HANA übertragen, der Bestand gebucht und ein entsprechender Materialbeleg erstellt. Das QM-Prüflos wird anschließend mit den Materialbeleginformationen entsprechend aktualisiert. Anschließend werden gegebenenfalls Ergebnisse zu den Prüfmerkmalen erfasst und der Verwendungsentscheid für das Prüflos getroffen. Dem Verwendungsentscheid ist eine Folgeaktion zugeordnet, die als SAP-EWM-relevant gekennzeichnet ist. Dadurch wird die logistische Folgeaktion in Embedded SAP EWM ermittelt. In Embedded SAP EWM stehen Ihnen die gleichen Folgeaktionen wie im dezentralen Szenario bzw. wie in Abschnitt 12.2.1, »Prüfprozess im dezentralen SAP EWM«, beschrieben, zur Verfügung, außer:

- **Detaillierte Prüfung**
  Da im Embedded-Szenario keine QIE-Prüfbelege erstellt werden, steht diese Folgeaktion in Embedded SAP EWM nicht zur Verfügung.
- **Umlagerung in anderes Lager**
  Erstellung einer Umlagerungsbestellung in ein anderes Lager (Diese Funktion ist nur für den Prozess der Kundenretoure im dezentralen SAP EWM relevant.)

Je nach Folgeaktion wird z. B. der Prüfbestand von **Q** an **Frei** umgebucht und die Lageraufgabe zur Einlagerung automatisch erstellt. Die Bestandsumbuchung wird an SAP S/4HANA übertragen. In SAP S/4HANA wird die Bestandsumbuchung ebenfalls durchgeführt und ein entsprechender Materialbeleg erzeugt.

Nachdem wir den Qualitätsprüfprozess für beide SAP-EWM-Szenarien beschrieben haben, fassen wir im folgenden Abschnitt die wichtigsten Unterschiede zusammen.

12.2.3 Wesentliche Unterschiede im Prüfprozess zwischen dezentralem und Embedded SAP EWM

Wie zuvor beschrieben, kommuniziert SAP EWM im dezentralen Szenario über die QIE mit QM von SAP S/4HANA. Im Embedded-Szenario kommuniziert SAP EWM direkt mit QM von SAP S/4HANA. Daraus ergeben sich, je nach Szenario, die folgenden wesentliche Unterschiede:

- Im Embedded-Szenario werden bei ermittelter Prüfrelevanz und Prüfeinstellung ausschließlich QM-Prüflose erstellt. Im dezentralen Szenario werden bei der Verwendung der QIE-QM-Integration sowohl die QIE-Prüfbelege als auch die QM-Prüflose erstellt.
- Im Embedded-Szenario findet die Durchführung der Qualitätsprüfung ausschließlich in QM statt. Daher werden im Embedded-Szenario die QIE-Stand-alone-Prüfszenarien wie die Zählprüfung der Anlieferung (POT2) und die Vorprüfung der Handling Unit (POT6) nicht unterstützt. Im dezentralen Szenario kann die Durchführung der Qualitätsprüfung sowohl direkt in der QIE als auch in QM erfolgen. Daher kann nur im dezentralen Szenario in den lagerabhängigen Einstellungen für den POT ein externes QM-System gepflegt werden.
- Im Embedded-Szenario erfolgt die Prüfplanung immer mit der Wareneingangsbuchung der Anlieferung oder mit der Erstellung der ersten Lageraufgabe, während im dezentralen Szenario die Prüfplanung auch schon im Status **In Yard** der Anlieferung erfolgen kann.
- Nur im Embedded-Szenario besteht die Möglichkeit, QM ohne Prüfregeln zu integrieren. Wie bereits beschrieben, ist die Verwendung von Prüfregeln im Embedded-Szenario dennoch möglich. Im dezentralen Szenario sind Prüfregeln, sowohl für das QIE-Stand-alone-Szenario als auch für die QIE-QM-Integration, zwingend erforderlich.
- Im Embedded-Szenario müssen Prüfeinstellungen im Materialstamm gepflegt sein. Im Gegensatz dazu können im dezentralen Szenario Prüfeinstellungen im Materialstamm gepflegt sein. Sind die Prüfarten im Materialstamm gepflegt und aktiv, werden die Einstellungen bei der Erstellung des Prüfloses entsprechend berücksichtigt, ansonsten werden die Prüfarteinstellungen im QM-Customizing verwendet.
- Nur im Embedded-Szenario besteht die Möglichkeit, für EWM-bezogene Prüfungen und nicht-EWM-bezogene Prüfungen die gleichen Prüfarten, z. B. **01 – Eingangsprüfung beim WE zur Bestellung** zu verwenden. Im dezentralen Szenario müssen für SAP-EWM-bezogene Prüfungen separate Prüfarten, z. B. 1701 (EWM: WE-Prüfung für Bestellung), definiert und verwendet werden.

- Im Embedded-Szenario werden im Lagermonitor im Knoten **Prüfung** nur QM-Prüflose und im dezentralen Szenario ausschließlich QIE-Prüfbelege angezeigt. Im Embedded-Szenario können im Knoten **Physischer Bestand** nur lagerinterne QM-Prüflose und im dezentralen Szenario nur lagerinterne QIE-Prüfbelege angelegt werden.
- Die in SAP EWM verfügbaren RF-Transaktionen zur Erfassung von Prüfentscheiden sind im Embedded-Szenario nicht verfügbar.

Im folgenden Abschnitt werden die verschiedenen Möglichkeiten der Prüfungsdurchführung in der QIE bzw. in QM und die Bestimmung der Folgeaktionen auf Basis des Prüfentscheids näher beschrieben.

12.2.4 Prüfungsdurchführung und Bestimmung von Folgeaktionen im dezentralen Szenario

Die Durchführung der Qualitätsprüfung sowie das Erfassen der Prüfentscheide ist je nach SAP-EWM-Szenario unterschiedlich. Mit dem dezentralen SAP EWM kann die Durchführung der Qualitätsprüfung entweder in der QIE erfolgen, wenn das QIE-Stand-alone-Szenario verwendet wird, oder – im Fall der QIE-QM-Integration – in QM. Im Folgenden beschreiben wir die Durchführung der Q-Prüfung und Bestimmung von Folgeaktionen für beide Varianten im Detail.

Prüfungsdurchführung und Bestimmung von Folgeaktionen mit dem QIE-Stand-alone-Szenario

Nachdem die QIE die Prüfrelevanz und den entsprechenden Prüfprozess ermittelt und einen Prüfbeleg erstellt hat, kann SAP EWM auf Basis der prozessorientierten Lagersteuerung automatisch die HU-Lageraufgaben zum ermittelten Prüfplatz erstellen. Mit Quittierung der HU-Lageraufgaben kann z. B. zu diesem Zeitpunkt die WE-Buchung auf der HU-Ebene automatisch erfolgen.

[+]

> **Prüfplatzermittlung ohne aktive prozessorientierte Lagerungssteuerung**
>
> Ist die Lagerungssteuerung nicht aktiv oder die Anlieferposition nicht verpackt, kann über den Prozessschritt, der in der Prüfregel festgelegt werden kann, der Prüfplatz ermittelt werden.

Wie bereits in Abschnitt 12.2.1, »Prüfprozess im dezentralen SAP EWM«, erwähnt, erfolgt die Prüfungsdurchführung am Prüfplatz unter der Verwendung der Transaktionen in SAP EWM auf der Basis von Prüfbelegen der QIE. Die Qualitätsprüfung am

Prüfplatz können Sie entweder im RF-Framework oder mit der Desktop-Transaktion /SCWM/QINSP (Qualitätsprüfung und Zählung) durchführen, die Sie im SAP-Easy-Access-Menü im dezentralen SAP EWM unter dem Menüpunkt **Ausführung** finden. Wir möchten an dieser Stelle darauf hinweisen, dass diese Transaktion im Embedded-Szenario nicht unterstützt wird. Hier steht Ihnen Transaktion /SCWM/QINSP_S4 (Übersicht Arbeitslast Qualität) zur Verfügung. Weitere Details zur Durchführung der Q-Prüfung im Embedded-Szenario finden Sie in Abschnitt 12.2.5, »Prüfungsdurchführung und Bestimmung von Folgeaktionen im Embedded-Szenario«.

Abbildung 12.19 zeigt die Benutzeroberfläche eines Qualitätsprüfplatzes. Das Layout ist Ihren Prozessanforderungen im Customizing entsprechend konfigurierbar.

Abbildung 12.19 Qualitätsprüfung im dezentralen SAP EWM mit Transaktion /SCWM/QINSP (Qualitätsprüfung und Zählung)

In Transaktion /SCWM/QINSP haben Sie neben der Erfassung des Prüfergebnisses auch die Möglichkeit, z. B. Differenzen zu erfassen und gegebenenfalls eine Chargenbewertung durchzuführen. Wie Abbildung 12.19 zeigt, besteht die Möglichkeit, für die zu prüfende Menge auch Teilmengenentscheide zu erfassen. Je nach Entscheidungscode (z. B. A0 = Accept und R3 = Reject) werden unterschiedliche Folgeaktionen automatisch ermittelt, die im Customizing definiert werden. Welche Entscheidungscodes Ihnen zur Verfügung stehen, können Sie in der Prüfregel, die dem Prüfbeleg zugrunde liegt, in Form einer sogenannten *Entscheidungscodegruppe* hinterlegen.

Die Entscheidungscodegruppe, Entscheidungscodes, die Folgeaktionen und die Zuordnung der Folgeaktionen zu den Entscheidungscodes definieren Sie im SAP-EWM-Customizing über den IMG-Pfad **Prozessübergreifende Einstellungen • Qualitätsmanagement • Qualitätsmanagement für dezentrales EWM • Prüfergebnisse**. So wird z. B. für den Entscheidungscode A0 automatisch die Folgeaktion A ermittelt, die automatisch den entsprechenden Bestand von z. B. Q3 (Qualitätsprüfbestand in Einlagerung) in F1 (Frei verwendbar in Einlagerung) umbucht und automatisch eine Lageraufgabe zur Einlagerung erstellt. Die Lageraufgabe ist auf der Registerkarte **offene LBs, von** sichtbar. Zudem haben Sie die Möglichkeit, z. B. für den fehlerhaften Bestand über den Button **Nach-HU anlegen** eine Nach-HU zu erstellen und die Menge entsprechend umzupacken. Der Prüfentscheid und die Folgeaktion können auch getrennt erfasst werden. So kann am Arbeitsplatz in Transaktion /SCWM/QINSP der Prüfentscheid getroffen werden und in Transaktion /SCWM/QIDPR im Prüfbeleg die Folgeaktion manuell erfasst werden.

Nachdem der Prüfentscheid getroffen worden ist, wird die Anlieferung entsprechend aktualisiert. Die Belege, die durch die logistischen Folgeaktionen angelegt wurden, sind für die Lieferposition auf der Registerkarte **Belegfluss** sichtbar (siehe Abbildung 12.20).

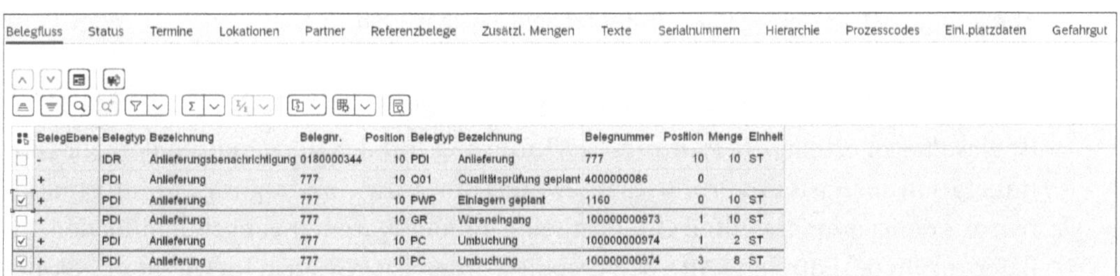

Abbildung 12.20 Aktualisierung der Anlieferung nach Prüfentscheid

Nach dem Prüfentscheid wird der Prüfbeleg ebenfalls aktualisiert. Da zwei Teilmengenentscheide getroffen wurden, wird pro geprüftem Bestand ein Element vom Typ **Position** generiert. Wie in Abbildung 12.21 ersichtlich, sind für den Prüfbeleg zwei Positionen angelegt worden. Den QIE-Prüfbeleg können Sie sich je nach Objekt (Produkt, HU, Anlieferung) in den jeweiligen Transaktionen /SCWM/QIDPR, /SCWM/QIDHU bzw. /SCWM/QIDDH, die Sie im SAP-Easy-Access-Menü in SAP EWM über den Pfad **Arbeitsvorbereitung • Prüfbeleg** finden, anzeigen lassen. Beachten Sie, dass die zuvor genannten SAP-EWM-Transaktionen nur im dezentralen Szenario verfügbar sind.

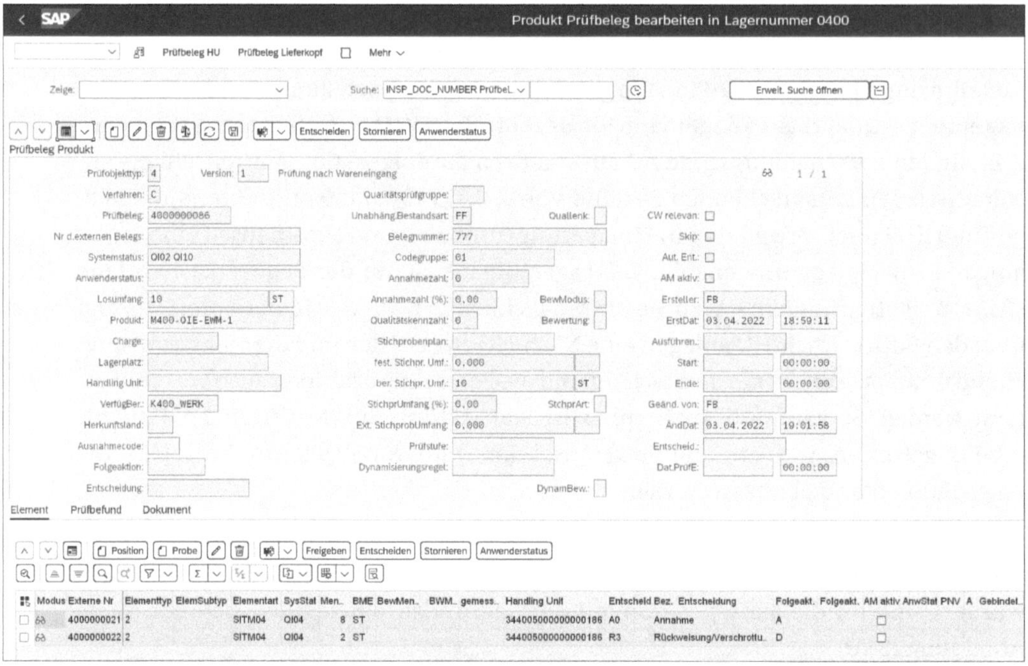

Abbildung 12.21 Prüfbeleg nach Prüfentscheid aktualisieren

Prüfungsdurchführung und Bestimmung von Folgeaktionen in QM in SAP S/4HANA

In diesem Fall erfolgt die Prüfungsdurchführung mit der Verwendung der QIE-QM-Integration auf Basis des Prüfloses in QM, das durch die Übertragung der Informationen aus dem zuvor erstellten QIE-Prüfbeleg mit der Wareneingangsbuchung der Anlieferung im dezentralen SAP EWM erstellt worden ist. Wie auch im QIE-Stand-alone-Szenario werden im dezentralen SAP EWM für die Handling Units der prüfungsrelevanten Anlieferposition Lageraufgaben zum Prüfplatz durch die Logik der prozessorientierten Lagerungssteuerung erstellt und quittiert. Anschließend hat der Mitarbeiter zur Durchführung der Qualitätsprüfung in QM die Möglichkeit, z. B. in Transaktion QA11 (Verwendungsentscheid erfassen) anhand verschiedener Kriterien wie z. B. Material, Lieferant oder LE-Anlieferungsnummer nach noch nicht entschiedenen Prüflosen zu selektieren. Nach der Auswahl des entsprechenden Prüfloses erfolgt die Überprüfung der Ware mit abschließendem Setzen eines Verwendungsentscheids. Der Mitarbeiter hat die Möglichkeit, den Verwendungsentscheid entweder für die komplette Prüfmenge (Voll-Entscheid) oder für Teilmengen (Teil-Entscheid) zu erfassen.

Mit dem Button **Teil-VE (EWM)** in der QM-Transaktion QA11 wird per RFC in SAP EWM ein Pop-up-Fenster aufgerufen, in dem der zur SAP-ERP-Prüflosnummer zugehörige QIE-Prüfbeleg, alle prüfrelevanten Bestände zu diesem Prüfbeleg sowie Bestandsinformationen wie Lagerplatzdaten, Bestandsart, Chargennummer usw. anzeigt werden. Über eine Statusampel ist für den Prüfer ersichtlich, ob eine Prüfung für diesen Prüfbestand möglich ist oder nicht. Ist die Ampel rot, befindet sich der Prüfbestand nicht an einem Prüfplatz, der Prüfbeleg ist gesperrt oder der Lagerauftrag zur HU hat den Status **In Bearbeitung**. Falls eine Bearbeitung des Prüfbelegs für den entsprechenden Prüfbestand möglich ist, werden dem Prüfer die folgenden Funktionen im Pop-up-Fenster zur Verfügung gestellt (siehe Abbildung 12.22):

- Prüfung und Entscheid über Teilmengen
- manuelle Auswahl logistischer Folgeaktionen
- massenhafte Entscheidung von Prüfbeständen pro Prüfbeleg (Entscheid, Folgeaktion, neue Zielcharge und Status **Entschieden**)
- Absprung in Transaktion /SCWM/QIDPR zur Anzeige des Prüfbelegs und der bereits geprüften Bestände
- Hinzufügen zusätzlicher Dokumente (z. B. Word-Dokumente) zum Prüfentscheid
- Anzeige der Buchungen (in den Q-Bestand und aus dem Q-Bestand) in SAP EWM
- Klassifizierung, falls das Produkt chargenverwaltet ist

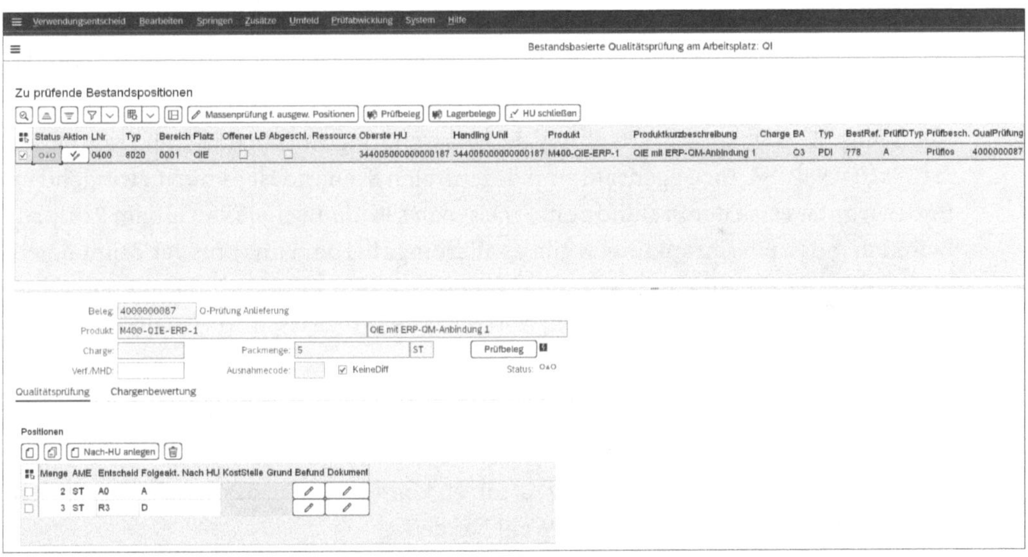

Abbildung 12.22 SAP-EWM-Pop-up-Fenster aus Transaktion QA11 zur Teilmengenprüfung

Mit dem Setzen des Entscheidungscodes im Prüflos in QM wird dieser an das dezentrale SAP EWM übertragen, wodurch der QIE-Prüfbeleg mit dem getroffenen Verwendungsentscheid aktualisiert wird. Voraussetzung dafür ist, dass die Verwendungsentscheide in QM und in SAP EWM synchron gepflegt sind. Je nach Einstellung wird in SAP EWM für den Verwendungsentscheid eine zugeordnete logistische Folgeaktion ermittelt und angestoßen. Die möglichen Folgeaktionen sind mit denen im QIE-

Stand-alone-Szenario identisch und in Abschnitt 12.2.1, »Prüfprozess im dezentralen SAP EWM«, im Detail beschrieben. Auch der IMG-Pfad zur Pflege der Entscheidungscodes und Folgeaktionen ist mit dem QIE-Stand-alone-Szenario wie im vorangehenden Abschnitt identisch. Die Codes für den Verwendungsentscheid in QM pflegen Sie im IMG über den Pfad **Qualitätsmanagement • Qualitätsprüfung • Codegruppen und Codes für Verwendungsentscheide bearbeiten**.

12.2.5 Prüfungsdurchführung und Bestimmung von Folgeaktionen im Embedded-Szenario

Im Embedded-Szenario existieren nur QM-Prüflose und keine QIE-Prüfbelege, und somit erfolgt die Durchführung der Qualitätsprüfung ausschließlich in QM. Zur VE-Erfassung können – analog zum dezentralen Szenario mit Q-Prüfung in QM – selbstverständlich die zuvor beschriebenen QM-Transaktionen verwendet werden. Im Embedded-Szenario wird in Transaktion QA11 das SAP-EWM-Pop-up-Fenster für die zu prüfenden Bestände allerdings nicht mehr asynchron, sondern synchron per RFC aufgerufen. Neben der Verwendung von Transaktion QA11 in QM besteht darüber hinaus nur im Embedded-Szenario die Möglichkeit, den Verwendungsentscheid in Embedded SAP EWM mit Transaktion /SCWM/QINSP_S4 (Übersicht Arbeitslastqualität) zu erfassen.

Abbildung 12.23 zeigt die Erfassung des Verwendungsentscheids mit Transaktion /SCWM/QINSP_S4. Im Gegensatz zum dezentralen Szenario ist es nicht zwingend erforderlich, dass sich der Bestand zum Erfassen des Prüfentscheids an einem Prüfplatz befinden muss. Einschränkungen gibt es allerdings bei der Funktion der Teilmengenentscheide. Das heißt, dass wenn dem Lagerplatz kein Prüfarbeitsplatz zugeordnet ist, z. B. der Button **HU schließen** zum Abschluss des Prozessschritts **Qualitätsprüfung** inaktiv ist.

Neben dem Teilmengenentscheid gibt es in Transaktion /SCWM/QINSP_S4 zusätzlich die folgenden Möglichkeiten:

- Änderung der Produktnummer, z. B. um zu kennzeichnen, dass es sich bei diesem Produkt um ein Produkt zweiter Wahl handelt
- Änderung der Chargennummer (eine Chargenbewertung wird nicht unterstützt)
- Erstellen einer Ziel-HU, um den fehlerhaften vom fehlerfreien Bestand zu separieren
- Erfassung von Differenzmengen

Bei der QM-Integration mit der Herkunft **ohne Prüfregeln** muss sichergestellt werden, dass für SAP-EWM-relevante Prüfungen beim Erfassen eines Verwendungsentscheids auch eine logistische Folgeaktion in Embedded EWM angestoßen wird (siehe auch SAP-Hinweis 2787302, EWM-QM-Integration ohne Prüfregeln bei der Verwendung von eingebettetem SAP EWM). Das notwendige Customizing in QM und Embedded SAP EWM wird im Folgenden beschrieben.

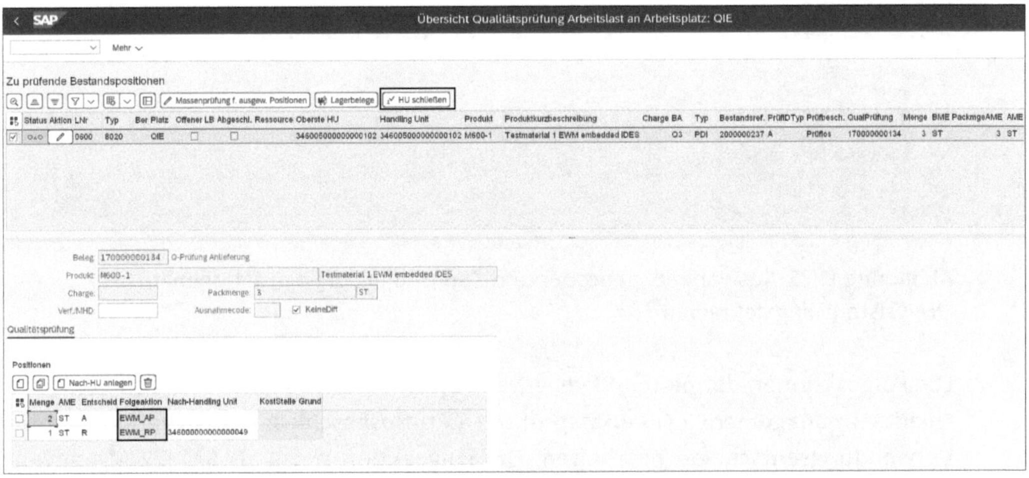

Abbildung 12.23 Verwendungsentscheid mit Transaktion /SCWM/QINSP_S4 in Embedded SAP EWM erfassen

Im QM-Customizing müssen Sie werksabhängige Einstellungen für das Qualitätsmanagement festlegen (siehe Abbildung 12.24). Das sind etwa Einstellungen für eine spezifische Prüfart wie z. B. die Standardeinstellungen für die Verwendungsentscheide. Den Pflege-View finden Sie im folgenden IMG-Pfad: **Qualitätsmanagement • Grundeinstellungen**.

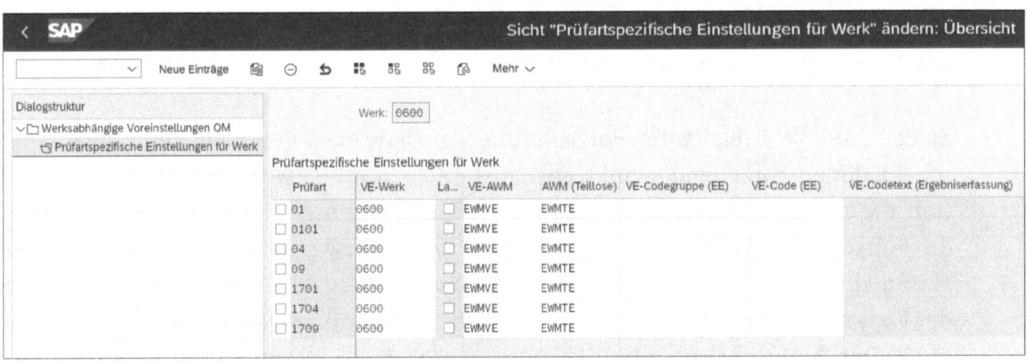

Abbildung 12.24 Prüfartspezifische Einstellungen je Werk in QM

Auf Basis der Prüfart im Prüflos, z. B. 1701, und dem Werk, z. B. 0600, ermittelt QM die Auswahlmenge für Voll- (z. B. EWMVE) und Teilentscheide (z. B. EWMTE). Im QM-Customizing können die Auswahlmengencodes (z. B. A = Accept) der Auswahlmenge sowie den Auswahlmengencodes Folgeaktionen (z. B. `EWM_AP`) zugeordnet werden (siehe Abbildung 12.25). Den Pflege-View finden Sie im folgenden IMG-Pfad: **Quali-**

tätsmanagement • Qualitätsprüfung • Prüflosabschluss • Auswahlmengen für Verwendungsentscheide bearbeiten.

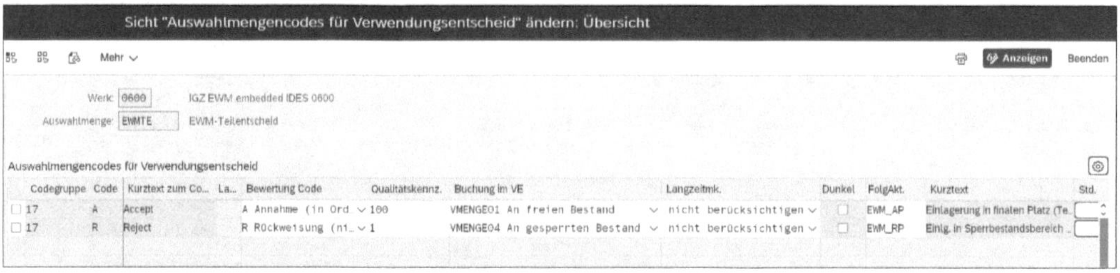

Abbildung 12.25 Auswahlmengencodes und Zuordnung der Folgeaktionen im QM-Customizing definieren

Die Folgeaktionen definieren Sie ebenfalls im QM-Customizing über den IMG-Pfad **Qualitätsmanagement • Qualitätsprüfung • Prüflosabschluss • Auswahlmengen für Verwendungsentscheide bearbeiten**. Die Folgeaktion muss als SAP-EWM-relevant markiert werden (siehe Abbildung 12.26).

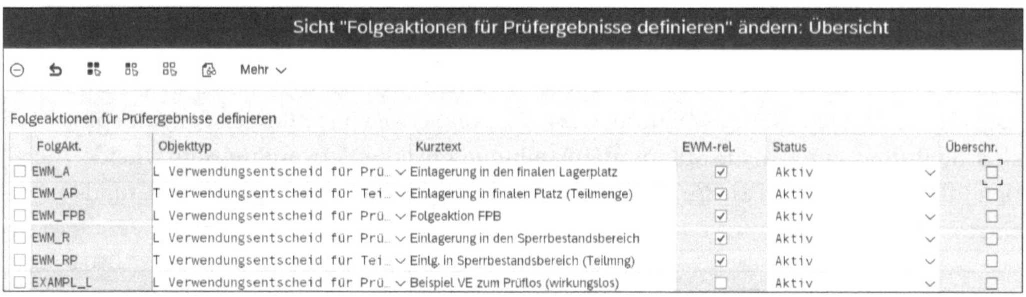

Abbildung 12.26 Definition der SAP-EWM-relevanten Folgeaktionen im QM-Customizing

Zu den SAP-EWM-relevanten Folgeaktionen muss, je nach Voll- oder Teilmengenentscheid, der entsprechende Funktionsbaustein zugeordnet werden. Für eine Folgeaktion, die einem Auswahlmengencode für Vollmengenentscheid zugeordnet ist, muss der Funktionsbaustein `QFOA_EWM_LOG_FOLLOW_UP_S4` verwendet werden. Für die Folgeaktion, die einem Auswahlcode für den Teilmengenentscheid zugeordnet ist, muss der Funktionsbaustein `QTFA_EWM_LOG_FOLLOW_UP_S4` genutzt werden (siehe Abbildung 12.27). Der Funktionsbaustein `QFOA_EWM_LOG_FOLLOW_UP_S4` kann auch als Kopiervorlage für eine kundenspezifische Logik zur Ermittlung der SAP-EWM-Folgeaktion dienen. Mit dem BAdI `/SCWM/EX_QFU_STOCK_ACTION` (Bestandsaktion nach Entscheid beeinflussen) besteht die Möglichkeit, eine kundenspezifische Folgeaktion zu definieren.

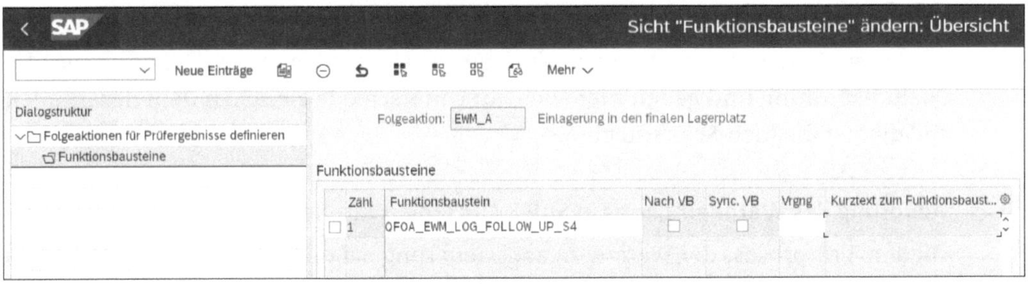

Abbildung 12.27 Funktionsbaustein der Folgeaktion zuordnen

Zum Abschluss müssen Sie den Folgeaktionen logistische Folgeaktionen im SAP-EWM-Customizing zuordnen. Diese Einstellung für Embedded SAP EWM nehmen Sie im EWM-Customizing über den folgenden Pfad vor: **Prozessübergreifende Einstellungen • Qualitätsmanagement • Prüfergebnisse • Folgeaktionen pflegen • Logistische Folgeaktion zuordnen**.

Abbildung 12.28 zeigt die relevanten Einstellungen für die logistische Folgeaktion am Beispiel der Einlagerung (interne Aktion 4).

Abbildung 12.28 Zuordnung der logistischen Folgeaktion zur Folgeaktion

Wie bereits erwähnt, können im Embedded-Szenario nicht die gleichen internen Aktionen verwendet werden wie im dezentralen Szenario. In Embedded SAP EWM stehen Ihnen die internen Folgeaktionen 2 (detaillierte Prüfung) und 3 (Umlagerung an anderes Lager) nicht zur Verfügung.

Im nächsten Abschnitt wollen wir weitere Prüfprozesse und Funktionen im Rahmen der Qualitätsprüfung beschreiben. Auch hier gehen wir selbstverständlich auf mögliche Unterschiede zwischen dem dezentralen SAP EWM und Embedded SAP EWM ein.

12.2.6 Spezielle Prüfprozesse und Funktionen im Wareneingang

In diesem Abschnitt beschreiben wir weitere Möglichkeiten und Funktionen der Qualitätsprüfung und gehen hier auch auf Unterschiede zwischen dem dezentralen und dem Embedded-Szenario ein.

Steuerung des Wareneingangs in SAP EWM – die Wareneingangssperre betreffend

Mit dem Prüfprozess der Wareneingangssteuerung haben Sie sowohl im dezentralen als auch im Embedded-Szenario die Möglichkeit, den Wareneingang von einem Lieferanten für ein bestimmtes Produkt von einem Lieferanten oder für ein Produkt aus der eigenen Produktion aus Qualitätsgründen zu steuern. Je nach Einstellung kann der Wareneingang gesperrt oder mit Warnung zugelassen werden.

Die Steuerung des Wareneingangs erfolgt entweder auf Basis von Materialstamm- und Lieferantenstammdaten in SAP S/4HANA oder auf der Basis von Materialstammdaten und Einstellungen in Q-Infosätzen in SAP S/4HANA oder durch den Prozess der Annahmeprobenprüfung.

Die Informationen zur Steuerung des Wareneingangs werden immer dann geprüft, wenn die Prüfplanung ausgeführt oder relevante Folgeprozesse zur Anlieferposition gestartet werden. Die Aktivierung dieses Prüfprozesses ist nur für den POT4 (Q-Prüfung von Produkt/Charge Anlieferung), möglich. Die Aktivierung dieses Prüfprozesses erfolgt im SAP-EWM-Customizing mit der lagerabhängigen Aktivierung des Prüfobjekttyps. Diese Einstellungen finden Sie in SAP EWM über den Pfad **Prozessübergreifende Einstellungen • Qualitätsmanagement • Grundlagen • Lagerabhängige Aktivierung Prüfobjekttyp**.

Die Prüfung in SAP EWM, ob eine Wareneingangssperre zur Steuerung des Wareneingangs relevant ist, kann mehrstufig verlaufen:

1. **Stufe 1**
   Ist das Sperrkennzeichen im Geschäftspartnerstammsatz des Lieferanten und im Lagerproduktstamm für die Wareneingangssperre aktiv, wird der Wareneingangsprozess mit einer Fehlermeldung beendet. Für diese Stufe gibt es zwischen dem dezentralen und Embedded SAP EWM keinen Unterschied. Sind die Sperrkennzeichen im Geschäftspartnerstammsatz des Lieferanten oder im Lagerproduktstamm nicht aktiv, wird die Wareneingangssperre auf der nächsten Ebene geprüft. Die notwendigen wesentlichen Einstellungen und Stammdaten sind auf den folgenden Seiten im Abschnitt »Wareneingangssperre durch die Auswertung von Stammdaten ohne QM-spezifische Daten« beschrieben.
2. **Stufe 2**
   In dieser Stufe läuft die Prüfung, je nachdem, ob Sie das dezentrale oder das Embedded-Szenario verwenden und – im Falle des dezentralen Szenarios – ob die QIE mit QM integriert ist oder die QIE stand-alone verwendet wird, unterschiedlich ab:

- *Dezentrales SAP EWM mit QIE-QM-Integration*: Wurde das Sperrkennzeichen in der Prüfregel aus dem Q-Infosatz aus SAP S/4HANA-QM übertragen, muss auch das Sperrkennzeichen im Lagerproduktstamm gesetzt sein. Ist das Sperrkennzeichen auf der Prüfregel zur Anlieferposition und im Lagerproduktstamm aktiv, wird der Prozess mit einer Fehlermeldung beendet. Ansonsten wird die Wareneingangsperre auf der nächsten Ebene geprüft.
- *Dezentrales SAP EWM mit QIE-Stand-alone-Szenario*: Wurde das Sperrkennzeichen in der Prüfregel gesetzt, ist es nicht notwendig, das Sperrkennzeichen im Lagerproduktstamm zu setzen. Ist das Sperrkennzeichen auf der Prüfregel zur Anlieferposition aktiv, wird der Prozess mit einer Fehlermeldung beendet. Wenn nicht, wird die Wareneingangssperre auf der nächsten Ebene geprüft.
- *Embedded SAP EWM mit QM*: Wurde ein Q-Infosatz mit Wareneingangssperre angelegt, und im Lagerproduktstamm ist das Sperrkennzeichen gesetzt, wird der Prozess mit einer Fehlermeldung beendet. Ansonsten wird die Wareneingangssperre auf der nächsten Ebene geprüft.

Die notwendigen wesentlichen Einstellungen und Stammdaten sind im Abschnitt »Wareneingangssperre durch die Auswertung von Stammdaten mit QM-spezifischen Daten« beschrieben.

3. **Stufe 3**
   Auch in Stufe 3 muss zwischen dem dezentralen und dem Embedded-Szenario unterschieden werden.
   - *Dezentrales EWM mit QIE-QM-Integration*: Im dezentralen Szenario wird geprüft, ob die Annahmeprobenprüfung aktiv ist und eine entsprechende Prüfregel existiert. Falls ja, werden ein QIE-Prüfbeleg und ein QM-Prüflos erstellt. Die Wareneingangsbuchung kann erst nach dem Verwendungsentscheid erfolgen.
   - *Embedded EWM mit QM*: Im Embedded-Szenario wird geprüft, ob ein entsprechender Q-Infosatz existiert und die Annahmeprobenprüfung aktiv ist. Falls ja, wird ein Prüflos erstellt. Die Wareneingangsbuchung kann erst nach dem Verwendungsentscheid erfolgen.

   Die notwendigen Einstellungen und Stammdaten sind im Folgenden im Abschnitt »Annahmeprobenprüfung« sowohl für das dezentrale als auch das Embedded-Szenario beschrieben.

[«]

Kundenspezifische Erweiterungen bei der Wareneingangssteuerung

Mithilfe des BAdIs `/SCWM/EX_QGR_CONTROL` (Wareneingangssteuerung für Anlieferungspositionen beeinflussen) besteht die Möglichkeit, eine kundenspezifische Logik zu implementieren, die Wareneingangsbuchungen erlaubt, selbst wenn die Lieferanten- und Produkteinstellungen bzw. die Prüfregeleinstellungen den Wareneingang nicht zulassen sollten oder der Wareneingang für die Annahmeprobenprüfung nicht zugelassen ist.

Wareneingangssperre durch die Auswertung von Stammdaten ohne QM-spezifische Daten

Bei dieser Variante der Wareneingangssperre muss *nicht* zwischen dezentralem und Embedded-Szenario unterschieden werden. Für beide Szenarien sind die folgenden wichtigen Stammdaten zu pflegen:

Setzen Sie das Sperrkennzeichen im Geschäftspartnerstamm in Transaktion BP (Geschäftspartner bearbeiten). Wählen Sie die GP-Rolle **Lieferant**, und wechseln Sie zur Registerkarte **Status**. Setzen Sie den Wert 1 im Feld **Lieferantensperre** (siehe Abbildung 12.29). Die gesetzte Lieferantensperre wird per Webservice nach SAP EWM übertragen und ist für den entsprechenden Geschäftspartner sichtbar.

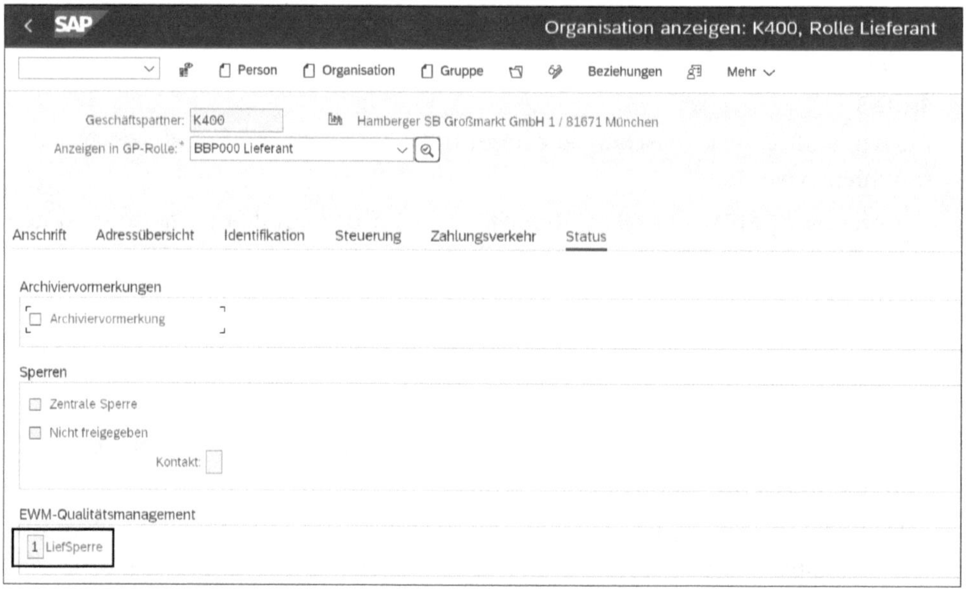

Abbildung 12.29 Gesetzte Lieferantensperre in Transaktion BP (Geschäftspartner bearbeiten)

Pflegen Sie außerdem das Feld **QM-Steuerschlüssel** im Materialstamm auf der Registerkarte **Qualitätsmanagement** in den Transaktionen MM01 bzw. MM02 (Material anlegen bzw. ändern). Das gesetzte Sperrkennzeichen wird per IDoc ZEWMMATMAS übertragen und ist im Produktstamm auf der Registerkarte **Lagerdaten** sichtbar (siehe Abbildung 12.30).

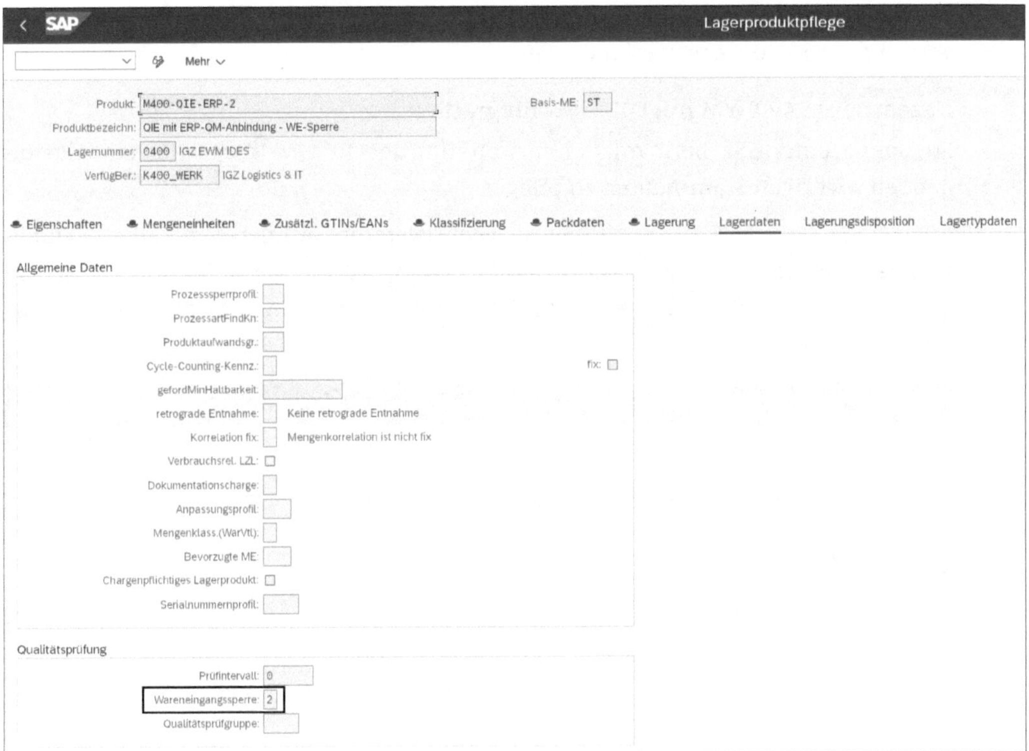

Abbildung 12.30 Wareneingangssperre im Lagerproduktstamm auf der Registerkarte »Lagerdaten« setzen

Es wird empfohlen, die lagerspezifischen Registerkarten im SAP-EWM-Produktstamm automatisch anzulegen, um sicherzustellen, dass das Sperrkennzeichen bei initialer Übertragung des Materialstamms auch automatisch in SAP EWM gesetzt wird. Diese Einstellung finden Sie in SAP EWM über den Pfad **Stammdaten • Lagernummernsteuerung** definieren. Erfolgt die Übertragung des Sperrkennzeichens auf der Produktstammebene, kann, je nach Wert des Sperrkennzeichens, gesteuert werden, ob die Wareneingangsbuchung in SAP EWM nicht oder nur mit Warnung zulässig ist.

Sind die Sperrkennzeichen im Geschäftspartnerstammsatz des Lieferanten oder im Lagerproduktstamm nicht aktiv, wird die Wareneingangssperre auf der nächsten Ebene geprüft.

Wareneingangssperre durch die Auswertung von Stammdaten mit QM-spezifischen Daten

Bei der Wareneingangssperre durch die Auswertung von Stammdaten mit QM-spezifischen Daten muss zwischen dezentralem und Embedded-Szenario und – im Falle des dezentralen Szenarios – ob die QIE mit QM integriert ist oder die QIE stand-alone verwendet wird, unterschieden werden.

Dezentrales SAP EWM mit QIE-QM-Integration

Für das dezentrale Szenario mit der Verwendung der QIE-QM-Integration sind die folgenden wichtigen Stammdaten zu pflegen:

Pflegen Sie den QM-Steuerschlüssel im Materialstamm auf der Registerkarte **Qualitätsmanagement** mit Transaktion MM01 bzw. MM02 (siehe Abbildung 12.31). Die Pflege der Prüfeinstellung ist für diese Variante der Wareneingangssperre nicht erforderlich.

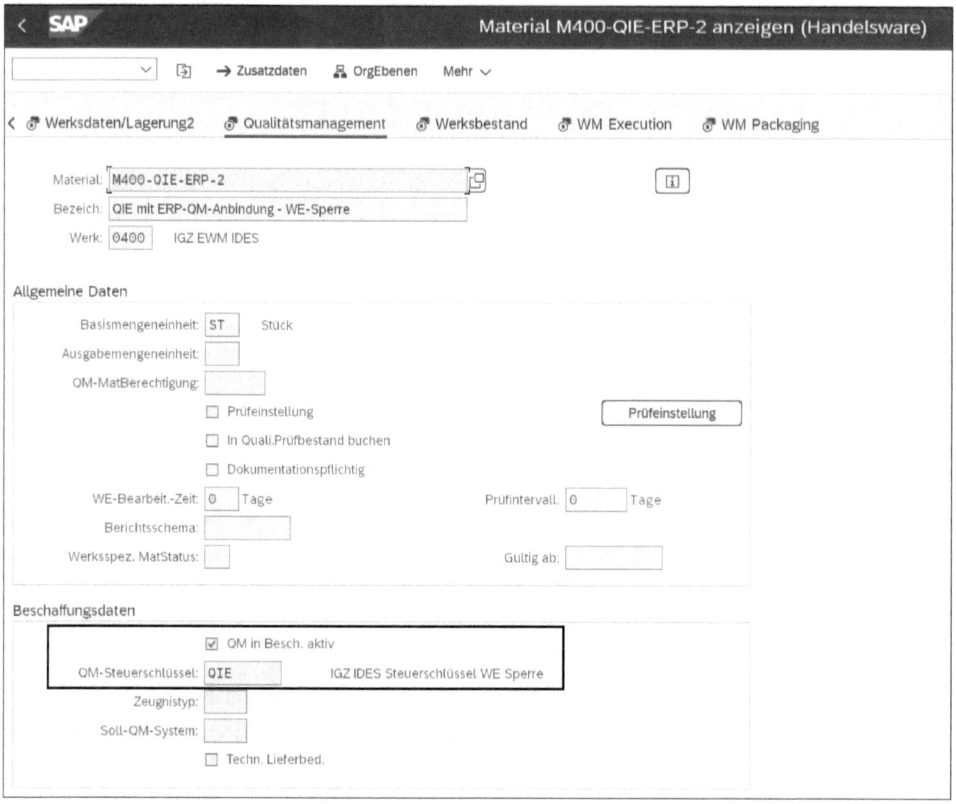

Abbildung 12.31 QM-Steuerschlüssel im Materialstamm mit Transaktion MM01 bzw. MM02 (Material anlegen bzw. ändern) pflegen

Wenn QM in der Beschaffung aktiv ist, müssen Sie einen Q-Infosatz mit Transaktion QI01 (Q-Infosatz – Einkauf anlegen) pflegen. Wie in Abbildung 12.32 ersichtlich, muss die Sperrfunktion **05 Sperre Wareneingang** gesetzt werden. Im Q-Infosatz wird die Wareneingangssperre für eine bestimmte Kombination von Werk, Material und Lieferant gesetzt.

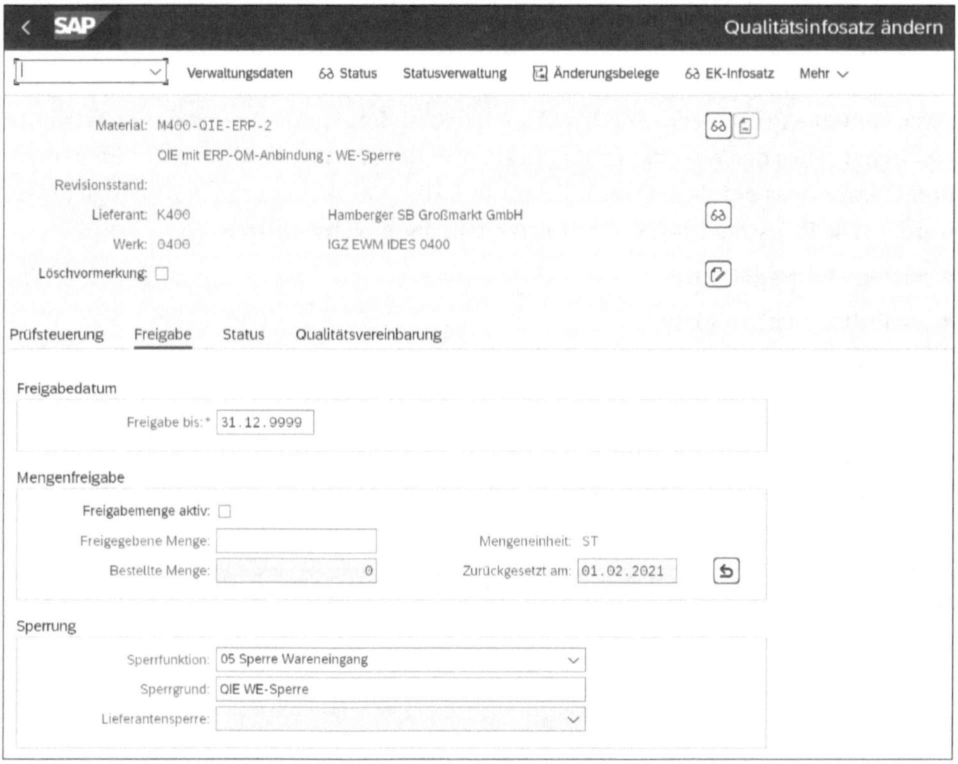

Abbildung 12.32 Wareneingangssperre in Transaktion QI01 (Q-Infosatz – Einkauf anlegen) setzen

Setzen Sie als Nächstes das Sperrkennzeichen im Lagerproduktstamm manuell mit Transaktion /SCWM/MAT1 (Lagerprodukt) entsprechend Abbildung 12.30.

Erstellen Sie eine aktive Prüfregel für POT4 mit dem Prüfprozess 0 (Prüfung nach Wareneingang) und Pflege des Feldes **WE-Sperre Q-Gründe**. Hier haben Sie die Möglichkeit festzulegen, ob die Wareneingangsbuchung nicht (also gesperrt) oder mit Warnung zulässig sein soll. Falls die Wareneingangssperre im Q-Infosatz gesetzt ist, erfolgt die Übertragung per Business Transaction Events (BTE) mit dem Sichern des Q-Infosatzes in QM. Wurde der Q-Infosatz initial erstellt, ohne dass eine entsprechende Prüfregel in SAP EWM existiert, wird in SAP EWM eine neue Prüfregel ohne Prüfverfahren angelegt, und nur die Felder für die Wareneingangssperre und Prüfsteuerung werden automatisch gefüllt (siehe Abbildung 12.33).

Darüber hinaus besteht die Möglichkeit, mit Transaktion /SCWM/QRSETUP die Prüfregel manuell anzulegen. Existiert bereits eine Prüfregel für dieses Produkt und dieses Prüfverfahren, wird diese bezüglich der Felder für die Wareneingangssperre und Prüfsteuerung automatisch aktualisiert. Wird in QM für den Q-Infosatz eine Löschvormerkung gesetzt, wird in SAP EWM die entsprechende Prüfregel ohne Prüfverfahren von der Datenbank gelöscht. Existiert eine entsprechende Prüfregel mit Prüfverfahren, werden nur die Felder für die Wareneingangssperre und die Prüfsteuerung initialisiert. Wird für die Prüfregel im Feld **Prüfsteuerung** der Wert **Keine Prüfung** gesetzt, kann die Prüfregel in SAP EWM auch deaktiviert werden, ohne deren Attribute zu löschen. Falls der Wert der Prüfsteuerung in der Prüfregel auf Basis des übertragenen Q-Infosatzes gefüllt ist, kann dieser in SAP EWM nicht mehr manuell geändert werden. Die Prüfsteuerung kann drei verschiedene Werte aufweisen:

- blank = Prüfregel aktiv
- 1 = Prüfregel nicht aktiv
- 2 = Prüfregel aktiv – Vererbung überschreiben

Hat die Prüfsteuerung den Wert 1, ist diese Prüfregel deaktiviert und wird zum Zeitpunkt der Prüfplanung nicht berücksichtigt. Der Wert 2 wird verwendet, wenn eine zweite spezifischere Prüfregel aktiv ist und die Einstellung des Feldes **Prüfsteuerung** der nächsthöheren Prüfregel nicht erben soll.

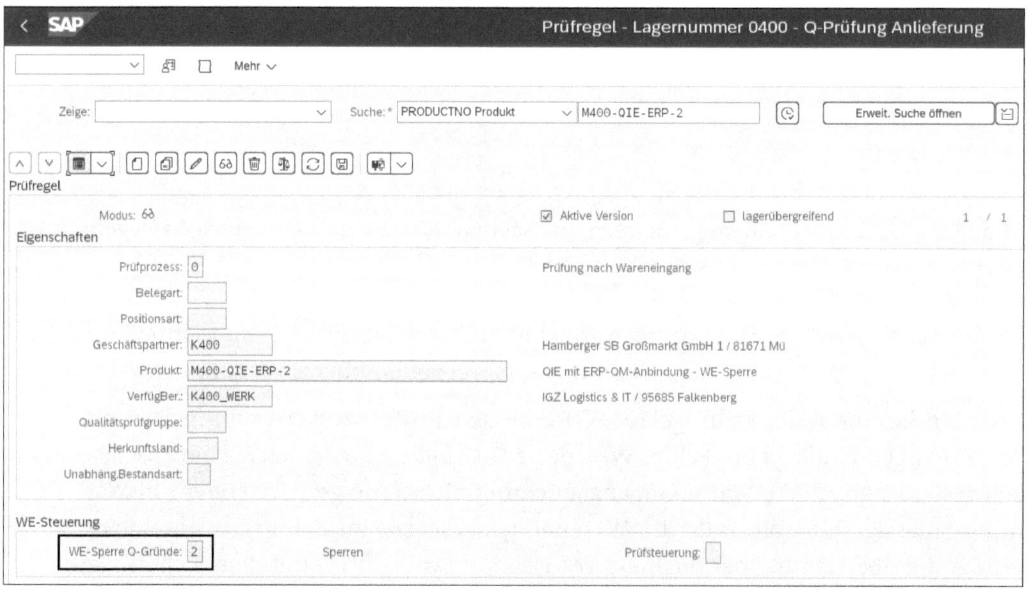

Abbildung 12.33 Prüfregel mit gesetzter Wareneingangssperre in Transaktion /SCWM/QRSETUP (Prüfregelpflege)

Massenweise Übertragung von QM-Daten nach SAP EWM

Zur initialen massenweisen Übertragung von QM-Daten nach SAP EWM in Verbindung mit QIE steht der Report RQBAAEXT in SAP S/4HANA zur Verfügung. Der Report ist nur für Materialien mit einer aktiven Prüfart der Herkunft 17 (Prüfung aus externen Systemen) relevant.

Dezentrales SAP EWM mit dem QIE-Stand-alone-Szenario

Verwenden Sie im dezentralen Szenario keine QIE-QM-Integration, sondern das QIE-Stand-alone-Szenario, müssen Sie im dezentralen SAP EWM eine entsprechende Prüfregel manuell erstellen.

Embedded SAP EWM mit QM

Für das Embedded-Szenario sind folgende wichtige Stammdaten zu pflegen, falls Sie in der IMG-Aktivität **Lagerabhängige Prüfobjekttypen definieren und aktivieren** für die Herkunft der Prüfeinstellung den Wert **Keine Prüfregel** und für die Herkunft der Wareneingangssteuerung den Wert **Aus Q-Infosatz** verwenden:

- Pflege des QM-Steuerschlüssels im Materialstamm.
- Pflege eines Q-Infosatzes mit Transaktion QI01 (Q-Infosatz – Einkauf anlegen), da QM in der Beschaffung aktiv ist.
- Das Sperrkennzeichen im Lagerproduktstamm wird im Embedded-Szenario durch den Q-Infosatz automatisch gesetzt.
- Die Pflege einer Prüfregel ist entsprechend der zuvor genannten Customizing-Einstellung nicht erforderlich.

Werden dagegen Prüfregeln verwendet, sind die notwendigen Stammdaten grundsätzlich mit dem dezentralen Szenario identisch.

Ist die Prüfung der Wareneingangssperre auf der 2. Stufe positiv, kommt es beim Versuch der WE-Buchung zu einer Fehlermeldung (siehe Abbildung 12.34).

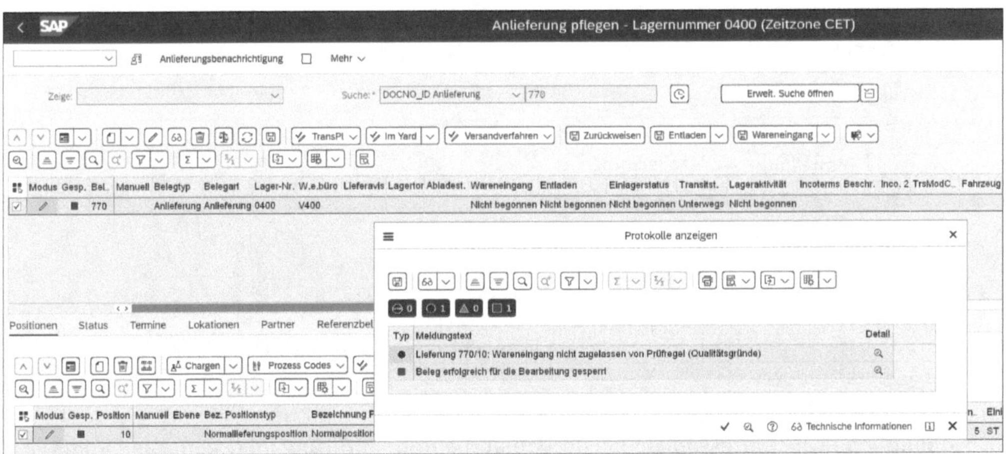

Abbildung 12.34 Sperren des Wareneingangs auf Basis der Prüfregel in Transaktion /SCWM/PRDI (Anlieferung pflegen) anzeigen

Ist die Prüfung der Wareneingangssperre auf der 2. Stufe negativ, wird, egal ob im dezentralen oder im Embedded-Szenario und unabhängig davon, ob die Q-Prüfung stattfindet, auf der nächsten Stufe geprüft: die Annahmeprobenprüfung.

Annahmeprobenprüfung

Der Prüfprozess der *Annahmeprobenprüfung* ist nur für extern beschaffte Waren relevant. Er stellt ebenfalls eine Variante der Wareneingangssperre dar, d. h., dass der Wareneingang so lange gesperrt wird, bis der Verwendungsentscheid für die fremdbeschafften Waren getroffen wurde. Dieser Prüfprozess wird sowohl im dezentralen als auch im Embedded-Szenario unterstützt. Die Aktivierung dieses Prüfprozesses erfolgt für beide Szenarien im SAP-EWM-Customizing mit der lagerabhängigen Aktivierung des Prüfobjekttyps. Diese Einstellungen finden Sie in SAP EWM über den Pfad **Prozessübergreifende Einstellungen • Qualitätsmanagement • Grundlagen • Lagerabhängige Aktivierung Prüfobjekttyp**.

Die Aktivierung der Annahmeprobenprüfung ist nur für den POT4 (Q-Prüfung von Produkt/Charge Anlieferung) möglich. Falls Sie im Embedded EWM ohne Prüfregeln arbeiten, sind die notwendigen Einstellungen und Stammdaten für die Annahmeprobenprüfung im Vergleich zum dezentralen EWM unterschiedlich, andernfalls grundsätzlich identisch.

Der Prozess der Annahmeprobenprüfung inklusive der notwendigen Einstellungen und Stammdaten wird im Folgenden im Detail beschrieben.

Annahmeprobenprüfung im dezentralen Szenario mit der QIE-QM-Integration

Der Prüfprozess Annahmeprobenprüfung im dezentralen SAP EWM ist sowohl mit dem QIE-Stand-alone-Szenario als auch mit der QIE-QM-Integration möglich. Abbildung 12.35 verdeutlicht den Prozessablauf mit der QIE-QM-Integration.

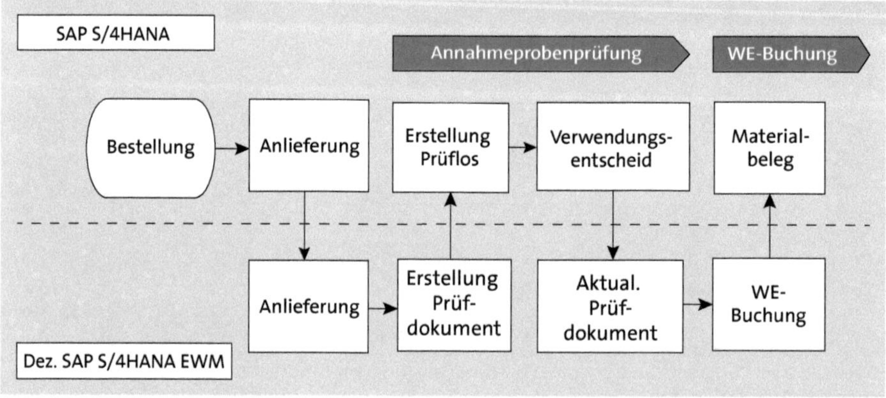

Abbildung 12.35 Prozessablauf bei der Annahmeprobenprüfung im dezentralen Szenario mit der QIE-QM-Integration

Der Prozess beginnt mit der Erstellung der Bestellung, der Anlage der Anlieferung in SAP S/4HANA und der Übertragung der Anlieferung an das dezentrale SAP EWM. Mit der Aktivierung der Anlieferung prüft SAP EWM, ob der POT4 aktiv und das Kennzeichen **Annahmeprobenprüfung** gesetzt ist. Falls ja, versucht SAP EWM, eine Prüfregel zu ermitteln. Die Annahmeprobenprüfung setzt eine aktive Prüfregel mit dem Prüfprozess 1, Annahmeprobenprüfung, voraus (siehe Abbildung 12.36).

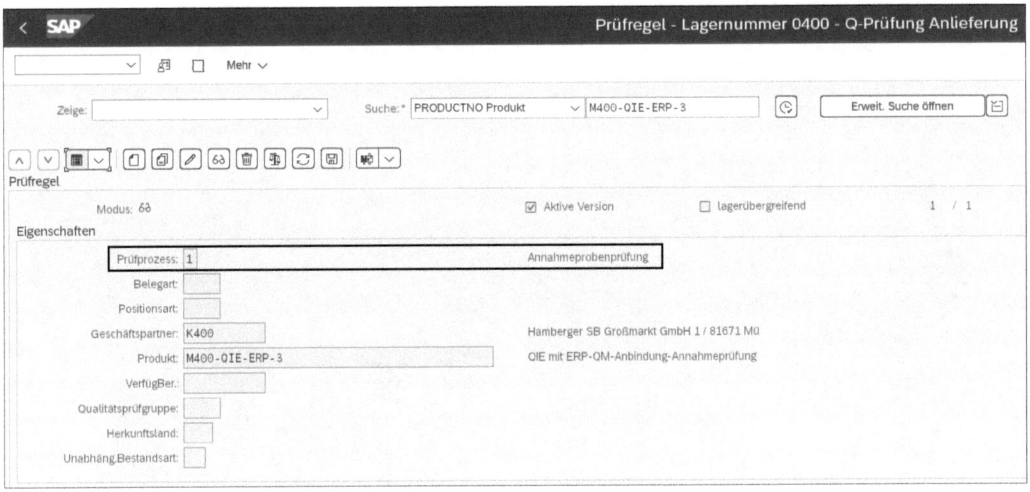

Abbildung 12.36 Beispiel einer Prüfregel für die Annahmeprobenprüfung

Falls eine entsprechende Prüfregel ermittelt werden konnte, wird der QIE-Prüfbeleg zur Annahmeprobenprüfung automatisch im dezentralen SAP EWM erstellt. Er ist als Referenzbeleg auf der Anlieferpositionsebene sichtbar. Beim Versuch, die Anlieferung mit Transaktion /SCWM/PRDI (Anlieferung pflegen) zu buchen, wird die Wareneingangssperre infolge eines offenen Entscheids zur Annahmeprobenprüfung angezeigt (siehe Abbildung 12.37).

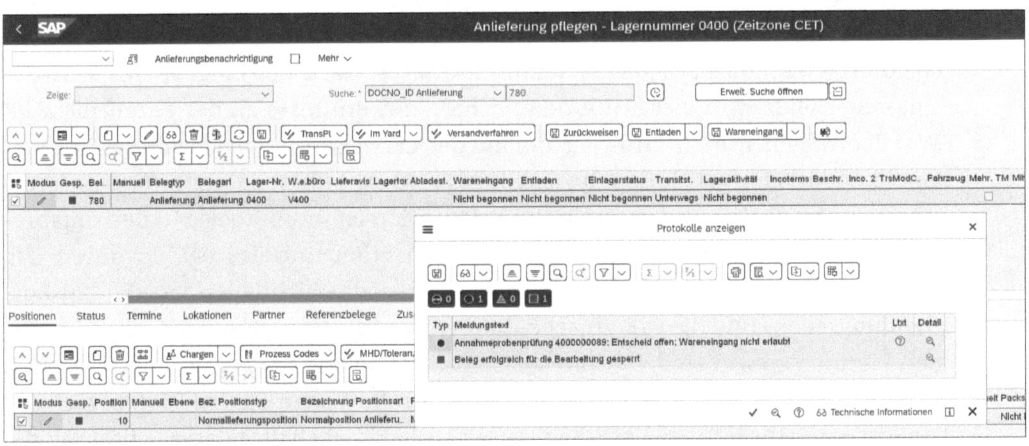

Abbildung 12.37 Wareneingangssperre in Transaktion /SCWM/PRDI anzeigen

Der Prüfbeleg wird sofort freigegeben und an QM übertragen. QM führt die Prüfplanung durch. Das heißt, dass QM prüft, ob die in der Prüfregel hinterlegte Prüfart auch im Materialstamm in den Prüfeinstellungen gepflegt ist (siehe Abbildung 12.38). Die Pflege der Prüfeinstellung im Materialstamm ist im dezentralen Szenario mit der QIE (stand-alone) nicht erforderlich.

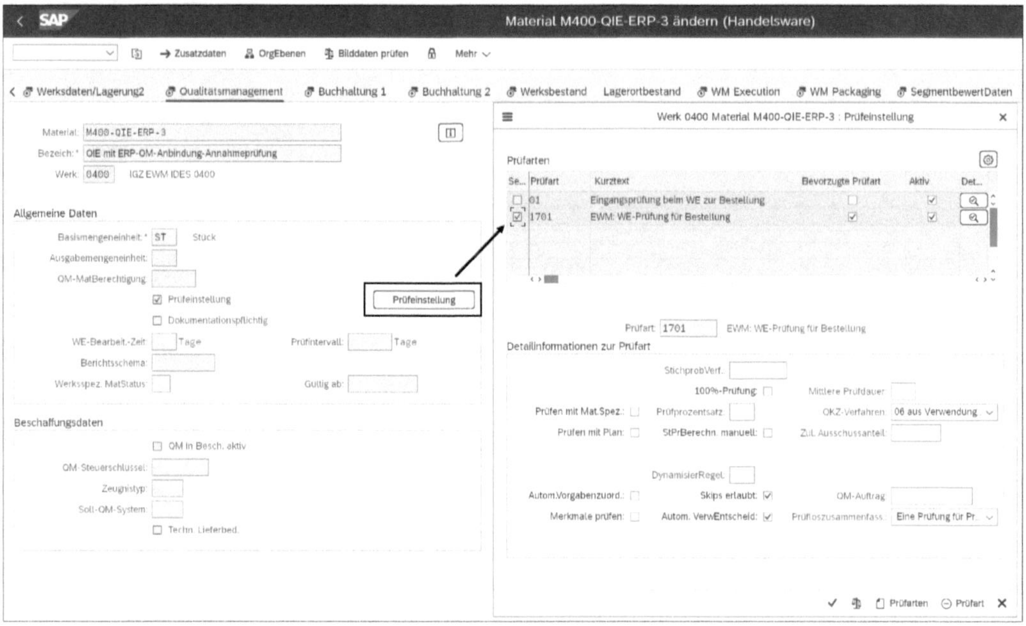

Abbildung 12.38 Prüfeinstellung im Materialstamm in Transaktion MM01 bzw. MM02 (Material anlegen bzw. ändern)

Falls ja, wird das Prüflos angelegt. Im QIE-QM-Szenario erfolgt der Verwendungsentscheid der Annahmeprobenprüfung in QM mit Transaktion QA11 (Verwendungsentscheid erfassen) auf Basis des erstellten Prüfloses. Nach der Eingabe des Verwendungsentscheids wird dieser mit dem Sichern des Prüfloses an das dezentrale SAP EWM übertragen. Die QIE ermittelt anhand des Verwendungsentscheids die Folgeaktion. Der Prüfbeleg erhält den Systemstatus (QI04 = Entscheid getroffen). Der Verwendungsentscheid und die ermittelte Folgeaktion ist im Prüfbeleg in den entsprechenden Feldern sichtbar. Auf Basis der Folgeaktion und des POT ermittelt das dezentrale SAP EWM einen internen Folgeaktionscode. Wichtig ist, dass die QM-Entscheidungscodes und die QIE-Entscheidungscodes in beiden Systemen mit den gleichen Werten gepflegt sind. Der interne Folgeaktionscode steuert, welcher Folgeprozess auf Basis des Prüfergebnisses stattfinden soll. Wollen Sie im Prüfprozess der Annahmeprobenprüfung die WE-Buchung unter Vorbehalt zulassen, besteht die Möglichkeit, den internen Folgeaktionscode 7 (WE nach vorgezogener Prüfung mit Einschränkung zulassen) zu verwenden (siehe Abbildung 12.39).

Dabei prüft SAP EWM, ob eine weitere Prüfregel mit Prüfprozess 0 (Prüfung nach WE-Buchung) existiert. Falls dem so ist, wird ein weiterer QIE-Prüfbeleg zur Folgeprüfung erstellt, und die Wareneingangsbuchung erfolgt in der Bestandsart, die der lokationsunabhängigen Bestandsart in der Prüfregel zugeordnet ist. Existiert keine weitere Prüfregel mit dem Prüfprozess 0, erfolgt die Wareneingangsbuchung in die Bestandsart entsprechend der lokationsunabhängigen Bestandsart aus der Folgeaktion. Bei den übrigen internen Folgeaktionscodes besteht je nach Verwendungsentscheid nur die Möglichkeit, die Wareneingangsbuchung entweder zuzulassen oder abzulehnen.

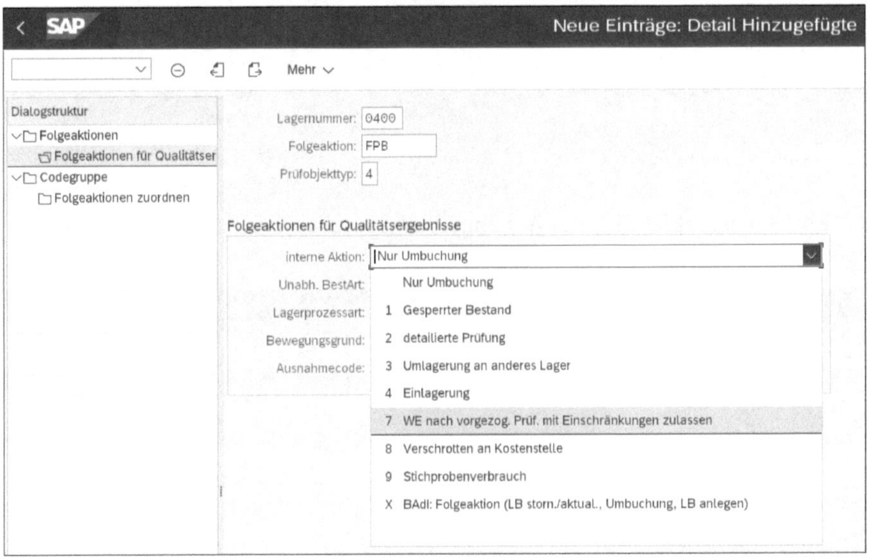

Abbildung 12.39 Folgeaktionen für Qualitätsergebnisse im dezentralen SAP EWM

Verwenden Sie das dezentrale SAP EWM mit der QIE (stand-alone), erfolgt die Erfassung des Prüfergebnisses im QIE-Prüfbeleg in Transaktion /SCWM/QIDPR (Produkt Prüfbeleg bearbeiten), der auf Basis der Prüfregel analog dem QIE-QM-Szenario erstellt wurde.

Im Folgenden gehen wir auf den Prüfprozess der *Annahmeprobenprüfung im Embedded-Szenario* ein.

Annahmeprobenprüfung im Embedded-Szenario

Der Prüfprozess der Annahmeprobenprüfung in Embedded SAP EWM ist nur mit QM möglich. Abbildung 12.40 verdeutlicht den Prozessablauf.

Der Prozess beginnt mit der Erstellung der Bestellung, der Anlage der Anlieferung in SAP S/4HANA und der Übertragung der Anlieferung an Embedded SAP EWM. Analog zum dezentralen Szenario prüft Embedded SAP EWM, ob der POT4 aktiv und das Kennzeichen **Annahmeprobenprüfung** gesetzt ist. Ist die Herkunft der Prüfeinstellung **Ohne Prüfregel** aktiv, wird QM zur Durchführung der Prüfplanung gerufen. Andernfalls versucht SAP EWM, eine Prüfregel zu ermitteln. QM prüft auf der Materialstammebene, ob das Kennzeichen **QM in der Beschaffung aktiv** gesetzt und der Steuerschlüssel (siehe Abbildung 12.41) gepflegt ist.

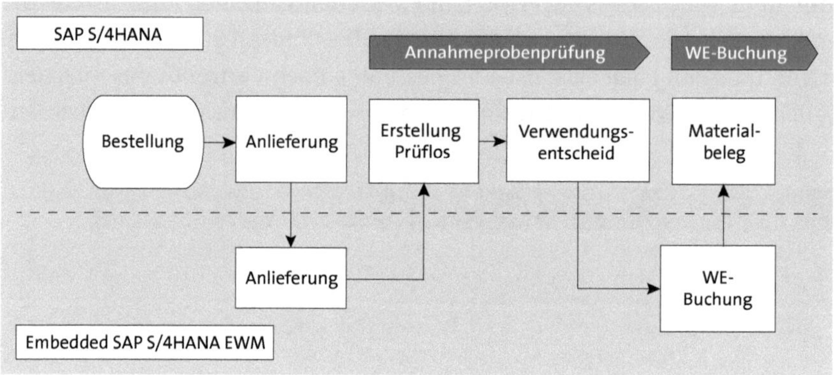

Abbildung 12.40 Prozessablauf bei der Annahmeprobenprüfung im Embedded-Szenario

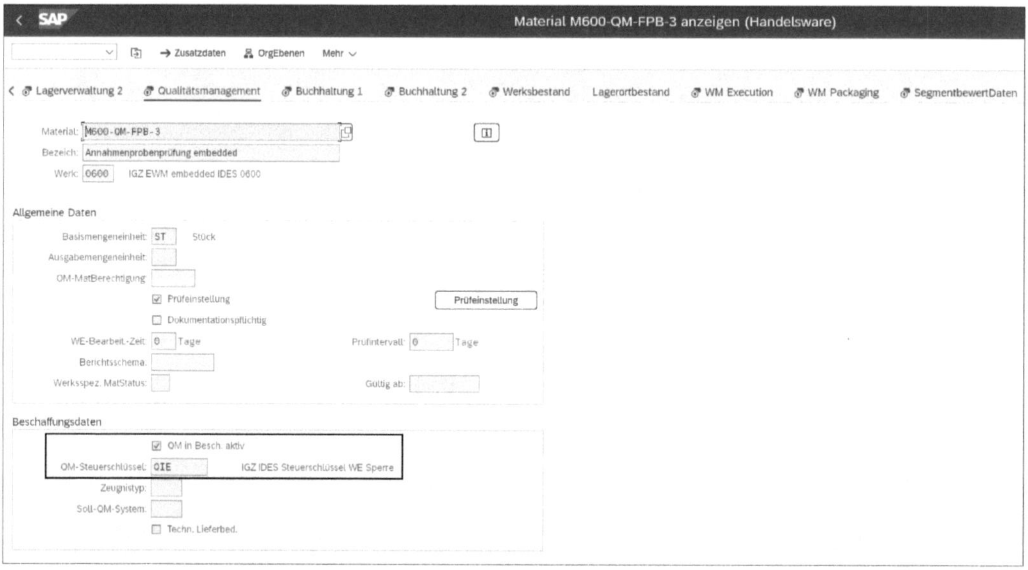

Abbildung 12.41 QM-Beschaffungsdaten im Materialstamm mit Transaktion MM02 (Material ändern) pflegen

Trifft beides zu, ermittelt QM auf Basis des Steuerschlüssels die QM-Vereinbarung zu Material, Lieferant und Werk, die Sie im Q-Infosatz mit Transaktion QI01 (Q-Infosatz – Einkauf anlegen) festgelegt haben (siehe Abbildung 12.42).

Im Q-Infosatz ist die Prüfart der Prüflosherkunft für die Abnahmeprüfung wie in Abbildung 12.42 gepflegt, wenn in Embedded SAP EWM die Funktion der Annahmeprobenprüfung aktiv ist und keine Prüfregeln verwendet werden. Die Prüfart muss in der Prüfeinstellung im Materialstamm gepflegt und aktiv sein. Mit dieser Prüfart, die Sie für die Abnahmeprüfung eintragen, wird ein Prüflos für die Annahmeprobenprüfung erstellt. Das erstellte QM-Prüflos ist als Referenzbeleg auf der Lieferpositionsebene in der SAP-EWM-Anlieferung sichtbar (siehe Abbildung 12.43).

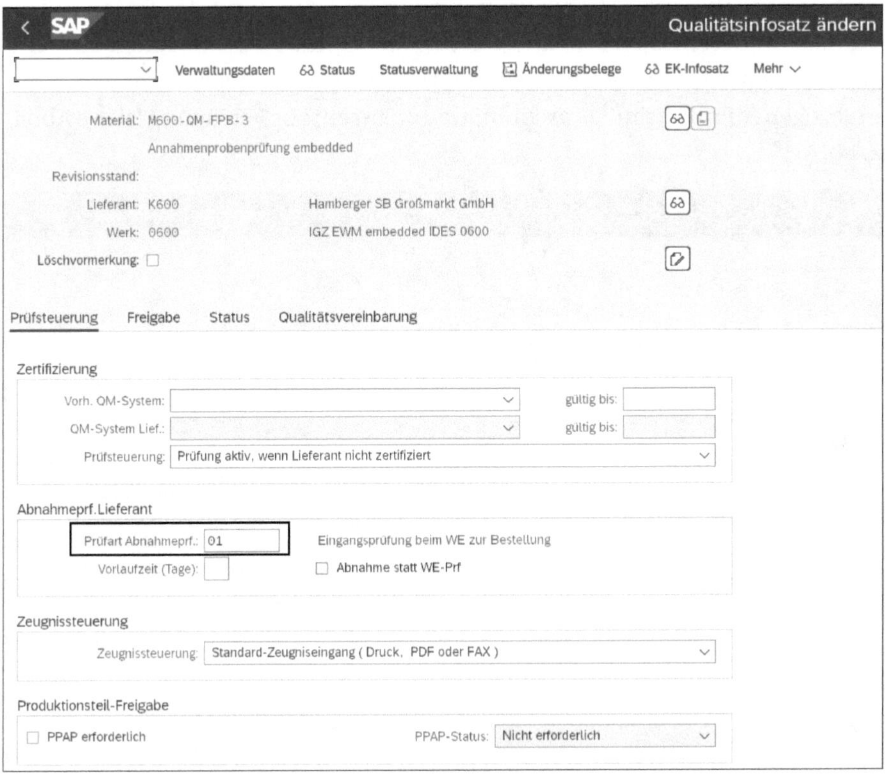

Abbildung 12.42 Qualitätsinfosatz für die Annahmeprobenprüfung im Embedded-Szenario in Transaktion QI01 (Q-Infosatz – Einkauf anlegen)

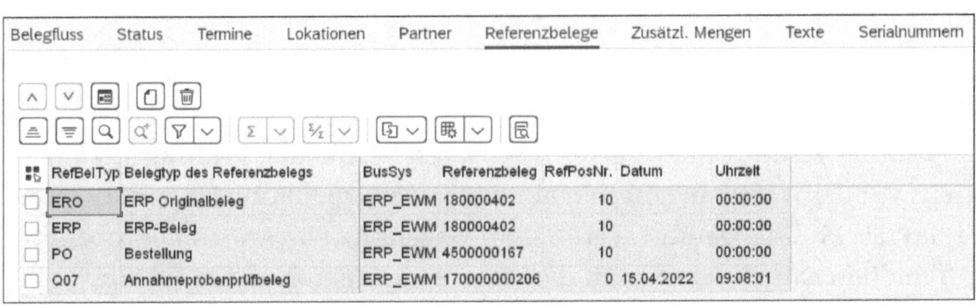

Abbildung 12.43 QM-Prüflos zur Annahmeprobenprüfung in Embedded SAP EWM in Transaktion /SCWM/PRDI (Anlieferung pflegen)

Analog zum dezentralen Szenario wird in QM mit Transaktion QA11 (Verwendungsentscheid erfassen) der Verwendungsentscheid erfasst. Dem Verwendungsentscheid ist eine Folgeaktion in QM zugeordnet, die als SAP-EWM-relevant gekennzeichnet ist.

Dadurch wird die logistische Folgeaktion in Embedded SAP EWM ermittelt. Wie genau die Ermittlung erfolgt und welche Einstellungen dazu notwendig sind, haben wir im Abschnitt »Prüfungsdurchführung und Bestimmung von Folgeaktionen in QM in SAP S/4HANA« in Abschnitt 12.2.4, »Prüfungsdurchführung und Bestimmung von Folgeaktionen im dezentralen Szenario«, beschrieben. Auch im Embedded-Szenario steht Ihnen für den POT4 – neben weiteren POTs – der interne Folgeaktionscode 7 (WE nach vorgezogener Prüfung mit Einschränkung zulassen) zur Verfügung (siehe Abbildung 12.44).

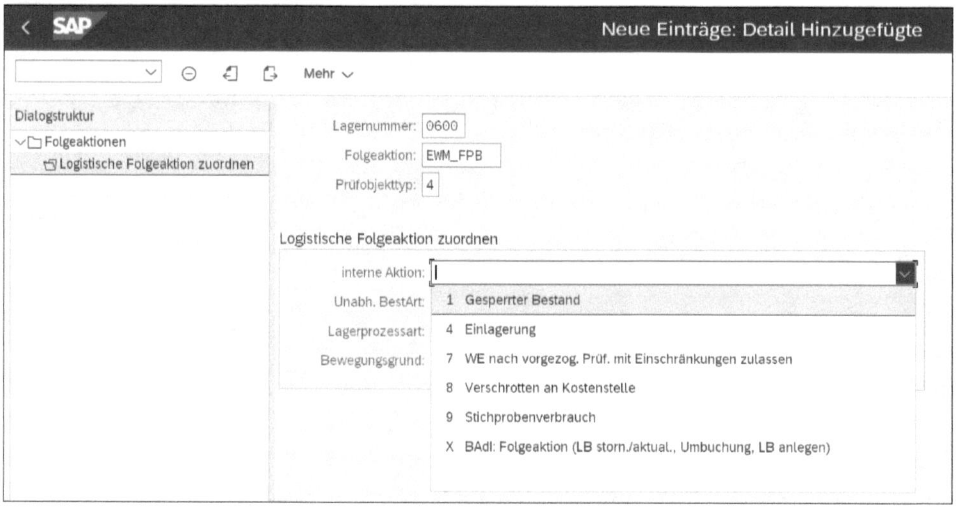

Abbildung 12.44 Interne Folgeaktionen für POT4 in Embedded SAP EWM

Je nach Verwendungsentscheid wird die Wareneingangsbuchung in Embedded EWM zugelassen oder nicht zugelassen. Verwenden Sie die PP-Integration und den Wareneingang aus der Produktion in SAP EWM, ist der nächste Abschnitt sicherlich von Interesse.

Vorabprüfung in der Produktion

Die Vorabprüfung wird für intern gefertigte Waren verwendet. Prüfungen können dabei bereits vor der Wareneingangsbuchung (von der Produktion bis zum Lagerbestand) in SAP EWM durchgeführt werden. Im Gegensatz zur Annahmeprobenprüfung für fremdbeschaffte Waren kann die Wareneingangbuchung nicht durch eine Fehlermeldung gesperrt werden. Das heißt, dass Wareneingangsbuchung und Einlagerung in diesem Prüfprozess auch ohne Verwendungsentscheid möglich sind. Der Prüfprozess *Vorabprüfung in der Produktion* wird sowohl vom dezentralen als auch vom Embedded-Szenario unterstützt. Allerdings ist der Prozessablauf je nach Szenario unterschiedlich. Im Folgenden gehen wir auf die Abläufe in den beiden Szenarien im Detail ein.

Die Aktivierung für den Prüfprozess *Vorabprüfung in der Produktion* erfolgt analog zu den zuvor erläuterten Prüfprozessen im Customizing mit der lagerabhängigen Aktivierung des Prüfobjekttyps. Die Aktivierung dieses Prüfprozesses ist ebenfalls nur für den POT4 (Q-Prüfung von Produkt/Charge Anlieferung) möglich. Wenn Sie in Embedded SAP EWM ohne Prüfregeln arbeiten, sind die notwendigen Einstellungen und Stammdaten für die Annahmeprobenprüfung im dezentralen und in Embedded SAP EWM unterschiedlich. Der Prozess der Vorabprüfung in der Produktion inklusive der notwendigen Einstellungen und Stammdaten wird im Folgenden im Detail beschrieben.

Vorabprüfung in der Produktion im dezentralen Szenario

Im dezentralen Szenario gibt es zwei Varianten, je nachdem, welche Form der PP-Integration genutzt wird.

- **Vorabprüfung der Anlieferung zum Produktionsauftrag in SAP EWM**
  In dieser Variante erfolgt die PP-Integration über Lieferungen, die in SAP S/4HANA erstellt und an das dezentrale SAP EWM verteilt werden, d. h., dass SAP ERP und SAP EWM ausschließlich über die Lieferschnittstelle kommunizieren. Bei diesem Prüfprozess kann nicht vorzeitig mit der Prüfung begonnen werden, und es muss auf alle Rückmeldungen zum Fertigungs-/Produktionsauftrag (also auf alle gebuchten Wareneingänge) gewartet werden.
- **Vorabprüfung mit der Freigabe des Fertigungs-/Produktionsauftrags in SAP S/4HANA (erweiterte Produktionsintegration)**
  Abbildung 12.45 verdeutlicht den Prozessablauf für die Vorabprüfung mit der Freigabe des Fertigungs- und Produktionsauftrags (FA/PA).

12

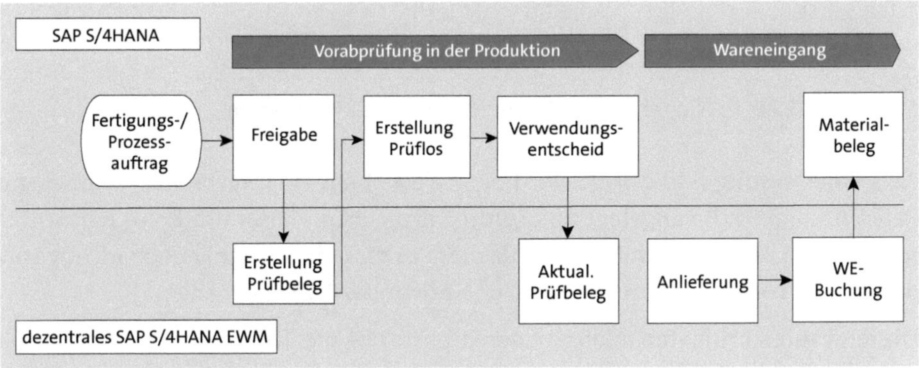

Abbildung 12.45 Prozessablauf Vorabprüfung in der Produktion im dezentralen SAP EWM mit der erweiterten Produktionsintegration

Der Prozess beginnt mit der Freigabe des Fertigungs-/Produktionsauftrags in SAP S/4HANA. Mit der Freigabe des Fertigungsauftrags prüft SAP S/4HANA im Steuerschlüssel, ob der Produktionslagerort SAP-EWM-verwaltet ist. Falls dies der Fall ist, werden die Produktionsauftragsdaten automatisch durch die Ausführung des Reports RQBPPEXT (Anlegen von Prüfbelegen in EWM-Systemen zu Aufträgen) per Business Transaction Event (BTE) initial an das dezentrale SAP EWM übertragen, und in SAP EWM wird die Prüfplanung für die Weiterverarbeitung der Daten aufgerufen. Der Report wird ebenfalls automatisch aufgerufen, falls für den freigegebenen Auftrag eine Löschvormerkung gesetzt oder die Chargennummer in SAP S/4HANA geändert wird. Auf der Basis der übertragenen Auftragsdaten wird in SAP EWM die entsprechende Prüfregel ermittelt. Aus dieser wird wiederum abgeleitet, ob eine Prüfung stattfinden soll. Somit ist im dezentralen Szenario eine aktive Prüfregel mit dem Prüfprozess 2 Voraussetzung. Die entsprechenden Regeln werden immer mit der Kumulierungsart **Referenzbeleg** angelegt. Abbildung 12.46 zeigt die Prüfregel mit dem Prüfprozess 2 (Vorabprüfung in der Produktion).

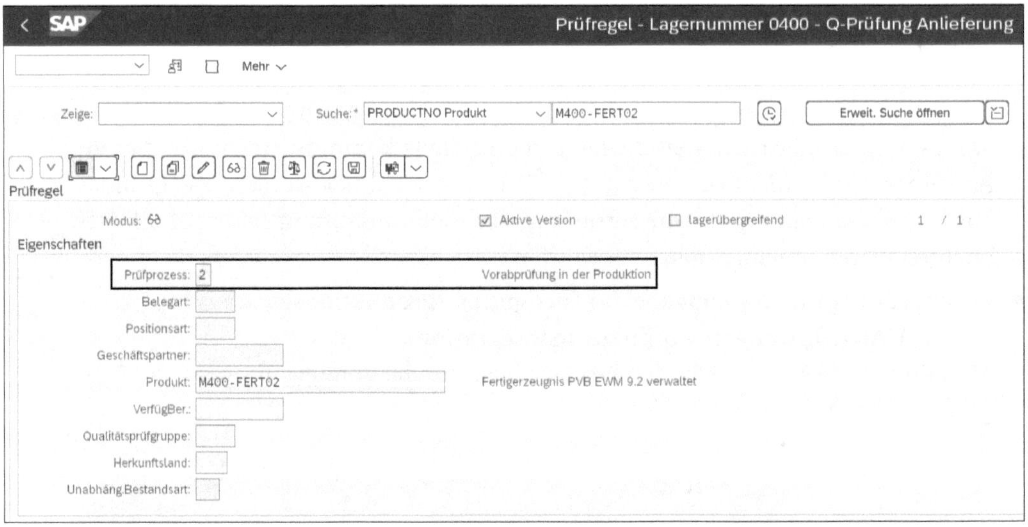

Abbildung 12.46 Prüfregel für die Vorabprüfung in der Produktion

Falls eine Prüfung relevant ist, wird in SAP EWM ein entsprechender Prüfbeleg mit Referenz zum FA/PA angelegt und sofort freigegeben. Dieser Prüfbeleg hat zunächst noch keinen Bezug zur Anlieferung, da diese zu diesem Zeitpunkt noch nicht vorhanden ist. Der Losumfang im Prüfbeleg entspricht der Auftragsmenge.

Die relevanten Prüfdaten inklusive der Prüfart 1704, die in der Prüfregel hinterlegt ist, werden anschließend per RFC von SAP EWM an QM kommuniziert. Das heißt, dass QM auf der Materialstammebene prüft, ob die Prüfart 1704 in der Prüfeinstellung entsprechend hinterlegt ist. Falls dem so ist, wird ein Prüflos mit Referenz zum FA/PA mit der Prüflosherkunft 17 und der Prüfart 1704 erzeugt (siehe Abbildung 12.47).

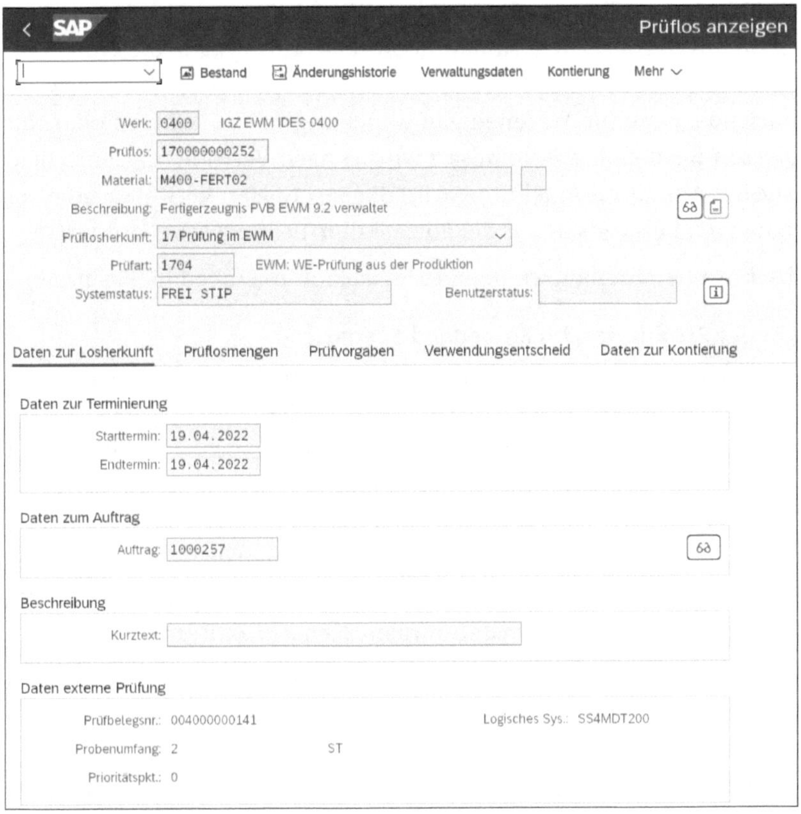

Abbildung 12.47 Prüflos in QM zur Wareneingangsprüfung aus der Produktion

Mit dem Report `/SPE/INB_EGR_CREATE` werden in SAP S/4HANA erwartete Wareneingänge mit Bezug zum FA/PA (kurz EWE) erzeugt, die per qRFC `/SCWM/INB_DLV_SAVEREPLICA` an das dezentrale SAP EWM verteilt werden. Beachten Sie in diesem Zusammenhang auch SAP-Hinweis 2811153. Auf Basis des erstellten EWE wird die Anlieferung im dezentralen SAP EWM z. B. mit Transaktion /SCWM/GRPI (Vorbereitung WE-Fertigung) manuell erstellt (siehe Kapitel 8, »Wareneingangsprozess«). Die Anlieferung hat somit ebenfalls Bezug zum FA/PA.

Über die FA/PA-Nummer bekommt der QIE-Prüfbeleg somit Bezug zur Anlieferung, und der Losumfang des Prüfbelegs wird mit der Anlieferpositionsmenge aktualisiert. Werden auf Basis des EWE weitere Anlieferungen erstellt, wird der Losumfang im QIE-Prüfbeleg entsprechend kumuliert.

Der Verwendungsentscheid wird in QM mit Transaktion QA11 (Verwendungsentscheid erfassen) getroffen und an das dezentrale SAP EWM übertragen. Der Verwendungsentscheid kann auch bereits ohne die Existenz der SAP-EWM-Anlieferung zum Produktionsauftrag in QM getroffen werden.

Auf Basis der Anlieferung erfolgt anschließend die Wareneingangsbuchung im dezentralen SAP EWM. Im Gegensatz zur Annahmeprobenprüfung kann die Wareneingangsbuchung nicht abgelehnt werden, d. h., je nach logistischer Folgeaktion bzw. internem Funktionscode, kann die Wareneingangsbuchung nur zugelassen oder mit Vorbehalt zugelassen werden. Die Bestandsart wird je nach Verwendungsentscheid ermittelt. Im Falle der Annahme/Ablehnung wird die Bestandsart verwendet, die der lokationsunabhängigen Bestandsart aus der Folgeaktion/Prüfregel zugeordnet ist.

Im nächsten Abschnitt beschreiben wir den Prozessablauf im Embedded-Szenario.

Vorabprüfung in der Produktion im Embedded-Szenario

Analog dem dezentralen Szenario werden in Embedded SAP EWM Prüfungen für intern gefertigte Waren vor der Wareneingangsbuchung geplant und angelegt. Wie im dezentralen Szenario sind in diesem Prüfprozess die Wareneingangsbuchung und die Einlagerung unter der Verwendung z. B. der Bestandsart P4 (Qualitätsprüfbestand in Produktion) auch ohne Verwendungsentscheid möglich. Mit der lagerabhängigen Aktivierung des POT 4 (Q-Prüfung Produkt/Charge Anlieferung) und dem Setzen des Kennzeichens **Vorabprüfung in der Produktion** im QIE-Customizing wird dieser Prozess in Embedded SAP EWM analog zum dezentralen Szenario aktiviert.

Abbildung 12.48 zeigt den Prozessablauf für die Vorabprüfung von Fertigungsauftrag (FA) oder Prozessauftrag (PA) mit Embedded SAP EWM.

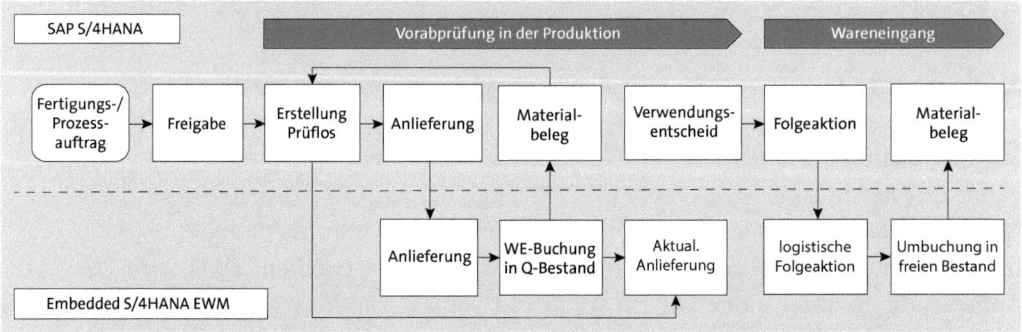

Abbildung 12.48 Prozessablauf »Vorabprüfung in der Produktion« mit Embedded SAP EWM

Mit der Freigabe des FA bzw. PA wird in SAP S/4HANA ein Prüflos automatisch mit der Prüfart, die im Materialstamm für die vorgezogene Prüfung definiert ist, erstellt. Dazu muss im Materialstamm die Prüfeinstellung mit der Prüfart 04 (Prüfung beim WE aus der Produktion) gepflegt sein. Damit das Prüflos automatisch mit der Freigabe des FA/PA erstellt wird, muss im Feld **Strg. Loserzeugung** der Wert **Y E in Prüflos** für die vorgezogene Prüfung zum Wareneingang (siehe Abbildung 12.49) gepflegt sein.

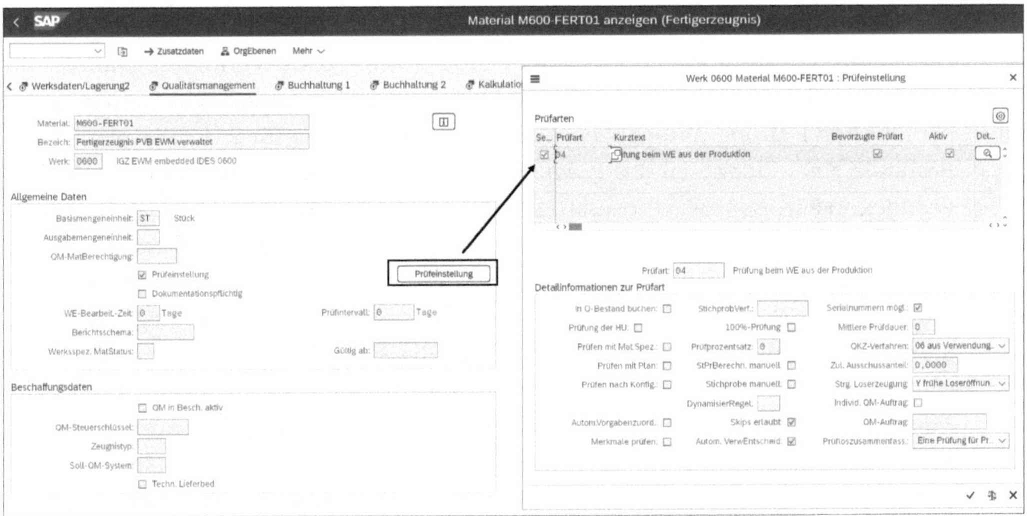

Abbildung 12.49 Prüfeinstellung im Materialstamm für den Prozess »Vorabprüfung in der Produktion«

Anschließend wird eine Anlieferung zum Produktionsauftrag, z. B. mit Transaktion MIGO (Warenbewegung) erstellt und an SAP EWM verteilt. In Embedded SAP EWM wird direkt eine Anlieferung erstellt. Anhand der Belegart sowie des Initiatorcodes GRP (Wareneingang aus Produktion) kann in SAP EWM eine bestimmte Belegart bestimmt werden. Je nach Prozessanforderung kann bereits zu diesem Zeitpunkt die Wareneingangsbuchung in SAP EWM in den Qualitätsprüfbestand erfolgen. Wie im dezentralen Szenario kann eine Wareneingangsbuchung in diesem Prüfprozess nicht verhindert werden. Mit dieser Wareneingangsbuchung wird in SAP S/4HANA ein Materialbeleg erstellt, der das Prüflos mit der LE-Anlieferungsnummer aktualisiert. Dadurch erhält die SAP-EWM-Anlieferung ebenfalls Bezug zum Prüflos und ist auf der Registerkarte **Belegfluss** sichtbar.

Anschließend wird mit der QM-Transaktion QA11 (Verwendungsentscheid erfassen) der Verwendungsentscheid getroffen. Auf Basis des Verwendungsentscheids wird in QM eine Folgeaktion ermittelt, die als EWM-relevant gekennzeichnet ist. In SAP EWM wird auf Basis der Folgeaktion eine logistische Folgeaktion bestimmt, die einem internen Folgeaktionscode, z. B. **Einlagerung**, zugeordnet ist. Embedded SAP EWM bucht den Bestand in **Frei in Einlagerung** um und erstellt automatisch eine Lageraufgabe gemäß der Einlagerungsstrategie.

Erstmusterprüfung für die Produktionsteilfreigabe

Diese Funktion steht Ihnen nur im Embedded-Szenario zur Verfügung. Damit können Sie Produkte, die erstmalig in SAP EWM wareneingangsgebucht werden, einer detaillierten Prüfung unterziehen. Die Erstmusterprüfung für SAP-EWM-verwaltete Bestände stellt einen Teil des *Produktionsteilgenehmigungsprozesses* (kurz PPAP = Production Part Approval Process) dar. PPAP ist ein strukturiertes Bemusterungsverfahren für Serienteile, das im Automotive-Umfeld eingesetzt wird und dient dazu, die Qualität der Lieferanten und ihrer Produktionsprozesse nachzuweisen. Wie in den vorgenannten Q-Prozessen ist auch dieser Prozess sehr stark in QM integriert. Damit Sie den Prozess nutzen können, müssen daher die folgenden Voraussetzungen erfüllt sein. Für detaillierte Informationen verweisen wir auf das Buch »Qualitätsmanagement mit SAP S/4HANA« von Yvonne Lorenz, Birgit Kleinebekel, Uwe Schedl und Matthias Schlaubitz, das im Rheinwerk Verlag erschienen ist. Eine Erstmusterprüfung wird durch die Nutzung einer dedizierten Verwendung der Wareneingangserstmusterprüfung im Prüfplan erreicht, die einem QM-Steuerschlüssel in der Beschaffung zugeordnet sein muss.

1. **Erstellung eines Prüfplans**
   Mit dem Prüfplan können Sie festlegen, was und wie für ein bestimmtes Produkt geprüft werden soll. Den Prüfplan legen Sie mit Transaktion QP01 (Prüfplan anlegen) an. Die Verwendung von Prüfvorgängen und Prüfmerkmalen ist optional. Zwingend erforderlich ist die Festlegung, für welchen Bereich (z. B. Wareneingangserstmusterprüfung) der Plan verwendet werden soll (siehe Abbildung 12.50).
2. **Erstellung eines entsprechenden QM-Steuerschlüssels**
   Dieser Schlüssel steuert, welche Bedingungen für das Qualitätsmanagement in der Beschaffung gelten sollen, z. B., ob die Lieferbeziehung freigeben worden sein muss, bevor eine Beschaffung erfolgen kann. Der QM-Steuerschlüssel wird im QM-Customizing über den folgenden Pfad festgelegt: **QM in der Logistik • QM in der Beschaffung**. Wichtig ist, dass Sie im Feld **Prüfplanverwendung für Erstmusterprüfung** den Eintrag **51 WE Erstmusterprüfung** auswählen.
3. **Erstellung eines Q-Infosatzes**
   Mit dem Q-Infosatz wird die Freigabe von Produkt/-Lieferantenbeziehungen gesteuert. Den Q-Infosatz legen Sie mit Transaktion QI01 (Q-Infosatz – Einkauf anlegen) an. Da die Erstmusterprüfung Bestandteil des Produktionsteilgenehmigungsprozesses ist, muss das Kennzeichen **PPAP erforderlich** gesetzt werden.
4. **QM-Daten im Materialstamm pflegen**
   Im Materialstamm auf der Registerkarte **Qualitätsmanagement** pflegen Sie den zuvor angelegten Steuerschlüssel in Transaktion MM01 (Material anlegen) bzw. MM02 (Material ändern). Mit dem Button **Prüfeinstellung** ist die Pflege der Prüfart 01 (Eingangsprüfung beim WE zur Bestellung) ebenfalls erforderlich.

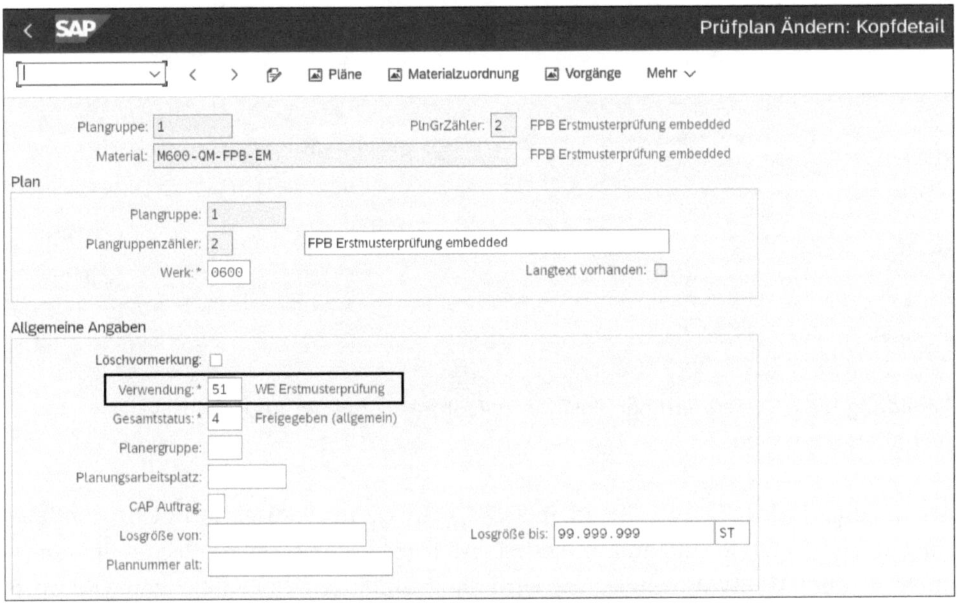

Abbildung 12.50 Prüfplan in QM für die Erstmusterprüfung

Haben Sie die beschriebenen Einstellungen und Stammdaten angelegt, ist der Prozessablauf wie in Abbildung 12.51 dargestellt.

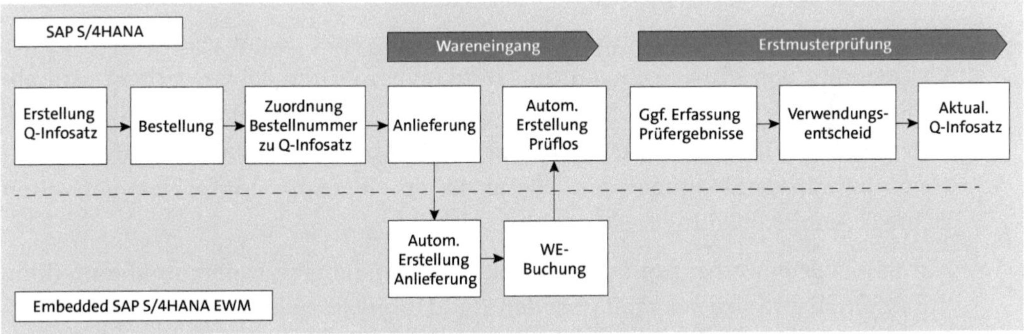

Abbildung 12.51 Prozessablauf der Erstmusterprüfung im Embedded-Szenario

Der Prozess beginnt, wie bereits beschrieben, mit der Erstellung des Q-Infosatzes. Anschließend erstellen Sie die Bestellung für das neue Produkt in SAP S/4HANA mit Transaktion ME21N. Ordnen Sie mit der App **Q-Infosätze verwalten** die Bestellnummer/Position dem Q-Infosatz zu (siehe Abbildung 12.52). Mit dieser App können Sie zur Umsetzung des Produktionsteil-Freigabeverfahrens festlegen, dass für ein Material für eine bestimmte Bestellung beim Wareneingang eine Erstmusterprüfung stattfinden soll. Dies gilt unabhängig davon, ob der Wareneingang in der Bestandsführung oder in SAP EWM gebucht wird.

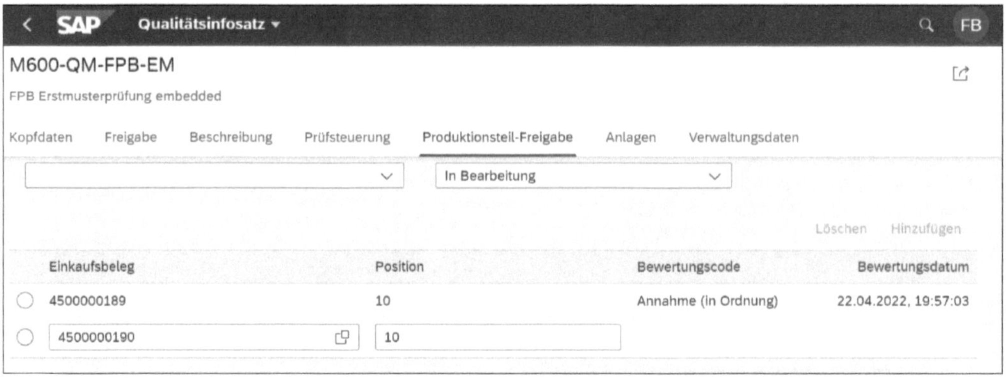

Abbildung 12.52 Bestellnummer/Position zu Q-Infosatz mit der App »Q-Infosätze verwalten« zuordnen

Anschließend wird die Anlieferung in SAP S/4HANA mit Transaktion VL31N (Anlieferung anlegen) erstellt und an Embedded SAP EWM verteilt. Mit der Wareneingangsbuchung der SAP-EWM-Anlieferung wird die Prüfplanung in QM gerufen. QM prüft auf Basis der LE-Anlieferungsnummer, ob dem Q-Infosatz eine passende Bestellnummer zugeordnet ist und erstellt auf Basis der im Materialstamm ermittelten Prüfart ein Prüflos zur Erstmusterprüfung (siehe Abbildung 12.53). Auf der Registerkarte **Prüfvorgaben** ist die Verwendung aus dem zuvor angelegten Prüfplan ersichtlich. Das erstellte Prüflos ist im Belegfluss der Anlieferungsposition sichtbar.

Im nächsten Schritt findet die Erstmusterprüfung statt. Eventuell werden bei der Verwendung von Prüfvorgängen und Merkmalen Prüfergebnisse erfasst und abschließend mit Transaktion QA11 (Verwendungsentscheid erfassen) der Verwendungseinheit erfasst. Der entsprechende Q-Infosatz wird mit dem getroffenen Verwendungsentscheid aktualisiert. Dieser ist in der App **Q-Infosätze verwalten** sichtbar (siehe Abbildung 12.54).

Auf Basis der Bewertungen im Q-Infosatz können Sie eine Lieferantenbeurteilung durchführen und sich jederzeit über den Stand Ihrer Lieferanten informieren. Selbstverständlich kann auch die bereits beschriebene Funktion der logistischen Folgeaktionen je VE-Code bei der Erstmusterprüfung genutzt werden.

Erstmusterprüfung über ein Statusschema

Wenn Sie zur Erstmusterprüfung ein Statusschema verwenden und dem Q-Infosatz zugeordnet haben, können Sie die Erstmusterprüfung nicht in den Wareneingangsprozess mit Embedded SAP EWM integrieren. Auch die Zuordnung der Bestellnummer zum Q-Infosatz über die App **Infosätze verwalten** ist nicht verwendbar.

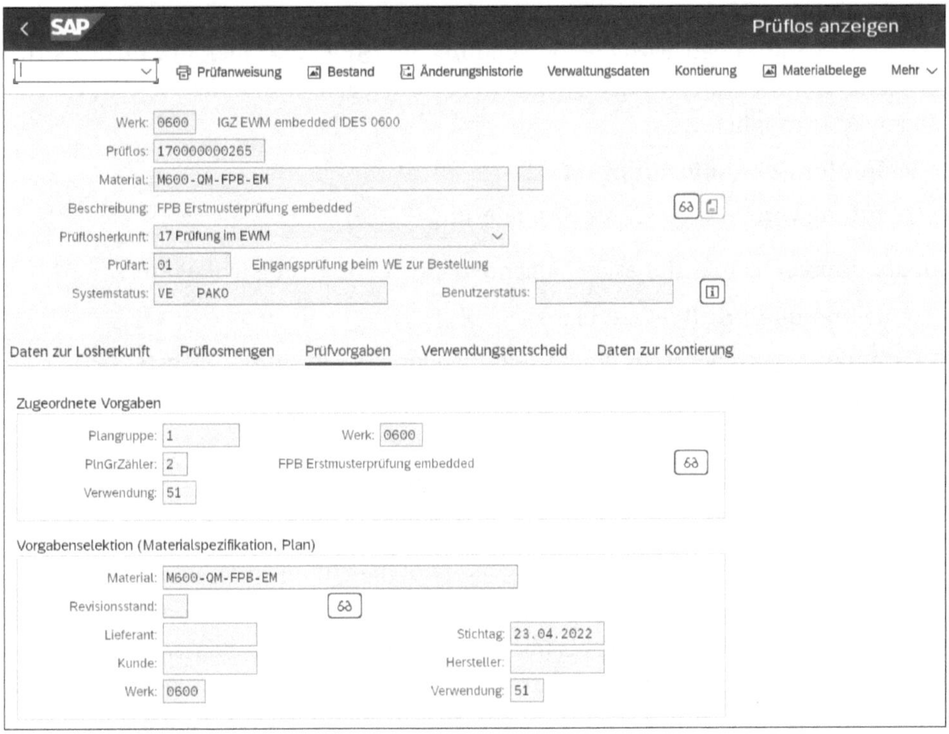

Abbildung 12.53 Prüflos zur Erstmusterprüfung

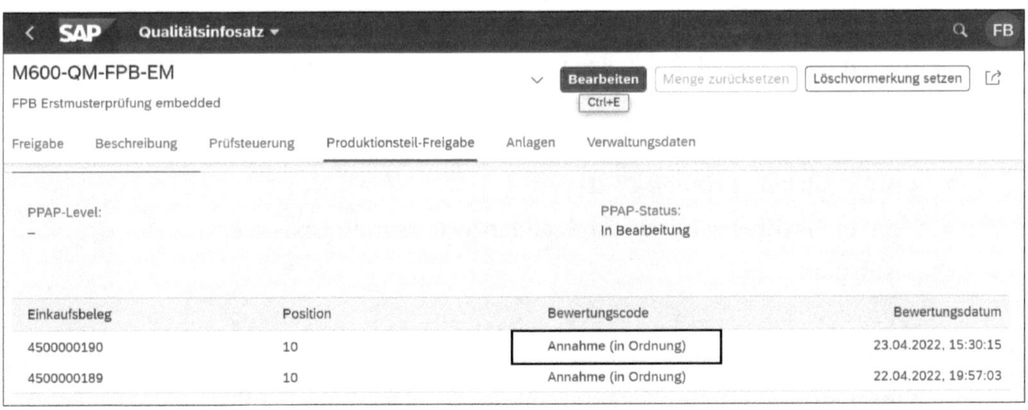

Abbildung 12.54 Aktualisierung des Q-Infosatz mit dem Bewertungscode des Prüfloses

Anlieferungsübergreifende Erstellung von Prüfbelegen

Sowohl in der QIE als auch in QM ist es möglich, Prüfbelege anlieferungsübergreifend zu erstellen (Prüfbelegzusammenfassungen). Im Folgenden gehen wir auf beide Möglichkeiten näher ein.

Anlieferungsübergreifende Erstellung von QIE-Prüfbelegen

Wie bereits beschrieben, wird die Verwendung der QIE-Funktionen nur im dezentralen Szenario unterstützt. In der QIE ist eine Prüfbelegzusammenfassung für die folgenden POTs möglich:

- Zählprüfung der Anlieferung (POT2)
- Q-Prüfung von Produkt/Charge Anlieferung (POT4)

Auf der Prüfregelebene gibt es die folgenden Einstellungsmöglichkeiten:

- keine Kumulierung (Wert ist blank)
- Kumulierung auf der Basis der Bestellung oder des Fertigungsauftrags als Referenzbeleg (Wert = 1)
- Kumulierung auf der Basis von Produkt/Charge (Wert = 2)
- kundenspezifische Kumulierung – BAdI (Wert = X)

Je nach Einstellung ist das Kumulierungsverhalten unterschiedlich. Erfolgt die Kumulierung auf der Basis des Referenzbelegs, wird der QIE-Prüfbeleg auch dann noch erweitert, wenn über dessen Verwendung bereits entschieden ist. Eine Kumulierung der Prüfmenge erfolgt so lange, bis über den QIE-Prüfbeleg final entschieden wurde und keine weiteren Anlieferungen für das Referenzdokument erzeugt werden können. Im Gegensatz dazu wird ein QIE-Prüfbeleg zu Produkt/Charge (POT5) nur dann erweitert, wenn über diesen noch nicht entschieden ist.

Im Falle einer prüfrelevanten Anlieferposition prüft das dezentrale SAP EWM, ob ein bestehender QIE-Prüfbeleg erweitert werden kann. Ist eine Erweiterung möglich und existieren mehrere QIE-Prüfbelege, wird der Beleg mit dem neuesten Erstellungsdatum zur Erweiterung herangezogen. Das dezentrale SAP EWM erstellt trotz Kumulierungsrelevanz in den folgenden Fällen einen neuen Prüfbeleg:

- wenn noch kein Prüfbeleg existiert
- wenn ein Prüfbeleg mit dem folgenden Systemstatus existiert:
  - storniert
  - archiviert
  - zur Archivierung vorgesehen
  - gesperrt
  - Prüfbeleg in Bearbeitung (Status QI12)
  - Prüfbeleg geschlossen

[»]

Kundenspezifische Logik zum automatischen Abschluss des Prüfbelegs

Im BAdI /SCWM/EX_QM_INSPDOC_AUTO_DEC kann eine kundenspezifische Logik implementiert werden, wann ein kumulierter Prüfbeleg automatisch geschlossen werden soll, z. B. für den Fall, dass die maximale kumulierte Menge erreicht oder das Zeitintervall überschritten ist. Beachten Sie, dass dieses BAdI nicht für den Prüftyp 17 (eine Prüfung, die an ein externes System verteilt wird) gültig ist.

Die Kumulierung von Prüfbelegen ist sowohl für die 100 %-Prüfung als auch für das Probenverfahren möglich.

Im Fall des Probenverfahrens prüft das dezentrale SAP EWM bei der Kumulierung von bewegungsrelevanten Proben, ob bereits eine Lageraufgabe zur Einlagerung der Anlieferung existiert, für die der QIE-Prüfbeleg erstellt wurde. Falls dies zutrifft, wird ein neuer Prüfbeleg erstellt. Trifft dies nicht zu, wird der bestehende Prüfbeleg unter der Berücksichtigung der zuvor genannten Kriterien erweitert. Konkret heißt das:

- Die Losgröße wird erhöht.
- Die existierende Probe und die entsprechende Umbuchung werden storniert.
- Die Probenmenge wird neu berechnet.
- Eine neue Probe wird angelegt.
- Die Bestandsmenge wird in die, in der Prüfregel definierte Zielbestandsart umgebucht.
- Der Bestand erhält die Referenz auf die Probe.

Anlieferungsübergreifende Erstellung von Prüflosen

Im Embedded-Szenario müssen und im dezentralen Szenario können Prüflose für die Qualitätsprüfung verwendet werden. Mittels der Prüfloszusammenfassungen können zu prüfende Waren, basierend auf bestimmten Kriterien, in einem einzelnen Prüflos gruppiert werden. Zum Beispiel können gelieferte Produkte zur gleichen Bestellung in einem einzigen Prüflos zusammengefasst werden, auch wenn die Produkte in mehreren Anlieferungen geliefert werden. Ein anderes Gruppierungskriterium kann der Fertigungsauftrag sein, auf dessen Basis verschiedene Produkte hergestellt und eingelagert werden sollen.

Für die Zusammenfassung von Prüflosen gibt es im Embedded- sowie im dezentralen Szenario drei Möglichkeiten:

- Zusammenfassung von Prüflosen auf der Ebene der Bestell- bzw. der Fertigungsauftragsposition, anlieferübergreifend
- Zusammenfassung von Prüflosen auf der Ebene **Material/Charge**, bestellungs- bzw. fertigungsauftragsübergreifend
- Zusammenfassung von Prüflosen, entsprechend den kundenspezifischen Kriterien im BAdI `/SCWM/EX_QM_INSP_SUMMARY`

Nach welcher Option die Prüfloszusammenfassung erfolgen soll, kann – analog dem dezentralen Szenario – in Embedded SAP EWM in der Prüfregel in Transaktion /SCWM/QRSETUP im Feld **Prüfsteuerung** eingestellt werden.

Deaktivierung der Kumulierung innerhalb einer Lieferung

Bisher wurden beim POT4 (Q-Prüfung von Produkt/Charge Anlieferung) im dezentralen Szenario Positionen einer Lieferung mit gleichem Produkt und, falls das Produkt chargenverwaltet ist, bei gleicher Charge mit Wareneingangsbuchung zu einem Prüfbeleg zusammengefasst. Diese Gruppierung war unabhängig von den Einstellungen in den Materialstammdaten oder von der Prüfregel. Mit SAP EWM 2022 besteht die Möglichkeit, diese zwangsweise Kumulierung im SAP-EWM-Customizing **Lagerabhängige Prüfobjekttypen definieren und aktivieren** zu deaktivieren. In diesem Fall wird pro Anlieferposition ein Prüfbeleg erzeugt.

Anwendung der Vererbung für Prüfregeln

Die Eigenschaften einer Prüfregel (Belegart, Geschäftspartner, Produkt, Verfügungsberechtigter usw.) bilden eine Hierarchie für deren Werte (siehe Abbildung 12.55).

Jede Prüfregel besteht darüber hinaus aus *Argumenten*. Argumente sind in DDIC-Teilstrukturen (DDIC = ABAP Dictionary) unterteilt, z. B. **WE-Steuerung**, **Allgemein** (z. B. Prüfverfahren), **Stichprobe** (z. B. Stichprobenart) oder **externes System** (z. B. externes QM-System). Für die Vererbung von Argumenten auf spezifischere Prüfregeln wird jede Teilstruktur separat berücksichtigt. Es wird immer von der geringen (weniger Prüfregeleigenschaften) auf die höhere (mehr Eigenschaften) Spezifität vererbt. Vererbt werden Argumente einer Gruppe nur dann, wenn die entsprechenden Felder in spezifischeren Prüfregeln initial sind.

Werden Wareneingangssperren beim Bearbeiten der Lieferposition festgestellt, kann die Prüfregelsimulation die Lokalisierung der Wareneingangssperre wirksam unterstützen. Sie können die Simulation in Transaktion /SCWM/PRDI (Anlieferung pflegen) durch Anklicken des Buttons **Zusatzdaten anzeigen** und Auswahl des Eintrags **Prüfregelsimulation anzeigen (Eingangsprüfung)** aus der Drop-down-Listbox für die Anlieferposition starten. Vererbte Prüfeinstellungen werden dabei grün unterlegt dargestellt (siehe Abbildung 12.55).

Logistisch relevante extern berechnete Stichprobengröße

Die Funktion der logistisch relevanten extern berechneten Stichprobengröße steht Ihnen sowohl im dezentralen Szenario als auch im Embedded-Szenario zur Verfügung. Damit besteht die Möglichkeit, für den WE-gebuchten Bestand automatisch eine Bestandsposition anzulegen, die Bezug zum externen, d. h. zum in QM berechneten Stichprobenumfang hat. Mit dieser Aufteilung ist SAP EWM in der Lage, die internen Bewegungen im Lager so zu steuern, dass nur die Stichprobenmenge zum Prüfplatz transportiert wird und die restliche Menge, die dem Prüfbeleg zugeordnet ist, direkt eingelagert werden kann. Diese Funktion ist nicht für die Prüfprozesse *Annahmeprobenprüfung* und *Vorabprüfung in der Produktion* relevant.

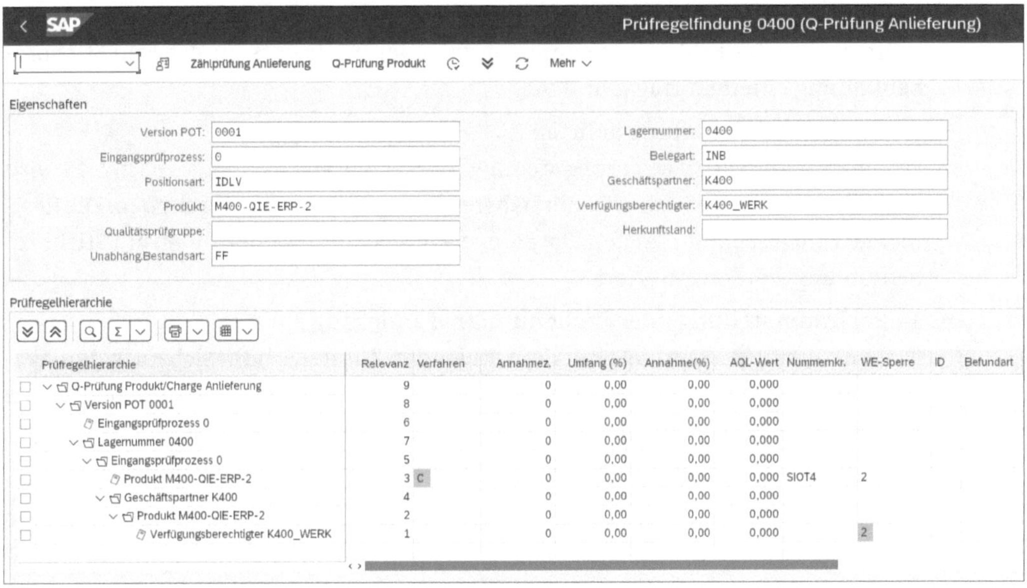

Abbildung 12.55 Logik bei der Vererbung von Prüfvorgaben

Im dezentralen Szenario ist der Prozessablauf wie folgt: Je nach Einstellung für lagerabhängige POTs prüft SAP EWM z. B. mit der WE-Buchung, ob der für den Wareneingangsprozess entsprechende POT4 aktiviert ist. Falls dem so ist, versucht SAP EWM eine Prüfregel zu ermitteln. Anschließend wird auf Basis der Prüfregel ein QIE-Prüfbeleg erstellt. Ist in der Prüfregel das Argument **Lokationsunabhängige Bestandsart** z. B. mit dem Wert **QQ-Qualitätsprüfbestand** gepflegt, wird die Bestandsart der Lieferposition z. B. auf **Q3 – Qualitätsprüfbestand in Einlagerung** geändert. Die Lieferpositionsmenge wird mit der entsprechenden Bestandsart wareneingangsgebucht.

Ist im POT das Feld **Externes Qualitätsmanagementsystem** gepflegt, werden die prüfrelevanten Informationen inklusive der aus der Prüfregel ermittelten Prüfart an QM in SAP S/4HANA übertragen. QM führt die Prüfplanung durch und prüft, ob es zur übertragenen Prüfart eine aktive Prüfart im Materialstamm gibt. Ist für die Prüfart ein Stichprobenverfahren gepflegt, berechnet QM die Stichprobenmenge entsprechend. QM erstellt das Prüflos und überträgt die Prüflosinformationen per RFC an die QIE, und die QIE aktualisiert den Prüfbeleg mit der QM-Prüflosnummer und der externen Stichprobenmenge. Ist die Einstellung im SAP-EWM-Customizing zur Abspaltung der externen Stichprobenmenge aktiv, bucht SAP EWM die Stichprobenmenge entsprechend um. Diese Einstellung nehmen Sie im SAP-EWM-Customizing über den

Pfad **Prozessübergreifende Einstellungen • Qualitätsmanagement • Grundlagen und Integration • Lagerabhängige Prüfobjekttypen definieren und aktivieren** vor. Hier haben Sie die folgenden Möglichkeiten:

- **1 – Externe Probemenge nicht splitten**
  Die Probemenge wird vom Qualitätsbestand nicht gesplittet, selbst wenn es im Prüfbeleg für das Feld **Ext. Stichprobenumf.** oder im Prüflos für das Feld **Stichprobenumfang** einen Eintrag gibt.
- **2 – Nur bei Prüferstellung splitten**
  Die Probemenge wird bei Prüferstellung vom Qualitätsbestand gesplittet. Es wird nur die Probemenge in den Qualitätsbereich für die Prüfung verschoben. Die Restmenge wird auf einem finalen Platz eingelagert. Spätere Änderungen am Stichprobenumfang werden ignoriert.
- **3 – Bei Prüferstellung oder Probenumfangsänderung splitten**
  Dies entspricht der Option 2 mit dem folgenden Zusatz: Erhöht sich nach dem Wareneingang der Stichprobenumfang, wird die zusätzliche Probenmenge durch eine entsprechende Umbuchung vom Qualitätsbestand gesplittet und kann mit einer Ad-hoc-Lageraufgabe in den Qualitätsbereich umgelagert werden.

[»]

Kundenspezifische Logik zum Anpassen der externen Stichprobenmenge

Mit dem BAdI /SCWM/EX_QM_SAMPLE_ROUND_QTY haben Sie die Möglichkeit, eine kundenspezifische Logik für die Rundung der Stichprobenmenge zu implementieren. Beläuft sich z. B. die Stichprobenmenge auf 5 ST und die Lieferpositionsmenge auf 20 ST, sind in zwei HUs je 10 ST verpackt. In dem zuvor genannten BAdI kann z. B. die extern berechnete Stichprobenmenge auf eine komplette HU-Menge = 10 ST aufgerundet werden, um zu vermeiden, die Stichprobenmenge im Wareneingang vom Restbestand zu entpacken und somit die komplette Palette als logistische Einheit an den Prüfplatz zu bewegen.

Die Umbuchung der gegebenenfalls angepassten Stichprobenmenge ist auf der Registerkarte **Belegfluss** der Lieferposition ersichtlich (siehe Abbildung 12.56), falls die Lieferposition SAP-EWM-seitig nicht verpackt ist. Falls die Lieferposition verpackt ist, ist der Umbuchungsbeleg nicht sichtbar.

Im Lagermonitor können Sie sich im Klassifizierungsknoten z. B. **Bestand und Platz** und im Profilknoten **Physischer Bestand** die Bestandsposition für die gesplittete Stichprobenmenge vom Restbestand anzeigen lassen. Wie in Abbildung 12.57 ersichtlich, sind zur Anlieferung die folgenden Bestandspositionen im Lagermonitor sichtbar:

- *Bestandsposition 1*: 145 ST mit Referenz zum Prüfbeleg 4000000106 und Prüf-ID-Typ = A (Prüflos)

- *Bestandsposition 2*: 5 ST mit Referenz zum Prüfbeleg 4000000106 und Prüf-ID-Typ = S (Stichprobe)

Abbildung 12.56 Umbuchungsbeleg der Stichprobenmenge auf der Registerkarte »Belegfluss der Anlieferposition«

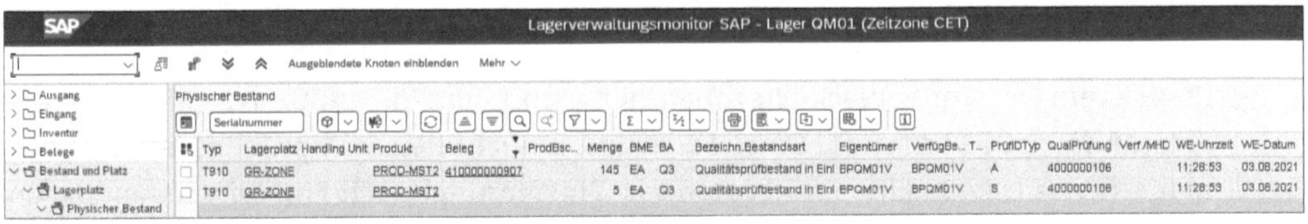

Abbildung 12.57 Bestandsposition der Stichprobenmenge im Lagermonitor

Im nächsten Schritt werden die Lageraufgaben zur Einlagerung erstellt. Für die Bestandsposition der Stichprobenmenge ermittelt SAP EWM den Prüfplatz als Zielplatz und für den Restbestand den finalen Einlagerplatz entsprechend der Einlagerungsstrategien. Der Prüfplatz kann z. B. über den externen Prozessschritt, der in der Prüfregel hinterlegt ist, ermittelt werden. Beispielsweise können Sie per Radio Frequency die zuvor erstellten Lageraufgaben auf den jeweiligen Nachplatz quittieren. Der Stichprobenbestand hat dabei Bezug zum QIE-Prüfbeleg bzw. QM-Prüflos und zur Anlieferung. Der eingelagerte Restbestand verliert den Bezug zur Anlieferung und hat nur noch Referenz zum QIE-Prüfbeleg bzw. QM-Prüflos.

Anschließend wird die Q-Prüfung durchgeführt und in SAP S/4HANA der Verwendungsentscheid erfasst. Abbildung 12.58 zeigt die Bestandspositionen für den Verwendungsentscheid. Die 1. Zeile entspricht der Bestandsposition für die Stichprobe am Prüfplatz, und die 2. Zeile entspricht der bereits eingelagerten Bestandsposition. Die rote Statusampel dieser Zeile zeigt an, dass für diesen Bestand kein Verwendungsentscheid getroffen werden kann. Nachdem der Verwendungsentscheid für die Stichprobenmenge erfasst worden ist, wird der Entscheidungscode per RFC an SAP EWM übertragen, die Folgeaktion automatisch ermittelt und der QIE-Prüfbeleg automatisch aktualisiert.

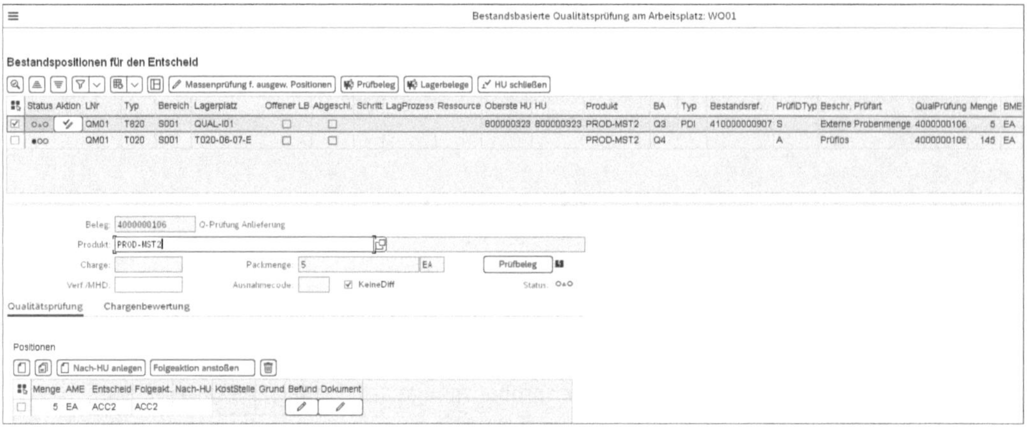

Abbildung 12.58 Verwendungsentscheids für die Stichprobenmenge in Transaktion QA11 erfassen

In unserem Fall wurde die Stichprobenmenge mit dem VE = ACC2 akzeptiert und die Folgeaktion ACC2 ermittelt. Diese Folgeaktion bucht den Stichprobenbestand automatisch von Q3 (Qualitätsprüfbestand in Einlagerung) nach F1 (Frei verwendbar in Einlagerung) um und erstellt mit der Aktivierung des BAdIs **BAdI für Beeinflussung der Lageraufgabenerstellung nach Entscheid** eine Lageraufgabe zur Zulagerung in genau die HU oder HUs, aus denen die Stichprobe entnommen wurde (siehe SAP-Hinweis 3159351). Falls das BAdI nicht aktiv ist, erfolgt die Einlagerung gemäß der Einlagerungsstrategie. Durch die Umbuchung verliert der Stichprobenbestand den Bezug zum QIE-Prüfbeleg. Zum Prozessabschluss wird der Stichprobenbestand eingelagert und die Lageraufgabe quittiert.

Lieferantenzeugnis im Wareneingang mit anschließender Qualitätsprüfung

Im Beschaffungsprozess haben Sie die Möglichkeit, vom Lieferanten ein Qualitätszeugnis einzufordern, das bestätigt, dass die festgelegten Qualitätsanforderungen erfüllt werden. Diese Funktion steht Ihnen mit SAP EWM 2022 zur Verfügung und wird sowohl im dezentralen als auch im Embedded-Szenario unterstützt, vorausgesetzt, dass die Prüfplanung einen Prüfbeleg bzw. ein Prüflos erzeugt und das Kennzeichen für die erweiterte Zeugnisabwicklung im QM-Customizing des Zeugnistyps gesetzt ist. Ohne Prüflos wird die Integration von Qualitätszeugnissen von Lieferanten zwischen SAP S/4HANA und SAP EWM nicht unterstützt. Damit Sie diese Funktion nutzen können, müssen die QM-Beschaffungsdaten im Materialstamm auf der Registerkarte **Qualitätsmanagement** in SAP S/4HANA gepflegt sein. Hier müssen sowohl das Kennzeichen **QM-Beschaffung aktiv** gesetzt als auch der QM-Steuerschlüssel mit dem Kennzeichen **Zeugnispflicht** sowie der Zeugnistyp definiert sein. Im QM-Steuerschlüssel können Sie u. a. festlegen, ob bei der Beschaffung ein Qualitätszeugnis des

Lieferanten erforderlich ist. Mit dem Zeugnistyp haben Sie die Möglichkeit, die Abwicklung von Zeugniseingängen zu steuern. So können Sie festlegen, ob mit der Wareneingangsbuchung der Anlieferung in SAP EWM eine Information, eine Warnmeldung oder keine Information erscheint, dass ein Qualitätszeugnis des Lieferanten erforderlich ist. Sowohl den QM-Steuerschlüssel als auch den Zeugnistyp stellen Sie im QM-Customizing ein. Die entsprechenden Pflege-Views finden Sie über den Pfad **QM in der Logistik • Zeugnistypen definieren**.

[«]

QM-Beschaffungsdaten im Materialstamm in SAP S/4HANA

Das Kennzeichen **QM-Beschaffung aktiv** im Materialstamm liegt auf der Mandantenebene, was bedeutet, dass dieses Kennzeichen in Tabelle MARA (Allgemeine Materialdaten) gespeichert wird. Das Feld **QM-Steuerschlüssel** liegt dagegen auf der Werksebene und wird somit in der Tabelle MARC (Werksdaten zum Material) gespeichert. Demzufolge müssen, wenn das Kennzeichen **QM-Beschaffung aktiv** gesetzt ist, für alle angelegten Werkssichten die QM-Beschaffungsdaten ebenfalls gepflegt werden.

12

Der Prozessablauf im dezentralen Szenario ist in Abbildung 12.59 dargestellt.

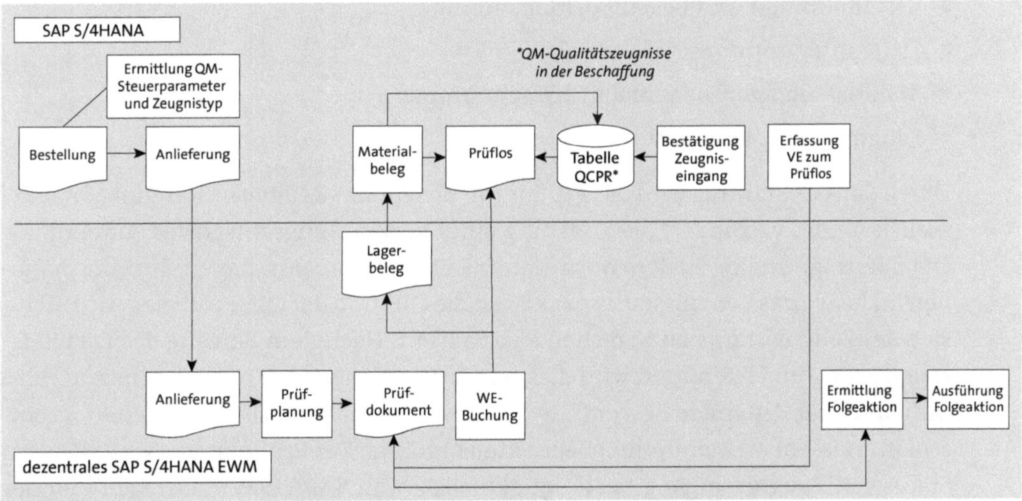

Abbildung 12.59 Ablauf des Qualitätsprüfprozesses mit Qualitätszeugnis im QM-QIE-Szenario zwischen SAP S/4HANA und dem dezentralen SAP EWM

Der Prozess beginnt in SAP S/4HANA mit der Erstellung der Bestellung. Dabei wird geprüft, ob für das Material das Kennzeichen **QM in der Beschaffung aktiv** gesetzt ist. Falls ja, werden die Informationen des QM-Steuerschlüssels und des Zeugnistyps in die entsprechende Bestellposition übertragen. Anschließend werden die Anlieferung zur Bestellung in SAP S/4HANA erstellt und die QM-Beschaffungsdaten auf die Anlieferposition fortgeschrieben. Die Anlieferdaten inklusive der QM-Beschaffungsdaten werden nach SAP EWM übertragen und in SAP EWM die Anlieferungsanforderung erstellt.

Mit der Aktivierung der Anlieferungsanforderung wird die Anlieferung in SAP EWM erstellt und, je nach lagerabhängiger Einstellung des POT, die Prüfplanung in SAP EWM ausgeführt. Dabei wird zunächst geprüft, ob der POT4 aktiv ist. Falls dem so ist, versucht SAP EWM, eine Prüfregel zu ermitteln. Konnte eine Prüfregel gefunden werden, wird ein Prüfbeleg mit dem Status **Angelegt** erzeugt. Der erstellte Prüfbeleg beinhaltet u. a. die QM-Beschaffungsdaten aus der Anlieferposition. Mit der Wareneingangsbuchung der Anlieferung in SAP EWM werden die prüfrelevanten Informationen an SAP S/4HANA übertragen. Dort wird ein Prüflos erstellt, sofern die Prüfeinstellungen für das Material entsprechend gepflegt sind. Details zur QIE-QM-Integration finden Sie in Abschnitt 12.2.1, »Prüfprozess im dezentralen SAP EWM«. Mit der Wareneingangsbuchung werden ebenfalls die Warenbewegungsdaten inklusive der QM-Beschaffungsdaten nach SAP S/4HANA übertragen und das Prüflos analog dem normalen QIE-QM-Prüfprozess aktualisiert. Des Weiteren wird mit der Erstellung des Materialbelegs automatisch ein Eintrag in der Tabelle QCPR (Qualitätszeugnisse in der Beschaffung) mit den folgenden Informationen erzeugt:

- Bestellnummer und Bestellpositionsnummer
- Lieferantennummer
- Material- und gegebenenfalls Chargennummer
- Zeugnisstatus: **Erwartet**

Durch den QCPR-Eintrag wird das Prüflos mit dem Status **Zeugnisbestätigung fehlt** aktualisiert. Dies verhindert die Erfassung eines Verwendungsentscheids zum Prüflos. QM überträgt, analog zu dem normalen QIE-QM-Prüfprozess, die Prüflosinformationen inklusive des Zeugnisstatus per RFC an die QIE, und der QIE-Prüfbeleg wird inklusive des Zeugnisstatus entsprechend aktualisiert. Nach dem Eingang des Qualitätszeugnisses vom Lieferanten wird dieses in SAP S/4HANA, z. B. mit Transaktion QC55 (Arbeitsvorrat Zeugnisse Beschaffung) oder mit Transaktion QA11 (Verwendungsentscheid erfassen) im Menüpunkt **Bearbeiten** bestätigt. Der Prüflosstatus wird mit dem Statuswert **Zeugniseingang bestätigt** aktualisiert an SAP EWM übertragen und der Prüfbeleg angepasst. Der zugehörige QCPR-Eintrag erhält den Zeugnisstatus **Eingegangen**. Der Zeugniseingang kann selbstverständlich auch vor der WE-Buchung bestätigt werden, sofern der Lieferant das Qualitätszeugnis vor dem Eintreffen der Ware im Lager übermittelt hat. In diesem Fall hat der QCPR-Eintrag sofort den Zeugnisstatus **Eingegangen** und das Prüflos mit der Erstellung den Statuswert **Zeugniseingang bestätigt**.

Im nächsten Schritt kann der Verwendungsentscheid zum Prüflos durchgeführt werden. Ein Teilmengenentscheid kann ebenfalls ohne Einschränkung getroffen werden.

Der Verwendungsentscheid wird nach SAP EWM übertragen, der Prüfbeleg entsprechend aktualisiert und je nach Entscheidungscode eine Folgeaktion, z. B. eine Einlagerung in SAP EWM, ausgeführt.

Wird anstelle des dezentralen SAP EWM Embedded SAP EWM verwendet, sieht der Ablauf des Qualitätsprüfprozesses mit Qualitätszeugnis wie in Abbildung 12.60 aus.

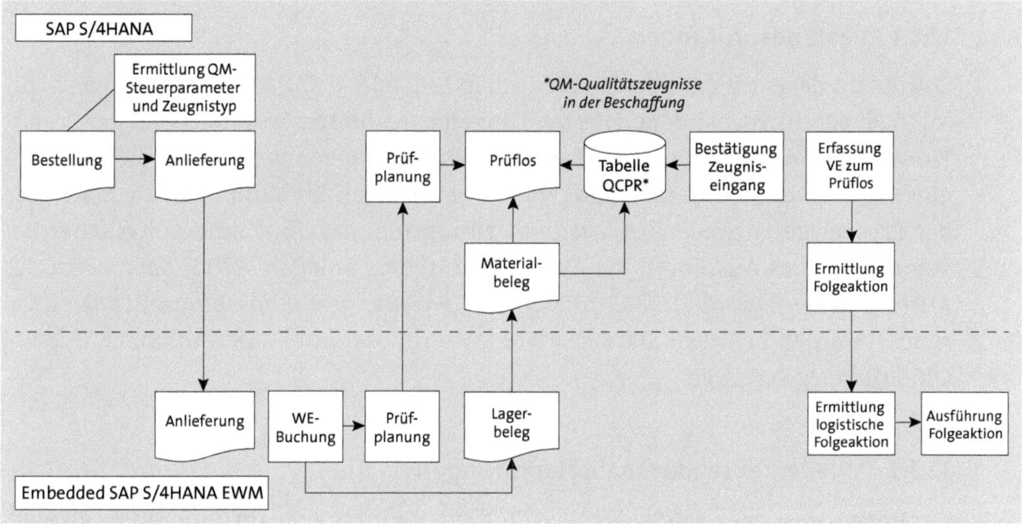

Abbildung 12.60 Ablauf des Qualitätsprüfprozesses mit Qualitätszeugnis mit Embedded SAP EWM

Der Prozessablauf unter der Nutzung von Embedded SAP EWM unterscheidet sich vom dezentralen SAP EWM im Wesentlichen durch die bereits in Abschnitt 12.2.3, »Wesentliche Unterschiede im Prüfprozess zwischen dezentralem und Embedded SAP EWM«, beschriebenen Punkte. Die QM-Beschaffungsdaten werden, analog zu dem dezentralen Szenario, mit dem Beleg der Anlieferung von SAP S/4HANA nach SAP EWM übertragen. Mit der WE-Buchung in SAP EWM werden Sie, je nach Einstellung, im Zeugnistyp darüber informiert, dass ein Qualitätszeugnis des Lieferanten erforderlich ist. Durch den resultierenden Materialbeleg wird ein QCPR-Eintrag mit dem Status **Zeugnisbestätigung fehlt** generiert. Das Prüflos wird entsprechend aktualisiert. Nach der Bestätigung des Zeugniseingangs ändert sich der Zeugnisstatus auf **Eingegangen**. Das Prüflos erhält den Statuswert **Zeugniseingang bestätigt** als Voraussetzung für die Erfassung des Verwendungsentscheids. Je nach Verwendungsentscheid wird in SAP S/4HANA eine Folgeaktion ermittelt, die wiederum eine logistische Folgeaktion in Embedded SAP EWM bestimmt und dort ausgeführt wird. Auch in diesem Szenario kann die Bestätigung des Zeugniseingangs vor der WE-Buchung erfolgen, sofern der Lieferant das Qualitätszeugnis vor der Anlieferung der Ware übermittelt hat.

12.3 Lagerinterne Qualitätsprüfungen

Lagerinterne Prüfungen werden für bereits eingelagerte Waren und Produkte durchgeführt. Das können Ad-hoc-Prüfungen oder wiederkehrende Prüfungen in vordefinierten Intervallen für chargenpflichtige Produkte sein.

12.3.1 Bestandsprüfungen

Sowohl im dezentralen Szenario als auch in Embedded SAP EWM ist es möglich, für im Lager bereits vorhandenen Bestand ungeplante interne Prüfungen mit der Prüfart 1708 (Umlagerungsprüfung) für lagerinterne Prüfungen auszuführen, die nicht Teil eines Anlieferungsprozesses sind. Wie im dezentralen Szenario kann die Erstellung der Prüfbelege entweder im Lagerverwaltungsmonitor im Knoten **Physischer Bestand** durch das Ausführen der Methode **Prüfbeleg anlegen** (POT5) oder durch das Ausführen des Reports /SCWM/R_STOCK_TYPE_CHANGE angestoßen werden. In beiden Varianten werden in Embedded SAP EWM QM-Prüflose und im dezentralen SAP EWM QIE-Prüfbelege erzeugt.

12.3.2 Wiederkehrende Qualitätsprüfungen

Der Prüfprozess der *wiederkehrenden Prüfungen* wird sowohl im dezentralen als auch im Embedded-Szenario unterstützt. Der Unterschied besteht darin, dass im dezentralen Szenario QIE-Prüfbelege und gegebenenfalls QM-Prüflose und im Embedded-Szenario ausschließlich QM-Prüflose erstellt werden.

In SAP EWM können für chargenpflichtige Produkte wiederkehrende Prüfungen in vordefinierten Intervallen geplant und durchgeführt werden. Voraussetzung dafür ist, dass im Materialstamm in der Sicht **Qualitätsmanagement** das Feld **Prüfintervall** gepflegt ist.

Der Prozess startet mit der Anlage einer Charge in SAP EWM für eine entsprechende Anlieferungsposition. Dies geschieht entweder manuell in Transaktion /SCWM/PRDI (Anlieferung pflegen) oder automatisch beim Verteilen der Anlieferung von SAP S/4HANA nach SAP EWM. Mit der Erstellung der Charge berechnet SAP EWM automatisch das nächste Prüfdatum:

> *Nächstes Prüfdatum = Ausgangsdatum (Systemdatum der angelegten Charge oder Produktionsdatum (Merkmal LOBM_HSDAT)) + Prüfintervall in Tagen*

Diese Information wird dann im Chargenmerkmal LOBM_QNDAT (Nächstes Prüfdatum der Charge) gespeichert (siehe Abbildung 12.61). Falls bereits ein Bestand entschieden wurde, wird das Prüfdatum als Ausgangsdatum für die Berechnung verwendet.

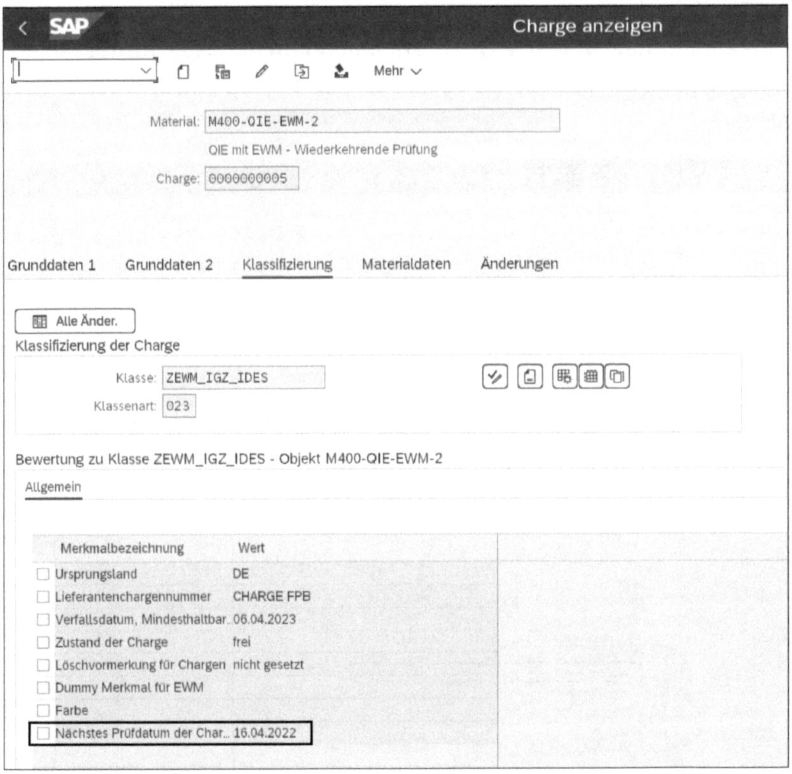

Abbildung 12.61 Prüfdatum der Charge in Transaktion MSC3N (Charge anzeigen)

Kundenspezifische Ermittlung des Prüfdatums

Im BAdI /SCWM/EX_QFU_BATCH_DATA (Bewertung Charge: Zusätzliche Merkmale) kann eine kundenspezifische Logik zur Ermittlung des nächsten Prüfdatums vorgenommen werden.

Durch das Ausführen des Reports /SCWM/R_STOCK_TYPE_CHANGE (entweder manuell oder als Hintergrundjob) ermittelt SAP EWM pro Charge das nächste Prüfdatum und erstellt bei erreichten bzw. überschrittenen Prüfterminen automatisch die notwendigen Prüfbelege bzw. Prüflose je nach SAP-EWM-Szenario (siehe Abbildung 12.62). Wichtig dabei ist, dass der Report im Ausführungsmodus **Prüfbeleg(e) anlegen und Bestand auf QM-Bestand buchen** ausgeführt wird. Die lokationsunabhängige Bestandsart QQ wird nicht direkt im Report gesetzt, sondern kommt auch hier aus der ermittelten Prüfregel.

Anschließend wird entweder in SAP EWM oder in QM ein Verwendungsentscheid getroffen. Sowohl im dezentralen als auch im Embedded-Szenario muss der POT5 (Q-Prüfung Produkt/Charge lagerintern) generiert und aktiviert und eine Prüfregel mit Prüfprozess 1 für die wiederkehrende Prüfung erstellt werden. Zusätzlich muss im Materialstamm auf der Registerkarte **Qualitätsmanagement** das Prüfintervall gepflegt werden. Die Pflege der Prüfeinstellung im Materialstamm ist für diesen Prüfprozess nicht relevant.

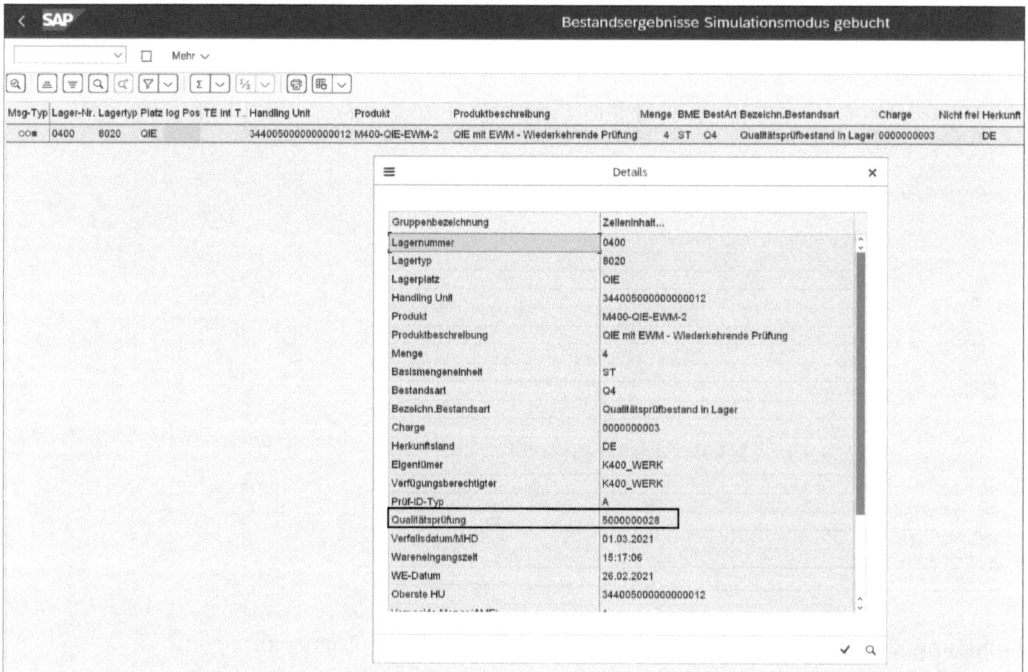

Abbildung 12.62 Prüfbeleg für wiederkehrende Prüfungen im Report /SCWM/R_STOCK_TYPE_CHANGE

12.3.3 Automatische Stammdatensynchronisation zur Steuerung von QM-Prozessen

Im dezentralen Szenario ist es möglich, Änderungen von QM-Daten im Materialstamm per IDoc-Nachrichtentyp `MATQM` (Basistyp `MATQM01`, Segmenttyp `E1BP1001004_QMAT`) an das dezentrale SAP EWM zu verteilen. Mit Transaktion QL11 (Prüfeinstellung senden) oder per Hintergrundjob (Programmname `RBDSEQMAT`) können die Prüfeinstellungsdaten im Materialstamm an das dezentrale SAP EWM gesendet werden.

Daraufhin erstellt, aktualisiert oder löscht das dezentrale SAP EWM automatisch die entsprechenden Prüfregeln auf Basis der QM-Daten aus SAP S/4HANA. Einstellungen zur automatischen Erstellung von Prüfregeln nehmen Sie im SAP-EWM-Customizing über den Pfad **Prozessübergreifende Einstellungen • Qualitätsmanagement • Qualitätsmanagement für dezentrales EWM • Grundlagen und Integration • Kommunikation mit einem externen QM-System** vor.

Hier haben Sie die Möglichkeit, Prüfregeleinstellungen für POT4 (Q-Prüfung Produkt/Charge Anlieferung) und POT5 (Q-Prüfung Produkt/Charge lagerintern) vorzunehmen. Wichtige Voraussetzung für die automatische Stammdatensynchronisation ist die Aktivierung des BC-Sets `/SCWM/QM_MASTER_DATA_SYNC_IDOC` und die notwendigen ALE-Einstellungen in SAP S/4HANA und im dezentralen SAP EWM.

Vorgangscode /SCWM/MATQM für den Nachrichtentyp MATQM

Bei der Definition der Partnervereinbarung in SAP EWM mit Transaktion WE20 in den Eingangsparametern verwenden Sie für den Nachrichtentyp `MATQM` den Vorgangscode `/SCWM/MATQM`. Dieser wird mit der Aktivierung des zuvor genannten BC-Sets automatisch erstellt.

Prüfregeln, deren Steuerungsdaten aus SAP S/4HANA bzw. einem externen System stammen, erkennen Sie am RFC-User. Diese Prüfregeln können Sie im dezentralen SAP EWM nicht löschen (siehe Abbildung 12.63). Die Löschung erfolgt über die QM-Daten im Materialstamm in SAP S/4HANA.

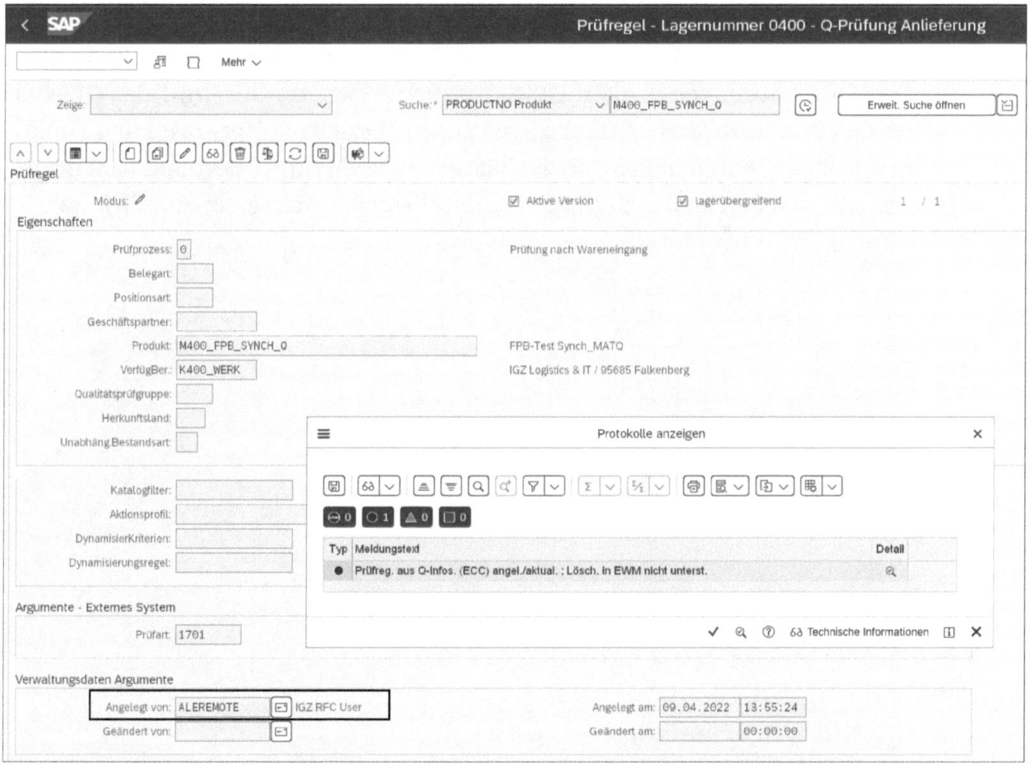

Abbildung 12.63 Automatisch erstellte Prüfregel in Transaktion /SCWM/QRSETUP (Prüfregelpflege)

Da die vom IDoc QMAT gelieferten Daten für die Erstellung einer Prüfregel nicht ausreichen, können Vorschlagswerte in einer SAP-EWM-Customizing-Tabelle gepflegt werden, die Sie über den folgenden Pfad finden: **Prozessübergreifende Einstellungen • Qualitätsmanagement • Qualitätsmanagement für dezentrales EWM • Kommunikation mit einem externen QM-System**.

Hier haben Sie die Möglichkeit, für den POT4 und POT5 Prüfregeleinstellungen vorzunehmen, die bei der automatischen Erstellung von Prüfregeln berücksichtigt werden. Das können z. B. die Einstellung von Nummernkreis, Codegruppen, der unabhängigen Bestandsart oder der Steuerung für die Prüferstellung sein. Sollte die automatische Erstellung dennoch nicht funktionieren, können Sie im SLG1-Log, Objekt QIE und Unterobjekt IRULEDISTR Detailinformationen erhalten.

12.4 Zusammenfassung

In diesem Kapitel haben wir die Qualitätsprüfung je nach Szenario – dezentral oder embedded – beschrieben, die wichtigsten Stammdaten und Customizing-Einstellungen dokumentiert und die zentralen Unterschiede zwischen beiden Szenarien aufgezeigt. Im dezentralen Szenario haben wird die Möglichkeiten dargestellt, die Qualitätsprüfung entweder mit dem QIE-Stand-alone-Szenario oder mit der QIE-QM-Integration durchzuführen. Zusätzlich haben wir spezielle Prüfprozesse und Funktionen, sowohl im Wareneingang als auch lagerintern, dokumentiert und haben auch hier jeweils nach den beiden Szenarien unterschieden, sofern es erforderlich war.

Kapitel 13
Radio Frequency und Mobile

Mit einem integrierten Ressourcenmanagement bietet SAP EWM die Möglichkeit, das Lagergeschehen zu optimieren. Technologien wie RFID oder Pick-by-Voice sowie der Einsatz mobiler Geräte ermöglichen eine zunehmende Automatisierung im Lager.

In diesem Kapitel behandeln wir die Möglichkeiten zur Optimierung und Automatisierung von Prozessen im Lager. Durch einen besseren Einsatz von Ressourcen (z. B. Gabelstaplern) und Lagermitarbeitern lassen sich die Kosten erheblich minimieren. Der Schwerpunkt dieses Kapitels liegt auf der Automatisierung und Optimierung von Lagermitarbeitern. Die Automatisierung, bei der ein Materialflusssystem den Lagerungsprozess komplett übernimmt, ist Thema von Kapitel 16, »Anbindung einer Materialflusssteuerung«.

Für eine Optimierung der Arbeit im Lager sind zusätzliche technische Hilfsmittel notwendig. Am meisten verbreitet ist die Nutzung von mobilen Geräten, die meist mit einem Scanner und einem Bildschirm ausgestattet sind. Weitere Helfer sind aber auch sogenannte *Wearables*, die das Scannen der Barcodes vereinfachen, oder Roboter, die die Mitarbeitenden beim Kommissionieren begleiten oder die Ware nach dem Kommissioniervorgang z. B. zur Packstation transportieren.

Neue Anwendungsmöglichkeiten bieten heutzutage vor allem Wearables, die den Prozess verbessern, indem sie Nutzern Freiheiten wie das Arbeiten mit beiden Händen ermöglichen.

Darüber hinaus stehen neue Technologien zur Verfügung, um Lagerprozesse zu optimieren (z. B. die sprachgesteuerte Systemführung (Pick-by-Voice-Technologie) oder der Einsatz von RFID-Technologie).

Wir betrachten in diesem Kapitel Ansätze zur Verbesserung und Optimierung der Lagerprozesse mithilfe des SAP-EWM-Ressourcenmanagements sowie die technischen Möglichkeiten zur Integration mobiler Handscanner und Voice-Geräte sowie die Verwendung von Wearables in SAP EWM.

Im ersten Abschnitt erläutern wird das SAP-EWM-integrierte Ressourcenmanagement, das eine optimierte Steuerung von Mitarbeitern und technischen Ressourcen zur Unterstützung des Lagerprozesses bietet. Das heißt, dass wir beschreiben, wie Lageraufträge optimiert einem Mitarbeiter zugeordnet werden. Anschließend erfahren

Sie, wie Sie das Radio-Frequency-Framework einrichten und nutzen können, um durch die Verwendung mobiler Radio-Frequency-Geräte (RF-Geräte) eine schnelle und fehlerfreie Datenkommunikation im Lager sicherzustellen.

Wir beschreiben außerdem die SAP-Technologien, um die EWM-Daten auf die Hardware zu bringen und den Prozess zu unterstützen. Wir stellen Ihnen neue Entwicklungen wie EWM MOBGUI vor, das vor dem Hintergrund der Cloud-Strategie auf der Technologie SAP Screen Personas aufsetzt.

Zuletzt gehen wir auf Pick-by-Voice und RFID ein. Pick-by-Voice kann in SAP EWM direkt eingesetzt werden. Abschnitt 13.3, »Datenfunk, Pick-by-Voice und RFID«, zeigt, wie Pick-by-Voice-Transaktionen entwickelt werden, um sie sprachgesteuert nutzen zu können. Wir stellen Ihnen in diesem Zusammenhang die Technologien vor, die Sie unter der Verwendung von mobilen Geräten oder mobilen Terminals nutzen können, um Ihre Prozesse zu verbessern.

Folgende Technologien können in SAP EWM in SAP S/4HANA eingesetzt werden:

- SAP GUI für GUI-basierte Geräte und Workstations
- SAPConsole für textbasierte Geräte
- ITSmobile für die webbasierte und grafische Darstellung sowie die Pick-by-Voice- und RFID-Integration
- SAP Screen Personas/EWM MOBGUI
- SAP Fiori wird derzeit vor allem auf Tablets verwendet. Die Verwendung von SAP Fiori auf mobilen Handgeräten ist seitens SAP nicht vorgesehen bzw. empfohlen.
- die App **SAP Warehouse Operator** für das iPhone von Apple
- Integration von Nicht-SAP-Systemen durch die Nutzung von Schnittstellen (APIs) wie z. B. Remote Function Call (RFC) oder Webservices

Darüber hinaus geben wir Ihnen Hinweise und Tipps, welche Technologie Sie verwenden können, um die Kosten Ihrer Projekte langfristig unter Kontrolle zu behalten.

13.1 Ressourcenmanagement

In SAP EWM wird die optimierte Ausführung der Aufgaben im Lager durch das *Ressourcenmanagement* sichergestellt: SAP EWM optimiert Arbeitspakete und weist diese automatisch den Mitarbeitern zu. Das Ressourcenmanagement ist dabei für die Ausführung der Lagerprozesse verantwortlich. Es ist komplett in das SAP-EWM-System integriert (z. B. im Gegensatz zu SAP Task and Ressource Management in SAP ERP, das nachträglich in WM integriert wurde).

In diesem Abschnitt beschreiben wir die unterschiedlichen Objekte des Ressourcenmanagements sowie die notwendigen Konfigurationsschritte im SAP-EWM-System.

Wie Arbeitspakete (Lageraufträge) durch das Gruppieren der Lageraufgaben vor der Ausführung gebildet werden, stellen die Lagererstellungsregeln sicher, die wir u. a. in Kapitel 9, »Warenausgangsprozess«, erläutern.

Das Ressourcenmanagement wird vor allem mit mobilen RF-Transaktionen auf mobilen Geräten betrieben. Es ist aber, falls der Prozess es erlaubt, auch möglich, diese mobilen RF-Transaktionen auf normalen PCs zu betreiben. Die RF-Transaktionen des Ressourcenmanagements haben meist nur sehr wenige Felder und ermöglichen damit einen einfachen und schnellen Prozessablauf.

13.1.1 Objekte im Ressourcenmanagement

Das Ressourcenmanagement beinhaltet verschiedene Objekte, u. a. den Benutzer, die Ressource und die Queue. Für diese Objekte müssen Sie Stammdaten sowie Konfigurationsdaten im System hinterlegen. In diesem Abschnitt beschreiben wir die einzelnen Objekte des Ressourcenmanagements sowie den Zusammenhang zwischen diesen Objekten.

Benutzer

Der *Benutzer* in SAP EWM ist identisch mit dem SAP-Benutzer, der bei der Anmeldung an das SAP-System verwendet wird. Es ist notwendig und sinnvoll, für jeden Benutzer einen einzelnen SAP-EWM-Stammsatz zu erstellen, um zusätzliche ressourcenmanagementspezifische Default-Werte zu hinterlegen. Dabei werden das Personalisierungsprofil, die Lagernummer und der Ressourcenname berücksichtigt. Dieser Stammsatz vereinfacht den Anmeldungsprozess an das Ressourcenmanagement, weil die Daten in den RF-Transaktionen nicht immer wieder neu eingegeben werden müssen. Der Vorteil ist nicht von der Hand zu weisen, wenn die Transaktionen auf mobilen Geräten ausgeführt werden, denn dort ist die Eingabe aufgrund von Hardwareeinschränkungen meist komplizierter.

Den Benutzer pflegen Sie über das SAP-Easy-Access-Menü in SAP EWM über den Pfad **Logistik • SCM Extended Warehouse Management • Extended Warehouse Management • Stammdaten • Ressourcenmanagement • Benutzer pflegen** oder über Transaktion /SCWM/USER.

In SAP EWM steht auch das *Personalisierungsprofil* zur Verfügung, um Benutzergruppen in ihrem Funktionsumfang einzuschränken oder ihnen erweiterte Funktionen zu ermöglichen. Um das Personalisierungsprofil zu erstellen, folgen Sie dem Pfad **SCM Extended Warehouse Management • Extended Warehouse Management • Mobile Datenerfassung • Radio-Frequency-(RF)-Framework • Schritte in logischen Transaktionen definieren** im SAP-EWM-Customizing. Dort selektieren Sie den Knoten **Darstellungsprofile definieren** und dann den Knoten **Personalisierungsprofile definieren**.

Das Personalisierungsprofil ermöglicht es, Benutzer zu einem Radio-Frequency-Menü (RF-Menü) zuzuordnen, sodass nur bestimmte Transaktionen sichtbar und ausführbar sind. Die RF-Menüs finden Sie im RF-Menümanager innerhalb des SAP-EWM-Customizings. Wählen Sie dazu den Pfad **SCM Extended Warehouse Management • Extended Warehouse Management • Mobile Datenerfassung • Radio-Frequency-(RF)-Framework • RF-Menümanager** oder Transaktion /SCWM/RFMENU.

Das Personalisierungsprofil wird dem SAP-EWM-Darstellungsprofil zugeordnet, das wir in Abschnitt 13.2.1, »Funktionen und Vorteile des Radio-Frequency-Frameworks«, näher beschreiben. Zudem erhalten Sie durch das Personalisierungsprofil die Möglichkeit, abhängig von Benutzergruppen unterschiedliche Bildschirmmasken oder Bildfolgen zu definieren und zu verändern.

Abbildung 13.1 zeigt die Pflege des Stammdatensatzes für einen SAP-EWM-Benutzer. Die Default-Werte werden für Anmeldung und Findung des RF-Menüs verwendet.

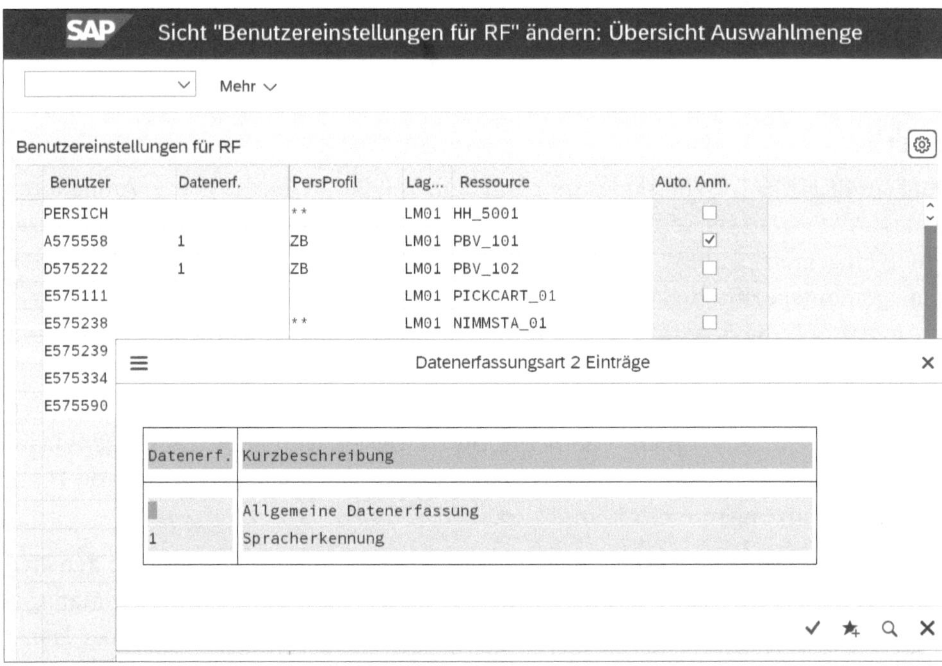

Abbildung 13.1 Stammdatensatz für einen SAP-EWM-Benutzer pflegen

Das Kennzeichen **Auto. Anm.** ermöglicht eine automatische Anmeldung. Das heißt, dass jeder Benutzer, der dieses Kennzeichen in der Stammdatenpflege setzt, die Anmeldung überspringt, wenn er die RF-Transaktion aufruft, falls er auch zugleich eine Ressource hinterlegt und kein anderer Benutzer an dieser Ressource angemeldet ist; andernfalls sieht der Benutzer die Anmeldungsmaske. Alle mobilen Transaktionen rufen Sie über das SAP-Easy-Access-Menü in SAP EWM über den Pfad **Logistik • SCM**

Extended Warehouse Management • Extended Warehouse Management • Ausführung • In RF-Umgebung anmelden oder über Transaktion /SCWM/RFUI auf. Falls das Kennzeichen **Auto Anm.** nicht aktiviert ist, muss sich der Benutzer erst an der Ressource anmelden, bevor er in das RF-Menü springen kann.

Auch können Sie festlegen, welches Endgerät Sie verwenden. Hier spezifizieren Sie, ob es sich um ein normales Handgerät mit einem Screen oder um ein Pick-by-Voice-Gerät handelt (siehe das Feld **Spracherkennung** in Abbildung 13.1)

Ressource

Eine *Ressource* bildet sowohl Mitarbeiter im Lager als auch deren Arbeitsmittel ab, z. B. einen Gabelstapler. Eine Ressource kann auch ein Fördermittel beschreiben. Weitere Informationen zu Fördermitteln und der Automatisierung der Lagerprozesse erhalten Sie in Kapitel 16, »Anbindung einer Materialflusssteuerung«.

Die Ressource wird verwendet, um sich an den RF-Transaktionen anzumelden. Um eine Ressource in SAP EWM zu erstellen, wählen Sie im SAP-Easy-Access-Menü in SAP EWM den Pfad **Logistik • SCM Extended Warehouse Management • Extended Warehouse Management • Stammdaten • Ressourcenmanagement • Ressource pflegen**, oder Sie verwenden den Transaktionscode /SCWM/RSRC.

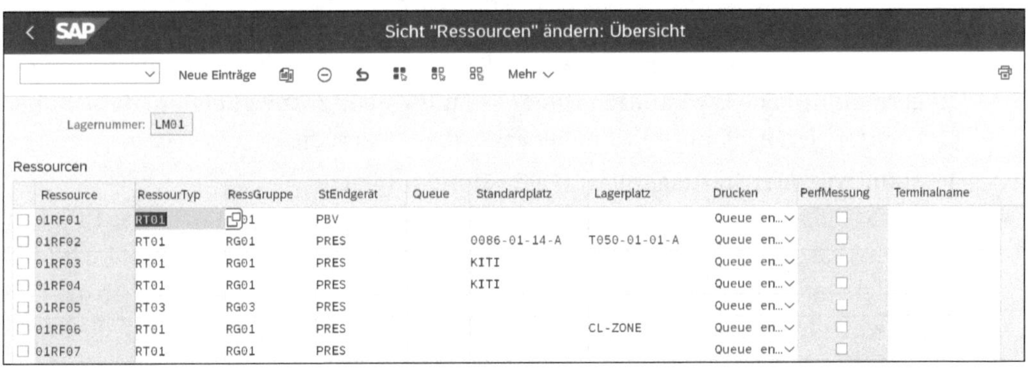

Abbildung 13.2 Ressourcen ändern oder erstellen

Wie es in Abbildung 13.2 dargestellt ist, können Sie der Ressource die folgenden Parameter zuordnen:

- **Ressourcentyp (Feld »RessourTyp«)**
  Der Ressourcentyp wird verwendet, um eine physische Unterscheidung der Ressourcen vorzunehmen. Der Ressourcentyp kann Parameter beinhalten, die die Geschwindigkeit gleichartiger Ressourcentypen festlegen. Sie können z. B. definieren, wie schnell sich die Ressource auf dem Boden bewegen kann, aber auch die Geschwindigkeit, mit der diese ein Regal in der Höhe ansteuern soll.

- **Ressourcengruppe (Feld »RessGruppe«)**
Die Ressourcengruppe beschreibt das Arbeitsumfeld, in dem die Ressource zum Einsatz kommt. Sie wird vom System verwendet, um das systemgeführte und automatisierte Arbeiten im Lager zu ermöglichen. Detailliert beschreiben wir das systemgeführte Arbeiten in Abschnitt 13.1.2, »Systemgeführtes Arbeiten im Ressourcenmanagement«.
- **Standardendgerät (Feld »StEndgerät«)**
Dieser Parameter wird verwendet, um das Layout bzw. die Screen-Verhältnisse (Quer- oder Hochformat) der Bildschirmbilder zu verändern. SAP EWM in SAP S/4HANA liefert zwei Layouts. Das alte Layout ermöglicht es, mit großen Staplergeräten zu arbeiten – mit einer Auflösung von 8 Zeilen und 40 Spalten. Neu in SAP EWM in SAP S/4HANA ist die Auflösung für Handgeräte, die eine Auflösung von 15 Zeilen und 25 Spalten beinhaltet. Mit dem RF-Framework-Screen-Generator in SAP EWM ist es möglich, jedes Layout semiautomatisch in ein anderes Layout zu überführen. Außerdem ist es möglich, das Layout mithilfe des grafischen Editors ITS-mobile zu steuern und unterschiedliche Layouts zu erstellen. Die Technologie ITS-mobile erläutern wir nachfolgend nochmals im Detail.
- **Default-Queue (Feld »Queue«)**
Die Default-Queue findet Anwendung beim systemgeführten Arbeiten, das wir ebenfalls in Abschnitt 13.1.2, »Systemgeführtes Arbeiten im Ressourcenmanagement«, beschreiben. So ist es z. B. möglich, im Lagerverwaltungsmonitor (kurz Lagermonitor) alle Lageraufträge einer Default-Queue zuzuweisen, um diese höher zu priorisieren, damit sie schneller abgearbeitet werden.
- **Standard- oder Startlagerplatz (Feld »Standardplatz«)**
Der Standard- oder Startlagerplatz wird verwendet, um beim Starten der Tätigkeit einen Startpunkt für die Wegstreckenberechnung zu erhalten. Das Feld wird benötigt, wenn sich die Ressource abmeldet und später wieder anmeldet – in der Praxis wird die Ressource immer an einem festen Platz abgestellt – z. B. um die Batterien aufzuladen.
- **Feld »Lagerplatz«**
Dieser Parameter repräsentiert den aktuellen Lagerplatz, an dem sich die Ressource befindet; dieses Feld wird ebenfalls für die Wegstreckenberechnung benötigt. Beim Quittieren einer Lageraufgabe wird das Feld immer wieder überschrieben, d. h., dass es den tatsächlichen physischen Aufenthaltsort der Ressource in Echtzeit repräsentiert. Bewegt sich jedoch die Ressource nach dem Quittieren der Lageraufgabe, wird dies nicht im System festgehalten. Eine andere Möglichkeit, die jedoch projektspezifisch zu lösen wäre, ist die genaue Ortung der Ressource mithilfe der RFID-Technologie. So wäre es denkbar, einen Stapler mit einer RFID-Antenne auszustatten sowie RFID-Tags im Boden zu platzieren, um so immer den aktuellen Platz des Staplers im System abzubilden (Track & Trace).

- **Feld »Drucken«**
  Diese Option entscheidet über das Druckverhalten. Hier besteht die Wahlmöglichkeit, ob das Drucken in Abhängigkeit von der Queue oder von den Konditionstabellenparametern gesteuert werden oder ob überhaupt kein Druck mit der Ressource stattfinden soll.
- **Performancemessung (Feld »Perfmessung«)**
  Diese Option dient dazu, Performancemessungen im System zu speichern. Hierzu ist ein eigenes Framework entwickelt worden, um die individuellen Schritte, die der Benutzer auf dem Screen durchführt, einzeln zu vermessen. Weitere Informationen finden Sie in SAP-Hinweis 1595305 (Messen von Laufzeiten für RF-Geräte in SAP EWM).
- **Terminalname**
  Das Feld **Terminalname** gibt Auskunft über den Namen oder die IP-Adresse des Terminals, das verwendet wurde, um sich an der Ressource anzumelden. Das System ermittelt das Terminal mit dem Funktionsbaustein `TH_USER_INFO`. Der zurückgegebene Wert hängt von der verwendeten Benutzungsoberfläche ab. Wenn das SAP GUI verwendet wird, kann das System den Namen des Terminals ermitteln. Dieses Feld wird verwendet, um den PC-Namen/Terminalnamen ablegen zu können. Wenn ITSmobile bzw. eine Browseranwendung (SAP Fiori) verwendet wird, ermittelt das System die IP-Adresse des Terminals. Falls ein Web Dispatcher verwendet wird, kann durchaus immer die gleiche IP in dem betreffenden Feld gespeichert werden.

Queues

Eine *Queue* repräsentiert einen Container oder einen Pool, in dem abzuarbeitende Lageraufträge bereitstehen. Queues werden verwendet, um Lageraufträge in Abhängigkeit der betriebswirtschaftlichen Anforderungen besser zu gruppieren. Wir zeigen Ihnen nun, wie Sie Queues in SAP EWM anlegen und wie Sie die Zuordnung einer Queue zu einem Lagerauftrag einstellen können.

Die Einstellungen für das Queue-Management werden im SAP-EWM-Customizing über den Pfad **SCM Extended Warehouse Management • Extended Warehouse Management • Prozessübergreifende Einstellungen • Ressourcenmanagement** vorgenommen.

Im ersten Schritt müssen Sie eine Queue erstellen. Wie Abbildung 13.3 zeigt, können Sie beim Anlegen der Queue Grunddaten pflegen. Sie können das Doppelspiel mit der Verwendung von Queue-Typen der Queue zuweisen oder das halbsystemgeführte Arbeiten freischalten. Beide Steuerungen erörtern wir in Abschnitt 13.1.2, »Systemgeführtes Arbeiten im Ressourcenmanagement«. Das SAP-EWM-Doppelspiel ermöglicht einen Queue-Wechsel, d. h., dass Sie in die nächste Queue springen, nachdem Sie den Lagerauftrag aus Queue 1 abgearbeitet haben. Beim halbsystemgeführten Arbeiten wird Ihnen der Platz mitgeteilt, an dem Sie den nächsten Auftrag starten können. Wenn Sie dort angekommen sind, können Sie die Handling Unit auswählen, die Sie bewegen möchten.

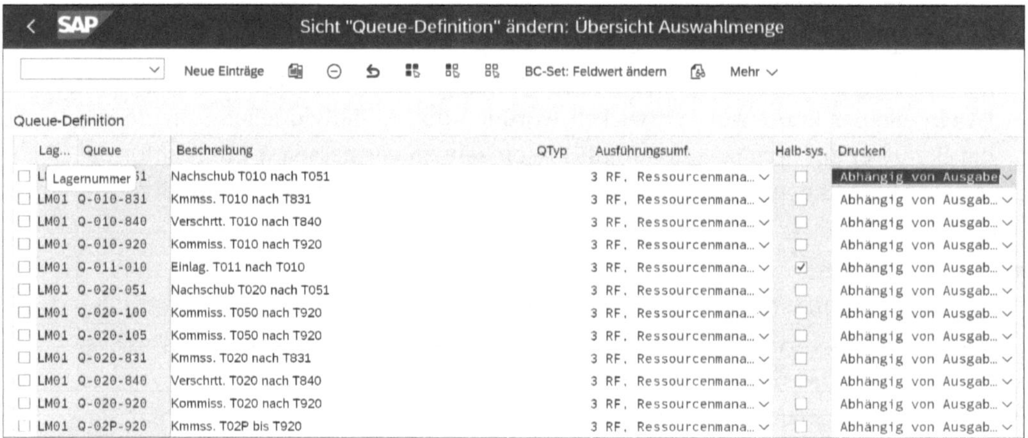

Abbildung 13.3 Queues definieren

Sie können in Abhängigkeit der Queue steuern, ob das Drucken der Konditionsparameter abhängig sein oder ob überhaupt kein Druckvorgang stattfinden soll.

Um Queues zu erstellen, wählen Sie im SAP-EWM-Customizing den Pfad **SCM Extended Warehouse Management • Extended Warehouse Management • Prozessübergreifende Einstellungen • Ressourcenmanagement • Queues definieren** und klicken anschließend auf die Zeile **Queue definieren**.

Während der Lagerauftragserstellung wird eine Queue-Findung durchgeführt. Diese Findung kann in Abhängigkeit der Prozessparameter wie dem Von-Aktivitätsbereich (Feld **AB**), dem Nach-Aktivitätsbereich (zweites Feld **AB**), dem Lagerplatzzugriffstyp (Feld **PlZugrTyp**), der Lagerprozessart (Feld **Lagerp...**) und der Aktivität flexibel beeinflusst werden (siehe Abbildung 13.4).

Falls die Standardfelder für die Queue-Findung nicht ausreichen, können Sie über ein BAdI eine zusätzliche Logik einfügen. Die Queue-Findungskriterien erstellen Sie im SAP-EWM-Customizing über den Pfad **SCM Extended Warehouse Management • Extended Warehouse Management • Prozessübergreifende Einstellungen • Ressourcenmanagement • Queues definieren • Queue-Findungskriterien definieren**.

Die Queue-Findung findet beim Erstellen des Lagerauftrags statt. Wie in Abbildung 13.5 dargestellt ist, können Sie unterschiedliche Zugriffsfolgen pflegen, um die Queue-Findung flexibler zu gestalten. Eine Zugriffsfolge wird verwendet, um bei der Queue-Suche nur die freigeschalteten oder markierten Felder der Zugriffsfolge zu berücksichtigen. Sollen alle Felder berücksichtigt werden, wird jedes der Felder auf der Zugriffsfolge markiert. Stimmt eins der Felder mit den Feldern des Lagerauftrags nicht überein, wird versucht, die nächste Zugriffsfolge zu verwenden. Meist ist es sinnvoll, mit einer stark ausgeprägten Queue-Findung zu beginnen, um dann eine allgemeine Queue-Findung zu nutzen. Wird eine Queue gefunden, bricht die Queue-Findung ab; falls nicht, wird der nächste Zugriff geprüft, bis eine Queue gefunden oder der Lagerauftrag ohne Queue ausgestattet und erstellt wird.

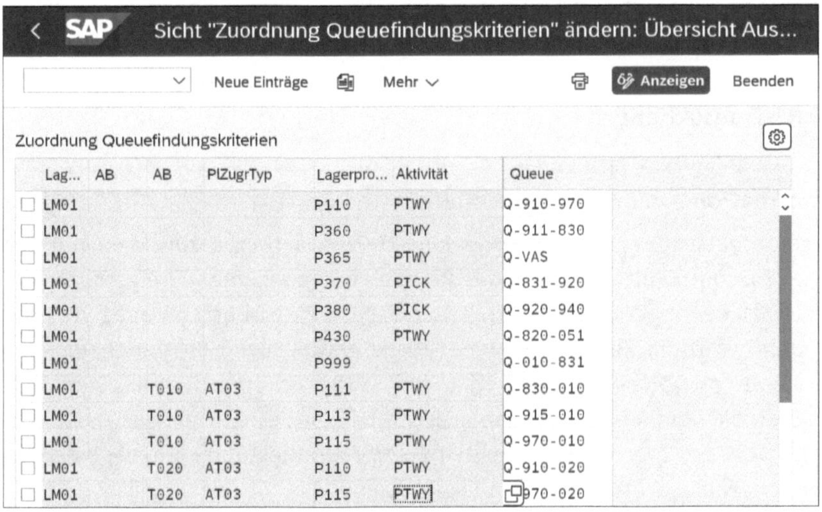

Abbildung 13.4 Queue-Findungskriterien für die Lageraufträge zuordnen

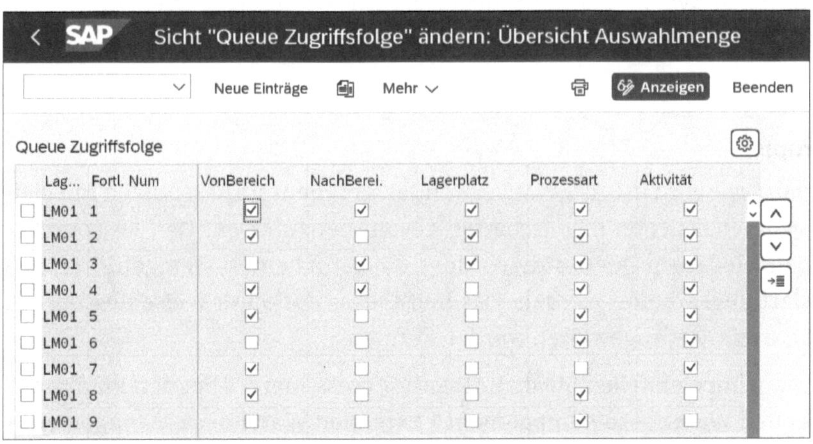

Abbildung 13.5 Queue-Zugriffsfolge zur Lagernummer definieren

Die Zugriffsfolgen pflegen Sie im SAP-EWM-Customizing über den Pfad **SCM Extended Warehouse Management • Extended Warehouse Management • Prozessübergreifende Einstellungen • Ressourcenmanagement • Queues definieren • Queue-Zugriffsfolgen definieren**.

[»]

Queue-Findung debuggen

Um die Queue-Findung zu prüfen, kann es notwendig sein, den Funktionsbaustein /SCWM/QUEUE_DET zu debuggen. Dieser Funktionsbaustein wird während der Lagerauftragserstellung ausgeführt.

Wird keine Queue gefunden, kann der Lagerauftrag mit seinen zugehörigen Lageraufgaben nicht mit dem Ressourcenmanagement bearbeitet und quittiert werden. Eine Quittierung ist in diesem Fall nur über die Desktop-Transaktionen möglich, nicht aber über die RF-Transaktionen.

[»]

Weitere Informationen zum Ressourcenindex

Um eine Lageraufgabe aus einer Queue über eine RF-Transaktion zu quittieren, muss die Queue zuvor zum Quittieren über das Ressourcenmanagement freigeschaltet worden sein. Dazu benötigt die Queue den Parameter 3 (**RF, Ressourcenmanagement aktiv**). Erst dann wird die Ressourcenindex-Tabelle gefüllt. Beim Ressourcenindex handelt es sich um die Tabelle /SCWM/WO_RSRC_TY, die alle nicht quittierten Lageraufträge beinhaltet, die dem Ressourcenmanagement bekannt sind. Ohne Ressourcen-Indexeintrag kann ein Lagerauftrag nicht im SAP-EWM-Ressourcenmanagement quittiert werden. Falls nachträglich neue Ressourcenindex-Einträge erstellt werden sollen, ist es möglich, den Lagerauftrag über die Lagermonitor-Methode in eine andere Queue zu platzieren. Automatisch werden dann die notwendigen Ressourcenindex-Einträge erstellt. Wenn Sie aber nachträglich einen neuen Ressourcentyp erstellen, fehlen Einträge im Ressourcenindex.

Ressourcengruppe

Die *Ressourcengruppe* wird in SAP EWM verwendet, um mehrere Ressourcen mit gleichen betriebswirtschaftlichen Eigenschaften zusammenzufassen. Den Ressourcengruppen werden wiederum Queues zugeordnet, die dann beim systemgeführten Arbeiten priorisiert abgearbeitet werden. Das heißt, dass auf diese Weise Ressourcen Lageraufträgen optimiert zugewiesen werden können.

Eine Ressourcengruppe erstellen Sie im SAP-Easy-Access-Menü über den Pfad **Logistik • SCM Extended Warehouse Management • Extended Warehouse Management • Stammdaten • Ressourcenmanagement • Ressourcengruppe pflegen** oder mithilfe des Transaktionscodes /SCWM/RGRP (siehe Abbildung 13.6). Sie können den Namen der Ressourcengruppe frei wählen und eine kurze Bezeichnung (Feld **Beschreibung**) hinzufügen.

Um systemgeführt zu arbeiten, müssen Sie Queues mithilfe der Ressourcengruppe in der Reihenfolge pflegen, in der sie abgearbeitet werden sollen. Diese Reihenfolge wird in der sogenannten *Queue-Sequenz* festgelegt. Die Queue-Sequenz pflegen Sie im SAP-Easy-Access-Menü über den Pfad **Logistik • SCM Extended Warehouse Management • Extended Warehouse Management • Stammdaten • Ressourcenmanagement • Queue-Folge für Ressourcengruppe pflegen** oder durch Ausführen des Transaktionscodes /SCWM/QSEC (siehe Abbildung 13.7). Sie können pro Ressourcengruppe fortlaufend immer wieder Queues anhängen.

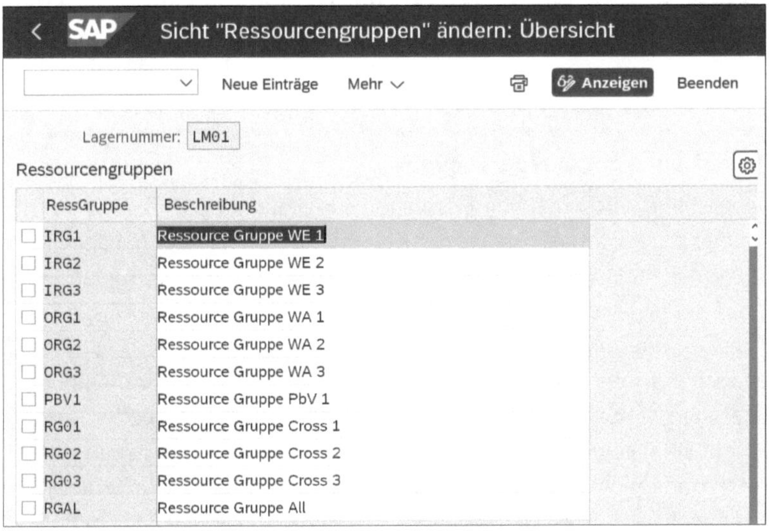

Abbildung 13.6 Ressourcengruppen pflegen: Ressourcen zusammenführen

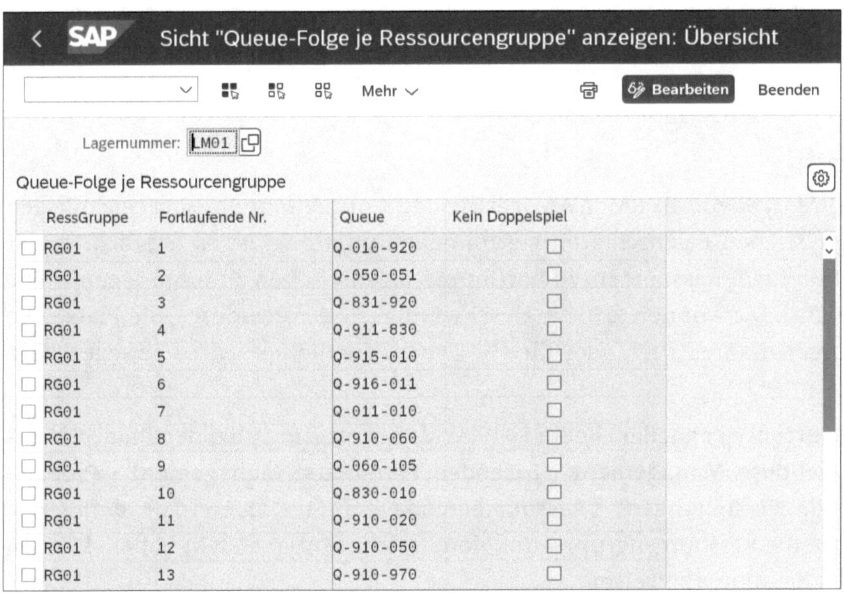

Abbildung 13.7 Queue-Folge pro Ressourcengruppe definieren

Durch das Abarbeiten der Queues in Sequenzen kann eine Optimierung der Ausführung stattfinden. Die Queue-Findung wird durch den Von- oder Nach-Aktivitätsbereich oder durch die Lagerprozessart beeinflusst. Das heißt, dass eine Optimierung der Lagertätigkeiten anhand von Regeln erfolgt, mit denen im Vorfeld definiert wird, welcher Lagerauftrag in welcher Queue platziert wird. Durch das priorisierte Abarbeiten der Queue wird sichergestellt, dass bestimmte Lageraufträge in einer bestimmten Reihenfolge abgearbeitet werden. Zusätzlich kann eine Optimierung durch das Minimieren von Leerfahrten, also durch das sogenannte *Doppelspiel* sichergestellt werden.

[»]

Zusätzliche Informationen zur Queue-Sequenz

Die Queue-Sequenztabelle wird auch beim Bewegen einer Handling Unit (HU) über die RF-Transaktionen berücksichtigt (z. B. bei der Kommissionierung oder bei der Einlagerung). Nachdem die HU auf dem mobilen Gerät eingescannt oder eingegeben worden ist, wird auf der ersten Bildschirmmaske geprüft, ob sich der zugehörige Lagerauftrag in einer Queue befindet, die die Ressource auch abarbeiten darf. Diese Prüfung findet entsprechend über die zugehörige Ressourcengruppe und die Queue-Sequenztabelle statt. Sie ist notwendig, da so verhindert wird, dass Mitarbeiter Lageraufträge abarbeiten, die sie eigentlich, unter der Berücksichtigung des betriebswirtschaftlichen Hintergrunds, nicht abarbeiten sollen. Ohne diese Prüfung würde die HU auf die Ressource gebucht, d. h., dass die Ressource den Auftrag in jedem Fall abarbeiten müsste, auch wenn sie dies gegebenenfalls physisch nicht bewerkstelligen kann. Ein Einstieg über den Lagerauftrag (mobile Transaktion »Selektion nach Lagerauftrag«) ist jedoch jederzeit mit der RF-Transaktion möglich, d. h., dass dort die beschriebene Prüfung nicht stattfindet.

Ressourcentyp

Der *Ressourcentyp* wird in SAP EWM verwendet, um mehrere Ressourcen mit den gleichen physischen Eigenschaften zusammenzuführen. So ist es möglich, in der Konfiguration beim Ressourcentyp bestimmte Eigenschaften zu hinterlegen (siehe Abbildung 13.8). Das können z. B. die Geschwindigkeit der Ressource, die Plätze, die die Ressource anfahren darf, oder die HU-Typen, die die Ressource bewegen darf, sein.

Einen Ressourcentyp erstellen Sie im SAP-EWM-Customizing über den Pfad **SCM Extended Warehouse Management • Extended Warehouse Management • Prozessübergreifende Einstellungen • Ressourcenmanagement • Queue-Typ definieren**. Nachdem Sie die Ressourcengruppe und den Ressourcentyp erstellt haben, können Sie diese der Ressource zuweisen.

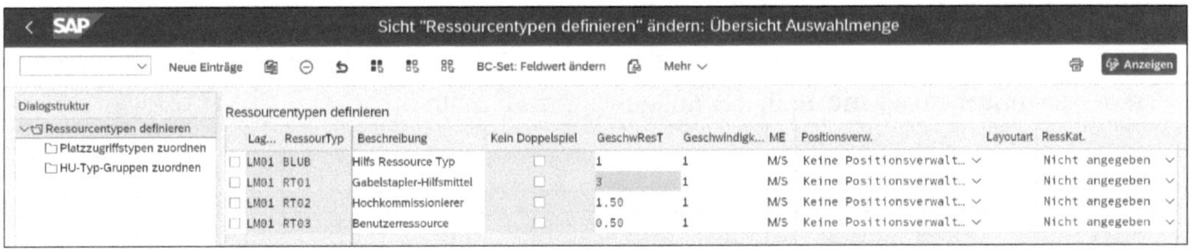

Abbildung 13.8 Ressourcentyp und seine Parameter definieren

[«]

Zusammenspiel der Ressourcenmanagement-Objekte

Zusammenzufassend ist nochmals Folgendes festzuhalten: Eine Ressource wird einer Ressourcengruppe für das systemgeführte Arbeiten zugeordnet. Der Ressourcentyp ermöglicht es, die Ressource mittels physischer Eigenschaften zu beschreiben. Der Benutzer dient zur Vereinfachung des Anmeldeprozesses sowie der Zuordnung zu einem Menü. Das zentrale Objekt für das systemgeführte Abarbeiten der Lageraufträge bildet die Queue, die abhängig von Regeln in einer Sequenz von mehreren Ressourcen durch die Verwendung von Ressourcengruppen abgearbeitet wird.

Nach der Beschreibung der unterschiedlichen Ressourcenmanagement-Objekte sowie der unterschiedlichen Beziehungen gehen wir im folgenden Abschnitt detailliert auf das systemgeführte Arbeiten ein, bei dem der Mitarbeiter vom System durch seinen Arbeitsvorgang geführt wird.

13.1.2 Systemgeführtes Arbeiten im Ressourcenmanagement

Das systemgeführte Arbeiten wird im Ressourcenmanagement über das *Pull-Prinzip* realisiert. Dies bedeutet, dass eine Ressource immer dann, wenn sie ihren Lagerauftrag abgearbeitet und quittiert hat, am System einen neuen Lagerauftrag anfragt. Die mobile systemgeführte Transaktion sucht dann nach dem nächsten optimalen Lagerauftrag gemäß den konfigurierten Regeln und weist diesen der Ressource zu. SAP EWM stellt im Standard zwei mobile Transaktionen für das systemgeführte Arbeiten zur Verfügung. Beide können über den Transaktionscode /SCWM/RFUI aufgerufen werden (siehe Abbildung 13.9).

Die beiden Transaktionen unterscheiden sich folgendermaßen:

- **Systemgeführte Selektion**
  Das System führt im ersten Schritt eine Queue-Suche durch. Wird eine optimale Queue gefunden, wird im zweiten Schritt der optimale Lagerauftrag gesucht.
- **Systemgeführt nach Queue**
  Der Benutzer legt sich fest und gibt dem System eine Queue vor. Damit entfällt der erste Schritt, und das System sucht direkt innerhalb der festgelegten Queue nach

dem optimalen Lagerauftrag. Die ausgewählte Queue muss jedoch in der Queue-Sequenztabelle enthalten sein, denn sonst erlaubt das System das Abarbeiten des Lagerauftrags innerhalb der ausgewählten Queue nicht.

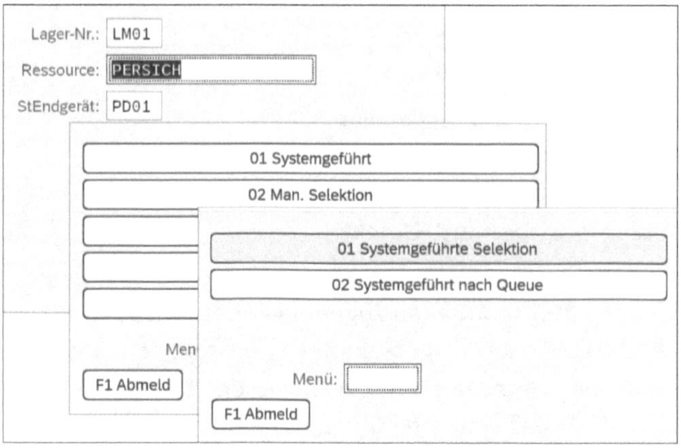

Abbildung 13.9 RF-Transaktionspfad für das systemgeführte Arbeiten

Wird ein Lagerauftrag komplett abgearbeitet, fragt der Mitarbeiter über die mobile Transaktion nach einem neuen Lagerauftrag. Im Folgenden beschreiben wir Schritt für Schritt die von SAP EWM im Hintergrund ausgeführte Programmlogik, die die optimale Zuordnung einer Ressource zum optimalen Lagerauftrag sicherstellt.

1. **Prüfung auf zugeordnete Lageraufträge**
   Ist ein Lagerauftrag einer Ressource direkt zugeordnet, wird dieser der Ressource zur Auswahl bereitgestellt. Das heißt, dass der Mitarbeiter den Lagerauftrag auf seinem mobilen Gerät sieht und ihn mit der höchsten Priorität abarbeitet. Es ist möglich, jederzeit Lageraufträge über eine Lagermonitorfunktion einer Ressource zuzuordnen. Die Zuordnung wird im Ressourcenindex abgelegt.
2. **Prüfung auf die Default-Queue**
   Das System sucht nach Lageraufträgen in der Default-Queue. Die Default-Queue wird auf dem Ressourcenstammsatz hinterlegt; die Prüfung findet nur statt, wenn das Feld gefüllt ist. Es ist so möglich, spezielle Ressourcen priorisiert in bestimmten Queues arbeiten zu lassen. Die Default-Queue-Prüfung wirkt sich nur beim Ausführen der RF-Transaktion »Systemgeführte Selektion« aus.

Einsatz der Default-Queue

Die Default-Queue kann als Feinsteuerungsinstrument bei der systemgeführten Steuerung verwendet werden, um bei Bedarf vereinzelt Ressourcen einer bestimmten Queue mit hohem Auftragsvolumen zuzuordnen. Der Ressource werden dann vorzugsweise Lageraufträge aus dieser Queue zugewiesen.

3. **Optimale Queue-Suche**
   Eine optimale Queue-Suche findet statt, wenn keine Lageraufträge in der Default-Queue existieren und der Benutzer nicht die RF-Transaktion »Systemgeführt nach Queue« ausführt. Die Queue-Suche wird mithilfe der Queue-Sequenztabelle durchgeführt. Es wird mittels des Index in jeder Queue nach Lageraufträgen gesucht. Befindet sich in der ersten, im Index definierten Queue kein Lagerauftrag, wird in der nachfolgenden Queue gesucht. Findet das System in einer der definierten Queues einen Lagerauftrag, wird die Queue-Suche abgebrochen. In diesem Fall findet danach eine optimale Lagerauftragssuche statt.

[«]

Änderung der Default-Queue

Das Verändern der Default-Queue wirkt sich nur auf eine bestimmte Ressource aus, anders als bei der Änderung der Queue-Sequenztabelle, bei der *alle* Ressourcen betroffen wären. Die Änderung wirkt sich jedoch in beiden Fällen *sofort* aus, d. h., sobald eine Ressource einen Lagerauftrag quittiert hat, wird die Suche nach der optimalen Queue durch eine Änderung der Stammdaten beeinflusst.

4. **Optimale Lagerauftragssuche (innerhalb der gefundenen Queue**
   Die Lageraufträge innerhalb einer Queue werden nach verschiedenen Kriterien sortiert. Es findet eine Priorisierung anhand des *spätesten Starttermins* (SST) statt. Der SST wird bei der Lagerauftragserstellung berechnet. Die Berechnung des SST basiert auf dem erwarteten/geplanten Warenausgangstermin für die Auslieferung, unter Berücksichtigung der notwendigen Aktivitäten und unter Berücksichtigung der Lagerungssteuerung (wie z. B. Kommissionierung, Verpacken, Beladen). Wird kein SST berechnet, wird anhand der Lagerauftragsnummer priorisiert. Wurde bei mehreren Lageraufträgen der gleiche SST berechnet, ist es möglich, mit einem Priorisierungsindex einen Lagerauftrag zu bevorzugen.

Abbildung 13.10 zeigt einen Überblick über das Queue-Management in SAP EWM. Die Ressource SD2 ist in diesem Beispiel nur der Warenausgangs-Queue zugeordnet; sie kann deshalb nur Lageraufträge aus der Queue mit Lageraufträgen aus dem Warenausgang abarbeiten. Ressource LD3 wurde über den *Queue-Sequenzindex* zuerst der Wareneingangs-, dann der Nachschub- und zuletzt der Warenausgangs-Queue zugeordnet. Falls sich Lageraufträge in der Wareneingangs-Queue befinden, werden der Ressource zuerst aus dieser Queue Lageraufträge zugewiesen, bevor andere Queues durchsucht werden.

Als erweitertes Kriterium zur Priorisierung von Lageraufträgen steht der *Priorisierungsindex* zur Verfügung. Bei gleichen SSTs wird der Index verwendet, um detaillierter zu priorisieren. Der Priorisierungsindex kann mit einem BAdI überschrieben oder kundenspezifisch berechnet werden. Das System ermöglicht es dazu, eine eigene Formel oder Heuristik zu implementieren. In diesem Fall müssen Sie sicherstellen, dass überall der gleiche SST berechnet wird. Denn ohne Lageraufträge, die den gleichen SST haben, findet der Priorisierungsindex keine Anwendung. Deshalb bietet das Ressourcenmanagement die Möglichkeit, den SST bei Lageraufträgen zu runden. Auch ist es möglich, eigene Intervalle zu definieren und diese dann zu einem sogenannten *Modus* zusammenzufassen. Das Runden des SST in einem Lagerauftrag erfolgt über die Modusfindung (siehe Abbildung 13.11). Abhängig von der Lagernummer und der Aktivität können Sie den spätesten Starttermin (SST) runden lassen.

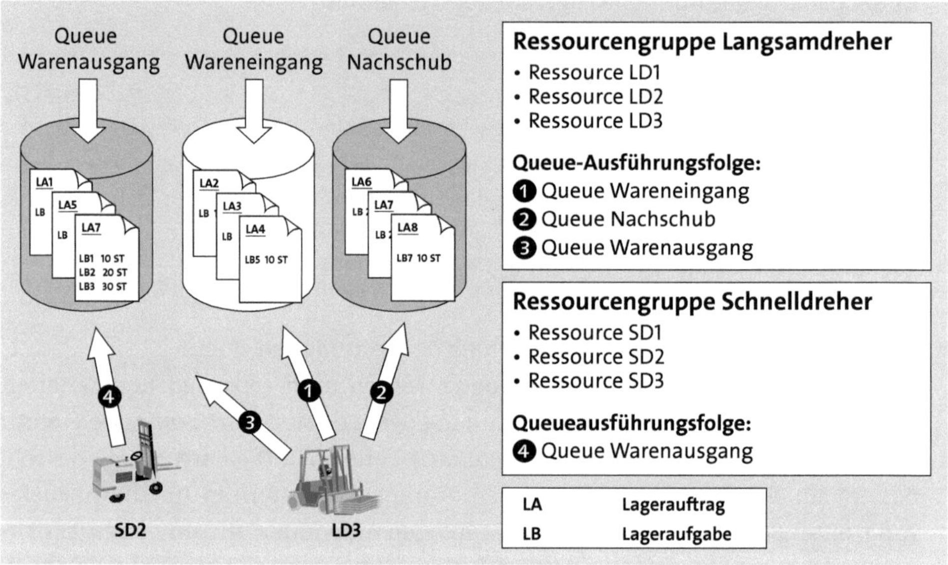

Abbildung 13.10 Queue-Management in SAP EWM

Um einen Rundungsmodus zu konfigurieren, folgen Sie im SAP-EWM-Customizing dem Pfad **SCM Extended Warehouse Management • Extended Warehouse Management • Prozessübergreifende Einstellungen • Ressourcenmanagement • Modi definieren**. Jeder Aktivität kann ein Modus zugeordnet werden, der beschreibt, in welchem Intervall eine Rundung durchgeführt werden soll.

Die Berechnung des Priorisierungsindex erfolgt u. a. anhand der Ausführungspriorität und wird über den Ressourcentyp im Customizing konfiguriert (oder per Transaktion /SCWM/EXECPR). Die Berechnung des Priorisierungsindex im SAP-EWM-Standard ist sehr komplex; sie wird in der SAP-Online-Hilfe unter *http://help.sap.com* ausführlich beschrieben.

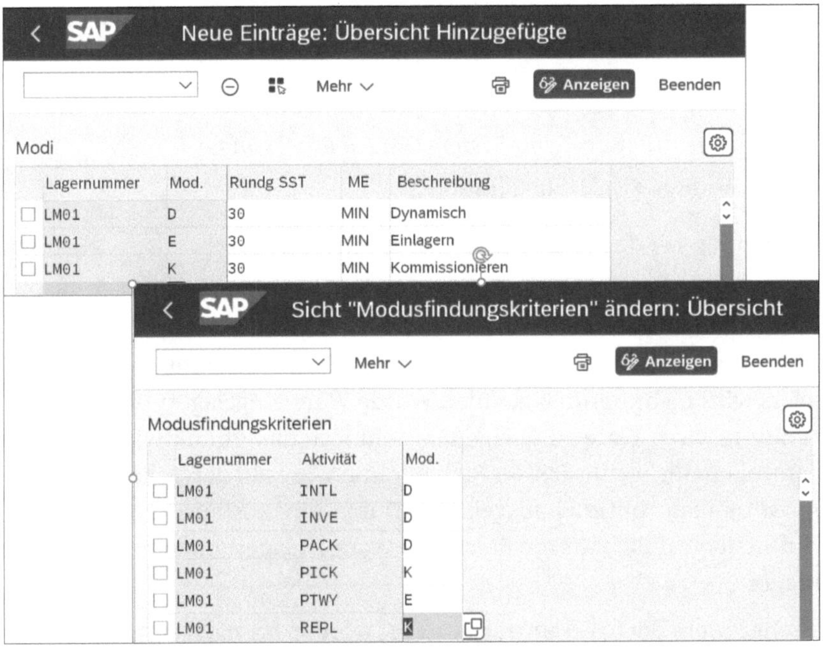

Abbildung 13.11 Modus zum Sicherstellen eines einheitlichen SST definieren (durch das Runden im festgelegten Intervall)

Priorisierung der Lageraufträge

Die Priorisierung der Lageraufträge wird vom Ressourcenmanagement vorgenommen. Eine Optimierung findet durch das Queue-Management und durch die Auswahl eines optimalen Lagerauftrags innerhalb einer Queue statt. Nachdem der Lagerauftrag vom System einer Ressource zugeordnet worden ist, werden die zugehörigen Lageraufgaben abgearbeitet. Die Optimierung der Lageraufgaben innerhalb des Lagerauftrags erfolgt jedoch zu einem anderen Zeitpunkt. Dies geschieht bei der Erstellung des Lagerauftrags durch die Sortierung der Lageraufgaben.

Das Zusammenspiel dieser beiden Optimierungsverfahren spielt eine wichtige Rolle und zeigt, wie effizient das Lager arbeitet. Es ist deshalb wichtig, diese beiden Optimierungsverfahren zu verstehen und optimal einzusetzen.

Nachdem ein Lagerauftrag erstellt worden ist, können die darin enthaltenen Lageraufgaben keinen neuen Lageraufträgen zugeordnet werden. Das Schneiden der Lageraufträge bei der Lagerauftragserstellung spielt deshalb eine sehr große Rolle, ist aber nicht Teil des Ressourcenmanagements.

Es stehen die folgenden zusätzliche Funktionen im Ressourcenmanagement zur Verfügung:

- Doppelspiel
- halbsystemgeführtes Arbeiten (*Semi-System Guided Processing*)
- Ressourcenausführungs-Constraints (RAC)

Im Folgenden möchten wir diese Funktionen näher beschreiben:

Das *Doppelspiel* (*Interleaving*) dient dazu, Leerfahrten zu minimieren, die z. B. entstehen, wenn größere Stückzahlen einer Ware von einem Gabelstapler eingelagert werden. Der Stapler transportiert nur auf dem Weg in eine Richtung Ware, und die Rückfahrt des Staplers wird nicht optimal genutzt. Wurde Ware eingelagert und wird auf der Rückfahrt automatisch Ware ausgelagert, erhöht sich die Produktivität der Ressource. Denn immer dann, wenn sich der Stapler ohne Ware auf der Gabel durch das Lager bewegt, ist er nicht optimal ausgelastet. Durch ein Austauschen der Tätigkeitstypen wird sichergestellt, dass die Ressource Ware einlagert und auf dem Rückweg Ware auslagert.

Das heißt, dass, nachdem der Lagerauftrag quittiert worden ist, nach einer Queue im Sequenzindex gesucht wird, die einen anderen Typ aufweist. Das Doppelspiel verändert die Queue-Suche, indem nicht automatisch immer in der ersten Queue der Queue-Sequenz nach einem Lagerauftrag gesucht wird. Mit dem Doppelspiel findet in Abhängigkeit des Queue-Typs ein Queue-Pingpong statt. Nachdem die Queue gefunden worden ist, erfolgt die Lagerauftragssuche (SST, Priorisierungsindex oder Lagerauftragsnummer). Sie müssen sicherstellen, dass die Queue-Findung bei der Lagerauftragserstellung auf das Doppelspiel ausgelegt ist. Um das Doppelspiel zu aktivieren, ist es notwendig, Queues zu Queue-Gruppen zusammenzufassen.

Indem optimale Aktivitätsbereiche gebildet werden, stellen Sie sicher, dass die Queue mit Lageraufträgen gefüllt wird, bei denen das beschriebene Doppelspiel sinnvoll ist. Denn wenn ein Auftrag aus Versehen einer falschen Queue zugeordnet wird, bedeutet dies, dass der Mitarbeiter gegebenenfalls einen weiten Weg zurücklegen muss. Das Gruppieren der Queues wird im SAP-EWM-Customizing über den Pfad **SCM Extended Warehouse Management • Extended Warehouse Management • Prozessübergreifende Einstellungen • Ressourcenmanagement • Queues definieren** durchgeführt. Im nächsten Schritt ist es notwendig, den Queue-Sequenzindex unter Berücksichtigung der Queue-Typen zu definieren. Dieser wird im SAP-Easy-Access-Menü durch Auswählen des Pfades **Logistik • SCM Extended Warehouse Management • Extended Warehouse Management • Stammdaten • Ressourcenmanagement • Queue-Typ-Reihenfolge pflegen** oder durch das Verwenden von Transaktion /SCWM/QTSQ erstellt. Zusätzlich ist es möglich, für bestimmte Ressourcentypen über die Konfiguration des Ressourcentyps ein Doppelspiel zu verhindern oder das Doppelspiel für eine bestimmte Queue auszuschließen.

Beim *halbsystemgeführten Arbeiten* ermöglicht das System eine Optimierung der Arbeitstätigkeit sowohl an den Kommissionierpunkten als auch generell an Plätzen, auf denen mehrere HUs (Päckchen) liegen. Das heißt, dass das System den Lagermitarbeiter zu einem Platz schickt, ohne eine HU vorzuschreiben. Der Vorteil dieser Vorgehensweise liegt darin, dass der Mitarbeiter die HU auswählt, die für ihn am einfachsten zu bewegen ist. Würde das System eine HU vorschlagen oder vorschreiben, müsste der Mitarbeiter genau diese HU suchen, um die Lageraufgabe quittieren zu können. Vor allem dann, wenn viele HUs auf dem gleichen Platz oder im gleichen Bereich liegen, gestaltet sich das manuelle Suchen sehr aufwendig. Das halbsystemgeführte Arbeiten wird in der Queue festgelegt. Die Pflege im SAP-EWM-Customizing können Sie über den Pfad **SCM Extended Warehouse Management • Extended Warehouse Management • Prozessübergreifende Einstellungen • Ressourcenmanagement • Queues definieren** durchführen.

Der *Ressourcenausführungs-Constraint* (RAC) ermöglicht Einschränkungen im Hinblick auf Ressourcen, die in einem bestimmten Lagerbereich arbeiten. So sollen Kollisionen oder ein Rückwärtsfahren von Staplern in sehr schmalen Gängen, in denen ein anderes Fahrzeug den Weg versperrt, verhindert werden. Das System berechnet für die Einschränkung auf Basis des Lagerauftrags einen Zeitraum und verhindert, dass anderen Ressourcen Lageraufträge zugewiesen werden, die zu dieser Zeit in dem gleichen Lagerbereich abzuarbeiten wären. Der Benutzer oder Lagerleiter kann eigene RAC-Gebiete definieren und diese den Lagerplätzen zuordnen. Wie in Abbildung 13.12 können Sie den RAC der Ressource über den Ressourcentyp zuordnen. Zudem kann die Anzahl der Ressourcen pro Gebiet individuell eingeschränkt werden.

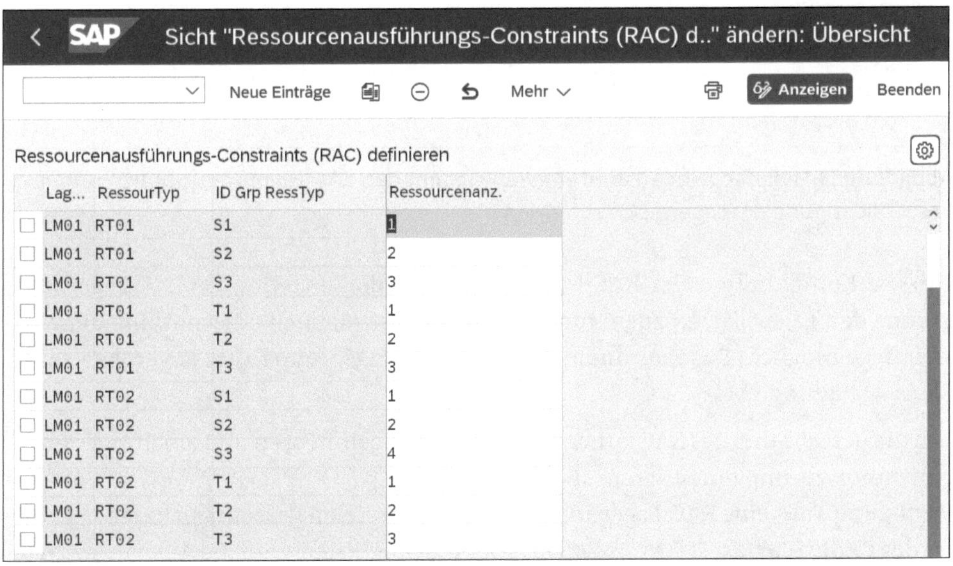

Abbildung 13.12 Ressourcenausführungs-Constraints pflegen und zu Ressourcentypen zuordnen

Die Daten werden im SAP-EWM-Customizing über den Pfad **SCM Extended Warehouse Management • Extended Warehouse Management • Prozessübergreifende Einstellungen • Ressourcenmanagement • Steuerdaten • Ressourcenausführungs-Constraints (RAC) definieren** hinterlegt.

Die Zuordnung des RAC zu den Lagertypen oder die Definition der RAC-Lagerungsgruppen wird im SAP-EWM-Customizing über den Pfad **SCM Extended Warehouse Management • Extended Warehouse Management • Prozessübergreifende Einstellungen • Ressourcenmanagement • Steuerdaten • Ressourcenausführungs-Constraints der RAC-Lagerungsgruppe zuordnen** vorgenommen. Eine RAC-Lagerungsgruppe können Sie verwenden, um mehrere Lagertypen zusammenzufassen (siehe Abbildung 13.13).

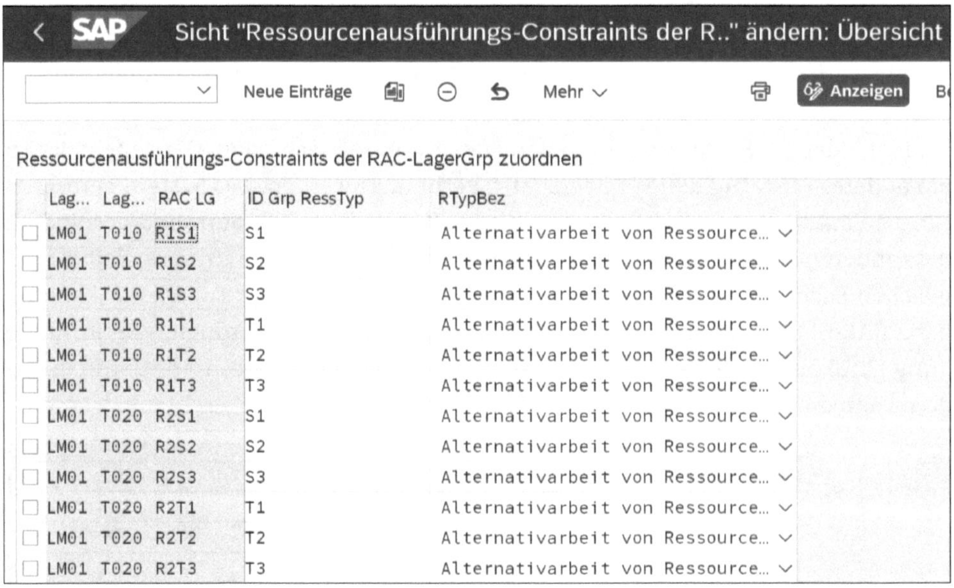

Abbildung 13.13 Ressourcenausführungs-Constraint den RAC-Lagerungsgruppen unter Berücksichtigung der Lagertypen zuordnen

Um die Konfiguration der RAC-Funktion abzuschließen, wird die RAC-Lagerungsgruppe den Lagerplätzen zugeordnet. Die Pflege ist manuell oder mithilfe der Massenpflege möglich. Das Zuordnen der RAC-Lagerungsgruppe zum Lagerplatz sehen Sie in Abbildung 13.14.

Um die Berechnung des RAC kundenspezifisch zu beeinflussen und einen eigenen Algorithmus zu implementieren, steht das BAdI /SCWM/EX_RECGRP_LEAVETIME_CALC zur Verfügung. Falls eine RAC-Lagerungsgruppe von zu vielen Ressourcen besetzt ist, bietet das BAdI /SCWM/EX_RECGRP_ENGAGED_HANDL die Möglichkeit, auf die Ausnahme zu reagieren.

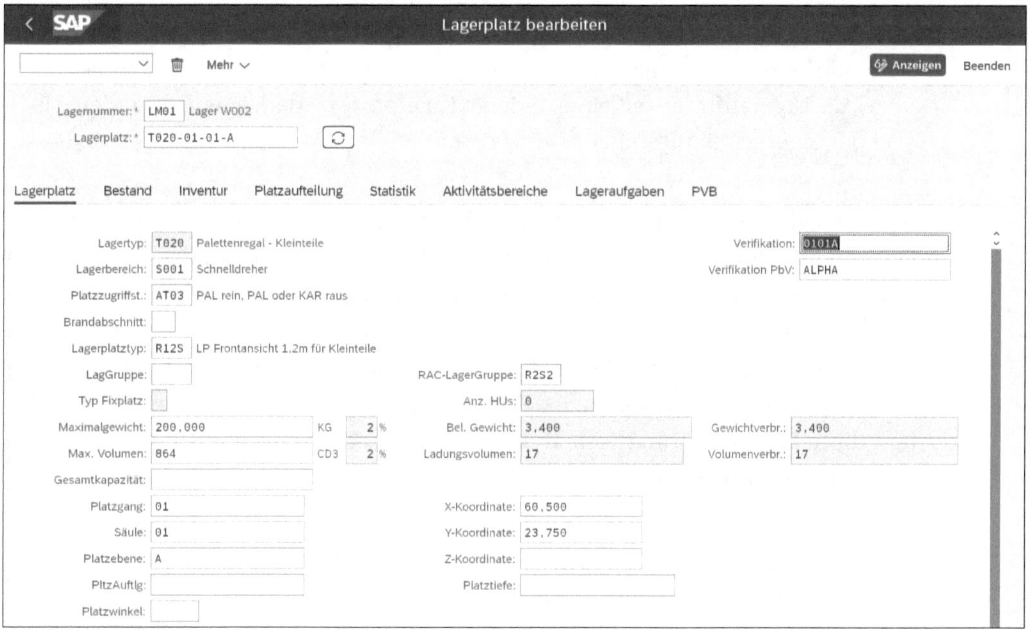

Abbildung 13.14 RAC-Lagerungsgruppe dem Lagerplatz zuordnen

In SAP EWM können Sie die Steuerung der Ressourcenausführung für Lagerungsgruppen über das SAP-Easy-Access-Menü über den Pfad **Logistik • SCM Extended Warehouse Management • Extended Warehouse Management • Stammdaten • Ressourcenmanagement • Steuerung der Ressourcenausführung für Lagerungsgruppen aktivieren** aktivieren oder deaktivieren. Alternativ können Sie den RAC mittels Transaktion /SCWM/REC_ACTIVATE frei- oder abschalten.

Systemgeführtes Arbeiten mit dem Ressourcenmanagement

Fassen wir kurz zusammen: Das systemgeführte Arbeiten mit dem Ressourcenmanagement wird anhand vorkonfigurierter Regeln gesteuert. Das System optimiert Arbeitspakete also nicht aufgrund von Ausnahmen oder Aktionen, sondern nach festgelegten Regeln (Customizing). Das heißt, dass eine Ressource nicht nach einem optimierten Fahrplan arbeitet, sondern von Auftrag zu Auftrag gesteuert/optimiert wird. Ändert sich etwas im Lager, muss der Mitarbeiter also manuell eingreifen. Er kann:

- die Default-Queue in dem Ressourcenstammsatz verändern, um mehrere Ressourcen einer Queue zuzuweisen.
- Lageraufträge in eine andere Queue umsetzen (Lageraufträge einer höher priorisierten Queue zuordnen).
- den spätesten Starttermin (SST) bzw. den Prioritätsindex ändern und so die Priorität der Aufträge beeinflussen.

- die Queue-Sequenz der Ressourcengruppe/n verändern.
- Lageraufträge stornieren und neu anlegen, um diese neu schneiden zu lassen, bzw. die Lageraufträge mit einer anderen Lagerprozessart anlegen, um andere Filter der Lagererstellungsregel zu verwenden.

Das System agiert bei Ausnahmen nicht selbstständig – SAP EWM stellt dem Lagerleiter jedoch eine Vielzahl von Tools zur Verfügung, um die Geschäftslogik im System abzubilden. Das heißt, um das Ressourcenmanagement optimal einsetzen zu können, ist es unbedingt notwendig, eine Ist-Analyse durchzuführen und dann zunächst auf dem Papier festzuhalten, wie diese Regeln im SAP-EWM-Ressourcenmanagement optimal hinterlegt werden sollen. Ist eine Konfiguration abgeschlossen, arbeitet das System diese Regeln automatisch ab und nimmt so eine Optimierung anhand von definierten Lagerprozessen vor.

Durch das Pull-Prinzip in den RF-Transaktionen ist es außerdem möglich, ein BAdI zu verwenden. Dieses BAdI ermöglicht es, eine eigene Optimierungslogik zu nutzen. Denkbar ist es, jedes Mal neu zu priorisieren, wenn bei der Auswahl eines Lagerauftrags Ausnahmen eintreten.

Eine andere Möglichkeit ist eine Optimierung durch den Einsatz eines externen Optimierers. Dazu wäre es notwendig, den Ressourcenindex anzupassen. Im SAP-EWM-Standard ist das Optimieren durch die Verwendung eines externen Optimierers nicht vorgesehen. Dies würde sich jedoch im individuellen Kundenprojekt anbieten und könnte durch Updates des Ressourcenindex realisiert werden (Tabelle /SCWM/WO_RSRC_TY).

13.1.3 Ressourcenbasierte Lagerauftragsoptimierung

Um in einem Lager dynamisch ein optimiertes Abarbeiten der Lageraufträge zu realisieren, wurde die *ressourcenbasierte Lagerauftragsoptimierung* eingeführt. Um den Zweck dieser Optimierung zu erläutern, müssen wir nochmals grob die Lagerauftragserstellung und die Ausführung der Lageraufträge durch das Ressourcenmanagement gegenüberstellen.

Das SAP-EWM-Ressourcenmanagement ist dafür verantwortlich, dass die Lageraufträge der Ressource zugewiesen werden, und die RF-Transaktionen stellen sicher, dass die Lageraufträge final quittiert werden. Natürlich kann auch papiergetrieben im Lager gearbeitet werden; dann werden die Desktop-Transaktionen für die Quittierung der Lageraufträge verwendet. Um jedoch die Effizienz zu steigern, werden meist mobile Geräte verwendet, und die Logik, wie die Lageraufträge zugeordnet werden, ist in den systemgeführten RF-Transaktionen realisiert. Eine erste Optimierung findet schon vorab statt, wenn der Lagerauftrag erstellt wird. Hier können unterschiedliche Regeln gepflegt werden, und SAP EWM entscheidet auf Basis dieser Regeln, wie der Lagerauftrag gebildet wird, d. h., wie viele Lageraufgaben zu einem Lagerauftrag zusammengefasst werden und wie die Lageraufgaben innerhalb des Lagerauftrags sortiert werden.

Aufgrund dieser Voraussetzungen und der Tatsache, dass Lageraufträge vorab erstellt werden, entsteht weiteres Optimierungspotenzial. Arbeitet man im Lager immer mit dem gleichen Ressourcentyp, kann der Lagerauftrag sehr gut vorab gebildet werden. Werden aber unterschiedliche Stapler verwendet, entsteht ein Problem. Bildet man kleine Lageraufträge, entstehen Leerfahrten bzw. wird der Stapler nicht optimal ausgenutzt. Entscheidet man sich, Lageraufträge mit zu vielen Lageraufgaben zu bilden, muss der Lagerauftrag vorab abgeschlossen werden, da physisch nicht ausreichend Platz auf dem Stapler vorhanden ist. Zusammengefasst heißt das, dass die Lagerauftragserstellung bisher nicht optimiert eingestellt werden konnte, wenn unterschiedliche Ressourcen mit unterschiedlichen Kapazitäten im Lager arbeiten. Zudem war eine dynamische Zuweisung mehrerer Lageraufträge zu einer Ressource nicht möglich.

SAP EWM bietet die Möglichkeit, Lageraufträge nach ihrer Erstellung zusammenzufassen oder zu separieren. Diese Funktionen sind im SAP-EWM-Lagermonitor vorhanden. Ziel ist es aber nicht, dass ein Mitarbeiter durchgehend vor dem System sitzen und diese Optimierung manuell vornehmen muss. Und genau hier greift die ressourcenbasierte Lagerauftragsoptimierung ein. Mit dieser ist es möglich, Lageraufträge zusammenzufassen. Das passiert automatisch immer dann, wenn eine Ressource nach einem neuen Lagerauftrag anfragt. Es ist möglich, der Ressource mehrere Lageraufträge zuzuweisen, die zu einem Lagerauftrag verschmolzen werden können (nachdem der vorherige Lagerauftrag quittiert worden ist).

SAP EWM bietet mit den systemgeführten RF-Transaktionen die notwendige Logik, um diese Lagerauftragsbündelung zu ermöglichen. Jedoch können sich die Regeln, wann ein Auftrag zusammengefasst werden soll oder nicht, von Projekt zu Projekt stark unterscheiden. Deshalb wurde, um zu entscheiden, wann ein Lagerauftrag zusammengefasst werden soll, ein BAdI zur Verfügung gestellt.

Sie finden das BAdI (`/SCWM/EX_RSRC_REBUNDLE`) mithilfe von Transaktion SE18 oder im SAP-EWM-Customizing über den Pfad **SCM Extended Warehouse Management • Extended Warehouse Management • Business Add-Ins (BAdIs) für das Extended Warehouse Management • Mobile Datenerfassung • Ablaufverarbeitung von RF-Framework • BAdI: ressourcenbasierte Lagerauftragsoptimierung**. Das BAdI beinhaltet eine Beispielimplementierung, die Sie in der ABAP-Klasse `/SCWM/CL_EI_RSRC_REBUNDLE` finden.

Die Beispielimplementierung ermittelt die Kapazität einer Ressource auf Basis des zugehörigen Ressourcentyps sowie die entsprechenden HU-Lageraufgaben, die in neue Lageraufträge gruppiert werden sollen. Zur Ermittlung der Kapazität prüft das System die Anzahl der HU-Lageraufgaben, die eine Ressource in einem Prozess bearbeiten kann. Dazu verwendet das System die Layoutarten, die Sie im SAP-EWM-Customizing über den Pfad **SCM Extended Warehouse Management • Extended Warehouse Management • Prozessübergreifende Einstellungen • Ressourcenmanagement • Layoutarten definieren** pflegen und einem Ressourcentyp zuweisen können.

Falls die Logik nicht ausreicht, z. B. weil Ihre Anforderungen umfangreicher sind, können Sie mithilfe des BAdIs eine eigene Logik dazu realisieren, wie die Lageraufträge gruppiert werden sollen.

13.1.4 Ressourcenüberwachung

Um den Überblick darüber behalten zu können, was im Lager geschieht, ist es notwendig, die Ressourcen und die Arbeitslast zu überwachen. Die Datendarstellung des Ressourcenmanagements übernimmt der *Lagerverwaltungsmonitor* (kurz Lagermonitor). Zudem können Sie mit dem Lagermonitor auch auf Ausnahmen reagieren. Das heißt, dass der Lagermonitor nicht nur Ressourcendaten darstellt, sondern u. a. auch die Möglichkeit bietet, Lageraufträge umzuordnen oder andere Funktionen auszuführen. Über eine Selektion per Ressource oder per Queue können Sie darstellen, welche Ressourcen am System angemeldet oder welche Queues wie stark ausgelastet sind.

Nach der Selektion der Ressource stehen die folgenden Monitormethoden zur Verfügung, um ressourcenspezifische Aufgaben auszuführen:

- **Nachricht an die Ressource senden**
  Eine Nachricht wird an die Ressource und somit an den Mitarbeiter gesendet, der die mobilen Transaktionen verwendet. Der Mitarbeiter sieht die Nachricht, wenn er auf eine Taste drückt und eine neue Bildschirmmaske angefordert wird.
- **An- oder Abmelden der Ressource**
  Sie können die Ressource vom Ressourcenmanagement anmelden oder abmelden. Diese Funktion ist hilfreich, falls ein Mitarbeiter vergessen hat, sich von einer Ressource abzumelden. (Denn solange ein Mitarbeiter an einer Ressource angemeldet ist, kann kein anderer Mitarbeiter diese Ressource im System verwenden, und es erfolgt keine automatische Abmeldung am Ressourcenmanagement durch Schließen des SAP GUIs oder Beiseitelegen des mobilen Geräts.) Das Abmelden der Ressource bedeutet nicht, dass der Anwender komplett vom System abgemeldet wird. Das heißt, dass die Session des Anwenders (z. B. bei der Verwendung der mobilen Technologie ITSmobile) bestehen bleibt. Es erfolgt nur eine Abmeldung von der Ressource und vom Ressourcenmanagement im betriebswirtschaftlichen Sinne.

- **Pflege der Ressource und Anpassen der Ressourcenparameter**
  Der Benutzer kann die Monitormethode verwenden, um direkt in die Ressourcenstammdaten zu springen (siehe Abbildung 13.15).

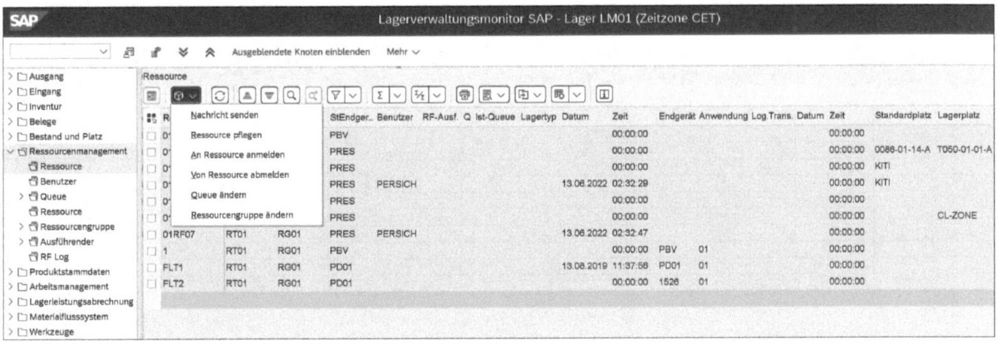

Abbildung 13.15 Funktionen im Lagermonitor für das Ressourcenmanagement

Um die Arbeitslast pro Arbeitsbereich mit den zugehörigen Queues darzustellen, führen Sie im Lagermonitor eine Selektion per Queue durch. Da jede Queue den vorläufigen, repräsentierenden Arbeitsbedarf darstellt, ermöglicht diese Darstellung eine bessere Ressourcensteuerung.

Zudem ist es möglich, die vorhandenen Lageraufträge mithilfe vorhandener Lagermonitormethoden des Ressourcenmanagements zu verändern. Dies beinhaltet:

- Sperren oder Entsperren von Lageraufträgen für die Ausführung
- Quittieren oder Stornieren von Lageraufträgen im Vordergrund (was über eine weitere Desktop-Transaktion durchgeführt wird) bzw. im Hintergrund
- Ändern der Queue von Lageraufträgen (falls der Lagermitarbeiter die mobilen systemgeführten Transaktionen verwendet, bewirkt eine Änderung der Queue im Lagerauftrag eine Änderung der Priorität der Arbeitspakete/Lageraufträge).
- Zuweisen (oder das Aufheben der Zuweisung) von Lageraufträgen zu einer bestimmten Ressource (falls der Lagerauftrag nicht gesperrt ist, da er sich gerade in Bearbeitung befindet).
- Ändern des spätesten Starttermins (SST) oder des Priorisierungsindex. (Durch eine Änderung des SST bzw. der Priorisierungsindizes bei bestimmten Lageraufträgen wird eine Anpassung der Priorität der Lageraufträge innerhalb der Queue durchgeführt. Auswirkungen hat dieser Schritt auf Lagermitarbeiter, die die mobilen systemgeführten Transaktionen verwenden.)
- Bei jeder Monitormethode wird der Ressourcenindex fortgeschrieben; daher wirken sich die Veränderungen direkt auf das systemgeführte Arbeiten aus.

In Abbildung 13.16 erkennen Sie grob, wie die aktuelle Arbeitslast im Ressourcenmanagement mithilfe des Lagermonitors dargestellt wird. Sie sehen im oberen Teil, in welcher Queue wie viele Ressourcen arbeiten, sowie wie viele offene Lageraufträge der Queue zugeordnet sind, und im unteren Teil des Bildschirms sehen Sie, wie viele Lageraufträge sich der Queue befinden, welche Aufträge Sie markiert haben und welche Ressourcen schon an einem Lagerauftrag bzw. an Lageraufträgen arbeiten.

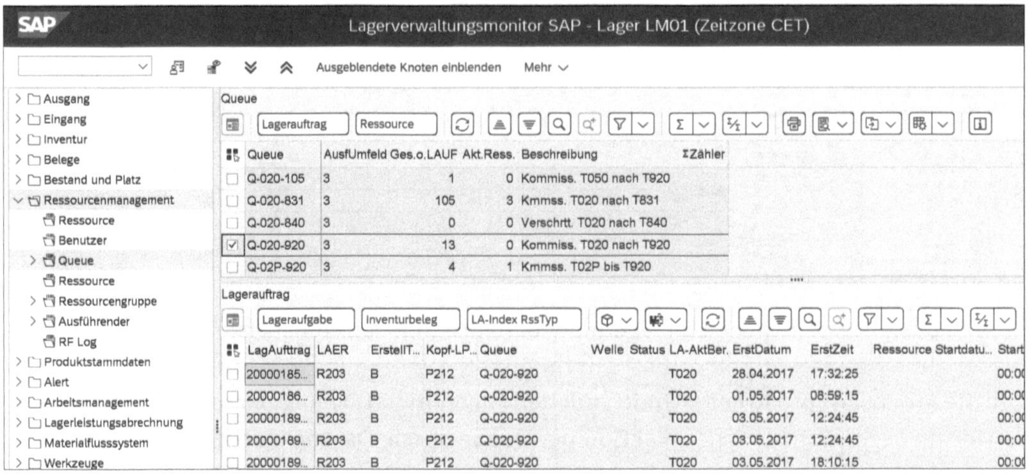

Abbildung 13.16 Ressourcen im Lagermonitor überwachen

Vor allem im Ressourcenmanagement ist es sinnvoll, im Lagermonitor eigene Selektionskriterien zu erstellen und diese mit eigenen Selektionsvarianten zu erweitern. Zusätzlich ist es möglich, Anzeigevarianten zu erstellen und zu hinterlegen. Durch diese Flexibilität, die wir in Kapitel 15, »Monitoring und Reporting«, detailliert beschreiben, können Sie eigene Monitorknoten erstellen und diese abhängig vom Arbeitsbereich direkt per Doppelklick anzeigen.

Die Eingabe der Selektionsdaten entfällt dann komplett, und die Bereiche können optimal überwacht werden. Die Darstellung der Daten in Tabellenform ist ebenso möglich wie eine grafische Darstellung der Daten über die ALV-Funktion (SAP List Viewer) des Lagermonitors.

Der Lagermonitor bietet auch eine Auto-Refresh-Funktion, um die Darstellung über einen physischen Bildschirm im Lager zu ermöglichen und die Darstellung im Hintergrund immer wieder zu aktualisieren. Um Daten grafisch darzustellen und einen Auto-Refresh sicherzustellen, empfiehlt es sich, das Easy Graphics Framework zu verwenden. In Kapitel 15, »Monitoring und Reporting«, finden Sie weitere Informationen zum Lagermonitor sowie zum Easy Graphics Framework.

Ein neues Feature im Ressourcenmanagement von SAP EWM ist das Radio-Frequency-Transaktionsprotokoll einer Ressource bzw. eines Benutzers. Es kann zur Überwachung dienen, bietet aber auch einen Vorteil, wenn es zu Fehlern bzw. zu Problemen kommt und Sie nachvollziehen möchten, welche Aktionen der betreffende Mitarbeiter im System durchgeführt hat.

Das Radio-Frequency-Transaktionsprotokoll muss eigens freigeschaltet werden. Dies ist über Transaktion /SCWM/RFLOGACT oder über das SAP-Easy-Access-Menü über den folgenden Pfad möglich: **Logistik • SCM Extended Warehouse Management • Extended Warehouse Management • Einstellungen • Ressourcenmanagement • Radio-Frequency-Protokoll aktivieren**.

Vergewissern Sie sich im Vorfeld in Ihrem Unternehmen, ob Sie das Radio-Frequency-Transaktionsprotokoll verwenden können, da das Tracking einzelner Mitarbeiter auch ein Mitspracherecht des Betriebsrats erfordern kann. Wenn das Radio-Frequency-Transaktionsprotokoll freigeschaltet worden ist, können Sie es im Lagermonitor einsehen (siehe Abbildung 13.17).

Abbildung 13.17 Resource Logs im Lagermonitor

Schließlich können Sie das Radio-Frequency-Transaktionsprotokoll auch löschen. Nutzen Sie dazu Transaktion /SCWM/RF_DEL_LOG oder den folgenden Pfad über das SAP-Easy-Access-Menü: **Logistik • SCM Extended Warehouse Management • Extended Warehouse Management • Einstellungen • Ressourcenmanagement • Radio-Frequency-Protokoll löschen**.

13.1.5 SAP Warehouse Insights

SAP Warehouse Insights war ein SAP-Produkt, das über ein Abonnement lizenziert werden konnte. Es bot folgende Funktionen:

- zum Optimieren der Zuordnung von Lageraufträgen zu Ressourcen, um leere Wegstrecken zu reduzieren
- zum Analysieren von KPIs der Lagervorgänge, z. B. Auslastung und Wegstrecken von Ressourcen

- zum Darstellen des Lagerlayouts und der Ressourcenwege
- zum Definieren und Aktualisieren von Lagerplatzkoordinaten
- zum Visualisieren der Echtzeitposition von Ressourcen im Lagerlayout mit der Integration eines IoT-Ortungssystems im Lager.

SAP Warehouse Insights wird von SAP nicht mehr angeboten. Daher muss die Lageroptimierung jetzt als Projektlösung realisiert werden. Es stehen auch einige Drittanbieter-Tools auf dem Markt zur Verfügung.

13.1.6 Grenzen des Ressourcenmanagements

Die Lagerleitung erhält mit dem Ressourcenmanagement die Möglichkeit, den Mitarbeitern oder den technischen Ressourcen die Lageraufträge optimiert zuzuweisen. Durch die regelbasierte Optimierung können bestimmte Prozesse oder Aufgaben priorisiert werden. Außerdem werden die Arbeitslast und das Lagergeschehen im Lagermonitor dargestellt. Darüber hinaus ist es möglich, aus dem Lagermonitor heraus direkt in die regelbasierte, systemgeführte Optimierung einzugreifen.

[»]

Grenzen des Ressourcenmanagements in SAP EWM

Das Ressourcenmanagement und seine Optimierungsmöglichkeiten sind regelbasiert, und die zugrundeliegenden Regeln weisen (zurzeit noch) Grenzen auf. Ziel und Zweck des Ressourcenmanagements ist es, über die Queue-Steuerung die Lageraufträge in Queues abzulegen. Die Queues werden dann von der Ressource nach einer definierten Reihenfolge (Queue-Index) abgearbeitet. Die Lageraufträge werden bei der Lagerauftragserstellung zusammengefasst bzw. gebündelt. Bei dieser Funktionsweise sind die folgenden Probleme zu benennen:

- **Kein Kapazitätsmanagement der Ressourcen**
  Bei der systemgeführten Steuerung wird ein Lagerauftrag einer Ressource zugewiesen. Der Lagerauftrag müsste jedoch abhängig vom Ressourcentyp gegebenenfalls neu gebildet werden. Bei der Erstellung des Lagerauftrags ist nicht klar, wer den Lagerauftrag tatsächlich ausführt. Gibt es unterschiedliche Ressourcentypen (die z. B. unterschiedlich viele Handling Units befördern können), die in der gleichen Queue arbeiten, entstehen Leerfahrten bzw. sind die Ressourcen nicht immer zu 100 % ausgelastet.
- **Ad-hoc-Zuweisung**
  Die Zuweisung des Lagerauftrags zur Ressource findet immer ad hoc statt. Das heißt, dass immer, wenn die Ressource mit einem Lagerauftrag abschlossen hat, ab diesem Zeitpunkt nach einem neuen Lieferauftrag gesucht wird. Es werden keine Fahrpläne erstellt, was bedeutet, dass das Potenzial, Lageraufträge einer Ressource in der Folge zuzuweisen, nicht ausgeschöpft wird.

- **Dynamische Optimierung**
  Die Optimierung ist immer nur so gut wie die zugrundeliegenden Stammdaten und die Konfiguration zur Queue-Findung. Eine Optimierungs-Engine, die autonom und regelmäßig die Arbeitslast in Abhängigkeit von Schwankungen optimiert, ist in SAP EWM nicht vorhanden. Das heißt, dass wenn ein Mitarbeiter kurze Zeit vorher einen Auftrag anfragt (Pull-Prinzip), es sein kann, dass er einen Auftrag einer besser positionierten Ressource wegnimmt, da SAP EWM keine Routen/Fahrwege erstellt.

Zusammenfassend ist jedoch festzuhalten, dass SAP EWM trotz dieser Verbesserungspotenziale jeden Lagerauftrag selbst durch die Lagerauftragserstellung und die Lageraufträge, abhängig von der Queue-Steuerung und dem SST des Lagerauftrags, optimiert.

Das Ressourcenmanagement bildet die Grundlage, um Ihre Ressourcen im Lager zu optimieren. Meist werden diese mit mobilen Geräten ausgestattet, oder die Mitarbeiter arbeiten an Arbeitsstationen. In diesem Umfeld ist vor allem die Flexibilität sehr entscheidend. Für die Flexibilität ist das Radio-Frequency-Framework verantwortlich, das wir Ihnen im nächsten Abschnitt vorstellen.

13.2 Radio-Frequency-Framework

SAP EWM bietet mit dem *Radio-Frequency-Framework* (RF-Framework) die Möglichkeit, mobile RF-Geräte zu verwenden und so mehr Effizienz und eine bessere Datenkommunikation im Lager zu erreichen. Das RF-Framework ermöglicht personalisierte Menüs und Bilder und bietet für unterschiedliche Gerätetypen eine individuelle Art der Datendarstellung.

Die Erfahrung aus vielen Projekten zeigt, dass die Dialogfolge der Anwendungen in der Lagerlogistik selbst nie vereinheitlicht werden kann. So unterscheiden sich die Dialoge von Kunde zu Kunde und vor allem von Lager zu Lager, da individuelle Prozesse oder physische Gegebenheiten dies zwingend erforderlich machen. Dies ist vor allem dann kritisch, wenn Dialoge selbst entwickelt oder wenn statisch entwickelte Programme durch kundenspezifische Erweiterungen verändert werden. Modifikationen oder Eigenentwicklungen erhöhen langfristig die IT-Kosten. Dem versucht SAP mit dem RF-Framework entgegenzuwirken.

Das RF-Framework bietet die Flexibilität kundengerechter Anpassung bei gleichzeitiger Kompatibilität für das nächste Release oder Upgrade.

Die Verwendung des RF-Frameworks ist zu Beginn eines Projekts meist komplex, z. B. ist die Entwicklung einer neuen Transaktion durchaus aufwendig. Diese ist jedoch anschließend einfach und lokationsabhängig erweiterbar. Das heißt, dass sich der am Anfang höhere Aufwand über die Nutzungsdauer des Produkts auszahlt.

13.2.1 Funktionen und Vorteile des Radio-Frequency-Frameworks

Das RF-Framework ermöglicht eine bessere Integration der mobilen Geräte und bietet mehr Flexibilität, um Anpassungen vorzunehmen. In diesem Abschnitt geben wir Ihnen einen Überblick über die Funktionen des RF-Frameworks.

Integration verschiedener Gerätetypen

Das RF-Framework ermöglicht es, die Geschäftslogik von der Anzeige zu trennen. Es ist möglich, für verschiedene Geräte- oder Bildschirmgrößen Bildschirmmasken im SAP-System zu generieren. Die unterschiedlichen Bildschirmbilder mit der gleichen Größe werden im RF-Framework zu einem Anzeigeprofil zusammengefasst. Die Anmeldung erfolgt dann in Abhängigkeit des Standardendgeräts, das mit dem Anzeigeprofil verknüpft ist. Die Zuordnung des Standardendgeräts zur Ressource wird auf dem Ressourcenstammsatz durchgeführt.

Standort- und personenbezogenes Transaktionsmanagement

Der Ansatz des RF-Frameworks besteht darin, an verschiedenen Standorten oder in Abhängig verschiedener Personengruppen die Programmlogik nur geringfügig abzuwandeln, ohne immer wieder die schon entwickelte Anwendung zu beeinflussen. Dies ist unbedingt notwendig, wenn durch einen globalen Roll-out immer wieder neue Lager mit SAP EWM ausgestattet werden. Bei neuen oder teilweise abgewandelten Anforderungen in einem neuen Projekt möchte man nicht die schon bestehenden und produktiv verwendete Transaktionen verändern, da diese sonst zwangsläufig neu getestet werden müssten. Dies würde zu sehr langen Change-Request-Phasen und erhöhten Implementierungskosten führen. Oft werden, um dies zu umgehen, ganze Programme kopiert, um die Flexibilität zu haben, unabhängig voneinander die Geschäftslogik zu verändern.

Durch die fehlende Modularisierung und durch die erhöhte Anzahl an Entwicklungsobjekten ist der gesamte Produktlebenszyklus der Lagerlösung sehr kostspielig. Mithilfe des RF-Frameworks ist es jedoch einfacher möglich, die Geschäfts- sowie die Anzeigelogik zu verändern, ohne die dann schon bestehenden, sich produktiv im Einsatz befindlichen Anwendungen zu gefährden. Dies ist vor allem möglich, da die Steuerung des RF-Frameworks durch eine zentrale Konfiguration sichergestellt wird. Abhängig von Schlüsselfeldern wird evaluiert, welche Logik ausgeführt werden muss. Eins der dabei entscheidenden Felder ist das Darstellungsprofil (dies wird zu einer Lagernummer zugeordnet).

Flexibilität der Anzeige des RF-Frameworks

Das RF-Framework ermöglicht es, die Anzeige zu verändern oder zu erweitern, ohne direkt eine Entwicklung vorzunehmen. So ist es möglich, über die Konfiguration die Anzeige anzupassen. Das RF-Framework erlaubt es darüber hinaus, schon bestehende Transaktionen zu erweitern, ohne neue Programme und damit Entwicklungsobjekte zu produzieren. Es ist jedoch hinzuzufügen, dass die Komplexität des RF-Frameworks eine steile Lernkurve für Neueinsteiger mit sich bringt.

13.2.2 Radio-Frequency-Framework einrichten

In diesem Abschnitt erklären wir, wie Sie das RF-Framework konfigurieren. Die Konfiguration des RF-Frameworks wird so gut wie vollständig über eine zentrale Multi-Tabellenpflege (View Cluster) sichergestellt, die Sie im SAP-EWM-Customizing über den Pfad **SCM Extended Warehouse Management • Extended Warehouse Management • Mobile Datenerfassung • Radio-Frequency-(RF)-Framework • Schritte in logischen Transaktionen definieren** finden.

Bildschirmgröße und Personalisierungsprofil

Der *Bildmanager* kann verwendet werden, um unterschiedliche Bildgrößen zu generieren. Dies ist vor allem notwendig, um unterschiedliche Gerätetypen mit unterschiedlichen Bildschirmgrößen zu unterstützen. Mit dem Bildmanager können Sie auch neue Anzeigeprofile erstellen. Den Bildmanager finden Sie im SAP-EWM-Customizing über den Pfad **SCM Extended Warehouse Management • Extended Warehouse Management • Mobile Datenerfassung • Radio-Frequency-(RF)-Framework • RF Bildmanager** oder durch das Ausführen von Transaktion /SCWM/RFSCR. Das System generiert für jedes vorhandene Dynpro ein neues ABAP Dynpro und berechnet die Position der Elemente dynamisch, abhängig von den Eingabeparametern (siehe Abbildung 13.18). Ist die neu erstellte Bildschirmmaske kleiner als die Originalmaske, ist nachträglich eine manuelle Anpassung der Elemente erforderlich.

Diese manuellen Anpassungen werden im *Screen Painter* durchgeführt (Transaktion SE51). Meist werden dabei manuell die wichtigsten Felder vergrößert und die nicht benötigten Felder entfernt.

Durch das Generieren des ABAP Dynpros ist vor allem der Entwicklungsprozess um ein Vielfaches einfacher, und es ist schneller möglich, neue Geräte mit sich verändernden Bildschirmgrößen zu unterstützen. Ohne dieses Tool müsste jedes Dynpro manuell angelegt und dann im Coding integriert werden. Mit dem Bildmanager können Sie somit sehr einfach Geräte mit anderen Bildschirmgrößen in SAP EWM integrieren.

Im neuen Release von SAP S/4HANA 2109 FSP01 liefert SAP zusätzlich zu dem bisherigen Staplerformat ein zweites Format aus. Das neue Format ist Teil des RF-Frameworks in SAP EWM. Mit dem neuen Format für Handgeräte verliert der Bildmanager seine Relevanz. Auf dem Markt befinden sich meist nur zwei Auflösungen. Aus diesem Grund ist eine Generierung neuer Screens nicht mehr notwendig. Die Optimierung der Anzeige findet in ITSmobile oder in EWM MOBGUI statt.

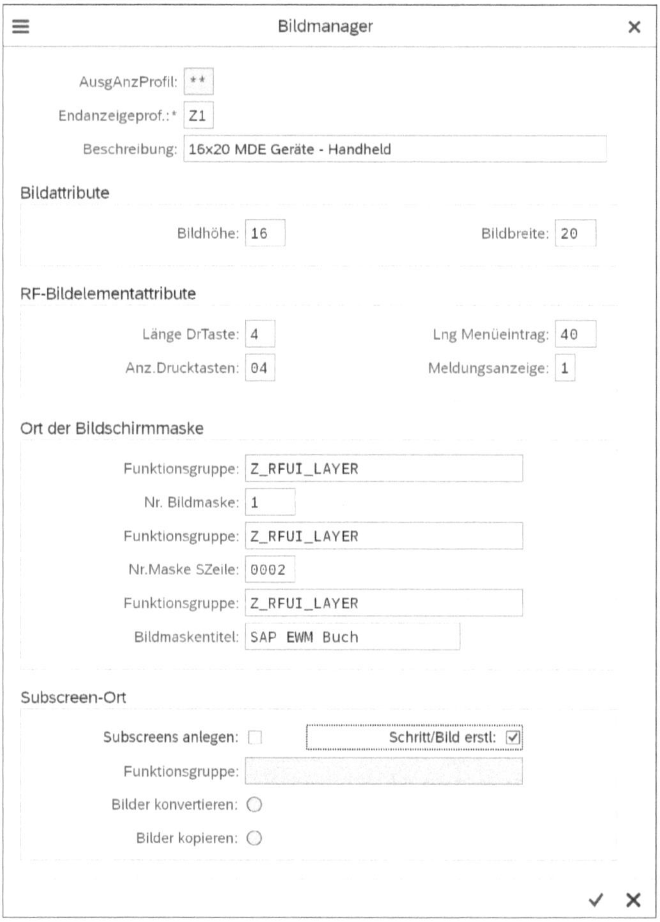

Abbildung 13.18 Neues Anzeigeprofil im Bildmanager erstellen

Beim Starten der mobilen Applikation über Transaktion /SCWM/RFUI ist es möglich, das Standardendgerät auszuwählen, das mit dem Anzeigeprofil verknüpft ist (oder mithilfe eines Default-Werts auf dem Ressourcenstammsatz). Verschiedene Endgeräte können als Stammdaten über das SAP-Easy-Access-Menü und über den Pfad **Logistik • SCM Extended Warehouse Management • Extended Warehouse Management • Stammdaten • Endgeräte** oder durch Ausführen des Transaktionscodes /SCWM/PRDVC gepflegt werden.

Die Datenerfassungsart benötigen Sie für die Pick-by-Voice-Integration, die wir nun im Detail erläutern. Wie in Abbildung 13.19 dargestellt ist, können Sie weitere gerätespezifische Eigenschaften hinterlegen. Ein besonderer Parameter ist der sogenannte *Tastaturbefehl* (Feld **TastBef.**).

Abbildung 13.19 Endgeräte festlegen

Mit der Pflege und dem Freischalten des Tastaturbefehls ist es möglich, ein kleines Feld auf jeder mobilen Bildschirmmaske einzublenden, um zusätzliche Befehle an das RF-Framework zu überführen. Dieses Feld wird auch verwendet, um Ausnahmecodes zu erfassen oder Funktionscodes (wie beim Drücken von Funktionstasten) auszulösen, wenn Geräte keine Funktionscodetasten besitzen. Wenn der Tastaturbefehl aktiviert worden ist, springt der Cursor immer im letzten Schritt vor dem Verlassen der Bildschirmmaske in dieses Feld. Sind Funktionstasten auf dem Gerät verfügbar, sollte das Feld immer deaktiviert werden, um diesen zusätzlichen Schritt zu verhindern. Sollte es notwendig sein, in einem Prozessschritt trotzdem einen Ausnahmecode zu erfassen, wird das Feld automatisch eingeblendet, falls ein Ausnahmecode in dem Schritt zur Verfügung steht. Die Ausnahmebehandlung ermöglicht es, Ausnahmecodes in Abhängigkeit des Prozessschritts zu definieren, d. h., dass die Anwendung selbstständig feststellen kann, wann das Feld sichtbar sein muss und wann nicht. Wir beschreiben die Funktionen im folgenden Abschnitt.

Ein Endgerät kann als *Default-Endgerät* gepflegt werden. In diesem Fall wird es bei der Anmeldung an das Ressourcenmanagement eingeblendet, sollte der Benutzer auf dem Ressourcenstammsatz kein Endgerät als Default-Wert hinterlegt haben.

Die Option **Alles Zurücksetzen** (Feld **Alles zur.**) ermöglicht es, alle offenen Eingabefelder in einem Bild zu löschen, wenn zweimal die Taste F6 gedrückt wird. Beim ersten Drücken der F6-Taste wird nur das Feld gelöscht, in dem sich der Cursor befindet.

Mit den *Signaltonfeldern* (Feld **Sign.Info.**) ist es möglich, abhängig vom Meldungstyp (sollte eine Meldung auf dem mobilen Gerät ausgegeben werden), ein Feld mit einer beliebigen Zahl zu füllen, die einem Signalton zugeordnet wird. SAPConsole wertet dieses Feld aus, und es ertönt ein akustisches Signal auf dem mobilen Gerät. Bei der Verwendung von Webtechnologien, wie z. B. der Technologie ITSmobile, ist es möglich, mit JavaScript die Meldungen mit einfacheren Mitteln auszuwerten und ein Signal an den Benutzer zu senden. Die Signaltonfelder kommen derzeit jedoch nur bei SAPConsole zur Anwendung.

Um neue Hardware in SAP EWM zu integrieren, wurden die Spalten **Druckstast.** sowie **Ton** entwickelt. Ziel der Drucktastenspalte ist es, Handgeräte anzubinden, die keine Funktionstasten und keine physische Tastatur haben (auch Touch-only-Geräte genannt). In der Spalte **Drucktast.** werden in Abhängigkeit der von Ihnen gewählten Option zusätzliche Buttons eingeblendet (wie z. B. **Back** oder **Clear**) Aus der Praxis ist die Funktion nur bedingt von Vorteil. Denn da die Anzahl der Buttons limitiert ist, ist es notwendig in der Button-Liste zu blättern, was immer einen zusätzlichen Schritt für den User bedeutet. Meist kommen bei Touch-only-Geräten Projektlösungen zum Einsatz, die die Möglichkeiten der Benutzerführung optimal ausschöpfen. Die Spalte **Ton** ermöglicht es, Töne bei Android-Geräte abzuspielen, wenn Meldungen an den Benutzer, z. B. beim Auftauchen von Fehlern, übertragen werden.

Das RF-Framework kennt keine Lagernummern. Um dennoch lagerspezifisch im RF-Framework arbeiten zu können, wird das Darstellungsprofil (Feld **DarstProf.**) verwendet. Dieses wird einer Lagernummer zugeordnet (siehe Abbildung 13.20). Das Darstellungsprofil ist damit ein zentraler Schlüssel, der sich in vielen Tabellen wiederfindet; es wird über den zentralen RF-Framework-View-Cluster erstellt. Starten Sie dazu das SAP-EWM-Customizing, und folgen Sie dem Pfad **SCM Extended Warehouse Management • Extended Warehouse Management • Mobile Datenerfassung • Radio-Frequency-(RF)-Framework • Schritte in logischen Transaktionen definieren**. Dort können Sie über den Knoten **Darstellungsprofil definieren** neue Einträge pflegen.

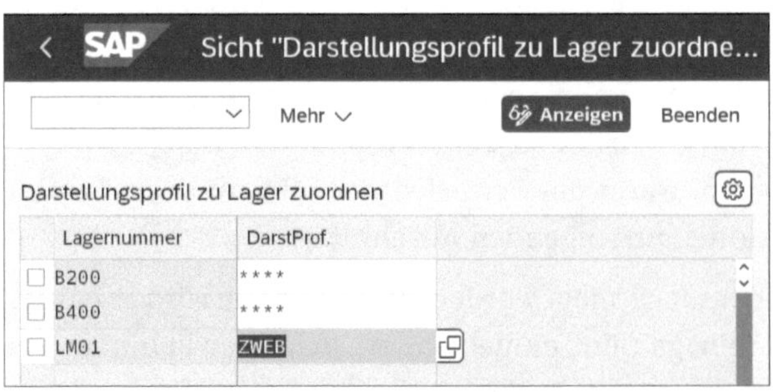

Abbildung 13.20 Darstellungsprofil zur Lagernummer zuordnen

Um die Zuordnung der Darstellungsprofile zu den Lagernummern zu pflegen, rufen Sie das SAP-EWM-Customizing auf und folgen dem Pfad **SCM Extended Warehouse Management • Extended Warehouse Management • Mobile Datenerfassung • Darstellungsprofil zu Lager zuordnen**. Das RF-Framework wurde nicht nur für SAP-EWM entwickelt; deshalb findet sich nirgendwo die Lagernummer als Schlüsselfeld. Es ist also möglich, das RF-Framework auch in anderen Systemen (z. B. in SAP S/4HANA) zu verwenden. Um dennoch alle Einstellungen lagernummernspezifisch freizuschalten, wird die Lagernummer dem Darstellungsprofil (Feld **DarstProf**) zugewiesen (siehe Abbildung 13.20).

Radio-Frequency-Menümanager

Mithilfe des *RF-Menümanagers* ist es möglich, komfortabel eigene Menüs zu erstellen. Dabei ist die Funktion Drag & Drop hilfreich. Um den RF-Menümanager zu starten, folgen Sie dem SAP-EWM-Customizing-Pfad **SCM Extended Warehouse Management Extended Warehouse Management • Mobile Datenerfassung • Radio-Frequency-(RF)-Framework • RF-Menümanager** im SAP-EWM-Customizing, oder Sie führen den Transaktionscode /SCWM/RFMENU aus.

Die Menüeinträge beinhalten als Schlüsselfelder das Darstellungsprofil sowie das Personalisierungsprofil, die beide dem SAP-EWM-Benutzer zugeordnet werden. Somit kann das RF-Menü benutzerabhängig verwaltet werden. Das Personalisierungsprofil kann direkt und das Darstellungsprofil indirekt über die Lagernummer dem Benutzer zugeordnet werden. Nach dem Ausführen der Transaktion für den RF-Menümanager müssen Sie deshalb die Parameter **Darstellungsprofil** und **Personalisierungsprofil** auswählen und die Taste F7 drücken. Im nächsten Bild können Sie dann das RF-Menü anlegen oder verändern (siehe Abbildung 13.21).

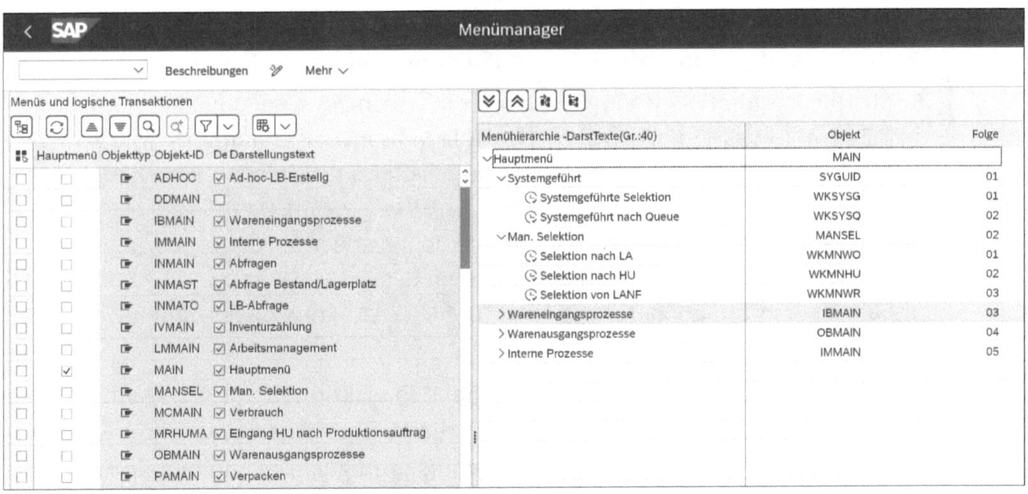

Abbildung 13.21 RF-Menüs mit dem RF-Menümanager erstellen

13.2.3 RF-Transaktionen erweitern

Durch das Erweiterungskonzept des RF-Frameworks, das auf eigenen Konfigurationstabellen aufsetzt, wird die Geschäftslogik von der Darstellungslogik getrennt. Jeder

Schritt wird in Tabellen gepflegt und dann über Schlüsselfelder gefunden. Wichtig ist bei den Erweiterungen immer, darauf zu achten, dass die Standardlogik nicht beeinflusst wird. Sonst ist das Nachspielen/Nachtesten von Problemen schwer möglich, was den Support der gesamten Lösung behindern würde. Dennoch wird schnell ersichtlich, wie vielseitig das RF-Framework ist und wie leicht Erweiterungen realisiert werden können.

[»]

RF-Framework-Konfiguration anpassen

Beachten Sie, dass die RF-Framework-Konfiguration so wenig wie möglich angepasst werden sollte. Zwar ist das Anpassen der Konfiguration nicht direkt eine Modifikation, es beeinflusst jedoch das Standardverhalten. Wird das Standard-Customizing angepasst, verlieren Sie auch den SAP-Support und die Gewährleistung der Lösung! Durch das Erstellen und Verwenden eines zweiten Darstellungsprofils können Sie Änderungen vornehmen und trotzdem immer wieder die Standardlogik testen.

Alle Prozessschritte einer RF-Transaktion sind in Tabelleneinträgen definiert und wurden von SAP zu logischen Transaktionen zusammengefasst. Die Pflege dieser Einträge erreichen Sie über den SAP-EWM-Customizing-Einführungsleitfaden oder durch Aufrufen des technischen Views `/SCWM/RF_CUSTOM` in Transaktion SE54. In dieser Transaktion finden Sie auch alle verschiedenen Tabellennamen, was vor allem Entwickler von RF-Transaktionen interessieren könnte.

[»]

Weiterführende Informationen zum RF-Framework

Zusätzliche Informationen zum RF-Framework finden Sie in der digitalen SAP-Bibliothek. Zudem ist das RF-Kochbuch zu empfehlen, das im SAP Community WIKI verfügbar ist (**Best Practices and Implementation Tips for SAP Extended Warehouse Management** unter *https://wiki.scn.sap.com/wiki/display/SCM*). Das RF-Kochbuch ist an Entwickler gerichtet, die bestehende Transaktionen erweitern oder neue Transaktionen entwickeln müssen. Es entstand während der Entwicklung von SAP EWM und enthält daher Informationen, die damals für SAP-EWM-Entwickler bestimmt waren.

SAP-EWM liefert rund 120 mobile, »logische« Transaktionen aus. Diese sind jedoch nicht, wie bei dem Modul WM in SAP ERP, direkt über einen Transaktionscode erreichbar. Die Konfiguration des RF-Frameworks ermöglicht es, die mobile Transaktionslogik anhand folgender Einstellungsmöglichkeiten sehr flexibel zu verwalten:

- **Darstellungs- und Personalisierungsprofile**
  Beide sind notwendig, um die Geschäfts- und Darstellungslogik lokations- bzw. benutzerspezifisch zu verwalten.

- **Schritte und Stand definieren**
  Die Pflege von Schritten und Ständen ist notwendig, um einzelne Transaktionen in Teilschritte aufzugliedern. Durch die Verwendung von mehreren unterschiedlichen Ständen ist es möglich, einem Prozessschritt unterschiedliche Bildschirmmasken zuzuordnen.
- **Funktionscodes und Funktionstexte**
  Dabei handelt es sich um interne Funktionscodes, die den externen Funktionscodes (F1 bis F12) zugeordnet werden. Eine dynamische Pflege der Funktionscodetexte ermöglicht eine sprachenabhängige Anzeige dieser Texte. Das Zuordnen der Funktionscodes wird unterhalb des Knotens **Logische Transaktionen definieren** vorgenommen.
- **Validierungsobjekte definieren**
  Bei der Nutzung von Validierungsprofilen innerhalb einer logischen Transaktion werden die definierten Objekte verwendet und anhand der Felder überprüft, die sich auf dem Screen befinden. Falls eine Prüfung fehlschlägt, wird der folgende Schritt nicht eingeleitet. Die Validierungsprofillogik wird unterhalb des Knotens **Logische Transaktionen definieren** festgelegt. Idee des RF-Frameworks ist es, über bestimmte Schlüsselfelder zu definieren, welche Felder dynamisch verifiziert werden sollen. Das Validieren von Feldern ist dann notwendig, wenn sichergestellt werden soll, dass ein Benutzer z. B. das Material wirklich auf einen bestimmten Platz befördert hat. Ohne diesen Platz nochmals zu scannen und so zu verifizieren, ist die Gefahr groß, dass durch einen menschlichen Fehler doch ein anderer Platz ausgewählt wurde, als der im System definierte und hinterlegte. Die Validierung ermöglicht es somit, die Arbeit im Lager zu verbessern und die Fehlerquote zu minimieren. SAP EWM bietet hier, abhängig von Kundenanforderungen, die Möglichkeit, jedes Feld zu validieren oder die Validierung nur gering auszuprägen. Durch das Verwenden von Validierungsprofilen können Sie eine eigene Validierungssteuerung konfigurieren.

  Die Konfiguration der Validierungsprofile erreichen Sie im SAP-EWM-Customizing über den Pfad **SCM Extended Warehouse Management • Extended Warehouse Management • Mobile Datenerfassung • Verifizierungssteuerung • Lagerspezifische Verifizierung definieren**. Damit das Validierungsprofil in Abhängigkeit der Tätigkeit gefunden und verwendet wird, muss eine Findung ebenfalls erfasst werden. Diese konfigurieren Sie über den Pfad **SCM Extended Warehouse Management • Extended Warehouse Management • Mobile Datenerfassung • Verifizierungssteuerung • Lagerspezifische Verifizierungsfindung definieren** im SAP-EWM-Customizing.
- **Logische Transaktionen definieren**
  Die Geschäftslogik der mobilen Transaktionen wird unterhalb des Knotens **Logische Transaktionen definieren** gesteuert. Der Text im Menü auf dem mobilen Gerät kann mit dem Darstellungstext beeinflusst werden.

- **Schrittablauf einer logischen Transaktion zuordnen**
  Im Knoten **Schrittablauf einer logischen Transaktion** werden, wie in Abbildung 13.22 gezeigt, die verschiedenen logischen Schritte einer Transaktion zusammengefasst. Die Programmierlogik befindet sich in unterschiedlichen Modulen (Funktionsbausteinen), die jedem Schritt zugeordnet werden oder gegen eigene kundenspezifische Funktionsbausteine ausgetauscht werden können. Meist empfiehlt es sich, den vorhandenen SAP-Funktionsbaustein mit einem kundenspezifischen Funktionsbaustein zu verschalen und eine zusätzliche Logik vor oder nach dem SAP-Standardbaustein auszuführen.

Abbildung 13.22 Schrittablauf zur logischen Transaktion zuordnen

- **Schritte der logischen Transaktion zu Bildschirmmasken zuordnen**
  Während der Ausführung einer Transaktion evaluiert das RF-Framework über die Konfiguration, ob ein *Vordergrundschritt* einzuleiten ist. In diesem Fall werden, wie in Abbildung 13.23 dargestellt, der zugehörige Bildprogrammname und die Bildschirmnummer aus der Tabelle entnommen. Durch das Anpassen der Tabelle ist es möglich, das Standardbild durch ein kundenspezifisches Bild auszutauschen.

[»]

Folgen von Änderungen des RF-Standard-Customizings

Wir möchten an dieser Stelle noch einmal Folgendes betonen: Sollten Sie das bestehende, Ihnen von SAP zur Verfügung gestellte Customizing ändern, hat dies sehr unangenehme Folgen. Ein Nachteil ist, dass bei der direkten Änderung des Standard-Customizings die Standardtransaktionen nicht mehr so, wie von SAP ausgeliefert, nutzbar sind. Bei späteren Tests oder dem Freischalten zusätzlicher Funktionen sowie zur Sicherstellung des Supports ist das Vorhandensein der Standardlogik jedoch zwingend notwendig. Wir empfehlen Ihnen deshalb, das Standard-Customizing niemals zu ändern, sondern mit einem eigenen Anzeige- bzw. Personalisierungsprofil zu arbeiten.

Einige RF-Transaktionen sind im SAP-EWM-Standard generisch entwickelt und konfiguriert worden. Dies trifft z. B. auf die Kommissionier-Transaktionen (PI****) zu. Diese Transaktionen können dadurch noch stärker und besser erweitert werden. Da sie fast die komplette Geschäftslogik in einer generischen Transaktion (Wildcard oder Asterisk-Transaktion) beinhalten, ist eine Abwandlung durch das Erstellen einer Transaktion mit dem Namen PIZZZZ möglich. Dies ermöglicht es, die komplette Geschäftslogik der Standardtransaktion zu übernehmen und Erweiterungen in der eigenen PIZZZZ-Transaktion zusammenzufassen. Leider bietet SAP EWM derzeit nicht für jede logische Transaktion solch ein Erweiterungskonzept an.

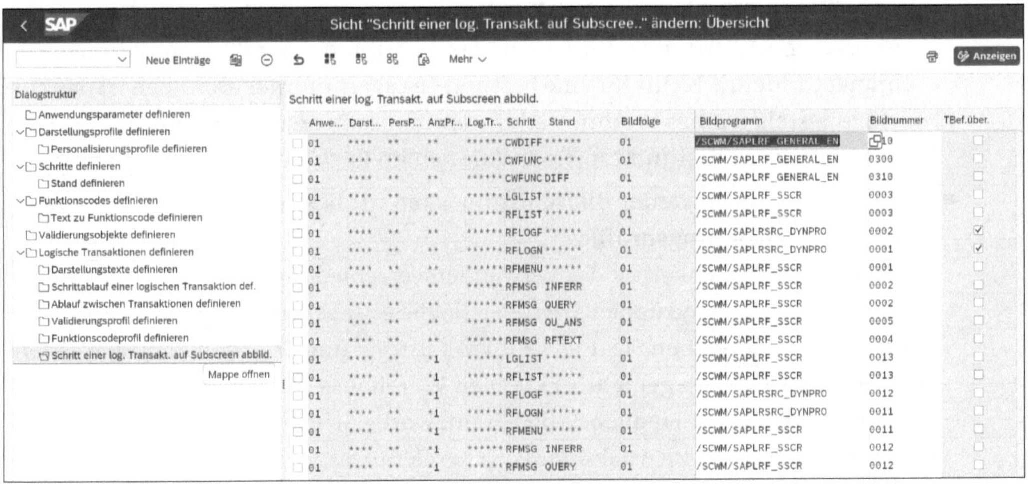

Abbildung 13.23 Transaktionsschritt zu Bildprogramm und Bildnummer zuordnen

13.2.4 RF-Transaktionen personalisieren

Das Personalisieren der RF-Transaktionen wird mithilfe des *Personalisierungsprofils* ermöglicht. So bietet SAP EWM Möglichkeiten, um die mobilen Transaktionen, abhängig von Benutzergruppen, zu personalisieren. Die Zuordnung zum Benutzer wird auf dem Benutzerstamm über den Transaktionscode /SCWM/USER sichergestellt.

Das Personalisieren des Schrittablaufs oder der Bildfolge der jeweiligen RF-Transaktion können Sie sicherstellen, indem Sie die vorhandenen Tabelleneinträge kopieren und das Personalisierungsprofil austauschen. Um das Aussehen der RF-Transaktion benutzerspezifisch zu verändern, können Sie die schon vorhandenen Einträge kopieren (siehe Abbildung 13.23). Haben Sie die Zeilen markiert und kopiert, können Sie in den neu erstellten Zeilen das Bildprogramm oder die Bildnummer verändern, was zur Folge hat, dass das Programm dann einen anderen Bildschirm, den Sie parallel mit Transaktion SE51 anlegen müssen, verwendet.

Es bieten sich folgende Möglichkeiten an, um die mobilen Transaktionen zu personalisieren:

- **Erstellen personalisierter Menüs über den Menümanager und Zuordnung zu den jeweiligen Benutzern**
  Das Erstellen personalisierter Menüs und die Zuordnung zu Benutzern ermöglichen es auch, ein Berechtigungskonzept umzusetzen – das aber nicht mit dem Standard-SAP-Berechtigungskonzept gleichzusetzen ist. Dadurch, dass nur bestimmte Transaktionen im Menüblatt auf dem mobilen Gerät sichtbar sind, kann der Benutzer nur diese ausführen. Im Unterschied dazu kann durch die Verwendung von SAP-Berechtigungsobjekten (diese werden zu Rollen zusammengefasst und auf dem SAP-Benutzer hinterlegt) das Ausführen einer RF-Transaktion eingeschränkt werden, z. B. nur für eine bestimmte Lagernummer. Dennoch ist das Zurverfügungstellen eines bestimmten Untermenüs die erste Möglichkeit, um einen Benutzer nur mit bestimmten Transaktionen im RF-Framework auszustatten.
- **Verwenden verschiedener Bildschirmmasken für bestimmte Benutzergruppen bzw. Personalisierungsprofile**
  Eine weitere Möglichkeit ist das Verwenden verschiedener Bildschirmmasken für bestimmte Benutzergruppen bzw. Personalisierungsprofile. Die entsprechende Konfiguration erreichen Sie im SAP-EWM-Customizing über den Pfad **SCM Extended Warehouse Management • Extended Warehouse Management • Mobile Datenerfassung • Radio-Frequency-(RF)-Framework • Schritte in logischen Transaktionen definieren**. Die Idee dahinter ist, jeder Benutzergruppe, abhängig von ihrem Erfahrungsstand, einfache bzw. komplexe Bildschirmmasken anzuzeigen. Ein Lagerleiter könnte so auch sensible Daten einsehen, die ein Mitarbeiter bzw. Ferienarbeiter nicht sehen soll.
- **Verwenden verschiedener Validierungsprofile, abhängig von der Benutzergruppe und dem Personalisierungsprofil**
  Es ist darüber hinaus möglich, verschiedene Validierungsprofile in Abhängigkeit der Benutzergruppe und dem Personalisierungsprofil zu verwenden. Abhängig von einer Benutzergruppe und damit dem Personalisierungsprofil können unterschiedliche Validierungslogiken implementiert werden. So kann sichergestellt werden, dass unterschiedliche Benutzer unterschiedliche Daten in der Bildschirmmaske eingeben bzw. einscannen müssen. Zum Beispiel könnte für unerfahrene Mitarbeiter oder für Mitarbeiter, die noch nicht lange in einem Bereich arbeiten, festgelegt werden, dass die Menge auf dem Nach-Platz beim Einlagern verifiziert werden muss.

Das RF-Framework bietet mit seinen Werkzeugen die Möglichkeit, den Programmablauf sehr flexibel zu gestalten. Das bedeutet, dass das RF-Framework verwendet wird, um die Geschäftslogik im System möglichst kostengünstig und flexibel zu verwalten.

Damit die RF-Transaktionen tatsächlich auf einem mobilen Gerät ausgeführt werden können, benötigen Sie Datenfunktechnologien, die wir im folgenden Abschnitt erläutern. Zusätzlich dazu haben wir die technischen Themen Pick-by-Voice in diesem Abschnitt zusammengefasst.

13.3 Datenfunk, Pick-by-Voice und RFID

In diesem Abschnitt konzentrieren wir uns auf die technischen Aspekte, die erforderlich sind, um SAP-EWM-Transaktionen und -Programme auf mobilen Geräten anzuzeigen. Wir beschreiben die unterschiedlichen Schichten, die notwendig sind, damit die Bildschirmmaske auf dem integrierten mobilen Gerät dargestellt werden kann. Darüber hinaus besprechen wir die unterschiedlichen Möglichkeiten, die zur Verfügung stehen, um sowohl in SAP EWM als auch im SAP-System im Allgemeinen mit einem mobilen Gerät zu interagieren. Eine Sonderstellung haben die Pick-by-Voice-Integration sowie die RFID-Technologie in der Praxis, wenn es um die Automatisierung der Lagerprozesse geht. In diesem Abschnitt erklären wir Ihnen beide Technologien im Detail. Beim Einsatz all dieser Technologien ist die Wahl der Hardware ein Schlüsselfaktor, der den Erfolg der Systemeinführung beeinflusst. Die Integration mobiler Geräte ist aufgrund der vielen Faktoren, die sich ständig aufgrund neuer Produkte und Strategien der Hardware- und Softwarehersteller ändern, ein sensibles Thema.

13.3.1 Hardwareeinflussfaktoren

Bei der Einführung einer mobilen Technologie in Ihrem Lager müssen Sie entscheiden, ob das Gerät als mobiles Handgerät verwendet und ausgestattet ist oder ob es sich um ein Staplergerät handelt. Der Unterschied besteht vor allem in der Hardwareausstattung: So sind derzeit Staplergeräte eher als Tablet-PCs zu verstehen. Da diese meist so umfassend ausgestattet sind wie handelsübliche Notebooks (also mit einem modernen Betriebssystem wie Windows 10 oder Android), bestehen hier bessere Integrationsmöglichkeiten mit dem SAP-System. Auch in puncto Performance sind der Prozessor und die Hauptspeicher dieser Tablet-PCs den mobilen Handgeräten meist weit überlegen. In der Vergangenheit hat dies eine große Rolle gespielt; heute ist der Unterschied nicht mehr so groß, da die Handgeräte viel besser ausgestattet sind.

Im Gegensatz zu Staplergeräten in Form von Tablet-PCs haben Handgeräte noch ein paar Einschränkungen aufzuweisen. Sie werden heute vor allem mit Android ausgeliefert. Alte Geräte verwenden noch Windows Mobile oder Windows CE als Betriebssystem. Vor allem diese alten Geräte haben bei der Hardwareausstattung ein paar Einschränkungen, also z. B. bei CPU oder RAM, die mit PCs vergleichbar sind, die vor

Jahren auf den Markt kamen. Durch diese Einschränkungen ist die Integration eingeschränkt. Bei neuen Android-Geräten gibt es diese Probleme nicht mehr.

Unter Windows Mobile, Windows CE oder Android ist ein Betreiben des SAP GUI auf den Handgeräten nicht möglich, sodass andere Frontend-Technologien verwendet werden müssen. Eine Citrix-Lösung kommt meist auch nicht infrage, da eine intensivere Integration der Hardware notwendig wäre und die Bildschirmfläche komplett der Applikation zur Verfügung gestellt werden muss. Aufgrund der Notwendigkeit plattformunabhängiger Technologien und der Tatsache, dass das Standard-Windows-SAP-GUI auf einem mobilen Gerät nicht lauffähig ist, muss auf Telnet bzw. webbasierte Technologien ausgewichen werden. Zudem ist zu beachten, dass mobile Transaktionen im Lager meist in Echtzeit, d. h. online betrieben werden.

Die derzeitige Möglichkeit ist eine Integration mit SAPConsole oder mit ITSmobile bzw. EWM MOBGUI. Diese Technologien werden von SAP weiterhin unterstützt, empfohlen werden aber vor allem die Webtechnologien. SAP Fiori spielt im mobilen/RF-Umfeld im Lager derzeit keine Rolle, da derzeit im SAP-Standard zu wenige Transaktionen zur Verfügung stehen. In den folgenden beiden Abschnitten stellen wir die einzelnen Technologien detaillierter vor.

13.3.2 Softwareeinflussfaktoren

Wenn Sie eine Softwarelösung für einen mobilen Prozess auswählen, sollten Sie die Art der Verwendung in den Vordergrund stellen, vor allem, ob Sie die Anwendung im Online- oder im Offline-Betrieb nutzen werden.

Je nach Verwendungsweise unterscheiden sich Aufwand und Kosten erheblich. Heutzutage wird das Lagergeschehen in Echtzeit abgebildet; jede Bewegung soll sofort im System verbucht werden. Das System kann dadurch die Daten validieren und zugleich auf Ausnahmen reagieren. Diese Bedingungen können nur mit einem Online-System sichergestellt werden. Vorteil einer Online- und somit Echtzeitlösung ist somit u. a. die Minimierung des Bestands auf Kommissionier-Lagerplätzen, da so die Sicherheitsbestände minimiert werden können. Mit der zeitgleichen Bewegung des Bestands und der Verbuchung der Daten im System können Nachschuboperationen viel früher gestartet werden. Würde der Bestand erst bewegt, die Bewegung auf Papier oder in einem Offline-Gerät festgehalten und später (falls es nicht vergessen wird) im System erfasst, könnte das System erst reagieren, nachdem die Daten vollständig vom System erfasst worden sind. Die Folge davon wäre, dass auf Kommissionier-Lagerplätzen der Bestand länger ausreichen müsste oder der Sicherheitsbestand höher ausfallen würde. Soll ein Mitarbeiter ein Material von einem Reservelagertyp in den Kommissionierbereich umlagern, kann der Mitarbeiter, der die folgenden Kommissionieraufgaben übernimmt, das Material erst kommissionieren, wenn der Bestand tatsächlich bewegt und vor allem, wenn diese interne Umlagerung auch im System erfasst und verbucht wurde.

Um ein System in Echtzeit nutzen zu können, ist die Netzwerkarchitektur entscheidend. Ein Lager, das sich physisch meist in einem oder mehreren Gebäuden befindet, kann hardwareseitig problemlos mit einer Wireless-LAN-Netzwerk-Architektur ausgestattet werden. Die Erfahrung zeigt, dass eine Offline-Anwendung meist acht- bis zehnmal aufwendiger ist als eine Online-Anwendung.

Diese derzeitigen Technologien mit SAP EWM im mobilen Umfeld stellen wir in Abbildung 13.24 detailliert dar und zeigen auf, wie sie in die SAP-Systemlandschaft integriert werden können.

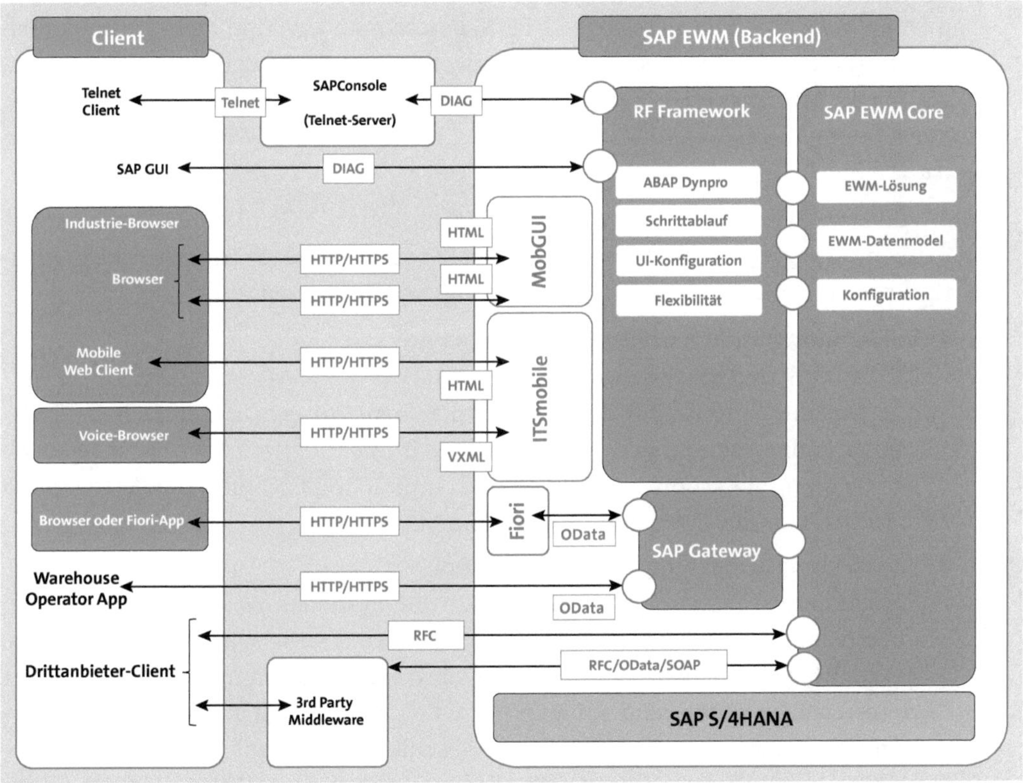

Abbildung 13.24 SAP-Systemlandschaft für die Integration mobiler Geräte

Eine Offline-Lösung wird meist mit einem Drittanbieter-Client realisiert, wie in Abbildung 13.24 dargestellt. Meist werden Daten auf dem Gerät abgelegt, um diese dann bei erneuter Verbindung mit einem System zu replizieren und zu synchronisieren. Eine Drittanbieter-Client-Anwendung muss aber nicht unbedingt den Offline-Betrieb sicherstellen.

13

Mit der Verwendung einer nativen Anwendung oder zusätzlichen Logik, die auf dem mobilen Gerät installiert werden muss, ist es möglich, Daten auf dem mobilen Gerät darzustellen. Die Verwendung eines Nicht-SAP-Clients ist in diesem Umfeld zwar auch denkbar, weist jedoch den Nachteil auf, dass meist notwendige Schnittstellen fehlen und der Client für alle mobilen Plattformen und für jede Version zur Verfügung gestellt werden müsste. Das heißt, dass ein Aufwand entsteht, den der Partner oder der Kunde selbst tragen muss.

Mit der Verwendung eines Browsers (Internet Explorer oder Industriebrowser) oder eines Telnet-Clients wird die Darstellung auf dem mobilen Gerät sichergestellt. SAP selbst greift auf diese Architektur zurück und empfiehlt diese auch ihren Kunden, um den Aufwand und die Kosten zu minimieren. Der Einsatz von SAPConsole, ITSmobile oder EWM MOBGUI ist nicht auf SAP EWM beschränkt: Jedes SAP-System auf der Basis von ABAP kann diese Technologien verwenden. Das bedeutet, dass auch die Integration in MM (Material Management) oder WM (Warehouse Management bzw. Stock Room Management) mit SAPConsole, ITSmobile und EWM MOBGUI möglich ist.

SAPConsole, ITSmobile und EWM MOBGUI sind, unter der Berücksichtigung der Implementierungskosten und des kompletten Produktlebenszyklus, vergleichbar günstig. Begründet werden kann dies mit den folgenden Argumenten:

- **Verwendung und Ausrollen der Technologie**
  Da die Logik und die Programme alle zentral auf dem SAP-System verwaltet werden, sind die Verwendung und das Ausrollen der Lösung relativ einfach. Veränderungen können zentral verwaltet werden. Es ist nicht notwendig, zusätzlich auf allen Geräten, die schon im Einsatz sind, immer wieder eine neue Software zu installieren, wenn sich ein Prozess verändert.
- **Entwicklungsumgebung und weitere Tools**
  Der gesamte Entwicklungsprozess wird im SAP-System umgesetzt. Ein erster Test, um die Bildfolge und das Verbuchen der Daten zu testen, ist im SAP GUI möglich. Zusätzlich gibt es Hilfsprogramme, um die Webintegration mit ITSmobile besser zu testen. Diese Tools sind auf dem normalen PC lauffähig und können dort verwendet werden, um die Nutzung zu simulieren. Gemeint sind hier Hilfsprogramme zur Performancemessung oder zur Analyse des HTML-Codes, der an das mobile Gerät versendet wird.
- **Performance und Stabilität**
  Das größte Problem einer mobilen Lösung ist das mobile Gerät. Es stellt meist den Flaschenhals der Lösung dar. Deshalb muss die Lösung sehr performant sein, und alles, was ein zentrales System sicherstellen kann, sollte durch den Server realisiert werden. Das verbessert vor allem die Performance und die Stabilität der Lösung, da auf dem SAP-System die Verarbeitung performant und stabiler sicherzustellen ist.

Begründet werden kann dies damit, dass das SAP-System hardwareseitig besser ausgestattet ist als ein mobiles Gerät. Zudem stehen auf dem SAP-System weitere Programme zur Verfügung, um Fehler besser analysieren zu können (z. B. mit den Transaktionen STAD, ST01 oder durch das Einspielen der Support-Komponente ST-A/P in Transaktion ST12).

- **Geräteunabhängigkeit**
  Den Support einer Lösung sicherzustellen heißt, eine Lösung für alle Geräte bereitzustellen. In einem Projekt kann sich ein Kunde meist auf ein oder zwei Geräte beschränken; das heißt jedoch nicht, dass das Gerät immer zur Verfügung stehen wird. Häufig ist ein Gerät, das man einsetzt, später nicht mehr lieferbar. Letztlich bietet ein Gerätehersteller ein Gerät des gleichen Modells etwa ein bis maximal zwei Jahre lang an, bis es durch ein Nachfolgermodell ersetzt wird. Das heißt, dass eine mobile Lösung so ausgelegt sein sollte, dass sie alle Geräte unterstützen kann. Durch einen plattformunabhängigen Client (wie z. B. einen Browser), der auf allen Betriebssystemen und Geräten lauffähig ist, wird eine solche Geräteunabhängigkeit sichergestellt. Ähnlich ist es bei einem Telnet-Client. Deshalb setzt SAP-Console einen Telnet-Client und ITSmobile einen Browser voraus. Telnet und vor allem HTML stellen heutzutage einen offenen Standard dar, d. h., dass es mit der Verwendung eines solchen Clients möglich ist, nahezu alle Geräte zu unterstützen und zudem als Kunde sicherzustellen, dass langfristig auch andere Implementierungspartner die Lösung warten können.

In Tabelle 13.1 haben wir die verschiedenen Aspekte, die bei der Auswahl einer mobilen Lösung zu berücksichtigen sind, in Tabellenform gegenübergestellt.

Kondition	Online (immer verbunden)	Teilweise nicht verbunden	Offline oder vereinzelt verbunden
natives User Interface	nein	ja	ja
browser- oder Telnet-basiert	ja	nein	nein
Geschäftslogik auf dem mobilen Gerät	nein	ja	ja
lokale Daten	nein	gering – erfordert Synchronisation	Daten auf dem Gerät – erfordert Synchronisation

Tabelle 13.1 Gegenüberstellung der mobilen Architekturen (online oder teilweise online/offline)

Kondition	Online (immer verbunden)	Teilweise nicht verbunden	Offline oder vereinzelt verbunden
Unterstützung der Operation – wenn das Gerät außerhalb der Reichweite liegt	nein – eingeschränkt möglich, wenn eine Verbindung zum System nicht notwendig ist	komplett bzw. eingeschränkt unterstützt	komplett unterstützt
Peripherie-Support	nur wenn der Browser eine Schnittstelle zur Verfügung stellt oder diese selbst entwickelt wird (z. B. ActiveX oder Applet)	ja	ja
Multi-Geräte-Support	Komplett mit Browser; dieser wird meist für alle Plattformen unterstützt.	eingeschränkt	eingeschränkt
TCO	gering	mittel	hoch

Tabelle 13.1 Gegenüberstellung der mobilen Architekturen (online oder teilweise online/offline) (Forts.)

SAP EWM unterstützt derzeit im Standard nur die Online-Verwendung für mobile Geräte.

Da alle mobilen Transaktionen im RF-Framework implementiert wurden und dieses derzeit mit ABAP Dynpro realisiert ist, ist es jederzeit möglich, die mobilen Transaktionen sowohl im SAP GUI als auch auf dem Desktop-PC auszuführen und sie mithilfe von SAPConsole oder von ITSmobile auf mobilen Geräten zu betreiben. Es gibt vereinzelt einige SAP-Fiori-Apps, die jedoch nur für den Gebrauch auf Tablets geeignet sind.

Zusammenfassend lässt sich auf der Basis der vorgebrachten Punkte sagen, dass die mobile Strategie in einem Lager an der Technologie SAPConsole, ITSmobile und EWM MOBGUI nicht vorbeiführt. Lager, die mit Anwendungen von Drittanbietern betrieben werden, müssen höhere IT-Kosten berücksichtigen. Zudem gibt es nur sehr wenige Kunden, die diese Technologie in ihrem Lager einsetzen.

[»]

Testen im SAP GUI

In Lagerprojekten hat es sich immer ausgezahlt, gerade zu Beginn und während der ersten Funktions- und Integrationstests die mobilen Transaktionen im SAP GUI testen zu können. Dort kann zuerst sichergestellt werden, dass die Applikation einwandfrei funktioniert. Ein Key-User wird sonst mit dem neuen mobilen Gerät und den neuen Bildfolgen bzw. den neuen mobilen Transaktionen sehr leicht überfordert.

Erst in der letzten Testphase, wenn das System tatsächlich mit der Physik (also mit Stapler und Geräten) im Lager getestet wird, ist der Einsatz der Transaktion auf mobilen Geräten problemlos möglich. Durch die Verwendung der Technologien SAPConsole, ITSmobile oder EWM MOBGUI ist dies sehr einfach sicherzustellen.

Wird zuerst SAPConsole implementiert, ist ein nachträglicher Wechsel von SAPConsole auf ITSmobile oder EWM MOBGUI ebenfalls sehr schnell realisierbar, da beide Technologien das gleiche Entwicklungsmuster (SAP Dynpro) verwenden.

13.3.3 SAP-Technologien für die Integration von mobilen Geräten

SAP bietet unterschiedliche Technologien, um die SAP-EWM-Dialoge auf die mobilen Geräte zu bringen. Nachfolgend beschreiben wir die Technologien im Detail.

13

SAPConsole

SAPConsole ist eine Standardschnittstelle, über die das SAP-System mit den RF-Geräten verbunden wird. SAPConsole wird verwendet, um textbasiert Geräte zu unterstützen (wie in Abbildung 13.25 dargestellt). Es handelt sich dabei um eine sehr stabile und ausgereifte Technologie, die schon seit mehreren Jahren im Lagerumfeld verwendet wird.

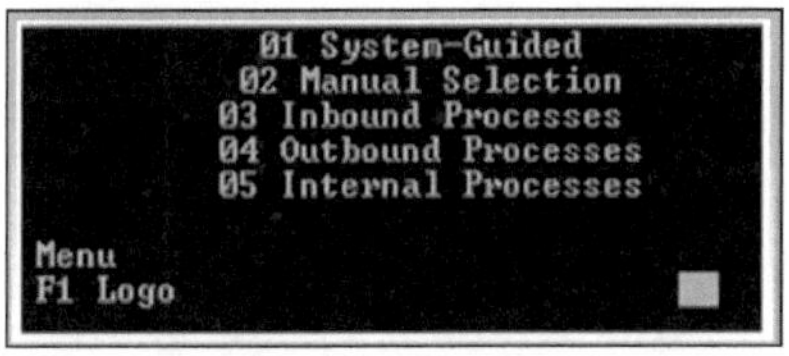

Abbildung 13.25 Bildschirmmaske von SAPConsole

In Abbildung 13.26 ist die Systemlandschaft von SAPConsole dargestellt. Um SAPConsole betreiben zu können, ist es notwendig, zusätzlich einen *Telnet-Server* zu verwenden. SAPConsole und die Telnet-Software werden auf einem zusätzlichen Server installiert und betrieben. SAPConsole hat nur die Aufgabe, das SAP-Protokoll DIAG umzuwandeln und dem Telnet-Server zur Verfügung zu stellen. Der Telnet-Server stellt wiederum die Kommunikation zum mobilen Gerät sicher, auf dem ein Telnet-Client läuft. Ein handelsüblicher Telnet-Client ermöglicht eine textbasierte Anzeige – möchten Sie eine grafische Anzeige sicherstellen, benötigen Sie einen erweiterten Telnet-Client, jedoch müssen dann auch vom Telnet-Server die notwendigen grafischen Informationen zur Verfügung gestellt werden.

Der Telnet-Client sollte das Computer-Terminal VT220 unterstützen, damit alle Funktionen, wie z. B. die Unterstützung von Funktionstasten, problemlos verfügbar sind.

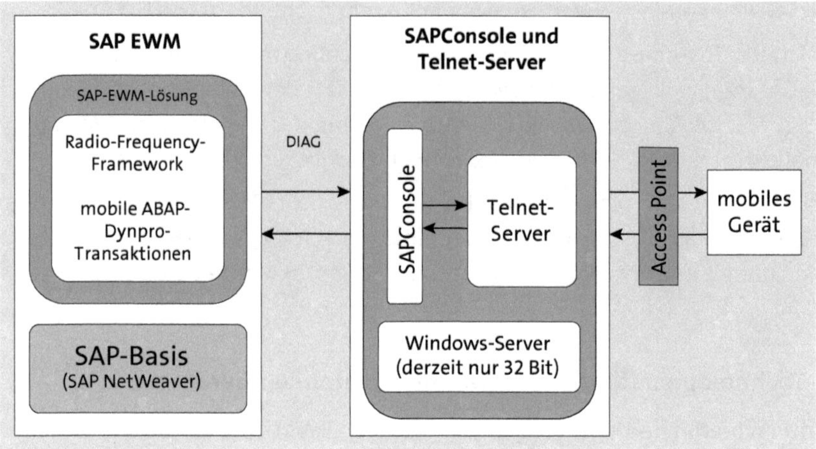

Abbildung 13.26 Systemlandschaft unter Einsatz der SAPConsole

SAPConsole selbst kann als Konvertierer verstanden werden – ohne eine zusätzliche Datenbank oder einen zusätzlichen Persistenz-Layer, der die Daten selbst zwischenspeichert. Es handelt sich um einen zusätzlichen Server, der jedoch nicht direkt als Middleware zu verstehen ist. SAPConsole wandelt nur die Anzeige um, damit diese mithilfe des Telnet-Protokolls auf dem mobilen Gerät dargestellt werden kann. Weitere Informationen und Empfehlungen für die Verwendung von SAPConsole finden Sie im SAP Support Portal in Hinweis 540469.

Seit dem Jahr 2009 unterstützt SAPConsole auch UTF-8. Das heißt, dass es auf einer Instanz von SAPConsole nicht wie bisher eine dedizierte Codepage ausgewählt werden muss. In der Vergangenheit waren Anforderungen wie die parallele Unterstützung der Schriftarten Koreanisch und Kyrillisch für Unternehmen, die global interagieren, nur durch die Installation von zwei SAPConsole-Servern realisierbar. SAPConsole unterstützt seit 2009 UTF-8, was bedeutet, dass ein Kunde nur einen SAPConsole-Server betreiben muss, um diese Anforderungen umzusetzen. Allerdings müssen der Telnet-Server und der Telnet-Client auch UTF-8 unterstützen, denn sonst kann diese Verbesserung nicht zum Tragen kommen. Weitere Informationen dazu finden Sie im SAP Support Portal in SAP-Hinweis 1316470.

SAPConsole wird vor allem verwendet, wenn die mobile Applikation sehr schnell und performant reagieren muss. Die Anzeige auf dem mobilen Gerät ist sehr einfach und kann deshalb ohne zusätzliche Verzögerung dargestellt werden. Als Nachteil sind eingeschränkte visuelle Effekte aufzuführen. Zusätzlich dazu sind Funktionen wie die Integration einer RFID-Technologie oder die sprachgesteuerte Führung nur sehr schwer realisierbar. Hier bedarf es meist einer Entwicklung auf dem mobilen Gerät, da dort keine offenen Schnittstellen verwendet werden können (anders als bei einer Browser-Umgebung).

ITSmobile

Der *SAP Internet Transaction Server* (SAP ITS) war der erste Ansatz, um ein SAP-System für die Internetwelt zu öffnen. Der SAP ITS ist die älteste Technologie für die Kommunikation mit einem SAP-System über einen Browser. Vor allem im Personalwesen und im SAP Supplier Relationship Management (SAP SRM) wurde die ITS-Technologie oft verwendet. Die Technologie ist ausgereift: Installationen mit mehreren Tausend Benutzern sind bekannt und werden produktiv und stabil betrieben.

ITSmobile ist nur eine Erweiterung vom SAP ITS, das in den 1990 Jahren das erste Mal eingesetzt wurde. ITSmobile (oder ITS light) verwendet die Technologie SAP ITS; das mobile Gerät wird dabei jedoch optimal integriert.

Einen Unterschied zwischen dem »normalen« ITS-System und seinem Abkömmling ITSmobile stellt vor allem HTML oder JavaScript dar, das an den Client versendet wird. Der SAP ITS selbst generiert zur Laufzeit HTML-Code und sehr viel JavaScript-Code, damit eine Bildschirmmaske genauso aussieht wie im SAP GUI. Diese JavaScript- und HTML-Codes würden einerseits ein mobiles Gerät überfordern, und andererseits könnten viele Funktionen gar nicht auf dem mobilen Gerät verwendet werden, da ein mobiles Gerät mit einem Desktop-PC nicht zu vergleichen ist. Der Standard-ITS enthält zu viele Funktionen, sodass das mobile Gerät, würde man alle Funktionen verwenden, sehr lange brauchen würde, um die Informationen zu verarbeiten.

Mit ITSmobile wurde ein zusätzlicher Generator zur Verfügung gestellt, der HTML-Code erzeugt, der auf einem mobilen Gerät optimal lauffähig ist. Das heißt, dass ITSmobile nur ein Generator ist, in dem die Erfahrungen vieler Projekte zur webbasierten Interaktion eines mobilen Geräts mit einem SAP-System berücksichtigt wurden.

In Abbildung 13.27 zeigen wir Ihnen eine ITSmobile-Bildschirmmaske, die auf einem mobilen Gerät und dem dort lauffähigen Browser dargestellt wird.

Der SAP ITS bietet derzeit drei verschiedene Alternativen:

Die erste Möglichkeit besteht in der *Generierung von HTML während der Laufzeit*: Dabei handelt es sich um das ITS-WebGUI, mit dem es möglich ist, jeden Screen, der im SAP GUI (Windows GUI) sichtbar ist, auch in einem Browser darzustellen. Das Layout ist das gleiche (siehe Abbildung 13.28). Eine Installation des SAP GUI auf jedem PC ist in diesem Fall überflüssig. Eine Weiterentwicklung dieser Technologie ist *SAP Screen Personas*, das mit der Einführung von SAP Fiori den Kunden zur Verfügung gestellt wurde.

Vereinzelte Funktionen, die im SAP GUI (Windows GUI) möglich sind, stehen im Browser nicht zur Verfügung. In einigen Fällen kann also das native SAP GUI (Windows GUI) notwendig sein.

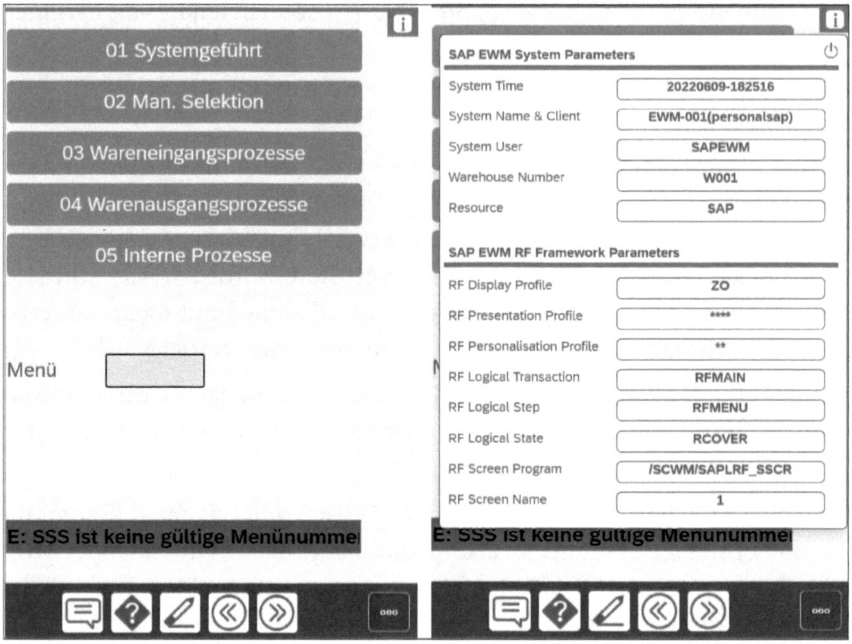

Abbildung 13.27 SAP-EWM-ITSmobile-Layout (Projektlösung) – auch für Touch-only-Geräte

Die zweite Möglichkeit ist der *Lagermonitor*, den wir in Kapitel 15, »Monitoring und Reporting«, beschreiben und mit Abbildungen visualisieren. Dieser wird vor allem im Lagerumfeld im SAP GUI (Windows GUI) ausgeführt. Denkbar wäre es, den Lagermonitor mithilfe von ITS im Webbrowser zu nutzen. Die Darstellung im Webbrowser würde dann wie in Abbildung 13.28 aussehen.

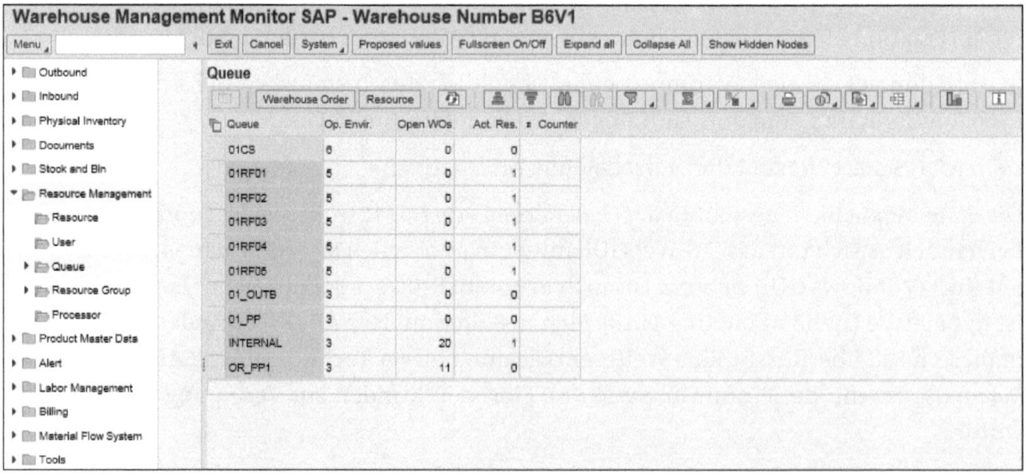

Abbildung 13.28 Lagermonitor, dargestellt über das SAP GUI for HTML/WebGUI (SAP ITS)

Da heute viele SAP-Benutzeroberflächen auf SAP Fiori basieren, ist auch eine Darstellung im SAP Fiori Launchpad möglich. Auch diese Option kann man zur zweiten Alternative zuordnen, da diese Variante auf SAP ITS basiert und auf der Grundlage von SAP Screen Personas erweitert wurde. Sie finden in Kapitel 15, »Monitoring und Reporting«, einige Screenshots dazu, wie der Lagermonitor im SAP-Fiori-Design aussieht, das vor allem im Cloud-Umfeld genutzt wird. Die Nutzung von EWM MOBGUI ist hier einzuordnen. EWM MOBGUI (als eine Variante von SAP Screen Personas) wurde funktional erweitert und für die Nutzung auf mobilen Geräten optimiert.

Die dritte Möglichkeit ist die *vorherige Erstellung von Business-HTML-Templates*: Das Erstellen oder Generieren der HTML-Templates, u. a. über den ITSmobile-Generator, ist die Basis der ITSmobile-Technologie. Dieser Generator integriert mobile Geräte bestmöglich. Durch den neuen SAP-ITSmobile-Generator ist es möglich, einfachen HTMLB-Code ohne zusätzlichen, performanceintensiven Code zu generieren. Darüber hinaus ist es möglich, das vorgenerierte HTMLB anzupassen und so kundenspezifische Anforderungen umzusetzen. Das Anpassen des HTMLB-Codes stellt jedoch eine Modifikation dar, da so der SAP-Standard verändert wird. Wird mithilfe eines anderen Generators HTMLB (z. B. durch eine Partnerlösung) generiert, entfällt der Support für die ITSmobile-Templates. Zusätzliche Funktionen sprechen für das Generieren von HTMLB mit einer Partnerlösung, haben aber den Nachteil, dass zusätzlicher Aufwand und Kosten eingeplant werden müssen. Liefert SAP neue Funktionen aus, stehen sie möglicherweise nicht automatisch zur Verfügung.

ITSmobile beim Einsatz von WM (Stock Room Management)

Für Kunden, die das SAP-Modul WM (Stock Room Management in SAP S/4HANA) im Einsatz haben, kann gegebenenfalls ITSmobile auch interessant sein. Hier können Sie die RF-Transaktion genauso mit der Technologie ITSmobile oder EWM MOBGUI anbinden.

Ein Industriebrowser ist mit einem »normalen« Browser gleichzusetzen; bietet jedoch zusätzliche Funktionen, die im Lagerumfeld benötigt werden. Ein Industriebrowser, der von externen Anbietern oder direkt vom Hardwarelieferanten zusätzlich erworben werden kann, versucht, die Lücken des Standardbrowsers zu schließen; jedoch verwenden diese Browser meist die Rendering-Bibliotheken des Standardbrowsers.

Der Einsatz eines Industriebrowsers ist zu empfehlen und teilweise zwingend notwendig. Folgende Funktionen unterscheiden einen normalen Browser wie Edge oder Chrome von einem Industriebrowser und sind bei der produktiven Nutzung einer Anwendung hervorzuheben:

- **Kioskmodus**
  Der Kioskmodus ermöglicht dem Endanwender, nicht direkt auf das Betriebssystem zuzugreifen. Der Zugriff auf das Betriebssystem des mobilen Geräts hat den Nachteil, dass dort die Konfiguration gelöscht werden kann und das Gerät wieder neu von der IT-Abteilung konfiguriert werden muss. Zudem ist durch den Kioskmodus die Seite im Vollbildmodus zu sehen. Das heißt, dass ein Benutzer keine andere Webseite auswählen und sich auf seine tatsächliche Arbeit konzentrieren kann.
- **Equi-Tags**
  Manche Industriebrowser stellen erweiterte Funktionen zur Verfügung. Durch die Nutzung dieser zusätzlichen Befehle (Equi-Tags) ist es möglich, z. B. eine Batterieanzeige oder die Verfügbarkeit des drahtlosen Netzes im Bildschirmbild einzublenden.
- **Funktionstasten-Support für alte Geräte unter Windows Mobile**
  Da Windows Mobile keine komplette JavaScript-Engine beinhaltet, funktionieren z. B. die Funktionstasten nicht. Durch den Einsatz eines Industriebrowsers können die Funktionstasten trotzdem genutzt werden, und der Befehl kann an die SAP-Anwendung (ITSmobile, WebSAPConsole oder Web Dynpro Java) weitergeleitet werden. Wird also Windows Mobile auf mobilen Geräten verwendet, ist ein Industriebrowser zwingend erforderlich.
- **Absichern von WLAN-Funkausfällen**
  Da es immer passieren kann, dass das drahtlose Netz in einem Lagerbereich, gegebenenfalls auch nur kurzfristig nicht verfügbar ist, muss die Anwendung auf dem Gerät trotzdem stabil lauffähig bleiben. Die Idee der Industriebrowser ist es, immer die letzte Bildschirmmaske auf dem mobilen Gerät anzuzeigen, auch wenn kein Funknetz verfügbar ist. Drückt ein Benutzer auf eine Funktionstaste und ist das Funknetzwerk nicht verfügbar, wird nicht wie beim Standardbrowser (wie auf Ihrem Arbeitslatz-PC) eine Fehlerseite angezeigt. Würde die Fehlerseite angezeigt, müsste der Benutzer einen Neustart anstoßen, da der Kioskmodus das Zurücknavigieren verhindert.

[zB]

Anzeigen der letzten Seite bei WLAN-Funkausfällen

Hat der Mitarbeiter z. B. beim Kommissionieren die Ware schon zum Zielplatz transportiert, hieße dies, dass er den gesamten Prozess nochmals durchführen müsste. Durch das Anzeigen der letzten Seite hat der Benutzer die Möglichkeit, den Prozess im System erneut anzustoßen, wenn er wieder im Netz ist.

Das heißt, dass das Absichern der Anwendung eine der wichtigsten Funktionen ist, die ein Industriebrowser sicherstellt. Allerdings stellt nicht jeder Industriebrowser diese Funktion bereit.

Eine andere Lösung dieses Problems wäre derzeit nur über eine Kundenentwicklung in JavaScript möglich. Dazu müsste man den vorhandenen ITSmobile-Code erweitern und die Kommunikation über Ajax (Asynchronous JavaScript and XML) sicherstellen. Die Kommunikation über Ajax wirkt sich zudem bei Windows-Mobile-Geräten auf die Performance aus. Die Performance wird über Ajax verbessert, da bei Windows Mobile das Client Caching (das Speichern der Dateien, um diese nicht erneut vom System laden zu müssen) nicht immer funktioniert.

Weitere Informationen dazu finden Sie unter *https://wiki.scn.sap.com/wiki/display/HOME/ITSmobile*. Dort ist dargestellt, wie eine AJAX-Realisierung umgesetzt werden kann. Im SAP-Consulting wurde diese Integration schon mehrfach produktiv eingesetzt, da sie einen Performancevorteil ermöglicht. Zudem löst die Ajax-Kommunikation das Problem der WLAN-Ausfälle vollständig.

In der Browserbranche ändert sich heutzutage sehr viel, vor allem, da mobile Geräte in unserem Alltag zunehmend an Bedeutung gewinnen.

So ist der Enterprise Browser von Motorola (jetzt Zebra) sehr interessant, da dieser das Rendering mit der WebKit Rendering Engine ermöglicht. Zum einen erhofft man sich davon eine schnellere Frontend-Performance, und zum anderen ist die Darstellung auch auf Geräten wie dem iPhone oder dem iPod von Apple standardisiert.

In den letzten Jahren hat SAP immer wieder Erweiterungen des ITSmobile-Generators über SAP-Hinweise ausgeliefert. Deshalb empfehlen wir die Verwendung des SAP-Standardgenerators, da auch in Zukunft Erweiterungen an diesem Generator entwickelt werden. Es ist darüber hinaus sinnvoll, vor dem Einsatz der ITSmobile-Lösung alle SAP-Hinweise in das System einzuspielen oder auf das höchste Support-Paket zu wechseln. Ein nachträgliches Einspielen von SAP-Hinweisen kann es erforderlich machen, alle HTML-Templates neu zu erstellen, da Änderungen am Generator den schon generierten Code nicht beeinflussen.

In Abbildung 13.29 beschreiben wir die Komponenten der ITSmobile-Technologie sowie die Schritte, die erforderlich sind, damit eine Bildschirmmaske auf dem mobilen Gerät sichtbar ist.

Die RF-Transaktionen, die vom RF-Framework verwaltet werden, beinhalten die Geschäftslogik. Abhängig vom jeweiligen Prozessschritt im mobilen Prozess wird ein ABAP Dynpro eingeblendet. Dieses wird dann vorab mithilfe des ITSmobile-Generators in ein HTMLB-Template transferiert. Falls der grafische Editor verwendet wird, wird als Zwischenschritt ein XML-Template erstellt, das weitere Informationen aufnehmen kann. Hier kann der Screen nochmals manuell angepasst werden. Daraus wird dann das HTMLB-Template erstellt. Mithilfe des HTMLB-Templates wird der ABAP-Screen in endgültiges HTML überführt. Dieses wird dann über das drahtlose Netzwerk an das mobile Gerät gesendet.

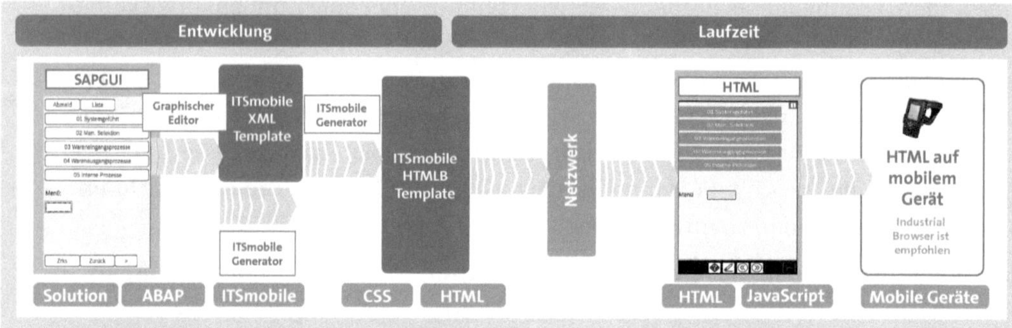

Abbildung 13.29 ITSmobile-Datenflussdiagramm und Technologieüberblick

Auf dem mobilen Gerät wird durch den Browser der HTML-Code interpretiert und eine Bildschirmmaske dargestellt. Dabei legt das CSS die Darstellung fest, und JavaScript ermöglicht es, dynamische Funktionen auszuführen.

Nachträglich wurde der grafischen Editor als Teil der ITSmobile-Technologie ergänzt. Der grafische Editor ermöglicht es Ihnen, die Darstellung so anzupassen, wie sie final auf dem mobilen Gerät aussehen soll. Dies war mit dem Screen Painter (Transaktion SE54) nicht möglich, da hier z. B. die Farbe der Elemente nicht beeinflusst werden konnte.

In SAP-Hinweis 1637425 erhalten Sie alle Informationen dazu, wie Sie den grafischen ITSmobile-Editor in Ihr System einspielen können. Die SAP-Strategie ist es, diesen grafischen Editor in den kommenden Jahren zu erweitern, um Ihnen laufend neue Funktionen bereitzustellen zu können.

Grafischer ITSmobile-Editor und RF-Framework

Das RF-Framework in SAP EWM bietet mit dem Screen Manager die Möglichkeit, für Geräte mit unterschiedlichen Bildschirmgrößen neue Sub-Dynpros zu generieren. Ein Nachteil ist jedoch, dass man pro Gerät-/Bildschirmgröße etwa 250 Dynpros hat. Im neuen Release von SAP S/4HANA wurden Kunden weitere 250 Dynpros zur Verfügung gestellt, um Handgeräte besser zu integrieren.

Mit dem grafischen Editor und ITSmobile haben Sie eine neue Möglichkeit, um das Problem anders zu lösen. Um die Anzahl der Entwicklungsobjekte (Dynpros) zu minimieren, empfiehlt es sich, nur noch ein Displayprofil (ABAP-Sub-Dynpros) zu generieren. Durch zwei ITSmobile-Services und das Anpassen der XML-Templates (grafischer Editor, Entwicklungsobjekt) stellen Sie sicher, dass nur noch ein ABAP Dynpro angepasst werden muss.

Spätere Änderungen sind dann einfacher und kostengünstiger zu pflegen, da nur noch ein Dynpro angepasst werden muss. Der grafische Editor hat eine Deltafunktion,

d. h., Änderungen, die einmal manuell am XML-Template vorgenommen worden sind, werden beim erneuten Generieren des Dynpros in ein XML-Template nicht überschrieben. Die initiale Anpassung der XML-Templates sollten Sie über einen Report automatisiert vornehmen.

ITSmobile und EWM MOBGUI sind im mobilen Umfeld von SAP EWM aktuell die am häufigsten eingesetzten Technologien. Neue Hardware mit Android als Betriebssystem wird weiterhin unterstützt. Damit die Integration der Geräte optimal verläuft, sollte jedoch ein gewisser Projektaufwand, insbesondere im Zusammenhang mit der grafischen Darstellung, eingeplant werden.

Geräte, die keine Funktionstasten haben (fully-touch) sind schwieriger zu integrieren, da das RF-Framework in SAP EWM erweitert werden muss. SAP EWM selbst bietet bisher keine Unterstützung, um Geräte ohne Funktionstasten an das SAP-EWM-System optimal anzubinden. Aus diesem Grund muss das Problem im Projekt individuell gelöst werden. Die neue SAP-Standardlösung kann mit Transaktion /SCWM/PRDVC (Endgeräte pflegen) konfiguriert werden, ist allerdings nur bedingt zu empfehlen. Zusätzliche Funktionen wie [↵] werden zu den bestehenden Funktionstasten hinzugefügt. Diese anderen SAP-EWM-Funktionen rücken dadurch weiter nach hinten und erschweren dadurch die Arbeit.

Es gibt auch neue Frameworks von SAP-Partnern, die HTML5 generieren und die Darstellung auf Android-Geräten verbessern. Weil Sie dabei jedoch nicht mehr ITSmobile einsetzen, können Sie nicht auf den SAP-Support zurückgreifen. Um die Lösung zu betreiben, müssen Sie den Support beim SAP-Partner beauftragen. Nicht zuletzt, da sich im Kontext mobiler Geräte viel ändert, ist der Einsatz von Nicht-SAP-Lösungen insgesamt mit Vorsicht zu genießen. Neue Versionen von Partnerlösungen müssen gegebenenfalls eigens erworben werden, wodurch die Kosten auch später noch steigen können.

EWM MOBGUI via SAP Screen Personas

EWM MOBGUI wurde von SAP entwickelt, um die neuesten mobilen Geräte an SAP EWM in SAP S/4HANA anzubinden. Die Technologie basiert auf SAP Screen Personas (so wie auch SAP ITS) und benötigt genauso wie ITSmobile als Basis die in ABAP entwickelten RF-Transaktionen. Das heißt, dass das RF-Framework und die zahlreichen mobilen Transaktionen komplett integriert werden können.

EWM MOBGUI wurde vor allem für das Cloud-WM entwickelt, denn dort kann ITSmobile nicht verwendet werden. Um ITSmobile verwenden zu können, müssen zuerst HTML-Templates generiert werden. Dies ist in einer Cloud-Umgebung nicht möglich und auch nicht erwünscht. Zudem ist Sicherheit ein wichtiges Thema, da das Cloud-System über das Internet angebunden wird.

SAP bietet beide Lösungen parallel an: EWM MOBGUI und ITSmobile können gleichzeitig verwendet werden. Der Hauptunterschied zwischen EWM MOBGUI und ITSmobile besteht darin, dass man die Technologie EWM MOBGUI direkt, also quasi als Plug & Play nutzen kann, ohne eine Entwicklung vorzunehmen und Aufwand zu investieren. Eine Entwicklung kann gegebenenfalls notwendig sein, um Ihr Gerät bestmöglich zu integrieren.

Es ist möglich, das Aussehen der Anwendung anzupassen sowie weitere Funktionen zu realisieren. Es können Farben verändert werden. Das heißt, dass Sie eigene Themes entwickeln können, wenn unterschiedliche Lager/Regionen ihre Anwendungen unterschiedlich gestalten möchten.

Es gibt zurzeit noch Einschränkungen, die der Verwendung von EWM MOBGUI Grenzen setzen. Die derzeitigen Limitierungen sind in SAP-Hinweis 3048632 dokumentiert. Hier ist auch beschrieben, welches Gerät von SAP unterstützt und getestet wurde.

SAP hat EWM MOBGUI mit einem Zebra-Gerät (Zebra MC9300) und dem Browser Ivanti Velocity getestet. Wenn Sie planen, ein anderes Gerät mit dieser Technologie zu verwenden, sollten Sie dieses vorher testen.

Vor dem Hintergrund, dass die Integration von ITSmobile sehr schnell erfolgen kann, ist EWM MOBGUI derzeit nur in einer Cloud-Umgebung interessant. Wenn die Anzahl der Kunden steigt und neue SAP-Hinweise und Korrekturen sowie Limitierungen beseitigt werden, kann künftig auch ein Einsatz in einer On-Premise-Umgebung sinnvoll sein. Letztlich müssen Sie in Ihrem Projekt individuell entscheiden, ob Sie EWM MOBGUI als Alternative zu ITSmobile einsetzen möchten.

Die Schritte zur Verwendung von EWM MOBGUI in Ihrem System sind in dem folgenden Blog beschrieben:

https://blogs.sap.com/2022/03/10/rfui-screen-using-ewm_mobgui-service-personzalize-with-sap-screen-personas/

Der folgende How to Guide stellt zusätzliche Informationen zur Verfügung: *https://d.dam.sap.com/a/QEyaKva/SAPScreenPersonas_RF_EWM_S4H.pdf*

SAP-Fiori-App »Warehouse Operator« für das iPhone

SAP hat auch eine mobile App für SAP EWM entwickelt. Diese App können Sie direkt im App Store von Apple herunterladen und testen. Weitere Informationen dazu finden Sie in den folgenden Blogs:

- *https://blogs.sap.com/2022/02/28/sap-warehouse-operator-a-new-iphone-application-for-the-warehouse/*
- *https://blogs.sap.com/2022/03/02/how-you-can-get-started-with-sap-warehouse-operator-app/*

Wir verzichten darauf, den Inhalt der Blogs an dieser Stelle wiederzugeben, denn auf den genannten Seiten finden Sie Screenshots und viele Details.

Die Kommentare in Blogs und die Erfahrung von Beratern zeigen, dass die Funktionen der App derzeit eingeschränkt sind. Ob die App für Ihr Projekt einen Mehrwert bietet, hängt von Ihren spezifischen Anforderungen ab. Ab 2025 wird die SAP Warehouse Operator App nicht mehr weiterentwickelt, und die Strategie von SAP ist noch unklar. Die App wird von Kunden nur eingeschränkt genutzt, da sie ausschließlich für das Apple-Betriebssystem verfügbar ist.

SAP Fiori und hybride Apps

SAP Fiori ist die neueste User-Interface-Technologie von SAP. Diese setzt voraus, dass die Kommunikation mit dem SAP-EWM-System über OData sichergestellt wird. SAP-Fiori-Apps, die auf Basis von SAP Screen Personas »fiorisiert« wurden, werden hier nicht berücksichtigt. Bei der Nutzung von SAP Fiori auf mobilen Geräten wird eine SAPUI5- bzw. HTML5-Anwendung betrieben. Derzeit bietet SAP EWM nicht genug Schnittstellen (*OData-Services*), um die bekannten mobilen Lagerprozesse abzubilden. Die Erfahrung zeigt zudem, dass SAP Fiori bisher auf mobilen Geräten aus Performancesicht nicht zu empfehlen ist.

Im Kontext von SAP EWM ist es auch weiterhin nicht geplant, SAP-Fiori-Apps für mobile Geräte im Standard bereitzustellen. Die bisherigen SAP-Fiori-Apps sind für Tablets oder Notebooks optimiert. Zukünftig sollen lediglich weitere Schnittstellen (OData-Services) bereitgestellt und im SAP-EWM-Standard SAP-Fiori-Apps für Tablets entwickelt werden. Als Kunde oder Implementierungspartner können Sie entsprechend nur mit sehr hohem Aufwand eigene SAP-Fiori-/SAPUI5-Apps für mobile Geräte entwickeln.

Wir empfehlen daher, auf den Einsatz von SAP Fiori oder die Entwicklung von eigenen Anwendungen im Lagerumfeld im Kundenprojekt zu verzichten. Grund ist einerseits der erhebliche Realisierungsaufwand und andererseits der Aufwand, der erforderlich ist, um diese Zusatzentwicklung zu warten und zu erweitern.

Ein weiterer Grund ist der sehr hohe Innovationszyklus im mobilen Umfeld. Neue Betriebssysteme und neue Hardware bzw. mobile Geräte werden in sehr kurzen Zeiträumen aktualisiert, weshalb zusätzlicher Aufwand eingeplant werden muss, wenn in Kundenprojekten mobile Anwendungen entwickelt werden sollen oder bereits entwickelt wurden.

Das RF-Framework selbst mit allen RF-Transaktionen (es handelt sich um mehr als 100) bietet für SAP Fiori keine Integration. Das war das entscheidende Kriterium, um SAP Fiori im Lagerumfeld von SAP EWM nicht einzusetzen. Die schon ausgelieferten RF-Transaktionen für SAP EWM werden nicht durch SAP Fiori unterstützt.

Integration mobiler Middleware-Architekturen via API

Eine mobile Nicht-SAP-Architektur oder die Verwendung einer Middleware im SAP-EWM-Umfeld ist theoretisch denkbar. Diese Architektur basiert auf dem API-Ansatz. Diese Alternative hat einen eigenen entwickelten Screen-Ablauf zur Folge und ruft bei Bedarf APIs im SAP EWM auf, um die Daten zu lesen, zu ändern oder zu löschen. Die gleiche Architektur wäre beim Einsatz der *SAP Business Technology Plattform* (SAP BTP) mit den gleichen Konsequenzen, die nachfolgend im Detail erläutert werden, zu adaptieren. Die Idee eines Clean Core ist durchaus erstrebenswert, aber derzeit im SAP-EWM-Umfeld nicht realisierbar.

SAP stellt mit dem *SAP API Business Hub* (*https://api.sap.com/*) einige APIs zur Verfügung. Bei genauerer Betrachtung und einem Test in einer produktiven Umgebung zeigen sich schnell die Grenzen der APIs. Es gibt nicht genug APIs, um produktive Anwendungen mit den gängigen Geschäftsanforderungen zu realisieren.

[»]

API-Strategie von SAP EWM

Die bisherigen APIs von SAP EWM sind nur für die Cloud-Version von SAP EWM freigegeben und können dort verwendet werden. Aufgrund des sehr eingeschränkten Funktionsumfangs der Cloud-Version von WM sind die APIs sehr eingeschränkt und werden nur sehr selten von Kunden oder Implementierungspartnern eingesetzt.

In einem On-Premise-System werden die gleichen APIs ausgeliefert wie in der Cloud-Version von SAP EWM. Der Funktionsumfang unterscheidet sich jedoch in den beiden Systemversionen; Sie können diese APIs nicht direkt verwenden. SAP-Hinweis 3093108 listet einige Einschränkungen auf; eine komplette Liste ist leider nicht verfügbar, da die SAP Standardentwicklung sie bisher nicht publiziert hat. Um die APIs in einem SAP-EWM-System in SAP S/4HANA zu verwenden, muss zuerst das BAdI `/SCWM/EX_API_CTRL_USE` implementiert werden. Mit diesem BAdI akzeptieren Sie als Kunde den geringen Funktionsumfang und die Einschränkungen der APIs.

SAP arbeitet daran, die APIs zu verbessern und neue APIs bereitzustellen. APIs sind in der Cloud-Umgebung hilfreich und notwendig – eine effiziente Verwendung im Projekt wird jedoch erst in der Zukunft gewährleistet werden können. Derzeit entstehen zusätzliche Kosten für die initiale Entwicklung, den langfristigen Support sowie für eine Migration, falls SAP in einem neuen Release neue APIs bereitstellt). Durch den Systembruch ist auch der Performance-Aspekt nicht zu vernachlässigen.

Folgende APIs sind für SAP EWM derzeit verfügbar:

- `API_WAREHOUSE_2`
- `API_WAREHOUSE_INB_DELIVERY_2`

- API_WAREHOUSE_ODO_2
- API_WAREHOUSE_ORDER_TASK_2
- API_WAREHOUSE_RESOURCE_2
- API_WHSE_PHYSINVTRYITEM_2
- API_WHSE_STORAGE_BIN_2
- API_HANDLING_UNIT_2

Die APIs sind mit einem BAPI zu vergleichen, können aber über das Internet aufgerufen werden. Sind die APIs nicht ausreichend, empfiehlt es sich, weiterhin die bekannten BAPIs zu verwenden. Des Weiteren können Sie die Funktionsbausteine nutzen, die in SAP EWM schon seit Jahren verwendet werden, um eigene Anwendungen zu erstellen.

Sinnvoll ist diese Architektur, wenn sie zusätzliche Funktionen bietet, die mit den SAP-Technologien nicht unterstützt werden. Vor allem, wenn eine Anwendung offline betrieben werden muss, ist diese Architektur durchaus interessant. Durch die Tatsache, dass nur eingeschränkt APIs im SAP-EWM-Umfeld zur Verfügung stehen, die von außerhalb aufgerufen werden können und eine Integration von Nicht-SAP-Systemen unterstützen, ist der Aufwand, solch eine Architektur zu betreiben, als größter Nachteil aufzuführen. Parallel zu der Entwicklung im SAP-System ist eine Entwicklung auf einem zusätzlichen Server notwendig, um die Bildsteuerung zu beeinflussen. Der Screen-Ablauf und das Design müssen dann von dem Nicht-SAP-System sichergestellt werden.

Eine eigene Entwicklungsumgebung sowie Funktionen wie Versionsverwaltung, Transportwesen und Support der verschiedenen mobilen Plattformen und Geräte, müssen von dem zusätzlichen Server/Produkt zur Verfügung gestellt werden. Unter Berücksichtigung des Produktlebenszyklus und des Total Cost of Ownership (TCO) ist diese mobile Architektur aus SAP-Sicht nur zu empfehlen, wenn Offline-Prozesse im Lager zur Verfügung gestellt werden müssen.

Eine Online-Anwendung kann mit den schon in dem Kapitel erläuterten Technologien aufwandsneutraler und somit langfristig günstiger sichergestellt werden. Um diese Architektur zu rechtfertigen, müssten Vorteile im Funktionsumfang der Drittanbieterintegration erst gesucht werden. Mit etwa den gleichen Nachteilen hat eine SAP-Mobile-Plattform-Architektur zu kämpfen; deshalb ist sie nur sehr selten zusammen mit SAP-EWM im Einsatz. Sie sollten nicht vernachlässigen, dass HTML5 auch die Möglichkeit bietet, Daten auf dem mobilen Gerät zu speichern. Dies bedeutet, dass es, wenn es notwendig ist, einen Prozess teilweise offline zu betreiben, kostengünstiger ist, ITSmobile um HTML5 zu erweitern, als eine komplett neue Middleware-Architektur zu betreiben.

13.3.4 WTS- und Citrix-Client-Integration

Eine weitere Alternative, um mobile Geräte zu integrieren, ist ein *Citrix-Client*. Meist wird ein Citrix-Server verwendet, um von einem fremden PC auf ein internes Netzwerk zuzugreifen. Vor allem die Absicherung von WLAN-Funklöchern ist es ein schlagendes Argument, eine WTS-Integration zu bevorzugen. Wird die Citrix-Integration im SAP-Umfeld verwendet, wird im Citrix-Fenster wiederum das SAP GUI dargestellt. Der Citrix-Server stellt nur die Anzeige auf einem Terminal sicher, und die Session wird auf diesem verwaltet. Wird die Verbindung auf einem Gerät über ein drahtloses Netzwerk unterbrochen, kann der Benutzer nach erneuter Anmeldung wieder auf die alte Session und somit auf die Daten zugreifen.

Die Integration mit dem *Windows Terminal Server* (WTS) ist als Beispiel für eine *Thin-Client-Integration* anzuführen. Durch den Einsatz dieser Technologie entstehen jedoch zusätzliche Kosten neben den Kosten der SAP-Lösung. Diese Technologie wird meist auf Staplergeräten verwendet, da dort der Bildschirm groß ist und zusätzliche Statusleisten den tatsächlichen Screen, der für die Anwendung zur Verfügung stehen muss, nicht wesentlich verkleinern.

Als Unterschied zu einer webbasierten Lösung bietet die WTS-Lösung einen eigenen Client. Zudem verwendet die Citrix-Lösung ein eigenes Protokoll, um Daten zwischen Server und Client auszutauschen. Webbasierte Lösungen nutzen HTTP oder HTTPS als Kommunikationsprotokoll, das nicht proprietär ist.

[»]

Einsatz der Citrix-Lösung

Eine Citrix-Integration wird meist nur zum Anzeigen der Bildschirmmasken verwendet. Ist eine Integration von Hardwarekomponenten notwendig (z. B. die Integration einer RFID-Antenne), ist eine Citrix-Lösung meist nicht zu empfehlen. Die Integration eines Barcode-Scanners ist einfach sicherzustellen. Der Barcode-Scanner interagiert über die Tastaturweiche – d. h., er simuliert die Tastatur. Schwieriger ist es, auf bestimmten Bildschirmen den Barcode-Scanner ein- bzw. auszuschalten. Dies muss aus der Applikation (RF-Transaktion in SAP EWM) heraus sichergestellt werden. Das bedeutet, dass die Befehle aus dem SAP-System heraus an einen Client weitergeleitet werden, der diese dann an die Hardware weitergeben kann. Hier weist die Verwendung einer Citrix-Lösung Schwächen auf, die z. B. mit ITSmobile und einem Industriebrowser sehr einfach zu beseitigen sind.

13.3.5 Pick-by-Voice-Integration

Die *Pick-by-Voice-Integration* ist eine Methode, die es dem Benutzer ermöglicht, über Sprache mit dem System zu kommunizieren. Dabei spricht der Benutzer in ein Mikrofon, um z. B. eine Lageraufgabe zu quittieren. Er kann dabei die Menge bestätigen, die er tatsächlich entnommen hat, und zusätzlich dazu im System den Lagerplatz, dem er das Material entnommen hat, verifizieren. Von Vorteil ist bei dieser Arbeitsweise, dass der Benutzer beide Hände zum Arbeiten frei hat, anstatt ein mobiles Gerät zu verwenden, um seinen Prozess systemgeführt erledigen zu können. Im Vergleich zu der Nutzung mobiler Geräte kann so mithilfe der Pick-by-Voice-Technologie ein höheres Volumen an Arbeitslast ausgeführt werden, vor allem, wenn viele manuelle Tätigkeiten (Kommissionieren von Kleinmengen) erledigt werden müssen. Mit Pick-by-Voice kann also die Anzahl an Lieferpositionen erhöht werden, die durch ein Lager durchgeschleust werden.

Die Voice-Integration im SAP-Umfeld hat zwei Aspekte: den Technologieaspekt, in dem es um die Kommunikation geht, und den Anwendungsaspekt bzw. den optimalen Lagerprozess.

Die Technologie ITSmobile stellt sicher, dass ein Voice-Browser mit dem SAP-System kommunizieren kann. ITSmobile als Technologie zur Integration können Sie im Pick-by-Voice-Umfeld schon seit vielen Jahren verwenden.

Mit SAP EWM 9.0 erhalten Sie im Standard eine Pick-by-Voice-Integration, also einen Standarddialog, den Sie verwenden können, um den Lagerprozess im System abzubilden. Hier wurden die ABAP-Transaktionen im RF-Framework so erweitert/verändert, dass diese jetzt automatisch sprachgesteuert den Kommissionierprozess betreiben können.

Mit SAP EWM 9.4 kommen neue Erweiterungen hinzu, die die Verwendung des Standard-EWM-Sprachdialogs vereinfachen. Die folgenden Erweiterungen stehen Ihnen mit der SAP-EWM-Version 9.40 zur Verfügung:

- **Einführung einer generischen RF-Transaktion**
  Die alte logische Transaktion PVSYSG wurde durch eine neue logische Transaktion PVSYSN ersetzt. Der Schrittablauf wurde in die logische Transaktion PV**** verschoben. Diese Änderung ermöglicht es Ihnen, die Standardtransaktion modifikationsfrei und sehr einfach zu erweitern bzw. abzuleiten.

  Sie können eine neue logische Transaktion PVZZ01 erstellen, die dann alle Einstellungen von der logischen Transaktion PV**** erbt. Falls Sie jetzt Änderungen/Erweiterungen vornehmen möchten, können Sie diese in Transaktion PVZZ01 realisieren, und die Standardtransaktion bleibt von den Änderungen unberührt.

- **Verbesserte Findung bei der Verifikationssteuerung**
  Um unterschiedliche Verifikationsprofile zu pflegen, wurde in der Verifikationssteuerung eine neue Spalte hinzugefügt, die es Ihnen ermöglicht, abhängig von der Datenerfassungsart (Sprache oder Standard-RF), unterschiedliche Verifikationsprofile zu finden. Dies ist notwendig, da in einem RF-Dialog im Vergleich zu einem Sprachdialog meist unterschiedliche Felder zu verifizieren sind bzw. der Sprachdialog nur Felder für die Sprache verwendet, die zu verifizieren sind.

- **Konfiguration der Bild- und Elementsprache**
  Die größte Erweiterung in SAP EWM 9.4 im Bereich der Sprachsteuerung ermöglicht es Ihnen, die Sprachbefehle im Dialog über die Konfiguration zu beeinflussen und zu verändern. In Abbildung 13.30 sehen Sie, dass Sie im View **RF-Sprachtexte konfigurieren** (/SCWM/VC_RF_PBV_MSG) zu einem Screen die einzelnen Sprachbefehle anhand eigener ABAP-Nachrichten verändern können.

  Die Pflege der Sprachnachrichten können Sie im SAP-EWM-Customizing über den Pfad **SCM Extended Warehouse Management • Extended Warehouse Management • Mobile Datenerfassung • Spracheigenschaften pflegen** einstellen.

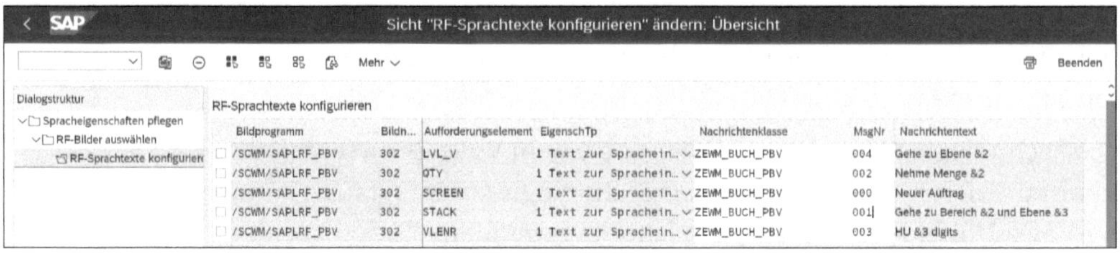

Abbildung 13.30 Pick-by-Voice-Prompts pflegen

  Über diese neue Konfiguration können Sie auch beeinflussen, welche Lagerplatzkoordinaten (Gang, Säule und Ebene) dem Mitarbeiter vom System mitgeteilt werden, wenn Sie sich dazu entscheiden, nicht alle Elemente zu verifizieren. Sie können dann über die neue Nachricht, die Sie in Transaktion SE91 (Nachrichtenpflege) anlegen, über die Platzhalter definieren, was dem Mitarbeiter vom System mitgeteilt werden soll.

- **Verwendung eines Pick-by-Voice-Verifikationsfelds**
  Auf dem Lagerplatzstamm wurde ein neues Feld (**Verifikation PVB**) eingeführt, um die Verifikation des Lagerplatzes zu steuern. Meist unterscheidet sich die Verifikation bei der Verwendung von normalen RF- und Sprachdialogen. Dieses neue Verifikationsfeld wurde auch in allen anderen Transaktionen erweitert. Das heißt, dass Sie das Feld mit anderen Lagerplätzen hochladen können, es im Lagermonitor sehen und es auch per Massenänderung anpassen können.

Auf dem Markt gibt es mehrere Lösungen, die Pick-by-Voice-Systeme unterstützen und anbieten. Sie unterscheiden sich vor allem in der Architektur und darin, inwieweit sie in SAP EWM integriert werden können. In manchen Fällen wird ein dedizierter Server benötigt, der mit einem SAP-EWM-System wiederum über RFC-Schnittstellen interagieren kann – dieser Ansatz ist aufwendiger. Zudem ist das Risiko hoch, dass der zusätzliche Server als Blackbox bzw. Middleware verstanden werden kann. Für einen Kunden hat solch eine Blackbox den Nachteil der fehlenden Erweiterbarkeit. Nachträgliche Erweiterungen können nicht selbst und nur mit zusätzlichen Kosten realisiert werden. Mit solch einer Middleware entwickeln Sie langfristig ein zweites Lagerverwaltungssystem in dem 3rd-Party-System. Die Entwicklung der RFC-Schnittstellen muss der Kunde zusätzlich einplanen und langfristig in Eigenverantwortung oder unter zusätzlichen Kosten mithilfe von Partnern unterstützen.

Ein Beispiel für einen Arbeitsprozess unter der Verwendung einer Pick-by-Voice-Lösung mit einem externen Pick-by-Voice-Server stellen wir im Folgenden dar:

1. Ein Benutzer meldet sich am System an und fragt somit nach einem Arbeitsauftrag in Form eines Lagerauftrags an.
2. Die Sprache wird von einem Mikrofon oder von einem mobilen Gerät an den Server transferiert.
3. Es findet eine Spracherkennung auf dem Server statt, und die Daten werden über RFC-Schnittstellen an das SAP-(EWM-)System übertragen.
4. SAP EWM verarbeitet die Daten und sendet neue Informationen über RFC an den Voice-Server zurück.
5. Der Voice-Server verarbeitet die Daten und transferiert die Informationen in Sprache.
6. Die Sprache wird an das mobile Gerät oder einen Lautsprecher gesendet.

Die Alternative, die SAP empfiehlt, ist die Verwendung offener Standards. ITSmobile unterstützt die Pick-by-Voice-Technologie mithilfe von VoiceXML. Anstatt HTML-Code zu generieren, wird ein VoiceXML-Template erstellt, das dann direkt an ein mobiles Gerät gesendet wird. Der Vorteil dieser Lösung ist, dass ein zusätzlicher Server entfällt. Zudem ist der Transaktionsablauf im SAP-EWM-System realisiert. Das heißt, dass nachträgliche Änderungen vom Kunden direkt (seitens eines ABAP-Entwicklers) umgesetzt werden können.

Ein Beispiel für den Ablauf eines Arbeitsprozesses einer Pick-by-Voice-Lösung durch die ITSmobile-Technologie könnte wie folgt aussehen:

1. Der Benutzer meldet sich am System an und fragt somit nach einem Arbeitsauftrag in Form eines Lagerauftrags.
2. Die Sprache wird von einem Mikrofon oder von einem mobilen Gerät aufgenommen – eine Spracherkennung findet auf dem mobilen Gerät durch den Voice-Browser statt. Die Sprache wird umgewandelt und in VoiceXML gespeichert.
3. Das mobile Gerät transferiert die Daten in Form von VoiceXML an das SAP-System.
4. ITS interpretiert die Daten und kann diese direkt verarbeiten. Neue Daten in Form neuer Informationen werden wieder über VoiceXML an das mobile Gerät versendet.
5. Das mobile Gerät und der darauf betriebene Voice-Browser interpretieren das VoiceXML und wandeln dieses wieder in Sprache um.
6. Der Benutzer vernimmt akustische Töne auf dem mobilen Gerät oder über einen Lautsprecher.

Der Voice-Browser wandelt die Sprache um und kommuniziert so mit dem SAP-EWM-System, als würden die Daten über eine Bildschirmmaske eingegeben. Derzeit bekannte Voice-Browser gibt es von TopSystem und Zebra; diese verwenden ITSmobile-VoiceXML. Beim TopSystem-Browser müssen Sie weitere Erweiterungen (Extensions) beauftragen, um eine produktive Anwendung zu realisieren.

Es ist wichtig zu betonen, dass die Kernkomponente dieser Lösung – der Voice-Browser – keine native Anwendung darstellt. Das Protokoll, in diesem Fall VoiceXML, wird nach W3C-Standard von SAP generiert und interpretiert. Diese Lösung verwendet offene Standards und Schnittstellen. Das heißt, dass Teile der Lösung nachträglich ausgetauscht werden können. Betriebswirtschaftlich bzw. strategisch ist die Voice-Browser-Lösung der Lösung mit einem zusätzlichen Server vorzuziehen.

In Abbildung 13.31 stellen wir die Voice-Browser-Architektur grafisch dar. Derzeit bietet SAP keinen Voice-Browser an – deshalb ist in diesem Umfeld der Einsatz von Partnerprodukten zu empfehlen.

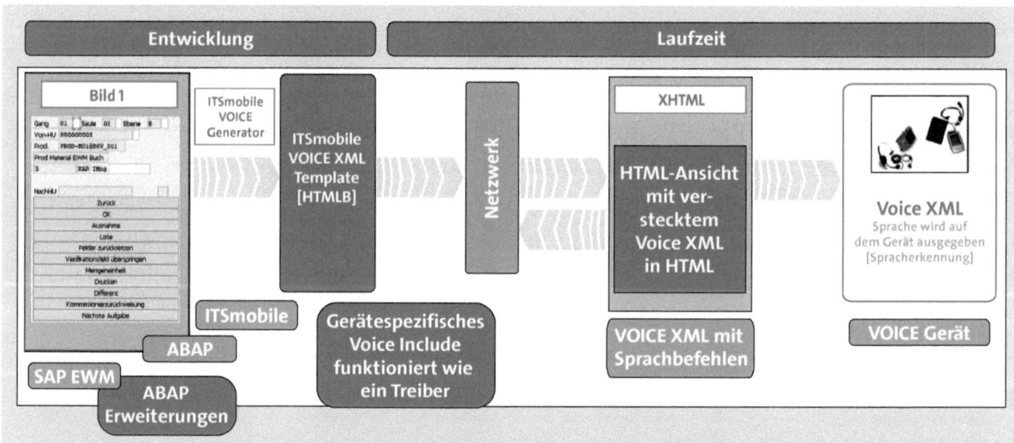

Abbildung 13.31 ITSmobile-Pick-by-Voice-Architektur

Manche Voice-Partner nutzen ITSmobile, aber nicht die VXML-Schnittstelle, sondern ITSmobile, das für die mobilen Geräte entwickelt wurde. Dieser Missbrauch hat zur Folge, dass weitere proprietäre Voice-Objekte verwendet werden, die nur mit eigener Hardware unterstützt werden. Diese proprietäre Integration ist nicht zu empfehlen. Für die Implementierung sollten Sie auf jeden Fall überprüfen, ob die Technologie ITSmobile-Voice-zertifiziert ist (andere Zertifizierungen, die mit Voice nichts zu tun haben, sind nicht zielführend), damit Kunden später unabhängiger sind.

Wird die empfohlene ITSmobile-Voice-Integration verwendet, findet der Entwicklungsprozess einer Pick-by-Voice-Transaktion komplett im SAP-System statt. In der ABAP Workbench (Transaktion SE80) kann ein ABAP-Entwickler den gesamten Transaktionsablauf steuern. Zusätzliche Informationen für die Voice-Integration werden in die Dynpro-Eigenschaften integriert, damit der Lagermitarbeiter eine sprachgesteuerte Transaktion ausführen kann.

Um die Transaktion zu testen, sollten Sie ein Simulationstool verwenden, das Sie auf Ihrem PC/Notebook installieren können, anstatt alles auf dem mobilen Gerät zu erledigen.

Um eine Pick-by-Voice-Transaktion zu entwickeln, sind die folgenden Schritte notwendig:

1. Entwickeln Sie eine Transaktion in ABAP (auch ist denkbar, diese Transaktion ohne das RF-Framework zu entwickeln).
2. Fügen Sie zusätzliche Befehle in die XML-Properties der Dynpro-Elemente ein. Hier werden die Befehle bzw. die Kommandos hinterlegt, die der Voice-Browser zu interpretieren hat.
3. Erstellen Sie einen ITSmobile-Service, vergleichbar dem Service bei der Verwendung der ITSmobile-Technologie und mobiler Geräte.
4. Generieren Sie die ABAP Dynpros mit dem Voice-Generator in Voice-HTMLB. Es entstehen HTMLB-Templates, die dann zur Laufzeit in VoiceXML umgewandelt werden.
5. Optional: Passen Sie die Voice Includes im ITSmobile-Service (TopSystem Extension) an.
6. Erstellen Sie einen SICF-Service, um eine URL zu erhalten. Zusätzliche Parameter können dann diesem SICF-Service noch zugeordnet werden.
7. Speichern Sie die Start-URL auf dem mobilen Gerät, das mit einem VoiceXML-Browser ausgestattet ist.
8. Optimieren Sie gegebenenfalls die Lösung durch Trainieren des Voice-Browsers mit Sprachbefehlen.

Die Schritte, um eine Pick-by-Voice-Lösung zu implementieren, sind vergleichbar mit der einfacheren Integration mobiler Geräte. Die wichtigsten technischen Herausforderungen wurden im speziellen ITSmobile-Generator adressiert und gelöst.

Festzuhalten ist jedoch, dass der Voice-/Sprachdialog hinsichtlich der Performance gegebenenfalls optimiert werden muss. Im Retail-Umfeld, in dem sehr viele Lageraufgaben quittiert werden, muss die Performance optimiert werden. Anstatt jede Lageraufgabe einzeln zu quittieren, sollten auf einem Bild mehrere Lageraufgaben zusammen dargestellt werden. So stellen Sie sicher, dass die Kommunikation zum SAP-EWM-System minimiert und die Performance verbessert wird.

Mit dem Release SAP EWM 9.0 wurde Pick-by-Voice automatisch in das RF-Framework integriert. Sie können nun mithilfe von Transaktion /SCWM/RFUI_PBV die RF-Kommissionier-Transaktion sprachgesteuert bedienen.

Die folgenden Schritte bzw. Stammdaten sind notwendig, damit Sie die RF-Transaktion mit Pick-by-Voice in Ihrem SAP-EWM-System starten können:

1. Pflege der Endgerätestammdaten (Transaktion /SCWM/PRDVC)
   - Pflege der Datenerfassungsart; der Wert sollte auf 1 gesetzt werden.
   - Auswahl des Anzeigeprofils; der Wert sollte auf *1 (Pick-by-Voice) gesetzt werden.
   - Das Feld **Tastaturbefehl** sollte nicht ausgewählt werden.
2. Pflege der Benutzerstammdaten (Transaktion /SCWM/USER)
   - Pflege der Datenerfassungsart; der Wert sollte auf »1« gesetzt werden.
   - Auswahl des Personalisierungsprofils; der Wert sollte auf *1 (Pick-by-Voice) gesetzt werden.

Mit diesen Einstellungen werden die RF-Transaktionen nicht mehr so ausgeführt, wie Sie es bisher gewohnt sind. Im Folgenden sind die Änderungen zusammengefasst:

- Das neue Personalisierungsprofil stellt sicher, dass dem Benutzer ein neues RF-Menü zugewiesen wird. Dieses Menü beinhaltet eine neue Kommissionier-Transaktion, mit der Sie die Kommissionierung sprachgesteuert ausführen können.
- Das Message-Handling wurde angepasst, da die bisherigen Fehlermeldungen im Pick-by-Voice-Umfeld nicht zielführend sind.
- Die Handling-Unit-Verifikation wurde erweitert, da der Benutzer meist nur die letzten Stellen der Nummer nennt, anstatt die komplette Nummer durchzugeben. Die neue Logik finden Sie in der Methode `BUILD_GRAMMAR_FOR_HU` in der ABAP-Klasse `/SCWM/CL_RF_BLL_SRVC`.
- Lagerplätze werden aufgeteilt und verbessert ausgegeben. Sind also Lagerplatzdaten wie Gang, Säule und Ebene im System gepflegt, wird dem Lagermitarbeiter, wenn er mehrere Materialien von unterschiedlichen Plätzen kommissioniert, nur das Delta anstelle des vollen Platzes angesagt, wenn sich z. B. nur der Gang ändert. Der Benutzer kann auch die jeweilige Lagerplatzkomponente (Gang, Ebene, Säule) getrennt verifizieren, wie Sie in Abbildung 13.32 sehen.
- Das neue Anzeigeprofil stellt sicher, dass die Funktionstasten nicht mehr zur Verfügung stehen, da die Eingabe der Befehle bzw. Funktionen sprachgesteuert erfolgen soll.
- Alle Ausnahmecodes oder Funktionstasten werden auf dem Bildschirm direkt dargestellt, damit der Benutzer auf diese zugreifen kann, wie es in Abbildung 13.32 dargestellt ist.

Zusammenfassend ist festzuhalten, dass mit SAP EWM in SAP S/4HANA die gängigen Pick-by-Voice-Herausforderungen im SAP-EWM-Standard gelöst sind. Das RF-Framework in SAP EWM wurde so erweitert, dass Sie sehr einfach weitere Transaktionen erstellen und so Ihren Pick-by-Voice-Prozess optimieren können.

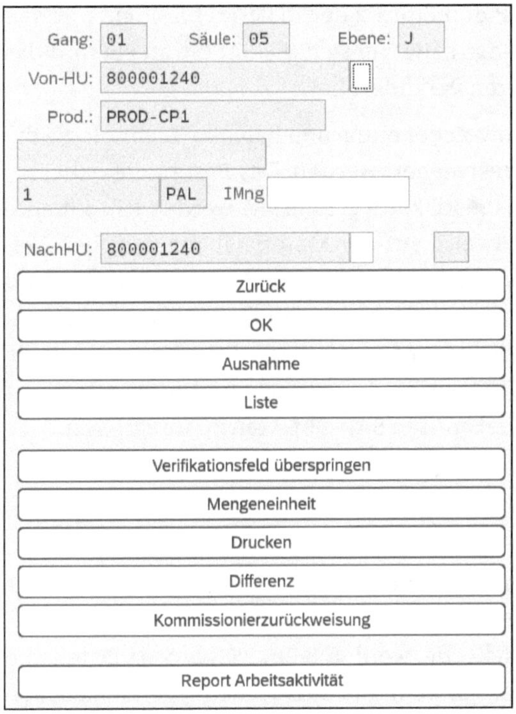

Abbildung 13.32 Darstellung einer Pick-by-Voice-Transaktion im SAP GUI

Mit der SAP-EWM-Pick-by-Voice-Integration haben Sie eine Möglichkeit kennengelernt, wie Sie mit SAP EWM einen Prozess sprachgeführt steuern können. Die Pick-by-Voice-Technologie ist jedoch nicht nur in SAP EWM nutzbar. Vor allem bestehende SAP-ERP-WM-Kunden können, wie beschrieben, eine sprachgeführte Steuerung mithilfe der ITSmobile-Technologie realisieren.

Weitere Erweiterungen im ITSmobile-Umfeld und im SAP-EWM-Umfeld sind denkbar, aber noch nicht final durch SAP abgestimmt. Da sich dieser Bereich derzeit stark im Umbruch befindet, sollten Sie regelmäßig nach Hinweisen Ausschau halten. Es sind zum einen Erweiterungen im ITSmobile-Umfeld und zum anderen weitere Erweiterungen im SAP-EWM-Umfeld denkbar, um den Kommissionierdialog zu verbessern.

13.3.6 RFID-Technologie und Serialisierung sowie deren Integration

Radio Frequency Identification (RFID) ist als Technologie schon seit mehreren Jahren bekannt, hat aber bis heute nur vereinzelt einen Durchbruch in der Logistik erzielen können. RFID wird heutzutage nur bei speziellen Geschäftsanforderungen eingesetzt; diese sind in jedem Kundenprojekt speziell abzuwägen. In diesem Abschnitt beschreiben wir zunächst die technischen Rahmenbedingungen und Herausforderungen. Anschließend erklären wir, wie SAP den Einsatz der RFID-Technologie mit den vorhandenen Standards in Einklang bringt bzw. wie sich die SAP-Strategie und das SAP-Produktportfolio in den letzten Jahren verändert hat.

Die RFID-Technologie unterscheidet sich von der einfachen Barcode-Technologie dadurch, dass Daten auf einem RFID-Tag gespeichert werden. Das Besondere dabei ist, dass dadurch jedes RFID-Objekt in der Logistikkette serialisiert werden kann (heute meist Pakete oder Paletten und nur teilweise auf der Materialebene, u. a. bei Kleidungsstücken). Das bedeutet, dass jedes Objekt einen eigenen Lebenszyklus hat und es somit besser nachverfolgbar ist. Um eine RFID-Anwendung produktiv nutzen zu können, bedarf es deshalb zweier Komponenten. Zum einen wird eine Technologie und Integration benötigt, um den RFID-Tag auslesen zu können und zum anderen ist es notwendig, die Serialisierung in den bekannten SAP-Objekten zu integrieren.

Jedes Paket könnte auch durch einen Barcode serialisiert werden; durch RFID kann jedoch der Lesevorgang beschleunigt werden, da ein Barcode immer sichtbar abgelesen werden muss. Falls eine Serialisierung via Barcode sichergestellt werden soll, wird meist ein 2D-Barcode (also ein zweidimensionaler Barcode) verwendet, da dieser mehr Informationen aufbewahren kann. Anders als bei einem eindimensionalen Barcode, dem schon seit Jahren verwendeten Strichcode, werden beim 2D-Barcode Daten, die aus unterschiedlich breiten Strichen oder Punkten und dazwischenliegenden Lücken bestehen, in einer quadratischen Fläche angeordnet.

Um den Arbeitsaufwand nicht zu vergrößern, ist das Serialisieren von Objekten nur mithilfe neuer Technologien zu meistern. Andernfalls muss mit zusätzlichem Aufwand gerechnet werden, um den gleichen Prozess durchzuführen. Deshalb ist das Pulk-Lesen mit dem Einsatz der RFID-Technologie in der Logistik als Sonderstellungsmerkmal aufzuführen und als Hauptvorteil dieser Technologie zu nennen – ohne jedoch eine Leserate von nahezu 100 % sicherstellen zu können, ist eine Sichtprüfung unabdingbar und entscheidend für den Erfolg einer RFID-Lösung. Andere Systeme, die 2D-Barcodes fotografieren oder scannen und dann die Serialisierungsinformationen daraus erkennen können, werden u. a. in der Pharmabranche verwendet. Diese haben in der (Lager)logistik jedoch, aufgrund der äußeren Bedingungen sowie des zusätzlichen Aufwands, den gleichen Prozess durchzuführen, bisher keinen Durchbruch erzielen können.

Im Folgenden lernen Sie die Hardwareintegration sowie die Software- und Prozessintegration genauer kennen.

Hardwareintegration

Hardwarekomponenten eines RFID-Systems sind mobile RFID-Geräte, RFID-Tore und RFID-Drucker. Deren technische Integration ist jedoch jeweils sehr unterschiedlich.

Während ein RFID-Tor Daten sammelt und dann versucht, diese (im Hintergrund) an ein System zu versenden, ist das mobile RFID-Gerät zusätzlich mit einem Dialog (einer Bildfolge) ausgestattet. Der RFID-Drucker kann durch zusätzliche Treiber angesprochen werden – teilweise unterstützen Druckerhersteller ein offenes XML-/PML-Format (PML steht für *Physical Markup Language* und bezeichnet eine Abwandlung der XML-Struktur mit zusätzlichen physischen Informationen).

SAP bietet mit der ITSmobile-Technologie ein Framework an, um mobile RFID-Geräte optimal in ein SAP-System zu integrieren. Durch den Einsatz eines Browsers und einer sehr mächtigen Entwicklungsumgebung kann der Bildablauf sehr einfach kundenspezifisch beeinflusst werden. Dabei ist die Kommunikation zwischen der RFID-Antenne und der mobilen Applikation viel intensiver als bei einem Barcode-System. Spätestens beim Beschreiben von Tags ist es jedoch notwendig, die Daten, die auf das Tag geschrieben werden sollen, der RFID-Antenne mitzuteilen. Das heißt, dass hier die Integration sehr komplex ist.

ITSmobile setzt voraus, dass ein Hardwarehersteller eine offene Schnittstelle zur Verfügung stellt, die wiederum in eine Browserumgebung integriert werden kann. ActiveX ermöglicht es, mithilfe von JavaScript direkt mit der Hardware aus dem Browser zu interagieren.

Sind die technischen Voraussetzungen erfüllt, ist es notwendig, die betriebswirtschaftlichen Aspekte zu berücksichtigen. Vor allem die Standardisierung darf in diesem Umfeld nicht vernachlässigt werden. Durch die Flexibilität, auf ein Tag Daten schreiben zu können, wird es notwendig, zu spezifizieren, in welchem Format und in welchem Schema die Daten auf das Tag geschrieben werden sollen. Der *Electronic Product Code* (EPC) wird seitens EPCglobal reglementiert und definiert solche unternehmensweiten Eigenschaften. Ohne eine einheitliche Spezifikation ist der Einsatz der RFID-Technologie nur im eigenen Unternehmen möglich oder in einer Branche, falls man sich untereinander abstimmen konnte. Falls über Firmengrenzen unterschiedliche Schemata verwendet werden, nach denen die Daten auf das Tag geschrieben werden, sind die Daten, die auf dem Tag gespeichert werden, nutzlos. Meist wird auf dem Tag eine eineindeutige Nummer gespeichert. Zusätzliche Daten werden und sollten immer in einem IT-System abgelegt werden. Vor allem in der Logistik ist das Speichern zusätzlicher Daten auf einem Tag nicht zu empfehlen, da sich die Daten im Prozess verändern können. In der Instandhaltung sieht das meistens anders aus, denn dort können weitere Daten auf dem RFID-Tag abgelegt werden. Durch den Masseneinsatz von Tags kann es passieren, dass Tags mit den darauf gespeicherten Daten verloren gehen. Hinzuzufügen ist, dass das Bearbeiten der Daten auf einem System durch Softwareoperationen immer einfacher ist.

Software- und Prozessintegration

Sind die Herausforderungen der technischen Integration und der Hardware gemeistert, müssen Sie die Daten in einem System im Prozess integrieren. Das Abbilden der EPCglobal-Standards in einem System sowie das flexible Erweitern dieser Standards wurde von SAP Auto-ID Infrastructure (SAP AII) ermöglicht. Zudem beinhaltet die SAP AII Werkzeuge, die für den Masseneinsatz der RFID-Technologie zwingend notwendig sind.

Letztlich birgt der Einsatz der RFID-Technologie automatisch die Herausforderung der Serialisierung. Es gibt bei SAP einige Technologien, die die Serialisierung bereitstellen; diese haben aber meist unterschiedliche Funktionen. In der Logistik wurde in der Vergangenheit empfohlen, SAP AII zu verwenden.

Da SAP AII für SAP aber nicht mehr strategisch ist, verzichten wir in dieser neuen Auflage darauf, Ihnen diese Lösung näher zu erläutern. In der alten Auflage dieses SAP-EWM-Buches finden Sie weitere Informationen zu den Grundfunktionen, der Integration und der Verwendung von SAP AII.

[»]

Zukunft und Strategie von SAP Auto-ID Infrastructure

Mit der Einführung von SAP S/4HANA hat sich die SAP-Strategie stark verändert: SAP AII wird nicht mehr weiterentwickelt und auch nicht mehr vertrieben. Der derzeitige Produkt-Support endet im Jahr 2030. Kunden, die derzeit SAP AII einsetzen, können diese mit SAP S/4HANA integrieren. SAP-Hinweis 2945216 (S4H: AIN Integration mit SAP ECC and SAP S4) gibt Ihnen die aktuellen Informationen dazu.

Will man heute ein RFID-Projekt realisieren und RFID mit SAP S/4HANA integrieren, muss man nach neuen Alternativen suchen. Derzeit gibt es keine Lösung, die automatisch die gängigen Anforderungen abdeckt. Nach der Abkündigung von SAP AII wurde zunächst auf SAP IoT (Internet of Things) und die Lösungen aus dem Umfeld von Industrie 4.0 verwiesen. Eine Integration von SAP IoT in SAP S/4HANA oder SAP EWM gibt es jedoch nicht; Mitte 2022 wurde auch die Entwicklung der SAP-IoT-Lösung eingestellt.

Das bedeutet, dass ein RFID-Projekt mit einem hohen Anteil an Eigenentwicklungen aufseiten der Kunden einhergeht. Im Projekt ist zu evaluieren, welches System die Serialisierung sowie die Nutzung von RFID sicherstellen kann.

13.3.7 Integrationen weiterer Hardwarekomponenten

Um Lagerprozesse weiter zu optimieren, ist es auch interessant, weitere Hardwarekomponenten in SAP EWM zu integrieren. Nachfolgend beschreiben wir einige Alternativen.

Wearables

Ein neuer Trend im Lager ist es, den Mitarbeiter immer weiter und kontinuierlich zu entlasten und/oder ihm weitere Hilfsmittel zur Verfügung zu stellen, damit er seine Arbeit effizienter und fehlerfrei durchführen kann.

Letztlich hat die Arbeit im Lager an der Physik die oberste Priorität (wie z. B. das Bewegen der Paletten, das Verpacken der Kartons oder die Kommissionierung der Ware). Die Bedienung/Verarbeitung der Daten im System und das parallele Verbuchen der Daten ist notwendig, sollte aber im Hintergrund passieren. Es ist nicht zielführend, wenn der Mitarbeiter regelmäßig viel Zeit im System verbringen muss. Die Ware bewegt sich nicht automatisch, wenn der Mitarbeiter im System am Desktop arbeitet (wenn nicht ein automatisches System verwendet wird).

So werden u. a. bei der Nutzung der Dialoge an Packstationen oder bei der Verwendung von mobilen Geräten Handscanner direkt an einem dünnen Handschuh befestigt. Dies bringt zusätzliche Effizienz, da der Mitarbeiter beide Hände frei hat und nicht das Handgerät bzw. den Scanner in einer Hand immer halten muss.

Firmen wie NIMMSTA (*https://nimmsta.com*) oder wie PROGLOVE (*https://www.proglove.com*) stellen u. a. solche Lösungen her. Es gibt aber Unterschiede bei der Integration. Die einfache Variante ist es, den Scanner über eine *Data Wedge* anzubinden. Hier interagiert der Scanner wie ein Keyboard und übernimmt die Übersetzung des Barcodes in einen Daten-String. Vereinfacht gesprochen, interpretiert der Scanner die Scan-Aktion, also, ob ein Mitarbeiter die Daten via Keyboard eingegeben hätte. Der Datenaustausch und die User-Interaktion finden nur in einer Richtung statt.

Eine zweite Variante zusätzlich zu der Data-Wedge-Integration bietet NIMMSTA. Die Nutzung der Scanner von NIMMSTA bietet zusätzlich eine bi-direktionale Integration, da das kleine Scanner-Modul auch Daten anzeigen und mit dem SAP-EWM-System agieren kann. Das heißt, dass die User z. B. eine Menge auf dem Handscanner bestätigen oder einen anderen Funktions-Button ausführen können, ohne das mobile Gerät in die Hand zu nehmen. Das Gerät ist wird z. B. in einer Tasche aufbewahrt, und der Scanner ist mit dem Gerät über Bluetooth angebunden.

Die übliche Integration der NIMMSTA-Geräte in einem SAP-EWM-Projekt wird webbasiert (hauptsächlich via ITSmobile) realisiert. Derzeit existiert jedoch noch keine SAP-Standard-Integration. Die SAP-Beratung bietet jedoch die Integration an.

Andere Lösungen, bei denen ein Dialog oder Daten zusätzlich auf einer Datenbrille dargestellt werden, wurden vor Jahren beworben, finden aber in der Praxis keine Anwendung. Das liegt vor allem an den hohen Investitionskosten in Hardware, Software und deren Integration.

Waagenanbindung

In SAP EWM gibt es eine Waagenanbindung, wenn auf dem Packstationsdialog der Button **Wiegen** angeklickt wird. Es handelt sich dabei um eine Integration via BAdI (/SCWM/EX_WRKC_UI_GET_WEIGHT), das in einem Projekt jeweils kundenspezifisch neu entwickelt werden muss. Die Realisierung ist nicht trivial, da auf die Daten der Waage nicht ohne Weiteres zugegriffen werden kann. Die technische Herausforderung ist also sehr hoch, sodass nur Spezialisten eine Verbindung zur Waage bereitstellen können.

SAP EWM bietet Ihnen schon seit EWM 9.0 mithilfe von SAP Plant Connectivity eine verbesserte Integration von Waagen an. SAP Plant Connectivity wird auch verwendet, wenn die SPS über EWM-MFS gesteuert werden soll.

Die zweite Verbindungsalternative setzt auf Standards wie OPC (OLE for Process Control), das von vielen Hardwareherstellern unterstützt wird und sich auf dem Markt durchgesetzt hat. Ziel ist es, eine Vereinheitlichung der Datenübergabe zu gewährleisten.

Jedoch kann SAP EWM nicht direkt auf einen OPC-Treiber zugreifen; deshalb agiert SAP Plant Connectivity zwischen SAP EWM und der Waage mit dem OPC-Server und ermöglicht so die Datenkommunikation. Die Architektur der Waagenanbindung ist in Abbildung 13.33 dargestellt.

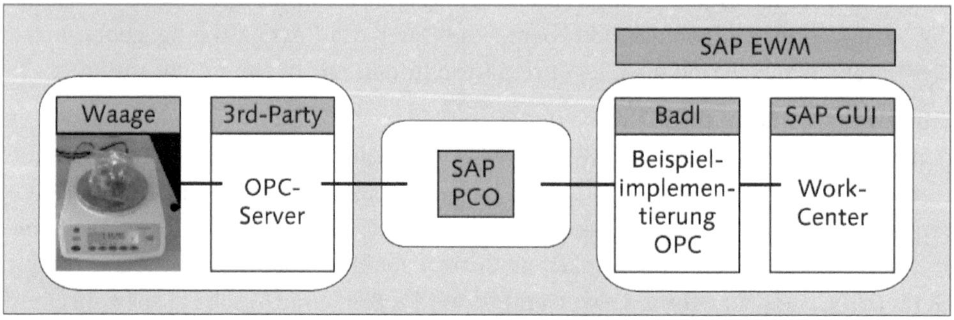

Abbildung 13.33 Waagenanbindungsarchitektur mit SAP Plant Connectivity

Die folgenden Schritte müssen Sie durchführen, damit Sie die Waagenanbindung nutzen können:

1. Installation eines OPC-Servers: Manche Waagenhersteller empfehlen einen OPC-Server bzw. stellen einen OPC-Server automatisch gemeinsam mit der Waage zur Verfügung. Zudem erhalten Sie Informationen zu solch einem OPC-Server im Internet, da der OPC-Server auch an vielen anderen Orten (in Nicht-SAP-Systemen) eingesetzt wird.
2. Konfiguration des OPC-Servers auf der Betriebssystemebene

3. Installation eines PCO-Servers bzw. einer PCO-Software. Die Konfiguration ist ähnlich wie beim Einsatz der Materialflusssteuerung (EWM-MFS).
4. Erstellen einer RFC-Verbindung (Transaktion SM59) in SAP EWM
5. Verbindungskonfiguration zwischen OPC-Server, PCO-Server und SAP-System (RFC-Verbindung). Weiter Informationen dazu finden Sie in SAP-Hinweis 1576651.
6. Konfiguration einer Waage im SAP-EWM-System
7. Waagen erstellen Sie in SAP EWM im SAP-Easy-Access-Menü über den Pfad **Logistik • SCM Extended Warehouse Management • Extended Warehouse Management • Stammdaten • Arbeitsplatz • Waagen definieren** oder mithilfe des Transaktionscodes /SCWM/SCALE.
8. Hinterlegen bzw. Verknüpfen der Waage mit einem Arbeitsplatz
9. Stammdaten zum Arbeitsplatz pflegen Sie in SAP EWM im SAP-Easy-Access-Menü über den Pfad **Logistik • SCM Extended Warehouse Management • Extended Warehouse Management • Stammdaten • Arbeitsplatz • Stammdatenattribute definieren** oder mithilfe des Transaktionscodes /SCWM/TWORKST.
10. Kopieren und Aktivieren der BAdI-Beispielimplementierung und des ausgelieferten ABAP-Quellcodes

13

Den Quellcode und die Beispielimplementierung finden Sie in der Klasse `/SCWM/CL_EI_SCALE_PCO` und der Methode `/SCWM/IF_EX_WRKC_UI_GET_WEIGHT~GET_WEIGHT_FROM_SCALE`.

Fazit ist, dass es SAP EWM in SAP S/4HANA mit der vorgestellten Waagenanbindung ermöglicht, die Waage standardisiert anzubinden. In SAP S/4HANA EWM können Sie mit der Beispielimplementierung eine größere Anzahl unterschiedlicher Waagen von verschiedenen Herstellern mit SAP EWM integrieren. Zudem senken sich die Implementierungskosten, da Sie die Beispielimplementierung nur bei Bedarf erweitern müssen. Alle technischen Aspekte können Sie von der Beispielimplementierung »abschauen«.

Cloud Robotics/Warehouse Robotics

Betriebswirtschaftlich gibt es einige Argumente dafür, autonome Fahrzeuge und Roboter in einem Lager zu nutzen. Diese können Waren ohne den Personaleinsatz im Lager transportieren.

Um Roboter an das SAP-System anzubinden konnte in der Vergangenheit ein Google-Service genutzt werden. Es gab jedoch keine Standardintegration von SAP. Es war jedoch möglich, Beispiel-Coding für den Einsatz von Cloud Robotics im SAP-EWM-Umfeld herunterzuladen und dieses projektespezifisch anzupassen; zumeist wurden im Projekt selbst entwickelte Lösungen verwendet. Google bietet diese Integrationsmöglichkeit nicht mehr an, sodass auch SAP die Integration via Cloud Robotics nicht mehr empfiehlt.

Mit dem Release von SAP S/4HANA EWM 2209 wurde ein neues Produkt veröffentlicht: SAP Warehouse Robotics. Dieses Produkt ermöglichte es, Roboter über eine standardisierte SAP-Schnittstelle an das SAP-System anzubinden. Allerdings wurde SAP Warehouse Robotics inzwischen eingestellt.

SAP Warehouse Robotics war eine eigenständige SAP-Lösung, die separat lizenziert werden musste. Dieses Produkt wird nicht mehr vertrieben und wurde 2024 eingestellt. Dennoch ist es interessant zu verstehen, wie Roboter an EWM angebunden wurden und welche Strategien für die Zukunft geplant sind.

Es gab zwei Integrationsmöglichkeiten:

1. Anbindung über Integration Services mit Kubernetes-Cluster: Diese Architektur erforderte, dass alle Herausforderungen im Adapter gelöst werden müssen. Use-Cases wie die Verhinderung von Kollisionen oder Deadlocks konnten damit nicht gelöst werden, weshalb diese Methode bei Kunden nicht beliebt war.
2. Integration über APIs und einen Flottenmanager (FMS): Hier wurde ein Flottenmanager, wie das Partnerprodukt von Kinexion, eingesetzt, um die Roboter zu steuern. Lageraufträge wurden aus dem SAP EWM in Warehouse Robotics geladen, und das FMS wurde an SAP Warehouse Robotics angebunden. Das FMS teilte die Roboteraufträge in kleinere Abschnitte auf, wodurch die Roboter optimal gesteuert werden konnten, um Deadlocks und Kollisionen zu vermeiden.

Da SAP Warehouse Robotics nicht mehr vertrieben wird, empfiehlt SAP, FMS direkt an SAP EWM anzubinden. Für die Integration mit SAP EWM in SAP S/4HANA 2409 sollte die Lagerauftrag- und Lageraufgabe-API verwendet werden. Weitere Informationen finden Sie unter diesem Link: *https://api.sap.com/api/WAREHOUSEORDER_0001/overview*.

Im aktuellen Releasestand gibt es jedoch Herausforderungen, da keine Schnittstelle vorhanden ist, die Lageraufträge automatisch verteilt. Das bedeutet, dass die Lageraufträge regelmäßig im gleichen Zyklus abgefragt werden müssen. Diese Integration ist nicht für große Volumen ausgelegt, da sie nicht alle Ausnahmen, wie beispielsweise kurzfristige Anpassungen der Aufträge, berücksichtigt.

SAP plant, in Zukunft die automatische Verteilung der Lageraufträge zu ermöglichen, aber der Zeitpunkt für diese Entwicklung steht noch nicht fest. Bei einer großen Anzahl von Aufträgen empfiehlt es sich daher, eine projektbasierte Lösung zu entwickeln. Das Quittieren von Lageraufgaben, auch mit Ausnahmecodes, ist mit der aktuellen Schnittstelle problemlos möglich.

13.4 Zusammenfassung

In diesem Kapitel haben wir die Methoden beschrieben, die in SAP EWM in SAP S/4HANA genutzt werden können, um die Prozesse im Lager zu optimieren. Hauptbestandteil war vor allem die Halbautomatisierung mit mobilen Geräten und dem integrierten Ressourcenmanagement. Wir haben Ihnen eine Übersicht der unterschiedlichen Technologien zur Verfügung gestellt sowie Themen wie Pick-by-Voice oder RFID vorgestellt.

In den folgenden Kapiteln stellen wir Ihnen die bereichsübergreifenden Prozesse und Funktionen vor, wie z. B. das Yard Management, die logistischen Zusatzleistungen, die Kit-Bildung und das Arbeitsmanagement. Wir werden zudem technische Themen wie den Formulardruck mithilfe des Post Processing Frameworks (PPF) oder das Archivierungs- und Berechtigungswesen beschreiben.

Kapitel 14
Bereichsübergreifende Prozesse und Funktionen

Die Leistungsfähigkeit eines Lagerverwaltungssystems zeigt sich in der Flexibilität, mit der Lagerprozesse abgebildet werden können. SAP EWM bildet bereits mit seinen Grundfunktionen sämtliche Prozesse der Intralogistik und Lagerhaltung ab. Bereichsübergreifende Prozesse und Funktionen sowie die Integration mit weiteren SAP-Produkten steigern die Flexibilität und ermöglichen eine nahtlose Prozessintegration mit anderen SAP-Systemen.

SAP EWM ist beliebig skalierbar und individuell an die Bedürfnisse verschiedener Lagertypen, inklusive hochkomplexer Distributions- und Produktionslager anpassbar. Das Hauptaugenmerk liegt dabei auf der nahtlosen Integration sämtlicher Lagerprozesse in die betriebliche Wertschöpfungskette.

SAP EWM unterstützt dabei nicht nur verschiedene bereichsübergreifende Prozesse, wie die Integration mit der erweiterten Retourenabwicklung (siehe Abschnitt 14.1), den Einsatz logistischer Zusatzleistungen (siehe Abschnitt 14.2) oder die Kit-Bildung (siehe Abschnitt 14.3). Vielmehr wird auch die Integration mit anderen SAP-Produkten zur Rampenplanung, Zeitfenster- und Hofsteuerung (siehe Abschnitt 14.4.2 und Abschnitt 14.5) sowie zur Chargenverfolgung (siehe Abschnitt 14.4.3) unterstützt. In Abschnitt 14.8 lernen Sie das Cross-Docking kennen.

Darüber hinaus bietet SAP EWM flexible Funktionen für den Formulardruck und mit dem Post Processing Framework (PPS), siehe Abschnitt 14.9, eine einheitliche Schnittstelle zur Einplanung, Ausführung und Überwachung verschiedener Aktionen, wie z. B. Drucken, Starten von Workflows und der Kommunikation mit Fremd- und SAP-Systemen.

In diesem Kapitel geben wir Ihnen einen Überblick über die Anwendung und Grundlagen der Konfiguration ausgewählter bereichsübergreifender Prozesse und Funktionen.

14.1 Erweiterte Retourenabwicklung

Nicht nur aufgrund des zunehmenden Online-Handels, verpflichtenden Rücknahmen aufgrund gesetzlicher Gewährleistungs- und Umtauschrechte, sondern auch durch gestiegene Kundenerwartungen im Hinblick auf Kulanz und Service, sind Retouren zum festen Bestandteil vieler Geschäftsmodelle geworden. Die *Retourenabwicklung* stellt dabei viele Unternehmen nicht nur vor logistische Herausforderungen, sondern bietet auch Chancen, sich vom Wettbewerb zu differenzieren, die Serviceleistungen für Endkunden, Lieferanten oder Vertriebspartner zu verbessern und die Kosten erheblich zu senken. Eine effiziente Retourenabwicklung ist daher in immer mehr Branchen wichtiger Bestandteil der Prozesse in der Lieferkette und stellt dabei hohe Anforderungen an die Flexibilität des Lagerverwaltungssystems.

Reklamationsbearbeitung, Rückgabe von Ware und gegebenenfalls Rechnungskorrekturen oder Gutschriften, Austausch- oder Ersatzlieferungen – die Prozesse der Reverse-Logistik gehen dabei weit über die logistische Vereinnahmung von Rücksendungen hinaus. Aus betriebswirtschaftlicher Sicht lassen sich die wichtigsten Erfolgsfaktoren der Retourenabwicklung wie folgt zusammenfassen:

- hohe Flexibilität und Geschwindigkeit der Retourenabwicklung
- flexible Gestaltung und Überwachung komplexer Retourenprozesse
- enge Integration in Service-, Finanz-, Beschaffungs- und Vertriebsprozesse
- Steuerung und Integration in logistische Folgeaktivitäten
- volle Kontrolle und Transparenz über die Kosten der Retouren

14.1.1 Prozesse und Funktionen

SAP stellt ab SAP ECC 6.0 EHP 4 eine *erweiterte Retourenabwicklung* (ERA) bzw. das *Advanced Returns Management* (ARM) zur Verfügung. Mit SAP S/4HANA wird die Abwicklung von Retouren sowohl über den SAP GUI als auch mit SAP Fiori unterstützt. Die ERA in SAP S/4HANA unterstützt dabei unterschiedliche Retourenszenarien:

- Kundenretouren
- Lieferantenretouren
- Filialretouren mit mehreren SAP-Werken innerhalb eines Buchungskreises bzw. auch buchungskreisübergreifend

Bei *Kundenretouren* sind Waren oder Produkte an Kunden ausgeliefert worden. Der Kunde ist nicht zufrieden mit dem Produkt und retourniert es wieder. Dieser Geschäftsprozess der Kundenretoure wird immer wichtiger. Denn in manchen Branchen würden Kunden heutzutage keine Produkte mehr kaufen, wenn sie nicht die Möglichkeit hätten, sie zurückzuschicken. In verschiedenen Ländern gibt es seit einigen Jahren, meist im Rahmen des Fernabsatzgeschäfts, einschlägige Verbraucherschutzvorschriften, die dem Kunden innerhalb einer bestimmten Zeit nach dem Kauf eines Produkts den Widerruf des Vertrags gestatten. Im Versandhandel, der sich an den Endverbraucher richtet, hat diese Möglichkeit, zusammen mit einem immer größeren Qualitätsanspruch der Kunden, zu einem deutlichen Anstieg von Retouren geführt.

Der Kundenretourenprozess wird im SAP-System über einen *Retourenauftrag* gestartet. Der weitere Belegfluss basiert immer auf diesem Retourenauftrag. Abbildung 14.1 zeigt eine typische logistische Prozesskette für einen Kundenretourenprozess: Der Kunde retourniert bestimmte Produkte, die entweder in einem Geschäft abgegeben oder beim Kunden abgeholt werden. Die Produkte werden dann in der ERA über einen Retourenauftrag in das Regionalretourenlager oder in ein zentrales Retourenlager vereinnahmt und geprüft. Im Regionallager können nun verschiedene Folgeaktionen (logistische Folgefunktionen) durchgeführt werden, z. B. das Produkt in den Ausschuss zu übernehmen oder es an ein zentrales Retourenlager weiterzuleiten. Im Retourenlager kann die Ware erneut geprüft werden, und es können weitere Folgeaktionen gewählt werden, z. B. eine interne Reparatur oder eine Retoure zum Lieferanten.

14

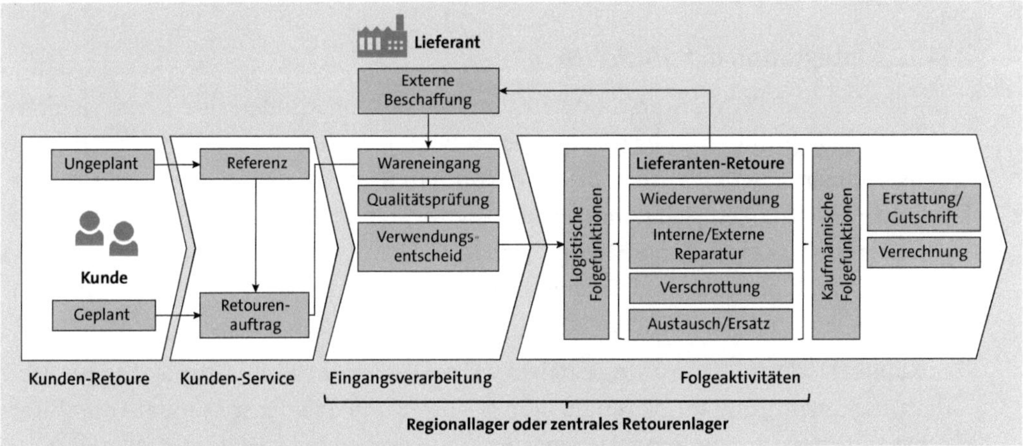

Abbildung 14.1 Überblick einer logistischen Kette für Retouren

Teil des Prozesses sind auch die finanziellen Aspekte der Retoure, also die kaufmännischen Folgefunktionen. Im SAP-System wird in der ERA eine Gutschrift angelegt und dem Kunden die Kosten erstattet. Falls die vom Kunden empfangenen Waren auch zum Lieferanten, von dem Ihr Unternehmen das Produkt bezogen hat, retourniert werden, können Sie von ihm eine Gutschrift oder ein Ersatzmaterial anfordern.

Lieferantenretouren betreffen Waren, die sich zum aktuellen Zeitpunkt im Lager befinden, z. B. in der Wareneingangszone. Bei der Überprüfung der Ware wird festgestellt, dass sie aus einem bestimmten Grund an den Lieferanten zurückgeschickt werden muss. In diesem Fall sind noch keine Produkte an den Kunden ausgeliefert worden, und es handelt sich um Retouren von im Lager liegenden Endprodukten bzw. von Komponenten oder Rohmaterialien. Es kann sich um eine Retoure an einen externen Lieferanten handeln, aber z. B. auch um Retouren von einer (Retail-)Geschäftsfiliale innerhalb der eigenen logistischen Kette. Lieferantenretouren werden über eine Retourenbestellung oder über eine Retourenumlagerung gestartet; der weitere Belegfluss bezieht sich auf diese Belege.

Der Zusatz »erweitert« bezieht sich darauf, dass, insbesondere bei Kundenretouren, mit der Anlage des Retourenauftrags in SAP S/4HANA sämtliche Folgefunktionen angestoßen, überwacht und ausgeführt werden können. Dabei werden sowohl Materialinspektionen beim Kunden vor Ort, Rücksendungen mit Qualitätsprüfung, als auch logistische Folgefunktionen auf Basis des Verwendungsentscheids (z. B. Einlagerung, Verschrottung, Reparatur) unterstützt und sind nahtlos in die kaufmännischen Prozesse integriert. Da die Verarbeitung dabei auf der Positionsebene erfolgt, können Sie für jede Position einzeln einstellen, welche Folgefunktion ausgeführt und automatisch angestoßen werden sollen. Die logistische Abwicklung im Lager kann dabei mit SAP EWM erfolgen.

14.1.2 Integration mit SAP EWM

Die ERA mit SAP EWM unterstützt Retouren sowohl von Kunden als auch zu Lieferanten. Aus Platzgründen ist es uns in diesem Buch jedoch nicht möglich, Ihnen einen vollständigen Überblick über die ERA-Konfiguration zu geben. Die nächsten Abschnitte beschränken sich daher auf die wichtigsten Einstellungen für den Kundenretourenprozess sowie für die Integration mit SAP EWM. Der Schwerpunkt liegt dabei auf der Bearbeitung von logistischen Folgeaktionen aufgrund von Verwendungsentscheiden der Qualitätsprüfung.

In Kapitel 12, »Qualitätsprüfung«, haben wir die Funktionen und Grundkonfiguration der Qualitätsprüfung im Wareneingang erläutert und dabei insbesondere die Unterschiede der beiden Implementierungsoptionen embedded und dezentral erklärt.

SAP bietet bereits ab dem Erweiterungspaket 2 für SAP EWM 7.0 Funktionen zur ERA an, die eine verbesserte Integration von SAP ERP und SAP EWM gewährleisten. Die Integration und Funktionen wurden seitdem kontinuierlich erweitert. Seit Release SAP EWM 7.02 kann der Prozess in SAP ERP über einen ERA-spezifischen Retourenauftrag oder über eine Retourenumlagerung angestoßen werden. Für die An- und Auslieferungen des Retourenprozesses können mit neuen Initiatorcodes spezifische Belegtypen in SAP EWM gefunden werden. Um die ERA-Prozesse in SAP EWM richtig abbilden zu können, gibt es seit Release SAP EWM 7.02 neue Initiatoren, um die Kommunikationsketten richtig zu identifizieren.

Folgen Sie im SAP-EWM-Customizing dem Pfad **Extended Warehouse Management • Schnittstellen • ERP-Integration • Lieferabwicklung • Belegarten aus dem ERP-System in EWM abbilden**, um diese Initiatoren zu verwenden. Dort finden Sie die entsprechende SAP-EWM-Belegart. Zum Beispiel kann so für die Anlieferung eines Ersatzteils vom Lieferanten eine andere Belegart gefunden werden als für eine normale Anlieferung vom Lieferanten (siehe Abbildung 14.2).

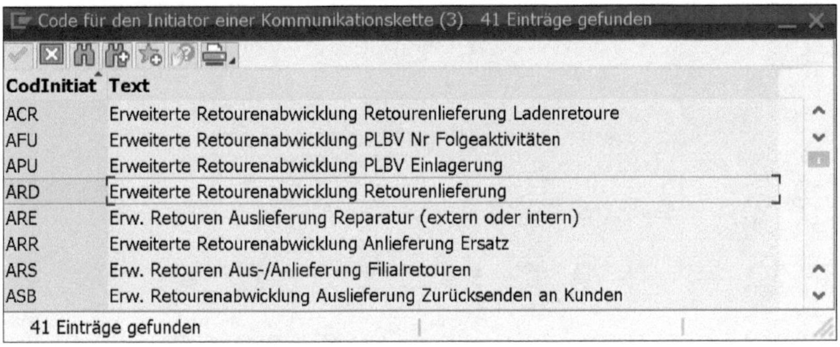

CodInitiat	Text
ACR	Erweiterte Retourenabwicklung Retourenlieferung Ladenretoure
AFU	Erweiterte Retourenabwicklung PLBV Nr Folgeaktivitäten
APU	Erweiterte Retourenabwicklung PLBV Einlagerung
ARD	Erweiterte Retourenabwicklung Retourenlieferung
ARE	Erw. Retouren Auslieferung Reparatur (extern oder intern)
ARR	Erweiterte Retourenabwicklung Anlieferung Ersatz
ARS	Erw. Retouren Aus-/Anlieferung Filialretouren
ASB	Erw. Retourenabwicklung Auslieferung Zurücksenden an Kunden

Abbildung 14.2 ERA-spezifische Initiatoren

Die Materialinspektion kann dabei bereits vor dem Wareneingang im Lager durchgeführt werden. Eine externe Identifikation wird in das SAP-EWM-System transferiert und als Bestandsmerkmal gesichert. Dadurch ist es möglich, die SAP-EWM-Inspektion auszulassen. Die Inspektion im SAP-EWM-System können Sie nach dem Wareneingang vornehmen.

Sie können die Folgeaktionen in SAP EWM setzen und dann in SAP ERP ausführen (z. B. eine Retoure an den Lieferanten). Die Folgeaktion kann aus SAP EWM heraus im SAP-ERP-System ausgeführt werden. Außerdem gibt es Berechtigungsobjekte für die Folgeaktionen. Die Folgeaktionen **Einlagern** und **Verschrotten** können weiterhin direkt in SAP EWM ausgeführt werden. Die zur Verfügung stehenden Funktionen im Zusammenhang mit der ERA hängen dabei von der gewählten Implementierungsoption ab.

SAP ERP oder SAP S/4HANA

Bevor Sie die neuen Funktionen der ERA in SAP ERP bzw. SAP S/4HANA verwenden können, müssen Sie zuerst im Switch Framework die Enterprise Business Functions `OPS_ADVRETURNS_1` und `OPS_ADVRETURNS_2` aktivieren. Die Business Function `OPS_ADVRETURNS_1` ist notwendig, um Basisszenarien für die ERA konfigurieren zu können. Die Funktion `OPS_ADVRETURNS_2` ist optional und liefert verschiedene zusätzliche Funktionen, um die Retourenprozesse zu verbessern oder zu optimieren. Die Business Functions können Sie im SAP-ERP-Customizing über den Pfad **SAP NetWeaver • Application Server • Systemadministration • Switch Framework** aktivieren.

In SAP S/4HANA finden Sie die Transaktionen für die Business Functions im SAP-Easy-Access-Menü über den Pfad **Werkzeuge • ABAP Workbench • Entwicklung • Switch Framework**. In SAP S/4HANA sind die Business Functions für die ERA standardmäßig aktiviert und können nicht geändert werden. Den Status aktivierter Business Functions können Sie sich mit dem Switch Framework Browser, über Transaktion SWF_BROWSER anzeigen lassen (siehe Abbildung 14.3).

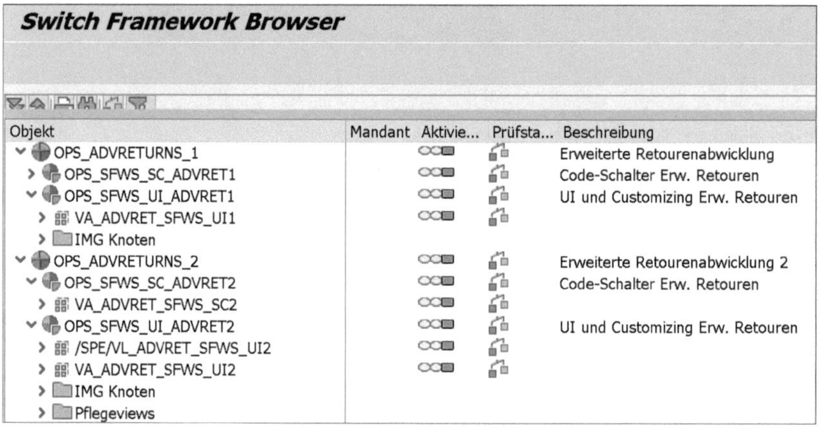

Abbildung 14.3 Business Functions für die ERA aktivieren

Nachdem Sie die Business Functions für die ERA aktiviert haben, können Sie die Konfiguration für die ERA in SAP ERP über die beiden Customizing-Pfade **Vertrieb • Verkauf • Erweiterte Retourenabwicklung** und **Materialwirtschaft • Einkauf • Bestellung • Retourenbestellung • Erweiterte Retourenabwicklung** finden.

Da die Retourenabwicklung prozessübergreifend ist, können Sie die Konfigurationseinstellungen auch über den zentralen Customizing-Pfad **Logistik Allgemein • Erweiterte Retourenabwicklung** durchführen. Hier aktivieren Sie auch die Auftragsarten für den Retourenauftrag mit den Funktionen der erweiterten Retourenabwicklung **Erw RetAbw** (siehe Abbildung 14.4).

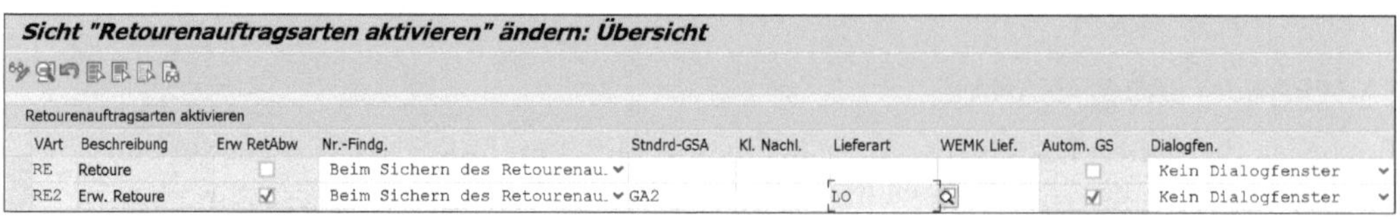

Abbildung 14.4 Auftragsarten in ERP-ERA aktivieren

Über den Customizing-Pfad **Logistik Allgemein • Erweiterte Retourenabwicklung • Kundenretouren • Erweiterte Retourenabwicklung für Retourenauftragsarten akti-**

vieren können Sie die ERA-relevanten Auftragsarten aktivieren. Mit dieser Einstellung sehen Sie beim Anlegen der Retourenlieferung den ERA-Bildschirm (siehe Abbildung 14.5).

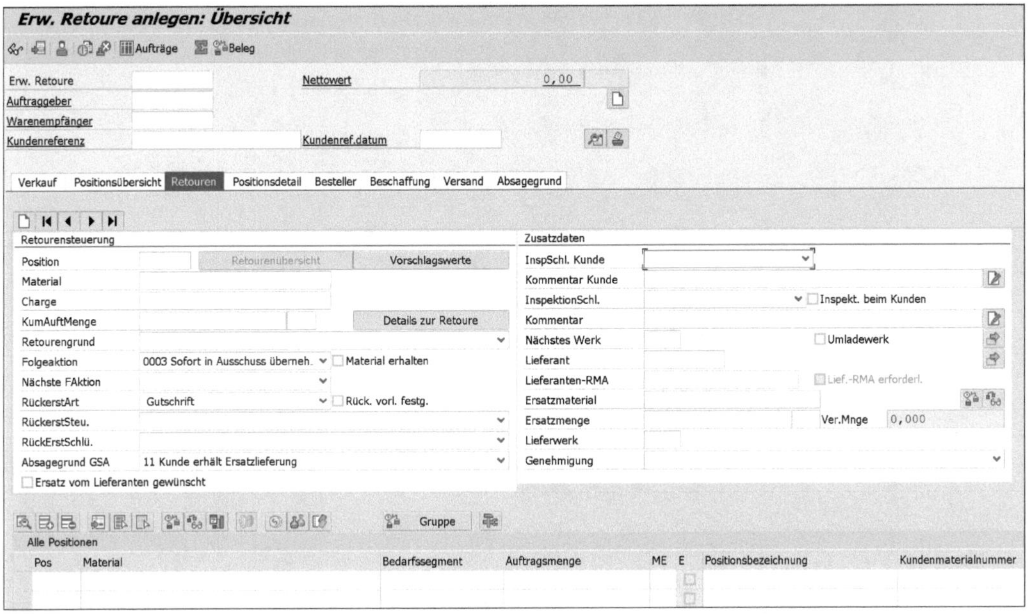

Abbildung 14.5 Transaktion VA01: Retoure anlegen

Über den Customizing-Pfad **Logistik Allgemein • Erweiterte Retourenabwicklung • Kundenretouren • Retourengründe für Kundenretouren definieren** legen Sie Retourengründe an, die Sie beim Anlegen des Retourenauftrags verwenden können (siehe Abbildung 14.6).

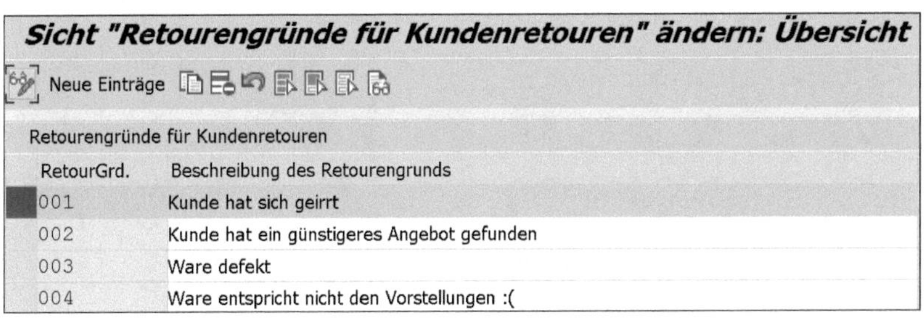

Abbildung 14.6 Retourengründe für Kundenretouren definieren

In der ERA gibt es eine Vielzahl von vordefinierten logistischen Folgeaktionen. Tabelle 14.1 zeigt die im Standard verfügbaren Folgeaktionen für Retouren.

Folgeaktion	Beschreibung der Aktion
0001	Eingang im Werk
0002	sofort in frei verfügbaren Bestand übernehmen
0003	sofort in Ausschuss übernehmen
0004	an anderes Werk ausliefern
0005	an Lieferanten ausliefern
0006	über anderes Werk an Lieferanten ausliefern
0007	Direktlieferung an Lieferanten
0008	Inspektion beim Kunden
0009	Lieferung an Werk – Material noch nicht bekannt
0011	in frei verfügbaren Bestand übernehmen
0012	in Ausschuss übernehmen
0013	Material verbleibt beim Kunden
0014	sofort in angegebenen Bestand übernehmen
0015	in angegebenen Bestand übernehmen
0016	Werkstattreparatur
0017	externe Reparatur
0018	Übernahme in den Ausschuss für Kunden
0021	an Kunden zurücksenden
0022	an letztes Werk zurücksenden
0023	Mengenkorrektur zum Wareneingang
0031	keine weiteren Aktivitäten
0035	mit automatischem WA an Lieferanten senden

Tabelle 14.1 Folgeaktionen in der ERA

Sie können über den Customizing-Pfad **Logistik Allgemein • Erweiterte Retourenabwicklung • Allgemeine Einstellungen • Folgeaktionen aktivieren und umbenennen** die Folgeaktionen einzeln aktivieren oder deaktivieren. Auf diese Weise werden dem

Anwender nur die Aktionen angezeigt, mit denen er auch arbeiten kann. Standardmäßig sind alle Folgeaktionen aktiviert (siehe Abbildung 14.7).

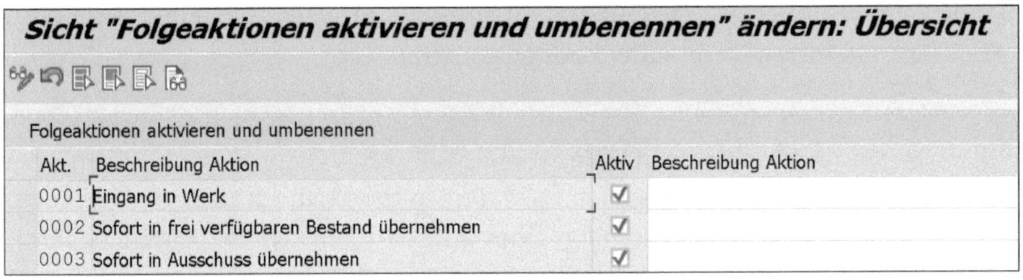

Abbildung 14.7 Folgeaktionen in ERP-ERA aktivieren

SAP EWM in SAP S/4HANA

Für die Konfiguration auf der EWM-Seite ist vor allem die Definition der im vorangehenden Abschnitt beschriebenen Folgeaktivitäten wichtig. Diese nehmen Sie im SAP-EWM-Customizing über den Pfad **Extended Warehouse Management • Prozessübergreifende Einstellungen • Qualitätsmanagement** vor. Für ein dezentrales SAP EWM in SAP S/4HANA finden Sie die Einstellungen über den Menüpunkt **Qualitätsmanagement für dezentrales EWM** (siehe Abbildung 14.8).

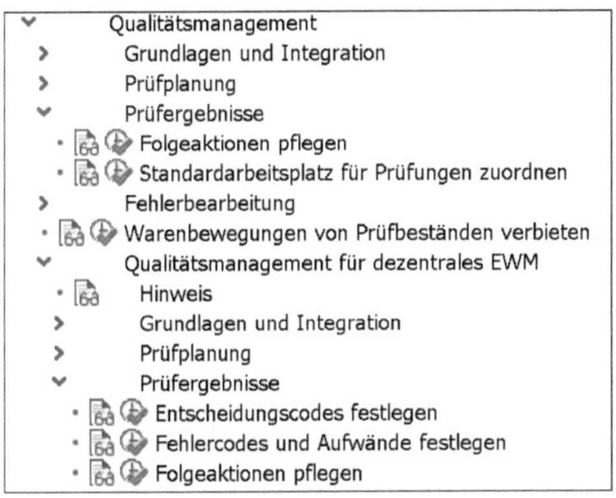

Abbildung 14.8 Folgeaktionen in SAP EWM definieren

> **Funktionale Einschränkungen für SAP EWM in SAP S/4HANA**
>
> SAP-Hinweis 3080846 enthält Details zu den funktionalen Einschränkungen von Embedded SAP EWM in SAP S/4HANA. Diese Einschränkungen betreffen insbesondere auch die Integration in die Qualitätsprüfung. Sie finden diesen Hinweis im SAP Support Portal über die folgende URL: *http://support.sap.com*

Funktionale Unterschiede der Implementierungsoptionen

Die für die erweiterte Retourenabwicklung zur Verfügung stehenden Funktionen, insbesondere im Hinblick auf die Qualitätsprüfung, richtet sich nach der gewählten Implementierungsoption – embedded oder dezentral.

[»]

Implementierungsoptionen und funktionale Aspekte

SAP-Hinweis 3080907 enthält Freigabeinformationen sowie eine detaillierte Liste der aktuellen funktionalen Einschränkungen eines auf SAP S/4HANA 2021 betriebenen (dezentralen) SAP EWM. Darüber hinaus werden die konzeptionellen Unterschiede zwischen einem integrierten und einem dezentralen Betrieb von SAP EWM beschrieben. Sie finden diesen Hinweis im SAP Support Portal über die folgende URL: *http://support.sap.com*

14.1.3 Kundenretouren in SAP S/4HANA EWM

Seit SAP S/4HANA 1709 ist die Verwendung der ERA in Embedded SAP EWM in SAP S/4HANA obligatorisch. Kundenretouren müssen daher mit der ERA abgebildet und mit Transaktion MSR_INSPWH (Materialinspektion im Lager) geprüft werden (siehe Abbildung 14.9). Zur Identifikation des Quants in SAP EWM erstellt das System dabei einen initialen Prüfbeleg. In diesem Zusammenhang können die Transaktionen /SCWM/QINSP_S4 und QA32 nicht für eine Prüfung von Kundenretouren verwendet werden.

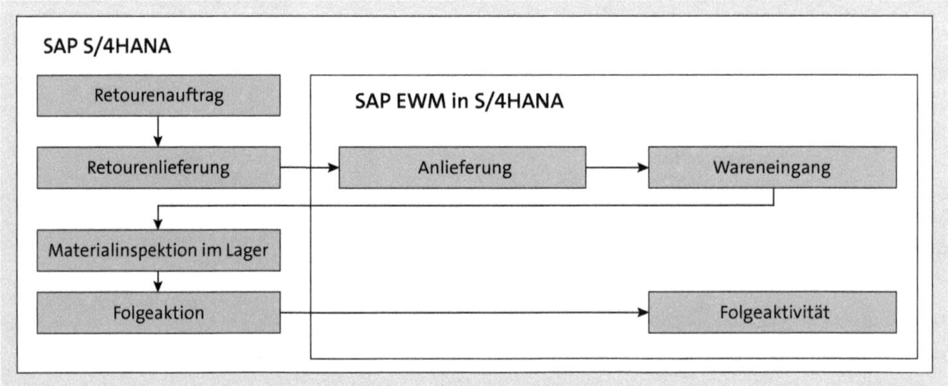

Abbildung 14.9 Kundenretouren in SAP S/4HANA EWM

Abbildung 14.9 zeigt eine Übersicht über den Kundenretourenprozess in SAP S/4HANA EWM. Ausgehend von einem Retourenauftrag wird in SAP S/4HANA zunächst eine Anlieferung angelegt. Sobald die Retoure physisch im Lager eintrifft, wird in SAP EWM der Wareneingang gebucht, anschließend die Materialinspektion im Lager durchgeführt (MSR_INSPWH) und die logistischen Folgeaktionen angestoßen. In diesem Zusammenhang können auch Prüfergebnisse für Teilmengen erfasst werden. Durch die Auswahl der Retourenposition kann dabei die Menge gesplittet und für jede Teilmenge ein abweichendes Prüfergebnis erfasst werden. Anhand des Prüfergebnisses führt das System anschließend die Folgeaktion für den ausgewählten Teilbestand durch.

Prozessbeispiel

Der in Abbildung 14.9 dargestellte Prozess der erweiterten Retourenprüfung mit SAP S/4HANA EWM gliedert sich in die folgenden Schritte:

1. **Retourenauftrag**
   Der Prozess startet mit der Anlage des Retourenauftrags (siehe Abbildung 14.9) in SAP S/4HANA in der Komponente ERA (erweiterte Retourenabwicklung). Im Retourenauftrag erfasst der Anwender u. a. eine Folgeaktion, z. B. **Eingang in Werk**.
2. **Retourenlieferung**
   Durch die Auswahl der Folgeaktion, z. B. **Eingang in Werk**, wird im Hintergrund automatisch der Beleg für die Retourenlieferung erzeugt. Wird der Lagerort der Retourenlieferung über SAP EWM verwaltet, werden die lieferrelevanten Daten nach SAP EWM verteilt.
3. **Anlieferung**
   In SAP EWM wird direkt eine Anlieferung erstellt. Anhand der Belegart der Retourenlieferung sowie des Initiatorcodes ACR (Erweiterte Retourenabwicklung Retourenlieferung Ladenretoure) kann in SAP EWM eine bestimmte Belegart ermittelt werden (siehe Abbildung 14.2). Auf der Registerkarte **Referenzbelege** der Anlieferposition ist die Nummer des Referenzbelegs der *Retourengenehmigung* (RMA = *Return Material Authorization*) sichtbar, der in SAP S/4HANA auf Basis der Retourenanforderung des Kunden angelegt wurde. Anhand der RMA-Nummer besteht die Möglichkeit, die Retourenposition über alle Lagerprozesse hinweg zu verfolgen.
4. **WE-Buchung**
   In SAP EWM wird der Wareneingang (kurz WE) zur Anlieferung in den Sperrbestand für die anschließende Materialprüfung im Lager gebucht. Wenn der POT3 (Q-Prüfung Retourenlieferung) für die SAP-EWM-Lagernummer aktiviert ist, ruft Embedded SAP EWM mit der Wareneingangsbuchung die ERA-Komponente in SAP S/4HANA auf, worin eine Materialinspektion erstellt und an SAP EWM übertragen wird. Die Nummer des erstellten Belegs, z. B. 1551, ist auf der Registerkarte **Belegfluss** der SAP-EWM-Anlieferposition sichtbar (siehe Abbildung 14.10).

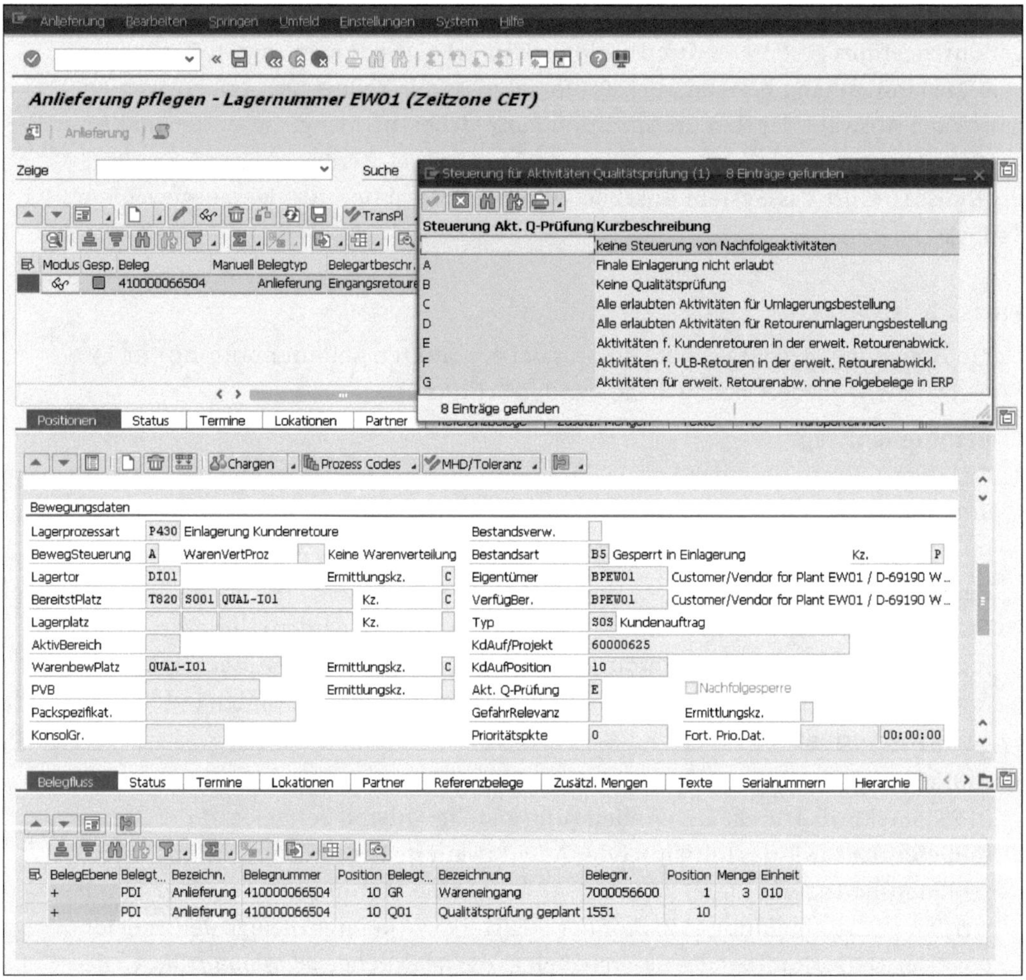

Abbildung 14.10 Belegfluss der SAP-EWM-Anlieferposition mit Materialinspektion

5. **Durchführung der Materialinspektion**
   Zur anschließenden Dokumentation der Inspektionsergebnisse ruft der Lagerarbeiter Transaktion MSR_INSPWH (Materialinspektion im Lager erfassen) auf. Alternativ besteht die Möglichkeit, über die entsprechende Belegzeile im Belegfluss der SAP-EWM-Anlieferposition direkt in die Transaktion zur Materialinspektion mit der Materialinspektionsnummer zu navigieren. In der Transaktion zur Materialinspektion erfasst der Anwender den **Inspektionsschlüssel** (z. B. beschädigte Ware), optional einen **Kommentar** zur Inspektion und den Namen des Prüfers im Feld **Prüfer** (siehe Abbildung 14.11). Je nach Inspektionsergebnis besteht die Möglichkeit, eine **Logistische Folgeaktion** (z. B. 0005 = **An Lieferanten ausliefern**) auszuwählen. Die Angabe im Feld **Inspektionsschlüssel** ist für die Bestätigung

einer logistischen Folgeaktion zwingend. In der Transaktion zur Materialinspektion besteht außerdem die Möglichkeit, das Inspektionsergebnis entweder auf der Lieferkopf- oder auf der Lieferpositionsebene zu erfassen. Auf der Positionsebene können auch die Inspektionsergebnisse für Teilmengen erfolgen. Dabei wird das Pop-up-Fenster für die zu prüfenden Bestände verwendet, das Sie bereits aus dem Prüfprozess **Teilmengenprüfung** kennen – mit dem Unterschied, dass Mengendifferenzen nicht erfasst werden können.

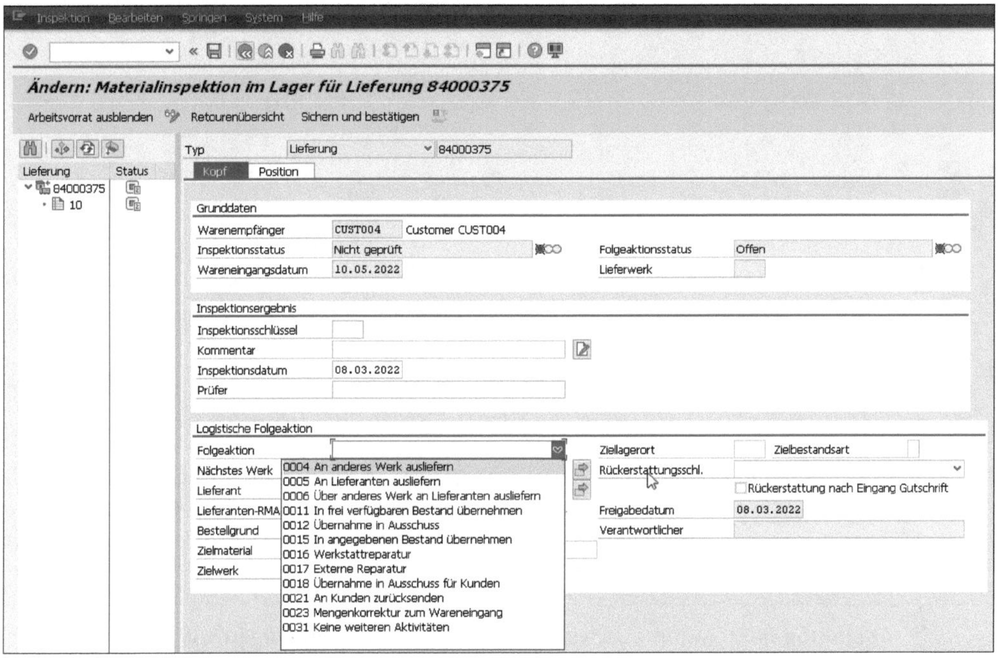

Abbildung 14.11 Materialinspektion im Lager

6. **Folgebeleg**
   Je nach ausgewählter logistischer Folgeaktion wird in SAP S/4HANA ein Folgebeleg (siehe Abbildung 14.9) erstellt. So wird z. B. bei der Aktion **in Ausschuss übernehmen** (Folgeaktion 0012) ein Umbuchungsbeleg erstellt und an SAP EWM verteilt. Bei der Auslieferung an den Lieferanten (Folgeaktion 0005) wird demzufolge automatisch eine Auslieferung in SAP S/4HANA erstellt und an SAP EWM verteilt (siehe Tabelle 14.1).

7. **Umbuchung oder Auslieferung**
   Im Falle der Umbuchung bucht SAP EWM den entsprechenden Bestand in den Ausschuss um. Im Falle der Auslieferung entspricht der Auslieferungsauftrag (siehe Abbildung 14.12) in Embedded SAP EWM einer Cross-Docking-Lieferung. Die inspizierte Ware wird direkt vom Q-Platz zum Bereitstellplatz transportiert. Der

verfügbare Bestand zur Erstellung der entsprechenden Lageraufgabe wird anhand der Referenz zur Materialinspektion ermittelt.

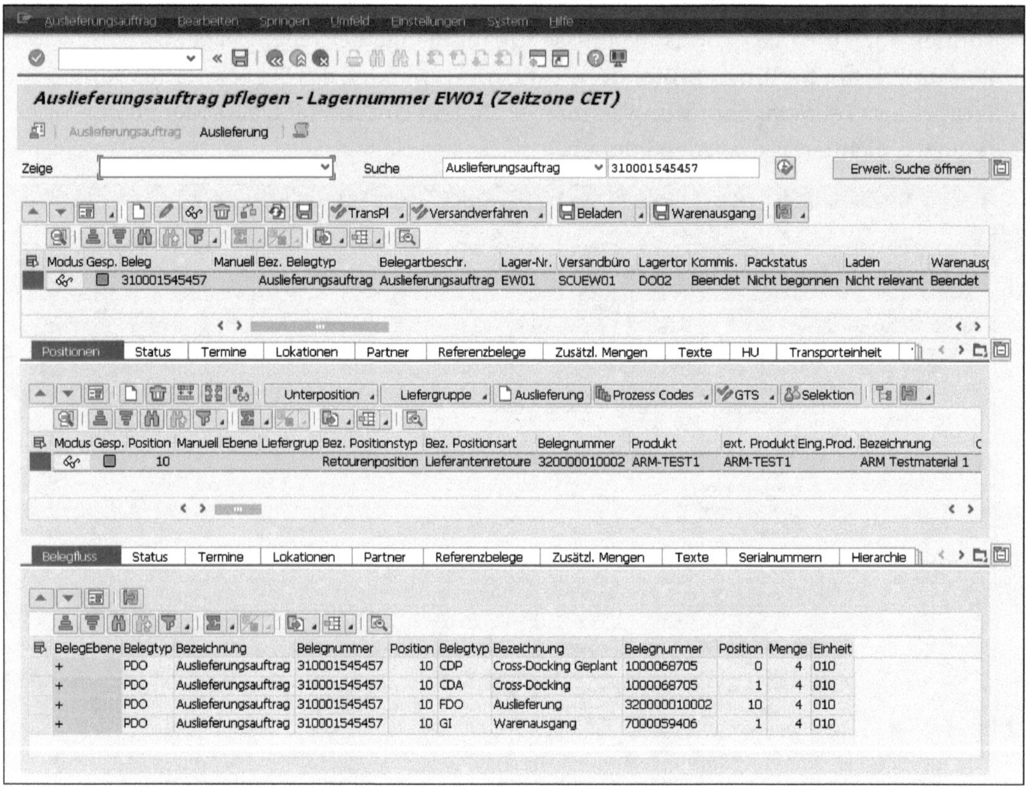

Abbildung 14.12 Automatisch erstellter Auslieferungsauftrag in SAP EWM

Auf der Registerkarte **Referenzbeleg** zur Auslieferauftragsposition ist die Nummer der Materialinspektion sichtbar (siehe Abbildung 14.13).

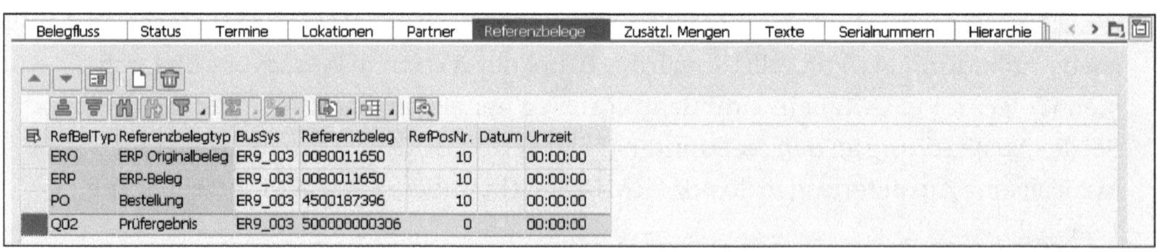

Abbildung 14.13 Referenzbelege zum automatisch erstellten Auslieferungsauftrag

Grundkonfiguration

Damit Sie die erweiterte Retourenabwicklung mit SAP EWM in SAP S/4HANA verwenden können, müssen Sie die im vorangehenden Abschnitt beschriebenen Einstellungen in SAP S/4HANA vornehmen. Für die Integration mit SAP EWM stellt SAP ein BC-Set für die erweiterte Retourenabwicklung zur Verfügung. Mit Transaktion SCPR20 können Sie das BC-Set `/SCWM/DLV_ADVNACED_RETURNS` aktivieren.

Für die Prüfloserstellung in der ERA ohne Prüfregeln aktivieren Sie anschließend den Prüfobjekttyp POT3 (Q-Prüfung Retourenlieferung) im EWM-Customizing über den Pfad **Extended Warehouse Management • Prozessübergreifende Einstellungen • Qualitätsmanagement • Grundlagen und Integration • Lagerabhängige Prüfobjekttypen aktivieren und definieren**.

Damit Sie in SAP EWM die logistischen Folgeaktivitäten ausführen können, müssen Sie zunächst die benötigten Lagerprozessarten definieren und die automatische Ermittlung der Lagerprozessarten einstellen. Anschließend weisen Sie die Lagerprozessart den logistischen Folgeaktionen zu. Ein positiver Verwendungsentscheid führt in der Regel dazu, dass Sie die Retourenposition wieder einlagern können.

Die Lagerprozessarten pflegen Sie im SAP-EWM-Customizing über den Pfad **Extended Warehouse Management • Prozessübergreifende Einstellungen • Lageraufgabe • Lagerprozessart definieren**. Die Einstellungen für die logistischen Folgeaktionen finden Sie über den Pfad **Extended Warehouse Management • Prozessübergreifende Einstellungen • Qualitätsmanagement • Prüfergebnisse • Folgeaktionen pflegen**. 14

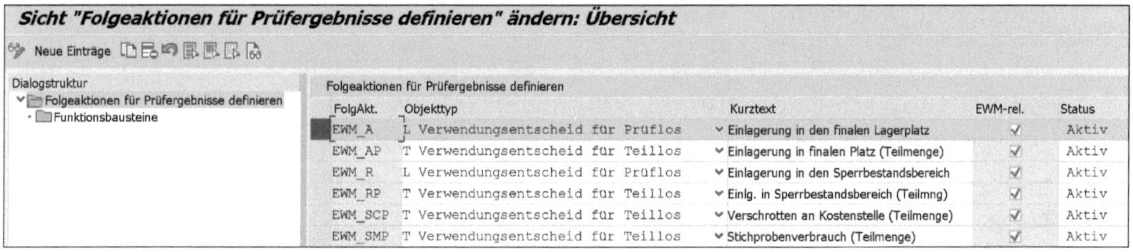

Abbildung 14.14 Folgeaktionen für Prüfergebnisse definieren

Abbildung 14.14 zeigt für die logistische Folgeaktion `EWM_A` für die Einlagerung in den finalen Lagerplatz und den Objekttyp **Verwendungsentscheid für Prüflos**. Die für das SAP-EWM-System relevanten (Spalte **EWM-rel.**) Folgeaktionen werden dabei über den Funktionsbaustein `QFOA_EWM_LOG_FOLLOW_UP_S4` ausgeführt. Zur Ausführung kundenindividueller Folgeaktionen können Sie diesen Funktionsbaustein als Kopiervorlage nutzen.

Abbildung 14.15 zeigt die Zuordnung der Lagerprozessart 1010 für die Einlagerung in den frei verwendbaren Bestand (FF) für die Folgeaktion `EWM_A` (Einlagerung in den finalen Lagerplatz).

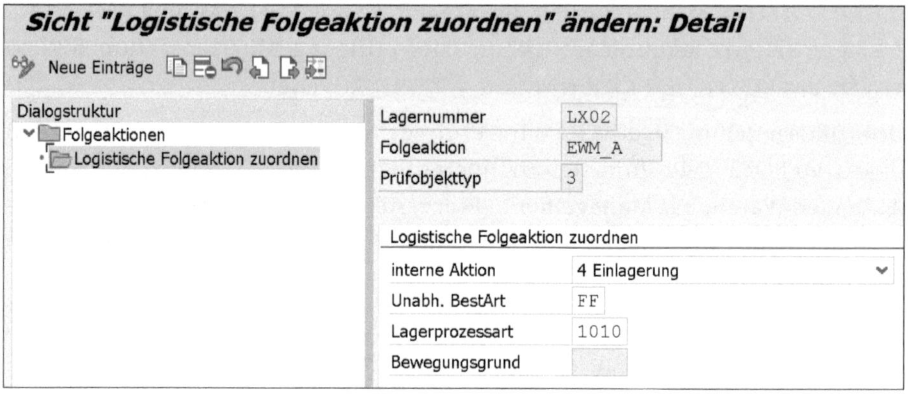

Abbildung 14.15 Logistische Folgeaktion zuordnen

Für den dezentralen Betrieb eines SAP-EWM-Systems in SAP S/4HANA können Kundenretouren – im Gegensatz zu SAP EWM in SAP S/4HANA – optional mit und ohne ERA verarbeitet werden. Logistische Folgeaktivitäten – z. B. die Umbuchung des Sperrbestands in einen freien Bestand – richten sich dabei nach dem Verwendungsentscheid. Die Qualitätsprüfung der Kundenretoure kann dabei entweder vor dem Wareneingang in SAP ERP oder in SAP S/4HANA, oder in SAP EWM während des Wareneingangs erfolgen.

Bei der Qualitätsprüfung während des Wareneingangs im dezentralen SAP EWM in SAP S/4HANA erfolgt die Prüfung entweder in SAP EWM oder über die *Quality Inspection Engine* (QIE), siehe Kapitel 12 »Qualitätsprüfung«. In beiden Fällen können Sie einfache Folgeaktivitäten, z. B. die Verschrottung oder Einlagerung, direkt in SAP EWM durchführen. Komplexe Folgefunktionen können durch die ERA in SAP S/4HANA bzw. SAP ERP gesteuert und überwacht werden.

14.1.4 E-Commerce-Retouren

Ebenfalls im Wareneingangsprozess – allerdings für Kundenretouren – findet sich die SAP-Fiori-App **E-Commerce-Retouren abwickeln**. Mit dieser wird ein Arbeitsplatz zur Abwicklung von Kundenretouren einfach angebunden, der sich schnell, intuitiv und ohne große Einarbeitungszeit nutzen lässt.

Als Einstieg wird zunächst der Rücksendeauftrag, die Rücklieferung oder die *Retourengenehmigung* (RMA) gescannt. Dadurch sind der Kontext der Referenzbelege, die Anzahl der erwarteten Positionen sowie Details zu den Positionen bekannt. Anschließend wird das Paket der Kundenretoure geöffnet, und die einzelnen Produkte werden gescannt. Der Mitarbeiter nimmt dann eine Prüfung des Produkts vor. Unterstützt durch den Prüfhinweis, fällt er eine Entscheidung über dessen Zustand. Optional kann zusätzlich eine Prüfnotiz erfasst werden. Anhand des Zustands wird das Ziel des Produkts ermittelt. Im nachfolgenden Beispiel wird das T-Shirt mittels einer Lageraufgabe zur Verschrottung bewegt. Abbildung 14.16 zeigt eine beispielhafte Darstellung nach dem Scan des betreffenden Produkts.

Abbildung 14.16 E-Commerce-Retouren abwickeln

E-Commerce-Retouren abwickeln

Die SAP-Fiori-App **E-Commerce-Retouren abwickeln** ist aktuell in SAP S/4HANA 2021 FPS02 nur für die Verwendung mit einem dezentralen SAP EWM in SAP S/4HANA vorgesehen. SAP-Hinweis 2281828 bietet einen Leitfaden für diese SAP-Fiori-App. Der Hinweis beinhaltet Prozessdetails und geht auf notwendige Erweiterungen für die Anbindung ungeplanter Retouren und die Einbindung von Produktbildern ein. Sie finden diesen SAP-Hinweis im SAP Support Portal über die folgende URL: *http://launch-*

pad.support.sap.com. Die SAP-Fiori-App finden Sie in der SAP Fiori Apps Reference Library über die URL *https://fioriappslibrary.hana.ondemand.com/*. Suchen Sie hier nach der App-ID F1955.

14.2 Logistische Zusatzleistungen

In diesem Abschnitt wenden wir uns dem Thema der *logistischen Zusatzleistungen* (LZL) zu und erläutern, wie die LZL für verschiedene Lagerprozesse konfiguriert und umgesetzt werden.

Die LZL sind Aktivitäten, die den Wert eines Produkts im Lager steigern. Sie werden in der Regel an einem Arbeitsplatz im Lager ausgeführt. Beispiele für LZL sind Verpackung, Schmierung (oder andere Konservierungsmaßnahmen), Montage, Kitting, Kennzeichnung und Preisauszeichnung. Eine LZL könnte z. B. darin bestehen, jeweils 4 Stück eines Materials in einen Karton zu verpacken, danach 12 dieser Kartons in einen weiteren Karton zu verpacken und anschließend mit einem Etikett zu versehen. In Abbildung 14.17 sind solche LZL-Aktivitäten dargestellt.

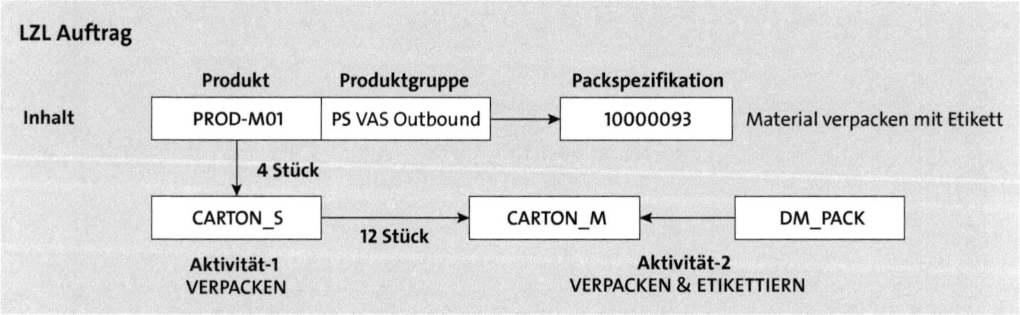

Abbildung 14.17 LZL-Aktivitäten: Verpacken und Etikettieren

LZL-Aktivitäten im Lager werden in SAP EWM durch *LZL-Aufträge* verwaltet. LZL-Aufträge sind Belege in SAP EWM, in denen die auszuführenden LZL-Aktivitäten sowie die zu verwendenden Hilfsprodukte angegeben sind. Außerdem dienen sie zur Verfolgung der Zeit, die für die LZL-Aktivität aufgewendet wird.

Mit dem Kunden kann vereinbart werden, dass ihm die ausgeführten LZL-Aktivitäten in Rechnung gestellt werden. Wenn der Kunde z. B. wünscht, dass die Ware entsprechend einer bestimmten Konfiguration verpackt wird, kann dies als LZL-Aktivität angeboten werden, die ihm in Rechnung gestellt wird. Damit die Abrechnung möglich ist, müssen Zeit- und Materialaufwand der LZL erfasst werden.

In diesem Abschnitt geben wir Ihnen einen Überblick über die EWM-Funktionen für LZL. Zunächst betrachten wir die Konfiguration und die Stammdatenfestlegung für

LZL. Anschließend erläutern wir den Einsatz des Arbeitsplatzes bei der LZL-Ausführung. Abschließend zeigen wir, wie die LZL-Aufträge zusammen mit den anderen Logistikprozessen im Lager ausgeführt werden können.

14.2.1 Konfiguration und Stammdaten für LZL

Es gibt mehrere Konfigurations- und Stammdatenelemente, die der Unterstützung von LZL dienen und die Sie kennen sollten, wenn Sie LZL in Ihrem Lager einrichten möchten. Im Folgenden befassen wir uns ausführlicher mit diesen Elementen. In den folgenden Abschnitten erläutern wir zuerst die relevante Konfiguration zur Unterstützung von LZL in SAP EWM.

Produktgruppenarten und Produktgruppen

In SAP EWM können Sie LZL-Aufträge für Materialien *automatisch* während der Eingangs- oder Ausgangsverarbeitung oder *manuell* anlegen. Wenn bei einem bestimmten Material vor der Einlagerung oder dem Versand immer LZL-Aktivitäten erforderlich sind, können Sie das Customizing so einstellen, dass die entsprechenden LZL-Aufträge automatisch generiert werden.

Damit für ein Material automatisch LZL-Aufträge angelegt werden können, muss es einer LZL-spezifischen Produktgruppenart und Produktgruppe zugeordnet werden. Zum Anlegen der möglichen Gruppenarten wählen Sie im SAP-EWM-Customizing den Pfad **SCM-Basis • Stammdaten • Produkt • Produktgruppen • Produktgruppenarten definieren**. Abbildung 14.18 zeigt die Produktgruppenart PS in einem dezentralen SAP EWM in SAP S/4HANA.

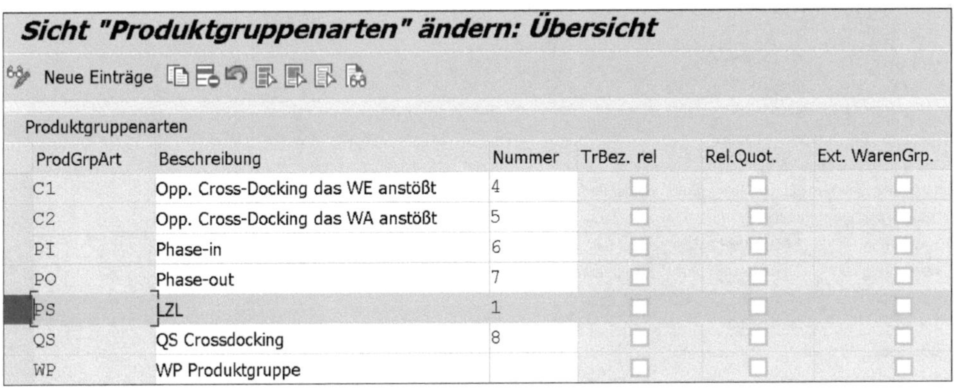

ProdGrpArt	Beschreibung	Nummer	TrBez. rel	Rel.Quot.	Ext. WarenGrp.
C1	Opp. Cross-Docking das WE anstößt	4	☐	☐	☐
C2	Opp. Cross-Docking das WA anstößt	5	☐	☐	☐
PI	Phase-in	6	☐	☐	☐
PO	Phase-out	7	☐	☐	☐
PS	LZL	1	☐	☐	☐
QS	QS Crossdocking	8	☐	☐	☐
WP	WP Produktgruppe		☐	☐	☐

Abbildung 14.18 Produktgruppenarten für LZL pflegen

In jeder Produktgruppenart können Sie eine oder mehrere Produktgruppen anlegen. Auf diese Weise können Sie z. B. angeben, dass ein Material nur für die Anlage von Eingangs-LZL-Aufträgen, nur für Ausgangs-LZL-Aufträge oder für beide Auftragsarten relevant ist. Zum Anlegen der Produktgruppen wählen Sie im SAP-EWM-Customizing den Pfad **SCM-Basis • Stammdaten • Produkt • Produktgruppen • Produktgruppen definieren** (siehe Abbildung 14.19).

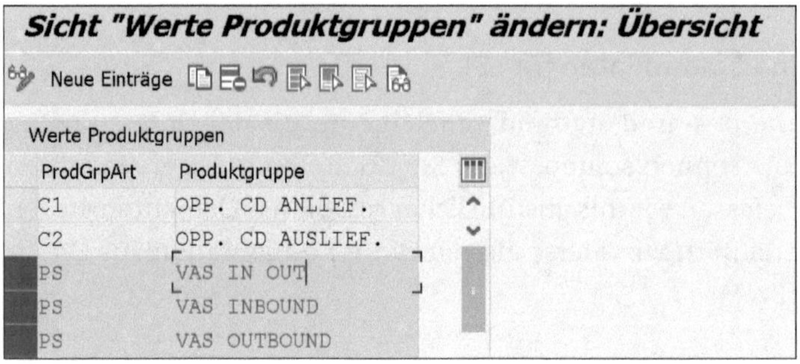

Abbildung 14.19 Produktgruppen für LZL pflegen

LZL-Relevanz pflegen

Zum Pflegen der *LZL-Relevanz* wählen Sie im SAP-EWM-Customizing den Pfad **Extended Warehouse Management • Prozessübergreifende Einstellungen • Logistische Zusatzleistungen (LZL) • Relevanz für LZL definieren**. Hier können Sie verwalten, für welche Beleg- und Positionsarten LZL relevant sein können. In Abbildung 14.20 sehen Sie die Festlegung, dass LZL für Auslieferungsauftragspositionen mit der Belegart ODIS, der Positionsart ODLV und einem Material mit der Produktgruppe VAS OUTBOUND relevant sind.

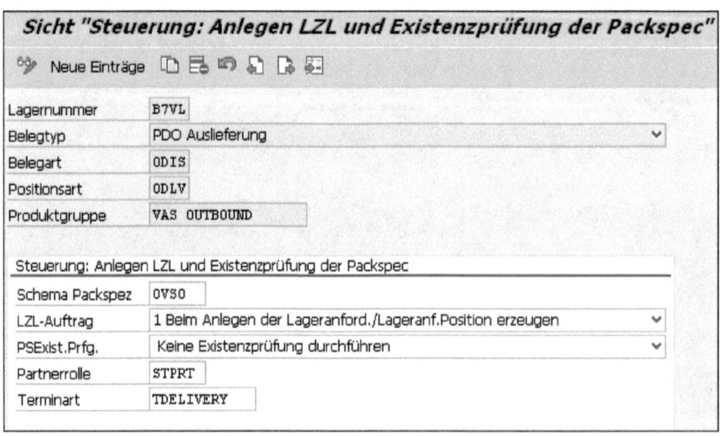

Abbildung 14.20 Steuerung der Relevanz für LZL

Die folgenden Felder in der VAS-Relevanz sind ebenfalls für die Steuerung des LZL-Prozesses wichtig:

- **Feld »Schema Packspez«**
  Im Feld **Schema Packspez** wird das Verfahren festgelegt, mit dem die Packspezifikation ermittelt wird, die für die Anlage von LZL-Aufträgen erforderlich ist.
- **Feld »LZL-Auftrag«**
  Dieser Parameter legt fest, ob bei Eingang der Lageranforderung (Position), also bei der Anlage des Auslieferungsauftrags automatisch ein LZL-Auftrag angelegt werden kann.
- **Packspezifikation Existenzprüfung (Feld »PSExist.Prfg.«)**
  Anhand des Parameters **PSExist.Prfg.** wird bestimmt, ob eine Existenzprüfung für Packspezifikationen durchgeführt werden muss. Es gibt Fälle, in denen ein Auslieferungsauftrag zwar für LZL-Aufträge relevant ist, diese aber nur angelegt werden können, wenn die Packspezifikation bestimmt werden kann. Mit dieser Einstellung können Sie überprüfen, ob die Packspezifikation existiert, und angeben, ob eine Warnung oder eine Fehlermeldung generiert werden soll, wenn keine Spezifikation gefunden wird.
- **Feld »Partnerrolle«**
  Die Partnerrolle aus dem Bedarfsbeleg wird verwendet, um die richtige Packspezifikation zu ermitteln. Im Beispiel wird zur Bestimmung der Packspezifikation die Partnerrolle STPRT (Warenempfänger) verwendet, da es sich um eine Ausgangsbelegart (Belegtyp PDO) handelt.
- **Feld »Terminart«**
  Dieses Feld gibt an, welche Terminart aus dem Beleg zur Bestimmung der Packspezifikation verwendet werden soll.

LZL-Einstellungen für das Lager

Es gibt auch einige spezielle LZL-Einstellungen auf der Lagerebene. Um diese zu pflegen, wählen Sie im SAP-EWM-Customizing den Pfad **Extended Warehouse Management • Prozessübergreifende Einstellungen • Logistische Zusatzleistung (LZL) • Lagernummerabhängige LZL-Einstellungen** (siehe Abbildung 14.21).

In den LZL-Einstellungen für das Lager können Sie Folgendes festlegen:

- Nummernkreis für den LZL-Auftrag
- durchführende Entität des Lagers
- Produktgruppenart aus dem Produktstamm, die zur Bestimmung der LZL-Relevanz verwendet wird
- Bestandsart für die LZL-Verbrauchsbuchung von Hilfsprodukten
- Produktgruppenart, die zur Bestimmung der Planzeiten für LZL-Fixzeiten und die Prozessschrittdauer verwendet wird

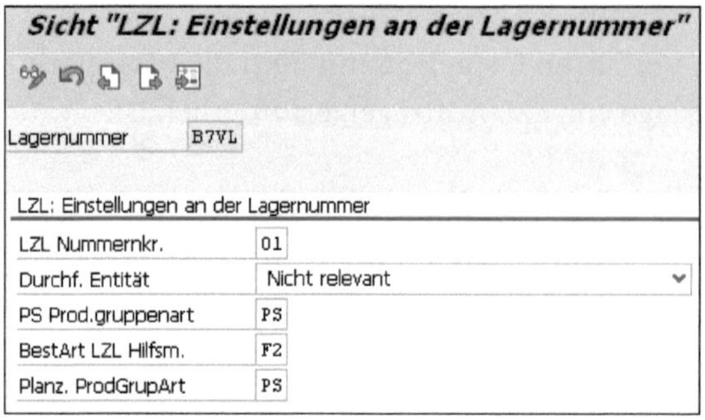

Abbildung 14.21 LZL-Einstellungen auf der Lagernummernebene

Packspezifikation für LZL anlegen

In Kapitel 4, »Stammdaten in SAP S/4HANA EWM«, haben wir das Anlegen von *Packspezifikationen* bereits erläutert. An dieser Stelle betrachten wir speziell die Anlage einer Packspezifikation für eine logistische Zusatzleistung. Zum Anlegen oder Pflegen einer Packspezifikation wählen Sie im SAP-Easy-Access-Menü den Pfad **Extended Warehouse Management • Stammdaten • Packspezifikation • Packspezifikation pflegen**, oder Sie verwenden Transaktion /SCWM/PACKSPEC. Abbildung 14.22 zeigt den Pflegedialog.

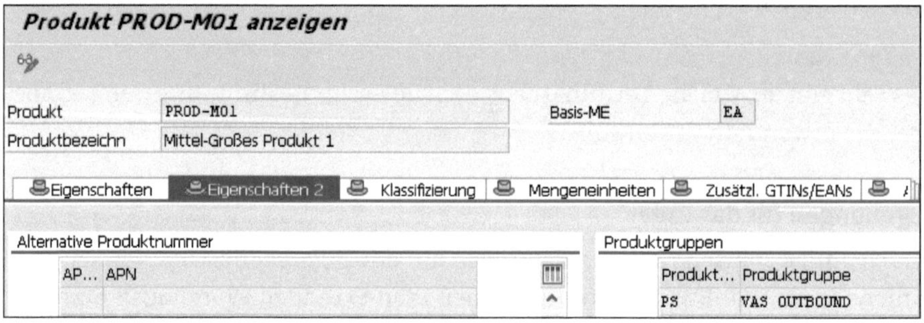

Abbildung 14.22 Produktgruppe im Materialstamm pflegen

Damit die richtige Packspezifikation für die Anlage eines LZL-Auftrags bestimmt werden kann, muss ein Konditionssatz für das in der Konfiguration gepflegte Findungsschema (siehe Abbildung 14.23) gepflegt werden. Dieser Konditionssatz kann der Packspezifikation auf der Registerkarte **Findung** zugeordnet werden.

In Abbildung 14.24 sehen Sie die Details der Ebene der Packspezifikation. Eine Ebene der Packspezifikation entspricht einer oder mehreren Aktivitäten, die bei der LZL-Ausführung durchgeführt werden müssen. Bei der Anlage des LZL-Auftrags werden die Ebenen der Packspezifikation als Aktivitäten in den Auftrag übernommen. Bei der im Beispiel gezeigten Packspezifikation werden zwei Stück des Produkts PROD-M01 am LZL-Arbeitsplatz mit dem Packmittel CARTON_M verpackt. In einem weiteren Schritt wird der Karton mit einem Etikett versehen.

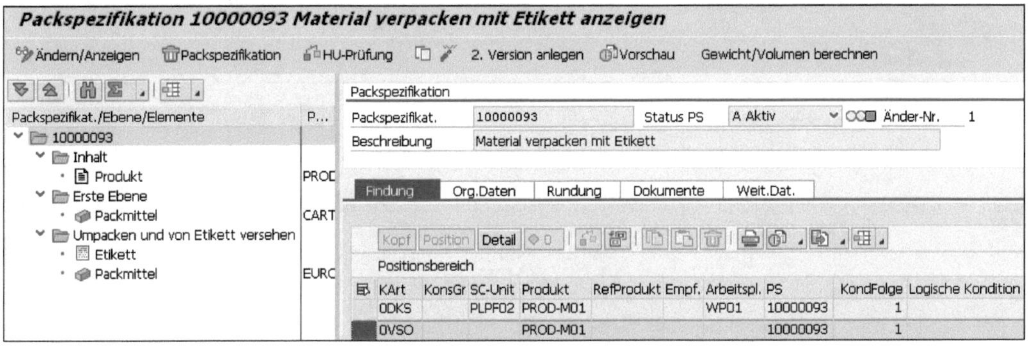

Abbildung 14.23 Konditionssatz für die Packspezifikationsfindung zuordnen

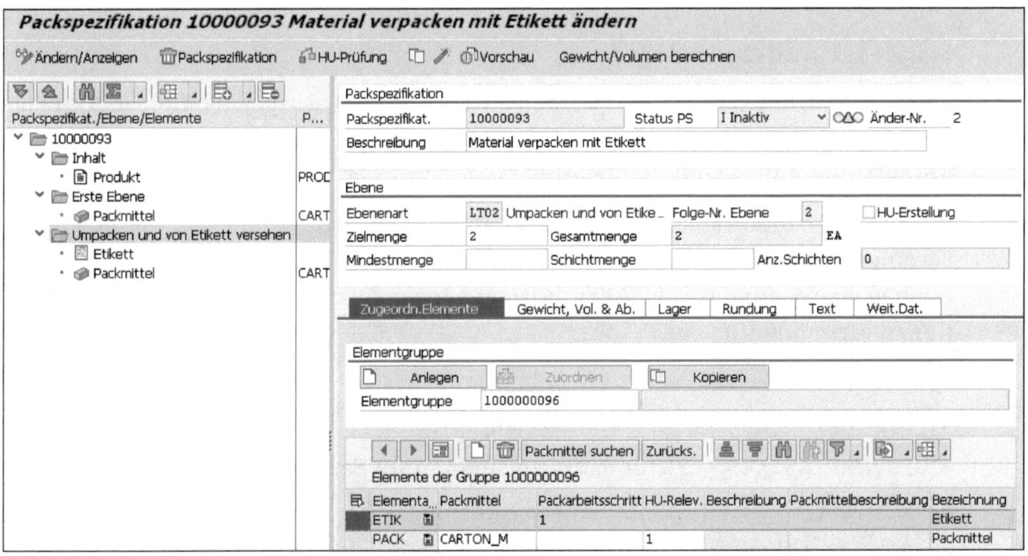

Abbildung 14.24 Packspezifikation für LZL-Aktivitäten

Auf der Registerkarte **Lager** der Ebene müssen Sie einen externen Schritt zuordnen (siehe Abbildung 14.25). Dieser entspricht dem LZL-Prozessschritt, mit dem der Arbeitsplatz ermittelt wird, an dem die LZL-Aktivität für diese Packspezifikationsebene ausgeführt werden soll.

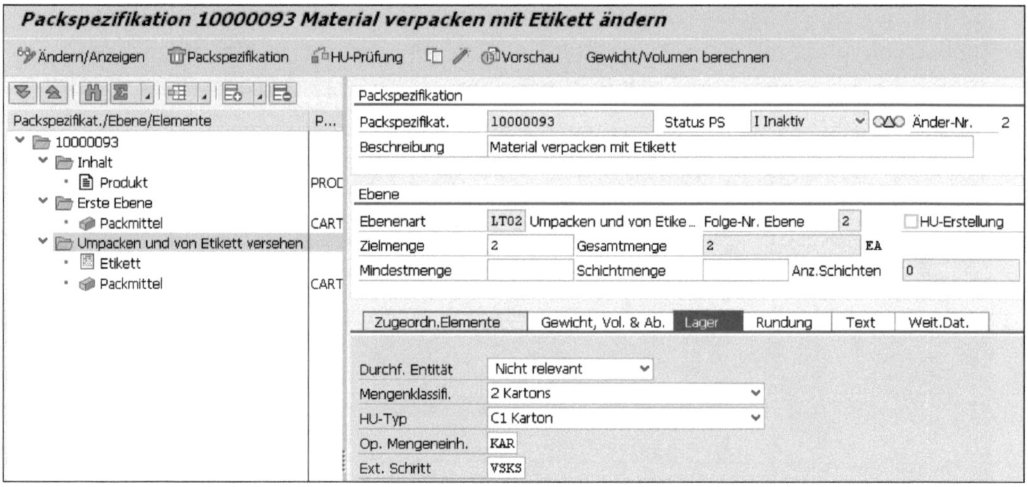

Abbildung 14.25 Registerkarte »Lager« der Packspezifikationsebene

14.2.2 LZL-Aufträge anlegen

Beim Anlegen des LZL-Auftrags werden die Ebenen der Packspezifikation als Aktivitäten in den Auftrag kopiert, und es werden die Mengen aus dem Referenzbeleg (z. B. Auslieferungsauftrag oder Anlieferung) übernommen.

In SAP EWM können LZL-Aufträge automatisch oder manuell angelegt werden. Wenn Sie einen LZL-Auftrag manuell erstellen oder anzeigen, können Sie, je nachdem, welcher Quellbeleg für die Anlage des Auftrags verwendet wurde, die folgenden Transaktionen verwenden:

- /SCWM/VAS_I – LZL im Wareneingangsprozess
- /SCWM/VAS_O – LZL im Warenausgangsprozess
- /SCWM/VAS_KTS – LZL für Bausatzerstellung auf Bestand
- /SCWM/VAS_KTR – VAS für Bausatzzerlegung
- /SCWM/VAS_INT – LZL für lagerinterne Vorgänge

14.2.3 LZL-Integration in die Lagerprozesse

Die LZL-Funktionen von SAP EWM sind eng in die Ein- und Auslagerungsprozesse integriert. Wenn für ein Material ermittelt wurde, dass vor der Einlagerung oder dem Versand LZL-Aktivitäten erforderlich sind, kann es über die prozessorientierte Lagerungssteuerung automatisch an einen LZL-Arbeitsplatz weitergeleitet werden. Am Arbeitsplatz können die LZL-Aktivitäten ausgeführt werden. Anschließend können Sie den Prozess fortsetzen, z. B., indem die Einlager-Lageraufgaben für den endgültigen Lagerplatz oder während des Warenausgangs eine Lageraufgabe zur Versandbereitstellungszone angelegt wird.

14.2.4 LZL während des Auslagerungsprozesses

LZL können während der Ausgangsverarbeitung eingesetzt werden. So könnte z. B. ein Material an einen Kunden zu liefern sein, der wünscht, dass das Material etikettiert und in einem bestimmten Karton verpackt wird. Ein integrierter Warenausgangsprozess mit LZL-Aktivität könnte die folgenden Schritte umfassen:

1. Der Auslieferungsauftrag für den Kunden geht ein, und das System ermittelt anhand der LZL-Relevanz und einer existierenden Packspezifikation, dass das Produkt für diesen Kunden eine LZL-Aktivität erfordert, und legt automatisch einen LZL-Auftrag an.
2. Der Kommissionierer entnimmt das Produkt aus dem Von-Lagerplatz, und dieses wird an den LZL-Arbeitsplatz weitergeleitet, an dem der Kommissionierer den Nach-Lagerplatz bestätigt.
3. Am Arbeitsplatz packt der Packer das Produkt um und etikettiert den Karton gemäß der Kundenspezifikation. Nach Abschluss aller LZL-Aktivitäten wird der LZL-Auftrag als abgeschlossen markiert, und die Hilfsprodukte werden verrechnet.
4. Nach der LZL-Ausführung wird der Outbound-Prozess normal mit der Anlage einer Lageraufgabe für den Versandbereitstellungsbereich fortgesetzt.

In Abbildung 14.26 sehen Sie die Konfiguration des Lagerungsprozesses für den oben beschriebenen Vorgang. Zum Aufrufen der Konfiguration für die prozessorientierte Weiterleitung wählen Sie im SAP-EWM-Customizing den Pfad **Extended Warehouse Management • Prozessübergreifende Einstellungen • Lageraufgabe • Prozessorientierte Lagerungssteuerung definieren**. Der beschriebene Prozess enthält die Schritte **Kommissionierung** (OB01), **LZL** (VS02) und **Bereitstellung** (OB03).

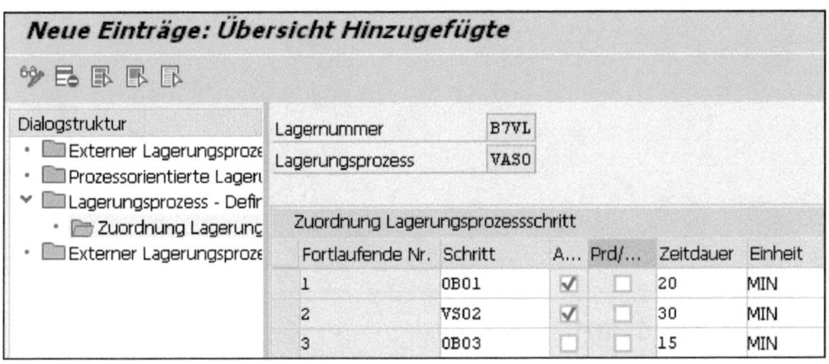

Abbildung 14.26 Ausgangslagerprozess mit LZL-Integration

Abbildung 14.27 zeigt den Auslieferungsauftrag für den beschriebenen Prozess. Auf der Registerkarte **Belegfluss** für die Position sehen Sie den LZL-Auftrag 72 mit dem Belegtyp VAS. In der Abbildung sehen Sie, dass die Lagerprozessart P210 ermittelt wurde, die den Lagerungsprozess bestimmt. In Kapitel 7, »Objekte und Elemente der Prozesssteuerung«, finden Sie Einzelheiten dazu, welche Rolle die Prozessart bei der Lagerungsprozessfindung für die Ausgangsverarbeitung spielt.

Abbildung 14.27 zeigt auch, dass für das Material die Packspezifikation 10000093 ermittelt wurde und dass diese zur Ausführung des LZL-Auftrags verwendet wird. Den nächsten Schritt in dem Prozess bildet die Anlage der Kommissionier-Lageraufgabe für den Auslieferungsauftrag, die z. B. über Transaktion /SCWM/TODLV_O erfolgen kann (siehe Abbildung 14.28). In der Abbildung sehen Sie, dass das Material aus dem Von-Lagerplatz (T010-01-01-A) entnommen wird und dass auch der Nach-Lagerplatz (T830-VAS-PACK1) ermittelt wurde.

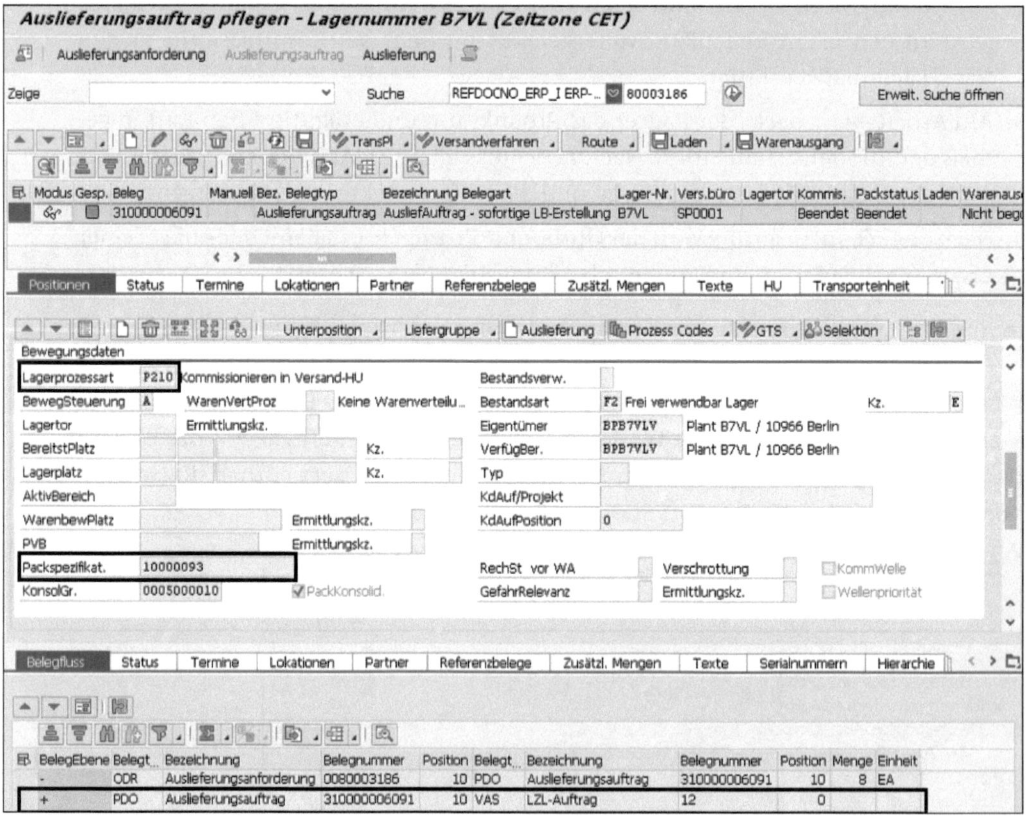

Abbildung 14.27 Auslieferungsauftrag mit zugeordnetem LZL-Auftrag

Wie in Kapitel 7, »Objekte und Elemente der Prozesssteuerung«, erläutert, muss bei prozessorientierter Lagerungssteuerung eine *Pick-Handling-Unit* (Pick-HU) verwendet werden. Durch das Vorhandensein der HU kann der Lagerungsprozess während des Umpackens im Rahmen des LZL-Auftrags von einer HU an eine andere HU übergeben werden.

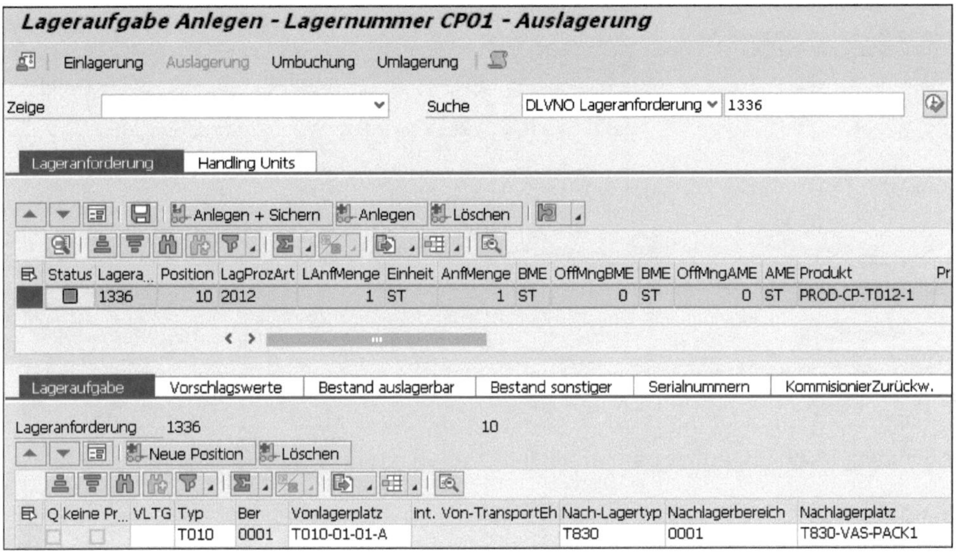

Abbildung 14.28 Kommissionier-Lageraufgabe anlegen (der Nach-Lagerplatz befindet sich am LZL-Arbeitsplatz)

Nachdem die Kommissionieraufgabe bestätigt und das Produkt in der Pick-HU an den Arbeitsplatz geliefert worden ist, können Sie die LZL-Aktivität mit den Transaktionen für die Arbeitsplatzverarbeitung starten.

14.2.5 LZL-Arbeitsplatz und LZL-Ausführung verwenden

Am Arbeitsplatz können die Arbeiten für den LZL-Auftrag ausgeführt werden. Zum Anzeigen des Arbeitsplatzes für die LZL-Ausführung wählen Sie im SAP-Easy-Access-Menü **Extended Warehouse Management • Ausführung • Rückmeldung für LZL erfassen**, oder Sie verwenden Transaktion /SCWM/VASEXEC (siehe Abbildung 14.29).

Wenn Sie auf den Button **PackSpez** im Arbeitsplatz klicken, können Sie die Packspezifikation anzeigen oder drucken, um Einzelheiten zu den Aktivitäten der auszuführenden LZL zu erfahren. In Abbildung 14.30 sehen Sie die Druckvorschau der Packspezifikation. Im Ausdruck ist zu sehen, dass vier Stück des Produkts PROD-M01 im Packmittel CARTON_S verpackt und anschließend zwölf Stück von CARTON_S in CARTON_M verpackt werden, auf dem wiederum ein Etikett angebracht werden soll. Der nächste Abschnitt erklärt, wie diese LZL-Aktivitäten am Arbeitsplatz ausgeführt werden können.

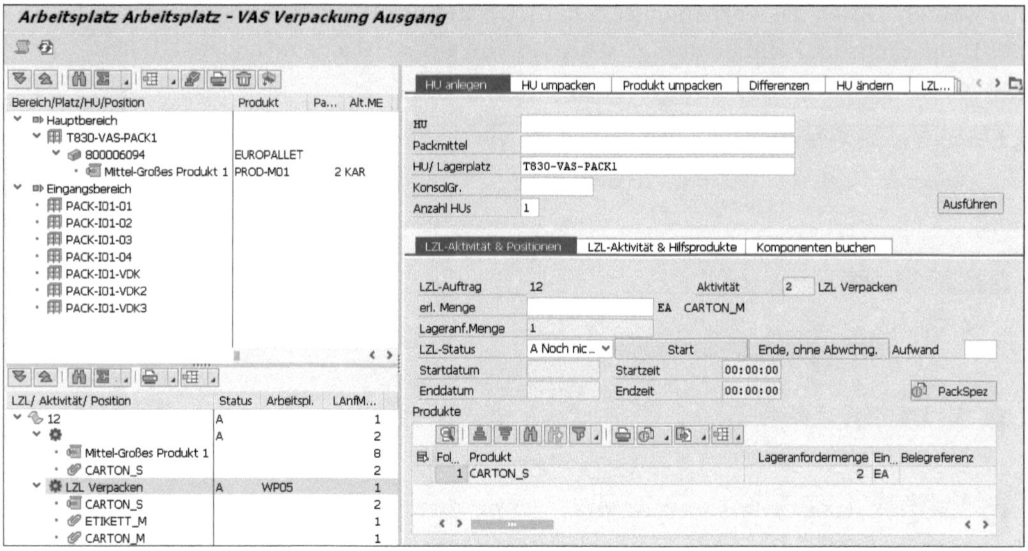

Abbildung 14.29 LZL-Auftrag am Arbeitsplatz verarbeiten

LZL-Ausführung

Zum Ausführen des LZL-Auftrags klicken Sie zunächst auf den Button **Start** auf der Registerkarte **LZL-Aktivität & Positionen** des LZL-Auftrags. Dadurch werden Startdatum und -uhrzeit für den LZL-Auftrag mit dem aktuellen Tagesdatum und der aktuellen Uhrzeit ausgefüllt. Sie können diese Angaben ändern. Danach werden die Aktivitäten des LZL-Auftrags ausgeführt, die durch die Packspezifikation vorgegeben sind (siehe Abbildung 14.30).

1. Anlegen der Handling Unit (HU) mit dem Packmittel CARTON_M (auf der Registerkarte **Produkt umpacken** im Scannerbereich des Arbeitsplatzes).
2. Verpacken von einem Stück des Materials PROD-M01 im Karton (ebenfalls auf der Registerkarte **Produkt umpacken**; nach der Eingabe der Daten klicken Sie auf den Button **Ausführen**).
3. Anbringen eines Etiketts auf dem Karton, was in diesem Fall nur als Arbeitsschritt in der Packspezifikation erscheint.
4. Nach Abschluss der LZL-Ausführung können Sie Enddatum und -uhrzeit eingeben und den Status des LZL-Auftrags auf **mit** oder **ohne Abweichungen abgeschlossen** setzen. Alternativ können Sie den Button **Ende, ohne Abwchng.** anklicken, um die Endzeit automatisch zu aktualisieren und den Auftrag ohne Abweichungen abzuschließen.
5. Bei größeren Mengen oder längeren Aktivitäten können Sie die abgeschlossenen Mengen auch während der laufenden Aktivität (z. B. zum Ende einer Schicht) und nicht erst bei Abschluss des gesamten LZL-Auftrags aktualisieren.

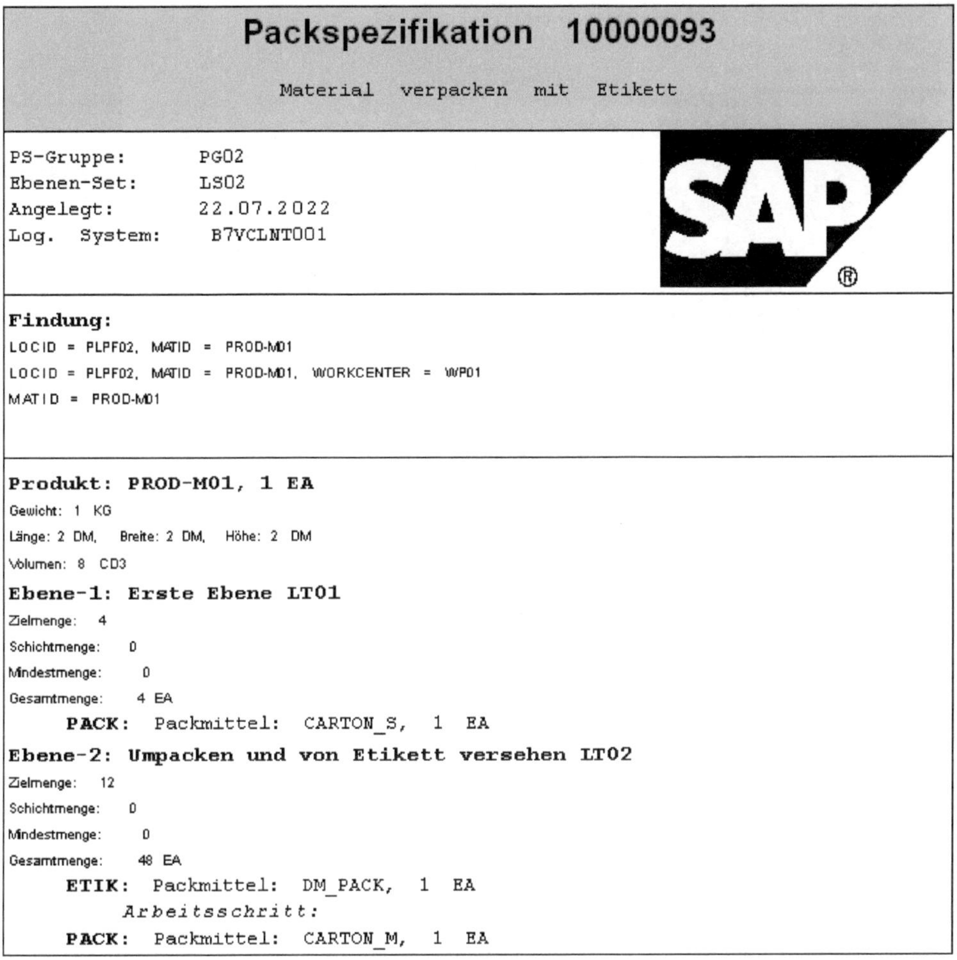

Packspezifikation 10000093

Material verpacken mit Etikett

PS-Gruppe: PG02
Ebenen-Set: LS02
Angelegt: 22.07.2022
Log. System: B7VCLNT001

Findung:
LOCID = PLPF02, MATID = PROD-M01
LOCID = PLPF02, MATID = PROD-M01, WORKCENTER = WP01
MATID = PROD-M01

Produkt: PROD-M01, 1 EA
Gewicht: 1 KG
Länge: 2 DM, Breite: 2 DM, Höhe: 2 DM
Volumen: 8 CD3
Ebene-1: Erste Ebene LT01
Zielmenge: 4
Schichtmenge: 0
Mindestmenge: 0
Gesamtmenge: 4 EA
PACK: Packmittel: CARTON_S, 1 EA
Ebene-2: Umpacken und von Etikett versehen LT02
Zielmenge: 12
Schichtmenge: 0
Mindestmenge: 0
Gesamtmenge: 48 EA
ETIK: Packmittel: DM_PACK, 1 EA
Arbeitsschritt:
PACK: Packmittel: CARTON_M, 1 EA

Abbildung 14.30 Druckvorschau der Packspezifikation aus dem LZL-Arbeitsplatz

14.2.6 Aufwandscodes und Verrechnung von Hilfsprodukten

Bei der LZL-Verarbeitung können Sie auch zusätzliche Arbeiten oder Aufwände mithilfe von *Aufwandscodes* erfassen. Abbildung 14.31 zeigt den Aufwandscode, der im LZL-Arbeitsplatz gepflegt wird. In dem Beispiel sehen Sie, dass bei der LZL-Ausführung ein zusätzlicher Reinigungsaufwand erforderlich war und der Aufwandscode EF1A ausgewählt wurde. Der Aufwandscode wird im LZL-Auftrag erfasst und kann später ausgewertet werden, z. B. zu Abrechnungszwecken.

In Abbildung 14.32 sehen Sie die zu verrechnende Menge, die für das Packhilfsmittel CARTON_M gepflegt werden kann. Wenn das Packhilfsmittel im Produktstamm als **Verbrauchsrel. LZL** (verbrauchsrelevant für LZL) angegeben ist, wird bei Abschluss des LZL-Auftrags automatisch der Warenausgang für die angegebene Menge gebucht.

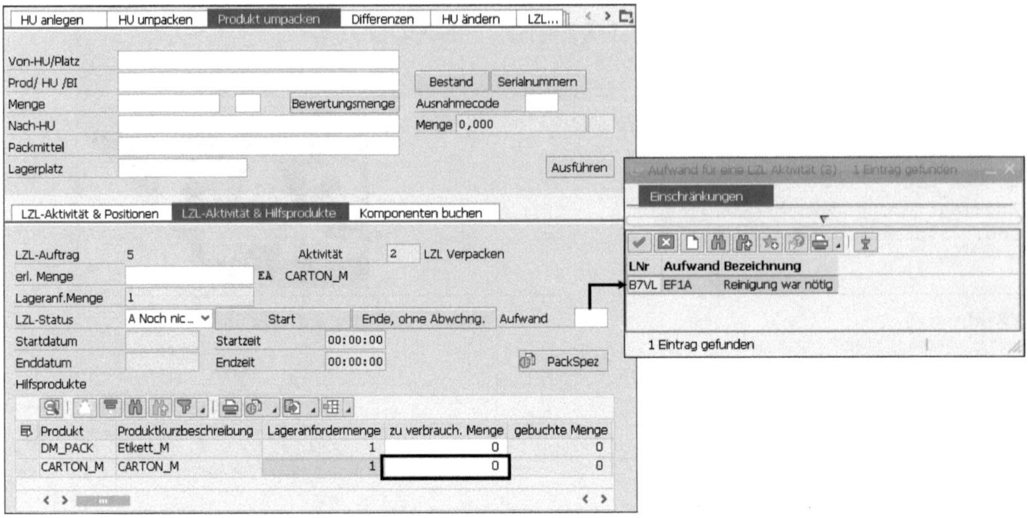

Abbildung 14.31 Aufwandscodes und Verrechnung von Hilfsprodukten

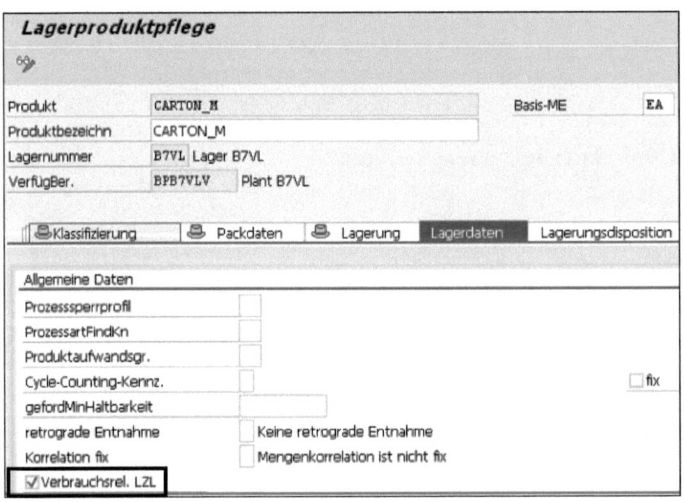

Abbildung 14.32 Verbrauchsrelevanz für LZL im Produktstamm des Packhilfsmittels

Damit der Warenausgang für die Hilfsmittel erfolgen kann, muss die angeforderte Menge am Warenbewegungsplatz für den Arbeitsplatz vorhanden sein. Dieser Lagerplatz kann über den Menüpfad **Extended Warehouse Management • Stammdaten • Lagerplätze für LZL-Verbrauchsbuchungen zuordnen** im SAP-Easy-Access-Menü oder über Transaktion /SCWM/73000001 zugeordnet werden.

Nach Abschluss der LZL-Aktivität können Sie den Prozess fortsetzen, indem Sie eine Lageraufgabe anlegen, mit der das Produkt zum Arbeitsplatz der nächsten LZL-Aktivität bewegt wird. Dies kann z. B. dann zutreffen, wenn mehrere LZL-Aktivitäten an unterschiedlichen Arbeitsplätzen ausgeführt werden müssen. Zum Anlegen der nächsten Lageraufgabe können Sie den Button **LZL-Lageraufgabe anlegen** anklicken (siehe Abbildung 14.33).

In unserem Beispiel müssen keine weiteren LZL-Aktivitäten ausgeführt werden. Deshalb können Sie einfach den Button **Prozessschritt für HU abschl.** anklicken. Wie Sie aus Abbildung 14.33 ersehen können, wird der HU-Schritt abgeschlossen und eine HU-Lageraufgabe für den nächsten Schritt im Lagerungsprozess angelegt. Im Beispiel dient die nächste Lageraufgabe dazu, eine Bewegung zum Versandbereitstellungsbereich auszuführen.

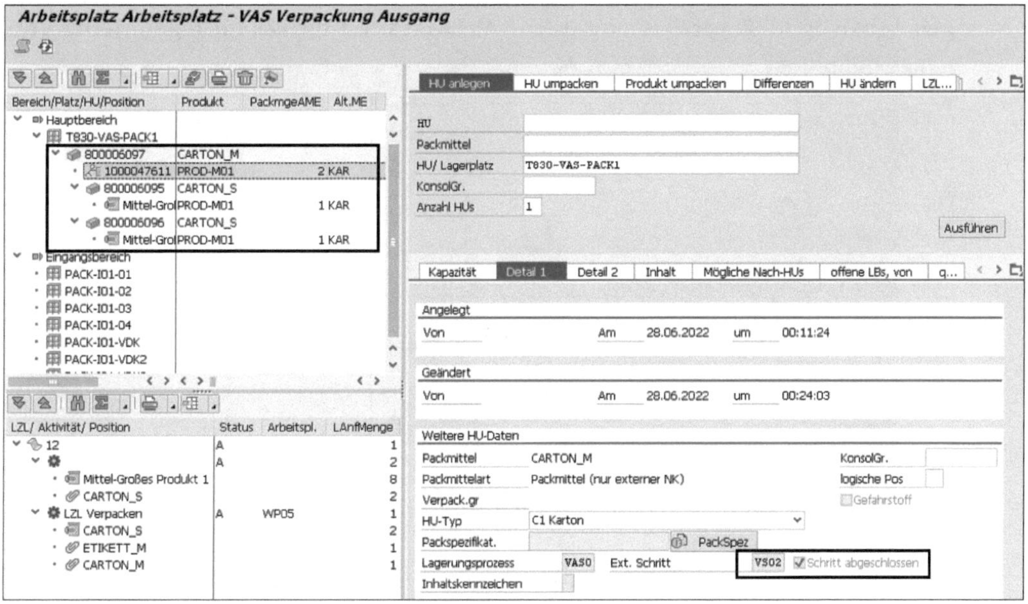

Abbildung 14.33 LZL-Arbeitsplatz und Prozessfortsetzung

14.2.7 LZL für Einlagerungsprozesse

Ebenso wie beim Auslagerungsprozess können auch beim Einlagerungsprozess LZL-Aufträge verwendet werden. Sie könnten z. B. eine Aktivität anlegen, in der ein Material umgepackt wird, bevor es am endgültigen Lagerplatz eingelagert wird. Das Umpacken würde gemäß der Packspezifikation erfolgen, die über das Findungsschema ermittelt wird, das in der Konfiguration für die LZL-Relevanz der Anlieferungsbelegart und Anlieferungspositionsart zugeordnet ist.

Ein Einlagerungsprozess mit LZL könnte z. B. die Schritte **Entladen**, **LZL** und **Einlagerung** umfassen. In diesem Fall prüft das System nach Abschluss des Entladeschritts, ob für die Anlieferposition ein LZL-Auftrag vorliegt. Ist dies der Fall, wird die HU automatisch an den LZL-Arbeitsplatz weitergeleitet. Wenn kein LZL-Auftrag für die Anlieferposition vorliegt, wird der LZL-Schritt übersprungen und direkt der Einlagerungsschritt für die HU ausgeführt.

14.2.8 LZL für lagerinterne Vorgänge

Sie können auch einen LZL-Auftrag für ein bestimmtes Material mit Referenz auf eine interne Lageranforderung anstelle einer Anlieferung oder Auslieferung anlegen. In diesem Fall müssen Sie zunächst eine Auftragsart für interne LZL definieren (siehe Abbildung 14.34). Zum Definieren von Auftragsarten für LZL wählen Sie im EWM-Customizing **Extended Warehouse Management • Prozessübergreifende Einstellungen • Logistische Zusatzleistung (LZL) • Auftragsarten für LZL für lagerinterne Vorgänge definieren**.

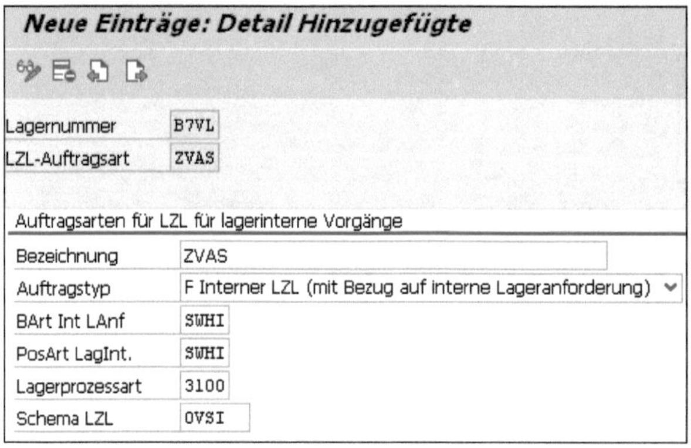

Abbildung 14.34 LZL für lagerinterne Vorgänge

Sie können die Beleg- und Positionsart angeben und außerdem festlegen, welche Lagerprozessart für die Kommissionieraufgabe und welches Findungsschema zur Ermittlung der Packspezifikation verwendet werden soll.

Zum Anlegen der LZL für lagerinterne Vorgänge wählen Sie im SAP-Easy-Access-Menü den Pfad **Extended Warehouse Management • Arbeitsvorbereitung • Logistische Zusatzleistung (LZL) • LZL für lagerinterne Vorgänge**, oder Sie verwenden Transaktion /SCWM/VAS_INT.

Wenn Sie den LZL-Auftrag für interne Vorgänge anlegen, wird im Hintergrund die interne Lageranforderung angelegt. Zum Anzeigen der internen Lageranforderung wählen Sie im SAP-Easy-Access-Menü den Pfad **Extended Warehouse Management • Arbeitsvorbereitung • Interne Umlagerung pflegen**, oder Sie verwenden Transaktion /SCWM/IM_ST. Im Belegfluss der angelegten Position können Sie den entsprechenden LZL-Auftrag sehen.

Nachdem wir uns in diesem Abschnitt mit LZL befasst haben, schauen wir uns als Nächstes die Kit-Funktion an.

14.3 Kit-Bildung

Ein *Kit* bezeichnet ein Set von Materialien, das durch eine Komponentenliste gebildet wird. Ein Kit wird im Lager aus den Komponenten zusammengesetzt und immer vollständig und montiert an den Kunden ausgeliefert. SAP EWM unterstützt die Kit-Bildung sowohl auftragsbezogen als auch anonym für den Bestand sowie die Auflösung von bestehenden Kits in seine Komponenten. Die Kit-Bildung kann integriert mit anderen SAP-Systemen (SAP ERP und SAP CRM) oder auch SAP-EWM-intern durchgeführt werden. In diesem Abschnitt geben wir Ihnen eine Einführung in die Möglichkeiten der Kit-Bildung von SAP EWM.

Die deutsche Übersetzung von Kit ist *Bausatz*. Im EWM-System und in der EWM-Dokumentation werden beide Begriffe synonym verwendet. Unser Eindruck ist, dass in der Praxis auch im deutschsprachigen Bereich häufiger der englische Begriff benutzt wird. Daher schreiben wir in diesem Abschnitt über Kits und Kit-Komponenten und nicht über Bausätze und Bausatzkomponenten.

SAP EWM unterstützt die drei folgenden Prozesse für die Kit-Bildung:

- **Kit-to-Order**
  Beim Kit-to-Order-Prozess werden Kits individuell für Kundenaufträge erstellt. Wenn Sie also keinen Bestand eines Kits im Lager haben und der Kunde das Kit bestellt, können Sie den Kit-to-Order-Prozess nutzen, um das Kit *während* der Auslieferungsverarbeitung zu erstellen. Dies geschieht entweder an einem Arbeitsplatz (mit oder ohne Benutzung von Aufträgen für LZL) oder direkt während der Kommissionierung der Komponenten in eine Kommissionier-HU. SAP EWM unterstützt sowohl Kit-to-Order-Prozesse, die aus dem SAP-ERP-System gestartet werden (SD-Kundenauftrag), als auch Prozesse mit Kundenaufträgen aus SAP CRM.
- **Kit-to-Stock**
  Mit dem Kit-to-Stock-Prozess können Sie Kits erstellen und diese anschließend in den Bestand überführen. Die Kits werden also nicht für einen bestimmten Kundenauftrag zusammengesetzt, sondern um sie zu bevorraten. Der Kit-to-Stock-Prozess kann entweder im SAP-ERP-System über einen Fertigungsauftrag gestartet werden oder alternativ direkt im SAP-EWM-System durch einen speziellen Auftrag für logistische Zusatzleistungen (LZL-Auftrag) für Kit-to-Stock.
- **Reverse Kitting**
  Mit dem Reverse-Kitting-Prozess können Sie bestehende Kits in ihre ursprünglichen Komponenten zerlegen. Sie starten den Prozess, indem Sie einen LZL-Auftrag für Reverse Kitting manuell anlegen. Sie können diesen Prozess nur im SAP-EWM-System starten.

Auf jeden dieser drei Kitting-Prozesse werden wir in diesem Abschnitt genauer eingehen. Vorab geben wir Ihnen einige allgemeine Informationen über Kits in SAP EWM.

Ein Kit besteht aus den folgenden Ebenen:

- Kit-Kopf
- Kit-Komponente
- ersetzte Kit-Komponente (optional)

Der *Kit-Kopf* beinhaltet das Kopfmaterial, das der Kunde bestellt und das ausgeliefert und fakturiert wird. Die Kit-Komponenten sind die Bestandteile des Kits, also die Materialien, die benutzt werden, um das Kit zusammenzusetzen.

In Abbildung 14.35 zeigen wir eine typische Struktur eines Kits: Ein Bremsenbausatz besteht aus jeweils zwei Bremsscheiben und vier Bremsbelägen. Das Kopfmaterial des Kits ist hier also der Bremsenbausatz, und die Komponentenmaterialien sind Bremsscheibe und Bremsbeläge.

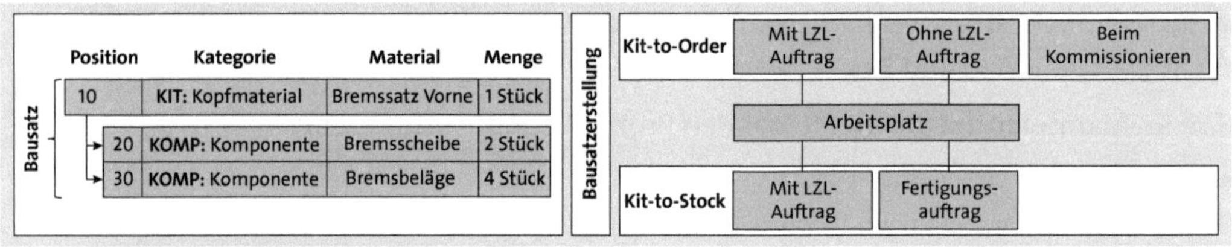

Abbildung 14.35 Struktur eines Kits

SAP EWM sichert Kits *nicht* als eigenes Stammdatum, sondern erhält die Information über die Struktur eines Kits ausschließlich als Teil von Lieferungen aus dem SAP-ERP-System.

[»]

Verschachtelte Kits

SAP EWM unterstützt keine verschachtelten Kits, also Kits, die als Komponenten wiederum ein anderes Kit enthalten.

In den folgenden Abschnitten beschreiben wir die Prozesse im Detail:

- Kit-to-Order (mit SAP-ERP-Kundenaufträgen, mit Kitting-Packspezifikation und Kitting auf Arbeitsplätzen)
- Kit-to-Stock (mit und ohne SAP-ERP-Produktionsaufträge[n])
- Reverse Kitting (mit und ohne Stückliste)

14.3.1 Kit-to-Order

Der *Kit-to-Order-Prozess* ermöglicht es, Kits während der Auslieferungsverarbeitung aus sich im Lager befindlichen Komponenten zusammenzustellen, auszuliefern und an den Kunden zu fakturieren.

In diesem Abschnitt fokussieren wir uns auf den Kit-to-Order-Prozess, basierend auf *SD-Kundenaufträgen*, also Kundenaufträgen der Komponente für den Vertrieb in SAP ERP. SAP EWM unterstützt auch Kit-to-Order im Zusammenhang mit CRM-Kundenaufträgen; im Hinblick auf das SAP-EWM-System unterscheiden sich die beiden Prozesse nicht wesentlich. Auf den Prozess beim Einsatz von SAP CRM gehen wir im nächsten Abschnitt genauer ein.

Beim Anlegen eines Kundenauftrags im SAP-ERP-System wird geprüft, ob für das eingegebene Material eine Vertriebsstückliste existiert. Wenn es eine Vertriebslücke gibt, führt das System die Stücklistenauflösung durch. Es erstellt für jede Position der Stückliste Unterpositionen unterhalb der eingegebenen Materialnummer. Wenn Sie bereits Bestand des Kits im Lager haben, kann dieser Bestand auch direkt kommissioniert werden. Das Kit wird in diesem Fall nicht in seine Komponenten aufgelöst.

Nach dem Speichern des Auftrags kann dieser beliefert werden. Beim Anlegen der Auslieferung werden die Positionen und Unterpositionen des Kundenauftrags übernommen. Die Auslieferung wird in das SAP-EWM-System übertragen, sofern Werk und Lagerort einer SAP-EWM-Lagernummer zugeordnet sind (siehe Kapitel 3, »Organisationsstruktur«).

Basierend auf der SAP-ERP-Auslieferung, werden in SAP EWM eine Auslieferungsbenachrichtigung und ein Auslieferungsauftrag angelegt. Beide Belege beinhalten ebenfalls die Kit-Struktur in Form der Unterpositionen. In SAP EWM sind nur die Unterpositionen kommissionierrelevant, das Kit selbst (das eingegebene Material) hingegen nicht. Die Kommissionierrelevanz wird aus den Positionsarten der SAP-EWM-Lieferung bestimmt, die wiederum mithilfe der Positionsarten der SAP-ERP-Auslieferung ermittelt worden sind. Bei der Erstellung der Kommissionier-Lageraufgaben in SAP EWM werden somit nur Lageraufgaben für die Komponenten des Kits erstellt.

Das Zusammensetzen des Kits kann in SAP EWM mit drei verschiedenen Methoden durchgeführt werden:

- an einem EWM-Arbeitsplatz mit LZL-Aufträgen
- an einem EWM-Arbeitsplatz ohne LZL-Aufträge
- während der Kommissionierung

In den folgenden Abschnitten möchten wir Ihnen diese drei Methoden der Kit-Zusammensetzung zeigen.

Das Lager versendet das komplette Kit an den Kunden. Die Fakturierung wird auf der Ebene des Kits durchgeführt, also nicht auf Basis der Preise der individuellen Komponenten.

[»]

Regeln für die Benutzung von Kits in SAP EWM

Beachten Sie für die Benutzung von Kits in SAP EWM die folgenden Regeln:

- Sie liefern ein Kit immer vollständig zum Kunden.
- Sie terminieren Kit und Kit-Komponenten immer auf dasselbe Datum.
- Alle Bestandteile eines Kits müssen aus demselben Lager stammen.
- Das System berechnet die Preise für Kits immer auf der Ebene des Kit-Kopfes.
- Kit-Kopf und Kit-Komponenten haben ein durch die Kit-Struktur definiertes Mengenverhältnis zueinander, das neu berechnet werden muss, sobald sich mengenmäßige Veränderungen auf der Ebene des Kopfes oder der Komponenten ergeben.

Kit-to-Order an Arbeitsplätzen mit LZL-Aufträgen

Die Verwendung von LZL-Aufträgen für logistische Zusatzleistungen und deren Integration in die Lagerprozesse haben Sie im vorangehenden Abschnitt kennengelernt. Im Kit-to-Order-Prozess an Arbeitsplätzen mit LZL-Aufträgen wird die Zusammensetzung des Kits an einem Arbeitsplatz mit einem Auftrag für logistische Zusatzleistungen (LZL-Auftrag) durchgeführt. Dadurch stehen Ihnen die folgenden Möglichkeiten zur Verfügung:

- Arbeiten an einem speziellen Kitting-Arbeitsplatz
- automatische Findung des Kitting-Arbeitsplatzes
- Dokumentation der Aufwände und Statusverfolgung für das Kitting
- Integration der LZL-Abwicklung in die Lieferung

Wir zeigen nun die einzelnen Schritte eines Kit-to-Order-Prozesses, bis dann schließlich das Kitting am Arbeitsplatz durchgeführt wird.

SAP-ERP-Kundenauftrag mit Kit-Struktur

Der erste Schritt im Kit-to-Order-Prozess ist die Anlage eines Kundenauftrags im SAP-ERP-System mit Transaktion VA01. Nachdem Sie das Kit-Kopfmaterial eingegeben haben, prüft das System, ob eine Auftragsstückliste vorliegt, und löst die Stückliste auf, indem Unterpositionen für jede Komponente erzeugt werden.

In Abbildung 14.36 sehen Sie ein Beispiel, in dem die Stückliste bereits aufgelöst wurde. Das Material PROD-L01 in Position 10 ist das vom Anwender eingegebene Kit-Kopfmaterial. Die Lieferposition hat die Positionsart KIT. Die Materialien PROD-M01 und PROD-S01 sind Komponenten der Stückliste und wurden zu Unterpositionen der Position 10.

In der Spalte **Üb.Pos** (Übergeordnete Position) sehen Sie, dass die beiden Positionen 20 und 30 Unterpositionen von Position 10 sind.

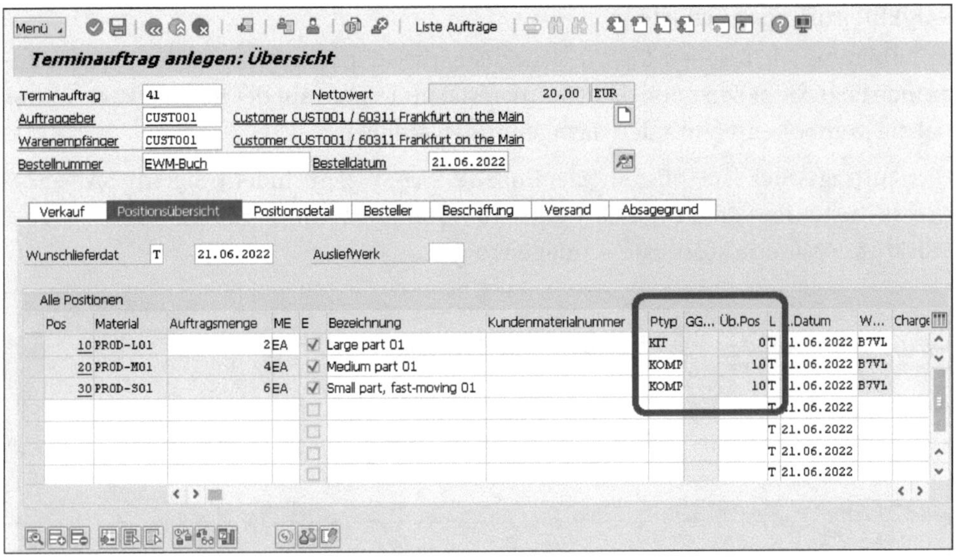

Abbildung 14.36 Kundenauftrag mit einer Kit-Hierarchie

Änderungen der Kit-Struktur im Kundenauftrag

Während der Kundenauftragserstellung können Sie die Kit-Struktur aus der Auftragsstückliste abändern. Wenn Sie die Kit-Struktur im Kundenauftrag ändern, betrifft dies alle folgenden Belege und Prozesse, u. a. die Zusammensetzung des Kits in EWM.

Wie schon erwähnt, gibt es im EWM-System kein eigenes Stammdatum für Kits. Es wird die Relation aus der Auslieferung (oder aus dem Kundenauftrag) übernommen.

SAP-ERP-Auslieferung

Nach dem Speichern des Kundenauftrags kann die Auslieferung angelegt werden. In Abbildung 14.37 sehen Sie, dass die Kit-Struktur aus dem Kundenauftrag in die Auslieferung übernommen worden ist.

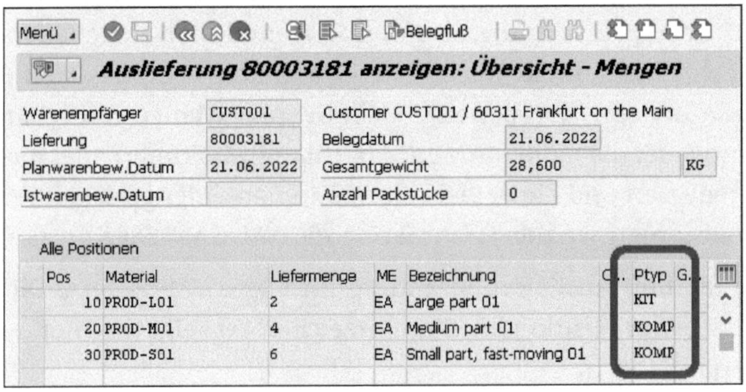

Abbildung 14.37 SAP-ERP-Auslieferung mit einem Kit

SAP-ERP-Auftragsstückliste

In Abbildung 14.38 sehen Sie die Stückliste, die unserem Kit-to-Order-Prozess zugrunde liegt. Sie sehen oben das Kopfmaterial und unten auf der Registerkarte **Material** die Komponenten mit den dazugehörigen Mengen.

Die Auftragsstückliste pflegen Sie im SAP-ERP-System, indem Sie im SAP-Easy-Access-Menü dem Pfad **Logistik • Vertrieb • Stammdaten • Produkte • Stücklisten • Stückliste • Materialstückliste • Anlegen** folgen.

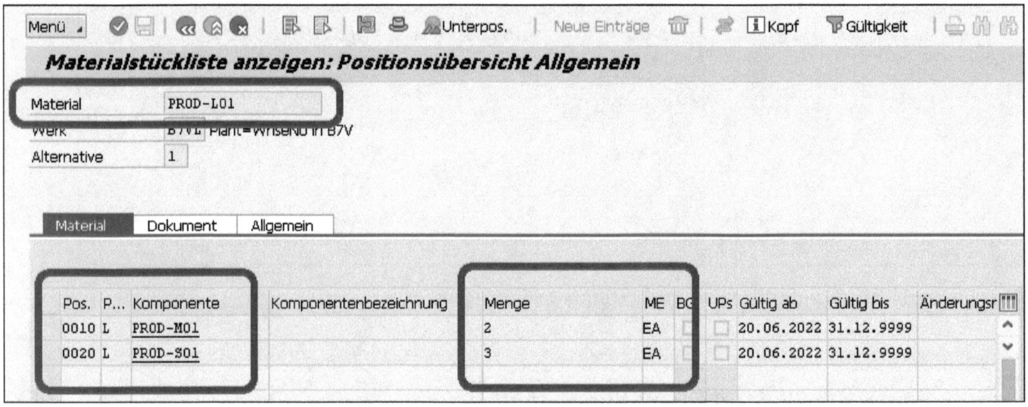

Abbildung 14.38 Stückliste für das Material PROD-L01

SAP-EWM-Auslieferungsauftrag

Nach der Erzeugung der Auslieferung im SAP-ERP-System wird sie an das SAP-EWM-System verteilt. Dort werden zunächst eine Auslieferungsanforderung und dann der Auslieferungsauftrag erzeugt. Die Kit-Struktur wird aus SAP ERP in das SAP-EWM-System übernommen. Da es im SAP-EWM-System keine eigenen Stammdaten für Kits gibt, werden für alle weiteren Verarbeitungsschritte die Kit-Struktur und die darin enthaltenen Mengenrelationen aus dem Auslieferungsauftrag verwendet.

In unserem Beispiel aus Abbildung 14.38 beträgt die Mengenrelation zwischen Kit-Kopf und den Komponenten 1:1, d. h., dass jedes Kit genau aus einem Stück der beiden Komponenten besteht. SAP EWM prüft ständig, ob diese Mengenrelation eingehalten wird, und verbietet bei Abweichungen das Buchen des Warenausgangs, z. B. wenn während der Kommissionierung eine Komponente nicht in voller Menge verfügbar war. In diesem Fall muss entweder die fehlende Menge nachkommissioniert oder die Menge des Kopfmaterials reduziert und die zu viel kommissionierte Menge der anderen Komponente dekommissioniert werden (Transaktion /SCWM/CANCPICK).

In Abbildung 14.39 sehen Sie den Auslieferungsauftrag im SAP-EWM-System. Die Spalte **Ebene** zeigt die Ebene jeder Position an. Ein Pluszeichen (+) zeigt die Hierarchieebene der ersten Unterposition an.

Wie bereits erwähnt, ist in diesem Fall nicht das Kit-Kopfmaterial kommissionierrelevant, sondern nur die beiden Kit-Komponenten.

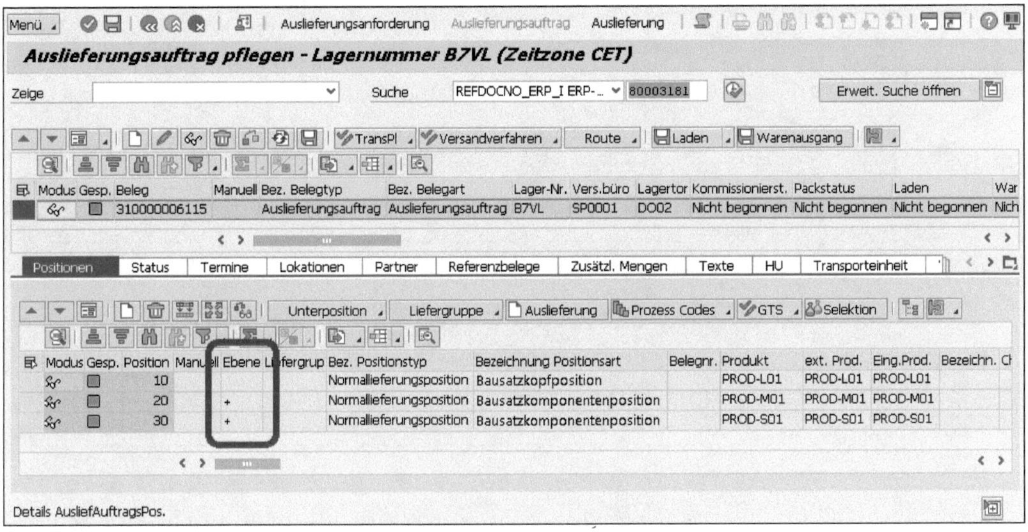

Abbildung 14.39 SAP-EWM-Auslieferungsauftrag mit Kit-Hierarchie

EWM-LZL-Auftrag im Hintergrund anlegen

Während der Erstellung des Auslieferungsauftrags in SAP EWM startet das System eine Aktion des *Post Processing Frameworks* (PPF) zum Anlegen von LZL-Aufträgen. Dabei sucht das System nach geeigneten *Packspezifikationen für das Kitting*. Wenn es eine solche findet, erstellt es mithilfe der Packspezifikation einen LZL-Auftrag. Die Ebenen der Packspezifikation werden als LZL-Aktivitäten in den Auftrag übernommen. Der LZL-Auftrag wird mit Referenz zur Kit-Kopfposition des Auslieferungsauftrags angelegt, also zur übergeordneten Position.

Abbildung 14.40 zeigt einen solchen LZL-Auftrag für Kit-to-Order. Die diesem Auftrag zugrunde liegende Packspezifikation 200030 zeigen wir Ihnen im nächsten Schritt. Sie sehen jedoch schon, dass der LZL-Auftrag genau eine Aktivität hat, und zwar mit der Folgenummer 1 für die Zusammensetzung des Kits EWM-PAL00.

Um das System so einzustellen, dass LZL für das Kitting benutzt wird, müssen Sie die Positionsart des Auslieferungsauftrags für LZL relevant machen. Folgen Sie dafür im Customizing des SAP-EWM-Systems dem Pfad **Extended Warehouse Management • Prozessübergreifende Einstellungen • Logistische Zusatzleistung (LZL) • Relevanz für LZL definieren**, und pflegen Sie einen Eintrag für Ihre Lieferart und Positionsart und gegebenenfalls die Produktgruppe des Materialstamms. Dann weisen Sie ein Findungsschema für Packspezifikationen zu und setzen die **LZL-Relevanz** z. B. auf 1, sodass der LZL-Auftrag beim Anlegen des Auslieferungsauftrags angelegt werden soll. Dies passiert im Hintergrund.

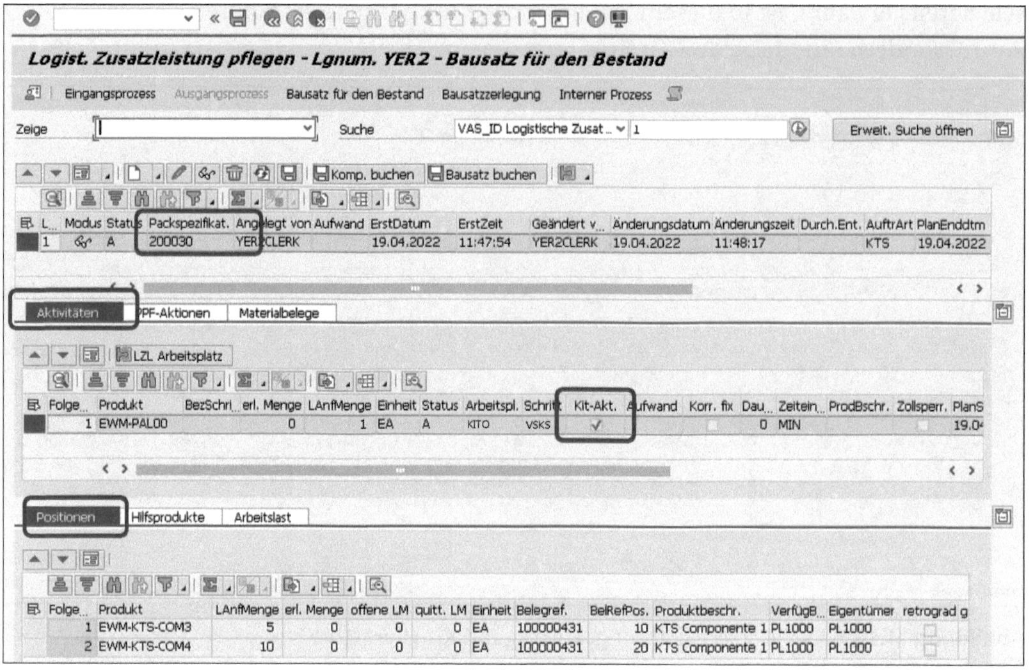

Abbildung 14.40 LZL-Auftrag für den Kit-to-Order-Prozess

Ein LZL-Auftrag für das Kitting hat einige Besonderheiten im Vergleich zu »normalen« LZL-Aufträgen, u. a., dass alle Aktivitäten *vor* der Kitting-Aktivität (die Aktivität, die das Kennzeichen **Kit-Akt.** gesetzt hat, siehe Abbildung 14.40) und die Kitting-Aktivität selbst die *Komponenten* des Kits als Positionen beinhalten. Erst Aktivitäten, die *nach* der Kitting-Aktivität folgen, werden ausschließlich für das Kit selbst durchgeführt. Anders ausgedrückt, steckt dahinter die Annahme, dass bis zur Durchführung der Kit-Zusammensetzung alle Aktivitäten auf den Komponenten und danach nur noch auf dem Kit durchgeführt werden müssen.

SAP-EWM-Packspezifikation für den LZL-Auftrag

Die Packspezifikation ist das Stammdatum für LZL-Aufträge. Ohne eine gültige Packspezifikation kann das System keinen LZL-Auftrag anlegen. Während der Anlage der Auslieferungsanforderung sucht SAP EWM mit dem im Customizing der LZL-Relevanz eingestellten Findungsschema nach geeigneten Packspezifikationen und legt dann mit der gefundenen Packspezifikation den LZL-Auftrag an. Die einzelnen *Ebenen* der Packspezifikation werden dann zu *Aktivitäten* des LZL-Auftrags.

Wenn Sie Packspezifikationen mit mehreren Ebenen einsetzen (z. B. Ölen als erste Ebene, Kit-Zusammenstellung als zweite und Verpacken als dritte Ebene), müssen Sie im Customizing der Ebenenart einstellen, welches die Kitting-Ebene ist. Das Kennzeichen **Kit-Akt.** aus dem LZL-Auftrag in Abbildung 14.40 stammt letztlich aus dieser Einstellung. Folgen Sie im Customizing des SAP-EWM-Systems dem Pfad **Extended Warehouse Management • Stammdaten • Packspezifikation • Struktur der Packspezifikation pflegen • Ebenenart definieren**, und setzen Sie das Kennzeichen **Kitting** (siehe Abbildung 14.41).

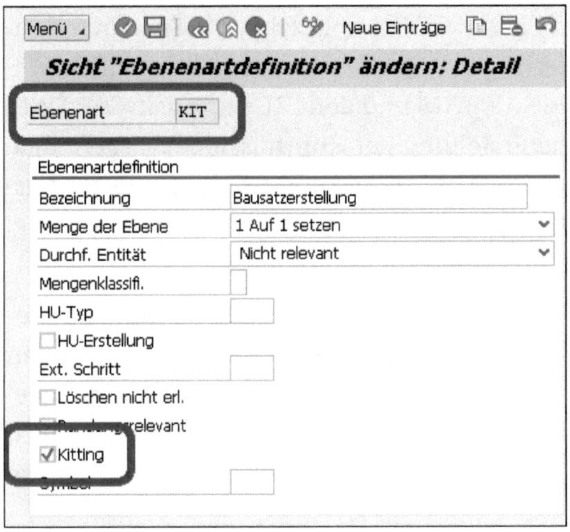

Abbildung 14.41 Ebenenart für das Kitting definieren

Die Packspezifikation, die zur Erstellung des LZL-Auftrags benutzt wurde, sehen Sie in Abbildung 14.42. Die Packspezifikation hat (neben dem Inhalt) nur eine Ebene. Wie Sie sehen, hat die Ebene die Ebenenart KIT und die Bezeichnung **Bausatzerstellung**.

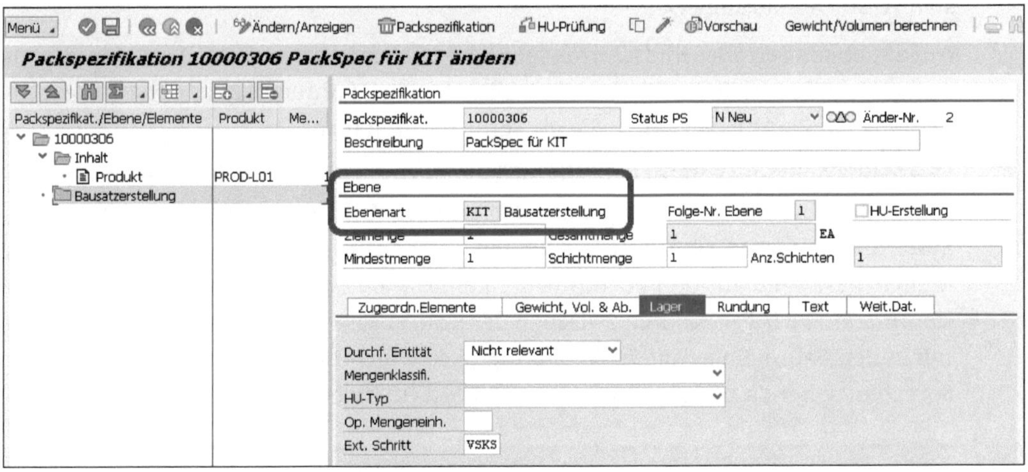

Abbildung 14.42 Packspezifikation für die Kit-Bildung

Im Feld **Ext. Schritt** auf der Registerkarte **Lager** tragen Sie einen Schritt der prozessorientierten Lagerungssteuerung ein. Diesem Schritt muss im Customizing ein Lagerplatz zugewiesen worden sein. Auf diesem Lagerplatz legen Sie einen LZL-Arbeitsplatz an, auf dem dann das Kitting durchgeführt wird.

SAP-EWM-Kit-Komponenten kommissionieren und im Arbeitsplatz zusammensetzen

In den vorangegangenen vier Schritten haben wir Ihnen gezeigt, wie Sie einen Kundenauftrag für Kit-to-Order, die Auslieferung in SAP ERP und in SAP EWM, die Stückliste in SAP ERP, die Packspezifikation in SAP EWM und den LZL-Auftrag in SAP EWM anlegen. Der nächste Schritt ist nun die Erstellung der Kommissionier-Lageraufgaben für den SAP-EWM-Auslieferungsauftrag. Dies führen Sie entweder direkt zur Auslieferung oder über eine Wellenfreigabe durch. Wie schon zuvor erwähnt, sind bei Kit-to-Order nur die Komponenten des Kits kommissionierrelevant.

Im Kit-to-Order-Prozess *mit* Arbeitsplatz müssen Sie durch die Verwendung der prozessorientierten Lagerungssteuerung sicherstellen, dass die Komponenten zu einem Kit-to-Order-Arbeitsplatz gebracht werden. Am einfachsten benutzen Sie einen Lagerungsprozess mit regelbasiertem LZL-Schritt. Welcher Arbeitsplatz dann tatsächlich verwendet wird, wird durch das Feld **Ext. Schritt** der dem LZL-Auftrag zugrunde liegenden Packspezifikation bestimmt.

Um die Transaktion für die Zusammensetzung von Kits in einem Arbeitsplatz zu starten, folgen Sie im SAP-Easy-Access-Menü dem Pfad **Extended Warehouse Management • Ausführung • Rückmeldung für LZL erfassen**, oder Sie verwenden den Transaktionscode /SCWM/VASEXEC. Im Einstiegsbildschirm dieser Transaktion geben Sie den Namen des Arbeitsplatzes ein und führen die Selektion aus. Es erscheint der Bildschirm aus Abbildung 14.43.

Auf der linken Seite des Bildschirms sehen Sie die Kommissionier-HU mit den beiden kommissionierten Komponenten. Der LZL-Auftrag ist unten links zu sehen. Die Aktivitäten des LZL-Auftrags sehen Sie im Bereich unten rechts.

Oberhalb der Baumstruktur befindet sich ein Button zur Kit-Erstellung. Wenn Sie diesen Button anklicken, bestätigen Sie, dass Sie das Kit zusammengestellt haben. Das System erstellt nun eine Position für das Kit-Kopfmaterial und berechnet dessen Menge, basierend auf den Positionsmengen. Die neu erstellte Position für das Kit-Kopfmaterial wird als Knoten zwischen der Kommissionier-HU und den Komponenten in den Baum eingefügt. In Abbildung 14.43 wurde der Button bereits angeklickt. Sie sehen daher das Kit-Kopfmaterial EWM-PAL00 links im Baum.

[»]

Virtuelle Bestandsposition bei Kit-to-Order

Die erzeugte Position für das Kit-Kopfmaterial ist technisch keine »echte« bestandsgeführte Position, sondern lediglich eine virtuelle oder eine »Dummy-Position«. Diese virtuelle Position wird in Transaktionen benutzt, indem das Kit angezeigt wird (um sehen zu können, dass das Kitting durchgeführt wurde), zur Prüfung der korrekten Mengenrelationen bei der Warenausgangsbuchung sowie zum Druck von Etiketten und anderen Dokumenten.

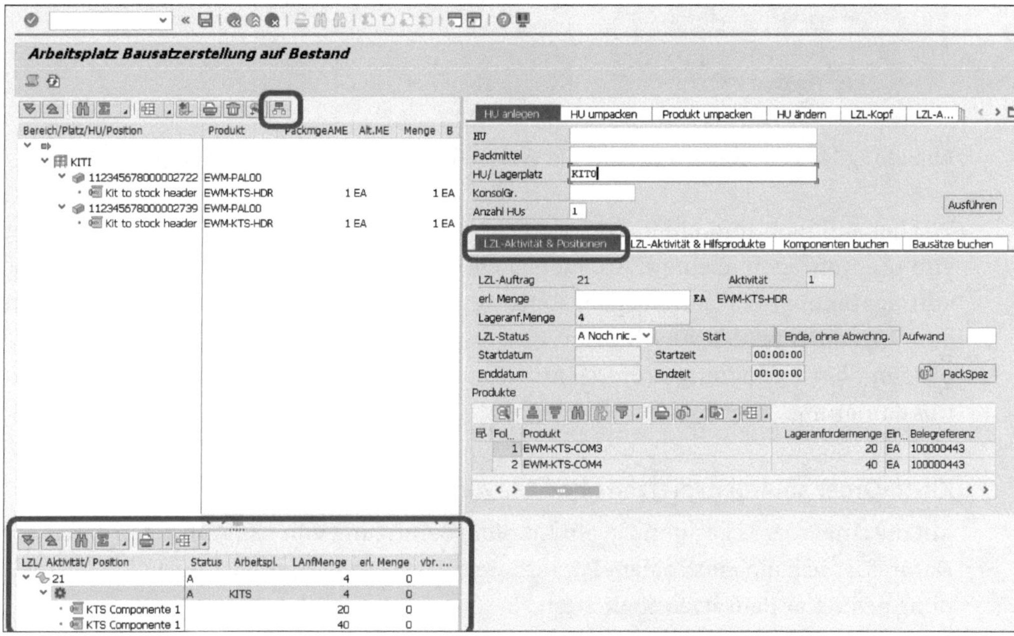

Abbildung 14.43 Zusammensetzung des Kits im Arbeitsplatz für Kit-to-Order

Mit dem LZL-Auftrag unten auf dem Bildschirm können Sie den Fortschritt des Kittings erfassen, z. B. die bereits abgearbeitete Menge, die Startzeit und Endzeit sowie Aufwände und eventuelle Mengenabweichungen. Sie können die dem LZL-Auftrag zugrunde liegende Packspezifikation anzeigen und ausdrucken, indem Sie den Button **PackSpez** anklicken.

Sobald das Kit fertig zusammengestellt ist, geben Sie die HU frei. Dazu klicken Sie (wie von anderen Arbeitsplätzen bekannt) auf den Button **Abschließen des Prozessschrittes der HU**. Das System erstellt dann gemäß der prozessorientierten Lagerungssteuerung die HU-Lageraufgabe für den nächsten Schritt.

EWM Warenausgang buchen

Schließlich nehmen Sie die Warenausgangsbuchung vor. Die Buchung wird in das SAP-ERP-System repliziert. Im SAP-ERP-System wird vor dem Buchen des Warenausgangs im Hintergrund zunächst ein Wareneingang für das Kit-Kopfmaterial gebucht. Dazu müssen Sie im Customizing eine Bewegungsart einstellen. Folgen Sie dazu im Customizing des SAP-ERP-Systems dem Pfad **Logistics Execution • Ersatzteilmanage-**

ment (SPM) • Warenausgangsprozess (SPM) • Bausatz für den Auftrag • Wareneingangsbewegungsart für Bausatzköpfe einstellen (siehe Abbildung 14.44).

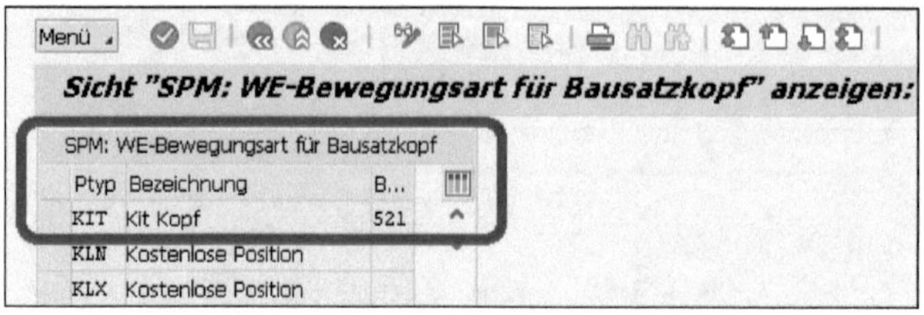

Abbildung 14.44 Bewegungsart für die Wareneingangsbuchung des Kit-Kopfes zuweisen

Wir haben Ihnen nun einen kompletten Kit-to-Order-Prozess mit der Verwendung von LZL-Aufträgen in einem Arbeitsplatz beschrieben – von der Anlage des Kundenauftrags bis hin zur Warenausgangsbuchung der Auslieferung im SAP-ERP-System. In den folgenden beiden Abschnitten beschreiben wir Ihnen Kit-to-Order an Arbeitsplätzen *ohne* Benutzung von LZL-Aufträgen sowie Kit-to-Order während der Kommissionierung.

Kit-to-Order an Arbeitsplätzen ohne LZL-Aufträge

Mit diesem Prozess können Sie ein Kit *ohne* Benutzung von LZL-Aufträgen erstellen. Dafür lässt sich ein »normaler« Packarbeitsplatz so einstellen, dass dort die Rückmeldung erzeugter Bausätze möglich ist.

Dieser Prozess eignet sich also unter den folgenden Bedingungen:

- Sie benötigen keine ausführliche Dokumentation des Kitting-Vorgangs in SAP EWM.
- Sie führen das Kitting nicht an einem speziellen Kitting-Arbeitsplatz durch, sondern an einem Arbeitsplatz, an dem Sie auch verpacken.

Die Informationen über das Kitting finden Sie nur in den Informationen des Bausatzes in der Auslieferung und in der Kitting-Anweisung, die als freier Text zur Ausliefer-position vorliegen kann.

Aus Customizing-Sicht gibt es die folgenden Unterschiede zum Prozess *mit* Benutzung von LZL:

- Um die Erstellung von LZL-Aufträgen zu verhindern, deaktivieren Sie die LZL-Relevanz im Customizing über den Pfad **Extended Warehouse Management • Prozessübergreifende Einstellungen • Logistische Zusatzleistung (LZL) • Relevanz für LZL definieren**, oder Sie verwenden unterschiedliche Lieferarten, Positionsarten oder Materialien mit unterschiedlichen Produktgruppen, für die keine LZL-Relevanz eingestellt ist.
- Weisen Sie dem Lagerungsprozess der prozessorientierten Lagerungssteuerung einen Verpacken-Schritt zu.

- Stellen Sie das Arbeitsplatz-Layout des Packarbeitsplatzes so ein, dass die Zusammensetzung von Kits unterstützt wird. Folgen Sie dazu im SAP-EWM-Customizing dem Pfad **Extended Warehouse Management • Stammdaten • Arbeitsplatz • Arbeitsplatz-Layout definieren**.

Kit-to-Order während der Kommissionierung

Wenn Sie die Zusammensetzung des Kits physisch nicht an einem Arbeitsplatz durchführen, können Sie dies auch während der Kommissionierung machen. In diesem Fall benötigen Sie auch keinen Verpacken- oder LZL-Schritt in der prozessorientierten Lagerungssteuerung. Sie haben dann aber auch keine Möglichkeit mehr, einen LZL-Auftrag zu benutzen, d. h., Sie können in SAP EWM keine ausführliche Dokumentation des Kitting-Vorgangs erfassen.

Um Kit-to-Order während der Kommissionierung zu benutzen, müssen Sie einstellen, dass EWM automatisch eine Position in der HU mit dem Kit-Kopf generiert. Es handelt sich hier um dieselbe virtuelle Position, die wir zuvor beschrieben haben. Folgen Sie dazu im EWM-Customizing dem Pfad **Extended Warehouse Management • Warenausgangsprozess • Auslieferung • Manuelle Einstellungen • Positionsarten für Auslieferungsprozess definieren** (siehe Abbildung 14.45).

14

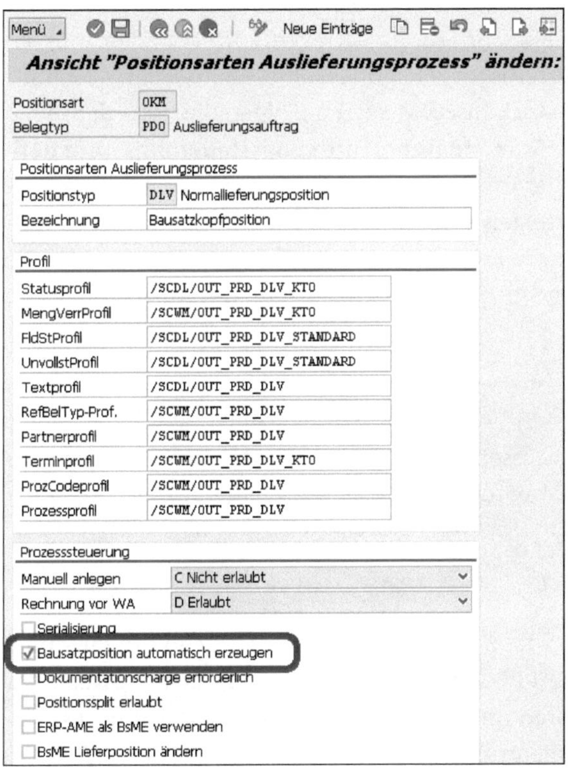

Abbildung 14.45 Bausatzpositionen automatisch erzeugen

Hier stellen Sie für jede Kombination von Belegtyp und Positionstyp ein, ob SAP EWM während des Kommissionierens in eine Kommissionier-HU automatisch eine Kit-Kopfposition erzeugen soll. Es wird beim Sichern der Lageraufgabe eine Dummy-Position in der HU erzeugt, die dann z. B. im Verpackungsdialog angezeigt wird und auf den HU-Druckformularen ausgegeben werden kann. Darüber hinaus wird diese Position bei der Warenausgangsbuchung vom System verwendet, um zu prüfen, ob verpackte Bausätze vollständig sind und somit auch im Warenausgang gebucht werden können.

14.3.2 Kit-to-Stock

Sie können Kits auch unabhängig von Kundenaufträgen erstellen und sie anschließend in den Bestand überführen (*Kit-to-Stock*). Dies bietet Ihnen einen schlanken, einfachen Kitting-Prozess, der im Lager ausgeführt und dokumentiert wird.

Sie können Kit-to-Stock entweder im SAP-ERP-System auf der Basis eines Fertigungsauftrags oder direkt im SAP-EWM-System durch einen LZL-Auftrag manuell anstoßen. Beide Varianten beschreiben wir nun im Detail.

Kit-to-Stock, basierend auf SAP-ERP-Fertigungsaufträgen

Um Kit-to-Stock, basierend auf SAP-ERP-Fertigungsaufträgen, zu verwenden, müssen Sie im Customizing des SAP-ERP-Systems im Fertigungssteuerschlüssel im Abschnitt **Transport** das Kennzeichen **Kit-to-Stock in EWM** setzen. Folgen Sie dazu dem Pfad **Produktion • Fertigungssteuerung • Stammdaten • Fertigungssteuerungsprofil definieren**. Damit legen Sie fest, dass die Ausführung des Auftrags als Kit-to-Stock-Prozess in einem SAP-EWM-System erfolgen soll. Nach erfolgreicher Freigabe des Auftrags werden eine Auslieferung für die Komponenten und eine Anlieferung für die Auftragsposition erstellt und an das SAP-EWM-System verteilt. Der Auftrag selbst ist danach nicht mehr änderbar.

[»]

Voraussetzungen für Kit-to-Stock mit SAP-ERP-Fertigungsaufträgen

Weitere Informationen über die Voraussetzungen finden Sie in der Datenelementdokumentation des Kennzeichens **Kit-to-Stock in EWM** des Fertigungssteuerschlüssels in SAP ERP über den Pfad **Produktion • Fertigungssteuerung • Stammdaten • Fertigungssteuerungsprofil definieren**.

Die erstellten Lieferungen werden in das SAP-EWM-System übertragen. Für die Anlieferung wird automatisch (über die PPF-Aktion) ein LZL-Auftrag erstellt. Nach der Kommissionierung der Komponenten und der Rückmeldung des LZL-Auftrags werden der Warenausgang für die Auslieferung und der Wareneingang für die Anlieferung gebucht und in SAP ERP verteilt. Der Fertigungsauftrag in SAP ERP wird fortgeschrieben.

Sie können den Kit-to-Stock-Prozess komplett über den LZL-Auftrag oder über die Transaktion zum Bearbeiten des LZL-Auftrags für Kit-to-Stock bearbeiten. Folgen Sie dazu im SAP-Easy-Access-Menü dem Pfad **Extended Warehouse Management • Arbeitsvorbereitung • Logistische Zusatzleistung (LZL) • LZL für Bausatzerstellung auf Bestand**, oder nutzen Sie den Transaktionscode /SCWM/VAS_KTS. In Abbildung 14.46 sehen Sie diese Transaktion mit einem entsprechenden LZL-Auftrag für Kit-to-Stock.

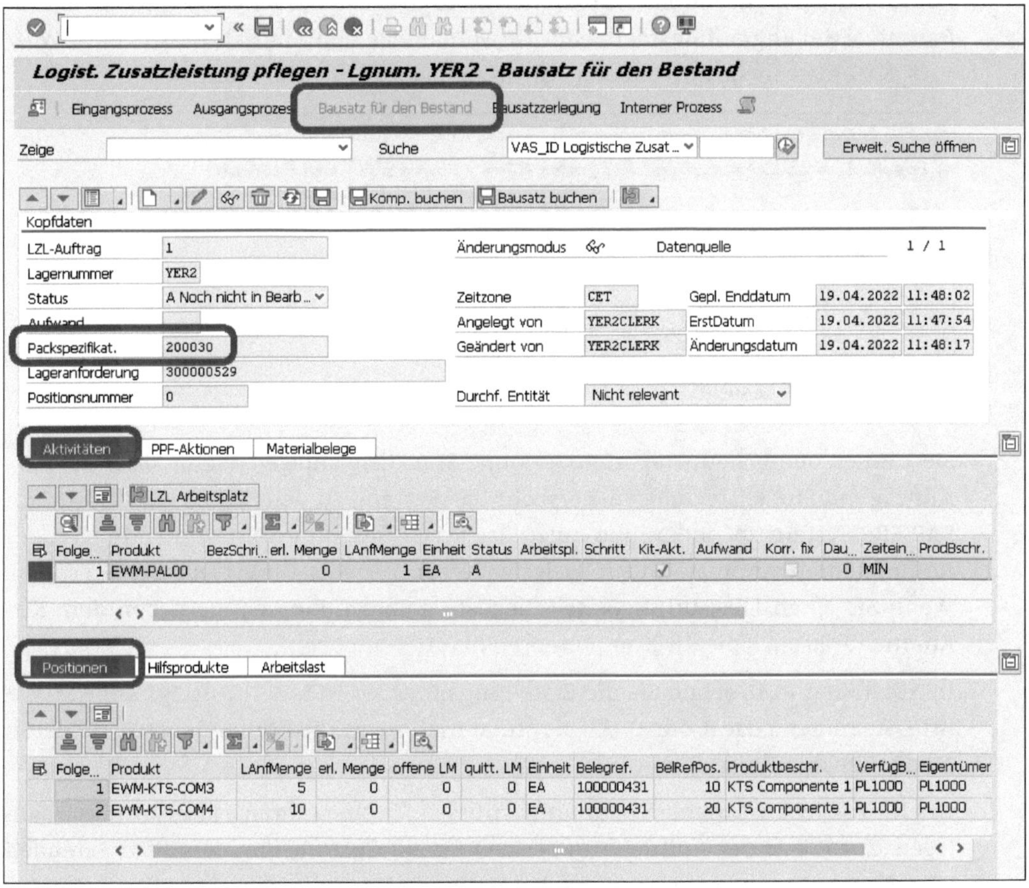

Abbildung 14.46 LZL-Auftrag für Kit-to-Stock in SAP EWM

Anstatt mit Transaktion /SCWM/VAS_KTS zu arbeiten, können Sie alternativ auch direkt die Anlieferungs- und Auslieferungstransaktionen (/SCWM/PRDI und /SCWM/PRDO) benutzen. Diese bieten im Falle von Kit-to-Stock aber nur grundlegende Funktionen an, wie z. B. Warenbewegungsbuchungen. Weitergehende Funktionen wie z. B.

Laden/Entladen, Routenfindung, GTS-Prüfung, Zollabwicklung usw. können Sie nicht nutzen. Daher empfehlen wir Ihnen, immer über die Kit-to-Stock-Transaktion zu arbeiten.

Kit-to-Stock, manuell in SAP EWM mit LZL-Auftrag

Sie können Kit-to-Stock auch einsetzen, wenn Sie nicht mit SAP-ERP-Fertigungsaufträgen arbeiten. In diesem Fall legen Sie einen LZL-Auftrag für Kit-to-Stock manuell in SAP EWM an. Folgen Sie dazu im SAP-Easy-Access-Menü dem Pfad **Extended Warehouse Management • Arbeitsvorbereitung • Logistische Zusatzleistung (LZL) • LZL für Bausatzerstellung auf Bestand**, oder verwenden Sie den Transaktionscode /SCWM/VAS_KTS. Klicken Sie nun auf den Button **Anlegen** (siehe Abbildung 14.47).

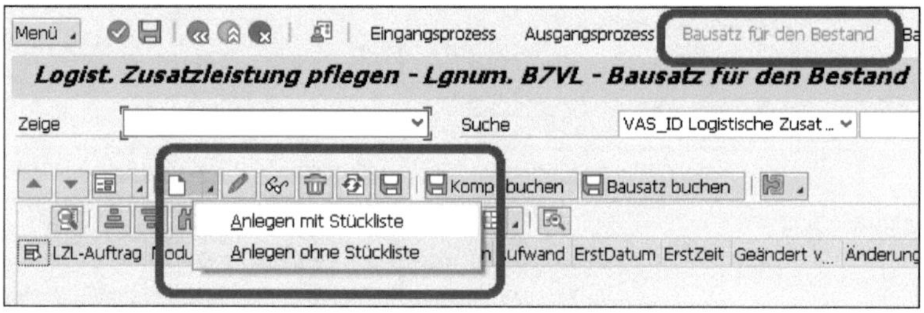

Abbildung 14.47 LZL-Auftrag für Kit-to-Stock anlegen

Sie können den LZL-Auftrag mit oder ohne Stückliste anlegen. Wenn Sie einen LZL-Auftrag *mit* Stückliste anlegen, versucht das System, zu dem Kit eine Stückliste im SAP-ERP-System zu finden und aufzulösen. Das System ermittelt die Mengen der Komponenten automatisch auf Basis der Anzahl der Kits, die erstellt werden sollen. Wenn Sie einen LZL-Auftrag *ohne* Stückliste anlegen, müssen Sie neben dem Kit-Kopfmaterial auch die Kit-Komponenten manuell angeben.

In Abbildung 14.48 sehen Sie die Erstellung eines Kit-to-Stock-Auftrags *ohne* Stückliste. Sie müssen das Produkt (Kit-Kopfmaterial) sowie die Komponenten und deren Mengen manuell eingeben.

Um Kit-to-Stock verwenden zu können, müssen Sie eine spezielle LZL-Auftragsart anlegen. Zur Pflege der Auftragsarten folgen Sie im Customizing dem Pfad **Extended Warehouse Management • Prozessübergreifende Einstellungen • Logistische Zusatzleistung (LZL) • Auftragsarten für LZL für Bausatzerstellung für den Bestand definieren**.

In der Auftragsart stellen Sie u. a. ein, welche Belegart das System für die erstellten An- und Auslieferungen benutzen soll und ob die Komponenten retrograd entnommen werden sollen oder nicht. Im Feld **Schema LZL** legen Sie fest, welche Konditionsart für die Suche nach Packspezifikationen verwendet wird.

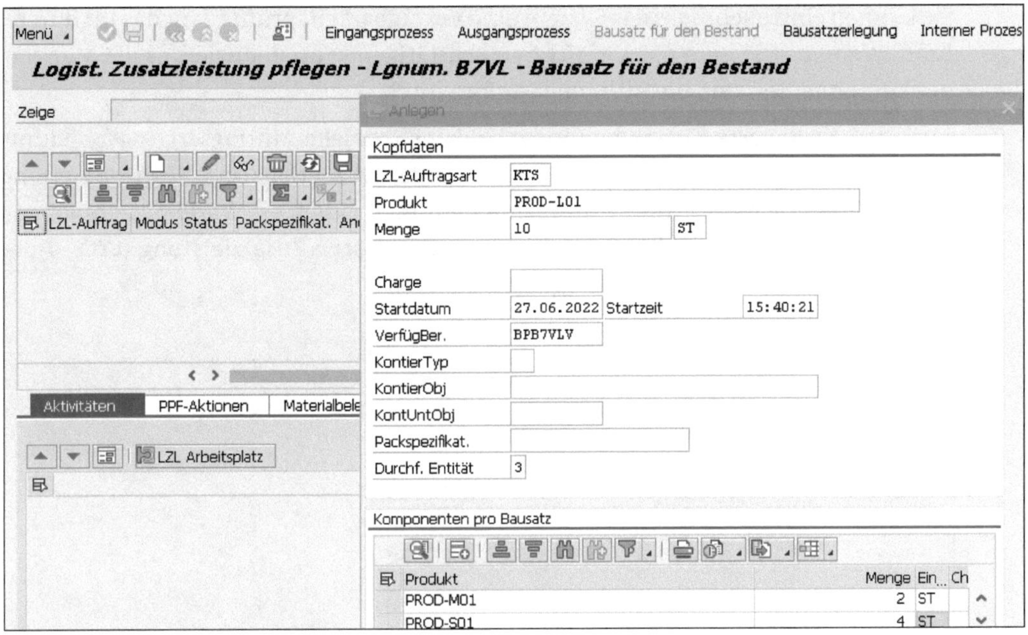

Abbildung 14.48 LZL-Auftrag für Kit-to-Stock mit zwei Komponenten ohne Benutzung der SAP-ERP-Stückliste anlegen

14.3.3 Reverse Kitting

Mit *Reverse Kitting* können Sie Kits, die Sie nicht länger benötigen oder die Sie über Kundenretouren bekommen haben, in ihre Komponenten zerlegen. Sie starten den Prozess, indem Sie einen LZL-Auftrag für das Reverse Kitting manuell anlegen. Sie können diesen Prozess nur im SAP-EWM-System starten, nicht aber aus SAP CRM oder SAP ERP heraus.

Folgen Sie zum Anlegen eines solchen LZL-Auftrags im SAP-Easy-Access-Menü dem Pfad **Extended Warehouse Management • Arbeitsvorbereitung • Logistische Zusatzleistung (LZL) • LZL für Bausatzzerlegung**, oder verwenden Sie Transaktion /SCWM/VAS_KTR. Klicken Sie auf den Button **Anlegen**.

Dort können Sie wählen, ob Sie mit oder ohne Stückliste arbeiten möchten (ganz ähnlich wie bei Kit-to-Stock). Wenn Sie einen LZL-Auftrag *mit* Stückliste anlegen, versucht das System, zu dem Kit-Kopfprodukt eine Stückliste im SAP-ERP-System zu finden und aufzulösen. Das System ermittelt die Mengen der Komponenten automatisch anhand der Anzahl der Kits, die Sie erstellen möchten. Wenn Sie einen LZL-Auftrag *ohne* Stückliste anlegen, müssen Sie neben dem Kit-Kopfprodukt auch die Komponenten manuell angeben.

Sie können einstellen, dass das System eine Verfügbarkeitsprüfung für das Kit durchführt. Wenn das System das Kit nicht voll bestätigen kann, reduziert es die Mengen der Komponenten und die Kit-Menge automatisch.

Auch für das Reverse Kitting benötigen Sie eine spezielle Auftragsart. In Abbildung 14.49 sehen Sie die Auftragsart KTR, die im Standard hinterlegt ist. Folgen Sie zur Einstellung der Auftragsart im Customizing dem Pfad **Extended Warehouse Management • Prozessübergreifende Einstellungen • Logistische Zusatzleistung (LZL) • Auftragsarten für LZL für Bausatzzerlegung definieren**.

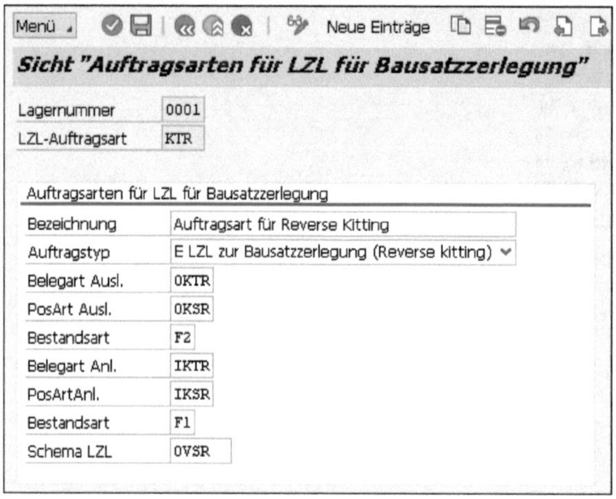

Abbildung 14.49 Auftragsart für das Reverse Kitting

Nach dem Speichern des LZL-Auftrags erstellt das System eine Auslieferung für den Kit-Kopf sowie eine Anlieferung mit den Kit-Komponenten (mit den in der Auftragsart für das Reverse Kitting eingestellten Beleg- und Positionsarten). Beide Lieferungen werden in das SAP-ERP-System repliziert, sobald Sie den Wareneingang oder den Warenausgang buchen.

In diesem Abschnitt haben wir die von SAP EWM unterstützten Kitting-Funktionen beschrieben. Im nächsten Abschnitt stellen wir Ihnen die Integration von SAP EWM mit weiteren SAP-Produkten vor.

14.4 Integration von SAP EWM mit weiteren SAP-Produkten

SAP EWM ist eine moderne und hochflexible Lagerverwaltungslösung, die mit ihren Funktionen und Prozessen sämtliche zentralen Aufgaben einer Lagerverwaltung abdeckt. Komplexe Integrationsszenarien und systemübergreifende Prozesse vernetzten dabei Personen, Endgeräte und Informationen.

Neben der nahtlosen Integration in SAP ERP oder SAP S/4HANA bietet SAP EWM in SAP S/4HANA auch Integrationen zu weiteren SAP-Produkten. Wir stellen Ihnen in diesem Abschnitt eine Auswahl von SAP-Produkten vor, mit denen der bereits im SAP-EWM-Standard vorhandene Funktionsumfang ergänzt und die Transparenz von Lagerprozessen gesteigert werden kann:

- Dock Appointment Scheduling für die Torbelegungsplanung
- SAP Yard Logistics zur Hofsteuerung
- SAP Global Batch Traceability zur Rückverfolgbarkeit von Chargen

14.4.1 Dock Appointment Scheduling

In diesem Abschnitt möchten wir Ihnen die bereits seit SAP-EWM-Release 9.0 verfügbaren Funktionen der Rampenplanung mit *Dock Appointment Scheduling* (DAS) vorstellen, die zur Optimierung der Torbelegungsplanung in Ihrem Lager genutzt werden kann. Seitdem sind Erweiterungen in der Zeitfensterplanung, der Terminverwaltung, den Ermittlungen von Ladeterminen und dem User Interface hinzugekommen. Zudem wurden die Betriebsszenarien um eine Integration mit dem SAP-EWM-Versandcockpit (siehe Kapitel 9, »Warenausgangsprozess«) erweitert.

Die in den nachfolgenden Abschnitten beschriebenen Funktionen von SAP Yard Logistics und dem Yard Management in SAP EWM decken hauptsächlich die operative Steuerung von Transporteinheiten und Prozessen innerhalb des Hofes ab. Im Gegensatz dazu bietet Ihnen Dock Appointment Scheduling als eigenständig nutzbare Systemkomponente (ohne SAP-EWM-Anbindung) Funktionen für eine kollaborative Planung und Pflege sowie zur Überwachung von Be- und Entladeterminen Ihres Lagerstandorts. Zur Minimierung von Wartezeiten und zur Optimierung Ihrer Torbelegungsplanung ermöglicht Ihnen Dock Appointment Scheduling, eine an Ihren Lagerressourcen ausgerichtete und mit Ihren Spediteuren eng abgestimmte Planung von Ladeterminen zu erstellen. Zudem können Sie mit Dock Appointment Scheduling auch große Mengen an täglich in Ihrem Lagerstandort zur Be- und Entladung vorgesehenen Transporteinheiten organisieren und überwachen. Dabei lässt sich Dock Appointment Scheduling nahtlos in die Prozesse von SAP EWM, SAP Yard Logistics und weiteren SAP-Lösungen integrieren.

[«]

SAP Dokumente zur Konfiguration und Integration

Im SAP Support Wiki finden Sie SAP-Dokumente zur Installation, Konfiguration und Integration von Dock Appointment Scheduling mit weiteren SAP-Systemen. Sie erreichen das Wiki über die URL *https://wiki.scn.sap.com*. Suchen Sie dort nach »Dock Appointment Scheduling«.

Dock Appointment Scheduling bietet ein grafisches Planungscockpit, das sowohl in einem SAP-Web-UI als auch mit dem SAP Business Client betrieben werden kann. Das mit rollenabhängigen Pflegedialogen operierende Dock Appointment Scheduling unterstützt mit Drag & Drop und Mouseover die sich automatisch vervollständigenden Eingabehilfen (z. B. Spediteur-Suche) und durch die Farbcodierung eine intuitive Bedienung (siehe Abbildung 14.50).

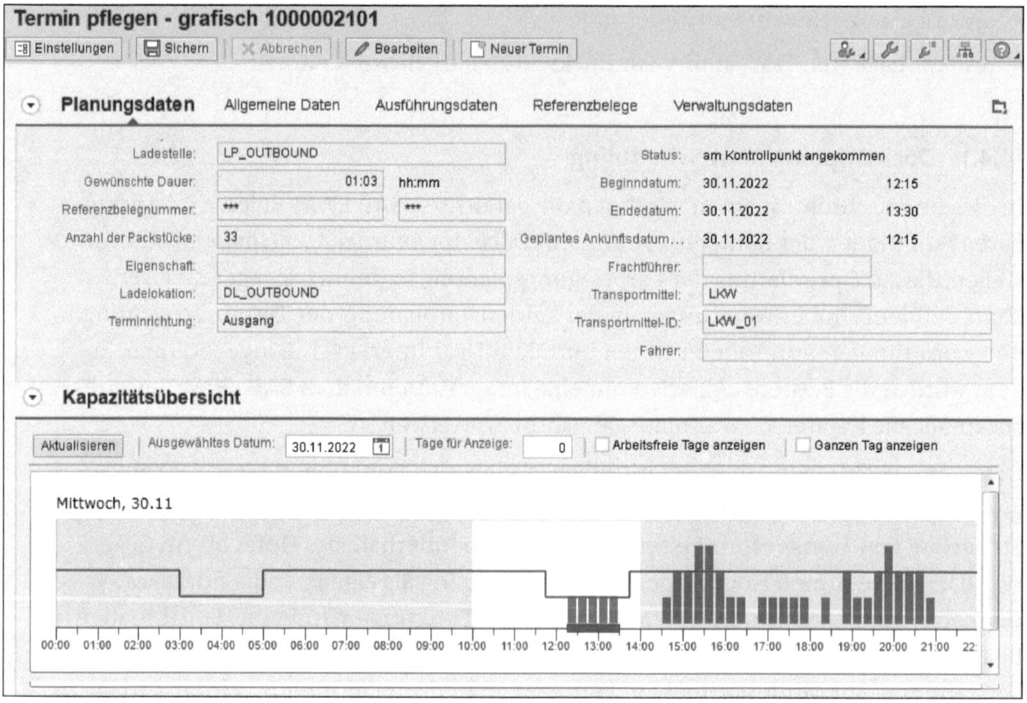

Abbildung 14.50 Grafisches Planungscockpit von Dock Appointment Scheduling

Alternativ zum Planungscockpit lassen sich Planungen von Ladeterminen auch mit einer textuellen/tabellarischen Benutzeroberfläche erstellen und pflegen. Für den externen Zugriff auf Dock Appointment Scheduling durch Ihre Spediteure, um z. B. Ladetermine zu erstellen oder zu überwachen, stehen Ihnen zudem ein abgestimmtes Anwendermanagement und eigene Transaktionen zur Verfügung.

In den folgenden Abschnitten geben wir Ihnen einen Überblick über die Funktionen von Dock Appointment Scheduling. Zunächst gehen wir auf Begriffe und Objekte dieser Komponente ein und geben Ihnen anschließend einen Überblick über die ausgelieferten Betriebsszenarien. Die Torbelegungsplanung mit Dock Appointment Scheduling im Wareneingang haben wir Ihnen bereits in Kapitel 8, »Wareneingangsprozess«, anhand eines Beispiels vorgestellt.

Ladestelle, Zeitfenster und Ladetermine

Die Rampenplanung greift auf die Stammdaten **Ladestellen**, **Zeitfenster** und **Ladetermine** zurück, um die Torbelegungsplanung Ihres Lagerstandorts möglichst realitätsnah abbilden und organisieren zu können. In diesem Abschnitt möchten wir Ihnen diese Stamm- und Bewegungsdaten sowie deren Bezug zu den Objekten und Organisationseinheiten des Yard Managements vorstellen.

Ladestellen

Die *Ladestelle* stellt das zentrale Stammdatenelement von Dock Appointment Scheduling dar und repräsentiert eine Gruppierung gleichartiger Ladetore Ihres Lagerstandorts (z. B. Tore des Wareneingangs, Tore des Warenausgangs, Tore mit Seiten- oder Heckbeladung usw.). Eine Ladestelle wird durch eine eindeutige Benennung, Adressdaten und deren kapazitiven Eigenschaften wie z. B. Zeitfenstergröße und Belegungseinheiten beschrieben. Zudem ist es möglich, Beplanungsrestriktionen pro Ladestelle zu hinterlegen, um die Planungsperioden der Ladetermine auszusteuern (z. B. müssen Ladetermine einen Tag im Voraus bis spätestens 16:00 Uhr avisiert werden). Ist eine Ladestelle als relevant für eine SAP-EWM-Integration markiert, wird bei deren Erstellung eine Supply Chain Unit (SCU) vom Typ 1200 (Ladestelle) mit der betriebswirtschaftlichen Eigenschaft LP (Ladestelle) im SAP-EWM-System erzeugt. Dieser Ladestelle werden anschließend im SAP-EWM-System die relevanten Tore zugeordnet. Eine Ladestelle kann ausschließlich Tore einer Lagernummer verwalten. Bei aktivem Yard Management ist zusätzlich die Zuordnung der Ladestelle zu einem Kontrollpunkt notwendig. Ladestellenzuordnungen für Tore und Kontrollpunkte müssen im SAP-EWM-System eindeutig sein. Ist eine Ladestelle relevant für die Integration mit SAP EWM, werden bei Buchungen von Ankunft und Abfahrt von Kontrollpunkten und Toren (qRFC-)Nachrichten zwischen Dock Appointment Scheduling und SAP EWM ausgetauscht, um z. B. Transporteinheitsaktivitäten zu erstellen oder Ladetermine zu aktualisieren.

Ladelokationen

Mit dem User Interface für die Überwachung und Bearbeitung von Terminen können mehrere Ladestellen in einem Übersichtsbild angezeigt werden. Zu diesem Zweck wurde die *Ladelokation* als Gruppierung mehrerer Ladestellen eingeführt und in die Selektion von Ladeterminen aufgenommen. Mit dieser Erweiterung können Sie nun innerhalb eines Transaktionsaufrufs die Ladetermine einer Transporteinheit für verschiedene Tore (z. B. bei produktgruppenabhängigen Entladetoren) überwachen und planen. Die Verwendung von Ladelokationen ist optional.

Zeitfenster

Zeitfenster stellen das mit Ladeterminen planbare Zeitintervall einer Ladestelle dar. Zeitfenster können manuell erstellt und mithilfe von Kopierfunktionen tage- oder wochenweise gepflegt werden. Bei der Erstellung von Zeitfenstern werden die Werk- und Feiertage des an der Ladestelle hinterlegten Kalenders automatisch berücksichtigt. Zum Beispiel könnten pro Stunde von 06:00 bis 11:00 Uhr von Montag bis Freitag Zeitfenster mit jeweils zehn Belegungseinheiten für eine Ladestelle definiert werden. Da aufgrund von Personalverfügbarkeiten in den Mittagszeiten zwischen 11:00 und 13:00 Uhr mit verminderter Be- und Entladeleistung gerechnet werden muss, werden für diese Zeitspannen nur sechs Belegungseinheiten definiert. Die Kapazität an Belegungseinheiten kann manuell pro Zeitfenster angepasst werden. Für jede Belegungseinheit kann im Rahmen der Planung von Be- und Entladeterminen ein Ladetermin erstellt werden. Zusammengenommen bietet die Zeitfensterplanung die Grundlage für die Vergabe von Ladeterminen (siehe Abbildung 14.51).

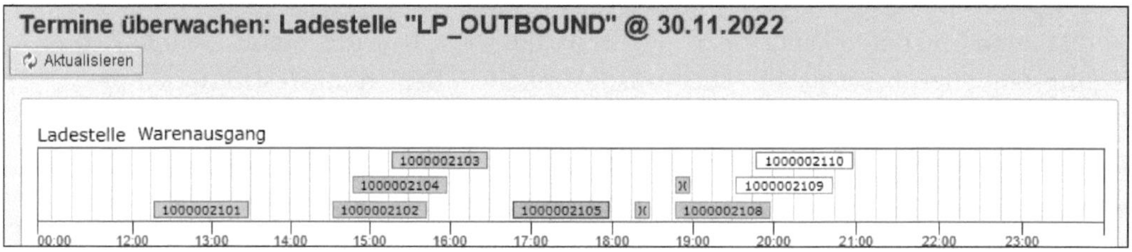

Abbildung 14.51 Zeitfensterplanung in Dock Appointment Scheduling

Ladetermine

Für die im Vorfeld erstellten Ladestellen und deren Zeitfenster können nun durch die Hofsteuerung Ihres Lagerstandorts oder direkt durch den Spediteur Ladetermine erstellt werden. Ladetermine haben eindeutige Identifikationsnummern und repräsentieren geplante oder tatsächliche Belegungseinheiten einer Ladestelle innerhalb von definierten Zeitfenstern. Zur Erstellung eines Ladetermins müssen Spediteur und Zeitfenster hinterlegt werden. Bei der Ankunft der Transporteinheit am Hof können zudem die Transportmittel der Transporteinheit (z. B. Lkw, Container, Sattelauflieger) und die Transportmittelidentifikation am Ladetermin hinterlegt werden. Die Transportmittelidentifikation entspricht in einer direkten SAP-EWM-Integration der externen Transporteinheitsnummer. Die Erfassung einer Transportmittelidentifikation ist optional. Wird diese nicht explizit angegeben, verwendet SAP EWM automatisch die Ladeterminidentifikation als externe Transporteinheitsidentifikation. Zudem können optional Fahrer, Referenzbelegnummern und Freitextkommentare am Ladetermin hinterlegt werden. Tatsächliche Ausführungszeiten für Ankunft und Abfahrt von Kontrollpunkt und Tor werden im Ladetermin bei der Ausführung der Buchungen im Geschäftsprozess festgehalten.

Sie können Ladetermine entsprechend der Dauer der Be- und Entladeprozesse erstellen. Der Ladetermin kann dabei ein Vielfaches eines Zeitfensters, mindestens aber 15 Minuten andauern. Die Dauer des Ladetermins kann dabei manuell eingegeben werden oder automatisch, abhängig von der Anzahl der zu verladenden Handling Units und der Ladestelleneinstellung, ermittelt werden. Pflegen Sie die für die automatische Termindauerermittlung verwendeten fixen Offset-Zeitdauern am Tor (z. B. Rüstungs-/Rangierzeiten) und die variablen Dauern pro Packstück über Transaktion /SCWM/DSCONFDUR. Abhängig vom Bearbeitungsstatus können Ladetermine die folgenden, im Planungscockpit farblich unterschiedenen Status annehmen (siehe Abbildung 14.52):

1. Geplanter Ladetermin (blau)
2. Transporteinheit am Kontrollpunkt angekommen (orange)
3. Transporteinheit am Tor angekommen (grün)
4. Transporteinheit vom Tor abgefahren (orange umrandet/weiß)
5. Transporteinheit vom Kontrollpunkt abgefahren (blau umrandet/weiß)

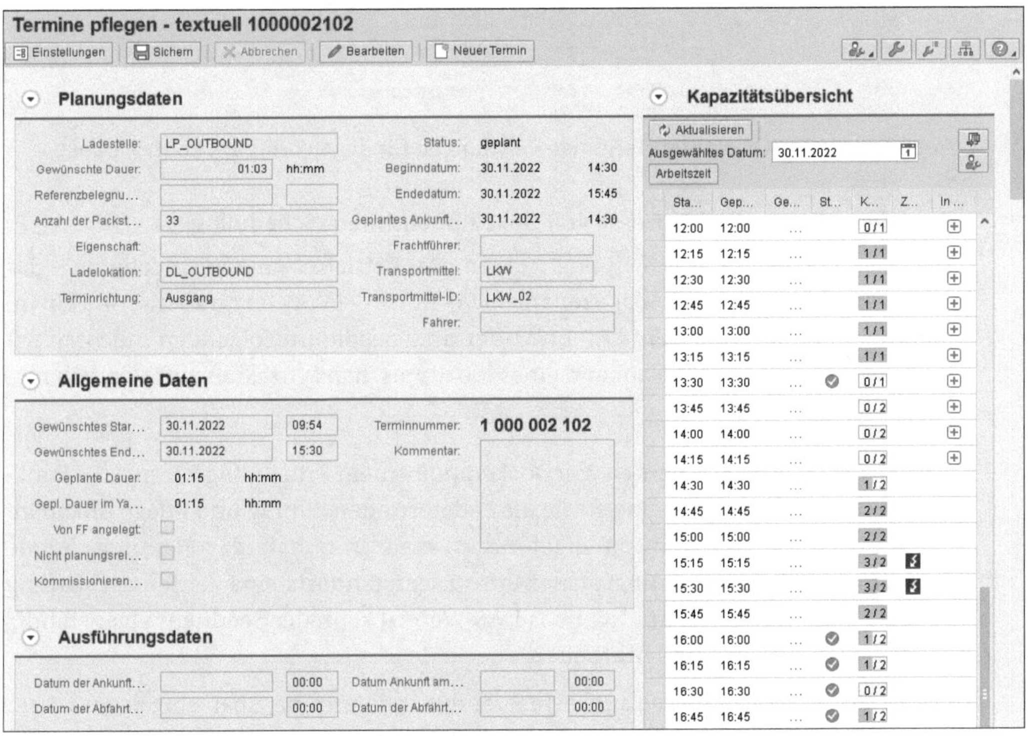

Abbildung 14.52 Bearbeitungsstatus der Ladetermine

Zusätzlich können Sie über Referenzbelege und die Ladelokation die Ladestelle ermitteln. Die Einstellung dazu finden Sie über Transaktion /SCWM/DSDETLP. Für beide Ermittlungen werden BAdI-Implementierungen benötigt. Die Standardauslieferung enthält Beispielimplementierungen, die die Anzahl der Packstücke pro Bestellung und die Termineigenschaften in Abhängigkeit von den Produkteigenschaften ermitteln. Sie können im Rahmen Ihres SAP-EWM-Projekts die BAdI-Implementierungen an Ihre eigenen Anforderungen anpassen. Sie finden die gesamten Termininformationen in der Terminliste, und es werden Ihnen zusätzlich ermittelte Werte wie die Termindauer und Abweichungen angezeigt. In der Terminüberwachung und Bearbeitung können Sie für eine verbessere Planung auf Aggregationen, Filterfunktionen, Gruppierungen und auf die Verwendung von Toleranzwerten zurückgreifen (siehe Abbildung 14.53).

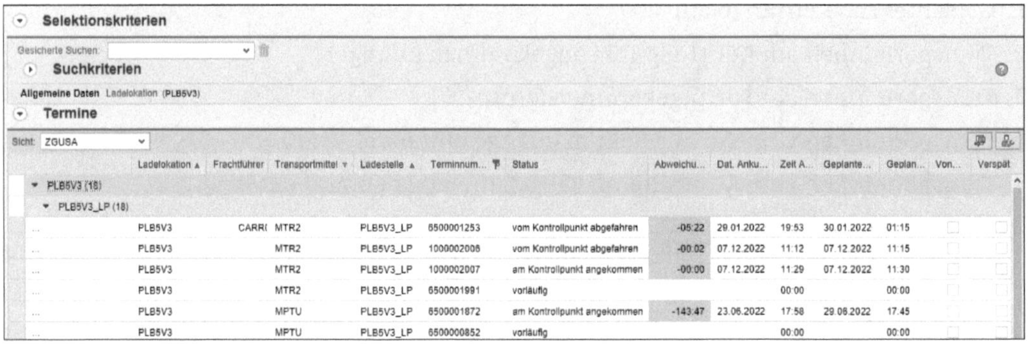

Abbildung 14.53 Anzeige der Terminabweichungen für die Ankunft am Kontrollpunkt

Betriebsszenarien und Prozesse von Dock Appointment Scheduling

Für Dock Appointment Scheduling werden drei Betriebsszenarien angeboten – das DAS-Stand-alone-Szenario, das Szenario »DAS mit SAP EWM-Integration«, und ein integratives Szenario mit dem SAP-EWM-Versandcockpit. Im Folgenden möchten wir Ihnen diese drei Szenarien anhand eines idealtypischen Prozessablaufs vorstellen.

Stand-alone-Betrieb

Für den eigenständigen Betrieb von Dock Appointment Scheduling können die Funktionen der Zeitfensterplanung sowie die Ladeterminerstellung und Pflege unabhängig vom SAP-EWM-System durchgeführt werden. Innerhalb der Planungsperiode wird durch den Hofsteuerungsplaner Ihres Lagerstandorts eine Zeitfensterplanung pro Ladestelle durchgeführt. Über das DAS-Web-UI kann der Spediteur eigenständig Ladetermine erstellen und bearbeiten.

Ein externer Frachtführer kann eigenständig Ladetermine über ein eigenes User Interface erstellen und bearbeiten (siehe Abbildung 14.54).

Anschließend lassen sich diese Ladetermine bis zum Abschluss der Planungsperiode durch den Spediteur anpassen. Aufgrund einer eigenen Anwenderrolle kann der Spediteur nur eigene Ladetermine einsehen und hat nur eingeschränkte Änderungsberechtigungen für bestehende Termine. Sollte für den Spediteur eine direkte Pflege nicht möglich sein, kann die kommunizierte Ladeterminplanung auch direkt durch die Hofsteuerung des Lagerstandorts manuell eingegeben werden.

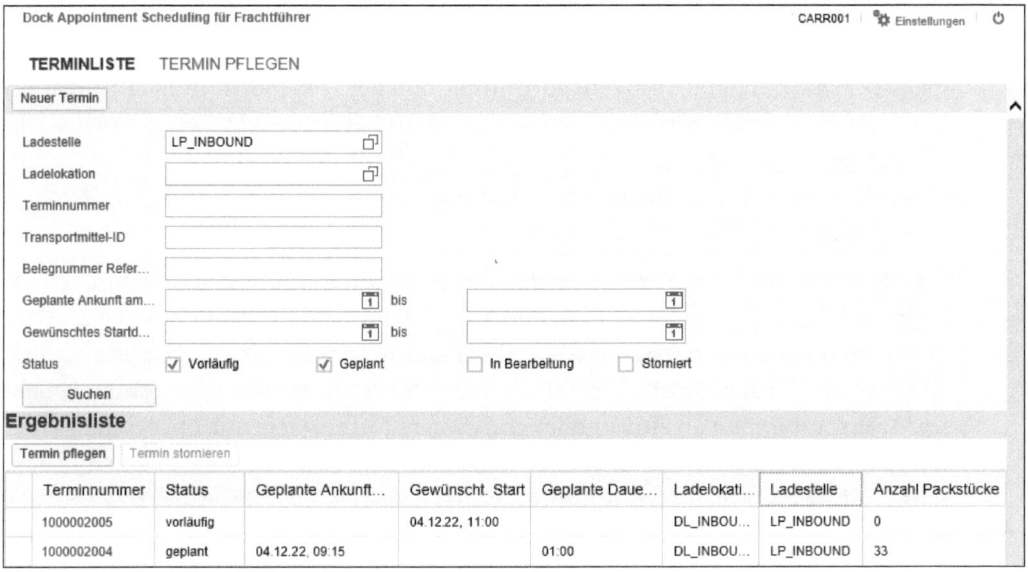

Abbildung 14.54 Dock Appointment Scheduling für Frachtführer

Ist die Planungsperiode verstrichen, gelten die vom Spediteur erfassten oder avisierten Ladetermine als verbindlich fixiert und können nur noch durch die Hofsteuerung Ihres Lagerstandorts bearbeitet werden. Die Hofsteuerung kann Ladetermine bis zur Ankunft der Transporteinheiten am Kontrollpunkt mit Zusatzdaten und Informationen anreichern bzw. sie in der Zeitplanung anpassen.

Über den gesamten Prozess ist es möglich, geplante, bearbeitete und abgearbeitete Ladetermine durch die Spediteur- und die Hofsteuerungsmitarbeiter einzusehen und zu überwachen.

SAP-EWM-Integration

Ist auf der Ebene der Ladestelle in Dock Appointment Scheduling die EWM-Integration aktiviert worden, können (qRFC-)Nachrichten mit Aktualisierungen zwischen dem SAP-EWM-System und Dock Appointment Scheduling versendet werden. Durch diese können Transporteinheitsaktivitäten auf der Basis von Ladeterminen in SAP EWM erstellt werden oder Ladetermine aufgrund von Hofbewegungen mit Zeitstempeln für die Ankunft und Abfahrt von Lagertoren aktualisiert werden.

Sie können im SAP-Easy-Access-Menü über den Pfad **Extended Warehouse Management • Schnittstellen • Dock Appointment Scheduling • Integrationseinstellung für SAP EWM** oder alternativ über Transaktion /SCWM/SR_INTDAS einstellen, ob Ladetermine bei der Erstellung von eingehenden und/oder ausgehenden Transporteinheiten erstellt werden sollen.

Sobald in Dock Appointment Scheduling für einen Ladetermin die Ankunft am Kontrollpunkt gebucht worden ist, wird basierend auf dem im Ladetermin angegebenen Spediteur sowie anhand des Transportmittels und der Transportmittelidentifikation eine Transporteinheit bzw. Transporteinheitsaktivität im SAP-EWM-System erstellt. Die Informationen über Ladestelle und Ladeterminnummer sind anschließend im SAP-EWM-System für die erstellten Transporteinheiten verfügbar, sodass auch explizit nach diesen selektiert werden kann.

Zudem besteht die Möglichkeit, bestehende Transporteinheitsaktivitäten mit den Ladetermininformationen bei der Buchung der Ankunft am Kontrollpunkt zu aktualisieren. Voraussetzung dazu ist die korrekte Eingabe der externen Transporteinheitsnummer als Transportmittelidentifikation für den betreffenden Ladetermin. Sobald eine Transporteinheit an ein Tor oder von diesem fortbewegt wird, erfolgt die Aktualisierung des entsprechenden Ladetermins mit dem Zeitstempel der Ausführung. Ebenso führt die Abfahrt vom Kontrollpunkt zu einer Aktualisierung des Ladetermins. Alternativ kann die Abfahrt der Transporteinheit vom Kontrollpunkt über das Yard Management oder über Dock Appointment Scheduling gebucht werden (siehe Abbildung 14.55).

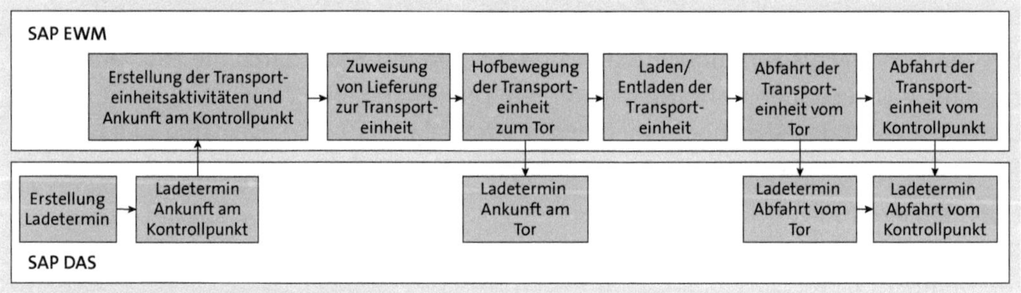

Abbildung 14.55 Prozessablauf mit SAP-EWM-Integration

SAP-EWM-Versandcockpit

Ladetermine können direkt aus dem Versandcockpit, basierend auf Transporteinheiten, mit zugewiesenen Lieferungen erstellt und bei Änderungen an der Transporteinheit aktualisiert werden. Diese sind zunächst als vorläufige Ladetermine sowohl im Versandcockpit als auch in Dock Appointment Scheduling sichtbar. Erfolgt in einem nächsten Schritt die explizite Planung des Ladetermins in Dock Appointment Scheduling, werden die Transporteinheiten mit den Daten der Ladestelle und des zugewiesenen Zeitfensters aktualisiert. Der Ladetermin wechselt in den Status **geplant**.

Ladetermine, die über das Versandcockpit erstellt wurden, führen bei Anpassungen in der Terminbearbeitung immer auch zu Aktualisierungen der dazugehörigen Transporteinheiten.

Werden im Folgenden aus der Ausführungssicht des Versandcockpits Ankunft und Abfahrt von Kontrollpunkt bzw. Tor gebucht, erfolgt eine Aktualisierung des Ladetermins mit den entsprechenden Statuswerten (siehe Abbildung 14.56).

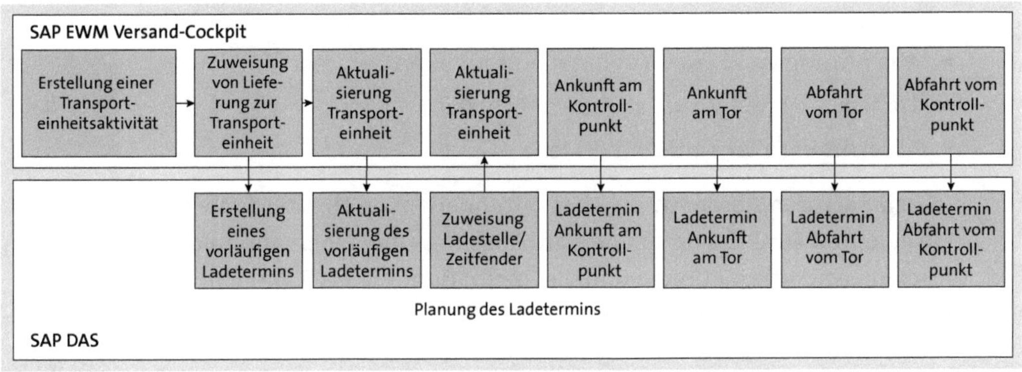

Abbildung 14.56 Prozessablauf mit SAP-EWM-Versandcockpit-Integration

14.4.2 SAP Yard Logistics

Moderne Softwaresysteme zur Hofsteuerung (*Yard Management*) bieten ein grafisches Layout zur Überwachung von Yard-Prozessen und eine nahtlose Integration in die bestehenden Transport- und Lagerprozesse. Wann immer Fracht von einem Transportmittel auf einen anderen Verkehrsträger (z. B. von einem Schiff auf einen Lkw) verladen wird oder Fracht sogar zwischen ähnlichen Verkehrsträgern (z. B. von einem Eisenbahnwaggon auf einen anderen) umgeladen wird, spielt der Yard eine wichtige Rolle.

SAP Yard Logistics deckt sämtliche Yard-Prozesse in Echtzeit ab und unterstützt Sie von der Planung der Yard-Aktivitäten über die Registrierung (*Check-in*) von Transporteinheiten und deren Verwaltung im Yard bis hin zur Ausfahrt (*Check-out*). Der Schwerpunkt von *SAP Yard Logistics* liegt dabei neben einer nahtlosen Integration in SAP ERP, SAP TM und SAP EWM auf der Planung, Ausführung, Überwachung und Abrechnung von Aktivitäten im Yard.

Darüber hinaus kann SAP Yard Logistics die erweiterte Torbelegungsplanung des SAP Logistics Business Network (LBN) nutzen. Mit SAP Yard Logistics 2009 for SAP S/4HANA wurde das *Business Rules Framework plus* (BRFplus) in die Abwicklung von Yard-Aufträgen und Yard-Aufgaben integriert und ermöglicht so dynamische Prozesse auf der Grundlage der im Yard stattfindenden Aktivitäten.

Mit flexiblen Implementierungsoptionen, einer umfangreichen Integration in vorhandene Hard- und Software, mobilen Apps, einer 3D-Visualisierung und einer regelbasierten Bearbeitung von Yard-Aufgaben können mit SAP Yard Logistics unterschiedliche Prozesse der Hofsteuerung abgebildet werden:

- Terminierung von ein- und ausgehenden Transporten
- Yard-Planung, Ausführung und Abrechnung in einem zentralen System
- multimodale Transporte und Umladungen
- Integration in bestehende Geschäftsprozesse, Systeme und Hardware
- Ausführung von Yard-Aktivitäten mit mobilen Geräten
- Transparenz und Visualisierung in Echtzeit
- Abrechnung aller Yard-Aktivitäten

In den nächsten Abschnitten geben wir Ihnen einen Überblick über die wichtigsten Objekte und Funktionen in SAP Yard Logistics und gehen anschließend auf dessen Implementierungsoptionen und die Integration mit SAP EWM ein. Abschließend gehen wir auf die Unterschiede von SAP Yard Logistics gegenüber dem ebenfalls in diesem Kapitel beschriebenen *Yard Management* in SAP EWM ein.

[»]

Konfiguration und Integration von SAP Yard Logistics mit SAP EWM

Eine Beschreibung sämtlicher Funktionen und Prozesse sowie die notwendige Konfiguration zur Integration mit SAP EWM und SAP TM würde den Rahmen dieses Buches sprengen. Für einen Überblick über SAP Yard Logistics empfehlen wir Ihnen das Buch »Introducing SAP Yard Logistics«, das im Rheinwerk Verlag erschienen ist. Weitere Informationen über die Integration von SAP Yard Logistics für SAP S/4HANA und SAP EWM in SAP S/4HANA finden Sie in SAP-Hinweis 2667768. Dort finden Sie im Anhang einen Konfigurationsleitfaden, der die notwendigen Schritte der Integration beschreibt. Die SAP-Hinweise 2899739 und 2667883 enthalten weitere Details zur SAP-TM- und SAP-EWM-Integration sowie Release-Informationen und Einschränkungen für SAP Yard Logistics in SAP S/4HANA. Sie finden diese Hinweise im SAP Support Portal über die folgende URL: *http://support.sap.com*

Stammdaten und Objekte

Für die Planung, Verwaltung und Durchführung von Yard-Vorgängen, wie z. B. Bewegungen, Check-in und -out sowie Yard-Aufgaben, stellt SAP Yard Logistics ein eigenes Datenmodell, Objekte und Belege zur Verfügung. Wir geben Ihnen einen Überblick über die wichtigsten Objekte und Stammdaten in SAP Yard Logistics.

Yard-Layout

Mit SAP Yard Logistics können Sie individuelle Yard-Layouts modellieren und erstellen und damit sämtliche Anforderungen im Yard abbilden. Vom einfachen Einchecken, Parken, Stapeln, Beladen, Entladen und Auschecken bis hin zu komplexen Szenarien mit Hardware-Integration und Kamera-Erkennung.

Die Gestaltung des visuellen Layouts und die Yard-Struktur wird mit dem *Yard-Layout-Editor* erstellt, der auf *SAP Visual Business* basiert. Eine Struktur kann dabei aus mehreren Elementen wie Parkplätzen, Lagerhallen, Gebäuden, Produktionsanlagen, Be- und Entladetoren, Waagen, Kontrollpunkten und aus vielem mehr bestehen. Einige Yards müssen aufgrund ihrer enormen Ausmaße in verschiedene Abschnitte unterteilt werden, z. B. in einen Nord-, Süd-, Ost- und Westteil.

Bevor der Yard gezeichnet werden kann, müssen die entsprechenden Lagerplätze definiert und als Stammdaten im System angelegt werden. SAP Yard Logistics verwendet dabei die aus SAP EWM bekannten Elemente der Lagerstruktur:

- **Yard-Nummer**
  Die Yard-Nummer ist die Organisationseinheit auf der höchsten Ebene in der SAP-Yard-Logistik. Jede Yard-Nummer hat eine Unterstruktur, mit der die physische Struktur des Yards abgebildet wird.
- **Lagertypen**
  Verschiedene Arten von Parkplätzen, Plätze zum Wiegen oder Waschen sowie Bereiche für den Ein- und Ausgang werden durch Lagertypen als eine Gruppe von Lagerplätzen mit ähnlichen Merkmalen dargestellt. Lagertypen werden auf der Grundlage ihrer räumlichen oder organisatorischen Merkmale definiert.
- **Lagerbereich**
  Ein Lagerbereich ist eine Unterteilung eines Lagertyps und stellt eine Gruppe von Lagerplätzen dar, die in der Regel eine ähnliche Eigenschaft aufweisen. Ein Lagerbereich ist eine Organisationseinheit innerhalb des Lagertyps, die Lagerplätze mit gemeinsamen Attributen zusammenfasst.
- **Lagerplätze**
  Auf der untersten Ebene der Organisationsstruktur befinden sich die Lagerplätze. Sie sind einem Lagerbereich (falls vorhanden) und einem Lagertyp zugeordnet und stellen den physischen Ort dar, auf dem sich die Transporteinheiten im Yard befinden.

Transporteinheiten

Eine *Yard-Transporteinheit* stellt ein Business-Objekt dar, das im Yard mithilfe von Yard-Anforderungen, Yard-Aufträgen und Yard-Aufgaben ein- und ausgecheckt und bearbeitet werden kann. Yard-Transporteinheiten repräsentieren bewegliche Objekte, wie z. B. Lkws und Anhänger oder Schiffe und Eisenbahnwaggons, und haben die folgenden Eigenschaften:

- Sie haben eindeutige Identifizierung und sind wiederverwendbar.
- Sie sind beweglich und gegebenenfalls stapelbar.
- Sie können auf oder von einer anderen Transporteinheit geladen oder entladen werden

Die Transporteinheit in SAP Yard Logistics entspricht weitestgehend der SAP-EWM-Transporteinheit, wurde jedoch mit SAP-Yard-Logistics-spezifischen Funktionen erweitert.

Handling-Ressourcen

Handling-Ressourcen sind Maschinen oder Geräte, die für die Ausführung von Yard-Aufgaben verwendet werden können. Im Gegensatz zu SAP EWM bilden Handling-Ressourcen in SAP Yard Logistics nicht die Benutzer, sondern ausschließlich Arbeitsmittel ab, mit denen die Yard-Aufgaben ausgeführt werden, z. B. Zugmaschinen oder Kräne. Die Yard-Aufgaben werden dabei manuell oder automatisch einer Queue zugewiesen. Die Aufgaben werden anschließend durch die Ressource und den ihr zugewiesenen Benutzer ausgeführt.

Wenn für den Benutzer eine bestimmte Ressource in den Stammdaten gepflegt ist, kann das System automatisch eine Ressource vorschlagen, und ermittelt anhand der für die Handhabungsressource gepflegten Queues mögliche Yard-Aufgaben für den Benutzer. Benutzer können Handling-Ressourcen auch manuell für Yard-Aufgabe nutzen. In diesem Fall ordnet das System diese Yard-Aufgabe nur der entsprechenden Handling-Ressource zu.

Prozesse und Funktionen

SAP Yard Logistics unterstützt Sie bei der Planung, Ausführung, Überwachung und Abrechnung von Yard-Aktivitäten. Wir geben Ihnen nachfolgend einen Überblick über die wichtigsten Funktionen.

Planung

Mit dessen integrierten Funktionen zur Pflege von Fahrplänen, zur Planung von Ankünften und -Abfahrten und zur Erstellung von Arbeitsvorräten verbessert SAP Yard Logistics die Ressourcenauslastung und kann die Belegung von Toren optimieren. Zur Buchung der Torbelegung oder von Zeitfenstern für Silos kann SAP Yard Logistics mit Dock Appointment Scheduling integriert werden. Jede Aktivität im Yard hat dabei eine bestimmte Start- und Endzeit. In diesem Zusammenhang können nicht nur die Ankunftszeit, der Andockort und die Transporteinheiten von geplanten eingehenden oder ausgehenden Transporten Teil der Planung sein, sondern auch die Aufgaben, die im Yard ausgeführt werden müssen (z. B. Wiegen, Reinigen, Instandhaltung, Ladungssicherung, Rangieren).

Sämtliche Aktivitäten können mithilfe von Yard-Anforderungen im Voraus geplant werden. Die Yard-Anforderung und der Yard-Auftrag sind daher die wichtigsten Belege in der SAP-Yard-Logistik. Diese Belege enthalten alle relevanten Informationen zu den eingehenden oder ausgehenden Transporten. Mit einer Yard-Anforderung kann dann die Arbeitslast für den Yard ermittelt werden.

Yard-Anforderungen werden auf der Basis von Informationen erstellt, die entweder von Kunden oder durch integrierte Systeme bereitgestellt werden. In Kombination mit SAP TM basiert z. B. die Planung, d. h. die Erstellung der Yard-Anforderung, auf dem SAP-TM-Frachtauftrag.

Demgegenüber stellen *Yard-Aufträge* die Arbeitslast dar, die innerhalb eines bestimmten Zeitraums auf der Grundlage der Planung aus den Yard-Anforderungen auszuführen ist. Yard-Aufträge können entweder manuell angelegt oder durch die automatische oder manuelle Freigabe einer Yard-Anforderung erstellt werden. Dabei gibt es die folgende Arten von Yard-Aufträgen:

- **Eingehend**
  Eingehende Yard-Aufträge werden z. B. für ankommende Transporteinheiten verwendet, die nach der Einfahrt in den Yard an einem der Lagertore entladen werden und danach z. B. weitere Bewegungen im Yard durchführen. Die Registrierung der Ausfahrt ist mit dieser Art von Yard-Auftrag nicht möglich. In Abbildung 14.57 sehen Sie ein Beispiel für einen eingehenden Yard-Auftrag.
- **Ausgehend**
  Ausgehende Yard-Aufträge decken sämtliche Aktivitäten im Zusammenhang mit Ver- und Beladungen ab. Sie schließen den Auftrag am Ende mit der Ausfahrt aus dem Yard ab.
- **Intern**
  Interne Yard-Aufträge werden für Yard-interne Bewegungen ohne Registrierung von Einfahrt und Ausfahrt verwendet.

14

Ausführung

Yard-Aufgaben definieren Aktivitäten, die für eine oder mehrere Transporteinheiten geplant und ausgeführt werden, z. B. das Entladen, Beladen, die Bewegung einer Transporteinheit zu einem Parkplatz, das Reinigen oder die Wartung einer Transporteinheit usw. Yard-Aufgaben sind damit die zentralen Elemente für die Planung und Ausführung und lassen sich nach ihrem Aktivitätstyp unterscheiden.

Yard-Aufgaben mit dem Aktivitätstyp **Bewegung** werden für die Bewegung von Transporteinheiten zwischen zwei Orten (Lagerplätzen) innerhalb des Yards verwendet. Mit Lageraufgaben des Typs **Nichtbewegung** bilden Sie Servicetätigkeiten wie die Reinigung oder Reparatur von Transporteinheiten ab. Darüber hinaus gibt es die Aktivitätstypen **Beladen/Entladen** sowie **Prüfung**.

Eine weitere Möglichkeit zur Unterscheidung von Aufgaben ist ihre Beziehung zu Yard-Aufträgen. Ihnen können interne Yard-Aufgaben vorliegen, die manuell und ohne Bezug zu einem Yard-Auftrag angelegt werden. Diese Aufgaben werden als Adhoc-Yard-Aufgaben bezeichnet. Wenn Sie die Yard-Aufgaben aus einem Yard-Auftrag und/oder aus einer Yard-Anforderung anlegen, wird die entsprechende Auftragsnummer in den Kopffeldern der Yard-Aufgabe angezeigt.

Eine Yard-Aufgabe wird zunächst mit dem Status **Anstehend** angelegt. Der Status **Aktiv** wird erreicht, wenn die Aufgabe aktiviert wird; danach können an der Aufgabe selbst keine Änderungen mehr vorgenommen werden.

Wenn die Yard-Aufgabe gestartet wird, ändert sich der Status in **In Bearbeitung**. In diesem Stadium können Sie eine bestimmte Handling-Ressource und einen Benutzer zuweisen, der die Aufgabe ausführt. Meistens geschieht dies über mobile Anwendungen.

Nachdem die Ausführung abgeschlossen ist, sollte die Yard-Aufgabe quittiert werden. Durch die Quittierung der Aufgabe wird diese im System geschlossen, der Status **Bestätigt** gesetzt, und die Buchung der Transporteinheiten an den Zielort (für eine Bewegungsaktivität) wird durchgeführt. Auch ist es möglich, eine Yard-Aufgabe zu stornieren. In diesem Fall ändert sich der Status in **Storniert**.

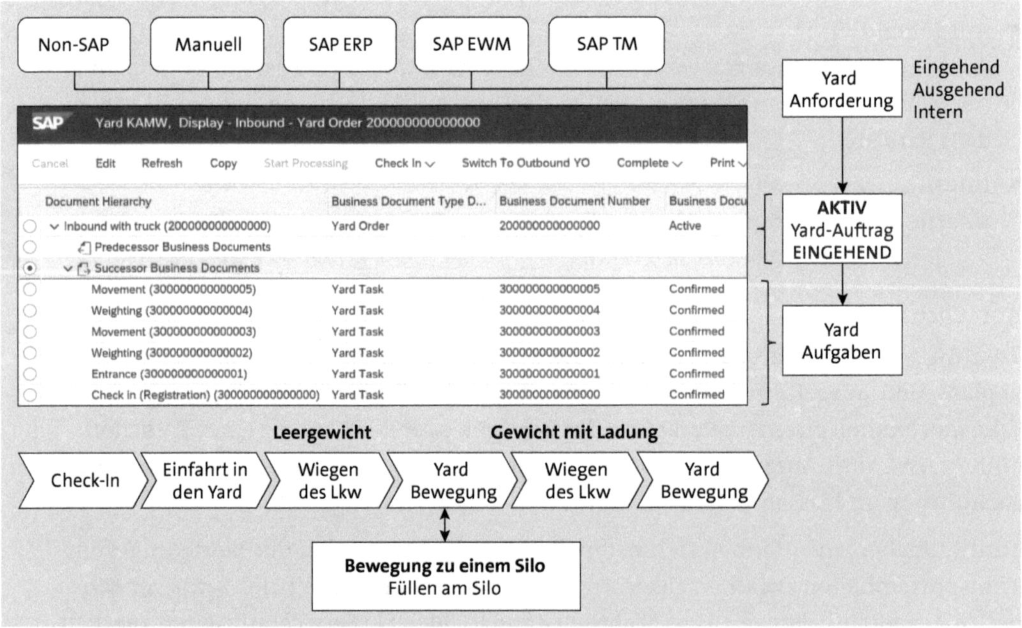

Abbildung 14.57 Kundenbeispiel: Verladung aus dem Silo

Überwachung und Visualisierung

Im *Yard-Cockpit* bietet SAP Yard Logistics eine umfangreiche 3D-Visualisierung und kann dabei Transporteinheiten wie Schiffe, Lkws und Anhänger, Container, Züge und Waggons realistisch darstellen. Darüber hinaus können auch die Struktur und das Layout des Yards, z. B. Parkplätze, Gebäude, Bahngleise, Kontrollpunkte und Kräne, visualisiert werden.

Neben der grafischen Visualisierung stehen im Yard-Cockpit die folgenden Funktionen für Monitoring und Reporting zur Verfügung:

- Ladeterminliste
- Übersicht und Details zu Transporteinheiten
- Feuerwehrlisten
- Alert Monitor für die Ausnahmebehandlung

Abrechnung

SAP Yard Logistics hat den großen Vorteil, dass es als Add-on-Lösung zu SAP EWM eingesetzt werden kann. Im Logistikprozess beginnt die Planung in SAP TM auf der Grundlage eines Frachtauftrags, der sämtliche Positionen enthält, die im Yard ankommen oder die ihn verlassen werden. Dieser Frachtauftrag wird als Yard-Anforderung an SAP Yard Logistics weitergeleitet. Auf der Grundlage dieses Belegs kann die Planung im Yard erfolgen. Sobald die Positionen physisch im Yard angekommen sind, wird die Yard-Planung auf der Grundlage eines Yard-Auftrags fortgesetzt. Dieser Yard-Auftrag enthält die im Yard auszuführenden Aktivitäten in Form von Yard-Aufgaben, die einzeln ausgeführt werden müssen. Diese Yard-Aufgaben enthalten die Aktivitätsart, die die Ausführung steuert und die durchzuführenden Aktionen näher erläutert: Sie können sich eine Aktivitätsart als Bewegung einer oder mehrerer Positionen (dargestellt als Yard-Transporteinheiten) von einem Ort (dargestellt als Lagerplätze) zu einem anderen Ort vorstellen, oder es kann sich z. B. um eine Reinigungs- oder Inspektionsaktivität für eine Position handeln. Sie können die Definition dieser Leistungsarten mit einer bestimmten Lagerprozessart verknüpfen. Diese Lagerprozessart ist die zugehörige Aktivität für Lageraufgaben in SAP EWM.

Diese erfolgreich ausgeführten und rückgemeldeten Lageraufgaben sind abrechnungsrelevant. In SAP EWM gibt es seit Release 9.3 die Funktion der *Lagerleistungsabrechnung* (Warehouse Billing). Dazu wird, vereinfacht gesagt, in SAP EWM die abzurechnende Menge an Lagerleistungen erfasst. Die Verwaltung der Verträge und die Abrechnung selbst werden über SAP TM und SAP ERP durchgeführt. Der Prozess der Lagerleistungsabrechnung besteht dabei aus vier Schritten:

1. Zunächst wird in SAP TM ein *Abrechnungsvertrag* angelegt. Der Abrechnungsvertrag ist ein Beleg, der die abzurechnenden Leistungen und deren Preise beschreibt. In SAP TM entspricht der Abrechnungsvertrag der *Frachtvereinbarung* (Freight Agreement).
2. Im zweiten Schritt werden in SAP EWM für die Positionen des Abrechnungsvertrags die konkreten zu messenden Leistungsdaten abgeleitet. Dies bedeutet, dass die Anforderungen aus dem Abrechnungsvertrag in konkrete Messvorgaben für SAP EWM umgewandelt werden. Diese Anforderungen der *Lagerleistungsermittlung* (LLEA, Measurement Request) lassen sich im Lagermonitor anzeigen.

3. Im dritten Schritt misst SAP EWM im Hintergrund die Leistungsdaten entsprechend der Ableitung aus dem vorangegangenen Schritt. Über die in der LLEA enthaltene Abrechnungsperiode wird festgelegt, ob eine Abrechnung der Lagerleistungen z. B. täglich, wöchentlich oder monatlich stattfinden soll. Dadurch werden periodisch Lagerleistungsermittlungen (LLEs) erstellt, um die Menge der genutzten Lagerleistungen für einen bestimmten Abrechnungszeitraum zu berechnen. Mit den Informationen der Lagerleistungsermittlung berechnet SAP TM später die Kosten für die genutzten Lagerleistungen.
4. Abschließend werden in SAP ERP für jede Abrechnungsperiode Gutschriften bzw. Fakturen erzeugt. Die Menge der in Anspruch genommenen Lagerleistungen in einer Abrechnungsperiode wird regelmäßig von SAP EWM an das SAP-TM-System übertragen. In SAP TM wird dann für jede LLE ein Speditionsauftrag (Fakturaprozess) oder ein Serviceauftrag (Gutschriftprozess) angelegt. Basierend darauf berechnet SAP TM die entsprechenden Beträge und dokumentiert sie in einem Speditionsabrechnungsbeleg bzw. in einem *Frachtabrechnungsbeleg*. Auf deren Basis wird dann wiederum im SAP-ERP-System eine entsprechende Gutschrift oder Rechnung angelegt

Integration mit SAP EWM und Implementierungsoptionen von SAP Yard Logistics

Die Integration mit SAP TM und SAP EWM ist für SAP Yard Logistics von zentraler Bedeutung, nicht nur für die Planung, sondern auch für die Ausführung und das Reporting von Yard-Prozessen. Dabei werden nicht nur die Transporteinheit betreffende Ereignisse, wie z. B. Einfahrten und Ausfahrten, sondern auch Statusänderungen, sowie Be- und Entladebestätigungen zwischen den Systemen ausgetauscht.

Integration mit SAP EWM

Abbildung 14.58 zeigt ein Integrationsbeispiel mit SAP ERP, SAP TM und SAP EWM. Die Kommunikation von SAP Yard Logistics mit SAP EWM nutzt asynchrone Schnittstellen zur Verteilung, Änderung und Rückmeldung von transportrelevanten Daten. In diesem Beispiel wird in SAP ERP zunächst ein Kundenauftrag mit Auslieferung angelegt. Die Auslieferung wird für die Transportplanung als lieferbasierter Transportbedarf an SAP TM geschickt und gleichzeitig an SAP EWM verteilt. Der Frachtauftrag aus SAP TM stellt eine Yard-Anforderung dar und erzeugt in SAP EWM eine entsprechende Transporteinheit, die dem Auslieferungsauftrag zugewiesen wurde.

In SAP Yard Logistics wird die Arbeitslast für den geplanten ausgehenden Transport auf Basis der Yard-Anforderung geplant und ein entsprechender Yard-Auftrag erzeugt, der sämtliche Yard-Aufgaben, die in Zusammenhang mit dem ausgehenden Transport auszuführen sind, enthält.

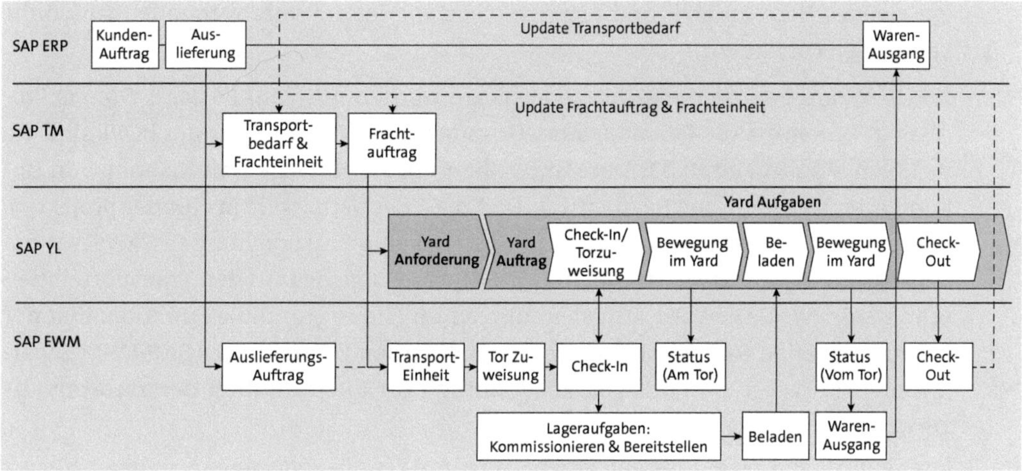

Abbildung 14.58 Integrationsbeispiel mit SAP EWM und SAP TM

Die Ausführung beginnt mit der Registrierung des Lkws bei der Einfahrt in den Yard. Die Registrierung der Transporteinheit wird dabei von SAP Yard Logistics an SAP EWM gemeldet.

Für die anschließende Bewegung zum Tor fordert SAP Yard Logistics von SAP EWM ein Tor an. Die Torfindung erfolgt dabei in SAP EWM. Die Bestätigung über die Ankunft am Tor wird von SAP Yard Logistics an SAP EWM gesendet. Alternativ kann SAP Yard Logistics auch mit dem im vorangehenden Abschnitt beschriebenen Dock Appointment Scheduling integriert werden. Für die Zeitfensterbuchung in Dock Appointment Scheduling wird die Yard-Anforderung an Dock Appointment Scheduling gesendet.

In SAP EWM finden danach die physischen Lagerprozesse statt, z. B. die Kommissionierung, Bereitstellung und das Beladen der Transporteinheit. Die Bestätigung der Beladung wird an SAP Yard Logistics gesendet, das anschließend die Torabfahrt an SAP EWM zurückmeldet. In SAP Yard Logistics können danach weitere Yard-Bewegungen und Aktivitäten stattfinden.

In SAP EWM kann der Warenausgang zu unterschiedlichen Zeitpunkten während oder nach der Beladung gebucht werden. Spätestens mit der an SAP EWM zurückgemeldeten Ausfahrt aus dem Yard wird der Warenausgang gebucht.

Implementierungsoptionen

SAP Yard Logistics wurde auf der Grundlage des SAP-EWM-Systems entwickelt. Der Grund für diese Entscheidung war die Flexibilität von SAP EWM in der Bestandsverwaltung und der Abbildung der physischen Strukturen im Lager. Obwohl sich SAP Yard Logistics mit SAP EWM eine technische Basis teilt, verfügt es weitgehend über ein eigenes Datenmodell und eigene Belege, die Sie im vorangehenden Abschnitt kennengelernt haben.

Alle SAP-Yard-Logistics-spezifischen Objekte wurden mit dem *Business Objects Processing Framework* (BOPF) modelliert. Gründe für die Verwendung des BOPF sind die flexiblen Möglichkeiten der Datenmodellierung, die einfache Handhabung von Dokumenten während der Bearbeitung und die Erweiterbarkeit in Kundenprojekten. Während Yard-Anforderung und Yard-Auftrag keine Entsprechung in SAP EWM haben, basieren die Transporteinheiten in SAP Yard Logistics auf den Transporteinheiten in SAP EWM. Die Yard-Aufgaben nutzen im Hintergrund die Funktionalität der Lageraufgaben in SAP EWM. Darüber hinaus werden Elemente des SAP-EWM-Lagerlayouts wie Lagertyp und Lagerplatzdefinition für die Definition des Yard-Layouts verwendet.

Die ersten beiden Releases von SAP Yard Logistics basierten auf SAP NetWeaver und SAP EWM 9.3 als technische Grundlage. SAP Yard Logistics 2.0 unterstützte SAP EWM bis zu Release 9.5. SAP Yard Logistics 2.0 konnte dabei als zentrale (stand-alone) oder dezentrale Lösung implementiert werden. Seit 2018 ist SAP Yard Logistics auch als Add-on für SAP S/4HANA 1709 verfügbar. Abbildung 14.59 zeigt die Implementierungsoptionen von SAP Yard Logistics.

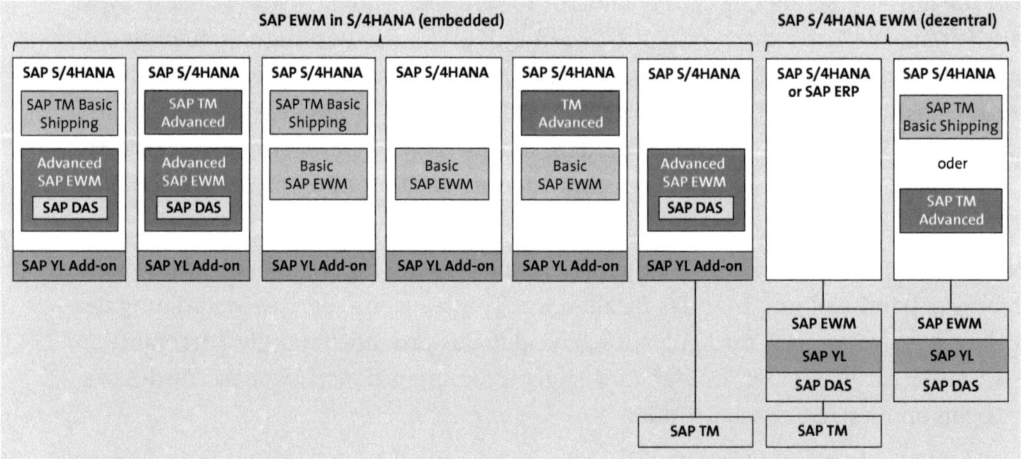

Abbildung 14.59 Implementierungsoptionen von SAP Yard Logistics

Die jüngste Version von SAP Yard Logistics (SAP Yard Logistics 2021 für SAP S/4HANA) ist ein Add-on zu SAP S/4HANA und kann in der SAP-S/4HANA-Landschaft eingesetzt werden. SAP Yard Logistics profitiert dabei von einer engeren Integration zwischen den verschiedenen Komponenten und gemeinsamen Stammdaten. Darüber hinaus kann SAP Yard Logistics jedoch weiterhin als dezentrale Lösung eingesetzt werden, d. h. entweder auf NetWeaver unter der Nutzung von SAP EWM als technische Grundlage oder auf einem dezentralen SAP-S/4HANA-System, wiederum als Add-on.

Unterschiede zum Yard Management von SAP EWM

SAP bietet zwei Lösungen für die Hofsteuerung an. Das in diesem Abschnitt beschriebene SAP Yard Logistics und die ebenfalls in diesem Kapitel beschriebenen Funktionen des Yard Managements als integrierter Bestandteil von SAP EWM.

Während SAP Yard Logistics ein eigenständiges, lizenzierbares Produkt ist, handelt es sich beim Yard Management um eine Komponente von SAP EWM, die nicht als Stand-Alone-Lösung betrieben werden kann. Zusammengefasst wird im Yard Management das Yard als Erweiterung des SAP-EWM-Lagers gesehen, das mit SAP-EWM-Komponenten und Funktionen erstellt und gehandhabt wird. Dazu werden ankommende und abfahrende Fahrzeuge als Transporteinheiten und deren Bewegungen im Yard als Lageraufgaben abgebildet. Die Überwachung von Beständen im Yard findet über den Lagerverwaltungsmonitor in SAP EWM statt. Eine grafische Visualisierung des Yards und seiner Prozesse existiert nicht.

SAP Yard Logistics sieht das Yard im Gegensatz dazu als eigenständige Einheit und unterstützt, im Gegensatz zum Yard Management, nicht nur den Verkehrsträger Straße, sondern auch den Verkehrsträger Luft, See sowie Schiene. Dies bietet die Möglichkeit, zusätzliche Funktionen hinzuzufügen, um die End-to-End-Prozesse im Yard vollständig abzudecken. In diesem Zusammenhang integriert und erweitert SAP Yard Logistics die in SAP EWM enthaltenen Yard-Management-Funktionen um Planung, Ausführung, flexiblen Yard-Betrieb und Überwachung bis hin zur Rechnungsstellung.

SAP Yard Logistics ist somit nicht nur eine eigenständige Lösung, sondern verfügt auch über mehr Funktionen als das Yard Management, um auch komplexere Prozesse im Rahmen von Hof- und Rampenmanagement zu unterstützen. Wir haben die aus unserer Sicht wesentlichen funktionalen Unterschiede in Tabelle 14.2 zusammengefasst.

Funktion	SAP Yard Logistics	Yard Management in SAP EWM
Integration mit SAP TM, SAP EWM und SAP ERP	++	++
Planung von Yard-Aufgaben	++	
Komplexe TE-Hierarchien	++	+
Cross-Docking im Yard	++	
EH&S Integration	++	++
Klassifizierung von Transporteinheiten	++	

Tabelle 14.2 Vergleich von SAP Yard Logistics und Yard Management in SAP EWM

Funktion	SAP Yard Logistics	Yard Management in SAP EWM
Unterstützung multimodaler Verkehrsträger	++	
Prüfungen und Messungen	++	
Mobile Yard-Anwendungen	++	+
interne Yard-Prozesse (z. B. Reinigung, Wiegen, Wartung usw.)	++	+
Kommunikation über Pager und SMS	++	
grafisches Yard-Layout	++	+
Yard Monitoring/Alerts	++	+
Fahrer-Selbstregistrierung	++	
Ausnahmebehandlung	++	+
Hardwareintegration (IoT)	++	+
Drucken	++	++
Abrechnung von Yard-Aufgaben	++	+

Tabelle 14.2 Vergleich von SAP Yard Logistics und Yard Management in SAP EWM (Forts.)

14.4.3 SAP Global Batch Traceability

Mit der rechtlichen und betriebswirtschaftlichen Anforderung nach der Rückverfolgbarkeit von Chargen entlang der gesamten Liefer- und Transportkette steigt der Bedarf nach Integration der relevanten Daten über die gesamte Systemlandschaft.

SAP Global Batch Traceability (SAP GBT) bietet Ihnen die Funktionen zur Analyse des globalen Chargennetzwerks – von der Produktion über die verschiedenen Abschnitte und Prozessschritte der Warenverteilung innerhalb Ihres Logistiknetzwerks. Selektionen von Chargen können spezifisch eingeschränkt werden, um Rückholaktionen effizient auslösen zu können. Während SAP GBT auf die Rückverfolgbarkeit innerhalb der eigenen Unternehmensgrenzen abzielt, bietet Ihnen *SAP Global Track and Trace* als Cloud-basierte Lösung die Möglichkeit, über Unternehmensgrenzen hinweg Datenströme der gesamten Lieferkette zu integrieren und orchestriert auf Verletzungen von Qualitätsstandards reagieren zu können.

In den folgenden Abschnitten möchten wir Ihnen die Funktionsweise und die wichtigsten Einstellungen für die Integration von SAP EWM und SAP GBT vorstellen.

Funktionen und Aufbau der SAP-GBT-Integration

SAP GBT ermöglicht die Rückverfolgbarkeit von Chargen und Handling Units auf Basis ausgeführter Prozessschritte, involvierter Geschäftspartner und beteiligter Organisationseinheiten. Um eine lückenlose Rückverfolgbarkeit zu ermöglichen, werden neben den für die Warenbewegung relevanten Buchungen (z. B. Wareneingang, Warenausgang, Umbuchung) auch für SAP EWM relevante Prozessinformationen über eine direkte Schnittstelle von SAP EWM nach SAP GBT gesendet.

Abbildung 14.60 stellt die Chargen- und Handling-Unit-Ereignisse dar, die in SAP GBT zur Rückverfolgbarkeit von Chargen im Zusammenhang mit einer lieferbasierten Fertigungsintegration gesammelt werden. Weitere Erläuterungen und Beispiele zur erweiterten Produktionsintegration finden Sie in Kapitel 10, »Produktionsintegration«.

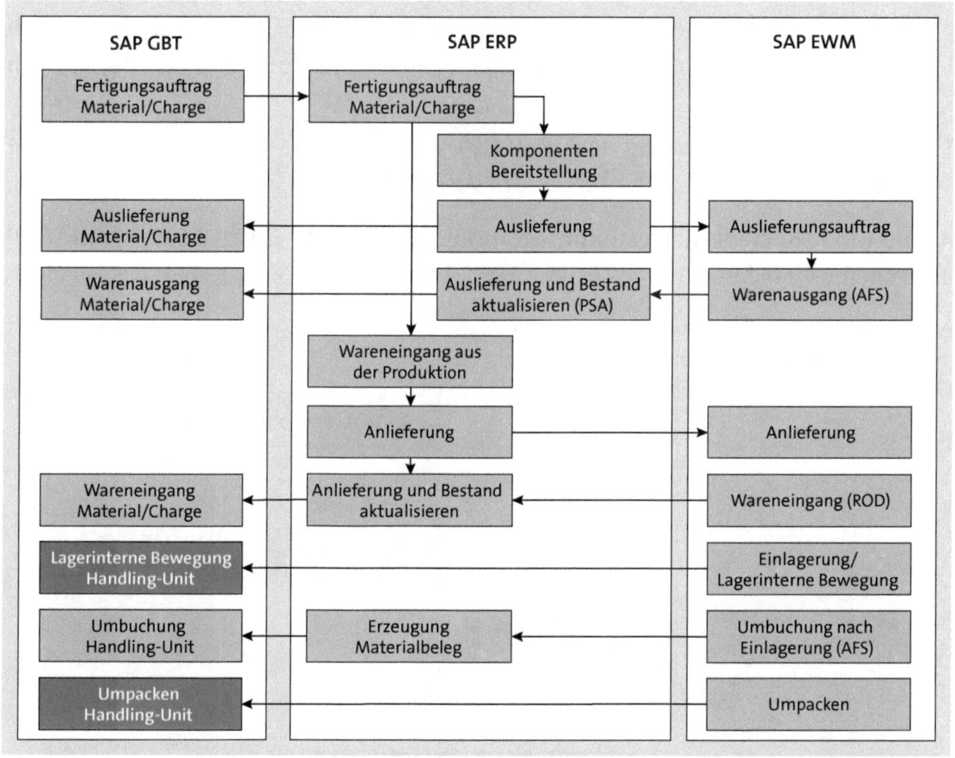

Abbildung 14.60 Schematische Darstellung der SAP-GBT-relevanten Ereignisse

Sobald in SAP EWM relevante Ereignisse (Events) durchgeführt wurden, können diese nach SAP GBT verteilt werden. Das Integrationskonzept unterscheidet dabei die im Folgenden beschriebenen Ereignistypen für eine direkte oder indirekte Integration mit SAP EWM:

- **Materialbuchungsrelevante Ereignisse**
  Werden für Handling Units und Bestände materialbuchungsrelevante Ereignisse im Lager durchgeführt, z. B. Wareneingangsbuchung, Warenausgangsbuchung oder Umbuchung, erfolgt die Kommunikation der materialbuchungs- und belegrelevanten Daten über das SAP-ERP-System nach SAP GBT (indirekte Integration).

  Im SAP-ERP-System wird eine Transfertabelle aktualisiert, von der ein regelmäßig eingeplanter Report im SAP-GBT-System die Daten nach dem Pull-Prinzip ermittelt.
- **Nicht materialbuchungsrelevante Ereignisse**
  Werden für Handling Units nicht materialbuchungsrelevante Ereignisse im Lager durchgeführt, z. B. Verpacken, Umpacken oder lagerinterne Bewegungen, erfolgt die Kommunikation der HU-Daten über die Aktualisierung einer SAP-EWM-Transfertabelle und einen regelmäßig eingeplanten Report (`/SCWM/GBT_R_EVENT_TRANSFER`) nach dem Push-Prinzip (direkte Integration). Alternativ können Sie auch Transaktion /SCWM/GBT_EVNT_TRANS für die Verteilung von HU-Daten nach SAP GBT verwenden.

  Für die Datenübertragung nach SAP GBT wird die Webservice-Schnittstelle `TrackedGoodsMovementNotification_Out/In` verwendet.

Abbildung 14.61 stellt die Systemintegration zwischen SAP EWM, SAP GBT und SAP ERP schematisch dar.

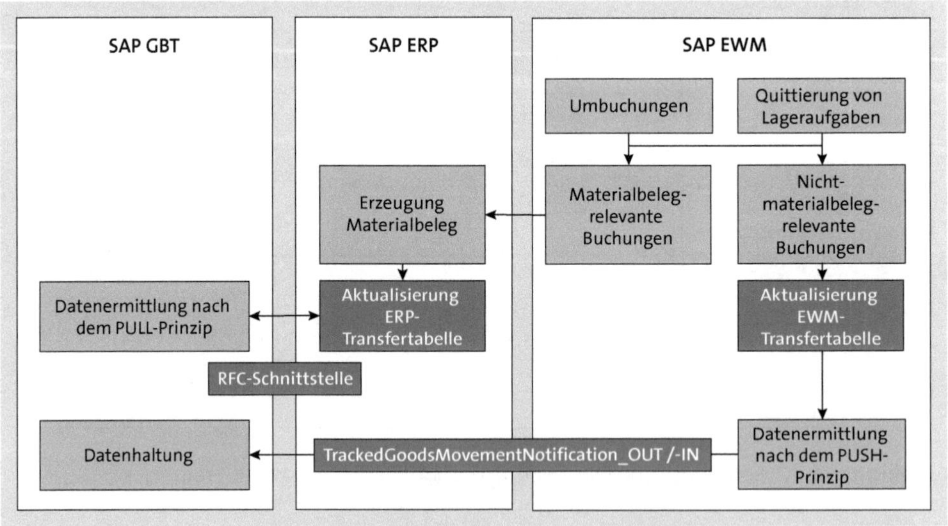

Abbildung 14.61 Schematische Darstellung der Systemintegration von SAP EWM, SAP GBT und SAP ERP

In SAP GBT können Sie die verteilten HU-Informationen nach verschiedenen Kriterien (z. B. Handling-Unit-ID, Chargennummer, Auftraggeber usw.) selektieren, um anschließend die folgenden Analyseschritte durchführen zu können:

- ausgeführte Prozessschritte einer Handling Unit (z. B. Wareneingang, Verpacken, lagerinterne Bewegungen, Warenausgang)
- systemübergreifende Identifikation von relevanten Belegen (z. B. Produktionsauftrag, Bestellung, Anlieferung, Auslieferung) einer Handling Unit
- Identifikation von Umpackprozessen einer spezifischen Charge zur Auslösung dezidierter Rückrufmaßnahmen
- Ermittlung von Geschäftspartnern (Kunden, Logistikstandorte usw.), die Handling Units mit schadhaften Chargen erhalten haben.
- Ermittlung aller Handling Units, die spezifische Chargen enthalten.

Die Analyseergebnisse können Sie sich in SAP GBT grafisch oder in tabellarischer Ansicht (bottom-up/top-down) anzeigen lassen. Für die Darstellung des Beziehungsnetzwerks können Sie in SAP GBT die folgenden Perspektiven wählen:

- **Chargen-Netzwerk**
  Wie in Abbildung 14.62 dargestellt, können Sie über die Darstellung des Chargen-Netzwerks die Umbuchungen, Produktionsaufträge, Bestellungen und Auslieferungen darstellen, die mit einer ausgewählten Charge im Zusammenhang stehen. Dies schließt die Produktionskomponenten vor der Fertigung mit ein.

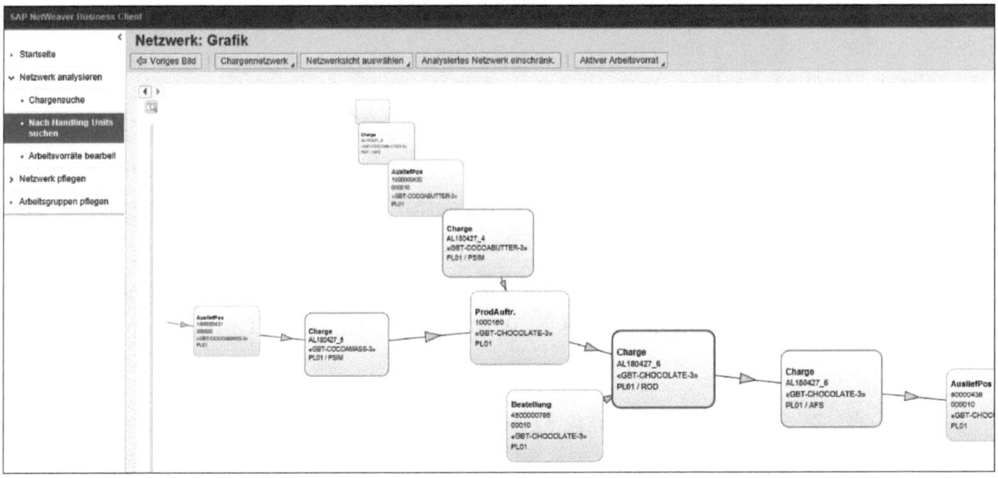

Abbildung 14.62 Analyse des Chargen-Netzwerks in SAP GBT

- **HU-Netzwerk**
  Über die Darstellung des HU-Netzwerks ist es Ihnen möglich, Handling Units und deren Bewegungen, Umpackprozesse und Lieferbelege zu ermitteln. In Abbil-

dung 14.63 können Sie die mit einer Charge im Zusammenhang stehenden Handling Units, Bestellungen und Auslieferungsbelege selektieren und nachvollziehen.

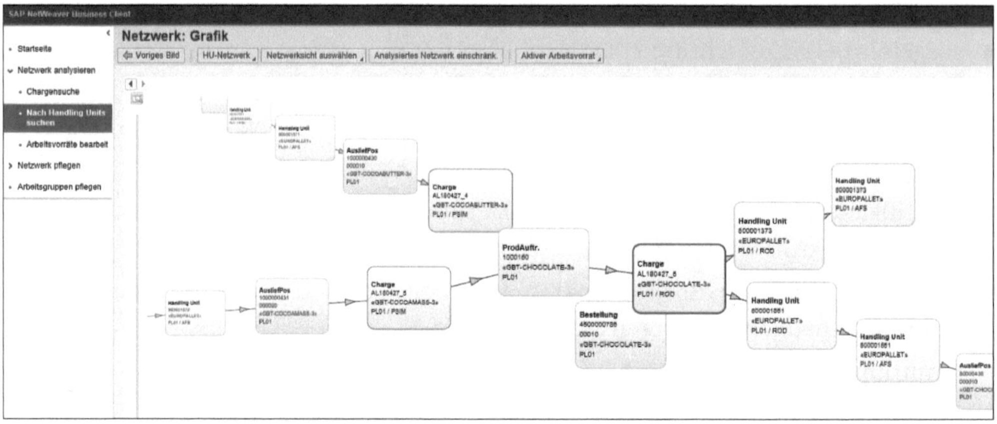

Abbildung 14.63 Analyse des HU-Netzwerks in SAP GBT

[»]

> **Datenvermeidung in der SAP-GBT-Integration**
>
> Anders als in der SAP-ERP-Integration wird die Transfertabelle in SAP EWM nicht nach erfolgreichem Senden der Daten bereinigt. Planen Sie den Report `/SCWM/GBT_R_EVENT_DELETION` regelmäßig ein, oder führen Sie Transaktion /SCWM/GBT_EVNT_DELET aus, um unkontrolliertem Datenwachstum vorzubeugen.

Aktivierung der SAP-GBT-Integration

Aktivieren Sie die SAP-GBT-Integration auf der Ebene der Lagernummer und des Verfügungsberechtigten über den SAP-EWM-Customizing-Pfad **Extended Warehouse Management • Schnittstellen • GBT-Integration • Lager und Verfügungsberechtigten für Abrufen von Ereignissen registrieren** (siehe Abbildung 14.64).

Nur Ereignisse für HUs der in dieser Einstellung konfigurierten Lagernummern und der Bestand des Verfügungsberechtigten werden für die GBT-Integration berücksichtigt.

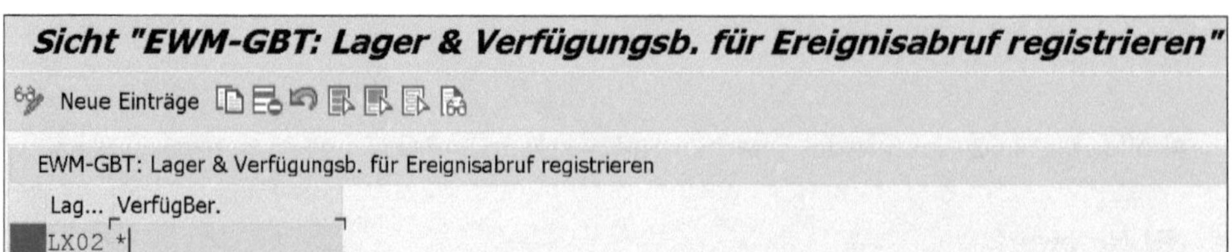

Abbildung 14.64 Customizing-Einstellung zur Aktivierung der SAP-GBT-Integration

Verwendung von Alias-Lagerorten

Sollten Sie für Ihren Geschäftsprozess die Anforderung haben, innerhalb einer Handling Unit Materialpositionen mit Bestandsarten, die für unterschiedliche Lagerorte eingestellt sind, zu verpacken, kann diese Einstellung verwendet werden. Die Konfiguration von Alias-Lagerorten dient dazu, Handling Units, die sich in einem physischen Lagerort befinden, nicht doppelt, also einmal pro tatsächlichem Lagerort (z. B. ROD, AFS), sondern einfach über den Alias-Lagerort in SAP GBT darzustellen.

Sie können die Einstellung über den SAP-EWM-Customizing-Pfad **Extended Warehouse Management • Schnittstellen • GBT-Integration • Lagerort-Alias für das Abbilden anlegen** vornehmen (siehe Abbildung 14.65).

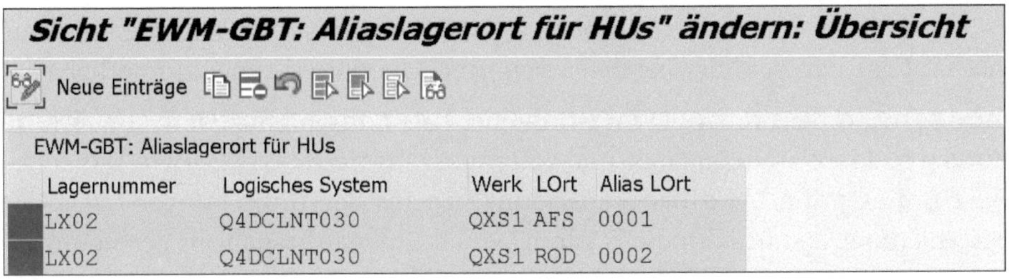
Sicht "EWM-GBT: Aliaslagerort für HUs" ändern: Übersicht

Neue Einträge

EWM-GBT: Aliaslagerort für HUs

Lagernummer	Logisches System	Werk	LOrt	Alias LOrt
LX02	Q4DCLNT030	QXS1	AFS	0001
LX02	Q4DCLNT030	QXS1	ROD	0002

Abbildung 14.65 Customizing-Einstellung für die Verwendung von Alias-Lagerorten

Neben den beschriebenen Customizing-Einstellungen müssen in SAP EWM die im vorangegangenen Abschnitt erwähnten Reports eingeplant werden, um den Datentransfer zwischen SAP EWM und SAP ERP zu ermöglichen:

- `/SCWM/GBT_R_EVENT_TRANSFER`
  Übertragung der Daten an SAP GBT
- `/SCWM/GBT_R_EVENT_DELETION`
  Housekeeping der Transfertabelle

14.5 Yard Management

Das *Yard Management*, oft auch *Hofsteuerung* genannt, ist eine Anwendung zur Verwaltung von Yards als Bestandteil von SAP EWM. Mit den SAP-EWM-Funktionen des Yard Managements, die vollständig in die Lagerprozesse integriert sind, steuern und koordinieren Sie alle Bewegungen von Transporteinheiten und Fahrzeugen im Yard. Beladungseinheiten, wie z. B. Container und Wechselbrücken, werden als Transporteinheiten abgebildet. Lkws können als Fahrzeuge im System definiert werden, wobei Sie einem Fahrzeug 1–n Transporteinheiten zuordnen können. Sie bilden Bewegungen von Transporteinheiten und Fahrzeugen anhand von Lageraufgaben ab und überwachen das Yard mit bereits vordefinierten Reports des Lagermonitors. Ein Yard wird in der Lagerstruktur definiert und kann für ein oder mehrere Lager verwendet werden.

Ein Yard ist ein angeschlossener Bereich außerhalb eines Lagers, in dem Fahrzeuge (z. B. Sattelzug oder Gliederzug) und Transporteinheiten (z. B. Container oder Wechselbrücken) bearbeitet werden oder auf die Bearbeitung oder Abholung durch einen externen Frachtführer warten. Die Verwendung des Yard Managements in SAP EWM ist optional, hat aber den entscheidenden Vorteil, dass bereits mit der Ankunft des Lkws in SAP EWM der Bestand im Lager bekannt ist. Wenn Sie das Yard Management nutzen möchten, müssen Sie es für Ihr Lager im EWM-Customizing über den Pfad **Prozessübergreifende Einstellungen • Warenannahme und Versand • Yard Management • Yard Management für Lager aktivieren** einstellen. Falls Sie SAP EWM in SAP S/4HANA einsetzen und in Ihrem Embedded SAP EWM das Yard Management nutzen möchten, ist dazu die Aktivierung der erweiterten Lagerverwaltung erforderlich.

Das Yard Management in SAP EWM wurde nicht als Add-on konzipiert, sondern ist vollständig in den Wareneingangs- und Warenausgangsprozess integriert. Daher haben Sie z. B. die Option, Lkws für die Entladung zu priorisieren, um dringend benötigten Bestand möglichst früh für die Erfüllung von Kundenaufträgen zur Verfügung zu stellen. Ein weiterer Vorteil sind die Abbildung und das Monitoring der End-to-End-Lagerprozesse. Dies beginnt mit der Ankunft des Lkws am Kontrollpunkt und erstreckt sich über die Entladung und gegebenenfalls Dekonsolidierung der ankommenden Handling Units bis hin zur Einlagerung des Bestands auf dem finalen Einlagerungsplatz – oder im Warenausgang von der Wellenbildung für die relevanten Auslieferpositionen über die Kommissionierung, Verpackung und Beladung des Lkws – und endet beim Verlassen des Lagers am Kontrollpunkt.

Die SAP-EWM-Komponente Yard Management untergliedert sich in drei Bereiche, die wir in den folgenden Abschnitten detailliert beschreiben:

- **Yard-Layout**
  Mit den üblichen SAP-EWM-Stammdatenobjekten wie Lagertyp, Lagerbereich und Lagerplatz wird das Yard abgebildet und strukturiert.
- **Transporteinheiten, Fahrzeuge und Torzuordnungen**
  Mit diesen Objekten werden z. B. Container oder Lkws im Yard abgebildet und Toren, sowohl manuell als auch automatisch, zugeordnet.
- **Yard-Prozesse und Bewegungen**
  Über Lageraufgaben werden die physischen Bewegungen der Lkws gesteuert, die Transporteinheiten und Fahrzeuge innerhalb des Yards bewegt und somit die Prozesse im Yard abgebildet.
- **Yard Monitoring**
  Mit dem Lagermonitor (siehe Kapitel 13, »Radio Frequency und Mobile«) können die im Yard an einem bestimmten Standort befindlichen Transporteinheiten, der Bestand in den Transporteinheiten und Yard-Bewegungen angezeigt werden.

14.5.1 Yard-Layout

Das *Yard-Layout* basiert weitgehend auf den vorhandenen Lagerstrukturen. Dabei werden Parkplätze als Lagerplätze abgebildet. Sie haben die Möglichkeit, eine Gruppe von Parkplätzen, z. B. für Parkplätze für Wareneingangstore, als Lagerbereich darzustellen. Abbildung 14.66 zeigt ein Beispiel eines Yard-Layouts mit den verschiedenen Objekten, die wir im Folgenden erläutern. In diesem Beispiel ist der Yard-Typ YARD der Lagernummer 0001 zugeordnet.

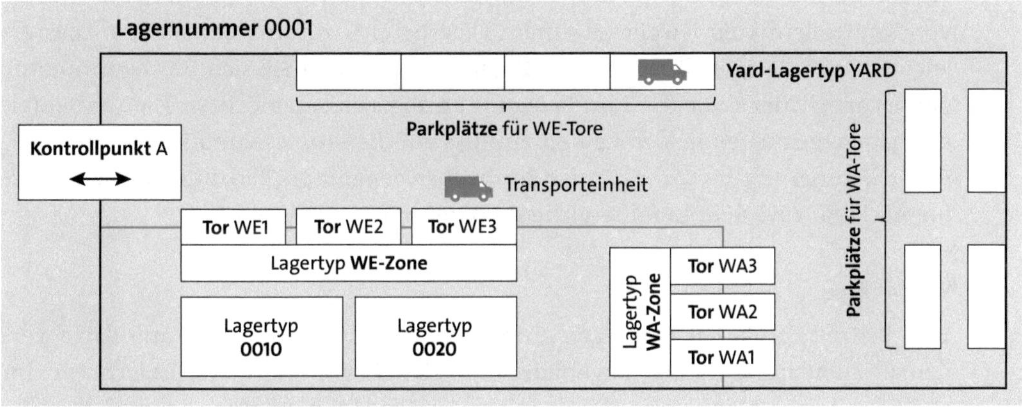

Abbildung 14.66 Beispiel eines Yard-Layouts

Die Objekte, die im Yard angelegt werden, sind:

- Yard-Nummer (optional)
- Yard-Typ
- Yard-Bereich (optional)
- Yard-Plätze
- Kontrollpunkte
- Tore

Im Folgenden beschreiben wir diese Objekte im Detail.

Yard-Nummer und Yard-Typ

Wenn Sie das Yard Management einsetzen möchten, müssen Sie mindestens einen eigenen Lagertyp einrichten. Diesen Lagertyp müssen Sie mit der Lagertyprolle **Yard** anlegen. Ein Lagertyp mit der Rolle **Yard** ist ausschließlich für die Bewegung von Transporteinheiten vorgesehen. Er kann aus Bestandssicht lediglich Transporteinheiten umfassen, die wiederum HUs und Produkte enthalten. Den Lagertyp mit der Lagertyprolle **Yard** können Sie entweder einer speziell für das Yard vorgesehenen Lagernummer (Yard-Nummer) oder einer bestehenden Lagernummer zuordnen. Die

Abbildung des Yards als Lagernummer hat den Vorteil, dass Sie mehrere Lagernummern an das Yard anbinden können. Den Yard-Typ definieren Sie im SAP-EWM-Customizing über den Pfad **Stammdaten • Warenannahme und Versand • Yard Management • Yard über Lagertyp definieren**.

Yard-Bereiche

Mit den Lagerbereichen kann das Yard übersichtlich strukturiert werden. Dabei bietet es sich an, eine Gruppe von Parkplätzen, eine Gruppe von Toren oder eine Gruppe von Kontrollpunkten jeweils zu einem Lagerbereich zusammenzufassen. Dies erleichtert vor allem die Auswahl von Objekten, z. B. wenn Sie sich im Lagermonitor eine Übersicht der aktuellen Yard-Belegung anzeigen lassen möchten. Die Yard-Bereiche haben ansonsten jedoch keinen Einfluss auf die Prozesse und Belege im Lager. Die Strukturierung des Yards können Sie im oben genannten Pfad unter der Customizing-Aktivität **Yard über Lagerbereiche strukturieren** vornehmen.

Yard-Plätze

Yard-Plätze können z. B. Parkplätze, Tore oder Kontrollpunkte sein. Yard-Plätze werden als Standardlagerplätze abgebildet und, ebenso wie »normale« Lagerplätze, im SAP-Easy-Access-Menü von SAP EWM über den Pfad **Stammdaten • Lagerplatz** – entweder mit Transaktion /SCWM/LS01 oder mit Transaktion /SCWM/LS10 – angelegt.

Kontrollpunkte

Der Kontrollpunkt stellt meist eine Pforte dar, an der die Ankunft und die Abfahrt von Fahrzeugen registriert und alle erforderlichen Daten erfasst werden. Den Kontrollpunkt definieren Sie im SAP-EWM-Customizing über den Pfad **Stammdaten • Warenannahme und Versand • Yard Management • Kontrollpunkt definieren**. Anschließend werden dem Kontrollpunkt mit Transaktion /SCWM/YM_CHKPT_BIN eine *Supply Chain Unit* (SCU) und ein Yard-Platz zugeordnet. Diese Transaktion finden Sie im SAP-Easy-Access-Menü über den Pfad **Stammdaten • Warenannahme und Versand • Yard Management**. Die Platzzuordnung zum Kontrollpunkt ist notwendig, da vom Kontrollpunkt aus die Transporteinheit zu einem Parkplatz oder Tor über eine Lageraufgabe bewegt werden kann. Durch die Zuordnung des Kontrollpunkts zur Supply Chain Unit können so u. a. wichtige geografische Daten und Adressdaten hinterlegt werden.

Tore

Ein Tor ist der Ort im Lager, an dem Waren ankommen oder Waren das Lager verlassen. Fahrzeuge und ihre Transporteinheiten kommen am Tor eines Lagers an, um dort Waren ein- oder auszuladen. Das Tor ist eine Organisationseinheit, die Sie der Lagernummer zuordnen. Tore definieren Sie im SAP-EWM-Customizing über den Pfad

Stammdaten • Lagertor • Lagertor definieren. Sie haben durch die Richtungsangabe die Möglichkeit, Tore speziell für den Wareneingang, den Warenausgang oder für beide Richtungen festzulegen. Neben weiteren Einstellungen können Sie dem Tor ein *Aktionsprofil* zuordnen. Im Aktionsprofil legen Sie alle maximal erlaubten Aktionen, z. B. das Drucken, für einen Beleg fest.

Das Tor ist die Verbindung zwischen Yard und Lager. Darüber hinaus ist es für die Bestandsbuchung und für Yard-Bewegungen relevant. Aus diesem Grund muss dem Tor ein Yard-Platz zugeordnet werden. Diese Zuordnung erfolgt mit Transaktion /SCWM/YM_DOOR_BIN, die Sie im SAP-Easy-Access-Menü in SAP EWM über den Pfad **Stammdaten • Warenannahme und Versand • Yard Management** finden.

[«]

Kontrollpunkten und Toren Yard-Plätze zuordnen

Um Kontrollpunkten und Toren Yard-Plätze zuordnen zu können, müssen Sie die Yard-Plätze vorher anlegen und dem Yard-Typ zuweisen. Über eine geeignete Namenskonvention der Yard-Plätze stellen Sie sicher, dass die Anwender wissen, wo sich die Plätze im Yard befinden, um so das Yard Monitoring zu erleichtern.

14.5.2 Transporteinheiten, Fahrzeuge und Torzuordnungen

Um z. B. Lkws oder Container abzubilden und im Yard bewegen zu können, gibt es in SAP EWM die Objekte *Transporteinheit* und *Fahrzeug*. Die Verwendung des Yard Managements in SAP EWM ist optional, und die folgenden Objekte sind Bestandteil der SAP-EWM-Komponente Warenannahme und Versand. Das bedeutet, dass Sie diese Objekte zur Abbildung Ihrer Warenein- und Warenausgangsprozesse verwenden können, ohne die Yard-Management-Funktionen zu nutzen. In diesem Abschnitt beschreiben wir die Objekte Transporteinheit, Fahrzeug und Torzuordnung genauer.

Transporteinheit und Transporteinheitsaktivität

Die Transporteinheit ist die kleinste beladbare Einheit eines Fahrzeugs, die zum Transportieren von Ware verwendet wird. In der Praxis kann die Transporteinheit z. B. ein Container oder eine Wechselbrücke sein. Sie erstellen die Transporteinheit entweder manuell im SAP-Easy-Access-Menü in SAP EWM über den Pfad **Warenannahme und Versand • Transporteinheit Bearbeiten**, über Transaktion /SCWM/TU oder automatisch über eine PPF-Aktion.

Legen Sie eine Transporteinheit in SAP EWM an, und erstellen Sie neben der Transporteinheit eine *Warenannahme- und Versand-Aktivität* (W/V-Aktivität). Die W/V-Aktivität definiert einen Zeitraum, in dem das Objekt in einem bestimmten Zusammenhang verwendet wird. Zum Beispiel ist die Transporteinheit TE-01 ein Container, der im Zeitraum vom 10.07.2022, 8:20 Uhr, bis zum 10.07.2022, 11:00 Uhr, entladen werden soll. Die W/V-Aktivität der Transporteinheit kann folgende W/V-Aktivitätsstatus annehmen:

- **»Geplant«**
  Die Transporteinheitsaktivität (TE-Aktivität) ist angelegt, aber die Transporteinheit befindet sich noch nicht im Yard; d. h., es wurde noch keine Ankunft am Kontrollpunkt gebucht; der Wareneingangs- oder Warenausgangsprozess hat noch nicht begonnen.
- **»Aktiv«**
  Die Transporteinheit ist im Yard; die Ankunft am Kontrollpunkt wurde gebucht; der Wareneingangs- oder Warenausgangsprozess läuft ab.
- **»Abgeschlossen«**
  Die Transporteinheit hat das Yard verlassen; der Wareneingangs- oder Warenausgangsprozess ist abgeschlossen.

Bei der Anlage der W/V-Aktivität kann die Richtung des Prozesses vorgegeben werden, für den die TE-Aktivität vorgesehen ist:

- **Richtung nicht definiert**
  Die Richtung wird erst bei der Zuordnung einer An- oder Auslieferung zur Transporteinheit definiert.
- **Eingang**
  Diese Richtung ist für den Wareneingangsprozess relevant.
- **Ausgang**
  Diese Richtung ist für den Warenausgangsprozess relevant.

Kommt nach Abschluss der W/V-Aktivität für die Transporteinheit die gleiche Transporteinheit nochmals an, haben Sie die Möglichkeit, mit Transaktion /SCWM/TU eine neue W/V-Aktivität für die gleiche externe Transporteinheitsnummer (TE-Nummer) anzulegen. Die SAP-EWM-interne TE-Nummer bleibt ebenfalls die gleiche. Ebenso werden das *Transportmittel* (MTR) und das *Packmittel* (PKM) aus der eigentlichen Transporteinheit übernommen. Das Transportmittel sagt aus, um welche Art von Transporteinheit es sich handelt, z. B. Container oder Wechselbrücke. Das Transportmittel wird im Einführungsleitfaden über den Pfad **Stammdaten • Warenannahme und Versand • Transportmittel definieren** festgelegt. Das Packmittel wird als Produktstamm angelegt und definiert auf Basis der *Packmittelart*, welches Volumen und Gewicht die Transporteinheit maximal führen kann oder darf. Die Packmittelart wird im SAP-EWM-Customizing über den Pfad **Prozessübergreifende Einstellungen • Handling Units • Packmittelarten definieren** vorgenommen. Hier selektieren Sie für den Packmitteltyp den Wert **Transportmittel**. HUs, deren Packmittel vom Typ **Transportmittel** sind, besitzen eine andere Statusverwaltung als HUs aus normalen Packmitteln.

Für Kombinationen aus Transportmittel und Packmittel können Sie im System über Transaktion **/SCMW/PM_MTR** Konstruktionsregeln hinterlegen, die Sie im SAP-Easy-Access-Menü in SAP EWM über den Pfad **Einstellungen • Warenannahme Und Versand** finden. Diese steuern, ob Sie bei der Anlage einer Transporteinheit ausschließlich eine Transporteinheit oder automatisch im Hintergrund ein Fahrzeug – gegebenenfalls mit weiteren gleichen Transporteinheiten – anlegen, die dann mit dem Fahrzeug verknüpft sind.

Fahrzeug und Fahrzeugaktivität

Fahrzeuge können manuell mit Transaktion /SCWM/VEH angelegt werden; diese verknüpfen Sie dann anschließend manuell mit den Transporteinheiten. Fahrzeuge können auch über die Konstruktionsregel bei der Anlage einer Transporteinheit automatisch angelegt werden. Bei der manuellen Erstellung des Fahrzeugs muss ebenfalls ein Transportmittel eingegeben werden. Mit diesem Transportmittel ermittelt SAP EWM anhand der definierten Konstruktionsregeln, ob zu dem Fahrzeug automatisch Transporteinheiten angelegt werden sollen, und stellt sie auf der Registerkarte **Transporteinheit** gemäß Abbildung 14.67 dar. Analog zur Transporteinheit legen Sie mit der externen Fahrzeugnummer ein Fahrzeug und eine W/V-Aktivität des Fahrzeugs mit entsprechender Richtung an. Parallel dazu erhält das Fahrzeug eine interne fortlaufende Nummer.

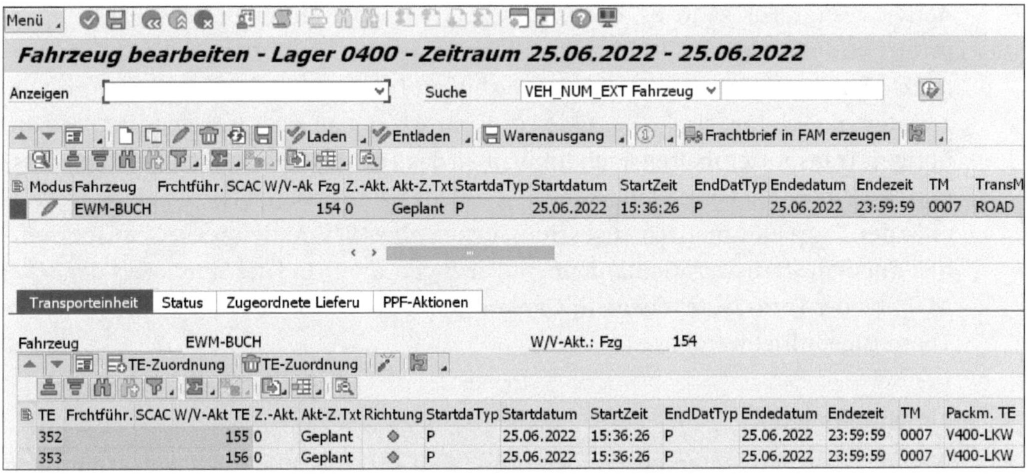

Abbildung 14.67 Fahrzeug mit zwei Transporteinheiten anlegen

> **Fahrzeug- und TE-Aktivität verknüpfen**
>
> Soll eine Fahrzeugaktivität mit einer TE-Aktivität verknüpft werden, müssen die identischen Transportmittel bei der Anlage vergeben werden.

Über die zuvor erwähnte Konstruktionsregel können Sie steuern, ob Transporteinheiten eine feste Zuordnung zum Fahrzeug haben oder ob Transporteinheiten nacheinander verschiedenen Fahrzeugen zugeordnet und somit entkoppelt werden können. Wenn also Transporteinheiten einem Fahrzeug fest zugeordnet sind, stellt das Fahrzeug für den gesamten Yard-Prozess die Klammer um die Transporteinheiten dar.

Torzuordnung und Toraktivität

Transporteinheiten können Sie über Lageraufgaben zu Toren bewegen und damit Toren zuweisen. Einer Transporteinheit und der W/V-Aktivität einer Transporteinheit kann ein Tor zugeordnet werden, an dem die Transporteinheit entladen werden soll, oder umgekehrt. Im eigentlichen Sinne wird, wie beim Fahrzeug und der Transporteinheit, eine W/V-Aktivität zum Tor angelegt. Die Torzuordnung kann entweder manuell über Transaktionen /SCWM/TU oder über Transaktion /SCWM/DOOR erfolgen, die Sie im SAP-Easy-Access-Menü in SAP EWM unter dem Knoten **Warenannahme und Versand** finden, oder automatisch durch die im SAP-EWM-Customizing einstellbare Torfindung.

Ist die Torzuordnung vorgenommen worden, erhält der Status der W/V-Aktivität des Tores den Wert **Geplant**. Ist die Transporteinheit am Tor angekommen, wechselt der Statuswert der W/V-Aktivität des Tores auf **Aktiv**. Im Gegensatz zur geplanten W/V-Aktivität zum Tor kann es, ebenso wie bei Transporteinheiten und Fahrzeugen, immer nur eine aktive W/V-Aktivität zum Tor geben, d. h. nur eine an das Tor angedockte Transporteinheit. Eine Ausnahme bilden Transporteinheiten, die einem Fahrzeug fest zugeordnet sind. Wird eine Transporteinheit an ein Tor angedockt, sind die übrigen Transporteinheiten auch implizit an das Tor angedockt. Nachdem die Transporteinheit be- oder entladen worden ist und das Tor verlassen hat, ist die W/V-Aktivität des Tores automatisch abgeschlossen. Ist eine W/V-Aktivität zur Transporteinheit mit dem Statuswert **Geplant** einem Tor zugeordnet, und der Statuswert der W/V-Aktivität des Tores lautet ebenfalls **Geplant**, kann die Transporteinheit auch weiteren Toren zugeordnet werden.

Aktivitätszeiten

Werden W/V-Aktivitäten zu Transporteinheit, Fahrzeug und Tor angelegt, müssen immer folgende geplante Zeitpunkte angegeben werden:

- Startdatum der W/V-Aktivität
- Startzeit der W/V-Aktivität
- Endedatum der W/V-Aktivität
- Endzeit der W/V-Aktivität

Diese Zeitpunkte werden über die Vorschlagswerte der jeweiligen Transaktionen (/SCWM/TU für Transporteinheiten, /SCWM/VEH für Fahrzeuge, /SCWM/DOOR für Tore) übernommen oder können manuell eingegeben werden. Abbildung 14.68 zeigt die Definition von Vorschlagswerten am Beispiel von Transaktion /SCWM/TU.

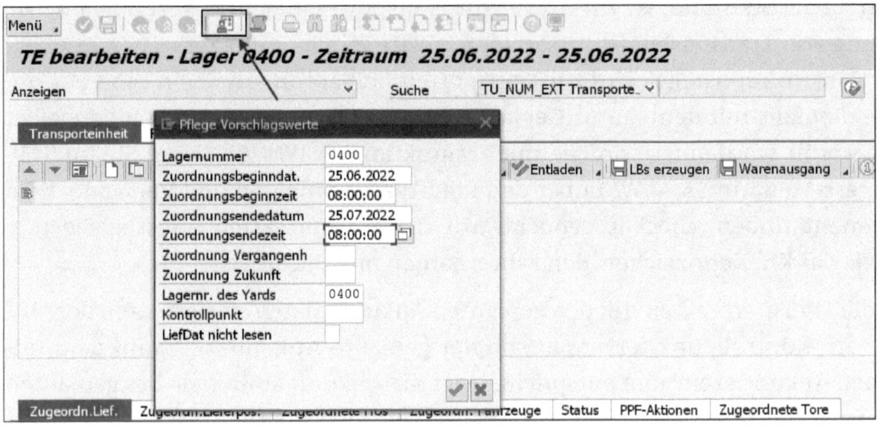

Abbildung 14.68 Vorschlagswerte definieren

> **W/V-Aktivität von Transporteinheit, Fahrzeug und Tor verknüpfen**
>
> Bei der Verknüpfung der W/V-Aktivität der Transporteinheit mit einer W/V-Aktivität des Fahrzeugs und anschließender W/V-Aktivität des Tores ist zu beachten, dass sich die Aktivitätszeiten jeweils überschneiden, d. h., dass das Ende-Datum einer Aktivität nicht vor dem Start-Datum der anderen Aktivitäten liegt. Andernfalls kommt es zu Fehlermeldungen, und eine Zuordnung ist nicht möglich.

14.5.3 Yard-Prozesse und Bewegungen

Die Prozesse des Yard Managements sind direkt mit den Lagerprozessen Wareneingang und Warenausgang verknüpft. Der Prozess beginnt mit der Anmeldung der Transporteinheit oder des Fahrzeugs am Check-in, der Bewegung zum Tor mit anschließender Entladung und gegebenenfalls der Beladung und der Bewegung zum Kontrollpunkt für den Check-out. Abbildung 14.69 zeigt einen typischen Prozessablauf im Yard.

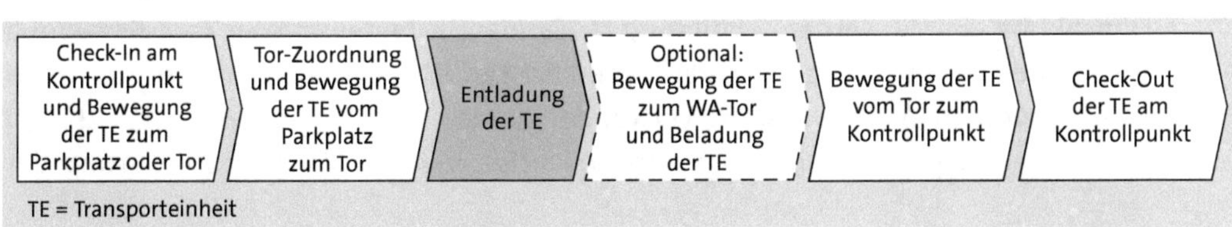

Abbildung 14.69 Prozessablauf im Yard

Check-in am Kontrollpunkt

Mit Ankunft des Lkws wird die Transporteinheit im System erfasst oder bei bereits avisierten Transportdaten die bereits angelegte Transporteinheit mit den Lkw-Daten abgeglichen. Wurde die Transporteinheit auf der Basis avisierter Transportdaten erstellt, erhält der Status der W/V-Aktivität zur Transporteinheit den Wert **Geplant**. Die Avisierung von Transporten ist in Kapitel 8, »Wareneingangsprozess«, beschrieben. Je nach Konstruktionsregel wird zur Transporteinheit automatisch ein Fahrzeug angelegt – ebenfalls mit dem Status **Geplant**. Nachdem die Transporteinheit angelegt oder überprüft worden ist, wird sie mit Transaktion /SCWM/CICO, die Sie im SAP-Easy-Access-Menü in SAP EWM über den Pfad **Warenannahme und Versand • Yard Management** finden, check-in-gebucht. Mit dieser Transaktion erfassen Sie u. a. Daten wie das Kfz-Kennzeichen, den Fahrernamen und die Sprache.

Wurde die Transporteinheit mit den geplanten Ankunftsdaten avisiert, kann der Mitarbeiter am Kontrollpunkt erkennen, ob der geplante Ankunftszeitraum dem tatsächlichen Ankunftszeitraum entspricht. Liegt die Ankunft außerhalb des geplanten Zeitfensters, kann im SAP-EWM-Customizing über den Pfad **Prozessübergreifende Einstellungen • Warenannahme und Versand • Allgemeine Einstellungen • Allgemeine Einstellungen für Warenannahme und Versand** eingestellt werden, ob eine Warn-, eine Fehlermeldung oder keine Meldung ausgegeben werden soll. Im Falle der Fehlermeldung ist eine Check-in-Buchung nicht möglich. Mit der Check-in-Buchung erhält der Status der W/V-Aktivität für die Transporteinheit und gegebenenfalls für das Fahrzeug automatisch den Wert **Aktiv**. Eine Check-in-Buchung auf der Transporteinheitsebene ist nur möglich, wenn die Transporteinheit nicht mit einem Fahrzeug verknüpft ist oder eine 1:1-Beziehung zwischen Transporteinheit und Fahrzeug besteht. Wenn einem Fahrzeug mehrere Transporteinheiten zugeordnet sind, ist die Check-in-Buchung nur auf der Fahrzeugebene möglich. Sind der Transporteinheit bereits Anlieferungen, entweder manuell oder automatisch, zugeordnet worden, kann SAP EWM über die Torfindung das Wareneingangstor bestimmen, und das Tor wird in der Transaktion angezeigt.

Bewegung zu Parkplatz oder Tor

Anschließend wird die Transporteinheit systemseitig über Lageraufgaben entweder zu einem freien Parkplatz oder an ein Tor bewegt. Die Lageraufgaben können entweder mit der Desktop-Transaktion /SCWM/YMOVE oder über die entsprechende RF-Transaktion erstellt werden. Abbildung 14.70 zeigt die Erstellung der Yard-Bewegung anhand der RF-Transaktion. Lageraufgaben für Yard-Bewegungen sind grundsätzlich HU-Lageraufgaben. Das System verwendet keine Produkt-Lageraufgaben, da bei Yard-Bewegungen keine Mengen berücksichtigt werden. Mit der Quittierung der

Yard-Lageraufgaben an das Tor erhält das Tor automatisch eine W/V-Aktivität mit dem Status **Aktiv**.

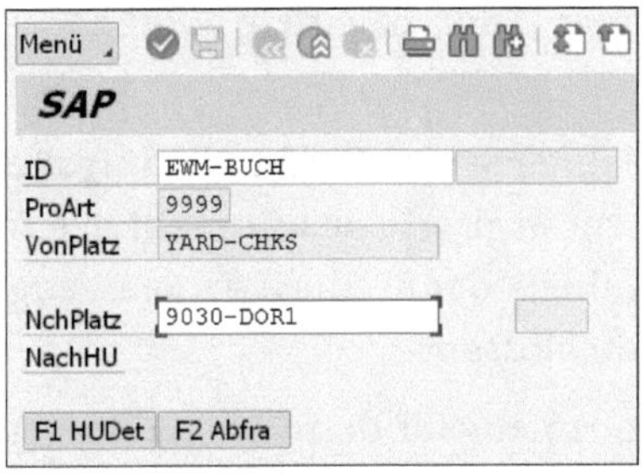

Abbildung 14.70 Yard-Bewegung mit Radio Frequency anlegen

> **HU-Lageraufgabe zur Transporteinheit**
> Beim Bewegen einer Transporteinheit im Yard erstellen Sie eine HU-Lageraufgabe zur Transporteinheit. Technisch gesehen, ist die Transporteinheit eine Handling Unit mit der Ausprägung E des virtuellen HU-Indikators (VHI).

Entladung

Im nächsten Schritt erfolgt die Entladung. Hier gibt es in SAP EWM zwei Möglichkeiten – entweder die *einfache* oder die *komplexe Entladung*. (Anmerkung: Der Prozessschritt Beladung entspricht zwar nicht dem Prozessablauf, es ist aber sinnvoll, die Logik an dieser Stelle zu erwähnen.)

Beim einfachen Ent- und Beladen werden durch einen manuellen Statuswechsel die Aus- oder Anlieferungen be- oder entladen. Beim komplexen Ent- und Beladen legen Sie Lageraufgaben an und bewegen die Handling Units in oder aus dem Lager. Komplexe Ent- und Beladeprozesse basieren auf den Einstellungen der Lagerungssteuerung (siehe Kapitel 7, »Objekte und Elemente der Prozesssteuerung«), über die SAP EWM den Nach-Lagerplatz einer Lageraufgabe ermittelt. Ent- oder Belade-Lageraufgaben können Sie, je nach Prozess, manuell mit den Transaktionen /SCWM/UNLOAD oder /SCWM/LOAD oder über die entsprechende PPF-Aktion erstellen.

Beim Entladeprozess verwenden Sie die PPF-Aktion `/SCWM/PRD_IN_TO_CREATE`, unter der Voraussetzung, dass der Prozessschritt **Entladung** im Lagerungsprozess definiert wurde. Beim Beladeprozess werden durch einen Statuswechsel mit Andocken der Transporteinheit am Tor über die PPF-Aktion `/SCWM/SR_TU_HU_TO_CREATE` und die Einplanungsbedingung `/SCWM/SR_TU_CHECK_STATUS` automatisch Belade-Lageraufgaben erstellt.

Beladung oder Bewegung vom Tor zum Kontrollpunkt

Nach dem Entladen kann die Transporteinheit oder das Fahrzeug entweder zum Kontrollpunkt für den Check-out-Vorgang bewegt werden oder zu einem Warenausgangstor für die Beladung.

Für den Fall, dass für die Transporteinheit oder das Fahrzeug eine Yard-Lageraufgabe zum Kontrollpunkt erstellt und dort check-out-gebucht wird, erfolgt automatisch ein Statuswechsel der W/V-Aktivität für die Transporteinheit oder für die dem Fahrzeug zugeordneten Transporteinheiten von **Aktiv** in **Abgeschlossen**.

Ist jedoch die Transporteinheit oder das Fahrzeug ebenfalls für den Warenausgang vorgesehen, muss für die Transporteinheit/das Fahrzeug mit Transaktion /SCWM/TU (falls es sich um eine Transporteinheit handelt oder dem Fahrzeug nur eine Transporteinheit zugeordnet ist) oder mit Transaktion /SCWM/VEH (falls es sich um ein Fahrzeug mit mehreren Transporteinheiten handelt) eine neue W/V-Aktivität mit der Richtung **Warenausgang** angelegt werden. Mit der Aktivierung der W/V-Aktivität für den Warenausgang wird damit automatisch die W/V-Aktivität für den Wareneingang abgeschlossen (siehe Abbildung 14.71).

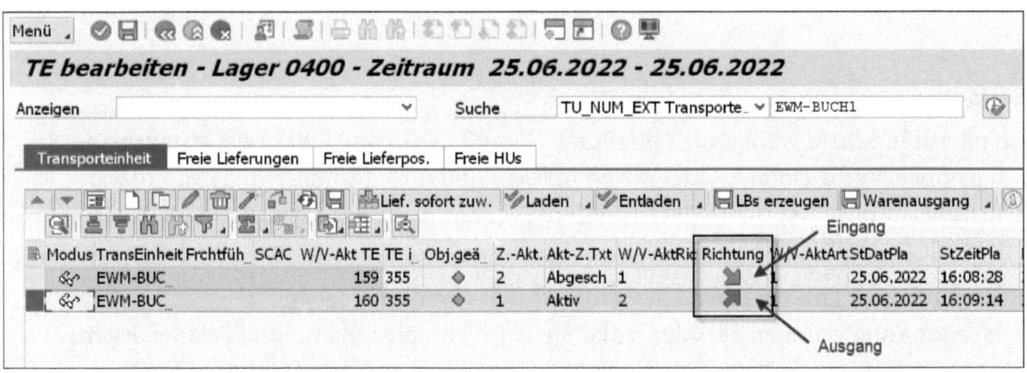

Abbildung 14.71 Abgeschlossene W/V-Aktivität für den Wareneingang und aktive W/V-Aktivität für den Warenausgang einer Transporteinheit

Mit dem Abschluss der W/V-Aktivität für die Transporteinheit wird ebenfalls automatisch die W/V-Aktivität für das der Transporteinheit zugewiesene Tor abgeschlossen.

Check-out am Kontrollpunkt

Nach dem Beladen wird die Transporteinheit oder das Fahrzeug mit einer Yard-Lageraufgabe an den Kontrollpunkt für den Check-out bewegt. Mit dem Check-out der Transporteinheit oder des Fahrzeugs wird die W/V-Aktivität für den Warenausgang automatisch abgeschlossen.

Nachdem Sie die Möglichkeiten kennengelernt haben, die SAP EWM bietet, um die Prozesse und Bewegungen im Yard abzubilden, wird im nächsten Abschnitt beschrieben, mit welchen Funktionen Sie sich einen guten Überblick über die Situation im Yard verschaffen können.

14.5.4 Yard Monitoring

Mit den bereits im SAP-EWM-Standard vordefinierten Reports für das *Yard Monitoring* im Lagermonitor können Sie sich die Yard-Bewegungen von Transporteinheiten/Fahrzeugen für eine Yard-Lagernummer, einen oder mehrere Yard-Typen und einen oder mehrere Yard-Bereiche anzeigen lassen. Sie können im Yard, Yard-Typ oder Yard-Bereich Transporteinheiten nach verschiedensten Attributen, u. a. nach Frachtführer, Route, SCAC (*Standard Carrier Alpha Code*), Belegarten (z. B. Normal- oder Eillieferungen), zugeordneten Lieferungen oder bestimmten Produkten selektieren und sich den Bestand der Transporteinheiten anzeigen lassen.

Darüber hinaus können Sie sich am Kontrollpunkt wartende Transporteinheiten/Fahrzeuge, unterteilt nach Warenein- und -ausgang, und schließlich die aktuelle und geplante Torbelegung anzeigen lassen. Abbildung 14.72 zeigt die Transporteinheiten im Yard, selektiert nach einem bestimmten Frachtführer. Mit dem Framework des Lagermonitors haben Sie die Möglichkeit, modifikationsfrei eigene, auf Ihre Prozessanforderungen im Yard zugeschnittene Monitorknoten und Reports zu erstellen. Wie die Monitorerweiterungen vorgenommen werden können, ist detailliert in Kapitel 15, »Monitoring und Reporting«, beschrieben.

14

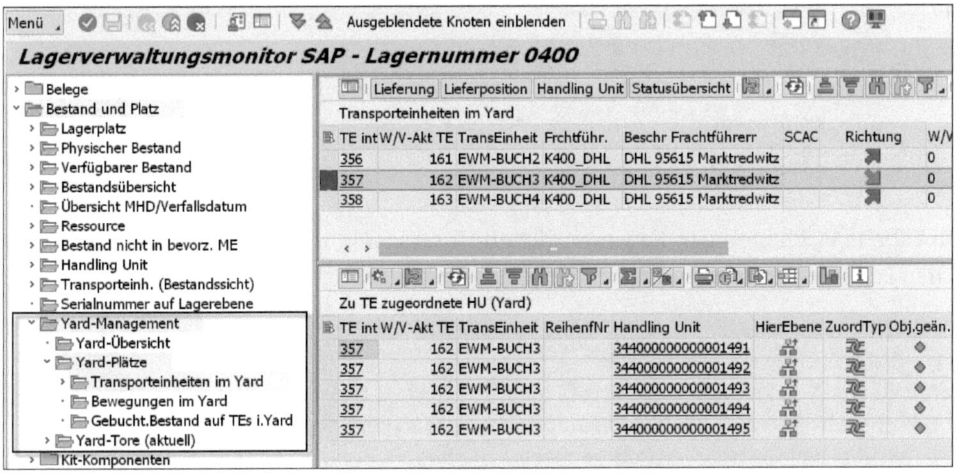

Abbildung 14.72 Anzeige von Transporteinheiten im Yard, selektiert nach einem bestimmten Frachtführer

14.6 Transitlagerung

Mit der Transitlagerung hielt ab SAP EWM 9.3 eine neue Art vereinfachter Lagerung Einzug in das SAP-EWM-System. Sie kommt zum Einsatz, wenn ein Lager als *Transitlager* dient, Fracht also als Teil einer längeren Transportkette empfangen und versandt wird. Die Fracht an sich ist dabei nicht für das Lager bestimmt – sie wird nicht entpackt und auch nicht als Bestand eingelagert. Vielmehr wird die Fracht entgegengenommen, konsolidiert und zwischengelagert, bis sie für den Transport zum nächsten Zwischenstopp oder Empfänger benötigt wird. Dies erfolgt üblicherweise innerhalb eines Tages. Da das Transitlager die Fracht vieler Kunden bearbeitet, werden dabei keine Produktstammdaten gepflegt. Stattdessen wird die Fracht an sich als HU abgebildet, und Informationen zur Fracht (z. B. beschädigt oder hochwertig) werden in den jeweiligen Belegen gehalten. Die Hauptbelege sind Frachtaufträge und Frachtbuchungen, die im Hintergrund mit bestehenden SAP-EWM-Belegen, etwa An- und Auslieferungen, TUs, Vehikeln und HUs, verknüpft sind.

SAP TM ist hierbei zuständig für die Planung der Fracht, die u. a. die Routenermittlung und die Kostenkalkulation umfasst. Statusabhängig werden relevante Frachtaufträge und Frachtbuchungen von SAP TM an SAP EWM übertragen, sodass dort die benötigten Lagerprozesse ablaufen können. Zu Status und Fortschritt werden ereignisbasierte Nachrichten zwischen SAP EWM und SAP TM ausgetauscht. Dieser Nachrichtenaustausch findet über Webservices statt, die entweder über SAP Process Integration (PI) oder mittels Punkt-zu-Punkt-Kommunikation ausgetauscht werden.

[»]

Informationen zur Punkt-zu-Punkt-Kommunikation

SAP-Hinweis 1978857 enthält einen Integrationsleitfaden zum Einrichten der Punkt-zu-Punkt-Kommunikation. Sie finden diesen Hinweis im SAP Support Portal über die folgende URL: *http://support.sap.com*

In Tabelle 14.3 haben wir die wesentlichen Unterscheidungsmerkmale der gewöhnlichen Lagerhaltung gegenüber der Transitlagerung zusammengefasst.

Standardlagerung	Transitlagerung
Mengenmäßige Verwaltung von Beständen. Bestandsattribute werden in den Stammdaten abgelegt und müssen dort gepflegt werden.	Die Fracht basiert auf Handling Units. SAP EWM kennt deren genauen Inhalt nicht, sondern nur die Bestandsattribute der beteiligten Belege.

Tabelle 14.3 Unterschiede zwischen Standard- und Transitlagerung

Standardlagerung	Transitlagerung
Produktstammsätze werden in SAP ERP angelegt und von dort an SAP EWM verteilt.	Produktstammdaten werden ausschließlich für Packmittel genutzt.
Die Versender werden als Lieferanten dargestellt.	Versender werden als Kunden dargestellt.
Verwendung von Benutzeroberflächen mit Bezug zu An- oder Auslieferungen.	Verwendung von Benutzeroberflächen mit Bezug zu Frachtaufträgen und -buchungen.
An- und Auslieferungen werden in SAP ERP angelegt und an SAP EWM verteilt.	Frachtaufträge und -buchungen werden auf der Grundlage von Nachrichten von SAP TM angelegt.
Lieferungen basieren auf Produktmengen, die verpackt werden können.	Frachtaufträge und -buchungen basieren auf einer Anzahl von Handling Units, deren konkreter Inhalt unbekannt ist. Daneben gibt es spezielle Luftfrachtcontainer und TE-Container.
Es können Produkt- und HU-Lageraufgaben verwendet werden.	Nur HU-Lageraufgaben kommen zum Einsatz.
Einlagerungsplätze werden anhand einer Reihe von Customizing-Tabellen ermittelt, die die Produktattribute berücksichtigen.	Die Ermittlung der Einlagerungsplätze basiert auf der Konditionstechnik, die die Attribute der Fracht berücksichtigt.

Tabelle 14.3 Unterschiede zwischen Standard- und Transitlagerung (Forts.)

14.6.1 Beispielprozess anhand eines Luftfrachtszenarios

Ein Beispielprozess für die Nutzung eines Transitlagers in Verbindung mit SAP TM kann folgendes Luftfrachtszenario sein, das grafisch in Abbildung 14.73 dargestellt ist. Die Klammer für den in SAP TM geplanten Prozess vom Versender zum Empfänger stellt ein Speditionsauftrag dar.

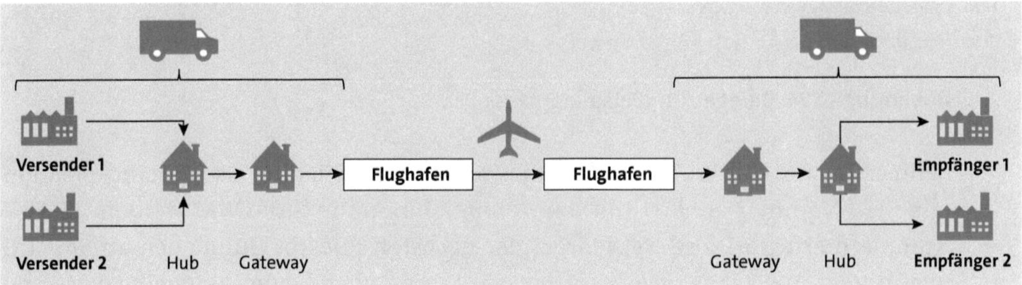

Abbildung 14.73 Beispielprozess »Speditionsauftrag Export/Import«

In unserem Beispielprozess wird die Fracht unterschiedlicher Versender in einem ersten Hub entgegengenommen. Von dort aus wird die Fracht an ein weiteres Transitlager gesendet, das als Gateway agiert. Sobald die Fracht im Transitlager angekommen ist, wird sie in Luftfrachtcontainern in ein Flugzeug verladen. Bei den Luftfrachtcontainern handelt es sich um HU-Container. Da es sich in diesem Beispiel um ein Luftfrachtszenario handelt, sprechen wir hier speziell von *Luftfrachtcontainern*.

In anderen Szenarien kann natürlich auch von HU-Containern die Rede sein, die geschachtelte HUs darstellen, die wiederum Fracht als innere HUs beinhalten. Am Zielflughafen angelangt, wird die Fracht in den Luftfrachtcontainern zu einem zweiten Gateway gebracht. Dort werden die Luftfrachtcontainer entpackt, und die Fracht wird auf dem Landweg zu einem anderen Transitlager überführt. Von dort aus wird die Fracht auf die Routen zu den jeweiligen Empfängern aufgeteilt und schließlich an diese zugestellt.

Abbildung 14.74 zeigt den Beispielprozess aus Systemsicht. Dabei werden die wichtigsten beteiligten Objekte im System aufgeführt. Wie bereits erwähnt, stellt der SAP-TM-Speditionsauftrag die Klammer über den gesamten Prozess dar, anhand dessen die Prozesskette überwacht werden kann.

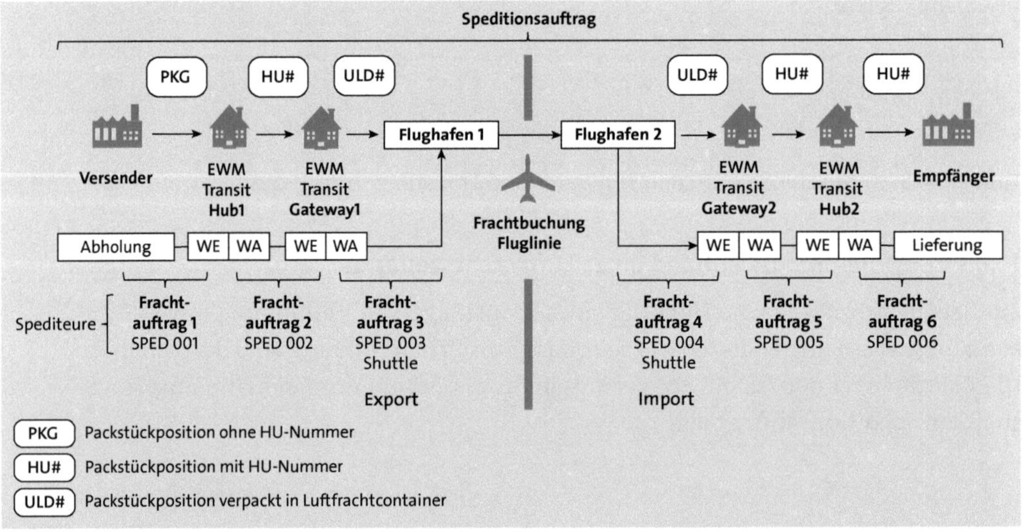

Abbildung 14.74 Belege zum Beispielprozess

Beim ersten SAP-EWM-Hub kommt die Fracht vom Versender als Packstückposition ohne HU-Nummer an. Erst mit der Vereinnahmung in SAP EWM werden die HU-Nummern erfasst. Diese werden bei der nächsten Rückmeldung auch an SAP TM übermittelt. Aus Transitlagersicht hat ein Frachtauftrag eine Wareneingangs- und eine Warenausgangsseite – der Frachtauftrag 2 stellt aus der Sicht des SAP-EWM-

Hubs 1 einen Warenausgang, aber für das SAP-EWM-Gateway 1 einen Wareneingang dar. Sobald die Fracht vom Versender über Hub 1 zu Gateway 1 geliefert worden ist, werden die HUs für die Frachtbuchung, die hier eine Reservierung von Frachtraum eines konkreten Flugs darstellt, in Luftfrachtcontainer geladen. Mittels eines Shuttle-Frachtauftrags werden diese zum Flughafen gebracht. Am Zielflughafen angelangt, gibt es einen weiteren Shuttle-Frachtauftrag, der die Luftfrachtcontainer vom Flughafen zu Gateway 2 bringt. Dort angekommen, werden die Luftfrachtcontainer entladen und fortan die HUs weiterbewegt. Frachtauftrag 5 stellt analog zu Frachtauftrag 2 eine Bewegung von Gateway 2 zu Hub 2 dar. Von dort findet eine Auslieferung an den Empfänger statt. Analog zum Luftfrachtszenario sind auch Seefrachtszenarien, reine Straßenszenarien und gemischte Szenarien im SAP-EWM-System abbildbar. Wie die jeweilige Einlagerung in den einzelnen Transitlagern stattfinden kann, erläutern wir im folgenden Abschnitt.

14.6.2 Lagerlayout und Einlagerungsstrategie in der Transitlagerung

SAP bietet für die Transitlagerung ein Beispiellager, das aus den folgenden Bereichen besteht:

- Tore mit angebundenen Bereitstellungszonen für den Warenein- und den Warenausgang.
- Bereich mit Lagerplätzen je Zielland (z. B. Österreich oder die Schweiz)
- Bereich mit Lagerplätzen je Region (z. B. Süddeutschland)
- Bereich mit Lagerplätzen je Postleitzahlenbereich
- separate Bereiche für Gefahrgut oder hochwertige Güter enthaltende Fracht
- Bereich für das Be- bzw. Entladen von Luftfrachtcontainern
- Klärbereich
- separate Überlaufbereiche für den Fall, dass alle Plätze eines bestimmten Bereichs belegt sind

Wie bereits zuvor erwähnt, kommt im Transitlager, im Gegensatz zum Standardlager, für die Nach-Lagerplatzermittlung während der Einlagerung kein auf Produktattributen basierendes Customizing-Regelwerk zum Einsatz. Stattdessen werden Konditionstechnik und mehrere Konditionstabellen zur Ermittlung des Nach-Lagerplatzes genutzt.

Anhand der Attribute der zu bewegenden HU, wie z. B. **Gefahrgut**, **hochwertiges Gut** oder **zu klären**, werden die in Abbildung 14.75 dargestellten Konditionstabellen nacheinander abgearbeitet.

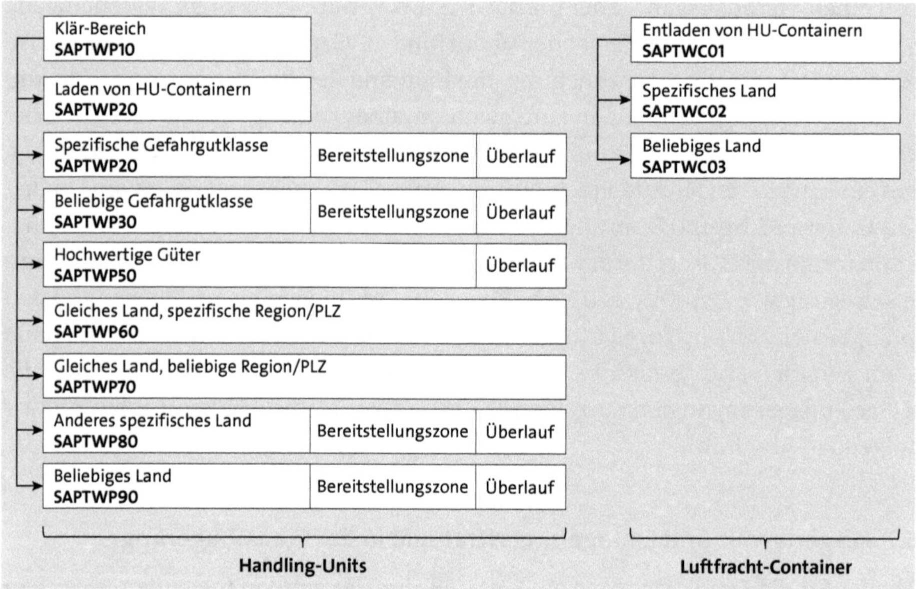

Abbildung 14.75 Konditionstabellen für die Nach-Lagerplatzermittlung nutzen

Sobald eine Kondition erfüllt ist, wird der hinterlegte konkrete Nach-Lagerplatz verwendet. Ist kein konkreter Nach-Lagerplatz hinterlegt, kann z. B. anhand des Frachtauftrags oder der Frachtbuchung ein dedizierter Platz über die Einlagerungsregel (hier Konsolidierungsgruppe) ermittelt werden. Der linke Bereich in Abbildung 14.75 zeigt die genutzten Konditionstabellen für normale HUs, während der rechte Bereich die Konditionstabellen für Luftfrachtcontainer aufführt. Durch die Verwendung der Konditionstechnik können die Nach-Daten flexibel definiert werden. Im Folgenden sind exemplarische Beispiele aufgelistet:

- **Lokationsinformationen**
  Die Nach-Lagerlatzermittlung verwendet die Lokationsinformationen der nächsten Entladelokation oder des Endtransitlagers. Somit können Sie die Fracht anhand des Frachtziels trennen. Sie können also Fracht für verschiedene Länder oder Regionen, basierend auf der Lokation der nächsten Entladelokation oder des Endtransitlagers, trennen.
- **Logische Konditionen, Anweisungen und Ausdrücke**
  Die Nach-Lagerplatzermittlung verwendet logische Konditionen, für die Sie zusätzliche logische Anweisungen wie Nummernkreise oder Wertebereiche definiert haben. Mit diesen Anweisungen kann das System anhand von logischen Ausdrücken Konditionssätze ermitteln. Damit können Sie z. B. verschiedene Nach-Lagerplätze für verschiedene Postleitzahlenbereiche bestimmen, z. B. die Postleitzahl des letzten Transitlagers im Bereich 70000 bis 80000, und für diese denselben Lagerbereich oder Lagerplatz finden.

- **Gefahrgutdaten**
  Die Nach-Lagerplatzermittlung basiert auf Gefahrgutdaten, die der Fracht zugeordnet sind. Somit können Sie bestimmte Lagerbereiche für Gefahrgut einrichten und dieses Gefahrgut untereinander und von anderer Fracht im Lager getrennt halten.
- **Containerarten**
  Die Nach-Lagerplatzermittlung ist auf Luftfrachtcontainer ausgerichtet. Abhängig davon, ob sie entladen werden sollen oder nicht, können die Container somit in verschiedene Bereiche bewegt werden.

14.6.3 Benutzeroberflächen im Transitlager

Für die konkreten Anwendungsfälle zur Bearbeitung von Fracht sind spezifische Benutzeroberflächen für die Transitlagerung vorhanden.

Frachtauftrag bearbeiten

Zur Bearbeitung und Überprüfung von Frachtaufträgen im SAP-EWM-System können Sie einen Arbeitsvorrat an Frachtaufträgen selektieren oder mit einer einzelnen Frachtauftragsnummer einsteigen, sofern diese, basierend auf den Frachtpapieren, bekannt ist. Der Frachtauftrag enthält dabei die notwendigen Informationen, um ankommende und ausgehende Packpositionen im Lager zu bearbeiten. Die Kopfdaten bieten einen Überblick zu Status und Fortschritt des Frachtauftrags. Darüber hinaus können Informationen zu Partner bzw. Lokation, zu Referenzen, Inhalten und zur Luftfrachtsicherheit eingesehen werden. Abbildung 14.76 zeigt Details zum Frachtauftrag.

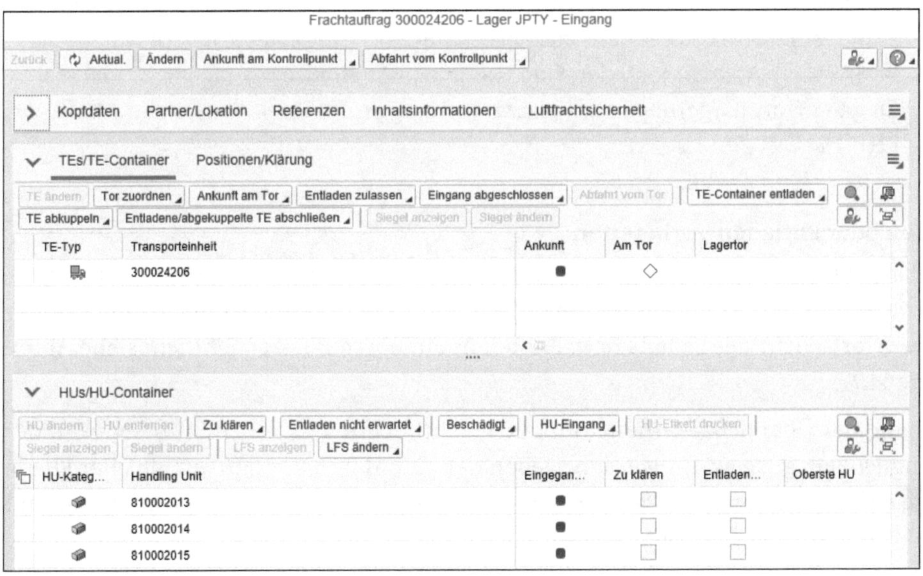

Abbildung 14.76 Details zum Frachtauftrag

Diese umfassen nicht nur Informationen zu den Handling Units und Luftfrachtcontainern, sondern auch zu den Transporteinheiten bzw. TE-Containern.

Für die Bearbeitung des Frachtauftrags stehen folgende Aktionen zur Verfügung, die bereits in den vorangegangenen Abbildungen gezeigt wurden:

- Statusaktualisierungen (Ankunft/Abfahrt vom Tor, Eingang abgeschlossen, Entkoppeln und Abschließen der Transporteinheit)
- Änderung von Informationen zum Inhalt (z. B. Zollware, hochpreisige Güter), zur Transporteinheit und zum Fahrzeug
- Pflege von Gefahrgutinformationen
- Empfang von HUs und Luftfrachtcontainern
- Setzen von Status zur Klärung, Beschädigung
- Hinzufügen und Ändern von HUs und Nachdruck von HU-Etiketten
- Anzeigen und Ändern der Luftfrachtsicherheit
- Anzeigen und Hinterlegen von Siegelinformationen

[»]

Hilfsmittel zur Pflege von Konditionssätzen

SAP stellt folgende Hilfsmittel für die Pflege von Konditionssätzen für die Transitlagerung zur Verfügung:

- Zur Übertragung von Konditionssätzen aus einem anderen Lager oder System nutzen Sie im SAP-Easy-Access-Menü den Pfad **Extended Warehouse Management • Einstellungen • Transitlagerung • Konditionssätze übernehmen** oder Transaktion /SCWM/PUT_TW_WT_COPY.
- Zum Testen, ob die Konditionssätze die erwünschten Ergebnisse liefern, nutzen Sie im SAP-Easy-Access-Menü den Pfad **Extended Warehouse Management • Einstellungen • Transitlagerung • Nachplatzermittlung prüfen** oder Transaktion /SCWM/PUT_TW_WT_TEST.

Laden oder Entladen vorbereiten

SAP EWM bietet eine Benutzeroberfläche für das Prüfen und Bearbeiten von Frachtbuchungen bzw. der Lade-/Entladevorbereitung. Bereits in der Ergebnisliste ist der Arbeitsfortschritt des Ladens bzw. Entladens auf einen Blick ersichtlich (siehe Abbildung 14.77).

Anhand der Übersicht können konkrete Frachtbuchungen, z. B. in Abhängigkeit der Dringlichkeit, ausgewählt werden. Neben den Kopfdaten können auf gleicher Ebene auch Informationen zum Partner bzw. zur Lokation, zu Referenzen, zum Inhalt und zur Luftfrachtsicherheit geprüft werden.

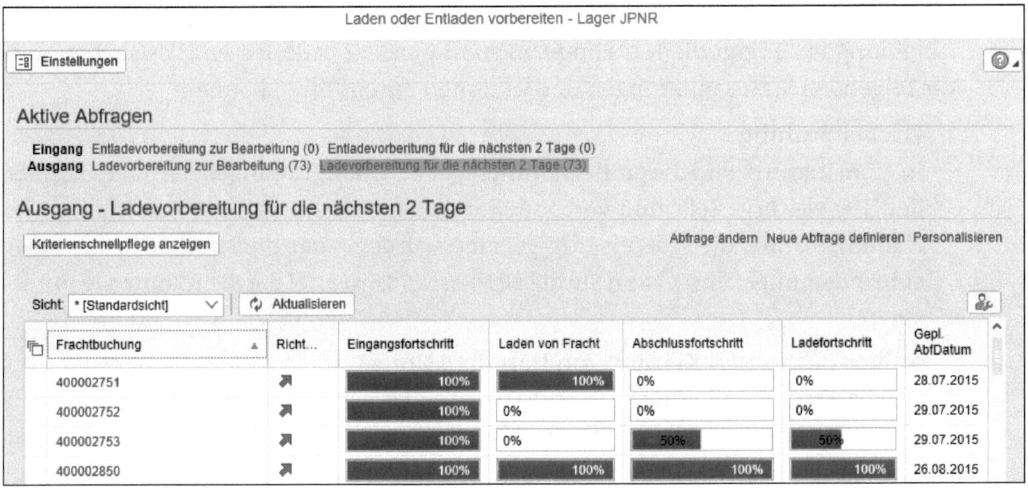

Abbildung 14.77 Ergebnisliste: Vorbereitung von Laden und Entladen

Die Details in Abbildung 14.78 zeigen Informationen zu TE-Containern und deren HUs. Für jedes dargestellte Objekt werden die jeweils relevanten Status angezeigt.

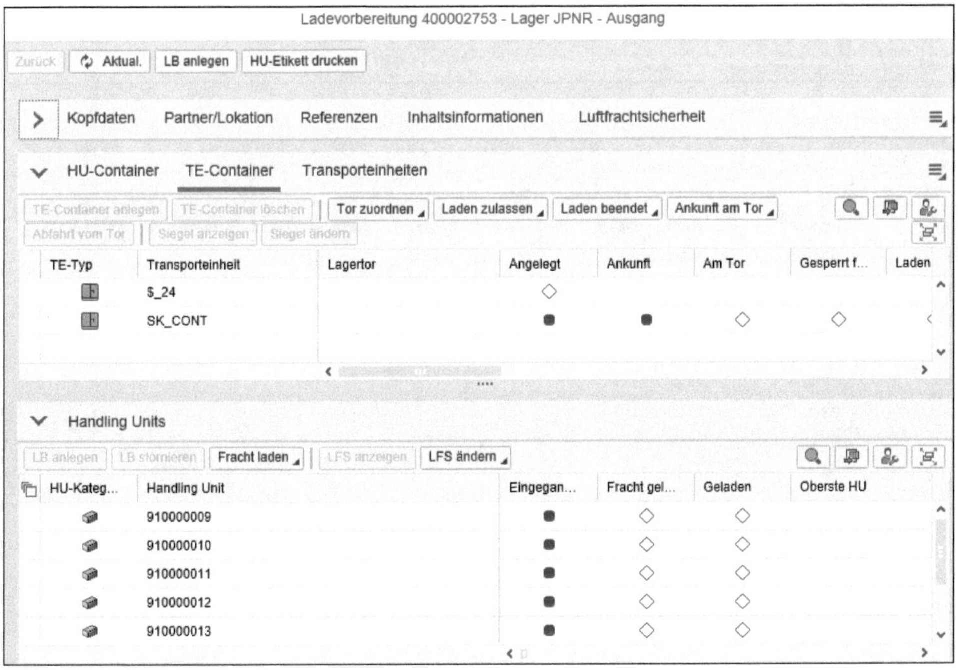

Abbildung 14.78 Details: Vorbereitung von Laden und Entladen

Handling-Unit-Bestandsliste

Abbildung 14.79 zeigt die Handling-Unit-Bestandsliste, mit der Sie HUs suchen und die folgenden Statusänderungen und Aktionen durchführen können:

1. **Flächenprüfung**
   In Transitlagern wird die große Mehrheit der an einem Tag angelieferten HUs, über den Tag weiterverteilt und verlässt abends das Transitlager. Zur Ermittlung von Handling Units, die systemseitig geladen wurden, aber physisch noch im Lager sind (oder umgekehrt), kann Sie die HU-Bestandsliste bei der Sichtkontrolle unterstützen.
2. **Ad-hoc-Suche oder Klärung von Handling Units**
   HUs in Klärzonen können z. B. anhand des Klärlagertyps ermittelt werden. Nach einer physischen Prüfung können sie als **geklärt** oder **beschädigt** gekennzeichnet werden. Anschließend können die HUs per Lageraufgabe aus dem Klärbereich bewegt werden. Darüber hinaus können sie HUs als **beschädigt** oder **unbeschädigt** kennzeichnen und optional Lageraufgaben für die Folgeverarbeitung anlegen.

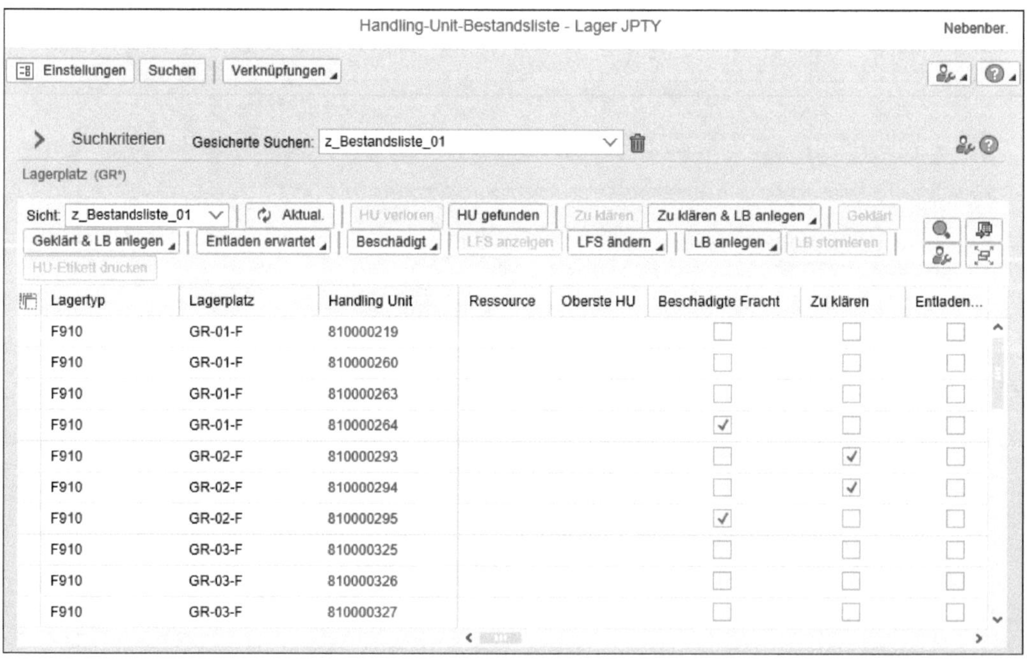

Abbildung 14.79 Handling-Unit-Bestandsliste

Mobile Datenerfassung

SAP EWM bietet mobile Transaktionen, um Frachtaufträge und Frachtbuchungen zu bearbeiten. Daneben werden auch eine Flächenprüfung und das Pflegen von HU-Attributen ermöglicht. Alle Transaktionen bereiten Teile der zuvor erläuterten Benutzeroberflächen vereinfacht auf, um sie mit mobilen Geräten bearbeitbar zu machen und dabei gleichzeitig durch Verifikationsfelder eine hohe Datenerfassungsqualität zu gewährleisten. Die der Transitlagerung zugehörigen Transaktionen sind in das bestehende RF-Menü eingearbeitet.

14.6.4 Luftfrachtsicherheit

Mit der Transitlagerung in SAP EWM stehen umfangreiche Funktionen zur *Luftfrachtsicherheit* zur Verfügung. Die Informationen zur Luftfrachtsicherheit werden dabei auf der HU-Ebene gehalten.

Um Sicherheit im Transitlager zu gewährleisten, müssen die einzelnen Lagertypen hinsichtlich ihrer Sicherheit kategorisiert werden. Dies erfolgt über den Customizing-Pfad **Stammdaten • Lagertyp definieren**. Dabei kann ein Lagertyp als **nicht sicher**, **sicher und nicht sicher** oder **sicher** eingestellt werden. Somit ist es möglich, ein komplettes Lager als sicher zu deklarieren, eine strikte Trennung in sicher und unsicher je Lagertyp vorzunehmen oder in einzelnen Lagertypen eine Mischung zu erlauben. Anhand der Lagertypeinstellungen und der geforderten Sicherheit der beteiligten Frachtbuchungen werden in SAP-EWM-Prozessen Warn- oder Fehlermeldungen ausgegeben.

Wird z. B. auf Sicherheit geprüfte Fracht an ein als nicht sicher definiertes Tor angedockt, wird eine Warnung ausgegeben, dass die Einstufung der Luftfrachtsicherheit verloren geht. Beim Versuch, unsichere Fracht in einen gesicherten Lagertyp einzulagern, kommt es entsprechend zu einer Fehlermeldung. Länderspezifische Sicherheitsinformationen, unterschiedliche Prüfmethoden (z. B. Röntgen) und gegebenenfalls Ausnahmen (z. B. biomedizinische Proben oder Diplomatengepäck) können mit der Handling-Unit-Bestandsliste erfasst werden (siehe Abbildung 14.79).

14.7 Ausnahmebehandlung

Um die Differenz zwischen realem Bestand und im System geführtem Bestand dauerhaft gering zu halten, müssen Inkonsistenzen, nachdem sie entdeckt worden sind, so schnell wie möglich in das Lagerverwaltungssystem eingegeben werden. SAP EWM bietet Funktionen, um innerhalb der Lagerungsprozesse auftretende *Ausnahmen* in Echtzeit zu erfassen und zu verarbeiten.

Wenn z. B. einem Mitarbeiter eine Kommissionieraufgabe zugewiesen wurde, gibt ihm das System Auskunft über die zu entnehmende Menge und den Lagerplatz, dem die Ware entnommen werden soll. Am Lagerplatz kann es jedoch vorkommen, dass der Mitarbeiter keine Ware oder eine für seinen Auftrag zu geringe Menge vorfindet. Mit der SAP-EWM-Ausnahmebehandlung ist er nun in der Lage, das Problem mittels

Eingabe eines Ausnahmecodes über z. B. mobilen Datenfunk im System zu erfassen. Das System kann dann, abhängig von der Konfiguration, reagieren – z. B. kann es den Lagerplatz für weitere Prozesse sperren, einen Inventurbeleg für ihn ausstellen, Nachschub auslösen oder den Mitarbeiter zu einem anderen Lagerplatz des gleichen Artikels führen.

Die Ausnahmebehandlung ist vollständig in SAP EWM in SAP S/4HANA integriert. Die Eingabe von Ausnahmecodes ist im Rahmen jeder Warenbewegung und in nahezu jedem Prozessschritt möglich. SAP liefert im Rahmen der SAP-EWM-Standardeinstellungen rund 70 Ausnahmecodes und ermöglicht die unbegrenzte Generierung weiterer Ausnahmecodes (innerhalb des durch die Anzahl von vier Ziffern vorgegebenen Kombinationsspielraums). In den 70 im Standard ausgelieferten Ausnahmecodes sind auch die enthalten, die vor allem in der MFS-Integration (MFS = Materialflusssystem) verwendet werden. Jeder Ausnahmecode hat eine eindeutig definierte Implikation – z. B. die Änderung einer Lageraufgabenmenge, die Sperrung eines Lagerplatzes, die Änderung einer Liefermenge, die Ausstellung eines Inventurbelegs, das Anstoßen eines Workflows oder das Auslösen eines Alerts im Alert Framework von SAP. Diese Implikationen sind individuell konfigurierbar.

14.7.1 Ausnahmecodes konfigurieren

In diesem Abschnitt wird erläutert, wie Ausnahmecodes im Rahmen des Customizings definiert werden können. Zunächst erhalten Sie einige technische Hintergrundinformationen, um die Grundlagen der SAP-EWM-Ausnahmebehandlung besser nachvollziehen zu können. Anschließend wird erklärt, wie ein neuer Ausnahmecode erstellt werden kann, der die Liefermenge aufgrund einer entdeckten Mengenabweichung reduziert.

Technische Informationen über SAP-EWM-Ausnahmecodes

Im Rahmen von Ausnahmeprozessen gibt es mehrere Komponenten, die für das Verständnis der Diskussion wichtig sind. Diese werden im Folgenden genauer erklärt. Zu ihnen zählen interne Prozesscodes, der Business-Kontext, Ausführungsschritte und Ausführungscodeprofile.

Interne Prozesscodes

Um zu definieren, wie SAP EWM während der Quittierung auf die Zuweisung eines Ausnahmecodes zu einer Lageraufgabe reagieren soll, kann ein *interner Prozesscode* genutzt werden. Ein interner Prozesscode wird in SAP EWM verwendet und ermöglicht es, intern die Ablauffolge zu steuern. Durch die Verwendung der internen Prozesscodes ist es möglich, externe Prozesscodes zu nutzen. Jeder Kunde kann also die

Ausnahmecodes so nennen, wie er möchte, da ein Mapping zwischen dem internen und dem externen Prozesscode im System hinterlegt ist.

Der Ausnahmecode kann frei definiert (im Rahmen einer 4-Ziffern-Kombination) und benannt werden (Freitextfeld). Damit das SAP-EWM-System bei Einsatz des Codes »weiß«, was es tun soll, muss dem Ausnahmecode jedoch ein interner Prozesscode zugewiesen werden. Beispiele einiger oft genutzter interner Prozesscodes finden Sie in Tabelle 14.4.

Interner Processcode	Beschreibung
CHBA	Charge ändern
CHDS	Destination ändern
DIFF	Buchen mit Differenz
LIST	Anzeige der gültigen Ausnahmen
SKFD	Überspringen des aktuellen Validierungsfeldes
SKVA	Überspringe der kompletten Validierung

Tabelle 14.4 Beispiele für interne Prozesscodes in SAP EWM

Business-Kontext und Ausführungsschritte

Ausnahmecodes und interne Prozesscodes sind einem oder mehreren Business-Kontexten und bestimmten Ausführungsschritten zugeordnet. Diese sind durch SAP definiert. Beispiele für Business-Kontext sind: Lageraufgaben quittieren (interne Warenbewegung/Umlagerung), Lageraufgaben quittieren (Auslagerung), Lageraufgaben quittieren (Einlagerung), Inventur oder MFS-Kommunikationspunkt. Die in Tabelle 14.5 aufgeführten Ausführungsschritte für die Zuweisung zu Ausnahmecodes sind in SAP EWM vorhanden und wurden von SAP spezifiziert.

Ausführungsschritt	Beschreibung
02	Desktop HU-Lageraufgabe
05	Desktop Prod.-Lageraufgabe
03	RF HU-Lageraufgabe Aktion auf Quelldaten
04	RF HU-Lageraufgabe Aktion auf Zieldaten
05	RF Prod-Lageraufg. Aktion auf Quelldaten
06	RF Prod.-Lageraufg. Aktion auf Zieldaten

Tabelle 14.5 Beispiele für Ausführungsschritte in der Ausnahmebehandlung

Ausführungsschritt	Beschreibung
15	Desktop Dekonsolidierg. am Arbeitsplatz
16	Desktop Differenzen am Arbeitsplatz
17	RF Verpacken
19	RF Dekonsolidierung
20	RF offene Lageraufgaben Dekonsonsolidg.
21	RF Detail Lageraufgaben Dekonsonsolidg.

Tabelle 14.5 Beispiele für Ausführungsschritte in der Ausnahmebehandlung (Forts.)

Um den Business-Kontext und die Ausführungsschritte im SAP-EWM-Customizing zu pflegen, folgen Sie dem Pfad **SCM Extended Warehouse Management • Extended Warehouse Management • Prozessübergreifende Einstellungen • Ausnahmebehandlung • Definition von Ausnahme-Codes**.

Ausnahmecodeprofil

Die Verfügbarkeit von Ausnahmecodes kann, basierend auf dem ihnen zugeordneten Profil, für bestimmte Benutzer beschränkt werden. So können bestimmte Ausnahmecodes mit einflussreichen Folgeaktionen für die Nutzung durch besonders qualifizierte Lagermitarbeiter reserviert werden. Indem der Benutzername mit dem Ausnahmecodeprofil verknüpft wird, können Sie sicherstellen, dass nur diese Personengruppe die festgelegten Ausnahmecodes ausführen kann. Um Benutzern im SAP-Easy-Access-Menü Ausnahmecodeprofile zuzuordnen, folgen Sie dem Pfad **Logistik • SCM Extended Warehouse Management • Extended Warehouse Management • Einstellungen • Anwender zu Ausnahmecodeprofil zuordnen**, oder Sie führen Transaktion /SCWM/EXCUSERID aus.

Neuen Ausnahmecode erstellen

Um einen neuen Ausnahmecode zu erstellen, folgen Sie dem Customizing-Pfad **SCM Extended Warehouse Management • Extended Warehouse Management • Prozessübergreifende Einstellungen • Ausnahmebehandlung • Definition von Ausnahme-Codes** (siehe Abbildung 14.80).

Im abgebildeten Beispiel wird ein neuer Ausnahmecode zur Bearbeitung von Einlagerungsdifferenzen erstellt. Im Falle einer defekten Ware im Wareneingang müssen Sie bei der Einlagerung eine abweichende Menge bestätigen und die Anliefermenge reduzieren. Je nach Geschäftsfall und Vertragssituation mit dem Lieferanten wird die entstandene Mengendifferenz wertmäßig zulasten einer der beiden Parteien verbucht. Im abgebildeten Fall wird die Ware retourniert.

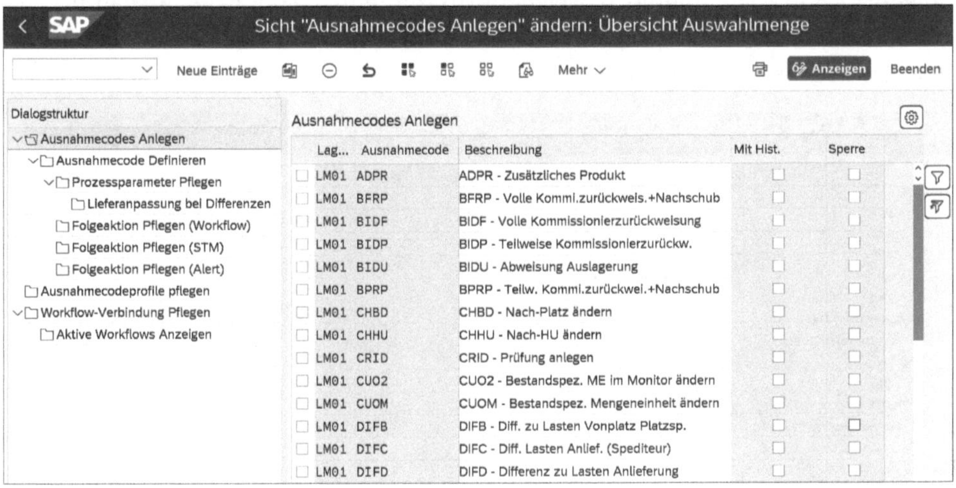

Abbildung 14.80 Ausnahmecode im Customizing pflegen

Um einen neuen Ausnahmecode zu erstellen, starten Sie die Aktivität **Ausnahmecode Anlegen** durch einen Doppelklick auf den ersten Baumknoten. Geben Sie den Namen des Ausnahmecodes und eine Beschreibung ein (siehe Abbildung 14.81).

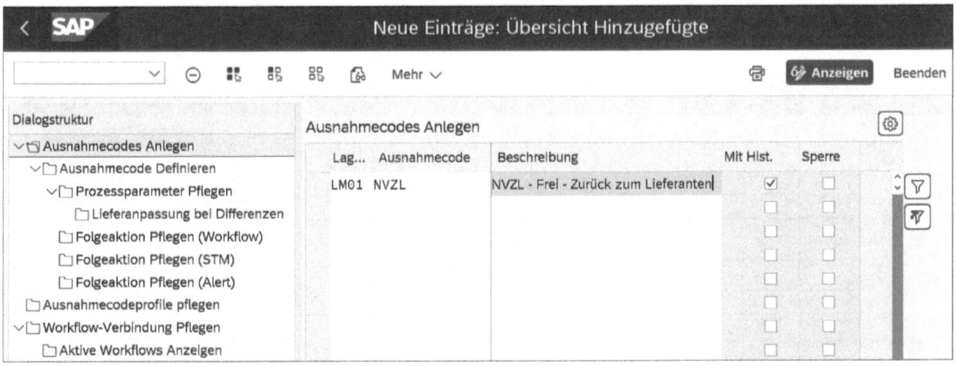

Abbildung 14.81 Neuen Ausnahmecode erstellen

Das Setzen des Kennzeichens **mit Hist.** (mit Historie) rechts neben der Beschreibung erlaubt die Nachverfolgung von Ausnahmen im Lagermonitor (Transaktion /SCWM/MON) anhand von Kriterien wie Business-Kontext, Ausführungsschritten und Datum (über die Knoten **Alert** und **Ausnahme**, siehe Abbildung 14.82). Eine zusätzliche Möglichkeit, um die Ausnahmen auszuwerten, bietet der Lagermonitor, in dem Sie die Lageraufgaben selektieren und die Ausnahmen filtern, die in der Lageraufgabe gespeichert wurden.

Um einen bereits verfügbaren Ausnahmecode im Customizing zu sehen, müssen Sie diesen in der Übersicht markieren. Dann klicken Sie den Knoten **Ausnahmecode Definieren** an, um zu definieren, in welchem Zusammenhang der neue Ausnahmecode gültig sein soll. Um einen neuen Eintrag vorzunehmen, klicken Sie auf den Button **Neue Einträge** (siehe Abbildung 14.83).

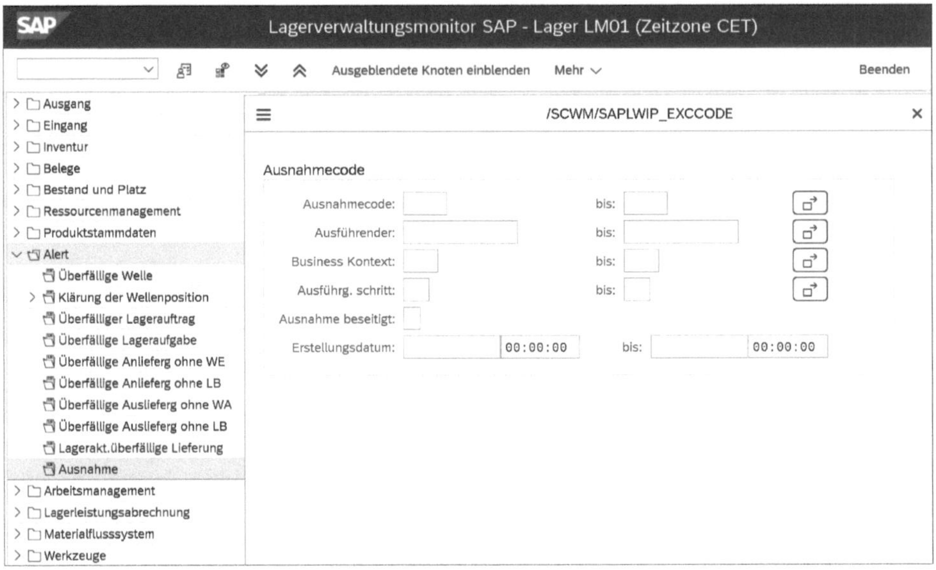

Abbildung 14.82 Ausnahmebehandlung im Lagermonitor überwachen

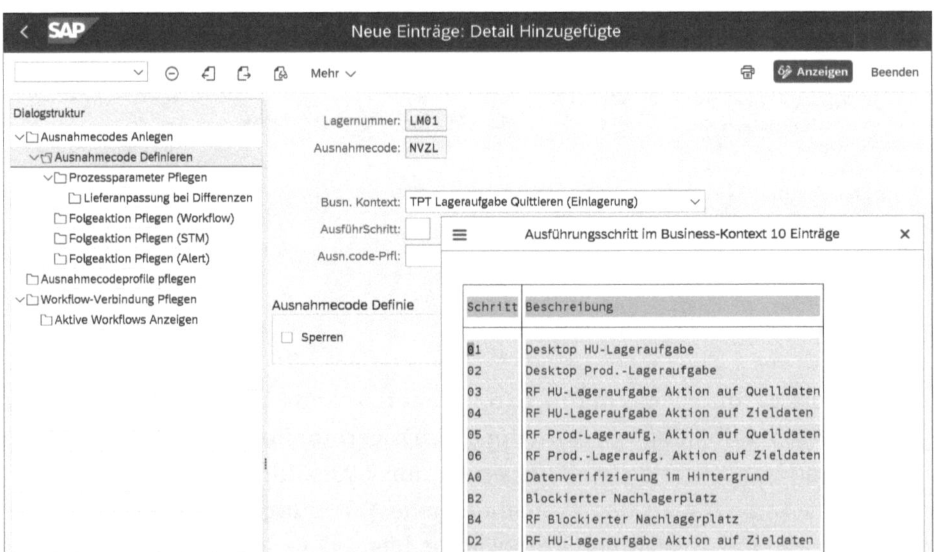

Abbildung 14.83 Business-Kontext und Ausführungsschritt zum Erstellen eines Ausnahmecodes pflegen

In unserem Beispiel haben wir den Business-Kontext **TPT – Lageraufgabe Quittieren (Einlagerung)** gewählt. Es öffnet sich ein Pop-up-Fenster im unteren rechten Bildbereich, das zeigt, welche Ausführungsschritte innerhalb dieses Business-Kontextes verfügbar sind. Für den ersten Eintrag wählen Sie Schritt 02 (Desktop Prod.-Lageraufgabe), um den Ausnahmecode auf einem normalen Arbeitsplatz-PC beim Quittieren einer Produkt-Lageraufgabe zu nutzen. Der Ausnahmecode ist nur dann verwendbar, wenn die Lageraufgabe in SAP-EWM-Transaktionen bearbeitet wird.

Sie können mehrere Business-Kontexte und Ausführungsschritte definieren (siehe Abbildung 14.84). Im Beispiel ist eingestellt, dass der Ausnahmecode nicht nur an normalen Arbeitsplatz-PCs, sondern auch in RF-Transaktionen genutzt werden darf – Schritt **05 – RF Prod-Lageraufg. Aktion auf Quelldaten** (siehe Abbildung 14.83).

Sie haben nun definiert, wo der Ausnahmecode gültig ist. Als Nächstes definieren Sie die Reaktion des Systems beim Einsatz des Ausnahmecodes, indem Sie die Prozessparameter pflegen. Nutzen Sie dazu die nächste Aktivität in der Baumstruktur namens **Prozessparameter Pflegen**. Diese Aktivität muss für jede definierte Kombination von Business-Kontext und Ausführungsschritt ausgeführt werden. Markieren Sie dazu zunächst die relevante Zeile (wie in unserem Beispiel **TPT 02**), und klicken Sie doppelt auf den Ordner **Prozessparameter Pflegen**. Klicken Sie dann auf den Button **Neue Einträge**, und pflegen Sie den internen Prozesscode.

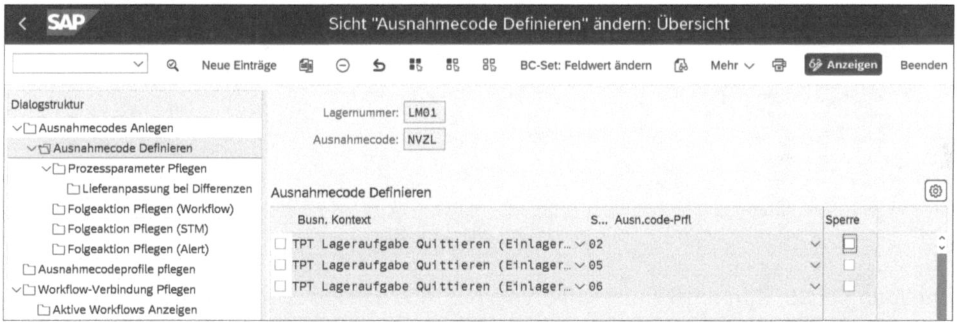

Abbildung 14.84 Ausnahmecode NVZL zu mehreren Ausführungsschritten zuordnen

Der interne Prozesscode beschreibt, welche Geschäftsfolge mit dem Ausnahmecode verbunden ist. Um die möglichen Eingaben zu prüfen, können Sie die Betragshilfe (Wertehilfe) nutzen, um zu sehen, welche Eingänge erlaubt sind. In Abbildung 14.85 sind die im Rahmen der SAP-Standardauslieferung gelieferten möglichen Eingänge dargestellt. Der im Beispiel erstellte Ausnahmecode hat das Ziel, die Liefermenge zu reduzieren und die Lageraufgabe mit Differenz zu bestätigen. Daher wählen wir hier den Code **DIFF – Buchen mit Differenz**.

Nach der Auswahl des Codes drücken Sie die [↵]-Taste. Weitere Prozessparameter können Sie nutzen, um mehr Details über den internen Prozesscode festzuhalten. Im dargestellten Fall, für den internen Prozesscode `DIFF`, muss eine andere Kategorie

(Differenzkennzeichentyp) gepflegt werden (siehe Abbildung 14.86). Da die Liefermenge verändert werden muss, ordnen wir die Kategorie **3** zu – **Differenz zu Lasten der Anlieferung**.

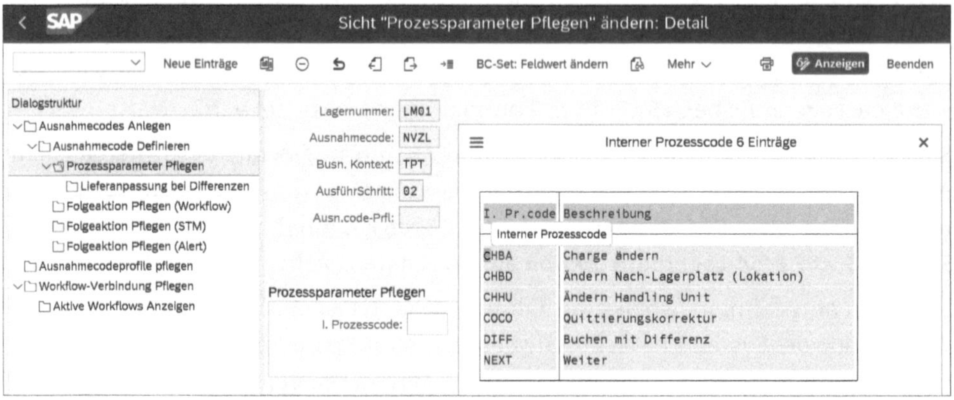

Abbildung 14.85 Internen Prozesscode für den jeweiligen Ausführungsschritt pflegen

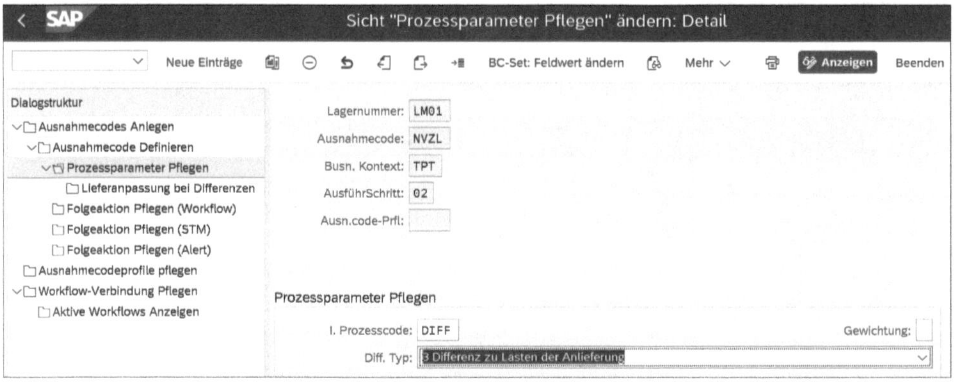

Abbildung 14.86 Differenzkennzeichentyp eines internen Prozesscodes pflegen

Wenn Sie die Liefermenge verändern möchten (wie in unseren Beispiel), ist es außerdem notwendig, die relevanten Parameter in der Aktivität der Dialogstruktur **Lieferanpassung bei Differenzen** zu spezifizieren, wie in Abbildung 14.87 dargestellt. Wählen Sie den relevanten Eintrag im ausgewählten Knoten, und klicken Sie doppelt auf die Aktivität. Danach klicken Sie auf den Button **Neue Einträge**. Bei dieser Aktivität definieren Sie, wie das System mit den Differenzen umgehen soll. So kann z. B. für alle Lieferungspositionstypen definiert werden, dass die Lieferung auf die abweichende Menge angeglichen werden soll, indem der zugewiesene Prozesscode genutzt wird.

Wenn der Ausnahmecode für den Ausführungsschritt **05 – RF Prod-Lageraufg. Aktion auf Quelldaten** erstellt ist, müssen Sie den Prozess für alle weiteren Ausführungsschritte wiederholen. Anschließend ist der Ausnahmecode einsatzfähig; in unserem

Fall ist er sowohl auf einem normalen Arbeitsplatz-PC als auch für die RF-Transaktion nutzbar.

Indem Sie die verschiedenen Ausführungsschritte pflegen, können Sie definieren, wann ein Benutzer einen Ausnahmecode verwenden kann. Beim Einsatz mobiler Transaktionen im RF-Umfeld gibt es meist zwei Bildschirmfolgen: den *Von-Screen* mit dem *Von-Platz*, von dem der Bestand entnommen wird, und den *Nach-Screen*, auf den der Bestand beim Quittieren verbucht wird. Der Benutzer gibt ein, von wo er das Produkt entnimmt und wo er das Produkt wieder abstellt. Das heißt, dass es mit der Pflege der Ausführungsschritte 05 und 06 möglich ist, den Ausnahmecode auf beiden Bildschirmmasken zu verwenden.

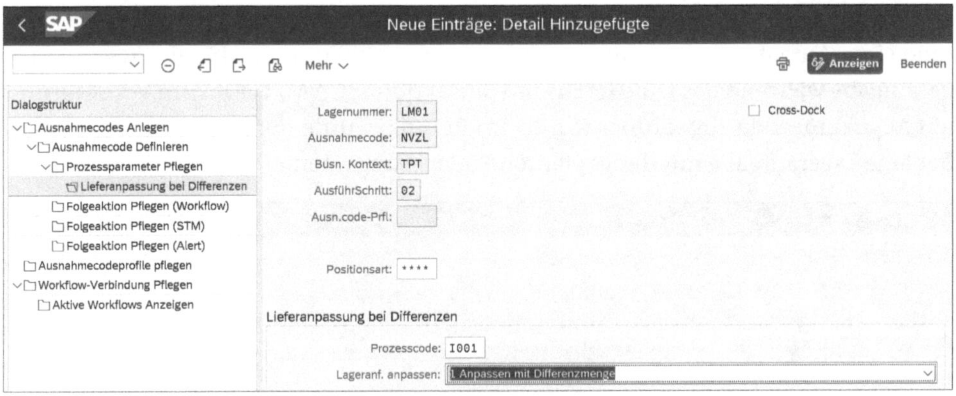

Abbildung 14.87 Lieferungsanpassungen bei Differenzen konfigurieren

Sie können auch Folgeaktionen, wie das Auslösen eines Workflows, die Bestimmung eines Status im SAP-Statusmanagement oder das Auslösen eines Alerts mittels des Alert Managements von SAP, einstellen. Um die Folgeaktionen zu bestimmen, muss der Ausnahmecode innerhalb des Ordners **Ausnahmecode Definieren** ausgewählt und der passende Ordner für die Erzeugung einer Folgeaktion (z. B. Workflow, Statusmanagement oder Alert) auf der nächsten Hierarchieebene in der Dialogstruktur bestimmt werden. Da dies für unseren Ausnahmecode NVZL nicht nötig ist, beenden wir an dieser Stelle die Konfiguration.

Im Rahmen der Konfiguration von Ausnahmecodes in SAP EWM können die Ausnahmecodes im SAP-EWM-Customizing getestet werden. Folgen Sie dazu dem Pfad **SCM Extended Warehouse Management • Extended Warehouse Management • Prozessübergreifende Einstellungen • Ausnahmebehandlung • Konfiguration der Ausnahme-Codes testen**. Dieses Hilfsprogramm erlaubt es, die Durchführung der Folgeaktionen (Workflow oder Alert) mit Anwendungsdaten zu testen, ohne Testobjekte (z. B. offene Lageraufgaben oder Inventurdokumente) erstellen zu müssen. Es erlaubt auch, alle Ausnahmecodes anzuzeigen, die für einen Business-Kontext oder Ausführungsschritt definiert wurden.

14.7.2 Ausnahmecodes einsetzen

Ausnahmecodes setzen Sie ein, um Aufgaben auf normalen Arbeitsplatz-PCs oder bei RF-Transaktionen nach festgelegten Bedingungen zu bestätigen. In diesem Abschnitt entwickeln wir das Beispiel des Ausnahmecodes NVZL weiter, das Sie aus dem vorangehenden Abschnitt kennen, und beschreiben, wie Ausnahmecodes genutzt werden. Zweck unseres neuen Ausnahmecodes NVZL ist es, eine Lageraufgabe mit veränderter Menge zu bestätigen und die Liefermenge, falls ein Produkt während des Einlagerns als defekt erkannt wird, zu reduzieren.

Ausnahmecodes bei Desktop-Transaktionen

Ausnahmecodes können im Rahmen von Tätigkeiten am Arbeitslatz-PC, z. B. während einer Aufgabenquittierung, genutzt werden. Abbildung 14.88 zeigt, dass der Lageraufgabe während des Quittierens in Transaktion /SCWM/TODLV im Vordergrund ein Ausnahmecode zugeordnet wurde. Im Beispiel wurde der Lagerauftrag gewählt, der eine Lageraufgabe mit der geplanten Einlagerungsmenge von 1 PAL enthält.

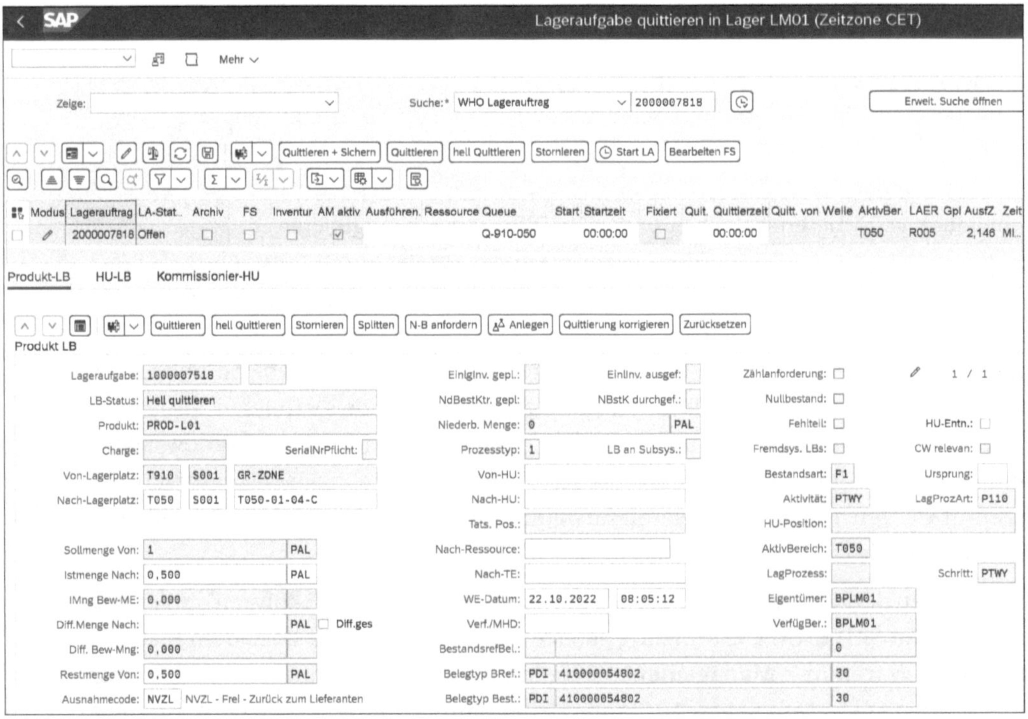

Abbildung 14.88 Einlager-Lageraufgabe mit einem Ausnahmecode quittieren

Um die Lageraufgabe mit einer Abweichung zu bestätigen, wählen wir das Quittieren im Vordergrund (= **hell Quittieren**), passen die Menge auf 0,5 PAL an (**Istmenge Nach**), vermerken die Differenz von 0,5 PAL (**Diff.Menge Nach**) (oder wir spezifizieren einen der Parameter und lassen das System den Rest kalkulieren) und geben den Ausnahmecode `NVZL` ein. Nach dem Speichern wurde die Liefermenge in Form der Basismengeneinheit angepasst. Wenn der Wareneingang bereits gebucht wurde, wird dieser mittels einer Stornierung korrigiert.

Ausnahmecodes im RF-Umfeld

Wenn Lagermitarbeiter mobile Geräte nutzen, können sie ihre Daten in Echtzeit im Lagerverwaltungssystem eingeben, und das System reagiert direkt. Auch erkannte Inkonsistenzen können in Echtzeit eingegeben und verarbeitet werden. Wenn der Arbeiter z. B. während einer Kommissionierung oder einer Einlagerung eine unvorhergesehene Situation feststellt, kann er die SAP-EWM-Ausnahmebehandlung nutzen, um dem System mitzuteilen, welche Art von Ausnahme aufgetreten ist, und SAP EWM die Möglichkeit geben, auf bestmöglichem Wege auf die Situation zu reagieren.

Um dies zu illustrieren, beziehen wir uns erneut auf das Beispiel aus Abschnitt »Ausnahmecodes konfigurieren«. Darin stellen wir während des Einlagerns fest, dass 0.5 PAL nicht nutzbar sind. Im RF-Bild für die Einlagerung per WHO sehen Sie den Nach-Screen der ersten Lageraufgabe (Nach-Lagerplatz, Produkt und Menge). Die gewünschte Menge ist 1 PAL – und wir wollen auf 0.5 PAL reduzieren. Beim Versuch, die Menge ohne Eingabe eines Ausnahmecodes zu reduzieren, erscheint eine Fehlermeldung (falls Sie durch die Verifizierungskonfiguration das Feld **eingabebereit** freigeschaltet haben – nicht wie in Abbildung 14.89 dargestellt). Das System erinnert den Anwender daran, dass ein Ausnahmecode genutzt werden muss, um die Mengenabweichung zu erfassen.

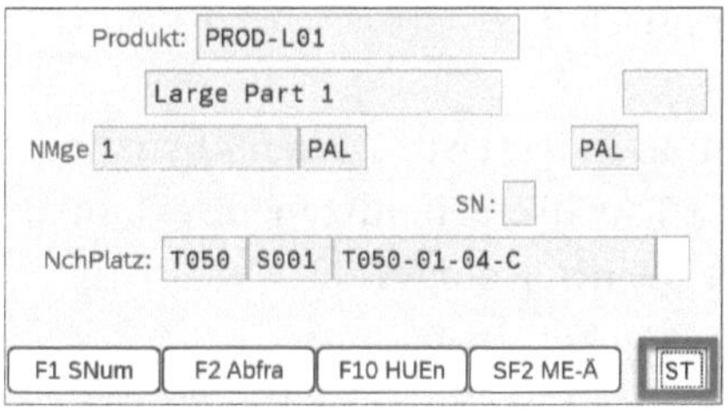

Abbildung 14.89 Ausnahmecodes im RF-Umfeld beim Erfassen von Differenzen erfassen

Im RF-Bild können Sie den Ausnahmecode, sofern er bekannt ist, direkt im Ausnahmecodefeld in der rechten unteren Ecke des Bildes spezifizieren. Ist der Ausnahmecode nicht bekannt, können Sie sich mittels des Ausnahmecodes `LIST` eine Liste aller möglichen Ausnahmecodes, abhängig vom Business-Kontext, anzeigen lassen (der Ausnahmecode `LIST` bietet diese Funktion an).

Unser Ausnahmecode **Nicht verwendbar – Zurücksenden an Lieferant** (**NVZL – frei – zurück zum Lieferant**) erscheint nicht auf dieser Seite; daher klicken Sie auf den Button **Nach unten**, oder Sie nutzen den Pfeilbutton auf der rechten Seite, um die weiteren Einträge zu sehen (siehe Abbildung 14.90). Der Ausnahmecode kann durch die Eingabe der am Anfang stehenden Zahl in das Eingabefeld in die Auswahlliste übernommen werden. Die Texte der Ausnahmecodes werden über die Konfiguration definiert.

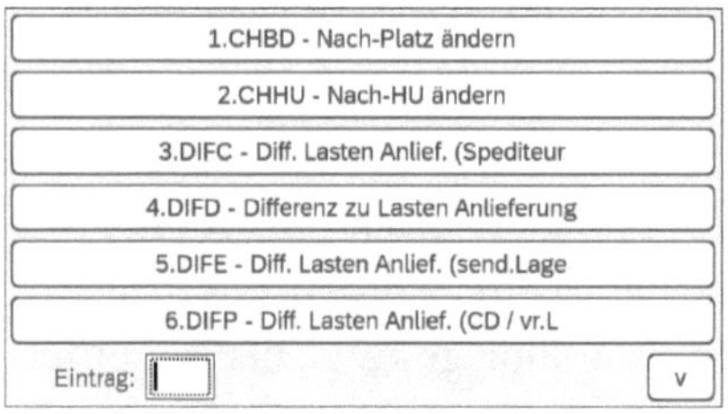

Abbildung 14.90 Liste der erlaubten Ausnahmecodes, Teil I

Es ist sinnvoll, vor jeden Ausnahmecode den technischen Namen zu schreiben, wie in Abbildung 14.91 dargestellt, damit sich der Anwender den Ausnahmecode besser einprägen und ihn einfacher auswählen kann. Leider verfolgt der SAP-Standard nicht diese Empfehlung.

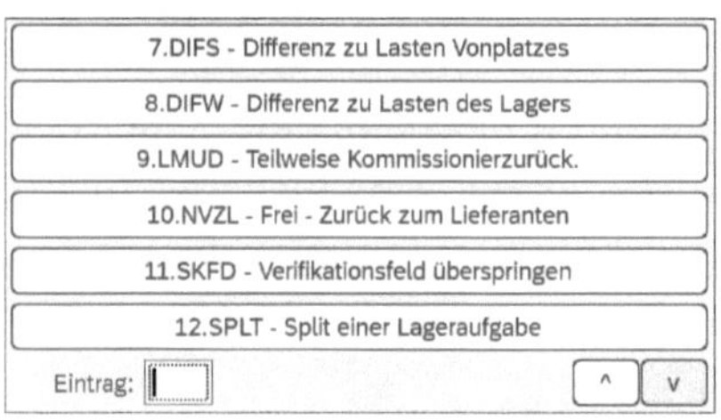

Abbildung 14.91 Liste der erlaubten Ausnahmecodes, Teil II

Unser Ausnahmecode NVZL erscheint auf Position 10 in der Liste. Diesen Ausnahmecode können Sie, wenn Sie ein mobiles Gerät mit Touchscreen nutzen, direkt anklicken oder die Positionsnummer in das Eingabefeld **Eintrag** eingeben.

Freischalten des Ausnahmecodes LIST

Der Ausnahmecode muss außerdem beim Customizing der Ausnahmebehandlung definiert werden, wie im vorangehenden Abschnitt beschrieben. Im standardmäßig ausgelieferten SAP-EWM-Customizing ist dies für die meisten RF-Business-Kontexte und Ausführungsschritte bereits eingerichtet. Wenn Sie eigene Business-Kontexte und Ausführungsschritte definieren, stellen Sie sicher, dass der Ausnahmecode LIST als erlaubte Eingabe hinzugefügt wird, andernfalls werden die Mitarbeiter nicht in der Lage sein, ihn in diesem Zusammenhang einzusetzen.

Wenn Sie den Ausnahmecode aus der Liste ausgewählt haben, wird er in der RF-Transaktion ausgewählt, und die damit verbundene Mengenänderung kann fortgesetzt werden. Da der Ausnahmecode mit dem internen Prozesscode DIFF verbunden ist, »weiß« das System, dass wir eine Mengenänderung eingeben wollen. Es öffnet sich ein Fenster, in dem Sie die Menge eingeben können (siehe Abbildung 14.92).

Anschließend speichern Sie mit der Taste F1 und kehren automatisch zur vorherigen Ansicht zurück. Wenn es sich um einen Artikel mit Seriennummer handelt, können Sie die Seriennummer des defekten Artikels eingeben, indem Sie den Button **F2 SNum** anklicken oder die Taste F2 drücken.

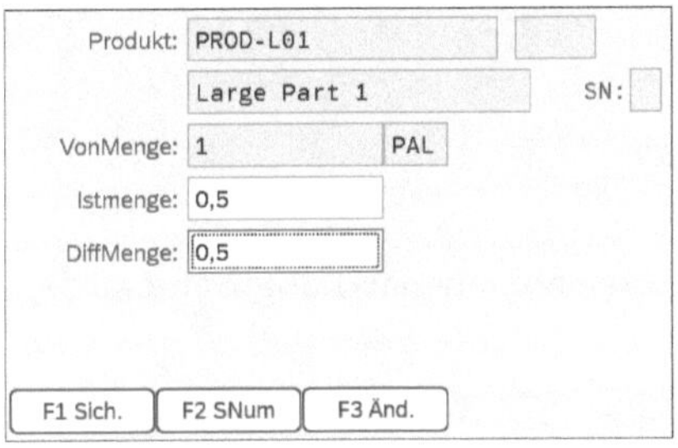

Abbildung 14.92 Ausnahmebehandlung in Radio Frequency für das Erfassen der Differenzmenge beim Quittieren der Lageraufgaben

Nachdem Sie die Lageraufgabe bestätigt haben, sind der verwendete Ausnahmecode und die Mengenänderungen im Lieferungsmonitor (Transaktion /SCWM/PRDI) oder im Lagermonitor zu sehen. Um die Daten im Lagermonitor sehen zu können, wählen Sie Transaktion /SCWM/MON, z. B. durch Anklicken der Knoten **Dokumente • Lageraufgaben**. Bei einer Liefermengenänderung ist die Liefermenge um die Differenzmenge reduziert, und der zugeordnete Prozesscode wird in der Lieferung angezeigt (siehe Abbildung 14.93).

Technische Hilfe beim Bestimmen der Ausnahmecodekonfiguration

Wenn Sie einen vorhandenen Ausnahmecode erweitern oder einen neuen erstellen möchten, jedoch nicht den Business-Kontext und den Ausführungsschritt kennen, können Sie mit Debugging-Kenntnissen die beiden notwendigen Parameter herausfinden. Zu Beginn setzen Sie einen Breakpoint in der Klasse /SCWM/CL_EXCEPTION_APPL, und bei der Methode VERIFY_EXCEPTION_CODE (es gibt verschiedene Wege, um dies zu tun) fahren Sie dann mit der Transaktion fort und geben einen Ausnahmecode ein. Sobald das System den Debugger am festgelegten Breakpoint startet, können Sie den aktuellen Business-Kontext in der Variable IV_BUSCON und den aktuellen Ausführungsschritt in der Variable IV_EXECSTEP sehen.

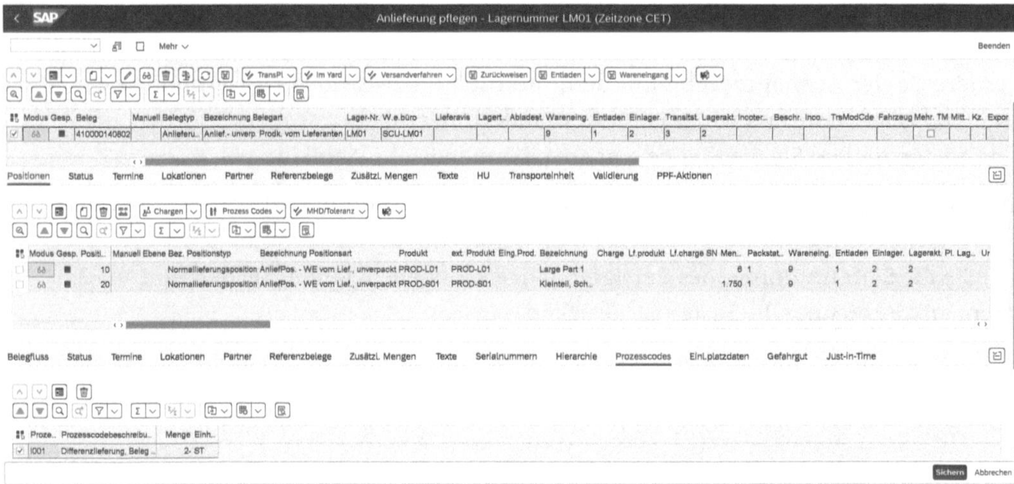

Abbildung 14.93 Lieferungsmenge durch Nutzen der Ausnahmebehandlung während der Einlagerung automatisch anpassen

14.7.3 Erweiterte Funktionen der Ausnahmebehandlung

Das SAP-Alert-Framework, das SAP-Statusmanagement und der SAP-Workflow sind Komponenten des SAP NetWeaver AS ABAP. Die SAP-EWM-Ausnahmeverwaltung ermöglicht eine Integration in diese Komponenten, um sie bei Ausnahmen einfacher zu verwenden. So können Ausnahmen leichter mithilfe der SAP-EWM-Konfiguration an das Alert Framework, das Statusmanagement und den Workflow weitergeleitet werden.

Im Folgenden zeigen wir Ihnen in einem kurzen Überblick die Möglichkeiten für eine Integration von Alert Framework, Statusmanagement und Workflow in die SAP-EWM-Ausnahmebehandlung. Weitere Informationen finden Sie in der SAP-Online-Hilfe unter *http://help.sap.com*

SAP-Alert-Framework

Durch die Integration von SAP EWM und dem Alert Framework ist es möglich, Alerts an die Alert-Framework-Komponente zu senden, wenn ein Lagermitarbeiter einen Ausnahmecode erfasst. Diese Alerts sind dann in einem Monitor sichtbar, und es kann zentral auf sie reagiert werden. Auch ist denkbar, weitere Kommunikationsmittel wie E-Mail, SMS oder Fax zu verwenden, um bei besonderen Ausnahmen schneller reagieren zu können.

SAP-Statusmanagement

Durch das SAP-Statusmanagement ist es möglich, einen Status auf einem Objekt zentral und einheitlich zu verwalten. SAP EWM verwendet dies vor allem für Lagerplätze.

Führen Sie Transaktion /SCWM/LS02 oder Transaktion /SCWM/LS03 aus, um den Lagerplatzstatus zu sehen und um festzustellen, ob ein Platz für die Einlagerung oder für die Auslagerung gesperrt wurde (siehe Abbildung 14.94).

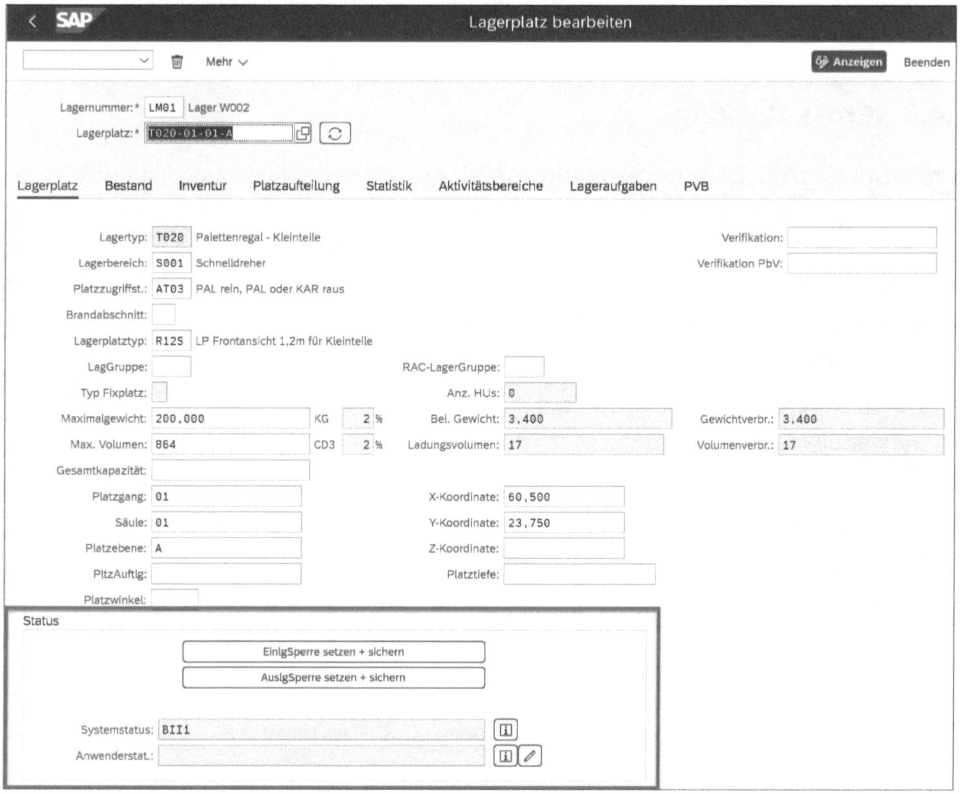

Abbildung 14.94 SAP-Statusmanagement auf einem Lagerplatz in SAP EWM

Ein Lagerplatz kann z. B. für Einlagerungen oder Auslagerungen gesperrt werden. Durch eine Lagerplatzsperre ist es nicht mehr möglich, Bestand von dem Platz zu entnehmen oder Bestand auf den Platz zu buchen.

SAP (Business) Workflow

Ein SAP-Workflow wird meist verwendet, um einen Prozess im System abzubilden, der u. a. einfache oder komplexe Freigabe- oder Genehmigungsverfahren erfordert. Meist wird ein Workflow für komplexe Prozesse verwendet, die nicht mit Standardobjekten abgebildet werden können oder die über eine Vielzahl von Bearbeitern abgeschlossen werden müssen. Denkbar wäre der Einsatz im Lager, wenn z. B. ein Stapler als defekt gemeldet wird und ein Beschaffungs- und Reparaturprozess gestartet werden muss.

Zu jedem Ausnahmecode ist es möglich, diverse vorher definierte Workflow-Elemente zuzuordnen, die beim Ausführen des Ausnahmecodes automatisch initialisiert werden. Die Workflow-Elemente beinhalten die unterschiedlichen Prozessschritte und geben Auskunft darüber, wer diese genehmigen muss.

14.8 Cross-Docking

Cross-Docking, die Direktabfertigung von Waren, dient der Optimierung der Warenbearbeitung. Die im Lager eingegangene Ware wird versendet, ohne dass zuvor eine Einlagerung stattgefunden hat. Es wird also Bestand, der von einer Produktion oder einem Lieferanten kommt und sich noch im Wareneingangsprozess befindet, ohne Zwischenlagerung direkt in den Warenausgangsprozess übergeleitet. Daraus ergibt sich eine Vielzahl von Vorteilen für das Lager, u. a.:

- Durch weniger Arbeitsschritte in der Abwicklung können Bruch und Nacharbeitsaufwände reduziert werden.
- Durch einen erhöhten Lagerumschlag sind kürzere Lieferzeiten möglich.
- Da eine unnötige Reservierung von Lagerplätzen vermieden wird, können Lagerbelegung und Lagerungskosten verringert werden.
- Durch eine Konsolidierung von Lager- und Cross-Docking-Materialien in einem Transport können die Transportkosten reduziert werden.

Dieses Kapitel beschreibt nach einer kurzen Einführung in das Cross-Docking mit SAP EWM die möglichen Cross-Docking-Methoden in SAP EWM im Detail.

Im Cross-Docking gibt es nur eine Lagerbewegung: von der Wareneingangszone zur Warenausgangszone. Einlagerungs- und Auslagerungsschritte zu finalen Lagerplätzen (z. B. in ein Palettenlager oder ein Kleinteilelager) finden nicht statt. Abbildung 14.95 gibt Ihnen einen Überblick über das Cross-Docking im SAP-EWM-System. Sie sehen, dass die Ware das Lager durchläuft und auf direktem Weg wieder verlässt.

Es gibt zwei grundsätzliche Arten von Cross-Docking:

- **Geplantes Cross-Docking**
  Die Entscheidung, ob für eine Ware Cross-Docking durchgeführt wird, ist getroffen worden, *bevor* die Ware das Lager erreicht, also physisch vereinnahmt wird.
- **Ungeplantes bzw. opportunistisches Cross-Docking**
  Die Entscheidung, ob Cross-Docking durchgeführt werden soll, wird erst dann getroffen, wenn die Ware bereits im Lager ist, also der Wareneingangsprozess bereits begonnen hat. Die Entscheidung für Cross-Docking hängt von den jeweiligen Umständen ab (»opportunistisch«).

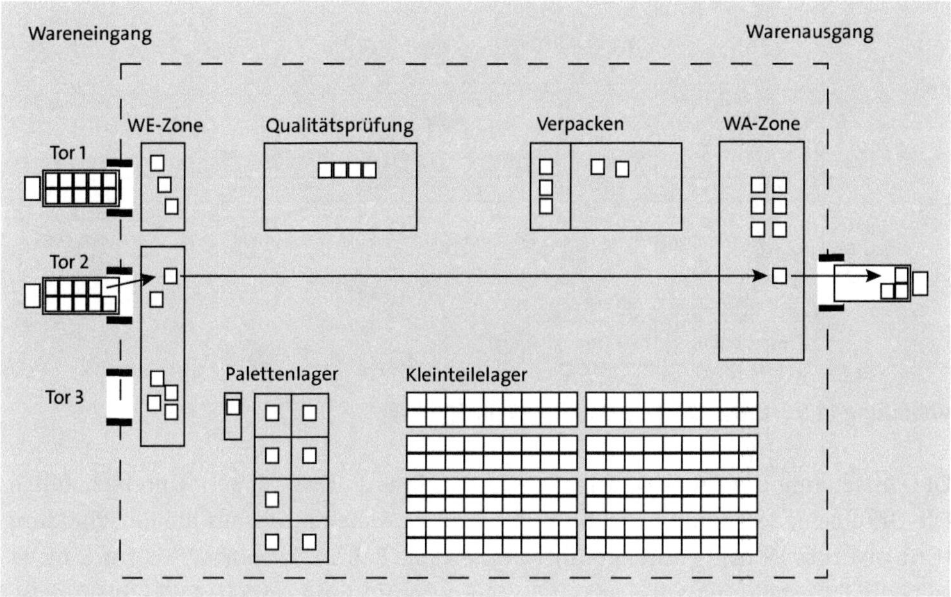

Abbildung 14.95 Cross-Docking im Überblick

SAP EWM unterstützt sowohl das geplante als auch das opportunistische Cross-Docking bzw. die geplanten und opportunistischen Cross-Docking-Methoden. Insgesamt gibt es verschiedene Cross-Docking-Methoden für SAP EWM, die wir in diesem Kapitel beschreiben:

- Transport-Cross-Docking (TCD)
- Warenverteilung
- opportunistisches Cross-Docking, das SAP EWM anstößt (EWM-Opp.CD)
- Push Deployment (PD) (eingeschränkt, da nur mit SAP APO möglich)
- Kommissionieren vom Wareneingang (PFGR) (eingeschränkt, da nur mit SAP APO möglich)

Abbildung 14.96 zeigt diese möglichen Methoden im Überblick. Das Transport-Cross-Docking (TCD) und die Warenverteilung gehören zu den geplanten Cross-Docking-Methoden; Push Deployment (PD), Kommissionieren vom Wareneingang (PFGR) sowie EWM-Opp.CD gehören zu den opportunistischen Cross-Docking-Methoden. Die Warenverteilung unterscheidet zudem noch zwischen Cross-Docking und *Flow-Through*. Weitere Details zur Warenverteilung finden Sie in Abschnitt 14.8.3, »Cross-Docking-Routen«.

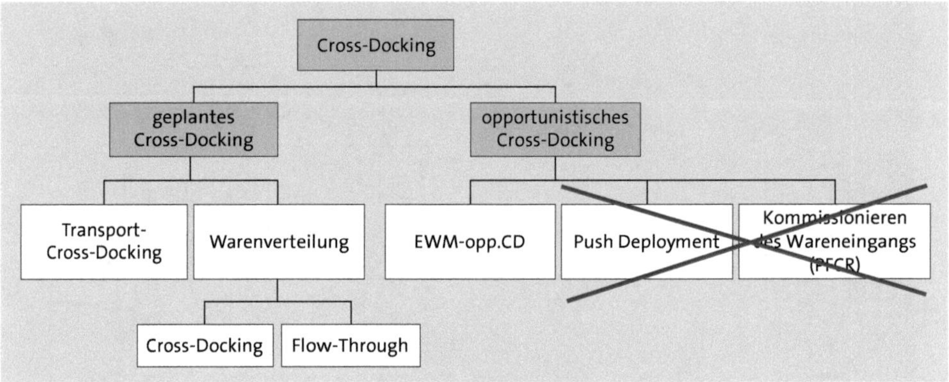

Abbildung 14.96 Cross-Docking-Methoden in SAP EWM

Die Umsetzung der Cross-Docking-Methoden in SAP EWM ist sehr unterschiedlich. Die Unterschiede beginnen schon mit der Frage, welches System die Entscheidung trifft, ob Cross-Docking durchgeführt werden soll. Beim Transport-Cross-Docking basiert die Entscheidung auf der SAP-EWM-Routenfindung im SAP-EWM-System. Bei der Warenverteilung wird die Entscheidung dagegen im SAP-S/4HANA-System getroffen. Bei EWM-Opp.CD fällt die Entscheidung im SAP-EWM-System während der Lageraufgabenerzeugung.

Im Falle von Push Deployment oder PFGR wurde die Entscheidung in SAP Advanced Planning and Optimization (SAP APO) getroffen. Im Kontext von SAP S/4HANA ist SAP APO nicht Teil der SAP-Strategie. Stattdessen wird der Einsatz von *SAP Integrated Business Planning* (SAP IBP) empfohlen. In SAP IBP sind die beiden Cross-Docking Methoden nicht möglich. Aus diesem Grund sind letzten beiden Cross-Docking-Methoden in Abbildung 14.96 durchgestrichen. Diese setzen die Nutzung von SAP APO voraus, denn SAP IBP bietet nicht die gleichen Funktionen wie SAP APO. Kunden, die diese Cross-Docking-Methoden nutzen, entwickeln im Projekt meist eine eigene Lösung unter der Verwendung der Funktionen von SAP EWM. Die Funktionen/Funktionsbausteine im SAP EWM, die damals von SAP APO verwendet wurden, sind immer noch im System verfügbar. Das heißt, dass sie im Projekt eine Kundenentwicklung umsetzen und diese weiterhin aufrufen können; hierzu ist jedoch sehr speziellen Wissen erforderlich.

Wir beschreiben deshalb in dieser Auflage des SAP-EWM-Buches diese beiden Varianten nicht mehr. Falls Sie zu diesen Cross-Docking-Varianten Informationen suchen, verweisen wir Sie auf das Buch »Warehouse Management mit SAP EWM«, das 2019 im Rheinwerk Verlag erschienen ist.

[«]

Cross-Docking bringt nicht automatisch Vorteile

Ob Sie in Ihrem Lager Cross-Docking nutzen können, hängt nicht nur von den Möglichkeiten des Lagerverwaltungssystems, sondern auch von vielen anderen Faktoren ab, wie z. B. vom Lagerlayout und Ihren Geschäftsanforderungen. Viele Lager können kein Cross-Docking implementieren, weil sie Anforderungen wie *First In/First Out* (FIFO/strenges FIFO) oder *First Expired/First Out* (FEFO) einhalten müssen. Bevor Sie also mit der Umsetzung von Cross-Docking im SAP-EWM-System beginnen, sollten Sie sicherstellen, dass es Ihnen die erhofften Vorteile bringt.

[«]

Field Logistic Cross-Docking

Bei dem Field Logistic Cross-Docking geht es um die Versorgung von Einzelteilen, vor allem in der Upstream-Öl- und Gasindustrie. Mit Release 2208 von SAP EWM in SAP S/4HANA (initial per Cloud-Release ausgeliefert) wurde das Field Logistic Cross-Docking auch für das SAP-EWM-System freigeschaltet. Auf diese Cross-Docking-Methode gehen wir in diesem Buch nicht näher ein, da sie im Zusammenhang mit SAP EWM nicht verbreitet ist. Der Prozess findet außerhalb vom SAP EWM statt, wird jedoch seit Neuestem von SAP EWM unterstützt.

Im Folgenden gehen wir auf die Cross-Docking-Methoden im Einzelnen ein. Wir beginnen mit Transport-Cross-Docking.

14.8.1 Transport-Cross-Docking

Transport-Cross-Docking (TCD = *Transportation Cross-Docking*) ist eine der geplanten Cross-Docking-Methoden in SAP EWM. Der TCD-Prozess beginnt im Warenausgangsprozess eines SAP-EWM-Lagers. Hier wird über die SAP-EWM-Routenfindung geplant, ob in einem Folgelager Cross-Docking durchgeführt werden soll.

Die SAP-EWM-Routenfindung, die für die Auslieferung gestartet wird, ermittelt, dass es günstiger ist, eine Lieferung nicht direkt an den Warenempfänger zu schicken, sondern sie über ein anderes Lager zu »cross-docken«. Die Routenfindung findet in diesem Fall eine *Cross-Docking-Route*. Beim Warenausgang einer Auslieferung mit einer Cross-Docking-Route laufen in SAP S/4HANA völlig andere Schritte ab als bei Warenausgangsbuchungen ohne Cross-Docking. Im Falle von Transport-Cross-Docking wird der Bestand in SAP S/4HANA nicht ausgebucht, sondern auf einen speziellen *TCD-Lagerort* gebucht. Außerdem wird für das Zwischenlager ein *TCD-Lieferpaar* (eine Anlieferung und die dazugehörige Auslieferung) erzeugt. In diesem Zwischenlager wird das Cross-Docking physisch durchgeführt. Erst beim Warenausgang der Auslieferung aus dem Zwischenlager wird der Bestand aus dem Werk ausgebucht.

[»]

Transport-Cross-Docking und Handling Units

Das Transport-Cross-Docking funktioniert nur im Zusammenhang mit Handling Units. Sie müssen also die Waren vor dem Warenausgang in eine Handling Unit verpacken.

Im Folgenden erläutern wir den TCD-Prozess anhand eines Beispiels im Detail. In unserem Beispielszenario liefern Sie Waren aus dem SAP-EWM-Lager EWM1 aus. Die Waren sind für den Kunden KUNDE01 bestimmt. Im Lager EWM1 wird durch die EWM-Routenfindung vorgeplant, dass im Lager EWM2 das Transport-Cross-Docking durchgeführt werden soll.

Der Prozess startet im sendenden Lager. Im SAP-EWM-System liegt eine aus SAP S/4HANA kommende Auslieferung vor. Während die Auslieferung aus SAP S/4HANA in SAP EWM verteilt wird, läuft die SAP-EWM-Routenfindung und ermittelt – basierend auf Lieferattributen wie Warenempfänger, Gewicht und Volumen – eine optimale Route. Diese Route kann eine »normale« Route sein, also eine *lineare Route* vom Lager EWM1 zu einem Kunden. Es kann sich jedoch auch um eine *Cross-Docking-Route* handeln. Eine Cross-Docking-Route ist eine spezielle Route. Sie wird nicht für (eine) bestimmte Strecke(n) angelegt, sondern für eine Cross-Docking-Lokation, also *für* ein Lager. In unserem Fall gibt es also eine Cross-Docking-Route, die für die zweite Lokation angelegt ist.

Die SAP-EWM-Routenfindung ist in unserem Beispiel so eingestellt, dass die Cross-Docking-Route `CD_EWM2` für die Auslieferung im Lager EWM1 gefunden wird. Die Auslieferung, die vorher den Warenempfänger KUNDE01 hatte, bekommt nun den neuen Warenempfänger EWM2 – denn dorthin werden die Waren nun geliefert. KUNDE01 wird in die neue Partnerrolle **Finaler Warenempfänger** übernommen.

Der weitere Kommissionier- und Warenausgangsprozess im Lager EWM1 basiert nun auf der Cross-Docking-Route und auf dem Warenempfänger EWM2.

Wird für die Auslieferung der Warenausgang gebucht und die Buchung an SAP S/4HANA übertragen, erkennt SAP S/4HANA, dass es sich nicht um einen »normalen« Warenausgang handelt, sondern um einen Warenausgang für einen Cross-Docking-Prozess. SAP S/4HANA erstellt nun eine Anlieferung und eine Auslieferung (Lieferpaar) für das Cross-Docking-Lager EWM2. Der Bestand, der sich in SAP S/4HANA vorher im Lagerort AFS des abgebenden Werkes befunden hat, wird nun auf einen speziellen *Cross-Docking-Lagerort* desselben Werkes umgebucht. In diesem Lagerort bleibt der Bestand so lange, bis der Warenausgang zum Endkunden KUNDE01 gebucht wird.

Das erstellte Lieferpaar wird an das SAP-EWM-System der Lagernummer EWM2 übertragen. Die beiden Lieferungen »wissen«, dass sie Cross-Docking-Lieferungen sind (in der SAP-S/4HANA-EWM-Schnittstelle können eigene Belegarten und Positionsarten für das Cross-Docking gefunden werden), und die beiden Lieferungen »wissen« aufgrund derselben TCD-Vorgangsnummer auch, dass sie »zueinander gehören«. Die Auslieferung hat zudem eine *TCD-ERP-Anlieferungsreferenz*, die der Nummer der Anlieferung entspricht. Die TCD-Vorgangsnummer ist die Nummer der ursprünglichen Auslieferung. Durch diese Vorgangsnummer ist der Bestand der Anlieferung für die richtige Auslieferung reserviert. Es kann also nicht aus Versehen der falsche Bestand kommissioniert werden.

Im Lager EWM2 wird nun für die Anlieferung der Wareneingang gebucht und die HU vom Lkw entladen. Die HU geht dann direkt vom Wareneingang in den Warenausgangsprozess über. Mit dem Buchen des Warenausgangs wird der Bestand im SAP-S/4HANA-System aus dem Cross-Docking-Lagerort ausgebucht.

[«]

Mehrstufiges Transport-Cross-Docking

Es könnte nun durchaus der Fall sein, dass auch im Cross-Docking-Lager EWM2 erneut eine Cross-Docking-Route gefunden wird. In diesem Fall wird ein weiterer Cross-Docking-Schritt durchgeführt, z. B. in einem Lager EWM3, bevor die Ware letztlich beim Kunden eintrifft.

14.8.2 TCD-Monitor

SAP liefert in SAP S/4HANA einen leistungsfähigen Monitor aus, um den TCD-Prozess zu überwachen.

Folgen Sie im SAP-Easy-Access-Menü dem Pfad **Logistik • Logistics Execution • Transport-Cross-Docking • Transport-Cross-Docking-Monitor**, oder rufen Sie Transaction /SPE/CDMON auf. Es öffnet sich ein Selektionsbild, in dem Sie nach verschiedenen Kriterien selektieren können. Der TCD-Prozess ist übrigens identisch mit der TCD-Vorgangsnummer, also mit der Nummer der ursprünglichen SAP-S/4HANA-Auslieferung.

14.8.3 Cross-Docking-Routen

Um den TCD-Prozess in SAP EWM starten zu können, müssen Sie *Cross-Docking-Routen* anlegen. Wenn eine Auslieferung (EWM-Auslieferungsauftrag) erstellt wird, ermittelt die SAP-EWM-Routenfindung alle passenden Routen zwischen dem Start (Supply Chain Unit des Lagers) und der Destination (Supply Chain Unit des Warenempfängers). Das Ergebnis der Routenfindung ist dann entweder eine *direkte Route* (auch *lineare Route* genannt) vom Start zur Destination oder eine Cross-Docking-Route. Die Verwendung einer Cross-Docking-Route kann Vorteile gegenüber einer linearen Route haben. Beispielsweise kann die Lieferung über Cross-Docking schneller erfolgen, wenn die lineare Route nur selten und die Cross-Docking-Route dagegen täglich oder sogar mehrmals täglich befahren wird. Ein anderer Vorteil für die Verwendung von Cross-Docking-Routen liegt in den möglichen Transportkosteneinsparungen, wenn die Waren eines Lagers mit denen eines anderen Lagers konsolidiert und mit nur einem Transport an das Ziel gebracht werden.

Um Routen im SAP-Easy-Access-Menü zu pflegen, folgen Sie dem Pfad **Logistik • SCM Extended Warehouse Management • Extended Warehouse Management • Stammdaten • Warenannahme und Versand • Routenfindung • Route pflegen**, oder Sie führen Transaktion /SCTM/ROUTE aus. Abbildung 14.97 zeigt schematisch, wie eine Cross-Docking-Route im SAP-EWM-System gebildet wird.

Eine Cross-Docking-Route hat immer zwei besondere Eigenschaften:

- Sie wird immer *für eine bestimmte Lokation* angelegt.
- Ihr sind mindestens zwei lineare Routen zugewiesen, und zwar eine *eingehende Route* (die das CD-Lager als Ziellokation verwendet) und eine *abgehende Route* (die das CD-Lager als Von-Lokation verwendet).

Im Beispiel in Abbildung 14.97 wird die Cross-Docking-Route CD_SPU2 dargestellt, die für das Lager SPU2 angelegt worden ist. Sie beinhaltet zwei lineare Routen, und zwar die Route SPU1_SPU2, die vom ersten Lager mit der Lagernummer SPU1 kommt, sowie die Route SPU2_KUND, die vom CD-Lager zu einem Kunden verläuft.

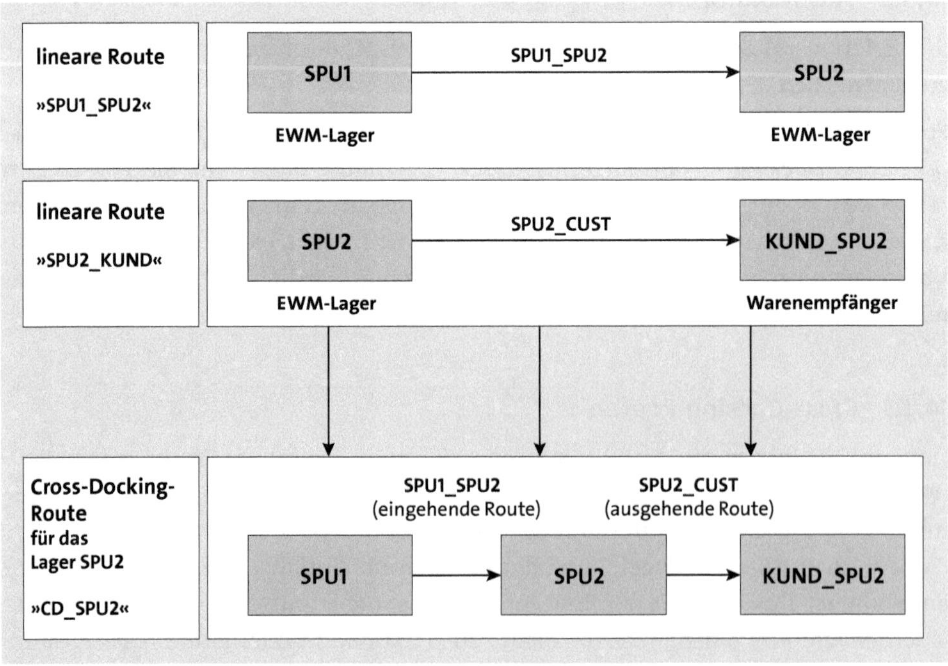

Abbildung 14.97 Lineare Routen als Bestandteil von Cross-Docking-Routen

Die Bildung der Cross-Docking-Routen unterscheidet sich also von der Bildung normaler (linearer) Routen. Eine normale Route hat eine Startlokation und eine Endlokation und wird für eine Strecke angelegt. Eine Cross-Docking-Route wird genau für eine Lokation angelegt und kann eingehende und ausgehende lineare Routen beinhalten.

Abbildung 14.98 zeigt das Bild der SAP-EWM-Routenpflege, bei der die Cross-Docking-Route CD_SPU2 selektiert wurde.

Sie sehen, dass diese Route für die CD-Lokation PLSPU2 angelegt wurde. Die Lokation PLSPU2 ist die der Lagernummer SPU2 zugewiesene Lokation. Unten auf der Registerkarte **CD-Routen** sehen Sie die zugewiesenen linearen Routen. In der Spalte **Richtung** sehen Sie, ob die lineare Route eingehend (in Richtung CD-Lokation, Buchstabe I) oder abgehend (von der CD-Lokation weg, Buchstabe O) ist.

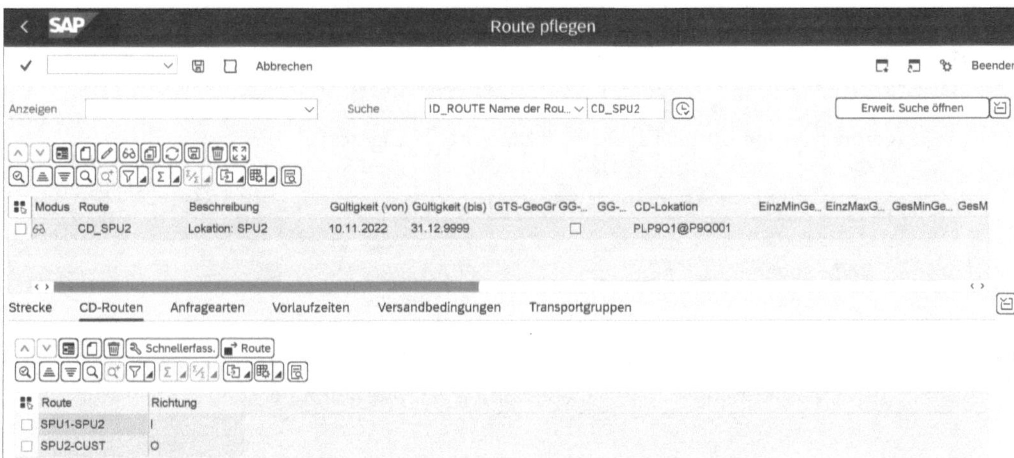

Abbildung 14.98 Cross-Docking-Route in der SAP-EWM-Routenpflege

14.8.4 TCD-Lagerorte

Wie schon eingangs beschrieben, bucht SAP S/4HANA beim Warenausgang der ursprünglichen Auslieferung (vom abgebenden Lager) den Bestand in einen *Cross-Docking-Lagerort*. Cross-Docking-Lagerorte gehören in SAP S/4HANA zum abgebenden Werk, nicht zum Werk des Cross-Docking-Lagers, und werden ausschließlich für TCD-Bestände genutzt. Dadurch wird erreicht, dass während des gesamten TCD-Prozesses der Bestand im Eigentum des sendenden Werkes bleibt. Dies gilt auch für den Fall, dass es mehrere TCD-Schritte gibt. Erst die finale Warenausgangsbuchung der Lieferung, die zur Endlokation geht, bucht die Cross-Docking-Waren aus dem Bestand aus, und zwar aus dem Bestand des TCD-Lagerortes.

Abbildung 14.99 zeigt ein für TCD notwendiges organisatorisches Modell mit einem TCD-Lagerort.

In dieser Abbildung ist ein TCD-Prozess dargestellt, vom Werk SPU1 über das Werk SPU2 zu einem Endkunden. Es gibt zwei Werke und zwei EWM-Lager. Jedes Werk hat zwei »normale« Lagerorte ROD und AFS. Das abgebende Werk (SPU1) hat einen zusätzlichen Lagerort CDU2 für den Cross-Docking-Bestand, der sich physisch in der SAP-EWM-Lagernummer SPU2 befindet. Wie Sie sehen, ist der Lagerort CDU2 dem Werk SPU1 und der Lagernummer SPU2 zugeordnet. Während des TCD-Prozesses, bei dem der Bestand physisch vom Lager SPU1 über das Lager SPU2 zum Kunden KUNDE01 transportiert wird, befindet sich der Bestand buchhalterisch im SAP-S/4HANA-System: zunächst im Lagerort AFS ❶, dann im Lagerort CDU2 ❷ und wird dann schließlich ausgebucht ❸.

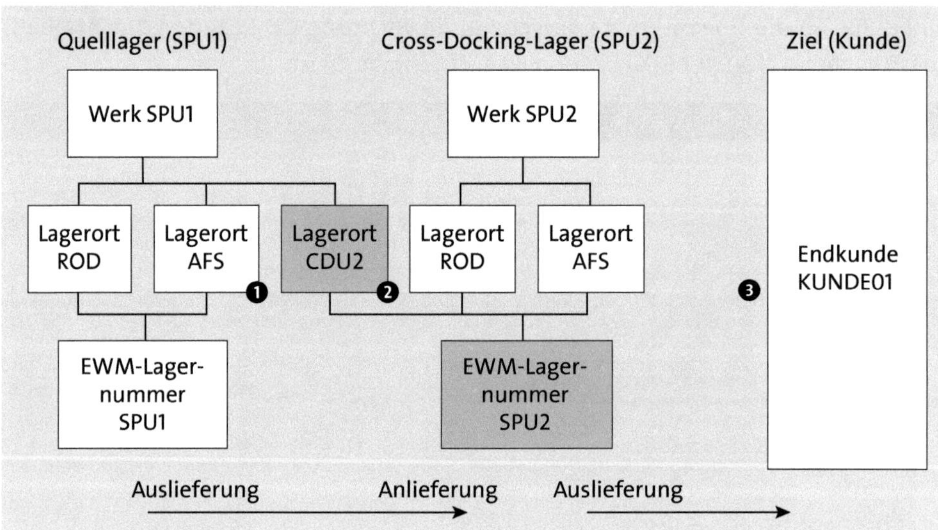

Abbildung 14.99 Beispiele für einen Cross-Docking-Lagerort (Werk CDU2)

Die TCD-Lagerorte stellen Sie im Customizing des SAP-S/4HANA-Systems über den Pfad **Logistics Execution • Ersatzteilmanagement (SPM) • Transport-Cross-Docking (SPM) • Lagerorte und Versandstellen für CD-Lager bearbeiten** ein (siehe Abbildung 14.100).

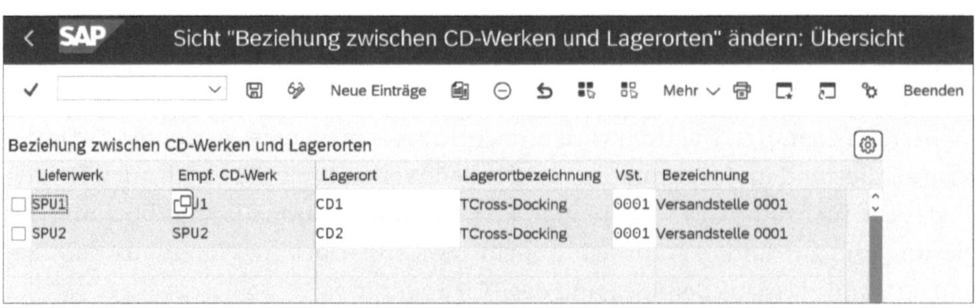

Abbildung 14.100 Cross-Docking-Lagerorte in SAP S/4HANA definieren

Hier pflegen Sie für jede Kombination von Lieferwerk und CD-Werk den TCD-Lagerort sowie die Versandstelle (Spalte **VSt.**), die für die Lieferungen verwendet werden soll.

Im EWM-System gibt es für Cross-Docking-Bestände im Lager eine eigene *Cross-Docking-Bestandsart* (siehe Kapitel 5, »Bestandsverwaltung«).

14.8.5 Integration von Transport-Cross-Docking in die SAP-EWM-Lagerprozesse

Sie können das Transport-Cross-Docking in SAP EWM sowohl mit als auch ohne die Benutzung der prozessorientierten Lagerungssteuerung (gesteuerte mehrschrittige Bewegungen von Handling Units in SAP EWM) durchführen. Bevor wir im Einzelnen auf diese beiden Varianten eingehen, erhalten Sie zunächst Informationen über die TCD-Vorgangsnummer.

TCD-Vorgangsnummer als Link zwischen An- und Auslieferung

Die *TCD-Vorgangsnummer* (im SAP-S/4HANA-System auch *TCD-Referenz* oder *TCD-Prozessnummer* genannt) ist die Nummer, die die An- und Auslieferung verlinkt und zusammenhält. Sie ist auf Kopfebene beider Lieferungen enthalten.

In Abbildung 14.101 sehen Sie eine Cross-Docking-Anlieferung im SAP-EWM-System. Auf der Registerkarte **Referenzbelege** sehen Sie auf der Kopfebene eine Zeile mit dem Referenzbelegtyp **TCD** (siehe die Spalte **RefBelTyp**), die die TCD-Vorgangsnummer beinhaltet.

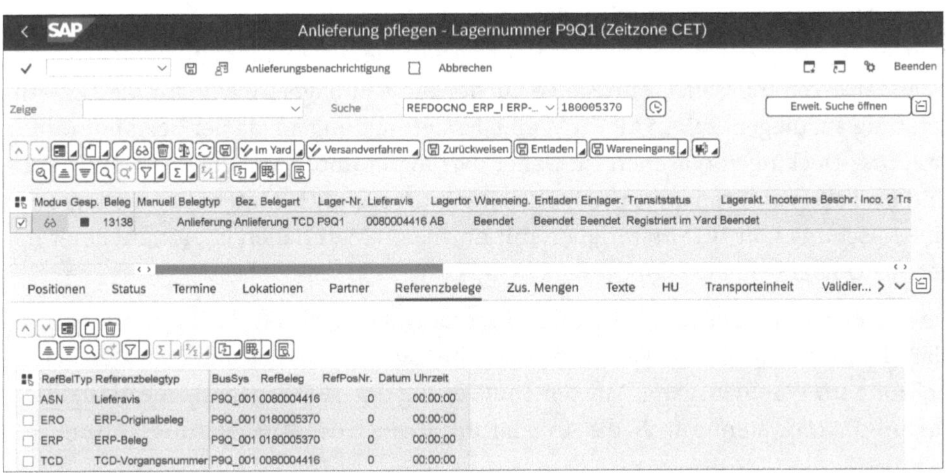

Abbildung 14.101 TCD-Vorgangsnummer in der SAP-EWM-Anlieferung

In Abbildung 14.102 sehen Sie den dazugehörigen SAP-EWM-Auslieferungsauftrag. Auch hier ist die TCD-Vorgangsnummer auf der Registerkarte **Referenzbelege** zu finden.

Zusätzlich gibt es noch eine weitere Referenz, und zwar auf die SAP-S/4-Anlieferung in Form des Referenzbelegtyps TEI (= *TCD-ERP-Anlieferungsreferenz*).

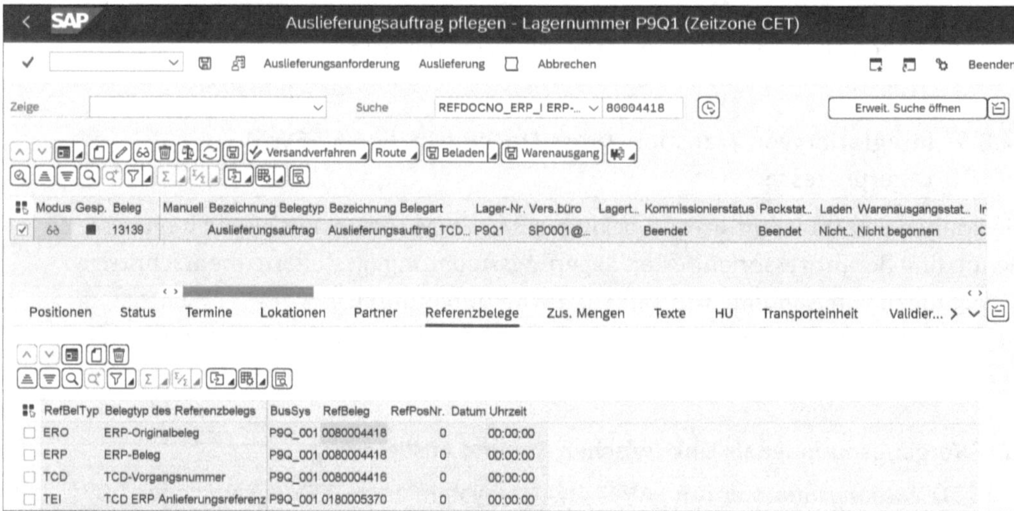

Abbildung 14.102 TCD-Vorgangsnummer und Anlieferungsreferenz in der SAP-EWM-Auslieferung

Transport-Cross-Docking ohne prozessorientierte Lagerungssteuerung

Wenn Sie das Transport-Cross-Docking ohne die prozessorientierte Lagerungssteuerung einsetzen, erstellt SAP EWM eine aktive *HU-Kommissionier-Lageraufgabe* für den Auslieferungsauftrag im Cross-Docking-Lager. Sie kommissionieren immer die vollständige TCD-HU in einem Schritt – ohne dass Sie sich mit dem Inhalt der HU auseinandersetzen müssen. Wenn Sie versuchen, eine Einlageraufgabe für die TCD-Anlieferung anzulegen, zeigt SAP EWM eine Fehlermeldung an, da der Bestand nur für das Cross-Docking vorgesehen ist. Daher darf in der untersten HU einer HU-Hierarchie im Falle von Transport-Cross-Docking auch nur TCD-Material enthalten sein. Eine Mischung von TCD-Materialien mit normalen Materialien ist nur auf einer höheren HU-Ebene erlaubt.

Bei der Erstellung der Kommissionier-Lageraufgabe ermittelt das System den Zielplatz der Lageraufgabe – im Falle von TCD ohne Lagerungssteuerung ist dies die Bereitstellzone im Warenausgang. Mit der Quittierung der TCD-Lageraufgabe aktualisiert das SAP-EWM-System sowohl die Anlieferung als auch den Auslieferungsauftrag.

Transport-Cross-Docking mit prozessorientierter Lagerungssteuerung

Wenn Sie das Transport-Cross-Docking mit prozessorientierter Lagerungssteuerung verwenden, bestimmt SAP EWM zunächst die Einlagerungsschritte für die Top-HU (höchste Hierarchieebene, also die äußere HU) der Anlieferung im Cross-Docking-

Lager. Die Lieferung kann je nach Customizing des Lagerprozesses für den Entlade- und Dekonsolidierungsschritt relevant sein, basierend auf der Lagerprozessart der Anlieferposition.

Nach der Wareneingangsbuchung der Anlieferung können Sie für die TCD-HU die HU-Kommissionier-Lageraufgabe erzeugen. Dies ist entweder durch die Wellenfreigabe möglich (wenn Sie Wellen benutzen), oder wenn Sie den **Prd./HU-LB**-Indikator im Customizing auf den Schritt der prozessorientierten Lagerungssteuerung gesetzt haben. SAP EWM erstellt die HU-Lageraufgabe automatisch. Der entsprechende Pfad im Customizing lautet **SCM Extended Warehouse Management • Extended Warehouse Management • Prozessübergreifende Einstellungen • Lageraufgabe • Prozessorientierte Lagerungssteuerung definieren • Lagerungsprozess – Definition • Zuordnung Lagerungsprozessschritt**.

Wenn sich die Top-HU bei der Anlage der TCD-HU-Kommissionier-Lageraufgabe noch im Wareneingangsprozess befindet, wenn z. B. der Entlade- oder der Dekonsolidierungsschritt noch nicht abgeschlossen wurde, erstellt das System die HU-Kommissionier-Lageraufgabe inaktiv. Erst wenn die Einlagerungsschritte abgeschlossen sind, wird die HU-Kommissionier-Lageraufgabe automatisch aktiviert.

Mit der Quittierung der aktiven TCD-Lageraufgabe aktualisiert das SAP-EWM-System sowohl die Anlieferung als auch den Auslieferungsauftrag.

TCD für Vertragsverpacker

Ein *Vertragsverpacker* (*Contract Packager*) ist ein Unternehmen oder eine Organisation, die für das lagergerechte Verpacken von Materialien vor dem eigentlichen Wareneingangsprozess eines Lagers verantwortlich ist. Ein Vertragsverpacker nimmt Waren von Lieferanten oder einer Produktion an, verpackt und etikettiert sie und leitet sie an das eigentliche Lager weiter.

Der Vertragsverpacker ist integraler Bestandteil der SAP-Ersatzteilmanagement-Lösung (*Service Parts Management*, SPM) und Teil von SAP S/4HANA. Sie können SPM auf unterschiedliche Arten im System integrieren. Eine mögliche Variante ist es, den Vertragsverpacker als eigenes (kleines) SAP-EWM-Lager aufzusetzen.

Sie setzen Vertragsverpacker ein und bilden diese als eigenes SAP-EWM-Lager ab, das dem Werk zugewiesen ist, für das es Waren verpackt? Dann müssen Sie im TCD-Customizing in SAP S/4HANA angeben, welches Werk dieses Vertragsverpacker-Lager physisch repräsentiert. Dies ist notwendig, da das Werk, dem das Vertragsverpacker-Lager zugewiesen ist, nicht notwendigerweise auch dessen geografische Lage repräsentiert.

Folgen Sie dazu in SAP S/4HANA dem Customizing-Pfad **Logistics Execution • Ersatzteilmanagement (SPM) • Transport-Cross-Docking (SPM) • Ausgangswerke für Verpackungsdienstleister für Lagerung definieren**.

Wichtige Zusatzinformationen zum Transport-Cross-Docking

Zusätzlich zu den Details des TCD-Prozesses, die wir in den vorangehenden Abschnitten beschrieben haben, sollten Sie auch die folgenden Punkte kennen, wenn Sie das Transport-Cross-Docking einsetzen möchten:

- SAP liefert im SAP-EWM-System das Business Configuration Set (BC-Set) `/SCWM/DLV_TCD` aus, das die Einstellungen für das Customizing der Lieferung vornimmt. Die Deaktivierung von SAP Global Trade Services (SAP GTS) für TCD-relevante Belegarten müssen Sie manuell vornehmen. Weitere Informationen finden Sie in der Dokumentation zum BC-Set.
- Innerhalb einer Lieferkette im Transport-Cross-Docking darf sich nur der endgültige Bestimmungsort im Ausland befinden.
- Das Transport-Cross-Docking unterstützt keine Retouren.
- Wenn Sie im Transport-Cross-Docking geschachtelte Mischpaletten verwenden, dürfen sich innerhalb einer untergeordneten Handling Unit entweder nur TCD-relevante oder nur nicht TCD-relevante Lieferpositionen befinden.

Einen sehr guten Überblick über die Customizing-Einstellungen, die für das Transport-Cross-Docking notwendig sind, liefert zudem die Dokumentation zum Customizing-Knoten **Logistics Execution • Ersatzteilmanagement (SPM) • Transport-Cross-Docking (SPM) • Grundeinstellungen für Transport-Cross-Docking** im SAP-S/4HANA-System.

14.8.6 Warenverteilung

Mithilfe der *Warenverteilung* können Sie den Warenfluss vom Lieferanten über ein Verteilzentrum zu den Abnehmern (Filialen oder Kunden) durchgängig planen, steuern und abwickeln. Die Warenverteilung unterstützt die Verfahren Push und Pull und ermöglicht es Ihnen, in einem Verteilzentrum Cross-Docking durchzuführen. Dadurch können Sie die Ware schneller durchschleusen und so die Kosten für die Warenbearbeitung und -lagerung senken. Das Material kann dabei durch ein Verteilzentrum oder – im Falle einer mehrstufigen Verteilung – auch durch mehrere Verteilzentren fließen. Der Abnehmer des Materials steht bereits zum Zeitpunkt der Beschaffung fest.

Die Planung der Warenverteilung erfolgt entweder über einen *Aufteiler* (Push-Verfahren) oder über eine *Sammelbestellung* (Pull-Verfahren). Es lassen sich folgende Bearbeitungsverfahren unterscheiden:

- Warenverteilungs-Cross-Docking
- artikelorientiertes Flow-Through
- abnehmerorientiertes Flow-Through

In SAP S/4HANA werden An- und Auslieferungen angelegt und in das SAP-EWM-System verteilt. Dort wird nun die Warenverteilung durchgeführt, was die Verarbeitung der Artikel innerhalb des Verteilzentrums beeinflusst.

Die Schnittstelle in das SAP-EWM-System beinhaltet auch, welche An- und Auslieferungen zusammengehören. Während des Wareneingangs ermittelt SAP EWM die Beziehung zwischen An- und Auslieferungsaufträgen, basierend auf der Bestellreferenz und dem Warenverteilungsprozess.

Nach dem Wareneingang wird die Ware verteilt. Dafür stehen verschiedene Methoden zur Verfügung. Basierend auf der Entscheidung im SAP-S/4HANA-System, verwendet SAP EWM entweder das *Warenverteilungs-Cross-Docking* oder führt die Warenverteilung mithilfe eines *Flow-Through-Prozesses* durch, der entweder produktorientiert oder abnehmerorientiert ist.

Im Falle des Warenverteilungs-Cross-Dockings wird die Ware direkt von der Wareneingangszone zur Warenausgangszone gebracht, ohne dass sie umgepackt wird. Im Falle von Flow-Through werden die Waren von der Wareneingangszone zunächst zu einer Umpackzone (*Cross-Docking-Lagertyp*) und von dort in die Warenausgangszone gebracht. In beiden Fällen wird keine zwischenzeitliche Einlagerung durchgeführt. Der Umpackvorgang im Cross-Docking-Lagertyp als Extraschritt unterscheidet den Flow-Through-Prozess vom einfachen Warenverteilungs-Cross-Docking.

In den folgenden Abschnitten gehen wir näher auf die SAP-EWM-Warenverteilung ein.

Customizing in SAP S/4HANA und SAP EWM

Um die Warenverteilung in SAP S/4HANA zu verwenden, müssen Sie Sammelbestellungen oder Aufteiler erzeugen und die Warenverteilungsdaten einschließlich der Prozessmethode zur Warenverteilung fortschreiben. SAP S/4HANA muss die zugehörigen An- und Auslieferungsbelege erzeugen und an das SAP-EWM-System verteilen. Außerdem müssen Sie die notwendigen Customizing-Einstellungen für die Warenverteilung im SAP-S/4HANA-System vornehmen, u. a. über die Pfade:

- **Logistik Allgemein • Warenverteilung**
- **Integration mit anderen SAP Komponenten • Extended Warehouse Management • Zusätzliche Materialattribute • Attributwerte für zusätzliche Materialstammfelder • Anpassungsprofil definieren**.

In SAP EWM nehmen Sie Customizing-Einstellungen für die Warenverteilung u. a. über den folgenden Pfad vor: **SCM Extended Warehouse Management • Extended Warehouse Management • Prozessübergreifende Einstellungen • Cross-Docking (CD) • Geplantes Cross-Docking • Warenverteilung Grundeinstellungen für die Warenverteilung**.

Warenverteilungs-Cross-Docking

Das Warenverteilungs-Cross-Docking besteht aus den folgenden Prozessschritten:

1. Im SAP-S/4HANA-System wird ein Push- oder Pull-Verfahren angestoßen.
   - *Pull-Verfahren*: Wenn SAP S/4HANA aufgrund von Umlagerungsbestellungen oder Kundenaufträgen Sammelbestellungen erzeugt, schreibt es die Warenverteilungsdaten fort.
   - *Push-Verfahren*: Wenn SAP S/4HANA mit einem Aufteiler Lieferanten- sowie Umlagerungsbestellungen oder Kundenaufträge erzeugt, schreibt es ebenfalls die Warenverteilungsdaten fort.

   Wenn Sie mit Waren arbeiten, die für einzelne endgültige Warenempfänger bereits in HUs vorverpackt und die Daten in SAP S/4HANA gesichert sind, kann SAP S/4HANA sowohl die HUs als auch die Zuordnung zwischen der HU und dem endgültigen Warenempfänger an das SAP-EWM-System senden.
2. Das SAP-S/4HANA-System erzeugt die An- und (geplanten) Auslieferungsbelege und verteilt diese an SAP EWM.
3. Wenn Sie ohne HUs arbeiten, buchen Sie den Wareneingang zur Anlieferung und erzeugen manuell die notwendigen Kommissionier-Lageraufgaben für die Auslieferungsanforderung.
4. Wenn Sie mit HUs arbeiten (verpackte Ware), können Sie die prozessorientierte Lagerungssteuerung verwenden. Wenn SAP EWM die Information zum Endkunden aus dem SAP-S/4HANA-System erhalten hat, wird geprüft, ob der endgültige Warenempfänger der HU mit dem des Auslieferungsauftrags übereinstimmt. Wenn SAP EWM einen Auslieferungsauftrag findet, erzeugt es die Entlade-Lageraufgaben. Sie entladen die HUs und erzeugen dazugehörige Kommissionier-Lageraufgaben.
5. In beiden Fällen (mit und ohne HUs) bringen Sie die Ware direkt vom Wareneingang zum Warenausgang und buchen diesen.

[»]

Zusätzliche Hinweise für das Warenverteilungs-Cross-Docking

Beachten Sie darüber hinaus Folgendes zum Warenverteilungs-Cross-Docking:

- Die Anlieferung ist immer verpackt und enthält den finalen Warenempfänger (Partnerrolle UC = Ultimate Consignee) auf der Kopfebene.
- Es ist im SAP-EWM-System nicht möglich, von Cross-Docking auf Flow-Through umzustellen.
- Für das Cross-Docking ist keine Mengenanpassung möglich.

Produktorientiertes Flow-Through

Im *produktorientierten Flow-Through* verteilen Sie den Inhalt der angelieferten HUs auf kundenspezifische Kommissionier-HUs. Als Kommissionierer nehmen Sie die angelieferte HU auf und gehen damit nacheinander die Kommissionier-HUs ab, in die Sie die Produkte verteilen müssen. Sie führen also eine Dekonsolidierung durch, indem Sie die Kommissionier-HUs befüllen. Anschließend führen Sie die Kommissionierung durch und bringen die komplett gepackten Kommissionier-HUs zum Warenausgang.

Das produktorientierte Flow-Through besteht aus den folgenden Schritten:

1. SAP S/4HANA stößt ein Push- oder Pull-Verfahren an und sendet alle relevanten An- und Auslieferungsbelege an SAP EWM.
2. Sie erhalten eine Anlieferung mit HUs, die alle jeweils nur ein Produkt enthalten, und buchen den Wareneingang. Nachdem der Wareneingang abgeschlossen ist, können Sie die Mengenanpassung der Auslieferungsaufträge vornehmen. Verwenden Sie dazu Transaktion /SCWM/MEDI_AQTY, oder folgen sie dem Pfad **Logistik • SCM Extended Warehouse Management • Extended Warehouse Management • Lieferabwicklung • Anlieferung • Warenverteilung: Mengenanpassung pflegen (Flow-Through)** im SAP-Easy-Access-Menü.
3. Wenn Sie den Entladen-Schritt der prozessorientierten Lagerungssteuerung verwenden, erzeugen Sie zunächst Entlade-Lageraufgaben und quittieren diese. SAP EWM erzeugt daraufhin (gemäß Einlagerungsstrategie) im nächsten Schritt Handling-Unit-Lageraufgaben zum Cross-Docking-Lagertyp, in dem sich die *Kommissionierpunkt-Arbeitsstation* (Cross-Docking-Arbeitsplatz) befindet. Sie quittieren nun die HU-Lageraufgaben. Wenn Sie noch Mengenanpassungen vornehmen möchten, machen Sie es jetzt, bevor die Kommissionier-Lageraufgaben erstellt werden.
4. Sie legen die Kommissionier-Lageraufgaben an, z. B. durch eine Wellenfreigabe, und dekonsolidieren die Produkte. Dafür nehmen Sie die Produkte aus den angelieferten HUs und verteilen sie in bereitstehende Kommissioner-HUs für jeweils einen Kunden (produktorientiertes Flow-Through).
5. Sie kommissionieren die Artikel in die Kommissionier-HUs.
6. Wenn Sie die Kommissionier-HUs abschließen, erzeugt SAP EWM neue Lageraufgaben für die Bereitstellung zum Warenausgang.
7. Sie bewegen die HUs zur Warenausgangszone.
8. Sie verladen die HUs und buchen den Warenausgang.

Abnehmerorientiertes Flow-Through

Wenn Sie Ware erhalten, die Sie nicht komplett zu einem endgültigen Warenempfänger schicken können, können Sie das Warenverteilungs-Cross-Docking nicht verwenden. Stattdessen können Sie die Ware nach dem Wareneingang auf einen Cross-Docking-Lagertyp bewegen, den Sie als Umpackbereich verwenden. Dort können Sie dann abnehmerorientiert bzw. produktorientiert umpacken.

Die Schritte des *abnehmerorientierten Flow-Through-Prozesses* sind wie folgt:

1. Wie schon beim Warenverteilungs-Cross-Docking beschrieben, stößt das SAP-S/4HANA-System ein Push- oder Pull-Verfahren an und sendet alle relevanten An- und Auslieferungsbelege an SAP EWM.
2. Sie erhalten eine Anlieferung mit HUs, die unterschiedliche Produkte enthalten, und buchen den Wareneingang. Nach dem Wareneingang können Sie die Mengenanpassung der Auslieferungsaufträge durchführen. Benutzen Sie dazu die über den Pfad zu erreichende Transaktion **Logistik • SCM Extended Warehouse Management • Extended Warehouse Management • Lieferabwicklung • Anlieferung • Warenverteilung: Mengenanpassung pflegen (Flow-Through)** im SAP-Easy-Access-Menü.
3. Wenn Sie den Entladen-Schritt der prozessorientierten Lagerungssteuerung nutzen, erzeugen Sie zunächst Entlade-Lageraufgaben und quittieren diese. SAP EWM erzeugt daraufhin (gemäß Einlagerungsstrategie) HU-Lageraufgaben zum Cross-Docking-Lagertyp. Diese quittieren Sie.
   Wenn Sie noch Mengenanpassungen vornehmen möchten, machen Sie es jetzt, bevor die Kommissionier-Lageraufgaben erstellt werden.
4. Sie legen die Kommissionier-Lageraufgaben an, z. B. durch eine Wellenfreigabe. Bei der Lagerauftragserstellung können Sie einstellen, dass das System nur Lageraufträge für jeweils einen Kunden (für eine Konsolidierungsgruppe) anlegt, sodass die Kommissionierung kundenspezifisch durchgeführt werden kann (abnehmerorientiertes Flow-Through).
5. Sie kommissionieren die Artikel in kundenspezifische HUs und bewegen sie zur Warenausgangszone.
6. Sie verladen die HUs und buchen den Warenausgang.

[»]

Mengenanpassung

Die Mengenanpassung kann nur durchgeführt werden, solange noch keine Kommissionieraufträge existieren.

14.8.7 Opportunistisches Cross-Docking, das SAP EWM anstößt

Das *opportunistische Cross-Docking, das EWM anstößt* (EWM-Opp.CD), ist die einzige Cross-Docking-Methode, die ausschließlich im SAP-EWM-System stattfindet. Hier sind keine Planung und Integration in andere SAP-Systeme notwendig. Die englische Bezeichnung lautet *EWM-Triggered Opportunistic Cross-Docking*.

EWM-Opp.CD ist eine sogenannte *BAdI-Lösung*. Das heißt, dass diese Lösung nicht direkt im SAP-EWM-Standardauslieferzustand funktioniert, sondern dass Sie zunächst Business Add-Ins (BAdIs) aktivieren müssen. In diesem Fall stellt das aber kein großes Hindernis dar, denn es gibt für die beiden relevanten BAdIs eine Beispielimplementierung von SAP, die Sie übernehmen können.

Die BAdIs des EWM-Opp.CD laufen während der Erstellung von Einlageraufgaben und Kommissionier-Lageraufgaben und ermitteln, ob es im Wareneingangsprozess bzw. im Warenausgangsprozess Bestände bzw. Lieferungen gibt, die mit der aktuellen Lageraufgabe übereinstimmen. Wenn das der Fall ist, wird das Cross-Docking ausgeführt.

Neben der Implementierung der BAdIs müssen Sie EWM-Opp.CD für jede Lagernummer und für jedes Produkt aktivieren. Die Aktivierung erfolgt über die Zuweisung von Produktgruppen aus dem Lagerproduktstamm. Nachdem Sie neue Produktgruppen für das Cross-Docking angelegt haben, können Sie diese der Lagernummer bzw. den Produkten zuweisen, für die Sie EWM-Opp.CD aktivieren und ausführen wollen.

In den folgenden Abschnitten beschreiben wir EWM-Opp.CD im Detail. Zunächst zeigen wir, welche Varianten des EWM-Opp.CD es gibt, und anschließend erläutern wir, wie Sie EWM-Opp.CD aktivieren und welche Customizing-Einstellungen dazu erforderlich sind.

Varianten des EWM-Opp.CD

Das EWM-Opp.CD kann entweder von der Anlieferung (über die Einlageraufgabe) oder von der Auslieferung (über die Kommissionier-Lageraufgabe) angestoßen werden. In den folgenden Abschnitten beschreiben wir diese beiden Szenarien im Detail.

EWM-Opp.CD im Anlieferungsprozess (CD von Einlager-Lageraufgabe angestoßen)

Wenn Sie Lageraufgaben für eine Anlieferung anlegen, sucht SAP EWM aufgrund der BadI-Implementierung von EWM-Opp.CD nach passenden Lieferpositionen in Auslieferungsaufträgen. SAP EWM prüft, ob Lieferpositionen vorhanden sind, deren Eigenschaften im Hinblick auf Produkt, Charge und Menge passend sind. Wenn SAP EWM keine derartigen Lieferpositionen ermitteln kann, fährt es mit dem Wareneingangsprozess fort und erzeugt kein Cross-Docking. Es werden also die »normalen« Einlageraufgaben angelegt.

Wenn SAP EWM relevante Positionen in Auslieferungsaufträgen ermitteln kann, wird geprüft, ob für diese bereits Kommissionier-Lageraufgaben angelegt worden sind, die dem RF-Umfeld zugeordnet sind. Wenn derartige offene Kommissionier-Lageraufgaben vorhanden sind, storniert SAP EWM diese, ohne das FIFO-Prinzip zu verletzen, und tauscht diese durch neue Cross-Docking-Lageraufgaben aus, indem es der Lieferposition im Warenausgang den Bestand zuordnet, den Sie einlagern wollen. Wenn noch keine Kommissionier-Lageraufgaben für die Lieferposition angelegt worden sind, legt SAP EWM die Cross-Docking-Lageraufgabe direkt an.

Dadurch können Sie den Bestand aus dem Wareneingang kommissionieren und müssen keine Einlagerung durchführen. Wenn der Auslieferungsbestand, den SAP EWM gefunden hat, kleiner als der angelieferte Bestand ist, erzeugt SAP EWM für die restliche Liefermenge eine Lageraufgabe für die Einlagerung.

[»]

EWM-Opp.CD und papierbasierte Kommissionierung

Wenn SAP EWM offene Kommissionier-Lageraufgaben ermittelt, die Sie nur auf Papier bearbeiten, verwendet SAP EWM diese nicht und vermeidet dadurch Dateninkonsistenzen. Wenn Sie z. B. Kommissionier-Lageraufgaben ausdrucken und auf dem Ausdruck quittieren, sichern Sie diese Daten nicht zeitgleich in SAP EWM. Dem SAP-EWM-System liegen in diesem Fall keine aktuellen Daten für den Status der Kommissionier-Lageraufgabe vor, aufgrund derer es einen Cross-Docking-Prozess anstoßen kann.

EWM-Opp.CD im Auslieferungsprozess (CD von Kommissionier-Lageraufgabe angestoßen)

EWM-Opp.CD im Auslieferungsprozess funktioniert fast symmetrisch zum Anlieferungsprozess: Während der Erzeugung von Kommissionier-Lageraufgaben zum Auslieferungsauftrag prüft SAP EWM aufgrund der EWM-Opp.CD-BAdI-Implementierung, ob es im Wareneingang Bestand gibt, der für die Erfüllung der Auslieferungsauftragsposition geeigneter als der Bestand im Lager ist.

Wenn EWM passenden Bestand im Wareneingang gefunden hat, wird geprüft, ob für die Anlieferungen dieses Bestands bereits Einlager-Lageraufgaben erzeugt worden sind, die dem Radio-Frequency-Umfeld zugeordnet sind. Wenn derartige offene Einlager-Lageraufgaben vorhanden sind, storniert EWM diese und erzeugt neue Kommissionier-Lageraufgaben. Das FIFO-Prinzip wird jedoch nicht verletzt. Diese (Cross-Docking-)Lageraufgaben ordnet EWM dem Bestand zu, den Sie einlagern wollen. Dadurch können Sie den Bestand direkt kommissionieren und müssen keine Einlagerung durchführen. Wenn der gefundene Bestand im Wareneingang kleiner als der benötigte Bestand ist, erzeugt SAP EWM für die offene Menge zusätzliche Kommissionier-Lageraufgaben, die sich auf den Bestand im Lager beziehen.

EWM-Opp.CD aktivieren und konfigurieren

Im Folgenden beschreiben wir im Detail, welche Schritte Sie ausführen müssen, um EWM-Opp.CD zu aktivieren:

1. BAdIs implementieren
2. Produktgruppenarten und Produktgruppen erstellen
3. EWM-Opp.CD auf der Lagernummernebene aktivieren
4. EWM-Opp.CD für jedes Lagerprodukt aktivieren
5. Wareneingangszone in die Bestandsfindungsstrategien im Warenausgang aufnehmen
6. EWM-Bestandsfindung pflegen
7. Queue-Findung für die Lageraufgaben aktivieren

BAdIs implementieren

Sie müssen zwei BAdIs aktivieren, um mit EWM-Opp.CD arbeiten zu können. Die beiden BAdIs beinhalten Beispielimplementierungen, die Sie direkt verwenden können.

Das BAdI für EWM-Opp.CD im Anlieferungsprozess können Sie über den folgenden Customizing-Pfad aktivieren: **SCM Extended Warehouse Management • Extended Warehouse Management • Business Add-Ins (BAdIs) für das Extended Warehouse Management • Prozessübergreifende Einstellungen • Cross-Docking (CD) • Opportunistisches Cross-Docking • Opportunistisches Cross-Docking, das EWM anstößt • Opportunistisches Cross-Docking, das EWM anstößt (Eingang) • BAdI: Von der Anlieferung angestoßenen CD-Prozess aktivieren und anpassen**. Sie können die Beispielimplementierung aus der Klasse /SCWM/CL_EI_CD_OPP_INBOUND übernehmen.

Das BAdI für EWM-Opp.CD im Auslieferungsprozess aktivieren Sie über den Customizing-Pfad **SCM Extended Warehouse Management • Extended Warehouse Management • Business Add-Ins (BAdIs) für das Extended Warehouse Management • Prozessübergreifende Einstellungen • Cross-Docking (CD) • Opportunistisches Cross-Docking • Opportunistisches Cross-Docking, das EWM anstößt • Opportunistisches Cross-Docking, das EWM anstößt (Ausgang) • BAdI: Von der Auslieferung angestoßenen CD-Prozess aktivieren und anpassen**; die Klasse der Beispielimplementierung ist /SCWM/CL_EI_CD_OPP_OUTBOUND.

Produktgruppenarten und Produktgruppen erstellen

Um EWM-Opp.CD für Lagernummern und für Produkte ein- und ausschalten zu können, müssen Sie zunächst *Produktgruppenarten* und *Produktgruppen* anlegen. Folgen Sie zum Anlegen der Produktgruppenarten im Customizing dem Pfad **SCM Extended Warehouse Management • SCM-Basis • Stammdaten • Produkt • Produktgruppen • Produktgruppenarten definieren**, und legen Sie eine neue Produktgruppe an, z. B. mit dem Namen CD.

Danach wählen Sie im Customizing den Pfad **SCM Extended Warehouse Management • SCM-Basis • Stammdaten • Produkt • Produktgruppen • Produktgruppen definieren** und legen Produktgruppen an (siehe Abbildung 14.103).

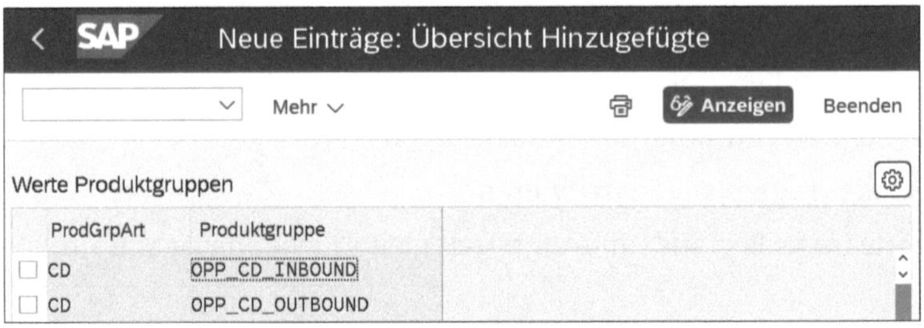

Abbildung 14.103 Produktgruppen für die Aktivierung von EWM-Opp.CD pflegen

EWM-Opp.CD auf der Lagernummernebene aktivieren

Um EWM-Opp.CD auf der Lagernummernebene zu aktivieren, müssen Sie die angelegte Produktgruppenart der Lagernummer zuweisen. Folgen Sie dazu im Customizing dem Pfad **SCM Extended Warehouse Management • Extended Warehouse Management • Prozessübergreifende Einstellungen • Cross-Docking (CD) • Opportunistisches Cross-Docking • Opportunistisches Cross-Docking, das EWM anstößt • Opportunistisches Cross-Docking, das EWM anstößt, aktivieren** (siehe Abbildung 14.104).

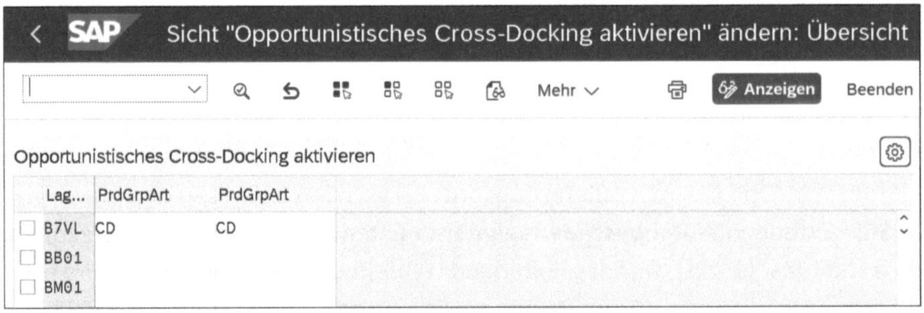

Abbildung 14.104 EWM-Opp.CD je Lagernummer aktivieren

EWM-Opp.CD für jedes Lagerprodukt aktivieren

Nachdem Sie die Produktgruppen angelegt haben, müssen Sie diese den Produkten zuweisen, für die Sie EWM-Opp.CD aktivieren wollen. Dazu starten Sie Transaktion /SAPAPO/MAT1 oder wählen im SAP-Easy-Access-Menü den Pfad **Logistik • SCM Extended Warehouse Management • Extended Warehouse Management • Stammdaten • Produkt • Produkt pflegen**. Geben Sie im Einstiegsbild die Materialnummer ein, und wählen Sie das Kennzeichen **Globale Daten** im Bereich **Sicht**. Wechseln Sie nun auf die Registerkarte **Eigenschaften 2**, und fügen Sie Ihre Produktgruppen hinzu.

> **Produktgruppen pflegen – nur in der APO-Transaktion!**
> Die Produktgruppen können Sie nur der APO-Materialstammpflege zuweisen (Transaktion /SAPAPO/MAT1), nicht aber der Pflege des SAP-EWM-Lagerproduktstamms (Transaktion /SCWM/MAT1).

Wareneingangszone in die Bestandsfindungsstrategien im Warenausgang aufnehmen

Im Falle von EWM-Opp.CD soll für eine Auslieferung auch Bestand aus der Wareneingangszone kommissioniert werden. Das heißt, dass Sie die Lagertypen der Wareneingangszone in die Lagertypsuchreihenfolge zur Auslagerung mit aufnehmen müssen. Folgen Sie dazu im Customizing dem Pfad **SCM Extended Warehouse Management • Extended Warehouse Management • Warenausgangsprozess • Strategien • Lagertyp-Suchreihenfolge für Auslagerung bestimmen**, und fügen Sie die Lagertypen zur Lagertypsuchreihenfolge hinzu.

SAP-EWM-Bestandsfindung pflegen

Wenn Sie EWM-Opp.CD verwenden, wird für eine Auslieferung Bestand aus dem Wareneingang kommissioniert. Dieser Bestand hat die Bestandsart F1, während der Auslieferposition die Bestandsart F2 zugewiesen ist. Das heißt, dass Sie die SAP-EWM-Bestandsfindung implementieren müssen.

Zunächst müssen Sie eine *Bestandsfindungsgruppe* pflegen. Folgen Sie dazu dem Customizing-Pfad **SCM Extended Warehouse Management • Extended Warehouse Management • Prozessübergreifende Einstellungen • Bestandsfindung • Bestandsfindungsgruppen pflegen**, und legen Sie eine neue Bestandsfindungsgruppe an, wie z. B. die Bestandsfindungsgruppe C1 aus Abbildung 14.105. Wählen Sie das für Sie richtige WM-Handling aus (**WM dominiert** oder **Bestandsführung dominiert**).

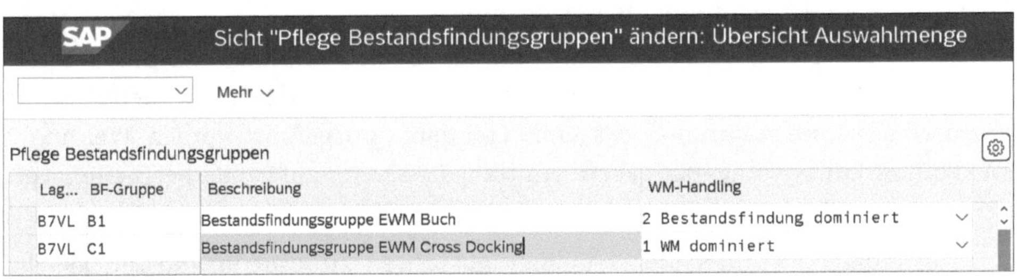

Abbildung 14.105 Bestandsfindungsgruppe für EWM-Opp.CD

Als Nächstes müssen Sie die Bestandsfindung einstellen. Folgen Sie dazu im Customizing dem Pfad **SCM Extended Warehouse Management • Extended Warehouse Ma-**

nagement • Prozessübergreifende Einstellungen • Bestandsfindung • Bestandsfindung einstellen, und legen Sie einen Eintrag an, sodass Sie anstelle von F2-Bestand auch F1-Bestand kommissionieren können (siehe Abbildung 14.106).

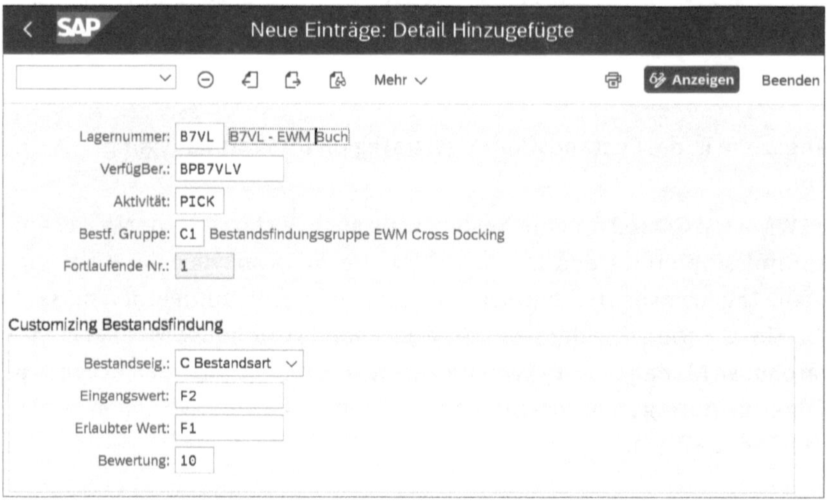

Abbildung 14.106 Bestandsfindung für Auslieferungen zur Unterstützung von EWM-Opp.CD

Die neue Bestandsfindungsgruppe weisen Sie nun Ihren Materialien im Lagerproduktstamm zu. Starten Sie dazu die Transaktion über den Pfad **Extended Warehouse Management • Stammdaten • Produkt • Lagerprodukt pflegen** (Transaktionscode /SCWM/MAT1) im SAP-Easy-Access-Menü. Wechseln Sie in die Sicht **Lagerdaten**, und weisen Sie im Bereich **Auslagerung** die neue Bestandsfindungsgruppe zu.

Mehr Informationen über die SAP-EWM-Bestandsfindung erhalten Sie in Kapitel 5, »Bestandsverwaltung«.

Queue-Findung für Lageraufgaben aktivieren

Offene Lageraufgaben werden als Teil von EWM-Opp.CD storniert und durch Cross-Docking-Lageraufgaben ausgetauscht. Diese offenen Lageraufgaben werden aber nur storniert, wenn sie zusammen mit Radio Frequency ausgeführt werden. Wenn SAP EWM offene Einlager-Lageraufgaben ermittelt, die Sie nur auf Papier bearbeiten, verwendet SAP EWM diese nicht und vermeidet dadurch Dateninkonsistenzen.

Um Lageraufgaben mit Radio Frequency ausführen zu können, müssen Sie die Queue-Findung aktivieren. Rufen Sie dazu über den Customizing-Pfad **SCM Extended Warehouse Management • Extended Warehouse Management • Prozessübergreifende Einstellungen • Ressourcenmanagement • Queues definieren** die drei Aktivitäten **Queues definieren**, **Queue-Findungskriterien definieren** und **Queue-Zugriffsfolgen definieren** auf.

14.9 Post Processing Framework und Formulardruck

In diesem Abschnitt beschreiben wir die Verwendung des *Post Processing Frameworks* (PPF), das in SAP EWM an verschiedenen Stellen genutzt wird. Das Post Processing Framework ist eine Softwarekomponente, die unabhängig von SAP EWM auch in anderen Systemen Anwendung findet. Das Post Processing Framework wurde von SAP entwickelt, um verschiedene Nachrichtenarten zu unterstützen, wie das Drucken von Formularen oder den Versand von E-Mails und Fax-Nachrichten.

SAP EWM nutzt das Post Processing Framework auch, um Folgeaktionen anzustoßen, wie das Erstellen von Lageraufgaben oder das Buchen des Warenein- oder Warenausgangs. Das Post Processing Framework sollten Sie immer dann verwenden, wenn Aktionen im Hintergrund gestartet und verbucht werden sollen oder müssen. Die Transaktion antwortet dadurch schneller, da die Logik, die an das Post Processing Framework ausgelagert wird, im Hintergrund gestartet und in einem anderen Prozess ausgeführt wird. Das heißt, dass sich für den Anwender die Antwortzeit (Performance) des Systems verbessert. Das Post Processing Framework kann auch in Kundenprojekten vom Implementierungspartner verwendet werden. Das heißt, dass neue Aktionen kundenspezifisch hinterlegt werden können.

Historisch gesehen, hat bzw. sollte das Post Processing Framework die SAP- Nachrichtensteuerung von SAP S/4HANA (NACE) ablösen. Die alte Nachrichtensteuerung wurde und wird immer noch in vielen ECC-Komponenten (MM, LE, WM) verwendet, u. a. zum Drucken oder zur IDoc-Verarbeitung. Die neuste Technologie ist das Business Rule Framework plus (BRFplus). Allerdings wurde das BRFplus Framework für die Findungslogik in SAP EWM als auch in SAP S/4HANA noch nicht überall in allen Bereichen und Komponenten integriert. In SAP EWM gibt es sehr viele BAdIs, die Konditionsfindung und das Post Processing Framework. Hier kann das BRFplus nur eingesetzt werden, wenn der Kunde diese Integration selbst entwickelt und den Aufwand investiert, den SAP noch nicht realisiert hat.

Eine zentrale Funktion des Post Processing Frameworks ist das Starten von Aktionen oder Funktionen im Hintergrund (z. B. eines Workflows). Rund um diese Hintergrundverarbeitung bietet das Post Processing Framework zusätzliche Funktionen wie das Verwalten, Einplanen, Starten und Monitoring der Aktionen. Die Flexibilität des Post Processing Frameworks ist eine große Stärke von SAP EWM. Deshalb werden wir die unterschiedlichen Bereiche, in denen das Post Processing Framework verwendet wird, im Detail erläutern.

Das Post Processing Framework ist ein technisches Werkzeug für Entwickler und wird deshalb meist vom IT-Bereich konfiguriert und verwaltet. Endanwender aus dem Fachbereich haben im Arbeitsalltag nur selten mit dem Post Processing Framework zu tun. Meist werden nur die Überwachungsoperationen zum Nachverfolgen der Aktionen ausgeführt. Ein Endanwender pflegt in der Regel Stammdaten oder Konditionen. Dies wird meist in der Konditionstechnik umgesetzt. In der SAP EWM Private Cloud Edition wird weiterhin das Post Processing Framework (PPF) verwendet. In der SAP EWM Public Cloud hingegen kommt das neue Output Management zum Einsatz, das auf der BRFplus-Technologie basiert.

14.9.1 Übersicht über das Post Processing Framework

In diesem Abschnitt möchten wir Ihnen die Grundbegriffe des Post Processing Frameworks erklären. Abbildung 14.107 gibt Ihnen eine Übersicht über die im Zusammenhang mit dem Post Processing Framework verwendeten Objekte.

Eine Anwendung gruppiert alle Aktionen zusammen, die dann in dem jeweiligen Prozess ausgeführt werden können. Die Aktionen, wie das Erstellen von Lageraufgaben, sollten nur zu einem bestimmten Zeitpunkt stattfinden. Zum Beispiel sollten gegebenenfalls Lageraufgaben für die Einlagerung im Wareneingangsprozess nur zu dem Zeitpunkt stattfinden, an dem sich die Ware in der Wareneingangszone befindet und schon als Wareneingang gebucht wurde. Die Geschäftslogik sollte also nur zu einem bestimmten Zeitpunkt eingeplant und gestartet werden. Im Post Processing Framework wird dies durch die Einplanungs- und Startbedingungen sichergestellt.

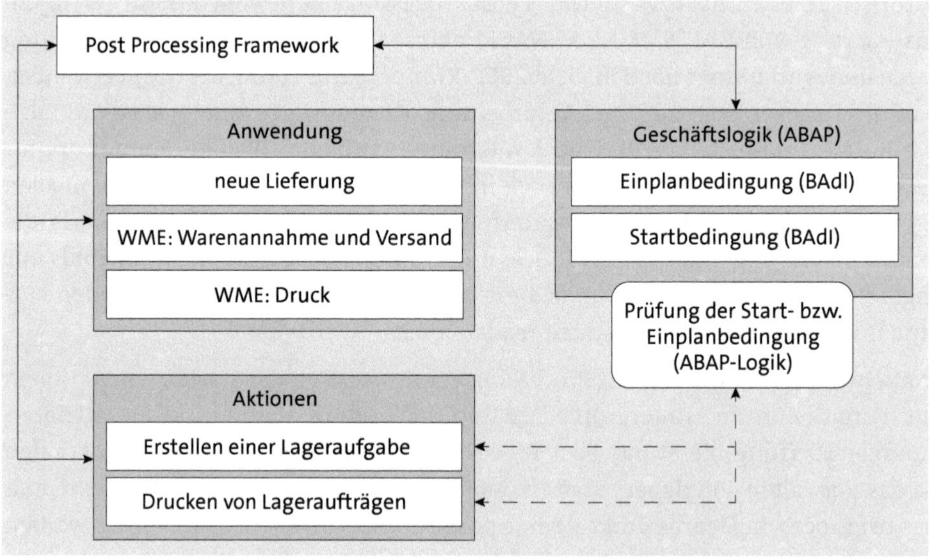

Abbildung 14.107 Übersicht über die für SAP EWM relevanten Objekte im Post Processing Framework

Die verschiedenen Hintergrundoperationen sind im Post Processing Framework bestimmten Bereichen zugeordnet (siehe Abbildung 14.108). Um die Aktionen zu gruppieren, werden Anwendungen verwendet. Das heißt, dass das Post Processing Framework die Aktionen durch die folgenden Anwendungen/Bereiche zusammenfasst:

- **/SCDL/DELIVERY – neue Lieferung**
  Dieser Bereich beinhaltet alle Funktionen für die Fälle, in denen das Hauptobjekt die Lieferung ist. Das heißt, dass Sie hier die Aktionen für die Lageraufgaben erstellen, z. B. die Wareneingangs bzw. die Warenausgangsbuchung oder das Drucken für Lieferungen sowie viele andere Aktionen.
- **/SCWM/SHP_RCV – Warenannahme und Versand**
  An dieser Stelle finden Sie Funktionen für die Fälle, in denen das Hauptobjekt das Tor, die Transporteinheit oder das Fahrzeug ist. Das heißt, dass Sie hier die Aktionen für das Drucken sowie für die Integration zu anderen System im Umfeld von Warenannahme und Versand finden.
- **/SCWM/WME – Warehouse Management Engine**
  Dieser Bereich umfasst die Funktionen für die Fälle, in denen das Hauptobjekt der Lagerauftrag oder die HU ist. Das heißt, dass Sie hier vor allem die Aktionen für das Drucken im Lagerumfeld finden.

Jede dieser Anwendungen beinhaltet Aktionen, die anhand von verschiedenen Bedingungen eingeplant oder gestartet werden. Das Einplanen und/oder das Starten von Aktionen sind im Post Processing Framework voneinander entkoppelt. Wird eine Aktion eingeplant, heißt das nicht, dass sie automatisch gestartet wird. Den Start übernimmt eine weitere Regel (Bedingung) oder der im Hintergrund einzuplanende Report `RSPPFPROCESS`. Dieser Report startet dann die Aktionen. In der Konfiguration der Aktionen stellen Sie sicher, dass die Aktionen nicht mehrmals aufgerufen werden. Ohne eine Startbedingung kann der Zeitpunkt, zu dem eine Aktion ausgeführt wird, nur statisch oder durch den Report periodisch beeinflusst werden.

14.9.2 Administration des Post Processing Frameworks

Um die Administration des Post Processing Frameworks zu starten, führen Sie Transaktion SPPFCADM aus. Diese Transaktion beinhaltet sowohl das Pflegen von Stammdaten als auch das Erstellen von Konfigurationsdaten. Wie es in Abbildung 14.108 zu erkennen ist, sind die verschiedenen Bereiche in SAP EWM als Anwendungen gruppiert.

Jede Anwendung enthält Aktionsprofile, die das Gruppieren von Aktionen und deren zusätzlichen Parametern ermöglichen. Das Aktionsprofil `/SCDL/PRD_IN` der Anwendung **Neue Lieferung** beinhaltet alle Aktionen rund um das Anlieferungsdokument (siehe Abbildung 14.109). Die Aktionsdefinition beschreibt die verschiedenen Aktionen und legt fest, wann diese eingeplant und gestartet werden dürfen. Um eine neue Aktion im PPF-Framework zu erstellen und die bestehenden Aktionen besser zu verstehen, beschreiben wir in den folgenden Abschnitten detailliert die Schritte zum Erstellen einer neuen Aktion.

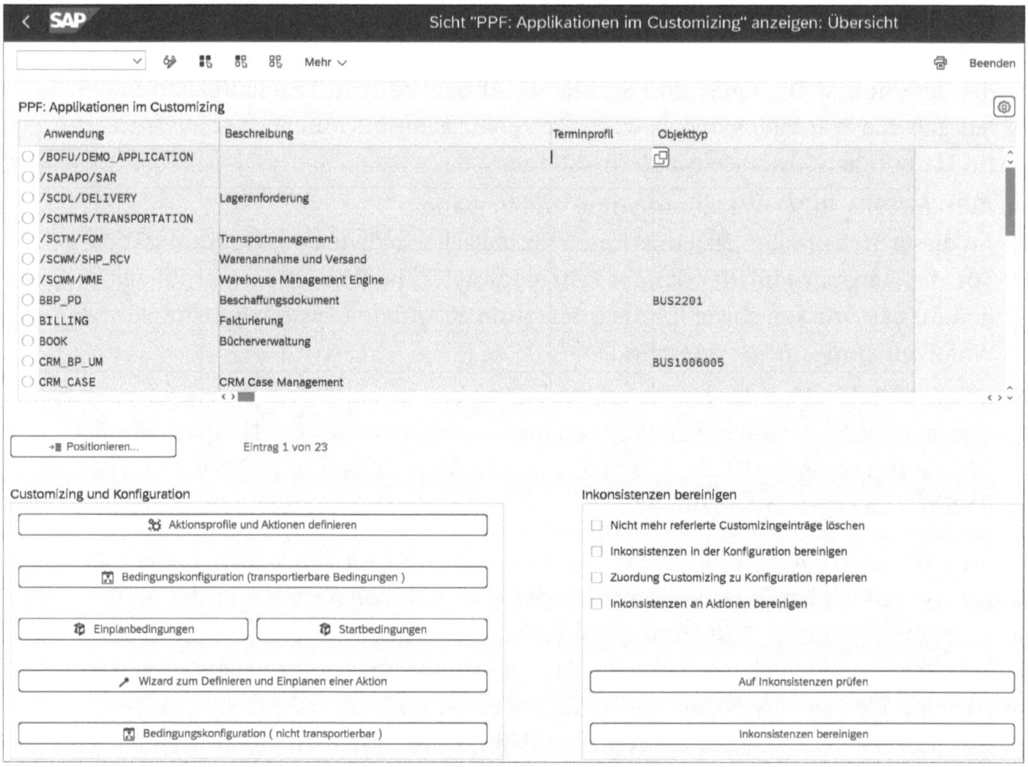

Abbildung 14.108 Administration des Post Processing Frameworks

Aktionsprofile und deren Aktionen definieren

Zum Definieren und Verwalten der PPF-Daten starten Sie Transaktion SPPFCADM. Durch Auswählen der Zeile **Neue Anlieferung** und durch Anklicken der Schaltfläche **Aktionsprofile und Aktionen definieren** sehen Sie die Funktionen, die mit SAP EWM rund um die Lieferungsdokumente zur Verfügung stehen. Für jeden Lieferungsdokumententyp (wie z. B. die Anlieferungsbenachrichtigung, die Anlieferung, die Auslieferungsanforderung, den Auslieferungsauftrag und die Auslieferung) wurde ein eigenes Aktionsprofil definiert. Jedes Mal, wenn eine Anlieferung erstellt, geändert und gespeichert wird, wird geprüft, ob die definierte Aktion Anwendung findet und deshalb eine Aktion eingeplant oder sogar gestartet werden soll. Durch einen Klick auf die Zeile **/SCDL/PRD_IN** und das Auswählen des Ordners **Aktionsdefinition** im linken Menübaum erkennen Sie die Aktionen, die dem Objekt **Anlieferung** über das Aktionsprofil /SCDL/PRD_IN zugeordnet sind (siehe Abbildung 14.109).

Die Aktionsdefinitionen beschreiben die Funktionen, die im Rahmen einer Anlieferung ausgeführt werden können (siehe Abbildung 14.110). Die automatische Erstellung von Lageraufgaben zum Einlagern der Ware wird mithilfe der Aktionsdefinition /SCWM/PRD_IN_TO_CREATE sichergestellt. Auch interessant ist die Aktionsdefinition /SCDL/

MSG_PRD_IN_GR_SEND, die eine Nachricht an SAP S/4HANA sendet, wenn eine Wareneingangsbuchung in SAP EWM verbucht wurde.

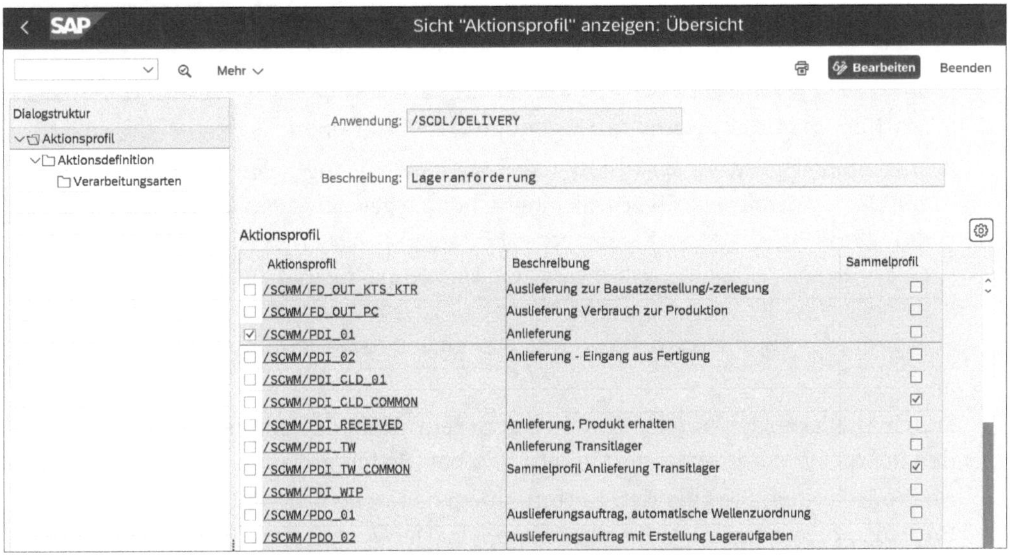

Abbildung 14.109 Lieferungsanwendung und deren Aktionsprofil

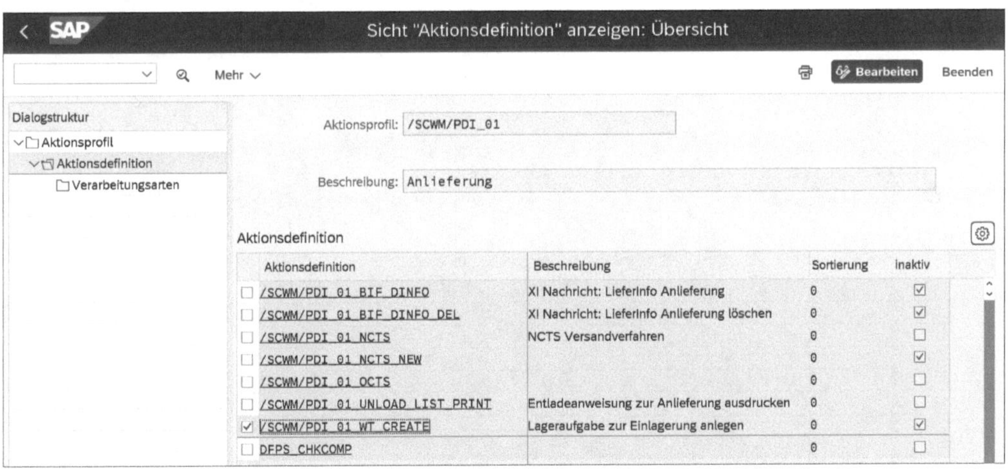

Abbildung 14.110 Anlieferungsprofil und dessen Aktionsdefinitionen

Falls eine Aktion zentral nicht benötigt wird, kann sie mittels des Kennzeichens **inaktiv** deaktiviert werden. Das heißt, falls ein automatisches Erstellen von Lageraufgaben im Wareneingangsprozess nicht erforderlich ist oder nicht gewünscht wird, sollte die Aktion deaktiviert werden.

Die Aktions- und Programmlogik, die für das Erstellen der Lageraufgabe verantwortlich ist, wird in der Unterstruktur **Verarbeitungsarten** definiert. Klicken Sie dazu auf die

Aktionsdefinition /SCWM/PRD_IN_TO_CREATE in der Tabelle und im linken Menübaum auf den Ordner **Verarbeitungsarten**. Dort wird der Aktionsdefinition die Methode /SCWM/TO_CREATE zugeordnet (siehe Abbildung 14.111). Die Methode repräsentiert ein BAdI; d. h., dass Sie dort die Logik einsehen, erweitern oder überschreiben können.

Löschen und Deaktivieren nicht genutzter PPF-Aktionen

Es ist empfehlenswert, alle PPF-Aktionen, die nicht benötigt werden, zu deaktivieren. SAP EWM wird mit einer Standardkonfiguration ausgeliefert – dies bedeutet aber nicht, dass alle PPF-Aktionen im Kundenprojekt erforderlich sind. Dies hängt von den Anforderungen an das Lagerverwaltungssystem ab. Werden Aktionen, wie z. B. das automatische Buchen des Wareneingangs, nicht benötigt, ist es sinnvoll, diese Aktionen zu deaktivieren, um Systemkapazitäten einzusparen und so die Performance zu verbessern.

Durch Anklicken der Wertehilfe neben dem Feld **Methode** können Sie die PPF-Methoden in SAP EWM einsehen, die Sie sehr flexibel wiederverwenden können. Eine neue Methode können Sie über den Button **Anlegen** erstellen. Sie müssen dann in einem BAdI die notwendige ABAP-Logik auskoppeln. Der Vorteil dieser Vorgehensweise ist, dass Sie die Logik auch für andere PPF-Aktionen modular wiederverwenden können (siehe Abbildung 14.111).

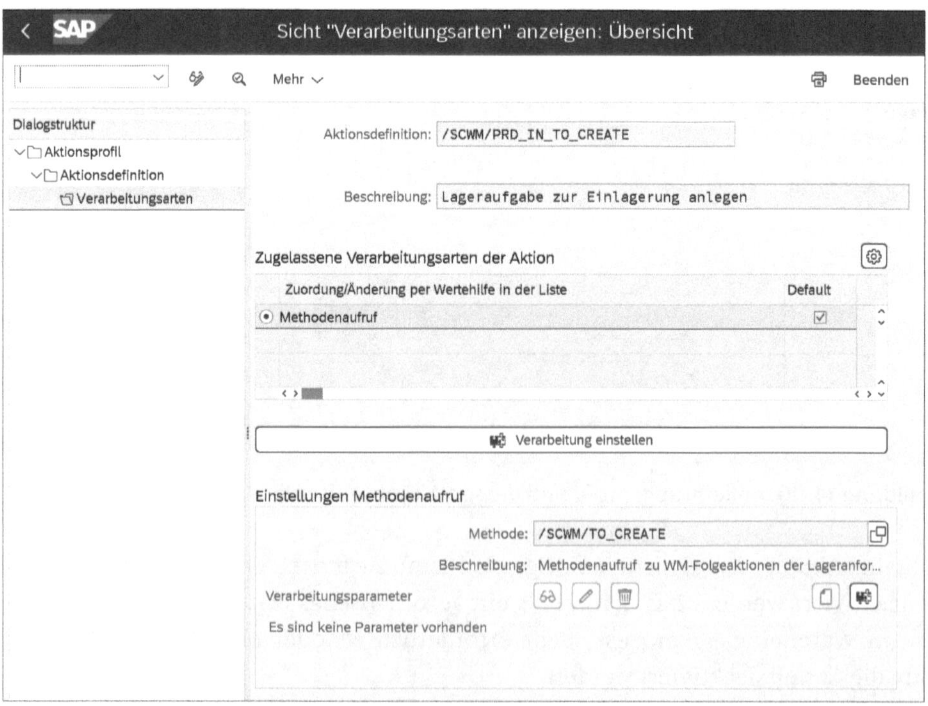

Abbildung 14.111 Aktionsdefinition zum Erstellen von Einlager-Lageraufgaben und deren Methoden

Wiederverwenden von PPF-Methodenaufrufen

Möchten Sie eine neue Regel im Post Processing Framework erstellen, die das automatische Buchen eines Wareneingangs für Anlieferungen übernimmt, ist die Pflege einer neuen Aktionsdefinition mit der PPF-Methode `/SCWM/GM_POSTING` notwendig. Die Aktionsdefinition sollte in dem Aktionsprofil für Anlieferungen (`/SCDL/PRD_IN`) erstellt werden. Die PPF-Methode verweist wiederum auf ein BAdI, das die Verbuchung der Warenbewegung übernimmt.

Falls bereits eine bestehende Aktionsdefinition existiert, die es zu kopieren gilt, um dort z. B. die Einplanungsbedingung zu verändern, ist es auch möglich, die Aktion, wie in Abbildung 14.111 gezeigt, zu kopieren und mit anderen Parametern auszuprägen.

Bedingungskonfiguration des Post Processing Frameworks

Die Definition des Aktionsprofils stellt sicher, dass eine Aktion ausgeführt werden kann. Zu dieser Aktionsdefinition müssen Sie eine Bedingungskonfiguration erstellen, um den Zeitpunkt der Ausführung zu definieren. Die Bedingungskonfiguration des Post Processing Frameworks gibt eine Gesamtübersicht über die PPF-Aktion, abhängig von der ausgewählten Anwendung. Mit einem Klick auf die Schaltfläche **Bedingungskonfiguration** (transportierbare Bedingungen) können Sie die Bedingungen konfigurieren.

Das Programm für die Pflege der Konfiguration unterteilt sich in drei Bereiche. Im linken Bildbereich sehen Sie die Aktionsprofile und im rechten Bereich die Aktionsdefinition, d. h. die verschiedenen Aktionen, die dem Aktionsprofil zugeordnet sind. Im unteren Bereich können Sie die Aktionen konfigurieren. Dort können Sie nochmals definieren, wann die Aktion eingeplant oder wann sie gestartet und welche Methode tatsächlich ausgeführt werden soll. Die Methode führt dann tatsächlich die Logik aus und legt z. B. die Lageraufgaben oder ein Fahrzeug an (siehe Abbildung 14.112).

Mit der Auswahl des Aktionsprofils im oberen Menübaum und dem Auswählen der Aktionsdefinition in der rechten Tabelle können erweiterte Einstellungen vorgenommen werden. Die Konfiguration ermöglicht es, für jede Aktion den Verarbeitungszeitpunkt oder die Einplanungs- und/oder Startbedingung zu definieren.

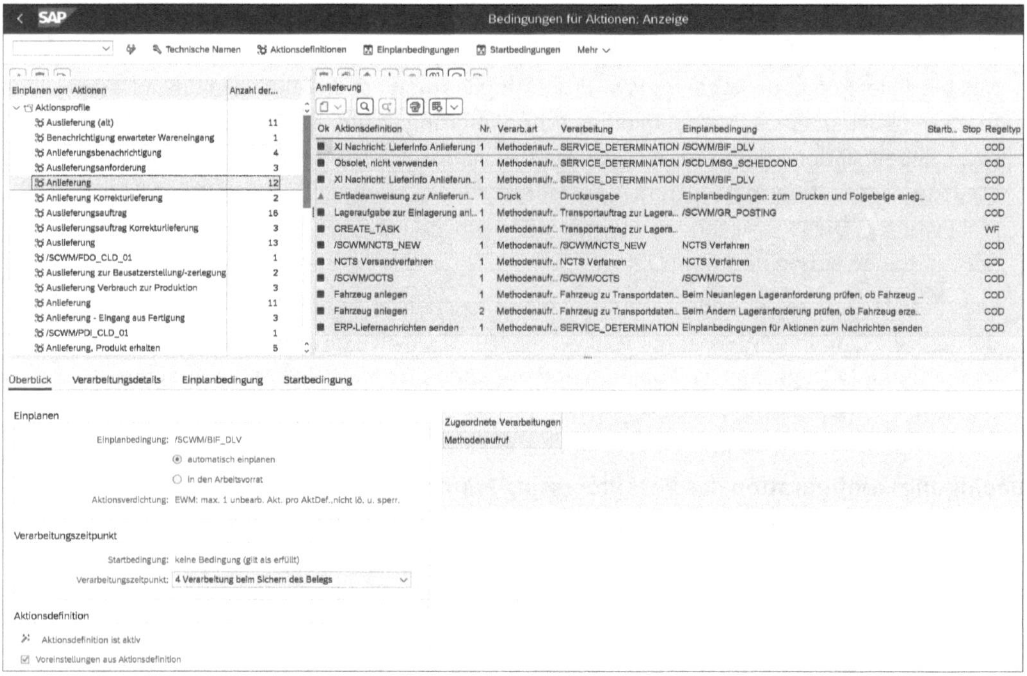

Abbildung 14.112 Post Processing Framework konfigurieren

Verarbeitungszeitpunkt

Im Wareneingangsprozess werden die Lageraufgaben nicht automatisch erstellt. Denn sie werden durch die Standardkonfiguration zwar eingeplant, die Erstellung der Lageraufgabe wird jedoch erst durchgeführt, wenn ein Selektionsreport diese anstößt. Unabhängig davon, dass eine PPF-Aktion eingeplant wurde, kann ein Mitarbeiter die Erstellung der Lageraufgabe trotzdem manuell über Transaktion /SCWM/TODLV_I anstoßen.

Falls eine Erstellung der Lageraufgaben automatisch erwünscht ist, muss der Verarbeitungszeitpunkt von **1. Verarbeitung über Selektionsreport** auf **2. sofortige Verarbeitung** umgestellt werden.

Das Einplanen der Aktion übernimmt die Einplanungsbedingung. Für das Erstellen der Lageraufgaben im Wareneingang wurde keine Startbedingung von SAP EWM definiert. Das Starten der PPF-Aktion wird daher statisch über den Verarbeitungszeitpunkt definiert. Möchte man das Starten der eingeplanten PPF-Aktion dynamisch sicherstellen, kann eine Startbedingung konfiguriert werden.

Falls eine Aktion nur eingeplant ist, aber nicht gestartet wurde, ist es möglich, mit einem Selektionsreport (RSPPFPROCESS) das Starten der Aktionen manuell oder im Hintergrund durch das Einplanen und periodische Ausführen eines Jobs zu organisieren. Der Report kann aber auch manuell gestartet werden. Folgen Sie hierzu im SAP-Easy-

Access-Menü in SAP EWM dem Pfad **Logistik • SCM Extended Warehouse Management • Extended Warehouse Management • Arbeitsvorbereitung • Drucken • SPPFP – PPF-Aktionen anzeigen und verarbeiten**. Alternativ führen Sie den Transaktionscode SPPFP aus. Gegebenenfalls werden Sie den Report benötigen, um ein Reprozessieren einer fehlgeschlagenen PPF-Aktion anzustoßen – falls z. B. der Druck nicht erfolgreich war und die Druckdaten nicht an den SAP-Spool übergeben werden konnten.

Einplanungsbedingung zum Einplanen von PPF-Aktionen

Um das Einplanen einer Aktion dynamisch zu steuern, ist es möglich, eine Einplanungsbedingung zu konfigurieren. Die Logik dazu, wann die Aktion tatsächlich eingeplant wird, wird über ein BAdI und die dazugehörige ABAP-Logik gesteuert. Zum Beispiel wird die Einplanungsbedingung `/SCWM/WHR_IN_YARD` verwendet, um die Aktion einzuplanen, die automatisch Lageraufgaben im Wareneingang erstellt.

Startbedingung zum Starten von PPF-Aktionen

Nachdem eine Aktion eingeplant worden ist, wird geprüft, ob sie auch gestartet werden soll. Startbedingungen werden verwendet, wenn das Starten der Aktion dynamisch gesteuert werden soll. Für das Erstellen von Lageraufgaben wird im SAP-EWM-Standard keine Startbedingung verwendet. 14

Weitere Informationen zum Post Processing Framework

Weitere Informationen zum Post Processing Framework finden Sie im SAP Developer Network (*http://sdn.sap.com*). Dort finden Sie einen Implementierungsleitfaden, der weitere technische Informationen zum Post Processing Framework enthält.

14.9.3 Drucken mit dem Post Processing Framework

Das Post Processing Framework stößt an seine Grenzen, wenn es darum geht, die Anforderungen eines Lagers an das Drucken zu erfüllen: In einem Lager werden meist mehrere Drucker verwendet, weshalb eine Druckerfindung in Abhängigkeit der einzelnen Bereiche sichergestellt sein muss. Darüber hinaus sind weitere Informationen in Form von zusätzlichen Druckparametern, wie der Anzahl der Ausdrucke, dem technischen Namen des Druckprogramms oder der Definition der Drucker-Queue, notwendig. All diese Parameter müssen ebenfalls im System verwaltet werden.

Daher wird der *Formulardruck* in SAP EWM nicht allein über das Post Processing Framework gesteuert. Das Post Processing Framework sorgt zwar dafür, dass der Druck angestoßen wird, um aber die Vielzahl von zusätzlichen Parametern flexibel zu verwalten und so eine Druckerfindung sicherzustellen, wird in SAP EWM zusätzlich die *SAP-Konditionstechnik* verwendet.

Die SAP-Konditionstechnik ist ein hochflexibles Werkzeug, um Parameter aus einem Feldkatalog zur Laufzeit zu vergleichen und um zu entscheiden, ob z. B. ein Druck gestartet werden soll. Zusätzlich können Sie mithilfe der Konditionstechnik Parameter pflegen, die von den SAP-EWM-Programmen zur Laufzeit verwendet werden, wie den Namen des Druckprogramms. Interessant bei der Konditionstechnik ist, dass Sie ohne Entwicklungsaufwand weitere Parameter spezifizieren können und diese dann zur Laufzeit berücksichtigt werden. Hierzu erstellt die Konditionstechnik automatisch und dynamisch im Hintergrund die notwendigen Objekte.

Die Konditionstechnik bietet ihnen die Möglichkeit, die Formular- und/oder Labelfindung sowie die Druckerfindung im System abzubilden. Zusätzlich dazu können sie noch generelle Parameter in weitere Tabellen hinterlegen.

Generell können Spool-Daten in SAP EWM in Abhängigkeit einer Lagernummer hinterlegt werden. Das Pflegen dieser Daten können Sie durch Ausführen von Transaktion /SCWM/60000431 sicherstellen. Sie können die Pflege auch über das SAP-Easy-Access-Menü und dort über den Pfad **Logistik • SCM Extended Warehouse Management • Extended Warehouse Management • Arbeitsvorbereitung • Drucken • Einstellungen • Lagerabhängige Druckparameter pflegen** erreichen. Es ist möglich, unterschiedliche Spool-Daten für die gleiche Lagernummer zu erstellen. So können Sie z. B. direkt ein Ausgabegerät definieren oder festhalten, ob der Druck direkt ausgeführt und wie viele Exemplare gedruckt werden sollen (siehe Abbildung 14.113).

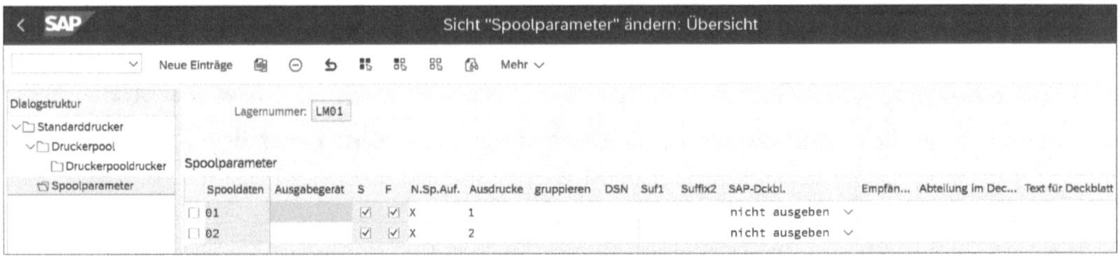

Abbildung 14.113 Lagerspezifische Spool-Parameter pflegen

Diese Spool-Daten können dann auch in die Konditionsfindungstabellen aufgenommen werden (siehe Abbildung 14.114).

Die Konditionstechnik ist flexibel: Wenn es die Parameter schon im SAP-Konditionstechnikkatalog gibt, soll beispielsweise die Kommissionierliste nicht nur abhängig vom Status des Lagerauftrags, des Aktivitätsbereichs oder der Lagerprozessart stattfinden. Sie können weitere Parameter aus dem Feldkatalog übernehmen und dann, abhängig von diesen, z. B. unterschiedliche Kommissionierlisten von SAP EWM drucken lassen. Sie können neue Parameter aufnehmen, müssen dann aber in den BAdIs ABAP-Logik entwickeln, damit diese Parameter auch nutzbar sind.

Wird der Druckprozess automatisiert, wie z. B. beim Verwenden von Materialflussanlagen, muss der Druck dynamisch durchgeführt werden. Das heißt, dass eine Rechnung automatisch immer der richtigen Lieferung oder sogar dem richtigen Paket zugeordnet werden muss. Der tatsächliche Druck wird dann zurückgehalten und vom Materialflusssystem angesteuert. Das Verwenden von Präfixen für den Spool-Namen des Druckauftrags erleichtert diesen Vorgang.

In SAP EWM können Sie für verschiedene Objekte Dokumente drucken, z. B. für die HUs, die Lageraufträge, Inventurdokumente oder LZL-Aufträge. Damit in Abhängigkeit des Dokumententyps zusätzlich lokationsabhängige Parameter berücksichtigt werden können, muss eine Konditionsfindung konfiguriert werden. Dies bedeutet, dass Parameter, die im System hinterlegt werden, dynamisch in Abhängigkeit von den Bewegungsdaten gefunden und verwendet werden müssen.

Wir möchten in diesem Abschnitt anhand des Drucks einer Kommissionierliste die Konditionsfindung exemplarisch beschreiben. Die Kommissionierliste repräsentiert in unserem Beispiel einen Lagerauftrag mit mehreren Lageraufgaben.

Die Konditionsfindungsparameter oder Konditionssätze für Lageraufträge pflegen Sie im System mit Transaktion /SCWM/PRWO6. Die Pflege erreichen Sie auch über das SAP-Easy-Access-Menü und dort über den Pfad **Logistik • SCM Extended Warehouse Management • Extended Warehouse Management • Arbeitsvorbereitung • Drucken • Einstellungen • Konditionssätze für Druck anlegen (Lageraufträge)**. Falls Sie andere Konditionssätze definieren möchten, können Sie auch die zentrale Transaktion /SAPCND/GCM starten. Diese wird dann *nicht* mit Default-Werten (wie durch Transaktion /SCWM/PRWO6 mit Lagerauftragsparametern) vorbelegt.

Zum Pflegen von Konditionssätzen für den Druck von Lageraufträgen müssen Sie die folgenden Werte in der ersten Bildschirmmaske pflegen, bevor Sie die Konditionssätze erfassen und in die Konditionspflege gelangen können:

- Applikation: PWO
- Pflegegruppe: PWO
- Pflegekontext: GCM

In Abbildung 14.114 sehen Sie, welche Felder Sie standardmäßig verwenden können, um das Drucken von Lageraufträgen zu beeinflussen. Die dynamische Konditionstechniktransaktion zeigt diese möglichen Felder in der Baumstruktur an. Durch Markieren des Feldes **Lagernummer** und das Anklicken des Buttons **Paket** oberhalb des Menübaums ist es möglich, nach Konditionssätzen zu suchen, die der definierten Lagernummer entsprechen. Vorteil der Konditionstechnik ist, dass auch weitere Felder hinzugefügt werden können. Falls Sie weitere Parameter zur Konditionsfindung benötigen oder falls Sie dem Druckprogramm zusätzliche Parameter übergeben müssen, können Sie die Konditionstabelle im SAP-Customizing über den Menüpfad **SCM**

Extended Warehouse Management • Extended Warehouse Management • Prozessübergreifende Einstellungen • Konditionstechnik • Feldkatalog anlegen um weitere Felder erweitern. Notwendig ist es auch, Folgeschritte durchzuführen, die Sie in den benachbarten Customizing-Aktivitäten finden.

Reichen die standardmäßig konfigurierten Felder aus, ist die Pflege der richtigen Konditionssätze/-parameter der letzte Schritt, um den Druck einer Kommissionierliste anzustoßen.

Abhängig davon, welches Objekt Sie Drucken, benötigt das System eine Verbindung zwischen der Konditionsart (im Standard 0001 – siehe Abbildung 14.114) und dem jeweiligem Objekt. Falls Sie eine neue Konditionstabelle anlegen, müssen Sie im Customizing das Findungsschema für den Druck anpassen. Für den Lageruftrag müssen Sie z. B. in der Lagerprozessart das neue Findungsschema hinterlegen. Das Findungsschema stellt sicher, dass die Konditionsart gefunden wird. Die Lagerprozessartpflege erreichen Sie im SAP Customizing über den Menüpfad **SCM Extended Warehouse Management • Extended Warehouse Management • Prozessübergreifende Einstellungen • Lageraufgabe • Lagerprozessart definieren.** Hier können Sie auch pro Lagerprozessart eine andere Findung pflegen.

Wie in Abbildung 14.114 dargestellt, ist es möglich, abhängig von einer Lagernummer, einem Aktivitätsbereich, dem Status der Lageraufträge und einer Lagerprozessart, die Druckerfindung zu steuern. Die Findungsparameter ermöglichen es, den Konditionssatz dynamisch zu finden. Die zusätzlichen Parameter, wie das Druckprogramm oder das definierte Druckprofil, das wir vorab der Lagernummer zugeordnet haben, ermöglichen es, den Druckprozess flexibel zu gestalten.

In der Konditionstechniktabelle sind jedoch die Formularbestimmung und die Druckerfindung in einer Zeile hinterlegt, was teilweise in den Projekten nicht ausreichend Flexibilität bietet.

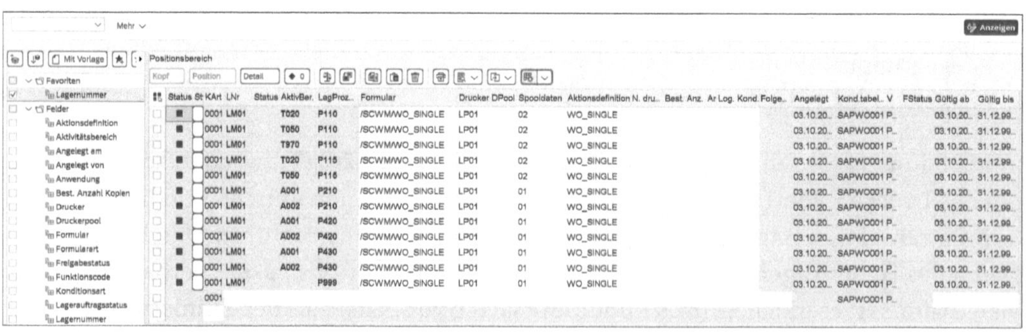

Abbildung 14.114 Konditionsparameter zum Drucken von Lageraufträgen einrichten

14.10 Berechtigungen

Durch eine wirksame Kontrolle der *Berechtigungen* und *Rollen* in SAP EWM wird sichergestellt, dass die richtigen Personen die Aktivitäten, die sie durchführen müssen, um ihre Aufgaben im Lager zu erledigen, diese auch ausführen können.

Es gibt einige Konzepte in SAP S/4HANA EWM, die gleichermaßen in den anderen Bereichen oder sogar in anderen Komponenten eingesetzt werden können. Unter diese Konzepte fallen die Themen *Berechtigungen* und *Archivierung*. Die Archivierung beschreiben wir in Abschnitt 14.11, »Archivierung«. Diese Konzepte werden in SAP EWM zwar unterschiedlich umgesetzt, unterscheiden sich aber nicht im Grundsatz. Aus diesem Grund richten wir unser Augenmerk in diesem und im nächsten Abschnitt auf die Themen, die EWM-spezifisch sind oder die Sie kennen sollten, um Entscheidungen während deren Umsetzung treffen zu können.

14.10.1 Berechtigungen und Rollen

Die Konzepte zur Steuerung von Berechtigungen und Rollen, die in SAP S/4HANA und anderen Komponenten gelten, werden auch in SAP EWM genutzt. Das Berechtigungskonzept steuert nicht nur, auf welche Transaktionen der Anwender zugreifen kann, sondern auch die organisatorischen Ebenen, für die er eine spezifischen Tätigkeit ausführen darf. Diese Steuerung ermöglicht es Ihnen, sicherzustellen, dass jede einzelne Person in der Organisation Zugang zu den erforderlichen Tätigkeiten erhält, um ihre Arbeit auszuführen, aber keine Berechtigung für Tätigkeiten, die nicht zu ihrer Arbeit gehören. Berechtigungen ermöglichen es Ihnen auch, eine angemessene Trennung der Aufgaben in einer Organisation zu gewährleisten. Diese Funktionstrennung ist ein wichtiger Grundsatz im Finanz- und Rechnungswesen in den meisten Ländern.

14.10.2 Berechtigungskonzept

Das Berechtigungswesen wird in SAP-Systemen gesteuert mit:

- Benutzer
- Rollen (Einzelrollen oder Sammelrollen)
- Berechtigungsprofilen (die aus einer Rolle generiert werden können)
- Berechtigungen
- Berechtigungsobjekten
- Berechtigungsfeldern

Im Zusammenspiel bestimmen diese Objekte, welcher Benutzer welche Transaktionen mit welchen Organisationsdaten ausführen kann. Innerhalb einer Transaktion kann das Berechtigungswesen bestimmen, welche Aktivitäten ausgeführt werden dürfen. Diese Objekte können pro Mandant angelegt und auch über das Transportsystem von einem Mandanten in einen anderen Mandanten transportiert werden. Diese Objekte stellen wir Ihnen nun im Detail vor:

- **Benutzername und Benutzerdaten**
  Jedem Benutzer ist im SAP-System ein Benutzername zugeordnet; der Benutzer sollte sich mit seinem eigenen Benutzernamen am SAP-System einloggen, um seine Aktivitäten auszuführen. Der Benutzer bestimmt sein eigenes Passwort und einige andere Daten, die mit seinem Benutzernamen zusammenhängen. Der Systemadministrationsverantwortliche ordnet hingegen benutzerspezifische Daten wie Berechtigungen und Rollen zu.
- **Einzelrollen**
  Eine Rolle erlaubt die Zuweisung von Genehmigungen und Logon-Menüs für mehrere Benutzer, die ähnliche Profile haben. Die Einzelrollen können direkt einer Benutzer-ID zugeordnet werden oder zuerst in einer Sammelrolle vereint und dann dem Benutzer zugeordnet werden.

  Sie können einem Benutzer, der mehrere Tätigkeiten ausübt, auch verschiedene Einzelrollen zuordnen, wenn seine Berechtigung nicht mit anderen Benutzerprofilen übereinstimmt.
- **Sammelrollen**
  Eine Sammelrolle ist eine Bündelung von Einzelrollen und kann einem Benutzer zugeordnet werden. Mit Sammelrollen kann man auf einfache Weise mehrere Einzelrollen vielen Benutzern zuordnen. Auch können so z. B. einem Poweruser mehrere Sammelrollen zugeordnet werden.
- **Berechtigungsprofile**
  Berechtigungsprofile werden für Rollen generiert. Bis das Berechtigungsprofil generiert ist, sind die dem Benutzer zugeordneten Rollen nicht wirksam.
- **Berechtigungen**
  Mit den Berechtigungen können Sie bestimmte Aktivitäten im SAP-System ausführen, basierend auf den Werten der Berechtigungsfelder. Berechtigungen werden dem Anwender durch die Zuweisung von aktiven Rollen übertragen, deren Berechtigungsprofile generiert wurden.
- **Berechtigungsobjekte**
  Ein Berechtigungsobjekt ist eine Sammlung von Feldern, deren Werte gebraucht werden, um die Berechtigungen zu bilden. Berechtigungsobjekte werden benötigt, um, basierend auf einer Kombination aus verschiedenen Konditionen, komplexe Berechtigungen zu checken.

- **Berechtigungsfelder**
  Die Berechtigungsfelder sind die einzelnen Felder, deren Werte während einer Prüfung auf ein Berechtigungsobjekt verwendet werden.

14.10.3 Berechtigungssteuerung in SAP EWM

Der einfachste Weg, um Berechtigungen für Benutzer in SAP EWM zu kontrollieren, wäre, den einzelnen Benutzern eine oder mehrere Einzelrollen zuzuordnen (im folgenden Abschnitt finden Sie eine Liste von SAP-EWM-Rollen, die im Standard mitgeliefert werden). Darüber hinaus ist es möglich, bestimmte Rollen zu Sammelrollen zusammenzufassen, um so individuelle Berechtigungsanforderungen für bestimmte Tätigkeiten in Ihrer Organisation abzudecken.

In diesem Fall sollten Sie am besten eine Standardrolle kopieren und diese anschließend abändern. Wenn Sie eine neue Rolle anlegen oder kopieren, können Sie die Berechtigung auf der Organisationsebene (z. B. auf der Ebene der Lagernummer) oder für bestimmte Werte wie die Lieferart definieren. Danach kann für die neue Berechtigung das Berechtigungsprofil der Rolle zugeordnet werden.

Zusammen mit dem Berechtigungsteam sollten Sie bestimmen, welche Rollen definiert werden sollten, welche Berechtigungen gecheckt werden müssen und an welche Benutzer welche Berechtigungen vergeben werden sollten.

14.10.4 Rollen im SAP-EWM-Standard

Es gibt verschiedene Standardrollen, die mit SAP EWM ausgeliefert werden, die Sie direkt einsetzen oder als Vorlage kopieren können, um eigene Rollen zu erstellen, die den Anforderungen Ihrer Organisation entsprechen. Die in Tabelle 14.6 aufgeführten Rollen sind standardmäßig in SAP EWM enthalten.

Rolle	Beschreibung
/SCWM/SUPERVISOR	EWM: Lagerleiter
/SCWM/EXPERT	EWM: Lagerexperte
/SCWM/INBD_SPECIALIST	EWM: Lagerfachkraft für Wareneingang
/SCWM/OUTBD_SPECIALIST	EWM: Lagerfachkraft für Warenausgang
/SCWM/YARD_SPECIALIST	EWM: Lagerfachkraft für Yard Management
/SCWM/WORKER	EWM: Lagermitarbeiter
/SCWM/SO_CLERK	EWM: Sachbearbeiter Versandbüro

Tabelle 14.6 Rollen im SAP-EWM-Standard

Rolle	Beschreibung
/SCWM/INVENTORY_PLANNER	EWM: Inventurplaner
/SCWM/COUNTER	EWM: Inventurzähler
/SCWM/INFORMATION	EWM: Anzeige von Lagerinformationen
/SCWM/ERP_EWM_INTEGRATION	EWM: SAP-S/4HANA-Integration
/SCWM/LM_PLANNER	EWM: Arbeitsplaner
/SCWM/LM_SPECIALIST	EWM: Lagerfachkraft für das Arbeitsmanagement
/SCWM/ANALYST	EWM: Lageranalyst
/SCWM/IDM_EWM_INTEGRATION	EWM: Identity-Management-Integration
/SCWM/BCV_USER	EWM: Benutzer des Business Context Viewers
/SCWM/WB_ADMINISTRATOR	EWM: Verwalter für die Lagerleistungsabrechnung
/SCWM/WB_SPECIALIST	Fachkraft für die Lagerleistungsabrechnung
/SCWM/DAS_ADMINISTRATOR	EWM: Verwalter für das Dock Appointment Scheduling
/SCWM/DAS_CP_CLERK	EWM: Kontrollpunkt-Sachbearbeiter für das Dock Appointment Scheduling
/SCWM/DAS_EXT_CARR_PLANNER	EWM: Terminplaner für den Frachtführer im Dock Appointment Scheduling
/SCWM/DAS_SPECIALIST	EWM: Fachkraft für das Dock Appointment Scheduling
/SCWM/DAS_TO_EWM_INTEGRATION	EWM: Technische Rolle für die Integration des Dock Appointment Scheduling in EWM
/SCWM/EWM_TO_DAS_INTEGRATION	EWM: Technische Rolle für die Integration von EWM in Dock Appointment Scheduling

Tabelle 14.6 Rollen im SAP-EWM-Standard (Forts.)

Um zu überprüfen, welche Berechtigungen zu einer Rolle gehören, folgen Sie im SAP-Easy-Access-Menü dem Menüpfad **Werkzeuge • Administration • Benutzerpflege • Rollenverwaltung • Rollen**, oder Sie verwenden den Transaktionscode PFCG. Um zu sehen, welche Transaktionen für die Rolle erlaubt sind, wählen Sie den Rollennamen und dann die Registerkarte **Menü** (siehe Abbildung 14.115).

Um die vorhandenen Rollen zu sehen, können Sie entweder die Suchhilfe (Funktionstaste [F4]) im Feld **Rolle** von Transaktion PFCG verwenden, oder Sie können die Reports im Informationssystem benutzen. Zum Beispiel können Sie im Informationssystem mit verschiedenen Selektionskriterien, z. B. den der Rolle zugewiesenen Transaktionen, Rollen suchen. Um zum Informationssystem zu gelangen, folgen Sie dem Menüpfad **Werkzeuge • Administration • Benutzerpflege • Rollenverwaltung • Rollen** im SAP-Easy-Access-Menü, oder Sie verwenden den Transaktionscode S_BCE_68001425.

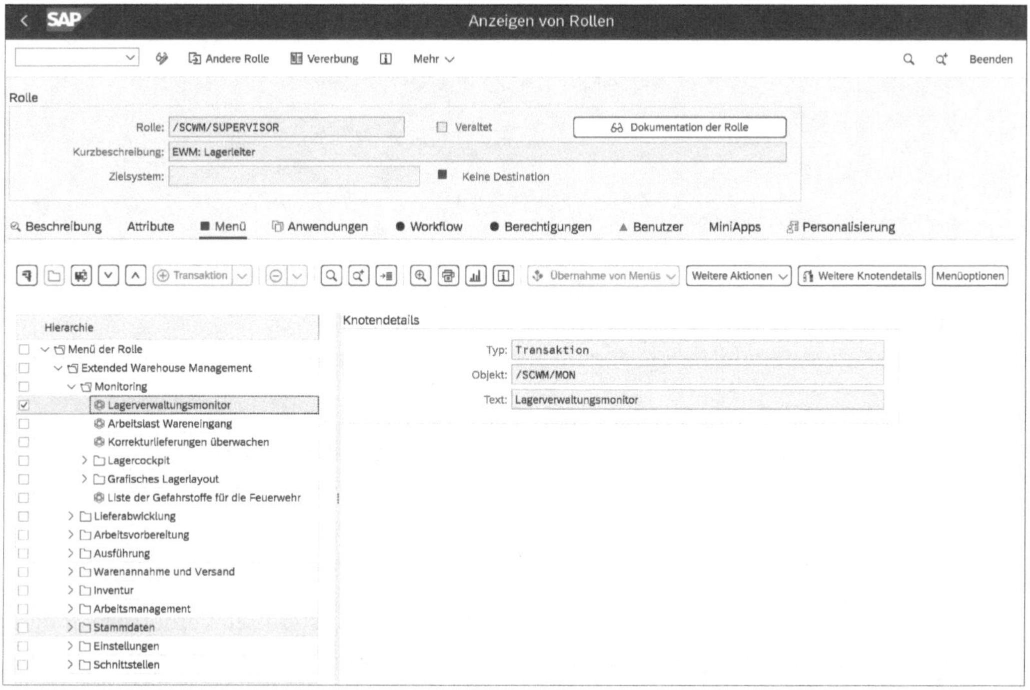

Abbildung 14.115 Registerkarte »Menü« in der Rollenpflege, die die zugeordneten Transaktionen zeigt

Um die detaillierten Berechtigungsdaten einer Rolle anzuzeigen, wählen Sie die Registerkarte **Berechtigungen** und dort den Button **Berechtigungsdaten anzeigen**. Beachten Sie, dass in den Standardrollen keine Zuordnungen von Feldern auf der Organisationsebene vorgenommen worden sind. Somit sollten Sie also zuerst eine Standardrolle kopieren, wenn Sie die Berechtigungen auf der Organisationsebene, wie der Lagernummer, vergeben möchten (siehe Abbildung 14.116).

Die Rollen sind schon vor vielen Jahren erstellt und ausgeliefert worden. In Projekten kann man mit ihnen starten, aber um die Erwartung richtig zu setzen, müssen Sie im Projekt immer eigene Rollen erstellen und diese entsprechend ausprägen.

Spätestens mit der Nutzung von SAP Fiori sind neue Rollen notwendig, um die SAP-Fiori-Apps und Kacheln im SAP Fiori Launchpad sehen zu können.

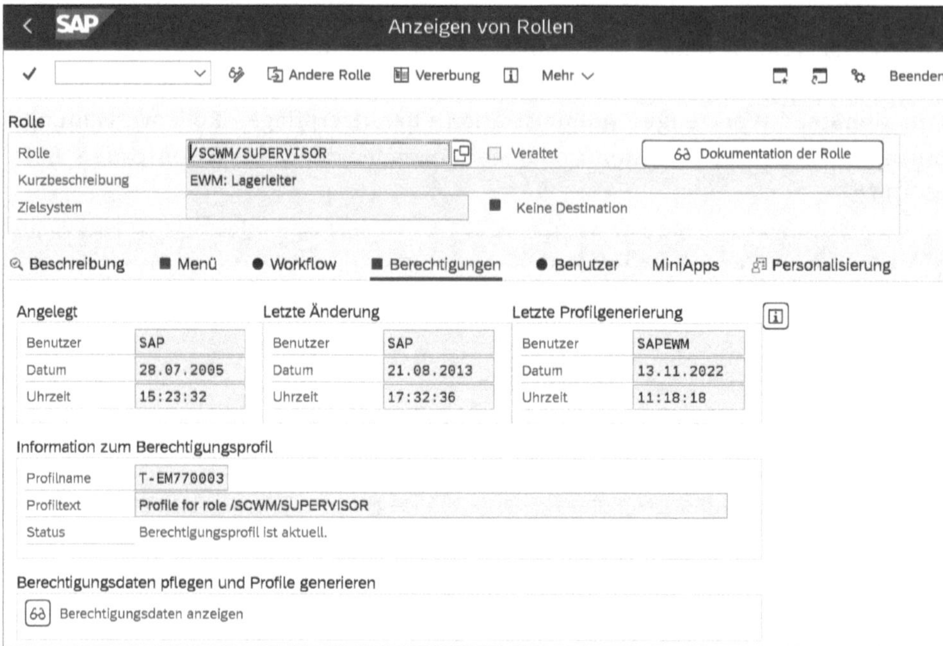

Abbildung 14.116 Registerkarte »Berechtigungen« in der Rollenpflege

14.11 Archivierung

Die *Archivierung* hilft Ihnen dabei, die Leistung eines Systems zu verbessern, indem alte Daten aus dem System entfernt werden und somit Ihr System mit voller Geschwindigkeit arbeiten kann.

Während der Datenarchivierung entfernen Sie Daten aus dem System, die dann von der Datenbank auf ein anderes Medium gespeichert werden, um einen späteren Zugriff zu ermöglichen. Um sicherzustellen, dass alle relevanten Daten aus den richtigen Tabellen weggeschrieben werden, bietet SAP Methoden zur Archivierung der Daten über *Archivierungsobjekte* an. Die Archivierungsobjekte stimmen mit den funktionalen Prozessen und Daten überein.

Zum Archivieren von Objekten müssen Sie drei Schritte ausführen:

1. Zuerst werden die Datenobjekte in einen Archivierungsbestand geschrieben.
2. Dann werden diese Daten aus der Datenbank entfernt.
3. Zuletzt wird die Archivdatei auf einem anderen Datenträger gespeichert, z. B. auf einem Archivierungssystem oder einem Band.

Unter Umständen müssen Sie für die individuellen Objekte vorbereitende Schritte ausführen: Es kann z. B. sein, dass ein Archivierungskennzeichen oder Löschkennzeichen auf das Objekt gesetzt werden muss. Diese Kennzeichen zeigen, welche Datenobjekte für die Archivierung relevant sind. Beispielsweise handelt es sich um Daten zu Lieferungen, deren Lieferdatum überschritten ist. Setzen Sie dazu das Archivierungskennzeichen in Transaktion /SCDL/BO_ARCHIVE. Dort können Sie auch nach Belegtyp und Belegart selektieren. Sie können zu Transaktion /SCDL/BO_ARCHIVE eine Variante anlegen und diese dann zur Vorbereitung einer Archivierung als Job einplanen.

Kopierte Daten archivieren

Daten, die kopiert oder über Schnittstellen in andere Systeme übertragen wurden, werden nicht automatisch über die Archivierungsobjekte archiviert. Diese Daten müssen separat archiviert werden.

In SAP EWM werden mehrere Standardarchivierungsobjekte angeboten. Dazu zählen vor allem Objekte, die üblicherweise für das größte Wachstum der Datenbanken verantwortlich sind, wie z. B. Lageraufträge, Lageraufgaben, Anlieferungsbenachrichtigungen, Auslieferungsanforderungen, Auslieferungsaufträge und LZL-Aufträge. Eine Liste der Standardobjekte finden Sie in der SAP-Online-Hilfe unter *http://help.sap.com* oder über die Suchhilfe im Feld **Archivierungsobjekt** in Transaktion SARA (siehe Abbildung 14.117).

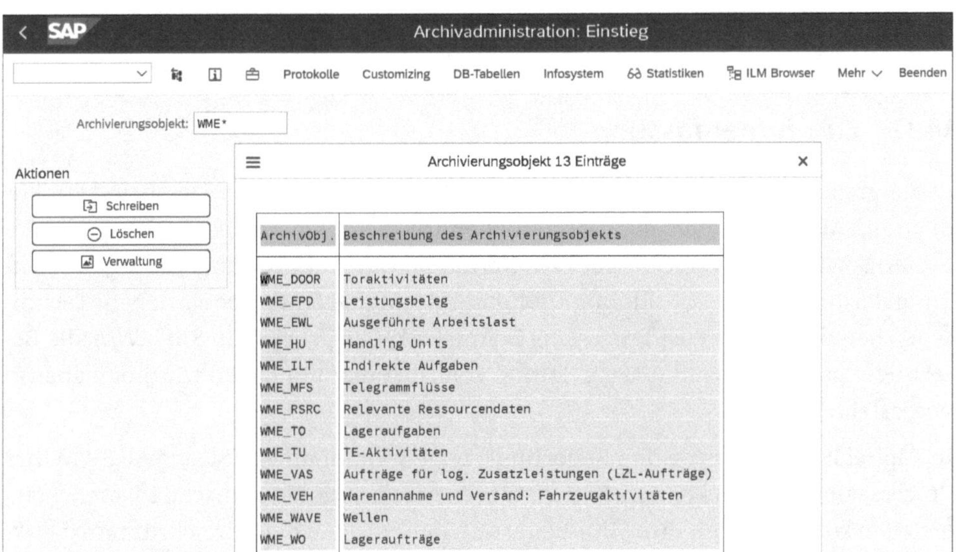

Abbildung 14.117 SAP-EWM-spezifische Archivierungsobjekte

Bei der Implementierung sollten Sie die Lebensdauer der Daten für die einzelnen Objekte bestimmen und auf dieser Basis Ihre Archivierungsstrategie entwickeln, um so eine gute Performance des Systems und eine sichere Ablage alter Daten zu gewährleisten.

Unter Umständen schlägt die Archivierung fehl, da Dokumente inkonsistent sind. Dies ist meist auf Fehler (Bugs) zurückzuführen, die nachträglich über Hinweise korrigiert wurden. Die Projekterfahrung zeigt auch, dass diese Inkonsistenzen auf Kunden-Coding zurückzuführen ist.

Sollte die Archivierung aufgrund von Inkonsistenzen abbrechen, können Sie den Vorgang nicht abschließen. Um die Inkonsistenzen zu beseitigen, empfiehlt sich der Einsatz der Prüfmonitors. Anderenfalls müssen Sie sich mit dem komplexen Datenmodell von SAP EWM auskennen, um diese Inkonsistenzen beseitigen zu können.

Den Prüfmonitor starten sie über Transaktion /SCWM/CHM_PRF. Dieser Monitor kann die Inkonsistenzen anzeigen und diese auch beseitigen (abhängig von Objekt und Inkonsistenz). Es empfiehlt sich, Korrekturreports in dem Check-Monitor zu realisieren, da der Fachbereich den Check-Monitor aufrufen kann, nicht wie bei Kundenprogrammen, die meist eine Anpassung des Berechtigungsmodells nach sich ziehen.

Es stehen Ihnen noch weitere Transaktionen in diesem Umfeld zur Verfügung:

- /SCWM/CHM_CUST, um den Prüfmonitor zu konfigurieren
- /SCWM/CHM_LOG, um das vom Prüfmonitor erstellte Log zu analysieren
- /SCWM/CHM_LOGD, um das vom Prüfmonitor erstellte Log zu löschen

14.12 Zusammenfassung

In diesem Kapitel haben wir Ihnen die bereichsübergreifenden Prozesse und Funktionen in SAP EWM vorgestellt. Hierzu haben wir die Ausnahmebehandlung, die Retouren sowie die Integration zur erweiterten Retourenabwicklung, die logistischen Zusatzleistungen, die Kit-Bildung und das Yard Management beschrieben. Technische Themen wie das Post Processing Framework, das Drucken in SAP EWM, die Berechtigungspflege oder die Archivierung von Dokumenten haben wir Ihnen ebenso vorgestellt.

In Kapitel 15, »Monitoring und Reporting«, zeigen wir Ihnen, wie Sie in SAP EWM Ihre Prozesse überwachen können. Zudem führen wir aus, wie Sie grafische Lagercockpits erstellen können, damit Ihre Mitarbeiter auf Bildschirmen den Fortschritt und die aktuelle Arbeitslast im Lager schnell einsehen können.

Kapitel 15
Monitoring und Reporting

SAP EWM unterstützt Sie mit verschiedenen Werkzeugen des Monitorings und Reportings dabei, die zunehmend komplexer werdenden Lagerprozesse zu steuern und die daraus entstehenden Daten für zukünftige Planungen und Entscheidungen zu nutzen und entsprechend auszuwerten.

15.1 Monitoring und Reporting im Überblick

Insbesondere Lagerprozesse sind heute komplexer denn je, um den stetig wachsenden Kundenanforderungen an Liefergeschwindigkeit und logistischen Services gerecht zu werden. Logistikleiter und Führungskräfte im Lager stehen vor immer größer werdenden Herausforderungen, jederzeit den Überblick über alle Lagerprozesse zu bewahren und dauerhaft zu optimieren. SAP EWM unterstützt Sie dabei mit verschiedenen Tools des Monitorings und Reportings, die Sie in diesem Kapitel kennenlernen. Ziel des Monitorings ist es, einen vollständigen Überblick über die aktuellen Lagerprozesse zu bekommen, um somit die Effizienz und die zugesagten Liefertermine sicherzustellen. Sie erfahren, wie Sie den Fortschritt der Lageraktivitäten überwachen und mithilfe von Methoden steuernd in die Lagerprozesse eingreifen können. Darüber hinaus lernen Sie die verschiedenen Werkzeuge des Reportings kennen, um Lager-KPIs (Key Performance Indicators) zur Auswertung und Planung zu entwickeln und Lagercockpits zur Lager- und Prozessanalyse zu erstellen.

15.1.1 Abgrenzung von Monitoring und Reporting

Zur Auswertung von Unternehmensdaten kann zwischen Monitoring und Reporting unterschieden werden. Im Folgenden definieren wir die beiden Begriffe und stellen die wesentlichen Unterschiede dar.

Das *Monitoring* beschreibt die operative Analyse von Daten, d. h. die Auswertung und Analyse von Daten, die im Tagesgeschäft entstehen, innerhalb einer vorgegebenen Zeitspanne (Echtzeit). Ziel des Monitorings in der Lagerlogistik ist die Echtzeitüberwachung von Lagerprozessen anhand von lagerlogistischen Kennzahlen (KPIs). Bei diesen KPIs handelt es sich um Kennzahlen, die mit Wertebereichen (z. B. Grün für **OK**) verknüpft sind und somit eine schnelle Bewertung des Zustands von Prozessen, z. B. die aktuelle Pick-Leistung in verschiedenen Aktivitätsbereichen, im Lager erlauben.

Die für die Auswertung relevanten Daten liegen direkt in den Datenbanktabellen des operativen Systems, z. B. in SAP EWM, und werden zur Laufzeit der Datenabfrage komplett virtuell, d. h. transient, in analytische Daten in Form von multidimensionalen Datenmodellen umgewandelt. Die Datenauswertung erfolgt somit nahezu zeitgleich mit der Datenverarbeitung. Als Datenbasis werden die Datenstrukturen der Anwendungstabellen des operativen Systems genutzt. Der Fokus liegt hier auf der Datenaktualität. Das heißt, dass der betrachtete Zeitraum typischerweise im Stunden- bzw. Tagebereich liegt.

Durch die Integration der operativen Analysen in das Quellsystem können im Monitoring auf Basis der Ergebnisse der Datenauswertungen direkt operative Prozesse angestoßen oder beeinflusst werden (sogenanntes *Insight-to-Action Prinzip*). Da das Monitoring direkt auf den Daten des operativen Systems aufsetzt, ist eine für analytische Datenabfragen optimierte Datenbank, z. B. SAP HANA, eine wichtige Grundvoraussetzung für performante Analysen.

Das *Reporting* beschreibt die strategische Analyse großer Datenmengen, die in festgelegten Zeitabständen aus den Quellsystemen in separate Data-Warehouse-Strukturen geladen und dort entsprechend den fachlichen Anforderungen transformiert werden. Die Daten liegen nach dem Transformationsprozess in der Regel verdichtet und im Hinblick auf den Auswertungszweck modelliert in multidimensionalen Datenmodellen vor. Das Augenmerk beim Reporting richtet sich auf die Analyse und Darstellung von Entwicklungen in einem Zeitraum von Wochen oder Monaten bis hin zu Jahren.

Ziel des Reportings ist die Auswertung von Unternehmensdaten aus einem langfristigen Zeitraum, um Prognosen zu erstellen und Planungsmodelle aufzubauen. Zudem dient das Reporting zur Überwachung langfristiger Unternehmensziele anhand strategischer Kennzahlen. Ein zentrales Merkmal der strategischen Datenanalyse ist die Auswertung von Daten, die aus verschiedenen Quellsystemen (z. B. SAP S/4HANA und SAP EWM) in einem Data Warehouse wie z. B. SAP BW/4HANA vorliegen.

Auf diese Weise können umfangreiche Auswertungen erstellt werden, bei denen die Daten zwar aus verschiedenen Systemen stammen, aber logisch im Zusammenhang stehen. Ein Beispiel ist die Planung von Bestellmengen unter der Berücksichtigung prognostizierter Umsätze und vorhandener Lagerkapazitäten.

Abbildung 15.1 zeigt die Unterscheidung zwischen Monitoring und Reporting in Bezug auf die Datenbasis. Kurz gefasst: Das Reporting beschäftigt sich vor allem mit strategischen Analysen historisierter Daten (dispositiver Daten), wohingegen das

Monitoring die operative Analyse von aktuellen Daten (operativen Daten) aus dem Quellsystem beschreibt.

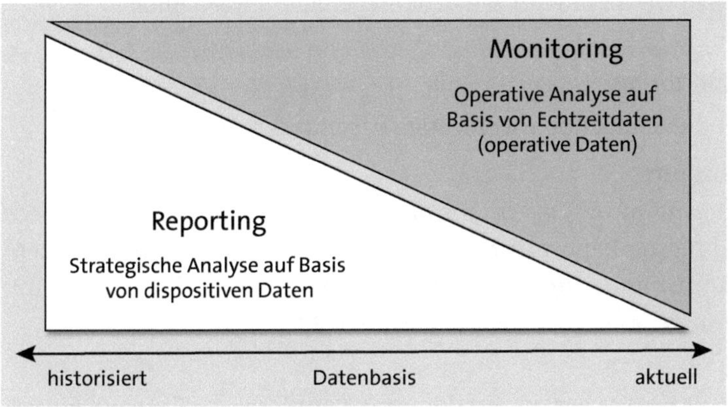

Abbildung 15.1 Unterscheidung zwischen Monitoring und Reporting

Dabei stellt sich die Frage, ob das Monitoring durch die Datentransformation zur Laufzeit und den direkten Zugriff auf Daten aus dem Quellsystem den Einsatz von Data-Warehouse-Strukturen im Reporting obsolet macht. Beide Möglichkeiten der Datenauswertung schließen sich jedoch nicht aus, sondern ergänzen sich vielmehr. Das Monitoring ist kein Ersatz für ein Data Warehouse, sondern komplementiert die strategischen Analysen. Zusammenfassend lässt sich festhalten, dass sich das Reporting in Form der strategischen Datenanalyse vor allem in Szenarien eignet, in denen:

- historische Daten über einen größeren Zeitraum verwendet werden
- Daten aus unterschiedlichen Systemen miteinander verknüpft werden
- Auswertungen von unternehmensübergreifenden Daten in Kombination mit externen Datenquellen durchgeführt werden

Das Monitoring in Form der operativen Datenanalyse spielt in Szenarien, in denen Echtzeitdaten bzw. Daten innerhalb eines kleineren Vergangenheitszeitraums betrachtet werden, durch eine im Vergleich zum Reporting einfachere Logik der Datenmodellierung seine Stärken aus. Durch die Integration der Auswertungen in das operative System können im Monitoring zudem Endanwender auf die Analysen zugreifen und direkt in die operativen Prozesse eingreifen.

15.1.2 Überblick über die verschiedenen Analysewerkzeuge

In der Praxis ist eine strikte Trennung zwischen Monitoring und Reporting nicht immer eindeutig festzulegen. Auch die Zuordnung der für das Monitoring und Reporting zur Verfügung stehenden Werkzeuge ist nicht immer eindeutig möglich. In diesem Abschnitt geben wir Ihnen einen Überblick der verschiedenen Tools, die für das Monitoring und Reporting in SAP EWM zur Verfügung stehen. Im weiteren Verlauf des Kapitels nehmen wir diese Werkzeuge dann genauer in den Blick.

Werkzeuge für das Monitoring

Für das Monitoring sind die folgenden Werkzeuge besonders relevant:

- **Lagerverwaltungsmonitor**
  Der Lagerverwaltungsmonitor (Lagermonitor) in SAP EWM zeichnet sich durch eine Vielzahl vordefinierter Reports für verschiedene Prozesse und Belege als zentrales Steuer- und Kontrollinstrument aus, das darüber hinaus die Zuordnung, Initiierung und Steuerung von Arbeitsabläufen ermöglicht.
- **Lagercockpit**
  Das Lagercockpit in SAP EWM basiert auf dem sogenannten *Easy Graphics Framework*, einem Werkzeug, das die Mittel bereitstellt, um auf einfache Weise Lagercockpits zu konfigurieren. Mit diesen Cockpits können Sie Lagerkennzahlen grafisch anzeigen. Das Lagercockpit dient somit als Ergänzung zum tabellenbasierten Lagermonitor.
- **Grafisches Lagerlayout**
  Das grafische Lagerlayout in SAP EWM stellt das Lagerinnere inklusive der Bestandssituation und Informationen zu den Lagerplätzen und den Ressourcen, die aktuell im Lager arbeiten, als zweidimensionale Grafik dar. Mögliche Stammdatenfehler innerhalb der Lagerstruktur lassen sich somit schnell identifizieren und korrigieren.
- **SAP S/4HANA Embedded Analytics**
  SAP S/4HANA Embedded Analytics (kurz Embedded Analytics) ist ein Werkzeug zur Datenmodellierung und Datenanalyse. Mit Embedded Analytics können Sie Kennzahlen im SAP Fiori Launchpad darstellen und so Informationen und Erkenntnisse aus operativen Daten in Echtzeit ableiten. In SAP EWM gibt es dazu vordefinierten Content in Form sogenannter *CDS-Views*, der für die operative Analyse genutzt werden kann.

Werkzeug für das Reporting

Für das Reporting steht *SAP BW/4HANA* (bzw. dessen Vorgänger SAP BW) als wichtiges Tool zur Verfügung. SAP BW/4HANA ist ein auf SAP HANA basierendes Data-Warehouse-Anwendungspaket, das für die langfristige Speicherung und Zusammenführung von Unternehmensdaten konzipiert ist. SAP EWM stellt vordefinierte DataSources zur Verfügung, um Daten, z. B. die ausgeführte Arbeitslast, logistische Zusatzleistungen oder Lageraufträge, in SAP BW/4HANA zu extrahieren. In SAP BW/4HANA können die übertragenen Daten analysiert werden, um auf Basis der Ergebnisse Geschäftsprognosen abzuleiten, die z. B. für eine Langzeitplanung Ihres benötigten Lagerpersonals notwendig sind.

Werkzeuge für das Monitoring und Reporting

Folgende Tools können sowohl für das Monitoring als auch für das Reporting genutzt werden:

- **SAP Analysis for Microsoft Office**
  SAP Analysis for Microsoft Office ist ein Add-in für Microsoft Excel. Damit tritt es die Nachfolge des SAP Business Explorer Analyzer (kurz BEx Analyzer) an. In SAP Analysis for Microsoft Office können Sie Ad-hoc-Analysen in Excel einfach durchführen. Dafür können u. a. EWM-bezogene Queries aus SAP BW/4HANA und CDS-Views aus SAP S/4HANA Embedded Analytics für die Analyse genutzt werden.
- **SAP Analytics Cloud**
  SAP Analytics Cloud ist ein generisches Werkzeug für die Datenanalyse, die Visualisierung von Kennzahlen und die Verwendung von Planungsfunktionen in einer Cloud-Umgebung. SAP Analytics Cloud ist von SAP als Software-as-a-Service-Lösung (SaaS-Lösung) konzipiert, mit der SAP-, Nicht-SAP-, Cloud- sowie On-Premise-Datenquellen angebunden werden können. Darüber hinaus stehen SAP-EWM-bezogene Queries aus SAP BW/4HANA und CDS-Views aus SAP S/4HANA Embedded Analytics für die Analyse in SAP Analytics Cloud zur Verfügung. Ziel von SAP Analytics Cloud ist es, Anwendern ein Produkt zur Verfügung zu stellen, mit dem Reporting-, Analyse- und Planungslösungen ohne großen Lern- und Programmieraufwand weitgehend autonom aufgebaut und betrieben werden können.

In den folgenden Abschnitten beschreiben wir die verschiedenen Werkzeuge sowie den in SAP EWM zur Verfügung stehenden Content zur Datenanalyse im Detail.

15.2 Lagerverwaltungsmonitor

Der Lagerverwaltungsmonitor (kurz Lagermonitor) ist ein Werkzeug, mit dem Sie sich über die aktuelle Situation im Lager informieren können. Er liefert Informationen zu den verschiedenen Prozessschritten im Wareneingang und Warenausgang, zur Inventur, zum Ressourcen- und Arbeitsmanagement, zu den Lagerbeständen sowie zu den Lageraufträgen und Lageraufgaben.

Der Lagermonitor verfügt zudem über Funktionen zur Alert-Überwachung, die aktuelle und potenziell problematische Situationen im Lager hervorheben, und bietet Methoden zur Durchführung von Korrekturmaßnahmen.

Darüber hinaus lässt er sich flexibel personalisieren, indem eigene Layouts und Reports definiert werden können. In den folgenden Abschnitten stellen wir den Aufbau des Lagermonitors vor und beschreiben, welche Methoden zur Verfügung stehen, um den Lagermonitor entsprechend Ihren Geschäftsanforderungen zu personalisieren.

15.2.1 Grundlagen

SAP liefert im Standard für verschiedene Geschäftsprozesse eine Vielzahl von Reports aus, z. B. stehen im Wareneingang je nach Prozessschritt Reports für die Entladung, die Dekonsolidierung, die Qualitätsprüfung und zur Einlagerung zur Verfügung. Für die Steuerung des Warenausgangsprozesses können Reports für die verschiedenen Prozessschritte inklusive Kommissionierung, Kitting, Verpacken und Beladen genutzt werden. Neben der Selektion und der Darstellung von Prozess- und Belegdaten bietet der Lagermonitor durch *Methoden* (z. B. Quittierung von Lageraufgaben, Änderung der Queue-Zuordnung zu Ressourcen usw.) die Möglichkeit, zentral in den operativen Ablauf einzugreifen.

Der Lagermonitor basiert auf einem Framework (Paket `/SCWM/MONITOR_FRAMEWORK`), das es ermöglicht, modifikationsfreie Anpassungen und Erweiterungen einfach und flexibel am Standardmonitor vorzunehmen. Darüber hinaus haben Sie die Möglichkeit, auf Basis Ihrer Geschäftsanforderungen einen eigenen Lagermonitor mit eigens programmierten Reports und Methoden anzulegen. In den folgenden Abschnitten gehen wir detailliert auf die verschiedenen Anpassungs- und Erweiterungsmöglichkeiten ein.

Den Lagermonitor rufen Sie mit Transaktion /SCWM/MON auf, die Sie im SAP-Easy-Access-Menü in SAP EWM unter dem Punkt **Monitoring** finden. Abbildung 15.2 zeigt den Aufbau und die Struktur des Lagermonitors am Beispiel der Anzeige von Lageraufträgen.

Das Layout des Lagermonitors besteht aus drei Teilbereichen, deren Größe flexibel angepasst werden kann:

❶ **Knotenhierarchiebaum**

Dieser Bereich dient ausschließlich der Navigation und enthält vordefinierte, hierarchisch strukturierte Knoten, die grundsätzlich in prozess- oder belegorientierte Knoten klassifiziert bzw. gruppiert sind. Belegorientierte Knoten enthalten Knoten für verschiedene Objektklassen (Welle, Lagerauftrag, LZL-Auftrag, Route usw.), die Ihnen, abhängig von den Selektionsparametern, Detailinformationen zu den verschiedenen Objekten anzeigen, während prozessorientierte Knoten Detailinformationen zum Prozessschritt in Form von Kennzahlen (z. B. Anzahl der Lageraufträge oder Gesamtgewicht) bereitstellen. Die Knoten können in zwei Arten unterteilt werden:

- *Klassifizierungsknoten* (z. B. Belege) können beleg- oder prozessorientiert sein und gruppieren Unterknoten. Diese Unterknoten können ebenfalls Klassifizierungsknoten sein (z. B. im Hauptklassifizierungsknoten **Belege** der Unterklassifizierungsknoten **LZL-Auftrag**) oder Profilknoten (z. B. **Lagerauftrag**) beinhalten. Klassifizierungsknoten finden Sie als geschlossene Ordner im Hierarchiebaum.
- *Profilknoten* – auch Ausführungs- oder Objektknoten genannt – (z. B. **Lagerauftrag**) werden auf Basis entsprechender Selektionsparameter für die Auswahl von Objekten verwendet und sind als offener Order im Hierarchiebaum zu finden. Profilknoten können beleg- oder prozessorientiert sein und können, analog zu den Klassifizierungsknoten, hierarchisch aufgebaut sein und untergeordnete Profilknoten beinhalten. So ist z. B. dem Profilknoten **Lagerauftrag** der untergeordnete Profilknoten Lageraufgabe zugeordnet. Untergeordnete Profilknoten (Kindknoten) stehen in einem logischen Zusammenhang zu den entsprechenden übergeordneten Profilknoten (Elternknoten). Die Selektionskriterien und die Anzeige der Daten eines Kindknotens hängen logisch von denen des Elternknotens ab. Über den sogenannten *Drilldown* können Sie zu den Objekten im Elternknoten mit dafür vorgesehenen Buttons Objektinformationen der Kindknoten durchführen und sich diese anzeigen lassen.

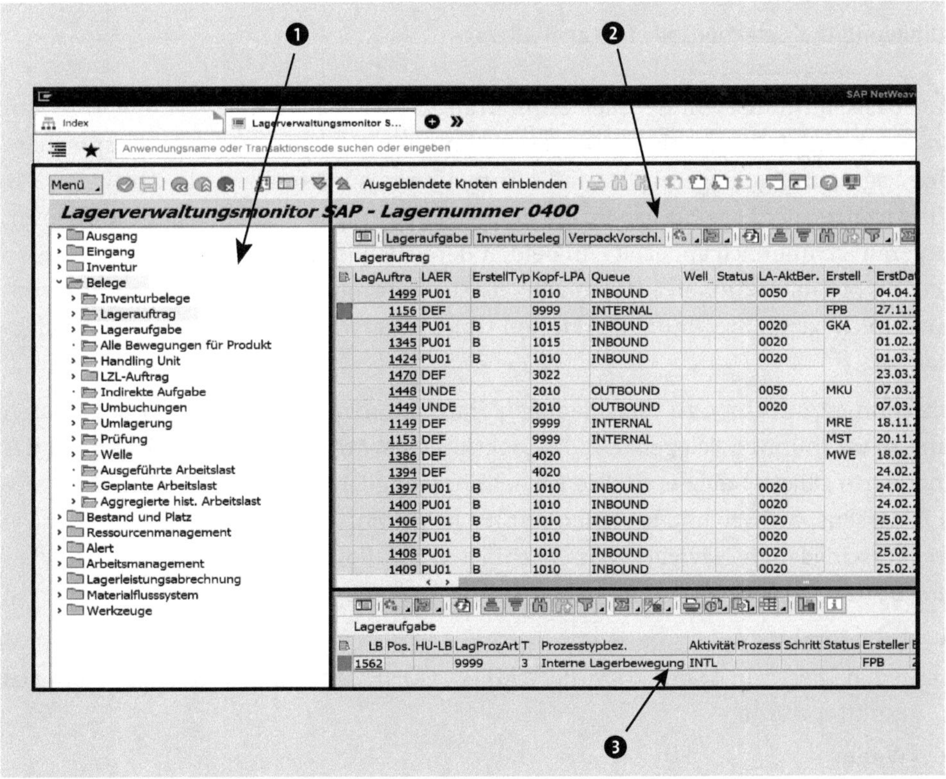

Abbildung 15.2 Aufbau und Struktur des Lagermonitors

❷ Oberer Sichtbereich
In diesem Bereich werden in Abhängigkeit der von Ihnen definierten Selektionsparameter die Objektinformationen zu einem bestimmten Knoten angezeigt.

❸ Unterer Sichtbereich
In diesem Bereich werden Detaildaten zu einem im oberen Sichtbereich markierten Objekt angezeigt.

Zur Eingabe von Selektionsparametern öffnen Sie das Selektionsbild mit einem Doppelklick auf den entsprechenden Profilknoten. Die Selektionsmasken mit den verschiedenen Selektionsparametern sind knoten- bzw. objektspezifisch. Abbildung 15.3 zeigt das Selektionsbild für den Bereich **Lagerauftrag**.

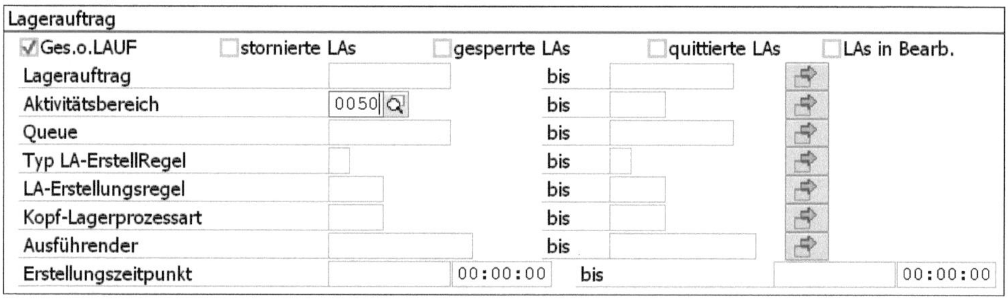

Abbildung 15.3 Selektionsbild für Lageraufträge

Auf Basis der in diesem Beispiel definierten Selektionsparameter (offene Lageraufträge im Aktivitätsbereich 0050) werden im oberen Sichtbereich alle entsprechenden Lageraufträge angezeigt. Detailinformationen zu den einzelnen Objekten (z. B. die Anzeige aller Lageraufgaben, die dem Lagerauftrag zugeordnet sind) werden im unteren Sichtbereich angezeigt. In beiden Bereichen ist es möglich, analog zu vielen SAP-EWM-Transaktionen zwischen der List- und Formularsicht zu wechseln. Je Monitorbereich haben Sie für die markierten Objekte verschiedene Interaktionsmöglichkeiten:

Sie können zum einen zu verschiedenen Transaktionen zur Anzeige von Detaildaten und zu verknüpften Belegen (z. B. Transaktion /SCWM/WAVE – Welle pflegen) für das markierte Objekt navigieren. Die Navigationsmöglichkeiten sind knoten- bzw. objektklassenspezifisch und bestehen nur für Belegknoten. In Abbildung 15.4 sehen Sie die verschiedenen Navigationsmöglichkeiten am Beispiel des Lagerauftrags. Über den Button (**Navigation zu**) haben Sie die folgenden Möglichkeiten:

- **»LA splitten«**
  Sie navigieren in Transaktion /SCWM/TO_CONF zum Lagerauftrag, von dem aus gesplittet wurde.
- **»Welle«**
  Sie navigieren in Transaktion /SCWM/WAVE zur freigegebenen Welle.

- **»Lagerauftrag«**
  Sie navigieren in Transaktion /SCWM/TO_CONF zum Lagerauftrag.

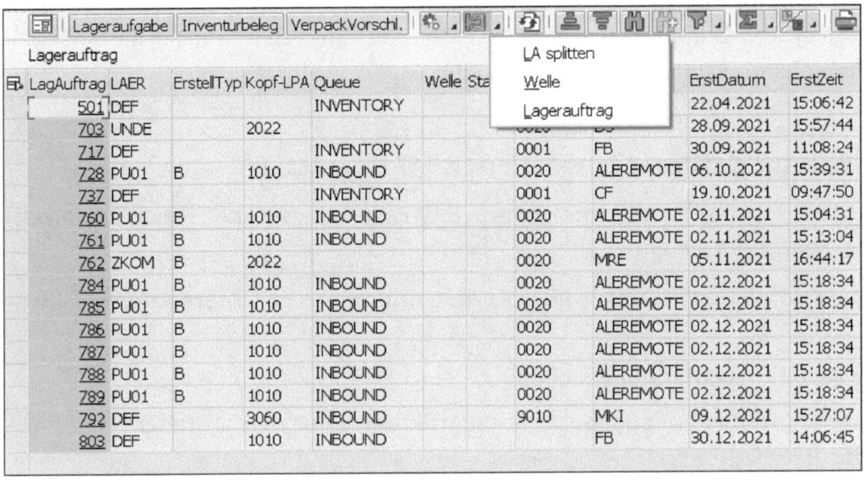

Abbildung 15.4 Navigationsmöglichkeiten für den Lagerauftrag

Zum anderen finden Sie Methoden zur Steuerung und Verwaltung der markierten Objekte. In Abbildung 15.5 sehen Sie verschiedene, zur Verfügung stehende Methoden, um Lageraufträge zu bearbeiten, z. B. das Sperren oder Entsperren, das Stornieren oder das Vereinigen von Lageraufträgen. Diese Methoden können Sie über den Button (**Weitere Methoden**) aufrufen.

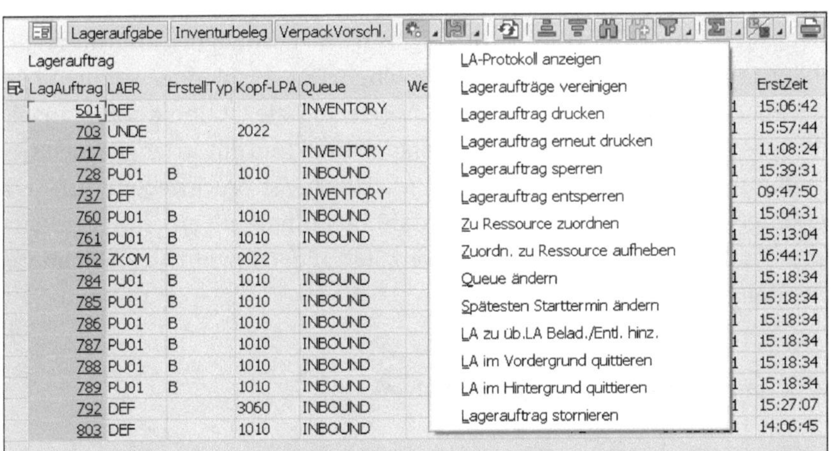

Abbildung 15.5 Beispiele verfügbarer Methoden für Lageraufträge

Darüber hinaus stehen Ihnen die SAP-List-Viewer-Methoden (ALV-Methoden), z. B. die Sortierung, das Filtern, die Layoutverwaltung und das Exportieren von Daten in Office-Anwendungen, zur Verfügung.

Sie können den Lagermonitor flexibel an Ihre Geschäftsanforderungen anpassen. Dabei können Sie einerseits im Customizing einen komplett neuen Lagermonitor mit eigenen Reports und Methoden erstellen oder andererseits den SAP-Standardmonitor in SAP Easy Access anpassen. In den nächsten Abschnitten lernen Sie die verschiedenen Möglichkeiten zur Personalisierung des Lagermonitors kennen.

15.2.2 Anpassungen des Lagermonitors in SAP Easy Access

Für die Anpassung des Standardmonitors in SAP Easy Access stehen Ihnen die folgenden Funktionen zur Verfügung:

- einzelne Knoten und Knotenzweige (Knoten mit mehreren Unterknoten) ausblenden
- eigene Selektionsvarianten erstellen
- Variantenknoten auf der Basis von Standardknoten mit zugeordneter Selektionsvariante erstellen
- benutzerspezifische Auffrischungsintervalle für standardmäßig alle angezeigten Profilknoten sowie für bestimmte Profilknoten ein automatisches Auffrischen festlegen

In den folgenden Abschnitten beschreiben wir die verschiedenen Anpassungs- und Erweiterungsmöglichkeiten im Detail.

Knoten ausblenden

Das Ausblenden von Knoten und Knotenzweigen ist insbesondere dann hilfreich, wenn Anwender nur bestimmte Prozesse überwachen. Das Ausblenden erfolgt über einen rechten Mausklick auf den markierten Knoten und die Option **Knoten ausbl.** (Knoten ausblenden). Die Funktion ist anwenderspezifisch und gilt so lange (auch sitzungsübergreifend), bis dieser Knoten explizit auf die zuvor beschriebene Art und Weise wieder eingeblendet wird. Möchten Sie dennoch innerhalb einer Monitorsitzung auf ausgeblendete Knoten zugreifen, klicken Sie auf den Button **Ausgeblendete Knoten einblenden** (siehe Abbildung 15.6).

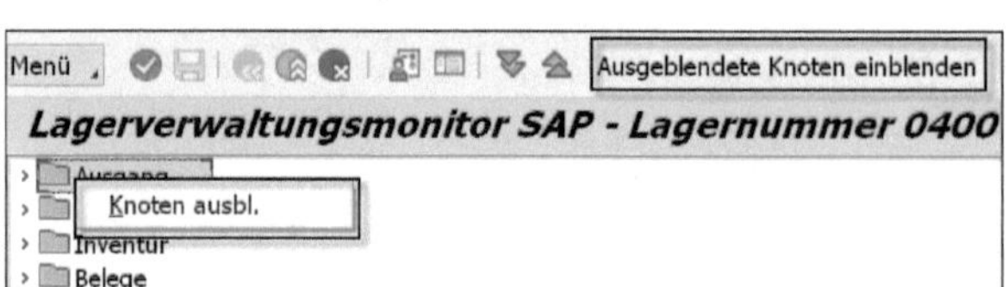

Abbildung 15.6 Monitorknoten ein- und ausblenden

Wenn Sie Knoten anwenderübergreifend ausblenden möchten, müssen Sie die entsprechenden Einstellungen im Customizing vornehmen.

Selektionsvarianten erstellen

Die Arbeit mit Selektionsvarianten spart Zeit bei der Verwendung des Lagermonitors. Das gilt insbesondere dann, wenn Sie für bestimmte Knoten häufig die gleichen Selektionsparameter verwenden. Die verschiedenen Schritte und Möglichkeiten zur Erstellung einer Selektionsvariante stellen wir anhand eines Beispiels dar: Es sollen alle offenen Lageraufträge für den Aktivitätsbereich 0050 angezeigt werden, die in den vergangenen fünf Arbeitstagen erstellt wurden.

Um für dieses Beispiel Selektionsvarianten zu erstellen, gehen Sie folgendermaßen vor:

1. Klicken Sie mit der rechten Maustaste auf den markierten Profilknoten **Lagerauftrag**, und wählen Sie die Option **Selektionskrit. einst.** (Selektionskriterien einstellen), siehe Abbildung 15.7.

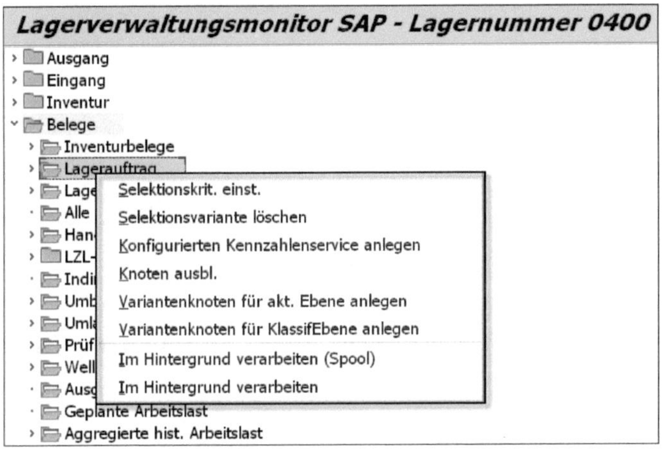

Abbildung 15.7 Selektionsvariante erstellen

2. In Abbildung 15.8 werden die Selektionsparameter **Ges.o.LAUF** (Offene Lageraufträge) und **Aktivitätsbereich** durch die Eingabe der Werte entsprechend spezifiziert.

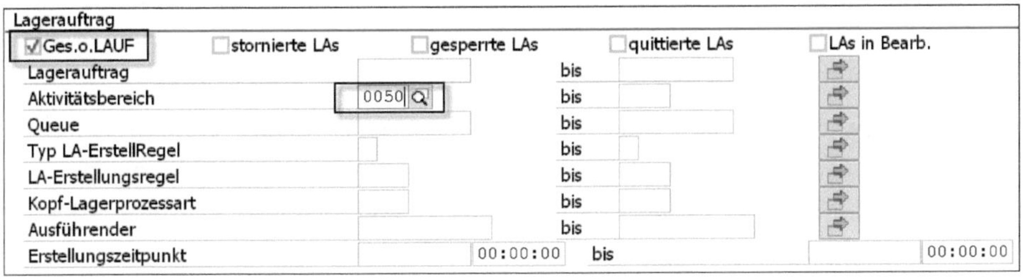

Abbildung 15.8 Selektionsparameter spezifizieren

3. Sichern Sie die Selektionsvariante. Es öffnet sich ein Fenster, in dem Sie den Variantennamen mit Kurzbeschreibung (Feld **Bedeutung**) und optional dynamische

Variantenattribute vergeben können. In unserem Beispiel sollen das **Erstellungsdatum Von** (z. B. ab heute fünf Arbeitstage) und das **Erstellungsdatum Bis** (z. B. das aktuelle Tagesdatum) dynamisch berechnet werden (siehe Abbildung 15.9).

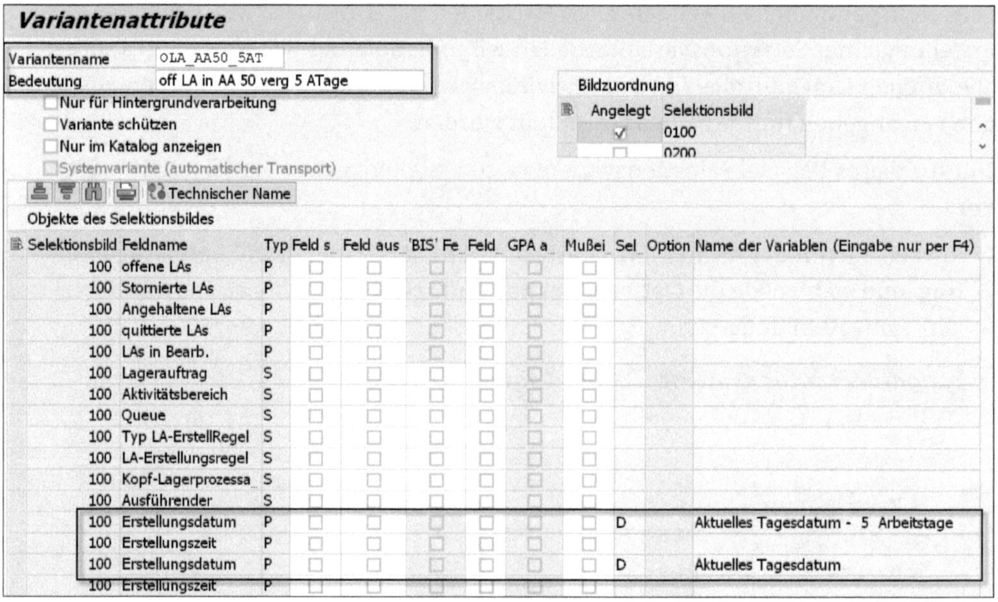

Abbildung 15.9 Dynamische Variantenattribute festlegen

Nachdem Sie die Selektionsvariante gesichert haben, können Sie auf diese Variante über einen Klick auf den Button **Variante holen** zugreifen.

Variantenknoten erstellen

Einen Variantenknoten erstellen Sie, wenn Sie für Profilknoten nur eine Selektionsvariante verwenden. Wir erstellen nun einen exemplarischen Variantenknoten, indem wir den Profilknoten **Lagerauftrag** mit der rechten Maustaste markieren und das Kontextmenü aufrufen. Anschließend wählen Sie dort die Option **Variantenknoten für aktuelle Ebene anlegen**, um den Variantenknoten auf der gleichen Ebene wie den Profilknoten anzulegen.

Die Option **Variantenknoten für Klassifizierungsebene anlegen** wählen Sie, um den Variantenknoten auf der Ebene des Klassifizierungsknotens (z. B. **Belege**) anzuzeigen. Danach ordnen Sie dem Variantenknoten über die rechte Maustaste eine Selektionsvariante zu (siehe Abbildung 15.10).

Mit einem Doppelklick auf den Variantenknoten wird die Selektion auf Basis der Parameter der Selektionsvariante ausgeführt, und die Objekte werden angezeigt. Die Variantenknoten sind ebenfalls anwenderspezifisch.

Möchten Sie neue Knoten erstellen, die anwenderübergreifend sichtbar sein sollen, müssen Sie dazu die entsprechenden Einstellungen im Customizing vornehmen. Diese werden im nächsten Abschnitt näher erläutert.

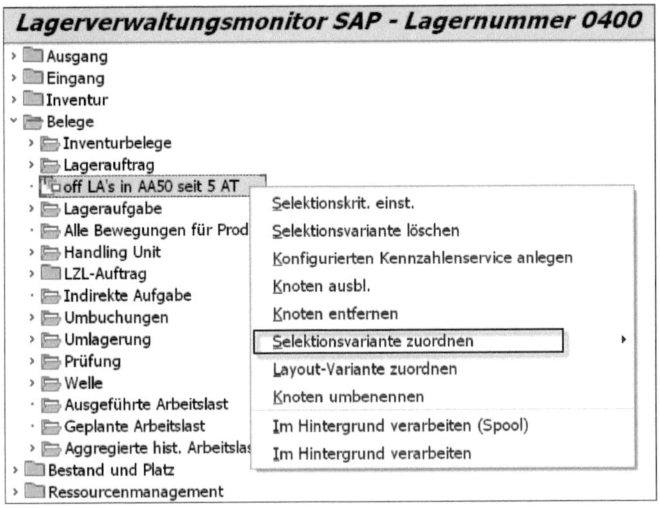

Abbildung 15.10 Selektionsvariante zu Variantenknoten zuordnen

Auffrischungsintervall festlegen

Im Lagermonitor können Sie in den Vorschlagswerten über den Button ein Auffrischungsintervall – das sogenannte *Standardintervall* – in Minuten festlegen, das für alle angezeigten Profilknoten im Lagermonitor gilt. Zusätzlich haben Sie die Möglichkeit, für spezifische Profilknoten über die rechte Maustaste Auffrischungsintervalle ebenfalls in Minuten festzulegen (siehe Abbildung 15.11).

Dabei überschreibt das automatische Auffrischungsintervall für bestimmte Profilknoten das Standardintervall. Ein Profilknoten wird nur dann aktualisiert, wenn Objekte zu diesem Profilknoten auch im rechten Sichtbereich angezeigt werden. Wenn für einen Eltern- und Kindknoten (z. B. **Lagerauftrag** und **Lageraufgabe**) unterschiedliche Auffrischungsintervalle festgelegt wurden, wird das niedrigste Auffrischungsintervall für beide Profilknoten verwendet.

Bei einem Wechsel von der Listen- in die Formularsicht wird das automatische Auffrischen übersprungen und ist erst dann wieder aktiv, wenn Sie zurück in die Listensicht wechseln. Das automatische Auffrischen für einen Elternknoten wird ebenfalls übersprungen, wenn Daten für einen Kindknoten angezeigt werden, es sei denn, alle Zeilen des Elternknotens wurden für den Drilldown ausgewählt. Wenn Sie eine Aktion im Lagermonitor ausführen, z. B. die Monitormethode **LA-Protokoll** anzeigen, wird das Auffrischungsintervall im Profilknoten **Lagerauftrag** erneut gestartet, sobald Sie das Protokoll wieder schließen.

Sobald Sie für einen Profilknoten ein Auffrischungsintervall festgelegt und eine Selektion ausgeführt haben, ist der Button **Auffrischen aussetzen** sichtbar, um das automatische Auffrischen aussetzen zu können. Der Button ändert seine Beschriftung in **Auffrischen aktivieren**, womit Sie die Möglichkeit haben, das automatische Auffrischen wieder zu aktivieren.

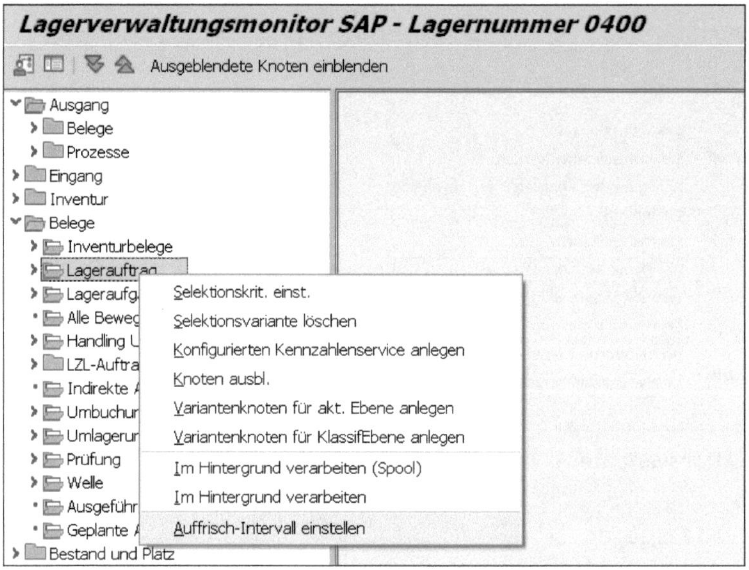

Abbildung 15.11 Knotenspezifisches Auffrischungsintervall festlegen

Je nach Einstellung kann die automatische Auffrischung sehr performanceintensiv sein, insbesondere dann, wenn mehrere Anwender mit dem Lagermonitor arbeiten und die Intervalldauer entsprechend kurz festgelegt wurde. SAP empfiehlt daher nicht die Verwendung des Standardintervalls, sondern die Auffrischungsintervalle nur für bestimmte Profilknoten, je nach Bedarf, vorzunehmen.

15.2.3 Anpassungen des Lagermonitors im Customizing

Für die Anpassung des Standardmonitors im Customizing stehen Ihnen die folgenden Funktionen zur Verfügung:

- eigenen, komplett neuen Monitorbaum durch eine grafische Oberfläche einfach per Drag & Drop erstellen
- eigene Knoten für eigene Objektklassen oder Standardobjektklassen mit Zuordnung eigener Methoden bzw. Standardmethoden erstellen
- eigene Methoden mit Zuweisung zu Standardknoten bzw. zu eigenen Knoten erstellen

In den folgenden Abschnitten beschreiben wir die verschiedenen Anpassungs- und Erweiterungsmöglichkeiten im Detail.

Einen eigenen Monitorbaum erstellen

Im Customizing steht Ihnen ein grafisches Konfigurationswerkzeug zur Verfügung, um den Knotenhierarchiebaum Ihren geschäftsspezifischen Bedürfnissen anzupassen und auf einfache Weise neue Monitorbaumdefinitionen für bestimmte Benutzergruppen zu erstellen. Diese Aktivität führen Sie im SAP-EWM-Customizing über den Pfad **Monitoring • Lagerverwaltungsmonitor • Monitorbaum anpassen** aus (siehe Abbildung 15.12).

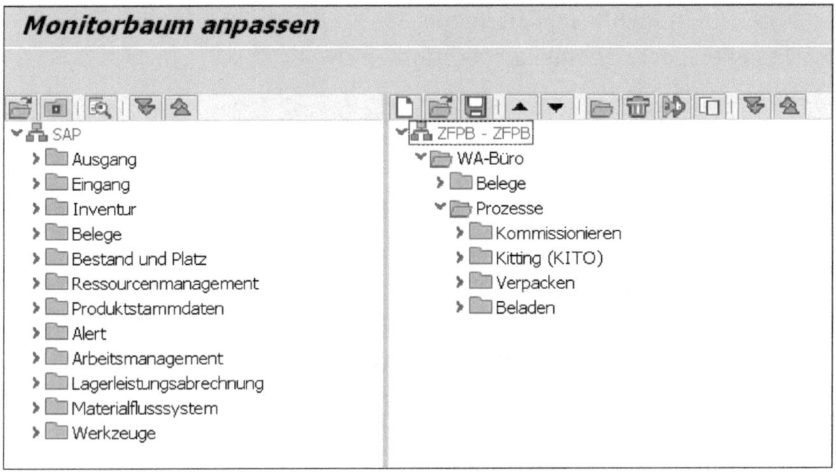

Abbildung 15.12 Monitorbaum im Customizing anpassen

Zunächst erstellen Sie über den Button **Neuer Monitor** einen neuen Lagermonitor und ziehen per Drag & Drop Klassifizierungs- und Objektknoten vom links angezeigten Ausgangsmonitor (dem Standardmonitor von SAP) in Ihren eigenen neuen Lagermonitor rechts herüber. Darüber hinaus haben Sie in dem neuen anpassbaren Monitorbaum rechts die folgenden Möglichkeiten:

- Sie können eigene Klassifizierungsknoten erstellen und bestehende Klassifizierungsknoten umbenennen.
- Sie können Knoten, sowohl Klassifizierungsknoten als auch Eltern- bzw. Kindknoten, löschen.
- Sie können Knoten per Drag & Drop nach unten bzw. nach oben verschieben. Wenn Sie Knoten verschieben, wird geprüft, ob das eingefügte Objekt und der Zielknoten zusammenpassen:

- Ist der Zielknoten ein Klassifizierungsknoten oder der Root-Knoten, ist die Verschiebung des gezogenen Knotens immer erlaubt, egal ob es sich bei dem gezogenen Knoten um einen Klassifizierungs- oder Profilknoten handelt
- Sind beide Knoten – Zielknoten und gezogener Knoten – Profilknoten, wird geprüft, ob der Objekttabellentyp des Zielknotens mit dem Objekttabellentyp des Elternknotens des gezogenen Knotens übereinstimmt. Falls dem so ist, ist die Verschiebung zulässig.

[+]

Erstellung eigener Knoten

Zur Ermittlung der Knotennummer gibt es im Customizing-Punkt **Monitorbaum anpassen** den Button **Knotenschlüssel umschalten**. Die Knotenschlüssel sind insbesondere bei der Definition der Knotenhierarchie erforderlich.

Eigene Profilknoten erstellen

Bisher haben Sie gelernt, wie der Lagermonitor mit den im Standard ausgelieferten Profilknoten an kundenspezifische Anforderungen angepasst werden kann. In diesem Abschnitt wollen wir die Vorgehensweise für die Erstellung eines eigenen Profilknotens beschreiben. Die Definition eigener Profilknoten ist sinnvoll, wenn Sie eigene Reports mit eigenen Selektionsmasken anlegen möchten. Bevor wir die notwendigen Schritte beschreiben, ist es an dieser Stelle angebracht, den technischen Aufbau und die Relationen der Knotenhierarchie kurz zu erläutern.

Der Lagermonitor enthält Knoten für Objektklassen, die sich auf Folgendes beziehen:

- Belege, wie z. B. Lageranforderungen, Lageraufträge, Lageraufgaben und Inventurbelege usw.
- Prozesse, wie z. B. Kommissionierlast je Welle, Ressourcenmanagement usw.
- Alerts, wie z. B. überfällige Wellen, überfällige Lageraufträge usw.

Die Objektklasse definiert Objekte (z. B. WHRO = Auslieferungsauftrag), für die letztlich Knoten und Objektklassenmethoden erstellt werden. Der Objektklasse sind Objektklassenmethoden und Knotenprofile zugeordnet. Die Objektklassenmethoden beinhalten die folgenden wesentliche Merkmale:

- die mit der Methode verbundene Objektklasse
- den Funktionsbaustein, der aufgerufen wird, wenn die Methode im Lagermonitor ausgeführt wird
- die Methodendarstellung, d. h., ob die Methode als Button in der Symbolleiste der Listensicht oder ob die Methode in der Button-Leiste der gesammelten Methoden angezeigt wird

Mit dem Knotenprofil sind wesentliche Merkmale des Knotens festgelegt. Dazu gehören z. B. die dem Knoten verbundene Objektklasse, die Selektionsfunktionsbausteine für die Listen- und Formularsicht, der Objekttabellentyp für die Listensicht, die Objektstruktur für die Formularsicht sowie der Darstellungstext. Die Knoten sind entweder einem Knotenprofil oder einem sogenannten Klassifizierungsknoten zugeordnet. Der Klassifizierungsknoten hat kein Knotenprofil und dient ausschließlich dazu, andere Knoten zu gruppieren. Abbildung 15.13 stellt die zuvor beschriebenen Zuordnungen grafisch dar.

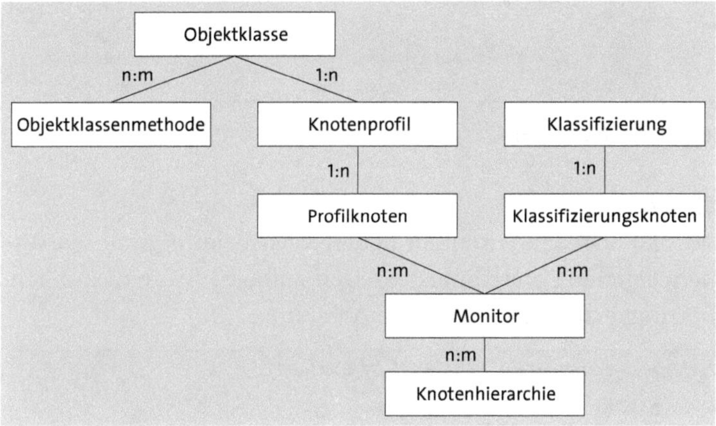

Abbildung 15.13 Zuordnung und Beziehungen der Objekte des Lagermonitors

Im folgenden Beispiel (siehe Abbildung 15.14) soll der neue Klassifizierungsknoten **Warenausgang** auf der obersten Hierarchieebene mit dem zugeordneten Profilknoten **Transporteinheit WA** (Elternknoten) und dem untergeordneten Profilknoten **Zur TE zugeordnete HU (Ausgang)** (Kindknoten) neu erstellt werden.

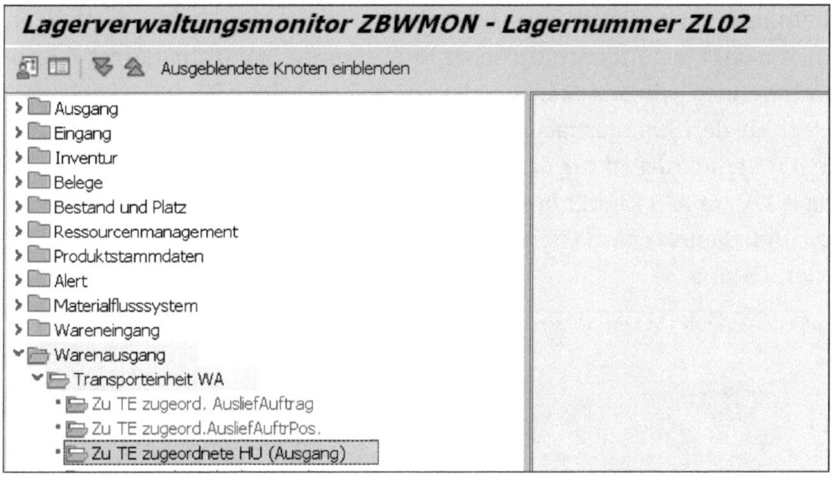

Abbildung 15.14 Beispiel einer Erweiterung des Lagermonitors

Die folgenden Schritte definieren Sie im SAP-EWM-Customizing über den Pfad **Monitoring • Lagerverwaltungsmonitor • Knoten definieren**:

1. **Objektklasse definieren**
   Da wir in unserem Beispiel neuen Methoden erstellen wollen, definieren wir eine kundenspezifische Objektklasse ZWA_TU (siehe Abbildung 15.15).

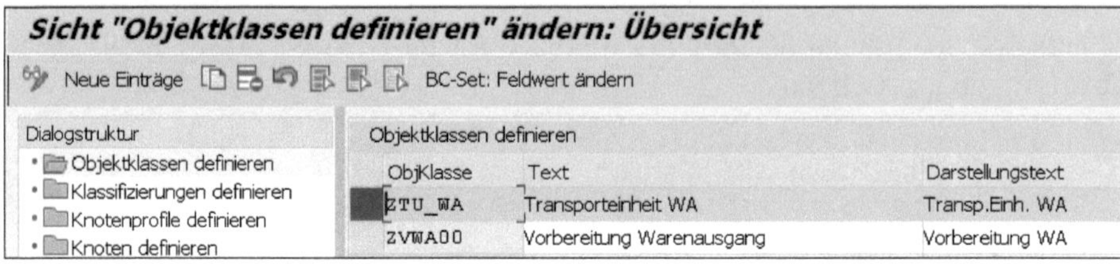

Abbildung 15.15 Objektklasse definieren

2. **Klassifizierung definieren**
   Gemäß unserem Beispiel erstellen wir einen neuen Klassifizierungsknoten **Warenausgang** mit einem eigenen Darstellungstext. Demzufolge muss eine kundenspezifische Klassifizierung erstellt werden (siehe Abbildung 15.16).

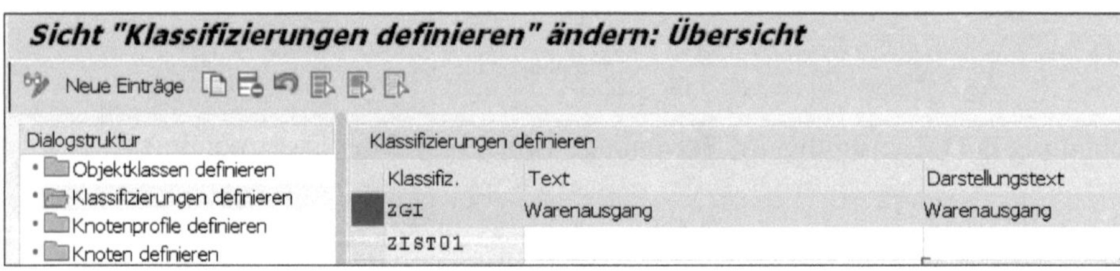

Abbildung 15.16 Klassifizierung definieren

3. **Knotenprofil definieren**
   Da der Elternknoten im Lagermonitor mit einem eigenen Text angezeigt werden soll, definieren wir ein kundenspezifisches Knotenprofil ZWA_TU. In diesem Z-Knotenprofil verwenden wir den Standard-Funktionsbaustein /SCWM/WIP_TU_HDR_OUT für die Selektion, den Standardtabellentyp für die Listensicht /SCWM/TT_WIP_SR_TU_HDR sowie die Standardstruktur der Formularsicht /SCWM/S_WIP_SR_TU_HDR (siehe Abbildung 15.17). Für den Kindknoten wird das Standardknotenprofil SR000006 verwendet, da im Gegensatz zum Elternknoten keine kundenspezifischen Anpassungen erforderlich sind.

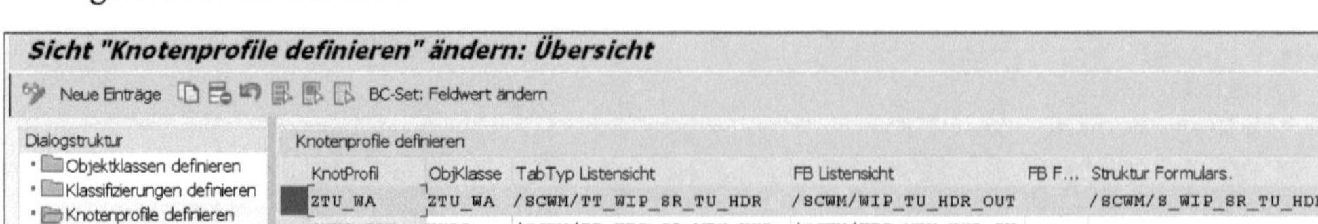

Abbildung 15.17 Knotenprofil für den Elternknoten definieren

4. **Knoten definieren**
   Wie Sie den folgenden Abbildungen entnehmen können, erstellen wir drei Knoten: den Klassifizierungsknoten **Warenausgang** (siehe Abbildung 15.18), den Profilknoten als Elternknoten **Transporteinheit WA** (siehe Abbildung 15.19) mit dem zugeordneten Knotenprofil `ZWA_TU` und den Profilknoten als Kindknoten **Zu TE zugeordnete HU (Ausgang)** (siehe Abbildung 15.20).

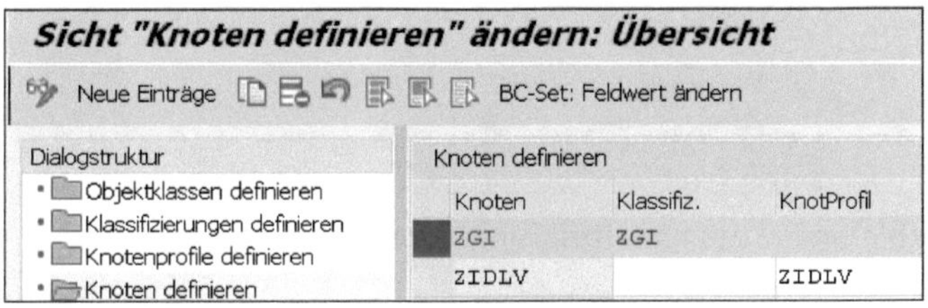

Abbildung 15.18 Klassifizierungsknoten definieren

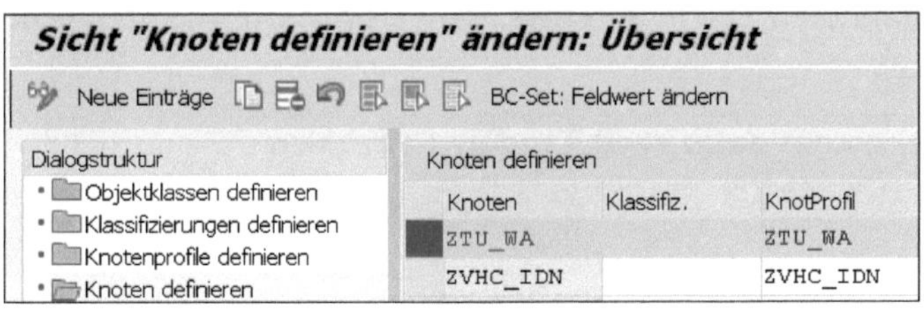

Abbildung 15.19 Profilknoten (Elternknoten) definieren

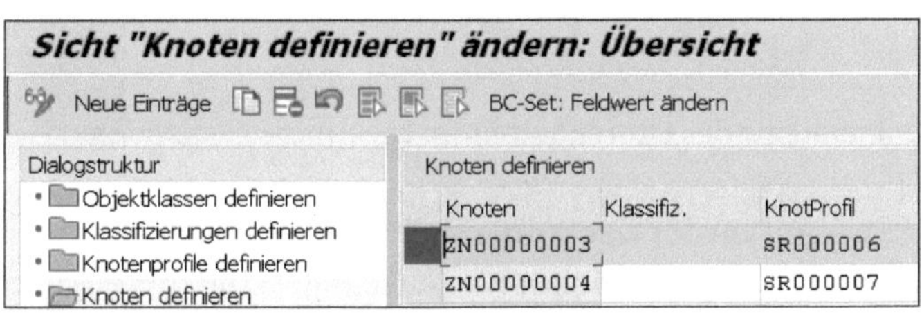

Abbildung 15.20 Profilknoten (Kindknoten) definieren

5. **Knotenhierarchie definieren**
   Die Zuordnung sowie die hierarchische Anordnung der zuvor definierten Knoten definieren Sie im SAP-EWM-Customizing über den Pfad **Monitoring • Lagerverwaltungsmonitor • Monitor definieren**. Hier haben Sie die Möglichkeit, für neue bzw. Standardknoten eigene Monitore anzulegen und die Knotenhierarchie auf der Monitorebene festzulegen. In unserem Beispiel legen wir einen neuen Lagermonitor durch Kopie des Standard-Lagermonitors an und ergänzen diesen um die neuen Knoten, indem wir die Knotenhierarchie entsprechend erweitern. Dabei soll der Klassifizierungsknoten **Warenausgang** im Hierarchiebaum an oberster Stelle (analog dem Standardknoten **Alert**) stehen.

15

Ordnen Sie dazu, wie in Abbildung 15.21 dargestellt, den Klassifizierungsknoten dem Knoten **ROOT** zu, der die oberste Hierarchieebene darstellt.

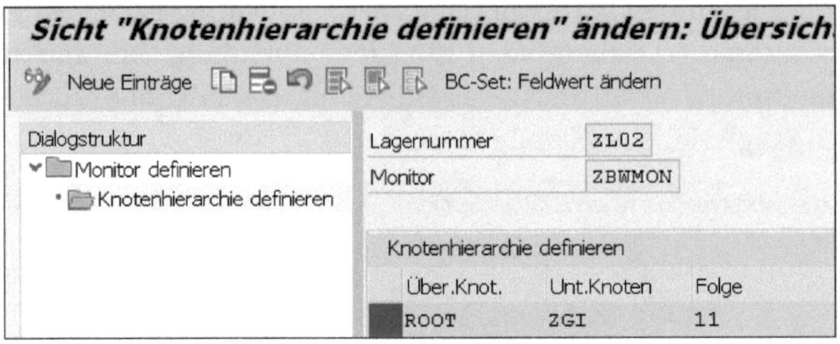

Abbildung 15.21 Knotenhierarchie des Klassifizierungsknotens im Lagermonitor definieren

Danach erfolgt die Definition der Knotenhierarchie zwischen dem Klassifizierungs- und dem Profilknoten `ZWA_TU` (Elternknoten) als nächste Hierarchieebene (siehe Abbildung 15.22).

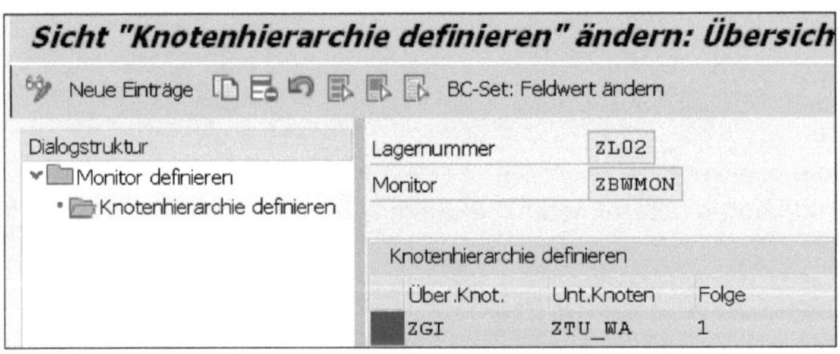

Abbildung 15.22 Knotenhierarchie des Elternknotens im Lagermonitor definieren

Des Weiteren wird eine Definition der Knotenhierarchie zwischen dem Elternknoten und dem Profilknoten **Zu TE zugeordnete HU (Ausgang)** (Kindknoten) vorgenommen (siehe Abbildung 15.23).

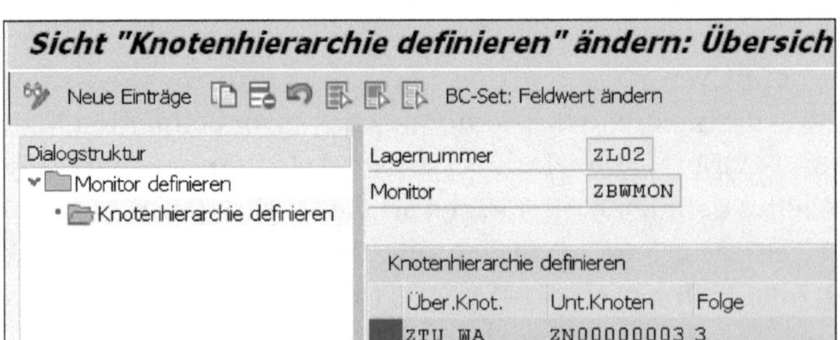

Abbildung 15.23 Knotenhierarchie des Kindknotens im Lagermonitor definieren

[+]

Definition eines neuen Monitors bei der Erstellung eigener Knoten

Bei der Erstellung neuer Knoten empfehlen wir, die Definition eines neuen Monitors zu verwenden. Bei der Definition des neuen Monitors verwenden Sie den von SAP ausgelieferten Lagermonitor als Referenzmonitor.

Eigene Methoden erstellen

Mit den Methoden des Lagermonitors können Sie Lagerobjekte und -prozesse verwalten und steuern. Sie haben über das Lagermonitor-Framework die Möglichkeit, für Objektklassen eigene Methoden zu erstellen.

Implementieren Sie zunächst eine neue Methode in Form eines Funktionsbausteins. Daraufhin weisen Sie diese der entsprechenden Objektklasse im SAP-EWM-Customizing über den Pfad **Monitoring • Lagerverwaltungsmonitor • Objektklassenmethoden Definieren** zu. In der Standardauslieferung sind u. a. die in Tabelle 15.1 vordefinierten Methoden enthalten.

Methode	Objektklasse	Beschreibung
Drucken	HU, Lagerauftrag (LA)	Ermöglicht es Ihnen, HU- oder Lagerauftragsdetails zu drucken.
Ressource ■ anmelden ■ abmelden ■ pflegen ■ Nachricht senden ■ im Hintergrund	Ressource	Ermöglicht Ihnen, eine selektierte Ressource an- bzw. abzumelden, zu pflegen (durch Aufruf von Transaktion /SCWM/RSRC) und für eine oder mehrere Ressourcen eine Nachricht auf das RF-Terminal zu senden.
Quittierung im Vordergrund	Lageraufgabe (LB), Lagerauftrag	Ermöglicht Ihnen, im Vordergrund eine(n) oder mehrere Lageraufgabe(n) oder Lageraufträge zu quittieren (durch Aufruf der Transaktion SCWM/TO_CONF). Quittiert im Hintergrund eine(n) oder mehrere selektierte Lageraufgabe(n) oder Lageraufträge.

Tabelle 15.1 Beispiele von Methoden im Lagermonitor

Methode	Objektklasse	Beschreibung
Wellen ■ freigeben ■ (ent)sperren ■ löschen ■ vereinigen ■ ändern ■ Subsystem	Welle	■ Freigabe einer oder mehrerer selektierter Wellen ■ Status der selektierten Wellen auf **initial** bzw. **angehalten** setzen ■ Löschen: Alle Zuordnungen von Wellenpositionen werden aufgehoben. ■ Vereinigung selektierter Wellen zu einer Welle (die vereinigte Welle erbt ihre Attribute von der ersten Welle). ■ Änderung von Attributen einer selektierten Welle ■ Aktivierung der Lageraufträge und Lageraufgaben, die an ein Subsystem gesendet werden.

Tabelle 15.1 Beispiele von Methoden im Lagermonitor (Forts.)

15.2.4 Nachrichten-Queue-Monitoring im Lagermonitor

Ab Release 9.1 von SAP EWM haben Sie die Möglichkeit, queued-Remote-Function-Call-Meldungen (qRFC-Meldungen) in Nachrichten-Queues in SAP EWM sowie qRFC-Meldungen in Nachrichten-Queues zwischen SAP EWM und SAP ERP anzuzeigen. Dafür sowie zu deren Bearbeitung steht der Knoten **Nachrichten-Queue** des Lagermonitors zur Verfügung.

Die Nachrichten-Queues können lagernummernspezifisch oder aus unterschiedlichen Lagernummern ausgewählt und angezeigt werden. Auf diese Weise können Sie Nachrichten erkennen, die nicht wie erwartet verarbeitet wurden, und die nötigen Schritte durchführen, um das Problem zu beheben. Anschließend können Sie die Nachrichten-Queues im Lagermonitor neu starten.

Abbildung 15.24 stellt fehlerhafte qRFC-Meldungen und die im Standard vorhandenen Monitormethoden zur Bearbeitung dar.

SAP liefert die gebräuchlichsten Nachrichten-Queues mit dem Lagermonitor aus, Sie können jedoch auch eigene Nachrichten-Queue-Gruppen anlegen, um die für Ihr Lager benötigten Nachrichten-Queues zu überwachen. Dazu definieren Sie die entsprechenden Nachrichten-Queues im Customizing neu und ordnen diese gegebenenfalls einer kundenspezifischen Nachrichten-Queue-Gruppe zu.

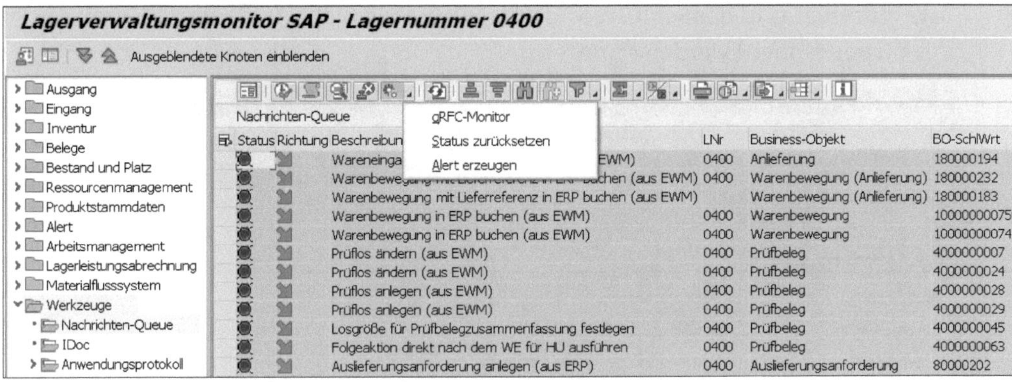

Abbildung 15.24 qRFC-Meldungen im Lagermonitor anzeigen und bearbeiten

Im Wesentlichen gibt es zwei Anwendungsbeispiele für die Neudefinition von Nachrichten-Queues, die wir im Folgenden erläutern:

- die Beschreibung einer Nachrichten-Queue kundenspezifisch ändern
- kundenspezifische Nachrichten-Queues anlegen, die nicht in den von SAP ausgelieferten Nachrichten-Queues enthalten sind

Im ersten Anwendungsfall möchten Sie z. B. in der Queue-Beschreibung den Begriff »Anlieferungsbenachrichtigung« durch den Begriff »Anlieferprozess« ersetzen. Dazu kopieren Sie im Customizing die ursprüngliche Nachrichten-Queue-Definition (Transaktion /SCWM/DI01 – Anlieferungsbenachrichtigung) und legen eine eigene Queue-Monitoring-Definition fest (siehe Abbildung 15.25).

Anschließend wählen Sie im Feld **Beziehungstyp** den Wert **R – Neudefinition der Queue-Definition**. Der Beziehungstyp legt die Beziehung zwischen zwei Nachrichten-Queue-Definitionen fest, also zwischen der Neudefinition und der originalen Nachrichten-Queue-Definition. Anschließend erfassen Sie eine eigene Beschreibung (z. B. Anlieferprozess) und weisen im Feld **Original Queue-Definition** die entsprechende originale Nachrichten-Queue-Definition (z. B. Transaktion /SCWM/D003 – Anlieferungsbenachrichtigung anlegen [aus ERP]) zu.

Im zweiten Anwendungsfall möchten Sie z. B. eine kundenspezifische qRFC-Nachricht zur Übertragung von Transporteinheiten-Informationen zwischen SAP EWM und einem externen Transportsystem im Lagermonitor überwachen.

Dazu legen Sie im Customizing ebenfalls eine eigene Queue-Monitoring-Definition an. In diesem Fall lassen Sie jedoch das Feld **Beziehungstyp** leer, da Sie keine andere Nachrichten-Queue zur Neudefinition benötigen. Anschließend tragen Sie den zuvor entwickelten qRFC-Funktionsbaustein, in dem der Geschäftsprozess ausgeführt wird, sowie die Klasse für die Nachrichten-Queue-Definition ein. In dieser Klasse wird der Inhalt der Nachrichten-Queue ausgewertet, und wesentliche Geschäftsdaten wie die

Lagernummer und der Schlüsselwert des Business-Objekts (z. B. die TE-Nummer; TE = Transporteinheit) werden ermittelt.

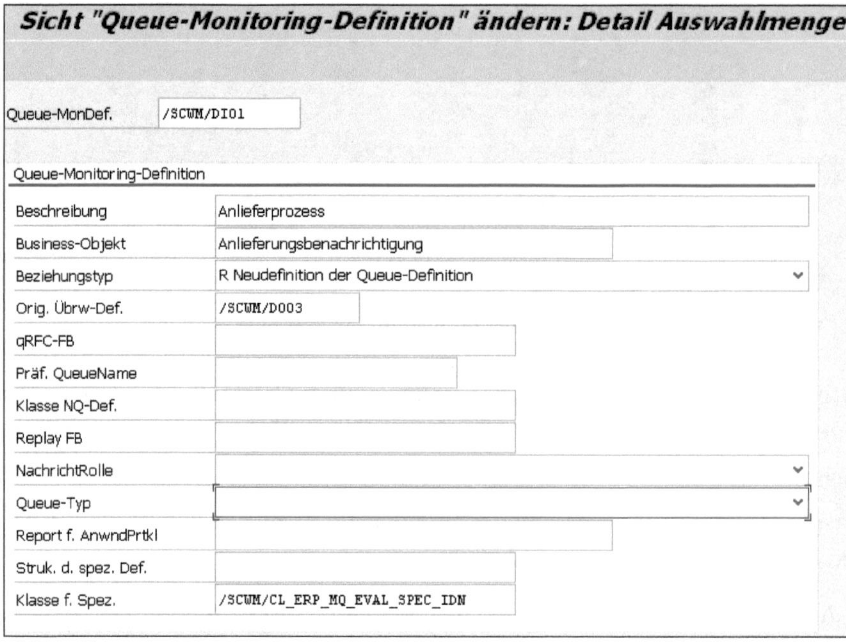

Abbildung 15.25 Nachrichten-Queue-Definitionen festlegen

Optional können Sie eine Spezialisierung für Ihre neue Nachrichten-Queue-Definition anlegen. Dies ist dann sinnvoll, wenn die Nachrichten-Queue für eine Nachrichten-Queue-Definition unterschiedliche Business-Objekte enthält, z. B. TE-Aktivitäten mit den Richtungen Warenein- und Warenausgang. Durch die Zuordnung einer bestimmten Klasse haben Sie die Möglichkeit, das Ergebnis der Nachrichten-Queue-Definition zu filtern, sodass nur Transporteinheiten mit einer bestimmten Richtung im Lagermonitor angezeigt werden.

Anschließend ordnen Sie bei beiden Anwendungsfällen Ihre neu definierte Nachrichten-Queue im Customizing entweder einer bestehenden oder einer eigenen Nachrichten-Queue-Gruppe zu, die Sie zuvor im Customizing angelegt haben. Über die Nachrichten-Queue-Gruppe haben Sie dann im Lagermonitor die Möglichkeit, nach eigenen Queues zu selektieren.

Wie bereits erwähnt, können Sie die Nachrichten-Queues im Lagermonitor bearbeiten. Dazu stehen Ihnen im Standard drei Monitormethoden zur Verfügung:

- **Anwendungsprotokoll**
  Mit der Methode **Anwendungsprotokoll** können Sie in Transaktion SLG1 navigieren, sich dort für die markierten Queue-Einträge die Anwendungsprotokollierung

anzeigen lassen und auf diese Weise den Verlauf von anwendungsspezifischen Ereignissen nachvollziehen.

- **qRFC-Monitor**
  Mit der Methode **qRFC-Monitor** haben Sie die Möglichkeit, in den qRFC-Monitor (Eingangs-Queue bzw. Ausgangs-Queue) zu navigieren, je nachdem, ob es sich bei der markierten Nachrichten-Queue um eine Eingangs- oder Ausgangsnachricht handelt. Im qRFC-Monitor können Sie die Queue für eine Verarbeitung z. B. sperren oder löschen.
- **Status zurücksetzen**
  Mit der Methode **Status zurücksetzen** besteht die Möglichkeit, nach der Beseitigung der Fehlerursache den Queue-Status manuell von SYSFAIL auf READY zurückzusetzen. Nach dem Zurücksetzen des Queue-Status aktiviert der QOUT-Scheduler die betroffenen Ausgangs-Queues erneut. Darüber hinaus haben Sie die Möglichkeit, die zurückgesetzten Queues auch manuell im Lagermonitor auszuführen.

Mit der Implementierung vorhandener BAdIs können bestimmte Attribute der Nachrichten-Queue-Ergebnisse geändert werden, z. B. die Symbole des Nachrichten-Queue-Monitorings. Zudem können Sie auswählen, welche Systeme genutzt werden, um auf die Queues zuzugreifen, z. B. wenn ein SAP-EWM-System an zwei SAP-ERP-Systeme angebunden ist.

15.3 Lagercockpit

Das Lagercockpit zeigt die von Ihnen definierten Lagerkennzahlen und Objekte anhand verschiedener Chart-Typen (z. B. Ampel, Balken- bzw. Säulendiagramme, Tachometer) grafisch an und basiert auf dem Easy Graphics Framework (EGF). Das EGF ist ein generisches Werkzeug, um auf einfache Weise Cockpits für Anwendungen, wie z. B. SAP EWM, zu konfigurieren und Ihre Daten grafisch anzeigen zu lassen. Es bietet folgende Funktionen:

- Darstellung in Echtzeit mit konfigurierbarer Auto-Refresh-Funktion
- Navigation der Grafik in andere Anwendungen durch die Definition von Folgeaktivitäten
- anwenderspezifische und -übergreifende Definition von Cockpitlayouts
- flexibles Berechtigungskonzept, sowohl auf Objekt- als auch auf funktionaler Ebene

In Abbildung 15.26 sehen Sie ein Beispiel des Lagercockpits auf Basis vordefinierter Kennzahlen (z. B. hier: überfällige Lageraufgaben, gruppiert nach Queue-Zuordnung und drei definierten Schwellenwerten).

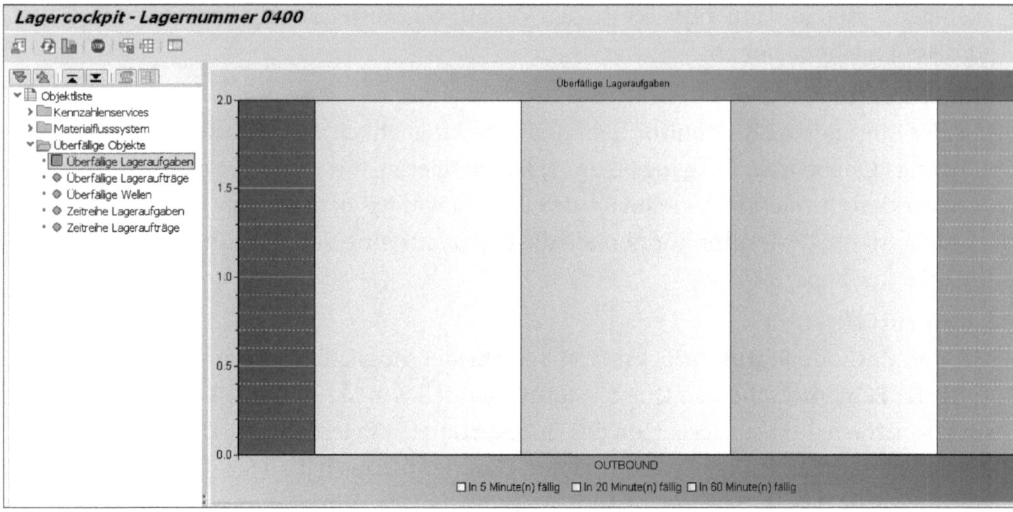

Abbildung 15.26 Lagercockpit am Beispiel überfälliger Lageraufgaben

Analog zum Lagermonitor haben Sie beim Lagercockpit entsprechend Ihren Geschäftsanforderungen verschiedene Möglichkeiten der Personalisierung, die wir im Folgenden detailliert beschreiben.

Das EGF bietet Ihnen zum einen die Möglichkeit, ein komplett neues Lagercockpit mit eigenen Objekten, Funktionen und Kennzahlen zu erstellen oder zum anderen das von SAP ausgelieferte Lagercockpit anzupassen bzw. zu erweitern. Für die Cockpiterstellung bzw. die Anpassung des Standardcockpits stehen Ihnen die folgende Funktionen zur Verfügung:

- Definition von Lagerkennzahlen durch SAP-Standard-Basiskennzahlenservices
- Definition eigener EGF-Objekte
- Definition von Objekten mit eigener Datenbeschaffung
- Erstellung eines eigenen Lagercockpits

15.3.1 Eigene Lagerkennzahlen definieren

Zur Erstellung eigener Lagerkennzahlen bietet Ihnen SAP EWM zwei sogenannte *Kennzahlenservices* (KS) an:

- **Konfigurierte Kennzahlenservices (KKS)**
  Die KKS basieren auf passenden Basiskennzahlenservices (BKS), d. h. auf einer Abfrage, die eine Kennzahl ermittelt. SAP liefert im Standard eine Vielzahl von BKS aus, z. B. Anzahl Lagerplätze, maximale Lagerkapazität, Anzahl bzw. Dauer von Lageraufträgen oder Wartezeit der Transporteinheiten im Yard.

- **Formelbasierte Kennzahlenservices (FKS)**
  Die FKS stellen mathematische Formeln zur Kennzahlenberechnung dar. Die Operanden können entweder eine oder mehrere KKS bzw. FKS sein. Je nach Objekt gibt es eine Fülle von Anwendungsbeispielen für die Erstellung formelbasierter Kennzahlen, z. B. die Anzahl erledigter Lageraufgaben pro Ressource je Schicht oder die Berechnung des Füllgrades für bestimmte Lagertypen.

Im Folgenden soll am Beispiel der Kennzahl **Füllgrad pro Lagertyp** die Erstellung eigener Kennzahlen als EGF-Objekt erläutert werden. Wir betrachten einen Mitarbeiter, der für verschiedene Lagertypen verantwortlich ist und sich im Lagercockpit den Füllgrad für diese Lagertypen anzeigen lassen möchte.

Wählen Sie im SAP-Easy-Access-Menü in SAP EWM den Pfad **Einstellungen • Kennzahlenservices**, und gehen Sie wie folgt vor. (SAP EWM bietet Ihnen dabei die Möglichkeit, die Tabelleneinträge für die verschiedenen Kennzahlenservices direkt oder durch die Verwendung von Wizards vorzunehmen.)

1. **Konfigurierte Kennzahlenservices definieren**
   Zur Berechnung des Füllgrades sind die Gesamtzahl der Lagerplätze und die Anzahl leerer Plätze für die verschiedenen Lagertypen erforderlich. Diese werden über die Definition der entsprechenden KKS ermittelt. Die jeweiligen Lagertypen werden in der kennzahlspezifischen Selektionsvariante (z. B. LP01) berücksichtigt. Abbildung 15.27 zeigt die Definition eines KKS zur Ermittlung leerer Lagerplätze.

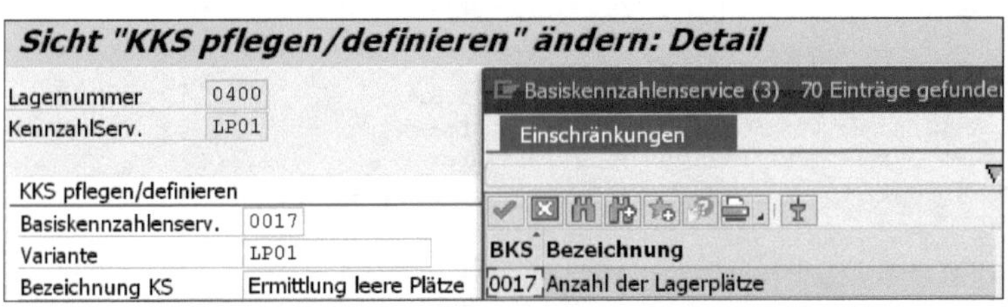

Abbildung 15.27 Konfigurierten Kennzahlenservice anlegen

2. **Formelbasierte Kennzahlenservices definieren**
   Nachdem Sie für die Ermittlung der Gesamtzahl und der leeren Plätze die beiden KKS definiert haben, wird der FKS über einen Wizard erstellt. Rufen Sie Transaktion /SCWM/CLC_WIZARD auf, und der Assistent führt Sie durch die einzelnen Schritte, die zum Anlegen des FKS erforderlich sind. Nachdem Sie für den Schritt **Aktion auswählen** den Wert **Anlegen** ausgewählt haben, definieren Sie den FKS mit der gewünschten Bezeichnung (siehe wie aus Abbildung 15.28).

Anschließend berechnen Sie im Schritt **Formel bearbeiten** mithilfe des Formeleditors den Füllgrad (siehe Abbildung 15.29).

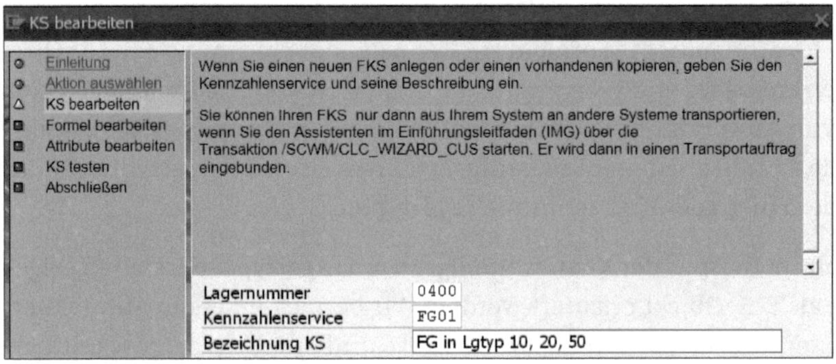

Abbildung 15.28 Formelbasierten Kennzahlenservice bearbeiten

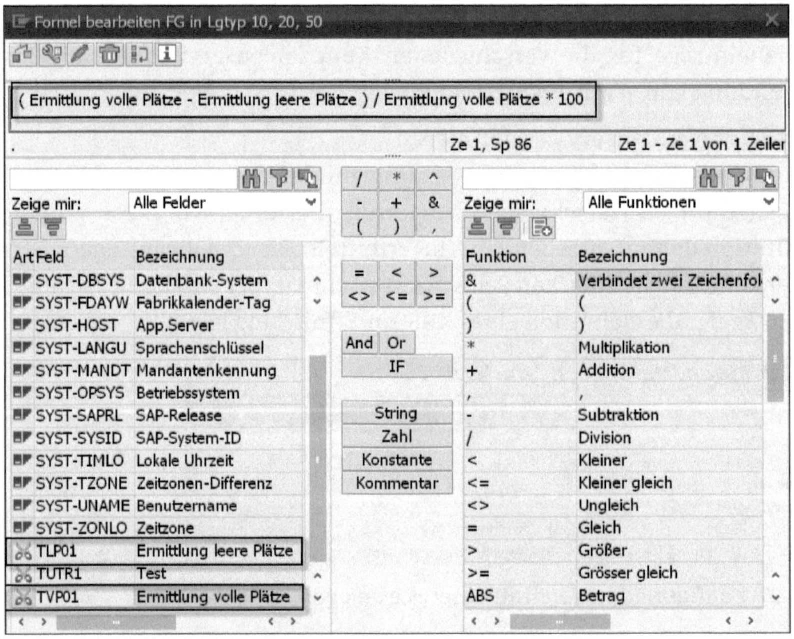

Abbildung 15.29 Formel bearbeiten

Danach definieren Sie Attribute für Ihren FSK. Dabei können Sie Schwellenwerte und Ausnahmen eingeben. Wenn der Schwellenwert überschritten wird, ändert die Grafik die Farbe, z. B. von Grün in Rot. Mit Ausnahmecodes können Sie Folgeaktivitäten steuern, z. B. erhält der Lagerverantwortliche automatisch eine SAP-Mail, wenn der Schwellenwert überschritten wird.

Nachdem Sie den FSK getestet und abgeschlossen haben, erfolgt die Zuordnung des Kennzahlenservice zum Lagercockpit: Die Zuordnung nehmen Sie mit Transaktion /SCWM/EGF_COCKPIT vor. Dabei haben Sie u. a. die Möglichkeit, den Chart-Typ, das Auto-Refresh-Intervall und die Berechtigungsgruppe festzulegen, um zu steuern, wer auf welche Objekte im Lagercockpit zugreifen darf. Abbildung 15.30 zeigt, welche Chart-Typen im Standard ausgeliefert werden.

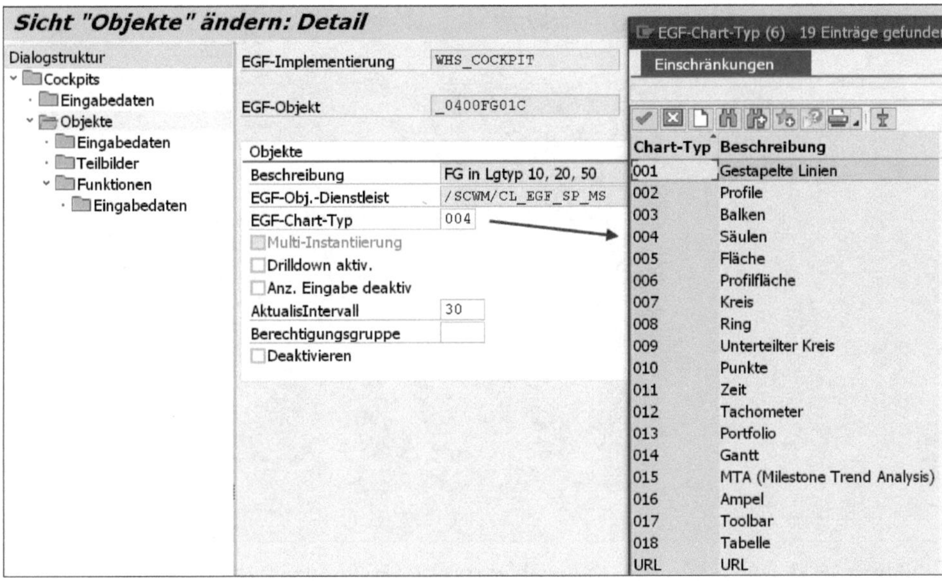

Abbildung 15.30 EGF-Objekte dem Lagercockpit zuordnen

Nun müssen Sie die Kennzahl zum Navigationsbaum des Lagercockpits zuordnen: Die Zuordnung des neuen Kennzahlenservice als EGF-Objekt ist aus Abbildung 15.31 ersichtlich und erfolgt über den Button **Ausgeblendete Objekte einblenden**.

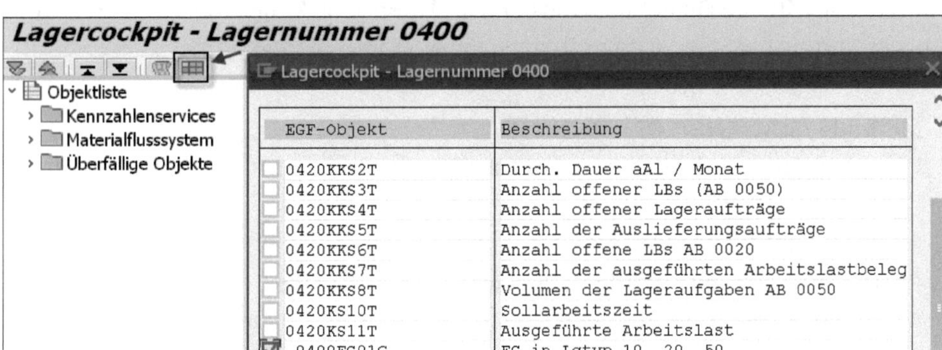

Abbildung 15.31 EGF-Objekte dem Navigationsbaum des Lagercockpits zuordnen

Im Lagercockpit können Sie eine eigene Ordnerstruktur erstellen und im letzten Schritt das neu erstellte EGF-Objekt per Drag & Drop einbinden. Dieses Layout können Sie benutzerspezifisch oder -übergreifend speichern. Über einen Doppelklick auf das EGF-Objekt oder per Drag & Drop in das jeweilige Fenster wird das EGF-Objekt instanziiert und, wie in unserem Fall, der Kennzahlenservice aufgerufen (siehe Abbildung 15.32).

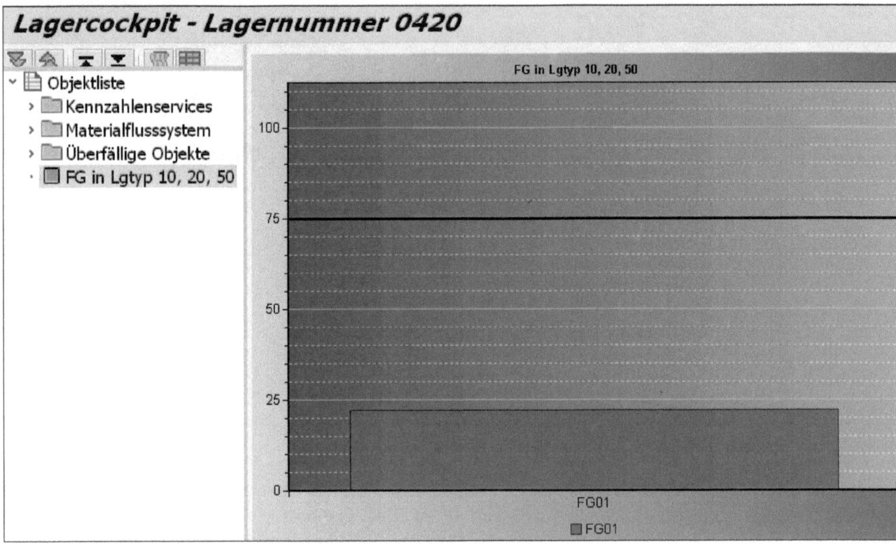

Abbildung 15.32 Darstellung des Kennzahlenservice »Füllgrad« im Lagercockpit

15.3.2 EGF-Objekte mit eigener Datenbeschaffung definieren

Die Datenbeschaffung für eigene EGF-Objekte kann direkt aus SAP EWM oder systemübergreifend erfolgen. Für EGF-Objekte mit eigener Datenbeschaffung definieren Sie im ersten Schritt den Objektdienstleister (ODL). Dem Objektdienstleister wird zur Datenbeschaffung die Standardschnittstelle `/SCWM/IF_EGF_SP` zugeordnet. Diese Schnittstelle beinhaltet die folgenden Methoden:

- **Methode /SCWM/IF_EGF_SP~GET_DATA**
  Diese Methode wird gerufen, wenn das EGF-Objekt instanziiert wird, und holt die Daten aus der Anwendung (z. B. Daten aus SAP EWM).
- **Methode /SCWM/IF_EGF_SP~GET_URL**
  Diese Methode implementieren Sie, wenn Ihr EGF-Objekt HTML-basiert ist (z. B. Aufruf des SAP-Portals im Lagercockpit, von dem aus auf die entsprechenden Anwendungen verschiedener Applikationen zugegriffen werden kann).
- **Methode /SCWM/IF_EGF_SP~HANDLE_FUNCTION**
  Mit dieser Methode implementieren Sie Funktionen, die im Kontextmenü über einen Klick mit der rechten Maustaste im Objekt zur Verfügung stehen sollen (z. B. die direkte Navigation in das System zur Datenbeschaffung).

Abbildung 15.33 veranschaulicht die Logik der Datenbeschaffung durch den Objektdienstleister.

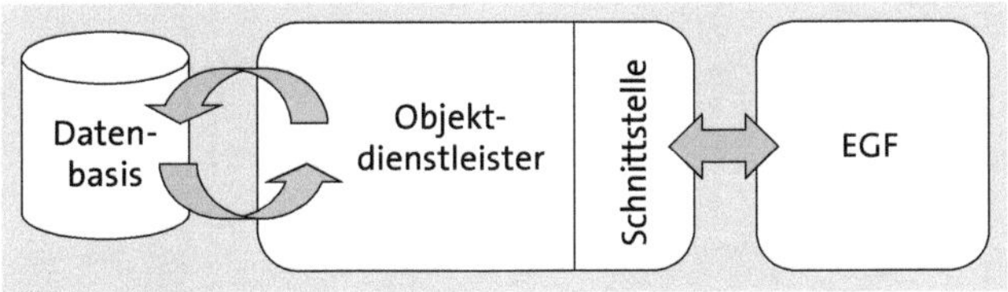

Abbildung 15.33 Datenbeschaffung mit dem Easy Graphics Framework

Im Folgenden erläutern wir anhand eines Beispiels die Erstellung eines EGF-Objekts mit externer Datenbeschaffung: der Lagerleiter möchte in sein Cockpit neben verschiedenen Kennzahlen den Lagermonitor integrieren, um so das Cockpit als zentrale Applikation für sein Tagesgeschäft nutzen zu können.

1. **Klasse erstellen**
   Erstellen Sie mit Transaktion SE24 eine Klasse, ordnen Sie also den EGF-ODL und die Standardschnittstelle `/SCWM/IF_EGF_SP` zur Beschaffung der Objektdaten zu (siehe Abbildung 15.34).

   Abbildung 15.34 Schnittstelle zum EGF-Objekt zuordnen

   Durch die Zuordnung stehen die zuvor beschriebenen Schnittstellenmethoden zur Datenbeschaffung zur Verfügung. In unserem Beispiel soll die SAP-Fiori-App **Lagermonitor** in das Lagercockpit integriert werden. Demzufolge wird die Methode `/SCWM/IF_EGF_SP~GET_URL` implementiert, die die entsprechende URL aus der Anwendung holt. Diese URL bildet den Link zu der Grafik, die das EGF anzeigen soll. Abbildung 15.35 zeigt die Implementierung der Methode `/SCWM/IF_EGF_SP~GET_URL`.

2. **EGF-Objekt erstellen**
   Nach der Aktivierung der Klasse inklusive der implementierten Methode erstellen Sie im SAP-EWM-Customizing über den Pfad **Monitoring • Easy Graphics Framework • Objekte Definieren** das EGF-Objekt (siehe Abbildung 15.36) und ordnen es dem zuvor erstellten ODL zu. Über die zugeordnete Berechtigungsgruppe können Sie eine Berechtigungsprüfung für EGF-Objekte oder EGF-Funktionen vornehmen.

15

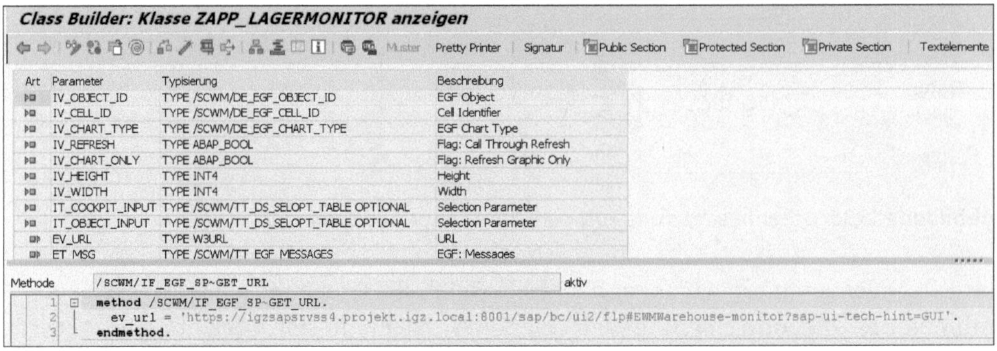

Abbildung 15.35 Methode GET_URL implementieren

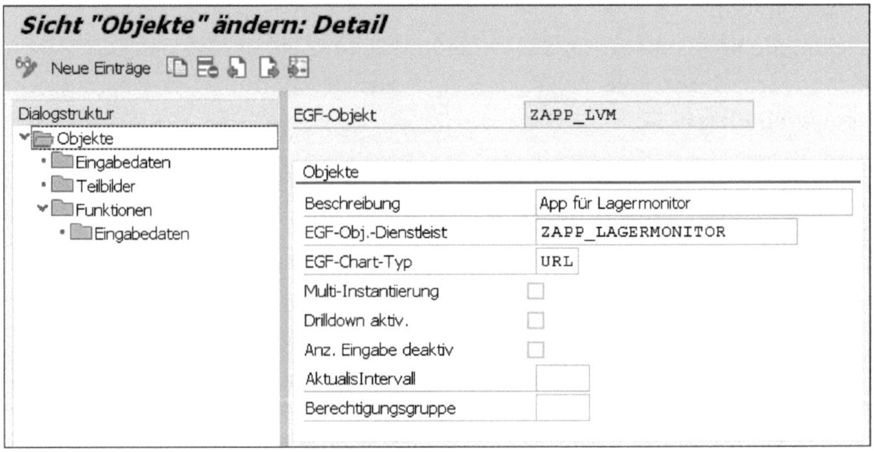

Abbildung 15.36 EGF-Objekt definieren

3. **Das EGF-Objekt dem Lagercockpit zuordnen**
   Nun ordnen Sie das neue EGF-Objekt Ihrem Lagercockpit zu. Neben der Definition eigener Objekte bietet das EGF die Möglichkeit, eigene Lagercockpits zu definieren. Mit der Definition ordnen Sie die von Ihnen gewünschten EGF-Objekte zu, die Sie dann später im Lagercockpit ausführen können.

   Die Erstellung des Lagercockpits und die Objektzuordnung erledigen Sie ebenfalls im SAP-EWM-Customizing über den Customizing-Pfad **Monitoring • Easy Graphics Framework • Cockpits Definieren**. Abbildung 15.37 zeigt die Zuordnung des EGF-Objekts `ZAPP_LVM` zum Lagercockpit `WHS_COCKPIT`.

4. **Das EGF-Objekt ausführen**
   Anschließend wird das EGF-Objekt `ZAPP_LVM`, wie zuvor beschrieben, dem Navigationsbaum des Lagercockpits zugewiesen und ausgeführt. Abbildung 15.38 zeigt, wie Ihr eigenes Lagercockpit aussieht.

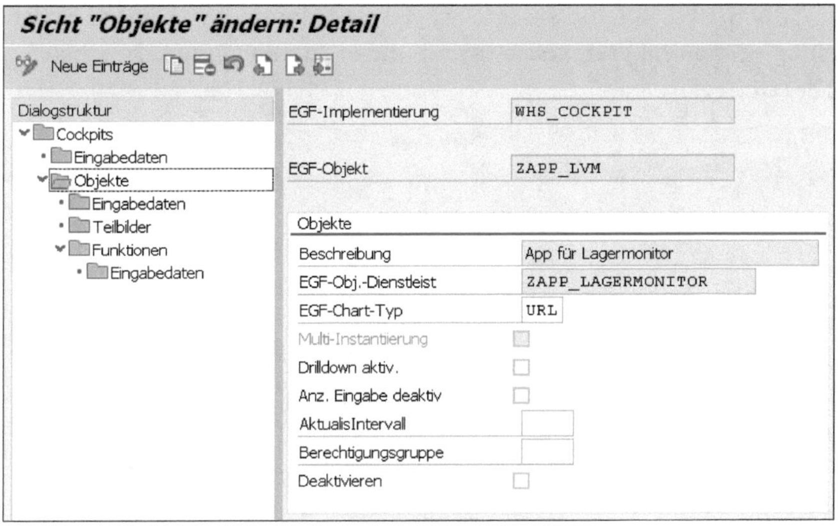

Abbildung 15.37 EGF-Objekt dem Lagercockpit zuordnen

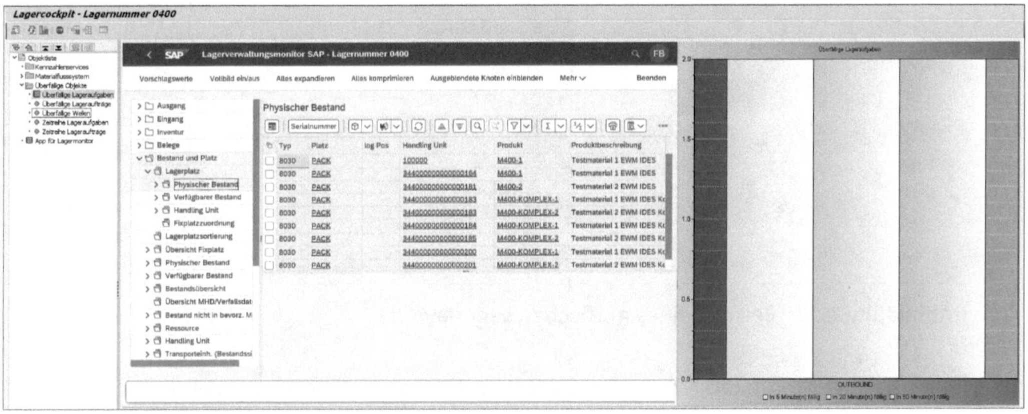

Abbildung 15.38 Lagercockpit mit Objekten aus verschiedenen Anwendungen

15.4 Grafisches Lagerlayout

Das grafische Lagerlayout (GLL) stellt das Lagerinnere als zweidimensionale Grafik dar. Sie können das grafische Lagerlayout verwenden, um eine grafische Information über die Bestandssituation, die Platzauslastung, die im Lager arbeitenden Ressourcen sowie die Fördertechnik pro Lagernummer zu erhalten.

Dabei entspricht die Längenangabe in der Grafik der Längeneinheit, die Sie im SAP-EWM-Customizing über den Pfad **Stammdaten • Lagernummernsteuerung definieren • Objekte definieren** als Grundeinheit festgelegt haben. Das GLL rufen Sie mit

Transaktion /SCWM/GWL auf, die Sie im Easy-Access-Menü in SAP EWM über den Pfad **Monitoring • Graphical Warehouse Layout** finden. In Abbildung 15.39 sehen Sie ein Beispiel des GLL.

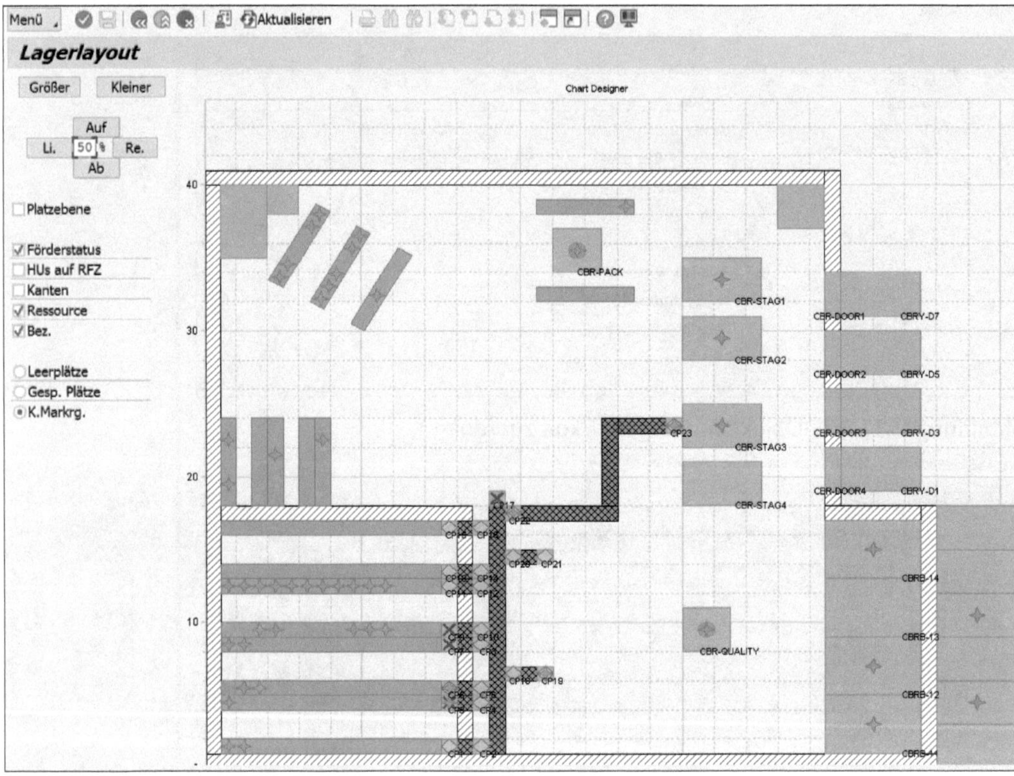

Abbildung 15.39 Beispiel eines grafischen Lagerlayouts

Um Ihr Lager maßstabgerecht und der Realität entsprechend abzubilden, können Sie im SAP-EWM-Customizing über den Pfad **Monitoring • Grafisches Lagerlayout • Gll-Objekt Definieren** neben den bereits erwähnten Objekten Fördertechniksegmente, Wände und Büros als GLL-Objekte definieren. Über diesen Pfad definieren Sie die X-, Y- und Z-Koordinaten, um die Position der Objekte im Layout zu fixieren. Bei den dargestellten Lagerplätzen werden die Abmessungen der Plätze im GLL auf Basis der Lagerplatztypdefinition und die Position des Lagerplatzes aus den X-, Y- und Z-Koordinaten des Lagerplatzstamms bestimmt.

In dem abgebildeten GLL-Beispiel werden die Ressourcen (dargestellt als violette Punkte), die Lagerplätze nach selektiertem Produkt (markiert mit einem grünen Stern) und die Bezeichnungen der Objekte dargestellt. Im GLL können Sie sich alternativ Leer- bzw. gesperrte Plätze und Plätze für einen bestimmten Bestand anzeigen lassen, und Sie können den Status von Kontrollpunkten der Fördertechnik visualisieren. Kontrollpunkte mit dem Status **OK** werden als grüner Kreis und Kontrollpunkte mit Fehlerstatus werden als rotes Kreuz dargestellt.

Sie haben mit der Implementierung des BAdIs `/SCWM/EX_GWLDISPLAY` darüber hinaus die Möglichkeit, das Erscheinungsbild des GLL Ihren Geschäftsanforderungen anzupassen.

Das GLL bietet zudem die Funktion objektspezifischer Kontextmenüs. So können Sie z. B. bei einem Klick mit der rechten Maustaste auf das Objekt **Ressource** dieser Ressource eine Nachricht zukommen lassen oder auf das Objekt **Lagerplatz** direkt in Transaktion /SCWM/LS03 navigieren. Kundenspezifische Erweiterungen von Kontextmenüs können durch das BAdI `/SCWM/EX_GWLCM` erzeugt werden.

Sie können mit den Buttons **Größer** und **Kleiner** die Größe der grafischen Darstellung verändern, um sich entweder das gesamte Lager oder einzelne Objekte im Lager anzeigen zu lassen. Wenn die Darstellungsgröße keine Darstellung des gesamten Lagers erlaubt, können Sie mit den entsprechenden Buttons **Auf**, **Ab**, **Li.** und **Re.** navigieren. Dabei bestimmen Sie mit dem Prozentwert, um wie viel Prozent der aktuellen Darstellungsgröße SAP EWM die grafische Darstellung in die jeweilige Richtung verändern soll.

15.5 SAP S/4HANA Embedded Analytics

Dieser Abschnitt ist in zwei Teile gegliedert: Zunächst gehen wir auf die Architektur von Embedded Analytics ein; anschließend beschreiben wir, wie dieses Tool in SAP EWM verwendet werden kann. Da Embedded Analytics ein generisches Werkzeug für die operative Analyse darstellt, das nicht nur von SAP EWM, sondern von anderen Applikationen verwendet werden kann, ist der erste Abschnitt etwas allgemeiner und technischer gehalten. Wer sich vornehmlich für den Einsatz von Embedded Analytics in SAP EWM interessiert, kann den folgenden Abschnitt überspringen.

15.5.1 Architektur von SAP S/4HANA Embedded Analytics

Embedded Analytics ist ein Werkzeug zur Datenanalyse und Datenmodellierung. Es dient dazu, in Echtzeit Informationen und Erkenntnisse aus operativen Daten abzuleiten. Dadurch können aussagekräftige Analysen und Visualisierungen von Echtzeitdaten erstellt werden. Embedded Analytics stellt dazu eine analytische Infrastruktur bereit und nutzt die Datenbankebene als analytische Plattform. Embedded Analytics ist somit ein in das SAP-System integriertes Framework für die Erstellung und Ausführung operativer Analysen. Abbildung 15.40 gibt einen Überblick über die Architektur von Embedded Analytics.

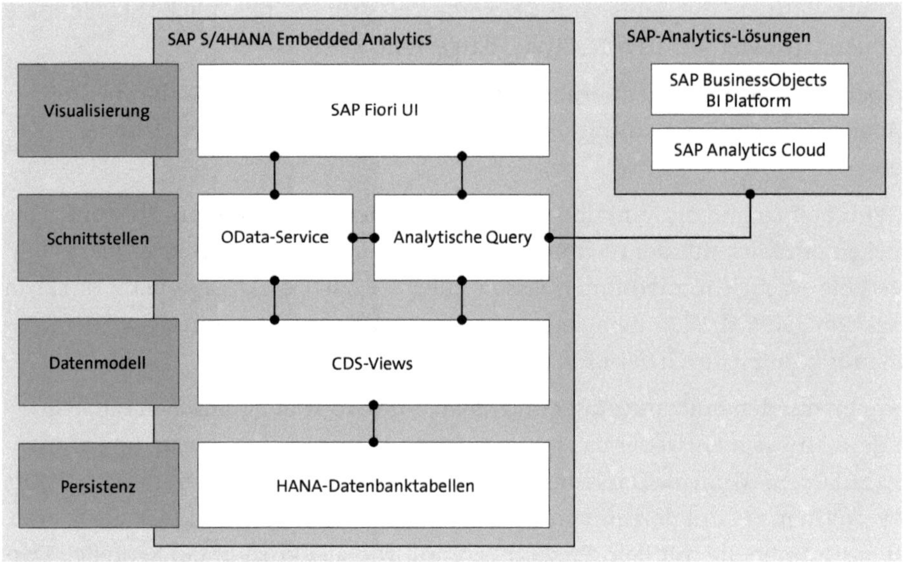

Abbildung 15.40 Architektur von Embedded Analytics

Zu den zentralen Komponenten der Architektur von Embedded Analytics gehört auf der Persistenzebene die Datenbank SAP HANA. Auf der Datenmodellebene sind sogenannte *CDS-Views* zugeordnet, die zum Aufbau von virtuellen Datenmodellen dienen. Auf der Schnittstellenebene sind OData-Services und analytische Queries als Schnittstellen zu den Analyseapplikationen zugeordnet. Auf der Visualisierungsebene sind SAP-Fiori-Apps bzw. Analysewerkzeuge wie z. B. SAP Analytics Cloud zentrale Bestandteile des Frontends. Details zu den verschiedenen Ebenen und den entsprechenden Komponenten werden im Folgenden beschrieben.

Persistenz

Die Datengrundlage von Embedded Analytics stellt im Optimalfall die Datenbanktabellen von SAP HANA dar. Sie beinhalten operative Daten, zu denen auf der Datenmodellierungsebene sogenannte *virtuelle Datenmodelle* erstellt werden.

[»]

Embedded Analytics mit der SAP-HANA-Datenbank empfohlen

Auf der Persistenzebene können Sie auch eine andere Datenbank als SAP HANA nutzen. Dabei ist jedoch der Funktionsumfang und die Performance der im Standard vorhandenen Datenmodelle eingeschränkt. SAP nutzt daher auch die Bezeichnung SAP S/4HANA Embedded Analytics, um zu verdeutlichen, dass Embedded Analytics eine in die SAP-S/4HANA-Systemlandschaft vollständig integrierte Architektur ist. Daher ist die Nutzung von Embedded Analytics mit einer SAP-HANA-Datenbank sehr empfehlenswert.

Datenmodell

Die Datenmodellierung stellt in Embedded Analytics die zentrale Vorgehensweise zur Datenanalyse dar. Dazu werden mit CDS-Views virtuelle Datenmodelle (kurz VDM) konstruiert, die operative Daten aus der Persistenzschicht anwendungsbezogen modellieren. Auf diese Weise wird eine betriebswirtschaftliche Semantik hinzugefügt. Bei VDMs handelt es sich, technisch betrachtet, um standardisierte Modelle aus verschachtelten CDS-Views, die in SAP S/4HANA die Grundlage des Datenzugriffs bilden. Dabei wird das Konzept der Datenvirtualisierung eingesetzt, um die Selektionslogik vollständig auf die Datenbankebene zu verlagern und die Semantik auf dem Anwendungsserver zu definieren. Die Verlagerung der Selektionslogik auf die Datenbank nennt man auch Code Pushdown.

Ein einfaches Beispiel für ein VDM ist die Darstellung von Umlagerungen in verschiedenen Gassen innerhalb des Lagertyps **Hochregallager**. Die operativen Daten auf Basis der quittierten Lageraufgaben aus der Tabelle `SCWM/ORDIM_C` werden um die Gasseninformation durch die Verknüpfung mit der Tabelle `SCWM/LAGP` anwendungsbezogen modelliert. Ferner werden sie mit entsprechender Semantik erweitert (z. B. um die Bezeichnung des Lagertyps). Das Ergebnis zu diesem Modellierungsprozess ist ein VDM, mit dem Sie alle Umlagerungen im Lagertyp **Hochregallager** inklusive Lagertypbezeichnung und Gasseninformation anzeigen und analysieren können.

15

Als Technologie zum Aufbau der virtuellen Datenmodelle kommen die ABAP Core Data Services (kurz ABAP CDS) zum Einsatz. Bei ABAP CDS handelt es sich um eine Datenmodellierungssprache auf dem Anwendungsserver, mit der Sie umfangreiche Datenmodelle in Form von CDS-Views aufbauen können.

Die Datenmodellierungssprache von ABAP CDS ist OpenSQL-basiert und erlaubt den Aufbau von Sichten auf die Datenbanktabellen in Form von CDS-Views. Technologisch gesehen werden die CDS-Views auf dem Anwendungsserver als Entitäten angelegt, zu denen auf der Datenbankebene automatisch SQL-Views erzeugt werden. Die CDS-Views enthalten auf der Anwendungsserverebene alle Metadaten, die das VDM semantisch definieren.

Versionen der ABAP Core Data Services

ABAP CDS ist ab SAP NetWeaver AS ABAP 7.40 verfügbar. In dieser Version ist der Funktionsumfang jedoch noch sehr begrenzt. In den folgenden Versionen hat SAP den Content und den Funktionsumfang kontinuierlich ausgebaut. Wir empfehlen die Verwendung von ABAP CDS zum Aufbau von VDM ab ABAP-Version 7.51 in Kombination mit einer SAP-HANA-Datenbank.

Das VDM setzt sich aus den folgenden CDS-View-Typen zusammen:

- Basic View
- Composite View
- Consumption View

Jeder CDS-View-Typ hat eine festgelegte Funktion im VDM. Basic Views bilden die Basis des Datenzugriffs auf die Datenbanktabellen und selektieren alle zur weiteren Berechnung verwendeten Datenfelder (z. B. **Erstellungszeitpunkt** und **Von-Lagertyp**) zu den Lageraufgaben aus der Tabelle `/SCWM/ORDIM_C`. Ein Basic View bildet dabei die jeweilige Tabelle in einer betriebswirtschaftlichen Tabellenstruktur ab und legt den Fokus auf die Wiederverwendung für weitere Datenauswertungen. Composite Views sind mit einem oder mehreren Basic Views verknüpft und implementieren Funktionen und Berechnungen (z. B. die Umrechnung des Quittierzeitpunktes einer Lageraufgabe vom Zeitstempelformat in ein Datumsformat).

Consumption Views stellen die im Composite View berechneten Datenfelder für Frontend-Tools, wie z. B. SAP-Fiori-Apps oder SAP Analytics Cloud zur Verfügung. Consumption Views sind also auf die Verwendung durch einen bestimmten Konsumenten zugeschnitten und implementieren daher eine anwendungsbezogene Logik. Beispiele dafür sind Nachkommastellen bei der Berechnung von Kennzahlen, die Ermittlung von Mengeneinheiten von Kennzahlen, die kundenspezifische Bezeichnung von Datenfeldern und Filteroptionen für die Auswahl und Anzeige von Daten im Frontend.

Mit dem VDM stellt SAP also ein Datenmodell bereit, das die technischen Datenmodelle auf der Datenbank behält und CDS-Views mit betriebswirtschaftlicher Datensemantik zur Wiederverwendung und Weiterentwicklung als konsumierbare Endpunkte auf der Ebene des Anwendungsservers für den Anwender exponiert. Insgesamt bildet das VDM im neuen ABAP-Programmiermodell eine logische Ebene zwischen Datenbank und Applikationsserver. Abbildung 15.41 zeigt das virtuelle Datenmodell im Kontext der verschiedenen Ebenen.

Das VDM bietet in Bezug auf die Datenselektion zahlreiche Vorteile, die im Wesentlichen auf den technischen Eigenschaften von Core Data Services beruhen:

- Verbessertes Datenverständnis durch betriebswirtschaftliche Semantik
- Wiederverwendbarkeit von CDS-Views in weiteren Datenmodellen
- Effektive Nutzung des Code Pushdown bei der Datenverarbeitung
- Integration in die ABAP-Entwicklungsumgebung (Transportmöglichkeit, Erweiterbarkeit)

SAP stellt in SAP S/4HANA eine Vielzahl von vordefinierten VDMs auf der Basis von CDS-Views zur Verfügung, die Sie für die operative Analyse nutzen können. In Abschnitt 15.5.2, »Embedded Analytics in SAP EWM«, gehen wir auf den Standard-Content in SAP EWM ein.

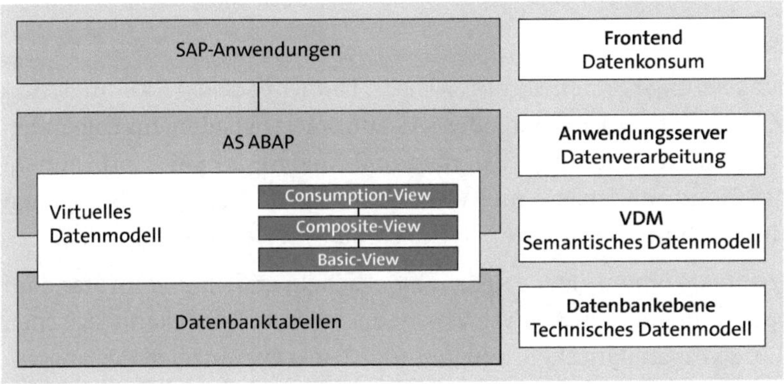

Abbildung 15.41 VDM als logische Ebene zwischen Datenbank und Anwendungsserver

Schnittstellen

Die VDMs stellen auf der obersten Ebene CDS-Views zum Datenkonsum bereit. Diese sogenannten *Consumption Views*, die wir im Kontext der Datenmodellierung bereits beschrieben haben, werden als Endpunkte des VDM genutzt und ermöglichen die Darstellung und Analyse der Daten aus dem VDM. Um die Consumption Views im Frontend für die Datenanalyse und Datenvisualisierung zu verwenden, gibt es zwei Schnittstellen:

- **OData-Service**
  Mithilfe des HTTP-basierten Datenprotokolls OData werden die VDMs für die SAP-Fiori-Apps im SAP Fiori Launchpad verfügbar gemacht. Dazu wird für das VDM ein OData-Service angelegt, der das VDM für den Konsum durch SAP-Fiori-Apps zur Verfügung stellt.
- **Analytische Query**
  Um die VDMs auch für Analysewerkzeuge wie z. B. SAP Analytics Cloud oder SAP Lumira zur Verfügung zu stellen, werden analytische Queries als Schnittstellen genutzt. Diese Queries können mit dem HTTP-basierten Information Access (InA) Protokoll vom Frontend konsumiert werden. Analytische Queries basieren auf CDS-Views aus dem VDM und enthalten alle Informationen zur Analyse der Daten des VDM.

Von SAP im Standard ausgelieferte VDMs für analytische Auswertungen werden in der Regel als analytische Query und als OData-Service bereitgestellt. Dieser duale Ansatz in Bezug auf die Schnittstellentechnologie ermöglicht eine vielseitige und flexible Verwendung von VDMs zur Datenanalyse in unterschiedlichen Analysewerkzeugen. CDS-Views, zu denen eine analytische Query definiert ist, können mit OData von

SAP-Fiori-Apps (z. B. SAP-Smart-Business-KPIs) und mit dem InA-Protokoll von SAP Analytics Cloud konsumiert werden.

Visualisierung

Für die Datenvisualisierung können Sie das SAP Fiori Launchpad oder SAP-Analytics-Werkzeuge wie z. B. SAP Analytics Cloud oder SAP Lumira verwenden. Im Folgenden fokussieren wir uns auf die Datenvisualisierung und Analyse im SAP Fiori Launchpad. SAP Analytics Cloud zur Analyse und Visualisierung von SAP-EWM-bezogenen CDS-Views wird in Abschnitt 15.8, »SAP Analytics Cloud«, im Detail beschrieben.

Im SAP Fiori Launchpad können eigene Kennzahlenkacheln erstellt und im Standard mitgelieferte Apps zur operativen Analyse verwendet werden. Dabei kann zwischen Tools zur Erstellung von analytischen Inhalten und Tools zur Anzeige der analytischen Inhalte unterschieden werden. Abbildung 15.42 gibt Ihnen einen Überblick über den Umfang der Werkzeuge für Embedded Analytics in SAP Fiori und gruppiert diese in Bezug auf die Anwendergruppen Key-User (z. B. IT-Mitarbeiter) und End-User (z. B. Mitarbeiter im Lagerleitstand).

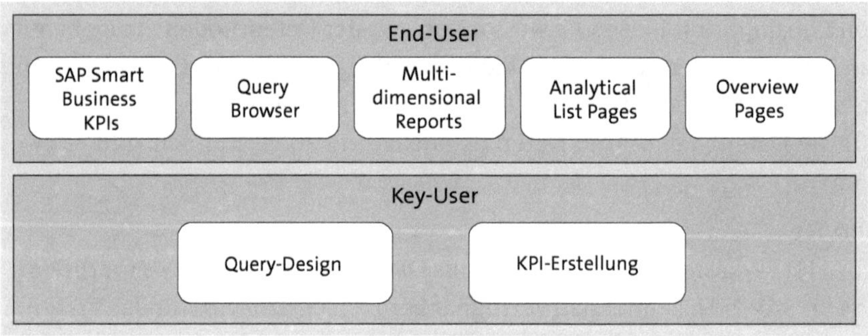

Abbildung 15.42 Überblick über die Tools von Embedded Analytics im SAP Fiori Launchpad

Für den End-User können in SAP Fiori u. a. die folgenden Tools zur Analyse von CDS-Views verwendet werden. Für SAP-Fiori-Apps, die im Standard ausgeliefert werden, geben wir in Klammern die App-ID an.

- **Overview Pages**
  Overview Pages stellen Dashboards in Form von KPI-Karten zur Verfügung. Die KPI-Karten visualisieren KPIs mit unterschiedlichen Diagrammen und erlauben den Absprung in weitere Apps (z. B. **Anzeige von Details zum KPI**). Die SAP-Fiori-App **Lager-KPIs** (App-ID F4024) entspricht einer solchen Overview Page, die wir in Abschnitt 15.5.2, »Embedded Analytics in SAP EWM«, näher beschreiben.
- **Query-(Abfrage-)Browser**
  Wenn Sie das SAP Fiori Launchpad in deutscher Sprache öffnen, wird Ihnen die SAP-Fiori-App **Abfragebrowser** (App-ID F1068) angezeigt. Mit dieser App können

Sie analytische Queries auf der Basis von CDS-Views suchen und Ad-hoc-Analysen für die Daten der analytischen Query durchführen. Diese Analysen können Sie dann als multidimensionalen Bericht im SAP Fiori Launchpad veröffentlichen. Wir stellen Ihnen diese App in Abschnitt 15.5.2, »Embedded Analytics in SAP EWM«, mit einem SAP-EWM-bezogenen Beispiel vor.

- **Multidimensionale Reports**
  Multidimensionale Reports erlauben Ihnen die explorative Analyse von analytischen Queries zu CDS-Views. Dazu können Sie verschiedene Kennzahlen und Dimensionen mittels Drag & Drop in tabellarischer und grafischer Form zusammenstellen. In Abschnitt 15.5.2, »Embedded Analytics in SAP EWM«, stellen wir Ihnen einen multidimensionalen Report auf Basis der SAP-Fiori-App **Abfragebrowser** vor.
- **SAP-Smart-Business-KPIs**
  SAP-Smart-Business-KPIs stellen KPIs als Kacheln im SAP Fiori Launchpad dar. Mit einem Klick auf die jeweilige Kachel können Sie zu einem Bericht navigieren, der die KPI als Diagramm oder Tabelle darstellt und somit für die operative Analyse genutzt werden kann. In Abschnitt 15.5.2, »Embedded Analytics in SAP EWM«, beschreiben wir Ihnen den Workflow zur Erstellung einer SAP-Smart-Business-KPI am Beispiel des Wellenmonitorings.
- **Analytical List Page**
  Analytical List Pages bieten Ihnen zur operativen Analyse eine Kombination aus der Anzeige von KPIs, Diagrammen und Tabellen auf einer Seite. Sie können in einer Analytical List Pages z. B. SAP-Smart-Business-KPIs anzeigen und Diagramme und Tabellen auf der Basis von CDS-Views integrieren. Auf die Analytical List Page werden wir nicht weiter eingehen, da dies den Umfang dieses Abschnitts übersteigen würde. Details zum Thema Analytical List Pages finden Sie z. B. im Buch »SAP S/4HANA Embedded Analytics« vom Rheinwerk Verlag.

Für den Key-User werden für die Erstellung von analytischen Inhalten zwei Gruppen von Apps zur Verfügung gestellt:

- **Query-Design-Apps**
  Mit den Query-Design-Apps können Sie direkt im SAP Fiori Launchpad benutzerdefinierte analytische Queries ohne Programmierung erstellen. Zur Gruppe der Query-Design-Apps zählen die SAP-Fiori-Apps **View-Browser** (App-ID F2170), **Benutzerdefinierte analytische Abfragen** (App-ID F1572) und **Datumsfunktionen verwalten** (App-ID F2595). Als Datenbasis dient Ihnen dazu ein CDS-View, den Sie z. B. in der SAP-Fiori-App **View-Browser** suchen können. Die von Ihnen erstellten analytischen Queries können Sie als Multidimensional Reports im SAP Fiori Launchpad veröffentlichen. Für Details zu diesen Apps verweisen wir auf das Buch »SAP S/4HANA Embedded Analytics« vom Rheinwerk-Verlag.

- **KPI-Erstellung**
  Für die Erstellung eigener KPIs in Form von KPI-Kacheln im SAP Fiori Launchpad wird die SAP-Fiori-App **KPIs und Berichte verwalten** (App-ID F2814) verwendet. Mit dieser App können Sie KPIs definieren, Berichte dazu anlegen und die KPIs als Kacheln im SAP Fiori Launchpad visualisieren. Sie können zudem auch Analytical List Pages erstellen, die zuvor definierte KPIs enthalten. In Abschnitt 15.5.2, »Embedded Analytics in SAP EWM«, beschreiben wir die wichtigsten Schritte zur Erstellung einer SAP-Smart-Business-KPI.

[»]

SAP-Fiori-Apps in Embedded Analytics

Um nach SAP-Fiori-Apps für Embedded Analytics (analytischen SAP-Fiori-Apps) zu suchen, können Sie die öffentlich zugängliche SAP Fiori Apps Reference Library hinzuziehen (*https://fioriappslibrary.hana.ondemand.com/sap/fix/externalViewer/*). Dort können Sie per Filteroption gezielt nach analytischen SAP-Fiori-Apps für SAP EWM suchen, die Sie bei der operativen Analyse Ihrer Lageraktivitäten unterstützen.

Im folgenden Abschnitt gehen wir auf den SAP-EWM-Content in Embedded Analytics sowie auf verschiedene, in diesem Abschnitt kurz angesprochene SAP-Fiori-Apps näher ein.

15.5.2 Embedded Analytics in SAP EWM

Embedded Analytics kann sowohl in SCM-EWM als auch in SAP S/4HANA EWM genutzt werden. Mit SAP EWM in SAP S/4HANA kann SAP Embedded Analytics in deutlich größerem Umfang genutzt werden, da im Gegensatz zu SCM-EWM mehr vordefinierte CDS-Views zur Verfügung stehen. Liegen zudem die Daten auf einer SAP-HANA-Datenbank bereit, können die Möglichkeiten der CDS-Datenmodellierung und des Code Pushdown vollumfänglich genutzt werden.

[»]

Einsatz von Embedded Analytics in SCM-EWM

Embedded Analytics kann in SCM-EWM zwar technologisch gesehen eingesetzt werden, allerdings gibt es zahlreiche Einschränkungen im Funktionsumfang. In SCM-EWM stehen relativ wenig vordefinierte CDS-Views zur Verfügung, und häufig müssen CDS-Views kundenindividuell programmiert werden. Daher ist aus funktionaler Sicht Embedded Analytics mit SAP S/4HANA EWM zu empfehlen.

Ab SAP S/4HANA 1709 steht Ihnen vordefinierter Content in Form von CDS-Views für SAP-EWM-Daten und analytische SAP-Fiori-Apps zur Verfügung. Im Folgenden stellen wir Ihnen eine Auflistung von SAP-EWM-bezogenem Standard-Content vor und erläutern die drei SAP-Fiori-Apps **Abfragebrowser**, **EWM Lager-KPIs** und **KPIs und Berichte erstellen** anhand praxisnaher Beispiele in SAP EWM.

Standard-Content

In SAP EWM sind zahlreiche vordefinierte CDS-Views enthalten, die Sie zur operativen Datenanalyse einsetzen können. Mit dem SAP-S/4HANA-Release 2022 werden zahlreiche CDS-Views, zu denen eine analytische Query definiert ist, ausgeliefert. Nachfolgend haben wir einige wichtige CDS-Views aufgelistet:

- **C_EWM_InboundDeliveryItemQ**
  Mit diesem CDS-View können Sie Analysen bezüglich der Anlieferpositionen, wie z. B. die Ermittlung der gesperrten Anlieferpositionen, von bereits wareneingangsgebuchten Anlieferpositionen usw. durchführen.
- **C_EWM_OutbDelivOrdQ**
  Mit diesem CDS-View können Sie eine operative Analyse für Auslieferungsaufträge ausführen, um z. B. die Anzahl der warenausgangsgebuchten Auslieferungsaufträge sowie Anzahl, Volumen und Gewicht von Auslieferungsauftragspositionen zu ermitteln.
- **C_EWM_WarehouseOrderQ**
  Dieser CDS-View stellt Informationen zur Beantwortung von Fragen nach dem Status und der Gesamtzahl der Lageraufträge in Ihrem Lager zur Verfügung. Sie können dabei u. a. nach Erstellungsdatum und spätestem Starttermin des Lagerauftrags filtern.
- **C_EWM_WarehouseTaskQ**
  Dieser CDS-View zeigt Ihnen an, wie viele Lageraufgaben und Lageraufgabenpositionen es im Lager gibt. Des Weiteren können Sie z. B. die Differenzproduktmenge und die Zielproduktmenge in der Basismengeneinheit oder in der Alternativmengeneinheit analysieren.
- **C_EWM_WarehouseWaveQ**
  Dieser CDS-View liefert Informationen über die Anzahl an Wellenpositionen im Lager, den Status einzelner Wellen und den Freigabezeitpunkt. Sie können damit z. B. analysieren, wie viele initiale, d. h. nicht freigegebene Wellen in Ihrem Lager vorhanden sind und welches das geplante Freigabedatum dieser Wellen ist.

Einige der vordefinierten CDS-Views verwenden Eingabeparameter, die beim Aufrufen der analytischen Query im Frontend abgefragt werden. Dadurch kann die Selektionsmenge eingeschränkt werden (z. B. Filter auf einen Lagertyp oder Lagerbereich). Neben den hier gelisteten analytischen CDS-Views gibt es noch zahlreiche weitere vordefinierte CDS-Views in SAP EWM. Eine Auflistung des gesamten CDS-Contents in

SAP EWM finden Sie im SAP Help Portal für SAP S/4HANA unter dem Link *https://help.sap.com/viewer/8308e6d301d54584a33cd04a9861bc52/2020.latest/de-DE/efb132d131ca40088dd1868d4e950887.html*

Neben den aufgelisteten CDS-Views stellt SAP neben SAP EWM und auch für andere Komponenten in SAP S/4HANA zahlreiche vordefinierte CDS-Views zur Verfügung, die ohne Programmieraufwand von Anwendern in SAP-Fiori-Apps und weiteren Werkzeugen wie z. B. SAP Analytics Cloud konsumiert werden können. SAP baut diesen Standard-Content ständig weiter aus. Es lohnt sich also, nach Standard-Content in Embedded Analytics zu suchen, da dieser häufig eine Antwort auf analytische Fragestellungen zu fachbereichsbezogenen Auswertungen liefert. Für kundenindividuelle Auswertungen können jederzeit individuelle VDMs auf der Basis von CDS-Views in der Entwicklungsumgebung Eclipse programmiert werden.

Einen Überblick über CDS-Views mit analytischen Queries gibt die Tabelle `QB_CDS-VIEWS_QUERY` in Transaktion SE16N mit dem Selektionsparameter `Name Ddl Source = C_EWM*` oder der Query-Browser (Abfragebrowser) im SAP Fiori Launchpad, den wir im Folgenden vorstellen.

Abfragebrowser

Im Abfragebrowser können Sie nach CDS-Views suchen, die eine analytische Query definieren. Der Abfragebrowser eignet sich als Werkzeug zum Suchen von CDS-Views und zur operativen Analyse der gefundenen CDS-Views in Form von multidimensionalen Berichten. Mit dem Abfragebrowser stellt SAP einen zentralen Ort im SAP Fiori Launchpad zur Verfügung, um alle CDS-Views, die Ihnen für die operative Analyse zur Verfügung stehen, zu suchen.

[»]

Rolle und technische Einstellungen für den Abfragebrowser

Um den Abfragebrowser nutzen zu können, benötigen Sie für Ihren SAP-User die Rolle `SAP_BR_EMPLOYEE`. Um die Funktion **Query analysieren** nutzen zu können, müssen Sie u. a. zusätzlich einige ICF-Services und den OData-Service `RSAO_ODATA_SRV` aktivieren. Technische Details dazu finden Sie im SAP Help Portal unter *https://help.sap.com/viewer/6b356c79dea443c4bbeeaf0865e04207/2020.latest/en-US/3a24b854ee8f8d21e10000000a44176d.html*

Der Abfragebrowser bietet Ihnen u. a. die folgenden wichtigen Funktionen:

- **Suchen und Filtern**
  Die CDS-Views können nach Text (z. B. »EWM«) gesucht und nach Anwendungskomponenten gefiltert werden.

- **CDS-Query-Details**
  Mittels Klick auf den Namen eines CDS-Views navigieren Sie zur Detailansicht. Dort werden technische Informationen wie z. B. der Name des ABAP/4-Dictionary-Objekts, die Anwendungskomponente sowie der Paketname angezeigt.
- **Favoriten markieren**
  Sie können häufig genutzte CDS-Views als Favoriten markieren, um diese schnell finden zu können.
- **Analytische Query analysieren**
  In der Detailansicht haben Sie die Möglichkeit, eine multidimensionale Analyseumgebung zu öffnen, in der die analytische Query des ausgewählten CDS-Views analysiert werden kann. Diese Funktionalität gleicht der Datenanalyse mit dem BEx Analyzer und SAP Analysis for Microsoft Office. Sie können Ihre Analyse zudem in Form eines multidimensionalen Reports im SAP Fiori Launchpad veröffentlichen.

[«]

CDS-Views und analytische Queries

Im Abfragebrowser werden nur CDS-Views gezeigt, die eine analytische Query definieren. Zur Analyse der Daten wird im Abfragebrowser mit dem InA-Protokoll auf die analytischen Queries zu den CDS-Views zugegriffen. Der Abfragebrowser bildet somit eine Ausnahme unter den SAP-Fiori-Apps, die CDS-Views normalerweise über OData konsumieren.

Wie die Funktionen des Abfragebrowsers im SAP-EWM-Umfeld genutzt werden können, zeigen wir Ihnen anhand eines einfachen Beispiels: Sie möchten wissen, wie viele Wellen es in der aktuellen Woche je nach Wellenstatus (**initial**, **freigegeben**, **mit Fehlern freigegeben**) im Lager gibt.

Als Erstes suchen Sie einen CDS-View als Datenquelle für Ihre Analyse. Mit Transaktion /UI2/FLP gelangen Sie zum SAP Fiori Launchpad, von dem aus Sie den Abfragebrowser starten. Im Abfragebrowser können Sie die Anzeige der CDS-Views auf SAP-EWM-bezogene CDS-Views einschränken. Dazu geben Sie »EWM« in die Suchleiste ein (siehe Abbildung 15.43).

Der Abfragebrowser listet Ihnen alle SAP-EWM-bezogenen CDS-Views auf, zu denen eine analytische Query erstellt worden ist. Über einen Klick auf den CDS-View **Welle** (technischer Name `C_EWM_WarehouseWaveQ`) navigieren Sie zur Detailansicht (siehe Abbildung 15.44). Dort finden Sie eine Beschreibung der Query und eine Auflistung aller Datenfelder, die zur Datenanalyse von Wellen genutzt werden können.

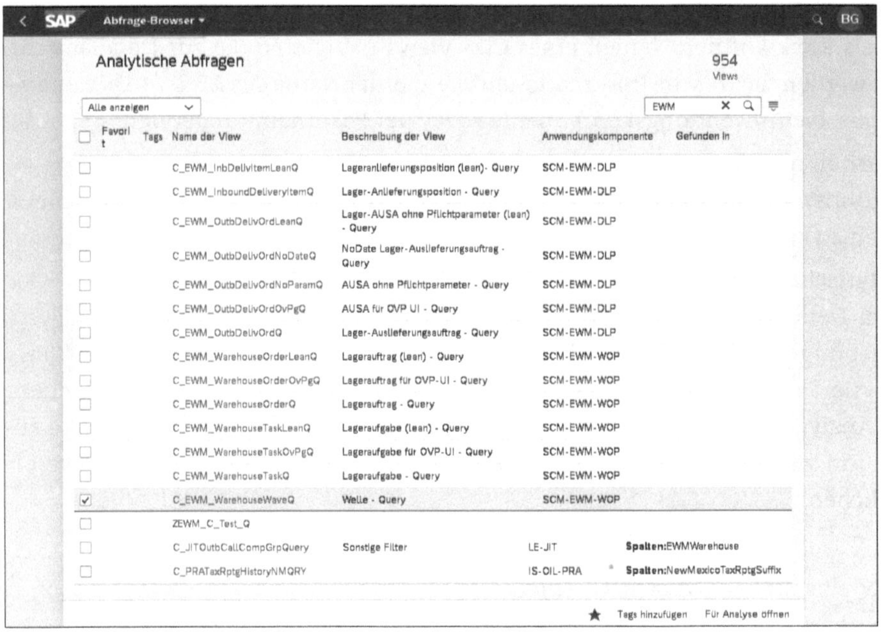

Abbildung 15.43 CDS-Views mit analytischer Query zu SAP EWM suchen

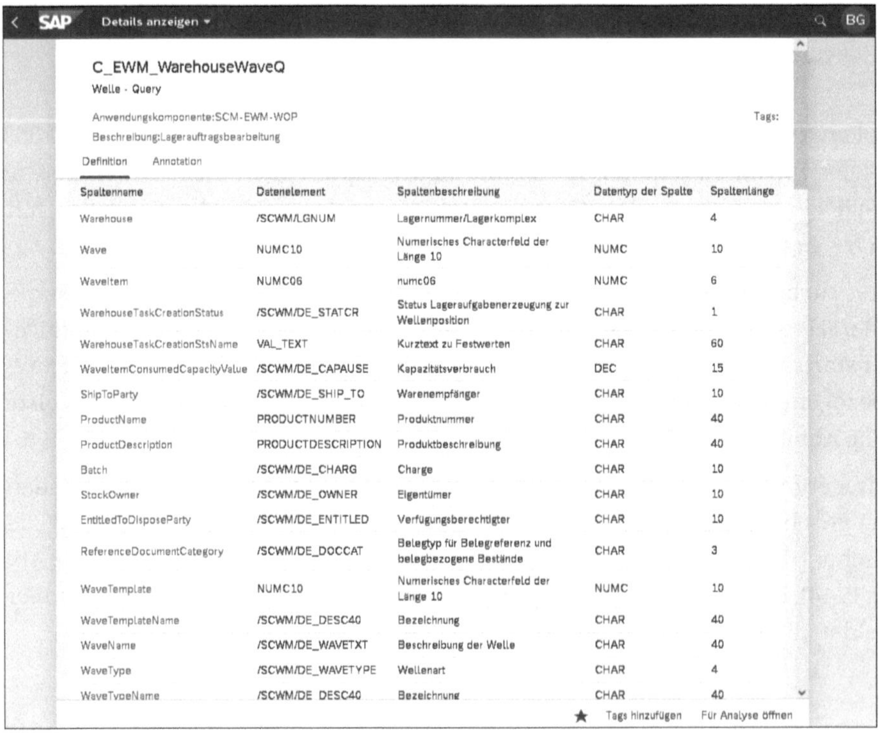

Abbildung 15.44 Informationen zum CDS-View C_EWM_WarehouseWaveQ

Um die Daten aus dem CDS-View zu analysieren, klicken Sie auf den Button **Für Analyse öffnen** in der Fußzeile in Abbildung 15.44. Im folgenden Fenster haben Sie die Möglichkeit, Parameter, z. B. die Lagernummer, für den CDS-View anzugeben. Sie gelangen nun zur Analyseumgebung für die analytische Query zum CDS-View, die Ihnen die Möglichkeit einer multidimensionalen Datenauswertung bereitstellt (siehe Abbildung 15.45).

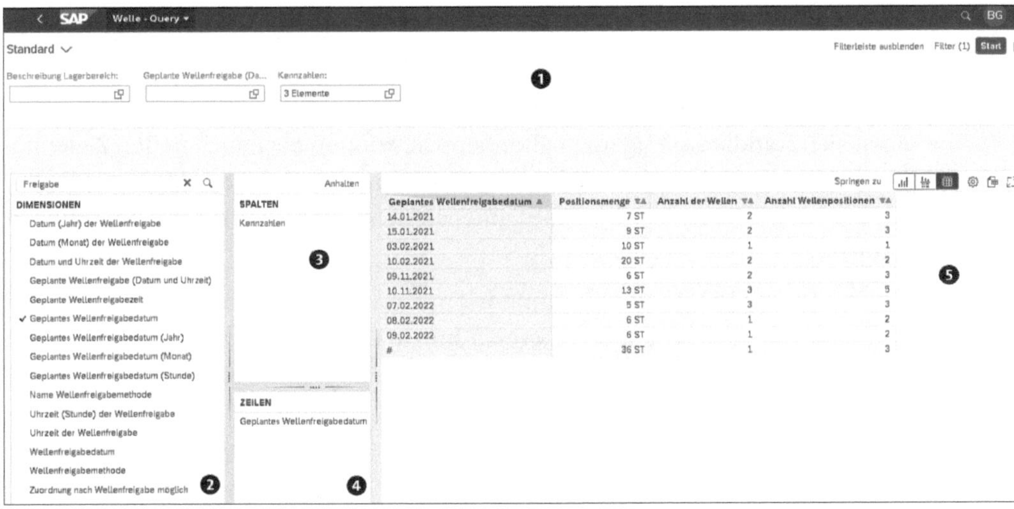

Abbildung 15.45 Analyseumgebung im Abfragebrowser

Die Analyseumgebung ist als multidimensionaler Bericht aufgebaut und besteht aus insgesamt fünf Bereichen:

- **Filterbereich ❶**
  Im Filterbereich können Sie die angezeigten Daten mithilfe von Filtern einschränken. Sie können dabei Filter für Dimensionen, z. B. **Geplantes Wellenfreigabedatum**, und für die darzustellenden Kennzahlen, z. B. **Anzahl der Wellen** setzen.
- **Dimensionsbereich ❷**
  Im Dimensionsbereich werden alle Dimensionen der analytischen Query gelistet. Da auch Kennzahlen eine Dimension besitzen, sind diese auch im Dimensionsbereich zu finden.
- **Spalten- und Zeilenbereich ❸ + ❹**
  Im Spalten- und Zeilenbereich legen Sie das Layout der analytischen Query fest. Sie können die Dimensionen per Drag & Drop im Spalten- und Zeilenbereich platzieren.
- **Analysebereich ❺**
  Im Analysebereich werden Ihnen die Daten der analytischen Query angezeigt, die Sie in den zuvor beschriebenen Bereichen ausgewählt und gefiltert haben. Die An-

zeige erfolgt dabei standardmäßig in tabellarischer Form. Auch können Sie ein Diagramm auf Basis der selektierten Daten anzeigen oder eine kombinierte Anzeige von Diagramm und Tabelle wählen.

Um die Anzahl der Wellen im Lager anzuzeigen, müssen Sie einen Kennzahlfilter auf die Kennzahl **Anzahl der Wellenpositionen** setzen. Dazu öffnen Sie die Filtereinstellungen und suchen nach der Dimension **Kennzahlen**. Sie können nun alle Kennzahlen auswählen, die in der analytischen Query zur Verfügung stehen (z. B. **Anzahl der Wellen**, **Anzahl der Wellenpositionen** oder **Positionsmenge**).

Für unser Beispiel selektieren wir die Kennzahl **Anzahl der Wellen**. Die Kennzahlen befinden sich standardmäßig im Spaltenbereich, können aber auch in den Zeilenbereich verschoben werden (siehe Abbildung 15.46). Im Spalten- und Zeilenbereich können Sie per Drag & Drop verschiedene Dimensionen zur Kennzahl **Anzahl der Wellen** hinzufügen.

In unserem Beispiel fügen wir die Dimensionen **Name Wellenstatus** und **Geplantes Wellenfreigabedatum** dem Spaltenbereich hinzu. Die Anzahl der Wellen platzieren wir im Zeilenbereich. Anschließend setzen wir einen Filter für das geplante Wellenfreigabedatum (z. B. die aktuelle Kalenderwoche). Mit der Option **Diagramm und Tabelle** haben Sie die Möglichkeit, die Kennzahl, z. B. als Balkendiagramm, im Analysebereich darzustellen.

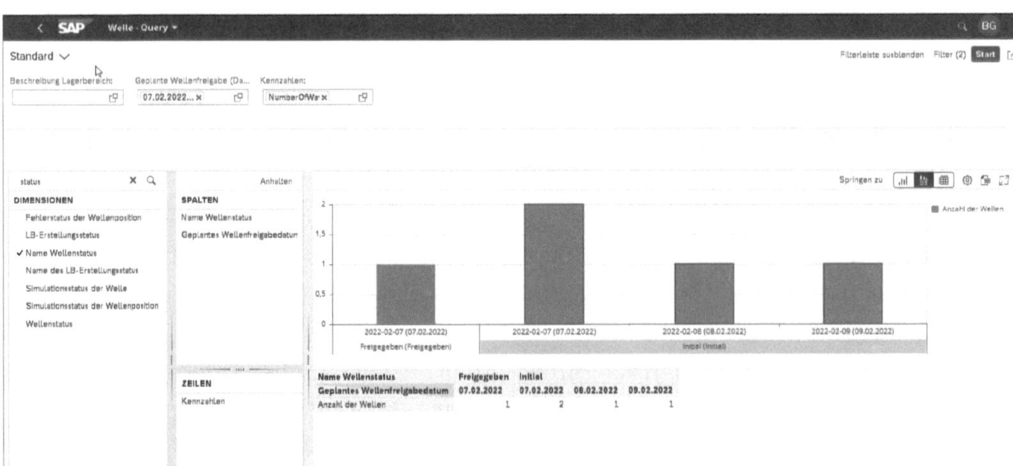

Abbildung 15.46 Multidimensionale Analyse der Wellen in Bezug auf Wellenstatus und geplantes Freigabedatum

Des Weiteren haben Sie im Abfragebrowser auch die Möglichkeit, die von Ihnen erstellten Analysen als SAP-Fiori-Kacheln vom Typ **Multidimensional Reports** zu speichern. Dadurch können Sie jederzeit vom SAP Fiori Launchpad aus zu Ihrer Auswertung navigieren. Entsprechend Abbildung 15.47 sichern wir den multidimensionalen Bericht als SAP-Fiori-Kachel mit dem Namen »Analyse Wellenfreigabe« und ordnen die Kachel der Gruppe **Lagerabwicklung (EWM)** zu.

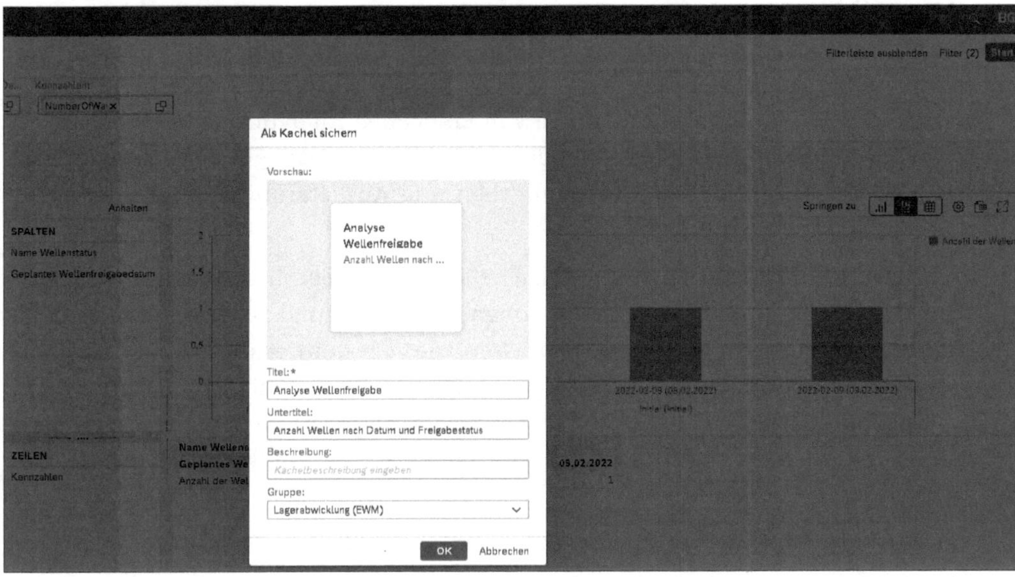

Abbildung 15.47 Multidimensionalen Bericht zum Wellenmanagement als Kachel sichern

Dadurch wird die Kachel **Analyse Wellenfreigabe** der Gruppe **Lagerabwicklung (EWM)** zugeordnet (siehe Abbildung 15.48)

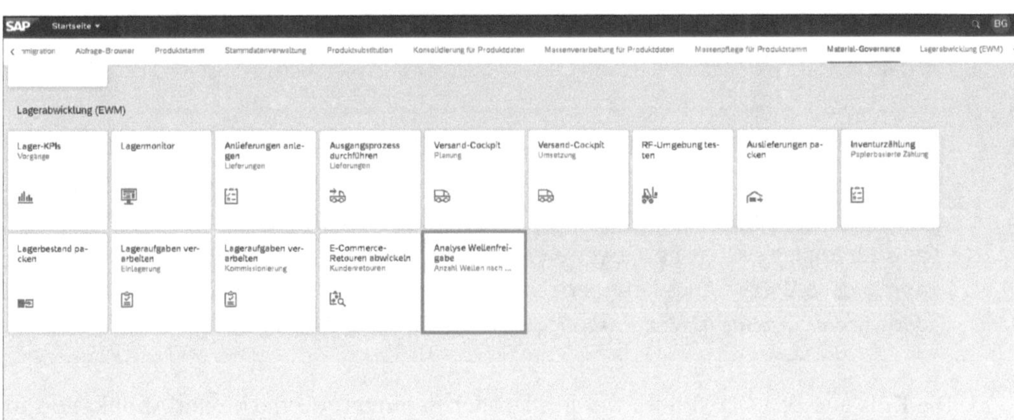

Abbildung 15.48 Multidimensionaler Bericht »Analyse Wellenfreigabe« als SAP-Fiori-Kachel

Zur Analyse von vordefiniertem Content aus Embedded Analytics für SAP EWM in Form eines Dashboards stellen wir Ihnen im folgenden Abschnitt die SAP-Fiori-App **Lager-KPIs** vor.

Lager-KPIs

Neben dem Lagercockpit (siehe Abschnitt 15.3, »Lagercockpit«) gibt es in SAP EWM zum grafischen Monitoring von Lageraktivitäten die analytische SAP-Fiori-App **Lager-KPIs**. Diese Applikation ist Teil von Embedded Analytics und ab Release SAP S/4HANA 1909 verfügbar. Sie bietet die Möglichkeit zur Darstellung von vordefinierten KPIs zu Lageraufträgen, Lageraufgaben und Auslieferungsaufträgen in einem Dashboard.

Die SAP-Fiori-App **Lager-KPIs** soll Ihnen helfen, einen Überblick über die Prozesse im Lager zu erhalten, wichtige Informationen anzuzeigen und zu filtern. So haben Sie z. B. die Möglichkeit, sich anzeigen zu lassen, wie viele quittierte und offene Lageraufträge den verschiedenen Queues zugeordnet sind. Als Datenbasis zur Kennzahlendarstellung werden in SAP EWM standardmäßig ausgelieferte CDS-Views (Standard-CDS-Views) genutzt, die als analytische Queries zur Verfügung stehen. Diese CDS-Views sind:

- die Query **Lagerauftrag** (View-Name: `C_EWM_WarehouseOrderQ`)
- die Query **Lageraufgabe** (View-Name: `C_EWM_WarehouseTaskQ`)
- die Query **Auslieferungsauftrag ohne obligatorische Parameter** (View-Name: `C_EWM_OutbDelivOrdNoParamQ`)

Die SAP-Fiori-App können Sie per Suche nach analytischen SAP-Fiori-Apps in Bezug auf SAP EWM in der zuvor erwähnten SAP Fiori Apps Reference Library oder über den Abfragebrowser finden.

[»]

Rolle für Lager-KPIs

Damit Sie die App **Lager-KPIs** im SAP Fiori Launchpad nutzen können, muss für Ihren SAP-User die Rolle `SAP_BR_WAREHOUSE_CLERK_EWM` hinterlegt werden. Für weitere Details zur Implementierung verweisen wir auf die Implementierungsinformationen zur App in der SAP Fiori Apps Reference Library unter *https://fioriappslibrary.hana.ondemand.com/sap/fix/externalViewer/#/detail/Apps('F4024')/S21OP*

Die KPIs aus den CDS-Views werden auf der Benutzeroberfläche der Applikation in einzelnen KPI-Karten dargestellt. Eine Kennzahlenkarte besteht aus dem Namen der KPI, dem KPI-Wert und einem Diagramm zur Visualisierung der KPI. Diese Karten sind für die operative Analyse ausgerichtet und sollen dem Lagerleitstand helfen, die täglichen Aufgaben im Lager effizient zu verwalten und durchzuführen. Abbildung 15.49 zeigt eine KPI-Karte zur Anzahl der bestätigten Lageraufträge nach Queue.

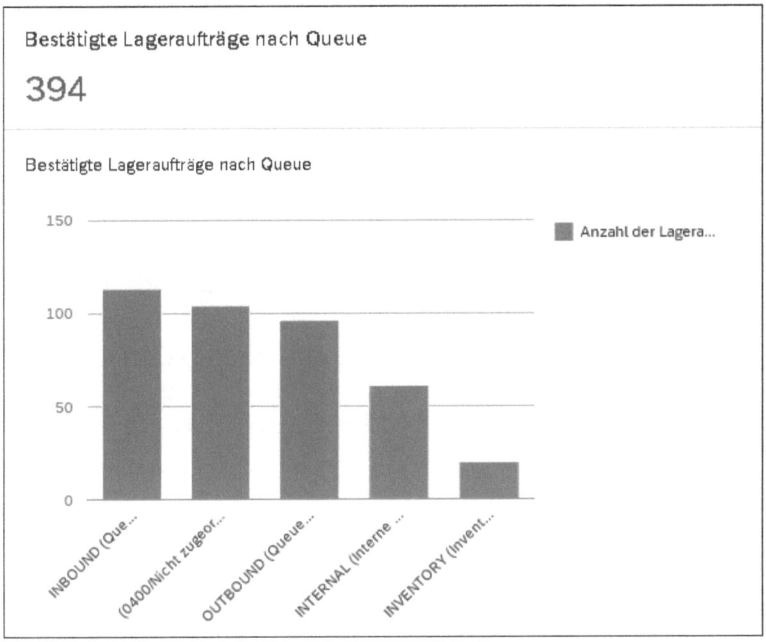

Abbildung 15.49 KPI-Karte: Bestätigte Lageraufträge nach Queue

Sie können aus den einzelnen KPI-Karten Ihr eigenes Dashboard erstellen und die Karten per Drag & Drop unterschiedlich anordnen. Mit Release SAP S/4HANA 2021 stehen Ihnen die folgenden 16 KPI-Karten zur Verfügung:

- Überfällige Auslieferungsauftragspositionen ohne Warenausgang nach Warenempfänger
- Gesperrte Auslieferungsauftragspositionen nach geplanter Warenausgangszeit
- Auslieferungsauftragspositionen ohne Kommissionier-Lageraufgaben nach geplanter Warenausgangszeit
- Auslieferungsauftragspositionen ohne Warenausgang nach geplanter Warenausgangszeit
- Auslieferungsauftragspositionen ohne Warenausgang nach Warenempfänger
- Auslieferungsauftragspositionen nach Warenausgangsstatus
- Auslieferungsauftragspositionen mit Warenausgang nach tatsächlicher Warenausgangszeit
- Auslieferungsauftragspositionen mit unvollständigen Wellenzuordnungen nach geplanter Warenausgangszeit
- Quittierte Lageraufträge nach Queue
- Offene Lageraufträge nach Queue
- Offene Kommissionier-Lageraufgaben nach Aktivitätsbereich

- Offene Einlagerungslageraufgaben nach Aktivitätsbereich
- Offene Lageraufgaben nach Aktivitätsbereich
- Offene Lageraufgaben nach Überfälligkeit in Stunden
- Offene Lageraufgaben nach Lagerprozesstyp
- Offene Lageraufgaben nach Lagerprozessart

Für die KPI-Karten innerhalb des Dashboards können Dimensionen (z. B. **Lagertyp** oder **Datum der Lagerauftragserstellung**) gefiltert werden. Diese Filter schränken die selektierte Datenmenge ein und ermöglichen somit eine individuelle Datenauswertung und Anpassung des Dashboards für die jeweilige Analyse. Sie können u. a. die folgenden wichtigen Filter verwenden:

- Lager
- Aktivitätsbereich
- Lagerprozessart
- Erstellungsdatum Lageraufgabe
- Auslieferungsauftragsart
- Geplantes Warenausgangsdatum
- Ist-Warenausgangsdatum

In Abbildung 15.50 haben wir ein Dashboard aus verschiedenen KPI-Karten zusammengestellt.

Abbildung 15.50 Beispiel-Dashboard der SAP-EWM-App »Lager-KPIs«

Wir haben dabei einen Filter für das Lager und den Betrachtungszeitraum (Datumsfunktion: letzte zwei Wochen) gesetzt. Das Dashboard zeigt die KPI-Karten **AUSA-Positionen mit Warenausgang nach tatsächlicher Warenausgangszeit**, **Quittierte Lageraufträge nach Queue**, **AUSA-Positionen nach Warenausgangsstatus** und **Offene Lageraufträge nach Queue**.

Mit einem Klick auf eine KPI-Karte springen Sie zu den SAP-Fiori-Apps, die alle Datensätze zur KPI in tabellarischer Form auflisten. In unserem Beispiel haben wir die KPI-Karte **AUSA-Positionen nach Warenausgangsstatus** selektiert und sehen in der SAP-Fiori-App **Auslieferungsaufträge** (App-ID F4969) alle Auslieferungsaufträge inklusive Warenausgangsstatus zur ausgewählten KPI (siehe Abbildung 15.51).

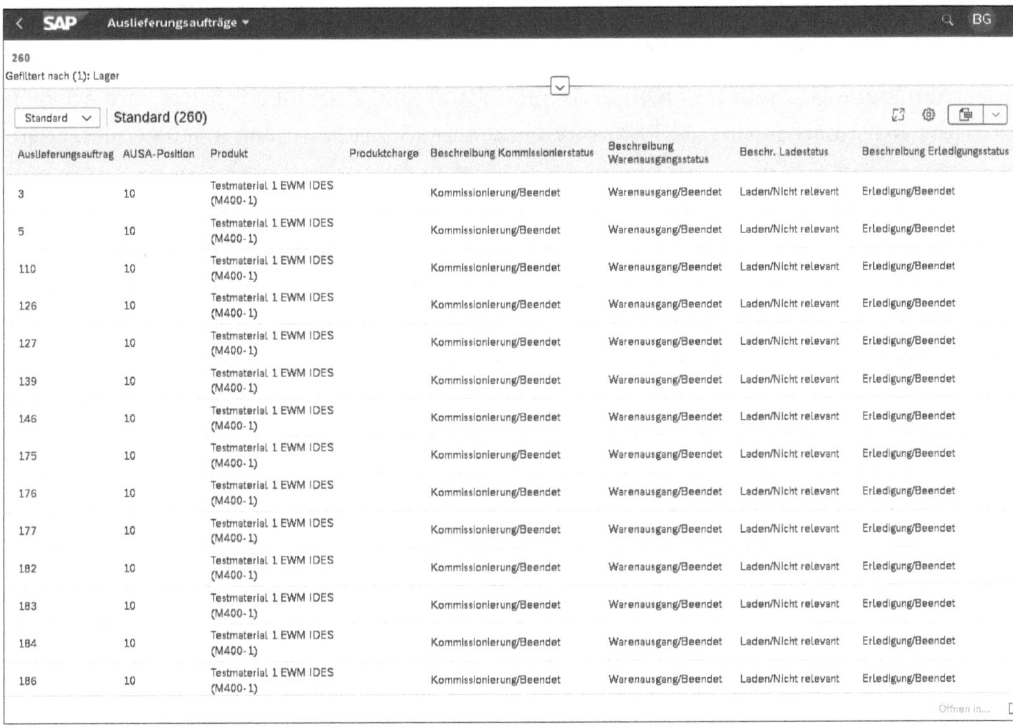

Abbildung 15.51 Beispiel zur Drilldown-Funktion für Auslieferungsaufträge

Sie können das von Ihnen mithilfe von Filtern und KPI-Karten individuell gestaltete Dashboard als Variante speichern, um beim erneuten Öffnen der App wieder darauf zugreifen zu können.

Die SAP-EWM-App **Lager-KPIs** beinhaltet vordefinierte KPI-Karten. Um individuelle KPIs zu den vordefinierten CDS-Views zu erstellen, können SAP-Smart-Business-KPIs verwendet werden, die im folgenden Abschnitt beschrieben werden.

SAP-Smart-Business-KPIs

Für die Erstellung eigener KPIs stellt SAP die SAP-Fiori-App **KPIs und Berichte verwalten** zur Verfügung. Diese App ist ein generisches Werkzeug und ersetzt ab Release 2020 die zur KPI-Erstellung genutzten Smart-Business-Modellierungs-Apps. Als Basis dazu können die CDS-Views aus dem zuvor beschriebene Standard-Content von Embedded Analytics für SAP EWM genutzt werden.

SAP-Smart-Business-KPIs können so konfiguriert werden, dass eine Tendenz mit angezeigt wird. Durch die Angabe von Grenzwerten können diese auch farblich hervorgehoben werden, sodass sofort erkennbar ist, ob sich die jeweilige KPI in einem unkritischen bzw. kritischen Bereich befindet. Zur Erstellung individueller KPIs wird das sogenannte *SAP Smart Business Framework* genutzt, das die Darstellung dieser KPIs als SAP-Fiori-Apps ermöglicht.

Abbildung 15.52 gibt Ihnen einen Überblick über die einzelnen Schritte zum Anlegen der SAP-Smart-Business-KPI-Komponenten. Die Schritte werden im Folgenden erläutert.

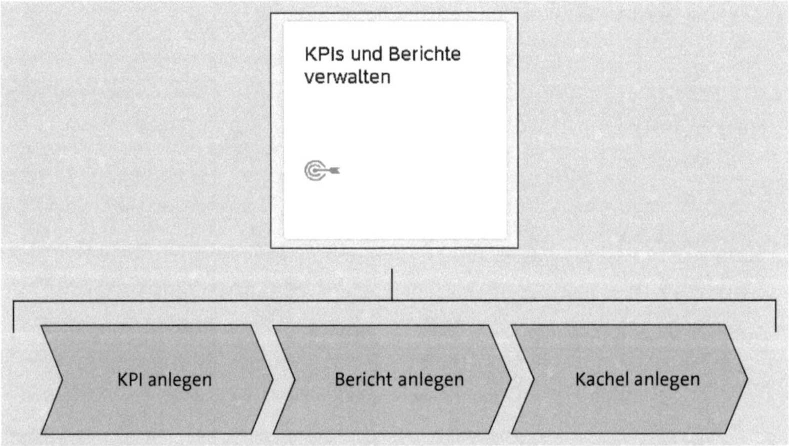

Abbildung 15.52 Schritte zum Erstellen einer SAP-Smart-Business-KPI

1. **KPI anlegen**
   Die KPI bildet die Datengrundlage für SAP-Smart-Business-KPIs. Eine KPI stellt eine Kennzahl aus einem CDS-View dar, zu dem ein OData-Service definiert ist. Zum Anlegen einer KPI wählen Sie zunächst eine Gruppe aus, der diese zugeordnet werden soll. Eine Gruppe fasst KPIs in Bezug auf anwendungsbezogene Auswertungen zusammen (z. B. eine Gruppe für KPIs zur Wellenanalyse).

   Falls keine passende Gruppe vorhanden ist, können Sie auch eine neue Gruppe erstellen. Als Nächstes müssen Sie eine Datenquelle für die betreffende KPI auswählen. Dafür stehen Ihnen die zuvor beschriebenen CDS-Views aus Embedded Analytics zur Verfügung. Bei der Selektion der Datenquelle wird automatisch auch der entsprechende OData-Service mit ausgewählt. Nach der Auswahl der Datenquelle, haben Sie die Möglichkeit, Details und betriebswirtschaftliche Semantik zu Ihrer KPI hinzuzufügen. Beispielsweise können Sie einen Zieltyp und Schwellenwerte zur KPI hinzufügen, wodurch die farbliche Anzeige der KPI in der KPI-Kachel gesteuert wird. Ein Zieltyp gibt an, wie der Wert der KPI zu interpretieren ist (z. B. sollte der Wert der KPI **Freigegebene Wellen mit Fehler** möglichst minimal sein).

2. **Bericht anlegen**
   Nachdem die KPI angelegt worden ist, erstellen Sie im zweiten Schritt für die KPI einen Bericht. Ein Bericht ist eine auf dem SAP Smart Business Framework basierende analytische SAP-Fiori-App. Sie haben dabei die Wahl zwischen einer Smart-Business-Drilldown-App (kurz Drilldown-App) oder einer Analytical List Page. Die beiden Formen unterscheiden sich in Bezug auf das Layout und die Funktionen des Berichts. Eine Analytical List Page kombiniert z. B. die Anzeige von Diagrammen und Tabellen auf einer Seite, wohingegen eine Drilldown-App entweder die Anzeige eines Diagramms oder einer Tabelle ermöglicht. Beim Anlegen des Berichts müssen Sie eine KPI bzw. den CDS-View zur KPI als Datenquelle angeben. Im weiteren Verlauf konfigurieren Sie Ihren Bericht, indem Sie Eingabeparameter und Filter anlegen und Diagramme und Tabellen erstellen.
3. **Kachel anlegen**
   Im letzten Schritt legen Sie zu Ihrem Bericht eine Kachel an, die im SAP Fiori Launchpad angezeigt wird. Eine Kachel zeigt den numerischen Wert der angelegten SAP-Smart-Business-KPI und kann auf Basis dieses Wertes eine konfigurierte Werteskala anwenden (z. B. wird die Kachel in Rot dargestellt, wenn der Wert größer als 5 ist, und andernfalls in Grün). Die KPI kann dabei anhand von verschiedenen Grafiktypen visualisiert werden. Dabei können Sie zwischen verschiedenen Kacheltypen wählen, z. B. einer statischen Kachel (Anzeige der KPI-Bezeichnung) und einer dynamischen Kachel (Anzeige der KPI als Zahl und/oder Mini-Diagramm). Beachten Sie, dass für Berichte in Form von Analytical List Pages nur statische Kacheln angelegt werden können.

Nachdem Sie den Kacheltyp festgelegt haben, müssen Sie für die Kachel noch einen Namen vergeben und einen Katalog auswählen, in dem die Kachel veröffentlicht wird. Dem Katalog ist eine Rolle zugewiesen. Alle Personen, die diese Rolle innehaben, können die KPI-Kachel sehen und zu Ihrem SAP Fiori Launchpad hinzufügen. Nachdem die Kachel angelegt worden ist, finden Sie diese im *App-Finder* im entsprechenden Katalog und können die Kachel zu Ihrem SAP Fiori Launchpad hinzufügen.

Voraussetzungen zur Erstellung einer SAP-Smart-Business-KPI

Um eine SAP-Smart-Business-KPI mit der SAP-Fiori-App **KPIs und Berichte verwalten** zu erstellen, muss Ihrem SAP-User die Rolle `SAP_BR_ANALYTICS_SPECIALIST` zugeordnet sein. Zusätzlich müssen Sie noch den folgenden OData-Service auf dem Frontend Server aktivieren: /SSB/SMART_BUSINESS_DESIGNTIME_SRV. Weitere Informationen zur Implementierung der App finden Sie in der SAP Fiori Apps Reference Library unter *https://fioriappslibrary.hana.ondemand.com/sap/fix/externalViewer/#/detail/Apps('F2814')/S21OP.*

Insbesondere in Verbindung mit dem Lagermonitor bildet Embedded Analytics die zentralen Werkzeuge für eine operative Analyse Ihrer Lagerprozesse in SAP EWM. Im folgenden Abschnitt gehen wir auf die strategische Analyse in SAP EWM ein und beschreiben Ihnen die Grundlagen der Nutzung von SAP-EWM-Daten in SAP BW/4HANA.

15.6 SAP-EWM-spezifisches Reporting in SAP BW/4HANA

Zur strategischen Analyse, zur Optimierung Ihrer Lageraktivitäten und zur längerfristigen Planung Ihres Lagerpersonals sind sowohl eine aggregierte als auch eine Detailsicht auf verschiedene Belege und Lagerkennzahlen wichtig. Zu diesem Zweck besteht in SAP EWM die Möglichkeit, aktuelle und bereits ausgeführte Belege (z. B. quittierte Lageraufträge, abgeschlossene LZL-Aufträge) an SAP BW/4HANA zu übertragen. In den folgenden Abschnitten geben wir Ihnen einen Überblick über die SAP-EWM-BW/4HANA-Integration und stellen dar, welche SAP-EWM-spezifischen Daten im Standard übertragen werden können.

15.6.1 Überblick über die SAP-EWM-BW/4HANA-Integration

Für die Integration und Übertragung von Daten zwischen SAP EWM als Quellsystem und SAP Business Warehouse bietet SAP im Standard vordefinierte *Extraktoren* in SAP EWM und entsprechenden Content (vorkonfigurierte Objekte, z. B. DataSources, Queries, Reports) in SAP BW/4HANA an.

Um die Datenübertragung zu ermöglichen, müssen Sie im ersten Schritt die technische Verbindung zwischen beiden Systemen einrichten. Nach der Konfiguration der Schnittstelle und der Aktivierung des Reporting-Contents können die Daten von SAP-EWM nach SAP BW/4HANA hochgeladen werden. Mit dem ETL-Prozess (ETL = Extraktion, Transformation, Laden) werden die Quelldaten in SAP BW/4HANA harmonisiert und vereinheitlicht, um so die Strukturen der Reports verwenden zu können. Harmonisierung und Standardisierung erfolgen während des Hochladens der extrahierten Daten von einem SAP-BW/4HANA-spezifischen Arbeitsbereich, der Persistent Staging Area (PSA), zu InfoProvidern wie DataStore-Objekten (DSOs) und InfoCubes.

Ein DSO dient der Ablage von konsolidierten und bereinigten Daten (z. B. Bewegungsdaten oder Stammdaten) auf der Belegebene. Im Gegensatz zu den DSOs, in denen die Daten in flachen Datenbanktabellen abgelegt werden, besteht ein InfoCube aus einer Anzahl relationaler, multidimensional angeordneter Tabellen und bietet somit die Möglichkeit der multidimensionalen Modellierung. Welchen InfoProvider Sie wählen, hängt von der Granularität der Daten, dem Datenvolumen und Ihren Analyseanforderungen ab. In beiden Objekten werden die Daten persistent gehalten und bilden die Basis für Reports und Analysen.

Nachdem die aus SAP EWM extrahierten Daten über die PSA in die verschiedenen Objekte des InfoProviders hochgeladen worden sind, können SAP-BW/4HANA-Queries die Daten von dem entsprechenden InfoProvider anfordern, um diese über verschiedene Reporting-Tools (z. B. SAP Analysis for Office oder SAP Analytics Cloud) auf dem Frontend anzuzeigen. Abbildung 15.53 veranschaulicht den Datenfluss zwischen SAP EWM und SAP BW/4HANA.

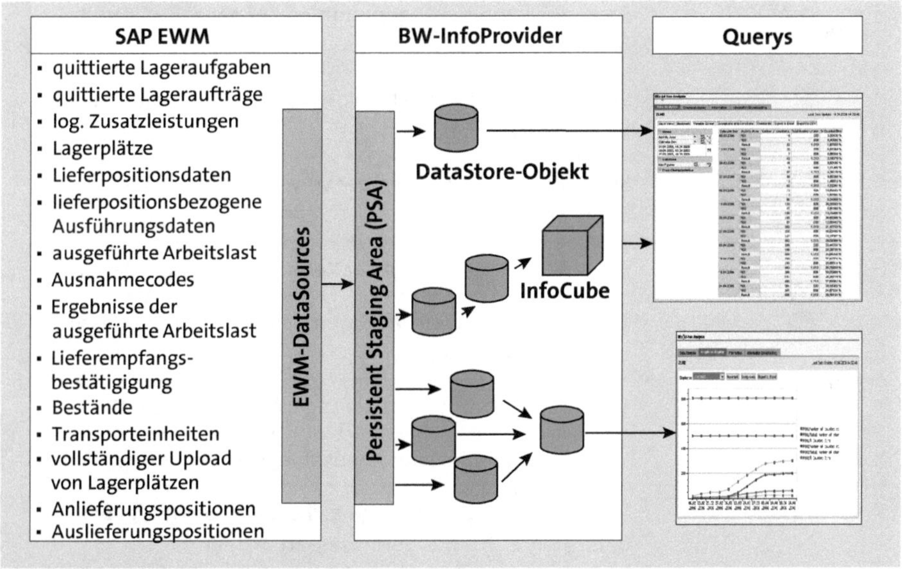

Abbildung 15.53 Datenfluss zwischen SAP EWM und SAP Business Warehouse

15.6.2 SAP-EWM-spezifischer Reporting-Content

Das Hochladen reporting-relevanter Daten aus SAP-EWM erfolgt über sogenannte *DataSources*, die in SAP EWM definiert werden. Eine DataSource umfasst eine Menge von Feldern, die zur Datenübertragung in SAP BW/4HANA angeboten werden. Technisch basiert die DataSource auf den Feldern der Extrakt-Struktur. Bei der Definition einer DataSource können diese Felder sowohl erweitert als auch für die Datenübertragung ausgeblendet (also gefiltert) werden. Außerdem beschreibt die DataSource die Eigenschaften des dazugehörigen Extraktors bezüglich der Datenübertragung in das SAP-BW/4HANA-System. Bei der Replikation werden die SAP-BW/4HANA-relevanten Eigenschaften der DataSource in SAP BW/4HANA bekannt gemacht. In Tabelle 15.2 sind die im SAP S/4HANA-Release 2021 ausgelieferten DataSources in SAP EWM aufgelistet.

DataSources für SAP BW/4HANA

Die in Tabelle 15.2 genannten Extraktoren sind für SAP BW (SAP NetWeaver) sowie SAP BW/4HANA verwendbar. Detaillierte Informationen dazu finden Sie im SAP-Hinweis 2552797.

DataSource	Beschreibung
0WM_EXCOBJTYPE_TEXT	Stellt Beschreibungen der Objekttypen für Ausnahmecodes bereit.
0WM_LGNUM_ATTR	Stellt die Attribute (**Lagernummer**, **Zeitzone**) des Lagers bereit.
0WM_WHCOST	Stellt Daten zu den Kosten von Lager und Vollzeitäquivalenten (VZÄ) bereit.
0WM_EXCCODE_TEXT	Stellt die Beschreibungen der verwendeten Ausnahmecodes bereit.
0WM_MS_TEXT	Stellt die Bezeichnungen der Kennzahlenservices bereit.
0WM_DLVPROC_TEXT	Stellt die Texte bereit, die einen Geschäftsprozess für eine Lieferposition definieren.
0WM_LGNUM_TEXT	Stellt die Bezeichnungen der Lagernummern bereit.
0WM_MS_RESULT	Stellt die Ergebnisse der Kennzahlenservices bereit.
0WM_PL_DLVI	Stellt Lieferpositionen, angereichert mit Lageraufgabendaten, wie z. B. der Lagerprozessart, bereit.
0WM_POD	Stellt Lieferempfangsdaten bereit.
0WM_STOCK	Stellt alle wichtigen Bestandsdaten inklusive Informationen über Gefahreneinstufung, Lagertyp- und Platzkoordinaten bereit.
0WM_TU	Stellt die Daten zu den Transporteinheiten, inklusive der Anzahl der zugeordneten Lieferungen und Lieferpositionen, sowie die Anzahl der zugeordneten HUs bereit.

Tabelle 15.2 Verfügbare DataSources in SAP EWM

DataSource	Beschreibung
0WM_VAS	Stellt logistische Zusatzleistungen (Kopf-, Aktivitäts- und Positionsdaten, Daten zu Hilfsprodukten) bereit.
0WM_BIN_FULL	Vollständiger Upload von Lagerplätzen. Stellt Daten, die eine Momentaufnahme der Lagerplätze darstellen, zur Ermittlung des Lagerauslastungsgrades bezüglich belegter Plätze, HUs und zugeordneter Leerplätze bereit.
0WM_DLVI_IN	Stellt Daten zu abgeschlossenen Anlieferungspositionen bereit.
0WM_DLVI_OUT	Stellt Daten zu abgeschlossenen Auslieferungspositionen bereit.
0WM_EWL	Stellt die ausgeführte Arbeitslast bereit.
0WM_EXCCODE	Stellt die ausgelösten Ausnahmecodes bereit.
0WM_WT_WO	Stellt die quittierten Lager-aufgaben bereit. Diese DataSource stellt keine Lagerbelege von Warenbewegungen oder Umlagerungen bereit (Hinweis: Lageraufgaben werden erst dann extrahiert, wenn der dazugehörige Lagerauftrag quittiert wurde.)
0WM_WO	Stellt quittierte und stornierte Lageraufträge bereit.

Tabelle 15.2 Verfügbare DataSources in SAP EWM (Forts.)

Neben diesen Extraktoren können ab SAP S/4HANA 1808 auch CDS-Views als Extraktoren für SAP BW/4HANA genutzt werden. Somit können Sie vordefinierten, SAP-EWM-bezogenen CDS-Content nach SAP BW/4HANA übertragen. Die CDS-Extraktion wird vom ODP-Framework (Operational Data Provisioning) durchgeführt. Auf der SAP-BW/4HANA-Seite muss dazu eine ODP-DataSource (ODP_CDS) ausgewählt werden. Für weitere Details zur Verknüpfung von CDS-Views und SAP BW/4HANA verweisen wir auf das Buch »SAP BW/4HANA« vom Rheinwerk Verlag.

15.6.3 Datenfluss und Datenablage in SAP Business Warehouse

Um den Datenfluss, die Erstellung von Reports und die Darstellung auf dem SAP-BW/4HANA-Frontend nachvollziehbarer zu machen, geben wir Ihnen in diesem Abschnitt einen kurzen Überblick über die wichtigsten SAP-BW/4HANA-Objekte. In Abbildung 15.54 sehen Sie den Datenfluss innerhalb von SAP BW/4HANA mit den wichtigsten daran beteiligten Objekten.

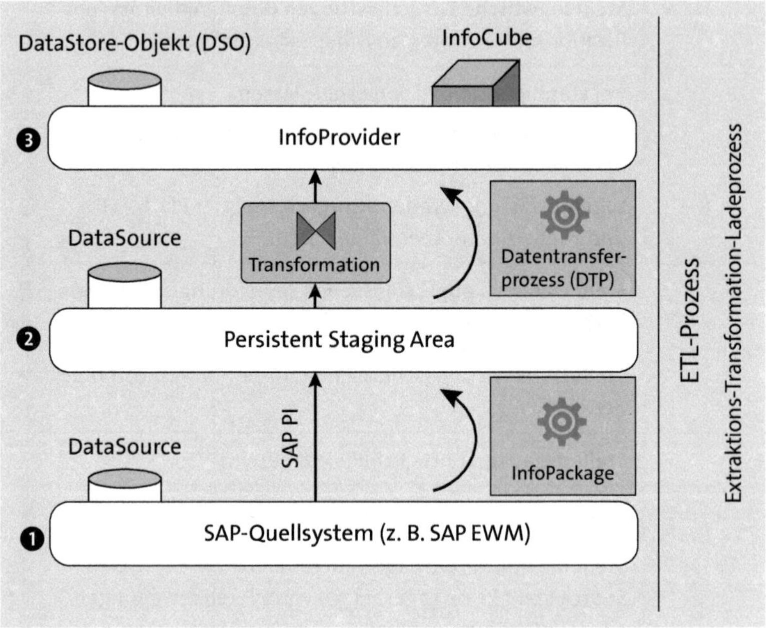

Abbildung 15.54 Architektur des Datenflusses und der Datenablage in SAP BW/4HANA

Wie es aus Abbildung 15.54 hervorgeht, dient die mehrschichtige Architektur von SAP BW/4HANA der Integration von Daten aus unterschiedlichen Quellen ❶, der Transformation, Konsolidierung, Bereinigung und Ablage von Daten ❷ sowie der effizienten Bereitstellung der Daten zu deren Analyse und Interpretation ❸.

Wie bereits erwähnt, werden über die DataSource Daten einer betriebswirtschaftlichen Einheit aus dem Quellsystem (z. B. SAP EWM) extrahiert und in die Eingangsschicht von SAP BW/4HANA, die Persistent Staging Area (PSA), übertragen oder zum direkten Zugriff für Queries zur Verfügung gestellt. Daten, die über DataSources in SAP BW/4HANA geladen wurden, werden mithilfe von InfoPackages in die PSA geladen, bevor sie in SAP BW/4HANA weiterverarbeitet werden können.

Im InfoPackage werden Selektionsparameter für die Übertragung in die PSA festgelegt. In der PSA werden die angeforderten Daten unverändert zum Quellsystem in separaten Tabellen gespeichert, d. h., dass keinerlei Verdichtungen oder Transformationen erfolgen, wie es bei InfoCubes der Fall ist. Diese Entkopplung des Ladevorgangs von der Weiterbearbeitung in SAP BW/4HANA trägt zu einer verbesserten Ladeperformance bei. Eine PSA-Tabelle wird zu jeder DataSource, die aktiviert wird, angelegt. Sie hat jeweils den gleichen Aufbau wie die zugehörige DataSource.

Im anschließenden Datentransferprozess (DTP) werden die Daten im Rahmen der Transformation aus einem Quellformat (z. B. DataSources) in ein Zielformat (z. B. InfoCubes) überführt. Die Aufgabe der Transformation ist es, die Daten zu konsolidieren, zu bereinigen und zu integrieren und von einem persistenten Objekt in ein anderes zu übertragen. Der Oberbegriff für die SAP-BW/4HANA-Objekte (z. B. DataStore-Objekte, InfoCubes), in die Daten geladen werden, heißt InfoProvider. Der InfoProvider stellt die Daten für Analyse, Reporting und Planung zur Verfügung. Ein DSO dient der Ablage von konsolidierten und bereinigten Bewegungsdaten oder Stammdaten auf der Belegebene. Neben der Aggregation der Daten ist es auch möglich, die Dateninhalte zu überschreiben. Analog zu den DataSources in SAP EWM sind in SAP BW/4HANA SAP-EWM-relevante DSOs im Standard verfügbar. Die Beschreibung des SAP-EWM-relevanten SAP-BW/4HANA-Contents würde den Rahmen des Buches sprengen. Informationen zu den in SAP BW/4HANA vorhandenen SAP-EWM-relevanten DSOs entnehmen Sie daher dem SAP Help Portal.

Weitere InfoProvider-Objekte zur Datenablage sind neben den DSOs die InfoCubes. Ein InfoCube ist eine mehrdimensionale Ablage von Daten, die es ermöglicht, Kennzahlen (z. B. Anzahl Lieferungen pro Mitarbeiter pro Zeitintervall) durch verschiedene Merkmale, die in Dimensionstabellen (z. B. **Zeitmerkmale: Kalenderjahr/Monat**; **Belegmerkmale: Belegtyp**, **Belegart**; **Prozessmerkmale: externer Prozessschritt**, **Lagerprozessart**) gespeichert sind, zu berechnen und in einer sogenannten *Faktentabelle* abzulegen. Bei Abfragen auf einen InfoCube durch Queries werden die Kennzahlen, wenn nötig, automatisch aggregiert (Summation, Minimum oder Maximum). Informationen zu den in SAP BW/4HANA vorhandenen SAP-EWM-relevanten InfoCubes entnehmen Sie dem SAP Help Portal.

Neben den DSOs und InfoCubes ermöglicht SAP BW/4HANA auch die Verwendung von MultiProvidern als weiterem Typ eines InfoProviders. Ein MultiProvider führt Daten aus mehreren InfoProvidern zusammen, um diese Daten gemeinsam für die Datenanalyse zur Verfügung zu stellen. Der MultiProvider enthält selbst keine Daten. Seine Daten ergeben sich ausschließlich aus den zugrundeliegenden InfoProvidern. Informationen zu den in SAP BW/4HANA vorhandenen SAP-EWM-relevanten MultiProvidern entnehmen Sie ebenfalls dem SAP Help Portal.

15.6.4 Extraktionsprozess

Zu den Data-Warehousing-Prozessen in SAP BW/4HANA gehört die Datenbereitstellung. SAP BW/4HANA stellt Mechanismen zur Bereitstellung von Daten (Stammdaten, Bewegungsdaten, Metadaten) aus verschiedenen Quellen (z. B. aus SAP EWM) zur Verfügung. Der Extraktionsprozess ist in zwei Bereiche unterteilt – die Initialextraktion und die Deltaextraktion. Der Initialextraktionsprozess ist der erste Extraktionsprozess. Bei dieser Extraktion werden alle Daten initial durch die Verwendung der entsprechenden DataSource zu einem bestimmten Zeitpunkt in SAP BW/4HANA extrahiert. Der Deltaextraktionsprozess wird periodisch eingeplant und extrahiert nur geänderte und hinzugekommene Applikationsdaten.

Es gibt zwei Arten von Datenübertragungen – die Pull-Extraktion und die Push-Extraktion. Der Unterschied besteht darin, auf welche Art und Weise die Deltadaten zwischen der Initial- und der Deltaextraktion bestimmt werden. In den folgenden beiden Abschnitten werden wir die verschiedenen Methoden unter folgenden Fragestellungen näher beschreiben:

- Woher werden die Daten extrahiert?
- Wie werden die Deltadaten bestimmt?

Pull-Extraktion

Während des OLTP (Online Transaction Processing) werden reporting-relevante Applikationsdaten in Datenbanktabellen geschrieben. Diese Datenbanktabellen sind die Basis für die Initial- und Deltaextraktion. Während bei der Initialextraktion alle Tabelleneinträge übertragen werden, berücksichtigt die Deltaextraktion nur die Daten, die noch nicht nach SAP BW/4HANA übertragen wurden. Extraktion und Übertragung der Daten erfolgen auf Anforderung von SAP BW/4HANA (Pull). Diese Datenanforderung wird über ein IDoc, das aus dem der DataSource entsprechenden InfoPackage getriggert wird, von SAP BW/4HANA an SAP EWM gesendet. Die Extraktoren überprüfen daraufhin die Datenbanktabellen in SAP EWM auf Deltadaten, die in SAP-BW/4HANA-Delta-Queues bereitgestellt werden.

Push-Extraktion

Bei der Push-Extraktion werden die Extraktion und die Übertragung der Daten von SAP EWM nach SAP BW/4HANA »gepusht«. Bei der Push-Extraktion weichen Initial- und Deltaextraktion deutlich voneinander ab. Bei der Initialextraktion werden die Daten nicht aus den Datenbanktabellen, sondern aus DataSource-spezifischen Tabellen gelesen, die mit der Aktivierung der DataSource erzeugt werden. Das InfoPackage überträgt die Daten von den DataSource-Tabellen nach SAP BW/4HANA. Die Bestimmung der Deltadaten erfolgt durch Update-Programme des Quellsystems, die bei Buchungsvorgängen online gerufen (z. B. mit Quittierung der Lageraufgabe) und in der SAP-BW-Delta-Queue bereitgestellt werden.

Die folgenden SAP-EWM-DataSources sind für die Push-Extraktion vorkonfiguriert:

- Logistische Zusatzleistungen (DataSource `0WM_VAS`)
- Lageraufträge (DataSource `0WM_WO`)

Die restlichen SAP-EWM-DataSources sind für die Pull-Extraktion vorkonfiguriert.

15.6.5 Reporting- und Analysewerkzeuge

SAP stellt verschiedene Reporting- und Analysewerkzeuge zur strategischen Analyse und zur Entscheidungsunterstützung in Unternehmen zur Verfügung. Als Basis für die strategischen Analysen werden dazu SAP-BW/4HANA-Queries genutzt, die zu den InfoProvidern aus SAP BW/4HANA definiert werden. In SAP BW/4HANA werden Queries mit dem, in die Eclipse-basierten BW Modeling Tools von SAP HANA Studio integrierten BW Query Designer modelliert.

Der BW Query Designer stellt demnach in SAP BW/4HANA den Nachfolger des BEx Query Designers dar und ist ab Release 7.4 SP09 verfügbar. Wie auch die klassischen BEx Queries werden BW Queries auf der Basis von InfoProvidern erstellt.

Zur Visualisierung dieser Queries stehen zahlreiche Frontend-Werkzeuge zur Verfügung. Zu den wichtigsten Werkzeugen zählen:

- SAP Crystal Reports
- SAP Lumira
- SAP Web Intelligence
- SAP Analysis for Microsoft Office
- SAP Analytics Cloud

Die Integration von SAP BW/4HANA mit SAP BusinessObjects ermöglicht Ihnen die Nutzung von Reporting- und Analysewerkzeugen aus dem SAP-BusinessObjects-Bereich. Beispielsweise können Sie SAP Crystal Reports verwenden, um formularbasierte Berichte auf der Grundlage von SAP-BW/4HANA-Daten zu erzeugen und in verschiedenen Formaten, z. B. in Microsoft Word und Microsoft Excel, als E-Mail oder in HTML, darzustellen. SAP BusinessObjects stellt mit SAP Lumira zudem ein weiteres Werkzeug zur strategischen Datenauswertung und -Visualisierung bereit. SAP Lumira nutzt die SAP-Business-Objects-BI-Plattform als Serverkomponente und ist in die beiden Client-Anwendungen Lumira Discovery und Lumira Designer aufgeteilt. Mit diesen beiden Anwendungen können interaktive Dashboards und Berichte auf der Basis von SAP-BW/4HANA-Daten und weiteren Datenquellen erstellt werden.

Eine weitere Berichts- und Analyseanwendung von SAP BusinessObjects ist SAP Web Intelligence. Diese Anwendung ist ein webbasiertes Tool, das es Anwendern ermöglicht, Analysen anzufertigen, formatierte Berichte zu erstellen und die Berichte in SAP BusinessObjects zu verteilen oder per PDF oder Microsoft Excel zu exportieren.

An dieser Stelle ist zu erwähnen, dass die genannten Analysewerkzeuge primär für die strategische Analyse ausgerichtet sind; allerdings können mit SAP Analysis for Microsoft Office und SAP Analytics Cloud auch analytische Queries zu CDS-Views aus Embedded Analytics nicht nur für die strategische, sondern auch für die operative

Analyse eingesetzt werden. Wir stellen Ihnen SAP Analytics Cloud in Bezug auf Datenintegration, Datenmodellierung und Datenvisualisierung in Abschnitt 15.8, »SAP Analytics Cloud«, genauer vor.

[»]

Warehouse Performance Dashboard

In der Vorauflage haben wir Ihnen an dieser Stelle das Warehouse Performance Dashboard vorgestellt, mit dem Sie die wichtigsten Kennzahlen Ihrer Lagerstandorte als Dashboard darstellen können. Das Warehouse Performance Dashboard baut auf den SAP-BusinessObjects-Dashboards (Xcelsius) auf. Zusammen mit dem SAP-BusinessObjects-Explorer nutzen die SAP-BusinessObjects-Dashboards den Adobe Flash Player, der seit Anfang 2021 von Adobe nicht weiter unterstützt wird. Daher kann das Warehouse Performance Dashboard nicht mehr im Browser angezeigt werden und wird somit von SAP nicht weiter unterstützt. Eine Alternative stellt z. B. SAP Analytics Cloud dar, mit der Sie interaktive Dashboards auf der Basis von SAP-EWM-bezogenen BW Queries oder CDS-Views aufbauen können.

SAP stellt zur Datenanalyse zahlreiche Werkzeuge zur Verfügung. Einige davon können nicht eindeutig der operativen und strategischen Analyse zugeordnet werden, da sie sowohl für das Monitoring als auch für das Reporting verwendet werden können. Wir möchten Ihnen im folgenden Abschnitt SAP Analysis for Microsoft Office und SAP Analytics Cloud als Werkzeuge zur strategischen und operativen Analyse genauer vorstellen.

15.7 SAP Analysis for Microsoft Office

SAP Analysis for Microsoft Office ist als Microsoft-Office-Add-in konzipiert, mit dem Sie Ad-hoc-Analysen auf dispositiven Daten aus SAP BW oder operativen Daten aus Embedded Analytics (CDS-Views) erstellen können. Mit SAP Analysis for Microsoft Office können Sie Daten direkt in der bekannten Excel-Umgebung analysieren und die Analyseergebnisse z. B. in PowerPoint-Präsentationen darstellen.

Wir wollen Ihnen in diesem Abschnitt zwei SAP-EWM-bezogene Anwendungsfälle für die operative Analyse in Microsoft Excel mit SAP Analysis for Microsoft Office zeigen. Für eine umfassende Beschreibung dieses Tools verweisen wir auf das Buch SAP Analysis for Microsoft Office vom Rheinwerk Verlag.

In SAP Analysis for Microsoft Office besteht die Möglichkeit, unter der Verwendung von CDS-Views und auf Basis von Microsoft Excel eigene Auswertungen zu erstellen. Auf Basis der zuvor selektierten DataSource (CDS-View), z. B. Outbound Delivery Order Query, können KPIs lagerübergreifend auf Basis verschiedener Dimensionen und Filter berechnet werden. Beispiele für solche KPIs sind **Anzahl Auslieferungsauftragspositionen** (Kennzahl) je **Warenempfänger und Kommissionierstatus** (Dimension).

Durch Drag & Drop der KPIs, der Dimensionen und optional der Filter aus dem Bereich **Analysis** in das Tabellenblatt im linken Bildbereich werden die verschiedenen Datenquellen aus der Query in Microsoft Excel übernommen und die KPIs auf Basis der ausgewählten Dimensionen unter der Berücksichtigung von möglichen Filtern automatisch aggregiert dargestellt (siehe Abbildung 15.55).

Zusätzlich stehen zur weiteren Auswertung alle bekannten Funktionen in Microsoft Excel zur Verfügung, wie z. B. das Sortieren und Filtern von Daten sowie die Erstellung von Diagrammen zur grafischen Darstellung der Kennzahlen.

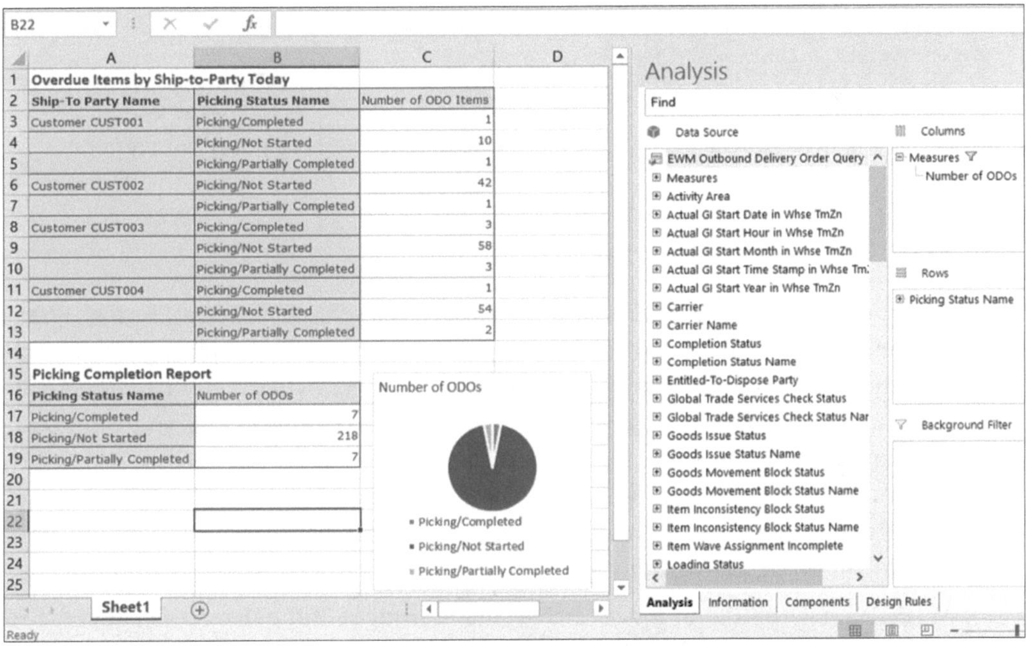

Abbildung 15.55 Verwendung von CDS-Views in SAP Analysis for Microsoft Office

Ein weiterer Anwendungsfall ist die Auswertung der Arbeitslast über einen bestimmten Zeitraum. Zur Bestimmung der Arbeitslast werden zum einen die Anzahl der Auslieferpositionen (Linie ❶) und zum anderen das kumulierte Bruttogewicht der Auslieferpositionen (Linie ❷) als Kennzahlen dargestellt (siehe Abbildung 15.56). Die Uhrzeiten werden über den geplanten Starttermin des Warenausgangs ermittelt.

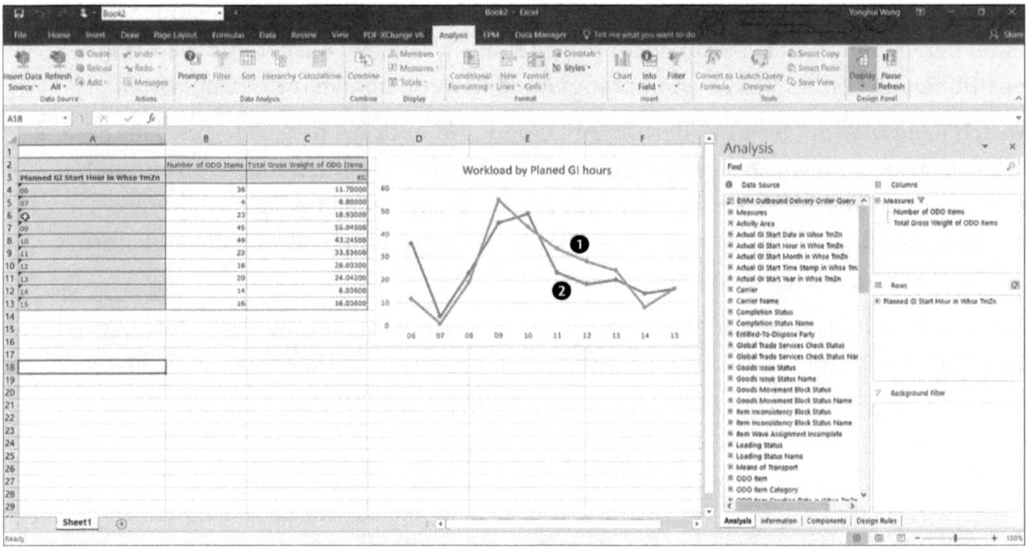

Abbildung 15.56 Arbeitslast im Warenausgang auf Basis von CDS-Views auswerten

15.8 SAP Analytics Cloud

Neben den in den vorangehenden Abschnitten beschriebenen On-Premise-Werkzeugen steht mit SAP Analytics Cloud zudem ein generisches Werkzeug für die strategische und operative Analyse zur Verfügung. SAP Analytics Cloud ist von SAP als Software-as-a-Service-Lösung (SaaS = Lizenz- und Vertriebsmodell, mit dem Softwareanwendungen über das Internet, d. h. als Service angeboten werden) konzipiert. SAP Analytics Cloud stellt Ihnen zahlreiche Funktionen für Analysen, Planung und Vorhersagen mit einer einheitlichen und intuitiven Benutzeroberfläche in einer Cloud-Umgebung zur Verfügung.

Mit SAP Analytics Cloud lassen sich Visualisierungen Ihrer Daten erstellen, die in Form von Berichten und Dashboards organisiert sind. Dabei ist SAP Analytics Cloud als Self-Service-Tool aufgebaut. Das heißt, dass die Mitarbeiter im Fachbereich auch ohne Programmierung schnell Datenquellen einbinden und Daten analysieren können.

Für Datenauswertungen definieren Sie in SAP Analytics Cloud Datenverbindungen und erstellen, darauf aufbauend, Datenmodelle. Die Datenmodelle dienen als Basis für die Datenvisualisierung. Neben diesen Funktionen gibt es zudem die Möglichkeit, maschinelles Lernen (künstliche Intelligenz) und Planungsmodelle in SAP Analytics Cloud anzuwenden. Sie können mit SAP Analytics Cloud also Daten aus unterschiedlichen Quellen anbinden, Analysen in Form von Dashboards und Berichten erstellen sowie Prognoseszenarien entwerfen. SAP Analytics Cloud wurde von SAP als die zentrale Lösung für Datenanalysen entwickelt und soll die SAP-BusinessObjects-BI-Plattform ablösen. Die Entwicklung von SAP geht also auch im Bereich des Monitorings und Reportings eindeutig in Richtung Cloud.

Analysen in SAP Analytics Cloud

Die Produkte der SAP-BusinessObjects-BI-Plattform (z. B. SAP Lumira oder SAP Analysis for Microsoft Office) werden derzeit noch weiter unterstützt, neue Entwicklungen und Funktionskomponenten werden von SAP jedoch ausschließlich für SAP Analytics Cloud entwickelt.

Der zugrundeliegende Workflow zur Datenauswertung in SAP Analytics Cloud ist aus den drei Schritten **Datenintegration**, **Datenmodellierung** und **Datenvisualisierung** aufgebaut. Für diese Schritte werden technische Konzepte und Funktionskomponenten von SAP Analytics Cloud genutzt. Abbildung 15.57 zeigt die drei Schritte zur Datenanalyse in SAP Analytics Cloud.

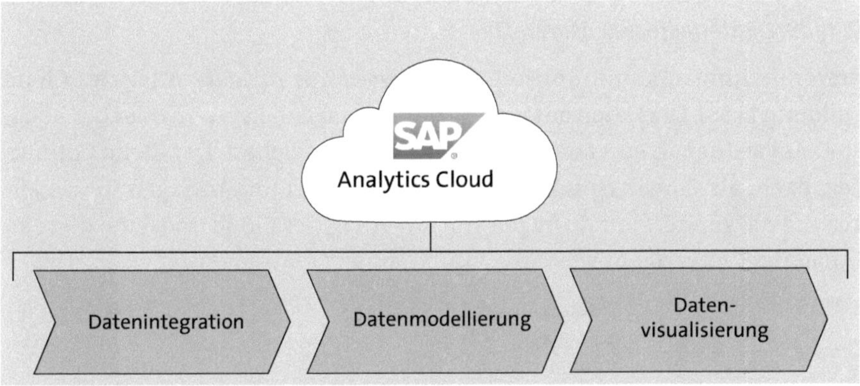

Abbildung 15.57 Schritte zur Datenanalyse in SAP Analytics Cloud

In den folgenden Abschnitten gehen wir auf die verschiedenen Schritte im Detail ein. Wir zeigen Ihnen am Ende dieses Abschnitts zudem noch einen Use Case für die operative Analyse von SAP-EWM-bezogenen Daten in SAP Analytics Cloud.

15.8.1 Datenintegration

Bei der Datenintegration werden Verbindungen zu verschiedenen Datenquellen erstellt. Dabei haben Sie die Wahl zwischen einer Datenimportverbindung und einer Live-Datenverbindung. Im Folgenden gehen wir auf die beiden Verbindungstypen näher ein.

Datenimportverbindung

Bei der Datenimportverbindung (kurz Importverbindung) werden die Daten aus dem Quellsystem oder einer Datei zuerst in die Cloud repliziert und anschließend für weitere Auswertungen genutzt. Ihnen stehen dabei zahlreiche Datenquellen zur Verfügung. Zu den wichtigsten Datenquellen für die Importverbindung zählen der Datei-Upload (CSV und Microsoft-Excel-Dateien), SAP BW/4HANA, SAP HANA und Komponenten von SAP S/4HANA (z. B. SAP EWM).

Zur Datenanalyse ist es erforderlich, aus den importieren Daten ein Datenmodell zu erstellen, das zwischen Kennzahlen und Dimensionen unterscheidet. Der Datenimport eignet sich vor allem für die Auswertung großer Datenmengen, die für eine strategische Analyse erforderlich sind, und das Einbinden von Nicht-SAP-Quellen, wie z. B. CSV-Dateien. Ein Importvorgang kann durch ein sogenanntes *Scheduling* auch zur wiederholten Ausführung eingeplant werden. Für die Nutzung von SAP-Systemen als Datenquelle der Importverbindung ist eine zusätzliche Konfiguration zur Anbindung der Import-Datenquelle mittels Cloud Connector und SAP Analytics Cloud Agent erforderlich. Weitere Details zur Konfiguration und zu den Komponenten dazu finden Sie in der SAP-Dokumentation *https://help.sap.com/viewer/2d7115b0e0aa4f78bfd9c06fdc1fe4f6/release/en-US.*

Bei Importverbindungen kommuniziert der Browser nur mit SAP Analytics Cloud (siehe Abbildung 15.58). Die Daten aus dem verbundenen Quellsystem oder der hochgeladenen Datei werden in einer eigenen Datenbank gespeichert. Der Cloud Connector fungiert dabei als Eingangspunkt der SAP-Analytics-Cloud-Anfragen in das Firmennetzwerk. Er akzeptiert nur Anfragen von SAP Analytics Cloud und leitet diese an den SAP Analytics Cloud Agent weiter.

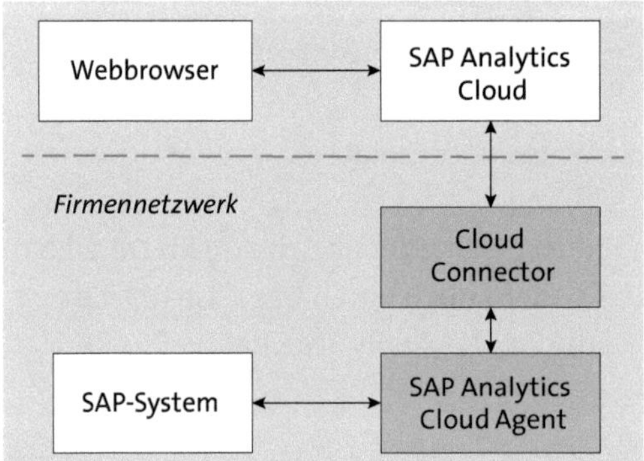

Abbildung 15.58 Architektur der Importverbindung

Der SAP Analytics Cloud Agent erhält die eigentliche Datenanfrage von SAP Analytics Cloud und übersetzt diese in die Syntax der Datenquelle. Dadurch wird die von SAP Analytics Cloud angeforderte Datenmenge im Quellsystem angefragt und zu SAP

Analytics Cloud geschickt, in der die Daten dann modelliert und persistiert werden. Der Browser greift nur auf SAP Analytics Cloud zu und erhält Informationen zur Darstellungsform der Daten (z. B. Grafiktyp oder Filter) und die angeforderten Daten für die entsprechende Visualisierung aus SAP Analytics Cloud.

Bei Importverbindungen mit Datei-Upload (z. B. CSV-Dateien) benötigen Sie keine der beiden Komponenten und laden Ihr Dokument direkt in SAP Analytics Cloud hoch.

Live-Datenverbindung

Bei der *Live-Datenverbindung* (kurz Live-Verbindung) mit SAP Analytics Cloud werden Daten in Echtzeit aus dem jeweiligen Quellsystem abgerufen. Im Gegensatz zur Importverbindung findet bei der Live-Verbindung keine Replikation der Daten nach SAP Analytics Cloud statt. Somit können operative Prozesse in Echtzeit überwacht und Ad-hoc-Analysen auf der Basis von aktuellen Daten aus dem Quellsystem durchgeführt werden.

Als Datenquellen stehen u. a. SAP HANA, SAP BW/4HANA und Komponenten von SAP S/4HANA zur Verfügung. Für strategische Analysen kann SAP BW/4HANA und für operative Analysen z. B. SAP EWM mit SAP Analytics Cloud gekoppelt werden. Bei einer Live-Verbindung mit SAP BW/4HANA werden SAP-BW/4HANA-Datenmodelle in Form von BW Queries konsumiert. Bei einer Live-Verbindung mit einer S/4HANA-Komponente z. B. SAP EWM werden analytische Queries zu CDS-Views von Embedded Analytics als Datenquelle verwendet.

Da bei der Live-Verbindung die Datenauswertung ohne Replikation der Daten in die Cloud erfolgt, bleiben alle Daten im Unternehmen. Der Browser fungiert als Bindeglied zwischen SAP Analytics Cloud und dem Quellsystem. Um diesen hybriden Ansatz zu ermöglichen, wird bei der Live-Verbindung zwischen Daten und Metadaten des zugrundeliegenden Datenmodells unterschieden. Abbildung 15.59 zeigt die Architektur der Live-Verbindung.

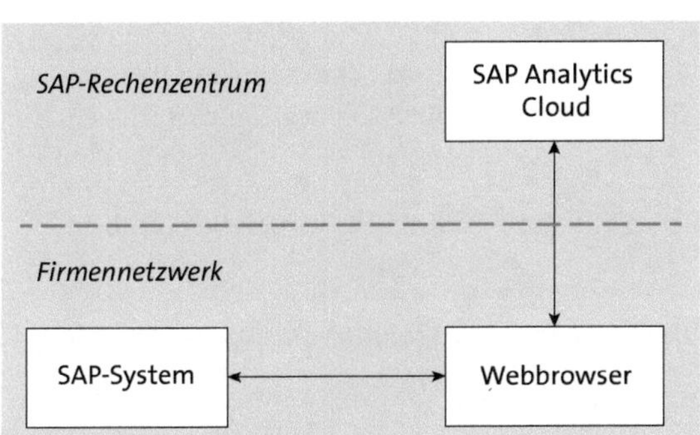

Abbildung 15.59 Architektur der Live-Verbindung

Wir möchten Ihnen an dieser Stelle den Ablauf der Kommunikation zwischen Browser, SAP Analytics Cloud und Quellsystem anhand eines Beispiels verdeutlichen. Als Lagerleitstand haben Sie in der SAP-Fiori-App **Abfragebrowser** den CDS-View `C_EWM_WarehouseWaveQ` gefunden, der Ihnen Informationen zu den Wellen liefert. Um z. B. die Anzahl noch nicht freigegebener Wellen als Säulendiagramm in SAP Analytics Cloud anzuzeigen, haben Sie eine Live-Verbindung zu Ihrem SAP-EWM-System angelegt.

Sie rufen nun die Visualisierung in SAP Analytics Cloud auf. Ihr Browser kontaktiert zunächst SAP Analytics Cloud und erhält Metadaten, wie z. B. Informationen über das Quellsystem und die Datenquelle der Live-Verbindung, Grafiktyp, Kennzahlen usw. Mithilfe dieser Informationen schickt der Browser eine HTTP-Anfrage an das SAP-EWM-System, um die eigentlichen Daten für das Balkendiagramm zu erhalten. Zusammen mit den Metadaten zur Visualisierung erstellt der Browser nun das Balkendiagramm zur Anzeige aller noch nicht freigegebenen Wellen. SAP Analytics Cloud und SAP EWM tauschen dabei keine Daten aus.

[»]

Technischer Aufbau der Live-Verbindung

Bei dem in Abbildung 15.59 dargestellten Szenario handelt es sich um eine Live-Verbindung mittels CORS (Cross-Origin Resource Sharing). Auch können Sie andere Optionen für Live-Verbindungen wählen. SAP empfiehlt jedoch die CORS-Option für Live-Datenverbindungen. Eine Übersicht zu den Verbindungsoptionen finden Sie unter *https://help.sap.com/viewer/00f68c2e08b941f081002fd3691d86a7/release/de-DE/bdf055159cbb4f36b26c93ccb0c56066.html*

Nachdem wir die beiden Verbindungstypen vorgestellt haben, nehmen wir an dieser Stelle eine Gegenüberstellung der beiden Varianten vor (siehe Tabelle 15.3).

Merkmal	Live-Verbindung	Importverbindung
Datenpersistenz	Quellsystem	Quellsystem und SAP Analytics Cloud
Kommunikation	Browser als Verbindungsglied zwischen SAP Analytics Cloud und Quellsystem	direkte Kommunikation zwischen SAP Analytics Cloud und Quellsystem
Datenmodell	wird im Quellsystem erstellt	wird in SAP Analytics Cloud erstellt
Datenaktualität	automatische Datenaktualisierung in Echtzeit	Aktualisierung durch Scheduling möglich
Anwendungsfall	operative und strategische Analyse	strategische Analyse

Tabelle 15.3 Live-Datenverbindung und Importverbindung im Vergleich

15.8.2 Datenmodellierung

In SAP Analytics Cloud werden zur Datenauswertung grundsätzlich Datenmodelle (kurz Modelle) aufgebaut. Modelle stellen in SAP Analytics Cloud die zentrale Datenschicht dar und dienen als Schnittstelle zwischen Benutzeroberfläche und Datenquelle. Datenvisualisierungen bauen also immer auf Modellen und nicht direkt auf den Datenquellen auf. Modelle bestehen entweder aus importierten Daten oder repräsentieren Live-Datenquellen. Ein Datenmodell enthält neben den eigentlichen Datensätzen noch zusätzliche Semantik wie beispielswese Relationen zwischen den Daten und Spaltenarten. Bei der Datenmodellierung wird für die Spalten z. B. zwischen Dimensionen (qualitative Spalten wie z. B. **Lagertyp**) und Kennzahlen (quantitative Spalten wie z. B. **Anzahl Lagerbewegungen**) unterschieden.

[«]

Analytische Modelle und Planungsmodelle

SAP Analytics Cloud unterscheidet mit analytischen Modellen und Planungsmodellen zwei verschiedene Modellarten. Das analytische Modell ist dabei der Standardtyp und eignet sich für die meisten Anwendungsfälle (z. B. zur Analyse des Lagerfüllgrades). Ein Planungsmodell erweitert die Funktionen von analytischen Modellen um Datenversionierungen und Prognoseszenarien. Planungsmodelle können nur für Importverbindungen erstellt werden. Da in der Praxis häufig analytische Modelle zum Einsatz kommen, beschränken wir uns auf die Beschreibung dieser Modellart.

Analytische Modelle auf Basis von Importverbindungen

Bei Importverbindungen erfolgt der Prozess der Datenmodellierung direkt in SAP Analytics Cloud. Aus importierten Daten können beliebig viele Modelle erzeugt werden, wobei dem Anwender zahlreiche Möglichkeiten zur Anpassung des Datenmodells zur Verfügung stehen. Das erstellte Datenmodell wird serverseitig im Rechenzentrum von SAP in einer SAP-HANA-Datenbank gespeichert. Zur Aggregation und Berechnung der Daten für die Datenvisualisierungen wird die SAP-HANA-Engine auf der SAP-HANA-Datenbank von SAP Analytics Cloud verwendet.

Das Anlegen eines Modells kann in zwei Schritte unterteilt werden: die Datenvorbereitung (auch Data Wrangling genannt) und die Modellerstellung.

1. **Datenvorbereitung**
   Bei der Datenvorbereitung erhalten Sie einen Überblick über den Umfang der Daten. Die Daten werden dabei in einem Vorschaumodus geöffnet und noch nicht in SAP Analytics Cloud gespeichert. Dabei stehen Ihnen u. a. die folgenden wichtigen Aktionen zur Verfügung:
   - Spalten bearbeiten (z. B. Kennzeichnung als Datum und Anpassung des Datumsformats)

- Daten transformieren (z. B. Werte in Spalten ersetzen)
- Qualitätsprobleme prüfen (z. B. nicht vorhandene Werte)
- Daten anpassen (z. B. doppelte Zeilen löschen, Berechnungsformeln für neue Spalten erstellen, Daten mit anderen Datenquellen kombinieren)

2. **Modellerstellung**
   Nachdem Sie die Datenvorbereitung durchgeführt haben, erfolgt die Modellerstellung. Beim Erstellen des Datenmodells wird automatisch ein Validierungsprozess angestoßen, der die Anpassungen der Datenvorbereitung auf die gesamte Datenmenge anwendet und die Daten dann in SAP Analytics Cloud speichert. Anschließend können Sie das Modell im sogenannten *Modeler* noch um weitere Kennzahlen und Dimensionen ergänzen.

Wir wollen den Prozess der Datenmodellierung bei Importverbindungen anhand eines kurzen Beispiels **Analyse von Picks aus einem bestimmten Lagertyp** beschreiben. Die entsprechenden Daten liegen als CSV-Datei vor. Um die Daten in SAP Analytics Cloud auszuwerten, legen wir in SAP Analytics Cloud ein Modell an. Dazu laden wir die CSV-Datei auf den Anwendungsserver von SAP Analytics Cloud hoch. Die Datensätze beinhalten u. a. Informationen wie das Quittierungsdatum und den Von-Lagertyp der Lageraufgaben (siehe Abbildung 15.60).

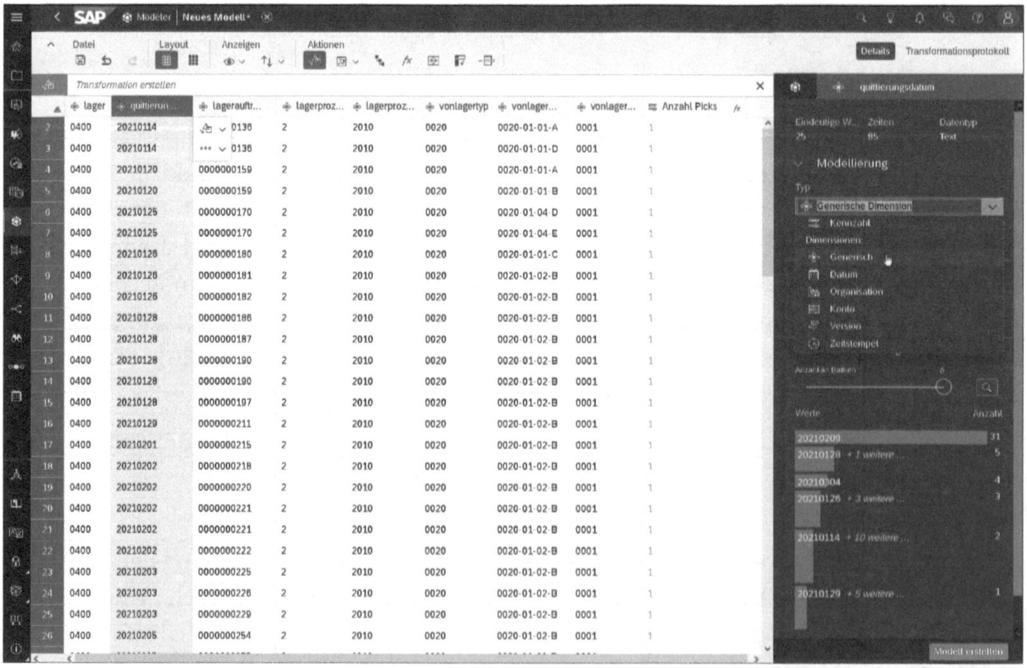

Abbildung 15.60 Data Wrangling in SAP Analytics Cloud

Im ersten Schritt passen wir die hochgeladenen Daten an (Data Wrangling). Da das Feld **Quittierungsdatum** von SAP Analytics Cloud nicht automatisch als Datum erkannt wird, muss es manuell als Datumsdimension gekennzeichnet werden. Durch diese Kennzeichnung können wir bei der Datenvisualisierung eine Zeithierarchie für dieses Datenfeld verwenden (z. B. Drilldown von Wochen auf Tage). Um die Anzahl der Picks zu berechnen, legen wir eine Kennzahlenspalte **Anzahl Picks** als berechnete Spalte an. Da jede Zeile eine Pick-Lageraufgabe repräsentiert, wählen wir in der Berechnungsformelfunktion den statischen Wert 1 für jede Zeile.

Nachdem wir alle Datenanpassungen vorgenommen haben, klicken wir auf den Button **Modell erstellen**, um im nächsten Schritt das Modell zu erstellen und die transformierten Daten der CSV-Datei auf der SAP-HANA-Datenbank von SAP Analytics Cloud zu speichern. Das Modell kann nun für die Anzeige, z. B. als Balkendiagramm in SAP Analytics Cloud, verwendet werden.

Analytische Modele auf Basis von Live-Verbindungen

Basiert ein Modell auf einer Live-Verbindung (Live-Modell), enthält es keine in SAP Analytics Cloud gespeicherten Daten, sondern referenziert auf das im Quellsystem festgelegte Datenmodell und ergänzt dieses um weitere semantische Aspekte (z. B. Anzahl von Nachkommastellen, Bezeichnung der Dimensionen), die Sie im Modeler festlegen können.

SAP Analytics Cloud speichert dabei lediglich die im Datenmodell des Quellsystems hinterlegten Metadaten wie z. B. Name der Datenquelle, Systemadresse und Liste der Dimensionen und Kennzahlen. Dadurch ist es SAP Analytics Cloud möglich, dem Browser alle notwendigen Informationen zur Datenvisualisierung mitzuteilen. Bei der Live-Datenverbindung werden die Daten also bereits im Quellsystem modelliert und von SAP Analytics Cloud lediglich mit zusätzlicher Semantik versehen. Daher sind Anpassungen an der grundlegenden Modellstruktur nur im Quellsystem möglich.

Wir stellen Ihnen in Abschnitt 15.8.4, »Monitoring-Beispiel für SAP EWM in SAP Analytics Cloud«, ein Beispiel für die operative Analyse in SAP Analytics Cloud auf Basis einer Live-Datenverbindung vor.

Datensets

Neben Datenmodellen gibt es in SAP Analytics Cloud auch die Möglichkeit, Daten aus Importverbindungen als sogenannte *Datensets* zu speichern. Datensets repräsentieren Tabellen in SAP Analytics Cloud und unterteilen die in der Tabellenstruktur abgelegten Daten lediglich in Dimensionen und Kennzahlen. Aufgrund der beschränkten Modellierungsmöglichkeiten eignet sich der Einsatz von Datensets zur Festlegung der Datenstruktur jedoch nur in simplen Anwendungsfällen.

15.8.3 Datenvisualisierung

Auf Basis der Modelle werden im letzten Schritt, der Datenvisualisierung, grafische Analysen erstellt. Dazu können Sie Storys und analytische Applikationen anlegen. Die beiden Begriffe werden im Folgenden näher beschrieben.

Storys

Storys werden als zentrale Arbeitsumgebung für die grafische Datenauswertung und die Erstellung von Dashboards und Berichten genutzt.

[»]

Dashboards und Berichte

Dashboards und Berichte unterscheiden sich in Bezug auf die Art der dargestellten Informationen. Berichte bestehen klassischerweise aus einfachen Grafiken und Tabellen. Dashboards besitzen hingegen eine stärker ausgeprägte Struktur und stellen Informationen in interaktiven Visualisierungen für detaillierte Auswertungen zusammen. SAP Analytics Cloud unterscheidet nicht explizit zwischen Berichten und Dashboards. Beide Präsentationsformen können in Storys erstellt werden.

Zu Beginn der Story-Erstellung haben Sie die Möglichkeit, zwischen vorkonfigurierten Layoutvorlagen zu wählen, z. B. Dashboard oder Bericht, oder sich ein eigenes Layout zu konfigurieren. Sollen Storys auf mobilen Endgeräten verwendet werden, besteht die Möglichkeit, ein flexibles Layout zu wählen, mit dem die Story-Inhalte automatisch an die Bildschirmgröße angepasst werden. Die Erstellung von Storys in SAP Analytics Cloud ist intuitiv und erfolgt mittels Drag & Drop von Objekten (z. B. Diagrammen, Tabellen, Bildern oder Seitenfiltern) in den Grafikbereich ❶ (siehe Abbildung 15.61).

Diese Objekte bieten verschiedene Anpassungsmöglichkeiten in Bezug auf Grafikeinstellungen und Datenauswahl. Mit Klick auf das jeweilige Objekt (z. B. Diagramm) öffnet sich dazu auf der rechten Seite ein Konfigurationsbereich ❷, in dem Anzeigeoptionen (Designer) und Datenanpassungen, wie z. B. die Kennzahlauswahl oder Filterdefinitionen (Builder), festgelegt werden können. Abbildung 15.61 zeigt eine Story in SAP Analytics Cloud, die Lagerbewegungen in einem automatischen Kleinteilelager darstellt.

Für diese Story haben wir ein gestapeltes Balkendiagramm im Grafikbereich erstellt, das die drei Kennzahlen **Anzahl Einlagerungen**, **Anzahl Umlagerungen** und **Anzahl Auslagerungen** anzeigt. Zu den drei Kennzahlen haben wir des Weiteren eine Kennzahlenkachel angelegt, die den numerischen Wert der Kennzahl anzeigt. Die Datenmenge für die Kennzahlen im Diagramm und die Kennzahlenkacheln ist auf einen Zeitraum von drei Monaten gefiltert. Dazu haben wir im Konfigurationsbereich einen entsprechenden Filter definiert.

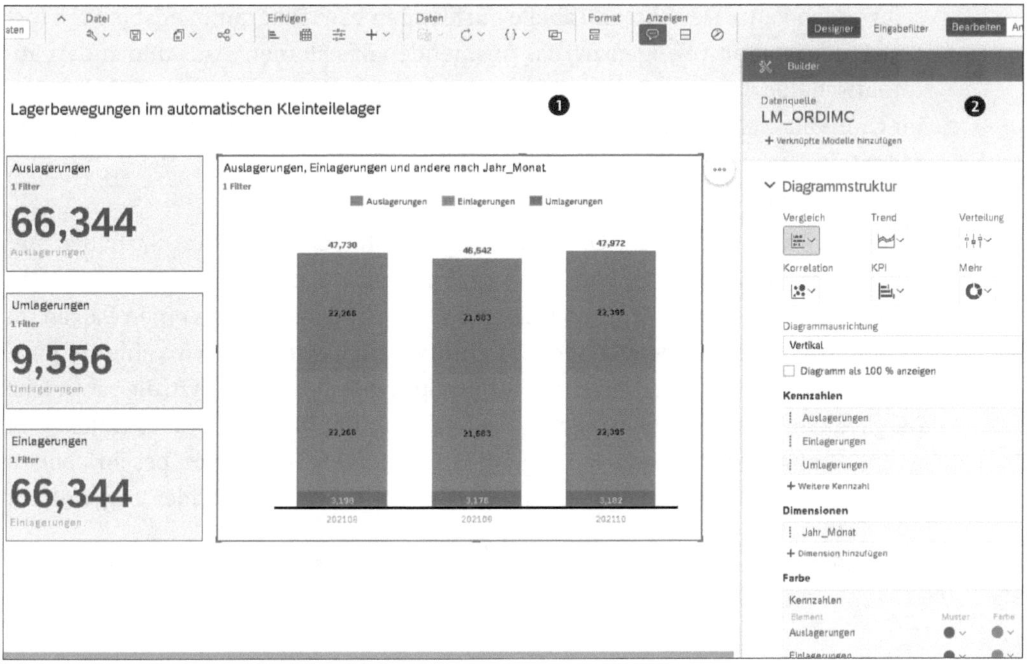

Abbildung 15.61 Story zur Darstellung von Lagerbewegungen

Analytische Applikationen

Analytische Applikationen stellen eine Erweiterung der Funktionen von Storys dar. Die Erstellung von analytischen Applikationen erfolgt mit dem Analytics Designer. Im Vergleich zu Storys besitzen analytische Applikationen eine umfangreichere Auswahl von Grafikelementen und erlauben die Erstellung von komplexen Dashboards mit hohem Individualisierungsgrad. Das Konzept des Analytics Designers basiert auf einer speziellen Entwicklungsumgebung, innerhalb der Sie Ihr Dashboard aufbauen. Abbildung 15.62 zeigt die Entwicklungsumgebung des Analytic Designers, in der eine Analyse zu Lagerbewegungen erstellt wurde.

Die Entwicklungsumgebung im Analytics Designer ist in zwei Bereiche aufgeteilt, die wir im Folgenden anhand der in Abbildung 15.62 gezeigten analytischen App beschreiben.

- **Grafikbereich ❶**

  Im Grafikbereich erstellen Sie die analytischen Applikation. Sie können verschiedene Objekte, wie z. B. Diagramme, Tabellen oder Buttons, einfügen und diese entsprechend platzieren. Mit einem Klick auf das Objekt öffnet sich analog zur Story der Konfigurationsbereich zur weiteren Anpassung.

  Im Grafikbereich sehen Sie zwei Buttons (❷ und ❸), mit denen zwischen der Anzeige von Lagerbewegungen in einer Tabelle und einem Balkendiagramm gewechselt werden kann. Der Button **Tabelle ausblenden** bzw. **Diagramm ausblenden** löst eine Funktion zur Anzeige bzw. das Ausblenden des Elements aus und ändert automatisch den Text des Buttons entsprechend. Mit dem Seitenfilter ❹ haben wir im Grafikbereich zudem ein Element zur Auswahl der Dimensionswerte für den Monat und das Jahr der Lagerbewegungen eingefügt.

- **Seiten-Panel ❺**
  Im Seiten-Panel werden alle Objekte aus dem Grafikbereich gelistet. Sie haben hier die Option, die Objekte zu benennen, zu löschen und eigene Funktionen zu den Objekten zu programmieren. So werden z. B. mit einem Klick auf einen Balken im Diagramm die zugrundeliegenden Datensätze angezeigt. Dazu wird eine auf JavaScript basierende Programmiersprache (Skripting-Sprache) genutzt, die zahlreiche Möglichkeiten zur Bearbeitung von Grafikelementen bietet. Für jedes Objekt gibt es im Grafikbereich einen Eintrag im Seiten-Panel. Den zuvor beschriebenen Schaltflächen haben wir Funktionen zum Anzeigen bzw. Ausblenden zugeordnet.

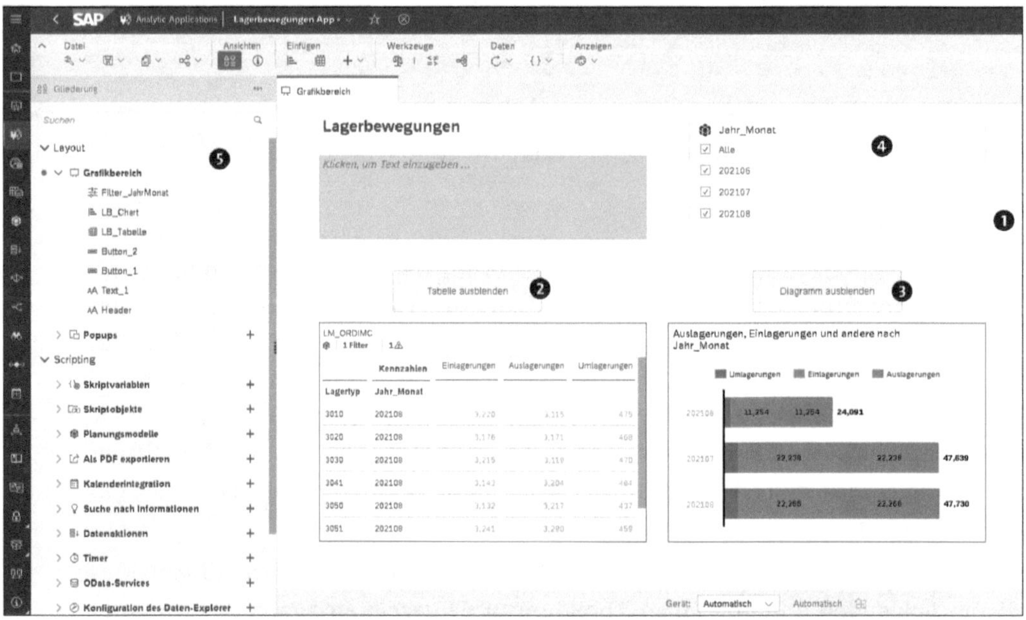

Abbildung 15.62 Entwicklungsumgebung von SAP Analytics Cloud für analytische Applikationen

[»]

Skripting-Sprache im Analytics Designer

Die Skripting-Sprache im Analytics Designer stellt eine syntaktisch angepasste Version von JavaScript dar. Eine Auflistung der Funktionen und Möglichkeiten der Skripting-Sprache für analytische Applikationen finden Sie im von SAP publizierten *Analytics Designer API Reference Guide* unter *https://help.sap.com/doc/958d4c11261f42e992e8d01a4c0dde25/release/en-US/index.html*

Mit analytischen Applikationen stehen Ihnen im Vergleich zu Storys also erweiterte Gestaltungsmöglichkeiten für die Erstellung von Dashboards zur Verfügung. Der Analytics Designer richtet sich dabei vor allem an Power-User, die im Auftrag von Fachbereichen komplexe Dashboards mit individuellen Funktionen erstellen und diese dann den End-Usern zur Verfügung stellen. Dadurch grenzt sich der Analytics Designer vom Self-Service-Gedanken der Storys ab.

In den folgenden Abschnitten zeigen wir Ihnen, welche Möglichkeiten SAP Analytics Cloud im Rahmen der operativen Analyse bietet. Dazu beschreiben wir den Aufbau einer Story zum Monitoring von Wellen im Lager.

15.8.4 Monitoring-Beispiel für SAP EWM in SAP Analytics Cloud

Für das Monitoring wird, wie bereits beschrieben, die Live-Verbindung zu einem SAP-System (z. B. SAP EWM) genutzt, das als Datenquelle fungiert. Die Daten werden dann in Echtzeit von SAP Analytics Cloud konsumiert.

Im Folgenden zeigen wir Ihnen anhand des Beispiels des Wellenmanagements, wie eine operative Analyse auf Basis von SAP-EWM-Daten in SAP Analytics Cloud durchgeführt werden kann. Wir gehen dabei nach den bereits beschriebenen Schritten **Datenintegration**, **Datenmodellierung** und **Datenvisualisierung** vor.

Datenintegration

Zunächst muss zwischen dem SAP-EWM-System und SAP Analytics Cloud eine Verbindung hergestellt werden. Für eine Live-Verbindung wird an dieser Stelle eine direkte Verbindung (CORS) gewählt. Dazu legen Sie in SAP Analytics Cloud einen neuen Verbindungseintrag an. Als Datenquelle wählen Sie SAP S/4HANA, da Sie SAP Analytics Cloud mit SAP EWM in SAP S/4HANA verbinden wollen. Bei den Verbindungsdetails geben Sie den Verbindungsnamen, den Verbindungstyp, den Host- und HTTPS-Port, den Client sowie eine Authentifizierungsmethode (Benutzername und Kennwort) an. Der angelegte Verbindungseintrag kann nun zum Aufbau von Live-Modellen verwendet werden. Abbildung 15.63 zeigt einen Verbindungseintrag für eine Live-Datenverbindung zu einem SAP-EWM-System.

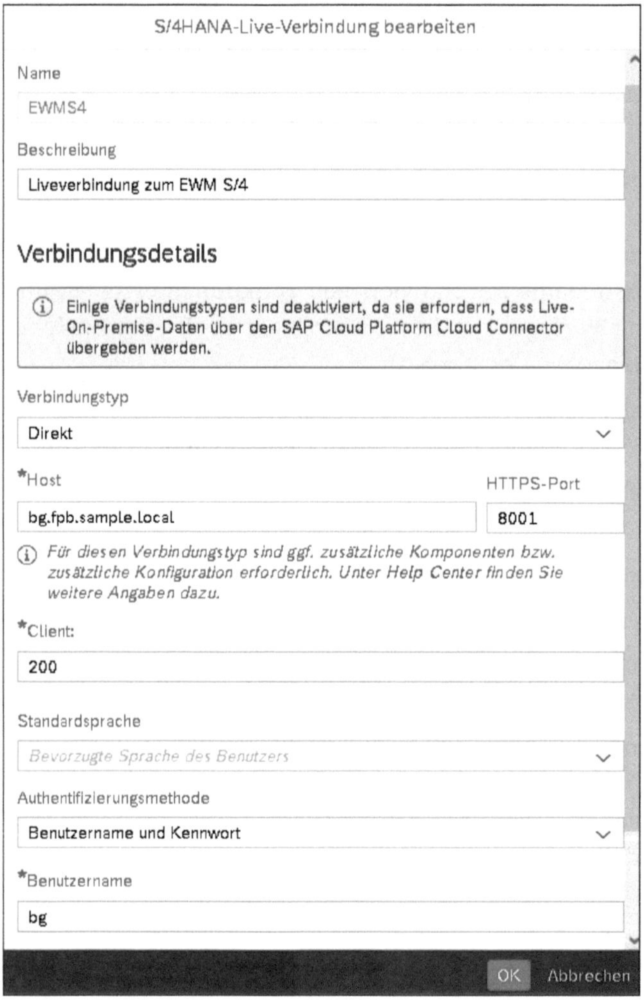

Abbildung 15.63 Verbindungseintrag für die Live-Datenverbindung zu SAP EWM

Datenmodellierung

In nächsten Schritt erstellen Sie ein Datenmodell auf Basis Ihrer Live-Verbindung. Dazu navigieren Sie in den Modeler von SAP Analytics Cloud und wählen die Option **Live-Daten-Modell**. Im folgenden Dialog geben Sie den Systemtyp (SAP BW/4HANA), die Verbindung (Name der im ersten Schritt angelegten Verbindung) und die Datenquelle (analytische Query zu einem CDS-View) an.

[»]

Systemtyp für Live-Datenmodelle

Als Systemtyp für Live-Datenmodelle wählen Sie in unserem Beispiel die Option SAP BW/4HANA aus, um Ihre angelegte Live-Verbindung nutzen zu können. Dies liegt daran, dass die Kommunikation zwischen SAP Analytics Cloud und SAP EWM bei Live-Verbindungen über analytische Queries erfolgt. Diese Queries werden in SAP EWM vom sogenannten analytischen Prozessor (auch als Analytic Manager oder Analytic Engine bezeichnet) prozessiert, der eine Komponente von Embedded SAP BW/4HANA darstellt und die analytischen Queries analog zu den BW Queries verarbeitet. Das Quellsystem in unserem Beispiel ist SAP EWM in S/4HANA; der Systemtyp für die Verbindung ist daher SAP BW/4HANA.

Wir wollen in SAP Analytics Cloud Daten zum Wellenmanagement analysieren und nutzen daher die analytische Query des bereits bekannten CDS-Views `C_EWM_WarehouseWaveQ`. Der Name der analytischen Query setzt sich aus den Zeichen 2C und dem Namen des zum CDS-View auf der Datenbank angelegten SQL-Views zusammen. In unserem Beispiel lautet der Name der analytischen Query also `2CCEWMWHSEWAVEQ`.

Suche nach analytischen Queries zu den CDS-Views

Um den Namen der analytischen Query zu einem CDS-View zu suchen, können Sie die Tabelle `QB_CDSVIEWS_QUERY` mit dem Selektionsparameter Name `Ddl Source = C_EWM*` in Transaktion SE16N verwenden. Der Name der analytischen Query zum CDS-View befindet sich in der Spalte **SQLANALYTICALQUERY**.

Abbildung 15.64 zeigt den Dialog zum Erstellen unseres Modells aus der zuvor angelegten Live-Verbindung.

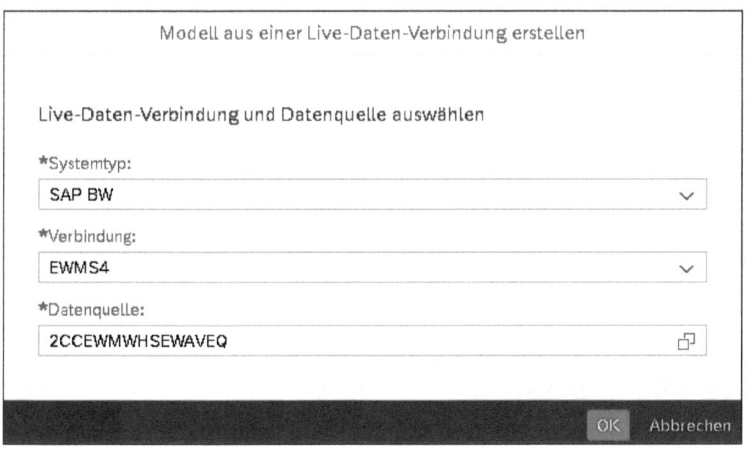

Abbildung 15.64 Modell auf Basis einer Live-Verbindung anlegen

Mit einem Klick auf den Button **OK** gelangen Sie in den Modeler von SAP Analytics Cloud. In unserem Datenmodell sind alle Metadaten zum VDM aus Embedded Analytics enthalten, das wir durch die analytische Query zum CDS-View ausgewählt haben. Abbildung 15.65 zeigt die Metdadaten zu den Kennzahlenspalten unseres Datenmodells im Modeler.

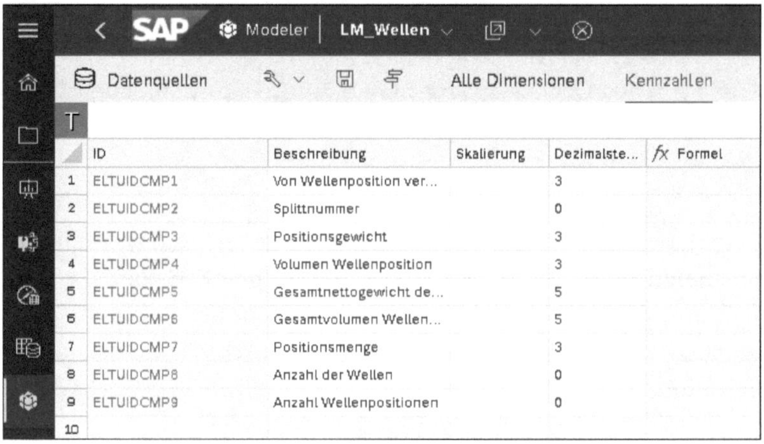

Abbildung 15.65 Metadaten zu den Kennzahlen im Modell

Sie können in diesem Schritt noch einige Anpassungen vornehmen wie z. B. die Beschreibung der Kennzahlen und Dimensionen oder die Festlegung der Dezimalstellen der Kennzahlen. Anschließend speichern Sie das Modell unter dem Namen `LM_Wellen` in SAP Analytics Cloud.

Datenvisualisierung

Im letzten Schritt erstellen wir auf Basis unseres Modells eine Story **Wellenfreigabe** (siehe Abbildung 15.66). Wir legen dazu in SAP Analytics Cloud eine Story an und fügen unser zuvor erstelltes Modell `LM_Wellen` als Datenquelle hinzu. Im Folgenden legen wir per Drag & Drop zur Story die folgenden Objekte in der entsprechenden Reihenfolge an: Als Erstes definieren wir einen Seitenfilter, mit dem wir die Wellendaten nach Wellenstatus filtern können. In unserem Beispiel interessieren uns vor allem die noch nicht freigegebenen Wellen (Status **initial**).

Als Nächstes legen wir einzelne KPI-Kacheln mit numerischen Werten für die Kennzahlen **Anzahl der Wellen**, **Anzahl Wellenpositionen** und **Positionsmenge** an. Anschließend erstellen wir ein Säulendiagramm, in dem die Anzahl der Wellen nach geplantem Freigabedatum angezeigt wird. Des Weiteren fügen wir noch eine Tabelle mit geplantem Wellenfreigabedatum (Datum und Uhrzeit) und der Wellennummer ein. Das Dashboard gibt uns dadurch einen schnellen Überblick zu wichtigen Details zu allen noch nicht freigegebenen Wellen. Um die Wellenfreigabe überfälliger Wellen durchzuführen, binden wir die SAP-Fiori-App **Lagerverwaltungsmonitor** mit einem Web Widget in unser Dashboard ein. Abbildung 15.66 zeigt die zuvor beschriebene Story.

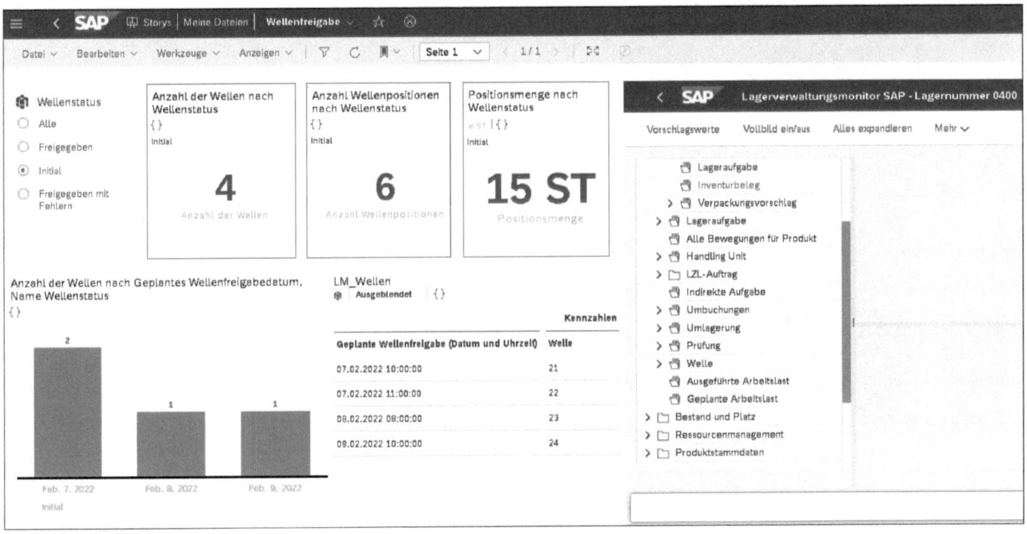

Abbildung 15.66 Story zur Wellenfreigabe in SAP Analytics Cloud

Wie in Abbildung 15.67 ersichtlich, haben aktuell vier Wellen den Status **Initial**. Der Mitarbeiter im Lagerleitstand betrachtet die Story z. B. am 07.02.2022 um 10:30 und stellt fest, dass die Welle 21 bereits vor einer halben Stunde hätte freigegeben werden müssen. Er navigiert daraufhin im Lagermonitor zu der entsprechenden Welle und führt die Wellenfreigabe aus.

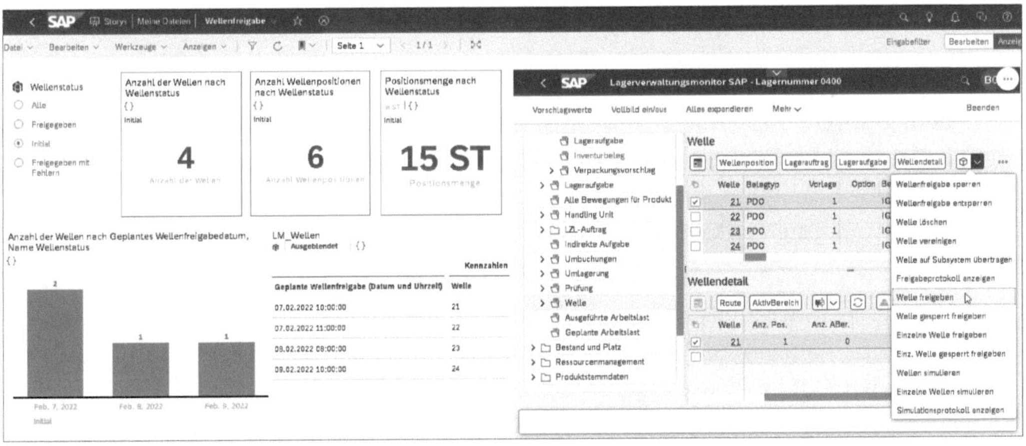

Abbildung 15.67 Wellenfreigabe mit der SAP-Fiori-App »Lagerverwaltungsmonitor«

Die Story wurde mit einer automatischen Aktualisierung alle 30 Sekunden konfiguriert. Abbildung 15.68 zeigt die automatisch aktualisierte Story nach der Wellenfreigabe.

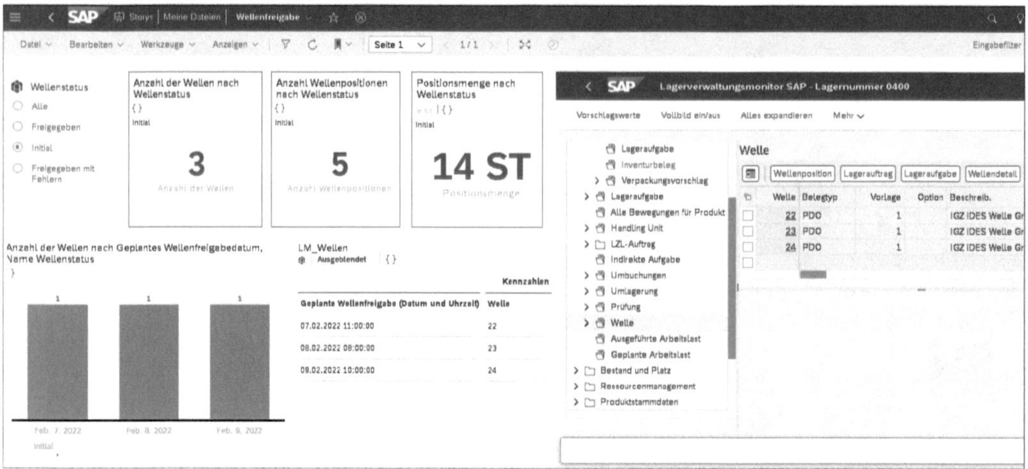

Abbildung 15.68 Aktualisierte Anzeige der Story nach der Wellenfreigabe

In einem weiteren Anwendungsbeispiel für ein in SAP Analytics Cloud erstelltes Dashboard können z. B. Lageraufträge nach dem Seitenfilter **Lagerauftragsstatus** (z. B. **Offen**) und dem spätesten Startzeitpunkt angezeigt werden. Im Lagermonitor können diese Lageraufträge einer Queue mit geringerer Arbeitslast manuell zugewiesen werden.

15.9 Zusammenfassung

In diesem Kapitel haben wir mit dem Lagerverwaltungsmonitor, dem Lagercockpit, dem grafischen Lagerlayout sowie SAP S/4HANA Embedded Analytics die Möglichkeiten des Monitorings (operative Analyse) in SAP EWM vorgestellt. Im Rahmen von Embedded Analytics sind wir auf die Architektur und den Standard-Content sowie die Anwendung von CDS-Views in SAP EWM näher eingegangen.

Im Rahmen des Reportings (strategische Analyse) haben wir die in SAP EWM verfügbaren DataSources, die Datenextraktion in SAP Business Warehouse und den Datenfluss innerhalb von SAP BW/4HANA als Basis der Reports vorgestellt. Anschließend haben wir SAP Analysis for Microsoft Office und SAP Analytics Cloud als generisches Werkzeug zum Monitoring und Reporting beschrieben. Für SAP Analytics Cloud haben wir anhand eines Beispiels eine Einsatzmöglichkeit für Datenauswertungen auf der Basis von Live-Daten aus SAP EWM vorgestellt.

Kapitel 16

Anbindung einer Materialfluss-steuerung

Es ist möglich, eine Materialflusssteuerung direkt an SAP EWM anzubinden. In diesem Kapitel vermitteln wir Ihnen die Grundbegriffe, den Aufbau und die Simulation einer Materialflusssteuerung mit SAP EWM.

SAP EWM bietet die Möglichkeit, automatische Lager direkt, also ohne einen zusätzlichen Lagersteuerrechner, anzubinden und abzubilden. Dies geschieht über das SAP-EWM-Materialflusssystem (EWM-MFS). Sie können in EWM-MFS ein automatisches Lager mit Meldepunkten, Fördersegmenten und Ressourcen abbilden.

Die speicherprogrammierbare Steuerung des Materialflusssystems kommuniziert über Telegramme mit EWM-MFS. Auf diese Weise können Informationen zwischen EWM-MFS und der speicherprogrammierbaren Steuerung ausgetauscht werden, z. B. um zu steuern, wie sich die Handling Units über das Materialflusssystem von Meldepunkt zu Meldepunkt bewegen sollen. Die Steuerentscheidungen darüber, wie sich Handling Units durch das Materialflusssystem bewegen, werden in EWM-MFS mithilfe der LOLS abgebildet. EWM-MFS ermöglicht es darüber hinaus, verschiedene Ausnahmebehandlungen, wie z. B. das Sperren eines Betriebsmittels, auszuführen. Im Lagerverwaltungsmonitor (kurz: Lagermonitor) können Sie den MFS-Prozess überwachen, auswerten und beeinflussen.

In diesem Kapitel befassen wir uns zunächst mit den Grundbegriffen und dem Aufbau sowie der Einrichtung und Simulation eines Materialflusssystems. Als Nächstes widmen wir uns der Definition eines Lagerlayouts in EWM-MFS inklusive mehrfachtiefer Lagerung und behandeln anschließend die Telegrammkommunikation, das Routing und die Überwachung des Materialflusssystems. Darüber hinaus besprechen wir die Ausnahmebehandlungen im Materialflusssystem. Zuletzt wenden wir uns der Anbindung über die Lagersteuerrechner-Schnittstelle zu.

16.1 Grundbegriffe und Aufbau eines Materialflusssystems

Um die Grundbegriffe, das Lagerlayout und andere Aspekte von EWM-MFS zu besprechen, haben wir in diesem Kapitel ein einfaches Beispiellager vor Augen. Dieses Beispiel sehen Sie in Abbildung 16.1.

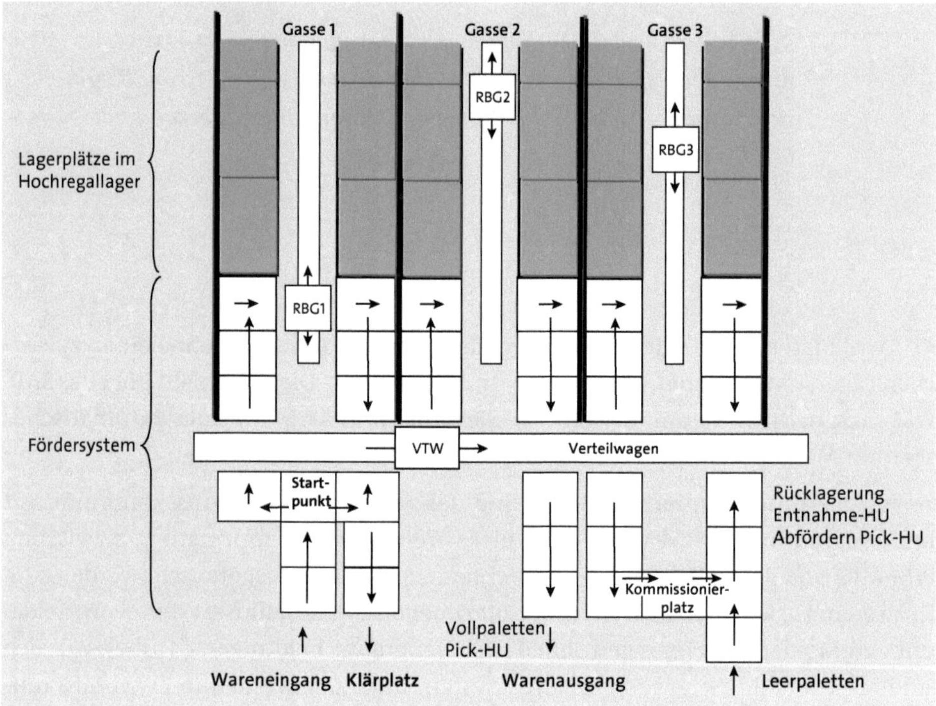

Abbildung 16.1 Beispiel eines Materialflusssystems mit Hochregallager

Das automatische Beispiellager in Abbildung 16.1 hat ein Hochregal und ein Fördersystem. Die Handling Units (HUs) können über das Materialflusssystem an verschiedenen Meldepunkten vorbei in das Hochregallager eingelagert und wieder aus dem Hochregallager zum Kommissionierpunkte oder direkt zur Bereitstellzone ausgelagert werden. In diesem Kapitel kommen wir immer wieder auf dieses Beispiellager zurück.

Die Grundbegriffe, die wir in diesem Abschnitt besprechen, sind die speicherprogrammierbare Steuerung, der Kommunikationskanal, Meldepunkte und Fördersegmente. Wir erläutern diese Begriffe und besprechen die Konfiguration in EWM-MFS.

16.1.1 Speicherprogrammierbare Steuerung

Die *speicherprogrammierbare Steuerung* (SPS) ist ein unterlagertes Echtzeitsystem, das den physischen Transport von Handling Units auf Förderanlagen und deren

Komponenten steuert. Die SPS wertet Signale der angeschlossenen Fördertechnik oder weiterer Steuerungen aus und aktiviert oder deaktiviert Motoren, Geräte, Sensoren, Leser usw.

Sie können die Einstellungen zur SPS-Schnittstelle pro SPS treffen oder übergreifende Schnittstellentypen verwenden.

Verwendung von Schnittstellentypen

Schnittstellentypen empfehlen sich, sobald Sie mehrere SPS anbinden möchten, die über dieselbe Schnittstellendefinition (Telegrammtypen, Telegrammstruktur, Fehlercodes usw.) mit SAP EWM kommunizieren. In der Regel trifft das für Regalbediengeräte zu.

Schnittstellentypen

Über den Customizing-Pfad **SCM Extended Warehouse Management • Extended Warehouse Management • Materialflusssystem (MFS) • Stammdaten • SPS-Schnittstellentyp definieren** können Sie die verschiedenen Schnittstellentypen definieren (siehe Abbildung 16.2).

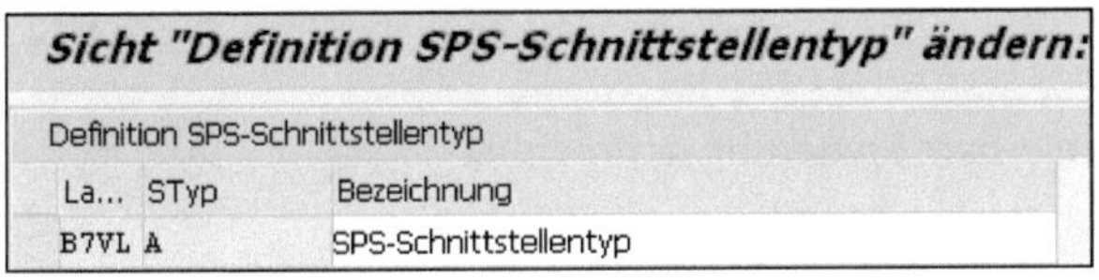
Sicht "Definition SPS-Schnittstellentyp" ändern:

Definition SPS-Schnittstellentyp

La...	STyp	Bezeichnung
B7VL	A	SPS-Schnittstellentyp

Abbildung 16.2 Schnittstellentypen definieren

Geben Sie im Customizing ein Kürzel und eine Beschreibung des Schnittstellentyps ein.

Speicherprogrammierbare Steuerung definieren

Jede Steuerung, mit der das SAP-EWM-System kommunizieren soll, müssen Sie als SPS definieren. In größeren Anlagen sind unter Umständen Kopfsteuerungen im Einsatz. Kopfsteuerungen sind speicherprogrammierbare Steuerungen, die ihrerseits andere speicherprogrammierbare Steuerungen vor Ort kontrollieren. Zum Beispiel könnte es sein, dass eine Kopfsteuerung zugleich ein Materialflusssystem und auch ein Regalbediengerät steuert. Das SAP-EWM-System kommuniziert in diesem Fall aber nur mit den Kopfsteuerungen, und deshalb definieren Sie auch nur diese Kopfsteuerungen als SPS.

Die SPS definieren Sie über den Customizing-Pfad **SCM Extended Warehouse Management • Extended Warehouse Management • Materialflusssystem (MFS) •**

Stammdaten • Speicherprogrammierbare Steuerung (SPS) definieren (siehe Abbildung 16.3).

Außer der Bezeichnung der SPS müssen Sie zusätzlich die folgenden Felder pflegen:

- **Schnittstellentyp (Feld »Schnitzt.-Typ«)**
  Über das Feld **Schnittst.-Typ** kann die SPS einem bereits definierten Schnittstellentyp zugeordnet werden.

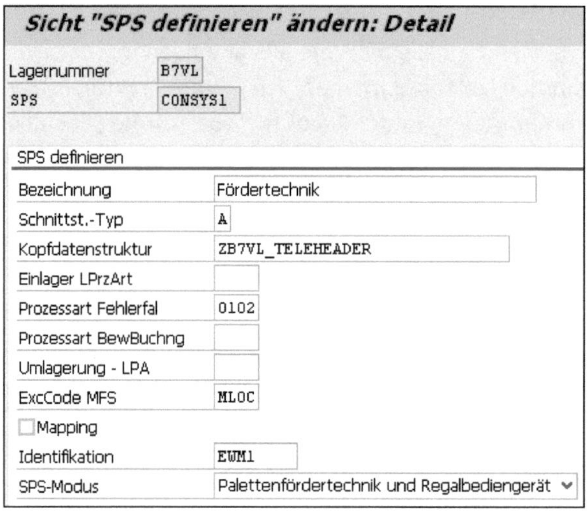

Abbildung 16.3 Speicherprogammierbare Steuerung definieren

- **Feld »Kopfdatenstruktur«**
  Alle Telegramme, die an die SPS verschickt werden, verwenden dieselbe zu hinterlegende Kopfdatenstruktur. Zuerst definieren Sie die Telegrammkopfdatenstruktur im Data Dictionary.
- **Lagerprozessart für Einlagerungen mit Fördertechnik (Feld »Einlager LPrzArt«)**
  Die Lagerprozessart (**Einlager LPrzAr**) wird von den Meldepunkten mit der Meldepunktart IP zum Anstoßen der Einlagerungsstrategie verwendet.

Lagerprozessart für Einlagerungen mit Fördertechnik

Das Feld **Einlager LPrzArt** dient in der SPS-Konfiguration nur der Rückwärtskompatibilität zu dem sehr alten Release SAP SCM 5.0. Ab SAP SCM 5.1 können Sie diese Prozessart direkt am Meldepunkt hinterlegen.

- **Prozessart Fehlerfall (Feld »Prozessart Fehlerfall«)**
  In diesem Feld kann eine Lagerprozessart hinterlegt werden, die das System bei HU-Fehlern dazu verwendet, die entsprechenden HUs zum Klärplatz auszuschleu-

sen. SAP EWM schleust HUs z. B. dann zum Klärplatz aus, wenn die SPS einen Konturenfehler meldet. Der Weg zum nächsten Klärplatz wird nicht über die layoutorientierte Lagerungssteuerung bestimmt, sondern durch die Angabe des jeweils nächsten Zwischenziels in Richtung Klärplatz pro Meldepunkt. Auf diese Weise können Sie die Lagersteuerung für das Lager erheblich vereinfachen. Sie können die Lagerprozessart bei diesem Verfahren jedoch nicht in die layoutorientierte Lagerungssteuerung, sondern direkt in das Customizing der SPS eingeben.

Sofort-Quittieren im Fehlerfall

Definieren Sie für die Prozessart **Fehlerfall** eine Lagerprozessart, mit der das Sofort-Quittieren erlaubt ist, um eine sofortige Umlagerung im Fehlerfall zu ermöglichen.

- **Feld »Prozessart BewBuchng«**
  In diesem Feld muss bei der Verwendung der Behälterfördertechnik, die im späteren Verlauf des Kapitels erläutert wird, eine Lagerprozessart für Bewegungsbuchungen hinterlegt werden.
- **Fed »Umlagerung – LPA«**
  Das Feld **Umlagerung – LPA** wird im Falle einer notwendigen Umlagerung bei verdeckten Handling Units im Kontext der mehrfachtiefen Lagerung verwendet, um die verdeckende HU auf einen anderen Platz zu bewegen.
- **Ausnahmecode (Feld »ExcCode MFS«)**
  In dieses Feld geben Sie den Ausnahmecode für die Nach-Lagerplatz-Änderung ein, der bei der Quittierung von Lageraufgaben in EWM-MFS gesetzt wird. Wenn die SPS eine HU an einem anderen Meldepunkt anmeldet als erwartet, bucht SAP EWM die HU auf den neuen Punkt um. Für diese Fälle definieren Sie einen Ausnahmecode und legen mögliche Folgeaktionen (z. B. einen Alert) fest. Der Ausnahmecode (hier `MLOC`) muss auf den internen Prozesscode `CHBD` (Nach-Platz ändern) verweisen.
- **Kennzeichen »Mapping«**
  Dieses Kennzeichen legt fest, ob Objekte im Austausch zwischen SAP EWM und der SPS umgeschlüsselt werden sollen. Dies ist erforderlich, falls Lagerplätze in SAP EWM und der SPS verschiedene Identifikationen haben. Wenn das Kennzeichen **Mapping** gesetzt ist, können Sie Transaktion /SCWM/MFS_OBJMAP benutzen, um zu jedem Lagerplatz einen von der SPS verwendeten Namen zu hinterlegen.
- **Feld »Identifikation«**
  Der in diesem Feld eingetragene Wert wird in Telegrammen an die SPS als Senderidentifikation mitgegeben.

[»]

Kennzeichen »Tele überprüfen«

Wenn Sie im Kommunikationskanal das Kennzeichen **Tele überprüfen** setzen (siehe Abbildung 16.4), akzeptiert das SAP-EWM-System über diesen Kanal nur Telegramme, die diese Identifikation im Feld **Empfänger** enthalten.

16.1.2 Kommunikationskanal

Zu jeder SPS muss mindestens ein *Kommunikationskanal* definiert sein. Nachrichtenverbindungen zwischen MFS und SPS werden durch eine IP-Adresse und einen Port definiert. Um die Kommunikation zwischen MFS und SPS zu ermöglichen, müssen Sie einen Kommunikationskanal für diese SPS definieren. Sie legen dabei einige Eigenschaften fest, z. B. die Länge der Nachrichten und ob mit Telegrammbestätigungen gearbeitet werden soll. Im Anwendungsmenü stellen Sie außerdem IP-Adresse und Port ein, über die die SPS erreichbar ist.

Sie können zur Kommunikation mit derselben SPS mehrere Kanäle verwenden, die dann jeweils einen eigenen Port nutzen müssen. Darüber hinaus können Sie festlegen, dass bestimmte Telegramme über den einen Kanal und andere Telegramme über einen anderen Kanal kommuniziert werden sollen.

Telegramme eines Kommunikationskanals werden sequenziell an die SPS übermittelt. Das heißt, dass SAP EWM Telegramm 2 erst dann versendet, wenn für das zuvor versendete Telegramm 1 eine Empfangsbestätigung eingetroffen ist. In der Regel ist ein Kommunikationskanal pro Steuerung ausreichend. Über einen zweiten Kommunikationskanal (und gegebenenfalls weitere Kommunikationskanäle) kann die Kommunikation jedoch beschleunigt werden.

[»]

Nachrichten parallel versenden

Achten Sie darauf, dass Sie nur solche Nachrichten parallelisieren, die sich gegebenenfalls auch überholen dürfen. Es kann z. B. unerwünschte Folgen haben, wenn Transportquittungen und Anmeldetelegramme auf unterschiedliche Kanäle verteilt werden. Bei Störungen auf einem Kanal würden sie dann nicht mehr in der vorgesehenen Reihenfolge verarbeitet.

Über den Customizing-Pfad **SCM Extended Warehouse Management • Extended Warehouse Management • Materialflusssystem (MFS) • Stammdaten • Kommunikationskanal • Kommunikationskanal definieren** können Sie die Eigenschaften eines Kommunikationskanals definieren.

Um den Kommunikationskanal zu definieren, pflegen Sie, wie in Abbildung 16.4 gezeigt, die folgenden Felder:

- **Telegrammwiederholungen (Feld »TeleWiederholung«)**
  In dieses Feld geben Sie einen Wert zwischen 1 und 9 ein. Es handelt sich dabei um die Anzahl der Telegrammwiederholungen, die das System durchläuft, falls ein Telegramm nicht erfolgreich zur speicherprogrammierbaren Steuerung übertragen werden konnte. Danach wird der Ausnahmecode, der im Feld **ExcCode MFS** eingetragen ist, ausgeführt.
- **Intervall der Wiederholungen der Telegrammversendung (Feld »Intervall Tele-Wied.«)**
  In diesem Feld legen Sie fest, nach wie vielen Sekunden das Senden eines Telegramms wiederholt werden soll, wenn das System keine Empfangsbestätigung erhalten hat. Das System versucht nach Ablauf des Intervalls, das Telegramm erneut an die SPS zu senden, falls die Übertragung zuvor nicht bestätigt wurde.

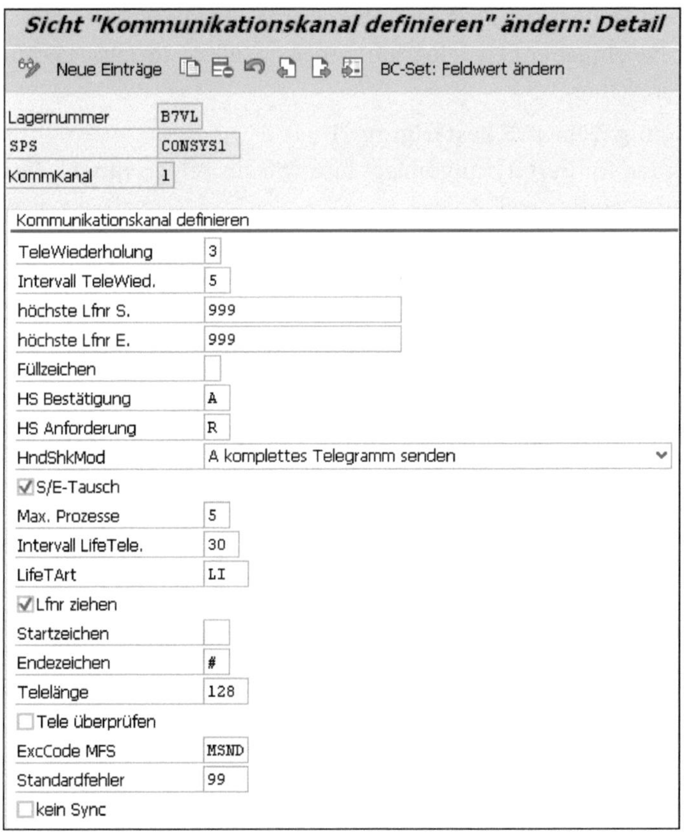

Abbildung 16.4 Kommunikationskanal definieren

- **Höchste Laufnummer Sender (Feld »höchste Lfnr S.«)**
  Über dieses Feld definieren Sie die höchste erlaubte Laufnummer beim Versenden von Telegrammen. Das SAP-EWM-System versieht jedes Telegramm mit einer ein-

deutigen Laufnummer. Diese Nummer hilft dem Empfänger zu erkennen, ob er ein Telegramm bereits empfangen hat oder nicht. Nur beim ersten Erhalt wird das Telegramm verarbeitet, danach wird es nur noch bestätigt. Telegramme mit zu kleiner laufender Nummer werden verworfen.

- **Höchste Laufnummer Empfänger (Feld »höchste Lfnr E.«)**
  Dieses Feld legt die höchste erlaubte Laufnummer beim Empfangen von Telegrammen fest.
- **Feld »Füllzeichen«**
  Dieses Feld steuert, durch welches Füllzeichen Leerzeichen in Telegrammen an die SPS gefüllt werden sollen. Zur besseren Lesbarkeit von Telegrammen (z. B. mit einem LAN-Tester oder mit Protokolldateien) bietet SAP EWM die Option, ein spezielles Zeichen festzulegen, das anstelle von Leerzeichen verwendet wird. Das SAP-EWM-System füllt alle Felder ausgehender Telegramme mit diesem Zeichen. Im Gegenzug ersetzt es bei eingehenden Telegrammen alle Stellen, die dieses Zeichen enthalten, durch Leerzeichen.
- **Handshake-Bestätigung (Feld »HS Bestätigung«)**
  Das Handshake-Zeichen für Bestätigungen legt fest, wie ein Telegramm als Bestätigung gekennzeichnet werden soll.
- **Handshake-Anforderung (Feld »HS Anforderung«)**
  Das Handshake-Zeichen für Anforderungen legt fest, wie ein Telegramm als Anforderung gekennzeichnet werden soll.
- **Handshake-Modus (Feld »HndShkMod«)**
  Über das Feld **HndShkMod** legen Sie fest, wie der Handshake mit der SPS durchgeführt werden soll. Der Handshake-Modus bestimmt z. B., ob Telegramme bestätigt werden müssen und welche Informationen in der Bestätigung enthalten sein sollen. Die Optionen für den Handshake-Modus sehen Sie in Abbildung 16.5.

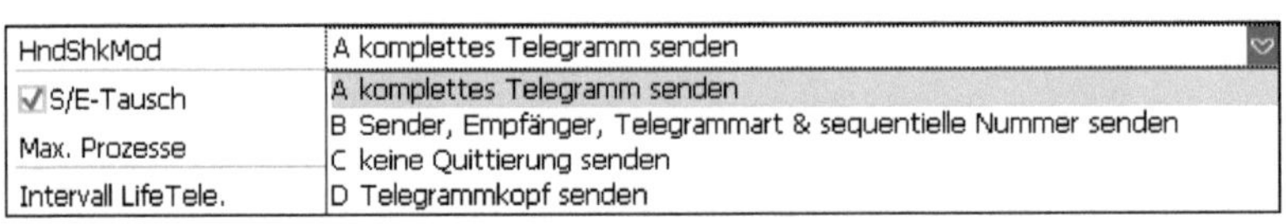

Abbildung 16.5 Optionen für den Handshake-Modus

- **Feld »S/E-Tausch«**
  Dieses Feld legt fest, ob Sender und Empfänger bei der Telegrammbestätigung getauscht werden sollen.
- **Feld »Max. Prozesse«**
  Hier pflegen Sie, wie viele Workprozesse maximal verwendet werden dürfen, um Aktionsbausteine für eingehende Telegramme abzuarbeiten.

- **Intervall für Life-Telegramme (Feld »Intervall LifeTele.«)**
  In diesem Feld wird das Intervall für Life-Telegramme in Sekunden festgelegt. Basierend auf diesem Intervall, übermittelt das System Life-Telegramme an die SPS, die die Verbindung zur SPS auf Funktionstüchtigkeit prüfen, wenn keine Nutztelegramme ausgetauscht werden.
- **Telegrammart Life-Telegramm (Feld »LifeTArt«)**
  Das Feld **LifeTArt** legt die Telegrammart für das Life-Telegramm fest.
- **Laufnummer ziehen (Feld »Lfnr ziehen«)**
  Dieses Feld legt fest, ob für Life-Telegramme eine Laufnummer gezogen werden soll.
- **Feld »Startzeichen«**
  Hier pflegen Sie Zeichen, die den Start eines Telegramms kennzeichnen.
- **Feld »Endezeichen«**
  Hier pflegen Sie Zeichen, die das Ende eines Telegramms kennzeichnen.
- **Feld »Telelänge«**
  In diesem Feld legen Sie die Telegrammlänge (in Zeichen) fest; sie entspricht der Anzahl von Zeichen, die ein Telegramm zum Austausch mit der speicherprogrammierbaren Steuerung umfasst.
- **Kennzeichen »Tele überprüfen«**
  Dieses Kennzeichen legt fest, ob das empfangene Telegramm auf semantische und syntaktische Korrektheit hin überprüft werden soll.
- **Ausnahmecode (Feld »ExcCode MFS«)**
  Dieser Ausnahmecode wird ausgelöst, wenn bei der Kommunikation über den aktuellen Kommunikationskanal ein Fehler auftritt.
- **Feld »Standardfehler«**
  Dies ist der Standardfehler, der an die SPS übertragen wird, wenn das System bei einem eingehenden Anfragetelegramm einen Fehler festgestellt hat.

  Wenn Sie eine feinere Fehlerauswertung nutzen möchten, können Sie dies im SAP-EWM-Customizing über den Pfad **SCM Extended Warehouse Management • Extended Warehouse Management • Materialflusssystem (MFS) • Ausnahmebehandlung • Telegrammfehler zu SPS-Fehler zuordnen** einstellen.
- **Kennzeichen »kein Sync«**
  Wenn Sie dieses Kennzeichen setzen, führt das System zu Beginn einer Telegrammkommunikation keine Synchronisierung durch.

[zB]

Definition von Kommunikationskanälen

Sie legen fest, dass das MFS mit den drei Regalbediengeräten Ihres Lagers über jeweils einen Kanal kommunizieren soll. Bezüglich der Lagervorzone erwartet Sie ein höheres

Telegrammaufkommen. Für die dafür zuständige SPS definieren Sie deshalb zwei Kanäle (Port 1 und Port 2). Über Kanal 1 sollen alle HU-bezogenen Telegramme und über Kanal 2 alle Statustelegramme (Störmeldungen für Meldepunkte und Segmente) laufen. Sie vereinbaren deshalb mit dem Zuständigen für die SPS, dass Statustelegramme über Port 2 gesendet werden sollen, und definieren in SAP EWM, dass die Telegrammart STAR (Status-Request von EWM an EWM-MFS) über Kanal 2 geschleust wird.

16.1.3 Meldepunkt

Ein *Meldepunkt* ist ein Punkt auf der Fördertechnik, an dem SAP EWM und SPS Informationen austauschen, wie z. B. Verfügbarkeitsstatus, Startpunkt einer Lageraufgabe, Zielpunkt einer Lageraufgabe oder Scannerpunkt. Ein Meldepunkt ist immer genau einer SPS zugeordnet.

In SAP EWM bilden Sie einen Meldepunkt immer auch als Lagerplatz und innerhalb der LOLS als Lagerungsgruppe ab. Jeder Meldepunkt ist einer bestimmten Meldepunktart zugeordnet. So können Sie z. B. eine Meldepunktart für Identifikationspunkte (Punkte der Lagerplatzvergabe) oder für Scannermeldepunkte definieren. Die Meldepunktart beeinflusst zusammen mit der Telegrammart die MFS-Aktion, die das System bei diesem Meldepunkt auslöst.

Eine wesentliche Eigenschaft von Meldepunkten ist ihre Kapazität. Die Kapazität wird durch die Anzahl der HUs ausgedrückt, die gleichzeitig auf dem Meldepunkt zulässig sind. Das Programm berücksichtigt dabei auch ankommende oder abfahrende HUs.

Eine weitere wesentliche Eigenschaft ist der Verfügbarkeitsstatus. Sie können einen Meldepunkt entweder seitens der SPS oder über den Lagermonitor seitens des Lagerleitstandes sperren.

[zB]

Ablauflogik am Meldepunkt

Jede Meldepunktart kann ihre eigene Ablauflogik haben. Betrachten wir einen typischen Kommunikationsprozess:

- Die Förderanlage bewegt z. B. eine HU zu einem Scanner. Diesen Punkt haben Sie in EWM-MFS als Meldepunkt (z. B. CP01) mit der Meldepunktart **Identifikationspunkt** definiert. Die SPS schickt nun die vom Scanner gelesenen Daten (HU-Nummer) zusammen mit dem Meldepunktnamen an das SAP-EWM-System.
- SAP EWM löst die für diese Telegrammart (Scannertelegramm) und diese Meldepunktart (Identifikationspunkt) eingestellte Aktion aus (Lagerplatzsuche), ermittelt das nächste Zwischenziel auf dem Weg zum finalen Lagerplatz und schickt dann ein entsprechendes Telegramm an die SPS (HU zum nächsten Meldepunkt CP02 transportieren).

- Die SPS veranlasst, dass die HU über die Förderanlage zum gewünschten Meldepunkt transportiert wird. Wenn die HU dort angekommen ist, schickt die SPS ein neues Telegramm (Anmeldung an CP02).

Für diesen Meldepunkt haben Sie die Meldepunktart **Einfacher Meldepunkt** eingestellt. Sie haben außerdem festgelegt, dass bei Anmeldungen an einfachen Meldepunkten ein Funktionsbaustein aufgerufen werden soll, der die HU auf den neuen Punkt umbucht und das nächste Ziel auf dem Weg zum finalen Lagerplatz ermittelt. Falls der nächste Meldepunkt keine Kapazität hat oder an ihm eine Ausnahme gesetzt ist, hält SAP EWM die Lageraufgabe für die SPS zurück.

16.1.4 Fördersegment

Ein *Fördersegment* ist eine Strecke zwischen zwei Meldepunkten. Fördersegmente transportieren HUs physisch von einem Meldepunkt zum nächsten. Die Ressourcentypen können Sie im Customizing über den Pfad **SCM Extended Warehouse Management • Extended Warehouse Management • Material-Flusssystem (MFS) • Stammdaten • Fördersegment definieren** (siehe Abbildung 16.6) anlegen.

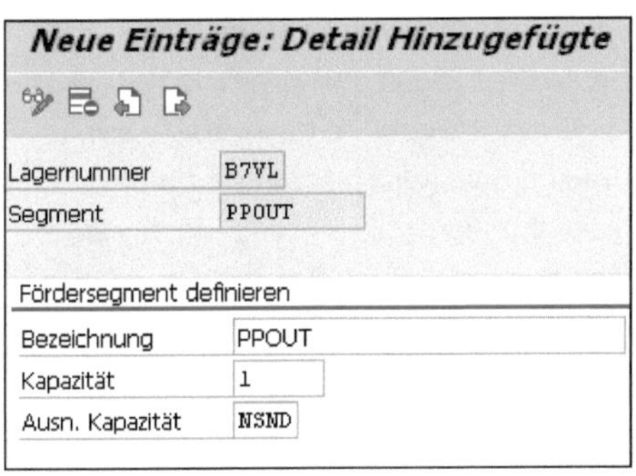

Abbildung 16.6 Fördersegmente definieren

Auch für Fördersegmente können Sie jeweils eine Kapazitätsgrenze einstellen. Die Kapazität bezieht sich, wie bei Meldepunkten, auf die Anzahl an HUs, die über das jeweilige Fördersegment gleichzeitig transportiert werden können. Wenn die Kapazität eines Fördersegments ausgelastet ist, hält SAP EWM weitere Aufträge für dieses Segment zurück.

Sie ordnen Fördersegmente in der LOLS ihren Anfangs- und Endpunkten zu (siehe Abbildung 16.7).

Sie können verschiedene Fördersegmente bezüglich einer Fördersegmentgruppenart (z. B. Status) zu einer Fördersegmentgruppe zusammenfassen. So können Sie z. B. bei einer SPS-Störmeldung anstelle einzelner Fördersegmente die ganze Fördersegmentgruppe mit einer Ausnahme versehen; das System hält dann die Aufträge für diese Fördersegmente zurück.

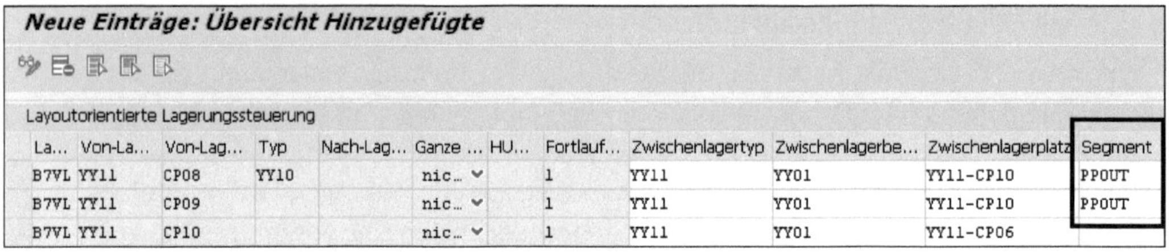

La...	Von-La...	Von-Lag...	Typ	Nach-Lag...	Ganze ...	HU...	Fortlauf...	Zwischenlagertyp	Zwischenlagerbe...	Zwischenlagerplatz	Segment
B7VL	YY11	CP08	YY10		nic...		1	YY11	YY01	YY11-CP10	PPOUT
B7VL	YY11	CP09			nic...		1	YY11	YY01	YY11-CP10	PPOUT
B7VL	YY11	CP10			nic...		1	YY11	YY01	YY11-CP06	

Abbildung 16.7 Fördersegmente der layoutorientierten Lagerungssteuerung zuordnen

Sie müssen Fördersegmente nur dann definieren, wenn Sie ihren Status (Bereitschaft, Kapazität) in SAP EWM kontrollieren wollen. In vielen Fällen genügt es, Kapazität und Status auf den Meldepunkten zu führen.

[zB]

Nutzung von Fördersegmenten

Sie haben für eine bestimmte Route im Lager die folgenden Strecken: Von A nach B nach C als Ziel. Für das Segment zwischen A und B erwarten Sie Statusmeldungen von der SPS und ebenso für die Strecke zwischen B und C. Auf diesem Segment sollen außerdem nicht mehr als drei Aufträge gleichzeitig an die SPS geschickt werden. Sie definieren die beiden Fördersegmente AB und BC. Für BC tragen Sie Kapazität 3 ein. In der LOLS definieren Sie für die Strecke von A zum Ziel das Zwischenziel B und ordnen diesem Eintrag das Segment AB zu. Für die Strecke von B zum Ziel legen Sie das Zwischenziel C fest und ordnen diesem Eintrag das Segment BC zu. Das MFS kann nun (zusätzlich zum Status der betroffenen Meldepunkte) eventuelle Störungen auf den Segmenten AB und BC berücksichtigen und die Kapazitätsgrenze auf dem Segment BC beachten.

16.2 Einrichtung und Simulation eines Materialflusssystems

In diesem Abschnitt beschreiben wir die grundlegenden Einstellungen, um ein MFS in SAP EWM einzurichten. Die folgenden Schritte sind dafür erforderlich:

1. RFC-Verbindung einrichten
2. Stammdaten für die SPS pflegen
3. Stammdaten der Kommunikationskanäle pflegen

Abbildung 16.8 zeigt, wie die Kommunikation zwischen EWM-MFS und einer externen SPS erfolgt, wenn diese Grundeinstellungen vorgenommen worden sind.

Im Beispiel wird zunächst eine Lageraufgabe erstellt, die eine HU von Meldepunkt CP01 nach Meldepunkt CP02 bewegen soll. Für diese Lageraufgabe wird die Queue CONSYS1 bestimmt, der die SPS `CONSYS1` zugeordnet ist. SAP EWM ermittelt aus den Stammdaten der SPS, dass diese die SAP-ABAP-Push-Channel-TCP-Kommunikationsschicht, die die technische Kommunikation über TCP/IP-Sockets übernimmt, und die RFC-Destination `MFS_PLC_INTERFACE_WH20` verwendet. Die RFC-Destination `MFS_PLC_INTERFACE_WH20` wird während des Starts einer Verbindung zur SPS genutzt; danach erfolgt der Austausch über ABAP Push Channel TCP.

Für das zuvor genannte Beispiel wird ein Telegramm mit den Daten der Lageraufgabe über den ABAP Push Channel TCP an die SPS geschickt.

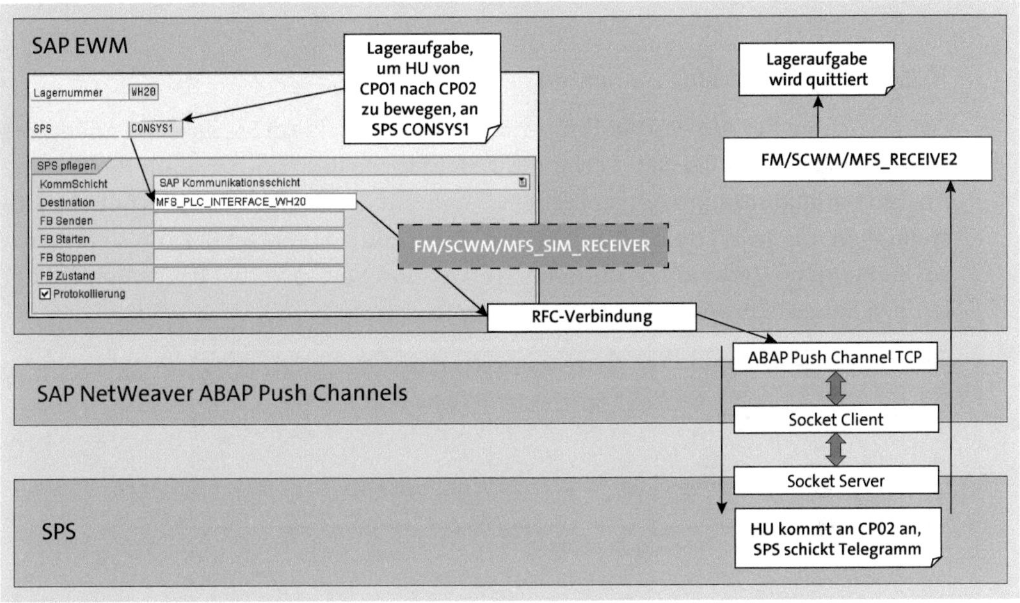

Abbildung 16.8 Datenfluss zwischen Materialflusssystem und externer speicherprogrammierbarer Steuerung

ABAP Push Channel TCP

Beachten Sie, dass die ABAP-Push-Channel-TCP-Kommunikationsschicht erst ab Release 9.4 zur Verfügung steht. In SAP EWM in SAP S/4HANA können Sie die ABAP-Push-Channel-TCP-Kommunikationsschicht bedenkenlos nutzen. Auch empfehlen wir die Verwendung der ABAP Push Channels.

Für ältere Releases oder für bestehende Projekte kann alternativ der RFC-Adapter *SAP Plant Connectivity* genutzt werden. SAP Plant Connectivity dient nur als Übersetzer der Telegramme in TCP/IP, sodass direkt mit der SPS kommuniziert werden kann.

> Weitere Informationen und ein How to Guide zum Thema ABAP Push Channel finden Sie über den Link: *https://d.dam.sap.com/a/sa41XeP/How_To_Guide_MFS_with_APC_TCP_OP_v1.pdf?rc=10*

Im nächsten Abschnitt betrachten wir zunächst die grundlegenden Einstellungen zur Anbindung der SPS im Detail.

Anschließend beschreiben wir die MFS-Simulation, mit der Sie das MFS ohne SPS-Anbindung oder Emulation verwenden können. Mit der MFS-Simulation können Sie innerhalb von SAP EWM z. B. die MFS-Konfiguration testen, ohne dass eine externe Kommunikation benötigt wird.

16.2.1 RFC-Verbindung einrichten

Das Einrichten der RFC-Verbindung erfolgt über Transaktion SM59 (siehe Abbildung 16.9). Beim Anlegen der RFC-Verbindung wählen Sie den Eintrag **ABAP-Verbindung** im Feld **Verbindungstyp**. Wir empfehlen Ihnen, auf der Registerkarte **Technische Einstellungen** mit Lastverteilung zu arbeiten. Bei einem Serverausfall kann so automatisch eine neue Verbindung unter der Verwendung eines verbliebenen Servers der Gruppe hergestellt werden.

Abbildung 16.9 RFC-Verbindung anlegen

Die RFC-Verbindung kommt ausschließlich beim Start der Kommunikation mit der SPS zum Einsatz. Dies ist notwendig, damit eingehende Telegramme im Kontext des Benutzers ausgeführt werden, der in der RFC-Verbindung hinterlegt ist. Entsprechend muss unter **Anmeldung & Sicherheit** ein technischer Benutzer mit den notwendigen Berechtigungen hinterlegt werden. Die Verwendung eines dedizierten Benutzers vereinfacht die Überwachung von MFS-Prozessen.

16.2.2 Stammdaten für die speicherprogrammierbare Steuerung pflegen

Als Nächstes legen Sie die Stammdaten für die SPS im SAP-Easy-Access-Menü an. Verwenden Sie dazu den Pfad **Logistik • SCM Extended Warehouse Management • Extended Warehouse Management • Stammdaten • Materialflusssystem (MFS) • Speicherprogrammierbare Steuerung pflegen** oder Transaktion /SCWM/MFS_PLC.

Um über SAP EWM eine externe Kommunikation herzustellen, müssen Sie in den SPS-Stammdaten als Kommunikationsschicht den Eintrag **SAP ABAP Push Channel TCP Socket Kommunikationsschicht** auswählen und im Feld **Destination** die zuvor definierte RFC-Verbindung hinterlegen (siehe Abbildung 16.10). In unserem Fall heißt diese Verbindung `MFS_PLC_INTERFACE_WH20`.

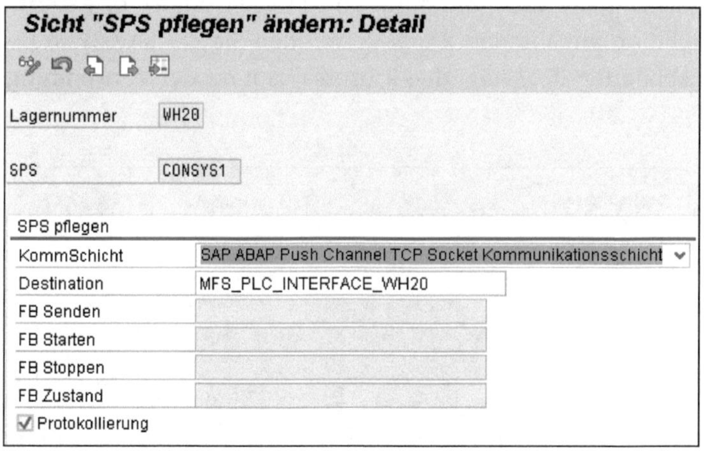

Abbildung 16.10 Stammdaten für die speicherprogrammierbare Steuerung pflegen

16.2.3 Stammdaten für den Kommunikationskanal pflegen

Damit die Telegramme an das Subsystem geschickt werden können, müssen Sie für jede SPS mindestens einen *Kommunikationskanal* pflegen. Der Kommunikationskanal in SAP EWM sorgt dafür, dass über die richtige Kombination aus IP-Adresse und Port kommuniziert wird.

Der Kommunikationskanal wird im SAP-Easy-Access-Menü über den Pfad **Logistik • SCM Extended Warehouse Management • Extended Warehouse Management • Stammdaten • Materialflusssystem (MFS) • Kommunikationskanal pflegen** oder über Transaktion /SCWM/MFS_CCH angelegt. Ein Beispiel für die Pflege des Kommunikationskanals zeigt Abbildung 16.11.

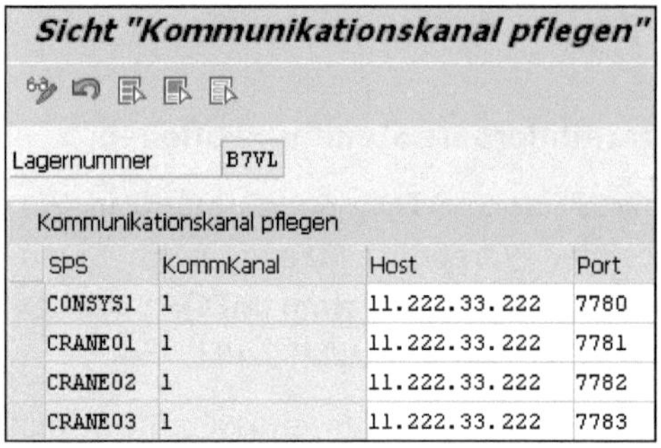

Sicht "Kommunikationskanal pflegen"

Lagernummer B7VL

Kommunikationskanal pflegen

SPS	KommKanal	Host	Port
CONSYS1	1	11.222.33.222	7780
CRANE01	1	11.222.33.222	7781
CRANE02	1	11.222.33.222	7782
CRANE03	1	11.222.33.222	7783

Abbildung 16.11 Stammdaten des Kommunikationskanals pflegen

16.2.4 Simulation im Materialflusssystem

Das MFS bietet die Möglichkeit, die MFS-Konfiguration zu testen, ohne eine externe SPS oder eine MFS-Emulation anzubinden. Dazu verwenden Sie die SAP-EWM-interne MFS-Simulation. Abbildung 16.12 zeigt den Prozessablauf bei der Verwendung der MFS-Simulation.

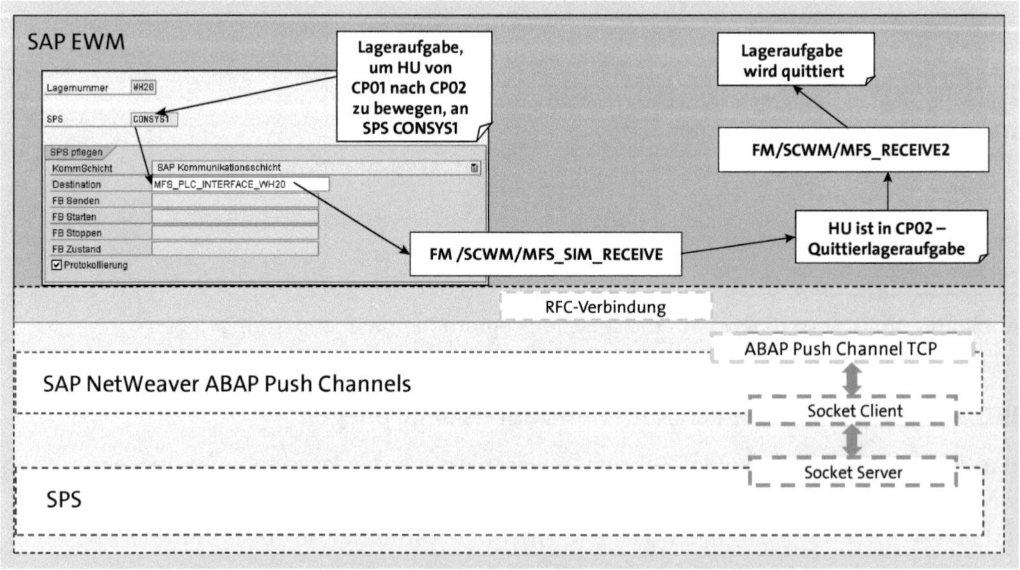

Abbildung 16.12 Interner Ablauf der MFS-Simulation

Erstellen Sie z. B. eine Lageraufgabe für eine Queue, die einer SPS zugeordnet ist, wird aus den SPS-Stammdaten die Kommunikationsschicht gelesen. Wenn die proprietäre Kommunikationsschicht eingestellt wurde, wird der Funktionsbaustein gelesen, der im Feld **FB Senden** gepflegt wurde. Die MFS bietet hier für die interne Simulation den Standardfunktionsbaustein /SCWM/MFS_SIM_RECEIVE an. Dieser Funktionsbaustein bestätigt das zu sendende Telegramm und sendet auf dessen Basis die erwartete Antworttelegrammart. Das intern gesendete Antworttelegramm ruft den Funktionsbaustein /SCWM/MFS_RECEIVE2 auf, und das Telegramm wird verarbeitet.

Die Stammdaten der SPS pflegen Sie für die MFS-Simulation im SAP-Easy-Access-Menü **Logistik • SCM Extended Warehouse Management • Extended Warehouse Management • Stammdaten • Materialflusssystem (MFS) • Speicherprogrammierbare Steuerung pflegen** oder über Transaktion /SCWM/MFS_PLC (siehe Abbildung 16.13).

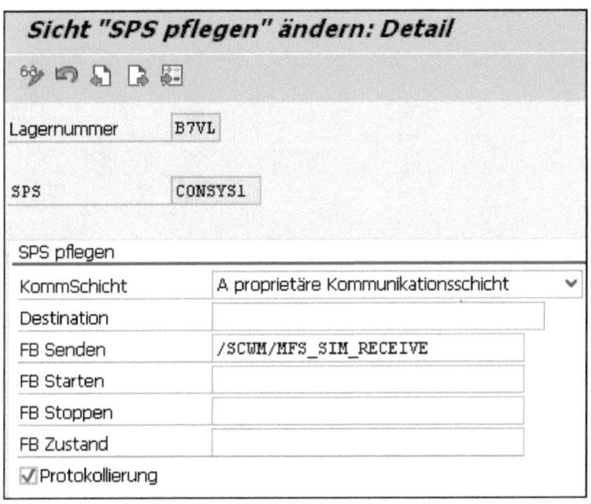

Abbildung 16.13 Stammdaten der speicherprogrammierbaren Steuerung für die Simulation pflegen

16.3 Lagerlayout definieren

In diesem Abschnitt zeigen wir Ihnen, wie Sie in SAP EWM das *Lagerlayout* für EWM-MFS definieren. SAP EWM verwendet für die Abbildung des physischen MFS viele der Organisationsobjekte, die auch in Lagern ohne MFS verwendet werden. Viele dieser Organisationsobjekte haben wir schon in den vorangegangenen Kapiteln besprochen. Daher sehen wir uns an dieser Stelle nur die MFS-relevanten Aspekte genauer an.

16.3.1 Lagertypen, Lagerplätze und Lagerungsgruppen

Das Layout eines MFS wird über Lagertypen und Lagerplätze in SAP EWM abgebildet, wie es auch für Lager ohne MFS üblich ist. HUs, die sich auf einem MFS bewegen, befinden sich systemtechnisch immer auf einem Lagerplatz oder einer Ressource.

Während der Erstellung eines Lagerplatzes können Sie dem Platz eine Lagerungsgruppe zuordnen, die in der LOLS verwendet werden kann. Zum Beispiel lassen sich so alle Lagerplätze in einer Gasse eines Hochregallagers zu einer Lagerungsgruppe zusammenfassen.

Abbildung 16.14 zeigt das Anlegen eines Lagerplatzes, dem im Feld **LgGrp** die Lagerungsgruppe A01 zugeordnet wird. Nutzen Sie dafür Transaktion /SCWM/LS01. Die Lagerungsgruppe A01 sagt in diesem Fall aus, dass der Lagerplatz zu der Gasse 1 des Hochregallagers gehört.

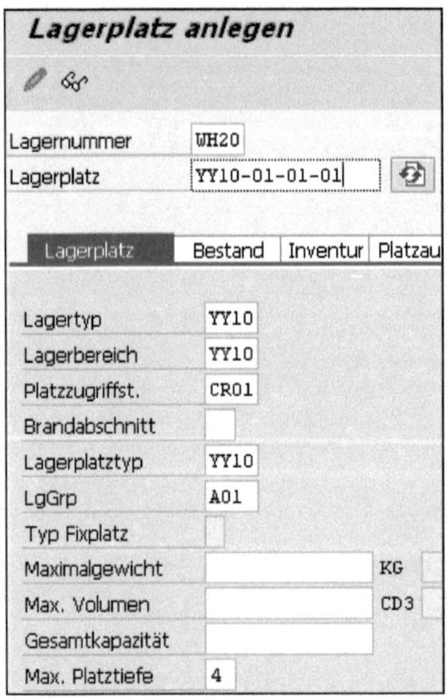

Abbildung 16.14 Lagerplatz mit Lagerungsgruppe anlegen

Bei der Materialflusssteuerung ist die mehrfachtiefe Lagerung oft ein sehr wichtiges Thema. Für automatische Hochregallagerplätze, die durch das MFS gesteuert werden, besteht die Möglichkeit, mehrfachtiefe Lagerplätze abzubilden (siehe Abbildung 16.14). Dadurch kann im System modelliert werden, dass auf einem Platz mehrere HUs hintereinander gelagert werden können. Typischerweise werden bei der mehrfachtiefen Lagerung auf einem Lagerplatz dieselben Produkt-/Chargenkombinationen gelagert (siehe die Überschrift »Grobnachplatzermittlung« in Abschnitt 16.8.2, »Optimierungen bei der Telegrammverarbeitung«). In Abbildung 16.15 sehen Sie, dass HU-Typen, die eine unterschiedliche Platztiefe benötigen, auf einem mehrfachtiefen Platz gemischt gelagert werden können. Systemseitig wird die Position bzw. Tiefe einer HU auf dem Lagerplatz in den Bestandsknoten im Lagermonitor angezeigt. Dazu wird das Feld **Logische Position** verwendet.

Für die Nutzung mehrfachtiefer Lagerplätze müssen die folgenden Voraussetzungen erfüllt sein:

1. Ein MFS-verwalteter Lagertyp muss als mehrfachtief gekennzeichnet werden.
2. Die maximale Platztiefe der Lagerplätze wird über den Lagerplatztyp spezifiziert.
3. Für die verwendeten HU-Typen sind die benötigten Platztiefen gepflegt.

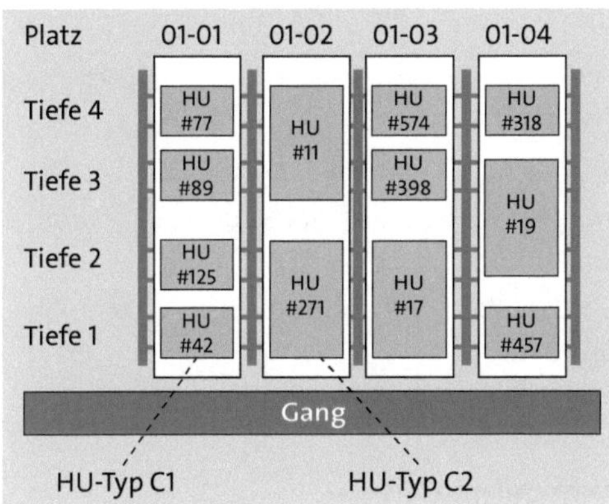

Abbildung 16.15 Mehrfachtiefe Lagerung

Ein Lagertyp kann über den Customizing-Pfad **SCM Extended Warehouse Management • Extended Warehouse Management • Stammdaten • Lagertyp definieren** als mehrfachtief gekennzeichnet werden. Abbildung 16.16 zeigt die Pflege der maximalen Platztiefe je Lagerplatztyp. Diese erreichen Sie über den Customizing-Pfad **SCM Extended Warehouse Management • Extended Warehouse Management • Materialflusssystem (MFS) • Stammdaten • Maximale Platztiefe für Lagerplatztypen festlegen.**

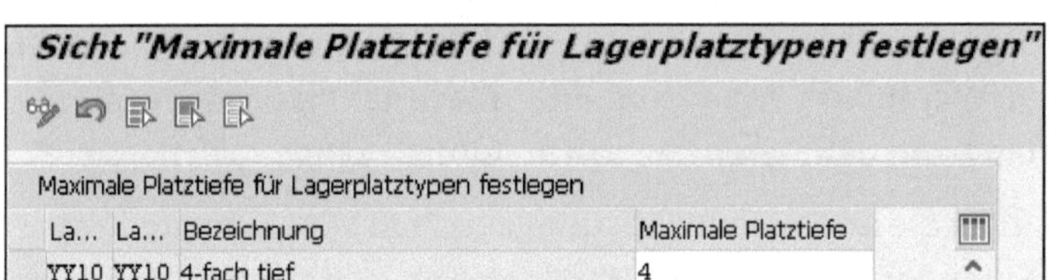

Sicht "Maximale Platztiefe für Lagerplatztypen festlegen"

Maximale Platztiefe für Lagerplatztypen festlegen

La...	La...	Bezeichnung	Maximale Platztiefe
YY10	YY10	4-fach tief	4

Abbildung 16.16 Maximale Platztiefe für die Lagerplatztypen festlegen

Die Pflege der erforderlichen Platztiefe entsprechend dem HU-Typ ist in Abbildung 16.17 dargestellt. Nutzen Sie dafür den Customizing-Pfad **SCM Extended Warehouse**

Management • Extended Warehouse Management • Materialflusssystem (MFS) • Stammdaten • Erforderliche Platztiefe für Handling-Unit-Typen festlegen.

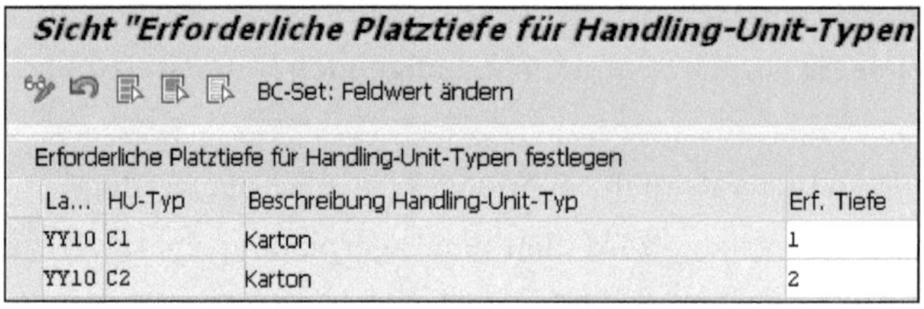
Sicht "Erforderliche Platztiefe für Handling-Unit-Typen

BC-Set: Feldwert ändern

Erforderliche Platztiefe für Handling-Unit-Typen festlegen

La...	HU-Typ	Beschreibung Handling-Unit-Typ	Erf. Tiefe
YY10	C1	Karton	1
YY10	C2	Karton	2

Abbildung 16.17 Erforderliche Platztiefe für HU-Typen festlegen

Hinweis zur Bewegung mehrerer Handling Units

Wie es in diesem Abschnitt erläutert wurde, ermöglicht es der Standard ab Release SAP EWM 9.2, mehrfachtiefe Lagerplätze mit dem MFS zu definieren und zu nutzen. Beachten Sie jedoch, dass MFS-Ressourcen im Standard nur eine HU auf einmal bewegen können. Auf Projektbasis können MFS-Ressourcen, die mehrere HUs auf einmal bewegen, mithilfe von BAdIs angebunden werden.

16.3.2 Meldepunktarten und Meldepunkte definieren

Neben den Lagertypen und Lagerplätzen bilden Sie in EWM-MFS alle Meldepunkte ab, die einer SPS zugeordnet sind. Ein Meldepunkt bezeichnet die Stelle auf der Fördertechnik, an der SAP EWM und SPS Informationen austauschen. Jeder Meldepunkt gehört zu einer bestimmten *Meldepunktart*. Meldepunktarten gruppieren Meldepunkte mit den gleichen Eigenschaften und legen fest, wie Telegramme von diesen Meldepunkten verarbeitet werden. Ein Meldepunkt kann z. B. ein »normaler« Meldepunkt sein, an dem eine HU per Scanner gelesen wird, oder ein Identifikationspunkt, an dem die HU gelesen und zudem auch der finale Lagerplatz der HU bestimmt wird.

Bevor Sie die Meldepunkte anlegen, müssen Sie zuerst entsprechende Meldepunktarten definieren. Dies erfolgt über den Customizing-Pfad **SCM Extended Warehouse Management • Extended Warehouse Management • Materialflusssystem (MFS) • Stammdaten • Meldepunktarten definieren** (siehe Abbildung 16.18).

Einen Meldepunkt definieren Sie im Customizing über den Pfad **SCM Extended Warehouse Management • Extended Warehouse Management • Materialflusssystem (MFS) • Stammdaten • Meldepunkt definieren**. Abbildung 16.19 zeigt die Transaktion zum Definieren eines Meldepunkts in der Übersicht. Sie sehen, wie Sie den einzelnen Meldepunkten eine SPS und eine Meldepunktart zuordnen.

Darüber hinaus können Sie im Customizing weitere Parameter, wie z. B. Kapazitäts- und Klärungsparameter, definieren.

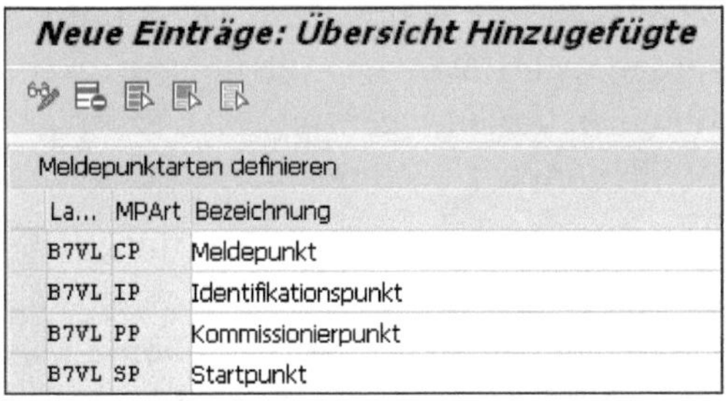

Abbildung 16.18 Meldepunktarten definieren

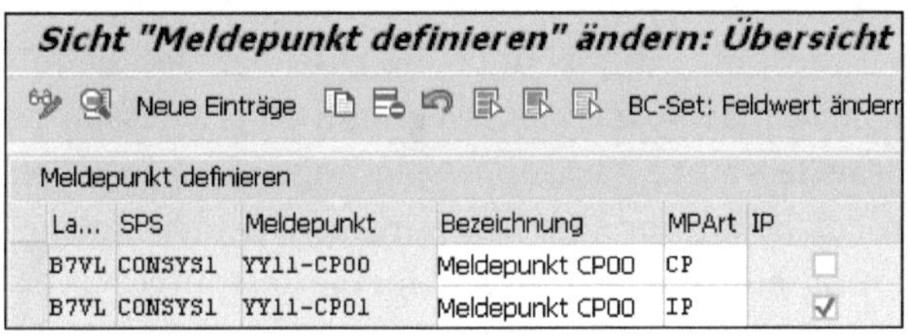

Abbildung 16.19 Meldepunkt definieren

Sobald der Meldepunkt angelegt ist, müssen Sie dem Meldepunkt einen Lagerplatz zuordnen. Verwenden Sie dazu das SAP-Easy-Access-Menü über den Pfad **Logistik • SCM Extended Warehouse Management • Extended Warehouse Management • Stammdaten • Materialflusssystem (MFS) • Meldepunkte pflegen** oder Transaktion /SCWM/MFS_CP.

Manueller Abgleich von Customizing- und Applikationsdaten

Die Applikationsdaten werden direkt beim Anlegen der Customizing-Aktivitäten generiert; z. B. sollten die Meldepunkte direkt nach der Definition im Customizing als Applikationsdaten zur Verfügung stehen. Stehen die Meldepunkte nicht automatisch als Applikationsdaten in Transaktion /SCWM/MFS_CP bereit, besteht die Möglichkeit, mit Transaktion /SCWM/MFS_GEN_APPDAT einen Abgleich zwischen den Customizing-Daten und den Applikationsdaten manuell anzustoßen.

16.3.3 Ressourcen und Ressourcenarten definieren

Eine *Ressource* ist ein Fahrzeug, das eine Lageraufgabe ausführt und somit eine HU von einem Meldepunkt zum nächsten bringt. Diese SPS-gesteuerten Fahrzeuge können Sie in EWM-MFS mithilfe von Ressourcen abbilden. Ressourcen und ihre Bewegungen, z. B. von Regalbediengeräten, können aus SAP EWM heraus optimiert werden.

Im Gegensatz dazu müssen sogenannte *Fahrzeuge*, die von der SPS selbst mittels eines eigenen Auftragspuffers optimiert werden, in SAP EWM nicht als Ressource eingerichtet werden. Dies wäre z. B. sinnvoll für einen Verteilwagen. In diesen Fällen genügt es, die vom Verteilwagen bedienten Meldepunkte zu definieren.

Um eine Ressource zu erstellen, definieren Sie zunächst Ressourcentypen, um gleichartige Ressourcen zu gruppieren. Die Ressourcentypen können Sie im Customizing über den Pfad **SCM Extended Warehouse Management • Extended Warehouse Management • Materialflusssystem (MFS) • Stammdaten • MFS-Ressourcenart definieren** anlegen.

In Abbildung 16.20 sind z. B. die Ressourcentypen RBG (Regalbediengerät) und VTW (Verteilwagen) definiert. Für jeden Ressourcentyp können Sie anschließend die folgenden Parameter definieren: die maximale Anzahl an Telegrammen pro Ressource (Feld **Anz.Max. Tel.**) und ob für diese Ressource das Doppelspiel angewendet werden soll (Feld **Doppelspiel**). In diesem Fall bekommt eine Ressource nach einer Einlagerungsaufgabe sofort eine Auslagerungsaufgabe, um Leerlauf für die Ressource zu vermeiden. Das Doppelspiel ist in SAP EWM nur für Ressourcen mit einem Lastaufnahmemittel einsetzbar. Darüber hinaus müssen sich die Ein- und Auslagerungsplätze am gleichen Gassenende befinden.

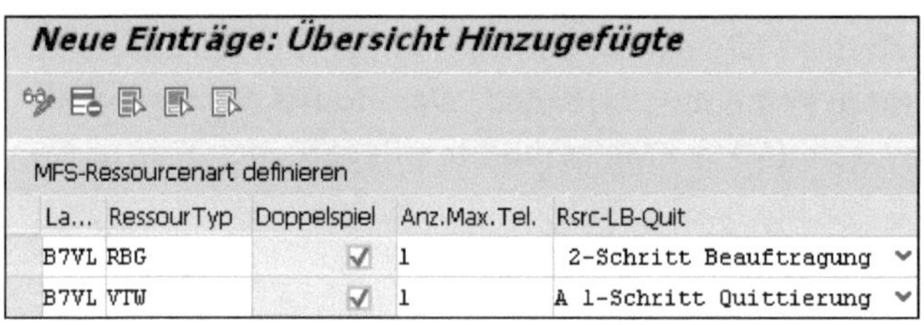

Abbildung 16.20 Ressourcentypen pflegen

Beim Doppelspiel betrachtet das System jeweils einen Pool von Aufträgen. Grundlage dafür ist der späteste Starttermin (SST). Aufträge, deren SST erreicht ist bzw. in einem einstellbaren Zeitraum erreicht sein wird, gelten bezüglich des Doppelspiels als gleichwertig. Die Zeitstrecke wird dabei gerastert, z. B. in volle Stunden. Ein entsprechendes Raster legen Sie im Customizing fest. Weitere Informationen finden Sie im SAP-EWM-Customizing über den Pfad **SCM Extended Warehouse Management • Extended Warehouse Management • Prozessübergreifende Einstellungen • Ressourcenmanagement • Modi definieren.**

Über einen Klick auf **Rsrc-LB-Quitt** (Ressource LB-Quittierung) können Sie das Ressourcenverhalten bei der Quittierung von Lageraufgaben definieren. Dazu gibt es drei Optionen:

- **»1-Schritt-Quittierung«**
  Ein Telegramm wird von der SPS an SAP EWM geschickt, sobald die Ressource die HUs am Zielplatz abgelegt hat.
- **»2-Schritt-Quittierung«**
  Ein Telegramm wird von der SPS an SAP EWM geschickt, sobald die Ressource die HU vom Startplatz aufgenommen hat. Anschließend bestätigt ein zweites Telegramm, dass die Ressource die HU am Zielplatz abgelegt hat.
- **»2-Schritt-Beauftragung«**
  SAP EWM schickt ein Telegramm an die SPS, in dem nur der Von-Platz und die Ressource angegeben sind (kein Zielplatz). Die SPS antwortet mit einem Telegramm, sobald die HU von der Ressource aufgenommen wurde. Daraufhin wird die Lageraufgabe in EWM quittiert und ein zweites Telegramm an die SPS geschickt, das wieder die Ressource und jetzt den Nach-Platz enthält.

Sie können der Ressource sowohl eine Ressourcenart als auch eine MFS-Queue zuordnen. Wählen Sie dazu im SAP-Easy-Access-Menü den Pfad **SCM Extended Warehouse Management • Extended Warehouse Management • Stammdaten • Materialflusssystem (MFS) • /SCWM/MFS_RSRC – MFS-Ressource pflegen**. In EWM-MFS können Sie eine MFS-Queue immer nur einer Ressource zuordnen.

Die *Queue-Findung* stellen Sie im Customizing über den Pfad **SCM Extended Warehouse Management • Extended Warehouse Management • Prozessübergreifende Einstellungen • Ressourcenmanagement • Queues definieren** ein.

16

Abbildung 16.21 zeigt ein Beispiel einer Queue-Findung für eine Ressource. Eine HU, mit einem Ziellagerplatz in Gasse 1, steht auf dem Meldepunkt CP02. Über die layoutorientierte Lagerungssteuerung wurde festgestellt, dass das nächste Zwischenziel auf dem Weg von CP02 nach Gasse 1 der Meldepunkt CP11 ist. Deshalb wird eine Lageraufgabe von CP02 nach CP11 erstellt. Der Meldepunkt CP11 ist von CP02 aus nur mit der Ressource VTW (Verteilwagen) erreichbar.

Die Lageraufgabe hat die Einlagerungsprozessart 3090, die in der Definition des Meldepunkts spezifiziert wurde. Diese Prozessart 3090 ist der Aktivität MFSI zugeordnet. Dem Von-Lagerplatz YY11-CP02 wurde der Platzzugriffstyp TCAR zugeordnet. Im Customizing gibt es außerdem für die Queue-Findung eine Zugriffsfolge mit Platzzugriffsart und Aktivität.

Für die Queue-Findung bedeutet das, dass die Queue VTW gefunden wird. Diese Queue wurde der Ressource VTW (Verteilwagen) zugeordnet.

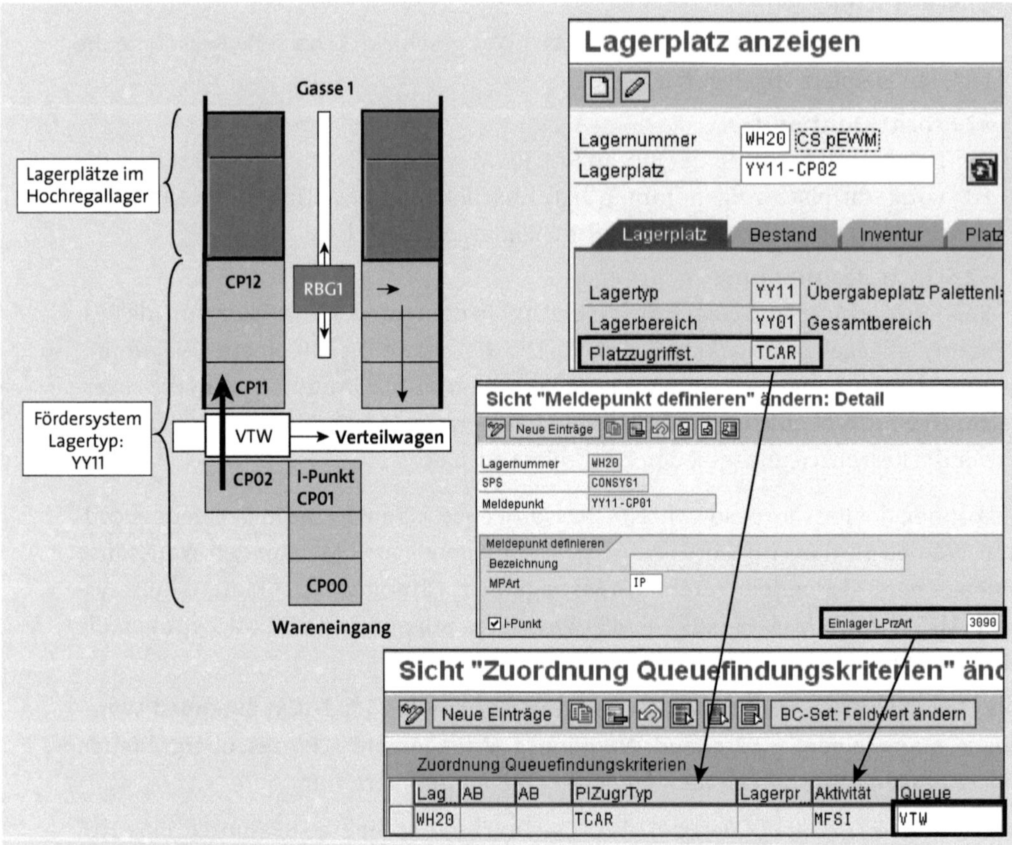

Abbildung 16.21 Queue-Findung für Ressourcen

16.4 Verschicken von Telegrammen

Zur Kommunikation zwischen EWM-MFS und einer SPS benutzt SAP EWM *Telegramme*. In SAP EWM haben die Telegramme verschiedene Telegrammkategorien, z. B. eine Lageraufgabe, eine Stornoanfrage für eine Lageraufgabe und eine Quittierung der Lageraufgabe. Diese Telegrammkategorien können Sie zusammen mit einer Telegrammstruktur im Customizing einer *Telegrammart* über den Pfad **SCM Extended Warehouse Management • Extended Warehouse Management • Materialflusssystem (MFS) • Telegrammverarbeitung • Telegrammstruktur definieren** hinterlegen.

Die Telegrammart bestimmt also, welches Telegramm zur SPS geschickt wird, aber auch, welche Felder zwischen der SPS und EWM-MFS ausgetauscht werden.

[«]

Telegrammstrukturen

Im Standard wird intern die Telegrammstruktur /SCWM/S_MFS_TELETOTAL verwendet. Sie können sich diese Struktur in Transaktion SE11 anzeigen lassen. Jede Telegrammstruktur braucht auf jeden Fall eine Kopfstruktur, die die erforderlichen Felder für die Kommunikation enthält. Diese wesentlichen Felder, wie z. B. **Sender**, **Empfänger**, **Laufnummer** und **Telegrammart**, sind in der Struktur /SCWM/S_MFS_TELECORE zu sehen.

Weder diese Telegramm- noch die Kopfstruktur entspricht im Normalfall den ausgetauschten Daten mit der SPS im jeweiligen Projekt. Darum muss im Projekt mit kundeneigenen Strukturen gearbeitet werden. In diesen Strukturen können nur die genutzten Felder verwendet werden. Dabei müssen Sie darauf achten, dass die Feldnamen identisch zu den oben genannten Standardstrukturen vergeben werden. Wenn Sie zusätzliche Felder in der Kommunikation benötigen, nehmen Sie diese in die kundeneigenen Strukturen auf. Darüber hinaus müssen die Felder in der Struktur /SCWM/INCL_EEW_MFSTELE angehängt werden.

16.4.1 Telegramme für Lageraufgaben von SAP EWM zur speicherprogrammierbaren Steuerung

16

Beim Verschicken der Telegramme von EWM-MFS an die SPS wird überprüft, ob eine Lageraufgabe einer MFS-Queue mit SPS zugeordnet ist. Wie die Queue-Findung in EWM-MFS durchgeführt wird, ist in Abschnitt 16.3.3, »Ressourcen und Ressourcenarten definieren«, unter der Überschrift »Queue-Findung« beschrieben.

Wenn für die Lageraufgabe eine MFS-Queue gefunden wird, schickt EWM-MFS ein Telegramm an die SPS, die dieser Queue zugeordnet ist.

16.4.2 Telegramme von der speicherprogrammierbaren Steuerung zu SAP EWM

EWM-MFS kann auch die Telegramme der SPS empfangen und in unterschiedlicher Weise verarbeiten. Abbildung 16.22 zeigt, wie ein Telegramm von der SPS in SAP EWM verarbeitet wird.

Zum Beispiel kommt eine HU im Materialflusssystem am Meldepunkt CP02 an; und ein Telegramm vom Telegrammtyp WTCO wird von der SPS an SAP EWM geschickt. Dem Telegrammtyp ist im Customizing die Aktion 02 zugeordnet, die den Funktionsbaustein /SCWM/MFSACT_WT_CONFIRM ausführt. Diese Zuordnung der Funktionsbausteine können Sie im Customizing über den Pfad **SCM Extended Warehouse Management • Extended Warehouse Management • Materialflusssystem (MFS) • Telegrammverarbeitung • MFS-Aktionen definieren** vornehmen.

Im Quellcode des Funktionsbausteins wird dann die Lageraufgabe von CP01 nach CP02 quittiert und anschließend die nächste Lageraufgabe für die HU von CP02 zum nächsten Meldepunkt CP11 erstellt. Das Telegramm für diese Lageraufgabe wird dann an die SPS geschickt, wenn sie einer MFS-Queue zugeordnet wird.

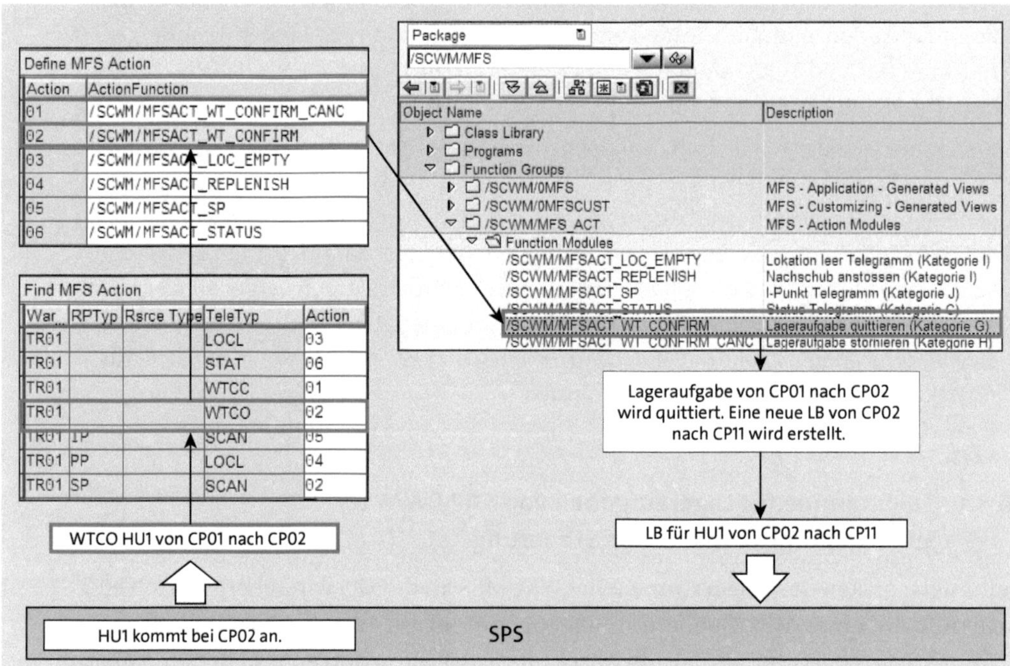

Abbildung 16.22 Telegrammverarbeitung in SAP EWM

16.5 Routing im Materialflusssystem

Die Lagerprozesse des MFS werden über die *layoutorientierte Lagerungssteuerung* (LOLS) abgebildet. Mithilfe der LOLS werden die Steuerentscheidungen dazu getroffen, wie die einzelnen Handling Units über das Materialflusssystem geroutet werden.

16.5.1 Layoutorientierte Lagerungssteuerung

In Abschnitt 7.4.5, »Layoutorientierte Lagerungssteuerung«, wurde schon das Basiskonzept der LOLS erklärt. Daher erläutert der vorliegende Abschnitt die die LOLS nur noch mit Bezug auf die Wareneingangs- und Warenausgangsprozesse in EWM-MFS.

Über den Customizing-Pfad **SCM Extended Warehouse Management • Extended Warehouse Management • Materialflusssystem (MFS) • Lagerungssteuerung • Layoutorientierte Lagerungssteuerung definieren** können Sie die LOLS definieren (siehe Abbildung 16.23).

Sicht "Layoutorientierte Lagerungssteuerung" ändern: Übersicht

Neue Einträge BC-Set: Feldwert ändern

Layoutorientierte Lagerungssteuerung

La...	Vo...	Vo...	Typ	Na...	Ganze ...	HU...	Fortlauf...	Zwischenlagertyp	Zwischenlagerbe...	Zwischenlagerplatz	I-Punkt	K-Punkt	Segment
B7VL			YY10		nic...		1	YY11	YY01	YY11-CP01	☑	☐	
B7VL	YY10				A Te...		1	YY11	YY01	YY11-CP08	☐	☑	
B7VL	YY10	A01			A Te...		1	YY11	YY01	YY11-CP13	☐	☐	
B7VL	YY10	A02			A Te...		1	YY11	YY01	YY11-CP17	☐	☐	
B7VL	YY10	A03			A Te...		1	YY11	YY01	YY11-CP21	☐	☐	
B7VL	YY11	CP01			nic...		1	YY11	YY01	YY11-CP03	☐	☐	
B7VL	YY11	CP01	YY10		nic...		1	YY11	YY01	YY11-CP02	☐	☐	
B7VL	YY11	CP02			nic...		1	YY11	YY01	YY11-CP07	☐	☐	
B7VL	YY11	CP02	YY10	A01	nic...		1	YY11	YY01	YY11-CP11	☐	☐	
B7VL	YY11	CP02	YY10	A02	nic...		1	YY11	YY01	YY11-CP15	☐	☐	
B7VL	YY11	CP02	YY10	A03	nic...		1	YY11	YY01	YY11-CP19	☐	☐	
B7VL	YY11	CP03			nic...		1	YY11	YY01	YY11-CP04	☐	☐	
B7VL	YY11	CP05			nic...		1	YY11	YY01	YY11-CP06	☐	☐	
B7VL	YY11	CP07			nic...		1	YY11	YY01	YY11-CP08	☐	☐	
B7VL	YY11	CP08	YY10		nic...		1	YY11	YY01	YY11-CP10	☑	☐	PPOUT
B7VL	YY11	CP09			nic...		1	YY11	YY01	YY11-CP10	☐	☐	PPOUT

Abbildung 16.23 Layoutorientierte Lagerungssteuerung definieren

Das Routing von HUs kann sich, abhängig von bestimmten Kriterien, unterschiedlich verhalten, z. B. in Abhängigkeit folgender Fragestellungen:

- Ist es ein Wareneingangsprozess oder ein Warenausgangsprozess, bzw. sind wir an einem Identifikationspunkt, oder gehen wir zu einem Kommissionierpunkt?
- Um welchen HU-Typ handelt es sich?
- Handelt es sich um eine Teilentnahme einer HU oder um eine ganze HU?
- Was ist der Von-Platz, und was ist der Nach-Platz für die HU?

Weil sich die LOLS im Wareneingangs- und im Warenausgangsprozess unterschiedlich verhält, behandeln wir diese Prozesse in den nächsten Abschnitten getrennt. So lässt sich verdeutlichen, wie die LOLS die Steuerentscheidungen für die HUs für das Materialflusssystem trifft.

16.5.2 Wareneingangsprozess

Während des Wareneingangsprozesses soll eine neue HU im Hochregallager eingelagert werden. Die HU wird auf das Materialflusssystem gesetzt und so zum automatischen Hochregallager gesteuert, wo sie von einem Regalbediengerät eingelagert werden soll.

In Abbildung 16.24 wird ein Beispiel eines Wareneingangsprozesses mit den jeweiligen Einträgen in der LOLS grafisch dargestellt. Im Wareneingangsprozess wird zunächst der Wareneingang gebucht und dann eine Lageraufgabe zur Einlagerung der

HUs erstellt. Als finaler Einlagerplatz wird ein Lagerplatz in Lagertyp YY10 und in Gasse 1 ermittelt.

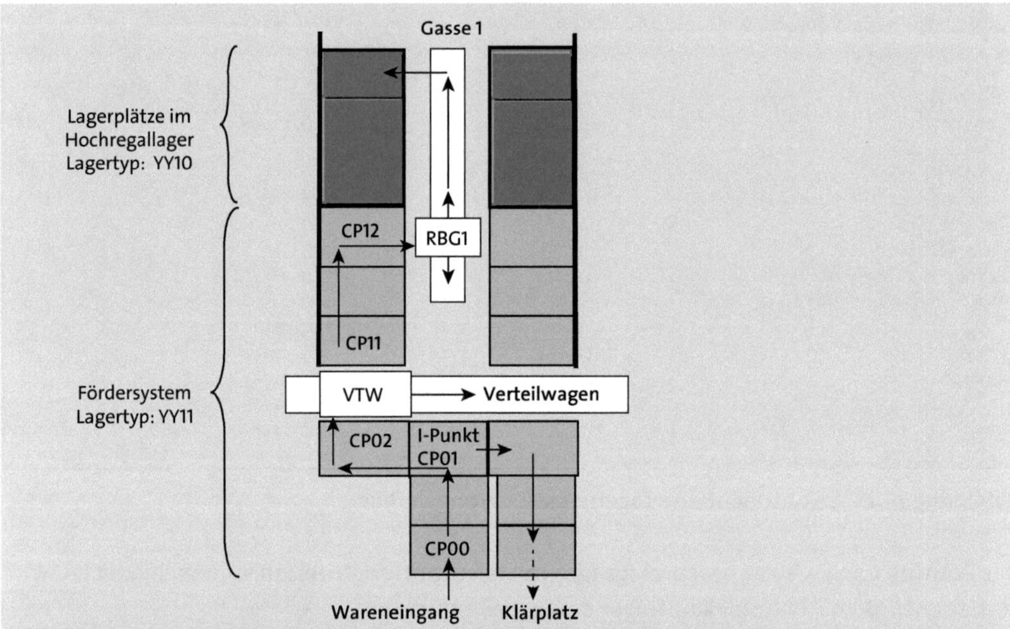

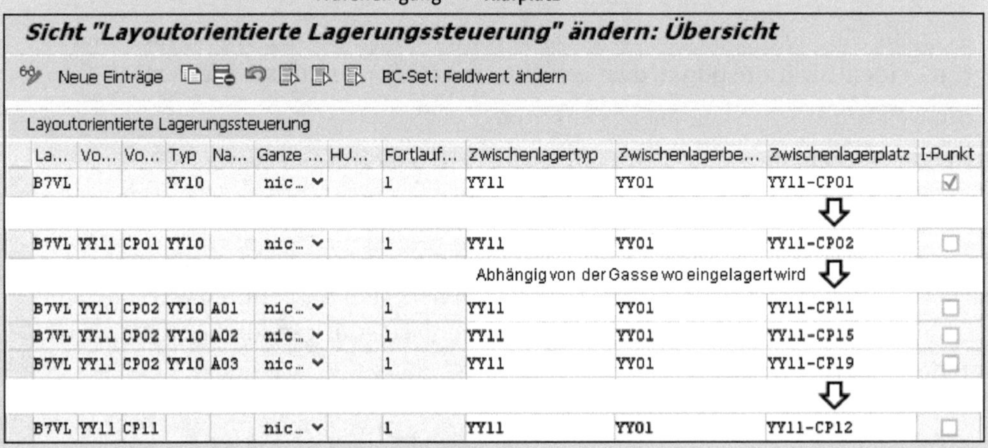

Sicht "Layoutorientierte Lagerungssteuerung" ändern: Übersicht

Neue Einträge BC-Set: Feldwert ändern

Layoutorientierte Lagerungssteuerung

La...	Vo...	Vo...	Typ	Na...	Ganze ...	HU...	Fortlauf...	Zwischenlagertyp	Zwischenlagerbe...	Zwischenlagerplatz	I-Punkt
B7VL			YY10		nic...		1	YY11	YY01	YY11-CP01	☑
B7VL	YY11	CP01	YY10		nic...		1	YY11	YY01	YY11-CP02	☐
								Abhängig von der Gasse wo eingelagert wird			
B7VL	YY11	CP02	YY10	A01	nic...		1	YY11	YY01	YY11-CP11	☐
B7VL	YY11	CP02	YY10	A02	nic...		1	YY11	YY01	YY11-CP15	☐
B7VL	YY11	CP02	YY10	A03	nic...		1	YY11	YY01	YY11-CP19	☐
B7VL	YY11	CP11			nic...		1	YY11	YY01	YY11-CP12	☐

Abbildung 16.24 Layoutorientierte Lagerungssteuerung beim Wareneingangsprozess

Der erste Eintrag in der LOLS bewirkt (zusammen mit dem Kennzeichen in der Spalte **I-Punkt** am finalen Lagertyp-Customizing), dass das Ziel der ersten Lageraufgabe verworfen und auf CP01 abgeändert wird. Es wird kein Platz im Hochregallager reserviert. Alle HUs gehen jetzt zuerst zum Identifikationspunkt (I-Punkt) CP01, an dem die HU gescannt und erneut der finale Endlagerplatz bestimmt wird. Erst jetzt wird der Lagerplatz reserviert. In unserem Beispiel bleibt der finale Platz in Gasse 1 des Hochregallagers.

Der zweite Eintrag in der LOLS gibt an, dass jede HU, die von CP01 kommt und einen finalen Lagerplatz im Hochregallager YY10 hat, über den Meldepunkt CP02 befördert wird. Der nächste Eintrag in der Lagerungssteuerung wird abhängig von der Einlagergasse bestimmt. Die Lagerplätze von Gasse 1 sind der Lagerungsgruppe A01 zugeordnet. Dementsprechend wird für eine HU am CP02, die zur Lagerungsgruppe A01 im Hochregallager YY10 befördert werden soll, der Lagerplatz YY11-CP11 als nächstes Zwischenziel bestimmt. Wie in Abschnitt 16.3.3, »Ressourcen und Ressourcenarten definieren«, unter der Überschrift »Queue-Findung« erläutert, wird in diesem Fall für die Lageraufgabe von CP02 nach CP11 die Queue VTW gefunden und die Lageraufgabe an die SPS verschickt, sodass der Verteilwagen beauftragt wird und die HU zum Meldepunkt CP11 bringt.

Der letzte Eintrag in der LOLS bestimmt abschließend, dass die HU zum Meldepunkt CP12 bewegt werden muss, wonach die finale Einlager-Lageraufgabe aktiviert wird und der Queue für das Regalbediengerät 1 (RBG1) zugeordnet wird. Das RBG1 beendet den Einlagerungsprozess mit der Quittierung der Lageraufgabe zum finalen Lagerplatz.

Verschiedene Variationen dieses einfachen Einlagerungsprozesses sind natürlich auch in EWM-MFS abzubilden, z. B. können Sie vor der Einlagerung im Hochregallager zuerst eine Handling Unit zum Konturencheck routen. Nur wenn der Konturencheck erfolgreich war, wird die HU zum Hochregal gebracht.

16.5.3 Warenausgangsprozess

In diesem Abschnitt beschreiben wir ein Beispiel für die Lagerungssteuerung eines Warenausgangsprozesses. Wir schauen uns dazu zwei Fälle an:

- einen Warenausgang für eine Vollpalette
- einen Warenausgang für eine Teilentnahme aus einer HU

Warenausgangsprozess für Vollpaletten

Wenn aus dem Hochregallager eine Vollpalette entnommen werden muss, ist es nicht nötig, zu einem Kommissionierpunkt zu gehen. Die Palette kann stattdessen direkt zur Warenausgangszone gesteuert werden.

In Abbildung 16.25 sehen Sie ein Beispiel eines Warenausgangsprozesses für eine Vollpalette mit den jeweiligen Einträgen im LOLS.

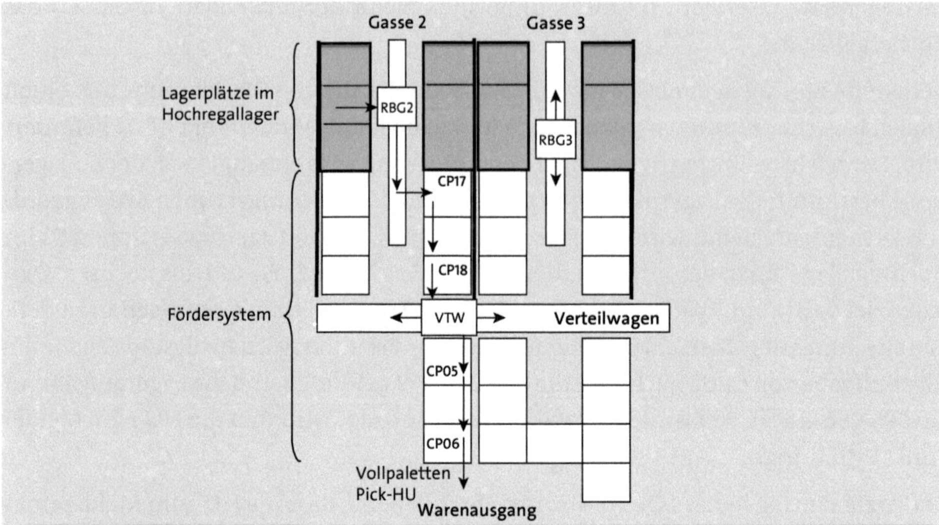

Layoutorientierte Lagerungssteuerung

La...	Vo...	Vo...	Typ	Na...	Ganze ...	HU...	Fortlauf...	Zwischenlagertyp	Zwischenlagerbe...	Zwischenlagerplatz
B7VL	YY10	A02			nic...		1	YY11	YY01	YY11-CP17
B7VL	YY11	CP17			nic...		1	YY11	YY01	YY11-CP18
B7VL	YY11	CP18			nic...		1	YY11	YY01	YY11-CP05
B7VL	YY11	CP05			nic...		1	YY11	YY01	YY11-CP06

Abbildung 16.25 Layoutorientierte Lagerungssteuerung für Warenausgangsprozess mit Vollpaletten

Im Warenausgangsprozess wird eine Kommissionierwelle freigegeben, wodurch Kommissionier-Lageraufgaben erstellt werden. Zum Beispiel wird eine Lageraufgabe für eine Vollpalette erstellt, die sich in einem Lagerplatz in Gasse 2 des Hochregallagers befindet. Da dieser Von-Lagerplatz der Lagerungsgruppe A02 zugeordnet ist, findet die layoutorientierte Lagerungssteuerung den Eintrag mit dem Zwischenlagerplatz YY11-CP17, der sich am Anfang von Gasse 2 befindet. Nach der Quittierung der HU auf diesen Lagerplatz sucht die layoutorientierte Lagerungssteuerung den nächsten Zwischenlagerungsplatz, in diesem Fall YY11-CP18 (Meldepunkt CP18). Dort angekommen, wird anhand des dritten Eintrags eine Lageraufgabe nach YY11-CP05 erstellt. Diese Lageraufgabe wird der Queue VTW für den Verteilwagen zugeordnet. Der Verteilwagen bringt die HU zum Meldepunkt CP05, und nach der Quittierung wird die letzte Lageraufgabe zum MFS-Abgabepunkt CP06 gebracht. Von hier wird die Vollpalette ohne MFS im weiteren Prozess zum Warenausgangsbereich gebracht.

Warenausgangsprozess für eine Teilmengenentnahme

Wenn eine Palette für eine Teilentnahme aus dem Hochregallager entnommen wird, wollen wir die Palette zuerst zu einem Kommissionierpunkt bringen. Nach der Teilentnahme von der Palette soll diese wieder zurück in das Hochregallager gesteuert werden.

In Abbildung 16.26 ist ein Beispiel eines Warenausgangsprozesses für solch eine Teilmengenentnahme grafisch dargestellt.

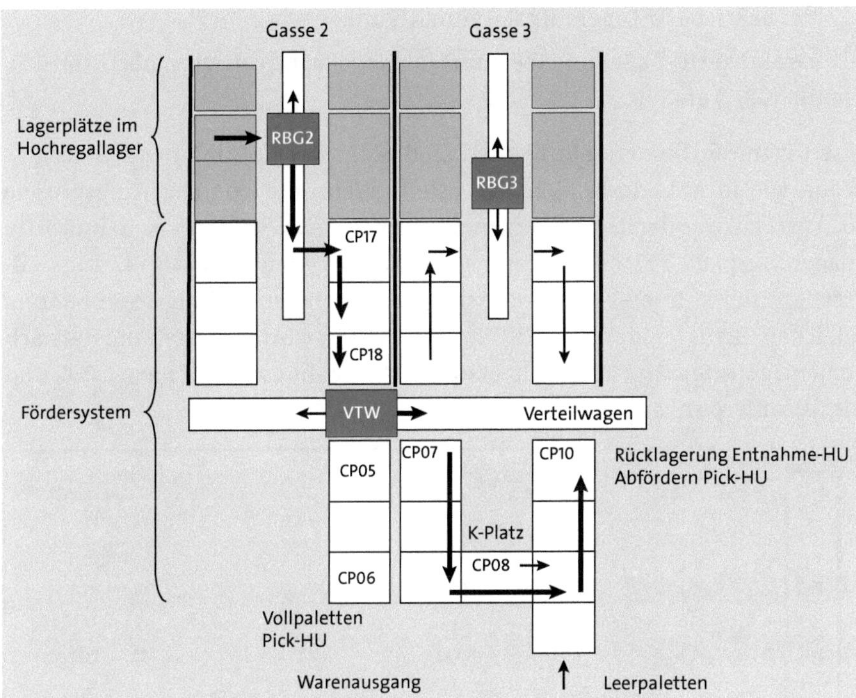

Abbildung 16.26 Warenausgangsprozess für eine Teilentnahme

Während der Wellenfreigabe wird beispielsweise im Warenausgangsprozess eine Lageraufgabe für eine Teilentnahme erstellt. Der Lagerplatz, von dem die Teilmenge entnommen werden soll, befindet sich in Gasse 2 des Hochregallagers.

Während der Lageraufgabenerstellung wird, wie in Abbildung 16.27 gezeigt, in der LOLS ein passender Eintrag gefunden.

Layoutorientierte Lagerungssteuerung

La...	Vo...	Vo...	Typ	Na...	Ganze HU	HU...	Fortlauf...	Zwischenlagertyp	Zwischenlagerbe...	Zwischenlagerplatz	I-Punkt	K-Punkt
B7VL	YY10				A Teilentnahme...		1	YY11	YY01	YY11-CP08	☐	☑

Abbildung 16.27 Eintrag zum Kommissionierpunkt in der layoutorientierten Lagerungssteuerung

Dieser Eintrag gibt an, dass alle Lageraufgaben für Teilentnahmen aus dem Hochregallager über den *Kommissionierpunkt* (K-Punkt) CP08 geleitet werden. Dazu wird die Einstellung **A Teilentnahme** in der Spalte **Ganze HU** verwendet.

Wenn in der LOLS ein Eintrag mit einem K-Punkt gefunden wird, werden die folgenden Lageraufgaben automatisch vom System erstellt:

- Die Kommissionier-Lageraufgabe (vom Hochregallagerplatz an die Bereitstellzone) wird inaktiv angelegt.
- Es wird eine inaktive HU-Lageraufgabe zum K-Punkt erstellt.
- Es wird eine aktive HU-Lageraufgabe vom Hochregallagerplatz zum nächsten Meldepunkt (CP17) erstellt.

Wenn diese Lageraufgaben erstellt worden sind, sieht das Routing der HU zum K-Punkt so aus, wie in Abbildung 16.28 dargestellt. Wenn die Von-Lagerungsgruppe (Spalte **Vo...**) A02 ist, was den Lagerplätzen in Gasse 2 entspricht, dann ist der nächste Zwischenlagerungsplatz YY11-CP17 (dieser Lagerplatz ist Meldepunkt CP17 zugeordnet). Dieses Routing können Sie mit der schematischen Darstellung in Abbildung 16.26 vergleichen. Beim Meldepunkt CP17 angekommen, wird die Lageraufgabe nach dem Zwischenlagerungsplatz YY11-CP18 erstellt. Dann geht es weiter nach CP07 und zum Kommissionierpunkt CP08.

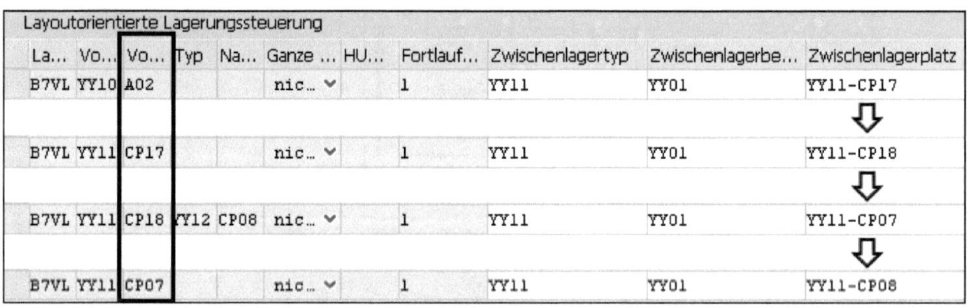

Layoutorientierte Lagerungssteuerung

La...	Vo...	Vo...	Typ	Na...	Ganze ...	HU...	Fortlauf...	Zwischenlagertyp	Zwischenlagerbe...	Zwischenlagerplatz
B7VL	YY10	A02			nic...		1	YY11	YY01	YY11-CP17
B7VL	YY11	CP17			nic...		1	YY11	YY01	YY11-CP18
B7VL	YY11	CP18	YY12	CP08	nic...		1	YY11	YY01	YY11-CP07
B7VL	YY11	CP07			nic...		1	YY11	YY01	YY11-CP08

Abbildung 16.28 LOLS-Einträge für das Routing vom Hochregallager zum Kommissionierpunkt

Wenn die HU am K-Punkt angekommen ist, können Sie über die Transaktion der Packstation (/SCWM/PACK) die inaktive Kommissionier-Lageraufgabe in eine Pick-HU umpacken und anschließend die HU abschließen.

Sobald die HU abgeschlossen wird, wird eine neue aktive HU-Lageraufgabe von CP08 nach CP10 angelegt. Nach der Quittierung der Lageraufgabe wird die HU anschließend weiter von CP10 über CP05 nach CP06 gesteuert, an dem das Ende der MFS-Förderstrecke erreicht wurde und die Kommissionier-Lageraufgabe aktiviert wird.

An der Packstation des K-Punkts kann auch die Entnahme-HU abgeschlossen werden, wonach die HU wieder zurück in das Hochregallager transportiert werden soll. Der Eintrag in der LOLS für die Rücklagerung ist in Abbildung 16.29 dargestellt.

Layoutorientierte Lagerungssteuerung

La...	Vo...	Vo...	Typ	Na...	Ganze ...	HU...	Fortlauf...	Zwischen...	Zwische...	Zwischenlagerplatz	I-Punkt
B7VL	YY11	CP08	YY10		nic...		1	YY11	YY01	YY11-CP10	✓

Abbildung 16.29 Routing zur Rücklagerung der Entnahme-HU in das Hochregallager

Die HU wird über das Routing von Meldepunkt CP08 zu Meldepunkt CP10, der wiederum ein I-Punkt ist, gesteuert. Da der Meldepunkt CP10 ein I-Punkt ist, wird dort also der neue Einlagerungsplatz im Hochregallager bestimmt.

16.6 Überwachung des Materialflusssystems

EWM-MFS bietet Ihnen die Möglichkeit, das Materialflusssystem im Lagermonitor zu überwachen, auszuwerten und zu beeinflussen.

Die folgenden Abschnitte beschreiben die EWM-MFS-Funktion im Lagermonitor und auch die Aktivitäten, die man dort für das Materialflusssystem ausführen kann.

16.6.1 Materialflusssystem im Lagermonitor

Der Lagermonitor bietet Ihnen die folgenden Möglichkeiten für den Einsatz eines MFS:

- Abrufen von Informationen über den Anlagenzustand, die anstehenden Lageraufgaben und die aktuelle Belegung von Meldepunkten und Ressourcen
- Auswerten und Nachverfolgen von Transporten und Telegrammverkehr
- Starten und Stoppen der Kommunikationskanäle
- gezieltes Eingreifen bei Störungen

Sie können die folgenden Objekte im Lagermonitor (siehe Abbildung 16.30) überwachen:

- **Kommunikationskanal**
  In der Regel sind die Kommunikationskanäle gestartet. Im Lagermonitor können Sie einzelne Verbindungen gezielt stoppen oder neu starten.
- **Meldepunkt**
  Sie können eine Liste der Meldepunkte mit dem aktuellem Status abrufen. Ihnen stehen dabei diverse Sortier- und Selektionsmöglichkeiten zur Verfügung (z. B.

können Sie gestörte Meldepunkte anzeigen). Darüber hinaus können Sie Meldepunkte sperren.

- **Telegramm**
  Sie können sich Protokolle von empfangenen und gesendeten SPS-Telegrammen anzeigen lassen. Auch hier stehen Ihnen diverse Selektionsmöglichkeiten zur Verfügung, z. B. nach der Sendezeit. Bei Störungen ist diese Übersicht ein wichtiges Analyseinstrument. Sie können von hier aus direkt zu den betreffenden Lageraufgaben verzweigen.
- **APC-TCP-Protokoll**
  Sie können das technische Protokoll der ABAP-Push-Channel-TCP-Verbindungen prüfen. Zur Analyse von Störungen stehen Ihnen diverse Selektionskriterien zur Einschränkung zur Verfügung, z. B. der Zeitraum.

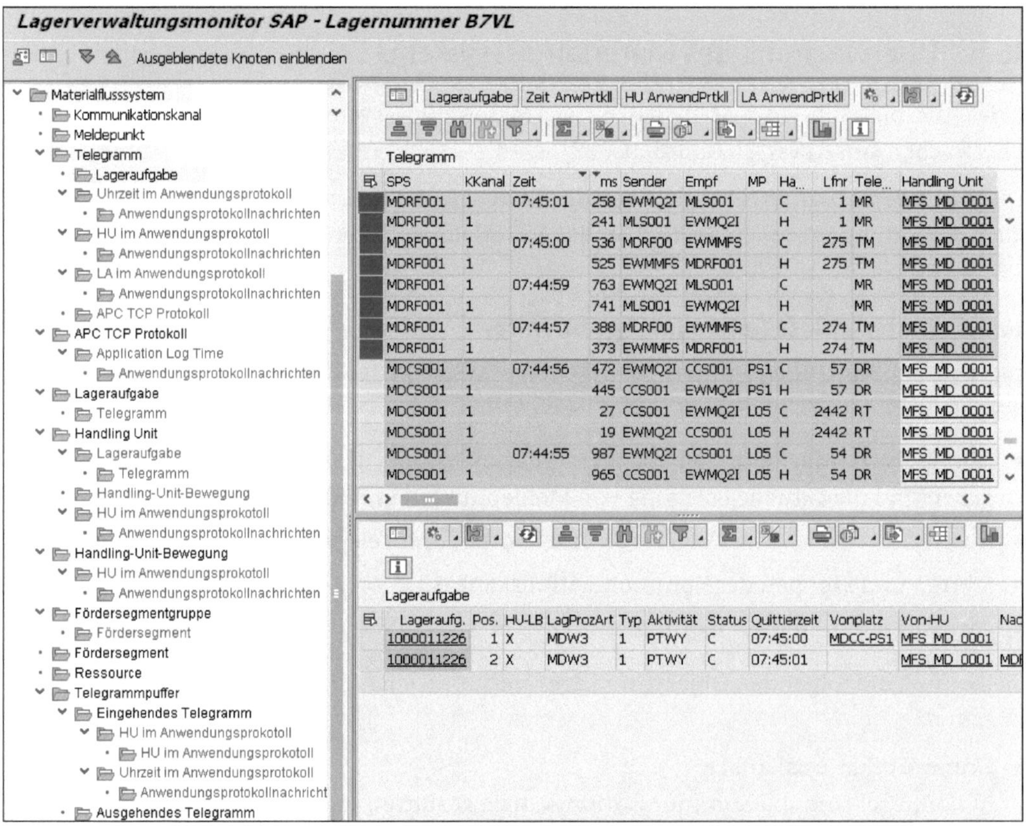

Abbildung 16.30 Lagermonitor für das Materialflusssystem

- **Lageraufgabe**
  Sie können eine Liste der aktuellen Lageraufgaben und eine Lageraufgabenhistorie abrufen und bei Störungen Lageraufgaben stornieren oder manuell quittieren. Zudem ist es möglich, direkt zu den dazugehörigen Telegrammen und zum Erstellungsprotokoll der Lageraufgabe zu verzweigen.
- **Handling Unit**
  Sie können eine Liste der HUs, die sich aktuell auf der Fördertechnik befinden, abrufen. Sie sehen deren aktuelle Position, den Status der zugehörigen Lageraufgaben und die dazu gesendeten Telegramme. Darüber hinaus können Sie HUs im Fehlerfall ausschleusen.
- **Handling-Unit-Bewegungen**
  Sie können eine Auflistung der Grobnachplätze für Einlager-HUs einsehen.
- **Fördersegment und Fördersegmentgruppe**
  Sie können eine Übersicht über den Status der Fördersegmente bzw. Fördersegmentgruppen aufrufen. Zudem können Sie einzelne Fördersegmente oder ganze Fördersegmentgruppen manuell sperren.
- **Ressource**
  Sie können eine Statusübersicht aufrufen oder die Ressource manuell sperren.
- **Telegrammpuffer**
  Empfangene Telegramme, die nicht verarbeitet werden konnten, bleiben mit Fehlerkennung im Eingangspuffer stehen. Sie können diese gegebenenfalls manuell korrigieren und neu zur Verbuchung vermerken. Telegramme, die zum Versenden anstehen oder gesendet und noch nicht von der SPS bestätigt wurden, sind im Ausgangspuffer sichtbar. Die beiden Puffer sollten immer leer sein.

Wie in Abbildung 16.30 dargestellt, bieten einige Knoten Zugriff auf zugehörige Anwendungsprotokolle, die die Entscheidungsfindung erläutern oder bei der Fehleranalyse unterstützen. Dabei werden die selektierten Anwendungsprotokolle über die Zeit, die HU oder den Lagerauftrag eingeschränkt.

16.6.2 Selektion der MFS-relevanten Handling Units im Lagermonitor

Die Selektion der MFS-relevanten HUs und der MFS-relevanten Lageraufgaben basiert auf der Lagertyprolle der betroffenen Lagertypen. Sie legen diese Lagertypen im Customizing für SAP EWM fest.

Wir haben im Beispiel die Lagertyprolle **Materialflusssteuerung** (H) oder **Automatiklager** (J), angesteuert durch das MFS, im SAP-EWM-Customizing über den Pfad **Stammdaten • Lagertyp** festgelegt (siehe Abbildung 16.31).

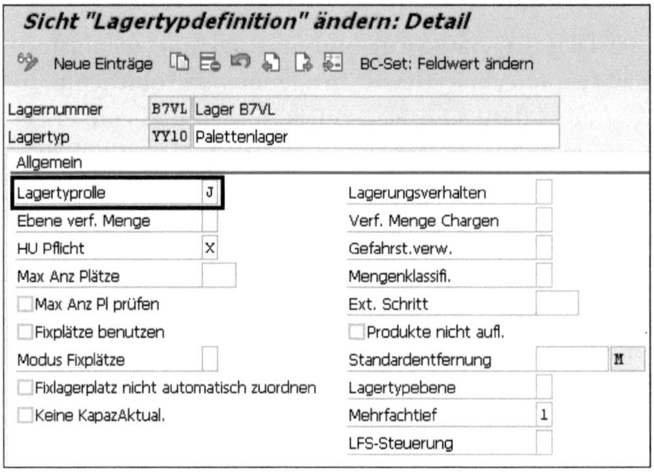

Abbildung 16.31 Lagertyprolle für die Selektion im Lagermonitor

16.6.3 Aktivitäten im Lagermonitor

Vom Lagermonitor aus können Sie je Knoten die in Tabelle 16.1 dargestellten Aktivitäten ausführen.

Knoten	Aktivitäten
Kommunikationskanal	■ Kommunikationskanal starten oder anhalten ■ Laufnummer für empfangene oder gesendete Telegramme zurücksetzen
Meldepunkt	■ Ausnahme festlegen ■ Status abfragen ■ Bearbeitung anstoßen
Telegramm	■ Telegrammwiederholung senden ■ Telegramm simulieren
Lageraufgabe	■ Lageraufgabe simulieren ■ Lageraufgabenprotokoll anzeigen, von Lageraufgabe absplitten, Lageraufgabe zuordnen, Lageraufgabenzuordnung aufheben ■ im Vordergrund quittieren; im Hintergrund quittieren ■ Lageraufgabe neu drucken ■ Lageraufgabe stornieren ■ Ausnahme festlegen ■ LB-Verpackungsvorschlag zuordnen ■ Ausnahmen einblenden ■ Werte zur Lageraufgabe einblenden

Tabelle 16.1 MFS-bezogene Aktivitäten im Lagermonitor

Knoten	Aktivitäten
HU	■ MFS-Fehler setzen ■ Bearbeitung anstoßen ■ Lageraufgabe anlegen
Handling-Unit-Bewegungen	■ Einträge löschen ■ Lageraufgabe anlegen
Fördersegmentgruppe	■ Ausnahme festlegen
Fördersegment	■ Ausnahme festlegen
Ressource	■ Ausnahme festlegen ■ Status abfragen ■ Bearbeitung anstoßen ■ Lageraufgabedaten neu berechnen
Telegrammpuffer	■ Telegramm bearbeiten ■ Löschen oder Prozessieren

Tabelle 16.1 MFS-bezogene Aktivitäten im Lagermonitor (Forts.)

16.7 Ausnahmebehandlungen in EWM-MFS

In EWM-MFS können Sie Ausnahmenbehandlungen für die Verwendung in verschiedenen Situationen konfigurieren, z. B. die folgenden:

- Ein Betriebsmittel ist oder soll gesperrt werden (z. B. ein Meldepunkt).
- Es sollen Ausnahmen für HUs festgelegt werden (z. B. wenn die HU ausgeschleust werden oder am Meldepunkt stehen bleiben soll).
- Es bestehen Kapazitätsengpässe.
- Es sollen Ausnahmen für Lagerplätze festgelegt werden (wenn z. B. ein Lagerplatz zum Picken leer oder ein Lagerplatz für eine Einlagerung voll ist).
- Telegramme sollen nicht an die SPS geschickt werden.

Dabei kann es sich in EWM-MFS um zwei verschiedene Ausführungsschritte der Ausnahmen handeln:

- Ausnahmen, die Sie manuell in SAP EWM bzw. am Desktop vornehmen möchten (in der Konfiguration für Ausnahmen ist dies Ausführschritt A1).
- Ausnahmen, die von der SPS gesendet werden und auf die SAP EWM in festgelegter Weise reagieren soll (in der Konfiguration für Ausnahmen ist dies Ausführschritt AO – Verarbeitung im Hintergrund).

Wir beschreiben in Abschnitt 14.7 die Ausnahmebehandlung im Detail. Die Einstellung sowie das zugrunde liegende Framework und Coding sind identisch. Die Ausnahmenbehandlung wird nachfolgend speziell für das MFS-Szenario erläutert.

16.7.1 Ausnahmebehandlung am Desktop

Im nächsten Abschnitt beschreiben wir, wie Sie eine Ausnahmebehandlung am Desktop vornehmen können. Als Beispiel sperren wir einen Meldepunkt über den Lagermonitor. In Transaktion /SCWM/MON können Sie ein Betriebsmittel sperren. Das Betriebsmittel kann ein Meldepunkt, eine Ressource oder ein Fördersegment sein. Abbildung 16.32 zeigt, wie im Lagermonitor ein Meldepunkt gesperrt wird. Über den Pfad **Materialflusssystem • Meldepunkt** können Sie sich per Doppelklick alle Meldepunkte anzeigen lassen. Für einen Meldepunkt können Sie dann die Methode **Ausnahme festlegen** wählen und z. B. mit der Ausnahme MBLK den Meldepunkt blockieren.

Um die Ausnahme auswählen zu können, müssen Sie diese vorher unter dem folgenden Customizing-Pfad pflegen: **SCM Extended Warehouse Management • Extended Warehouse Management • Prozessübergreifende Einstellungen Ausnahmebehandlung • Definition von Ausnahme-Codes.**

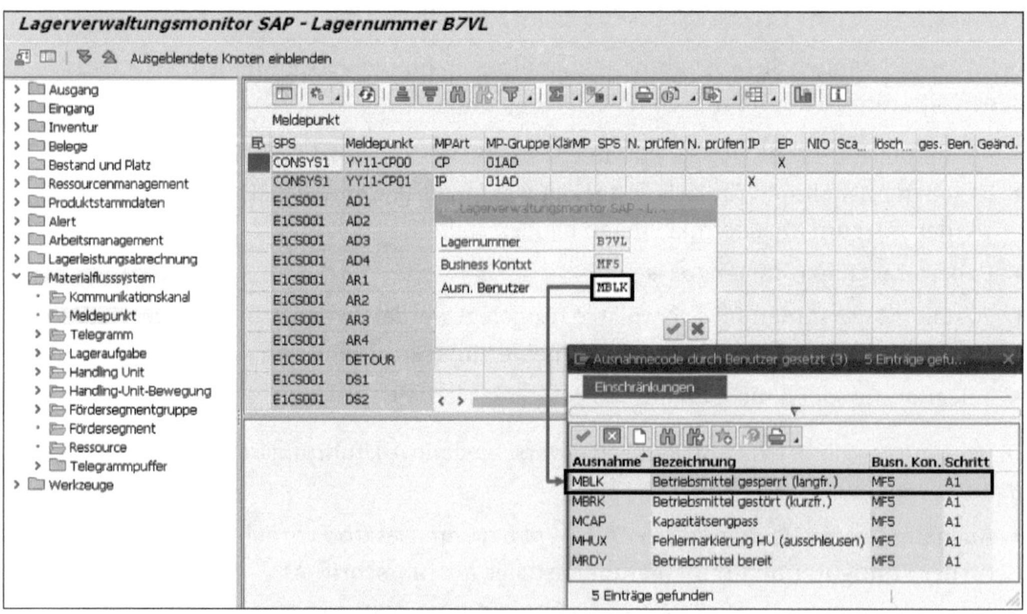

Abbildung 16.32 Ausnahmebehandlungen im Lagermonitor

Sie können in Abbildung 16.33 sehen, wie Sie die Ausnahme MBLK definieren können. Um die Ausnahme im Monitor selektieren zu können, müssen Sie die Ausnahme für den Business-Kontext MF5 und für den Ausführschritt A1 definieren. Der interne Prozesscode lautet STAY.

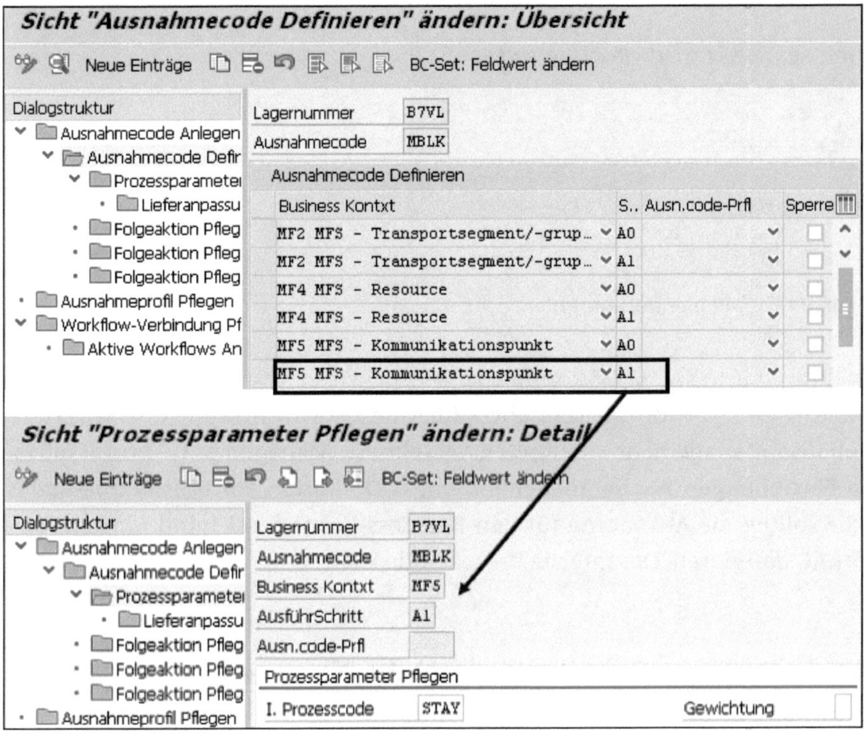

Abbildung 16.33 Ausnahmecode MBLK definieren

Wenn Sie den Meldepunkt im Monitor gesperrt haben, werden die Lageraufgaben für diesen Meldepunkt nicht angelegt.

16.7.2 Ausnahmebehandlung zum Telegrammeingang

EWM-MFS kann auch Fehler behandeln, die von der SPS übermittelt werden. Dazu müssen MFS-Fehler, die von der SPS in der Telegrammstruktur mitgegeben werden, in EWM-MFS einem Ausnahmecode zugeordnet werden. Dies erfolgt über den Customizing-Pfad **SCM Extended Warehouse Management • Extended Warehouse Management • Materialflusssystem (MFS) • Ausnahmebehandlung • EWM-Ausnahmen • EWM-Ausnahme zu SPS-Fehler definieren** (siehe Abbildung 16.34).

Zum Beispiel wird während des Pickens im Hochregallager festgestellt, dass ein bestimmter Lagerplatz leer ist. Die SPS schickt ein Telegramm von der Art WTCO mit dem Fehlercode 20. Das Customizing unter **EWM-Ausnahme zu SPS-Fehler definieren** (siehe Abbildung 16.34) bedeutet dann, dass die Ausnahmebehandlung MBNE ausgeführt werden soll, wenn die SPS den Fehler 20 im Telegramm während der Quittierung einer Lageraufgabe (WTCO) meldet. Im Ausnahmecode können Sie verschiedene Aktionen definieren, wie z. B. das Sperren dieses Lagerplatzes und das Anlegen einer neuen Lageraufgabe von einem anderen Lagerplatz.

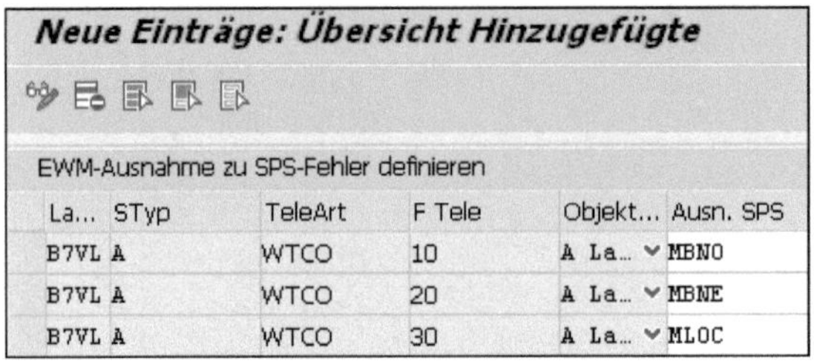

Abbildung 16.34 SPS-Fehler definieren

Den Ausnahmecode in SAP EWM können Sie wieder, wie in Abschnitt 16.7.1, »Ausnahmebehandlung am Desktop«, beschrieben, über den Customizing-Pfad **SCM Extended Warehouse Management • Extended Warehouse Management • Prozessübergreifende Einstellungen Ausnahmebehandlung • Definition von Ausnahme-Codes** pflegen. Sie sollten die Ausnahme für den Business-Kontext MF3 und für den Ausführschritt A0 definieren. Der interne Prozesscode ist BINE.

16.8 Anbindung von Behälterfördertechnik

Automatikanlagen zum effizienten Transport von Produkten mit kleinem Volumen werden oft mithilfe der *Behälterfördertechnik* realisiert. Die Ware wird dabei in standardisierten Kunststoffbehältern gelagert und über Band- oder Rollenförderstrecken transportiert. Moderne Behälteranlagen erreichen hohe Fördergeschwindigkeiten und erfordern daher sehr schnelle Antwortzeiten der angebundenen Lagersteuerrechner.

In diesem Abschnitt behandeln wir die Funktionen für die Anbindung einer Behälterfördertechnik. Darüber hinaus finden Sie am Ende von Abschnitt 16.8.2, »Optimierungen bei der Telegrammverarbeitung«, Informationen zur Grobplatzermittlung für Einlagerungs-HUs.

16.8.1 Überblick und Rahmenbedingungen

Grundlage für die Anbindung der Behälterfördertechnik ist eine Umlagerung von Handling Units durch (HU-)Lageraufgaben. Auch hier wird das Meldepunktkonzept mit Telegrammaustausch – analog zur Komponente für die Materialflusssteuerung – genutzt.

Nehmen Sie also zunächst die Grundeinstellungen und Stammdateneinstellungen vor, wie sie in Abschnitt 16.2, »Einrichtung und Simulation eines Materialflusssystems«, und Abschnitt 16.3, »Lagerlayout definieren«, beschrieben wurden. Die Unterschiede beim Customizing bzw. die zusätzlichen notwendigen Einstellungen für ein Lager mit Behälterfördertechnik werden in diesem Abschnitt beschrieben. Als Beispiel für die folgenden Ausführungen verwenden wir einen Ausschnitt aus einer Behälterförderstrecke (siehe Abbildung 16.35).

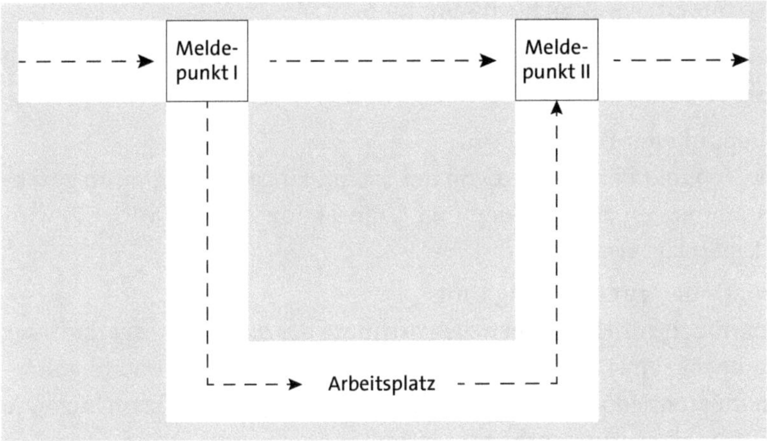

Abbildung 16.35 Beispielausschnitt aus einer Behälteranlage

Die automatische Förderstrecke bedient mehrere Kommissionierarbeitsplätze, an denen die Ware direkt in die Behälter kommissioniert wird. Ein Behälter wird als Versand-HU betrachtet und kann, falls erforderlich, mehrere Arbeitsplätze anfahren, bevor am Ende der Förderstecke die Ausschleusung in den Versandbereich erfolgt. Der Meldepunkt I ist hier als Entscheidungsmeldepunkt konfiguriert und kann über eine Ausschleusung des Behälters zum Arbeitsplatz entscheiden.

Zunächst behandeln wir die logischen Konzepte, die für eine optimierte Verarbeitung im Rahmen der Behälterfördertechnik eingeführt worden sind.

16.8.2 Optimierungen bei der Telegrammverarbeitung

Um möglichst schnelle Antwortzeiten bei der Verarbeitung der SPS-Telegramme zu ermöglichen, hat SAP einen vereinfachten Prozessablauf für die Routenermittlung definiert, und es wurden weitere Meldepunktaktionsbausteine mit performanceoptimiertem Ablauf entwickelt.

Die Optimierungen wurden vor allem im Routing und bei der Verbuchungslogik der Funktionsbausteine zur Telegrammverarbeitung durchgeführt.

Routing

Als Voraussetzung, um ein SPS-Telegramm für eine HU-Bewegung in EWM-MFS zu erzeugen, müssen zuvor Lageraufgaben erstellt worden sein. Dies bedeutet, dass bei den Verarbeitungsroutinen der Meldepunktlogik für einen Entscheidungspunkt die benötigte Laufzeit auch die Erstellung und Quittierung von Lageraufgaben enthält, inklusive der damit verbundenen Ein- und Auslagerstrategien. Die sich daraus ergebenden Antwortzeiten können für die optimale Ausnutzung der Möglichkeiten der modernen Behälterfördertechnik zu hoch sein.

Daher hat SAP eine schlanke Logik mit neuen *Routing-Tabellen* entwickelt, die eine Richtungsentscheidung auf Basis der folgenden Informationen zur HU ermöglicht:

- **Aktueller Meldepunkt der Handling Unit**
  Der aktuelle Meldepunkt der HU wird von der SPS im Eingangstelegramm gesendet. Über die Stammdaten zum Meldepunkt (Transaktion /SCWM/MFS_CP) wird der SAP-EWM-Lagerplatz ermittelt.
- **Kontextinformationen zur Handling Unit**
  Kontextinformationen zur HU können z. B. Attribute des aktuellen Lagerauftrags oder der Lageraufgabe sein. Da die Kontextdaten zur HU nur aus der Datenbank selektiert werden müssen, jedoch keine sofortige Verbuchung erfolgt, kann hier eine signifikante Laufzeiteinsparung erreicht werden.
- **Logische Destinationen für SAP EWM**
  Eine logische Destination für das SAP-EWM-System ist die Richtung, in die eine Handling Unit bewegt werden soll. Da an einem Meldepunkt verschiedene Fälle auftreten können, muss jeder logischen Destination auch ein logischer Destinationstyp zugeordnet werden. Die folgenden Fälle sind bereits als mögliche Werte im Customizing vordefiniert:
  - OK
  - Fehler
  - leere HU ohne offene(n) Lagerauftrag/-aufgabe
  - HU mit Inhalt ohne offene(n) Lagerauftrag/-aufgabe
  - Vorschlagswert (für Default-Routing)
  - kundenspezifisch

  Es wird empfohlen, zur Vereinfachung des Customizings mit dem *Vorschlagswert* zu arbeiten. Dieser Wert wird verwendet, wenn kein konkreter anderer Wert angegeben wurde. Für jeden Meldepunkt können Sie nur eine logische Destination mit demselben Typ definieren. Eine Ausnahme ist der logische Destinationstyp **Kundenspezifisch** mit mehreren logischen Destinationen. Zu diesem Typ existiert im Standard keine Logik. Er kann mithilfe von BAdIs für kundenspezifische Entscheidungen verwendet werden.

[zB]

Verwendung logischer Destinationen

Am Ausgangspunkt prüft die SPS, ob die Werte der HU Fehler enthalten. Werden keine Fehler gefunden, wird die logische Destination **OK** und andernfalls die logische Destination **Fehler** verwendet. An einem Meldepunkt wird eine (leere) HU von der SPS gemeldet, für die es in SAP EWM keine offene Lageraufgabe gibt. Hier wird die logische Destination **Leere HU ohne offene(n) Lagerauftrag/-aufgabe** verwendet.

- **Logische Destinationen für die speicherprogrammierbare Steuerung**
  Logische Destinationen für die SPS sind das Ergebnis der Routenermittlung und können entweder eine logische Richtung oder ein Bereich sein, in den die HU bewegt werden soll. Der Wert wird im Antworttelegramm als Ziel an die SPS gesendet. Die logische Destination wird auf der Grundlage des im empfangenden Telegramm genannten Meldepunkts sowie des Aktivitätsbereichs der offenen Lageraufträge für die HU ermittelt.

[zB]

Kommunikationssequenz einer Behälterfördertechnik

Eine einfache Kommunikationssequenz einer Behälterfördertechnik mit SAP EWM läuft folgendermaßen ab:

- Der Behälter 4711 erreicht auf der Fördertechnik den Meldepunkt I.
- Die SPS sendet am Meldepunkt I ein Telegramm mit einer Routing-Anfrage für die HU 4711 an SAP EWM.
- In SAP EWM erfolgt eine schnelle Auswertung der Routing-Informationen mit dem Ergebnis »Ausschleusung zum Arbeitsplatz«.
- SAP EWM sendet ein Antworttelegramm mit der Routing-Entscheidung an die SPS.
- Die SPS schleust den Behälter zum Arbeitsplatz aus.

Bis zu diesem Zeitpunkt hat noch keine Verbuchung von Lageraufgaben zur Behälter-HU stattgefunden.

Verbuchung

Die SPS kann den physischen Behälter durch die schnelle Rücksendung des Antworttelegramms mit der Routing-Entscheidung in die richtige Richtung weitertransportieren. Um jedoch die Bewegungen innerhalb von SAP EWM konsistent abbilden zu können, muss noch eine Verarbeitung der Lageraufgaben erfolgen. Dafür ist eine *asynchrone Verarbeitung* der Bewegungsbuchung möglich, d. h., dass die physische Bewegung erst nachträglich im System verbucht wird.

[»]

Asynchrone Verarbeitung

Beim Aufruf von Funktionsbausteinen im SAP-System werden die synchrone und die asynchrone Verarbeitung unterschieden: Bei der synchronen Verarbeitung wird die Logik des Bausteins vollständig ausgeführt und erst dann die nachfolgende Programmlogik fortgesetzt. Der asynchrone Aufruf kann sofort oder zeitlich versetzt stattfinden. Es wird allerdings nicht auf die erfolgreiche Verarbeitung gewartet, sondern die nachfolgende Programmlogik wird sofort fortgesetzt. Die asynchrone Verarbeitung wird dann verwendet, wenn komplexe Verbuchungen stattfinden müssen und die Laufzeit eine besonders wichtige Rolle spielt.

Um die *nachträgliche Bewegungsbuchung* anzustoßen, haben Sie die beiden folgenden Optionen:

- Nach der Verarbeitung des Funktionsbausteins mit der Meldepunktlogik für den jeweiligen Meldepunkttyp wird ein zusätzlicher Verbuchungsbaustein asynchron aufgerufen.
- Die SPS sendet nach der Ausführung der Bewegung ein Bestätigungstelegramm mit der tatsächlichen Lokation der HU an das EWM-System.

In beiden Fällen wird eine sofort quittierte Lageraufgabe erstellt, die die Bewegung nachträglich in SAP EWM bucht.

Wenn die SPS ein Bestätigungstelegramm sendet, das mitteilt, dass die HU an die logische Destination bewegt worden ist, wird die HU in EWM auf den dazugehörigen Nach-Lagerplatz gebucht, der dem Meldepunkt zugeordnet ist. Wenn Sie die zweite der soeben genannten Optionen verwenden, können die Routing-Entscheidungen in SAP EWM und die tatsächliche Förderrichtung der SPS voneinander abweichen. In diesem Fall richtet sich SAP EWM nach der Physik und verbucht die Lageraufgabe entsprechend auf dem tatsächlichen physischen Meldepunkt, den die SPS angefahren hat.

[»]

Fehlerüberwachung im Lagermonitor

Da die asynchrone Buchung unabhängig von der ursprünglichen Telegrammverarbeitung durchgeführt wird, sind Fehler bei der Verbuchung nur in Transaktion SLG1 für die Protokollierung und nicht im Knoten für die Telegramme im Lagermonitor sichtbar. Das Telegramm wird immer auf **OK** gesetzt, unabhängig davon, ob die spätere Verbuchung durchgeführt werden kann oder nicht. Außerdem wird die asynchrone Verarbeitung nur ein einziges Mal angestoßen.

Grobnachplatzermittlung für Einlager-HUs

Bei komplexen Automatiklagern können Identifikationspunkte und finale Lagerplätze für die Einlagerung weit auseinanderliegen. Dadurch kann zwischen den Entscheidungen am Identifikationspunkt und der tatsächlichen Einlagerung eine lange Zeitspanne vergehen. Deshalb ist es nicht immer wünschenswert, bereits am Identifikationspunkt eine Lageraufgabe zu erstellen, die den Einlagerplatz reserviert. Dies trifft insbesondere bei mehrfachtiefen Lagerplätzen zu. Um dem Rechnung zu tragen, bietet SAP EWM eine spezielle Einlagerungsstrategie für das MFS in Verbindung mit der Behälterfördertechnik.

Diese sogenannte *Grobnachplatzermittlung* bestimmt vorläufige Nachdaten ohne Erstellung einer Lageraufgabe oder Platzreservierung. Dabei finden folgende Punkte Beachtung:

- Bei mehrfachtiefen Plätzen werden Lagerplätze zur Zulagerung gesucht, auf denen die gleichen Produkt-/Chargenkombinationen vorliegen.
- Falls eine Zulagerung nicht möglich ist, wird ein leerer Lagerplatz gemäß Lagerplatzsortierung der Quereinlagerung gesucht.
- Erreichbare und verfügbare Gassen werden berücksichtigt.
- Potenzielle Ausnahmen an beteiligten Ressourcen oder Meldepunkten werden evaluiert.
- Die Auslastung erreichbarer Gassen und die optionale maximale Kapazität an den Ressourcenaufnahmepunkten können beachtet werden.

Als Ergebnis wird ein HU-Bewegungseintrag erstellt, der bei Routing-Entscheidungen berücksichtigt wird und im Lagermonitor eingesehen werden kann. Entscheidend ist, dass das Ergebnis der Grobnachplatzermittlung nicht »in Stein gemeißelt« ist und es dementsprechend möglich ist, dass während der Bewegung der HU durch das Automatiklager weitere Neuermittlungen stattfinden. Somit ist der ursprünglich ermittelte Grobnachplatz nicht zwingend identisch mit dem tatsächlichen finalen Einlagerplatz.

Die Logik der Grobnachplatzermittlung wird an den Meldepunkten durchlaufen, die eine Gangentscheidung anhand des Funktionsbausteins `/SCWM/MFSACT_CASE_AISLE_DET` prozessieren. Daneben werden relevante Teile bei der Erstellung der Einlager-Lageraufgabe am Ressourcenaufnahmepunkt mithilfe des Funktionsbausteins `/SCWM/MFSACT_CASE_RSRC_PP` wiederverwendet. Die Grobnachplatzermittlung kann über BAdIs oder eigene Funktionsbausteine beeinflusst werden, z. B. auch um eine Mischbelegung im Hinblick auf Chargen oder Produkte zu erreichen.

16.8.3 Einstellungen der Behälterfördertechnik

In diesem Abschnitt skizzieren wir die wichtigsten Unterschiede in den Einstellungen der Anbindung der Behälterfördertechnik zu den Einstellungen des Materialflusssystems. Beachten Sie, dass es sich bei den in den Screenshots gezeigten Einstellungen um Beispiele handelt, die keinen funktionsfähigen Prozess ergeben.

Speicherprogrammierbare Steuerung definieren

Über den Customizing-Pfad **SCM Extended Warehouse Management • Extended Warehouse Management • Materialflusssystem (MFS) • Stammdaten • Speicherprogrammierbare Steuerung (SPS) definieren** können Sie die Einstellungen für die SPS vornehmen (siehe Abbildung 16.36).

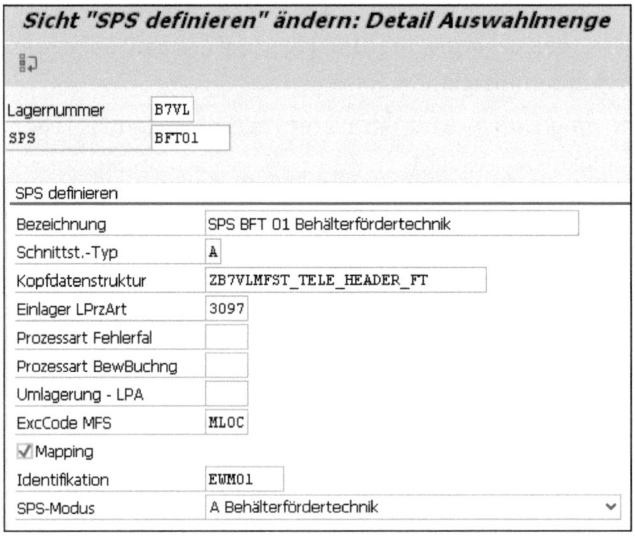

Abbildung 16.36 Speicherprogrammierbare Steuerung für die Behälterfördertechnik definieren

Um die neue Funktion gegenüber der alten Logik abzugrenzen, müssen Sie bei der Definition der SPS im Feld **SPS-Modus** den Eintrag **A Behälterfördertechnik** wählen. Falls eine SPS sowohl Regalbediengeräte als auch die Fördertechnik nach Behälterlogik behandelt, wählen Sie den SPS-Modus **Behälterfördertechnik und Regalbediengerät**. Darüber hinaus können Sie im Feld **Prozessart BewBuchng** eine Lagerprozessart angeben, die bei der folgenden Bewegungsbuchung verwendet wird.

Meldepunkt definieren

Über den Customizing-Pfad **SCM Extended Warehouse Management • Extended Warehouse Management • Materialflusssystem (MFS) • Stammdaten • Meldepunkt definieren** können Sie die Meldepunkte definieren (siehe Abbildung 16.37).

Pflegen Sie die Felder **Bezeichnung** sowie **MPArt** (Meldepunktart). Weitere Attribute pflegen Sie je nach Klassifikation des Meldepunkts (z. B. die Felder **Scanner**, **Ende**, **Fehler löschen**).

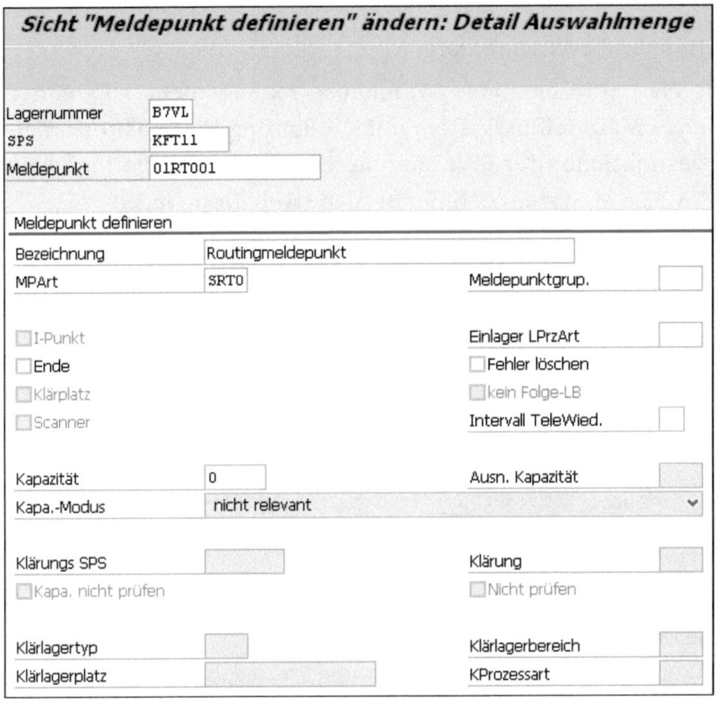

Abbildung 16.37 Meldepunkt für die Behälterfördertechnik definieren

Die Kapazitäten und Ausnahmecodes auf der Meldepunktebene werden bei der Behälterfördertechnik im Unterschied zur normalen Materialflusssteuerung nicht mehr berücksichtigt. Die Klärziele werden nun nicht mehr auf den Meldepunkten hinterlegt, sondern müssen als logische Destination im neuen Knoten **Routing für Behälterfördertechniken** gepflegt werden.

MFS-Queue definieren

Über den Customizing-Pfad **SCM Extended Warehouse Management • Extended Warehouse Management • Materialflusssystem (MFS) • Stammdaten • MFS-Queue definieren** können Sie die MFS-Queues definieren (siehe Abbildung 16.38).

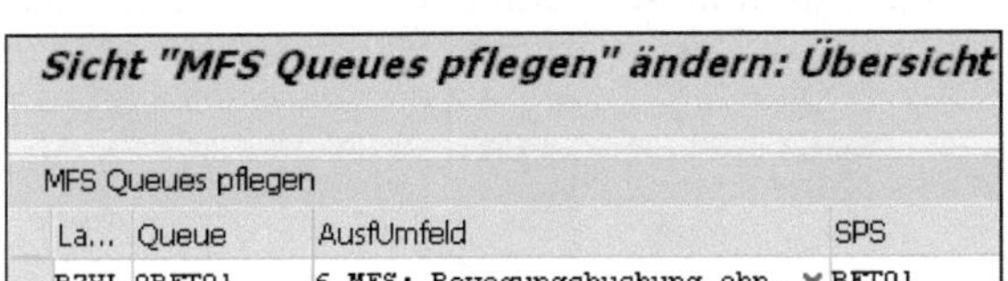

Abbildung 16.38 MFS-Queue für die Behälterfördertechnik definieren

Pflegen Sie die benötigten Queues für die jeweilige SPS, und setzen Sie das Ausführungsumfeld (Feld **AusfUmfeld**) für die Verwendung mit einer Behälterfördertechnik auf den Wert **MFS; Bewegungsbuchung ohne Ressourcenmanagement**.

Logische Destinationen für SAP EWM definieren

Über den Customizing-Pfad **SCM Extended Warehouse Management • Extended Warehouse Management • Materialflusssystem (MFS) • Routing für Behälterfördertechniken • Logische Destinationen für EWM definieren** können Sie die logischen Destinationen für das SAP-EWM-System definieren (siehe Abbildung 16.39).

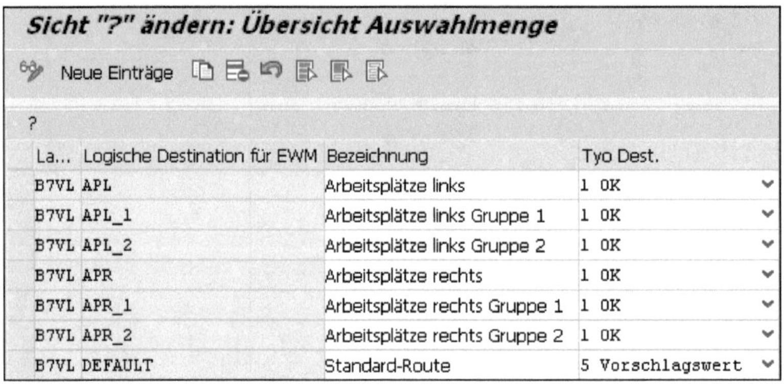

Sicht "?" ändern: Übersicht Auswahlmenge

Neue Einträge

?

La...	Logische Destination für EWM	Bezeichnung	Tyo Dest.
B7VL	APL	Arbeitsplätze links	1 OK
B7VL	APL_1	Arbeitsplätze links Gruppe 1	1 OK
B7VL	APL_2	Arbeitsplätze links Gruppe 2	1 OK
B7VL	APR	Arbeitsplätze rechts	1 OK
B7VL	APR_1	Arbeitsplätze rechts Gruppe 1	1 OK
B7VL	APR_2	Arbeitsplätze rechts Gruppe 2	1 OK
B7VL	DEFAULT	Standard-Route	5 Vorschlagswert

Abbildung 16.39 Logische Destinationen für SAP EWM definieren

Pflegen Sie nun die logische Destination für SAP EWM. Die SPS benötigt Informationen darüber, wohin eine HU bewegt werden muss, und diese Information ist in der logischen Destination zu finden; sie bezieht sich in der Regel eher auf eine logische Richtung (z. B. Richtung Klärplatz im Fehlerfall) als auf einen physischen Standort. Geben Sie außerdem eine Bezeichnung für die logische Destination ein, und pflegen Sie das Feld **Tyo Dest.** (Typ der logischen Destination für SAP EWM). Dieses Feld klassifiziert die logische Destination nach dem Fall, der bei der Meldepunktverarbeitung auftritt.

Logische Destinationen für die speicherprogrammierbare Steuerung definieren

Über den Customizing-Pfad **SCM Extended Warehouse Management • Extended Warehouse Management • Materialflusssystem (MFS) • Routing für Behälterfördertechniken • Logische Destinationen für SPS definieren** können Sie die logischen Destinationen für die SPS einstellen (siehe Abbildung 16.40).

?

La...	Logische Destination für SPS	Bezeichnung
B7VL	BFT-AP1111	
B7VL	BFT-AP1112	
B7VL	BFT-AP1113	
B7VL	BFT-AP1211	
B7VL	BFT-AP1212	
B7VL	BFT-AP1213	
B7VL	BFT-AP1214	

Abbildung 16.40 Logische Destinationen für die speicherprogrammierbare Steuerung definieren

Routing für die Behälterfördertechnik definieren

Über den Customizing-Pfad **SCM Extended Warehouse Management • Extended Warehouse Management • Materialflusssystem (MFS) • Routing für Behälterfördertechniken • Routing für Behälterfördertechnik definieren** definieren Sie das eigentliche Routing (siehe Abbildung 16.41).

Sicht "MFS - Routing für Behälterfördertechnik" ändern: Übersicht

MFS - Routing für Behälterfördertechnik

La...	SPS	Meldepunkt	Log. Dest. EWM	AktvBreich	Log. Dest. SPS	Dest.-SPS	Nach-Meldepunkt
B7VL	BFT04	AP1214		KPOX	BFT-RP1204	BFT02	RP1204
B7VL	BFT04	AP1214		NI01	BFT-RP1204	BFT02	RP1204
B7VL	BFT04	AP1214		PB1X	BFT-RP1204	BFT02	RP1204
B7VL	KFT10	01RT010	APL1		KFT-01RT011	KFT10	01RT011
B7VL	KFT10	01RT010	APL2		KFT-06RT012	KFT60	06RT012
B7VL	KFT10	01RT010	APL2		KFT-06RT012	KFT60	06RT012
B7VL	KFT10	01RT010	MF_DEFAULT		KFT-02RT012	KFT20	02RT012

Abbildung 16.41 Routing für die Behälterfördertechnik definieren

Pflegen Sie die folgenden Felder:

- **Feld »SPS«**
  Name der SPS
- **Feld »Meldepunkt«**
  Aktueller Meldepunkt, an dem das Routing durchgeführt wird.
- **Logische Destination für EWM (Feld »Log. Dest. EWM«)**
  Logische Richtung, in die die HU im EWM-System bewegt werden soll.
- **Aktivitätsbereich (Feld »AktvBereich«)**
  Aktivitätsbereich aus dem Lagerauftrag zur HU, zu dem die HU bewegt werden soll.
- **Logische Destination für SPS (Feld »Log. Dest. SPS«)**
  Logische Richtung für die HU, die an die SPS gesendet wird.

- **Destinations-SPS für Buchung der HU (Feld »Dest.-SPS«)**
  SPS des Meldepunkts, zu dem die HU gebucht wird.
- **Nach-Meldepunkt für HU-Buchung (Feld »Nach-Meldepunkt«)**
  Meldepunkt, zu dem die HU gebucht wird.

Erreichbare Gänge und Ebenen anhand des Meldepunkts festlegen

Über den Customizing-Pfad **SCM Extended Warehouse Management • Extended Warehouse Management • Materialflusssystem (MFS) • Stammdaten • Erreichbare Gänge und Ebenen anhand von Meldepunkt festlegen** können Sie für die Grobnachplatzermittlung pro Gangentscheidungspunkt erreichbare Gänge und Ebenen festlegen (siehe die Spalten **Lagerplatzgang** und **Lagerplatzebene** in Abbildung 16.42).

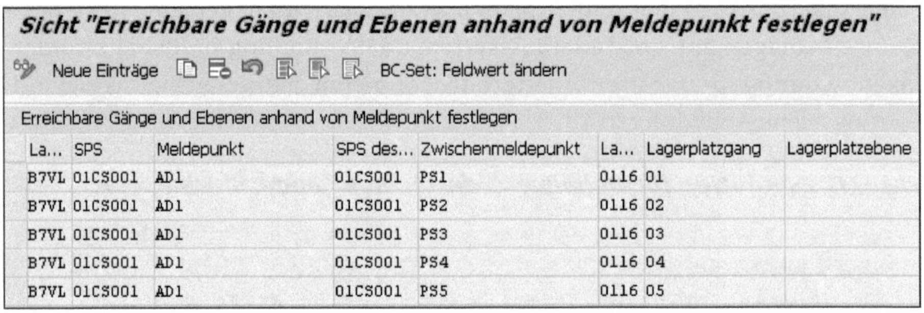

La...	SPS	Meldepunkt	SPS des...	Zwischenmeldepunkt	La...	Lagerplatzgang	Lagerplatzebene
B7VL	01CS001	AD1	01CS001	PS1	0116	01	
B7VL	01CS001	AD1	01CS001	PS2	0116	02	
B7VL	01CS001	AD1	01CS001	PS3	0116	03	
B7VL	01CS001	AD1	01CS001	PS4	0116	04	
B7VL	01CS001	AD1	01CS001	PS5	0116	05	

Abbildung 16.42 Erreichbare Gänge und Ebenen anhand des Meldepunkts festlegen

Erreichbare Gänge und Ebenen für MFS-Ressourcen festlegen

Im SAP-Easy-Access-Menü können Sie über den Pfad **Logistik • SCM Extended Warehouse Management • Extended Warehouse Management • Stammdaten • Materialflusssystem (MFS) • Gänge und Ebenen für MFS-Ressourcen festlegen** auch für die Grobnachplatzermittlung je Ressource erreichbare Gänge und Ebenen festlegen (siehe die Spalten **Lagerplatzgang** und **Lagerplatzebene** in Abbildung 16.43).

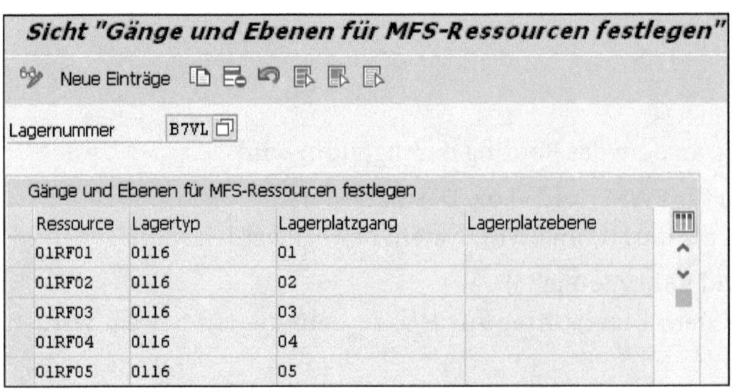

Ressource	Lagertyp	Lagerplatzgang	Lagerplatzebene
01RF01	0116	01	
01RF02	0116	02	
01RF03	0116	03	
01RF04	0116	04	
01RF05	0116	05	

Abbildung 16.43 Gänge und Ebenen für MFS-Ressourcen festlegen

MFS-Aktionen definieren

Über den Customizing-Pfad **SCM Extended Warehouse Management • Extended Warehouse Management • Materialflusssystem (MFS) • Telegrammverarbeitung • MFS-Aktionen definieren** können Sie die Funktionsbausteine für die MFS-Aktionen definieren (siehe Abbildung 16.44).

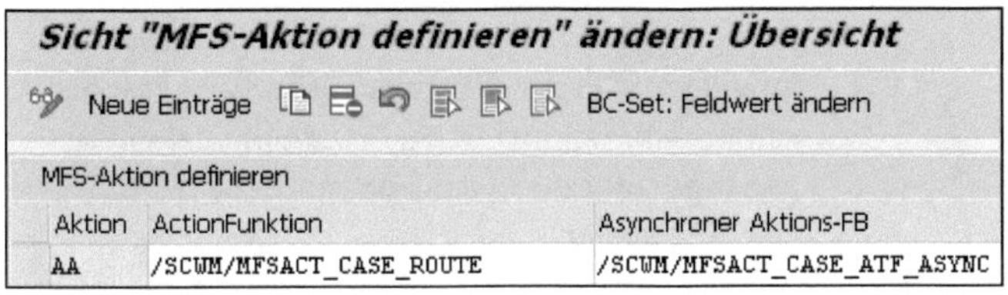

Abbildung 16.44 MFS-Aktionen für die Behälterfördertechnik definieren

Sie können für die Behälterfördertechnik zusätzlich zum Funktionsbaustein für die Telegrammverarbeitung einen zweiten Funktionsbaustein hinterlegen, der nach der Telegrammbearbeitung asynchron aufgerufen werden soll. Verfügbar sind die in Tabelle 16.2 aufgeführten Funktionsbausteine:

Funktionsbaustein	Beschreibung
/SCWM/MFSACT_CASE_AISLE_DET	An Gangentscheidungspunkten kann ein Grobnachplatz für Einlager-HUs ermittelt werden.
/SCWM/MFSACT_CASE_AISLE_DET_AS	Die Grobnachplatzermittlung findet asynchron statt.
/SCWM/MFSACT_CASE_ATF	Die folgende Bewegungsbuchung kann an jedem Entscheidungsmeldepunkt verwendet werden und verbucht die HU auf dem im Routing angegebenen Ziel.
/SCWM/MFSACT_CASE_ATF_ASYNC	Die folgende Bewegungsbuchung wird asynchron ausgeführt.
/SCWM/MFSACT_CASE_DST_BIN	Die Neuermittlung des Ziels kann zur finalen Bestimmung des Ziellagerplatzes für eine HU mit einer existierenden Lageraufgabe (LB) verwendet werden. Die LB-Daten werden entsprechend aktualisiert.
/SCWM/MFSACT_CASE_DST_BIN_ASYN	Die Neuermittlung des Ziels verläuft asynchron.

Tabelle 16.2 Funktionsbausteine für die MFS-Aktionen zur Behälterfördertechnik

Funktionsbaustein	Beschreibung
/SCWM/MFSACT_CASE_ROUTE	Die Routing-Entscheidung kann an jedem Entscheidungsmeldepunkt verwendet werden und ermittelt die logische Destination auf Basis der Routing-Tabellen.
/SCWM/MFSACT_CASE_RSRC_PP	Bei der Verwendung der Grobnachplatzermittlung dient dieser Funktionsbaustein an Ressourcenaufnahmepunkten der Erzeugung der Einlager-Lageraufgabe in das automatische Hochregallager.
/SCWM/MFSACT_CASE_SP	Die HU-Prüfung wird in der Regel aufgerufen, wenn die HU den ersten Meldepunkt auf der Behälterfördertechnik passiert.
/SCWM/MFSACT_CASE_WT_CREA	Die Zielermittlung kann verwendet werden, um eine Lagerauftragserstellung mit Nach-Lagerplatzermittlung durchzuführen.
/SCWM/MFSACT_CASE_WT_CREA_ASYN	Die Zielermittlung verläuft asynchron.

Tabelle 16.2 Funktionsbausteine für die MFS-Aktionen zur Behälterfördertechnik (Forts.)

Für die Bausteine wurden auch Business Add-Ins (BAdIs) vorgesehen, um eine kundeneigene Logik implementieren zu können.

Die asynchronen Varianten der Funktionsbausteine können für Aktionen verwendet werden, die nach der Telegrammverarbeitung ausgeführt werden sollen. Die Ausführung wird nur einmal angestoßen, und bei Fehlern wird der Telegrammstatus nicht mehr aktualisiert.

[zB]

Asynchrone Funktionsbausteinaufrufe

Der Nach-Lagerplatz für eine HU soll aufgrund der Zeitdifferenz zwischen der Erzeugung des Lagerauftrags und der physischen Bewegung anfangs nur generisch ermittelt und zu einem späteren Zeitpunkt unter Berücksichtigung des aktuellen Lagerspiegels finalisiert werden. An einem der Meldepunkte wird der Baustein zur Neuermittlung des Ziels in der asynchronen Variante aufgerufen. Das Ergebnis muss der SPS nicht sofort im Antworttelegramm mitgeteilt werden, sondern kann an einem nachfolgenden Meldepunkt ausgewertet werden.

Weitere Einstellungen

Fördersegmente und Meldepunktabhängigkeiten müssen für die Behälterfördertechnik nicht definiert werden.

16.9 Anbindung über die Lagersteuerrechner-Schnittstelle

Außer der direkten Integration mithilfe von EWM-MFS ist es auch möglich, Lageruntersysteme über die Lagersteuerrechner-Schnittstelle zu integrieren. Zum Beispiel können Aufgaben an eine Lagerkontrolleinheit geschickt werden, oder es kann ein Pick-by-Voice-System integriert werden. Die Anbindung an Lageruntersysteme wird im Folgenden beschrieben.

Für die Integration mit *Lagerkontrolleinheiten* (LKEs) oder anderen Lageruntersystemen, die verantwortlich dafür sind, die Lageraufgaben in einem bestimmten Teil des Lagers zu bearbeiten, können Sie die IDoc-Technologie verwenden, z. B., um Lageraufgaben an die Lagerkontrolleinheit zu schicken und andere Aktivitäten, etwa das Erstellen und Versenden einer Pick-HU, zu verrichten.

Folgende IDocs stehen für die Integration mit Lagerkontrolleinheiten zur Verfügung:

- Lageraufgabe erstellen
- Lageraufgabe quittieren
- HU-Bewegung erstellen
- Wellenfreigabe
- Erstellen und Versenden der Pick-HUs
- Stornieren eines Lagerauftrags
- Blockieren eines Lagerplatzes

Die Auslöser zum Versenden der IDocs sind in der Anwendung codiert. Um diese Auslöser im Quellcode zu finden, können Sie in der Funktionsgruppe `/SCWM/LSUB` über den Verwendungsnachweis die relevanten Funktionsbausteine suchen, die mit dem Namen `/SCWM/SUB_INITIATION_FOR_xxxx` anfangen. Inbound-IDocs werden entsprechend den Einstellungen, die für den IDoc-Typ konfiguriert wurden, in der ALE-Schicht verarbeitet.

16.10 Zusammenfassung

In diesem Kapitel haben Sie einen Überblick über die EWM-MFS-Funktion erhalten. Wir haben besprochen, dass EWM-MFS eine direkte Anbindung von Materialflusssystemen ermöglicht, ohne dass ein zusätzlicher Lagersteuerrechner benötigt wird.

Zunächst haben wir uns mit den Grundbegriffen und dem Aufbau eines Materialflusssystems beschäftigt, gefolgt von der Einrichtung und Simulation eines solchen Systems. Anschließend haben wir uns der Definition eines Lagerlayouts in EWM-MFS gewidmet.

Auch ist deutlich geworden, wie die layoutorientierte Lagerungssteuerung das Routing für Materialflussprozesse im Wareneingang und Warenausgang abbilden und ausführen kann. Darüber hinaus wurden die Telegrammkommunikation, Ausnahmebehandlungen und die Überwachung des Materialflusssystems besprochen. Daneben wurden die Änderungen und Optimierungen im Umfeld der Logik für Behälterfördertechnik dargestellt. Zuletzt haben wir uns noch kurz der Anbindung über die Lagersteuerrechner-Schnittstelle gewidmet.

Kapitel 17
Migration auf SAP EWM in SAP S/4HANA

SAP stellt verschiedene Werkzeuge zur Verfügung, um Kunden von SAP EWM und SAP ERP den Umstieg von ihren bestehenden Systemen auf die SAP-S/4HANA-Plattform zu ermöglichen. Die Vereinfachung und Beschleunigung der damit einhergehenden Migration stehen dabei im Vordergrund.

Für viele Kunden beginnt eine Transformation auf SAP S/4HANA und die Ablösung ihrer bestehenden SAP-ERP-Systeme mit einer Debatte darüber, wie sie das Projekt angehen und welche Optionen sie in Betracht ziehen sollten. Die meisten von ihnen kommen schnell zu dem Schluss, dass die Vision des Unternehmens, die Bereitschaft zum Wandel und die Fähigkeit, diese Veränderungen zu bewältigen, eine viel größere Rolle spielen als alle technologischen Aspekte. Dem können wir nur zustimmen. Dabei stehen viele Kunden auch vor der Entscheidung, ihre bisherigen SAP-ERP- bzw. NetWeaver- oder SCM-basierten SAP-EWM-Systeme auf die neue SAP-S/4HANA-Plattform zu migrieren.

In Kapitel 2, »Einführung in SAP Extended Warehouse Management«, haben wir Ihnen bereits die Implementierungsoptionen von SAP EWM in SAP S/4HANA vorgestellt. Für Kunden, die bisher ein dezentrales SAP-EWM-System eingesetzt haben, hat die Migration auf ein dezentrales SAP EWM in SAP S/4HANA höchste Priorität. SAP-Kunden, die WM in SAP ERP einsetzen und auch weiterhin kein dezentrales Lagerverwaltungssystem nutzen möchten, stellt sich die Frage, wie sie ihre bestehende Lagerverwaltung nach Embedded SAP EWM in SAP S/4HANA migrieren können.

In den vorangehenden Kapiteln haben Sie die Lagerverwaltung mit SAP EWM in SAP S/4HANA kennengelernt. Dabei haben wir Ihnen die Architekturoptionen für den Einsatz von SAP EWM als dezentrales oder als Embedded-Lagerverwaltungssystem erläutert, und Ihnen die konzeptionellen und funktionalen Unterschiede beider Implementierungsoptionen vorgestellt.

In diesem Kapitel erläutern wir die grundsätzlichen Schritte und Werkzeuge für eine Migration von einem existierenden dezentralen SAP-EWM-System in ein dezentrales SAP EWM in SAP S/4HANA. Gleichzeitig stellen wir Ihnen auch die Umstellung von einem SAP ERP WM auf Embedded SAP EWM in SAP S/4HANA vor.

[»]

Legacy System Migration Workbench zur Datenmigration

Für die Migration von Stamm- und Bewegungsdaten sowie von kundenindividuellen Anpassungen und flexiblen Konvertierungsroutinen kennen viele SAP-ERP-Bestandskunden die *LSMW* (Legacy System Migration Workbench). Mit SAP S/4HANA und dem Migrationscockpit scheint die LSMW zwar überflüssig, sie wird aber immer noch bei der Installation von SAP S/4HANA mit ausgeliefert. Für die Migration kann die LSMW grundsätzlich weiterhin genutzt werden. Eine Verwendung wird von SAP (siehe SAP-Hinweis 2287723) jedoch nicht empfohlen. Sie finden diesen SAP-Hinweis im SAP Support Portal über die folgende URL: *http://launchpad.support.sap.com*

Ein detaillierter Vergleich zwischen LSMW und Migrationscockpit in Verbindung mit dem Migrationsobjektmodellierer in SAP S/4HANA würde den Rahmen dieses Buches sprengen. Für die Auswahl des für Ihr Migrationsprojekt passenden Tools und ein auf Ihre Anforderungen zugeschnittenes Vorgehen wenden Sie sich an Ihr Beratungshaus.

17.1 Migrationsszenarien und Systeme

Bei einer Datenmigration werden Daten von einem Quellsystem an ein Zielsystem übertragen. Bei dem zu übertragenden Quellsystem kann es sich um ein bestehendes SAP-System oder um ein Fremdsystem (Nicht-SAP-System) handeln. In der Regel löst das Zielsystem das Quellsystem (Altsystem) nach der Migration ab. Im Zusammenhang mit einer Transformation auf SAP EWM in SAP S/4HANA sind hierbei nahezu beliebige Systemkombinationen möglich.

Die Implementierung und Migration in ein neues Lagerverwaltungssystem stellt im Rahmen einer SAP-S/4HANA-Transformation ein Teilprojekt dar, das entsprechend geplant werden muss. In der Regel erfolgen die Datenextraktion aus dem Quellsystem und die eigentliche Datenübertragung und Migration in das neue Zielsystem erst nach einer detaillierten Systemanalyse und einer Konsolidierung, Aufbereitung und Bereinigung der zu übernehmenden Quelldaten. In diesem Zusammenhang können Duplikate identifiziert und nicht mehr benötigte Daten archiviert werden.

Für die initiale Datenmigration im Rahmen einer Neuimplementierung von SAP EWM auf der Basis von SAP S/4HANA und eine Datenmigration nach dem *Greenfield-Ansatz* (Neuimplementierung) stellt SAP verschiedene Werkzeuge zur Verfügung. Dabei sind unterschiedliche Szenarien und Kombinationen aus Quell- und Zielsystem denkbar.

Die Migration von einem bestehenden dezentralen SAP EWM auf der Basis von SAP NetWeaver auf ein dezentrales oder Embedded SAP EWM in SAP S/4HANA als Zielsystem unterstützt SAP mit dem neuen *Migrationscockpit* in SAP S/4HANA. Die Daten können dabei direkt aus dem Quellsystem extrahiert und migriert werden. Falls Sie ein Fremdsystem (Nicht-SAP-System) migrieren möchten, können Sie auf Projektbasis die bestehenden Migrationstools für die Migration nach SAP EWM verwenden. Die Quelldaten sind dabei entsprechend dem SAP-EWM-Datenmodell aufzubereiten. Alternativ steht Ihnen für die Migration aus einem Fremdsystem das Migrationscockpit in SAP S/4HANA und die Migration mithilfe von Staging-Tabellen zur Verfügung.

Quellsystem	Zielsystem	
	SAP EWM in SAP S/4HANA (embedded)	SAP S/4HANA EWM (dezentral)
WM in SAP ECC	SAP-Tools zur Migration aus LE-WM	
SAP EWM NetWeaver	Direkte Migration von SAP EWM auf SAP S/4HANA EWM mit dem Migrationscockpit	
	SAP S/4HANA EWM 2022	SAP S/4HANA EWM 1909
Nicht-SAP-System	SAP-Tools zum Daten-Upload	

Tabelle 17.1 Migrationsszenarien und Werkzeuge

In diesem Kapitel erläutern wir Ihnen die Grundlagen für die Migration für zwei der häufigsten Szenarien und geben Ihnen einen Überblick über die wesentlichen Schritte des Systemwechsels und die eingesetzten Migrationstools:

- Migration eines dezentralen SAP EWM in SAP NetWeaver in ein dezentrales SAP EWM in SAP S/4HANA
- Umstieg von WM in SAP ERP auf ein Embedded SAP EWM in SAP S/4HANA

Für die Migration von WM nach SAP EWM in SAP S/4HANA (embedded) gehen wir davon aus, dass die Stammdatenmigration von SAP ERP nach SAP S/4HANA bereits durchgeführt worden und der Systemaufbau von SAP S/4HANA abgeschlossen ist.

Die Migration eines bestehenden dezentralen SAP EWM nach SAP EWM in SAP S/4HANA wird mit einem angeschlossenen System ab SAP S/4HANA 1610 unterstützt bzw. setzt SAP ERP 6.0 mit EHP 3 voraus. Die in diesem Zusammenhang beschriebenen Werkzeuge für die Migration auf das dezentrale SAP EWM in SAP S/4HANA sind für SAP EWM ab Release 7.0 oder höher als Quellsystem und ein dezentrales SAP EWM in SAP S/4HANA 1909 und höher als Zielsystem freigegeben.

Die Migration eines dezentralen SAP EWM NetWeaver nach Embedded SAP EWM setzt ein EWM-System in SAP S/4HANA 2022 als Zielsystem voraus.

[»]

Umstieg auf SAP S/4HANA und weiterführende Literatur

SAP stellt für den technischen Umstieg und die Migration von SAP ERP auf SAP S/4HANA verschiedene Werkzeuge zur Verfügung. Der Umstieg auf SAP S/4HANA kann dabei durch eine Neuimplementierung, Systemkonvertierung oder über eine selektive Datenübernahme erfolgen. Für einen vertieften Einblick in die Migrationsszenarien, vorbereitenden Maßnahmen und in die technische Umsetzung einer SAP S/4HANA-Transformation empfehlen wir Ihnen das Buch »Migration nach SAP S/4HANA« aus dem Rheinwerk Verlag.

17.2 Umstieg von SAP EWM auf SAP EWM in SAP S/4HANA (dezentral)

SAP bietet Kunden, die bereits ein dezentrales SAP EWM (EWM 9.5 Release oder frühere Versionen) verwenden, die Möglichkeit, in ein dezentrales SAP EWM in SAP S/4HANA zu migrieren.

Die Datenstrukturen in SAP EWM und in einem dezentralen SAP EWM in SAP S/4HANA sind weitestgehend identisch, d. h., dass sie den gleichen gemeinsamen Kern haben. Dennoch gibt es einige Veränderungen im Datenmodell. Aufgrund der konzeptionellen Unterschiede zwischen einem NetWeaver- bzw. SCM-basierten SAP EWM und einem SAP EWM in SAP S/4HANA, handelt es sich jedoch nicht nur um ein technisches Upgrade, sondern um eine Migration.

Ein wesentlicher Unterschied besteht in der unterschiedlichen Systemintegration und Stammdatenverteilung. SAP EWM in SAP S/4HANA verwendet SAP-S/4HANA-Stammdatenentitäten für Materialien, Chargen und Klassifizierungen. Statt wie bisher Materialien, Chargen und Kunden bzw. Lieferanten aus dem SAP-ERP-System über das Core Interface (CIF) zu verteilen, werden im dezentralen SAP EWM auf SAP S/4HANA Stammdaten über IDoc (ALE) verteilt.

Eine weitere Besonderheit bei einer SAP-S/4HANA-Systemumstellung ist die Implementierung der *Customer Vendor Integration* (CVI) und das Anlegen von zentralen Geschäftspartnern für Kunden, Lieferanten und Ansprechpartner. Darüber hinaus bestehen Unterschiede in einigen Customizing-Tabellen und Einstellungen. Eine 1:1-Migration der Daten wird daher nicht funktionieren und kann zu verschiedenen Inkonsistenzen führen. Hinzu kommen kundenindividuelle Erweiterungen und Entwicklungen, die im Hinblick auf die teilweise unterschiedlichen Datenstrukturen und Tabellen vor einer technischen Migration angepasst werden müssen.

Die konkreten Anforderungen richten sich dabei nicht nur nach den technischen und funktionalen Unterschieden von SAP EWM in SAP S/4HANA, sondern insbesondere auch nach der Zielarchitektur, nach den Integrationserfordernissen und bestehenden Systemerweiterungen sowie nach den kundenindividuellen Anpassungen. Es ist daher nahezu unmöglich, eine allgemeingültige Methodik und Vorgehensweise vorzuschlagen.

SAP-Dokumentation der Vereinfachungen in SAP S/4HANA

Für eine komplette, aktuelle Übersicht über die Vereinfachungen in SAP S/4HANA möchten wir Sie auf die umfangreiche Dokumentation von SAP verweisen. Damit sich Kunden besser auf die Umstellung auf SAP S/4HANA vorbereiten können, bietet SAP eine detaillierte Übersicht über die technischen Objekte und Vereinfachungen (*Simplification Items*) für jede SAP-S/4HANA-Komponente. SAP-Hinweis 2313884 enthält einen Link zu einer Datenbank, in der Sie die gesamte *Simplification List* für Ihr SAP-S/4HANA-Release durchsuchen können. Innerhalb jedes Themas findet Sie einen Verweis zu einem weiterführenden SAP-Hinweis, der die entsprechende Funktion oder Einschränkung erläutert. Sie finden diesen SAP-Hinweis im *SAP Support Portal* über die folgende URL: *http://launchpad.support.sap.com*

Abbildung 17.1 zeigt den grundsätzlichen Ablauf einer Migration von SAP EWM nach SAP EWM in SAP S/4HANA und berücksichtigt dabei die wesentlichen Migrationsschritte und Aktivitäten. Die für Ihr Migrationsprojekt notwendigen Prozessschritte können sich von dem hier vorgestellten Ablauf unterscheiden. In jedem Fall sollten Sie für vorbereitende Analysen, die Systemauswahl und Tests Ihr Beratungshaus hinzuziehen.

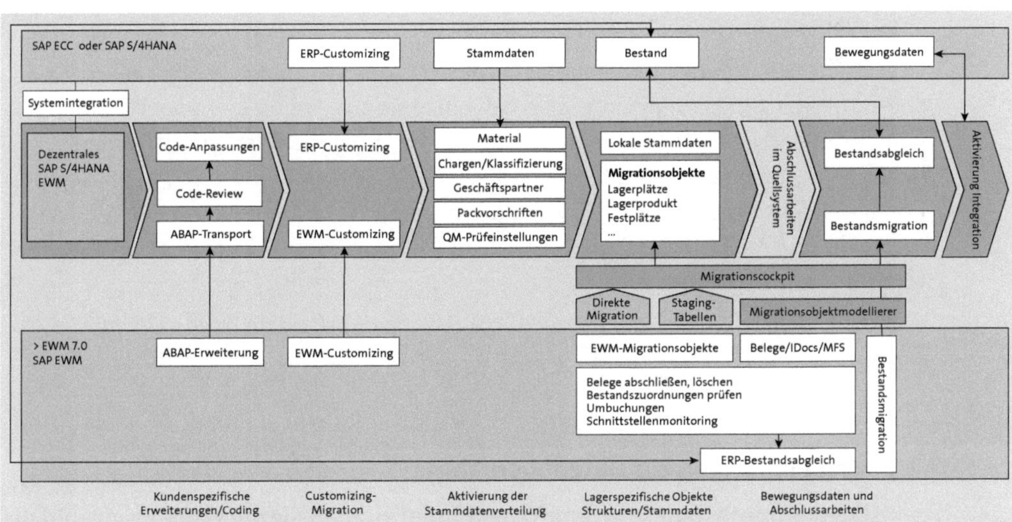

Abbildung 17.1 Migrationsschema von SAP EWM nach SAP EWM in SAP S/4HANA

SAP stellt für die Migration nach SAP EWM in SAP S/4HANA unterschiedliche Werkzeuge zur Verfügung. In den folgenden Abschnitten erläutern wir die wesentlichen Schritte der Vorbereitung der Datenübernahme. Für die technische Extraktion und Migration aus dem Quellsystem geben wir Ihnen einen Überblick über die Funktionen des *Migrationscockpits* von SAP und gehen dabei auch auf notwendige manuelle Schritte während der Systemumstellung ein

[»]

SAP-Migrationsleitfaden für die Migration von SAP EWM nach SAP EWM in SAP S/4HANA

Kunden und Berater, die planen, ein SAP-EWM-System (z. B. SAP-EWM-Release 9.5) in ein dezentrales SAP EWM in SAP S/4HANA zu migrieren, bietet SAP einen Migrationsleitfaden an. Sie finden den Migrationsleitfaden als Anhang in SAP-Hinweis 2976757. Das Dokument geht dabei nicht nur auf die notwendigen Migrationsschritte ein, sondern berücksichtigt auch die konzeptionellen Unterschiede zwischen Quell- und Zielsystem. Im Allgemeinen lassen sich die darin beschriebenen Migrationsschritte in drei Kategorien unterteilen:

- Systemintegration und Vorbereitungen, die im Integrationsleitfaden erwähnt werden
- Migrationsschritte, die von Migrationswerkzeugen unterstützt werden
- manuelle Schritte und Anpassungen

Der Migrationsleitfaden und die beschriebenen Werkzeuge sind für das dezentrale SAP EWM ab Release 7.0 oder höher als Quellsystem und für ein dezentrales SAP EWM in S/4HANA 1909 und höher als Zielsystem gedacht. Die Migration nach Embedded SAP EWM in SAP S/4HANA wird seit Release 2022 unterstützt.

Dieser Leitfaden ist eng mit dem Integrationsleitfaden gekoppelt, der im Anhang von SAP-Hinweis 3218673 zu finden ist und detailliert die zur Vorbereitung der Datenübernahme notwendigen Systemeinstellungen für die Integration der beiden Systeme erläutert. Zusätzlich zum Migrationsleitfaden und der Beschreibung der Systemintegration bietet SAP Best Practices für das dezentrale SAP EWM in SAP S/4HANA an. Sie finden die Beschreibung der Best Practices im SAP Best Practices Explorer über die URL *https://rapid.sap.com/bp/*

Die SAP-Hinweise finden Sie im SAP Support Portal über die folgende URL: *https://support.sap.com/*

17.2.1 Vorbereitungen zur Datenübernahme

Bevor Sie mit Ihrem Migrationsprojekt beginnen, müssen Sie die Verbindung und die Grundeinstellungen für die Systemlandschaft einrichten. Die notwendigen Einstellungen sind im Integrationsleitfaden beschrieben, der SAP-Hinweis 3218673 für SAP EWM in SAP S/4HANA 2021 beigefügt ist. Dieser Integrationsleitfaden ist ein allgemeiner Leitfaden für die Integration von dezentralem SAP EWM in SAP S/4HANA und SAP ERP. Für ein Migrationsprojekt sollten Sie zunächst prüfen, ob alle Schritte in Ihrem Projekt erforderlich sind.

Zur Vorbereitung der Datenübernahme verbinden Sie zunächst das neue SAP EWM in SAP S/4HANA mit Ihrem SAP-ERP-System. Dabei konfigurieren Sie die Systemverbindungen und richten die Verteilung von Stamm- und Bewegungsdaten ein. Die Stammdatenverteilung kann dabei entweder über IDoc/ALE oder über das *Data Replication Framework* (DRF) erfolgen. Anschließend nehmen Sie im dezentralen SAP EWM in SAP S/4HANA die im Integrationsleitfaden genannten Einstellungen im Customizing vor.

Hierzu zählen insbesondere die Integration der SAP-EWM-Lagernummer in die Organisationsstruktur von SAP ERP (siehe Kapitel 3, »Organisationsstruktur«). Wenn das zu migrierende Quellsystem mehrere Lagernummern enthält, sollte die Migration pro SAP-EWM-Lagernummer vorgenommen werden. In diesem Zusammenhang sollte der SAP-ERP-Lagerort und folglich die der dezentralen EWM-Lagernummer zugewiesene WM-Lagernummer beibehalten werden, um negative Auswirkungen bei der Verfügbarkeitsprüfung in SAP ERP zu vermeiden. Da in SAP EWM zahlreiche Customizing-Einstellungen von der EWM-Lagernummer abhängen, sollte die zu migrierende EWM-Lagernummer des Zielsystems auch im Quellsystem verwendet werden.

Kundenspezifische Erweiterungen

Bevor Sie kundeneigenes Coding aus dem Quell- in das Zielsystem transportieren, sollten Sie zunächst Ihre vorhandenen Erweiterungen und gegebenenfalls Modifikationen in Hinblick auf das geänderte Datenmodell prüfen. Wir haben bereits auf die funktionalen und technischen Unterschiede zwischen SAP EWM in SAP S/4HANA und einem dezentralen NetWeaver- bzw. SCM-basierten SAP EWM hingewiesen.

Diese Unterschiede betreffen insbesondere auch die 13 Customizing-Tabellen in SAP EWM in SAP S/4HANA, deren Parameter und Tabelleninhalte gemeinsam mit SAP S/4HANA genutzt werden und ohne das SCM-Präfix `SCWM/` definiert sind: z. B. Tabelle `THUTYP` anstelle von Tabelle `/SCWM/THUTYP` im Quellsystem. Die Migration des in diesen Tabellen enthaltenen Customizings beschreiben wir im nächsten Abschnitt.

Darüber hinaus verwendet das neue Zielsystem auch andere Stammdatentabellen. Beispielsweise werden die aus dem Quellsystem bekannten Materialstammtabellen `/SAPAPO/MATKEY` und `/SAPAPO/MATLOC` nicht mehr zur Speicherung von Produktstammdaten verwendet. Stattdessen wird der zentrale SAP-S/4HANA-Materialstamm (z. B. die Tabellen `MARA`, `MARC` usw.) verwendet. Die bisherigen Tabellen stehen dabei nur noch schreibgeschützt zur Verfügung. Kundenspezifische Erweiterungen im Coding, die einen Schreibzugriff auf diese Tabellen ausführen, führen zwangsläufig zu einem Fehler. Für das neue Datenmodell, und um weiterhin auf die Daten zugreifen zu können, stehen in SAP S/4HANA sogenannte Kompatibilitäts-Views (*CDS-Views*, Core Data Services) zur Verfügung. Berücksichtigen Sie in diesem Zusammenhang auch die in SAP S/4HANA geänderte Integration von Kunden und Lieferanten und die Verwendung des zentralen Geschäftspartners (*CVI*, Customer Vendor Integration). Die Datenbanktabelle `BUT0ID` zur Identifikation von Geschäftspartnern und zur Zuweisung von Verfügungsberechtigten zu einem Werk, wird in SAP EWM in SAP S/4HANA nicht mehr verwendet. Für die Zuordnung von Geschäftspartnern zu einem Werk steht stattdessen die Tabelle `/SCWM/TMAPPLANT` zur Verfügung. Kundenindividuelle Entwicklungen mit Zugriffen auf die Datenbanktabelle `BUT01D` müssen entsprechend angepasst werden und die entsprechenden CVI-Tabellen (`CVI_CUST_LINK` oder `CVI_VEND_LINK`) auslesen. Wenn die Integration und Verteilung von Geschäftspartnern über das *Data Replication Framework* (DRF) erfolgt, finden Sie die entsprechenden Schlüsselzuordnungen in den *Unified-Key-Mapping-Service*-Tabellen (UKMS-Tabellen).

[»]

Weiterführende Literatur für den Umstieg auf SAP S/4HANA

Für die notwendigen Schritte, Werkzeuge und Anpassungen von ABAP-Eigenentwicklungen beim Umstieg auf SAP S/4HANA empfehlen wir Ihnen das im Rheinwerk Verlag erschienene Buch »Custom-Code-Migration nach SAP S/4HANA«.

Customizing-Migration

Im vorangehenden Abschnitt haben wir bereits erwähnt, dass das dezentrale SAP EWM in SAP S/4HANA zahlreiche Customizing-Einstellungen gemeinsam mit SAP S/4HANA verwendet. Das Customizing in beiden Systemen darf sich dabei nicht unterscheiden. Für die Pflege der entsprechenden Einstellungen ist SAP S/4HANA das führende System. Es handelt sich dabei um die folgenden Tabellen:

- Catch-Weight-Toleranzgruppe
- Catch-Weight-Mengenprofile (für Anlieferung, Auslieferung, interne Umlagerung und Umbuchung)
- Incoterms
- Lieferpriorität
- Lagerhandhabungskennzeichen
- Handling-Unit-Typen
- Verpackungsgruppen
- Qualitätsprüfungsgruppen
- Serialnummernprofile
- Versandbedingung

- Transportgruppe
- Lagerproduktgruppe
- Lagerraumbedingung

Vor der Migration vorgenommene Einstellungen und nachträgliche Änderungen an diesen 13 Customizing-Tabellen in SAP S/4HANA müssen auch im dezentralen SAP EWM in SAP S/4HANA durchgeführt werden. Für die Migration empfehlen wir Ihnen zunächst einen Abgleich der Tabelleninhalte des Quellsystems mit Ihrem SAP-S/4HANA-System. Mit dem *Customizing Cross-System Viewer* (Transaktion SCUO) können Sie entsprechende Abweichungen in beiden Systemen identifizieren und die notwendigen Anpassungen in SAP S/4HANA vornehmen. Anschließend transportieren Sie das Customizing in das dezentrale SAP EWM in SAP S/4HANA (das Zielsystem). Berücksichtigen Sie, dass sich während der Migration und insbesondere auch beim parallelen Betrieb von Quell- und Zielsystem die logischen Systeme (LOGSYS) und das Business-System (BSKEY) unterscheiden müssen. Customizing-Einstellungen in den zu migrierenden Tabellen, die diese Parameter verwenden, müssen entsprechend angepasst werden. Die Zuordnung der beiden Parameter und die Bestimmung des eigenen Systems finden Sie im Zielsystem in der Tabelle /SCMB/TBUSSYS.

Die abgeschlossene Systemintegration der beiden Systeme ist Voraussetzung für die nachfolgend beschriebene Migration lagerspezifischer Objekte, Strukturen und Stammdaten. Nachdem Sie die in diesem Abschnitt beschriebenen Vorbereitungen für die Datenübernahme abgeschlossen haben, aktivieren Sie daher die Stammdatenschnittstellen zwischen SAP S/4HANA und dem dezentralen SAP EWM in SAP S/4HANA. 17

Systemintegration des dezentralen SAP EWM in SAP S/4HANA

In Kapitel 2, »Einführung in SAP Extended Warehouse Management«, haben wir Ihnen die Grundlagen der Stammdatenintegration beschrieben. Für die Konfiguration der Schnittstellen möchten wir noch einmal auf SAP-Hinweis 2782080 verweisen. Der Hinweis enthält eine detaillierte Übersicht über die verfügbaren Integrationsleitfäden für sämtliche Implementierungsoptionen. Sie finden diesen Hinweis im SAP Support Portal über die URL: *http://support.sap.com*.

17.2.2 Migrationscockpit

Für die Migration lagerspezifischer Objekte, Strukturen und Stammdaten steht Ihnen das *Migrationscockpit* (Migration Cockpit) zur Verfügung. Das Migrationscockpit ist Teil von SAP S/4HANA und in dessen Lizenzkosten enthalten. Es vereinfacht die Datenmigration aus einem Quellsystem nach SAP S/4HANA und verwendet dabei

Migrationsobjekte, um die relevanten Daten aus dem Quellsystem zu identifizieren, zu extrahieren und konsolidiert an das SAP-S/4HANA-Zielsystem zu übertragen.

Für die Migration eines existierenden SAP EWM nach SAP EWM in SAP S/4HANA liefert SAP zahlreiche Migrationsobjekte, die Sie mit dem Migrationscockpit migrieren können. Neben einer Dokumentation des Objekts stellt SAP auch entsprechende XML-Vorlagen, Upload-Strukturen und Transformationslogik in Bezug auf die Abhängigkeiten zwischen den Objekten zur Verfügung. Kundenspezifische Felder können dabei verhältnismäßig einfach in die vorgegebenen Strukturen integriert werden. Die eigentliche Extraktion, Migration und eine eventuell erforderliche Konvertierung erfolgen automatisiert und Wizard-gesteuert über SAP-Fiori-Apps (siehe Abbildung 17.2).

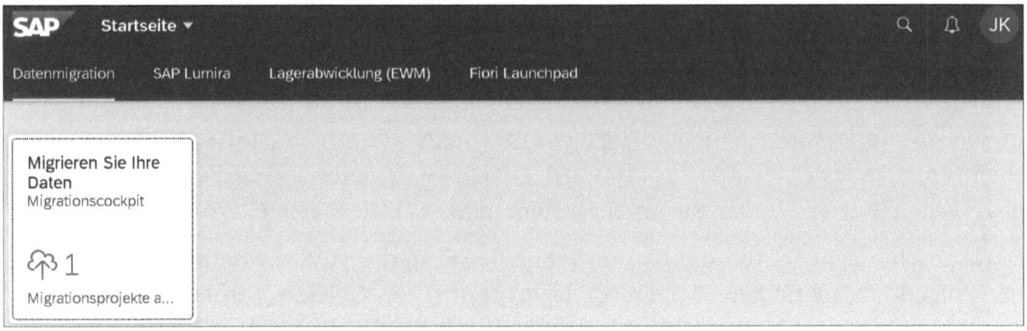

Abbildung 17.2 SAP-Fiori-App für das Migrationscockpit

Für die Migration und die Übertragung der Migrationsobjekte auf das Zielsystem unterstützt das Migrationscockpit dabei zwei Arten der Migration. Die Auswahl der passenden Methode richtet sich nach dem Quellsystem und dem zu übertragenden Datenvolumen:

- **Daten direkt aus dem SAP-System migrieren**
  Für die direkte Übertragung aus einem SAP-System (**Daten direkt aus SAP-System migrieren**) ist das Migrationscockpit über eine RFC-Verbindung mit dem Quellsystem verbunden und wählt dort die für die Migration notwendigen Daten aus und überträgt sie in die SAP-S/4HANA-Zielstrukturen. Beachten Sie, dass dieses Szenario nur für SAP-EWM-Quellsysteme ab Release 5.1 (SAP NetWeaver 7.0) zur Verfügung steht.
- **Daten mithilfe von Staging-Tabellen migrieren**
  Bei der Migration mithilfe von Staging-Tabellen (**Daten mithilfe von Staging-Tabellen migrieren**) können neben der Migration auf ein SAP S/4HANA Cloud Warehouse Management auch Datenquellen von Nicht-SAP-Systemen migriert werden. Zur Befüllung der Staging-Tabellen auf der SAP-HANA-Datenbank wird entweder die SAP-HANA-Schnittstellentechnologie oder ein fremdes ETL-Tool (Ex-

tract, Transform and Load) verwendet. Datenbereinigungen und die Transformation der Daten erfolgen dabei direkt in den Staging-Tabellen auf der SAP-HANA-Datenbank. Auf beide Arten können große Datenmengen übertragen werden. Abbildung 17.3 zeigt das Migrationscockpit im Zielsystem.

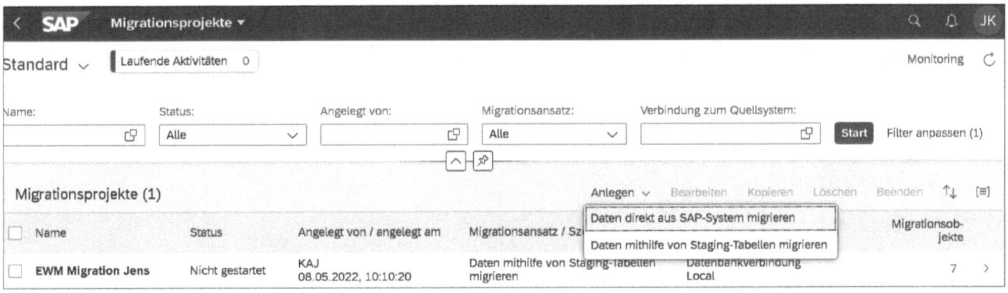

Abbildung 17.3 Daten direkt aus dem SAP-System migrieren

Vorbereitungen im Quell- und Zielsystem

Damit Sie das Migrationscockpit nutzen können, sind im Quell- und Zielsystem Vorbereitungen nötig. Auf dem Quellsystem muss für die Datenextraktion der *SAP Test Data Migration Server* (TDMS) installiert sein. Auf dem Zielsystem müssen Sie die für die Installation von SAP S/4HANA notwendigen Einstellungen vornehmen und die notwendigen Systemverbindungen einstellen. In diesem Zusammenhang möchten wir Sie darauf hinweisen, dass das Migrationscockpit nicht als permanente Schnittstelle oder zur Massenänderung vorhandener Daten vorgesehen ist und nur für die initiale Datenübernahme während der Implementierungsphase verwendet wird.

Installation und Verwendung des Migrationscockpits

Für die Implementierung und Verwendung des Migrationscockpits finden Sie in SAP-Hinweis 2747566 Erläuterungen und einen Verweis auf den Installationsleitfaden für SAP S/4HANA. Die Direktübertragung von Daten an ein dezentrales SAP EWM in SAP S/4HANA wird im zentralen SAP-Hinweis 2976757 beschrieben. SAP-Hinweis 2684818 enthält eine Erläuterung dazu, warum das SAP-S/4HANA-Migrationscockpit nicht für Massenänderungen oder als permanente Schnittstelle verwendet werden sollte. Gleichzeitig finden Sie dort auch einen Verweis auf die SAP Best Practices für die Verwendung des Migrationscockpits für die dateibasierte Datenmigration aus einem Nicht-SAP-System. Sie finden diesen Hinweis im SAP Support Portal über die URL *http://support.sap.com*

Migrationsobjekte

Ein Migrationsobjekt beschreibt, wie Daten für ein bestimmtes Geschäftsobjekt nach SAP S/4HANA migriert werden sollen. Es enthält Informationen zu den relevanten

Quell- und Zielstrukturen sowie zu den Beziehungen zwischen diesen Strukturen. Außerdem enthält es Zuordnungsinformationen für die relevanten Felder sowie alle Regeln, die zur Konvertierung von Werten verwendet werden, die von Quellfeldern in Zielfelder migriert werden.

Nachdem das Migrationscockpit zwischen SAP EWM und dem dezentralen SAP EWM im SAP-S/4HANA-Mandanten eingerichtet wurde, können nun unter der Verwendung der Standarddatenobjekte und Filterkriterien die folgenden Geschäftsobjekte migriert werden:

- Lagerprodukt
- Lagerplatz
- Lagerplatz-Sortierung
- Feste Platzzuordnung
- Lagerbestand

Beachten Sie, dass beispielsweise für eine erfolgreiche Migration von Lagerplätzen sämtliche Parameter der Lagerstruktur im Zielsystem eingestellt sein müssen. Hierzu zählen neben der Supply Chain Unit die verwendeten Lagertypen mit Brandabschnitten, Lagerbereichen, Lagerplatztypen und die Einstellungen des Platzzugriffstyps. Erst dann kann die Lagerstruktur und die Lagerplatz-Sortierung aus dem Quellsystem migriert werden. Darüber hinaus existieren für die oben genannten Migrationsobjekte weitere Abhängigkeiten, die wir Ihnen in Abbildung 17.4 aufzeigen.

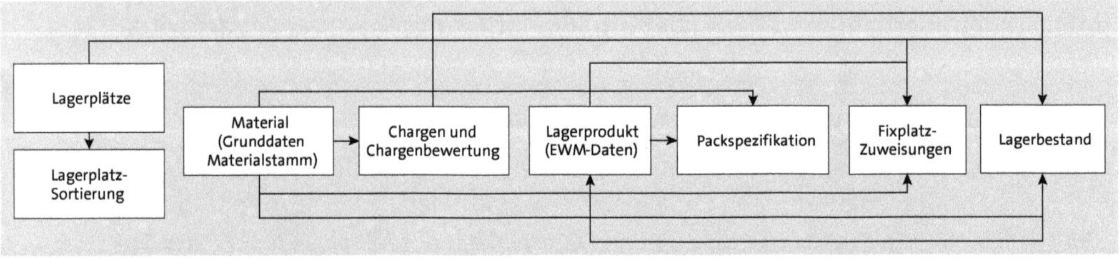

Abbildung 17.4 Abhängigkeiten von Migrationsobjekten und Stammdaten

Neben den oben beschriebenen Migrationsobjekten und Abhängigkeiten unterstützt das Migrationscockpit in SAP S/4HANA bei der direkten Migration aus dem SAP-EWM-Quellsystem (Migrationsansatz **Daten direkt aus SAP-System migrieren**) auch die Migration weiterer Objekte und Einstellungen. Hierzu zählen insbesondere:

- Ressourcen sowie Parameter der Ressourcen- und Benutzerpflege
- Arbeitsplatzeinstellungen
- Einstellungen für die Fertigungsintegration
- Inventureinstellungen

- Einstellungen für das Materialflusssystem
- Einstellungen für Warenannahme und Versand
- Qualitätsprüfregeln
- Konditionssätze (lagernummernabhängig und unabhängig)

Die Migration von Packspezifikationen mit dem Migrationscockpit wird nicht unterstützt. Für die Extraktion und anschließende Migration von Packspezifikationen aus dem Quellsystem führen Sie dort den Report `/SCWM/PS_DISTRIBUTION` aus. Die Verwendung des Reports beschreibt SAP in Hinweis 2926773. Sie finden diesen Hinweis im SAP Support Portal über die URL *http://support.sap.com/*

[«]

Verfügbare Migrationsobjekte für SAP S/4HANA

Wir haben bereits erwähnt, dass es sich bei der Migration von SAP EWM nach SAP EWM in SAP S/4HANA um eine Neuimplementierung handelt und nicht um ein technisches System-Upgrade. Im Rahmen dieser Implementierung können nicht alle lagernummernspezifischen Stammdaten und Einstellungen migriert werden. Sie müssen vor der Inbetriebnahme analog den Einstellungen im Quellsystem im neuen SAP EWM in SAP S/4HANA gepflegt werden. Hierzu zählen insbesondere Parameter zur Druckerfindung und die Zuordnung der Lagernummer im Zielsystem zu Geschäftspartner und Supply Chain Unit. Prüfen Sie daher, ob die für Sie relevanten Einstellungen und Objekte migriert werden können, und führen Sie gegebenenfalls die Einstellungen manuell auf dem Zielsystem durch. In der SAP-Online-Hilfe finden Sie eine Übersicht und Beschreibung aller in SAP S/4HANA verfügbaren Migrationsobjekte. Die für die Migration auf ein dezentrales SAP EWM in SAP S/4HANA notwendigen Objekte und Abhängigkeiten bezüglich vorhandener Einstellungen im Zielsystem, finden Sie durch Einschränken der Suchergebnisse auf die Komponente SCM-EWM. Sie finden diese Datenbank in der SAP-Online-Hilfe über die URL *http://help.sap.com/S4_OP_MO*

Migrationsszenarien und Durchführung

Zur Vorbereitung der Migration legen Sie zunächst ein Migrationsprojekt an und die Methode der Migration fest. Bei einer direkten Migration aus einem SAP-Quellsystem wählen Sie anschließend ein Migrationsszenario aus. Für die direkte Migration aus einem SAP-System stellt SAP verschiedene Migrationsszenarien zur Verfügung. Für die Migration in das dezentrale SAP EWM in SAP S/4HANA verwenden Sie das Szenario **SAP EWM zu dezentralem EWM auf Basis von SAP S/4HANA** und geben anschließend die RFC-Verbindung zum Quellsystem an (siehe Abbildung 17.5).

SAP liefert für dieses Migrationsszenario bereits sämtliche Migrationsobjekte, die für die Extraktion und Migration der ausgewählten Lagernummer aus dem Quellsystem relevant sein können. Nachdem Sie die zu migrierenden Objekte selektiert haben, werden die Daten direkt aus den entsprechenden Tabellen im Quellsystem extrahiert und abschließend in die Zielstrukturen des Zielsystems übertragen.

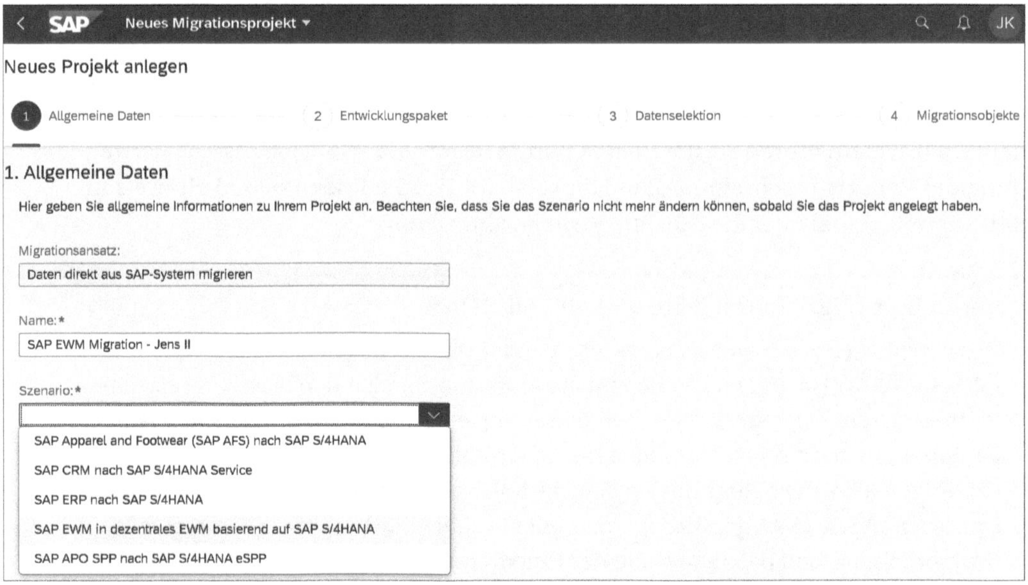

Abbildung 17.5 Szenario: Migration auf eine dezentrales SAP EWM in SAP S/4HANA

Für die zu migrierenden Objekte können Mapping-Aufgaben definiert werden. Es gibt Mapping-Aufgaben, die mit Migrationsobjekten verbunden sind und die bearbeitet werden müssen, bevor die Migration fortgesetzt werden kann. Beispiele für Mapping-Aufgaben sind Wert-Mapping-Aufgaben (bei denen Sie Zielwerte für entsprechende Quellwerte angeben) und Festwertaufgaben (bei denen Sie Standardwerte für Zielfelder festlegen).

Unter **Migrationsobjekte** zeigt das System die relevanten Migrationsobjekte auf der Grundlage des gewählten Migrationsszenarios an. Für jedes ausgewählte Objekt stellt SAP eine detaillierte Dokumentation und Beschreibung zur Verfügung. Wenn Sie die benötigten Migrationsobjekte auswählen, sehen Sie, ob die Objekte bereits in anderen Migrationsprojekten verwendet werden. Darüber hinaus können Sie für jedes Objekt die **Tabellenstruktur**, **Historie** und **Abhängigkeiten** zu anderen Migrationsobjekten festlegen (siehe Abbildung 17.6).

Wir empfehlen Ihnen, die Migration zunächst in einem Testsystem vorzubereiten und für jede neue Übertragung ein eigenes Migrationsprojekt anzulegen. Je mehr Daten im Testsystem den Daten im Produktivsystem ähneln, desto präziser fallen die ersten Migrationstests aus. In der Praxis sind häufig mehrere Testdatenmigrationen erforderlich, bevor Sie die Daten in das SAP-S/4HANA-Produktivsystem übertragen.

Abbildung 17.7 zeigt das Ergebnis der erfolgreichen Migration von Lagerplätzen aus dem SAP-EWM-Quellsystem in das SAP-S/4HANA-EWM-Zielsystem.

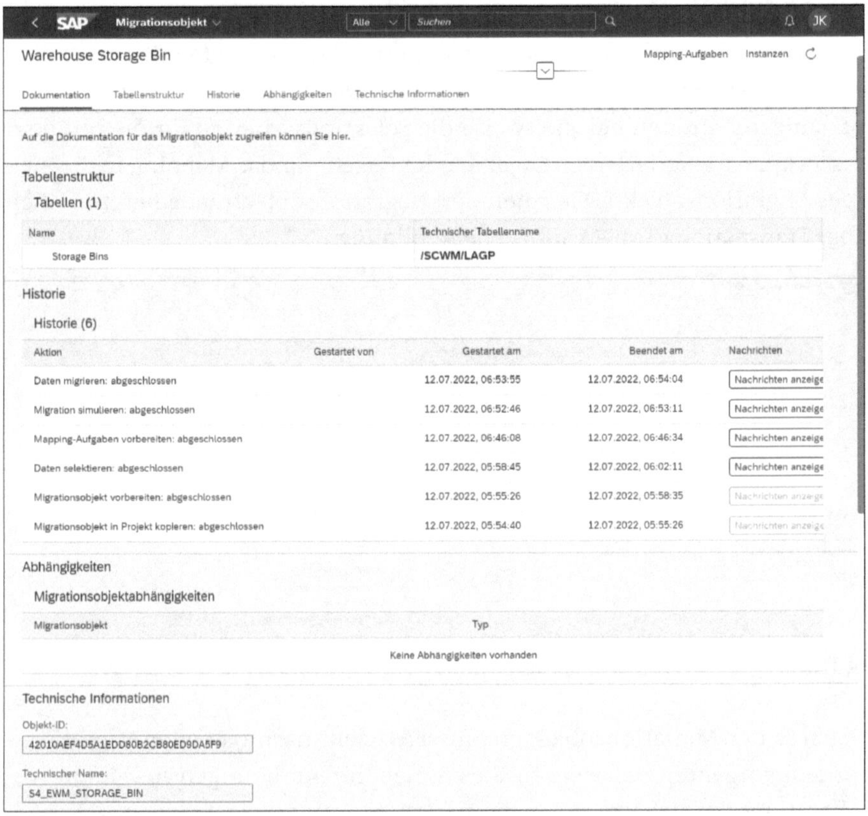

Abbildung 17.6 Dokumentation des Migrationsobjekts »Lagerplätze«

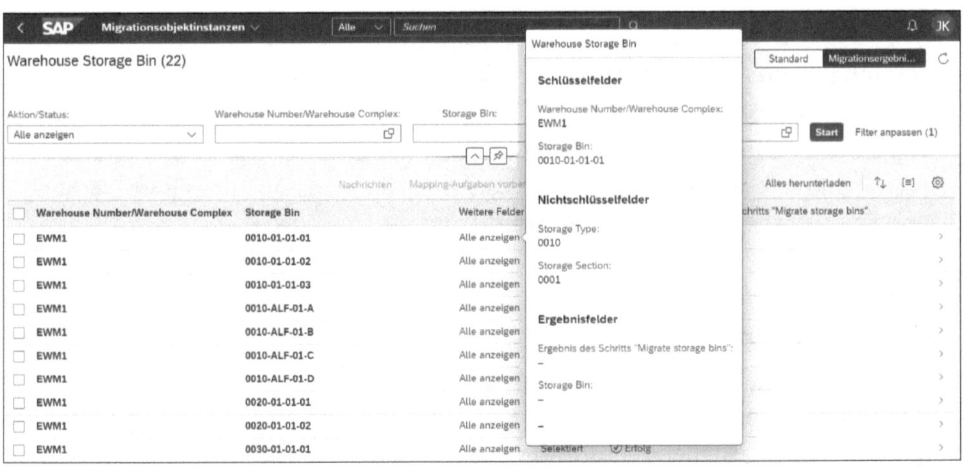

Abbildung 17.7 Migrationsergebnis: Lagerplätze

Migrationsobjektmodellierer

Für jeden Testdurchlauf empfiehlt es sich, ein neues Migrationsprojekt anzulegen und die notwendigen Verfeinerungen und Korrekturen vorzunehmen.

In diesem Zusammenhang können Sie die zu migrierenden Objekte mit dem Migrationsobjektmodellierer in SAP S/4HANA (*Migration Object Modeler*) anpassen. Typische Anpassungen betreffen beispielsweise die Selektionskriterien für die mit dem Migrationscockpit zu migrierenden Objekte oder Regeln für das Mapping in die Zielstruktur des Migrationsobjekts. Sie rufen den Migrationsobjektmodellierer im Zielsystem über Transaktion LTMOM auf (siehe Abbildung 17.8).

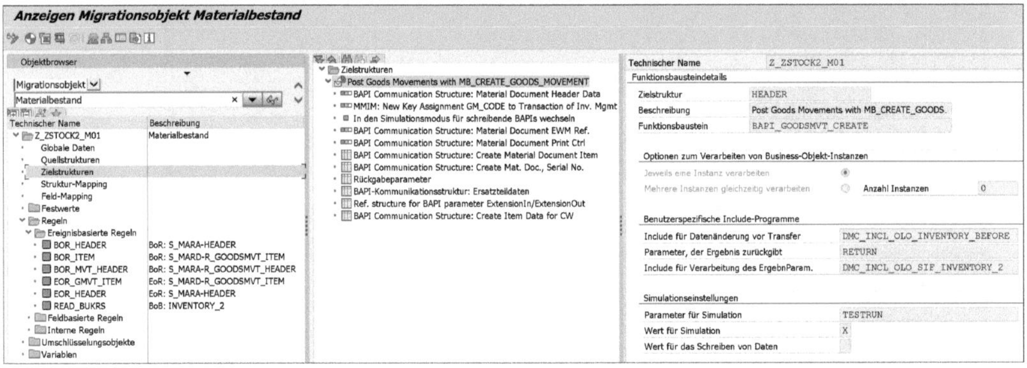

Abbildung 17.8 Migrationsobjekte mit dem Migrationsobjektmodellierer anpassen

Anpassungen an den Migrationsobjekten müssen für alle nachfolgenden Migrationsprojekte erneut vorgenommen werden. Sie können Ihre Änderungen aus einem vorherigen Migrationstest sichern und in ein neues Migrationsprojekt laden. Abschließend legen Sie im produktiven Zielsystem ein Migrationsprojekt für die Datenmigration an.

[»]

Lerninhalte zur Datenmigration nach SAP S/4HANA

SAP-Hinweis 2576565 enthält Verweise auf SAP-Trainingsinhalte, Hilfeseiten und weitere Informationen für die Datenmigration mit dem SAP-S/4HANA-Migrationscockpit und dem Migrationsobjektmodellierer. Sie finden diesen Hinweis im SAP Support Portal über die URL *http://support.sap.com*

17.2.3 Bewegungsdaten und Belege

Die in den vorangehenden Abschnitten beschriebenen Migrationsschritte und Werkzeuge unterstützen keine Migration von Bewegungsdaten oder Belegen. Für die Migration eines bestehenden SAP-EWM-Systems auf das neue SAP EWM in SAP S/4HANA, sollten jedoch keine offenen Belege im Quellsystem vorhanden sein.

Es gibt grundsätzlich mehrere Möglichkeiten, wie Sie mit offenen Belegen und nicht abgeschlossenen Lagerprozessen umgehen können. Manche Belege, beispielsweise nicht verarbeitete Inventurdifferenzen oder langwierige Qualitätsprüfungen, können dabei nicht einfach geschlossen werden. Für einige Fälle müssen auf Projektbasis individuelle Lösungen erarbeitet werden, insbesondere auch dann, falls für Dokumentationszwecke und den Zugriff auf historische Daten das alte SAP-EWM-System beibehalten werden muss.

[«]

Cut-over und Vorbereitung der Inbetriebnahme

Da das bisherige SAP EWM physische Lagerprozesse abbildet, sollten der betriebswirtschaftliche Übergang und die Inbetriebnahme des neuen Systems frühzeitig geplant werden. Der Wechsel von SAP EWM auf SAP EWM in SAP S/4HANA stellt damit nicht nur eine technische Datenmigration dar, sondern stellt auch hohe Anforderungen an eine effiziente Einbindung des sogenannten *Cut-over-Managements* in die Projektorganisation und terminliche Planung.

Eine detaillierte Auflistung sämtlicher Cut-over-Aktivitäten, würde den Rahmen dieses Buches sprengen. Für die Erstellung des für Ihr Migrationsprojekt passenden Cut-over-Plans und einer auf Ihre Anforderungen zugeschnittene Vorgehensweise wenden Sie sich an Ihr Beratungshaus.

In diesem Abschnitt erläutern wir ein generelles Vorgehen, um beispielsweise vorhandene oder teilweise verarbeitete Belege im Quellsystem vor der Bestandsmigration nach SAP EWM in SAP S/4HANA abzuschließen und die Bestände zu bereinigen.

Lieferbelege und Produktionsmaterialanforderungen

Lieferungen, die in der Business Suite von SAP EWM offen oder teilweise bearbeitet sind, werden nicht in das neue dezentrale SAP EWM in SAP S/4HANA übertragen. Daher müssen die Lieferungen vor der Migration entweder gelöscht oder abgeschlossen sein. Nach der Systemumstellung werden sie über die eingerichteten Systemverbindungen an das dezentrale SAP EWM in SAP S/4HANA verteilt. Bei den während des Cut-over abzuschließenden Belegen handelt es sich insbesondere um Anlieferungen, Auslieferungen und Umbuchungslieferungen.

Ein erster Schritt besteht darin, die Belege auf deren verbleibende Bearbeitungszeit hin zu überprüfen, abzuschließen und eine weitere Verteilung an das Quellsystem vor oder während der Umstellung zu verhindern. Schließen Sie alle offenen Belege, und überprüfen Sie, ob die Lieferung auf den Status **Abgeschlossen** gesetzt wurde. Belege für den erwarteten Wareneingang (EGR) können zunächst vernachlässigt und nach der Inbetriebnahme erneut an das neue dezentrale SAP EWM in SAP S/4HANA verteilt werden.

Die Ursache für unvollständige Lieferungen, die bereits an das Quellsystem verteilt worden sind, besteht häufig darin, dass zu dem Beleg noch offene Lageraufgaben, Lageraufträge oder unbearbeitete Prüfbelege in der Qualitätsprüfung existieren. Bearbeiten Sie zunächst die noch ausstehenden Aktivitäten, bzw. reduzieren Sie die Positionsmenge von Auslieferungen auf 0, um sie auf den Status **Erledigt** zu setzen. Für Auslieferungen, die nicht mehr vor dem Cut-over geliefert werden können, reduzieren Sie die Auslieferung für die bereits kommissionierte Menge ebenfalls auf 0.

Beachten Sie, dass abgelehnte, stornierte oder ausgenullte An- und Auslieferungen nach der Migration erneut erstellt und an SAP EWM in SAP S/4HANA verteilt werden müssen. Falls den Auslieferungen Transporteinheiten zugewiesen sind, schließen Sie diese, beispielsweise über die Aktion **Abfahrt vom Checkpoint**. Alternativ können Sie auch den Report `/SCWM/POST_PROC_DLV_SET_DOY` ausführen.

Prüfbelege der Qualitätsprüfung

Prüfbelege der Qualitätsprüfung können nicht migriert werden. Prüfen Sie daher zunächst, ob Sie die Qualitätsprüfung und die entsprechenden Folgeaktivitäten vor dem Cut-over abschließen können. Falls die Prüfung nicht abgeschlossen werden kann, können Sie einen vorläufigen Verwendungsentscheid treffen und den Bestand aus dem Prüfbeleg freigeben. Nach der Migration können Sie den Verwendungsentscheid im angeschlossenen SAP-ERP-System über Transaktion QA12 entsprechend aktualisieren. Alternativ können Sie im Cut-over auch einen negativen Verwendungsentscheid treffen, um den Bestand zunächst zu sperren. Nach der Migration führen Sie für den gesperrten Bestand in SAP EWM in SAP S/4HANA eine neue lagerinterne Qualitätsprüfung durch (siehe Kapitel 12, »Qualitätsprüfung«).

Lageraufgaben und Lageraufträge

Suchen Sie mit dem Lagerverwaltungsmonitor (Transaktion /SCWM/MON) nach offenen und angehaltenen Lageraufgaben. Führen Sie entweder die noch offenen Aktivitäten aus, oder stornieren Sie die Lageraufgaben. Darüber hinaus sollten Sie in der Cut-over-Phase keine weiteren Lageraufgaben erstellen und darauf achten, dass automatische Wellenfreigaben und die damit einhergehende Erstellung von weiteren Lageraufgaben verhindert wird (siehe Kapitel 7, »Objekte und Elemente der Prozesssteuerung«). In diesem Zusammenhang sollten Sie auch vorhandene Aufträge für logistische Zusatzleistungen löschen oder abschließen.

Inventurbelege

Suchen Sie mit dem Lagerverwaltungsmonitor (Transaktion /SCWM/MON) nach offenen oder nicht verarbeiteten Inventurbelegen, und verhindern Sie, dass entsprechende Zählungen während der Cut-over-Phase stattfinden. Deaktivieren Sie in diesem Zusammenhang die automatische Durchführung einer Inventur, beispielsweise im Rahmen der *Niederbestandskontrolle* oder von *Cycle Counting*. Anschließend buchen Sie für offene Inventurbelege eventuelle Bestandsdifferenzen, löschen offene Inventurbelege oder führen als Cut-over-Aktivität eine abschließende Zählung durch. Das Datum der letzten Zählung wird dabei in die Bestandsmigration übernommen (siehe Kapitel 11, »Lagerinterne Prozesse«). Vorhandene Inventurdifferenzen sollten Sie vor der Systemumstellung mit dem *Difference Analyzer* ausbuchen. Die Verwendung des Difference Analyzer und die Inventur haben wir in Kapitel 11, »Lagerinterne Prozesse«, erläutert.

Schnittstellen

Das Schnittstellen-Monitoring des dezentralen Lagerverwaltungssystems gehört zu den regelmäßigen Aufgaben einer Support-Organisation. Dennoch sollten Sie bei der Systemumstellung sämtliche IDoc- oder qRFC-Schnittstellen auf Fehler hin überprüfen. Prüfen Sie die ein- und ausgehenden qRFC-Queues über die Transaktionen SMQ1 und SMQ2, bzw. SM58 auf fehlerhafte Kommunikation. Die IDoc-Schnittstelle monitoren Sie über Transaktion BD87.

Falls Sie an das Quellsystem eine Materialflusssteuerung (MFS) angeschlossen haben, prüfen Sie den *Telegrammpuffer* und verarbeiten alle eingehenden Telegramme, die noch nicht bestätigt oder verarbeitet worden sind. Sie finden den Telegrammpuffer im Lagermonitor (Transaktion /SCWM/MON) über **Materialflusssystem • Telegrammpuffer**, siehe Kapitel 16, »Anbindung einer Materialflusssteuerung«. Die Integration, vorbereitende Tests und abschließende Inbetriebnahme einer bestehenden Lagerautomatisierung mit dem neuen SAP EWM in SAP S/4HANA stellt eine besondere Herausforderung dar und richtet sich nach Ihrer individuellen Fördertechnik. Für eine auf Ihre Anforderungen zugeschnittene Vorgehensweise wenden Sie sich an Ihr Beratungshaus.

Bestandsbereinigung

Zur Vorbereitung der im nächsten Abschnitt erläuterten Bestandsmigration bereinigen Sie vorhandene Bestände auf Zwischenlagerplätzen und lagern diese entsprechend um. Dies betrifft insbesondere die Bestände auf Bereitstellungszonen, Produktionsversorgungsbereichen, Arbeitsplätzen und Kommissionierbereichen. Für Bestände mit einer Belegreferenz, beispielsweise zu einer Auslieferung, sollten Sie die Kommissionierung abschließen und den Warenausgang buchen. Alternativ können Sie die Kommissionierung stornieren und den Beleg, wie oben beschrieben, abschließen. Zur Ermittlung von Beständen im Zusammenhang mit Belegen verwenden Sie den Lagermonitor (Transaktion /SCWM/MON) über den Pfad **Bestand und Platz • Physischer Bestand**. Filtern Sie anschließend das Ergebnis nach dem Belegtyp (**Typ**).

Für Bestände mit dem Belegtyp **Anlieferungen** (PDI), für die noch offene Lageraufgaben vorhanden sind, sollten Sie zunächst – wie oben beschrieben – die Warenbewegung durchführen und die offenen Lageraufgaben quittieren. Wenn keine offenen Lageraufgaben vorhanden sind, erstellen Sie eine Ad-hoc-Lageraufgabe (Transaktion /SCWM/ADHU). Lagern Sie den Bestand in einem passenden Lagertyp ein, um die Belegreferenz zu entfernen. Für Auslieferungen (Belegtyp PDO), bei denen der Warenausgang noch vor der Systemumstellung erfolgen soll, schließen Sie den Prozess mit der Buchung des Warenausgangs ab. Falls der Versand erst nach der Systemumstellung erfolgen kann, stornieren Sie die bereits erfolgte Kommissionierung über Transaktion /SCWM/CANCPICK/ und lagern anschließend den Bestand wieder ein. Sobald nach der Bestandsmigration die Belegreplikation aktiviert und eine neue Auslieferung verteilt worden ist, führen Sie eine erneute Kommissionierung durch.

Für Bestände mit einer Referenz zu den Produktionsmaterialanforderungen (Belegtyp PWR) sollten Sie im Rahmen des Cut-over zunächst die Verbrauchsbuchung durchführen. Sofern der Bestand erst nach der Systemumstellung verbraucht werden kann, geben Sie den Bestand des Produktionsversorgungsbereichs frei und lagern ihn ein. Bestände für Umbuchungen finden Sie über den Belegtyp SPC. Offene Umbuchungen können Sie über Transaktion /SCWM/IM_PC bearbeiten oder stornieren.

Um Bestände auf Ressourcen und Transporteinheiten anzuzeigen, deaktivieren Sie bei der Bestandsselektion den Ausschluss von Beständen auf Transporteinheiten (**TE ausschließen**) und Ressourcen (**Ressourcen ausschließen**), indem Sie die entsprechenden Kontrollkästchen deaktivieren. Prüfen Sie für diese Bestände zunächst, ob es offene Lageraufgaben gibt, und führen Sie diese aus. Alternativ bewegen Sie mit Transaktion /SCWM/ADHU den Bestand auf einen Lagerplatz, dessen Bestand migriert wird.

17.2.4 Bestandsmigration und Abschlussarbeiten

Für die Bestandsmigration wird empfohlen, das im vorangehenden Abschnitt vorgestellte SAP-S/4HANA-Migrationscockpit zu verwenden. Die Migration erfolgt dabei für jede SAP-EWM-Lagernummer im Quellsystem. Bestände können dabei erst dann migriert werden, wenn die Lagerstruktur migriert und der Produktstamm und gegebenenfalls die Chargen erfolgreich in das Zielsystem repliziert worden sind (siehe Abbildung 17.4). Zu diesem Zeitpunkt sollte daher die Stammdatenreplikation an das dezentrale SAP EWM in SAP S/4HANA aktiviert sein (siehe Abbildung 17.1).

Bei der anschließenden Bestandsmigration mit dem Migrationscockpit können die Produktbestände migriert werden. Wenn der Bestand in Handling Units verwaltet wird, werden auch die Handling UnitID und das Verpackungsmaterial migriert. Alternative Identifikationen sowie ein möglicher Anwenderstatus einer HU, werden dabei nicht migriert. Gleiches gilt auch für leere HUs die beispielsweise in automatischen Lagern verwendet werden. Leere HUs können über Transaktion /SCWM/ISU in das Zielsystem geladen werden.

Nach der Bestandsmigration sollten Sie einen Bestandsabgleich (Transaktion /SCWM/ERP_STOCKCHECK) mit dem angeschlossenen SAP-ERP-System durchführen und eventuell auftretende Bestandsdifferenzen korrigieren. Erst dann sollten Sie die Verteilung von Bewegungsdaten an das neue SAP EWM in SAP S/4HANA aktivieren.

Wir möchten abschließend noch einmal betonen, dass wir Ihnen in diesem Abschnitt lediglich einen grundlegenden Überblick über die wesentlichen Migrations- und Cutover-Schritte geben konnten. Die für Ihr Migrationsszenario notwendigen Schritte und die für die Durchführung der Migration verwendeten Werkzeuge können von dem hier beschriebenen Vorgehen abweichen.

Dieses Kapitel hat sich mit der Migration von einem bestehenden SAP-EWM-System nach SAP EWM in SAP S/4HANA beschäftigt. Für Kunden, die von einem bestehenden WM-System auf Embedded SAP EWM in S/4HANA migrieren möchten, stellen wir im nächsten Abschnitt die wesentlichen Schritte der technischen Migration vor.

17.3 Umstieg von WM auf Embedded SAP EWM in SAP S/4HANA

Für die Migration von Stammdaten, Customizing und Beständen aus einem WM-System in ein dezentrales NetWeaver- oder SCM-basiertes SAP EWM, bietet SAP bereits seit SAP-EWM-Release 7.02 verschiedene Werkzeuge an. Diese Werkzeuge können grundsätzlich auch für die Migration von WM in ein Embedded SAP EWM in SAP S/4HANA genutzt werden. Sie finden diese Werkzeuge im SAP-Easy-Access-Menü über den Pfad **Extended Warehouse Management • Schnittstellen** (siehe Abbildung 17.9).

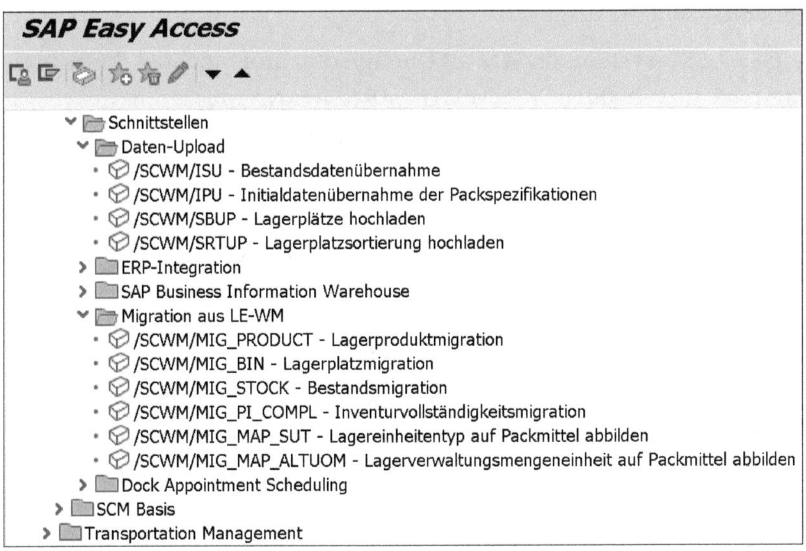

Abbildung 17.9 Migrationswerkzeuge für die Migration von WM nach SAP EWM

Im Menüpunkt **Daten-Upload** finden Sie die seit SAP-EWM-Release 7.02 bekannten Schnittstellen für den Upload von Bestandsdaten, Lagerplätzen, Lagerplatzsortierung und Packspezifikationen. Diese Werkzeuge können weiterhin für die Migration aus Fremdsystemen verwendet werden. Die Migration erfolgt dabei über *CSV-Files* (Comma-separated Values), die mit den Daten des Quellsystems vorbereitet und in die Zielstruktur gemapped wurden, um dann in das SAP-EWM-Zielsystem geladen zu werden.

Der wesentliche Vorteil der Transaktionen im Menüpunkt **Migration aus LE-WM** besteht insbesondere darin, dass Sie diese Transaktionen im SAP-S/4HANA-Zielsystem ausführen können und mit einer RFC-Verbindung direkt auf das SAP-ERP-WM-Quellsystem zugreifen. Das Herunterladen aus WM und das anschließende Hochladen in SAP EWM kann mit nur einem Werkzeug erfolgen. Die Daten werden dabei automatisch in die Zielstruktur von SAP S/4HANA übertragen. Die technische Migration erfolgt dabei in drei Schritten:

1. Die Daten werden aus dem WM-Quellsystem lokal in eine CSV-Datei heruntergeladen oder in einer logischen Datei auf dem Anwendungsserver abgelegt.
2. Nach dem Herunterladen der Daten können sie validiert und auf Konsistenz hin geprüft werden. Lokal abgelegte CSV- oder TXT-Dateien können Sie mit Microsoft Excel oder mit einem Texteditor bearbeiten.
3. Anschließend wird die Datei mit der Upload-Funktion in SAP/4HANA geladen.

In diesem Abschnitt möchten wir sowohl die für die Migration notwendigen Schritte als auch die Werkzeuge, die SAP dafür zur Verfügung stellt, beschreiben. Wir gehen dabei von folgendem Szenario aus:

- Sie nutzen ein SAP-ERP-System mit WM als Quellsystem und möchten Ihr bisheriges WM-System nach Embedded SAP EWM in SAP S/4HANA migrieren.
- Die Systemumstellung und die Migration des Materialstamms von SAP ERP nach SAP S/4HANA fanden bereits statt.
- Im Zielsystem SAP S/4HANA ist die SAP-EWM-Lagernummer bereits angelegt und in die SAP-S/4HANA-Organisationsstruktur eingebunden worden.

17.3.1 Migrationswerkzeuge für das Customizing

Bevor Sie Ihre WM-Stammdaten nach SAP EWM migrieren können, müssen Sie im Zielsystem zunächst Abbildungsregeln für die WM-Lagerstruktur definieren und weitere Zuordnungen vornehmen. Sie finden die für die Migration aus WM notwendigen Einstellungen für die Übernahme des WM-Customizings und die Transaktionen für die anschließende Migration in das EWM-Customizing über den Pfad **Extended Warehouse Management • Schnittstellen • Migration aus LE-WM**.

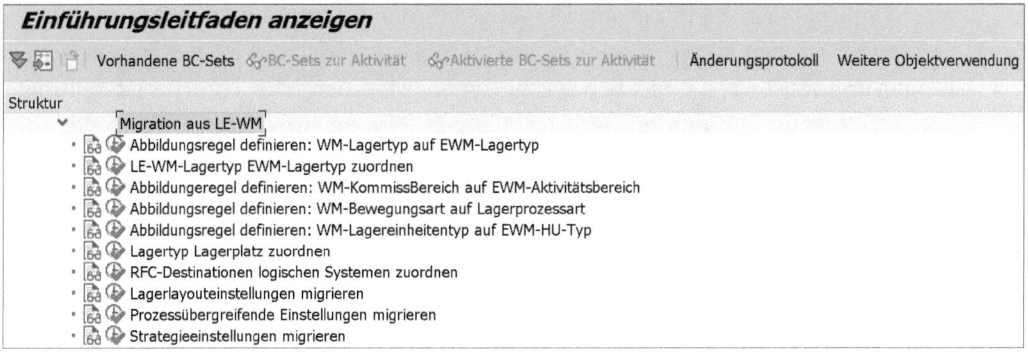

Abbildung 17.10 Customizing-Migration aus WM

Im SAP-EWM-Customizing stehen Ihnen verschiedene Möglichkeiten zur Migration des Customizings aus WM zur Verfügung:

- Sie können verschiedene Abbildungsregeln definieren.
- Sie können den WM-Lagertyp dem SAP-EWM-Lagertyp zuordnen.
- Sie können den Lagertyp dem Lagerplatz zuordnen.

Außerdem finden Sie dort die Migrationswerkzeuge, um die Einstellungen des Quellsystems für das Lagerlayout, für die Einlagerungs-, Kommissionierungs- und Nachschubstrategie und für prozessübergreifende Einstellungen von WM-Bewegungsarten und Queues zu migrieren.

Migrationsleitfaden für die Migration von WM nach SAP EWM

Weitere Informationen zur Migration aus WM finden Sie im SAP-Dokument »Migration of SAP ERP WM to SAP EWM«. Das Dokument ist aus dem Jahr 2013 und beschreibt die Migration von WM nach SAP EWM in SAP NetWeaver. Die in diesem Dokument beschriebene Grundkonfiguration der Abbildungsregeln der Lagerstruktur von WM nach SAP EWM sowie die Migration von Strategieeinstellungen sind immer noch gültig. Sie finden das Dokument im *SAP Support Wiki* über die URL *https://wiki.scn.sap.com/*. Gehen Sie in den Space **SAP Supply Chain Management (SCM)**, und folgen Sie dort dem Pfad **SAP Extended Warehouse Management (EWM) • How-to Guides • How-to Guides for SAP EWM • How-to Guides for SAP EWM as part of SAP S/4HANA**. Öffnen Sie das verlinkte PDF-Dokument, und suchen Sie nach »005 Migration of SAP ERP WM to SAP EWM«.

Beachten Sie die Reihenfolge bei der Verwendung dieser Werkzeuge. Es ist sinnvoll, zunächst die Lagertypen zu migrieren, bevor Sie die Ein- und Auslagerungsstrategien migrieren.

Auch innerhalb eines Migrationswerkzeugs können Sie verschiedene Objekte gleichzeitig oder nacheinander migrieren. Mit dem Werkzeug für die Lagerlayouteinstellungen können Sie z. B. Objekte wie Lagertypen, Lagerbereiche, Tore/Bereitstellungszonen, Kommissionierbereiche und Platz-/LE-Typen migrieren. Wenn Sie die einzelnen Objekte nacheinander migrieren, ist auch dabei die Reihenfolge wichtig. Da der Lagertyp ein Schlüsselfeld in der Lagerbereichstabelle ist, sollte der Lagertyp z. B. vor dem Lagerbereich migriert werden. Für die Migration von Toren, Bereitstellungszonen oder Kommissionierbereichen sollten Sie bereits Platztypen bzw. LE-Typen migriert haben.

Zur Vorbereitung der Migration pflegen Sie als Erstes im SAP-EWM-Customizing über den Pfad **Extended Warehouse Management • Schnittstellen • Migration aus LE-WM • Abbildungsregel definieren: WM-Lagertyp auf EWM-Lagertyp** eine Abbildungsregel. Sie definiert, wie der dreistellige WM-Lagertyp auf dem vierstelligen EWM-Lagertyp abgebildet werden soll. Anschließend können Sie im EWM-Customizing über den Pfad **Extended Warehouse Management • Schnittstellen • Migration aus LE-WM • Lagerlayouteinstellungen migrieren** die Lagertypen aus WM herunterladen.

Abbildung 17.11 zeigt Abbildungsregeln für die Zuordnung von WM-Lagertypen zu SAP-EWM-Lagertypen und den grundsätzlichen Ablauf der Migration von Layouteinstellungen. In diesem Beispiel wird vor allen ERP-Lagertypen der WM-Lagernummer LX2 bei der Migration in die EWM-Lagernummer LX02 ein X einfügt.

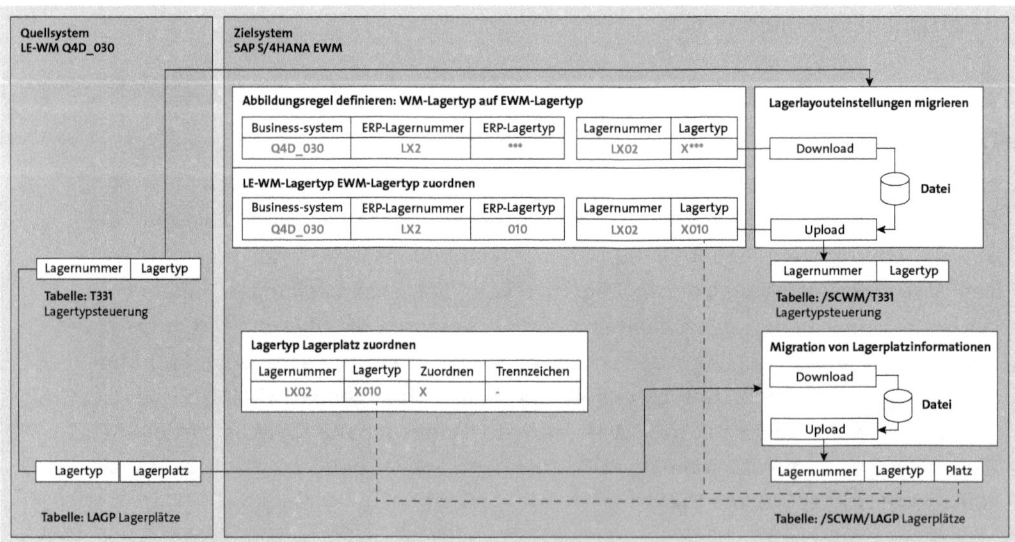

Abbildung 17.11 Lagertyp- und Lagerplatz-Abbildungsregel und Zuordnung

In SAP EWM ist der Lagerplatz in einer Lagernummer eindeutig. Im Gegensatz dazu ist ein WM-Lagerplatz im WM-Lagertyp eindeutig. Bei der Migration von Lagerplätzen können in SAP EWM daher doppelte Lagerplätze entstehen. Mit den Einstellungen in **Lagertyp Lagerplatz zuordnen** (siehe Abbildung 17.10) können Sie bei der Migration den Lagertyp dem Lagerplatz zuordnen. In diesem Beispiel wird der migrierte Lagertyp X010 in der SAP-EWM-Lagernummer LX02 einem Lagerplatz zugewiesen. An dieser Stelle können Sie auch ein Trennzeichen festlegen, mit dem der migrierte Lagertyp einem Lagerplatz zugeordnet werden kann. Wenn Sie die Trennzeichen aktivieren und kein Trennzeichen festlegen, werden die Lagertypen und der Lagerplatz durch ein Leerzeichen getrennt.

Abbildung 17.12 zeigt Transaktion /SCWM/MIG_WH_LAYOUT zur Migration des Lagerlayouts.

Abbildung 17.12 Lagerlayout der Migration

Zuerst selektieren Sie nun die Richtung, aus der die Lagertypen geladen werden sollen. In diesem Schritt wurde zuerst die Option **Herunterladen aus LE-WM** gewählt. Geben Sie dazu das **Business System** und die **ERP-Lagernummer** ein, und selektieren Sie anschließend die zu migrierenden Objekte. In diesem Beispiel wurden die **Ablagetypen** zur Migration der WM-Lagertypen ausgewählt. Es öffnet sich nun das Feld **Ordner Lagertypen**, in das Sie einen Ordner eingeben können, der lokal auf Ihrem PC angelegt wird.

Sobald Sie in der Transaktion auf **Ausführen** klicken, werden die Lagertypen aus Tabelle `T331` in WM extrahiert. Anhand der zuvor definierten Abbildungsregel werden die WM-Lagertypnamen in die SAP-EWM-Lagertypnamen übersetzt (siehe Abbildung 17.11). Diese Informationen werden dann in Excel-Dateien im lokalen Ordner gespeichert. Jede Datei beinhaltet die Daten für eine SAP-EWM-Tabelle, und im Falle der Lagertypen handelt es sich nicht nur um eine Datei für die Lagertyptabelle `/SCWM/T331`, sondern um eine Reihe zusätzlicher Tabellen, die in SAP EWM gefüllt werden. So werden z. B.:

- die Konfiguration für Aktivitätsbereiche zu den Lagertypen angelegt
- die Lagertyp-Mapping-Tabelle `/SCWM/TMIGMAPSTY` gefüllt
- ein Inventurbereich pro Lagertyp angelegt
- die benötigten Einträge für die I- und K-Punkt-Logik auf dem Lagerplatz in der layoutorientierten Lagerungssteuerung vorgenommen

Nachdem die Excel-Dateien über das Migrationswerkzeug heruntergeladen worden sind, können Sie sie validieren und dann in das Zielsystem hochladen. Zum Hochladen müssen Sie im Migrationswerkzeug den Indikator zum Hochladen auswählen (**Hochladen in EWM**). Alle anderen Felder sollten, ebenso wie beim Herunterladen, gleich bleiben. Nun sind die jeweiligen Tabellen in SAP EWM gefüllt. Die anderen Objekte (siehe den Bereich **Wrkz** in Abbildung 17.12) in der Lagerlayoutmigration können auf ähnliche Weise wie die Lagertypen migriert werden. Hierzu zählen:

- Lagerbereiche
- Platz-/LE-Typen: Migration in EWM-HU-Typen
- Tore/Bereitstellungszonen
- Kommissionierbereiche

Darüber hinaus können Sie über das Migrationswerkzeug **Prozessübergreifende Einstellungen** im SAP-EWM-Customizing über den Pfad **Extended Warehouse Management • Schnittstellen • Migration aus LE-WM • Prozessübergreifende Einstellungen migrieren** Queues und Bewegungsarten migrieren. Auch hier definieren Sie zunächst die **Richtung** und geben für die Datenselektion das **Business System** und die zu migrierende **ERP-Lagernummer** vor. Die zu migrierenden Einstellungen und Parameter legen Sie im Bereich **Werkzeug** fest.

Abschließend können Sie mithilfe des Migrationswerkzeugs **Strategiemigration** die Einlagerungsstrategie, die Auslagerungsstrategie und die Nachschubstrategie migrieren. Führen Sie Transaktionen /SCWM/MIG_STRATEGIES aus, oder starten Sie die Migration im SAP-EWM-Customizing über den Pfad **Extended Warehouse Management • Schnittstellen • Migration aus LE-WM • Strategieeinstellungen migrieren**.

17.3.2 Migrationswerkzeuge für Stammdaten

Nachdem die Customizing-Einstellungen aus WM übernommen worden sind, können die Stammdaten migriert werden. Die Werkzeuge zur Übernahme von Stammdaten aus WM finden Sie in SAP EWM über das SAP-Easy-Access-Menü über den Pfad **Extended Warehouse Management • Schnittstellen • Migration aus LE-WM**. Die folgenden Stammdaten können migriert werden:

- Lagerplätze
- Lagerproduktinformationen
- Bestände
- Inventurvollständigkeit

Gehen Sie bei der Migration der Stammdaten am besten in der soeben beschriebenen Reihenfolge vor. So benötigen Sie z. B. zuerst die Lagerplätze, um sie den Produkten während der Lagerproduktmigration als Fixplätze zuweisen zu können. Zum Zeitpunkt der Bestandsübernahme müssen außerdem die Lagerplätze und Lagerprodukte angelegt sein.

Lagerplätze

Abbildung 17.13 zeigt, wie die Lagerplätze aus WM nach SAP EWM übernommen werden können. Als Erstes sollten die im vorangehenden Abschnitt beschriebenen Konfigurationseinstellungen für die Lagertypzuordnung erfolgen. Diese Konfiguration wurde eventuell schon vorgenommen, wenn Sie zuvor die Lagertypen migriert und die Lagertyp-/Lagerplatzzuordnung vorgenommen haben. Das Customizing finden Sie über den Pfad **Extended Warehouse Management • Schnittstellen • Migration aus LE-WM**. In den Einstellungen **Lagertyp Lagerplatz zuordnen** haben Sie definiert, ob während der Lagerplatzmigration der Lagertyp als Präfix mitgegeben werden soll (siehe Abbildung 17.11).

Nachdem Sie das Customizing eingestellt haben, können Sie zunächst über Transaktion /SCWM/MIG_BIN die Lagerplätze aus dem WM-System in eine lokale Datei herunterladen. Während des Ladevorgangs werden die Lagerplätze aus dem WM-Lager anhand der Konfigurationseinstellungen in die SAP-EWM-Lagerplätze übersetzt. Die lokale Datei kann in SAP EWM über Transaktion /SCWM/SBUP hochgeladen werden. Über die Funktion **Hochladen in EWM** in Transaktion /SCWM/MIG_BIN gelangen Sie auch automatisch in Transaktion /SCWM/SBUP.

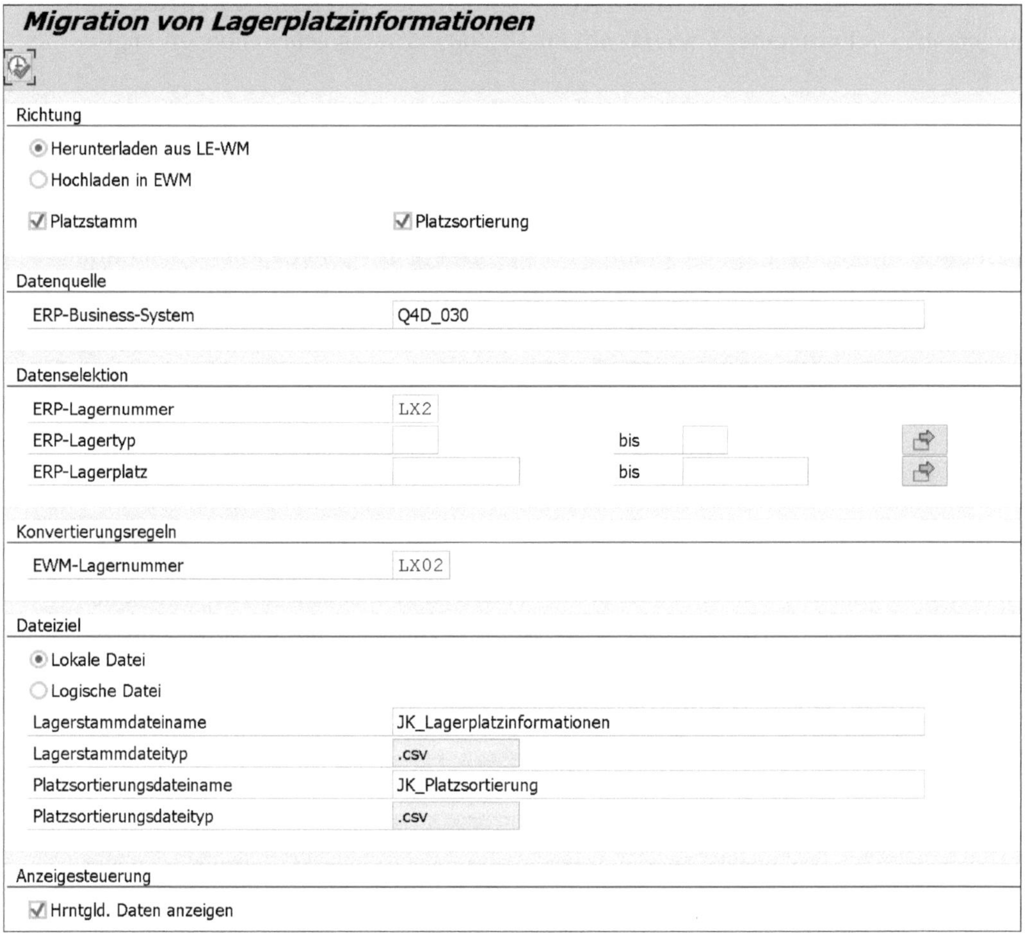

Abbildung 17.13 Lagerplatzinformationen migrieren

Lagerspezifische Produktdaten

Eine Voraussetzung für die Migration der Lagerproduktinformationen ist, dass die Stammdatenverteilung der globalen Produktstammdaten schon eingerichtet und die Materialstammdaten an Embedded SAP EWM in SAP S/4HANA übertragen worden sind. Für die Migration der Lagerproduktinformationen können Sie mit Transaktion /SCWM/MIG_PRODUCT die zu migrierenden Materialien selektieren (siehe Abbildung 17.14).

Abbildung 17.14 Lagerspezifische Produktdaten migrieren

Ähnlich wie bei den Werkzeugen für die Customizing-Migration in Abschnitt 17.3.1, »Migrationswerkzeuge für das Customizing«, können Sie dann die Materialien und die Werte aus den WM-Tabellen MLGN und MLGT in eine lokale Datei herunterladen. Anschließend können Sie die Datei wieder hochladen, und die Werte werden in den SAP-EWM-Produktstamm eingetragen.

Abbildung 17.15 zeigt die Importstruktur für die Migration von lagerspezifischen Produktdaten; in diesem Beispiel die Lagertypkennzeichen für die Steuerung der Einlagerung (MLGN-LTKZE in WM nach PUT_STRA in SAP EWM) und Auslagerungssteuerung (MLGN-LTKZA in WM nach REM_STRA in SAP EWM).

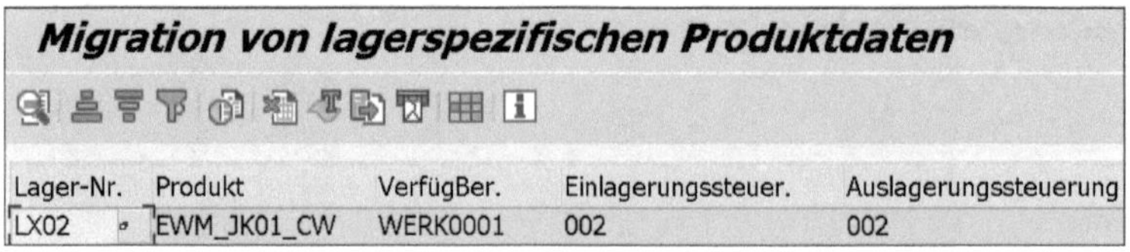

Abbildung 17.15 Importstruktur für lagerspezifische Produktdaten

Für die Migration von Fixplatzzuordnungen selektieren Sie in Transaktion /SCWM/MIG_PRODUCT das Kennzeichen **Fixplatzzuordnung**. Der Migrationsprozess verläuft ähnlich wie bei der Migration der Lagerprodukte, nur beim Hochladen wird in diesem Fall die Tabelle /SCWM/BINMAT gefüllt. Die Fixplatzzuordnung können Sie sich in Transaktion /SCWM/BINMAT anzeigen lassen.

Wenn z. B. auch die Ladehilfsmittelmengen aus dem WM-Materialstamm nach SAP EWM übernommen werden müssen, kann dazu eine Packspezifikation angelegt werden. Dazu müssten Sie aber zuerst den Lagereinheitentyp auf einem Packmittel abbilden (Transaktion /SCWM/MIG_MAP_SUT).

Danach können Sie in Transaktion /SCWM/MIG_PRODUCT den Indikator **Packspezifikationspalettierung** wählen und die Daten aus WM in eine lokale Datei herunterladen und sie anschließend wieder hochladen. Nun werden für die Ladehilfsmittelmengen eine Packspezifikation und ein Konditionssatz angelegt. Dies sorgt dafür, dass auch in SAP EWM während der Lageraufgabenerstellung die richtige Palettierung erfolgt. Wenn Sie die Packspezifikationspalettierung migrieren, müssen Sie den Dateinamen der Packspezifikationsdatei angeben.

Auch die Lagerverwaltungsmengeneinheit des Materials kann in die Packspezifikation übernommen werden. Dazu müssten Sie zuvor die Lagerverwaltungsmengeneinheit auf einem Packmittel abbilden (Transaktion /SCWM/MIG_MAP_ALTUOM).

Bestände

Nachdem die Lagerplätze und lagerspezifischen Produktdaten migriert worden sind, können auch die Bestände aus WM übernommen werden. Dies können Sie mithilfe von Transaktion /SCWM/MIG_STOCK erreichen (siehe Abbildung 17.16).

Voraussetzung für das Herunterladen der Bestandsinformationen ist, dass die Werke und Lagerorte im Customizing einem SAP-EWM-Lager und einer Verfügbarkeitsgruppe zugeordnet sind. Sie können dieses Mapping im SAP-EWM-Customizing über den Pfad **Extended Warehouse Management • Schnittstellen • ERP-Integration • Warenbewegungen • Lagerorte aus dem ERP-System in EWM abbilden** vornehmen.

Außerdem muss für Bestände in den Lagereinheiten die entsprechende Mapping-Tabelle mithilfe von Transaktion /SCWM/MIG_MAP_SUT gepflegt werden. Für die

Bestände in den Lagereinheiten wird in SAP EWM eine HU, die der LE-Nummer entspricht, angelegt, und ohne die Mapping-Tabelle kann das richtige Verpackungsmaterial, um die HU zu bilden, nicht gefunden werden.

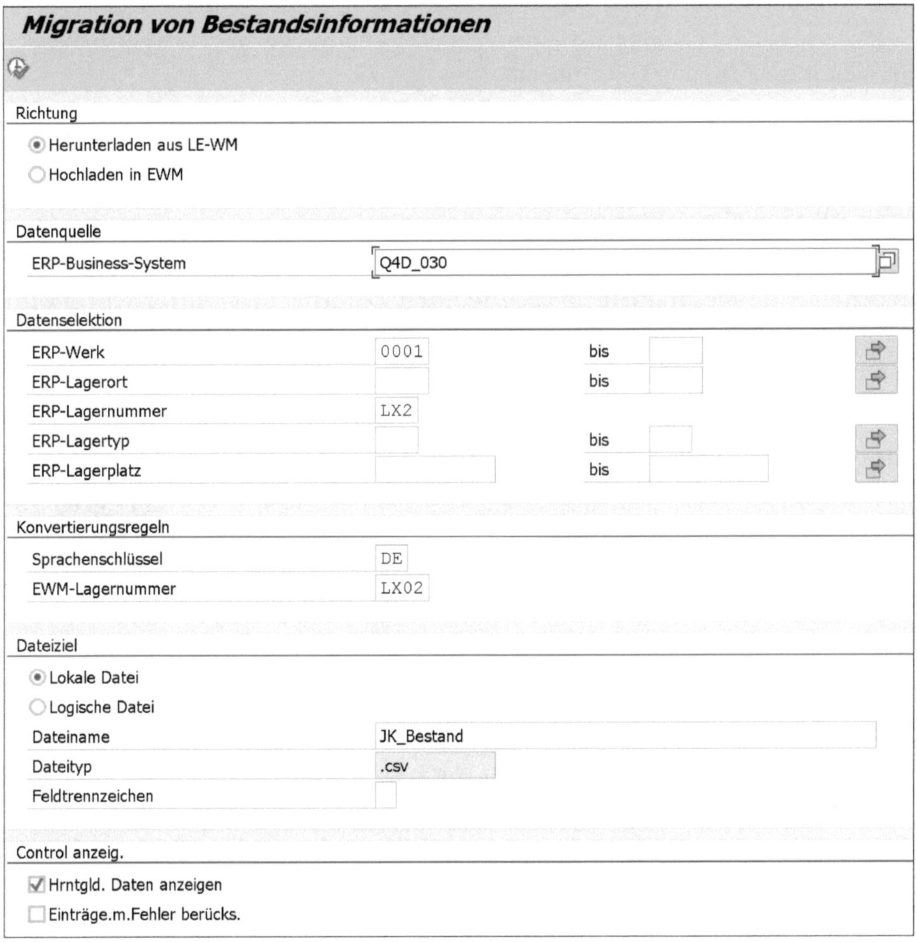

Abbildung 17.16 Bestandsinformationen migrieren

Ähnlich wie bei der lagerplatz- und lagerspezifischen Produktdatenmigration wird auch beim Herunterladen der Bestände eine lokale Datei angelegt, die alle Bestandsinformationen enthält. In SAP ERP wird beim Herunterladen der Bestände die Tabelle LQUA gelesen, und Sie haben die Option, über die Datenselektion nur bestimmte Bestände aus SAP ERP zu selektieren.

Nachdem die Bestände heruntergeladen worden sind, können Sie die Datei mithilfe von Transaktion /SCWM/ISU bzw. /SCWM/MIG_STOCK in das SAP-EWM-System hochladen.

[»]

File-Struktur für die Bestandsmigration

In SAP-Hinweis 2483936 finden Sie Vorlagen und Beispiele für die Bestandsmigration in ein Embedded SAP EWM in SAP S/4HANA. Sie können diese File-Strukturen beispielsweise für die Migration aus einem Fremdsystem verwenden. Diesen Hinweis finden Sie im SAP Support Portal über die folgende URL: *http://launchpad.support.sap.com*

Inventurvollständigkeit migrieren

Wenn Sie die Bestände aus SAP ERP migriert haben und ein Inventurdokument anlegen möchten, sind alle Produkte inventurrelevant. Denn der Inventurfortschritt wird nicht mitmigriert; dies können Sie aber mithilfe des Reports für die Migration der Inventurvollständigkeit erreichen.

Mit der Inventurvollständigkeitsmigration kann das letzte Inventurdatum aus der Tabelle `LQUA` aus SAP ERP übernommen werden.

Ähnlich wie zuvor bei den Stammdaten wird bei der Inventurvollständigkeit zunächst das Inventurdatum aus dem ERP-System heruntergeladen und in einer lokalen Datei gespeichert. Beim Herunterladen werden Einträge in dem Format, das für die SAP-EWM-Tabelle `/LIME/PI_ADMI` benötigt wird, erzeugt. Beim Hochladen wird dann die Tabelle `/LIME/PI_ADMI` mit den Inventur-Administrationsdaten gefüllt.

Für die Migration der Inventurvollständigkeit müssen Sie sicherstellen, dass im Zielsystem die folgenden Einstellungen vorgenommen wurden:

- Die Inventurbereiche und Aktivitätsbereiche sind definiert.
- Die Inventurbereiche wurden den Aktivitätsbereichen zugeordnet.
- In den Inventureinstellungen des Zielsystems ist die Inventur lagernummernspezifisch eingestellt.

Sie finden diese Einstellungen im SAP-EWM-Customizing über den Pfad **Extended Warehouse Management • Lagerinterne Prozesse • Inventur**.

17.4 Zusammenfassung

Beim Umstieg von Ihrer bisherigen SAP-Lagerverwaltung auf SAP EWM in SAP S/4HANA handelt es sich nicht um ein technisches System-Upgrade, sondern um eine Neuimplementierung mit Datenmigration.

In diesem Kapitel haben wir Ihnen zwei häufige Migrationsszenarien für die Migration nach SAP EWM in SAP S/4HANA vorgestellt. Für die technische Migration wurden sowohl die Migrationswerkzeuge für die Konfiguration als auch die Werkzeuge für die Stammdaten besprochen. Dabei haben wir Ihnen nicht nur die für die Systemumstellung zur Verfügung gestellten Tools erläutert, sondern auch die Rahmenbedingungen, Vorbereitungen und die Reihenfolge möglicher Migrationsschritte im Rahmen der Transformation. Wir haben in diesem Zusammenhang darauf hingewiesen, dass sich die für Ihr Migrationsprojekt notwendigen Prozessschritte von dem hier vorgestellten Ablauf unterscheiden können. Daher empfehlen wir Ihnen, für vorbereitende Analysen, Planungen und die Auswahl der Migrationswerkzeuge Ihr Beratungshaus hinzuziehen.

Anhang

Anhang A
Abkürzungsverzeichnis

Abkürzung	Beschreibung
AA	Activity Area
AB	Aktivitätsbereich
ABT	Auftragsbasierter Transportbedarf
ABAP	Advanced Business Application Programming
AFS	Available for Sales
AII	Auto-ID Infrastructure
ALV	SAP List Viewer
AME	Alternativmengeneinheit
APO	Advanced Planning and Optimization
ASK	Auslagerungssteuerkennzeichen
ASN	Advanced Shipping Notification
ATP	Available-to-Promise
B2B	Business-to-Business
BAdI	Business Add-in
BAPI	Business Application Programming Interface
BC-Set	Business Configuration Set
BF-Gruppe	Bestandsfindungsgruppe
BI	Business Intelligence
BKS	Basiskennzahlenservices
BME	Basismengeneinheit
BOPF	Business Object Process Framework

Abkürzung	Beschreibung
BP	Business Partner
BW	Business Warehouse (SAP BW)
CC	Cycle Counting
CCI	Cycle Counting Indicator
CD	Cross-Docking
CDS	Core Data Services
CICO	Check-in/Check-out
CIF	Core Interface
CMS	Calculated Measurement Service
CO	Controlling
CPU	Central Process Unit
CRM	Customer Relationship Management
CSV	Comma-separated Values
CUI	Chargen Update Indicator
CWM	Catch Weight Management
DAS	Dock Appointment Scheduling
DIAG	Dynamic Information and Action Gateway
DMC	Digital Manufacturing Cloud
DSO	Data Store Object
EA	Each (Stück)
EAN	European Article Number
ECC	ERP Central Component
EDI	Electronic Data Interchange
EDQA	Event-Driven Quantity Assignment
EGF	Easy Graphics Framework
EGR	Expected Goods Receipt (erwarteter Wareneingang)
EH&S	Environment Health and Safety

Abkürzung	Beschreibung
ELS	Engineered Labor Standards
EM	Event Management
EPC	Electronic Product Code
ERA	Erweiterte Retourenabwicklung
ERP	Enterprise Resource Planning
ESK	Einlagerungssteuerkennzeichen
ETL	Extract Transform Load
EWM	Extended Warehouse Management
FA	Fertigungsauftrag
FDO	Final Delivery Outbound
FEFO	First-expired/First-out
FI	Finance
FIFO	First-in/First-out
FKS	Fondbasierte Kennzahlenservices
GI	Goods Issue
GR	Goods Receipt
GRN	Goods Receipt Notification (Benachrichtigung erwarteter Wareneingang)
GTIN	Global Trade Item Number
GTS	Global Trade Service
GUI	Graphical User Interface
GWL	Graphical Warehouse Layout
HCM	Human Capital Management
HTML	Hypertext Markup Language
HU	Handling Unit
HUM	Handling Unit Management
IBGI	Invoice Before Goods Issue
ID	Inbound Delivery (EWM)

Abkürzung	Beschreibung
ID	Identification
IDN	Inbound Delivery Notification
IDoc	Intermediate Document
ILN	International Location Number
IM	Inventory Management
IMG	Implementation Guide
IOT	Inspection Object Type
iPPE	Integrated Product and Process Engineering
I-Punkt	Identifikationspunkt
ITS	Internet Transaction Server
KAR	Karton
KG	Kilogramm
KKF	Konfigurierte Kennzahlenservices
KPI	Key Performance Indicator
K-Punkt	Kommissionierpunkt
KTO	Kit-to-Order
KTR	Reverse Kitting
KTS	Kit-to-Stock
LA	Lagerauftrag
LAER	Lagerauftragserstellungsregel
LB	Lageraufgabe
LBK	Lagerbereichskennzeichen
LEB	Lieferempfangsbestätigung
LE-TRA	Logistic Execution Transport
LIFO	Last-in/First-out
LIME	Logistics Inventory Management Engine
LKE	Lagerkontrolleinheit

Abkürzung	Beschreibung
Lkw	Lastkraftwagen
LM	Labor Management
LOLS	Layoutorientierte Lagerungssteuerung
LOSC	Layout-oriented Storage Control
LPA	Lagerprozessart
LSMW	Legacy System Migration Workbench
LZL	Logistische Zusatzleistungen
MES	Manufacturing Execution System
MFS	Materialflusssystem
MHD	Mindesthaltbarkeitsdatum
MM	Materials Management
MRP	Material Requirements Planning
OD	(Final) Outbound Delivery (EWM)
ODL	Objektdienstleister
ODO	Outbound Delivery Order
ODR	Outbound Delivery Request
OPC	OLE for Process Control
PA	Prozessauftrag
PACI	Putaway Control Indicator
PAL	Palette
PC	Posting Change
PCO	Plant Connectivity
PCR	Posting Change Request
PD	Push Deployment
PDI	Processing Document Inbound (Anlieferungsbeleg)
PDO	Processing Document Outbound (Auslieferungsauftrag)
PFGR	Pick from Goods Receipt (Kommissionieren aus der Wareneingangszone)

Abkürzung	Beschreibung
PGI	Post Goods Issue
PI	Process Integration (ehemals XI)
PJS	Project System
PKM	Packmittel
PLM	Product Lifecycle Management
PML	Physical Markup Language
PO	Purchase Order
POD	Proof of Delivery
POLS	Prozessorientierte Lagerungssteuerung
POR	Posting Change Request
POSC	Process-oriented Storage Control
POT	Prüfobjekttyp
PP/DS	Production Planning/Detailed Scheduling
PPF	Post Processing Framework
PS	Packspezifikation
PS	Project System
PSA	Production Supply Area
PSA	Persistent Staging Area
PSP	Projektstrukturplan
PVB	Produktionsversorgungsbereich
PVHU	Plan-Versand-HUs
QI	Quality Inspection
QIE	Quality Inspection Engine
QM	Quality Management
qRFC	queued Remote Function Call
tRFC	transaktionaler Remote Function Call
RAC	Ressourcenausführungs-Constraint

Abkürzung	Beschreibung
RAM	Random Access Memory
RDS	Rapid-Deployment Solution
RF	Radio Frequency
RFC	Remote Function Call
RFID	Radio Frequency Identification
RFUI	Radio Frequency User Interface
RGE	Routing Guide Engine
RMA	Return Material Authorization
ROC	Reassignment of Order Confirmations
ROD	Received on Dock
S&R	Shipping and Receiving
SCAC	Standard Carrier Alpha Code
SCM	Supply Chain Management
SCU	Supply Chain Unit
SDP	Supplier Demand Planning
SLED	Shelf Life Expiration Date
SN	Serialnummer
SNC	Supplier Network Collaboration
SOBKZ	Sonderbestandskennzeichen
SOS	Sales Order Stock
SPC	Stock Processing Code
SPM	Service Parts Management
SPP	Service Parts Planning
SPS	Speicherprogrammierbare Steuerung
SSCC	Serial Shipping Container Codes
SST	Spätester Starttermin
ST	Stück

Abkürzung	Beschreibung
STO	Stock Transport Order
SVZ	Standardisierte Vorgabezeiten
TA	Terminauftrag
TCD	Transportation Cross-Docking
TCO	Total Costs of Ownership
TE	Transporteinheit
TLB	Transport Load Builder
TM	Transportmittel
TMS	Tailored Measurement Service
TRM	Task and Resource Management
TU	Transportation Unit
UB	Umlagerungsbestellung
UCC	Unified Communications & Collaborations
UI	User Interface
UPC	Universal Product Code
URL	Uniform Resource Locator
UTF	Unicode Transformation Format
VAS	Value-added Service
VE	Verwendungsentscheid
W3C	World Wide Web Consortium
WA	Warenausgang
WBS	Work Breakdown Structure
WE	Wareneingang
WHO	Warehouse Order
WLAN	Wireless Local Area Network
WM	Warehouse Management
WME	Warehouse Management Engine

Abkürzung	Beschreibung
WMR	Warehouse Management Request
WO	Warehouse Order
WOCR	Warehouse Order Creation Rule
WR	Warehouse Request
WT	Warehouse Task
WTS	Windows Terminal Server
XML	Extensible Markup Language
XSI	eXpress Ship Interface
YL	Yard Logistics
YM	Yard Management

Anhang B
Literaturverzeichnis

B.1 Literatur

Bauer; Persich; Dalm; Lange; Sanchez; Adler: *Warehouse Management mit SAP EWM. 4. Auflage. Bonn: Rheinwerk Verlag 2019.*

Ballou, R.: *Business Logistics Management*. 3. Auflage. New Jersey: Prentice-Hall 1992.

Densborn; Finkbohrer; Freudenberg; Höft; Mathäß; Rubarth: Migration nach SAP S/4HANA. 3. Auflage. Bonn: Rheinwerk Verlag 2020.

Dittrich, M.: *Lagerlogistik*. München: Carl Hanser Verlag 2000.

Gudehus, T.: *Logistik*. Berlin: Springer Verlag 1999.

Hirsch, T.: *Auslieferungstouren in der strategischen Distributionsplanung*. Wiesbaden: Gabler 1998.

Hoppe, M.: *Bestandsoptimierung mit SAP*. 4. Auflage. Bonn: Rheinwerk Verlag 2022.

Ihde, G. B.: *Transport, Verkehr, Logistik*. München: Franz Vahlen Verlag 2001.

Jones, N.; Clark, W.: *Choosing Between the Six Mobile Application Architecture Styles*, 2006, *http://www.gartner.com* [zuletzt aufgerufen am 05.02.2023, kostenpflichtig].

Jünemann, R.; Schmidt, T.: *Materialflusssysteme*. Berlin: Springer Verlag 1999.

Jünemann, R.: *Materialfluß und Logistik*. Berlin: Springer Verlag 1998.

Kappauf, J.; Koch, M.; Lauterbach, B; *Logistik mit SAP: Umfassender Überblick über alle Logistikfunktionen von SAP SCM und SAP ERP, inkl. Einführung in SAP S/4HANA. Bonn: Rheinwerk Verlag 2017.*

Käber, A.: *Warehouse Management mit SAP*. 4. Auflage. Bonn: Rheinwerk Verlag 2021.

Knollmayer, G.; Mertens, P.; Zeier, A.: *Supply Chain Management auf Basis von SAP-Systemen*. Berlin: Springer Verlag 2000.

Martin, H.: *Transport- und Lagerlogistik*, 6. Auflage. Wiesbaden: Vieweg 2006.

Modern Materials Handling Online, *http://www.mmh.com/* [zuletzt aufgerufen am 05.02.2023].

Raschke, E.: *Bestandsaufnahme und -bewertung*, 2. Auflage. Wiesbaden Gabler 1992.

SAP Best Practices Explorer unter *https://rapid.sap.com/bp/* [zuletzt aufgerufen am 05.02.2023].

SAP-Dokumentation für SAP Auto-ID Infrastructure als Teil der SAP Business Suite unter *http://help.sap.com/* [zuletzt aufgerufen am 05.02.2023], Version AII AII 7.1.

SAP-Dokumentation für SAP ERP Central Component als Teil der SAP Business Suite unter *http://help.sap.com* [zuletzt aufgerufen am 05.02.2023], Version SAP ERP-ECC 6.0.

SAP-Dokumentation für SAP Extended Warehouse Management als Teil der SAP Business Suite unter *http://help.sap.com* [zuletzt aufgerufen am 05.02.2023], Version SAP EWM 9.5.

SAP-Dokumentation für SAP Extended Warehouse Management als Teil von SAP S/4HANA unter *http://help.sap.com* [zuletzt aufgerufen am 05.02.2023], Version SAP S/4HANA 2022.

Scheibler, J.: *Praxishandbuch Vertrieb mit SAP S/4HANA*. 2. Auflage. Bonn: Rheinwerk Verlag 2021.

Schulte, C.: *Logistik – Wege zur Optimierung des Material- und Informationsflusses*, 2. Auflage. München: Verlag Vahlen 1995.

Schulte, G.: *Material- und Logistikmanagement*, 2. Auflage. München: Oldenbourg 2001.

Tempelmeier, H.: *Materiallogistik*. Berlin: Springer Verlag 2003.

Thaler, K.: *Supply Chain Management*. Fortis Verlag 2001.

Vahrenkamp, R.: *Produktions- und Logistikmanagement*. München: Oldenbourg 1996.

Wenzel, Reinhardt, Scheuermann, Sehn, Sasarean: *Introducing SAP Yard Logistics*. Boston: Rheinwerk Publishing 2018.

B.2 Weiterführende Quellen

Wir möchten Ihnen als weiterführende Informationsquellen zum Thema *SAP Extended Warehouse Management* die folgenden Internetseiten besonders empfehlen:

- Im SAP Help Portal (*http://help.sap.com*) finden Sie über den Pfad **SAP Business Suite • SAP Extended Warehouse Management** Informationen über Release Notes, Installation und Upgrade, Konfigurations- und Betriebsdokumentationen sowie über Applikationshilfen.
- In der SAP Community (*http://scn.sap.com/welcome*) finden Sie über den Pfad **Solutions • Supply Chain Management • SAP Extended Warehouse Management**

Blogs, Präsentationen, Diskussionsforen und How to Guides rund um das Thema *SAP EWM*.

- Zum Thema der vorkonfigurierten Lagerprozesse finden Sie Informationen im SAP Solution Manager Content (Transaktion SOLAR02), Business Process Repository. Folgen Sie dazu dem Pfad **SAPEWM • Warehouse Management with Preconfigured Processes**.

Die Autoren

Frank-Peter Bauer arbeitet seit 2002 mit SAP EWM, zunächst als Entwickler bei SAP in der SAP-EWM-Standardentwicklung und später als Solution Manager für die SAP-Ersatzteilmanagement-Lösung Service Parts Management (SPM) mit dem Schwerpunkt auf SAP EWM. Ab 2007 war er bei SAP Consulting als Principal Consultant, Projektleiter und Business Development Manager für SAP EWM tätig. Zurzeit ist Frank-Peter Bauer bei der IGZ Logistics + IT GmbH als Senior-Projektleiter und Lösungsarchitekt im Bereich SAP EWM beschäftigt. Frank-Peter Bauer verfügt über zwanzig Jahre Beratungserfahrung in der Lagerlogistik – davon fünf Jahre in der Planung und Realisierung von Logistikzentren und fünfzehn Jahre in der IT-seitigen Konzeption und Umsetzung mit SAP EWM. In dieser Zeit hat er acht Projekte, von der Designphase bis hin zum Go-live, insbesondere für Großkunden nachweisbar erfolgreich geleitet.

Jens Kappauf ist Mitbegründer der Qinlox Consulting GmbH, einem Implementierungspartner für Logistiklösungen auf der Basis von SAP-Technologien. Als Autor mehrerer SAP-Fachbücher und mit mehr als 20 Jahren branchenübergreifender internationaler Projekterfahrung im Supply Chain Management ist er Experte für die Umsetzung logistischer Prozesse und Funktionen in SAP. Jens Kappauf studierte Betriebswirtschaftslehre und war anschließend mehrere Jahre als Logistikberater bei einem SAP-Beratungspartner tätig. 2001 wechselte er in die Beratungsorganisation SAP Deutschland SE & Co. KG. 2006 übernahm er bei SAP SE Produktmanagementverantwortung für die SAP-Ersatzteillogistik- und Service-Management-Lösung. Bis 2015 war er dort Produktmanager und Senior Solution Architect für das SAP-Lösungsportfolio für Kontraktlogistiker mit Fokus auf SAP EWM.

Christoph Persich ist seit 2003 durchgehend bei SAP beschäftigt: Von 2006 bis 2010 war er bei SAP Deutschland SE und Co. KG als Solution Consultant im Bereich Logistics Execution speziell für SAP EWM zuständig. Seine Schwerpunkte lagen dabei vor allem auf dem Mobile Business und auf der Integration von mobilen Geräten in das SAP-System. Zudem verantwortet er die Objektserialisierung, u. a. mit der RFID-Technologie, und hat in diesem Umfeld bereits mehrere erfolgreiche Einführungen der RFID-Plattform Auto-ID Infrastructure realisiert. Er lebte dann fast 7 Jahre in den Vereinigten Arabischen Emiraten, von wo aus er Kunden in der Region und hauptsächlich in Saudi Arabien unterstützte. Hauptschwerpunkte seiner Beratungsaktivitäten waren SAP Warehouse Management (jetzt SAP Stock Room Management) und SAP EWM. Seit 2017 lebt er in der Schweiz und arbeitet für SAP rund um die Themen Lagerlogistik und Distributionslogistik mit dem Hauptfokus auf SAP Extended Warehouse Management und SAP Stock Room Management.

Index

B

C

D

L

O

P

S

T

Y

Z